中国矿产地质志

宁夏卷

总　编：杨鸿泽
主　编：向连格　马彦云
副主编：陆茂欣　艾　宁　王　红　汪栋刚

地质出版社
·北　京·

内 容 提 要

本志书是《中国矿产地质志》系列专著之一，是宁夏回族自治区有史以来第一部覆盖全部矿种和矿产地的矿产地质方面的专著。志书在综合宁夏已有矿产勘查资料及研究成果的基础上，全面客观地记述了宁夏已发现矿种矿产资源情况及成矿规律。全书除总序、前言、绪言、结语外，共分5篇35章。第一篇至第四篇分别介绍了宁夏的能源、金属、非金属和水气矿产共计39种矿产的特征和主要经济用途、矿产地数量、地理分布、矿床类型、资源储量、勘查工作程度、开发利用程度、矿产地论述、矿床时空分布特征及成矿规律。重点论述了各矿产地矿床特征，并突出煤、石膏、石灰岩、镁矿（冶镁白云岩）、硅石类（冶金用石英岩、石英砂岩）、贺兰石等宁夏优势矿产和地方特色矿产。第五篇以区域成矿地质背景为基础，从矿产资源空间分布、时间演化特点以及成矿综合信息出发，对宁夏区域成矿规律进行了系统总结和研究。划分了覆盖全区的成矿区带，首次建立了矿种全覆盖、矿产地全覆盖的成矿系列和成矿谱系。本志书还附有中华人民共和国宁夏回族自治区矿产地质图（1∶50万）、中华人民共和国宁夏回族自治区成矿规律地质图（1∶50万）及宁夏回族自治区矿产地一览表。

本志书是宁夏近百年来地质矿产资料的一次全面集成与综合研究，凝聚了几代地质人辛勤劳动的成果，反映了宁夏矿产全貌及重要成矿规律，是现阶段宁夏地质矿产领域的一部重要专著，既可作为从事矿产勘查、科研、教学等工作的专业人员的重要参考书，也可供社会大众查阅宁夏矿产资源概貌使用。

图书在版编目（CIP）数据

中国矿产地质志·宁夏卷／向连格等主编. —北京：地质出版社，2024. 5

ISBN 978-7-116-14116-2

Ⅰ. ①中… Ⅱ. ①宁… Ⅲ. ①矿产地质-概况-中国②矿产地质-概况-宁夏 Ⅳ. ①P62

中国国家版本馆CIP数据核字（2024）第092529号

ZHONGGUO KUANGCHAN DIZHIZHI · NINGXIA JUAN

责任编辑： 吕　静　刘秉翔　闻　竹　宋永存
责任校对： 关风云
出版发行： 地质出版社
社址邮编： 北京市海淀区学院路31号，100083
电　　话：（010）66554528（邮购部）；（010）66554654（编辑室）
网　　址： https://www.gph.clmpg.com
传　　真：（010）66554686
印　　刷： 北京地大彩印有限公司
开　　本： 889 mm×1194 mm 1/16
印　　张： 51.5　　**附图：** 2幅
字　　数： 2000千字
版　　次： 2024年5月北京第1版
印　　次： 2024年5月北京第1次印刷
审 图 号： 宁S［2022］第016号　宁S［2023］第035号
定　　价： 800.00元
书　　号： ISBN 978-7-116-14116-2

《中国矿产地质志》编委会

（第一届）

胡瑞忠 侯增谦 施中爽 姜树叶 袁忠信 莫宣学
钱大都 倪 斌 徐水师 徐志刚 陶维屏 黄香定
黄崇轲 黄懋鸿 梅友松 盛继福 章少华 阎凤增
琚宜太 韩振新 裴荣富 潘行适

三、《中国矿产地质志》

总主编：陈毓川 王登红

四、承担单位

中国地质科学院矿产资源研究所

五、项目办公室

主 任：邢树文
副主任：李 剑 龙宝林 傅旭杰
成 员：朱明玉 黄 凡

《中国矿产地质志》

总责任编辑：白 铁
副总责任编辑：韩 博 吕 静
责任编辑组：刘云龙 肖竣文 孙彦琪 刘秉翔 贺 文 闻 竹 谢玉淳
李 佳 吴宁魁 袁亚琴 宋永存 张琦玲 潘 懋 代世锋
邢瑞玲 郝梓国 章雨旭 沈 镭 佘宏全 于春林 李进文
戚学祥 李 华

《中国矿产地质志》编委会

（第二届）

黄香定　卢欣祥　艾宪森　李宏骥　周特先　杨明桂
陆　彦　任丰寿　张永山　石礼炎　陆瑞宝　韩振新
施中爽　王增护　陈一笠

三、《中国矿产地质志》

总主编： 陈毓川　王登红

四、承担单位

中国地质科学院矿产资源研究所

五、项目办公室

主　任： 邢树文　中国地质调查局资源评价部副主任
副主任： 黄　凡　中国地质科学院矿产资源研究所
王　岩　中国地质科学院矿产资源研究所
成　员： 蔺志永　中国地质调查局资源评价部矿产地质处处长
朱明玉　中国地质科学院
王成辉　中国地质科学院矿产资源研究所
孙　艳　中国地质科学院矿产资源研究所稀有稀土贵金属研究室副主任
曹瑞欣　中国地质科学院矿产资源研究所办公室副主任

《中国矿产地质志》

总责任编辑： 白　铁
副总责任编辑： 韩　博　吕　静
责任编辑组： 刘云龙　肖竣文　孙彦琪　刘秉翔　贺　文　闻　竹　谢玉淳
李　佳　吴宁魁　袁亚琴　宋永存　张琦玲　潘　懋　代世锋
邢瑞玲　郝梓国　章雨旭　沈　镭　佘宏全　于春林　李进文
戚学祥　李　华

《中国矿产地质志》编委会

（第三届）

唐菊兴　董连慧　严铁雄　邵厥年　郭坤一　潘仲芳
王永基　连　卫　田升平　杨　刚　刘增铁　陈华山
陈　平　邵和明　陈尔臻　刘德权　任家琪　宋小文
张翼飞　王砚耕　付德明　李均权　黄懋鸿　伍广宇
张忠伟　黄香定　卢欣祥　艾宪森　李宏骥　周特先
杨明桂　陆　彦　任丰寿　张永山　石礼炎　陆瑞宝
徐衍强　胡世华　施中爽　王增护　陈一笠

三、《中国矿产地质志》

总　主　编：陈毓川　王登红

四、承担单位

中国地质科学院矿产资源研究所

五、项目办公室

主　　　任：王登红　中国地质科学院矿产资源研究所副所长
常务副主任：黄　凡　中国地质科学院矿产资源研究所
副　主　任：王　岩　中国地质科学院矿产资源研究所
耿　林　中国地质调查局资源评价部矿产地质处处长
成　　　员：朱明玉　中国地质科学院
王成辉　中国地质科学院矿产资源研究所三稀室副主任
孙　艳　中国地质科学院矿产资源研究所三稀室副主任
张　震　中国地质科学院矿产资源研究所办公室副主任
杨雨涵　中国地质科学院矿产资源研究所
杨　萌　中国地质科学院矿产资源研究所

《中国矿产地质志》

总责任编辑：白　铁
副总责任编辑：韩　博　吕　静
责任编辑组：刘云龙　肖竣文　孙彦琪　刘秉翔　贺　文　闻　竹　谢玉淳
李　佳　吴宁魁　袁亚琴　宋永存　孙　琳　张琦玲　潘　懋
代世锋　邢瑞玲　魏秀菊　沈　镭　佘宏全　于春林　李进文
戚学祥　李　华

《中国矿产地质志》编委会
（第四届）

一、领导小组

组　　　长：李金发　自然资源部党组成员，中国地质调查局党组书记、局长，中国地质科学院院长
常务副组长：徐学义　自然资源部中国地质调查局党组成员、副局长
副　组　长：熊自力　自然资源部地质勘查管理司司长
　　　　　　王登红　中国地质科学院矿产资源研究所所长
成　　　员：牛　力　自然资源部地质勘查管理司副司长
　　　　　　任收麦　中国地质调查局总工程师室主任
　　　　　　邱海俊　中国地质调查局资源评价部主任
　　　　　　施俊法　中国地质调查局发展研究中心（全国地质资料馆、自然资源部矿产勘查技术指导中心）主任（馆长）
　　　　　　顾晓华　中国大地出版传媒集团董事长，党委书记

二、办公室

主　　　任：王登红　中国地质科学院矿产资源研究所
常务副主任：黄　凡　中国地质科学院矿产资源研究所
副　主　任：王　岩　中国地质科学院矿产资源研究所
　　　　　　张　伟　中国地质调查局资源评价部
成　　　员：朱明玉　中国地质科学院
　　　　　　张　震　中国地质科学院矿产资源研究所
　　　　　　马玉波　中国地质科学院矿产资源研究所
　　　　　　王成辉　中国地质科学院矿产资源研究所
　　　　　　江　彪　中国地质科学院矿产资源研究所
　　　　　　秦锦华　中国地质科学院矿产资源研究所
　　　　　　杨　萌　中国地质科学院矿产资源研究所
　　　　　　高　佳　中国地质科学院矿产资源研究所

三、专家委员会

主　　　任：陈毓川
副　主　任：常印佛　翟裕生　叶天竺　毛景文　唐菊兴　王瑞江
　　　　　　王登红（常务）

成　　员：（排名不分先后）

李廷栋　裴荣富　汤中立　赵文津　郑绵平　多　吉
康玉柱　莫宣学　翟明国　王成善　赵文智　王双明
侯增谦　邓　军　胡瑞忠　黄崇轲　王保良　王小烈
朱立新　李裕伟　邵厥年　庄育勋　熊盛青　卢民杰
马振东　盛继福　朱裕生　徐志刚　朱明玉　宋学信
杨岳清　张德全　邹天人　李纯杰　陈仁义　张作衡
邢树文　谢国刚　陈建平　邓颂平　肖克炎　陈郑辉
蔡克勤　王安建　陈从喜　郑大瑜　张金带　李子颖
蔡煜琦　乔德武　陶士振　刘玉强　琚宜太　程爱国
严铁雄　余中平　薛春纪　阎凤增　王永基　周尚国
梅友松　王京彬　徐水师　倪　斌　龙宝林　薛迎喜
丰成友　白万成　钱大都　李文渊　李文昌　郭坤一
潘仲芳　董连慧　潘　彤　周　琦　战明国　陆　彦
施玉北　王润福　姜树叶　姚超美　陈正国　杨　刚
李继江　文冬光　李文鹏　刘增铁　刘家军　郑有业
王时麒　屈文俊　闫升好　丁　俊　华仁民　连　卫
田升平　许建祥　李厚民　梁　婷　杨自安　焦　森
陈军元　陈华山　邵和明　陈尔臻　刘德权　任家琪
宋小文　张翼飞　李均权　黄懋鸿　伍广宇　张忠伟
黄香定　卢欣祥　艾宪森　李宏骥　周特先　杨明桂
张永山　石礼炎　陆瑞宝　胡世华　施中爽　王增护
陈一笠

四、《中国矿产地质志》

总　主　编： 陈毓川　王登红

五、承担单位

中国地质科学院矿产资源研究所

《中国矿产地质志》

总责任编辑： 白　铁
副总责任编辑： 韩　博　吕　静
责任编辑组： 刘云龙　肖竣文　孙彦琪　刘秉翔　贺　文　闻　竹　谢玉淳
李　佳　吴宁魁　袁亚琴　宋永存　孙　琳　张琦玲　潘　懋
代世锋　邢瑞玲　魏秀菊　沈　镭　佘宏全　于春林　李进文
戚学祥　李　华

《中国矿产地质志·宁夏卷》

编委会

《中国矿产地质志·宁夏卷》
编撰人员

总　　编：杨鸿泽

主　　编：向连格　马彦云

副 主 编：陆茂欣　艾　宁　王　红　汪栋刚

主要编者：马风华　李　通　赵银鑫　马学东　马瑞赟　谈　震
王　成　何庆志　吴　坤　张　炯　刘　颖　朱譞赫
毛自力　李慧勤　杨军宁　韩强强　马小娟　冯　涛
付文祥　张建军　吴文忠　王泽晶　马玉学　田景雄
杨　勇　马立荣　闫国翔　武　丹　黄生金　梁志荣
李黎明　董雅莉　孙守荣　王兴强　安　娜　王　岩
陈郑辉

参编人员：王孜平　马　瑜　田硕丰　侯尚杰　张　勇　公　亮
吉卫波　张晓东　白明辉　孙变变　刘乃静　杨文明
杨　杰　马晓军　翟湘锋　程　璐　王　莹　毛晓琴
薛景明　史　靖　董爱俊　王　苑　陶巧珍　郭　红
薛俊辉　杨凡燕　王佳丽　陶永志　白立新　李银辉
马　程　马彦斌　马　欢　何　叶　侯　昆　王莎莎
徐文莉　步　娟　王　鸿　张浩生　李　特　安　芳
孙吉庆　戚启华　马春香　俞　开　石慧英　崔北取
常　丹　毛　俊　李瑞云　魏　茹　杨　帆　周怀勤
马　瑛　刘永红　王美芳　刘颖喆　赵新丽　严绍武
李　华　杨　帅　杨　宏　吴志仁　徐艳娟　马海波
麻燕琼　刘　晖　高志兵　郝玉霞　雷　风　刘海东

总　　序

矿产资源是国家经济社会发展的物质基础，我国处于工业化中后期发展阶段，矿产资源需求量处于增长时期，需求量大、矿种多。掌握全国的所有矿产的家底，是国家与人民十分需要的大事。新中国成立以来的60多年的历程中，地质工作者已为国家发现了172种矿产，其中159种矿产已获得资源储量，矿床、矿点等各类矿产地已达20多万处，积累了丰富的矿产地质资料，广大的矿产地质工作者为国家所需，迫切真诚地期望早日进行覆盖全国全部矿产信息的汇总，研编《中国矿产地质志》，今日终于得到国家的支持，得以实施，并且经过江西省的试点，在该省以杨明桂先生为首的研编组的共同努力下，《中国矿产地质志》省级第一卷《中国矿产地质志·江西卷》率先正式出版，供全国使用，这是《中国矿产地质志》研编工作史上的新起点。

新中国第一部《中国矿产地质志》，将汇总广大地质矿产工作者为国为民找矿的成果，汇集全国查获的全部矿产资源及其开采利用的状况，分析资源前景，并对找矿过程中获得的丰富的找矿经验和成矿规律认识进行阶段性的总结。这将是我国迄今为止矿产资源文集大全，将为全国及各省、自治区、直辖市政府矿产资源规划、部署、决策提供重要依据，为全国人民提供祖国矿产资源的现有家底及开发前景，为矿产资源勘查、开发、科学研究及地矿教育提供丰富的资料。

一百多年前，光绪年间，顾琅、周树人（鲁迅）先生合著《中国矿产志》于1906年出版，附《中国矿产一览表》《地质时代一览表》和《中国矿产全图》。清政府甚为重视，列为国民必读。这是我国第一本《中国矿产志》，由于历史条件所限，该书共列出10个金属矿产（金、银、铜、铁、锡、铅、水银、辰砂、锑、锰矿）和20个非金属矿产，全国共列出1203个矿产地。当时著名的地理学家马良先生为之作序，序言中说："顾、周两君学矿多年，颇有心得。慨祖国地大物博之无稽，爰著《中国矿产志》一册，罗列全国之所在，注之以图，陈之以说，使我国民深悉国产之所自有，以为后日开采之计，致富之源，强国之本，不致家藏货宝为他人所攘夺。"当时编写该志书是为国民知道国家的矿产，去开采致富，达到强国的目的。弹指一挥间，一百多年过去，天翻地覆，时代变了，祖国的盛世来临，现代化、和平民主的强大祖国就在面前。新中国第一部《中国矿产地质志》亦将面目一新，它与顾琅、周树人研编的目标是一致的，都是为民、为国，为民所知，为民致富，为国所知，为国强大。我们将继承前人事业，继续往前走！

本次研编处于天时、地利、人和的大好时机，国家经济社会发展与日俱增，欣欣向荣，需要矿产资源，需要摸清全国矿产资源家底。新中国成立60多年来矿产勘查与开发得到大发展，取得了丰硕的找矿成果和海量的矿产地质勘查、开发和科研资料。国土资源部近8年来组织完成了三大全国性矿情调查工作：矿业权核实、28个矿种资源现状利用调查和25个矿种资源潜力评价。开展中国矿产地质与区域成矿规律综合研究、研编《中国矿产地质志》得到了国土资源部、财政部、中国地质调查局等领导部门、各省（自治区、直辖市）政府部门及矿产地质领域专家、学者们的大力支持。社会需要，政府重视，研编条件具备，是本项工作得以进行的必要前提与重要保证。

研编工作的策划，充分吸取历来志书编纂的精髓，广泛听取并吸纳矿产资源领域各部门专家、领导的意见，并进行重要研编内容的工作试点，确定本矿产地质专业性志书采用“以述为主，述论结合”的原则，实现叙实性与学术性结合，矿产叙述必实，规律论述有据，做到资料真实、全面、最新、可查，文字论述简练易懂、图文并茂，研编技术统一要求，研编工作统一部署，研编组织有编纂专家队伍，亦广邀各方专家共同参与、集思广益。论述部分广纳有据论点，广迎百花，力争创新亮点，并为后人创新搭建平台。通过共同努力，使研编工作有序进行。

本次研编内容由3部分组成：各省（自治区、直辖市）矿产地质志、全国矿产总志、全国区域成矿规律研究。每一部分都有书、图、数据库及普及本。各省（自治区、直辖市）矿产地质志包含本地区所有矿产资源。全国矿产总志包含各主要矿产的矿产志及全国矿产汇总。全国区域成矿规律研究包含各主要成矿区带成矿规律研究及全国区域成矿规律研究汇总。整个研编工作自2014年开始至2020年完成。研编期间，研编成果实施边完成、边出版、边使用，使研编成果及时向社会提供，逐步积累，最终完成。

本项研编工作意义重大，任务繁重，涉及矿产资源勘查、开发、科研、教育领域各个部门各方专家。我们认为，只有共同参与、同心合作、政府支持才能胜利完成此项工作。我们衷心希望并坚信，参与工作的全体同仁为实现此国家重大目标，在政府与矿产资源工作有关部门与广大同仁专家的支持下，一定会坚定信心，同舟共济，共同奋斗，在2020年提交一份世纪性的矿产志书大成果。

2014年11月5日

前　言

矿产，泛指一切埋藏于地壳（或分布于地表的），可供人类经济利用的，有开采价值的工业矿物、岩石、油、气、水等资源。矿产资源是人类生产和生活资源的基本源泉，是国民经济和社会可持续发展的物质保证。人类社会的发展与进步离不开矿产资源，人类社会的发展历史就是矿产资源的开发史。

在自然资源部、中国地质调查局的统一领导下，由中国地质科学院矿产资源研究所组织实施《中国矿产地质志》的编撰工作，《中国矿产地质志·宁夏卷》是其中的省级志书之一。2014年3月，中国地质调查局向宁夏回族自治区地质调查院正式下达了工作项目任务书（编号：资［2014］03-003-036，工作项目编码：12120114011801）；自此，《中国矿产地质志·宁夏卷》的研编工作全面展开。项目旨在通过开展宁夏矿产地质与区域成矿规律综合研究，全面总结全区矿产全貌及重要成矿规律，提升矿产地质研究的科学水平，为新时期找矿工作提供科学理论支撑，为政府部门提供矿产资源领域决策的参考资料，为地质工作者提供工具书，为国民提供权威性的普及读物。重点包括：研编宁夏矿产地质与区域成矿规律综合研究核心成果——《中国矿产地质志·宁夏卷》；编制《中华人民共和国宁夏回族自治区矿产地质图（1∶50万）及说明书》《中华人民共和国宁夏回族自治区成矿规律图（1∶50万）及说明书》；建设宁夏矿产地质志成果数据库。

宁夏地处中国西北地区东部，黄河中上游，是中国五个少数民族自治区之一，是一方物华天宝的热土。宁夏虽然地域较小，但矿产资源种类较多，能源、金属、非金属、水气矿产均有发现。截至2017年底，宁夏已发现71种矿产（含亚矿种）。其中，获探明储量的矿产种类达63种（含亚矿种）。煤、石膏、石灰岩、冶镁白云岩、硅石类（冶金用石英岩、石英砂岩）等矿产为宁夏的优势矿种，保有资源储量在全国排位居前。

宁夏境内的地质矿产调查自19世纪末始至现在100多年时间，经过几代地质人的辛勤工作，已初步查清了宁夏基本地质构造特征，发现了大量的矿产资源，查明了一大批矿产地，为宁夏社会经济的发展做出了突出贡献。

本次工作首次完成和提交了反映宁夏矿产资源全貌及重要成矿规律系列成果。包括：①《中国矿产地质志·宁夏卷》（以下简称《志书》）；②《中华人民共和国宁夏回族自治区矿产地质图（1∶50万）及说明书》《中华人民共和国宁夏回族自治区成矿规律图（1∶50万）及说明书》；③宁夏矿产地质志数据（库）集（以下简称“数据库”）；④《宁夏矿产地质·中国矿产地质志·宁夏卷·普及本》（以下简称《普及本》）。即“志、图、库、普”四大成果。

自2014年正式启动项目工作以来，研编团队收集了宁夏区内各类地质矿产资料，并多次赴野外调查典型（代表性）矿产地。所引用资料时限大部分为2017年12月31

日之前，少部分为2017年以后，水气矿产部分引用资料主要以宁夏第二轮水资源评价及《宁夏回族自治区水资源公报》（宁夏回族自治区水利厅）为主，各矿种产地资源储量均以宁夏矿产资源储量数据库2017年度统计数据为主，辅以各矿产地勘查报告。区域地层分区、岩石地层单元、构造单元划分等基础地质信息均以《中国区域地质志·宁夏志》为依据。

按照项目省级志书研编技术要求中“矿种全覆盖、矿产地全覆盖”的原则，本次研编工作对宁夏全区矿种和矿产地进行了重新的厘定和划分，且对照“全国省（自治区、直辖市）矿产地质志矿产资源分类表”中所列182种矿产资源，本次研编工作共收录矿种63个（其中主矿种39个）。除水气矿产中天然矿泉水矿种只选取典型矿产地进行论述外，其他矿种的矿产地均按“一矿一述”的原则进行了描述，并对典型矿床进行了重点论述。

《志书》由总序、前言、绪言、第一篇能源矿产、第二篇金属矿产、第三篇非金属矿产、第四篇水气矿产、第五篇区域成矿规律、结语共九部分组成。其中，绪言部分主要介绍了宁夏的自然地理、地质工作程度、区域地质特征、矿产资源概况；第一篇至第四篇分别介绍了宁夏的能源、金属、非金属和水气矿产共计39种矿产的特征和主要经济用途、矿产地数量、地理分布、矿床类型、资源储量、勘查工作程度、开发利用程度、矿产地论述、矿床时空分布特征及成矿规律，重点论述了各矿产地矿床特征，并突出煤、石膏、石灰岩、镁矿（冶镁白云岩）、硅石类（冶金用石英岩、石英砂岩）、贺兰石等宁夏优势矿产和地方特色矿产；第五篇以区域成矿地质背景为基础，从矿产资源空间分布、时间演化特点以及成矿综合信息出发，对宁夏区域成矿规律进行了系统总结和研究，划分了覆盖全区的成矿区带，首次建立了矿种全覆盖、矿产地全覆盖的成矿系列和成矿谱系，对成矿作用与成矿系列的演化趋势、成矿单元与成矿系列的演化趋势进行了归纳总结。

自2014年以来，项目组先后经历了技术要求学习、资料收集、野外调研、室内综合研究、普及本研编、志书研编、图件编制及数据库建设八个阶段。2014年初成立项目组即开始学习技术要求、收集资料，同年4月提交了总体设计书，并通过中国矿产地质志项目办公室评审。项目组分年度分阶段进行了多次野外典型（重要）矿床（点）调研，拍摄了大量野外地质观测照片。2018年5月，完成《普及本》研编；6月，《普及本》通过中国地质科学院矿产资源研究所组织的评审，得分90.17分，被评定为优秀级。2018年8月，完成了《志书》非煤单矿种篇、区域成矿规律篇研编成果初审，同年11月，对单矿种煤进行了初审。2018年12月，由中国地质调查局、中国地质科学院矿产资源研究所组织专家在北京对《志书》进行了评审，综合得分88.93分，被评定为良好级。之后，项目组按评审意见对志书相关内容进行反复修改、补充和优化，并联合宁夏回族自治区地质局，多次组织区内外专家开展审查验收工作。于2020年6月，对补充研编的水气矿产篇进行审查，2020年7月，对修编的《区域成矿规律篇》《中华人民共和国宁夏回族自治区矿产地质图（1：50万）及说明书》《中华人民共和国宁夏回族自治区成矿规律图（1：50万）及说明书》进行了审查。2020年11月，宁夏回族自治区自然资源厅组织区内专家对《志书》《中华人民共和国宁夏回族自治区矿产地质图

（1∶50万）及说明书》《中华人民共和国宁夏回族自治区成矿规律图（1∶50万）及说明书》进行审查。2021年3月，《中华人民共和国宁夏回族自治区矿产地质图（1∶50万）及说明书》《中华人民共和国宁夏回族自治区成矿规律图（1∶50万）及说明书》通过了中国地质科学院矿产资源研究所组织的评审，得分90.67分，被评定为优秀级。2021年5月，项目数据（库）集成果通过中国地质科学院矿产资源研究所组织的评审，得分91分，被评定为优秀级。之后，项目组对《志书》系列成果内容进一步修改之后提交至中国矿产地质志项目办公室复核，于2021年9月最终定稿。

作为“中国矿产地质志·宁夏卷”项目的核心成果，《志书》是在《中国区域地质志·宁夏志》《宁夏重要矿种矿产资源潜力评价》《宁夏矿产地质概论》等相关成果的基础上，吸收近年来的新资料、新成果，按照《中国矿产地质志·省级矿产地质志研编技术要求》，遵循中国矿产地质志项目总负责陈毓川院士、王登红研究员倡导的“以述为主，述论结合”的原则，努力实现叙实性与学术性结合，矿产叙述必实，规律论述有据，力争做到资料真实、全面、最新、可查，文字论述简练易懂、图文并茂。本次志书的研编，首次实现了宁夏境内矿种全覆盖、矿产地全覆盖，凝聚了宁夏百余年来几代地质人辛勤劳动的成果，是宁夏历史上第一部矿产资源领域的专业志书，具有重要的实用价值和深远的历史意义。

《志书》得以研编出版，是集体劳动的成果。总体研编工作由向连格负责。研编工作具体分工为：前言由马彦云、向连格执笔；绪言由向连格、马彦云执笔；第一篇能源矿产由向连格、汪栋刚、马风华等执笔；第二篇金属矿产由汪栋刚、向连格、陆茂欣、艾宁等执笔；第三篇非金属矿产由向连格、马彦云、陆茂欣、艾宁、毛自力等执笔；第四篇水气矿产由向连格、赵银鑫、韩强强等执笔；第五篇区域成矿规律由陆茂欣、向连格、马彦云、艾宁、汪栋刚等执笔；结语由向连格、陆茂欣执笔；插图、插表由向连格、陆茂欣、王红、李通、马学东、马瑞赟、刘颖、马小娟等编制；附表由王红、向连格、陆茂欣、李通、刘颖等编制；野外观测照片由李通、陆茂欣、向连格、王红、艾宁、马彦云、汪栋刚、马风华、付文祥等拍摄。全书由向连格、马彦云、陆茂欣、王红、汪栋刚统稿。

《志书》系列图件研编工作由王红负责，具体分工为：矿产地质图由王红、向连格、陆茂欣编制，矿产地质图说明书由向连格、马彦云、王红、陆茂欣、汪栋刚等编制；成矿规律图由王红、陆茂欣、向连格编制，成矿规律图说明书由陆茂欣、马彦云、王红、向连格、汪栋刚等编制。

宁夏矿产地质志数据库建设工作由陆茂欣负责，参加数据库建设的有陆茂欣、王红、朱譞赫、向连格、李通、马彦云、汪栋刚、马风华、李慧勤、王成、冯涛、付文祥、闫国翔。

参加本项目工作的还有谈震、王成、何庆志、吴坤、张炯等同志。

在项目实施期间，宁夏回族自治区自然资源厅、宁夏回族自治区地质局及所属单位、宁夏回族自治区自然资源信息中心等单位专家和领导给予了大力支持和帮助。在此，表示衷心的感谢。

此外，《志书》在研编过程中一直得到《中国矿产地质志》专家委员会主任陈毓川院士、常务副主任王登红研究员，项目办公室常务副主任黄凡、副主任王岩的热情帮助和精心指导。陈郑辉、徐志刚、朱明玉、宋学信、刘玉强、王瑞江、章少华、黄崇轲、盛继福、汤良杰、乔德武、姜树叶、文冬光、李文鹏、李继江、多吉、朱裕生、冯益民、王丽瑛、张彤、张丽红、陈启飞、郑力、白铁、吕静等专家在审查过程中提出了宝贵的修改意见，在此一并致以诚挚的谢意！特别感谢王登红研究员在志书复核期间反复、详尽的审阅校稿，这种精益求精、无私奉献的工匠精神是我们学习的榜样。

书记天下矿产，图示古今资源，库存海量信息，普及地学文明。历经八年，《中国矿产地质志·宁夏卷》终于付梓，它是宁夏近百年来地质矿产资料的一次全面集成与综合研究，凝聚了几代地质人辛勤劳动的成果。在此，向为宁夏地质矿产事业做出贡献的先辈们致敬！向付出艰辛的同仁们表示衷心的感谢！

由于涉及的矿产地质内容众多，资料浩瀚，研编工作虽力求精准，但受研编人员认识水平所限，书中难免存在疏漏和不妥之处，敬请各位读者批评指正。

编　者

2021 年 12 月

目　　录

第五篇　区域成矿规律

绪　言

宁夏回族自治区简称宁，地处中国西北部，是中国五个少数民族自治区之一，是祖国西部物华天宝的一方热土。宁夏历史悠久，早在3万年前的旧石器时代晚期就有人类在此繁衍生息，创造了著名的“水洞沟文化”；新石器时代文化遗址遍布全区；公元前3世纪秦治屯耕，兴修水利，开引黄灌溉之先河，后经历朝历代不懈经营，形成了被誉为“塞上江南”的绿洲；公元1038年，李元昊建大夏国（史称西夏），定都兴庆府（今银川市）；元灭西夏后设宁夏路，寓意“夏地安宁”，“宁夏”一名由此而始；明设宁夏卫；清设宁夏府；民国时期于1929年设宁夏省；中华人民共和国成立后，于1958年成立宁夏回族自治区。

一、自然地理

宁夏位于黄河中上游，东邻陕西省，北接内蒙古自治区，西南与甘肃省相连。全区南起北纬35°14′，北抵39°23′，西自东经104°17′，东迄东经107°39′，面积6.64×10^4 km^2。宁夏是全国最大的回族聚居区，辖5个地级市、9个市辖区、2个县级市、11个县，自治区首府银川。2022年底全区常住人口728万人。

宁夏交通较为发达（图0-1）。包（头）-兰（州）、中（卫）-宝（鸡）、太（原）-中（卫）-银（川）、银（川）-西（安）等铁路干线从区内通过。G6、G20、G70、G2012、G0610及河东机场高速等高速公路贯穿宁夏南北、东西，保证了宁夏所有的乡镇在1小时以内可进入高速公路网。全区有民用机场3个，通航里程44197 km。宁夏是西部邮电通信设施和技术装备的现代化程度最好的省份之一，形成了以西安—兰州—乌鲁木齐和北京—呼和浩特—兰州光缆为干线的大通络光缆传输网，移动通信网和数字微波网以及多媒体信息网通达全区各市县。

在地理上，宁夏是中国东西气候与南北气候之分界地带。宁夏地跨黄土高原和内蒙古高原，平均海拔1090 m。宁夏西侧、北侧和东侧，由腾格里沙漠、乌兰布和沙漠和毛乌素沙地围绕，南部与黄土高原相连，高原与山地交错，六盘山和贺兰山南北遥相矗立，黄河横贯宁夏全境，造就了有“塞上江南”美誉的银川平原。从地貌类型看，南部以流水侵蚀的黄土地貌为主，中部和北部以干旱剥蚀、风蚀地貌为主。地势南高北低。地貌兼有山地（约占总面积的16.4%）、高原（丘陵、台地约占总面积的47.7%）、平原（或盆地，约占总面积的29.8%）和沙（丘）地（约占总面积的6.1%）。

宁夏地处中国内陆，属典型的大陆性气候，为温带半干旱和半湿润地区，具有春多风沙、夏少酷暑、秋凉较早、冬寒较长，雨雪稀少、日照充足、蒸发强烈等特点。年平均降水量为300 mm左右。

宁夏植被主体为草原群落，自南而北由干旱草原向荒漠草原及草原化荒漠过渡，旱生性是其基本特征。宁夏土壤包括地带性土壤、山地土壤、水成或盐成土壤及耕地熟化土壤四大系列。

宁夏山川秀丽，物产资源丰富。“天下黄河富宁夏”，黄河灌区的银吴平原，自然条件得天独厚，素有“塞上江南”之美称。区内盛产水稻、小麦、油料、甜菜和瓜果，是全国商品粮基地之一。宁夏出产的枸杞、贺兰石、滩羊二毛皮被誉为红、蓝、白“三宝”，驰名中外，久负盛名。

二、地质工作程度

宁夏是中华民族古老文化的发祥地之一。境内灵武市“水洞沟遗址”表明，早在3万年前的旧石器时代，就有人类在此繁衍生息。水洞沟古人类文化遗址，出土了大量石器和动物化石。水洞沟因此而成为中国最早发掘旧石器时代的古人类文化遗址，被誉为“中国史前考古的发祥地”“中西方文

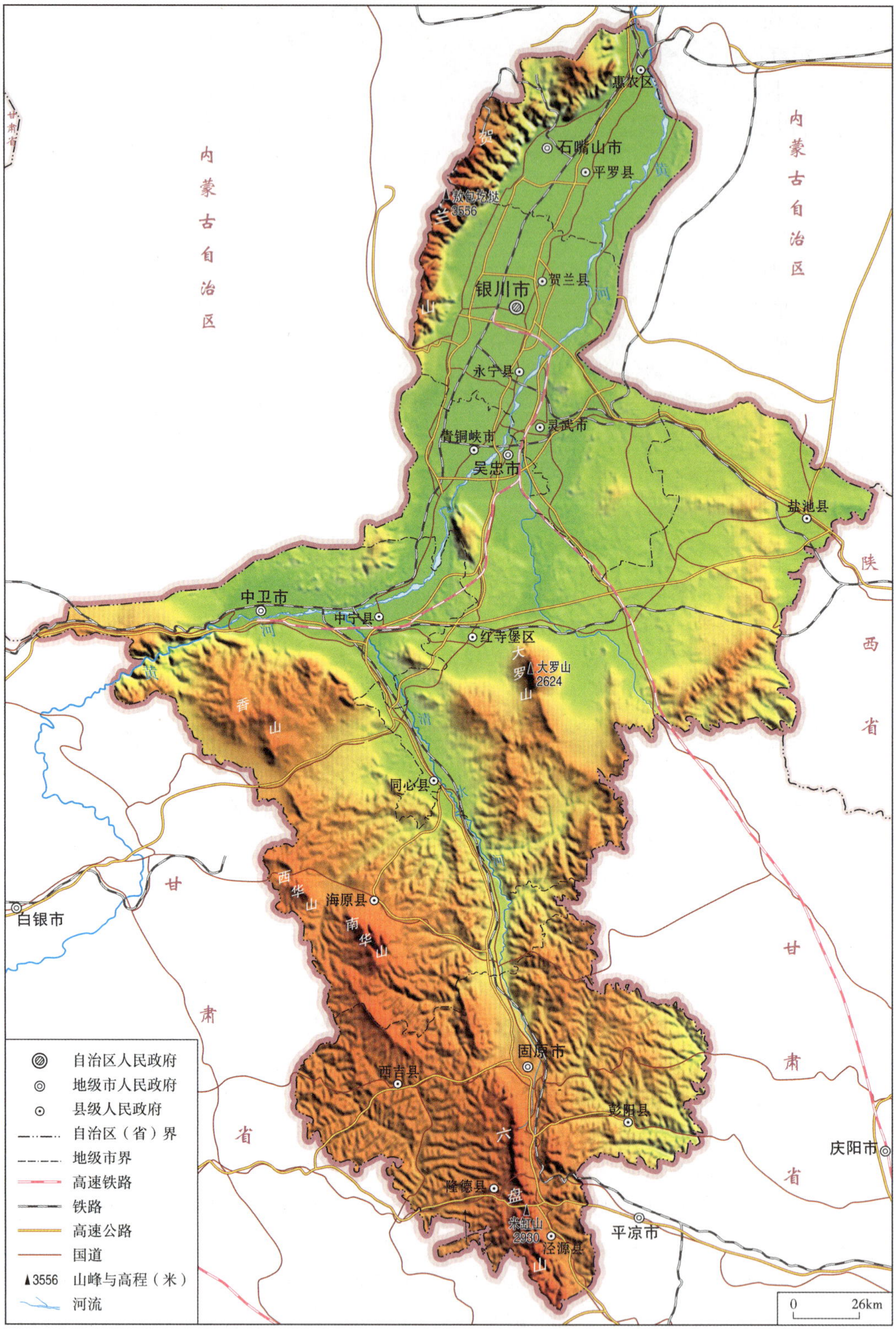

图 0-1 宁夏地形地势及交通图

（据宁夏回族自治区地质调查院，2017）

化交流的历史见证”，被国家列为“最具中华文明意义的百项考古发现”之一。古人对石器的利用，是人类对地质矿产最早的认知和开发。

据记载，最早在宁夏进行地质工作的是俄国著名的地理地质学家奥布鲁契夫（Обручев В. А）。他于 19 世纪末（1892~1894 年）来中国调查，其中就有宁夏中卫县至甘肃兰州市的路线。20 世纪

40年代早期，张文谟、刘振中等先后对贺兰山汝箕沟、灵武磁窑堡、固原炭山等地的煤、粘土矿产和古近纪、新近纪红层做过调查，并写有专著。黄劭显、杜恒俭以及何春荪等分别著有《宁夏汝箕沟煤田地质》和《甘肃东部煤田地质》，李士林则编有《宁夏地质矿产事业》数册。

1949年10月以来，随着我国社会主义建设事业的发展，宁夏地质工作也蓬勃展开，取得了长足进展。地质、石油、煤炭、冶金、建材、地震、核工业等部门都先后在宁夏开展了大量的地质普查和勘探工作，发现了一大批矿床和煤炭、石油勘探基地，探明了磷、硅石、石灰岩、粘土和膏盐等矿产储量，初步揭示了宁夏矿产资源的前景。

1958年，宁夏地质局成立。根据宁夏国民经济建设的需求，该局以铁、铜、铝及主要非金属矿产为主，开展了全面普查找矿和勘探工作。先后完成了南、西华山多金属矿、硫铁矿，卫宁北山照壁山铁矿、石堆水铁矿、麦垛山铁矿、涩井沟铁矿、干沟铁矿及白云岩、石灰岩、磷块岩的普查评价和勘探工作。

自20世纪80年代以来，宁夏共完成了54.5幅1：5万图幅和6幅1：25万图幅区调填图工作。1：5万区调范围基本覆盖了宁夏基岩出露地区，占全区145个1：5万图幅的38%；1：25万区调范围覆盖了宁夏全域面积的75%。获得了大量基础资料和研究成果，全面提高了宁夏地质研究程度，取得了一系列突破性的进展。与此同时，还进行了全区性的1：5万至1：20万比例尺的航空磁测、区域重力、地震测量、区域土壤和水系沉积物的地球化学测量及重砂测量等，不仅为找矿工作提供了大量信息，而且为研究宁夏区域地球物理、地球化学场特征提供了依据。另外，还有不少区内外的专家学者和科研单位对宁夏的地层、构造等基础地质问题进行过卓有成效的研究。这些科研成果对深入认识宁夏区域地质特征和成矿规律都起到积极的推动作用。

近年来，宁夏又相继开展了重要矿种矿产资源的潜力评价工作，即对区内的煤炭、金、铜、铁、银、铅、锌、磷、硫、重晶石10个矿种进行了资源潜力的评价和预测，积累了成矿地质背景、成矿规律、物探、化探、遥感、自然重砂等专业的大量资料；开展了第二代宁夏回族自治区区域地质志的编制工作，分地层、岩浆岩、变质岩、地质构造、地球物理与地球化学和编图与数据库建设6个专题组实施，最终成果《中国区域地质志·宁夏志》及其系列地质图件是在第一代《宁夏回族自治区区域地质志》（1990年出版）基础上补充新资料后重新研编而成的，在地层、岩浆岩、变质岩和地质构造等方面取得了新进展和新认识。

通过上述大量的矿产地质勘查与研究，发现了一大批能源、金属、非金属矿产地，同时积累了丰富的矿产地质资料，可作为今后基础建设、地质找矿、资源评价、政府规划和科研教学的基础资料。

三、区域地质特征

宁夏回族自治区所处位置在我国地质位置上具有特殊意义，它地处中国地质、地理分界之“南北中轴线”的北段，是连接我国北方西部与东部不同大地构造单元的枢纽地区，也是我国地层、构造、地貌以及各种地球物理场的重要分界区域。华北陆块、阿拉善微陆块和祁连造山带汇聚于此，多期次构造变形叠加，其独特的构造条件造就了宁夏矿产资源产出与分布的特点。

宁夏综合地层区划属于华北-柴达木地层大区之华北地层区、祁连地层区和阿拉善地层区。宁夏的地层发育较为齐全，自古元古界至第四系均有出露。其中，第四系分布广泛，约占全区总面积的67%。

宁夏地质构造复杂，按其内部组成和展布特征，可分为宁夏北部褶断凹陷带、鄂尔多斯西缘褶皱冲断带、宁夏南部弧形推覆构造带。它们复合交织，形成一幅复杂的构造图像。

宁夏新构造运动十分活跃，并以牛首山-罗山弧形断裂为界，分为性质不同的南、北两部分。北部受华北构造应力场控制和青藏构造应力场影响，处于北北西—南南东或北西—南东方向的水平拉张构造应力状态。地块沿先成的北北东向断裂发生强烈拉张，银川盆地断陷，贺兰山与鄂尔多斯高原隆起。南部受青藏构造应力场控制，地块受到来自南西方向的水平挤压。挤压力在向北东传递时受到北面的阿拉善和东面的鄂尔多斯两个古老刚性块体的阻挡，于是在二者挟持的三角地区发生应力积累，引起地壳变形，形成弧形断裂及其控制的隆起和断陷，上述新构造运动决定了宁夏的构造地貌格局，也是宁夏地震活动强烈的基本原因。

宁夏岩浆岩出露不多，分布零星，各类岩浆岩出露面积不足全区总面积的1%。在岩石类型上，主要为中-酸性侵入岩及少量属于基性岩的辉绿岩，个别地区出露火山熔岩。在地质时代上，古元古代岩浆岩分布面积最大，次为早古生代早期、早古生代晚期及晚三叠世末期。在地理分布上，古元古代岩浆岩主要分布在北部贺兰山中、北段，早古生代岩浆岩分布在中部香山和南部南华山一带，晚三叠世末基性火山岩仅出露于贺兰山中段汝箕沟地区。贺兰山中段黄旗口古元古代斜长花岗岩岩体的同位素年龄为1681~1839 Ma，出露面积约90 km^2，是宁夏最大的侵入岩体。

四、矿产资源概况

宁夏境内的矿产地质工作自19世纪末始至今，已有一百多年的时间，经过几代地质工作者的辛勤劳动，初步查清了宁夏基本地质构造特征，发现了大量的矿产资源，查明了一大批矿产地，为宁夏社会经济的发展作出了突出贡献。

（一）矿产资源特色和种类

宁夏虽然地域较小，但矿产资源种类较多，能源、金属、非金属、水气类矿产均有发现。其中，以煤和非金属矿产为主，金属矿产较贫乏。

宁夏最重要的能源矿产为煤，煤种齐全、质量好，有无烟煤、贫煤、瘦煤、焦煤、1/3焦煤、肥煤、气煤、气肥煤、不粘煤、弱粘煤、长焰煤、褐煤等。

非金属矿产为宁夏的优势矿产。其中，硅石类矿产经勘查评价的有熔剂用硅石，耐火制品用、铁合金用及工业硅用硅石Ⅰ、Ⅱ级品。贺兰山硅石量大、质好，硅资源品质及产量都居全国前列；白云岩不仅有品质适合玻璃用和熔剂用的白云岩，还有大量冶镁用白云岩。例如，青龙山冶镁白云岩是皮江法冶镁的优质原料，从而使宁夏成为全国镁业前三强之一；石膏矿床$CaSO_4 \cdot 2H_2O$平均品位多在80%左右，一般适宜作水泥缓凝剂、农业和建筑用，部分层位$CaSO_4 \cdot 2H_2O$含量大于85%，可用来制作模型、硫酸，但该品级石膏所占比例在30%~40%之间。有微量品质很高的次生石膏可用作医用、食品、纸张填料及油漆填料；石灰岩大部分为水泥用灰岩Ⅰ级品，少量符合电石用灰岩、制碱用灰岩、熔剂用灰岩的质量标准。

截至2017年底，宁夏已发现71种矿产（含亚矿种）。其中，获探明储量的矿产种类达63种（含亚矿种）。煤、石膏、石灰岩、镁矿、硅质原料（冶金用石英岩、石英砂岩）等矿产为宁夏的优势矿种，保有资源储量在全国排位居前。

宁夏已发现矿产种类如下：

能源矿产有煤（褐煤、烟煤和无烟煤）、石油、天然气、页岩气、煤层气、油页岩、铀矿（图0-2）。

金属矿产有黑色金属铁（磁铁矿、赤铁矿、镜铁矿、褐铁矿、菱铁矿）、锰、钛，有色金属铜（蓝铜矿、孔雀石）、铅、锌、铝、镁及钴，贵金属金（岩金和砂金）和银，分散元素有镓、锗（煤系伴生元素）（图0-3）。

工业矿物类非金属矿产有硫铁矿（黄铁矿、磁黄铁矿）、磷（磷块岩）、石盐（岩盐、湖盐）、云母（白云母）、重晶石、石膏（石膏、硬石膏）、芒硝（图0-4）；工业岩石（土）类非金属矿产有石灰岩（电石用、制碱用、熔剂用、水泥用、饰面用）、白云岩（熔剂用、玻璃用）、石英（砂）岩（冶金用、玻璃用）、脉石英（结晶硅用）、砂岩（玻璃用）、天然石英砂（玻璃用、铸型用、水泥配料用）、膨润土、陶瓷土、耐火粘土、其他粘土（水泥配料用粘土、水泥配料黄土、砖瓦用粘土、陶粒用粘土）、泥炭、辉绿岩、板岩（水泥配料用）（图0-5）。

宝玉石类矿产有砚石（贺兰石）、观赏石（竹叶石、塑花石、同心石、米脂玉、碧玉岩）。

水气矿产有地热（水）、地下水和天然矿泉水（图0-6）。

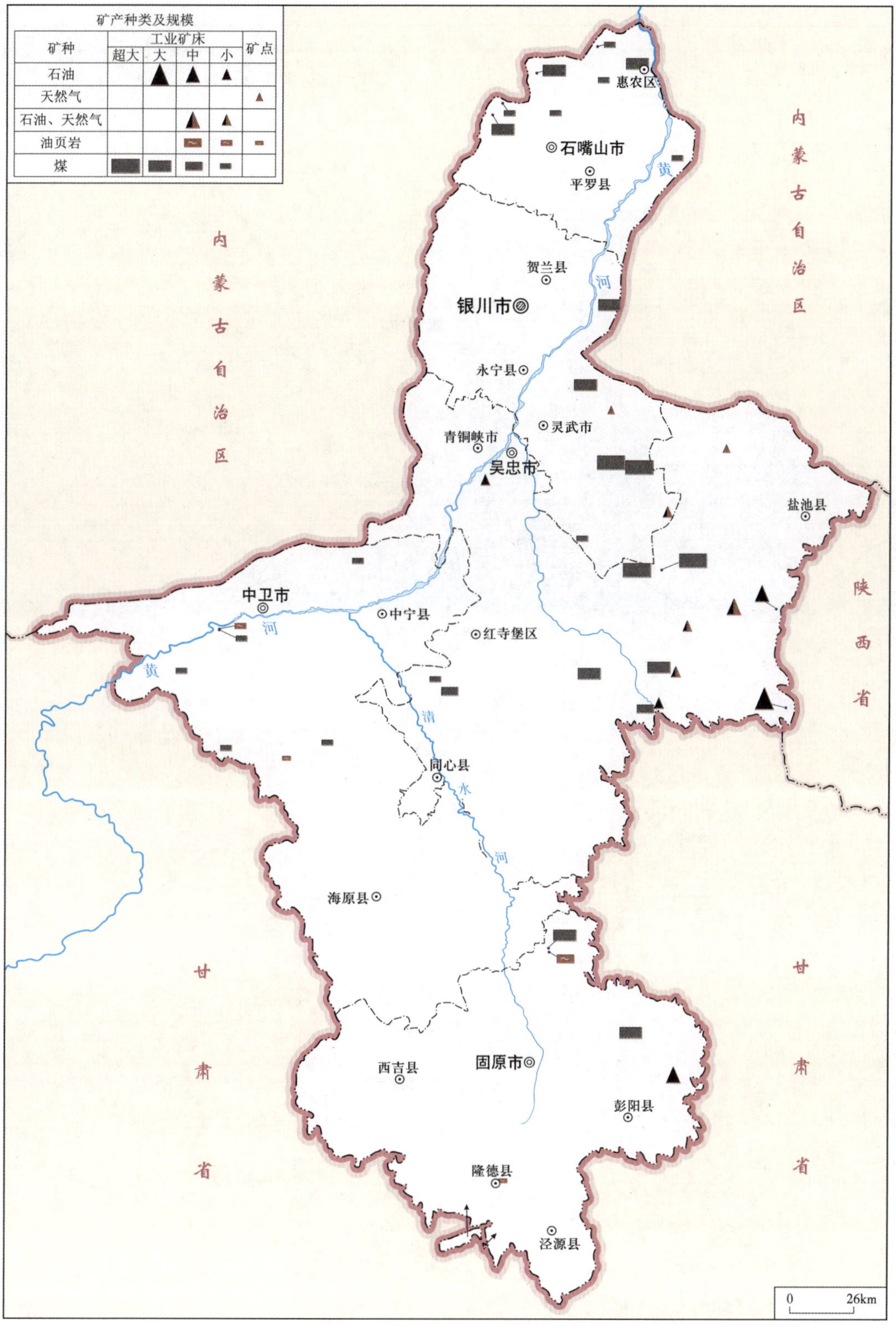

图 0-2　宁夏能源矿产分布图

（二）矿产地数量及规模

宁夏全境各类矿产地，包括矿床与矿点，共计 358 处（共伴生矿产地按 1 处计）。按各矿种（亚矿种）分类的矿产地状况如下。

能源矿产地以煤最多，全区共发现煤矿产地 27 处（按矿区计），石油 9 处，天然气 6 处，油页岩

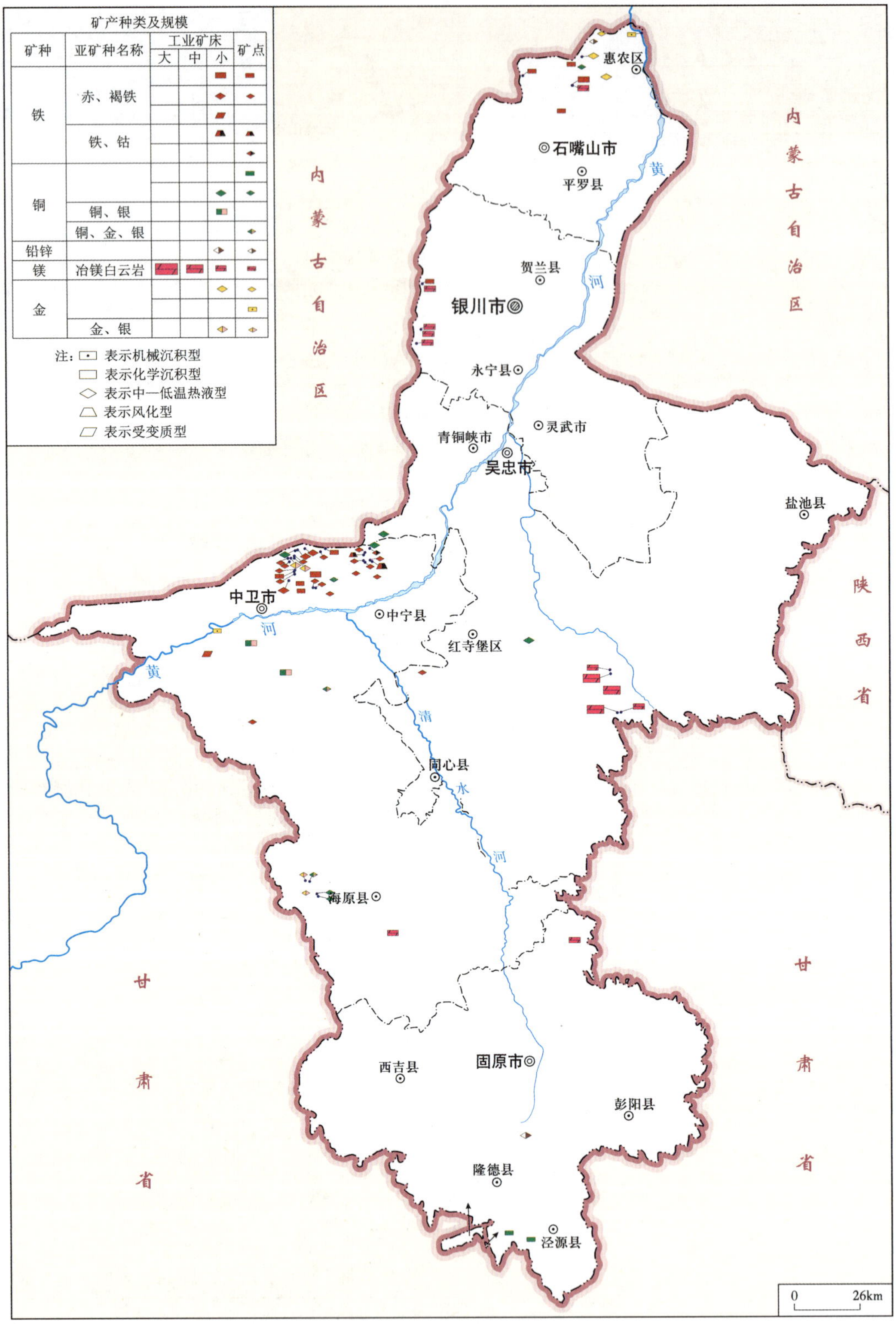

图 0-3　宁夏金属矿产分布图

4 处，各类能源矿产地共计 42 处（共伴生矿产地按 1 处计）。

金属矿产地共计 71 处（共伴生矿产地按 1 处计）。其中，铁矿（赤铁矿、褐铁矿）34 处，铜矿 14 处，铅锌矿 4 处，镁矿 12 处，钴矿 6 处，金矿（包括岩金和砂金）9 处。

非金属矿产地共计 189 处（共伴生矿产地按 1 处计）。其中，硫铁矿 2 处，磷矿 5 处，石盐 4 处，

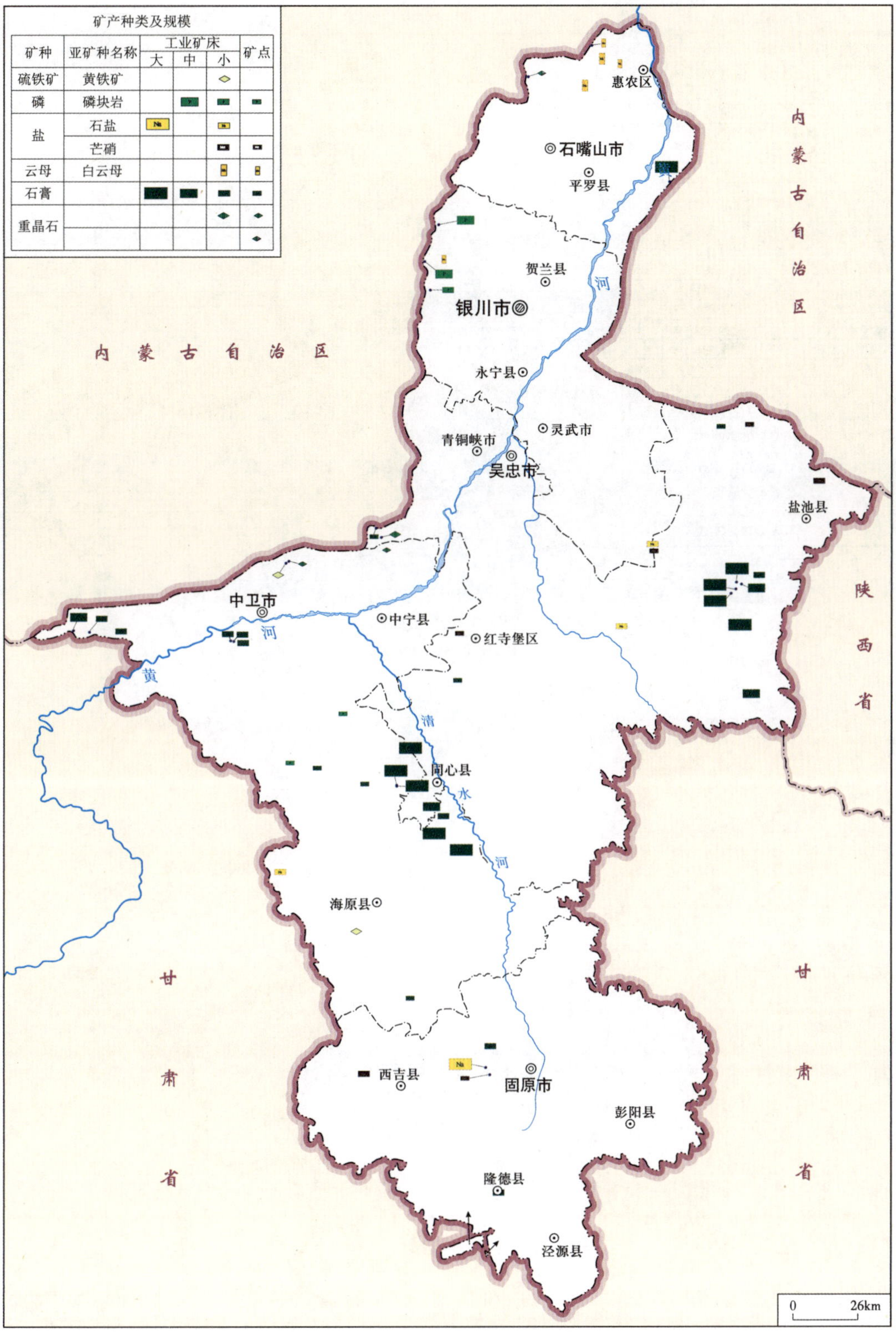

图 0-4　宁夏工业矿物类非金属矿产分布图

白云母 5 处，重晶石 4 处，石膏和硬石膏 29 处，芒硝 7 处，石灰岩 44 处，白云岩 5 处，硅石类 34 处，膨润土 2 处，粘土类 31 处，泥炭 6 处，辉绿岩 3 处，砚石和彩石 9 处。

水气矿产地共计 56 处。其中，地热（水）14 处，地下水 30 处，天然矿泉水 12 处。

区内超大型矿床 4 处，均为煤矿产地。

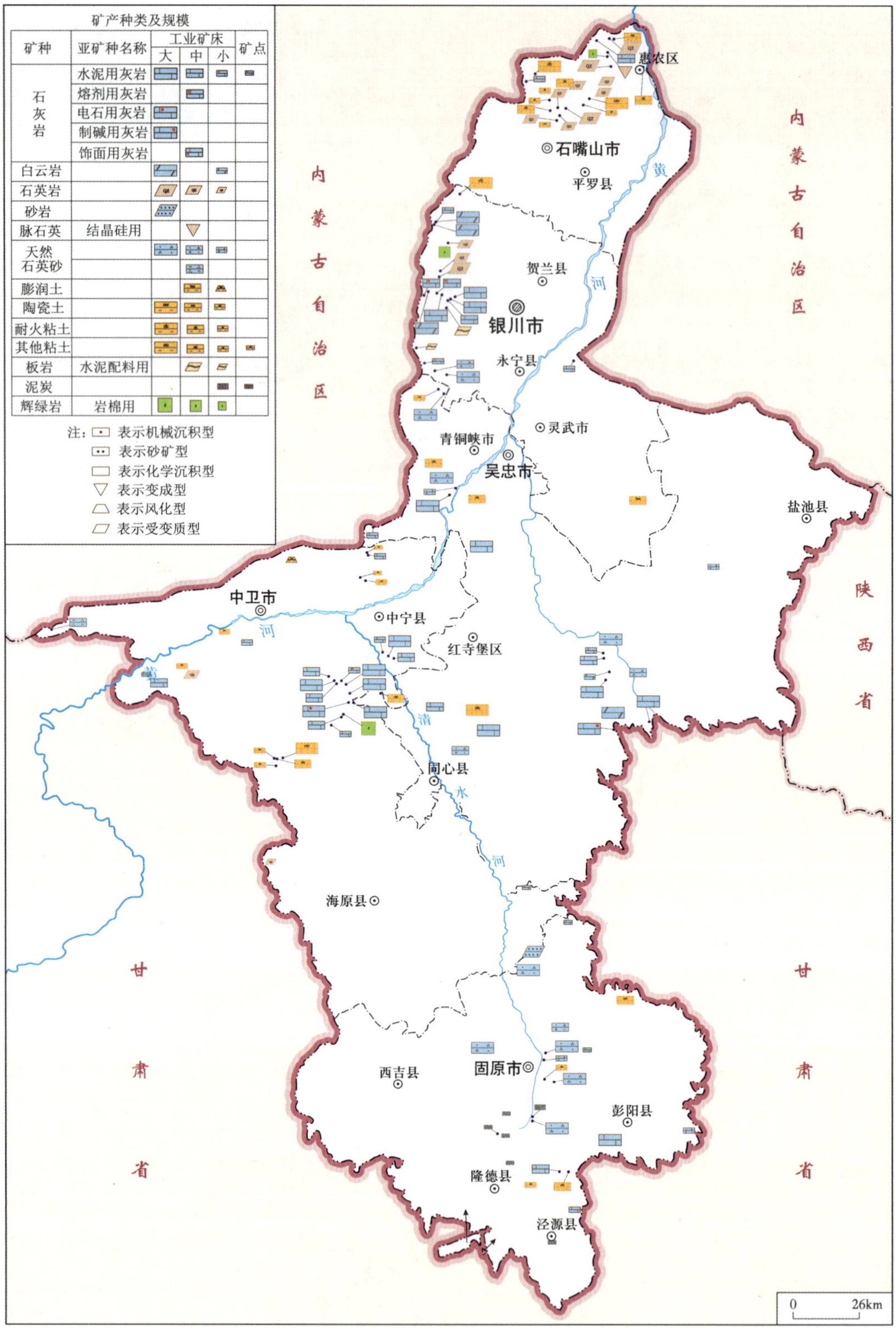

图 0-5 宁夏工业岩石类非金属矿产分布图

大型矿床有 67 处。其中，硅质原料 14 处，占 21%；石灰岩 16 处，占 24%；石膏及硬石膏 10 处，占 15%；煤 10 处，占 15%；地下水 7 处，占 10%；粘土岩类 5 处，占 7%；白云岩 4 处，占 6%；石油、石盐、芒硝及辉绿岩各 1 处。

中、小型矿床计 194 处。其中，地下水 26 处，占 13%；石灰岩和粘土岩类各 24 处，分别占

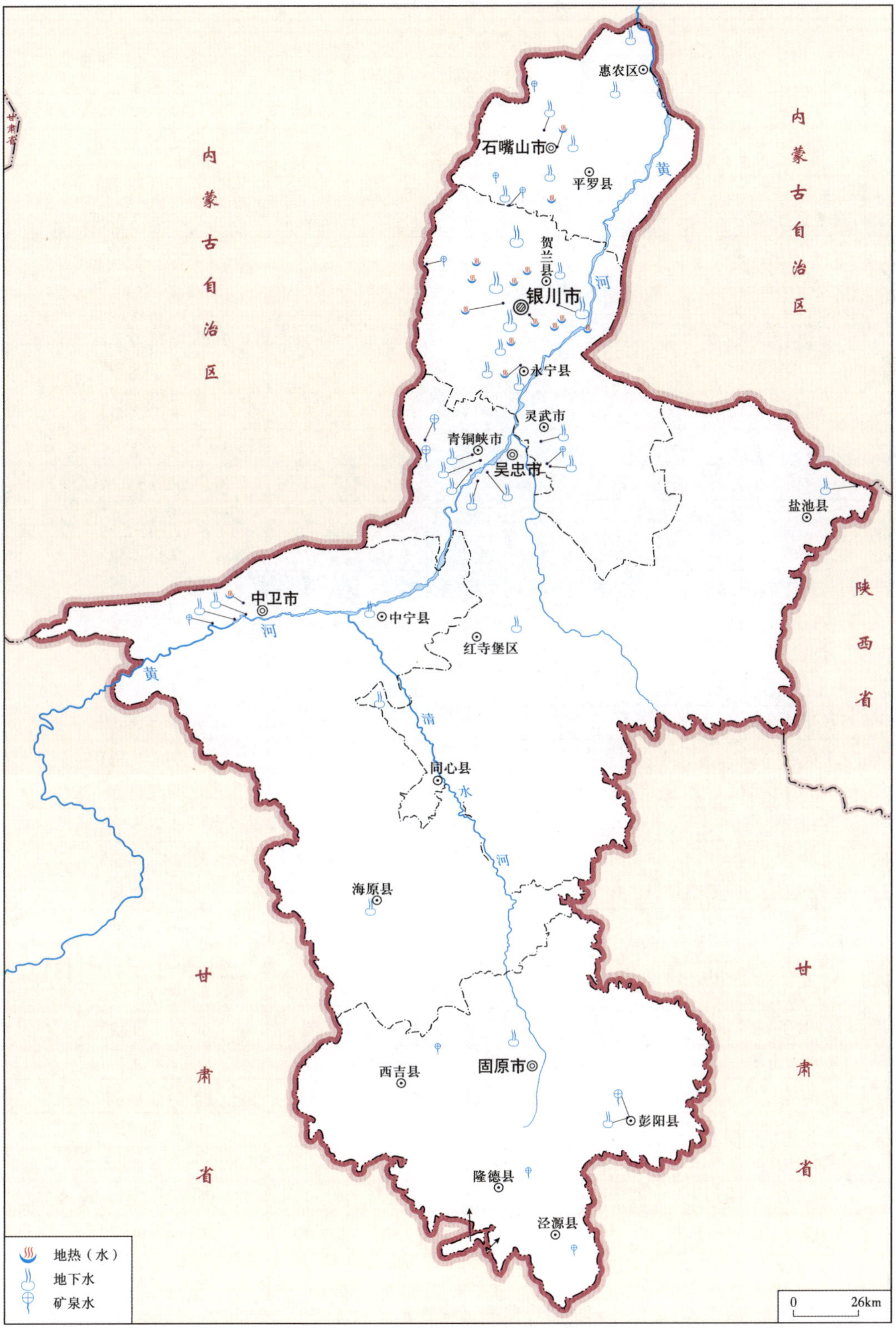

图 0-6 宁夏水气矿产分布图

12%；硅质原料 20 处，占 10%；煤和石膏各 13 处，分别占 7%；天然矿泉水 12 处，占 6%；镁矿 12 处；石油 8 处；磷矿和石盐各 3 处；油页岩、硫铁矿、白云母、芒硝、膨润土、辉绿岩和砚石各 2 处；白云岩、重晶石和泥炭各 1 处；铁矿、铜矿、铅锌矿、金矿共 19 处，且均为小型矿床。

其余矿产地均为矿点，共 106 处（表 0-1）。

表 0-1　宁夏矿产资源概况表

编号	矿产名称		矿产地数量/处						矿床类型数（矿床类型）[①]	备注
			超大型	大型	中型	小型	矿点	总数		
1	能源矿产	石油		1	3	5		9	9（17 型）	
2		天然气					6	6	6（17 型）	
3		煤	4	10	2	11		27	27（17 型）	
4		油页岩			1	1	2	4	4（17 型）	
5	金属矿产	铁				7	27	34	1（9 型）；21（11 型）；2（12 型）；10（15 型）	
6		铜				6	8	14	1（6 型）；9（11 型）；4（15 型）	
7		铅锌				1	3	4	4（11 型）	
8		镁			3	9		12	1（9 型）；11（15 型）	
9		钴					6	6	2（11 型）；4（12 型）	
10		金				5	4	9	7（11 型）；2（13 型）	
11	非金属矿产	硫铁矿				2		2	2（11 型）	
12		磷矿			2	1	2	5	5（15 型）	
13		石盐		1		3		4	4（16 型）	
14		白云母				2	3	5	5（2 型）	
15		重晶石				1	3	4	4（11 型）	
16		石膏及硬石膏		10	4	9	6	29	29（16 型）	
17		芒硝		1		2	4	7	7（16 型）	
18		石灰岩		16	12	12	4	44	44（15 型）	
19		白云岩		4		1		5	5（15 型）	
20		石英岩		4	9	1		14	14（9 型）	
21		砂岩		1				1	1（14 型）	
22		脉石英			1			1	1（10 型）	
23		天然石英砂		9	5	4		18	1（13 型）；17（14 型）	
24		膨润土			1	1		2	1（12 型）；1（14 型）	
25		陶瓷土		2	1	6		9	9（14 型）	
26		耐火粘土		2	3	2		7	7（14 型）	
27		其他粘土		1	7	5	2	15	15（14 型）	
28		泥炭				1	5	6	6（17 型）	
29		辉绿岩		1	1	1		3	3（1 型）	
30		观赏石					5	5	1(8 型);1(17 型);3(18 型)	
31		砚石				2	2	4	4（9 型）	
32	水气矿产	地下水		4	26			30	30（11 型）	
33		地热（水）					14	14	14（11 型）	
34		天然矿泉水			3	9		12	12（11 型）	
合计			4	67	84	110	106	371		371 处中 13 处为共伴生关系

注：① 按《中国矿产地质志省级矿产地质志研编技术要求》中规定的 18 种矿床类型排序进行统计，各矿床类型用 1～18 个数字表示。表示方式为××（××型），括号前××指多少个矿产地数；括号内××型指这些矿产地归属第几排序的矿床类型，如以宁夏铜矿为例：浅成中-低温热液型矿床矿产地数量为 10 个，则表示为 10（11 型）；化学沉积型矿床矿产地数量为 4 个，则表示为 4（15 型）。

（三）矿产资源时空分布特征

宁夏横跨华北地台和祁连造山系两大地质构造单元，区内地层发育较齐全，沉积建造和构造变动复杂多样，但岩浆活动微弱。在此区域地质构造基础上，呈现出以煤和非金属等沉积型成矿作用为主的特色，金属及非金属内生成矿作用弱，形成的矿产种类少且规模小。

1. 空间分布特征

宁夏矿产地相对集中，如贺兰山北段、中段，卫宁北山，宁夏东部，青龙山，海原盆地东北部，原州区东部等矿床、矿点较为密集分布。不同矿种有其特定的分布区域，无烟煤、炼焦用煤、硅石主要分布在贺兰山北段；非炼焦用煤、石油（气）主要分布在灵武市、盐池县一带；石膏主要分布在海原县东北部和盐池县中部南北一线、中卫市西部；石灰岩分布最广，但主要集中在贺兰山中段、牛首山、米钵山、青龙山等地；白云岩主要集中在青龙山和贺兰山中段；天然石英砂主要分布在青铜峡市和固原市原州区；内生金属及非金属矿产主要分布在卫宁北山、西华山。

2. 时间分布特征

宁夏矿产资源时间分布（成矿时代）的特征体现为自古元古代至新生代均有出现。

古元古代（2500~1600 Ma）时期，在贺兰山北段发生的区域变质作用及混合岩化作用，在使原岩变为黑云母斜长片麻岩、黑云母变粒岩、混合岩及混合花岗岩的同时，形成花岗伟晶岩中的白云母矿产，还为后期 Au 等金属矿产的成矿提供了矿源；古元古代晚期幔源基性岩浆浅成侵入形成辉绿岩矿产。中元古代（1600~1000 Ma）时期，在鄂尔多斯西缘，长城纪早期形成著名的贺兰石砚石矿；中期有硅石矿，晚期形成赤铁矿。蓟县纪贺兰山中-北段、青龙山一带形成白云岩矿，可作为冶镁白云岩原料和熔剂白云岩，例如石嘴山市惠农区王全口冶镁白云岩矿床和吴忠市同心县青龙山西道梁熔剂用白云岩矿床。

早寒武世—早奥陶世（541~470 Ma）形成的磷、白云岩和石灰岩矿床为海相化学沉积，古地理环境由滨海相过渡为潮坪相，晚期又变为局限台地相和开阔台地相，沉积范围由小变大，矿床规模大，以大中型为主，石灰岩有大型矿床。磷灰石以砾状磷块岩为主，白云岩以细晶为主，因含硅等杂质较多而只能作熔剂用的早寒武世形成的白云岩在贺兰山中段苏峪口一带，并形成沉积型的磷块岩和白云岩（熔剂用）矿床。伴随 509~397. 5 Ma 间发生的加里东运动，在南、西华山一带岩浆上侵，带来热液活动，以往初步富集的金、铜、硫铁矿矿化发生活化再造，形成了小型金矿床、硫矿床及铜矿（化）点。

泥盆纪（419. 2~358. 9 Ma）时期，在香山-卫宁北山一带局部沉积了陆相含铜砂岩，后经热液改造形成了铜矿床或矿点。早石炭世（359. 58~318. 1 Ma）时期，在甘塘至野猫子山、香山一带形成海相沉积型石膏矿床及石灰岩矿床。晚石炭世至早二叠世（299~279. 3 Ma）时期，区内自北向南发生海退，在海陆交互地带及河-湖-沼泽地带沉积了分布范围广、层数多、厚度大的煤层及粘土（煤系高岭土）矿，且伴生有分散元素锗，形成众多含煤区，后来演化还形成天然气矿产。

在中生代（252~65. 5 Ma），受印支运动影响，贺兰山地区岩层发生褶皱并发生了一系列向东倾的逆冲断层，在挤压强烈地带还形成了韧性剪切带，在构造破碎带中形成了破碎蚀变岩型金矿（例如，石嘴山牛头沟金矿）。中-晚三叠世，于鄂尔多斯盆地及西缘形成陆相烃源岩，为后来演化形成油气田奠定了基础。

中侏罗世（174. 1~163. 5 Ma）是区内又一重要的成煤期，在鄂尔多斯及其他山间盆地形成了层数多、厚度大的煤层。侏罗纪地层（即侏罗系）还初步富集了铀，后来经浅部富氧水淋滤活化迁移再还原沉淀形成后生铀矿。早白垩世在六盘山盆地沉积了盐类矿产。在卫宁北山等地热液活动较强烈，形成了金、银、铅、硫、铁、铜、钴、重晶石矿点等。

古近纪渐新世（33. 8~23 Ma）区内发育内陆盆地，气候干燥，在海原、盐池一带沉积了多层分布较广的石膏矿床及粘土，是宁夏石膏的主成矿期。尔后，于新近纪中新世（232~5. 3 Ma）内陆盆地中沉积了粘土类矿层及石英砂等。第四纪（2. 58 Ma）全区处于剥蚀状态，在沟谷及山前沉积了建筑用砂砾石、石英砂及少量铁质砂砾岩，在现代湖泊中具盐、硝化学沉积。

（四）矿产勘查与开发情况

宁夏地质工作始于19世纪末，有少数研究者和机构涉足宁夏并进行了简单的路线地质调查和研究。中华人民共和国成立后，地质部门和各工业部门地勘队伍先后开始了大量的地质调查、地球物理地球化学调查、普查找矿、矿产勘查等工作，奠定了宁夏地质工作的基础，发现并查明了一大批矿产地。由于受到市场需求、矿产资源开发利用对勘查工作的要求、矿产地的区位条件、矿产地的地质复杂程度以及勘查资金投入等诸方面因素的制约，各种矿产资源的勘查程度是不均一的。

目前市场需求大、开发利用较多的矿种，其勘查程度较高，主要有石油、天然气、煤、石灰岩、白云岩、岩盐、石膏、石英（砂）岩等。上述非金属矿产一般均达到了详查或勘探程度。石油、天然气、煤以勘探、详查为多，部分为普查。

市场需求较小、矿产地质条件较简单且受矿产区位条件影响的矿种，其勘查程度较低，包括重晶石、膨润土、湖盐与芒硝、陶瓷土、泥炭、彩石、铸型用石英砂、玻璃用石英砂、熔剂用石英（砂）岩、水泥配料用粘土岩、页岩、板岩等。上述非金属矿产一般仅为调查阶段，极个别矿产地达详查、勘探程度。

市场需求虽大，而矿产地质条件较复杂，勘查资金与技术投入不足的矿种，其勘查程度普遍较低，有铁、铜、铅、锌、钴、金、银和煤层气、页岩气、地热（水）等矿产。金属矿产铁、铜、金等找矿难度较大，仅小部分进行了普查和详查，个别进行了勘探（如铁矿）。

目前，宁夏矿产资源开发利用规模大的矿种，主要有煤、石膏、石灰岩。油气、铁、镁、硅石、岩盐、地热、芒硝等均为小规模利用。金、铜、贺兰石、磷块岩、耐火粘土、辉绿岩、白云母等曾被开采利用。煤层气、页岩气、油页岩、银、铅、锌、彩石、泥炭等矿产尚未开发利用。

此外，在以往勘查工作中综合找矿和综合评价尚不足。例如：在煤矿勘查工作中对煤系高岭土、分散元素镓、锗、煤层（成）气，在岩盐、芒硝、石膏等盐类矿产勘查时对硼、锂、铷、钾、溴、碘等稀散元素及优质石膏的专门评价，在对石灰岩、白云岩矿产勘查时对各类美术工艺用石材、饰面用石材等共伴生矿产资源综合评价方面均有待加强。

第一篇　能源矿产

能源矿产，又称燃料矿产、矿物能源。是赋存于地表或地下的，由地质作用形成的，呈固态、气态和液态的，具有提供现实意义或潜在意义能源价值的天然富集物。中国已发现的能源矿产资源，固态的有煤、石煤、油页岩、铀、钍、天然沥青、天然气水合物等；液态的有石油；气态的有天然气、煤层气、页岩气。

宁夏是我国能源矿产资源丰富的省份之一，也是我国十大能源矿产资源集中区之一。截至 2017 年底，已查明资源储量的有煤、石油、天然气、油页岩 4 种，已被开发利用的有煤、石油、天然气 3 种。

第一章　煤

世界煤炭资源丰富，截至2014年底，世界煤炭资源探明可采储量8915.31×10^8 t（国土资源部信息中心，2015）。中国煤炭资源探明可采储量1145.00×10^8 t，占世界的12.8%，居世界第三位。

中国煤炭资源主要分布在新疆、内蒙古、山西、陕西、宁夏等省（自治区）。煤炭资源是宁夏的优势能源矿产，不论是煤炭资源总量，还是煤种，在全国均占有重要地位，而且开采条件较好，具有广阔的开发利用前景。

第一节　概　　述

中国是世界上以煤为主要能源的国家之一，煤在中国经济发展中占有极其重要的地位。煤在中国一次性能源生产和消费中仍占有主导地位，占比为62%。宁夏是我国著名的产煤区之一，也是国家明确的大型煤炭基地、西电东送火电基地、煤化工产业基地。在宁夏的能源消费结构中，煤炭消费量占能源消费总量的比例基本保持在85%左右。宁夏因此也成为主要依托煤炭资源发展的省区之一。

一、煤的特性和主要用途

煤是在特定的地史时期内，由植物和少许浮游生物遗体，在古地理、古气候和地壳运动作用下，埋藏于地下受上覆盖层压实，并经过复杂的水化学、生物化学、物理化学作用转化而成的固体有机可燃矿产。

煤是多种高分子有机化合物和矿物质的集合体，有机组分元素以碳为主，氢、氧、氮、硫次之，其中碳、氢、氧占95%以上。碳、氢等成分是可燃体，也是工业利用的对象。无机组分主要有水、粘土矿物、石英、方解石、黄铁矿等矿物质，形成了煤中的有害组分，如水分、灰分、硫分等。煤除一般物理性质外，尚有煤的结构、构造、煤岩类型或显微组分等特征。煤具有可燃性和不同燃点以及热解性、热稳定性、粘结性和反应（活）性等性能。

煤被称为“工业粮食”，它不仅是工业、农业和人民生活不可缺少的能源，而且还是冶金、化工、医药等行业的重要原料。冶金工业方面，煤用作炼焦和生产耐火材料的窑炉燃料，并可从煤（煤灰）中提取锗、镓、铟、钒等微量元素。燃料动力方面，煤用作火力发电燃料以及各种工业窑炉，如水泥、玻璃、陶瓷等轻工业窑炉的燃料。化学工业方面，煤经低温干馏或气化、液化制成气和液体燃料及化工原料，如柴油、汽油、煤气、煤焦油、氮肥以及染料、芳香族原料、涂料、塑料、合成纤维、碳纤维、合成橡胶、炸药、药品、香料、石墨、碳化硅和感光材料等上百种产品。此外，煤矸石、灰渣等可用作水泥、建筑用砖的原料或配料。

二、煤的矿产地数量

宁夏全境处于华北-柴达木地层大区中部，跨祁连、阿拉善和华北3个地层区（图1-1）。具工业价值的煤层主要赋存于石炭系羊虎沟组、太原组，二叠系山西组和侏罗系延安组之中。按含煤地层和矿产地所处大地构造位置、地层分区、成煤地质条件及分布特征，将宁夏境内含煤区域划分为贺兰山、宁东、香山和宁南四大煤田。

2017年宁夏矿产资源储量数据库中的煤炭矿区（井田或勘查区）共132处。根据《中国矿产地

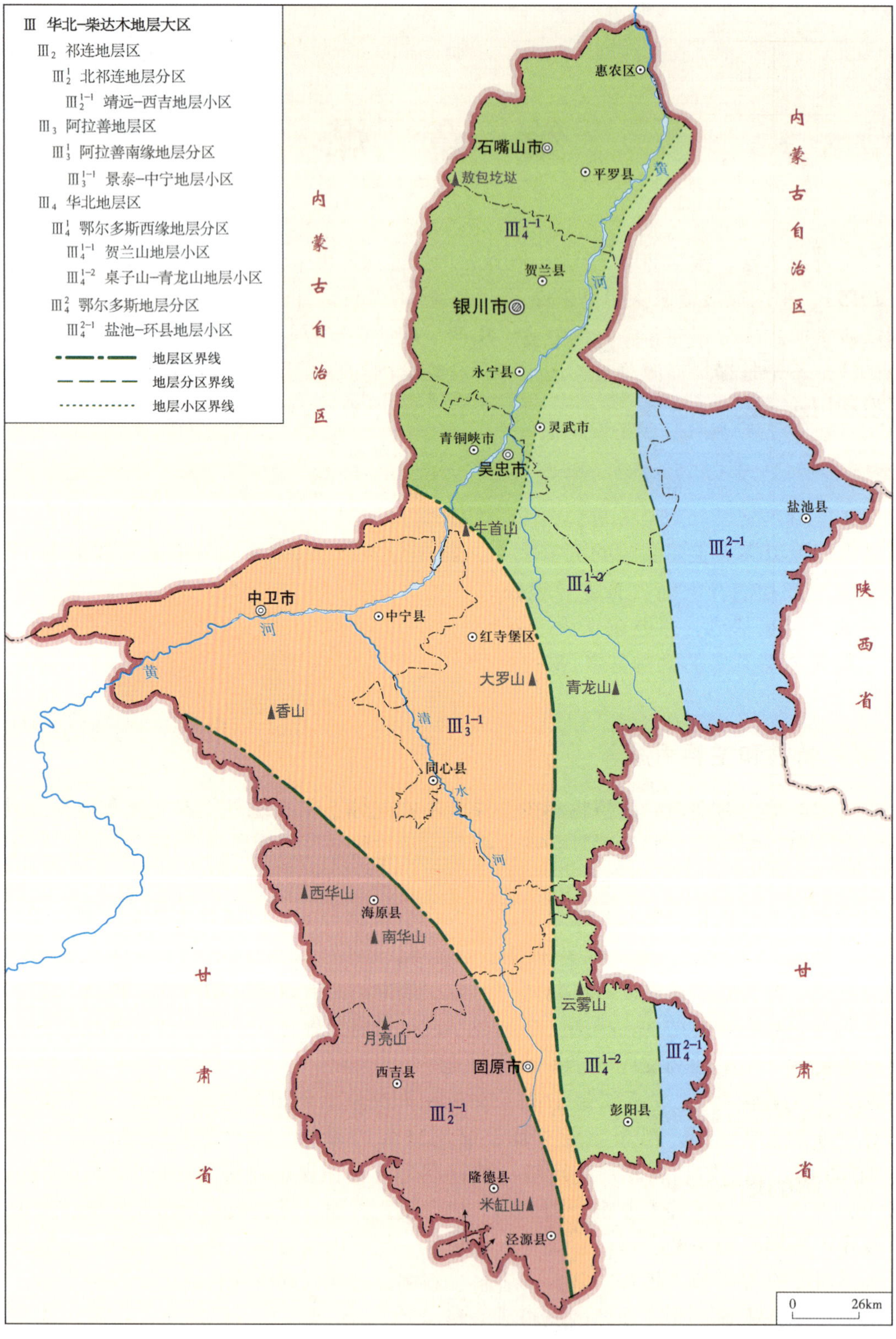

图 1-1 宁夏综合地层区划图

（据宁夏回族自治区地质调查院，2017）

质志·省级矿产地质志研编技术要求》，将上述132处煤炭矿区（井田或勘查区）中赋存空间连续、成矿时代相同的煤炭矿区（井田或勘查区）合并处理，全区合并后的煤炭矿产地共有27处（按矿区计），其中，超大型4处（占14%），大型9处（占33%），中型2处（占7%），小型12处（占44%）（表1-1）。

表 1-1　宁夏煤矿产地一览表

序号	煤田	所在地区		矿区（煤矿）名称	勘查程度	矿床规模	成煤时代
		市	县（市）级				
1	贺兰山煤田	石嘴山市	大武口区	汝箕沟矿区	勘探	大型	J_2
2				石炭井矿区	勘探	大型	C-P
3				呼鲁斯台矿区	勘探	大型	C-P
4				马莲滩-炭梁坡矿区	详查	小型	C-P
5			惠农区	沙巴台矿区	勘探	小型	C-P
6				正义关矿区	普查	小型	C-P
7				石嘴山矿区	勘探	大型	C-P
8	宁东煤田	石嘴山市	平罗县	三眼井勘查区	详查	小型	C-P
9		银川市	兴庆区	红墩子矿区	勘探	大型	C-P
10			灵武市	横城矿区	勘探	大型	C-P
11				灵武矿区	勘探	超大型	J_2
12				石沟驿矿区	普查	小型	J_2
13				鸳鸯湖矿区	勘探	超大型	J_2
14				积家井矿区	勘探	超大型	J_2
15				马家滩矿区	勘探	超大型	J_2
16		吴忠市	盐池县	萌城矿区	勘探	大型	J_2
17				四股泉矿区	勘探	中型	C-P
18			同心县	韦州矿区	勘探	大型	C-P
19	香山煤田	吴忠市	红寺堡区	线驮石矿区	勘探	中型	C_2
20				土坡勘查区	普查	小型	C_2
21		中卫市	沙坡头区	深井勘查区	勘探	小型	C_2
22				上下河沿矿区	普查	小型	C_2
23				梁水园矿区	勘探	小型	C_2
24			中宁县	碱沟山矿区	勘探	小型	C_2
25				下流水勘查区	普查	小型	J_2
26	宁南煤田	固原市	原州区	炭山矿区	勘探	大型	J_2
27			彭阳县	王洼矿区	勘探	大型	J_2

三、煤资源的地理分布

宁夏地处中国地质地理分界之“南北中轴线”的北段，疆域轮廓南北长、东西短。南北相距约456 km，东西相距约250 km，总面积为6.64×10^4 km^2。宁夏含煤地层遍及12个县市，境内含煤面积1.17×10^4 km^2，占宁夏国土面积的17.6%。含煤地层集中分布在贺兰山、宁东、香山和宁南四大煤田之中（图1-2）。

四、煤矿床类型及分类

根据“中国矿产地质志”矿床（成因/工业）类型划分表，煤属于外生矿床-沉积作用矿床-生物化学沉积型矿床。宁夏的煤层形态、结构较复杂，厚度变化较大，以中、薄煤层为主，厚煤层较少，多呈层状-似层状，个别为鸡窝状，煤层多属较稳定及不稳定型煤层。煤质优良，特别是延安组的煤多属特低-低灰、特低-低硫、特低-低磷、高-特高热值（原煤干基高位发热量一般在20~

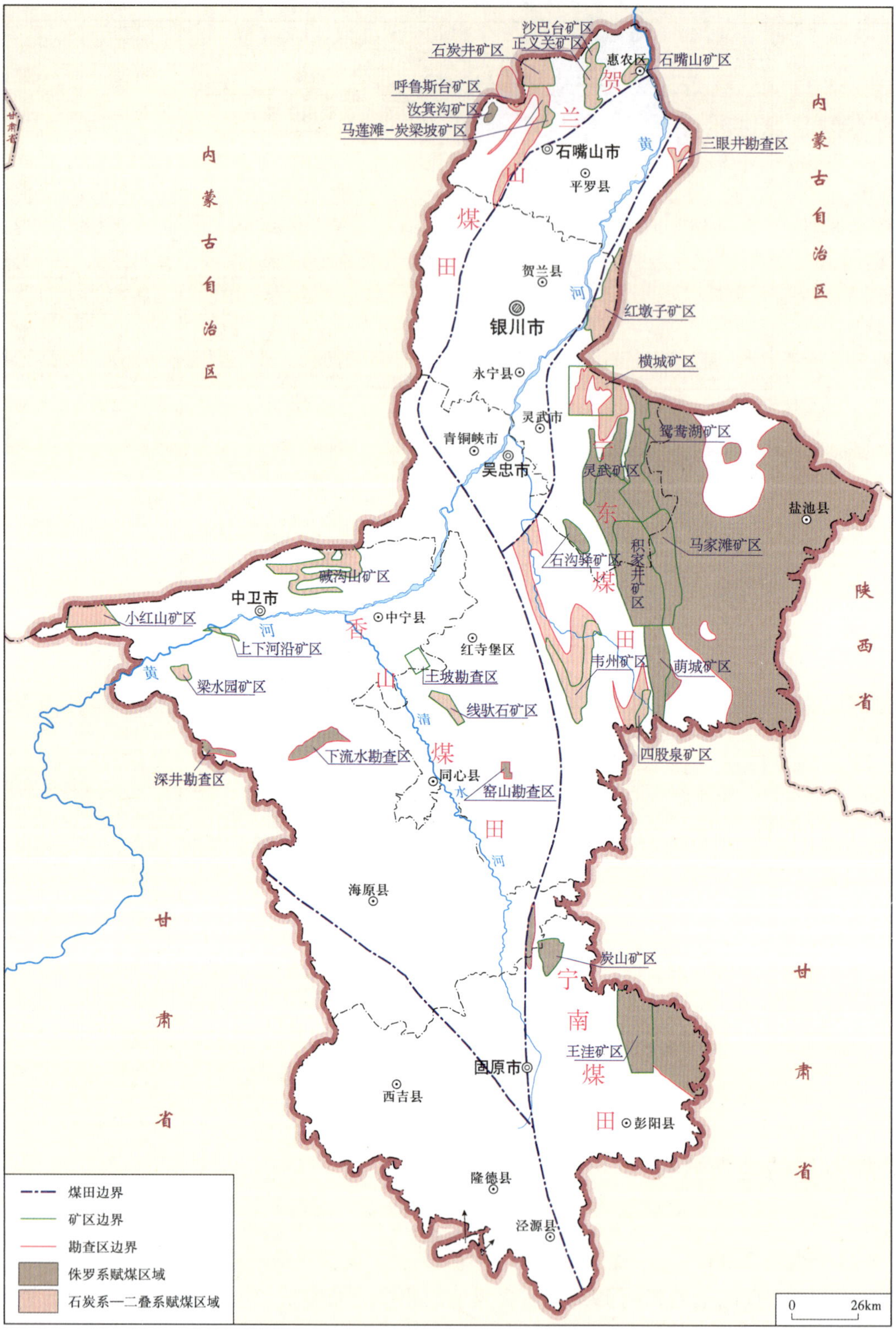

图 1-2　宁夏煤炭资源分布示意图

（据宁夏回族自治区煤田地质局，2010，有修改）

35 MJ/kg 之间），煤的可选性为易选-中等可选。

地质勘查中主要以研究煤化程度和确定煤的类别为主。中国最新煤的分类中按煤化程度参数将煤分为褐煤、烟煤和无烟煤三大类，这三类煤宁夏均有产出。

（一）宁夏煤的种类

1. 褐煤

褐煤是泥炭经成岩作用形成的一种腐殖煤，是煤化程度最低的煤，其理化性质大都介于泥炭和烟煤之间，质脆、易碎、无光泽，呈暗褐色，内在水分大，发热量低。碳含量一般为60%~77%，氧含量为5%~6.5%，发热量为25.08~30.53 MJ/kg，透光率为30%~50%，含腐殖酸。褐煤又分为褐煤1号和褐煤2号。褐煤可作气化、液化用煤，含油率高的可作低温干馏炼油用煤。

宁夏境内褐煤分布极少，只在宁南煤田王洼矿区一带有极其少量的褐煤出现。

2. 烟煤

烟煤的煤化程度高于褐煤，具有相当硬度，挥发分在10%以上，内在水分一般在10%以下。我国烟煤按变质程度又进一步分为长焰煤、不粘煤、弱粘煤、1/2中粘煤、气煤、气肥煤、肥煤、1/3焦煤、焦煤、瘦煤、贫瘦煤和贫煤。

宁夏的烟煤在四大煤田中均有分布，在查明的煤炭资源中煤类丰富、煤种齐全，且各煤种均有产出。其中，炼焦用煤主要分布在贺兰山煤田以及宁东煤田中的红墩子、横城、韦州、萌城等矿区，主焦煤、配焦煤品种齐全，但主焦煤偏少，可选性差，中等易选-很难选，精煤回收率优良-中等。焦炭质量基本符合大型高炉的要求，但存在部分煤层灰分或硫分、焦粉量较高的缺点，作为配焦煤为宜；非炼焦用煤（动力用煤）主要分布在宁东等其他煤田之中，大部分为特低灰、特低硫、高发热量的环保动力用煤，且为气化和生产活性炭的理想原料。宁南煤田的长焰煤液化率达70%左右，是理想的液化用煤。

3. 无烟煤

无烟煤是腐殖煤的一种，由烟煤变质而成，有的由腐泥煤变质而成，煤化程度最高。无烟煤燃烧时无烟或少烟、硬度大，发热量较高，为31.36~36.17 MJ/kg，无粘性，挥发分小于10%，碳含量90%~98%，氮含量小于4%。无烟煤按变质程度增高，依次分为无烟煤3号到无烟煤1号。

宁夏的无烟煤主要产自贺兰山煤田，其中以汝淇沟最佳，其次为宁东煤田韦州矿区和香山煤田碱沟山矿区。

（二）宁夏煤的种类构成及其比例

宁夏煤炭资源中，无烟煤、焦煤和不粘煤为优势煤种，其中，无烟煤占查明矿产资源储量的4.56%，焦煤占8.10%，不粘煤占64.10%（图1-3）。

五、宁夏煤炭资源储量

宁夏煤炭资源极为丰富。查明资源储量较为集中在贺兰山煤田和宁东煤田中。截至2017年底，宁夏累计查明的煤资源储量为34096643.51×10^3 t（表1-2）（本志中所有涉及的煤炭矿产资源储量，都以宁夏矿产资源储量数据库（2017）为准），位居全国第六，由此奠定了宁夏是我国唯一的小地域大煤炭资源省区的地位。

六、煤炭勘查工作程度

宁夏煤炭资源的发现与利用始于宋代的西夏时期，但其研究工作始于20世纪30年代。孙健初（1936年）、任绩（1941年）、张文漠（1942~1946年）、边兆祥（1943年）、黄劭显（1944年）、李士林（1944~1947年）以及何春荪（1948年）等著名地质学家曾先后对贺兰山地区的石嘴山、汝箕沟，灵武磁窑堡，同心县羊虎沟，中卫市上河沿、红泉沟，固原炭山等地进行了调查与研究，并撰写过有关方面的文章，提交过研究报告。尽管上述工作比较零星，但这些开拓性的地质工作对宁夏以后的地质工作及深入研究都提供了难得的历史资料，具有极其深远的影响。

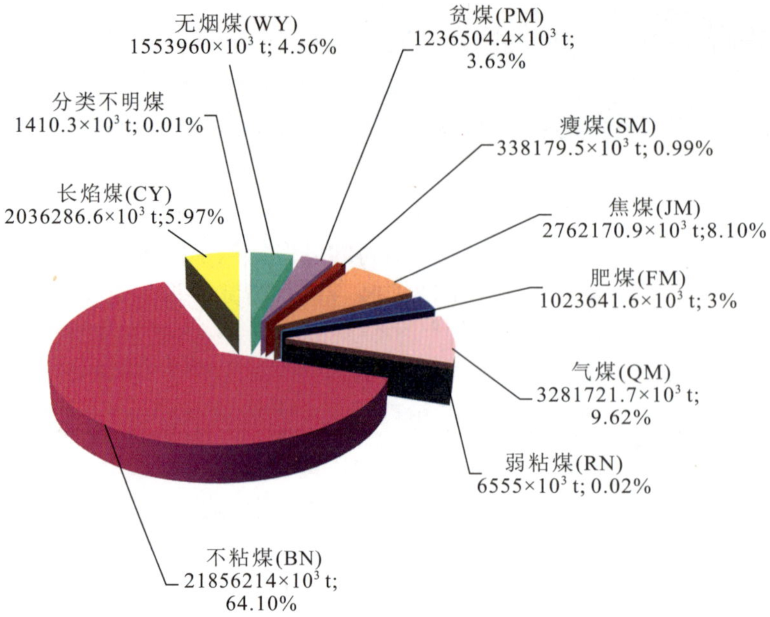

图 1-3　宁夏查明煤炭资源储量按类型构成图

表 1-2　宁夏主要煤资源储量统计汇总表

矿种名称	资源储量单位	资源储量类别	截至 2017 年底资源储量		
			矿区数	保有	累计查明
煤	10^3 t	储量	132	555335. 06	—
		基础储量		3807427. 45	4806935. 33
		资源量		29013564. 32	29289708. 18
		资源储量		32820991. 77	34096643. 51

宁夏大规模的煤田地质勘查是在中华人民共和国成立以后。1952~1954 年，地质部二〇五队相继在贺兰山地区完成了 1：20 万和 1：5 万地形地质、水文地质测量，提交了《贺兰山北段地质普查报告》，成为以后在贺兰山地区进行煤田地质勘探的基础。接着，宁夏煤田地质局（原西北煤田地质局一四六队）于 1956 年 2 月进入石嘴山矿区开始了勘探工作，并于 1957 年 12 月提交了《石嘴山矿区石嘴山向斜东南翼井田勘探报告》，为宁夏煤炭资源开发利用开启了新的篇章。紧随其后，以宁夏煤田地质局为主，煤炭部、地矿部西北地质局、宁夏地矿局地质调查院等单位先后参加了宁夏石炭井、汝箕沟、磁窑堡等矿区的煤炭地质勘查工作，勘查范围扩大至宁夏全区各地，并相继提交了一大批煤炭勘探地质报告，使宁夏煤矿大规模建设有了相应的资源保障。与此同时，不同部门和单位还进行了人工地震、重力、电测深等地球物理勘探和遥感地质调查。近年来，不少地质科研院所和高校涉及有关宁夏煤田的研究也取得了丰硕成果。其中具有代表性的比如 1996 年，王双明、吕道生等编著的《鄂尔多斯盆地聚煤规律及煤炭资源评价》。这些工作不仅向国家提供了可观的矿产资源储量，也积累了大量的地质资料。

1994 年，宁夏煤田地质局完成全区第三次煤田地质工作，将全区划为 29 个预测区，预测面积 7485. 1 km^2，预测 2000 m 以浅潜在煤矿资源量 $1205×10^8$ t。1995~2005 年宁夏煤田地质勘查工作也和全国各地一样进入低谷阶段。

2006 年后，随着宁夏地勘基金的设立，宁夏煤田地质工作又得到了新的发展。为提高煤炭资源勘查程度，推进大型煤矿项目建设，宁夏先后完成了各井田深部及外围补充勘探等各阶段的勘查工作。截至 2017 年底，在宁夏境内经地质勘查发现的煤矿区（井田）有 132 处，勘查面积 2460. 67 km^2

（占含煤面积的21%），提交各阶段的煤炭资源勘查报告120余份，取得了良好的勘查成果。

七、煤炭开发利用程度

宁夏煤炭资源开采历史悠久。自宋代的西夏时期以来，各个朝代均有采煤记载。中华人民共和国成立之初，宁夏煤炭开发利用仍以过去民间开采形式延续下来。

1957年10月20日，宁夏第一对现代化矿井——一号斜井在石嘴山破土动工，设计生产原煤45×10^4 t/a，从此结束了宁夏没有现代化矿井的历史。

20世纪70年代末，宁夏煤炭系统进行了改制与技术革新。实施了石嘴山一、二矿联合改造、石沟驿等煤矿技改，新增生产能力289×10^4 t/a。1985年灵武矿务局正式成立，此后灵新井田、羊场湾井田等7座大型煤矿顺利建成投产，拉开了宁东地区煤炭资源开发利用的序幕，新增煤炭生产能力3030×10^4 t/a。

2002年12月，亘元、太西、灵州三大煤业集团（其前身为石嘴山、石炭井、灵武三大矿务局）和原宁夏煤业集团公司深度重组成立了宁夏煤业集团有限责任公司。2006年1月，与神华集团合作，组建了神华宁夏煤业集团有限责任公司，并逐步形成了集煤炭生产、专业化建设、产品销售于一体，涉足煤炭、煤化工、煤炭深加工及综合利用、电厂、铁路等行业的大型煤炭集团。到2009年底，神华宁煤集团共生产原煤5025×10^4 t，占全区产量的88.63%。原煤产量快速增长，使宁夏从一个西北主要产煤省区一跃成为全国的主要产煤省区之一。

宁夏回族自治区发展和改革委员会关于截至2017年底全区煤矿生产能力的公告中，全区生产煤矿45处，生产能力7246×10^4 t/a。2017年，中国煤炭产量最高的10个省区排名，宁夏原煤总产量为7353.4×10^4 t，同比增长7.9%，全国排名第九。2017年宁夏为化解煤炭过剩产能而关闭了24家煤矿，其中石嘴山市20家、中卫市3家、银川市1家。

第二节　贺兰山煤田

一、煤田概况

贺兰山煤田是宁夏目前重要的煤产地，位于宁夏北部的贺兰山东麓、黄河西岸，包兰铁路纵贯其中，行政区划属于石嘴山市和银川市。南以青铜峡-固原大断裂为界，东以黄河大断裂或贺兰山东麓断层为界，其余均以宁夏回族自治区与内蒙古自治区的区界分界，呈北北东向条带状展布，长100 km，宽20~30 km，面积约2500 km^2。大地构造位置位于柴达木-华北板块（Ⅲ）、华北陆块（$Ⅲ_5$）、鄂尔多斯地块（$Ⅲ_5^1$）、鄂尔多斯西缘中元古代—早古生代裂陷（$Ⅲ_5^{1-1}$）。所属成矿区带为鄂尔多斯西缘（陆缘坳褶带）Fe-Pb-Zn-磷-石膏-芒硝成矿带（Ⅲ-59）。煤田共包括7个矿区和6个预测区。分别为沙巴台矿区、汝箕沟矿区、呼鲁斯台矿区、石炭井矿区、马莲滩-炭梁坡矿区、正义关矿区、石嘴山矿区；沙巴台深部预测区、苏峪口预测区、呼鲁斯台深部预测区、石炭井深部预测区、马莲滩深部预测区、正义关深部预测区（图1-4）。各矿区均有工业煤层形成。

（一）煤田地质特征

1. 煤田地层

贺兰山煤田地层区划属于柴达木-华北地层大区（Ⅲ）、华北地层区（$Ⅲ_4$）、鄂尔多斯西缘地层分区（$Ⅲ_4^1$）、贺兰山地层小区（$Ⅲ_4^{1-1}$）。地层特点与华北腹地基本相同，基底由古元古界的贺兰山岩群变质岩系及花岗岩组成，其上为浅变质的中元古界不整合覆盖。之后，广泛沉积了海相寒武系和奥陶系，上石炭统—二叠系为海陆交互相的含煤地层和陆相碎屑岩沉积，中、新生界均为陆相地层。上、下古生界为一巨大的区域性假整合，除局部地段有晚奥陶世沉积外，广大地区缺失上奥陶统、志留系和下石炭统。侏罗系零星分布，新生界不发育。

贺兰山煤田地层沉积巨厚，达万米以上，自老至新出露有古元古界贺兰山岩群（Pt_1*Hl.*）；中元

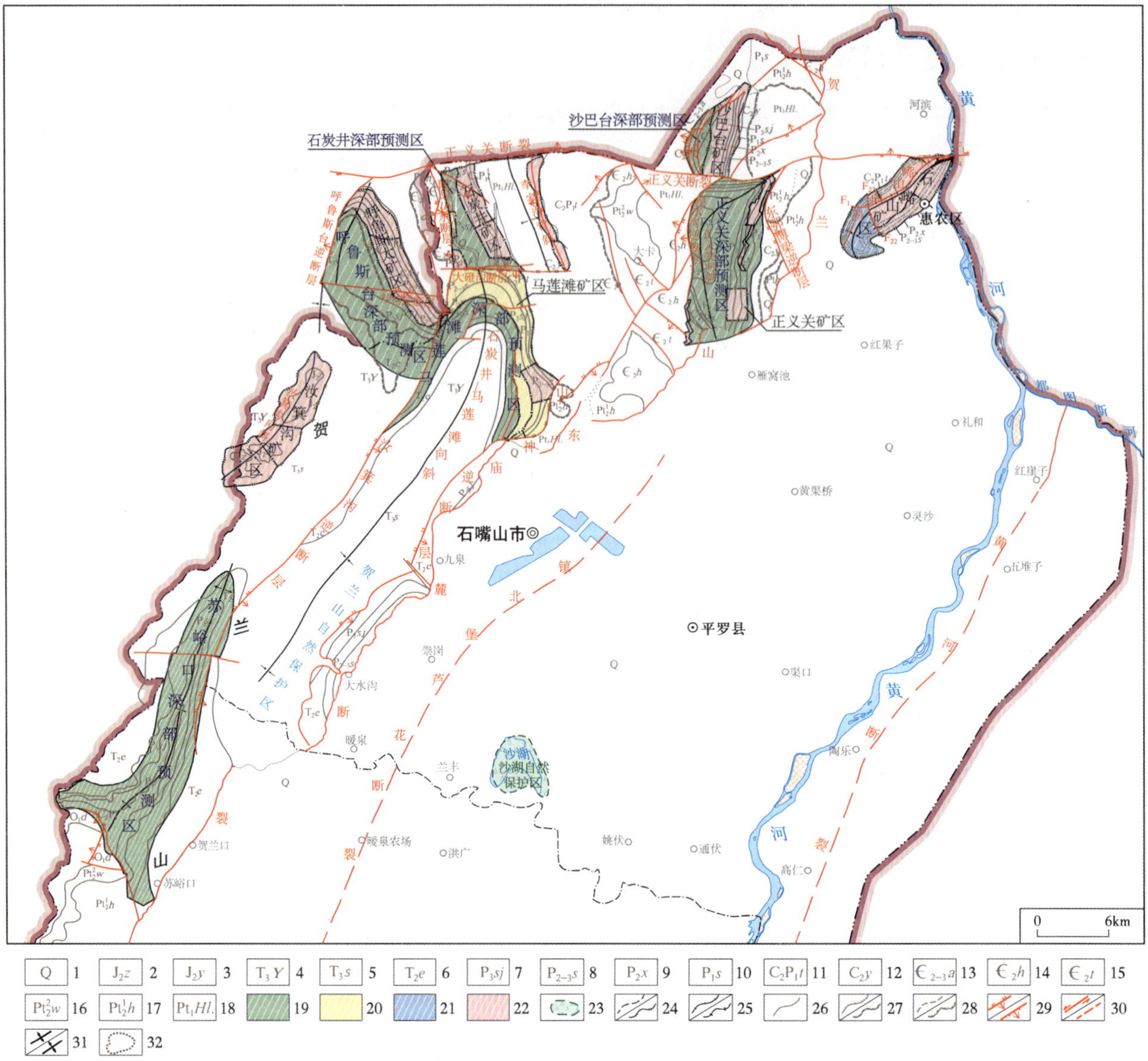

图 1-4　贺兰山煤田地质及各矿区分布示意图

（据宁夏回族自治区煤田地质局，2010，有修改）

1—第四系；2—直罗组；3—延安组；4—延长群；5—上田组；6—二马营组；7—孙家沟组；8—上石盒子组；9—下石盒子组；10—山西组；11—太原组；12—羊虎沟组；13—阿不切亥组；14—胡鲁斯台组；15—陶思沟组；16—王全口组；17—黄旗口组；18—贺兰山岩群；19—预查区；20—普查区；21—详查区；22—勘探区；23—自然保护区；24—煤田界线/矿区界线；25—勘查界线/井田界线；26—整合地质界线；27—实测不整合地质界线/实测假整合地质界线；28—推测不整合地质界线/推测假整合地质界线；29—实测逆断层/实测正断层；30—实测平移断层/推测断层；31—向斜/背斜；32—基岩露头界线

古界长城系黄旗口组（Pt_2^1h），蓟县系王全口组（Pt_2^2w），震旦系正目观组（Pt_3^3z）；下古生界寒武系（∈），奥陶系（O）；上古生界石炭系羊虎沟组（C_2y），石炭系—二叠系太原组（C_2P_1t），二叠系山西组（P_1s）、下石盒子组（P_2x）、上石盒子组（$P_{2-3}s$）、孙家沟组（P_3sj）；中生界三叠系刘家沟组（T_1l）、和尚沟组（T_1h）、二马营组（T_2e）、大风沟组（T_3d），侏罗系延安组（J_2y）、直罗组（J_2z）、安定组（J_3a），白垩系（K）；新生界古近系（E），新近系（N），第四系（Q）。

2. 煤田构造

贺兰山煤田地处华北地台南北向逆冲构造带的贺兰山复向斜和银川地堑。属于华北陆块鄂尔多斯西缘南北向构造带的贺兰山构造带，华北赋煤区贺兰山赋煤带中北部。

贺兰山构造带总体为一北东30°走向的复向斜构造，即贺兰山复向斜。东西两侧分别被贺兰山东麓断裂和贺兰山西麓隐伏断裂所控，南部以青铜峡-固原断裂与六盘山弧形构造带相邻。西北与阿拉善地块毗邻，西南与六盘山弧形构造带接壤，东与鄂尔多斯台坳相连。该构造是受到来自阿拉善地块东移的推挤而发生褶皱，并向东发生逆冲而形成的。其主要由北东向呈反“S”形的5条相间排列的背、向斜及逆冲断层组成。其中，背斜多被断层破坏，向斜向南、北两端翘起，褶皱面东倾。构造强度由西向东逐渐增强并抬升，地层时代由西向东变老。断层多为断面东倾的逆冲断层，构成石炭井、正义关、石嘴山等矿区的西部边界，断层上盘均为老地层。在苏峪口以南，贺兰山复向斜因受六盘山弧形构造带活动的影响而隆起，复向斜消失，同时出现北西向的断层和褶皱。断层规模小，且多为逆断层。

贺兰山构造带自北向南分为3个次级构造单元（即北段、中段、南段），赋煤构造单元（矿区）主要集中在北段。北段以正义关断裂为界分为南北两个部分，北部地区为沙巴台矿区；断裂以南10~20 km宽的地带，其构造特征主要是由一组走向北北东（或北北西）的褶皱，以及相伴发育的自西向东推挤为主的高角度逆冲断层。褶皱自西向东为：胡鲁斯台向斜、陶思山背斜、石炭井向斜、苦水沟背斜、李家沟向斜、西鄂博梁背斜、正义关向斜、东鄂博梁背斜及石嘴山向斜，其中上述向斜的西翼均受到向东逆冲的断层破坏或使其变陡（倾角30°~80°），石炭纪、二叠纪含煤地层赋存在上述向斜之中，分别为石炭井、正义关、石嘴山矿区，在胡鲁斯台向斜南部为汝箕沟矿区，石炭井向斜南部为马莲滩矿区。

中段的主体构造是由北北东向的两个背斜（大岭-庙前梁子背斜，苏峪口-神水庙背斜）和三个向斜（北寺-红石涯向斜，白芨滩-响水向斜和大澄沟-黄草滩-兰圈倒转向斜）组成的，以中生界为核心地层的复式向斜，复式向斜两翼以小松山断裂和东翼的勃力海带-花石洞断层以及老树湾-大水沟断层向着核心对冲或逆掩的结果。侏罗纪含煤地层和石炭纪—二叠纪含煤地层存在于上述向斜之中，构成苏峪口预测区。

南段地质构造比较复杂，古元古代至早古生代地层中发育着北北东向和北北西向两组断裂，互相截切使地层形成一些半背斜构造形态，在背斜的核部以古元古代地层为主，东翼局部缺失，仅西翼出露完整。在以北北东向为主体的贺兰山构造中，北西向斜冲断层可能属于六盘山弧形构造带的外围部分，经后期叠加形成于贺兰山构造带之上。

综上所述，贺兰山煤田可划分为9个Ⅳ级赋煤构造单元（矿区及预测区），其中除汝箕沟矿区为中生代侏罗纪煤矿区外，其他矿区均属晚古生代石炭纪—二叠纪煤矿区。

3. 煤田岩浆岩

贺兰山煤田岩浆活动不强烈，对主要含煤地层的影响甚微。根据岩浆岩侵入关系和同位素地质年龄数据，可将岩浆活动期概括如下。

1）古元古代（吕梁期）岩浆岩：在贺兰山北段主要分布在煤田北部与内蒙古仓库滩交界地带，区内出露面积仅约25 km^2，系仓库滩混合花岗岩的一部分。岩体赋存于古元古界贺兰山岩群中，在平面上呈近东西向长条状分布。属同构造或构造期后S型花岗岩，为地壳部分熔融的产物，其与麻粒岩相变质岩、混合岩密切共生，具有陆-陆碰撞带的典型特征。在贺兰山中段由黄旗口岩体和白杨沟岩体组成，岩石组合以英云闪长岩（斜长花岗岩）为主，次为花岗闪长岩、二长花岗岩、花岗岩，为钙性-钙碱性岩系，过铝的岩石类型，属壳源（S）型花岗岩。

2）早古生代（加里东期）岩浆岩：主要分布在贺兰山北段，宗别立-正义关断裂以北，呈基性岩墙群东西向展布；断裂以南呈北东或近南北向展布。在贺兰山中段黄旗口均有分布。

3）晚古生代（华力西期）酸性火山岩：主要分布在贺兰山北段的沙巴台一带，为英安质晶屑玻屑凝灰岩，厚3.1~16.8 m，大部分夹于正常沉积岩层中。产于石千峰群的下部，常为英安质-流纹质凝灰岩，以火山岩为主，说明晚古生代（华力西期）中酸性火山活动十分活跃。

4）中生代（印支期）岩浆岩：主要分布在贺兰山北段汝箕沟鼓鼓台与内蒙古阿拉善交界地带，东西长约8 km，宽0.2~0.5 km。三叠纪末，伴随印支运动有基性玄武岩浆喷发，形成于上三叠统延长群顶部，其上与中侏罗统延安组不整合接触。玄武岩为灰绿色，有蚀变交代现象。汝箕沟延安组的煤层为无烟煤，其变质之深可能与下伏三叠系岩层之下有隐伏的岩浆侵入体有关。

（二）煤田含煤地层特征

贺兰山煤田含煤地层有：上石炭统羊虎沟组，上石炭统—下二叠统太原组，下二叠统山西组、下石盒子组，中侏罗统延安组。主要含煤地层为太原组、山西组、延安组。下石盒子组下部及羊虎沟组亦含煤，但因煤层薄，稳定性差，故无工业价值。除位于北部的汝箕沟矿区的煤炭资源成矿时代为中生代中侏罗世、含煤地层为延安组外，其他矿区的煤炭资源成矿时代均为古生代晚石炭世—早二叠世，含煤地层为太原组和山西组。其中，太原组为一跨系（石炭系—二叠系）岩石地层单位（表1-3）。

表1-3　贺兰山煤田含煤地层含煤情况一览表

含煤地层	矿区	厚度/m	含煤层数	可采煤层数	可采煤层总厚度/m	可采含煤系数/%
太原组 C_2P_1t	石炭井	150.40	8~11	3~8	13.79	9.17
	沙巴台	109.65	11	9	9.86	9.00
	正义关	224.30	10	7	15.47	6.90
	马莲滩	70.00	12	2	3.67	5.24
	石嘴山	148.59	9~10	6	18.15	12.21
山西组 P_1s	石炭井	112.84	3~6	2~4	15.32	13.58
	沙巴台	103.95	8	4	6.49	6.24
	正义关	91.99	5	2	6.21	6.75
	马莲滩	60.00	4	2	8.07	13.45
	石嘴山	123.00	6	4	15.62	12.70
延安组 J_2y	汝箕沟	248.30	7~9	7~9	37.09	14.94

1. 太原组含煤地层特征

（1）岩性及其含煤性特征

贺兰山煤田太原组含煤地层由黑色泥岩（页岩）、碳质泥岩（页岩）、灰黑色砂质泥岩（页岩）、灰-灰白色中细粒石英砂岩互层组成，夹生物灰及煤层，常含菱铁质结核。灰岩中含蜓类、腕足类、珊瑚、海百合茎和牙形石等动物化石，泥（页）岩产丰富的植物化石。太原组最上煤层顶板有厚1 m的黑色耐火粘土岩，近顶部夹0.5~2 m厚的含蜓灰岩，分布广泛，可作为地层划分对比的标志层。当大量灰黑色页岩（泥岩）终结消失，出现灰黄色厚层砂岩（底部有一层煤）时，该砂岩之底即为本组顶界。与下伏地层羊虎沟组为整合接触。太原组为一套海陆交互相含煤建造，其厚度为125.64~165.99 m，平均厚度145.62 m。含煤地层厚度70~224.30 m。太原组含煤8~12层，含可采及局部可采煤层2~9层，可采煤层总厚度3.67~18.15 m，可采含煤系数5.24%~12.21%，主要可采煤层为5煤、6煤，其平均厚度分别为1.96 m和8.84 m，煤层结构为简单-复杂。主要煤层位于本组中部。煤层大部分为稳定-较稳定。依据岩性、岩相组合特征及含煤性变化将本组划分为上、下两段。

下段：底部普遍发育一层灰白色厚层状石英砂岩，向上以黑色泥岩、粉砂岩为主，夹薄层砂岩、灰岩、煤层等，在区域上，较稳定的灰岩有2层，灰岩厚度均在1 m以下，且质不纯，往往呈泥灰岩或钙质泥岩，在大多数地区为煤层的直接顶板或间接顶板。该段含煤层4~12层，其中全区稳定的煤层有4层，位于本段的中上部，且由下而上单煤层厚度逐渐增加，反映了该段聚煤作用由下而上逐渐增强。

上段：较下段有更多的中-细粒石英砂岩，含有数层薄而稳定的石灰岩，垂向上多由粒度向上变粗的层序组成，煤层总体不发育，一般含2~5层局部可采的薄煤层。该段顶部为一层富含海相动物化石的石灰岩，横向上相变为泥灰岩或钙质泥岩。总体而言，所含砂岩的比例自下而上有所增加，反映了沉积环境由宁静滨海，逐渐向水流动力较大的环境变迁。本组下部一般煤层层数多，厚度较小，稳定性差；中部煤层厚度大，稳定性好，横向上易于对比；上部煤层少且厚度小，稳定性较差，显示成煤作用中部有利而两端较差的迁移变化规律。

（2）岩相特征

太原组具有明显的旋回结构，自下而上可划分为8个旋回（图1-5），分别为：

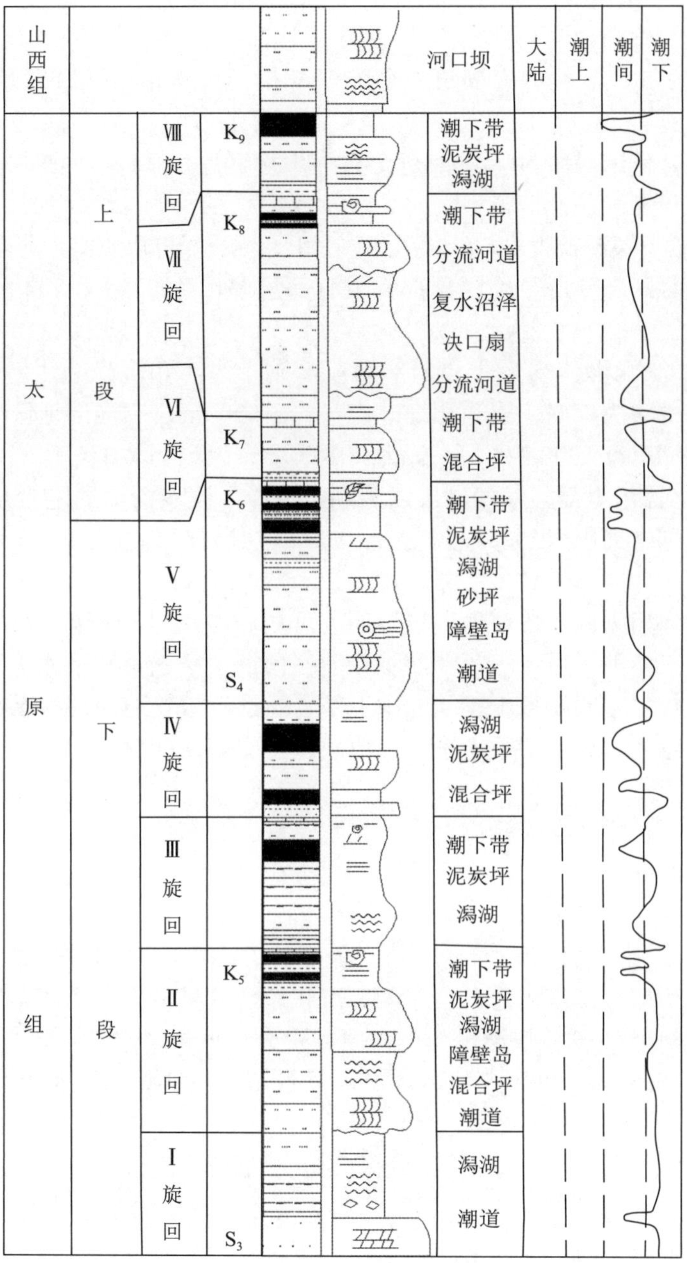

图1-5　太原组层段沉积旋回划分及沉积序列图

（据宁夏回族自治区煤田地质局，2010）

1）Ⅰ旋回，底部以潮道成因的中细石英砂岩开始，向上为粉砂岩、泥岩及薄煤层，顶部以薄层灰岩结束，表现出一个海退海进沉积序列。该旋回仅发育于石炭井矿区，厚20 m左右。

2）Ⅱ旋回，其岩性岩相组合及旋回结构与Ⅰ旋回相似，所不同的是在该旋回上部普遍发育2~3层大部或局部可采煤层，且煤层顶板为一层厚0.5~1.5 m的灰岩，是对比5煤组的重要标志之一。总之，该旋回结构清晰，全区稳定发育，厚度一般为10~25 m。

3）Ⅲ旋回，主要发育在煤田西部的沙巴台、石炭井矿区。下部由障壁岛、砂坪相开始，向上为潟湖相及泥炭沼泽相沉积，局部地段为局限台地相沉积。上部发育一层局部可采煤。该旋回在贺兰山北段由西至东，厚度变小，且粗粒砂岩成分由西至东减少。

4）Ⅳ旋回，全区均有分布，在大多数地区是由潟湖-混合坪-泥炭坪构成。该旋回含煤层数较多，一般为2~4层，单煤层厚度一般下部较薄，向上逐渐增厚。顶部发育一层全区稳定的重要煤层，即一$_{1-3}$煤。该旋回厚度变化具明显的规律性，在贺兰山煤田西部一般为20~30 m，向东部石嘴山矿区厚度逐渐减小，并与Ⅴ旋回合并，且一$_{1-3}$煤可与其上的一$_{1-2}$煤合并为一层全区稳定的厚煤层。

5）Ⅴ旋回，其相构成自下而上为潮道相、障壁岛相、潟湖相和开阔台地相。粒度总体向上变细，上部稳定发育着1~2层可采煤层。旋回顶部为全区发育的K_6灰岩。该旋回厚度变化与Ⅳ旋回相似，在贺兰山西部石炭井矿区厚度30 m，向东至石嘴山矿区厚度15 m。总体来看，该旋回岩性特征明显，煤层稳定，易于识别。

6）Ⅵ旋回，在贺兰山煤田较为发育，多由潟湖相-开阔台地相组成。其岩性主要由泥岩、泥质粉砂岩、粉砂岩组成，含薄煤一层，旋回顶部常发育一层厚度为0.4~1.5 m的石灰岩，厚度变化不大，一般为5~10 m。

7）Ⅶ旋回，下部以三角洲体系为主，上部则以潟湖、海湾相沉积为主。其岩性下部以河口坝、分流河道砂岩为主，上部为决口扇，沼泽相细砂岩、粉砂岩、泥岩，局部地段发育薄煤层，顶部为一层较稳定的灰岩。该旋回厚度变化较小，一般为20~30 m，区域上易于对比。

8）Ⅷ旋回，位于太原组上部，其相构成以潟湖、沼泽、泥炭沼泽局限台地相为主。岩性主要以泥岩、粉砂岩为主，底部常夹中-细粒砂岩。上部含1~3层薄煤层。旋回顶部为一层厚约0.5 m的石灰岩，即K_9灰岩。

综上所述，贺兰山煤田太原组含煤地层自下而上可划分出5~8个旋回，下部以障壁岛-潟湖相组合为主，上部为过渡性三角洲平原、三角洲前缘和前三角洲、下三角洲平原沉积组合。旋回的厚度偏小，一般为10~30 m。煤层一般发育于旋回的中上部，煤层顶板普遍为富含动物化石的灰岩。横向上由东至西具有旋回数目增大，煤层层数增多，而单层厚度变薄的变化规律。

2. 山西组含煤地层特征

山西组也是贺兰山煤田主要含煤地层之一，发育良好，分布范围与太原组基本一致。

（1）岩性及含煤性特征

山西组岩性主要由灰白色石英砂岩、岩屑石英砂岩、灰黑色页岩、砂质页岩组成，夹煤层及耐火粘土，横向岩性无明显变化。其顶置于下石盒子组底部一层灰黄色中粗粒长石石英砂岩之底，与下伏地层太原组和上覆地层下石盒子组均为整合接触。沉积厚度差异不大。山西组含煤地层厚度小，一般34~125 m；主要煤层位于中下部，煤层虽少，但厚度较大，且较稳定，一般含煤3~9层，最多达13层，煤层总厚度6.21~15.62 m，可采煤层多为2~4层，可采煤层总厚度6.21~15.62 m，可采含煤系6.24%~13.58%。

通过对剖面的成因地层分析，可将山西组划分为上、下两个岩段（图1-6）。

下段：底部普遍发育一层较稳定的细-粗粒长石石英砂岩，砂岩层中常见大型板状交错层理，含粗大植物茎秆。由砂岩向上以灰、灰黑色粉砂岩、泥岩占主导地位，该段以厚煤层发育为其主要特征，而且集中分布于该段的中部和顶部。本段厚度总体变化不大，苏峪口最厚81.54 m，马莲滩最薄25.86 m，一般为40~60 m。

上段：总体来看，岩性比下段要粗，普遍由两个粒度向上变细的层序组成，其下部砂岩较发育，最厚达27 m，中上部的灰、灰黑色粉砂岩、泥岩中常夹灰绿色泥岩条带；与下段相比，植物化石含量明显减少。煤层不发育，一般为局部或大部可采煤层。本段厚度变化不大，一般为30~50 m。

山西组属陆相含煤建造，并连续沉积于太原组之上，沉积较稳定，沉积厚度18.27~60.35 m，平均40.29 m，岩性由各级灰、灰白色长石石英砂岩，灰、灰黑色泥岩和煤组成，本组含煤2~5层，可采及局部可采2~3层，可采煤层总厚度13.03 m，可采含煤系数32.3%，主要可采煤层为2煤和3煤，其平均厚度分别是3.19 m和7.02 m，煤层全区稳定、煤层结构复杂。

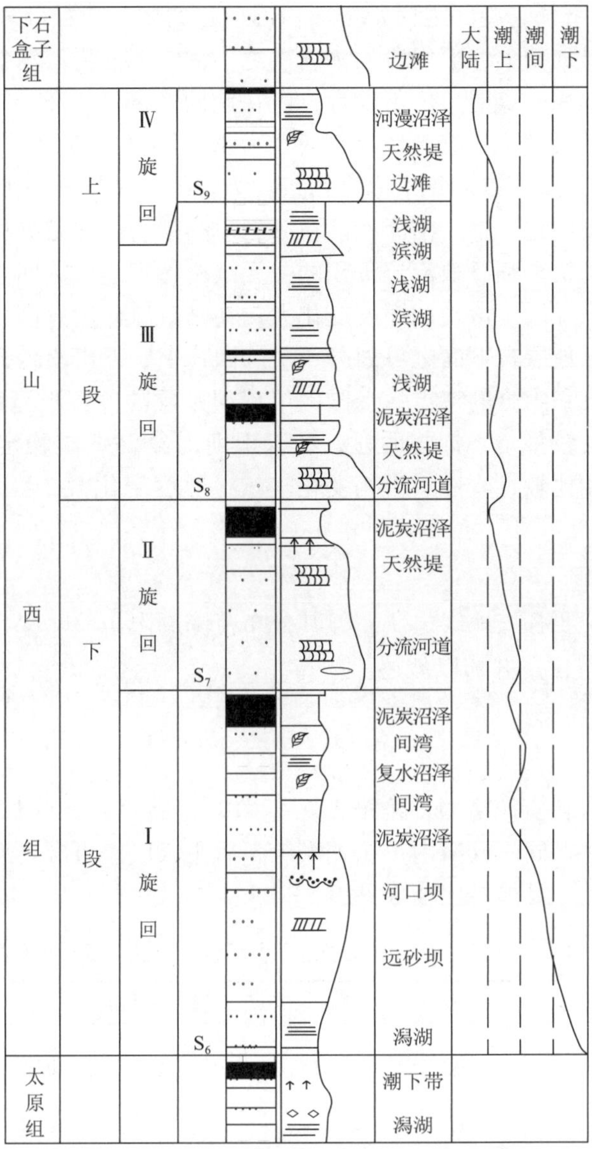

图 1-6　山西组层段沉积旋回划分及沉积序列图

（据宁夏回族自治区煤田地质局，2010）

（2）岩相特征

贺兰山煤田山西组是连续沉积于太原组之上的陆源碎屑含煤岩系，其下段以上三角洲平原为主的沉积组合。主要包括远砂坝相、河口砂坝相、分流河道相、分流间湾相、天然堤相、决口扇相和泥炭沼泽相等沉积单元，依各沉积相在剖面上的共生组合关系及横向上的变化特征，可以明显地划分出两个旋回，即Ⅰ、Ⅱ旋回；上段主要为冲积平原沉积组合，包括有分流河道、堤岸相、决口扇相、泛滥盆地相、泥炭沼泽相等沉积单元，上段大致可划分为两个旋回，即Ⅲ、Ⅳ旋回。现将山西组各旋回特征自下而上分述如下：

1）Ⅰ旋回，位于山西组下部，一般由分流河道相的中、粗粒或含砾粗砂岩开始，上至$一_2$上煤层顶板的砂质泥岩、泥岩结束。该旋回岩性岩相均较稳定，其顶部的厚煤层在区内广泛发育，延伸稳定，是划分旋回和煤层对比的重要标志。厚度一般为20～40 m，较为稳定。

2）Ⅱ旋回，位于下段上部，主要由三角洲前缘的河口砂坝相、分流河道相、泥炭沼泽相组成。在大多数矿区砂体为下粗上细的正粒序结构。在河道相（或河口坝相）砂体之上，广泛发育一层厚度大，结构复杂，富灰低硫煤层。该旋回总体上是稳定而且易于识别。其厚度变化较小，一般为15 m左右。

3）Ⅲ旋回，位于上段下部，旋回之底始于冲积河道相的中、粗粒砂岩，局部为含砾粗砂岩，该砂岩横向上相对较稳定，是划分上、下岩段的标志层之一。向上多为泛滥盆地相、浅湖相、滨湖相泥岩，粉灰岩、细砂岩互层沉积。煤层总体不发育，仅在旋回中部及上部夹有薄煤层，且稳定性较差。该旋回厚度变化不大，在石炭井、沙巴台、呼鲁斯台为 40 m 左右，其他矿区为 20 m 左右。

4）Ⅳ旋回，位于上段上部，以冲积平原沉积组合为特征，其下部一般冲积河道砂体很发育，上部为天然堤、决口扇、泛滥盆地、岸后沼泽相的粉砂岩、细砂岩、泥岩夹根土岩、碳质泥岩、薄煤层或煤线。剖面上具典型的下粗上细反映河流沉积的二元结构特点。该旋回上部发育稳定性较差的薄煤层，在大多数矿区为不可采煤层。该旋回厚度变化大，在马莲滩矿区厚度最小，仅 7 m。

综上所述，山西组含煤地层自下而上可划分 4 个旋回，上、下岩段各含两个旋回，其中下段两个旋回反映了上三角洲平原沉积组合的特点；上段两个旋回则反映冲积平原沉积组合的特点。横向上，下部两个旋回结构清晰，且较稳定，标志明显，易于识别，含 2~3 层稳定可采的厚煤层。上部所含两个旋回与下部两个旋回相比较，岩性、岩相变化较快，厚度变化大、稳定性差，煤层总体不发育，横向上不易对比。

3. 延安组含煤地层特征

延安组是贺兰山煤田主要含煤地层之一，但其分布范围局限，仅赋存在汝箕沟矿区之中。故将在之后的“汝箕沟矿区”章节中一并加以叙述。

（三）煤层对比

据《宁夏回族自治区煤炭资源潜力评价报告》（2010），将贺兰山煤田内煤岩按照先矿区，后煤田，再逐步扩大到全区，并在同一煤田内按照先煤组，后主煤层，再次要煤层逐级对比的方法系统地进行了各矿区间的煤层对比，具体对比结果见表 1–4。

表 1–4　宁夏贺兰山煤田太原组、山西组各矿区煤层对比结果表

煤田			贺兰山煤田						
矿区			苏峪口	呼鲁斯台	石炭井	马莲滩	沙巴台	正义关	石嘴山
组	段	新编号							
山西组	上段	二$_1$			未		未	未	
		二$_2$			未	未	未		
		二$_3$			未		未	未	
		二$_4$	1	1	2		4		未
	下段	一$_1$	2	2	3	3	5	6	2
		一$_2$	3、4、5	3	5	4	7	8	3
太原组	上段	二$_1$		4	6	未	9	9	3下
		二$_2$	6	6	未	未	10	11	4
	下段	一$_{1-1}$	9	7	7	9	11	13	5
		一$_{1-2}$	10	8	8				
		一$_{1-3}$	12	12	9	12	13	14	6
		一$_2$	13	14	10				
		一$_3$	14	15	未				7
		一$_4$		16	13		未		8
		一$_5$	15	17	未		17	16	9
		一$_6$		20					
		一$_7$		22	未				

（四）煤炭资源储量

截至2017年底，贺兰山煤田已累计查明煤炭资源储量3326465. 85×10^3 t，占宁夏煤炭查明资源储量的9. 76%。

（五）开发利用现状

贺兰山煤田内所有矿区均已开发利用，原有28个矿井，设计生产能力1874×10^4 t/a，因大部分地段处于贺兰山自然保护区范围，目前贺兰山煤田除极个别煤矿外，已基本全部关闭退出。

二、石嘴山矿区

石嘴山矿区位于贺兰山北段东麓山前冲积平原尾部，东临黄河，矿区以四周隐伏的可采煤层露头为界，呈北东向延展，行政区划属石嘴山市惠农区。

石嘴山矿区地层属华北-柴达木地层大区（Ⅲ）、华北地层区（$Ⅲ_4$）、鄂尔多斯西缘地层分区（$Ⅲ_4^1$）、贺兰山地层小区（$Ⅲ_4^{1-1}$）。大地构造位置位于柴达木-华北板块（Ⅲ）、华北陆块（$Ⅲ_5$）、鄂尔多斯地块（$Ⅲ_5^1$）、鄂尔多斯西缘中元古代—早古生代裂陷（$Ⅲ_5^{1-1}$）。所属成矿区带为鄂尔多斯西缘（陆缘坳褶带）Fe-Pb-Zn-磷-石膏-芒硝成矿带（Ⅲ-59）、银川断陷盆地石油-天然气-地热（水）-地下水-矿泉水成矿亚带（Ⅳ-59②）。所属矿床成矿系列为与晚古生代沉积作用有关的铜、银、灰岩、石膏、石英砂岩、煤、天然气、粘土、油页岩矿床成矿系列（5-Pz_2-S）。

石嘴山矿区包含的井田（勘查区）共计7个，分别为：一矿井田、二矿井田、一二矿深部扩大井田、三矿井田、三矿南备用区、F_2-F_4以北地段及南部详查区。石嘴山矿区从1956年起进行勘查工作，F_{22}逆断层以东达到勘探程度，F_{22}逆断层以西达到详查程度（图1-7）。

（一）矿区地质特征

1. 矿区地层

矿区西南部被第四系沉积物所覆盖，东北部有基岩裸露。地层自老而新有石炭系—二叠系太原组（C_2P_1t），二叠系山西组（P_1s）、下石盒子组（P_2x）、上石盒子组（$P_{2-3}s$），古近系（N），第四系（Q）。含煤地层为石炭系—二叠系的太原组和二叠系的山西组。

2. 矿区构造

石嘴山矿区总体为一向斜构造（图1-8），轴向走向北东30°~40°，其地层倾角在东南翼浅部为25°~30°，向深部变缓，在西北翼一侧则达40°。中北部发育有与向斜轴平行的F_1、F_{20}、F_{21}等大的逆断层，构造较简单。南部F_{21}—F_{25}等断层致使南部地层被切割并遭到不同程度的破坏，造成含煤地层成为不连续的断块状，构造复杂，上覆松散层较厚。

（二）矿区含煤地层特征

1. 太原组含煤地层特征

太原组含煤地层连续沉积在羊虎沟组之上，为一套海陆交互相含煤建造，其厚度为125. 64~165. 99 m，平均厚度145. 62 m。该建造沉积稳定，旋回清晰，岩性主要由深灰-灰黑色的中细粒砂岩、粉砂岩、泥岩和3~4层薄层状灰岩及煤层组成。该组含煤8~9层，含可采及局部可采煤层7层，可采煤层平均总厚度17. 16 m，可采含煤系数11. 8%，主要可采煤层为5煤、6煤，其平均厚度分别为1. 96 m和8. 84 m，为稳定-较稳定煤层，煤层结构为简单-复杂。

2. 山西组含煤地层特征

山西组连续沉积于太原组之上，属陆相含煤建造，沉积较稳定，沉积厚度18. 27~60. 35 m，平均厚度40. 29 m，岩性由灰、灰白色长石石英砂岩，灰、灰黑色泥岩和煤组成，本组含煤2~5层，可采及局部可采2~3层，可采煤层总厚度13. 03 m，可采含煤系数32. 3%，主要可采煤层为2煤和3煤，

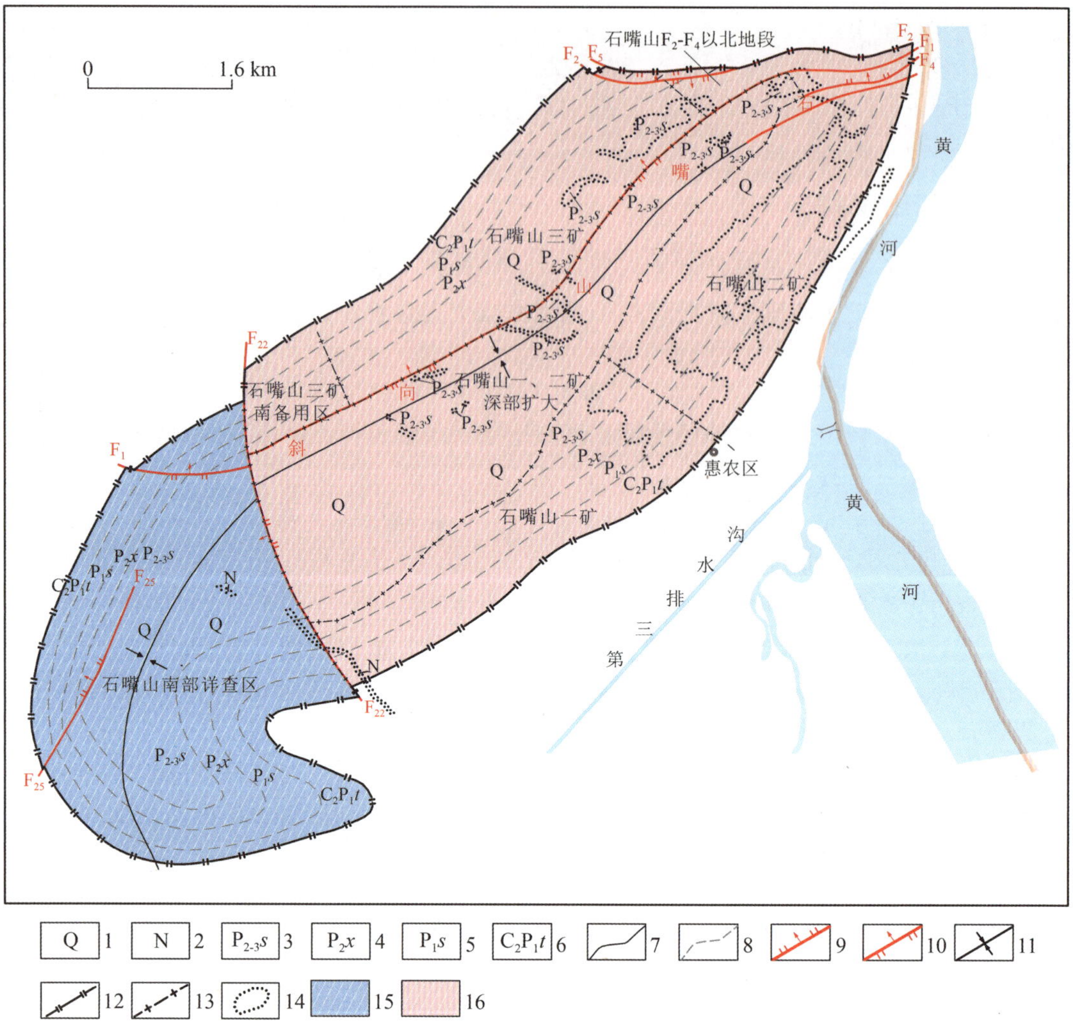

图 1-7 石嘴山矿区地质及各井田（煤矿）分布示意图

（据宁夏回族自治区煤田地质局，2010，有修改）

1—第四系；2—新近系；3—上石盒子组；4—下石盒子组；5—山西组；6—太原组；7—实测地质界线；8—推断地质界线；9—正断层；10—逆断层；11—向斜；12—矿区界线；13—井田界线；14—基岩露头界线；15—详查区；16—勘探区

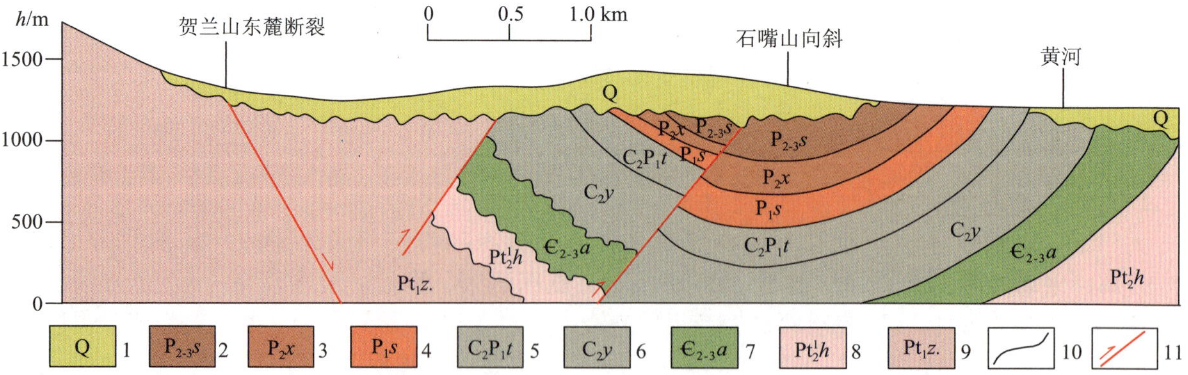

图 1-8 石嘴山矿区地质剖面示意图

（据宁夏回族自治区煤田地质局，2010，有修改）

1—第四系；2—上石盒子组；3—下石盒子组；4—山西组；5—太原组；6—羊虎沟组；7—阿不切亥组；8—黄旗口组；9—贺兰山岩群宗别立岩组；10—地质界线；11—断层

其平均厚度分别是 3. 19 m 和 7. 02 m，煤层全区稳定、煤层结构复杂。

（三）矿区煤质特征

1. 煤的物理性质

（1）太原组

石嘴山矿区太原组主要可采煤层的煤多性脆，节理较发育。宏观煤岩类型主要为半亮煤和半暗煤，次为光亮煤和暗淡煤。各矿区显微组分中，有机组分占 84. 1%～87. 6%，无机质占 12. 3%～15. 9%。有机组分中镜质组占 42. 9%～67. 2%，惰质组占 16. 6%～43. 7%，壳质组占 0%～3. 0%。无机质中以粘土类为主，硫化物次之，少量碳酸盐。各矿区显微煤岩类型以微镜惰煤为主，少量微泥质煤。微镜惰煤以微镜惰煤 V 为主，少量微镜惰煤 I （表 1-5）。

表 1-5　石嘴山矿区太原组各煤层显微煤岩特征表

井田名称	有机组分（去矿物基）/%			有机组分（含矿物基）/%				无机组分/%	显微煤岩类型
	镜质组	惰质组	壳质组	镜质组	惰质组	壳质组	合计		
一矿	70. 6	25. 9	3. 5	61. 5	22. 6	3. 0	87. 1	12. 9	微镜惰煤 V
一、二矿深部	48. 7	50. 1	1. 2	42. 9	43. 7	1. 1	87. 6	12. 3	微镜惰煤 I
三矿	77. 5	19. 2	3. 3	67. 2	16. 6	2. 9	86. 6	13. 4	微镜惰煤 V
南部	73. 2	26. 8	0. 0	61. 5	22. 6	0. 0	84. 1	15. 9	

（2）山西组

山西组主要可采煤层裂隙较发育。宏观煤岩成分以亮煤为主，暗煤次之，夹镜煤条带，含少量丝炭薄层。宏观煤岩类型以半暗-半亮型煤。各矿区显微组分中，有机组分占 81. 2%～91. 0%，无机质占 9. 0%～18. 8%。有机组分中镜质组占 46. 1%～59. 3%，惰质组占 21. 8%～40. 6%，壳质组占 1. 6%～4. 3%。无机质中以粘土类为主，硫化物次之，少量碳酸盐。各矿区显微煤岩类型以微镜惰煤 V 为主，少量微泥质煤和微三合煤（表 1-6）。

表 1-6　石嘴山矿区山西组显微煤岩特征表

井田名称	有机组分（去矿物基）/%			有机组分（含矿物基）/%				无机组分/%	显微煤岩类型
	镜质组	惰质组	壳质组	镜质组	惰质组	壳质组	合计		
一矿	63. 8	32. 7	3. 5	51. 8	26. 5	2. 9	81. 2	18. 8	微镜惰煤 V
一、二矿深部	50. 4	44. 9	4. 7	46. 1	40. 6	4. 3	91. 0	9. 0	
三矿	70. 8	26. 0	3. 2	59. 3	21. 8	2. 6	83. 7	16. 3	
南部	65. 4	32. 6	2. 0	53. 2	26. 5	1. 6	81. 3	18. 7	

2. 煤的化学性质

（1）太原组

太原组原煤灰分以中灰煤层为主，为 6. 73%～44. 28%；原煤全硫含量变化大，为 0. 34%～5. 24%，以中硫煤层为主，次为富硫煤层和低硫煤层；原煤磷含量均在 0. 01%～0. 05%之间，属特低-低磷煤层；各煤层原煤干燥基高位发热量较高，为 18. 59～32. 54 MJ/kg，属中低-高热值煤；浮煤挥发分产率为 12. 95%～40. 3%，煤种以 1/3 焦煤、肥煤为主（表 1-7）。煤选出符合工业指标的精煤，其焦炭质量可满足大型冶金高炉的工业要求，为炼焦用煤，不易做炼焦用煤的煤以及经洗选后的中煤、粉煤都宜做火力发电等动力用煤。

表 1-7　石嘴山矿区太原组各煤层主要煤质指标统计表

煤层编号	灰分 A_d/%	挥发分 V_{daf}/%	全硫 $S_{t,d}$/%	发热量 $Q_{gr,d}$/(MJ · kg^{-1})	磷 P_d/%	煤类
一$_{1\sim2}$	6.73~36.68 15.84	30.17~40.3 35.78	0.34~5.24 2.83	20.53~32.54 28.84	0.001~0.05 0.015	1/3JM、FM
一$_{1\sim3}$	15.21~41.57 24.07	19.91~35.6 32.96	0.7~4.16 2.38	18.59~29.17 25.19	0.002~0.095 0.033	1/3JM、FM
一$_5$	13.1~44.28 29.45	12.95~38.77 34.08	0.45~4.12 1.78	20.3~29.76 23.6	0.002~0.079 0.022	1/3JM、FM

注：横线上为区间值，横线下为平均值。下同。

（2）山西组

山西组原煤灰分普遍高于太原组，为 18.07%~49.79%，以富灰煤层为主，中灰煤层次之；原煤硫分普遍低于太原组，为 0.29%~3.04%，以特低硫煤层为主，少数低硫煤层；磷分为 0.007%~0.234%，属特低磷煤层，仅石嘴山煤矿偏高，平均为 0.05%。发热量低于太原组煤层，为 14.05~31.51 MJ/kg，属中低-高热值煤，其原因是由灰分高所致。浮煤挥发分产率为 21.13%~40.36%，各煤层平均为 7.47%~33.58%，属特低-中高挥发分煤层。煤种以 1/3 焦煤为主（表 1-8）。煤的用途同太原组。

表 1-8　石嘴山矿区山西组各煤层主要煤质指标统计表

煤层编号	灰分 A_d/%	挥发分 V_{daf}/%	全硫 $S_{t,d}$/%	发热量 $Q_{gr,d}$/(MJ · kg^{-1})	磷 P_d/%	煤类
二$_1$	20.40~44.71 31.41	30.63~38.84 33.18	0.29~2.93 0.63	18.09~31.51 22.07		1/3JM
一$_1$	20.74~40.03 31.27	24.69~40.36 33.58	0.29~3.04 0.61	18.86~26.78 22.61	0.007~0.234 0.054	1/3JM
一$_2$	18.07~49.79 29.51	21.13~34.82 32.64	0.3~1.36 0.51	14.05~28.15 23.09	0.020~0.093 0.042	1/3JM

3. 煤的可选性

1986 年石嘴山矿务局曾对现已开采的 9 个煤层分别采取大样，进行筛分、浮沉试验，根据各煤层的保有储量进行加权平均、计算得出全矿区煤层的综合可选性：当精煤灰分 12%时，其分选比重为 1.4±0.1，邻近物含量为 30%左右，在中等可选性和难选界线间浮动。其粒度组成小于 2.5 mm 的煤占 75%，故粒度较小，但灰分和硫分随粒度的增大却相对增高。

4. 煤种分布特点

石嘴山矿区煤种分布特点是，在向斜东南翼的中深部多为 1/3 焦煤，深部多为肥煤，在矿区西南端六煤有少量焦煤。煤质特征：山西组煤层属富灰、特低硫的 1/3 焦煤，极难选；太原组煤层的四、六层属中灰、中硫的肥煤、1/3 焦煤，极难选；五、七层属低-中灰、富-中硫气煤、肥煤及 1/3 焦煤，易选；八、九层属富灰、中硫的气煤、肥煤及 1/3 焦煤，极难选。

（四）矿区煤炭资源量

石嘴山矿区是宁夏最早进行煤炭勘探的矿区之一，自 1956~1992 年先后进行了勘查，勘查面积 33.9 km^2，除南部勘查程度为详查，其余均达勘探程度且已开发利用。截至 2017 年底，累计查明煤炭资源储量 1240070.45×10^3 t，保有资源储量 1078201.45×10^3 t，累计动用资源储量 161869.00×10^3 t。

（五）矿区开发利用现状

矿区自 1957 年开工建设有一矿、二矿，2005 年两矿合并为宁煤集团金能煤业公司，核定年生产

能力为 340×10^4 t，采用斜井开拓，现矿井处于停产状态。

三、沙巴台矿区

沙巴台矿区位于宁夏北部贺兰山北段，行政区划属石嘴山市惠农区，南部为正义关断层，北部及西北部为登奴斯断层和石嘴山市乡镇企业联办煤矿的北部边界，南北走向长 8 km，东西宽 2.5 km。

沙巴台矿区地层属华北-柴达木地层大区（Ⅲ）、华北地层区（$Ⅲ_4$）、鄂尔多斯西缘地层分区（$Ⅲ_4^1$）、贺兰山地层小区（$Ⅲ_4^{1-1}$）。大地构造位置位于柴达木-华北板块（Ⅲ）、华北陆块（$Ⅲ_5$）、鄂尔多斯地块（$Ⅲ_5^1$）、鄂尔多斯西缘中元古代—早古生代裂陷（$Ⅲ_5^{1-1}$）。所属成矿区带为鄂尔多斯西缘（陆缘坳褶带）Fe-Pb-Zn-磷-石膏-芒硝成矿带（Ⅲ-59）、贺兰山褶断带 Fe-Au-Cu-煤（气）-磷-硅石-石灰岩-白云岩-粘土成矿亚带（Ⅳ-59①）。所属矿床成矿系列为与晚古生代沉积作用有关的铜、银、灰岩、石膏、石英砂岩、煤、天然气、粘土、油页岩矿床成矿系列（5-Pz_2-S）。

沙巴台矿区原为一个勘查区，未划分井田。1960 年提交的勘探报告控制了+1200 m 水平以上的煤层，2008 年矿区深部补充勘探使+800 m 水平以上达到勘探程度，勘查面积 18.1163 km^2（图 1-9）。

（一）矿区地质特征

1. 矿区地层

沙巴台矿区出露地层自老而新有古元古界宗别立岩组（$Pt_1z.$），寒武系胡鲁斯台组（ϵ_2h），石炭系羊虎沟组（C_2y），石炭系—二叠系太原组（C_2P_1t），二叠系山西组（P_1s）、下石盒子组（P_2x）、上石盒子组（$P_{2-3}s$）、孙家沟组（P_3sj），三叠系二马营组（T_2e），第四系冲洪积层（Q）等。石炭系—二叠系太原组和二叠系山西组为本区主要含煤地层。

2. 矿区构造

沙巴台矿区其自身为一个不完整向斜，其西翼被断层切割破坏。矿区整体位于正义关断层以北，向斜轴走向北北东，东翼倾角 20°~25°，西翼倾角可达 45°，构造比较简单。向斜西翼受到自西向东逆冲的西鄂博梁断层和沙巴台断层的破坏，东翼石炭纪、二叠纪及三叠纪地层自西向东展布，不整合于古元古界贺兰山岩群之上。形态与石嘴山向斜相似，构造比较简单。

（二）矿区含煤地层特征

1. 太原组含煤地层

太原组含煤地层平均厚度 224.30 m，岩性主要由深灰-灰黑色的中细粒砂岩、粉砂岩、泥岩和 3~4 层薄层状灰岩及煤层组成。含煤 10 层，含可采及局部可采煤层 7 层，可采煤层平均总厚度 15.47 m，可采含煤地层数 6.90%，主要可采煤层为 9、13、14、16 煤，为稳定-较稳定煤层，煤层结构为简单、较简单煤层。

2. 山西组含煤地层

山西组沉积厚度平均 91.99 m，岩性由各级灰、灰白色长石石英砂岩，灰、灰黑色泥岩和煤组成，本组含煤 5 层，可采及局部可采 2 层，可采煤层总厚度 6.21 m，可采含煤系数 6.80%，主要可采煤层为 6 煤和 8 煤，煤层稳定、煤层结构较简单。6 煤直接顶板为砂岩，底板为粉砂岩或泥岩。8 煤老顶为灰白色中粗砂岩，较松软，其直接顶板为泥岩、粉砂岩。

（三）矿区煤质特征

1. 煤的物理性质

（1）太原组

太原组主要可采煤层的煤多性脆，节理较发育。宏观煤岩类型主要为半亮煤和半暗煤，次为光亮

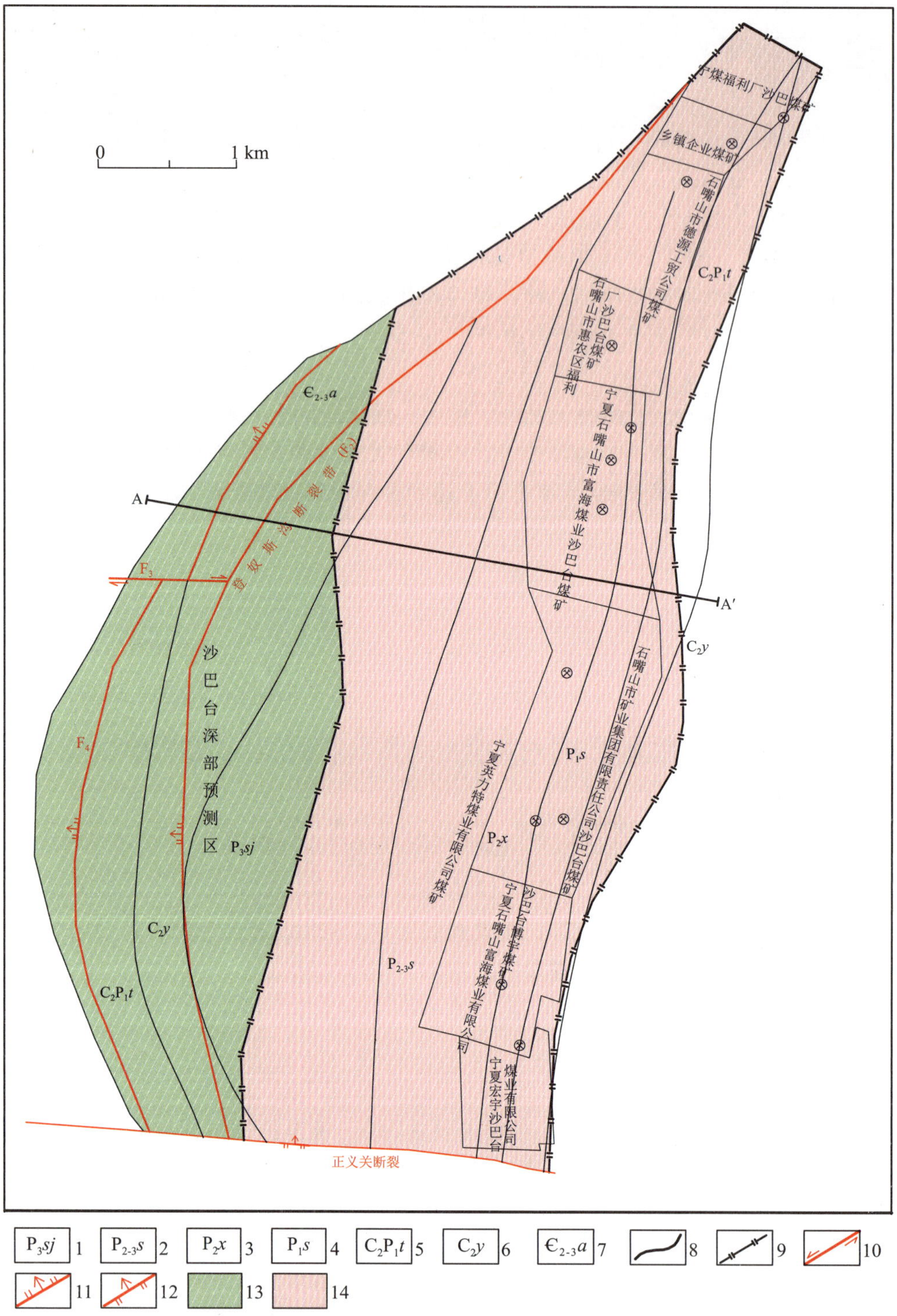

图 1-9　沙巴台矿区地质及各井田（煤矿）分布示意图

（据宁夏回族自治区煤田地质局，2010，有修改）

1—孙家沟组；2—上石盒子组；3—下石盒子组；4—山西组；5—太原组；6—羊虎沟组；7—阿不切亥组；8—地层界线；9—矿区界线；10—平移断层；11—正断层；12—逆断层；13—预查区；14—勘探区

煤和暗淡煤。各矿区显微组分中，有机组分占 78.1%～93.2%，无机质占 6.8%～21.9%。有机组分中镜质组占 46.7%～78.8%，惰质组占 14.4%～31.4%，壳质组占 0。无机质中以粘土类为主，硫化物次之，少量碳酸盐。各矿区显微煤岩类型以微镜惰煤为主，少量微泥质煤。微镜惰煤以微镜惰煤Ⅴ为主，少量微镜惰煤Ⅰ（表 1-9）。

表 1-9　沙巴台矿区太原组显微煤岩特征表

井田名称	有机组分（去矿物基）/%			有机组分（含矿物基）/%				无机组分/%	显微煤岩类型
	镜质组	惰质组	壳质组	镜质组	惰质组	壳质组	合计		
沙巴台浅部	84.6	15.4	0.0	78.8	14.4	0.0	93.2	6.8	微镜惰煤 V
沙巴台深部	59.8	40.2	0.0	46.7	31.4	0.0	78.1	21.9	微泥质煤

（2）山西组

山西组主要可采煤层裂隙较发育。宏观煤岩成分以亮煤为主，暗煤次之，夹镜煤条带，含少量丝炭薄层。宏观煤岩类型以半暗-半亮型煤。各矿区显微组分中，有机组分占 82.7%～91.5%，无机质占 8.5%～17.3%。有机组分中镜质组占 42.7%～67.7%，惰质组占 23.6%～40.0%，壳质组占 0.2%。无机质中以粘土类为主，硫化物次之，少量碳酸盐。各矿区显微煤岩类型以微镜惰煤Ⅴ为主，少量微泥质煤和微三合煤（表 1-10）。

表 1-10　沙巴台矿区山西组显微煤岩特征表

井田名称	有机组分（去矿物基）/%			有机组分（含矿物基）/%				无机组分/%	显微煤岩类型
	镜质组	惰质组	壳质组	镜质组	惰质组	壳质组	合计		
沙巴台浅部	74.0	25.8	0.2	67.7	23.6	0.2	91.5	8.5	微镜惰煤 V
沙巴台深部	51.6	48.4		42.7	40.0		82.7	17.3	

2. 煤的化学性质

（1）太原组

太原组原煤灰分以中灰煤层为主，为 15.91%～38.89%，少数煤层低于 10%或 15%；原煤全硫含量变化大，为 0.21%～5.88%，以中硫煤层为主，次为富硫煤层和低硫煤层；原煤磷含量均在 0.01%～0.02%之间，属特低-低磷煤层；各煤层原煤干燥基高位发热量较高，为 11.18～33.16 MJ/kg，属中低-高热值煤；浮煤挥发分产率为 14.81%～19.88%，煤种较齐全，以 1/3 焦煤、焦煤、肥煤、气煤为主，次为瘦煤、无烟煤和贫煤（表 1-11）。各矿区煤选出符合工业指标的精煤，其焦炭质量可满足大型冶金高炉的工业要求，为炼焦用煤，不易做炼焦用煤的煤以及经洗选后的中煤、粉煤都宜做火力发电等动力用煤。

表 1-11　沙巴台矿区太原组主要煤质指标统计表

煤号	灰分 A_d/%	挥发分 V_{daf}/%	全硫 $S_{t,d}$/%	发热量 $Q_{gr,d}$/(MJ·kg^{-1})	磷 P_d/%	煤类
二$_1$	19.85～38.45 28.8	15.78～19.14 16.77	0.39～3.31 1.27	20.31～33.16 25.51		SM
一$_{1\sim3}$	15.91～38.89 26.81	14.85～19.88 17.50	0.21～5.88 2.92	11.18～23.54 16.78		SM
一$_5$	22.10～37.63 29.96	14.81～17.71 15.78	0.44～4.06 1.09	20.71～27.49 23.74	0.01～0.02 0.01	SM

（2）山西组

山西组原煤灰分普遍高于太原组，为 18.24%～39.79%，以富灰煤层为主，中灰煤层次之；原煤硫分普遍低于太原组，为 0.16%～2.27%，以特低硫煤层为主，少数低硫煤层；磷分为 0.004%～0.18%，属特低磷煤层，仅石嘴山煤矿偏高，平均为 0.05%。发热量低于太原组煤层，为 15.2～28.28 MJ/kg，属中低-高热值煤，其原因是由灰分高所致。浮煤挥发分产率为 6.51%～21.50%，各煤层平均为 7.47%~33.58%，属特低-中高挥发分煤层。煤种以 1/3 焦煤为主（表 1-12）。煤的用途同太原组。

表 1-12　沙巴台矿区山西组主要煤质指标统计表

煤号	灰分 A_d/%	挥发分 V_{daf}/%	全硫 $S_{t,d}$/%	发热量 $Q_{gr,d}$/(MJ·kg^{-1})	磷 P_d/%	煤类
二$_1$	18.24~38.10 26.65	14.11~21.50 17.89	0.26~0.62 0.4	15.2~22.06 18.55		SM
一$_1$	21.81~39.33 32.97	15.70~18.21 17.02	0.16~2.01 0.72	19.81~27.60 22.92	0.010~0.150 0.004	SM
一$_2$	19.58~39.79 30.38	6.51~18.71 16.35	0.33~2.27 0.88	20.16~28.28 23.63	0.010~0.180 0.030	SM

（四）矿区煤炭资/源量

沙巴台矿区自 1957~1959 年进行勘探，提交一、二井田精查报告，经 1963 年 4 月复审降为详查，勘探面积 24.9 km^2。截至 2017 年底，累计查明煤炭资源储量 117012.15×10^3 t，累计动用资源储量 16379.45×10^3 t，保有资源储量 100632.70×10^3 t。

（五）矿区开发利用现状

沙巴台矿区原有 9 个煤矿生产企业，核准开采标高多为自地表至海拔+1250 m 水平，现多已采至海拔+1350~+1300 m 水平。因矿区处于贺兰山保护区，现矿井已全部关闭。

四、正义关矿区

正义关矿区位于宁夏北部贺兰山北段东麓，北起正义关断层与沙巴台矿区相隔，南至王泉沟横断层，西被黑水沟逆断层切割，东覆于震旦系石英岩之上以可采煤层露头为界，南北走向长 13 km，东西宽 4 km，面积约 50 km^2，行政区划属石嘴山市惠农区。

正义关矿区地层属华北-柴达木地层大区（Ⅲ）、华北地层区（Ⅲ$_4$）、鄂尔多斯西缘地层分区（Ⅲ$_4^1$）、贺兰山地层小区（Ⅲ$_4^{1-1}$）。大地构造位置位于柴达木-华北板块（Ⅲ）、华北陆块（Ⅲ$_5$）、鄂尔多斯地块（Ⅲ$_5^1$）、鄂尔多斯西缘中元古代—早古生代裂陷（Ⅲ$_5^{1-1}$）。所属成矿区带为鄂尔多斯西缘（陆缘坳褶带）Fe-Pb-Zn-磷-石膏-芒硝成矿带（Ⅲ-59）、贺兰山褶断带 Fe-Au-Cu-煤（气）-磷-硅石-石灰岩-白云岩-粘土成矿亚带（Ⅳ-59①）。所属矿床成矿系列为与晚古生代沉积作用有关的铜、银、灰岩、石膏、石英砂岩、煤、天然气、粘土、油页岩矿床成矿系列（5-Pz$_2$-S）。

正义关矿区包括正义关煤矿、红果子沟煤矿、青沟勘查区、王泉沟煤矿（图 1-10），1954~2008 年，不同单位在正义关矿区的浅部做了勘探工作，提交了勘探报告，部分地段的+1350 m 水平以上达到了勘探程度。

（一）矿区地质特征

1. 矿区地层

矿区出露地层有长城系黄旗口组（Pt_2^1h），石炭系羊虎沟组（C_2y），石炭系—二叠系太原组（C_2P_1t），二叠系山西组（P_1s）、下石盒子组（P_2x）、上石盒子组（$P_{2-3}s$）、孙家沟组（P_3sj），第四系冲洪积层（Q）等。石炭系—二叠系太原组和二叠系山西组为本区主要含煤地层。

2. 矿区构造

正义关矿区位于贺兰山构造带北端中部。北部边界为正义关横断层，南为王泉沟横断层，西为西鄂博梁逆断层，东部为含煤地层自然露头，为一不规则向斜赋煤区，地层东缓西陡，向斜轴向近南北，构造简单，两翼地层倾角 20°~40°（图 1-11）。

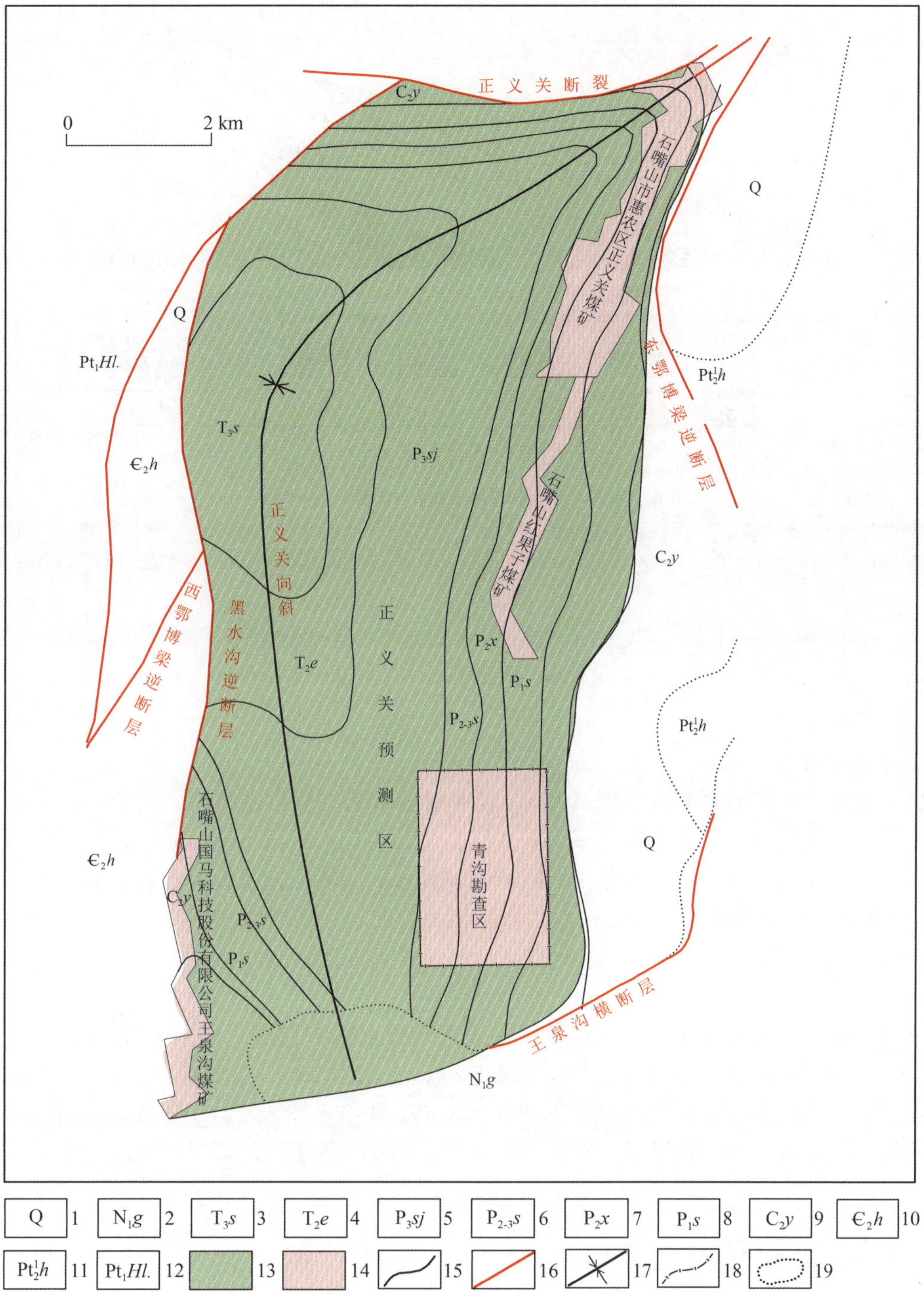

图 1-10　正义关区地质及各井田（煤矿）分布示意图

（据宁夏回族自治区煤田地质局，2010，有修改）

1—第四系；2—干河沟组；3—上田组；4—二马营组；5—孙家沟组；6—上石盒子组；7—下石盒子组；8—山西组；9—羊虎沟组；10—胡鲁斯台组；11—黄旗口组；12—贺兰山岩群；13—预查区；14—勘探区；15—地质界线；16—断层；17—向斜；18—勘查区边界；19—基岩露头界线

（二）矿区含煤地层特征

1. 太原组含煤地层

太原组含煤地层平均厚度 224.30 m，岩性主要由深灰-灰黑色的中细粒砂岩，粉砂岩、泥岩和

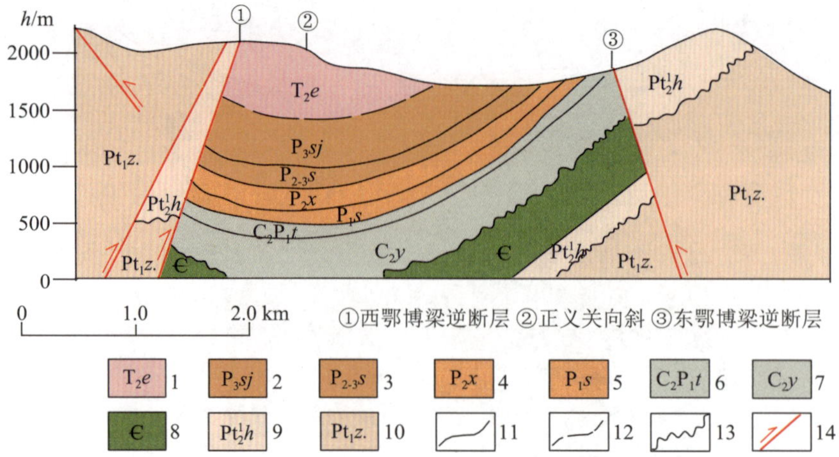

图 1-11　正义关矿区地质剖面示意图

（据宁夏回族自治区煤田地质局，2010，有修改）

1—二马营组；2—孙家沟组；3—上石盒子组；4—下石盒子组；5—山西组；6—太原组；7—羊虎沟组；8—寒武系；9—黄旗口组；10—宗别立岩组；11—整合地质界线；12—平行不整合地质界线；13—角度不整合地质界线；14—断层

3~4 层薄层状灰岩及煤层组成。含煤 10 层，含可采及局部可采煤层 7 层，可采煤层平均总厚度 15. 47 m，可采含煤地层数 6. 90%，主要可采煤层为 9、13、14、16 煤，为稳定-较稳定煤层，煤层结构为简单、较简单煤层。

2. 山西组含煤地层

山西组含煤地层沉积厚度平均为 91. 99 m，岩性由各级灰、灰白色长石石英砂岩，灰、灰黑色泥岩和煤组成。本组含煤 5 层，可采及局部可采 2 层，可采煤层总厚度 6. 21 m，可采含煤系数 6. 80%，主要可采煤层为 6 煤和 8 煤，煤层稳定、煤层结构较简单。6 煤直接顶板为砂岩，底板为粉砂岩或泥岩。8 煤老顶为灰白色中粗砂岩，较松软，其直接顶板为泥岩、粉砂岩。

（三）矿区煤质特征

矿区资源勘查工作未进行深部工程控制，绝大部分样品采自地表。各煤层水分 0. 41%~8. 91%，平均 3. 29%；灰分 11. 66%~39. 36%，平均 24. 71%；全硫 0. 29%~3. 89%，平均 1. 13%；挥发分 7. 61%~38. 54%，平均 22. 74%；发热量 15. 463~28. 491 MJ/kg，平均 21. 399 MJ/kg。矿区煤层氧化带以下煤质优于地表风化煤。各煤层浅部为不粘结煤，深部为贫煤-无烟煤，主要用于动力用煤和民用煤。

（四）矿区煤炭资源量

正义关矿区勘查程度低，截至 2017 年底，累计查明煤炭资源储量 130409.85×10^3 t，累计动用资源储量 14083.10×10^3 t，保有资源储量 116326.75×10^3 t。

（五）开发利用现状

矿区原有 3 个煤矿生产企业，分别为：正义关煤矿、红果子沟煤矿、王泉沟煤矿，核定生产能力为 9×10^4~70×10^4 t/a，采用露天开采。因矿区处于贺兰山保护区，除石嘴山市国马科技股份有限公司正义关煤矿外（生产能力 260×10^4 t/a），其余矿井现已全部关闭。

五、石炭井矿区

石炭井矿区位于宁夏北部贺兰山北段，北起正义关断层，西至陶思山东断层，东至李家沟断层东侧的可采煤层露头，南部边界为大磴沟断层。矿区南北走向长 10 km，东西宽约 10 km，行政区划属石嘴山市大武口区。

石炭井矿区地层属华北-柴达木地层大区（Ⅲ）、华北地层区（$Ⅲ_4$）、鄂尔多斯西缘地层分区（$Ⅲ_4^1$）、贺兰山地层小区（$Ⅲ_4^{1-1}$）。大地构造位置位于柴达木-华北板块（Ⅲ）、华北陆块（$Ⅲ_5$）、鄂尔多斯地块（$Ⅲ_5^1$）、鄂尔多斯西缘中元古代—早古生代裂陷（$Ⅲ_5^{1-1}$）。所属成矿区带为鄂尔多斯西缘（陆缘坳褶带）Fe-Pb-Zn-磷-石膏-芒硝成矿带（Ⅲ-59）、贺兰山褶断带 Fe-Au-Cu-煤（气）-磷-硅石-石灰岩-白云岩-粘土成矿亚带（Ⅳ-59①）。所属矿床成矿系列为与晚古生代沉积作用有关的铜、银、灰岩、石膏、石英砂岩、煤、天然气、粘土、油页岩矿床成矿系列（5-Pz_2-S）。

石炭井矿区包括 7 个井田：西部自北向南有西翼井田和陶思沟井田，中部自北向南依次为石炭井三矿井田、石炭井二矿井田和石炭井一矿井田，东部自北向南有李家沟井田和菜园沟井田。自 1953 年开始勘查工作，截至 2017 年底，石炭井一矿井田、二矿井田、三矿井田、陶思沟井田、菜园沟井田、李家沟井田均达到勘探程度，西翼井田达到普查程度（图 1-12）。

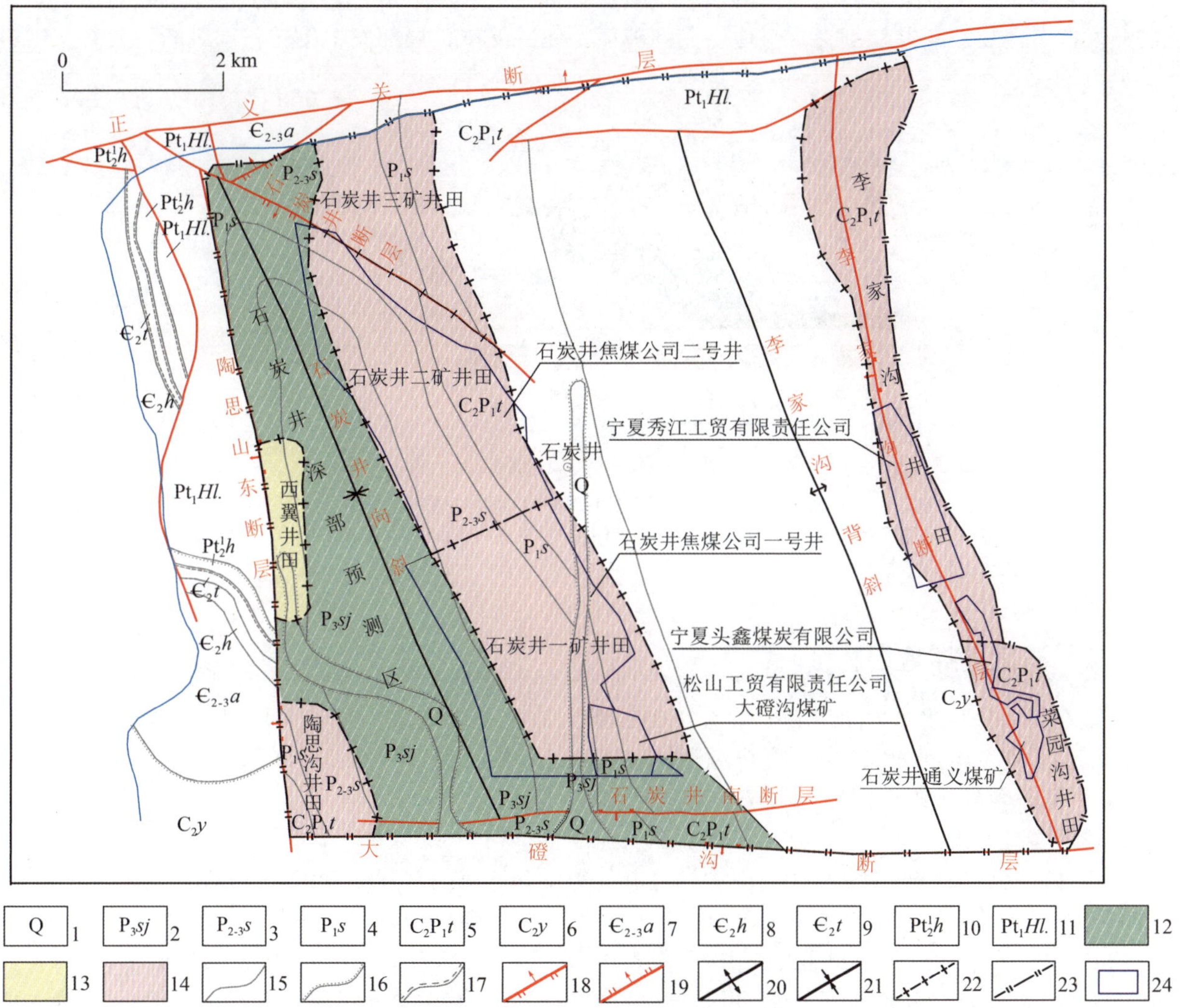

图 1-12 石炭井矿区地质及各井田（煤矿）分布示意图

（据宁夏回族自治区煤田地质局，2010，有修改）

1—第四系；2—孙家沟组；3—上石盒子组；4—山西组；5—太原组；6—羊虎沟组；7—阿不切亥组；8—胡鲁斯台组；9—陶思沟组；10—黄旗口组；11—贺兰山岩群；12—预查区；13—普查区；14—勘探区；15—整合地质界线；16—角度不整合地质界线；17—平行不整合地质界线；18—逆断层；19—正断层；20—背斜；21—向斜；22—井田界线；23—矿区界线；24—煤矿范围

（一）地质特征

1. 矿区地层

矿区出露地层自老而新有石炭系羊虎沟组（C_2y），石炭系—二叠系太原组（C_2P_1t），二叠系山西组（P_1s）、下石盒子组（P_2x）、上石盒子组（$P_{2-3}s$）、孙家沟组（P_3sj），第四系冲洪积层（Q）等。石炭系—二叠系太原组和二叠系山西组为本区主要含煤地层。

2. 矿区构造

石炭井矿区位于正义关大断裂南侧。属于贺兰山构造带，主体为一开阔且不对称的向斜构造（图 1-13），轴向 15°，向斜北部闭合，向南东倾伏，东翼平缓、西翼陡倾，北部被别斯胡图横断层所切，南止大磴沟逆断层，西被勃力海带逆断层切割，构成本区自然边界。本区东部跨越石炭井背斜和李家沟断层后至李家沟向斜含煤地层出露，为四矿及菜园沟井田。本区南部靠近大断层附近的次级断层与褶皱比较发育，使得煤层连续性遭到破坏。受后期构造影响，构造较复杂，煤层埋藏东浅西深。矿区东翼地层保存完整、自然出露，地层较缓，倾角 15°，600 m 以浅地区进行精查勘探，是目前的开发区。西翼被断层切割，含煤地层受到破坏，地层陡窄，局部发生倒转，次级断裂发育，也进行了最终勘探。

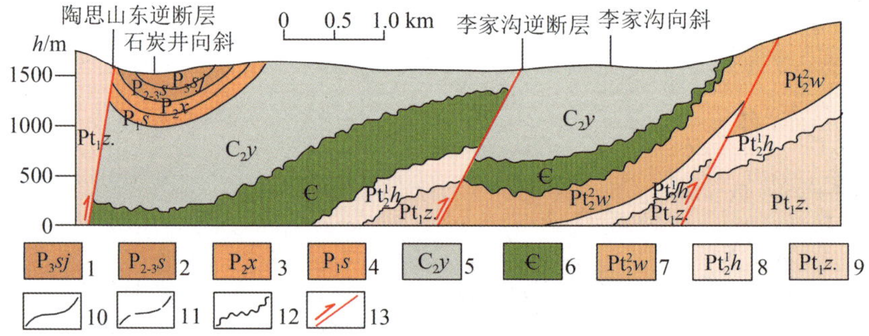

图 1-13　石炭井-李家沟地质剖面示意图

（据宁夏回族自治区煤田地质局，2010，有修改）

1—孙家沟组；2—上石盒子组；3—下石盒子组；4—山西组；5—羊虎沟组；6—寒武系；7—王全口组；8—黄旗口组；9—宗别立岩组；10—整合地质界线；11—平行不整合地质界线；12—角度不整合地质界线；13—断层

（二）矿区含煤地层特征

矿区石炭系—二叠系太原组和下二叠统山西组为该区主要含煤地层，平均厚度 290 m，含煤 20 余层，煤层平均总厚度 39.38 m，含煤系数 13.58%，可采及局部可采 5～11 层，平均厚度 18.02～33.74 m，可采含煤系数 6.21%～11.63%。

1. 太原组含煤地层

石炭井矿区太原组连续沉积于羊虎沟组之上，为一套近海的海陆交互相含煤建造，沉积稳定、旋回清晰，厚度 145～180 m，平均 150.40 m。岩性主要由灰黑色细粒砂岩、粉砂岩、泥岩以及 6 层薄层石灰岩和煤层组成。含煤 8～11 层，其中可采煤层（7、9、13）及局部可采煤层（6、8、11、12）共 7 层，可采煤层平均总厚度 13.79 m，可采含煤系数 9.17%，其中第 9 煤层厚 5.61～17.28 m，为主要可采煤层，该煤层属稳定-较稳定型，但结构复杂。

2. 山西组含煤地层

石炭井矿区山西组连续沉积于太原组之上，属陆相含煤建造，沉积较稳定，旋回较清晰，厚度 100～150 m，平均厚度 112.84 m。岩性相对太原组而言，砂岩较发育，主要以灰黑色粉砂岩、细粒砂岩，灰白色中粗粒砂岩互层为主。本组含煤 6 层，其中可采煤层 3 层，局部可采系 1 层。可采煤层平均总厚度 15.32 m，可采含煤系数 13.60%，主要可采煤层为 3 煤与 5 煤，煤层厚度分别为 2.18～

4.30 m和1.16~11.87 m，其结构较复杂-复杂，但煤层稳定性好，为稳定-较稳定型。

（三）矿区煤质特征

1. 煤的物理性质

（1）太原组含煤地层

石炭井矿区太原组主要可采煤层的煤多性脆，节理较发育。太原组煤岩特征同沙巴台等矿区，其他特征见表1-13。

表1-13　石炭井矿区太原组显微煤岩特征表

井田名称	有机组分（去矿物基）/%			有机组分（含矿物基）/%				无机组分/%	显微煤岩类型
	镜质组	惰质组	壳质组	镜质组	惰质组	壳质组	合计		
一矿	84.4	15.6	0.0	70.5	13.0	0.0	83.5	16.5	微镜惰煤V
二矿	87.1	12.9	0.0	77.4	11.4	0.0	88.8	11.2	
三矿	80.9	19.0	0.1	70.4	16.6	0.1	87.1	12.9	

（2）山西组含煤地层

山西组含煤地层主要可采煤层裂隙较发育。宏观煤岩成分以亮煤为主，暗煤次之，夹镜煤条带，含少量丝炭薄层。宏观煤岩类型以半暗-半亮型煤。一般特征同石嘴山矿区山西组，其他煤岩特征见表1-14。

表1-14　石炭井矿区山西组显微煤岩特征表

井田名称	有机组分（去矿物基）/%			有机组分（含矿物基）/%				无机组分/%	显微煤岩类型
	镜质组	惰质组	壳质组	镜质组	惰质组	壳质组	合计		
一矿	82.9	17.1	0.0	66.7	13.8	0.0	80.5	19.5	微镜惰煤V
二矿	84.5	15.4	0.1	70.7	12.9	0.1	83.7	16.3	
三矿	74.2	24.0	1.8	59.8	19.4	1.5	80.7	19.3	

2. 煤的化学性质

（1）太原组含煤地层

太原组煤层具有低灰高硫的特征。太原组各煤层灰分七煤属特低灰煤，八煤属低灰煤，其他煤层为中灰煤，各煤层硫分均属中硫煤，磷分除九煤稍高（为0.0373%）为低磷煤外，其他煤层都小于0.0067%，均属特低磷，发热量一般为28.85~32.93 MJ/kg。

太原组含煤地层原煤灰分以中灰煤层为主，为9.02%~47.75%，少数煤层低于10%或15%；原煤全硫含量变化大，为0.63%~3.16%，以中硫煤层为主，次为富硫煤层和低硫煤层；属特低-低磷煤层；各煤层原煤干燥基高位发热量较高，一般为18.7~31.91 MJ/kg，属中低-高热值煤；浮煤挥发分产率为9.15%~37.3%，煤种较齐全，以1/3焦煤、焦煤、肥煤、气煤为主，次为瘦煤、无烟煤和贫煤（表1-15）。各矿区煤选出符合工业指标的精煤，其焦炭质量可满足大型高炉冶金的工业要求，为炼焦用煤，不易做炼焦用煤的煤以及经洗选后的中煤、粉煤都宜做火力发电等动力用煤。

表1-15　石炭井矿区太原组各煤层主要煤质指标统计表

煤层编号	灰分 A_d/%	挥发分 V_{daf}/%	全硫 $S_{t,d}$/%	发热量 $Q_{gr,d}$/(MJ·kg^{-1})	磷 P_d/%	煤类
二$_1$	$\frac{10.33\sim33.16}{19.86}$	$\frac{15.94\sim37.3}{23.69}$	$\frac{0.63\sim3.16}{1.30}$	$\frac{18.7\sim31.91}{27.27}$		1/3JM、FM
一$_{1\sim3}$	$\frac{9.02\sim47.75}{19.69}$	$\frac{9.15\sim27.52}{19.06}$	$\frac{1.72\sim4.71}{2.63}$	$\frac{23.45\sim31.3}{26.79}$		1/3JM、FM

（2）山西组含煤地层

山西组各煤层具有低硫高灰特征，各煤层原煤灰分除零煤为31.74%，属富灰煤外，其他煤层基本属中灰煤，硫分一般小于0.58%，属特低硫煤，磷分变化较大，除五煤含量为0.072%属中磷外，其他煤层大都小于0.0366%，属低磷-特低磷，发热量普遍低于太原组各煤层，一般在25.84～27.04 MJ/kg之间。山西组含煤地层原煤灰分普遍高于太原组，为13.21%～53.97%，以富灰煤层为主，中灰煤层次之；原煤硫分普遍低于太原组，为0.18%～3.25%，以特低硫煤层为主，少数低硫煤层；属特低磷煤层，仅石嘴山煤矿偏高，平均为0.05%。发热量低于太原组煤层，一般为14.4～30.6 MJ/kg，属中低-高热值煤，其原因是由灰分高所致。浮煤挥发分产率为10.39%～31.10%，各煤层平均为7.47%～33.58%，属特低-中高挥发分煤层（表1-16）。煤种分布大体以马莲滩矿区北端一线为界，其南为无烟煤分布区，其北为烟煤分布区。因而似有自北向南煤层变质程度有加深之趋势。在正义关的青沟井田出现无烟煤和贫煤，可能与局部的构造活动有关。煤的用途同太原组。

表1-16　石炭井矿区山西组各煤层主要煤质指标统计表

煤层编号	灰分 A_d/%	挥发分 V_{daf}/%	全硫 $S_{t,d}$/%	发热量 $Q_{gr,d}$/(MJ·kg^{-1})	磷 P_d/%	煤类
二$_1$	$\frac{13.21\sim53.97}{25.45}$	$\frac{14.46\sim30.98}{23.03}$	$\frac{0.18\sim0.97}{0.5}$	$\frac{14.4\sim30.6}{24.88}$		1/3JM、FM
一$_2$	$\frac{15.32\sim33.59}{24.38}$	$\frac{10.39\sim31.10}{22.83}$	$\frac{0.36\sim3.25}{0.64}$	$\frac{21.3\sim28.35}{25.24}$		1/3JM、FM

（四）矿区煤炭资源储量

截至2017年底，石炭井矿区累计查明煤炭资源储量608479.93×10^3 t，累计动用资源储量115893.80×10^3 t，保有资源储量492586.13×10^3 t。

（五）矿区开发利用现状

石炭井矿区原有6个煤矿生产企业，核定年生产能力为6×10^4～100×10^4 t，采用沿煤层斜井开拓或露天开采，现矿井已全部关闭。

六、马莲滩-炭梁坡矿区

矿区位于宁夏北部贺兰山北段，整体为一向南倾伏的向斜，东部以可采煤层露头及山神庙逆断层为界，北部为大磴沟断层，西部至花石洞逆断层，深部为+100 m标高，南北长14 km，东西宽5 km，面积35 km^2，行政区划属石嘴山市大武口区。矿区包括浸水沟、大枣沟、武当庙3个井田以及炭梁坡、清水沟2个勘查区（图1-14）。

马莲滩-炭梁坡矿区地层属华北-柴达木地层大区（Ⅲ）、华北地层区（Ⅲ$_4$）、鄂尔多斯西缘地层分区（Ⅲ$_4^1$）、贺兰山地层小区（Ⅲ$_4^{1-1}$）。大地构造位置位于柴达木-华北板块（Ⅲ）、华北陆块（Ⅲ$_5$）、鄂尔多斯地块（Ⅲ$_5^1$）、鄂尔多斯西缘中元古代—早古生代裂陷（Ⅲ$_5^{1-1}$）。所属成矿区带为鄂尔多斯西缘（陆缘坳褶带）Fe-Pb-Zn-磷-石膏-芒硝成矿带（Ⅲ-59）、贺兰山褶断带Fe-Au-Cu-煤（气）-磷-硅石-石灰岩-白云岩-粘土成矿亚带（Ⅳ-59①）。所属矿床成矿系列为与晚古生代沉积作用有关的铜、银、灰岩、石膏、石英砂岩、煤、天然气、粘土、油页岩矿床成矿系列（5-Pz_2-S）。

（一）矿区地质特征

1. 矿区地层

矿区地层基本为全裸露，由老至新发育有：古元古界贺兰山岩群（Pt_1*Hl.*），石炭系羊虎沟组

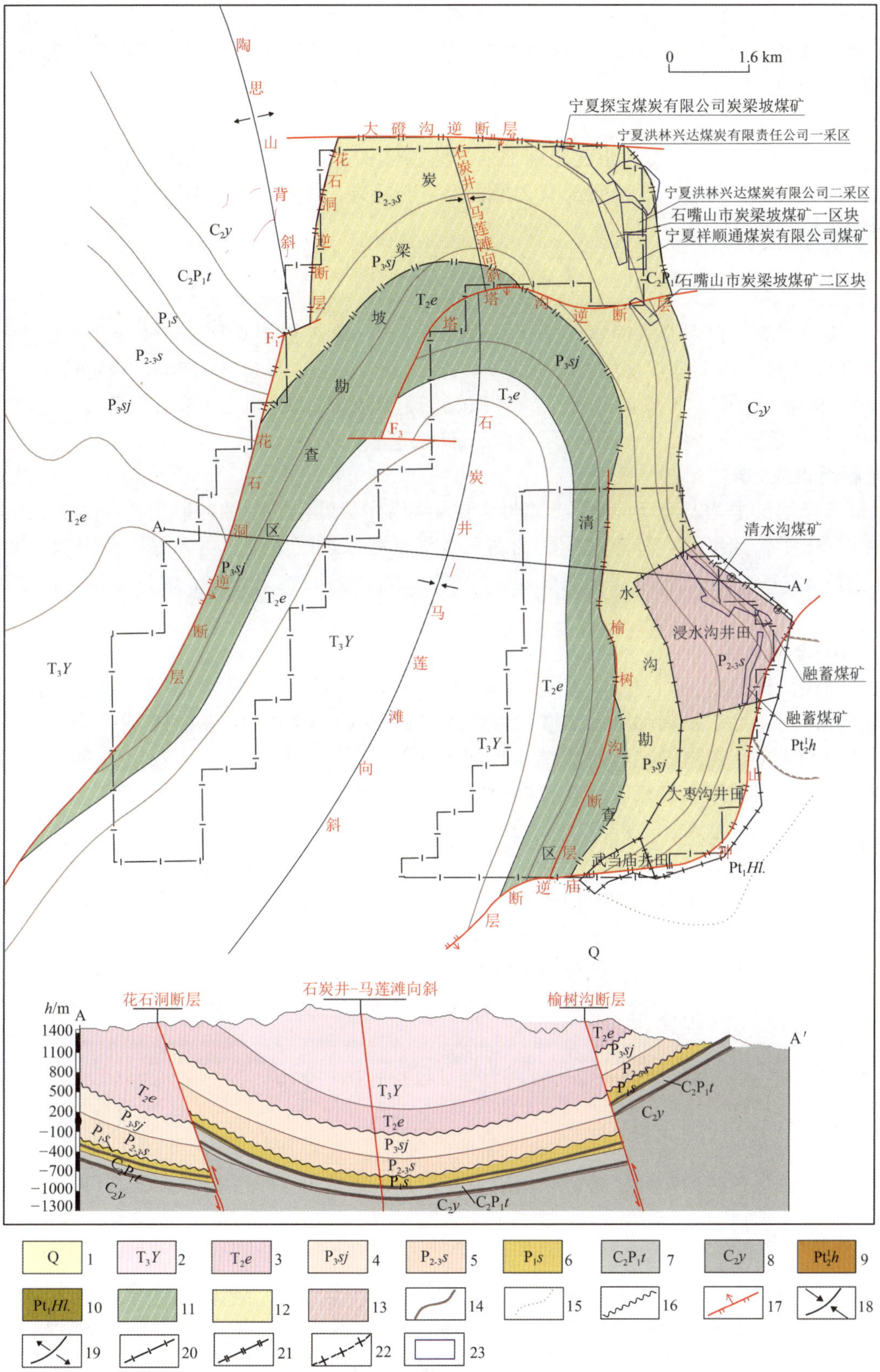

图 1-14　马莲滩-炭梁坡矿区地质及各井田（煤矿）分布示意图

（据宁夏回族自治区煤田地质局，2010，有修改）

1—第四系；2—延长群；3—二马营组；4—孙家沟组；5—上石盒子组；6—山西组；7—太原组；8—羊虎沟组；9—黄旗口组；10—贺兰山岩群；11—预查区；12—普查区；13—勘探区；14—整合地质界线；15—基岩露头界线；16—平行不整合地质界线；17—逆断层；18—向斜；19—背斜；20—勘查区界线；21—矿区界线；22—井田界线；23—煤矿范围

(C_2y)，石炭系—二叠系太原组（C_2P_1t），二叠系山西组（P_1s）、下石盒子组（P_2x）、上石盒子组（$P_{2-3}s$）、孙家沟组（P_3sj），三叠系刘家沟组（T_1l）、和尚沟组（T_1h）、二马营组（T_2e）、延长群（T_3Y），第四系（Q）。

2. 矿区构造

马莲滩-炭梁坡矿区位于贺兰山北段南部，矿区总体构造为一半环状的向斜构造，向斜东翼构成矿区之主体，呈一单斜构造；区内北部有2条较大逆断层外，小型构造分布全区，所以本区构造对含煤地层的破坏较严重。

（二）矿区含煤地层特征

矿区含煤地层为山西组及太原组。全区含煤20余层，含煤地层总厚度260 m，煤层平均总厚度15.80 m，含煤系数6.08%。煤层主要可采者为4煤，全区存在，厚度3~29 m，稳定可采；其次可采者为$9_{上}$煤和9煤，7煤、13煤局部可采。可采煤层总厚度12.54 m，可采系数为10%。总体来说，北部煤层较厚，也比较稳定，而南部煤层变薄，不稳定煤层较多。

1. 太原组含煤地层

太原组含煤地层平均厚度70.00 m，岩性主要由深灰-灰黑色的中细粒砂岩，粉砂岩、泥岩和3~4层薄层状灰岩及煤层组成。含煤12层，含可采及局部可采煤层2层，可采煤层平均总厚度3.67 m，可采含煤系数5.24%，主要可采煤层为9煤、12煤，为稳定-较稳定煤层，煤层结构为简单、较简单煤层。

2. 山西组含煤地层

矿区山西组沉积厚度平均60 m，岩性由各级灰、灰白色长石石英砂岩，灰、灰黑色泥岩和煤组成，本组含煤4层，可采及局部可采2层，可采煤层总厚度8.07 m，可采含煤系数13.50%，主要可采煤层为3煤和4煤，煤层稳定、煤层结构较简单。3煤直接顶板为砂岩，底板为粉砂岩或泥岩。4煤老顶为灰白色中粗砂岩，较松软，其直接顶板为泥岩、粉砂岩。

（三）矿区煤质特征

矿区煤的灰分自上而下有递减的趋势，但不太明显，而硫分则有显著的递增。煤质与石炭井矿区接近，但灰分普遍增高，煤类为无烟煤，向南及西南有变质增高的趋势。

矿区煤质山西组煤层为高灰、低硫、中磷煤，太原组煤层为中灰、高硫、低磷煤。

（四）矿区煤炭资源储量

截至2017年底，矿区累计查明煤炭资源储量141723.76×10^3 t。

（五）矿区开发利用现状

矿区原有7个煤矿生产企业，各矿采用露天开采，因矿区处于贺兰山保护区，目前已全部关闭。

七、汝箕沟矿区

汝箕沟矿区位于贺兰山煤田的西北部、宁蒙两自治区的交界处，矿区总面积合计为105 km^2（其中二道岭、蚕特拉属内蒙古自治区管辖）。宁夏境内自北向南依次划分为白芨沟、大峰沟、大岭（也称“汝箕沟”）3个井田（图1-15），属于大型煤矿床，矿区长约13 km，东西宽2~3 km，面积约90 km^2，自1959年开始勘查工作，截至2017年底，汝箕沟矿区3个井田均达到勘探程度，且矿区因出产世界上优质的无烟煤而闻名中外。

汝箕沟矿区地层属华北-柴达木地层大区（Ⅲ）、华北地层区（$Ⅲ_4$）、鄂尔多斯西缘地层分区（$Ⅲ_4^1$）、贺兰山地层小区（$Ⅲ_4^{1-1}$）。大地构造位置位于柴达木-华北板块（Ⅲ）、华北陆块（$Ⅲ_5$）、鄂尔多斯地块（$Ⅲ_5^1$）、鄂尔多斯西缘中元古代—早古生代裂陷（$Ⅲ_5^{1-1}$）。所属成矿区带为鄂尔多斯西缘

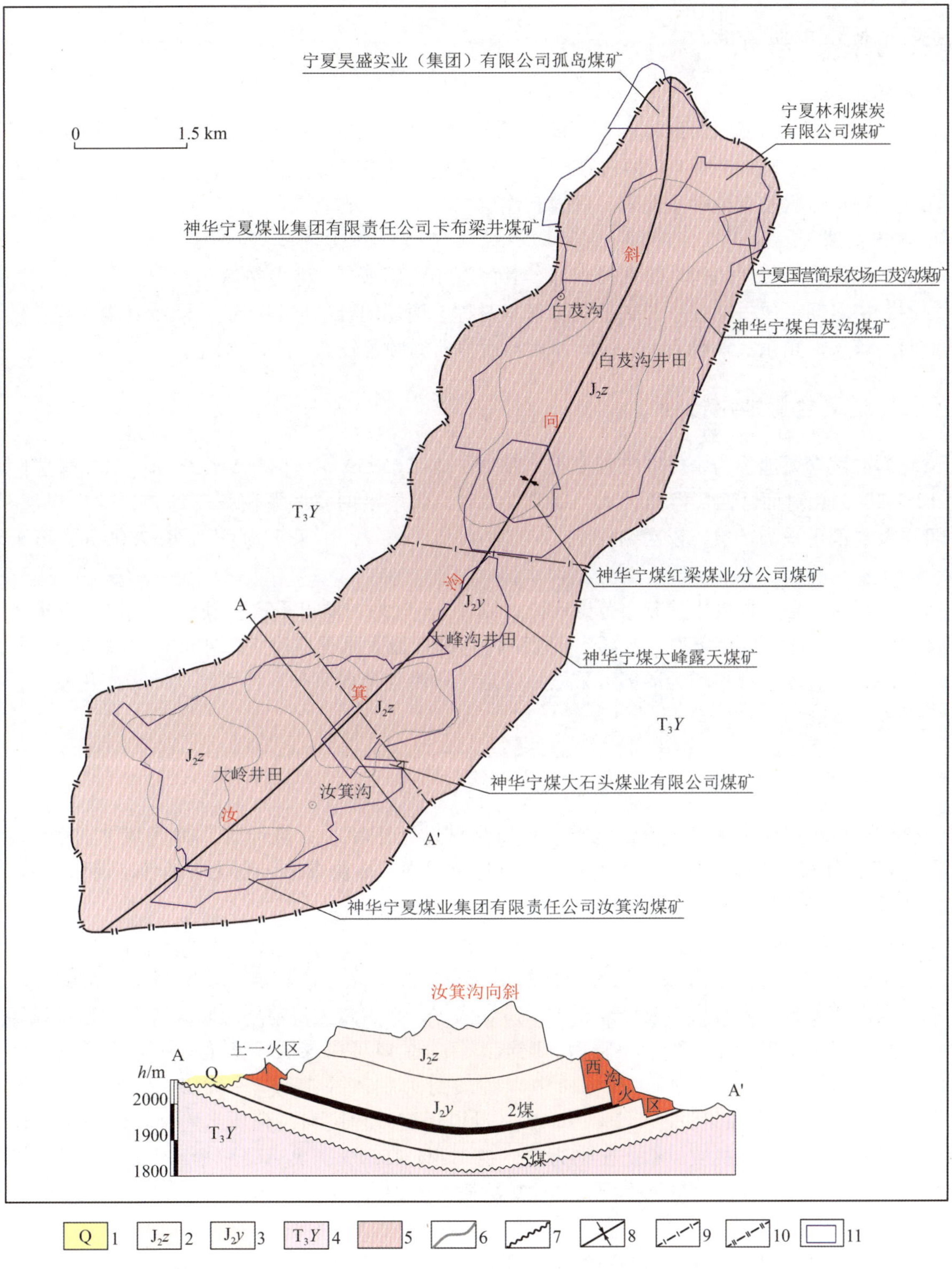

图 1-15　汝箕沟矿区地质及各井田（煤矿）分布示意图

（据宁夏回族自治区煤田地质局，2010，有修改）

1—第四系；2—直罗组；3—延安组；4—延长群；5—勘探区；6—实测地质界线；7—不整合地质界线；8—向斜；9—勘查区界线；10—矿区界线；11—煤矿范围

（陆缘坳褶带）Fe-Pb-Zn-磷-石膏-芒硝成矿带（Ⅲ-59）、贺兰山褶断带 Fe-Au-Cu-煤（气）-磷-硅石-石灰岩-白云岩-粘土成矿亚带（Ⅳ-59①）。所属矿床成矿系列为与中生代沉积作用有关的铜、石英砂岩、煤、油气、油页岩、粘土矿床成矿系列（7-Mz-S）。

（一）矿区地质特征

1. 矿区地层

地层出露良好，由老至新出露有上三叠统延长群（T_3Y）、中侏罗统延安组（J_2y）、中侏罗统直罗组（J_2z），上覆为第四系冲洪积层（Q）等。延安组是本区主要赋煤地层，岩性为灰白色粗粒砂岩，深灰色细粒砂岩及黑色砂质泥岩、泥岩和煤层。

2. 矿区构造

汝箕沟矿区位于贺兰山构造带北段南部，其西有小松山断裂，东有汝箕沟断层，受东西逆冲断层挤压，两断层之间形成一宽缓、开阔、两翼基本对称、两端闭合的向斜构造，即汝箕沟向斜。轴向北东至南西。煤层倾角东翼一般为12°~20°，相对而言西翼倾角较大，平均25°。

（二）矿区含煤地层特征

汝箕沟矿区含煤地层为中侏罗统延安组，厚度231~265.59 m，平均248.30 m；东翼煤层倾角一般为12°~20°，相对而言西翼倾角较大，平均为25°。煤层沿向斜两翼出露于地表，共含煤层9层，其中可采及局部可采为7层，依次编号1、2、3、4、5、6、7，可采平均总厚度37.09 m，可采含煤系数14.94%。

矿区内煤层稳定，厚度大，分布范围广泛，以2、3煤为主要可采层，其中2煤属特厚层型，平均厚度22.83 m。向南逐渐分叉，成为上下两层。其单孔最大可见厚度32.54 m（大峰沟115号孔），向边缘煤层变薄，其余煤层均为局部可采层。煤层结构由简单到复杂。各煤层层间距变化较大，一般在7.1~39.22 m之间。

（三）矿区煤质特征

汝箕沟矿区煤层居全国煤炭质量之首，且质量波动范围很小，被称为“太西煤”。区内煤质为“三低六高”（低灰、低硫、低磷、高发热量、高比电阻率、高块煤率、高化学活性、高精煤回收率、高机械化强度）的优质无烟煤。

1. 煤的物理性质

汝箕沟矿区的主要可采煤层颜色为光亮的钢灰色，煤层光泽比较强，致密坚硬，密度大，硬度大，内生裂隙较发育。宏观煤岩成分以亮煤和镜煤为主，夹少量丝炭薄层及暗煤条带。宏观煤岩类型以半亮型煤、光亮型煤为主，少量半暗型、暗淡型煤。主要可采煤层显微组分中有机质占92.4%~97.00%，无机质占3.0%~7.6%。有机质中以镜质组为主，占47.0%~59.8%；次为惰质组，占34.2%~48.4%；少量壳质组，占0.2%~0.6%。且由于变质程度高，壳质组光性与镜质组光性差别不大，二者极难区分。无机质以粘土矿物为主，占1.4%~5.4%，次为碳酸盐，占0.4%~3.1%，少量硫化物，占0~2.2%，极少量氧化物和其他矿物质，分别占0~0.2%和0~0.4%（表1-17）。

2. 煤的化学性质

汝箕沟矿区延安组的煤在煤的变质类型、变质程度、煤种、煤质特点上与其他煤田及矿区的延安组煤有很大的区别。原煤灰分为3.19%~30.97%，各煤层平均为7.11%~13.93%（表1-18），属低灰-低中灰煤层。垂向上，2煤层灰分含量最低，7煤层灰分含量最高，自上而下各煤层灰分有增高的趋势。平面上，南部汝箕沟煤矿灰分最低，由南向北煤的灰分含量逐渐增高，北部白芨沟煤矿灰分最高。煤的挥发分产率为4.33%~9.27%，各煤层平均为4.94%~7.87%，属特低挥发分煤。垂向上、自上而下各煤层挥发分有降低的趋势。平面上南部汝箕沟煤矿挥发分最低，由南向北煤的挥发分含量逐渐增高，北部白芨沟煤矿挥发分最高。原煤全硫含量为0.11%~0.85%，各煤层平均为0.17%~0.48%，属特低硫煤层。垂向上，2煤层硫分含量最低，向下各煤层硫分含量变化不大。平面上，南部汝箕沟煤矿硫分最低，由南向北煤的挥发分含量逐渐增高，北部白芨沟煤矿硫分最高。煤中各种形态硫以硫化铁硫为主，其次为有机硫，硫酸盐硫很少。煤中硫化铁硫含量较高，经重液分选后，大多数硫化铁硫可以脱除。各煤层原煤干燥基高位发热量为 29.6~35.27 MJ/kg，属特高热值煤层。其他方面：抗碎强度 74%~86%，化学反应性在 1100℃时，煤对 CO_2 分解率为 52%~81.2%，哈氏可磨性指数为 49~53，电阻率 30 Ω · cm，比一般无烟煤煤高出 1000 至 10000 倍，热稳定性高达 96%~98%，煤灰软化温度 1050~1390℃。矿区各层煤均属易选煤，煤种均为无烟煤。

表 1-17　汝箕沟矿区延安组主要煤层显微煤岩特征表

井田及煤层编号	有机组分（去矿物基）/%			有机组分（含矿物基）/%				无机组分/%						显微煤岩类型
	镜质组	惰质组	壳质组	镜质组	惰质组	壳质组	合计	粘土类	硫化物	碳酸盐	氧化硅	其他	合计	
二$_1$	54.8	44.6	0.6	50.6	41.2	0.6	92.4	2.5	2.2	2.3	0.2	0.4	7.6	微镜惰煤 V
白芨沟二$_2$	49.3	50.7		47.0	48.4		95.4	3.8	0.2	0.6			4.6	微镜惰煤 I
汝箕沟二$_2$	50.5	49.5		47.7	46.8		94.5	2.3		3.1	0.1		5.5	微镜惰煤 V
白芨沟二$_3$	61.4	38.6		59.6	37.4		97.0	2.0		1.0			3.0	微惰煤 V
三	56.3	43.5	0.2	54.6	42.2	0.2	97.0	1.4	1.2	0.4			3.0	微镜惰煤 V
四	54.4	45.6		52.1	43.7		95.8	2.8	0.2	1.0	0.2		4.2	微镜惰煤 V
五	63.7	36.3		59.8	34.2		94.0	5.4		0.6			6.0	微镜惰煤 V

表 1-18　汝箕沟矿区各煤层煤质主要指标统计表

煤层编号	煤矿	灰分 A_d/%	挥发分 V_{daf}/%	全硫 $S_{t,d}$/%	发热量 $Q_{gr,d}$/(MJ · kg^{-1})
2	大峰沟	5.91~8.97 7.11	5.12~6.92 6.22	0.41~0.21 0.17	31.27
	汝箕沟	4.4~12.97 7.96	4.54~6.49 5.31	0.11~0.41 0.19	31.95
	白芨沟	4.2~15.13 8.19	5.43~8.89 7.40	0.12~0.85 0.29	32.72
3	大峰沟	4.85~12.21 8.5	5.34~6.44 6.2	0.22~0.61 0.36	31.7
	汝箕沟	5.14~16.11 8.84	4.53~6.27 5.07	0.22~0.35 0.25	31.8
	白芨沟	6.12~30.97 13.93	5.25~9.27 7.06	0.24~0.64 0.36	29.6
4	大峰沟	5.01~16.08 12.91	4.90~6.21 5.49	0.31	29.78
	汝箕沟	3.19~9.69 6.86	4.33~5.23 4.78	0.24~0.25 0.25	35.27
	白芨沟	5.0~30.86 12.21	7.47~9.11 7.87	0.41~0.42 0.42	33.32

续表

煤层编号	煤矿	灰分 A_d/%	挥发分 V_{daf}/%	全硫 $S_{t,d}$/%	发热量 $Q_{gr,d}$/($MJ \cdot kg^{-1}$)
5	大峰沟	7.35~13.32 9.47	5.11~6.01 5.53	0.28~0.43 0.31	31.44
	汝箕沟	7.03~12.11 9.64	4.36~6.08 5.24	0.28~0.38 0.33	31.86
	白芨沟	6.35~10.0 7.75	5.96~6.85 6.29	0.32~0.72 0.48	31.21
7	大峰沟	5.3~25.29 11.83	4.61~8.99 5.24	0.22~0.63 0.43	30.76
	汝箕沟	10.66~14.0 12.67	4.42~5.28 4.97	—	
	白芨沟	5.36~18.47 13.47	6.68~8.12 7.58	0.17~0.44 0.35	30.31

（四）矿区煤炭资源量

截至2017年底，汝箕沟矿区累计查明煤炭资源储量583037.71×10^3 t。

（五）矿区开发利用现状

矿区原有15个煤矿生产企业，核定年生产能力为4×10^4~160×10^4 t不等，采用沿煤层斜井开拓或露天开采。因矿区部分处于贺兰山保护区，现矿井已大部分关闭，生产矿井仅为白芨沟煤矿。

第三节　宁东煤田

一、煤田概况

宁东煤田位于宁夏东部，行政区划属石嘴山市平罗县、银川市兴庆区、灵武市、吴忠市盐池、同心县。煤田北起平罗县三眼井，南至萌城与甘肃省相邻，西以黄河、青铜峡-固原大断裂为界，东侧分别与内蒙古自治区、陕西省、甘肃省为界，南北长100~200 km，东西宽80~105 km，含煤面积约8614 km^2。宁东煤田大地构造位置位于柴达木-华北板块（Ⅲ）、华北陆块（$Ⅲ_5$）、鄂尔多斯地块（$Ⅲ_5^1$）、鄂尔多斯西缘中元古代—早古生代裂陷（$Ⅲ_5^{1-1}$）和鄂尔多斯中生代坳陷（$Ⅲ_5^{1-2}$）。所属成矿区带为鄂尔多斯西缘（陆缘坳褶带）Fe-Pb-Zn-磷-石膏-芒硝成矿带（Ⅲ-59）和鄂尔多斯（盆地）U-油气-煤-盐类成矿带（Mz；Kz）（Ⅲ-60）。根据宁东煤田煤炭资源赋存规律可划分为11个矿区，从北到南分别是三眼井、红墩子、横城、灵武、鸳鸯湖、石沟驿、马家滩、积家井、韦州、萌城、四股泉矿区；有9个预测区，分别为刘家庄、横城深部、王家窑、石沟驿深部、石沟驿东西翼、凤凰台、韦州深部、宁东深部、四股泉深部预测区（图1-16）。

（一）煤田地质概况

1. 煤田地层

宁东煤田处于华北-柴达木地层大区（Ⅲ）中部，横跨华北地层区（$Ⅲ_4$）的鄂尔多斯西缘地层分区（$Ⅲ_4^1$）桌子山-青龙山地层小区（$Ⅲ_4^{1-2}$）及鄂尔多斯地层分区（$Ⅲ_4^2$）盐池-环县地层小区（$Ⅲ_4^{2-1}$）。煤田内地层特点与华北腹地基本相同，基底为古元古代的变质岩系及花岗岩组成，其上为

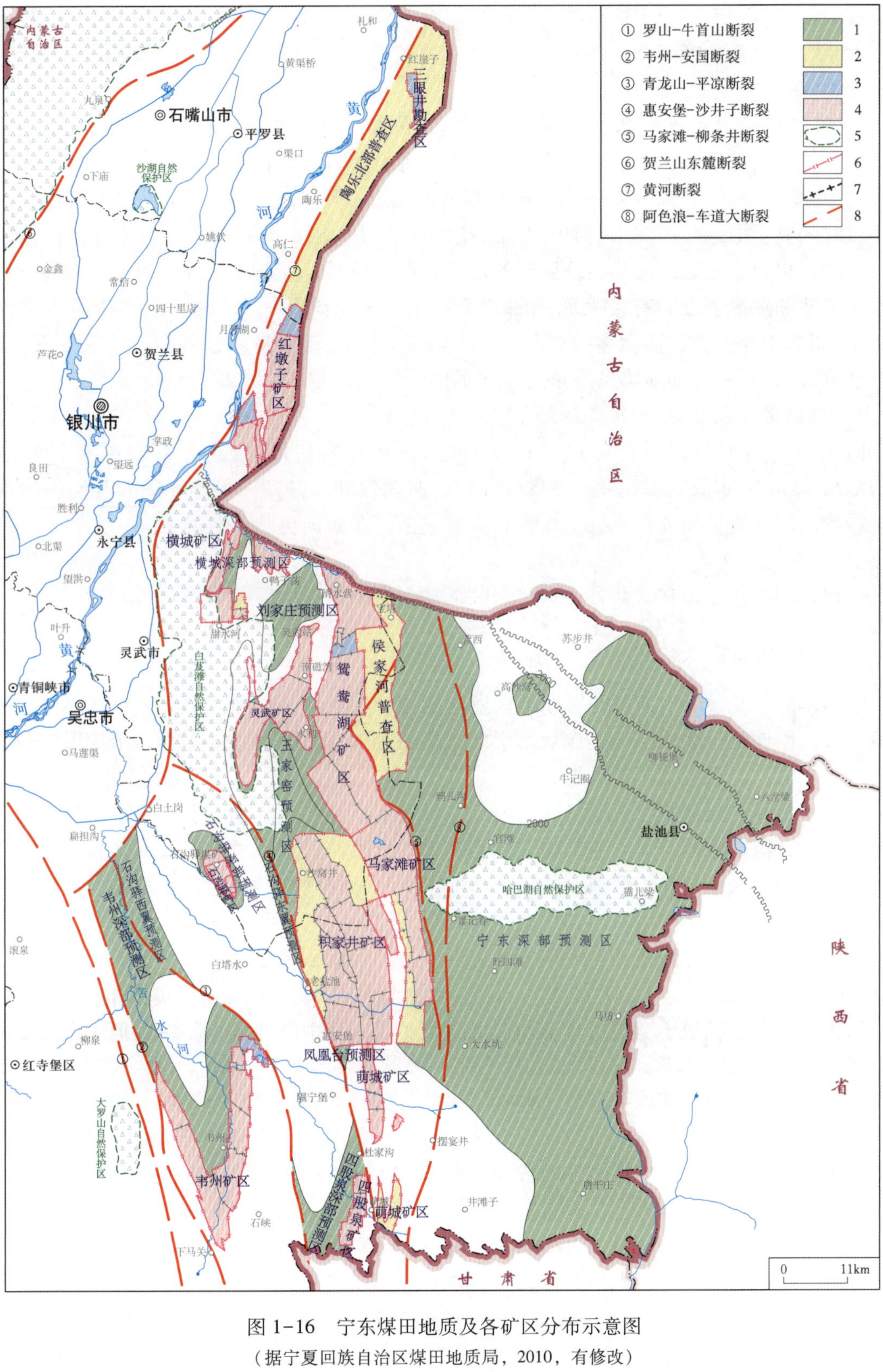

图 1-16　宁东煤田地质及各矿区分布示意图

（据宁夏回族自治区煤田地质局，2010，有修改）

1—预测区；2—普查区；3—详查区；4—勘查区；5—自然保护区；6—矿区界线；7—井田界线；8—断层

中元古界不整合覆盖。之后，广泛沉积了海相寒武系和奥陶系，晚石炭世至二叠纪为海陆交互相的含煤地层和陆相碎屑岩沉积，中、新生代均为陆相地层。上、下古生界之间为一巨大的区域性假整合，除局部地段有上寒武统、下奥陶统沉积外，广大地区缺失上奥陶统，志留系、泥盆系和下石炭统。古生物群面貌主要属华北型。宁东煤田内发育的地层有奥陶系、石炭系、二叠系、三叠系、侏罗系、白垩系、古近系、新近系和第四系。

2. 煤田构造

陶乐-彭阳冲断带展布于车道-阿色浪断裂以西、黄河断裂与牛首山-罗山断裂以东地区，东接天环复向斜带，西邻银川断陷盆地、卫宁北山褶断带和香山褶断带。自北而南可分为4段：桌子山褶断带、陶乐-横山堡陆缘褶断带、韦州-马家滩褶断带、车道-彭阳褶断带。桌子山褶断带展布于正义关断裂东延以北的桌子山地区；陶乐-横山堡陆缘褶断带北界为正义关断裂东延，南界为灵武南到磁窑堡一带。东邻银川断陷盆地，由于周缘巨厚的新生代沉积覆盖，前新生代地层露头出露非常有限，仅在横山堡、灵武和磁窑堡之间有较大面积的三叠系至白垩系出露；韦州-马家滩褶断带北界为灵武南-磁窑堡一带，南界大致在甜水堡一带。韦州-马家滩褶断带的大多数逆冲断层呈现低角度样式，在其东段金家渠-大水坑反冲断层呈高角度，但垂向断距小，与主断层构成前缘三角带。自西向东为韦州-青龙山褶断带、惠安堡-马家滩褶断带。

天环向斜由下白垩统保安群组成的向斜构造，向斜轴向近南北向，常舒缓波状弯曲，长逾100 km，宽约20 km。东翼宽缓，倾角一般3°~5°；西翼较陡，倾角一般7°~9°。复向斜内部尚发育一系列宽缓的次级褶皱，局部在一翼上发育有一些小型近东西向鼻状构造。

3. 煤田岩浆岩

宁东煤田范围内几乎没有岩浆岩侵入，岩浆活动对主要含煤岩系的影响甚微。

（二）煤田含煤地层特征

宁东煤田地处华北聚煤区西部，鄂尔多斯盆地的西缘。各系含煤地层主要分布在银川、吴忠、灵武及盐池一带。因地处华北地层区，含煤地层的沉积特征具华北型性质，缺失上奥陶统—下石炭统。煤田内含煤地层有：上石炭统羊虎沟组、上石炭统—下二叠统太原组，下二叠统山西组，中侏罗统延安组、直罗组。主要含煤地层为太原组、山西组、延安组。直罗组、下石盒子组下部及羊虎沟组亦含煤，但因煤层薄，稳定性差，无工业价值。位于北部的三眼井、红墩子、横城矿区和南部的韦州、四股泉矿区含煤地层为太原组和山西组；位于中部的灵武、鸳鸯湖、马家滩、积家井、石沟驿、萌城矿区含煤地层为延安组。其中，太原组和山西组这两个含煤地层的沉积特征因与贺兰山煤田中的基本一致，故不再进行详细划分并叙述其含煤地层的岩性、岩相等沉积特征。

1. 太原组含煤地层

太原组主要分布于红墩子、横城、韦州、四股泉矿区，其中以红墩子和横城矿区最为发育。多被中、新生代覆盖层埋藏于地下，仅在太阳山-韦州一带见有零星露头。据钻孔资料，其含煤地层特征与贺兰山煤田相似，下段底部以一套灰白色砂岩与黑色粉砂岩、砂质泥岩互层，与羊虎沟组分界呈整合接触，向上则为灰黑色泥岩夹碳质泥（页）岩、灰岩、泥灰岩、白云岩及煤层（线），煤中常见黄铁矿薄膜及黄铁矿结核，灰岩中含丰富的䗴类、腕足类、海百合茎、珊瑚及双壳类等动物化石；上段主要由灰白色细粒长石石英砂岩、灰黑色粉砂组成，顶部有2 m厚的含䗴灰岩，与山西组分界呈整合接触。本组在沉积厚度上相差较大，自横城矿区向南有增厚之趋势。

太原组含煤地层厚度78~512.62 m，含煤3~21层，煤层总厚度9.41~12.71 m，含煤系数4.12%~9.31%，可采煤层2~13层，可采煤层总厚度7.75~15.99 m，可采含煤系数1.51%~11.59%（表1-19）。

2. 山西组含煤地层

山西组含煤地层的分布和太原组基本一致，含煤地层特征与贺兰山煤田山西组相类似。其岩性主要为灰白色粗粒砂岩，灰绿、灰黄色细粒砂岩和粉砂岩，以及灰黑色泥岩夹煤层，而韦州矿区岩石粒度较细，以深灰色粉砂岩和浅灰色细砂岩为主。含煤8层，主要可采煤层一般位于下部，层数不多，但厚度较大，是宁东煤田主要含煤地层之一。与下伏太原组和上覆下石盒子组均为整合接触。沉积厚度在陶乐北部为100~180 m，灵武横城-鸳鸯湖一带厚度一般为40~90 m，同心韦州地区厚度80~130 m，各地沉积厚度有一定差异，总体表现为横城-鸳鸯湖一带较薄，向北、向南均有增厚之趋势。

表1-19　太原组含煤情况一览表

矿区	含煤地层厚度/m	含煤层数	可采煤层数	可采煤层总厚度/m	可采含煤系数/%
红墩子	102.65	6	4	8.97	8.74
横城	78.00	6	2~3	9.04	11.59
韦州	512.62	26	6	7.75	1.51
四股泉	238.66	34	13	15.99	6.70

山西组含煤地层厚度65.69~93.99 m，含煤1~18层，煤层总厚度9.30~9.43 m，含煤系数8.93%~11.62%，可采煤层3~5层，可采煤层总厚度5.64~12.57 m，可采含煤系数6.27%~17.70%（表1-20）。

表1-20　山西组含煤情况一览表

矿区	含煤地层厚度/m	含煤层数	可采煤层数	可采煤层总厚度/m	可采含煤系数/%
红墩子	89.99	5	3	5.64	6.27
横城	71.00	6	5	12.57	17.70
韦州	93.99	5	4	6.72	7.15
萌城	65.69	2	—	—	—

3. 延安组含煤地层

延安组含煤地层多埋藏于新生界覆盖层之下，地表出露较少。主要分布于灵武、鸳鸯湖、马家滩、积家井、石沟驿和萌城矿区。广大地区均属鄂尔多斯地块。属大型内陆盆地型沉积，形成有碎石井、石沟驿、冯记沟、老庄子、积家井、金家渠、洪涝池等煤矿床。与下伏上田组（或富县组）和上覆直罗组整合接触。

延安组为一套湖泊三角洲-河流相体系沉积。主要由灰白色各级长石石英砂岩，灰-灰黑色粉砂岩、粉砂质泥岩，黑色泥岩、碳质泥岩及煤层组成。其底部有宝塔山砂岩作标志，顶部与直罗组的灰白色、灰黄、灰绿色含砾粗砂岩（七里镇砂岩）相区分，顶底界线清晰易于识别。由剖面可以看出，该含煤地层以旋回发育，结构清晰为特征。

延安组含煤地层厚度285.83~694.00 m，平均厚度326 m。含可采煤层7~18层，可采煤层总厚度15.05~28.21 m，可采含煤系数2.17%~9.52%。含煤性总的表现为煤层层数多，总厚度大，垂向上，表现出周期性变化的特点，下部一般煤层少，稳定性差，多呈透镜状，中部煤层多，每个旋回顶部煤层稳定性较好，有2~3层全煤田发育的中厚煤层。上部、中部煤层少，但发育着一层广布全煤田的厚煤层。平面上，灵武、鸳鸯湖矿区含煤地层平均厚度298.53 m，含煤性较好，含煤层37层，可采煤层17层，可采平均总厚度为22.69 m，可采含煤系数为7.7%。石沟驿、马家滩、积家井、萌城含煤地层平均总厚度337.66 m，含煤性相对较差，含煤层37层，可采煤层7~10层，可采平均总厚度23.25 m，可采含煤系数为6.9%。总体来看，煤田东部至鄂尔多斯盆地腹部，含煤地层厚度逐渐变小，煤层层数变少，厚度变薄。煤田西部，其北部含煤地层厚度大，含煤性好，煤层多且厚，且稳定性好；南部含煤地层厚度较薄，煤层少，稳定性较差（表1-21）。

总体来看，煤田内延安组含煤地层自下而上可划分为五段（图1-17），其岩性、岩相组合及含煤性特征可与盆地其他地区相对比。

表 1-21 延安组含煤情况一览表

矿区	含煤地层厚度/m	含煤层数	可采煤层数	可采煤层总厚/m	可采含煤系数/%
灵武	327.81	38~41	14~18	28.21	8.61
鸳鸯湖	285.83	36	18	27.20	9.52
马家滩	390.03	37	18	23.84	6.11
积家井	449.80	33	10	17.76	3.95
石沟驿	694.00	30	8	15.05	2.17
萌城	424.18	29	7	18.20	4.29

第一段：从宝塔山砂岩到一$_1$煤层顶。整体下粗上细，为一完整的沉积旋回。下部主要为具大型槽状、板状交错层理的中-粗粒含砾砂岩，上部为具小型交错层理，波状及水平层理的细砂岩、粉砂岩、泥岩。反映出开始由河道砂体沉积渐变为堤泛沉积的过程，而且在本段上部岸后沼泽的沉积中广泛发育有1~2层可采的厚煤层。总之，该段是发育于延长群凹凸不平侵蚀面之上的初期产物，沉积稳定性差，各地厚度差异较大，如：磁窑堡地区厚度102.53 m，碎石井地区厚度22.10 m，马家滩地区厚度25.53 m。至该段顶部时，古地形的制约逐渐减弱，且主要煤层亦形成于该阶段。

第二段：底部为S_2标志层L_b之底界为界。含两个沉积旋回，每个沉积旋回下部均为灰、灰白色砂岩，上部为灰、灰黑色粉灰岩、泥岩及煤。与第一段相比较，其岩性以细砂岩、粉砂岩、泥岩为主，而中-粗粒砂岩总体不发育，且单层厚度较小。其层理类型以小型交错层理、沙纹层理、水平层理最为发育。该段除了含丰富的植物化石及化石碎片外，动物化石及动物活动遗迹的丰度也高于下段。由上所述本段自第一段沉积后大面积水进，形成浅湖-三角洲沉积体系。该段含煤层数多，但煤层多数较薄，其稳定性总体向上变好。本段厚度变化大，总趋势是西部较厚向东至盆地内部变薄，一般厚度为70 m左右。

第三段：由标志层L_b、辅助标志层S_3砂岩和第四段底部的S_4标志层来识别。含两个沉积旋回，底部为湖相泥岩，即标志层L_b。向上为灰白色细-粗粒砂岩，上部为灰黑色粉砂岩、泥岩夹煤层，局部夹细砂岩；上沉积旋回的下部为灰白色厚层状中-粗粒砂岩（即S_3辅助标志层），横向上常过渡为细、粉砂岩互层，上部为灰白、灰色细砂岩夹深灰色粉砂岩，顶部发育厚煤层。该段总体上是一向上总体变粗，然后再由粗变细的完整的湖泊-三角洲层序。厚度变化与第二段相似，西部一般为70~80 m，往东厚度变薄，一般为50~60 m。北部一般厚度为50~70 m，南部厚度为80~90 m。该段是宁东煤田主要含煤段之一。

第四段：由S_4标志层开始至四$_1$煤层顶结束，基本上由两个旋回构成。下沉积旋回的下部为灰白色中-粗粒砂岩，底部常含砾石，往上为灰黑色粉砂岩、泥岩与灰色细砂岩互层，夹薄层炭泥岩及煤层，该旋回厚度较大，一般为40~50 m。上沉积旋回的下部为灰、灰白色细-中粒砂岩，横上相变较快，常过渡为粉砂岩、泥岩，上部则以灰、灰黑色泥岩为主，夹1~2层分布较广局部可采煤层。旋回厚度一般较小，为20~30 m。本段的层理类型为下部常发育大型板状、槽状交错层理，上部大多为小型交错层理、沙纹层理、水平层理。该段总体为三角洲平原沉积体系，厚煤层不发育，纵向上其稳定性由下而上增强。本段厚度变化不大，总趋势是西北较厚，一般为70~90 m，东南相对较薄，一般为50~60 m。

第五段：该段底部由S_5辅助标志层开始，顶部与直罗组底砂岩（即S_6砂岩）平行不整合接触。含两个沉积旋回，其中下沉积旋回全煤田发育，其下部以灰白色砂岩为主，上部以灰、灰黑色泥岩、粉砂岩为主，顶部普遍发育一层厚煤层。上沉积旋回，在煤田内大部分地段不发育，仅在碎石井-积家井一线有残留，旋回的下部为灰、灰白色中-细粒砂岩，上部为灰、灰黑色粉砂岩、泥岩，顶部发育可采煤层，但在宁东煤田西部常受到直罗之底砂岩的冲刷。本段两个旋回均具正粒序，其层理类型主要是一般下部为大型板状、槽状交错层理，往上渐变为小型交错层理、波状层理、沙纹层理、水平

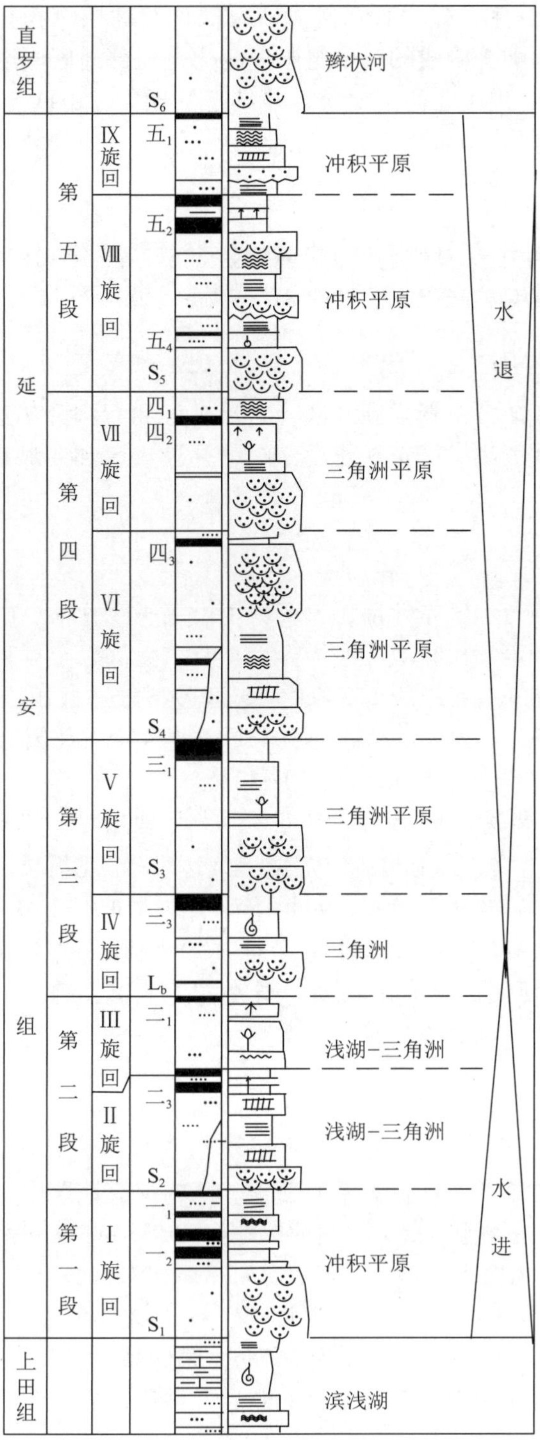

图 1-17　延安组层段沉积旋回划分及沉积序列图

（据宁夏回族自治区煤田地质局，2010，有修改）

层理。本段属冲积平原相沉积，且在本段中部及上部发育厚煤层，其中五$_2$ 煤层在全煤田广泛发育，自身特征明显，是识别第五段的重要标志。由于受燕山运动的影响，本段地层厚度变化较大，其规律为鸳鸯湖-马家滩一线，一般为 50 m。往西则呈急剧增多的趋势，最厚可达 130 m，一般为 80~100 m。

综上所述，宁东煤田延安组根据沉积旋回，标志层及煤等因素，分为 5 个岩段，每个岩段含 1~2 个沉积旋回。该组总体上是第一段、第五段粒度较粗，其他三个岩段相对较细，其中第二段主要由细砂岩、粉砂岩、泥岩组成，粗-中粒砂岩含量较少，反映该组地层沉积相组合是由冲积平原、浅湖-三角洲、三角洲前缘、前三角洲等构成的。本组厚度变化是北部地区厚度一般为 320~350 m，南部王洼一带厚度为 40~390 m，反映出由北而南变薄，并具起伏现象，由西至东厚度变小，石沟驿矿区最厚达 694 m，往东马家滩一带为 340 m 左右。

（三）煤炭资源储量

宁东煤田是宁夏煤炭资源中已查明资源储量最大的煤田，截至 2017 年底，已累计查明资源储量 27752852.48×10^3 t，占宁夏查明矿产资源储量的 81.39%。

（四）煤田开发利用现状

宁东煤田横城矿区、灵武矿区、鸳鸯湖矿区、韦州矿区和石沟驿矿区已开发利用，红墩子矿区、马家滩矿区、积家井矿区、四股泉矿区正在建设，三眼井勘查区和萌城矿区未开发。其中各类生产、在建矿井 25 对。

二、红墩子矿区

红墩子矿区位于宁夏回族自治区东北部，隶属银川市兴庆区管辖。矿区西部以黄河断裂带和煤层隐伏露头为界，北部以银川和石嘴山行政界线为界，东及东南部以宁夏和内蒙古行政区划为界；矿区南北长 35 km，东西宽平均 7 km，面积约 172 km^2。矿区包括红一井田、红二井田、红三井田、红四井田及红一后备区和红三后备区，红一、红二、红三、红四 4 个井田勘查程度已达到勘探，红一井田后备区、红三井田后备区勘查程度达到详查（图 1-18）。

红墩子矿区地层属华北-柴达木地层大区（Ⅲ）、华北地层区（$Ⅲ_4$）、鄂尔多斯西缘地层分区（$Ⅲ_4^1$）、贺兰山地层小区（$Ⅲ_4^{1-1}$）。大地构造位置位于柴达木-华北板块（Ⅲ）、华北陆块（$Ⅲ_5$）、鄂尔多斯地块（$Ⅲ_5^1$）、鄂尔多斯西缘中元古代—早古生代裂陷（$Ⅲ_5^{1-1}$）。所属成矿区带为鄂尔多斯西缘（陆缘坳褶带）Fe-Pb-Zn-磷-石膏-芒硝成矿带（Ⅲ-59）、陶乐-彭阳冲断带煤（气）-石灰岩-白云岩成矿亚带（Ⅳ-59③）。所属矿床成矿系列为与晚古生代沉积作用有关的铜、银、灰岩、石膏、石英砂岩、煤、天然气、粘土、油页岩矿床成矿系列（5-Pz_2-S）。

（一）矿区地质特征

1. 矿区地层

区内无基岩出露，全部被第四系和古近系所覆盖。区内揭露地层由老至新依次有：奥陶系（O），平均厚度 200 m；上石炭统羊虎沟组（C_2y），平均厚度 375.33 m；石炭系—二叠系太原组（C_2P_1t），平均度厚 95.55 m；下二叠统山西组（P_1s），厚度 80.78 m；中二叠统下石盒子组（P_2x），平均厚度 219.83 m；中-上二叠统上石盒子组（$P_{2-3}s$），厚度 121.64 m 左右；上二叠统孙家沟组（P_3sj），平均厚度 230 m；古近系清水营组（E_3q），平均厚度 365 m；第四系（Q），厚度小于 20 m。矿区主要含煤地层为太原组、山西组，岩性主要由以各种粒径的砂岩、砂质泥岩、泥岩、薄层灰岩、碳质泥岩和煤组成。

2. 矿区构造

矿区地层总体向东倾伏，由于受东西方向压应力的作用，区内形成了近南北向压性结构面和近东西向的张性断裂面，由于拖曳作用，断层两侧形成了不对称的褶曲。在应力比较集中的背斜轴部附近，伴生有次一级的小断裂。矿区内发育有以近南北向的逆断层、以及近东西向的正断层。近南北向断层形成后受近东西向断层切割，使含煤地层的完整性受到破坏。

（二）矿区含煤地层特征

矿区太原组及山西组含煤地层总厚度 172.67~226.95 m，平均 189.86 m。共含煤 20 余层，自上至下编号为 1~11 层，可采煤层 7 层，依次为 2、4、5、8、9-1、9、10 煤。各编号煤层平均总厚度

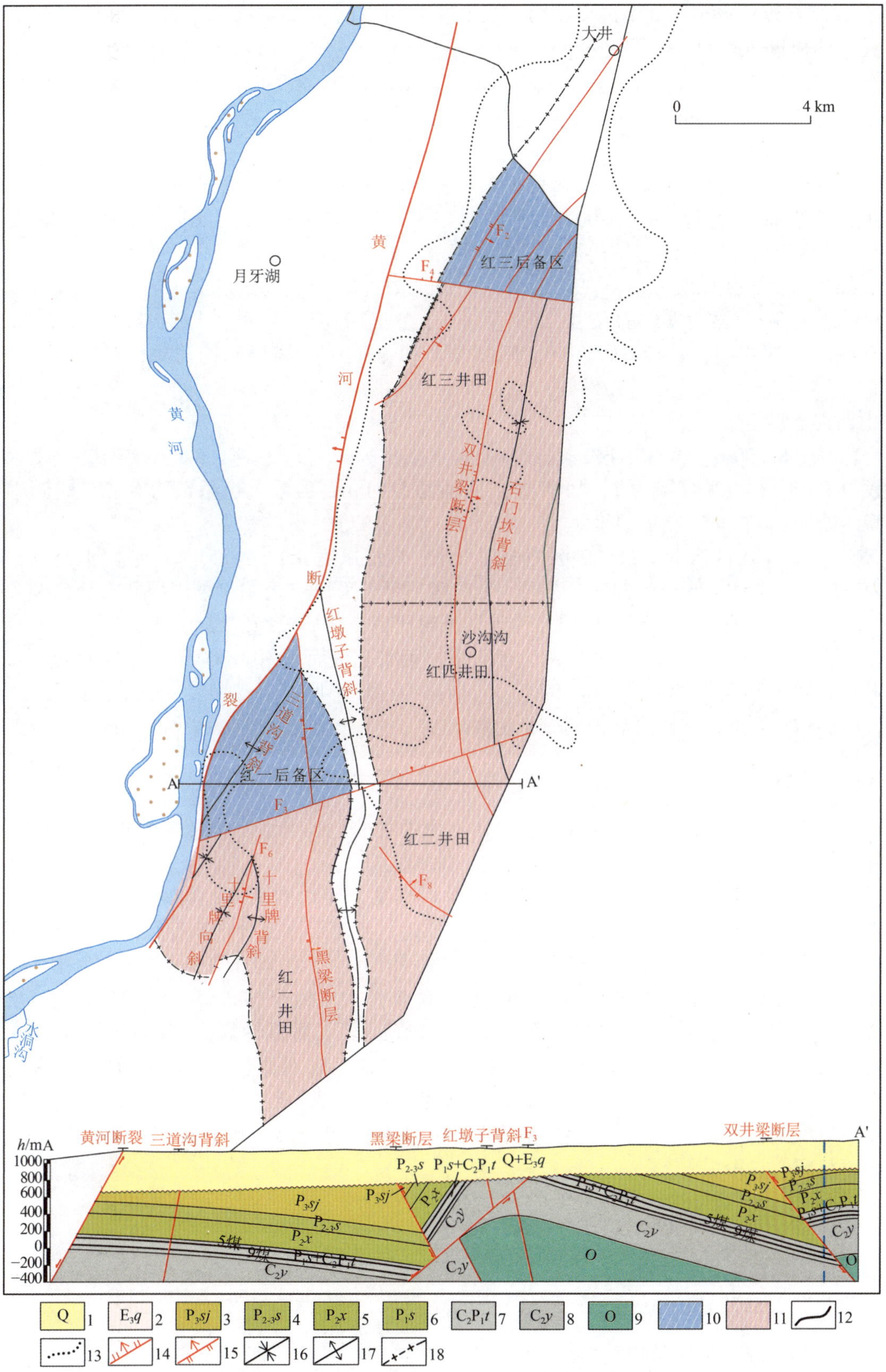

图 1-18 红墩子矿区地质及各井田（煤矿）分布示意图

（据宁夏回族自治区煤田地质局，2010，有修改）

1—第四系；2—清水营组；3—孙家沟组；4—上石盒子组；5—下石盒子组；6—山西组；7—太原组；8—羊虎沟组；9—奥陶系；10—详查区；11—勘探区；12—地层界线；13—基岩露头界线；14—正断层；15—逆断层；16—向斜；17—背斜；18—井田界线

16.84 m，含煤系数 8.87%；其中可采煤层平均总厚度 14.61 m，可采含煤系数 7.70%。

1. 太原组含煤地层

平均总厚度 102.65 m，含煤 6 层，编号自上而下依次为 7、8、9-1、9、10、11 煤，煤层总厚度 10.15 m，含煤系数为 9.89%；可采煤层为 8、9-1、9、10 煤，总厚度 8.97 m，可采含煤系数为 8.74%。其中可采煤层情况简述如下：

二$_2$ 煤层：位于太原组中部，在矿区内局部可采，可采范围主要分布于矿区南部及中部，北部煤层亦因分岔而变薄；煤层厚度 0~6.00 m，平均 1.43 m，可采厚度 0.71~5.63 m，平均 1.43 m，为薄-厚煤层；一般含 2 层夹矸，煤层结构简单，对比可靠，属较稳定煤层。

一$_{1-1}$ 煤层：位于太原组下部，在矿区内见煤点全部可采，主要分布于矿区东部及北部，9 煤向北分岔，上部为 9-1 煤；煤层厚度 1.13~3.38 m，平均 2.25 m，可采厚度 1.08~3.09 m，平均 2.21 m，为薄-中厚煤层；一般不含夹矸，局部含 1~2 层夹矸，煤层结构简单，对比可靠，属稳定煤层。

2. 山西组含煤地层

平均总厚度 89.99 m，含煤 5 层，编号自上而下依次为 1、2、3、4、5 煤，煤层总厚度 6.69 m，含煤系数为 7.43%；可采煤层为 2、4、5 煤，总厚度 5.64 m，可采含煤系数为 6.27%。其中可采煤层情况简述如下：

一$_2$ 煤层：位于山西组下部，在矿区内全部可采；煤层厚度 0.86~8.51 m，平均 4.18 m，可采厚度 0.86~7.51 m，平均 3.65 m，薄-厚煤层，为矿区主要可采煤层之一；煤层向北有分岔现象；一般含 2~4 层夹矸，局部含 5 层夹矸，煤层结构复杂，对比可靠，属较稳定煤层。

二煤层：位于山西组下部，在矿区内大部可采，可采范围面积 101.30 km^2；煤层厚度 0~2.25 m，平均 1.11 m，可采厚度 0.72~1.82 m，平均 1.21 m，为薄-中厚煤层；煤层一般不含夹矸，局部含 2 层夹矸，煤层结构简单，对比可靠，属较稳定煤层。

（三）煤质特征

矿区煤层煤质一般特征：各煤层煤质在总体上为中灰-高灰、低硫-高硫、低磷、低热值-中热值的变质程度较低的气煤为主，少量 1/2 中粘煤、弱粘煤。

灰分属低灰-中灰煤，自上而下灰分变化较大。挥发分变化的总体趋势是：在含煤地层山西组中，随着煤层埋深增加，挥发分有降低趋势；在太原组，各煤层挥发分产率变化不大，也无明显变化规律。矿区内各可采煤层原煤煤样全硫含量为 0.23%~10.67%，平均 0.79%~3.02%。山西组煤层即 5 煤及以上煤层全硫均值小于 0.90%，属特低硫-低硫煤，太原组煤即 8 煤及以下煤层全硫均值一般大于 0.90%，属中硫-高硫煤。本矿区山西组煤以低硫煤为主，特低硫煤次之；太原组煤以中高硫为主，高硫煤次之。各可采煤层均为“低磷分煤”。红墩子矿区煤属低热值-中热值煤。红墩子矿区煤为较低变质的气煤、1/3 焦煤、1/2 中粘煤、弱粘煤，具有水分低、中高-高挥发分、中灰-高灰、低-高硫、低磷、特低氯的特点，以中热值煤为主，煤灰熔点较高，耐磨性好。原煤可用于炼焦配煤、气化原料或燃料用煤。

（四）矿区煤炭资源量

红墩子矿区勘探工作是 2008 年 3 月开始进行的，截至 2017 年底，勘查面积约 200 km^2，累计查明煤炭资源储量 2153756.35×10^3 t。

（五）矿区开发利用现状

该矿区正处于开发以及待开发阶段，还未利用。

三、三眼井矿区（勘查区）

三眼井勘查区位于宁夏东北部，隶属石嘴山市平罗县管辖。

三眼井矿区地层属华北-柴达木地层大区（Ⅲ）、华北地层区（$Ⅲ_4$）、鄂尔多斯西缘地层分区（$Ⅲ_4^1$）、桌子山-青龙山地层小区（$Ⅲ_4^{1-2}$）。大地构造位置位于柴达木-华北板块（Ⅲ）、华北陆块（$Ⅲ_5$）、鄂尔多斯地块（$Ⅲ_5^1$）、鄂尔多斯西缘中元古代—早古生代裂陷（$Ⅲ_5^{1-1}$）。所属成矿区带为鄂尔多斯西缘（陆缘坳褶带）Fe-Pb-Zn-磷-石膏-芒硝成矿带（Ⅲ-59）、陶乐-彭阳冲断带煤（气）-石灰岩-白云岩成矿亚带（Ⅳ-59③）。所属矿床成矿系列为与晚古生代沉积作用有关的铜、银、灰岩、石膏、石英砂岩、煤、天然气、粘土、油页岩矿床成矿系列（5-Pz_2-S）。

（一）矿区地质特征

1. 矿区地层

区内被第四系、古近系广泛覆盖，无基岩出露。区内揭露地层由老至新依次有：上石炭统羊虎沟组（C_2y），钻孔未见底，揭露厚度 20 m；石炭系—二叠系太原组（C_2P_1t），厚度 77.25～129.35 m；下二叠统山西组（P_1s），厚度 76.90～120.08 m；中二叠统下石盒子组（P_2x），厚度 63.74～349.99 m；中—上二叠统上石盒子组（$P_{2-3}s$），厚度 35.28～188.11 m；下白垩统宜君组（K_1y），厚度 86.00～250.10 m；古近系清水营组（E_3q），岩石胶结较疏松，经风化多成砂、砾石出露地表，厚度 432.86～602.16 m；第四系（Q），广泛分布于区内，地层厚度在 0～20 m 之间。本区主要含煤地层为太原组及山西组，岩性由深灰色砂岩、粉砂质泥岩、泥岩为主夹细粒石英砂岩、薄层灰岩及煤层、煤线组成。

2. 矿区构造

三眼井勘查区处于华北陆块鄂尔多斯地块（$Ⅲ_5^1$）、鄂尔多斯西缘中元古代—早古生代裂陷带（$Ⅲ_5^{1-1}$）、陶乐-彭阳冲断带（$Ⅲ_5^{1-1-3}$）。总体呈向东倾斜的单斜构造，倾角一般 5°～12°，共发现两条断层 SF_2、DF_3。SF_2 逆断层近南北向分布，延伸长度大于 3.5 km，向南被 DF_3 断层所切，倾向东，倾角 35°～50°，落差 20～30 m，控制程度可靠。DF_3 由南西穿越而过，区内延伸大于 4.2 km，断层走向北东，倾向南东，倾角 30°～60°，落差 10～80 m，控制程度可靠。

（二）矿区含煤地层特征

三眼井区内含煤地层为太原组及山西组，共含煤 16 层，可采煤层 7 层，其中全区可采煤层 3 层，大部可采煤层 2 层，局部可采煤层 2 层。其中，太原组含煤 6 层，煤层总厚度 4.37～10.28 m，平均总厚度 7.22 m，含煤系数 7.06%，可采煤层 4 层，煤层总厚度 1.91～8.55 m，平均总厚度 5.16 m，可采含煤系数 5.11%；山西组含煤 10 层，煤层总厚度 4.69～12.29 m，平均总厚度 8.71 m，含煤系数 9.40%，可采煤层 3 层，煤层总厚度 2.81～10.29 m，平均总厚度 6.43 m，可采含煤系数 6.94%。

（三）煤质特征

三眼井勘查区煤层煤颜色为黑-深黑色，似玻璃-沥青光泽，参差断口，内生节理、裂隙较发育，沿裂隙面多有黄铁矿薄膜分布；层状结构，块状构造为主。宏观煤岩成分以半暗煤、半亮煤为主，少量暗煤及亮煤；宏观煤岩类型以半暗型煤为主，暗淡型煤次之。太原组煤为低水分，中低灰分，硫分均高于 1.50%，为中高-高硫，属于一级含砷、低氯、低磷，中高-高热值，除 11-1 煤为中高挥发分外均属于高挥发分，除 9 煤为特强粘结外均属于强粘结。煤类除 11-1 煤为 1/3 焦煤，9 煤为气肥煤外，其余煤层均为气煤，可选性为易选-较难选。山西组煤为低水分，中灰分，硫分均低于 1.00%，为低硫，属于一级含砷、低氯、低-中磷，中-中高热值，中高挥发分，粘结指数较低，为中强粘结，煤类为气煤，可选性难选-极难选。可作为炼焦配煤、液化用煤、发电用煤等。

（四）矿区煤炭资源量

三眼井勘查区累计查明煤炭资源储量 179470×10^3 t。

（五）矿区开发利用现状

该矿区尚未开发利用。

四、横城矿区

横城矿区位于宁夏回族自治区灵武市以东 40 km 处，行政区划隶属灵武市宁东镇和马家滩镇管辖。矿区北与内蒙古自治区毗邻，东南以沙葱沟断层为界，西以任家庄井田为界，南北长 20 km，东西宽平均 11 km，面积约 220 km^2。矿区包括任家庄井田、红石湾井田、马莲台井田、丁家梁井田和甜水河勘查区，任家庄井田、红石湾井田、马莲台井田和甜水河勘查区勘查程度已达到勘探阶段，丁家梁井田南部区域达到勘探阶段（图 1-19）。

横城矿区地层属华北-柴达木地层大区（Ⅲ）、华北地层区（$Ⅲ_4$）、鄂尔多斯西缘地层分区（$Ⅲ_4^1$）、桌子山-青龙山地层小区（$Ⅲ_4^{1-2}$）。大地构造位置位于柴达木-华北板块（Ⅲ）、华北陆块（$Ⅲ_5$）、鄂尔多斯地块（$Ⅲ_5^1$）、鄂尔多斯西缘中元古代—早古生代裂陷（$Ⅲ_5^{1-1}$）。所属成矿区带为鄂尔多斯西缘（陆缘坳褶带）Fe-Pb-Zn-磷-石膏-芒硝成矿带（Ⅲ-59）、陶乐-彭阳冲断带煤（气）-石灰岩-白云岩成矿亚带（Ⅳ-59③）。所属矿床成矿系列为与晚古生代沉积作用有关的铜、银、灰岩、石膏、石英砂岩、煤、天然气、粘土、油页岩矿床成矿系列（5-Pz_2-S）。

（一）矿区地质特征

1. 矿区地层

矿区被古近系—新近系、第四系广泛覆盖，仅在矿区西部有少量基岩出露。根据钻孔揭露，矿区地层由老至新依次有：奥陶系（O），钻孔部分揭露，厚度大于 800 m；石炭系羊虎沟组（C_2y），平均厚度 308. 84 m；石炭系—二叠系太原组（C_2P_1t），平均厚度 85. 27 m；下二叠统山西组（P_1s），平均厚度 75. 37 m，中二叠统下石盒子组（P_2x），平均厚度 154. 12 m；中-上二叠统上石盒子组（$P_{2-3}s$），平均厚度 179. 61 m；上二叠统孙家沟组（P_3sj），平均厚度 193. 71 m；白垩系宜君组（K_1y）平均厚度 448. 99 m；古近系（E），平均厚度 163. 40 m；第四系（Q）平均厚度 16. 50 m。本区主要含煤地层为二叠系山西组和石炭系—二叠系太原组，岩性主要由灰色、灰白色长石石英砂岩，灰-灰黑色粉砂岩、泥岩和煤组成。

2. 矿区构造

横城矿区构造受马鞍山及奥陶系灰岩构成的丁家梁隆起背斜所控制，矿区内褶曲较为发育，近南北向褶曲（自西向东）由三道沟背斜、沙沟向斜、丁家梁背斜、马莲台向斜、苦草凹背斜、双庙向斜及张家窑背斜组成东西向复式褶皱，褶曲轴走向北北东，轴面倾向东，不对称，向斜西翼宽缓，东翼陡峻。

矿区内断层较为发育，断层总共百余条。区内断层可分为两组，以近南北向的较大断裂为主，近南北向断层形成后受北东、北西向断层切割，使含煤地层的完整性受到破坏。矿区内主要断层有马鞍山断层、黑梁断层（图 1-20）。

（二）矿区含煤地层特征

横城矿区主要含煤地层为二叠系山西组和石炭系—二叠系太原组。

1. 太原组含煤地层

太原组为近海型含煤建造，沉积稳定，旋回清晰。地层平均厚度 65. 94 ~ 153. 5 m。含煤 4 ~ 10 层，含可采煤 2 ~ 3 层。含煤总厚度 8. 34 ~ 11. 31 m，可采煤层总厚度 6. 22 ~ 9. 44 m，可采含煤系数 5. 1% ~ 12. 26%。八煤、九煤全区赋存并全区可采，煤层较稳定-稳定，八煤结构较简单，九煤结构

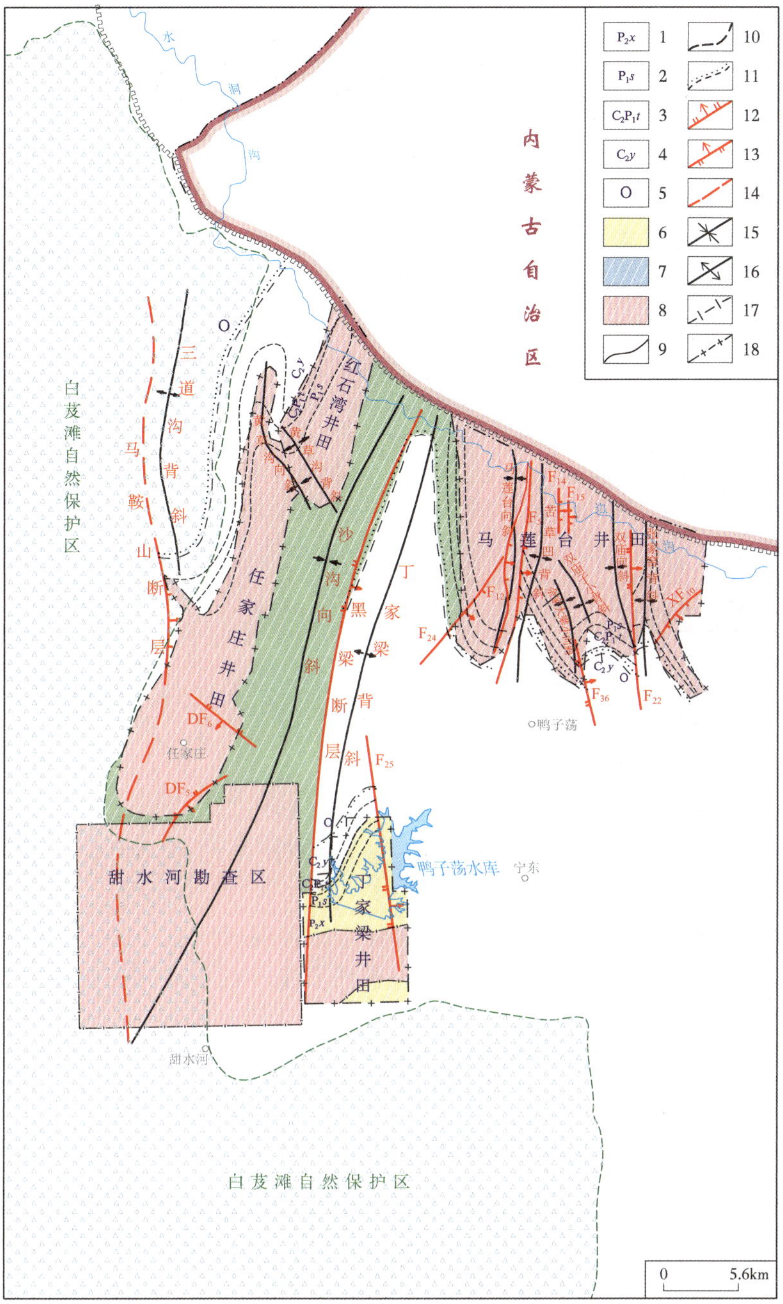

图 1-19 横城矿区地质及各井田（煤矿）分布示意图

（据宁夏回族自治区煤田地质局，2010，有修改）

1—下石盒子组；2—山西组；3—太原组；4—羊虎沟组；5—奥陶系；6—普查区；7—详查区；8—勘探区；9—实测地层界线；10—推测整合地质界线；11—推测角度不整合地质界线；12—正断层；13—逆断层；14—推测断层；15—向斜；16—背斜；17—勘查区界线；18—井田界线

复杂。十煤虽全区赋存但仅任家庄井田和红石湾井田可采，结构简单，煤层较稳定。

2. 山西组含煤地层

山西组为纯陆相建造，地层平均厚度 56.44～71 m，含煤 3～12 层，含可采煤层 3～5 层，含煤总厚度 8.84～15.30 m，含可采煤层总厚度 7.6～12.57 m，可采含煤系数 11.5%～20.3%，其中一煤、三煤、五煤全区可采。煤层较稳定，煤层结构较简单，仅三煤在丁家梁井田结构较复杂。二煤、四煤在局部地区可采，虽煤层结构简单但煤层不稳定。六煤在任家庄、红石湾井田可采，煤层较稳定。

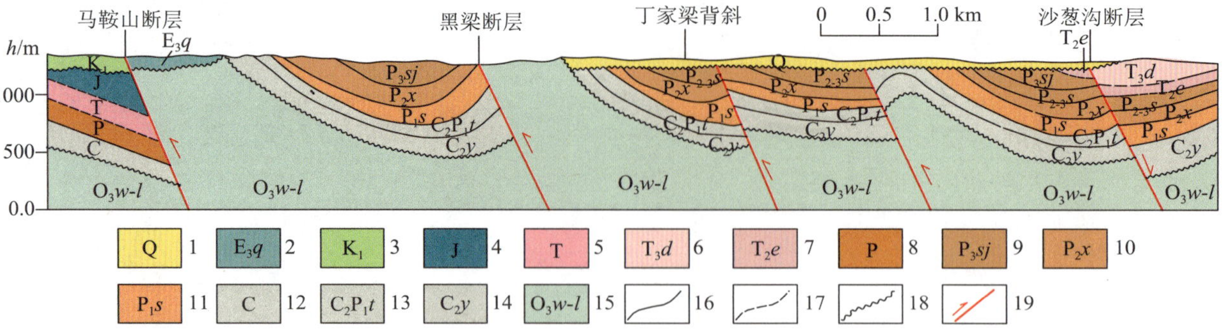

图 1-20 横城矿区地质剖面示意图

（据宁夏回族自治区煤田地质局，2010）

1—第四系；2—清水营组；3—白垩系；4—侏罗系；5—三叠系；6—大风沟组；7—二马营组；8—二叠系；9—孙家沟组；10—下石盒子组；11—山西组；12—石炭系；13—太原组；14—羊虎沟组；15—乌拉力克组—拉什仲组；16—整合地质界线；17—平行不整合地质界线；18—角度不整合地质界线；19—断层

（三）矿区主要煤质特征

1. 物理性质

横城矿区的煤层均为黑色，层状、块状结构，结构类型主要有条带状、线状，少数为致密块状，油脂、玻璃-弱沥青光泽，贝壳状断口，煤层类型以半亮型-半暗型为主，暗淡型次之。煤层有机质含量占 80.2%~93.9%，无机质以泥质物为主，占 6.1%~19.8%。山西组煤层凝胶物质以半丝炭化、半凝胶化基质为主，太原组煤层以凝胶化基质为主。

2. 化学性质

横城矿区煤层煤质特征受沉积环境的影响，灰分含量普遍较高，为中-富灰煤。第一、三层煤在马莲台井田分别达到 25.99%和 25.76%，而第十煤在任家庄、红石湾井田则高达 31.51%，各煤层经洗选后，精煤灰分均在 10%以下。山西组煤层灰分略高于太原组煤层灰分；各煤层硫分一般自上而下含量增加，在任家庄、红石湾井田，第五煤层属低-中硫煤，其余均属硫煤层。太原组煤层平均硫含量 2.76%~3.70%，属富硫煤。丁家梁井田山西组煤层小于 1%，属低硫煤；太原组煤层平均 3%，属富硫煤。马莲台井田山西组煤层 0.48%~1.20%，属特低-低硫煤，其中一、三煤层小于 1%。太原组煤层硫含量 2.58%~3.16%，属富硫煤。硫成分中黄铁矿硫稍高于有机硫，硫酸盐硫含量甚微。黄铁矿硫多呈浸染状分布，难洗选，磷分含量均小于 0.05%，属特低磷。水分含量 1.16%~1.61%。原煤发热量在 25.04~27.71 MJ/kg，太原组煤层发热量高于山西组煤层。

3. 煤种分布特点

横城矿区煤种为气煤、肥煤，其中以气煤为主。马莲台井田山西组、太原组煤层均为气煤，太原组八煤、九煤在局部为气肥煤。丁家梁井田山西组为气煤，太原组为肥煤。九煤在任家庄井田煤种分布具规律性：沿任家庄背斜轴延展方向，呈自南而北带状分布，其轴部为气煤带，两翼向深部方向为肥煤带。

（四）矿区煤炭资源量

截至 2017 年底，横城矿区累计查明煤炭资源量 1554500.06×10^3 t，预测资源量 423887.46×10^3 t，保有资源量 1506493.06×10^3 t。

（五）矿区开发利用现状

横城矿区有 4 个井田和 1 个勘查区，任家庄、马莲台和红石湾为生产矿井，目前正在开采利用；丁家梁井田为在建矿井，甜水河勘查区为拟建矿井。

五、灵武矿区

灵武矿区位于宁夏灵武市宁东镇境内。其中心距县城 50 km，距银川市 120 km，距青铜峡火车站 92 km。矿区南北长 32 km，东西宽 15 km，面积 480 km^2。矿区南北分别与马家滩矿区及横城矿区毗邻，东西则与鸳鸯湖矿区、面子山紧密相连。包括磁窑堡（灵新）、羊场湾、枣泉、英子梁、东庙 5 个井田（图 1-21）。

灵武矿区地层属华北-柴达木地层大区（Ⅲ）、华北地层区（$Ⅲ_4$）、鄂尔多斯西缘地层分区（$Ⅲ_4^1$）、桌子山-青龙山地层小区（$Ⅲ_4^{1-2}$）。大地构造位置位于柴达木-华北板块（Ⅲ）、华北陆块（$Ⅲ_5$）、鄂尔多斯地块（$Ⅲ_5^1$）、鄂尔多斯西缘中元古代—早古生代裂陷（$Ⅲ_5^{1-1}$）。所属成矿区带为鄂尔多斯西缘（陆缘坳褶带）Fe-Pb-Zn-磷-石膏-芒硝成矿带（Ⅲ-59）、陶乐-彭阳冲断带煤（气）-石灰岩-白云岩成矿亚带（Ⅳ-59③）。所属矿床成矿系列为与中生代沉积作用有关的铜、石英砂岩、煤、油气、油页岩、粘土矿床成矿系列（7-Mz-S）。

（一）矿区地质特征

1. 矿区地层

矿区出露地层自老至新有：上三叠统上田组（T_3s）、中侏罗统延安组（J_2y）、中侏罗统直罗组（J_2z）、上侏罗统安定组（J_3a）、下白垩统宜君组（K_1y）和第四系（Q）等。中侏罗统延安组为主要含煤地层。

2. 矿区构造

矿区主干构造以褶曲为主，轴向均近南北并延至区外，具有向南倾伏和封闭收敛之势。自西向东主要有刘家庄-碎石井背斜、赵儿塔向斜、黑疙瘩背斜、磁窑堡-长梁山向斜。褶曲较宽缓，一般不对称，背斜西翼陡东翼缓，向斜反之。背斜核部由上二叠统、三叠系及侏罗系组成，向斜核部则由侏罗系及下白垩统组成。背向斜轴在总体均向南倾伏的背景下，局部仍有起伏，发育于灵武矿区中段，即刘家庄-碎石井背斜与磁窑堡-长梁山向斜、磁窑堡东侧逆断层之间，总体呈北东—南西走向、向南东倾斜的单斜构造形态。

矿区内落差较大的断层为东北部磁窑堡东侧逆断层（F_1），总体走向近南北，延展总长 13 km。断面东倾，倾角约 70°。北部断层落差为 300 m，向南逐渐尖灭。

（二）矿区含煤地层特征

灵武矿区含煤地层延安组为一套陆相碎屑岩含煤建造。地层厚度 308. 95 m。共含煤 38 层，平均总厚度 28. 85 m，含煤系数 9. 3%。全区可采及局部可采者 17 层，可采平均总厚度 22. 37 m，可采含煤系数 7. 2%。可采煤层结构简单-较复杂，大部分为较稳定-稳定。二煤及十四煤为全矿区可采煤层，分布在本组的上煤组和下煤组。

（三）矿区主要煤质特征

灵武矿区各煤层煤质在水平及垂向上变化较小。总体上以特低灰为主体，特低硫，特低-低磷，较高发热量，高化学活性，高含碳量，高机械强度，低熔灰煤，煤质优良。

矿区内煤层由浅至深，镜质组最大反射率变化于 0. 38%～0. 65%之间，属 0～Ⅰ变质阶段，以深成变质为主。矿区内煤种较单一，多为不粘煤，少量为长焰煤。

（四）矿区煤炭资源量

截至 2017 年底，灵武矿区累计查明煤炭资源储量 3560936. 98×10^3 t，保有资源储量 3212927. 95×10^3 t。

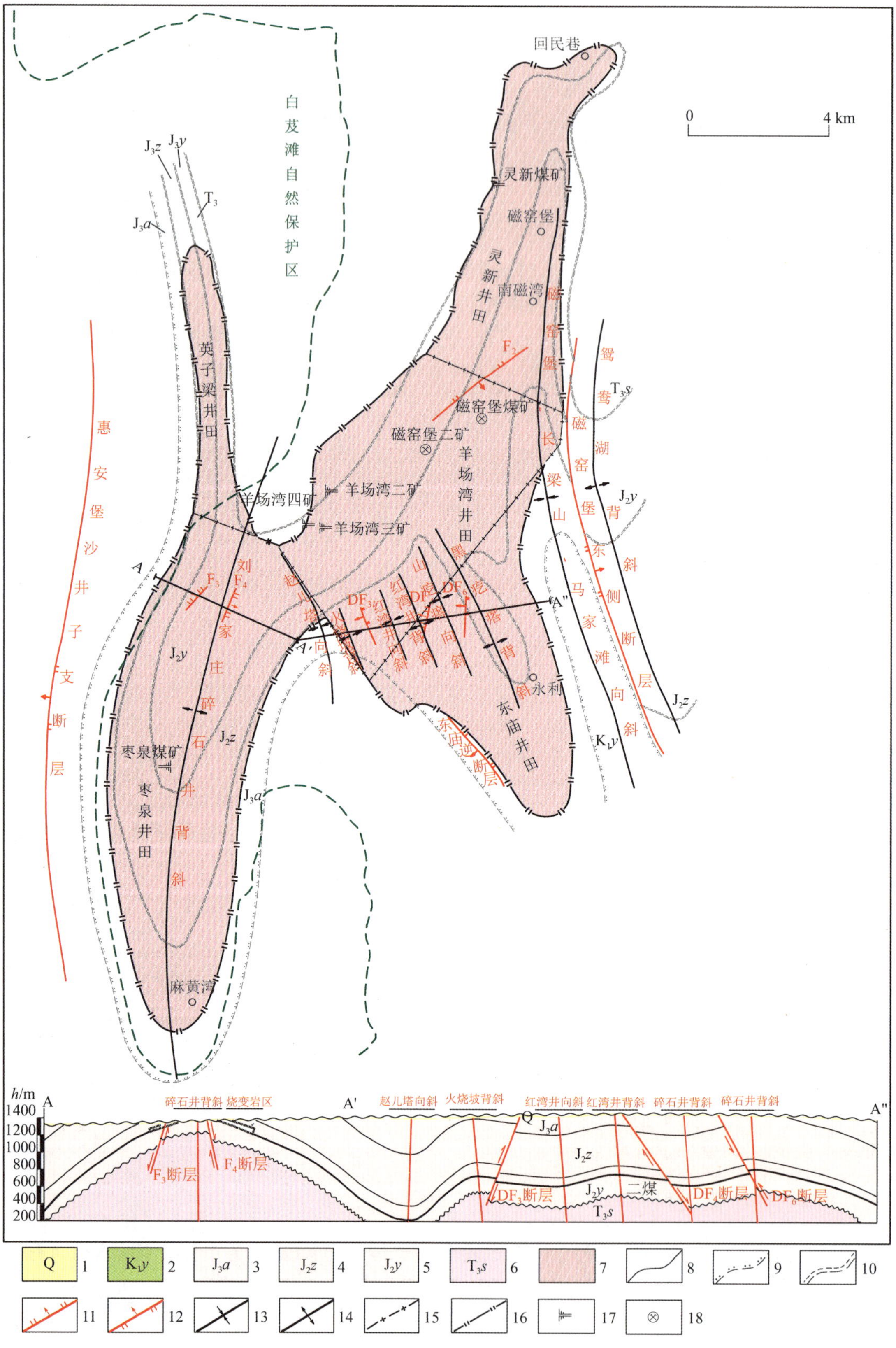

图 1-21 灵武矿区地质及各井田（煤矿）分布示意图

（据宁夏回族自治区煤田地质局，2010，有修改）

1—第四系；2—宜君组；3—安定组；4—直罗组；5—延安组；6—上田组；7—勘探区；8—实测整合地层界线；9—推测角度不整合地质界线；10—推测平行不整合地质界线；11—正断层；12—逆断层；13—向斜；14—背斜；15—井田界线；16—矿区界线；17—生产矿井；18—关停矿井

（五）矿区开发利用现状

灵武矿区5个井田中，目前开采的有灵新煤矿、羊场湾煤矿、枣泉煤矿3个大型矿井，均已达产，磁窑堡煤矿和磁窑堡二矿已于2015年7月25日井筒封填正式关闭。东庙和英子梁井田目前尚未开发利用。

六、鸳鸯湖矿区

鸳鸯湖矿区位于宁夏回族自治区中东部地区，西北距银川市约55 km，西距灵武市约33 km，行政区划属灵武市宁东镇、马家滩镇管辖。矿区地层属华北-柴达木地层大区（Ⅲ）、华北地层区（$Ⅲ_4$）、鄂尔多斯西缘地层分区（$Ⅲ_4^1$）、桌子山-青龙山地层小区（$Ⅲ_4^{1-2}$）。大地构造位置位于柴达木-华北板块（Ⅲ）、华北陆块（$Ⅲ_5$）、鄂尔多斯地块（$Ⅲ_5^1$）、鄂尔多斯西缘中元古代—早古生代裂陷（$Ⅲ_5^{1-1}$）。所属成矿区带为鄂尔多斯西缘（陆缘坳褶带）Fe-Pb-Zn-磷-石膏-芒硝成矿带（Ⅲ-59）、陶乐-彭阳冲断带煤（气）-石灰岩-白云岩成矿亚带（Ⅳ-59③）。所属矿床成矿系列为与中生代沉积作用有关的铜、石英砂岩、煤、油气、油页岩、粘土矿床成矿系列（7-Mz-S）。矿区呈南北向条带状展布，北以宁夏、内蒙古自治区界为界，南以石沟驿-马家滩公路为界，西以十八煤层露头线、长梁山-马家滩向斜轴-于家梁断层为界，东以清水营F_{16}断层下盘及梅花井+200 m水平-马柳断层下盘为界，南北长约48 km，东西宽5.5~12.5 km，面积约337.36 km^2。从北到南分布清水营（含京盛煤矿）、梅花井、石槽村、红柳、麦垛山5个井田（图1-22）。

（一）矿区地质特征

1. 矿区地层

区内被第四系广泛覆盖，内有少量基岩出露。揭露地层从老至新有：上三叠统上田组（T_3s），为侏罗系含煤岩系的基底，揭露最大厚度为120.53 m；中侏罗统延安组（J_2y），全区广泛发育，地表有零星出露，是矿区主要含煤地层，平均厚度为322.38 m，自北向南，自东向西厚度有逐渐增大的趋势；中侏罗统直罗组（J_2z），地层平均厚度424.43 m，底部为一层灰白色、红色的粗粒石英长石砂岩，俗称“七里镇”砂岩，砂岩底部含石英小砾石；上侏罗统安定组（J_3a），在沟谷中有零星出露，揭露最大残留厚度423.74 m；下白垩统宜君组（K_1y），主要分布在矿区北部清水营井田，厚度9.92~208.19 m，在梅花井井田的东部边界有零星残留，其余井田内缺失该地层；古近系（E），地层平均厚度83.42 m；第四系（Q），地层平均厚度17.69 m。区内未发现岩浆岩活动迹象。

2. 矿区构造

鸳鸯湖矿区由一系列走向北北西或近南北向的褶皱群及与之相伴的断层组成。北部以褶皱为主，断层稀少，向南断层发育破坏了褶曲的完整性。矿区主体构造为鸳鸯湖背斜，走向近南北。在矿区南北两端分别伴生次一级褶曲，矿区主要断层以逆断层为主。逆断层断距较大，对煤层有一定影响，正断层落差较小，对煤层的开采有一定影响。主要大型断裂有马柳断层、于家梁断层、磁窑堡东侧断层、麦垛山断层、张家庙断层、清水营断层等。

（二）矿区含煤地层特征

鸳鸯湖矿区含煤地层为侏罗系延安组，平均厚度298.53 m，由顶至底均有煤层赋存，共含煤20~33层，平均总厚度为27.96 m，含煤系数9.5%，其中自上而下编号煤层17层，全区可采或局部可采煤层16层。二、六、十一、十二、十八煤为主要可采煤层，一、三、四$_上$、四、五、八、十、十五、十七煤为大部可采煤层，可采平均总厚度22.69 m，可采含煤系数7.7%。其中稳定煤6层（二、三、六、十一、十二、十八煤），较稳定煤层有7层（一、四$_上$、四、五、八、十、十五煤），不稳定煤层有3层（十四、十六、十七煤）。

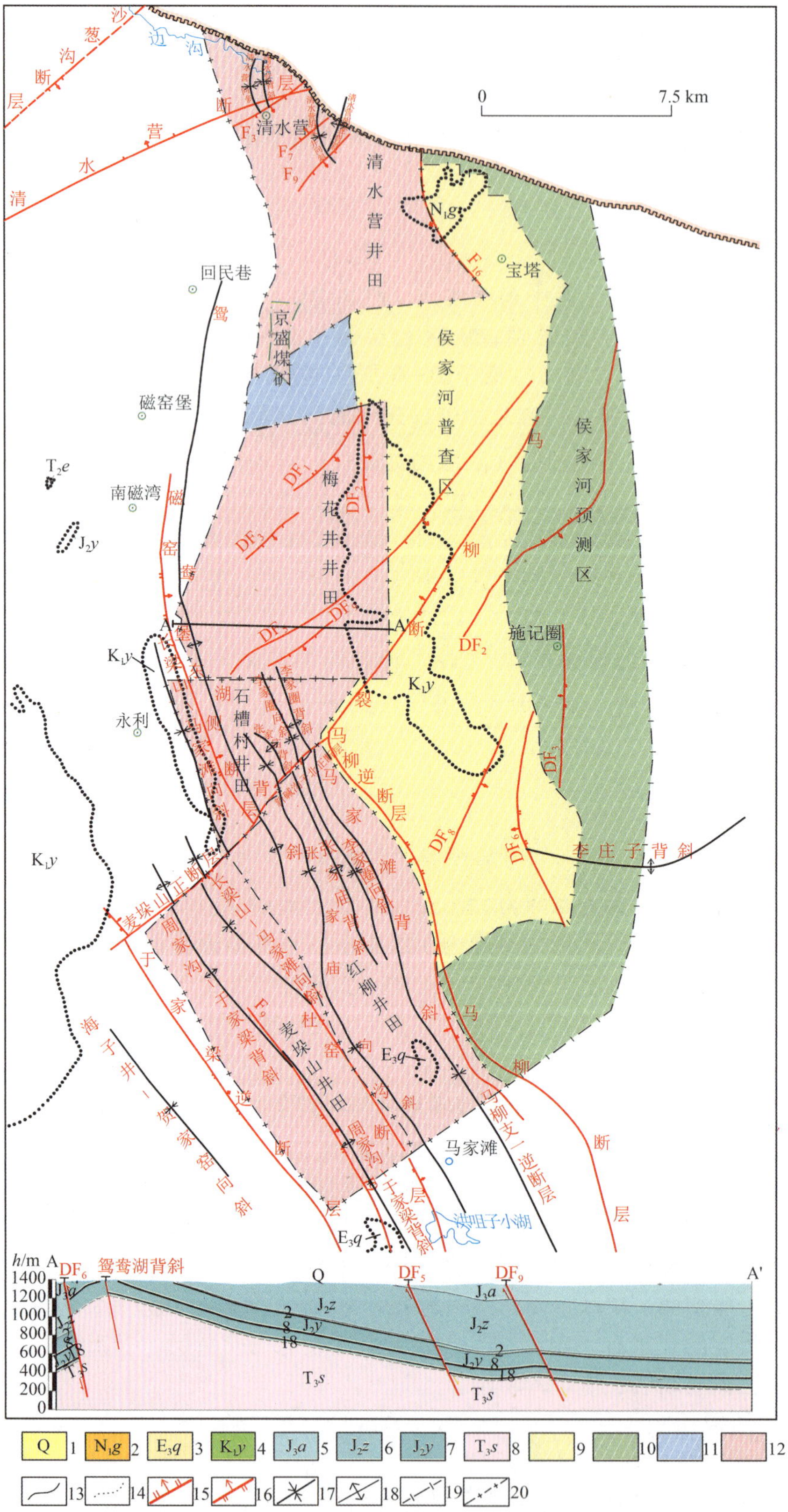

图 1-22　鸳鸯湖矿区地质及各井田（煤矿）分布示意图

（据宁夏回族自治区煤田地质局，2010，有修改）

1—第四系；2—干河沟组；3—清水营组；4—宜君组；5—安定组；6—直罗组；7—延安组；8—上田组；9—普查区；10—预查区；11—详查区；12—勘探区；13—地质界线；14—基岩露头界线；15—正断层；16—逆断层；17—向斜；18—背斜；19—勘查区界线；20—井田界线

（三）矿区主要煤质特征

鸳鸯湖矿区各可采煤层煤的宏观煤岩组分以暗煤、亮煤为主，夹少量镜煤条带和丝炭薄层。宏观煤岩类型以半暗型煤为主，少量半亮型煤。低水分，特低灰-低灰，以低硫为主（清水营井田以中硫为主），特低磷-低磷，高热值，中高挥发分，不具粘结性；煤灰成分中硅铝氧化物所占比例相对不大，属较低软化温度灰；易磨-中等可磨性煤，抗碎强度高，较高-高热稳定性，煤对二氧化碳的反应性好，弱结渣性，焦油产率低；显微组分中惰质组大于镜质组，二者占92%左右，壳质组占2%左右，无机组分占6%左右，并以粘土矿物为主。煤以低变质程度的不粘煤为主，有少量的长焰煤。煤的可选性为易选-中等可选。是良好的动力、煤化工用煤。

（四）矿区煤炭资源量

截至2017年底，累计查明资源量 9027404.33×10^3 t，保有煤炭资源量 8921339.9×10^3 t。

（五）矿区开发利用现状

鸳鸯湖矿区总共规划设计大型矿井5处，分别为：清水营煤矿（设计产能 1000×10^4 t/a）、梅花井煤矿（设计产能 1200×10^4 t/a）、石槽村煤矿（设计产能 600×10^4 t/a）、红柳煤矿（设计产能 800×10^4 t/a）、麦垛山煤矿（设计产能 800×10^4 t/a）。目前，生产矿井2个，即清水营（含京盛）、梅花井，生产矿井均达到设计产能。在建矿井3个，即石槽村、红柳、麦垛山。

七、马家滩矿区

马家滩矿区位于宁夏东部，灵武市东南，行政区划属银川市灵武市、吴忠市盐池县。马家滩矿区地层属华北-柴达木地层大区（Ⅲ）、华北地层区（$Ⅲ_4$）、鄂尔多斯西缘地层分区（$Ⅲ_4^1$）、桌子山-青龙山地层小区（$Ⅲ_4^{1-2}$）。大地构造位置位于柴达木-华北板块（Ⅲ）、华北陆块（$Ⅲ_5$）、鄂尔多斯地块（$Ⅲ_5^1$）、鄂尔多斯西缘中元古代—早古生代裂陷（$Ⅲ_5^{1-1}$）。所属成矿区带为鄂尔多斯西缘（陆缘坳褶带）Fe-Pb-Zn-磷-石膏-芒硝成矿带（Ⅲ-59）、陶乐-彭阳冲断带煤（气）-石灰岩-白云岩成矿亚带（Ⅳ-59③）。所属矿床成矿系列为与中生代沉积作用有关的铜、石英砂岩、煤、油气、油页岩、粘土矿床成矿系列（7-Mz-S）。矿区北与鸳鸯湖矿区的麦垛山、红柳井田相接，南以鸳鸯湖-萌城找煤阶段的22勘探线为界，西以于家梁断层、金家渠子西侧断层为界与积家井矿区相接，东以马柳断层为界。南北长约42 km，东西宽4~10 km，矿区总面积310.62 km²。矿区包括双马井田、金凤井田、贺家瑶井田、金家渠井田、李新庄勘查区、于家梁勘查区、金家渠后备资源区，矿区都已进行资源勘查工作，4个井田勘查程度达到勘探程度，2个勘查区及后备区达到普查程度（图1-23）。

（一）矿区地质特征

1. 矿区地层

全部被新生界所覆盖，属隐伏式煤田。揭露地层由老至新发育有上三叠统上田组（T_3s）；中侏罗统延安组（J_2y），平均厚度347 m；中侏罗统直罗组（J_2z），平均厚度约450 m；上侏罗统安定组（J_3a），平均厚度500 m；古近系清水营组（E_3q），平均厚度40 m；第四系（Q），平均厚度6 m。主要含煤地层为中侏罗统延安组（J_2y），地表未出露，除在背斜轴部遭剥蚀外，全区广泛分布。

2. 矿区构造

马家滩矿区主要受强烈的东西向挤压，褶皱和逆断层发育，北部以褶曲为主，南部褶曲、断层均发育，构造特征表现为逆冲断层发育，褶皱呈波状展布。主要表现为北西至南北向的褶皱和断裂构造，此外，还发育有少量的北东东向的平移断层。

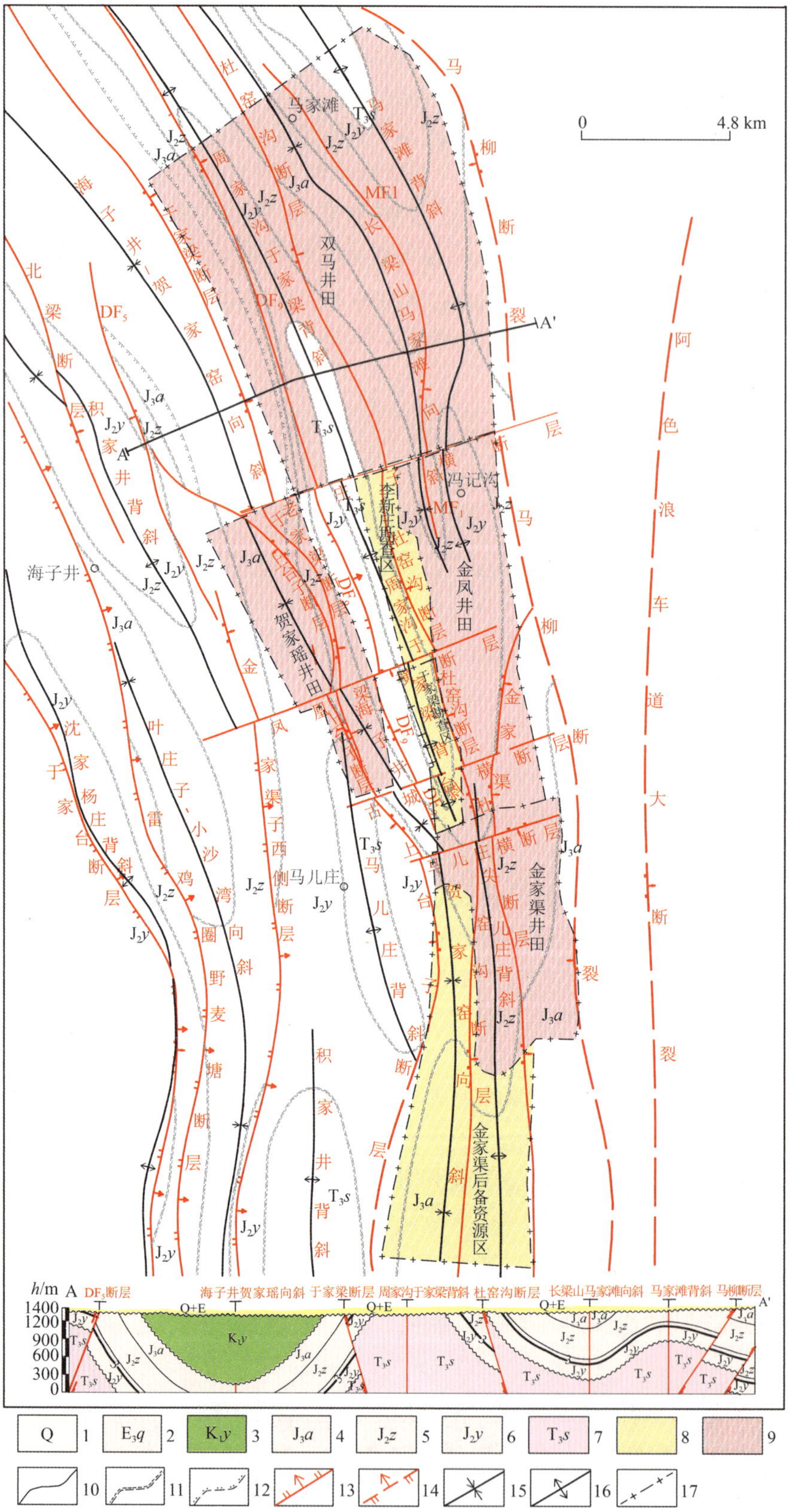

图 1-23　马家滩矿区地质及各井田（煤矿）分布示意图

（据宁夏回族自治区煤田地质局，2010，有修改）

1—第四系；2—古近系；3—宜君组；4—安定组；5—直罗组；6—延安组；7—上田组；8—普查区；9—勘查区；10—实测地层界线；11—推测平行不整合地质界线；12—推测角度不整合地质界线；13—实测正断层；14—推测逆断层；15—向斜；16—背斜；17—井田界线

（二）矿区含煤地层特征

马家滩矿区主要含煤地层为延安组，地层厚度由北向南有逐渐增厚的趋势。北段的煤层赋存状况差异不大，主要可采煤层厚度大，主采煤层突出，分布范围内连续性较好。延安组厚度平均 347 m，含煤层数最多 37 层，厚度平均 23. 85 m，含煤系数为 6. 9%，编号煤层 18 层。主要可采煤层 9 层，可采煤层厚度平均 9. 04 m。

（三）矿区主要煤质特征

马家滩矿区内煤的颜色为黑色，条痕为褐黑色，沥青-弱沥青光泽，阶梯状、参差状和平坦状断口，裂隙较发育，含黄铁矿结核和薄膜，条带状结构，层状构造。为半坚硬煤，多呈块状。以暗煤为主，夹镜煤和亮煤条带，含少量丝炭。宏观煤岩类型为半暗型煤。低水分，特低-低灰，低-中硫，特低-低磷，高热值，煤的粘结指数为 0，不具粘结性，煤类属变质程低的不粘煤，煤的可选性为易选。煤可作为动力、煤化工等用煤。

（四）矿区煤炭资源量

截至 2017 年底，马家滩矿区累计查明煤炭资源储量 3926243. 0×10^3 t，保有资源储量 3912344. 3×10^3 t。

（五）矿区开发利用现状

马家滩矿区总共规划大型矿井 4 处，即金凤煤矿（设计产能 400×10^4 t/a）、贺家瑶煤矿（设计产能 150×10^4 t/a）、双马煤矿（设计产能 400×10^4 t/a）、金家渠煤矿（设计产能 400×10^4 t/a）。目前金凤煤矿为生产矿井，双马煤矿、金家渠煤矿、贺家瑶煤矿正处于建设阶段。

八、积家井矿区

积家井矿区位于宁夏灵武市东南约 66 km 处，行政区划属灵武市白土岗乡、盐池县冯记沟乡。积家井矿区地层属华北-柴达木地层大区（Ⅲ）、华北地层区（$Ⅲ_4$）、鄂尔多斯西缘地层分区（$Ⅲ_4^1$）、桌子山-青龙山地层小区（$Ⅲ_4^{1-2}$）。大地构造位置位于柴达木-华北板块（Ⅲ）、华北陆块（$Ⅲ_5$）、鄂尔多斯地块（$Ⅲ_5^1$）、鄂尔多斯西缘中元古代—早古生代裂陷（$Ⅲ_5^{1-1}$）。所属成矿区带为鄂尔多斯西缘（陆缘坳褶带）Fe-Pb-Zn-磷-石膏-芒硝成矿带（Ⅲ-59）、陶乐-彭阳冲断带煤（气）-石灰岩-白云岩成矿亚带（Ⅳ-59③）。所属矿床成矿系列为与中生代沉积作用有关的铜、石英砂岩、煤、油气、油页岩、粘土矿床成矿系列（7-Mz-S）。矿区呈北偏西、南北向条带状展布，北部以矿区北部勘查区北界为界；南部以惠安堡-大水坑公路一线为界；西部以惠安堡-沙井子断层为界；东部以于家梁断层和金家渠子西侧断层为界。矿区东西宽 10～15. 7 km，南北长 38. 7 km，面积约 486 km^2。积家井矿区从北到南包括银星一号、银星二号、月儿湾、新乔、马儿庄、宋新庄、李家坝 7 个井田和东北部、西部两个深部后备区。7 个井田均已达到勘探程度，两个深部后备区达到普查程度（图 1-24）。

（一）矿区地质特征

1. 矿区地层

本区第四系广泛覆盖，仅在矿区西北部和西南部有少量基岩出露。本区揭露地层由老至新发育有：上三叠统上田组（T_3s），中侏罗统延安组（J_2y）、直罗组（J_2z），上侏罗统安定组（J_3a），下白垩统宜君组（K_1y），古近系清水营组（E_3q）及第四系（Q）。区内未发现岩浆岩发育。矿区主要含煤地层为中侏罗统延安组，为一套河流-湖泊三角洲-内陆湖泊相沉积体系，岩性主要由灰色、灰白色长石石英砂岩，灰色、灰黑色粉砂岩、泥岩和煤组成。

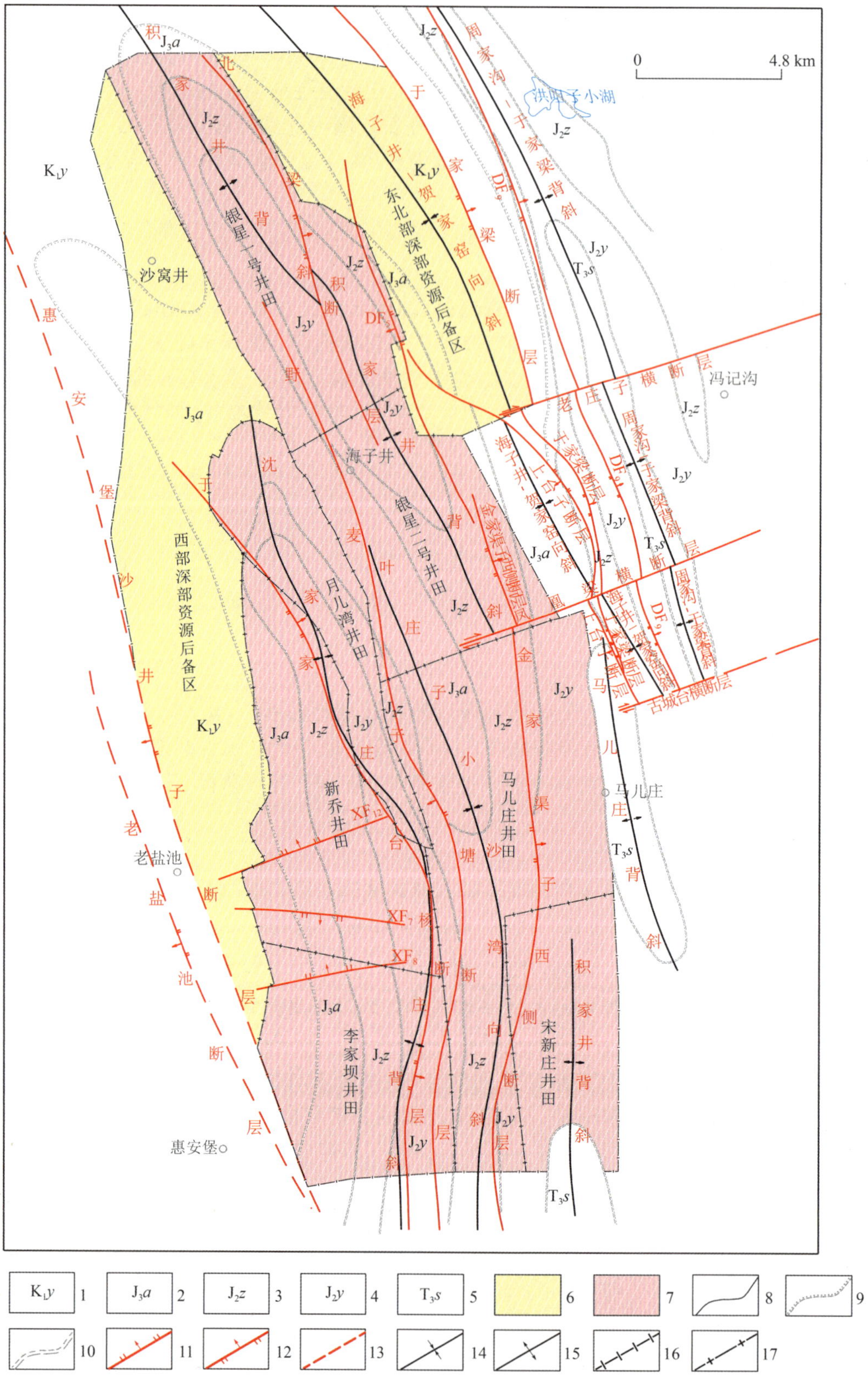

图 1-24　积家井矿区地质及各井田（煤矿）分布示意图

（据宁夏回族自治区煤田地质局，2010，有修改）

1—宜君组；2—安定组；3—直罗组；4—延安组；5—上田组；6—普查区；7—勘探区；8—实测整合地层界线；9—推测角度不整合地质界线；10—推测平行不整合地质界线；11—正断层；12—逆断层；13—推测断层；14—向斜；15—背斜；16—勘查区界线；17—井田界线

2. 矿区构造

由于受构造运动的影响，该区的地层有较大的起伏，褶曲比较发育，以轴部走向为北北西—北北东向的向斜和背斜为主，从西往东主要有沈家庄-杨庄背斜、叶庄子-小沙湾子向斜、积家井背斜、海子井-贺家窑向斜。矿区内断层较为发育，矿区共发现 27 条落差较大的断层，主要大型断裂有：野麦子塘断层、北梁断层、金家渠子西侧断层、于家梁断层和凤凰梁横断层（图 1-25）。

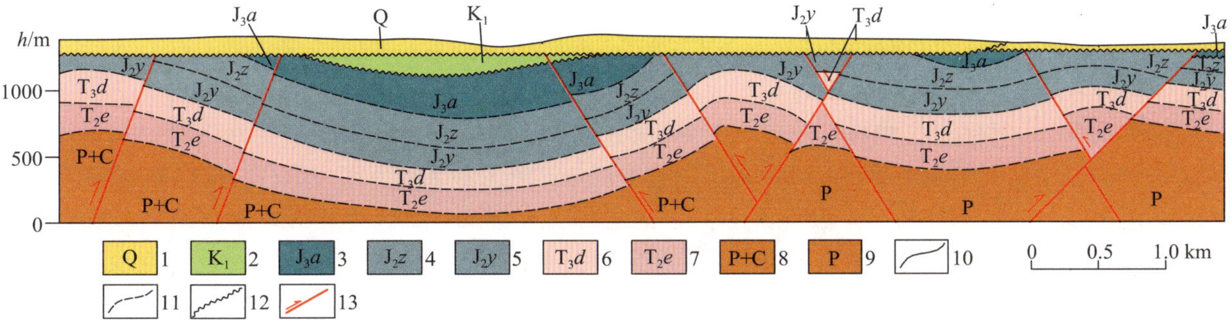

图 1-25　积家井矿区地质剖面示意图

（据宁夏回族自治区煤田地质局，2010，有修改）

1—第四系；2—白垩系；3—安定组；4—直罗组；5—延安组；6—大风沟组；7—二马营组；8—二叠系—石炭系；9—二叠系；10—整合地质界线；11—平行不整合地质界线；12—角度不整合地质界线；13—断层

（二）矿区含煤地层特征

积家井矿区的含煤地层为中侏罗统延安组。延安组共含煤 20～33 层（包括煤线），煤层最厚 28.53 m，最薄 20.33 m，平均总厚度 23.99 m，含煤系数 5.8%。其中主要可采煤层有 11 层，可采煤层总厚度 13.37～22.61 m，平均总厚度为 17.44 m，可采含煤系数 4.3%。

（三）矿区主要煤质特征

积家井区内各煤层为黑色，条痕为灰褐色，暗淡光泽，次为弱沥青光泽，断口以参差状为主，部分贝壳状、棱角状。丝炭呈丝绢光泽，纤维状结构。各煤层内生裂隙较发育，裂隙被方解石脉或黄铁矿薄膜填充。各煤层水平层理发育。煤的视密度 1.34 g/cm^3，真密度 1.45 g/cm^3 左右，孔隙率 13.7%，微孔发达。煤的硬度大，易氧化、风化，易自燃。煤岩成分以暗煤、丝炭为主，次为亮煤，夹镜煤条带及透镜体。宏观煤岩类型：以半亮煤、暗淡煤为主，其次为半暗煤。该区煤种为不粘煤；煤炭资源可用于动力燃料、水泥回转窑用煤、气化用煤、液化用煤、水煤浆用煤、活性炭用煤。

（四）矿区煤炭资源量

截至 2017 年底，积家井矿区累计查明煤炭资源储量 4264002.10×10^3 t。

（五）矿区开发利用现状

积家井矿区内规划生产矿井 7 个，设计年生产能力 1430×10^4 t。目前在建矿井 3 个，分别为银星一号、银星二号和李家坝井田。

九、石沟驿矿区

石沟驿矿区位于宁东煤田中西部，行政区划属灵武市。石沟驿矿区地层属华北-柴达木地层大区（Ⅲ）、华北地层区（Ⅲ$_4$）、鄂尔多斯西缘地层分区（Ⅲ$_4^1$）、桌子山-青龙山地层小区（Ⅲ$_4^{1-2}$）。大地构造位置位于柴达木-华北板块（Ⅲ）、华北陆块（Ⅲ$_5$）、鄂尔多斯地块（Ⅲ$_5^1$）、鄂尔多斯西缘中元古代—早古生代裂陷（$Ⅲ_5^{1-1}$）。所属成矿区带为鄂尔多斯西缘（陆缘坳褶带）Fe-Pb-Zn-磷-石膏-芒硝成矿带（Ⅲ-59）、陶乐-彭阳冲断带煤（气）-石灰岩-白云岩成矿亚带（Ⅳ-59③）。所属矿床成矿系列为与中生代沉积作用有关的铜、石英砂岩、煤、油气、油页岩、粘土矿床成矿系列（7-Mz-S）。矿区四周边界均以八煤露头为界，近椭圆形，东西宽约 3. 8 km，南北长约 9 km，面积约 30 km^2。矿区现有石沟驿煤矿和高闸煤矿两处生产矿井，勘查程度已达到勘探。

（一）矿区地质特征

1. 矿区地层

大部分地区为新生界所覆盖，基岩零星出露。地层由老至新发育有：上三叠统延长群（T_3Y），厚度 2295 m；中侏罗统延安组（J_2y），地层厚度 694 m；中侏罗统直罗组（J_2z），仅在石沟驿向斜轴部出露其下部，残存厚度 46 m；第四系（Q），地层厚度 8. 08 m。矿区主要含煤地层为中侏罗统延安组，为一套内陆湖泊三角洲沉积，分布于石沟驿向斜翼部，岩性由灰色、灰白色长石石英砂岩及深灰色、灰黑色粉砂岩、泥岩、煤、碳质泥岩组成。

2. 矿区构造

矿区主体构造为一宽缓的向斜构造，即石沟驿向斜，向斜两端抬起，中间开阔呈一椭圆对称的鱼盘状向斜构造，向斜轴向 N20°W，地层倾角在两翼随地而异，轴部近于水平，翼部一般在 10°~25°之间，在向斜两翼边缘倾角最大可达 40°左右，但向斜北部稍陡于南部，西翼稍陡于东翼，总体来说该向斜北部开阔南部狭窄，构造复杂程度为简单构造。在勘探和生产阶段未发现 30 m 以上断层，局部有波状起伏，裂隙较发育。矿区内未发现岩浆活动。

（二）矿区含煤地层特征

石沟驿矿区主要含煤地层为中侏罗统延安组，为陆相含煤地层，地层厚度 694 m，共含煤 30 余层，煤层总厚度约为 20 m，含煤系数为 3%。编号煤层 8 层，自上而下编号为：一、二、三、四、五、六、七、八煤，可采煤层 5 层，可采平均总厚度约为 15 m，可采含煤系数为 2%。一煤、四煤及六煤为全区可采煤层，二煤、三煤为局部可采煤层。

（三）矿区主要煤质特征

石沟驿矿区内煤的颜色为黑色-灰黑色，条痕灰黑色，具丝绢及沥青光泽，多呈块状、参差状及阶梯状断口，线理状及条带状结构，层状构造，裂隙发育。煤岩组分以暗煤为主，宏观煤岩类型以半暗型为主，多坚硬呈块状。矿区各煤层煤质在总体上为特低灰-中灰、低硫-富硫、特低磷-低磷，具有高发热量、较高固定碳及较低水分。主要煤质指标：原煤水分 2. 5%~7. 51%，平均 5. 47%，原煤灰分一般在 5. 72%~37. 47%之间，平均 13. 9%，精煤挥发分 38. 76%~41. 68%，平均 40. 23%，原煤全硫 0. 54%~4. 63%，平均 1. 98%，发热量 25. 83~29. 17 MJ/kg，平均 27. 47 MJ/kg。各可采煤层经测试均不具粘结性，煤类单一，为低变质阶段的长焰煤。煤岩组分中镜质组含量较高，纵向上各煤层含量总体有自上而下增大趋势，横向上自北向南含量亦有增大趋势。各煤层理论精煤回收率较高，可选性较好。矿区煤可作为动力用煤。

（四）矿区煤炭资源量

截至 2017 年底，石沟驿矿区累计查明煤炭资源储量 72941. 39×10^3 t，保有资源储量 38473. 94×10^4 t。

（五）矿区开发利用现状

石沟驿矿区现有石沟驿煤矿和高闸煤矿两座煤矿，均在开发利用。

十、韦州矿区

韦州矿区位于吴忠市韦州镇，行政区划属吴忠市同心县。韦州矿区地层属华北-柴达木地层大区（Ⅲ）、华北地层区（$Ⅲ_4$）、鄂尔多斯西缘地层分区（$Ⅲ_4^1$）、桌子山-青龙山地层小区（$Ⅲ_4^{1-2}$）。大地构造位置位于柴达木-华北板块（Ⅲ）、华北陆块（$Ⅲ_5$）、鄂尔多斯地块（$Ⅲ_5^1$）、鄂尔多斯西缘中元古代—早古生代裂陷（$Ⅲ_5^{1-1}$）。所属成矿区带为鄂尔多斯西缘（陆缘坳褶带）Fe-Pb-Zn-磷-石膏-芒硝成矿带（Ⅲ-59）、陶乐-彭阳冲断带煤（气）-石灰岩-白云岩成矿亚带（Ⅳ-59③）。所属矿床成矿系列为与晚古生代沉积作用有关的铜、银、灰岩、石膏、石英砂岩、煤、天然气、粘土、油页岩矿床成矿系列（5-Pz_2-S）。

矿区以韦州向斜为轴，呈“V”字形展布。北以2煤+600水平为界，东西南均以煤层露头为界。南至下马关镇约10 km。南北长38 km，东西平均宽13 km，面积约530 km^2。韦州矿区包括韦五、韦四、韦三、韦二、韦一、永安6个井田，小泉、新发2个勘查区。其中小泉勘查区勘查程度达到了详查，其余全部达到了勘探程度。

（一）矿区地质特征

1. 矿区地层

矿区无基岩出露，全部被第四系（Q）和古近系（E_3q）所覆盖，经钻孔揭露矿区内地层由老至新依次有：晚古生界上石炭统羊虎沟组（C_2y），上石炭统—下二叠统太原组（C_2P_1t），下二叠统山西组（P_1s），中二叠统下石盒子组（P_2x），中—上二叠统上石盒子组（$P_{2-3}s$），中三叠统二马营组（T_2e），古近系清水营组（E_3q）和第四系（Q）。矿区主要含煤地层为二叠系山西组和上石炭统—下二叠统太原组。

2. 矿区构造

区域构造总体特征表现为一系列北北西向展布的褶皱群，以及与之相伴的逆冲断层发育，在平面上略显“S”形弯曲，一般两翼不对称。

矿区构造形态为韦州向斜，次一级构造以断层为主，褶皱少见，且较平缓，延展性差。向斜的两侧发育着同走向的断层。主体构造总的展布方向北北西向。韦州向斜为向北倾伏的略呈不对称的向斜，轴向北北西，北端延至区外，南端在下马关附近翘起而收敛，轴部地层由石炭系至三叠系组成，向北轴部地层逐渐变新；罗山背斜由呈斜列的大、小罗山两个背斜组成，轴向北北西，与山脉走向一致；青龙山背斜东侧被断层破坏，东翼被切掉，保留部分为单斜，转折端有向北倾伏之趋势。

区内断层发育，断层大约40条，断层方向主要为北东—南西、北西—南东向两组断层（图1-26）。

（二）矿区含煤地层特征

韦州矿区含煤地层为太原组、山西组。太阳山地区出露，其他地区为掩盖区。太原组沉积巨厚，在该区普遍大于600 m，是当时的沉积中心。煤层主要聚积在太原组的上部，地层可与全区对比；山西组与贺兰山、横城区可对比。该区含煤地层厚近千米，含煤50余层，总厚度约31 m，其中对比可靠、层位较稳定的可采煤层11层，总厚度约16 m，分别集中于含煤地层上部山西组及中部太原组中段（主要含煤段），二者相距150~240 m。各段地层厚度、煤层集中程度、分布情况及含煤系数不同。山西组含煤系数最高达10.5%，且大多数可采煤层较稳定，各煤层厚于其他组段煤层，煤质较好，故含煤性最好。其次是太原组中段，含煤系数8.3%。各煤层厚度虽然较小，但较稳定，含煤性仅次于山西组。其余各组段含煤性均差。区内含煤地层厚度大，含煤层数多，单层薄，间距大，稳定性差。

1. 太原组含煤地层

主要含煤地层太原组厚度640 m，含煤54层，总厚度达34.89 m。可采及局部可采者仅6层，平

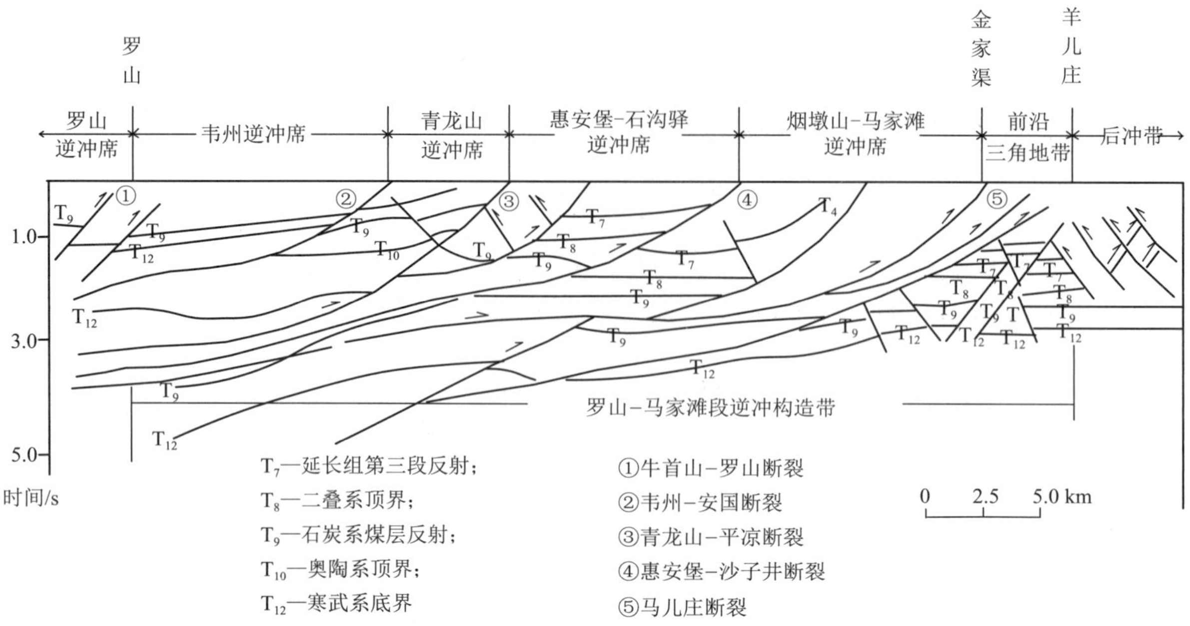

图 1-26 罗山-马家滩段构造横剖面图（W→E）

（据长庆油田，1995）

均总厚度 7.24 m，可采含煤系数 1.4%，其中 12 号为稳定可采煤层，14、15、16、17、20 号煤层为较稳定可采煤层，其余为不稳定不可采煤层。太原组下部的煤层因勘探程度低、煤点少、对比程度差未编号。

2. 山西组含煤地层

山西组厚度 106 m，含可采及局部可采煤层 5 层，自上而下编号为 0、1、2、3、4 号煤层，0、1 号煤属不稳定可采煤层。平均可采总厚度 8.29 m，可采含煤系数 8.82%。

（三）矿区主要煤质特征

韦州矿区内各煤层煤均为黑色，条痕灰黑色，以沥青光泽、玻璃光泽为主，丝绢光泽次之，参差状、棱角状断口，裂隙较发育，裂隙中常见有方解石或黄铁矿薄膜，条带状结构，以层状构造为主。宏观煤岩成分以暗煤、亮煤为主，常夹镜煤条带和丝炭薄层，宏观煤岩类型为半亮煤和半暗煤。有机组分含量较高，无机组分含量较低，低水分、低-中灰、低-中高硫、低-高磷，中高挥发分，高热值，肥煤、焦煤具强粘结性，瘦煤、贫瘦煤具较强粘结性，贫煤不具粘结性。煤灰成分中硅铝氧化物所占比例相对较大，较高-高软化温度灰，煤为中等可磨-极易磨煤。煤对二氧化碳的反应性差，焦油产率低。选煤灰分在 10%左右，煤的可选性为中等可选。

矿区为一多煤种赋存地区，包括从气煤至无烟煤的六种牌号。煤的变质程度沿两个方向作规律的变化，一是沿垂直方向，自上而下挥发分逐渐减少，沿水平方向自向斜东翼北端往南由低变质的气煤渐变为肥、焦、瘦及贫煤。在向斜轴的西翼，变质程度达到最高，出现无烟煤。矿区煤层风氧化带下限为基岩面下垂深 50 m。煤的工业用途可作为炼焦用煤、配煤、化工用原料煤、动力用煤等。

（四）矿区煤炭资源量

截至 2017 年底，韦州矿区累计查明煤炭资源量为 2125696.67×10^3 t。保有资源量为 1972482.50×10^3 t。

（五）矿区开发利用现状

韦州矿区共 10 个煤矿，其中永安井田开发煤矿 5 个，新发勘查区开发煤矿 2 个，韦二井田开发煤矿 1 个，小泉勘查区开发煤矿 2 个。目前生产中的为小泉勘查区同心县韦州镇第三煤矿 1 个，其余均停产。

十一、萌城矿区

萌城矿区位于宁夏回族自治区东南部，行政区划隶属吴忠市盐池县管辖。萌城矿区地层属华北-柴达木地层大区（Ⅲ）、华北地层区（$Ⅲ_4$）、鄂尔多斯西缘地层分区（$Ⅲ_4^1$）、桌子山-青龙山地层小区（$Ⅲ_4^{1-2}$）。大地构造位置位于柴达木-华北板块（Ⅲ）、华北陆块（$Ⅲ_5$）、鄂尔多斯地块（$Ⅲ_5^1$）、鄂尔多斯西缘中元古代—早古生代裂陷（$Ⅲ_5^{1-1}$）。所属成矿区带为鄂尔多斯西缘（陆缘坳褶带）Fe-Pb-Zn-磷-石膏-芒硝成矿带（Ⅲ-59）、陶乐-彭阳冲断带煤（气）-石灰岩-白云岩成矿亚带（Ⅳ-59③）。所属矿床成矿系列为与中生代沉积作用有关的铜、石英砂岩、煤、油气、油页岩、粘土矿床成矿系列（7-Mz-S）。

矿区呈南北向条带状展布，北部以惠安堡-大水坑公路以南 0.7 km 为界；南部以宁夏与甘肃省界为界；西部以于家台雷鸡圈断层为界；东部北段以煤层露头线为界，东部南段以上台子断层为界。矿区东西宽约 7.2 km，南北长 31 km，面积 173.23 km^2。萌城矿区从北到南分布惠安井田、曹家湾井田、李家小庄勘查区、宋家红沟井田和宋儿庄勘查区。惠安井田、曹家湾井田、李家小庄勘查区和宋家红沟井田勘查程度已达到勘探，宋儿庄勘查区达到普查程度。

（一）矿区地质特征

1. 矿区地层

矿区内大部分被新生界所覆盖，只在区内南部炭井沟、王家沟及叉沟中有部分基岩出露。根据钻孔揭露，矿区地层由老至新依次有：上三叠统上田组（T_3s），中侏罗统延安组（J_2y）、直罗组（J_2z），上侏罗统安定组（J_3a），古近系（E_3q）和第四系（Q）。矿区主要含煤地层为中侏罗统延安组，为一套湖泊三角洲-河流体系沉积，岩性主要由灰色、灰白色长石石英砂岩，灰色、灰黑色粉砂岩、泥岩和煤组成。

2. 矿区构造

本区主要受强烈的东西向挤压，褶皱和逆断层发育，北部以褶曲为主，南部褶曲、断层均发育，构造特征表现为逆冲断层发育，褶皱呈波状展布。东西分别以上台子逆断层及惠安堡-沙井子断层为界，中间受东西向应力作用发育次级褶曲和断层。矿区北部的惠安井田、曹家湾井田和李家小庄勘查区主体构造为叶庄子小沙湾子向斜，延安组煤层赋存于向斜两翼。矿区南部由西向东依次发育惠安堡-沙井子断层、沈家庄-杨庄背斜、于家台-雷鸡圈断层、甜水堡断层、积家井-甜水堡背斜及上台子断层，煤层赋存于积家井-甜水堡背斜两翼，并被于家台-雷鸡圈断层、甜水堡断层及上台子断层所切割。

（二）矿区含煤地层特征

萌城矿区主要含煤地层为延安组，煤层厚度由北向南逐渐变薄，延安组平均厚度为 435.17 m，共含煤（包括煤线）30 余层，编号煤层 21 层，其中可采及局部可采煤层共有 9 层，可采煤层平均厚度为 18.02 m，可采含煤系数 4.1%。

（三）矿区主要煤质特征

萌城矿区内各煤层煤均为黑色，条痕褐黑色，以沥青光泽、弱沥青光泽为主，丝绢光泽次之，参差状、棱角状断口，裂隙较发育，裂隙中常见有方解石或黄铁矿薄膜，条带状结构，以层状构造为主。宏观煤岩成分以暗煤、亮煤为主，常夹镜煤条带和丝炭薄层，宏观煤岩类型为半亮煤和半暗煤。水分较低、特低灰-低灰、低硫为主、低磷、高发热量，中高挥发分，不具粘结性，煤以不粘煤为主、少量分布长焰煤。煤的可选性为易选。矿区煤层风氧化带垂深由北向南逐渐变浅，北部惠安井田和曹家湾井田煤层风氧化带垂深为基岩面向下 60 m，南部宋儿庄勘查区煤层风氧化带垂深为基岩面下 50 m。矿区煤是良好的动力、煤化工用煤。

（四）矿区煤炭资源量

截至 2017 年底，萌城矿区累计查明总资源量为 644351.60×10^3 t。

（五）矿区开发利用现状

萌城矿区煤层埋藏深，按目前的开采技术水平，不具备开发条件。矿区尚未开发利用。

十二、四股泉矿区

四股泉矿区位于宁东煤田的南端，行政区划属盐池县。矿区地层属华北-柴达木地层大区（Ⅲ）、华北地层区（$Ⅲ_4$）、鄂尔多斯西缘地层分区（$Ⅲ_4^1$）、桌子山-青龙山地层小区（$Ⅲ_4^{1-2}$）。大地构造位置位于柴达木-华北板块（Ⅲ）、华北陆块（$Ⅲ_5$）、鄂尔多斯地块（$Ⅲ_5^1$）、鄂尔多斯西缘中元古代—早古生代裂陷（$Ⅲ_5^{1-1}$）。所属成矿区带为鄂尔多斯西缘（陆缘坳褶带）Fe-Pb-Zn-磷-石膏-芒硝成矿带（Ⅲ-59）、陶乐-彭阳冲断带煤（气）-石灰岩-白云岩成矿亚带（Ⅳ-59③）。所属矿床成矿系列为与晚古生代沉积作用有关的铜、银、灰岩、石膏、石英砂岩、煤、天然气、粘土、油页岩矿床成矿系列（5-Pz_2-S）。

矿区呈南北向条带状展布，北部以张家沟为界，南部以甘肃省与宁夏回族自治区界线为界，西部以孙家沟和四股泉村为界，东部以煤层露头为界，矿区南北长约 13.2 km，东西宽 2.5~2.6 km，面积约 32.50 km^2。矿区从北到南分布贺陡沟井田、四股泉二号井井田、四股泉一号井井田。

（一）矿区地质特征

1. 矿区地层

矿区内第四系分布广泛，无基岩出露。根据钻孔揭露，地层由老至新依次有：奥陶系（O），石炭系—二叠系太原组（C_2P_1t），平均厚度 180.00 m；二叠系山西组（P_1s），平均厚度 80.21 m；二叠系下石盒子组（P_2x），平均厚度 230.28 m；二叠系孙家沟组（P_3sj），平均厚度大于 323.75 m；新近系保德组（N_1b），平均厚度 126.09 m；第四系（Q），平均厚度 13.06 m。

2. 矿区构造

四股泉矿区位于惠安堡-沙井子断裂、青龙山-平凉断裂之间的惠安堡复向斜的东翼，为单斜构造，具有典型的逆冲推覆构造特征，构造线总体方向呈北北西向，地层倾向西，倾角 21°~27°，无褶曲构造，仅有断层构造。逆冲断面主要西倾，向东逆冲，断面倾角均上陡下缓逐渐收敛，逆冲席呈叠瓦状自西向东依次推覆，水平位移较大。

（二）矿区含煤地层特征

四股泉矿区含煤地层为太原组、山西组，平均总厚度 304.35 m，共含煤 41 层（包括煤线），编号者 36 层，平均总厚度 36.86 m，含煤系数 12.11%。其中，太原组平均厚度为 238.66 m，含煤 34 层，平均总厚度 34.95 m，含煤系数 14.64%，含可采及局部可采煤层 13 层，可采平均总厚度 15.99 m，可采含煤系数 6.70%，煤层稳定程度为较稳定；山西组平均厚度为 65.69 m，含煤 2 层，平均总厚度 1.91 m，含煤系数 2.91%，因煤层分布范围极小，无可采煤层。

（三）矿区主要煤质特征

四股泉矿区内各煤层煤均为黑色，条痕褐黑色，油脂、玻璃光泽，条带状、线理状结构，层状、块状构造，层面及裂隙中常见有黄铁矿薄膜。宏观煤岩组分以亮煤为主，暗煤次之，少量镜煤。宏观煤岩类型以半亮-半暗煤为主，暗淡煤次之，少量光亮煤。低灰至中灰、低硫至中高硫、低磷至中磷、中高挥发分、中高至高发热量、强粘结性。煤以 1/3 焦煤为主，煤的可选性为中等可选至易选，煤层风氧化带的深度在基岩面垂深 30 m，煤是良好的动力、炼焦用煤。

（四）矿区煤炭资源量

截至 2017 年底，四股泉矿区累计查明煤炭资源量 243550.00×10^3 t，保有资源量 240551.60×10^3 t。

（五）矿区开发利用现状

四股泉矿区划分为 3 个矿井，设计生产能力 195×10^4 t/a。矿区北部有一座新建矿井为贺陡沟煤矿；中部、南部有两座生产矿井分别为四股泉煤矿二号井、四股泉煤矿一号井。其中，贺陡沟矿井设计生产能力 45×10^4 t/a，四股泉二号井设计生产能力 60×10^4 t/a，四股泉一号井设计生产能力 90×10^4 t/a。

第四节　香山煤田

一、煤田概况

香山煤田展布于宁夏西南部，东起大罗山、西至甘宁分界，北与内蒙古分界，行政区划以中卫市的沙坡头区、中宁县、海原县为主，包含吴忠市的青铜峡市西部、同心县北部的部分地区。香山煤田大地构造位置位于柴达木-华北板块（Ⅲ）、横跨阿拉善微陆块（$Ⅲ_4$）和祁连早古生代造山带（$Ⅲ_2$）、腾格里早古生代增生楔（$Ⅲ_4^1$）和北祁连中元古代—早古生代海沟系（$Ⅲ_2^1$）、卫宁北山-香山万古生代前陆-上叠盆地（$Ⅲ_4^{1-1}$）和景泰-海原中元古代—早古生代弧后盆地（$Ⅲ_2^{1-1}$）。所属成矿区带为河西走廊 Fe-Mn-萤石-盐类-凹凸棒石-石油成矿带（Ⅲ-20）。香山煤田东西长 95～167 km，宽 110～160 km，面积约 17600 km^2。含煤面积约 709.32 km^2，其中勘探面积 144.81 km^2。煤田共含 4 个矿区、3 个勘查区和 8 个预测区。分别为碱沟山矿区、上下河沿矿区、梁水园矿区、线驮石矿区，土坡勘查区、深井勘查区、下流水勘查区。预测区有小红山、榆树台、大柳树、小洞山、帽儿山、校育川、油井山和窑山预测区（图 1-27）。

（一）煤田地质特征

1. 煤田地层

煤田地层属华北-柴达木地层大区（Ⅲ），横跨北祁连地层分区（$Ⅲ_2^1$）和阿拉善南缘地层分区（$Ⅲ_3^1$），靖远-西吉地层小区（$Ⅲ_2^{1-1}$）和景泰-中宁地层小区（$Ⅲ_3^{1-1}$）。揭露地层序列自下而上为奥陶系（O）、志留系（S）、泥盆系（D）、石炭系（C）、二叠系（P）、侏罗系（J）、白垩系（K）、古近系（E）、新近系（N）和第四系（Q）。主要含煤地层为石炭系羊虎沟组，石炭系—二叠系太原组，下二叠统山西组和中侏罗统延安组。早石炭世末期，本区发生大面积沉降，沉积了以碱沟山、土坡一带为中心的巨厚的羊虎沟组含煤地层，为一套滨海相为主的海陆交互相煤系；太原组以滨海为主的海陆交互相沉积；山西组属陆相沉积；延安组属山间盆地及断陷盆地型沉积。

2. 煤田构造

煤田由一系列中间开阔两端收敛向东北突出的构造组成。区域构造以大型逆冲断层和夹在其间的逆冲席为主要特征，除了主要逆冲断层外，还有一些次一级的逆冲断层和一些较大的正断层和平移断层。逆冲席的前峰地貌都呈高山，构成构造复杂的隆起带，逆冲席尾端地貌为洼地，构造简单，地层平缓。

区内大型逆冲断层从东向西依次为牛首山-罗山断裂、烟筒山-窑山断裂、香山-清水河断裂、香山-天景山断裂、中卫-中宁断裂、香山南麓断裂。

3. 岩浆岩

香山煤田岩浆岩活动不甚强烈，分布零星，岩浆岩活动对主要含煤岩系的影响甚微。在岩石类型

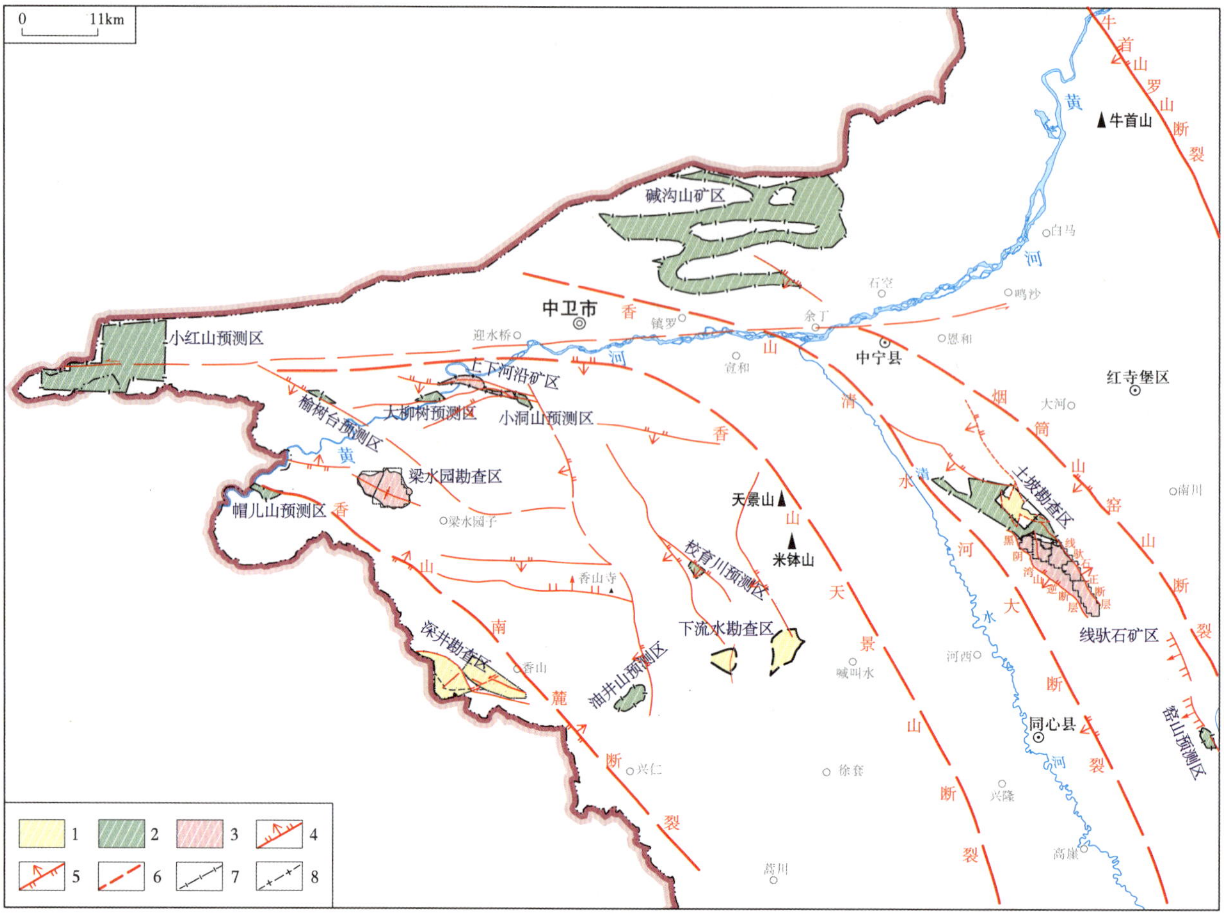

图 1-27 香山煤田地质及各矿区分布示意图

（据宁夏回族自治区煤田地质局，2010，有修改）

1—普查区；2—预查区；3—勘查区；4—正断层；5—逆断层；6—推测断层；7—勘查区界线；8—井田界线

上，主要为中-酸性侵入岩及少量基性辉绿岩，个别地区出露基性火山熔岩。根据岩浆岩侵入关系和同位素地质年龄数据，可将香山煤田岩浆活动期概括为加里东早期、加里东晚期。

（二）煤田含煤地层特征

香山煤田含煤地层有上石炭统羊虎沟组、上石炭统—下二叠统太原组、中侏罗统延安组。其中，太原组为主要含煤地层；羊虎沟组、延安组为次要含煤地层。

1. 羊虎沟组含煤地层

羊虎沟组分布较为广泛，主要出露于卫宁北山碱沟山矿区的新井沟、单梁山、石磨沟等地，同心东部骆驼山等地有零星露头。岩性以灰色-深灰色粉砂质页岩，黑色页岩，灰色、浅褐灰色、浅黄灰色薄-中厚层状细粒长石石英砂岩、石英砂岩为主，夹少量深灰色透镜状（含生物碎屑）灰岩、灰色粉砂岩及浅黄色粉砂质泥岩，局部夹有油页岩和菱铁矿结核层。为一套滨海相为主的海陆交互相含煤地层。本组与下伏靖远组和上覆太原组均为整合接触。总体有自北向南逐渐变薄趋势，沉积中心应在碱沟山至土坡一带。

羊虎沟组含煤及煤线 20 余层，但多薄而不可采，仅碱沟山、土坡含煤性较好，含可采及局部可采煤层 5~11 层。其中以碱沟山及土坡小型煤矿床含煤性及煤质相对最好，煤种属无烟煤；上下河沿小型煤矿床煤种属气煤。

2. 太原组含煤地层

太原组含煤地层分布局限，零星出露于卫宁北山、香山地区及线驮石等地。岩性以灰白色中-粗粒砂岩、粉砂岩、深灰色泥岩为主，夹碳质泥岩、煤层、生物灰岩及耐火粘土等，常见有菱铁矿结核。太原组与下伏羊虎沟组呈整合接触，与上覆大黄沟组呈平行不整合接触。因断层破坏，太原组在各地出露层位不尽一致，沉积厚度也差异较大，变化在 81.3~833.7 m。其中，卫宁北山-牛首山地区厚度相对较大，厚度 323.2~833.7 m；香山-烟筒山地区厚度相对较小，厚度 45.0~272.2 m，有自北向南逐渐增厚之趋势。

太原组含煤地层厚度 68.67~388.95 m，含煤 1~25 层，可采及局部可采煤层 1~10 层，煤层总厚度 9.41~12.71 m，含煤系数 4.12%~9.31%，可采煤层 3~6 层，可采煤层总厚度 2.05~10.16 m，可采含煤系数 1.06%~6.58%。本组下部一般煤层层数多，厚度较小，稳定性差，中部煤层厚度大，稳定性好，横向上易于对比，上部煤层少且厚度小，稳定性较差。

3. 延安组含煤地层

延安组含煤地层主要分布在下河沿、深井、下流水和窑山矿点。地层厚度大于 1000 m，含煤 26 层，可采 6 层，可采平均总厚 6.17 m，可采含煤系数 0.62%，含煤性一般，分布零乱，多为不可采及局部可采煤层。

（三）煤田主要煤质特征

羊虎沟组、太原组煤层煤质以低-中灰为主，中-富硫，中高发热量煤；延安组煤层以低灰为主，特低硫煤。香山煤田煤种齐全，牌号自不粘煤至无烟煤均有，煤种在各煤田的分布与构造线及坳陷带的方向基本一致，煤的变质程度随埋藏深度的增加而加深，随地质年代的更新而降低，基本变质作用为深成变质作用，也受构造及岩浆活动影响。

（四）煤田煤炭资源量

截至 2017 年底，香山煤田累计查明煤炭资源储量 617752.52×10^3 t，仅占宁夏累计查明煤炭资源储量的 1.81%。

（五）煤田开发利用现状

香山煤田目前没有生产矿井，截至 2017 年底，宁夏万和利煤炭有限公司罗花崖煤矿、宁夏源丰煤业有限公司湾岔沟煤矿、宁夏宁隆煤业有限公司、中卫天银矿业有限公司一号井、宁夏元赫煤业有限公司、中卫天银矿业有限公司三号井正在建设中，主要分布在上下河沿、碱沟山、线驮石矿区及梁水园矿区内，其累计设计生产能力 240×10^4 t/a，单井最大设计生产能力 45×10^4 t/a。

二、线驮石矿区

线驮石矿区位于香山煤田东中部，属吴忠市红寺堡区大河乡管辖。东北距红寺堡区约 30 km，西北距中宁县城 47 km，南距同心县城约 30 km。矿区地层属阿拉善地层区（$Ⅲ_3$）、阿拉善南缘地层分区（$Ⅲ_3^1$）、景泰-中宁地层小区（$Ⅲ_3^{1-1}$）。大地构造位置位于柴达木-华北板块（Ⅲ）、阿拉善微陆块（$Ⅲ_4$）、腾格里早古生代增生楔（$Ⅲ_4^1$）、卫宁北山-香山晚古生代前陆-上叠盆地（$Ⅲ_4^{1-1}$）。所属成矿区带为河西走廊 Fe-Mn-萤石-盐类-凹凸棒石-石油成矿带（Ⅲ-20）、烟筒山-窑山冲断带煤-石灰岩-硅石成矿亚带（Ⅳ-20②）。所属矿床成矿系列为与晚古生代沉积作用有关的铜、银、灰岩、石膏、石英砂岩、煤、天然气、粘土、油页岩矿床成矿系列（5-Pz_2-S）。矿区面积为 36.4072 km^2。矿区包括 5 个井田和 1 个煤矿，分别为芦草井沟井田、罗花崖井田、刘家沟湾井田、湾岔沟井田、大井沟井田和石炭沟煤矿。本区勘查工作自 1960 年开始，现勘探程度均为勘探（图 1-28）。

（一）矿区地质特征

1. 矿区地层

矿区地层自老而新为下—中奥陶统天景山组（$O_{1-2}t$），厚度大于 377.0 m；上奥陶统狼嘴子组

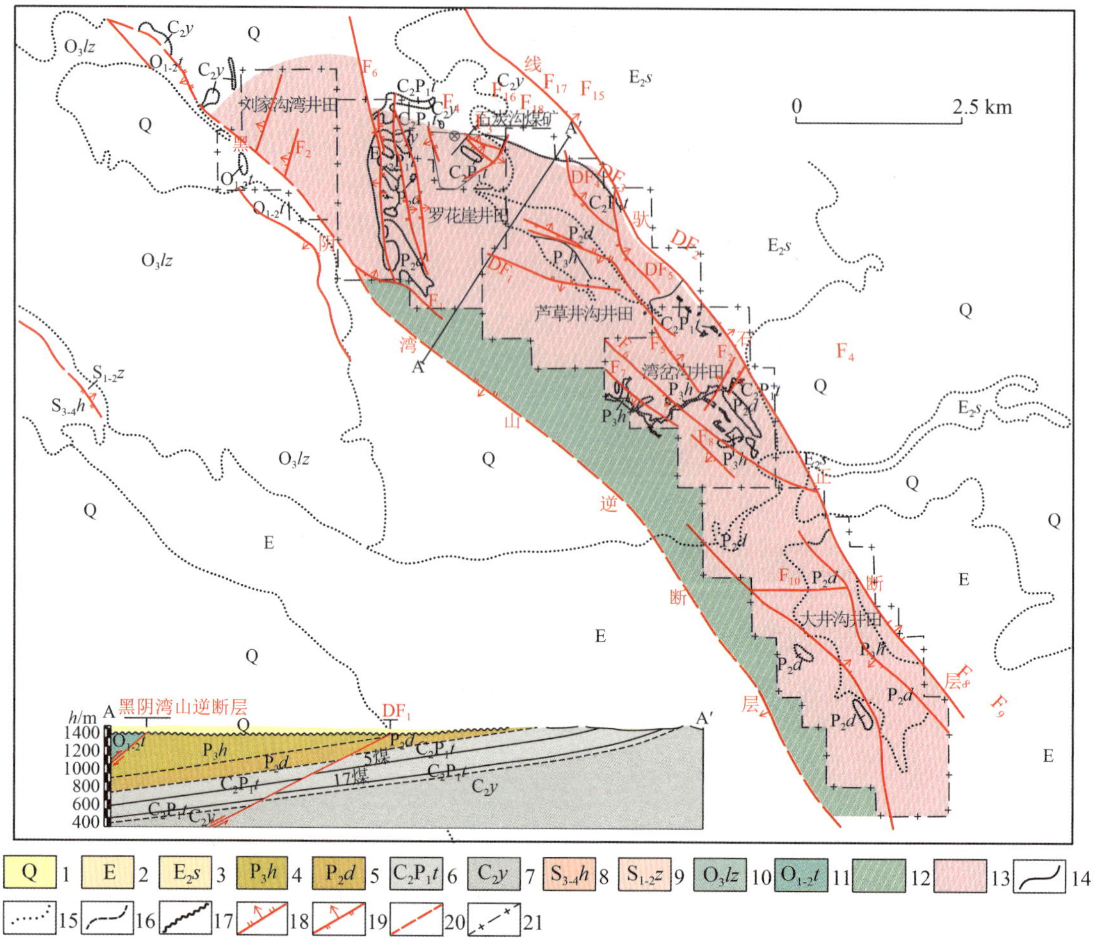

图 1-28 线驮石矿区地质及各井田（煤矿）分布示意图

（据宁夏回族自治区煤田地质局，2010，有修改）

1—第四系；2—古近系；3—寺口子组；4—红泉组；5—大黄沟组；6—太原组；7—羊虎沟组；8—旱峡组；9—照花井组；10—狼嘴子组；11—天景山组；12—预查区；13—勘探区；14—实测地质界线；15—基岩露头界线；16—平行不整合地质界线；17—角度不整合地质界线；18—正断层；19—逆断层；20—推测断层；21—井田界线

（O_3lz），厚度大于 908.3 m；下—中志留统照花井组（$S_{1-2}z$），厚度 468.7～639.3 m；上-顶志留统旱峡组（$S_{3-4}h$），厚度 468.7～639.3 m；泥盆系石峡沟组（D_2s），厚度大于 1333.4 m；下石炭统前黑山组（C_1q），厚度 56.5～149.4 m；下石炭统臭牛沟组（C_1c），厚度 257.1～286.7 m；上石炭统羊虎沟组（C_2y），厚度大于 489 m；上石炭统—下二叠统太原组（C_2P_1t），厚度 317.03 m；下二叠统大黄沟组（P_2d），厚度大于 173.3 m；上二叠统红泉组（P_3h），厚度 176.0～665.4 m；古近系寺口子组（E_2s），厚度 75.8～839.8 m；古近系清水营组（E_3q），厚度 614.7 m；新近系干河沟组（N_1g），厚度 75.8～839.8 m；第四系（Q），厚度 0～128.96 m。矿区含煤地层为石炭系—二叠系太原组。

2. 矿区构造

矿区位于线驮石正断裂与黑阴湾山逆断裂之间，主体呈简单的单斜构造，走向 225°，倾向西南，倾角 20°～40°，次级断裂较发育。其主要断裂构造有：黑阴湾山逆断层，走向 315°，倾向南西，倾角 70°，为高角度逆断层，断层出露长度大于 6 km，为线驮石矿区西侧边界断裂；线驮石正断层，走向 330°左右，倾向北东，倾角 70°，断距大于 100 m，出露长度 13 km，为线驮石矿区东测边界断裂；线驮石西侧正断层（F_6），位于石炭沟煤矿以西，走向近南北（北部略转向北西），倾向西，倾角 65°～80°，出露长度 3.5 km，断距约 100 m。

（二）矿区含煤地层特征

矿区主要含煤地层为石炭系—二叠系太原组，煤系厚度 317.03 m，共含煤（含煤线）25 层，煤层平均总厚度为 17.82 m，含煤系数 5.62%；可采煤层 5 层，即五煤、六煤、十四煤、十六煤、十七煤，平均可采总厚度 12.20 m，可采含煤系数 3.85%，主要可采煤层 3 层，即五煤、十四煤、十七煤。矿区内煤层特点自北向南含煤层数（含煤线）逐渐增加，平均总厚度逐渐减小，可采煤层层数逐渐减少，可采煤层平均总厚度逐渐减小。

（三）矿区主要煤质特征

1. 煤的物理性质

线驮石矿区煤性脆，节理较发育。宏观煤岩成分以镜煤和亮煤为主，暗煤次之。宏观煤岩类以半亮型煤为主，半暗型煤次之，部分暗淡型煤。主要可采煤层显微组分，有机质占 73.8%~94.6%，无机质占 5.4%~26.2%。有机质中镜质组占 24.7%~84.1%，惰质组占 8.5%~49.1%。无机质中粘土类占 1.4%~24.4%，硫化物占 0.3%~2.4%，碳酸盐占 0.7%~3.7%。显微煤岩类型属微泥质煤、微镜惰煤（表 1-22）。

表 1-22　线驮石矿区太原组主要煤层显微特征

煤层编号	井田名称	有机组分（去矿物基）/%			有机组分（含矿物基）/%				无机组分/%					显微煤岩类型
		镜质组	惰质组	壳质组	镜质组	惰质组	壳质组	合计	粘土类	硫化物	碳酸盐	氧化硅	合计	
五煤	大井沟	90.9	9.1		84.1	8.5		92.6	1.4	2.4	3.7		7.5	微镜惰煤
	湾岔沟	68.6	31.4		64.9	29.7		94.6	2.7	0.3	2.4		5.4	微镜惰煤
十四煤	湾岔沟	33.5	66.5		24.7	49.1		73.8	24.4	1.1	0.7		26.2	微泥质煤

2. 煤的化学性质

线驮石矿区为中灰、富-高硫煤层，煤层发热量均在 23.83~34.50 MJ/kg 之间，属中-高热值煤层。煤种有无烟煤、贫煤、肥煤、气煤。主要作为动力用煤。

（四）矿区煤炭资源量

截至 2017 年底，线驮石矿区累计查明煤炭资源储量 349525.25×10^3 t，保有煤炭资源储量 346569.75×10^3 t。

（五）矿区开发利用现状

线驮石矿区累计设计生产能力 225×10^4 t/a，提交 6 处矿点储量报告。矿区内有村办老窑 2 对，现已废弃，无生产矿井。

三、土坡勘查区

土坡勘查区位于香山煤田东中部，属于吴忠市红寺堡管委会。南距同心县约 34 km，北距红寺堡开发区 28 km。东西长 6 km，南北宽 3 km，面积 18.62 km^2。本区勘查工作自 1960 年开始，勘探程度为普查（图 1-29）。

土坡勘查区地层属阿拉善地层区（$Ⅲ_3$）、阿拉善南缘地层分区（$Ⅲ_3^1$）、景泰-中宁地层小区（$Ⅲ_3^{1-1}$）。大地构造位置位于柴达木-华北板块（Ⅲ）、阿拉善微陆块（$Ⅲ_4$）、腾格里早古生代增生楔（$Ⅲ_4^1$）、卫宁北山-香山晚古生代前陆-上叠盆地（$Ⅲ_4^{1-1}$）。所属成矿区带为河西走廊 Fe-Mn-萤石-盐类-凹凸棒石-石油成矿带（Ⅲ-20）、烟筒山-窑山冲断带煤-石灰岩-硅石成矿亚带（Ⅳ-20②）。所属矿床成矿系列为与晚古生代沉积作用有关的铜、银、灰岩、石膏、石英砂岩、煤、天然气、粘土、油页岩矿床成矿系列（5-Pz_2-S）。

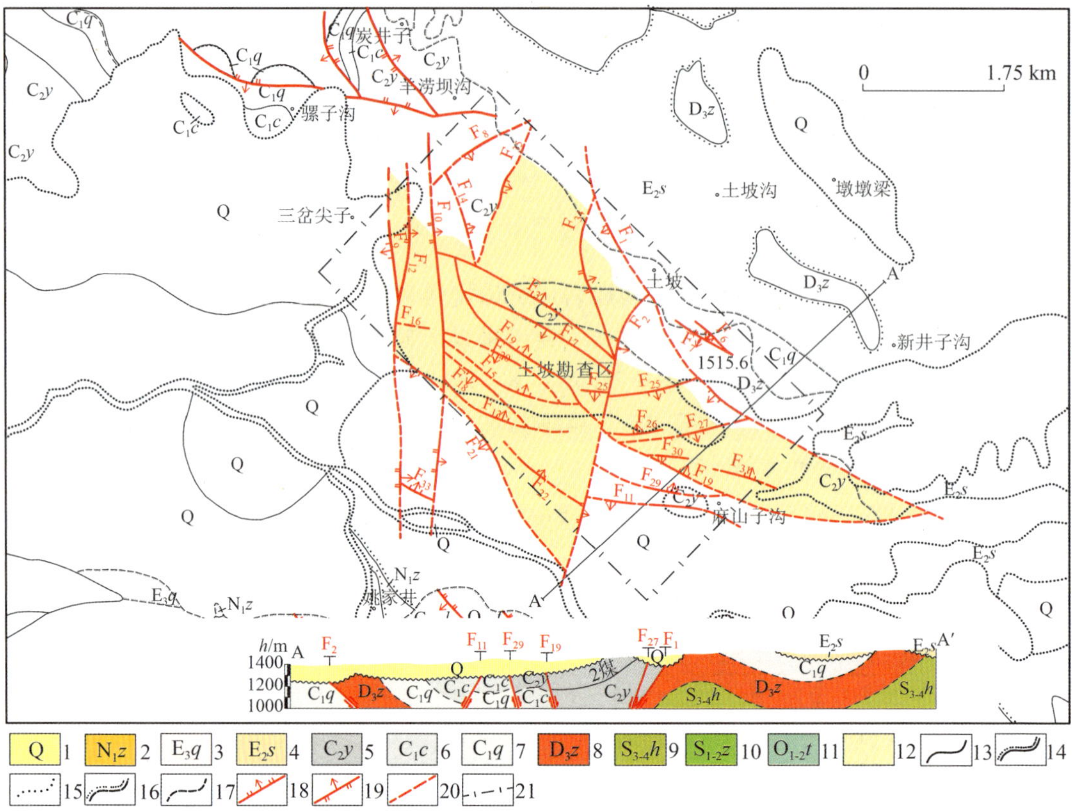

图 1-29　土坡勘查区地质及各井田（煤矿）分布示意图

（据宁夏回族自治区煤田地质局，2010，有修改）

1—第四系；2—彰恩堡组；3—清水营组；4—寺口子组；5—羊虎沟组；6—臭牛沟组；7—前黑山组；8—中宁组；9—旱峡组；10—照花井组；11—天景山组；12—普查区；13—实测整合地质界线；14—实测角度不整合地质界线；15—基岩露头界线；16—推测角度不整合地质界线；17—平行不整合地质界线；18—正断层；19—逆断层；20—推测断层；21—勘查区界线

（一）矿区地质特征

1. 矿区地层

勘查区属半裸露地区，地层出露情况一般，勘查区地层自老而新为下-中奥陶统天景山组（$O_{1-2}t$），厚度大于 377.0 m；下-中志留统照花井组（$S_{1-2}z$），厚度 1.6~75.2 m；上-顶志留统旱峡组（$S_{3-4}h$），468.7~639.3 m；上泥盆统中宁组（D_3z），厚度大于 1350 m；下石炭统前黑山组（C_1q），厚度 56.5~149.4 m；下石炭统臭牛沟组（C_1c），厚度 257.1~286.7 m；上石炭统羊虎沟组（C_2y），厚度大于 941.27 m；古近系寺口子组（E_2s），厚度 75.8~839.8 m；古近系清水营组（E_3q），厚度大于 604.7 m；第四系（Q），厚度 0~15 m。勘查区含煤地层为上石炭统羊虎沟组。

2. 矿区构造

主体构造线方向为北西西向，构造变形十分复杂，所见各种类型的构造是多期次构造运动的产物，影响本区的主要构造运动为印支运动、燕山运动及喜马拉雅运动。印支运动使上古生界岩层形成比较开阔的褶皱，并伴随有断裂产生。燕山运动及喜马拉雅运动主要表现为断块运动，它使前期形成的断裂构造发生不同程度的再活动，同时也有新的断裂形成。总体由背、向斜组成，断裂构造十分发育，含煤地层主要受断裂构造截切破坏，呈断块状分布。

勘查区褶皱构造十分发育，构造线主体方向为北西向。主体构造为一个北西向的复式背斜形态，区内的褶皱总体由一系列比较开阔的背、向斜组成，褶皱轴向 290°，延伸约 6 km，次一级的小褶皱亦十分发育。勘查区羊虎沟组断裂构造十分复杂，煤层主要受断裂构造控制，早期的构造以褶皱为主，并伴随有断裂产生，后期的构造以断裂为主，使含煤地层形成一系列断块形态，由于断层落差较大，部分断块内煤层已遭受剥蚀，只有部分断块内有煤层存在，个别断块内见煤情况较好，其他块段未见煤或见煤情况不好。

（二）矿区含煤地层特征

土坡勘查区含煤地层为上石炭统羊虎沟组，厚度大于941.27 m，含煤11层，总厚度为7.71 m，可采煤层5层，平均总厚度为5.55 m，可采含煤系数为0.59%。含煤11层，编号煤层10层，自上而下分别为一、二、$二_{下}$、三、四、五、六、七、八、九煤层，其中主要局部可采煤为二煤，次要局部可采煤层为五煤、七煤，偶见可采点的为一煤、九煤。

（三）矿区主要煤质特征

土坡勘查区内的煤层可划分为无烟煤和贫煤两大类。煤层为黑色-灰黑色，条痕灰黑色，金刚-似金刚光泽，参差状断口，条带状结构，煤层结构简单-复杂，宏观煤岩类型为光亮-半亮型煤。各煤层水分变化在0.32%~4.66%之间，平均值在1.31%~2.52%之间；各煤层灰分变化在4.41%~37.43%之间，平均值为19.77%；挥发分变化在6.62%~12.93%之间，平均值为8.66%；各煤层全硫变化在0.68~10.165%之间，平均值为3.32%；各煤层发热量平均在21.30~26.54 MJ/kg之间。勘查区煤质为低中-中高灰分、低中-高硫、中磷、中-特高热值的特点，一煤、二煤、五煤经洗选后可作为生产化肥的原料，七煤、九煤可作为热力发电及民用煤。另外本区风氧化带煤的腐殖酸含量高，可作高效氮肥使用，风氧化程度低的煤可与正常煤混合供民用或锅炉用煤。

（四）矿区煤炭资源量

截至2017年底，土坡勘查区累计查明煤炭资源储量4588.12×10^3 t，保有资源储量4588.12×10^3 t。

（五）矿区开发利用现状

土坡勘查区采煤历史悠久，老窑分布较多，有50个左右，现已停采，无生产矿井。

四、深井勘查区

深井勘查区位于香山煤田西南部，宁夏中卫市西南约45 km，属中卫市沙坡头区管辖。西、南与甘肃省毗邻，北以香山南麓断层为界，南北宽12 km，东西平均长23 km，面积约147 km^2。

深井勘查区地层属阿拉善地层区（$Ⅲ_3$）、阿拉善南缘地层分区（$Ⅲ_3^1$）、景泰-中宁地层小区（$Ⅲ_3^{1-1}$）。大地构造位置位于柴达木-华北板块（Ⅲ）、阿拉善微陆块（$Ⅲ_4$）、腾格里早古生代增生楔（$Ⅲ_4^1$）、卫宁北山-香山晚古生代前陆-上叠盆地（$Ⅲ_4^{1-1}$）。所属成矿区带为河西走廊Fe-Mn-萤石-盐类-凹凸棒石-石油成矿带（Ⅲ-20）、香山褶断带Fe-Cu-煤-石灰岩-石膏-粘土成矿亚带（Ⅳ-20③）。所属矿床成矿系列为与晚古生代沉积作用有关的铜、银、灰岩、石膏、石英砂岩、煤、天然气、粘土、油页岩矿床成矿系列（5-Pz_2-S）。

勘查区勘查工作始于2012年，首先进行了预查工作，勘查面积147 km^2，在此基础上划分了西部、东部两个普查区，在2013~2017年间分别进行了普查工作。

（一）矿区地质特征

1. 矿区地层

勘查区被第四系（Q）广泛覆盖，仅在勘查区西北部有少量基岩出露。地层由老到新有：上奥陶统磨盘井组（O_3mp），上二叠统红泉组（P_3h），中侏罗统延安组（J_2y），新近系（N）及第四系

(Q)。勘查区主要含煤地层为侏罗系延安组（J_2y）。地层平均厚度234.11~556.74 m。

2. 矿区构造

深井勘查区位于香山南麓断裂附近，以挤压、走滑断裂作用为主，碳子井断层将勘查区分为东、西两部分，西区含煤范围总体趋势为一个走向近北西西的单斜构造，地层总体向北倾，倾角小于20°。东区含煤范围总体趋势亦为一个走向近北西、倾向北东的单斜构造。勘查区内断层发育10余条。区内断层可分为两组，与山前大断裂平行近南东走向发育较大断裂，近北东走向发育次级断裂，构造复杂程度为简单构造。

（二）矿区含煤地层特征

勘查区含煤岩系为侏罗系延安组（J_2y），揭露煤系厚度77.74~490.53 m，平均290.89 m。共含煤20余层，编号煤层10层，自上至下为1-1、1-2、2、3、4、5、6、7、8、9煤，可采煤层7层，依次为2、3、4、5、6、7、8煤。各编号煤层平均总厚度33.58 m，含煤系数11.54%；其中可采煤层平均总厚度28.21 m，可采含煤系数9.70%。2、5煤层为不稳定煤层，其余煤层（3、4、5、6、7、8煤）为较稳定煤层。

（三）矿区主要煤质特征

深井勘查区内煤的主要工业指标为低灰-中灰、特低硫-低硫、低-高磷、中高挥发分、中高发热量-高发热量、不具粘结性。煤属较高软化温度和较高流动温度灰、高强度煤、中等可磨-较难磨、高热稳定性煤、对二氧化碳的反应性较好、中等结渣性、焦油产率中等。本区拟定浮煤灰分为5.00%时，可选性等级为难选；拟定浮煤灰分为8.00%时，可选性等级为中等可选-较难选。各煤层除3煤、5煤为单一不粘煤外，其余均为两个煤类（不粘煤、长焰煤）。

（四）矿区煤炭资源量

截至2017年底，深井勘查区累计查明煤炭资源储量34670.00×10^3 t。

（五）矿区开发利用现状

深井勘查区目前尚无生产矿井。

五、上下河沿矿区

上下河沿矿区位于香山煤田东北部，宁夏中卫市常乐镇境内，北以F_1断层为界，南以F_2断层为界，东以黄河为界，西以F_5断层为界。总面积21.52 km^2。

上下河沿矿区地层属阿拉善地层区（$Ⅲ_3$）、阿拉善南缘地层分区（$Ⅲ_3^1$）、景泰-中宁地层小区（$Ⅲ_3^{1-1}$）。大地构造位置位于柴达木-华北板块（Ⅲ）、阿拉善微陆块（$Ⅲ_4$）、腾格里早古生代增生楔（$Ⅲ_4^1$）、卫宁北山-香山晚古生代前陆-上叠盆地（$Ⅲ_4^{1-1}$）。所属成矿区带为河西走廊Fe-Mn-萤石-盐类-凹凸棒石-石油成矿带（Ⅲ-20）、烟筒山-窑山冲断带煤-石灰岩-硅石成矿亚带（Ⅳ-20②）。所属矿床成矿系列为与晚古生代沉积作用有关的铜、银、灰岩、石膏、石英砂岩、煤、天然气、粘土、油页岩矿床成矿系列（5-Pz_2-S）。

矿区包括上下河沿勘查区和小洞山勘查区。自1960年开始开展工作，目前上下河沿勘查区达到了详查阶段，小洞山勘查区达到了普查阶段（图1-30）。

（一）矿区地质特征

1. 矿区地层

出露地层由老至新依次为：上奥陶统徐家圈组（O_3x）、狼嘴子组（O_3lz）、磨盘井组（O_3mp），

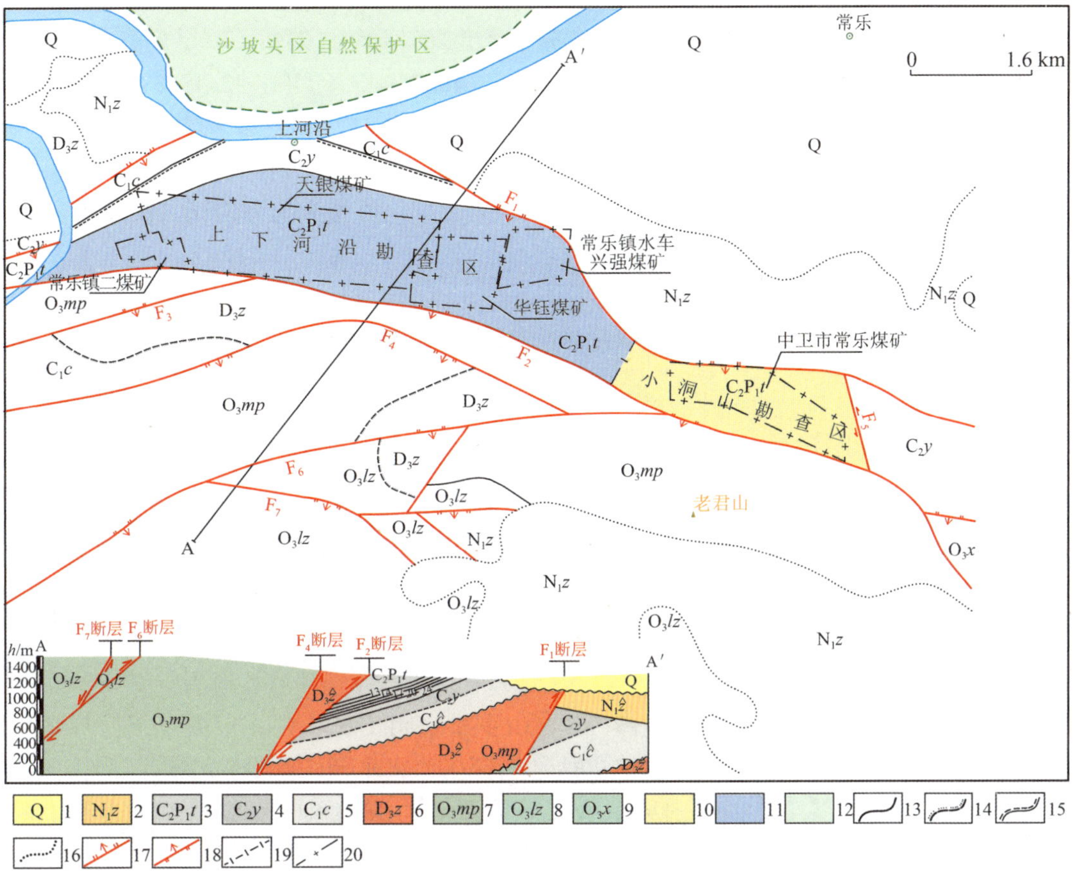

图 1-30 上下河沿矿区地质及各井田（煤矿）分布示意图

（据宁夏回族自治区煤田地质局，2010，有修改）

1—第四系；2—彰恩堡组；3—太原组；4—羊虎沟组；5—臭牛沟组；6—中宁组；7—磨盘井组；8—狼嘴子组；9—徐家圈组；10—普查区；11—详查区；12—自然保护区；13—实测整合地质界线；14—推测角度不整合地质界线；15—实测平行不整合地质界线；16—基岩露头界线；17—正断层；18—逆断层；19—勘查区界线；20—井田界线

上泥盆统中宁组（D_3z），下石炭统臭牛沟组（C_1c），上石炭统羊虎沟组（C_2y），上石炭统—下二叠统太原组（C_2P_1t），新近系中新统彰恩堡组（N_1z），第四系（Q）。矿区主要含煤地层为太原组。

2. 矿区构造

矿区沿倾向发育一向斜构造，北翼倾角比较平缓，呈单斜层，一般在 20°~45°之间。矿区地层总体上为一断块构造，由南北 F_1 和 F_2 两条逆断层控制的断块呈北西向展布；断块东部以黄河为界，西部边界由 F_5 断层控制。其中：F_1 逆断层为矿区北部边界断层，石炭系逆冲于新近系地层之上，走向近东西，倾向南，倾角 50°~66°；F_2 逆断层为矿区南部边界断层，奥陶系、泥盆系顺次逆冲于太原组之上，断层倾向北西，倾角 50°~70°；F_5 平推断层为矿区东部边界，北西盘向北东平移，南东盘向南西平移，断层线方向为 15°，断距 250 m。

（二）矿区含煤地层特征

矿区含煤地层太原组，以北西—南东向展布，平均厚度 295.96 m，含煤最多 24 层，地层厚度由中部向两侧有变薄趋势。可采煤层 6 层，自上而下编号为 13、14、15、17、20、24 煤。可采煤层总厚度 7.62 m，可采含煤系数为 4.93%。

（三）矿区主要煤质特征

上下河沿矿区煤层为黑色-灰黑色，条痕灰黑色，块状煤层，金刚光泽-似金刚光泽，参差状断口，条带状结构，煤层结构简单，坚硬，宏观煤岩类型为半亮型-半暗型煤，局部含黄铁矿结核。矿区可采煤层煤质主要指标：原煤水分含量为1.30%~2.79%，平均1.93%；原煤灰分含量为6.78%~38.00%，平均为16.25%；原煤挥发分含量为35.64%~48.77%，平均为42.19%；原煤全硫含量在0.08%~10.48%之间变化，平均为3.84%，浮煤全硫含量在1.46%~4.61%之间变化，平均为2.81%，均属高硫分煤；原煤发热量为26.89~28.28 MJ/kg，平均为27.61 MJ/kg。

矿区煤类为低中灰、高硫、中磷、高热值的气煤-气肥煤，可作为动力用煤及民用煤。

（四）矿区煤炭资源储量

截至2017年底，上下河沿矿区累计查明煤炭资源储量51342.50×10^3 t，保有资源储量44419.5×10^3 t。

（五）矿区开发利用现状

上下河沿勘查区现有4个煤矿，累计生产能力148×10^4 t/a。其中，常乐镇第二煤矿、常乐镇水车兴强煤矿和华钰建材陶瓷有限公司煤矿已关停退出；小洞山勘查区现有宁夏中卫市常乐镇煤矿，煤矿生产能力15×10^4 t/a。

六、梁水园矿区

梁水园矿区位于香山煤田西部，宁夏中卫市香山乡梁水园子村境内，以太原组底界地层露头为界，总面积29.71 km^2。矿区包括梁水园煤矿区西部勘探区和梁水园煤炭资源中东部勘探区两个勘查区。矿区自1967年开始开展工作，目前梁水园煤矿区西部勘探区和中东部勘探区达到了勘探阶段（图1-31）。

梁水园矿区地层属阿拉善地层区（$Ⅲ_3$）、阿拉善南缘地层分区（$Ⅲ_3^1$）、景泰-中宁地层小区（$Ⅲ_3^{1-1}$）。大地构造位置位于柴达木-华北板块（Ⅲ）、阿拉善微陆块（$Ⅲ_4$）、腾格里早古生代增生楔（$Ⅲ_4^1$）、卫宁北山-香山晚古生代前陆-上叠盆地（$Ⅲ_4^{1-1}$）。所属成矿区带为河西走廊Fe-Mn-萤石-盐类-凹凸棒石-石油成矿带（Ⅲ-20）、香山褶断带Fe-Cu-煤-石灰岩-石膏-粘土成矿亚带（Ⅳ-20③）。所属矿床成矿系列为与晚古生代沉积作用有关的铜、银、灰岩、石膏、石英砂岩、煤、天然气、粘土、油页岩矿床成矿系列（5-Pz_2-S）。

（一）矿区地质特征

1. 矿区地层

出露地层由老至新依次为：上奥陶统徐家圈组（O_3x）、狼嘴子组（O_3lz）、磨盘井组（O_3mp），上泥盆统中宁组（D_3z），下石炭统臭牛沟组（C_1c），上石炭统羊虎沟组（C_2y），上石炭统—下二叠统太原组（C_2P_1t），中二叠统大黄沟组（P_2d），上二叠统红泉组（P_3h），古近系上新统清水营组（E_3q），第四系（Q）。矿区主要含煤地层为太原组。

2. 矿区构造

矿区整体呈一短轴状向斜，即红寺台向斜。该向斜为一不对称复式向斜，主体轴向300°；核部由红泉组、大黄沟组构成，两翼由太原组、羊虎沟组和臭牛沟组构成；向斜北东翼平缓，地层倾角6°~20°，南西翼稍陡，地层倾角8°~22°。在向斜两翼和向斜扬起端，揭露12个小断层（图1-32）。

（二）矿区含煤地层特征

梁水园矿区主要含煤地层为太原组，全区分布，平均厚度125.59 m，含煤9层，自上而下编号为1、2、3-1、3-2、3-3、4、5、6、7煤层。煤层平均总厚度为6.48 m，含煤系数为5.15%。其中3-

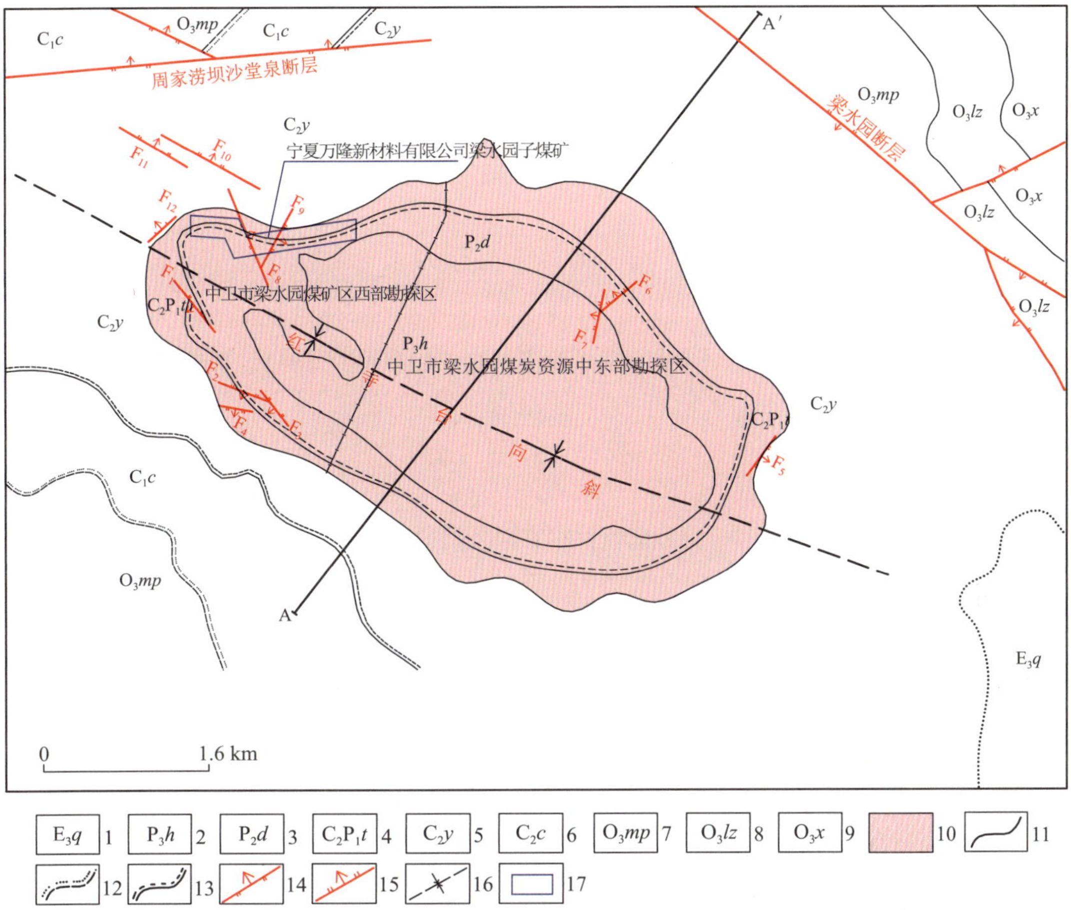

图 1-31 梁水园矿区地质及各井田（煤矿）分布示意图

（据宁夏回族自治区煤田地质局，2010，有修改）

1—清水营组；2—红泉组；3—大黄沟组；4—太原组；5—羊虎沟组；6—臭牛沟组；7—磨盘井组；8—狼嘴子组；9—徐家圈组；10—勘探区；11—实测地质界线；12—推测角度不整合地质界线；13—实测平行不整合地质界线；14—逆断层；15—正断层；16—向斜；17—煤矿范围

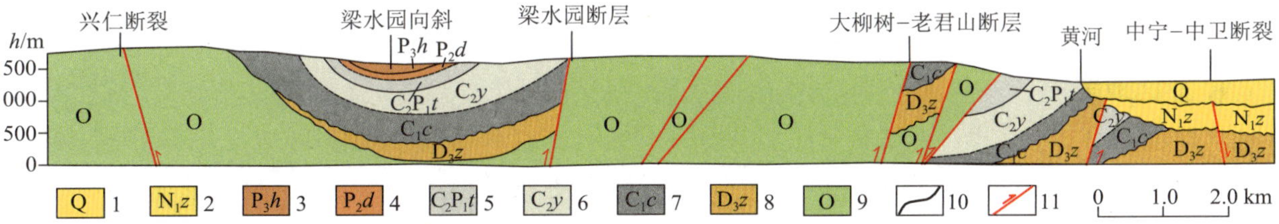

图 1-32 梁水园矿区地质剖面示意图

（据宁夏回族自治区煤田地质局，2010，有修改）

1—第四系；2—彰恩堡组；3—红泉组；4—大黄沟组；5—太原组；6—羊虎沟组；7—臭牛沟组；8—中宁组；9—奥陶系；10—地层界线；11—断层

1 煤为全区可采煤层，2、3-2 煤为局部可采煤层；3-3、5、6 煤为偶尔可采煤层，1、4、7 煤为不可采煤层。

（三）矿区主要煤质特征

梁水园矿区煤层一般为黑色、灰黑色，条带状结构，易碎，裂隙发育，视密度 1.67 t/m^3。矿区主采煤层 3-1 煤层煤质主要指标：原煤水分（M_{ad}）含量为 0.48%～3.86%，平均 2.01%；原煤灰分

(A_d) 含量为12.47%~38.83%，个别点达41.51%；原煤挥发分(V_{daf}) 含量为5.48%~23.70%，平均13.79%；原煤全硫($S_{t,d}$) 含量在1.25%~8.02%之间变化，平均为2.99%，浮煤全硫($S_{t,d}$) 含量在0.98%~4.16%之间变化，平均为2.15%，属中硫-高硫分煤；原煤发热量($Q_{gr.d}$) 为18.00~31.00 MJ/kg，平均为25.00 MJ/kg。

矿区煤类为低中灰-高灰、中硫-高硫、特低磷、中高热值的无烟煤-贫煤，可作为动力用煤及民用煤。

(四) 矿区煤炭资源量

截至2017年底，梁水园矿区累计查明煤炭资源储量74835.17×10^3 t，保有资源储量74835.17×10^3 t。

(五) 矿区开发利用现状

梁水园矿区现有生产矿井1处：宁夏万隆新材料有限公司梁水园子煤矿（设计生产能力45×10^4 t/a)。

七、碱沟山矿区

碱沟山矿区位于香山煤田北部，卫宁平原以北的卫宁北山，东起平台湖沟，西至石墩水，南起乌车梁，北到中梁山，东西长28 km，南北宽7.5 km，分属中宁和中卫市管辖。包括勘查区和预测区。面积221.1 km^2。区内小煤矿较多，集中在碱沟山-单梁山背斜南翼一带。矿区有单梁山西部勘查区、单梁山东部勘查区、天赐厂核查区、石空镇核查区、大东沟煤矿、大佛寺煤矿、大石头煤矿、大湾梁煤矿、红土井-天似城煤矿、南天沟煤矿及烟筒沟煤矿组成（图1-33)。

碱沟山矿区地层属阿拉善地层区（$Ⅲ_3$)、阿拉善南缘地层分区（$Ⅲ_3^1$)、景泰-中宁地层小区（$Ⅲ_3^{1-1}$)。大地构造位置位于柴达木-华北板块（Ⅲ)、阿拉善微陆块（$Ⅲ_4$)、腾格里早古生代增生楔（$Ⅲ_4^1$)、卫宁北山-香山晚古生代前陆-上叠盆地（$Ⅲ_4^{1-1}$)。所属成矿区带为河西走廊Fe-Mn-萤石-盐类-凹凸棒石-石油成矿带（Ⅲ-20)、卫宁北山褶断带Fe-Au-Ag-Cu-Pb-Zn-煤-粘土成矿亚带（Ⅳ-20①)。所属矿床成矿系列为与晚古生代沉积作用有关的铜、银、灰岩、石膏、石英砂岩、煤、天然气、粘土、油页岩矿床成矿系列（5-Pz_2-S)。

(一) 矿区地质特征

1. 矿区地层

出露地层由老到新为：泥盆系（D)，厚度3100 m；下石炭统臭牛沟组（C_1c)，厚度384~664 m；中石炭统羊虎沟组（C_2y)，厚度543~2174 m；新近系（N)，厚度25~703 m；第四系（Q)，主要为风成砂，零星分布于矿区局部低洼地带。

2. 矿区构造

碱沟山矿区为一广阔的复式向斜，构造特点表现了南北向的压应力，致使呈现了一系列东西向紧密的褶曲，伴有同向的断裂。褶曲以麦垛山向斜横贯东西，为控制全区复向斜的主要构造，延展约25 km，两翼倾角除麦垛山附近为30°~40°外，东西两端由于向斜北翼的骆驼山、单梁山、中梁山、马山、小东沟背斜，碱沟山向斜和南翼的石墩水背斜等及一系列极为发育的次一级褶曲的影响，地层倾角多在70°以上，甚至直立倒转。由于强烈的挤压与褶曲变形，而产生了北西和北东向两组小型平移断层，只有马山及小东沟背斜北翼见有逆断层，对煤系影响甚大，且造成部分地段地层缺失，局部地区由于剪切作用的关系，产生的大型南北走向断层，被卷入的地层涉及上古生界以及部分下古生界和新生界。矿区构造较为复杂，主要构造为近东西向的褶皱构造，其次为次一级的近东西向小褶皱和北东、北西向的断裂构造。

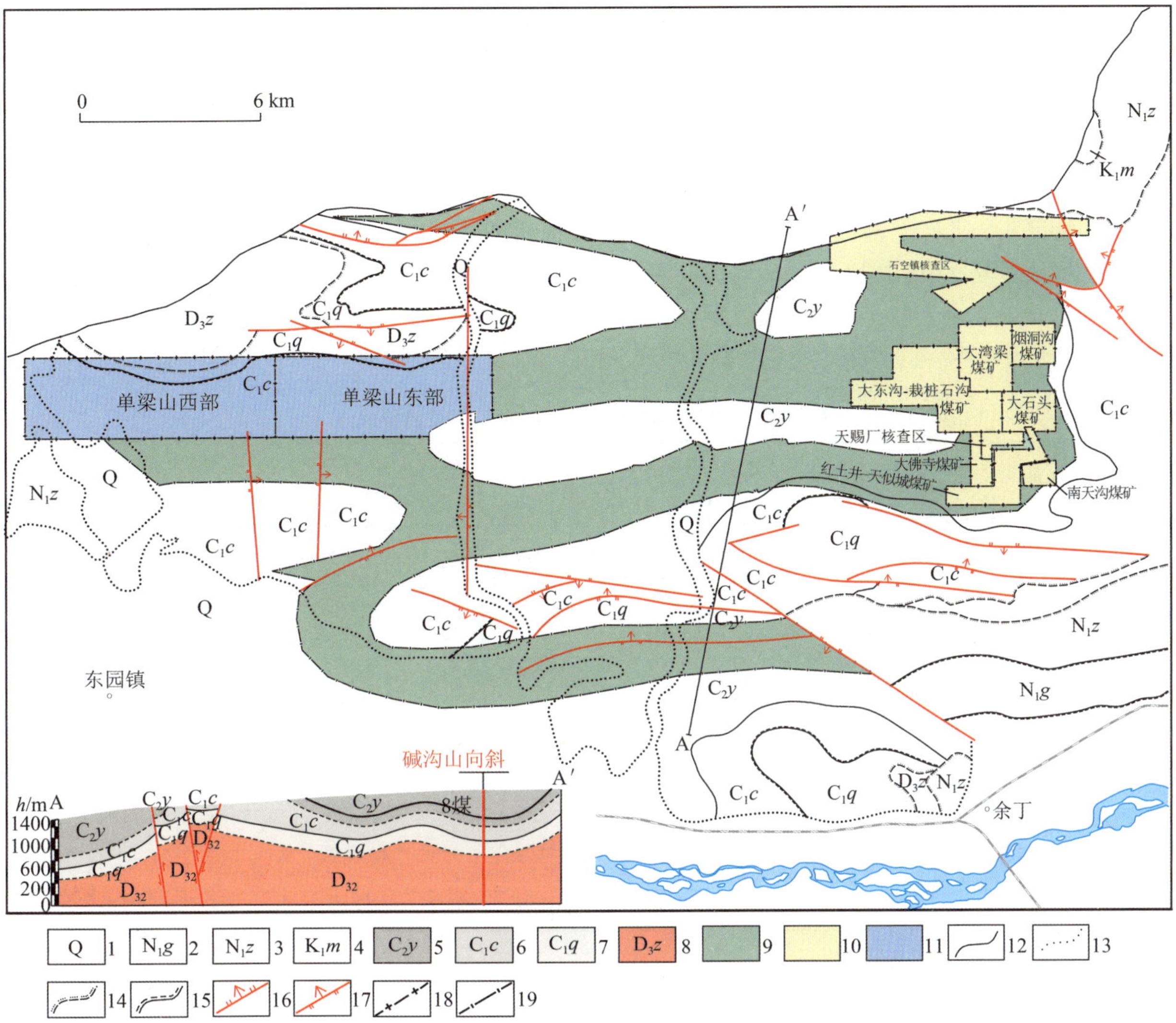

图 1-33　碱沟山矿区地质及各井田（煤矿）分布示意图

（据宁夏回族自治区煤田地质局，2010，有修改）

1—第四系；2—干河沟组；3—彰恩堡组；4—马东山组；5—羊虎沟组；6—臭牛沟组；7—前黑山组；8—中宁组；9—预查区；10—普查区；11—详查区；12—实测整合地质界线；13—基岩露头界线；14—推测角度不整合地质界线；15—实测平行不整合地质界线；16—正断层；17—逆断层；18—井田界线；19—勘查区界线

（二）矿区含煤地层特征

羊虎沟组为碱沟山矿区主要含煤地层，岩性以灰黄色、深灰色及黑色泥质粉砂岩、粉砂岩、灰白色泥岩夹厚层状中、粗粒石英砂岩为主。东部碱沟山地段地层厚 1488 m，含煤 18 层，其中可采与局部可采 11 层，总厚度 12. 1 m，含煤系数 0. 8%；碱沟山地段头道湾至七道湾以 10、11、12 煤层发育最佳。大东沟一带以 12 及 13 煤层发育较好。小东沟以 17 煤较为发育。西部单梁山一带羊虎沟组减薄为 658 m，含煤 8 层，可采 5 层，总厚度 4. 45 m，含煤系数为 0. 7%。单梁山地段各煤层虽间距不大，但厚度较薄，仅 3、4 煤层较厚。

（三）矿区主要煤质特征

1. 煤的物理性质

羊虎沟组各可采煤层均致密坚硬，多呈块状，性脆，外生裂隙发育充填有白色硫酸盐矿物，煤层表面或裂隙中有黄铁矿细粒晶体。各煤层宏观煤岩成分以镜煤和亮煤为主，夹少量的丝炭薄层，宏观煤岩类型属光亮型煤、半亮型煤。煤中有机质含量高，无机质含量很低。各种显微有机组分已不能识别，均呈亮黄色。有机组分绝大多数为镜质组，少量惰质组，呈凸镜状。煤的显微煤岩类型为微镜煤。

2. 煤的化学性质

碱沟山矿区煤质较为优良，开采的四层煤中，编号 12、15 号煤层原煤灰分、硫分稍高，14、16 号煤层为特低灰、低硫至富硫煤，经 1.75 密度液分选后的浮煤灰分降到 1%左右，全硫降压 1%以下，回收率达 50%~78%，14 号煤层厚度最大，煤质好最为突出。镜质组反射率 9. 91%，属第Ⅶ变质阶段。挥发分小于 3. 5%，氢含量小于 2%，属无烟煤一号。煤中元素碳含量高达 95%~97%，属最高的一类煤（表 1-23）。

表 1-23　碱沟山矿区羊虎沟组主要煤质特征表

<table>
<tr><th rowspan="2">煤层编号</th><th colspan="5">主要煤质特征</th><th colspan="2" rowspan="2">煤炭分类</th></tr>
<tr><th>M_{ad}/%</th><th>$S_{t,d}$/%</th><th>$Q_{gr,d}$/(MJ · kg^{-1})</th><th>V_{daf}（浮煤）/%</th><th>H_{daf}</th></tr>
<tr><td>10</td><td>5. 12~7. 09
6. 03</td><td>0. 82~1. 09
0. 83</td><td>30. 9~31. 46
31. 25</td><td>2. 18~2. 33
2. 18</td><td>0. 91~1. 04
0. 95</td><td rowspan="5">无烟煤</td><td rowspan="4">一号</td></tr>
<tr><td>12</td><td>15. 68~21. 61
17. 16</td><td>1. 43~2. 70
1. 80</td><td>25. 63~27. 49
26. 93</td><td>3. 27~3. 37
3. 30</td><td>0. 59~0. 67
0. 60</td></tr>
<tr><td>14</td><td>2. 65~6. 31
3. 80</td><td>0. 59~1. 84
1. 13</td><td>30. 83~32. 19
31. 64</td><td>1. 72~2. 58
2. 07</td><td>0. 67~0. 94
0. 88</td></tr>
<tr><td>15</td><td>13. 37~30. 8
19. 04</td><td>1. 39~4. 31
2. 58</td><td>20. 86~27. 94
25. 70</td><td>1. 87~3. 81
2. 48</td><td>0. 60~0. 86
0. 76</td></tr>
<tr><td>16</td><td>6. 34~6. 58
5. 46</td><td>2. 35~2. 92
2. 64</td><td>30. 71~31. 03
30. 87</td><td>1. 98~2. 03
2. 00</td><td>0. 76~0. 84
0. 8</td><td>三号</td></tr>
</table>

（四）矿区煤炭资源量

截至 2017 年底，碱沟山矿区累计查明煤炭资源储量 97142. 48×10^3 t。

（五）矿区开发利用现状

区内小煤矿较多，集中在碱沟山和单梁山背斜南翼一带，但均未施工钻孔；据小窑资料，煤层倾角陡立。对矿区的含煤性变化目前尚未形成概念，一切工作都是对露头区的工作，本区开发利用程度较低。碱沟山区只能进行小规模的开发，已有小煤矿目前均处于关停状态。

八、下流水勘查区

下流水勘查区位于香山煤田中南部，距同心县约 50 km，距兴仁堡镇约 25 km，距中宁县 90 km，行政区划隶属中卫市中宁县喊叫水乡。下流水地区整体为一不规则的多边形区域，总面积 152. 82 km^2。勘查区包括麻黄沟、下流水、红柳沟 3 个区块（图 1-34）。

下流水勘查区地层属阿拉善地层区（$Ⅲ_3$）、阿拉善南缘地层分区（$Ⅲ_3^1$）、景泰-中宁地层小区（$Ⅲ_3^{1-1}$）。大地构造位置位于柴达木-华北板块（Ⅲ）、阿拉善微陆块（$Ⅲ_4$）、腾格里早古生代增生楔（$Ⅲ_4^1$）、卫宁北山-香山晚古生代前陆-上叠盆地（$Ⅲ_4^{1-1}$）。所属成矿区带为河西走廊 Fe-Mn-萤石-盐类-凹凸棒石-石油成矿带（Ⅲ-20）、香山褶断带 Fe-Cu-煤-石灰岩-石膏-粘土成矿亚带（Ⅳ-20③）。所属矿床成矿系列为与中生代沉积作用有关的铜、石英砂岩、煤、油气、油页岩、粘土矿床成矿系列（7-Mz-S）。

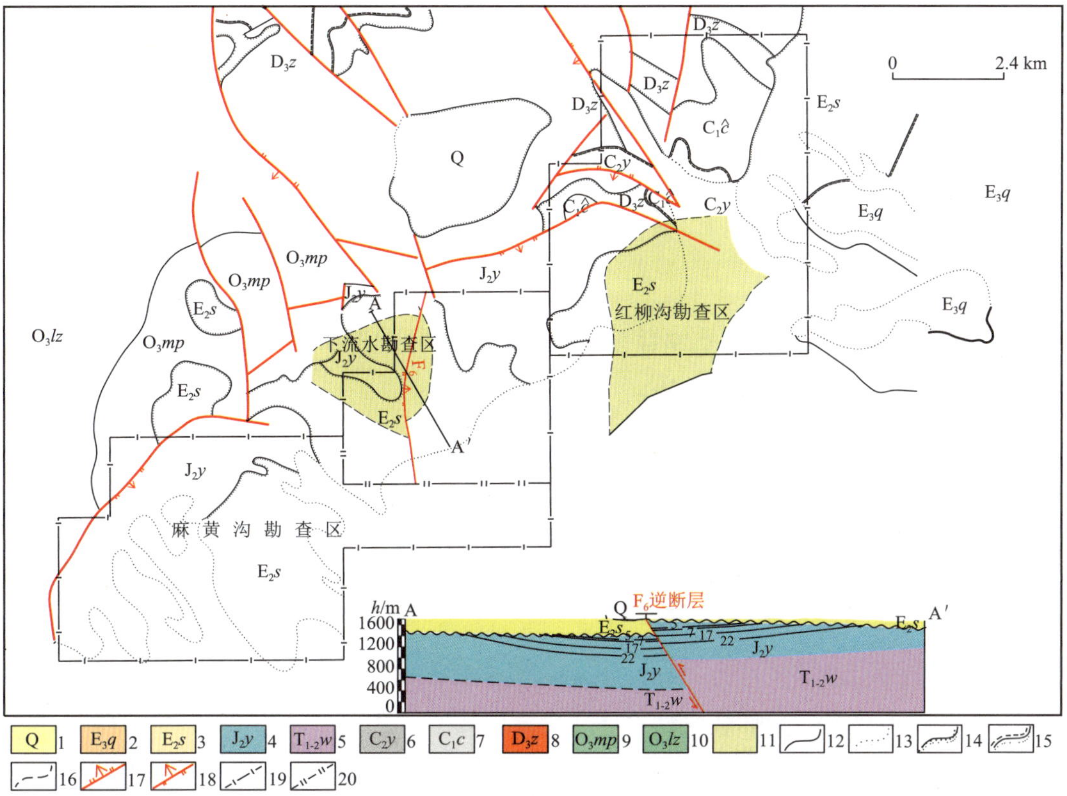

图 1-34　下流水矿区地质及各井田（煤矿）分布示意图

（据宁夏回族自治区煤田地质局，2010，有修改）

1—第四系；2—清水营组；3—寺口子组；4—延安组；5—五佛寺组；6—羊虎沟组；7—臭牛沟组；8—中宁组；9—磨盘井组；10—狼嘴子组；11—普查区；12—实测地质界线；13—基岩露头界线；14—实测角度不整合界线；15—实测平行不整合地质界线；16—推测地质界线；17—正断层；18—逆断层；19—勘查区界线；20—矿区界线

（一）矿区地质特征

1. 矿区地层

出露的地层自老而新为奥陶系（O）、泥盆系（D）、石炭系（C）、三叠系（T）、侏罗系（J）、古近系（E）和第四系（Q）。主要含煤地层为侏罗系延安组（J_2y）。

2. 矿区构造

下流水矿区遭受了自加里东期以来的各期构造运动，褶皱断裂均较发育。褶皱构造规模均较小，其中发育于中-上奥陶统香山群中的褶皱以紧闭褶皱、等斜倒转褶皱为主，发育于泥盆系—侏罗系中的褶皱多为不对称开阔褶皱，发育于古近系中的褶皱多为短轴褶皱。

断裂构造也较发育，以北西向断层为主，北东向和近东西向断层次之。前者规模较大，多为逆断层，控制着地层的分布。后者规模一般较小，以逆断层为主，不同程度切割破坏了地层的完整性。

（二）矿区含煤地层特征

下流水矿区含煤地层为侏罗系延安组。根据钻孔对比结果，结合二维地震资料分析，延安组厚度约在 1233.24 m 以上，据钻孔揭露，延安组共见煤层 16 层（包括局部可采煤层），全区具有对比意义的煤层 16 层，达到可采的 1 层，不可采的 15 层。煤层总厚度为 6.89 m，含煤系数 0.77%。可采煤层的总厚度为 1.21 m。可采含煤系数为 0.36%。煤层为不稳定煤层。

（三）矿区主要煤质特征

下流水矿区的煤炭属弱粘煤或不粘煤，煤质为低-低中灰、中低硫、高发热量煤，是环保型火力发电的理想用煤，具易燃易破碎的特点；煤挥发分中高，对 CO_2 反应性及热稳定性好，焦油产率高，是良好的气化用煤，也是当地农业、工业、民用煤的首选原料，同时也可作为一般锅炉用煤，还可作为化工和生产活性炭的原料或燃料，是良好的动力、民用用煤。

（四）矿区煤炭资源量

截至 2017 年底，下流水勘查区累计查明煤炭资源储量 5649.00×10^3 t。

（五）矿区开发利用现状

下流水勘查区内曾经有小煤窑进行过小规模的开采，但现已停采。

第五节　宁南煤田

一、煤田概况

宁南煤田位于宁夏南部，行政区划属于固原市原州区和彭阳县，煤田北以宁甘省界及固原-中卫市界为界，东边及南边以宁甘省界为界，西边以青铜峡固原断裂为界，煤田南北长 92 km，东西宽 20 km，含煤面积约 1840 km^2，其中勘探面积 77.6 km^2（图 1-35）。宁南煤田大地构造位置位于柴达木-华北板块（Ⅲ）、华北陆块（$Ⅲ_5$）鄂尔多斯地块（$Ⅲ_5^1$）鄂尔多斯西缘中元古代—早古生代裂陷带（$Ⅲ_5^{1-1}$）和鄂尔多斯中生代坳陷（$Ⅲ_5^{1-2}$），以及阿拉善微陆块（$Ⅲ_4$）腾格里早古生代增生楔（$Ⅲ_4^1$）、卫宁北山-香山晚古生代前陆-上叠盆地（$Ⅲ_4^{1-1}$）。所属成矿区带为鄂尔多斯西缘（陆缘坳褶带）Fe-Pb-Zn-磷-石膏-芒硝成矿带（Ar_3；Pt；Pz；Kz）（Ⅲ-59）。

宁南煤田包括炭山、王洼两个矿区和炭山西部、王洼深部、草庙深部 3 个预测区。王洼矿区含煤地层主要为中侏罗统延安组（J_2y），其次为下二叠统山西组（P_1s）、石炭系—二叠系太原组（C_2P_1t）。炭山矿区含煤地层为中侏罗统延安组（J_2y），两矿区目前均已开发利用。

（一）煤田地质特征

1. 煤田地层

宁南煤田地处柴达木-华北地层大区（Ⅲ），地跨两个地层区，即华北地层区（$Ⅲ_4$）鄂尔多斯西缘分区（$Ⅲ_4^1$）的桌子山-青龙山地层小区（$Ⅲ_4^{1-2}$）、鄂尔多斯地层分区（$Ⅲ_4^2$）的盐池-环县地层小区（$Ⅲ_4^{2-1}$）和阿拉善地层区（$Ⅲ_3$）阿拉善南缘分区（$Ⅲ_3^1$）的景泰-中宁地层小区（$Ⅲ_3^{1-1}$）。景泰-中宁地层小区地层发育极不完全，出露地层有奥陶系（O）、志留系（S）、中-上泥盆统（D_{2-3}）、石炭系（C）、中-上二叠统（P_{2-3}）、三叠系（T）、中侏罗统（J_2）、下白垩统（K_1）、古近系（E）、新近系（N）以及第四系（Q）；桌子山-青龙山地层小区除缺失志留系—泥盆系之外，自中、新元古界至新近系均有出露。盐池环县地层小区仅出露中-上三叠统（T_{2-3}）、侏罗系（J）、下白垩统（K_1）、古近系（E）及第四系（Q）。青龙山至云雾山一带为中生代相对隆起区。全区下白垩统分布广泛，沉积较厚，为巨厚的碎屑岩建造，新生界较发育，遍布全区。

2. 煤田构造

宁南煤田总体由一系列中间开阔，向两端收敛并向北东凸出的大型逆冲断层构造所组成，平面上总体轮廓呈“新月形”，其西北翼处于香山含煤区，本区仅发育其东南翼，断面多为西南倾，在固原以南走向逐渐变为近南北向；南北向逆冲构造带在本区仅发育其南段，走向均为近南北。

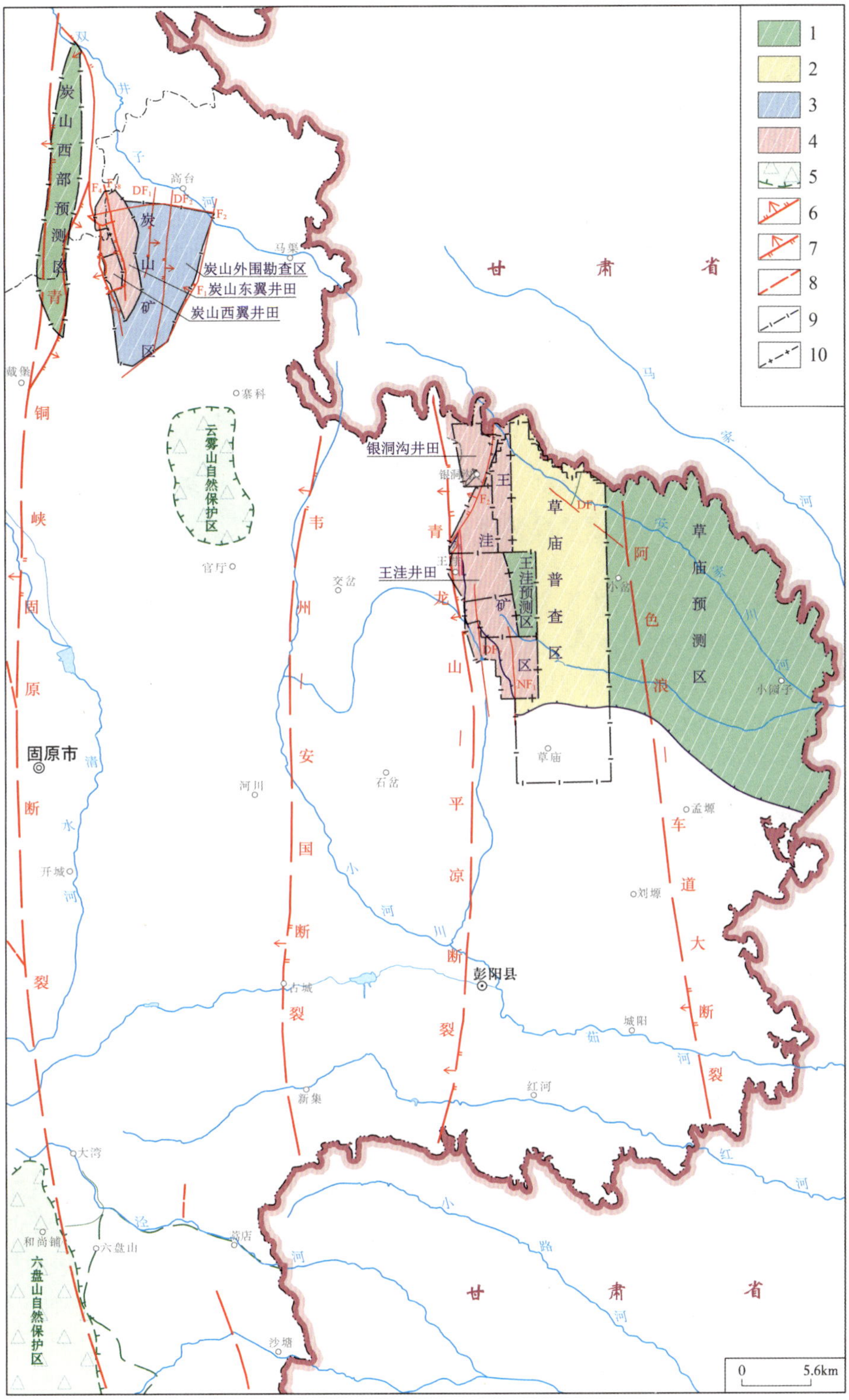

图 1-35　宁南煤田地质及各矿区分布示意图

（据宁夏回族自治区煤田地质局，2010，有修改）

1—预查区；2—普查区；3—详查区；4—勘查区；5—自然保护区；6—正断层；7—逆断层；8—推测断层；9—勘查区界线；10—井田界线

3. 岩浆岩

根据岩浆岩侵入关系和同位素地质年龄数据，可将宁南煤田岩浆活动期概括为加里东早期、加里东晚期和印支期。岩体主要分布于云雾山、黑石山和海原县南华山两侧及西吉县月亮山麓等地。岩体对含煤地层无影响。

（二）煤田含煤地层特征

宁南煤田含煤地层有太原组、山西组和延安组，分布均属于华北地层区，祁连地层区暂未发现含煤地层。其中太原组、山西组含煤地层仅分布于王洼矿区西部边界处，只有个别钻孔揭露，故其将在王洼矿区中分别进行叙述。宁南煤田含煤地层以延安组为主，在炭山及王洼矿区中均有赋存。炭山矿区属山间盆地及断陷盆地型沉积，王洼矿区属鄂尔多斯盆地的西缘，属大型内陆盆地型沉积，由于两个矿区的成因类型不同，因而各矿区含煤地层岩性及岩相特征及分布规律等都有一定的差异。

延安组含煤地层岩性为灰白色、浅灰色、灰黄色中-厚层长石石英砂岩、长石砂岩、石英砂岩与灰黑色页岩、碳质页岩、粉砂质页岩、泥岩、粉砂岩不等厚互层，夹多层煤层。含植物和淡水双壳类化石。属河流相沉积。不整合于三叠系或更老地层之上，与上覆直罗组整合接触。厚度 75.83～301.06 m。其中：

第一段：自延安组沉积底界至含砾砂岩与鲕状结构泥岩（K_6）底界，由于基底不平，沉积不连续，该段缺失较多，残留的主要以灰色至灰绿色含砾粉砂岩与鲕状结构泥岩为主，含棱角状石英砾石，具紫斑。

第二段：自含砾砂岩与鲕状结构泥岩（K_6）至二$_2$ 煤顶界。钻孔揭露段厚 43.45～181.21 m，平均段厚 88.79 m，变化趋势为北厚南薄。下部为含砾砂岩与鲕状结构泥岩（K_6）至二$_1$ 煤底界，为浅灰色至灰白色富含炭屑与大块煤包体的粗粒砂岩，零星分布砂砾岩；中部为二$_1$ 煤层至 K_4 砂岩底界，以二$_1$ 煤层和灰黑色沥青质泥岩（K_5）为主。其中二$_1$ 煤层在王洼矿区可分为上、中、下 3 个分层，上、中两个分层普遍可采，下分层局部可采；上部为 K_4 砂岩至二$_2$ 煤层顶为界，以粗粒砂岩为主，上段为泥岩与粉砂岩互层，中间薄煤层和碳质泥岩，厚度变化比较大，由北向南有变厚的趋势。其中二$_2$ 煤层从北至南变化较大，主要为由特厚变为不可采，结构由简单变为极复杂。

第三段：自二$_2$ 煤层顶至三$_2$ 煤顶，中夹 K_3 砂岩，钻孔揭露段厚 106.08～257.04 m，平均段厚 174.47 m，变化趋势无明显规律。下部为二$_2$ 煤层顶至 K_3 砂岩底界，深灰色、灰黑色泥岩、深灰色粉砂岩夹灰色细粒砂岩条带，岩性与厚度变化大，局部夹碳质泥岩与不稳定的灰白色至棕黄色厚层细粒砂岩至粗粒砂岩，含碳包体、铁质与黄铁矿，具断续缓波状层理。主要发育三$_1$ 煤层，从北向南逐渐变厚，在炭山矿区和王洼矿区北部有分叉，向南与三$_2$ 煤层间距逐渐变小；上部为 K_3 砂岩至三$_2$ 煤顶，其上为深灰色粉砂岩夹灰至灰白色细粒砂岩至中粒砂岩，或为灰至深灰色泥岩与粉砂岩，含晶粒状黄铁矿。主要发育三$_2$ 煤层，该煤层在王洼矿区 F_2 断层以北有分叉。

第四段：自三$_2$ 煤顶至 K_1 砂岩底，中夹 K_2 砂岩，钻孔揭露段厚 93.09～190.14 m，平均段厚 130.93 m，变化趋势无明显规律。底部为深灰色至灰色泥岩、粉砂岩，北部厚度大，夹中厚层灰色至灰黑色细粒砂岩、中粒砂岩，硅质胶结，坚硬，含炭屑，局部夹薄层菱铁矿，发育四$_2$、四$_3$ 煤层；下部为灰色碳质泥岩、泥岩或深灰色粉砂岩，局部夹沥青质泥岩、薄煤层，含黄铁矿结核，发育薄煤层；顶段为碳质泥岩、泥岩、粉砂岩，偶夹薄煤层，局部夹中薄至中厚层浅灰色细粒砂岩至中粒砂岩，含黄铁矿，发育薄煤层；上部为灰黑色沥青质泥岩与深灰色、富含炭屑、滚圆状石英砾、泥质胶结、疏松的 K_2 砂岩，次为深灰色泥岩、粉砂岩并夹细粒砂岩薄层，发育薄煤层；顶部为浅灰色至灰白色夹淡黄色中粒砂岩至深灰色泥岩、粉砂岩或紫红色至灰白色粘土岩互层，向西南相变为巨厚层状河床相含砾粗粒砂岩，发育 1～3 层薄煤层。

第五段：K_1 砂岩至延安组顶界，为紫红至灰紫色、灰白色、深灰色泥岩、粉砂岩或为黄绿色粘土岩，底段偶含 1～3 层薄煤层。钻孔揭露段厚 15.13～131.35 m，平均段厚 71.41 m，变化趋势无明显规律。

宁南煤田由于两个矿区的成因类型不同，因而各矿区含煤地层的含煤性也有所差异。其中：炭山矿区延安组含煤地层基底为青白口系，揭露最大厚度 323 m，含煤 28 层，总厚度 26.73 m，以薄煤层居多，其中可采及局部可采的煤层共 9 层，平均总厚度 16.45 m，可采含煤系数 2.7%；王洼矿区延安组含煤地层不整合在三叠系、石炭系—二叠系、奥陶系之上，北部详查厚度 263 m，向南厚度为 146 m。含可采及局部可采煤层 6 层，可采总厚度 25.53 m，可采含煤系数 9.7%；向南变至 5~6 层，可采煤层平均总厚度 22.77 m，可采含煤系数 15.6%，各煤层均在西部边缘变薄至尖灭。

（三）煤田主要煤质特征

宁南煤田煤质总体为高挥发分、中灰、低-中硫、中高发热量煤，其中炭山矿区各煤层挥发分 26.74%~44.63%，一般在 40%左右，灰分普遍较高为 3.13%~51.55%，硫分 0.15%~3.60%，发热量为 15.33~31.85 MJ/kg，为中-高灰、低-中硫煤，煤中灰分与发热量和含油率成反比，即灰分越低，发热量和含油率越高。王洼矿区各煤层挥发分为 30.08%~49.75%，灰分 3.61%~38.94%，硫分 0.04%~4.25%，为低-中灰、中硫煤，发热量较高。随着煤层埋深的增加煤中灰分与硫分有渐减之势，而发热量有增高之势。

宁南煤田各煤层变质程度较低，在王洼矿区挥发分有随埋深增加递减之势，显示出由浅而深煤变质程度增高的规律，其延安组煤层煤种主要为长焰煤和不粘煤，部分为褐煤。炭山矿区煤层煤种主要为长焰煤，不粘煤次之，少数气煤，气煤多集中于深部。

（四）煤田煤炭资源量

截至 2017 年底，宁南煤田查明煤炭资源储量 2399572.66×10^3 t，占宁夏煤炭查明资源储量的 7.04%。

（五）煤田开发利用现状

宁南煤田有生产及在建矿井 4 处，分别为：宁夏博江炭山煤业有限公司（设计生产能力 30×10^4 t/a，目前改扩建中）、宁夏王洼煤业有限公司王洼煤矿（设计生产能力 600×10^4 t/a，生产矿井）、宁夏王洼煤业有限公司王洼二矿（设计生产能力 300×10^4 t/a，生产矿井）、宁夏王洼煤业有限公司银洞沟煤矿（设计生产能力 300×10^4 t/a，生产矿井），分布在炭山、王洼 2 个矿区。

二、炭山矿区

炭山矿区位于固原市原州区炭山乡境内，东、南以 F_1 断层为界，西以 F_4 断层为界，北以 F_2 断层为界，总面积约为 85.72 km^2。炭山矿区包括炭山勘探区西翼井田、炭山勘探区东翼井田、炭山外围详查区。矿区自 1956 年开始开展工作，目前炭山外围达到了详查阶段，炭山西翼和东翼达到了勘探阶段（图 1-36）。

炭山矿区地层属柴达木-华北地层大区（Ⅲ）、华北地层区（$Ⅲ_4$）、鄂尔多斯西缘地层分区（$Ⅲ_4^1$）、桌子山-青龙山地层小区（$Ⅲ_4^{1-2}$）。大地构造位置位于柴达木-华北板块（Ⅲ）、华北陆块（$Ⅲ_5$）、鄂尔多斯地块（$Ⅲ_5^1$）、鄂尔多斯西缘中元古代—早古生代裂陷（$Ⅲ_5^{1-1}$）。所属成矿区带为鄂尔多斯西缘（陆缘坳褶带）Fe-Pb-Zn-磷-石膏-芒硝成矿带（Ⅲ-59）、陶乐-彭阳冲断带煤（气）-石灰岩-白云岩成矿亚带（Ⅳ-59③）。所属矿床成矿系列为与中生代沉积作用有关的铜、石英砂岩、煤、油气、油页岩、粘土矿床成矿系列（7-Mz-S）。

（一）矿区地质特征

1. 矿区地层

全区广为第四系（Q）黄土覆盖，仅深切沟谷中有基岩的零星出露。根据钻孔揭露和地质调查，矿区地层主要有：蓟县系王全口组（Pt_2^2w），揭露厚度约 60.81 m；中侏罗统延安组（J_2y），平均厚度 395.62 m；中侏罗统直罗组（J_2z），平均厚度约 323.11 m；古近系（E_3q），平均厚度 39.71 m；第四系（Q），平均厚度 100.83 m。本区主要含煤地层为中侏罗统延安组（J_2y）。

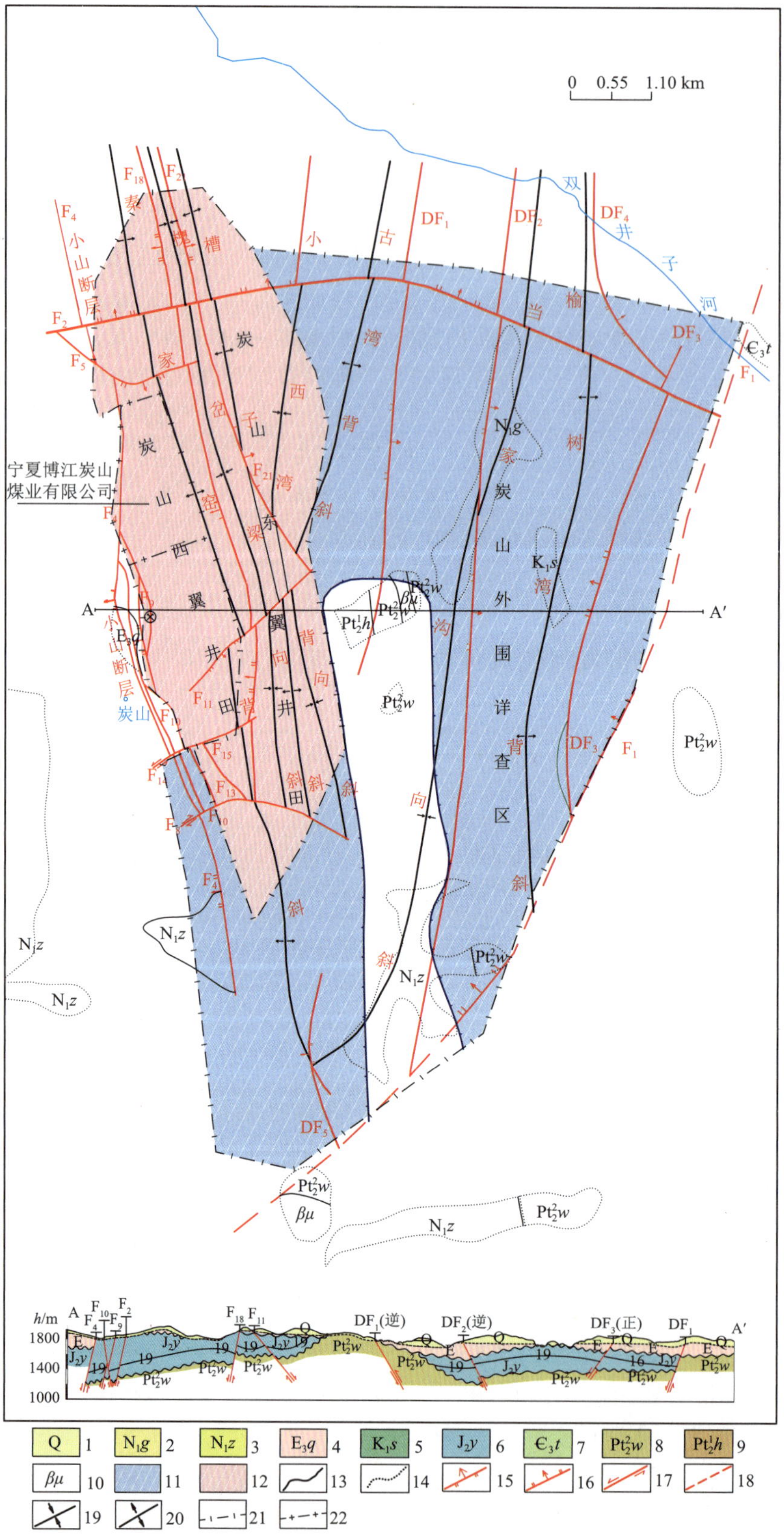

图 1-36 炭山矿区地质及各井田（煤矿）分布示意图

（据宁夏回族自治区煤田地质局，2010，有修改）

1—第四系；2—干河沟组；3—彰恩堡组；4—清水营组；5—三桥组；6—延安组；7—陶思沟组；8—王全口组；9—黄旗口组；10—辉绿岩脉；11—详查区；12—勘探区；13—地质界线；14—基岩露头界线；15—逆断层；16—正断层；17—平移断层；18—推测断层；19—向斜；20—背斜；21—勘查区界线；22—井田界线

2. 矿区构造

炭山矿区位于青铜峡–固原大断裂上、下盘结合的下盘南北向并向南延伸的逆冲推覆断块处，属新生断陷、山前坳陷或山间盆地型沉积。其逆冲断裂断面陡立，断块内常发育有次级断裂，构造形态均较为复杂，开采规模较小。其特征是：基底较复杂，盆地范围小，沉积厚度薄且变化较大，物质组分较粗，含煤性差。

炭山矿区在区域压应力场作用下，夹持于逆冲断层之间的断夹块，由于边界逆断层的挤压或逆冲牵引作用，发生褶皱变形，褶皱轴向与边界逆冲断层走向平行，两者间存在主次关系。以断裂形态为主，褶皱形态为辅，断裂控制着其间褶皱的形成与发育，两者也可能同时形成，即形成断裂的同时形成褶皱。这类构造样式多发生于应力值较高、变形较为强烈的地区。构造作用对含煤地层赋存控制明显，断裂和褶皱对含煤地层的赋存均有较大影响，导致含煤地层赋存极不稳定，不利于煤炭资源的开采。

（二）矿区含煤地层特征

炭山矿区的含煤地层延安组岩性由灰色–灰白色厚–巨厚层含砾中–粗粒、细粒长石石英砂岩，灰–灰黑色薄层粉砂岩与灰黑、黑色泥（页）岩、碳质泥（页）岩组成，夹可采煤层。为以河流相沉积为主，夹少量的湖、沼相的沉积。与下伏不整合超覆于长城系黄旗口组之上，与上覆直罗组整合接触，沉积厚度为85~704 m，多大于618 m。

炭山矿区延安组含煤地层揭露最大厚度323 m，含煤28层，煤层总厚度26.73 m，煤层以薄层居多，其中可采及局部可采共8层，即四$_1$、四$_2$、四$_3$、四$_4$、三$_1$、三$_3$、二$_1$、二$_2$（其中四$_2$、二$_1$、二$_2$为主要煤层），可采煤层平均总厚度16.45 m，可采含煤系数2.7%。三个主要稳定可采煤层均为中厚煤层。

二$_1$煤层：位于含煤地层的中部。全区发育，均可采，北薄南厚，煤层厚度2.71~9.77 m，平均厚度3.90 m，可采煤层厚度1.67~5.39 m，可采平均厚度2.64 m，局部地段为厚煤层，复杂结构，0.10 m以下薄夹矸众多，一般3~4层，岩性以碳质泥岩为主。为稳定的可采煤层。

二$_2$煤层：位于含煤地层的下部。全区发育，均可采，赋存面积最大，厚度稳定，变化趋势不明显，煤层厚度0.85~3.80 m，平均厚度2.50 m，可采煤层厚度0.85~3.65 m，可采平均厚度2.30 m。区内北部煤层结构简单，南部为简单–复杂结构，含夹矸1~4层，厚度0.10~0.43 m。夹矸岩性复杂，有泥岩、细粒砂岩夹泥岩，薄煤层线与条带状细粒砂岩互层。

四$_2$煤层：位于含煤地层的上部。全区普遍发育，厚度变化小，为稳定的可采煤层，北厚南薄。煤层厚度0.39~3.68 m，平均厚度2.51 m，可采煤层厚度0.70~2.94 m，可采平均厚度1.93 m。极复杂结构，下部含一较稳定可对比的泥岩夹矸层，厚度0.20~0.55 m。此外大于0.10 m者很少，均为极薄的炭质泥岩夹矸频繁交互于煤层中，分层比较难。

总体来看，炭山矿区北部含煤地层厚度大，含煤性较好，煤层厚，南部含煤地层厚度小，煤层层数少，但发育有厚煤层，而中部地区则含煤地层厚度大，煤层少，且稳定性差。

（三）矿区主要煤质特征

炭山矿区主要煤质指标如下：原煤水分（M_{ad}）含量0.63%~4.38%，原煤灰分（A_d）含量3.13%~51.55%，原煤全硫（$S_{t,d}$）含量0.15%~3.60%，挥发分（V_{daf}）含量26.74%~44.63%，发热量（$Q_{gr.d}$）15.33~31.85 MJ/kg。本区煤类以长焰煤为主，不粘煤次之，主要用作动力、煤化工等用煤。

（四）矿区煤炭资源量

截至2017年底，炭山矿区累计查明煤炭资源储量518396.64×10^3 t，保有煤炭资源储量511184.1×10^3 t。

（五）矿区开发利用现状

炭山矿区现有矿井1处，为宁夏博江炭山煤业有限公司炭山煤矿，设计生产能力30×10^4 t/a，目前处于改扩建中。

三、王洼矿区

王洼矿区位于固原市彭阳县王洼和罗洼乡境内，东以车道-阿色浪断裂为界，西以青龙山-平凉断裂为界，北以宁夏、甘肃省（自治区）界为界，南以侏罗纪地层不整合面为界，总面积约为54.5 km^2。

王洼矿区包括银洞沟井田、王洼井田、草庙普查区，自1972年开始开展工作，目前除草庙普查区只到普查阶段外，其余均达到勘探阶段（图1-37）。

王洼矿区地层属柴达木-华北地层大区（Ⅲ）、华北地层区（$Ⅲ_4$）、鄂尔多斯西缘地层分区（$Ⅲ_4^1$）、桌子山-青龙山地层小区（$Ⅲ_4^{1-2}$）。大地构造位置位于柴达木-华北板块（Ⅲ）、华北陆块（$Ⅲ_5$）、鄂尔多斯地块（$Ⅲ_5^1$）、鄂尔多斯西缘中元古代—早古生代裂陷（$Ⅲ_5^{1-1}$）。所属成矿区带为鄂尔多斯西缘（陆缘坳褶带）Fe-Pb-Zn-磷-石膏-芒硝成矿带（Ⅲ-59）、陶乐-彭阳冲断带煤（气）-石灰岩-白云岩成矿亚带（Ⅳ-59③）。所属矿床成矿系列为与中生代沉积作用有关的铜、石英砂岩、煤、油气、油页岩、粘土矿床成矿系列（7-Mz-S）。

（一）矿区地质特征

1. 矿区地层

矿区地层主要有：三叠系延长群（T_3y），平均厚度为29.98 m；中侏罗统延安组（J_2y），平均厚度为240.45 m；中侏罗统直罗组（J_2z），平均厚度为236.70 m；上侏罗统安定组（J_3a），平均厚度为196.12 m；白垩系保安群（K_1B），平均厚度为312.54 m；古近系清水营组（E_3q），平均厚度为83.37 m；第四系（Q），厚度为0～164.15 m。本区三叠系上田组（T_3s）、二马营组（T_2e），下二叠统山西组（P_1s），石炭系—二叠系太原组（C_2P_1t）、奥陶系天景山组（$O_{1-2}t$）、大南池组（O_1d）零星揭露。矿区主要含煤地层为中侏罗统延安组（J_2y），下二叠统山西组（P_1s）和石炭系—二叠系太原组（C_2P_1t）。

2. 矿区构造

王洼矿区构造受古生代地层组成的近南北向“古脊梁”复式褶曲所控制，其南部以褶曲构造为主，次为断裂，属中等构造类型，北部煤系倾斜平缓，仅边缘有断层出现，属简单构造类型。总体为走向近南北向东倾的单斜，倾角平缓。浅部发育一组次级褶曲。北部田家渠向、背斜，轴向近南北，向北倾伏，两翼倾角20°～40°；银洞沟向、背斜，轴向近南北，向北倾伏，向斜西翼倾角21°～61°，东翼10°～20°；背斜东翼倾角10°～30°。

区内断层主要有：青龙山-平凉逆断层，走向北北东，倾向北西西，倾角60°～70°，断距大于1000 m；F_2逆断层，走向北东，倾向北西，倾角70°，断距大于200 m；DF_1正断层，走向北西，倾向北东，倾角50°，断距0～130 m；DF_7正断层，走向北东，倾向西，倾角70°，断距大于70 m；NF_1逆断层，走向北北东，倾向北西西，倾角60°～70°，断距大于1000 m；车道阿色浪正断裂，走向南北，倾向东，高角度，断距大于8000 m（图1-38）。

（二）矿区含煤地层特征

1. 太原组含煤地层

太原组主要分布于王洼矿区西边界至青龙山-平凉断裂以东的狭长条带范围内，随上覆山西组出露于石节子沟。岩性由灰白色、灰色、灰黑色各粒级的砂岩、粉砂岩，黑色泥岩、砂质泥岩、灰岩、泥灰岩、煤等组成。属滨海-三角洲海陆交替相含煤地层沉积。太原组厚度110～524.9 m，平均厚度196.01 m，含煤13层，煤层总厚度42.32 m，可采12层，可采平均总厚度41.79 m，可采含煤系数21.3%，太原组主要可采煤质大部分为中、高变质的烟煤。依据岩性、岩相组合特征及含煤性变化将

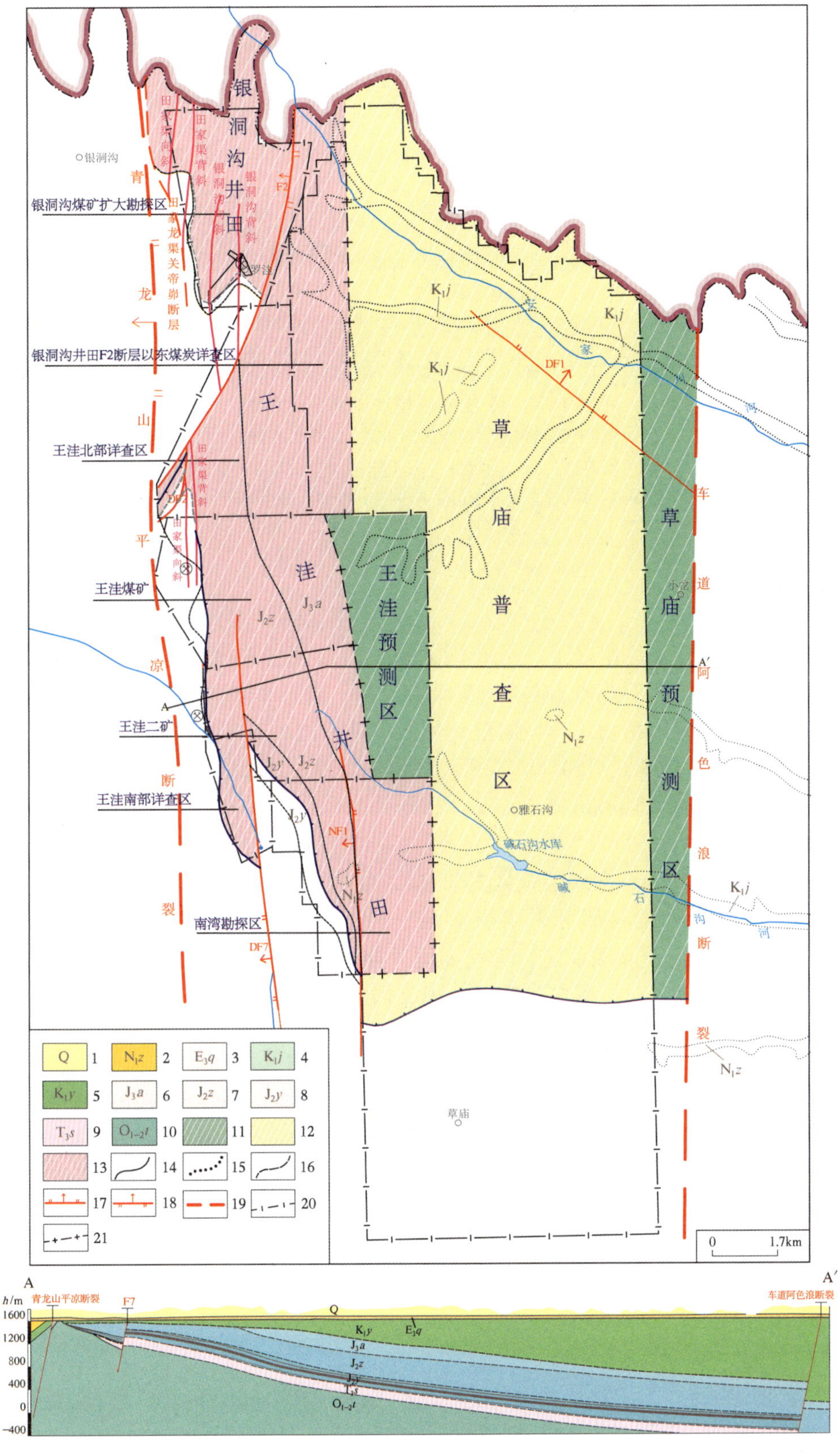

图 1-37　王洼矿区地质及各井田（煤矿）分布示意图

（据宁夏回族自治区煤田地质局，2010，有修改）

1—第四系；2—彰恩堡组；3—清水营组；4—泾川组；5—宜君组；6—安定组；7—直罗组；8—延安组；9—上田组；10—天景山组；11—预查区；12—普查区；13—勘探区；14—实测地质界线；15—基岩出露界线；16—推测地质界线；17—正断层；18—逆断层；19—推测断层；20—勘查区界线；21—井田界线

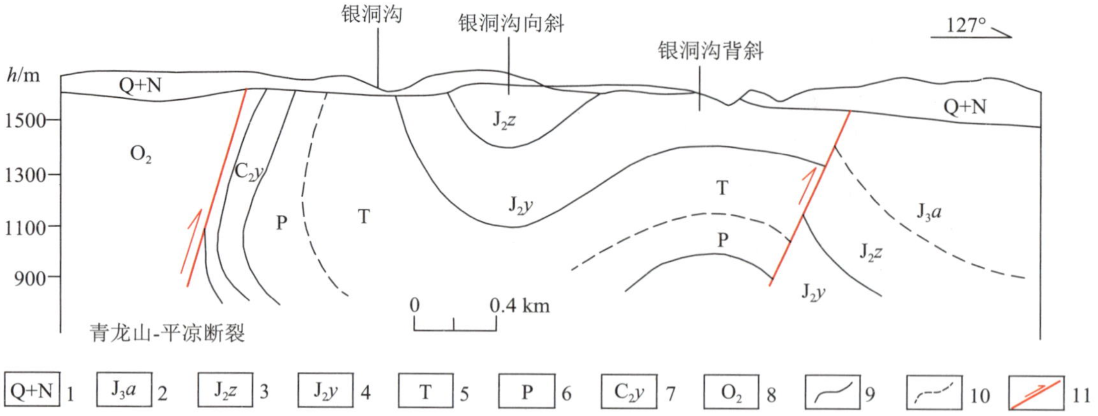

图 1-38 王洼矿区构造横剖面示意图

（据宁夏回族自治区煤田地质局，2010，有修改）

1—第四系—新近系；2—安定组；3—直罗组；4—延安组；5—三叠系；6—二叠系；7—羊虎沟组；8—中奥陶统；9—整合地质界线；10—平行不整合地质界线；11—断层

本组划分为上、下两段。

2. 山西组含煤地层

山西组含煤地层倒转于太原组之下，分布同太原组。岩性为灰白色、灰黄色厚-薄层细-粗粒石英砂岩、长石石英砂岩、岩屑石英砂岩与灰-灰黑色泥岩、粉砂质页岩、碳质页岩、页岩、粉砂岩不等厚互层，夹煤层，产丰富的植物化石，属湿润气候条件下的曲流河相沉积。与下伏太原组和上覆石盒子组均为整合接触。厚度 68. 8～154. 8 m，平均厚度 83. 29 m。含煤 5 层，煤层总厚度平均 2. 73 m，可采 1 层，可采总厚度 0. 46～3. 76 m。

3. 延安组含煤地层

延安组平均厚度 240. 45 m，含煤层数最多 25 层，编号煤层 13 层，煤层平均厚度 27. 65 m，含煤系数 7. 40%～18. 81%，全区及局部可采煤层 6 层，可采平均总厚度 20. 18 m，含煤系数 4. 89%～17. 20%。五、八煤厚度大，分布较稳定，为次要可采层，南部分布不稳定，局部可采，F_2 南分布极不稳定，偶尔可至尖灭，一、二、三煤仅零星出现，局部偶尔可采。

（三）矿区煤质特征

王洼矿区煤层的宏观煤岩组分以暗煤为主、亮煤次之，夹少量镜煤条带和丝炭薄层，宏观煤岩类型为半暗煤；各煤层显微煤岩类型中，镜质组以基质镜质体为主，次为均质镜质体，惰质组以丝质体和半丝质体为主，显微煤岩类型为微镜惰煤和微三合煤。主要煤质指标：原煤水分（M_{ad}）为 1. 31%～12. 52%，原煤灰分（A_d）为 3. 61%～38. 94%，精煤挥发分（V_{daf}）为 30. 08%～49. 75%，原煤全硫（$S_{t,d}$）为 0. 04%～4. 25%，发热量（$Q_{net,d}$）为 17. 36～33. 98 MJ/kg。本区煤类为长焰煤和不粘煤，主要用作动力、煤化工等用煤。

（四）矿区煤炭资源量

截至 2017 年底，王洼矿区累计查明煤炭资源储量 1881176. 02×10^3 t，保有煤炭资源储量 1834588. 9×10^3 t。

（五）矿区开发利用现状

王洼矿区现有生产矿井 3 处，分别为：宁夏王洼煤业有限公司王洼煤矿（设计生产能力 600×10^4 t/a，生产矿井）、宁夏王洼煤业有限公司王洼二矿（设计生产能力 300×10^4 t/a，生产矿井）、宁夏王洼煤业有限公司银洞沟煤矿（设计生产能力 300×10^4 t/a，生产矿井）。

第六节 煤炭资源时空分布特征及聚煤规律

宁夏大地构造位于柴达木-华北板块中南部，地处华北陆块、阿拉善微陆块和祁连早古生代造山带交汇地区，是连接我国北方西部与东部不同大地构造单元的枢纽地区（即所谓“银川-昆明南北向构造带”的北段），也是我国地层、构造、地貌以及各种地球物理场的重要分界区域，同时也是新构造和地震活动带；属于鄂尔多斯地块西部边缘地带，呈南北向条带状展布。

特殊的地质构造条件，造就了宁夏煤炭资源极为丰富。上述三大构造单元长期活动所形成的大型断陷与坳陷盆地，为含煤地层的沉积提供了场所，并控制了含煤地层的赋存特征与地理分布。如前所述，宁夏含煤地层遍及12个县市，境内含煤面积 $1.17\times10^4\ km^2$，占宁夏总面积的17.6%。含煤地层集中分布在贺兰山、宁东、香山和宁南四大煤田之中。

一、煤炭资源时空分布特征

（一）煤炭资源时间分布特征

在漫长的地质历史时期我国有六大较强聚煤期，而宁夏具有石炭纪—二叠纪和侏罗纪两大聚煤期。

1. 石炭纪—二叠纪聚煤期

石炭纪—二叠纪聚煤期是从晚石炭世早期开始，当时贺兰碰撞谷形成，祁连海由西向东侵入宁夏（东部灵盐-王洼仍为古陆），同时受地壳振荡作用以及基底断裂影响，沉积了地层厚度变化较大的羊虎沟组含煤地层（图1-39）。

晚石炭世晚期—早二叠世早期宁夏的海侵达到了高潮，海侵范围进一步向北扩展进入内蒙古的桌子山一带，祁连海水侵过鄂尔多斯古陆与华北海汇合，同时伴随有间歇性海退，沉积形成了海陆交互相碎屑含煤建造——太原组含煤地层，构成大型煤矿床。大致构造格架特征表现为：在鄂尔多斯西缘形成近南北向展布的石嘴山坳陷和韦州坳陷，青铜峡-固原深大断裂以西则形成近东西向展布的卫宁坳陷（图1-40）。

太原组是宁夏的重要含煤地层之一，发育良好，主要出露于西部的贺兰山和香山煤田，宁东和宁南煤田仅有零星露头。本组生物化石丰富，大部分动植物化石为太原组的标准地层分子，古生物群面貌可与华北、西北地区的太原组同名带相当，其化石组合具有石炭纪—二叠纪的过渡色彩，故太原组应属于一个跨系（石炭系—二叠系）的岩石地层单位。

早二叠世晚期时，自华力西构造运动以后，中亚-蒙古海槽的古洋壳由北向南俯冲，华北陆块的北缘不断褶皱隆起，致使位于隆起带西侧的鄂尔多斯地块上的海水逐步向南向西退缩，海水退出宁夏，逐渐转为三角洲平原沉积，除西南部六盘山古隆起遭受剥蚀外，全区大部分处于河流-湖沼环境，沉积了陆相含煤碎屑岩建造——山西组含煤地层，形成了大型煤矿床（图1-41）。

山西组也是宁夏主要含煤地层之一，发育良好，在贺兰山和宁东煤田分布范围与太原组基本一致。但位于青铜峡-固原断裂以西的香山和宁南煤田至早二叠世晚期，隆起明显，河流作用急剧加强，气候条件也由湿润向干旱转化，聚煤作用逐渐减弱以至消失，致使山西组含煤地层缺失，其后下石盒子组被不含煤的大黄沟组代替。山西组植物化石丰富，为 *Emplectotevistriangularis-Lobatannularia* 组合，与李星学教授所划分的中期华夏植物群A期相当，其层位可与华北地区山西组植物群对比，其地质年代为早二叠世晚期。

晚二叠世时期，中亚-蒙古海槽最后闭合，其强烈的挤压导致区内早期构造系统恢复活动并使聚煤作用完全结束。随着地壳上升幅度和速度的不断增大，本区周围曾引起多次酸性火山喷发，出现多

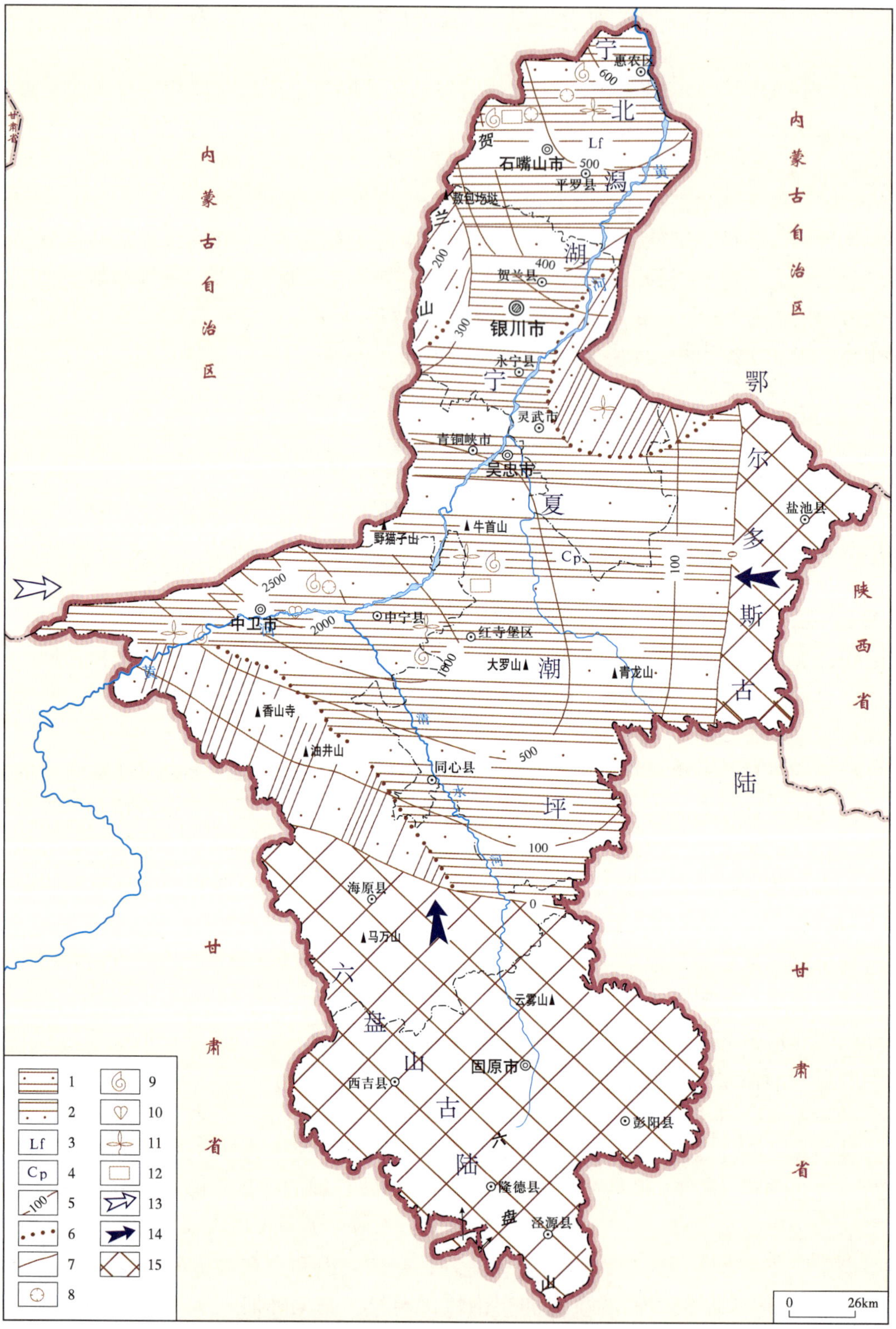

图 1-39 宁夏晚石炭世岩相古地理略图

（据宁夏回族自治区地质调查院，2017，有修改）

1—砂岩-页岩组；2—页岩-砂岩组；3—潟湖相；4—潮坪相；5—沉积等厚线（m）；6—岩组界线；7—岩相界线；8—珊瑚化石；9—腕足类、头足类化石；10—双壳类化石；11—植物化石；12—黄铁矿；13—海侵方向；14—碎屑物搬运方向；15—古陆

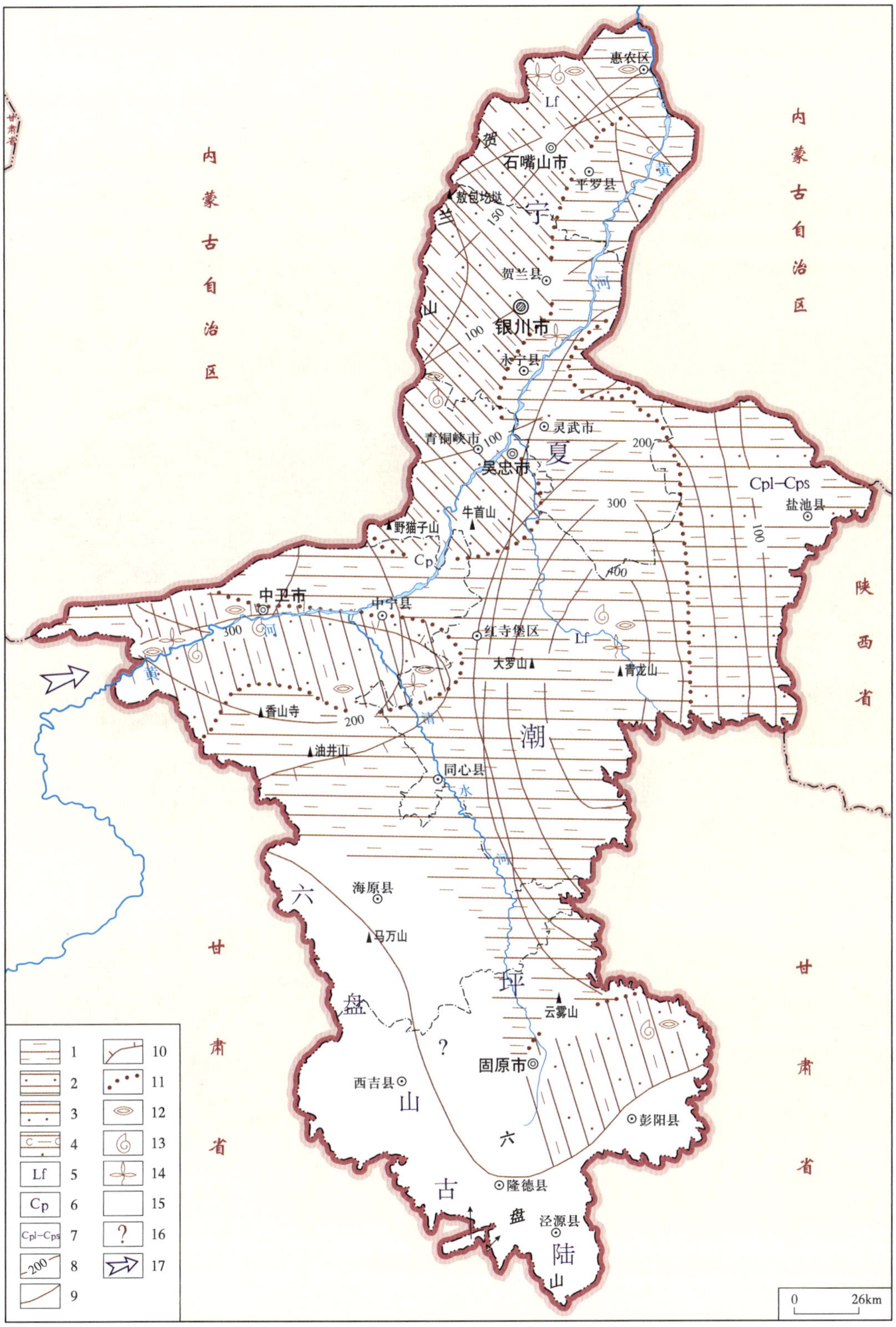

图 1-40　宁夏早二叠世早期岩相古地理略图

（据宁夏回族自治区地质调查院，2017，有修改）

1—泥岩组；2—砂岩-泥岩组；3—泥岩-砂岩组；4—砂岩-泥炭组；5—潟湖相；6—潮坪相；7—潮间-潮上带；8—沉积等厚线（m）；9—岩相界线；10—水下高地；11—岩组界线；12—䗴类化石；13—腕足类、双壳类化石；14—植物化石；15—古陆；16—沉积不明区；17—海侵方向

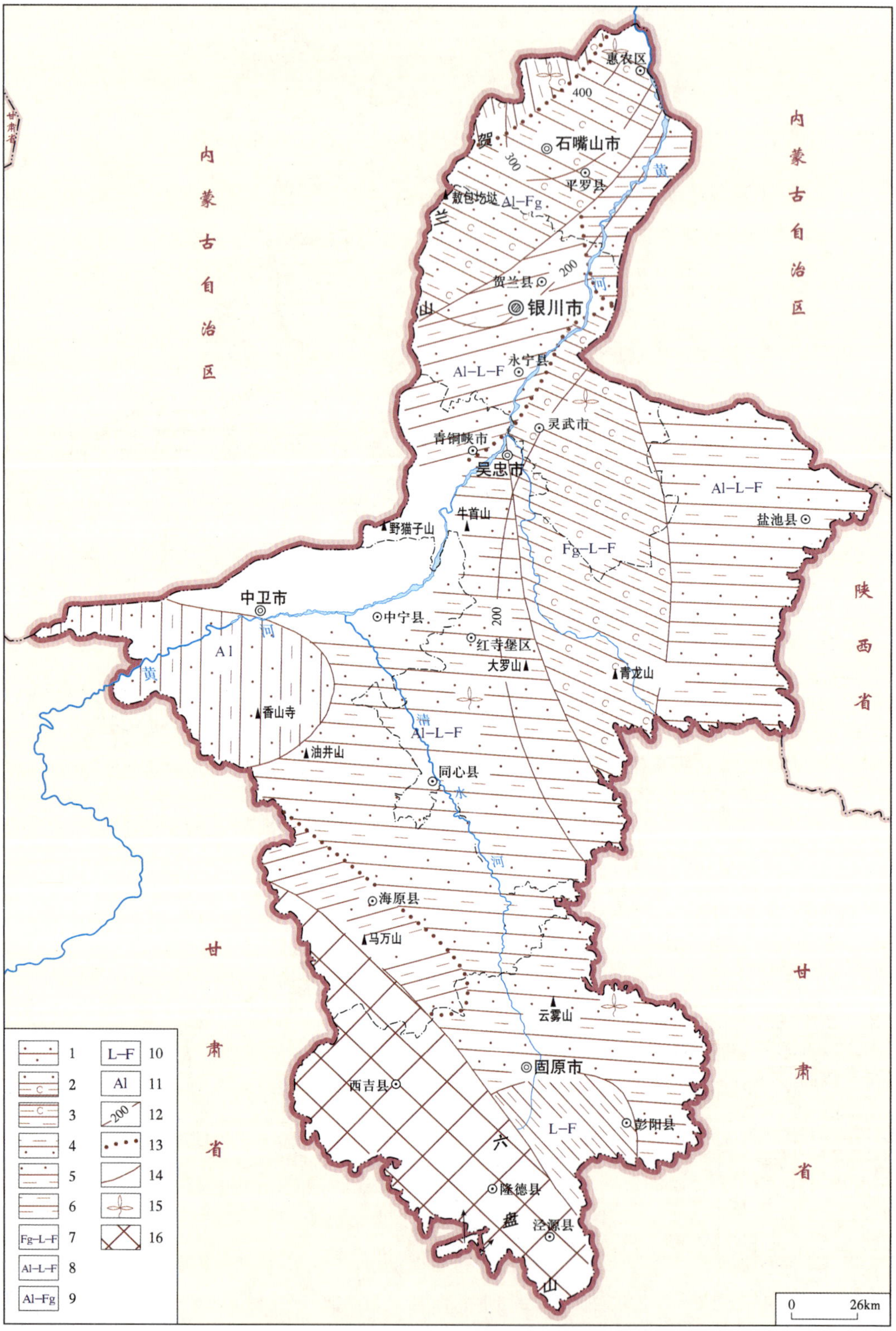

图 1-41　宁夏早二叠世晚期岩相古地理略图

（据宁夏回族自治区地质调查院，2017，有修改）

1—砂岩组；2—砂岩-泥炭组；3—泥岩-泥炭组；4—砂岩-泥岩组；5—泥岩-砂岩组；6—泥岩组；7—泥炭-湖沼相；8—河流-湖沼相；9—河流-泥炭沼泽相；10—湖、沼泽相；11—河流相；12—沉积等厚线（m）；13—岩组界线；14—岩相界线；15—植物化石；16—剥蚀区层凝灰沉积。晚二叠世沉积了一套陆相杂色碎岩建造。反映了快速上升剥蚀、快速堆积的特点。

2. 侏罗纪聚煤期

侏罗纪基本上继承了三叠纪的古陆台和沉降中心，并在北东-南西方向持续挤压应力的作用下，其含煤盆地基底构造（水下隆起、水下凹陷）均呈轴向为北西-南东的弧形波浪状起伏，形成了中侏罗统延安组含煤地层（属鄂尔多斯含煤盆地一部分），并于西部沿六盘山弧形构造带的断裂附近产生山间盆地（断陷盆地）形成含煤碎屑建造（图 1-42）。

侏罗纪末期的燕山运动，使鄂尔多斯地块西侧的板块运动达到了高峰，来源于中国西南的右旋剪切作用以及派生的向东挤压力量，使地块西缘侏罗纪及其以前地层产生强烈褶皱和冲断，造成延安组与直罗组之间的假整合，同时也是区内南北向逆冲构造主要形成和向东发展时期，并使侏罗系近南北向的沉降中心移至马柳断裂东侧一带形成直罗组、安定组河流相沉积。晚侏罗世燕山运动第三幕，间歇性的挤压作用，发生沉积间断，形成仅堆积于鄂尔多斯盆地西缘一带的芬芳河组（属于磨拉石建造）。

（二）煤炭资源空间分布特征

宁夏位于鄂尔多斯地块西部边缘地带，呈南北向条带状展布，在构造上横跨华北克拉通和秦祁加里东造山带，是我国东西两大不同地貌特征地区的交界地带。宁夏经历了长期不同方式的构造变动，加里东期基本奠定了宁夏大地构造格架雏形，但中-新生代强大的逆冲推覆构造显然是宁夏构造面貌定型的主体变动方式，它们改造和重组了前期构造样式和地层叠置关系。近年来，根据贺兰山、香山-六盘山地区的地层发育特征和露头构造分析，获取了不同地段的沉积构造演化历史、与逆冲推覆有关的几何学和变形运动学参数，分别建立了“贺兰山冲断层系统”和“宁南弧形冲断层系统”，初步恢复了鄂尔多斯西缘沉积构造演化不同阶段的动力学环境条件及时空联系。

晚石炭世—早二叠世及中侏罗世是本区两个主要聚煤时期，各期的聚煤作用则受到古构造、古地理等多层次的因素控制，区内各地沉降幅度、聚煤环境甚至相带展布的差异，反映了各地间聚煤作用的显著差异，并于一定地区形成了相对的富煤带和贫煤带。

在宁夏北部地区（贺兰山北段）富煤带呈马鞍状展布，即从石炭井、沙巴台到石嘴山，总体呈东西走向；宁北地区西侧由贺兰山北段向南延至贺兰山东麓的苏峪口一带逐渐变薄，东侧从石嘴山向南经横山堡、韦州至银洞沟逐渐变薄，中部从沙巴台往南经红果子到银川地堑变为一薄煤带。煤层厚度的分布特征与聚煤期同沉积凹陷、古地理环境和沉积岩相带分布具有良好的一致性；凹陷的部位，即是三角洲沉积最发育的部位，亦是煤层最发育地区。而在三角洲环境中，处于上、下三角洲平原的过渡带部位，更是富煤的中心部位，如石炭井-石嘴山一带。含煤性总体变化规律，在太原组、山西组和延安组中都有不同程度表现。

从各矿区的含煤性来看，富煤带的展布与成煤期基底构造关系比较密切。在南北向构造带内，富煤带的分布明显受晚古生代贺兰碰撞裂谷活动的影响，沿裂谷边缘分布的各矿区其含煤性均较好，如苏峪口、石炭井、石嘴山、横城、王洼等矿区，而向裂谷坳陷的中心其含煤性变差，如韦州矿区。富煤带的展布表现为呈南北向的带状分布，由西向东依次为石炭井-苏峪口富煤带、马莲滩南-银川-韦州贫煤带、石嘴山-横城-王洼富煤带。在六盘山弧形构造带内含煤性特征在南北方向上变化较大，而在东西向较稳定。由北向南可分为卫宁北山无煤带、香山北麓富煤带和香山南麓贫煤带。

从总体上看，南北向构造带的含煤性优于六盘山弧形构造带。富煤带在南北向构造带其面积大，厚度大，连续性较好，呈近南北向展布；在六盘山弧形构造带内仅局部地段含煤性较好，呈近东西向展布。从煤层赋存部位看，北部（大致为北纬 38°30′以北）主要位于太原组下岩段，上岩段只含少数薄煤；而南部主要煤层位于下岩段顶部，上岩段也有数层具有工业价值的可采煤层。说明晚石炭世晚期早时，本区聚煤作用普遍发育，但北部较南部强；而晚石炭世晚期晚时的聚煤中心只限于南部。

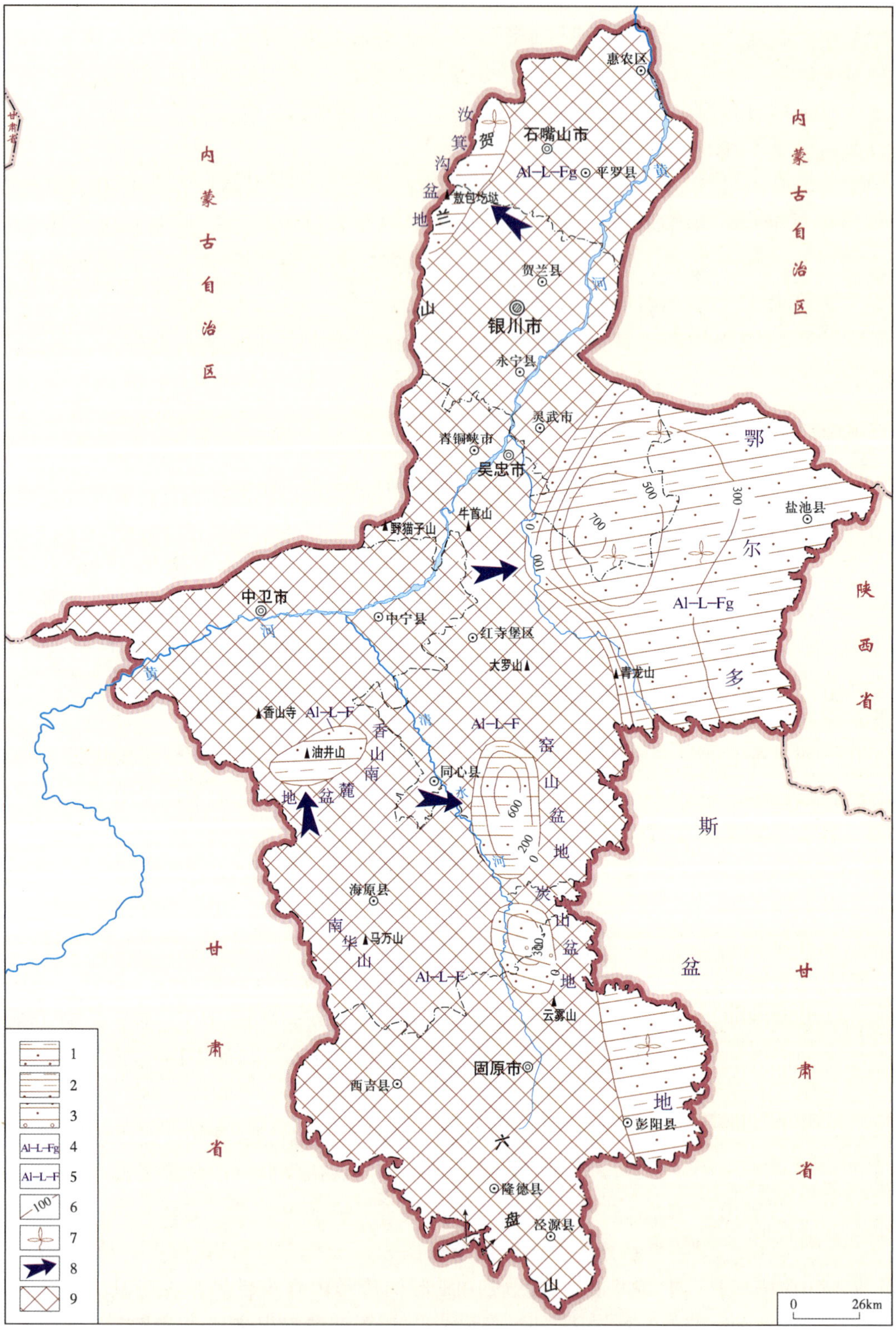

图 1-42　宁夏中侏罗世延安期岩相古地理略图

（据宁夏回族自治区地质调查院，2017，有修改）

1—砂岩-泥岩组；2—泥岩-砂岩组；3—砂岩-砾岩组；4—河流-湖泊-泥炭沼泽相；5—河流-湖沼相；6—沉积等厚线（m）；7—植物化石；8—碎屑物搬运方向；9—剥蚀区

二、煤炭资源聚煤规律

（一）古构造的控制作用

古构造的控制作用主要表现在两个方面：一是区域性的构造控制；二是盆地内局部同沉积褶皱及次级小型同沉积断裂等同沉积构造的影响作用。前者影响着盆地总体的演化阶段，而后者则引起地层厚度和沉积相在盆地内和局部的分布差异。

1. 区域构造背景的控制作用

（1）石炭纪—二叠纪聚煤期

晚石炭世晚期开始由于构造背景以裂谷作用为主，沉降速度快，小盆地经常以补偿沉积为主，即使出现碎屑体系变浅、废弃和沼泽化，但持续很短时间就被水体淹没，导致羊虎沟组普遍含煤性极差；晚石炭世晚期之后至二叠纪开始，沉积盆地已由裂陷型转化为宽广的坳陷型，沉积作用明显减弱，碎屑体系的不断充填和迁移建造了稳定而又开阔的浅水平台，因而有利于泥炭沼泽的持续发育，促进了太原组中稳定的工业煤层的形成；早二叠世早期早时，盆地逐渐向隆起转化，正是处于转化的过渡阶段，构造背景更趋稳定，早二叠世早期晚时充填的碎屑体系出现大面积废弃，形成了宽广的利于沼泽发育和泥炭堆积的平原，因而在山西组下段形成了厚而稳定的工业煤层；早二叠世晚期隆起明显，河流作用同时急剧加强，气候条件也由湿润向干旱转化，逐渐进入了大陆沉积发展阶段，聚煤作用逐渐减弱以至消失。

从平面上看，构造的活动性差异明显地控制着含煤性的分区，主要表现在：

1）形成于前加里东期并长期活动的青铜峡-固原深断裂，控制着东部地台区和西部地槽区含煤性的差异。在西部的香山煤田，早期的快速沉降和晚期的迅速隆起，以及强烈的变形等都不利于泥炭沼泽的发育和煤层的保存，晚石炭世晚期仅于黑山-线驮石一带形成具工业价值的煤层，早二叠世早期只有线驮石一带含具工业价值的煤层。位于断层东侧的华北地台区普遍含煤性较好。

2）就地台区含煤性变化来看，桌子山区和东侧边缘台地上构造条件稳定，含煤性较好，而介于上述二者之间的贺兰山北段，沉降幅度比东侧大，且又比西南部稳定，为最有利的成煤地带。

3）桌子山东侧大断裂的继承性活动，导致鄂尔多斯西缘坳陷带含煤地层厚度及含煤性明显好于东部的华北地台本部。

（2）侏罗纪聚煤期

古构造是本区中侏罗世控煤作用的主导因素，表现为对地层格架和古地理格局的控制。从中三叠世开始，全区已由近海陆相盆地进入新的完全与海分隔的陆相盆地沉积时期；三叠纪末的印支运动使全区抬升，发生沉积间断，到中侏罗世早期，晚三叠世的沉积盆地（鄂尔多斯盆地和汝箕沟盆地）重新发生下陷，接受延安组沉积。从总体上看，中侏罗世延安期的聚煤盆地是在三叠纪沉积盆地的基础上发展起来的继承性断陷盆地，这为进一步探讨中侏罗世的古构造控煤作用直接提供了区域地质背景依据。

基底古构造控制了地层格架形态。中侏罗世时，虽然晚三叠世的沉积盆地再度下陷，但坳陷中心东移，且没有造成像晚三叠世那样大幅度沉降的大面积坳陷。西部的汝箕沟仅形成小盆地，东部的鄂尔多斯盆地西缘继承了聚煤期前基底古构造为南北向坡状坳陷的特点，含煤地层厚度分带呈南北向延伸，西厚东薄。

区域构造运动引起的水进水退控制了聚煤盆地的古地理格局。中侏罗世鄂尔多斯盆地在总体坳陷过程中，各构造阶段的发展还存在一定的差异。这种差异表现在各阶段水进水退作用广泛发生，导致含煤岩系发生旋回性变化。古地理格局则受区域水进水退的影响，在平面上沉积相带的展布随之发生迁移，而在垂向上盆地西缘延安组三段式的充填演化过程更详尽地反映了这一特点。三段式充填是指延安组一段的冲积平原充填、二段—四段的三角洲充填和五段的冲积平原充填，在三角洲充填阶段中可划分出三个周期，在各充填阶段和周期中可进一步划分出 1~2 个沉积旋回，而每个旋回均在其水退时期发生较强的聚煤作用，主要煤层均位于旋回的顶部。

2. 同沉积构造的影响作用

（1）石炭纪—二叠纪聚煤期

从晚石炭世早期及晚石炭世晚期沉积厚度、沉积特征的区域性差异可以看出，鄂尔多斯西缘聚煤沉积盆地的内部，仍存在着次级的相对坳陷和相对隆起。如在贺兰山北段的沙巴台，上石炭统羊虎沟组厚度仅百余米，但往西侧的石炭井、胡鲁斯台，东侧的雀儿沟就有总厚度 500～1000 m 的羊虎沟组。重要的是，晚石炭世晚期继承了早期同沉积的坳陷和隆起，虽然其活动性的差异明显减弱，但对聚煤作用及沉积环境的分带仍起着明显的控制作用。

太原组厚度等值线反映出，在贺兰山北段，从沙巴台到马莲滩一带为一近南北向的相对隆起，太原组厚度在 80 m 左右，含煤层数少，一般 10 层左右，煤层累计厚度 10 余米，含煤性相对较差。此隆起分隔出东、西两个相对坳陷带：西部坳陷以乌达为中心，向南延伸到胡鲁斯台、石炭井至苏峪口往南渐升起，沉积厚度 200～400 m，含煤 21 层，总厚度 25 m，为一富煤中心；东侧从石嘴山矿区到伊 3 井为一南北向坳陷，沉积厚度 150～300 m，含煤性较好。

在宁东煤田以韦州为坳陷中心，最大沉积厚度达 600 余米，略呈南北向，以含煤层数多（25 层左右）、单层煤厚较小且垂向分布间距较均匀为特征。这可能是由于沉降速度快，虽然聚煤沼泽出现频率大，但每一次都不能持续很久而被碎屑沉积取代。

上述同沉积隆起和坳陷均在晚石炭世晚期尤其是早时表现明显，随时间推移逐渐减弱，至早二叠世早期山西组沉积时基本趋于稳定。

由地层厚度变化反映出的太原组和山西组沉积时的隆、坳差异受控于晚石炭世早期及以前基底规模较大的同沉积断裂。

（2）侏罗纪聚煤期同沉积构造的影响作用

鄂尔多斯盆地西缘在三叠纪盆地较强烈活动阶段于汝箕沟-甜水堡一线形成近南北向的巨大规模同沉积断陷。燕山运动初期，鄂尔多斯盆地西缘在经过一段抬升剥蚀时期后重新又下降接受沉积，进入盆地较稳定形成含煤岩系的发展阶段，该阶段由于盆地西缘边界青铜峡-固原深断裂的持续活动的影响，在石沟驿-马儿庄一线，沉积厚度较大，形成近南北向的同沉积断陷。与三叠纪形成的巨大同沉积断陷比较，幅度明显变小且位置略显东移。这种同沉积断陷对中侏罗世盆地西缘的聚煤作用产生了一定的影响。在同沉积断陷中心石沟驿-马儿庄一线沉积速率较大，沉积厚度超过 400 m，聚煤条件较差，煤层薄而层数多，可采层少，总厚度一般小于 10 m；其东部的碎石井-大水坑一带，沉积厚度约 300 m，聚煤条件较好，可采层数多，煤层厚度大，总厚度一般大于 20 m，局部近 40 m。再往盆地中心方向则聚煤条件又逐渐变差，整个延安组沉积厚度也减少至 250 m 左右。综上所述，总的显示同沉积构造与聚煤的关系是：盆地西缘西部同沉积断陷中心部位石沟驿-马儿庄一线聚煤条件最差，同沉积断陷斜坡部位碎石井-大小坑一带聚煤条件最好，其东同沉积断陷相对隆起部位的聚煤条件介于两者之间，再继续往东盆地中心方向又不断变差。

（二）古地理的控制作用

1. 石炭纪—二叠纪聚煤期古地理的控制作用

古地理面貌实际上受着区域地质构造作用的控制，主要表现在其受盆地的不同发展阶段（裂陷、坳陷、隆起）及区域性的海水进退作用等的影响，这些因素无不制约着沉积体系、相带的空间展布以及碎屑体系的迁移、废弃。因此，如果说古构造背景总体控制着聚煤盆地的形成、发展和含煤地层的区域分布的话，那么，由它所制约的古地理环境则直接控制着煤层的形成、分布、富煤带或优质煤带的空间展布等。

晚石炭世晚期至早二叠世早期的聚煤作用主要发生于三角洲沉积体系和障壁-潮坪-潟湖沉积体系之中，并以三角洲平原环境中聚煤作用最强，障壁-潮坪-潟湖环境次之，而在河流环境聚煤作用明显变差。

从沉积环境分析来看，本区太原组的主要煤层形成于障壁-潮坪-潟湖环境之中，煤层的聚集受海水进退的影响较大，和三角洲环境的聚煤作用比较相对较弱，但从本身聚煤作用的强弱来看，主要因素取决于海水进退的规模大小和海退持续时间的长短。海退范围广、持续时间长、有利于在已废弃的潮坪沉积之上和潟湖淤浅部位形成大面积的滨岸平原沼泽环境。在合适的气候条件下，出现面积广、持续时间久的泥炭沼泽沉积，形成具有工业价值的煤体。如在本区贺兰山北段广泛发育的一$_{1-3}$号煤层。相反，小规模频繁的海进海退不利于泥炭层的广泛持久发育，一般只形成不稳定的薄煤层。在障壁-潮坪-潟湖环境中形成的煤层，常为低灰-中灰，硫含量普遍较高，可达中硫至高硫。障壁-潮坪-潟湖环境的聚煤作用主要发生在已废弃的潮坪沉积之上和潟湖淤浅部位。因此，残留的潮坪和淤浅潟湖地形、差异压实地形、距海岸线的远近、新的海侵到来的早晚等因素是控制煤层厚度和分布的决定性因素。

三角洲环境在本区的聚煤作用最强，但在三角洲沉积体系内部不同的相组合中聚煤作用存在明显的差异。在三角洲环境中成煤最有利的地带是上、下三角洲平原之间的过渡地带。在下三角洲平原，由于分流间湾宽而深，泥炭沼泽仅能发育在分流河道两侧狭窄而发育不好的堤岸处，形成的煤层常较薄，煤层顶板多为海相灰岩或泥灰岩，煤层中硫分含量一般较高，煤层沿沉积走向常不连续，被宽而深的分流间湾所分隔。还有因决口扇而形成无煤带或使煤层分岔。如贺兰山北段太原组的二$_1$、二$_2$煤层，煤层厚度一般很小，多数不可采，煤层顶板多为海相灰岩，煤中黄铁矿结核较多，煤层结构一般为简单型。在上三角洲平原沉积环境比较稳定，沼泽条件可以较持续存在，且淡水条件占优势，在河道两侧及分流河道间可形成较厚的煤层，但在侧向上煤层厚度变化很大，在平行河道延伸方向上煤层连续性较好，但可因河道决口而形成无煤带和分岔尖灭带。上三角洲平原上形成的煤具灰分高、硫分较低的特点。区内形成于上三角洲平原的煤层主要是山西组下段的一$_1$煤层。在上下三角洲平原的过渡地带，由于分流间湾水浅而易被沉积物充填，这就为聚煤提供了宽阔的平台，利于泥炭沼泽大面积持续发育，所以可形成在侧向上比较广布的厚煤层。分布于山西组下段的一$_2$主煤层就是形成于过渡性三角洲平原的煤层。

河流环境中的聚煤作用很差，除其本身的条件外，后期的快速隆起作用也是导致泥炭沼泽不发育的主要原因。

一些突发性或经常性的地质作用如在冲积平原、三角洲平原区的溢岸洪泛沉积作用、决口沉积作用、河道迁移或改道的冲蚀作用，在障壁岛-潮坪-潟湖沉积环境中的潮汐作用，尤其是潮道或入潮口水道的冲蚀作用等，无不影响着岸后的或是河间的、废弃的潮坪或是淤浅的潟湖及滨岸沼泽中的泥炭堆积。通常是溢岸洪泛所携带悬浮物质或是与泥炭相混杂，造成煤中灰分含量增高，煤质变差；或是在泥炭层中形成大量薄的泥岩夹层，造成极复杂的煤层结构，如石炭井矿区一$_1$和一$_2$煤。决口作用不仅会造成煤层结构复杂，还经常会中止泥炭堆积，造成煤层分岔或尖灭。河道或潮道的冲蚀作用常会使已形成的泥炭层被冲蚀掉而造成局部的无煤带。潮汐作用常会使海水不时地注入泥炭沼泽中，造成煤中的含硫量增高。因此，局部的环境变异不仅可以造成煤层厚度、煤层结构、煤岩煤质的变化，甚至还会导致煤层的分岔、尖灭以至形成局部无煤地段。

由上可见，晚古生代聚煤作用是受多方面因素控制的，概括起来，主要有以下几点：

1）古构造作用是控煤的主导因素。古构造背景处于缓慢下沉的阶段（晚古生代晚期时及早二叠世早期早时），是最有利的聚煤时期；晚石炭世早期快速沉降的古构造背景及早二叠世早期晚时及以后迅速隆起的构造作用对聚煤都是不利的。

2）受基底断裂活动影响的同沉积坳陷内（如石炭井、石嘴山等地）煤层层数多、累计厚度大，而相对隆起地带含煤性差，煤层总厚度一般与地层厚度及含砂率成正相关关系。

3）古构造控制古地理，古地理控制单一煤层或煤层组的厚度分带。区内以三角洲环境（尤其是上、下三角洲平原的过渡地带）聚煤作用最强；障壁岛-潮坪-潟湖环境（主要是已废弃的潮坪沉积之上和潟湖淤浅部位）的聚煤作用次之；河流环境中聚煤作用则明显变差。

4）就大地构造部位而言，台缘坳陷带是最有利的聚煤地带。

2. 侏罗纪聚煤期古地理的控制作用

中侏罗世为区内的主要聚煤期，在古构造、古地理、古气候和古植物诸多方面的控制因素中，古地理的控煤作用较为明显。不同的古环境类型与各类沉积构成及其含煤性具有内在的有机联系。

鄂尔多斯盆地西缘延安期的聚煤作用发生于三角洲平原和冲积平原两大聚煤成因单元之中，并以三角洲平原聚煤为主，形成低灰、低硫煤，而冲积平原聚煤单元所形成的煤灰分较高。此外，在盆地西缘宁南王洼-银洞子一带，可能处于大型三角洲间湾部位，其聚煤作用弱于上述两种主要聚煤成因单元。但也可以形成有一定分布面积的厚煤层，所形成的煤层在煤质上与三角洲平原形成的煤层相似，但具有高镜质组分和高含油率的特点。

延安期初时，是冲积平原聚煤单元发育的主要时期，宁东煤田发育近南北向展布的低弯度冲积河道，由于充填淤平作用，在后期已总体形成略显西高东低的广阔的冲积平原。在主干河道两侧漫滩沼泽随着地形逐渐淤平而大面积扩张，呈近南北向展布的富煤中心就位于主干河道西侧，反映了古河道对聚煤作用的控制。同时由于古地形西高东低，造成东部靠近盆地中心方向冲积平原地下水位较高，泥炭沼泽的发育程度弱于西部的特点。形成于冲积平原环境的一煤组和五煤组上部煤层。总体属低灰-中灰，硫分属特低硫。一煤组自下而上煤层灰分、硫分含量降低；五煤组上部则与此相反。

延安期早-晚时，进入三角洲平原聚煤单元多期次广泛发育时期。各时期三角洲平原的发育过程大致可分为建设期和废弃期两个阶段。三角洲平原建设阶段的聚煤作用较弱，只在分流河道间洼地小范围的泥炭沼泽中形成一些煤线或薄的煤层，煤层稳定性较差；在三角洲平原的废弃阶段，主要以粉砂、泥质沉积为主，在此基础上发生较强烈的聚煤作用，形成分布广泛的、稳定的中厚-厚煤层。在宁东煤田延安组中，这种主要煤层形成于三角洲平原废弃相的特点是浅湖三角洲体系聚煤的一大特色，三角洲平原上分流河道、决口扇和决口三角洲的砂质沉积在形成后期平坦的古地貌方面起到一种骨架作用。因此，决口扇和决口三角洲的广泛发育是导致三角洲平原上大面积沼泽化和形成稳定持续的聚煤场所的主要原因之一。形成于三角洲平原环境的二、三、四煤组和五煤组下部煤层，总体属特低灰-低灰、特低硫-低硫煤，与冲积平原环境形成的煤组比较，煤层灰分、硫分含量相对较低。各煤组煤层灰分、硫分的变化特点，相应地可划分出 7 个自下而上煤层灰分、硫分含量不断降低的煤质旋回。煤层一般沿倾向上具有灰分向分流河道方向增加、硫分向物源方向增加的变化趋势。

延安期末时，为下部层序发育时期，在三角洲平原废弃相基础上发生延安组最大一次聚煤作用，形成宁东煤田最主要的煤层——五$_2$煤。上部层序发育时期古环境转变为冲积平原环境，随着冲积河道的广泛发育，泥炭沼泽发育程度明显变差，仅于河道边缘发育泥炭沼泽，局部形成薄-中厚煤层，聚煤程度明显减弱。

综上所述，在延安组含煤地层的形成过程中，古构造是控制煤层聚集的主要因素，表现为对地层格架和古地理格局的控制。盆地西缘发育的近南北向展布的幅度较小的同沉积断陷是造成煤层厚度分带的原因之一，厚煤带主要发育于同沉积断陷的断块倾斜部位。古地理是直接的控煤因素，冲积平原和三角洲平原均可形成分布广泛的厚煤层。而大多数主要煤层均形成于废弃的三角洲平原，决口扇和决口三角洲的广泛发育是导致三角洲平原大面积形成主要煤层的重要原因。

三、煤质演化特征

（一）煤类分类规律

宁夏煤类丰富，具有十四大煤类中的十一类，而且以长焰煤、不粘煤占优势，次为炼焦用煤和无烟煤。煤类在区域或垂向分布上，呈现出明显的规律性。

1. 上石炭统羊虎沟组煤类分布特征

羊虎沟组煤种较单一，以无烟煤为主，少量烟煤，主要分布在香山煤田和贺兰山煤田。香山煤田的碱沟山、线驮石矿区分布具有工业价值的无烟煤，碱沟山矿区为1号无烟煤，线驮石矿区为3号无烟煤。贺兰山煤田的呼鲁斯台、石嘴山矿区羊虎沟组煤层较薄，局部达可采，不稳定，不具工业价值，煤类均为焦煤。

2. 石炭系—二叠系太原组煤类分布特征

太原组煤种较齐全，以焦性煤（气煤、气肥煤、肥煤、1/3焦煤、焦煤、瘦煤）为主，次为贫煤和无烟煤，主要分布于贺兰山煤田，宁东煤田的红墩子、横城、萌城、韦州矿区，香山煤田的下河沿、线驮石、梁水园矿区。在煤种组合上，以多种煤共生为特点。按照煤的变质程度高低，可分为3个变质带：无烟煤-贫煤带；瘦煤-焦煤-肥煤带；肥煤-气煤带。

煤种在区域上具有一定的方向性。在贺兰山煤田，以苏峪口矿区为中心，向南、向北两端煤变质程度逐渐变为贫煤、瘦煤、焦煤、1/3焦煤、肥煤、气煤等。同一大类条带的水平宽度为1.5~3.0 km。在宁东煤田的韦州矿区由西向东，煤变质程度逐渐变浅，即由无烟煤逐渐变为贫煤、瘦煤、焦煤、1/3焦煤、肥煤；宁东煤田的红墩子、横城、萌城矿区则为肥煤-气煤带。香山煤田的下河沿矿区为肥煤—气煤带，线驮石矿区为贫煤，梁水园矿区为无烟煤。

3. 下二叠统山西组煤类分布特征

区内山西组煤种与太原组煤种近似，以焦性煤为主，次为贫煤和无烟煤。主要分布在贺兰山煤田，其次为宁东煤田的韦州、横城矿区。香山煤田仅在线驮石矿区赋存。煤种在贺兰山煤田为多煤种共生，且具有明显的分带性（同太原组），在宁东煤田的韦州矿区具有分带性（同太原组）。横城矿区为气煤，线驮石矿区为贫煤。

4. 中侏罗统延安组煤类分布特征

区内延安组煤种较简单，以低变质烟煤占绝对优势。主要分布于宁东煤田和宁南煤田及香山煤田。贺兰山煤田的汝箕沟矿区为无烟煤。煤种组合简单，长焰煤-不粘煤，不粘煤和气煤，偶见褐煤。在宁东煤田，从西向东，镜质组反射率由低到高，煤种从长焰煤到不粘煤。在宁南煤田，王洼矿区煤种从西向东为褐煤、长焰煤及不粘煤。炭山矿区，煤质不稳定，煤种为长焰煤和气煤。香山煤田下流水、窑山矿区均为长焰煤和气煤，垂向上各煤层自上而下挥发分产率递减的规律性明显。

综上所述，纵观宁夏煤类的分布特征，煤变质具有一定的规律性，反映在成煤时代上，存在着成煤时代越早，煤变质程度越高的趋势。晚古生代煤变质程度高，以中、高变质程度的烟煤、无烟煤为主；中生代煤变质程度低，以低变质程度的烟煤为主。从含煤地层的分布来看，贺兰山煤田和香山煤田多为高变质烟煤和无烟煤，宁东煤田和宁南煤田以低变质烟煤为主。因此，煤变质程度主要受上覆岩层厚度的控制，上覆岩层厚度越大，煤变质程度越高，反映出煤种在垂直方向的带状分布规律性。

（二）煤的变质规律

宁夏煤变质因素尤为复杂，含煤地层地处华北聚煤区西部、鄂尔多斯盆地西缘，北祁连走廊过渡带的东端，其沉积特征独具特色，具华北型与祁连型之过渡型。加之燕山、喜马拉雅运动在本区表现极为强烈，形成了由数十条走向近南北、断面西倾、由西向东推覆的大型逆冲断裂和与之相伴的一条背向斜组成的逆冲推覆构造带。并且，青铜峡-固原深大断裂把宁夏大地构造分为东西两部分，断裂两侧的沉积特征、基底性质、构造格局演化历史和影响的力学机制都截然不同。大断裂构成各煤田的天然边界，构造带中的次级逆冲断裂和东西向的横向断裂构成各煤田或煤田中各矿区的边界。由此，上覆盖层厚度、构造应力和岩浆热液是影响宁夏煤变质的主导因素。

从宁夏的煤种分布看，在贺兰山煤田的石嘴山、石炭井等矿区，上覆岩系厚度较小，大多缺失三叠系覆盖层，含煤地层及上覆岩系的厚度不超过2000 m。同样，宁东煤田的横城矿区，含煤地层及上覆岩系厚度不超过2000 m，香山煤田的下河沿矿区，含煤地层及上覆岩系厚度为1500 m左右，这些矿区煤层下降100 m，挥发分值下降2%~3%，煤大多为气煤、肥煤。而在贺兰山煤田的沙巴台、正义关、苏峪口等矿区以及宁东煤田的韦州矿区，香山煤田的梁水园矿区，大多都有较厚的三叠系，煤多以贫煤和无烟煤为主。另外，根据宁夏煤田地质局绘制的鄂尔多斯盆地西缘含煤地层底板等高线图和长庆石油勘探局绘制的鄂尔多斯盆地上古生界含煤地层镜质组反射率等值线图可知，上古生界含煤地层镜质组反射率与含煤地层埋深成正相关关系。由此可知，煤变质程度主要受上覆岩层厚度的控制，煤变质与沉降幅度关系密切，深成变质作用，对本区具有普遍作用。

通过对不同时代煤层的煤岩学、煤化学特征的分析，以及煤类的确定不难得出，煤岩学与煤化学指标一般都具有良好的对应关系。

羊虎沟组主要煤层精煤挥发分产率小于3.5%，氢含量小于2%，碳含量高达95%~97%，发热量为33.54 MJ/kg，所对应的镜质组反射率9.91%，惰质组含量仅占1.15%~1.51%。贺兰山煤田的山西组和太原组煤层，精煤挥发分产率变化范围为4.96%~33.20%，除马莲滩矿区低于10%，石嘴山矿区高于30%外，其他矿区一般在20%左右，胶质层厚度一般小于25 mm，对应的煤类为肥煤、焦煤、瘦煤、贫煤及无烟煤。在石炭井二矿测得的镜质组反射率看，$一_1$煤为1.34%，$一_{1\text{-}3}$煤为1.37%，有由上而下反射率增高的趋势；惰质组含量变化在6.33%~26.5%之间。横城矿区精煤挥发分产率为33.21%~49.78%，镜质组反射率变化在0.70%~1.30%之间，平均0.8%，惰质组含量为9.4%~36.93%；对应的煤类为气煤、肥煤。延安组煤层，除汝箕沟矿区外，其他矿区精煤挥发分产率变化在29.11%~42.02%之间，煤的镜质组反射率为0.50%~0.65%，从上而下呈增高趋势。惰质组含量变化在6.98%~45.94%之间，对应的煤类为不粘煤和长焰煤。由此得出，煤变质程度随地层深度的加大而增高，即挥发分产率有规律减少，煤层每下降100 m，挥发分产率值下降2%~3%，固定碳、碳含量和镜质组反射率有规律增高；水分含量的大小，发热量的高低都反映出与变质程度良好的对应关系。所以地温增度、时间和沉降幅度对本区煤变质具有普遍意义。贺兰山煤田汝箕沟矿区，煤化程度明显高于邻区下侏罗统煤层，高于矿区外围的石炭井、呼鲁斯台矿区的石炭系—二叠系煤层，煤类为无烟煤。矿区含煤地层大部分裸露地表，总厚度不超过200 m，即使上覆地层被成煤后构造运动剥蚀也不过千余米。矿区构造简单，未见有大断层，矿区内煤变质程度高，而且分带明显。故此，深成变质和动力变质是不可能的。此种异常表明该含煤地层经受了隐伏岩浆体的热变质作用。

据航磁资料，汝箕沟矿区的大岭井田附近发现有异常，认为有隐伏岩体的存在。矿区内普遍发现有石英脉和碳酸盐岩脉，岩脉发育最早的地层为三叠系，最晚的地层为中侏罗统，汝箕沟附近岩脉最发育。煤岩学研究证明，煤反射率的高值区和磁异常部分相吻合，最小反射率的方位证明煤变质发生在褶皱形成后，双反射率和强的各向异性比值落入热变质的特征范围内（21%~48%）。煤中发育的各向异性体及有规律的分布，说明变质过程中有地热异常。但是煤中活性组分受热产生软熔融，从而伴有气液态物质产出，出现一些热液气孔。气孔的形态、大小及分布，明显不同于接触变质的天然焦，这除与受热前煤级有关外，还与受热速度和方式有关，估计热源距煤层距离较远。以上说明，隐伏岩体在矿区煤变质过程中起着主导作用。汝箕沟的大岭井田位于热源中心，地下热垂向传导，受热速度快、温度高，为煤变质中心；向北大峰沟、白芨沟一带为侧向传导，受热速率低，距热源越远，强度越低，煤的变质程度越低。所以最终形成呈北东向展布的半环带状煤级分带。

在宁东煤田的韦州矿区，煤级在平面上的变化表现出异常现象，即自向斜东翼北端顺走向往南，煤级逐步增高，过向斜轴至西翼，煤级增高，达无烟煤。一般同一类煤层所承受上覆地层压力、地热温度和作用时间大致相同，其煤级也应该是一致的。向斜西翼地层倾角大，断层发育，并邻近罗山东侧新生代断陷。从板块构造学的角度看，韦州矿区位于鄂尔多斯断块的前缘，块板相撞聚集了热能，断裂的发育为热能提供了通道。所以，这一异常可以理解为在深成变质作用的基础上叠加了动力变质作用的结果。香山煤田各时代煤层变质程度均高于其他煤田各时代煤层，且含煤地层埋深相比差别并不太大。经过多年的地质工作，发现香山煤田有热液金矿、侵入岩脉等，由此可以推测香山煤田深部可能存在聚煤期后的热源，影响煤变质。再者，香山煤田各时代煤类分布方向与区域构造线方向一致，推测由于断裂活动引起的热源，使该区煤变程度增高，所以，香山煤田煤变质以深成变质作用为主导，还叠加了岩浆热变质和构造动力变质作用。

综上所述，宁夏煤变质规律可归结为以下几点：

1）宁夏各时代煤变质具有迥然不同的特点。主要受控于青铜峡-固原深断裂，表现出西部煤的变质程度明显高于东部。贺兰山煤田石炭系—二叠系煤的变质带呈北东向展布；香山煤田石炭系—二叠系煤变质带呈北西西向展布；宁东煤田石炭系—二叠系煤变质带呈北西向展布。宁东煤田和宁南煤田的侏罗系煤变质带则呈近东西向展布。

2）宁夏煤变质以深成变质作用具有普遍的意义，占有主导地位，造成晚古生代煤以中、高变质程度的气煤以至无烟煤为主，中生代煤以低、中变质程度的褐煤和不粘结煤为主。

3）岩浆热变质作用在局部地区有所发育，对形成高变质程度的煤起了主导作用。

4）构造动力变质作用对部分地区煤的中高变质起了一定作用。因而，有必要研究低变质烟煤分布区内的动力变质带或断裂构造展布地段，预测和探寻炼焦煤和无烟煤。

（三）煤田煤质特征及煤变质特点

各煤田的煤质特征总体受含煤地层沉积环境的影响。因宁夏所处的大地构造位置特殊，所以本区煤变质较为复杂，深成变质作用、热液变质作用肯定存在，也不能排除动力变质作用对本区煤变质的影响。从汝箕沟侏罗系无烟煤受热液变质作用极为明显的特征分析，该区山西组、太原组煤层的变质受多次热液活动影响及其他变质作用的共同影响而致现有的特征。其中：

贺兰山煤田：煤质具特有的分带性，煤变质类型以深成变质为主。汝箕沟矿区则是典型的岩浆热液变质作用，成煤期后地热异常强大的附加热源，是造成矿区煤变质的主要原因。

宁东煤田：在石炭系—二叠系横城矿区存在深成变质作用。韦州矿区地处青铜峡-固原大断裂的东侧，除深成变质作用外，构造动力变质作用也是煤变质作用的因素之一。中侏罗统延安组煤层主要受到深成变质作用。

香山煤田：在下河沿矿区以深成变质作用为主。梁水园、校育川、下流水矿区受动力变质作用的影响。而碱沟山矿区，其成煤时代早，而且含煤地层及上覆岩系厚，深成变质明显，但是其变质阶段达到了最高，加上矿区内岩脉极发育，显示受到了岩浆热液变质作用影响。

宁南煤田：王洼矿区存在深成变质作用，炭山矿区相对变质程度稍高。究其原因，一是处于大断裂西侧，受构造动力变质的影响；二是煤岩组分中丝炭含量的多少，影响挥发分的变化，从而影响到煤类的变化。

第二章　油页岩

第一节　概　　述

一、油页岩特征和主要经济用途

油页岩又称油母页岩，是内陆湖海或滨海潟湖深水还原条件下，由低等植物和矿物质形成的一种腐泥物质，是高灰分的腐泥煤，灰分达50%~70%称为油页岩，含有类似天然石油的油页岩。其主要成分为有机质和矿物质，有机质为可燃有益组分，为低发热量型，发热量一般为4. 18~16. 74 MJ/kg，一般含油率3. 5%~15%。矿物质主要有硅酸盐矿物、碳酸盐矿物、石膏、黄铁矿等。油页岩在自然条件下不溶于有机溶剂，燃点低，燃烧至500℃时几乎全部有机质转化为气体。

油页岩主要用途是提炼液体燃料页岩油和可燃气体，以作化工原料，也可作固体燃料用于发电，气化、高温干馏后可获得高温气体燃料，低温干馏生产煤焦油，直接燃烧可作动力燃料，干馏后的灰渣可作水泥原料、烧制陶粒、陶瓷纤维等轻质保温材料。

二、油页岩矿产地数量

宁夏油页岩资源量少，研究程度较低，仅在20世纪60年代做过少量地质调查工作，之后没有开展专项调查和开发利用工作。近年来，随着能源结构的调整，新能源矿产资源越来越受到重视，宁夏境内的一些有利区块也开始了调查评价工作。

目前，已发现油页岩矿产地4处，其中，中型矿床1处，小型矿床1处，其余2处均为矿点（表2-1）。

表2-1　宁夏回族自治区油页岩矿产地一览表

序号	矿产地名称	所在地区	工作程度	规模	矿床类型	成矿时代	开发利用情况
1	上下河沿（烟洞坡）油页岩矿	中卫市沙坡头区	普查	小型	生物化学沉积	晚石炭世	未开采
2	油井山油页岩矿	中卫市海原县	预查	矿点	生物化学沉积	晚石炭世	未开采
3	炭山油页岩矿	固原市原州区	普查	中型	生物化学沉积	中侏罗世	未开采
4	隆德油页岩矿	固原市隆德县	预查	矿点	生物化学沉积	早白垩世	未开采

三、油页岩地理分布

宁夏油页岩矿主要分布在宁夏中部的中卫市香山东部上下河沿和南部油井山地区以及宁夏南部的固原市炭山和六盘山地区。

四、油页岩矿床类型

根据“中国矿产地质志”矿床（成因/工业）类型划分表，油页岩属于外生矿床中生物化学沉积型矿床。《矿产资源工业要求参考手册（2021年）》中，将油页岩矿床分为三类，其特征分别如下：

（一）黑色海相型

它们与碳酸盐岩、硅质岩和含磷岩石相伴，一般层薄、厚度几米，个别达 10 m，碳酸盐岩中的油页岩层含油较富，含油率可达 20%。

（二）黑色湖相型

油页岩层厚度达数百米，含油较低，含油率一般低于 10%，个别达 10%~20%。如隆德油页岩矿点。

（三）与煤系共伴生型

油页岩层厚度 1~10 m，一般小而富，含油率可达 20%。如炭山油页岩矿床、中卫上下河沿（烟洞坡）油页岩矿床及油井山油页岩矿点。

五、油页岩资源量

宁夏各油页岩矿产地研究程度均较低，累计矿石资源量 40701×10^4 t。

六、油页岩勘查与开发利用程度

宁夏油页岩与煤层伴生，勘查程度较低，目前均未开发利用。

第二节　矿产地分论

宁夏油页岩产地不多、规模也不大，下面对中卫上下河沿石炭纪油页岩矿床和固原炭山侏罗纪油页岩矿床重点叙述，其他油页岩矿点进行概略介绍。

一、中卫上下河沿油页岩矿床

上下河沿油页岩矿床位于中卫市南西 20 km 的上下河沿地区，行政区划属中卫市沙坡头区常乐镇，有公路与中卫市相通，交通方便。

早在民国三十四年，宁夏地质调查所的李士林等在宁夏中卫县地质勘查中发现黄石墙等 6 处油页岩矿层，次年李士林编著了《宁夏地质矿产事业（九）中卫油页岩之新发现》报告，对该 6 处油页岩矿层的地质、地理、油页岩的厚度、范围等做了较系统地叙述。对储量进行了概算，6 处矿层算出储量约 256.59×10^4 t，报告认为该工作区的油页岩极具开发利用价值。

1958 年 12 月至 1960 年 2 月，宁夏煤矿管理局二〇八勘探队，对该矿床进行了普查。查明矿区为一不对称向斜构造，区内含煤地层为石炭系，共含煤 24 层，其中可采及局部可采为 3 层，平均总厚度 11.3 m，含油页岩 6 层，其中具工业价值者 2 层，含油率 6%~10%。经初步分析，区内煤质为气肥煤和 3 号气煤，一般灰分中等，硫分较高，工业类型属二类、三类。所获煤炭储量 C_1 级 17672×10^3 t，C_2 级 61745×10^3 t，油页岩储量 4600×10^3 t。

1975~1976 年，宁夏地质局区域地质调查队开展 1∶20 万区域地质调查时对该矿点进行调查。

2006 年，中石油勘探开发研究院西北分院对该油页岩矿床资源进行调查与评价。查明具有工业价值的层位是油 1 和油 3。查明油页岩资源量（121b+333）400×10^4 t。

1. 区域地质

矿区大地构造位置位于柴达木-华北板块（Ⅲ）阿拉善微陆块（$Ⅲ_4$）腾格里早古生代增生楔（$Ⅲ_4^1$）卫宁北山-香山晚古生代前陆-上叠盆地（$Ⅲ_4^{1-1}$）。地层区划属阿拉善地层区（$Ⅲ_3$），阿拉善南缘地层分区（$Ⅲ_3^1$），景泰-中宁地层小区（$Ⅲ_3^{1-1}$）。成矿单元属河西走廊成矿带 Fe-Mn-萤石-盐类-凹凸棒石-石油成矿带（Ⅲ-20）。区域出露地层主要有上奥陶统香山群磨盘井组（O_3mp），上泥盆统中宁组（D_3z），下石炭统前黑山组（C_1q）、臭牛沟组（C_1c），下-上石炭统靖远组（$C_{1-2}j$），上石炭统羊虎沟组（C_2y），上石炭统—下二叠统太原组（C_2P_1t），新近系彰恩堡组（N_1z）及第四系（Q）（图 2-1）。

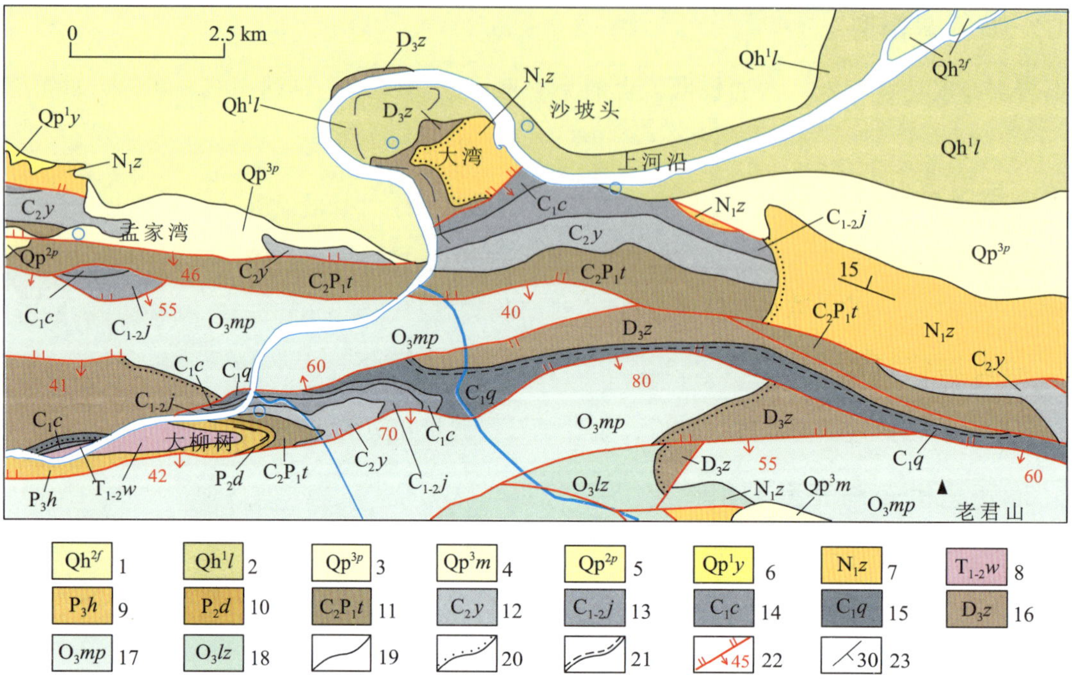

图 2-1　中卫上下河沿油页岩矿区域地质图

（据宁夏回族自治区地质调查院，2017，有修改）

1—全新统上部冲积层；2—全新统灵武组；3—上更新统沉积层；4—上更新统马兰组；5—中更新统沉积层；6—下更新统玉门组；7—新近系彰恩堡组；8—三叠系五佛寺组；9—二叠系红泉组；10—二叠系大黄沟组；11—上石炭统—下二叠统太原组；12—上石炭统羊虎沟组；13—石炭系靖远组；14—下石炭统臭牛沟组；15—下石炭统前黑山组；16—上泥盆统中宁组；17—上奥陶统磨盘井组；18—上奥陶统狼嘴子组；19—地质界线；20—角度不整合界线；21—平行不整合界线；22—断层；23—岩层产状

2. 矿区地质

上下河沿油页岩矿床赋存于上石炭统羊虎沟组和上石炭统—下二叠统太原组。

羊虎沟组主要分布在矿区北部，与下伏地层呈角度不整合接触，厚度 360 m；主要岩性为灰-灰白色粗-细粒石英砂岩与深灰色-灰黑色粉砂岩、页岩、泥岩呈韵律互层，偶夹泥灰岩、生物灰岩透镜体及薄煤层；与上覆太原组连续沉积，含油页岩 4 层（油 3—油 6）。

太原组主要分布于矿区中部，与下伏羊虎沟组为连续沉积，厚度 140 m。分为 2 个岩性段：下岩段岩性为页岩、砂质页岩、砂岩、灰岩 1～3 层，含煤 12 层（13～24），油页岩两层（油 1、油 2）；上岩段岩性为页岩、砂质页岩、砂岩夹灰岩，含煤 12 层（1～12）。

上下河沿矿区的赋矿构造为一不对称的向斜构造，轴向近东西向，核部为太原组，南翼被断层破坏，太原组与上奥陶统香山群磨盘井组、上泥盆统中宁组呈断层接触；北翼为羊虎沟组、靖远组和下石炭统臭牛沟组。

岩矿层产状南倾 200°，自南向北倾角在 70°～30°之间变化，油页岩和煤层总体受高角度推覆构造体系控制（图 2-2）。

3. 油页岩矿体特征

油页岩呈层状、似层状夹于煤系之中，以单斜岩层产出，产状与相关地层产状一致，总的呈一不对称的向斜构造。在长 4500 m 范围内有 6 层油页岩，其中，太原组 2 层（油 1、油 2），羊虎沟组 4

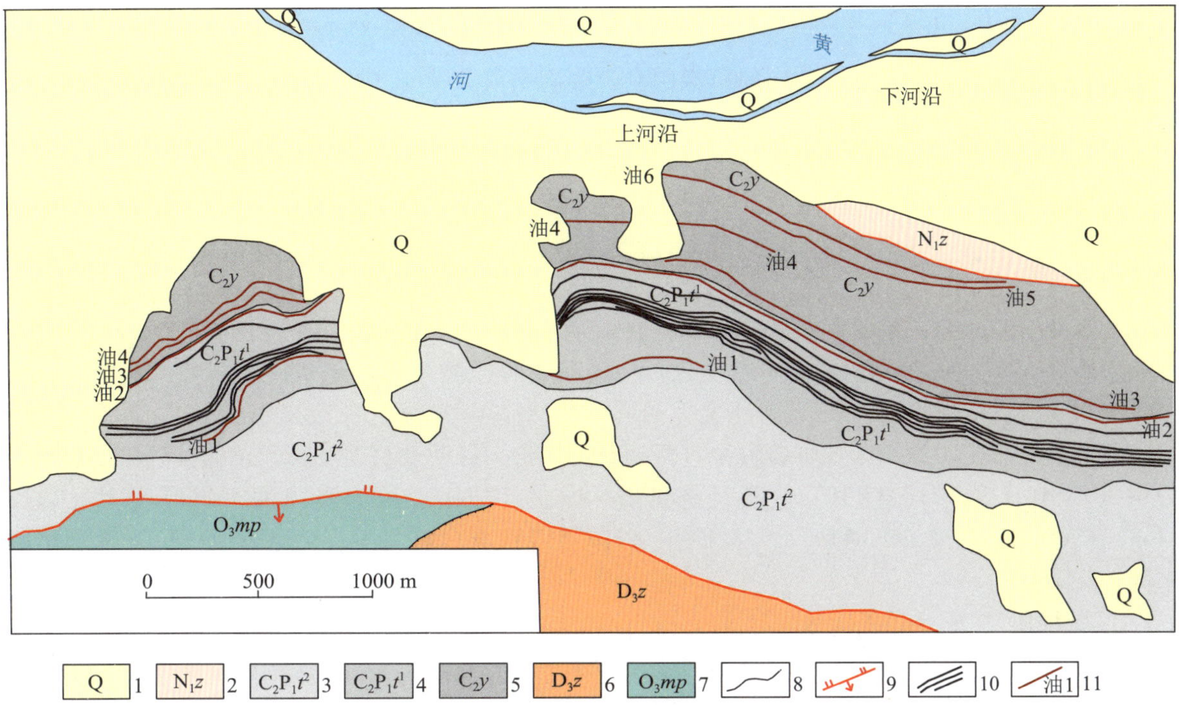

图 2-2　中卫上下河沿油页岩矿床矿区地质图

（据常海燕等，2010，有修改）

1—第四系；2—新近系彰恩堡组；3—上石炭统—下二叠统太原组上段；4—上石炭统—下二叠统太原组下段；5—上石炭统羊虎沟组；6—上泥盆统中宁组；7—上奥陶统香山群磨盘井组；8—地质界线；9—逆断层；10—煤层；11—油页岩矿层及编号

层（油 3、油 4、油 5、油 6），矿层产状 200°∠30°，单层厚度 0.39~1.60 m，可采 2 层（油 1、油 3），厚度 1.1~1.2 m，矿层较稳定，平均含油率 5.07%~9.25%，其余各层为 1.6%~6.5%，目前油 1 和油 3 具有工业价值，参与储量计算。

4. 油页岩特征

油页岩为黑灰色，致密而细腻，具油脂感，含油愈多其质愈轻，薄片用火柴点之冒浓烟，有沥青味，贝壳状断口，较坚硬，易破碎，风化后呈薄片状，小刀刻之见明显亮痕。镜下特征：具粉砂状结构，轻微碎裂结构，块状构造。主要碎屑矿物为石英及长石（斜长石为主），分别占碎屑矿物的 60%~65%、30%~35%，此外，还见白云母、黑云母及金属矿物等。胶结物主要为绢云母及含铁粘土矿物等，含量占油页岩矿物含量的 40%~45%，主要呈基底式胶结。油页岩镜下定名为粘土质粉砂岩。具有工业价值的油页岩层位为油 1 和油 2，平均含油率分别为 5.07%、9.25%，其余各层为 1.6%~6.5%。

油页岩化学成分：SiO_2 48.85%，Al_2O_3 19.71%，Fe_2O_3 6.03%，FeO 0.68%，MgO 1.28%，CaO 0.93%，Na_2O 0.6%，K_2O 1.85%，MnO 0.11%，P_2O_5 0.14%，TiO_2 0.98%，烧失量 18.87%，CO_2 0.17%。其中 SiO_2 和 Al_2O_3 之和为 68.56%，表明油页岩主要物质为 SiO_2 和 Al_2O_3，属中等灰分油页岩。

5. 矿床成因

油页岩赋存于上石炭统—下二叠统太原组之中。成矿环境为晚古生代拗拉谷构造背景条件下的浅海-海湾潟湖-三角洲环境。

6. 油页岩资源量

截至 2017 年底，中卫上下河沿油页岩矿资源储量（121b+333）为 400×10^4 t。

二、固原炭山油页岩矿床

固原炭山油页岩矿床位于宁夏固原市炭山乡，距固原市 70 km，属固原市原州区炭山乡管辖，矿区交通方便。

1958 年，固原炭山油页岩矿床由地方企业开始建井采煤，属地方国有煤矿，煤类为长焰煤。1959~1961 年，宁夏地质局宁南地质队，对炭山煤矿区进行了详细普查，在 44 km^2 的范围内开展了详细勘探工作。查明该煤田内为一复式背斜，背斜两翼被两条正断层切割。煤层赋存在下侏罗统内，含煤岩系总厚度 118 m。煤系内共含煤 16 层，煤层不稳定，结构复杂，煤质不佳（其中 6 层可采）。煤层厚度 0. 09~3. 24 m，平均发热量 4200 cal/g❶；灰分 45. 8%；水分 2. 4%，含油率 6. 14%~12. 5%，有害杂质硫 0. 59%，磷 0. 04%。根据煤质分析初步确定煤质牌号为长焰煤——弱粘结性煤。提交的储量经宁夏综合队审查批准：C_2 级炼油煤（油页岩）1812. 6×10^4 t；C_2 级民用煤 1143. 7×10^4 t；2006 年，中石油西北分院对该矿床油页岩资源进行调查与评价，探明油页岩和页岩油边际经济的资源量分别为 40301×10^4 t 和 3718. 3×10^4 t。其经济价值 483 亿元以上。认为炭山油页岩厚度大（总厚度 14. 4 m）、含油率高（2. 7%~11%）、品质好、资源量级别高、埋藏浅、交通方便，可开发利用（白云来等，2009）。

1. 区域地质

炭山油页岩矿区大地构造上位于华北陆块之鄂尔多斯地块西缘，青铜峡-固原深大断裂东侧的炭山地区。地层分区属华北地层区，鄂尔多斯西缘地层分区，桌子山-青龙山地层小区。所在成矿单元属鄂尔多斯西缘成矿带（$Ⅲ_{59}$）。区域出露地层自老至新有中元古界长城系黄旗口组、蓟县系王全口组、寒武系、侏罗系延安组、白垩系、古近系、新近系及第四系。

岩浆岩主要为辉绿岩脉，出露于矿区东部（图 2-3）。

2. 矿区地质

炭山矿区大部分被黄土掩盖，油页岩矿赋存于中侏罗统延安组煤系中。延安组岩性由灰-灰白色厚-巨厚层含砾中-粗粒、细粒长石石英砂岩，灰-灰黑色薄层粉砂岩与灰黑、黑色泥（页）岩、碳质泥（页）岩组成，夹可采煤层。以河流相沉积为主，夹少量的湖、沼相的沉积。不整合超覆于长城系黄旗口组之上，与上覆直罗组整合接触。炭山矿区延安组含煤地层揭露最大厚度 323 m，含煤 28 层，煤层总厚度 26. 73 m，煤层以薄居多，其中可采及局部可采共 8 层，油页岩于煤层伴生。

矿区构造较为复杂，为一复式背斜，背斜两翼被两条正断层切割。主要由秦家窑背斜、槐岔梁向斜、槽子背斜及小西沟向斜组成了一个北西西向的褶皱构造，褶皱总体向北倾伏，南部翘起，两翼较为对称，地层倾角一般 20°~30°。区内大致有北北西向、北东东向及北东、北西 4 组断层，他们均对油页岩和煤层有一定的控制。

3. 油页岩矿体特征

炭山油页岩产于中侏罗统延安组中下部含煤系中，油页岩呈层状，有一定规模的油页岩一般分布于煤层的上部或底部。油页岩共 8 层，总厚度 14. 4 m。根据煤田勘探钻孔资料，油页岩与煤的共伴生分布特征如下：

第四含煤段（J_2y^4）：岩性为褐色、肉红色粗砂岩，夹灰色泥质粉砂岩、砂岩，上部含煤 2 层，分别厚 0. 28 m 和 1 m。该层总厚度 118. 3 m。

第三含煤段—油页岩段（J_2y^3）：灰白色厚层状粗砂岩，向上变为灰色砂岩及泥岩，含煤 9 层，煤层总厚度 11 m，单层厚 0. 3~3. 24 m。上部含油页岩层（油 1），具体位于煤 6 上的上部，层厚 1. 6 m。该段总厚度 136. 70 m。

第二含煤段—油页岩段（J_2y^2）：灰黄色不等粒砂岩、向上变为灰色泥岩、碳质泥岩，含煤 2 层，煤层总厚度 2. 29 m，单层 0. 12~2. 17 m。上部含油页岩层（油 3），具体位于煤 14 上部，厚约 2 m。

---

❶ 1 cal = 4. 184 J。

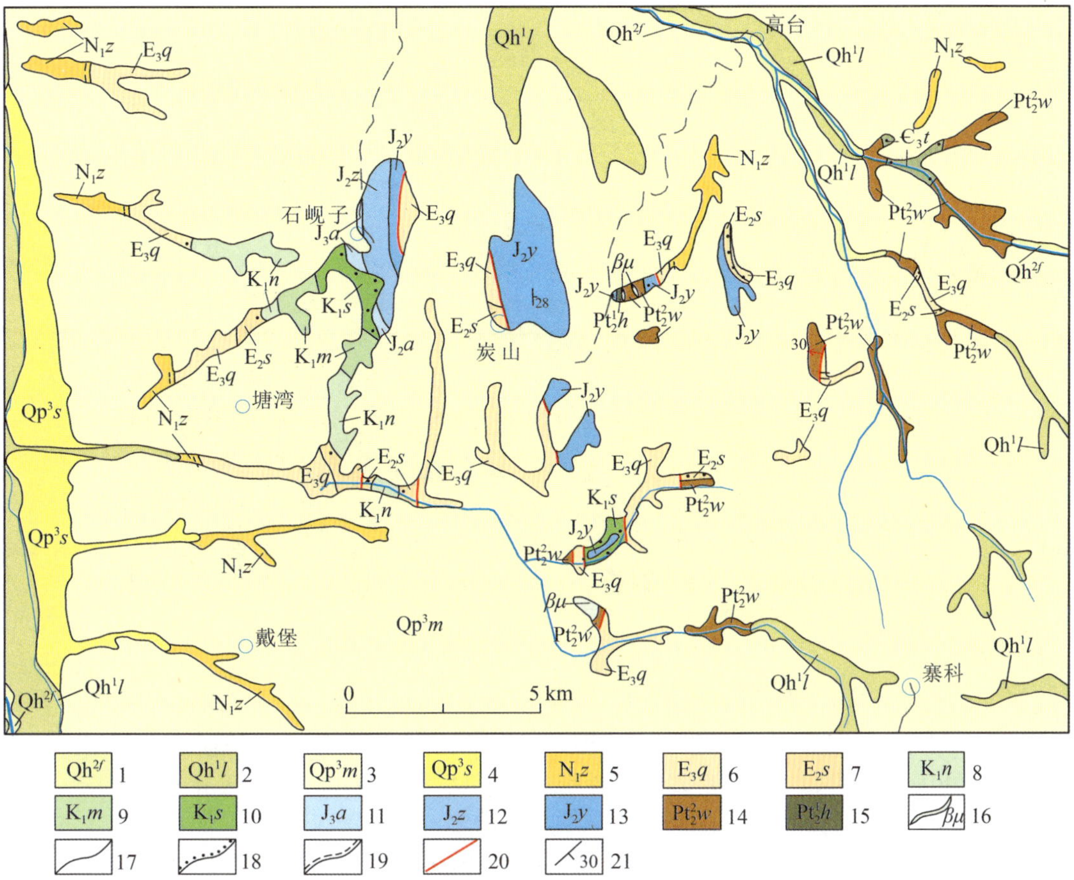

图 2-3　固原炭山油页岩矿区域地质图

（据宁夏回族自治区地质调查院，2017，有修改）

1—第四系全新统上部冲积层；2—第四系全新统灵武组；3—第四系上更新统马兰组；4—第四系上更新统萨拉乌苏组；5—新近系中新统彰恩堡组；6—古近系渐新统清水营组；7—古近系始新统寺口子组；8—下白垩统乃家河组；9—下白垩统马东山组；10—下白垩统三桥组；11—上侏罗统安定组；12—中侏罗统直罗组；13—中侏罗统延安组；14—中元古界王全口组；15—中元古界黄旗口组；16—辉绿岩；17—地质界线；18—角度不整合界线；19—平行不整合界线；20—断层；21—岩层产状

该段总厚度 107.56 m。

第一含煤段—油页岩段（J_2y^1）：深灰色泥岩、黑色碳质泥岩，夹灰黑色细砂岩，含煤 7 层，煤层总厚度 5.6 m，单层厚度 0.18~2.99 m。产油页岩 5 层（油 4、油 5、油 6、油 7、油 8）其中油 4 位于煤 16 上部，厚度约 2 m，油 5 和油 6 厚度分别为 4 m 和 0.95 m，分别位于煤 19 的上部和下部，需要着重说明的是煤 19 本身含油率较高（含油率>7%），灰分大于 40%，被称之为炼油用煤，实际上应为油页岩范畴，分布稳定，平均厚度约 2.75 m。该段总厚度 273.60 m。

炭山矿区油页岩主要有 8 层，总厚度 14.4 m，主要分布于中侏罗统第一和第二含煤段中，和煤层密切相关，与煤 14、煤 16、煤 19 相关油页岩——油 3、油 4、油 5、油 6 分布较稳定，具有一定的厚度。其中：油 3 分布于煤 14 上部，厚度 2 m；油 4 分布于煤 16 的上部，厚度为 2 m；油 5、油 6 分布于煤 19 上、下盘分别厚度为 4 m、0.95 m。油页岩呈层状展布，严格受煤层和断裂褶皱控制（图 2-4）。

4. 油页岩特征

炭山油页岩宏观上呈黑色，略具油脂光泽。片状、层状构造，参差状、贝壳状断口。硬度小，条痕亮褐色，油脂光泽明显。

油页岩含油率为 2.7% ~ 11%，高位发热量 4.36 ~ 20.98 MJ/kg，视密度 1.55 ~ 2.46，灰分

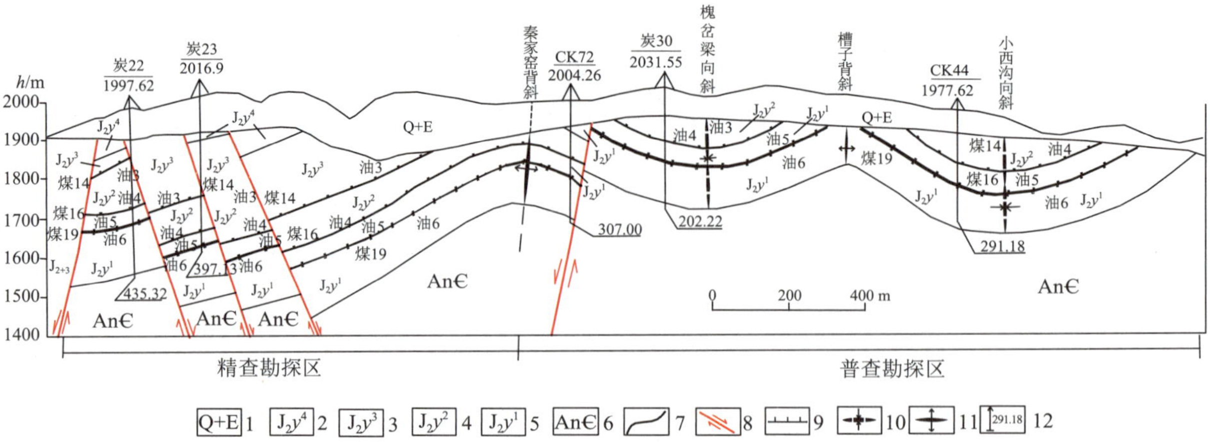

图 2-4　固原炭山油页岩矿区勘探线剖面图

（据白云来等，2009，有修改）

1—第四系及古近系；2—中侏罗统延安组第四含煤段；3—中侏罗统延安组第三含煤段；4—中侏罗统延安组第二含煤段；5—中侏罗统延安组第一含煤段；6—前寒武系；7—地层界线；8—断层；9—油页岩煤层；10—向斜；11—背斜；12—钻孔及孔深

34.30%～83.68%。

油页岩化学成分：SiO_2 20.44%，Al_2O_3 7.12%，Fe_2O_3 6.36%，FeO 1.5%，MgO 0.83%，CaO 0.27%，Na_2O 0.27%，K_2O 1.12%，MnO 0.13%，P_2O_5 0.05%，TiO_2 0.32%，烧失量 61.73%。其中 SiO_2 和 Al_2O_3 之和为 27.44%，表明油页岩主要物质为 SiO_2 和 Al_2O_3，属低灰分油页岩。

5. 矿床成因

炭山油页岩与煤层伴生，分布在煤层顶底板或煤层之间，应是沼泽相沉积环境。

6. 油页岩资源量

截至 2017 年底，查明炭山油页岩资源量为：矿石量 40301×10^4 t、页岩油 3718.3×10^4 t。

三、油井山油页岩矿点

油井山油页岩矿点位于香山东南部油井山，行政区划属中卫市沙坡头区兴仁镇管辖，交通方便。

矿区大地构造位置处在北祁连走廊过渡带东端，香山隆起南缘油井山北东向复式向斜东翼。地层区划属阿拉善地层区，阿拉善南缘地层分区，景泰-中宁地层小区。成矿单元属河西走廊成矿带（Ⅲ 20）。区域出露地层有上奥陶统香山群狼嘴子组和磨盘井组、上石炭统—下二叠统太原组、中二叠统大黄沟组、上二叠统红泉组、始新统寺口子组、渐新统清水营组、中新统彰恩堡组及第四系。

含矿地层为上石炭统—下二叠统太原组，在 5.33 km^2 范围内有 3 层油页岩，厚度分别为 0.3～0.5 m、0.5～0.7 m、1.1～2.0 m。矿层呈黑色，含油率 7%～8%。矿层赋存于被破坏了的油井山向斜中，矿层出露于地表，含矿地层受构造控制，矿层分布范围较小，虽然含油率尚可，但矿层厚度小，又不能与油井山煤矿综合开采利用，故工业价值不大。

四、隆德油页岩矿点

1971 年，宁夏煤炭工业地质勘探队在隆德县境内进行油页岩普查工作，实测地层剖面 1997.16 m，采样 44 个，地震勘探线 9 条，长 56.3 km，物理点 331 个，后请甘肃一四五队作了长 40 km 的电法勘探线，物理点 219 个，在地面地质及物探工作的基础上施工 1 个孔深 579.25 m 的钻孔。工作查明：该区东部为巨厚白垩系岩层，直接超覆于前寒武及志留系老地层之上，中部及西部为厚 200～550 m 白垩系及古近系—新近系，且直接覆于老地层之上，呈不整合接触。据地震、电法、钻探资料显示，含煤地层存在的可能性很小。产于白垩系中的油页岩有 8～13 层，厚度在 0.15～0.9 m 之间，经采样测试含油率在 0.11%～2.2%之间，矿层厚度薄，含油率低，故无工业利用价值。

第三节　矿床时空分布及成矿规律

一、时空分布特征

根据成矿亚带对已知油页岩矿资源量进行统计，宁夏油页岩矿分布时代为古生代的石炭纪—二叠纪，中生代的侏罗纪、白垩纪，其中Ⅳ-59①亚带有 40301×10^4 t；Ⅳ-20①亚带有 200×10^4 t，Ⅳ-21①、Ⅳ-21①亚带为油页岩矿点（表 2-2）。

表 2-2　宁夏油页岩矿时空分布谱系

成矿亚带	成矿时段			
	晚石炭世—早二叠世	中侏罗世	早白垩世	含矿建造
Ⅳ-20①	400×10^4 t			含煤建造
Ⅳ-21①			矿点	
Ⅳ-59①		40301×10^4 t		含煤建造

二、成矿规律

宁夏目前发现及探明的油页岩的成矿期主要发生在 3 个时期：晚古生代的石炭纪—二叠纪，中生代的侏罗纪、白垩纪。

晚古生代油页岩主要形成于华北陆块西南缘海陆交互相沉积环境中。早石炭世，宁夏境内的祁连海海侵沿晚泥盆世内陆盆地发展，形成海湾沉积，沉积了一套滨海潮坪-潟湖相碎屑岩类。晚石炭世，海侵不断扩大至晚期祁连海与华北海连通，至早二叠世早期海侵开始消退，沉积了一套海陆交互相煤系。其中在煤层的底部沉积了含有海藻、未知微生物和软体动物的泥砂质岩类埋藏后经腐化煤化作用形成了油页岩（海相）；在煤层的顶部沉积了含有树脂、袍子、蜡质表皮和陆源沼泽植物根茎的泥砂质岩类，经埋藏后的腐化和煤化作用形成了油页岩（陆相）。如中卫上下河沿（烟洞坡）油页岩矿点、油井山油页岩矿床。油页岩主要赋存于上石炭统羊虎沟组和太原组。油页岩形成的环境为晚古生代被动大陆边缘的继承性滨海盆地。

中生代油页岩主要形成于华北陆块鄂尔多斯西缘内陆湖泊。宁夏炭山地区的油页岩其形成时代为中侏罗统延安组沉积期；隆德、泾源油页岩分布于六盘山盆地南缘，形成于早白垩世晚期-六盘山群马东山组沉积期。

自早二叠世以后，全区转为陆相沉积，此后在多期构造运动作用下，早期的沉积地层发生褶皱、冲断，形成了西部多山间盆地，东部平坦的大型沉积盆地，至中侏罗世，在窑山盆地、下流水盆地和汝箕沟盆地由于气候湿润，植被繁盛，沉积了中侏罗世含煤建造，同时在煤层的底部和上部分别形成了含陆相湖泊沼泽植物的泥砂质岩类，经腐化和煤化作用形成了油页岩。如炭山油页岩矿床，油页岩的分布和煤层完全一样，完全受延安组和构造控制。炭山油页岩存在 3 种不同的赋存方式，第一种为煤层本身，赋存于泥岩中；第二种为煤层夹碳质泥岩，赋存于泥岩与粉砂质泥岩中；第三种为泥岩，赋存于粉砂质泥岩与细砂岩间，或为煤层底板。属于湖泊-沼泽相沉积环境；受古构造、沉积环境、古地貌因素的控制，油页岩成因类型为湖沼腐泥腐殖型。

白垩纪时六盘山盆地发育湖盆沼泽，沉积了湖相油页岩矿，如隆德油页岩矿点。

第三章　石　　油

第一节　概　　述

一、石油特征和主要经济用途

石油也称原油，是天然存在的以碳氢化合物（烃类）为主并含有少量杂质的粘稠状混合物。原油化学成分复杂，主要由碳、氢、硫、氮、氧等组成，一般原油中碳占84%~87%，氢占11%~14%，二者以烃类化合物形式出现，占原油成分的97%~99%。从溶有天然气的石油平均成分看，大体上链烃占53%，环烃占31%，芳香烃占16%。此外还有少量含氧、含硫、含氮的化合物。其中含硫化合物是石油中的有害成分，它会腐蚀炼油设备，降低石油产品的质量。石油的标准燃料系数为1.4286，平均低位发热量为41.87 MJ/kg。

原油呈粘稠液体状，颜色依胶质、沥青数量不同，变化于浅黄-褐-黑色之间，密度一般0.76~1.0 g/cm^3，不溶于水，易溶于有机溶剂。

石油是国民经济建设和人类生活中不可缺少的一种重要能源矿产，从石油中提炼的汽油、柴油等是飞机、汽车、轮船、内燃机车和发电机等动力机械离不开的燃料，因此人们把石油称为“工业的血液”，同时石油又是一种重要的战略资源。目前从石油加工中取得的重要有机合成原料和产品就有5000多种，例如塑料、合成纤维、合成橡胶、化肥、洗衣粉、酒精、润滑油等。炼油剩余物如石油焦可做电极、沥青等，是重要的建筑材料。人们生活中所用的煤油、液化石油气、蜡烛等也是石油的副产品。总之，石油是国民经济建设不可缺少的重要天然能源和化学工业的重要原料。

宁夏石油主要分布于鄂尔多斯盆地西缘，地跨鄂尔多斯西缘冲断构造带和天环向斜两个构造单元。

二、鄂尔多斯盆地特征

（一）鄂尔多斯盆地地理分布及能源矿产

鄂尔多斯盆地是我国大型沉积盆地之一。北起阴山、大青山，南抵陇山、黄龙山、桥山，西至贺兰山、六盘山，东达吕梁山、太行山，跨陕、甘、宁、蒙、晋五省区，总面积37×10^4 km^2。

盆地包括宁夏大部，甘肃陇东地区的庆阳市、平凉市，陕北地区的延安市、榆林市，关中地区的北山山系以北区域，内蒙古黄河以南鄂尔多斯高原的鄂尔多斯市，山西吕梁西部。鄂尔多斯盆地在地质上属华北陆块鄂尔多斯地块，是一个古生代陆表海盆地（或被动大陆边缘）及边缘坳陷与中、新生代陆内坳陷的大型叠合克拉通盆地。盆地周边断续为山系所环绕，海拔2000 m左右，盆地内部相对较低，海拔800~1800 m。

盆地内矿产资源十分丰富，煤、石油、天然气、油页岩、铀等俱全。有大小近百余个油田，除宁夏境内的马家滩油气田、摆宴井油气田、惠安油田、彭阳油田、刘家庄气田等少数油气田位于西缘断褶带上，其余油气田均分布在天环向斜、陕北斜坡上。

（二）鄂尔多斯盆地区域地质背景

鄂尔多斯盆地位于华北陆块中西部，是一个古生代陆表海盆地（或被动大陆边缘）及边缘坳陷与中、新生代陆内坳陷的大型叠合克拉通盆地。在不同时期形成了不同特征的盆地类型。地块具有双层结构，基底由太古宙及古元古代的变质岩构成，本区的结晶基底是我国最古老的陆块区之一。盖层包括中、新元古界、古生界以及中新生界，总体为一套海相碎屑岩-蒸发岩建造，盆缘存在活动构造背景的边缘相沉积，区域性缺失志留纪—泥盆纪和早石炭世沉积。晚石炭世—早二叠世早期为滨浅海碳酸盐岩、碎屑岩建造，盆地南北两侧的隆起带为主要的物源供给区；早二叠世中晚期—三叠纪发育陆缘近海湖泊—三角洲沉积（局部有海湾沉积）。侏罗纪—早白垩世早期，盆地与周缘地区水体隔绝，形成内陆湖泊—三角洲沉积；早白垩世中晚期，盆地扩展与周缘地区水体多有连通（如六盘山盆地），早白垩世末期，盆地呈现东高西低、南高北低的形态；新生代盆地周缘发育裂陷活动，形成一系列裂陷盆地，造就了现今周缘为裂陷带所围限的矩形形态。已知沉积岩层累积厚度为 5 ~ 18 km（宁夏回族自治区地质调查院，2017）。

总体，鄂尔多斯盆地是在古生代华北地台的西缘发育起来的中新生代内陆坳陷型盆地，地层沉积演化的过程实际上是区域构造运动的演化过程。

（三）鄂尔多斯盆地油气层概况

1. 鄂尔多斯盆地内主要地层

鄂尔多斯盆地内地层由老至新发育：长城系、蓟县系、震旦系、寒武系、奥陶系、石炭系、二叠系、三叠系、侏罗系、白垩系、古近系、新近系、第四系。缺失志留系、泥盆系。沉积厚度约 6000 m（表 3-1）。

表 3-1　鄂尔多斯盆地主要地层简表

<table>
<tr><th colspan="5">地层</th><th rowspan="2">油气层组</th><th rowspan="2">地层厚度/m</th><th rowspan="2">构造阶段</th></tr>
<tr><th colspan="2">界</th><th>系</th><th>统</th><th>组</th></tr>
<tr><td colspan="2" rowspan="3">新生界</td><td>第四系</td><td>全新统</td><td></td><td></td><td>280</td><td rowspan="3">喜马拉雅</td></tr>
<tr><td rowspan="2">古近系</td><td>渐新统</td><td>清水营组</td><td></td><td>1650</td></tr>
<tr><td>始新统</td><td>寺口子组</td><td></td><td>970</td></tr>
<tr><td colspan="2" rowspan="11">中生界</td><td>白垩系</td><td>下统</td><td>志丹组</td><td></td><td>1280</td><td rowspan="7">燕山</td></tr>
<tr><td rowspan="6">侏罗系</td><td rowspan="2">上统</td><td>芬芳河组</td><td></td><td>1100</td></tr>
<tr><td>安定组</td><td></td><td>250</td></tr>
<tr><td rowspan="2">中统</td><td>直罗组</td><td>油层</td><td>300</td></tr>
<tr><td>延安组</td><td>油层</td><td>300</td></tr>
<tr><td>下统</td><td>富县组</td><td></td><td>100</td></tr>
<tr><td rowspan="4">三叠系</td><td>上统</td><td>延长组</td><td>油层</td><td>1200</td><td rowspan="4">印支</td></tr>
<tr><td>中统</td><td>纸坊组</td><td></td><td>500</td></tr>
<tr><td rowspan="2">下统</td><td>和尚沟组</td><td></td><td>120</td></tr>
<tr><td>刘家沟组</td><td></td><td>380</td></tr>
<tr><td rowspan="7">古生界</td><td rowspan="5">上古生界</td><td rowspan="4">二叠系</td><td>上统</td><td>石千峰组</td><td>气层</td><td>282</td><td rowspan="5">华力西</td></tr>
<tr><td>中统</td><td>石盒子组</td><td></td><td>300</td></tr>
<tr><td rowspan="2">下统</td><td>山西组</td><td>气层</td><td>100</td></tr>
<tr><td>太原组</td><td></td><td>80</td></tr>
<tr><td>石炭系</td><td>上统</td><td>本溪组</td><td>气层</td><td>50</td></tr>
<tr><td rowspan="2">下古生界</td><td>奥陶系</td><td>下统</td><td>马家沟组</td><td>气层</td><td>1400</td><td rowspan="2">加里东</td></tr>
<tr><td>寒武系</td><td></td><td></td><td></td><td>920</td></tr>
</table>

续表

地层					油气层组	地层厚度/m	构造阶段
界		系	统	组			
元古宇	新元古界	震旦系		正目观组		180	前寒武纪
	中元古界	蓟县系		王全口组		>1000	
		长城系		黄旗口组		>1000	
	古元古界	贺兰山岩群				8000	
太古宇						9000	

2. 鄂尔多斯盆地主要含油气地层

（1）下古生界奥陶系（O）

下奥陶统马家沟组（O_1m）：盆地西部称天景山组，东部称马家沟组。为一套海水侵入台地相碳酸盐岩沉积。马家沟组大体分为6个岩性段，马5段以上地层在盆地中部多被剥蚀。仅局部见马6段地层，岩性为灰色、浅灰色泥晶灰岩。一般钻遇的地层为马5段，盆地中部、北部、东部分布较广。

马5段为产气储层，又分为10个小层，即马5_1—马5_{10}。储层分布在马5_5以上地层中。马5段在中部气田剥蚀程度和厚度不等，其岩性为深灰色、褐灰色的泥晶-细粉晶白云岩，构成盆地主要产气层的储集岩，次为深灰色次生粉晶灰岩。马5段标志层为深灰色泥晶灰岩，在马5_1底部见黑灰色凝灰质岩。

马4段上、下部岩性为深灰色泥晶白云质灰岩、灰岩，中部为深灰色砂糖状细晶白云岩夹粗粉晶白云岩。

马3段岩性为深灰色泥晶含泥白云岩、深灰色泥晶白云岩、盐岩夹薄层深灰色藻团粒白云岩，局部为泥晶含膏白云岩。

马2段岩性具有“三厚两薄”特征，即三套厚层状灰岩夹两薄层白云岩。

马1段岩性为深灰色泥晶含膏白云岩、盐岩、深灰色细粉晶含泥白云岩、深灰色藻屑泥晶质白云岩，下部为灰色泥晶白云岩、角砾状白云岩、浅灰色白云质膏岩、黑灰色泥岩互层，夹薄层鲕粒白云岩。

中奥陶统平凉组：仅分布于盆地的西部和南部边缘地带。

上奥陶统背锅山组：仅分布于鄂尔多斯盆地边缘的泾阳、陇县、固原及大青山、乌拉特前旗一带。

（2）上古生界石炭系（C）、二叠系（P）

石炭系与二叠系为连续沉积。盆地内均有沉积。

中石炭统本溪组（C_2b）：盆地西部为靖远组、羊虎沟组，东部为本溪组。岩性较杂，主要为煤层夹泥质岩、生物灰岩、铝土岩等。与太原组整合接触，有3~10 m的煤层。

中石炭统—下二叠统太原组（C_2P_1t）：盆地均有分布，分上下两段。上段为海侵形成的含生屑灰岩及海退形成的泥岩及薄煤层、灰岩、泥岩和煤层组，层内有火山灰、玻屑凝灰岩；下段以砂岩为主，岩性为灰白色石英砂岩夹少量灰岩，底部有3~5 m煤层，煤层是与下伏本溪组分界的标志层。

（3）上古生界二叠系（P）

下二叠统山西组（P_1s）：山西组与下伏太原组和上覆下石盒子组均呈整合接触，为一套河流-湖沼相含煤碎屑岩沉积。上部为灰、褐灰色泥岩、砂质泥岩夹浅灰、灰白色细砂岩；下部为灰、深灰色泥岩、砂质泥岩夹灰白色泥岩及煤层。砂岩中富含高岭石、白云母及岩屑组分。

中二叠统下石盒子组（P_2x）：下石盒子组与下伏山西组和上覆上石盒子组均呈整合接触，为一套温湿气候条件下的河流相-湖泊相碎屑岩沉积。按岩性分为盒5—盒8四段，盒7段、盒8段为浅灰色砂岩、岩屑砂岩，中-粗粒、不等粒为主。

上二叠统上石盒子组（$P_{2-3}s$）：为一套温湿气候向干旱炎热气候过渡条件下的河湖相碎屑岩沉积，按岩性分为盒1—盒4四段，盒1段为杂色泥岩，底部为中-粗粒岩屑长石砂岩；盒2段为杂色泥岩夹粉砂岩；盒3段为杂色泥岩夹薄层中-细粒长石岩屑砂岩；盒4段为灰绿色、杂色泥岩，下部灰绿色含砾砂岩。

上二叠统石千峰组（P_3q）：为一套干旱炎热气候条件下的河湖相碎屑岩。岩性以中-粗粒长石砂岩、岩屑长石砂岩为主。中、下部砂层为灰白色粗砂质中粒长石砂岩或浅灰色中粒长石砂岩，蚀变胶体状水云母孔隙型胶结或二氧化硅孔隙沉淀、隐晶质二氧化硅孔隙胶结，岩性致密。

（4）中生界三叠系（T）

下三叠统刘家沟组（T_1l）：为一套干旱气候条件下的河湖相红色碎屑岩沉积。上部灰白、浅灰、灰紫色中粒长石砂岩夹暗棕色泥质粉砂岩、紫红色泥岩近等厚互层。下部为一套成熟度低的紫灰色含砾中粒长石砂岩，富含泥砾，交错层理和斜层理发育。砂岩泥质及岩块含量较高。

下三叠统和尚沟组（T_1h）：为一套干旱气候条件下的河湖相碎屑岩沉积，岩性以紫红、灰绿色粉砂岩、粉砂质泥岩、泥岩为主，夹紫红色长石砂岩、长石石英砂岩。和尚沟组上部粉砂岩、泥岩中常含较多的钙质结核是其特征，以红色泥岩、粉砂岩结束作为本组的顶界。

中三叠统纸坊组（T_2z）：为一套河湖相的碎屑岩沉积，上部灰绿色、浅灰色粉-细粒长石砂岩与暗棕色、灰绿色泥岩互层。下部为灰绿色含砾中粒长石砂岩。泥岩造浆。砂岩普遍发育交错层理、含紫红色泥砾和砂球（《中国区域地质志·宁夏志》（2017）中称“纸坊组”为“二马营组”）。

上三叠统延长组（T_3y）：延长组是鄂尔多斯盆地内中-晚三叠世形成的一套湖泊-河流及沼泽相岩石地层，厚度为1000~1300 m，是鄂尔多斯盆地内主要含油气地层之一。岩性主要为上部灰黑、深灰色泥岩夹浅灰色细砂岩；中部为褐灰、灰黑色泥岩与浅灰、灰白色细砂岩呈不等厚互层；下部为灰黑、褐灰、杂色泥岩与浅肉红色细砂岩互层。按沉积旋回及岩性组合特征，将含油砂岩分为10个油层组，即长1—长10。

长1厚度为0~240 m，岩性为暗色泥岩、泥质粉砂岩、粉细砂岩不等厚互层，夹碳质泥岩及煤线；长2厚度为120~150 m，岩性灰绿色、浅灰色细砂岩夹暗色泥岩；长3厚度为90~110 m，岩性为浅灰、灰褐色细砂岩夹暗色泥岩；长4+5厚度为80~100 m，岩性为浅灰色粉细砂岩与暗色泥岩互层；长6厚度为120~150 m，岩性为褐灰色块状细砂岩夹灰黑色泥岩，泥质粉砂岩、粉细砂岩互层夹薄层凝灰岩；长7厚度为80~100 m，岩性为暗色泥岩、碳质泥岩、油页岩夹薄层粉细砂岩；长8厚度为70~85 m，岩性为暗色泥岩、砂质泥岩夹灰色粉细砂岩；长9厚度为90~120 m，岩性为暗色泥岩、页岩夹灰色粉细砂岩；长10厚度为280~350 m，岩性为灰色厚层块状中细砂岩、粗砂岩，麻斑结构。

（5）中生界侏罗系（J）

下侏罗统富县组（J_1f）：河流相沉积，为一套杂色的以凝灰质砂岩、粉砂岩、泥岩为主的岩石组合，以其杂色色调、含凝灰质成分的岩性特征与上覆、下伏地层相区别。整套岩性电阻率极低，扩径明显，以高声速、高伽马为特征。

富县组沉积在晚三叠世的古侵蚀面上，受古地形影响，其沉积厚度差别较大，大多缺失该套地层，延安组含煤岩系直接不整合于延长群之上。

中侏罗统延安组（J_2y）：为一套潮湿气候条件下的河流相-湖沼相为主的多旋回砂岩、泥岩、页岩和煤层组成，含植物、双壳类及孢粉化石。砂体为边滩亚相砂体、分流河道亚相砂体、三角洲前缘亚相砂体。泥岩有机质丰富，煤层、煤线与页岩频繁出现，煤层发育，碳化程度高，密度小，电性特征为高电阻、高时差、大井径；砂层以波状和透镜状层理为主，分为10个砂层带，延6、延9、延10顶部煤层稳定，为3个标志层。延10河流相沉积的底砂岩，为厚层浅灰、浅灰褐色-粗粒砂岩、含砾不等粒砂岩，测井曲线为低伽马、负自然电位异常。该组为盆地主要的含油气层。

中侏罗统直罗组（J_2z）：为一套湿热气候条件下的河流相沉积，主要由灰绿-黄绿色长石石英砂岩、长石砂岩、粉砂岩、泥岩等组成，含植物及孢粉化石。中部为中细粒长石砂岩，具板状斜层理；

下部为黄绿色含砾砂岩。该组底砂岩，测井曲线为大段低伽马、负自然电位异常。用该组底砂岩辅助卡取延9、延10油层及划分下伏地层。该组局部含油。

上侏罗统安定组（J_3a）：属干旱气候条件下的河湖相沉积，以顶界泥岩作为进入该断层的标志层。下部为灰色砂岩夹灰色泥岩，青灰色、灰黄色泥灰岩，夹少量膏质团块。电测深曲线以高伽马、高声速、高电阻为特征，分布稳定，是中生界地层对比及油层卡层的标志层。底部有山麓相和山前冲积相的沉积，岩性为红色砂砾岩，为芬芳河组（J_3ff）。

（6）中生界白垩系—新生界

侏罗纪末期的燕山运动，使鄂尔多斯地台的周缘上升，在其西半部充填沉积了白垩系保安群，为粗碎屑边缘堆积。在盆地东部山西境内未见下白垩统。

（四）鄂尔多斯盆地构造概况

1. 区域构造单元划分

鄂尔多斯盆地发育于鄂尔多斯地块之上，属于地台型构造沉积盆地。基底由太古宇及古元古界结晶岩组成，是一个周边隆起，中部下陷，内部西低东高，不对称的地史时期的沉积盆地；结晶基底的构造形态控制着沉积盖层及区域构造形态。按地层的分布形态划分为7个含油气构造单元：

1）北部伊盟隆起区：构造格局呈北高南低、东高西低的一大型西南倾斜坡，发育诸多局部构造，主要发育构造、构造-岩性气藏，主要分布在内蒙古境内。

2）西部西缘冲断构造带：总体呈南北向展布，延伸长度可达600余千米。该构造带处于我国东、西两大构造域的衔接地带和不同性质构造单元的交汇部位。东跨鄂尔多斯地块，西北部和北部与阿拉善地块被弧形展布的银川断陷相隔，西南部紧邻六盘山褶断带。在中北部宁东断层发育，局部构造北密南疏，呈北北西向束状展布，成排性强，褶皱发育，西陡东缓，呈短轴状。主要发育构造油气藏。

3）西部天环向斜（坳陷）：由下白垩统保安群组成的向斜构造，向斜轴向近南北向，常舒缓波状弯曲，长逾100 km，宽约20 km。东翼宽缓，倾角一般3°~5°；西翼较陡，倾角一般7°~9°。复向斜内部尚发育一系列宽缓的次级褶皱，局部在一翼上发育有一些小型近东西向鼻状构造。北部以短轴背斜为主，发育构造、地层油气藏。

4）中部伊陕斜坡：位于盆地中部陕西、甘肃境内，是一平缓西倾单斜，以向东开口的鼻状构造为主，主要发育古地貌气藏和岩性油气藏。

5）南部渭北隆起：主要发育构造油气藏。

6）东部晋西挠褶带：主要发育构造油气藏（图3-1）。

2. 鄂尔多斯盆地沉积-构造特征

盆地自中、新元古代海相沉积层开始，至第四纪陆相松散堆积层结束。盖层可分为4个大的构造层：

（1）盆地中、新元古代—早古生代沉积-构造特征

盆地所在的鄂尔多斯地块经历了太古宙、元古宙时期的前震旦系构造阶段，进入克拉通盆地稳定发育阶段。下部为中、新元古界—奥陶系构造层，主要由滨浅海碎屑岩-台地相碳酸盐岩地层与次深海相碎屑岩夹碳酸盐岩沉积建造组成。

（2）盆地晚古生代沉积-构造特征

早古生代末期的加里东运动使盆地整体抬升，遭受志留纪、泥盆纪、早中石炭世约一亿年的剥蚀后，进入晚古生代的华力西构造阶段，盆地在本溪（盆地西部靖远期、羊虎沟期）期接受一套滨岸沼泽相-三角洲相含煤碎屑岩沉积；太原期盆地接受一套海陆交互相为主的暗色砂泥岩夹石灰岩和煤层沉积；山西期盆地接受三角洲相的陆源碎屑含煤建造；下石盒子期发育一套河流相灰绿、灰白和紫红色泥岩与黄绿、紫红色砂岩为主的沉积；上石盒子期发育一套三角洲与湖泊相沉积，以黄绿、紫红色砂泥岩为主；石千峰期发育一套河流、三角洲与湖泊相为主的紫红色砂泥岩沉积。

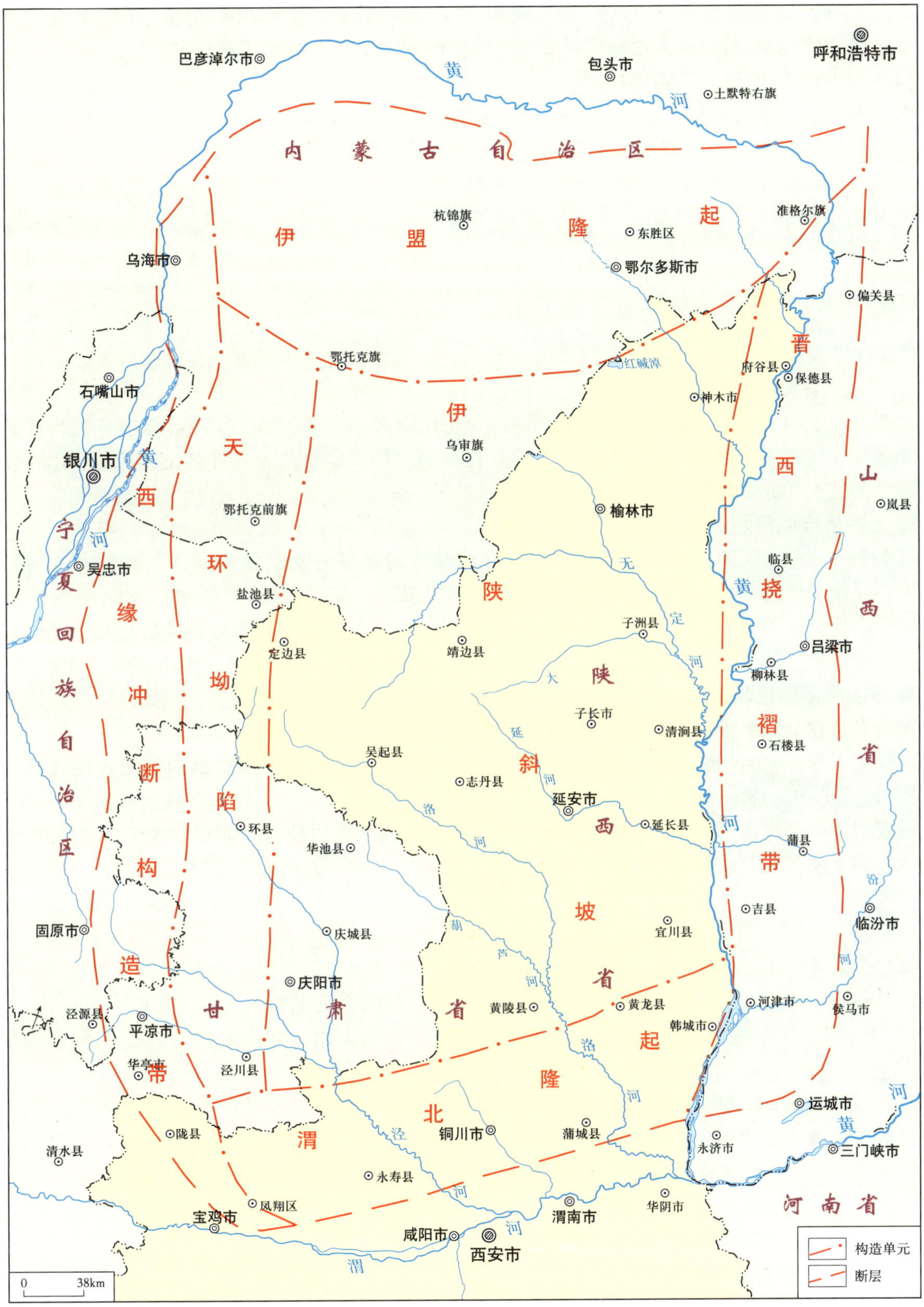

图 3-1　鄂尔多斯盆地构造区划图

(3) 盆地中生代沉积-构造特征

三叠纪盆地内沉积了一套以河湖、沼泽相为主的红色、杂色砂页岩、泥质岩；早侏罗世为一套河道充填-湖泊沼泽相沉积，晚侏罗世盆地内局部为一套山前洪积、坡积为主的红色粗碎屑岩（前陆盆地磨拉石堆积)；下白垩统志丹组是两大沉积旋回：一是由宜君组洪积相的砾岩、洛河组的三角洲相变为华池-环合组的浅湖泊相；二是从罗汉洞组的河流相演变为泾川组的湖相泥灰岩。

(4) 盆地新生代沉积-构造特征

燕山期构造运动形成贺兰山褶断带与陶乐-彭阳褶断带、天环向斜；顶部为新生界构造层，主要以继承性陆内断陷盆地河湖相沉积层为主，其次为冲洪积、风积层等，喜马拉雅期构造运动使鄂尔多斯西缘冲断带最终定型。新生代盆地断裂活动较强烈，沉积速度加快，多发育各种扇体，盆地内沉积了较厚的红土沉积；第四纪盆地抬升形成黄土高原（宁夏回族自治区地质调查院，2017）。

（五）鄂尔多斯盆地烃源岩

鄂尔多斯盆地存在下奥陶统、石炭系—二叠系、上三叠统、中侏罗统四套烃源岩。

1. 下古生界海相碳酸盐岩烃源岩

主要分布于中央古隆起西缘、北缘和南缘的平凉组下部和马家沟组二、四、五段，烃源岩主要为微晶及泥晶灰岩、泥质灰岩、泥质白云岩及含膏白云岩。烃源岩的残余有机碳含量丰度较高，有机成熟度大多已进入高成熟阶段，故以生气为主。

2. 上古生界煤系烃源岩

石炭系—二叠系气源岩主要是一套海陆交互相含煤岩系，主要发育在下石炭统本溪组、上石炭统—下二叠统太原组和下二叠统山西组，烃源岩主要由煤层、暗色泥岩和含泥的生物碎屑构成。总体分布比较广泛，面积大，厚度中等，有机质丰度较高，东、西部厚，中部薄而稳定，属于一套生气为主的烃源岩层系。

3. 中生界陆相烃源岩

主要发育在上三叠统延长组和中侏罗统延安组。

延长组以深湖-半深湖相富含有机质的暗色泥岩为主，主要发育在延长组二、三岩段（长 6、长 7、长 8 和长 4+5）。属于一套生油为主的烃源岩层系。

延安组为一套潮湿气候条件下的河流相-湖沼相为主的多旋回砂岩、泥岩、页岩和煤层组成。烃源岩主要为碳质泥岩及暗色泥岩，主要发育在延 9、延 10。属于生油为主的烃源岩层系。

（六）鄂尔多斯盆地油、气储集层

鄂尔多斯盆地主要发育了 3 套油气储集层：

1）下古生界寒武系—奥陶系海相碳酸盐岩储集层，奥陶系马家沟组气藏储集层。

2）上古生界石炭系—二叠系海陆交互相含煤碎屑岩，太原组、山西组和上下石盒子组煤系是气藏储集层。

3）中生界砂岩储集层：为一套内陆湖泊-河流相碎屑岩沉积。为侏罗系延安组和三叠系延长组砂岩储集层。延安组油层主要集中分布在底部延 9、延 10 河道砂岩中；延长组储层为湖泊三角洲沉积，储集层砂体主要发育在长 4+5、长 6、长 8、长 9 河道砂体中。

（七）鄂尔多斯盆地封盖条件及储盖层组合

1. 下古生界封盖条件及储盖条件

下古生界直接封盖层是石炭系下部的铁铝泥岩、暗色泥岩和泥质粉砂岩；间接封盖层为石炭系与山西组含煤碎屑岩和海相碳酸盐。

2. 上古生界封盖条件及储盖条件

上古生界封盖条件除上石盒子组和石千峰组泥岩为区域盖层外，山西组、太原组和下石盒子组内部广泛发育三角洲平原分流河间洼地相、沼泽相泥岩，为气层的直接盖层或侧向遮挡层。其封盖组合为自生自储和下生上储式两种储盖组合。

3. 中生界封盖条件及储盖条件

中生界盖层有长 4+5 浅湖相、湖沼相泥岩盖层，长 3 顶-长 2 下部湖沼相、河间洼地相泥岩、砂质泥岩盖层，残留的长 1 平原沼泽相泥岩、碳质泥岩和砂质泥岩；延安组上部地层的平原河沼相泥岩、碳质泥岩和砂质泥岩。

以上盖层和相邻的储油层形成了中生界自生自储、上生下储和下生上储三类储盖层。

（八）鄂尔多斯盆地油气藏类型及特点

1. 油气藏类型

鄂尔多斯盆地油气藏类型有构造油气藏、岩性油气藏、复合油气藏及水动力油气藏。

宁夏油气藏类型主要为构造-岩性油气藏。其中，红井子油田属构造-岩性油藏；大水坑油田属岩性断块油藏；马家滩油气田、马坊油田属背斜油气藏；摆宴井油气田属断块油气藏；李庄子油田属构造-岩性油藏；彭阳油田属构造-岩性油藏；姬塬油田属构造-岩性油藏；惠安油田属构造-岩性油藏；刘家庄气田和天池气田属构造气藏。

2. 油气藏特点

1）油层物性差，岩性变化大，非均质性强。其中“三低”（低渗透率、低含油饱和度、低孔隙度）是鄂尔多斯盆地油气层主要特点。

2）油层含水饱和度高，油水分异差。

3）油层低压、自然产能低，依靠注水补充能量才能开采。

4）油气藏平面分布特点：盆地南部主要以油藏为主，北部以气藏为主。

5）油气藏纵向分布特点：浅部以油藏为主，深部以气藏为主。

6）原油性质好，具有低密度、低粘度、低硫、含蜡低和高凝点等特点。

3. 圈闭类型

宁夏目前发现的油气藏主要受鄂尔多斯西缘冲断带和天环向斜控制，油气圈闭主要以背斜和断层、断块为主。

三、宁夏油藏数量

自 20 世纪 60 年代起，经过广大石油地质工作者数十年的辛勤工作，宁夏发现工业油（气）田 9 个，其中，大型 1 个，中型 3 个，小型 5 个（表 3-2）。

表 3-2 宁夏油（气）田产地一览表

编号	油（气）田名称	所在地区	油（气）藏类型	含油层	含油面积/km^2	规模	备注
1	红井子油（气）田	吴忠市盐池县	构造-岩性油藏	中侏罗统延安组、直罗组	26.0	中型	共有 5 个含油区块。35 个油层，90 个油砂体，含水饱和度 40%
2	大水坑油（气）田	吴忠市盐池县	岩性-断块油藏	中侏罗统延安组、直罗组	7.6	小型	饱和压力 0.3~2.9 MPa，含油饱和度 40%~66%
3	马坊油田	吴忠市盐池县	背斜油藏	中侏罗统延安组、直罗组	27.1（宁夏 14.3）	中型	含水饱和度 50%，饱和压力 5.3 MPa，20 个小层，56 个油砂体
4	摆宴井油（气）田	吴忠市盐池县	断块油藏	中侏罗统延安组	7.54	小型	25 个油层，28 个油沙体。含油饱和度 59%，粘度比 5.32，饱和压力 1.5~7.9 MPa
5	李庄子油田	吴忠市盐池县	构造-岩性油藏	中侏罗统延安组	2.2	小型	6 个油层组，11 个小层，24 个油沙体。含油饱和度 49%

续表

编号	油（气）田名称	所在地区	油（气）藏类型	含油层	含油面积/km²	规模	备注
6	马家滩油（气）田	银川市灵武市	背斜油藏	延长组长 8 和长 10 均有气顶存在，断层将油层割切成 10 块	3.7	小型	含油饱和度 54%
7	彭阳油田	固原市彭阳县	构造-岩性油藏	延 7、延 8、延 9 及长 3、长 8	59.9	中型	
8	姬塬油田	吴忠市盐池县	构造-岩性油藏	长 2、长 4+5、长 6_1、延 9、延 10	329.38	大型	
9	惠安油田	吴忠市盐池县	构造-岩性油藏	上三叠统延长组长 8	7.604	小型	油藏有效厚度 21.0 m，孔隙度 9.2%，含油饱和度 49.1%，原油密度 0.832 t/m³，属低含硫、低质常规原油

四、宁夏油藏地理分布

宁夏油藏位于鄂尔多斯盆地西缘冲断构造带和天环向斜，是长庆油田的重要组成部分。油（气）田主要分布在东部的灵武市、吴忠市盐池地区和固原市彭阳地区，其中，马坊油田和姬塬油田大部分在陕西省（图 3-2）。

五、油（气）藏类型

根据“中国矿产地质志”矿床（成因/工业）类型划分表，石油属于外生矿床（Ⅰ级）—沉积作用矿床（Ⅱ级）—生物化学沉积型（Ⅲ）。进一步依据《矿产资源工业要求参考手册（2021 年）》，油藏分类以其地质特征、油气藏的流体及其分布特征以及圈闭成因等为分类依据，油藏类型划分为构造油气藏、地层油气藏、岩性油气藏等类型。宁夏油气藏主要为构造-岩性油气藏。

六、石油（天然气）地质储量

截至 2016 年底，宁夏各油（气）田累计探明石油地质储量 22834.23×10^4 t，天然气储量 6.029×10^8 m³（表 3-3）。

七、油气勘查与开发

宁夏油气勘探始于中华人民共和国成立之后。1950~1953 年开始在宁东地区灵武-盐池一带开展普查工作，1956~1958 年发现有利构造，1960 年率先在李庄子和马家滩获得工业油流，1965 年开始试采。1966 年发现红井子油田，1967 年发现马坊油田，1968 年，长庆石油公司石油勘探队在马坊村钻探成功的一口喷井——“盐九井”，日产原油 80 多吨。盐九井由此被誉为宁夏石油产业“第一井”。1969 年发现刘家庄气田，1973 年发现摆宴井油田，并相继获得工业油流。这些油田单个原油地质储量 46×10^4~1471×10^4 t，并于 20 世纪 70 年代初先后投入开发。为进一步开发鄂尔多斯盆地石油资源，1970 年 11 月，国务院、中央军委决定由兰州军区领导陕甘宁石油会战，成立兰州军区长庆油田会战指挥部，宁夏为第三分指挥部，进一步扩大了灵武、盐池地区含油面积，从而为慷慨激昂的红井子石油会战奠定了开发基础。1998 年 1 月 1 日李庄子、马家滩油田关停，2001 年马坊油田关停。

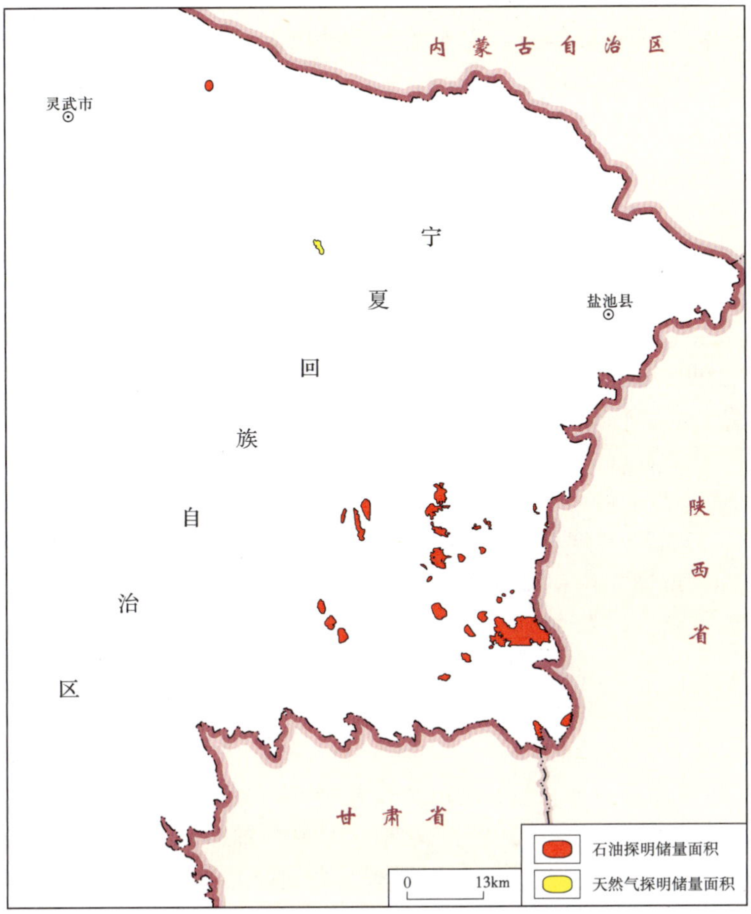

图 3-2　宁夏主要油（气）田分布示意图

（据中国石油长庆油田分公司，2017）

表 3-3　截至 2016 年底宁夏油气资源探明储量表

类别	油田	含油面积/km^2	地质储量/10^4 t	类别	气田	含气面积/km^2	地质储量/10^8 m^3
石油	大水坑	7.60	398.20	天然气	刘家庄	1.10	1.90
	红井子	26.00	1470.73		红井子	26.00	1.829
	李庄子	2.20	149.59		大水坑	7.60	0.40
	摆宴井	7.54	674.94		摆宴井	7.54	1.40
	马家滩	3.70	226.04		马家滩	3.70	0.50
	马坊	27.1（宁夏 14.31）	1048.7（宁夏 74.39）		天池		
	姬塬	329.38	17668.49（宁夏 1202.59）		合计	45.94	6.029
	彭阳	12.93	1088.07				
	惠安	7.604	109.47				
	合计	424.054	22834.23				

随着长庆油田公司对以上区域油气资源的开发利用，该地区成为宁夏境内的石油城。目前，这些油田均已成为中高含水期老油田，主要依靠开采技术的不断提高开采剩余油。1999 年起，中石化华北分公司在摆宴井油田周边发现了新的油藏，扩大为宁东油田（包括：原有的摆宴井油藏，新发现

的环池油藏和宁东3号、5号油藏等），使该地区有了新的开发热点。自2000年9月，长庆油田分公司在彭阳县北部孟塬、冯庄等地勘探地下石油和天然气资源以来，至2006年6月，已在冯庄等多个地区发现石油，共部署勘探井、评价井、生产井52口，具有工业油流的油井10口，日产原油36 t，成为宁夏南部又一新的油气开发热点。2006~2009年，中石化胜利油田分公司在盐池县惠安油田完成钻探井及油藏评价井29口，于2015年提交了地质储量。

第二节　油田分论

宁夏境内主要含油层系为中侏罗统延安组，其次为中侏罗统直罗组和上三叠统延长组。

侏罗系河道砂岩含油区是宁夏石油勘探中最早勘探开发的目的层系。其中，直罗组为一套厚约250 m的砂泥岩互层的干旱型河流浅湖，储层岩性主要为细-中粒长石砂岩，渗透率5~450 mD❶，物性好；延安组是一套厚约300 m的河流沼泽相砂泥岩间互的煤系，其自上而下划分为5个岩性段，油田系统将延安组自上而下划分为延1—延10共10个油层组，其对应关系为延Ⅰ段（延10、延9）、延Ⅱ段（延7、延8）、延Ⅲ段（延6）、延Ⅳ段（延4+5）、延Ⅴ段（延3、延2、延1）。由于印支运动及直罗组早期河流冲刷侵蚀作用，延安组顶部地层常不同程度的缺失。沉积演化经历了辫状河沉积→曲流河沉积→河湖三角洲沉积（延9、延6）→河流为主的沉积体系（延4+5）。储层岩性主要为长石砂岩和石英砂岩，平均孔隙度17.0%~19.0%，平均渗透率5~460 mD。李庄子、大水坑、摆宴井侏罗系油藏均发育于断鼻构造上，红井子、马坊侏罗系油藏则发育于天环坳陷内小型鼻状褶皱上。油藏具有规模小，产量高的特征。

延长组主要含油层系为长9、长8、长6、长4+5油层组。长9受西北物源控制，发育辫状河三角洲沉积体系，分流河道较发育，粒度较粗，以中-细砂岩为主，河道砂体单层厚度较大，一般为20~30 m，在平面上厚层砂体连片分布，河道横向宽度为10~25 km，平均孔隙度12.6%、渗透率20.5 mD，储层物性较好。主要发育岩性-构造油藏。长8、长6、长4+5期发育分流河道及水下分流河道砂体，砂体分布稳定，延伸距离远，厚度5~20 m。长8_2储层平均孔隙度11.6%，渗透率1.65 mD。长8_1、长6、长4+5储层物性相对较差，局部发育高渗储层，主要为岩性油藏。

由于宁夏石油均受鄂尔多斯西缘构造带和天环向斜控制，成藏地质条件相同、构造相同、成藏类型相同，油气藏均属陆相生物化学沉积型油藏，下面选择红井子油（气）田作为重要油田进行论述，其他油田仅作为一般油田概略介绍。

一、红井子油气田

红井子油气田位于宁夏盐池县大水坑镇及陕西省定边县红柳沟境内。油田东西长30 km，南北宽14~20 km，面积约500 km^2，具工业开采面积36.9 km^2。油田由王家场区、红四区、红八区、盐23井区4个独立油区组成，各油区面积1.35~13.64 km^2，相距3~10 km。地面高程1450 m，地形起伏不大，交通便利。

1955~1966年，西北石油管理局陕北地质勘探大队在灵武盐池一带油气勘探时于红井子发现王家场井区鼻隆构造。油田地质勘探始于1967年，1969年试油成功，且在延2油层获得39.77 t高产油流，1971年发现红四井区和盐23井区并获得工业油流。经过多年地质工作与综合研究，提交原油地质储量1470.73×10^4 t，为中型油田。红井子油田是有着40余年开发历史的一个老油田。1976年，红井子作业区投入开发，原油日产量曾最高达500余吨。由于红井子油田属于典型的低渗、低压、低丰度“三低”油气藏，地下情况极为复杂。21世纪初，开采难度加大，原油日产量降到200余吨、全年原油产量最低时仅有8×10^4 t。2009年，随着长庆油田采油三厂对红井子作业区低渗透油藏的重新

❶ 1 mD≈0.987×10^{-3} μm^2。

认识，通过采用打新井、深井、水平井分层采油技术，运用超前注水技术稳定地层能量，实施压裂加沙技术保持岩层渗透率等提高单井产量，走出了一条“老油田、新突破”的道路。2010 年总产量 10×10^4 t，2011 年突破 20×10^4 t，2012 年跨越 40×10^4 t，2013 年冲击 60×10^4 t 大关。

（一）区域地质

1. 地层

红井子油田位于鄂尔多斯盆地与西缘冲断带过渡位置，地层属华北地层区（$Ⅲ_4$），鄂尔多斯西缘地层分区（$Ⅲ_4^1$），桌子山-青龙山地层小区（$Ⅲ_4^{1-2}$）和鄂尔多斯地层分区（$Ⅲ_4^2$），盐池-环县地层小区（$Ⅲ_4^{2-1}$）。油田大部分被第四系覆盖，钻遇地层由上至下有第四系、渐新统清水营组、下白垩统保安群、上侏罗统安定组、中侏罗统直罗组和延安组、上三叠统延长组。

2. 构造

油田大地构造位置处于华北陆块（$Ⅲ_5$）鄂尔多斯地块（$Ⅲ_5^1$）鄂尔多斯西缘中元古代—早古生代裂陷带（$Ⅲ_5^{1-1}$）和鄂尔多斯中生代坳陷（$Ⅲ_5^{1-2}$）内，鄂尔多斯盆地天环向斜北端的西倾单斜上。

3. 岩浆岩

油田内没有岩浆侵入活动。

（二）油田地质

1. 地层

红井子油田内含油地层主要为侏罗系，自下而上为延安组、直罗组、安定组。

1）延安组：为一套潮湿气候条件下的河流相-湖沼相碎屑岩沉积，主要岩性为灰白色砂岩、灰黑色泥岩、页岩互层，下部夹煤层。砂岩以硬砂质长石石英砂岩、长石砂岩为主，中细粒，可见半棱角状砾石和少量的铁质结核，分选差，钙质胶结，多见厚层状；泥岩及页岩，一般为黑灰色，局部见黄绿色，夹煤线，含植物化石碎片，与上覆直罗组整合接触，为油田主要含油层位。

2）直罗组：为一套湿热条件下的河流相碎屑沉积，主要岩性为灰绿、黄绿色长石砂岩、粉砂岩、泥岩组成，含植物及孢粉化石，以黄绿色调和基本不含煤与上下地层相区分。砂岩上粗下细，含少量云母，具铁质结核，分选差，钙质胶结，厚层状底部砂岩厚度为 37 m；砂质页岩及泥岩以灰绿色为主，含少量云母及碳酸钙，上部可见棕红色泥岩，页岩风化后多呈碎片，局部含油。

3）安定组：为一套干燥炎热条件下沉积的河流相碎屑岩，主要岩性为棕红色、棕黄色砂质泥岩，泥岩中夹少量砂岩，砂岩一般为棕黄色，中细粒，砂岩底部常具有细砾岩，中厚层状，不含油。

2. 构造

红井子油田位于鄂尔多斯盆地天环向斜中段的西倾单斜构造上，是一个平缓的西倾单斜构造，倾角 0.5°~1°。全油田有 3 个小型鼻褶，将油田分为 4 个主要开发区（王家场区、红四井区、红八井区和盐 23 井区），控油面积约 50 km^2，顶部闭合面积约 12 km^2，闭合高度约 25 m。构造与岩性配合，使油气富集在鼻褶顶部及西南斜坡带上，形成了王家场、红八、红四及盐 23 和盐 21 井区（图 3-3）。

3. 沉积相与储层特征

多套生油岩是红井子油田高产富集的物质基础，印支晚期古侵蚀残丘背景上发育的差异压实构造是油气相对富集的有利场所，纵向上砂泥岩频繁交互与侧向岩性相变构成红井子大面积复合连片成藏的地质背景。

延安组具有自生自储条件，在储油层中，渗透砂岩厚度一般为 200 m，含油井段安定组至延安组地层厚度达 800 m，含油层埋深 1750~2050 m，油层平均有效厚度 5.7~10.8 m，有效孔隙度 18.3%，空气渗透率 5.0~458.8 mD，渗透率变异系数 0.837，含水饱和度 40%，饱和压力 0.7~3.8 MPa。应用各种电测曲线与录井资料，以全油田分布稳定，电性上有明显特点的煤层作为标准层进行油层对比，共划分出 10 个油组，自上而下命名为延 1—延 10 油组。

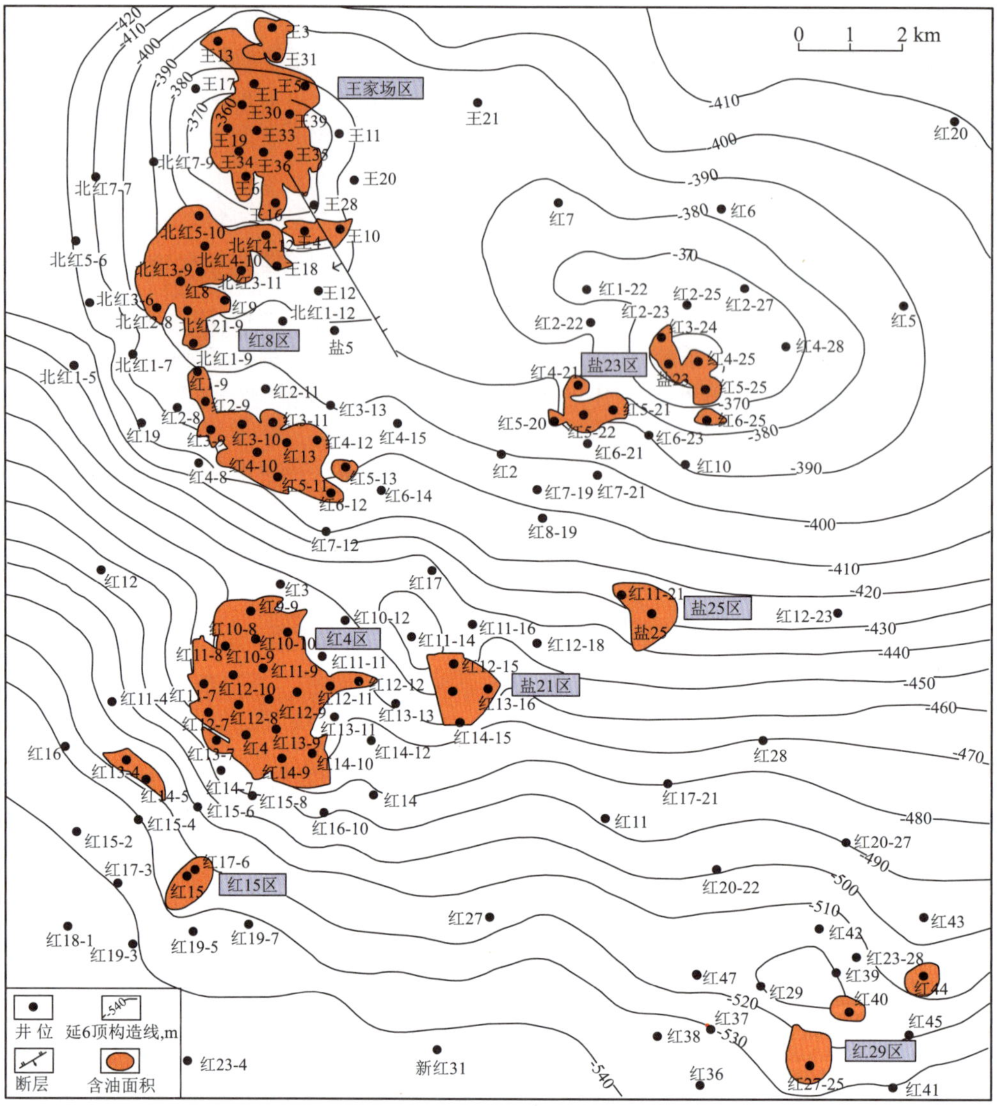

图 3-3　红井子油田构造井位图

（据《中国油气田开发志》总编纂委员会，2011）

直罗组含油层划分为直 2、直 3、直 4 共 3 个油组，13 个油层，31 个油砂体，埋藏深度 1500～1700 m，孔隙度、渗透率同延安组。

红井子油田共划分为两个砂层组，即直罗组和延安组，有 40 个油层（直罗组 13 个，延安组 27 个），104 个油砂体（直罗组 25 个，延安组 79 个），其中王家场井区延 2、延 3、延 5，红四井区延 5，红八井区延 3 分布较广，产油高储量也大，是该油区主力油层。王家场井区、红八井区、红四井区是红井子油田主要产油区（《中国油气田开发志》总编纂委员会，2011）。

4. 油藏特征

油藏类型多为构造-岩性油藏，加上构造平缓、物性差、油水分异差及纵横两向非均质性明显，故油水关系极为复杂。自然能量较小，溶解气量小，除延 10 及少数底水油藏（直Ⅳ^2、延 5）外，大多数油藏以岩性封闭为主，岩性封闭长度占整个油藏周长的 30%～60%，因此水驱及溶解气驱条件差。

5. 流体性质与渗流特征

（1）流体性质

原油性质较好，为低密度 0.841～0.865 g/cm^3，低硫 0.06%～0.11%，含蜡 12.4%～19.1%，凝固

点 12~25℃的石蜡基原油，地层水矿化度随着油层埋深而增大，多为 CaCl、$NaHCO_3$ 和 Na_2SO_4 型水。

原始气油比 3.7~37.2 m^3/t，体积系数 1.075。天然气中甲烷含量 31.1%~73.0%，氮气含量 13.5%~14.0%（表 3-4）。

表 3-4 红井子油田油藏综合数据表

生产层系	直罗组、延安组	油水粘度比（王家场）	10.4
埋藏深度/m	1500~2200	原始地层压力/MPa	16.19
有效厚度/m	7.6	饱和压力/MPa	1.78
含油面积/km^2	26	原始汽油比/($m^3 \cdot t^{-1}$)	3.7~37.2
地质储量/10^4 t	1471	原油含蜡量/%	13~19.1
孔隙度/%	18.3	原油体积系数	1.075
渗透率/mD	210	原油压缩系数	—
油层温度/℃	51~74	原油含硫量/%	0.02~0.10
地层原油粘度/(mPa·s)	3.7	流度	0.057
地层原油密度/($g \cdot cm^{-3}$)	0.849	原始驱动类型	边底水驱动（弹性驱动）

（2）渗流特征

经试验可知，油层亲水程度受孔隙结构控制，吸水量随渗透率和孔喉平均半径的增大而减少；驱油效率与油层孔隙结构密切相关，在同一注水倍数下，大孔喉含量越大，无水期驱油效率越高，反之，驱油效率越低。

（3）油层压力、温度

油层原始压力 14.61~17.6 MPa，压力系数 0.84~0.86，属于同一压力系统。油层温度 51~74℃，属正常地温。饱和压力 0.66~3.76 MPa，平均 1.78 MPa。

6. 油田探明资源储量

红井子油田自 1967 年发现后，仅王家场油田经详探、开发和加密调整多次复核，从 1971 年至 1978 年共进行 7 次处理计算，采用井距、试油、取芯各项参数合计计算方法，确定油田储量为 518×10^4 t，达到了 2 级地质储量的要求。截至 2016 年底，整个红井子油田核实含油面积 26.0 km^2，地质储量 1470.73×10^4 t（表 3-5）。

表 3-5 红井子油田探明资源量表

区块	层位	已探明					
		面积/km^2	原油			溶解气	
			地质储量/10^4 t	可采储量/10^4 t	采收率/%	地质储量/10^8 m^3	可采储量/10^8 m^3
王家场	直 2、延 2—延 8、延 10	5.3	516.15	169.15	32.8	0.19	0.06
红四区	直 2、延 2—延 6、延 8、延 10	7.4	372.76	52.34	14.0	0.60	0.08
盐 21 区	直 2、延 3—延 6、延 8—延 10	1.5	61.18	8.51	13.9	0.11	0.02
红八区	直 2、延 2—延 6、延 8—延 10	7.3	382.3	55.3	14.5	0.49	0.07
盐 25 区	延 10	1.5	57.97	6.0	10.4	0.30	0.03
盐 23 区	直 2、延 4、延 6、延 8—延 9	1.8	57.33	5.93	10.3	0.10	0.01
沙涧	延 6	1.2	23.04	5.01	21.7	—	—

（据《中国油气田开发志》总编纂委员会，2011）

（三）各含油区特征

1. 王家场油区

油区为北北西轴向鼻状隆起，构造高点在王 19、王 33、王 34 之间，南北构造极缓，鼻翼两端倾角 0.5°，东西两翼倾角 1°，闭合高度 25 m，闭合面积 12 km^2，查明含油面积 6.68 km^2。

含油层直罗组，埋深 1500~1650 m，具 9 个油层组，12 个油砂体；延安组，埋深 1750~2000 m，12 个油层组，18 个油砂体。油层平均有效厚度 10.8 m。构造顶部油层多、厚度大，向翼部变薄。

地面原油密度大、粘度低、低硫、含蜡、凝固点高。直罗组平均渗透率 299.3 mD，延安组为 136.8 mD，延安组原油较直罗组好。

2. 红四油区

油区位于西倾单斜上的一个鼻褶构造，由于古鼻褶及古凹槽的存在，对该区延安储集层分布及油气富集均起着明显控制作用。该区延 8、延 6、延 5、延 4 及延 2 均为上倾方向岩性遮挡的构造岩性油藏。控制面积 24 km^2，含油面积 9.24 km^2。

含油层直罗组埋深 1600~1800 m，具 2 个油层组，2 个油砂体；延安组埋深 1700~2200 m，14 个油层组，23 个油砂体。油层总厚度 105.8 m，油层平均有效厚度 6.2 m。其油层多，油砂体多，但叠合程度差（图 3-4）。

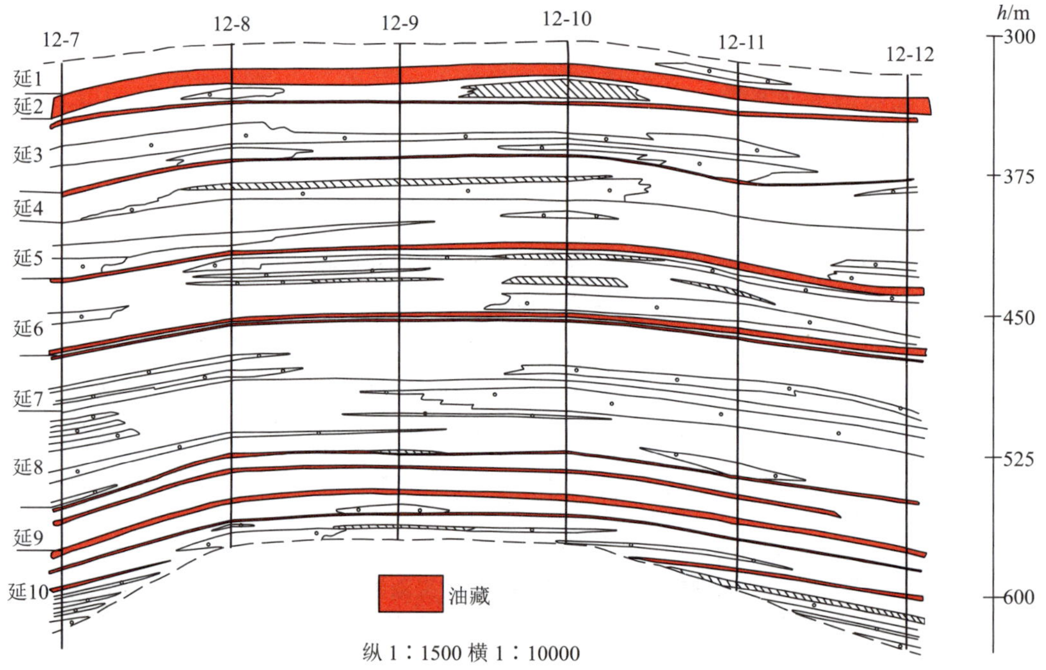

图 3-4　红井子油田红 4 中区油水剖面图

（据长庆油田三分部研究所，1979，有修改）

地面原油密度大、粘度低、含蜡、凝固点高，地下原油粘度低、油气比小、饱和压力低。

3. 红八油区

油区位于王家场隆起的西南斜坡，西南陡东北部变缓，平均坡降约 0.01，内部未发现断层。油区总体构造为一鼻状隆起，由 6 个小型鼻状构造组成，每一构造长度 2~3 km，宽度 1 km。油区南北长 6 km，东西宽 5 km，控制面积 30 km^2，含油面积 9.47 km^2。

含油层直罗组和延安组，具 18 个油层组、27 个油砂体，其中延 5 油层组为主力油层。油层总厚 170 m，平均有效厚度 5.7 m。南区油层多，厚度大；北区油层分布局限、重叠性差、油层厚度小而变化大，但具主力油层。

直罗组油层渗透率较高，一般大于 80 mD，最高达 828.9 mD。延安组渗透率较低，一般小于 40 mD，最高达 176.2 mD。地面原油密度小、粘度低、含蜡、凝固点高。地下原油饱和压力及原油密度小（图 3-5）。

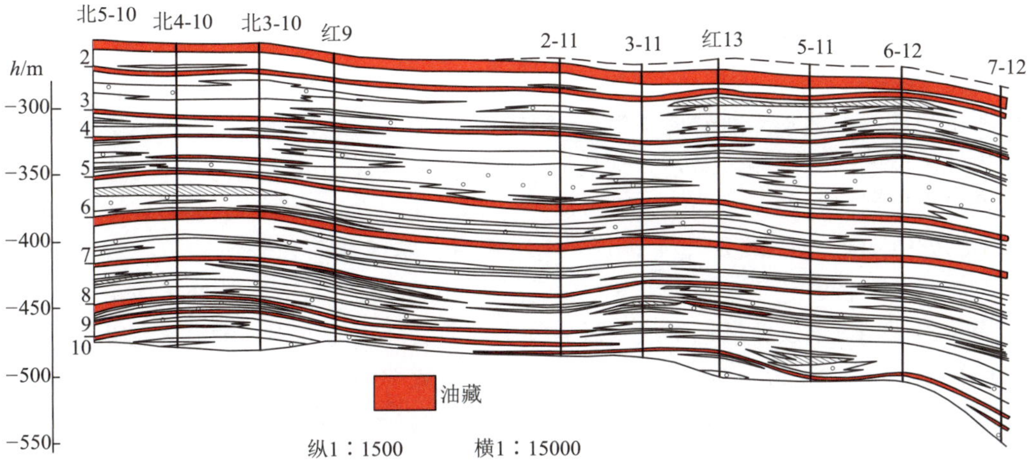

图 3-5　红井子油田红 8 井区北 5-10-7-12 井油水剖面图

（据长庆油田三分部研究所，1979，有修改）

4. 盐 23 井区

油区位于西倾单斜背景上发育的一个为鼻褶构造，北东向展布，鼻褶东北部较宽，向西南部的下倾方向逐渐变窄，长 3.5 km，宽 2.4 km，鼻褶高点于盐 23 井及盐 4-25 附近，闭合幅度 12 m，闭合面积 1 km^2。鼻褶两翼为油气富集重要场所。

含油层位为直罗组和延安组，计 14 个油层组、21 个油砂体。延安组为主要油层。其具油层多、叠合少、连片差、面积小特点。

地面原油密度小、粘度低、含蜡高、凝固点高。地下原油溶解气量少。

（四）油藏类型

红井子油气田油藏类型为构造-岩性油藏。

（五）成藏阶段划分

第一阶段：中晚三叠世，延长组沉积形成烃源岩。

第二阶段：早白垩世末，上三叠统延长群的烃源岩（主要为长 7）埋藏达到一定温度条件，产生烃类物质，迁移进入合适的圈闭空间保存，才聚集成油气藏。

（六）成藏物理化学条件

早期成岩作用温度为 51～74℃，渗透压 0.25～0.65，烃源岩未成熟至半成熟；中期成岩作用温度为 80～170℃，渗透压为 0.65～1.5，烃源岩进入成熟期，可大量形成石油；晚期成岩作用温度为 170～200℃，渗透压为 1.5～2.5，烃源岩进入超成熟期，在高温高压作用下一般只形成干气。

（七）成藏机制和成藏模型

早白垩世末，上三叠统延长群的烃源岩（主要为长 7）达到生烃高峰，在厚层泥岩的封闭下，开始增压并形成异常压力。燕山运动晚期形成的大量逆冲推覆断层破坏了西部封盖层的完整性，使之泄压，变成近正常的压力系统；由于断层的活动与生烃高峰基本一致，压力的泄漏和变低意味着油气的向上聚集成藏。断层沟通了烃源岩与不同层位储集层的接触。根据盖层的分布特征、距烃源岩的距离及成因储层特征，在垂向上可划分出 3 种储盖组合：源内组合、远源组合和源外组合。源内组合指长 7 为烃源岩，延长群三角洲前缘砂岩为储层，盖层主要为长 7 和长 4+5 的湖侵泥岩；远源组合是以延 10—延 8 地层中的三角洲平原砂岩为储层，盖层主要为延 7 的区域性泥岩；源外组合指长 4+5 以上三角洲平原或河道砂岩为储层，局部泥岩地层为盖层。由于沉积环境、构造作用及距油源距离对这 3 种组合的控制因素不同，它们具有各自的组合特征。从延长群到延安组，储层物性及产量向上变好或增加，但储量向上变小。

区域地质研究认为，鄂尔多斯盆地中生界的主要生储油层是延长群，延安组次之；二者下上叠置构成了中生界最主要的两套生储盖组合。延长群沉积时，本区油田处于湖盆西北角的最有利生油区，深湖相沉积发育，生油岩厚度大（150~430 m），有机质含量丰富（剩余有机碳 1.57%~2.08%），成熟度高，烃/碳转化率高，油气资源丰富。延安组沉积时，本区油田处于河流沼泽相带发育区，煤层和暗色泥岩发育，主要目的层延 9—延 8 为一套泛河流相的沉积，油田当时处于该泛河流相的滨河浅滩亚相与河漫湖沼亚相进退发育区，形成了砂岩间夹泥质岩和煤的沉积，随后被延 8 期一套厚的泥质岩夹煤地层所覆盖；在后来的演化过程中，下部延长群生成的油气沿着下上叠置的砂层、断层或裂缝以及古侵蚀面等通道向上运移进入延 10 中的河道砂体，受上覆厚的泥质岩层的有效遮挡和断背斜构造的有效圈闭而聚集成藏，形成了完整的下生上储式的生-储-盖组合（图 3-6）。

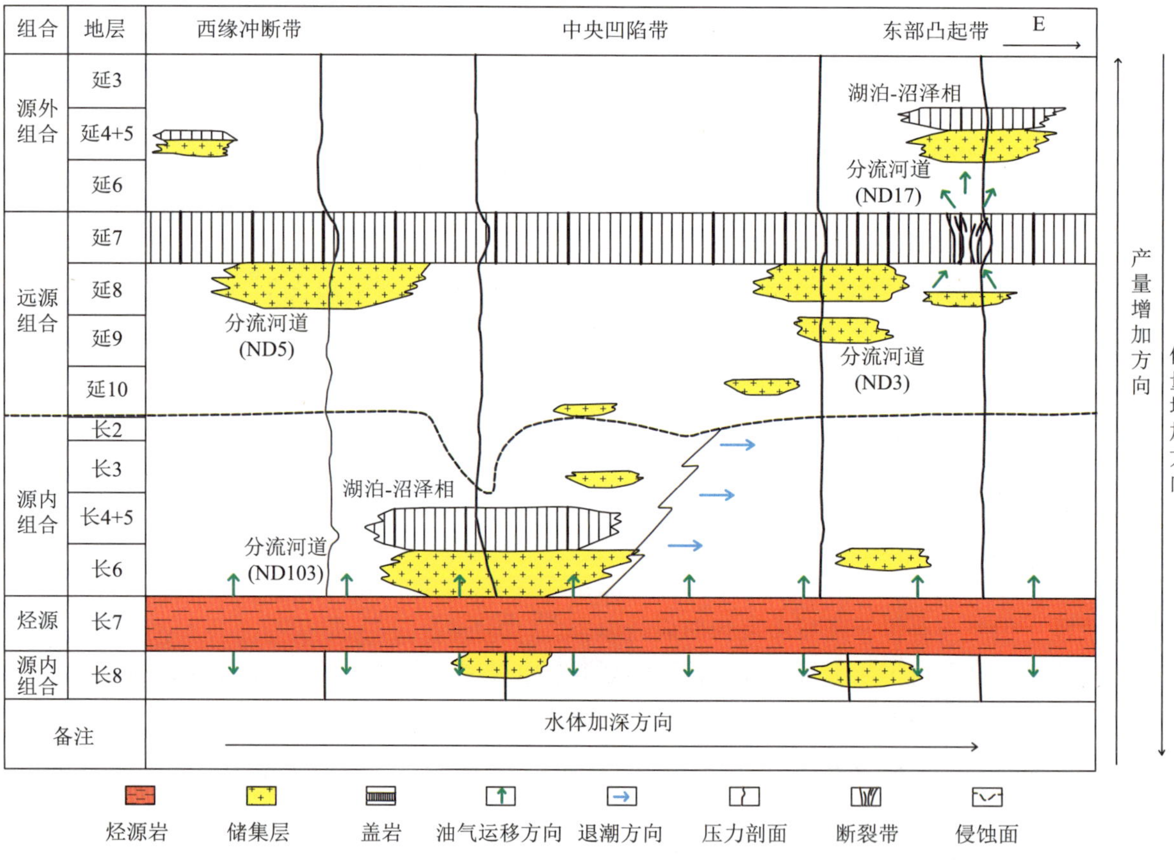

图 3-6 宁东地区油田的生-储-盖组合模式

（据丁晓琪等，2009）

有机质类型综合评价认为：本区延安组烃源岩有机质类型以Ⅲ型为主，延长群有机质类型以$Ⅱ_2$型为主，延长群有机质类型优于延安组。

二、马坊油田

马坊油田位于鄂尔多斯西缘中部，宁夏吴忠市盐池县大水坑镇红井子乡和陕西省定边县红柳沟乡境内。

1967 年，玉门石油管理局银川石油勘探处经地震详查发现构造；1968 年开始钻探，同年 9 月在盐 9 井延 5 油层中，获 77.0 m^3 工业油流；1969～1976 年详探，进一步证明了本区为一油气富集的鼻状构造；1977～1978 年，长庆油田会战指挥部集中力量钻探，至 1979 年 1 月底完成钻井 165 口，试油 141 口，日产大于 100 m^3 油井 17 口，坊 23-201 井单井最高日产量达 288 m^3。探明面积 27.1 km^2（其中宁夏境内 14.3 km^2，陕西境内 12.8 km^2）。探明地质储量 1048.7×10^4 t（其中宁夏境内探明地质储量 74.39×10^4 t）。查明主要含油层系为侏罗系延安组和直罗组，油层埋藏深度 1362.2～1953.0 m，油层中部平均埋藏深度 1850 m，单井油层平均有效厚度 9.9 m。油层岩性以细-中粒长石石英砂岩为主，含砾石。

（一）油田构造特征

在地质构造上，马坊油田位于鄂尔多斯中生代坳陷天环向斜东侧，侯家河马坊鼻状隆起的南部，为一向东南倾斜的低缓鼻状构造，南高北低起伏明显，东西宽 3～5 km，南北长为 14 km，圈闭面积约 60 km^2，隆起幅度 10～20 m，闭合高度 5～17 m，地层倾角 1°左右，整个鼻状隆起是在延长组顶侵蚀面古残丘上继承发育起来的，其构造虽有一定的方向性，但由于构造极为平缓，形态很不规则。该油田构造分为南、中、北 3 个局部构造区，各构造区均有隆起幅度不大的高点，配合岩性条件形成含油富集的圈闭（图 3-7）。

南区隆起幅度较大（陕西境内），为一短轴背斜，长度 6 km，宽度 1.5～2 km，构造圈闭面积 11 km^2，圈闭幅度 20 m，属岩性-构造圈闭，具备良好的油气圈闭条件。

中区构造平缓（宁陕交界处），隆起幅度小，为一不规则状构造圈闭区，有两条北西—南东向构造带，之间为一不规则的平缓向斜相隔。构造带幅度 5～10 m，长度 6.5 km，宽度 1.5～3 km，构造面积 6.8 km^2；含油受两条构造带控制，中间平缓向斜不含油。

北区构造较平缓（宁夏境内），面积较小，圈闭面积 3.6 km^2，幅度 10 m，轴向北西，长度 3 km，宽度 0.7～1.6 km，含油分散，局部砂层突然增厚，岩性变好，形成局部披覆构造，属岩性圈闭。

（二）沉积相与储层特征

马坊油田含油层系为侏罗系直罗组和延安组，且以延安组为主。侏罗系厚 650 m，按沉积旋回和岩电组合关系划分为直Ⅱ、直Ⅲ、延 3、延 4、延 5、延 6、延 8、延 9、延 10 共 9 个油组，24 个小层，62 个油砂体，平均厚度 9.9 m。

直罗组为一套河流相沉积的砂泥岩互层。地层厚 350 m。中下部含油，多为局部岩性圈闭油藏，分直Ⅱ和直Ⅲ 2 个油组，4 个小层，6 个油砂体，平均有效厚度 3.6 m，均为油水层，综合含水 80%，为一低产高含水层，含油面积 0.9 km^2，含油仅占总储量的 3.7%。

延安组油层为一套砂泥岩夹煤层的河流-沼泽相沉积，地层厚 300 m，分延 3—延 10 共 7 个油组 20 个油层，56 个油砂体。其中延 8、延 9、延 10 是 3 个主要油组，占总储量的 90.9%。

延 10 油层为辫状河道沙坝砂，厚度 4～19 m，以正韵律为主，岩性以灰白色中-粗粒长石石英砂岩为主，粒度中值 0.3～0.5 mm，分选较差，次圆-次棱角状，呈支架状排列泥质孔隙型胶结，胶结物含量 12%～14%，成岩后作用明显，石英次生加大普遍。油层物性变化大，非均值性强，砂岩中夹有分布不一的泥质岩或低渗致密砂岩夹层，平均渗透极差达 76 倍，纵向上相差 20 倍以上。变异系数 0.86，非均质系数 2～7，平均空气渗透率 66.0 mD，有效孔隙度 15.8%。

延 8、延 9 油层为分流河道点坝砂，剖面为透镜状，平面呈条带状分布，厚度 3～10 m，岩性为灰色含砾粗、中、细混粒长石石英砂岩，粒度中值 0.2～0.5 mm，次圆状和半棱角状，呈支架状结构，分选差。泥质孔隙型胶结，胶结物含量 10.2%～16.2%，油层物性差，有效孔隙度 14.0%～17.0%，空气渗透率 8.0～53.6 mD（图 3-8）。

据延 8、延 9、延 10 层 43 块样品毛管压力曲线分析，储集层孔隙喉道半径中值一般为 0.5～3.0 μm，平均喉道半径 1～10 μm，排驱压力 0.02～0.5 MPa。孔喉分选较差，退汞效率低，分选系数

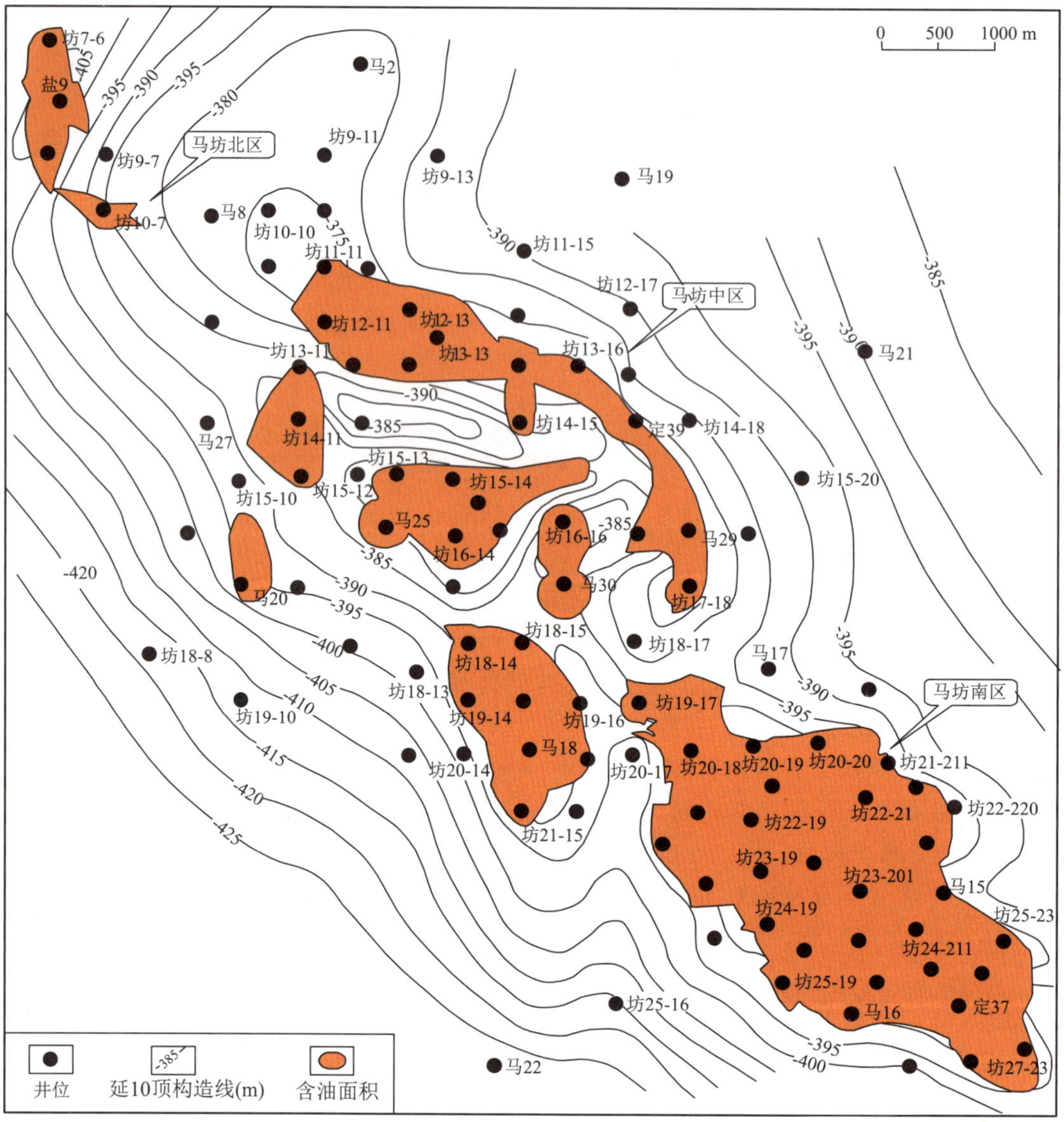

图 3-7　马坊油田构造井位图

（据《中国油气田开发志》总编纂委员会，2011）

1.64～4.33，退汞效率 25%～43%。

延 8、延 9 为不均匀和混杂孔喉型，分选系数 1.75～3.08，延 10 以不均匀孔喉型为主，分选较差，分选系数 2.15～2.90，高渗段为混杂孔喉型，分选系数 3.19～4.11。以毛管压力概率曲线计算，易流动孔喉仅占 20%～40%，也反映驱油效率低。

延 8、延 9、延 10 储层平均原始地层压力为 14.43～16.57 MPa，油层平均稳定 66.0℃。

（三）流体性质与渗流特征

1. 原油性质

原油属石蜡基原油，含硫量 0.03%～0.05%，含蜡 11%～24%，凝固点 14.7～19.9℃，地面原油相对密度 0.847。地下原油粘度 2.33 mPa·s，油水粘度 3～4.7，体积系数 1.13，饱和压力 3.9 MPa，原始气油比 30.5 m^3/t，沥青质含量 0.9%～2.145%，300℃以前馏分一般为 10.5%～21.8%，属低饱和油田。

该油田原油具“三低二高”特点（低密度、低粘度、低含硫，高含蜡、高凝点）。随着埋藏深度的增大，原油密度、粘度变小，在平面上延 9、延 10 油层的原油物性南区较中区和北区好。

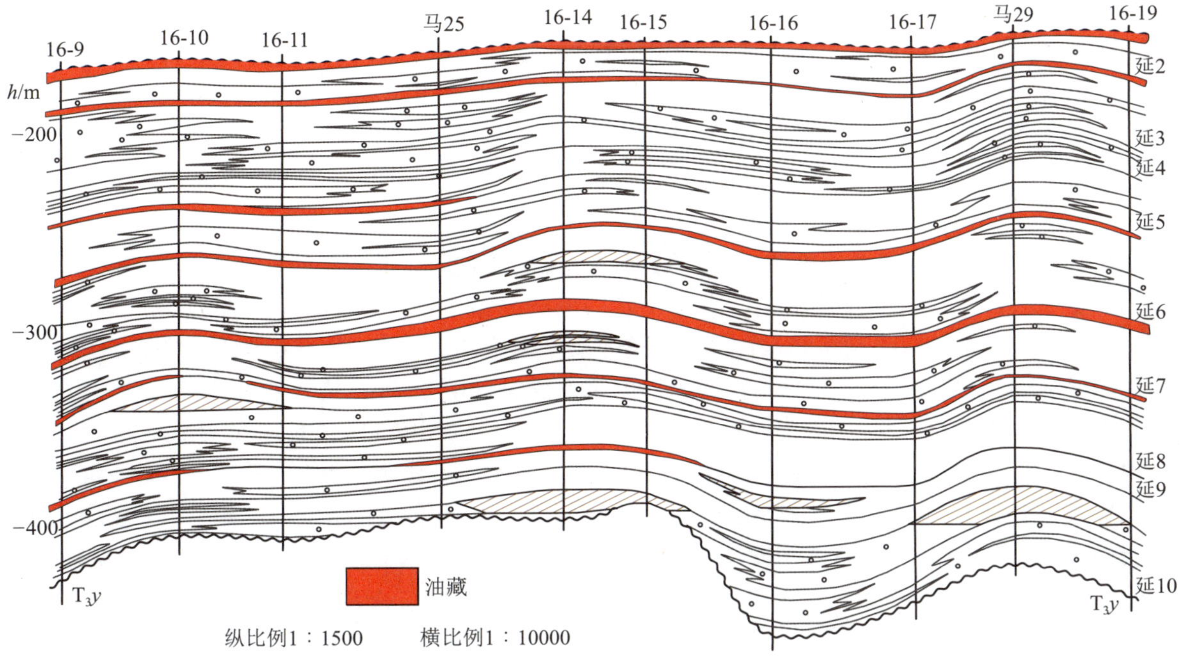

图 3-8　马坊油田 16-9—16-19 井油水剖面图
（据长庆油田三分部研究所，1979，有修改）

2. 伴生天然气

以烷烃为主，其中甲烷含量 61.0%，乙烷含量 8%～13%，丙烷含量 10%～21%，丁烷含量 4%～10%，二氧化碳含量 1.058%，天然气相对密度 1.1692。

3. 地层水性质

地层水矿化度 43372 mg/L，延 8、延 9 水型以 Na_2SO_4、$MgCl_2$ 为主，延 10 水型以 $MgCl_2$ 为主。油田水纵向上垂直水文分带明显，油藏越深封闭条件越好，平面上南区主力油藏矿化度 50000～70000 mg/L，较中区高，以 $CaCl_2$ 为主，保存条件好；中北区矿化度 40000～50000 mg/L，以 Na_2SO_4 为主，保存条件较南区差，南区油藏埋深较深，圈闭好。

（四）油藏驱动类型及成藏模式

马坊油田是以岩性-构造为主的多种圈闭类型的油田，由于储层为河流相沉积，岩性变化复杂，物性变化较大，局部砂岩多呈透镜体，尖灭现象频繁，油气无法全部集中于构造顶部。同时，由于尖灭形状和位置不一，造成油藏呈各种不规则的几何形态。按油藏圈闭特点可分为三类，其中，构造油藏 11 个，构造-岩性油藏 42 个，岩性油藏 9 个。油水分布受构造和岩性控制，油水界面因受物性和构造影响，同一砂体平面上略有差异，延安组油水界面海拔-164.5～-467 m。

油藏驱动类型为弹性水压驱动。

（五）油藏类型

马坊油田是以构造-岩性为主的多种圈闭类型的油田。

（六）油田探明储量

该油田探明的地质储量为 1048.7×10^4 t，其中宁夏区内仅为 74.39×10^4 t。

（七）油田开发利用情况

马坊油田 1977 年以 500m 的井距，正方形网度钻井开发。1978 年 6 月投入生产，1979 年 4 月注水，1979年年产油达23.49×10^4 t。由于初期开采注入量过高，产油量逐步在下降，虽然进行了措施调整，油田含水上升和产量递减速度未得到有效控制。至1990年，年产油仅2.93×10^4 t，综合含水高达80.2%，油田到了开发后期低产阶段，于2001年1月油田关闭。截至2000年底，累计产油180.6×10^4 t，采出率17.22%，可采储量采出程度81.98%，采油速度0.04%，综合含水91.0%。

三、马家滩油气田

马家滩油气田位于宁夏灵武市的马家滩镇境内，交通方便。

1956年地质普查发现重、磁异常，1957年开展电法测量，1958年进行地震详查后发现马家滩油田。1960年7月开始钻探，同年在马深2井三叠系延长组的长8、长10油层获日产0.6 t工业油流，1965年开始试采。1966年在马探5井首次采用压裂方法获日产6.7 m^3 的自喷油流，肯定了马家滩油田的价值，将该油田命名为“解放二号”油田。到1970年该油田共提交石油探明地质储量226.04×10^4 t，含油面积3.70 km^2。1971年投入开发，1974年9月开始注水。油田共钻井94口，取芯井43口，投入开发井73口。经过数次调整，进行了不同开发方式和注水方式的试验研究，经历了上产、稳产、递减三个开发阶段。目前已进入高含水期，靠自然能量开采。该油田是长庆油田最早在鄂尔多斯盆地进行压裂开发的油田。

（一）油田构造特征

油田位于鄂尔多斯盆地西缘断褶带的北端马家滩背斜中高点，构造轴向为南北向，北窄南宽，西陡东缓，西翼倾角8°~9°，东翼倾角4°~5°，呈三角形平顶隆起。南北长6 km，东西宽2.0 km，闭合面积11 km^2，闭合高度170 m。

含油区内断层发育，共有大小断层11条，主要以构造线平行的断层发育，多为逆断层。油层主要赋存于构造带东翼，受马家滩背斜控制（图3-9）。

（二）沉积相及储层特征

马家滩油田的含油层系为三叠系延长组，主要为长8和长10，埋藏深度742~870 m，地层厚度130 m左右，为一套上细下粗的正旋回湖泊相沉积。岩性主要以长石砂岩为主，分选较好，颗粒排列较紧密，多属支架状结构，以孔隙充填为主，成分主要为泥质，次为云母、绿泥石和方解石。单斜层理发育，细波状层理次之，构造南部断层附近裂隙比较发育。储层物性主要受粒度控制。

根据沉积韵律、岩性和油层分布特点，马家滩延长组划分出长8、长9、长10_1、长10_2共4个具工业价值的油气层组。长8属湖相浅水三角洲沉积，以泥岩夹砂岩为主，由灰黑色泥岩、灰色粉砂岩、灰白色中砂岩不等厚互层组成。长10为延长组底部层位，属三角洲平原分流河道沉积，以发育砂岩为特征，以粗砂岩和中砂岩最为发育，整体是一套由灰白色粗砂岩、中砂岩、细砂岩为主夹灰黑色泥岩的岩石组合。长8岩性较长10细，物性差，渗透率分布较均匀，层状砂体油层连通性较好，无底水，保存条件好。长10物性好，但变化大，连通性差，块状砂体油层有底水，保存条件差。长9油层组沉积期整体处于水上沼泽环境，主要发育辫状分流河道砂体是该区主要的储气砂体类型，含气段分布在砂体中部，为小型气藏。

长10油层由3个大块状厚层砂岩组成，厚度110 m，砂层间有5~10 m的泥质相隔，主要产油层为长10_1，长10_2仅构造顶部零星分部，下部为水层。长10_1油层为湖泊相上细下粗的正旋回沉积，中细粒块状长石砂岩，颗粒排列较紧密，多属近镶嵌支架结构，胶结类型以孔隙充填为主，主要成分是云母、绿泥石和方解石。砂岩厚度40 m，按沉积韵律又可分为4个渗透连通体，分布稳定，层间有2~6 m致密砂岩相隔。层理发育，以单斜层理为主，次为细波状层理，南部断裂附近裂隙比较发育。

长9油层以泥质岩为主，夹透镜体砂岩，主要含油气段在油层中部砂岩，砂岩成分为细-中粗硬砂质长石砂岩，胶结物以粘土为主，次为方解石支架结构，局部近镶嵌支架状，渗透率一般为

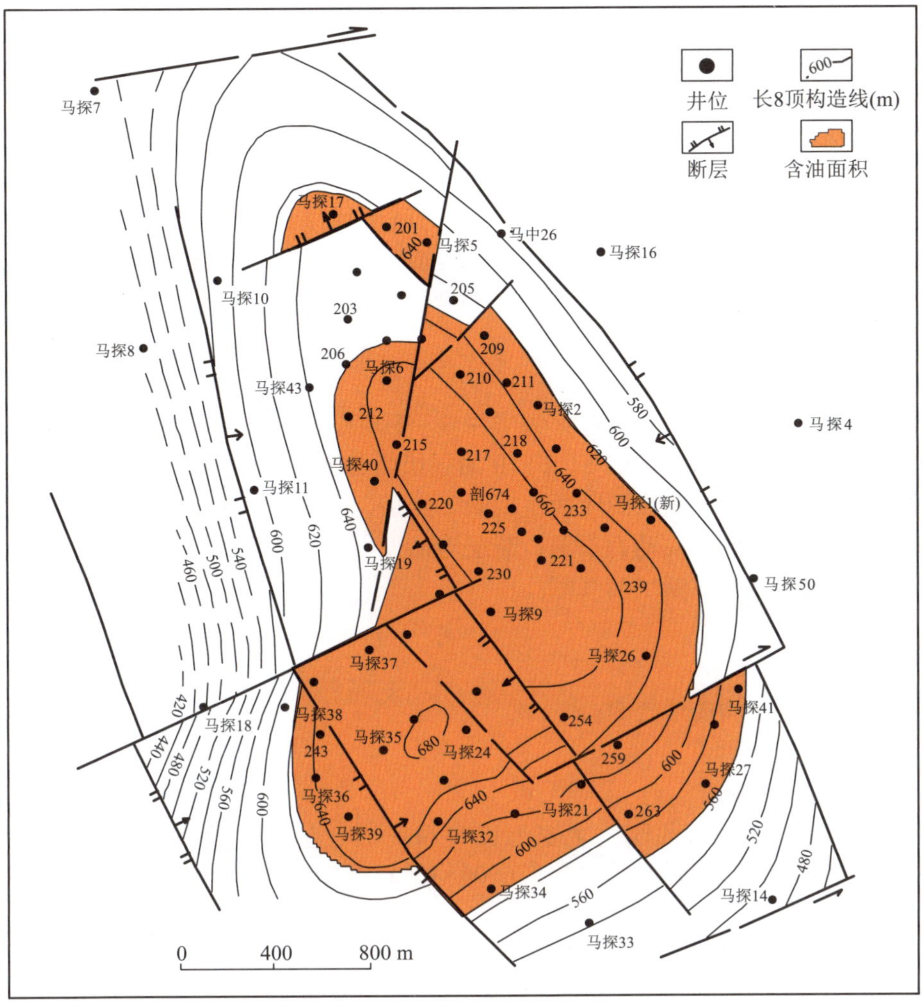

图 3-9 马家滩油田构造井位图

（据《中国油气田开发志》总编纂委员会，2011）

15 mD，是以气为主的气藏。

油层顶部为气，腰部为油，边部为水，边水也含油。油田长 10、长 8 油藏中最为突出。气顶，含油带，边、底水分异明显。

（三）流体性质与渗流特征

1. 原油性质

油层平均有效厚度 11.0 m，原始含油饱和度 54%~63%，有效孔隙度 13%~16%，空气渗透率 15.2~42.5 mD，原始含水饱和度 47.1%，油层亲水，残余油饱和度 30%~35%，水驱油效率 42%。

长 8 油层保存条件较长 10 好，油质比长 10 轻，地层水矿化度比长 10 高，原油含水比长 10 低。长 8、长 10 地面原油密度分别为 0.87 g/cm^3、0.92 g/cm^3，原油地面粘度分别为 12.2 mPa·s 和 112.0 mPa·s，凝固点分别为 17℃和−16℃，含蜡量分别为 12.2%和 7.3%，含硫量 0.07%，地层原油粘度分别为 8.7 mPa·s 和 94.1 mPa·s，饱和压力分别为 4.2 MPa 和 4.54 MPa，原始气油比分别为 19.8 m^3/t 和 14.7 m^3/t。

2. 天然气性质

天然气密度 0.571 g/cm^3，甲烷含量 96.5%，氮气含量 1.78%~3.16%，二氧化碳含量 0.07%~0.15%。

3. 地层水性质

油田水以氯化钙型为主，重碳酸钠型次之，长 8、长 10 总矿化度分别为 20420 mg/L、8044 mg/L，氯离子含量分别为 12426 mg/L、4275 mg/L。

（四）油气藏驱动类型及成藏模式

1. 油气藏驱动类型

主要为断层油气藏。长 8 油气界面海拔 629~658 m，油水界面海拔 549~643 m。原始地层压力为 6.4 MPa，压力系数 0.87，地饱压差为 2.6 MPa。具有原生气顶和不活跃边水，断层、裂隙发育，以溶解气驱动为主。长 10 油气界面海拔 556 m，油水界面海拔 523 m。原始地层压力为 7.4 MPa，与长 8 油层组属同一压力系统，地饱压差为 2.6 MPa。具底水和原生气顶，断层、裂隙发育，以溶解气驱动为主。

2. 成藏模式

马家滩油田长 7 油层组位于湖盆边缘，为半深湖-浅湖相泥岩夹粉、细砂岩，构成了良好的烃源岩，为马家滩油田最主要油气来源，长 8、长 10 油层组为其主要储集层，长 10 油层组顶部泥岩为主要盖层。马家滩油田断层发育，断层圈闭为主要圈闭类型，断层油气藏为该地区主要油气藏类型。有机质生烃作用作为油气运移的主要动力来源，断层为油气主要垂向运移通道，这些沿断裂运移上来的油气聚集在断块构造之中，形成断块油气藏。

（五）油藏类型

马家滩油田油藏为断层构造油气藏。

（六）油田探明储量

油田含油面积 3.65 km^2，含油层位主要为长 8 和长 10，油层平均孔隙度 15.6%，空气渗透率 15.2，日产油量 0.84~2.5 t，探明地质储量 226.04×10^4 t，气藏为 0.5×10^8 m^3，属小型油气藏。

（七）油田开发利用情况

马家滩油田 1969 年编制开发方案，1971 年投入开发。1973 年投产后年产 1×10^4 t 以上稳产 8 年。1980 年以后产量开始大幅度下降，综合含水上升速度加快。到 1990 年底共有油井 55 口，开井 33 口，综合含水 71.4%，采油速度 0.26%，采出程度 9.39%，累计注采比 0.23，累计产油 21.12×10^4 t，注水 50.87×10^4 m^3。产气 0.67×10^8 m^3，采出可采储量 60.3%。

自 2008 年，因中石油长庆油田分公司主产区从宁夏灵武市马家滩地区转移至陕北地区，2015 年原所属灵武市马家滩油田的 59 口油井进行了永久封堵。

四、摆宴井油气田

摆宴井油气田位于宁夏回族自治区吴忠市盐池县大水坑镇摆宴村，交通方便。

该油田是宁夏区内长庆油田开发的第一个多层系、多断块油田。1971 年地震勘探发现隆起，1972 年开始钻探，1973 年 1 月在大 24 井侏罗系延安组的延 6 和延 10 层获得工业油流。

区内大面积被第四系覆盖，基岩露头少，主要为白垩系砂岩和新近系泥岩。根据钻探资料地层自下而上主要有三叠系、侏罗系、白垩系、古近系、新近系和第四系。

油田含油层系为侏罗系延安组，为三叠系末期古侵蚀面上形成的一套河流-沼泽相沉积砂泥岩互层的煤系，厚度约 300 m，自上而下为延 1-延 10 共 10 个油层组。根据标志层特征、沉积旋回及砂体发育情况，划分为 29 个小层。各油层组顶部均发育煤层，厚度 1~6 m，其中延 5、延 10 顶煤最为明显，在全油田分布稳定，可作该区地层对比标志层。延 8、延 9 层中部发育 2~4 套薄煤层，稳定程度差。

（一）油田构造特征

区域上摆宴井油田地质构造位于鄂尔多斯盆地西缘马家滩断褶带南端，油田构造为北西—南东向的短轴背斜，主要由摆1、摆9、摆10共3个断块油藏圈闭构成，3个背斜分别被近南北向的逆断层和近东西向的平移断层分割成大小不同的断块，有些断块含油。南北长14 km，东西宽1.5~3.5 km，闭合高度140 m。断层倾角50°~85°。油田发现13条断层，分为平行轴向和斜角轴向两组。其中，摆10断块为一长轴背斜，隆起幅度160 m，高点在摆10-2井和12井之间，断块面积1.5 km^2；摆9背斜闭合高度160 m，高点在摆9-7井附近，含油闭合面积2.7 km^2；摆1断块为近南北向短轴背斜，高点在大24井附近，闭合高度80 m，闭合面积4.8 km^2（图3-10）。

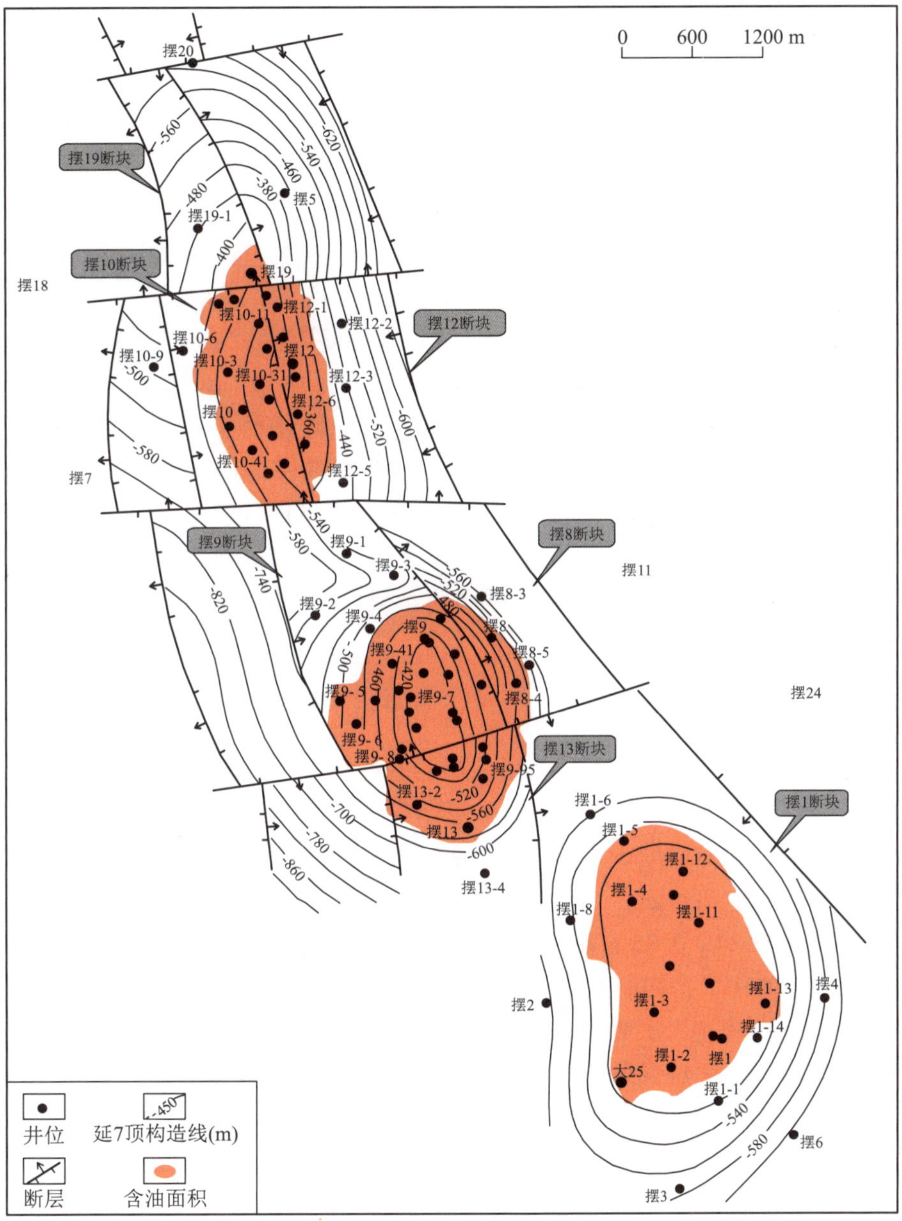

图3-10　摆宴井油田构造井位图

（据《中国油气田开发志》总编纂委员会，2011）

（二）沉积相及储层特征

摆宴井油田的含油层系主要为侏罗系延安组，次为三叠系延长组。

1. 沉积相及砂体特征

侏罗系延安组延5—延9属辫状三角洲平原亚相沉积，延10为辫状河沉积。岩性为中细粒长石石英砂岩，含有中砂成分，分选中等，孔隙型胶结。

延安组所形成的砂体规模小，延5-延9储集砂层厚度一般3~10 m，平面上呈近北西—南东向展布，砂体宽度一般1~3 km；延10沉积时，由于水域逐渐加宽，沉积范围大，砂体厚度一般10~15 m，砂体较宽，平面上呈条带状展布。

延长组长8储集层主要为三角洲平原分流河道砂体，砂层厚度在10~15 m之间，砂体宽度2~5 km，平面上发育2条呈北西—南东向条带状砂体；长7沉积时，湖泊范围扩大，湖水进一步加深，以粗粒三角洲和浊积岩沉积为主；长6沉积时，湖泊萎缩，主要发育三角洲沉积体系水下分河道砂体。

2. 储层特征

侏罗系延安组储层的埋藏深度为1800~2300 m，属河流沼泽相沉积，砂泥岩间互的煤系，厚度约300 m。可划分为延2—延10共8个油组，25个油层，48个油砂体，油层多，砂体小，油层平均厚度10.8 m。

油层多集中在构造顶部，油水关系主要受构造控制，油气富集程度受断块相对位置高低控制，高断块油层多。厚度大。油气充满程度高，低断块则相反。

储油层为长石石英细粒砂岩，岩性较细，物性较差。孔隙型胶结，有效孔隙度10.2%~17.0%，平均14.0%，空气渗透率4.6×10^{-3}~42.2×10^{-3} μm^2，平均26.7×10^{-3} μm^2，变异系数0.72；油层孔隙结构较好，属孔隙个体较大，喉道偏细的均匀型结构，平均孔径11.4~51.6 μm，主峰喉道半径1.25~12.4 μm，分选较好。微细裂缝和裂隙发育，摆1延6油层垂直裂隙长达35 cm，摆10延9_2油层X型裂隙使岩芯破碎成小块。压裂后试油平均日产油达43.8 t，与初产相比增长2~10倍。

油气富集受构造、岩性控制及断层影响，为一低渗、非均质岩性构造断块油藏；油水分布主要受构造控制，以溶解气驱为主，南部摆1和摆9等断块，饱和压力低，含气量小，为弱弹性水压驱动。

（三）流体性质与流体特征

1. 流体性质

地层原油性质分为两类：一类如摆1、摆9，地层原油相对密度0.78~0.84 g/cm^3，地层原油粘度2.56~4.70 mPa·s，饱和压力1.45~3.29 MPa，原始气油比16.5~30.2 m^3/t，为低饱和油藏；另一类如摆10断块，地层原油相对密度0.74 g/cm^3，地层原油粘度1.62 mPa·s，饱和压力7.85 MPa，原始气油比67.7 m^3/t，为高饱和油藏。

地面原油相对密度0.84~0.85 g/cm^3，粘度4.4~9.3 mPa·s，含硫0.02%，含蜡16.39%~20.59%，凝固点21.0~26.0℃，初馏点68~131℃。

地层水型以Na_2SO_4型为主，次为$NaHCO_3$型，总矿化度13348~15481 mg/L。pH值7.5~8.2。

天然气性质：摆10断块甲烷含量81.4%~86.6%；摆1、摆9甲烷含量30.3%~59.4%。

油层原始地层压力16.6~19.5 MPa，压力系数0.7~0.9，所有断块为同一压力系统。油层温度60~73℃。

2. 渗流特征

油相渗透率起点低、下降快，水相渗透率上升慢、终点值低，交点饱和度约45%，反映了亲水特征。

（四）油藏类型

摆宴井油田油气藏为地层-断块构造油藏。

（五）油田探明储量

截至2016年底，摆宴井油田共探明石油地质储量674.94×10^4 t，含油面积7.54 km^2。

（六）油田开发利用情况

摆宴井油田于 1973 年发现，1978 年投入试采，1979 年全面开发。1979～1986 年生产 7×10^4～8×10^4 t 原油，自 1987 年原油产量开始逐步下降，到 2005 年产油 2.88×10^4 t。2011 年区块及联合站停用，2013 年长庆分公司进行调整，由原来采油三厂交于采油六厂进行潜力开发。截至 2014 年 9 月底，该油田累计产油 165.12×10^4 t，地质储量采出程度 26.9%。

五、李庄子油田

李庄子油田位于盐池县西北 47 km 左右，李庄子乡西南约 3 km，交通方便。行政区划隶属吴忠市盐池县高沙窝镇。

20 世纪 60 年代初，以李庄子地区获得第一口工业油井——李探 1 井出油为基础，长庆油田成立采油三厂，正式拉开宁夏油田的勘探开发序幕。到 20 世纪 80 年代初，长庆油田采油三厂在李庄子油田已打开发井 300 余口。随着油田产量逐渐降低，20 世纪 90 年代初，着眼于建设绿水青山，根据油井低效益开发情况及环境保护的要求，采油三厂先后对李庄子油田所有油井实施关停封堵。到 2016 年下半年，完成了李庄子油田 38 个废弃井场的植被恢复工作。

李庄子油田于 1958 年地震普查工作中发现了含油构造，1960 年，石油工业部银川石油勘探处一零七队开始钻探，同年 8 月在李探 4 井的侏罗系延安组延 5 层获工业油流。李庄子油田是一个受岩性-构造因素控制的小油田，具有多层含油的特点，其中以延安组 1～4 层最好，单井试油最高日产量 3.624 m^3，含油面积可达 1 km^2。1965 年开始试采，1966 年提交了《宁夏灵武盐池李庄子油田 1965 年勘探总结》。到 1970 年该油田共提交石油探明地质储量 149.59×10^4 t，含油面积 2.20 km^2，同年全面投入开发。油田经历了试采、稳产、递减三个开发阶段。由于岩性、物性变化大，以及水动力因素的作用，使得油水关系甚为复杂，开发难度较大。

区域上，李庄子油田位于鄂尔多斯盆地西缘断褶带东侧古峰庄隆起北端，油田构造为一北西—南东向的短轴背斜，长轴 5.5 km，短轴 2.25 km，面积约 10 km^2，闭合高度 80 m，两翼地层倾角 5°～7°，西翼稍陡，东翼较缓，南北各有一高点。11 个小层，24 个油砂体，属构造岩性油藏，弹性水压驱动（图 3-11）。

李庄子油田的含油层系为侏罗系延安组，是一套砂泥岩间互夹煤层的河流沼泽相沉积，地层厚度 260～280 m，油层埋藏深度 1100～1300 m。储层岩性为中细粒长石石英砂岩，分选中等，孔隙型胶结，胶结物以水云母、高岭土为主；油层孔隙结构较均匀，分选较好，排驱压力 0.97～4.55 kg/cm^2；油层平均有效厚度 9.9 m，平均有效孔隙度 17.5%，空气渗透率 41.5×10^{-3} μm^2，含油饱和度 47%～57%。以复合韵律为主，非均质性较强，变异系数 0.572～0.695，单层突进系数 1.04～3.31。延 5 油水分布主要受构造控制，油水分异差，含水饱和度高，初始含水大于 50%，一般在 70%左右，为一高粘度、高含水的构造边底水油藏；延 6 油层油气水分布受构造-岩性控制，含水较低，初始含水 12.7%，为一局部有边水和气顶的构造岩性油藏；延 7—延 10 油层初始含水 22%，为局部有边水的构造岩性油藏和凸镜状岩性油藏。

六、大水坑油田

大水坑油田位于宁夏吴忠市盐池县大水坑镇境内，交通方便。

该油田是长庆油田公司在鄂尔多斯盆地西缘最早勘探、开发的油田之一。由东区的大东、中区的大水坑和西区的于家梁 3 个区块组成。

1958 年通过大地电流法勘探发现隆起，1966 年地震详查肯定构造之后，在于家梁开始钻探，同年在新于 1 井侏罗系延安组和直罗组中获工业油流。大水坑的大 2 井、大东的东 1 井分别于 1968 年和 1969 年相继钻成并获得工业油流。

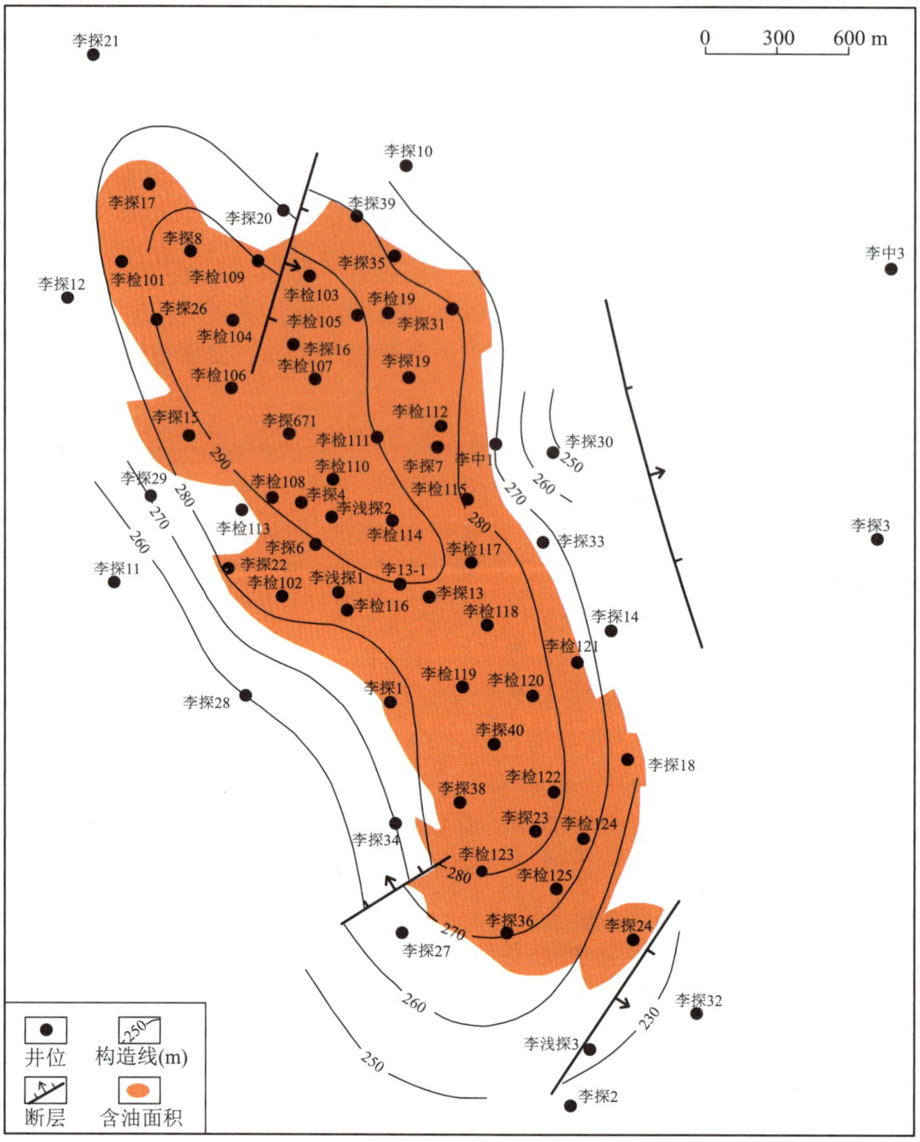

图 3-11 李庄子油田构造井位图

（据《中国油气田开发志》总编纂委员会，2011）

（一）油田构造特征

大水坑油田位于盆地西缘掩冲构造带，马家滩断褶带的南端，为一岩性构造油田，含油层延安组有 9 个，直罗组有 2 个。油田分为于家梁区（西区）、大水坑区（中区）和大东区（东区）3 个区块（图 3-12）。

于家梁（西区）是一个不完整的鼻状构造，南部保存完整，北部被断层切割，油区南北长 4 km，东西宽约 2 km，隆起幅度约 320 m，面积约 10 km^2，含油面积约 1.4 km^2，两翼东缓西陡，倾角 20°~25°，油层分布在构造顶部，为一边底水活跃的构造岩性油藏，天然弹性水压驱动，其中延 10 层为主力油层。大水坑区（中区）是一个被南北向逆断层切割的狭长鼻状构造，南北长约 7 km，东西宽约 2 km，构造轴部平缓，两翼较陡，倾角 11°~14°，闭合高度 360 m，闭合面积 14 km^2，含油面积 3.1 km^2，含油层系为延安组和直罗组，为一以弹性驱动为主的低饱和岩性-断块构造油藏。大东区（东区）块为一半穹窿状构造，南北长 5 km，东西宽约 1.3 km，闭合高度 150~360 m，闭合面积 6~14 km^2，两翼倾角 2°~20°。主要储油层为延安组和直罗组，为一以弹性驱动为主的低饱和岩性-断块

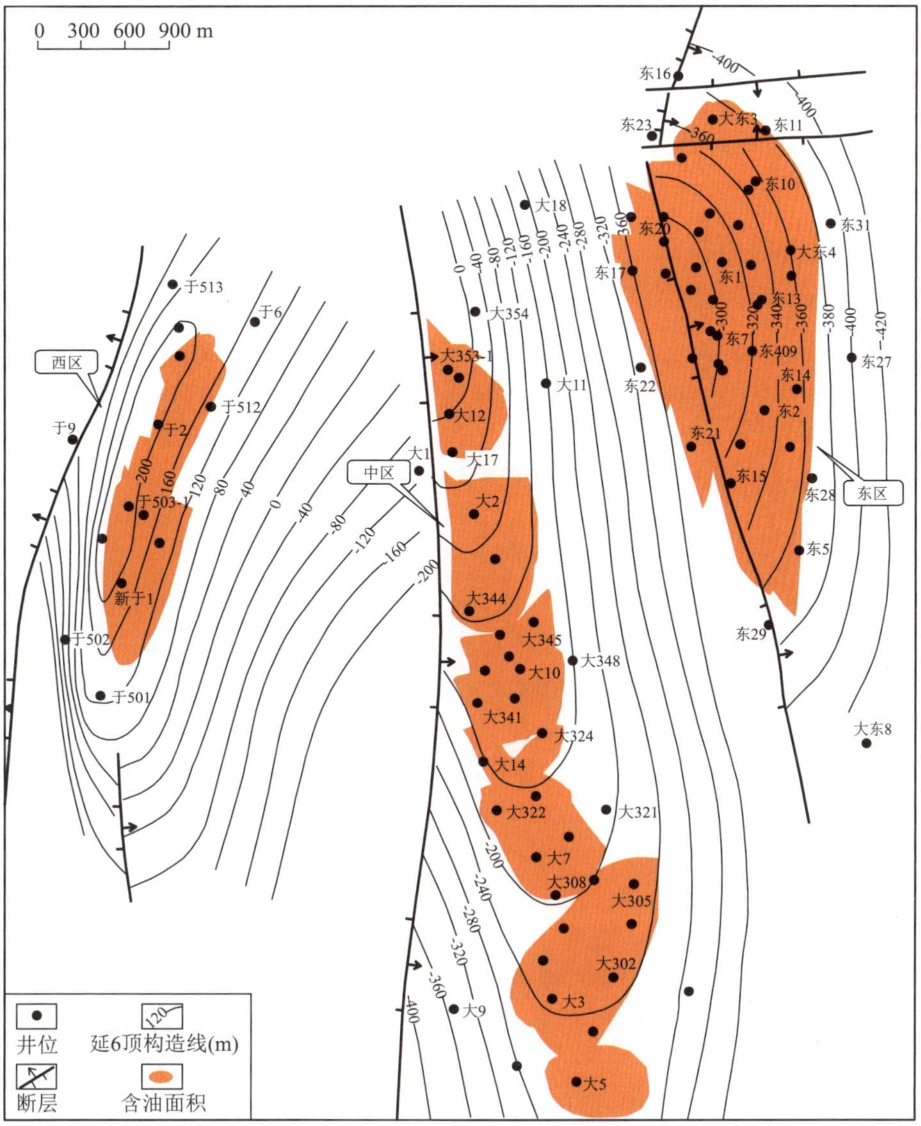

图 3-12　大水坑油田构造井位图

（据《中国油气田开发志》总编纂委员会，2011）

构造油藏。

（二）沉积相与储层特征

大水坑油田储油层系为侏罗系延安组和直罗组，厚度 300～600 m，埋藏深度 870～2040 m。油层多，厚度大，物性比较好。油层平均厚度 7.4 m，空气渗透率 85.8 mD，孔隙度 13%～22%。纵向上可划分为 11 个油层，25 个小层，74 个砂体。

于家梁储层（西区）由直Ⅱ、延 3、延 5、延 6、延 8、延 10 共 6 个油层，8 个油砂体（最大 1.35 km^2，最小 0.11 km^2）组成。主力油层延 10，储层岩性为灰白色中粗石英砂岩，较其他油层物性好。油层平均有效厚度 4.7 m，孔隙度 16.0%～17.0%，空气渗透率 28.2～214 mD。延 10 含油面积较大，分为两个独立油层，上部为延 10_1，下部为延 10_2，其间有致密层及泥质岩相隔。

大水坑储层（中区）由直Ⅰ、直Ⅱ、延 1、延 5—延 10 共 9 个油组，24 个小层，33 个油砂体，（最大 0.86 km^2，最小 0.02 km^2）组成。储层岩性自上而下石英成分逐渐增加，由中细粒长石石英砂岩和中粗粒石英砂岩组成。油层连续性好，呈条带状，舌状和透镜体分布，油层平均有效厚度 6.0 m，油层物性变化大，孔隙度 15%～19%，空气渗透率 4～500 mD，原始含油饱和度 55.5%。

大东断块（东区）由直Ⅰ、直Ⅱ、延 5、延 6、延 8、延 9、延 10 共 7 个油组，24 个小层，34 个油砂体（最大 1.57 km^2，最小 0.07 km^2）组成。根据岩性特征分为 3 个大的油层组，直罗组为长石石英砂岩含泥质、粘土等，平均孔隙度 20%～22.3%，空气渗透率 29.3～574 mD，平均有效厚度 6.9 m，主要分布在东部；延安组缺失延 10_2 油层，延 10_1 较薄。岩性、厚度变化较大，储油砂体呈透镜状，油层平均厚度 5.2 m，孔隙度 13.8%，空气渗透率 29.4 mD，原始含油饱和度 54%。

（三）流体性质与渗流特征

大水坑区的原油性质为中低粘度，含蜡量和凝固点较高，饱和压力和气油比低。地下原油粘度 2.8～4.4 mPa·s，地面原油相对密度 0.84 g/cm^3，粘度 4.38～5.58 mPa·s，凝固点 16～35℃，含蜡 19.82%，含硫 0.02%～0.04%，饱和压力 3.4～29.3 MPa，原始气油比 0.8～33.5 m^3/t。

天然气甲烷含量 28.25%～50.56%，含有氮气 5.05%～11.37%，相对空气密度 1.114 g/cm^3。

地层水型为 Na_2SO_4 和 $NaHCO_3$ 型，总矿化度 3900～52600 mg/L。

（四）油藏类型

西区：油水分布受构造与岩性双重控制，岩性圈闭和构造圈闭。油层原始压力 12.63～12.94 MPa，为受构造、岩性控制的弹性水压驱动和岩性-构造油藏。

中区：油水分布受岩性、构造控制，油层原始压力 17.66 MPa，温度 59.5～69.5℃，边水局限，是以弹性驱动为主的低饱和构造-岩性油藏。

东区：油水分布东部受构造控制，西北和北部断层遮挡，南部受岩性影响。油层原始地层压力 10.83～15.07 MPa，温度 41.0～70.0℃，边水不活跃，为受构造、岩性控制的以弹性驱动为主的低饱和岩性-断块构造油藏。

（五）油田探明储量

截至 2016 年底，大水坑油田共探明石油地质储量 398.20×10^4 t，含油面积 7.60 km^2。

（六）油田开发利用情况

大水坑油田是长庆油田开发最早的油田之一。1967 年投入试采，1976 年全面开发，1977 年转入注水。到 2005 年仅中区和东区开采，平均单井日产油 3.75 t，累计产油 98.64×10^4 t，采出程度 25.1%，采出速度 1.72%。

七、姬塬油田（盐池区块）

姬塬油田位于鄂尔多斯盆地中西部，地处陕西省定边县姬塬镇与宁夏回族自治区吴忠市盐池县麻黄山乡境内。

姬塬油田是目前鄂尔多斯盆地最大的油田（预计地质储量超 10×10^8 t），油田地跨宁夏盐池县和陕西定边县、吴旗县，主体在陕西境内（图 3-13）。

姬塬油田综合勘探始于 1968 年，勘探初期主要以延安组为目的层，在延 8、延 9、延 10 见到不同程度的含油显示，在姬 2 井延 9 钻遇油层 5.8 m，油水层 3.6 m。随着勘探的不断深入，从 2003 年开始长庆油田在研究侏罗系延安组成藏规律的基础上，以三叠系延长组为勘探目的层进行勘探。在三叠系延长组长 2、长 4+5、长 6、长 8、延 9 均获得工业油流。到 2005 年底已探明含油面积 143.6 km^2，探明地质储量 5784.5×10^4 t；到 2008 年，探明地质储量 14014×10^4 t，可采储量 2646.48×10^4 t，开发层位有三叠系长 1、长 2、长 4+5、长 6、长 8，以及侏罗系延 8、延 9 等；到 2012 年底，姬塬油田已提交探明石油地质储量 8×10^8 t，年产原油 700×10^4 t，是鄂尔多斯盆地中生界石油勘探开发已发现油田中储量规模和产量均最大的油田。

据 2017 年 8 月 15 日国土资源部举行的全国油气资源勘查开采成果新闻发布会，姬塬油田五年来

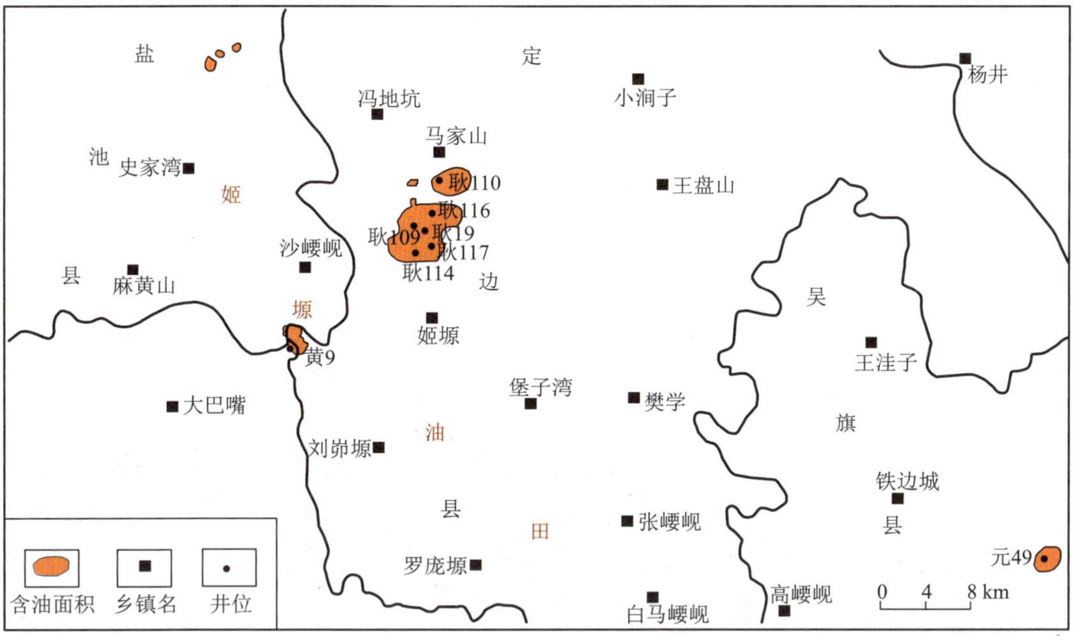

图 3-13　姬塬油田地理位置图

（据《中国油气田开发志》总编纂委员会，2011）

陆续在延长组长 4+5、长 6、延安组、长 8、长 9 等油层勘探取得重大突破，累计新增探明石油地质储量 7.02×10^8 t，为建成千万吨级大油田奠定了坚实的资源基础。

姬塬油田位于鄂尔多斯盆地西部陕北斜坡与天环向斜过渡带，区域构造简单，以鼻状褶曲为主具有特殊油气地质条件。成藏控制因素除沉积、储层外，多受前侏罗系古地貌、断褶带及西倾单斜上发育的低幅度鼻状隆起的控制。主要含油层为侏罗系延安组延 9、延 10 及三叠系延长组长 2、长 4+5、长 6。区域研究表明，姬塬地区长 4+5、长 6 属三角洲沉积体系中的三角洲前缘亚相沉积；长 2 属三角洲沉积体系中的三角洲平原亚相沉积；延 10、延 9 为河流-沼泽沉积。姬塬地区陆源碎屑物质主要由石英、长石、岩屑和云母组成，由于沉积、成岩等条件的改变，延长组与延安组碎屑含量差异明显。

延安组延 9、延 10 为粗-中粒长石石英砂岩，石英含量高（68.3%~72.5%），长石含量较低（10.5%~11.0%）。延 9 平均渗透率 257.46 mD，延 10 平均渗透率 594 mD，二者属中渗油层；延长组长 2、长 4+5、长 6 储层为粉细-细粒长石砂岩，从长 2、长 4+5 到长 6，石英含量逐渐降低（分别为 34.28%、27.19%、25.91%），而长石含量逐渐增加（分别为 38.25%、41.88%、48.95%）。长 2 平均渗透率 4.17 mD，属低渗油层，长 4+5 和长 6 储层渗透率分别为 0.66 mD、0.68 mD，属于超低渗油层。

姬塬地区延安组延 9、延 10 和延长组长 2、长 4+5、长 6 储层孔隙类型有粒间孔、溶孔（长石、岩屑溶孔）、晶间孔。其中粒间孔、长石溶孔是本区最主要的储集空间，延安组粒间孔含量明显高于延长组，储层面孔率与平均孔径也大于延长组。

姬塬油田地面原油性质较好，从延 9、长 2、到长 4+5，原油相对密度增加，凝固点增高。地层原油性质好，粘度、相对密度低，长 2、长 4+5 地层原油粘度分别为 2.45 mPa·s、1.15 mPa·s；延 10 地层原油粘度 2.16 mPa·s，压缩系数 11.10，体积系数 1.22，收缩率 17.7%，饱和压力 7.20 MPa，溶解系数 8.43，气油比 71.5 m^3/t，天然气相对密度 1.10。长 4+5 气体含量明显增多，气油比 98.6 m^3/t；长 2 气油比 51.8 m^3/t。长 4+5 饱和压力高，为 10.61 MPa；长 2 饱和压力为 4.38 MPa。

地层矿化度从长 2、长 4+5 到长 6 油藏依次减小，分别为 86.31 g/L、68.03 g/L、61.56 g/L，水

型为 $CaCl_2$。延 9 油藏不同区域水型不同。黄 9 井区地层水水型 $CaCl_2$，矿化度 114.6 g/L；盐 12 井区水型为 $NaHCO_3$，矿化度 57.72 g/L。

油田延 9、延 10、长 2、长 4+5 油藏原油伴生甲烷分别为 30.1%、42.5%、55.1%、50.3%，无硫化氢和一氧化碳气体。

姬塬油田属多层系复合储藏机理，具有生烃增压、双向主动排烃、近源运聚、多种输导、差异聚集的成藏特征。长 4+5、长 6、长 8 油层组形成大面积溶解气弹性驱动岩性油藏；在长 9、长 2 和延 9 形成高产构造-岩性油藏，天然驱动类型为弹性水压驱动（图 3-14）。

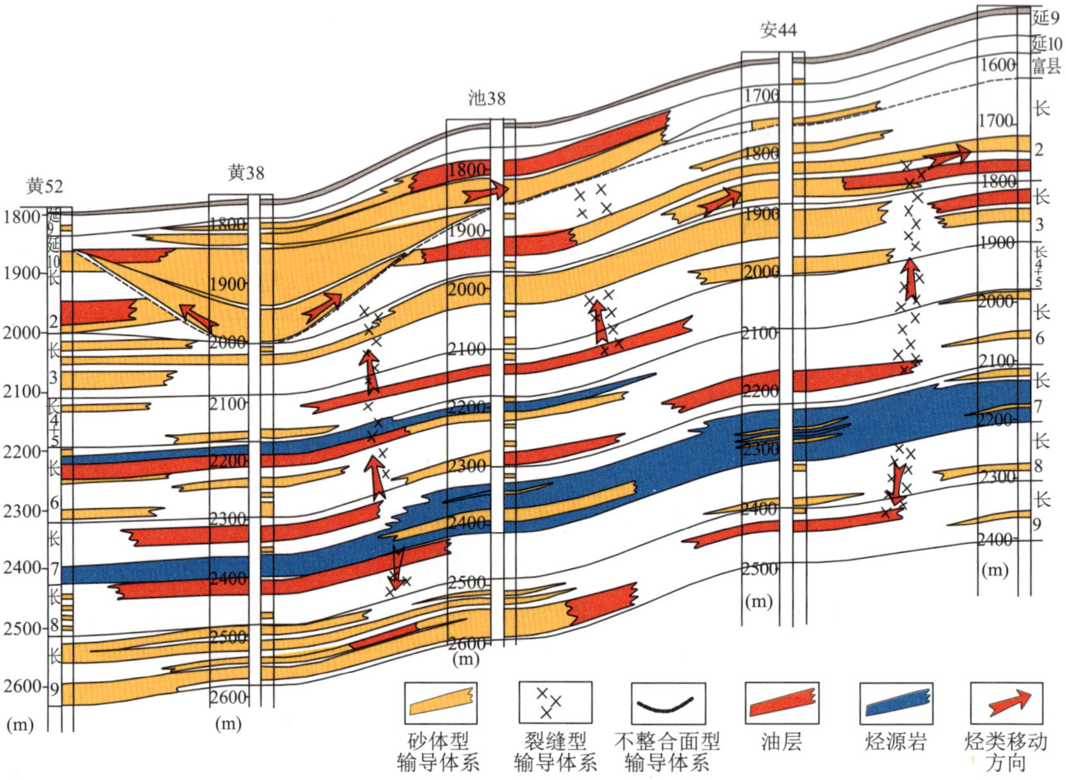

图 3-14 姬塬油田中生界油气运聚输导体系模式图

（据付金华等，2013）

八、彭阳油田

彭阳油田地处宁夏回族自治区东南部，六盘山东麓，属固原市彭阳县阳城乡和孟塬乡管辖。

该油田南北长约 54.2 km，东西宽 18.8 km，勘探面积约 890 km^2。勘探始于 20 世纪 90 年代，初期主要开展地震勘探，应用沟中弯线，预测低幅度构造圈闭。2000 年以来，受陇东延长组石油勘探成功的影响，研究区石油勘探得以重启，借助前期地震勘探成果，优选有利构造部署探井，自 2007 年以来相继发现了侏罗系延安组延 7、延 8、延 9 段和三叠系延长组长 3 段油藏，并陆续投入开发。至 2010 年，彭阳油田原油产量已达 10×10^4 t，投产层位主要为延安组，表明该区延安组具有较大的石油勘探开发潜力。

区域上，彭阳油田位于鄂尔多斯盆地西南部，横跨西缘冲断带及天环坳陷两个构造单元。受天环向斜总体构造格局控制，为一复杂向斜构造，具有“东西高、南北低、中间隆”的特征，构造形态垂向上继承性较好，东、西两翼斜坡上发育低幅度背斜或鼻状构造。

彭阳油区发育三叠系延长组和侏罗系延安组两套含油层系，主要勘探目的层为侏罗系延安组延 7、延 8、延 9 和延长组长 3、长 8 油层组，油层埋深 1800~2200 m。主力油层组延 7、延 8、延 9 砂岩以细-中粒岩屑质长石石英砂岩、长石质石英砂岩为主，层内发育水平层理和斜层理，沉积层序从底部含煤沉积开始，砂泥互层沉积，电阻呈现高峰状，自然伽马呈锯齿状。平均孔隙度 17.9%，渗透率 132.2 mD，碎屑物粒径为 0.2~0.4 mm，最大粒径 2.0 mm，主要为次圆-次棱角状，分选较好，接触方式以点-线接触为主。延长组长 3、长 8 钻遇较好的含油显示，属辫状河三角洲平原亚相沉积，分流河道沉积微相发育，河道砂体宽 2~8 km，厚 6~20 m。长 3 岩性为灰褐色细-中粒长石质岩屑砂岩，胶结物以绿泥石为主。孔隙型胶结类型，颗粒分选好，平均粒径 0.18 mm，圆度为次棱角状，平均孔隙度 12.8%，平均渗透率 2.09 mD。长 8 储层以灰绿、浅灰绿色细-中粒、细粒、中-细粒长石砂岩、长石岩屑砂岩、岩屑长石砂岩等为主，平均孔隙度 8%~12%，渗透率 0.1~2.0 mD，属特低渗油层，基本上无自然产能，必须压裂改造。

截至 2016 年底，彭阳油田探明石油地质储量 1088.07×10^4 t，含油面积 18.93 km^2。

九、惠安油田

惠安油田位于鄂尔多斯盆地西缘南部，地理位置含宁夏盐池县、同心县及甘肃环县。金泉 8 区块位于宁夏盐池县惠安堡镇以南的萌城乡附近。

惠安油田构造上处于鄂尔多斯盆地西缘复杂构造带中段，含油层系为三叠系延长组长 8。含油面积内完钻各类井 14 口，其中探井 2 口，油藏评价井 12 口，取芯井 1 口，取芯总进尺 16.10 m，芯长 16.10 m，收获率 100.0%，油斑以上岩芯长 14.07 m；分析化验样品 60 块次，其中岩芯样品 44 块次，流体性质样品 16 个；试油井 8 口，均获工业油流；试采井 6 口，均获得工业油流。截至 2015 年 4 月 30 日，累计产油 2.64×10^4 m^3，累计产水 1.06×10^4 m^3。该区块油藏埋深 2700~3200 m，油层厚度 7.6~60.7 m，储层岩性以粉细砂岩为主，属于三角洲前缘水下分流河道沉积，储集类型为孔隙型，孔隙度 9.2%，渗透率 1.53 mD，油藏类型为构造油藏。试油平均日产油 14.9 m^3，日产水 6.8 m^3，地面原油密度为 0.832 t/m^3，地面原油粘度 2.05 mPa·s，地层水矿化度 29848~33080 mg/L，水型为 $CaCl_2$。含油面积 1.48 km^2，平均有效厚度 21.0 m，平均有效孔隙度 9.2%，平均原始含油饱和度 49.1%，平均地面原油密度 0.832 t/m^3，体积系数 1.067，原始气油比 7.5 m^3/t，采收率 8.0%。探明石油地质储量 109.47×10^4 t（131.58×10^4 m^3）。

第三节　油藏时空分布特征及成藏规律

一、时空分布特征

宁夏的油田，在空间上主要分布在灵武市、盐池县、彭阳一带，与含煤地层分布大体一致。时间上，三叠纪晚期是区内一次重要的烃源岩沉积期，为鄂尔多斯盆地及西缘燕山期形成油气田奠定了基础；中侏罗纪是宁夏境内一次重要的聚煤期，但仅是次要的烃源岩形成时期，延安组和直罗组成为大部分油田的主力储油层。

宁夏境内石油资源根据成矿亚带对已知资源量进行统计，Ⅳ-60①亚带有 20436.34×10^4 t；Ⅳ-60②亚带有 1088.07×10^4 t；Ⅳ-59③亚带有 226.04×10^4 t（表 3-6）。

表 3-6　宁夏石油时空分布谱系

成矿亚带	成矿时段
	印支—燕山期
Ⅳ-60①	20436.34×10^4 t
Ⅳ-60②	1088.07×10^4 t
Ⅳ-59③	226.04×10^4 t

二、成藏规律

油气藏的形成，是石油地质研究的核心问题。通常，油气的富集需具备如下基本条件：充足的烃源条件，有利的生、储、盖组合配置关系，有效的圈闭以及必要的保存条件。

鄂尔多斯盆地发育了 4 套烃源岩：下古生界寒武系—奥陶系海相碳酸盐岩；上古生界石炭系—二叠系海陆交互相含煤碎屑岩；中生界三叠系和侏罗系内陆湖泊-河流相碎屑岩。宁夏石油主要发育在中生界上三叠统和中、下侏罗统含油层系。

中生界在鄂尔多斯盆地区域构造背景上，经历了印支和燕山两大构造旋回和复杂的构造运动。印支运动奠定了中生代盆地的形态和构造格局，上三叠统延长组沉积了一套暗色湖泊相泥岩地层（是中生代烃源岩）。燕山运动继承和发展盆地构造特征，燕山运动早期盆地西缘逆冲推覆带发育，前缘陆盆形成，沉积了下侏罗统富县组和中侏罗统延安组和上侏罗统直罗组储油层系。延安组为一套河流-湖泊相沉积含煤系碎屑岩，是盆地西缘宁夏区内重要油气成藏地层。

（一）延长组烃源岩

三叠系延长组烃源岩是以深湖-半深湖相泥岩为主、富含有机质的暗色泥岩。这套烃源岩系按有机质类型可分为两类，即包括三叠系延长组上部长 3 以上的腐殖型烃源岩和三叠系延长组中部长 8—长 4+5 的腐泥—腐殖型或腐殖-腐泥型的混合型烃源岩。无论是有机质丰度、有机质类型，还是有机质成熟度及生油能力都表明，三叠系延长组中部长 8—长 4+5，特别是长 7 烃源岩是鄂尔多斯盆地中生界主要的烃源岩，且是一套优质烃源岩（何自新，2003）。

延长组烃源岩主要由深灰-灰黑色碳质泥岩、灰黑色泥（页）岩组成。晚三叠世时，沉积了较厚的灰绿色砂泥岩、煤层和较厚的油页岩。延长组上部在鄂尔多斯盆地西南部颜色较深，灰绿色、深灰绿色岩层增多，厚度由东北向西南变厚。在盆地南部总体为西薄东厚，北薄南厚（图 3-15），广泛发育黑色页岩及油页岩，水平层理较发育，为延长组重要生烃层系。

（二）延安组烃源岩

鄂尔多斯盆地中侏罗世延安期岩性组合为砂岩-泥岩，以河流-湖沼相沉积为主，晚期夹泥炭沼泽沉积，沉积相序由下到上为河床-河漫滩-沼泽-泥炭沼泽相，气候转为温暖潮湿。延安组为一套潮湿气候条件下的河流相-湖沼相沉积煤系，岩性主要为碳泥质和暗色泥岩，以腐殖型为主，含少量腐泥-腐殖型。砂层以波状和透镜状层理为主，分为 10 个砂层带，其中，延 6、延 9、延 10 顶部煤层稳定，为 3 个标志层。延 10 河流相沉积的底砂岩为厚层浅灰、浅灰褐色-粗粒砂岩、含砾不等粒砂岩，测井曲线为低伽马、负自然电位异常。延安组中延 9、延 10 为主力油层。如宁夏红井子油气田延安组暗色泥岩厚度约 10 m，同时延 10 油层又位于延长组最有利生油区之上，而延 10 层发育深切河谷是沟通下伏油源的主要通道，三叠系延长组二段和三段发育的半深湖-深湖相泥岩在天池以南、积家井子以东生油层普遍大于 200 m，雨强至麻黄山及盐池一带则大于 300 m，是该油田的优质烃源岩（图 3-16）。

（三）构造带控制油气田的分布

鄂尔多斯盆地主体现今构造形态为西倾不到 1°的单斜，在其主要构造界面之上发育有成因联系、排列有序的小型鼻状构造，这对盆地油气的富集极为重要。

宁夏油气藏主要分布在盆地西缘，跨西缘冲断构造带和天环向斜两个构造单元，储藏类型主要以岩性-构造为主。目前已在冲断带的上盘发现了马家滩、摆宴井、大水坑、惠安等油田和刘家庄等气田。这些油气田的构造类型，多为半背斜或断背斜；天环向斜发现红井子、马坊、姬塬-麻黄山等油气田，主要为一些小型鼻状构造和岩性圈闭的油气藏。

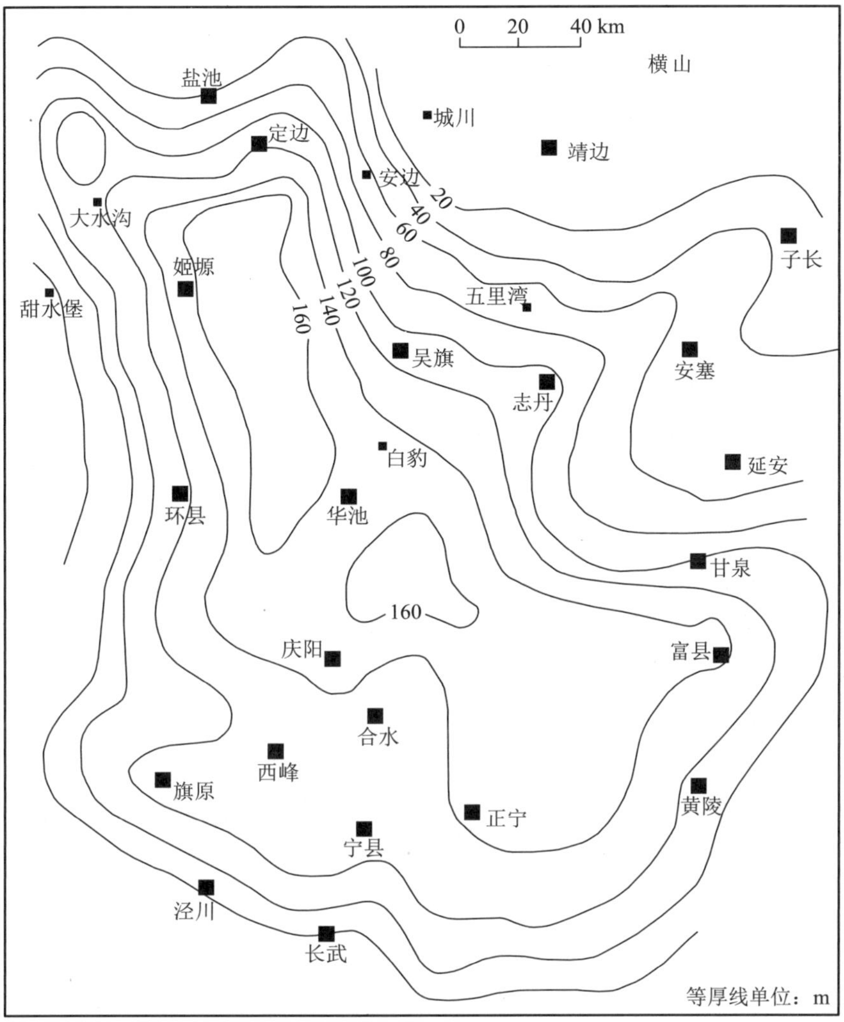

图 3-15　鄂尔多斯盆地延长组有效烃源岩厚度分布图

（据何自新，2003）

（四）有利的生、储、盖组合

生油层生成的油气能及时地运移到良好的储层中，同时盖层质量和厚度又能保证运移至储集层中的油气不会逸散。

在鄂尔多斯盆地存在多套生储盖组合。其中，第一套组合由长 8 段储、长 7 段盖组成，上生下储型组合，油藏呈条带状展布，主要分布在西峰油田和马家滩油田。它是以长 10、长 9、长 8 段三角洲分流河道砂岩为储层，以长 7、长 8、长 10 段顶部的泥岩为盖层的成油组合。在垂向上油气具备从长 7 段向下运移到长 8 段的动力条件；第二套组合由长 6 段储、长 4+5 段盖组成，为自生自储型组合，油藏呈大面积连片分布。它是延长组典型的储盖形式，也是盆地最佳的成油组合，主要分布在子长、安塞-志靖油田；第三套组合由长 3+2 段储、长 1 段盖组成，也为自生自储型组合，在局部地区如子长、甘泉北部地区也可出现上生下储型组合（朱宗良，2010）。

（五）有效的圈闭

有效的圈闭指时间上在烃源岩大量生排烃期及其以前形成的圈闭是有效的；空间上圈闭离烃源岩区域越近越好，在较短的通道内保证了丰富的油气运移。如李庄子油田，油田位于东部生油区天环向斜之外，其烃源岩为延长组暗色泥岩，其油气源主要来自东南部天环向斜，主要运移通道是输导层

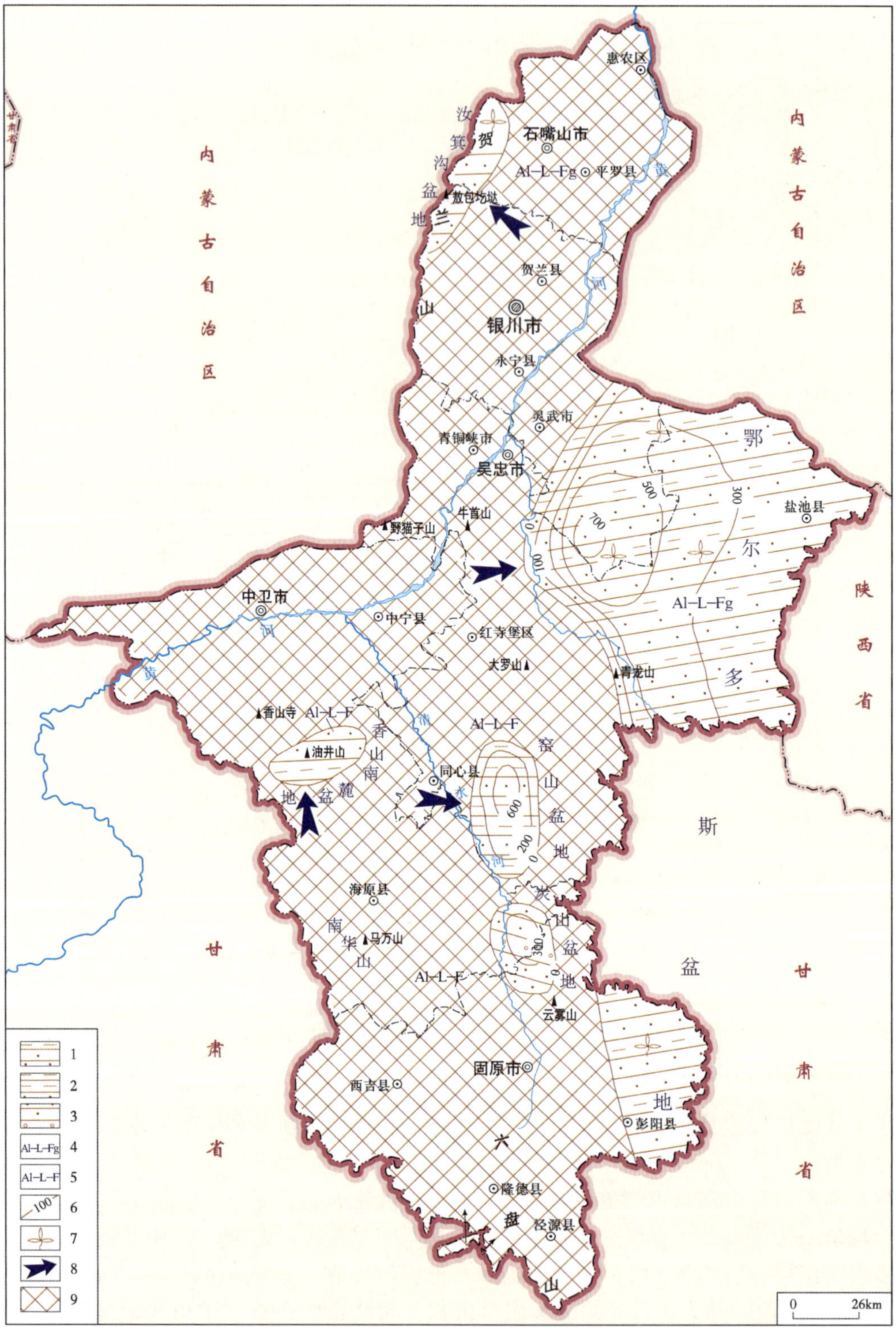

图 3-16　宁夏中侏罗世岩相古地理略图

（据宁夏回族自治区地质调查院，2017，有修改）

1—砂岩-泥岩组；2—泥岩-砂岩组；3—砂岩-砾岩组；4—河流-湖泊-泥炭沼泽相；5—河流-湖泊-沼泽相；6—沉积等厚线（m）；7—植物化石；8—碎屑物搬运方向；9—剥蚀区

（水平运移）和断裂。即天环向斜延长组烃源岩生排层的油气首先沿输导层向西、西北高部位进行二次运移，遇到沟通延长组源岩的断裂向上运移至延安组储层中，在适宜的圈闭中聚集起来，形成延安组油气藏，断裂既是沟通源岩与圈闭的通道，又是控制李庄子背斜形成的主要地质因素。因此，李庄子油藏的成藏规律可总结为输导层-断裂输导体系输导-断展背斜聚集-源外油气成藏模式。

（六）必要的保存条件

当地壳抬升，油气藏盖层的有效性遭受破坏，油气会大量散失；地壳运动导致产生断裂，一方面，断裂会破坏圈闭的完整性，油气沿着断裂流失。另一方面，早期断裂会成为油气运移的通道，晚期断裂会形成遮挡，使油气重新聚集；早期岩浆由于高温会烧掉油气，晚期岩浆由于温度降低会形成良好的遮挡；当水动力条件活跃时，会把油气带走并且发生氧化。如红井子油气田红四区位于区域性西倾单斜背景上的一个鼻褶构造，由于古鼻褶及古凹槽的长期作用，对该油田延安组储集层的分布及油气富集起着明显的控制作用。

第四章　天然气

第一节　概　　述

一、天然气特征和主要经济用途

天然气是地下天然储层中以气态存在，在地表压力与温度下仍为气态的烃类，发热量39.46 MJ/cm^3，是一种含碳氢物质的可燃气体。基本成分是烃类，以甲烷为主，占比（体积）70%~90%；其次有乙烷、丙烷和丁烷，占比（体积）3%~27%。非烃类成分有二氧化碳、氮、硫化氢、氢和惰性气体，最大不超过15%。天然气与石油关系密切，一般在石油储层的顶部有天然气存在，在煤和油页岩矿区也存在天然气。

天然气是一种气态的矿产资源，可以作为民用和工业用的动力燃料，也可压制分离出液化天然气作为液体动力燃料（天然气油）。天然气与其他矿物能源比较，具有干净清洁，使用方便，燃烧效率高，当量热，价格低等优点。天然气也是重要的有机化工原料，天然气中甲烷是生产合成氨、甲醇的主要原料，天然气凝析油是裂解乙烯的优质原料。天然气还可以制造橡胶工业所需的炭黑。

二、气藏数量

宁夏区内目前发现的天然气有油田气和气田气，主要产在鄂尔多斯盆地西缘晚古生代—中生代地层中，发现的6处气藏产地均为矿点（表4-1）。

表4-1　宁夏天然气产地一览表

序号	气藏名称	所在地区	气藏规模	气藏类型	成矿时代	开发情况
1	红井子油气田	吴忠市盐池县	矿点	构造-岩性油气藏	中晚三叠世沉积，后期成油气藏	开采
2	大水坑油气田	吴忠市盐池县	矿点	构造-岩性油气藏	中晚三叠世沉积，后期成油气藏	开采
3	摆宴井油气田	吴忠市盐池县	矿点	构造-岩性油气藏	中晚三叠世沉积，后期成油气藏	开采
4	马家滩油气田	银川市灵武市	矿点	构造-岩性油气藏	中晚三叠世沉积，后期成油气藏	开采
5	刘家庄天然气田	银川市灵武市	矿点	构造-岩性油气藏	晚石炭世—早二叠世沉积煤系，晚期成气藏	停采
6	天池天然气田	吴忠市盐池县	矿点	构造-岩性油气藏	晚石炭世—早二叠世沉积煤系，晚期成气藏	不详

三、天然气地理分布

宁夏天然气主要分布于宁夏东部灵武市、盐池县境内。

四、气藏类型

根据“中国矿产地质”志矿床（成因/工业）类型划分表，天然气属于外生矿床（Ⅰ级）中的沉积作用矿床（Ⅱ级）中的生物化学沉积型（Ⅲ）。同时，依据《矿产资源工业要求参考手册》

(2021)，按气藏圈闭因素将天然气分为构造气藏和岩性气藏，宁夏天然气藏主要为构造-岩性气藏。

五、天然气资源量

宁夏目前累计探明天然气资源量 $6.029\times10^8\ m^3$，其中油田气资源量 $4.129\times10^8\ m^3$，气田气 $1.9\times10^8\ m^3$。

六、油气勘查与开发利用程度

宁夏的（石油）天然气的勘查始于20世纪50年代初，1950~1969年，石油勘探部门在宁夏灵武、盐池地区开展工作，于1959年在马家滩上三叠统延长组长8获低产油流；1960年在李庄子中生界中侏罗统延安组获第一口工业油井，随后又发现了马坊、大水坑等油气田。1969年5月，长庆油田在鄂尔多斯盆地发现第一个天然气田——刘家庄天然气田。

宁夏天然气开发利用资料较少，油田气的开发利用只是用于石油开采时内部生产消耗；刘家庄气田规模小、资源量小、产气量少，2002年关井；天池天然气田开发利用资料不详。

第二节　气田分论

一般情况下，石油与天然气是相伴生，储存在同一油气田中的不同部位，其地质特征是相同的，因此油田气不再单独论述，具体见第三章油气田论述部分。下面主要论述刘家庄天然气田，概略介绍天池天然气田。

一、刘家庄天然气田

刘家庄气田位于宁夏灵武市境内，距银川约80 km，气田内为起伏平缓的丘陵和半沙漠地貌，青银高速、省道307从气田穿过，交通十分便利。

刘家庄气田于1969年5月发现，是长庆油田在鄂尔多斯地区发现的第一个气田。气田内主要为刘庆1井单井控制，多层产气，属构造-岩性气藏。该井1992年7月建成，试采产气 $122.75\times10^4\ m^3$，在不连续的9年生产之后，于2002年4月关井。

1. 地层

刘家庄气田产气地层为二叠系山西组和上、下石盒子组。

山西组：下段为含煤岩组，由石英砂岩和黑灰色泥岩、页岩及煤层组成，无海相碳酸盐岩夹层，与太原组一起形成高电阻井段；上段为浅灰色泥页岩互层，砂岩中白云母含量高，电阻曲线呈中高齿状，电位曲线呈指状，地层厚度西厚东薄。

下石盒子组：为下粗上细的正旋回沉积，砂层发育，岩性主要为含粘土质的石英砂岩或岩屑石英砂岩，石英含量一般大于60%，砂岩与杂色泥岩互层，泥岩含砂质，电性特征为高电阻、低电位，多呈箱状及舌状，厚度南北两侧稍厚。

上石盒子组：岩性为一套紫色、棕色、褐色泥岩，砂质泥岩夹灰绿色细砂岩，长石含量高，砂层薄且不稳定，碳酸盐岩含量较高，电极及电位曲线较平直，表明是一套以泥质岩为主的地层。

2. 气田构造

刘家庄气田区域构造属于鄂尔多斯盆地西缘断褶带，西部紧邻银川地堑，以边界大断裂相隔，东部与天环向斜逐步过渡，具有“东西分带，南北切块”的构造特征，自东向西分为3个构造区，9个背斜带（图4-1）。

刘家庄气田位于刘家庄-红墩子背斜带南端，地表为一西陡东缓的不对称背斜面，轴向近南北，南北长18 km，东西宽5~8 km，面积约100 km^2，背斜西翼被逆断层切割，北部被一北倾正断层截断，南升北降，垂直断距170 m，地面可见到白垩系与古近系及新近系接触。

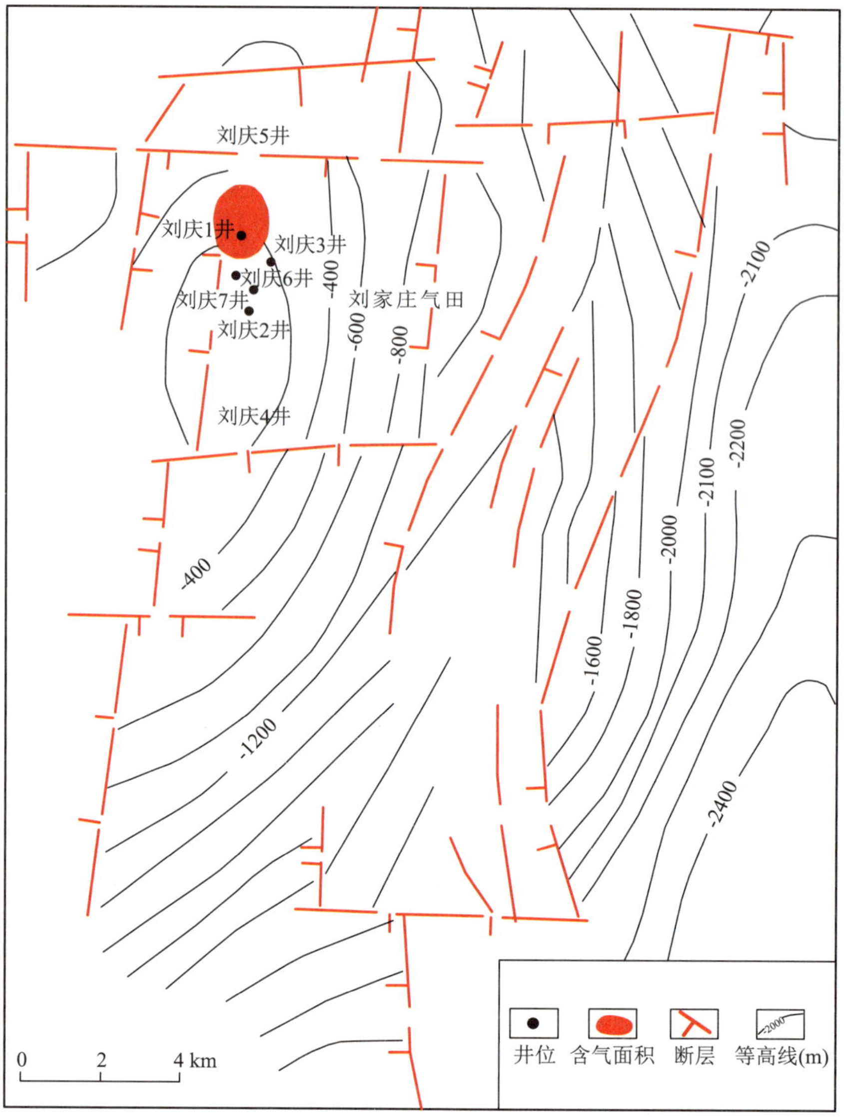

图 4-1 刘家庄气田构造井位图
（据《中国油气田开发志》总编纂委员会，2011）

3. 气源条件

刘家庄气田具有自生自储特征，储层为二叠系石盒子组和山西组，埋藏深度为 700~900 m，渗透率为 49.14 mD，是一个多层产气、单井控制的小断块气田，气田主要储层为下石盒子组和山西组。石盒子组岩性下粗上细，且向上泥质岩增多，形成了上部以厚层泥岩为盖层，厚度为 122.3 m；下部厚层中粗砂岩为很好的储层，砂岩中石英含量 58%~72%，泥质胶结，平均孔隙度 10.8%，渗透率 28.6 mD，砂岩厚度为 57.7 m，砂岩物性变化大，毛细管压力曲线表现为细-中等歪度，中等孔喉，较差-中等分选。由于接近生油层，具有捕捉油气的优越条件，易形成油气藏。

4. 气体性质

刘家庄气田为低含二氧化碳、低含氮气、不含硫化氢气体的干气。天然气组分：甲烷含量 95.7%~96.05%，乙烷含量 0~0.06%，没有丙烷以上成分；二氧化碳 0.15%~0.35%，氮气 3.59%~4.04%，相对密度 0.5833。

5. 探明储量

1984 年，刘家庄气田上报天然气探明地质储量 1.9×10^8 m^3，技术可采储量 0.67×10^8 m^3，经济可采储量 0.6×10^8 m^3，叠合含气面积 1.10 km^2。

6. 气藏类型

刘家庄天然气田气藏类型为构造-岩性气藏。

7. 成藏阶段划分

第一阶段：晚石炭世—早二叠世，沉积太原组—山西组煤系；

第二阶段：晚期在煤化过程，陆续产生天然气，运移聚集在山西组—石盒子组形成气藏。

8. 成藏物理化学条件

据《中国油气田开发志·长庆油气区油气田卷》，刘家庄天然气田气藏形成地层温度为25~30℃，形成原始压力为6.85~8.2 MPa。

9. 成藏机制

鄂尔多斯盆地天然气田大多形成于煤系或其上下圈闭中，多为煤成气，成藏期为早白垩世，其储存方式有自生自储式、下生上储式和上生下储式三种（戴金星等，2005）。

中石炭世本区发生自西向东的海侵，沉积了羊虎沟组暗色细碎屑岩夹碳酸盐岩；晚石炭世，海侵向东扩展，在中石炭世的斜坡上沉积了100~120 m厚的太原组，由于环境进一步沼泽化而形成煤系；二叠纪早期沉积了陆相山西组，下部为煤系，上部为暗色泥质岩类；石盒子组沉积时，其环境转为河湖相，沉积了下石盒子组杂色砂岩和上石盒子组红色泥岩；此后其上沉积了晚二叠世、三叠纪、侏罗纪、早白垩世地层，至早白垩世末，已沉积的石炭系—二叠系煤系在上覆巨厚的地层所产生的高温高压作用下，转变为气源岩且长期不断地提供充足的气源，煤成气通过断裂或裂隙在煤系的上覆适当圈闭中聚集形成气藏，如刘家庄天然气田。

二、天池天然气田

产于鄂尔多斯盆地西部的宁夏境内北段的天池天然气藏，地处盐池县高沙窝乡。20世纪80年代对该区进行的古生界天然气勘探中，先后发现了天池、李华台、李家场、布里克等几个局部构造，但圈闭面积都很小，多不足20 km^2。实际钻探仅在天池构造的天1井发现工业气流，随后在该构造钻探的天2井落空，证实其气藏规模较小。储气地层为上石炭统—下二叠统太原组和山西组之下的奥陶系碳酸盐岩，埋深4000 m，测试最大日喷气32.8×10^4 m^3，一般日产1×10^4 m^3。

第三节　气藏时空分布及成藏规律

一、时空分布特征

根据成矿亚带对已知天然气资源量进行统计，宁夏天然气主要成藏时代为晚古生代石炭纪—二叠纪、中生代三叠纪和侏罗纪，其中气田气产于石炭纪—二叠纪的有1.9×10^8 m^3；油田气产于三叠纪的有4.129×10^8 m^3，油田气产于侏罗纪的有3.629×10^8 m^3（表4-2）。

表4-2　宁夏天然气矿时空分布谱系

成矿亚带	成矿时段		
	晚石炭世—早二叠世	中三叠世	中侏罗世
Ⅳ-59③	1.9×10^8 m^3	0.50×10^8 m^3	1.8×10^8 m^3
Ⅳ-60①		3.629×10^8 m^3	1.829×10^8 m^3

宁夏的天然气主要分布在宁夏东部的宁东及盐池地区。其中气田气分布在Ⅳ-59③成矿亚带的刘家庄气田和Ⅳ-60①成矿亚带的天池气田；油田气分布在Ⅳ-60①成矿亚带有红井子油气田，分布在Ⅳ-59③成矿亚带的有大水坑油气田、摆宴井油气田及马家滩油气田。

二、成藏规律

通过区域地质和油田地质综合研究，大型气田的形成主要有如下规律：

（一）生储盖组合特征

以石炭系、二叠系的煤系泥岩，三叠系、白垩系黑色泥岩、页岩为气源岩，以各层系的砂岩为储集岩，以地区性及区域性泥质岩为盖层，组成自储式（源内式）、近储式（近源式）及跨越式（远源式）生储盖组合。鄂尔多斯盆地西缘为前陆/克拉通被动边缘型叠合盆地，其上古生界气藏具有多源、多灶、多阶段生烃、多期成藏的特点，并由于后期的构造运动，导致含油气系统发生叠置和贯通，形成了复合含油气系统。

鄂尔多斯西缘上古生界、中生界含油气系统中的储集层已经发现的良好储层，主要为太原组潮下砂坪、障壁岛沉积的石英砂岩、山西组近海冲积平原沉积的砂岩、下石盒子组的区域性三角洲分流河道储集层以及延长组和延安组河流相、湖泊相砂岩，如宁东地区油气田。

鄂尔多斯西缘油气藏的盖层为多层复合结构，且均为泥岩和粉砂质泥岩。上古生界含油气系统的盖层分为区域盖层和局部盖层。区域盖层主要由上石盒子组的河漫滩泥岩及石千峰群的泥岩所组成。而太原组、山西组、下石盒子组中的潟湖型、河漫滩型、分流间湾型泥岩为其局部盖层，它们与下伏不同沉积类型的砂岩体一起共同构成上古生界成藏组合。

据研究资料，泥质岩中膨胀性矿物（尤其是蒙脱石）越多，盖层的遮盖能力越强，封堵油气所需的厚度就越小。如横山堡地区刘家庄气田仅有1.4~1.8 m的泥质岩就封住了40 m高的气柱；其东部的胜利井气田在任6井井下仅2 m厚的泥质岩就封住了60 m的太原组气柱。

此外，鄂尔多斯西缘含油气系统的上覆岩层由二叠系、三叠系、侏罗系、白垩系、古近系、新近系和第四系组成，上覆岩层所产生的地压加快了烃源岩的成熟，也对油气藏起到了保护作用。

（二）油气运移通道

油气运移通道是含油气系统内连通油气生成和油气聚集之间的桥梁。上古生界气源岩在早侏罗世—早白垩世曾存在异常高的古压力，压力系数高达1.65，大大超过了烃源岩破裂门槛值1.42，导致泥岩破裂产生微裂隙，在压力释放的同时烃类也得以排出。其中，摆宴井油田岩芯观察表明，油气层普遍存在天然裂缝。这些构造裂隙的发育无疑是油气运移的重要通道。另外，天然气自身的扩散作用也是烃类运移的主要动力，鄂尔多斯西缘前陆冲断带以构造活动强烈和复杂而著称于世，发育有六盘山冲断构造系、河套-银川伸展构造系、石沟驿-平凉转换构造系。这些断裂构成了理想的油气二次运移主力通道。

（三）生排烃史与关键时刻

据太原组、山西组烃源岩的研究资料，宁东地区上古生界的大量生烃期为中侏罗世—早白垩世，而该地区构造圈闭主要形成于中侏罗世末、晚侏罗世末、早白垩世末和古近纪末，与上古生界烃源岩系自中侏罗世以来的持续生烃相匹配，为本区古生界天然气藏的形成提供了基本条件，同时上古生界气源岩自三叠纪末开始进入排烃期，在早白垩世达到高峰。此后该套烃源岩后期经历了燕山期和喜马拉雅期构造运动的改造和破坏。上古生界埋藏史曲线表明，上古生界含油气系统中的烃源岩在中三叠世末进入生烃门限，在延安组沉积末期进入生气高峰阶段，并持续到安定组沉积末期。因此，该系统关键时刻是晚侏罗世和早白垩世末。

第五章　非常规天然气

第一节　概　　述

非常规天然气是指与常规天然气在成藏机理、赋存状态、分布规律等不同，且不能依靠常规方法和技术进行勘探开发的天然气资源，主要包括页岩油气、致密气、煤层气、天然气水合物等。

一、非常规天然气特征和主要经济用途

非常规天然气具有以下特点：

1）自生自储，气体的聚集都是发生在气源岩内部，成藏及运移距离短，具有明显的自生自储特征。

2）储层致密，储层多为较细粒的砂质岩类、碳酸盐类及泥岩和煤层，均属物性条件差，低孔、低渗透致密储层。

3）扩散运移，非常规气藏一般以扩散方式运移、聚集。

4）广泛分布，非常规气藏具有区域性广泛分布特点，既可以分布在盆地中心向斜部位，也可以分布在近地表，还可以分布在海底，且一般不依赖于构造和地层圈闭。

5）开采成本相对较高。

宁夏非常规天然气主要有煤层气和页岩气，煤层气与煤层相伴生，全区四大煤田中均有产出，因而资源也较多。页岩气资源相对较少。

煤层气：是赋存在煤层中的非常规天然气，在煤的孔（裂）隙内气体以吸附态赋存占绝大部分，很少部分呈游离气，俗称“瓦斯”，其主要成分是甲烷（CH_4），与煤伴生、以吸附状态储存于煤层内，热值是通用煤的2~5倍。煤层气用途广泛，可代替煤作发电动力燃料，代替汽油作汽车燃料，还可作为化工生产原料，以及煤层气液化等，还可直接作为日常生活的燃料和冬季取暖。

页岩气：是指赋存于富有机质泥页岩及其夹层中，以吸附和游离状态为主要存在方式的非常规天然气，成分以甲烷为主。页岩气是一种清洁、高效的能源资源和化工原料，主要用于居民燃气、城市供热、发电、汽车燃料和化工生产等，用途广泛，页岩气勘探开发成功率高，具有较高的工业经济价值。

二、气藏数量

截至2017年底，宁夏煤层气确定了预测区12处（表5-1），页岩气以含气单元为主，预测了鄂尔多斯盆地西缘和六盘山盆地两个含气单元。

三、非常规天然气地理分布

煤层气主要分布于宁夏各大煤田，即贺兰山煤田中北段煤区、宁东煤田、香山煤田和宁南煤田（图5-1）。

页岩油气主要分布于鄂尔多斯盆地西缘和六盘山盆地。

表 5-1　宁夏主要煤层气含气区一览表

序号	含气区名称	构造特征	外部条件	煤种	矿井瓦斯 /($m^3 \cdot t^{-1}$)	含气量 /($m^3 \cdot t^{-1}$)	含气丰度 /($10^8\ m^3 \cdot km^{-2}$)
1	横山堡	复式背、向斜构造/断层发育	有利	FM/QM		8	0.67
2	汝箕沟	向斜构造/断层不发育	较有利	WY	22.4	22~24	2.88
3	石嘴山	宽缓向斜/断层不发育	有利	JM/FM/QM	<14.27	8	3.21
4	石炭井	开阔的不对称向斜/少量断层	有利	PM/SM/JM/FM	<18.86	8	1.09
5	韦州	两翼不对称向斜/断层发育	较有利	QM-WY	高	8	1.04
6	盐池	为东倾单斜构造/断层不发育	较有利	CY/QM		5.2	0.97
7	罗山	隐伏的复式向斜构造/断层	一般	PM/WY (?)		8	0.72
8	苏峪口	背、向斜构造/断层较发育	一般	WY		8	0.82
9	沙巴台	背、向斜构造/断层较发育	一般	JM/SM	<5	8	0.41
10	碎石井	背、向斜构造/断层不发育	较有利	CY/BN	<5	1~3	0.27
11	炭山	向斜构造/断层较发育	差	CY	<5	1~2	0.24
12	王洼	总体为东倾单斜/断层不发育	差	CY	<5	1~2	0.23

四、气藏类型

根据“中国矿产地质志”矿床（成因/工业）类型划分表，天然气属于外生矿床（Ⅰ级）中的沉积作用矿床（Ⅱ级）中的生物化学沉积型（Ⅲ级）。同时依据《矿产资源工业要求参考手册》(2021) 将天然气气藏分类以其地质特征、气藏的流体及其分布特征、圈闭成因等为分类依据，煤层气藏、页岩气藏属于地层-岩性油气藏。主要为热解成因型。

五、非常规天然气资源量

宁夏目前获得埋深 2000 m 以浅预测的和远景的煤层气资源总量 $6718\times10^8\ m^3$。其中，预测 1000 m 以浅的煤层气资源量为 $1965\times10^8\ m^3$；1000~2000 m 深度的煤层气资源量为 $4753\times10^8\ m^3$。

六、非常规天然气勘查工作程度

宁夏的煤炭资源比较丰富，但煤层气勘探开发起步较晚。1995 年，宁夏地质矿产局开始煤层气的开发利用研究工作，通过收集分析资料和初步调查研究，并与国内外成功的煤层气勘探开发区进行对比，认为宁夏煤田资源丰富，煤层层数多、厚度大、资源分布集中、煤种齐全，且多数煤层含气量高，封存条件好，是聚集煤层气的有利地区，初步估算了区内 2000 m 以浅煤层气资源量。由于各种原因宁夏区内深入、细致、系统性工作并没开展。煤层气属于清洁能源，受国家政策扶持。在中国能源结构不断优化调整的改革进程中，凭借良好的安全效益、环境效益和经济效益，煤层气大规模开发利用前景诱人。从煤层气资源的分布、开采条件和资源品质分析，宁夏煤层气发电、煤层气液化等开发项目投资前景看好。中国地质调查局对宁夏煤层气比较重视，1999 年安排专项“宁夏煤层气资源评价”工作，项目执行时间为 1999~2000 年，项目由宁夏回族自治区地质调查院承担。通过工作，对宁夏四大煤区 12 个含气区块的煤层气进行了预测，全区共获埋深 2000 m 以浅预测的和远景的煤层气资源总量为 $6718\times10^8\ m^3$（预测资源量 $371\times10^8\ m^3$，远景资源量 $6347\times10^8\ m^3$）。2000 年底提交了《宁夏煤层气资源评价报告》；2016~2020 年，《宁夏回族自治区找矿战略突破行动方案》中将同心县韦州煤矿区约 500 km^2 选定为下一步煤层气和页岩气工作靶区，旨在查清该区域非常规油气资源潜力。

2014 年，宁夏回族自治区核工业地质勘查院提交了《宁夏页岩气成矿远景研究报告》，将宁夏拆

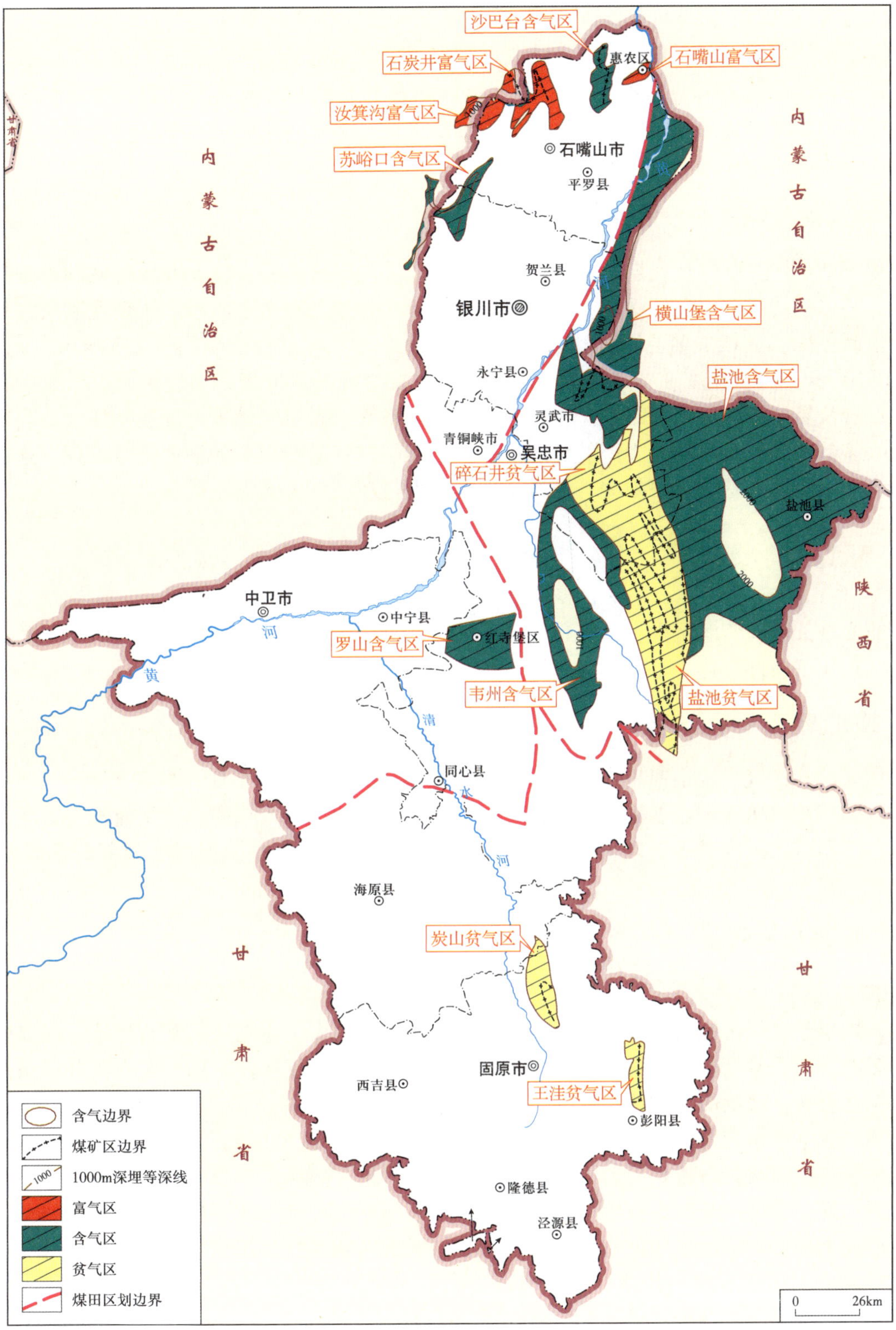

图 5-1　宁夏煤层气资源分布图

（据宁夏回族自治区地质调查院，2000，有修改）

分成鄂尔多斯盆地西缘和六盘山盆地两个研究单元，初步估算页岩气资源量为 16046.42×10^8 m^3，认为宁夏具备较好的页岩气成矿远景，具备页岩气勘探与开发的潜力。

2014 年，宁夏回族自治区地质调查院对宁夏区内页岩气进行了调查，在宁夏南部六盘山盆地发现下白垩统马东山组有页岩气的存在，这是宁夏首次发现页岩气资源。《宁夏回族自治区找矿突破战略行动实施方案（2016~2020年）》将六盘山盆地最具成气和富集条件的上古生界石炭系—二叠系山西组、羊虎沟组以及三叠系延长群确定为目的层，选定3个远景区作为工作靶区，3处有利区块页岩油气预测资源总量约18721.27×10^8 m^3；将六盘山盆地中生界下白垩统页岩油气富集和成藏条件好的马东山组和乃家河组优选为目的层，选定3个远景区作为下一步工作的有利区块，预测页岩油气资源总量约为4832.04×10^8 m^3。

七、非常规天然气开发利用程度

宁夏仅于20世纪90年代初期，在贺兰山含煤区汝箕沟矿区的白芨芨沟井田首先利用延安组煤系的煤层气，将采空的矿井中瓦斯抽出，供白芨芨沟矿部所在地的机关、学校、工商业和所在地居民作为燃料、取暖使用。近年来煤层气利用方式呈现多元化，2009年共抽采煤层气1.57×10^8 m^3，煤层气利用0.91×10^8 m^3，其利用率在60%左右，利用方式主要为发电、民用、制造炭黑，已建成石嘴山矿区瓦斯电站和汝箕沟矿区瓦斯电站各一座，装机32×500 kW，煤层气抽采力度逐年加大，利用率逐步提高。而大多数煤矿从自身安全生产的角度出发，对煤层气仅进行简单的抽放排空处理，这对国家和企业来说不但是资源浪费和经济损失，同时也造成了大气环境污染及温室效应。

第二节　含气区分论

宁夏非常规天然气资源量少，勘查程度低，下面选择横山堡煤层气含气区作为重要含气区论述，其他含气区仅作一般性论述。

一、横山堡煤层气含气区

横山堡煤层气含气区位于银川市东南30 km，北起陶乐，南至磁窑堡，西起黄河，东至高沙窝，预测煤层气面积约1690 km^2。该区为低山丘陵、戈壁和沙丘地貌，人烟稀少，交通极为方便，青银高速公路和307国道从区内通过，陕北-银川天然气输气管道从本区中部通过，外部开发条件非常优越，矿区尚未建井。

（一）区域地质特征

1. 地层

横山堡煤层气含气区地层从古生界至新生界均有沉积，缺失上奥陶统至下石炭统，因受西侧祁连褶皱带的影响，沉积厚度较大。含气区为全隐蔽煤田，地表露头仅在任家庄、红石湾井田西部有零星出露，依钻孔资料，地层由老至新简述如下：

奥陶系：在本区发育不全，缺失上统，下统天景山组、中统米钵山组出露于黑山一带，发育较好，岩性为灰色、深灰色石灰岩，砂岩，与上覆地层呈假整合接触。

石炭系：发育羊虎沟组和太原组。羊虎沟组岩性顶部为深灰色、灰黑色泥岩、粉砂岩夹不稳定灰色泥岩薄层，上部、中部以砂质泥岩、粉砂岩为主，下部以灰黑色、黑色泥岩为主，夹薄层泥岩1~2层及不稳定煤层1~8层，与下伏地层呈假整合接触。太原组岩性组合由灰白色砂岩，灰色、灰黑色泥岩，深灰色石灰岩，煤及少量粘土岩、沥青质泥岩组成，共含煤5~10层，也是本区主要煤系之一。本组细碎屑岩和石灰岩中含大量动、植物化石，与下伏地层呈整合接触。

二叠系：发育山西组、上石盒子组、下石盒子组和孙家沟组。山西组岩性由灰白色、深灰色砂岩，灰黑色粉砂岩、泥岩，煤及少量粘土岩、沥青质泥岩组成。含煤3~13层，为本勘探区的主要煤系之一。平均厚度56.44 m。与下伏地层呈整合接触。下石盒子组岩性以粉砂岩为主，次为泥岩、砂质泥岩。夹1~2层薄煤，与下伏地层呈整合接触。上石盒子组岩性上部为紫、暗紫色粉、细砂，中下部为灰紫色泥岩，与下伏地层呈整合接触。孙家沟组岩性为紫红色、褐红色砂岩、粉砂岩、泥岩互层，底部为中、粗粒砂岩，含较多小砾石，与下伏地层呈假整合接触。

白垩系：发育宜君组，分布于马鞍山脉任家庄、红石湾井田南缘。岩性为灰色砾岩夹薄层粉砂岩，砾岩与砂岩互层。砾石以变质岩块为主，与下伏地层呈角度不整合接触。

新近系：分布于山坡及沟谷两侧，上、中部为紫红色、橘黄色半胶结红土层，亚砂土、亚粘土层，夹砂及少量砾石。与下伏地层呈角度不整合接触。

第四系：全区普遍分布，上部为黄土、冲积沙、风成沙。下部为亚砂土，底部为砾石层，局部呈半胶结状，碎石成分不一。边沟见有马齿骨等化石。厚度 1~49 m。

2. 构造

（1）褶曲

三道沟背斜：位于含气区西侧任家庄、红石湾井田。轴向近南北略偏西，轴面东倾 85°，西翼倾角 50°~60°，东翼倾角 20°~30°，为一不对称、不完整的背斜。构成任家庄、红石湾含煤地层。

沙沟向斜：轴向近南北向，略偏东，亦为不对称向斜。西翼缓，倾角 30°；东翼陡，倾角 45°，且多为断层切割。向斜轴向南倾伏。

黄草沟向斜：位于三道沟背斜东翼，为小型不对称向斜，轴面东倾 85°，轴向南段南东向，向北转至北北东向。西翼倾角 15°~20°，东翼倾角 20°左右。向斜轴向南东倾伏。

丁家梁背斜：位于气田中部，为一轴向北北东，南段偏西的大型隆起状背斜。背斜西翼因伴生 F_1 断层而逆冲于沙沟向斜之上。两翼不对称，西翼陡，倾角 30°~50°；东翼缓，倾角 15°~30°。

马连台向斜：轴向北段北 15°西，中段南北，南段南 25°西，呈中部向东之弓形。向斜西翼宽缓，东翼狭窄陡峻。煤系于向斜西翼沿丁家梁背斜展布。

（2）断裂

气田内断裂构造为多次运动所形成，近南北向主要断裂被后期北东、北西向断裂切割，使煤田受到一定程度的破坏。全部断裂可明显分为三组：以近南北向较大断裂为主，其中 F_1、F_3、F_5、F_8 可纵贯矿区南北；北东向断裂 F_{11} 横切沙沟向斜西翼；北西向断裂 F_7 使马莲台向斜与双庙向斜之南段被切。该区向斜宽缓的西翼多具正断层，东翼则多为逆断层，且全区除 F_4 走向断层西倾外，余者其断面均东倾。

（二）含气区地质特征

1. 地层

含气区内含煤地层为太原组和山西组，厚度大于 600 m。北部呈宽缓褶皱，并有稀疏断层切割；南部较为复杂（图 5-2）。

山西组：含气区内厚度 30~40 m，与下伏太原组和上覆下石盒子组均为整合接触，为一套河流-湖沼相含煤碎屑沉积，是本区主要含煤地层之一。岩性主要由灰白色石英砂岩、岩屑石英砂岩和灰黑色页岩、砂质页岩组成，夹煤层及耐火粘土，含煤 13 层。

太原组：气田内平均厚度 76 m，与下伏羊虎沟组和上覆山西组均为整合接触，为一套海陆交互相含煤碎屑沉积，是本区主要含煤地层之一。岩性主要由灰-灰黑色页岩、砂质页岩，灰白色石英砂岩，灰黑色泥岩互层组成，夹 3 层灰岩（编号 k_1、k_2、k_3，为煤层对比的主要标志层）含煤 3~8 层。

羊虎沟组：气田内厚度 150~300 m，与下伏靖远组和上覆太原组均为整合接触，为一套三角洲相含煤碎屑岩沉积，一般煤层较薄，局部可采。岩性主要为灰色、灰白色细-中粒石英砂岩，灰色、灰黑色页岩及砂质页岩，夹少量灰岩。

2. 构造

气田内构造为一走向北北东的复式褶皱，并被两组断层切割，总体为构造复杂区。

褶曲：由西向东有三道沟背斜、沙沟向斜、丁家梁背斜、马莲台向斜、双庙向斜。轴线大致平行排列，呈北东方向展布，轴面东倾。向斜西翼较宽缓，地层倾角 15°~25°；向斜东翼陡倾，地层倾角 50°~70°，向斜核部地层为石千峰群孙家沟组；背斜核部最老地层为奥陶系。

断层：气田内断层可分为两组，与地层走向近一致的北北东走向断层为一组，共 7 条，延深 20

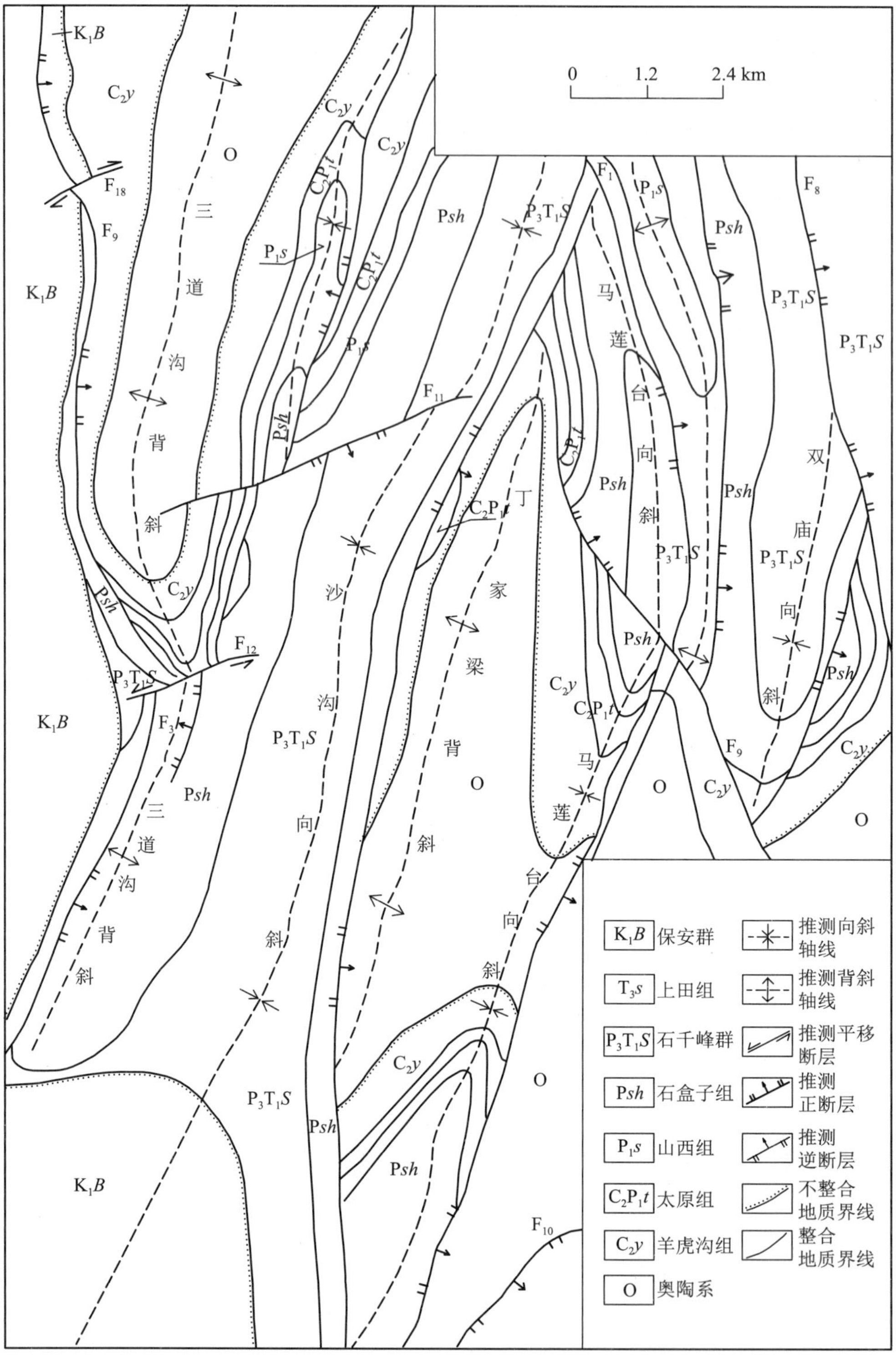

图 5-2 横山堡矿区基岩地质草图

（据宁夏回族自治区地质调查院，2000，有修改）

余千米，断距 60~300 m；后期走向北东东和北西向的断层为一组，切割早期地层并使煤系的连续性遭受较严重破坏。此类断层共 11 条，延伸数前千米，断距一般 60 m 以下。

（三）含气地层特征

横山堡煤层气含气区内的含气地层主要为太原组和山西组煤系，煤层作为自生自储含气载体，其有机质含量是煤层气生成的物质基础，载体中有机质的丰度、组成、煤化程度、产气率、煤层气富集程度和保存条件等是煤层气成藏的关键因素。

1. 含气层

石炭系—二叠系是本区很好的气源岩和储集层，含气面积约1690 km^2。气田主要含煤地层为石炭系太原组和二叠系山西组。其中任家庄、红石湾井田含煤最多，达23层；马莲台井田含煤14层；丁家梁井田含煤14层。

太原组为近海型含煤建造，沉积稳定，旋回清晰。地层平均厚度65.94～153.5 m，含煤4～10层，含可采煤2～3层。含煤总厚度8.34～11.31 m，可采煤总厚度6.22～9.44 m，可采含煤系数5.1%～12.26%。煤层结构较简单。

山西组为纯陆相建造。地层平均厚度56.44～71 m，含煤3～12层，含可采煤层3～5层。含煤总厚度8.84～15.30 m，可采煤总厚度7.6～12.57 m，可采含煤系数11.5%～20.3%。煤层较稳定。

2. 煤岩特征

太原组煤的宏观煤岩类型主要为半亮煤和半暗煤，次为光亮煤和暗淡煤。有机质占82.74%～96.0%，无机质占5.0%～17.26%。显微煤岩组分主要是镜质组（77.68%）和惰性组（4.64%），次为矿物组（14.47%），壳质组含量甚少（3.21%）。镜质组和惰性含量变化呈一定的规律性，一般由东向西不断增高。

山西组煤的宏观煤岩类型主要为半暗煤，次为半亮煤和暗淡煤，光亮煤很少。有机质占67.25%～87.78%，无机质占12.23%～32.75%。显微煤岩组分主要为镜质组（74.36%），其次为矿物组（17.20%）和惰性组（5.43%），含极少量壳质组（3.01%）。

由上述煤岩特征可看出，煤是由有机显微组分和矿物质组成的，而显微组分不仅影响煤层气的生成，而且也影响着煤层气的赋存和含量。有研究表明，在同等条件下，镜质组和惰性组的含量越高，对 CH_4 的吸附能力越强，CH_4 含量越高。

3. 产气条件

据横山堡井田资料，含气区内煤多为焦性煤（气煤、肥煤、焦煤、瘦煤），按煤变质分带划分应为中变质烟煤。杨起等（1996）认为转变为不同煤化阶段的煤所需要的温度大致为：褐煤40～50℃，长焰煤一般小于100℃，炼焦煤一般小于200℃，无烟煤一般不超过350℃。而由褐煤→肥煤→无烟煤分别生成38～68 m^3、199～230 m^3、346～422 m^3 的天然气，说明煤化作用的每一个过程都在释放气体。因此横山堡含气区生气条件是非常优越的。

4. 储气层特征

横山堡含气区内煤层外生裂隙、割理比较发育，具有良好的渗透性，有利于气体在煤层中运移聚集，形成气藏得以储存，且水文地质条件简单，因而煤层是良好的煤层气储层，瓦斯含量较高，约8 m^3/t。煤层顶板多为灰岩、泥岩、砂质页岩，部分为砂岩，因泥岩、页岩具有较好的密闭性而成为煤层气藏的理想盖层，同时煤系上部沉积了巨厚的上二叠统至新生代地层，促使煤层发生深成变质作用，同时煤层所处地压普遍较高，为煤层气的生成及保存提供了有力保证。

（四）资源量

经过调查评价，横山堡煤层气含气区预测资源量为 1135×10^8 m^3。

（五）气藏类型

横山堡煤层气含气区气藏属地层-岩性气藏。

（六）成藏阶段划分

早期阶段：植物遗体的纤维素处在弱氧化-还原的沉积环境中，细菌通过生物酶的催化作用产生一系列生物化学反应，从而使部分腐殖型有机质分解形成甲烷、二氧化碳和水。

中期阶段：此阶段为生油生气主要阶段，腐殖型有机质的生气期贯穿在有机质演变的整个过程中，其中主要为贫煤-肥煤阶段，此阶段生成的气体主要为甲烷气、氢气、二氧化碳。

晚期阶段：此阶段为石油裂解气，有机质继续热解生气，在高变质的贫煤-无烟煤阶段，腐殖型有机质已无油产出，液态烃全部裂解为气体。

（七）成藏物理化学条件

在泥炭形成之后，伴随着地壳下降，上覆沉积物不断加厚，温度、压力不断升高，泥岩开始发生煤化作用和菌解作用，由褐煤→烟煤→无烟煤，挥发分大约由50%降到5%。这些挥发分主要以CH_4、CO_2、H_2O、N_2、NH_3等气态产物的形式逸出，是形成煤层气的基础。

（八）成藏机制和成藏模式

太原组煤系和山西组煤系是在海陆交互和河流-湖沼相环境下形成，该煤层厚度较大，连续性好，煤层稳定，埋藏浅，渗透性好，构成了煤层气富集成藏的物质基础；由于长期的构造运动，矿区内断裂和褶皱较发育，为煤层气的渗透和成藏提供了通道及有利空间；煤层具有较好封闭圈，底板为晚古生代碳酸盐岩沉积，顶板为一套巨厚中、新生代盖层，有利于煤层气藏的形成。

二、汝箕沟煤层气含气区

汝箕沟煤层气含气区位于贺兰山中段，属宁夏回族自治区平罗县管辖，距石嘴山市约25 km，包含汝箕沟、大峰沟、白芨芨沟和立新井田4个矿区，总面积约90 km^2。

含气区内出露地层自下而上有三叠系、侏罗系和第四系。上三叠统大风沟组厚度为1186 m。中侏罗统延安组是本区的含煤地层，含煤7层，地层平均厚度265.57 m。中侏罗统直罗组含煤线，出露厚度158 m。第四系厚度0~15 m。

汝箕沟向斜为矿区赋煤构造。矿区内断层不发育，构造简单，对煤层破坏较小。

汝箕沟煤层气含气区主要含煤地层是中侏罗统延安组，其为一套冲积-沼泽相沉积，含煤7~9层，可采或局部可采者7~8层，煤层可采总厚度38.52 m，有益厚度24.65 m。可采含煤系数9.66%。汝箕沟煤宏观煤岩类型为光亮煤和暗淡煤组成，显微煤岩组分主要是镜质组90%以上，惰性组和矿物质含量极低，壳质组含量甚少。

汝箕沟煤除外生裂隙外几乎没有其他裂隙，但颗粒表面积大，粒间孔非常发育，不仅有利于煤层气的吸附，而且有利于煤层气的运移和扩散。汝箕沟煤中割理发育，以一组延伸较长的面割理出现，端割理不发育，面割理密度在20条/5 cm左右，且未被充填，有利于煤层气运移，煤层的渗透性较好，有利于煤层气的储存。同时通过对白芨芨沟矿采区测定结果，储层压力在3.5 MPa左右，属超高压储层，储层能量高，有利于煤层气开发利用。

经过调查评价，预测汝箕沟煤层气含气区面积100 km^2，煤层气资源量288×10^8 m^3。

三、石嘴山煤层气含气区

石嘴山煤层气含气区位于贺兰山煤田北部，属石嘴山市和惠农区管辖。矿区南北长11.5 km，东西宽3.5 km，面积58.824 km^2，勘探面积95 km^2。

石嘴山煤层气含气区发育有石炭系、二叠系、新生界。中石炭统羊虎沟组区内无露头，仅在各别孔中见到，含煤6层，单层厚度0.75~1.00 m，钻孔揭露最大厚度348.94 m；上石炭统太原组为本区主要含煤地层之一。本组含煤8~10层，地层总厚度85.37~151.21 m；下二叠统山西组是本区主要含煤地层之一，含煤3~4层，地层厚度18.27~60.35 m；下二叠统下石盒子组含煤1~8层，煤层一般厚度0.5 m左右，地层厚度63.99~132.38 m；上二叠统上石盒子组，不含煤，地层厚度103.86~178.22 m；上二叠统孙家沟组厚度0~485.91 m；新近系干河沟组厚度145.56 m；第四系平均厚度131.98 m。

含气区总体呈一较宽缓的向斜构造，其轴部由石千峰群组成，两翼最老的地层为羊虎沟组。由于多期构造运动的作用和影响，使向斜在形成过程中受到多次断层的相互切割，导致了矿区北端构造最为复杂，断层多而密，南部次之，中部构造最为简单，断层稀少。

含气区主要含煤地层为上石炭统太原组和下二叠统山西组。这两套含煤地层广泛分布于矿区各井田之内。其中，太原组属海陆交互相沉积，岩性岩相较稳定，地层厚度 129.35～234 m，含煤 6～13 层，其中可采或局部可采煤层 4～7 层，可采煤总厚度 14.64～19.49 m，可采含煤系数 7.21%～15.06%。太原组煤的宏观煤岩类型为半亮煤和半暗煤，次为光亮煤和暗淡煤，显微煤岩组分主要是镜质组（67.7%）和惰性组（16.7%），次为矿物组（13.55%），壳质组含量甚少（2.05%）；山西组为一套纯陆相含煤沉积，地层平均厚度 31.13～42.63 m，含煤 2～5 层，可采 2～3 层，可采煤层总厚度 10.83～12.61 m，可采含煤系数 25.69%～36.43%。山西组煤的宏观煤岩类型为半暗煤和半亮煤，次为光亮煤和暗淡煤，显微煤岩组分主要是镜质组（58.78%）和惰性组（22.50%），次为矿物组（15.56%），壳质组含量甚少（3.17%）。

太原组煤多属原生结构煤，煤储层的渗透性好，有利于煤层气的保存；而山西组煤受构造破坏严重，割理消失，不利于煤层气保存。煤层储层压力较高，经测试储层压力为 1.9～4 MPa，储层能量高，有利于开发利用。

经过调查评价，预测石嘴山煤层气含气区面积 55 km^2，煤层气资源量 138×10^8 m^3。

四、石炭井煤层气含气区

石炭井煤层气含气区位于贺兰山煤田北部，属宁夏回族自治区平罗县管辖。南北长 9 km，东西宽约 4 km，面积约 36 km^2，勘探面积 25.87 km^2，属于小型矿区。

含气区出露的地层有震旦系、寒武系、石炭系、二叠系及三叠系。其中，石炭系和二叠系为含煤岩系。震旦系正目观组出露厚度 20～150 m，寒武系苏峪口组出露厚度 25～100 m，石炭系羊虎沟组出露厚度 492 m，石炭系太原组在矿区内广泛分布，地层厚度 92～183 m，二叠系山西组区内广泛分布，厚度 87.5～219.9 m，二叠系下石盒子组平均厚 235 m，二叠系上石盒子组出露最厚达 377 m，上二叠统孙家沟组厚度 580～685 m。第四系不整合覆于上述各地层之上，厚度 0～15 m。

含气区总体呈一东翼缓西翼陡的不对称向斜构造，矿区北部被正义关横断所切，南止于大磴沟逆断层，东与李家沟背斜相接，西为勃力海带逆断层切割。含气区内次级褶皱及断层发育，构造复杂。

含气区主要含煤地层为上石炭统太原组和下二叠统山西组，两煤系广泛分布于含气区内各个井田之中。其中，太原组为海陆交互相含煤建造，沉积稳定，旋回清晰，地层平均厚度 165 m，含煤 7～11 层，其中可采或局部可采煤层 5～7 层，可采煤层总厚度 7.97～13.07 m，可采含煤系数 7.15%。太原组煤的宏观煤岩类型为镜煤和亮煤，显微煤岩组分主要是镜质组（70.49%）和惰性组（12.99%），次为矿物组（14.21%），壳质组含量甚少（0.04%）。山西组地层为一套纯陆相含煤建造，地层厚度 75.7～130 m，含煤 3～6 层，可采及局部可采者 2～4 层，可采煤层总厚度 12.31～16.77 m，可采含煤系数 11.11%～18%。山西组煤的宏观煤岩类型为镜煤和半亮煤，次为光亮煤和亮煤，显微煤岩组分主要是镜质组（65.30%）和惰性组（17.09%），次为矿物组（17.10%），壳质组含量甚少（0.51%）。

太原组煤多属碎裂结构煤，发育完好的内外生裂隙，连通性好，煤储层的渗透性好，有利于煤层气的保存；而山西组煤多为碎粒煤和糜棱煤，尽管其内部存在大量裂隙，但相互切截，造成煤层的渗透性极低，不利于煤层气保存。据矿区内瓦斯压力测试资料，该含气区煤层气储层压力分布有两个特点，其一，在垂向上瓦斯压力向下有增大趋势；其二，在同一水平面，不同地点瓦斯压力差异较大。

经过调查评价，预测石炭井煤层气含气区面积 240 km^2，煤层气资源量 314×10^8 m^3。

五、碎石井煤层气含气区

碎石井煤层气含气区位于灵武市南东 20～25 km，南北长 17 km，宽约 10 km，面积 170 km^2。

含气区位于碎石井复式背斜西翼，地层以中侏罗统延安组、直罗组为主，其下伏为中-上三叠统延长组，下白垩统保安群分布在矿区南部和西部。中-上三叠统延长组出露厚度 120 m，中侏罗统延安组为含气区主要赋煤层位，厚度 350 m，中侏罗统直罗组厚度 750 m，下白垩统保安群厚度大于 130 m。含气区发育轴向近南北宽缓开阔的复式背斜，自西向东依次为刘家庄碎石井背斜、磁窑堡长梁山向斜、鸳鸯湖背斜，褶皱翼部平缓，倾角 15°~30°。

含气区含煤地层为中侏罗统延安组，含煤 19~35 层，可采及局部可采者 13 层，可采煤厚度 0.5~7.5 m。煤层属不粘煤，由于埋藏浅，煤属原生结构煤和碎裂煤，煤级低，变质程度也低，孔隙相对发育，渗透性好，割理发育且成不规则网状，不利于煤层气的保存，因此煤层气含量低，开发利用价值低。

经过调查评价，预测碎石井煤层气含气区面积 2033 km^2，煤层气资源量 550×10^8 m^3。

六、六盘山页岩油气远景区

六盘山盆地位于宁夏南部固原地区，行政区划隶属固原市原州区、隆德县、泾源县、西吉县及彭阳县。东西宽约 90 km，南北长约 120 km，面积约 10800 km^2。

六盘山盆地是由不同时代、不同类型盆地叠合形成的复合盆地，白垩纪为主要成盆期，盆地演化经历了三期成盆三期改造过程：石炭纪—二叠纪类克拉通盆地发育期；三叠纪—白垩纪伸展断陷盆地发育期；古近纪—新近纪再生前陆盆地发育期。盆地三期成盆孕育了三套有效烃源岩，三期挤压作用，形成了风格各异的圈闭类型，多期盆地叠加不仅在纵向上形成了多套生储盖组合的叠置，为油气的生成奠定了良好的基础，而且也是最有利的油气勘探区带。

在以往的地质工作中，六盘山盆地发现油气显示较多，地面油气苗 30 余处，井下有 20 口井见显示，分布范围广泛，北起同心小洪沟，南至泾源老龙潭一带，长达 180 km。油气显示多以裂缝含沥青为主，气苗、H_2S 泉、岩芯冒气及荧光显示为次，个别为晶洞含油。层位包括石炭系、侏罗系、白垩系和古近系—新近系。据现有资料表明，老基底岩系形成油气的可能性很小，95%油气显示集中在下白垩统。下白垩统马东山组—乃家河组为主要生油层。

2014 年，宁夏回族自治区地质调查院承担了中国地质调查局油气中心“宁夏六盘山盆地页岩气资源远景调查”项目，2015 年调整为“宁夏六盘山盆地油气基础地质调查”项目，主要任务是以白垩系为主要目标层，兼顾古生界，查清六盘山盆地主要页岩层段的分布，并进行有机地球化学特征、储集特征和含油气性研究，探索页岩油气的形成条件、富集规律以及控制因素，获取系统的页岩油气评价参数，评价研究区页岩油气资源潜力，优选页岩气远景区和有利目标区。

（一）远景区地质

1. 地层

六盘山页岩油气远景区内地层主要由下白垩统六盘山群构成，自下而上有：

三桥组（K_1s）：主要出露于火石寨、固原及和尚铺一带，为下白垩统的底砾岩，岩性较单一，主要为一套暗紫红色、灰色块状中砾岩及粗砾岩。砾石多呈棱角状和次棱角状，灰质胶结，砂质充填，厚度 10~850 m，属山麓相沉积，与下伏侏罗系（或更老地层）呈不整合接触。

和尚铺组（K_1h）：主要出露于六盘山主峰附近及火石寨一带，岩性主要以紫红色砂质泥岩、泥质砂岩及细砂岩为主，夹蓝灰色泥岩、页岩及少量泥灰岩，一般为中层至厚层，属河流相沉积，厚度 38~756 m，与下伏三桥组整合接触。

李洼峡组（K_1l）：主要出露于盆地西缘，岩性主要为灰绿色与紫红色相间的泥岩、泥质砂岩、泥灰岩及少量细砂岩，属淡水湖泊相沉积，厚度 40~902 m，与下伏和尚铺组整合接触。

马东山组（K_1m）：分布范围最广，是一套较典型的湖沼相沉积，岩性为蓝灰色、灰绿色、灰黄色泥岩、泥灰岩互层夹鲕状灰岩、油页岩；北部岩性变粗，向南岩石钙质含量增多，主要属淡水湖泊相沉积，厚度 96~1410 m，与下伏李洼峡组整合接触。

乃家河组（K_1n）：岩性为一套稳定的蓝灰色钙质泥岩、页岩夹薄层泥灰岩、细砂岩及石膏。在寺口子为灰色含泥砂质灰岩、灰岩，夹页岩及薄层石膏。含石膏为本组特征，属咸水湖泊相沉积，厚度43~670 m，与下伏马东山组呈整合接触。

2. 构造

六盘山盆地位于一个较为特殊的大地构造位置，其西南面为北祁连秦岭褶皱造山带，北接阿拉善地块，东临鄂尔多斯地块，特殊的地理位置，导致整个盆地断裂、褶皱十分发育，同时盆地自北向南构造分带明显。

断层：盆地内发育多条断裂，六盘山西麓大断裂为盆地西南边界，也是华北板块与柴达木-中祁连板块的分界线，本质上是北祁连缝合带的东延部分。按断裂的规模及作用分为南、西华山-六盘山断裂、清水河断裂、青铜峡-固原断裂、烟筒山-窑山断裂和兴仁堡断层、寺口子断层、桃山断层（宋新华，2013）。

褶皱：盆地内较大的褶皱有杨明堡-杆杆梁向斜、东梁-墩墩梁北斜、怀沟淌-沙沟向斜、月亮山北斜、大红沟背斜、四大明山向斜、马东山背斜、老关湾向斜和喇嘛墩背斜等。

盆地北部为隆升剥蚀区：构造改造活动以抬升剥蚀作用为主，加里东晚期运动形成梨花坪隆起，晚三叠世该凸起随盆地一起沉降，接受沉积。早、中侏罗世，凸起有所抬升，但为水下隆起，范围较古生代缩小，早期燕山运动使凸起抬升，高部位侏罗系—三叠系遭受剥蚀。早白垩世凸起随盆地沉降，接受较薄的下白垩统沉积，中期燕山运动使凸起再次抬升，造成高部位缺失下白垩统；盆地中部弱挤压变形区：新生代以挤压收缩作用为主，构造回返形成反转构造，局部构造样式以盖层滑脱形成的较低幅度背斜为主；盆地南部压扭性强变形区：位于多套断裂系统的交汇处，构造变形强烈。受北祁连造山运动和鄂尔多斯刚性地块的砥柱作用，后期改造以压扭应力作用为主，形成较为典型的压扭性帚状构造，构造样式以压性逆冲形成的高幅度断背斜、断鼻、断块为主。

（二）生油层特征

在六盘山盆地中，下白垩统主要生油层为马东山组，地层中泥页岩层系多、分布广、厚度大，岩性稳定，沉积物极细，主体为一套灰黑色、深灰色泥岩、页岩、泥灰岩，并在中上部夹油页岩，富含有机质及丰富的生物化石，从这些特征来看，当时气候温暖湿润，适合生物繁殖，属稳定的湖相还原环境，具备能源矿产生成的有利条件。

据区域地质资料，在泾源沙南等地该组油页岩厚度约21 m，含油率3.5%~4.5%；在盘中2井，此层油页岩有9处含油显示；在浅4井中见到沥青及液体原油。在目前发现的50多处油气显示中，95%集中在这套地层中，根据地化指标分析，K_1m+n 的有机质类型属于腐泥-混合型，R_o 为0.4%~1.0%，总体已达到较好的生油标准。同时由于六盘山盆地处于鄂尔多斯盆地西缘逆冲推覆构造带，在推覆构造内的地层由于逆冲重叠，巨大的构造负荷可使其下伏地层埋深加大，地温升高，再加上逆冲过程中应力作用产生的摩擦热及深部沿断裂逸出的热流等都可以加快生油层的成熟速度，所以在逆冲断块下盘的生油层有可能提前达到成熟期。

（三）储层特征

据盘参4井资料分析，马东山组生油层的储层应该是生油层本身所发育的砂层及其附近的砂层，其中李洼峡组发育厚约290 m的砂层，孔隙度为8.01%~28.06%，渗透率最大2868×10^{-3} μm²，一般100×10^{-3} μm²，成为最有利的油气储层，同时其上覆寺口子组所发育的厚层砂岩也是有利储层，其分布广，厚度大，平均孔隙度15%~27%，平均渗透率123×10^{-3}~129×10^{-3} μm²。

（四）油气聚集与成藏

烃源岩生成的油气，通过有效的运移通道，经过二次运移，在各类型的圈闭中集聚，最终形成油气藏。在六盘山盆地，由于构造运动比较复杂，形成挤压推覆构造，发育多个伴生圈闭和断裂系，圈闭类型多样，以高幅度背斜、断背斜为主，为油气成藏提供良好圈闭条件，特别是推覆体下盘的马东山组、乃家河组、李洼峡组烃源岩生成的油气可以通过断裂系统及裂缝运移到推覆体内及原地岩体构造中聚集形成油气藏。

六盘山盆地具有烃源岩多次生排烃，油气具有多期运移和聚集，晚期主要成藏的特点，该区具有多套勘探目的层、多层次、立体勘探的前景。目前该远景区处于研究评价阶段。

（五）资源量

六盘山页岩油气田地质勘查工作目前正在调查评价阶段，资源量不详。

（六）找矿标志

中生代湖相富有机质地层；地层中存在油页岩；地面或井下存在油气显示，例如，岩石裂缝含沥青、气苗、油苗、岩芯冒气及荧光显示、晶洞含油等。

第三节　气藏时空分布特征及成藏规律

一、时代分布特征

宁夏非常规天然气主要为煤层气和页岩气，分布时代为早古生代的石炭纪—二叠纪，中生代的侏罗纪，根据煤层气成气时段对已知预测资源量进行统计，晚石炭世—早二叠世有 $2533\times10^8\ m^3$，中侏罗世有 $4185\times10^8\ m^3$。

二、成藏规律

煤层作为含气载体，其有机质含量是煤层气生成的物质基础，载体中有机质的丰度、组成、煤化程度、产气率、煤层气富集程度和保存条件与煤层的沉积环境、沉积相及成煤构造等含煤建造有关，宁夏四大煤田煤层中有机质含量平均值高，有着丰厚的煤层气物质基础和丰富的煤层气资源。随着煤化程度提高，产生的天然气量增加，因此煤化程度较高的煤田，煤层气与煤储量的比值更大，如在汝箕沟煤层气田为22：1，在横山堡为8：1，在石炭井为7：1，在碎石井为1.6：1。

（一）沉积环境

1. 太原组含煤地层

该组在石嘴山、横山堡、韦州以过渡性三角洲平原和下三角洲平原为主，沼泽覆水中等，沉积类型有分流河道边缘沼泽，废弃分流河道充填沼泽，有机质镜质组含量较高-中等；在苏峪口、马莲滩、石炭井一带，成煤环境为处于坳陷带内的过渡性三角洲平原，煤层在海侵之前基本形成，故其沉积环境覆水较深，处于泥炭沼泽环境，还原性强，有机质镜质组含量高。

2. 山西组含煤地层

该组地层成煤环境基本属上三角洲平原-冲积平原环境，沼泽类型主要为分流河道废弃充填沼泽、河道边缘沼泽以及三角洲朵叶废弃平原化沼泽，覆水深度浅，容易受溢岸洪水漫延沉积影响，从而导致镜质组含量降低。在横山堡、苏峪口、马莲滩、石炭井、石嘴山一带，煤层主要形成于上三角洲平原泥炭沼泽，覆水相对较深，故比形成河道边缘或分流河道边缘沼泽的其他地区煤层中有机质镜质组含量相对要高。

3. 延安组含煤地层

延安组在宁东含煤区中部、汝箕沟矿区、下流水矿区，成煤环境基本为内陆湖泊的三角洲平原沉积。泥炭沼泽覆水较深、煤层镜质组含量高。该煤组在宁东含煤区西北部成煤环境为冲积平原，沼泽类型有河道边缘沼泽和河道废弃沼泽，泥炭沼泽则以较干燥的环境持续时间长而占优势，导致煤层中惰质组相对偏高、镜质组相应降低。在中南部和固原含煤区成煤环境为三角洲和湖滨平原，沼泽为湖湾充填沼泽，泥炭沼泽覆水较深，水域开阔，空气潮湿，因而煤层中镜质组高。

（二）沉积相

通过对沉积相的分析可以看出，本区各含煤区含气载体平均有机质含量在太原组、山西组和延安组中均有不同特点，但是各含煤地层内部煤层气成气条件均好，特别是河流相易于储气，因而砂岩的形体、含水性、连续性以及渗透性，包括砂岩本身的胶结性、厚度、粒度都可能与含气载体资源储量条件有关联作用。

（三）控煤构造

由于受后期构造运动的改造以及不均衡受力方向、岩石物理性质差异的影响，各含煤区构造复杂程度不尽相同，形成不同的赋煤构造。这些构造有利于煤层气的运移聚集，但也给煤层开采带来威胁，如汝箕沟矿区的煤层气分布就受到矿区构造影响，使得含气载体结构遭到破坏后对煤层气吸附能力增强，含水量气量增大，但却降低了煤层气在载体中的运移能力及渗透性，导致开采中易出现煤层气相对涌出量的增高。

第二篇　金属矿产

目前，宁夏发现的金属矿产有黑色金属铁、锰、钛，有色金属铜、铅、锌、铝、镁、钴，贵金属金、银以及分散元素镓、锗(煤系伴生元素)。

限于宁夏金属矿产成矿地质条件欠佳，工作程度较低，迄今没有大的找矿突破。其中，铁矿、铜矿、金矿仅有少量探明资源量；银矿无独立矿床，仅与铅锌矿、铜矿、金矿、硫铁矿床伴生；钛矿和铝矿仅发现矿化点各1处；锰矿和钴矿为其他矿产伴生矿种；分散元素镓、锗仅在宁东煤田发现（煤系伴生元素），未做具体工作；只有镁矿探明资源量较大。

近年来，随着地质行业的不断发展，宁夏地质工作者先后在贺兰山北段、卫宁北山、香山、南华山、西华山、六盘山等地开展了金属矿产勘查工作，取得了一系列新进展和新认识。

第六章 铁 矿

第一节 概 述

一、铁金属特征和主要经济用途

铁（Fe）为银灰色的金属。常见铁的化合物主要为正二价、正三价，个别为正六价，其中正三价的化合物最稳定。铁的密度为 7.86 g/cm^3，熔点为 1535℃。单质铁是具有光泽的白色金属，有铁磁性，是最重要的基础结构材料，其化学性质为中等活泼性的金属，在高温下易和氧、硫、氯等非金属发生强烈反应，易溶于稀的无机酸溶液或浓盐酸溶液中，金属铁能被浓碱溶液侵蚀。

铁是钢铁工业的基本原料，广泛应用于国民经济的各个部门和人们日常生活的各个方面。铁矿石可冶炼成生铁、熟铁、铁合金、碳素钢、合金钢、特种钢等。纯磁铁矿还可作合成氨的催化剂；赤铁矿、镜铁矿、褐铁矿还是天然的矿物颜料。

二、铁矿矿产地数量

宁夏铁矿资源相对贫乏。截至 2017 年 12 月底，全区发现铁矿产地 110 余处，其中，矿点级别以上矿产地 34 处（小型矿床 7 处，矿点 27 处），其余均为矿化点（表 6-1）。

表 6-1 宁夏铁矿产地一览表

序号	矿产地名称	所在地区	工作程度	规模	矿床类型	成矿时代	开发利用情况
1	塔什克梁铁矿	石嘴山市惠农区	预查	矿点	沉积型	长城纪	停采
2	陶斯沟铁矿	石嘴山市大武口区	预查	矿点	沉积型	长城纪	停采
3	王全口铁矿	石嘴山市惠农区	勘探	小型	沉积型	长城纪	停采
4	老树湾铁矿	石嘴山市大武口区	普查	矿点	沉积型	长城纪	未开采
5	陈家沟铁矿	银川市西夏区	普查	矿点	沉积型	长城纪	未开采
6	旗杆石台子铁矿	中卫市沙坡头区	预查	矿点	沉积型	第四纪	停采
7	照壁山铁矿	中卫市沙坡头区	详查	小型	中-低温热液型	燕山期	停采
8	新照壁山铁矿	中卫市沙坡头区	详查	小型	中-低温热液型	燕山期	停采
9	骆驼山铁矿	中卫市沙坡头区	预查	矿点	中-低温热液型	燕山期	未开采
10	石门硐铁矿	中卫市中宁县	勘探	矿点	中-低温热液型	燕山期	停采
11	马道梁铁钴矿	中卫市中宁县	预查	矿点	风化型	新生代	停采
12	驴尾巴湾铁矿	中卫市中宁县	预查	矿点	中-低温热液型	燕山期	停采
13	铜铁沟铁矿	中卫市中宁县	预查	矿点	中-低温热液型	燕山期	未开采
14	星铁山铁矿	中卫市中宁县	普查	矿点	中-低温热液型	燕山期	停采
15	茶梁子铁钴矿	中卫市中宁县	调查	小型	风化型	新生代	停采
16	大石头井沟铁矿	中卫市中宁县	勘探	矿点	中-低温热液型	燕山期	停采
17	单梁山三角点铁矿	中卫市沙坡头区	预查	矿点	中-低温热液型	燕山期	停采
18	二人山铁矿	中卫市沙坡头区	普查	矿点	中-低温热液型	燕山期	停采

续表

序号	矿产地名称	所在地区	工作程度	规模	矿床类型	成矿时代	开发利用情况
19	黄石坡沟铁矿	中卫市沙坡头区	预查	矿点	中-低温热液型	燕山期	停采
20	泉山井铁矿	中卫市沙坡头区	预查	矿点	中-低温热液型	燕山期	停采
21	泉山井南（圈子山南）铁矿	中卫市沙坡头区	勘探	矿点	沉积型	早更新世	停采
22	撅尼山西端铁矿	中卫市沙坡头区	预查	矿点	中-低温热液型	燕山期	未开采
23	麦垛（堆）山铁矿	中卫市沙坡头区	详查	小型	沉积型	早更新世	停采
24	锅底湖铁矿	中卫市中宁县	预查	矿点	中-低温热液型	燕山期	未开采
25	白土井铁矿	中卫市中宁县	预查	矿点	中-低温热液型	燕山期	未开采
26	石墩（堆）水铁矿	中卫市沙坡头区	详查	小型	中-低温热液型	燕山期	停采
27	正口子东北铁矿	中卫市沙坡头区	勘探	矿点	沉积型	早更新世	停采
28	涩井沟铁矿	中卫市沙坡头区	勘探	矿点	中-低温热液型	燕山期	停采
29	乌车梁铁矿	中卫市沙坡头区	普查	矿点	中-低温热液型	燕山期	停采
30	跃进岗铁矿	中卫市沙坡头区	普查	矿点	沉积型	早更新世	停采
31	中宁县干沟铁矿	中卫市中宁县	勘探	矿点	中-低温热液型	燕山期	停采
32	火山（顾家岘）铁矿（梁水园矿区）	中卫市沙坡头区	勘探	小型	受变质型	晚奥陶世	停采
33	新水铁矿	中卫市沙坡头区	预查	矿点	中-低温热液型	燕山期	未开采
34	骡子沟铁矿	吴忠市红寺堡区	普查	矿点	中-低温热液型	燕山期	未开采

三、铁矿地理分布

宁夏铁矿资源集中分布在卫宁北山、香山和贺兰山中-北段。

四、铁矿矿床类型

根据“中国矿产地质志”矿床（成因/工业）类型划分表，宁夏铁矿有受变质型、浅成中-低温热液型、风化型、化学沉积型4类（表6-2）。

表6-2 宁夏铁矿（成因/工业）类型划分表

一级	二级	三级	矿床实例
内生矿床	变质作用矿床	受变质型	河西走廊成矿带：中卫市火山（顾家岘）铁矿
	含矿流体作用矿床（非岩浆-非变质作用矿床）	浅成中-低温热液型	河西走廊成矿带：中卫市照壁山铁矿、石墩（堆）水铁矿，新照壁山铁矿点、锅底湖铁矿点
外生矿床	表生作用矿床	风化型	河西走廊成矿带：中卫市茶梁子铁钴矿、马道梁铁钴矿点
	沉积作用矿床	化学沉积型	河西走廊成矿带：中卫市麦垛（堆）山铁矿床 鄂尔多斯西缘成矿带：石嘴山市王全口铁矿床，塔什克梁铁矿点、陶斯沟铁矿点、老树湾铁矿点，银川市陈家沟铁矿点

五、铁矿资源储量

截至2017年底，宁夏全区累计探获铁矿石资源量883.942×10^4 t，宁夏矿产资源储量数据库入库的资源储量（121b+122b+332+333）矿石量378.642×10^4 t。近年新发现的茶梁子铁钴矿，为宁夏目前规模最大的铁矿床，（333+334）铁矿石量 452.51×10^4 t。

六、铁矿勘查工作程度

铁矿是宁夏金属矿产勘查中起步较早、勘查工作相对较多的矿种。但勘查工作主要集中在 20 世纪 50 年代末至 80 年代。1958 年，宁夏地质局宁西地质队对宁夏中卫县麦垛（堆）山铁矿进行了地质勘查；1959~1960 年，宁夏地质局宁西地质队先后三次对宁夏中卫照壁山铁矿进行了勘查；1960 年，西北地质局六〇六队对宁夏中宁中卫一带铁矿进行检查；1960 年，宁夏地质局区调队检查了宁夏中卫新水铁矿点；1960 年，宁夏地质局宁北地质队分别检查了贺兰山陈家沟（大干沟）铁矿点和宁夏平罗县老树湾铁矿点；1961 年，宁夏地质局宁北地质队就宁夏贺兰山中元古代“宣龙式”铁矿开展了专题研究；1963 年，西北冶金地质七地质队对宁夏贺兰山北段王全口及其外围铁矿进行了地质评价；1968 年，宁夏综合地质大队第三地质队对宁夏中卫县二人山-金场子-单梁山一带铁矿点进行了复查；1968 年，宁夏地质局第二地质队对王全口铁矿开展了普查评价工作；1975 年宁夏冶金地质队对宁夏中卫北山铁矿普查找矿工作进行了总结。

在迄今为止发现的铁矿床（点）中，除了对贺兰山北段的王全口，卫宁北山的照壁山、茶梁子等几处重点地段（矿点）做了专项勘查外，对其他铁矿成矿条件相对较好、铁矿找矿线索较多的地区，大多仅仅是结合区域地质调查工作进行了初步的矿点检查或粗略的评价。重点矿床（点）的铁矿专项勘查，也因成矿规模小，勘查的范围、深度和程度十分有限而未详细深入工作。近 30 年来，宁夏在铁矿勘查方面没有较大工作投入，迄今还没有重大找矿突破。

七、铁矿开发利用程度

宁夏探明的铁矿产地主要分布在贺兰山北段和卫宁北山。王全口铁矿于 1958 年由简泉农场和惠农炼铁厂开采，现地表基本采完。卫宁北山地区铁矿较多，小型铁矿 6 处，最早于 1958 年由中卫铁厂开采，主要是地方企业和民营企业小规模开采。

第二节　矿产地分论

一、化学沉积型铁矿

宁夏化学沉积型铁矿分布广泛，北起石嘴山市塔什克梁，南至中卫市均有分布。成矿时代包括长城纪、石炭纪、早二叠世、晚三叠世、侏罗世、早白垩世、新近系和更新世。成因类型包括浅海相、湖沼相、冲洪积相等。

目前，古老化学沉积型铁矿仅在长城系探明小型矿产地 1 处，矿点 4 处，分别为王全口小型铁矿床、塔什克梁铁矿点、陶斯沟铁矿点、老树湾铁矿点及陈家沟铁矿点，将它们称之为“王全口式铁矿”；第四纪形成的化学沉积型铁矿主要分布在卫宁北山地区，具有代表性的矿产地有麦垛（堆）山小型铁矿床、旗杆石台子铁矿点、跃进岗铁矿点、泉山井南（圈子山南）铁矿点和正口子东北铁矿点等，将它们称之为“麦垛山式铁矿”。

（一）典型矿床：石嘴山市王全口铁矿床

王全口铁矿位于石嘴山市大武口区北东约 23 km 处的王泉沟沟脑，行政区划隶属石嘴山市惠农区红果子镇。东距包兰铁路惠农车站约 17 km，顺沟有简易公路连接矿区，交通便利。

1958 年“大炼钢铁”时，王全口铁矿由简泉农场和惠农炼铁厂发现，并当即开采。1962 年停采，开采矿石在 16×10^4 t 以上。地质工作始于 1954 年，先后有煤田地质队、北京地质学院宁夏找矿队、宁夏地质局宁北地质队、宁夏冶金局地质队进行过不同程度的普查和矿点检查工作。1966 年 8 月至 1968 年 11 月，宁二地质队革命委员会对矿区进行了普查评价工作，并提交了《王全沟铁矿普查评价报告》。该矿床共探明资源储量 45.5×10^4 t。

2010 年，国土资源部启动“全国资源储量利用现状调查”专项，宁夏回族自治区核工业地质勘查院对王全口铁矿进行了资源储量核查工作，在矿区内一区块和二区块共确定 4 个铁矿体，累计查明铁矿资源储量 12.06×10^4 t，其中保有矿石量 7.67×10^4 t，消耗矿石量 4.39×10^4 t。

1. 区域地质

王全口铁矿床地层属华北地层区（Ⅲ$_4$）、鄂尔多斯西缘地层分区（Ⅲ$_4^1$）、贺兰山地层小区（Ⅲ$_4^{1-1}$）。大地构造位置位于柴达木-华北板块（Ⅲ）、华北陆块（Ⅲ$_5$）、鄂尔多斯地块（Ⅲ$_5^1$）、鄂尔多斯西缘中元古代—早古生代裂陷带（Ⅲ$_5^{1-1}$）。所属成矿区带为鄂尔多斯西缘（陆缘坳褶带）Fe-Pb-Zn-磷-石膏-芒硝成矿带（Ⅲ-59）、贺兰山褶断带 Fe-Au-Cu-煤（气）-磷-硅石-石灰岩-白云岩-粘土成矿亚带（Ⅳ-59①）。所属矿床成矿系列为与中元古代沉积-变质作用有关的铁、硅石、白云石大理岩、砚石矿床成矿系列（2-Pt_2-S（M））、与中元古代变质作用有关的铁、硅石、白云石大理岩、砚石矿床成矿亚系列（Pt_2-M-1）。

区域出露地层由老至新有：古元古界贺兰山岩群宗别立岩组（$Pt_1z.$），主要出露在矿区东侧榆树沟、东沟、西沟一带，为混合程度不一的片麻岩；中元古界长城系黄旗口组（Pt_2^1h），以不整合超覆于古元古界贺兰山岩群之上，与上覆地层王全口组平行不整合接触；蓟县系王全口组（Pt_2^2w），与下伏黄旗口组平行不整合接触，与上覆寒武系不整合或断层接触。为一套以台地相碳酸盐岩为主的沉积，岩性以含硅质条带或结核的白云岩为主，下部夹少许石英砂岩、粉砂岩、钙质板岩等；中寒武统陶思沟组（ϵ_2t）、胡鲁斯台组（ϵ_2h）不整合于王全口组之上；下-上石炭统靖远组（C_2j）、上石炭统羊虎沟组（C_2y）。

2. 矿区地质

王全口铁矿为一小型富铁矿床。位于塔什克梁-王全口背斜南段西翼近轴部，由长城系、蓟县系和寒武系组成一单斜构造（图 6-1）。地层向南西西倾斜，倾角 5°～25°。矿体在长城系与蓟县系平行不整合面的上、下分布。矿区断裂发育，成组排列，它们对铁矿体起着控制和破坏作用。据其分布，可分为 4 组：北西组（300°～345°）、北东组（20°～70°）、南北组和东西组。控矿断层多为北西向高角度正断层。

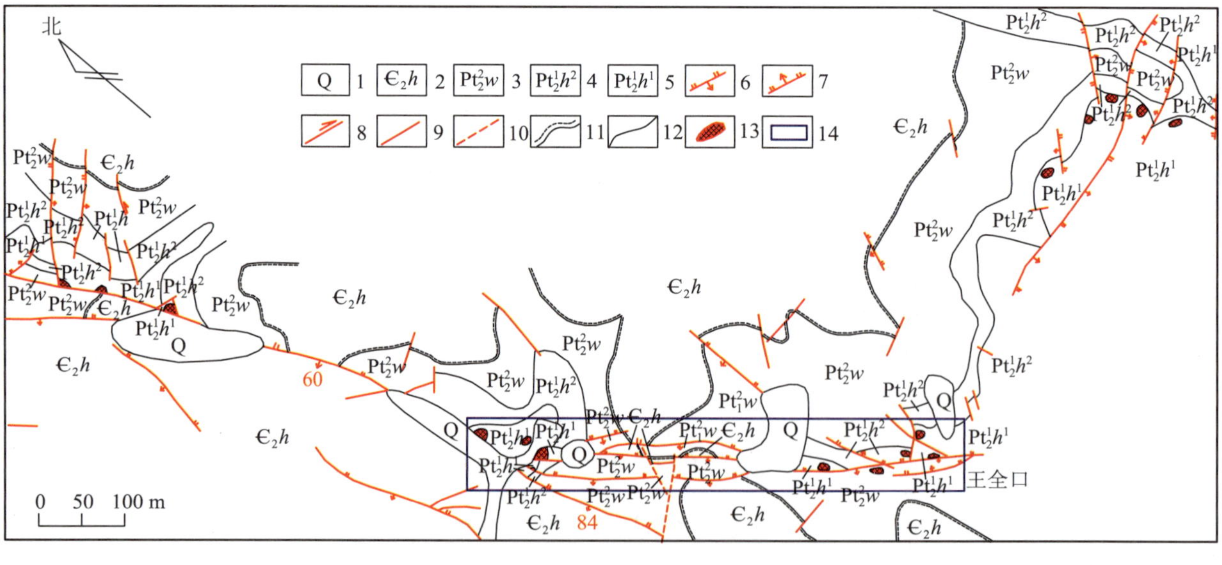

图 6-1 王全口铁矿区地质简图

（据宁夏地质队革命委员会，1968，有修改）

1—第四系冲坡积物；2—中寒武统灰岩、页岩、石英砂岩、石英岩；3—蓟县系王全口组含硅质条带或结核的白云岩为主，下部夹少许石英砂岩、粉砂岩、钙质板岩；4—长城系黄旗口组上段石英岩夹泥岩、燧石角砾岩；5—长城系黄旗口组下段石英砂岩、含铁石英砂岩；6—逆断层；7—正断层；8—平移断层；9—性质不明断层；10—推测断层；11—假整合界线；12—地质界线；13—铁矿（化）体；14—矿区范围

3. 矿体特征

王全口铁矿的矿化面积近 1 km^2。矿化区呈北西—南东向的狭长带状，矿体一般呈扁豆状和似层状，但也有少数呈豆荚状。矿体顺层产出，在矿化区内分布大小矿体共计 9 个（表 6-3）。

表 6-3　王全口铁矿床矿体一览表

编号	矿体形态与规模				矿体产状			矿石矿物	平均品位 TFe/%
	形状	长/m	宽/m	平均厚度/m	走向	倾向	倾角		
1	扁豆体	125	15	1.9	330°	SW	10°～20°	赤铁矿、褐铁矿	47.87
2	扁豆体	35	7	0.80	310°	SE	10°～20°	赤铁矿、褐铁矿	45.05
3	扁豆体	40	9-20	1.60	310°	SW	10°～20°	赤铁矿、褐铁矿	37.16
4	扁豆体	132	11-40	2.7	285°	SW	10°～20°	赤铁矿、褐铁矿	55.34
5	扁豆体	102	38	2.2	313°	SW	25°	赤铁矿、褐铁矿	54.66
6	扁豆体	185	21	2.5	333°	SW	20°～70°	赤铁矿、褐铁矿	54.16
7	扁豆体	134	23	1.6	320°	SW	15°～45°	赤铁矿、褐铁矿	48.61
8	扁豆体	10	5	0.60	SN	SW	10°	赤铁矿、褐铁矿	65.57
9	扁豆体	33	26	0.90	300°	SW	10°	赤铁矿、褐铁矿	42.50

上述 9 个矿体形状都为扁豆体。除 1 个走向为南北向外，其余走向都为南西向；除有一个矿体倾向为南东外，其余矿体都倾向南西。各矿体都由赤铁矿和褐铁矿矿石组成，唯 3 号矿体尚见少量的菱铁矿。除 Fe 以外，该矿床矿石中没有其他有用的共生、伴生元素（图 6-2）。

图 6-2　王全口铁矿体

（向连格摄，2017）

4. 矿石特征

矿石自然类型为赤铁矿、褐铁矿，工业类型可达到高炉富矿要求。

矿石矿物有赤铁矿、褐铁矿、磁铁矿、菱铁矿。赤铁矿约占含量 60%以上，为矿石主要组分；褐铁矿含量 15%左右，多出现在矿体表部或接近地表部位；磁铁矿多见于富矿内；菱铁矿少量，出现在矿体深部，系原生沉积产物。

脉石矿物含量占5%~30%不等，主要为石英，少量方解石等，在致密块状矿石中呈细脉状，在角砾状矿石中作胶结物，在浸染状矿石中作为碎屑被赤铁矿所胶结。局部可见黄铁矿、磁黄铁矿、黄铜矿及其氧化物孔雀石、硅孔雀石、胆矾、斑铜矿、辉铜矿、蓝铜矿，局部甚至有铜铁矿石（图6-3）。

图6-3　王全口铁矿矿化层间分布的孔雀石、蓝铜矿化

（向连格摄，2017）

赤铁矿以中粒他形晶粒状为主，次为板状及片状自形晶结构，少量具隐晶质-显微纤维状结构。矿石构造以致密块状为主，次为角砾状构造，还有少量肾状、胶状和浸染状构造。

矿石组分较简单，TFe的含量为37.16%~65.57%，平均为53.45%；有害元素S 0.05%~0.2%，P 0.04%~0.36%。伴生元素有Ti、Ma、Nb、V、Pb、Cu等，Nb含量偶尔可达0.03%，局部铁矿体伴生Cu含量一般0.01%~0.5%，最高含量可达3%（手标本样品）。

5. 资源储量

截至2017年底，王全口铁矿床累计探明铁矿资源储量（333）矿石量45.5×10^4 t，属小型矿床，该矿一直为地方国营企业开采，现已停采。该矿床经宁夏矿产资源储量数据库备案的铁矿石资源储量（333）7.67×10^4 t，保有资源储量7.67×10^4 t。

6. 矿化阶段划分

长城纪沉积阶段形成针铁矿、菱铁矿；成岩阶段针铁矿脱水成为赤铁矿；表生风化阶段菱铁矿被氧化为褐铁矿。

7. 成矿物理化学条件

长城纪滨浅海、弱还原-氧化过渡环境（以矿体深部赤铁矿、菱铁矿交替出现为标志），沉积形成铁矿层。第四纪剥蚀出露地表后，菱铁矿在氧化环境中变为褐铁矿。

8. 矿床类型

对王全口铁矿的类型有过争议，曾怀疑过为热液铁矿。后经过详细工作了解，矿体有固定的层位，矿体产状和岩层一致，最后确定该矿为海相化学沉积型铁矿。

9. 成矿机制和成矿模式

成矿物质来源：古元古代褶皱基底经长期剥蚀，形成范围较大的准平原化地区。随着地壳的逐渐下降与侵蚀程度不断加深，海水缓慢侵入，形成了第一个沉积盖层。在海侵条件下，长期风化的铁质聚积起来，在良好的浅海条件下，形成了赤铁矿与铁质的石英砂岩的沉积。

成矿物质的时空变化与运移特征：在长城纪，海水由南向北侵入，在古地形地貌、距离海岸的远近、海水的深度、振荡运动的程度、沉积时的稳定性及与此有关的海水pH值等这些因素都有利时，便沉积形成铁矿床。

王全口式海相沉积型铁矿的描述性成矿模式见表6-4。

表 6-4　王全口式海相沉积型铁矿描述性成矿模式

名称		宁夏王全口式海相化学沉积型铁矿
基本特征		产于长城系黄旗口组的海相沉积铁矿
区域地质背景与成矿作用	大地构造位置	柴达木-华北板块（Ⅰ）华北陆块（Ⅱ）鄂尔多斯地块（Ⅲ）鄂尔多斯西缘中元古代—早古生代裂陷（Ⅳ）贺兰山褶断带（Ⅴ）
	成矿时代	中元古代长城纪
	古地理	滨浅海环境中的小型海湾
	沉积相	滨浅海相
	沉积建造	石英砂岩建造、粉砂岩-泥岩建造、含铁砂岩建造
成矿作用		王全口式铁矿为产于黄旗口组的海相沉积型赤铁矿，成矿物质来源为鄂尔多斯地块、阿拉善地块风化剥蚀产物，成矿沉积环境为氧化环境，成矿作用以胶体化学沉积为主
工业类型		块状赤铁矿矿石 TFe48%～68%，可达高富矿要求；含绿泥石石英赤铁矿矿石，TFe35%～45%，为一般富矿
矿体形态、产状		矿体一般都为扁豆状和似层状两种，但也有少数成豆荚状，顺层产出
矿石类型		赤铁矿、褐铁矿
矿物组合		矿石矿物主要为赤铁矿，次为褐铁矿、磁铁矿，脉石矿物有石英，方解石等
结构构造		赤铁矿以中粒他形晶粒状结构为主，次为板状及片状自形晶结构；矿石构造以致密块状为主，次为角砾状构造，少量肾状构造
资料来源		宁北地质队．1961．宁夏贺兰山震旦系宣龙式铁矿专题报告 西北冶金公司七队．1963．宁夏贺兰山北段王全沟及其外围铁矿最终评价报告 宁夏回族自治区地质局．1974．宁夏主要类型铁矿区域成矿条件及找矿远景 宁夏回族自治区地质局．1974．宁夏铁铜矿成矿略图说明书 1：50 万 宁夏回族自治区区调队．1992．1：5 万石炭井幅区域地质图说明书 宁夏回族自治区区调队．1990．石嘴山市地质矿产图说明书（1：10 万） 宁夏回族自治区地质调查院．2009．宁夏矿产概论 宁夏回族自治区核工业地质勘查院．2010．全国资源储量利用现状调查专项报告

10. 找矿标志

地层为长城系黄旗口组下段含铁石英砂岩；硅化、褐铁矿化、绿泥石化和方解石化蚀变带；王全口组底部与黄旗口组之间碎屑岩与页岩或碳酸盐岩的过渡部位；地表褐铁矿及铁帽等风化产物。

（二）重要矿床：中卫市麦垛（堆）山铁矿床

麦垛（堆）山铁矿位于中卫市镇罗镇北东约 12 km，干沙沟西侧山包上，矿区交通方便。行政区划隶属中卫市沙坡头区。

1951 年，宁夏铁矿调查队对该矿做过矿点检查工作；1954 年，西北地质局六〇六地质队也做过该矿的矿点检查工作，并估算矿石储量有 50×10^4 t；1957 年，甘肃地质局石青硐地质队普查时计算储量百万吨（包括坡积矿石）；1958 年，宁夏地质队经钻探证实矿层平铺于山顶上，储量仅有 98×10^4 t，并交当地群众开采，后因 SiO_2 含量高而于 1959 年停采；1960 年，宁夏区测队一分队又进行矿点检查。2010 年，宁夏回族自治区核工业地质勘查院开展“全国资源储量利用现状调查”专项，对该矿进行资源储量核查，查明资源储量 117.395×10^4 t，保有资源储量 65.363×10^4 t。

麦垛（堆）山铁矿床地层属阿拉善地层区（$Ⅲ_3$）、阿拉善南缘地层分区（$Ⅲ_3^1$）、景泰-中宁地层小区（$Ⅲ_3^{1-1}$）。大地构造位置位于柴达木-华北板块（Ⅲ）、阿拉善微陆块（$Ⅲ_4$）、腾格里早古生代增生楔（$Ⅲ_4^1$）、卫宁北山-香山晚古生代前陆-上叠盆地（$Ⅲ_4^{1-1}$）。所属成矿区带为河西走廊 Fe-Mn-萤石-盐类-凹凸棒石-石油成矿带（Ⅲ-20）、卫宁北山褶断带 Fe-Au-Ag-Cu-Pb-Zn-煤-粘土成矿亚带（Ⅳ-20①）。所属矿床成矿系列为与新生代沉积作用-表生作用有关的铁、石英砂、石膏、粘土、地下水等矿床成矿系列（9-Cz-1）、第四纪沉积作用有关的铁、砂金、石英砂、泥炭、盐类矿床成矿亚系列（Cz_2-S-2）。区内出露地层为石炭系臭牛沟组、羊虎沟组和第四系，地质构造简单，断裂、褶皱等不发育。

麦垛山在地貌上为一个孤山包，高近 120 m，山顶平坦，由早更新世砂砾岩层组成，四周被风成砂覆盖，不整合于上石炭统羊虎沟组灰绿色砂岩及砂质页岩之上（图 6-4）。

图 6-4　麦垛（堆）山铁矿矿体分布特征

（据宁夏有色金属地质勘查院，2009）

铁矿体赋存于第四系更新统，呈水平豆荚状、鸡窝状产出。矿体（含铁砂岩）东西长 400 m，南北宽 20~100 m，平均宽度约 50 m，分布面积约 19750 m^2，平均厚度 7.5 m。

矿石类型为含铁砂岩，砂粒为石英，直径 0.01~0.4 mm。在西部红褐色含铁砂岩中，赤铁矿含量较少，品位较低，TFe 22.1%~24.56%；东部有些石英质砾石，粒径达到 20 mm，而成含铁砾岩。赤铁矿及少量褐铁矿作为胶结物存在矿石中，呈基底型胶结，东部见到石英碎屑边缘有被赤铁矿溶蚀的现象。矿石平均品位：TFe 35%。

在铁质砂岩中，发育 30°和 285°两组节理。沿 30°节理有赤铁矿细脉呈树枝状穿插，脉最长 50 cm，一般 4~40 cm，这种矿脉品位可达 57.28%，但此种矿脉稀少。

截至 2017 年底，宁夏矿产资源储量数据库的累计查明铁资源储量（122b+332+333）矿石量 115.55×10^4 t，保有资源储量 46.459×10^4 t。工作程度为详查，属小型矿床。

（三）矿点：中卫市跃进岗铁矿点

中卫市跃进岗矿点位于麦垛（堆）山铁矿西南约 10 km 处，行政区划隶属中卫市沙坡头区，交通方便。

1959 年，宁夏回族自治区地质局宁西地质队对该矿点进行勘查，于 1962 年 1 月提交了《中卫县北山跃进岗一带第四纪沉积铁矿床评价总结报告》。

跃进岗铁矿点地层属阿拉善地层区（$Ⅲ_3$）、阿拉善南缘地层分区（$Ⅲ_3^1$）、景泰-中宁地层小区（$Ⅲ_3^{1-1}$）。大地构造位置位于柴达木-华北板块（Ⅲ）、阿拉善微陆块（$Ⅲ_4$）、腾格里早古生代增生楔

($Ⅲ_4^1$)、卫宁北山-香山晚古生代前陆-上叠盆地($Ⅲ_4^{1-1}$)。所属成矿区带为河西走廊Fe-Mn-萤石-盐类-凹凸棒石-石油成矿带(Ⅲ-20)、卫宁北山褶断带Fe-Au-Ag-Cu-Pb-Zn-煤-粘土成矿亚带(Ⅳ-20①)。所属矿床成矿系列为与新生代沉积作用-表生作用有关的铁、石英砂、石膏、粘土、地下水等矿床成矿系列(9-Cz-1)、第四纪风化作用有关铁、钴、膨润土矿床成矿亚系列(Cz_2-H-3)。出露地层为上石炭统羊虎沟组石英粗砂岩、铁染砂岩，灰色、灰绿色泥页岩及含煤岩系和第四系下更新统铁质泥质角砾岩、砂岩、砂砾岩。区内分布面积0.8 km^2，共圈出20个矿体，规模较大的有7个，长度30~150 m，宽度20~42 m，厚度1.75~4 m。矿层裸露地表，局部形成残丘顶盖。

矿石类型：含铁质角砾岩、含铁砂砾岩、含铁砂岩等。

矿石品位：TFe含量15%~30%；SiO_2含量30%~40%。该矿获铁资源量5.04×10^4 t，铁矿石已被当地开采利用。

二、浅成中-低温热液型铁矿

浅成中-低温热液型铁矿主要分布在卫宁北山和香山地区，赋矿地层主要为石炭系羊虎沟组，代表性矿床（点）有照壁山铁矿、新照壁山铁矿、石墩（堆）水铁矿、二人山铁矿、黄石坡沟铁矿、石门硐铁矿、星铁山铁矿、锅底湖铁矿、新水铁矿和骡子沟铁矿等，将它们称之为“照壁山式铁矿”。

（一）典型矿床：中卫市照壁山铁矿床

照壁山铁矿位于中卫市镇罗镇北约20 km的卫宁北山中段北部，行政区划隶属中卫市沙坡头区镇罗镇，矿区交通方便。

1929年，中卫市照壁山铁矿床由张文谟、刘振中发现。1958年“大炼钢铁”时大量开采，其后多年来断续开采，矿石量已所剩不多。1959~1961年，宁夏回族自治区地质局宁西地质队对矿区进行了普查勘探工作，提交了《中卫照壁山铁矿地质评价报告》。地方国营中卫铁矿从1970年起利用原有勘探坑道，对较深部的矿体进行了开采，现主矿体已采完，矿山接近枯竭。该矿床共探明资源储量34.642×10^4 t。

1. 区域地质

照壁山铁矿床地层属阿拉善地层区($Ⅲ_3$)、阿拉善南缘地层分区($Ⅲ_3^1$)、景泰-中宁地层小区($Ⅲ_3^{1-1}$)。大地构造位置位于柴达木-华北板块(Ⅲ)、阿拉善微陆块($Ⅲ_4$)、腾格里早古生代增生楔($Ⅲ_4^1$)、卫宁北山-香山晚古生代前陆-上叠盆地($Ⅲ_4^{1-1}$)。所属成矿区带为河西走廊Fe-Mn-萤石-盐类-凹凸棒石-石油成矿带(Ⅲ-20)、卫宁北山褶断带Fe-Au-Ag-Cu-Pb-Zn-煤-粘土成矿亚带(Ⅳ-20①)。所属矿床成矿系列为与腾格里早古生代增生楔燕山期热液作用有关的铁、铜、金、银、铅、锌、硫铁矿、重晶石矿床成矿系列(8-$Ⅲ_4^1$-Mz_2-F)。区域出露地层主要有泥盆系中宁组、石炭系前黑山组、石炭系臭牛沟组、石炭系靖远组、石炭系羊虎沟组和第四系。区内构造主要为近东西向褶皱及断层。岩浆岩有闪长岩脉，分布在矿区西南二人山-金场子一带（图6-5）。

2. 矿区地质

照壁山矿区出露地层为石炭系（图6-6），下部为下石炭统前黑山组—臭牛沟组海陆交互相碎屑岩-碳酸盐建造，上部为上石炭统羊虎沟组，为海陆交互相含煤建造。

铁矿赋存层位主要为上石炭统羊虎沟组页岩、砂岩中，次为下石炭统前黑山组、臭牛沟组钙质砂岩、页岩中。含矿岩系中见有团块状、结核状及豆荚状，品位中、贫不等的沉积铁矿层，说明原岩中铁质较富。铁矿除赋在砾状含泥质白云石结晶灰岩、砂质灰岩、含泥灰质细-粉砂岩中外，还赋存于砂岩与砂质粘土岩或石英砂岩与砂质粘土岩、页岩的接触面以及层间裂隙的断层带中。

矿区内发育近东西向断层及褶皱。在矿化带附近的褶皱比较紧密，两翼倾角陡峻。在褶皱基础上发展起来的断层，与褶皱轴向大致平行或微角度斜交，构成近东西向压扭性断层破碎带，这些破碎带控制了矿化带的空间分布。矿体成群出现，在平面上彼此平行，剖面上平行斜列，产状与断层大体一

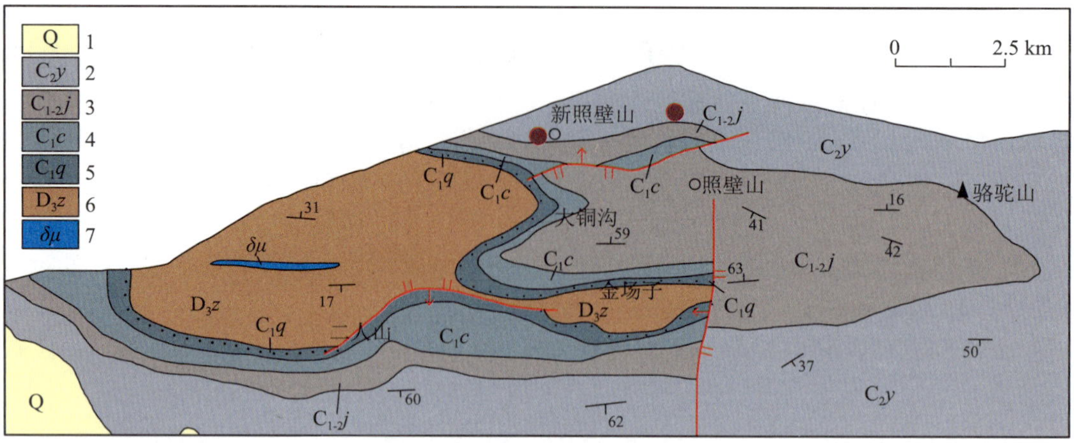

图 6-5 照壁山地区区域地质图

（据宁夏回族自治区地质调查院，2017，有修改）

1—第四系；2—上石炭统羊虎沟组；3—下-上石炭统靖远组；4—下石炭统臭牛沟组；5—下石炭统前黑山组；6—上泥盆统中宁组；7—闪长岩脉

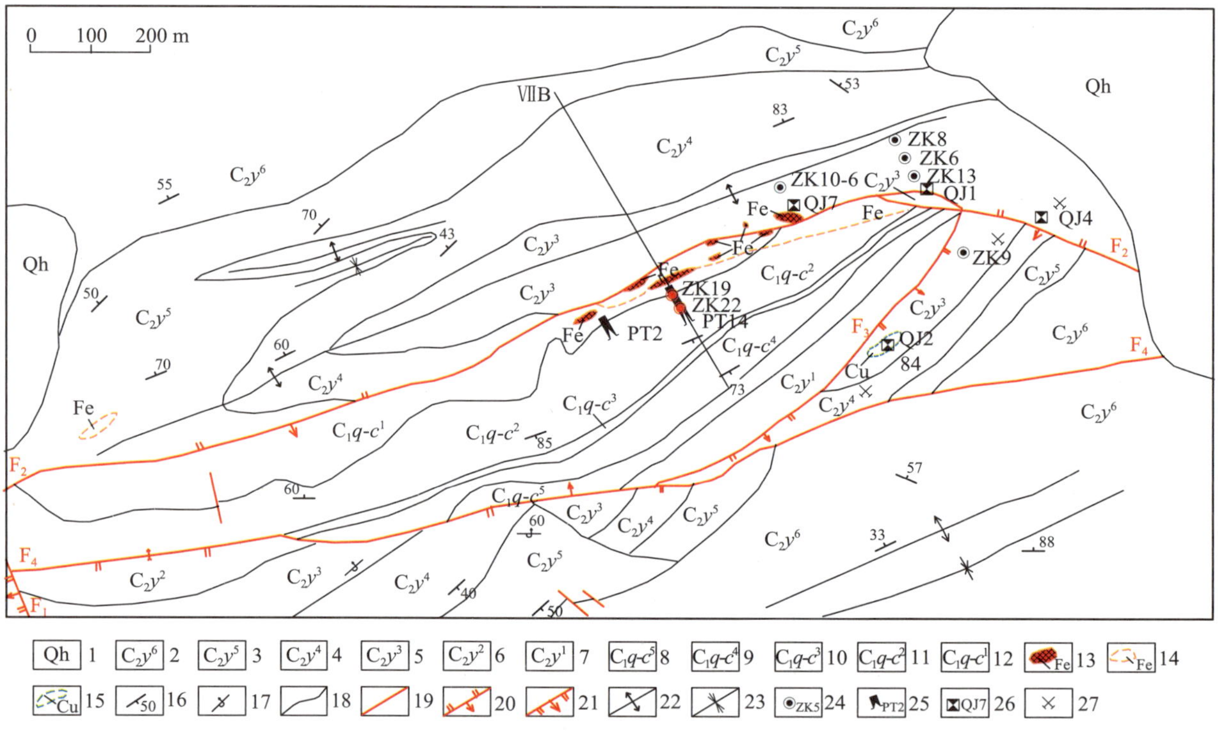

图 6-6 照壁山铁矿地质简图

1—全新统；2—上石炭统羊虎沟组第六岩段；3—上石炭统羊虎沟组第五岩段；4—上石炭统羊虎沟组第四岩段；5—上石炭统羊虎沟组第三岩段；6—上石炭统羊虎沟组第二岩段；7—上石炭统羊虎沟组第一岩段；8—下石炭统前黑山组-臭牛沟组第五岩段；9—下石炭统前黑山组-臭牛沟组第四岩段；10—下石炭统前黑山组—臭牛沟组第三岩段；11—下石炭统前黑山组-臭牛沟组第二岩段；12—下石炭统前黑山组—臭牛沟组第一岩段；13—铁矿体；14—铁矿矿化带；15—铜矿化带；16—岩层产状；17—岩层倒转产状；18—实测地质界线；19—实测性质不明断层；20—实测逆断层；21—实测正断层；22—背斜轴；23—向斜轴；24—钻孔及编号；25—平硐及编号；26—浅井及编号；27—老硐

致，倾角 60°~70°。

3. 矿体特征

照壁山矿区内共发现矿体 33 个，矿体受近东西向的照壁山断裂控制，呈脉状、似脉状及囊状，多北倾，近于直立。含矿围岩普遍具硅化、绢云母化、黄铁矿化、褐铁矿化和重晶石化等蚀变。矿体一般长数十米，厚度1~3 m，最大的13号矿体分布在照壁山中部，长200 m。按矿体产状及形态特征分为五个类型：①产于砂、页岩层间裂隙中的陡倾斜狭长板状褐铁矿矿体，是矿区分布最大的矿体，包括1、2、10、11、12号矿体；②产于层间裂隙中的陡倾斜狭长透镜状水赤铁矿体，产于羊虎沟组泥质页岩与石英砂岩之间，矿体与围岩接触线较平整，形状较规则；③产于钙质砂岩及泥质页岩之间的陡倾斜板状含钙质的褐铁矿矿体，包括7、9号矿体；④产于厚层砂岩或泥质页岩中的粗网脉状、窝状矿体，包括8、9、12、18号矿体，形状不规则，沿趋向及倾向不稳定，在30~50 m矿体常贫化或分枝；⑤脉型块状菱铁矿矿体，产于羊虎沟组白色石英砂岩（下盘）及泥质页岩（上盘）中，为原生菱铁矿，少量黄铁矿呈浸染状分布在菱铁矿中。

个别地段矿体垂直分带明显，具氧化带、过渡带及原生带，彼此呈渐变关系，一般氧化深度为150 m。在垂深120 m以上的氧化带中，由褐铁矿、水赤铁矿组成；在垂深120~150 m的过渡带中，褐铁矿、赤铁矿、菱铁矿三者共生；在垂深150 m以下为菱铁矿原生带（图6-7）。

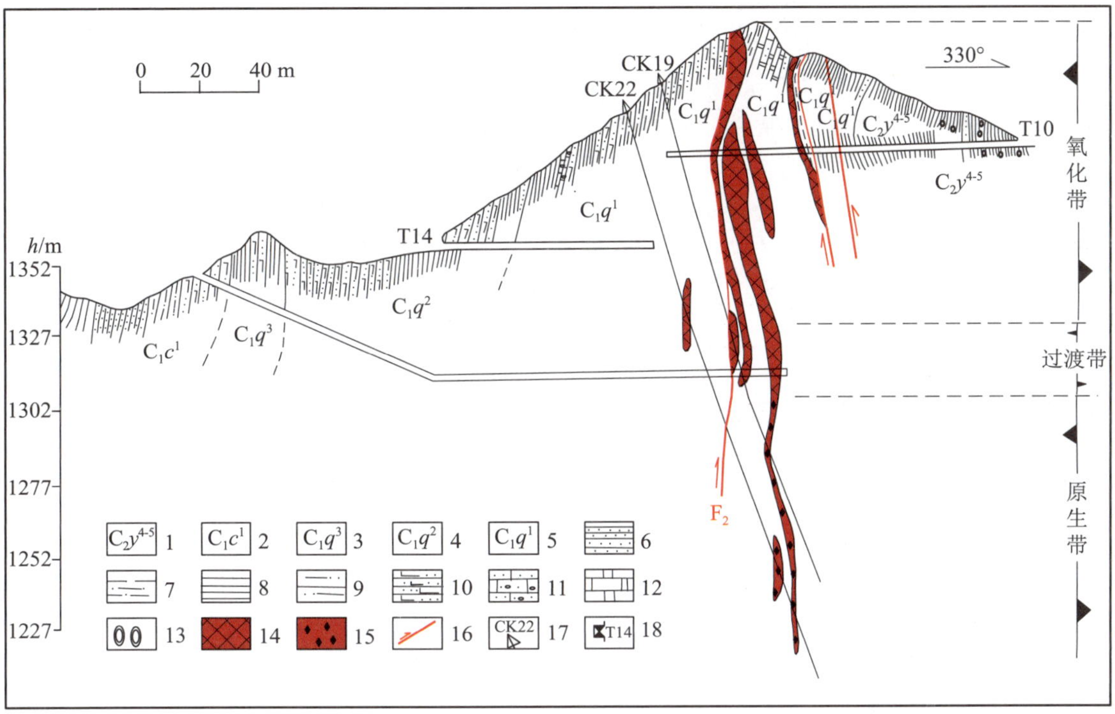

图6-7 具垂直分带现象的赤褐铁矿-菱铁矿体

1—上石炭统羊虎沟组第四、第五岩段；2—下石炭统臭牛沟组第一岩段；3—下石炭统前黑山组第三岩段；4—下石炭前黑山组第二岩段；5—下石炭统前黑山组第一岩段；6—石英砂岩；7—砂质粘土岩；8—页岩；9—钙质粉砂岩；10—钙质细砂岩；11—含砾砂质灰岩；12—含杂质白云质灰岩；13—铁质结核；14—赤铁矿、褐铁矿体；15—菱铁矿体；16—断层及错动方向；17—钻孔位置及编号；18—平硐位置及编号

4. 矿石特征

照壁山铁矿矿石成分简单，矿石矿物主要为褐铁矿、赤铁矿、菱铁矿，少见有黄铁矿、软锰矿，极少见有黄铜矿、辉铜矿、孔雀石、蓝铜矿；脉石矿物主要为石英，次为方解石、重晶石、绢云母，还有少量的高岭石、白云石、石膏。

按矿石生成条件、矿物氧化程度可分为氧化矿石和原生矿石。氧化矿石有褐铁矿矿石和赤铁矿矿石，原生矿石有菱铁矿矿石。

褐铁矿矿石：包括褐铁矿和针铁矿。沿围岩裂隙及孔隙充填，呈褐黑色、暗褐色、猪肝色，具肾状、葡萄状、钟乳状、多孔状构造，断面具放射状结构，在孔洞中有时为放射状软锰矿充填，铁品位一般在50%以上，为主要铁矿石类型。发育在钙质砂岩层中的褐铁矿和针铁矿，呈黄色、暗黄色，具蜂窝状、格子状构造，矿石成分主要为褐铁矿及含铁碳酸盐矿物，铁品位为30%~40%，当交替作用微弱时，即成为褐铁矿化的钙质砂岩，含铁20%以下；土状及粉末状褐铁矿，黄色及褐红色，呈松散土状，常与充填式褐铁矿伴生，为泥质页岩受铁质强烈渗染的产物，铁品位为20%~40%。

赤铁矿矿石：包括水赤铁矿和赤铁矿。块状水赤铁矿，紫红-紫黑色，有明显的菱铁矿假象，致密块状构造，粗粒结构，成分单一，局部含孔雀石、黄铜矿及辉铜矿，铁品位一般在60%以上；土状水赤铁矿，系原矿石进一步风化而成，呈紫红-紫黑色，松散土状，铁品位为45%。

菱铁矿矿石：为原生矿石。灰白色、浅黄色块状菱铁矿，粗粒自形晶，致密块状构造，密度较大，成分单一，铁品位为35%~43%；细脉浸染状铁矿矿石，呈致密的细脉状或散漫状沿围岩层理及裂隙充填，形成贫铁矿石。

矿石结构主要有交代残余结构，半自形-他形晶粒状结构，半自形-自形粒状结构，针状、放射状及纤束状结构；矿石构造主要为块状和角砾状构造，次为残余状、网脉状、胶状、蜂窝状及葡萄状构造。

矿石的化学成分简单，一般矿石 TFe 35%~45%，平均 TFe 39.25%。有害杂质含量很少，含磷0.035%~0.043%，氧化矿不含硫，但菱铁矿中含硫平均可达1%以上。含锰最高0.9%，一般0.3%以下，含镍0.001%~0.002%。造渣氧化物 $CaO+MgO$ 一般为3%，部分大于10%，$SiO_2+Al_2O_3$ 为10%~25%，故绝大部分为酸性矿石。

5. 围岩蚀变

矿区的矿化蚀变主要在断层带内，其近矿围岩有轻微的热液蚀变现象，其中以黄铁矿化（地表为褐铁矿化）、菱铁矿化（地表为褐铁矿化及水赤铁矿化）、绢云母化、硅化为主，次为绿泥石化、重晶石化、高岭土化、碳酸盐化。

6. 资源储量

截至2017年底，照壁山矿区累计查明铁矿资源储量 34.642×10^4 t，其中保有矿石量 3.509×10^4 t，矿床规模属小型。

7. 矿化阶段划分

照壁山铁矿可划分3个矿化阶段：①石炭纪沉积阶段，少量菱铁矿呈胶结物分散于沉积岩中，但并不具备利用价值；②燕山期热液活动阶段，该阶段为成矿阶段，深部含矿流体沿断裂及层间破碎带上升并富集成矿，形成具有工业价值的脉状铁矿体；③表生风化阶段，剥蚀出露地表浅部的原生铁矿氧化为褐铁矿、水赤铁矿等。

8. 成矿物理化学条件

热液矿床形成的温度一般为100~350℃。照壁山铁矿属于热液成因，推断成矿温度在100~350℃区间偏低部分。该矿床成矿压力、温度、E_h 值、pH 值等尚无具体数据。

9. 矿床类型

中卫市照壁山铁矿为中-低温热液型铁矿。

10. 成矿机制和成矿模式

石炭纪潟湖-浅海沉积岩系为控矿层位，穿切该地层的构造裂隙为控矿构造。燕山期深部岩浆提供热动力，岩浆热液与被加热的地下水混合，活化地层中的矿质，迁移到构造裂隙沉淀成矿。

照壁山式热液型铁矿描述性成矿模式见表6-5。

11. 找矿标志

（1）直接标志

1）铁帽。在表生作用下，原生菱铁矿在地表及浅部全部变为褐铁矿及含水赤铁矿。形成铁帽，普遍具多孔状，网格状构造，网孔外形一般不规则，但在局部地方形成特有的长方形或菱形网格。

2）铁矿矿砾与矿石堆。铁帽在地表进一步风化后常松散崩塌，造成矿砾在山坡及山麓的堆积与散布。这些矿砾的成分主要为褐铁矿及石英，呈褐黑色及褐黄色，大小不均，从数十厘米到数厘米。

表 6-5　照壁山式热液型铁矿描述性成矿模式

名称		宁夏照壁山式热液型铁矿
基本特征		石炭纪潟湖-浅海沉积岩系为控矿层位，燕山期深部岩浆提供热动力，岩浆热液与被加热的地下水混合，活化地层中的矿质，迁移到构造裂隙沉淀成矿
成矿时代		燕山期
区域地质背景与成矿作用	大地构造位置	柴达木-华北板块（Ⅰ）阿拉善微陆块（Ⅱ）腾格里早古生代增生楔（Ⅲ）卫宁北山-香山晚古生代前陆-上叠盆地（Ⅳ）卫宁北山褶断带（Ⅴ）
	古地理	陆源碎屑滨浅海环境，障壁海岸
	沉积相	上石炭统羊虎沟组三角洲相，三角洲平原亚相，三角洲前缘亚相；下石炭统臭牛沟组潮坪-浅海相，浅海亚相，砂坪、泥坪、混合坪亚相；下石炭统前黑山组潟湖-潮坪相，潟湖亚相，砂坪、混合坪、障壁岛亚相
	沉积建造	羊虎沟组上段含煤碎屑建造，下段粉砂岩-泥岩建造、底部砂砾岩建造；臭牛沟组上段微晶-泥晶灰岩建造夹石英砂岩建造，下段粉砂岩-泥岩建造、底部砾岩建造；前黑山组上部石英砂岩建造、粉砂岩-泥岩建造，中段微晶-泥晶灰岩建造，顶部膏泥岩建造，下段石英砂岩建造，底部砂砾岩建造
	成矿沉积环境	矿源层菱铁矿胶结物形成于滨浅海还原环境
	成矿作用	燕山期热液沿断层、裂隙上升，经热液活化再造形成菱铁矿脉
	成矿物质来源	石炭系为矿源层（主要为下石炭统臭牛沟组）
	构造	近东西向、北东向、北西向断层及褶皱
工业类型		高炉富矿（TFe）：赤铁矿 45%，褐铁矿 ≥40%，菱铁矿 ≥35%；一般富矿（TFe）：富硫菱铁矿 ≥35%；贫矿：（TFe）：褐铁矿、赤铁矿、菱铁矿 ≥30%
矿体形态、产状、规模		矿体主要呈脉状，个别呈似层状、透镜状；矿体走向与地层或构造线方向一致；矿体一般长数十米，厚度 1~3 m
矿石类型		褐铁矿、赤铁矿-褐铁矿、褐铁矿-菱铁矿、菱铁矿
矿物组合		矿石矿物氧化带以褐铁矿为主，次为赤铁矿；原生带以菱铁矿为主。脉石矿物主要为石英、方解石，次为绢云母、高岭石、重晶石、水云母、玉髓
结构构造		氧化矿石主要为交代残余结构，粒状结构，针状、放射状、束状结构；原生矿石主要为自形晶粒状结构，块状构造、角砾状构造
资料来源		宁夏回族自治区地矿局物探队．1989．宁夏卫宁北山地区化探异常检查工作总结报告； 宁夏回族自治区冶金地质勘探队．1975．宁夏中卫县北山地区普查找矿工作总结； 宁夏回族自治区地质局第三地质队．1968．宁夏中卫县石堆水铁矿普查勘探地质报告； 宁夏回族自治区地质局宁西地质队．1958．宁夏中卫县麦堆山铁矿地质评价报告； 宁夏回族自治区地质局宁西地质队．1960．宁夏中卫县照壁山铁矿 1960 年年度总结报告； 宁夏回族自治区地质局宁西地质队．1959．宁夏中卫县照壁山铁矿区地质评价报告书； 宁夏回族自治区地质局宁西地质队．1959．宁夏中卫县照壁山铁 1959 年年度检查报告书

（2）间接标志

1）褐铁矿矿化带常由粗细不等的网脉状石英-褐铁矿矿脉及细脉浸染状褐铁矿矿脉穿插各种围岩，特别是石英岩状砂岩组成。宽度 10~15 m，一般为 10 m，长数十到数百米。上述铁矿脉大部分为原生菱铁矿矿脉，少部分为黄铁矿氧化后产物。这种矿化带常紧靠铁矿发育。因此常常是指示盲矿体存在及指示含矿断裂构造的可靠标志。

2）岩石颜色：容矿围岩在地表经物理及化学风化作用后其中所含铁质常相对富集起来，同时将围岩染成红黑色，暗红色及褐黄色或成薄膜状附着在岩石表面，形成黑色“沙漠漆”。上述颜色与一般围岩的灰黑、灰白色有显著差别，故较醒目容易发现。

3）围岩蚀变：近矿围岩及含矿断裂带上常常具有多种蚀变现象——硅化、绢云母化，常与菱铁矿、黄铁矿矿化（地表为褐铁矿及赤铁矿矿化）伴生，形成幅宽 10~70 m 的矿化蚀变带，其产状与形状也常与矿脉吻合，故是较可靠的一种找矿标志。

4）第四纪洪积铁质角砾岩的铁质来源于古生代含铁脉的菱铁矿矿床。因此，常靠近原生含铁区分布，并且大多数位于近代河谷两岸，沿上游追索有时可以直接发现铁矿床。

5）民窿与采矿坑：在照壁山铁矿区内有较多民窿存在，据调查结果证明前人曾在该区开采铜矿，且该铜矿属热液细脉型铜矿，在成因上与热液脉型菱铁矿可能有关，在空间上常常伴生一起，因而间接指示了铁矿床的存在。

6）元素共生组合标志：本区铁矿床矿石成分简单，主要的金属组分为铁，但有时也含很少量的锰，而且在围岩中则不含或含量更少，故可能将以此作为找铁的指示元素。

7）微型地貌景观：容矿围岩多为硅化砂岩，砂质页岩及砂岩状石英岩，加之铁脉本身抗风化力较强，故在矿床区段常形成正地形，以丘陵或山脊等地貌景观出现。

（二）一般矿床

1. 中卫市新照壁山铁矿床

新照壁山矿床位于中卫市镇罗镇北约 20 km 的卫宁北山中段北部，行政区划隶属中卫市东园乡，矿区交通方便。

新照壁山铁矿床地层属阿拉善地层区（$Ⅲ_3$）、阿拉善南缘地层分区（$Ⅲ_3^1$）、景泰-中宁地层小区（$Ⅲ_3^{1-1}$）。大地构造位置位于柴达木-华北板块（Ⅲ）、阿拉善微陆块（$Ⅲ_4$）、腾格里早古生代增生楔（$Ⅲ_4^1$）、卫宁北山-香山晚古生代前陆-上叠盆地（$Ⅲ_4^{1-1}$）。所属成矿区带为河西走廊 Fe-Mn-萤石-盐类-凹凸棒石-石油成矿带（Ⅲ-20）、卫宁北山褶断带 Fe-Au-Ag-Cu-Pb-Zn-煤-粘土成矿亚带（Ⅳ-20①）。所属矿床成矿系列为与腾格里早古生代增生楔燕山期热液作用有关的铁、铜、金、银、铅、锌、硫铁矿、重晶石矿床成矿系列（8-$Ⅲ_4^1$-Mz_2-F）。该矿床在 20 世纪 60 年代已进行过普查。

矿区出露地层主要有下石炭统前黑山组-臭牛沟组（C_1q-c）钙质砂岩、粉砂岩、页岩，夹灰岩、泥质灰岩；上石炭统羊虎沟组（C_2y）页岩、石英粗砂岩、细砂岩，顶部含薄层煤。赋矿地层主要为上石炭统羊虎沟组，岩性为钙质砂岩、砂质页岩，具东西向逆断层和北西向断层。矿区南 3~4 km 有闪长玢岩出露。共有矿体 11 个，长度 14~130 m，延深 25~79 m，平均厚度 1.5~15 m，矿体呈脉状、似层状、鸡窝状。

矿石主要为褐铁矿、赤铁矿，次为水赤铁矿；脉石主要为石英、方解石、重晶石。矿石品位：TFe 30%~60%，全区平均 38.84%；CaO+MgO 3%~10%；$SiO_2+Al_2O_3$ 10%~25%；S 0.0%；P 0.035%~0.043%。

截至 2017 年底，新照壁山铁矿床累计查明铁资源储量（122b+333）矿石量 32.174×10^4 t，保有资源储量 11.689×10^4 t，为小型矿床。

2. 石墩（堆）水铁矿床

石墩（堆）水矿床位于中卫市城东北 17 km 处，行政区划隶属中卫市沙坡头区，矿区交通方便。

1961 年 11 月，宁夏回族自治区地质局宁西地质队对该矿床西南部矿体（平华铁矿）进行评价，完成钻探 1647.94 m，槽探 19 m，各类化学样共计 512 个，岩矿鉴定计 510 个。采用钻探求获 C_1+C_2 级矿石储量 134392 t。编有《宁夏回族自治区中卫（县）石堆水铁矿地质评价年度总结报告》。

1966 年 3 月，宁夏回族自治区综合地质大队宁 3 队对石墩（堆）水铁矿开展普查工作（包含平华铁矿、建志铁矿）。查明该铁矿属低温热液状充填矿床，共有 5 个矿体，均受北东及北北西向断层破碎带控制。本次工作对其中 3 个矿体作了评价：1 号矿体位于凝灰岩体内，长度 250 m，平均厚度 4.06 m；2 号矿体呈细脉充填于围岩裂隙中，长度 143 m，平均厚度 4.38 m；3 号矿体为单个富矿体，长度 100 m，平均厚度 5.6 m。矿石主要为含褐铁矿的赤铁矿石，富矿全铁含量 47.6%，贫矿全铁含量 33%，共获赤铁矿 C_1+C_2 级储量 36.92×10^4 t，其中高炉富矿储量 C_1+C_2 级 26.6×10^4 t。编有《宁夏中卫县石堆水铁矿普查勘探地质报告》。

2008 年，宁夏回族自治区地质调查院对石堆水铁矿区平华铁矿及建志铁矿进行了铁矿资源储量核实。

石墩（堆）水铁矿床地层属阿拉善地层区（$Ⅲ_3$）、阿拉善南缘地层分区（$Ⅲ_3^1$）、景泰-中宁地层小区（$Ⅲ_3^{1-1}$）。大地构造位置位于柴达木-华北板块（Ⅲ）、阿拉善微陆块（$Ⅲ_4$）、腾格里早古生代增生楔（$Ⅲ_4^1$）、卫宁北山-香山晚古生代前陆-上叠盆地（$Ⅲ_4^{1-1}$）。所属成矿区带为河西走廊 Fe-Mn-萤石-盐类-凹凸棒石-石油成矿带（Ⅲ-20）、卫宁北山褶断带 Fe-Au-Ag-Cu-Pb-Zn-煤-粘土成矿亚带（Ⅳ-20①）。所属矿床成矿系列为与腾格里早古生代增生楔燕山期热液作用有关铁、铜、金、银、铅、锌、硫铁矿、重晶石矿床成矿系列（8-$Ⅲ_4^1$-Mz_2-F）。矿区出露地层主要有上泥盆统中宁组（D_3z），下-上石炭统靖远组（$C_{1-2}j$），上石炭统羊虎沟组（C_2y）及第四系。矿区内褶皱、断层较发育。

矿区出露地层有：下-上石炭统靖远组（$C_{1-2}j$），岩性下部为灰色厚层状含砾粗砂岩及不等粒石英砂岩，中上部以黑色页岩为主，夹粉砂岩及砂质页岩；上石炭统羊虎沟组（C_2y），岩性主要为泥灰岩、泥质页岩、粗砂岩、泥质页岩夹紫红色铁质粉砂岩；第四系下更新统洪积层，钻孔中褐-褐红色铁质胶结中-粗铁质砾岩，局部夹褐黄色中层状（铁质）砂岩（层）与下伏靖远组呈不整合接触。矿体赋存于两地层之间形成的断裂破碎带中，区内褶皱、断层较发育，在断层交叉处矿体的矿化程度较好。矿区构造复杂，属复杂类型。

矿体严格受 F_2 断层控制，走向北东，倾向北西，倾角 50°~70°，矿体透镜体呈楔形，矿体规模小，形态和构造复杂，有用组分分布不均匀。含铁矿物主要为赤铁矿，次为褐铁矿。矿石矿物多以胶结物形式出现，偶以褐铁矿、赤铁矿砾石出现，矿化不均匀，矿体的围岩具有黄铁矿化、褐铁矿化及绢云母化，矿体顶板具有褐铁矿化、硅化及绢云母化，底板为赤铁矿化，黑色页岩呈紫红色泥状，矿石多具角砾状构造，偶呈致密块状构造。

石墩（堆）水铁矿主要有 5 个矿体（群）。较大矿体长度 100~250 m，厚度 1.98~7.7 m，延深 20~144 m。矿体呈不连续的脉状、透镜状、团块状。矿带大致向北东延伸，总体倾向北西，倾角 50°。矿体受构造破碎带控制，为含铁角砾岩，褐铁矿、赤铁矿呈脉状、团块状充填于破碎带内，两盘岩性皆为羊虎沟组灰色、灰红色、灰黑色砂质泥岩、粉砂岩。

矿物组合为褐铁矿、赤铁矿、假象赤铁矿、菱铁矿、石英和方解石。矿石品位：TFe 33.03%~47.59%，SiO_2 35.65%~19.52%，S 0.125%~0.069%，P 0.075%~0.006%。

截至 2017 年底，石墩（堆）水铁矿床累计查明资源储量（121b+122b+332+333）矿石量为 41.114×10^4 t，保有资源储量 18.736×10^4 t。工作程度为勘探，属小型矿床。可供地方开采。

石墩（堆）水铁矿矿石品位较高，20 世纪 50 年代“大炼钢铁”时期，当地群众发现该铁矿并进行了小规模硐采，所采矿石用来炼铁。近几年，原中卫县铁矿厂也对该矿进行了小规模硐采和露天开采。现采深大于 50 m，为机械化露天矿产。

矿床成因类型属中-低温热液型铁矿，主要由地下含矿热液沿断裂裂隙充填富集而成。

（三）矿点：陈家沟铁矿点

陈家沟铁矿点位于贺兰山干沟西南陈家沟，行政区划隶属银川市西夏区，矿区交通方便。

陈家沟铁矿点地层属华北地层区（$Ⅲ_4$）、鄂尔多斯西缘地层分区（$Ⅲ_4^1$）、贺兰山地层小区（$Ⅲ_4^{1-1}$）。大地构造位置位于柴达木-华北板块（Ⅲ）、华北陆块（$Ⅲ_5$）、鄂尔多斯地块（$Ⅲ_5^1$）、鄂尔多斯西缘中元古代—早古生代裂陷带（$Ⅲ_5^{1-1}$）。所属成矿区带为鄂尔多斯西缘（陆缘坳褶带）Fe-Pb-Zn-磷-石膏-芒硝成矿带（Ⅲ-59）、贺兰山褶断带 Fe-Au-Cu-煤（气）-磷-硅石-石灰岩-白云岩-粘土成矿亚带（Ⅳ-59①）。所属矿床成矿系列为与中元古代沉积-变质作用有关的铁、硅石、白云石大理岩、砚石矿床成矿系列（2-Pt_2-S（M））、与中元古代变质作用有关的铁、硅石、白云石大理岩、砚石矿床成矿亚系列（Pt_2-M-1）。出露地层有中元古界长城系黄旗口组（Pt_2^1h）石英砂岩、石英岩，蓟县系王全口组（Pt_2^2w）硅质条带灰质白云岩。含矿地层为王全口组，矿体受北西向断裂（破碎带）控制，呈透镜状、脉状、网脉状。矿体有 3 个，长度 25~40 m，厚度 2~14 m，倾向北东，倾角 50°~60°。矿石矿物以赤铁矿为主，极少黄铁矿、镜铁矿。脉石矿物为石英、方解石、绿泥石。围岩蚀变有绿泥石化、硅化、绢云母化及黄铁矿化。TFe 含量为 40%~50%。该矿点查明铁矿资源量 3.97×10^4 t。

三、风化壳型铁钴矿

风化壳型铁钴矿为宁夏近年新发现的矿产类型，在氧化型铁矿床中含有较为丰富的钴元素。这一特点在整个卫宁北山地区所出现的褐铁矿（化）点中具有普遍性。铁钴矿主要发育在断层破碎带及次级裂隙中，几乎所有的矿体都赋存于氧化带中。从工业类型上看，茶梁子铁钴矿床的矿石以氧化矿石为主。按矿石的蚀变特征、宏观构造特征及矿化原岩类型，可将氧化矿石划分为褐铁矿化角砾岩型、褐铁矿化网脉型及土状褐铁矿化断层泥型。代表性矿床（点）有茶梁子铁钴矿床和马道梁铁钴矿点。

（一）茶梁子铁钴矿床

茶梁子铁钴矿区位于中宁县大石头井沟以东的土窑地区，行政区划隶属中卫市中宁县石空镇，有简易公路可直达矿区，交通方便。

自 20 世纪 60 年代至今，有多家地勘单位在该区做过地质矿产调查工作。其中，1：20 万中卫幅区域地质调查报告和 1：5 万照壁山-余丁幅区调报告对该区地层、构造做了详细研究，检查评价了茶梁子铁矿点。2012 年，宁夏地质调查院编写的《宁夏卫宁北山地区多金属矿调查报告》中将该矿列为新发现铁钴矿产地。

1. 区域地质

茶梁子铁钴矿床地层属阿拉善地层区（$Ⅲ_3$）、阿拉善南缘地层分区（$Ⅲ_3^1$）、景泰-中宁地层小区（$Ⅲ_3^{1-1}$）。大地构造位置位于柴达木-华北板块（Ⅲ）、阿拉善微陆块（$Ⅲ_4$）、腾格里早古生代增生楔（$Ⅲ_4^1$）、卫宁北山-香山晚古生代前陆-上叠盆地（$Ⅲ_4^{1-1}$）。所属成矿区带为河西走廊 Fe-Mn-萤石-盐类-凹凸棒石-石油成矿带（Ⅲ-20）、卫宁北山褶断带 Fe-Au-Ag-Cu-Pb-Zn-煤-粘土成矿亚带（Ⅳ-20①）。所属矿床成矿系列为与新生代沉积作用-表生作用有关的铁、石英砂、石膏、粘土、地下水等矿床成矿系列（9-Cz-1）、第四纪风化作用有关的铁、钴、膨润土矿床成矿亚系列（Cz_2-H-3）。

区域出露地层由老至新有：上奥陶统香山群狼嘴子组（O_3lz），上泥盆统中宁组（D_3z）、下石炭统前黑山组（C_1q）、臭牛沟组（C_1c），上石炭统羊虎沟组（C_2y），下白垩统庙山湖组（K_1ms）及新生界。本区构造较发育。褶皱有土窑复式向背斜，断层有土窑 F_{23} 逆断层、马道梁 F_{41} 逆断裂、铜铁沟性质不明断层、茶梁子 F_{60} 与 F_{61} 逆断裂等。这些断裂是很好的内生矿产成矿构造，相互交织，具多期活动性，主断裂具南北向拉伸。茶梁子铁钴矿化就发育在南北向的主破碎带 F_{61} 及层间小裂隙中。区内岩浆活动并不强烈，仅在断裂带中保留少量凝灰岩（刘志坚，2013）。

2. 矿区地质

矿区出露上泥盆统中宁组第二段、第三段、第四段，下石炭统前黑山组和臭牛沟组下段（图 6-8）。

（1）上泥盆统中宁组

主要出露于茶梁子东部，由东向西从老到新依次分布为第二岩段、第三岩段、第四岩段，矿区内总厚度大于 788.85 m，具山麓相-河流相沉积。第二、三岩段呈连续沉积，第四岩段与其他地层呈断层接触。

1）第二岩段（D_3z^2）：岩性为浅紫红色中厚层状细砂岩与粉砂岩、泥质粉砂岩 1：1 互层，厚度大于 33.58 m（未见底）。与第三岩段的分层标志为本层长石石英砂岩少，底部见粗粒石英砂岩或粗砂岩。

2）第三岩段（D_3z^3）：岩性为紫红色中厚层状钙质粉砂岩、细砂岩、长石石英砂岩夹若干中薄

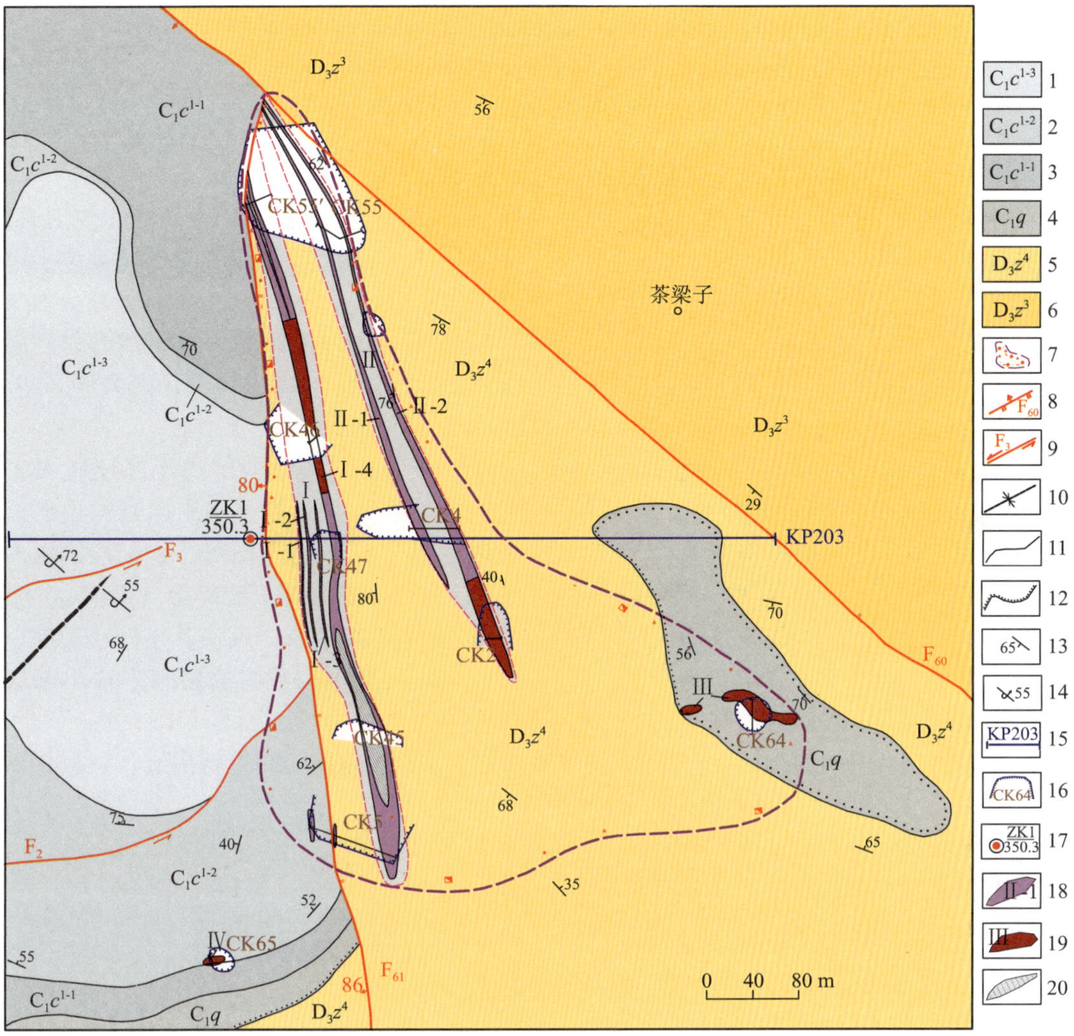

图 6-8　茶梁子铁钴矿区地质草图

（据宁夏回族自治区地质调查院，2012，有修改）

1—下石炭统臭牛沟组一段第三岩性层；2—下石炭统臭牛沟组一段第二岩性层；3—下石炭统臭牛沟组一段第一岩性层；4—下石炭统前黑山组；5—上泥盆统中宁组第四岩段；6—上泥盆统中宁组第三岩段；7—褐铁矿化蚀变带；8—逆断层及编号；9—平移断层；10—向斜；11—地质界线；12—角度不整合地质界线；13—产状；14—倒转产状；15—勘查线；16—采坑及编号；17—钻孔；18—铁钴矿体及编号；19—铁矿体及编号；20—断层破碎带夹层

层的白云岩、灰岩，局部含硅质团块，厚度 488.54 m，与下伏地层中宁组第二岩段连续沉积。

3）第四岩段（D_3z^4）：上部岩性为浅紫红色中厚层状石英砂岩，浅黄色、蓝灰色粉砂质泥岩、泥岩；下部紫红色细粒长石石英砂岩及泥岩，厚度大于 266.73 m。与下伏地层中宁组第三岩段断层（F_{60}）接触，与上覆石炭系断层（F_{61}）接触，即本段地层受控于这两断层。茶梁子铁钴矿体沿 F_{61} 南北向断层破碎带分布，由于断层的挤压岩层具拉伸现象，矿体的走向和断层走向一致。F_{60} 为后期断层，它斜切了矿体及 F_{61} 含矿构造。依据矿化蚀变体的分布特征及岩性特征，以中间不含褐铁矿化的蓝灰色、浅黄色泥岩层为界又分为两个含褐铁矿化的层状蚀变带，即Ⅰ、Ⅱ号矿带。铁钴矿体赋存于Ⅰ、Ⅱ号矿带之中。

（2）下石炭统前黑山组、臭牛沟组

前黑山组在茶梁子地区分布极少，主要岩性为浅黄色角砾状灰岩，浅棕-灰色中厚层状白云质灰岩或白云质微晶灰岩、钙质粉砂岩，中厚层状细粒石英砂岩，与泥盆系为角度不整合及断层接触，与上覆臭牛沟组整合接触，厚度78 m；臭牛沟组为一套咸化潟湖相沉积，厚度大于453.86 m，与下伏前黑山组整合接触，本区主要出露下段岩性，按岩性层特征又分为三层。

第一岩性层（C_1c^{1-1}）：褐黄色厚层状白云岩夹浅紫灰色、紫红色、灰色中厚层状灰岩、砂质灰岩及钙质细砂岩、钙质粉砂岩。由于褐黄色白云岩分布多、厚度大，本层的主色调为褐黄色，未见底。厚度大于112.90 m。

第二岩性层（C_1c^{1-2}）：浅棕色、浅褐色中厚层状钙质细砂岩夹深灰色灰岩，紫红色钙质粉砂岩。底部有一透镜状的浅灰色含砾中砂岩与第一岩性层相区分。本层的主色调为棕灰-浅灰色。厚度大于116.70 m。

第三岩性层（C_1c^{1-3}）：浅褐灰色中-薄层状粉砂岩夹深灰色中厚层状灰岩、石英砂岩。底部有一透镜状的巨厚层含砾石英砂岩与第二岩性层相区分。本层的主色调为浅灰-褐灰色。厚度大于224.26 m（未见顶）。

矿区构造较发育。主要的控矿构造有茶梁子F_{60}、F_{61}断裂，一般性的平移小断层有F_1、F_2、F_3等。其中，F_{60}逆断层区域上长度大于3.5 km，矿区出露1.7 km，向北西及南东向延伸出矿区，倾向南西，倾角近直立，切割了含矿构造F_{61}，为晚期的破坏性断裂，不含矿化；F_{61}逆断层矿区内出露长度大于1 km，走向近南北，倾向西，倾角近直立，有80~160 m宽的挤压破碎带（北窄南宽），具南北向拉伸特征，为臭牛沟组与泥盆系的接触面。构造破坏侧斜于泥盆系，致使其层间小裂隙、矿化蚀变十分发育，为矿区最重要的含矿、控矿构造；F_1、F_2、F_3为臭牛沟组内的层间平移小断层，出露长度200~400 m，仅造成岩层的错移及不连续。

另外，茶梁子西有一向斜褶皱B1。轴向50°，为一宽缓的西部翘起的向斜褶皱，两翼地层均为臭牛沟组（C_1c^1）。

矿区内未见岩浆岩。

3. 矿体特征

矿区内分布有4个矿带，即Ⅰ、Ⅱ、Ⅲ、Ⅳ号矿带。

（1）Ⅰ号矿带

主要分布于蓝灰色泥岩层的西边，带长648 m，西与F_{61}断层紧邻，由于受东西向的挤压具南北向的延展拉伸现象。倾向西，倾角陡立。含铁钴矿体4层，即Ⅰ-1、Ⅰ-2、Ⅰ-3、Ⅰ-4。主要岩性为含铁钴的褐铁矿化构造角砾岩、断层泥及石英砂岩透镜体夹层（图6-9）。

Ⅰ-1矿体：由ZK1钻孔单工程控制，为隐伏矿体。推测长123 m，埋深约42.32 m，真厚度2.88 m，Co品位0.026%，TFe品位32.98%，矿体西倾，产状260°∠80°，矿石类型为含褐铁矿的构造角砾岩。本矿体为铁钴同体共生矿体。

Ⅰ-2矿体：由ZK1钻孔单工程控制，为隐伏矿体。推测长123 m，埋深约52.42 m，真厚度3.45 m，Co品位0.021%，TFe品位26.30%，矿体西倾，倾角陡立，产状270°∠83°，矿石类型为含褐铁矿的构造角砾岩。本矿体为铁钴同体共生矿体。

Ⅰ-3矿体：由ZK1钻孔单工程控制，为隐伏矿体。推测长123 m，埋深约61.93 m，真厚度2.01 m，Co品位0.020%，矿体西倾，倾角陡立，产状270°∠83°，矿石类型为含褐铁矿的构造角砾岩。本矿体为铁钴同体共生矿体。

Ⅰ-4矿体：由钻孔ZK1、采坑CK55、CK46、CK47、CK45、CK5等工程控制。矿体长648 m。由于铁、钴矿化不均一、不稳定、沿走向、倾向局部样品不完全达到边界品位，致使铁、钴矿体厚度不一。尤其在中间的CK46采坑铁品位高（平均TFe 25.40%），钴品位低（平均Co 0.004%，未达到边界品位）；深部ZK1钻孔中，平均TFe 31.39%者达16.93 m厚，而平均Co仅为0.014%（有4.26 m达0.02%）。走向上呈现为局部膨大或缩小，倾向上呈现浅部钴品位高厚度大，深部铁品位高厚度增大、钴品位渐低厚度变薄的趋势。矿体平均厚度13.57 m，Co品位0.020%，TFe品位30.25%，矿体西倾，产状270°∠83°，矿石类型为含褐铁矿的构造角砾岩。本矿体为铁钴同体共生、伴生矿体。

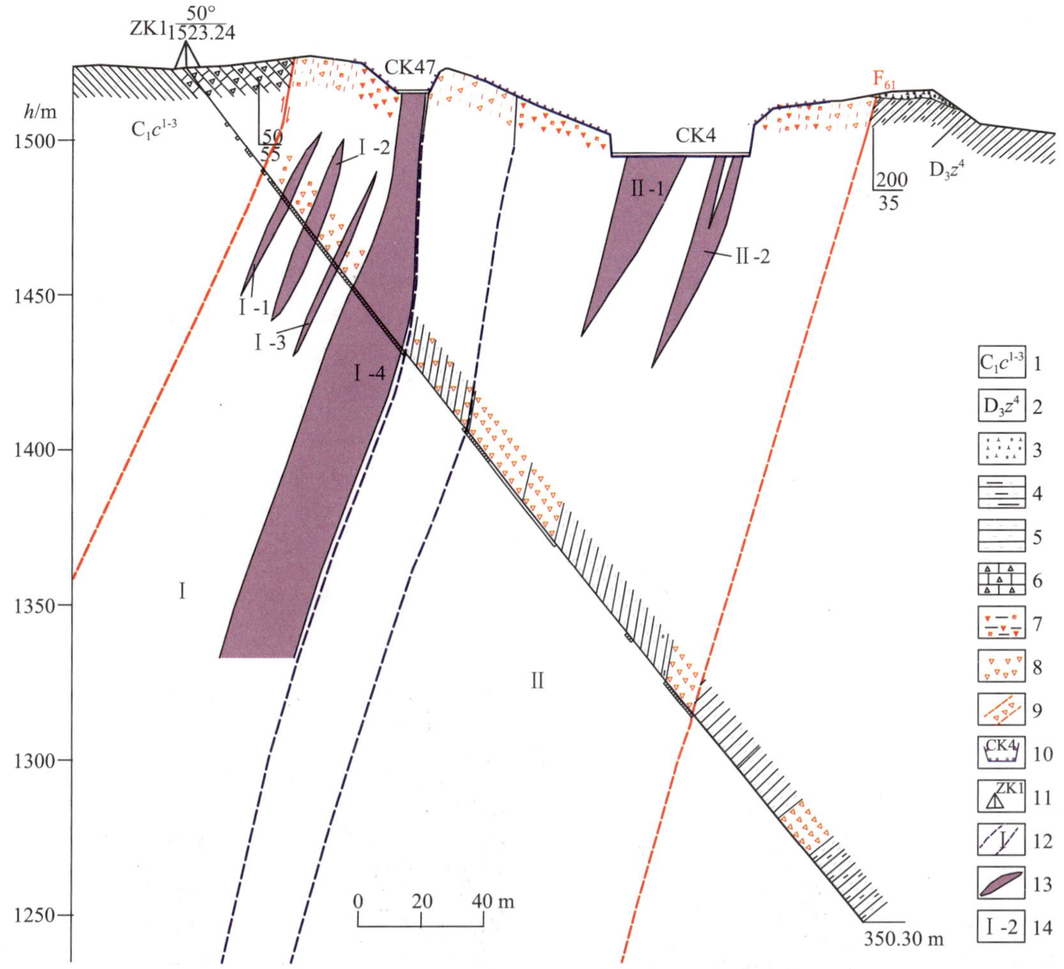

图 6-9　茶梁子 KP203 勘查线剖面图

（据宁夏回族自治区地质调查院，2012，有修改）

1—下石炭统臭牛沟组一段第三岩性层；2—上泥盆统中宁组四段；3—人工堆积物；4—粉砂质泥岩；5—粉砂岩；6—碎裂状灰岩；7—褐铁矿化泥岩；8—角砾岩；9—断层破碎带；10—采坑及编号；11—钻孔位置及编号（倾角、标高）；12—矿化带及编号；13—铁钴矿体；14—矿层编号

（2）Ⅱ号矿带

主要分布于蓝灰色泥岩层的东边，带长 540 m，西与蓝灰色泥岩层毗邻，东与紫红色泥岩、粉砂岩相接。由于受东西向的挤压而具南北向的延展拉伸现象。倾向西，倾角陡立。含铁钴矿体 2 层，其编号为Ⅱ-1、Ⅱ-2。主要岩性与Ⅰ号矿带一致，为含铁钴的褐铁矿化构造角砾岩、断层泥及石英砂岩、浅黄色泥岩透镜体夹层。

Ⅱ-1 矿体：由钻孔 ZK1、采坑 CK55、CK4、CK2 等工程控制。矿体长 505 m。由于铁、钴矿化不稳定、样品不完全达到边界品位，致使铁、钴矿体厚度不一。采坑 CK55 铁品位达边界品位（TFe 29. 97%），钴品位低未达边界品位（Co 0. 010%）；CK4 铁钴品位达边界品位（TFe 26. 90%，Co 0. 022%）；CK2 铁品位达边界品位（TFe 28. 35%），钴品位低未达边界品位（Co 0. 007%）；ZK1 未见矿，为一矿化不均匀的铁钴矿体。矿体平均厚度 6. 95 m（Co 10. 15 m，Fe 3. 96 m），矿体产状 270°∠80°，矿石类型为含褐铁矿的构造角砾岩。本矿体为铁钴同体共生矿体。

Ⅱ-2 矿体：由钻孔 ZK1、采坑 CK55、CK4、CK2 等工程控制。矿体长 540 m。CK55 铁品位达边界品位，但厚度较薄（1. 76 m），钴品位低未达边界品位；CK4 钴矿体地表厚度大（7. 75 m），而铁矿体薄（4. 63 m）；CK2 铁品位较高（平均 TFe 35. 58%），钴品位低未达边界品位。本矿体为一以铁为主，中部钴膨大的铁钴同体共生矿体。矿体平均厚度 6. 25 m（Co 7. 75 m，Fe 4. 74 m），矿体产状

270°∠83°，矿石类型为含褐铁矿的构造角砾岩。

（3）Ⅲ号矿带

分布于Ⅰ、Ⅱ矿带东南。带长百余米。含铁钴矿体1层，产状235°∠65°。矿体厚度5.31 m，品位Co 0.012~0.033%，Fe 10.67~47.50%。矿体分布于前黑山组的层间小裂隙中，受其控制。主要岩性为含铁钴的褐铁矿化构造角砾岩、断层泥及石英砂岩透镜体夹层。褐铁矿化较发育，但规模较小，矿化不均匀。

（4）Ⅳ号矿带

分布于Ⅰ、Ⅱ矿带西南。带长20 m。含铁钴矿体1层，产状320°∠86°。矿体厚度0.76 m，品位Co 0.012%，Fe 29.10%。矿体分布于臭牛沟组的层间小裂隙中，受其控制。主要岩性为含铁钴的褐铁矿化构造角砾岩、断层泥及石英砂岩透镜体夹层。褐铁矿化较发育，但规模极小，矿化不均匀。

4. 矿石特征

茶梁子铁钴矿床中，矿体主要赋存于氧化带中。按工业类型可将茶梁子铁钴矿床的矿石分为氧化矿石和原生矿石两种类型，以氧化矿石为主。由于仅有极少量的矿石，经物相分析后确定为硫化矿石，故在此不做描述。按矿石的蚀变特征、宏观构造特征及矿化原岩类型，可将氧化矿石划分为褐铁矿化角砾岩型、褐铁矿化网脉型及土状褐铁矿化断层泥型。以上三类矿石铁品位相当，一般为20%~50%（图6-10，图6-11）。

图6-10　茶梁子铁钴矿石

（据宁夏回族自治区地质调查院，2012）

图6-11　茶梁子铁钴矿体

（据宁夏回族自治区地质调查院，2012）

褐铁矿化角砾岩型：是矿床中常见的铁钴矿石类型，约占氧化矿石的40%，矿石大多呈红褐色、黑褐色及橙黄色，一般为角砾状。矿石发生强烈的褐铁矿化、菱铁矿化及黄钾铁矾化。此类矿石Co品位较高，最高品位0.08%，最低品位0.03%。褐铁矿化网脉型：约占氧化矿石的10%，呈褐黑色，多存在于岩石裂隙中，与石英脉相伴生。该类型矿Co品位最高，一般在0.03%~0.12%之间。褐铁矿化断层泥型：该类型也是矿床中比较常见的类型，约占氧化矿石50%，多呈浅红褐色、浅紫红色及浅黄色，由于受断层作用的影响，矿石多呈土状及粉末状。除了较强烈的褐铁矿化之外，局部见有碳酸盐化。Co品位相对较低，一般在0.02%~0.06%之间。

矿石结构：①放射状结构。褐铁矿在镜下多呈现放射状排列，可能受蚀变作用影响，多呈他型晶（图6-12a）。②浸染状结构。由于受表生风化淋滤及蚀变作用影响严重，仅有少量矿石的石英脉中见有浸染状黄铁矿，黄铁矿大多呈细粒半自形粒状，存在于石英裂隙中，粒径在0.002~0.05 mm之间（图6-12b）。③假象结构。矿石中常常出现褐铁矿替代黄铁矿而保留黄铁矿的外形，形成了假象结构（图 6-12c）。④细脉状结构。部分矿石中的褐铁矿多沿黄铁矿破碎裂隙交代或沿构造裂隙分布，呈脉状结构，粒径在 0.01～0.2 mm 之间，褐铁矿中常见经淋滤作用脱落的空洞，形成多孔状构造（图 6-12d）。

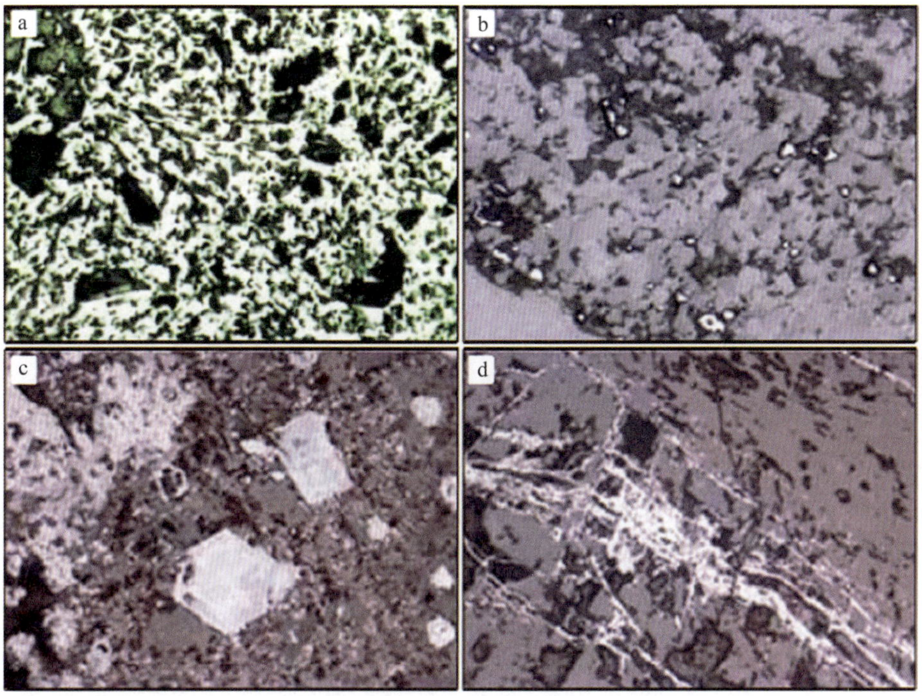

图 6-12　茶梁子铁钴矿显微照片（长边 2 mm）

a—针柱状褐铁矿呈放射状排列；b—浸染状分布的黄铁矿；c—褐铁矿假象结构；d—褐铁矿脉状分布

矿石构造：①角砾状构造。破碎带中的砂岩、泥岩及已经破碎的石英脉等碎屑都呈角砾状混杂于断层泥质当中。角砾之间砾径极为悬殊，在断层靠两盘地层处，往往具有一定的定向拉伸现象。角砾裂隙及间隙当中，通常会充填有石英脉和褐铁矿脉，细脉中的铁钴矿化程度往往比较强烈。②土状构造。主要是断层内部较为疏松的岩层以及断层泥质经表生风化淋滤后形成的构造特征，由于铁质含量不均匀以及所受蚀变种类不同，土状物的颜色也不同。③蜂窝状构造。矿石经过风化淋滤之后，一些难溶的硅质物及被胶结的碎屑物质残留下来，而钙质及原生的金属硫化物流失，从而形成蜂窝状。这类构造的岩石的铁、钴含量较高。④网脉状构造。由于受断层作用影响，岩石产生了大量的裂隙，从而后期的热液灌入裂隙中沉淀，形成富含铁-钴的石英脉，该类型构造往往分布于断层边缘部及构造角砾中，网脉基本上是完全的石英-褐铁矿脉，也是钴含量最高的矿石类型。

5. 围岩蚀变

根据风化残余物识别，茶梁子铁钴矿床热液活动时蚀变主要为硅化、黄铁矿化。

6. 资源量

2012 年，《宁夏卫宁北山地区多金属矿调查报告》中将茶梁子铁钴矿床列为新发现铁钴矿产地。经估算，共得（333+334）钴金属量 1010 t，铁矿石量 452.51×10^4 t。

7. 矿化阶段划分

茶梁子铁钴矿可以划分两个成矿阶段：①燕山期含矿热液活动，在断层破碎带及次级裂隙中沉淀含钴黄铁矿矿体；②第四纪含钴黄铁矿矿体剥蚀出露地表浅部，风化淋滤使得黄铁矿氧化为褐铁矿，形成风化淋滤型铁钴矿体。

8. 成矿物理化学条件

燕山期含矿热液活动阶段，处于还原环境、中温热液条件；第四纪风化淋滤阶段，处于氧化环境、常温常压条件。

9. 矿床类型

茶梁子铁钴矿床的矿层产于断裂破碎带中，含矿热液在断层破碎带及次级裂隙中沉淀，经后期次生改造作用后形成矿床。成矿作用分两期，初始阶段为含钴黄铁矿型铁钴矿体，后期经剥蚀、风化淋滤等作用，黄铁矿氧化为褐铁矿，形成氧化淋滤型铁钴矿体。据此，可将其确定为风化壳型矿床。

10. 成矿机制和成矿模式

燕山期热液活动在上泥盆统与下石炭统沉积岩系的断裂破碎蚀变带中形成含钴硫铁矿；新生代剥蚀出露地表后，风化变为含钴褐铁矿，同时有害元素硫被淋滤流失。

11. 找矿标志

①断层破碎带；②石英脉、硅化；③褐铁矿化；④钴地球化学异常。

（二）马道梁铁钴矿点

马道梁铁钴矿点位于中卫市卫宁北山地区，行政区划隶属中卫市中宁县石空镇。

马道梁铁钴矿点地层属阿拉善地层区（$Ⅲ_3$）、阿拉善南缘地层分区（$Ⅲ_3^1$）、景泰-中宁地层小区（$Ⅲ_3^{1-1}$）。大地构造位置位于柴达木-华北板块（Ⅲ）、阿拉善微陆块（$Ⅲ_4$）、腾格里早古生代增生楔（$Ⅲ_4^1$）、卫宁北山-香山晚古生代前陆-上叠盆地（$Ⅲ_4^{1-1}$）。所属成矿区带为河西走廊 Fe-Mn-萤石-盐类-凹凸棒石-石油成矿带（Ⅲ-20）、卫宁北山褶断带 Fe-Au-Ag-Cu-Pb-Zn-煤-粘土成矿亚带（Ⅳ-20①）。所属矿床成矿系列为与新生代沉积作用-表生作用有关的铁、石英砂、石膏、粘土、地下水等矿床成矿系列（9-Cz-1）、第四纪风化作用有关的铁、钴、膨润土矿床成矿亚系列（Cz_2-H-3）。赋矿地层为下石炭统臭牛沟组（C_1c）。共有矿体 2 层，南宽 8 m，北宽 14 m，矿石主要为赤铁矿、褐铁矿，TFe 含量 20.2%~43.8%。地表矿体已开采，深部钻孔未见矿。

四、受变质型铁矿床

受变质型铁矿床代表性有中卫市香山火山（顾家岘）小型铁矿床，称之为“火山式铁矿”。

火山（顾家岘）铁矿

火山（顾家岘）铁矿床位于中卫市香山北麓黄石旋沟，行政区划隶属中卫市香山乡，交通不便。

1961 年 3 月，宁夏回族自治区重工业局地质勘探队对该铁矿点进行初步评价。通过工作查明：火山铁矿区矿化出露较广泛，露头有 50 余处，断续出现长达 2000 m，由 3~4 条平行矿体组成。矿体赋存于矽质灰岩与千枚岩的互层中。矿物成分以赤铁矿为主，次为褐铁矿及菱铁矿。有益组分 TFe 品位在 30%以下，个别地段在 40%以上。经核实计算，该铁矿各级储量：富矿 C_1 级 2.85×10^4 t，C_2 级 5.14×10^3 t；贫矿 C_1 级 1.2248×10^4 t，C_2 级 2.503×10^3 t。1961 年 9 月提交了《宁夏中卫县火山铁矿点检查评价报告》。

1. 区域地质

火山（顾家岘）铁矿地层属阿拉善地层区（$Ⅲ_3$）、阿拉善南缘地层分区（$Ⅲ_3^1$）、景泰-中宁地层小区（$Ⅲ_3^{1-1}$）。大地构造位置位于柴达木-华北板块（Ⅲ）、阿拉善微陆块（$Ⅲ_4$）、腾格里早古生代增生楔（$Ⅲ_4^1$）、卫宁北山-香山晚古生代前陆-上叠盆地（$Ⅲ_4^{1-1}$）。所属成矿区带为河西走廊 Fe-Mn-萤石-盐类-凹凸棒石-石油成矿带（Ⅲ-20）、香山褶断带 Fe-Cu-煤-石灰岩-石膏-粘土成矿亚带（Ⅳ-20③）。所属矿床成矿系列为与早古生代沉积作用有关的铁、彩石、磷、灰岩、白云岩、板岩矿床成矿系列（3-Pz_1-S）。区域出露地层有上奥陶统香山群徐家圈组（O_3x）、狼嘴子组（O_3lz）、磨盘井组（O_3mp），上泥盆统中宁组（D_3z），下石炭统前黑山组（C_1q）、臭牛沟组（C_1c），下-上石炭统靖远组（$C_{1-2}j$），上石炭统羊虎沟组（C_2y），上石炭统—下二叠统太原组（C_2P_1t）和二叠系。区内断裂、褶皱构造极其发育，且具有多期次活动特征。

2. 矿区地质

矿区位于香山复背斜的南翼，出露地层为上奥陶统香山群狼嘴子组和磨盘井组，为一套遭受轻微区域变质的海相复理石、碳酸盐建造。岩性主要为变质砂岩、硅质岩、硅质白云岩夹薄层板岩，局部因铁质富集而发生褐铁矿化、赤铁矿化。铁矿层赋存于上奥陶统香山群狼嘴子组黄河井段含铁硅质岩中。在矿区北部发育一北西向逆冲断层，延伸 5 km，在矿区内长度约 1.7 km，总体走向 265°，倾角 70°，断层错断了香山群硅质白云岩。铁矿化带主要发育于黄石旋背斜南翼的香山群狼嘴子组硅质岩和硅质白云岩中，矿化层厚度不足 2 m，走向北西，延伸不稳定，呈透镜体状，矿化明显受层间断裂破碎带控制（图 6-13）。

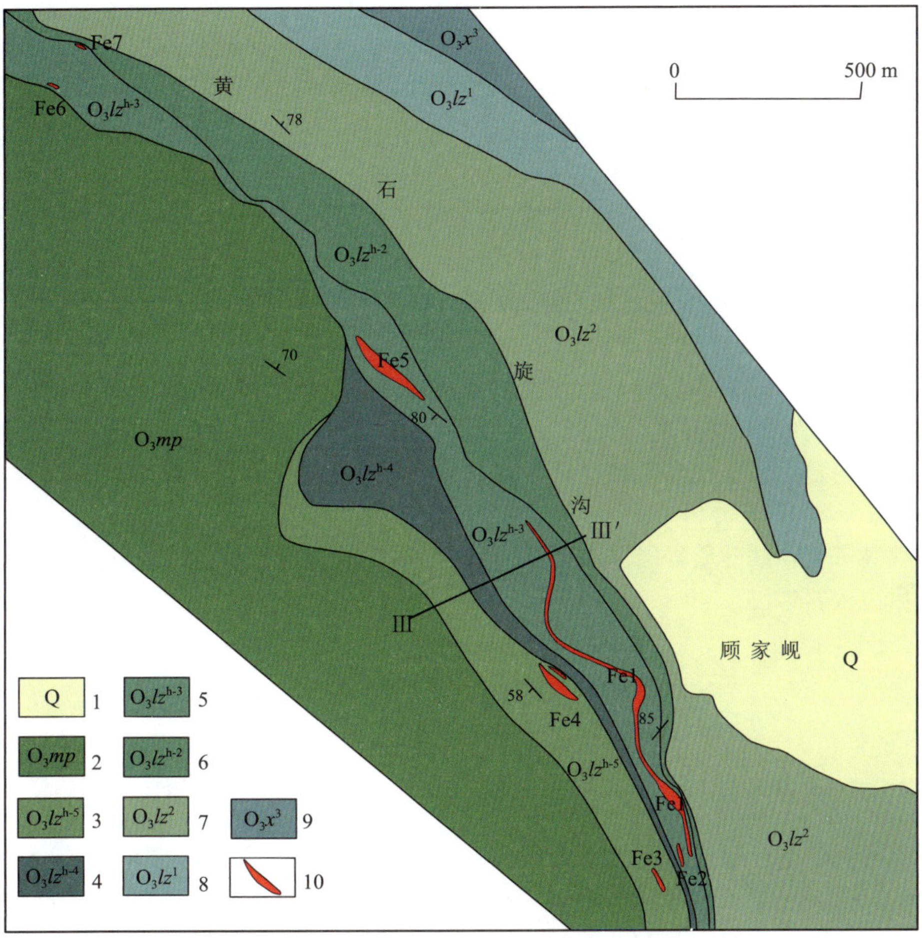

图 6-13　火山（顾家岘）铁矿床南矿化带地质简图

（据仲佳鑫，2010，有修改）

1—第四系；2—磨盘井组；3—狼嘴子组黄河井段第五岩性层；4—狼嘴子组黄河井段第四岩性层；5—狼嘴子组黄河井段第三岩性层；6—狼嘴子组黄河井段第二岩性层；7—狼嘴子组第二岩段；8—狼嘴子组第一岩性段；9—徐家圈组第三岩性段；10—铁矿体

3. 矿体特征

火山（顾家岘）铁矿矿区可分为南北两个矿化带，共发现铁矿（化）体 9 处，主要分布于黄石旋沟背斜南北两翼。南矿化带共圈出 7 个矿段，即 Fe1—Fe7，其中 Fe1、Fe4、Fe5 为主矿段，矿化较好，达到工业标准；北矿化带由 Fe8、Fe9 组成，矿化较弱。总体上，矿化体的分布、产状及规模大小，主要受香山群狼嘴子组黄河井段硅质白云岩和含铁硅质岩夹层控制，矿层厚度与岩性组合密切相关。矿化带平面上呈膨缩的透镜状展布，向北西矿化体厚度变薄或尖灭，南东厚度相对比较稳定，断续延长约 1.4 km，单个矿化体一般出露宽度 2 m，延长 100 m 左右。矿（化）体产状较为稳定，近直立，与地层产状近于一致。

4. 矿石特征

主要的矿石矿物为赤铁矿和褐铁矿，偶见星点状黄铁矿；脉石矿物以石英、方解石、铁白云石为主，其次有少量斜长石、黑云母和绿泥石等矿物，这些脉石矿物主要反映了沉积岩原岩的矿物组成及低级区域变质特点，次生矿物很少。矿石化学成分：TFe 44.04%，P 0.04%，S 0.03%，SiO_2 38.07%。

5. 围岩蚀变

矿（化）体的围岩均为硅质岩和硅质白云岩。破碎带中局部地段受较强的构造变形影响，表现出一定的矿化分带性，由矿化体向围岩依次出现褐黑-褐红色褐铁矿化、土黄色褪色氧化带（宽度约 40 cm）、红色硅质白云岩、褐灰色硅质白云岩。

6. 资源量

截至 2017 年底，火山（顾家岘）铁矿床由中卫市梁水园矿区源盛矿业有限责任公司进行铁矿矿权登记，核实铁矿资源量（332+333）矿石量为 59.96×10^4 t。

7. 矿化阶段划分

矿化阶段划分为同生沉积期—变质富集-次生淋滤富集期。

8. 矿床类型

火山（顾家岘）铁矿床为沉积受变质型铁矿床。

9. 成矿机制和成矿模式

火山（顾家岘）铁矿是在浅海相氧化环境中沉积生成。铁矿床的形成经历了同生沉积期-变质富集-次生淋滤富集期。铁质来源可能与海底火山作用有关。该类型铁矿在米钵山一带含铁硅质岩层位中可见辉绿岩，它与碧玉岩呈整合接触。显然，基性火山喷发活动和铁碧玉岩具有成因的联系。

10. 找矿标志

上奥陶统狼嘴子组含铁硅质岩层位；褐黑-褐红色褐铁矿化、土黄色褪色氧化带、红色硅质白云岩、褐灰色硅质白云岩带。

第三节 矿床时空分布特征及成矿规律

一、时空分布特征

根据成矿亚带对宁夏已知铁矿资源量进行统计，Ⅳ-20①亚带有 764.52×10^4 t，Ⅳ-20②亚带有 1.08×10^4 t，Ⅳ-20③亚带有 63.36×10^4 t，Ⅳ-59①亚带有 54.982×10^4 t。根据成矿时段对宁夏已知铁矿资源量进行统计，前寒武纪的有 114.942×10^4 t，燕山期的有 184.22×10^4 t，喜马拉雅期有 584.78×10^4 t（表 6-6）。

表 6-6 宁夏铁矿的时空分布

成矿亚带	成矿时段			
	前寒武纪	燕山期	喜马拉雅期	含矿建造
Ⅳ-59①	54.982			浅海相碎屑岩建造
Ⅳ-20①		179.74	584.78	海相碎屑岩、碳酸盐岩建造
Ⅳ-20②		1.08		海相碎屑岩、碳酸盐岩建造
Ⅳ-20③	59.96	3.4		海相碎屑岩、碳酸盐岩建造

注：资源量单位为 10^4 t。

二、成矿规律

（一）成矿时代

宁夏境内铁矿的成矿期主要发生在3个时期：中元古代长城纪、燕山期和第四纪。

在中元古代长城纪，铁矿的成矿作用发生在贺兰山中-北段地区，形成王全口式海相沉积型铁矿，以石嘴山市王全口铁矿床为代表。

在燕山期，铁矿成矿作用发生在卫宁北山、香山及烟筒山一带。在石炭纪，这些地区沉积形成铁矿源层；燕山期由于构造运动及深部岩浆活动热源影响，早期形成的铁矿质被活化，迁移到构造裂隙形成菱铁矿脉，以中卫市照壁山铁矿为代表。

在第四纪，一是剥蚀出露地表浅部的含钴黄铁矿脉被氧化，形成风化壳型铁钴矿，以茶梁子铁钴矿为代表；二是本区大量铁矿点被剥蚀物搬运沉积，形成砂砾岩型铁矿，以麦垛（堆）山铁矿为代表。

（二）成矿空间分布

宁夏境内铁矿的成矿在区域上主要分布在5个地区。其中，贺兰山北段和中段地区分布王全口式海相沉积型铁矿；卫宁北山地区、香山地区和烟筒山地区分布照壁山式热液型铁矿及茶梁子风化壳型铁钴矿。

（三）成矿地质条件

宁夏的铁矿主要为沉积型、沉积受变质型、热液再造型和风化壳型四种。有4个含矿层位：贺兰山地区的长城系，铁矿层赋存在中下部含铁砂岩层位；香山地区铁含矿层为上奥陶统香山群含铁硅质岩（含铁碧玉岩）、燧石岩、硅质灰岩、伴生透镜状磷块岩；卫宁北山、香山-烟筒山等地区的石炭系。铁矿赋存在以上地层中的（含）铁质岩层间裂隙和断裂中，由铁质白云岩、铁质砂岩或含铁质结核的粉砂岩等经过热流体再造而成矿，或石炭系构造裂隙中含钴黄铁矿脉剥蚀出露地表浅部氧化成含钴褐铁矿。更新统，铁矿层赋存在含铁砂砾岩层位，由本区其他铁矿点被剥蚀物搬运沉积，形成砂砾岩型铁矿。

1. 王全口式铁矿成矿条件

贺兰山中、北部在长城纪早期，大体为三面（西、北、南）环山的局限性海湾，表现为局限性有障壁的滨浅海环境，剥蚀的物源区母岩为古元古界变质岩，多为含一定量铁质的黑云斜长片麻岩类，气候也由干燥变湿润，化学背景由氧化变为还原，为铁质富集成矿提供了有利的成矿环境和合适的位置，沉积了赤铁矿和含铁石英砂岩，因而在黄旗口组的中、下部形成了断续产出的王全口式铁矿层。

2. 照壁山式铁矿成矿条件

卫宁北山、香山-烟筒山地区所在的北祁连东北缘地区在早石炭世早期发生海侵，海水自西向东由甘肃景泰盆地侵入，形成一向西开口的海湾。海侵范围为宁夏卫宁北山地区、香山地区，向东到烟筒山一带。前黑山组即形成于该海湾盆地东部滨岸地带。海进早期为相对局限的海湾盆地环境，气候相对温暖，其沉积类型有潮坪沉积、潟湖沉积。潮坪沉积发育于中段上部，含有一定量的钙-铁质层或铁质结核，成为后期再造成矿的最重要矿源层。

早石炭世早期，海水一度收缩，部分地区遭受剥蚀。早石炭世晚期开始，盆地下降，复又海侵，沉积了臭牛沟组砂岩（可能包含有河口湾砂体）、碳酸盐岩、泥岩、碳质泥（页）岩等组成的潮坪沉积。化学环境可能为还原环境，沉积物中铁质含量较高，为铁矿成矿的有利环境之一。

早石炭世晚期末海侵达到最大范围之后，至晚石炭世早期海水开始收缩，气候温暖潮湿，此时碎屑岸线沉积迅速减少，代之而起的是三角洲相沉积。羊虎沟组即属早期三角洲相沉积，下三角洲平原和三角洲前缘亚相发育，后者的沉积中含一定量的铁质砂岩和菱铁矿结核，部分在后期改造成矿。

3. 茶梁子式铁矿成矿条件

茶梁子铁钴矿床矿层产于断裂破碎带中，含矿热液在断层破碎带及次级裂隙中沉淀，经后期次生改造作用后形成矿床。成矿阶段分两个：第一阶段，燕山期含矿热液活动，在断层破碎带及次级裂隙中沉淀含钴黄铁矿矿体；第二阶段，第四纪含钴黄铁矿矿体剥蚀出露地表浅部，风化淋滤使得黄铁矿氧化为褐铁矿，形成风化淋滤型铁钴矿体。燕山期含矿热液活动阶段，处于还原环境、中温热液条件；第四纪风化淋滤阶段，处于氧化环境、常温常压条件。

4. 火山（顾家岘）式铁矿成矿条件

铁矿层赋存于上奥陶统香山群狼嘴子组黄河井段含铁硅质岩中。矿化体的分布、产状及规模大小，主要受香山群狼嘴子组黄河井段硅质白云岩和含铁硅质岩夹层控制，矿层厚度与岩性组合密切相关。该类型铁矿在米钵山一带含铁硅质岩层位中可见辉绿岩夹层，它与碧玉岩呈整合接触。显然，基性火山喷发活动和铁碧玉岩具有成因的联系。

第七章　铜　　矿

第一节　概　　述

一、铜金属特征和主要经济用途

铜是一种紫红色的金属，硬度2.5~3，密度8.5~9 g/cm^3，熔点1083℃，沸点2567℃。铜的延展性和导热性强，导电性高，还具有良好的化学稳定性，容易与锌、铅、镍、铝、钛等熔成合金。

铜是人类使用最早的金属原料之一。据考古学家认定，新石器时代后期，人类就开始使用“红铜”（自然铜），并被称为“铜石并用时代”。公元前2000~前2500年已进入青铜器时代（铜加锡合成青铜），商朝，是发达的青铜器时代。自古以来，许多朝代的货币都是用铜合金制成的。铜具良好的导电性，是电的良导体，特别是1840年以后，铜用来制造电线、电缆、电机设备，逐渐使铜的消费量一半以上用于电器工业。黄铜（铜加锌合成黄铜）用来制造枪弹和炮弹。铜的导热性好，热水和冷水对铜都不起作用，所以铜制的水管和铜器皿经久不坏。铜具强延展性，易拉成细丝、压成薄片和加工成各种形状。白铜（铜加镍合成白铜）具有良好的机械性能而且光泽白亮，用于制造船舶和发电设备冷凝器、热交换器、光学仪器及日用艺术品。无氧铜制造超高频电子管。铍青铜用于制造航空仪表的弹性元件；锡青铜用于制造轴承、轴套；铝青铜用于制造物理仪器、精密仪器、齿轮及医疗器械。铜粉可用作粉末冶金材料和用于制造防腐油漆，铜的化合物在农业上用作杀虫剂和除草剂。

现在铜已经广泛应用于电器工业、建筑工业、机器制造业、运输工业、军事工业、有机化工、工艺美术及农业等方面，成为当今世界工业发展不可缺少的基础金属原料。

二、铜矿产地数量

宁夏铜矿资源相对贫乏。截至2017年底，全区发现铜矿产地70余处，其中，矿点级别以上矿产地14处（小型矿床6处，矿点8处），其余均为矿化点（宁夏矿产资源储量数据库收录矿产地9处）（表7-1）。

表7-1　宁夏铜矿产地一览表

序号	矿产地名称	所在地区	工作程度	矿床规模	矿床类型	成矿时代	开发利用情况
1	正义关沟铜矿	石嘴山市惠农区	预查	矿点	中-低温热液型	前长城纪	未开采
2	双圈（广武山）铜矿	青铜峡市	详查	小型	中-低温热液型	燕山期	停采
3	铜铁沟（土窑）铜矿	中卫市中宁县	详查	小型	中-低温热液型	燕山期	停采
4	大铜沟铜（钴）矿	中卫市沙坡头区	普查	小型	中-低温热液型	燕山期	停采
5	红石堆铜矿	中卫市中宁县	预查	矿点	中-低温热液型	燕山期	未开采
6	腰岘子铜（银）矿	中卫市沙坡头区	详查	小型	化学沉积型	泥盆纪	停采
7	峡子沟（拐门沟）铜矿	中卫市沙坡头区	普查	小型	化学沉积型	泥盆纪	未开采
8	狼嘴子铜矿	中卫市沙坡头区	普查	矿点	岩浆热液型	加里东期	未开采
9	茶树沟铜矿	吴忠市红寺堡开发区	普查	小型	中-低温热液型	印支期	停采

续表

序号	矿产地名称	所在地区	工作程度	矿床规模	矿床类型	成矿时代	开发利用情况
10	小西沟铜矿	中卫市海原县	预查	矿点	中-低温热液型	加里东期	未开采
11	簸箕掌铜矿	中卫市海原县	普查	矿点	中-低温热液型	加里东期	未开采
12	窝宝沟铜矿	中卫市海原县	预查	矿点	中-低温热液型	加里东期	未开采
13	海英岔铜矿	固原市隆德县	普查	矿点	化学沉积型	早白垩世	未开采
14	黄草沟铜矿	固原市隆德县	普查	矿点	化学沉积型	早白垩世	未开采

三、铜矿地理分布

铜矿床、矿（化）点分布在卫宁北山、香山、南华山、西华山及六盘山地区，属于河西走廊 Fe-Mn-萤石-盐类-凹凸棒石-石油成矿带（Ⅲ-20）卫宁北山褶断带 Fe-Au-Ag-Cu-Pb-Zn-煤-粘土成矿亚区（Ⅳ-20①）和北祁连 Cu-Pb-Zn-Fe-Cr-Au-Ag-硫铁矿-石棉成矿带（Ⅲ-21）南、西华山-六盘山冲断带 Au-Cu-Pb-Zn-硫铁-泥炭-岩盐成矿亚带（Ⅳ-21①）。

四、铜矿矿床类型

根据“中国矿产地质志”矿床（成因/工业）类型划分表，宁夏铜矿有岩浆热液型、浅成中-低温热液型和化学沉积型三类（表 7-2）。

表 7-2　宁夏铜矿（成因/工业）类型划分表

一级	二级	三级	矿床实例
内生矿床	岩浆作用矿床	岩浆热液型矿床	河西走廊成矿带：狼嘴子铜矿点
	含矿流体作用矿床（非岩浆-非变质作用矿床）	浅成中-低温热液型及成因不明型（非岩浆-非变质热液型）	河西走廊成矿带：中卫市铜铁沟（土窑）铜矿床，青铜峡市广武山铜矿点；中卫市大铜沟铜（钴）矿床、红石堆铜矿点、茶树沟铜矿床 北祁连成矿带：海原县簸箕掌铜矿点，窝宝沟铜矿点 鄂尔多斯西缘成矿带：石嘴山市正义关沟
外生矿床	沉积作用矿床	化学沉积型	河西走廊成矿带：中卫腰岘子铜矿床、峡子沟铜矿点 北祁连成矿带：隆德县黄草沟、海英岔铜矿点

应该指出的是，腰岘子铜矿、黄草沟铜矿等，因容矿岩石为砂岩，习惯称砂岩铜矿，但是机械沉积的砂粒属于脉石，而有用的矿质为化学沉积物，所以本书中划为化学沉积型矿床。

五、铜矿资源储量

截至 2017 年 12 月底，全区累计探获铜资源量 38503. 17 t，宁夏矿产资源储量数据库备案的累计查明铜金属资源储量（122b+332+333）为 34991. 8 t，保有铜金属资源储量 30615. 01 t。

六、铜矿勘查工作程度

宁夏铜矿勘查工作始于 20 世纪 60 年代初，至 70 年代有短暂的停滞，80 年代主要开展了区域成矿研究工作，90 年代基本停顿，至 21 世纪开始的几年，铜矿勘查工作兴起。工作主要集中在卫宁北山、香山、南华山、西华山和六盘山等地，勘查工作主要以预查和普查为主。

卫宁北山-香山地区是宁夏最早开展铜矿地质勘查的地区，1959~1961 年，宁夏回族自治区地质局宁西地质队曾在大铜沟地区进行勘探，测制有 1：1000 和 1：2000 地形地质图，采取了大量的化学样，并以钻探和坑探等工程对矿体进行了控制，最终提交 C+D 级矿石量 22.90×10^4 t；1960 年，宁夏回族自治区地矿局宁西队在中卫市腰岘子地区开展了铜矿找矿工作，并于 1962 年完成了《宁夏中卫市腰岘子铜矿地质评价报告》，提交了部分铜资源储量；2005年，宁夏回族自治区有色金属地质勘查院对中卫市腰岘子铜矿Ⅰ、Ⅲ号矿段开展了补充详查工作；2006年，宁夏回族自治区有色金属地质勘查院，分别在宁夏中卫市镇罗镇大铜沟地区、中卫市狼嘴子铜矿区和中卫市腰岘子铜银矿区Ⅳ、Ⅴ矿段开展了普查工作，同年，宁夏回族自治区有色金属地质勘查院还在宁夏中卫市照壁山地区开展了铜矿预查；2007年，宁夏回族自治区地质局矿调所分别在宁夏中卫铜铁沟（土窑）地区和青铜峡市双圈地区开展了铜矿区普查，同年，宁夏回族自治区有色金属地质勘查院在宁夏中卫市腰岘子铜银矿区Ⅱ矿段进行了地质普查；2008年，宁夏回族自治区地质调查院对宁夏香山地区晚泥盆世—早石炭世砂岩铜矿成矿性研究开展了研究工作；同年，宁夏回族自治区有色金属地质勘查院对宁夏中卫市镇罗镇照壁山-骆驼山铜矿区开展了普查工作；2010年，宁夏回族自治区有色金属地质勘查院对中卫市狼嘴子辉绿岩铜矿进行普查，对Ⅱ矿段内圈定了两个矿体和一个矿化体，估算矿段铜金属资源量392.59 t，伴生金金属资源量3.16 g，伴生银金属资源量224.96 kg。

1961年，宁夏回族自治区地质局宁南地质队在宁夏隆德县进行了黄草沟铜矿评价工作；1980年，宁夏回族自治区地质局研究队开展了宁夏构造体系与铜铬矿产分布规律图说明书（1∶50万）的编制工作；1981年，宁夏回族自治区地质局研究队编制了陕甘宁六盘山地区砂页岩型铜矿成矿规律及预测图说明书；2003年，宁夏回族自治区地调院在宁夏宁南地区开展了铜、金、多金属资源评价工作；2005~2007年，宁夏回族自治区核工业地质勘查院在宁夏隆德县海英岔地区及外围开展了铜矿普查工作。

经过上述的铜矿勘查及研究工作，宁夏境内发现了一些铜矿床点，但是由于总体工作程度较低，勘查深度和范围有限，发现的矿床点规模普遍较小，铜矿找矿工作成效不大，远未实现较大突破。

七、铜矿开发利用程度

宁夏铜矿开采历史悠久，卫宁北山地区早在春秋战国时期可能就已开采，西汉时期就已形成了较大规模的开采和冶炼，在西夏、元代亦持续开采冶炼。1987年，在中卫市照壁山发现铜矿开采遗迹，为我国西北最古老铜矿遗址，由古矿洞、冶炼遗址和居住遗址三部分组成，在遗址方圆约1 km的范围内有古铜矿27座。部分矿洞已受到后期人工开采的破坏，大部分洞口已被山洪堆积物封闭，洞口附近都留有大量的铜矿渣堆积。

宁夏铜矿自1949年以来没有进行过大规模正规开采，仅是一些乡镇企业及民营企业在广武铜矿、大铜沟铜矿、铜铁沟铜矿等矿床点进行过小规模开采。2004年，中卫市腰岘子铜银矿正式开采，利用湿法冶炼技术生产金属铜，建成了年产1000 t的湿法炼铜厂。

第二节　矿产地分论

一、中卫市腰岘子铜（银）矿床

腰岘子铜（银）矿床位于香山北麓中卫市腰岘子村南西约2 km，北距中卫市约14 km，属中卫市常乐镇管辖。

1958~1960年，宁夏回族自治区地质局宁西地质队曾对该区进行过普查。近年来，宁夏回族自治区有色金属地质勘查院在矿区相继作了普查和详查，大致查明了含矿地段分布和铜银的赋存岩石特征，且查明部分资源量。

1. 区域地质

腰岘子铜（银）矿床地层属阿拉善地层区（$Ⅲ_3$）、阿拉善南缘地层分区（$Ⅲ_3^1$）、景泰-中宁地层小区（$Ⅲ_3^{1-1}$）。大地构造位置位于柴达木-华北板块（Ⅲ）、阿拉善微陆块（$Ⅲ_4$）、腾格里早古生代增生楔（$Ⅲ_4^1$）、卫宁北山-香山晚古生代前陆-上叠盆地（$Ⅲ_4^{1-1}$）。所属成矿区带为河西走廊Fe-Mn-萤石-盐类-凹凸棒石-石油成矿带（Ⅲ-20）、香山褶断带Fe-Cu-煤-石灰岩-石膏-粘土成矿亚带

（Ⅳ-20③）。所属矿床成矿系列为与晚古生代沉积作用有关的铜、银、灰岩、石膏、石英砂岩、煤、天然气、粘土、油页岩矿床成矿系列（5-Pz_2-S）。区域出露地层有上奥陶统香山群徐家圈组（O_3x）、狼嘴子组（O_3lz）、磨盘井组（O_3mp）；上泥盆统中宁组（D_3z）；下石炭统前黑山组（C_1q）、臭牛沟组（C_1c）；下-上石炭统靖远组（$C_{1-2}j$）、上石炭统羊虎沟组（C_2y）；上石炭统—下二叠统太原组（C_2P_1t）和二叠系。

在矿区东部狼嘴子有早古生代辉绿岩脉出露。

区域所处大地构造位置为北祁连褶皱系-走廊过渡带之东端北缘山前凹陷带，香山隆起与卫宁盆地的临界位置。构造单元属香山-天景山冲断带。该构造单元内断裂、褶皱构造极其发育，且具有多期次活动特征（图 7-1）。

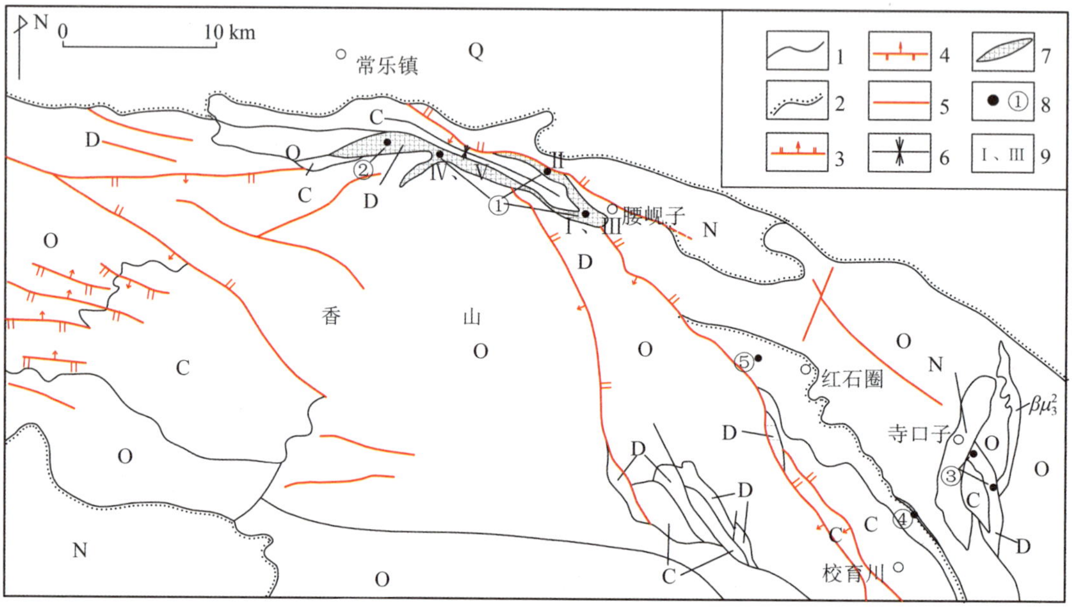

图 7-1　中卫市香山地区区域地质略图

（据李红宇等，2009，有修改）

1—地质界线；2—不整合界线；3—正断层；4—逆断层；5—性质不明断层；6—向斜；7—含铜砂岩；8—矿床、点；9—腰岘子矿区矿段编号。Q—第四系；N—新近系；C—石炭系；D—泥盆系；O—奥陶系；$\beta\mu_3^2$—辉绿玢岩；①腰岘子铜矿区；②宏佛寺铜矿点；③狼嘴子铜矿区；④干柳树铜矿点；⑤拐门沟铜矿点

2. 矿区地质

矿区总体的构造面貌为一个北西向的倒转向斜（腰岘子倒转向斜），向北西倾伏，南东方向仰起，延伸 5 km，北西端延出区外，宽度 0.5~1.5 km。南东端窄缩，向北西逐渐开阔。北东翼倾向 215°~235°，倾角 75°~85°；南西翼（倒转翼）倾向 220°~240°，倾角 50°~60°（下部 20°~25°）。向斜两翼由奥陶系、泥盆系和石炭系组成，其上发育了次一级的小背斜。矿区断层非常发育，特别是在矿区的东南部向斜的转折端，断层交错密集。但大体可分为走向断层、横断层和斜断层三组。比较大的走向断层有 F_{14}、F_{15}、F_{16}、F_{43}，其中有的形成导矿或容矿构造。横断层和斜断层规模相对较小，其中有的截切矿段和含矿层，造成矿层在走向、倾向上的位移、缺失。赋矿地层为上泥盆统中宁组和下石炭统前黑山组（图 7-2）。

3. 矿体特征

矿化分布于腰岘子倒转向斜转折端及两翼，南北两翼分别称南矿化带和北矿化带。

（1）南矿化带

南矿化带长度约 2200 m，宽度 15~40 m，在该带内共圈出 4 个矿段（矿化地段）即Ⅰ、Ⅲ、Ⅳ、Ⅴ号矿段；矿体及矿化体产状均受腰岘子倒转向斜控制（表 7-3）。

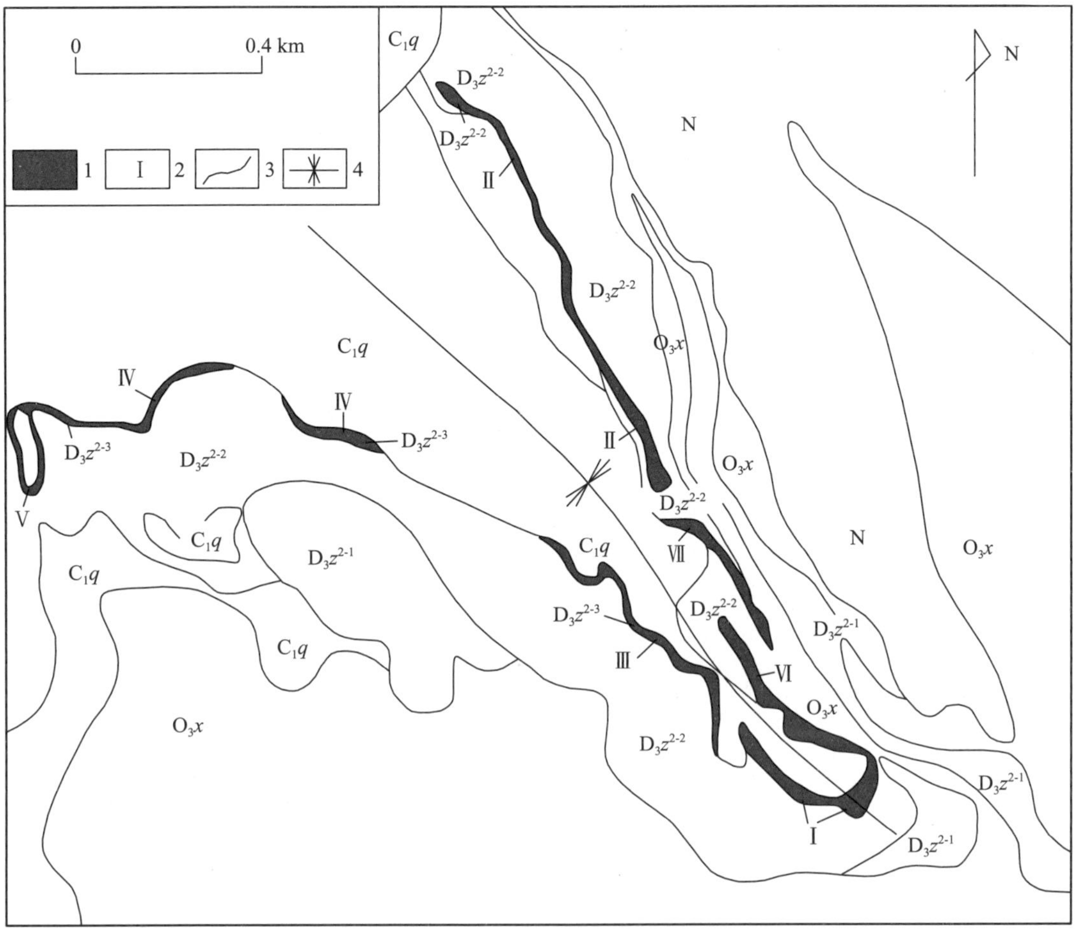

图 7-2 宁夏中卫市腰岘子铜（银）矿区地质简图

（据李红宇等，2009）

1—Cu 矿体（矿化体）；2—矿段编号；3—地质界线；4—向斜。N—新近系；C_1q—下石炭统前黑山组；D_3z^{2-3}—上泥盆统中宁组第二岩性段第三层；D_3z^{2-2}—上泥盆统中宁组第二岩性段第二层；D_3z^{2-1}—上泥盆统中宁组第二岩性段第一层；O_3x—奥陶系香山群徐家圈组

Ⅰ号矿段位于矿区东南部向斜的转折端，形态呈似层状、透镜状，地表长度 280 m，宽度 20~40 m，厚度 1.43~8.65 m，共圈出 8 个矿体。

Ⅲ号矿段位于矿区东南部，腰岘子倒转向斜西南翼，呈透镜状，长度 300 m，厚度 2.00~7.67 m，圈出矿体 4 个。

Ⅳ号矿段分东段和西段，位于腰岘子倒转向斜西南翼。东段长度 380 m，宽度 5~24 m，圈出矿体（$Ⅳ_2$、$Ⅳ_3$）2 个；西段长度 400 m，宽度 10 m 左右，划出矿体（$Ⅳ_1$）1 个。

Ⅴ号矿段位于矿区的西南部，矿段长度 400 m，宽度 9~14 m，圈出矿体（$Ⅴ_1$）1 个。

（2）北矿化带

北矿化带长度 1860 m，宽度 10~23 m，地表共圈出Ⅱ、Ⅵ、Ⅶ 3 个矿段，至目前勘查程度较南矿化带低。

Ⅱ号铜银矿段位于北矿化带的北西段，呈似层状，长度约 720 m，倾向南西，倾角 20°~65°，地表矿段宽 0.85~6.00 m。

Ⅵ号银铜矿段位于北矿化带的中南段，长度 110 m，宽度 4.9 m，且东西向均未圈闭。倾向南西，倾角 40°~65°。

Ⅶ号铜银矿段位于北矿化带的中北段，长度约 320 m，宽度 1.00~4.50 m。

表 7-3　腰岘子铜（银）矿区Ⅰ、Ⅲ、Ⅳ、Ⅴ号矿段矿体特征一览表

矿段	矿体号	品级	矿石类型	走向长度/m	最大倾向延伸/m	矿体倾向、倾角/(°)	矿体形态	平均品位	
								Cu/%	Ag/(g·t^{-1})
Ⅰ	Ⅰ1	Ⅰ、Ⅱ	Y、L	302.00	170.00	SW∠30~50	似层状	0.45	10.78
	Ⅰ2	Ⅱ	Y	33.78	20.00	SW∠44	透镜状	0.42	0.00
	Ⅰ3	Ⅰ、Ⅱ	Y	68.84	20.00	SW∠30~50	透镜状	0.7	2.8
	Ⅰ4	Ⅱ	Y	23.54	20.00	SW∠30	透镜状	0.42	2.43
	Ⅰ5	Ⅰ、Ⅱ	Y	48.90	20.00	SSW∠40	透镜状	0.88	0.39
	Ⅰ6	Ⅱ	Y	18.44	20.00	SSW∠40	透镜状	0.31	0.00
	Ⅰ7	Ⅰ	Y	26.12	20.00	SSW∠40	透镜状	0.51	0.00
	Ⅰ8	Ⅰ、Ⅱ	Y、L	255.9	172.10	SW∠20~50	似层状	0.43	14.81
Ⅲ	Ⅲ1	Ⅰ	Y	31.68	20.00	SW∠40	似层状	0.71	58.7
	Ⅲ2	Ⅰ	Y	70.48	102.07	SW∠40	似层状	0.47	51.75
	Ⅲ3	Ⅰ	Y	298.34	20.00	SW∠30~60	似层状	0.46	19.56
	Ⅲ4	Ⅰ	Y	30.72	20.00	SW∠69	似层状	0.57	27.65
Ⅳ	Ⅳ1		Y	331.43	99.00	SE∠48~64	层状	0.43	109.57
	Ⅳ2		Y	91.78	127.46	SW∠26~55	扁豆体	0.50	88.89
	Ⅳ3		Y	151.71	178.40	SW∠35~45	扁豆体	0.53	11.16
Ⅴ	Ⅴ1		Y	319.00	159.50	SW∠50~75	透镜状	0.42	10.92

注：矿石类型中 Y 为氧化矿石，L 为硫化矿石。

4. 矿石特征

矿石的自然类型分为氧化矿和硫化矿。Ⅲ、Ⅳ、Ⅴ号矿段均为氧化矿；Ⅰ号矿段主要为氧化矿，只在深部的个别矿体有硫化矿。矿石矿物有孔雀石、蓝铜矿、辉铜矿、黄铜矿、斑铜矿，偶见黄铁矿、方铅矿、闪锌矿；脉石矿物有石英、方解石、长石、水云母。

氧化矿石大体有铜矿化含粉砂微晶灰岩、铜矿化泥晶内碎屑灰岩、铜矿化钙质粉砂岩、铜矿化石英中细粒砂岩四种矿石类型。孔雀石、蓝铜矿呈浸染状、被膜状、细脉状，有时呈晶簇状、放射状赋存于有关岩石内。硫化矿石仅见铜矿化含钙质石英中细粒砂岩。

矿石结构构造为细粒-不等粒他形粒状结构，层状、块状构造，呈现再生-孔隙式胶结。孔雀石单体呈细粒状，集合体为放射状，多与方解石细脉伴生。其次，局部可见辉铜矿，呈他形晶，粒度较粗，大约 0.6 mm×1.2 mm，被孔雀石交代。而斑铜矿被辉铜矿包裹、交代呈残晶状。偶见黄铜矿，其周边被斑铜矿交代。矿物的生成顺序为：黄铁矿-（斑铜矿、黄铜矿、辉铜矿）-（黄铜矿、辉铜矿、蓝辉铜矿）-铜蓝-（孔雀石、蓝铜矿）。铜矿化在含铜砂岩中分布极不均匀，氧化带常见豆状的蓝铜矿和孔雀石有规律地密集组成球壳状和帚状构造（图 7-3，图 7-4）。

图 7-3　腰岘子铜矿豆状蓝铜矿石
（向连格摄，2023）

图 7-4　腰岘子铜矿孔雀石化铜矿石
（向连格摄，2023）

矿石品位：Cu 0.3%~1.44%，一般 0.3%~1.07%；Ag 5.0~88.0 g/t。

矿石的主要氧化物分析结果（平均化学成分）：SiO_2 85.82%、CaO 2.35%、MgO 1.36%、Fe_2O_3 0.25%、Al_2O_3 3.65%、K_2O 0.28%、Na_2O 0.037%。

据Ⅰ、Ⅲ矿段所做的多元素分析和光谱分析结果，存在 Au、Pb、Zn、Sb、Bi、Mo、Co、Ni 8 种伴生元素，但含量均很低，未达伴生有用组分的工业要求，不具工业价值。

5. 资源量

截至 2017 年底，腰岘子铜（银）矿 5 个矿段累计查明（332+333）铜金属资源储量为 9230.63 t；银金属量为 33.56 t。该矿床已被开采，保有资源储量 7214.33 t。

6. 矿化阶段划分

矿化阶段分为成岩作用期、构造改造期和表生改造期。上部矿体以蓝铜矿、孔雀石为主，下部矿体以硫化矿为主。

7. 矿床类型

中卫市腰岘子铜（银）矿床为含铜砂（页）岩型铜矿床，属于化学沉积型铜矿。

8. 成矿机制和成矿模式

砂岩型铜矿床在表生条件下，铜一般呈 $CuSO_4$ 溶液从风化壳中被搬运出去，当其汇聚到盆地中的还原环境中时，易发生沉淀和集中，由这种方式沉淀的矿质与泥、砂伴生，成岩后形成含铜砂页岩或砂页岩型铜矿床。

在矿区东部有早古生代辉绿岩侵入于香山群中，辉绿岩中铜背景较高，在狼嘴子地区已形成辉绿岩型铜矿床，为该铜矿提供成矿物质来源。印支—燕山运动为铜矿的形成提供了有利地形条件。矿源含铜的硫酸盐溶液经过搬运至具有还原环境下的内陆湖盆地中聚集沉淀，形成铜矿床或含铜地层。经过后期构造运动、热液活动，砂页岩中铜再富集成矿，形成矿体。矿床形成后又经历了构造改造期及表生改造期，其中成岩作用期是主要的成矿时期。中卫市腰岘子铜（银）矿床描述性成矿模式和成矿模式图见表 7-4 和图 7-5。

表 7-4　中卫市腰岘子铜（银）矿床描述性成矿模式

名称			中卫市腰岘子铜（银）矿床描述性成矿模式
地质背景与成矿环境	成矿时代		晚泥盆世、早石炭世
	大地构造位置		地层区划属阿拉善地层区，阿拉善南缘地层分区，景泰-中宁地层小区。成矿单元属河西走廊成矿带（Ⅲ20）
	岩相古地理	古地理	晚泥盆世，河水由南、东方向流入湖盆，早石炭世为滨海-潟湖环境
		沉积相	上泥盆统为河流相及卫宁盆地边缘河湖交替相，下石炭统前黑山组为滨海-潟湖相（含矿的中段为潟湖相）
		沉积建造	上泥盆统下部磨拉石建造；上部红色建造，以砖红色、浅灰色砂岩、粉砂岩为主，铜（银）矿一般富集在下部砂岩建造中，下石炭统前黑山组为灰岩、泥（页）岩、含膏盐建造
成矿作用			在盆地南、东古陆地区，在古陆不断上升，经受长期风化剥蚀，较短距离搬运过程中，能为沉积盆地提供大量的铜质来源。这些铜质主要以氧化物、原生矿物等碎屑形式，少量以悬浮物、硫酸铜水溶液形式沿古河道流入沉积盆地，并与其他碎屑物一道形成河湖三角洲相沉积，使铜质聚积于水动力适中的河湖三角洲相的中间亚相中，经成岩、改造后成矿
矿体形态、产状、规模			分布于倒转向斜两翼，向斜轴向 320°，铜矿化体产状与地层产状一致，南矿化带长约 2200 m、宽 15~40 m，包括Ⅰ、Ⅲ、Ⅳ、Ⅴ号矿段；北矿化带长 1860 m、宽 10~23 m，包括Ⅱ、Ⅵ、Ⅶ号矿段。各矿段矿体呈似层状、透镜状扁豆体，倾向主要为南西、南南西，倾角 20°~75°
矿石类型			矿石自然类型以氧化矿石为主，包括砂岩型铜矿石和灰岩型铜矿石；次为原生硫化矿石
矿物组合			金属矿物以孔雀石为主，次为蓝铜矿，少量辉铜矿、斑铜矿、黄铜矿； 脉石矿物以石英为主，次为长石、白云母、高岭石、方解石、水云母； 重矿物有磁铁矿、电气石、锆石、金红石、白钛矿

续表

名称	中卫市腰岘子铜（银）矿床描述性成矿模式
结构构造	碎裂中细粒砂状结构、变余中细粒砂状结构、含粉砂微晶结构、内碎屑结构，块状构造。再生-空隙式胶结，胶结物主要为硅质、钙质
找矿标志	地层、岩性：上泥盆统红色岩层与浅色岩层变化的地层中，浅灰色中-厚层长石石英砂岩为矿化层，其上、下部为红色碎屑岩。下石炭统灰岩、泥（页）岩、含膏盐建造。构造：上泥盆统与下石炭统接触面附近，不整合或逆断层之处。矿化：孔雀石化和蓝铜矿化是直接找矿标志
资料来源	1. 宁夏回族自治区有色金属地质勘查院. 2005. 宁夏中卫市腰岘子铜银矿区Ⅰ、Ⅲ号矿段补充详查报告. 2. 宁夏回族自治区有色金属地质勘查院. 2006. 宁夏中卫市腰岘子铜银矿区Ⅳ、Ⅴ矿段普查报告. 3. 宁夏回族自治区有色金属地质勘查院. 2007. 宁夏中卫市腰岘子铜银矿区Ⅱ矿段地质普查总结. 4. 宁夏回族自治区有色金属地质勘查院. 2004. 宁夏中卫市腰岘子铜矿氧化矿石堆浸提铜. 5. 宁夏回族自治区地质局宁西队. 1962. 宁夏中卫市腰岘子铜矿地质评价报告. 6. 宁夏回族自治区地质局宁西队. 1960. 宁夏中卫市腰岘子1960年度总结报告及61年度设计书. 7. 宁夏回族自治区地质调查院. 2008. 宁夏香山地区晚泥盆世—早石炭世砂岩铜矿成矿性研究报告. 8. 宁夏回族自治区有色金属地质勘查院. 2008. 宁夏中卫市镇罗镇照壁山-骆驼山铜矿区普查工作总结. 9. 宁夏回族自治区有色金属地质勘查院. 2006. 宁夏中卫市照壁山铜矿预查地质报告. 10. 宁夏回族自治区有色金属地质勘查院. 2006. 宁夏中卫市镇罗镇大铜沟铜矿区普查报告. 11. 宁夏回族自治区有色金属地质勘查院. 2006. 宁夏中卫市狼嘴子铜矿普查工作总结报告. 12. 宁夏回族自治区地矿局研究队. 1980. 宁夏构造体系与铜铬矿产分布规律图说明书.

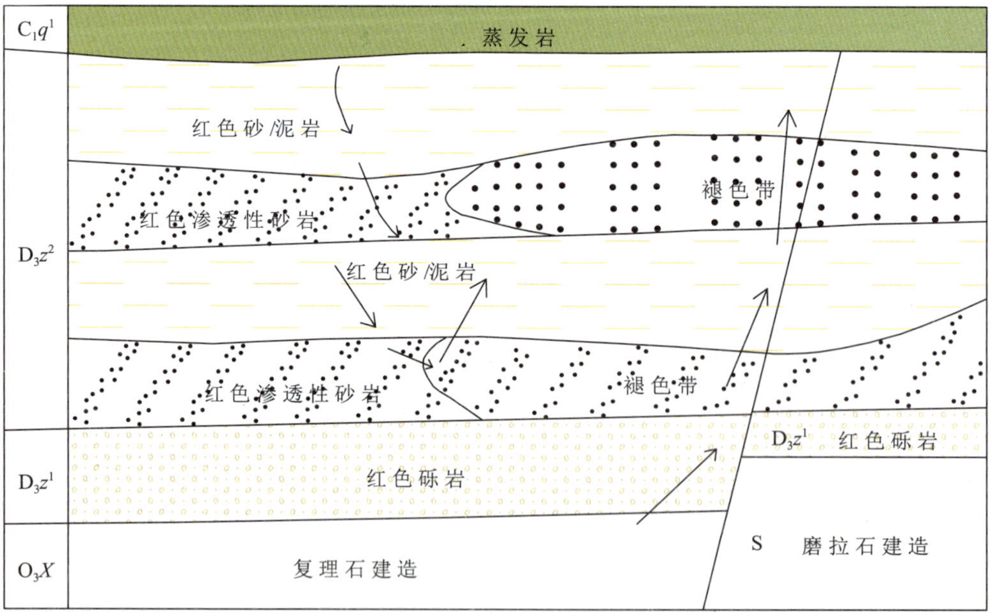

C_1q^1—下石炭统前黑山组第一岩性段

D_3z^2—上泥盆统中宁组第二岩性段

D_3z^1—上泥盆统中宁组第一岩性段

S—志留系中下统照花井组和上统旱峡组

O_3X—上奥陶统香山群

⟶ 含铜的溶液

图 7-5 中卫市腰岘子铜矿成矿模式图

（据艾宁等，2014，有修改）

9. 找矿标志

上泥盆统中宁组第二岩性段和第三岩性段氧化过渡带；灰岩、膏岩下部的砂岩建造；紫红色砂岩向浅色砂岩过渡部位。

二、中卫市大铜沟铜（钴）矿床

大铜沟铜（钴）矿区位于宁夏中卫市北东方向 30 km 的卫宁北山地区，行政区划属中卫市镇罗镇管辖。

1959~1961 年，宁夏回族自治区地质局宁西地质队曾在大铜沟地区进行综合普查找矿，提交 C+D 级矿石量 22.90×10^4 t；2003 年，宁夏回族自治区地矿局矿调所在卫宁北山地区开展了铜、金多金属矿资源评价，预测单梁山地区（包括大铜沟）(334)？铜金属资源量近 20×10^4 t，其中大铜沟铜矿预测（334)？铜金属资源量近 15×10^4 t。

2004~2006 年，宁夏回族自治区有色金属地质勘查院对该矿床进行普查，提交了《宁夏中卫市镇罗镇大铜沟铜矿区普查报告》。2009 年，宁夏回族自治区有色金属地质勘查院对该矿床资源储量进行核查，核查铜矿体 4 个，其中Ⅲ$_1$ 号矿体分为Ⅲ$_{1-1}$、Ⅲ$_{1-2}$ 块段，核查伴生金矿体 3 个。大铜沟铜（金）矿床资源量（333+334）铜矿石资源量为 401525. 61 t，铜金属量为 11458. 69 t，伴生金金属量 106. 97 kg。

2010 年，宁夏回族自治区地质调查院提交了《宁夏中卫市卫宁北山金场子金矿外围及深部多金属矿预查地质报告》，在大铜沟矿段估算铜金属资源量（334)？ 1553. 4 t；钴金属资源量（334)？575. 2 t。

2011 年 11 月至 2013 年 6 月，宁夏回族自治区地质调查院对该矿进行了普查，认为铜钴矿分布于大铜沟倾伏背斜转折端及南北两翼，赋矿地层为石炭系羊虎沟组，共有 6 个矿体，编号分别为Ⅰ号、Ⅱ号、Ⅲ号铜矿体，CoⅠ、CoⅡ低品位钴矿体以及 54 号隐伏铜钴矿体。矿石种类有孔雀石化石英岩状砂岩铜矿石、孔雀石化粉砂岩铜矿石、含钴石英岩状砂岩和含钴矿物石英细脉钴矿石。共求得铜金属资源量（333+334?）11789. 79 t，其中（333）金属资源量为 10912. 45 t，（334)？金属资源量为 877. 34 t；钴（334)？金属资源量 265. 77 t。2014 年 12 月提交了《宁夏中卫市卫宁北山大铜沟铜钴矿普查报告》。

1. 区域地质

大铜沟铜（钴）矿床地层属阿拉善地层区（Ⅲ$_3$）、阿拉善南缘地层分区（Ⅲ$_3^1$）、景泰-中宁地层小区（Ⅲ$_3^{1-1}$）。大地构造位置位于柴达木-华北板块（Ⅲ）、阿拉善微陆块（Ⅲ$_4$）、腾格里早古生代增生楔（Ⅲ$_4^1$）、卫宁北山-香山晚古生代前陆-上叠盆地（Ⅲ$_4^{1-1}$）。所属成矿区带为河西走廊 Fe-Mn-萤石-盐类-凹凸棒石-石油成矿带（Ⅲ-20）、卫宁北山褶断带 Fe-Au-Ag-Cu-Pb-Zn-煤-粘土成矿亚带（Ⅳ-20①）。所属矿床成矿系列为与腾格里早古生代增生楔燕山期热液作用有关的铁、铜、金、银、铅、锌、硫铁矿、重晶石矿床成矿系列（8-Ⅲ$_4^1$-Mz$_2$-F）。区域出露地层主要有泥盆系中宁组（D_3z），石炭系前黑山组（C_1q），石炭系臭牛沟组（C_1c），石炭系靖远组（$C_{1-2}j$），石炭系羊虎沟组（C_2y）和第四系。岩浆岩有闪长岩脉，分布在矿区西南二人山-金场子一带。

2. 矿区地质

矿区出露的地层主要为上泥盆统中宁组，下石炭统前黑山组、臭牛沟组和下-上石炭统靖远组。矿体主要产于石炭系靖远组第一岩段底部的含铜矿（化）石英岩状砂岩（或孔雀石化含泥细粒石英砂岩）和孔雀石化粉砂质板岩（或含铜矿化粉砂质页岩）中。矿区仅为一轴向近东西向的倾伏背斜（大铜沟倾伏背斜），其形态总体比较开阔，向东端倾伏。南北两翼地层基本对称，分别为下石炭统前黑山组、臭牛沟组和下-上石炭统靖远组。核部地层为上泥盆统中宁组。南北两翼地层产状局部发生倒转，倾角较大。铜矿（化）体主要分布于背斜倾伏的转折端和两翼倒转部位，为成矿有利地段。

矿区构造为单梁山复式背斜北段之大铜沟倾伏背斜，轴向近东西，其形态总体比较开阔，向东端倾伏。核部为上泥盆统中宁组，两翼地层基本对称，分别为下石炭统前黑山组、下石炭统臭牛沟组、下-上石炭统靖远组，向东倾伏。矿体主要分布于臭牛沟组与靖远组平行不整合面之上的靖远组及倾伏背斜的转折端部位。

矿区断裂不发育，仅有一条北北东向逆断层沿靖远组下段形成层间破碎带，与矿化有关。另有一些断层，只错断了地层，与矿化无关。在背斜倾伏端及倾伏背斜两翼，裂隙发育，其中充填有石英脉和方解石脉，与矿化有关（图 7-6）。

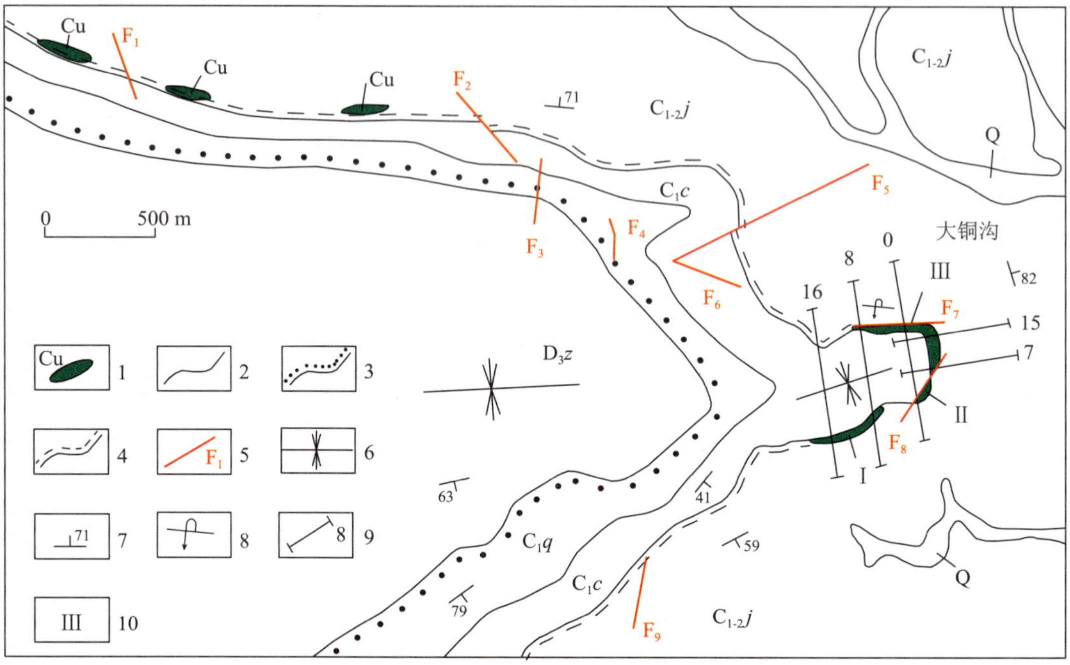

图 7-6　中卫市大铜沟铜（钴）矿矿区地质简图

（据宋新华等，2009，有修改）

1—铜矿体；2—整合地质界线；3—角度不整合地质界线；4—平行不整合地质界线；5—断层及编号；6—向斜；7—地层产状；8—倒转地层产状；9—勘查线及编号；10—矿体编号。Q—第四系；$C_{1-2}j$—石炭系靖远组；C_1c—石炭系臭牛沟组；C_1q—石炭系前黑山组；D_3z—泥盆系中宁组

3. 矿体特征

大铜沟铜（钴）矿区共有 3 个矿体，其中Ⅲ号矿体分为 2 个块段，即Ⅲ-1 和Ⅲ-2。

Ⅰ号铜（金）矿体位于大铜沟倾伏背斜南翼，矿体似层状，呈近东西向，长 320 m，厚 1.27 m，倾向 135°，倾角 66°，倾向延深 40 m。平均品位 Cu 1.03%，伴生 Au 0.26 g/t，（334）？铜金属资源量 444.08 t。

Ⅱ号铜（金）矿体位于大铜沟倾伏背斜南翼转折端，矿体脉状、透镜状，呈北东向，长 80 m，厚 2.00 m，倾向 300°~310°，倾角 50°~70°，倾向延深 40 m。平均品位 Cu 2.56%，伴生 Au 0.3 g/t，（334）？铜金属资源量 102.16 t。

Ⅲ号铜（金）矿体位于大铜沟倾伏背斜北翼及转折端，矿体似层状、透镜状，长 540 m，厚 3.13 m，（333）铜金属资源量 10912.45 t。

Ⅲ-1 号矿体位于大铜沟倾伏背斜转折端，倾向 35°~80°，倾角 45°~55°，倾向延深 192.80 m；矿体南端倾向 130°，倾角 73°，倾向延深 43 m。平均品位 Cu 2.93%，伴生 Au 0.26 g/t。

Ⅲ-2 号矿体位于大铜沟倾伏背斜北翼，倾向 10°，倾角 75~84°，倾向延深 65m。平均品位 Cu 3.59%，伴生 Au 0.26 g/t。

Ⅳ号钴铜矿体位于大铜沟倾伏背斜转折端，矿体是 1 个钻孔中发现，矿体似层状，倾向 100°，倾角 78°，走向长 400 m，倾向延深 450 m，见矿深度 340~348 m，真厚度 7.78 m，平均品位 Co 0.061%，钴金属资源量（334）？5771 t（图 7-7）。

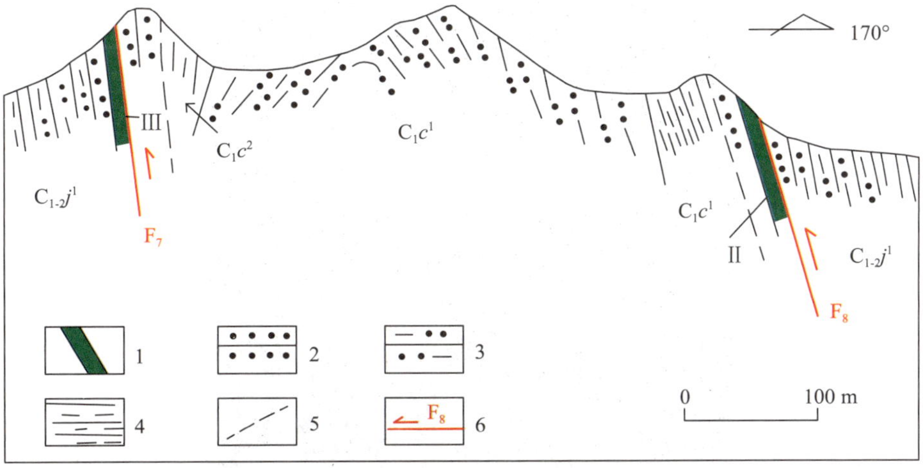

图 7-7　大铜沟铜（钴）矿区 0 勘探线剖面图

（据宋新华等，2009，有修改）

1—铜矿体；2—砂岩；3—粉砂岩；4—页岩；5—平行不整合地质界线；6—断层。

$C_{1-2}j^1$—靖远组一段；C_1c^2—臭牛沟组二段；C_1c^1—臭牛沟组一段

4. 矿石特征

矿石自然类型以氧化矿石为主，包括孔雀石化石英岩状砂岩铜矿石和孔雀石化粉砂质页岩铜矿石。

矿石矿物组合中金属矿物以孔雀石、赤铜矿、蓝铜矿、针铁矿为主，次为辉铜矿、黄铜矿、斑铜矿、磁铁矿、赤铁矿；脉石矿物以石英和水云母为主，次为长石、高岭石、方解石；重矿物有磁铁矿、电气石、锆石、金红石。

钴为硫化物型钴矿，包括含钴、铜石英岩状砂岩和含钴铜石英脉。主要钴矿物为辉砷钴矿、钴黄铁矿和含钴黄铁矿，伴生有黄铜矿、闪锌矿、方铅矿和砷黄铁矿。从显微照片可见，辉砷钴矿与辉铜矿呈共生关系（图 7-8）。

矿石结构构造：细-中粒变余砂状结构、细粒变余砂状结构、粉砂泥质结构、粉砂变余泥质结构、碎裂结构；块状构造、中-薄层状构造、环带状构造（图 7-9，图 7-10）。

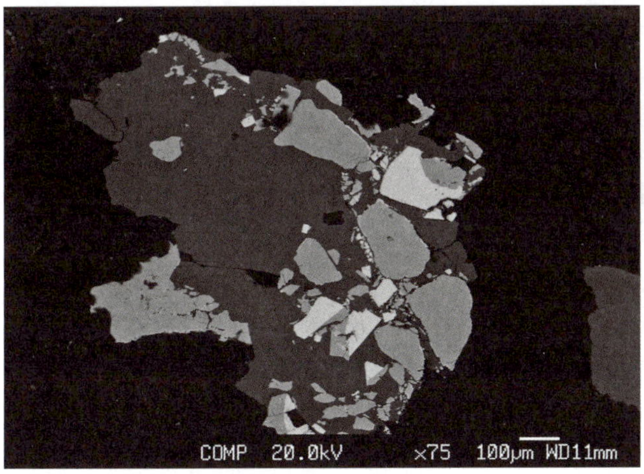

图 7-8　辉砷钴矿（白色）与辉铜矿（浅灰色）共生

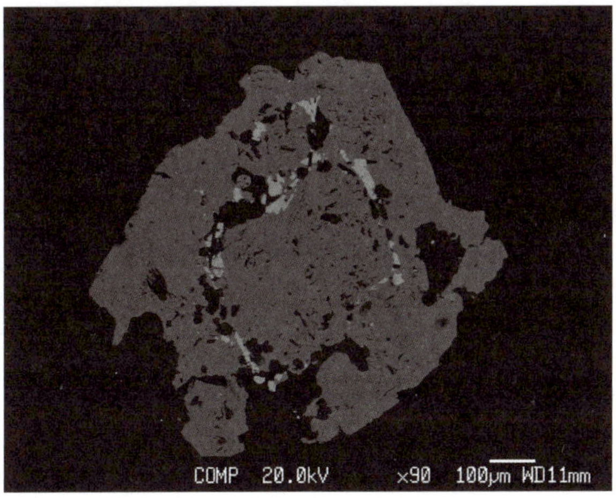

图 7-9　辉砷钴矿（白色）呈环带状交代含钴黄铁矿（灰色）

铜的品位：Ⅲ号矿体铜平均品位 3.08%，Ⅰ号矿体铜平均品位 Cu 1.03%，Ⅱ号矿体铜平均品位 Cu 2.56%。共、伴生元素品位：伴生 Au 平均品位 0.26 g/t，伴生 Co 平均品位 0.057%。

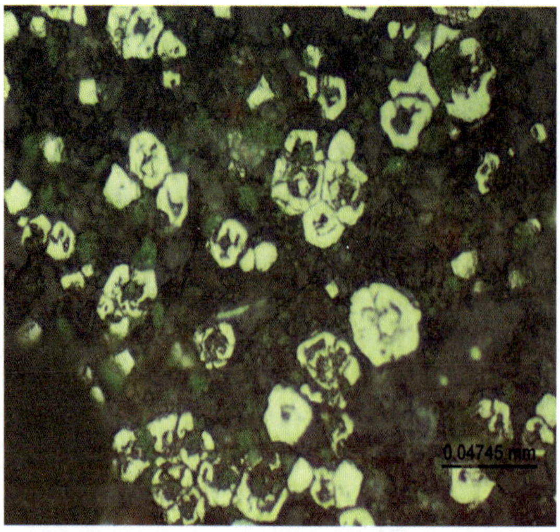

图 7-10　呈环带状构造的含砷黄铁矿-砷黄铁矿

5. 围岩蚀变

轻微的硅化、绢云母化、褐铁矿化和碳酸盐化。

6. 资源量

截至 2017 年底，大铜沟铜（钴）矿床经宁夏回族自治区国土资源厅备案的累计探明铜金属资源量（333）10912.45 t，金金属资源量（333）94.56 kg，预测伴生钴金属量（334）？为 265.77 t。该矿床属小型铜金钴矿床。

7. 成矿物理化学条件

经流体包裹体测定：成矿流体为高盐度盆地热卤水-变质热液成因，未见岩浆热液叠加，变质热液温度为 250~300℃。

8. 矿床类型

中卫市大铜沟铜（钴）矿为中-低温热液型矿床。

9. 找矿标志

上石炭统石英岩状砂岩、粉砂质板岩；倾伏背斜的转折端部位，臭牛沟组与靖远组平行不整合面之上；孔雀石化和蓝铜矿化是直接找矿标志；化探 Cu、Ag、Au、Co、As、Sb 异常等。

三、中卫市铜铁沟（土窑）铜矿床

中卫市铜铁沟（土窑）铜矿地处卫宁北山腹地，位于宁夏中宁县与青铜峡市接壤部位，行政区划属中宁县石空镇管辖。距中宁县城关镇北约 25 km，向东约 20 km 与 S201 省道相连、向南约 25 km 与 G109 国道相接，区内有便道可通行汽车，交通较便利。

1959 年，宁夏回族自治区地质局宁西地质队在宁卫北山地区进行 1：5 万地质普查时发现该矿；1984~1990 年，宁夏回族自治区地质矿产局矿产地质调查所分别在该区开展了 1：20 万和 1：5 万区域地质调查工作对该矿进行了检查；1991 年，宁夏回族自治区矿产地质调查所在土窑一带开展了铜矿初步普查评价；2002 年，宁夏回族自治区矿产地质调查所在土窑一带开展了铜矿普查工作，编写了《宁夏宁卫北山铜铁沟铜、金、银矿普查报告》，求获普查区内蕴经济资源量（333）铜金属量 2940 t；2007~2008 年，宁夏回族自治区矿产地质调查所对该矿区北矿带进行了详查工作，共估算铜金属量 6058.61 t，其中（332+333）铜金属量 5048.66 t，并提交了《宁夏回族自治区中宁县铜铁沟矿区北矿带详查报告》；2010 年，宁夏回族自治区矿产地质调查院对中宁县铜铁沟铜矿区资源储量进行了核查；2011 年，宁夏回族自治区矿产地质调查院提交了《宁夏中宁县铜铁沟铜矿资源储量核实报告》。

1. 区域地质

铜铁沟（土窑）铜矿床地层属阿拉善地层区（$Ⅲ_3$）、阿拉善南缘地层分区（$Ⅲ_3^1$）、景泰-中宁地层小区（$Ⅲ_3^{1-1}$）。大地构造位置位于柴达木-华北板块（Ⅲ）、阿拉善微陆块（$Ⅲ_4$）、腾格里早古生代增生楔（$Ⅲ_4^1$）、卫宁北山-香山晚古生代前陆-上叠盆地（$Ⅲ_4^{1-1}$）。所属成矿区带为河西走廊 Fe-Mn-萤石-盐类-凹凸棒石-石油成矿带（Ⅲ-20）、卫宁北山褶断带 Fe-Au-Ag-Cu-Pb-Zn-煤-粘土成矿亚带（Ⅳ-20①）。所属矿床成矿系列为与腾格里早古生代增生楔燕山期热液作用有关的铁、铜、金、银、铅、锌、硫铁矿、重晶石矿床成矿系列（8-$Ⅲ_4^1$-Mz_2-F）。区域出露地层有上奥陶统香山群徐家圈组、狼嘴子组、磨盘井组，下-上泥盆统中宁组，下石炭统前黑山组、臭牛沟组，下-上石炭统靖远组和上石炭统羊虎沟组。

2. 矿区地质

铜铁沟（土窑）铜矿床出露的地层主要为上奥陶统香山群狼嘴子组（O_3lz），上泥盆统中宁组（D_3z），下石炭统前黑山组（C_1q）、臭牛沟组（C_1c），下-上石炭统靖远组（$C_{1-2}j$）。香山群狼嘴子组为含矿地层，岩性为浅变质石英砂岩、变质长石石英砂岩、板岩、硅质岩等。铜矿化多发生在上述岩层的底部，或与下伏岩层接触部位，与铁矿化关系较为密切。矿区内构造发育，矿床内主要褶皱为土窑背斜，轴向北西，长度 2.5 km。其核部为香山群狼嘴子组。此外，还发育有次一级的小褶皱。主要断裂有东西向断裂和土窑-老崖沟近南北向断裂（F_{23}）。由于褶皱和断裂的影响，岩石节理、裂隙极为发育。

3. 矿体特征

矿床分南、北两条矿带。矿带宏观上受东西向、北西向层间滑动断层控制，以孔雀石化、褐铁矿化、软锰矿化、黄铁矿化、黄铜矿化为特征。

北矿化带位于矿区北端，长度约 950 m，宽度 1.2~5.0 m，最宽处约 10.0 m。近东西向展布，北倾，倾角 50°~75°，主要受断层 F_5 控制，由一套杂色的孔雀石化、褐铁矿化、软锰矿化碎裂岩及深灰色黄铁矿化、黄铜矿化碎裂岩组成。在北矿（化）带中圈出了 K1、K2 矿体。

南矿化带位于背斜 B_1 南西翼，长度约 700 m，宽度 1.00~5.00 m，呈北西—南东向反“S”形展布，倾向南西，倾角 24°~46°，主要受断层 F_{19} 控制，由一套杂色的孔雀石化、蓝铜矿化、褐铁矿化碎裂状粉砂岩夹板岩及灰色黄铁矿化、黄铜矿化碎裂状粉砂岩组成。南矿化带中圈出了 K4 矿体。在南、北矿化带之间圈出了 K3 矿体。

主要赋矿地层为上奥陶统香山群狼嘴子组，矿（化）体多位于第一、第二岩性段接触部位，近东西向断裂破碎带控制，呈层状、似层状，矿体底盘片理明显。含矿岩石以含铜褐铁矿化碎裂岩为主（图 7-11）。

K1：为该矿床主矿体，长度 620 m，厚度 1.12~7.01 m，平均厚度 2.64 m。Cu 品位在 0.31%~12.86%间，平均 1.18%；伴生 Au、Ag 均达不到综合利用水平。该矿体产状及厚度较稳定，走向近东西，倾向北—北北西，倾角 60°左右，但铜矿化分布不均匀，中部较好，两端较差。

K2：长度约 30 m，厚度 1.13 m，呈透镜状，走向北东，产状 281°∠49°。Cu 品位平均 0.94%；伴生 Au 品位 0.18 g/t，Ag 品位 1.23 g/t，均达不到综合利用水平。

K3：长度约 30 m，厚度 4.60~6.19 m，平均厚度 5.40 m，呈透镜状，产状 70°∠46°。Cu 品位在 0.34%~5.90%间，平均 2.22%；伴生 Au 品位平均 0.02 g/t，Au 平均品位 0.77 g/t，均达不到综合利用水平。

K4：为该矿床主矿体，长度 250 m，似层状，呈北西—南东向反“S”形展布，倾向南西，倾角 24°~46°，走向近东西。厚度 1.21~4.51 m，平均厚度 2.30 m。Cu 品位在 0.30%~13.40%间，平均 0.70%；伴生 Au 品位 0.00~0.16 g/t，平均 0.03 g/t；Ag 品位 0.30~1.53 g/t，平均 0.61 g/t，均达不到综合利用水平。该矿体产状及厚度不稳定，铜矿化分布不均匀，中部较好，两端较差（图 7-12，图 7-13）。

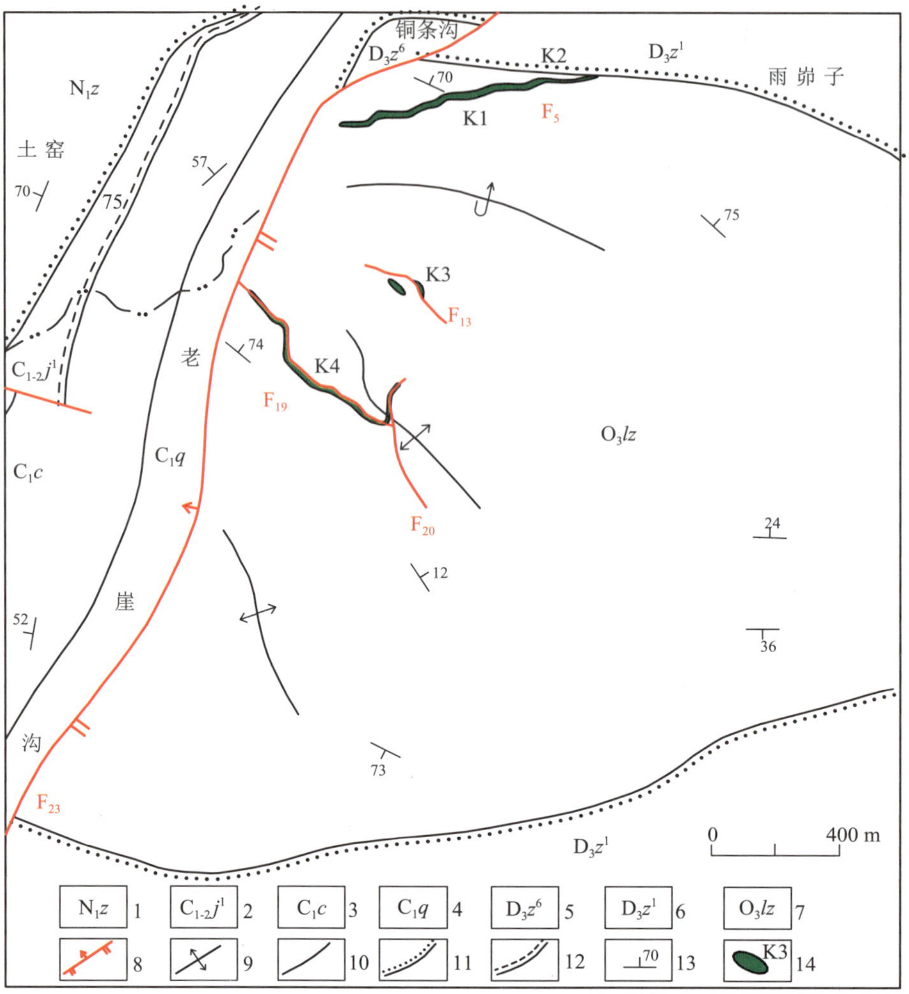

图 7-11　中卫市铜铁沟（土窑）铜矿床地质简图

（据宁夏回族自治区矿产地质调查所，2008，有修改）

1—古近系彰恩堡组；2—靖远组第一岩性段；3—臭牛沟组；4—前黑山组；5—中宁组第六岩性段；6—中宁组第一岩性段；7—奥陶系狼嘴子组；8—断层；9—倒转向斜/背斜；10—整合地质界线；11—角度不整合地质界线；12—平行不整合地质界线；13—产状；14—铜矿体及编号

图 7-12　铜铁沟铜矿主矿体西段

（向连格摄，2016）

图 7-13　铜铁沟铜矿主矿体东段

（向连格摄，2016）

4. 矿石特征

矿石类型为氧化矿石和硫化矿石两类。氧化矿石为含铜赤褐铁矿化碎裂岩、含铜褐铁矿化碎裂状粉砂岩夹板岩、含铜赤褐铁矿化硅质岩、含铜褐铁矿化石英脉、含铜褐铁矿化方解石脉；硫化矿石为含铜黄铁矿化碎裂状板岩、含铜黄铁矿化角砾岩。

矿石矿物组合：氧化矿石中矿石矿物有孔雀石、蓝铜矿、斑铜矿、黄铜矿、辉铜矿、铜蓝、黑铜矿、黝铜矿；硫化矿石中矿石矿物有黄铁矿、毒砂、黄铜矿。脉石矿物有石英、绢云母、水云母、方解石、玉髓等。

矿石结构构造：矿石呈翠绿色、褐黑色，蜂窝状、脉状。矿石矿物为孔雀石、褐铁矿、赤铁矿；脉石矿物为石英、方解石等。镜下见少量土状、纤维状孔雀石不均匀稀散分布在裂隙中，呈现微晶-隐晶质填隙结构，伴有交代残余结构。孔雀石占 1%~5%；赤铁矿多被褐铁矿交代呈残晶状，褐铁矿占 1.5%~25%，赤铁矿占 5%~15%；石英呈碎裂状，占 70%~80%。以碎裂结构为主，次为填隙结构、交代结构、等粒结构；以角砾状、薄膜状、土状、粉末状构造为主，次为细脉状、浸染状、块状构造。

Cu 平均品位：北矿带 1.18%，南矿带 0.70%。共、伴生元素 Au、Ag、Pb、Zn 均达不到综合利用水平。

5. 围岩蚀变

褐铁矿化、黄铁矿化、硅化、软锰矿化、碳酸盐化、高岭土化、绢云母化。前三者与铜矿化密切相关。

6. 资源储量

截至 2017 年底，铜铁沟（土窑）铜矿床累计查明铜资源储量（122b+332+333）矿石量 43.61×10^4 t，铜金属量 6461.12 t，预测（334）？铜矿石量 8.28×10^4 t，铜金属量 1122.72 t。该矿为小型矿床，主体已被开采，保有资源储量 4100.63 t。

7. 矿化阶段划分

燕山期热液成矿，早期为硫化阶段形成原生铜，后期氧化阶段形成蓝铜矿孔雀石。

8. 矿床类型

铜铁沟（土窑）铜矿床成因类型应为中-低温热液型矿床。

9. 成矿机制和成矿模式

成矿时代：燕山期。

成矿机制：热液型铜矿，成矿物质来源为含铜质较高的香山群和泥盆纪地层中，以及含铜热液，控矿构造为北北东向断裂破碎带附近之近东西向及北西向断层。成矿热液受深部热力的驱动沿断裂破碎带上升，在容矿构造内沉淀富集为矿体，之后在表生氧化作用下又形成氧化矿石。

成矿模式见表 7-5。

表 7-5 中卫市铜铁沟（土窑）铜矿矿床描述性成矿模式

成矿要素	描述内容
区域地质背景	地层区划属阿拉善地层区，阿拉善南缘地层分区，景泰-中宁地层小区。香山群狼嘴子组沉积时为半深海、深海环境，沉积建造为硅质泥岩-硅质岩建造、粉砂岩-泥岩建造
成矿地质环境	铜矿赋存于香山群狼嘴子硅质岩（顶板）与粉砂岩、板岩（底板）的破碎带中。北矿化带为倒转背斜，受近东西向正断层控制；南矿化带为背斜构造，受北西向正断层控制
矿体形态、产状、规模	矿体呈似层状，长度 250~620 m，平均厚度 2.30~2.64 m，走向近东西或北西—南东向，倾向北—北北西或南西，倾角 24°~60°，Cu 品位 0.70%~1.18%，共圈定 4 个矿体，分别是 K_1、K_2、K_3、K_4
矿石类型	氧化矿石为含铜赤褐铁矿化碎裂岩、含铜褐铁矿化碎裂状粉砂岩夹板岩、含铜赤褐铁矿化硅质岩、含铜褐铁矿化石英脉、含铜褐铁矿化方解石脉；硫化矿石为含铜黄铁矿化碎裂状板岩、含铜黄铁矿化角砾岩

成矿要素	描述内容
矿物组合	金属矿物中氧化矿石有孔雀石、蓝铜矿、斑铜矿、黄铜矿、辉铜矿、铜蓝、黑铜矿、黝铜矿；硫化矿石中有黄铁矿、毒砂、黄铜矿。脉石矿物有石英、绢云母、水云母、方解石、玉髓等
结构构造	以碎裂结构为主，次为填隙结构、交代结构、等粒结构；以角砾状、薄膜状、土状、粉末状构造为主、次为细脉状、浸染状、块状构造
成矿作用	为热液型铜矿，成矿物质来源除含铜质较高的香山群和泥盆系外，还有含铜热液，控矿构造为北北东向断裂破碎带附近之近东西向及北西向断层。成矿热液受深部热力的驱动沿断裂破碎带上升，在容矿构造内沉淀富集为矿体，之后再表生氧化作用下在地表又形成氧化矿石
围岩蚀变	褐铁矿化、黄铁矿化、硅化、软锰矿化、碳酸盐化、高岭土化、绢云母化，前三者与铜矿化密切相关
成矿物理化学条件	据金场子金矿床测试结果类比，成矿压力为 193~220 MPa，成矿深度为 0.644~0.736 km，成矿溶液 pH 值为 6.4~7.3
找矿标志	在狼嘴子组硅质岩与粉砂岩夹板岩的接触部位有层间断层发育地段的破碎带内，围岩蚀变较强部位，特别是褐铁矿化、硅化、孔雀石化强烈部位
资料来源	1. 宁夏回族自治区地质局矿产地质调查所. 2007. 宁夏中卫土窑铜矿区普查报告. 2. 宁夏回族自治区地质局矿产地质调查所. 2003. 宁夏卫宁北山铜铁沟铜、金、银普查报告. 3. 宁夏回族自治区矿产地质调查所. 2007. 宁夏青铜峡市双圈铜矿区普查报告. 4. 宁夏回族自治区矿产地质调查所. 1989. 白崖子-菊花台-岔梁子一带金矿调查. 5. 宁夏回族自治区有色金属地质勘察院. 2006. 宁夏中卫市镇罗镇大铜沟铜矿区普查报告. 6. 宁夏回族自治区有色金属地质勘查院. 2006. 宁夏中卫市狼嘴子铜矿普查工作总结报告.

10. 找矿标志

狼嘴子组硅质岩与粉砂岩夹板岩的接触部位有层间断层发育地段的破碎带内；围岩蚀变较强部位，褐铁矿化、硅化、孔雀石化、蓝铜矿化是直接找矿标志。

四、双圈（广武山）铜矿床

双圈（广武山）铜矿区地处卫宁北山腹地，位于宁夏青铜峡市与内蒙古阿拉善左旗接壤部位，行政区划属青铜峡市广武镇。

双圈（广武山）铜矿床曾被称之为“广武山铜矿”。1959 年，宁夏回族自治区地质局宁西地质队对该矿进行过评价，提交了《宁夏回族自治区中宁县广武山铜矿地质评价报告》。

2007 年，宁夏回族自治区矿产地质调查所对该矿进行了普查，提交了《宁夏回族自治区青铜峡市双圈铜矿区普查报告》，圈出 6 个矿体，Cu 平均品位 1.15%，探获铜资源量（333）矿石量 7.59×10^4 t，铜金属量 928 t；预测的资源量（334）? 矿石量 14.52×10^4 t，铜金属量 1635 t。

2013 年 6 月至 2015 年 6 月，宁夏回族自治区矿产地质调查院对该矿床进行详查工作，完成了 1∶2000 地形测量 4.05 km^2，1∶2000 地质填图 4.05 km^2，1∶500 勘查线剖面 1.55 km/6 条，钻探 393.87 m/12 孔，化学样 82 件。

双圈（广武山）铜矿床地层属阿拉善地层区（$Ⅲ_3$）、阿拉善南缘地层分区（$Ⅲ_3^1$）、景泰-中宁地层小区（$Ⅲ_3^{1-1}$）。大地构造位置位于柴达木-华北板块（Ⅲ）、阿拉善微陆块（$Ⅲ_4$）、腾格里早古生代增生楔（$Ⅲ_4^1$）、卫宁北山-香山晚古生代前陆-上叠盆地（$Ⅲ_4^{1-1}$）。所属成矿区带为河西走廊 Fe-Mn-萤石-盐类-凹凸棒石-石油成矿带（Ⅲ-20）、卫宁北山褶断带 Fe-Au-Ag-Cu-Pb-Zn-煤-粘土成矿亚带（Ⅳ-20①）。所属矿床成矿系列为与腾格里早古生代增生楔燕山期热液作用有关的铁、铜、金、银、铅、锌、硫铁矿、重晶石矿床成矿系列（8-$Ⅲ_4^1$-Mz_2-F）。

区内出露地层主要为古生界上泥盆统中宁组（D_3z）及第四系。其中，中宁组第二段在矿区大面积出露，是赋矿地层，属红色磨拉石建造，夹有灰绿色碎屑岩，铜矿化体即分布于其中。

矿区内圈定了 5 个矿体，编号 KⅠ、KⅡ、KⅢ、KⅣ、KⅤ，矿体均呈似层状，走向近东西，倾向南西，倾角 20°~40°，矿体长度 50~650 m，矿床平均厚度 1.69 m，矿床平均品位 1.27%。

截至 2017 年底，经宁夏回族自治区国土资源厅备案，双圈（广武山）铜矿床累计查明铜资源储量（332+333）矿石量 14.06×10^4 t，铜金属量 1423.00t，为小型中-低温热液型矿床。

五、黄草沟铜矿点

黄草沟铜矿点位于六盘山西侧。隶属宁夏回族自治区固原市隆德县，位于隆德县城南约 33 km。

1961 年，宁夏回族自治区地质局宁南地质队进行了黄草沟铜矿评价工作。

1. 区域地质

黄草沟铜矿点地层属祁连地层区（$Ⅲ_2$）、北祁连地层分区（$Ⅲ_2^1$）、靖远-西吉地层小区（$Ⅲ_2^{1-1}$）。大地构造位置位于柴达木-华北板块（Ⅲ）、祁连早古生代造山带（$Ⅲ_2$）、北祁连中元古代—早古生代海沟系（$Ⅲ_2^1$）、景泰-海原中元古代—早古生代弧后盆地（$Ⅲ_2^{1-1}$）。所属成矿区带为北祁连 Cu-Pb-Zn-Fe-Cr-Au-Ag-硫铁矿-石棉成矿带（Pt_2；Pt_3-Pz_1）（Ⅲ-21）、南、西华山-六盘山冲断带 Au-Cu-Pb-Zn-硫铁-泥炭-岩盐成矿亚带（Ⅳ-21①）。所属矿床成矿系列为与中生代沉积作用有关的铜、石英砂岩、煤、油气、油页岩、粘土矿床成矿系列（7-Mz-S）。

出露地层主要为下白垩统六盘山群，三桥组（K_1s）、和尚铺组（K_1h）、李洼峡组（K_1l）、马东山组（K_1m）和乃家河组（K_1n）。

2. 矿区地质

赋矿地层为下白垩统和尚铺组顶部和李洼峡组底部，岩性为中粗粒长石砂岩、细粒泥质砂岩、泥岩、石英长石砂岩、砾状长石砂岩。

3. 矿体特征

矿区内含矿 7 层，其形态为层状、透镜状。1 含矿层长度 90 m，厚度 0.98 m，品位 0.43%，倾向 45°，倾角 35°；2 含矿层长度 30 m，厚度 1.19 m，品位 0.34%，倾向 75°，倾角 28°；3 含矿层长度 660 m，厚度 0.57 m，品位 0.43%，倾向 80°，倾角 40°；4 含矿层长度 650 m，厚度 0.5 m，品位 0.45%，倾向 60°，倾角 26°；5 含矿层长度 150 m，厚度 0.35 m，品位 1.37%，倾向 45°，倾角 28°；6 含矿层长度 50 m，厚度 0.58 m，品位 0.53%，倾向 70°，倾角 25°；7 含矿层长度 41.5 m，厚度 0.7 m，品位 0.01%。矿区 Cu 矿平均品位为 0.59%。

4. 矿石特征

矿石类型为氧化型铜矿石，包括含铜砂岩、含铜泥质砂岩和含铜泥岩型铜矿石。

矿石矿物组合：金属矿物为辉铜矿、孔雀石、蓝铜矿；脉石矿物主要有长石、石英，次为绿泥石、绢云母、黑云母、碳质碎屑、褐铁矿，有极少量锆石、磷灰石、电气石、白钛石、榍石、金红石。

矿石结构构造：薄膜状、叶片状、结核状结构，块状构造。

Cu 平均品位 0.59%。

5. 资源储量

1960~1962 年，宁夏回族自治区宁南地质队对黄草沟铜矿点进行过程揭露，求出 C 级平衡表外储量 20.58×10^4 t。

6. 成矿阶段划分

早白垩世化学沉积成矿，早期形成硫化物，后期形成孔雀石。

7. 成矿物理化学条件

早白垩世在温暖湿润环境下，形成层间氧化带砂岩型铜（铀）矿化。

8. 矿床类型

黄草沟铜矿点为化学沉积型（砂页岩）铜矿。

9. 成矿机制和成矿模式

弱还原环境，铜元素脱离与氧的化合而和硫结合成硫的化合物析出，形成铜矿物。在还原环境中，由于生物作用可分解水中的硫酸盐产生 H_2S，从而使铜被还原成铜的硫化物从溶液中沉淀出来。在铜离子的沉淀过程中，碳屑也起了吸附和还原剂的作用，故铜的矿化和碳富集有关。

10. 找矿标志

1）地层标志：下白垩统和尚铺组和李洼峡组；

2）岩性标志：以灰绿色厚层含铜砾岩、砂砾岩、粗砂岩等为主的裂陷盆地边缘粗粒沉积岩，胶结物以长石、石英砂粒及碳酸岩为主的粗碎屑岩等是控矿的岩性条件；

3）孔雀石、蓝铜矿等铜氧化露头是找铜矿的直接标志；

4）灰紫交替带：铜矿（化）体严格受灰紫交替带控制，并且产于灰紫交替带内的灰色浅色层中，紫色层覆盖于灰色层上不含矿；

5）地球化学标志：Cu、Ag、Pb 等元素的原生晕异常是找铜矿的地球化学标志。

六、狼嘴子铜矿点

狼嘴子铜矿点位于天景山-米钵山西南，行政区划属中卫市沙坡头区，矿区直线距中卫市区约 45 km，距喊叫水乡 16 km，南 13 km 有 109 国道通过。矿区有简易便道，交通方便。

2005 年，宁夏回族自治区有色金属地质勘查院对该矿进行预查工作，估算（334）？类铜金属资源量可达 5×10^4 t；2006 年，宁夏回族自治区有色金属地质勘查院对该矿开展普查工作，提交了《宁夏中卫市狼嘴子铜矿普查工作总结报告》；2008 年，宁夏回族自治区有色金属地质勘查院对狼嘴子铜矿区干柳树矿段开展预查工作，预测铜金属资源量近 3×10^4 t；2010 年，宁夏回族自治区有色金属地质勘查院对该矿进行普查，提交了《宁夏中卫市狼嘴子铜矿Ⅱ矿段 2010 年度普查工作总结》。

1. 区域地质

狼嘴子铜矿点地层属阿拉善地层区（$Ⅲ_3$）、阿拉善南缘地层分区（$Ⅲ_3^1$）、景泰-中宁地层小区（$Ⅲ_3^{1-1}$）。大地构造位置位于柴达木-华北板块（Ⅲ）、阿拉善微陆块（$Ⅲ_4$）、腾格里早古生代增生楔（$Ⅲ_4^1$）、卫宁北山-香山晚古生代前陆-上叠盆地（$Ⅲ_4^{1-1}$）。所属成矿区带为河西走廊 Fe-Mn-萤石-盐类-凹凸棒石-石油成矿带（Ⅲ-20）、香山褶断带 Fe-Cu-煤-石灰岩-石膏-粘土成矿亚带（Ⅳ-20③）。所属矿床成矿系列为与加里东期岩浆-热液作用有关的铜、金、银、硫铁矿成矿系列（4-Pz_1-I（F））、祁连早古生代造山带加里东晚期热液作用有关的铜、金、银、硫铁矿矿床成矿亚系列（$Ⅲ_2^1$-Pz_1-F-2）。出露地层主要有上-中奥陶统米钵山组（$O_{2-3}m$），上奥陶统香山群徐家圈组（O_3x）、狼嘴子组（O_3lz）、磨盘井组（O_3mp），上泥盆统中宁组（D_3z），下石炭统前黑山组（C_1q）、臭牛沟组（C_1c）。辉绿岩呈脉状侵入在狼嘴子组硅质岩中，铜矿化带受南北向断裂控制。

矿区岩浆岩为辉绿岩，主要分布矿区在中东部，地表宽几十米至百米，最宽处近 300 m，辉绿岩脉顺层侵入于香山群狼嘴子组黄河井段硅质岩与狼嘴子组第二段浅变质砂岩、板岩之间。辉绿岩与围岩接触界面不平整，呈港湾状或锯齿状，有切割围岩及小岩枝插入围岩或分叉的现象，岩体边部有围岩捕虏体。局部地段辉绿岩呈层状。辉绿岩为浅黄绿-暗绿色，具拉斑玄武结构；铜矿化体呈脉状、细脉状，分布在辉绿岩体顶部或辉绿岩体中部。多呈断续状态分布，品位变化较大。含铜辉绿岩体产于上奥陶统香山群狼嘴子组中，顺层间侵入在硅质和砂质板岩之间，厚数米至十余米，最厚近 60 m，长可达 2~3 km（图 7-14）。

2. 矿区地质

辉绿岩地质特征：辉绿岩，显微观察（薄片）基性斜长石占 30%~35%，透辉石、绿泥石占 20%，蛇纹石、滑石、榍石、白钛石、方解石、石英、黄铁矿占 1%~3%，变余间隐结构。岩石遭受强烈的黄铁矿化、绿泥石化和碳酸盐化，薄片中原岩仅占 40%，原岩由斜长石、绿泥石、白钛石和榍石等矿物组成，在板条状斜长石杂乱排列的间隙中充填隐晶质绿泥石，故形成间隐结构。次生方解石、石英、绿泥石呈大小不等脉状，黄铁矿与这些次生矿物伴生，特别是与绿泥石关系密切。光片中

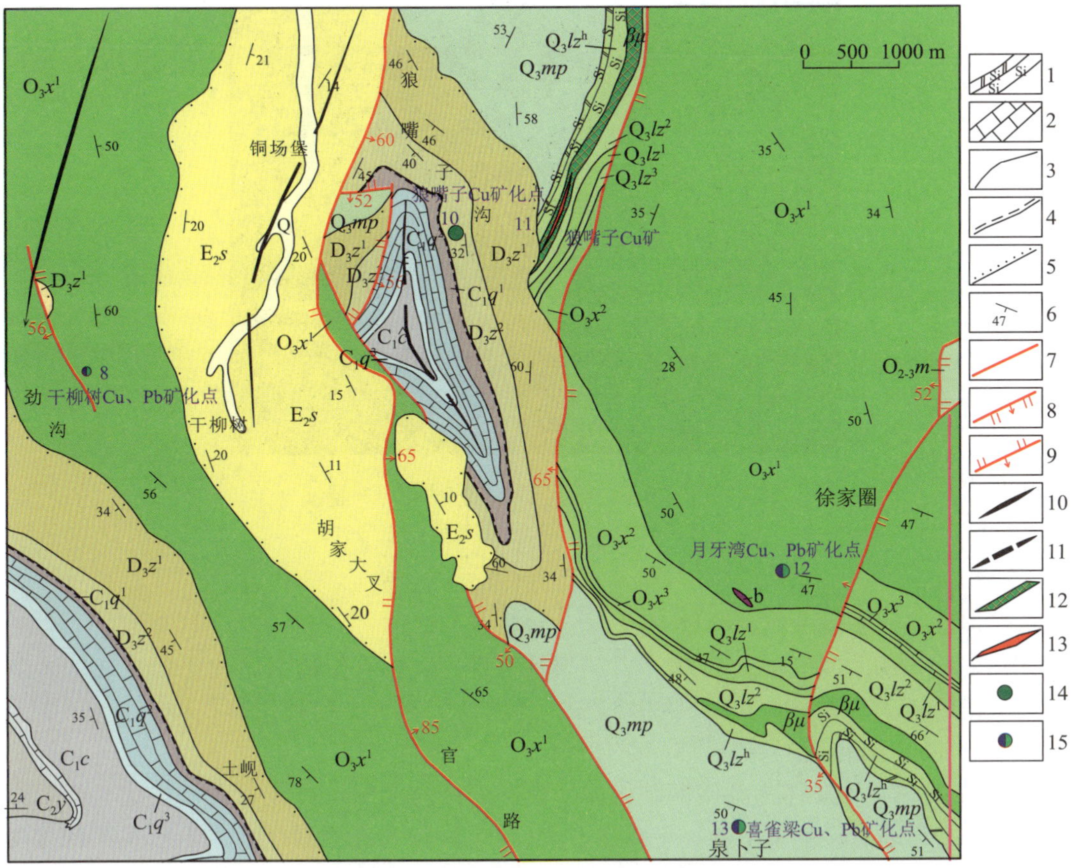

图 7-14 中卫市狼嘴子铜矿区域地质图

（据宁夏回族自治区有色金属地质勘查院，2010，有修改）

1—硅质岩、硅质白云岩（标志层）；2—灰岩（标志层）；3—地质界线；4—平行不整合界线；5—角度不整合界线；6—岩层产状；7—性质不明断层；8—正断层；9—逆断层；10—背斜；11—向斜；12—铜矿化辉绿岩；13—铜（金、银）矿体；14—铜矿点；15—铜铅矿化点。E_2s—始新统寺口子组；C_2y—石炭系羊虎沟组；C_1c—石炭系臭牛沟组；C_1q—石炭系前黑山组；D_3z—泥盆系中宁组；O_3mp—奥陶系香山群磨盘井组；O_3lz^h—奥陶系香山群狼嘴子组黄河井段；O_3lz—奥陶系香山群狼嘴子组；O_3x—奥陶系香山群徐家圈组；$O_{2-3}m$—奥陶系米钵山组；$\beta\mu$—辉绿岩

金属矿物主要为黄铁矿、黄铜矿、闪锌矿、孔雀石、辉铜矿，少量针铁矿。黄铁矿呈半自形-自形长方体、三角形及不规则细粒状、圆粒状，多散布，少量聚集呈稀疏条带状分布，并与黄铜矿伴生。黄铜矿呈不规则粒状，散布于岩石中，偶见从边缘交代闪锌矿或与闪锌矿连晶。闪锌矿呈不规则粒状散布。孔雀石仅在近地表矿体中出现，为次生氧化产物。辉铜矿少量，多被铜蓝、孔雀石所交代，呈残晶状。针铁矿呈微晶状、细柱状，局部为致密浸染状分布。

狼嘴子辉绿岩含矿岩性层有两层：一层产于辉绿岩中；另一层产于辉绿岩与上奥陶统香山群狼嘴子组黄河井段硅质岩的接触带处，铜矿体、铜矿化体多赋存于接触带一侧的硅质岩中。地表矿化较弱，呈不规则细脉状、星点状，沿走向不连续。铜矿化总体走向南北向，倾向 230°~310°。

3. 矿体特征

按铜矿（化）体的具体展布位置，圈出 3 个矿体，即Ⅱ-1、Ⅱ-2 两个铜矿体和Ⅱ-3 铜矿化体，其中Ⅱ-1 铜矿体和Ⅱ-3 铜矿化体分布于辉绿岩体内，Ⅱ-2 铜矿体分布于辉绿岩与硅质岩接触带硅质岩岩层中（图 7-15）。

Ⅱ-1 铜矿体：该矿体为隐伏铜矿体，含矿岩性为灰绿色硅化、黄铁矿化、辉铜矿化辉绿岩。该矿体由 ZKⅡ-4-1 钻孔单工程控制，见矿深度 101.33~103.10 m，真厚度 1.36 m，矿体沿走向推测长 100 m，沿倾向推测延深 57 m，为工业硫化矿体。由于辉绿岩顺黄河井段侵入，故认为矿体倾向与黄

图 7-15　中卫市狼嘴子铜矿铜矿化分布特征
（据宁夏回族自治区有色金属地质勘查院，2010）

河井段地层倾向一致，倾向南西，倾角 40°。

Ⅱ-2 铜矿体：该矿体为隐伏铜矿体，含矿岩性灰色-深灰色孔雀石化硅质岩。该矿体由 ZKⅡ-3-1 钻孔单工程控制，见矿深度 77.31~80.31 m，真厚度 1.86 m，矿体沿走向推测长度 100 m，沿倾向上推测延深 50 m，为低品位氧化矿体。矿体倾向南西，倾角 52°。

Ⅱ-3 号铜矿化体：该矿体为隐伏铜矿化体，含矿岩性为灰绿色硅化、黄铁矿化含铜辉绿岩。该矿体由辉绿岩体与硅质岩接触带上的零星孔雀石化，ZKⅡ-4-1 钻孔单工程控制，见矿深度 199.47~200.47 m，真厚度 0.77 m，Cu 品位 0.55%，伴生 Ag 品位 25.96 g/t。矿体倾向南西，倾角 40°。

4. 矿石特征

矿石分为氧化矿石和硫化矿石。

氧化矿石大致有两种：①铜矿化硅质岩，呈灰色、深灰色，隐晶-球粒结构，块状、碎裂状构造。矿石矿物成分主要为孔雀石，少量蓝铜矿；金属矿物主要为黄铁矿，其次为赤铁矿、钛铁矿；脉石矿物成分主要为白云石、方解石、石英、蛋白石、玉髓、绿泥石等，含量 90%左右。②孔雀石化辉绿岩，黄绿-暗绿色，辉绿结构，块状、碎裂状构造。矿石矿物成分为孔雀石、黄铜矿、铜蓝，偶见辉铜矿、黄铁矿、褐铁矿。脉石矿物成分有斜长石、透辉石、滑石、方解石、石英，次生矿物绿泥石、黑云母。Cu 品位 0.28%~0.66%，Cu 平均品位 0.50%；伴生 Ag 3.17~6.25 g/t，Ag 平均品位 4.51 g/t；伴生 Au 品位 0.14~0.18 g/t，Au 平均品位 0.17 g/t。

硫化矿石：铜矿化辉绿岩，暗绿色-黄绿色，辉绿结构，块状、碎裂状构造。矿石矿物成分为黄铜矿、辉铜矿、闪锌矿、黄铁矿、软锰矿、钛铁矿；脉石矿物有斜长石、透辉石、滑石、方解石、石英，次生矿物绢云母、黑云母、白钛石。Cu 品位 1.60%~5.08%，Cu 平均品位 3.11%；伴生 Ag 9.16~25.40 g/t，Ag 平均品位 16.45 g/t；伴生 Au 品位 0.02~0.10 g/t，Au 平均品位 0.06 g/t。

5. 围岩蚀变

主要蚀变类型有硅化、碳酸岩化、绿泥石化、钠黝帘石化、绢云母化、褐铁矿化、黄铁矿化、蛇纹石化等几种。与铜矿化关系比较密切的蚀变主要是硅化和黄铁矿化。

6. 资源量

截至 2017 年底，狼嘴子铜矿点估算铜金属资源量（334）？为 392.59 t，伴生金金属资源量（334）？3.16 kg，伴生银金属资源量（334）？224.96 kg。

7. 矿化阶段

早期形成硫化矿，原生矿主要分布在辉绿岩中；后期形成氧化矿以孔雀石、蓝铜矿为主，分布在辉绿岩与硅质岩接触带。

8. 矿床类型

狼嘴子铜矿为岩浆热液型铜矿。

9. 成矿机制和成矿模式

早古生代辉绿岩携带了大量成矿成晕物质，经历了加里东期热液的作用，成矿物质不断被活化、溶解、分异、富集，热液携带着被富集的成矿物质在接近地表降至一定温度时形成矿化或具工业价值的矿体、矿化体，近地表的成矿物质 Cu 被氧化，在地表形成孔雀石。矿床类型为岩浆热液型铜矿床。辉绿岩的形成详见本志第二十五章磨盘井辉绿岩矿床。

10. 找矿标志

奥陶系香山群狼嘴子组黄河井段硅质岩（标志层）、辉绿岩；孔雀石化和蓝铜矿化是矿区的直接找矿标志。

七、茶树沟铜矿床

茶树沟铜矿区位于宁夏中部的大罗山北段北麓，行政区划属吴忠市红寺堡开发区沙泉子乡，矿区交通不便。

矿区内前人遗留采矿老洞、斜井分布较多。1993 年，西北有色地质勘查局宁夏总队对该茶树沟铜矿床开发前景进行了调研，提交了《宁夏同心县罗山茶树沟富铜矿点开发前景调研报告》；2002 年，宁夏回族自治区核工业地质勘查院进行铜矿点检查，2003～2005 年进行普查，于 2007 年 4 月提交了《宁夏红寺堡开发区茶树沟地区铜矿普查报告》。

1. 区域地质

茶树沟铜矿点地层属阿拉善地层区（$Ⅲ_3$）、阿拉善南缘地层分区（$Ⅲ_3^1$）、景泰-中宁地层小区（$Ⅲ_3^{1-1}$）。大地构造位置位于柴达木-华北板块（Ⅲ）、阿拉善微陆块（$Ⅲ_4$）、腾格里早古生代增生楔（$Ⅲ_4^1$）、卫宁北山-香山晚古生代前陆-上叠盆地（$Ⅲ_4^{1-1}$）。所属成矿区带为河西走廊 Fe-Mn-萤石-盐类-凹凸棒石-石油成矿带（Ⅲ-20）、烟筒山-窑山冲断带煤-石灰岩-硅石成矿亚带（Ⅳ-20②）。所属矿床成矿系列为与加里东期岩浆-热液作用有关的铜、金、银、硫铁矿成矿系列（4-Pz_1-I（F））、祁连早古生代造山带加里东晚期热液作用有关的铜、金、银、硫铁矿矿床成矿亚系列（$Ⅲ_2^1$-Pz_1-F-2）。区域出露地层主要有奥陶系、二叠系、三叠系、新近系和第四系。区域地质构造复杂，岩浆岩不发育。

2. 矿区地质

矿区仅出露中-上奥陶统米钵山组（$O_{2-3}m$）和第四系，按岩性组合特征，在整个罗山地区可分为 3 个岩性段，在矿区仅出露第二岩性段，为一套次深海相碎屑岩沉积，岩相变化较大，其环境不稳定。该岩段总体以板岩占多数，普遍含灰岩透镜体，以单层式韵律组合为主。与第一岩段呈整合接触，局部具明显的海底侵蚀特征。

区内经历了多次强度不等的构造运动和形变，总体以逆冲推覆构造活动为主要形式。

铜矿化体主要赋存于奥陶系米钵山组下岩段的灰绿色浅变质石英砂岩夹灰绿色粉砂质板岩中。矿化与构造关系密切，主要受罗山复背斜的次一级褶皱大罗山背斜及大罗山向斜轴部和翼部的压扭性、压性断裂构造破碎带的控制，矿化体一般呈似层状、透镜状及串珠状分布，基本呈平行排列。

3. 矿体特征

矿区内已发现茶树沟铜、铅皮沟和干泉沟铜（铅）矿段。矿体赋存于奥陶系米钵山组下岩段的灰绿色浅变质石英砂岩夹灰绿色粉砂质板岩中。矿体与构造关系密切，主要受罗山复背斜的次一级褶皱大罗山背斜及大罗山向斜轴部和翼部的压扭性、压性断裂构造破碎带的控制，构造带内岩石破碎，劈理、裂隙发育，且多充填有密集石英脉，局部为碳酸岩脉及重晶石脉。矿化带总体走向为北北西向、近南北向。矿化体一般呈似层状、透镜状及串珠状分布。

铅皮沟铜矿段：地表圈出Ⅰ、Ⅱ号 2 个矿化体，地表可见到呈透镜状或条带状出露的铜矿化体。

矿化体走向在335°~350°之间，基本呈平行排列，倾向西，倾角一般为20°~40°，含矿破碎带地表可见宽度为20~50 m。从地表矿化情况来看，矿体的厚度和品位都比较稳定，矿化带中石英脉、碳酸盐脉发育，矿化多形成于石英脉、构造破碎带和片理化带发育部位。其中，Ⅰ号矿体为该矿段的主矿体，长度可达500 m左右，矿体平均真厚度为2.48 m，矿体品位变化较大，Cu品位为0.21%~9.8%，矿体Cu平均品位为0.75%；Ⅱ号矿化体规模较小，沿走向工程控制长度为40 m，沿倾向控制深度为80 m，矿体厚度变化较大，矿化不均匀，未能达到工业指标。该矿段矿化类型主要为破碎蚀变岩型铜矿。

茶树沟铜矿段：地表圈出Ⅲ、Ⅳ号两条矿体，两条矿体规模均较小，矿化类型主要为含铜石英脉型。矿体以脉状、团块状产出，矿体厚度、品位均不稳定。其中，Ⅲ号矿化体总体走向为近南北向，在矿化带的北部走向稍偏东，整个矿化带由两条矿脉组成，倾向东或南东，倾角在40°~50°之间，矿化带断续出露长度约170 m，北端厚度较大，据前人资料记载最厚可达1.5 m，绝大多数已被采空，留下的露头宽度只有0.2~0.4 m，南端厚度一般为0.3 m左右，矿化带的南北两端均被较厚的第四系黄土所覆盖无法追索；Ⅳ号矿化体在冲沟的东壁出露长约20 m，走向北西，倾向北东，倾角33°，由数条细小的含铜石英脉组成，破碎强烈，脉体厚度10~20 cm。

干泉沟铅矿化特征：主要为含铅重晶石脉。发育含铅重晶石脉4条，其中最长的一条沿走向约20 m，厚度一般只有20 cm左右，最厚约40 cm；其他3条走向近南北，倾向与地层产状一致，倾角50°~70°。只有XJ-1号浅井所揭露的重晶石脉走向北东，近直立，穿插于砂岩和板岩的裂隙中，沿走向长约15 m，厚度10~20 cm。在QJ-1号浅井中铅矿化较好，品位一般在0.2%~0.4%之间，最高为1.34%。其余样品含铅量均小于0.2%。

茶树沟铜矿床矿体规模小，矿化不均匀，品位普遍较低，没有工业价值。

4. 矿石特征

矿石类型主要为构造破碎带型、含铜石英脉型和含铅重晶石脉型。

含铜石英脉（方解石、重晶石）型矿石：矿石结构构造主要为粒状结构和溶蚀结构，块状构造。颜色呈灰白色、白色，部分矿石由于孔雀石化作用而呈灰绿色或绿色。矿物成分较为简单，主要金属矿物有黄铜矿、黄铁矿、辉铜矿、褐铁矿、孔雀石及少量斑铜矿；主要脉石矿物有石英、方解石。化学成分主要为SiO_2（含量大于85%）；铁（Fe_2O_3）含量一般为1%~3%；Cu含量一般0.4%~2%，最高可达9.8%；Au含量一般0.08~2 g/t，最高可达到4.1 g/t；Ag含量一般1~5 g/t，最高含量16.5 g/t。另外，也含有少量有害元素：Zn含量最高0.18%，As含量最高0.016%，MgO含量最高3.06%，均低于规范要求。

构造破碎带型矿石：矿石结构构造呈粒状结构和溶蚀结构，块状构造。矿物成分：岩石主要由石英和少量钙质组成，在局部地段岩石中可见到较多的灰色、黑色及白色燧石砂粒及小砾石，硅质胶结，岩石致密坚硬；金属矿物有孔雀石、褐铁矿，在坑道内矿石中可见到黄铜矿、黄铁矿、辉铜矿等。地表见到的矿石中铜矿化主要为淋滤产物，呈浸染状和薄膜状赋存于岩石裂隙或风化孔隙中。矿石的化学成分主要为SiO_2（含量78%~80%），FeO（含量3.17%），Al_2O_3（含量8.14%），CaO（含量1.36%），Cu含量一般在0.2%~0.76%之间，最高为2.31%。另外含有少量Ag、Au、Pb、Zn等有益元素。

5. 围岩蚀变

矿化体围岩蚀变较为普遍的有碳酸盐化、高岭土化、褐铁矿化、硅化等，在含铜石英脉两侧可见到少量而且微弱的热液蚀变类型，主要有绿泥石化、绢云母化等。近矿围岩中有益元素主要为Au、Ag两种元素，其中Au含量一般0.08~2 g/t，最高可达4.1 g/t；Ag含量一般1~5 g/t，最高含量16.5 g/t。

6. 资源量

截至2017年底，茶树沟铜矿累计查明铜资源量（332+333+334）矿石量为62.7596×10^4 t，铜金属量3557.2 t。其中：控制的内蕴经济资源量（332）矿石量为4.256×10^4 t，铜金属量为336.3 t；推断的内蕴经济资源量（333）矿石量为 13.2621×10^4 t，铜金属量为 1200.7 t；预测资源量（334）? 矿石量为 45.2415×10^4 t，铜金属量为 2020.20 t。工作程度为普查，矿床规模为小型。

7. 矿化阶段划分

茶树沟铜矿床早期形成硫化矿，后期形成氧化矿。

8. 成矿物理化学条件

茶树沟铜矿床含矿石英脉包体测温，成矿温度在 200~300℃之间。

9. 矿床类型

茶树沟铜矿床为中-低温热液充填型铜矿床。

10. 成矿机制

通过对矿区赋存在南北向断裂内的石英脉型铜矿地质特征进行分析，在加里东运动晚期，本区奥陶系发生褶皱，形成了罗山复背斜、大罗山复向斜复式褶皱和大罗山东、西近南北向展布的两大断裂。这时形成的断裂构造为后期的热液活动准备了良好的通道和储矿场所；华力西期—燕山期的熔融，使得 Cu 元素逐渐富集；在燕山晚期分馏出的成矿热液沿南北向断裂充填成矿；新构造运动使矿体发生破坏重新胶结形成角砾状矿石。

11. 找矿标志

奥陶系米钵山组中的碎裂长石石英砂岩层是该区找矿的目的层；褶皱和断层的走向近南北向的次级构造；石英脉、方解石脉、重晶石脉等；孔雀石和褐铁矿蚀变带；化探 Cu、Ag、Au、Pb、Zn 异常等。

第三节　矿床时空分布特征及成矿规律

一、时空分布特征

据成矿亚带对宁夏已知铜矿资源量进行统计，Ⅳ-20①亚带有 22458.77×10^4 t，Ⅳ-20③亚带有 16023.82×10^4 t，Ⅳ-21①亚带有 20.58×10^4 t；Ⅳ-59①亚带暂无资源量。根据成矿时段对宁夏已知铜矿资源量进行统计，前寒武纪暂无资源量，加里东期 3949.79×10^4 t，华力西期 15631.23×10^4 t，燕山期 18922.15×10^4 t（表 7-6）。

表 7-6　宁夏铜矿的时空分布

成矿亚带	成矿时段				
	前寒武纪	加里东期	华力西期	燕山期	含矿建造
Ⅳ-59①					石英脉
Ⅳ-20①		3557.2		18901.57	含铜砂页岩、石英碳酸盐脉
Ⅳ-20③		392.59	15631.23		
Ⅳ-21①				20.58	基性火山岩-碳酸盐建造

注：资源量单位为 10^4 t。

二、成矿规律

沉积型铜矿，主要分布在六盘山-月亮山，均为早白垩世含铜砂岩、泥（页）岩，赋矿地层为下白垩统和尚铺组顶部和李洼峡组底部，岩性为中粗粒长石砂岩、细粒泥质砂岩、泥岩、石英长石砂岩、砾状长石砂岩。

沉积改造型铜矿主要分布在卫宁北山和香山地区。矿层赋存于上泥盆统中宁组紫色岩石向浅色岩石过渡带及下-上石炭统靖远组第一岩性段底部的含铜矿（化）石英岩状砂岩（或孔雀石化含泥细粒石英砂岩）和孔雀石化粉砂质板岩（或含铜矿化粉砂质页岩）中。成矿部位为内陆湖盆边缘带，成矿环境为强氧化向弱还原转变的地球化学环境。主要分布在香山腰岘子沟-宏佛寺-拐门沟和卫宁北山中部大铜沟和东部广武山及南部红石堆一带。

热液型铜矿主要以石英脉和碳酸盐脉为主：贺兰山中-北段含铜石英脉赋存于贺兰山岩群变质岩中，石英脉大多数呈南北向展布，含铜石英脉主要分布在正义关深大断裂以北的正义关沟、牛头沟金矿以北的灯影子沟、其乐格、哈尔木腾一带。石英脉规模较大，多数含金；卫宁北山地区主要以含铜石英碳酸盐脉为主，分布在铜铁沟-金场子地区。香山地区主要以含铜石英方解石细脉为主，沿地层裂隙贯入，规模较小，成矿意义不大。海原南华山、西华山一带经历中元古代早期中祁连微陆块同阿拉善微陆块之间由大陆裂谷演化而成的大洋岛弧-弧后盆地背景，带内出露最老地层为中元古界海原岩群（$Pt_2^1H.$），原岩为海相碎屑岩、碳酸盐岩-中基性火山岩建造，为本区最主要的金、铜矿化层，该成矿带属甘肃白银多金属成矿带的东延部分，有着相似的成矿特点。矿化主要发育在海原岩群园河岩组（$Pt_2^1y.$）和西华山岩组（$Pt_2^1x.$）内，石英方解石脉沿石墨片岩和含石墨大理岩节理裂隙或层间剥离呈网脉、复脉状密集发育。含铜碎裂石英脉主要分布在含铜钠长云母石英片岩边缘、构造裂隙中，宽度一般 20 cm 左右。岩石主要由石英、碳酸盐岩组成，主要矿物有黄铜矿、褐铁矿、孔雀石、铜蓝、碳酸盐矿物等。碎裂结构，块状构造。黄铜矿呈大小不等的压碎粒状，粒径 0.05~2 mm，沿破碎裂隙分布，在裂隙中褐铁矿及少量不规则粒状石英、碳酸盐矿物集合体呈网状充填。代表性的有簸箕掌、窝宝沟等铜（金）矿点，称之为西华山式铜矿。罗山地区含铜石英脉主要赋存在奥陶系米钵山组第二岩性段灰绿色浅变质石英砂岩和粉砂质板岩中，矿体受南北向断裂控制。

含铜辉绿岩脉目前发现矿点两处：狼嘴子辉绿岩矿化体产于上奥陶统香山群狼嘴子组中，顺层侵入于硅质和砂质板岩之间；黑山子含铜辉绿岩矿化点位于固原市炭山地区，辉绿岩倾入长城纪地层中。

第八章　铅锌矿

第一节　概　　述

一、铅、锌金属特征和主要经济用途

铅（Pb）、锌（Zn）是自然界常见的金属元素，它们在地壳中易富集成矿，冶炼也较为方便，所以是人类发现和利用最早的元素。在自然界，铅和锌往往共存于同一矿床，原生铅锌矿床的主要造矿矿物方铅矿和闪锌矿，总是紧密的共生在一起，单铅矿床和单锌矿床所占比例甚少。

铅具有抗酸、碱腐蚀的性质，因此用途较广，广泛用于电气工业、机械工业、军事工业、冶金工业、化学工业、轻工业和医药业等领域。锌是重要的有色金属原材料，锌在有色金属的消费中仅次于铜和铝，锌金属具有良好的压延性、耐磨性和抗腐性，能与多种金属制成物理与化学性能更加优良的合金。

二、铅、锌矿产地数量

宁夏铅锌矿产较匮乏，目前为止仅发现铅锌矿产地 4 处（含二人山银铅锌硫铁多金属矿床，详见第十二章硫铁矿章节），其中小型铅锌矿床 1 处，矿点 3 处（表 8-1）。

表 8-1　宁夏铅锌矿产地一览表

序号	矿产地名称	所在地区	工作程度	规模	矿床类型	成矿时代	开发利用情况
1	红山铅锌矿	石嘴山市惠农区	预查	矿点	浅成中-低温热液型	印支期	未开采
2	陶斯沟铅多金属矿	石嘴山市大武口区	预查	矿点	浅成中-低温热液型	印支期	未开采
3	二人山银铅锌硫铁矿	中卫市沙坡头区	普查	矿点	浅成中-低温热液型	燕山期	未开采
4	杨岭铅锌矿	固原市泾源县	普查	小型	浅成中-低温热液型	燕山期	停采

三、铅、锌矿地理分布

目前，宁夏发现的铅锌矿床、矿点及矿化点主要分布在固原市泾源县杨岭、中卫市卫宁北山二人山和贺兰山北段红山及陶斯沟地区。香山、南华山、西华山仅发现一些含铅、锌、铜石英方解石或重晶石脉。

四、铅、锌矿矿床类型

根据“中国矿产地质志”矿床（成因/工业）类型划分表，宁夏铅锌矿均为浅成中-低温热液型矿床（表 8-2）。

五、铅、锌矿资源储量

截至 2017 年底，全区探获铅+锌资源量（333+334）金属量为 38508.53 t，其中铅金属资源量 23702.17 t、锌 14806.36 t。宁夏矿产资源储量数据库中累计查明的（铅+锌）金属资源储量（333）为 10295.15 t，其中铅 7943.02 t，锌 2352.13 t。

表 8-2 宁夏铅锌矿（成因/工业）类型划分表

一级	二级	三级	矿床实例
内生矿床	含矿流体作用矿床（非岩浆-非变质作用矿床）	浅成中-低温热液型及成因不明型（非岩浆-非变质热液型）	河西走廊成矿带：中卫市二人山银铅锌硫铁矿点 北祁连成矿带：固原市杨岭铅锌矿床（铅洞山矿段、立洼峡矿段） 鄂尔多斯西缘成矿带：石嘴山市红山铅锌矿点，陶斯沟铅多金属矿点

六、铅、锌矿勘查与开发利用程度

杨岭小型铅锌矿和二人山银铅锌硫铁矿为普查，贺兰山北段发现的两处铅锌矿点为预查。

杨岭铅锌矿在 20 世纪 60~70 年代，由当地乡镇企业对一些富矿段进行过开采；贺兰山北段红山含铅锌铁帽，20 世纪 50 年代“大炼钢铁”曾作为铁矿进行过开采，后因铁的品位较低，没有被利用；二人山银铅硫铁多金属矿地表见有采矿老坑，主要是开采地表氧化铜矿。

第二节　矿产地分论

宁夏铅锌矿床均属非岩浆-非变质热液型。选择研究程度相对较高的固原市杨岭铅锌矿床作为典型系统论述，红山铅锌矿点和陶斯沟铅多金属矿点简要论述，二人山银铅锌硫铁矿产地介绍见第十二章硫铁矿。

一、典型矿床：固原市杨岭铅锌矿床

固原市杨岭铅锌矿区位于六盘山中部杨岭-立洼峡地区，行政区划隶属宁夏固原市开城镇和宁夏泾源县大湾乡，交通不便。

1959~1960 年，宁夏回族自治区地质局宁南地质队在宁夏南部六盘山地区下白垩统三桥组、和尚铺组中发现了杨岭-立洼峡铅锌矿化点，但没有深入细致工作。1961 年，宁夏重工业局地质队对杨岭铅洞山、豹子沟、立洼峡铅锌矿带进行了评价，求获 C+D 铅金属资源量 302 t，C+D 锌金属资源量 261 t，认为铅洞山、立洼峡两个矿体有盲矿体的存在。2001~2003 年，宁夏矿业公司在铅洞山、豹子沟、立洼峡一带预查，初步圈定出 5 个铅锌矿体，预测铅洞山、豹子沟、立洼峡地区铅+锌资源量 5517 t。2008~2009 年，宁夏矿业公司开展普查，共发现铅锌矿体、矿化体 22 个，对其中规模较大的铅洞山Ⅰ、Ⅶ号和立洼峡Ⅳ、Ⅵ号矿体进行了资源储量估算，获得（333+334）铅+锌金属资源量 1.68×10^4 t，其中，推断的内蕴经济资源储量（333）？铅+锌金属量 0.55×10^4 t，预测的内蕴经济资源量（334）？铅+锌金属量 1.12×10^4 t。由于受经费限制投入工作量少，未达到普查目的，仅相当于预查。2011~2013 年，宁夏矿业公司对立洼峡和铅洞山矿段进行普查，于 2015 年 6 月提交了《宁夏泾源县立洼峡地区铅锌矿普查报告》。该次普查工作在铅洞山和立洼峡两个矿段控制 15 个矿体，估算铅+锌金属资源量（333+334）26762.53 t。

1. 区域地质

杨岭铅锌矿床地层属祁连地层区（$Ⅲ_2$）、北祁连地层分区（$Ⅲ_2^1$）、靖远-西吉地层小区（$Ⅲ_2^{1-1}$）。大地构造位置位于柴达木-华北板块（Ⅲ）、祁连早古生代造山带（$Ⅲ_2$）、北祁连中元古代—早古生代海沟系（$Ⅲ_2^1$）、景泰-海原中元古代—早古生代弧后盆地（$Ⅲ_2^{1-1}$）。所属成矿区带为北祁连 Cu-Pb-Zn-Fe-Cr-Au-Ag-硫铁矿-石棉成矿带（Pt_2；Pt_3-Pz_1）（Ⅲ-21）、南、西华山-六盘山冲断带 Au-Cu-Pb-Zn-硫铁-泥炭-岩盐成矿亚带（Ⅳ-21①）。所属矿床成矿系列为与腾格里早古生代增生楔燕山期热液作用有关的铁、铜、金、银、铅、锌、硫铁矿、重晶石矿床成矿系列（8-$Ⅲ_4^1$-Mz_2-F）。区域出露地层由老至新有：下白垩统六盘山群三桥组（K_1s）、和尚铺组（K_1h）、李洼峡组（K_1l）和马东山组（K_1m），古近系渐新统清水营组（E_3q）以及第四系。三桥组及和尚铺组是主要的赋矿地层。白垩系六盘山群主要为一套倾向北西，倾角15°~27°的单斜岩层。

区内褶皱构造不发育，断裂构造以喜马拉雅运动形成的六盘山东麓逆冲断裂最具影响，走向北北西，倾向南西，倾角变化大，15°~40°，所形成的断裂带宽数十米到百余米，沿断层面或与之斜交的次级断裂中充填含铅锌等中低温热液碳酸盐岩脉。其他断裂主要有北东向、北西向和近南北向三组。近南北向一组以张性为主，为石英脉或铅锌矿脉充填，属控矿构造；其他与成矿有关的断裂以北东向为主，一般规模小，且成裂隙群出现，以逆断层居多，倾向南东，倾角均在75°以上，这组断裂为杨岭地区铅锌矿脉的形成提供了有利的空间条件。铅、锌成矿作用主要发生在六盘山东麓推覆断裂的上盘，围岩为三桥组上部和尚铺组下部，矿化与硅化、重晶石化作用关系密切。北东东向逆断层，规模一般不大，倾向北西、南东皆有，倾角60°~70°，其生成致使含矿石英脉发生错动而遭到一定的破坏。

区内未见岩浆岩出露，石英脉、重晶石脉、碳酸盐脉较发育。在矿区南东方向40 km处有隐伏富钾花岗岩分布。

2. 矿区地质

矿区所见地层为下白垩统六盘山群三桥组、和尚铺组、李洼峡组、马东山组和古近系清水营组。赋矿地层为下白垩统三桥组及和尚铺组。

三桥组（K_1s）：按岩性分为2个岩性段。下岩段（K_1s^a）为浅灰色块状白云质砾岩。中-巨砾构造，局部夹少量褐灰色、浅灰色含砾粗砂岩、砂屑灰岩；上段（K_1s^b）为青灰色厚层泥质白云岩、砂质白云岩夹砾岩，局部夹含钙质砂岩等，总体倾向西—北西，倾角21°~31°。

和尚铺组（K_1h）：按岩性分为4个岩性段。一岩段（K_1h^a）下部为灰白色、浅灰色钙质泥岩夹中厚层泥质灰岩、砂屑灰岩；中部为褐红色、紫红色泥岩、粉砂岩、细砂岩和粉砂质灰岩互层产出；上部为细砂岩、钙质泥岩、泥灰岩等；底部以一层紫红色细砂岩与下伏三桥组呈整合接触。泥质灰岩、砂屑灰岩中普遍发育不同程度的黄铜矿化，局部见弱的铅锌矿化。二岩段（K_1h^b）为青-青灰色泥质白云岩、含粉砂微晶灰岩、微晶白云岩、白云石化粉砂灰岩，局部夹紫红色含粉砂微晶灰岩、钙质砾岩。岩石中局部含石膏，有不同程度的硅化、重晶石化、黄铁矿化，局部有强烈的方铅矿和闪锌矿化，是主要的铅锌赋矿层位。三岩段（K_1h^c）为灰黄色粉砂岩粉砂质泥岩多次交替而构成的自上而下由粗变细的韵律层系，顶部出现钙质泥岩、泥质灰岩夹层。在铅洞山西侧该层位中局部见稀疏浸染状方铅矿化。四岩段（K_1h^d）为灰黄色泥岩夹泥质粉砂岩、钙质泥岩、粉砂岩，主要分布在立洼峡西南。地层走向总体呈“S”形，在立洼峡倾向南西，倾角22°~45°；铅洞山倾向北西，倾角12°~30°。

李洼峡组（K_1l）：主要分布在铅洞山北西。岩性为蓝灰色薄-厚层状泥岩与紫红色中-厚层状泥岩不等厚互层，夹较多深灰色、浅灰色中层状砂屑灰岩、鲕粒灰岩、微晶灰岩及浅灰色、褐灰色中层状细粒长石英砂岩。李洼峡组透镜状砂岩中具铅锌矿（化）体，规模小。

马东山组（K_1m）：主要分布在矿区东南。岩性为蓝灰色、灰绿色巨厚层状泥岩，页岩夹大量浅灰色、黄灰色、灰绿色薄-中厚层状微晶灰岩、泥质灰岩、砂屑灰岩、鲕砾灰岩、凝块石灰岩，顶部夹少量紫红色中层状泥岩，主要出露于铅洞山东南。

古近系清水营组（E_3q）：分布在矿区东部，岩性为褐红色、土黄色巨厚层状泥岩、粉砂质泥岩夹少量浅红色中层状细砂岩、粉砂岩透镜体。

第四系（Q）：为残坡积物，主要分布在山顶和沟谷两侧，大部分矿体被覆盖，残坡积物厚度一般为0.5~10 m，最大厚度50 m以上，给找矿带来一定的困难。

矿区内断裂构造比较发育，主要由北东、北西向和近南北向三组断裂组成。F_1、F_2位于矿区东侧，呈“S”形沿北北东向平行展布，属矿区规模较大的断裂构造。F_1为区域西华山-六盘山深大断裂，显示为压扭性逆断层，断裂破碎带宽度数十米至百米，局部出现大型构造透镜体，断裂面向西缓倾，倾角30°~50°，造成白垩系地层超覆在古近系清水营组之上。F_2断裂出露在铅洞山一带，铅洞山铅锌矿化带受其控制，长度大于2000 m，断裂破碎带宽数十米，显示为压扭性逆断层，局部出现大型透镜体，断裂面向西缓倾，倾角30°~60°，造成白垩系三桥组、和尚铺组逆冲超覆于马东山组之上。F_3 断裂呈北北西向展布，长度大于800 m，倾向西南，倾角85°，属压扭性断裂。出露在铅铜山矿段一带，将矿体和地层错断，应属成矿期后断裂。F_{12} 断裂出露在立洼峡矿段，长度大于600 m，近南北向呈舒缓“S”形展布，北段倾向东，南段倾向西，倾角80°~85°，具张扭性正断层特征，控制Ⅳ号主矿体（图8-1）。

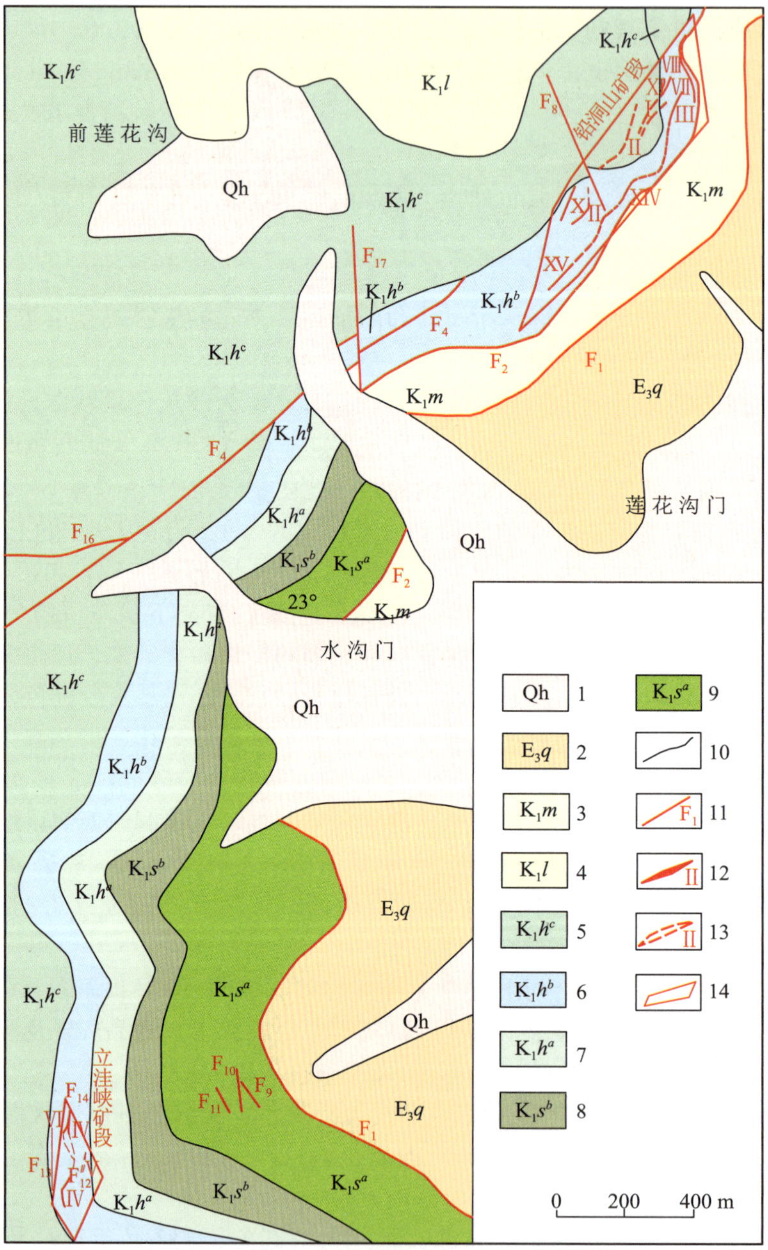

图8-1　立洼峡、铅洞山矿段地质图

（据宁夏矿业开发公司，2015，有修改）

1—第四系残坡积物；2—古近系清水营组；3—白垩系马东山组；4—白垩系李洼峡组；5—白垩系和尚铺组第三层；6—白垩系和尚铺组第二层；7—白垩系和尚铺组第一层；8—白垩系三桥组第二层；9—白垩系三桥组第一层；10—实测地质界线；11—断层及编号；12—矿体位置及编号；13—矿体投影位置及编号；14—矿段位置

矿区未见岩浆岩出露。岩脉发育，主要有石英脉、重晶石脉、碳酸岩脉。

3. 矿体特征

矿体为含铅锌石英单脉、细脉及网脉，主要产于北东向断裂破碎带中，铅锌矿床为铅、锌共生矿床，呈层状、透镜状、脉状、不规则状等。目前，共控制铅锌矿（化）体 15 个，其中，铅洞山矿段铅锌矿体 12 个，立洼峡矿段铅锌矿体 3 个。矿体主要赋存于和尚铺组第二岩段中，严格受断层、裂隙和地层控制，产状陡立，总体呈北西向、近南北向展布。按矿体空间分布位置及矿石类型，该矿床由北向南分为两个矿段。

铅洞山矿段：以北东向近平行雁行状断裂控矿为主要特征，地表产状较陡，深部变缓。矿体以碎裂石英脉型铅锌矿为主，伴生银，在近地表的部分矿体中锌相对较富、深部则以铅为主，由含铅锌石英网脉构成。地表圈定矿体 12 个，矿体编号为：Ⅰ、Ⅱ、Ⅲ、Ⅶ、Ⅷ、Ⅸ、Ⅹ、Ⅺ、Ⅻ、XⅢ、XⅣ、XⅤ。控制较大的矿（化）体有：Ⅱ、XⅣ、Ⅷ，其中，Ⅱ号矿体走向北东，倾向北西，矿体倾角 34°~39°，西南端倾角 59°~80°。矿体由探槽 TC4 和钻孔控制，矿体长度 400 m，厚度 0. 34~3. 49 m，平均厚度 1. 3 m，矿体围岩为泥质白云岩。矿体铅品位 0. 13%~5. 06%、平均 1. 68%，锌品位 0. 03%~4. 55%、平均 2. 13%。XⅣ号矿体由多条含铅锌矿化的石英脉组成，矿体倾向北西，倾角 23°~51°；矿体长度 100 m，厚度 0. 3~1. 0 m，平均厚度 0. 58 m，铅品位 3. 24%~5. 98%，平均品位 4. 17%，锌品位 0. 01%~2. 05%，平均品位 0. 83%。Ⅷ号矿体整体走向北东，倾向北西，倾角 33°~45°，矿体长度 200 m，厚度 1. 0~2. 22 m，平均厚度 1. 64 m；铅品位 1. 24%~17. 88%，平均 6. 74%；锌品位 0. 14%~1. 84%，平均 0. 95%（图 8-2）。

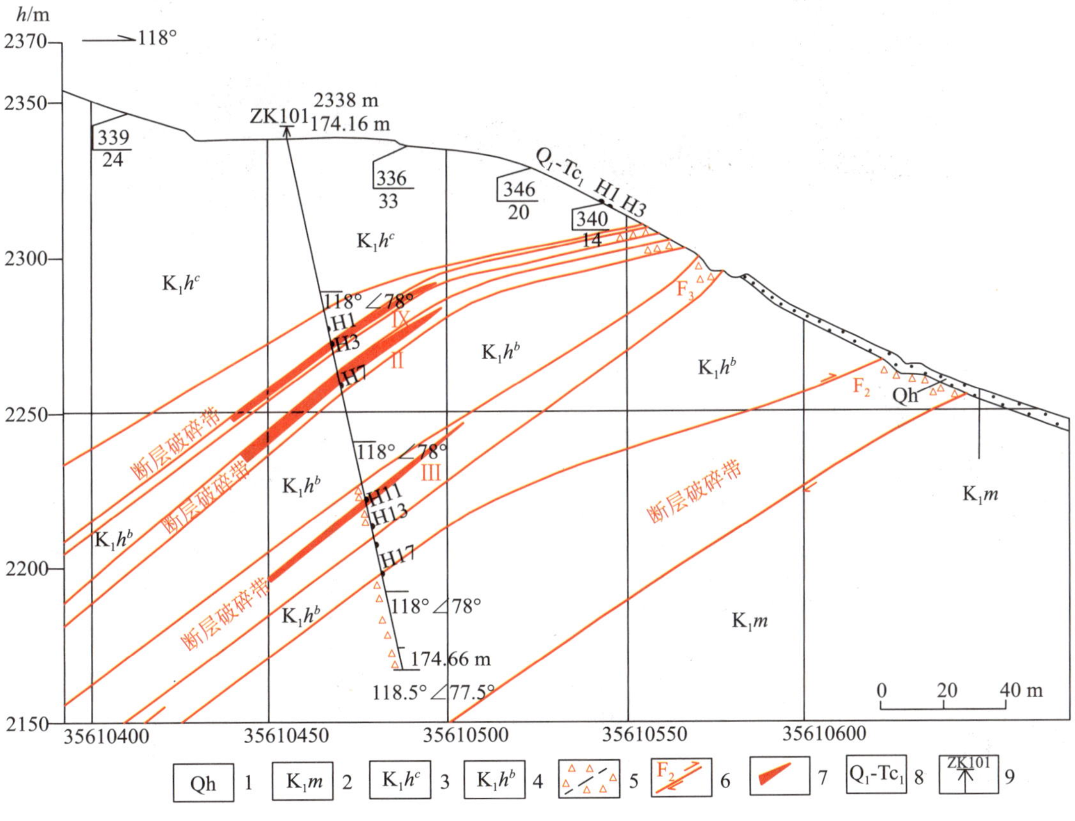

图 8-2　铅洞山矿段 Q1 勘探线剖面图

（据宁夏矿业开发公司，2015，有修改）

1—第四系残坡积物；2—马东山组；3—和尚铺组第三岩段；4—和尚铺组第二岩段；5—性质不明断层；6—逆断层及编号；7—铅锌矿体及编号；8—探槽位置及编号；9—钻孔位置及编号

立洼峡矿段：矿体以角砾岩型为主，铅、锌共生，伴生银矿化。总体走向呈近南北向，倾角近于直立。矿体受 F_{12} 和 F_{14} 断裂控制，目前控制的矿（化）体 3 个，编号为Ⅳ、Ⅴ、Ⅵ。规模较大为Ⅳ

号矿体，长度360 m，厚度0.1～2.55 m，总体倾向西，倾角陡立，沿倾向具膨大收缩分支复合、尖灭再现特征，沿走向呈“S”形展布。铅品位0.005%～11.76%，平均品位4.43%；锌品位0.031%～11.51%，平均品位4.71%，并伴有银。

4. 矿石特征

按自然类型大致分角砾状和浸染状两种：铅洞山矿段以石英脉型铅锌矿石为主，矿石呈灰白色，具碎裂状结构，角砾状、网脉浸染构造，有用矿物常呈单体或呈集合体嵌布于裂隙及脉石颗粒之间。以铅为主，局部矿体为铅锌共生产出，有用组分分布极不均匀。立洼峡矿段以角砾岩状为主，矿石呈深灰色，具角砾状结构，角砾状、网脉浸染状构造，有用矿物常以胶结物或呈集合体嵌布于角砾及脉石裂隙之间，以铅、锌共生为主，有用组分分布较均匀（图8-3，图8-4，图8-5）。

图8-3　铅洞山矿段角砾状铅锌矿石
（向连格摄，2017）

图8-4　立洼峡矿段浸染状铅锌矿石
（据宁夏矿业开发公司，2015）

图8-5　立洼峡矿段角砾状铅锌矿石
（据宁夏矿业开发公司，2015）

矿石矿物以方铅矿、闪锌矿为主，其次为白铅矿、菱锌矿，少量黄铁矿、黄铜矿、辉银矿等。脉石矿物成分以石英、方解石为主，其次有白云石，少量重晶石、石膏及泥岩。矿石具碎裂结构、他形-半自形结构、交代残余结构、包含结构，角砾状构造、脉状构造、细（网）脉浸染状构造、斑点状构造等。

5. 围岩蚀变

矿体产于构造破碎带中，近矿围岩主要有硅化、重晶石化、碳酸盐化及轻微黄铁矿化。铅洞山矿段以硅化为主，立洼峡矿段以重晶石化、碳酸盐化为主，硅化、黄铁矿化相对较弱。

6. 资源量

截至 2017 年底，杨岭铅锌矿床估算铅锌金属资源量 14700. 39 t，宁夏矿产资源储量数据库中查明铅锌金属资源储量（333） 5868. 15 t，其中铅 3940. 02 t，锌 1928. 13 t。

7. 矿化阶段划分

杨岭铅锌矿床大致分为 3 个矿化阶段：Ⅰ期主要形成黄铁矿、黄铜矿、方铅矿、闪锌矿，主要分布在下白垩统六盘山群和尚铺组第二岩性段的浅色层中；Ⅱ期主要形成方铅矿、闪锌矿、辉银矿、黄铁矿；Ⅲ期主要形成白铅矿、铅矾、针铁矿、孔雀石，主要分布在铅锌矿石裂隙及边缘。

8. 成矿物理化学条件

六盘山盆地处于一个较为活动的构造环境，矿区东麓近南北向大断裂，是有利的导热、导矿构造。根据铅洞山铅锌矿流体包裹体测温，石英中气（液）相包裹体较多，均一温度在 242～310℃之间。重晶石、闪锌矿中流体包裹体的均一温度在 125～293℃之间，算术平均均一温度为 276℃，综合确定铅锌的成矿温度为中-低温。

9. 矿床类型

杨岭铅锌矿床为浅成中-低温热液型铅锌矿床。

10. 成矿机制和成矿模式

杨岭铅锌矿床可大致划分为沉积成岩成矿期（矿源层）和构造热液成矿期。

沉积成岩期：早白垩世开始，由于六盘山裂陷盆地的持续下降，整个地区相对东、西两侧高，中间低。因而，裂陷盆地接受了其周围山地被剥蚀，多金属元素以碎屑流搬运形式在下白垩统三桥组、和尚铺组、李洼峡组中沉积了铅、锌、铜、黄铁矿等矿质。成矿物质为河流搬运的陆源及深源物质。

构造热液成矿期：该矿床是中-低温热液型铅锌硫化物矿床。热液成矿期发生在燕山晚期，深部岩浆活动提供热源，伴有少量上侵的流体与地下水混合，萃取地层中铅、锌等矿质（流体温度较低，难以活化铜）形成中-低温热液，沿六盘山东麓大断裂上升，在其旁侧的断裂系统及层间裂隙富集成矿。主要以石英脉-碳酸岩脉为主，石英脉-碳酸岩脉大致有两期，其一是与地层斜交的一组石英脉群，铅锌含量相对较低，仅构成矿化体；其二是顺着层间裂隙产出的石英脉群，铅锌含量相对较高，可构成工业矿体。两期脉体可能是同源不同期的产物，斜交脉体晚于层间脉体。

杨岭铅锌矿床描述性成矿模式见表 8-3。

表 8-3　固原杨岭铅锌矿床描述性成矿模式

成矿要素	描述内容
基本特征	复合内生型燕山晚期层控-热液型铅锌矿
区域地质背景	位于柴达木-华北板块（Ⅲ）、祁连早古生带造山带（$Ⅲ_2$）、北祁连中元古代—早古生带海沟系（$Ⅲ_2^1$）、景泰-海源弧后盆地（$Ⅲ_2^{1-1}$）、西华山-六盘山冲断带（$Ⅲ_2^{1-1-2}$）。下白垩统六盘山群为河湖相，沉积建造为杂砂岩建造、粉砂岩-泥岩建造
成矿地质环境	六盘山东侧大断裂控矿，矿化主要发生在断裂上盘的主断裂面部位，及近南北向北北东向断裂及其旁侧，下白垩统三桥组及和尚铺组的泥质灰岩是赋矿层位
矿石类型	硫化矿石，由碎裂含铅泥质灰岩、含铅锌角砾岩、含铅锌石英脉组成
矿物组合	金属矿物以方铅矿为主、次为闪锌矿，少量黄铜矿、辉银矿、斑铜矿、黄铁矿；脉石矿物有石英、方解石、重晶石；氧化矿物有褐铁矿、菱锌矿、铅矾、白铅矿及孔雀石
结构构造	角砾浸染状、斑块浸染状、斑点浸染状、细脉浸染状结构

成矿要素	描述内容
成矿作用	下白垩统三桥组及和尚铺组是铜、铅、锌的含矿层位，石英脉及重晶石脉也含矿，主要成矿是沿大断裂上升的含矿热液，在断裂破碎带、泥质灰岩、砂屑灰岩、石英脉、重晶石脉等有利的部位，交代而成矿
围岩蚀变	硅化、碳酸盐化、重晶石化
成矿物理化学条件	成矿压力不大，成矿温度在242~310℃之间，硫为生物硫
矿床成因机制	在六盘山早白垩世断隔盆地中，沉积了含铜、铅、锌的砾岩、砂岩、粉砂岩、泥岩、泥质灰岩和砂屑灰岩；燕山运动晚期，沿六盘山东麓大断裂上升的流体活化了地层中的铅、锌等矿质形成热液，在其旁侧的断层破碎带与泥质灰岩等交代充填成矿
找矿标志	下白垩统泥质灰岩、砂屑灰岩；断层破碎带，硅化、碳酸盐化和重晶石化；铅锌等化探异常等
资料来源	宁夏泾源县立洼峡地区铅锌矿普查报告

11. 找矿标志

北东向或南北向压扭性断裂构造带；下白垩统三桥组、和尚铺组具一定厚度不纯的碳酸盐层位；黄铁矿化、硅化、重晶石化、碳酸盐化等蚀变带；Pb、Zn、Ag、Cu 等多金属化探异常。

二、重要矿床：中卫市二人山银铅锌硫铁矿床

中卫市二人山银铅锌硫铁矿床位于卫宁北山地区二人山，行政区划隶属中卫市沙坡头区。属硫铁伴生铅、锌、银、铜、金、钴多金属矿床。

二人山银铅锌硫铁矿床地层属阿拉善地层区（$Ⅲ_3$）、阿拉善南缘地层分区（$Ⅲ_3^1$）、景泰-中宁地层小区（$Ⅲ_3^{1-1}$）。大地构造位置位于柴达木-华北板块（Ⅲ）、阿拉善微陆块（$Ⅲ_4$）、腾格里早古生代增生楔（$Ⅲ_4^1$）、卫宁北山-香山晚古生代前陆-上叠盆地（$Ⅲ_4^{1-1}$）。所属成矿区带为河西走廊 Fe-Mn-萤石-盐类-凹凸棒石-石油成矿带（Ⅲ-20）、卫宁北山褶断带 Fe-Au-Ag-Cu-Pb-Zn-煤-粘土成矿亚带（Ⅳ-20①）。所属矿床成矿系列为与腾格里早古生代增生楔燕山期热液作用有关的铁、铜、金、银、铅、锌、硫铁矿、重晶石矿床成矿系列（8-$Ⅲ_4^1$-Mz_2-F）。

1987~1989 年，宁夏回族自治区地质矿产局矿产地质调查所在二人山一带做铅锌专项找矿，在钻孔深部见巨厚黄铁矿层，圈出硫铁矿体 11 个，银铅矿体 7 个，认为该区属硫铁多金属矿床；2012~2014 年，宁夏回族自治区地质调查院在前人工作的基础上对二人山-黄石坡沟银铅矿进行普查，对矿层、矿带（矿化带）进行较系统的地表工程揭露和采样分析，重新在二人山地区综合圈定银铅多金属及硫铁矿体 27 个，银铅多金属及硫铁低品位矿体 18 个。

矿区铅、锌、银矿体主要受近东西向断裂构造控制，矿体一般产于硫铁矿上部及地表，矿体呈脉状、透镜状、楔形体等。

矿区矿石类型较为复杂、按矿石结构构造分为致密块状、角砾状、浸染状；按自然类型分为硫化矿和氧化矿。铅、锌、银块状硫化物矿石主要在深部，品位较富，在富矿中 Pb 平均 5.52%，最高 42.9%；Zn 平均 4.68%，最高 28.43%；Ag 平均 215.53 g/t，最高 630.2 g/t；Cu 平均 0.94%，最高 3.33%；S 平均 21.79%，最高 42.58%；TFe 平均 26.56%，最高 34.8%。地表为氧化矿石，以铅、银为主（图 8-6，图 8-7）。

截至 2017 年底，二人山银铅锌硫铁矿床估算铅锌金属资源量 11846 t，宁夏矿产资源储量数据库中查明铅锌金属资源储量（333）4427 t。其中，铅 4003.00 t，锌 424.00 t；伴生铜（333）金属量 552 t，伴生银（333）金属量 1.13 t，伴生金（333）金属量 21.00 kg，伴生钴（333）金属量 3 t。预测的金属资源量（334）？铅 4373.00 t，锌 3046.00 t；伴生金 84.00 kg，伴生铜 210.00 t，伴生钴 45 t。

其他详见本志第十二章硫铁矿中“中卫市二人山硫铁多金属矿床”论述部分。

图 8-6　二人山银铅锌硫铁矿床致密块状银铅富矿石

图 8-7　二人山银铅锌硫铁矿床浸染状铅矿石

三、矿点

（一）石嘴山市惠农区红山铅锌矿点

石嘴山市惠农区红山铅锌矿点位于沙巴台煤矿北约 500 m 处的红山，与内蒙古交界处。行政区划隶属石嘴山市惠农区，区内交通方便。

2010 年，宁夏回族自治区地质调查院在贺兰山北段矿产远景调查时，根据化探水系沉积物异常发现红山铅锌矿点。

红山铅锌矿点地层属华北地层区（$Ⅲ_4$）、鄂尔多斯西缘地层分区（$Ⅲ_4^1$）、贺兰山地层小区（$Ⅲ_4^{1-1}$）。大地构造位置位于柴达木-华北板块（Ⅲ）、华北陆块（$Ⅲ_5$）、鄂尔多斯地块（$Ⅲ_5^1$）、鄂尔多斯西缘中元古代—早古生代裂陷带（$Ⅲ_5^{1-1}$）。所属成矿区带为鄂尔多斯西缘（陆缘坳褶带）Fe-Pb-Zn-磷-石膏-芒硝成矿带（Ⅲ-59）、贺兰山褶断带 Fe-Au-Cu-煤（气）-磷-硅石-石灰岩-白云岩-粘土成矿亚带（Ⅳ-59①）。所属矿床成矿系列为与鄂尔多斯地块印支期热液作用有关的金、铜、铅、锌、银、重晶石矿床成矿系列（6-$Ⅲ_5^1$-Mz_1-F）。出露地层为中寒武统胡鲁斯台组灰岩和上石炭统羊虎沟组砂岩、页岩；其北侧出露地层为古元古界贺兰山岩群变质岩和长城系黄旗口组石英岩。寒武系与石炭系呈断层接触。

矿体赋存于中寒武统与上石炭统接触带铁质砂岩、灰岩中，形成含铅锌褐铁矿氧化带（古风化壳），矿（化）体呈脉状、透镜状、鸡窝状，沿着长度约 4.5 km，宽度 1~20 m 断裂带断续分布，东段矿化体比较连续品位较高。矿石呈暗红色或褐红色条带状、团块状、蜂窝状。其品位 Pb 为 0.13%~1.04%，Zn 为 0.17%~2.4%，Ag 为 0.4~8.66 g/t，TFe 为 7.5%~50%。

（二）石嘴山市大武口区陶斯沟铅多金属矿点

陶斯沟铅多金属矿点位于石嘴山市大武口区陶斯沟，行政区划隶属石嘴山市大武口区，交通方便。

1981 年，宁夏回族自治区冶金地质队对陶斯沟铅多金属矿点进行过矿点检查；2010 年，宁夏回族自治区地质调查院在贺兰山北段矿产远景调查时，发现重晶石脉中不但有铅、铜矿化，而且还含金。

陶斯沟铅多金属矿点地层属华北地层区（$Ⅲ_4$）、鄂尔多斯西缘地层分区（$Ⅲ_4^1$）、贺兰山地层小区（$Ⅲ_4^{1-1}$）。大地构造位置位于柴达木-华北板块（Ⅲ）、华北陆块（$Ⅲ_5$）、鄂尔多斯地块（$Ⅲ_5^1$）、鄂尔多斯西缘中元古代—早古生代裂陷带（$Ⅲ_5^{1-1}$）。所属成矿区带为鄂尔多斯西缘（陆缘坳褶带）Fe-Pb-Zn-磷-石膏-芒硝成矿带（Ⅲ-59）、贺兰山褶断带 Fe-Au-Cu-煤（气）-磷-硅石-石灰岩-

白云岩-粘土成矿亚带（Ⅳ-59①）。所属矿床成矿系列为与鄂尔多斯地块印支期热液作用有关的金、铜、铅、锌、银、重晶石矿床成矿系列（6-$Ⅲ_5^1$-Mz_1-F）。矿区出露地层有贺兰山岩群黑云斜长片麻岩、变粒岩，长城系黄旗口组和寒武系。含矿重晶石、石英、方解石脉产在中元古界长城系黄旗口组（陶斯沟铁矿）底部，与古元古界贺兰山岩群变质岩接触构造破碎带中。构造破碎带呈北东转北西向，长度约 1 km，宽度 2~50 m，矿化脉体主要发育在破碎带膨大转弯处。脉体长度大于 20 m 者 10 余条，小于 20 m 的较发育，脉宽几厘米至 30 cm，最宽 80 cm，有单脉和脉群出现，矿化不均匀。个别脉体见方铅矿、黄铜矿、孔雀石。方铅矿呈团块状、细脉状、浸染状分布，其品位 Pb 0. 13%~16. 7%，Zn 0. 02%~0. 03%，Ag 4. 34~157 g/t，Cu 0. 12%~0. 388%，Au 0. 17~1. 32 g/t。

第三节 矿床时空分布特征及成矿规律

一、时空分布特征

根据成矿时段对已知资源量进行统计，宁夏铅锌矿在印支期仅为矿（化）点，燕山期有铅+锌金属资源量 10295. 15 t（表 8-4）。

表 8-4 宁夏铅锌矿的时空分布

成矿亚带	成矿时段		
	印支期	燕山期	含矿建造
Ⅳ-59①	红山矿铅锌点		$Є_{2-3}$、C_2 海相碎屑岩建造
Ⅳ-59①	陶斯沟铅矿点		Pt_1（*Ht*）片麻岩、变粒岩变质建造
Ⅳ-20①		杨岭：Pb+Zn 5868. 15 t	K_1 陆相碎屑岩-碳酸盐岩建造
Ⅳ-21①		二人山：Pb+Zn 4427. 00 t	D_3、C_1 粉砂岩-泥岩建造、长石石英砂岩建造

二、成矿规律

铅锌矿成矿时代：印支期—燕山期。

铅锌矿空间分布特征：主要分布在贺兰山北段（陶斯沟、红山铅锌矿点）、卫宁北山二人山、中卫香山-南、西华山地区（矿化点）、固原杨岭-立洼峡（小型矿床）地区。

铅锌矿受构造、地层控矿条件：宁夏目前发现的铅锌矿（点）床均为受断裂构造控制的中-低温热液脉型。

陶斯沟铅锌矿点位于贺兰山北段正义关大断裂南侧，陶思山背斜核部，含矿脉体呈雁列密集分布，脉中见方铅矿、孔雀石化。赋存于贺兰山岩群富铝变质岩与长城系黄旗口组石英（砂）岩角度不整合接触部位形成的强应力挤压片理化蚀变带上，蚀变带中岩裂隙充填含铅锌、铜、金石英方解石、重晶石脉，围岩主要为古元古界贺兰山岩群变质岩；红山铅锌矿点位于贺兰山北段正义关大断裂北沙巴台向斜北侧，受其北东东向断裂控制，含铅锌褐铁矿脉主要赋存于中寒武统与太原组接触带铁质砂岩、白云岩质灰岩中。

二人山银铅锌硫铁矿床位于中卫市卫宁北山地区，控矿构造为沿泥盆系和石炭系不整合面发育的层间断裂 F_{15}，其走向北东 55°，呈略向北西凸出的弧形，沿走向、倾向均为舒缓波状，大部地段倾向南东，少部地段倾向北西，倾角 80°以上。矿化围绕在断层附近发育，上盘（南盘）浅部发育铅、银、金矿化，向下为硫、银、铅、金矿化，矿体多为小透镜状，产状与断层一致，地表矿体较厚（Ⅱ号铅银矿体），向下急剧尖灭变贫，呈楔形，倾向最大延深约 180 m。从地表及钻探控制的深部矿体、矿化体看均不连续，呈透镜状、囊状、楔状。

香山地区主要以含铅、锌、铜石英方解石脉或重晶石脉为主，沿地层裂隙贯入，规模较小，成矿意义不大；南、西华山地区石英方解石脉沿石墨片岩和含石墨大理岩节理裂隙或层间剥离呈网脉、复脉状密集发育。均属中-低温热液充填型含矿方解石-石英脉等。

杨岭铅锌矿床矿位于宁夏南部固原市，大地构造处于北祁连早古生代造山带东缘，靠近华北板块西侧的六盘山沉积盆地环境，六盘山东麓深大断裂紧邻矿区东侧通过，走向北北西，倾向南西西，倾角 25°~60°。矿体主要赋存于下白垩统六盘山群和尚铺组第二岩性段中，赋矿围岩为不纯的碳酸盐岩地层。矿区断裂构造较发育，大致为北东、北西和近南北三组断裂，北东向断裂规模较大，是主要的控矿、容矿构造，矿体一般以碎裂石英脉为主，严格受断层、裂隙和地层控制明显，产状陡立，总体呈北东向、近南北向展布。

第九章 镁 矿

（冶镁白云岩）

第一节 概 述

一、镁金属特征和主要经济用途

镁（Mg）是银白色金属，常温下密度 1.75 g/cm^3，熔点为 650℃，沸点 1090℃。镁的化学性质活泼，导电、导热。镁合金加工性能良好，抗腐蚀强度大，韧性好，无磁性。镁在空气中易与氧气化合并燃烧发出含紫外线强光。

主要用于制造轻质合金，广泛用于汽车、飞机、火箭、宇航器以及船舰制造。镁可以作为金属还原剂，用于钛、锆、铀、铍、铪等金属的还原。在生铁中加 0.05%的镁可制成球墨铸铁。金属镁在国防工业中用于制造照明弹、燃烧弹。

冶镁白云岩是提炼金属镁的主要矿石。

二、镁矿（冶镁白云岩）产地数量

目前，宁夏发现镁矿（冶镁白云岩）产地 12 处，包括中型 3 处、小型 9 处（表 9-1）。其中，青龙山冶镁白云岩矿床被收录为 2021 年出版的《矿产资源工业要求参考手册》中冶镁白云岩矿床实例。

表 9-1 宁夏镁矿（冶镁白云岩）产地一览表

序号	矿产地名称	所在地区	工作程度	矿床规模	矿床类型	成矿时代	开发利用情况
1	王全口冶镁白云岩矿	石嘴山市惠农区	普查	小型	化学沉积型	蓟县纪	未开采
2	干沟冶镁白云岩矿	银川市西夏区	普查	小型	化学沉积型	蓟县纪	停采
3	大挺沟冶镁白云岩矿	银川市永宁县	详查	小型	化学沉积型	蓟县纪	未开采
4	井泉子冶镁白云岩矿	银川市永宁县	普查	小型	化学沉积型	早-中奥陶世	停采
5	到水沟冶镁白云岩矿	银川市永宁县	普查	小型	化学沉积型	早-中奥陶世	未开采
6	青龙山东道梁北段冶镁白云岩矿	吴忠市同心县	详查	小型	化学沉积型	蓟县纪	未开采
7	青龙山中段冶镁白云岩矿床	吴忠市同心县	勘探	中型	化学沉积型	蓟县纪	开采
8	青龙山李家新庄-童家慢坡冶镁白云岩矿	吴忠市同心县	详查	中型	化学沉积型	蓟县纪	未开采
9	青龙山东道梁南段冶镁白云岩矿	吴忠市盐池县	普查	中型	化学沉积型	蓟县纪	开采
10	青龙山东道梁南段石湾沟南冶镁白云岩矿	吴忠市盐池县	普查	小型	化学沉积型	蓟县纪	开采
11	乱堆子冶镁白云石大理岩矿	中卫市海原县	详查	小型	受变质型	长城纪	停采
12	峁头上冶镁白云岩矿	固原市原州区	普查	小型	化学沉积型	蓟县纪	未开采

三、镁矿（冶镁白云岩）地理分布

宁夏镁矿分布比较广泛，主要赋存于中元古界长城系海原岩群园河岩组、蓟县系王全口组和下-

中奥陶统天景山组，并以蓟县系王全口组最为广泛，集中分布在青龙山、贺兰山中段和宁南云雾山-炭山，为稳定层状优质冶镁白云岩矿床，矿石有益组分含量高，有害组分含量低，是皮江法冶镁的优质原料。

四、镁矿（冶镁白云岩）矿床类型

根据“中国矿产地质志”矿床（成因/工业）类型划分表，宁夏镁矿矿床多数属于化学沉积型的白云岩矿床，个别属于化学沉积受变质型的白云石大理岩矿床。

五、镁矿（冶镁白云岩）资源量

截至2017年底，全区累计探获的镁矿（冶镁白云岩）资源量（111b+122b+2M22+332+333+334）为9136.694×10^4 t。宁夏矿产资源储量数据库中的镁矿查明资源储量（111b+122b+2M22+332+333）为7286.994×10^4 t，保有资源储量6758.024×10^4 t。

六、镁矿（冶镁白云岩）勘查与开发利用程度

宁夏12处镁矿产地中，勘探1处，详查4处，普查7处。勘查评价垂深均在100m左右。

宁夏发展金属镁产业始于1988年，当时宁夏仅有两家金属镁企业，采用皮江法生产技术，主要开采贺兰山中段干沟-大窑沟一带的冶镁白云岩矿石。现该区属自然保护核心区域，禁止采矿。经过30余年发展，随着青龙山冶镁白云岩的发现，宁夏依托丰富的冶镁白云岩矿产资源和能源优势，形成了石嘴山市、吴忠市、中卫市三大冶镁生产基地。宁夏共有金属镁企业10余家，目前主要开采青龙山地区白云岩矿，开采矿石量约为210×10^4 t/a，镁锭生产能力约18×10^4 t/a（12~14 t白云岩产金属镁1 t）。

第二节　矿产地分论

一、化学沉积受变质型冶镁白云石大理岩矿床

化学沉积受变质型冶镁白云石大理岩矿床，区内仅发现海原县乱堆子冶镁白云石大理岩矿床一处，矿体产在长城系海原岩群园河岩组，其岩性为白云石大理岩、白云母大理岩夹白云石石英片岩。

海源县乱堆子冶镁白云石大理岩矿床

乱堆子冶镁白云石大理岩矿区位于中卫市海原县南华山，属海原县曹洼乡管辖，距海原县城15 km。西吉-海原国道由矿区东部通过，交通方便。矿区面积0.42 km^2。

1965年，西北地质局宁夏综合地质大队进行1∶20万海原幅地质调查时对区内白云石大理岩做了一般性的调查；1971年，该队进行1∶1万地质草测及化探异常检查时，对海原群白云石大理岩作了进一步地了解；1986年，宁夏回族自治区地质矿产局区域地质调查队对乱堆子一带的白云石大理岩进行了检查，初步确定本区白云石大理岩可作白云岩矿利用，同年，对该矿进行了普查工作，获得地质储量60×10^4 t；1988~1989年，宁夏回族自治区地质矿产局区域地质调查队对乱堆子白云石大理岩矿进行了详查工作，提交了《宁夏回族自治区海原县乱堆子白云岩详查报告》，求获C+D级白云岩储量18.72×10^4 t，其中，C级储量138.84×10^4 t，D级储量42.88×10^4 t；2000年，宁夏回族自治区资源储量委员会储量套改时，将原C级储量套改为控制的边际经济基础储量（2M22），将原D级储量套改为推断的内蕴经济资源量（333）。

1. 区域地质特征

乱堆子冶镁白云石大理岩矿床地层属祁连地层区（$Ⅲ_2$）、北祁连地层分区（$Ⅲ_2^1$）、靖远-西吉地层小区（$Ⅲ_2^{1-1}$）。大地构造位置位于柴达木-华北板块（Ⅲ）、祁连早古生代造山带（$Ⅲ_2$）、北祁连

中元古代—早古生代海沟系（Ⅲ$_2^1$）、景泰-海原中元古代—早古生代弧后盆地（Ⅲ$_2^{1-1}$）。所属成矿区带为北祁连 Cu-Pb-Zn-Fe-Cr-Au-Ag-硫铁矿-石棉成矿带（Pt_2；Pt_3-Pz_1）（Ⅲ-21）、南、西华山-六盘山冲断带 Au-Cu-Pb-Zn-硫铁-泥炭-岩盐成矿亚带（Ⅳ-21①）。所属矿床成矿系列为与中元古代沉积-变质作用有关的铁、硅石、白云石大理岩、砚石矿床成矿系列（2-Pt_2-S（M））、鄂尔多斯地块蓟县纪沉积作用有关的白云岩矿床成矿亚系列（Ⅲ$_5^1$-Pt_2-S-2）。出露地层由老到新有长城系海原岩群南华山岩组（$Pt_2^1n.$）、园河岩组（$Pt_2^1y.$），志留系旱峡组（$S_{3-4}h$），泥盆系老君山组（$D_{1-2}l$），白垩系三桥组（K_1s），古近系寺口子组（E_2s）、清水营组（E_3q）和第四系（Q）（图 9-1）。

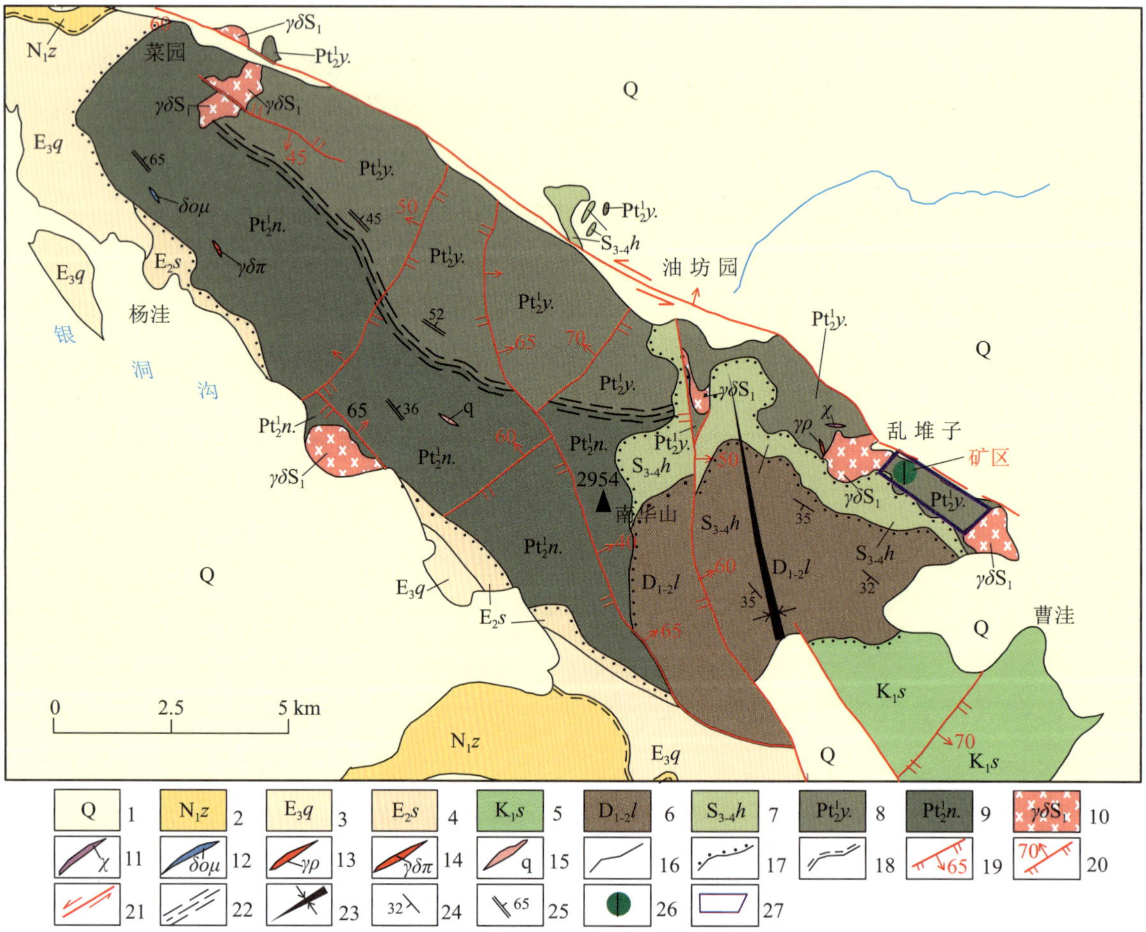

图 9-1 海原县乱堆子冶镁白云石大理岩矿区域地质图

（据宁夏回族自治区地质调查院，2017）

1—第四系；2—新近系彰恩堡组；3—古近系清水营组；4—古近系寺口子组；5—白垩系三桥组；6—泥盆系老君山组；7—志留系旱峡组；8—长城系园河岩组；9—长城系南华山岩组；10—早志留世花岗闪长岩；11—煌斑岩脉；12—石英闪长玢岩脉；13—花岗闪长斑岩脉；14—花岗伟晶岩脉；15—石英脉；16—整合地质界线；17—角度不整合界线；18—平行不整合界线；19—正断层；20—逆断层；21—正走滑断层；22—韧性剪切接触界线；23—向斜；24—地层产状；25—片理产状；26—白云石大理岩矿床；27—矿区位置

矿区位于北祁连早古生代造山带东部南-西华山复背斜东北翼。由于多次构造及岩浆活动，导致该区构造较为复杂，造成柔性岩层中的小型褶曲发育。区域断裂构造较为发育，以北西向断裂为主，北东向次之。南华山岩组与园河岩组间形成规模较大北西向韧性剪切带。

区内岩浆岩较发育，有早志留世花岗闪长岩、煌斑岩脉、石英闪长玢岩脉、花岗闪长斑岩脉、花岗伟晶岩脉及石英脉。

海原岩群为一套具绿帘角闪岩相的区域变质岩系，主要岩石类型有云母片岩、石英片岩、绿片岩、白云石大理岩、方解石大理岩、石英岩、角闪质岩等，以片岩和大理岩最为发育。其中，云母片岩、石英片岩、石英岩、白云石大理岩、方解石大理岩及石英岩主要发育在园河岩组中，原岩为正常沉积岩岩类；绿片岩、角闪质岩，主要发育在南华山岩组下部，原岩大部分属基性火山岩，少数为基性次火山岩。

2. 矿区地质

矿区出露地层为长城系园河岩组：自下而上分为大理岩组、方解片岩组、云母片岩组、硅质大理岩组、绿色片岩组。以白云石大理岩为主，由灰白色、深灰色中厚-厚层大理岩、含云母大理岩、硅质白云质大理岩夹二云石英片岩、钠长绿帘绿泥片岩、含碳质白云母石英片岩、白云母片岩组成。厚度大于 1467 m。其中部分大理岩已成为白云石大理岩，大理岩均属镁质，CaO/MgO=1.2~2.5，绝大部分在 1.5 左右，构成冶镁白云石大理岩矿层。白云石大理岩，岩石多呈灰白色，厚-巨厚层状。

矿区位于油坊园向斜东北翼，向斜核部由中-下泥盆统石峡沟组构成，两翼不对称。断裂构造较发育，大致为三组断裂：北西向逆冲断层，为南、西华山北缘深大断裂，倾向南西，倾角 65°；近南北向逆冲断裂，倾向西，倾角 39°~70°，对矿体具有破坏作用；北东向断裂规模较小，对矿体影响不大。

区内岩浆岩较发育，早志留世花岗闪长岩分布在矿区西北和东南，称为乱堆子花岗闪长岩体（出露面积 0.97 km^2）和曹洼花岗闪长岩体（出露面积 0.79 km^2），均呈小岩株状侵位于蓟县系园河岩组中。乱堆子岩体围岩局部有微弱铜矿化显示，曹洼岩体南部被第四系严重覆盖，西侧外接触带白云石大理岩发育宽约 14 m 的接触变质带，形成黄灰色金云母透闪石角岩、石榴子石透闪石角岩、透闪石化白云石大理岩。

区内变质岩主要为白云石大理岩、方解石大理岩等。白云石大理岩主要有细粒白云石大理岩、硅质条带白云石大理岩、（含）硅质白云石大理岩、硅质钙质白云石大理岩、（含）镁质方解石大理岩、含白云母方解石大理岩、含石墨方解石大理岩等。据化学成分计算，白云石含量 36.09%~98.52%，方解石含量 0.66%~25.63%。常含多寡不等的粒柱状、条带状石英，时含少许白云母、石墨。方解石大理岩几乎全部分布于园河岩组以上的层位中，岩石一般呈灰白色、浅灰色，中-巨厚层状。所含方解石、白云石分别为 40.11%~86.49%和 4.17%~25.97%。

3. 矿体特征

矿层赋存于园河岩组下部青灰色白云石大理岩中，含矿 4 层，呈北西向展布，矿层呈不稳定层状或透镜体状产出。主矿层长度 300 m，宽度 76 m，厚度 62 m，埋深 50 m。倾角 45°~70°。白云石大理岩主要赋存在方解石大理岩下部，呈过渡特征（图 9-2；表 9-2）。

表 9-2 海原县乱堆子冶镁白云岩矿矿体特征表

矿体编号	赋存位置	形态	规模/m			矿体产状
			长度	宽度	厚度	
G-1	第二岩段	层状	300	62	25~76	矿体南北向，倾向西南，倾角 45°~70°
G-2	第三岩段	层状	170	42~60	20~50	矿体南北向，倾向南西，倾角 40°~70°
G-3	第五岩段	透镜状	140	30		矿体南北向，倾向 225°，倾角 30°~47°
G-4	第一岩段	透镜状	46	14		矿体南北向，规模小，露头条件差

4. 矿石特征

矿石类型主要有白色及浅灰色块状细粒白云石大理岩，青灰色厚层状细-微粒白云石大理岩和深灰色中厚层状细粒和条带状细粒碎裂白云石大理岩。矿石具自形粒状变晶结构，致密块状构造。矿石组合为白云石含量大于 98%，次为白云母、石英。白云石粒径在 0.03~0.8 mm 之间，以 0.1~0.15 mm 为主。化学成分：MgO 21.20%~21.78%、CaO 29.57%~30.09%、SiO_2 0.75%~1.43%、Fe_2O_3 0.15%~0.3%、Al_2O_3 0.27%~0.45%、Na_2O+K_2O 0.05%~0.07%。

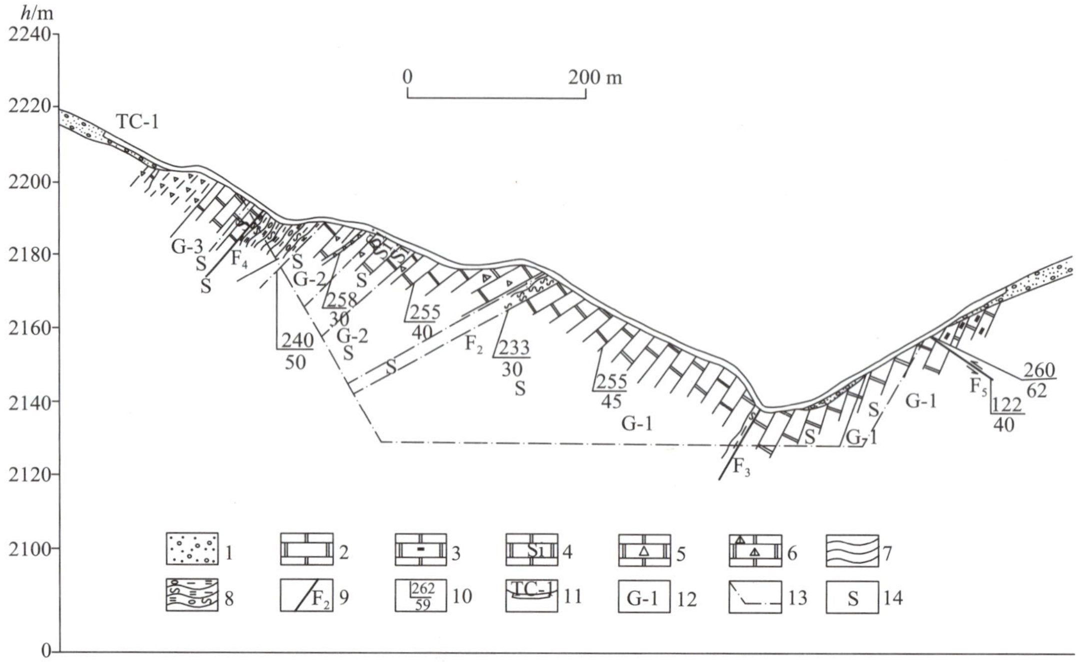

图 9-2　乱堆子冶镁白云岩矿 Ⅰ-Ⅰ′ 剖面图

（据宁夏回族自治区地质矿产局区域地质调查队，1989，有修改）

1—第四系坡、残积物；2—中厚层白云岩；3—含石墨白云石石英片岩；4—含硅质白云岩；5—碎裂状白云岩；6—青灰色厚层状白云岩压碎岩；7—绿泥二云片岩；8—含砾绿泥二云母片岩；9—断层及编号；10—产状；11—探槽位置及编号；12—矿体编号；13—矿体界线及露采边界线；14—矿体

乱堆子冶镁白云岩矿产出的矿石质量较佳，无论是作为冶镁白云岩矿石或作为生产碳酸镁及氧化镁的矿石，均符合质量要求（图 9-3）。

图 9-3　乱堆子冶镁白云岩矿矿石

（向连格摄，2017）

5. 资源量

截至 2017 年底，乱堆子冶镁白云岩矿经宁夏回族自治区国土资源厅备案的累计查明矿石资源储量（2M22+333）为 173. 694×10^4 t，保有资源储量 40. 006×10^4 t。

6. 成矿阶段划分

早期形成高镁碳酸盐岩沉积，后经区域变质作用形成白云石大理岩。

7. 矿床类型

乱堆子冶镁白云岩矿床属次深海化学沉积受变质型冶镁白云石大理岩矿床。

8. 成矿机制和成矿模式

成矿物质来源：中元古界长城系海原岩群为一套基性火山岩-沉积建造。火山活动带来大量金属镁离子，溶解在海水中，使海水中镁离子浓度增高，长城纪沉积碳酸盐泥，随着地壳的下降，碳酸盐泥进入深埋藏环境，在此环境中方解石发生白云岩化作用，形成白云岩；变质作用：碳酸盐岩经区域变质作用，形成白云石大理岩；岩浆热液作用：志留纪中酸性岩侵入活动，接触交代作用，形成白云石大理岩蚀变带（表 9-3）。

表 9-3　宁夏南华山乱堆子冶镁白云石大理岩矿床成矿模式表

成矿要素	描述内容
基本特征	沉积变质型冶镁白云石大理岩矿床
区域地质背景	位于北祁连东段南、西华山长城系海原岩群园河岩组富镁碳酸盐岩沉积建造
成矿地质环境	长城纪沉积纯钙碳酸盐岩沉积后，经区域变质作用形成白云石大理岩
矿石类型	白云石大理岩
矿物组合	矿石组合为白云石、方解石，有少量透闪石，局部含微量白云母、金云母或土状石墨小点
结构构造	矿石显花岗变晶结构，块状、条带状构造
成矿作用	原始沉积碳酸盐，经区域变质形成富镁白云石大理岩
围岩蚀变	矿层赋存于方解石大理岩下部，呈过渡特征
成矿物理化学条件	造山运动-强应力挤压-中低温-区域变质
矿床成因机制	原始沉积高镁碳酸盐岩，经区域变质，形成白云石大理岩。白云石大理岩的形成与裂谷发展中的火山岩作用及绿泥角闪片岩有成因的联系。镁离子可能来源于火山岩
找矿标志	大理岩带

9. 找矿标志

青灰色白云石大理岩、含白云母方解石大理岩、含石墨方解石大理岩。

二、化学沉积型冶镁白云岩矿床

（一）蓟县纪冶镁白云岩矿床

蓟县纪冶镁白云岩矿床矿体赋存于蓟县系王全口组中上部，其岩性以硅质条纹、条带、团块状白云岩为主，夹质纯的白云岩。本组是宁夏白云岩的主要赋存层位，特别是冶镁用的优质白云岩。青龙山地区蓟县系按岩性特征大致分为 6 个岩性段，矿层集中赋存于王全口组第四、五、六岩段，含矿 3~6 层，最多可达 9 层，最长可达 10 余千米，矿层单层厚度 1.5~6.01 m，总厚度 1~19 m（代表性有青龙山冶镁白云岩矿床）；贺兰山地区矿层总厚度 10 m 左右，各矿层间距 1~11 m（代表性有大挺沟冶镁白云岩矿床、干沟冶镁白云岩矿床和王全口冶镁白云岩矿床）；宁夏南部蓟县系零星分布于云雾山、黑山子、峁头上、马家石沟一带，沿深切沟谷、山梁零星出露。为一套稳定的浅海相硅质碳酸盐沉积。按岩性特征进一步划分为上下两个岩段。冶镁白云岩矿层主要赋存在上岩段地层中。该区北起耿家腰岘，南至云雾山，西抵炭山，东到寨科，发现多处矿点、矿化点，在峁头上发现小型冶镁白云岩矿床 1 处，矿层厚 50 余米。

1. 典型矿床：同心县韦州青龙山冶镁白云岩矿床

青龙山冶镁白云岩矿床位于宁夏东部青龙山地区，行政区划隶属吴忠市同心县韦州镇和盐池县萌城乡，矿区交通方便。

矿区北起青龙庙北，南至娘娘庙南，南北长 25 km（宁夏境内），宽 1~2 km，面积约 25 km^2，包括青龙山东道梁北段冶镁白云岩矿床、青龙山中段冶镁白云岩矿床、青龙山李家新庄-童家慢坡冶镁白云岩矿床、青龙山东道梁南段冶镁白云岩矿床和石湾沟南冶镁白云岩矿床。矿区内岩石裸露、交通方便，北部太阳山能源丰富，有利于矿山开发。

青龙山白云岩矿的地质调查始于1960年，由宁夏回族自治区地质局宁南地质队勘查，当时仅限于中古生界寒武系和奥陶系中寻找；进入20世纪80年代，宁夏回族自治区地质局研究所开展了“宁夏主要非金属矿产开发利用研究”工作，查阅了大量资料，认为青龙山蓟县系有找到符合冶镁要求的白云岩；1987年，宁夏回族自治区地质矿产局地质研究所在青龙山地区进行了地质普查，首次认定蓟县系冶镁白云岩，提交了《青龙山区冶镁白云岩初步调查报告》；1988年，宁夏回族自治区地质局研究所进行矿床勘探和经济评价工作，1989~1991年提交了《宁夏同心县青龙山中段冶镁白云岩矿床地质勘探报告》和《宁夏盐池县娘娘庙冶镁白云岩矿床地质普查报告》（青龙山南段）；1995~1996年，宁夏回族自治区地质局矿产地质调查所对青龙山地区进行普查，提交了《宁夏同心、盐池县青龙山冶镁白云岩矿床普查报告》；2003~2004年，宁夏回族自治区地质调查院（原区域地质调查队）对青龙山中段进行了详查；2011~2012年，宁夏回族自治区国土资源厅先后对青龙山北段杜家圈南、中段李家新庄、石过顶、道座子、童家慢坡5个冶镁白云岩勘查区块详查；1988年，宁夏回族自治区地质研究所委托郑州轻工研究所和东北工学院，对青龙山冶镁白云岩矿石进行了皮江法和硅热法炼镁实验。得出结论：青龙山冶镁白云岩矿石杂质含量少，纯度高，质量均一，煅烧后研磨性好，化学活性高，是理想的冶镁原料。不但可用皮江法炼镁工艺要求而且满足半连续硅热法炼镁工艺要求，是一种适应性广泛的炼镁原料。

（1）区域地质

青龙山冶镁白云岩矿床地层属华北地层区（$Ⅲ_4$）、鄂尔多斯西缘地层分区（$Ⅲ_4^1$）、桌子山-青龙山地层小区（$Ⅲ_4^{1-2}$）。大地构造位置位于柴达木-华北板块（Ⅲ）、华北陆块（$Ⅲ_5$）、鄂尔多斯地块（$Ⅲ_5^1$）、鄂尔多斯西缘中元古代—早古生代裂陷带（$Ⅲ_5^{1-1}$）。所属成矿区带为鄂尔多斯西缘（陆缘坳褶带）Fe-Pb-Zn-磷-石膏-芒硝成矿带（Ar_3；Pt；Pz；Kz）（Ⅲ-59）、陶乐-彭阳冲断带煤（气）-石灰岩-白云岩成矿亚带（Ⅳ-59③）。所属矿床成矿系列为与中元古代沉积-变质作用有关的铁、硅石、白云石大理岩、砚石矿床成矿系列（2-Pt_2-S（M））。根据山体自然地理特征分为东道梁和西道梁，出露地层由老到新有：上古生界蓟县系王全口组（Pt_2^2w），震旦系兔儿坑组与正目关组并层（Pt_3^3t-z），古生界下寒武统五道淌组—苏峪口组（ϵ_1s-w），中寒武统陶思沟组（ϵ_2t）、胡鲁斯台组（ϵ_2h），中-上寒武统阿不切亥组（$\epsilon_{2-3}a$），下奥陶统大南池组（O_1d），中-下奥陶统天景山组（$O_{1-2}t$），中奥陶统克里摩里组（O_2k），上奥陶统乌拉力克组（O_3w），上石炭统—下二叠统太原组（C_2P_1t），中二叠统下石盒子组（P_2x），中-上二叠统上石盒子组（$P_{2-3}s$），上二叠统孙家沟组（P_3sj），中三叠统二马营组（T_2e），新生界中新统彰恩堡组（N_1z）、保德组（N_1b）和第四系（Q）（图9-4）。

矿区位于青龙山复背斜西翼，该复背斜是一个不完整的南—北向复背斜构造。大体出露在青龙山偏东地区，倾伏端在北部的太阳山附近，西邻韦州复向斜，东邻惠安堡复向斜。青龙山复背斜呈南北向展布，长45 km，宽5 km，核部由蓟县系硅质条带白云岩组成，往西依次出露有震旦系、寒武系和奥陶系。断裂构造不甚发育，无岩浆岩出露。

（2）矿区地质

青龙山呈南北窄长带状分布，地层走向近南北。出露地层主要有蓟县系、震旦系、寒武系—奥陶系，新生界分布于山体两侧及沟谷中。蓟县系王全口组是含矿地层，总厚度778 m（未见底），属浅海潮坪相高镁碳酸盐沉积。据岩性、岩相组合特征，王全口组可划分为6个岩段。

第一岩段：为浅灰色-深灰色中-厚层含硅质条带白云岩、硅质团块白云岩夹数层中厚层白云岩，其中三层为冶镁白云岩矿层。该岩段未见底，厚度大于216.34 m。

第二岩段：下部为浅紫红色中-厚层硅质白云岩，含少量的硅质团块及不连续硅质条带。上部为灰白色、浅黄肉红色（风化后呈土黄色）中-厚层含硅质白云岩。局部夹薄层含硅质条带白云岩。该

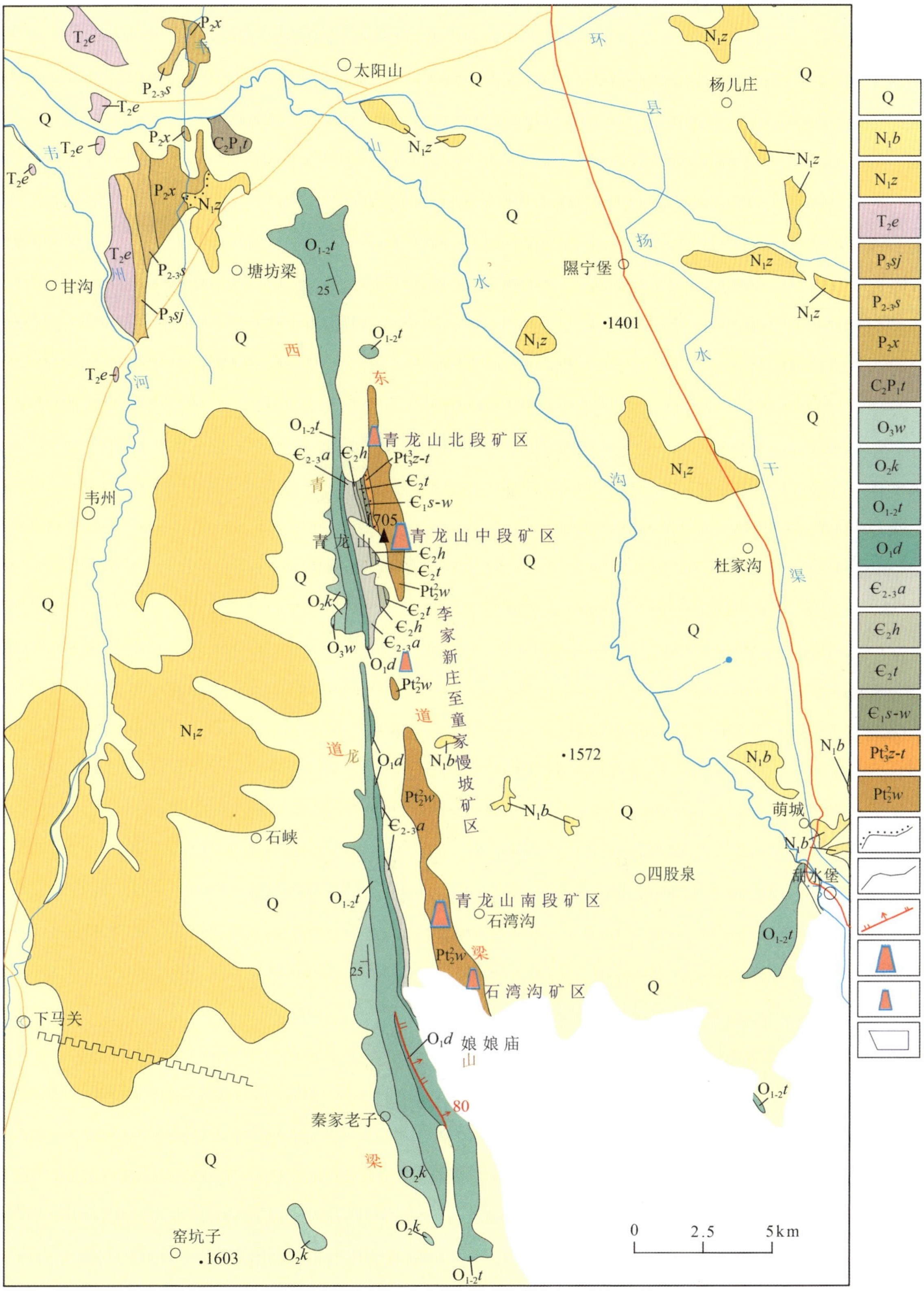

图 9-4　青龙山冶镁白云岩矿区域地质图

1—第四系；2—中新统保德组；3—中新统彰恩堡组；4—中三叠统马家营组；5—上二叠统孙家沟组；6—中-上二叠统上石盒子组；7—中二叠统下石盒子组；8—上石炭统—下二叠统太原组；9—上奥陶统乌拉力克组；10—中奥陶统克里摩里组；11—中-下奥陶统天景山组；12—下奥陶统大南池组；13—中-上寒武统阿不切亥组；14—中寒武统胡鲁斯台组；15—中寒武统陶思沟组；16—下寒武统五道淌组—苏峪口组；17—新元古界震旦系正目关组；18—中元古界蓟县系王全口组；19—角度不整合界线；20—整合地质界线；21—正断层；22—中型冶镁白云岩矿床；23—小型冶镁白云岩矿床；24—矿区范围

岩段以独特的颜色和不含或含少量硅质团块、硅质条带为特征，构成矿区的标志层之一。厚度52.05 m。

第三岩段：岩性为浅灰色-深灰色薄-中层含硅质条带（条纹）白云岩、含硅质团块白云岩夹中层白云岩，局部达冶镁白云岩矿层，但矿层沿走向变化较大，连续性差，常相变为含硅质团块白云岩。厚度44.75 m。

第四岩段：主要含矿岩段，在矿区的北段连续出露于青龙山东道梁的东坡，中南段多数地段被第四系覆盖而断续出露。南北沿走向出露长度20余千米，厚度101.36 m。该岩段总厚度21.50~30.29 m。按岩性的组合特征，可分上、中、下三部分。下部为深灰色中-厚层硅质条带白云岩夹灰-深灰色厚层白云岩，夹2层冶镁白云岩矿层（A_1、A_3），其硅质条带白云岩以具较宽的条带（宽5~10 cm）或含较大硅质团块（直径10 cm左右）为明显特征。中部为灰-深灰色薄-中层硅质条带白云岩与灰白-深灰色厚层白云岩互层，产5层冶镁白云岩矿层（B_1、B_2、C_1、C_2、C_3）。上部为灰色薄-中层硅质条带白云岩夹灰白色厚层白云岩、含2层冶镁白云岩矿层（C_4、C_5）。其顶部以较为特征的揉皱状硅质条带白云岩与第五岩段分界。

第五岩段：下部灰色中层硅质条带白云岩为主，夹中层硅质条纹白云岩及白云岩；中部灰色中层硅质条带白云岩与中厚层白云岩互层，单层厚度0.5~1 m。上部灰色中层硅质条纹白云岩为主，夹中厚层硅质条带白云岩及白云岩。厚度174.25 m。

第六岩段：南段连续出露，层位稳定。中段断续出露。与上覆震旦系正目观组呈角度不整合接触。岩性为浅灰色薄-中层硅质条带、硅质团块白云岩夹中层白云岩。硅质条带宽度0.5~10 cm，硅质团块呈结核状，大约15 cm×5 cm×3 cm。底部以密集锯齿状硅质条带白云岩与第五岩段分界，中部夹有不稳定的冶镁白云岩矿层。厚度190.15 m。

（3）矿体特征

矿层赋存在王全口组第四、第五、第六岩段，大于1.5 m的矿层共计13层。其中第四岩段为主要含矿岩段，含A_1、A_3、B_1、B_2、C_1—C_5共9层主要冶镁白云岩矿层。第五、第六岩段含可采矿层2~3层，厚度1.50~2.60 m，其稳定性稍差，沿走向常因硅质增高而变薄或尖灭。A_1、A_3、B_1、B_2、C_1—C_5这9个主要工业矿层，自青龙山东侧北段至南端长20余千米。各矿层均呈规则、稳定的层状，沿走向厚度变化较小，变化系数除A_3矿层外，均小于42%，属厚度稳定型。走向157°~175°，倾角30°~57°。9个主要矿层单层厚度1.74~6.48 m，一般均大于5 m，B_2矿层最厚达6.48 m，平均厚度5.74 m。A_1、A_3、B_1、C_1、C_3、C_5一般厚度均在2 m以上。C_3矿层最薄，厚度1.65~2.25 m，平均1.90 m。9个矿层总厚度21.56~30.29 m，平均厚度25.29 m。

（4）矿石特征

根据矿石的颜色、白云石结晶粒度，分为浅灰色致密块状泥晶-微晶白云岩和深灰色、部分黑灰色致密块状微晶-粉晶白云岩两种自然类型。浅灰色致密块状泥晶-微晶白云岩，为矿床的主要矿石类型，见于主矿层B_2、C_1—C_5及部分A_1矿层。矿石一般呈浅灰色、灰白色及浅肉红色，具泥晶-微晶结构，显微层状、块状构造。矿石主要由白云石组成，含量达98%~99%，有微量石英、粘土质及氧化铁的混入物。白云石颗粒变化较大，从泥晶至细晶均可见到，但多在0.0~0.05 mm之间，大部分为块状构造，少部分微层状构造，由微晶和泥晶白云石颗粒组成集合体，二者呈层状分布，形成显微层状构造；深灰色块状微晶-粉晶白云岩，见于A_3、B_1矿层及B_2底部，局部A_1矿层。矿石一般呈深灰色，部分黑灰色，微晶-粉晶结构，块状构造。矿石主要由白云石组成，含量达99%，含微量石英及氧化铁。白云石多呈微晶状集合体，有少量再结晶作用和后生作用形成的粉晶白云石。

以上两种矿石类型，化学成分差异很小，技术加工性能相同，属同一工业类型，均为质量甚佳的致密块状冶镁白云岩矿石（图9-5，图9-6）。

矿石的矿物组分简单，矿石矿物为白云石。有害矿物为粘土、褐铁矿（呈黄铁矿假象或粉末状）和石英等，含量甚微。偶见方解石及玉髓。

矿石呈致密块状构造，偶见显微层状构造。其结构有变余泥晶结构和微晶-粉晶结构，后者粒度多在 0.01~0.05 mm 之间，小部分在 0.05 mm 以上，个别达 0.25 mm。重结晶白云石的数量大多在 50%左右。

图 9-5　青龙山东道梁南段石湾沟南冶镁白云岩矿采矿巷道
（向连格摄，2017）

图 9-6　青龙山东道梁南段石湾沟南冶镁白云岩矿冶镁白云岩矿石
（向连格摄，2017）

矿石的化学成分主要为 MgO、CaO、SiO_2、Al_2O_3、Fe_2O_3、K_2O、Na_2O 等。各矿层有益组分 MgO 含量均较高，在 21.15%~22.80%之间，平均 21.76%；CaO 含量在 29.56%~31.34%之间。有害组分 SiO_2 含量 0.10%~1.20%，Al_2O_3 0.02%~0.43%，平均 0.06%；Fe_2O_3 0~0.24%，平均 0.11%；K_2O 0~0.08%，平均 0.011%；Na_2O 0.003%~0.13%，平均 0.015%。CaO/MgO（摩尔比）1.01。矿石有益组分含量高，有害组分含量低，是优质的冶镁白云岩。

（5）资源储量

截至 2017 年底，青龙山地区经宁夏回族自治区国土资源厅备案的累计查明镁矿资源储量（111b+122b+332+333）为 7960.19×10^4 t，保有资源量 7447.56×10^4 t。

（6）成矿阶段划分

青龙山地区镁矿床分为两个成矿阶段：早期形成泥晶-微晶白云岩，白云石颗粒变化较大，从泥晶至细晶均可见到，但多在 0.01~0.05 mm 之间，白云石含量达 98%~99%，有微量石英、粘土质及氧化铁混入物，大部分为块状构造，少部分微层状构造，由微晶和泥晶白云石颗粒组成集合体；后期形成微晶-粉晶白云岩，白云石多呈微晶状集合体，白云石含量达 99%，仅含微量石英及氧化铁，有少量重结晶作用和后生作用形成的粉晶白云石。

（7）矿床类型

青龙山镁矿床为化学沉积型冶镁白云岩矿床。

（8）成矿机制和成矿模式

成矿机制：中元古代蓟县纪，海侵范围缩小，海水流通性不好，以潮汐作用为主，呈现半封闭陆表海、潮坪沉积环境。当时气候温暖，海水含盐度高，水体较浅，藻类繁盛，为白云岩矿层形成提供了良好的古地理环境。同时，西部的阿拉善和东部的鄂尔多斯古陆为本区提供了丰富的硅镁及钙质来源。陆源大量的 SiO_2、Mg、Ca 等成矿物质经地表水迁移到海水中，由于海水被局限，在气候干燥的蒸发条件下，海水不断萎缩咸化，海水大量蒸发，导致盐度及镁离子浓度升高，加之海藻类微生物的代谢活动，呈现清水碳酸盐台地逐渐沉淀形成原生富镁白云岩（萨布哈模式）。另一种情况，浅海沉积了大量碳酸盐岩，海水携带了大量的 Mg^{2+}，渗透到灰岩地层中，为方解石发生白云岩化提供了充足的离子来源，导致碳酸盐岩地层被交代产生后生富镁白云岩。

地质环境中白云石化所需 Mg^{2+} 主要来源于成岩流体、岩浆岩及其他固体矿物和生物，这些 Mg^{2+} 经特定的流体动力学机制交代方解石中的 Ca^{2+} 使之转化为白云石。

白云岩的形成：化学沉积-白云岩化-重结晶三个阶段。

成矿模式：贺兰裂谷稳定沉陷，自南向北海侵，接受滨岸碎屑岩至浅海台地相高镁碳酸盐沉积，富含 Mg^{2+} 的海水被局限，在鄂尔多斯盆地西缘青龙山-云雾山一带形成一个南北向沉积中心，为局限台地潮坪（潮间潟湖）相。海水流通不畅，水浅且清澈，钙藻大量的繁殖，在干旱炎热的气候背景条件下，海水不断缩小咸化，蒸发沉积了范围广、厚度大、层位稳定的以白云岩为主的高镁碳酸盐岩建造——王全口组，局部形成优质的大-特大型冶镁白云岩、熔剂白云岩矿床（表 9-4）。

（9）找矿标志

蓟县系地层和"千层饼"状硅质条纹白云岩与白云岩。

表 9-4　宁夏青龙山冶镁白云岩矿床成矿模式表

成矿要素	描述内容
基本特征	浅海相沉积型冶镁白云岩矿床
区域地质背景	位于鄂尔多斯西缘中元古界蓟县系王全口组富镁和富含叠层石碳酸盐岩沉积建造
成矿地质环境	蓟县纪祁连海自南向北海侵，鄂尔多斯地块西缘海盆地接受滨岸碎屑岩至浅海台地相高镁富含叠层石碳酸盐沉积。矿区处于浅海局限台地边缘潮坪（潮间潟湖）环境
矿石类型	两种：①致密块状泥晶-微晶白云岩，为矿床的主要矿石类型，矿石一般呈浅灰色、灰白色及浅肉红色，具泥晶-微晶结构，显微层状、块状构造；②块状微晶-粉晶白云岩，矿石一般呈深灰色，部分黑灰色，微晶-粉晶结构，块状构造
矿物组合	主要为白云石，少量方解石
结构构造	泥晶-微晶-粉晶结构，致密块状、条带状构造
成矿作用	原始沉积白云岩、同生沉积白云岩、局部交代白云岩
围岩蚀变	硅质条带（1~3 cm）、硅质条纹（1~5 mm）白云岩，平行互层状产出，呈"千层状"。薄层泥质白云岩
成矿物理化学条件	干旱炎热-清水-阳光充足-钙藻类大量繁殖，海水咸化（pH 值大于 7.8，SiO_2 浓度大于 120×10^{-6}）蒸发沉积
矿床成因机制	海水携带大量 Mg^{2+}，在局限台地潮坪（潮间潟湖）环境和干旱炎热的气候背景条件下，海水不断缩小咸化，蒸发沉积了范围广、厚度大、层位稳定的白云岩矿
成矿系列	鄂尔多斯西缘横山-青龙山-云雾山中元古代—中生代煤（气）、白云岩、石灰岩、石油（气）成矿区系列
找矿标志	蓟县纪硅质条带、条纹白云岩及燧石条带状白云岩

2. 重要矿床：固原市原州区炭山乡峁头上冶镁白云岩矿床

炭山乡峁头上冶镁白云岩矿区位于宁夏南部，距固原市原州区北北东方向约 43 km 处，行政区划属固原市原州区炭山乡。

1965 年，1∶20 万地质测量时，在炭山乡峁头上地区蓟县系地层中发现了马家石沟、吊岭渠、稍沟湾、阴石峡、蟠龙坡 5 处白云岩矿点，但一直未做详细工作，当地将白云岩作为石料进行开采。2010~2011 年，宁夏回族自治区根据"513"计划，宁夏矿业开发公司对宁夏固原市黑山子-云雾山地区冶镁白云岩矿进行普查，在勘查区中部发现了峁头上冶镁白云岩矿床，提交了《宁夏固原市黑山子-云雾山地区冶镁白云岩矿普查总结》。

（1）区域地质

峁头上冶镁白云岩矿床地层属华北地层区（$Ⅲ_4$）、鄂尔多斯西缘地层分区（$Ⅲ_4^1$）、桌子山-青龙山地层小区（$Ⅲ_4^{1-2}$）。大地构造位置位于柴达木-华北板块（Ⅲ）、华北陆块（$Ⅲ_5$）、鄂尔多斯地块（$Ⅲ_5^1$）、鄂尔多斯西缘中元古代—早古生代裂陷带（$Ⅲ_5^{1-1}$）。所属成矿区带为鄂尔多斯西缘（陆缘坳褶带）Fe-Pb-Zn-磷-石膏-芒硝成矿带（Ar_3；Pt；Pz；Kz）（Ⅲ-59）、陶乐-彭阳冲断带煤（气）-石灰岩-白云岩成矿亚带（Ⅳ-59③）。所属矿床成矿系列为与中元古代沉积-变质作用有关的铁、硅石、白云石大理岩、砚石矿床成矿系列（2-Pt_2-S（M））、鄂尔多斯地块蓟县纪沉积作用有关的白云岩矿床成矿亚系列（$Ⅲ_5^1$-Pt_2-S-2）。区域出露地层由老至新主要有：长城系黄旗口组（Pt_2^1h），蓟县系王全口组（Pt_2^2w），中寒武统陶思沟组（ϵ_2t）、胡鲁斯台组（ϵ_2h），中-上寒武统阿不切亥组（$\epsilon_{2-3}a$），中-下奥陶统天景山组（$O_{1-2}t$）（原称马家沟组），中侏罗统延安组（J_2y），下白垩统宜君组（K_1y），古近系寺口子组（E_2s）、清水营组（E_3q），新近系彰恩堡组（N_1z）及第四系（Q）（图 9-7）。

（2）矿区地质

矿区出露的地层有：蓟县系王全口组，寒武系陶思沟组、胡鲁斯台组，白垩系宜君组，新近系彰恩堡组，第四系马兰组、冲洪积层等。

蓟县系王全口组为含矿地层，依岩性划分为上、下两个岩段。

下岩段（$Pt_2^2w^a$）：分布在矿区的中部马渠和南部校场西川的沟谷中零星出露，岩性为灰色、灰黑色厚层块状含硅质条带白云岩夹肉红色薄层白云岩和紫红色砂岩、泥质粉砂岩，多含灰黑色、灰白色燧石条带及结核。出露厚度 106 m。

上岩段（$Pt_2^2w^b$）：冶镁白云岩矿层主要赋存在该岩段地层中。分布于矿区中部的峁头上和北部马家石沟老虎沟以东沟谷中。该岩性可分为 4 个岩性层。可见厚度 744.1 m。冶镁白云岩矿层主要赋存于第二、第四岩性层中。在峁头上出露完整，组成向斜构造两翼，东翼出露较完整，西翼出露局限、零星；在马家石沟只出露第一、第二岩性层，第三、第四岩性层因断层影响而缺失。

（3）矿体特征

炭山乡峁头上冶镁白云岩矿层全部赋存于蓟县系王全口组上岩段第二和第四岩性层中，共圈定矿层 9 层，矿层编号为 B_1—B_9。B_1—B_3 矿层赋存于第二岩性层上部，B_4—B_9 矿层赋存于第四岩性层下部。矿层走向呈北东—南西向，倾向北西，倾角 20°~35°（图 9-8）。

矿层的顶、底板围岩均为含硅质条带白云岩和硅质条带白云岩，呈致密块状、厚层状和薄层状产出，硅质含量多在 5%以上，个别高达 40%左右，硅质条带和薄层状白云岩构成了条带状、条纹状构造。与矿层平行呈互层状展布，沿走向上延伸较为稳定、界限清晰。

（4）矿石特征

炭山乡峁头上冶镁白云岩矿石中的主要矿物成分为白云石，含量在 95%以上，其次为方解石，含量 1%~5%，石英等其他矿物微量。白云石粒径变化较大，多在 0.03 mm 以下，少部分在 0.03~0.10 mm 之间，重结晶和白云石粒径可达 0.10~0.38 mm。白云石呈圆形或半自形粒状镶嵌结构，方解石多为他形粒状，沿白云石颗粒间充填或散布于白云石中。矿石具隐晶-微晶质粒状变晶结构，致密块状构造为主，局部呈条纹状或叠瓦状构造。

矿石主要化学成分为 CaO、MgO，其中 CaO 含量 29.36%~31.82%，平均 30.10%；MgO 含量 19.43%~22.21%，平均 21.27%；CaO/MgO（摩尔比）为 0.97~1.05，平均为 1.01。次要矿物为 SiO_2、Fe_2O_3、Al_2O_3、K_2O、Na_2O，其中 SiO_2 含量 0.32%~1.25%，平均 0.74%；Fe_2O_3+Al_2O_3 含量 0.23%~0.92%，平均 0.54%；K_2O+Na_2O 含量 0.045%~0.116%，平均 0.072%。

依据矿石的矿物成分、结构构造等特征，将勘查区内矿石划分为两种自然类型：灰-灰白色隐晶质白云岩，主要分布在蓟县系王全口组上岩段第四岩性层下部的矿层中，呈厚层致密块状构造，节理较发育，不含硅质条带和硅质结核。矿石质量较好，为主要矿石类型。B_4—B_9 矿层由此类型矿石组成；灰-深灰色隐晶-微晶质白云岩，主要分布在蓟县系王全口组上岩段第二岩性层的矿层中，致密块状构造，节理不发育。与第四岩性层下部的矿层相比除矿石颜色较深外，质量相同。在局部地段颜色为灰黑色。B_1—B_3 矿层由此类型矿石组成。

（5）资源量

峁头上镁矿资源量（334）? 矿石量 283.36×10^4 t。该矿床属小型冶镁白云岩矿床。

3. 一般矿床（点）：银川市西夏区干沟冶镁白云岩矿床

西夏区干沟冶镁白云岩矿床位于银川市西 22 km 处的干沟梁南，属银川市西夏区管辖，矿区交通方便。

1995 年，宁夏回族自治区地质调查院对贺兰山中段干沟-苏峪口冶镁白云岩进行普查时发现并

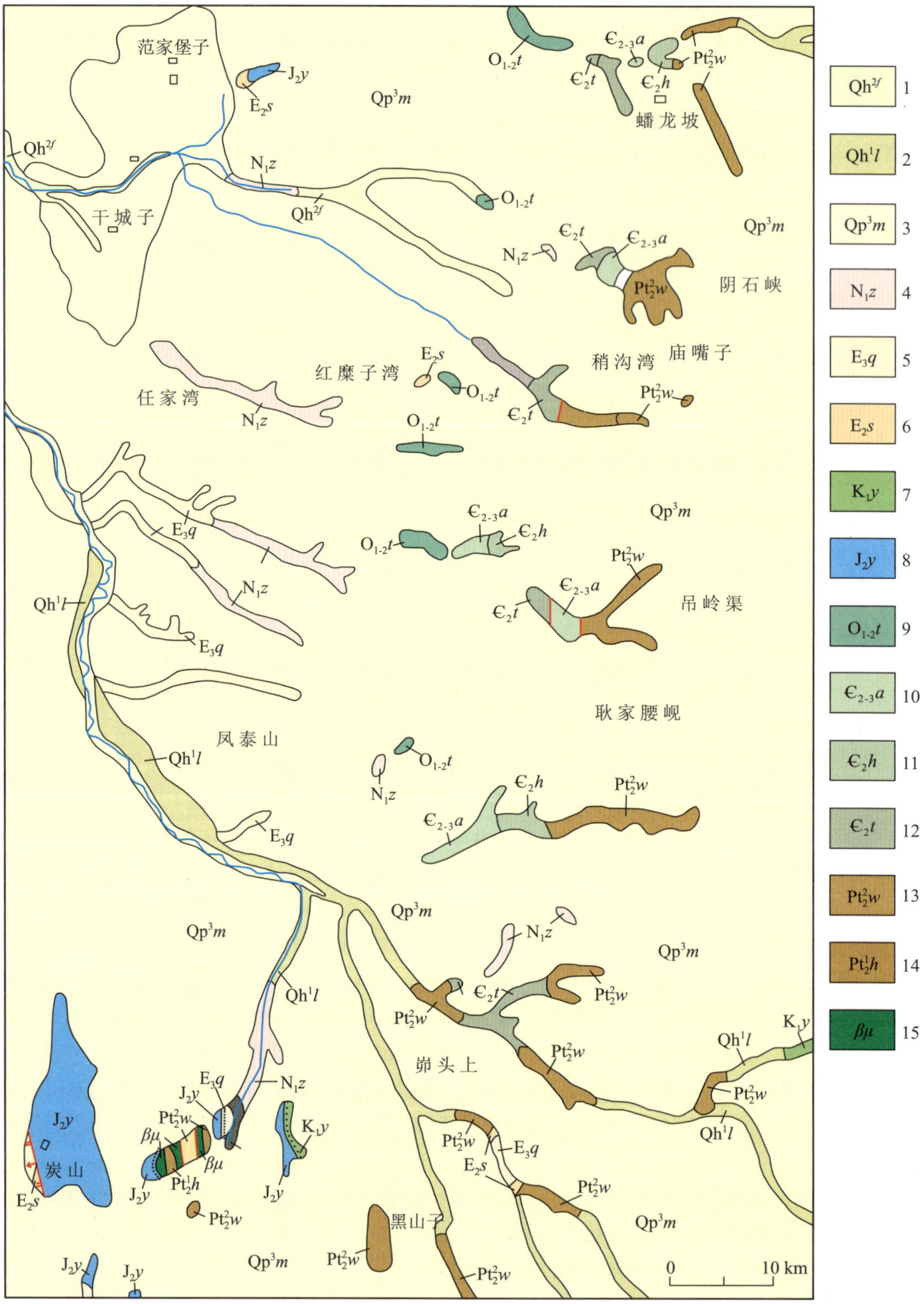

图 9-7 固原市原州区峁头上冶镁白云岩矿区域地质图

1—第四系全新统上部冲积层；2—第四系灵武组；3—第四系马兰组；4—新近系彰恩堡组；5—古近系清水营组；6—古近系寺口子组；7—白垩系宜君组；8—侏罗系延安组；9—奥陶系天景山组；10—寒武系阿不切亥组；11—寒武系胡鲁斯台组；12—寒武系陶思沟组；13—蓟县系王全口组；14—长城系黄旗口组；15—辉绿岩脉

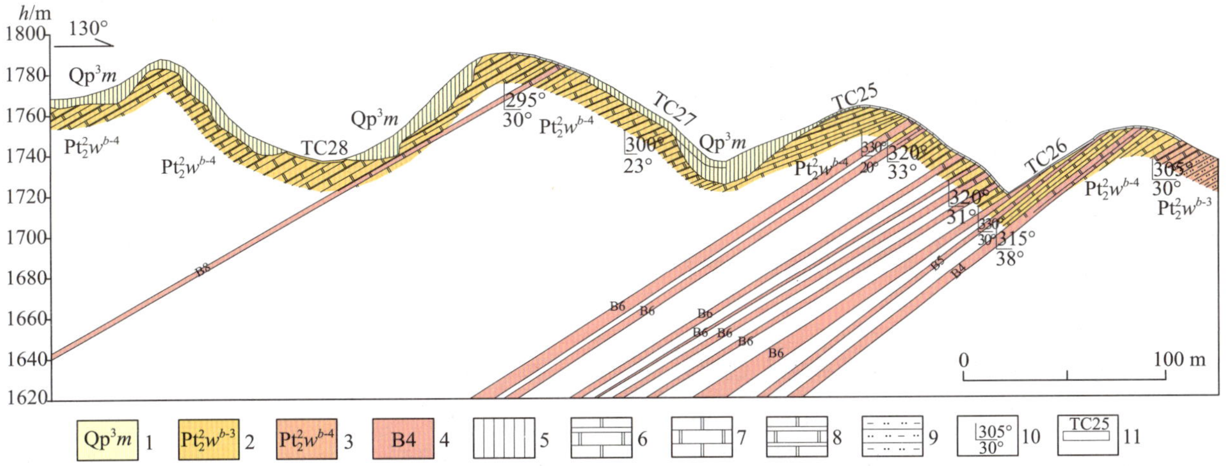

图 9-8　固原市原州区峁头上冶镁白云岩矿剖面图

（据宁夏矿业开发公司，2011，有修改）

1—第四系马兰组；2—蓟县系王全口组上段第三岩性层；3—蓟县系王全口组上段第四岩性层；4-矿层位置及编号；5—粉砂质黄土；6—含硅质条带白云岩；7—白云岩；8—硅质条带白云岩；9—泥质粉砂岩；10—产状；11—探槽位置及编号

对该矿床进行了评价，1997 年提交了《宁夏银川市贺兰山中段干沟-苏峪口冶镁白云岩地质普查报告》。

干沟冶镁白云岩矿床地层属华北地层区（Ⅲ$_4$）、鄂尔多斯西缘地层分区（Ⅲ$_4^1$）、贺兰山地层小区（Ⅲ$_4^{1-1}$）。大地构造位置位于柴达木-华北板块（Ⅲ）、华北陆块（Ⅲ$_5$）、鄂尔多斯地块（Ⅲ$_5^1$）、鄂尔多斯西缘中元古代—早古生代裂陷带（Ⅲ$_5^{1-1}$）。所属成矿区带为鄂尔多斯西缘（陆缘坳褶带）Fe-Pb-Zn-磷-石膏-芒硝成矿带（Ⅲ-59）、贺兰山褶断带 Fe-Au-Cu-煤（气）-磷-硅石-石灰岩-白云岩-粘土成矿亚带（Ⅳ-59①）。所属矿床成矿系列为与中元古代沉积-变质作用有关的铁、硅石、白云石大理岩、砚石矿床成矿系列（2-Pt$_2$-S（M））、鄂尔多斯地块蓟县纪沉积作用有关的白云岩矿床成矿亚系列（Ⅲ$_5^1$-Pt$_2$-S-2）。含矿地层为蓟县系王全口组。王全口组在该区大致分为 4 个岩性段，矿体主要赋存于三、四岩段中，其中第三岩段为主要含矿岩段，在其上部有 4 层矿，4 个矿层平均总厚度 9.17 m，单层厚度 1.64～3.16 m，厚度变化较大，矿层倾向 140°～185°∠50°～86°。矿层间夹层厚度 2.71～18.35 m，矿体受断层破坏，地表出露 130 m。各矿层特征如下（依上至下）：

Ⅰ矿层：厚度 2.64～3.16 m，平均厚度 2.90 m，走向上呈东厚西薄的趋势，与Ⅱ矿层间距为 8.80～4.32 m，平均 3.76 m。矿石呈灰白色。

Ⅱ矿层：局部硅含量较高，致使矿层不连续。矿层厚度 1.64～1.67 m，平均 1.66 m，矿层厚度背景稳定，与Ⅲ矿层间距 4.03～12.01 m，平均 8.08 m。矿石呈灰白色。

Ⅲ矿层：厚度 1.9～3.13 m，平均厚度 2.47 m，厚度变化较大，走向上由东向西呈变厚的趋势。与Ⅳ矿层间距 2.71～18.35 m，平均 9.85 m，厚度不稳定。矿石呈浅灰色。

Ⅳ矿层：厚度 1.74～2.35 m，平均厚度 2.14 m，厚度较稳定。矿石呈浅灰色。

另外，第三岩段的中下部和第四岩段中部，分别见有 2～3 层厚度在 0.85～1.40 m 较纯净的白云岩，化验分析符合冶镁白云岩工业指标。

矿石以浅灰色为主，次为灰白色，具隐晶-微晶结构，块状构造。矿石矿物成分中 98%～99%为白云石，含微量石英和铁质。白云石颗粒大部分在 0.01～0.03 mm 之间，小者小于 0.001 mm。矿石成分差异不大。矿石平均化学成分：CaO 29.52%，MgO 21.56%，SiO_2 0.047%，$Al_2O_3+Fe_2O_3$ 0.047%，Na_2O+K_2O 0.024%。

干沟冶镁白云岩矿床提交冶镁白云岩内蕴经济资源量矿石量为 26.81×10^4 t（原 D+E 级），其中，D 级储量 7.29×10^4 t，占总储量的 27.19%；E 级储量 19.52×10^4 t，占总储量的 72.81%。该矿床矿石优良，采集矿石经宁夏金属镁厂实验，在1200℃煅烧30分钟，烧裂性良好，灼减量0.36（厂家要求0.55），活性度高达34%以上，物理性能和可冶性与青龙山白云岩相当。

4. 一般矿床（点）：永宁县大挺沟冶镁白云岩矿床

永宁县大挺沟冶镁白云岩矿区位于贺兰山中段东麓，西夏区250°直线距离27 km处的大挺沟，属银川市永宁县闽宁镇（原胜利乡）管辖。矿区南8 km处S102过道通过，交通方便。

1995~1996年，宁夏地矿建设公司（原宁夏矿产地质调查所）在贺兰山中段开展冶镁白云岩矿产的地质调查工作，在大挺沟、羊粪沟、干沟等地发现符合冶镁要求的白云岩，1997年对大挺沟冶镁白云岩矿进行详查，先后提交了《贺兰山中段冶镁白云岩矿床普查报告》和《宁夏银川市大挺沟冶镁白云岩矿床详查报告》。

大挺沟冶镁白云岩矿床地层属华北地层区（$Ⅲ_4$）、鄂尔多斯西缘地层分区（$Ⅲ_4^1$）、贺兰山地层小区（$Ⅲ_4^{1-1}$）。大地构造位置位于柴达木-华北板块（Ⅲ）、华北陆块（$Ⅲ_5$）、鄂尔多斯地块（$Ⅲ_5^1$）、鄂尔多斯西缘中元古代—早古生代裂陷带（$Ⅲ_5^{1-1}$）。所属成矿区带为鄂尔多斯西缘（陆缘坳褶带）Fe-Pb-Zn-磷-石膏-芒硝成矿带（Ⅲ-59）、贺兰山褶断带Fe-Au-Cu-煤（气）-磷-硅石-石灰岩-白云岩-粘土成矿亚带（Ⅳ-59①）。所属矿床成矿系列为与中元古代沉积-变质作用有关的铁、硅石、白云石大理岩、砚石矿床成矿系列（2-Pt_2-S（M））、鄂尔多斯地块蓟县纪沉积作用有关的白云岩矿床成矿亚系列（$Ⅲ_5^1$-Pt_2-S-2）。矿区出露地层有蓟县系王全口组（Pt_2^2w），震旦系正目观组（Pt_3^3z），中寒武统胡鲁斯台组（ϵ_2h）、中-上寒武统阿不切亥组（$\epsilon_{2-3}a$），下-中奥陶统天景山组（$O_{1-2}t$）。含矿地层为蓟县系王全口组，该组在矿区大致分为上、中、下3个岩性段。矿层主要赋存于王全口组中、上部，矿区内确定冶镁白云岩矿4层，可采三层。各矿层特征如下：

K1矿层：厚度0.68~1.27 m，单独不够开采厚度。

K2矿层：长度215 m，厚度3.83~4.93 m，平均厚度4.29 m，倾向110°~130°，倾角20°~30°。矿层厚度稳定，为灰色中-厚层状白云岩。

K3矿层：长度210 m，厚度2.31~3.07 m，平均2.78 m，倾向110°~130°，倾角20°~30°。为深灰色厚层状白云岩。

K4矿层：长度203 m，厚度2.37~3.79 m，平均2.78 m，倾向110°~130°，倾角20°~30°。为灰黑色厚层状白云岩。

矿物成分主要为白云石，含量在97%上，少量石英、方解石和微量泥质、铁质。矿石属隐晶-微晶结构，致密块状构造。化学成分：MgO 20.9%~22.28%，平均21.49%；CaO 29.31%~30.54%，平均29.95%；SiO_2 0.45%~1.57%，平均1.15%；Al_2O_3+Fe_2O_3 0.15%~0.59%，平均0.39%；Na_2O+K_2O 0.011%~0.138%，平均0.076%。

截至2017年底，经宁夏回族自治区国土资源厅备案，永宁县大挺沟冶镁白云岩矿床探明冶镁白云岩矿资源储量（122b+333）矿石量为136.00×10^4 t，其中，（122b）级矿石资源量78.13×10^4 t；（333）级矿石资源量57.87×10^4 t，保有资源量136.00×10^4 t。

5. 一般矿床（点）：石嘴山市惠农区王全口冶镁白云岩矿床

石嘴山市惠农区王全口冶镁白云岩矿区位于贺兰山北段，距石嘴山市约24 km处的王全口地区。矿区可通大型车辆，交通方便。

王全口冶镁白云岩矿床地层属华北地层区（$Ⅲ_4$）、鄂尔多斯西缘地层分区（$Ⅲ_4^1$）、贺兰山地层小区（$Ⅲ_4^{1-1}$）。大地构造位置位于柴达木-华北板块（Ⅲ）、华北陆块（$Ⅲ_5$）、鄂尔多斯地块（$Ⅲ_5^1$）、鄂尔多斯西缘中元古代—早古生代裂陷带（$Ⅲ_5^{1-1}$）。所属成矿区带为鄂尔多斯西缘（陆缘坳褶带）Fe-Pb-Zn-磷-石膏-芒硝成矿带（Ⅲ-59）、贺兰山褶断带Fe-Au-Cu-煤（气）-磷-硅石-石灰岩-白云岩-粘土成矿亚带（Ⅳ-59①）。所属矿床成矿系列为与中元古代沉积-变质作用有关的铁、硅石、白云石大理岩、砚石矿床成矿系列（2-Pt_2-S（M））、鄂尔多斯地块蓟县纪沉积作用有关的白云岩矿床成矿亚系列（$Ⅲ_5^1$-Pt_2-S-2）。含矿地层为蓟县系王全口组，含矿岩系为王全口组含燧石条带白云岩夹白云岩，底部为石英砂岩。岩层产状 255°~270°∠10°~13°。矿层赋存于蓟县系王全口组中上部，含矿 3 层。A 矿层长度 300 m，厚度 10.86 m；B 矿层长度 100 m，厚度 1.75 m；C 矿层长度 200 m，厚度 1.75 m，岩层产状 255°~270°∠10°~13°，MgO 21.15%、CaO 30.15%、SiO_2 0.72%、Fe_2O_3 0.15%、Al_2O_3 0.73%、Na_2O 0.06%、K_2O 0.04%（A 矿层）。该矿床为普查，预测资源量（334）？矿石量为 98×10^4 t，属小型镁矿床。

（二）早-中奥陶世冶镁白云岩矿床

早-中奥陶世冶镁白云岩矿床含矿地层为下-中奥陶统天景山组（原称马家沟组）第一岩性段，其岩性下部为厚层白云岩、白云质灰岩；上部为厚层灰岩、泥质灰岩。矿层为下部厚层白云岩。该组在宁夏区内分布广泛，目前，仅在贺兰山中-南段发现了中、小型矿床及多处矿点、矿化点，在彭阳县发现矿点 1 处。代表性矿床有贺兰山中段永宁县井泉子小型矿床。

1. 永宁县井泉子冶镁白云岩矿床

井泉子冶镁白云岩矿区位于贺兰山中段，距银川市北西 34 km 处井泉子与大窑沟间，属银川市永宁县闽宁镇管辖。通往矿区有简易公路，交通方便。

2001 年，宁夏回族自治区矿产地质调查所对该矿进行普查，同时对外围甘沟-营盘山一带冶镁白云岩进行了调查，在天景山组中发现了倒水沟、果子坑、响石泉井东沟等冶镁白云岩矿点，并提交了《宁夏贺兰山中段井泉子冶镁白云岩普查报告》。

（1）区域地质

井子泉冶镁白云岩矿床地层属华北地层区（$Ⅲ_4$）、鄂尔多斯西缘地层分区（$Ⅲ_4^1$）、贺兰山地层小区（$Ⅲ_4^{1-1}$）。大地构造位置位于柴达木-华北板块（Ⅲ）、华北陆块（$Ⅲ_5$）、鄂尔多斯地块（$Ⅲ_5^1$）、鄂尔多斯西缘中元古代—早古生代裂陷带（$Ⅲ_5^{1-1}$）。所属成矿区带为鄂尔多斯西缘（陆缘坳褶带）Fe-Pb-Zn-磷-石膏-芒硝成矿带（Ⅲ-59）、贺兰山褶断带 Fe-Au-Cu-煤（气）-磷-硅石-石灰岩-白云岩-粘土成矿亚带（Ⅳ-59①）。所属矿床成矿系列为与早古生代沉积作用有关的铁、彩石、磷、灰岩、白云岩、板岩矿床成矿系列（3-Pz_1-S）。出露地层有：长城系黄旗口组（Pt_2^1h），蓟县系王全口组（Pt_2^2w），震旦系正目观组（Pt_3^3z），下寒武统苏峪口组（ϵ_1s）、五道淌组（ϵ_1w），中寒武统陶思沟组（ϵ_2t）和胡鲁斯台组（ϵ_2h），中-上寒武统阿不切亥组（$\epsilon_{2-3}a$），下奥陶统大南池组（O_1d），中-下奥陶统天景山组（$O_{1-2}t$），中-上奥陶统米钵山组（$O_{2-3}m$）及第四系（Q）。冶镁白云岩矿层主要赋存于下-中奥陶统天景山组下部（可能为大南池组）。

（2）矿区地质

矿区出露地层主要有中-上寒武统阿不切亥组，分布于矿区西北部，主要岩性为深灰-灰黑色中厚层鲕状灰岩，深灰色中厚层竹叶状灰岩及灰色薄层与中厚层含硅质白云岩互层等。区域上与下伏寒武系胡鲁斯台组及上覆奥陶系天景山组呈整合接触关系，在矿区多数地段与天景山组呈断层接触，厚度大于 600 m。下-中奥陶统天景山组，为含矿层，与上覆米钵山组呈平行不整合接触，为一套海相碳酸盐岩沉积，出露厚度 504.8 m。依含矿性划分为两个岩性段：第一岩性段为含矿岩段，主要岩性为灰-深灰色中厚层状含硅质团块及硅质条带白云岩夹灰色薄层含硅质白云岩及灰-深灰色灰质白云岩，该段层厚自南向北逐渐变薄，厚度 50~180 m；第二岩性段主要岩性为灰色中厚层灰岩、白云质灰岩夹中-厚层状灰质白云岩，薄层泥质条带灰岩及中厚层含硅质团块硅质条带灰岩，厚度 331.46 m。中-上奥陶统米钵山组，分布于矿区东南部，为一套灰绿色板岩、灰绿色页岩夹灰色薄层灰岩，局部地段出露有紫红色砂质砾岩，厚度大于 157 m。第四系，分布于矿区东部、东南部及沟谷中，为残、坡积物、冲洪积物及风积砂等。

矿区总体构造线呈北东向，地层总体为向南东缓倾斜的单斜岩层，倾角 25°~46°，无大的褶皱，局部仅见小褶曲。断裂构造较为发育，大致为北西向、北东向、近南北向和东西向四组断裂，对含矿地层均有破坏和控制作用（图 9-9）。

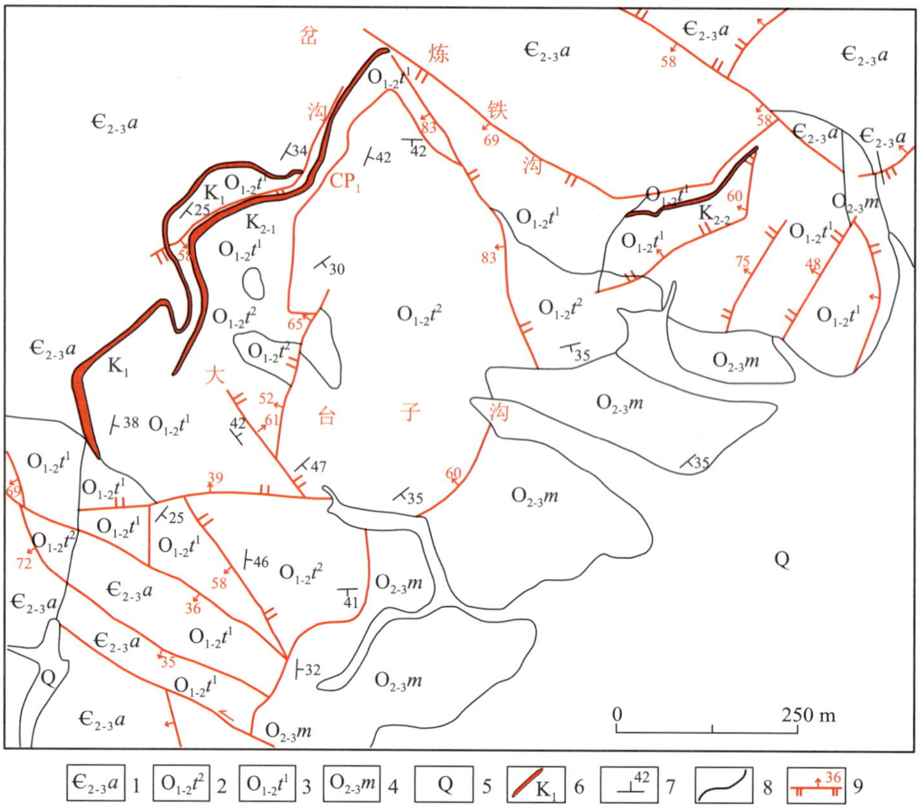

图 9-9 永宁县井泉子白云岩矿矿区地质图

（据宁夏回族自治区矿产地质调查所，2001，有修改）

1—中-上寒武统阿不切亥组；2—中-下奥陶统天景山组第二岩段；3—中-下奥陶统天景山组第一岩段；4—中-上奥陶统米钵山组；5—第四系；6—矿体及编号；7—产状；8—地质界线；9—断层

（3）矿体特征

矿体赋存于天景山组第一岩性段中，共有3个矿体，编号为K_1、K_{2-1}、K_{2-2}，矿体呈层状，北东向展布。各矿层大致呈规则稳定的层状平行排列，矿层倾向100°~145°，倾角25°~40°。K_1矿层厚度9.1~12.61 m，平均厚度10.67 m，矿层厚度较稳定，由西向东略有变薄；K_{2-1}矿层厚度6.57~9.26 m，平均厚度8.17 m，由西向东略有变薄；K_{2-2}矿层与K_{2-1}属同一矿层，由于断裂的影响，造成矿体不连续，该矿体厚度3.73 m，沿走向厚度变化不大（图9-10）。

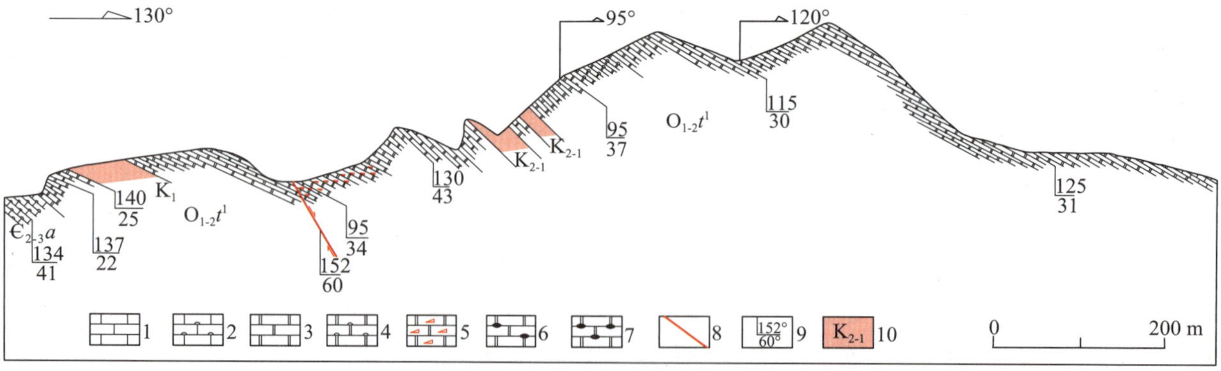

图 9-10 井泉子冶镁白云岩矿 CP_2 剖面图

（据宁夏回族自治区矿产地质调查所，2001，有修改）

1—灰岩；2—泥质条带灰岩；3—白云岩；4—泥质条带白云岩；5—碎裂状白云岩；6—含硅质团块白云岩；7—硅质团块白云岩；8—断层；9—产状；10—矿层及编号

（4）矿石特征

矿石矿物组成较简单，有用矿物白云石含量96%以上，矿石主要为粉晶-细晶白云岩，粒度在0.03～0.2 mm之间，大体以镶嵌聚结分布，其次为方解石，呈泥晶不均匀聚结分布在白云石颗粒间隙，含量占2%～3%。矿石有害矿物为赤铁矿、褐铁矿及石英，含量较低。矿石呈深灰色，细晶-粉晶结构，致密块状构造（图9-11）。矿石化学成分见表9-5。

图9-11　井泉子冶镁白云岩矿矿石

（据宁夏回族自治区矿产地质调查所，2001）

表9-5　井泉子冶镁白云岩矿各矿体化学成分一览表

矿层	化学成分/%							CaO/MgO（摩尔比）
	MgO	CaO	SiO_2	Al_2O_3	Fe_2O_3	K_2O	Na_2O	
K_1	20.67～21.47	29.7～30.58	0.4～1.42	0.12～0.33	0.7～1.28	0.05～0.16	0.025～055	1～1.05
平均	21.01	30.12	0.82	0.24	0.19	0.094	0.033	1.03
K_{2-1}	20.91～21.41	29.87～30.48	0.58～1.30	0.01～0.29	0.57～1.38	0.07～0.11	0～0.05	1.01～1.05
平均	21.21	30.06	0.95	0.14	1.08	0.089	0.028	1.03
K_{2-2}平均	20.99	30.05	1.14	0.29	0.62	0.12	0.025	1.03
全矿平均	21.07	30.1	0.87	0.21	0.95	0.094	0.031	1.03

（5）资源量

井泉子冶镁白云岩矿床查明冶镁白云岩资源储量（333）为976.25×10^4 t。其中，K_1矿体652.28×10^4 t，K_{2-1}矿体286.73×10^4 t，K_{2-2}矿体27.24×10^4 t。

（6）成矿阶段划分

两个成矿阶段：泥晶-细粉晶白云岩为准同生白云岩阶段；粉晶-细晶白云岩为后期交代白云岩化阶段。

（7）矿床类型

井泉子冶镁白云岩矿床为浅海相化学沉积型冶镁白云岩矿床。

（8）成矿机制和成矿模式

根据矿石结构构造分析（白云石粒径在0.03～0.2 mm之间），大致有两个成矿阶段，早期蒸发微晶白云岩（准同生白云岩）阶段，主要形成泥晶-细粉晶白云岩（粒径小于0.1 mm）；后期交代白云岩化阶段，主要形成粉晶-细晶白云岩（粒径0.1～0.25 mm）。

早奥陶世早期，地壳缓慢下降，海水由南向北入侵，中奥陶世早期海侵扩大，祁连海与华北海相连，天景山期（马家沟期）盆地北部贺兰山地区形成局限环境。蒸发作用使得海水变为富 Mg 盐水，在局限环境下形成富镁白云岩，主要分布于天景山组第一岩段中。

2. 永宁县到水沟冶镁白云岩矿床

永宁县到水沟冶镁白云岩矿区位于井泉子冶镁白云岩矿床西南约 5.5 km 处的到水沟、响铃子沟，行政区划属银川市永宁县闽宁镇。矿区有便道通往，交通方便。

到水沟冶镁白云岩矿床地层属华北地层区（$Ⅲ_4$）、鄂尔多斯西缘地层分区（$Ⅲ_4^1$）、贺兰山地层小区（$Ⅲ_4^{1-1}$）。大地构造位置位于柴达木-华北板块（Ⅲ）、华北陆块（$Ⅲ_5$）、鄂尔多斯地块（$Ⅲ_5^1$）、鄂尔多斯西缘中元古代—早古生代裂陷带（$Ⅲ_5^{1-1}$）。所属成矿区带为鄂尔多斯西缘（陆缘坳褶带）Fe-Pb-Zn-磷-石膏-芒硝成矿带（Ⅲ-59）、贺兰山褶断带 Fe-Au-Cu-煤（气）-磷-硅石-石灰岩-白云岩-粘土成矿亚带（Ⅳ-59①）。所属矿床成矿系列为与早古生代沉积作用有关的铁、彩石、磷、灰岩、白云岩、板岩矿床成矿系列（3-Pz_1-S）。矿区出露地层主要为下中奥陶统天景山组、米钵山组。矿区构造总体呈北东向展布，为一南东缓倾斜的单斜构造，沿走向呈舒缓波状，处于赵池沟背斜东翼南段。区内断裂构造发育，按展布方向可分北东向和北西向两组，断裂构造对矿层有控制和破坏作用。

矿区含矿层为奥陶系天景山组底部，有两层矿体：K_1 矿层为灰-深灰色，中-厚层状白云岩。矿层厚度 10.27 m，局部见有分布不均匀的白色硅质细脉，矿层与顶底板界线清楚；K_2 矿层为深灰色厚层状白云岩，矿层厚度 43.22 m，层位稳定，结构构造均一，无明显夹层。矿层与顶底板围岩呈渐变过渡关系。

矿石呈灰色，细晶-粉晶结构，矿石组分简单，主要由白云石组成，含量在 97%以上，其次为少量石英、方解石和微量泥质、赤铁矿、褐铁矿沿矿石裂隙充填。矿石总体呈致密块状。矿石化学成分：MgO 20.67% ~ 21.83%，CaO 29.62% ~ 30.40%，SiO_2 0.4% ~ 1.4%，$Al_2O_3+Fe_2O_3$ 0.44% ~ 1.07%，K_2O+Na_2O 0.05%~0.185%，CaO/MgO（摩尔比）0.99~1.05，属优质冶镁白云岩。

到水沟冶镁白云岩矿床冶镁白云岩资源量（334）？为 468.28×10^4 t，属小型矿床。

第三节　矿床时空分布特征及成矿规律

一、时空分布特征

根据成矿亚带对已知资源量进行统计，Ⅳ-21①亚带有 173.694×10^4 t；Ⅳ-59①亚带有 1705.34×10^4 t；Ⅳ-59③亚带有 7257.66×10^4 t。根据成矿时段对已知资源量进行统计，长城纪的有 173.694×10^4 t；蓟县纪的有 7518.47×10^4 t；早-中奥陶世的有 1444.53×10^4 t（表 9-6）。

表 9-6　宁夏镁矿时空分布

成矿亚带	成矿时段			
	长城纪	蓟县纪	早-中奥陶世	含矿建造
Ⅳ-21①	173.694			高镁碳酸盐岩建造
Ⅳ-59①		260.81	1444.53	碳酸盐岩建造
Ⅳ-59③		7257.66		高镁富含叠层石碳酸盐岩建造

注：资源量单位为 10^4 t。

二、成矿规律

宁夏镁矿形成于三个成矿时代，即长城纪、蓟县纪和早-中奥陶世。主要分布在贺兰山中-北段和青龙山、固原云雾山、西华山地区。

长城纪镁矿床分布于海原县南、西华山地区。属北祁连褶皱带的东延部分，具基性火山喷发和碎屑岩次深海沉积建造。为一套以镁质类型大理岩为主的构造-岩石地层单位，岩性以灰色、灰白色中-厚层含硅质白云石大理岩、硅质条带细粒白云石大理岩、细粒白云石大理岩、细粒方解石大理岩、含石墨方解石大理岩为主，夹浅灰色白云母钠长石英片岩、二云钠长石英片岩、白云母（石墨）石英片岩、含磁铁白云母钙质片岩、石英岩及灰绿色钠长绿帘阳起片岩、钠长阳起绿泥片岩、斜长角闪片岩等。其中镁质大理岩与钙质大理岩常彼此混杂、相互过渡，厚度大于 1467 m。其中部分高镁碳酸盐经区域变质作用成为白云石大理岩，构成冶镁白云岩矿层，在南华山乱堆子发现小型冶镁级白云岩矿床 1 处。该套地层在南华山出露长度 23 km，宽度 2 km，属宁夏矿产资源开发利用规划鼓励开采区，有一定的找矿潜力。

蓟县纪和早-中奥陶世，虽然成矿时代不同，沉积环境不同，但均属华北陆块鄂尔多斯西缘成矿区带。构造位置相同，成矿作用均属滨-浅海化学沉积冶镁白云岩。构成宁夏镁矿主要赋矿层位。其中，蓟县纪镁矿床主要分布于贺兰山中-北段之三关口、圈渠沟、阿宝梁、冰沟、拜寺口及王全沟等地和宁东青龙山及固原市东部地区云雾山、闵家沟、峁头上、马家石沟地区。蓟县系主要由不等厚度纹层状硅质白云岩、含硅质条带白云岩、薄层状泥晶或粉晶白云岩性组成。在岩层中普遍见条带状、泥晶藻叠层构造，硅质与白云岩岩层呈“千层饼”状，见角砾状白云岩和角砾状硅质岩，表明其为一套边缘海潮坪相沉积。矿层赋存于王全口组中上部，岩性以硅质条纹、条带、团块状白云岩为主夹质纯的白云岩。青龙山地区含矿 3~6 层，最多可达 9 层，矿层集中赋存于王全口组第四、五、六岩段，最长可达 10 余千米，矿层单层厚度 1.5~6.01 m，总厚度 16~19 m；贺兰山地区总厚度 10 m 左右。各矿层间距 1~11 m。矿石类型为灰白-灰黑色泥晶白云岩，矿物成分以白云石为主，含量 90%以上；化学成分 MgO 多在 21%以上，CaO 在 30%左右，SiO_2 在 1.2%以下，K_2O+Na_2O 为 0.1%~0.3%，CaO/MgO（摩尔比）为 1 左右，是皮江法冶镁的好原料，也可用作玻璃配料。目前在贺兰山北段王全口发现镁矿床 1 处；在贺兰山中段大窑沟发现小型镁矿床 3 处，矿点 1 处，在青龙山地区发现中型矿床 3 处，小型 2 处。宁夏南部峁头上-马家沟地区细分为两岩段，下岩段为含燧石条带、结核硅质灰岩，上岩段为硅质灰岩、白云岩。该区北起耿家腰岘，南至云雾山，西抵炭山，东到寨科发现多处矿点矿化点，在峁头上发现小型矿床 1 处，矿层厚 50 余米。该套地层在宁夏区内分布广泛，青龙山地区工作程度较高，目前控制的镁矿储量大于 1.5×10^8 t，已被当地企业开发利用；贺兰山中-北段该套地层也比较发育，该区地势险峻，工作难度较大，根据宁夏矿产资源开发利用规划，目前贺兰山地区属限制开采区，找矿受到限制；宁夏南部耿家腰岘-云雾山地区该套地层分布广泛，大部分被第四系黄土覆盖，岩石主要出露于沟谷中，经普查发现了峁头上小型镁矿床（用工业指标 Mg>19%、SiO_2<1.3%确定矿体），矿体连续较差。下-中奥陶统镁矿赋矿地层主要为天景山组（原马家沟组），与下伏大南池组整合接触，与上覆米钵山组呈平行不整合接触，为一套碳酸盐岩沉积，岩性以灰色厚层泥砂质网纹灰岩、含燧石结核和燧石条带白云质灰岩及厚层灰岩为主。镁矿层主要赋存于天景山组下部，矿石主要为粉晶-细晶冶镁白云岩。该地层出露于贺兰山中-南段、青龙山、牛首山、香山、烟筒山及宁夏萌城等地，涉及贺兰山、桌子山-青龙山和宁夏南部地层小区。目前，镁矿含矿层位主要出露于贺兰山中-南段、青龙山西道梁及彭阳县。贺兰山中北段地区，该组细分为两个岩段：下岩段为中厚层泥质灰岩、白云质灰岩，贺兰山地区夹白云岩，厚几十米到 400 m；上岩段薄-中层泥质条带灰岩、含燧石条带（结核）灰岩、薄层至块状灰岩，夹砾状灰岩、板岩，厚度大于 900 m。该套地层虽然分布广泛，目前发现的镁矿地主要分布于贺兰山中段。在贺兰山南段茶头沟、营盘山、果子坑发现矿点 3 处，在固原市彭阳县店洼发现矿点 1 处，有一定找矿前景。

综上所述，宁夏镁矿虽然矿床类型划为化学沉积型或化学沉积受变质型，但实际形成过程较为复杂。根据这些白云岩没有与石膏等蒸发沉积岩共生初步判断，白云岩不是直接由化学沉积形成产物，而是首先化学沉积石灰岩或白云质灰岩，而后在准同生阶段或后生阶段进一步通过富镁流体交代才最终形成 Mg：Ca（原子比）近于 1：1 的白云岩。

第十章 钴 矿

第一节 概 述

一、钴金属特征和主要经济用途

钴（Co）是具有光泽的白色金属。钴有16种天然和人造同位素。钴60（^{60}Co）是广泛使用的γ射线源，半衰期5.26年。钴与铁、镍性质相似，统称铁族元素。钴、镍、铁合金是很好的磁性材料，钴的熔点1495℃，沸点2930℃，常温下密度8.9 g/cm^3，硬度5.6。钴具有强而稳定的磁性，其居里点（1115℃）比任何金属和合金都高。此外，钴是唯一能增加铁磁化的元素。钴为不活泼的金属，块状金属钴在300℃以下时，与水和空气不起反应，在高温下能与非金属及氧化合；粉末状的钴在室温下很快被空气氧化。钴易溶于硝酸，并能逐渐溶于稀盐酸和硫酸。

钴的主要用途是耐热合金，在航空工业和涡轮制造业中有广泛的应用。另外，钴还是制造磁性合金的主要原料。钴和铬、镍制作硬质合金与超级合金，用来制造车床、高效率的高温发动机和汽轮机等，钴基合金被广泛地应用在航空航天和现代军事领域中。钴基合金或含钴合金钢用作燃气轮机的叶片、叶轮、导管、喷气发动机、火箭发动机、导弹的部件、化工设备中各种高负荷的耐热部件以及原子能工业的重要金属材料。在航空涡轮发动机的结构材料中使用含铬20%~27%的钴基合金，可在不使用任何保护涂层的条件下达到很高的抗氧化性。核反应堆供热工作室热介质涡轮发动机可以不检修而连续运转一年以上。

有机和无机钴盐用在油漆、搪瓷、陶瓷、染料、玻璃彩色剂、石油和煤加工（催化剂）等工业中。放射性同位素钴60用来治疗癌症，并在冶金部门用以检查金属铸件的裂缝。此外，钴还应用于新能源电池行业，且需求量呈上升趋势。

二、钴矿产地数量

目前，宁夏共发现钴矿产地6处，均为矿点（表10-1）。

表10-1 宁夏钴矿产地一览表

序号	矿产地名称	所在地区	工作程度	矿床规模	矿床类型	成矿时代	开发利用情况	备注
1	大铜沟钴矿	中卫市沙坡头区	普查	矿点	中-低温热液型	燕山期	未开采	Cu、Co伴生矿
2	二人山-黄石坡沟银铅锌硫铁多金属矿	中卫市沙坡头区	普查	矿点	中-低温热液型	燕山期	未开采	Ag、Pb、Zn、S、Co伴生矿
3	马道梁钴矿	中卫市中宁县	调查	矿点	风化型	新生代	未开采	Fe、Co伴生矿
4	铜铁沟钴矿	中卫市中宁县	调查	矿点	风化型	燕山期	未开采	Fe、Co伴生矿
5	茶梁子钴矿	中卫市中宁县	调查	矿点	风化型	新生代	未开采	Fe、Co伴生矿
6	老牛湾山钴矿	中卫市中宁县	调查	矿点	风化型	燕山期	未开采	Mn、Co伴生矿

三、钴矿地理分布

宁夏发现的钴矿产地主要分布在中卫市卫宁北山地区。为铁钴、铜钴、银铅锌硫铁多金属、锰钴共伴生矿。

四、钴矿矿床类型

根据“中国矿产地质志”矿床（成因/工业）类型划分表，宁夏钴矿有中-低温热液型和风化型两种矿床类型。

五、钴矿资源储量

截至2017年底，卫宁北山地区共探获钴资源金属资源量（333+334）约为1543.77 t。其中大铜沟地区探获钴资源量（334）？为265.77 t，二人山-黄石坡沟地区探获钴资源量（333+334）为48 t，老牛湾山地区探获钴资源量（334）？为20 t，茶梁子地区探获钴资源量（333+334）为1160 t。列入宁夏矿产资源储量数据库中的钴金属资源量（333+334）为313.77 t，其中，（333）类为3.00 t，（334）类为310.77 t。

六、钴矿勘查与开发利用程度

目前，宁夏发现的钴矿，没有单独的钴矿（化）体存在，一般与铜、铁等共伴生。近年来，已知的6个矿产地中大铜沟钴矿点、二人山-黄石坡沟钴矿点及茶梁子钴矿点投入的工作相对较多。

宁夏已发现的钴矿产地均未开发利用。

第二节　矿产地分论

一、中宁县茶梁子铁钴矿点

矿床位于卫宁北山东部茶梁子地区，行政区划属中卫市中宁县石空镇，矿区交通方便。

茶梁子铁钴矿点地层属阿拉善地层区（$Ⅲ_3$）、阿拉善南缘地层分区（$Ⅲ_3^1$）、景泰-中宁地层小区（$Ⅲ_3^{1-1}$）。大地构造位置位于柴达木-华北板块（Ⅲ）、阿拉善微陆块（$Ⅲ_4$）、腾格里早古生代增生楔（$Ⅲ_4^1$）、卫宁北山-香山晚古生代前陆-上叠盆地（$Ⅲ_4^{1-1}$）。所属成矿区带为河西走廊Fe-Mn-萤石-盐类-凹凸棒石-石油成矿带（Ⅲ-20）、卫宁北山褶断带Fe-Au-Ag-Cu-Pb-Zn-煤-粘土成矿亚带（Ⅳ-20①）。所属矿床成矿系列为与新生代沉积作用-表生作用有关的铁、石英砂、石膏、粘土、地下水等矿床成矿系列（9-Cz-1）、第四纪风化作用有关的铁、钴、膨润土矿床成矿亚系列（Cz_2-H-3）。

矿区内发现4个矿带，编号Ⅰ、Ⅱ、Ⅲ、Ⅳ。矿带均受近南北向断裂破碎带控制。

茶梁子地区的铁钴矿赋矿层位为下石炭统前黑山组、臭牛沟组及上泥盆统中宁组。受印支期-燕山期构造运动的影响，矿床多沿南北向、北西向断裂分布，与褐铁矿化息息相关。矿石类型为褐铁矿化角砾岩、褐铁矿化蚀变泥岩。铁钴矿层产于断裂破碎带中，褐铁矿化十分发育。成矿作用为两期，初始阶段为含钴黄铁矿型铁钴矿体，后期经剥蚀、地壳风化淋滤等作用使得黄铁矿氧化为褐铁矿，形成氧化淋滤型铁钴矿体。直接找矿标志为断层破碎带及其褐铁矿化蚀变。茶梁子铁钴矿点Co主要嵌布于氧化物中（表10-2），属次生富集成矿，表生作用风化型矿床。

表10-2　茶梁子矿区铁钴矿石物相分析结果表

送样号	分析号	硫化物中的钴/%	氧化物中的钴/%	难容脉石中的钴/%	总钴/%
KX-9	A121940001	<0.001	<0.001	<0.001	0.001
KX-10	A121940002	<0.001	0.025	0.002	0.027
KX-11	A121940003	<0.001	0.018	<0.001	0.018
KX-12	A121940004	<0.001	0.011	<0.001	0.011
KX-13	A121940005	<0.001	0.014	0.001	0.015

续表

送样号	分析号	硫化物中的钴/%	氧化物中的钴/%	难容脉石中的钴/%	总钴/%
KX-14	A121940006	<0.001	0.023	0.001	0.024
KX-15	A121940007	<0.001	0.017	<0.001	0.017
KX-16	A121940008	<0.001	0.02	<0.001	0.02

茶梁子地区累计探获钴资源量（333+334）为1160 t。矿点其他信息见本志第六章铁矿茶梁子铁钴矿论述部分。

二、马道梁铁钴矿点

马道梁铁钴矿点位于卫宁北山东部马道梁地区，行政区划属中卫市中宁县，矿区交通方便。

马道梁铁钴矿点地层属阿拉善地层区（$Ⅲ_3$）、阿拉善南缘地层分区（$Ⅲ_3^1$）、景泰-中宁地层小区（$Ⅲ_3^{1-1}$）。大地构造位置位于柴达木-华北板块（Ⅲ）、阿拉善微陆块（$Ⅲ_4$）、腾格里早古生代增生楔（$Ⅲ_4^1$）、卫宁北山-香山晚古生代前陆-上叠盆地（$Ⅲ_4^{1-1}$）。所属成矿区带为河西走廊 Fe-Mn-萤石-盐类-凹凸棒石-石油成矿带（Ⅲ-20）、卫宁北山褶断带 Fe-Au-Ag-Cu-Pb-Zn-煤-粘土成矿亚带（Ⅳ-20①）。所属矿床成矿系列为与新生代沉积作用-表生作用有关的铁、石英砂、石膏、粘土、地下水等矿床成矿系列（9-Cz-1）、第四纪风化作用有关的铁、钴、膨润土矿床成矿亚系列（Cz_2-H-3）。

矿体赋存于下石炭统臭牛沟组的层间破碎带中。宽百余米，长近500 m，受逆断层（F_{40}）控制，北倾，产状40°~60°∠65°~74°。铁钴矿化体顺断裂分布，随断层走向变化而变化。含矿岩石为褐铁矿化含砾石英岩状砂岩、砂砾岩、砂岩及断层角砾岩、断层泥。主要矿体2个，北部铁矿体已采空，南部铁钴矿体长500 m左右，呈鸡窝状。该破碎带褐铁矿化十分发育，铁钴矿化与褐铁矿化关系密切，二者呈正相关关系，褐铁矿化越强，铁钴品位越高。在该矿点进行了深部钻探验证（ZK3/310.06 m）未见到矿体。在地表100 m以浅形成矿体，深部尖灭，为鸡窝状。该矿属地表风化型矿点，钴金属资源量（333）为50 t。

三、大铜沟铜钴矿点

大铜沟铜钴矿点位于卫宁北山大铜沟，行政区划属中卫市沙坡头区，矿区交通方便。

大铜沟铁钴矿点地层属阿拉善地层区（$Ⅲ_3$）、阿拉善南缘地层分区（$Ⅲ_3^1$）、景泰-中宁地层小区（$Ⅲ_3^{1-1}$）。大地构造位置位于柴达木-华北板块（Ⅲ）、阿拉善微陆块（$Ⅲ_4$）、腾格里早古生代增生楔（$Ⅲ_4^1$）、卫宁北山-香山晚古生代前陆-上叠盆地（$Ⅲ_4^{1-1}$）。所属成矿区带为河西走廊 Fe-Mn-萤石-盐类-凹凸棒石-石油成矿带（Ⅲ-20）、卫宁北山褶断带 Fe-Au-Ag-Cu-Pb-Zn-煤-粘土成矿亚带（Ⅳ-20①）。所属矿床成矿系列为与腾格里早古生代增生楔燕山期热液作用有关的铁、铜、金、银、铅、锌、硫铁矿、重晶石矿床成矿系列（8-$Ⅲ_4^1$-Mz_2-F）。

大铜沟地区的铜钴矿赋矿层位为上石炭统羊虎沟组底部的石英砂岩、石英岩状砂岩。受石炭系碎屑岩沉积建造作用的控制，矿点沿石英砂岩及石英岩状砂岩岩层分布，与黄铁矿化息息相关。主要的含钴矿物有辉砷钴矿，含钴黄铁矿，含钴毒砂等。矿化多呈浸染状、被膜状、斑点状沿层间破碎带和岩石裂隙、节理面分布，属沉积改造型铜钴矿。

2010年，宁夏回族自治区地质调查院在该矿区进行矿产地质调查时，在大铜沟铜矿ZK7-2孔340~348 m见钴矿体及铜矿化。钴矿体真厚度为6.55 m，钴平均品位为0.061%，铜平均品位为0.48%。含钴矿物为辉砷钴矿、含钴黄铁矿、含钴毒砂等。铜矿体真厚度为1.64 m，含铜矿物为辉铜矿、黄铜矿。预测钴资源量（334）？为766 t。

2011~2014年，宁夏回族自治区地质调查院对大铜沟铜钴矿进行了普查，通过工程施工求获钴金属资源量（334）？为265.77 t。该矿床详细信息见本志第七章铜矿大铜沟铜（钴）矿论述部分。

第三节　矿床时空分布特征及成矿规律

一、时空分布特征

石炭系沉积时富集了微量的钴元素，形成矿源层；印支晚期—燕山期在陆缘碰撞运动过程中，围岩中的钴随热液转移出来与大气降水混合形成铁钴、铜钴、锰钴共伴生矿体。

宁夏钴矿主要分布在卫宁北山的西部二人山、中部大铜沟、东部茶梁子及南部老牛湾山地区。钴矿资源分布受控矿岩层、断裂构造控制。

二、成矿规律

目前，在卫宁北山地区发现的钴矿，没有单独的钴矿（化）体存在，一般与铜、铁、锰等共伴生。茶梁子地区的铁钴矿赋矿层位为下石炭统前黑山组、臭牛沟组及上泥盆统中宁组。受印支期—燕山期构造运动作用，矿床多沿南北向、北西向断裂分布，与褐铁矿化息息相关。矿石类型为褐铁矿化角砾岩、褐铁矿化蚀变泥岩，属风化型铁钴矿。大铜沟地区的铜钴矿赋矿层位为上石炭统羊虎沟组底部的石英砂岩、石英岩状砂岩。受石炭系碎屑岩沉积建造作用的控制，矿床多沿石英砂岩及石英岩状砂岩岩层分布，与黄铁矿化息息相关。主要的含钴矿物有辉砷钴矿、含钴黄铁矿、含钴毒砂等。矿化多呈浸染状、被膜状、斑点状沿层间破碎带和岩石裂隙、节理面分布，属沉积-改造型铁铜钴矿或风化淋滤型铁钴矿床。

第十一章 金 矿

第一节 概 述

一、金金属特征和主要经济用途

金呈黄色，具强金属光泽，属铜族元素。金是很不活泼的金属，密度为 19.32 g/cm^3（20℃时），熔点 1064.43℃，沸点 2807℃，硬度 2.2，维氏显微硬度值为 50~55 kg/mm^2。金的延展性很好，可压成厚度只有 0.01 μm 的金箔，可拉成只有 0.52 mg/m 重的金丝。金的电导率仅次于银和铜，热导率为银的 74%。

金的化学性质十分稳定，无论从空气中到水中，还是从室温到高温，一般不与氧或硫发生化学反应。金不溶于一般的酸和碱，但可溶于王水，也可溶于碱金属氰化物中。金能够在酸性的硫脲热液、溴的热液、沸腾着的氯化铁热液，或有氧存在的钾、钠、钙、镁的硫代硫酸盐等热液中很好地溶解。碱金属的硫化物能腐蚀金，生成可溶性硫化金。土壤中的腐殖酸和某些细菌的代谢物也能溶解微量金。金与汞易形成汞齐，它是汞金之间机械混合、浸润和表面反应的结果。混汞法提金即以此特性为根据。金具有亲硫性、亲铁性和亲铜性。金常与硫化矿密切共生，金常与亲硫的银、铜等金属、亲铁的铂族金属形成金属互化物。

金主要作为国家的硬通货储备和制作装饰品。目前，黄金仍是国际货币结算手段和货币信用基础。金还广泛应用于珠宝业以及陶瓷、镶牙、制笔等方面。随着科学技术的发展，特别是尖端技术的发展，黄金及其合金在电子、电气、医疗、化工设备、宇航和国防尖端工业中具有特殊用途。如横穿大西洋的海底电缆、扩大器使用金，以避免海水侵蚀，确保电话畅通；玻璃表面镀上一层小于 1 μm 的金膜，可以使自然光最大限度通过，并可消除过多的阳光辐射，冬季可把热源反射到室内；金箔可处理神经受损的烧伤治疗、皮肤溃疡等。

二、金矿矿产地数量

目前，宁夏已发现的金矿床（点）共有 9 处，其中，小型矿床 5 处，矿点 4 处（表 11-1）。

表 11-1 宁夏金矿产地一览表

序号	矿产地名称	所在地区	工作程度	矿床规模	矿床类型	成矿时代	开发利用情况
1	跑马崖砂金矿	石嘴山市惠农区	普查	矿点	砂矿型	第四系	停采
2	牛头沟金矿	石嘴山市惠农区	普查	小型	浅成中-低温热液型	印支期	停采
3	树龙沟金矿	石嘴山市惠农区	预查	小型	浅成中-低温热液型	印支期	未开采
4	北岔沟金矿	石嘴山市惠农区	预普	矿点	浅成中-低温热液型	印支期	未开采
5	夜明山砂金矿	中卫市沙坡头区	预查	矿点	砂矿型	第四系	未开采
6	金场子金矿	中卫市沙坡头区	详查	小型	浅成中-低温热液型	燕山期	停采
7	黄石坡沟金矿	中卫市沙坡头区	详查	小型	浅成中-低温热液型	燕山期	未开采
8	柳沟金矿	中卫市海原县	普查	矿点	浅成中-低温热液型	加里东期	未开采
9	马场沟金矿	中卫市海原县	普查	小型	浅成中-低温热液型	加里东期	未开采

三、金矿地理分布

宁夏金矿资源集中分布在贺兰山北段、卫宁北山和西华山一带。

四、金矿矿床类型

根据“中国矿产地质志”矿床（成因/工业）类型划分表，宁夏金矿矿床类型有浅成中-低温热液型和砂矿型两种（表11-2）。

表11-2 宁夏金矿（成因/工业）类型划分表

一级	二级	三级	矿床实例
内生矿床	含矿流体作用矿床（非岩浆-非变质作用矿床）	浅成中-低温热液型	鄂尔多斯西缘成矿带：牛头沟金矿、树龙沟金矿、北岔沟金矿 河西走廊成矿带：金场子金矿、黄石坡沟金矿 北祁连成矿带：柳沟金矿、马场沟金矿
外生矿床	沉积作用矿床	砂矿型	鄂尔多斯西缘成矿带：石嘴山市跑马崖砂金矿 河西走廊成矿带：夜明山砂金矿

五、金矿资源量

截至2017年底，宁夏共探获金金属资源储量4645.803 kg，宁夏矿产资源储量数据库中查明金金属资源储量（333）为1036.97 kg。

六、金矿勘查与工发利用程度

宁夏金矿找矿工作起于20世纪60年代，几十年来，金矿找矿工作时断时续地开展。涉及冶金和地矿等部门和单位，开展的主要工作集中在贺兰山北段、卫宁北山地区和南、西华山等地区，采用以槽探和钻探为主要方法的勘查手段。钻探控制深度多在500 m以浅，勘查深度和范围有限，所发现的金矿床（点）普遍规模较小，较大规模的预查-普查工作较少，详查工作更少。

宁夏已知的金矿产地主要分布在贺兰山北段和卫宁北山。除金场子金矿自20世纪70年代进行勘查，提交金资源量300余千克，80年代进行开采，至90年代末期主要矿体已采空，该金矿自开采至停产，提炼黄金约7000 kg。其他金矿除一些民间开采外，基本没有成规模的开采及利用。

第二节　矿产地分论

一、岩金

（一）石嘴山市牛头沟金矿床

牛头沟金矿位于贺兰山北段腹地，属宁夏回族自治区石嘴山市惠农区管辖，矿区交通方便。

1965~1986年，一些地质单位在贺兰山北段对牛头沟、梁根、哈尔木腾、乌海图至红果子沟等地进行了以寻找石英脉型金矿为主的地质工作，未找到有价值的金矿。1995年开始注意构造蚀变岩型金矿的研究和局部地段的找矿工作，工作多集中在牛头沟金矿，但工作程度相对不高。2010~2011年，宁夏有色金属地质勘查院在该矿区进行了普查，提交了《宁夏石嘴山市牛头沟金矿区地质普查报告》。获金属矿石资源储量（333+334）2455.19 kg，矿床平均品位1.76 g/t。

1. 区域地质

牛头沟金矿床地层属华北地层区（$Ⅲ_4$）、鄂尔多斯西缘地层分区（$Ⅲ_4^1$）、贺兰山地层小区

($Ⅲ_4^{1-1}$)。大地构造位置位于柴达木-华北板块(Ⅲ)、华北陆块($Ⅲ_5$)、鄂尔多斯地块($Ⅲ_5^1$)、鄂尔多斯西缘中元古代—早古生代裂陷带($Ⅲ_5^{1-1}$)。所属成矿区带为鄂尔多斯西缘(陆缘坳褶带)Fe-Pb-Zn-磷-石膏-芒硝成矿带(Ⅲ-59)、贺兰山褶断带Fe-Au-Cu-煤(气)-磷-硅石-石灰岩-白云岩-粘土成矿亚带(Ⅳ-59①)。所属矿床成矿系列为与鄂尔多斯地块印支期热液作用有关的金、铜、铅、锌、银、重晶石矿床成矿系列(6-$Ⅲ_5^1$-Mz_1-F)。

区域出露地层有古元古界贺兰山岩群变质岩(Pt_1HL),中-上寒武统阿不切亥组($\epsilon_{2-3}a$),上石炭统羊虎沟组(C_2y),上石炭统—下二叠统太原组(C_2P_1t),上二叠统孙家沟组(P_3sj),中三叠统二马营组(T_2e)及第四系。贺兰山岩群为一套角闪麻粒岩相级的中-高级区域变质岩系。主要岩石类型有片麻岩类、变粒岩类、大理岩类、钙硅酸粒岩类、片岩类、麻粒岩类等7种,以前二者为主。受后期韧性动力变质作用的强烈影响,大部分区域变质岩在结构、构造乃至矿物成分上均遭受不同程度退变质作用的改造。

区域内经历了多期构造运动,见多次构造变形,褶皱、韧性剪切带及各种断裂构造。褶皱构造轴向为北东向或近南北向,大多数保留完整,部分受后期构造破坏不易辨认,一般由古生代、中生代地层构成。本区主要位于贺兰山复式向斜的最北端,复式向斜形态尚属完整。

区内发育深大断裂有贺兰山西麓深大断裂,贺兰山东麓大断裂,正义关大断裂。正义关大断裂的次级断裂(F_1)为牛头沟金矿床的控矿和容矿构造。

区域内岩浆岩出露面积约300 km^2。岩石类型以中-酸性岩为主,基-超基性岩较少,个别地方见火山熔岩。岩浆岩以古元古代花岗闪长岩为主,分布于宁蒙交界的贺兰山北段。岩脉主要以辉绿岩脉、石英脉为主。

2. 矿区地质

矿区出露的地层有古元古界贺兰山岩群宗别立岩组(Pt_1z)的黑云母斜长片麻岩和变粒岩,中-上寒武统阿不切亥组($\epsilon_{2-3}a$)含生物碎屑灰岩,上石炭统羊虎沟组(C_2y),上石炭统—下二叠统太原组(C_2P_1t)砂岩、页岩和碳质页岩。

矿区构造主要是断裂构造,大致有北西向、北东向和近南北向三组断裂。其中,北西向断裂一般规模不大,多为逆断层,部分为平移断层,区内的大多数石英脉即沿该组断裂充填。这些脉体普遍含金及其他有用元素。北东向断裂在本区极为发育,长度可达数十千米,大多数为逆断层,形成宽10~30 m的挤压破碎带。近南北向断裂为矿区主要控矿和容矿构造,该组断层规模较大,代表性有F_1断层。该断层为正义关大断裂的次一级断裂,走向近南北向,断裂总体倾向西,倾角60°~75°。断层上盘为古元古界宗别立岩组、下盘为古生代地层,在矿区内该断层长度约1.6 km,形成了宽达30~50 m破碎蚀变岩带(图11-1)。

3. 矿体特征

通过工程揭露,牛头沟金矿区在F_1破碎蚀变带内共圈定金矿体3个,Ⅰ号矿体的赋存部位近蚀变带底部、Ⅱ、Ⅲ号矿体赋存部位近于蚀变带中上部。

Ⅰ号金矿体:赋存于主干破碎蚀变带F_1底部。地表断续出露长度420 m,单工程见矿厚度最小0.88 m,最大6.24 m,矿体平均真厚度3.18 m,具有明显的膨缩现象。单工程最低品位0.91×10^{-6},最高品位3.49×10^{-6},矿体平均品位1.77×10^{-6}。地表矿体的形态呈脉状,从地表向下至深部矿体则形成近似等轴状的大透镜体,产状与F_1主干断裂一致,倾向280°左右,平均倾角63°,地表出露呈北高南低(图11-2)。

Ⅱ号金矿体:地表没有出露,属隐伏矿体,赋存于主干破碎蚀变带F_1的中上部。地表探槽揭露显示为低品位矿,长度约150 m,深部矿体走向延伸和深部延深均约300 m,矿体形态为透镜体,平均真厚度1.41 m,总体倾向265°,平均倾角62°。矿体平均品位为1.66×10^{-6}。

Ⅲ号金矿体:地表出露于第4勘查线及两侧,赋存于F_1主干断裂破碎蚀变带中,长度约95 m,

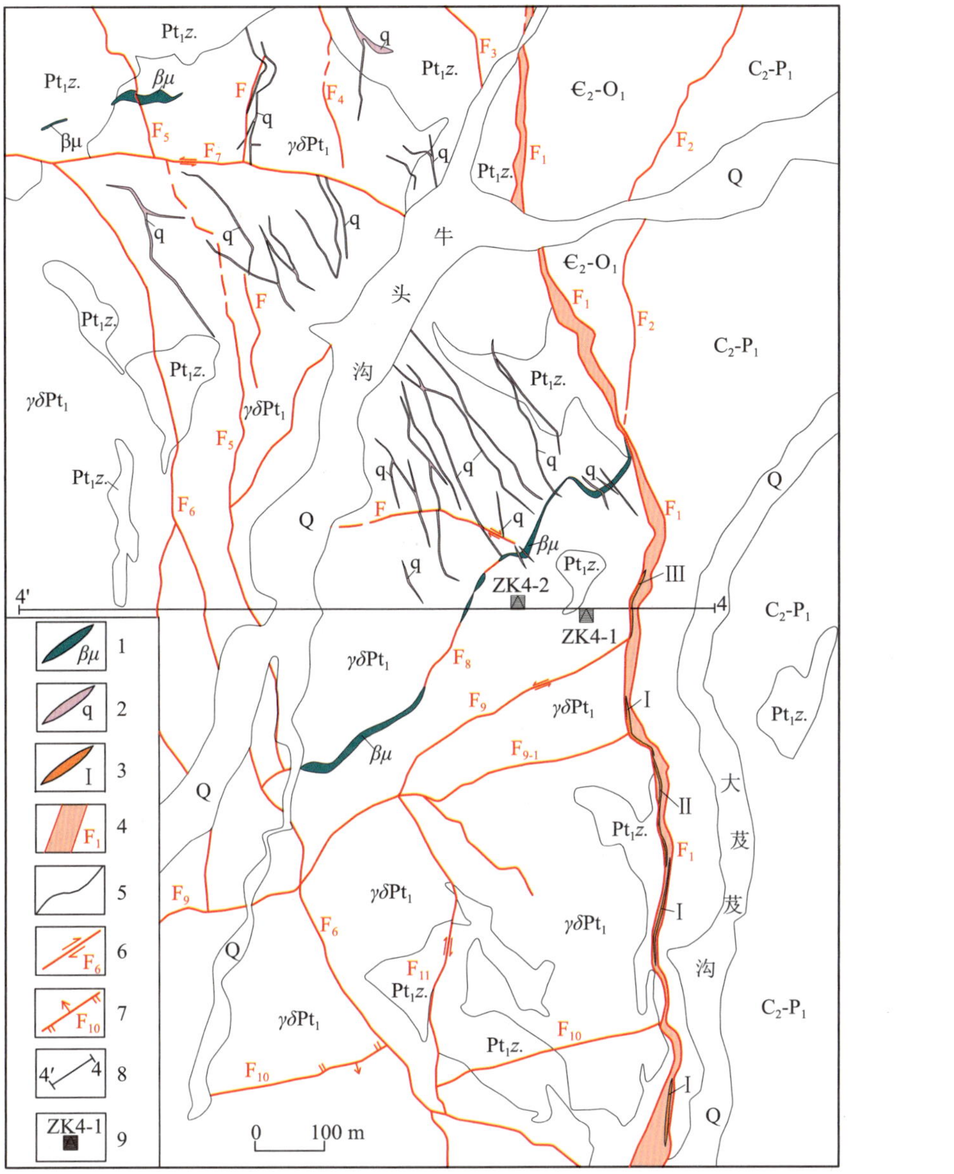

图 11-1　牛头沟金矿区地质简图

（据宁夏有色金属地质勘查院，2009，有修改）

1—辉绿岩脉；2—石英脉；3—金矿体及编号；4—破碎蚀变带；5—地质界线；6—平移断层及编号；7—逆断层及编号；8—勘查线位置及编号；9—钻孔位置及编号。Q—第四系；C_2-P_1—上石炭统—下二叠统；ϵ_2-O_1—中寒武统—下奥陶统；$Pt_1z.$—古元古界宗别立岩组；$\gamma\delta Pt_1$—古元古代花岗闪长岩

地表仅 TC4-1 探槽见矿，深部沿走向和倾向均无延展，该矿体规模较小。矿体平均真厚度 1.25 m，倾向 290°，平均倾角 65°，平均品位为 1.13×10^{-6}。

4. 矿石特征

矿石类型：褐铁矿化、绢云母化长英质碎裂岩型矿石，碳酸盐化、绢云母化碎裂石英岩型矿石，褐铁矿化碎裂石英脉型矿石，绿泥石化、绢云母化碎裂长英岩型矿石。

矿石矿物组合：金属矿物有自然金、自然银、褐铁矿、针铁矿、黄铁矿、磁黄铁矿、方铅矿，偶见黄铜矿；脉石矿物有石英、绢云母、长石、绿泥石、绿帘石、方解石等。

矿石结构主要为他形粒状结构、碎裂结构、变余粒状结构；构造主要为浸染状构造、片麻状-块状构造。

根据金物相分析，牛头沟金矿区矿石中金的赋存状态主要以裂隙金和粒间金为主。

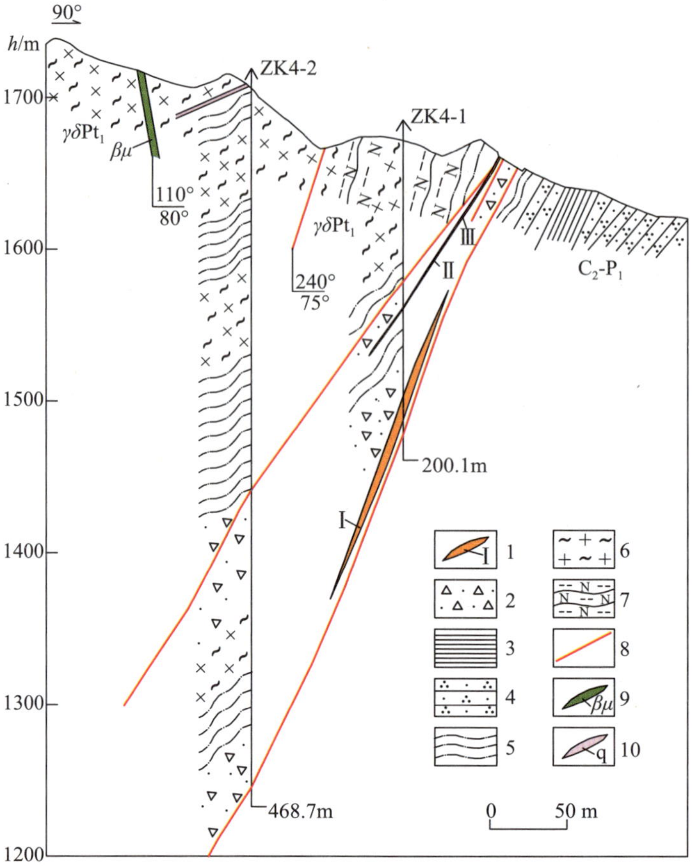

图 11-2 牛头沟金矿第 4 勘查线剖面图

（据李红宇等，2010，有修改）

1—金矿体及编号；2—断层破碎蚀变带；3—页岩；4—石英砂岩；5—变粒岩；6—混合花岗岩；7—黑云斜长片麻岩；8—断层；9—辉绿岩脉；10—石英脉。C_2-P_1—上石炭统—下二叠统；$\gamma\delta Pt_1$—古元古花岗闪长岩

5. 围岩蚀变

褐铁矿化、硅化、绢云母化、绿帘石化、绿泥石化，局部见孔雀石化、黄铜矿化。

6. 资源量

截至 2017 年底，牛头沟金矿累计估算金金属资源量（333+334）2455. 19 kg，矿石量 139. 88×10^4 t，宁夏矿产资源储量数据库备案的（333）金金属量 394. 51 kg。该矿床属小型矿床。

7. 矿化阶段划分及分布

牛头沟金矿床的形成主要经历了石英、黄铁矿、黄铜矿、铅锌矿等成矿阶段，成矿为多阶段、多期次的特点。早期矿化主要表现为强烈的硅化，矿化晚期硅化岩破裂被主成矿流体充填-交代成矿，金成矿组合以 Au、As-Co、Ag 为特征，形成以 Au 为主，伴生 Ag 的矿脉，其特征为中-低温成矿，受基性基底的一定控制，代表了 Au、Ag 的成矿阶段。

8. 成矿物理化学条件

牛头沟金矿中石英脉平均温度为 180℃，破碎蚀变岩型金矿平均温度为 210℃。石英脉型包裹体盐度为 11. 39%，破碎蚀变岩型金矿盐度为 6. 18%，都属于低盐度流体。石英脉型包裹体压力值为 94 MPa，破碎蚀变岩型包裹体压力值为 114 MPa，成矿深度为 5. 5 ~ 8 km，矿床形成于中浅深度。

9. 矿床类型

牛头沟金矿床为破碎蚀变岩-石英脉型金矿，主要为破碎蚀变岩型，属于浅成中-低温热液型矿床。

10. 成矿机制和成矿模式

牛头沟金矿床的成矿时代为多期，古元古代含矿物质沉积形成矿源层，元古宙晚期变质作用成矿元素进一步富集，印支期热液成矿。

牛头沟金矿赋存于黑云变粒岩、黑云斜长片麻岩、混合岩及混合花岗岩中，原岩为海相碎屑岩-基性火山岩建造，含 Au、Cu 等成矿物质较高，经过区域变质、混合岩化、混合花岗岩化作用，使 Au 等成矿物质活化、迁移出来，在其后的混合花岗岩化、侵入岩体和岩脉的岩浆作用下，使 Au 等成矿物质再次活化、迁移富集，形成含 Au 汽水热液，并形成了含金石英脉型金矿；在印支期褶皱-逆冲断裂构造阶段，由于热液作用，在压性断裂和韧性剪切带的破碎带中形成了破碎蚀变岩型金矿。这是一种由于岩浆热液、地下热水溶液或热液、构造等的综合作用，使先成矿床受强烈改造而形成的多因复成型金矿。

古元古界老变质岩地层中含金，矿源层为太古宙的海相碎屑岩-基性火山岩建造。通过对金矿体上的黄铁矿和黄铜矿中硫化物硫同位素的测试，含矿硫化物 $\delta^{34}S$ 为 4.86‰~6.8‰，接近地幔和陨石的硫同位素组成，推测成矿物质来自深部岩浆源区或变质流体。

牛头沟金矿与矿化有关的石英流体包裹体氢氧同位素 $\delta^{18}O_{H_2O(V\text{-}SMOW)}$ 分布范围为－4.25‰~+3.99‰，主要集中在-4.25‰~-3.31‰，$\delta D_{V\text{-}SMOW}$ 为-74.20‰~-107.76‰。说明成矿流体为岩浆水和大气降水组成的混合热液。

石英脉型包裹体与破碎蚀变岩型包裹体的 $NaCl-H_2O$ 体系的流体密度分别为 0.97 g/cm^3 和 0.91 g/cm^3。矿物的流体包裹体气相以水为主，含有 CH_4 以及少量的 CO_2、O_2、F_2 等气体。液相部分以水为主，溶液中阴离子 Cl^-含量较多，并含有部分 CO_3^{2-} 以及少量的 HCO^{3-}。

石嘴山市牛头沟金矿描述性成矿模式表（表 11-3）。

表 11-3　石嘴山市牛头沟金矿描述性成矿模式表

成矿要素	描述内容
区域地质背景	古元古界贺兰山岩群为一套海相碎屑岩-基性火山岩建造，含 Au 等成矿物质较高；元古宙的区域变质作用及混合岩化作用，在使原岩变为黑云母斜长片麻岩、黑云母变粒岩、混合岩及混合花岗岩的同时，又使 Au 等成矿物质活化、迁移出来；元古宙晚期的辉绿岩脉、石英脉、斜长角闪岩脉的侵入，也带来较丰富的含 Au 成矿物质，在石英脉中形成了石英脉型金矿；印支运动期，该区的岩层发生了褶皱并向东发生了一系列的逆冲断层，在挤压强烈地带还形成了韧性剪切带，在构造破碎带中形成了破碎蚀变岩型金矿
成矿地质环境	破碎蚀变岩型金矿赋存于近南北向韧性剪切带的破碎蚀变岩和碎裂岩中，原岩类型为黑云母变粒岩、黑云母斜长片麻岩、混合岩、混合花岗岩。石英脉型金矿赋存于北西向成群出现的矿化石英脉中
矿体形态、产状、规模	共圈出 3 个金矿体，集中产于 F_1 断裂带中，矿体形态不规则，一般呈脉状、透镜状，倾向西，倾角 45°~65°，走向近南北向
矿石类型	褐铁矿化、绢云母化长英质碎裂岩型矿石，碳酸盐化、绢云母化碎裂石英岩型矿石，褐铁矿化碎裂石英脉型矿石，绿泥石化、绢云母化碎裂长英岩型矿石
矿物组合	金属矿物有自然金、自然银、褐铁矿、针铁矿、黄铁矿、磁黄铁矿、方铅矿，偶见黄铜矿；脉石矿物有石英、绢云母、长石、绿泥石、绿帘石、方解石等
矿石结构构造	他形粒状结构、碎裂结构、变余粒状结构浸染状构造、片麻状-块状构造
围岩蚀变特征	地表见有褐铁矿化、硅化、绢云母化、绿帘石化、绿泥石化，局部见孔雀石化、黄铜矿化
成矿作用及矿化阶段	矿床的形成主要经历了石英、黄铁矿、黄铜矿、铅锌矿等成矿阶段，成矿为多阶段、多期次的特点，早期矿化主要表现为强烈的硅化，矿化晚期硅化岩破裂被主成矿流体充填-交代成矿，金成矿组合以 Au、As-Co、Ag 为特征，是本区主要的成矿作用因子，形成以 Au 矿为主，伴生 Ag 的形成，其特征为中低温成矿作用，受基性基底的一定控制，代表了 Au、Ag 的成矿阶段

续表

成矿要素	描述内容
成矿物理化学条件	石英脉平均温度为 180℃，破碎蚀变岩型金矿平均温度为 210℃，两者盐度为 6.18%；石英脉型包裹体压力值为 94 MPa，破碎蚀变岩型包裹体压力值为 114 MPa，成矿深度为 5.5~8 km
矿床成因机制	牛头沟金矿赋存于黑云变粒岩、黑云斜长片麻岩、混合岩及混合花岗岩中，原岩为海相碎屑岩-基性火山岩建造，含 Au、Cu 等成矿物质较高，经过区域变质、混合岩化、混合花岗岩化作用，使 Au 等成矿物质活化、迁移出来，在其后的混合花岗岩化、侵入岩体和岩脉的岩浆作用下，使 Au 等成矿物质再次活化、迁移富集，形成含 Au 气水热液，并形成了含金石英脉型金矿；在印支期褶皱-逆冲断层阶段，由于热液作用，在压性断裂和韧性剪切带的破碎带中形成了破碎蚀变岩型金矿。这是一种由于岩浆热液、地下热水溶液或热液、构造等的综合作用，使先成矿床受强烈改造而形成的多因复成型金矿
找矿标志	1. 金矿化赋存在古元古界贺兰山岩群的老变质岩中，变质岩地区的变粒岩、片麻岩和混合花岗岩是找矿的有利地层和岩石类型； 2. F_1 主干断裂是该矿区的主要控矿构造和容矿构造，是找矿的有利构造部位； 3. 断层破碎带中有强烈硅化、黄铁矿化、褐铁矿化、绢云母化和绿泥石化等蚀变的地段矿化较好； 4. 地表断层破碎带中强褐铁矿化使得矿化层呈现褐红色，出现褐红色的地段矿化较好，也是找矿标志； 5. 石英脉较破碎，裂隙较发育，含硫化物较多，一般含 Au 品位较高； 6. 石英脉中具有蜂窝状构造，有方形洞并伴有褐铁矿化的一般均含金
资料来源	1. 宁夏有金属地质勘查院，2008，宁夏石嘴山市牛头沟金矿普查工作总结； 2. 宁夏回族自治区地质矿产局矿产地质调查所，1988，贺兰山北段金矿普查报告； 3. 宁夏地矿局物探队，1988，石嘴山金异常检查成果报告； 4. 宁夏地质局第二地质队，1967，石嘴山市沙巴台牛头沟含金矿化区初查报告； 5. 宁夏地矿局综合地质大队，1967，石嘴山梁根含金矿化区初步检查报告；

石嘴山市牛头沟金矿的理想化成矿模式见图 11-3。

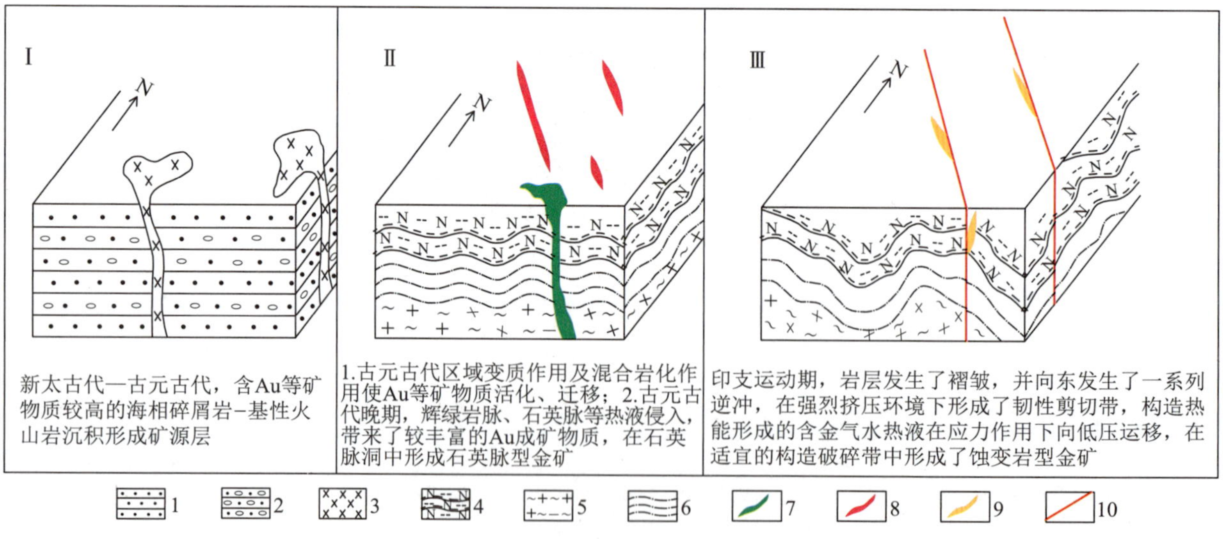

图 11-3　牛头沟金矿成矿模式图

（据艾宁等，2014）

1—泥砂质沉积；2—粗碎屑沉积；3—基性岩性；4—黑云母斜长片麻岩；5—混合花岗岩；6—变粒岩；7—辉绿岩脉；8—含金石英脉；9—金矿体；10—断裂破碎带

（二）中卫市金场子金矿床

金场子金矿床隶属宁夏回族自治区中卫市沙坡头区，位于中卫市沙坡头区南西 21 km。

1959~1960 年，宁夏回族自治区地矿局宁西地质队在中宁-中卫地区进行 1∶5 万区调的重砂测量时第一次在重砂中发现有金。1967 年，宁夏综合地质大队宁三地质队在卫宁北山的二人山、金场子、单梁山一带进行铁矿点复查时，发现金场子南北铁矿化破碎带中均有金的显示，其中北矿化带的 19 个样平均含金 2.16 g/t，个别高达 10.32 g/t。1987 年，宁夏回族自治区地矿局矿产地质调查所提交了《宁夏回族自治区中卫县金场子金矿床详细普查地质报告》（北矿带东段）。1987 年，宁夏回族自治区地矿局矿产地质调查所提交了《宁夏中卫县金场子金矿床控矿条件及成因研究报告》，该研究报告中金场子金矿床的范围包括了二人山、黄石坡沟、金场子 3 个矿段。1993 年，宁夏回族自治区地矿局矿产地质调查所提交了《宁夏回族自治区中卫县金场子矿区及其外围金矿普查报告》。2007 年，宁夏黄金地质勘探工程队提交了《宁夏中卫市卫宁北山黄石坡沟金矿详查工作总结》，估算（332+333）金金属资源量 135.31 kg。2010 年，宁夏回族自治区地调院提交了《宁夏中卫市卫宁北山金场子金矿外围及深部多金属矿预查地质报告》，估算金资源（334）？总量 3732.168 kg，平均品位 4.501 g/t，其中金场子矿段 2254.019 kg，黄石坡沟矿段 1403.375 kg，二人山矿段 77.774 kg。

1. 区域地质

金场子金矿床地层属阿拉善地层区（$Ⅲ_3$）、阿拉善南缘地层分区（$Ⅲ_3^1$）、景泰-中宁地层小区（$Ⅲ_3^{1-1}$）。大地构造位置位于柴达木-华北板块（Ⅲ）、阿拉善微陆块（$Ⅲ_4$）、腾格里早古生代增生楔（$Ⅲ_4^1$）、卫宁北山-香山晚古生代前陆-上叠盆地（$Ⅲ_4^{1-1}$）。所属成矿区带为河西走廊 Fe-Mn-萤石-盐类-凹凸棒石-石油成矿带（Ⅲ-20）、卫宁北山褶断带 Fe-Au-Ag-Cu-Pb-Zn-煤-粘土成矿亚带（Ⅳ-20①）。所属矿床成矿系列为与腾格里早古生代增生楔燕山期热液作用有关的铁、铜、金、银、铅、锌、硫铁矿、重晶石矿床成矿系列（8-$Ⅲ_4^1$-Mz_2-F）。

区域出露地层有泥盆系中宁组，石炭系前黑山组、臭牛沟组、靖远组和羊虎沟组。

构造主要为早古生代中期主体为弧后盆地构造环境，晚古生代以来演化为弧-陆碰撞造山环境，中生代以来渐与鄂尔多斯陆块趋于一致，主要以褶皱隆起、逆冲推覆和陆内断（坳）陷盆地为主。

华力西—印支期褶皱变形，在碰撞造山和碰撞造山后构造环境下，在卫宁北山地区，主要以近南北向挤压为主，形成了近东西向展布的褶皱、断裂构造。燕山期再次发生构造运动（伴随有岩浆活动，主要为闪长玢岩），形成卫宁北山地区近东西向断裂或褶皱构造。

岩浆岩为燕山期石英闪长玢岩。岩石呈浅灰绿色，风化后呈灰白色带褐红色斑点，变余斑状结构，块状构造。蚀变具绢云母化、碳酸盐化，局部绿泥石化、褐铁矿化。2009 年，锆石 U-Pb 法同位素年龄为 170 Ma 和 143~149 Ma。推断在卫宁北山地区可能还有隐伏于深部 1 km 左右的闪长岩体，与出露地表的闪长玢岩脉同源。闪长玢岩脉与金、银、铅、铜、硫铁矿矿化关系密切。

2. 矿区地质

矿区出露地层有上泥盆统中宁组（D_3z），石炭系前黑山组（C_1q）、臭牛沟组（C_1c）、靖远组（$C_{1-2}j$）和羊虎沟组（C_2y）。

中宁组（D_3z）主体色调为紫红色，局部夹灰绿色，由砾岩、长石石英砂岩、粉砂岩和泥岩组成，夹少量泥灰岩、灰岩、砂质灰岩透镜体。

前黑山组（C_1q）为一套滨浅海相-潟湖相陆源碎屑岩和碳酸盐岩沉积，主要由石英质砾岩、石英砂岩、粉砂岩、灰岩、白云岩及石膏等组成，可进一步划分为 4 个岩性段。第一岩段为红色砂砾岩，仅局部出露，厚度 0.2~2 m。第二岩段主要为红色、灰黄色中层角砾状白云质灰岩，局部白云质成分增高成为灰质白云岩，夹少量钙质粉砂岩；角砾状白云质灰岩为金、银、铅矿容矿围岩，厚度 13.67~61.10 m。第三岩段下部为灰白色-浅棕色中层细-中粒钙质砂岩夹黄色泥质白云岩、灰白-浅棕色薄层状白云质粉砂岩、钙质细砂岩，上部为灰白色-浅棕色中层-块状石英砂岩夹泥岩、页岩及砂岩。该段是金、银的容矿层位之一，厚度 26.42~48.09 m。第四岩段为不纯的碳酸盐-细碎屑岩组合，主要为灰褐色中层-厚层钙质粉砂岩-细砂岩、灰白色中粒石英砂岩。该岩段从东到西岩性变化较大，常常发生相变，可由灰岩相变为泥岩及粉砂岩或由石英砂岩相变为粉砂岩和泥岩。该段是金银矿的容矿层位之一，厚度 46.43~96.56 m。

臭牛沟组（C_1c）主要由石英砂岩、泥岩、页岩和灰岩组成，可进一步划分为 3 个岩性段。第一岩段为碎屑岩-不纯碳酸盐岩组合。下部为浅棕色-灰白色厚层-块状层粗粒钙质石英砂岩，中层粉砂岩、细砂岩、粉砂质泥岩或页岩、板状泥岩、钙质细砂岩或含粉砂质钙质泥岩；上部为含砾粉砂质灰岩、泥岩、粉砂岩夹含砾钙质粉砂岩、粉砂质灰岩。厚度 32.82~47.79 m。第二岩段下部为灰白色中层-厚层含砾粗砂岩，中部为灰绿色中层粉砂岩、灰褐色页岩、浅棕色厚层粉砂岩、细砂岩、粉砂质泥岩或页岩、板状泥岩、钙质细砂岩，上部为浅棕色中层中粒石英砂岩、浅紫红色-浅棕色薄层-中层钙质粉砂岩与细砂岩互层。厚度 47.9~160.80 m。第三岩段主要为紫红色-灰白色细-中粒钙质石英砂岩、浅棕色钙质粉砂岩-细砂岩夹灰白色-紫红色硅质板状泥岩，为一套沉积韵律比较明显的碎屑岩组合。厚度 158~163 m。臭牛沟组总体构成一个由陆源碎屑岩-碳酸盐岩的退积型沉积旋回。

靖远组（$C_{1-2}j$）主要由陆源碎屑岩（石英砂岩、粉砂岩）、粘土岩（泥岩、页岩）和碳酸盐岩（泥灰岩、生物碎屑灰岩）组成，含头足类、腕足类、腹足类、双壳类、苔藓虫、牙形石、昆虫及植物化石，属滨海沼泽相沉积。卫宁北山地区厚达 698.2 m。

羊虎沟组（C_2y）岩性以灰-深灰色粉砂质页岩、黑色页岩及灰、浅褐灰、浅黄灰色薄-中厚层细粒长石石英砂岩、石英砂岩为主，夹少量深灰色透镜状（含生物碎屑）灰岩、灰色粉砂岩及浅黄色粉砂质泥岩。

赋矿地层为上泥盆统中宁组、下石炭统前黑山组和臭牛沟组，含矿岩性为构造角砾岩、其次是泥岩、砂岩、灰岩。华力西早期，在构造应力作用下上泥盆统中宁组被抬升，该区地壳处于稳定阶段。石炭纪海侵，形成海陆交互相碎屑岩-碳酸盐含膏盐建造类型，是金矿沉积成矿的有利建造。岩体为燕山期石英闪长玢岩，锆石 U-Pb 法同位素年龄为 170 Ma 和 143~149 Ma，闪长玢岩脉与金、银、铅、铜、硫铁矿矿化关系密切。

矿区褶皱、断裂构造发育。在二人山-金场子的较大范围内，主要构造线呈近东西向展布，其次为北东向和北西向。近东西向构造主要由复式背斜、向斜、纵向逆断层等组成。在金场子金矿区范围内，近东西向纵向逆断层是矿区主要的导矿、容矿构造（图 11-4）。

3. 矿体特征

金场子北矿带呈北西—近东西向，长度大于 2 km，宽度约 40 m。共圈出 5 个工业矿体，分别编号为$Ⅱ_1$、$Ⅱ_2$、Ⅲ、Ⅳ、Ⅴ号，集中产在 F_{18} 纵向层间断层下盘次级层间破碎带或附近的前黑山组和臭牛沟组中。形态为似层状、透镜状，矿体走向近东西，倾向南，倾角 61°~81°。$Ⅱ_1$ 号矿体地表出露长度 242 m，矿体平均厚度 2.80 m，呈似层状-透镜状，倾向 183°，倾角 61°~79°，平均品位 Au 5.14 g/t，Ag 5.14 g/t。$Ⅱ_2$ 号矿体地表出露长度 125 m，矿体真厚度 0.81 m，呈似层状-透镜状，倾向 176°~196°，倾角 65°~79°，平均品位 Au 1.72 g/t，Ag 2.43 g/t。Ⅲ号矿体地表出露长度 168 m，矿体真厚度 4.64 m，呈似层状-透镜状，倾向 193°，倾角 65°~77°，平均品位 Au 3.99 g/t，Ag 4.29 g/t。Ⅳ号矿体地表出露长度 220 m，矿体真厚度 1.45 m，呈似层状，倾向 180°，倾角 67°，平均品位 Au 5.74 g/t，Ag 12.31 g/t。Ⅴ号矿体地表出露长度 227 m，矿体真厚度 1.18 m，呈似层状，倾向 180°，倾角 64°~81°，平均品位 Au 3.72 g/t，Ag 5.16 g/t。

4. 矿石特征

矿石类型主要为氧化矿石，按矿石构造及物质组成可以分为黄钾铁矾化、褐铁矿化含金碎裂岩、角砾岩，含金好-较好；褐铁矿化含金泥质粉砂岩、粉砂岩，含金较好；褐铁矿化、硅化含金石英砂岩，含金较差；褐铁矿化含金泥岩、粉砂质泥岩，含金差。

矿石矿物有自然金、自然银、银金矿、辉银矿、褐铁矿、黄钾铁矾、针铁矿、黄铁矿、赤铁矿等；脉石矿物有石英、玉髓、水云母、高岭石、绿泥石、方解石、滑石等。

矿石结构构造有自形粒状结构、他形粒状结构、镶边结构、假象结构、压碎结构；角砾状构造、

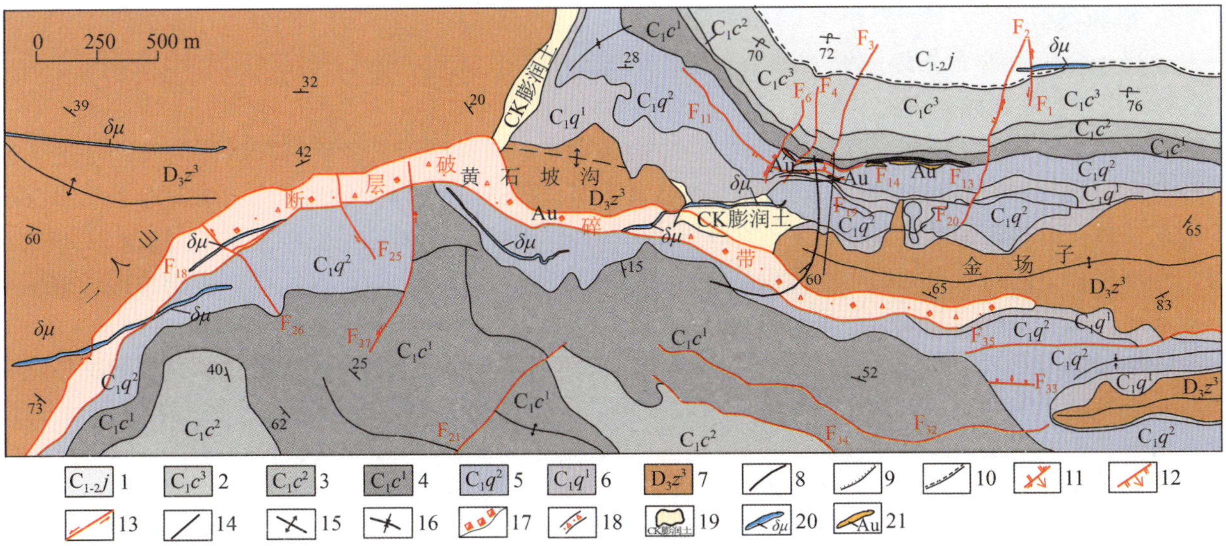

图 11-4 金场子金矿矿区地质简图

（据宁夏回族自治区地质调查院，2010，有修改）

1—靖远组；2—臭牛沟组第三岩段；3—臭牛沟组第二岩段；4—臭牛沟组第一岩段；5—前黑山组上段；6—前黑山组下段；7—中宁组三段；8—整合地质界线；9—角度不整合地质界线；10—平行不整合地质界线；11—平移逆断层；12—正断层；13—平移断层；14—性质不明断层；15—背斜；16—向斜；17—褐铁矿化；18—断层破碎带；19—膨润土采坑；20—闪长玢岩脉；21—金矿体

疏松土状构造、蜂窝状构造、晶洞状构造、细脉状构造、浸染状构造、斑杂状构造、层状构造、块状构造、斑点状构造。

5. 围岩蚀变

矿区的围岩蚀变比较发育，原生蚀变以中低温蚀变类型为主，主要包括绢云母化、硅化、黄铁矿化、碳酸盐化、重晶石化、高岭土化等。在氧化带黄铁矿等硫化物遭受强烈氧化及水解，变成赤铁矿、褐铁矿及黄钾铁矾等含氧或硫酸盐矿物，形成醒目的铁帽型次生矿化及蚀变-褐铁矿化、赤铁矿化、黄钾铁矾化及高岭土化等。

6. 资源储量

截至 2017 年底，金场子金矿床金资源量（334）？2254.019 kg。为小型矿床。

7. 矿化阶段划分及分布

早期蚀变阶段（绢云母-碳酸盐化阶段）：蚀变程度较弱，蚀变类型较单一，多为面型矿化蚀变，在空间位置上一般偏离断层破碎带，与下石炭统某一地层单元或岩性关系密切，未见矿化或与贵金属矿化关系一般不明显，但在改变围岩化学组分及物性方面有一定作用。

中、后期蚀变阶段（硅化-黄铁矿化阶段、氧化作用阶段）：蚀变程度较高，蚀变种类较多，为线性矿化蚀变，在空间分布上多受断层破碎带控制，多与贵金属矿化伴生，有金银矿化、强金银矿化、银矿化、绢云母化等。

8. 成矿物理化学条件

成矿流体包裹体具有较低密度（0.65～0.96 g/cm^3）、低盐度（4.3%～12.4%）、中-低温度（180～390℃，平均 275.5℃）、富 CO_2 的特征，为低密度低盐度中低温度 H_2O-CO_2-NaCl 流体，成矿压力为 193.2～220.9 MPa。

硫同位素测定结果表明稠密浸染状黄铁矿 $\delta^{34}S$ 值为 6.92‰～10.76‰；含金石英细脉中黄铁矿的 $\delta^{34}S$ 值为 6.13‰～8.99‰，介于海相硫酸盐与岩浆岩硫同位素组成之间。根据硫化物硫同位素组成和矿物流体包裹体组成特征，推测金场子金矿成矿物质具有岩浆和海相硫酸盐地层混合来源的特征。成矿深度为 0.644～0.736 km。

9. 矿床类型

金场子金矿床属于浅成中-低温热液型金矿床。

10. 成矿机制和成矿模式

石炭纪海侵，形成海陆交互相碎屑岩-碳酸盐含膏盐建造类型，是金矿沉积成矿的有利建造。燕山期石英闪长玢岩，锆石 U-Pb 法同位素年龄为 170 Ma 和 143~149 Ma。中酸性岩浆及地下热水混溶的成矿流体，沿东西向断层破碎带内或其次级断层和裂隙上升，沿着通透性较好的碎屑岩、碳酸盐岩层作侧向运移，同时从矿源层中溶滤出矿质元素，被迁移到破碎带、裂隙、层理、节理等构造解压部位和场所析出，然后富集成矿。成矿时代为燕山期。

晚泥盆世、石炭纪部分沉积岩层为矿源层。大气降水向深处渗流，受到构造热能及地热增温甚至闪长玢岩脉的影响而被加热，通过高角度断裂上升，沿着通透性较好的碎屑岩、碳酸盐岩层作侧向运移，溶解其中的硫酸盐及碳酸盐等盐类矿物质，使其盐度不断的增高，形成“热卤水”，同时从矿源层中溶滤出矿质元素，形成含矿热卤水，在热动力及构造应力的驱动下沿着构造薄弱带从压力高部位向压力低部位运移，在构造破碎带内发生线性硅化、碳酸盐化、黄铁矿化等热液蚀变，由于物化条件的变化，并从酸性强的氧化环境变为中性还原环境及蚀变围岩物理化学影响导致在控矿构造断裂、裂隙内 Au 的络合物被还原、解体，而促成金的沉淀，从而聚集形成矿床。

矿体及矿体上下的近矿蚀变围岩所含黄铁矿、方解石和石英都不同程度地含有一定数量的 Au、Ag、Pb、Cu 等金属元素。本区的金属成矿物质来自石炭纪及泥盆纪地层及岩浆和海相硫酸盐地层混合来源的热液。

本区氧化矿石主要由针铁矿、黄钾铁矾组成。这反映了原生矿石含有黄铁矿等硫化物矿物。根据硫化物硫同位素组成和矿物流体包裹体组成特征，推测金场子金矿成矿物质具有岩浆和海相硫酸盐地层混合来源的特征。

金场子金矿描述性成矿模式见表 11-4。

表 11-4 金场子金矿床描述性成矿模式表

成矿要素	描述内容
区域地质背景	该矿床大地构造位置位于秦祁昆造山系、北祁连弧盆系、走廊弧后盆地、阿拉善南缘前陆盆地（Ⅳ级）、卫宁北山古生代前陆盆地（Ⅴ级）。上泥盆统中宁组为陆相磨拉石建造，下石炭统前黑山组和臭牛沟组为海陆交互相碎屑岩-碳酸盐岩含膏盐建造。印支运动时，以近南北向挤压为主，形成了近东西向褶皱和断裂构造
成矿地质环境	矿区出露的地层有上泥盆统中宁组，下石炭统前黑山组、臭牛沟组，大致呈东西—北东向展。矿区内有燕山期闪长玢岩呈脉状侵入于上泥盆统及下石炭统中，沿近东西向构造破碎带或层间裂隙断续分布。矿区断裂、褶皱构造发育，主要构造线呈近东西向展布，其次为北东向和北西向。断裂构造按照其展布方向和形成期次的不同可分为近东西向断裂、北东向断裂及北西向断裂，其中以近东西向断裂为主，断层性质比较复杂，具有正、逆断层的双重性质（先张后压），是矿区内主要的导矿及容矿构造，控制矿体的形态、产状、分布位置、规模等。矿区内主要的褶皱构造为二人山-金场子背斜，横贯整个矿区，并发育了次级褶皱构造
矿体形态、产状、规模	金场子北矿带呈北西—近东西向，长度大于 2 km，宽度约 40 m。共圈出 5 个工业矿体，分别编号为 $Ⅱ_1$、$Ⅱ_2$、Ⅲ、Ⅳ、Ⅴ号，集中产在 F_{18} 纵向层间断层下盘次级层间破碎带或附近的前黑山和臭牛沟组中。形态为似层状、透镜状，矿体走向近东西，倾向南，倾角 61°~81°
矿石类型	主要为氧化类矿石，有黄钾铁矾化、褐铁矿化含金碎裂岩、角砾岩；褐铁矿化含金泥质粉砂岩、粉砂岩；褐铁矿化、硅化含金石英砂岩；褐铁矿化含金泥岩、粉砂质泥岩
矿物组合	金属矿物有自然金、自然银、银金矿、辉银矿、褐铁矿、针铁矿、黄铁矿、赤铁矿等；脉石矿物有石英、水云母、绿泥石、方解石、滑石等
矿石结构构造	自形粒状结构、他形粒状结构、镶嵌结构、假象结构、交代残余结构、细脉和网脉结构；角砾状构造、疏松土状构造、块状构造、蜂窝状构造、晶洞状构造、脉状构造、斑杂状构造、层状构造、斑点状构造

续表

成矿要素	描述内容
围岩蚀变类型	绢云母化、褐铁矿化、赤铁矿化、黄钾铁矾化、硅化、碳酸盐化、高岭土化
矿床成因机制	为热卤水渗滤-改造型金矿，晚泥盆世、石炭纪部分沉积岩层为矿源层。大气降水向深处渗流，受到构造热能及地热增温，甚至闪长玢岩脉的影响而被加热，通过高角度断裂上升，沿着通透性较好的碎屑岩、碳酸盐岩层作侧向运移，溶解其中的硫酸盐及碳酸盐等盐类矿物质，使其盐度不断的增高，形成“热卤水”，同时从矿源层中溶滤出矿质元素，形成含矿热卤水，在热动力及构造应力的驱动下沿着构造薄弱带从压力高部位向压力低部位运移，在构造破碎带内发生线性硅化、碳酸盐化、黄铁矿化等热液蚀变，由于物化条件的变化，并从酸性强的氧化环境变为中性还原环境及蚀变围岩物理化学影响导致在控矿构造断裂、裂隙内 Au 的络合物被还原、解体，而促成金的沉淀，从而聚集成矿，形成矿床
成矿物理化学条件	成矿流体包裹体密度 0.65～0.96 g/cm^3，盐度 4.3%～12.4%，温度 180～390℃，平均 275.5℃，成矿压力为 193.2～220.9 MPa，稠密浸染状黄铁矿 $\delta^{34}S$ 值为 6.92‰～10.76‰；含金石英细脉中黄铁矿的 $\delta^{34}S$ 值为 6.13‰～8.99‰，成矿深度为 0.644～0.736 km
找矿标志	1. 地层、岩性：上泥盆统中宁组、下石炭统前黑山组和臭牛沟组为含矿层位，含矿较高的是上述地层中的构造角砾岩、其次是泥岩、砂岩、灰岩； 2. 构造：东西向的断裂是贵金属矿化的定位因素，特别是上泥盆统与下石炭统接触面及其附近发生的层间断裂破碎带控制着金矿化的分布； 3. 矿化组合：金矿化带常分布在热液铁、铜、银、铅的矿化带附近或叠加出现，与赤铁矿、黄铁矿化关系较密切
资料来源	1. 宁夏回族自治区地质矿产局矿产地质调查所，1987，宁夏回族自治区中卫县金场子金矿床控矿条件及矿床成因研究报告。 2. 宁夏回族自治区地质矿产局矿产地质调查所，1987，宁夏回族自治区中卫县金场子金矿床北矿带详查报告。 3. 宁夏回族自治区地质矿产局矿产地质调查所，1988，宁夏金矿化成矿条件及找矿方向初研。 4. 宁夏回族自治区地质矿产局宁西地质队，1960，二人山构造破碎带找矿年度总结报告。 5. 宁夏回族自治区地质矿产局综合地质队，1968，中卫县二人山金场子单梁山一带铁矿点复查报告。 6. 宁夏回族自治区地质调查院，2010，宁夏中卫市卫宁北山金场子金矿外围及深部多金属矿预查地质报告。

中卫市金场子金矿的成矿模式见图 11-5。

（三）海原县马场沟金矿床

马场沟金矿位于海原县西 40 km，隶属中卫市海原县管辖。

1990 年，宁夏回族自治区矿产地质调查所在屈吴山-西华山一带进行金矿普查时发现马场沟金矿点。1988～1993 年，宁夏黄金公司地探工程队对该矿床进行详查，发现了 3 个金矿化带，数个金矿体，对中部矿带Ⅰ号矿体 2250 m 标高以上部分矿体进行了金的资源储量估算。提交了《宁夏回族自治区海原县马场沟金矿床地质勘探报告》。1994～1995 年，宁夏回族自治区地质矿产局矿产地质调查所对该矿床进行了补充勘探，在矿区Ⅱ号矿化带共圈定 3 个小矿体，提交 C+D 级金表内、外储量 387.25 kg，其中表内储量 372.06 kg，表外储量 15.19 kg。2009～2011 年，宁夏矿业开发公司对黑泉-马场地区金矿进行普查，圈定了九个金矿体，估算金资源量 383.49 kg。2010～2013 年，宁夏回族自治区地质调查院在南、西华山开展矿产地质调查，对该矿床进行了重点检查，并估算了资源量。

1. 区域地质

马场沟金矿床地层属祁连地层区（$Ⅲ_2$）、北祁连地层分区（$Ⅲ_2^1$）、靖远-西吉地层小区（$Ⅲ_2^{1-1}$）。大地构造位置位于柴达木-华北板块（Ⅲ）、祁连早古生代造山带（$Ⅲ_2$）、北祁连中元古代—早古生代海沟系（$Ⅲ_2^1$）、景泰-海原中元古代—早古生代弧后盆地（$Ⅲ_2^{1-1}$）。所属成矿区带为北祁连 Cu-Pb-Zn-Fe-Cr-Au-Ag-硫铁矿-石棉成矿带（Pt_2；Pt_3-Pz_1）（Ⅲ-21）、南、西华山-六盘山冲断带 Au-

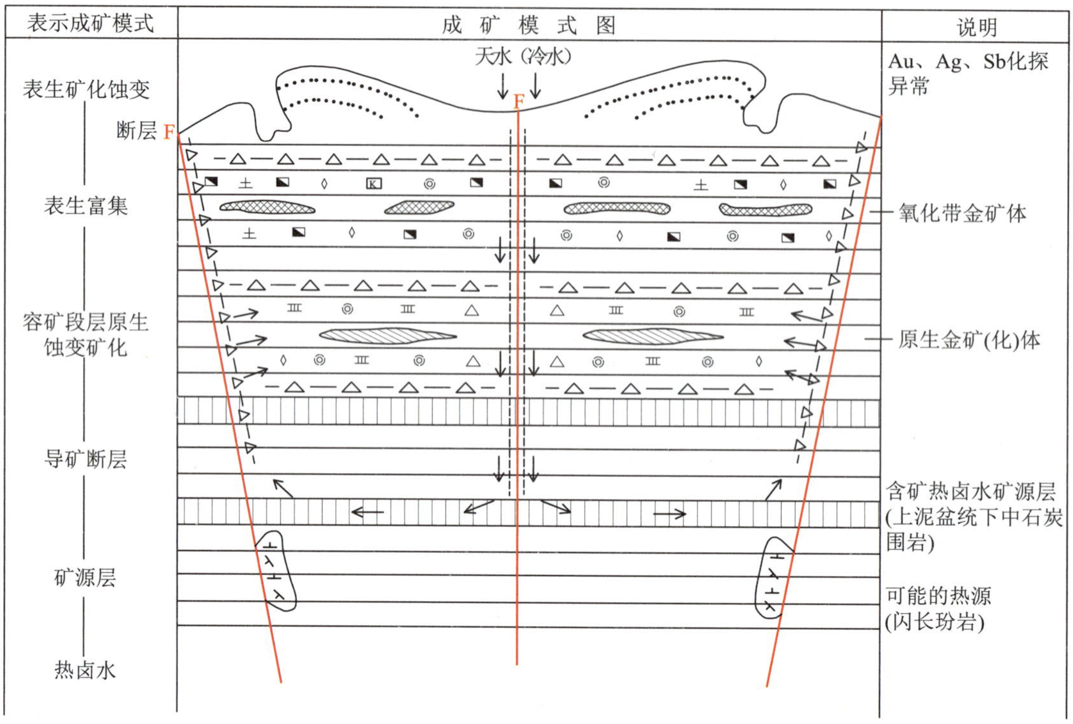

图 11-5 中卫市金场子金矿成矿模式图

（据艾宁等，2014）

Cu-Pb-Zn-硫铁-泥炭-岩盐成矿亚带（Ⅳ-21①）。所属矿床成矿系列为与加里东期岩浆-热液作用有关的铜、金、银、硫铁矿成矿系列（4-Pz_1-I（F））、祁连早古生代造山带加里东晚期热液作用有关的铜、金、银、硫铁矿矿床成矿亚系列（$Ⅲ_2^1$-Pz_1-F-2）。海原岩群为绿片岩相-绿帘角闪岩相的区域变质岩系，它构成了该地区的结晶基底。

海原岩群区域变质岩分布于南、西华山和月亮山等地，主要岩石类型有绿片岩类、角闪质岩、石英片岩类、云母石英片岩类、大理岩类及石英岩类，以片岩类和大理岩类最为发育，后期受韧性剪切变形强烈。海原岩群中的石英片岩类和云母石英片岩类原岩多属泥质岩、粉砂岩和火山碎屑岩等；绿片岩、角闪质岩石原岩大部分为玄武岩、基性凝灰岩等，少部分可能为辉绿岩等潜火山岩的变质。海原岩群区域变质相属于绿片岩相-绿帘角闪岩相，变质作用类型属区域性中-低温递增动力变质作用。Sm-Nd 法模式年龄为 1749～1426 Ma。

海原岩群呈北西向断块山分布，南、西华山北东侧大断裂呈北西向分布，南、西华山南西侧至甘肃境内中、新生界的褶皱轴也呈北西向。西华山地区的主体褶皱为西华山向斜和簸箕掌背斜，向斜和背斜的轴向为北西向及北北西向，有两条韧性剪切带分布在海原岩群中，也是向斜和背斜的组成成分。脆性断裂有北西西向、近东西向、近南北向及北东向，以逆断层为主。

2. 矿区地质

马场沟金银矿赋存于海原岩群西华山岩组和园河岩组中，岩性为二云石英片岩、白云母石英片岩、云母钠长石英片岩。

加里东晚期花岗闪长岩和二长花岗岩，由中酸性侵入岩派生的岩脉有闪斜煌斑岩、云斜煌斑岩、石英闪长玢岩、花岗斑岩、花岗伟晶岩等，还见与矿化有关的热液成因的钠长岩脉、石英脉、碳酸盐脉以及它们的过渡型岩脉。

矿区断裂构造主要有北西—北西西向、近东西向、北东向、北西西向 4 组，北西西向张扭性断裂及北东向次级节理、裂隙破碎带为控矿构造，金矿化均发生在沿北西西向断裂分布的煌斑岩脉、石英脉、钠长石脉中。近东西向、近南北向断裂也是金、银、铜矿的控矿构造。

3. 矿体特征

马场沟金矿床总体呈北西西向展布，划分为 4 个矿带，共发现 11 个金（银）矿体和 3 个金（银）矿化体。矿体形态以板状、透镜状、豆荚状为主，有尖灭再现和分叉复合现象，一般斜切围岩片理，倾角较陡（65°~88°），倾向或南或北，长 80~110 m，延深 40~120 m，厚度 0.95~3.20 m，其中 Au4、Au5、Au6 为主要金（银）矿体（图 11-6，图 11-7）。

图 11-6　马场沟金矿断裂破碎蚀变带
（向连格摄，2016）

图 11-7　马场沟金矿挤压片理化带（云母石英片岩）
（向连格摄，2016）

Au4 矿体产于中矿化带东端，沿走向 280°，脉带呈串珠状，长度大于 437 m，厚度 0.1~1.6 m，倾向北，倾角 70°~80°，平均品位 Au 6.5 g/t，金资源量 0.522 t；Au5 矿体产于中矿化带中段，板脉状，倾向 210°，倾角 79°，长度 142 m，斜深大于走向延伸，厚度 0.17~2.25 m，平均 0.89 m，平均品位 Au 13.27 g/t，Ag 2.9~42.07 g/t、Pb 0.26%~0.38%，金资源量 0.258 t；Au6 矿体产于中矿化带中段，不规则脉状，倾向 225°，倾角 75°，长度 176 m，厚度 0.2~1.3 m，平均 0.51 m，平均品位 Au 11.29 g/t，Ag 1.64~50.45 g/t、Pb 0.05%~0.92%，金资源量 0.153 t。

4. 矿石特征

矿石类型有含金黄铁矿化碎裂石英脉、含金黄铁矿化碎裂片岩、含金蚀变碎裂煌斑岩。以氧化矿石为主，一般呈褐红色、红色和褐黄色，局部有白色或灰色的混合矿石。矿石矿物有自然金、自然银、褐铁矿、黄铁矿、黄铜矿、孔雀石、方铅矿、闪锌矿、辉铜矿。脉石矿物有石英、钠长石、白云母、黑云母、方解石等。矿石结构构造有斑状结构、填隙结构、包含结构、假象结构、胶状结构、残余交代结构、压碎结构；浸染状构造、细脉状构造、碎裂状构造、蜂窝状构造、粉末状构造。

5. 围岩蚀变

围岩蚀变有黄（褐）铁矿化、硅化、碳酸盐化、绿泥石化、电气石化、黄钾铁矾化、高岭土化、绢云母化。

6. 资源储量

截至 2017 年底，马场沟金矿累计探获金资源量 992 kg，探获（伴生）银资源量 864 kg。

7. 矿化阶段划分及分布

沉积-变质-后期改造。矿化水平分带和垂直分带明显，沿走向自东向西为金矿化-金、银、硫、铁矿化-银、黄铁矿化。由浅至深由金矿化-金、黄铁矿化。

8. 矿床类型

马场沟金矿床属于浅成中-低温热液型金矿床。

9. 成矿机制和成矿模式

中元古代本区为祁连裂陷海槽环境，形成了海原岩群下部以基性火山岩为主、中部以碳酸盐岩为主、上部以碎屑岩为主的基性火山-沉积建造，地层中金、银、铜等成矿物质较高。新元古代海槽闭合，由于碰撞俯冲变质变形，变质作用使成矿物质进一步富集。加里东期该区是裂谷-沟弧盆演化阶段，在寒武纪—奥陶纪海盆的环境中，晚奥陶世俯冲造山阶段，南、西华山地区形成韧性剪切带。在志留纪又有岩浆侵入，在岩浆中富含金、银、铜等成矿物质，同时也为成矿作用提供了热源。岩浆热液沿有利的构造部位（韧、脆性断裂带）上涌，并对变质岩中的矿质进行淋滤和萃取，致使金、银、铜等成矿物质活化迁移，在特定的部位沉淀和聚集，形成金、银、铜矿体。金、银矿体形成后长期裸露地表，接受风化淋滤，发生次生富集作用，进而形成现在的金、银矿床。

10. 找矿标志

中元古界海原岩群绿片岩相-绿帘角闪岩相的区域变质岩系；北西向构造破碎蚀变带；蚀变煌斑岩脉、石英脉、钠长石脉中；黄（褐）铁矿化、孔雀石、硅化、碳酸盐化、绿泥石化、电气石化、黄钾铁矾化、高岭土化、绢云母化蚀变带。

二、砂金

（一）冲积相砂金

主要分布于黄河两岸的Ⅰ级阶地及河漫滩。

宁夏中卫市沙坡头-吴忠市陈袁滩一带黄河砂金矿

1986~1989年，宁夏回族自治区地质矿产局矿产地质调查所对宁夏中卫、中宁、青铜峡及吴忠市所辖黄河冲积平原区进行了砂金调查，圈定出大湾、迎水、义兴滩、永兴滩及薄子滩5个砂金异常区。发现了夜明山、大湾及小湾3个砂金矿化点，对砂金成矿地貌条件、分布特征、成因类型和岩性特征，特别是其含金性有了进一步的了解。提交了《宁夏中卫县沙坡头-吴忠市陈袁滩一带黄河砂金地质调查报告》。

（二）冲洪积相砂金

主要分布于石嘴山市、南华山、西华山、卫宁北山等山间间歇性河谷及两岸Ⅰ级阶地堆积物，砾石成分较复杂，分选性差。代表性矿点有石嘴山市惠农区跑马崖砂金矿点。

跑马崖砂金矿点位于石嘴山市惠农区石嘴山钢铁厂北北东5 km处跑马崖，紧邻黄河西岸，黄河对面有内蒙古自治区老石旦砂金矿（类型相同），矿区交通方便。

跑马崖砂金矿点在1949年以前已被开采。1951~1952年采金达到鼎盛时期，平均每天每人可淘金1 g左右，1958年，成立了集体沙金厂；1958年2月，内蒙古地质局桌子山地质队对该矿点进行了详查；1961年，集体沙金厂改为半机械化开采，平均每月产金10~13 g；1961~1962年，宁夏综合地质大队宁北地质队对该矿点进行了普查，认为区内金质来源不足，无大范围富集，故没有生成大的具有工业价值的砂金矿；1983~1984年，西北有色金属地质勘探公司宁夏地质勘探队进行普查，查明跑马崖砂金矿是全新世早期黄河冲积形成的阶地砂金矿；1986年，宁夏回族自治区地质矿产局地质研究所对该砂金矿的成因及分布规律进行了研究，认为该区砂金类型系洪积砂金矿和冲积砂金矿两类；冲积砂金分布在黄河Ⅰ级阶地和河漫滩处，金来源于贺兰山北段。洪积砂金形成于晚更新世，分布于洪积扇台地上。

（1）区域地质特征

跑马崖砂金矿点地层属华北地层区（$Ⅲ_4$）、鄂尔多斯西缘地层分区（$Ⅲ_4^1$）、贺兰山地层小区（$Ⅲ_4^{1-1}$）。大地构造位置位于柴达木-华北板块（Ⅲ）、华北陆块（$Ⅲ_5$）、鄂尔多斯地块（$Ⅲ_5^1$）、鄂尔多斯西缘中元古代—早古生代裂陷带（$Ⅲ_5^{1-1}$）。所属成矿区带为鄂尔多斯西缘（陆缘坳褶带）Fe-Pb-Zn-磷-石膏-芒硝成矿带（Ⅲ-59）、银川断陷盆地石油-天然气-地热（水）-地下水-矿泉水成矿亚带（Ⅳ-59②）。所属矿床成矿系列为与新生代沉积作用-表生作用有关的铁、石英砂、石膏、粘土、地下水等矿床成矿系列（9-Cz-1）、第四纪沉积作用有关的铁、砂金、石英砂、泥炭、盐类矿床成矿亚系列（Cz_2-S-2）。

矿区位于贺兰山东麓黄河冲积平原，紧邻黄河。贺兰山北段柳条沟、道路两大水系汇入矿区。贺兰山北段正义关大断裂以北宁夏与内蒙古交界地带出露的古元古界称之为贺兰山岩群（Pt_1*Hl.*），为一套由富铝片麻岩、富铝变粒岩、大理岩、钙硅酸粒岩类及少量麻粒岩等组成的变质岩系，变质程度达角闪岩相-麻粒岩相，构成了该地区的古老结晶基底，是华北克拉通北部孔兹岩带的组成部分。混合岩化作用普遍强烈。该地层中有较多石英脉-蚀变岩型金矿点分布。

（2）矿区地质

跑马崖砂金矿为黄河Ⅰ级阶地，高出黄河河面 3 m。出露地层为第四纪上更新统及全新统。上更新统下部为微胶结粗粒砂岩，含砂、砂质粘土及粉细金；上部为细粒层夹砂质透镜体。全新统粉细砂，分布于阶地顶面（据黄河对岸煤田钻孔资料，第四纪厚度 60 m，为砂砾层）。

含金砂砾层的砾石成分主要为石英、石英砂岩、片麻岩及少量伟晶岩等。砾石磨圆度较差，半棱角状者居多。粒径一般 4~8 cm，小者 0. 5~0. 7 cm，大者 15~25 cm，少数可达 3~70 cm。

（3）矿体特征

矿体呈似层状、透镜状产出，沿Ⅰ级阶地出露，与河床平行延伸。矿区分布范围南北长 1500 m，宽度约 700 m。矿体大致分为两个矿层：Ⅰ矿层为细粒层，厚度 0. 5~1. 5 m；Ⅱ矿层为粗粒层，厚度 1~3 m，水平面下部厚度不详，据河对岸老石旦砂金矿床资料，浅水面下 10 m 仍有含金层。

区内Ⅱ级阶地冲积层即是含矿层。矿区内共圈出表内矿体两个，表外矿体一个，呈似层状。矿体长度 400~1200 m，宽度 72. 5~152m，厚度 1. 55~2. 26 m，砂金品位 0. 181~0. 2448 g/m^3，表外矿体品位为 0. 1239 g/m^3。

（4）矿石特征

矿石主要为含金砂砾层，次为含砾粘土砂层。矿物组合为自然金、磁铁矿。砂金呈鳞片状，粒径 0. 01~0. 2 mm。

（5）资源量

共获得金金属资源量为 99. 603 kg。其中，表内矿体金属资源量 85. 071 kg，表外矿体金属资源量 14. 532 kg。

（6）矿床类型

跑马崖砂金矿点为第四纪冲积型阶地砂金矿点，属于砂矿型矿床。

（7）成矿机制

矿区砾石成分有来自贺兰山变质岩系物质，判断砂金物质来源于贺兰山西部古元古代贺兰山岩群变质岩和混合花岗岩中金矿或含自然金岩石风化剥蚀后，金粒释放，经沟系水动力搬运、分选和重力富集而成。

（8）找矿标志

黄河Ⅰ级阶地和河漫滩处、洪积扇台地。

第三节　矿床时空分布特征及成矿规律

一、时空分布特征

宁夏境内金矿的成矿期主要有三个时期。第一个是古元古代，第二个是加里东期—华力西期，第三个是印支期—燕山期。

在古元古代，金元素的初步富集作用主要发生在贺兰山北段地区的贺兰山岩群和侵入岩中，是形成牛头沟式金矿矿源的一个重要时期之一。之后，在华力西期—印支期构造活动的影响下，在构造破碎带或石英脉中进一步富集成矿，形成牛头沟式破碎蚀变岩-石英脉型金矿。代表性的矿床是石嘴山市牛头沟金矿。

在加里东期—华力西期，金矿成矿作用主要发生在西华山一带。当时，在中元古界蓟县系海原岩群园河岩组（$Pt_2^1y.$）和西华山岩组（$Pt_2^1x.$）中，由于加里东构造活动的影响，形成了以马场沟金矿为代表的马场沟式热液型金矿。

华力西期—印支期构造活动的影响在贺兰山北段地区形成牛头沟式破碎蚀变岩-石英脉型金矿，印支期—燕山期在卫宁北山地区形成以中卫市金场子金矿为代表的金场子式微细浸染型金矿。

二、成矿规律

宁夏境内金矿的成矿在区域上主要分布在三个地区。其中，一个地区位于贺兰山北段地区，一个地区位于卫宁北山地区，第三个地区是西华山地区。

在贺兰山北段地区，古元古代，金元素的初步富集作用主要发生在贺兰山岩群和古元古代的侵入体中，之后，在华力西期—印支期构造活动的影响下，在构造破碎带或石英脉中进一步富集成矿，形成牛头沟式破碎蚀变岩-石英脉型金矿。

在卫宁北山地区，在泥盆系中宁组和石炭系前黑山组及臭牛沟组的基础上，经过后期华力西期—印支运动的影响，燕山期和喜马拉雅期构造-热液活动表现（闪长玢岩、石英闪长岩脉、石英闪长玢岩脉分布）为对华力西期—印支期形成的建造及构造形迹进行适当改造，构造的多期活动，岩浆-热液的叠加作用，构成了本区多金属矿产成矿的有利环境，形成了金场子式微细浸染型金矿。

在西华山地区，加里东构造活动使早期中元古界蓟县系海原岩群园河岩组（$Pt_2^1y.$）和西华山岩组（$Pt_2^1x.$）中金矿富集，形成了以马场沟金矿为代表的马场沟式热液型金矿。

第三篇　非金属矿产

宁夏非金属矿产资源较为丰富，截至2017年底，已发现非金属矿产40种（含亚矿种）。其中，工业矿物类非金属矿产10种，工业岩石类非金属矿产24种，另有砚石1种，观赏石5种。其中，盐矿、芒硝、石膏、石灰岩、白云岩、硅石及贺兰石为宁夏优势及特色非金属矿产。矿石品质较高，找矿成果较为显著，先后查明了100余处中型以上主要非金属矿产地，且以上各优势矿产具有分布广、储量大、质量优、开发技术条件好等特点，为我区冶金、化工、建筑等工业提供了可靠的资源保证。

第十二章　硫铁矿

第一节　概　　述

一、硫铁矿的特征和主要经济用途

硫除少量来源于自然硫，大多从硫铁矿中提取。硫铁矿系黄铁矿、白铁矿、磁黄铁矿三者的统称。其中黄铁矿是地壳中分布最广的一种硫化物矿物，主要成分是二硫化亚铁（FeS_2），纯黄铁矿中含有46.67%的铁和53.33%的硫。目前宁夏区内仅发现黄铁矿。

硫铁矿主要用以制硫酸和硫磺。是化工、农药、医药、炸药、冶金、造纸、石油等工业部门的重要原料。在化学工业上，硫酸用于制造化肥（如硫酸铵、过硫酸钙等）、合成洗涤剂、合成树脂、水处理等；在冶金工业上，硫酸用来溶解矿石，酸洗铁、铜表面锈斑和污泥。硫酸还用于橡胶、人造丝、医药、染料、玻璃等工业部门，也用作面粉、淀粉、制糖的漂白剂。

高品位硫铁矿（硫精矿）烧渣可用以炼铁，低品位的烧渣可用做普通硅酸盐水泥的铁质校正原料。

二、硫铁矿产地数量

目前，宁夏仅发现两处小型硫铁矿矿床，其一是产在断裂破碎带中的多金属型硫铁矿矿床，硫铁矿与银、铅、锌、铜、金呈共伴生关系，砷含量普遍较高（2%~10%），由于黄铁矿与砷难以分离而暂未利用；其二是产在基性火山岩区的硫铁矿床，该矿床也未曾利用（表12-1）。

表12-1　宁夏硫铁矿产地一览表

序号	矿产地名称	所在地区	工作程度	规模	矿床类型	成矿时代	开发利用情况
1	二人山硫铁多金属矿	中卫市沙坡头区	详查	小型	中-低温热液型	燕山期	未开采
2	阳洼硫铁矿	中卫市海原县	详查	小型	中-低温热液型	加里东期	未开采

三、硫铁矿地理分布

宁夏的硫铁矿在含煤地层中分布较为广泛，主要以黄铁矿结核形成薄的硫铁矿层，多数不具规模，形成矿化点。在贺兰山北段花岗岩和变质岩中的辉绿岩脉中黄铁矿普遍出现，但一般不具工业价值。目前发现的两处小型矿床分布在中卫市沙坡头区的卫宁北山二人山和海原县南华山地区的银洞沟-荞地沟一带。

四、硫铁矿矿床类型

根据“中国矿产地质志”矿床（成因/工业）类型划分表，宁夏的硫铁矿属中-低温热液型硫铁矿矿床。

五、硫铁矿资源储量

截至2017年底，宁夏国土资源厅备案的探明硫铁矿资源储量15.728×10^4 t，其中：二人山地区估算的资源储量（333）矿石量为 10.377×10^4 t，保有资源储量 10.377×10^4 t，硫铁矿平均品位 20.17%；阳洼硫铁矿床探明的资源储量（122b+333）矿石量为 5.351×10^4 t，硫铁矿平均品位 19.22%。

六、硫铁矿勘查与开发利用程度

二人山硫铁多金属矿及阳洼硫铁矿床均为详查。目前，宁夏发现的硫铁矿床均没有利用。

第二节　矿产地分论

宁夏两处硫铁矿产地均属于非岩浆-非变质热液型，选取中卫市二人山硫铁多金属矿为典型矿床进行论述。

一、中卫市二人山硫铁多金属矿床

中卫市二人山硫铁矿床位于卫宁北山西段二人山，行政区划隶属中卫市沙坡头区，西南距中卫市区约 21 km。矿区南 10 km 镇罗镇有包兰铁路、109 国道通过，镇照公路从矿区东部通过，矿区交通方便。

1987~1989 年，宁夏地质矿产局矿产地质调查所在二人山一带开展铅锌及多金属勘查，在钻孔中发现隐伏硫铁矿体；1991~1992 年，宁夏地矿局地质矿产调查所对该区硫铁矿进行详查，通过地表工程及钻探施工，圈出硫铁矿体 11 个，银铅矿体 7 个，并提交了硫铁矿资源量。由于该硫铁矿含砷较高（0.03%~10%），多数矿体在 0.2%~1.3%之间，砷作为硫铁矿中有害组分严重超标，而砷作为独立矿种难以构成工业矿体；1992 年 4 月，宁夏地矿局暂停该区硫铁矿的详查工作。但是控制矿化的含矿断裂规模大，矿床整体远景未封闭；2012~2014 年，宁夏回族自治区地质调查院在前人工作的基础上对二人山硫铁多金属矿扩大了工作范围，向东至黄石坡沟，以银、铅、锌、铜、金为主开展普查工作，对上述矿的资源量进行了核实。

1. 区域地质

二人山硫铁多金属矿床地层属阿拉善地层区（$Ⅲ_3$）、阿拉善南缘地层分区（$Ⅲ_3^1$）、景泰-中宁地层小区（$Ⅲ_3^{1-1}$）。大地构造位置位于柴达木-华北板块（Ⅲ）、阿拉善微陆块（$Ⅲ_4$）、腾格里早古生代增生楔（$Ⅲ_4^1$）、卫宁北山-香山晚古生代前陆-上叠盆地（$Ⅲ_4^{1-1}$）。所属成矿区带为河西走廊 Fe-Mn-萤石-盐类-凹凸棒石-石油成矿带（Ⅲ-20）、卫宁北山褶断带 Fe-Au-Ag-Cu-Pb-Zn-煤-粘土成矿亚带（Ⅳ-20①）。所属矿床成矿系列为与腾格里早古生代增生楔燕山期热液作用有关的铁、铜、金、银、铅、锌、硫铁矿、重晶石矿床成矿系列（8-$Ⅲ_4^1$-Mz_2-F）。本矿区是宁夏金属矿产勘查重要地区之一。

区域出露地层主要有奥陶系香山群狼嘴子组（O_3lz），上泥盆统中宁组（D_3z），下石炭统前黑山组（C_1q）、臭牛沟组（C_1c），下-上石炭统靖远组（$C_{1-2}j$），上石炭统羊虎沟组（C_2y），下白垩统庙山湖组（K_1ms）以及古近系清水营组（E_3q），新近系彰恩堡组（N_1z）和第四系。

卫宁北山地区是一个多构造复合区，区域构造主体形迹以东西向为主，多为走滑性质的逆冲断层。区内褶皱构造较发育，主体轴向近东西，背向斜相间，轴长 5~28 km。其中与矿产有关的褶皱构造有：二人山-黄石坡-金场子背斜（金多金属硫铁矿）、大铜沟背斜（铜矿）、骆驼山背斜（铁矿）、麦垛山复向斜（铁矿）、土窑复背斜（铜矿）等。F_{18}（原 F_{15}）断层是沿泥盆系与石炭系不整合面发育的逆冲断层，是硫铁矿的控矿、容矿构造。

区内岩浆岩零星出露，主要为辉绿岩体、似斑状含石英闪长岩脉及闪长玢岩脉（图 12-1）。

2. 矿区地质

矿区出露地层为上泥盆统中宁组（D_3z）、下石炭统前黑山组（C_1q）和臭牛沟组（C_1c）。

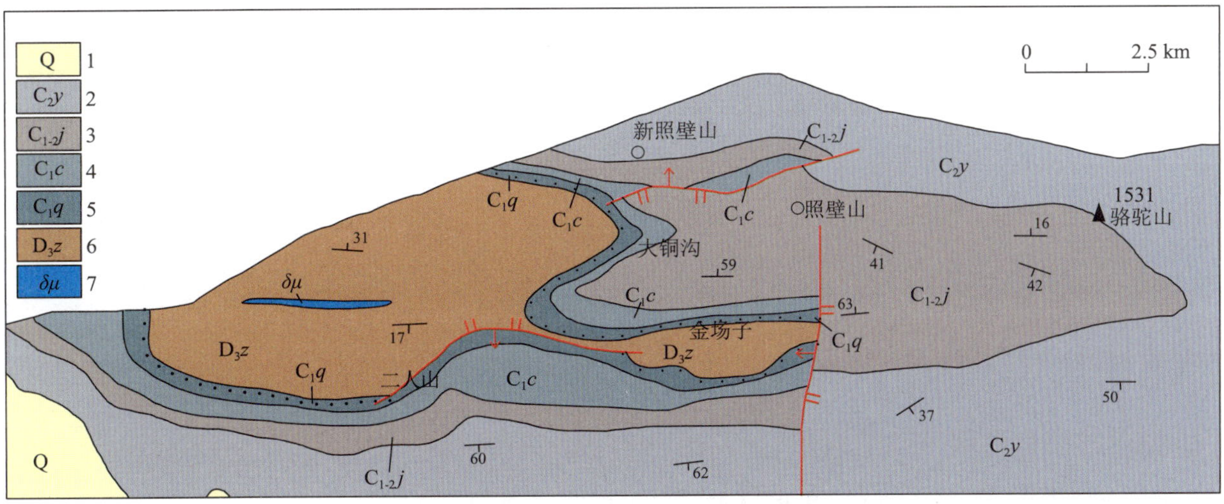

图 12-1 中卫市二人山硫铁多金属矿区域地质图

1—第四系；2—上石炭统羊虎沟组；3—下-上石炭统靖远组；4—下石炭统臭牛沟组；
5—下石炭统前黑山组；6—上泥盆统中宁组；7—闪长岩脉

上泥盆统中宁组（D_3z）：主要分布在矿区北西，呈东西向展布，为陆相红色碎屑岩（磨拉石）-河湖相沉积建造。其岩性下部为褐黄色中厚层状粉砂质灰岩、紫红色粉砂岩；中部为紫红色中-厚层状含钙细粒石英砂岩、灰绿色含钙粉砂质泥岩夹紫红色钙质粉砂岩；上部为红色中厚层状含粉砂泥岩、泥质粉砂岩、钙质粉砂岩。

下石炭统前黑山组：主要分布在矿区南侧，呈北东向展布，为一套潮坪-潟湖相沉积环境，厚度88.05~140.33 m，与下伏中宁组呈平行不整合或断层接触。按岩性可分为两段：第一段（C_1q^1）底部为浅黄色角砾状灰岩、浅棕-灰色中厚层状白云质灰岩或白云质微晶灰岩，向上为钙质粉砂岩夹钙质泥岩，褐灰色中-厚层状细粒石英砂岩，厚度82.51 m；第二段（C_1q^2）下部主要为浅棕色中厚-厚层状细粒含钙质石英砂岩，钙质泥岩夹褐灰色钙质石英砂岩。上部为以灰岩为主的泥岩或页岩、钙质粉砂岩，常夹有粉晶灰岩、泥晶灰岩及砂质灰岩。

下石炭统臭牛沟组：主要分布在矿区东南部。为一套滨浅海相沉积环境，厚度125.04~354.24 m，与下伏前黑山组整合接触。按岩性组合分为3个岩性段：第一段（C_1c^1）主要为灰白色、浅棕、紫灰色薄-中厚层豆状钙质泥岩、钙质粉砂岩、含粉砂泥岩及钙质石英砂岩；第二段（C_1c^2）主要为浅紫、灰绿、褐灰色薄-中厚层钙质粉砂岩及钙质细砂岩互层，含铁细砂岩，中粗粒石英砂岩；第三段（C_1c^3）主要为浅紫红色、绿灰、灰黄色薄-中厚层钙质粉砂岩、钙质细砂岩、泥岩互层，蚀变泥岩及泥岩互层及钙质石英砂岩。

矿区褶皱及断裂构造较发育，构造线呈近东西向，控制了该区的山体形态与地层和矿产分布。褶皱构造主要为华力西中期的二人山-金场子复式背斜。控矿构造为沿泥盆系和石炭系不整合面发育的层间断裂 F_{15}，其走向在矿区呈北东55°，呈略向北西凸出的弧形，沿走向、倾向均为舒缓波状，大部地段倾向南东，少部地段倾向北西，倾角80°以上。其北西为上泥盆统中宁组杂色粉砂岩、粉砂质泥岩、砂质灰岩等，其南为灰-棕色钙质粉砂岩、细砂岩及粉砂质泥岩。破碎带宽度4~70 m，发育构造角砾岩及碎裂岩，成分多为石炭系岩石，角砾多呈棱角状，大小悬殊，成分复杂。断层性质可能为张扭性。该断裂构造是矿区主要的导矿、容矿构造，控制着硫铁矿床及其他多金属矿的分布。

矿区岩浆活动较弱，地表见闪长玢岩脉出露。脉体近东西向展布与地层及主构造线方向基本一致。经锆石U-Pb法测定，同位素年龄：闪长玢岩可能为2期，分别为170 Ma和143~149 Ma，形成时期为燕山早期。矿区热液活动较普遍，局部地段有热液石英脉、方解石脉、重晶石脉出露，与铅（银）、锌、金、铜成矿关系较为密切，但与硫铁矿关系尚不明确（图12-2）。

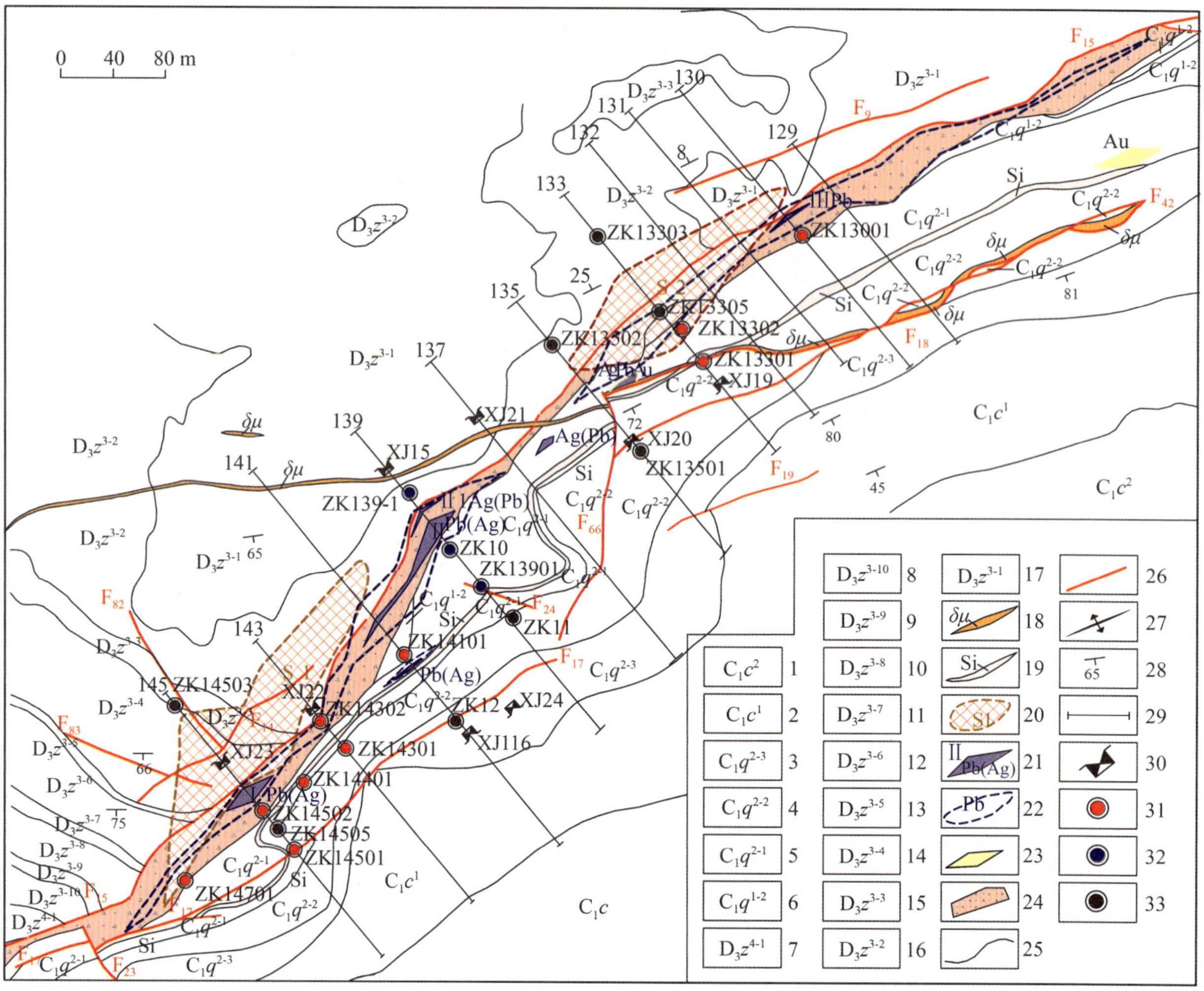

图 12-2 中卫市二人山硫铁矿矿区地质平面图

（据宁夏矿产地质调查所，1992，有修改）

1—臭牛沟组二段；2—臭牛沟组一段；3—前黑山组二段三层；4—前黑山组二段二层；5—前黑山组二段一层；6—前黑山组一段二层；7—中宁组四段一层；8—中宁组三段十层；9—中宁组三段九层；10—中宁组三段八层；11—中宁组三段七层；12—中宁组三段六层；13—中宁组三段五层；14—中宁组三段四层；15—中宁组三段三层；16—中宁组三段二层；17—中宁组三段一层；18—闪长玢岩脉；19—硅质岩带；20—隐伏硫铁矿化投影界线；21—控制的铅（银）矿化体；22—铅（银）矿化界线；23—控制的金矿化体；24—断裂构造破碎蚀变带；25—地质界线；26—实测断层及编号；27—背斜；28—地层产状；29—勘探剖面线及编号；30—斜井位置及编号；31—见硫铁矿钻孔位置及编号；32—见铅（银）矿钻孔位置及编号；33—未见矿钻孔位置及编号

3. 矿体特征

二人山硫铁矿化带沿近东西向泥盆系和石炭系组成的复式背斜轴部发育的断裂带分布。根据工程施工沿走向控制两个隐伏硫铁矿矿化区：南矿化区（S1）呈不规则状，呈北东向展布，长度 302 m，宽度 10～70 m，面积 0.012 km^2；北矿化区（S2）呈椭圆状，长度 209 m，宽度 20～70 m，面积 0.009 km^2。硫铁矿厚大矿体主要赋存于断裂破碎带下盘（北盘）深 150～280 m 的原生带，倾向南东，倾角 60°～87°。共控制 11 个硫铁矿矿体，矿体一般呈层状、透镜状、串珠状及分枝状，剖面上呈斜列分布。由于矿化带倾角陡立，硫铁矿体在相邻 80 m 的剖面上，形态与分布标高难以对比连接，主要矿体埋藏较深，形态与品位变化较复杂。矿化围绕在断层附近发育，上盘（南盘）浅部发育铅、锌、银、铜、金矿化，向下为硫、银、铅、锌、铜、金矿化，矿体多为小透镜状，产状与断层一致，地表矿体较厚（Ⅱ号铅银矿体），向下急剧尖灭变贫，呈楔形，倾向最大延深约 180 m。深部破碎带内稀疏见到一些小的硫铁、银、金矿体，金一般较深。Ⅵ、Ⅶ号硫铁矿体规模较大（图 12-3），其中Ⅵ号矿体走向长度265 m，总体走向30°，平均倾角70.9°，平均埋深180.1 m，矿体沿倾向延深为56.9 m，平均厚度为6.4 m，厚度变化系数为117.08%，属于不稳定型，矿体沿走向具有分支复合现象。硫平均品位为18.44%，推断的硫铁矿内蕴经济资源量（333）矿石量为8.756 ×10^4 t；Ⅶ号矿体长100 m，矿体走向14.5°，倾向104°，倾角58°，倾向延长68.5 m，平均厚度8.0 m，硫平均品位为15.45%，推断的硫铁矿内蕴经济资源量（333）矿石量为3.648×10^4 t。圈出银（铅）矿（化）体7个。其中，Ⅰ号矿体长度40 m，倾向延伸190 m，平均厚度5.9 m，倾向142°，倾角85°，平均品位：Ag 18.23 g/t、Pb 2.22%，推断的内蕴经济资源量（333）金属量为Ag 0.21 t、Pb 260.44 t；Ⅱ号矿体长200 m，倾向延伸在不同的勘探线分别为166.5 m、18.5 m、152.5 m、20.50 m，平均厚度5.35 m，倾向122°，倾角85°，平均品位：Ag 73.97 g/t，Pb 1.71%，Au 0.48 g/t，控制的内蕴经济资源量（332）金属量为Ag 3.98 t、Pb 927.6 t。

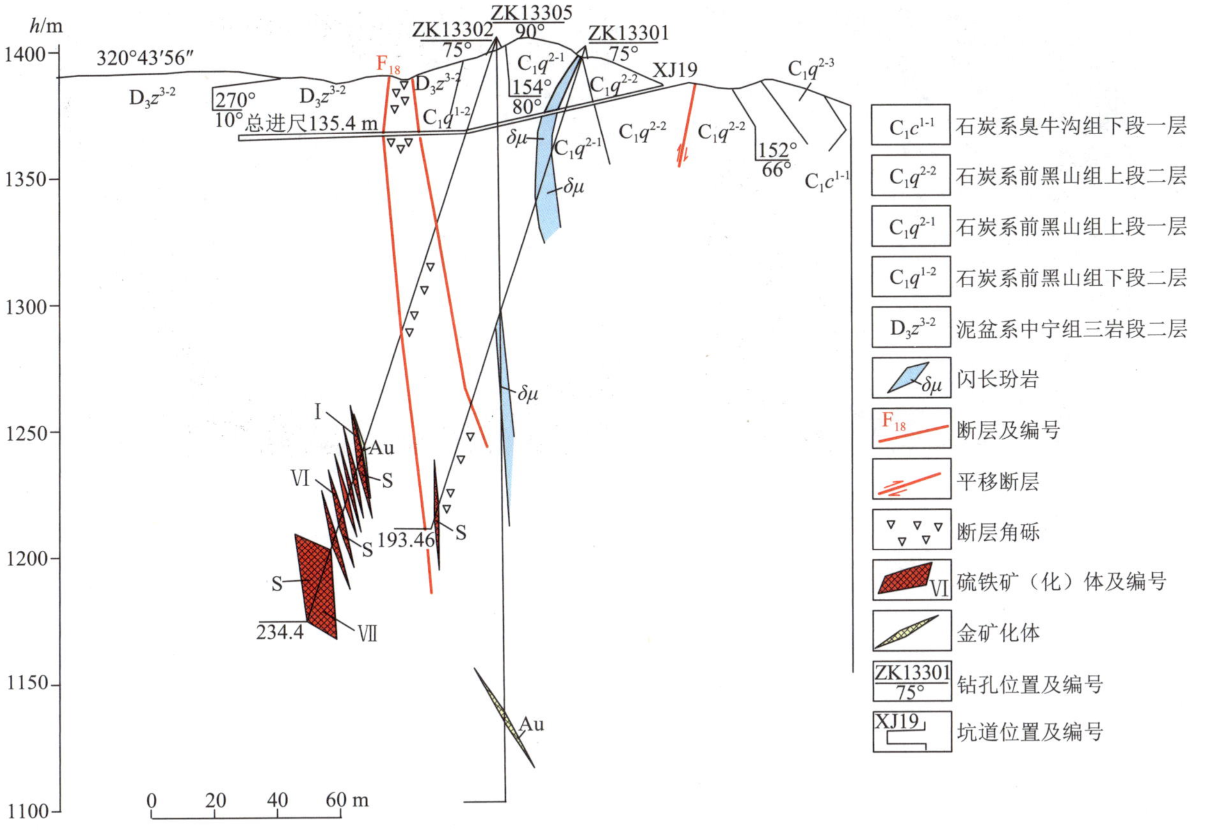

图12-3　中卫市二人山硫铁矿KP133剖面示意图

（据宁夏矿产地质调查所，1992，有修改）

4. 矿石特征

二人山矿区硫铁多金属矿石较为复杂，根据矿石自然类型，可分为原生硫铁矿石、原生硫铁多金属矿石和氧化矿石三种类型。

原生硫铁矿石类型主要有：蚀变构造角砾岩型含砷硫铁矿矿石，分布普遍，呈强交代角砾状结构、浸染状-充填环状构造。角砾成分主要为硅化、弱碳酸盐化含泥粉砂岩或灰岩、方解石、重晶石脉等（26%~60%），其次为脉石英（5%）。金属矿物主要为黄铁矿（18%~50%），其次为毒砂（2%~10%）。脉石矿物为高岭石（10%）及少量方解石（1%），可见两期黄铁矿化：早期黄铁矿呈自形微晶状分布，伴生针状毒砂，晚期交代岩石角砾、岩屑，环绕角砾及裂隙分布；蚀变粉砂岩型黄铁矿石，常与角砾岩型伴生产出，具交代残余粉砂状结构，浸染状构造。主要成分为黄铁矿、硅化石英、残余石英粉砂、泥质等，含少量毒砂、针铁矿、方解石等；蚀变泥岩型含砷黄铁矿矿石，常与上述粉砂岩型矿石伴生，具交代泥质结构，块状、浸染状构造。主要成分为交代残余泥质、黄铁矿、方解石、硅化石英等，其次为少量毒砂、高岭石等；条带状含砷硫铁矿矿石，矿石呈深灰色，具细条带状构造，由黄铁矿和石英粉砂组成平行条带和交错条带，具细粒结构，主要金属矿物为黄铁矿，其次为毒砂，偶见黝铜矿、硫砷铜矿、方铅矿；非金属矿物为石英和高岭石（组成细脉）。

原生硫铁多金属矿石主要有：角砾状银、铅、锌、金、铜、硫铁矿石，矿石特征与原生黄铁矿石类型相同。其化学成分一般为：Pb 品位 0. 312%~42. 9%、Zn 品位 0. 103%~28. 43%、Ag 品位 14. 4~630. 2 g/t、Cu 品位 0. 046%~3. 33%、Au 品位 0. 16~1. 37 g/t、黄铁矿品位 10. 00%~42. 93%；细脉浸染状银、金、铜等多金属硫化物矿石，矿石呈浅灰色，具细脉状、浸染状构造。金属矿物组成比较复杂，主要有黄铁矿、方铅矿、黝铜矿，其次有闪锌矿、黄铜矿、辉铜矿、蓝辉铜矿、斑铜矿、铜蓝、硫砷铜矿、硫铜钴矿、汞银矿、辉银矿、车轮矿。另外还有菱锌矿、白铅矿、针铁矿等氧化矿物（图 12-4，图 12-5）。

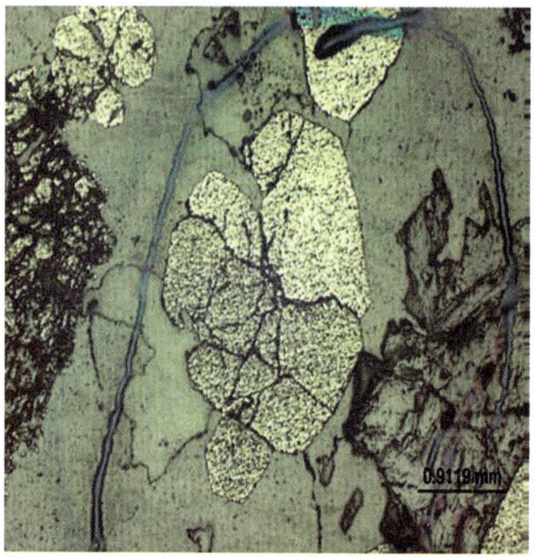

图 12-4　具碎裂构造的半自形黄铁矿

图 12-5　二人山含铅锌银硫铁矿石

在二人山矿区，氧化矿石主要为含铅、锌、银多金属矿石，分布地表或浅部氧化带中。矿石呈灰、黄绿灰、白色等，粉末状、多孔状、格架状、晶族状构造，自形、半自形-他形晶结构、交代结构。矿石矿物主要由白铅矿、铅矾、磷氯铅矿、砷铅矿、角银矿、自然银，其次有钼铅矿、辉银矿和自然金。辉银矿、方铅矿、菱锌矿、黄钾铁矾、褐铁矿、赤铁矿、黄铜矿、孔雀石、蓝铜矿等次生氧化物矿物组成，脉石矿物主要为石英、方解石、重晶石等。矿石中有用组分主要为银、铅、锌、铜、金等，局部较富，可构成独立矿体。主要分布在 0~210 m。Pb 品位 0. 12%~10. 95%，Zn 品位 0. 1%~7. 22%，Ag 品位 1. 18~1328. 6 g/t，Cu 品位 0. 14%~1. 22%，Au 品位 0. 1~2. 88 g/t（图 12-6，图 12-7）。

矿物组合：原生矿石矿物主要为黄铁矿、毒砂，其次为黄铜矿、斑铜矿等；氧化矿石矿物主要为针铁矿、白铅矿、赤铁矿、镜铁矿；非金属矿物为石英、白云母、绢云母、长石、方解石、重晶石、白云石等。

矿石结构构造：原生矿石主要为自形-半自形细粒状结构、他形晶粒状结构、空心状结构、包含结构、球粒结构、交代残余结构、镶边结构、假象结构；角砾状构造、条带状构造、块状构造、斑杂状构造、脉状构造；氧化矿石主要为角砾状构造、块状构造、斑杂状构造。

5. 围岩蚀变

矿体主要围岩为构造角砾岩和粉砂岩、细砂岩。原生蚀变主要为黄铁矿化、硅化、碳酸盐化，其次为钠长石化、高岭土化、重晶石化和绢云母化；次生蚀变主要为褐铁矿-黄钾铁钒化，其次为粘土化、碳酸盐化和赤铁矿化。矿化蚀变带按类型来划分主要特征是前期的面型蚀变作用和后期的线型蚀变作用，面型蚀变作用类型较单一，在空间位置上一般偏离断层破碎带，主要形成黄铁矿、毒砂、含砷黄铁矿，后期的线型蚀变作用类型较丰富，主要形成黄铁矿化、毒砂化、金矿化、含砷黄铁矿化。矿化在水平位置上可见分带。在 F_{18} 断裂中有一定规模强烈的蒙脱石化带，部分地段已构成膨润土矿床。

图 12-6　二人山银铅矿石
（据宁夏回族自治区地质调查院，2012）

图 12-7　黄石坡沟银铅矿石
（据宁夏回族自治区地质调查院，2012）

6. 资源量

截至 2017 年底，二人山硫铁多金属矿床经宁夏国土资源厅备案累计查明硫铁矿矿石资源储量（333）10.377×10^4 t，保有 10.377×10^4 t。伴生矿产：铅（333）金属量 4003.00 t；锌（333）金属量 424.00 t；铜（333）金属量 552 t；银（333）金属量 1.13 t；金（333）金属量 21.00 kg；钴（333）金属量 3 t。预测的硫铁矿（334）矿石量为 23.568×10^4 t，预测的伴生矿产：铅（334）金属量 4373.00 t；锌（334）金属量 3046.00 t；金（334）金属量 84.00 kg；铜（334）金属量 210.00 t；钴（334）金属量 45 t。

7. 矿化阶段划分及分布

根据矿石结构构造等特点，大致认为：第一矿化阶段为黄铁矿化主期，主要形成黄铁矿化、毒砂化、金矿化、含砷黄铁矿化，此期是黄铁矿主要成矿期，形成原生黄铁矿体，主要分布在二人山-黄石坡断裂破碎带中 150 m 以下；第二矿化阶段主要是银、铅等多金属硫化物作用阶段，主要形成方铅矿化、白云石化、重晶石化和高岭土化，主要分布在硫铁矿上部 200 m 以浅；第三阶段主要是石英、碳酸岩脉阶段，F_{15} 断裂破碎带均有分布；最后发生表生改造作用，使贵金属及硫化物进一步富集成矿，形成多金属工业矿体，主要分布在黄石坡-金场子一带。

8. 成矿物理化学条件

二人山硫矿为热液作用形成。硫化矿石中的砷黄铁矿、硫砷铜矿、磁黄铁矿、辉银矿等都属于中-高温热液矿物，还有低温热液矿物辰砂，表现出中-低温热液矿床矿物组合的特点。根据方解石包裹体测试，成矿热液均一温度为 147～273℃，含盐度 11.3%～36.2%。重晶石和方解石氢氧同位素组成特征为 $\delta^{18}O$ 值偏大（+8.54‰～+20.95‰），$\delta^{18}C$>-5‰，而岩浆水 $\delta^{18}O$ 值范围窄（+7.0‰～+9.5‰），故其碳源和氧源流体可能来自上古生界灰岩，显示了具有热卤水矿床成因的特点。此外，在二人山-黄石坡沟的钻孔中于 160 m 见到高矿化度的热水，孔口温度为 35～41℃，表明可能是古成矿热卤水的延续。矿区 $\delta^{34}S$ 集中分布在+3.83‰～+6.73‰间，矿石硫同位素组成具塔式分布效应，可能属岩浆热液成因；另外，黄铁矿标型特征 Co/Ni 值在 0.50～10.70 之间，平均 2.27。根据上述特征及地表和钻孔中见闪长玢岩脉的分布，该区硫铁矿可能属渗滤热卤水和岩浆热液混合成因。

在上述热液作用阶段，硫形成硫化物而不是硫酸盐，指示相对还原的条件。

9. 矿床类型

二人山硫铁多金属矿床属非岩浆-非变质热液型矿床，但不排除岩浆热液成因。

10. 成矿机制和成矿模式

二人山硫铁多金属矿床具有成矿物质多来源、成矿多阶段的特点。矿源层形成阶段：晚泥盆世—

早石炭世在沉积成岩阶段，形成黄铁矿、毒砂等矿源层。地下热卤水作用成矿阶段：燕山运动时，早期形成的各种构造受强烈改造，断裂较发育，强大的动力给深部的成矿热卤水提供了活动能力，岩层褶、断产生的虚脱空间、滑动面、裂隙、断层等给成矿热卤水提供了通道，热卤水混溶成矿流体，携带大量成矿元素，同时萃取了围岩中的多种成矿元素，在环境适合的条件下沉淀成矿，形成以黄铁矿、毒砂伴生金、银、铅、锌、铜多金属矿化体。表生作用期：由于大气降水向深处渗流，在表生氧化条件下改造了早期形成的铅（银）、锌、金、铜、硫铁矿的多金属矿体，局部形成浅部氧化矿体。成矿模式见表 12-2 与图 12-8。

表 12-2　中卫市二人山硫铁矿典型矿床成矿模式表

成矿要素		描述内容
地质背景与成矿环境	大地构造位置	位于Ⅲ柴达木-华北板块：Ⅲ2 祁连早古生带造山带东、Ⅲ4 阿拉善微陆块、Ⅲ4^{1} 腾格里早古生带增生楔、Ⅲ4^{1-1} 卫宁北山-香山晚古生带前陆-上叠盆地、Ⅲ4^{1-1-2} 卫宁北山褶断带、Ⅲ5^{1-1} 华北陆块之鄂尔多斯地块西缘
	成矿时代	燕山期
	地层	上泥盆统中宁组与下石炭统前黑山组
	构造背景	近东西向复式背斜和深大断裂及其次级断裂构造
	侵入岩	闪长玢岩，岩体呈弧形脉状分布，斑状结构，块状构造
	建造类型	磨拉石建造，含铁质碳酸盐岩和细碎屑岩建造
矿体形态、产状、规模		矿体赋存于二人山-金场子复式背斜南翼，矿体赋存在主断层（F_{15}）下盘次一级断裂破碎带内。矿化带走向与构造线方向一致，呈北东—南西延伸，长度大于 2 km，宽度 4～30 m。硫铁矿矿体产于深部原生带，倾向南东，倾角 60°～87°，矿体赋存于断层下盘，多呈透镜体、串珠状及分枝状，剖面上呈斜列分布
矿石类型		蚀变构造角砾岩型含砷硫铁矿矿石；蚀变粉砂岩型黄铁矿矿石；蚀变泥岩型含砷黄铁矿矿石；条带状含砷硫铁矿矿石
矿物组合		原生矿石矿物主要为黄铁矿、毒砂，其次为方铅矿、自然银、自然金、黄铜矿、斑铜矿等；氧化矿石矿物主要为针铁矿、白铅矿、闪锌矿、赤铁矿、镜铁矿；非金属矿物为石英、白云母、绢云母、长石、方解石、白云石等
矿石结构构造		原生矿石主要为自形-半自形细粒状结构、他形晶粒状结构、空心状结构、包含结构、球粒结构、交代结构；角砾状构造、条带状构造、块状构造、斑杂状构造、脉状构造；氧化矿石主要为角砾状构造、块状构造、斑杂状构造；镶边结构、假象结构、交代残余结构
围岩蚀变类型		原生蚀变主要为黄铁矿化、硅化、碳酸盐化，其次为钠长石化、高岭土化、重晶石化和绢云母化；次生蚀变主要为褐铁矿-黄钾铁钒化，其次为粘土化、碳酸盐化和赤铁矿化
矿床成因机制		该矿床为热液型硫铁矿矿床。下石炭统及上泥盆统部分岩层，既是容矿层位，又是矿源层。在沉积成岩阶段，发生面型蚀变，形成黄铁矿、毒砂、含砷黄铁矿；在地下热水作用阶段，热液沿着断裂发生运移，交代围岩矿质成分，发生线型蚀变作用，第一矿化阶段为黄铁矿化主期，主要形成黄铁矿化、毒砂化、金矿化、含砷黄铁矿化，此期是黄铁矿主要成矿作用期，形成原生黄铁矿体。第二矿化阶段主要是银、铅等多金属硫化物作用阶段，主要形成方铅矿化、白云石化、重晶石化和高岭土化。第三阶段基本无矿化显示；最后发生表生改造作用，使贵金属及硫化物改造为矿体
成矿物理化学条件		在二人山银铅矿及金场子金矿的黄铁矿矿石中，硫同位素值 $\delta^{34}S$ 相对集中（+3.83‰～+8.6‰），黄铁矿矿石中 Co/Ni 值为 0.5～10.7，与岩浆热液及热卤水成因矿床比值近似。成矿热液均一温度为 147～373℃，含盐度 11.3%～36.2%。地表和钻孔中有闪长玢岩分布，深部可能有中酸性岩体的存在
找矿标志		1. 近东西向张性-压（剪压）性层间断层破碎带； 2. 下石炭统前黑山组及上泥盆统中宁组地层； 3. 金、银、铅、硫、铜复合强矿化带； 4. 黄钾铁矾化、赤铁矿化、褐铁矿化脆性断裂岩； 5. 黄铁矿化、硅化、碳酸盐化、高岭土化、重晶石化等围岩蚀变； 6. 蒙脱石化带； 7. Pb、Zn、Ag、Cu、Au、As、Sb、Co、S 等地球化学异常

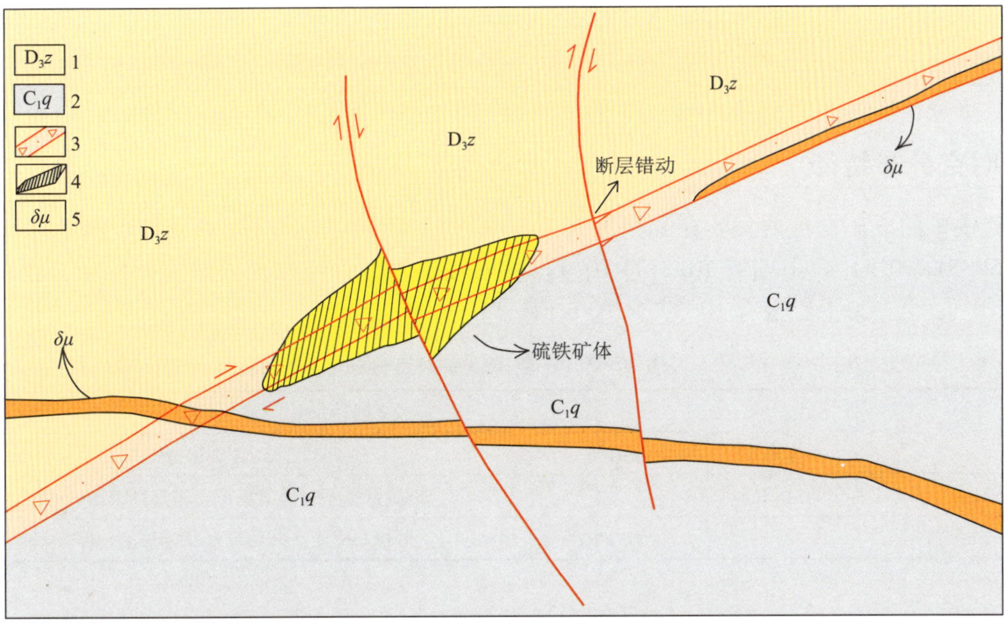

图 12-8　二人山硫铁多金属矿床成矿模式图

（据艾宁等，2014，有修改）

1—中宁组；2—前黑山组；3—断裂破碎带；4—硫铁矿体；5—闪长玢岩脉

二、中卫市海原县南华山阳洼硫铁矿床

矿床位于南华山阳洼东 2 km 处，据海原县西南 12 km，地属中卫市海原县树台乡管辖，区内交通一般。

20 世纪 60 年代初，南华山阳洼硫铁矿床由宁西地质队发现，1973 年宁夏计划委员会地质局一队对该矿进行了详查，完成 1：2000 地形地质剖面 11973.2 m，1：5 万剖面 1565 m，1：5000 形地质草图 6 km^2，岩芯钻探 3624.7 m，化学样 173 个，光谱 586 个，光薄片鉴定样 519 块。

阳洼硫铁矿床地层属祁连地层区（$Ⅲ_2$）、北祁连地层分区（$Ⅲ_2^1$）、靖远-西吉地层小区（$Ⅲ_2^{1-1}$）。大地构造位置位于柴达木-华北板块（Ⅲ）、祁连早古生代造山带（$Ⅲ_2$）、北祁连中元古代—早古生代海沟系（$Ⅲ_2^1$）、景泰-海原中元古代—早古生代弧后盆地（$Ⅲ_2^{1-1}$）。所属成矿区带为北祁连 Cu-Pb-Zn-Fe-Cr-Au-Ag-硫铁矿-石棉成矿带（Pt_2；Pt_3-Pz_1）（Ⅲ-21）、南、西华山-六盘山冲断带 Au-Cu-Pb-Zn-硫铁-泥炭-岩盐成矿亚带（Ⅳ-21①）。所属矿床成矿系列为与加里东期岩浆-热液作用有关的铜、金、银、硫铁矿成矿系列（4-Pz_1-I（F））、祁连早古生代造山带加里东晚期热液作用有关的铜、金、银、硫铁矿矿床成矿亚系列（$Ⅲ_2^1$-Pz_1-F-2）。出露地层为中元古界长城系海源岩群南华山岩组绿色片岩、大理岩、钙质云母石英片岩等。矿体赋存于薄层含云母大理岩和厚层大理岩中，矿层受地层及构造控制，控矿构造为北西向和南北向构造复合部位，矿体呈扁豆状、似层状、透镜状。硫铁矿属浸染状。圈出硫铁矿体 7 个。最大长度 410 m，斜长 150 m，厚度 16.74 m，埋深 0~150 m。倾向 42°~77°∠60°~75°。主矿体长度 150 m，厚度 7.6 m，埋深 100 m。围岩蚀变有硅化、绢云母化、绿泥石化、碳酸岩化、褐铁矿化。为浸染型黄铁矿矿石，矿石多为自形-半自形粒状结构，部分为半自形-他形粒状。稠密浸染状构造、条带状构造、细脉状构造，金属矿物主要有黄铁矿及少量黄铜矿、磁黄铁矿、褐铁矿。脉石矿物有石英、方解石、白云母、石墨和绿泥石。矿石品位：硫 9%~23%，平均 19.22%；伴生金属有：硫 0.003%~0.07%、铅 0.01%、锌 0.01%、银 0.001%、镓 0.001%、钒 0.003%、钼 0.001%，但品位较低，目前还难以利用。

截至 2017 年，南华山阳洼硫铁矿床经宁夏国土资源厅备案的累计探明硫铁矿资源储量（122b+333）为 5.351×10^4 t。

第三节　矿床时空分布特征及成矿规律

一、时空分布特征

宁夏硫铁矿的成矿期主要发生在加里东晚期和燕山期。根据成矿时段对已知资源量进行统计，加里东期有 5.351×10^4 t，燕山期有 10.377×10^4 t。根据成矿亚带对已知资源量进行统计，Ⅳ-21①亚带有 5.351×10^4 t，Ⅳ-20①亚带有 10.377×10^4 t（表 12-3）。

表 12-3　宁夏硫铁矿时空分布

成矿亚带	成矿时段		
	加里东期	燕山期	含矿建造
Ⅳ-21①	5.351×10^4 t		长城系海原岩群南华山岩组基性火山-沉积建造
Ⅳ-20①		10.377×10^4 t	D_3、C_1，磨拉石建造、海陆交互相碎屑岩-碳酸盐岩含膏盐建造

二、成矿规律

二人山硫铁矿床处于北祁连走廊过渡带东端，阿拉善微陆块南缘，华北陆块之鄂尔多斯地块西缘的卫宁北山褶断带，属构造活动带与稳定地块交接部的构造活动带边缘。硫铁矿床主要与东西向构造有关，矿体受 F_{18} 断裂破碎带控制明显，以填充、交代的形式产出在破碎带中，该断裂破碎带既是导矿构造，也是容矿构造，它为矿液提供了运移通道和沉淀场所。矿体赋存于次生裂隙、节理、层间结构面等次级构造中，形成走向为近东西向的脉状硫铁矿床，局部近地表矿体多已风化为含银铅锌铜金褐铁矿帽，覆盖于原生硫铁矿体之上。硫铁矿厚大矿体主要赋存于断裂破碎带下盘（北盘）深 150~280 m 原生带，倾向南东，倾角 60°~87°，矿体一般呈层状、透镜状、串珠状及分枝状，剖面上呈斜列分布；上盘（南盘）浅部发育铅、锌、银、铜、金矿化，向下为硫、银、铅、锌、铜、金矿化，矿体多为小透镜状，产状与断层一致，地表矿体较厚，向下急剧尖灭变贫，呈楔形，倾向最大延深约 180 m；深部破碎带内稀疏见到一些小的硫、银、金矿体，金一般较深。矿体主要赋存在上泥盆统粉砂岩中，受地层岩性控制明显。矿石矿物黄铁矿、铅锌矿，主要呈团块状、角砾状、细脉状、浸染状产出。含矿热液沿前期形成的断裂带向上运移。同时在岩浆侵位时形成巨大热源促使建造水、大气降水形成不断的热液循环，沿变形岩石裂隙发生热液对流，还不断从地层中萃取硫、铅、锌、银元素成为成矿溶液，最后在低压区沉淀，富集成矿。研究指出，在该矿床北西及南东方向的相邻区域具有一定的找矿前景。

阳洼硫铁床处于北祁连早古生代造山带东端，南华山西麓。出露地层为中元古界南华山岩组，为基性火山岩与沉积岩。互层含矿岩系为白云石大理岩、硅质大理岩及硫铁矿化白云石大理岩夹二云石英片岩。矿体空间位置赋存于北西向和近南北向断裂带复合部位，矿体形态主要呈扁豆状、脉状成群出现，与围岩呈整合接触关系。该区断裂构造较发育，与成矿关系密切者主要为北西向和南北向断裂，控制了矿体的分布。加里东期侵入岩及中-酸性脉岩、基性脉岩、碱性脉岩较为发育，以花岗闪长岩与硫铁矿关系密切，其本身富含硫元素，形成黄铁矿化，局部地段形成矿体。岩浆的活动为硫铁矿的富集提供热源。中元古界海原群阳洼组是阳洼沟式热液型硫铁矿的矿源层，而新元古代的变质作用使含矿物质更加富集。

第十三章　磷　　矿

第一节　概　　述

一、磷的特征和主要经济用途

磷是亲生物元素，处于元素周期表的第三周期、第ⅤA族。磷存在于人体所有细胞中，是维持骨骼和牙齿的必要物质，几乎参与所有生理上的化学反应。磷还是使心脏有规律地跳动、维持肾脏正常机能和传达神经刺激的重要物质。没有磷时，烟酸（又称为维生素 B_3）不能被吸收；磷的正常机能需要维生素D（维生素食品）和钙（钙食品）来维持。

单质磷有几种同素异形体。其中，白磷或黄磷是无色或淡黄色的透明结晶固体，密度 $1.82\ g/cm^3$，熔点44.1℃，沸点280℃，着火点是40℃。放于暗处有磷光发出，有恶臭、剧毒。白磷几乎不溶于水，易溶解于二硫化碳溶剂中，在高压下加热会变为黑磷，其密度 $2.70\ g/cm^3$，略显金属性。电离能为10.486 eV，不溶于普通溶剂中。白磷经放置或在400℃密闭加热数小时可转化为红磷。红磷是红棕色粉末，无毒，密度 $2.34\ g/cm^3$，熔点59℃，沸点200℃，着火点240℃，不溶于水。在自然界中，磷以磷酸盐的形式存在，是生命体的重要元素，存在于细胞、蛋白质、骨骼和牙齿中。在含磷化合物中，磷原子通过氧原子而和别的原子或基团相联结。

磷矿是指在经济上能被利用的磷酸盐类矿物的总称。主要矿石为磷块岩和磷灰石，是重要的化工矿物原料。用它可以制取磷肥，也可以用来制造黄磷、磷酸、磷化物及其他磷酸盐类，以用于医药、食品、火柴、染料、制糖、陶瓷、国防等工业部门。

二、磷矿产地数量

宁夏迄今为止发现的磷矿床（点）仅有5处，但总体矿床规模都很小，其中，中型规模的2处，小型规模的1处，矿点2处（表13-1）。

表13-1　宁夏磷矿产地一览表

序号	矿产地名称	所在地区	工作程度	矿床规模	矿床类型	成矿时代	开发利用情况
1	苏峪口磷矿	银川市贺兰县	勘探	中型	生物化学沉积型	早寒武世	停采
2	阿宝梁磷矿	银川市西夏区	预查	中型	生物化学沉积型	早寒武世	未开采
3	紫花沟磷矿	银川市西夏区	详查	小型	生物化学沉积型	早寒武世	未开采
4	油井山磷矿	中卫市海原县	预查	矿点	生物化学沉积型	晚奥陶世	未开采
5	磨盘井磷矿	中卫市中宁县	预查	矿点	生物化学沉积型	晚奥陶世	未开采

三、磷矿地理分布

宁夏磷矿产地主要分布在贺兰山中段和香山东部一带。

四、磷矿矿床类型

根据“中国矿产地质志”矿床（成因/工业）类型划分表，宁夏磷矿成因类型均属海相生物化学沉积型矿床。

五、磷矿资源储量

全区已探获磷矿资源储量累计 3390.975×10^4 t，经宁夏回族自治区国土资源厅宁夏矿产资源储量数据库备案的磷矿累计探明资源储量（111+111b+122+122b+333）为 1376.975×10^4 t，保有资源储量 1268.12×10^4 t。

六、磷矿勘查与开发利用程度

宁夏已探明的 5 处磷矿产地中，勘探 1 处，详查 1 处，预查 3 处。其中，苏峪口磷矿床的勘查程度最高，达到了勘探水平，其查明资源储量为 1030.584×10^4 t。紫花沟磷矿床勘查程度也比较高，部分地段达到了勘探水平。

1958 年，经过地质勘探苏峪口磷矿获磷矿石资源储量 252×10^4 t，宁夏化工局依据勘探成果兴建了首座年产 3×10^4 t 矿石半机械化磷矿山，磷矿得以初步开发。矿石主要供给银川市新市区磷肥厂。1972 年，贺兰山磷矿山已扩建到年产矿石 10×10^4 t 的规模，主要是为了发展地方磷肥工业，建成采选配套体系。1990 年，以不同的选矿工艺流程对贺兰山磷矿进行较详细的试验，建磷矿浮选厂，年产含 P_2O_5 28%~30%的精矿 4.5×10^4 t，为自治区 10 多家磷肥企业提供约 1/3 的合格原料。1993 年国家技术监督局进行的磷肥质量统检中，宁夏磷肥厂所生产的普通过磷酸钙完全符合国家标准，且被评为全国磷肥行业“产品质量合格推荐企业”。

由于苏峪口磷矿品位偏低，选矿能耗较高，经济效益较差，2001 年贺兰山磷矿浮选厂倒闭，2002 年彻底关停。

第二节　矿产地分论

一、银川市贺兰县苏峪口磷矿床

苏峪口磷矿位于贺兰山东麓苏峪口沟内，行政区划属银川市贺兰县洪广镇管辖，矿区直线距银川市区约 25 km，交通方便，已开采完。矿床由苏峪口磷矿和苏峪口南部扩建区组成。

1954 年，西北地质局六〇六队在贺兰山开展磷矿普查，提交了《贺兰山磷矿地质工作简报》。该队因把工作重点放在了含磷砂岩层上，而未找到现在的磷矿层；1955 年，西北地质局六八一队又在贺兰山做磷矿检查，但因工作重点主要在震旦系，对寒武系没有足够的了解，也没有发现现在的磷矿层；1956 年，甘肃工业厅资源勘查处 405 队首次在贺兰山发现了苏峪口磷矿，并在 1957 年做了初步勘探。1958 年，该队又进行了详细勘探，证明了贺兰山地区确有磷矿存在，并于 1958 年 12 月底提交了矿区勘探储量报告，估算了磷矿石资源储量（331+332+333）级（原 B+C 级+D 级）252×10^4 t，矿石 P_2O_5 品位 14%~21%，经过浮选诚验，可获精矿 P_2O_5 品位 30.5%，回收率达 94.19%。宁夏化工局依据勘探成果兴建了首座年产 3×10^4 t 矿石半机械化磷矿山，磷矿得以初步开发；1976~1977 年，宁夏煤炭工业地质勘探队于苏峪口西南扩建区勘探磷矿，提交了《苏峪口磷矿南部扩建区磷块岩矿床初步勘探地质报告》，求获磷矿资源量（332+333）级（原 C+D 级）767.8×10^4 t；2010 年，宁夏回族自治区核工业地质勘查院对苏峪口磷矿区和苏峪口南部扩建区磷矿区资源储量进行了核查，查明磷矿资源储量 251.091×10^4 t，其中，保有矿石量 142.236×10^4 t，动用矿石量 108.855×10^4 t；南部扩建区磷矿区查明磷矿资源储量 767.148×10^4 t，其中保有矿石量 767.148×10^4 t。

1. 区域地质特征

苏峪口磷矿床地层属华北地层区（$Ⅲ_4$）、鄂尔多斯西缘地层分区（$Ⅲ_4^1$）、贺兰山地层小区（$Ⅲ_4^{1-1}$）。大地构造位置位于柴达木-华北板块（Ⅲ）、华北陆块（$Ⅲ_5$）、鄂尔多斯地块（$Ⅲ_5^1$）、鄂尔多斯西缘中元古代—早古生代裂陷带（$Ⅲ_5^{1-1}$）。所属成矿区带为鄂尔多斯西缘（陆缘坳褶带）Fe-Pb-Zn-磷-石膏-芒硝成矿带（Ⅲ-59）、贺兰山褶断带 Fe-Au-Cu-煤（气）-磷-硅石-石灰岩-白云岩-粘土成矿亚带（Ⅳ-59①）。所属矿床成矿系列为与早古生代沉积作用有关的铁、彩石、磷、灰岩、白云岩、板岩矿床成矿系列（3-Pz_1-S）。区域内出露的地层有古元古界赵池沟岩群（$Pt_1Z.$），中元古界长城系黄旗口组（Pt_2^1h）和蓟县系王全口组（Pt_2^2w），新元古界震旦系正目观组（Pt_3^3z）、兔儿坑组（Pt_3^3t），寒武系苏峪口组（ϵ_1s）（原辛集组）、五道淌组（ϵ_1w）（原朱砂洞组）、陶思沟组（ϵ_2t）、胡鲁斯台组（ϵ_2h）、阿不切亥组（$\epsilon_{2-3}a$），以及奥陶系大南池组（O_1d）、天景山组（$O_{1-2}t$），石炭系羊虎沟组（C_2y），石炭系—二叠系太原组（C_2P_1t），二叠系山西组（P_1s）和孙家沟组（P_3sj），三叠系刘家沟组与和尚沟组并层（T_1l-h）等地层。侵入岩有古元古代黑云母花岗岩（$\gamma\delta oPt_1$），脉岩有辉绿岩。其中，寒武系苏峪口组是磷矿的重要赋矿地层，同时，早寒武世也是苏峪口磷矿的重要成矿时代。

2. 矿区地质特征

矿区出露地层主要有长城系黄旗口组，蓟县系王全口组，震旦系兔儿坑组，寒武系苏峪口组、五道淌组、陶思沟组、胡鲁斯台组、阿不切亥组，奥陶系大南池组、天景山组，石炭系羊虎沟组、太原组，二叠系山西组。断裂主要以北东向和北西向为主（图 13-1）。

矿区含矿地层寒武系苏峪口组与下伏震旦系兔儿坑组呈平行不整合接触，与上覆五道淌组呈整合接触，为一套滨海-浅海相含磷碎屑岩和碳酸盐岩沉积，属地台型沉积地层。

矿层位于下寒武统苏峪口组的最底部，即底砾岩，平行不整合在震旦系之上（图 13-2，图 13-3）。苏峪口组底部为土黄色磷质砾岩，局部地段砾岩之上夹含磷砂岩或灰质白云岩，向上为深灰色钙质砂质磷块岩，再向上为青灰色砂质灰岩。底部磷质砾岩厚 0.2~3.0 m 不等，砾石磨圆度较好，呈浑圆状，直径 0.3~2.0 cm，砾石成分主要为石英、硅质岩，次为白云岩等，填隙物为砂质、磷质（胶磷矿）。含三叶虫、腕足类和腹足类化石。在苏峪口、正目观、黄旗口（冰沟）一带本组厚 30~39 m，向南至紫花沟、金塔泉一带减至 21~23 m。在苏峪口-紫花沟一带形成 2~3 层透镜状磷块岩矿层。

矿区位于黄旗口背斜北端西部，背斜轴向北北东，核部为古元古代黑云母斜长花岗岩，翼部由中元古代长城纪、蓟县纪及古生代地层组成，后期被断裂破坏。

矿区见北东向逆断层，长 3 km，倾向北西，倾角 70°，王全口组、下寒武统含磷地层及其上覆的中、上寒武统逆冲在奥陶系天景山组之上，造成断层以东含磷地层等缺失。北西向断层，倾向北东，截切了前一断层，天景山组与王全口组燧石条带白云岩、正目观组冰碛砾岩、砂质板岩及苏峪沟组含磷地层呈断层接触。

3. 矿体特征

矿层走向大致呈南北向，褶曲成“S”形。走向长 5000 m，斜长 300 m，矿层厚度 0.7~2.71 m，平均厚度 1.3 m。倾向 315°~330°，倾角 14°~27°，为单斜板状矿体。矿体呈似层状分布，共有 3 个矿层，从底部到顶部分别为：磷砾岩、砂质磷块岩、钙质磷块岩。含磷地层厚度有 30 余米。岩层倾角在 17°~30°之间，磷块岩厚度为 0.9~2.9 m。矿区内由东北向西南矿层厚度增大，而品位降低。矿石类型的不同导致品位有明显的变化。

除磷以外，该矿床没有其他有用的共生、伴生元素。磷矿底板为硅质含钾泥板岩，含 P_2O_5 1%左右，而钾元素在该层中自下而上逐级富集，上部含 K_2O 最高达 7%左右。顶板为钙质长石中细砂岩，含 P_2O_5 2%左右。主要有硅化、硫酸盐化等。

4. 矿石特征

矿石的矿物组成：有用矿物为胶磷矿和磷灰石；脉石矿物主要有石英、碳酸盐。此外，尚有黄铁矿、绢云母等。

主要矿石有三种类型，分别是钙质磷块岩、砂质磷块岩和磷砾岩。钙质磷块岩为深灰色，鲕状结构，块状构造。鲕粒为石英，浑圆状，鲕粒外皮为泥质、硅质及胶磷矿。胶结物为含铁质的碳酸盐，黄铁矿呈星散状，并见方解石细脉呈网状。该类矿石多位于矿层顶部，厚 0.1~0.83 m。西南部除自生石英外，尚有白云石 20%~25%，当白云石增至 60%时，磷达不到边界品位，而成夹石；砂质磷块

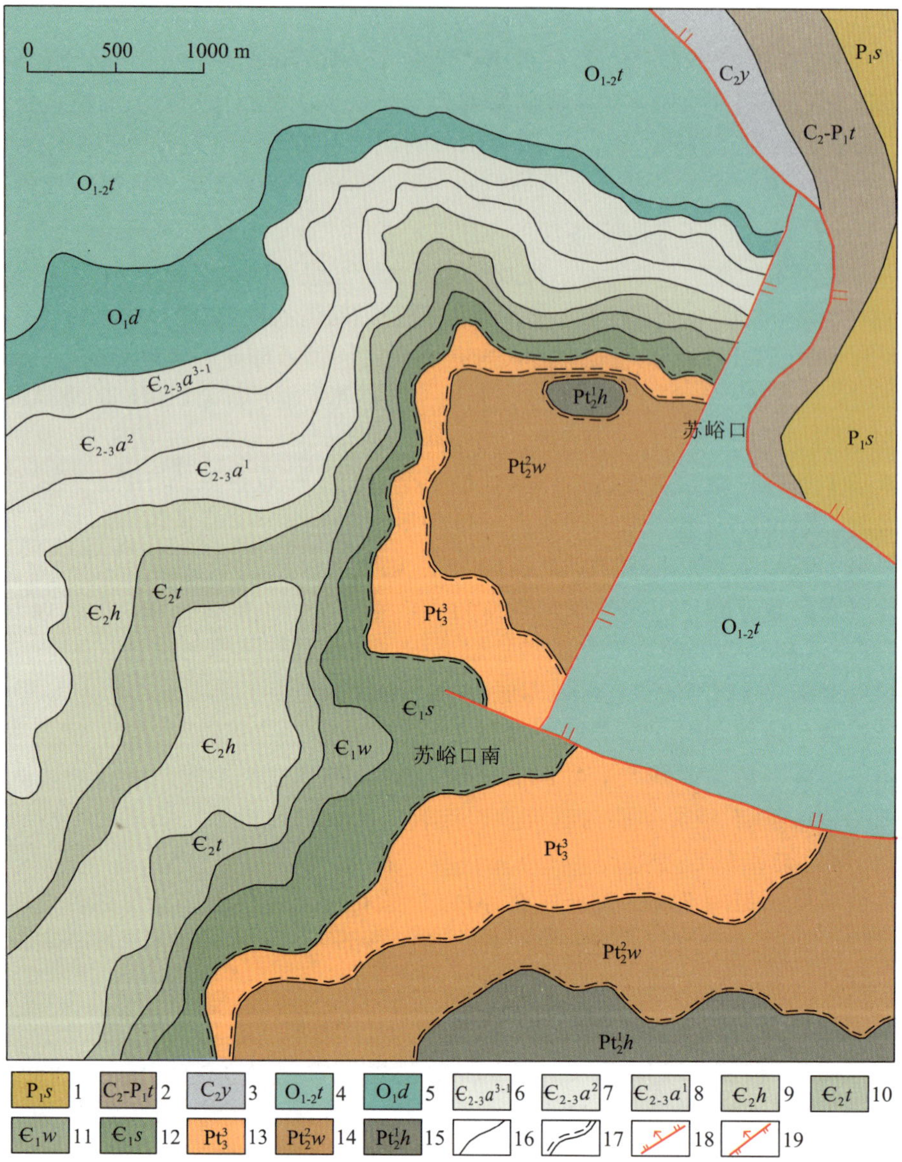

图 13-1　苏峪口磷矿矿区地质简图

1—下二叠统山西组；2—上石炭统—下二叠统太原组；3—上石炭统羊虎沟组；4—下-中奥陶统天景山组；5—下奥陶统大南池组；6—阿不切亥组上岩段下部；7—阿不切亥组中岩段；8—阿不切亥组下岩段；9—中寒武统胡鲁斯台组；10—中寒武统陶思沟组；11—下寒武统五道淌组；12—下寒武统苏峪口组；13—震旦系兔儿坑组、正目观组；14—蓟县系王全口组；15—长城系黄旗口组；16—地质界线；17-平行不整合界线；18—正断层；19—逆断层

岩为中粗粒碎屑结构，灰-深灰色，风化面为浅灰色。碎屑中石英颗粒为半浑圆状、浑圆状，时见溶蚀状。长石以钠长石为主，晶形稍有弯曲，表面已风化为绢云母、高岭石。粒径 0.3 mm，下部变粗，胶结物为含铁的碳酸盐矿物，硅质及胶磷矿，此类矿石位于矿层中部，厚度 0.2~1.07 m。P_2O_5 含量为 16%~19%；磷砾岩（砾状磷块岩）为灰褐色，中厚层状，位于矿层底部，厚度 0.15~2 m。矿石由砾石和胶结物组成，砾石成分为石英。硅质岩、硅质灰岩、粉砂岩、页岩，粒径 0.2~5 cm，多呈扁圆状。胶结物主要为胶磷矿，其次铁质，泥质，具基底式胶结，P_2O_5 含量为 10%~18%。

矿石磷含量分布很不均匀，矿区内由东北向西南矿层厚度增大，而品位降低。其工业类型有硅质和硅-钙质两种矿石，且以前者为主。

5. 资源储量

截至 2017 年 12 月 31 日，银川市贺兰县苏峪口磷矿经宁夏回族自治区国土资源厅备案的两个矿

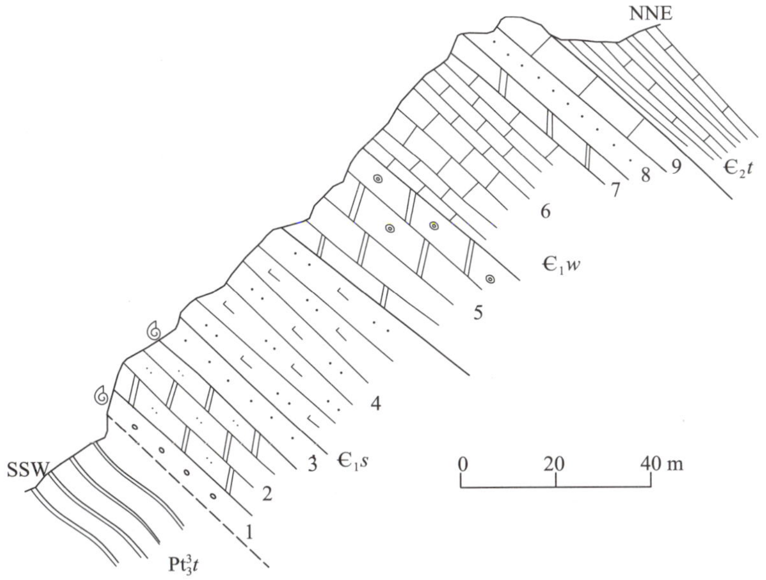

图 13-2　贺兰山苏峪口五道淌下寒武统剖面图

（据宁夏回族自治区地质调查院，2017）

Pt_3^3t—震旦系兔儿坑组；$\epsilon_1 s$—寒武系苏峪沟组；$\epsilon_1 w$—寒武系五道淌组；$\epsilon_2 t$—寒武系陶思沟组。1—灰、灰黄色磷砾岩；2—灰、灰黄色中厚层含粉砂质灰质结晶白云岩；3—灰黄色含磷质砂岩；4—灰白色钙质长石粉砂岩

图 13-3　苏峪口下寒武统苏峪口组与震旦系兔儿坑组平行不整合接触关系

（据宁夏回族自治区地质调查院，2017）

区累计探明磷矿石资源储量（111b+122b+332+333）为 1030.584×10^4 t，保有磷矿石资源储量 921.729×10^4 t。

6. 成矿物理化学条件

富含磷质的上升洋流由于压力降低，温度升高，CO_2 逸出，海水 pH 值增高，磷质因胶体化学、生物化学作用沉积，形成凝胶状磷块岩与碳酸盐、硅质等共沉积的磷质层。

7. 矿床类型

苏峪口磷矿矿床类型属沉积型。

8. 成矿机制和成矿模式

苏峪口磷矿床最重要的成矿期为早寒武世，震旦纪大冰期结束后，气候由寒冷向温暖转变，生物开始繁盛，海侵作用使深海洋流将磷或磷酸盐物质带到浅海区，形成普遍含磷的沉积岩系。对于沉积型磷矿来说，有利的大地构造位置是古陆块的边缘地带，然而被动大陆的边缘和古陆块的缓坡更为有利，因为这些地带更容易形成广阔的陆表海以及局限盆地。而宁夏的成磷区是环绕着阿拉善地块东部边缘，在银川市-贺兰县一带的下寒武统苏峪口组形成磷矿，主要包含在砂岩、砾岩碎屑沉积层内。在海侵作用下，海洋流将大量的磷质微生物带到局限盆地中，为生物成磷作用提供有利条件。然而磷矿的富集不是一次性沉积就完成的，也有成岩阶段粒间流体中磷质的富集，是由海水磷、粒间磷和成岩阶段富磷溶液逐步运移成矿的（图 13-4）。

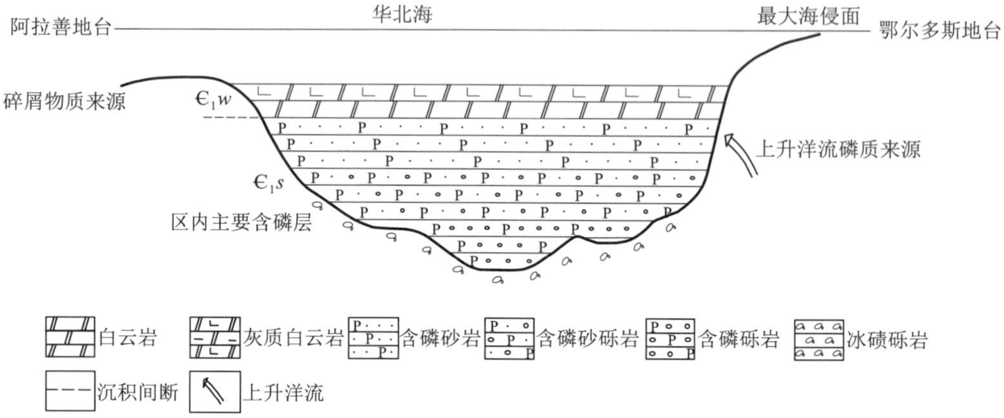

图 13-4　苏峪口磷矿成矿模式图

（据艾宁等，2014）

二、银川市西夏区紫花沟磷矿床

紫花沟磷矿位于贺兰山中段干沟梁向斜东翼，银川市西夏区城区 284°方位 22 km 处，行政区划属银川市西夏区管辖。

1959 年，宁夏地质局宁北地质队在以往西北地质局六八一队对紫花沟磷矿普查的基础上，在该矿区进行初步勘探。于 1962 年 2 月提交了《宁夏回族自治区贺兰山银川市紫花沟磷块岩初步勘探报告》。同时，为了满足国家冶金工业所需的熔剂原料，该队又在磷矿勘探工程的基础上勘探了白云岩矿。于 1962 年 3 月提交了《宁夏回族自治区贺兰山银川市紫花沟白云岩勘探报告》。共求得磷矿工业储量 672×10^4 t，白云岩储量 2.8$\times10^8$ t。1962 年，宁夏储委经过对资料的反复审查、核实后认为，六八一队的勘探工作程度虽为初勘，但工程量少，钻探质量不高，勘探程度低，达不到初勘的要求，将六八一队的初勘降为详细普查，最后批准磷矿石储量为 347×10^4 t，白云岩矿石储量为 1.4$\times10^4$ t；1978 年，宁夏煤炭工业地质勘探队对紫花沟磷矿进行了年度勘探。所获成果与前人资料相近。2010 年，宁夏核工业地质勘查院对紫花沟磷矿矿区资源储量进行核查，矿区累计查明磷矿资源储量 346.391$\times10^4$ t，其中保有矿石量 346.391$\times10^4$ t。

紫花沟磷矿床地层属华北地层区（Ⅲ_4）、鄂尔多斯西缘地层分区（Ⅲ_4^1）、贺兰山地层小区（Ⅲ_4^{1-1}）。大地构造位置位于柴达木-华北板块（Ⅲ）、华北陆块（Ⅲ_5）、鄂尔多斯地块（Ⅲ_5^1）、鄂尔多斯西缘中元古代—早古生代裂陷带（Ⅲ_5^{1-1}）。所属成矿区带为鄂尔多斯西缘（陆缘坳褶带）Fe-Pb-Zn-磷-石膏-芒硝成矿带（Ⅲ-59）、贺兰山褶断带 Fe-Au-Cu-煤（气）-磷-硅石-石灰岩-白云岩-粘土成矿亚带（Ⅳ-59①）。所属矿床成矿系列为与早古生代沉积作用有关的铁、彩石、磷、灰岩、白云岩、板岩矿床成矿系列（3-Pz_1-S）。

紫花沟磷矿位于苏峪口磷矿南约 20 km。构造单元和含矿地层与苏峪口磷矿一致。磷矿层赋存于寒武系底部苏峪口组中，含磷岩系平均厚度 32.5 m，下部为含磷砾岩，上部为磷块岩（平均厚 1 m）。按矿石自然类型，由下部的砾状磷块岩和上部的砂质磷块岩组成，二者之间局部夹条带状磷块岩。砾状磷块岩厚度 0.2~2 m 不等，平均厚度 0.5 m，P_2O_5 含量 10%~18%；砂质磷块岩岩层厚 0~11.5 m 不等，平均厚度 0.3 m，P_2O_5 含量为 8%~12%。二者之间偶夹条带状磷块岩厚度仅为 0~10.3 m，P_2O_5 含量 15%~23%。其主要矿物为碳磷灰石，占 50%~160%。矿区累计探明磷矿储量 347×10^4 t，矿石品位 P_2O_5 13%~115%。磷矿石类型属难选之胶磷矿，加工实验原矿平均回收率为 81%左右。

三、中卫市油井山磷矿点

油井山矿点位于中卫市海原县兴仁堡东北 12 km。属中卫市海原县兴仁堡管辖，区内交通方便。

1976~1977 年，宁夏地质局第一地质队对该矿床进行普查，并提交了《宁夏回族自治区海原油井山磷矿点普查评价中间地质报告》，估算磷矿资源量 D 级储量 13.95×10^4 t。

油井山磷矿点地层属阿拉善地层区（Ⅲ_3）、阿拉善南缘地层分区（Ⅲ_3^1）、景泰-中宁地层小区（Ⅲ_3^{1-1}）。大地构造位置位于柴达木-华北板块（Ⅲ）、阿拉善微陆块（Ⅲ_4）、腾格里早古生代增生楔（Ⅲ_4^1）、卫宁北山-香山晚古生代前陆-上叠盆地（Ⅲ_4^{1-1}）。所属成矿区带为河西走廊 Fe-Mn-萤石-盐类-凹凸棒石-石油成矿带（Ⅲ-20）、香山褶断带 Fe-Cu-煤-石灰岩-石膏-粘土成矿亚带（Ⅳ-20③）。所属矿床成矿系列为与早古生代沉积作用有关的铁、彩石、磷、灰岩、白云岩、板岩矿床成矿系列（3-Pz_1-S）。矿区出露的地层有上奥陶统香山群（徐家圈组、狼嘴子组和磨盘井组），侏罗纪上、下统及第四系等。其中，狼嘴子组是磷矿的赋矿地层。矿化体呈透镜状或似层状，产状与围岩基本一致。

磷矿的主要矿石类型为白云质磷块岩和硅质磷块岩。矿体形态较为复杂，一般为透镜状，有的呈似层状。根据磷块岩的富集及分布特点，矿区可分为两个含矿层。上部磷矿化层赋存于狼嘴子组近底的白云岩中，矿体呈鸡窝状、透镜状。矿体长度为 20~30 m，厚度为 2~3 m，P_2O_5 含量为 6.00%~24.21%，平均含量为 9.05%~11.95%；下部矿层赋存于狼嘴子组底部，为主要含磷层位，矿体呈透镜状，有的呈似层状分布。最大矿体长度为 202 m，最小为几米，矿体厚度一般为 2~3 m。P_2O_5 含量为 6.00%~25.23%，平均含量为 10.18%~11.82%。

矿石矿物全为胶磷矿，呈灰黑色，隐晶质，胶状，多见不规则脉状、似网状及斑点状集合体，脉石矿物有白云石和石英，含少量碳质、玉髓及微量铁质锰质。矿石多呈细密状，局部夹 1~2 个夹层，夹层岩性为磷质白云岩或含磷白云岩，含 P_2O_5 1%~5%，夹层厚度为 0.75~5.13 m。

矿石矿物主要为胶磷矿，脉石矿物为石英、玉髓等。矿石具胶状、隐晶、碎屑结构，块状及条带状构造。

第三节　矿床成矿时空分布及成矿条件

一、时空分布特征

宁夏境内磷矿的成矿期主要发生在早古生代，具体表现为两个时期，第一个是在寒武纪，第二个是在奥陶纪。在寒武纪，贺兰山中段地区磷元素在下寒武统苏峪口组形成时，局部地段发生富集成矿，形成苏峪口式沉积型磷矿。代表性的矿床是贺兰山苏峪口磷矿、紫花沟磷矿；在奥陶纪，香山地区磷矿成矿作用主要发生在上奥陶统香山群狼嘴子组形成时，部分磷矿元素在狼嘴子组中局部富集，形成了以海原县油井山磷矿为代表的油井山式沉积型磷矿。

根据成矿时段对已知资源量进行统计，早寒武世有 3376.975×10^4 t，晚奥陶世有 14×10^4 t。根据成矿亚带对已知资源量进行统计，Ⅳ-59①亚带有 3376.975×10^4 t，Ⅳ-20①亚带有 14×10^4 t（表 13-2）。

二、成矿规律

贺兰山地区，苏峪口组底部为土黄色磷质砾岩，局部地段砾岩之上夹含磷砂岩或灰质白云岩，向上为深灰色钙质砂质磷块岩，再向上为青灰色砂质灰岩。底部磷质砾岩厚 0. 2 ~ 3 m 不等，砾石磨圆度较好，呈浑圆状，直径 0. 3 ~ 2 cm，砾石成分主要为石英、硅质岩，次为白云岩等，填隙物为砂质、磷质（胶磷矿）。含三叶虫、腕足类和腹足类化石。在苏峪口、正目观、黄旗口（冰沟）一带本组厚 30 ~ 39 m，向南至紫花沟、金塔泉一带减至 21 ~ 23 m。在苏峪口-紫花沟一带形成 2 ~ 3 层透镜状磷块岩矿层，矿层厚 0. 15 ~ 0. 23 m，P_2O_5 含量一般为 1% ~ 2%，高者达 5%以上，最高 22%。

表 13-2　宁夏磷矿时空分布

成矿亚带	成矿时段		含矿建造
	早寒武世	晚奥陶世	
Ⅳ-59①	3376.975×10^4 t		含磷碎屑岩-碳酸盐建造
Ⅳ-20①		14×10^4 t	含磷硅质岩-碳酸盐建造

在香山地区矿层主要赋存于上奥陶统香山群狼嘴子组底部或近底部的白云岩中，厚度在 31. 88 ~ 51. 08 m 之间，矿体呈透镜状或似层状，产状与围岩一致，矿体厚度 0. 7 ~ 7. 09 m，一般为 2 ~ 3 m，品位为 6% ~ 25. 23%。

第十四章　石　　盐

第一节　概　　述

一、石盐的特征和主要经济用途

石盐以产出形式分为岩盐、湖盐及天然卤水。岩盐化学式 NaCl，化学组成：Na 39.4%，Cl 60.6%，常含钾盐、镁盐、芒硝、石膏以及其他元素（如钡、铷、铯、锶、钾、铈、锗、镓、锂、硼），等轴晶系，形态六八面晶体，常见晶体为立方体，其次是八面体与立方体的聚形，集合体为块状、致密块状或疏松盐华状，偶呈巨大晶簇状，有时呈豆状、粒状。岩盐质纯者无色透明，含杂质时则可染成灰、黄、红、黑等色。硬度2~2.5，密度2.2~2.28 g/cm^3，熔点805℃，沸点1413℃，易溶于水，味咸，其溶解度随温度升高而增大。

天然卤水为含溶解盐的天然水。按化学成分不同，分为氯化物型、硫酸盐型和碳酸盐型三大类。天然卤水中除含盐类离子外，常含有锶、锂、铯、铷、溴、碘、硼、钡和铀等。

盐是人们生活的必需品，食盐约占盐总用量的一半，部分用于饲料。盐又是重要的化工原料，用以制碱（纯碱、烧碱、硫化碱）、盐酸、氯气、金属钠等。碱和盐酸广泛用于化工、纺织、造纸、肥皂、染料、冶金、陶瓷、玻璃、医药等工业部门；氯气用于制漂白粉、各种聚氯乙烯塑料等；金属钠用作制取复杂有机化合物的催化剂，提取稀有金属的还原剂，制抗磨合金（钠钙铜锑锡合金），制发强光的充钠蒸气灯泡。冶金工业上盐用于铁矿石胶结、冶金熔剂、选矿用浮选剂、钢锭表面清除剂、融化金属镀层、稀有金属冶炼和制抗磨合金等。

宁夏石盐分为两类，即湖盐和岩盐。盐湖是湖泊发展到老年期的产物，是干旱造就的一种奇特景观，水体在太阳照射和强风流的蒸发作用下，盐度不断增高（矿化度大于 35 g/L），最后产生各种盐类沉积而形成盐湖，它是重要的矿产资源。大约在公元前 21 世纪时，我国劳动人民就已开始利用湖水（卤水）晒盐。

宁夏湖盐主要为第四系全新统化学沉积，多数为石盐与芒硝共伴生。据史料记载宁夏盐池县惠安堡湖盐、灵武县海子井湖盐和海原干盐池的湖盐早在唐汉时期就有开采，主要是卤水晒盐，远销宁夏周边地区，开采历史已有 2000 余年，明代惠安堡湖盐最高产盐量达到 1781 万斤，除了换取马匹，朝廷修长城、军饷的开支都依靠盐税；宁夏岩盐主要赋存于下白垩统乃家河组中，分布在宁夏南部固原市六盘山盆地，该盐矿作为宁夏重要化工基地，正在建设之中。

二、石盐矿产地数量

宁夏已探明大型岩盐伴生芒硝矿产地 1 处，湖盐（芒硝）矿产地 3 处，均为小型（表 14-1）。

表 14-1　宁夏盐矿产地一览表

序号	矿产地名称	所在地区	工作程度	矿床规模	矿床类型	成矿时代	开发利用情况
1	海子井湖盐矿	灵武市	普查	小型	蒸发沉积型	全新世	停采
2	惠安堡镇湖盐矿	吴忠市盐池县	详查	小型	蒸发沉积型	全新世	停采
3	干盐池湖盐矿	中卫市海原县	普查	小型	蒸发沉积型	全新世	开采
4	硝口-上店子岩盐矿	固原市原州区	详查	大型	蒸发沉积型	早白垩世	开采

三、石盐矿地理分布

早白垩世岩盐矿床分布在固原市原州区硝口一带，为大型矿床；第四纪全新世湖盐主要分布在盐池县惠安堡、灵武市马家滩和中卫市海原县一带，均为小型矿床。

四、石盐矿矿床类型

根据“中国矿产地质志”矿床（成因/工业）类型划分表，宁夏石盐矿均为蒸发沉积型矿床。

五、石盐矿资源储量

宁夏矿产资源储量库中固原硝口-上店子岩盐矿累计查明岩盐资源储量 117971.31×10^4 t，其中，（112b）级为 22685.16×10^4 t，（332）级为 22215.38×10^4 t，（333）级为 73070.77×10^4 t，（334）? 级为 131220.82×10^4 t；查明芒硝资源储量 12900.00×10^4 t，其中，（332）级为 4800.00×10^4 t，（333）级为 8100.00×10^4 t，（334）? 级为 16200.00×10^4 t。

全新世湖盐几乎都伴生芒硝。除海子井盐湖 1961 年普查估算石盐资源储量 1.00×10^4 t 外，其他盐湖仅对芒硝进行了资源储量的估算，石盐资源储量不详。

六、石盐矿勘查与开发利用程度

固原硝口-上店子岩盐矿和盐池县惠安堡镇湖盐矿为详查，其他均为普查。

宁夏全新世湖盐开采历史悠久，盐池县和海原干盐池乡因湖盐而得名，均属现代内陆湖泊。据史书记载，早在唐汉时期就有开采活动，这些盐湖也曾经是革命老区的主要供给地和财政收入来源。以人工晒盐为主，季节性开采，夏季采盐冬季采芒硝，俗称“春间开始坝畦，引水灌溉，风起波生，自然凝盐”，又称“种盐”。

盐池县惠安堡湖盐位于宁夏盐池县西南一隅，是宁夏较大的盐湖。1959 年，盐池县在惠安堡建立国营盐场，将社队经营的盐井、盐田均收归盐场。盐场有职工 84 人，当年产盐 1035 t。1970 年产盐 1106 t，上缴税金 10.44 万元，成为当时全县主要的纳税大户。1980 年为了扩大生产，对盐湖改造，由于改造脱离了客观实际，改造后的盐田含硝量大，使盐的质量下降，产量不高，于 2000 年停产，从而结束了具有近 2000 年的石盐开采历史。

1961 年，灵武县地方国营企业在海子井盐湖进行土法开采石盐和芒硝，因交通不便和劳力不足，每年只能生产石盐 1500 t。由于盐湖上游煤田的发现，一些煤化工企业排出的废水流入盐湖，盐湖受到污染，现已停产。

海原干盐池盐湖为唐代十八盐池之一，西夏人称之为碱限川。1920 年冬，海原大地震盐湖曾遭到破坏。目前主要以人工晒盐为主，海原县在此建设晒盐场，年产盐 200 t 左右，芒硝数千千克。该盐湖已被记入中国主要盐湖名录中（固原盐湖）。

第二节　矿产地分论

区内盐类矿床均属蒸发沉积型矿床，进一步可区分为湖盐和岩盐。

一、湖盐

宁夏天然盐湖大小有 20 余处，主要分布在西部海原县干盐池，东部的灵武、盐池地区。多数盐湖与石盐和芒硝共生，夏季产盐，冬季产芒硝。

（一）海原县干盐池湖盐矿床

海原县干盐池湖盐矿位于海原县城西部偏北的西华山西北段，四面为群山环抱，海原-靖远公路横穿东西，交通方便。行政区划属中卫市海原县盐池乡。

1959 年，宁西地质队对干盐池盐湖进行了踏勘检查；1960 年，宁东地质队（硼砂队）对该盐湖进行了评价，仅对芒硝作了储量计算，芒硝储量 2. 16×10^4 t。

1. 区域地质特征

干盐池湖盐矿床地层属祁连地层区（$Ⅲ_2$）、北祁连地层分区（$Ⅲ_2^1$）、靖远-西吉地层小区（$Ⅲ_2^{1-1}$）。大地构造位置位于柴达木-华北板块（Ⅲ）、祁连早古生代造山带（$Ⅲ_2$）、北祁连中元古代—早古生代海沟系（$Ⅲ_2^1$）、景泰-海原中元古代—早古生代弧后盆地（$Ⅲ_2^{1-1}$）。所属成矿区带为北祁连 Cu-Pb-Zn-Fe-Cr-Au-Ag-硫铁矿-石棉成矿带（Pt_2；Pt_3-Pz_1）（Ⅲ-21）、南、西华山-六盘山冲断带 Au-Cu-Pb-Zn-硫铁-泥炭-岩盐成矿亚带（Ⅳ-21①）。所属矿床成矿系列为与新生代沉积作用-表生作用有关的铁、石英砂、石膏、粘土、地下水等矿床成矿系列（9-Cz-1）、第四纪沉积作用有关的铁、砂金、石英砂、泥炭、盐类矿床成矿亚系列（Cz_2-S-2）。出露地层有长城系海原岩群园河岩组（$Pt_2^1y.$）、南华山岩组（$Pt_2^1n.$）绿片岩系（原岩为基性火山岩）及古近系渐新统清水营组（E_3q）碎屑岩-膏盐建造；南缘出露面积不大的中-下泥盆统老君山组（$D_{1-2}l$）碎屑岩及渐新统清水营组含膏盐碎屑建造（图 14-1）。

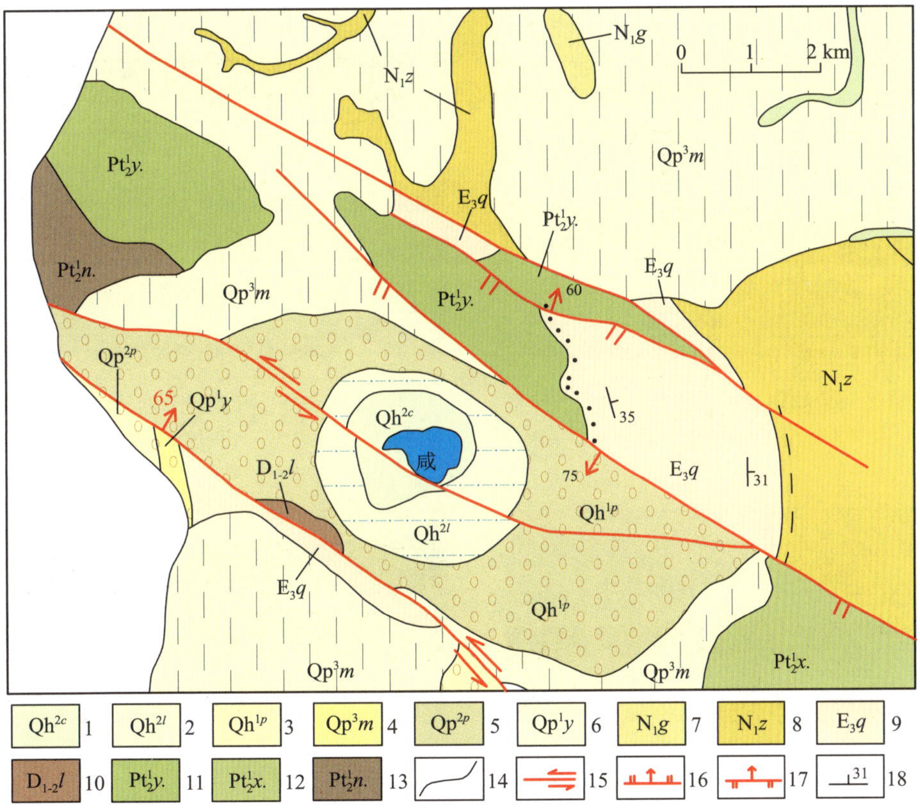

图 14-1　海原县干盐池盐湖地质图

（据宁夏回族自治区地质调查院，2017，有修改）

1—第四系全新统化学沉积层；2—第四系全新统湖积层；3—第四系中更新统洪积层；4—第四系下更新统玉门组；5—第四系全新统下部洪积层；6—第四系上更新统马兰组；7—新近系干河沟组；8—新近系彰恩堡组；9—古近系清水营组；10—泥盆系老君山组；11—长城系园河岩组；12—长城系西华山岩组；13—长城系南华山岩组；14—地质界线；15—平移断层；16—正断层；17—逆断层；18—地层产状

1920 年冬，海原地区发生历史上罕见的大地震，干盐池盐湖也因地震而地势被抬高，并向北移动了 1000 m。

2. 湖区地质特征

湖盆地长度 9 km，宽度 4 km，流域面积约 40 km^2，湖区面积 5 km^2，海拔 1980 m，为一封闭式湖泊。湖区周边为洪积层，向湖心过渡为湖积灰黑、灰色砂质粘土、粘土质砂及淤泥和化学沉积石盐、芒硝、粘土等。

3. 矿体特征

湖水面积约 0.6 km^2（随气候条件而增减），水深 0.3 m，在雨季水深可达 2 m，湖水为 $Cl-SO_4-Na-Mg$ 型水，矿化度为 180 g/kg；湖底水含水层为黄褐色及浅红色砂质粘土，埋深 10～12 m，厚度 12～18 m，具承压性质，水头高度 12.2 m，可喷出地表 0.2 m。含水层顶板为青灰色淤泥，厚度大于 6 m，底板为红色粘土，受黄土下部砾石含水层及降水补给，为 Cl-Na-Mg 型水。该盐湖主要是卤水晒盐，高峰时期有盐田晒场 630 处，自 1959 年至今基本保持夏季人工晒盐，其年产量在 100～200 余吨（据记载宋朝最高曾达到 1400 万斤）。地下含淤泥芒硝层经钻探控制厚度 0.6～3.2 m，湖中间厚，边缘薄，呈透镜体，长度 800 m，估算宽度 15 m，冬季 10～11 月份能大量产芒硝，主要生产方式用卤水灌田，次日即可结晶 2～4 cm 厚的芒硝层，两个月能产芒硝 6000 余吨（图 14-2 至图 14-5）。

图 14-2　海原县干盐池湖盐矿区盐田注卤水工作图
（向连格摄，2017）

图 14-3　海原县干盐池湖盐矿盐田晒盐
（向连格摄，2017）

图 14-4　海原县干盐池湖盐矿工人在捞盐
（向连格摄，2017）

图 14-5　海原县干盐池湖盐矿石盐
（向连格摄，2017）

湖面上部为卤盖层下部为芒硝层和粘土层。湖面见有盐霜和硝霜。

4. 矿石特征

矿石组分主要为石盐、芒硝和少量石膏。晒出石盐白色，颗粒呈立方体，粒径 1～5 mm。晒出的石盐化学成分：NaCl 83%，Na_2SO_4 17%；湖水中含 $B_2O_3$18%~23%。

5. 资源储量

由于干盐池盐湖动态存在，普查工作对石盐没有计算储量，仅对芒硝估算储量，控制地下芒硝资源量为 21. 6×10^4 t。石盐主要是地方企业开采，以灌溉方式晒盐。目前，年产石盐 100~200 余吨，所产盐主要供畜牧业和工业用。

6. 成矿阶段划分

根据钻孔资料分析干盐池湖盐矿床的形成，具有明显的韵律性和阶段性。根据地貌结构、沉积特征、盐化学特征以及人为活动对盐湖的影响，可以认为全新世以来盐湖演化大致经历了四个发展阶段：早全新世的咸水湖、中全新世的硫酸盐型盐湖、晚全新世晚期的硫酸盐-氯化物型盐湖和现代干盐湖。

7. 成矿物理化学条件

由于氯化钠溶解度随温度变化不大，当含盐卤水浓度饱和，温度达 25℃以上，水分蒸发氯化钠易结晶析出、沉淀。人工晒盐主要在集中在夏季 5~9 月份。

8. 矿床类型

干盐池湖盐矿为蒸发沉积型矿床。

9. 成矿机制

新构造运动（喜马拉雅期）形成了断陷盆地，全新世早期开始沉积。盆地南北两侧为长城系绿片岩和渐新统含石膏碎屑岩。由于长期的风化剥蚀作用，使得这些岩石变为碎屑物，含盐物质随水和风力的搬运在早期形成的封闭盆地中以机械作用和化学作用沉积。湖盐矿床的形成，具有明显的韵律性：从碎屑岩沉积开始，经粘土-淤泥沉积，终止于蒸发盐类沉积，构成一个完整的沉积旋回，盐湖四周土壤中含有丰富的芒硝、氯化钠等矿物质，极易溶于水，并向洼地中心运移富集。其流域面积 52 km^2，地下水排汇于地表，形成内陆湖泊-盐湖。

（二）灵武市马家滩海子井湖盐矿床

马家滩海子井湖盐矿位于马家滩西南 10 km 处的海子井，行政区划属灵武市马家滩镇。区内交通便利。

1959 年，宁西地质队进行预查，目的是寻找硼、钾盐及稀有分散元素；1960 年，宁东地质队进行普查，目的相同。

1. 区域地质特征

海子井湖盐矿床地层华北地层区（$Ⅲ_4$）、鄂尔多斯西缘地层分区（$Ⅲ_4^1$）、桌子山-青龙山地层小区（$Ⅲ_4^{1-2}$）。大地构造位置位于柴达木-华北板块（Ⅲ）、华北陆块（$Ⅲ_5$）、鄂尔多斯地块（$Ⅲ_5^1$）、鄂尔多斯西缘中元古代—早古生代裂陷带（$Ⅲ_5^{1-1}$）。所属成矿区带为鄂尔多斯西缘（陆缘坳褶带）Fe-Pb-Zn-磷-石膏-芒硝成矿带（Ⅲ-59）、陶乐-彭阳冲断带煤（气）-石灰岩-白云岩成矿亚带（Ⅳ-59③）。所属矿床成矿系列为与新生代沉积作用-表生作用有关的铁、石英砂、石膏、粘土、地下水等矿床成矿系列（9-Cz-1）、第四纪沉积作用有关的铁、砂金、石英砂、泥炭、盐类矿床成矿亚系列（Cz_2-S-2）。区域出露地层主要有渐新统清水营组（E_3q）碎屑岩-膏盐建造，分布在湖区北部和南部，下伏地层为下白垩统宜君组（K_1y）砾岩、砂砾岩等。湖区广泛被第四系覆盖。

2. 湖区地质特征

盐湖南北向长度 8 km，宽度 0. 5~1. 4 km，呈一不规则南北向狭长带状展布，分为南、北两个湖，面积 5. 28 km^2。

湖心表层为卤盖，表面有白色散粒状石盐和芒硝，盐类沉积厚度 0. 15 m。下面为淤泥层，呈黑色、深灰色淤泥夹粉砂，在此沉积区边缘可见到白色锅巴状盐壳，该层厚度 4. 06 m。湖围为沼泽沉积和风积砂土，在下部钻孔中见 2. 19 m 冲洪积层，岩性为土黄色、砖红色细砂和砂砾，含粘土和次生结晶芒硝。湖底为古近系。

3. 矿体特征

石盐主要分布在北湖化学沉积区。当雨季湖水深度达 0.3 m，一般 0.05 m，雨后经烈日曝晒，石盐自然结晶厚度可达 0.01~0.03 m。随着石盐析出湖水消失。

芒硝矿层主要分布在南湖化学沉积区，在冬季湖面析出零星分布、厚度小、不稳定的芒硝矿层，湖中心厚度可达 0.15 m，向湖周边变薄。

湖区基本没有固定的石盐和芒硝矿层，仅在北湖钻孔见厚度 1.27~2.05 m 盐坑型芒硝矿体，其质量不高，使用价值不大。个别样品中见 $MgCl_2$ 品位在 10%以上，不能形成矿层。

4. 矿石特征

石盐呈白色结晶散粒状，NaCl 含量在 85%~90%之间，含 Ca^{2+}、Mg^{2+}、芒硝、泥沙等杂质；芒硝呈无色或白色结晶粒状集合体，$Na_2SO_4 \cdot 10H_2O$ 含量为 90%，含少量石盐、泥质等杂质。

5. 资源量

马家滩海子井湖盐矿产盐面积约 0.84 km^2，估算石盐资源储量 1.00×10^4 t。另据调查，1961 年，灵武县地方国营企业进行土法开采石盐和芒硝，因交通不便和劳力不足，每年只能生产石盐 1500 t。估算芒硝资源储量 3.1×10^4 t。

6. 成矿物理化学条件

夏季气温达 25℃以上，盐湖中卤水蒸发浓缩石盐析出，形成较薄的矿层。冬季气温下降至-15~+5℃，芒硝析出，形成芒硝矿层。

根据定边苟池卤水氯化钠饱和点为 26.8 Be/25℃，析出终止点为 32.1 Be/25℃，析出氯化钠后-15℃时析出硫酸钠最多，质量较好（李树生等，2008）。

7. 矿床类型

马家滩海子井湖盐矿为蒸发沉积型矿床。

8. 盐湖的形成及物质来源

盐湖位于鄂尔多斯盆地之灵盐台地中北部，卜家庙子-王乐井黄土分水岭南。海子井盐湖可能形成于第四纪晚更新世晚期。当卜家庙子-王乐井黄土分水岭形成之后，地壳在继续上升，在分水岭南部马家滩的海子井一带形成了坳谷地形，与此同时在坳谷中形成海子河，当海子河河谷接受了周围渐新统清水营组含盐地层的风化剥蚀产物之后，地壳上升幅度减少终止，海子河渐渐消失，形成坳谷中的聚水盆地，即海子井湖的雏形。在第四系干燥气候环境下，水体经长期的蒸发作用，日渐浓缩，沉积了含盐淤泥层和盐类物质。形成了现在的海子井盐湖。

（三）盐池县惠安堡镇湖盐矿床

惠安堡镇湖盐矿位于盐池县惠安堡乡西南 1 km 处，交通方便，行政区划属吴忠市盐池县惠安堡镇管辖。

1959 年，宁西地质队进行踏勘性检查，其目的是寻找硼、钾盐及稀有分散元素；1960 年，宁东地质队进行普查；1985 年，宁夏地质矿产局区域地质调查队进行普查，工作目的同上，仅对芒硝估算了资源储量，没有提交石盐资源储量。

惠安堡镇湖盐矿床地层华北地层区（$Ⅲ_4$）、鄂尔多斯西缘地层分区（$Ⅲ_4^1$）、桌子山-青龙山地层小区（$Ⅲ_4^{1-2}$）。大地构造位置位于柴达木-华北板块（Ⅲ）、华北陆块（$Ⅲ_5$）、鄂尔多斯地块（$Ⅲ_5^1$）、鄂尔多斯西缘中元古代—早古生代裂陷带（$Ⅲ_5^{1-1}$）。所属成矿区带为鄂尔多斯西缘（陆缘坳褶带）Fe-Pb-Zn-磷-石膏-芒硝成矿带（Ⅲ-59）、陶乐-彭阳冲断带煤（气）-石灰岩-白云岩成矿亚带（Ⅳ-59③）。所属矿床成矿系列为与新生代沉积作用-表生作用有关的铁、石英砂、石膏、粘土、地下水等矿床成矿系列（9-Cz-1）、第四纪沉积作用有关的铁、砂金、石英砂、泥炭、盐类矿床成矿亚系列（Cz_2-S-2）。出露地层主要有中-下奥陶统天景山组，分布在湖盆地西南青龙山一带；三叠系大风沟组，分布在湖盆地西北部；新近系中新统彭恩堡组，分布于湖盆地东部和南部；湖区被第四系覆盖。

盐湖呈北东向分布，长度 7 km，宽度 2.2 km，全湖面积 15.4 km^2，成盐面积 1.75 km^2。分为南、中、北 3 个盐池，石盐主要产在南、中两池，池中有液体相（卤水）与固体相（石盐）。石盐主要产在湖心化学沉积含盐淤泥中，其上有卤水、湖积淤泥，表层为砂层。在个别钻孔淤泥中见粒状石盐，呈灰白色，立方晶体，味咸，经化学分析，各钻孔中 NaCl 含量在 3%~10%之间，南湖 NaCl 含量普遍较高。湖外围为沼泽沉积，湖岸为上更新统砂土层。盐湖卤水（卤水井）矿化度平均为 235.79 g/L，南池地表 205.85 g/L。卤水井化学分析：NaCl 6.96%~13.13%（南池地表 12.08%），Na_2SO_4 0~1.04%，$MgSO_4$ 1.91%~6.22%，KCl 0.02%~0.2%，$MgCl_2$ 3.98%~7.93%。

惠安堡镇湖盐矿求得芒硝 C 级储量 4262.4 t，对石盐没有估算资源储量。

二、岩盐

宁夏岩盐矿床探明的矿产地仅固原硝口-上店子岩盐矿 1 处，为大型矿床。赋矿地层为下白垩统乃家河组，属岩盐伴生芒硝矿床。

硝口-上店子岩盐矿位于固原市原州区硝口-上店子地区，行政区划属固原市原州区中河乡。矿区距固原市西北约 25 km，309 国道由矿区南部经过，至矿区有简易乡村公路相通，交通方便。

20 世纪 50~70 年代，银川石油勘探局、玉门石油管理局等多个石油勘探部门对六盘山盆地开展了不同程度比例尺的普查工作，施工了大量钻孔，在硝口-肖家湾一带钻遇含膏盐地层或岩盐层，为以后发现硝口-上店子岩盐矿产提供了重要的线索；2002~2004 年，宁夏矿产地质调查所开展的宁夏六盘山东北麓地区芒硝矿资源暨地质环境综合调查评价工作，在硝口村施工的 ZK1 孔见到 42.38 m 的岩盐矿层，并对硝口地区白垩系含盐盆地的古地理环境以及岩盐矿产的成矿规律进行了初步的研究和探讨。确定了含盐地层为白垩系乃家河组，预测了硝口地区岩盐矿产资源量达 1.3×10^8 t。并提交了《宁夏六盘山北麓地区芒硝矿资源暨地质环境综合调查评价报告》；2008 年，宁夏矿产地质调查所开展了宁夏中新生代盆地盐硝矿产伴生硼、锂、铯、铷、锗、镓、溴、碘等元素资源潜力调查评价工作，在 ZK1 孔西北部施工了 ZK201 孔，在 460.09~905.09 m 见到含岩盐层位，经采样分析最终圈定出真厚度达 256.11 m 的岩盐矿层。预测核实区内岩盐资源量达 20×10^8 t 以上；2010 年，宁夏回族自治区矿产地质调查院提交了《宁夏固原市原州区硝口-上店子岩盐矿详查报告》，在岩盐矿层中发现了稀散元素镓含量较高，具综合利用的价值。获求岩盐矿石量 32.40×10^8 t，芒硝资源量 2.91×10^8 t，其中，预测的资源量（334）？为 1.62×10^8 t。

1. 区域地质特征

硝口-上店子岩盐矿床地层属祁连地层区（$Ⅲ_2$）、北祁连地层分区（$Ⅲ_2^1$）、靖远-西吉地层小区（$Ⅲ_2^{1-1}$）。大地构造位置位于柴达木-华北板块（Ⅲ）、祁连早古生代造山带（$Ⅲ_2$）、北祁连中元古代—早古生代海沟系（$Ⅲ_2^1$）、景泰-海原中元古代—早古生代弧后盆地（$Ⅲ_2^{1-1}$）。所属成矿区带为北祁连 Cu-Pb-Zn-Fe-Cr-Au-Ag-硫铁矿-石棉成矿带（Pt_2；Pt_3-Pz_1）（Ⅲ-21）、南、西华山-六盘山冲断带 Au-Cu-Pb-Zn-硫铁-泥炭-岩盐成矿亚带（Ⅳ-21①）。所属矿床成矿系列为与中生代沉积作用有关的铜、石英砂岩、煤、油气、油页岩、粘土矿床成矿系列（7-Mz-S）。区域出露地层由老至新有：下白垩统马东山组（K_1m）、乃家河组（K_1n），古近系寺口子组（E_2s）、清水营组（E_3q），新近系彰恩堡组（N_1z）、干河沟组（N_1g）及第四系。

区域断裂构造较发育，大致为北西向和北东向两组，北西向断裂规模较大，为控矿构造，北东向次之，对矿体有破坏作用。区内无岩浆岩出露（图 14-6）。

2. 矿区地质特征

区内分布地层为下白垩统六盘山群马东山组、乃家河组，古近系清水营组，第四系上更新统和全新统。

马东山组主要在勘查区东南部的相邻矿区出露。岩性基本一致，主要以灰黄色厚层白云质灰岩、灰岩、砂质灰岩、灰绿色厚层灰质泥岩、蓝灰色厚层泥质灰岩为主，夹灰绿色中厚-薄层泥灰岩，灰色薄层鲕状灰岩、隐晶质灰岩等，局部夹油页岩。上部偶夹紫红色厚层粉砂质泥岩。区域上该组地层

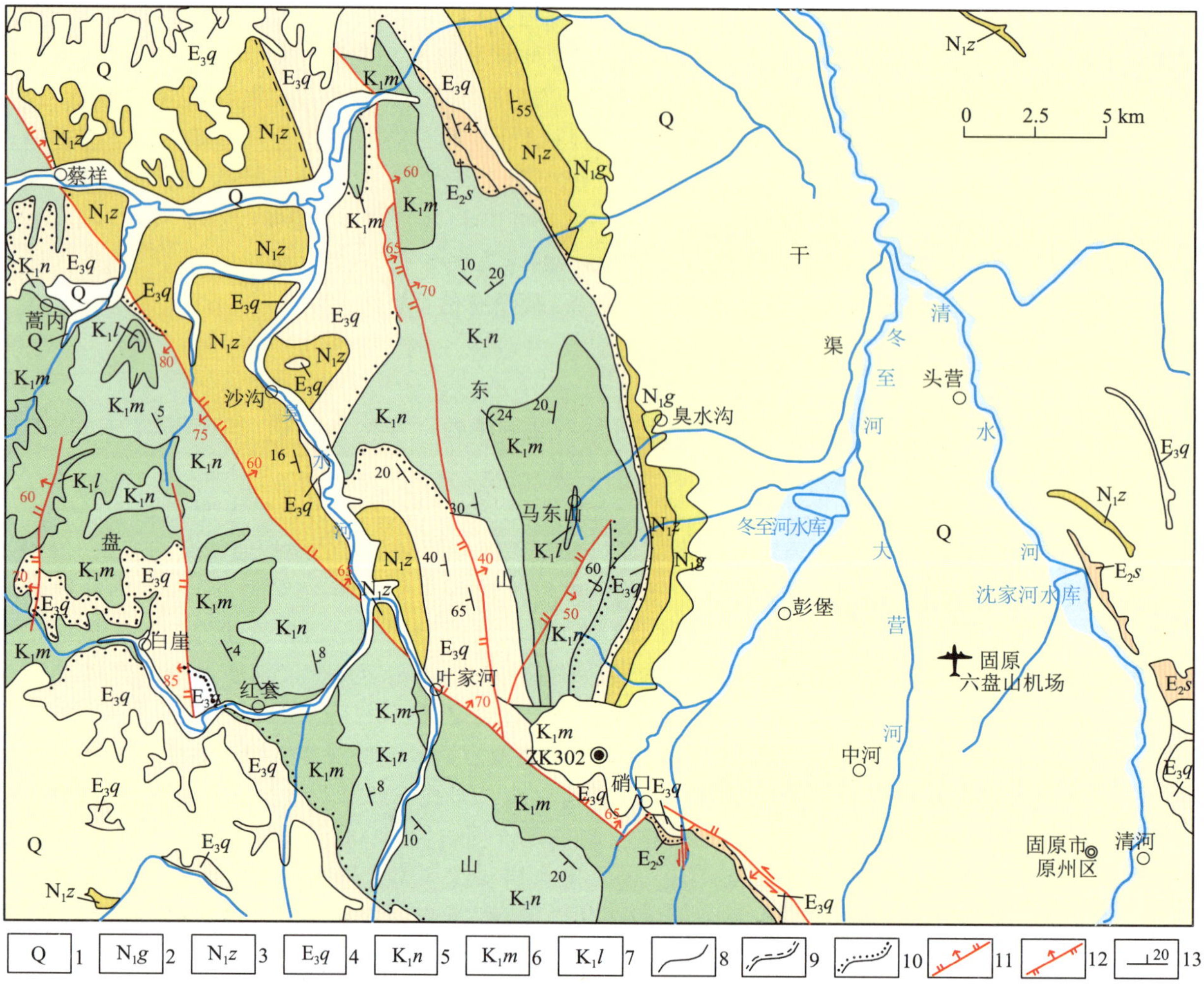

图 14-6　固原市硝口-上店子岩盐矿区域地质图

（据宁夏回族自治区地质调查院，2017，有修改）

1—第四系；2—干河沟组；3—彰恩堡组；4—清水营组；5—乃家河组；6—马东山组；7—李洼峡组；8—地质界线；9—平行不整合地质界线；10—角度不整合地质界线；10—正断层；12—逆断层；13—地层产状

厚度为 374. 57～935. 75 m，与下伏李洼峡组为整合接触。

乃家河组主要出露于勘查区的西南部，经钻孔揭露，在勘查区的中北部第四系和古近系覆盖层之下，均有该组地层隐伏。钻孔揭露厚度 146. 32～507. 16 m，平均厚度 322 m。区域上厚度为 238. 51～696. 84 m。与下伏马东山组为整合接触，该组为本区的含盐层位。按其岩性特征及含矿性可分为上、下两个岩性段。乃家河组下岩段（K_1n^1）底部夹少量灰黄色薄层砂岩；乃家河组上岩段（K_1n^2）下部为灰黄色薄层泥灰岩、黄褐色钙质泥（页）岩、灰绿色中层状灰质白云岩，时夹暗紫色中-薄层粉砂质泥岩；中部紫红色厚层状粉砂质泥岩、泥质粉砂岩与灰绿色中-薄层灰质白云岩（往下溶蚀孔洞渐增），灰黄色中层砂质泥岩等厚互层。在紫红色中-厚层砂质泥岩、灰绿色厚层状灰质白云岩中夹厚层岩盐，为本区的含盐岩段，上部为紫红色厚层砂岩、中层泥质粉砂岩、偶见灰黄色厚层砂岩及灰绿色薄层粉砂质泥岩，灰质泥岩（发育水平纹理）及薄层泥灰岩（无溶蚀孔洞）。往北厚度变薄，在寺口子地区各单层厚度仅为 2 cm 左右。

古近系清水营组（E_3q）在勘查区的中南部由东至西分布。为紫红色中-薄层泥质砂岩、粉砂岩、下部夹灰白、灰黄色巨厚层状石英砂；中部为褐红色厚层状粉砂质泥岩、泥岩夹砖红色中-薄层砂岩、粉砂岩及灰绿色中-薄层砂岩及条带；上部夹灰绿色厚层状含石膏泥岩。厚 318. 88～935. 36 m，不整合于白垩系乃家河组之上。

第四系主要分布在矿区东北部和东南部，为马兰黄土及冲积、洪积层。

矿区内构造复杂程度中等，主要形成一些北西向和近南北向高角度走滑断层，这些断裂构造控制了岩盐矿的分布。

矿区未见岩浆活动，热液活动仅见于沿断裂分布的卤水泉，地表温度20℃（图14-7）。

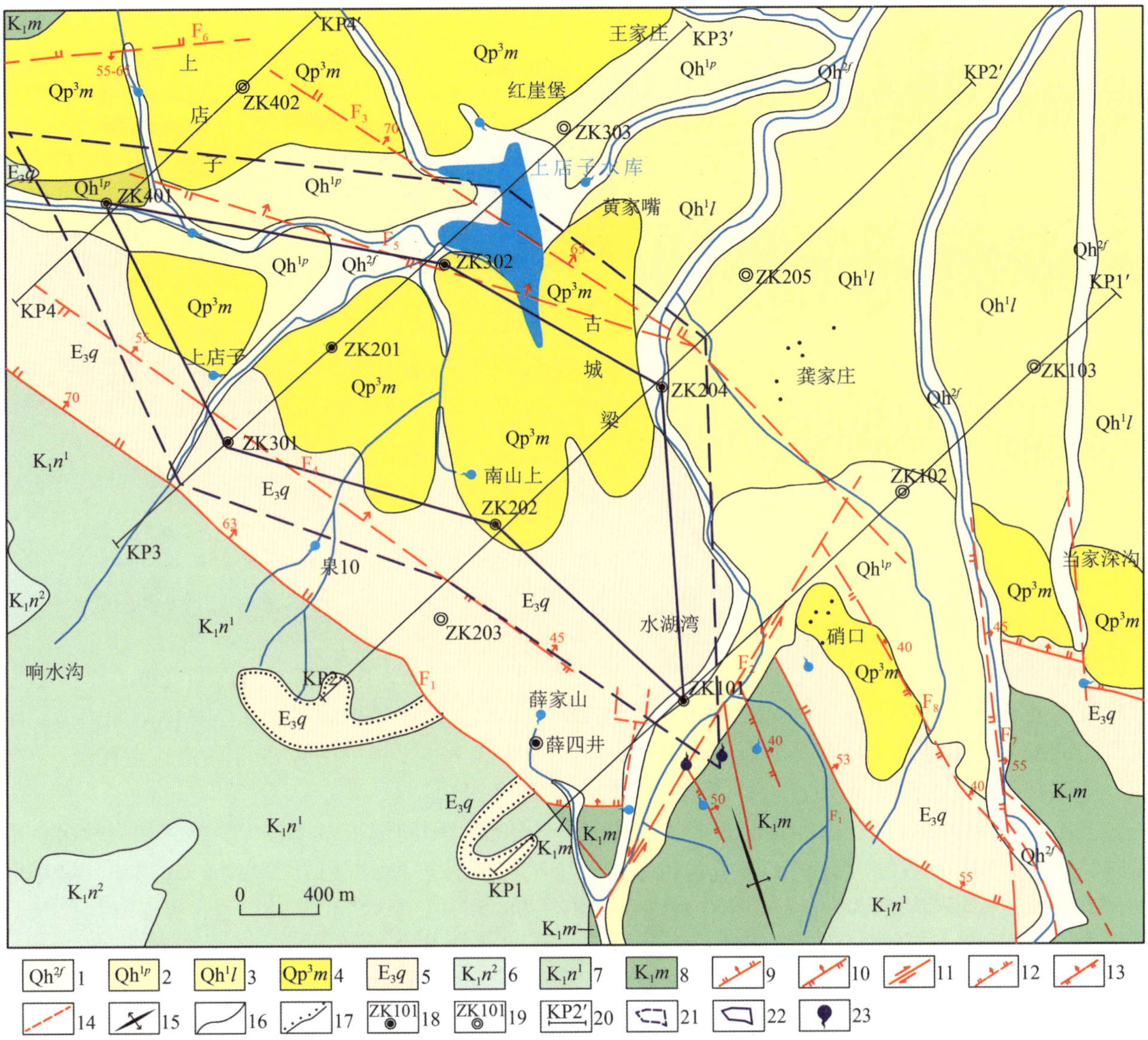

图14-7 固原市硝口-上店子岩盐矿矿区地质图

（据宁夏回族自治区矿产地质调查院，2010，有修改）

1—第四系全新统上部冲积层；2—第四系全新统下部冲积层；3—第四系全新统灵武组；4—第四系上更新统马兰组；5—古近系清水营组；6—白垩系乃家河组上岩段，7—白垩系乃家河组下岩段；8—白垩系马东山组；9—正断层；10—逆断层；11—平移断层；12—推测正断层；13—推测逆断层；14—推测性质不明断层；15—背斜；16—地质界线；17—不整合地质界线；18—见矿钻孔及编号；19—未见矿钻孔及编号；20—勘探线及编号；21—矿床预测范围；22—工业可开采范围；23—芒硝矿泉

3. 矿体特征

硝口-上店子岩盐矿是一个隐伏矿床，地表多被新生界覆盖。矿床明显受北西向构造控制，南西为F_1断裂，北东为F_3断裂，北部为F_6断层，南部为F_2断层。

矿层总体呈北西向展布，长5.1 km，宽2.16 km，含矿面积10.9 km^2。盐矿层累计厚度800 m，矿石品位NaCl 60%~80%。岩盐矿层为倾向北东的单斜构造，倾角30°~40°，局部受构造影响倾角较大，盐矿层在空间分布呈薄层状、似层状、透镜状产出，部分矿层有分叉复合形态。矿层厚度平面上变化较大（图 14-8），沉积中心地带厚度大，而向外围厚度急剧下降，整体上呈一周边薄而中间厚的透镜体。在东部受断层影响，地层断陷较大，约大于 2000 m，含盐层位埋深不详（宋新华等，2015）。

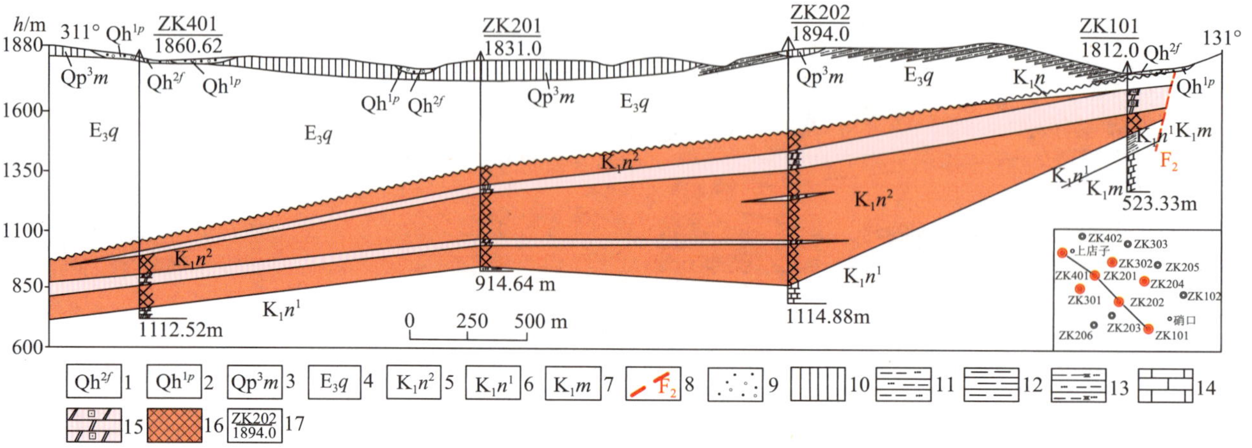

图 14-8　固原市硝口-上店子岩盐矿区纵剖面图

（据宁夏回族自治区矿产地质调查院，2010，有修改）

1—第四纪全新统上部冲积层；2—第四纪全新统下部冲积层；3—第四系上更新统马兰组；4—古近系渐新统清水营组；5—下白垩统乃家河组上岩段；6—下白垩统乃家河组下岩段；7—下白垩统马东山组；8—断层；9—砂砾岩；10—黄土；11—粉砂质泥岩；12—泥岩；13—含石膏粉砂质泥岩；14—灰岩；15—含石盐白云岩；16—矿层；17—钻孔编号及高程

岩盐矿层厚度在平面上变化较大，在硝口地区厚度在 42.38 m，向北东方向逐渐变厚，至上店子村树梨沟处厚度约 256.11 m，在 ZK204 孔厚度达 286.9 m，但是埋深也随之加大。总体呈周边薄，中间厚的透镜体。矿层累计最大厚度为 465.16 m，平均厚 183.15 m；矿体明显受北西向构造控制。

矿区赋矿层位大致可分为上、中、下 3 个矿层（图 14-9）。

上矿层分布于勘查区西南的顶部。矿体整体上呈透镜状，中间地带厚度较大，分支矿层较多，沿走向和倾向方向厚度变小，分支矿层数量也减少。上矿层累计岩盐矿层最大厚度 133.30 m，最小厚度 33.89 m，平均厚度 59.99 m，NaCl 含量为 40.78%~98.56%，平均为 73.38%。含夹石 6 层，最大厚度 18.66 m，最小厚度 2.13 m，平均厚度 8.70 m。NaCl 含量为 9.80%~29.69%，平均为 19.66%。

中矿层分布于勘查区西南的中部。矿体整体上为层状，受构造作用矿层有形变，局部可见分支，矿层中间地带含夹石层数较多且厚度较大，向四周夹石厚度和层数逐渐减小。矿层累计岩盐矿层最大厚度 136.71 m，最小厚度 48.76 m，平均厚度 65.36 m，NaCl 含量为 46.50% ~ 98.68%，平均为 73.68%。中矿层除在 ZK201 见矿单层厚度较大外，在其余钻孔以岩盐层单层厚度小，层数多，夹层厚度较大，颜色较杂等特征可作为标志层。含夹石 8 层，最大厚度 25.07 m，最小厚度 2.01 m，平均厚度 9.82 m。NaCl 含量为 11.41%~28.87%，平均为 20.40%。

下矿层分布于勘查区西南的底部。矿体整体上为层状，受构造作用矿层有形变，局部偶见分支。底板在 ZK203 和 ZK206 见到为紫红色粉砂质泥岩含石膏薄层，灰色泥质白云岩、白云质灰岩夹石膏薄层。其余钻孔未见底，厚度不详。累计岩盐矿层最大厚度 195.15 m，最小厚度 5.18 m，平均厚度 61.80 m，厚度变化较大。NaCl 含量为 47.90%~99.70%，平均为 75.36%。含夹石 9 层，最大厚度 18.46 m，最小厚度 1.84 m，平均厚度 6.43 m。NaCl 含量为 10.87%~27.95%，平均为 20.83%。

按照工业类型，全矿区共划分 6 个盐群，自下而上编号为：Ⅰ、Ⅱ、Ⅲ、Ⅳ、Ⅴ、Ⅵ，其中，中上部Ⅳ、Ⅴ、Ⅵ三个盐群被大部分钻孔穿过；下部Ⅰ、Ⅱ、Ⅲ盐群被部分钻孔穿过，各盐群之间距大于 50 m。盐矿群顶板埋深 390~460 m（标高+1500~+1400 m），底板深度 914.64~1541.77 m（标高+920.58~+277.27 m）。盐群最大厚度 800 m（真厚度），工业盐岩岩层厚度 500 m，含矿率 50%。

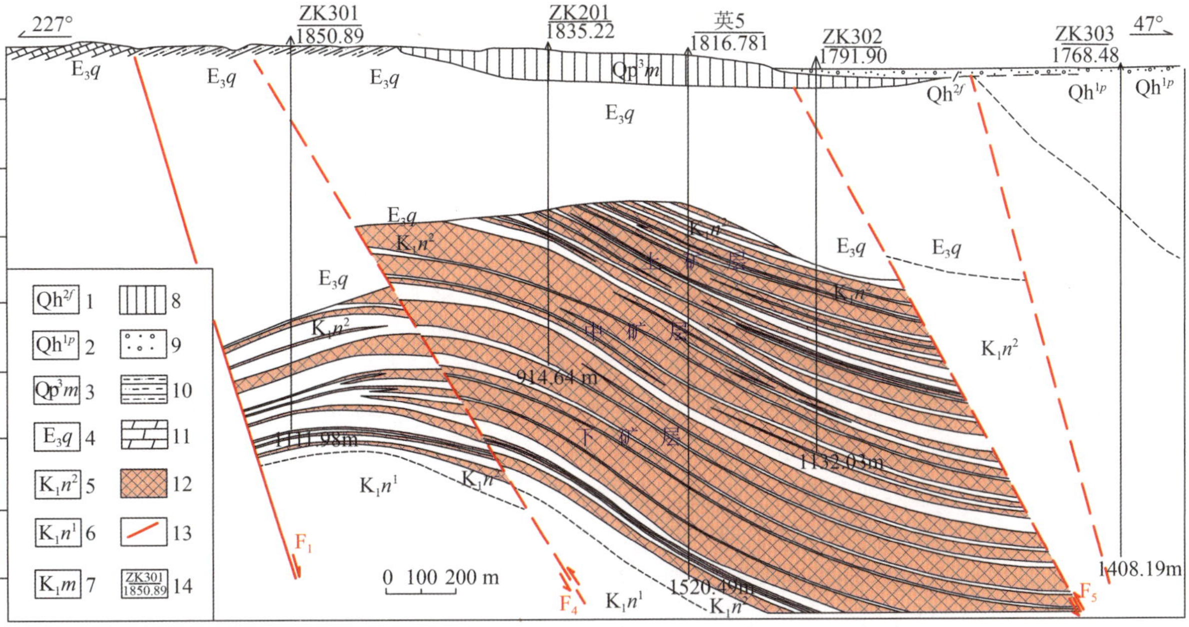

图 14-9　固原市硝口-上店子岩盐矿 KP3 剖面图

（据宁夏回族自治区矿产地质调查院，2010，有修改）

1—第四系全新统上部冲积层；2—第四系全新统下部冲积层；3—第四系上更新统马兰组；4—古近系清水营组；5—下白垩统乃家河组上岩段；6—下白垩统乃家河组下岩段；7—下白垩统马东山组；8—黄土；9—砂砾石；10—粉砂质泥岩；11—泥灰岩；12—石盐矿层；13—断层；14—钻孔位置及标高

4. 矿石特征

矿区矿石分为以氯化物为主的盐类矿石和以硫酸盐类为主的矿石两类。

岩盐矿石呈灰白色，透明-半透明状，粗晶结构，块状构造，矿石主要成分为岩盐，盐晶 2~15 mm，NaCl 含量大于 95%，杂质较少。杂质主要为晶体中包含的白云质或钙质芒硝矿物包裹物，以及钙芒硝、硬石膏、白云质钠长石泥岩碎块。

角砾状岩盐矿石为细晶结构，角砾状或碎裂状构造。角砾为含盐、钙芒硝、少量硬石膏紫红色或灰色白云质钠长石泥岩或泥质白云岩，多呈棱角状，无磨圆，角砾大小不一，局部呈碎裂状碎块。岩盐、钙芒硝主要为角砾胶结物或裂隙充填物，角砾含量 5%~15%，胶结物盐占 50%~80%，钙芒硝 5%~15%，少量硬石膏。岩盐呈粒状，晶体中有大量岩屑杂质颗粒。

无水芒硝矿石为灰白色-白色，半透明-不透明，中-粗晶结构，块状构造。矿石主要矿物为无水芒硝和少量岩盐，这种类型矿层厚度较小，多小于 1 m，为构造破碎带的张裂隙较大空间充填结晶形成。

含盐钙芒硝矿石为灰色-灰白色，细-中晶结构，条带状或团块状构造。矿石主要矿物为钙芒硝，部分条带状分布于白云质钠长石泥岩中。属原生沉积类型，岩盐主要以脉状分布于裂隙中。

硬石膏矿石为灰白色，细-中晶结构，条带状或团块状构造。硬石膏多呈自形晶板状晶体呈沙包状、团状分布于白云质钠长石泥岩中，部分呈层理状、条带状分布，并与沉积层理平行。此类型矿石分布较少。

芒硝为细晶状，含量 15%，泥土矿物 20%~40%，白云石含量 5%~20%，钠长石含量 5%~20%。此类矿石中矿区分布较少，局部出现。

岩盐矿石的主要结构类型有粗晶结构、中-粗晶结构、中-细晶结构和细晶结构；构造类型主要有块状构造、角砾状构造、碎裂状构造和层理状构造。

矿石矿物组合简单，主要盐类矿物有岩盐，伴生有无水芒硝、钙芒硝、硬石膏，其次为极少量硫化物黄铜矿、黄铁矿及氧化物镜铁矿、赤铁矿等。脉石矿物为含矿岩系的岩石成分主要为粘土矿物绢云母、绿泥石、白云石、钠长石及钾长石，顶底板围岩见碎屑石英、方解石等。

5. 资源储量

2010 年，宁夏回族自治区矿产地质调查院提交的《宁夏固原市原州区硝口-上店子岩盐矿详查报告》中求获岩盐矿石量 32.40×10^8 t，芒硝资源量 2.91×10^8 t。

截至 2017 年底，宁夏矿产资源储量库中固原硝口-上店子岩盐矿累计查明岩盐资源储量 117971.31×10^4 t，其中，112b 级别为 22685.16×10^4 t，332 级别为 22215.38×10^4 t，333 级别为 73070.77×10^4 t，334 级别为 131220.82×10^4 t；查明芒硝资源储量 12900×10^4 t，其中，332 级别为 4800×10^4 t，333 级别为 8100×10^4 t，334 级别为 16200×10^4 t。

6. 成矿阶段划分及分布

根据矿层产出和矿石特征分析，大致分为三个矿化阶段：①早期蒸发沉积阶段，岩盐矿物粒度细小，集合体呈致密状，部分颗粒见溶蚀，常与泥岩共生，说明岩盐矿物在水体中缓慢沉积；②成岩期后由于构造活动或岩盐溶蚀垮塌，形成角砾岩、碎裂岩，岩盐经地下水溶解充填胶结于角砾岩和碎裂岩裂隙中，形成质量较好的岩盐矿，呈半自形结晶体，结晶颗粒一般较粗，粗者可达 15 mm，一般粒度 0.5~5 mm；③受构造活动影响含矿区挤压隆起，出露地表的盐丘被风化、搬运富集在构造有利部位形成矿层，主要表现于含富盐角砾岩、碎裂岩。

成盐的大致顺序，从下至上为硬石膏-钙芒硝、无水芒硝-岩盐，符合一般卤水蒸发浓缩析盐顺序。

7. 成矿物理化学条件

硝口-上店子岩盐矿床赋存于下白垩统中，由湖相卤水蒸发浓缩化学沉积形成，成盐温度在 25℃以上，芒硝成矿温度小于 5℃，压力基本接近常压。

8. 矿床类型

硝口-上店子岩盐矿床属于蒸发沉积型矿床，为早白垩世晚期内陆湖相沉积岩盐矿床。

9. 成矿机制和成矿模式

早白垩世，燕山运动导致六盘山盆地持续下沉，湖水不断加深，沉积物供给较为充足的条件下形成的山间盆地，在其中沉积了厚度超过 3000 m 的早白垩世陆相地层。白垩纪晚期盆地区域构造引力场由拉张为主向挤压转换，为构造抬升时期，此时盆地进入了萎缩变浅阶段，湖平面下降，水域收缩，盆地气候干旱炎热，降水量和地表径流减少，随着蒸发浓缩，湖体面积逐渐缩小，湖水含盐度增加，溶解度小的碳酸盐先沉积，湖水的进一步咸化使溶解度高的硫酸盐相继沉淀，形成石膏和芒硝。岩盐形成于浓缩的后期，石膏、芒硝沉积之后，随着气候和补给水量的不断变化，期间有一个淡水沉积阶段，主要表现在以砂质泥岩及泥灰岩为主的沉积层。含矿岩系中碎屑岩-碳酸盐-石膏-钙芒硝-岩盐或石膏-钙芒硝所组成盐韵律和反向的淡化韵律反复出现，形成了含盐厚度较大并多次成盐的矿体。后期由矿体受构造影响，矿体遭到破坏，溶蚀，再经地下水溶解、富集重结晶形成新的盐矿体。使矿体形状、产状变化较大，常呈层状、似层状或透镜状产出，矿石呈角砾状、碎裂状，矿体埋藏较深。

物质来源：①古老地层岩石经风化、剥蚀、淋滤之后，盐类物质溶解于弱酸水中，不断地流入盆地并汇集在最凹陷地区，成为盐基本物质来源。成盐盆地西部有南华山、西华山、月亮山元古宙变质岩系和花岗岩；北部香山早古生代碳酸盐地层——膏盐地层；东部“古脊梁”早古生代碳酸盐地层。②古盆地残余卤水或相邻盆地卤水的迁移。③沿深大断裂上升的深部含盐卤水。

根据硫同位素分析，石膏-硬石膏 $\delta^{34}S$ 为+17.24‰~+24.7‰，芒硝-钙芒硝-无水芒硝 $\delta^{34}S$ 为+13.8‰~+20.12‰，石盐 $\delta^{34}S$ 为+10.95‰，围岩 $\delta^{34}S$ 为-1.65‰~+26.17‰，由此可见，几种矿石及围岩中硫同位素大体相近，除一个样为负值，其他为正直，而范围变化不大，与海相蒸发岩接近，可能属同源同期产物。说明硫酸盐是白垩系中主要的易溶盐组分，并以石膏和芒硝形式存在。硫来源于古老地层的风化、淋滤以及地层中的石膏和芒硝，其次是地层中的硫化物，少量来源于有机硫或生物硫。

根据矿区矿体底板石膏、芒硝及石盐 Sr 同位素测定结果，矿体底板围岩$^{87}Sr/^{86}Sr$值为 0.707324，据此得到底板围岩沉积时代为 116.8 Ma 左右；矿体中芒硝和石盐$^{87}Sr/^{86}Sr$值分别为 0.070295 和 0.707368，地质年龄为 112.2 Ma 与围岩年代相当；后期充填型石盐、石膏$^{87}Sr/^{86}Sr$值分别为 0.707409 和 0.707413，地质年龄分别为 105.2 Ma 和 104.4 Ma。据此，可判断硝口-上店子岩盐矿含矿层大致是 116.8～104.4 Ma 沉积形成，该年龄结果与早白垩世晚期地质年龄一致（乃家河组 109.6～102 Ma）。

成矿模式见图 14-10，表 14-2。

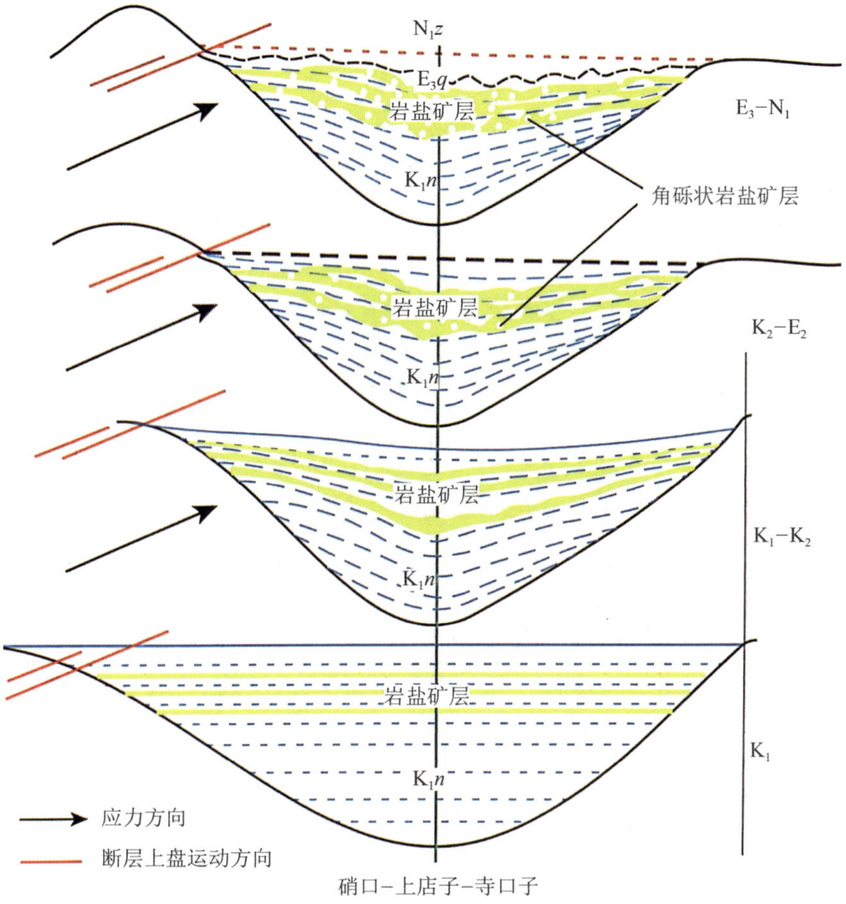

图 14-10　固原市硝口地区岩盐成矿富集模式示意图
（据宋新华，2015）

表 14-2　固原市硝口-上店子岩盐矿成矿模式表

成矿要素	描述内容
基本特征	陆相沉积岩盐矿床
区域地质背景	位于北祁连褶皱带与鄂尔多斯陆块交界处的六盘山盆地
成矿地质环境	燕山运动时期六盘山盆地形成；早白垩世末期，盆地发生较燕山运动有所减弱的再次挤压抬升，即不均衡抬升，使盆地受到明显改造。下白垩统发育小型褶皱及断裂，盆地属古陆高山环绕的深盆地区的湖泊，陆源碎屑供应充足，气候干热
矿石类型	岩盐矿石、角砾状或碎裂状岩盐矿石、芒硝矿石、无水芒硝矿石、钙芒硝矿石和硬石膏
矿物组合	主要为岩盐、钙芒硝、无水芒硝、硬石膏，次为极少黄铜矿、黄铁矿、镜铁矿、赤铁矿，脉石矿物有粘土、绢云母、绿泥石、白云石、钠长石、钾长石等

续表

成矿要素	描述内容
结构构造	粗晶、中-细、细晶结构，块状、角砾状、碎裂状、条带状构造
成矿作用	陆相咸湖蒸发作用
顶、底板特征	矿层顶板直接为古近系清水营组，底板为泥岩-碳酸盐建造
成矿物理化学条件	持续炎热干燥，湖盆蒸发浓缩咸化卤水，常温常压
矿床成因机制	湖盆周围剥蚀物迁移到湖盆水体，在持续炎热干燥条件蒸发，沉积成矿床
找矿标志	下白垩统乃家河组上段碎裂状灰色含白云质钠长石泥岩（板岩）和紫红色白云质泥岩、钙芒硝泥岩、无水芒硝岩，卤水矿泉，重力低带
资料来源	宁夏固原原州区硝口-上店子岩盐矿详查报告

10. 找矿标志

地层及岩性标志：下白垩统乃家河组碎裂状灰色含白云质钠长石泥岩（板岩）和紫红色白云质泥岩、钙芒硝泥岩、无水芒硝岩；石膏层及由石膏、泥岩及碳酸钙构成的石膏岩帽；地表盐溶孔洞及石盐假晶及盐（膏）溶角砾岩等。

构造标志：在大型逆冲推覆构造下盘及褶皱构造的核部可能是固体盐硝矿的赋存部位，特别是北西向大断裂与近南北向断裂的交汇部位是较好的成矿地段或盆地洼陷中心。

其他标志：盐泉、芒硝泉；低重力异常带；电阻率、伽马等测井异常（井中物探：在岩盐矿层反映了高电阻率，低密度、低自然伽马、然电位无异常特征）。

第三节　矿床时空分布特征及成矿规律

一、时空分布特征

根据成矿时段对已知资源量进行统计，现代湖盐仅海子井盐湖估算资源储量 1.00×10^4 t，早白垩世岩盐资源储量 117971.31×10^4 t，伴生芒硝 12900.00×10^4 t。

二、成矿规律

1. 现代盐湖成矿规律

现代湖盐主要分布在鄂尔多斯陆块灵盐台地和北祁连加里东褶皱带东端的西华山西北部。自中生代白垩纪晚期至新生代，鄂尔多斯盆地曾经历了多次的抬升-下沉-抬升过程，使得内陆湖盆瓦解，地层也在潮湿多雨的气候条件下遭受地表水流的长期侵蚀切割，形成基岩槽谷典型发育的低山丘陵古地形。由于大气降水和富含盐类物质（主要是硫酸盐）的地表水以及地下水的不断供给，便形成了众多的小型内陆湖泊。随着气候变干，湖水便蒸发浓缩变为盐湖。全新世晚期（距今约 1 万年），区域性干燥气候持续出现，风沙灾害由东向西逐渐增多。湖盆明显收缩，湖水蒸发强烈，底边湖盆内的芒硝、食盐、天然碱等盐类便开始大量沉积在毛乌素沙漠的砂土层中，而今日盐湖所处的地质时期古河道，也变成了固体、液体盐矿伴生的矿床。

湖盐矿床的形成，具有明显的韵律性：从碎屑岩沉积开始，经粘土-淤泥沉积，终止于蒸发盐类沉积，构成一个完整的沉积旋回。沉积规律碎屑岩-含石膏碎屑-含芒硝粘土-含石盐、芒硝淤泥。矿层为上部石盐，下部芒硝的特征。

物质来源可能来自盐湖周边古近系清水营组含石膏、芒硝、岩盐地层和下白垩统环河组含盐地层和毛乌素沙漠中含盐物质。盐类物质经地面水或地下水的搬运，最后汇聚在湖泊中形成湖盐。

干旱-半干旱气候条件是一个重要因素。宁夏年降水量远小于年蒸发量，冬季严寒，夏季干热，风沙多，日照时间长，为典型的大陆性干旱气候区。

2. 早白垩世岩盐成矿规律

早白垩世岩盐矿床主要分布于六盘山盆地。六盘山盆地为华北板块边缘裂谷及断陷封闭及半封闭坳陷碳酸盐沉积盆地。盆地属古陆高山环绕的深盆地区的湖泊，陆源碎屑供应充足。成盐期间盆地处于干旱气候带，盆地中的水体常持有较大的净蒸发量。含矿地层为下白垩统乃家河组第二岩性段，属内陆湖泊蒸发化学沉积。成矿规律大致是：盐类物质被地表水或地下水携带，并聚集于内陆盆地后，经过长时期的蒸发沉积而成；溶解度低的含盐物质先沉淀，形成了由碎屑岩-碳酸盐-石膏-钙芒硝-岩盐或石膏-钙芒硝所组成盐韵律和反向的淡化韵律反复出现，最终形成了含盐厚度较大，并多次成盐的矿体。

第十五章　白云母

第一节　概　　述

一、白云母的特征和主要经济用途

白云母属于硅酸盐类，化学式 $KAl_2[AlSi_3O_{10}](OH)_2$，其化学成分理论值为 SiO_2 45.2%，Al_2O_3 38.5%，K_2O 11.8%，H_2O 4.5%。此外，含少量 Na、Ca、Mg、Ti、Cr、Mn、Fe、F 等。单斜晶系，六方晶体，形态为板状或细粒集合体。其颜色有白色、较淡的褐色、绿色、红色及无色，具玻璃光泽和丝绢光泽。

白云母有较高的电绝缘性与耐热性，强的抗酸、抗碱、抗压能力，并能分剥成有弹性的透明薄片，所以主要用作电器设备和电工器材的绝缘材料；在冶金工业和机械工业方面，制作冶炼炉的炉窗和机械上的零件；此外，碎云母和云母粉质量好的可以制成云母纸，以代替大片云母应用于电机制造中作绝缘材料，一般的可作建筑材料、填料、润滑料等。

二、白云母矿产地数量

宁夏目前发现白云母矿床（点）5 处，其中小型 2 处，矿点 3 处（表 15-1）。

表 15-1　宁夏白云母矿产地一览表

序号	矿产地名称	所在地区	工作程度	矿床规模	矿床类型	成矿时代	开发利用情况
1	包洞特白云岩矿	石嘴山市惠农区	普查	矿点	伟晶岩型	古元古代	未开采
2	程子山白云母矿	石嘴山市惠农区	普查	小型	伟晶岩型	古元古代	未开采
3	麦子井白云母矿	石嘴山市惠农区	普查	矿点	伟晶岩型	古元古代	停采
4	榆树湾白云母矿	石嘴山市惠农区	普查	小型	伟晶岩型	古元古代	停采
5	黄旗口白云母矿	银川市西夏区	普查	矿点	伟晶岩型	古元古代	未开采

三、白云母矿地理分布

宁夏白云母矿分布于贺兰山北段包洞特、程子山、榆树湾、麦子井和贺兰山中段黄旗口地区。其中，包洞特白云母矿、程子山白云母矿、榆树湾白云母矿、麦子井白云母矿属宁夏石嘴山市惠农区管辖，黄旗口白云母矿属宁夏银川市西夏区管辖。

四、白云母矿矿床类型

根据“中国矿产地质志”矿床（成因/工业）类型划分表，宁夏已发现的 5 处白云母矿均属伟晶岩型矿床。

五、白云母矿资源储量

截至 2017 年底，全区累计探获白云母矿资源储量 69 t。

六、白云母矿勘查与开发利用程度

宁夏白云母矿多数属群众报矿发现。1960 年，宁夏回族自治区地质局宁北地质队对白云母矿的分布、规模进行过普查评价，但因云母片度小，含矿率低，质量欠佳，工业价值不大，没有深入工作，部分被当地群众开采。现已发现的 5 处白云母矿勘查程度均为普查。

目前，榆树沟白云母矿和麦子井白云母矿已采空，其他因规模小、含矿率低，暂未利用。

第二节　矿产地分论

宁夏目前发现的白云母矿，均产在贺兰山中、北段，矿体产在花岗伟晶岩脉、正长伟晶岩脉中，多数矿体分带不明显。矿石结构构造呈细脉状、条带状、网环状，白云母呈团块状集合体。云母片度小，含矿率低，质量欠佳，单独开采价值不大，但伟晶岩内的石英和长石可以作陶瓷原料，若能和云母同时开采、综合利用，仍有一定的经济价值。现分别对各矿产地进行论述。

一、石嘴山市惠农区程子山白云母矿床

程子山白云母矿位于沙巴台南 3 km，行政区划隶属石嘴山市惠农区，距惠农区约 14 km。包兰铁路和 109 国道由矿区东部通过，矿区有简易公路，交通方便。1960 年，宁夏回族自治区地质局宁北地质队对该矿进行了普查评价工作。

1. 区域地质

程子山白云母矿床地层属华北地层区（Ⅲ$_4$）、鄂尔多斯西缘地层分区（Ⅲ$_4^1$）、贺兰山地层小区（Ⅲ$_4^{1-1}$）。大地构造位置位于柴达木-华北板块（Ⅲ）、华北陆块（Ⅲ$_5$）、鄂尔多斯地块（Ⅲ$_5^1$）、鄂尔多斯西缘中元古代—早古生代裂陷带（Ⅲ$_5^{1-1}$）。所属成矿区带为鄂尔多斯西缘（陆缘坳褶带）Fe-Pb-Zn-磷-石膏-芒硝成矿带（Ⅲ-59）、贺兰山褶断带 Fe-Au-Cu-煤（气）-磷-硅石-石灰岩-白云岩-粘土成矿亚带（Ⅳ-59①）。所属矿床成矿系列为与鄂尔多斯地块古元古代岩浆作用有关的矿床成矿系列（1-Ⅲ$_5^1$-Pt$_1$-I）、古元古代混合花岗岩化作用有关的伟晶白云母、石英、长石、热液脉石英矿床成矿亚系列（Pt$_1$-I-1）。出露地层为古元古界贺兰山岩群宾布勒岩组（Pt$_1b.$），岩性主要为灰色、灰绿色富铝片麻岩、富铝变粒岩夹少量二云母片岩、浅粒岩，局部夹紫苏辉石麻粒岩，分布在矿区东部；古元古界贺兰山岩群宗别立岩组（Pt$_1z.$），岩性为灰色、深灰色富铝片麻岩、富铝变粒岩夹大理岩、浅粒岩及钙硅酸麻粒岩，局部夹二辉麻粒岩，主要分布在矿区南部。

侵入岩有似斑状黑云母花岗岩、似斑状石榴子石黑云母花岗岩、石榴子石花岗岩，分布在矿区北部，均属壳源（S）型花岗岩。

构造主要有贺兰山东麓南北向深大断裂、正义关近东西向深大断裂、红房子-三个井北东向断裂。褶皱主要有沙巴台向斜、大山头背斜等（图 15-1）。

2. 矿区地质

矿区位于正义关断裂以北。出露地层为古元古界贺兰山岩群宾布勒岩组灰色、灰绿色富铝片麻岩、富铝变粒岩夹少量二云母片岩、浅粒岩，局部夹紫苏辉石麻粒岩和似斑状黑云母花岗岩。伟晶岩脉产于其中。

成矿与断裂活动有关，伟晶岩脉受红水泉子沟-三个井北东向挤压片理化带控制。伟晶岩内部结构单一，为文象结构带，伟晶岩宽大部位尚见不明显的分带，一般边部为伟晶结构带，中间为石英块体带。白云母产于伟晶岩中部石英块体带内或石英块体带外缘，白云母集合体呈团块状、条带状，矿石结构为细脉状、网环状。

3. 矿体特征

程子山白云母矿床由多条伟晶岩脉组成，伟晶岩脉呈透镜体，一般长十多米至 28 m 不等，脉

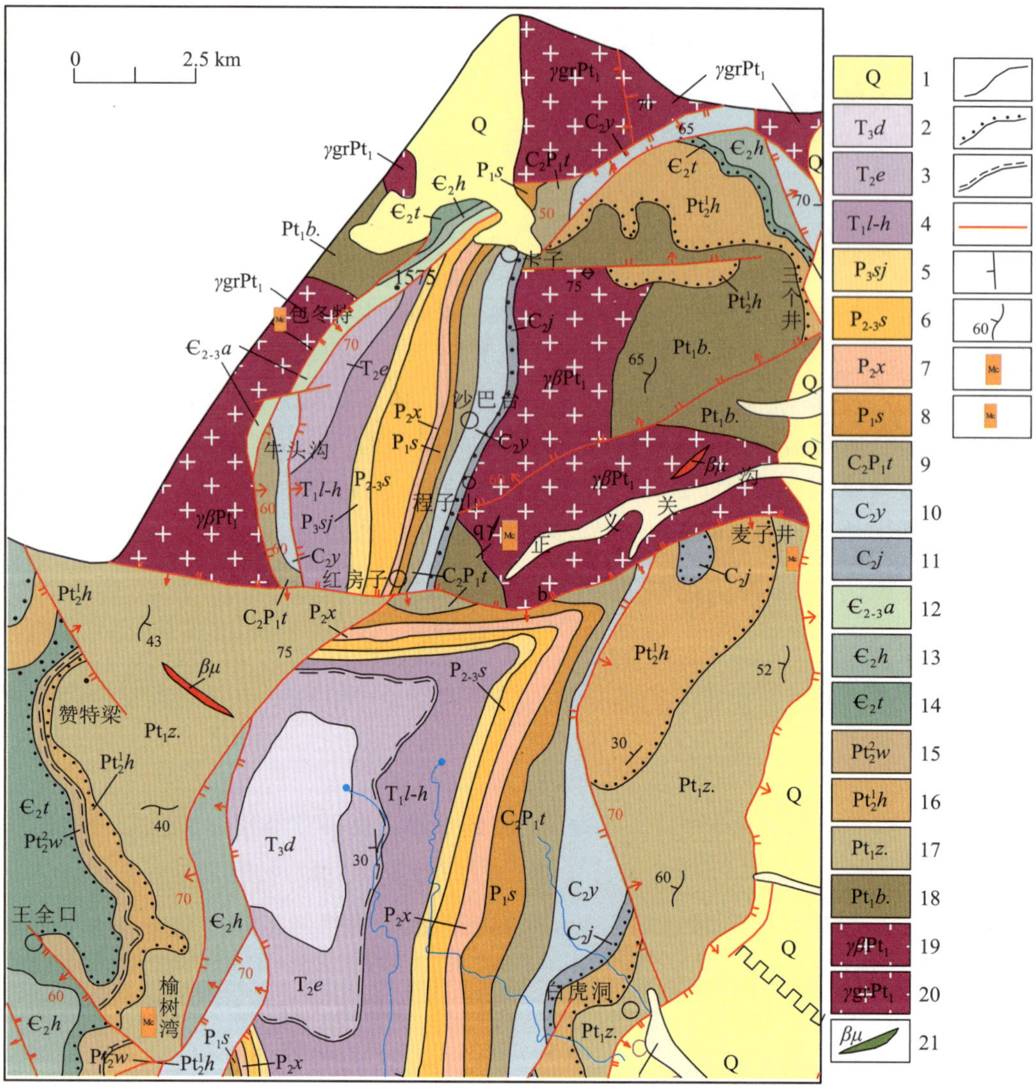

图 15-1　程子山白云母矿区域地质图

（据宁夏回族自治区地质调查院，2017，有修改）

1—第四系；2—三叠系大风沟组；3—三叠系二马营组；4—三叠系刘家沟组与和尚沟组并层；5—二叠系孙家沟组；6—二叠系上石盒子组；7—二叠系下石盒子组；8—二叠系山西组；9—石炭系—二叠系太原组；10—石炭系羊虎沟组；11—石炭系靖远组；12—寒武系阿不切亥组；13—寒武系胡鲁斯台组；14—寒武系陶思沟组；15—蓟县系王全口组；16—长城系黄旗口组；17—贺兰山岩群宗别立岩组；18—贺兰山岩群宾布勒岩组；19—黑云母花岗岩；20—石榴子石花岗岩；21—辉绿岩脉；22—地质界线；23—角度不整合地质界线；24—平行不整合地质界线；25—断层；26—地层产状；27—片理化产状；28—小型白云母矿床；29—白云母矿点

宽 0.3～6 m 不等，倾向 255°，倾角 75°。一般分带均不明显，具不对称分带现象。白云母矿呈细脉状、网环状、条带状、团块状。矿石含矿率低，云母片较小，一般 6～10 cm^2，小者仅 1～3 cm^2（图 15-2）。

4. 矿石特征

矿物组合：有用矿物主要为白云母，微量绿柱石、褐帘石；脉石矿物有微斜长石、钾微斜长石、条纹长石、石英、黑云母、电气石。结构构造：白云母呈团块状集合体、条带状，构造为细脉状、网环状，白云母片径大于 5 cm（图 15-3）。

5. 资源量

程子山白云母矿累计查明资源储量为 36 t，为一小型白云母矿床。

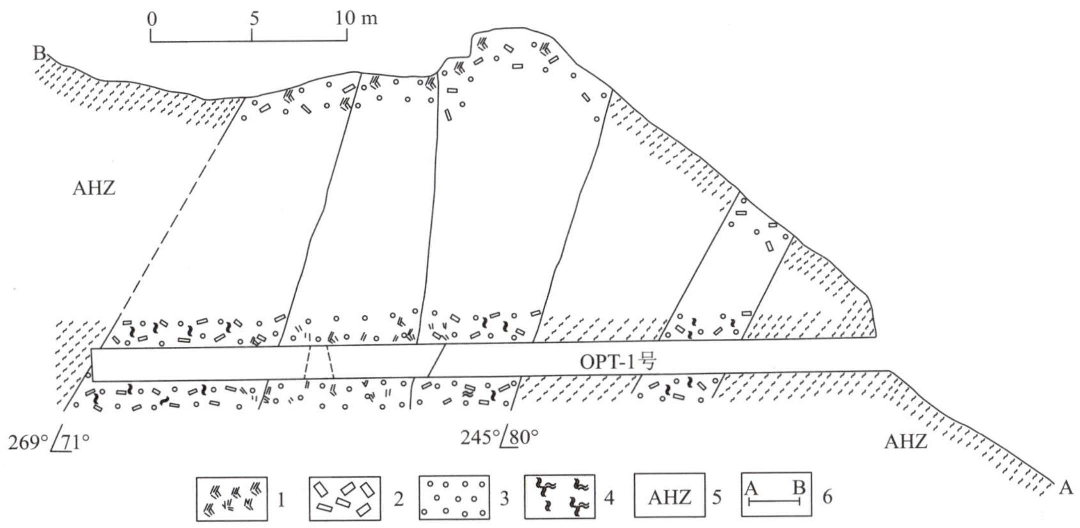

图 15-2　程子山白云母矿床矿区剖面示意图

（据宁夏回族自治区地质局，1960，有修改）

1—白云母；2—长石；3—石英；4—变质黑云母；5—花岗片麻岩；6—实测剖面线

图 15-3　程子山白云母矿白云母矿石

（向连格摄，2017）

6. 矿化阶段划分及分布

程子山白云母矿床矿化阶段分为早期熔浆结晶和晚期热液交代两个阶段。

7. 成矿物理化学条件

宁夏白云母矿床研究程度很低，缺乏有关物理化学测试数据。根据伟晶岩与深成花岗岩相伴，推断形成压力较大，一般伟晶岩形成温度推断在 800～100℃之间。

8. 矿床类型

程子山白云母矿床属于混合岩化伟晶岩型白云母矿床。

9. 成矿机制和成矿模式

成矿机制：贺兰山北段形成的花岗岩均属壳源（S）型花岗岩，由此认为该区含白云母伟晶岩的熔浆可能有两种来源。其一与地壳深部重熔花岗岩浆有关，分布于黑云母花岗岩体附近，为重熔型花岗岩浆结晶分异的产物，属于高温气液成因；其二与贺兰山岩群的变质岩石或花岗岩受强烈的混合岩化部分熔融产生的岩浆。这些岩浆缓慢结晶残余的富集挥发分的熔浆聚集或侵入于断裂及裂隙中形成伟晶岩脉。白云母由以下两种作用形成：一是由富集挥发分的熔浆伟晶岩浆直接结晶形成的白云母，白云母片径较大，分布在伟晶岩外侧带；二是热液交代形成的白云母分布于石英-白云母交代带或交代集合体中，白云母片小。分布在伟晶岩中间带。

成矿模式：地壳深部副变质岩重熔的花岗岩浆→似斑状石榴子石黑云母花岗岩+残余富集挥发分的熔浆→含白云母矿伟晶岩。

10. 找矿标志

前长城纪变质程度达角闪岩相的褶皱变质带中的复背斜、大断裂的上升盘控制的S型花岗岩分布区；上述构造单元内同期花岗岩体周围及次级背斜核部及转折端、大断裂与次级断裂的交汇地段等伟晶岩集中分布区；内部分异较好、含白云母的伟晶岩脉。

二、石嘴山市惠农区榆树湾白云母矿床

榆树湾白云母矿位于王全口铁矿东1 km处，距惠农区西22.8 km处，隶属石嘴山市惠农区。矿区有G110国道及王全口铁矿简易便道通过，交通方便。1960年，宁夏回族自治区地质局宁北地质队对该矿进行了普查评价工作。

榆树湾白云母矿床地层属华北地层区（$Ⅲ_4$）、鄂尔多斯西缘地层分区（$Ⅲ_4^1$）、贺兰山地层小区（$Ⅲ_4^{1-1}$）。大地构造位置位于柴达木-华北板块（Ⅲ）、华北陆块（$Ⅲ_5$）、鄂尔多斯地块（$Ⅲ_5^1$）、鄂尔多斯西缘中元古代—早古生代裂陷带（$Ⅲ_5^{1-1}$）。所属成矿区带为鄂尔多斯西缘（陆缘坳褶带）Fe-Pb-Zn-磷-石膏-芒硝成矿带（Ⅲ-59）、贺兰山褶断带Fe-Au-Cu-煤（气）-磷-硅石-石灰岩-白云岩-粘土成矿亚带（Ⅳ-59①）。所属矿床成矿系列为与鄂尔多斯地块古元古代岩浆作用有关的矿床成矿系列（1-$Ⅲ_5^1$-Pt_1-I）、古元古代混合花岗岩化作用有关的伟晶白云母、石英、长石、热液脉石英矿床成矿亚系列（Pt_1-I-1）。矿区出露地层为古元古界贺兰山岩群宗别立岩组黑云石榴子石片麻岩，次为含石墨片麻岩、白粒岩，伟晶岩脉产在其中。有3条含矿正长伟晶岩脉，内部分带不明显，脉长50 m，宽0.5~3 m，含矿率低，矿体呈细脉状、网脉状。矿物主要为石英、正长石、白云母、黑云母，白云母呈团块状集合体、云母片度4~10 cm^2。该矿进行了普查工作，查明资源储量为26 t，已被当地企业采空。

三、石嘴山市惠农区麦子井白云母矿点

麦子井白云母矿点位于正义关沟口南2.2 km处麦子井，距惠农区9.6 km，隶属石嘴山市惠农区。

麦子井白云母矿点地层属华北地层区（$Ⅲ_4$）、鄂尔多斯西缘地层分区（$Ⅲ_4^1$）、贺兰山地层小区（$Ⅲ_4^{1-1}$）。大地构造位置位于柴达木-华北板块（Ⅲ）、华北陆块（$Ⅲ_5$）、鄂尔多斯地块（$Ⅲ_5^1$）、鄂尔多斯西缘中元古代—早古生代裂陷带（$Ⅲ_5^{1-1}$）。所属成矿区带为鄂尔多斯西缘（陆缘坳褶带）Fe-Pb-Zn-磷-石膏-芒硝成矿带（Ⅲ-59）、贺兰山褶断带Fe-Au-Cu-煤（气）-磷-硅石-石灰岩-白云岩-粘土成矿亚带（Ⅳ-59①）。所属矿床成矿系列为与鄂尔多斯地块古元古代岩浆作用有关的矿床成矿系列（1-$Ⅲ_5^1$-Pt_1-I）、古元古代混合花岗岩化作用有关的伟晶白云母、石英、长石、热液脉石英矿床成矿亚系列（Pt_1-I-1）。矿区出露地层为古元古代似斑状黑云母花岗岩和古元古界贺兰山岩群宗别立岩组黑云斜长片麻岩夹浅粒岩、变粒岩、二云石英片岩、黑云石英片岩中。矿体赋存在伟晶岩脉中，3条伟晶岩具不对称分带，脉长达百米，宽0.3~1.6 m，两侧含矿率高，质量差，中部含矿率低，质量好。矿物组合石英、长石、白云母。矿石结构构造呈细脉状、条带状、网环状，白云母呈团块状集合体，云母片大者10 cm^2左右，小者3~4 cm^2。该矿进行了普查工作，查明资源储量7 t，已被当地企业采空。

四、石嘴山市惠农区包洞特白云母矿点

包洞特白云母矿点位于沙巴台北西4.2 km处包洞特沟，距石嘴山市惠农区21.4 km，隶属石嘴山市惠农区。矿区交通不便。1982年，宁夏回族自治区地质矿产局区域地质调查队区调队进行踏勘检查。

包洞特白云母矿点地层属华北地层区（$Ⅲ_4$）、鄂尔多斯西缘地层分区（$Ⅲ_4^1$）、贺兰山地层小区（$Ⅲ_4^{1-1}$）。大地构造位置位于柴达木-华北板块（Ⅲ）、华北陆块（$Ⅲ_5$）、鄂尔多斯地块（$Ⅲ_5^1$）、鄂尔多斯西缘中元古代—早古生代裂陷带（$Ⅲ_5^{1-1}$）。所属成矿区带为鄂尔多斯西缘（陆缘坳褶带）Fe-Pb-Zn-磷-石膏-芒硝成矿带（Ⅲ-59）、贺兰山褶断带Fe-Au-Cu-煤（气）-磷-硅石-石灰岩-白云岩-粘土成矿亚带（Ⅳ-59①）。所属矿床成矿系列为与鄂尔多斯地块古元古代岩浆作用有关的矿床成矿系列（1-$Ⅲ_5^1$-Pt_1-I）、古元古代混合花岗岩化作用有关的伟晶白云母、石英、长石、热液脉石英矿床成矿亚系列（Pt_1-I-1）。矿区出露地层为古元古界贺兰山岩群宾布勒岩组，岩性为含矽线石、石榴子石黑云斜长片麻岩夹石榴黑云变粒岩、阴影条带状混合岩。两条花岗伟晶岩产于其中，伟晶岩呈脉状，长度12 m，宽度3 m，倾向300°，倾角70°。矿物有白云母、黑云母、石英、正长石。分带不明显，云母片度小，含矿率低，质量欠佳，工业价值不大，但伟晶岩内的石英和长石可以作陶瓷原料。

五、银川市西夏区黄旗口白云母矿点

黄旗口白云母矿点位于贺兰山中段黄旗口地区，属银川市西夏区管辖。矿区交通不便。

1963年，建筑工业部非金属矿地质公司西北分公司二〇五队对该白云母矿进行踏勘。

黄旗口白云母矿点地层属华北地层区（$Ⅲ_4$）、鄂尔多斯西缘地层分区（$Ⅲ_4^1$）、贺兰山地层小区（$Ⅲ_4^{1-1}$）。大地构造位置位于柴达木-华北板块（Ⅲ）、华北陆块（$Ⅲ_5$）、鄂尔多斯地块（$Ⅲ_5^1$）、鄂尔多斯西缘中元古代—早古生代裂陷带（$Ⅲ_5^{1-1}$）。所属成矿区带为鄂尔多斯西缘（陆缘坳褶带）Fe-Pb-Zn-磷-石膏-芒硝成矿带（Ⅲ-59）、贺兰山褶断带Fe-Au-Cu-煤（气）-磷-硅石-石灰岩-白云岩-粘土成矿亚带（Ⅳ-59①）。所属矿床成矿系列为与鄂尔多斯地块古元古代岩浆作用有关的矿床成矿系列（1-$Ⅲ_5^1$-Pt_1-I）、古元古代混合花岗岩化作用有关的伟晶白云母、石英、长石、热液脉石英矿床成矿亚系列（Pt_1-I-1）。区域上出露地层有：古元古界贺兰山岩群变质岩、中元古界长城系黄旗口组、蓟县系王全口组。侵入岩为古元古代黑云母花岗岩，岩脉有辉绿岩。

白云母矿体赋存于花岗伟晶岩中。矿区有3条含矿花岗伟晶岩脉产在古元古代黑云母花岗岩中，大致分为两组：一组西倾，倾角20°~35°；另一组倾向北东，倾角20°~35°，伟晶岩脉一般长度20~30 m，宽度0.4~0.5 m，内部分带不明显。白云母集中在岩脉上盘星散状分布。矿物成分主要为白云母、斜长石、石英、电气石，极少绿柱石，白云母片1~3 cm^2。

第三节　矿床时空分布特征及成矿规律

一、时空分布特征

目前发现的白云母矿床分布在华北陆块鄂尔多斯西缘贺兰山北段正义关断裂以北古元古界贺兰山岩群变质岩、黑云母花岗岩和石榴子石花岗岩以及贺兰山中段古元古代黑云母斜长花岗岩中，均属Ⅳ-59①成矿亚带。

二、成矿规律

伟晶岩及伟晶岩矿床在成因上和空间上与花岗岩类侵入体有密切关系，多分布于侵入岩体顶部、边部和附近围岩中。贺兰山北段、中段分布有大面积的古元古代片麻状花岗岩、黑云母花岗岩、石榴子石黑云母花岗岩和石榴子石花岗岩，为伟晶岩的形成提供了丰富的物质来源。

贺兰山北段构造活动频繁，褶皱构造和断裂较发育。为熔浆聚集或侵入提供了通道和沉淀场所。

根据目前国内外白云母矿集中分布在古老变质岩中的事实。宁夏贺兰山中、北段广泛分布着古元古界贺兰山岩群角闪岩相和麻粒岩相变质岩，岩性为矽线石榴片麻岩、堇青片麻岩、石榴片麻岩、黑云母片麻岩及斜长片麻岩、变粒岩，具有寻找白云母伟晶岩的成矿条件。

第十六章　重晶石

第一节　概　　述

一、重晶石的特征和主要经济用途

重晶石为含钡硫酸盐矿物，化学式 $BaSO_4$，化学组成 BaO 65.7%，SO_3 34.3%。重晶石属斜方晶系，晶体呈板状、柱状、斜方柱状，偶见斜方双锥，纯净晶体无色透明，一般呈白色，含杂质时染成灰白色、浅黄色、浅褐色，含铁呈粉红色，玻璃光泽，节理面珍珠光泽，密度 4.3～4.78 g/cm^3。重晶石的三大用途：①重晶石粉主要用作石油钻井泥浆材料；②用于原子能工业、核电站及 X 射线实验室等防护材料；③化工生产碳酸钡、氯化钡、硫酸钡、锌钡白、氢氧化钡、氧化钡等各种钡化合物。

二、重晶石矿产地数量

宁夏目前已发现的重晶石矿床（点）4 处，其中，小型矿床 1 处，矿点 3 处（表 16-1）。

表 16-1　宁夏重晶石矿产地一览表

序号	矿产地名称	所在地区	工作程度	矿床规模	矿床类型	成矿时代	开发利用情况
1	陶斯沟重晶石多金属矿	石嘴山市大武口区	预查	矿点	中-低温热液型	印支期	未开采
2	一条岭重晶石矿	青铜峡市	预查	小型	中-低温热液型	燕山期	停采
3	米地梁重晶石矿	中卫市中宁县	预查	矿点	中-低温热液型	燕山期	停采
4	黄石坡重晶石矿	中卫市沙坡头区	预查	矿点	中-低温热液型	燕山期	未开采

三、重晶石地理分布

目前发现的重晶石矿床（点）主要分布在卫宁北山地区和贺兰山北段。

四、重晶石矿矿床类型

根据“中国矿产地质志”矿床（成因/工业）类型划分表，宁夏重晶石矿床、矿点，均属非岩浆-非变质热液型，为中-低温热液脉状重晶石矿床。

五、重晶石资源量

截至 2017 年底，全区累计探获重晶石资源量为 33.46×10^4 t。

六、重晶石矿勘查与开发利用程度

宁夏发现的 4 处重晶石矿床（点）均为预查。一条岭重晶石矿脉是 1961 年由宁夏回族自治区地质局宁西地质队在开展以铁、铜为主的综合普查找矿时，在泥盆系中发现的。1965 年，对该重晶石矿点进行了踏勘检查，填制矿产登记卡片。1980 年宁夏回族自治区地质局地质研究所对该矿进行勘查。

1978 年，中宁县渠口堡农场曾组织人员对一条岭重晶石矿脉开采，后停止。1980 年，青铜峡县蒋顶乡又对该矿进行开采，主要生产重晶石粉。1980～1984 年，共采重晶石约 20×10^4 t，采坑深 60 m。由于浅部矿体采空，限于开采技术条件，一条岭重晶石矿脉开采随后停滞。米地梁重晶石矿由中宁县石空镇黄庄村委会小规模开采，主要生产重晶石粉。其他矿点因规模小，没有利用价值。

第二节　矿产地分论

宁夏发现的重晶石矿均属非岩浆-非变质热液型，下文选择中卫市一条岭重晶石小型矿床为代表进行详细论述，其他简要叙述。

一、青铜峡市一条岭重晶石矿床

一条岭重晶石矿位于青铜峡市西南直线距离约 46 km 的卫宁北山，距铜铁沟铜矿北东 4.7 km，隶属青铜峡市蒋顶乡。

一条岭重晶石矿床地层属阿拉善地层区（$Ⅲ_3$）、阿拉善南缘地层分区（$Ⅲ_3^1$）、景泰-中宁地层小区（$Ⅲ_3^{1-1}$）。大地构造位置位于柴达木-华北板块（Ⅲ）、阿拉善微陆块（$Ⅲ_4$）、腾格里早古生代增生楔（$Ⅲ_4^1$）、卫宁北山-香山晚古生代前陆-上叠盆地（$Ⅲ_4^{1-1}$）。所属成矿区带为河西走廊 Fe-Mn-萤石-盐类-凹凸棒石-石油成矿带（Ⅲ-20）、卫宁北山褶断带 Fe-Au-Ag-Cu-Pb-Zn-煤-粘土成矿亚带（Ⅳ-20①）。所属矿床成矿系列为与腾格里早古生代增生楔燕山期热液作用有关的铁、铜、金、银、铅、锌、硫铁矿、重晶石矿床成矿系列（8-$Ⅲ_4^1$-Mz_2-F）。区域上出露地层由老至新有：上奥陶统香山群狼嘴子组（O_3lz）、上泥盆统中宁组（D_3z）、下石炭统前黑山组-臭牛沟组（C_1q-c）、下-上石炭统靖远组（$C_{1-2}j$）、上石炭统羊虎沟组（C_2y）、上石炭统—下二叠统太原组（C_2P_1t）、上侏罗统芬芳河组（J_3ff）、下白垩统庙山湖组（K_1ms）、古近系清水营组（E_3q）和新近系彰恩堡组（N_1z）。

一条岭地区经历了多期构造变形，与重晶石成矿有关的构造变形有华力西—印支期褶皱及变形，总体呈一近东西向复向斜，形态较完整，属长轴不对称褶皱类型。由多个大小不同、形态有别的背斜、向斜构成，褶皱形态多呈较紧闭的、不对称的线状复式褶皱，产状较陡。断裂构造较为发育，主要有北北西和北东东向两组，断面陡，兼平移、规模中等的特征。后期断裂活动产生的热液，携带含矿物质在断裂处充填沉积，形成该区发育的重晶石脉。

矿区地表未见岩浆岩出露，在其西北部约 7 km 处广泛出露有闪长岩脉（图 16-1）。

矿床位于阿拉善地块西缘与鄂尔多斯地块交界处，以裂陷盆地为主的半还原-还原环境沉积盆地，晚泥盆世沉积了内陆湖相紫红色岩系，属构造活动带与稳定地块交接部的构造活动带边缘。岩系中沿层间断裂广泛发育重晶石矿脉及含铜、铅、金等多金属重晶石脉。矿区北西向、北东向及东西向断裂较为发育，临近矿区西侧出露有下石炭统前黑山组—臭牛沟组含膏盐地层，与上泥盆统为断层接触。

矿体产在应声台背斜西南翼，矿体赋存于上泥盆统中宁组第二岩性段的张性断裂或构造裂隙中，矿体产状与断裂产状一致，矿体呈脉状、扁豆状产出，矿脉呈北北西向延伸，共计 5 条，断续长 1000 m。主矿脉长 200 m，富矿段长 170 m，脉宽 2～12 m。其余脉长 10～30 m，脉宽 0.4～0.8 m。现地表 60 m 以浅已采空，深部情况不明。属中-低温热液充填型矿床，成矿时代为燕山期。

矿石呈乳白色、浅黄色、粉红色的板状晶体，主要矿物重晶石呈乳白色、浅黄色、粉红色的板状晶体，矿石矿物主要有重晶石，伴生矿物有褐铁矿、镜铁矿。矿石品位 $BaSO_4$ 89.74%～90%，最高 94.51%，质地较纯。

一条岭重晶石矿床是在浅成、低温、低压条件下成矿的。成矿热液受深部热力的驱动沿断裂破碎带上升，在容矿构造内沉淀富集为矿体。围岩为晚泥盆世紫红色岩系，围岩蚀变显低温特征，以硅

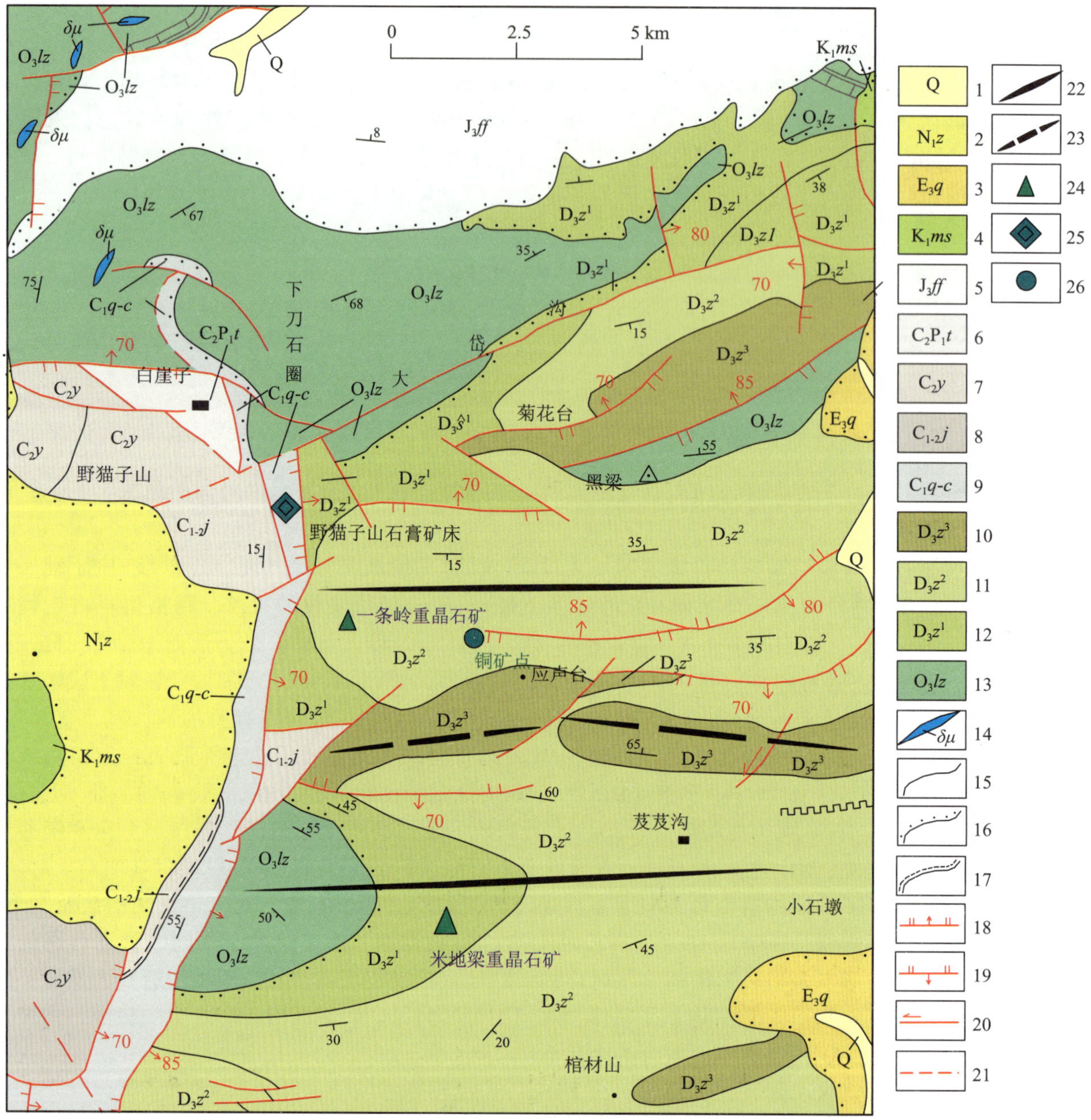

图 16-1　一条岭地区区域地质图

（据宁夏地质局区域地质调查队，1976，有修改）

1—第四系；2—新近系彰恩堡组；3—古近系清水营组；4—下白垩统庙山湖组；5—上侏罗统芬芳河组；6—上石炭统—下二叠统太原组；7—上石炭统羊虎沟组；8—下-上石炭统靖远组；9—下石炭统前黑山组—臭牛沟组；10—上泥盆统中宁组第三岩性段；11—上泥盆统中宁组第二岩性段；12—上泥盆统中宁组第一岩性段；13—上奥陶统狼嘴子组；14—闪长玢岩脉；15—地质界线；16—角度不整合地质界线；17—平行不整合地质界线；18—正断层；19—逆断层；20—平移断层；21—推测断层；22—背斜；23—向斜；24—重晶石矿床（点）；25—中型石膏矿床；26—铜矿点

化、褐铁矿化、碳酸盐化为普遍，偶见绿帘石化、绿泥石化。该矿床为中-低温热液脉状重晶石矿床。推断的重晶石矿石内蕴经济资源量（333）为 10.00×10^4 t。

根据地球化学特征，一条岭重晶石矿床矿物质来源于富含 Ba 的上泥盆统。成矿流体可能有两种情况：其一流体来源于大气降水渗入地下沿断裂、裂隙循环流热液作用，随深度增加而被加热，使得围岩中 Ba 元素活化迁移、沉淀形成重晶石矿体；其二是成矿流体可能来自地下热卤水，受深部岩浆热液活动，直接溶解膏盐成为热卤水，热液沿断裂及裂隙上升萃取围岩中含矿物质至浅部时因温度、压力减小，矿液在容矿构造内沉淀富集为重晶石矿体同时伴有其他多金属元素（图 16-2）。

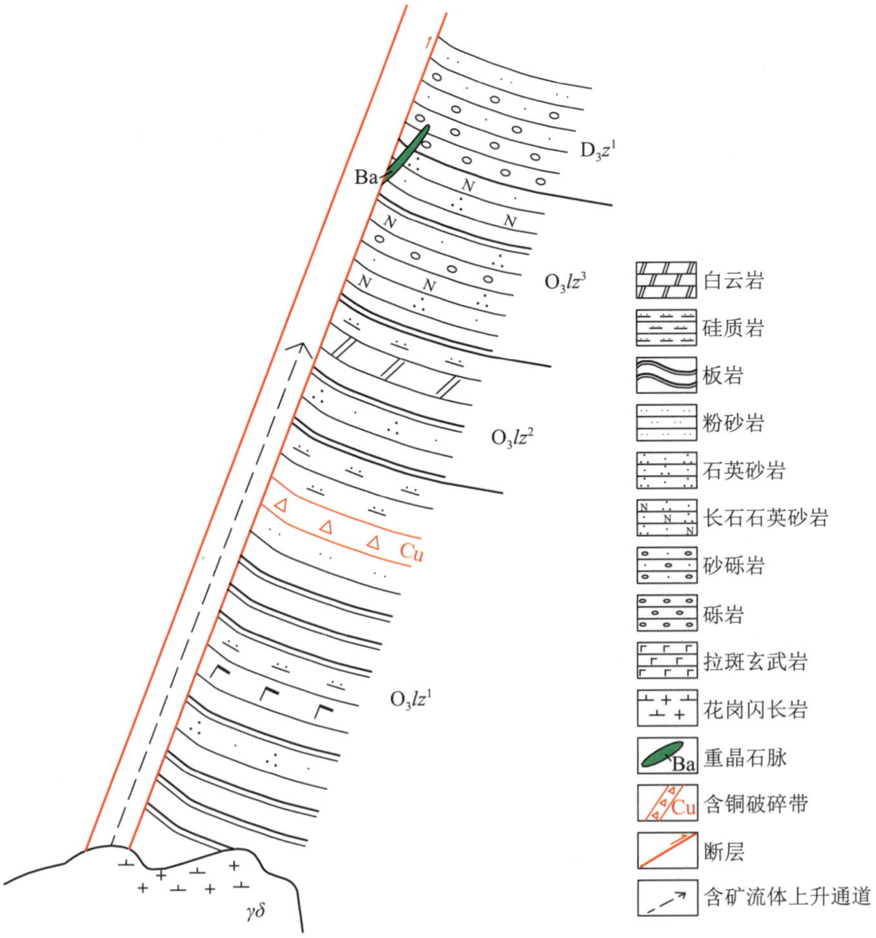

图 16-2　一条岭式重晶石矿成矿模式图

（据艾宁等，2014）

二、中宁县石空镇米地梁重晶石矿点

米地梁重晶石矿点位于一条岭重晶石矿床西南 5 km 处，属中宁县石空镇管辖。

米地梁重晶石矿点地层属阿拉善地层区（$Ⅲ_3$）、阿拉善南缘地层分区（$Ⅲ_3^1$）、景泰-中宁地层小区（$Ⅲ_3^{1-1}$）。大地构造位置位于柴达木-华北板块（Ⅲ）、阿拉善微陆块（$Ⅲ_4$）、腾格里早古生代增生楔（$Ⅲ_4^1$）、卫宁北山-香山晚古生代前陆-上叠盆地（$Ⅲ_4^{1-1}$）。所属成矿区带为河西走廊 Fe-Mn-萤石-盐类-凹凸棒石-石油成矿带（Ⅲ-20）、卫宁北山褶断带 Fe-Au-Ag-Cu-Pb-Zn-煤-粘土成矿亚带（Ⅳ-20①）。所属矿床成矿系列为与腾格里早古生代增生楔燕山期热液作用有关的铁、铜、金、银、铅、锌、硫铁矿、重晶石矿床成矿系列（8-$Ⅲ_4^1$-Mz_2-F）。矿体产在铜铁沟-米地梁背斜核部南翼，矿体赋存于上泥盆统中宁组第一岩性段中张性断裂或构造裂隙中，在长 1.5 km，宽 0.6 km 范围内共有 9 个较大的矿脉群，构成了南西—北东向矿化带，矿脉走向为 45°~55°，个别为 65°~70°。倾向南东，个别向北西倾斜，倾角多近于直立，局部为 55°~65°。矿脉长度 100~460 m，最宽达 15 m。矿脉受断裂或构造裂隙控制，断续分布，尖灭再现现象较普遍。矿物组合：赤铁矿、镜铁矿、褐铁矿、针铁矿、石英、重晶石。矿石品位：$BaSO_4$ 15%~87.78%。

三、石嘴山市陶斯沟重晶石矿点

陶斯沟重晶石矿点位于石炭井西 4.3 km 处，隶属石嘴山市大武口区。石嘴山-汝箕沟铁路和石嘴山-胡鲁斯台公路由矿区东通过，区内交通便利。1981 年，宁夏回族自治区冶金地质队贺兰山北段金矿检查发现该矿点。

陶斯沟重晶石矿点地层属华北地层区（$Ⅲ_4$）、鄂尔多斯西缘地层分区（$Ⅲ_4^1$）、贺兰山地层小区（$Ⅲ_4^{1-1}$）。大地构造位置位于柴达木-华北板块（Ⅲ）、华北陆块（$Ⅲ_5$）、鄂尔多斯地块（$Ⅲ_5^1$）、鄂尔多斯西缘中元古代—早古生代裂陷带（$Ⅲ_5^{1-1}$）。所属成矿区带为鄂尔多斯西缘（陆缘坳褶带）Fe-Pb-Zn-磷-石膏-芒硝成矿带（Ⅲ-59）、贺兰山褶断带 Fe-Au-Cu-煤（气）-磷-硅石-石灰岩-白云岩-粘土成矿亚带（Ⅳ-59①）。所属矿床成矿系列为与鄂尔多斯地块印支期热液作用有关的金、铜、铅、锌、银、重晶石矿床成矿系列（6-$Ⅲ_5^1$-Mz_1-F）。

矿区出露地层主要有古元古界贺兰山岩群宗别立岩组片麻岩、变粒岩，上部为长城系黄旗口组含铁砂岩（陶斯沟铁矿），重晶石-方解石脉呈群分布。长度大于 20 m 者 10 余条，小于 20 m 者较发育，宽 2~30 cm，最宽 80 cm。含金属矿者少数。脉体产在北东转北西向断裂破碎带中，围岩为古元古代变质岩。矿石呈乳白色、青灰色、粉红色，致密块状。矿物组合为重晶石、方铅矿、黄铜矿、孔雀石、褐铁矿、方解石。硫化矿物不均匀分布在重晶石脉中。

第三节　矿床时空分布特征及成矿规律

一、时空分布特征

根据成矿亚带对已知资源量进行统计，Ⅳ-59①亚带暂无重晶石资源量；Ⅳ-20①亚带重晶石资源储量 33.46×10^4 t。根据成矿时段对已知资源储量进行统计，重晶石资源储量均为燕山期（表 16-2）。

表 16-2　宁夏重晶石时空分布

成矿亚带	成矿时段		含矿建造
	印支期	燕山期	
Ⅳ-59①			古元古代变质岩
Ⅳ-20①		33.46×10^4 t	D_3 红色碎屑岩建造

二、成矿规律

宁夏区内目前发现的重晶石矿主要是热液充填型。

贺兰山北段陶斯沟石英-方解石-重晶石矿脉，赋存于古元古界贺兰山岩群变质岩中北西向断裂破碎带中，破碎带长度约 1.2 km，宽度 10~30 m，在破碎带膨大转弯处石英-方解石-重晶石细脉较密集。断裂上盘为长城系黄旗口组含铁砂岩（陶斯沟铁矿），下盘为贺兰山岩群变质岩，局部石英-方解石-重晶石矿脉中含铅、铜、金矿化。

香山地区重晶石脉，产在上奥陶统中北西向断裂、裂隙中，普遍含铜、铅等多金属矿，受天景山弧形断裂控制，在月牙湾、喜鹊台重晶石矿点附近有磨盘井辉绿岩出露，该类型重晶石可能与岩浆活动提供热源有关。

卫宁北山地区重晶石矿脉，主要产在晚泥盆世地层北西向、北东向及近东西向断裂、裂隙中，该地层中 Ba 元素具有较高的背景，在二人山一带地表有闪长玢岩脉出露，一条岭、米地梁一带地表虽然未见岩浆岩出露，但在其西北部 7 km 处地表有闪长玢岩脉广泛出露。控矿构造主要有土窑近南北向深大断裂，容矿构造主要是北西向和北东向次一级断裂和裂隙。根据区域地球化学资料，卫宁北山地区晚泥盆世沉积岩中 Ba 元素背景较高，水系沉积物测量 Ba 的背景值为 538×10^{-6}，高出地壳丰度近 2 倍，用 Ba 1320×10^{-6} 异常下限圈出的异常主要分布在晚泥盆世地层中，伴有 As、Sb、Zn 的异常；岩石测量在矿区西部的二人山一带，用 Ba 380×10^{-6} 异常下限圈出的异常主要分布在上泥盆统和下石炭统接触的北东向断裂破碎带中，晚泥盆世地层中元素组合简单，以连续性好、规模较大的Ba异常为主，Ba最高1520×10^{-6}，断裂破碎带中圈出了梯度变化明显的Ba、As、Sb、Hg、Ag、Pb、Zn、Cu、Au、Co、Ni等元素组合异常带。根据地球化学特征，该重晶石矿物质来源于富含Ba的上泥盆统。成矿流体可能有两种情况：其一是大气降水渗入地下并沿断裂、裂隙循环形成地质流体作用，流体随深度增加而被加热，从围岩中淋滤出Ba元素并使之活化迁移、沉淀形成重晶石矿体；其二是成矿流体可能来自地下热卤水，受深部岩浆热液活动的影响，直接溶解膏盐而成为热卤水，热液沿断裂及裂隙上升萃取围岩中的含矿物质至浅部，随着温度、压力的减小，矿液在容矿构造内沉淀富集而形成重晶石矿体，同时伴有其他多金属元素的富集。

第十七章　石膏及硬石膏

第一节　概　　述

一、石膏及硬石膏的特征和主要经济用途

石膏又称二水石膏，为含水硫酸盐矿物，化学式 $CaSO_4 \cdot 2H_2O$，单晶系，硬度 2，密度 2.3 g/cm³；硬石膏为无水硫酸盐矿物，化学式 $CaSO_4$，斜方晶系，硬度 3.0～3.5，密度 2.8～3.0 g/cm³。自然界最常见的为前者。根据其产出的环境和矿石特征又分为纤维石膏、雪花石膏、普通石膏、土状石膏和透明石膏等几种，其中纤维石膏和透明石膏较纯净，其他几种都含有少许有机质、粘土和砂粒等混入物。

石膏和硬石膏在水泥工业中用作硅酸盐水泥（波特兰水泥）的缓凝剂，并可增强水泥的强度。石膏用量占水泥总成分的4%～5%。在建筑工业上将天然石膏煅烧至170℃时所得的灰泥石膏，用于涂抹天棚、木板和檐板等；烧到750℃并碾成粉末所得的硬石膏，用于制造印花地板、窗框、窗台、台阶等墙体材料。此外，在造纸和油漆工业中石膏用作填料；陶瓷工业中作高级瓷器模型以及高级雕塑艺术品；外科医疗和中药品中均有石膏的身影。在一些缺硫（硫铁矿）地区，还利用石膏和硬石膏制造硫酸和肥料硫酸铵。农业上可用石膏粉改良碱性土壤。

石膏是宁夏的优势矿种之一。蕴藏量居全国第 3 位，主要用于生产高强度石膏粉、水泥缓凝剂和建筑材料等，盐池县已成为中国西北石膏产业基地。

二、石膏及硬石膏矿产地数量

宁夏已发现石膏矿产地 45 处，宁夏矿产资源储量数据库上表 37 处，本志根据《中国矿产地质志省级矿产地质志研编技术要求》，以“矿产地”在空间上的完整性、连续性、圈闭性为原则对以上矿产地适当归并后得出矿产地数量 29 处，其中大型 10 处，中型 4 处，小型 9 处，矿点 6 处（表 17-1）。

表 17-1　宁夏石膏矿产地一览表

序号	矿产地名称	所在地区	勘查程度	矿床规模	矿床类型	成矿时代	开发利用情况
1	陶乐北石膏矿	石嘴山市平罗县	预查	大型	陆相蒸发沉积型	渐新世	未开采
2	窨子山石膏矿	吴忠市盐池县	预查	矿点	陆相蒸发沉积型	渐新世	未开采
3	刘记洼村石膏矿	吴忠市盐池县	普查	小型	陆相蒸发沉积型	渐新世	开采
4	石记场北石膏矿	吴忠市盐池县	详查	大型	陆相蒸发沉积型	渐新世	开采
5	石记场石膏矿床	吴忠市盐池县	详查	大型	陆相蒸发沉积型	渐新世	开采
6	石记场东石膏矿区（6 个矿区合并）	吴忠市盐池县	详查	中型	陆相蒸发沉积型	渐新世	开采
7	黄米湾石膏矿（6 个矿区合并）	吴忠市盐池县	勘探	大型	陆相蒸发沉积型	渐新世	未开采
8	余家圈石膏矿（3 个矿区合并）	吴忠市盐池县	详查	大型	陆相蒸发沉积型	渐新世	未开采
9	青山石膏矿床	吴忠市盐池县	详查	中型	陆相蒸发沉积型	渐新世	未开采
10	野猫子山石膏矿	青铜峡市	预查	矿点	海相蒸发沉积型	早石炭世	未开采
11	小红山石膏矿	中卫市沙坡头区	勘探	中型	海相蒸发沉积型	早石炭世	开采

续表

序号	矿产地名称	所在地区	勘查程度	矿床规模	矿床类型	成矿时代	开发利用情况
12	甘塘石膏矿	中卫市沙坡头区	详查	小型	海相蒸发沉积型	早石炭世	开采
13	一碗泉石膏矿	中卫市沙坡头区	勘探	小型	海相蒸发沉积型	早石炭世	停采
14	石门坎石膏	中卫市沙坡头区	普查	小型	海相蒸发沉积型	早石炭世	停采
15	宏佛寺石膏矿	中卫市沙坡头区	普查	小型	海相蒸发沉积型	早石炭世	未开采
16	大茨脑石膏矿	中卫市沙坡头区	普查	小型	海相蒸发沉积型	早石炭世	停采
17	康马头石膏矿	吴忠市红寺堡区	预查	矿点	海相蒸发沉积型	早石炭世	未开采
18	碱台子石膏矿	中卫市中宁县	预查	大型	陆相蒸发沉积型	渐新世	未开采
19	百套子石膏矿	中卫市中宁县	预查	矿点	陆相蒸发沉积型	渐新世	未开采
20	贺家口子石膏矿	中卫市中宁县	详查	大型	陆相蒸发沉积型	渐新世	未开采
21	王家庄石膏矿区（7个矿区合并）	中卫市中宁县	勘探	大型	陆相蒸发沉积型	渐新世	开采
22	下原套石膏矿	中卫市中宁县	预查	矿点	陆相蒸发沉积型	渐新世	未开采
23	南泥沟石膏矿	吴忠市同心县	普查	中型	陆相蒸发沉积型	渐新世	未开采
24	塌山洼石膏矿	中卫市海原县	普查	小型	陆相蒸发沉积型	渐新世	未开采
25	石峡口石膏矿	中卫市海原县	普查	大型	陆相蒸发沉积型	渐新世	未开采
26	田子埫石膏矿	中卫市海原县	预查	大型	陆相蒸发沉积型	渐新世	未开采
27	阳明石膏矿	中卫市海原县	预查	矿点	陆相蒸发沉积型	早白垩世	未开采
28	双河湾石膏矿	固原市原州区	详查	小型	陆相蒸发沉积型	渐新世	未开采
29	赵家洼至王辛湾石膏矿	固原市隆德县	普查	小型	陆相蒸发沉积型	渐新世	未开采

三、石膏及硬石膏矿地理分布

早石炭世海相沉积型石膏矿床主要分布在中卫香山东部的小红山-甘塘一带、卫宁北山、野猫子山、红寺堡康码头；渐新世陆相沉积型石膏矿床主要分布在盐池东南部、中宁县贺家口子、同心县兴隆-高崖、海原县及固原地区；早白垩世陆相沉积型石膏矿仅发现1处矿点，分布在海原县六盘山盆地（图17-1）。

四、石膏及硬石膏矿矿床类型

根据“中国矿产地质志”矿床（成因/工业）类型划分表，宁夏石膏矿均属蒸发沉积型，进一步区分为海相蒸发沉积型和陆相蒸发沉积型。

五、石膏及硬石膏矿资源储量

截至2017年12月31日，宁夏累计探获石膏矿资源储量830496.796×10^4 t，宁夏矿产资源储量数据库中累计查明资源储量450410.346×10^4 t，保有资源储量449433.097×10^4 t。其中：（111b）为187.30×10^4 t，（121b）为56459.34×10^4 t，（122b）为119037.175×10^4 t，（332）为26166.37×10^4 t，（333）为248560.161×10^4 t，（334）？为192899.18×10^4 t。

六、石膏及硬石膏矿勘查与开发利用程度

宁夏目前发现的29处石膏矿产地中，勘探4处、详查8处、普查8处、预查9处。

宁夏最早对石膏矿进行规模化开采始于1958年。中卫市小红山-甘塘石膏矿主要是以露天台阶式土法开采石膏矿石，20世纪60~80年代，来自甘肃、宁夏两省区相邻各县的土法采矿大军蜂拥而至，个体、集体、国营矿山企业百十家无秩序地开采，造成矿山资源浪费。20世纪80年代后期宁夏回族

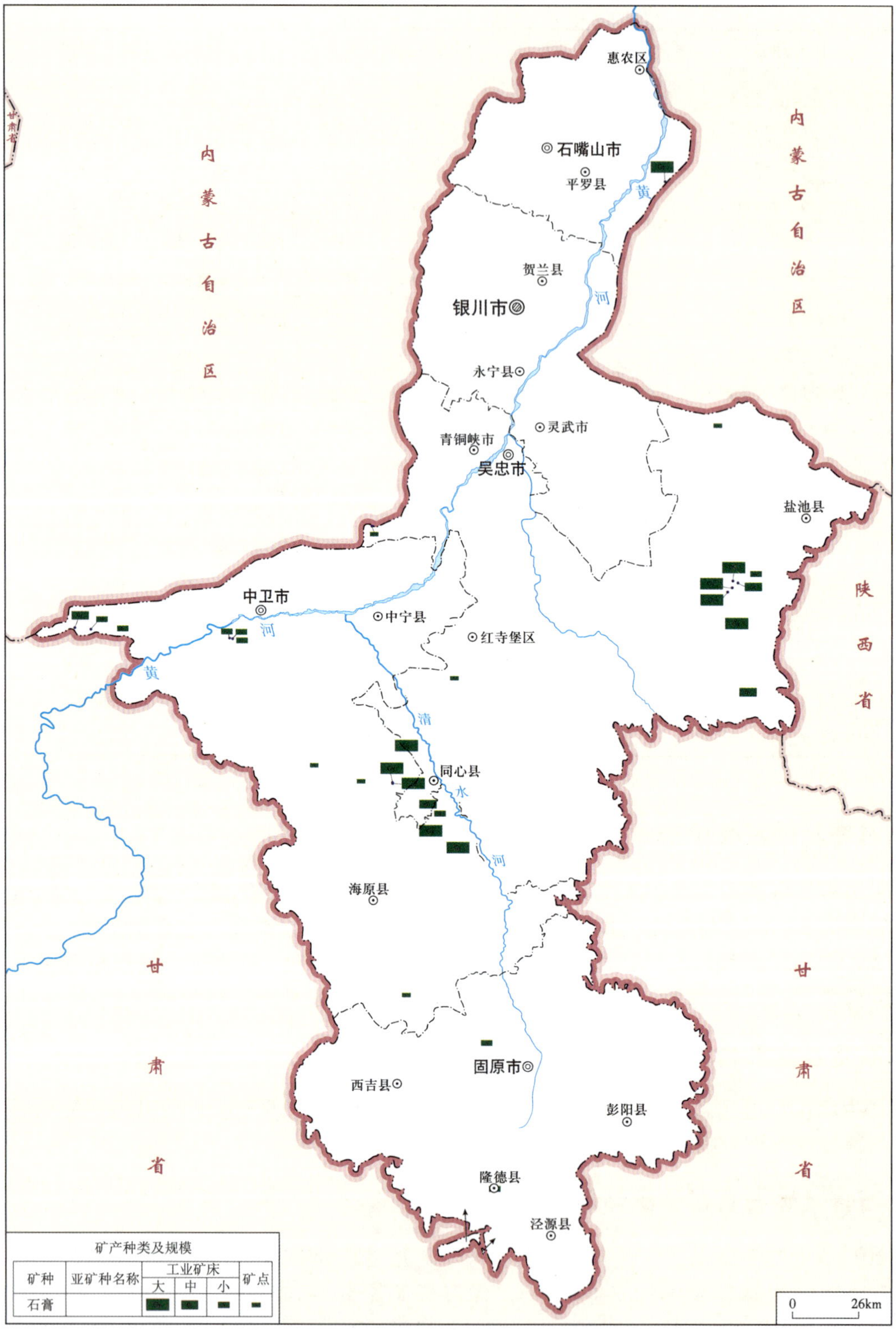

图 17-1　宁夏石膏矿产地分布图

自治区对矿山进行治理整顿，纳入正常采矿秩序。1978 年，宁夏建材研究所经过长期的试验研究，终于取得“蒸压法制取 α 型高强石膏粉”科研成果。1984 年，在宁夏中卫县建成一条年产 6000 t 的高强石膏粉生产线，填补了自治区在该领域的空白。

贺家口子和盐池县渐新世石膏矿，占宁夏全区石膏资源量的 99% 以上。于 20 世纪 80 年代后期进行勘探，该类型矿床由于泥质含量较高，主要用于建筑、水泥配料和农业。盐池县石膏质量较贺家口子好，开采条件优越。目前盐池县石膏矿开采10余处，主要集中在石记场，均为中小型规模露天开采。

区内的石膏除小红山和盐池部分用于生产高强石膏粉之外，其他主要是用来做水泥缓凝剂和建筑材料。

第二节　矿产地分论

宁夏石膏矿有3个成矿时代，主成矿期为早石炭世和古近纪渐新世。大致分为3个成矿区（带）：中卫小红山-甘塘-下河沿成矿带、中宁县贺家口子-海原县田子埫成矿带和陶乐-盐池成矿区（带）。

一、海相蒸发沉积型石膏矿床

矿体赋存于下石炭统前黑山组中部，属海相碳酸盐岩沉积类型。其含矿岩系为深灰色-浅灰色厚层灰岩、白云岩夹石膏层，为海陆交互相含膏盐建造。该组赋石膏1~6层，主矿层一层。厚度一般为10~55 m，个别地段仅2 m。矿石化学成分 $CaSO_4 \cdot 2H_2O+CaSO_4$ 80.13%~95.77%。该组在中卫、中宁地区有大型或小型石膏矿床6处，矿点2处，矿石质量好。其资源量约占全区总量的0.9%。

代表矿产地有小红山、甘塘、下河沿、一碗泉、宏佛寺、野猫子山、红寺堡康马头等石膏矿床（点）。

（一）重要矿床：中卫市小红山石膏矿床

小红山石膏矿床地处腾格里沙漠的前缘，位于宁夏、甘肃、内蒙古之交界处，位于中卫市区西约40 km的小红山一带，行政区划属中卫市沙坡头区。北距包兰线甘塘站8 km，该石膏矿开采历史已久，矿区交通便利。

1943年，宁夏地质所的李士林、李翰园、赵元贞前往中卫南山勘测炼焦用煤时，路经宏佛寺大青山，见石炭系有厚石膏层出露，遂引起普遍勘测宁夏石膏之设想；1959年，由敬万林、金同安等发现甘塘石膏矿，随之沿甘塘矿区西追索10 km至小红山，见有群众采石，经杨光道鉴定为石膏，小红山石膏矿得以发现，其矿床规模巨大、质量优良；1959~1960年，宁夏回族自治区地质局宁西地质队对小红山-甘塘地区石膏矿进行勘探，1960年9月提交了《中卫县小红山-甘塘石膏矿地质勘探报告》；2010~2012年，中国建筑材料工业地质勘查中心宁夏总队对小红山矿区资源储量核查。

1. 区域地质

小红山石膏矿床地层属阿拉善地层区（$Ⅲ_3$）、阿拉善南缘地层分区（$Ⅲ_3^1$）、景泰-中宁地层小区（$Ⅲ_3^{1-1}$）。大地构造位置位于柴达木-华北板块（Ⅲ）、阿拉善微陆块（$Ⅲ_4$）、腾格里早古生代增生楔（$Ⅲ_4^1$）、卫宁北山-香山晚古生代前陆-上叠盆地（$Ⅲ_4^{1-1}$）。所属成矿区带为河西走廊Fe-Mn-萤石-盐类-凹凸棒石-石油成矿带（Ⅲ-20）、香山褶断带Fe-Cu-煤-石灰岩-石膏-粘土成矿亚带（Ⅳ-20③）。所属矿床成矿系列为与晚古生代沉积作用有关的铜、银、灰岩、石膏、石英砂岩、煤、天然气、粘土、油页岩矿床成矿系列（5-Pz_2-S）。出露地层主要有奥陶系香山群狼嘴子组（O_3lz），奥陶系香山群磨盘井组（O_3mp），泥盆系中宁组（D_3z），石炭系前黑山组（C_1q）、臭牛沟组（C_1c），靖远组（$C_{1-2}j$），羊虎沟组（C_2y），石炭系—二叠系太原组（C_2P_1t），二叠系大黄沟组（P_2d）、红泉组（P_3h），三叠系五佛寺组（$T_{1-2}w$）、丁家窑组（T_2d）、西大沟组（T_3x），新近系彰恩堡组（N_1z）及第四系（Q）。

下石炭统前黑山组为含矿层，主要分布在中卫市小红山、孤山子、小洞山、老君台、狼嘴子和青铜峡市野猫子山、红寺堡康马头等地，前黑山组中段发育膏盐沉积，石膏矿层厚达数十米，质量较好，具较高的工业价值。前黑山组或不整合覆于香山群之上，或不整合、平行不整合覆于上泥盆统中宁组之上，与上覆臭牛沟组为整合接触，或与上覆靖远组平行不整合接触。为一套滨浅海相-潟湖相陆源碎屑岩和碳酸盐岩沉积，主要由石英质砾岩、石英砂岩、粉砂岩、灰岩、白云岩及石膏等组成，含植物、腕足类、介形虫等化石，厚度83.5~337.1 m。可进一步划分为3个岩性段，其中，下段以陆源碎屑岩发育为特征，中段以碳酸盐岩发育局部夹膏岩沉积为特征，上段则以陆源碎屑岩和泥页岩发育为特征，下-中段构成一个由粗变细、由厚变薄、由碎屑岩变为碳酸盐岩的退积型沉积旋回，上段则是另一个由粗变细的沉积旋回。沉积厚度变化在83.5~337.1 m之间，其总的变化趋势是以单梁山-面子山一带为中心，向四周逐渐变薄。

矿区构造复杂，构造线方向呈北西西—南东东，其构造形态为线状背向斜及复杂的大断裂。

区内断裂构造主要以近东西向断层为主，分布在甘塘-小红山倒转背斜两翼。北部以逆冲断层为主，近平行褶皱轴发育，纵贯矿区，倾角中-陡，使矿体连续性受到破坏。南部以正断层为主，石膏矿被切割较深。

岩浆岩仅在甘塘矿区和矿区东部孤山子泥盆系中见有辉绿岩脉出露（图17-2）。

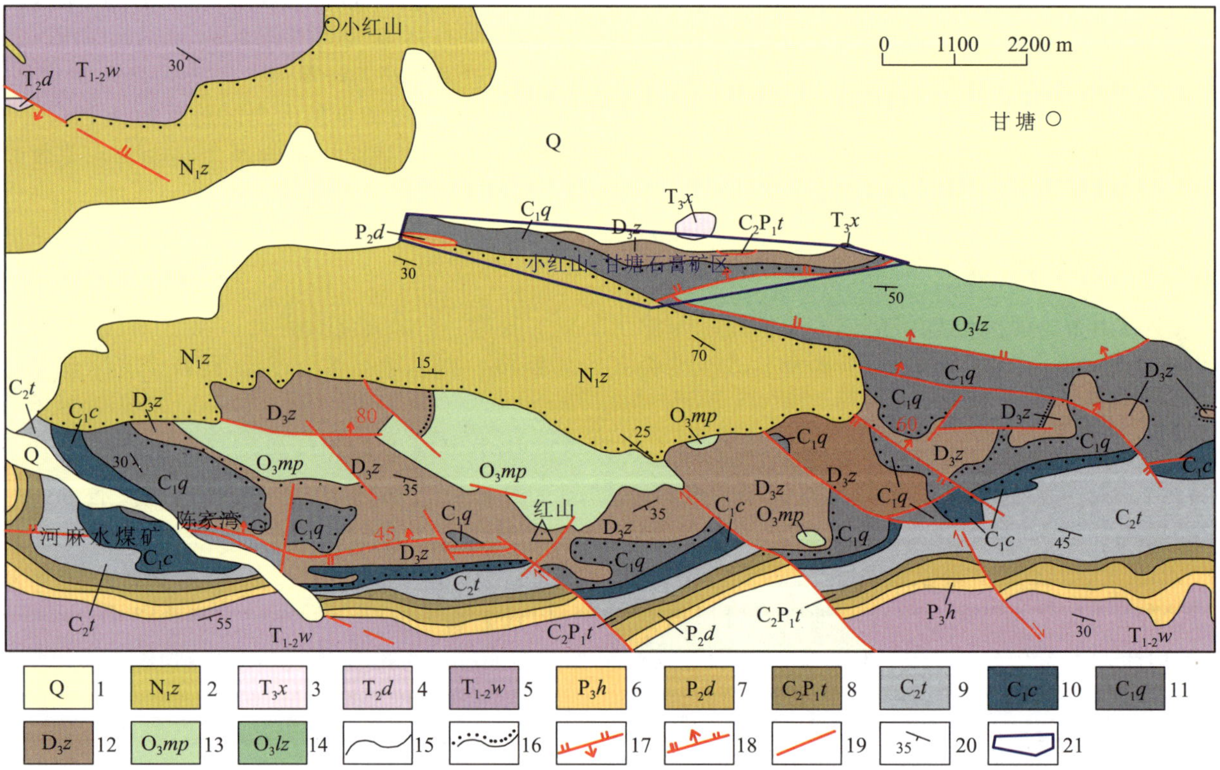

图17-2 甘塘-小红山石膏矿区域地质图

（据宁夏矿产地质调查所，2004，有修改）

1—第四系冲积、坡积和风积物；2—新近系彰恩堡组；3—三叠系西大沟组；4—三叠系丁家窑组；5—三叠系五佛寺组；6—二叠系红泉组；7—二叠系大黄沟组；8—石炭系—二叠系太原组；9—石炭系土坡组（靖远组+羊虎沟组）；10—石炭系臭牛沟组；11—石炭系前黑山组；12—上泥盆系中宁组；13—奥陶系磨盘井组；14—奥陶系狼嘴子组；15—实测地质界线；16—角度不整合地质界线；17—实测逆断层；18—实测正断层；19—性质不明断层；20—地层产状；21—石膏矿区范围

2. 矿区地质

矿区出露地层主要有上泥盆统中宁组、下石炭统前黑山组、上石炭统—下二叠统太原组、下二叠统大黄沟组、新近系彰恩堡组和第四系。

上泥盆统中宁组（D_3z）出露于矿区东部和中部。岩性主要为暗红色、紫红色、灰绿色、灰白色厚层砂砾岩及中细粒砂岩。与其他地层呈断层或不整合接触，出露厚度30~150 m。

下石炭统前黑山组（C_1q）为含矿地层，为海陆交互相含膏盐建造，共分5个岩段，由上而下为：①上碎屑岩段，长石砂岩与泥岩互层，厚度 30~45 m；②上碳酸盐岩段，厚层灰岩、泥灰岩，厚度 20~34 m；③膏盐岩段，厚层石膏夹灰岩、白云岩，厚度 54~75 m；④下碳酸盐段，厚层灰岩，厚度 10~20 m；⑤下碎屑岩段：钙质砂砾岩、砂质泥岩互层，厚度 6~10 m。

上石炭统—下二叠统太原组（C_2P_1t）零星出露于矿区中南部，其岩性为黑色页岩、碳质页岩、砂质页岩夹灰白色砂岩、灰岩及煤层。

二叠系大黄沟组（P_2d）仅出露于矿区西南，岩性为灰绿色、黄绿色凝灰质砂岩夹凝灰质粉砂岩。

新近系彰恩堡组（N_1z）大面积出露于矿区南部，岩性为橘红色、橘黄色砂质泥岩，灰白色砂岩夹砾岩、砂砾岩。

第四系主要为浅灰色、灰白色、钙质胶结砾岩，黄色粉细砂土、冲洪积物等，分布在矿区北部及西部和沟谷中。

矿区褶皱及断裂构造较发育。轴向东西的倒转背斜纵贯矿区中部，核部为上泥盆统，翼部为石炭系—二叠系。背斜西端由于泥盆系缺失，由前黑山组组成轴核，因地层倒转，构造破坏，两翼地层不对称。背斜北翼地层倾向南东，倾角 30°~50°，南翼倾向南西，倾角 30°~50°，背斜长度 6.6 km。断裂构造以逆冲断层为主，分布在矿区中部，紧邻褶皱北侧，近平行褶皱轴发育，纵贯矿区，倾向南，倾角 65°~85°。矿区南北两侧被第四系或新近系覆盖，且被北西西向的断裂构造切割破坏，使石膏矿体下陷很深，出露部分呈狭长带状零乱分布，由于长期风化剥蚀作用影响，形成大小不等的块矿和石膏山（图 17-3）。

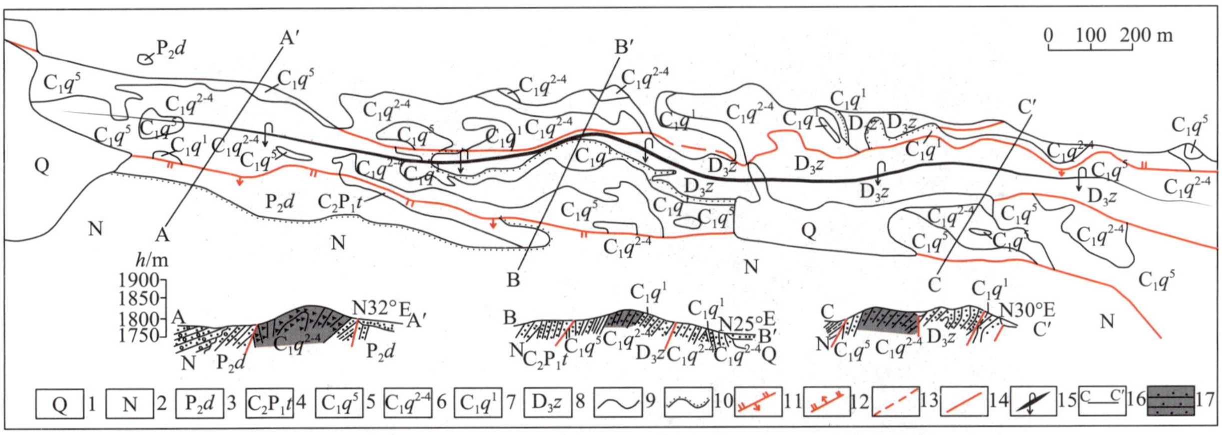

图 17-3　小红山石膏矿区地质简图

（据宁夏回族自治区地质局宁西地质队，1960，有修改）

1—第四系：冲积、坡积和风积物；2—新近系：砂砾岩；3—下二叠统大黄沟组：砂岩和泥岩；4—上石炭统—下二叠统太原组：砂岩、砂质碳质页岩夹煤层；5~7—下石炭统前黑山组：C_1q^5—长石砂岩、泥岩，C_1q^{2-4}—石膏夹薄层砂质泥岩、灰岩、白云岩等，C_1q^1—泥岩、砂质泥岩、砂岩；8—上泥盆统中宁组：砂砾岩和细砂岩；9—实测地质界线；10—不整合地质界线；11—实测逆断层；12—实测正断层；13—隐伏断层；14—性质不明断层；15—倒转背斜；16—剖面线；17—石膏矿层

3. 矿体（层）特征

矿区东西长 6.5 km，出露宽度 50~220 m。矿体分布在向南西倾斜的倒转背斜两翼和倾伏端。矿床受构造控制，沿背斜两翼呈狭长带状分布，常有尖灭现象，矿层呈厚层状、薄层状及透镜状。矿体走向与构造线方向大致相同，倾向南西，局部倒转。矿区北部矿体走向 N45°~85°W，倾向南西，倾角 8°~89°，一般 40°。由于受构造影响，矿体局部显示北东倾向；矿区南部矿体走向 N45°~85°W，倾向南西，倾角 45°~81°，一般 45°，矿体急剧倾斜。矿床共分 2 个含矿层：上矿层有石膏 1~3 层，厚度 16 m；下矿层有石膏 3 层，总厚度 45 m。主要矿体 3 个，矿体长度 800~2970 m，西段出露最好，总厚度 61 m。石膏流变构造发育，厚度变化较大（图 17-4，图 17-5）。

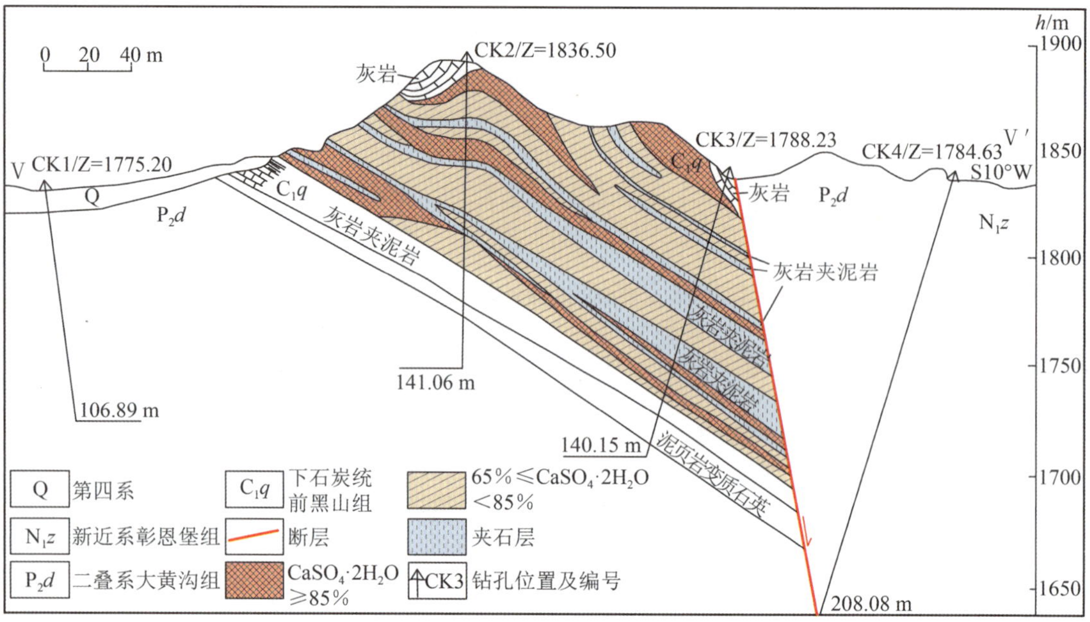

图 17-4　小红山石膏矿区Ⅴ-Ⅴ′勘探线剖面图

（据宁夏回族自治区地质局宁西地质队，1960，有修改）

图 17-5　小红山石膏矿区石膏矿层

（向连格摄，2017）

4. 矿石特征

石膏呈纤维状、粒状、半自形镶嵌结构，块状、条带状、雪花状构造，含 Mg、C、Cl、Ba、Br、Sr 等杂质。有的地段见天青石共生。石膏最高品位 95.77%，平均品位 83%，矿石较纯。其化学组成：CaO 5.54%~40.75%；SO_3 24.64%~46.82%；Fe 0~2.416%；Fe_2O_3+Al_2O_3 0.03%~1.79%；K_2O+Na_2O 0%~0.17%；H_2O^+ 0.58%~20.24%；酸不溶残渣 0.14%~12.5%。$CaSO_4·2H_2O$ 80%~95.77%，矿石属优质品，Ⅰ级品 89.19%~88.69%，Ⅱ级品 77.15%~75.69%，Ⅲ级品 50%~70%（表 17-2；图 17-6）。

5. 资源储量

截至 2017 年底，小红山石膏矿床经宁夏回族自治区国土资源厅备案的石膏矿资源储量（111b+122b+333）为 2704.949×10^4 t，保有资源储量 1824.7×10^4 t。

图 17-6　小红山石膏矿区石膏矿石

（向连格摄，2017）

表 17-2　中卫小红山-甘塘石膏矿特征一览表

矿石类型	矿石名称	组织结构	矿物及含量/%	
			$CaSO_4 \cdot 2H_2O$	$CaSO_4$
石膏	细-粗晶质石膏岩	粒状	85~91	3.11~6.6
	半透明块状石膏岩	块状	90~97	1.46~3.71
	条带状石膏岩	条带状	64.67~91.58	3.01~11.9
含石灰岩碎屑角砾状石膏	含石灰岩碎屑角砾状石膏	角砾状	34.08~81.16	2.38~5.71
粘土质石膏	粘土质薄层或条带状石膏	条带状	68.74~75.48	0.85~3.35
次生石膏（风化石膏）	疏松土状砂砾状石膏帽	粒状或粉末状	53.63~82.55	
	裂隙充填透明、半透明纤维石膏	纤维状	85±	
硬石膏	晶质粒状硬石膏	粒状	2.78~56.69	29.96~95.15
	致密板状硬石膏	板状或块状		
	角砾状水化硬石膏	角砾状、块状		

6. 成矿阶段划分及分布

石膏矿成矿大致分为3个阶段：①原生石膏的沉淀阶段。富含硫酸钙盐类的海水或湖水蒸发而导致硫酸钙盐类的沉积在灰岩或白云岩之后，在同生成岩作用及其之后，石膏矿层由于受其上沉积层压力的影响而脱水形成硬石膏层。主要分布在下矿段。②水化阶段。由于地下水的作用，硬石膏水化。由于水化作用使膏层溶失，形成溶塌角砾状石膏或地下水溶解的石膏沿裂隙充填，形成纤膏矿石。根据钻探可知在垂深77 m形成石膏水化带，77 m以下为石膏、硬石膏和半水石膏混合带，次带内硬石膏多呈夹层状存在，总体矿床水化较好，但仍可大致划分出水化区和半水化区范围。③次生石膏矿化阶段。因受褶皱运动和断裂构造的影响，同时矿体遭受长期风化剥蚀形成石膏块矿和石膏山。一些残存硬石膏经地表水溶解，沿裂隙及溶洞灌入形成纤石膏，主要分布在近地表。

7. 成矿物理化学条件

浅海或潟湖在持续炎热干燥、常温常压、氧化条件下形成石膏矿后，在埋藏过程中因温度、压力升高，石膏脱水转变为硬石膏，或称无水石膏；由于地质构造运动，深部的硬石膏可抬升到浅部地带，被地表水和地下水淋滤又形成石膏。所以石膏、硬石膏常伴生产出又可互相转化。

8. 矿床类型

小红山石膏矿床属海相蒸发沉积型石膏矿床。

9. 成矿机制和成矿模式

小红山石膏矿为海相蒸发沉积矿床。海相碳酸盐岩建造主要由石灰岩、白云岩、石膏岩以及泥质碎屑岩组成，其上覆地层和下伏地层均为浅海-潟湖相沉积岩。就矿石类型而言，不仅有石膏、硬石膏、水化硬石膏和角砾状泥灰岩夹石膏脉，还有含石灰岩碎屑角砾状石膏角砾为鲕状石灰岩碎屑角砾、白云岩或白云质灰岩角砾，大小不一（最大 1 m，一般 0.1~5 cm），呈棱角状，可见其沉积环境是处于海水进退动荡不定，在冲刷的浅水环境下形成石膏沉积建造。

在早石炭世，宁夏香山-卫宁北山地区沉降，海侵由西部的祁连海向东发展，其北部受阿拉善古陆、东部受鄂尔多斯古陆、南部受陇西古陆的阻挡，海侵抵达牛首山-大罗山-西华山一带，形成卫宁海湾，周围的古陆构成盆地蚀源区。卫宁北山-香山地区一度处于浅海-潟湖环境，海水向潟湖补给富含硫酸钙盐类的海水。当海水减退，在气候持续炎热干燥条件下，海水逐渐蒸发，含盐度增高，沉积了灰岩、泥灰岩、白云岩和石膏，海进、海退的反复循环形成数十米的石膏层。初期海水不稳定，形成角砾状的泥灰岩加石膏脉，其中沉积的石膏层也被冲刷坏，使得石膏块体不连续成层；中期海水中白云质成分增高，而形成白云岩或白云质灰岩加石膏脉，矿石类型以白云质石膏为主；后期海水相对稳定，泥质成分增高，沉积了粘土质石膏夹石膏脉与石膏矿层的互层。

成矿物质来自向沉积盆地补给的海水和古陆向盆地提供的可溶钙离子和硫酸根离子。在干旱气候条件下，盆地中蒸发量大于淡水及正常海水的补给量，长期保持的净蒸发量使盆地水的盐度不断增大，导致硫酸盐沉淀成矿。含矿岩系下部为灰岩，向上为白云岩，石膏沉积靠近顶部。根据矿床化学分析，石膏矿中 K_2O+Na_2O 为 0~0.17%，说明该石膏矿中不含 K、Na 盐矿。这可能是由于湖水中的盐类物质含量尚未浓缩到足以沉淀干化阶段，频繁发生条件交替变换，不利于 K、Na 盐矿的沉积（表 17-3）。

表 17-3　中卫小红山石膏矿区域成矿模式表

成矿要素	描述内容
基本特征	海相沉积石膏矿床
区域地质背景	位于宁南弧形构造北部卫宁北山-香山盆地。石膏主要产于香山北麓的下石炭统前黑山组分布区。受北西向背斜控制，出露地层主要有泥盆系、石炭系、二叠系和三叠系等
成矿地质环境	早石炭世贺兰山裂谷下陷，海侵由南西向北东发展，香山-卫宁北山地区沉积海湾-潟湖相的前黑山组中段泥质碎屑岩、石灰岩、白云岩及白云质灰岩
矿石类型	石膏、硬石膏、水化石膏、含石灰岩碎屑角砾状石膏、次生石膏等
矿物组合	石膏、硬石膏、纤维石膏、粘土矿物、方解石、白云石、石英等
结构构造	粒状、块状、条带状、板状、角砾状、粉末状等
成矿作用	海水富含硫酸盐、陆源钙离子和硫酸根离子，海进海退蒸发沉淀形成石膏矿
成矿物理化学条件	浅海或潟湖环境中，持续炎热干燥条件下，富含硫酸盐海水沉淀形成石膏矿
矿床成因机制	属于海相碳酸盐岩沉积矿床。海相碳酸盐岩建造主要由石灰岩、白云岩、石膏岩以及过渡型岩石组成，其上覆地层和下伏地层为浅海-潟湖相沉积岩
成矿单元	河西走廊成矿带，Ⅲ20-Ⅳ-20①亚带
找矿标志	前黑山组中段，石英砂岩、粉砂岩、泥岩、灰岩、白云岩及石膏
资料来源	宁夏中卫县小红山-甘塘石膏矿床勘探报告

10. 找矿标志

石膏层及由石膏、泥岩及碳酸岩构成的石膏帽、膏溶角砾岩。

（二）一般矿床

1. 中卫市甘塘石膏矿床

甘塘石膏矿位于中卫市南西260°方位，直距72 km，行政区划属中卫市沙坡头区甘塘镇管辖。矿区交通方便。

1959~1960年，宁夏回族自治区地质局宁西地质队对小红山-甘塘一带进行石膏矿勘探；1981年，宁夏地质勘探大队对甘塘地区石膏矿进行了详查，1983年5月提交了《宁夏回族自治区中卫县甘塘石膏矿区详查地质报告》，经国家建材局西北地质公司批准的储量为614.6×10^4 t，其中C级343.2×10^4 t。2010~2012年，中国建筑材料工业地质勘查中心宁夏总队对甘塘石膏矿资源储量进行核查，提交了《宁夏回族自治区中卫市甘塘石膏矿核查区资源储量核查报告》。

甘塘石膏矿床地层属阿拉善地层区（$Ⅲ_3$）、阿拉善南缘地层分区（$Ⅲ_3^1$）、景泰-中宁地层小区（$Ⅲ_3^{1-1}$）。大地构造位置位于柴达木-华北板块（Ⅲ）、阿拉善微陆块（$Ⅲ_4$）、腾格里早古生代增生楔（$Ⅲ_4^1$）、卫宁北山-香山晚古生代前陆-上叠盆地（$Ⅲ_4^{1-1}$）。所属成矿区带为河西走廊Fe-Mn-萤石-盐类-凹凸棒石-石油成矿带（Ⅲ-20）、香山褶断带Fe-Cu-煤-石灰岩-石膏-粘土成矿亚带（Ⅳ-20③）。所属矿床成矿系列为与晚古生代沉积作用有关的铜、银、灰岩、石膏、石英砂岩、煤、天然气、粘土、油页岩矿床成矿系列（5-Pz_2-S）。含矿地层为下石炭统前黑山组。矿体赋存于下石炭统前黑山组上部，与小红山石膏矿床属同一矿带。矿层为中薄层-厚层石膏夹薄层石灰岩、泥岩及白云岩，矿层赋存在倒转背斜两翼。含矿6层，主矿1层，长度800 m，总厚度52 m，倾向180°~230°，倾角8°~89°。矿石组合石膏、硬石膏、白云石、方解石。矿石化学成分$CaSO_4 \cdot 2H_2O$ 83.4%。

截至2017年底，甘塘石膏矿床经宁夏回族自治区国土资源厅备案的累计探明石膏资源储量（331+332+333）为222.308×10^4 t，其中保有石膏资源储量217.308×10^4 t，属小型矿床。

2. 中卫市一碗泉石膏矿床

一碗泉石膏矿位于中卫市甘塘镇东8.5 km处，属中卫市沙坡头区迎水桥镇管辖，矿区交通方便。

2008年，中国建筑材料工业地质勘查中心宁夏总队对该矿山进行了野外核实调查工作，提交了《宁夏中卫市一碗泉石膏矿资源储量核实报告》；2010年，中国建筑材料工业地质勘查中心宁夏总队对中卫市一碗泉石膏矿资源储量进行核查，提交了《宁夏回族自治区中卫市一碗泉石膏矿资源储量核查报告》。

一碗泉石膏矿床地层属阿拉善地层区（$Ⅲ_3$）、阿拉善南缘地层分区（$Ⅲ_3^1$）、景泰-中宁地层小区（$Ⅲ_3^{1-1}$）。大地构造位置位于柴达木-华北板块（Ⅲ）、阿拉善微陆块（$Ⅲ_4$）、腾格里早古生代增生楔（$Ⅲ_4^1$）、卫宁北山-香山晚古生代前陆-上叠盆地（$Ⅲ_4^{1-1}$）。所属成矿区带为河西走廊Fe-Mn-萤石-盐类-凹凸棒石-石油成矿带（Ⅲ-20）、香山褶断带Fe-Cu-煤-石灰岩-石膏-粘土成矿亚带（Ⅳ-20③）。所属矿床成矿系列为与晚古生代沉积作用有关的铜、银、灰岩、石膏、石英砂岩、煤、天然气、粘土、油页岩矿床成矿系列（5-Pz_2-S）。含矿地层为下石炭统前黑山组。矿体赋存于下石炭统前黑山组中段（C_1q^2），呈似层状或透镜状单斜产出。石膏矿体东西长505 m，矿体控制厚度平均为10.75 m，规模较小，矿床倾向北西—北东348°~18°，倾角69°~77°，矿体东端趋于尖灭。矿石为青灰色、灰白色块状石膏。矿石化学组分含量：$CaSO_4 \cdot 2H_2O$ 79.49%~82.84%；$CaSO_4 \cdot 2H_2O+CaSO_4$ 79.50%~82.97%。矿山矿石平均品位：$CaSO_4 \cdot 2H_2O$ 81.17%，$CaSO_4 \cdot 2H_2O+CaSO_4$ 81.48%。矿体顶板为该段的灰黑色泥灰岩，底板为该段的灰黑色灰岩。

截至2017年底，一碗泉石膏矿床经宁夏回族自治区国土资源厅备案的石膏资源储量（122b+333）35.09×10^4 t，保有资源储量为26.34×10^4 t，属小型矿床。

3. 中卫市石门坎石膏矿床

石门坎石膏矿位于中卫市常乐镇西南方位，直距6 km，行政区划属中卫市常乐镇，矿区交通方便。

2010年，中国建筑材料工业地质勘查中心宁夏总队对中卫市石门坎石膏矿区资源储量进行核查，提交了《宁夏回族自治区中卫市石门坎石膏矿区资源储量核查报告》。

石门坎石膏矿床地层属阿拉善地层区（$Ⅲ_3$）、阿拉善南缘地层分区（$Ⅲ_3^1$）、景泰-中宁地层小区（$Ⅲ_3^{1-1}$）。大地构造位置位于柴达木-华北板块（Ⅲ）、阿拉善微陆块（$Ⅲ_4$）、腾格里早古生代增生楔（$Ⅲ_4^1$）、卫宁北山-香山晚古生代前陆-上叠盆地（$Ⅲ_4^{1-1}$）。所属成矿区带为河西走廊Fe-Mn-萤石-盐类-凹凸棒石-石油成矿带（Ⅲ-20）、香山褶断带Fe-Cu-煤-石灰岩-石膏-粘土成矿亚带（Ⅳ-20③）。所属矿床成矿系列为与晚古生代沉积作用有关的铜、银、灰岩、石膏、石英砂岩、煤、天然气、粘土、油页岩矿床成矿系列（$5-Pz_2-S$）。含矿地层为下石炭统，矿体赋存于下石炭统前黑山组中段（C_1q^2），岩性为灰白色浅红色钙质砂岩、砂砾岩，中部厚层灰岩、白云岩夹石膏层，紫红色、灰黄色泥岩、粉砂岩夹中细粒砂岩。呈似层状或透镜状单斜产出，矿层呈巨大透镜体，长度400～500 m，平均厚度10 m，最大厚度15 m，倾向215°∠85°。矿石化学品位：$CaSO_4 \cdot 2H_2O$ 79.41%～85%。

截至2017年底，石门坎石膏矿床经宁夏回族自治区国土资源厅备案的石膏资源储量（122b+333）为33.78×10^4 t，保有资源储量23.79×10^4 t，属小型矿床。

4. 中卫市宏佛寺石膏矿床

宏佛寺石膏矿位于中卫市常乐镇南偏西6.5 km，行政区划属中卫市沙坡头区常乐镇管辖，矿区交通方便。

2010年，中国建筑材料工业地质勘查中心宁夏总队对该石膏矿资源储量进行核查，提交了《宁夏回族自治区中卫市宏佛寺石膏矿资源储量核查报告》。

宏佛寺石膏矿床地层属阿拉善地层区（$Ⅲ_3$）、阿拉善南缘地层分区（$Ⅲ_3^1$）、景泰-中宁地层小区（$Ⅲ_3^{1-1}$）。大地构造位置位于柴达木-华北板块（Ⅲ）、阿拉善微陆块（$Ⅲ_4$）、腾格里早古生代增生楔（$Ⅲ_4^1$）、卫宁北山-香山晚古生代前陆-上叠盆地（$Ⅲ_4^{1-1}$）。所属成矿区带为河西走廊Fe-Mn-萤石-盐类-凹凸棒石-石油成矿带（Ⅲ-20）、香山褶断带Fe-Cu-煤-石灰岩-石膏-粘土成矿亚带（Ⅳ-20③）。所属矿床成矿系列为与晚古生代沉积作用有关的铜、银、灰岩、石膏、石英砂岩、煤、天然气、粘土、油页岩矿床成矿系列（$5-Pz_2-S$）。含矿地层为下石炭统，矿体赋存于下石炭统前黑山组中段（C_1q^2），岩性为灰白色、浅红色钙质砂岩、砂砾岩，厚层灰岩、白云岩夹石膏层，紫红色、灰黄色泥岩及粉砂岩夹中细粒石英砂岩。矿层呈巨大透镜状、似层状。矿区共4个矿体，倾向220°，倾角30°～45°。矿石化学品位：$CaSO_4 \cdot 2H_2O$ 80%。

截至2017年底，宏佛寺石膏矿床经宁夏回族自治区国土资源厅备案的累计查明石膏资源储量（122b+333）为355.3×10^4 t，保有资源储量340.72×10^4 t，属小型矿床。

5. 中卫市大茨脑石膏矿床

大茨脑石膏矿床位于中卫市常乐镇南约6 km，行政区划属中卫市沙坡头区常乐镇，矿区交通方便。

2010年，中国建筑材料工业地质勘查中心宁夏总队对该石膏矿区资源储量进行核查，提交了《宁夏回族自治区中卫市大茨脑石膏矿区资源储量核查报告》。

大茨脑石膏矿床地层属阿拉善地层区（$Ⅲ_3$）、阿拉善南缘地层分区（$Ⅲ_3^1$）、景泰-中宁地层小区（$Ⅲ_3^{1-1}$）。大地构造位置位于柴达木-华北板块（Ⅲ）、阿拉善微陆块（$Ⅲ_4$）、腾格里早古生代增生楔（$Ⅲ_4^1$）、卫宁北山-香山晚古生代前陆-上叠盆地（$Ⅲ_4^{1-1}$）。所属成矿区带为河西走廊Fe-Mn-萤石-盐类-凹凸棒石-石油成矿带（Ⅲ-20）、香山褶断带Fe-Cu-煤-石灰岩-石膏-粘土成矿亚带（Ⅳ-20③）。所属矿床成矿系列为与晚古生代沉积作用有关的铜、银、灰岩、石膏、石英砂岩、煤、天然气、粘土、油页岩矿床成矿系列（$5-Pz_2-S$）。含矿地层为下石炭统，矿体赋存于下石炭统前黑山组中段（C_1q^2），岩性为灰色中厚层石英砂岩、泥岩、粉砂岩、泥岩及灰岩。石膏位于碳酸盐岩内，呈似层状或透镜状单斜产出。矿石化学品位：$CaSO_4 \cdot 2H_2O$ 77%。

截至 2017 年底，大茨脑石膏矿床经宁夏回族自治区国土资源厅备案的累计查明石膏资源储量（122b+333）为 32.65×10^4 t，保有资源储量 23.51×10^4 t，属小型矿床。

（三）矿点：青铜峡市野猫子山石膏矿点

野猫子山石膏矿点位于卫宁北山北部野猫子山，行政区划属青铜峡市青铜峡镇，矿区交通方便。

野猫子山石膏矿点地层属阿拉善地层区（$Ⅲ_3$）、阿拉善南缘地层分区（$Ⅲ_3^1$）、景泰-中宁地层小区（$Ⅲ_3^{1-1}$）。大地构造位置位于柴达木-华北板块（Ⅲ）、阿拉善微陆块（$Ⅲ_4$）、腾格里早古生代增生楔（$Ⅲ_4^1$）、卫宁北山-香山晚古生代前陆-上叠盆地（$Ⅲ_4^{1-1}$）。所属成矿区带为河西走廊 Fe-Mn-萤石-盐类-凹凸棒石-石油成矿带（Ⅲ-20）、卫宁北山褶断带 Fe-Au-Ag-Cu-Pb-Zn-煤-粘土成矿亚带（Ⅳ-20①）。所属矿床成矿系列为与晚古生代沉积作用有关的铜、银、灰岩、石膏、石英砂岩、煤、天然气、粘土、油页岩矿床成矿系列（5-Pz_2-S）。含矿地层为早石炭世，矿区出露地层为下石炭统前黑山组—臭牛沟组，岩性为灰白色、浅肉红色钙质砂岩夹灰岩透镜体，灰色厚层灰岩、白云岩夹石膏，灰黄色粉砂岩夹中细粒砂岩。含矿层为石炭系前黑山组，矿层呈似层状、透镜状。矿体长约 28 m，厚度 10 m。在长 1200 m，宽 500 m 范围内见 4 个矿体。矿石化学品位：$CaSO_4\cdot2H_2O$ 87.82%。该矿床为预查，资源量 68.00×10^4 t。

二、陆相蒸发沉积型石膏矿床

宁夏陆相蒸发沉积型石膏矿体主要赋存于下白垩统六盘山群马东山组、乃家河组和古近系渐新统清水营组中。下白垩统仅在海原县阳明地区发现石膏矿点 1 处，矿体主要赋存于下白垩统六盘山群马东山组、乃家河组的泥岩-灰岩段中，岩性为蓝灰色、紫红色钙质泥岩、灰岩夹石膏层。常呈似层状及不连续透镜状，一般厚度不大，属咸化湖泊相碎屑岩-碳酸盐岩沉积类型。含石膏 7 层，总厚度 11.5 m，单层厚度 2~3 cm。矿石 $CaSO_4\cdot H_2O$ 平均含量 87%，最高 97%。该矿点工业意义不大，但对研究硝口下白垩统岩盐的成矿规律有着重要意义。

渐新统清水营组石膏地质储量巨大，故早在 20 世纪 20 年代初就引起国内外地质工作者的关注。1960 年，宁夏回族自治区地质局宁西地质队在该区进行 1∶20 万区域地质调查时发现了贺家口子一带的石膏矿床，随后又进行了复查，求获石膏矿地质储量 20×10^8 t。1981~1985 年，宁夏回族自治区地质矿产局第二地质调查队对同心-海原地区石膏矿进行了 1∶5 万矿产调查，提交了《宁夏回族自治区同心-海原地区石膏矿区域普查地质报告》，初步估算调查区内的石膏资源量为 2060×10^8 t。

渐新统清水营组为宁夏石膏主产层位，含矿岩系为砖红色、褐红色泥岩、粉砂岩夹灰绿色砂岩、泥岩及石膏层。可见厚度 1000 m，属河湖相红色碎屑岩含石膏沉积，石膏与含粘土岩互层。其资源量占全区总量的 99.5%。主要分布在中宁-同心-海原成矿区和陶乐-盐池成矿区（带），前者位于宁夏中南部，包括贺家口子、王家庄、碱台子、南泥沟、石峡口、田子塄等大中型矿床，后者位于宁夏东部，包括陶乐北、石记场、石记场北、余家圈、黄米湾等大型矿床。

（一）典型矿床：盐池县石记场石膏矿床

石记场石膏矿位于盐池县青山乡（侯家河）两侧的石记场，行政区划属吴忠市盐池县青山乡管辖，矿区交通方便。

1998 年，中国建筑材料工业地质勘查中心宁夏总队对该矿床进行详查，提交了《宁夏盐池县石记场石膏矿床详查地质报告》。

矿区由盐池县阳光宇力矿业有限公司石膏矿、盐池县石记场石膏矿、盐池县青山乡伙庄子石膏矿信和矿、盐池县青山乡石记场石膏矿区Ⅳ石膏矿、盐池县石记场石膏矿区长盐采区、盐池县青山乡石记场石膏矿区嘉禾矿、盐池县石记场石膏矿区广源采区、盐池县石记场石膏矿区彬琨采区、盐池县石记场石膏矿区博昊采区和宁夏艺采矿业开发有限公司石膏矿采区（探矿权）构成。

1. 区域地质

石记场石膏矿床地层属华北地层区（Ⅲ$_4$）、鄂尔多斯地层分区（Ⅲ$_4^2$）、盐池-环县地层小区（Ⅲ$_4^{2-1}$）。大地构造位置位于柴达木-华北板块（Ⅲ）、华北陆块（Ⅲ$_5$）、鄂尔多斯鄂尔多斯地块（Ⅲ$_5^1$）、鄂尔多斯中生代坳陷（Ⅲ$_5^{1-2}$）。所属成矿区带为鄂尔多斯（盆地）U-油气-煤-盐类成矿带（Mz；Kz）（Ⅲ-60）、鄂尔多斯中-新生代坳陷石油-天然气-煤（气）-盐类-石膏成矿亚带（Ⅳ-60①）。所属矿床成矿系列为与新生代沉积作用-表生作用有关的铁、石英砂、石膏、粘土、地下水等矿床成矿系列（9-Cz-1）、古近纪—新近纪沉积作用有关的粘土、石英砂、石膏矿床成矿亚系列（Cz$_1$-S-1）。区域出露地层由东向西、自老至新主要有：下白垩统保安群环河组（K$_1h$）、罗汉洞组（K$_1l$）、泾川组（K$_1j$），古近系渐新统清水营组（E$_3q$）和第四系。清水营组在矿区零星出露，第四系广布全区（图 17-7）。

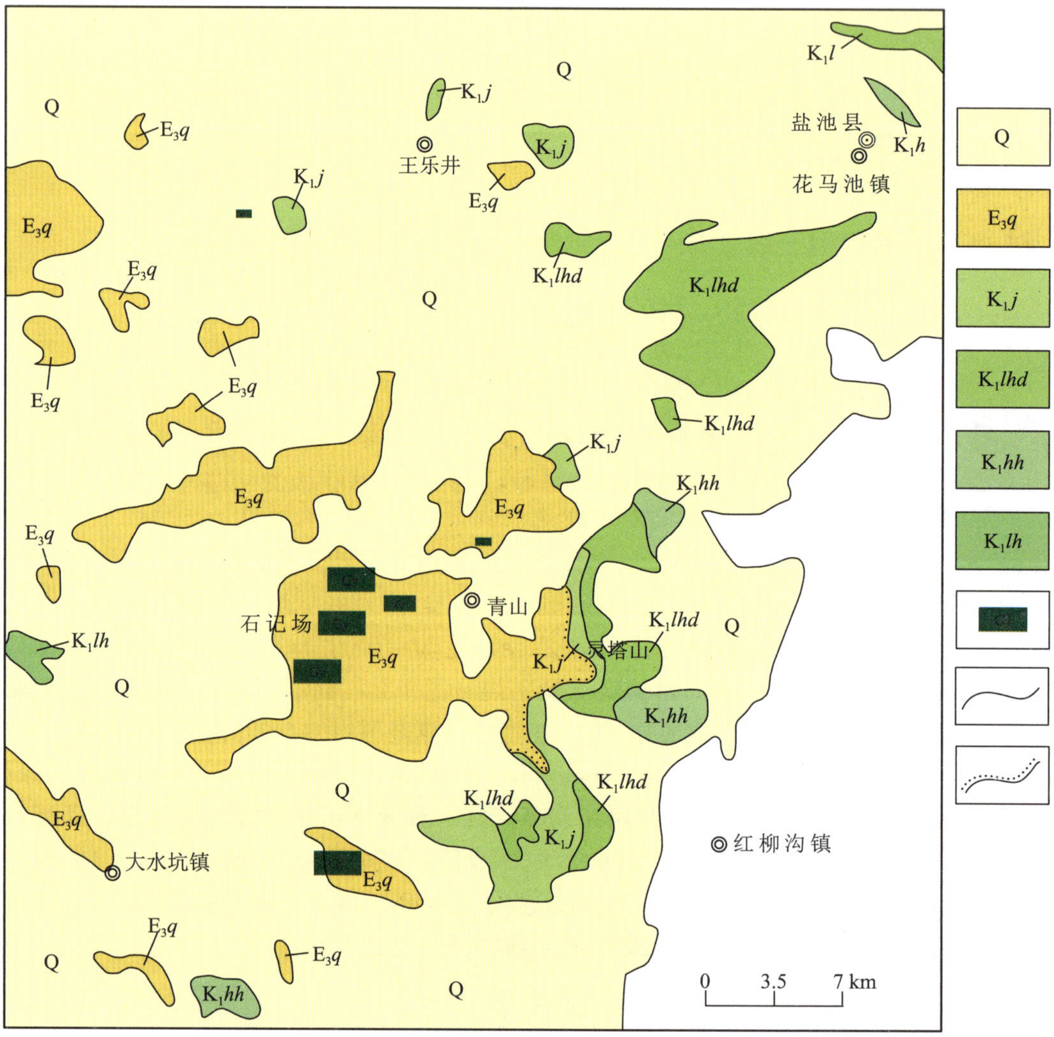

图 17-7　盐池县石记场石膏矿区域地质简图

（据宁夏回族自治区地质调查院，2010，有修改）

1—第四系；2—古近系清水营组；3—白垩系泾川组；4—白垩系罗汉洞组；5—白垩系环河组；6—白垩系洛河组；7—石膏矿床；8—地质界线；9—角度不整合地质界线

区内构造简单，燕山期构造运动控制了本区古近系沉积的形态，渐新统清水营组产状近于水平，基本未受断裂、褶皱的影响。

区域上岩浆岩不发育。

2. 矿区地质

矿区地层简单，出露地层主要有古近系渐新统清水营组（E_3q），绝大部分被第四系所覆盖。清水营组为含矿地层，岩性主要为灰黑-棕黑色泥岩、乳白-灰白色石膏岩，泥质石膏岩，砂质石膏岩及灰绿色泥岩，粉砂岩和含膏泥砂岩，属干燥炎热气候条件下的湖泊相沉积，厚度 21.09～34.36 m。依据岩性及结构构造特征，矿区自下而上划分为两个岩性段，两段之间连续沉积。

第一岩段（E_3q^1）：为泥岩段，分布于整个矿区，见于各施工钻孔的下部，岩性为灰黑-棕褐色泥岩，底部见有一层厚 0.1～0.3 m 黄褐色泥质石膏岩，岩段厚度大于 8.23 m。

第二岩段（E_3q^2）：为含膏岩段，分布于整个矿区，见于各施工钻孔的中上部，该段岩性主要为中厚层乳白-灰白色石膏，泥质石膏及砂质石膏岩，夹厚度 0.1～5.41 m 不等的灰绿色泥岩，粉砂岩及含膏泥岩，岩段厚度 21.09～31.16 m。

矿区构造简单，岩层呈微倾向南的单斜构造，地表于深部产状一致，中北部地层水平，中南部倾角 1°～2°，整个矿区没有发现褶皱和断裂构造。

3. 矿体特征

矿层赋存于古近系渐新统清水营组第二岩性段（E_3q^2）中，地表绝大部分为第四系覆盖。含矿地层呈近水平层状产出，南北长 3114～3546 m，东西宽 687～2453 m。区内共圈定石膏矿 3 层，由下而上编号为Ⅰ、Ⅱ和Ⅲ矿层。

Ⅰ矿层：赋存于古近系渐新统清水营组第二岩性段（E_3q^2）下部，岩性主要为灰-灰白色块状石膏和泥质石膏，夹少量灰绿色薄层含膏泥岩及泥岩，偶见有粉砂岩。矿层呈近水平层状产出，全区分布，微倾向北西，埋深 1.20～33.66 m，矿层厚度 2.03～17.81 m，平均厚度 6.86 m。块状石膏单层厚度 0.69～4.89 m，泥质石膏单层厚度 0.41～6.85 m，部分地段夹 1～3 层厚度 0.21～1.42 m 灰绿色泥岩、含膏泥岩。其上为灰绿色泥岩、含膏泥岩层，厚度 2～8.13 m，泥质结构，固结程度低，遇水易软化，大部分地段夹有 1～2 层厚度 0.21～1.85 m 薄层块状石膏、泥质石膏。

Ⅱ矿层：赋存于古近系渐新统清水营组第二岩性段（E_3q^2）中，分布于Ⅰ矿层之上。岩性为灰白色块状石膏和泥质石膏（据钻孔资料，块状石膏厚度占比为 71%，泥质石膏厚度占比为 29%），多夹有灰绿色薄层含膏泥岩及泥岩。矿层呈近水平层状产出，埋深 0.99～23.28 m，矿层厚度 2.00～11.55 m，平均厚度 6.43 m。块状石膏单层厚度 0.25～6.11 m，泥质石膏单层厚度 0.37～3.69 m，多夹有一至数层厚度 0.22～1.21 m 的泥岩、含膏泥岩、粉砂岩。

Ⅲ矿层：赋存于古近系渐新统清水营组第二岩性段（E_3q^2）上部，位于Ⅱ矿层之上。岩性主要为灰-灰白色泥质石膏和块状石膏（据钻孔资料，块状石膏厚度占比为 62%，泥质石膏厚度占比为 38%），夹灰绿色薄层含膏泥岩及泥岩。矿层呈近水平层状产出，矿层厚度不稳定，小范围分布，埋深 4.39～14.46 m，矿层厚度 2.24～4.98 m，平均厚度 3.74 m。块状石膏单层厚度 0.55～1.68 m，泥质石膏单层厚度 0.24～1.34 m，夹有 1～3 层厚度 0.22～0.97 m 的薄层泥岩、含膏泥岩。

4. 矿石特征

矿石的主要成分为石膏，次为泥质、白云石、方解石、石英及少量的天青石、水云母等。矿石分为块状石膏和泥质石膏两种自然类型。矿石具有纤维状、片状结晶结构，块状构造。

矿石中主要的化学组分：SO_3 含量为 2.7%～44.61%，平均 32.38%；H_2O^+ 为 3.03%～19.87%，平均 14.87%；$CaSO_4 \cdot 2H_2O$ 为 14.48%～94.98%，平均 71.10%；$CaSO_4$ 为 0.01%～55.99%，平均 1.24%。

5. 资源储量

截至 2017 年底，石记场石膏矿经宁夏回族自治区国土资源厅备案的累计查明石膏资源储量（122b+333）为 8065.74×10^4 t，保有石膏资源储量 8054.74×10^4 t，属大型石膏矿床。

6. 成矿物理化学条件

由湖相卤水在炎热干燥、常温常压、氧化条件下形成石膏矿后，在埋藏过程中因温度、压力升高，石膏脱水转变为硬石膏；由于地质构造运动，深部的硬石膏可抬升到浅部地带，被地表水和地下水淋滤又形成石膏。所以石膏、硬石膏常伴生产出又可互相转化。

7. 矿床类型

石记场石膏矿为陆相蒸发沉积型石膏矿床。

8. 成矿机制

内陆湖盆石膏的化学沉积作用，受内陆湖盆水动力和水化学因素控制。只有内陆湖盆动力条件较为稳定，且内陆湖盆地内卤水达到过饱和并有 SO_4^{2-} 持续补充的条件下，才能形成石膏。此外，内陆湖盆的形成受到断裂构造控制，只有内陆湖盆缓慢下沉，粗碎屑物质来源减少，此时细碎屑悬浮质点不断下沉，湖盆进入结晶碎屑沉积的阶段，最终才能形成石膏矿层。

石记场石膏矿矿石的自然类型为块状石膏、泥质石膏和砂质石膏。块状石膏的形成是内陆湖盆水动力环境、水化学条件持续稳定，过饱和卤水接近真溶液的情况下结晶沉积形成的。泥质石膏和砂质石膏则是内陆湖盆水动力环境和水化学条件较为动荡的情况下，由于陆源碎屑物质经常伴随流水进入湖盆，使过饱和卤水变成一种悬浊液，其中含有一定数量的泥、钙质矿物悬浮质点，甚至含有中、粗粒的碎屑物质共同与石膏晶体沉积形成的。

当水动力条件动荡时，陆源碎屑物大量进入湖盆，此时碎屑物质的沉积速度远远大于结晶碎屑物石膏等的沉积速度，中、粗粒的碎屑物质率先沉积，从而形成了含膏细砂岩；而后细粒的碎屑物质泥、钙质矿物沉积，形成了含膏泥岩。因此，该区矿层是在水动力、水化学条件稳定，构造活动强度较低、频率较小，内陆湖盆缓慢下沉的条件下形成的。

矿层的顶板为泥岩、含膏泥岩，说明当时构造活动较为频繁，水动力、水化学条件在时间、空间上变化较大，从而导致碎屑物质沉积与结晶碎屑物质沉积交替起主导作用，并相互伴随，形成含泥石膏层，覆盖于石膏矿层顶部。

（二）重要矿床

1. 中宁县贺家口子石膏矿床

贺家口子石膏矿床位于同心、海原两县喊叫水、徐套乡接壤的贺家口子地区，行政区划属中宁县喊叫水乡管辖，有公路相通，距宝中铁路不远，交通方便。

1972~1976 年，宁夏计划委员会地质局第一队对该矿进行详查，查明石膏矿层多达 20 余层，总厚度为 100 多米，储量达 241159. 31×10^4 t。

（1）区域地质

贺家口子石膏矿床地层属阿拉善地层区（$Ⅲ_3$）、阿拉善南缘地层分区（$Ⅲ_3^1$）、景泰-中宁地层小区（$Ⅲ_3^{1-1}$）。大地构造位置位于柴达木-华北板块（Ⅲ）、阿拉善微陆块（$Ⅲ_4$）、腾格里早古生代增生楔（$Ⅲ_4^1$）、卫宁北山-香山晚古生代前陆-上叠盆地（$Ⅲ_4^{1-1}$）。所属成矿区带为河西走廊 Fe-Mn-萤石-盐类-凹凸棒石-石油成矿带（Ⅲ-20）、香山褶断带 Fe-Cu-煤-石灰岩-石膏-粘土成矿亚带（Ⅳ-20③）。所属矿床成矿系列为与新生代沉积作用-表生作用有关的铁、石英砂、石膏、粘土、地下水等矿床成矿系列（9-Cz-1）、古近纪—新近纪沉积作用有关的粘土、石英砂、石膏矿床成矿亚系列（Cz_1-S-1）。出露地层有下白垩统李洼峡组（K_1l）、古近系始新统寺口子组（E_2s）、古近系渐新统清水营组（E_3q）、新近系彰恩堡组（N_1z）、新近系干河沟组及第四系。其中，清水营组为本区石膏矿主要含矿层位。

区域上大面积被第四系覆盖。构造总体呈北西—南东向展布，表现为褶皱断裂相伴，褶皱的特点为以北西—南东向的背、向斜为主，主要断裂方向与褶皱轴一致。区域上岩浆岩不发育（图 17-8）。

（2）矿区地质

矿区出露地层主要有古近系始新统寺口子组、渐新统清水营组、新近系彰恩堡组和第四系。寺口子组零星出露于矿区中东部，清水营组是主要含矿层位，沿北西向褶皱带分布，多在背斜轴部出露。

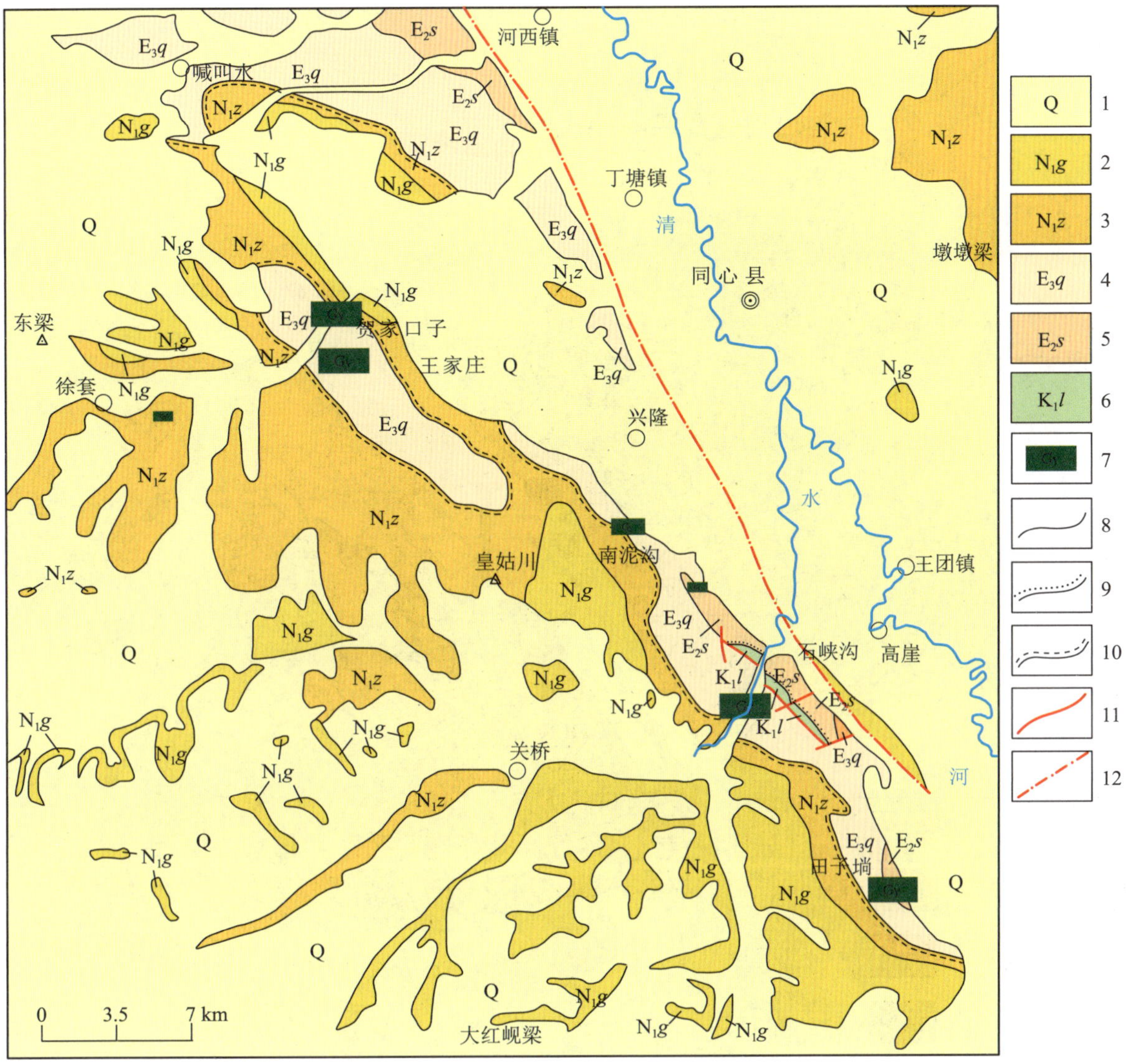

图 17-8　贺家口子石膏矿区域地质简图

（据宁夏回族自治区地质调查院，2010，有修改）

1—第四系；2—新近系干河沟组；3—新近系彰恩堡组；4—古近系清水营组；5—古近系寺口子组；6—白垩系李洼峡组；7—石膏矿床（点）；8—地质界线；9—角度不整合地质界线；10—平行不整合地质界线；11—性质不明断层；12—隐伏或物探推测断层

以贺家口子-黄谷川一带发育较全。

含矿地层在矿区内呈一箱状背斜构造产出，轴向北西—南东向延伸，渐新统为背斜核部，翼部见中新统彰恩堡组。近轴部岩层倾角 5°～10°，两翼部变陡，可达 40°（图 17-9）。

（3）矿体特征

矿体以层状为主，部分似层状、透镜状，分布稳定，形成背斜石膏山，部分厚度与品位变化大。矿层与泥岩、粉砂岩呈韵律沉积，共有 138 层，其中石膏 70 层。石膏单层厚度最薄 0.1 m、一般 0.7～2.7 m，最厚 11.17 m。含矿地层总厚度 265 m，矿层累计厚度 57～103 m，夹石厚度 58～123 m，分布面积大于 70 km^2。矿层产状与地层产状基本一致。

（4）矿石特征

矿石类型为石膏、混合石膏、硬石膏三类，硬石膏埋深大于 150 m，其上为混合石膏及石膏，分带明显。矿石为花岗变晶结构及纤维状、板状、粒状次生边结构，条带状、假砾状、花瓣状、团块状

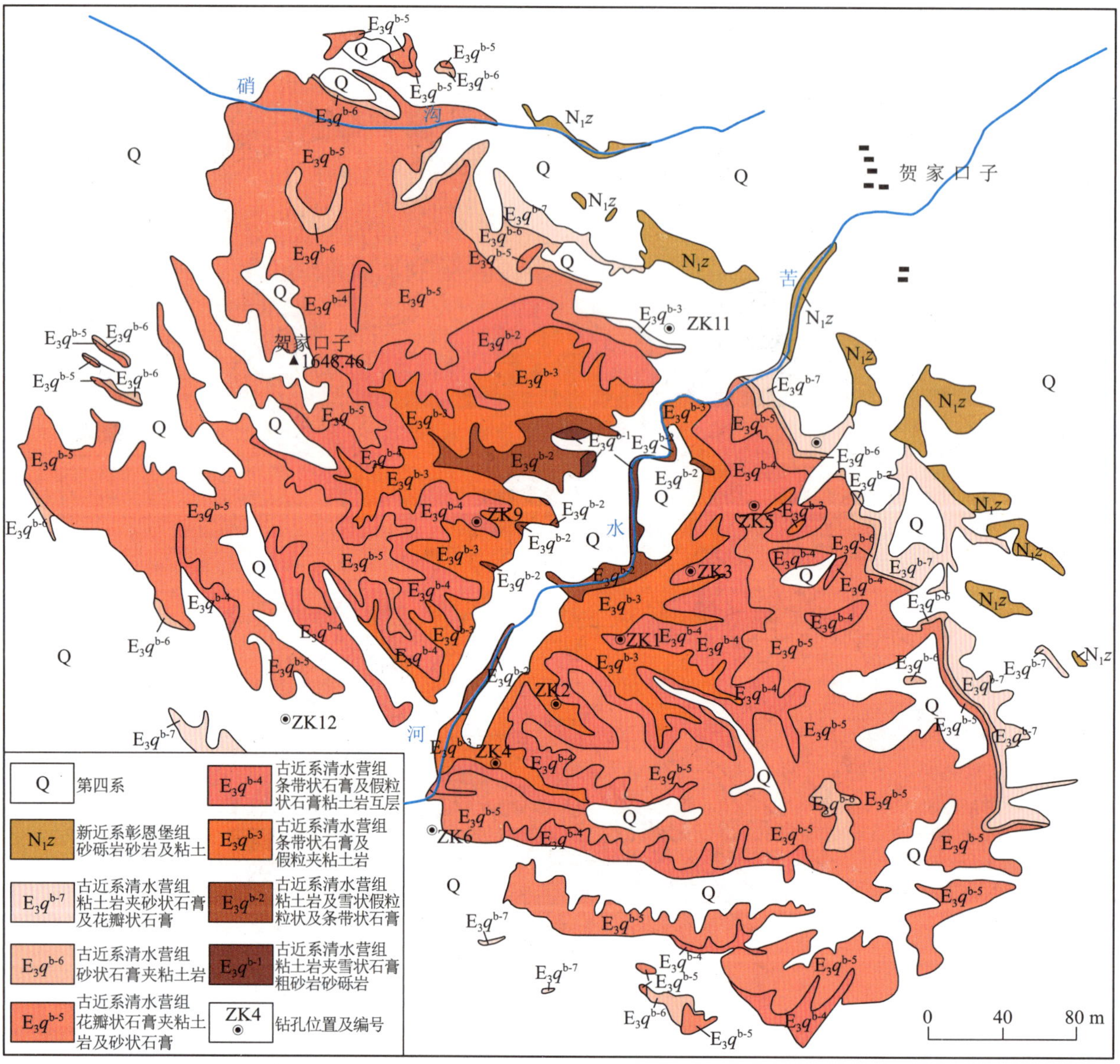

图 17-9　贺家口子石膏矿区基岩地质图

（据宁夏计划委员会地质局第一地质队，1976，有修改）

构造；矿石组分为石膏、硬石膏、粘土矿物、方解石、白云石、石英、长石，含少量天青石、岩盐、芒硝，呈薄层或细脉状分布。

矿石质量好，石膏最高含量 93%，一般 50%~70%，Ⅰ级品 87.37%~86.65%，Ⅱ级品 75.8%~68.92%。Ⅰ级品占 6%~12%，Ⅱ级品占 13%~38%，Ⅲ级品占 61%~80%（表 17-4，表 17-5）。

（5）资源储量

截至 2017 年底，贺家口子石膏矿经宁夏回族自治区国土资源厅备案的累计查明石膏资源储（121b+122b+333）为 241159.31×10⁴ t，保有资源储量 241159.31×10⁴ t，为大型矿床。

（6）成矿阶段划分及分布

根据矿体赋存特征及矿石结构构造和矿石质量分析，石膏矿成矿大致有以下几个阶段：原生石膏的沉淀阶段，富含硫酸钙盐类的湖水蒸发而导致的硫酸钙盐类的沉积，在同生成岩作用及其之后，石膏矿层由于受其上沉积层的压力的影响脱水形成硬石膏层；由于地质构造运动，深部的硬石膏可抬升到浅部地带，被地表水和地下水淋滤又形成石膏，主要分布在 150 m 以浅；由于构造运动，一些砂状石膏遭到破坏，稍经搬运重新沉积或充填，形成块状硬石膏或雪花石膏，砂状石膏主要分布在第四、五、六岩性段中；在后生作用中，地下水溶液经岩石裂隙过滤后再沉积，形成数量不大质量较好的纤维石膏和透明石膏。

表 17-4　贺家口子石膏矿特征一览表

矿石类型	矿石名称	结构结构	矿物及含量/%		品级	矿层厚度/m
			$CaSO_4 \cdot 2H_2O$	$CaSO_4$		
石膏	雪状石膏	粒状结构，疏松块状构造	79.95	2.31	Ⅱ	6.86
	花瓣状石膏	放射状、花瓣状结构，层状、团块状构造	64.71	1.21	Ⅱ	1.08
	砂状石膏	砂砾状结构，薄层状、层状、块状构造	69.91	1.59	Ⅱ	2.52
	条带状石膏	微层、条带结构，层状、块状构造	62.58	13.55	Ⅱ	1.09
混合石膏	条带状石膏	微层、条带结构，层状、块状构造	58.28	17.59	Ⅱ	1.3
	砂状石膏	砂砾状结构，层状、块状构造	50.38	12.14	Ⅲ	1.15
硬石膏	硬石膏	微密结构，层状、块状构造	1.18	80.9	Ⅱ	1.25
	假粒状石膏	泥质、碎屑状结构，层状、块状构造	3.68	63.6	Ⅱ	1.15
	条带状石膏	微层、条带结构，层状、块状构造	2.48	80.9	Ⅱ	1.58

表 17-5　贺家口子石膏矿矿石化学成分一览表

矿石类型	分析项目/%									
	H_2O^+	SO_3	CaO	MgO	Al_2O_3	Fe_2O_3	K_2O	Na_2O	HP	SrO
石膏	15.08	34.19	26.52	2.55	2.64	1.30	0.025	0.24	16.98	0.29
混合石膏	10.57	31.24	23.20	1.81	3.32	1.01	0.027	0.81	22.72	0.40
硬石膏	0.51	46.24	32.24	1.22	1.72	1.32	0.090	2.58	11.66	0.50

（7）成矿物理化学条件

矿床赋存于古近系渐新统中，由湖相卤水在炎热干燥、常温常压、氧化条件下形成石膏矿后，在埋藏过程中因温度、压力升高，石膏脱水转变为硬石膏；由于地质构造运动，深部的硬石膏可抬升到浅部地带，被地表水和地下水淋滤又形成石膏。所以石膏、硬石膏常伴生产出又互相转化特征。

（8）矿床类型

贺家口子石膏矿为陆相蒸发沉积型石膏矿床。

（9）成矿机制和成矿模式

在地质史上，渐新世时期宁夏处于较长时期干旱炎热与湿热交替的古气候条件之下，同心-海源盆地广泛接受了以山麓堆积和河流、湖泊相为主的红色碎屑岩沉积。在广泛分布且封闭较好的沉积盆地里形成了蒸发盐类矿产，特别是石膏矿床。在面积达 5000 km^2 同心-海原沉积盆地中，自中生代以来，在构造运动作用下，持续、稳定地沉积，渐新世成盐作用达到高峰。以贺家口子-黄谷川为中心，沉积了 820 多米厚的石膏矿、薄层芒硝和盐岩的膏盐岩系（主要分布在第三、第五岩性段中）。由此可见，该矿床是在湖泊相对稳定条件下形成的。

沉积物质来源：一是盆地周边山麓蚀源区流域中岩石化学风化的产物和溶解的古沉积盐类（如盆地北缘前黑山组海相沉积膏盐层）及沿断裂上升至盆地的深部盐卤水；二是盆地南缘寺口子-硝口早白垩世含丰富膏盐的母液向盆地运移。成矿模式见表 17-6。

表 17-6 中宁贺家口子石膏矿区域成矿模式表

成矿要素	描述内容
基本特征	陆相沉积石膏矿床
区域地质背景	宁南弧形推覆构造带发育成熟，形成弧形盆-山体系。陆相沉积石膏主要分布于固原-海原盆地北东部至清水河畔，出露地层主要有古近系始新统寺口子组、渐新统清水营组和新近系彰恩堡组。渐新世清水营组上段碎屑岩-碳酸盐岩-膏盐岩是赋矿层位
成矿地质环境	香山隆起山前凹地，同心-海源盆地北部，盆地北缘为香山隆起，西南缘为南、西华山隆起，南缘为六盘山隆起，陆源碎屑供给充足。成盐期间气候炎热干旱盆地中有较大的蒸发量
矿石类型	石膏、硬石膏、混合石膏
矿物组合	石膏、硬石膏、粘土矿物、方解石、白云石、石英、长石等。伴生芒硝、石盐、天青石
结构构造	纤维状、板状、粒状次生边结构，条带状、假砾状、花瓣状、团块状构造
成矿作用	湖水接受盆地周边山麓堆积和河流、湖泊碎屑岩-碳酸盐沉积，在干旱炎热与湿热交替条件下蒸发沉淀形成石膏矿
成矿物理化学条件	湖泊在持续炎热干燥条件下，湖水萎缩，富含碳酸盐的湖水沉淀形成石膏-硬石膏-芒硝和石盐矿
矿床成因机制	属于陆相碎屑-碳酸盐岩沉积矿床
成矿单元	河西走廊成矿带，Ⅳ-20③亚带
找矿标志	渐新统清水营组碎屑岩-碳酸盐岩-石膏、芒硝和盐岩
资料来源	宁夏同心县贺家口子石膏矿床详查报告

（10）找矿标志

地层标志：白垩系、古近系、新近系和第四系盐类沉积地层。

指示盐类存在的标识：膏盐溶角砾岩；陆相含盐层以红色岩系中的淡色碎屑岩及泥岩为主；含盐系分布区有盐泉、芒硝泉分布；石膏层及由石膏、泥岩及碳酸钙构成的石膏帽。

其他标志：含膏盐水系（如同心县境内发育的苦水河、清水河、陶乐北都思兔河和现代盐湖）上游地带；低重力异常（海源-六盘山异常带）和电阻率、伽马等测井异常。

2. 中宁县王家庄石膏矿床

王家庄石膏矿床位于宁夏中宁县境内，贺家口子石膏矿西南约 2 km，属喊叫水乡管辖，矿区交通方便。

矿区由中宁县王家庄石膏矿、中宁县王家庄北部石膏矿、中宁县王家庄南部石膏矿、中宁县王家庄西部石膏矿、中宁县王家庄石膏矿普查、中宁县喊叫水乡西山石膏矿和中宁县青山石膏矿 7 个探矿权圈定的勘查区构成。

2015 年，宁夏回族自治区矿产地质调查院在王家庄地区展开了石膏矿普查工作，大致查明大型石膏矿床 1 处，估算的石膏矿石资源总量为 298941×10^4 t，其中推断的内蕴经济资源量（333）为 112879×10^4 t，预测的内蕴经济资源量（334）为 186062×10^4 t；2017 年 2 月，中国建筑材料工业地质勘查中心宁夏总队编写了《宁夏中宁县王家庄石膏矿资源储量核实报告》。

（1）区域地质

王家庄石膏矿紧邻贺家口子石膏矿床，区域地质与其相同。

（2）矿区地质

区内大面积出露新生界古近系渐新统清水营组（E_3q），在山脊、梁顶和缓坡上见有第四系马兰组风积黄土沉积覆盖，该区地形切割剧烈，沟谷发育，地层出露较好，易于识别观察。

古近系清水营组（E_3q）。依据岩性组合特征及沉积旋回韵律，将该组自下而上划分为 3 个岩性段：①清水营组第一岩性段（砂岩段 E_3q^1），位于清水营组下部，在区内未见出露。②清水营组第二岩性段（膏岩段 E_3q^2），位于清水营组中下部，是石膏矿层比较集中、含矿率最高的岩段，据钻探控制厚度大于293.23 m，未揭穿地层，根据以往地质资料显示该岩段总厚度达300 m以上。该段为主要的含矿岩段，石膏单层最厚可达57.97 m。③清水营组第三岩性段（泥岩段 E_3q^3），位于清水营组上部，区域资料显示最大厚度150 m。为一套深浅不一的棕红色泥岩、粉砂质泥岩夹泥质或钙质粉砂岩、石膏质泥岩、泥质石膏岩。岩性变化较大，泥岩、粉砂质泥岩、粉砂岩、石膏质泥岩呈渐变关系。

第四系上更新统马兰组：分布于山脊、梁顶及缓坡上，为风积产物，覆盖在清水营组之上，厚度最大可达26 m，一般3~10 m。

矿区构造简单，构造线呈北西—南东向，矿区位于一不对称的箱状背斜构造（喊叫水-黄谷川背斜）的北东翼，倾向40°~58°，倾角18°~40°。矿区内未发现较大的断裂构造。

（3）矿层特征

矿层位于清水营组第二岩性段，总体走向北西—南东，矿区位于背斜北东翼，倾向40°~58°，倾角18°~40°，沟谷中可见岩矿层出露，厚度一般为50~150 m，岩性多为灰白色中厚-厚层状石膏、紫红色泥岩、粉砂质泥岩互层产出，间夹灰绿色粉砂质泥岩，以石膏层为主，厚度较稳定。矿层由上而下分为K1、K2、K3、K4、K5、K6、K7、K8、K10、K11共10个矿层，矿层厚度66.54~201.65 m，平均厚度130.32 m。K1、K3、K4、K6、K7、K10、K11属较稳定矿层，K2属不稳定矿层，K5、K8属稳定矿层。K5、K8和K11矿层为主要矿层。

矿层覆盖层主要由第四系黄土、粉砂土等松散堆积物组成，其下至K1矿层顶板含有少量古近系清水营组第二岩性段泥岩，夹少量粉砂质泥岩及薄层石膏，矿层与泥岩、粉砂岩呈韵律沉积。覆盖层厚度为4.98~26.00 m，在矿区内自西南至东北逐渐变薄的趋势。

（4）矿石质量

石膏矿石中主要矿物成分除石膏、硬石膏两种有用矿物外，脉石矿物以绢云母和石英为主，其次是方解石、白云石、氧化铁、黄铁矿及碳质。微量矿物含量小，但种类繁多。

石膏常呈半自形板状、粒状，多数已变为纤维石膏集合体，具定向排列，但石膏的板粒无定向性，部分纤维化石膏颗粒干净明亮，聚片双晶清楚，板粒大小不等，一般在0.2~5 mm之间；硬石膏呈细小粒状、不规则粒状、片状包裹在石膏颗粒中。

矿石结构主要有板状粒状结晶结构、碎屑状结构、碎屑-粒状变晶镶嵌结构、变斑泥状（或粉砂状）结构、纤维状变晶结构；矿石构造主要为块状构造、条带状构造、纤维状构造、团块状构造。

矿区石膏矿平均品位：$CaSO_4 . 2H_2O$ 75.32%，矿区内矿层品位变化系数在10.02%~15.35%之间，为稳定矿层。

（5）资源储量

截至2017年底，王家庄石膏矿经宁夏回族自治区国土资源厅备案的7个勘查区石膏资源储量（333+334）为115368.18×10^4 t，查明资源储量为111464.52×10^4 t，保有资源储量115368.18×10^4 t，为大型矿床。

3. 盐池县石记场北石膏矿床

石记场北石膏矿床位于盐池县西南约40 km处，东距青山乡约6 km，行政区划隶属盐池县青山乡管辖，矿区交通方便。

1999年，中国建筑材料工业地质勘查中心宁夏总队完成了《宁夏盐池县石膏资源普查地质报告》，包含石记场北石膏矿床部分范围。2014年，宁夏回族自治区国土资源调查监测院编制提交了《宁夏回族自治区盐池县石记场北石膏矿资源储量简测报告》，对勘查区内石膏抗体进行了概略的综合研究和评价，最终提交勘查区内3层石膏矿资源量（333+334）16418.74×10^4 t；其中推断的内蕴经济资源量（333）4583.72×10^4 t。2016年，中国建筑材料工业地质勘查中心宁夏总队编制提交了《宁夏盐池县石记场北石膏矿普查报告》，获求石膏矿资源量（333+334?）22237.76×10^4 t，其中推断的内蕴经济资源量（333）14146.05×10^4 t，预测的资源量（334?）8091.71×10^4 t，推断的内蕴经济资源量（333）占总资源量的63.61%。矿床剥采比0.91：1（m^3/m^3）。

（1）区域地质

石记场北石膏矿床地层属华北地层区（$Ⅲ_4$）、鄂尔多斯地层分区（$Ⅲ_4^2$）、盐池-环县地层小区（$Ⅲ_4^{2-1}$）。大地构造位置位于柴达木-华北板块（Ⅲ）、华北陆块（$Ⅲ_5$）、鄂尔多斯鄂尔多斯地块（$Ⅲ_5^1$）、鄂尔多斯中生代坳陷（$Ⅲ_5^{1-2}$）。所属成矿区带为鄂尔多斯（盆地）U-油气-煤-盐类成矿带（Mz；Kz）（Ⅲ-60）、鄂尔多斯中-新生代坳陷石油-天然气-煤（气）-盐类-石膏成矿亚带（Ⅳ-60①）。所属矿床成矿系列为与新生代沉积作用-表生作用有关的铁、石英砂、石膏、粘土、地下水等矿床成矿系列（9-Cz-1）、古近纪—新近纪沉积作用有关的粘土、石英砂、石膏矿床成矿亚系列（Cz_1-S-1）。

区域出露地层由东向西，自老至新有：下白垩统保安群环河组（K_1hh）、罗汉洞组（K_1lhd）、泾川组（K_1j），古近系渐新统清水营组（E_3q）和第四系。白垩系主要出露在矿区东部，清水营组在矿区零星出露，第四系广布全区。

（2）矿区地质

矿区出露地层主要为古近系渐新统清水营组和第四系。含矿层为清水营组，除东北部有零星露头外，绝大部分被第四系所覆盖，根据钻孔资料，本组岩性主要为灰黑-棕黑色泥岩，乳白-灰白色石膏岩、泥质石膏岩，砂质石膏岩及灰绿色泥岩，粉砂岩和含膏泥砂岩，属干燥炎热气候条件下的湖泊相沉积。

矿区构造简单，岩层呈微倾向南的单斜构造，地表与深部产状一致，中北部地层水平，中南部倾角1°~2°，整个矿区没有发现褶皱和断裂构造。

（3）矿体特征

石膏矿层赋存于清水营组第二岩性段（E_3q^2）中，地表绝大部分为第四系覆盖。含矿地层总体微倾向北西，呈近水平层状产出，南北长3114~3546 m，东西宽687~2453 m。共圈定石膏矿3层，由下而上编号为Ⅰ、Ⅱ和Ⅲ矿层。

Ⅰ矿层：赋存于清水营组第二岩性段（E_3q^2）下部，矿层呈近水平层状产出，微倾向北西，矿区内矿层厚度呈南西厚北东薄，厚度变化大，埋深1.20~33.66 m，矿层厚度2.03~17.81 m，平均厚度6.86 m。岩性主要为灰-灰白色块状石膏和泥质石膏（据钻孔资料，其厚度占比相近），夹少量灰绿色薄层含膏泥岩及泥岩，偶见有粉砂岩。其上为灰绿色泥岩、含膏泥岩层，厚度2~8.13 m，泥质结构，固结程度低，遇水易软化，大部分地段夹有一至两层厚度0.21~1.85 m薄层块状石膏、泥质石膏。

Ⅱ矿层：赋存于清水营组第二岩性段（E_3q^2）中部，岩性为灰白色块状石膏和泥质石膏（据钻孔资料，块状石膏厚度占比为71%，泥质石膏厚度占比为29%），多夹有灰绿色薄层含膏泥岩及泥岩。矿层呈近水平层状产出，埋深0.99~23.28 m，矿层厚度2.00~11.55 m，平均厚度6.43 m。块状石膏单层厚度0.25~6.11 m，泥质石膏单层厚度0.37~3.69 m，多夹有一至数层厚度0.22~1.21 m的泥岩、含膏泥岩、粉砂岩。在矿区北部厚度稳定，中部和南部厚度不稳定。

Ⅲ矿层：赋存于清水营组第二岩性段（E_3q^2）上部，位于Ⅱ矿层之上，岩性主要为灰-灰白色泥质石膏和块状石膏（据钻孔资料，块状石膏厚度占比为62%，泥质石膏厚度占比为38%），夹灰绿色薄层含膏泥岩及泥岩。矿层呈近水平层状产出，埋深4.39~14.46 m，矿层厚度2.24~4.98 m，平均厚度3.74 m。块状石膏单层厚度0.55~1.68 m，泥质石膏单层厚度0.24~1.34 m，夹有1~3层厚度0.22~0.97 m的薄层泥岩、含膏泥岩。矿层厚度不稳定，仅在矿区北西部部分钻孔内可见（图17-10，图17-11）。

（4）矿石特征

石膏矿石主要矿物成分为石膏+硬石膏，其次为粘土矿物，少量硅质及钙质等。石膏+硬石膏：呈纤维状、片状和针状，无色，负低突起，可见一组完全解理，一级白至黄干涉色。石膏以片状集合体层层紧密堆叠的形态存在，纤维状和针状分布于片状表面。粒径：片状0.05~6 mm；纤维状0.2~3 mm；针状0.2~0.4 mm。

图 17-10　石记场北石膏矿采矿现状
（向连格摄，2017）

图 17-11　石记场北石膏矿矿层特征
（向连格摄，2017）

矿石平均品位石膏+硬石膏为 72.56%。其中Ⅰ矿层平均品位石膏+硬石膏为 73.78%；Ⅱ矿层平均品位石膏+硬石膏为 71.38%；Ⅲ矿层平均品位石膏+硬石膏为 67.16%。

（5）资源储量

截至 2017 年底，石记场北石膏矿经宁夏回族自治区国土资源厅备案的累计查明石膏资源储量为 14146.05×10^4 t，保有石膏资源储量 14146.05×10^4 t。矿床规模属大型石膏矿床。

4. 盐池县余家圈石膏矿床

余家圈石膏矿位于盐池县中部的石记场石膏矿区南部，行政区划属吴忠市盐池县大水坑镇管辖，矿区交通便利。矿区由余家圈石膏矿详查区、余家圈石膏矿东部详查区和余家圈石膏矿西部详查区组成。

2008 年，宁夏回族自治区矿产地质调查所对该矿进行普查，2009 年提交了《宁夏盐池县余家圈石膏矿普查报告》，2016 年开展了详查工作，2017 年宁夏回族自治区矿产地质调查院对余家圈西部、东部详查区石膏矿资源储量进行了核实。

余家圈石膏矿床地层属华北地层区（$Ⅲ_4$）、鄂尔多斯地层分区（$Ⅲ_4^2$）、盐池-环县地层小区（$Ⅲ_4^{2-1}$）。大地构造位置位于柴达木-华北板块（Ⅲ）、华北陆块（$Ⅲ_5$）、鄂尔多斯鄂尔多斯地块（$Ⅲ_5^1$）、鄂尔多斯中生代坳陷（$Ⅲ_5^{1-2}$）。所属成矿区带为鄂尔多斯（盆地）U-油气-煤-盐类成矿带（Mz；Kz）（Ⅲ-60）、鄂尔多斯中-新生代坳陷石油-天然气-煤（气）-盐类-石膏成矿亚带（Ⅳ-60①）。所属矿床成矿系列为与新生代沉积作用-表生作用有关的铁、石英砂、石膏、粘土、地下水等矿床成矿系列（9-Cz-1）、古近纪—新近纪沉积作用有关的粘土、石英砂、石膏矿床成矿亚系列（Cz_1-S-1）。区域出露地层主要有下白垩统保安群环河组（K_1hh）、罗汉洞组（K_1lhd）、泾川组（K_1j），古近系渐新统清水营组（E_3q）和第四系。白垩系主要出露在矿区东部，清水营组在矿区零星出露，第四系广布全区。

矿区出露地层主要为白垩系泾川组、渐新统清水营组及第四系。含矿层为清水营组，该组分为两个岩性段：第一岩性段为内陆湖泊相沉积，岩性为棕红色、褐灰色泥岩，中间夹浅棕红色、灰绿色砂岩，砂岩具大型交错层理，泥质胶结，风化易碎；第二岩性段岩性为棕红色、深黄色泥质细砂岩，浅灰色、浅灰黄色、深灰色粉砂质泥岩、泥岩、含膏泥岩、含膏砂岩和石膏。该段底部为泥质石膏层，与下伏第一岩性段褐灰色泥岩颜色、岩性特征区分明显，为赋矿地层。

由于受区域上轴向近南北向的天环向斜构造控制，矿区总体构造线方向为南北向。区内的古近系清水营组产状近于水平，无明显褶皱和断裂，构造对矿层基本没有影响，属构造简单地区。

矿层主要赋存于清水营组第二岩性段中，含矿 1 层。矿体呈层状，产状近水平，矿层较为稳定。总体上矿层在纵向上中部厚度较大，向南北两侧厚度变小，在横向上东部厚度较大。矿层顶板大多为清水营组灰绿-灰黑色泥岩、含膏泥岩，少部分为第四系洪积物；底板均为清水营组第一岩性段浅灰色、深灰色、褐灰色、棕红色、灰黑色泥岩，其下部夹厚度不等的细粒长石石英砂岩。

矿石自然类型为泥质石膏、块状石膏、砂质石膏。主要矿物成分为石膏，其次为硬石膏、白云石、天青石以及少量高岭石等粘土矿物、盐类矿物等。石膏呈粗粒状、板状；硬石膏、白云石、天青石等矿物则以细小粒状、不规则粒状、片状包裹在石膏颗粒中。石膏多呈团块状、块状构造，含泥质，呈层状、似层状产出。

矿石化学组分：SO_3 含量在 21.39%~45.87%之间，平均值为 40.01%；H_2O^+ 含量在 13.08%~19.84%之间，平均值为 18.00%；$CaSO_4 \cdot 2H_2O + CaSO_4$ 含量在 54.87%~97.06%之间，平均值为 86.01%。

截至 2017 年底，余家圈石膏矿经宁夏回族自治区国土资源厅备案的累计查明石膏资源储量（332+333）为 8404.19×10^4 t，属大型石膏矿床。

5. 平罗县陶乐北石膏矿床

陶乐北石膏矿位于宁夏石嘴山市东部黄河以东地区，行政区划属石嘴山市平罗县红崖子乡、陶乐北镇和高仁镇三个乡镇。交通较为便利。

2009~2010 年，宁夏回族自治区地质调查院开展“宁夏石嘴山市陶乐北部勘查区煤炭普查项目”时，钻遇石膏矿层。求获石膏资源量（334）为 325632.00×10^4 t。

矿区西临黄河，东临鄂尔多斯市毛乌素沙漠，被第四系覆盖，厚度 0~17 m，仅在矿区北部的红崖子和南部的月牙湖地表出露古近系渐新统清水营组（E_3q）。

陶乐北石膏矿床地层属华北地层区（$Ⅲ_4$）、鄂尔多斯西缘地层分区（$Ⅲ_4^1$）、贺兰山地层小区（$Ⅲ_4^{1-1}$）。大地构造位置位于柴达木-华北板块（Ⅲ）、华北陆块（$Ⅲ_5$）、鄂尔多斯地块（$Ⅲ_5^1$）、鄂尔多斯西缘中元古代—早古生代裂陷带（$Ⅲ_5^{1-1}$）。所属成矿区带为鄂尔多斯西缘（陆缘坳褶带）Fe-Pb-Zn-磷-石膏-芒硝成矿带（Ⅲ-59）、陶乐-彭阳冲断带煤（气）-石灰岩-白云岩成矿亚带（Ⅳ-59③）。所属矿床成矿系列为与新生代沉积作用-表生作用有关的铁、石英砂、石膏、粘土、地下水等矿床成矿系列（9-Cz-1）、古近纪—新近纪沉积作用有关的粘土、石英砂、石膏矿床成矿亚系列（Cz_1-S-1）。含矿层为渐新世清水营组，该组厚度在矿区北部为 355.4~513.73 m，中部 671.38 m，南部 211 m（钻孔资料），矿区为一倾向西的单斜构造。在 285 km^2 范围内，以走向 400~600 m，倾向 200~400 m 的勘探间距，13 个钻孔见石膏矿层，石膏矿层呈层状，倾向西，倾角 4°。矿层厚度 2.59~9.49 m，平均厚度 5.17 m。石膏矿层顶、底板为石膏质泥岩或含石膏为主。夹石率约 10%，矿体埋深约 400 m。矿石主要为石膏和硬石膏，矿石质量较好，矿石品位：$CaSO_4 \cdot 2H_2O + CaSO_4$ 75.55%~92.02%。矿床规模为一大型石膏矿床，属隐伏石膏矿床，暂未利用。

6. 盐池县石记场东石膏矿床

矿区位于盐池县南部，行政区划属中卫市盐池县青山乡，交通方便。

石记场东石膏矿床地层属华北地层区（$Ⅲ_4$）、鄂尔多斯地层分区（$Ⅲ_4^2$）、盐池-环县地层小区（$Ⅲ_4^{2-1}$）。大地构造位置位于柴达木-华北板块（Ⅲ）、华北陆块（$Ⅲ_5$）、鄂尔多斯鄂尔多斯地块（$Ⅲ_5^1$）、鄂尔多斯中生代坳陷（$Ⅲ_5^{1-2}$）。所属成矿区带为鄂尔多斯（盆地）U-油气-煤-盐类成矿带（Mz；Kz）（Ⅲ-60）、鄂尔多斯中-新生代坳陷石油-天然气-煤（气）-盐类-石膏成矿亚带（Ⅳ-60①）。所属矿床成矿系列为与新生代沉积作用-表生作用有关的铁、石英砂、石膏、粘土、地下水等矿床成矿系列（9-Cz-1）、古近纪—新近纪沉积作用有关的粘土、石英砂、石膏矿床成矿亚系列（Cz_1-S-1）。

石记场东石膏矿床由 6 个采矿区组成。2013 年，由中国建筑材料工业地质勘查中心宁夏总队进行简测。

石记场矿区 H1 石膏矿：矿层赋存于古近系渐新统清水营组第二岩性段中，矿层呈近水平层状产出，微倾向南西，矿层厚度较为稳定。共圈定石膏矿 3 层，平均矿层总厚度 9.90 m。矿石平均品位：

石膏+硬石膏（$CaSO_4 \cdot 2H_2O+CaSO_4$）80.89%。查明控制的内蕴经济资源量（332）为 334.79×10^4 t，保有石膏资源储量 334.79×10^4 t，未利用。

石记场矿区 H2 石膏矿：矿层赋存于古近系渐新统清水营组第二岩性段中，呈近水平层状产出，微倾向南西，矿层厚度较为稳定。共圈定石膏矿 3 层，矿层厚度 8.57 m。矿石平均品位：石膏+硬石膏（$CaSO_4 \cdot 2H_2O+CaSO_4$）83.62%。查明控制的经济资源储量（122b）为 203.31×10^4 t，保有石膏资源储量 195.81×10^4 t，已开采。

石记场矿区 J 石膏矿：矿层赋存于古近系渐新统清水营组第二岩性段中，呈近水平层状产出，微倾向南西，倾角小于 2°，矿层厚度较为稳定。共圈定石膏矿 3 层，矿层厚度 8.50 m。矿石平均品位：石膏+硬石膏（$CaSO_4 \cdot 2H_2O+CaSO_4$）84.03%。查明控制的内蕴经济资源量（332）213.29×10^4 t，保有资源储量 203.39×10^4 t，已开采。

石记场矿区 K 石膏矿：矿层赋存于古近系渐新统清水营组第二岩性段中，呈近水平层状产出，微倾向西南，矿层较为稳定。含矿 3 层，平均厚度 7.32 m，矿石为灰色-灰白色块状石膏，深灰色、灰绿色泥质石膏，矿石平均品位：石膏+硬石膏（$CaSO_4 \cdot 2H_2O+CaSO_4$）80.40%。查明资源量 72.39×10^4 t，其中控制的内蕴经济资源量（332）36.81×10^4 t，推断的内蕴经济资源量（333）35.58×10^4 t，合计 72.39×10^4 t，未利用。

石记场矿区 T 石膏矿：矿层赋存于古近系渐新统清水营组第二岩性段中，呈近水平层状产出，微倾向西南，矿层较为稳定；含矿 3 层矿，平均厚度 5.23 m，矿石为灰白色块状石膏、深灰色泥质石膏，矿石平均品位：石膏+硬石膏（$CaSO_4 \cdot 2H_2O+CaSO_4$）87.58%。查明控制的内蕴经济资源量（332）101.89×10^4 t，未利用。

石记场矿区 Z 石膏矿：矿层赋存于古近系渐新统清水营组第二岩性段中，呈近水平层状产出，微倾向西南，矿层较为稳定。含矿 3 层，平均厚度 5.42 m，矿石为深灰色、灰白色块状石膏，矿石平均品位：石膏+硬石膏（$CaSO_4 \cdot 2H_2O+CaSO_4$）89.38%。查明控制的内蕴经济资源量（122b+332）为 144.09×10^4 t，未利用。

以上 6 个矿区经宁夏回族自治区国土资源厅备案的累计查明石膏资源储量（122b+332+333）为 1069.76×10^4 t，保有石膏资源储量 1052.36×10^4 t，属中型石膏矿床。

7. 盐池县黄米湾石膏矿床

矿区位于盐池县中部的黄米湾地区，紧邻石记场矿区。行政区划属吴忠市盐池县大水坑镇、青山乡，矿区交通便利。

2008~2015 年，先后有宁夏回族自治区矿产地质调院、中国建筑材料工业地质勘查中心宁夏总队对黄米湾石膏矿进行普查、详查、补充勘探及储量核实工作。

矿区由黄米湾石膏矿详查区、黄米湾北段石膏矿补充详查区、黄米湾东部石膏矿详查区、黄米湾中段石膏矿勘探区、黄米湾南段石膏矿勘探区和黄米湾石膏矿区 M 石膏矿组成。

黄米湾石膏矿床地层属华北地层区（$Ⅲ_4$）、鄂尔多斯地层分区（$Ⅲ_4^2$）、盐池-环县地层小区（$Ⅲ_4^{2-1}$）。大地构造位置位于柴达木-华北板块（Ⅲ）、华北陆块（$Ⅲ_5$）、鄂尔多斯鄂尔多斯地块（$Ⅲ_5^1$）、鄂尔多斯中生代坳陷（$Ⅲ_5^{1-2}$）。所属成矿区带为鄂尔多斯（盆地）U-油气-煤-盐类成矿带（Mz；Kz）（Ⅲ-60）、鄂尔多斯中-新生代坳陷石油-天然气-煤（气）-盐类-石膏成矿亚带（Ⅳ-60①）。所属矿床成矿系列为与新生代沉积作用-表生作用有关的铁、石英砂、石膏、粘土、地下水等矿床成矿系列（9-Cz-1）、古近纪—新近纪沉积作用有关的粘土、石英砂、石膏矿床成矿亚系列（Cz_1-S-1）。以东部详查区为例，矿区出露地层有古近系渐新统清水营组（E_3q）、第四系上更新统洪积层和第四系全新统湖积层。矿区内清水营组呈近水平层状产出，走向近东西向，微向西倾，倾角 1°~2°，无明显褶皱和断裂，构造对矿层基本没有影响，属构造简单地区。

含矿地层为古近系清水营组第二岩性段（E_3q^2），分布于整个矿区，厚度 5.98~23.42 m，下部为灰白色块状石膏、泥质石膏层（矿层），厚度 3.84~21.23 m，平均厚度 10.17 m，部分地段夹 1~3 层厚度 0.33~1.90 m 的灰绿色泥岩、含石膏泥岩，与下伏第一岩性段区分明显；中部为灰绿色泥岩、含膏泥岩层，厚度 1.93~13.51 m，平均厚度 6.61 m，泥质结构，固化程度低，遇水易软化，大部分地段夹有 1~3 层厚度 0.36~1.67 m 的薄层泥质石膏和块状石膏；上部为灰白色块状石膏、泥质石膏层（矿层），厚度 1.96~11.55 m，平均厚度 4.15 m，多夹 1~3 层厚度 0.23~1.00 m 的含膏泥岩；顶部为灰绿色泥岩、含膏泥岩，厚度 0~14.53 m，平均厚度 7.21 m，泥质结构，固化程度低，遇水易软化，局部地段夹一至数层薄层石膏、泥质石膏。含矿 2 层，矿石品位：$CaSO_4 \cdot 2H_2O$ 平均含量为 79.69%，不含或含少量硬石膏。

6 个矿区备案探明石膏资源储量（332+333）为 35800.11×10^4 t，保有石膏资源储量 35800.11×10^4 t，属大型石膏矿床。未利用。

8. 盐池县麻黄山乡青山石膏矿床

矿床位于盐池县东南青山，行政区划属吴忠市盐池县麻黄山乡，交通方便。

2009~2011 年，中国建筑材料工业地质勘查中心宁夏总队对宁夏盐池县麻黄山乡青山石膏矿探矿权范围开展了详查工作。

青山石膏矿床地层属华北地层区（$Ⅲ_4$）、鄂尔多斯地层分区（$Ⅲ_4^2$）、盐池-环县地层小区（$Ⅲ_4^{2-1}$）。大地构造位置位于柴达木-华北板块（Ⅲ）、华北陆块（$Ⅲ_5$）、鄂尔多斯鄂尔多斯地块（$Ⅲ_5^1$）、鄂尔多斯中生代坳陷（$Ⅲ_5^{1-2}$）。所属成矿区带为鄂尔多斯（盆地）U-油气-煤-盐类成矿带（Mz；Kz）（Ⅲ-60）、鄂尔多斯中-新生代坳陷石油-天然气-煤（气）-盐类-石膏成矿亚带（Ⅳ-60①）。所属矿床成矿系列为与新生代沉积作用-表生作用有关的铁、石英砂、石膏、粘土、地下水等矿床成矿系列（9-Cz-1）、古近纪—新近纪沉积作用有关的粘土、石英砂、石膏矿床成矿亚系列（Cz_1-S-1）。含矿地层为古近系渐新统清水营组第二岩性段，岩性以泥质石膏、角砾状石膏、块状雪花石膏及砂质石膏为主，产状 230°~267°∠1°~3°，呈层状、似层状，为一连续矿层。矿石品位：$CaSO_4 \cdot 2H_2O$ 87.37%。该矿床备案的资源储量（332）为 1084.51×10^4 t，保有石膏资源储量 1063.37×10^4 t，勘查程度为详查，矿床为中型石膏矿床，已利用。

第三节　矿床时空分布特征及成矿规律

一、时空分布特征

根据宁夏石膏矿成矿时段，对已备案探明资源储量的石膏矿进行统计，早石炭世有 3472.077×10^4 t，早白垩世暂无资源量，渐新世有 827024.719×10^4 t。

根据成矿亚带对已知资源量进行统计，Ⅳ-20①亚带有 68×10^4 t；Ⅳ-20②亚带有 20×10^4 t；Ⅳ-20③亚带有 435778.707×10^4 t；Ⅳ-21①亚带有 367.799×10^4 t；Ⅳ-59③亚带有 325632×10^4 t；Ⅳ-60①亚带有 68630.29×10^4 t（表 17-7）。

表 17-7　宁夏石膏矿时空分布

成矿亚带	成矿时段			含矿建造
	早石炭世/10^4 t	早白垩世/10^4 t	渐新世/10^4 t	
Ⅳ-20①	68			前黑山组碎屑岩-碳酸盐岩建造
Ⅳ-20②	20			
Ⅳ-20③	3384.077		432394.63	清水营组红色碎屑岩含石膏建造
Ⅳ-21①			367.799	早白垩世碎屑岩-碳酸盐建造
Ⅳ-59③			325632	清水营组红色碎屑岩含石膏建造
Ⅳ-60①			68630.29	清水营组红色碎屑岩含石膏建造

二、成矿规律

宁夏的石膏主要产出在3个成矿期和2个成矿亚区（带）。3个主要成矿期为：早石炭世、早白垩世和古近纪渐新世。2个成矿亚区（带）为：鄂尔多斯中-新生代坳陷石油-天然气-煤（气）-盐类-石膏成矿亚带（Ⅳ-60①）和香山褶断带Fe-Cu-煤-石灰岩-石膏-粘土成矿亚带（Ⅳ-20③）。

1. 早石炭世石膏矿

早石炭世祁连海水由南西进入宁夏，向东到牛首山-大罗山一带被鄂尔多斯古陆阻挡，向南到海原以北，被南、西华山隆起隔离，形成北、东、南三面为陆，西部为海的卫宁古海湾。早石炭世共经历了3次海侵-海退，组成3个沉积旋回。旋回Ⅰ沉积相由潮间坪至弱咸化潟湖，局部为咸化潟湖；旋回Ⅱ沉积相为浅海-弱咸化或咸化潟湖；旋回Ⅲ沉积相为浅海-潮上泥炭沼泽。旋回Ⅰ为炎热干燥气候，至旋回Ⅲ转为温暖潮湿。宁夏早石炭世处于祁连海向北东延伸的古海湾，在气候干热、海水流通不畅的潟湖环境中形成的，主要在Ⅳ-20③香山褶断带Fe-Cu-煤-石灰岩-石膏-粘土成矿亚带形成小红山、甘塘石等一系列石膏矿。成矿作用发生于旋回Ⅰ、Ⅱ上部海退序列。

下石炭统石膏和硬石膏岩主要分布于中卫甘塘、小红山、下河沿小洞山、狼嘴子及青铜峡野猫子山等地，属潟湖相沉积。矿层赋存于前黑山组中部，赋石膏1~6层，主矿层1层。厚度一般为10~55 m，个别地段厚度仅2 m。含膏岩系呈带状分布，矿层厚度大，质量好。矿石化学成分：$CaSO_4 \cdot 2H_2O+CaSO_4$ 为80.13%~95.77%。石膏岩可分为细-粗晶石膏、块状石膏、条带状石膏和角砾状石膏。此外，根据杂质成分及含量可分为含白云质石膏、含泥质石膏、泥质石膏等过渡类型。硬石膏岩一般分布于距地表150 m以下，有块状和角砾状2种，呈灰-深灰色，成分主要为硬石膏，少量碳酸盐矿物，具花岗变晶结构，晶粒大小不等，呈斑杂状分布。

2. 早白垩世石膏矿

早白垩世宁夏经中燕山运动抬升后又下降，在宁南地区发育一大型内陆湖泊-六盘山盆地，沉积了杂色碎屑含盐建造。下白垩统六盘山群乃家河组石膏岩主要出露于海原县李俊、曹洼和固原市须弥山等地。石膏岩中石膏含量50%~90%，次为方解石、泥质等杂质。石膏呈自形、半自形或他形晶，少数石膏晶体中有粉晶方解石包体。该石膏岩具花岗变晶结构、纤维状结构、板状变晶结构、粒状及次生边结构，块状、条带状、角砾状构造。$CaSO_4 \cdot 2H_2O$ 含量一般为50%~70%，最高92.58%。石膏岩夹于灰绿色泥岩、灰岩岩层中，层数多、单层厚度一般0.7~2.7 m，最厚11.7 m，为内陆湖相沉积。

3. 渐新世石膏矿

渐新世早喜马拉雅运动后山间盆地和内陆盆地沉降，接受红色碎屑含盐建造，形成了多个中型-特大型石膏矿床，赋矿地层为清水营组，为宁夏最主要的石膏成矿期。主要由紫红色泥岩、砂岩和石膏岩组成，各地所见岩性基本一致，但沉积厚度差异较大。

贺家口子地区清水营组与下伏寺口子组连续沉积，厚度653.2 m，岩性为灰白、浅绿灰、浅紫红色薄-中厚层（含泥质）石膏岩、泥质石膏岩、含砂质石膏岩夹紫红、灰绿、蓝灰、黄绿色泥岩，自下而上泥岩渐增，石膏岩渐减，至上部基本以泥岩、粉砂质泥岩为主，夹少量泥质石膏岩。在中宁贺家口子-田子端一带石膏岩厚度较大，形成了大型石膏矿，含工业石膏矿层12~147层，厚度29.08~151.57 m，单层最大厚度36.71 m。矿石类型主要是泥质石膏，矿石含 $CaSO_4 \cdot 2H_2O+CaSO_4$ 一般为55%~85%。

宁东陶乐北-灵（武）盐（池）地区，清水营组产状平缓且出露不佳，岩性与贺家口子剖面大致相似。该区本组未见顶底，岩性为紫红、砖红、橘红色泥岩、粉砂质泥岩夹灰白色石英砂岩等。在陶乐北清水营组直接不整合于下白垩宜君组之上，厚度211~671.38 m，含石膏一层，厚度2.59~9.49 m，矿石类型为普通石膏，矿石 $CaSO_4 \cdot 2H_2O+CaSO_4$ 一般为75.55%~92.02%；在盐池茹河剖面清水营组直接不整合于下白垩统保安群之上，未见顶，厚度大于46.2 m，岩性以橘红色泥质粉砂岩、细砂岩为主，夹灰绿、灰白色泥质砂岩、石膏质砂岩和石膏岩。在盐池青山（侯家河）一带石膏岩较发育，构成大型石膏矿床。含石膏 1~4 层，厚 1.6~26.99 m，石记场、石记场北、余家圈、黄米湾、青山一带石膏层厚度 9~20 m。矿石类型主要是泥质石膏和普通石膏，矿石含 $CaSO_4 \cdot 2H_2O+CaSO_4$ 一般为 78.09%~96.76%。

在宁夏南部固原六盘山东、西两侧清水营组较发育，仅在西侧的张易-赵家洼地区现石膏矿层。石膏层较薄，张易一带含石膏多层，厚度 0.2~0.5 m。赵家洼一带含石膏 2~3 层，厚度 3.32~5.22 m。矿石含 $CaSO_4 \cdot 2H_2O$ 71.20%~75.46%。

第十八章　芒　　硝

第一节　概　　述

一、芒硝的特征和主要经济用途

芒硝为含水的硫酸钠矿物，化学式 $Na_2SO_4 \cdot 10H_2O$，理论成分 Na_2SO_4 44.1%，结晶水 55.9%，单斜晶系，晶体呈短柱状、针状和板状，集合体呈粒状、块状、皮壳状、纤维状，无色或白色，玻璃光泽，具完全的板面解理，硬度 1.5~2，密度 1.49 g/cm^3。味清凉略苦咸，极易潮解，在干燥的空气中逐渐失去水分而转变为白色粉末状的无水芒硝。

无水芒硝为不含水的硫酸钠矿物，化学式 Na_2SO_4，理论成分 Na_2O 43.68%，SO_3 56.32%，有时含少量的氧化钾、氧化镁。斜方晶系，晶体呈双锥状、柱状、板状，集合体为粒状、块状，透明至半透明，一般无色、灰白色、黄色、黄棕色，玻璃-油脂光泽，断口参差状，硬度 2.5~3，密度 2.6~2.68 g/cm^3。易溶于水，味微咸，有冷感，暴露空气中易吸湿成为含水硫酸钠。

在化学工业中，芒硝主要用于制取工业硫酸钠，如元明粉和硫化钠（硫化碱）、硫酸铵、硫酸钾等重要化工原料，还用于玻璃、制革、造纸、染料、人造纤维、医药、冶金等工业部门。

二、芒硝矿产地数量

宁夏芒硝矿主要有岩盐共伴生芒硝、断裂间隙矿泉沉淀芒硝、湖相沉积埋藏芒硝及现代化学盐湖共伴生芒硝。

目前，宁夏共有芒硝矿产地 7 处，除固原硝口-上店子岩盐矿床伴生芒硝矿为大型矿床外，其他均为小型矿床或矿点（表 18-1）。

表 18-1　宁夏芒硝矿产地一览表

序号	矿产地名称	所在地区	勘查程度	矿床规模	矿床类型	成矿时代	开发利用情况
1	硝池子芒硝矿	吴忠市盐池县	预查	矿点	蒸发沉积型	全新统	停采
2	海牛滩芒硝矿	吴忠市盐池县	详查	小型	蒸发沉积型	全新统	开采
3	井沟芒硝矿	吴忠市盐池县	预查	矿点	蒸发沉积型	全新统	停采
4	大盐池芒硝矿	吴忠市红寺堡区	预查	矿点	蒸发沉积型	全新统	停采
5	硝口-上店子芒硝矿	固原市原州区	详查	大型	蒸发沉积型	早白垩世	开采
6	硝口芒硝矿泉	固原市原州区	预查	矿点	蒸发沉积型	第四系	停采
7	庙儿岔芒硝矿	固原市西吉县	普查	小型	蒸发沉积型	全新统	停采

三、芒硝矿地理分布

宁夏芒硝矿资源主要分布于固原市原州区、西吉县，吴忠市盐池县、红寺堡区及灵武市。

四、芒硝矿矿床类型

根据“中国矿产地质志”矿床（成因/工业）类型划分表，宁夏芒硝矿均为蒸发沉积型矿床。

五、芒硝矿资源储量

截至2017年底，宁夏矿产资源储量数据库中固原硝口-上店子岩盐矿累计查明芒硝资源储量 12900.00×10^4 t，其中，控制的内蕴经济资源量（332）为 4800.00×10^4 t，推断的内蕴经济资源量（333）为 8100.00×10^4 t，预测的资源量（334）为 16200.00×10^4 t。

六、芒硝矿勘查与开发利用程度

1959年，宁夏地质局宁西地质队对全区60余处盐湖进行调查；1960~1961年，宁夏地质局宁东地质队对宁夏全域及邻省的盐湖进行普查。对宁东、宁南9个盐湖及邻区2个盐湖进行了评价，编写了调查工作报告、编制了相应的附图，并调查了盐湖和盐类矿床有关的盐池、盐滩84个。

宁夏芒硝矿产开发历史悠久，中华人民共和国成立前主要是民间开采，主要用于制革。中华人民共和国成立后由乡镇企业组织开采，成立了一些小型化工厂，被开采利用的盐湖有：盐池县海牛滩、惠安堡、硝口芒硝泉、井沟和银川市的马家庄盐湖。主要开采表层芒硝，盐池县海牛滩盐湖现还在开采，主要生产颗粒芒硝和风化芒硝及苦卤制取硫酸钾、硫酸钠、盐等。

第二节　矿产地分论

一、早白垩世蒸发沉积型岩盐伴生芒硝矿床

固原硝口-上店子芒硝矿床

硝口-上店子芒硝矿位于固原市原州区硝口-上店子地区。行政区划属固原市原州区中河乡，矿区距固原市西北约25 km，309国道由矿区南部经过，至矿区有简易乡村公路相通，交通方便。

硝口-上店子芒硝矿床地层属祁连地层区（$Ⅲ_2$）、北祁连地层分区（$Ⅲ_2^1$）、靖远-西吉地层小区（$Ⅲ_2^{1-1}$）。大地构造位置位于柴达木-华北板块（Ⅲ）、祁连早古生代造山带（$Ⅲ_2$）、北祁连中元古代—早古生代海沟系（$Ⅲ_2^1$）、景泰-海原中元古代—早古生代弧后盆地（$Ⅲ_2^{1-1}$）。所属成矿区带为北祁连Cu-Pb-Zn-Fe-Cr-Au-Ag-硫铁矿-石棉成矿带（Pt_2；Pt_3-Pz_1）（Ⅲ-21）、南、西华山-六盘山冲断带Au-Cu-Pb-Zn-硫铁-泥炭-岩盐成矿亚带（Ⅳ-21①）。所属矿床成矿系列为与中生代沉积作用有关的铜、石英砂岩、煤、油气、油页岩、粘土矿床成矿系列（7-Mz-S）。

硝口-上店子芒硝矿床与岩盐矿呈共伴生存在。芒硝在岩盐层和部分夹石层中均有分布，厚度相对较小，但分布较广，多呈透镜状，Na_2SO_4 含量局部已达到工业品位，构成工业矿体。矿石类型分为无水芒硝和钙芒硝。无水芒硝（Na_2SO_4）呈白色或浅灰色，不透明-半透明，半自形-他形粒状，结构粒度1~5 mm，部分为粉晶状集合体，呈致密块状。多分布于岩石裂隙中，也少量见于沉积岩石中与粘土矿物混生，部分芒硝中见少量的白云石钠长石粘土质杂质。Na_2SO_4 含量80%。电子探针成分测定Na 36.29%，S 22.83%，O 40.88%，能谱分析表明部分沉积型无水芒硝含有少量K元素。钙芒硝（$Na_2SO_4 \cdot CaSO_4$）呈无色或白色，透明-半透明，结晶粒度不等，多为粒状集合体，一般0.3~1 mm，部分自形-半自形板状晶可达2~5 mm。呈单晶状者分布于灰色或紫红色的白云质钠长石泥岩中，集合体可见呈层理状分布；在沉积物中与粘土共生者小至20~50 μm，部分见微晶球状集合体、针状集合体，为早期原生沉积成因矿物。

硝口-上店子芒硝矿床累计查明芒硝资源储量 12900.00×10^4 t，其中，控制的内蕴经济资源量

（332）为 4800.00×10^4 t，推断的内蕴经济资源量（333）为 8100.00×10^4 t，预测的资源量（334）?为 16200.00×10^4 t。构成大型芒硝矿床，详见本志第十四章之“固原硝口-上店子岩盐矿”。

二、矿泉沉积型芒硝矿床

固原市硝口矿泉芒硝矿点

硝口矿泉芒硝矿点位于硝口岩盐矿床南部，行政区划属固原市原州区彭堡镇管辖，交通方便。

1986 年，宁夏地质矿产局第二水文队在硝口村附近施工了 G56 钻孔，供原硝口化工厂抽采卤水；1990~1991 年，宁夏地质局矿产地质调查所在硝口地区开展了芒硝矿普查，施工了 4 个水文钻孔，探获 1 处卤水芒硝矿；1993 年，宁夏地质矿产局第二水文队先后在硝口地区施工了三口卤水生产井，供硝口化工厂抽卤水生产芒硝，年产芒硝约 1000 t，现已停产。

硝口矿泉芒硝矿点地层属祁连地层区（$Ⅲ_2$）、北祁连地层分区（$Ⅲ_2^1$）、靖远-西吉地层小区（$Ⅲ_2^{1-1}$）。大地构造位置位于柴达木-华北板块（Ⅲ）、祁连早古生代造山带（$Ⅲ_2$）、北祁连中元古代—早古生代海沟系（$Ⅲ_2^1$）、景泰-海原中元古代—早古生代弧后盆地（$Ⅲ_2^{1-1}$）。所属成矿区带为北祁连 Cu-Pb-Zn-Fe-Cr-Au-Ag-硫铁矿-石棉成矿带（Pt_2；Pt_3-Pz_1）（Ⅲ-21）、南、西华山-六盘山冲断带 Au-Cu-Pb-Zn-硫铁-泥炭-岩盐成矿亚带（Ⅳ-21①）。所属矿床成矿系列为与新生代沉积作用-表生作用有关的铁、石英砂、石膏、粘土、地下水等矿床成矿系列（9-Cz-1）、古近纪—新近纪沉积作用有关的粘土、石英砂、石膏矿床成矿亚系列（Cz_1-S-1）。

硝口矿泉芒硝矿点属断裂形成间歇矿泉芒硝矿，具有多个矿泉组成，是从下白垩统马东山组中涌出的泉水中析出的。高矿化盐卤水沿断裂带涌出，形成诸多上升泉，泉水涌水量为 1.0~1.1 L/s，矿化度 10~129 g/L。

芒硝矿泉位于硝口岩盐矿床南侧。产于叶家河断层与硝口平推断层交汇处，为渐新统清水营组与下白垩统马东山组的接触带。呈矿泉群涌出，与硝口-上店子岩盐矿床有成因联系。矿泉主要受地表水渗透或地下水循环作用形成。也就是说当大气降水或地下水溶解了含盐地层中的盐类，沿断裂下渗，反复渗透卤水。在深部热力、压力的作用下沿裂隙上升涌出地表（泉水温度约 20℃），芒硝沉积于泉口下方旁侧，呈芒硝层，芒硝物质来于下白垩统乃家河组岩盐矿层和渐新统含膏盐地层。该芒硝泉水，为地下水溶解早白垩世盐硝而成。

矿石（泉华）化学成分：Na_2SO_4 95.61%，NaCl 0.99%，$CaSO_4$ 0.66%，$MgSO_4$ 0.06%，水不溶物 2.55%；泉水化学成分：Na_2SO_4 4.91%，NaCl 1.82%，$CaSO_4$ 0.55%，$MgSO_4$ 0.13%。

三、现代盐湖蒸发沉积型芒硝矿床

（一）盐池县海牛滩盐湖芒硝矿床

海牛滩盐湖芒硝矿位于盐池县北约 14 km 处的海牛滩，距内蒙古鄂托克前旗北大池盐湖约 2.5 km。行政区划属吴忠市盐池县花马池乡，矿区交通方便。

1959 年，宁西地质队对盐湖进行踏勘检查；1960 年，宁东地质队进行普查，通过 100~180 m 的钻探间距和 50~150 m 地表采样，计算 C_1 级地质储量 12280 t，C_2 级地质储量 12960 t；1985 年 3 月，宁夏地质矿产局区域地质调查队对该矿进行详查。

1. 区域地质

海牛滩盐湖芒硝矿床地层属华北地层区（$Ⅲ_4$）、鄂尔多斯地层分区（$Ⅲ_4^2$）、盐池-环县地层小区（$Ⅲ_4^{2-1}$）。大地构造位置位于柴达木-华北板块（Ⅲ）、华北陆块（$Ⅲ_5$）、鄂尔多斯鄂尔多斯地块（$Ⅲ_5^1$）、鄂尔多斯中生代坳陷（$Ⅲ_5^{1-2}$）。所属成矿区带为鄂尔多斯（盆地）U-油气-煤-盐类成矿带（Mz；Kz）（Ⅲ-60）、鄂尔多斯中-新生代坳陷石油-天然气-煤（气）-盐类-石膏成矿亚带（Ⅳ-

60①)。所属矿床成矿系列为与新生代沉积作用-表生作用有关的铁、石英砂、石膏、粘土、地下水等矿床成矿系列（9-Cz-1）、古近纪—新近纪沉积作用有关的粘土、石英砂、石膏矿床成矿亚系列（Cz_1-S-1）。矿区仅西部出露有下白垩统保安群环河组（K_1hh）和罗汉洞组（K_1lhd）外，全为第四系覆盖。

2. 矿区地质

海牛滩盐湖芒硝矿区地处毛乌素沙漠之南缘，出露地层主要是第四系上更新统和全新统。盐湖面积0.8 km^2，湖面走向近东西，分东、西两湖。盐湖中心为全新统化学沉积，岩性为灰黑色含芒硝淤泥、浅灰色粒状芒硝和块状芒硝，地貌上为严重盐渍化的平滩地。围绕化学堆积层外围分布以浅黄褐色粉砂质粘土及浅黄色泥质粉砂为主。上更新统分布于盐湖最外围，没有盐渍化现象，各沉积层大体呈环带分布，湖底为下白垩统罗汉洞组紫红色含砾砂岩、粉砂岩等。

含矿层主要为湖中心化学沉积物，自上而下分为：浅灰、灰白色芒硝，该层为芒硝矿床，厚度0.2~0.4 m；浅灰色淤泥芒硝，局部可见，厚度0.2~0.57 m；灰色、灰黑色、黄褐色含芒硝淤泥，局部可见，厚度0.1~1.47 m；灰绿、灰黑、褐红色淤泥或黄褐色含砂淤泥及粘土，淤泥富含有机质，具硫化氢臭味，基本不含盐类矿物，厚度0.53~3.62 m；浅褐红色、黄褐色粗、中、细砂及粉砂层，成分以石英、长石为主，含泥少，该层较稳定，厚度1.35~3.38 m；底部为下白垩统紫红色含砾砂岩、粉砂岩。该湖深度不大，最深6.3 m，基底较平坦，起伏不大，中间低洼，向边缘渐高，呈一宽缓盆地。

3. 矿体特征

海牛滩盐湖芒硝矿含矿一层，圈出芒硝矿体2个，矿体呈层状，大部分露出地表。其中，Ⅰ号矿体东西长450 m，南北宽80 m，矿体最厚1.97 m，平均厚度0.99 m；Ⅱ号矿体南北长300 m，东西宽65 m，最厚0.52 m，平均厚度0.31 m。矿体似层状、圆饼状，水平产出，大部分出露地表，矿体底板为浅灰、灰黑色淤泥。

4. 矿石特征

矿石大致分为三种类型：块状矿石，芒硝呈结晶致密块体，分布于矿层中部；粒状集合体矿石，晶形完好，呈粒状、柱状，半透明，玻璃光泽，味清凉微苦，主要分布于矿层下部；白色粉末状矿石，主要分布于地表。

矿物组分主要为芒硝（$Na_2SO_4 \cdot 10H_2O$）、无水芒硝（Na_2SO_4）、少量石盐（NaCl）和石膏（$CaSO_4 \cdot 2H_2O$）等。

矿石品位：Na_2SO_4 10.01%~82.02%，NaCl 1.14%~3.0%。

卤水特征：晶间卤水平均矿化度为142.21 g/L，最高206.28 g/L；Na_2SO_4 1.82%~7.23%；$CaSO_4$ 0.03%~0.16%；NaCl 3.48%~10.44%；$MgSO_4$ 0.01~3.88%；KCl 0.04%~0.11%。

5. 资源储量

海牛滩盐湖芒硝矿累计求获芒硝资源量4.12×10^4 t。目前，该盐湖正在开采，主要是抽取卤水生产芒硝，春季和夏季产少量的石盐。

6. 成矿阶段划分

析出的芒硝（$Na_2SO_4 \cdot 10H_2O$）经脱水形成无水芒硝（Na_2SO_4）。

7. 成矿物理化学条件

成矿温度5~-15℃为芒硝析出温度，-15℃析出芒硝质量较好。

8. 矿床类型

盐池县海牛滩盐湖芒硝矿床属于蒸发沉积型矿床。

9. 盐湖的形成及物质来源

海牛滩盐湖的成因类型与灵武、盐池西部海子井、惠安堡等盐湖的成因是不同的，湖盆基底的地层不相同。海（黑）牛滩盐湖位于鄂尔多斯台向斜西缘，王乐井黄土分水岭的北侧，毛乌素沙漠南部，属黄土高原与毛乌素沙漠过渡地带。在中生代早白垩世的干燥气候环境下，沉积了陆相紫红色地层之后，地壳经受了燕山运动的影响，开始上升，缺失了晚白垩世的记录。新生代地壳受喜马拉雅构造运动的影响，地壳继续上升，使古近系和新近系地层记录的缺失。在漫长的地质时代里，下白垩统一直遭受侵蚀和断裂，形成了大致南北向的内陆洼地。到晚更新世地壳处于停滞或缓慢上升阶段，在洼地沉积了厚度不大的残积、冲积物，湖底为早白垩世地层。

（二）西吉县庙儿岔芒硝矿床

庙儿岔芒硝矿床位于西吉县田坪东北 5 km 处，行政区划属固原市西吉县田坪乡，矿区交通不便。

1960 年，西吉县工业交通部地质队在庙儿岔地区开展了芒硝矿勘探工作。初步查明该芒硝赋存于第四纪黄土层中。矿体有两层，平均长度 96 m，宽度 11.5 m，厚度 0.6 m，矿石质量良好，矿石储量为 2700 t，可供地方开采利用。同年 5 月，宁东地质队对该矿进行评价，重新核实了资源量。

庙儿岔芒硝矿床地层属祁连地层区（$Ⅲ_2$）、北祁连地层分区（$Ⅲ_2^1$）、靖远-西吉地层小区（$Ⅲ_2^{1-1}$）。大地构造位置位于柴达木-华北板块（Ⅲ）、祁连早古生代造山带（$Ⅲ_2$）、北祁连中元古代—早古生代海沟系（$Ⅲ_2^1$）、景泰-海原中元古代—早古生代弧后盆地（$Ⅲ_2^{1-1}$）。所属成矿区带为北祁连 Cu-Pb-Zn-Fe-Cr-Au-Ag-硫铁矿-石棉成矿带（Pt_2；Pt_3-Pz_1）（Ⅲ-21）、西吉盆地多金属成矿亚带（Ⅳ-21②）。所属矿床成矿系列为与新生代沉积作用-表生作用有关的铁、石英砂、石膏、粘土、地下水等矿床成矿系列（9-Cz-1）、古近纪—新近纪沉积作用有关的粘土、石英砂、石膏矿床成矿亚系列（Cz_1-S-1）。区内大面积被第四系覆盖。

矿区被第四系覆盖，仅在沟谷两侧零星出露新近系彰恩堡组紫红色粉砂岩。含矿地层上部为黄土，含星点状松散的白色石膏，厚度大于 20 m；下部为青色粘土，出露于沟谷中，分化后为绿色，结构疏松，没有节理，产状近水平，横向变换较大。出露厚度 12.5 m，芒硝矿床产于其中。

芒硝矿分为上、下两层：下矿层呈不对称透镜体。矿层南北长 43 m，东西宽 19 m，最厚 0.52 m，一般 0.4 m，平均厚度 0.21 m，产状大致水平。在矿层中有一条灰色泥质沉积物；上矿层也为透镜状，不稳定，厚度变化较大，南北长 44 m，东西宽 17 m，最大厚度 0.51 m，一般厚度 0.3 m，平均厚度 0.28 m。

芒硝呈粒状、条带状。矿物成分为芒硝、石膏。矿石品位见表 18-2。

表 18-2　庙儿岔芒硝矿床组分含量一览表

矿层	组分含量/%			
	Na_2SO_4	B_2O_3	LiCl	Cl
上矿层	43.74	0.02	0.015	0.047
下矿层	36.43	0.04	0.03	0.042
平均	40.1	0.03	0.023	0.045

庙儿岔芒硝矿累计获得芒硝资源量为 300 t，该矿床属蒸发沉积型矿床。

第三节　矿床时空分布特征及成矿规律

一、时空分布特征

根据成矿时段对已知资源量进行统计，早白垩世的有 12900.00×10^4 t；全新世的有 4.15×10^4 t。

根据成矿亚带对已知芒硝资源量进行统计，Ⅳ-20②、Ⅳ-59③亚带无资源量，Ⅳ-21①亚带有 12900.00×10^4 t，Ⅳ-21②亚带有 0.03×10^4 t，Ⅳ-60①亚带 4.12×10^4 t（表 18-3）。

表 18-3　宁夏芒硝时空分布

成矿亚带	成矿时段	
	早白垩世/10^4 t	全新世/10^4 t
Ⅳ-20②		
Ⅳ-21①	12900.00	
Ⅳ-21②		0.03
Ⅳ-59③		
Ⅳ-60①		4.12

二、成矿规律

1. 早白垩世岩盐伴生芒硝矿

该类矿床分布于六盘山盆地中北部，含矿地层为下白垩统乃家河组第二岩性段，为一套浅湖相沉积，主要由灰绿、黄绿、蓝灰间夹紫红色泥岩、灰岩、泥灰岩组成，局部发育膏岩、岩盐沉积。芒硝与岩盐矿层互层，呈共伴生关系。石膏及岩盐沉积，表明乃家河晚期地壳逐渐抬升、湖水变浅并过渡为咸化湖泊，是成盐的直接来源。无水芒硝矿层厚度一般较小，多小于 1 m，主要在构造破碎带的张裂隙较大空间中充填结晶而成，钙芒硝与石盐呈脉状分布于矿石中。

2. 全新世盐湖芒硝矿

宁夏盐湖主要分布于鄂尔多斯盆地的盐池地区，盐湖分布与毛乌素沙漠西南与陕北黄土高原接壤的低洼地带，分布数十个大小盐湖，基本呈北东—南西向弧形排列，成群分布，构成一带状盐湖群，主体在陕西省定边县一带。该区为干旱-半干旱荒漠草原区，气候特点是风沙大，降水少。区内的盐湖盆地主要是白垩系经风蚀作用或河流冲刷作用而形成的风蚀洼地或河谷低地，地表水系虽不发育，但浅层潜水或泉水则为盐碱湖的形成提供了一定的水源。该区有别其他盐湖区的重要特点的碱湖多，基本上是以天然碱湖为主的盐湖分布区。中生代以来，在鄂尔多斯构造盆地内沉积的上三叠统为一套湖滨相及浅湖相砂岩夹泥岩；侏罗系湖滨相及河流相的砂岩夹泥岩；下白垩统为一套河流相红色砂岩、泥岩、页岩夹灰岩及少量膏岩；渐新统清水营组属陆相红色碎屑含盐建造。下白垩统与新近系含膏岩建造地层经风化剥蚀、搬运为盐湖成盐提供物质来源。

第十九章　石灰岩

第一节　概　　述

一、石灰岩的特征和主要经济用途

石灰岩简称灰岩，是一种以方解石为主要成分的沉积岩。方解石的化学式 $CaCO_3$，理论化学成分 CaO 56.04%，CO_2 43.96%。石灰岩中伴有白云岩、石髓、黄铁矿、石膏和硬石膏、海绿石等矿物，并常混入有粘土、粉砂等杂质，颜色灰或灰白，性脆，硬度3左右，小刀能刻动，滴稀盐酸会剧烈起泡，密度2.6~2.7 g/cm^3，松散系数1.5~1.6，煅烧温度大于900℃时分解为氧化钙（石灰），析出二氧化碳。

石灰岩是一种用途十分广泛的工业用岩石。在冶金工业上用作熔剂；在化学工业上用来制造电石（碳化钙）和纯碱；在建筑工业方面是生产水泥、石灰、石材的主要原料；在玻璃和陶瓷工业中作辅助原料和配料。

宁夏的石灰岩矿产资源丰富，资源储量大、品种也比较齐全，质量好。宁夏青铜峡水泥厂始建于1958年，石灰岩原料主要来自卡子庙石灰岩矿，该矿床一直开采至今；宁夏赛马水泥厂的石灰岩原料就是利用了贺兰山中段的石灰岩矿。宁夏的石灰岩矿产为宁夏建筑行业的发展及经济建设做出了一定贡献。

二、石灰岩矿产地数量

截至2017年底，宁夏全区探获石灰岩矿87处，经宁夏回族自治区国土资源厅备案已查明的石灰岩矿共计77处（其中，水泥用石灰岩矿产地50处，电石用石灰岩10处，熔剂用石灰岩2处，制碱用石灰岩14处，饰面石材1处），根据成矿环境、地质构造条件和同一矿产地具几个亚矿种合并后共有矿产地44处，其中，大型16处，中型12处，小型12处，矿点4处。按矿石质量及不同用途分为水泥用、熔剂用、电石用、制碱用及饰面用石灰岩5个亚矿种，其中以水泥灰岩、电石灰岩为主，次为制碱灰岩、熔剂灰岩和饰面石材灰岩（表19-1）。

表19-1　宁夏石灰岩矿产地一览表

序号	矿产地名称	所在地区	工作程度	规模	矿床（成因/工业）类型	成矿时代	开发利用情况
1	沙巴台水泥灰岩矿	石嘴山市惠农区	普查	中型	海相沉积水泥灰岩	中-晚寒武世	未开采
2	八号泉水泥灰岩矿	石嘴山市大武口区	预查	小型	海相沉积水泥灰岩	中-晚寒武世	停采
3	苏峪口石灰窑水泥灰岩矿	银川市贺兰县	预查	小型	海相沉积水泥灰岩	早-中奥陶世	停采
4	干沟熔剂用灰岩矿	银川市西夏区	详查	中型	海相沉积熔剂灰岩	早-中奥陶世	停采
5	双庙-牛坷拉灰岩矿	银川市西夏区	普查	水泥大型、熔剂小型	海相沉积水泥、熔剂灰岩	早-中奥陶世	停采
6	干沟水泥灰岩矿（联丰村石料厂）	银川市西夏区	详查	大型	海相沉积水泥灰岩	早-中奥陶世	开采

续表

序号	矿产地名称	所在地区	工作程度	规模	矿床（成因/工业）类型	成矿时代	开发利用情况
7	套门沟水泥灰岩矿	银川市西夏区	详查	大型	海相沉积水泥灰岩	早-中奥陶世	开采
8	窑舌子沟水泥灰岩矿	银川市西夏区	详查	中型	海相沉积水泥灰岩	早-中奥陶世	未开采
9	驴驴沟化工灰岩矿	银川市西夏区	普查	电石中型；制碱小型	海相沉积电石、制碱灰岩	早-中奥陶世	未开采
10	高石墩水泥石灰岩矿	银川市永宁县	详查	小型	海相沉积水泥灰岩	中-晚寒武世	未开采
11	黑山水泥灰岩矿	银川市灵武市	普查	小型	海相沉积水泥灰岩	早-中奥陶世	未开采
12	卡子庙水泥灰岩矿床（2个矿区合并）	吴忠市青铜峡市	勘探	大型	海相沉积水泥灰岩	早-中奥陶世	开采
13	野猫子山水泥灰岩矿	吴忠市青铜峡市	预查	小型	海相沉积水泥灰岩	早石炭世	未开采
14	牛首山东侧沙坝沟水泥灰岩矿	吴忠市青铜峡市	预查	大型	海相沉积水泥灰岩	中-晚奥陶世	开采
15	狐子疙瘩水泥灰岩矿	中卫市中宁县	预查	小型	海相沉积水泥灰岩	早石炭世	未开采
16	天景梁水泥灰岩矿	中卫市沙坡头区	普查	小型	海相沉积水泥灰岩	早石炭世	未开采
17	草帽子墩水泥石灰岩矿	中卫市中宁县	详查	小型	海相沉积水泥灰岩	早-中奥陶世	开采
18	瀛龙山水泥用石灰岩矿（6个矿区合并）	中卫市中宁县	详查	大型	海相沉积水泥灰岩	早-中奥陶世	未开采
19	黑疙瘩沟水泥用石灰岩矿	中卫市中宁县	详查	中型	海相沉积水泥灰岩	早-中奥陶世	开采
20	香山大道崖-孙家沟石灰岩矿	中卫市沙坡头区	预查	中型	海相沉积水泥灰岩、饰面用灰岩	早石炭世	未开采
21	石盖沟石灰岩矿	中卫市沙坡头区	预查	矿点	海相沉积水泥灰岩	早石炭世	未开采
22	天景山北段化工灰岩矿（5个矿区合并）	中卫市沙坡头区	详查	电石、制碱小型、水泥中型	海相沉积电石、制碱、水泥灰岩	早-中奥陶世	开采
23	刘岗井-银山化工灰岩矿（3个矿区合并）	中卫市沙坡头区	详查	小型	海相沉积电石、水泥灰岩	早-中奥陶世	开采
24	天景山宽口井化工灰岩矿	中卫市沙坡头区	详查	水泥大型、制碱小型	海相沉积制碱、水泥灰岩	早-中奥陶世	未开采
25	天景山白路泉北段化工灰岩矿	中卫市沙坡头区	详查	水泥大型、电石小型	海相沉积水泥、电石灰岩	早-中奥陶世	开采
26	天景山白路泉南段化工灰岩矿	中卫市沙坡头区	详查	电石灰岩小型，水泥灰岩中型	海相沉积水泥、电石灰岩	早-中奥陶世	未开采
27	园湾水泥灰岩矿	中卫市中宁县	详查	大型	海相沉积水泥灰岩	早-中奥陶世	开采
28	米钵山团钵郎电石灰岩矿（2个矿区合并）	中卫市中宁县	详查	电石大型、水泥中型	海相沉积电石灰岩	早-中奥陶世	开采
29	青圪塔南段水泥灰岩矿	中卫市中宁县	普查	大型	海相沉积水泥灰岩	早-中奥陶世	未开采
30	倒流沟水泥灰岩矿	中卫市中宁县	详查	中型	海相沉积水泥灰岩	早石炭世	未开采
31	石泉水泥灰岩矿	中卫市中宁县	预查	小型	海相沉积水泥灰岩	早石炭世	未开采
32	石儿山北段水泥灰岩矿	吴忠市同心县	详查	小型	海相沉积水泥灰岩	早-中奥陶世	开采
33	青龙山西道梁二道山北段石灰岩矿	吴忠市同心县	详查	制碱灰岩小型，水泥灰岩中型	海相沉积水泥灰岩	早-中奥陶世	未开采
34	青龙山西道梁二道山南段石灰岩矿（6个矿区合并）	吴忠市同心县	详查	制碱灰岩中型水泥灰岩大型	海相沉积水泥灰岩	早-中奥陶世	未开采

续表

序号	矿产地名称	所在地区	工作程度	规模	矿床（成因/工业）类型	成矿时代	开发利用情况
35	萌城石梁水泥灰岩矿（4个矿区合并）	吴忠市盐池县	普查	大型	海相沉积水泥灰岩	早-中奥陶世	开采
36	青龙山西道梁南段化工灰岩矿（4个矿区合并）	吴忠市同心县	详查	大型	海相沉积制碱、水泥灰岩	早-中奥陶世	未开采
37	红柳山灰岩矿	吴忠市红寺堡区	普查	中型	海相沉积水泥灰岩	早-中奥陶世	未开采
38	青山化工灰岩矿	吴忠市红寺堡区	普查	制碱大型、水泥大型	海相沉积制碱灰岩	早-中奥陶世	未开采
39	双井（蟠龙坡）石灰岩矿	固原市原州区	预查	矿点	海相沉积水泥灰岩	早-中奥陶世	未开采
40	吊岭渠石灰岩矿	固原市原州区	预查	矿点	海相沉积水泥灰岩	早-中奥陶世	未开采
41	黑石头河石灰岩矿	固原市彭阳县	预查	矿点	海相沉积水泥灰岩	早-中奥陶世	未开采
42	新集东石灰岩矿	固原市彭阳县	普查	水泥大型、熔剂小型	海相沉积水泥灰岩	早-中奥陶世	停采
43	红砂石沟水泥用灰岩矿（2个矿区合并）	固原市泾源县	详查	中型	海相沉积水泥灰岩	早-中奥陶世	开采
44	秋千峡石灰岩矿	固原市泾源县	预查	小型	海相沉积水泥灰岩	早-中奥陶世	未开采

三、石灰岩矿地理分布

宁夏石灰岩矿集中分布在贺兰山中-北段，中卫市卫宁北山-香山、牛首山、烟筒山-天景山、青龙山及固原三关等地（图19-1），各地具体分布情况见表19-2。

表19-2　宁夏石灰岩矿产地分布一览表

序号	地区	矿床规模					主要用途
		大型	中型	小型	矿点	合计	
1	石嘴山市惠农区		1			1	水泥
2	石嘴山市大武口区			1		1	水泥
3	银川市贺兰县			1		1	水泥
4	银川市西夏区	3	3			6	水泥、电石、制碱、熔剂
5	银川市永宁县			1		1	水泥
6	银川市灵武市			1		1	水泥
7	中卫市中宁县	4	2	3		9	水泥、电石、制碱
8	中卫市沙坡头区	2	3	2	1	8	水泥、电石、制碱、饰面
9	吴忠市青铜峡市	2		1		3	水泥
10	吴忠市同心县	2	1			3	水泥、制碱
11	吴忠市盐池县	1				1	制碱、水泥
12	吴忠市红寺堡区	1	1	1		3	制碱、水泥
13	固原市原州区				2	2	水泥
14	固原市彭阳县	1			1	2	水泥
15	固原市泾源县		1	1		2	水泥
合计		16	12	12	4	44	

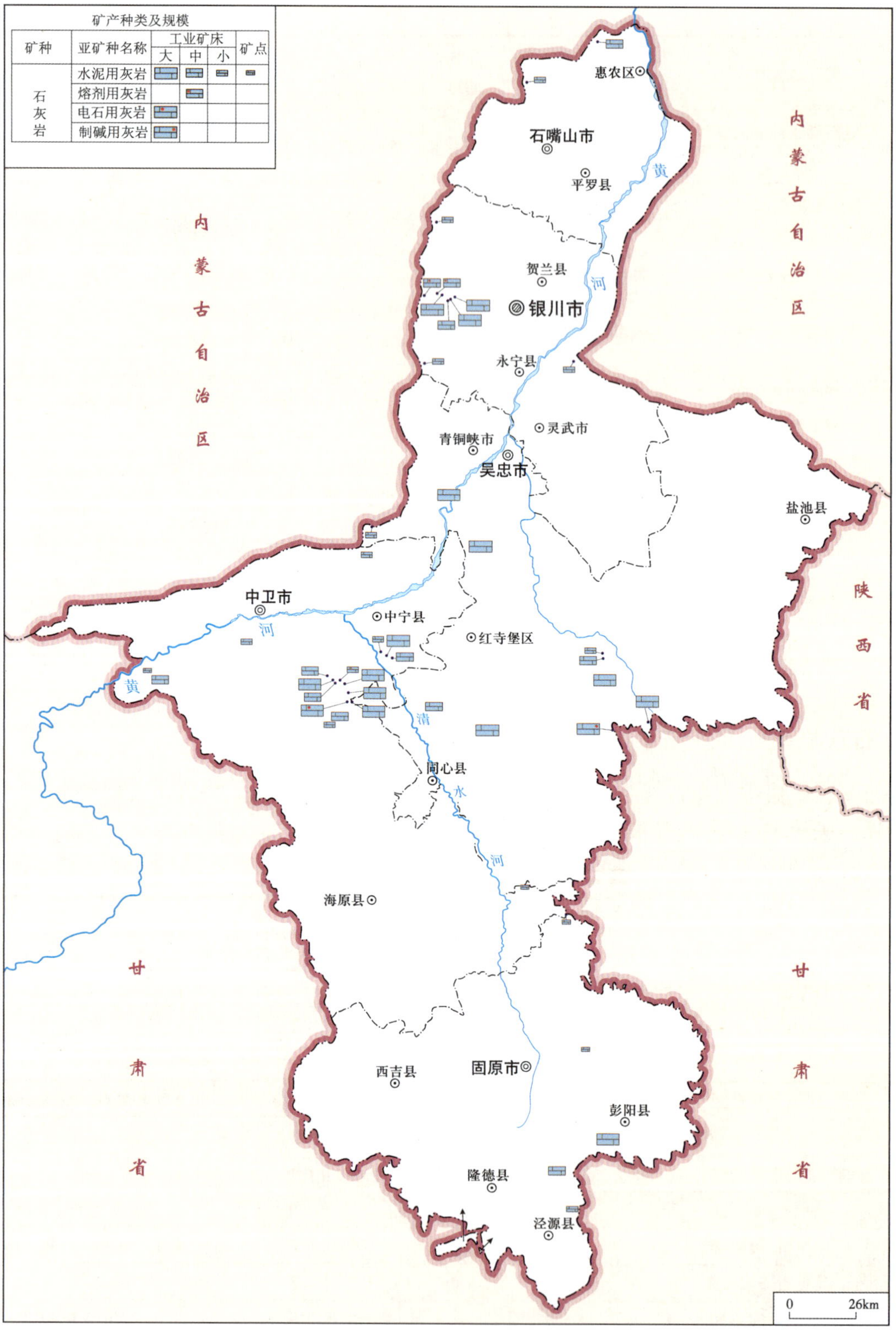

图 19-1　宁夏石灰岩矿产地分布图

四、石灰岩矿矿床类型

石灰岩主要是在浅海环境下形成的。含钙离子的陆源碎屑物随搬运介质搬运至滨浅海地区，大量钙离子被溶解在海水中，同时由于浅海温暖潮湿环境适宜海洋生物生长，生物死亡后又分解出大量钙离子，急剧增加的钙离子破坏了海水平衡，为了达到新的平衡，大量钙离子与碳酸根离子结合生成碳酸钙沉淀下来，经成岩作用形成了石灰岩。

石灰岩按成因可分为生物沉积、化学沉积和次生三种类型。宁夏石灰岩均为化学沉积型（表 19-3）。按工业用途可分为电石用石灰岩、制碱用石灰岩、熔剂用石灰岩、水泥用石灰岩、饰面石材用石灰岩。

表 19-3　宁夏回族自治区石灰岩矿床（成因/工业）类型划分表

一级	二级	三级	矿床实例
外生矿床	沉积作用矿床	化学沉积型	河西走廊成矿带：中卫市天景山北段化工灰岩矿床、天景山白路泉化工灰岩矿床、米钵山团钵郎电石灰岩矿床、中宁县园湾水泥灰岩矿床、青圪塔南段水泥灰岩矿床、瀛龙山水泥灰岩矿床、草帽子墩水泥灰岩矿床，中卫市香山大道崖-孙家沟石灰岩矿床、石盖沟石灰岩矿床、红寺堡区青山化工灰岩矿床、中宁县倒流水灰岩矿床、中宁县石泉灰岩矿床、中宁县狐子疙瘩灰岩矿床、青铜峡市野猫子山灰岩矿床。 鄂尔多斯西缘成矿带：石嘴山市惠农区沙巴台灰岩矿床、石嘴山市大武口区八号泉灰岩矿床、银川市驴驴沟化工灰岩矿床、银川市干沟熔剂灰岩矿床、银川市套门沟灰岩矿床、银川市西夏区窑舌子沟灰岩矿床、灵武市黑山灰岩矿床、吴忠市石儿山北段灰岩矿床、同心县青龙山西道梁二道山北段灰岩矿床、同心县青龙山西道梁南段灰岩矿床、盐池县石梁灰岩矿床、固原市蟠龙坡灰岩矿床、固原市吊岭渠灰岩矿床、彭阳县黑石头河灰岩矿点。 北祁连成矿带：固原市红砂石沟灰岩矿床、泾源县秋千峡灰岩矿床

五、石灰岩矿资源储量

截至 2017 年底，宁夏全区累计探获石灰岩资源 523028. 172×10^4 t。宁夏矿产资源储量数据库中查明的石灰岩资源储量为 506816. 961×10^4 t，其中：水泥用灰岩（11b+121b+122+122b+332+333）为 437723. 001×10^4 t，保有 427097. 287×10^4 t；电石用灰岩（122b+332+333）为 18947. 932×10^4 t，保有 18779. 732×10^4 t；制碱用石灰岩（332+333）为 47661. 928×10^4 t，保有 47661. 928×10^4 t；熔剂用石灰岩（122+122b+333）为 2484. 10×10^4 t，保有 2430. 40×10^4 t；饰面石材用灰岩（2S22）207. 93×10^4 m^3。

六、石灰岩矿勘查与开发利用程度

全区查明的 44 处石灰岩矿产地中，预查 10 处、普查 10 处、详查 23 处、勘探 1 处。

截至 2017 年底，宁夏全区石灰岩采矿企业共计 27 家，44 处矿产地中有 18 处已被开采利用（其中，正在开采的有 13 处，5 处停采），未利用的有 26 处。

根据自治区统计局统计，2016 年 12 月全区规模以上水泥企业生产水泥 73. 80×10^4 t，比上年同期增长 57. 7%，1～12 月累计生产水泥 1945. 90×10^4 t、电石（碳化钙）325. 00×10^4 t。如按生产 1 t 水泥需 1. 3 t 矿石，生产 1 t 电石需要 2. 4 t 矿石计算，大约消耗灰岩矿石大于 3309. 67×10^4 t/a。

第二节　矿产地分论

宁夏石灰岩矿在地史上主要发生在四个成矿时代，即中-晚寒武世、早-中奥陶世、中-晚奥陶世和早石炭世。其中，一些质量好，用途广（电石、制碱、熔剂、水泥用）的大中型石灰岩矿床集中形成于早-中奥陶世，该时期也是宁夏石灰岩矿床重要的成矿期；其次是中-晚寒武世和早石炭世，该时期仅形成了一些中小型水泥用石灰岩矿床；中-晚奥陶世仅在牛首山东侧发现 1 处水泥用石灰岩矿床。

宁夏石灰岩矿床的含矿地层有中-上寒武统阿不切亥组（$\epsilon_{2\text{-}3}a$）、下-中奥陶统天景山组（$O_{1\text{-}2}t$）、中奥陶统克里摩里组（O_2k）、中-上奥陶统米钵山组（$O_{2\text{-}3}m$）和下石炭统前黑山组（C_1q）、臭牛沟组（C_1c）。

以下根据矿床工业类型及用途对各矿产地进行分述。

一、电石用石灰岩

电石一般指碳化钙。碳化钙是无机化合物，白色晶体，工业品为灰黑色块状物，断面为紫色或灰色。遇水立即发生激烈反应，生成乙炔，并放出热量。电石与水反应生成的乙炔可以合成许多有机化合物（例如：合成橡胶、人造树脂、丙酮、烯酮、炭黑等；同时乙炔一氧焰广泛用于金属的焊接和切割）；加热粉状电石与氮气时，反应生成氰氨化钙，即石灰氮。石灰氮是制备氨基氰的重要原料。加热石灰氮与食盐反应生成的熔体用于采金及有色金属工业；用于钢铁工业的脱硫剂；生产聚氯乙烯（PVC）；旧时矿工下矿井，用电石放入铁罐中利用生成的乙炔制作成电石灯。

宁夏电石灰岩矿床主要产在下-中奥陶统天景山组，已探明大型矿产地 1 处，中型矿产地 1 处，小型矿产地 5 处。代表性矿床有：银川市驴驴沟化工灰岩矿床、中卫市宣和镇天景山北段化工灰岩矿床、中卫市银山化工灰岩矿床、中卫市宣和镇天景山刘岗井电石灰岩矿床、中卫市天景山白路泉北段化工灰岩矿床、中卫市天景山白路泉南段化工灰岩矿床、中宁县米钵山团钵郎电石灰岩矿床等。

（一）典型矿床

中宁县米钵山团钵郎电石灰岩矿

米钵山团钵郎电石灰岩矿床位于中宁县城东南方向约 30 km 处的米钵山中段，属中卫市中宁县喊叫水乡管辖，矿区交通较为便利。

2007~2009 年，宁夏矿业开发公司对该矿床进行普查；2010 年 2 月，宁夏矿业开发公司对该矿床开展详查工作。

（1）区域地质

团钵郎电石灰岩矿床地层属阿拉善地层区（$Ⅲ_3$）、阿拉善南缘地层分区（$Ⅲ_3^1$）、景泰-中宁地层小区（$Ⅲ_3^{1-1}$）。大地构造位置位于柴达木-华北板块（Ⅲ）、阿拉善微陆块（$Ⅲ_4$）、腾格里早古生代增生楔（$Ⅲ_4^1$）、卫宁北山-香山晚古生代前陆-上叠盆地（$Ⅲ_4^{1-1}$）。所属成矿区带为河西走廊 Fe-Mn-萤石-盐类-凹凸棒石-石油成矿带（Ⅲ-20）、香山褶断带 Fe-Cu-煤-石灰岩-石膏-粘土成矿亚带（Ⅳ-20③）。所属矿床成矿系列为与早古生代沉积作用有关的铁、彩石、磷、灰岩、白云岩、板岩矿床成矿系列（3-Pz_1-S）。区域出露地层由老至新有：中-下奥陶统天景山组（$O_{1-2}t$），中-上奥陶统米钵山组（$O_{2-3}m$），上奥陶统香山群徐家圈组（O_3x）、狼嘴子组（O_3lz）、磨盘井组（O_3mp），上泥盆统中宁组（D_3z），下石炭统前黑山组（C_1q），上石炭统羊虎沟组（C_2y），古近系始新统寺口子组（E_2s），新近系中新统彰恩堡组（N_1z）及第四系（Qh）。

矿区处于香山-海原推覆体的北端，位于米钵山主峰南麓。区内构造较为复杂。区域构造线以北西—南东向为主，构造形态褶皱、断裂并重，断裂构造多为逆断层及逆掩断层。

区域上岩浆岩仅在米钵山西麓的狼嘴子-磨盘井一带见有辉绿岩体（脉）出露，呈带状顺层贯入上奥陶统香山群狼嘴子组硅质岩层之下，其时代为早古生代晚期（图 19-2）。

（2）矿区地质

矿区出露地层主要为中-下奥陶统天景山组，次为中-上奥陶统米钵山组及古近系寺口子组。天景山组是区内主要赋矿地层，总体呈倾伏背斜展布，按岩性组合特征可分 3 个岩性段。

第一岩性段：为浅灰色、灰白色厚-中厚层状微晶灰岩夹浅灰、青灰色厚-中厚层状泥质条带（斑纹）灰岩、硅质条带（团块）灰岩、青灰色-灰红色白云质灰岩、白云岩，是主要的含矿层位。该层位中背斜南翼厚度 43.34~344.49 m，背斜北翼厚度 39.27~315.32 m，未见底。

第二岩性段：为褐红色、紫红色、褐黄色薄-中厚层状白云岩、白云质灰岩夹浅红灰、青灰色厚-中厚层状硅质条带灰岩、泥质斑纹灰岩。该岩性段，富含白云质、泥质而区别于一、三岩性段，基本为不可利用的电石灰岩。背斜南翼厚度 32.24~107.72 m，北翼厚度 24.59~118.47 m。

第三岩性段：为灰色、浅灰色中-薄层微晶灰岩、中-厚层状含砾砂屑微晶灰岩、含硅质条带鲕粒

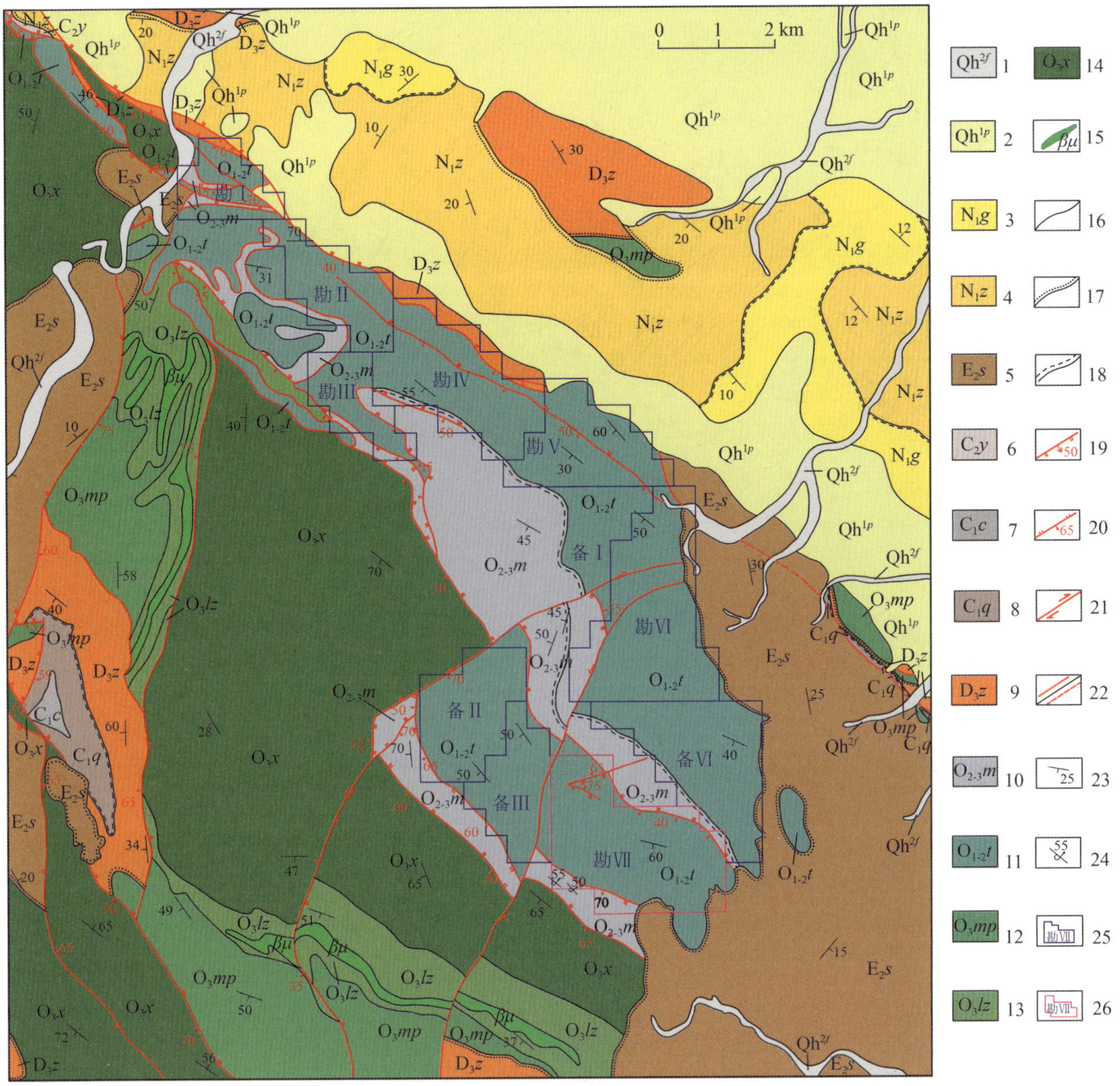

图 19-2　中宁县米钵山团钵郎电石灰岩矿区域地质图

（据宁夏矿业公司，2011，有修改）

1—第四系现代冲积层；2—第四系冲洪积层；3—新近系干河沟组；4—新近系彰恩堡组；5—古近系寺口子组；6—石炭系羊虎沟组；7—石炭系臭牛沟组；8—石炭系前黑山组；9—泥盆系中宁组；10—奥陶系米钵山组；11—奥陶系天景山组；12—奥陶系磨盘井组；13—奥陶系狼嘴子组；14—奥陶系徐家圈组；15—辉绿岩脉；16—整合地质界线；17—角度不整合地质界线；18—平行不整合地质界线；19—正断层及产状；20—逆断层及产状；21—平移断层；22—性质不明断层及推测断层；23—地层产状；24—倒转地层产状；25—规划勘查区块及编号；26—详查工作区

灰岩，为水泥灰岩的主要赋矿层位。背斜南翼厚度 119.58～597.35 m，北翼厚度 323.59～343.33 m。

矿区总体构造体系为一轴向北西向南倾伏的背斜，两翼对称，背斜轴向 290°～320°，核部为天景山组第一岩段，两翼为天景山组第二岩段、第三岩段及米钵山组。北翼倾向北东，倾角 60°～70°，南翼倾向西南，倾角 45°～60°，东南部为倾伏端，西北部为仰起端。

矿区发育北东和北西两组断裂构造（图 19-3）。

（3）矿体（层）特征

电石灰岩矿体赋存于天景山组第一岩性段，含矿三层（编号为Ⅰ、Ⅱ、Ⅲ），矿区主体构造为一倾伏背斜，其中，Ⅰ矿层位于倾伏背斜核部，Ⅱ、Ⅲ矿层位于倾伏背斜两翼。依据电石灰岩中共生的

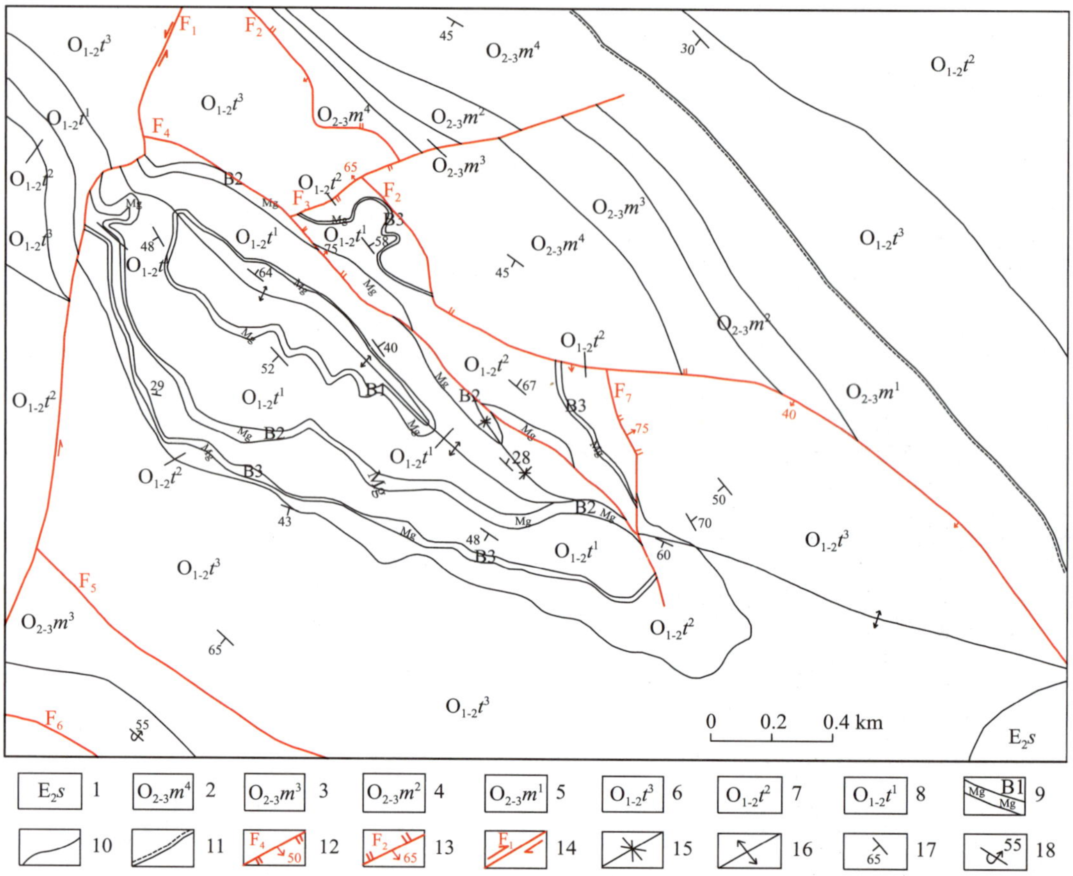

图 19-3　中宁县米钵山团钵郎电石灰岩矿矿床地质简图

（据于海滨，2014，有修改）

1—古近系寺口子组；2—奥陶系米钵山组第四岩段；3—奥陶系米钵山组第三岩段；4—奥陶系米钵山组第二岩段；5—奥陶系米钵山组第一岩段；6—奥陶系天景山组第三岩段；7—奥陶系天景山组第二岩段；8—奥陶系天景山组第一岩段；9—白云岩标志层及编号；10—地质界线；11—平行不整合地质界线；12—正断层及编号；13—逆断层及编号；14—平移断层及编号；15—向斜；16—背斜；17—地层产状；18—倒转地层产状

水泥灰岩分布特征，将三个大的电石灰岩矿层进一步划分出Ⅰ1、Ⅰ2、Ⅰ3、Ⅱ1、Ⅱ2、Ⅱ3、Ⅲ1、Ⅲ2、Ⅲ3、Ⅲ4 共 10 个电石灰岩分矿层。矿层呈层状产出，延伸较稳定。矿石类型简单，为浅灰-灰白色厚层块状微晶灰岩，质量稳定，成分单一，变化较小。

电石灰岩矿体在背斜仰起端呈环形分布，范围沿走向长度 2200 m，宽度 200~1000 m。背斜南翼电石灰岩矿层累计平均厚度 199.94 m，含矿率为 91.70%；背斜北翼电石灰岩矿层累计平均厚度 88.86 m，含矿率为 43.24%；背斜两翼电石灰岩总厚度达 288.80 m，总含矿率为 68.19%。

水泥灰岩矿体赋存于天景山组第一岩性段和第三岩性段中。其中，第一岩性段中圈出矿层 10 个，与电石灰岩呈互层环状分布，多数矿体呈层状，局部呈透镜状，长度 100~1800 m，厚度 2~55 m；第三岩性段中圈出水泥灰岩矿床 3 个，主要分布在背斜南部两翼，呈层产出，局部呈透镜状，矿层稳定，长度 500~3000 m，厚度 32.34~283.64 m。

（4）矿石特征

矿石自然类型主要为中-厚层状微晶-细晶灰岩。主要矿物成分为微晶方解石，含量大都在 97% 以上。含微量石英、白云石、铁质等，大都沿裂隙充填或分布于方解石孔隙中，总量小于 3%。

矿石以微晶结构为主，细晶结构次之，组成微细晶结构的方解石晶粒大都在 0.01~0.05 mm 之间。少部分方解石发生重结晶作用，形成鲕粒状，镜下具鲕状结构，鲕粒大小不等，最大可达 1.5 mm×3 mm，最小 0.15 mm×0.2 mm。矿石构造以致密块状构造为主。

矿石中主要化学成分：电石灰岩一般 CaO 含量为 48.86%~55.99%，平均 54.44%；MgO 含量为 0.3%~0.8%，平均 0.37%；SiO_2 含量为 0.8%~1.5%，平均 1.18%；Al_2O_3 含量为 0.02%~0.61%，平均 0.17%；Fe_2O_3 含量为 0.6%~0.03%，平均 0.15%。水泥灰岩一般 CaO 含量为 52.56%~54.07%，平均 53.17%；MgO 含量为 0.26%~0.71%，平均 0.44%；SiO_2 含量为 2.08%~3.97%，平均 2.97%。

（5）资源储量

截至 2017 年底，米钵山团钵郎电石灰岩矿经宁夏回族自治区国土资源厅备案的累计查明石灰岩资源储量（332+333）为 18040.20×10^4 t。其中，电石灰岩 14540.00×10^4 t，属大型矿床；水泥灰岩 3500.20×10^4 t，属中型矿床。

（6）成矿阶段划分

早期沉积为微晶-细晶灰岩，后期由于水动力作用少部分方解石发生重结晶而形成鲕粒状灰岩。

（7）矿床类型

米钵山团钵郎电石灰岩矿为浅海相化学沉积型化工灰岩矿床。

（8）成矿机制

奥陶系天景山组主要为一套浅水碳酸盐台地沉积。下部第一岩性段为电石灰岩矿层赋存层位，岩性以灰白色中厚层状微晶-细晶灰岩为主，间夹较多的白云岩、白云质灰岩；中部第二岩性段以褐红、紫红灰色薄-中厚层状细晶白云岩、白云质灰岩为主，间夹青灰-褐灰色中厚层状泥质斑纹灰岩；上部第三岩性段以青灰-褐灰色中厚层状泥质斑纹灰岩为主，间夹较多的青灰-褐灰色中厚层状硅质条带灰岩。总体上，天景山组纵向上显示出滨海-浅滩-滨海动荡叠复台地边缘相沉积环境，米钵山团钵郎电石灰岩矿床应属滨海-浅滩相沉积矿床。

（9）找矿标志

天景山组第二岩性段褐红-紫红灰色薄-中厚层状细晶白云岩、白云质灰岩夹青灰色-褐灰色中厚层状泥质斑纹灰岩。

（二）重要矿床

1. 银川市西夏区驴驴沟化工灰岩矿床

驴驴沟化工灰岩矿床位于银川市西部，贺兰山中段东麓，大南池支沟驴驴沟沟脑，西距银川火车站约 21 km 处，地属银川市西夏区管辖。

1958 年，甘肃地质局苏峪口地质队普查分队发现驴驴沟化工灰岩矿；1959 年，宁夏地质局宁北地质队对驴驴沟大理岩及其围岩进行系统采样分析，发现大理岩质量良好，可以作为化工原料；1960 年进行初步勘探，探明+1788~+2160 m 斜面以上石灰岩矿石资源量 3550.8×10^4 t（C_2 级），于次年提交了《宁夏回族自治区驴驴沟大理岩矿区勘探储量报告》；1962 年，宁夏矿产储量委员会经审查，将报告降为普查报告，工业储量降为远景储量，最后批准了电石用灰岩（Ⅰ级品）储量 2830.24×10^4 t，制碱用灰岩（Ⅱ级品）储量 720.57×10^4 t；2010 年 9 月，中国建筑材料工业地质勘查中心宁夏总队对该矿床进行了资源量核查，面积 3.3 km^2，求得灰岩资源储量（333）3432.89×10^4 t。

（1）区域地质

驴驴沟化工灰岩矿床地层属华北地层区（$Ⅲ_4$）、鄂尔多斯西缘地层分区（$Ⅲ_4^1$）、贺兰山地层小区（$Ⅲ_4^{1-1}$）。大地构造位置位于柴达木-华北板块（Ⅲ）、华北陆块（$Ⅲ_5$）、鄂尔多斯地块（$Ⅲ_5^1$）、鄂尔多斯西缘中元古代—早古生代裂陷带（$Ⅲ_5^{1-1}$）。所属成矿区带为鄂尔多斯西缘（陆缘坳褶带）Fe-Pb-Zn-磷-石膏-芒硝成矿带（Ⅲ-59）、贺兰山褶断带 Fe-Au-Cu-煤（气）-磷-硅石-石灰岩-白云岩-粘土成矿亚带（Ⅳ-59①）。所属矿床成矿系列为与早古生代沉积作用有关的铁、彩石、磷、灰岩、白云岩、板岩矿床成矿系列（3-Pz_1-S）。区域出露地层由老至新有：中寒武统陶思沟组（$\epsilon_2 t$）、胡鲁斯台组（$\epsilon_2 h$）；中-上寒武统阿不切亥组（$\epsilon_{2-3} a$）；下奥陶统大南池组（$O_1 d$）；中-下奥陶统天景山组（$O_{1-2} t$）；中-上奥陶统米钵山组（$O_{2-3} m$）及第四系。含矿层为中-下奥陶统天景山组。

区内断裂、褶皱发育，构造复杂。无岩浆岩活动。

（2）矿区地质

矿区出露天景山组，为含镁较高的潮坪相碳酸盐建造。本组厚度 1011.6 m，共分 6 个岩性段（前人也有分为 10 个岩性段的），底部与大南池组整合接触。

矿区总体为一大的倾伏背斜构造，以羊粪沟-峡石沟为轴，总体构造线北东东—南西西，在矿区内仅存在转折端和南翼，南翼岩层走向北东 60°~70°，倾向南东，倾角 60°~90°，同时在南翼有小褶曲。地层层位受构造影响大，稳定程度较差，断裂、褶皱发育，构造复杂。

矿区断层非常发育，岩层异常破碎，产状变化大，矿区断层依方向及受力性质可分为三组：第一组为受力大致相一致的北东东方向逆-平移断层，该断层组以靠近轴部的羊粪沟逆-平移断层为主体。第二组为北东东和岩层走向基本一致的东西向平移-逆断层，该组断层组成沿矿层广泛分布的多条平行断层。第三组为北东东近南北向，被称为南北向断层，该组断层横切矿层。以上三组断层为矿区主要断层组。后期主构造运动又生成次一级的层间小断层组。

地层总体呈近东西向展布，倾向南，倾角 30°~45°。受构造影响，产状变化较大。

（3）矿体（层）特征

驴驴沟化工灰岩矿层位于天景山组的中下部，即第四岩性段（对应前人第六岩性段）。矿层稳定，近东西向展布，倾向南，倾角 30°~70°，沿走向（东西）长度约 3000 m，南北宽 160 m 左右，由于构造影响而不连续。矿体为层状，平均厚度 55.5 m，电石灰岩与制碱灰岩互层产出。其中，电石灰岩岩性为厚层状结晶灰岩，呈层状，最大厚度为 66.9 m，最小厚度为 11 m，平均厚度为 41.6 m，属于厚度较稳定矿层；制碱灰岩岩性为厚层状泥质条带灰岩，呈层状，最大厚度为 18.3 m，最小厚度为 3.3 m，平均厚度为 10.1 m，属于厚度不稳定矿层（图 19-4）。由于与矿层大致平行并通过矿层的压性断裂影响，使矿层厚度局部加厚或变薄，形成东部和西部两个矿段，东部矿体中间最厚达 130 m，而两端厚度仅 25 m；西部矿体中间厚度为 80 m，两端厚 20 余米。矿层顶板为灰色网纹状白云质灰岩，底板是白-灰白色薄-中层状结晶灰岩，偶见泥质网纹。矿层中夹 1~2 层白云岩，其厚度不大。

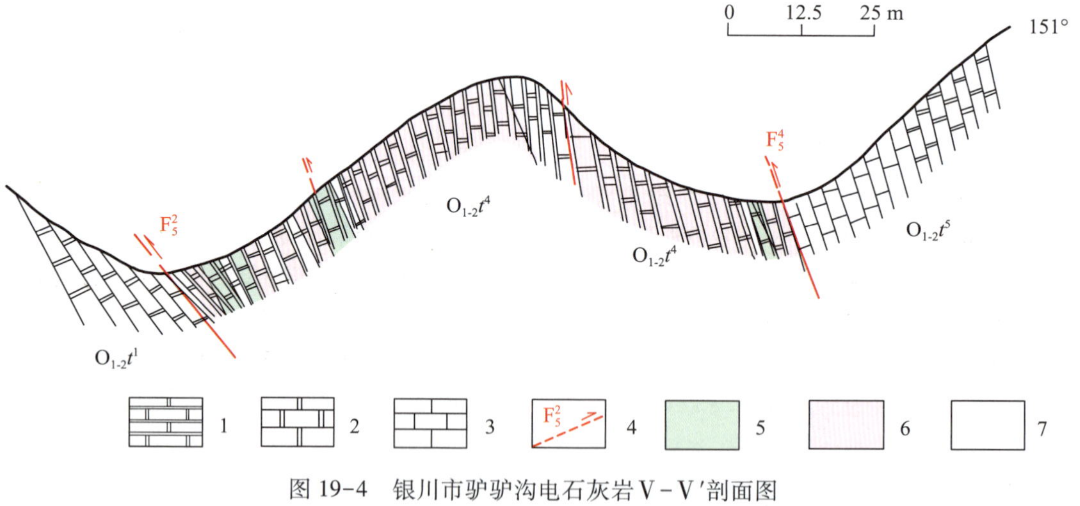

图 19-4　银川市驴驴沟电石灰岩 V－V′剖面图

（据中国建筑材料工业地质勘查中心宁夏总队，2010，修改）

1—大理岩；2—白云岩；3—石灰岩；4—断层及编号；5—矿层中的夹石层；6—电石灰岩；7—制碱灰岩

（4）矿石特征

矿石的矿物组分简单，有用矿物为方解石，含量在 90% 以上，主要以隐晶方解石，其次为微晶方解石（粒度小于 0.005 mm）。矿石中有害组分主要为次生白云石、硅质（燧石、石英）。白云石多呈褐黄色、灰白色，多成团块状，条带状不规则分布，白云质晶粒中常见方解石包体。

矿石为细粒结构，致密块状构造。质地较纯，一般 CaO 含量为 54%，最高可达 55.14%。有害杂质含量很低，其中，SiO_2 0.25%~1.85%，平均为 0.80%；MgO 0.22%~0.99%，平均为 0.71%；R_2O_3 0.35%~0.95%，平均为 0.80%。SO_3 0.005%~0.025%，平均为 0.015%；P_2O_5 0.002%~0.006%，平均为 0.004%。矿石化学成分稳定，是质量较佳的电石用石灰岩原料，局部地段矿石质量稍差，尚可用作制碱用石灰岩原料。

（5）资源储量

截至 2017 年底，驴驴沟电石灰岩经宁夏回族自治区国土资源厅备案的累计查明石灰岩资源储量（333）为 3432.89×10^4 t，保有资源量（333）为 3432.89×10^4 t。其中，电石灰岩资源储量为 2682.14×10^4 t，属中型矿床；制碱灰岩资源储量为 750.75×10^4 t，属小型矿床。

（6）成矿阶段划分

大致划分两个阶段：①同生沉积阶段，海水中碳酸钙达到饱和而发生化学沉积，形成石灰岩矿层；②准同生交代阶段，海水中镁部分交代钙，形成白云岩层。

（7）矿床类型

银川市西夏区驴驴沟化工灰岩矿床为浅海相化学沉积型石灰岩矿床。

（8）成矿机制

早奥陶世鄂尔多斯西缘为鄂尔多斯地块与祁连洋的过渡带，处于浅海台地。当西侧深部较冷洋盆水中溶解的 HCO_3^- 随洋流作用上升至浅海台地时，受相对温暖环境影响可部分地转化为 CO_3^{2-}，与 Ca^{2+} 结合沉积灰岩，大洋基性火山活动强烈时，海水中 Mg^{2+} 急剧增高时可沉淀白云质灰岩，进一步准同生交代产生灰质白云岩。其中，正常情况下沉积的质地纯净并且未受交代的灰岩成为工业石灰岩矿床。

2. 中卫市宣和镇天景山北段化工灰岩矿床

天景山北段化工灰岩矿床位于中卫市宣和镇南 20 km 的天景山北段，隶属中卫市沙坡头区宣和镇管辖，交通较便利。

1987 年 12 月至 1988 年 12 月，宁夏地质矿产局地质研究所对该矿床进行普查；1991~1993 年，宁夏地质矿产局矿产地质调查所对天景山化工灰岩矿区进行详查工作，求获电石灰岩 C+D 级储量 550.6×10^4 t，制碱灰岩 D 级储量 337.6×10^4 t，水泥灰岩 D 级储量 1220×10^4 t；2010 年，中国建筑材料工业地质勘查中心宁夏总队，对该矿区化工灰岩资源储量进行了核实。

天景山北段化工灰岩矿由中卫市天景山化工灰岩矿、宁夏胜金水泥有限公司天景山水泥用灰岩矿、中卫市天景山北采区水泥灰岩矿、中卫市天景山南采区电石灰岩矿、中卫市天景山陆丰石灰岩矿组成。

（1）区域地质

天景山北段化工灰岩矿床地层属阿拉善地层区（$Ⅲ_3$）、阿拉善南缘地层分区（$Ⅲ_3^1$）、景泰-中宁地层小区（$Ⅲ_3^{1-1}$）。大地构造位置位于柴达木-华北板块（Ⅲ）、阿拉善微陆块（$Ⅲ_4$）、腾格里早古生代增生楔（$Ⅲ_4^1$）、卫宁北山-香山晚古生代前陆-上叠盆地（$Ⅲ_4^{1-1}$）。所属成矿区带为河西走廊 Fe-Mn-萤石-盐类-凹凸棒石-石油成矿带（Ⅲ-20）、香山褶断带 Fe-Cu-煤-石灰岩-石膏-粘土成矿亚带（Ⅳ-20③）。所属矿床成矿系列为与早古生代沉积作用有关的铁、彩石、磷、灰岩、白云岩、板岩矿床成矿系列（3-Pz_1-S）。区域出露地层由老至新有：中-下奥陶统天景山组（$O_{1-2}t$）、中-上奥陶统米钵山组（$O_{2-3}m$）；上奥陶统香山群徐家圈组（O_3x）、狼嘴子组（O_3lz）、磨盘井组（O_3mp）；上泥盆统中宁组（D_3z）；下石炭统前黑山组（C_1q）；上石炭统羊虎沟组（C_2y）；古近系始新统寺口子组（E_2s）；新近系中新统彰恩堡组（N_1z）及第四系。

区内构造较为复杂。区域构造线主要以北西—南东向为主，构造形态为褶皱、断裂并重，断裂构造多为逆断层及逆掩断层。

区域上岩浆岩仅在米钵山西麓的狼嘴子-磨盘井一带见辉绿岩体（脉）出露，呈带状顺层贯入上奥陶统香山群狼嘴子组硅质岩层之下，其时代为早古生代晚期（图 19-5）。

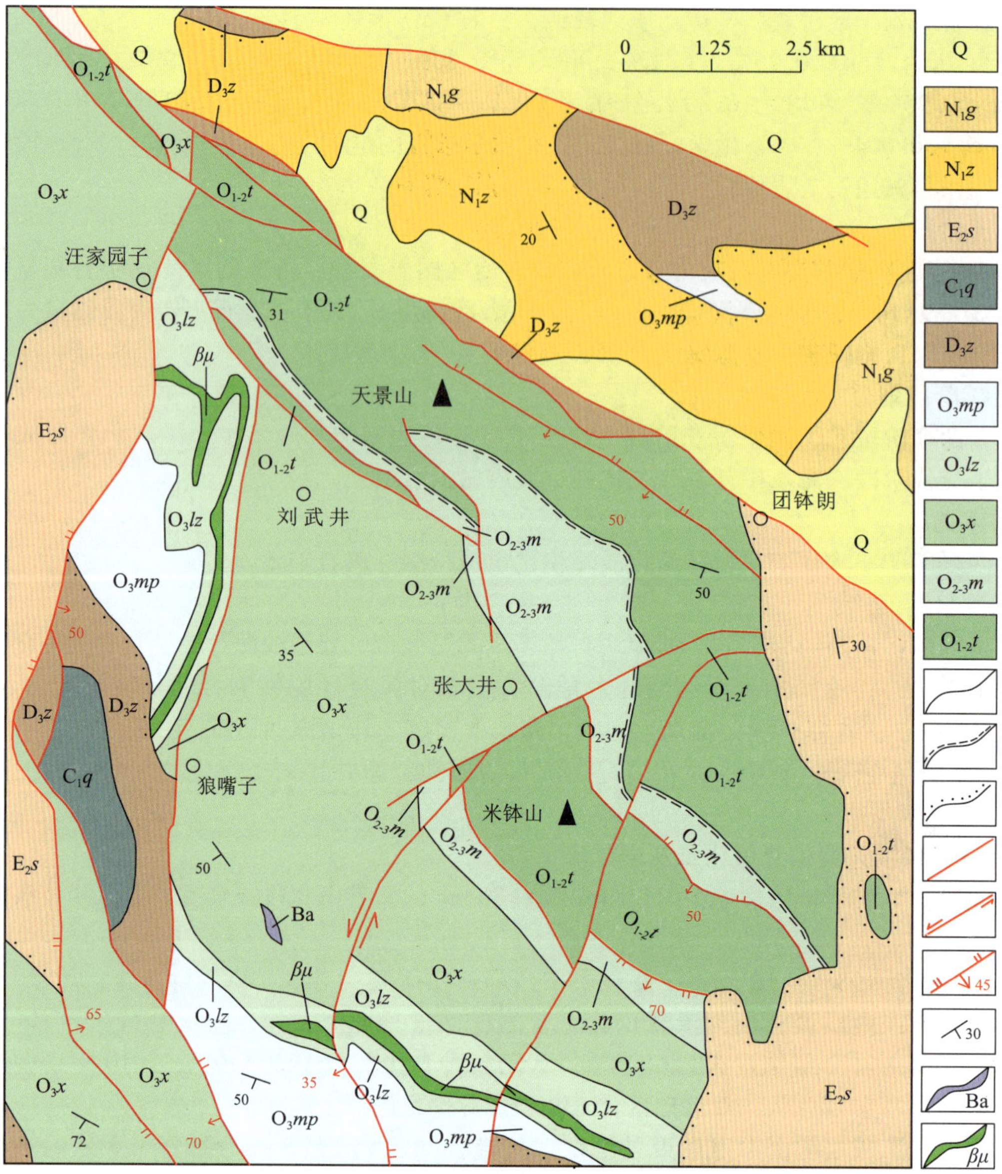

图 19-5 中卫市天景山地区区域地质图

（据宁夏回族自治区地质调查院，2017，修改）

1—第四系；2—干河沟组；3—彰恩堡组；4—寺口子组；5—前黑山组；6—中宁组；7—磨盘井组；8—狼嘴子组；9—徐家圈组；10—米钵山组；11—天景山组；12—地质界线；13—平行不整合界线；14—角度不整合界线；15—活动断层；16—平移断层；17—逆断层及产状；18—岩层产状；19—重晶石脉；20—辉绿岩脉

（2）矿区地质

天景山化工灰岩矿区为一孤立的断块山体，南北长约 1200 m，东西宽约 700 m。矿区出露地层主要有中-下奥陶统天景山组，中-上奥陶统米钵山组，上奥陶统香山群徐家圈组、狼嘴子组及第四系全新统。含矿地层为中-下奥陶统天景山组。该组为滨海-浅海相碳酸岩相沉积，出露厚度大于 592. 57 m。依据岩性及组合特征，自下而上划分为 8 个岩性段，其中，第三岩段、第五岩段和第七岩段为矿区灰岩含矿层位。第四岩段是矿区标志层之一。

矿区构造较复杂。断裂构造大致为北西向和北东—北北东向两组断层，北西向断裂 2 条分布在天景山组南北两侧，南侧为一逆断层，倾向南西，倾角 48°～61°，断层上盘为香山群徐家圈组，下盘为天景山组。北侧为一正断层，倾向南西，倾角 38°～41°，断层上盘为天景山组，下盘为米钵山组；北东—北北东向在矿区均有出露，早期形成的断层控制了地层和矿体的分布，晚期对矿体有破坏作用。

（3）矿体（层）特征

矿体呈段块状分布，其周边与米钵山组及香山群徐家圈组呈断层接触（图 19-6，图 19-7）。总体分布为北西—南东方向，矿层呈北东—南西方向展布，走向延伸最大约 600 m，倾向推深大于 100 m。矿区圈出 6 层电石、制碱、水泥用灰岩矿层，其中，Ⅰ、Ⅱ号矿层为化工灰岩矿床，主要分布在矿区北段，天景山组上部，矿层岩性特征为浅灰-灰色中厚层泥晶、微晶灰岩，夹少量灰色厚层状内碎屑灰岩，局部含不规则状硅质灰岩团块及条带；Ⅲ、Ⅳ、Ⅴ、Ⅵ号矿层主要为水泥灰岩，产在天景山组中、下部，分布在矿区中、南部，矿层岩性为灰色中-厚层状泥晶-微晶灰岩，夹少量灰色厚层状含白云质泥晶灰岩（图 19-8；表 19-4）。

图 19-6　天景山北段化工灰岩矿层

（据宁夏回族自治区矿产地质调查所，1993）

图 19-7　天景山组与香山群接触关系

（据宁夏回族自治区矿产地质调查所，1993）

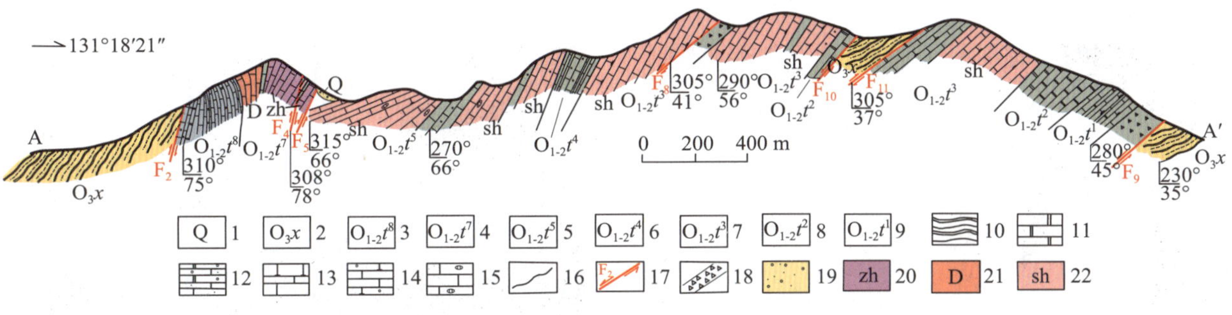

图 19-8　中卫市天景山化工灰岩矿床 A-A′剖面图

（据宁夏回族自治区矿产地质调查所，1993，有修改）

1—第四系全新统；2—奥陶系徐家圈组；3—奥陶系天景山组第八岩段；4—奥陶系天景山组第七岩段；5—奥陶系天景山组第五岩段；6—奥陶系天景山组第四岩段；7—奥陶系天景山组第三岩段；8—奥陶系天景山组第二岩段；9—奥陶系天景山组第一岩段；10—千枚状板岩；11—白云岩；12—白云质内碎屑灰岩；13—微晶灰岩；14—含内碎屑微晶灰岩；15—含白云岩团块灰岩；16—地质界线；17—断层及编号；18—断层破碎带；19—冲坡积，残积物；20—制碱灰岩矿体；21—电石灰岩矿体；22—水泥灰岩矿体

（4）矿石特征

矿石自然类型主要为中厚-厚层状泥晶灰岩、厚层状微晶灰岩和中层-厚层状内碎屑灰岩。工业类型为电石、制碱和水泥灰岩。主要矿物为方解石，含量达 90%～99%，次为白云石、石英或硅化石英，有少量铁质及泥质。

电石灰岩主要为浅灰-灰色泥晶、微晶灰岩及碎屑灰岩组成，化学成分一般含 CaO 54.52%～55.25%，平均 55.09%；MgO 0.23%～0.54%，平均 0.28%；SiO_2 0.57%～0.96%，平均 0.77%。矿石质量较佳。

表 19-4　天景山化工灰岩矿矿层规模一览表

矿层编号	矿层类型	矿层规模				产状/(°)	
		厚度/m		长度/m	倾向描述/m		
Ⅰ	电石灰岩	一般	8.85～78.97	546.00	100～74	倾向	242～331
		平均	42.5			倾角	24～61
Ⅱ	制碱灰岩	一般	62.64	130.00	38.00	倾向	345
		平均	62.64			倾角	30
Ⅲ	水泥灰岩	一般	20.19～71.26	410.00	100.00	倾向	226～315
		平均	40.72			倾角	30～70
Ⅳ		一般	18.58～44.19	420.00	100.00	倾向	269～296
		平均	27.07			倾角	41～70
Ⅴ		一般	26.37～55.22	265.00	100.00	倾向	267～313
		平均	36.39			倾角	25～52
Ⅵ		一般	40.71～59.62	255.00	100.00	倾向	260～285
		平均	51.30			倾角	30～38

制碱灰岩与电石灰岩相似，仅局部显现色深，矿石中 SiO_2 含量高于电石灰岩，化学成分一般含 $CaCO_3$ 95.68%～97.23%，平均 96.34%；MgO 0.23%～0.46%，平均 0.33%；SiO_2 小于 3%。

水泥灰岩矿石主要为微晶灰岩及部分泥晶灰岩及碎屑灰岩组成，化学成分一般含 CaO 50.05%～53.42%，平均 52.12%；MgO 0.45%～1.97%，平均 0.96%；SiO_2 2.19%～7.85%，平均 3.53%（图 19-9，图 19-10）。

图 19-9　天景山化工灰岩矿泥晶灰岩矿石
（向连格摄，2017）

图 19-10　天景山化工灰岩矿微晶灰岩矿石
（向连格摄，2017）

（5）资源储量

截至 2017 年底，天景山化工灰岩矿经宁夏回族自治区国土资源厅备案的 5 个矿区累计查明石灰岩矿石资源储量（122b+333）为 2777.945×10^4 t。其中，电石灰岩 623.772×10^4 t，为小型矿床；制碱灰岩 318.148×10^4 t，为小型矿床；水泥灰岩 1836.025 ×10^4 t，为中型矿床。

（6）成矿阶段划分

矿床大致划分 2 个成矿阶段：①同生沉积阶段，海水中碳酸钙达到饱和而发生化学沉积，形成石灰岩矿层；②准同生交代阶段，海水中镁部分交代钙，形成白云岩层。

（7）矿床类型

天景山化工灰岩矿床为海相化学沉积型石灰岩矿床。工业类型为电石、制碱、水泥用灰岩。

（8）成矿机制

矿床古沉积环境为一广阔的浅海-潮坪环境，由于海水较浅且循环不畅，在干热气候条件下，海水蒸发，含盐度增高，不利于生物生存，故形成碳酸盐的沉积。从水动力条件来看，当时海底坡度小，微弱的地壳升降运动都会使海平面发生显著的升降变化，加上潮汐作用，致使水动力条件亦有较大差异。矿区中天景山组从下部到上部都不同程度地见有内碎屑灰岩出现，说明在漫长的地质发展过程中，该区处于较低能的还原环境中，也曾出现过高能量的氧化环境。

3. 中卫市天景山白路泉南段化工灰岩矿床

白路泉南段化工灰岩矿位于中卫市宣和镇以南约 25 km 的天景山腹地，地属中卫市宣和镇管辖，矿区交通便利。

2003~2004 年，宁夏地质调查院对天景山-米钵山地区石灰岩进行了专项规划，共划分出 7 个勘查区、4 个后备勘查区，面积约 38 km^2，共预测石灰岩资源量（334）4. 4×10^8 t，其中，规划的第Ⅲ勘查区（编号为勘Ⅲ）预测电石灰岩资源量（334）3300×10^4 t。2009 年，中国建筑材料工业地质勘查中心宁夏总队对未分立前的整个探矿权开展了详查地质工作（白路泉南段和北段），于 2012 年 3 月提交了《宁夏中卫市天景山化工灰岩矿床第Ⅲ勘查区详查报告》，提交勘查区内电石灰岩及水泥灰岩矿资源量（332+333）总计为 11885. 27×10^4 t，其中电石灰岩（332+333）为 189. 71×10^4 t，水泥灰岩（332+333）为 11695. 56×10^4 t。该报告经宁夏矿产资源储量评审中心评审通过，结论是将详查降为普查，局部达到详查。2013 年，中国建筑材料工业地质勘查中心宁夏总队对白路泉南段开展了补充详查工作，于 2014 年 6 月提交了《宁夏中卫市天景山白路泉南段勘查区化工灰岩矿补充详查报告》，提交电石灰岩及水泥灰岩矿资源量（332+333）总计为 3339. 92×10^4 t，其中电石灰岩（332+333）为 49. 17×10^4 t，水泥灰岩（332+333）为 3290. 75×10^4 t。2014 年，中国建筑材料工业地质勘查中心宁夏总队在《宁夏中卫市天景山白路泉南段勘查区化工灰岩矿补充详查报告》基础上，对拟设的采矿权范围进行了分割，于 2014 年 9 月提交了《宁夏中卫市天景山白路泉南段电石、水泥灰岩矿资源储量核实报告》。

（1）区域地质

白路泉南段化工灰岩矿床地层属阿拉善地层区（$Ⅲ_3$）、阿拉善南缘地层分区（$Ⅲ_3^1$）、景泰-中宁地层小区（$Ⅲ_3^{1-1}$）。大地构造位置位于柴达木-华北板块（Ⅲ）、阿拉善微陆块（$Ⅲ_4$）、腾格里早古生代增生楔（$Ⅲ_4^1$）、卫宁北山-香山晚古生代前陆-上叠盆地（$Ⅲ_4^{1-1}$）。所属成矿区带为河西走廊 Fe-Mn-萤石-盐类-凹凸棒石-石油成矿带（Ⅲ-20）、香山褶断带 Fe-Cu-煤-石灰岩-石膏-粘土成矿亚带（Ⅳ-20③）。所属矿床成矿系列为与早古生代沉积作用有关的铁、彩石、磷、灰岩、白云岩、板岩矿床成矿系列（3-Pz_1-S）。区域出露地层由老至新有：中-下奥陶统天景山组（$O_{1-2}t$），中-上奥陶统米钵山组（$O_{2-3}m$），上奥陶统香山群徐家圈组（O_3x）、狼嘴子组（O_3lz）、磨盘井组（O_3mp），上泥盆统中宁组（D_3z），下石炭统前黑山组（C_1q），上石炭统羊虎沟组（C_2y），古近系始新统寺口子组（E_2s），新近系中新统彰恩堡组（N_1z）及第四系。

区内构造较为复杂。区域构造线主要以北西—南东向为主，构造形态为褶皱、断裂并重，断裂构造多为逆断层及逆掩断层。

岩浆岩区域上仅在米钵山西麓的狼嘴子-磨盘井一带见有辉绿岩体（脉）出露，呈带状顺层贯入上奥陶统香山群狼嘴子组硅质岩层之下，其时代为早古生代晚期。

（2）矿区地质

矿区范围内出露的地层有中-下奥陶统天景山组第二岩性段、中-上奥陶统米钵山组及第四系残坡积物，基岩基本裸露。含矿层为天景山组第二岩性段。含矿层分布于矿区的大部分区域，沿走向贯穿于整个矿区，山体陡峭。地层总体倾向南西，倾角 22°~65°。厚度为 75. 91~140. 88 m，与米钵山组地层呈断层接触。

矿区构造以断层为主，多数为逆断层。

（3）矿体（层）特征

由于受到断层切割影响，区内含矿层被分割为Ⅰ和Ⅲ两个矿段。Ⅰ矿段有1个电石灰岩矿层（DS9），呈似层状产出，倾向238°~260°，倾角48°~55°，岩性为浅灰色巨厚层状灰岩，出露宽度为53~95 m，长度约290 m，厚度为14.03~58.65 m；Ⅲ矿段有2个电石灰岩矿层（DS10和DS11）：DS10矿层呈似层状产出，倾向190°~205°，倾角28°~42°，岩性为浅灰色厚层状灰岩。在矿区内出露宽度为23~45 m，长度约250 m，厚度为3.29~6.46 m，矿层的顶底板均为水泥灰岩矿层；DS11矿层呈透镜状产出，倾向205°，倾角42°，岩性为浅灰色巨厚层状灰岩。在区内出露宽度为16 m，长约82 m，厚度为9.96 m，矿层的顶板为水泥灰岩矿层，底板为米钵山组第二岩性段灰绿色板岩。

水泥灰岩与电石灰岩互层产出，主要产在天景山组第二岩段上部，矿层岩性为灰白-深灰色厚层状灰岩、含燧石结核灰岩。矿层倾向165°~249°，倾角24°~66°。主要矿层出露宽度为130~390 m，沿走向延伸长度约为890 m。矿层厚度为29.80~90.43 m，平均厚度为55.61 m，矿层受断层破坏较为严重，厚度变化不稳定。受断层影响矿层的直接顶底板各处不同。

电石灰岩矿层顶底板为水泥灰岩，矿区整体为推覆体构造，含矿层真正的顶底板在区内并未见到。电石灰岩矿层内无夹石。水泥灰岩矿层中夹石和外剥离物的岩性主要为燧石条带灰岩。夹石在空间上一般多呈层状、似层状和透镜状。矿层中共计圈出夹石4个，外剥离物1个。绝大多数夹石和外剥离物的加权平均品位中CaO、MgO含量均能达到工业指标的要求，仅是由于SiO_2超标而圈定为夹石或外剥离物。

（4）矿石特征

电石灰岩矿石类型为厚-巨厚层状灰岩，呈灰、浅灰色厚-巨厚层状，具压碎角砾状结构、碎裂粒状变晶结构、变余压碎团粒状结构。主要矿物成分方解石含量大于96%，石英、白云石含量小于3%，铁质粉末小于2%。显微镜下结晶方解石呈颗粒大小不均一的不规则菱形粒状，由于动力变质作用大多扭曲变形，变形构造发育，在大颗粒周围常有细粒化颗粒围绕，岩石中裂隙发育，沿裂隙有后生的方解石细脉充填。化学成分：CaO含量为53.47%~55.57%，平均54.73%；MgO含量为0.07%~0.92%，平均0.55%；SiO_2含量为0.03%~2.44%，平均1.08%；Fe_2O_3含量为0.214%；Al_2O_3含量为0.338%；S含量为0.011%；P含量为0.0047%。矿石质量较好。

水泥灰岩矿石分为中厚-厚层状灰岩、含燧石结核灰岩两种矿石类型。中厚-厚层状灰岩呈灰色、浅红色中厚层状，具压碎角砾状结构、碎裂粒状变晶结构、变余压碎团粒状结构，主要矿物成分方解石含量大于85%，石英、白云石含量小于5%，铁含量1%~5%；含燧石结核灰岩为水泥灰岩矿层的次要矿石类型。矿石一般呈深灰-灰黑色厚层状，变晶结构。结核呈团块状不规则分布，大小不一，风化面为黑色。镜下观察可见石英呈细粒状集合体，出现于方解石组成的石基之中，被方解石交代呈不规则圆粒状残留。岩石主要矿物为方解石，占80%~90%，石英约为5%。在裂隙中呈脉状、团块状无序分布。化学成分：CaO含量为39.82%~55.53%，平均51.55%；MgO含量为0.07%~3.96%，平均1.19%；SiO_2含量为0.30%~7.00%，平均4.22%；Fe_2O_3含量为0.143%~0.455%；Al_2O_3含量为0.216%~0.655%；K_2O含量为0.045%~0.250%；Na_2O含量为0.040%~0.440%；SO_3含量为0.028%~0.125%；Cl^-含量为0.002%~0.009%。水泥灰岩矿石的质量较好。

（5）资源量

截至2017年底，天景山白路泉南段化工灰岩矿经宁夏回族自治区国土资源厅备案的查明石灰岩资源储量（332+333）为3339.92×10^4 t，保有11375.13×10^4 t。其中，电石灰岩（332+333）为49.17×10^4 t，属小型矿床；水泥灰岩（332+333）为3290.75×10^4 t，属中型矿床。

（6）矿床类型

中卫市天景山白路泉南段化工灰岩矿床为浅海相化学沉积化工灰岩矿床。

（7）成矿机制

矿床古沉积环境为一广阔的浅海-潮坪环境，由于海水较浅且循环不畅，在干热气候条件下，海水蒸发，含盐度增高，不利于生物生存，故形成碳酸盐沉积。从水动力条件看，当时海底坡度小，微弱的地壳升降运动会使海平面发生显著变化，加上潮汐作用，致使水动力条件亦有较大差异。矿区天景山组从下部到上部都不同程度地见有内碎屑灰岩出现，说明在漫长的地质发展时期，该区处于较低能的还原环境中，也曾出现过高能量的氧化环境。

天景山白路泉南段化工灰岩矿床应是在较温暖，干燥的气候条件下及较稳定的还原环境中，以化学沉积为主的沉积石灰岩矿床。

（8）找矿标志

找矿标志为燧石条带灰岩，表现为灰岩中硅质成分特别高，并富集成燧石结核，局部呈条带，燧石条带由于硅质含量极高，抗风化能力强，经地表风化后突起于基岩表面，呈带状沿岩层走向分布，在地表易于识别，条带宽一般为 5～15 cm，间隔 10～30 cm 不等。

（三）一般矿床（点）

中卫市刘岗井-银山化工灰岩矿

刘岗井-银山化工灰岩矿区位于中卫市南部香山北麓天景山西段，地属中卫市沙坡头区宣和镇管辖，矿区交通较方便。

刘岗井-银山化工灰岩矿床地层属阿拉善地层区（III_3）、阿拉善南缘地层分区（III_3^1）、景泰-中宁地层小区（III_3^{1-1}）。大地构造位置位于柴达木-华北板块（Ⅲ）、阿拉善微陆块（III_4）、腾格里早古生代增生楔（III_4^1）、卫宁北山-香山晚古生代前陆-上叠盆地（III_4^{1-1}）。所属成矿区带为河西走廊 Fe-Mn-萤石-盐类-凹凸棒石-石油成矿带（Ⅲ-20）、香山褶断带 Fe-Cu-煤-石灰岩-石膏-粘土成矿亚带（Ⅳ-20③）。所属矿床成矿系列为与早古生代沉积作用有关的铁、彩石、磷、灰岩、白云岩、板岩矿床成矿系列（3-Pz_1-S）。矿床由中卫市刘岗井电石灰岩矿区、中卫市银山灰石矿、中卫市吉峰灰石矿电石灰岩矿构成。

矿体赋存于中-下奥陶统天景山组第一岩性段，主要岩性为灰-浅灰色中厚-厚层状泥晶、微晶灰岩，见有少量不规则紫红色斑纹和条带。含矿地层呈单斜层状产出，构造简单，赋矿层位 1～2 层。矿层总体呈北西—南东向展布，矿层自刘岗井-吉峰范围内延伸长约 2.5 km，无覆盖，出露良好。矿层空间位置稳定，呈厚-巨厚层产出。岩层倾向南西（220°～222°），倾角 35°～39°。矿石为浅灰色微晶灰岩，致密坚硬，具微晶结构，块状构造。矿石化学成分：电石灰岩中 CaO 含量为 54.67%，MgO 含量为 0.26%，SiO_2 含量为 0.80%；水泥灰岩中 CaO 含量为 50.34%～50.71%，MgO 含量为 1.00%～1.15%，SiO_2 含量为 1.39%～1.70%。矿床属浅海相化学沉积型矿床。

截至 2017 年底，刘岗井-银山化工灰岩经宁夏回族自治区国土资源厅备案的三个矿区查明资源储量（122b+333）：电石灰岩 189.41×10^4 t，水泥灰岩 299.08×10^4 t，属小型电石、水泥灰岩矿床。

二、制碱用石灰岩

宁夏区内制碱灰岩主要产于中-下奥陶统天景山组。分布在中卫市天景山、烟筒山南段，吴忠市红寺堡康家大山北侧和同心青龙山西道梁地区。代表性矿床有吴忠市红寺堡区青山化工灰岩矿床、同心县青龙山西道梁二道山南段石灰岩矿床、同心县青龙山西道梁南段化工灰岩矿床等。

（一）典型矿床

吴忠市青龙山西道梁南段化工灰岩矿床

矿床位于同心县下马关镇东约 20 km 的青龙山南段宁夏与甘肃省交界处，地属吴忠市同心县下马关镇管辖，矿区交通方便。

1969 年，宁夏综合地质大队对青龙山西道梁石灰岩进行了普查和矿点检查，提交了《宁夏回族自治区中南部石灰岩初查报告》。证实青龙山奥陶系石灰岩具有大型矿床的成矿条件，并在上述地层中发现有熔剂白云岩。1999～2000 年，宁夏地质矿产勘查开发局矿产地质调查所在青龙山西道梁地区开展了石灰岩矿床地质调查工作。初步查明了本区石灰岩矿层层数、矿石质量、矿石组分等。提交了

《宁夏同心县青龙山西道梁石灰岩矿床地质调查报告》。2004 年，宁夏矿产地质调查所在青龙山西道梁南段开展石灰岩普查，提交了《宁夏同心县青龙山西道梁南段化工灰岩矿床普查报告》，共获得 +1640 m 水平以上石灰岩矿石资源量 125965.83×10^4 t。其中，推断的制碱石灰岩内蕴经济资源量（333）为 35143.08×10^4 t；推断的水泥用石灰岩内蕴经济资源量（333）为 77491.28×10^4 t，预测制电石灰岩资源量（334）？为 13331.47×10^4 t。2011~2013 年，宁夏矿产地质调查院在青龙山西道梁南段开展石灰岩详查工作，由于详查区面积较大（南北长约 25 km），经过设计优化后，将矿区划分为Ⅰ、Ⅱ、Ⅲ、Ⅳ4 个区块，分别提交了《宁夏吴忠市青龙山西道梁南段Ⅰ、Ⅱ、Ⅲ区段化工灰岩详查报告》，因Ⅳ区块详查程度较低，Ⅳ区块提交了《宁夏吴忠市青龙山西道梁南段Ⅳ区段化工灰岩普查报告》。通过工作发现青龙山南段共见矿 2 层，分别赋存于奥陶系天景山组第二岩性段（$O_{1-2}t^2$）和克里摩里组（O_2k）中，其中在奥陶系天景山组二岩段中 K1 矿层自下而上细分为 K1-1、K1-2、K1-3、K1-4 四个分矿层；克里摩里组中含 1 层水泥灰岩矿层。

下文以青龙山西道梁南段Ⅱ区块为例进行描述。

（1）区域地质

西道梁南段化工灰岩矿床地层属华北地层区（$Ⅲ_4$）、鄂尔多斯西缘地层分区（$Ⅲ_4^1$）、桌子山-青龙山地层小区（$Ⅲ_4^{1-2}$）。大地构造位置位于柴达木-华北板块（Ⅲ）、华北陆块（$Ⅲ_5$）、鄂尔多斯地块（$Ⅲ_5^1$）、鄂尔多斯西缘中元古代—早古生代裂陷带（$Ⅲ_5^{1-1}$）。所属成矿区带为鄂尔多斯西缘（陆缘坳褶带）Fe-Pb-Zn-磷-石膏-芒硝成矿带（Ar_3；Pt；Pz；Kz）（Ⅲ-59）、陶乐-彭阳冲断带煤（气）-石灰岩-白云岩成矿亚带（Ⅳ-59③）。所属矿床成矿系列为与早古生代沉积作用有关的铁、彩石、磷、灰岩、白云岩、板岩矿床成矿系列（3-Pz_1-S）。区域出露地层由老至新有：蓟县系王全口组（Pt_2^2w），震旦系正目观组（Pt_3^3z），下寒武统苏峪口组（ϵ_1s）、五道淌组（ϵ_1w）并层，中寒武统陶思沟组（ϵ_2t）、胡鲁斯台组（ϵ_2h），中-上寒武统阿不切亥组（$\epsilon_{2-3}a$），下奥陶统大南池组（O_1d），中-下奥陶统天景山组（$O_{1-2}t$），中奥陶统克里摩里组（O_2k）及新近系中新统彰恩堡组（N_1z）和第四系（图 19-11）。

（2）矿区地质

矿区出露地层有：中-上寒武统阿不切亥组、中-下奥陶统天景山组、中奥陶统克里摩里组。含矿地层为奥陶系天景山组和克里摩里组。天景山组是构成青龙山西道梁的主体地层，出露长度约 38.00 km，厚度 482.00 m。根据其岩性组合特征，该组自下而上分为 4 个岩性段。

一岩段仅在矿区中部和北部断续出露，地层走向近南北。岩性较为单一，主要是浅黄色、浅灰色中厚层状灰质白云岩，顶部为一浅灰色厚层状白云岩与其上覆第二岩性段分界，厚度 55.62 m（图 19-12）。

二岩段在矿区自北向南均有出露，其他大部地段的顶底均被马兰组黄土覆盖。岩性上部为深灰色中厚层状灰岩、泥质条带灰岩。在局部相变为浅灰色灰质白云岩团块及透镜体。团块与围岩界线清晰，而且二者颜色醒目，透镜体长度几米至十几米不等，风化面有明显的刀砍纹，遇盐酸起泡微弱。泥质条带一般呈断续状或舒缓波状平行层面分布，其间距 1~1.5 cm 不等，在风化面上以灰黄-深灰色色斑相区别，在溶蚀面上多形成蠕虫状突起。该段灰岩中的泥质成分自下而上逐渐增多，厚度 171.29 m，是主要赋矿岩段之一。

三岩段主要分布于中北部，仅有零星露头，多被马兰组黄土覆盖，出露不全。岩性单一，为一套灰黄色中厚层状白云岩。在局部地段白云岩含燧石结核，结核呈点状、椭圆状、不规则状平行层面分布，呈肉红色，油脂光泽，表面具碎裂纹。其顶部逐渐过渡为含白云质灰岩，厚度 96.61 m。部分地段白云岩可作为熔剂白云岩矿。

四岩段矿区自北向南均有分布，其岩性上部为深灰色中厚层状燧石结核灰岩、泥质条带灰岩，中上部为深灰色中厚层状灰岩夹深灰色中厚层状燧石条带灰岩，下部为深灰色中厚层状泥质条带灰岩。该岩段自下而上泥质条带、燧石结核（条带）增多，厚度 174.0 m，是主要赋矿岩段之一。

克里摩里组主要出露于矿区西侧的山前半坡及平滩地带。岩性中上部为深灰-黑灰色中厚层状泥

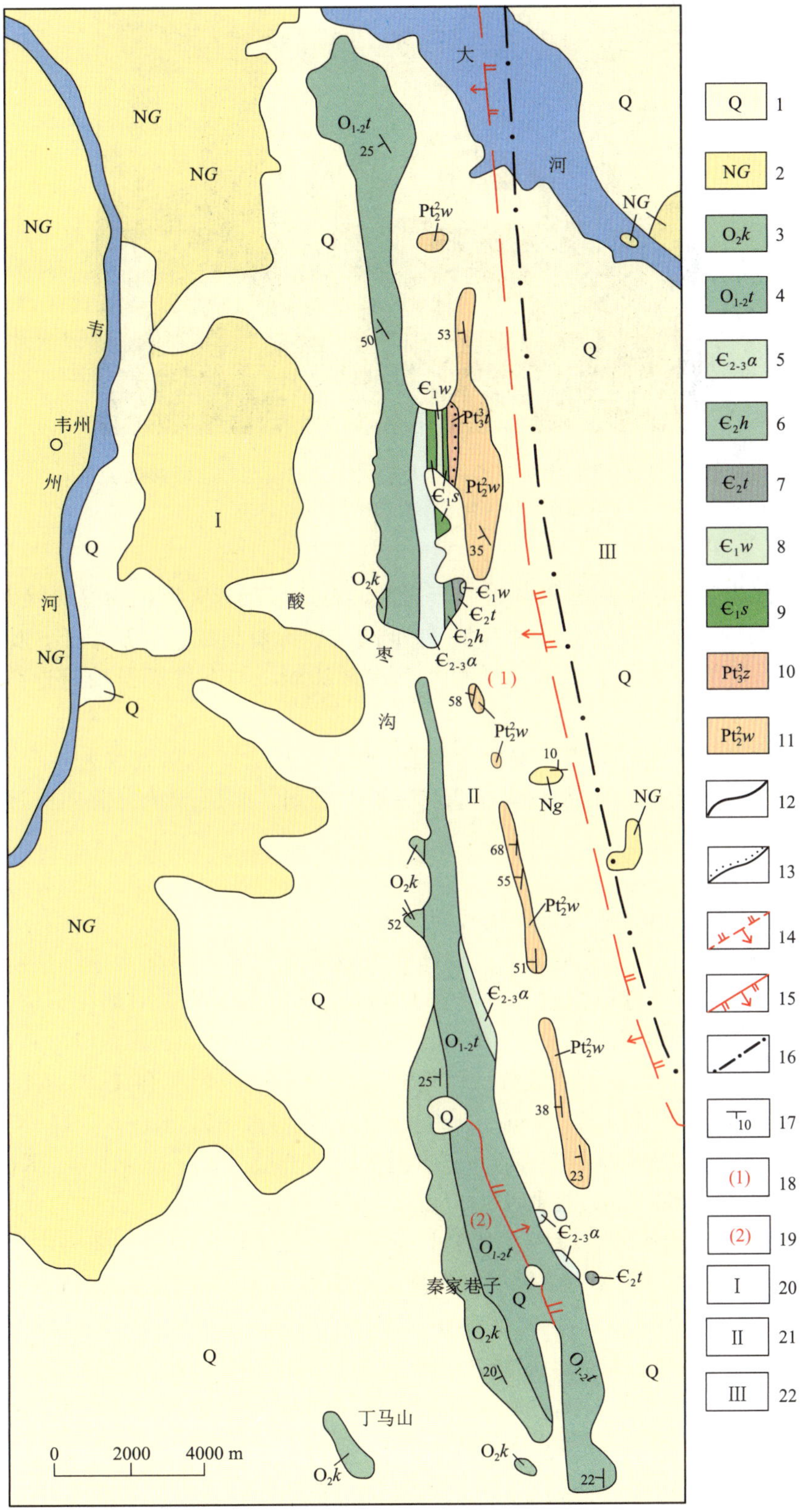

图 19-11　吴忠市青龙山西道梁南段化工灰岩矿床区域地质图

（据宁夏矿产地质调查院，2015，有修改）

1—第四系；2—新近系甘肃群；3—奥陶系克里摩里组；4—奥陶系天景山组；5—寒武系阿不切亥组；6—寒武系胡鲁斯台组；7—寒武系陶思沟组；8—寒武系五道淌组；9—寒武系苏峪口组；10—震旦系正目观组；11—蓟县系王全口组；12—地质界线；13—角度不整合地质界线；14—推测逆断层；15—正断层；16—构造分区界线；17—地层产状；18—党家弧断裂；19—财神嵎岘西断裂；20—韦州坳陷；21—青龙山-丁马山隆起；22—惠安堡坳陷

图 19-12 青龙山西道梁南段天景山组一岩段与二岩段接触关系
（据宁夏回族自治区矿产地质调查院，2015）

质条带灰岩，中下部为黑灰色泥质条带灰岩、灰岩及燧石条带灰岩夹黑色中厚层状砾屑灰岩。底部为黑色中厚层状砾屑灰岩。砾屑灰岩主要由 1.5~2 cm 的灰岩砾屑组成，砾屑呈不规则块状，个别呈长条状。抗风化弱、易碎为小块。未见顶，厚度大于 355.20 m。与下伏天景山组连续沉积。该组地层中赋含化工灰岩、水泥灰岩矿。

矿区地层层位稳定，断裂、褶皱不发育，构造简单。矿区含矿地层大致为向西低角度倾斜的单斜构造。总体走向 348°，倾向变化不大，多在 260°~270°之间，矿层倾角自北向南逐渐减小，在 8°~34°之间。

（3）矿体（层）特征

西道梁南段化工灰岩矿区含矿三层，编号为 K1、K2、K3。

K1 矿层赋存于天景山组第二岩性段中，上部为中厚层状灰岩，中部为中厚层状砾屑灰岩及中厚层状泥质条带灰岩，下部为中厚层状白云质灰岩夹中厚层状砾屑灰岩、灰质白云岩。该矿层因覆盖、出露不全，厚度变化较大，矿层南北长 10.6 km，出露宽度 90~710 m，厚度 71.94~171.29 m，倾向 257°~312°，倾角 16°~28°。依据化学成分，可划分出电石灰岩矿两层（K1-3、K1-5），矿层延伸长度 4200 m，控制平均厚度 53.74~53.77 m；制碱灰岩矿三层（K1-2、K1-6、K1-8），矿层延伸长度 5650~6900 m，控制平均厚度 15.81~30.35 m；水泥灰岩矿五层（K1-1、K1-4、K1-7、K1-9、K1-10），矿层延伸长度 2900~6900 m，控制平均厚度 11.07~40.67 m。

K2 矿层赋存于天景山组第四岩段中，其中上部以中厚层状灰岩为主，间夹中厚层状燧石结核灰岩、中厚层状泥质条带灰岩，下部为中厚层状泥质条带灰岩。由于受沟谷的影响黄土覆盖厚度较大，地表矿层不连续。矿层南北长 11 km，宽度 210~600 m，控制厚度 35.19~174 m，倾向 239°~250°，倾角 12°~26°。依据化学成分，划分出制碱灰岩矿三层（K2-2、K2-4、K2-5），矿层延伸长度 800~6650 m，控制平均厚度 9.71~34.33 m；水泥灰岩矿四层（K2-1、K2-3、K2-6、K2-7），矿层延伸长度 605~800 m，控制平均厚度 27.48~56.77 m。

K3 矿层赋存于克里摩里组中，岩性主要为中厚层状砾屑灰岩，夹中厚层状泥质条带灰岩、燧石条带灰岩。矿层南北长 9.5 km，出露宽度 180~390 m。依据化学成分，划分制碱灰岩两层（K3-2、K3-3），矿层延伸长度 2400~2800 m，控制平均厚度 6.6~9.75 m；水泥灰岩矿 4 层（K3-1、K3-4、K3-5、K3-6），矿层延伸长度 2400~7650 m，控制平均厚度 11.7~29.83 m。

（4）矿石特征

矿石矿物组分较为简单，有用矿物方解石含量在 80%~90%之间，粒度在 0.004~0.007 mm 之间，为泥晶方解石，有害组分为白云石、自生石英、褐铁矿、粘土矿物等。

矿石结构构造有团粒结构、内碎屑结构、微晶-泥晶结构等。致密块状构造、条带状构造。

根据矿石的矿物成分、结构、构造特征划分为以下三种自然类型：①中厚层状微晶-泥晶团粒灰岩，为主要矿石类型之一。灰色-深灰色，团粒结构，中厚层状构造；主要由微晶、泥晶质方解石团粒组成，并有部分隐晶质方解石团粒，团粒多呈圆形和椭圆形，含量多在40%~60%之间，胶结物有微晶-亮晶方解石组成；含有少量次生白云石，多呈菱形体自形晶；含微量石英、泥质、黄铁矿、针铁矿、碳质等，均不均匀围绕团粒生长。②中厚层状泥质条带灰岩，为主要矿石类型之一。多呈灰-深灰色，微晶-泥晶结构、团粒结构，中厚层状-条带状构造；主要由方解石、方解石团粒组成；次生白云石多呈不规则粒状零星散布于方解石石基中，粒径0.03~0.15 mm；为成岩后期交代方解石的产物，在白云石晶粒中常见有方解石包体。白云质泥质条带宽度多在2~4 mm之间，大致呈网纹状断续分布，多呈灰褐色、黄褐色。风化面上较清晰。含微量石英、黄铁矿、泥质等。③中-薄层状砾屑灰岩，为次要矿石类型之一。矿石多呈灰-深灰色，砾屑结构，主要成分为方解石，含少量白云石、泥质。砾屑成分主要由泥晶灰岩组成，砾屑大小1~3 cm，呈椭圆状，长轴平行于岩层层面。砾屑间多由泥质充填。

矿石工业类型分为电石灰岩、制碱灰岩、水泥灰岩。

矿石化学成分：电石灰岩平均含 CaO 53.78%、MgO 1.02%、SiO_2 1.49%；制碱灰岩平均含 CaO 52.45%、MgO 1.45%、SiO_2 2.09%；水泥灰岩含 CaO 50.20%、MgO 2.38%、fSiO_2 3.44%

（5）资源储量

截至2017年底，青龙山西道梁南段化工灰岩经宁夏回族自治区国土资源厅备案的查明石灰岩资源储量（333）：制碱灰岩资源储量为36743.52×10^4 t；水泥灰岩资源储量109255.26×10^4 t。工作程度达详查，属大型制碱、水泥灰岩矿床。

（6）成矿阶段划分

早期生成了泥晶灰岩，由于水动力作用生成内碎屑灰岩，在灰岩沉积成岩阶段海水中的SiO_2与碳酸盐一起沉淀形成燧石结核、燧石条带。

（7）矿床类型

吴忠市青龙山西道梁南段化工灰岩矿床属浅海相化学沉积型化工石灰岩矿床。

（8）成矿机制

矿区寒武纪为稳定的地台型滨海-潮坪沉积，晚寒武世—早奥陶世早期扩展为滞留海槽，海水加深，形成中-上寒武统阿不切亥组和中-下奥陶统天景山组第一岩性段以白云岩为主的高镁质碳酸盐沉积地层。

早奥陶世中期，海水范围扩大，变为广阔的陆棚浅海。繁衍了丰富的头足类、腕足类和腹足类，形成了纯度较高的石灰岩夹介壳相灰岩地层，即中-下奥陶统天景山组第二岩段。之后，海水逐渐加深，形成了本区奥陶系天景山组第三岩段以白云岩为主的高镁碳酸盐沉积。再之后地台抬升，海水变浅，沉积了中-下奥陶统天景山组第四岩段的灰岩、泥质条带灰岩、燧石结核（条带）灰岩地层。

早奥陶世晚期，海水范围继续扩大，生物繁衍迅速，有机质含量较高，钙质快速沉淀。在石灰岩弱固结状态下，由于海水动荡使之破碎，经搬运，重新沉积同结为内碎屑灰岩，即下奥陶统克里摩里组以黑色薄层状砾屑灰岩为主的沉积。

（二）重要矿床

1. 吴忠市红寺堡区青山化工灰岩矿床

青山化工灰岩矿位于吴忠市红寺堡区南东约34 km处，地属吴忠市红寺堡区及同心县管辖。

1985年，宁夏地质矿产局区域地质调查队在该区完成了1：20万下马关幅区域地质调查。对该区域石灰岩进行了调查，确定含矿地层为中-下奥陶统天景山组（原马家沟组）。矿层稳定，共见5层矿，矿层出露长度约1 km。第一层灰岩厚度137.89 m，第二层灰岩厚度46.98 m，第三层泥晶灰岩厚度 148 m，第四层白云质灰岩厚度 7 m，第五层细晶灰岩厚度 51.89 m。平均品位：CaO 54.04%，MgO 0.71%，$Al_2O_3+Fe_2O_3<1\%$，酸不溶物<3%。1987 年 7 月，宁夏地质矿产局地质研究所对该矿床进行地质评价，求获得 C 级储量 78.09×10^4 t，D 级 12.50×10^4 t，同年提交了《宁夏同心县青山电石灰岩矿床地质评价报告》。2011 年 10 月，宁夏矿产地质调查院对该矿进行预查并提交了《宁夏红寺堡开发区青山化工灰岩预查报告》，大致圈定 5 层矿，共求得预测的资源量（334?）13802.28×10^4 t。其中，制碱石灰岩 4893.21×10^4 t，水泥用石灰质原料Ⅰ级品 8909.07×10^4 t。2013 年 7 月至 2014 年 6 月，中国建筑材料工业地质勘查中心宁夏总队对该矿床进行普查，基本查明了该矿床化工灰岩和水泥灰岩资源量，2015 年 10 月提交了《宁夏吴忠市红寺堡区青山化工灰岩矿普查报告》。

（1）区域地质

青山化工灰岩矿床地层属华北地层区（$Ⅲ_4$）、鄂尔多斯西缘地层分区（$Ⅲ_4^1$）、桌子山－青龙山地层小区（$Ⅲ_4^{1-2}$）。大地构造位置位于柴达木－华北板块（Ⅲ）、阿拉善微陆块（$Ⅲ_4$）、腾格里早古生代增生楔（$Ⅲ_4^1$）、卫宁北山－香山晚古生代前陆－上叠盆地（$Ⅲ_4^{1-1}$）。所属成矿区带为河西走廊 Fe-Mn－萤石－盐类－凹凸棒石－石油成矿带（Ⅲ－20）、烟筒山－窑山冲断带煤－石灰岩－硅石成矿亚带（Ⅳ－20②）。所属矿床成矿系列为与早古生代沉积作用有关的铁、彩石、磷、灰岩、白云岩、板岩矿床成矿系列（3-Pz_1-S）。区域出露地层自老至新有：中－下奥陶统天景山组（$O_{1-2}t$），中－上奥陶统米钵山组（$O_{2-3}m$），中－下志留统照花井组（$S_{1-2}z$），中泥盆统石峡沟组（D_2s），下石炭统臭牛沟组（C_1c），下－上石炭统靖远组（$C_{1-2}j$），上石炭统羊虎沟（C_2y），下白垩统庙山湖组（K_1ms），古近系始新统寺口子组（E_2s）、渐新统清水营组（E_3q），新近系中新统彰恩堡组（N_1z）、干河沟组（N_1g）和第四系上更新统沉积层。

矿区构造较简单，北西向深大断裂通过矿区。矿区无岩浆岩出露（图 19－13）。

（2）矿区地质

红寺堡青山化工灰岩矿区内出露地层自老至新有中－下奥陶统天景山组（$O_{1-2}t$），中－上奥陶统米钵山组（$O_{2-3}m$），中－下志留统照花井组（$S_{1-2}z$），中泥盆统石峡沟组（D_2s），古近系始新统寺口子组（E_2s），渐新统清水营组（E_3q），新近系中新统彰恩堡组（N_1z）及第四系（Q）。

区内褶皱不发育，仅见 3 条断层，其中烟筒山－窑山大断裂由矿区北通过，形成新老地层的分界线。

（3）矿体（层）特征

天景山组为含矿地层，岩性以灰－深灰色中－厚层状灰岩为主，见有燧石结核（条带）灰岩及（含）白云质灰岩。矿区有南、北两个矿段，共含 27 层矿，其中制碱灰岩 12 层，水泥灰岩 15 层。

南矿段：矿层赋存于天景山组第二岩性段及第三岩性段中，总体呈单斜层状产出，走向为北西—南东向，南北长 3000 m，东西宽 540 m。倾向 240°～255°，倾角 35°～50°。岩性主要为第三岩性段厚层状灰岩及第二岩性段含泥质网纹灰岩，其次为含燧石结核（条带）灰岩及少量（含）白云质灰岩。该矿段含 10 层矿，其中制碱灰岩 5 层，水泥灰岩 5 层，制碱与水泥灰岩互层。

南矿段 5 个制碱灰岩矿层累计厚度为 98.69～180.40 m，矿层长度为 500～950 m，矿层呈层状；5 个水泥灰岩矿层，累计厚度为 145.17～445.76 m，矿层长度为 920～1200 m。

北矿段：矿层赋存于天景山组第一岩性段及第二岩性段，总体呈单斜层状，走向南西—北东向，延伸长约 1450 m，出露宽度约 450 m，产状为：倾向 270°～350°，倾角 24°～45°，地层自西向东有倾向增大、倾角减小的趋势。岩性主要为第一岩性段厚层状灰岩及第二岩性段含泥质网纹灰岩，其次为含燧石结核（条带）灰岩及少量（含）白云质灰岩。该矿段含 17 层矿，其中制碱灰岩 7 层，水泥灰岩 10 层。

北矿段 7 个制碱灰岩矿层，累计厚度为 151.08～314.00 m，矿层长度为 120～570 m；10 个水泥灰岩矿层，累计厚度为 418.24～601.67 m，矿层长 160～600 m。

综上所述，矿区内所圈定的 12 层制碱灰岩及 15 层水泥灰岩矿层中，厚度变化系数小于 40%的稳定矿层占 60%以上，矿层总体厚度变化属稳定－较稳定型（图 19－14，图 19－15）。

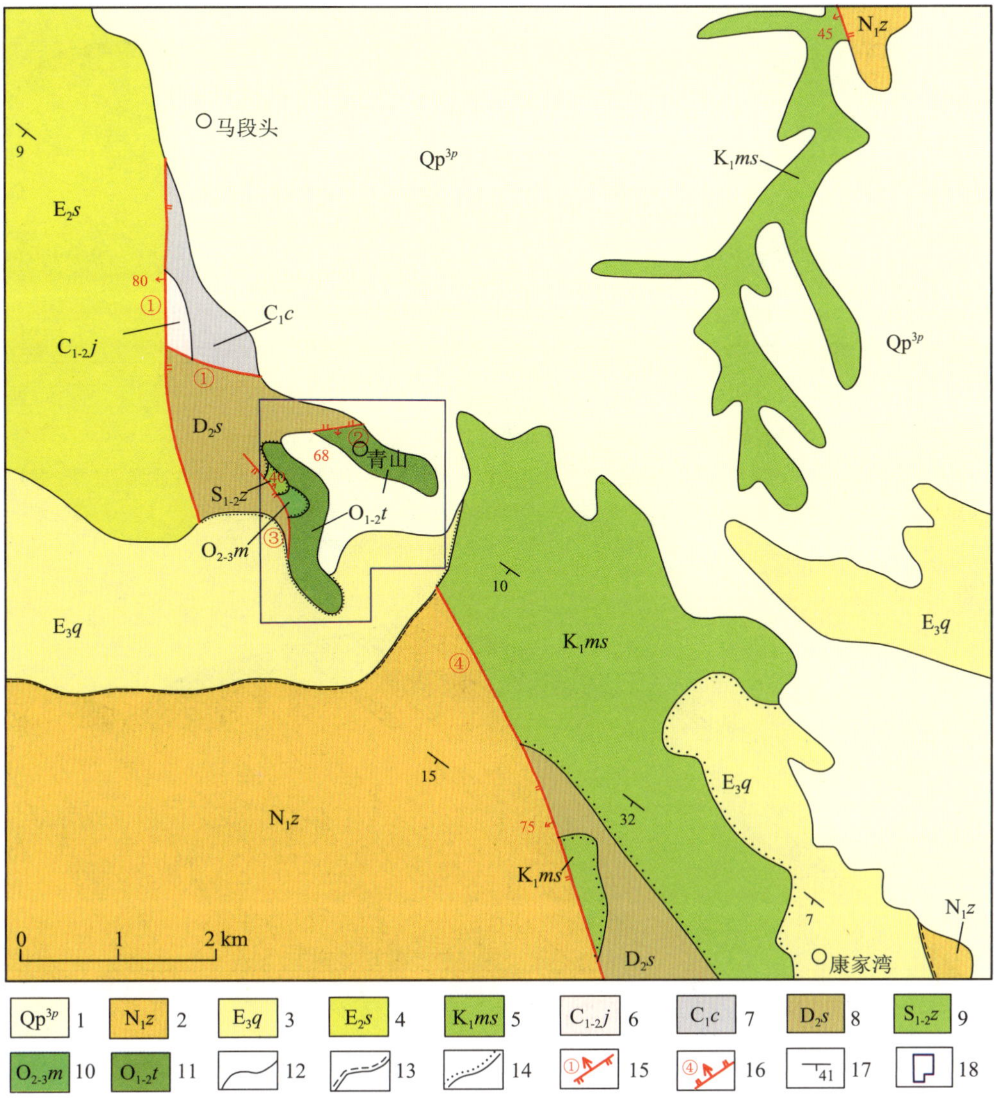

图 19-13　吴忠市青山化工灰岩矿床区域地质图

（据中国建筑材料工业地质勘查中心宁夏总队，2015，有修改）

1—第四系上更新统洪积层；2—新近系彰恩堡组；3—古近系清水营组；4—古近系寺口子组；5—白垩系庙山湖组；6—石炭系靖远组；7—石炭系臭牛沟组；8—泥盆系石峡沟组；9—志留系照花井组；10—奥陶系米钵山组；11—奥陶系天景山组；12—地质界线；13—平行不整合地质界线；14—角度不整合地质界线；15—逆断层及编号；16—正断层及编号；17—地层产状；18—普查区位置

（4）矿石特征

青山化工灰岩矿床的矿石结构主要有生物屑-砂屑结构，碎屑物有内碎屑和生物屑组成。内碎屑呈椭圆状，粒径 0.07~0.55 mm，为砂屑；生物屑呈纺锤状、长条状或近圆状，大小为 0.1~1.2 mm，被泥晶方解石充填。其次有泥晶-微晶-内碎屑结构，泥晶方解石和微晶方解石呈混杂无序状分布，泥晶方解石个体不清，粒径小于 0.004 mm，微晶方解石呈不规则粒状，粒径小于 0.03 mm，内碎屑呈圆形或椭圆形，粒径 0.02~0.3 mm，其内充填泥晶方解石。除此之外，矿石还有生物屑-泥晶结构，生物屑呈近圆状、不规则状，大小为 0.13~4.75 mm，被方解石单晶或粒状方解石集合体充填。泥晶方解石个体不清，粒径小于 0.004 mm。矿石主要为致密块状构造，由粉晶-泥晶方解石密集聚结形成致密块状矿石。

矿石的矿物组分较为简单，有用矿物方解石含量 93%~98%，主要为泥晶方解石（粒度小于 0.005 mm），次为粉晶方解石（粒度在 0.006~0.06 mm）。有害组分为白云石、硅质、褐铁矿等。白

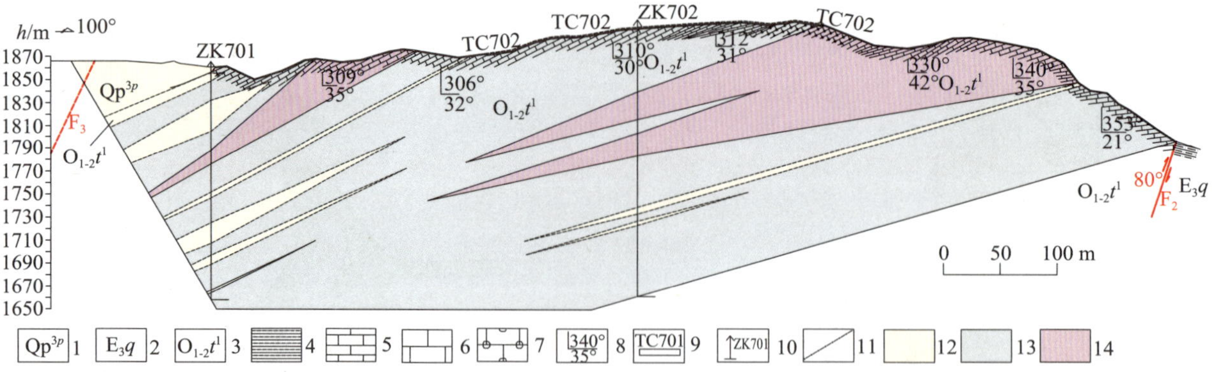

图 19-14 吴忠市青山化工灰岩矿 7-7′剖面图

（据中国建筑材料工业地质勘查中心宁夏总队，2015，有修改）

1—第四系上更新统；2—古近系渐新统水营组；3—下奥陶统天景山组第一岩性段；4—粉砂质泥岩；5—薄层灰岩；6—厚层灰岩；7—含燧石结核灰岩；8—地层产状；9—探槽位置及编号；10—钻孔位置及编号；11—夹石与矿石界线；12—夹石；13—水泥灰岩；14—制碱灰岩

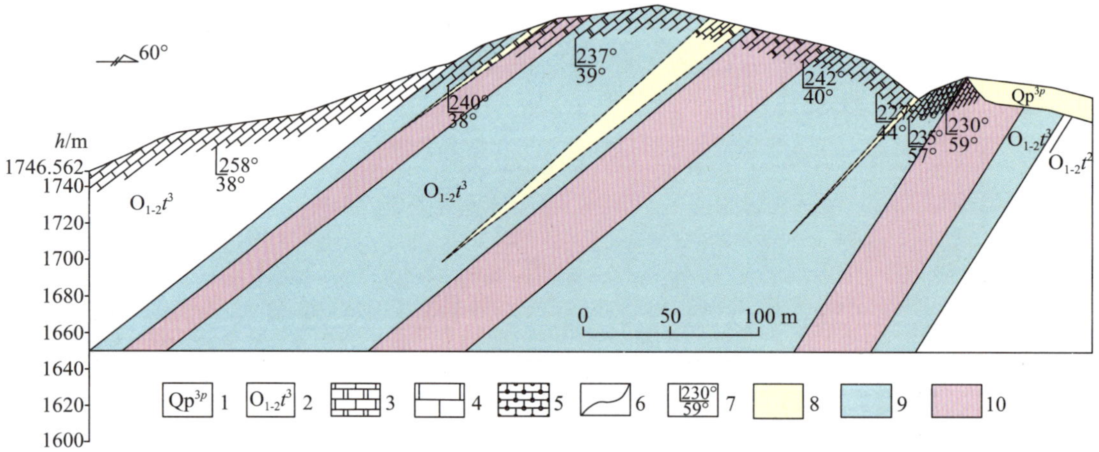

图 19-15 吴忠市青山化工灰岩矿 KC2 勘查线剖面图

（据中国建筑材料工业地质勘查中心宁夏总队，2015，有修改）

1—第四系上更新统；2—奥陶系天景山组；3—含白云质灰岩；4—中-厚层灰岩；5—含燧石结核灰岩；6—地质界线；7—地层产状；8—夹石；9—水泥灰岩；10—制碱灰岩

云石多呈褐黄色，细晶-粉晶白云石多呈不规则条带状分布，少量呈浸染状分布，在矿石中普遍分布，其含量的多少直接影响矿石的质量。燧石多呈褐黄色结核，不均匀分布于矿石中，对矿石质量有一定影响。

矿石类型划分三种自然类型：中-厚层状灰岩为深灰色，粉晶-泥晶结构，常伴砂屑结构，块状构造，单层厚度一般为 20～80 cm，主要由泥晶方解石组成，次为粉晶方解石，含量 75%～85%；含少量白云石，多呈细晶-粉晶结构；另含微量石英、泥质、褐铁矿。白云石、泥质、褐铁矿常呈不规则细条状分布，微量石英稀散分布于泥晶方解石集合体中或沿裂隙充填；含燧石结核灰岩呈浅灰-灰色，粉晶-泥晶结构块状构造。燧石结核呈灰黑色，结核直径多为 2～15 cm，大小不等，局部地段分布较密集。有用矿物主要由方解石组成，方解石含量 70%～80%；含白云质灰岩多呈深灰色，白云质呈土黄色条带状突起于灰岩风化面，微晶-泥晶结构、团粒结构，条带状构造。主要由方解石、方解石团粒组成。次生白云石多呈不规则粒状零星分布于方解石中，粒径 0.03～0.15 mm，是成岩后期交代方解石的产物，在白云石晶粒中常见方解石包体。白云质条带宽 2～4 mm，多呈现条带状、网纹状分布，宏观特征较明显，易于识别。

矿石的化学成分：①制碱灰岩有益成分 CaO 含量为 49.50%~55.98%，平均为 54.13%。有害成分中 MgO 含量为 0.08%~1.86%，平均为 0.77%；SiO_2 含量为 0.40%~2.98%，平均为 1.83%；Fe_2O_3 含量为 0.05%~0.47%，平均为 0.25%；Al_2O_3 含量为 0.05%~0.96%，平均为 0.45%；酸不溶物含量为 0.24%~2.91%，平均为 2.12%。12 个制碱灰岩矿层品位变化情况为：CaO 变化系数在 0~2%之间，属很均匀型；MgO 变化系数在 6%~103%之间，绝大多数属于不均匀型；SiO_2 变化系数在 11%~50%之间，绝大多数属于均匀型。制碱灰岩品位变化总体属稳定型。②水泥灰岩矿石中的主要化学成分 CaO 含量为 45.60%~56.21%，平均为 52.61%；MgO 含量为 0.08%~3.48%，平均为 1.30%；SiO_2 含量最高为 0.55%~6.30%，平均为 3.41%。15 个水泥灰岩矿层品位变化情况为：CaO 变化系数在 0~4%之间，属很均匀型；MgO 变化系数在 28%~129%之间，绝大多数属于不均匀型；SiO_2 变化系数在 15%~63%之间，绝大多数属于均匀型。

（5）资源储量

截至 2017 年底，青山化工灰岩矿经宁夏回族自治区国土资源厅备案的石灰岩查明资源储量（333）为 25957.09×10^4 t。其中，制碱灰岩资源量（333）为 4426.55×10^4 t，属大型矿床；水泥灰岩资源储量（333）为 21530.54×10^4 t，属大型矿床。

（6）矿床类型

吴忠市红寺堡区青山化工灰岩矿床为浅海相化学沉积型化工石灰岩矿床。

（7）成矿机制

矿区内天景山组下部为灰色块状-中厚层状粉晶团粒灰岩，偶含硅质结核；中部为深灰色块状-厚层状泥质网纹灰岩；上部为灰色块状泥质网纹灰岩，顶部见薄层灰岩。硅质结核较发育，局部见白云岩及燧石条带灰岩及内碎屑岩。根据岩石组合特征分析，该区当时处于较为稳定的浅海沉积环境，生物较为繁盛，矿床应是在较温暖的气候条件下，在还原和较稳定的化学沉积环境中的浅海相沉积灰岩矿床。

（8）找矿标志

土黄-灰黄色白云岩及白云质灰岩，风化面呈黄灰色，新鲜面呈淡黄色，以中-厚层状产出，层理不明显。

2. 同心县青龙山西道梁二道山南段石灰岩矿床

西道梁二道山南段石灰岩矿位于青龙山中部，地属吴忠市同心县韦州镇管辖，矿区交通方便。

1969 年，宁夏综合地质大队对青龙山西道梁石灰岩进行了普查和矿点检查，提交了《宁夏回族自治区中南部石灰岩初查报告》，证实青龙山奥陶系石灰岩具有大型矿床的地质背景，并在上述地层中发现有熔剂白云岩；1999~2000 年，宁夏矿产地质调查所在青龙山西道梁地区开展了石灰岩矿床地质调查工作，初步查明了本区石灰岩矿层层数、矿石质量、矿石组分等，提交了《宁夏同心县青龙山西道梁石灰岩矿床地质调查报告》；2008 年 2 月，宁夏矿产地质调查院提交了《宁夏同心县青龙山西道梁二道山石灰岩矿床普查报告》，估算矿石资源量（333+334）19809.04×10^4 t，其中推断的内蕴经济资源量（333）10325.33×10^4 t，预测资源量（334）9483.71×10^4 t；2013~2014 年，宁夏矿产地质调查院对青龙山西道梁二道山南段石灰岩矿床进行详查；2015 年，宁夏国土资源厅对该矿床中南部进行分割，设置矿权 6 个并进行了简测。

青龙山西道梁二道山南段石灰岩矿由宁夏同心县青龙山西道梁二道山南段石灰岩矿、宁夏同心县青龙山西道梁二道山南段扁担沟石灰岩矿、宁夏同心县青龙山西道梁二道山南段鸽堂沟石灰岩矿、宁夏同心县青龙山西道梁二道山南段余庄子石灰岩、宁夏同心县青龙山西道梁二道山南段青龙庙石灰岩矿和宁夏同心县青龙山西道梁二道山南段哈庄子石灰岩矿 6 个矿区组成。

（1）区域地质

二道山南段石灰岩矿床地层属华北地层区（Ⅲ_4）、鄂尔多斯西缘地层分区（Ⅲ_4^1）、桌子山-青龙山地层小区（Ⅲ_4^{1-2}）。大地构造位置位于柴达木-华北板块（Ⅲ）、华北陆块（Ⅲ_5）、鄂尔多斯地块（Ⅲ_5^1）、鄂尔多斯西缘中元古代—早古生代裂陷带（Ⅲ_5^{1-1}）。所属成矿区带为鄂尔多斯西缘（陆缘坳褶带）Fe-Pb-Zn-磷-石膏-芒硝成矿带（Ar_3；Pt；Pz；Kz）（Ⅲ-59）、陶乐-彭阳冲断带煤（气）-石灰岩-白云岩成矿亚带（Ⅳ-59③）。所属矿床成矿系列为与早古生代沉积作用有关的铁、彩石、磷、灰岩、白云岩、板岩矿床成矿系列（3-Pz_1-S）。区域出露地层由老至新有：蓟县系王全口组（Pt_2^2w），分布在东道梁，呈带状出露，是冶镁白云岩含矿地层；震旦系正目观组（Pt_3^3z）分布于青龙山中北段的东道梁西侧，带状出露；下寒武统苏峪口组、五道淌组并层（ϵ_1s+w）；中寒武统陶思沟组（ϵ_2t）、胡鲁斯台组（ϵ_2h），中-上寒武统阿不切亥组（$\epsilon_{2-3}a$）；下奥陶统大南池组（O_1d）；中-下奥陶统天景山组（$O_{1-2}t$）；中奥陶统克里摩里组（O_2k）及新近系中新统彰恩堡组（N_1z）和第四系。

矿区总体构造较为简单，西侧为韦州向斜，东侧为青龙山-平凉断裂。矿区位于青龙山复背斜的西翼，总体为一西倾的单斜构造，总体构造线近南北。

（2）矿区地质

矿区出露地层有下奥陶统大南池组（O_1d）、中-下奥陶统天景山组（$O_{1-2}t$）、中奥陶统克里摩里组（O_2k）。含矿地层为天景山组。根据其岩性组合特征，该组自下而上分为3个岩性段，其中，二岩段是矿区内主要的含矿岩性段，三岩段是矿区内次要的含矿岩性段。

矿区构造总体为一走向近南北，西倾的单斜构造。地层产状变化小，岩矿层平均产状为260°∠48°，断层不发育，共有3条断层，且对矿层形态影响较小。

区内无岩浆岩及变质岩出露。

（3）矿体（层）特征

西道梁二道山南段石灰岩矿区含矿两层，石灰岩矿床主要赋存于天景山组第二、三岩段中，含矿层分别编为K2和K3矿层。两矿层大致沿南北向平行展布，南北向延伸约5.6 km。K2矿层赋存于天景山组第二岩性段中上部，岩性以灰-深灰色中-厚层灰岩为主，局部夹灰质白云岩及白云质灰岩，自北至南均有分布，层位稳定，为主矿层，控制厚度59.18~126.61 m，平均厚度为93.44 m；K3矿层赋存于天景山组第三岩段内，岩性主要以（含）燧石结核灰岩、局部夹中-厚层灰岩及砾屑灰岩，为次要矿层，南北两端及西侧局部地段被覆盖，出露不完整，矿层控制厚度18.72~193.98 m，平均厚度162.39 m。各矿层均呈规则、稳定的层状产出，同一地段产状变化不大。矿层走向近南北，岩层倾向252°~272°，倾角45°~56°。主矿层倾角自北向南总体有逐渐增大趋势，表现为北缓南陡的特点。

制碱灰岩主要分布在K2矿层顶部和K3矿层中部，其岩性为中厚层状微晶-泥晶团粒灰岩、砾屑灰岩以及少量中厚层状（含）泥质条带灰岩，呈似层状产出；水泥灰岩主要分布在K2矿层的中、下部及K3矿层上、下部。其岩性为中厚层状（含）泥质条带灰岩、中厚层状微晶-泥晶团粒灰岩、中-厚层状砾屑灰岩。

（4）矿石特征

矿石中有用矿物为方解石，含量多在87%~98%之间，主要为泥晶方解石（粒度小于0.005 mm），次为粉晶方解石（0.006~0.06 mm）。矿石中有害组分主要为白云石、硅质（燧石、石英）。白云石多呈褐灰色，细晶-粉晶白云石多呈不规则条带状分布，少量呈浸染交代型分布。矿石中白云石分布较普遍，其含量多少直接影响到矿石质量。燧石多呈褐黄色结核状不均匀分布于矿石中，对矿石质量有一定影响。矿石中尚有微量的石英、褐铁矿等矿物。

矿石结构主要为团粒结构、泥晶结构，交代状泥晶结构，次为交代状泥晶结构，致密块状构造和条带状构造。

矿石自然类型为中厚层状微晶-泥晶团粒灰岩、中厚层状（含）泥质条带灰岩、中-薄层状砾屑灰岩。工业类型为制碱灰岩和水泥灰岩，也可用于电石灰岩。

矿石化学成分：K2矿层中CaO含量为52.28%，MgO含量为1.83%，SiO_2含量为1.70%，$fSiO_2$含量0.81%，Fe_2O_3为0.23%，Al_2O_3为0.39%，酸不溶物2.21%；K3矿层平均品位CaO 51.89%，MgO含量为1.88%，SiO_2含量2.23%，$fSiO_2$含量1.30%，Fe_2O_3为0.20%，Al_2O_3为0.40%，酸不

溶物 2.81%；K3 矿层 CaO 变化规律与 K2 矿层基本一致，其他有害各组分在走向上变化不明显，在倾向上含量均由东向西含量递减。

制碱灰岩：K2-③矿层平均品位 $CaCO_3$ 为 95.14%，MgO 为 1.03%，酸不溶物为 2.00%，R_2O_3 为 0.54%，S 为 0.034%；K3-②矿层平均品位 $CaCO_3$ 为 94.35%，MgO 为 1.22%，酸不溶物为 2.10%，R_2O_3 为 0.60%，S 为 0.035%。各分矿层中的制碱灰岩属于厚度稳定、质量稳定、组分含量较均匀的矿层。

水泥灰岩：各矿层中 CaO 含量为 52.08%～50.81%，MgO 为 2.44%～1.88%，$fSiO_2$ 为 2.17%～0.59%。各矿层中的水泥灰岩属于厚度稳定、质量稳定、有益组分含量均匀，有害组分含量不均匀的矿层。

（5）资源储量

截至 2017 年底，青龙山西道梁二道山南段石灰岩矿床经宁夏回族自治区国土资源厅备案的石灰岩查明资源储量（332+333）为 35905.57×10^4 t，其中，制碱灰岩资源量为 4023.16×10^4 t，水泥灰岩资源储量为 3188.241×10^4 t。制碱灰岩属中型矿床，水泥灰岩属大型矿床。保有石灰岩资源储量 35905.57×10^4 t。

（6）成矿阶段划分

早期生成了泥晶灰岩，由于水动力作用生成内碎屑灰岩，在灰岩沉积成岩阶段海水中的 SiO_2 与碳酸盐一起沉淀形成燧石结核、燧石条带。

（7）矿床类型

青龙山西道梁二道山南段石灰岩矿床属浅海相化学沉积型化工石灰岩矿床。

（8）成矿机制

青龙山西道梁二道山南段石灰岩矿床由层状石灰岩构成，厚度、质量较稳定。灰岩多呈深灰色，中-厚层状，少数薄层状，层面清晰，单层延伸较远，厚度稳定；以泥晶结构为主，常见内碎屑结构，内碎屑以次圆状、次棱角状为主。灰岩中含有较丰富的头足类、腹足类、腕足类海相生物化石。

上述岩性特征说明，早奥陶世早期，青龙山地区虽然地壳仍在缓慢下降，海侵逐渐扩大，但仍为局限性台地，海水较浅，形成高镁质碳酸盐建造，即阿不切亥组顶部及大南池组、天景山组底部的白云岩、白云质灰岩。

早奥陶世中晚期，海侵范围继续扩大，华北海与祁连海相通变为开阔海台地相，繁衍了丰富的头足类、腕足类和腹足类，形成介壳相灰岩。此时，气候温暖，阳光充足，生物繁衍迅速，钙质沉淀快。但此时，海水环境比较动荡，相当于潮下带浪基面上下。在浪基面以上，由于水动力条件较强，盆内已有的弱固结的石灰岩被荡碎、搬运，重新沉积，生成内碎屑灰岩；在浪基面以下，属于低能环境，生成了泥晶灰岩。早奥陶世晚期，海侵达到了高潮，海水变深，形成了薄层灰岩沉积。

在灰岩沉积成岩阶段，由于海水中的 SiO_2 与碳酸盐一起沉淀，在酸性弱氧化介质中，硅质发生溶解、迁移、沉淀。而灰岩的横向渗透性较好，为硅质的运移提供了通道。所以，硅质顺灰岩层面形成了燧石结核、燧石条带。

（9）找矿标志

深灰色厚层状白云质灰岩、含白云质灰岩，深灰色中厚层状（含）燧石条带灰岩，地表可见燧石结核顺岩层分布，燧石结核较坚硬且硅质含量较高。

3. 同心县青龙山西道梁二道山北段石灰岩矿床

矿床位于同心县韦州镇东部青龙山西道梁二道山地区，属吴忠市同心县韦州镇管辖，交通方便。

1969 年，宁夏综合地质大队对青龙山西道梁石灰岩进行了普查和矿点检查，提交了《宁夏回族自治区中南部石灰岩初查报告》。证实青龙山奥陶系石灰岩具有大型矿床的地质背景，并在上述地层中发现有熔剂白云岩；1984 年，宁夏地质矿产局区域地质调查队先后完成 1∶20 万吴忠幅、下马关幅区域地质调查工作，阐明在青龙山西道梁下奥陶统水泉岭组（现天景山组）有大型水泥用灰岩矿床，下奥陶统麻川组（现大南池组）有大型熔剂及耐火材料白云岩矿床，上寒武统长山组—凤山组

（现阿不切亥组上部）有熔剂及耐火材料白云岩；1999~2000 年，宁夏矿产地质调查所在青龙山西道梁地区开展了石灰岩矿床地质调查工作，提交了《宁夏同心县青龙山西道梁石灰岩矿床地质调查报告》；2008 年 2 月，原宁夏矿产地质调查院提交了《宁夏同心县青龙山西道梁二道山石灰岩矿床普查报告》；2009 年 3 月，宁夏矿产地质调查院提交了《宁夏同心县青龙山西道梁二道山石灰岩矿床北段详查报告》；2001~2006 年，宁夏矿产地质调查所在青龙山西道梁二道山（即西道梁北段）矿区开展了石灰岩矿床普查工作，证实了二道山地区天景山组中、上部含有优质石灰岩矿层两层（K2、K3），克里摩里组中下部含石灰岩矿层 1 层（K4）；2013 年 4~6 月，宁夏矿产地质调查院编制了《宁夏同心县青龙山西道梁二道山北段石灰岩矿床储量核实报告》。

（1）区域地质

二道山北段石灰岩矿床地层属华北地层区（$Ⅲ_4$）、鄂尔多斯西缘地层分区（$Ⅲ_4^1$）、桌子山-青龙山地层小区（$Ⅲ_4^{1-2}$）。大地构造位置位于柴达木-华北板块（Ⅲ）、华北陆块（$Ⅲ_5$）、鄂尔多斯地块（$Ⅲ_5^1$）、鄂尔多斯西缘中元古代—早古生代裂陷带（$Ⅲ_5^{1-1}$）。所属成矿区带为鄂尔多斯西缘（陆缘坳褶带）Fe-Pb-Zn-磷-石膏-芒硝成矿带（Ar_3；Pt；Pz；Kz）（Ⅲ-59）、陶乐-彭阳冲断带煤（气）-石灰岩-白云岩成矿亚带（Ⅳ-59③）。所属矿床成矿系列为与早古生代沉积作用有关的铁、彩石、磷、灰岩、白云岩、板岩矿床成矿系列（3-Pz_1-S）。区域出露地层由老至新有：蓟县系王全口组（Pt_2^2w），震旦系正目观组（Pt_3^3z），下寒武统苏峪口组、五道淌组（ϵ_1s+w）并层，中寒武统陶思沟组（ϵ_2t）、胡鲁斯台组（ϵ_2h），中-上寒武统阿不切亥组（$\epsilon_{2-3}a$），下奥陶统大南池组（O_1d）、中-下奥陶统天景山组（$O_{1-2}t$）、中统克里摩里组（O_2k）及新近系中新统彰恩堡组（N_1z）和第四系。

矿区总体构造较为简单，西侧为韦州向斜，东侧为青龙山-平凉断裂。矿区位于青龙山复背斜的西翼。总体为一西倾的单斜构造，总体构造线近南北。

（2）矿区地质

矿区出露地层有下奥陶统大南池组（O_1d）、中-下奥陶统天景山组（$O_{1-2}t$）、中奥陶统克里摩里组（O_2k）。含矿地层为天景山组，矿区沿山脊出露，属一套潮坪-滨海-浅海相沉积。含丰富的腹足类、头足类、腕足类化石。多数地段被第四系覆盖，厚度 507.21 m。

矿区为青龙山复背斜的西翼。总体构造线近南北，呈一西倾的单斜构造，地层产状变化小，岩矿层平均产状为 260°∠48°。地层层位稳定，断裂、褶皱不甚发育，构造简单。矿区内确定的断层有 2 条，对矿层形态影响不大。

区内无岩浆岩及变质岩出露。

（3）矿体（层）特征

区内石灰岩矿床赋存于天景山组中部，即第二岩段，有一层矿层，矿层编号为 K2 矿层，岩性主要为中厚层状灰岩与砾屑灰岩互层，局部地段夹透镜状的薄层灰岩、中厚层状（含）白云质灰岩、中厚层状燧石结核（条带）灰岩。顶、底部局部地段相变为（含）白云质灰岩。

矿层在区内自北至南均有分布，层位稳定，南北出露长度约 3.99 km，东西出露宽度 40~200 m。矿层呈规则、稳定的层状产出，同一地段产状变化不大。矿层走向近南北，向西倾斜，倾角多在 33°~60°之间，北部倾角较缓，向南矿层倾角逐渐变大，个别地段大于 60°。各勘查线控制的矿层厚度在 47.28~155.16 m 之间，平均厚度 75.45 m。

依据矿石工业类型和其分布特征划分为 3 个分矿层，自下而上分别为 K2-1、K2-2、K2-3。

K2-1 水泥灰岩矿层，赋存于奥陶系天景山组第二岩段（即 K2 矿层）底部，呈层状全区出露，延伸长度约 3.99 km，矿层连续性较好，控制厚度 32.21~116.38 m，平均厚度 54.49 m。其岩性主要为厚层状（含）白云质泥质条带灰岩及泥晶灰岩。含 8 层夹石，岩性以灰色泥质条带灰岩为主。

K2-2 制碱灰岩矿层，赋存于奥陶系天景山组第二岩段（即 K2 矿层）中上部，呈层状全区分布，延伸长约 3.99 km，矿层连续性较好，矿层厚度 5.72~16.66 m，平均厚度 12.64 m。其岩性主要为中厚层状含燧石条带灰岩，具微晶-泥晶结构。

K2-3 水泥灰岩矿层，赋存于奥陶系天景山组第二岩性段（即 K2 矿层）顶部，直接与奥陶系天景山组第三岩段接触，因第四系覆盖及相变呈似层状断续分布，延伸长度约2.04 km，控制厚度0~24.14 m，平均厚度14.74 m。其岩性主要为厚层状（含）白云质泥质条带灰岩及泥晶灰岩。该分矿层的下部为K2-2制碱灰岩分矿层，岩性为灰色泥质条带灰岩；上部为奥陶系天景山组第三岩性段，岩性主要为白云质、泥质条带灰岩。属于厚度稳定、质量稳定、组分含量均匀的矿层。

（4）矿石特征

矿石的有用矿物为方解石，含量在90%以上，主要为隐晶方解石，其次为微晶方解石。有害组分主要为次生白云石、硅质（燧石、石英）。白云石多呈褐黄色、灰白色，多成团块状，条带状不规则分布，白云质晶粒中常见方解石包体，矿石中分布普遍，其含量多少直接影响到矿石的质量。燧石多呈褐黄色结核状、团块状、条带状不均匀的分布于矿石之中，对矿石质量有一定影响。有微量的石英、褐铁矿、针铁矿、黄铁矿等矿物及少量碳质。

矿石结构主要为团粒结构、次为泥晶结构。矿石构造类型主要有层状和条带状两种：层状构造由微晶-泥晶方解石密集聚结形成致密层状岩石；条带状构造，矿石中的少量白云质、泥质、燧石质聚结成条带，使岩石呈条带状构造。

矿石的化学成分见表19-5。

表19-5　青龙山西道梁二道山北段石灰岩矿K2矿层化学成分　　单位：%

类型	CaO	MgO	SiO_2	Fe_2O_3	Al_2O_3	酸不溶物	K_2O	Na_2O	S	P	Cl^-	$fSiO_2$	烧失量
最大值	54.47	2.98	3.08	0.30	0.68	4.11	0.351	0.108	0.062	0.006	0.020	2.00	43.30
最小值	50.70	0.58	1.02	0.06	0.22	1.38	0.051	0.005	0.003	0.000	0.002	0.21	12.40
平均值	52.22	1.91	2.00	0.24	0.44	2.84	0.198	0.032	0.039	0.0022	0.010	1.04	42.68

（5）资源储量

截至2017年底，青龙山西道梁二道山北段石灰岩矿经宁夏回族自治区国土资源厅备案的石灰岩查明资源储量（332+333）为6049.02×10^4 t，其中，制碱灰岩855.98×10^4 t，水泥灰岩5760.59×10^4 t。制碱灰岩属小型矿床，水泥灰岩属中型矿床。

（6）成矿阶段划分

早期生成了泥晶灰岩，由于水动力作用生成内碎屑灰岩，在灰岩沉积成岩阶段海水中的SiO_2与碳酸盐一起沉淀形成燧石结核、燧石条带。

（7）矿床类型

青龙山西道梁二道山北段石灰岩矿床属浅海相化学沉积型化工石灰岩矿床。

（8）成矿机制和成矿模式

大多数碳酸盐岩的沉积方式和碎屑岩一样，受水动力因素的控制。碳酸盐质点（灰泥、碎屑及生物遗骸）在陆地边缘10~15 m深的海域形成后，会因为水动力因素的不同，在原地或被海流、波浪带到远离海岸的浅海盆地中沉积、成岩。

该区段内矿石主要类型为灰-深灰色微晶、泥晶灰岩，微晶、泥晶团粒灰岩，白云石化泥晶、微晶（团粒）灰岩。矿层具水平层理，岩层层面无生物扰动构造，生物遗迹化石较发育。这些沉积构造特征表明矿层生成于水动力条件极弱的潮下带。当洋流发生变化时，沉积物的岩性也会相应变化。失去了携带大量泥质的洋流的影响，矿层中泥质含量会降低，缺失泥灰岩夹层。据此推断该处石灰岩应属于浅海相碳酸盐台地同生沉积矿床，沉积原始环境较为稳定。依据其岩相组合较简单，岩石颜色无较大变化，沉积微环境主要为潮湿气候条件下的滨海碳酸盐台地边缘浅滩相环境。该沉积区环境较稳定，便于形成大面积浅海相灰岩。

三、熔剂用石灰岩

熔剂用石灰岩主要产在中-下奥陶统天景山组中。代表性的有银川市西夏区干沟熔剂用石灰岩矿床和银川市西夏区双庙-牛坷拉灰岩矿床及固原市彭阳县新集东石灰岩矿。

（一）典型矿床

银川市西夏区干沟熔剂石灰岩矿床

矿床位于贺兰山东麓干沟口，距银川火车站西北19 km处，交通较方便。

1965~1966年，建材部地质总公司西北公司对该矿区进行详细找矿，求获石灰岩资源量C1级 7721×10^4 t，C2级 7546.9×10^4 t；1975~1976年，宁夏回族自治区冶金矿山公司地质勘探队对该矿进行了地质评价，提交了《银川市干沟熔剂石灰岩矿床评价报告》。

（1）区域地质

干沟熔剂石灰岩矿床地层属华北地层区（$Ⅲ_4$）、鄂尔多斯西缘地层分区（$Ⅲ_4^1$）、贺兰山地层小区（$Ⅲ_4^{1-1}$）。大地构造位置位于柴达木-华北板块（Ⅲ）、华北陆块（$Ⅲ_5$）、鄂尔多斯地块（$Ⅲ_5^1$）、鄂尔多斯西缘中元古代—早古生代裂陷带（$Ⅲ_5^{1-1}$）。所属成矿区带为鄂尔多斯西缘（陆缘坳褶带）Fe-Pb-Zn-磷-石膏-芒硝成矿带（Ⅲ-59）、贺兰山褶断带Fe-Au-Cu-煤（气）-磷-硅石-石灰岩-白云岩-粘土成矿亚带（Ⅳ-59①）。所属矿床成矿系列为与早古生代沉积作用有关的铁、彩石、磷、灰岩、白云岩、板岩矿床成矿系列（3-Pz_1-S）。区域出露地层由老至新有长城系黄旗口组（Pt_2^1h），蓟县系王全口组（Pt_2^2w），中寒武统陶思沟组（ϵ_2t）、胡鲁斯台组（ϵ_2h），中-上寒武统阿不切亥组（$\epsilon_{2-3}a$），下奥陶统大南池组（O_1d），中-下奥陶统天景山组（$O_{1-2}t$），中-上奥陶统米钵山组（$O_{2-3}m$）及第四系（Q）。含矿层为中-下奥陶统天景山组。区内断裂主要以北东向为主，大致平行展布。矿区西部有古元古代黑云斜长花岗岩出露。

（2）矿区地质

干沟熔剂石灰岩矿区出露地层主要为中-上奥陶统天景山组下段，该地层为矿区最主要的含矿地层。矿层主要赋存于中上部。

整个矿区褶曲变形不显著，断层较发育，矿体遭到破坏。矿区地层为南东倾向的单斜构造。

（3）矿体（层）特征

矿层主要由灰白色薄层-中厚层夹厚层隐晶-微晶灰岩组成，夹砾状灰岩和泥岩透镜体。矿体中部夹有0~4.2 m含灰质白云岩，将矿体自然分成上、下矿层。上下矿层在成分上略有差别，上矿层较下矿层砾状灰岩夹层较多，泥质成分增高，愈接近上覆岩层愈明显。

矿体呈北东—南西向展布，长度1480 m，斜长200 m，矿层厚度不等，一般是西厚东薄，北厚南薄，平均厚度42 m。矿层倾向90°~180°，倾角10°~20°。分为5个矿体：1号矿体长度221 m，厚度34 m；2号矿体长度203 m，厚度40 m；3号矿体长度104 m，厚度22 m；4号矿体长度947 m，厚度49 m；5号矿体长度372 m，厚度35 m（图19-16）。

矿层顶板为灰色网纹状白云质灰岩，底板是白-灰白色薄-中层状结晶灰岩，偶见泥质网纹。夹石在矿层中部厚度0~4.2 m，岩性为深灰色中厚层-厚层粗粒-细粒含灰质白云岩。

（4）矿石特征

按矿石结构分隐晶灰岩和微晶灰岩两大类，微晶灰岩是主要的矿石类型。矿物成分主要是方解石，其含量在98%以上，其次为白云石和少量铁质及泥质、石英等。矿石为隐晶结构、微晶结构，块状构造。化学成分比较简单，有益组分CaO含量50.68%~55.31%，有害元素MgO含量0.56%，SiO_2 含量0.71%~4.65%，Al_2O_3 含量0.21%~1.6%。

（5）资源储量

截至2017年底，干沟熔剂石灰岩矿经宁夏回族自治区国土资源厅备案的熔剂用石灰岩查明资源储量（122+122b+333）为 2484.10×10^4 t。矿床规模属中型。

（6）成矿阶段划分

成矿过程大致可分为2个阶段：①同生沉积阶段，海水中碳酸钙达到饱和而发生化学沉积，形成石灰岩矿层；②准同生交代阶段，海水中镁部分交代钙，形成白云岩层。

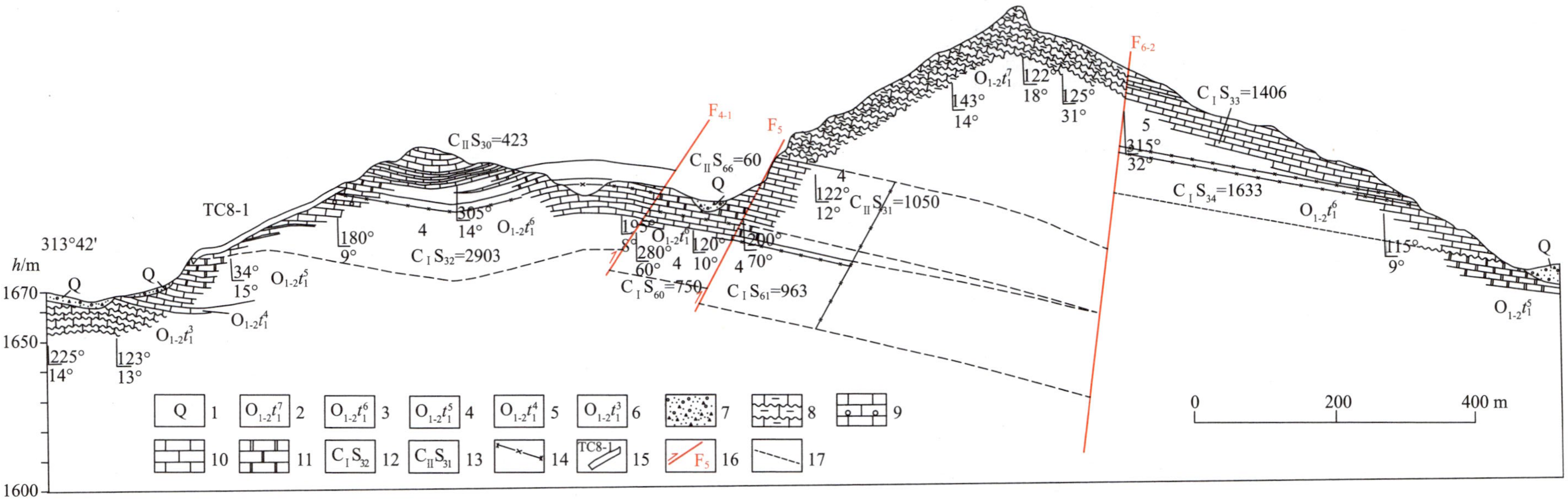

图 19-16　银川市干沟熔剂石灰岩矿床8勘探线剖面图

（据宁夏回族自治区冶金矿山公司地质勘探队，1977，有修改）

1—第四系；2—奥陶系天景山组下段第七岩性层；3—奥陶系天景山组下段第六岩性层；4—奥陶系天景山组下段第五岩性层；5—奥陶系天景山组下段第四岩性层；6—奥陶系天景山组下段第三岩性层；7—残、坡积物；8—网纹状含泥质灰岩；9—隐晶-微晶灰岩，夹砾状灰岩；10—灰岩；11—白云质灰岩；12—C级储量Ⅰ级品计算面积及编号；13—C级储量Ⅱ级品计算面积及编号；14—储量级别界线；15—探槽；16—断层及编号；17—推测地质界线

（7）矿床类型

干沟熔剂石灰岩矿床为浅海相化学沉积型石灰岩矿床。

（8）成矿机制

早奥陶世鄂尔多斯西缘为鄂尔多斯地块与祁连洋的过渡带，处于浅海台地。当西侧深部较冷洋盆水中溶解的 HCO_3^- 随洋流作用上升至浅海台地时，相对温暖环境影响可部分地转化为 CO_3^{2-}，与 Ca^{2+} 结合沉积灰岩，大洋基性火山活动强烈时，海水中 Mg^{2+} 急剧增高时可沉淀白云质灰岩，进一步准同生交代产生灰质白云岩。其中，正常情况下沉积的质地纯净并且未受交代的灰岩成为工业石灰岩矿床。

（二）一般矿床

银川市西夏区双庙-牛坷拉水泥灰岩矿床

矿区位于干沟熔剂灰岩矿床南侧、套门沟水泥灰岩西侧，地属银川市西夏区管辖，矿区交通方便。

双庙-牛坷拉水泥灰岩矿床成矿区域特征、成矿时代、成矿作用与干沟熔剂灰岩及套门沟水泥灰岩相同，属熔剂和水泥灰岩共生矿床。

矿区含矿地层为中-下奥陶统天景山组，岩性为深灰色厚层-块状含杂色泥质网纹灰岩。矿区为单斜层，岩层（矿层）倾向 120°～170°，倾角 20°～70°。矿体层状，长度 300 m，厚度 220 m。矿层为灰白色厚-中厚层隐晶质、微晶质灰岩、斑纹灰岩、含泥质灰岩、角砾状灰岩、生物碎屑灰岩。

矿石化学成分：CaO 平均含量为 50.7%，MgO 平均含量 1.39%，SiO_2 平均含量为 5.41%，Fe_2O_3 平均含量为 0.60%，Al_2O_3 平均含量为 0.40%。

截至 2017 年底，双庙-牛坷拉水泥灰岩矿获水泥石灰岩资源储量（333）为 17064.57×10^4 t；熔剂石灰岩推断的内蕴经济资源量（333）为 977.32×10^4 t。该矿工作程度为普查，矿床规模水泥灰岩属大型矿床，熔剂灰岩属小型矿床。该矿资源量未经宁夏回族自治区国土资源厅备案。

四、水泥用石灰岩

宁夏水泥用石灰岩集中分布在贺兰山中-北段、牛首山、烟筒山-天景山、青龙山及固原三关等地。

（一）产于中-上寒武统的水泥灰岩矿床

产于中-上寒武统的灰岩矿床有石嘴山市惠农区沙巴台石灰岩矿床、石嘴山市大武口区八号泉水泥灰岩矿床和银川市永宁县高石墩水泥石灰岩矿床 3 处，分布在贺兰山中、北段，为中、小型矿床，仅用于生产水泥。

1. 石嘴山市大武口区八号泉水泥灰岩矿床

矿床位于石炭井煤矿西南 5 km 处的八号泉，地属石嘴山市大武口区管辖，矿区交通方便。

20 世纪 60 年代，为了满足煤炭工业发展的需要，煤炭系统建设了八号泉水泥厂，八号泉水泥灰岩矿属于该企业原料矿山基地，矿山最早开采是在北采场，停采后改采南采场，开采规模每年 50×10^3～150×10^3 t 矿石。由于规模较小现已停采，2016 年该地被石嘴山市列为工业遗产保护名录。1965 年，建筑材料工业部地质总公司西北分公司在八号泉水泥灰岩矿山及外围进行了找矿工作，编写有《宁夏石嘴山市陶斯沟石灰岩矿区初步找矿报告》。该资料没能圈定矿体，粗略估算资源量小于 80×10^4 t。1982 年，宁夏地质局区域地质调查队完成了 1：20 万石嘴山市幅区域地质调查报告，在该矿山以北的陶斯沟进行了灰岩矿点检查，划分矿层五层。2009 年 10～12 月，中国建筑材料工业地质勘查中心宁夏总队在矿区范围内开展预查工作，于 2010 年 4 月提交《宁夏石嘴山市八号泉水泥用石灰岩矿预查报告》。提交水泥灰岩矿石资源量：（333+334）17104.60×10^4 t，其中推断的内蕴经济资源量（333）12939.57×10^4 t，预测的资源量（334）为4165.03×10^4 t。2010年11月，中国建筑材料工业地质勘查中心宁夏总队对八号泉水泥灰岩矿进行资源储量核实，于2010年12月提交了《宁夏石嘴山市八号泉水泥灰岩矿资源储量核实报告》。

（1）区域地质

八号泉水泥灰岩矿床地层属华北地层区（$Ⅲ_4$）、鄂尔多斯西缘地层分区（$Ⅲ_4^1$）、贺兰山地层小区（$Ⅲ_4^{1-1}$）。大地构造位置位于柴达木-华北板块（Ⅲ）、华北陆块（$Ⅲ_5$）、鄂尔多斯地块（$Ⅲ_5^1$）、鄂尔多斯西缘中元古代—早古生代裂陷带（$Ⅲ_5^{1-1}$）。所属成矿区带为鄂尔多斯西缘（陆缘坳褶带）Fe-Pb-Zn-磷-石膏-芒硝成矿带（Ⅲ-59）、贺兰山褶断带Fe-Au-Cu-煤（气）-磷-硅石-石灰岩-白云岩-粘土成矿亚带（Ⅳ-59①）。所属矿床成矿系列为与早古生代沉积作用有关的铁、彩石、磷、灰岩、白云岩、板岩矿床成矿系列（3-Pz_1-S）。区域出露地层有古元古界贺兰山岩群（$Pt_1Hl.$）变质岩，为结晶基底；中元古界长城系黄旗口组（Pt_2^1h）；中寒武统陶思沟组（$∈_2t$）、胡鲁斯台组（$∈_2h$）；中-上寒武统阿不切亥组（$∈_{2-3}a$）；上石炭统靖远组（C_2j）和羊虎沟组（C_2y）；上石炭统—下二叠统太原组（C_2P_1t）；下二叠统山西组（P_1s），中二叠统下石盒子组（P_2x）和上石盒子组（$P_{2-3}s$）及上二叠统孙家沟组（P_3sj）；下三叠统刘家沟组（T_1l）等。地层的产状、分布主要受褶皱构造控制，总体走向为近北西向—南北向。

（2）矿区地质

矿区出露地层由老至新有：中-上寒武统阿不切亥组（$∈_{2-3}a$），上石炭统靖远组（C_2j）、羊虎沟组（C_2y）。基岩基本裸露，地层出露较好。含矿地层为中-上寒武统阿不切亥组，根据岩性组合特征，阿不切亥组划分为两个岩段，含矿层为第二岩性段，岩性以薄层灰岩为主，夹中-厚层灰岩及少量竹叶状灰岩。

矿区地处石炭井向斜西翼，陶思山宽缓背斜东翼南端，地层呈单斜产出，产状受其影响控制，区内主要断层为F_1断层。

（3）矿体（层）特征

八号泉水泥灰岩矿区分南、北采场矿体，共有矿体一层，含矿层出露长度1040 m，宽度400 m，呈裸露单斜层状。其中：南采场矿体东西长216 m，南北宽203 m，平均厚度41.62 m，矿体倾向20°~175°，倾角21°~35°；北采场矿体东西长196 m，南北宽167 m，平均厚度63.66 m，矿体倾向125°~145°，倾角19°~26°。南、北采场两矿体呈层状，属同一矿层，南采场矿体层位高于北采场矿体层位，相当于同一矿体不同层位的两个矿段（图19-17）。

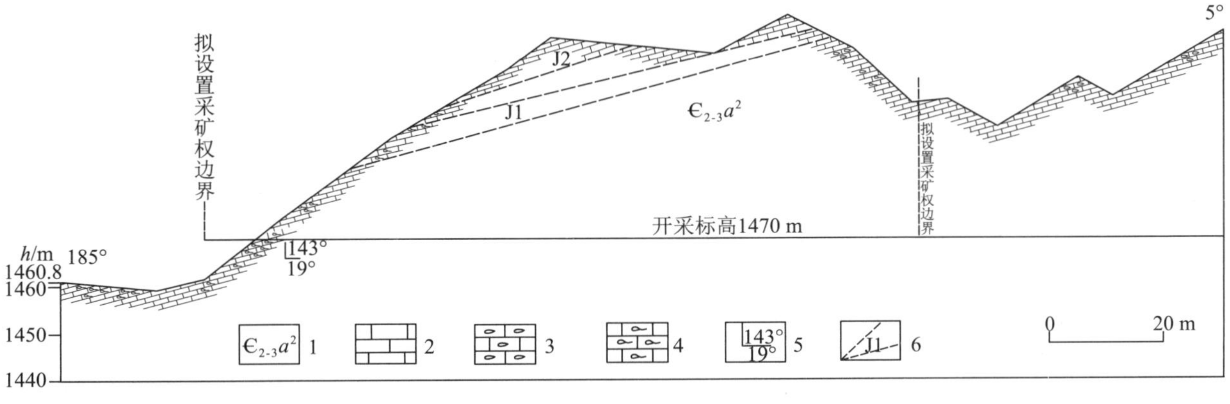

图19-17 石嘴山市八号泉水泥灰岩矿N2-N2′勘探线剖面图

（据中国建筑材料工业地质勘查中心宁夏总队，2010，有修改）

1—寒武系阿不切亥组第二段岩性段；2—灰岩；3—竹叶状灰岩；4—含泥质条带灰岩；5—岩层产状；6—夹石及编号

（4）矿石特征

矿石的矿物主要成分为方解石、白云石，次要成分长石、石英、铁质、粘土矿物等。

矿石主要为微晶-泥晶结构，竹叶状结构次之。灰岩多为薄层状构造，中厚-厚层状灰岩次之。竹叶状灰岩多具薄层-中厚层状构造。

矿石化学成分：南、北采场矿体平均品位计算，CaO 含量 45.91%～53.15%，平均 50.70%；MgO 含量 0.16%～5.37%，平均 1.75%；SiO_2 含量 1.76%～9.38%，平均 3.35%；K_2O 含量 0.11%～0.659%，平均 0.228%；Na_2O 含量 0.01%～0.448%，平均 0.068%；$fSiO_2$ 含量 0.05%～5.14%平均 1.70%。矿石质量满足工业指标要求。

（5）资源储量

截至 2017 年底，八号泉水泥灰岩矿经宁夏回族自治区国土资源厅备案的水泥用石灰岩查明资源量（333）为 520.40×10^4 t，保有资源量 374.83×10^4 t。勘查程度为预查，矿床规模为小型。

（6）成矿阶段划分

早期形成微晶-泥晶灰岩，由于水动力较强形成鲕粒灰岩和竹叶状灰岩。

（7）矿床类型

八号泉水泥灰岩矿床属海相化学沉积水泥用灰岩矿床。

（8）成矿机制和成矿模式

八号泉水泥灰岩矿床含矿岩性以薄层灰岩为主，夹中-厚层灰岩及少量竹叶状灰岩。局部地段薄层与中厚层呈互层状。由此分析，中寒武世徐庄期（相当于胡鲁斯台期）海侵继续扩大，到张夏期（相当阿不切亥早期）海侵达到高潮，整个鄂尔多斯西缘为碳酸盐台地沉积（图 19-18）；晚寒武世海水开始退却，鄂尔多斯西缘水体变浅，成为局限台地，成岩期在正常的浅海中，经历了海水动荡-海水稳定阶段。

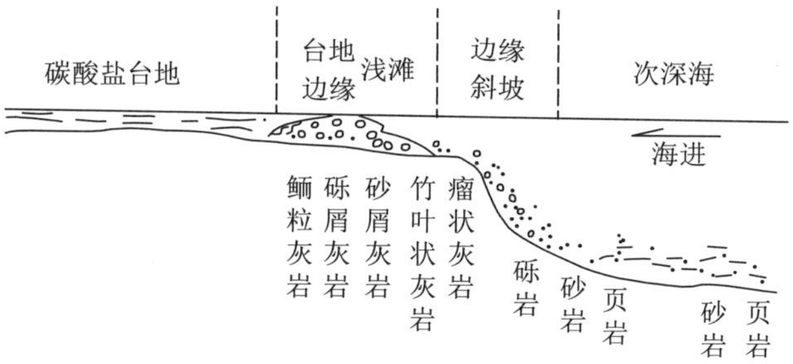

图 19-18　宁夏中寒武徐庄期—张夏期沉积环境示意图

（据宁夏回族自治区地质调查院，2012）

2. 永宁县高石墩水泥石灰岩矿床

矿区位于永宁县闽宁镇西高石墩地区，地属银川市永宁县闽宁镇管辖，区内交通较为便利。

2009 年，中国建筑材料工业地质勘查中心宁夏总队对该矿进行普查。探获水泥灰岩资源储量（333+334）总计 754.67×10^4 t，其中推断的内蕴经济资源量（333）为 449.88×10^4 t，预测资源量（334）为 304.8×10^4 t；2012 年 6 月，宁夏回族自治区矿产地质调查院对该矿进行详查，提交了《宁夏永宁县高石墩水泥灰岩详查报告》。

高石墩水泥石灰岩矿床地层属华北地层区（$Ⅲ_4$）、鄂尔多斯西缘地层分区（$Ⅲ_4^1$）、贺兰山地层小区（$Ⅲ_4^{1-1}$）。大地构造位置位于柴达木-华北板块（Ⅲ）、华北陆块（$Ⅲ_5$）、鄂尔多斯地块（$Ⅲ_5^1$）、鄂尔多斯西缘中元古代—早古生代裂陷带（$Ⅲ_5^{1-1}$）。所属成矿区带为鄂尔多斯西缘（陆缘坳褶带）Fe-Pb-Zn-磷-石膏-芒硝成矿带（Ⅲ-59）、贺兰山褶断带 Fe-Au-Cu-煤（气）-磷-硅石-石灰岩-白云岩-粘土成矿亚带（Ⅳ-59①）。所属矿床成矿系列为与早古生代沉积作用有关的铁、彩石、磷、灰岩、白云岩、板岩矿床成矿系列（3-Pz_1-S）。出露地层自老至新有：中-上寒武统阿不切亥组（$\epsilon_{2-3}a$）；中-下奥陶统天景山组（$O_{1-2}t$），中-上奥陶统米钵山组（$O_{2-3}m$）；上侏罗统芬芳河组（J_3ff），下白垩统庙山湖组（K_1ms）；新近系中新统彰恩堡组（N_1z）、干河沟组（N_1g）及第四系。

其中，寒武系阿不切亥组为含矿地层。

矿区地处贺兰山南段，位于三关口斜冲逆断层东侧，区域上发育一系列北西向断裂构造。花布山-头关北西向大断裂由矿区西侧通过。

矿区含矿地层为中-上寒武统阿不切亥组$\epsilon_{2-3}a$。岩性为浅灰色中厚层状灰岩、土黄色薄层灰岩、土黄色薄层泥质条带灰岩、鲕粒灰岩等碳酸盐岩，倾向东偏南、倾角 32°～55°。厚度 225.03～757.58 m。该组地层划分为 5 个岩性层，其中，第一岩性层、第三岩性层和第五岩性层为主含矿层。

矿区断裂构造较为发育，总体构造线方向为北西向，主要由北西向和近南北向的断层组成。发育九条规模较大的断层。总体为一东倾的单斜构造。

该矿床含矿层位较稳定，矿体严格受层位控制，含矿地层总体走向近南北向，空间位置大致稳定，延伸规律性较好，呈中厚层块状产出。矿体编号分别为 K1、K2-1、K2-2、K3-1、K3-2。其中，K1 矿体位于阿不切亥组第一岩性层。岩性主要为浅灰色中厚层灰岩夹紫红色薄层灰岩。矿体呈透镜状产出，同一地段产状变化不大。矿体走向近南北，倾向 90°～95°，倾角在 39°～41°之间。顶、底板均为紫红色薄层泥质灰岩。K2-1 矿体位于阿不切亥组第三岩性层。岩性主要为浅灰色中厚层状灰岩夹紫红色薄层灰岩，局部夹黄褐色-紫红色泥质条带薄层灰岩。矿体呈透镜状产出，产状变化不大。顶板为紫红色薄层泥灰岩、角砾状灰岩，底板均为紫红色薄层条带状泥灰岩。K2-2 矿体位于阿不切亥组第三岩性层。岩性主要为浅灰色中-厚层状灰岩夹紫红色薄层灰岩，局部地段偶夹浅灰色薄层灰岩。含有 2 个似层状夹石，岩性为紫红色薄层泥质灰岩、泥质条带灰岩。矿体呈不规则状产出，产状变化不大。矿体走向近南北，倾向 130°，倾角在 40°～45°之间。顶板为紫红色薄层泥灰岩，底板均为紫红色薄层泥灰岩、浅灰色薄层泥质条带灰岩。K3-1 矿体位于阿不切亥组第五岩性层。岩性下部为浅灰色中-厚层灰岩与紫红色薄层灰岩互层，矿体呈似层状产出，同一地段产状变化不大。矿体走向北西，倾向 75°～85°，倾角在 40°～45°之间，矿体北部倾角相对较缓。矿体顶板为紫红色薄层泥灰岩、泥岩，底板为浅灰色薄层泥灰岩。K3-2 矿层为主矿层，位于阿不切亥组第五岩性层。岩性下部为浅灰色中厚层灰岩与紫红色薄层灰岩互层，中部为浅灰色中-厚层灰岩，上部浅灰色中-厚层灰岩夹土黄色条带状灰岩。含有 3 个似层状、透镜状夹石，岩性为紫红色薄层泥质灰岩、泥质条带灰岩、角砾状灰岩。矿层出露长度约 852 m，东西出露宽度 14～214 m。控制厚度在 59.87～155.32 m 之间，平均厚度 120.94 m，矿层走向近南北，倾向 82°～120°，倾角在 35°～51°之间，矿层北部倾角较缓，向南矿层倾角逐渐有变大的趋势。顶板为阿不切亥组浅灰色中厚层泥质灰岩、角砾状灰岩；底板均为紫红色薄层泥灰岩、浅灰色中厚层灰岩。

矿石自然类型分为浅灰色中-厚层状灰岩，浅灰色、土灰色中-厚薄层鲕粒状灰岩，褐灰色、浅灰、土灰色薄层灰岩 3 种。工业类型为水泥用灰岩。

浅灰色中-厚层状灰岩为主要矿石类型。中-厚层状，块状构造，具微晶、细晶、不等晶结构。主要矿物成分为方解石 85%～90%，白云石 5%～8%，泥晶、铁泥晶 5%～10%，石英砂粒小于 1%。显微镜下方解石呈不规则细粒状，粒径小于 0.03 mm，粒间紧密镶嵌。铁质粉末呈质点状、弯曲细脉状、浸染状，不均匀分布，局部密集浸染岩石呈黄色条带状。次生石英集合体呈团块状星散分布。粒径一般 0.05～0.08 mm，不均匀分布。

矿石化学成分：CaO 含量 49.34%～51.89%，平均 50.98%；MgO 含量 0.70%～1.83%，平均 1.05%；$fSiO_2$ 含量 2.17%～3.22%，平均 2.53%；K_2O+Na_2O 含量 0.147%～0.431%，平均 0.246%；R_2O_3 含量 0.141%～2.93%，平均 1.88%；SO_3 含量 0.057%～0.067%，平均 0.061%。矿石质量基本为Ⅰ级品。

截至 2017 年底，高石墩水泥石灰岩矿经宁夏回族自治区国土资源厅备案的+1415 m 标高以上水泥灰岩查明资源储量（332+333）为 1158.60×10^4 t。勘查程度为详查，属小型矿床。

3. 石嘴山市惠农区沙巴台石灰岩矿床

矿床位于沙巴台煤矿北 700 m 处的红山北侧，紧邻红山铅锌矿点。属石嘴山市惠农区管辖，矿区交通方便。

1965年，建筑材料工业部地质总公司西北公司二〇五队对该矿区进行了踏勘检查；1998年，宁夏地质矿产局地质调查所对矿区进行了普查，提交了《宁夏石嘴山市沙巴台水泥灰岩矿床普查报告》。

沙巴台石灰岩矿床地层属华北地层区（$Ⅲ_4$）、鄂尔多斯西缘地层分区（$Ⅲ_4^1$）、贺兰山地层小区（$Ⅲ_4^{1-1}$）。大地构造位置位于柴达木-华北板块（Ⅲ）、华北陆块（$Ⅲ_5$）、鄂尔多斯地块（$Ⅲ_5^1$）、鄂尔多斯西缘中元古代—早古生代裂陷带（$Ⅲ_5^{1-1}$）。所属成矿区带为鄂尔多斯西缘（陆缘坳褶带）Fe-Pb-Zn-磷-石膏-芒硝成矿带（Ⅲ-59）、贺兰山褶断带 Fe-Au-Cu-煤（气）-磷-硅石-石灰岩-白云岩-粘土成矿亚带（Ⅳ-59①）。所属矿床成矿系列为与早古生代沉积作用有关的铁、彩石、磷、灰岩、白云岩、板岩矿床成矿系列（3-Pz_1-S）。出露地层有古元古界贺兰山群变质岩（$Pt_1HL.$），主要分布在矿区北部，与上覆地层呈断层接触，中寒武统陶思沟组（ϵ_2t）、胡鲁斯台组（ϵ_2h），中-上寒武统阿不切亥组（$\epsilon_{2-3}a$），上石炭统羊虎沟组（C_2y），上二叠统，中三叠统和第四系。

矿区含矿层为阿不切亥组，岩性下部为石英砂岩、砂质灰岩、砾状灰岩、页岩；中部为页岩夹泥质条带灰岩、竹叶状灰岩、鲕状灰岩；上部灰色泥质条带灰岩夹竹叶状、鲕状灰岩。岩层（矿层）产状 135°~142°∠58°~87°。

水泥灰岩有2~4层，矿体呈似层状、透镜状。主矿层位于上部，中下部矿层规模小，走向变化大。矿层长度 450~2760 m，厚度 7.59~53.61 m。

矿层为泥质条带灰岩夹竹叶状灰岩及少量鲕状灰岩。矿石化学成分：CaO 49.73%，MgO 1.61%，达Ⅰ、Ⅱ级品的矿石要求。

截至2017年底，沙巴台石灰岩矿探获水泥用石灰岩资源量 3086×10^4 t，其中，推断的内蕴经济资源量（333）为 1500×10^4 t（原D级），预测资源量（334）？为 1586×10^4 t（原E级）。该矿地质工作仅限地表，未进行深部工程控制，资源储量未经宁夏回族自治区国土资源厅备案。

（二）产于下-中奥陶统天景山组水泥灰岩矿床

下-中奥陶统天景山组是水泥灰岩的主要含矿地层，代表性矿床有贺兰山中段银川市套门沟水泥灰岩矿床，银川市西夏区干沟水泥灰岩矿床，中宁县天景山中南段的园湾水泥灰岩矿床及中宁县青圪塔南段石灰岩矿床，青铜峡市卡子庙中段水泥用灰岩矿床，中宁县烟筒山西麓瀛龙山水泥灰岩矿床，中宁县黑疙瘩沟水泥灰岩矿床，中宁县草帽子墩水泥灰岩矿床，同心县青龙山西道梁二道山南段石灰岩矿床，盐池县青龙山南段萌城石梁水泥灰岩矿床，固原市原州区红砂石沟水泥用灰岩矿床等大、中型矿床。

1. 典型矿床：银川市套门沟水泥灰岩矿床

套门沟水泥灰岩矿床位于贺兰山中段东麓干沟灰岩矿床西南 2.2 km 处，交通方便。

1976年6月，青海省建材地质队对该矿进行勘探，1978年5月，提交了《宁夏回族自治区银川市套门沟水泥灰岩地质勘探报告》；1992年6月，中国建筑材料工业地质勘查中心宁夏总队对该矿进行详查工作，提交了《宁夏银川市套门沟水泥灰岩矿区详查地质报告》，该报告经过宁夏矿产储量委员会审查，对水泥用灰岩资源量进行备案，最低开采标高为 1380 m；2002年5月，宁夏回族自治区地质调查院对套门沟水泥灰岩矿区储量进行核实，提交了《宁夏赛马实业股份有限公司套门沟水泥石灰岩矿区储量核实报告》；2008年5月，中国建筑材料工业地质勘查中心宁夏总队对该矿山资源储量进行核实，提交了《宁夏赛马实业股份有限公司石灰岩矿山资源储量核实报告》；2008年9月，中国建筑材料工业地质勘查中心宁夏总队对变更的采矿权范围内的石灰岩矿资源量进行核实，提交了《宁夏赛马实业股份有限公司套门沟石灰岩矿山资源储量核实补充报告》；2010~2012年，中国建筑材料工业地质勘查中心宁夏总队进行资源储量核查，提交了《宁夏银川市套门沟水泥灰岩核查矿区矿产资源储量核查报告》（包含干沟水泥灰岩）。

（1）区域地质

套门沟水泥灰岩矿床地层属华北地层区（$Ⅲ_4$）、鄂尔多斯西缘地层分区（$Ⅲ_4^1$）、贺兰山地层小区（$Ⅲ_4^{1-1}$）。大地构造位置位于柴达木-华北板块（Ⅲ）、华北陆块（$Ⅲ_5$）、鄂尔多斯地块（$Ⅲ_5^1$）、鄂尔多斯西缘中元古代—早古生代裂陷带（$Ⅲ_5^{1-1}$）。所属成矿区带为鄂尔多斯西缘（陆缘坳褶带）Fe-Pb-Zn-磷-石膏-芒硝成矿带（Ⅲ-59）、贺兰山褶断带Fe-Au-Cu-煤（气）-磷-硅石-石灰岩-白云岩-粘土成矿亚带（Ⅳ-59①）。所属矿床成矿系列为与早古生代沉积作用有关的铁、彩石、磷、灰岩、白云岩、板岩矿床成矿系列（3-Pz_1-S）。区域出露地层主要有中-下奥陶统天景山组（$O_{1-2}t$）及第四系（Q）。含矿地层为中-下奥陶统天景山组。区内断裂主要以北东向为主，大致平行展布。矿区北部有大面积古元古代黑云斜长花岗岩出露，其中见有辉绿岩脉侵入（图19-19）。

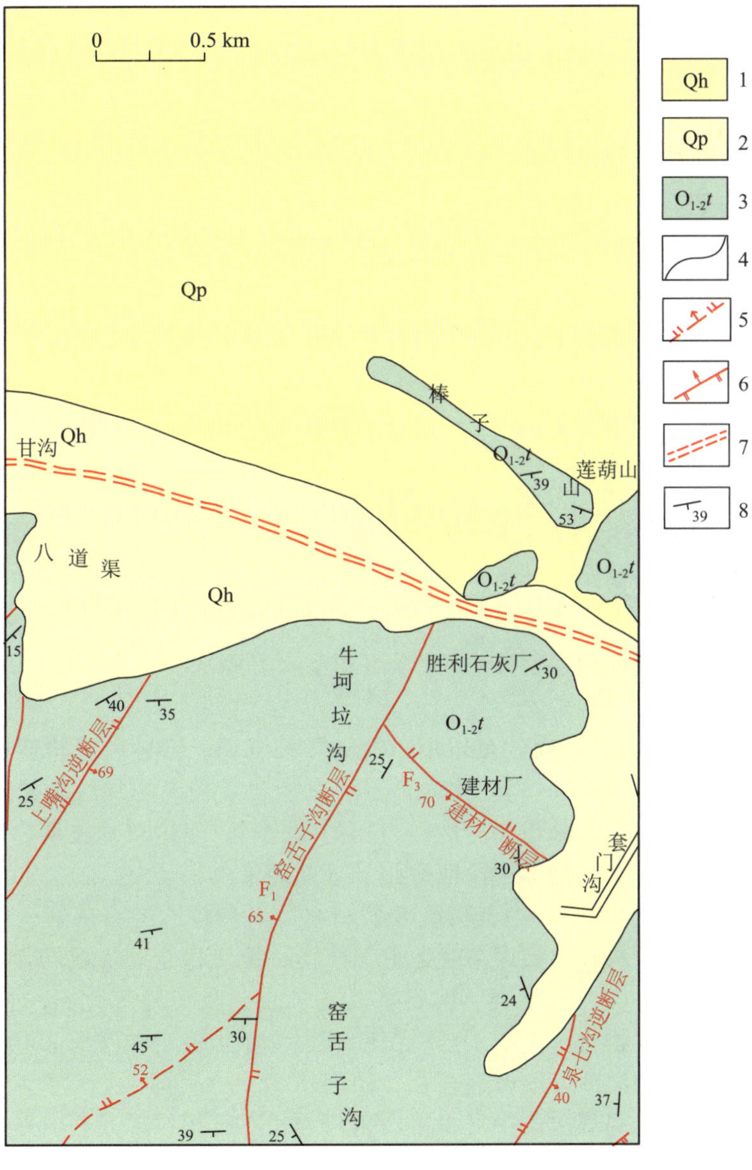

图19-19　银川市套门沟水泥灰岩矿区域地质图

（据宁夏回族自治区国土资源调查监测院，2012，有修改）

1—第四系全新统；2—第四系更新统；3—中-下奥陶统天景山组；4—地质界线；5—推测正断层；6—逆断层；7—推测活动断裂；8—地层产状

（2）矿区地质

矿区出露地层主要为中-下奥陶统天景山组。在贺兰山中段，该组与下伏大南池组整合接触，与上覆米钵山组呈平行不整合接触，为一套碳酸盐岩沉积，岩性以灰色厚层泥砂质网纹灰岩、含燧石结核和燧石条带白云质灰岩及厚层灰岩为主，厚度大于1000 m。

矿区构造较复杂，断裂构造发育，但多为与岩层走向一致的不同性质断裂，且多发育于矿层内部，对矿层破坏不大。矿区地层呈单斜构造产出，在矿区西南倾向 320°~340°，矿区北东部倾向 280°~300°，倾角 20°~30°。

（3）矿体（层）特征

矿体呈层状产出，含矿 6 层，除第 5 层的含石英灰岩为非矿夹石层外，2~8 层均为连续沉积矿层。矿层厚度较稳定，局部地段因断层或其他构造影响略有变化。矿层沿走向长度 1000 m，累计厚度 290 m，其中 6、7 矿层厚度大于 100 m。

矿层与地层产状相同，呈单斜构造，倾向北西，倾角有明显规律，是上陡下缓。

（4）矿石特征

矿石根据矿物组成和结构构造特征，分为 7 种自然类型：隐晶质中厚层混斑斑纹灰岩、灰色隐晶质混斑“瘤状”灰岩、隐晶质生物碎屑灰岩、玫瑰色斑纹灰岩、结晶灰岩、致密灰岩、条纹状薄层灰岩。前三种分布于主要矿层内，是矿区主要类型矿石。

矿石主要成分为方解石，此外，普遍出现泥质、褐铁矿、石英、白云石和结晶方解石，有少量燧石，偶见长石和白云母。

矿石化学成分较稳定，CaO 在 90%的矿石中含量大于 48%，最高达 54.5%，一般 50%~51%；MgO 含量一般 0.5%~1.5%；Al_2O_3 含量 0.6%~2.0%，最高 2.8%；Fe_2O_3 含量 0.3%~1.2%；SiO_2 含量较高一般 4%~8%。

（5）资源储量

截至 2017 年底，套门沟水泥灰岩矿经宁夏回族自治区国土资源厅备案的水泥用石灰岩累计查明资源储量（111b+122b+333+334）为 25065.79×10^4 t，其中，111b 为 2397.33×10^4 t，122b 为 6214.73×10^4 t，333 为 16453.73×10^4 t，334 为 12564.70×10^4 t。保有资源储量为 21339.60×10^4 t。该矿床勘查程度为详查，矿床规模属大型矿床。

（6）矿床类型

套门沟水泥灰岩矿床属浅海相生物碎屑-化学沉积型水泥用灰岩矿床

（7）成矿机制

该区自寒武纪始为一套滨海-浅海砂页岩相和碳酸盐相沉积，岩性和岩相变化均不大，古生物丰富，厚度较稳定。继之，奥陶纪亦以一套浅海相-半深海相含镁较高的碳酸盐岩连续沉积在寒武纪地层之上。从整个寒武纪—奥陶纪的分布和岩性、岩相的变化看，在这段地史期内地壳运动的趋势是逐渐下降，但在总体下降的过程中，局部地段回升是频繁而经常的。

套门沟水泥灰岩矿床所赋存的下-中奥陶统天景山组为一套较纯的石灰岩、白云质灰岩、白云岩等碳酸盐沉积。岩层多为厚层块状，层序清楚，分布广泛，厚度稳定。各层均含不同的泥质斑纹和燧石结核、条带。含丰富的头足类、腹足类、腕足类、三叶虫、盘海绵等化石，总厚度约 1000 m。较纯的碳酸盐沉积和丰富的古生物化石说明了当时沉积环境为相当稳定的浅海和温暖的气候条件。

就矿床本身分析，矿层中泥沙斑纹普遍存在，层序清楚，中-厚层状，厚度变化不大。各层中或多或少含有燧石结核或条带，局部层位中见少量白云母和长石、褐铁矿及石英颗粒、与斑纹和燧石密切伴生的生物残体和碎屑、与中-厚层混斑斑纹灰岩互层的“瘤状”构造灰岩等。也说明了该矿床是在温暖的气候，动荡不定的海流，频繁的地壳升降运动和大体上比较还原环境的不稳定状态下的生物碎屑-化学沉积形成的浅海相沉积灰岩矿床。

矿床中含石英灰岩、薄层灰岩、局部岩层中的生物碎屑和“瘤状”构造的灰岩等均可作为当时动荡不稳的沉积环境的典型代表。

（8）找矿标志

深灰色含燧石结核玫斑斑纹白云质灰岩；灰色含燧石玫斑斑纹灰岩夹薄层灰岩；灰白色薄层条纹灰岩；灰色玫斑斑纹灰岩；灰色含石英灰岩灰色混斑斑纹灰岩和混斑“瘤状”灰岩互层，出露于矿区中部广大地区；灰色混斑斑纹灰岩；深灰色含燧石结核、燧石条带灰岩；薄层条纹灰岩。

2. 重要矿床

（1）银川市西夏区干沟水泥灰岩矿（现为“贺兰县丰登乡联丰村石料厂水泥灰岩矿”）

矿区距银川市火车站西约 18 km，面积 1.5 km^2，交通方便。

干沟水泥灰岩矿的发现与勘探始于 20 世纪 60 年代初期。当时，国家要求在包（头）-兰（州）铁路沿线建一座 $30×10^4$ t 水泥厂。为选点建厂提供依据，1966 年建筑材料工业部地质总公司西北公司所属二〇二队在干沟开展石灰岩的详查工作。同年，提交了《宁夏回族自治区银川市干沟石灰岩矿区详细找矿报告》，为宁夏赛马水泥厂的建设提供了资料依据。

干沟水泥灰岩矿床地层属华北地层区（$Ⅲ_4$）、鄂尔多斯西缘地层分区（$Ⅲ_4^1$）、贺兰山地层小区（$Ⅲ_4^{1-1}$）。大地构造位置位于柴达木-华北板块（Ⅲ）、华北陆块（$Ⅲ_5$）、鄂尔多斯地块（$Ⅲ_5^1$）、鄂尔多斯西缘中元古代—早古生代裂陷带（$Ⅲ_5^{1-1}$）。所属成矿区带为鄂尔多斯西缘（陆缘坳褶带）Fe-Pb-Zn-磷-石膏-芒硝成矿带（Ⅲ-59）、贺兰山褶断带 Fe-Au-Cu-煤（气）-磷-硅石-石灰岩-白云岩-粘土成矿亚带（Ⅳ-59①）。所属矿床成矿系列为与早古生代沉积作用有关的铁、彩石、磷、灰岩、白云岩、板岩矿床成矿系列（3-Pz_1-S）。区域出露地层由老至新有：长城系黄旗口组（Pt_2^1h）；蓟县系王全口组（Pt_2^2w）；中寒武统陶思沟组（$∈_2t$）、胡鲁斯台组（$∈_2h$），中-上寒武统阿不切亥组（$∈_{2-3}a$）；下奥陶统大南池组（O_1d），中-下奥陶统天景山组（$O_{1-2}t$），中-上奥陶统米钵山组（$O_{2-3}m$）及第四系（Q）。含矿层为中-下奥陶统天景山组。区内断裂主要以北东向为主，大致平行展布。矿区西部有古元古代黑云斜长花岗岩出露。

矿区出露地层主要有中-下奥陶统天景山组、中-上奥陶统米钵山组。含矿地层为天景山组，根据岩性该组分为三段，其中，第三岩性段是矿区主要矿层，沿走向和倾向均稳定，总厚度 850 m。

矿区断裂构造极为发育，以正断层居多，呈近南北向展布，整体构成了一个地堑式断块构造。矿区岩层属单斜构造，总体产状 150°∠50°。矿区褶皱不发育。

矿体呈巨厚层状单斜产出，厚度稳定，由于受断裂破坏，矿体连续性较差。按岩性和夹层分为三部分：底部为深灰色巨厚层含少量燧石结核灰岩，白云质薄层灰岩（厚度 0.6 m）为顶界；中部为紫红色铁质斑纹状巨厚层灰岩夹 4 层中-薄层条纹状灰岩（标志层 K1-K4），条纹状灰岩顶界；上部为青灰色巨厚层灰岩夹两层砂质灰岩。矿体长约 1200 m，厚约 400 m。矿区水文地质条件简单，可露天开采（图 19-20）。

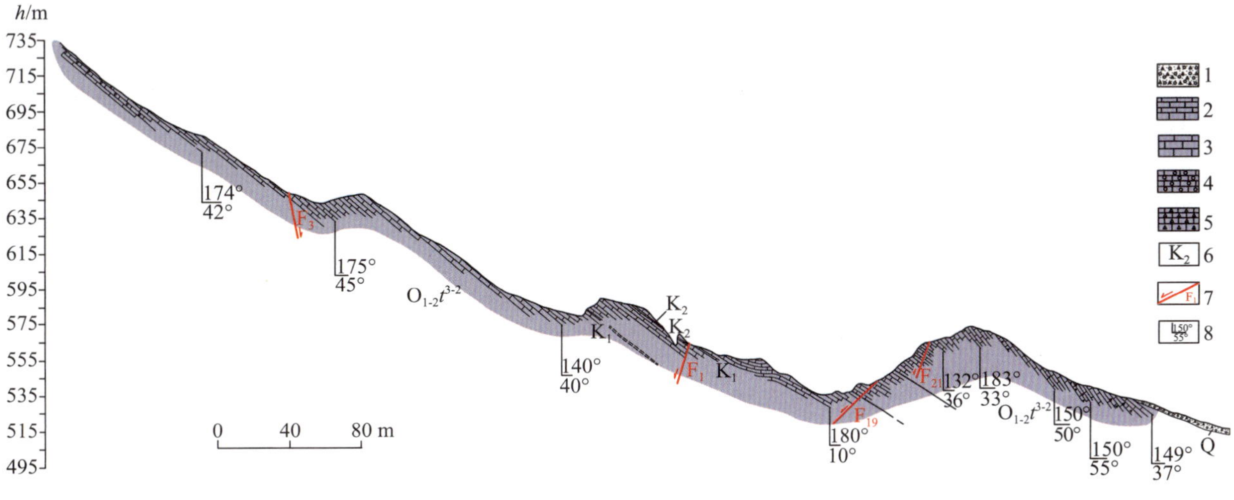

图 19-20 银川市干沟水泥灰岩矿床Ⅲ-Ⅲ′剖面图

（据建筑材料工业部地质总公司西北公司二〇二队，1966，有修改）

1—第四系松散沉积物；2—深灰色中-薄层条纹灰岩；3—深灰色巨厚层含紫红斑纹灰岩；4—含微晶燧石结核灰岩；5—构造角砾灰岩；6—标志层及其编号；7—断层及其编号；8—岩层产状

矿石主要为深灰色致密块状灰岩，隐晶质结构，局部因后期重结晶或方解石脉充填，为（似）

斑状结构。矿石以块状构造为主，个别具砾状和条带状。由于铁质沿裂隙渗染，使矿石普遍具有不规则网脉状紫红色斑纹。矿物成分主要为方解石，含量90%~92%；泥质和铁质占3%~8%。此外，还往往可见到少量细小石英颗粒，零星分布于方解石之间。矿石化学成分：CaO 一般含量49%~50%，平均49.97%；MgO 一般含量0.7%~1.4%，平均1.12%；SiO_2 一般含量5.0%~6.0%，平均5.38%；Al_2O_3 一般含量0.9%~1.2%，平均1.02%；Fe_2O_3 一般含量0.45%~0.55%，平均0.49%。

截至2017年底，干沟水泥灰岩矿经宁夏回族自治区国土资源厅备案的水泥灰岩累计查明资源储量（121b+122+122b+333）为 15423.20×10^4 t，保有资源储量 13579.00×10^4 t。矿床规模属大型水泥灰岩矿床。

（2）青铜峡市卡子庙水泥用石灰岩矿床

矿床位于青铜峡镇西5 km卡子庙，地属青铜峡市青铜峡镇管辖，矿区紧邻G109过道，交通方便。由青铜峡市石灰岩矿区和青铜峡市卡子庙水泥用石灰岩矿区构成。矿山始建于1958年，为宁夏青铜峡水泥集团有限公司附属矿山，矿山建设随着水泥生产线的扩展和改造而发展。

据记载，该矿床外围有民间石灰窑，说明该灰岩矿被利用较早。20世纪50年代，国家为建设青铜峡拦河大坝，先后由重工业地质部门和建材地质部门对该矿床进行预查。1958年原建筑工程部综合勘查院开展了相应评价，提交了资源量 5000×10^4 t。1960年，宁夏地质局宁西地质队提交了《宁朔县青铜峡石灰岩矿床地质勘探总结报告》。获求B+C级储量 22757×10^4 t。为建宁夏第一座水泥厂提供了矿石原料。随着青铜峡水泥厂的建设和不断的扩建及技术改造，矿石用量的增大，自1964年至今不同地勘单位对该矿床进行补充勘探，因而资源储量在不断变化。2010年，中国建筑材料工业地质勘查中心宁夏总队对青铜峡市卡子庙水泥用灰岩矿区资源储量进行核查。累计查明水泥灰岩资源储量 8570.5×10^4 t，保有资源储量 7496.1×10^4 t，提交了《宁夏回族自治区青铜峡市卡子庙水泥用灰岩矿核查区资源储量核查报告》。2011年12月，中国建筑材料工业地质勘查中心宁夏总队对该矿展开核实工作，提交了《宁夏青铜峡市卡子庙水泥灰岩矿储量核实报告》。

卡子庙水泥用石灰岩矿床地层属阿拉善地层区（$Ⅲ_3$）、阿拉善南缘地层分区（$Ⅲ_3^1$）、景泰-中宁地层小区（$Ⅲ_3^{1-1}$）。大地构造位置位于柴达木-华北板块（Ⅲ）、阿拉善微陆块（$Ⅲ_4$）、腾格里早古生代增生楔（$Ⅲ_4^1$）、卫宁北山-香山晚古生代前陆-上叠盆地（$Ⅲ_4^{1-1}$）。所属成矿区带为河西走廊Fe-Mn-萤石-盐类-凹凸棒石-石油成矿带（Ⅲ-20）、烟筒山-窑山冲断带煤-石灰岩-硅石成矿亚带（Ⅳ-20②）。所属矿床成矿系列为与早古生代沉积作用有关的铁、彩石、磷、灰岩、白云岩、板岩矿床成矿系列（3-Pz_1-S）。区域出露地层自老至新有：中-下奥陶统天景山组（$O_{1-2}t$）、中-上奥陶统米钵山组（$O_{2-3}m$），在其南段西侧有少量泥盆系和石炭系出露，周围均为古近系、新近系和第四系覆盖。

牛首山为褶断带，由数十条大小不等的背、向斜构造和断裂组成。褶皱多为线型紧密褶皱、短轴褶皱，形态复杂，褶皱轴大致呈北北西向或南北向。断裂构造也较发育，多为北北西向延伸，以逆断层为主，次为正断层，断层倾角一般在50°以上；另一组为北西向断层。两组断层均切割了早古生代地层，使其支离破碎，有的发生明显错动。断层规模1~20 km不等（图19-21）。

矿区内出露地层主要为中-下奥陶统天景山组和第四系。含矿层为天景山组，该组为一套碳酸盐岩及碎屑岩建造。依据岩性及组合特征，划分为下、中、上3个岩性段，其下岩性段按其岩性特征又分为6个岩性层；中岩性段划分为下矿层、标志层和上矿层；上岩性段划分为5个岩性层。

矿床北段总体构造线为北西—南东向，岩层以单斜为主，倾向北东。矿床中段构造以褶皱为主，断裂次之，总体构造线为近南北向，岩层总体为单斜，北部倾向北东，南部倾向东。伴随主体构造发育的次一级构造也很发育。矿床北段、中段整体形态受较大复式背斜构造控制，主矿体位于该复式背斜的东翼，该背斜内又发育次一级复式向斜和复式背斜。矿区北段断裂构造不发育，除了东部有两条走向近南北的平推断层外，南部还有一些与褶皱轴垂直的小型张性断裂。

含矿层为奥陶系天景山组中段，矿层顶板为上岩段第一岩性层，底板为下段的第六岩性层。北段矿层总体为一走向北西—南东，倾向北东的单斜层，控制长度大于600 m，延深大于300 m，厚度

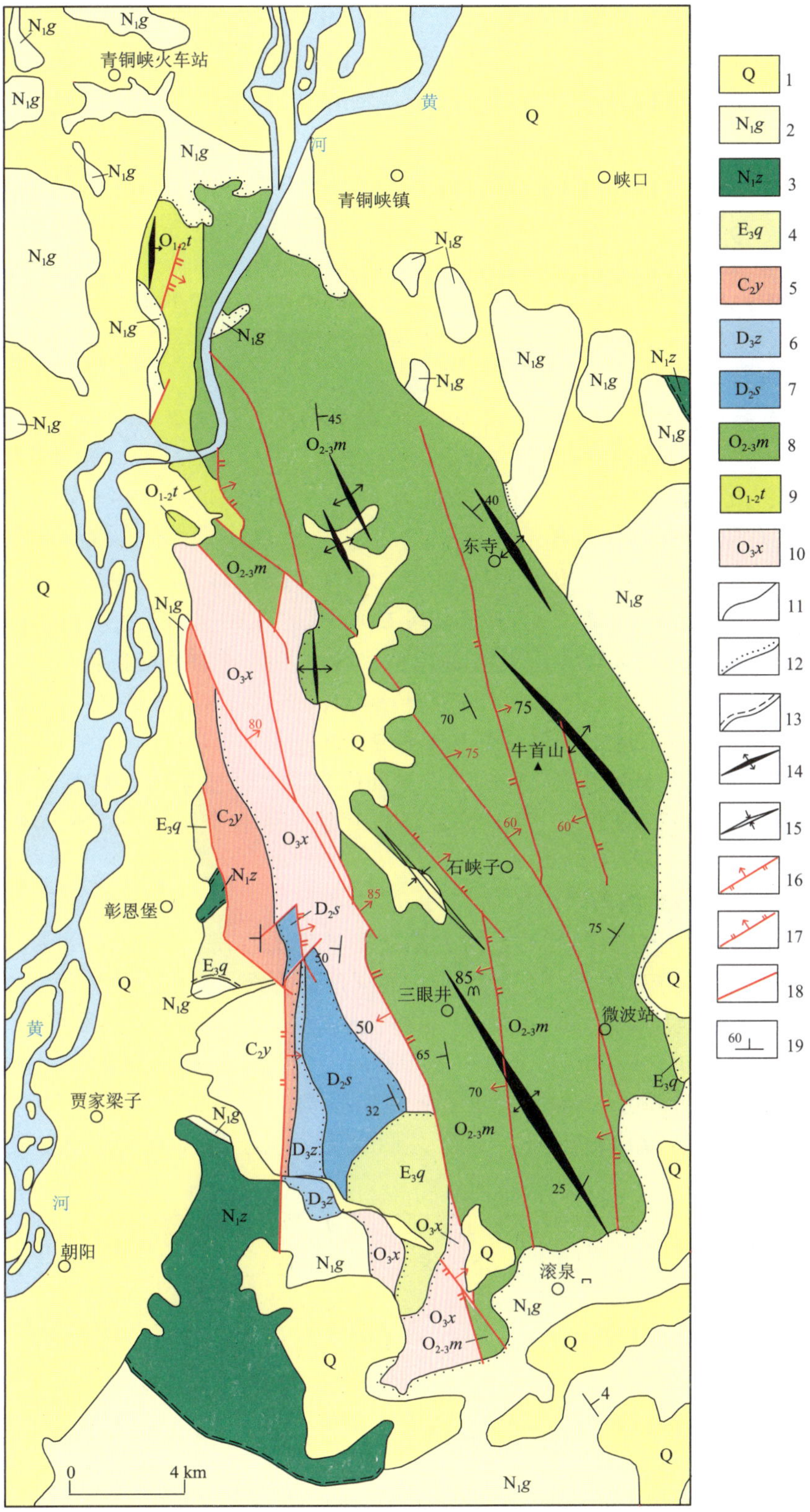

图 19-21 青铜峡市卡子庙水泥用石灰岩矿区域地质图

（据中国建筑材料工业地质勘查中心宁夏总队，2010，有修改）

1—第四系；2—新近系干河沟组；3—新近系彰恩堡组；4—古近系清水营组；5—石炭系羊虎沟组；6—泥盆系中宁组；7—泥盆系石峡沟组；8—奥陶系米钵山组；9—奥陶系天景山组；10—奥陶系徐家圈组；11—地质界线；12—角度不整合地质界线；13—平行不整合地质界线；14—背斜轴；15—向斜轴；16—逆断层；17—正断层；18—性质不明断层；19—地层产状

134.31~240.87 m，出露宽度随倾角的大小而变化；中段矿层总体为一走向近南北，倾向东的单斜层，长度约800 m，延深大于170 m，厚度209.93 m。出露宽度因倾角的大小而变化。

天景山组中段可进一步分为三层，中部为一层稳定的白云质灰岩、泥灰岩作为标志层，将其分为上、下两个矿层。下矿层（KA）位于标志层下部；上矿层（KB）位于标志层上部。

下矿层主要为高钙低镁型，底部多为低钙低镁型。上矿层底部主要为低钙低镁型，中部主要为高钙低镁型，上部主要为低钙低镁型。高钙高镁型、低钙高镁型多为不稳定的似层状、透镜状夹于其他类型之间。

岩石较破碎，矿石颜色为青色、青灰、浅紫。根据矿石的结构、构造可分为致密块状泥晶灰岩、致密块状粉晶灰岩、薄层状泥晶-粉晶灰岩及泥灰岩等矿石类型。受动力作用影响，局部尚有方解石脉再胶结的碎裂状灰岩和挤裂状灰岩。

主要矿物为方解石，含量为92%~99%，次要矿物有石英、粘土矿物（水云母）、褐铁矿、白云石等。

矿石化学成分：北矿段矿石中的CaO含量为45.00%~55.34%，平均48.56%；MgO含量为0.08%~3.49%，平均2.31%；其他各组分的平均含量为K_2O 0.17%，Na_2O 0.04%，SO_3 0.027%，SiO_2 6.36%，Al_2O_3 0.089%，Fe_2O_3 0.55%，Cl^- 0.004%，$fSiO_2$ 4.54%，烧失量40.69%。硅酸率4.42%，铝氧率1.62%，饱和系数2.63%；中段矿石中的CaO含量为45.00%~55.34%，平均49.23%；MgO含量为0.12%~4.70%，平均2.12%；其他各组分的平均含量为K_2O 0.154%，Na_2O 0.016%，SO_3 0.033%，SiO_2 6.12%，Al_2O_3 0.79%，Fe_2O_3 0.51%，Cl^- 0.006%，$fSiO_2$ 4.58%，烧失量40.73%。硅酸率4.71%，铝氧率1.55%，饱和系数2.79%。

截至2017年底，卡子庙水泥用石灰岩矿经宁夏回族自治区国土资源厅备案的两个矿区累计查明石灰岩矿资源储量（111b+122b+333）为17572.187×10^4 t，保有资源量14526.904×10^4 t，矿床规模属大型水泥用灰岩矿床。

（3）中宁县青圪塔南段水泥灰岩矿床

矿床位于天景山南段，中宁县与同心县交界处，距长山头乡南西15 km，北距中宁县38 km，西北部及西南部属中宁县大战场镇管辖，东部属同心县河西镇管辖，矿区交通方便。

2003~2004年，宁夏地质调查院对天景山-米钵山地区石灰岩进行了专项规划，共预测石灰岩资源量（334）? 4.4×10^8 t；2013年12月，中国建筑材料工业地质勘查中心宁夏总队对该地区的水泥用石灰岩矿资源进行了踏勘调查，确认该地区水泥用石灰岩资源储量丰富；2014年12月至2015年12月，中国建筑材料工业地质勘查中心宁夏总队提交了《宁夏青圪塔南段水泥用石灰岩普查报告》。

青圪塔南段水泥灰岩矿床地层属阿拉善地层区（$Ⅲ_3$）、阿拉善南缘地层分区（$Ⅲ_3^1$）、景泰-中宁地层小区（$Ⅲ_3^{1-1}$）。大地构造位置位于柴达木-华北板块（Ⅲ）、阿拉善微陆块（$Ⅲ_4$）、腾格里早古生代增生楔（$Ⅲ_4^1$）、卫宁北山-香山晚古生代前陆-上叠盆地（$Ⅲ_4^{1-1}$）。所属成矿区带为河西走廊Fe-Mn-萤石-盐类-凹凸棒石-石油成矿带（Ⅲ-20）、香山褶断带Fe-Cu-煤-石灰岩-石膏-粘土成矿亚带（Ⅳ-20③）。所属矿床成矿系列为与早古生代沉积作用有关的铁、彩石、磷、灰岩、白云岩、板岩矿床成矿系列（3-Pz_1-S）。出露地层由老至新有：中-下奥陶统天景山组（$O_{1-2}t$），中-上奥陶统米钵山组（$O_{2-3}m$），上奥陶统香山群徐家圈组（O_3x）、狼嘴子组（O_3lz）、磨盘井组（O_3mp），上泥盆统中宁组（D_3z），下石炭统前黑山组（C_1q），上石炭统羊虎沟组（C_2y）及古近系寺口子组（E_2s）和第四系。含矿层为天景山组。

区域断裂构造较为发育，大致为北西向和北东东向两组，北西向控制了含矿层的分布，北东东向错段含矿层及其他地层。香山-六盘山深断裂由此通过。

矿区西部有辉绿岩脉出露，主要顺层侵入中狼嘴子组硅质岩中，呈岩床、岩脉产出，称磨盘井式辉绿岩（图19-22）。

矿区出露地层主要为天景山组、米钵山组及古近系始新统寺口子组。含矿地层为天景山组，该组

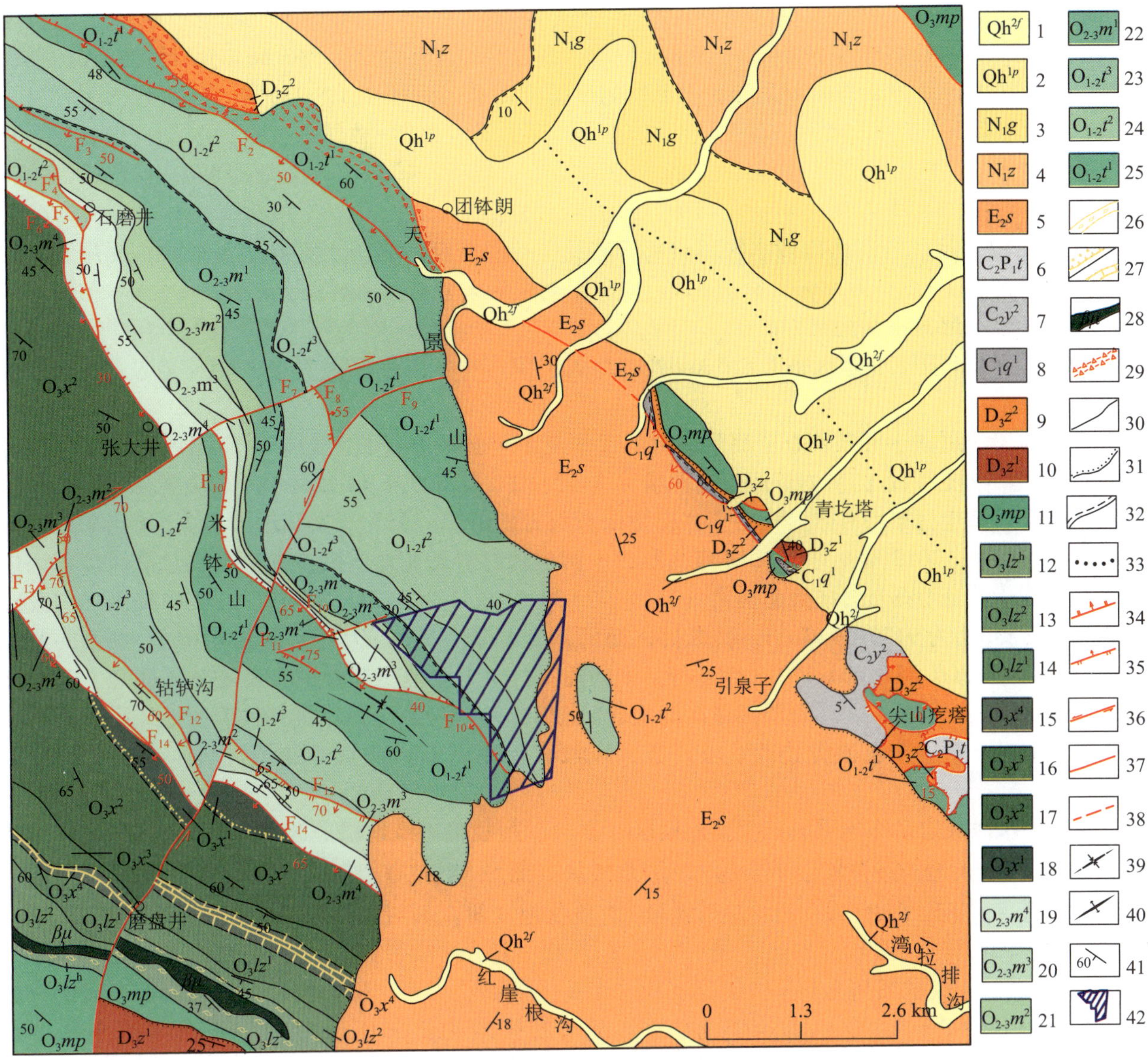

图 19-22　中宁县青圪塔南段水泥灰岩矿床区域地质图

（据中国建筑材料工业地质勘查中心宁夏总队，2015，有修改）

1—第四系全新统现代冲积层；2—第四系全新统坡积-洪积层；3—新近系中新统甘肃群干河沟组；4—新近系新中统甘肃群彰恩堡组；5—古近系始新统寺口子组；6—石炭系—二叠系太原组；7—中石炭统羊虎沟组第二段；8—下石炭统前黑山组第一段；9—上泥盆统中宁组第二段；10—上泥盆统中宁组第一段；11—上奥陶统香山群磨盘井组；12—上奥陶统香山群狼嘴子组黄河井段；13—上奥陶统香山群狼嘴子组第二段；14—上奥陶统香山群狼嘴子组第一段；15—上奥陶统香山群徐家圈组第四段；16—上奥陶统香山群徐家圈组第三段；17—奥陶系上统香山群徐家圈组第二段；18—奥陶系上统香山群徐家圈组第一段；19—中-上奥陶统米钵山组第四段；20—中-上奥陶统米钵山组第三段；21—中-上奥陶统米钵山组第二段；22—中-上奥陶统米钵山组第一段；23—中-下奥陶统天景山组第三段；24—中-下奥陶统天景山组第二段；25—中-下奥陶统天景山组第一段；26—燧石岩（标志层）；27—灰岩（标志层）；28—辉绿岩脉；29—构造破碎带；30—整合地质界线；31—角度不整合地质界线；32—平行不整合地质界线；33—岩相分界线；34—正断层；35—逆断层；36—平移断层；37—性质不明断层；38—推测断层；39—向斜；40—背斜；41—地层产状；42—勘查区位置

在区域上划分为 3 个岩性段，但在该矿区仅出露二、三两个岩性段。

矿区构造以断层为主，薄层微晶灰岩中见有小褶曲。见有断层 3 条，分别为 F_1 正断层、F_2 逆断层、F_3 正断层。地层总体走向北西，倾向南西，倾角 14°~63°。

矿层赋存于中-下奥陶统天景山组第二岩段及第三岩段，依据含矿层岩性特征或夹层，将矿层由下而上分为 K1、K2、K3 共 3 层，因 F_1 断层影响，矿层分割成南、北段。含矿地层总体走向北西—

北北东，倾向南西—北西西，呈单斜产出，矿层倾向 196°～285°，倾角 15°～51°。矿层延伸长度 640～1877 m，单个矿层出露宽度 6.35～900 m，单个矿层控制厚度 8.08～580.38 m。岩性为浅灰-灰色中厚层微晶灰岩、含硅质结核（条带）微晶灰岩、薄层微晶灰岩（图 19-23）。

矿石含生物屑-泥晶、微晶结构，块状构造。矿石主要由泥晶-微晶方解石、少量自生石英、石英、金属矿物及铁质组成。中-厚层微晶灰岩为主要矿石类型。矿石工业类型为水泥用石灰岩矿石。矿床平均品位：CaO 51.43%，MgO 1.11%，$fSiO_2$ 4.65%。

截至 2017 年底，青圪塔南段水泥用石灰岩矿经宁夏回族自治区国土资源厅备案的水泥用石灰岩矿查明资源储量（333）为 50632.8601×10^4 t，矿床规模为大型水泥用石灰岩矿床。

（4）中宁县瀛龙山水泥灰岩矿

矿区位于中宁县工业园区东南 8.5 km 处，地属中卫市中宁县新堡镇管辖，矿区交通方便。勘查面积 5.45 km^2。

1998 年，宁夏国土资源调查监测院编制了《宁夏中宁县瀛龙山石灰岩矿区简测占用矿产储量说明书》，估算该矿区内水泥灰岩矿远景资源量为 1.42×10^8 t；2008 年 12 月，宁夏非金属矿工业公司编写了《宁夏瀛海建材集团有限公司中宁县瀛龙山石灰岩矿山矿产资源开发利用方案》，指出矿山适宜大规模露天开采；2012 年 8 月至 2013 年 8 月，中国建筑材料工业地质勘查中心宁夏总队对该矿区进行详查，求获水泥用石灰岩矿资源储量（332+333+334）总计为 35231.67×10^4 t。其中控制的内蕴经济资源量（332）为 9125.59×10^4 t，推断的内蕴经济资源量（333）为 22899.84×10^4 t，预测的资源量（334）? 为 3206.24×10^4 t；2013 年 4 月，中国建筑材料工业地质勘查中心宁夏总队提交了《宁夏中宁县瀛龙山水泥用石灰岩矿资源储量简测报告》；2016 年 3 月，中国建筑材料工业地质勘查中心宁夏总队分别对宁夏中宁县瀛龙山Ⅰ、Ⅱ、Ⅲ、Ⅳ段水泥用石灰岩矿资源储量进行了核实并提交了报告。

瀛龙山水泥灰岩矿床地层属阿拉善地层区（$Ⅲ_3$）、阿拉善南缘地层分区（$Ⅲ_3^1$）、景泰-中宁地层小区（$Ⅲ_3^{1-1}$）。大地构造位置位于柴达木-华北板块（Ⅲ）、阿拉善微陆块（$Ⅲ_4$）、腾格里早古生代增生楔（$Ⅲ_4^1$）、卫宁北山-香山晚古生代前陆-上叠盆地（$Ⅲ_4^{1-1}$）。所属成矿区带为河西走廊 Fe-Mn-萤石-盐类-凹凸棒石-石油成矿带（Ⅲ-20）、烟筒山-窑山冲断带煤-石灰岩-硅石成矿亚带（Ⅳ-20②）。所属矿床成矿系列为与早古生代沉积作用有关的铁、彩石、磷、灰岩、白云岩、板岩矿床成矿系列（3-Pz_1-S）。主要出露地层为中-下奥陶统天景山组（$O_{1-2}t$），中-上奥陶统米钵山组（$O_{2-3}m$），上奥陶统香山群徐家圈组（O_3x），下-中志留统照花井组（$S_{1-2}z$），上-顶志留统旱峡组（$S_{3-4}h$），上泥盆统中宁组（D_3z）及第四系（Q）。

矿区地处阿拉善陆块东缘烟筒山-窑山冲断带内。区内构造较简单，地层呈单斜产出，局部见有小褶曲。区域内主要以北西向断裂为主。区域岩浆岩不发育，仅在矿区外围北东部有透镜状石英脉（图 19-24）。

矿区出露地层为中-下奥陶统天景山组、中-上奥陶统米钵山组、中-下志留统照花井组、上-顶志留统旱峡组，上泥盆统中宁组及第四系。含矿地层为天景山组。

矿区构造主要以断层为主，薄层灰岩见有小褶曲。

石灰岩矿赋存于天景山组中，呈单斜层状产出。共划分了 3 个矿层，由下而上分为 K1、K2、K3 矿层。矿层受层位控制，含矿地层总体为一走向北西—南东的山脊，岩层倾向南西，呈单斜产出，矿层倾向 180°～240°，倾角 20°～50°。矿区内矿层延伸长度约 3.33 km，单矿层出露厚度 9.931～209.78 m。因断层影响，矿层厚度有一定变化，3 个矿层累积厚度 318.79 m，为连续沉积（图 19-25）。

矿层顶板为米钵山组灰黑色角砾状灰岩，底板为天景山组第一岩性段白云质灰岩及与矿层断层接触的志留系旱峡组上段灰红色厚层含砾砂岩、石英砂岩夹粗砾岩。3 个矿层中共圈定夹石 52 个。除 K1 矿层顶部的夹石岩性为灰黑色薄层灰岩及紫红色、灰绿色泥质砂屑灰岩外，其他矿层夹石岩性主要属于含燧石结核和燧石条带灰岩。夹石产状受地层控制，在空间上一般多呈层状、似层状和透镜状。矿层内夹石及外剥离绝大部分均为 $fSiO_2$ 超标所致，个别夹石 CaO 偏低，同时 $fSiO_2$ 超标。夹石

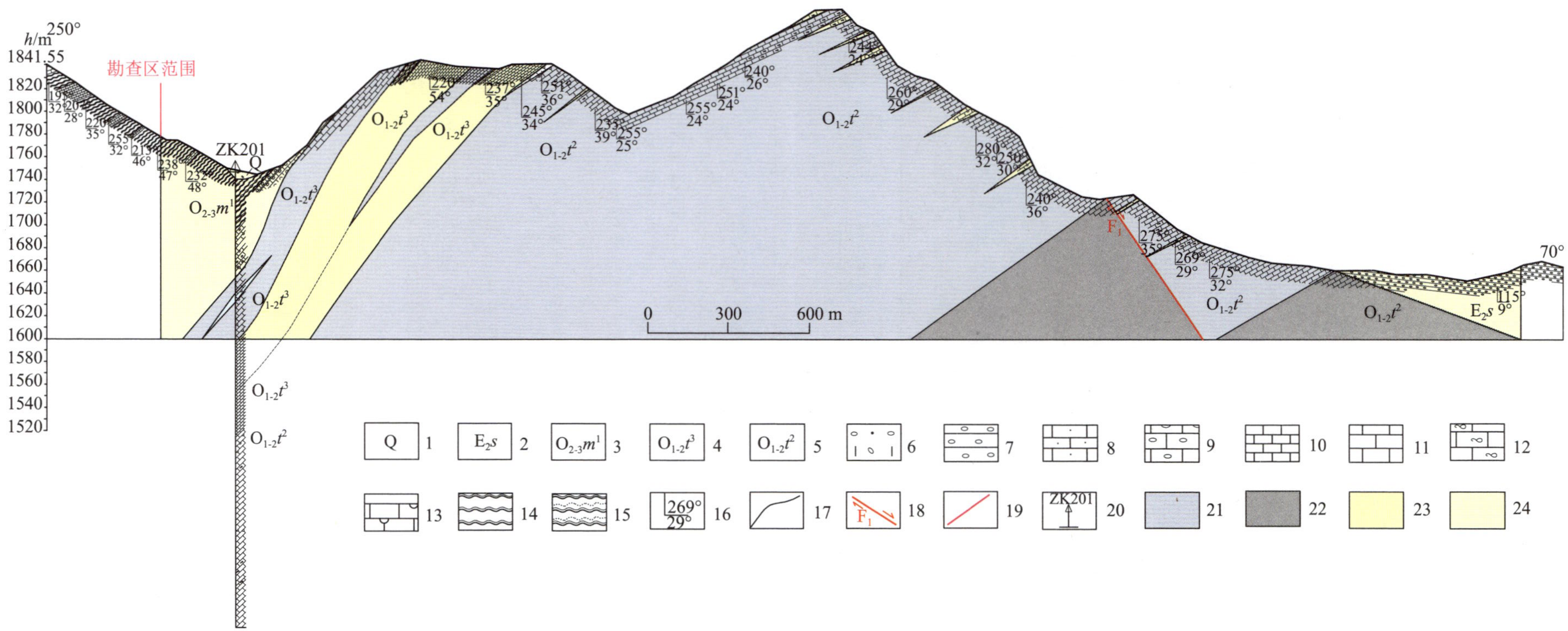

图19-23 中宁县青圪塔南段水泥用石灰岩矿2-2′勘查线剖面图

（据中国建筑材料工业地质勘查中心宁夏总队，2015，有修改）

1—第四系；2—古近系寺口子组；3—中-上奥陶统米钵山组第一段；4—中-下奥陶统天景山组第三段；5—中-下奥陶统天景山组第二段；6—第四系残坡积物：沙土、碎石；7—砾岩；8—砂屑灰岩；9—砾屑灰岩；10—薄层微晶灰岩；11—中厚层微晶灰岩；12—中厚层含硅质条带微晶灰岩；13—中厚层含硅质结核、微晶灰岩；14—板岩；15—砂质板岩；16—地层产状；17—地质界线；18—断层及编号；19—勘查区范围；20—钻孔采样位置及编号；21—矿层（333）；22—矿层（334）?；23—夹石；24—外剥离

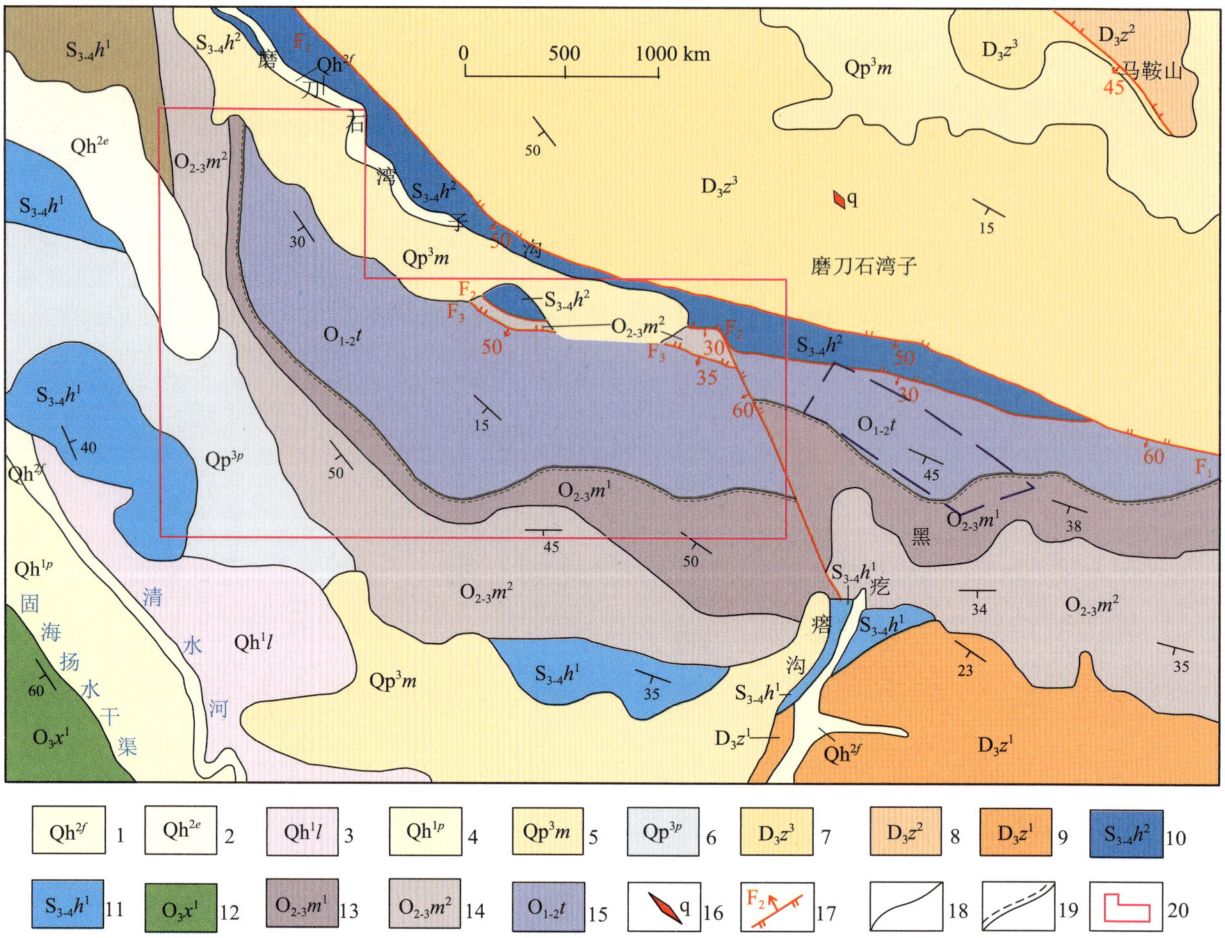

图 19-24　中宁县瀛龙山地区区域地质图

（据中国建筑材料工业地质勘查中心宁夏总队，2013，有修改）

1—第四系全新统冲积层；2—第四系全新统风积层；3—第四系全新统灵武组；4—第四系全新统洪积层；5—第四系更新统马兰组；6—第四系更新统洪积层；7—上泥盆统中宁组上段；8—上泥盆统中宁组中段；9—泥盆系中宁组下段；10—上-顶志留统旱峡组上段；11—上-顶志留统旱峡组下段；12—上奥陶统徐家圈组下段；13—中-上奥陶统米钵山组下段；14—中-上奥陶统米钵山组上段；15—中-下奥陶统天景山组；16—石英脉；17—逆断层及编号；18—地质界线；19—平行不整合地质界线；20—详查矿区范围

中一般 CaO、MgO 组分含量满足工业指标质量要求，但由于 $fSiO_2$ 组分含量超标而不能利用。

矿石主要由泥晶方解石、内碎屑、生物屑、泥晶基质、亮晶胶结物、亮晶方解石、方解石脉及少量自生石英和金属矿物、粘土矿物组成，基底式-孔隙式胶结。矿石具有含生物屑-内碎屑-泥晶结构，不等晶结构，泥晶-生物屑结构。矿石具致密块状构造。

矿石自然类型分为中-厚层状灰岩、含燧石结核（条带）灰岩两种矿石类型。矿石工业类型为水泥用石灰岩矿石。

矿层化学成分：

K1 矿层：CaO 含量 47.20%～55.20%，平均 52.03%；MgO 含量 0.08%～2.15%，平均 0.39%；$fSiO_2$ 含量 0.25%～6.96%，平均值 4.03%。

K2 矿层：CaO 含量 45.15%～55.27%，平均 52.42%；MgO 含量 0.08%～2.76%，平均 0.55%；$fSiO_2$ 含量 0.15%～6.99%，平均 3.30%。

K3 矿层：CaO 含量 45.56%～55.30%，平均 52.20%；MgO 含量 0.08%～2.40%，平均 0.58%；$fSiO_2$ 含量 0.20%～6.97%，平均值 3.58%。

矿床平均品位：CaO 52.25%，MgO 0.52%，$fSiO_2$ 3.57%。从样品分析统计结果可以看出，矿石

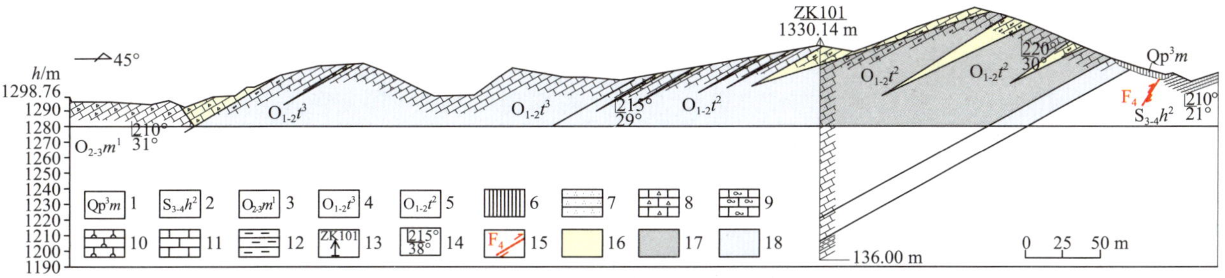

图 19-25　中宁县瀛龙山灰岩矿床 1-1′勘探线剖面图

（据中国建筑材料工业地质勘查中心宁夏总队，2013，有修改）

1—第四系马兰组；2—上-顶志留统旱峡组上段；3—中-上奥陶统米钵山组第一岩性段；4—中-下奥陶统天景山组第三岩性段；5—中-下奥陶统天景山组第二岩性段；6—黄土；7—石英砂岩；8—角砾灰岩；9—燧石条带灰岩；10—含碎石结合灰岩；11—中厚层状灰岩；12—泥岩；13—钻孔位置及其编号；14—岩层产状；15—推断逆断层位置及其编号；16—夹石；17—矿体（332）；18—矿体（333）

的有益组分 CaO 含量较高，有害组分 MgO 含量较低，fSiO_2 含量偏高，但质量满足要求。

截至 2017 年底，瀛龙山灰岩矿床经宁夏回族自治区国土资源厅备案的 6 个矿区共查明水泥用石灰岩矿资源储量（332+333）为 30669. 90×10^4 t，保有 30669. 90×10^4 t，属大型矿床。

（5）盐池县萌城石梁水泥灰岩矿

矿床位于盐池县惠安堡镇萌城与甘肃省甜水堡交界处，由 4 个矿区构成。属吴忠市盐池县惠安堡镇管辖，矿区交通方便。

1960 年，甘肃省地质局对宁夏盐池县萌城和甘肃环县甜水堡石灰岩矿进行详查，共获得 C_2 级化工用石灰岩 1186. 43×10^4 t，水泥用石灰岩 39. 54×10^4 t。全矿区石灰岩远量资源量估计约 10×10^8 t，提交了《甘肃环县甜水、宁夏盐池县萌城石梁石灰岩矿区详查报告》；2010 年 8 月，中国建筑材料工业地质勘查中心宁夏总队对盐池县石梁石灰岩矿采矿权范围内资源储量进行核查，累计查明石灰岩资源储量为 69. 471×10^4 t，提交了《宁夏回族自治区盐池县石梁石灰岩矿资源储量核查报告》；2014 年 11 月，宁夏有色金属地质勘查院对该采矿区及外围进行普查，于 2015 年提交了《宁夏盐池县萌城石梁石灰岩普查报告》。

萌城石梁水泥灰岩矿床地层属华北地层区（Ⅲ$_4$）、鄂尔多斯西缘地层分区（Ⅲ$_4^1$）、桌子山-青龙山地层小区（Ⅲ$_4^{1-2}$）。大地构造位置位于柴达木-华北板块（Ⅲ）、华北陆块（Ⅲ$_5$）、鄂尔多斯地块（Ⅲ$_5^1$）、鄂尔多斯西缘中元古代—早古生代裂陷带（Ⅲ$_5^{1-1}$）。所属成矿区带为鄂尔多斯西缘（陆缘坳褶带）Fe-Pb-Zn-磷-石膏-芒硝成矿带（Ⅲ-59）、陶乐-彭阳冲断带煤（气）-石灰岩-白云岩成矿亚带（Ⅳ-59③）。所属矿床成矿系列为与早古生代沉积作用有关的铁、彩石、磷、灰岩、白云岩、板岩矿床成矿系列（3-Pz_1-S）。区域上出露地层由老至新有：中元古界蓟县系王全口组（Pt_2^2w），新元古界震旦系正目观组（Pt_3^3z），寒武系五道淌组（$\epsilon_1 w$）、陶思沟组（$\epsilon_2 t$）、胡鲁斯台组（$\epsilon_2 h$）、阿不切亥组（$\epsilon_{2-3}a$），奥陶系大南池组（O_1d）、天景山组（$O_{1-2}t$）、克里摩里组（O_2k）；石炭系—二叠系太原组（C_2P_1t），二叠系，三叠系，侏罗系，古近系，新近系及第四系。

区域构造主要以轴向近南北的褶皱和走向近南北的断裂构造为主。

矿区出露地层有中-下奥陶统天景山组（原马家沟组）、新近系彰恩堡组及第四系。含矿地层为中-下奥陶统天景山组，该组按岩性分为两个岩性段：

天景山组一岩段（$O_{1-2}t^1$）：其岩性为深灰色粉-中晶白云岩，粉-中晶结构，块状构造。粒径小于 1 mm。主要矿物成分为白云石，含量大于 90%，次为少量方解石。岩石中常见方解石细脉分布。裂隙发育，沿裂隙面分布褐铁矿化及黄钾铁矾化薄膜。岩石致密坚硬，性脆，断口参差不齐，滴酸不起泡。风化面具砂感，粗糙，发育刀砍纹。与上覆白云质条带灰岩接触界线明显。倾向 295°～325°，倾角 17°～34°。未见底，厚度大于 63. 88 m。

天景山组二岩段（$O_{1-2}t^2$）：岩性主要为灰-深灰色白云质条带灰岩、含白云质条带灰岩、含燧石结核（条带）白云质灰岩、灰-深灰色灰岩，该岩性段为含矿层，F_3 断层以北总体产状倾向为 290°～325°，倾角为 17°～46°，控制最大厚度 230 m 左右。底部为一层灰-深灰色厚层状白云质条带灰岩，白云质呈网纹状、絮状密集分布。岩石致密坚硬，性脆，断口平直，滴酸起泡微弱，确定为矿体底板。之上以灰-深灰色厚层状含白云质条带灰岩、灰-深灰色厚层状含燧石结核（条带）白云质灰岩、灰-深灰色灰岩不等厚互层。局部夹薄-中层状灰岩。灰岩矿体主要赋存于该岩性段中。

矿区总体构造为南北向，断裂构造以西倾为主，东侧受惠安堡-沙井子断裂控制，西侧受萌城断层控制，中部发育的一条南东—北西向平移断层将普查区分为两个构造单元：断层北部为西倾单斜构造，南部为宽缓褶皱。

矿区含水泥灰岩矿 2 层，矿层为西倾单斜构造，局部形成褶皱（图 19-26，图 19-27）。矿体总体北窄南宽，南部出露宽度 430 m，北部厚度约 370 m，出露长度约 2500 m。其中：K_{2-1} 矿床出露宽度 73～232 m，长度 2500 m，控制厚度 24～98 m；K_{2-2} 矿层出露宽度 130～224 m，出露长度 2300 m，控制厚度 62～103 m。矿层产状：倾向 290°～325°，倾角 17°～49°。矿层延伸稳定，矿石质量较好，矿山开采技术条件简单。

图 19-26　盐池县萌城石梁水泥灰岩矿矿层
（向连格摄，2017）

图 19-27　盐池县萌城石梁水泥灰岩矿矿层形成的褶皱
（向连格摄，2017）

另外，根据钻孔资料在灰岩底部的天景山组第一岩性段，见有 31.99 m 的白云岩矿层（未见底），白云岩 MgO 含量 16.31%～22.03%，平均含量 20.37%，矿石质量稳定，可作熔剂白云岩用。

矿石以内碎屑结构为主，次为微晶、泥晶结构，以块状构造为主，其次有条带状、网纹状构造。矿石主要由方解石及白云石组成，含少量生物屑、内碎屑、硅质、金属矿物及铁质。矿石化学成分：K_{2-1} 矿层 CaO 平均含量 52.25%，品位变化系数 0.31%；Mg 平均含量 1.54%，变化系数 12.25%，$fSiO_2$ 平均含量 1.25%，变化系数 36.87%。K_{2-2} 矿层 CaO 平均含量 52.21%，品位变化系数 0.94%；MgO 平均含量 1.68%，变化系数 46.90%；$fSiO_2$ 平均含量 1.04%，变化系数 54.15%。

矿石自然类型为灰-深灰色中厚层状灰岩和浅灰-灰色中-厚层状含白云质灰岩，矿石可作为优质水泥用灰岩及建筑用石料、公路碎石使用（图 19-28 至图 19-31）。

截至 2017 年 3 月 31 日，萌城石梁水泥灰岩矿经宁夏回族自治区国土资源厅备案的 4 个矿区累计查明水泥灰岩资源储量（333）为 21229.87×10^4 t，保有资源储量（333）为 20827.98×10^4 t。估算冶金用白云岩（334）？2614.00×10^4 t（未上表）。矿床属大型水泥灰岩矿床，该矿床正在开采。

（6）固原市原州区红砂石沟水泥灰岩矿床

矿区位于宁夏南部泾源县蒿店乡红砂石沟，地属固原市泾源县蒿店乡管辖，矿区交通方便。该矿床由固原市原州区红砂石沟水泥用灰岩矿区和固原市泾源县红砂石沟水泥用灰岩矿区 2 个矿区构成。

图 19-28 盐池县萌城石梁水泥灰岩矿深灰色灰岩
（据宁夏有色金属地质勘查院，2017）

图 19-29 盐池县萌城石梁水泥灰岩矿灰色含白云质灰岩
（据宁夏有色金属地质勘查院，2017）

图 19-30 盐池县萌城石梁水泥灰岩矿褐红色白云质团块
（据宁夏有色金属地质勘查院，2017）

图 19-31 盐池县萌城石梁水泥灰岩矿褐黄色白云质团块
（据宁夏有色金属地质勘查院，2017）

1960 年，宁夏地质局宁南地质队在该区进行铜、铅矿检查时，对石灰岩进行了层位划分，经取样分析，首次确定了该区中-下奥陶统石灰岩可以作水泥为水泥用材料；1970 年，宁夏综合地质大队第四地质队对该区石灰岩矿进行普查，1971 年提交了《宁夏回族自治区固原县三关水泥石灰岩矿床地质出露报告》，探获水泥灰岩资源量 1598.47×10^4 t，其中 B 级储量 258.18×10^4 t，C_1 级 798.39×10^4 t，C_2 级 541.9×10^4 t；白云岩储量 C_2 级 9.15×10^4 t；1993 年，宁夏地矿局矿产地质调查所对固原市红沙沟地区水泥灰岩进行勘探，1993 年 10 月提交了《宁夏回族自治区固原县红沙沟水泥石灰岩矿床勘探报告》，探明石灰岩资源量 5499×10^4 t（B+C+D 级），其中工业储量 5187×10^4 t（B+C 级）；2010 年 8 月，中国建筑材料工业地质勘查中心宁夏总队对该矿床进行储量核实。

红砂石沟水泥灰岩矿床地层属祁连地层区（$Ⅲ_2$）、北祁连地层分区（$Ⅲ_2^1$）、靖远-西吉地层小区（$Ⅲ_2^{1-1}$）。大地构造位置位于柴达木-华北板块（Ⅲ）、祁连早古生代造山带（$Ⅲ_2$）、北祁连中元古代—早古生代海沟系（$Ⅲ_2^1$）、景泰-海原中元古代—早古生代弧后盆地（$Ⅲ_2^{1-1}$）。所属成矿区带为河西走廊 Fe-Mn-萤石-盐类-凹凸棒石-石油成矿带（Ⅲ-20）、烟筒山-窑山冲断带煤-石灰岩-硅石成矿亚带（Ⅳ-20②）。所属矿床成矿系列为与早古生代沉积作用有关的铁、彩石、磷、灰岩、白云岩、板岩矿床成矿系列（3-Pz_1-S）。区域出露地层由老至新有：中-下奥陶统天景山组（$O_{1-2}t$），下白垩统三桥组（K_1s）、和尚铺组（K_1h）、李洼峡组（K_1l）、马东山组（K_1m）、乃家河组（K_1n），古近系始新统寺口子组（E_2s）及第四系（Q）。

区域断裂构造线总体呈北北西向展布，大关山东侧断裂（牛首山-罗山深大断裂），小关山东侧断裂（西华山-六盘山断裂）是区域上两条较大的断裂。沿两条断裂两侧的奥陶系、白垩系、古近系呈北北西向展布，构成大关山，小关山两个较大的复式背斜（六盘山复式背斜）。矿区位于大关山背斜核部。

矿区出露地层由老至新有中-下奥陶统天景山组（$O_{1-2}t$），下白垩统三桥组（K_1s）、和尚铺组（K_1h），第四系全新统（Qh）。含矿地层为天景山组，岩性主要由中-厚层状含白云质灰岩、灰岩组成，夹有中-厚层状含硅质结核含白云质灰岩、中-厚层状白云质灰岩、薄-中厚层状含白云质含硅质条带灰岩，局部夹不规则团块状白云岩，偶见硅质岩透镜体。

矿区为一轴线近于南北的不对称背斜构造。含矿地层为一近南北走向的单斜构造，倾向西，倾角44°~84°，沿走向有舒缓波状褶曲，下白垩统三桥组、和尚铺组呈覆盖层围绕下奥陶统天景山组周围或之上，向四周倾斜，倾角10°~35°，似穹窿状构造。矿区内断层稀少，断裂以平移断层为主。

矿区内热液活动微弱，只在不整合面附近局部地段沿节理、层间裂隙有非岩浆后生热液铜、铅矿化或硅化。

根据露头分布情况自北向南分为Ⅰ、Ⅱ、Ⅲ、Ⅳ四个矿段。Ⅰ矿段位于矿区北端，矿层出露长度470 m，宽度0~170 m，控制长度684 m，最大延深245 m，最大厚度142 m，最小厚度72 m，平均厚度99 m。矿层为走向195°，倾向288°~276°的单斜层，倾角北缓南陡，44°~56°；Ⅱ矿段位于矿区中部，大部分地段覆盖，长度40 m，宽度0~20 m，厚度18 m，矿层倾向267°倾角55°。CaO含量51.81%~53.41%、平均52.68%，MgO含量1.39%~2.29%、平均1.80%，$fSiO_2$1.17%；Ⅲ矿段位于矿区中南部，矿层出露长度400 m，宽度0~150 m，控制长度370 m，最大延深235 m，最大厚度180 m，最小厚度82 m，平均厚度130 m。矿层为倾向233°~262°，倾角68°~84°的陡倾单斜层，倾角由北向南逐渐变缓；Ⅳ矿段位于矿区南部，地表出露长度403 m，宽度0~123 m，最大厚度117 m，最小厚度25 m，平均厚度69 m，矿层为走向181°，倾向259°~287°，倾角55°~77°的单斜层，倾角由北向南逐渐变缓。

矿层顶底板大致分为两类，一类为CaO≥48%，MgO>3.5%的高钙高镁型废石，另一类为CaO<48%，MgO>3.5%的低钙高镁型废石。矿层内主要夹石为含硅质结核、白云质灰岩，呈似层状分布。

矿石的矿物组分较简单，有用矿物为方解石，含量80%~97%，粒度绝大部分小于0.05 m，主要为泥晶方解石，少量为沿裂隙充填的粉晶-细晶方解石。有害组分主要为白云石、燧石、石英、玉髓。另外局部地段矿石中含微量黄铁矿、黄铜矿、方铅矿等金属矿物。局部因受断层影响，发生硅化、泥化，导致SiO_2增高，使矿石质量变差。矿石主要由泥晶结构、内碎屑结构、交代状泥晶结构，泥晶-粉晶结构组成。有三种构造类型，即致密块状构造、条带状构造和碎裂状构造。

矿石的化学成分CaO含量42.07%~55.44%，平均含量51.03%；MgO含量0.31%~8.19%，平均含量2.29%；$fSiO_2$含量0.57%~7.74%，平均含量2.48%。其他各组分含量K_2O 0.03%~0.70%，平均0.21%；Na_2O 0.01%~0.17%，平均含量0.029%；SO_3 0.017%~0.705%，平均含量0.046%；Cl^-0.007%~0.017%，平均含量0.010%；Al_2O_3 0.019%~1.16%，平均含量0.40%；Fe_2O_3 0.10%~0.58%，平均含量0.20%；SiO_2 0.73%~17.73%，平均3.55%；烧失量平均42.21%。其中Ⅰ级品CaO平均含量为51.37%、MgO为1.94%；Ⅱ级品CaO平均含量为50.00%、MgO为3.33%。矿床中Ⅰ级品矿石占绝大部分，Ⅱ级品矿石占少量。

矿石分为五种自然类型：泥晶灰岩（或内碎屑灰岩）、含白云质灰岩、含白云质含硅质条带灰岩、含硅质结核含白云质灰岩、碎裂状灰岩或含白云质灰岩。工业类型为水泥用灰岩。

截至2017年底，红砂石沟水泥灰岩矿经宁夏回族自治区国土资源厅备案的2个矿区累计查明石灰岩资源储量（111b+122b+333）5207.747×10^4 t，保有资源储量为4718.357×10^4 t。矿床规模属中型水泥用石灰岩矿床。

3. 一般矿床

（1）固原市彭阳县新集东石灰岩矿床

矿区位于固原市原州区南东部，彭阳县南西5 km处，地属宁夏固原市彭阳县新集乡管辖，交通条件便利。

2010 年，宁夏有色金属地质勘查院对该矿进行预查，于 2011 年提交了《宁夏固原市彭阳县新集东石灰岩矿预查报告》，大致估算了石灰岩资源量；2015 年，宁夏有色金属地质勘查院提交了《固原市彭阳县新集东石灰岩矿普查报告》。

新集东石灰岩矿床地层属华北地层区（$Ⅲ_4$）、鄂尔多斯西缘地层分区（$Ⅲ_4^1$）、桌子山-青龙山地层小区（$Ⅲ_4^{1-2}$）。大地构造位置位于柴达木-华北板块（Ⅲ）、华北陆块（$Ⅲ_5$）、鄂尔多斯地块（$Ⅲ_5^1$）、鄂尔多斯西缘中元古代—早古生代裂陷带（$Ⅲ_5^{1-1}$）。所属成矿区带为鄂尔多斯西缘（陆缘坳褶带）Fe-Pb-Zn-磷-石膏-芒硝成矿带（Ⅲ-59）、陶乐-彭阳冲断带煤（气）-石灰岩-白云岩成矿亚带（Ⅳ-59③）。所属矿床成矿系列为与早古生代沉积作用有关的铁、彩石、磷、灰岩、白云岩、板岩矿床成矿系列（3-Pz_1-S）。矿床规模水泥灰岩为大型矿床，熔剂用灰岩属小型矿床，熔剂用白云岩大型。截至 2017 年 3 月 31 日，该矿床经宁夏回族自治区自然资源厅备案的查明水泥灰岩资源量（333）为 9598.54×10^4 t；估算黑色冶金熔剂用灰岩资源量（334）？为 761.70×10^4 t。依据熔剂用白云岩工业指标，在坡头梁勘查区划分的共生熔剂用白云岩矿体资源总量 14189.54×10^4 t，其中，推断的内蕴经济资源量（333）为 4840.81×10^4 t，预测资源量（334）？为 5851.38×10^4 t。

（2）银川市西夏区窑舌子沟水泥灰岩矿床

矿区位于套门沟水泥灰岩矿床西南，地属银川市西夏区管辖，矿区交通方便。

窑舌子沟水泥灰岩矿床地层属华北地层区（$Ⅲ_4$）、鄂尔多斯西缘地层分区（$Ⅲ_4^1$）、贺兰山地层小区（$Ⅲ_4^{1-1}$）。大地构造位置位于柴达木-华北板块（Ⅲ）、华北陆块（$Ⅲ_5$）、鄂尔多斯地块（$Ⅲ_5^1$）、鄂尔多斯西缘中元古代—早古生代裂陷带（$Ⅲ_5^{1-1}$）。所属成矿区带为鄂尔多斯西缘（陆缘坳褶带）Fe-Pb-Zn-磷-石膏-芒硝成矿带（Ⅲ-59）、贺兰山褶断带 Fe-Au-Cu-煤（气）-磷-硅石-石灰岩-白云岩-粘土成矿亚带（Ⅳ-59①）。所属矿床成矿系列为与早古生代沉积作用有关的铁、彩石、磷、灰岩、白云岩、板岩矿床成矿系列（3-Pz_1-S）。

1996 年 4 月，中国建筑材料工业地质勘查中心宁夏总队对该矿床进行详查，查明矿体呈层状赋存于下奥陶统天景山组中，且矿体产状稳定，分布范围大，属大型石灰岩矿床。矿区内构造简单，详细划分了矿区地层层序，基本查明了矿体规模、厚度及变化规律和矿石的矿物成分、矿石类型、矿石结构构造、矿石中有益有害组分的变化规律，查明了矿体中 7 个夹石透镜体的产状、分布。1997 年 5 月提交了《宁夏银川市窑舌子沟水泥灰岩矿床详查地质报告》，经宁夏资源委批准的储量为：C 级 2389.73×10^4 t；D 级 2187.29×10^4 t；2010~2012 年，中国建筑材料工业地质勘查中心宁夏总队对窑舌子沟水泥灰岩矿资源储量进行核查，该矿床成矿区域、成矿时代、成矿作用与套门沟水泥灰岩矿床相同。截至 2017 年底，该矿床经宁夏回族自治区国土资源厅备案的查明矿区范围内资源储量（122b+333）4608.49×10^4 t，保有资源储量（122b+333）为 4608.49×10^4 t。其中控制的内蕴经济资源量（122b）为 2343.603×10^4 t，推断的内蕴经济资源量（333）为 2264.887×10^4 t。矿床规模为中型水泥灰岩矿床。

（3）中宁县园湾水泥灰岩矿床

矿床位于天景山中南段，距中宁县长山头乡西 13 km，地属中卫市中宁县长山头乡管辖，矿区交通方便。

园湾水泥灰岩矿床地层属阿拉善地层区（$Ⅲ_3$）、阿拉善南缘地层分区（$Ⅲ_3^1$）、景泰-中宁地层小区（$Ⅲ_3^{1-1}$）。大地构造位置位于柴达木-华北板块（Ⅲ）、阿拉善微陆块（$Ⅲ_4$）、腾格里早古生代增生楔（$Ⅲ_4^1$）、卫宁北山-香山晚古生代前陆-上叠盆地（$Ⅲ_4^{1-1}$）。所属成矿区带为河西走廊 Fe-Mn-萤石-盐类-凹凸棒石-石油成矿带（Ⅲ-20）、香山褶断带 Fe-Cu-煤-石灰岩-石膏-粘土成矿亚带（Ⅳ-20③）。所属矿床成矿系列为与早古生代沉积作用有关的铁、彩石、磷、灰岩、白云岩、板岩矿床成矿系列（3-Pz_1-S）。

中国建筑材料工业地质勘查中心宁夏总队于 2007 年 4 月对该矿床进行普查，共获得资源量

（333+334）为 311285.74×10^4 t，提交了《宁夏中宁县园湾水泥灰岩矿普查报告》。2010 年 8 月对该矿床资源储量进行核查，核查水泥灰岩资源量（333+334）为 311285.73×10^4 t，其中推断的内蕴经济资源量（333）为 29145.13×10^4 t，预测的资源量（334）？为 282090.02×10^4 t，提交了《宁夏回族自治区中宁县园湾水泥用灰岩矿区资源储量报告》；2011 年 2 月，对该矿进行详查，提交了《宁夏中宁县园湾水泥灰岩详查报告》。

园湾水泥灰岩矿床紧邻中宁县青圪塔南段水泥用石灰岩北侧，成矿区域、成矿时代、成矿作用与其相同。矿床含矿 3 层，矿层赋存于中-下奥陶统天景山组第一段和第二段中，主要由一套灰-浅红色厚-巨厚层微晶灰岩、微晶灰岩夹薄层疙瘩状泥晶灰岩、薄层微晶灰岩及灰、浅灰色厚-巨厚层含燧石结核、燧石条带微晶灰岩，浅红色中-巨厚层泥质斑纹（玫瑰色或土黄色）微晶灰岩组成。矿石化学成分：平均 CaO 含量 50.94%，MgO 含量 1.27%，SiO_2 含量 4.88%。

截至 2017 年底，园湾水泥灰岩矿床经宁夏回族自治区国土资源厅备案的查明水泥灰岩资源储量（122b+332+333）为 40713.64×10^4 t，保有灰岩资源储量 40663.50×10^4 t，属大型水泥灰岩矿床。

（4）贺兰县洪广镇苏峪口石灰窑水泥灰岩矿床

矿床位于贺兰山腹地，宁夏与内蒙古交界处，地属银川市贺兰县洪广镇管辖，矿区交通方便。

1975 年，宁夏计划委员会地质局研究队对该区测制了地层剖面，对中-下奥陶统天景山组进行了较详细的划分；1976 年，宁夏计划委员会地质局区调队对该区石灰岩层采取了化学分析样品，并估算 334 级（E 级）资源量 1050×10^4 t。

石灰窑水泥灰岩矿床地层属华北地层区（$Ⅲ_4$）、鄂尔多斯西缘地层分区（$Ⅲ_4^1$）、贺兰山地层小区（$Ⅲ_4^{1-1}$）。大地构造位置位于柴达木-华北板块（Ⅲ）、华北陆块（$Ⅲ_5$）、鄂尔多斯地块（$Ⅲ_5^1$）、鄂尔多斯西缘中元古代—早古生代裂陷带（$Ⅲ_5^{1-1}$）。所属成矿区带为鄂尔多斯西缘（陆缘坳褶带）Fe-Pb-Zn-磷-石膏-芒硝成矿带（Ⅲ-59）、贺兰山褶断带 Fe-Au-Cu-煤（气）-磷-硅石-石灰岩-白云岩-粘土成矿亚带（Ⅳ-59①）。所属矿床成矿系列为与早古生代沉积作用有关的铁、彩石、磷、灰岩、白云岩、板岩矿床成矿系列（3-Pz_1-S）。区域出露地层由老至新有中元古蓟县系王全口组（Pt_2^2w）、新元古界兔儿坑组和正目观组未分；下寒武统苏峪口组（$\epsilon_1 s$）、五道淌组（$\epsilon_1 w$）；中寒武统陶思沟组（$\epsilon_2 t$）、胡鲁斯台组（$\epsilon_2 h$）；中-上寒武统阿不切亥组（$\epsilon_{2-3} a$）；下奥陶统大南池组（$O_1 d$），中-下奥陶统天景山组（$O_{1-2} t$）；上石炭统羊虎沟组（$C_2 y$）；上石炭统—下二叠统太原组（$C_2 P_1 t$）；下二叠统山西组（$P_1 s$）等。含矿地层为中-下奥陶统天景山组，该组与下伏下奥陶统大南池组和寒武系连续沉积，与上覆石炭系呈断层或不整合接触，为一套由白云岩、灰岩组成的台地相碳酸盐岩建造，盛产华北型介壳化石。岩性以灰色厚层泥砂质网纹灰岩、含燧石结核和燧石条带白云质灰岩及厚层灰岩为主。

灰岩矿层赋存于天景山组中上部，岩性为青灰色厚层-中厚层灰岩夹泥质网纹状灰岩，岩层（矿层）北倾，倾角 22°。矿层呈东西向西延至阿拉善左旗境内，总长度约 6 km，宁夏境内长度约 3 km。含共 10 层矿，总厚度 213 m（下矿层 28 m，中矿层 113 m，上矿层 72 m），矿层为深灰色致密块状灰岩、泥质灰岩。矿石化学成分：CaO 53%～56%，MgO 0.82%～1.76%，尚可作熔剂用石灰岩。

矿区内矿层裸露于地表，厚度大，质量较佳，但地质工作程度较低，开采技术条件良好。

（5）灵武市临河镇黑山水泥灰岩矿床

矿床位于黄河东黑山，地属灵武市临河镇管辖，G20 高速公路由矿区东通过，交通方便。

黑山水泥灰岩矿床地层属华北地层区（$Ⅲ_4$）、鄂尔多斯西缘地层分区（$Ⅲ_4^1$）、桌子山-青龙山地层小区（$Ⅲ_4^{1-2}$）。大地构造位置位于柴达木-华北板块（Ⅲ）、华北陆块（$Ⅲ_5$）、鄂尔多斯地块（$Ⅲ_5^1$）、鄂尔多斯西缘中元古代—早古生代裂陷带（$Ⅲ_5^{1-1}$）。所属成矿区带为鄂尔多斯西缘（陆缘坳褶带）Fe-Pb-Zn-磷-石膏-芒硝成矿带（Ⅲ-59）、陶乐-彭阳冲断带煤（气）-石灰岩-白云岩成矿亚带（Ⅳ-59③）。所属矿床成矿系列为与早古生代沉积作用有关的铁、彩石、磷、灰岩、白云岩、板岩矿床成矿系列（3-Pz_1-S）。区域出露地层由老至新有中-下奥陶统天景山组（$O_{1-2}t$）；下白垩统宜君组（K_1y）；古近系渐新统清水营组（E_3q）；新近系中新统彰恩堡组（N_1z），东部紧邻毛乌素沙漠。含矿地层为中-下奥陶统天景山组，与上覆下白垩统宜君组呈断层接触，形成断块山。天景山组自下而上分为4层：黄褐色白云质灰岩，灰白色白云石化灰岩，浅褐红色白云质团块灰岩，浅灰色厚层状灰岩。东西两侧分别与渐新统清水营组和下白垩统呈断层接触。矿层倾向305°，倾角65°，长度约2 km，宽度5~150 m，平均50~100 m，总厚度103.7 m。CaO 54.06%，MgO 1.64%，SiO_2 1.02%，P_2O_5 0.03%，Al_2O_3 1.32%。截至2017年底，该矿探获水泥灰岩资源量$210×10^4$ t，属小型海相沉积型水泥灰岩矿床。

（6）中宁县草帽子墩水泥石灰岩矿床

矿区位于中宁县城南10 km，地属中宁县管辖，矿区交通方便。

1983年3月，为中宁县水泥厂寻找石灰岩矿，国家建材局地质公司宁夏地勘大队进行详查，提交了《宁夏回族自治区中宁县草帽子墩石灰岩矿区详查地质报告》，求得C级储量$798×10^4$ t，D级储量$487×10^4$ t；2010年3月，中国建筑材料工业地质勘查中心宁夏总队对草帽子墩水泥石灰岩矿资源储量进行核查，提交了《宁夏回族自治区中宁县草帽子墩水泥石灰岩矿区资源储量核查报告》。

草帽子墩水泥石灰岩矿床地层属阿拉善地层区（$Ⅲ_3$）、阿拉善南缘地层分区（$Ⅲ_3^1$）、景泰-中宁地层小区（$Ⅲ_3^{1-1}$）。大地构造位置位于柴达木-华北板块（Ⅲ）、阿拉善微陆块（$Ⅲ_4$）、腾格里早古生代增生楔（$Ⅲ_4^1$）、卫宁北山-香山晚古生代前陆-上叠盆地（$Ⅲ_4^{1-1}$）。所属成矿区带为河西走廊Fe-Mn-萤石-盐类-凹凸棒石-石油成矿带（Ⅲ-20）、烟筒山-窑山冲断带煤-石灰岩-硅石成矿亚带（Ⅳ-20②）。所属矿床成矿系列为与早古生代沉积作用有关的铁、彩石、磷、灰岩、白云岩、板岩矿床成矿系列（3-Pz_1-S）。区域出露地层由老至新主要有：中-下奥陶天景山组（$O_{1-2}t$），中-上奥陶统米钵山组（$O_{2-3}m$）、上奥陶统香山群徐家圈组（O_3x）；下-中志留统照花井组（$S_{1-2}z$）、上-顶志留统旱峡组（$S_{3-4}h$）；上泥盆统中宁组（D_3z）；第四系全新统残坡积物和冲洪积物。矿层赋存于中-下奥陶统天景山组下段，岩性为灰绿色隐晶质斑纹灰岩，含少量燧石结核和条带。矿区主要由轴向近南北的向斜组成，石灰岩属层状矿体，出露于向斜两翼，构成东、西两个矿体。矿体总体走向北西，倾向南西，倾角27°~45°。其中：一号矿体位于向斜东翼，倾向南西，倾角27°~45°；二号矿体位于向斜西翼，倾向135°。矿层长度600 m，厚度82 m。矿石主要类型为隐晶质斑纹灰岩。矿石化学成分：CaO 52.36%；MgO 0.47%；SiO_2 3.93%；Al_2O_3 0.8%~1.2%；Fe_2O_3 0.3%~0.8%，矿石质量比较稳定。

截至2017年底，草帽子墩水泥石灰岩矿经宁夏回族自治区国土资源厅备案的累计查明水泥石灰岩的资源储量（122b+332+333）为$1256.661×10^4$ t；保有资源储量为（332+333）$902.841×10^4$ t。矿床规模属小型矿床。

（7）中宁县黑疙瘩沟水泥灰岩矿床

矿床位于烟筒山西麓，距中宁县工业园区东南8.5 km，地属中卫市中宁县新堡镇管辖，矿区交通方便。

2008年，中国建筑材料工业地质勘查中心宁夏总队进行详查，查明矿区水泥用石灰岩矿石的资源储量（332+333+334）总计为$2451.23×10^4$ t；2010年，中国建筑材料工业地质勘查中心宁夏总队对矿区进行资源储量核查，查明水泥用石灰岩资源储量（332+333+334）总计为$2451.23×10^4$ t。其中控制的内蕴经济资源储量（332）为$697.14×10^4$ t；推断的内蕴经济资源量（333）为$1549.67×10^4$ t；预测的资源量（334）？为$204.42×10^4$ t。

黑疙瘩沟水泥灰岩矿紧邻瀛龙山石灰岩矿床北东，两者属同一成矿带。黑疙瘩沟水泥石灰岩矿床地层属阿拉善地层区（$Ⅲ_3$）、阿拉善南缘地层分区（$Ⅲ_3^1$）、景泰-中宁地层小区（$Ⅲ_3^{1-1}$）。大地构造位置位于柴达木-华北板块（Ⅲ）、阿拉善微陆块（$Ⅲ_4$）、腾格里早古生代增生楔（$Ⅲ_4^1$）、卫宁北山-香山晚古生代前陆-上叠盆地（$Ⅲ_4^{1-1}$）。所属成矿区带为河西走廊Fe-Mn-萤石-盐类-凹凸棒石-石油成矿带（Ⅲ-20）、烟筒山-窑山冲断带煤-石灰岩-硅石成矿亚带（Ⅳ-20②）。所属矿床成矿系列为与早古生代沉积作用有关的铁、彩石、磷、灰岩、白云岩、板岩矿床成矿系列（3-Pz_1-S）。区域出露地层由老至新主要有：中-下奥陶统天景山组（$O_{1-2}t$）、中-上奥陶统米钵山组（$O_{2-3}m$）、上奥陶统香山群徐家圈组（O_3x）；下-中志留统照花井组（$S_{1-2}z$）、上-顶志留统旱峡组（$S_{3-4}h$）；上泥盆统中宁组（D_3z）；第四系全新统残坡积物和冲洪积物。矿体赋存于下-中奥陶统天景山组中，岩层总体倾向南西，呈单斜产出，倾角 24°~44°。矿石以中厚层状灰岩为主，夹有含燧石结核灰岩、燧石条带灰岩。矿石品位：CaO 52.25%；SiO_2 4.01%；MgO 0.35%。

截至 2017 年底，黑疙瘩沟水泥灰岩矿经宁夏回族自治区国土资源厅备案的累计查明水泥用石灰岩矿资源储量（332+333）为 2196.96×10^4 t，保有灰岩资源储量 2177.36×10^4 t。矿床规模为中型矿床。

（8）吴忠市石儿山北段水泥灰岩矿床

矿床位于宁夏太阳山工业园区石儿山南部，属吴忠市太阳山工业园区管辖，矿区交通方便。

1999~2000 年，宁夏矿产地质调查所在青龙山西道梁地区开展了石灰岩矿床地质调查工作，初步查明了本区石灰岩矿层层数、矿石质量、矿石组分等，提交了《宁夏同心县青龙山西道梁石灰岩矿床地质调查报告》；2009 年 9 月，中国建筑材料工业地质勘查中心宁夏总队进行了详查，2010 年提交了《宁夏吴忠市石儿山水泥灰岩矿详查报告》，求得各类别资源量（332+333+334）627.31×10^4 t；2012 年 3 月，中国建筑材料工业地质勘查中心宁夏总队对该矿床进行核实工作，提交了《宁夏吴忠市石儿山水泥用石灰岩矿资源储量核实报告》。

石儿山北段水泥灰岩矿床地层属华北地层区（$Ⅲ_4$）、鄂尔多斯西缘地层分区（$Ⅲ_4^1$）、桌子山-青龙山地层小区（$Ⅲ_4^{1-2}$）。大地构造位置位于柴达木-华北板块（Ⅲ）、华北陆块（$Ⅲ_5$）、鄂尔多斯地块（$Ⅲ_5^1$）、鄂尔多斯西缘中元古代—早古生代裂陷带（$Ⅲ_5^{1-1}$）。所属成矿区带为鄂尔多斯西缘（陆缘坳褶带）Fe-Pb-Zn-磷-石膏-芒硝成矿带（Ⅲ-59）、陶乐-彭阳冲断带煤（气）-石灰岩-白云岩成矿亚带（Ⅳ-59③）。所属矿床成矿系列为与早古生代沉积作用有关的铁、彩石、磷、灰岩、白云岩、板岩矿床成矿系列（3-Pz_1-S）。区域出露地层由老至新主要有中元古界蓟县系王全口组（Pt_2^2w），新元古界兔儿坑组、正目观组并层（Pt_3^3t-z），下寒武统苏峪口组、五道淌组并层（ϵ_1s-w），中寒武统陶思沟组（ϵ_2t），胡鲁斯台组（ϵ_2h）；中-上寒武统阿不切亥组（$\epsilon_{2-3}a$），下奥陶统大南池组（O_1d），中-下奥陶统天景山组（$O_{1-2}t$），中奥陶统克里摩里组（O_2k）及第四系。该区奥陶系与下伏寒武系呈连续沉积，含矿地层为奥陶系天景山组，该组与下伏大南池组和上覆克里摩里组均为整合接触，为一套台地相碳酸盐岩沉积，产头足类、腕足类、腹足类及牙形石等化石。其岩性下部为灰、深灰色中厚-厚层含白云质灰岩，上部以灰色中厚层夹薄层含白云质灰岩、泥质网纹（条带）白云质灰岩为主，夹含燧石结核灰岩。含矿 2 层，矿层长度 7 km，出露宽度 1~2.5 km，矿层厚度大于 10 m。矿石平均化学成分：CaO 52.23%，MgO 1.83%，SiO_2 2.30%。

矿床灰岩层厚，矿石质地较纯，CaO 含量高，是水泥的上好原料。截至 2017 年底，石儿山北段水泥灰岩矿经宁夏回族自治区国土资源厅备案的水泥用石灰岩查明资源储量（332+333）为 556.421×10^4 t，矿床勘查程度为详查，属小型矿床。

（9）泾源县黄花乡秋千峡石灰岩矿床

矿区位于泾源县北东 15 km，地属固原市泾源县黄花乡管辖，矿区交通方便。

1969 年，宁夏综合地质大队对该矿床进行预查。矿床位于红砂石沟石灰岩矿床东南 15.4 km，秋千峡石灰岩矿床地层属祁连地层区（$Ⅲ_2$）、北祁连地层分区（$Ⅲ_2^1$）、靖远-西吉地层小区（$Ⅲ_2^{1-1}$）。大地构造位置位于柴达木-华北板块（Ⅲ）、祁连早古生代造山带（$Ⅲ_2$）、北祁连中元古代—早古生代海沟系（$Ⅲ_2^1$）、景泰-海原中元古代—早古生代弧后盆地（$Ⅲ_2^{1-1}$）。所属成矿区带为河西走廊 Fe-Mn-萤石-盐类-凹凸棒石-石油成矿带（Ⅲ-20）、烟筒山-窑山冲断带煤-石灰岩-硅石成矿亚带（Ⅳ-20②）。所属矿床成矿系列为与早古生代沉积作用有关的铁、彩石、磷、灰岩、白云岩、板岩矿床成矿系列（3-Pz_1-S）。区域出露地层由老至新有中-下奥陶统天景山组（$O_{1-2}t$），下白垩统三桥组

(K_1s)、和尚铺组（K_1h）、马东山组（K_1m）及第四系全新统（Qh）。

含矿地层为中-下奥陶统天景山组。矿区构造较简单，岩层呈单斜产出，走向近南北，倾向西，倾角70°~80°。部分岩层因受构造影响而倒转，倾向东。总体岩层受北北西向两条断裂控制，形成断块山。北部与上覆下白垩统三桥组呈不整合接触，东、西与下白垩统和尚铺组呈断层接触。

灰岩矿层主要出露于峡谷北侧，厚度30~170 m，长度60~460 m。矿石成分主要为方解石，次为白云石、石英和少量褐铁矿。矿石化学成分变化不大，主要为Ⅱ级品，少量Ⅰ级品。CaO一般47%~50%，最高53.79%，最低45.54%；MgO一般1.34%~2.37%，最高6.26%；SiO_2一般4%~8%，最高9.83%；Al_2O_3一般0.5%~1%，最高1.42%；Fe_2O_3一般0.2%~0.5%，最高0.68%；P_2O_5、SO_3符合工业要求。

黄花乡秋千峡石灰岩矿床为浅海台地相化学沉积型水泥用石灰岩矿床，预查灰岩资源量88.00×10^4 t。

（三）产于中-上奥陶统米钵山组水泥灰岩矿床

产于中-上奥陶统米钵山组水泥灰岩矿床仅一处，即青铜峡市牛首山东侧沙坝沟水泥灰岩矿床。

矿区位于青铜峡市牛首山东侧，地属青铜峡市青铜峡镇管辖，G6和S101过道紧邻矿区东部，交通方便。

1985年，宁夏地质矿产局区调队在进行1：20万区调时，对当地正在开采的沙坝沟石灰岩测制了地层剖面，并采取化学样品14个，推算334级资源量为14500×10^4 t。

沙坝沟水泥灰岩矿床地层属阿拉善地层区（$Ⅲ_3$）、阿拉善南缘地层分区（$Ⅲ_3^1$）、景泰-中宁地层小区（$Ⅲ_3^{1-1}$）。大地构造位置位于柴达木-华北板块（Ⅲ）、阿拉善微陆块（$Ⅲ_4$）、腾格里早古生代增生楔（$Ⅲ_4^1$）、卫宁北山-香山晚古生代前陆-上叠盆地（$Ⅲ_4^{1-1}$）。所属成矿区带为河西走廊Fe-Mn-萤石-盐类-凹凸棒石-石油成矿带（Ⅲ-20）、烟筒山-窑山冲断带煤-石灰岩-硅石成矿亚带（Ⅳ-20②）。所属矿床成矿系列为与早古生代沉积作用有关的铁、彩石、磷、灰岩、白云岩、板岩矿床成矿系列（3-Pz_1-S）。矿区出露地层主要为中-上奥陶统米钵山组（$O_{2-3}m$），岩性下部为深灰色板岩、深灰色白云岩，中部为深灰色灰岩、砂屑灰岩，上部为灰绿色板岩夹细砂岩。

矿层长度1600 m，厚度171 m。矿石为深灰色粉晶-细晶灰岩、中粒砂屑灰岩，矿层稳定，倾向南西，倾角70°。矿石化学成分：CaO平均50.25%，MgO 1.0%，SiO_2 3.01%，Fe_2O_3 0.43%。当地正在开采作烧制石灰和电石用灰岩。

（四）产于下石炭统前黑山组—臭牛沟组水泥灰岩矿床

代表性矿床有香山大道崖-孙家沟石灰岩矿床、青铜峡市青铜峡镇野猫子山水泥灰岩矿床、中卫市太青山水泥制造有限公司天景梁水泥灰岩矿、中宁县石空镇狐子疙瘩水泥灰岩矿床、中宁县喊叫水乡倒流沟水泥灰岩矿床等，主要为一些中、小型水泥用石灰岩矿床（点）。

1. 中卫市香山大道崖-孙家沟石灰岩矿床

矿区位于香山西麓，地属中卫市沙坡头区香山乡管辖，交通方便。

1986~1987年，宁夏地质矿产局地质研究所对该区地层进行研究，发现下石炭统前黑山组—臭牛沟组有饰面大理岩矿，提交了《宁夏中卫市香山大理岩大道崖矿段初步勘探报告》；2011年3月，宁夏矿产地质调查院对大道崖-孙家沟地区下石炭统前黑山组—臭牛沟组水泥用灰岩进行预查，提交了《宁夏中卫市香山大道崖水泥灰岩预查报告》。

大道崖-孙家沟石灰岩矿床地层属阿拉善地层区（$Ⅲ_3$）、阿拉善南缘地层分区（$Ⅲ_3^1$）、景泰-中宁地层小区（$Ⅲ_3^{1-1}$）。大地构造位置位于柴达木-华北板块（Ⅲ）、阿拉善微陆块（$Ⅲ_4$）、腾格里早古生代增生楔（$Ⅲ_4^1$）、卫宁北山-香山晚古生代前陆-上叠盆地（$Ⅲ_4^{1-1}$）。所属成矿区带为河西走廊Fe-Mn-萤石-盐类-凹凸棒石-石油成矿带（Ⅲ-20）、香山褶断带Fe-Cu-煤-石灰岩-石膏-粘土成矿亚带（Ⅳ-20③）。所属矿床成矿系列为与早古生代沉积作用有关的铁、彩石、磷、灰岩、白云岩、板岩矿床成矿系列（3-Pz_1-S）。区域出露地层由老至新有上奥陶统香山群磨盘井组（O_3mp），下石炭统前黑山组（C_1q）、臭牛沟组（C_1c），下-上石炭统靖远组（$C_{1-2}j$），上石炭统羊虎沟组（C_2y），上石炭统—下二叠统太原组（C_2P_1t），中二叠统大黄沟组（P_2d），上二叠统红泉组（P_3h）。

区域大地构造属阿拉善微陆块与北祁连造山带结合部位，走廊过渡带之香山褶皱系。

矿区出露地层为奥陶系香山群磨盘井组和石炭系前黑山组及石炭系靖远组。前黑山组不整合于磨盘井之上，靖远组平行不整合于前黑山组之上。含矿地层为石炭系前黑山组，为一套滨浅海相-潟湖相陆源碎屑岩和碳酸盐岩沉积，主要由石英质砾岩、石英砂岩、粉砂岩、灰岩、白云岩及石膏等组成，含植物、腕足类、介形虫等化石，厚度83.5~337.1 m。可进一步划分为3个岩性段。

矿层主要赋存在石炭系前黑山组中段，以碳酸盐岩为主，属浅海-潟湖相沉积。主要由灰-深灰色中厚层白云岩、白云质灰岩、砾屑灰岩、鲕粒灰岩、灰色中薄层微晶灰岩、泥晶灰岩等碳酸盐岩组成，夹杂色（紫红、土黄、黄绿、灰白色）泥岩、粉砂质泥岩、薄层细粒石英砂岩、粉砂岩及钙质页岩、黑色页岩等，下部灰岩常含个体微小的腕足类、腹足类、双壳类等动物化石。

矿区位于百花滩向斜南翼中段，岩层呈单斜产出，倾向北东，倾角一般10°~30°。断裂不发育，裂隙分布普遍，但多被方解石脉充填胶结。

矿区无岩浆岩出露，只有一些热液活动的迹象，岩石中普遍分布有石英脉，方解石脉和方解石-重晶石脉（图19-32）。

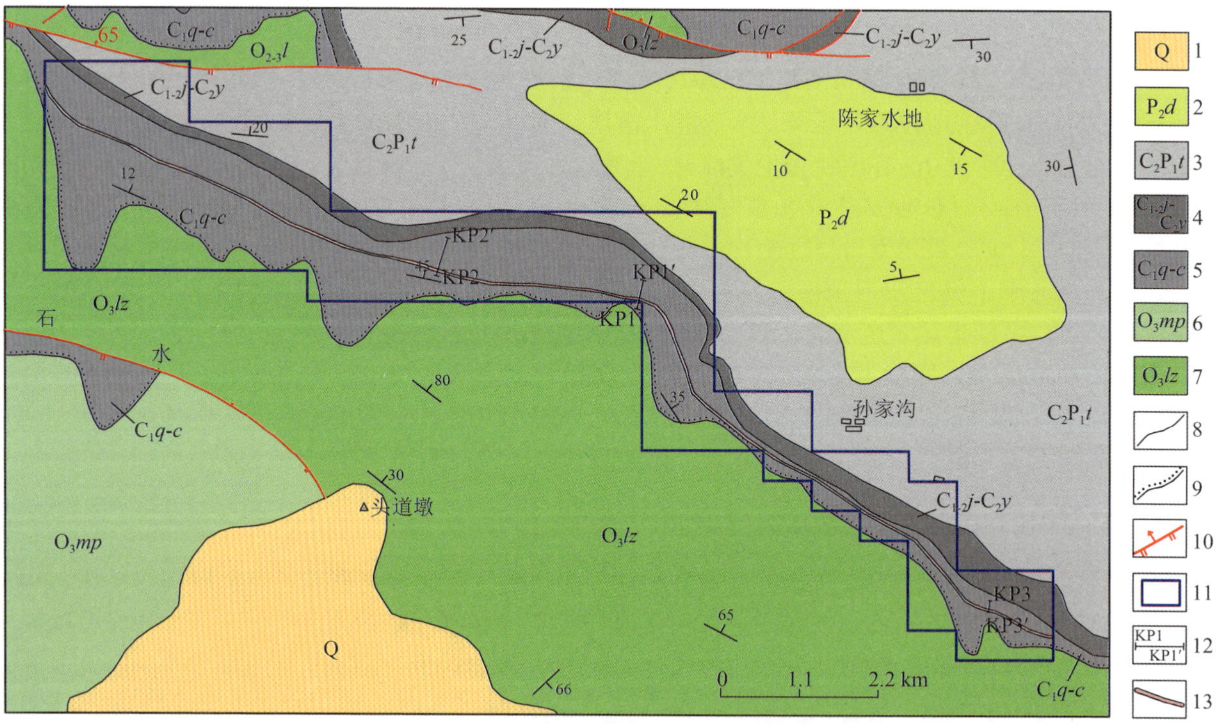

图19-32　中卫市大道崖-孙家沟灰岩矿床地质图

（据宁夏矿产地质调查院，2011，有修改）

1—第四系；2—二叠系大黄沟组；3—石炭系—二叠系太原组；4—石炭系靖远组—羊虎沟组；5—石炭系前黑山组—臭牛沟组；6—奥陶系香山群磨盘井组；7—奥陶系香山群狼嘴子组；8—地质界线；9—不整合地质界线；10—逆断层；11—工作区；12—勘查线及编号；13—矿层

矿区含矿一层，编号为K1。矿层较稳定，形态简单，厚度变化较大，呈单斜状产出。由于受构造影响和剥蚀作用，沟谷中的矿层大部分已被剥蚀，只在山顶有部分残留。

矿体呈层状，出露长度大于16 km，宽度5~70 m，矿层厚度5.53~14.00 m，平均9.90 m。出露长度大于16 km，两端延伸至预查区之外。矿层总体走向100°~120°，倾向北北东，倾角12°~20°，倾角平缓，一般为15°左右。矿层遍布矿区，露头较好，露头多分布于沟谷两侧，并形成陡坎或悬崖。矿层为单层厚度大于0.5 m的厚层状石灰岩夹鲕状灰岩和生物碎屑石灰岩。矿层底板为薄层钙质白云岩，顶板为薄层状白云质灰岩。

矿石自然类型有以下四种：

块状灰岩：深灰、灰黑色，隐晶质或微晶结构，块状构造。矿石由浑浊泥晶状方解石组成，在泥晶状结构的方解石基质中含有少量碳酸盐碎屑。矿石中常有后期方解石细脉穿插。

含生物碎屑石灰岩：深灰、灰黑色含生物结构，块状构造，矿石基质为隐晶质方解石，含苔藓虫，三叶虫等生物残体。含量较少，是预查区次要矿石类型。

鲕状灰岩：灰黑色，鲕状结构，块状构造。矿石由同心层状、放射状圆形及椭球形方解石颗粒组成。

团粒状石灰岩：深灰、灰黑色，团粒结构，块状构造。矿石主要由泥晶状方解石集合体形成的圆形和椭圆形的团粒及胶结物质组成。有的团粒有一圈薄壳，呈鲕状结构，偶见放射状球粒。胶结物为微晶质白云石。后期方解石细脉常穿插于矿石中。

上述四种矿石自然类型，以前两种为主，后两种仅在各矿层中零星分布。

矿石主要组成矿物为方解石，含量达95%以上，其次含少量白云石，黄铁矿粘土质及微量石英等。矿石化学成分：CaO 含量 48.55%～52.65%；MgO 含量 1.15%～2.28%；SiO_2 含量 3.27%～6.96%。

截至2017年底，大道崖-孙家沟灰岩矿床预查水泥灰岩资源量（334）？为 3185.79×10^4 t，属中型矿床，经宁夏回族自治区国土资源厅备案的累计查明饰面石材用石灰岩资源储量 207.93×10^4 m^3。

2. 青铜峡市青铜峡镇野猫子山水泥灰岩矿床

矿床位于卫宁北山地区，距青铜峡车站西南约30 km的宁夏与内蒙古交界处，地属青铜峡市青铜峡镇管辖，矿区交通方便。

野猫子山水泥灰岩矿床地层属阿拉善地层区（$Ⅲ_3$）、阿拉善南缘地层分区（$Ⅲ_3^1$）、景泰-中宁地层小区（$Ⅲ_3^{1-1}$）。大地构造位置位于柴达木-华北板块（Ⅲ）、阿拉善微陆块（$Ⅲ_4$）、腾格里早古生代增生楔（$Ⅲ_4^1$）、卫宁北山-香山晚古生代前陆-上叠盆地（$Ⅲ_4^{1-1}$）。所属成矿区带为河西走廊Fe-Mn-萤石-盐类-凹凸棒石-石油成矿带（Ⅲ-20）、卫宁北山褶断带Fe-Au-Ag-Cu-Pb-Zn-煤-粘土成矿亚带（Ⅳ-20①）。所属矿床成矿系列为与晚古生代沉积作用有关的铜、银、灰岩、石膏、石英砂岩、煤、天然气、粘土、油页岩矿床成矿系列（5-Pz_2-S）。含矿地层为下石炭统前黑山组（C_1q），岩性为下部浅红色中厚层钙质砂岩、砂砾岩夹砂质灰岩透镜体；中部灰色厚层灰岩、白云岩夹石膏层；上部灰黄色泥岩、粉砂岩夹砂岩。属浅海-潟湖相以碳酸盐岩为主沉积。

含矿层仅一层，长度1000 m，最大厚度25 m。矿石类型有白云质灰岩、砾屑灰岩、鲕粒灰岩、灰色中薄层微晶灰岩、泥晶灰岩等。矿石化学成分：CaO 52.70%，MgO 0.69%，SO_3 0.07%，SiO_2 3.63%，Fe_2O_3 0.30%，$K_2O+Na_2O<1\%$。该矿床工作程度为预查，估算水泥灰岩资源量（334）？为 130×10^4 t。

3. 中宁县喊叫水乡倒流沟水泥灰岩矿床

矿区位于喊叫水乡317°的倒流沟，地属中卫市中宁县喊叫水乡管辖，南距109国道约5 km，矿区交通方便。

倒流沟水泥灰岩矿床地层属阿拉善地层区（$Ⅲ_3$）、阿拉善南缘地层分区（$Ⅲ_3^1$）、景泰-中宁地层小区（$Ⅲ_3^{1-1}$）。大地构造位置位于柴达木-华北板块（Ⅲ）、阿拉善微陆块（$Ⅲ_4$）、腾格里早古生代增生楔（$Ⅲ_4^1$）、卫宁北山-香山晚古生代前陆-上叠盆地（$Ⅲ_4^{1-1}$）。所属成矿区带为河西走廊Fe-Mn-萤石-盐类-凹凸棒石-石油成矿带（Ⅲ-20）、香山褶断带Fe-Cu-煤-石灰岩-石膏-粘土成矿亚带（Ⅳ-20③）。所属矿床成矿系列为与晚古生代沉积作用有关的铜、银、灰岩、石膏、石英砂岩、煤、天然气、粘土、油页岩矿床成矿系列（5-Pz_2-S）。赋矿地层为下石炭统前黑山组中部，岩性自下而上分为肉红色中厚层含泥质灰岩、深灰色厚层灰岩、灰色中厚层块状灰岩。矿层为深灰色厚层亮晶与泥晶灰岩，灰色、棕色薄-中厚层微晶、泥晶灰岩。矿层长度600~1900 m，出露宽度平均360 m，控制厚度9~30 m。矿石化学成分CaO>53%，MgO 0.5%左右，K_2O+Na_2O 0.16%，SiO_2 1.60%~1.70%，Fe_2O_3 0.20%。矿石质量好，部分达玻璃用要求。求获水泥用灰岩（331+332）级（原B+C级）资源量2440×10^4 t。该矿床规模属中型，浅海-滨海相化学沉积型水泥灰岩矿床。

第三节　矿床时空分布特征及成矿规律

一、时空分布特征

宁夏已发现的石灰岩矿床，主要赋存于加里东海侵旋回的中、晚寒武世及早、中奥陶世的海相碳酸盐岩建造中，次为华力西海侵旋回的早石炭世晚期，其他时期存在的石灰岩层往往范围不大，规模小，未形成工业石灰岩矿床。

根据成矿时段对已知资源储量进行统计，中-晚寒武世的有4765×10^4 t；早-中奥陶世的有497435.612×10^4 t；中-晚奥陶世的有14500×10^4 t；早石炭世有6327.56×10^4 t；根据成矿亚带对已知资源量进行统计，Ⅳ-20①亚带有480×10^4 t；Ⅳ-20②亚带有103878.505×10^4 t，Ⅳ-20③亚带有151525.015×10^4 t，Ⅳ-59①亚带有74871.37×10^4 t，Ⅳ-59③亚带有192273.282×10^4 t（表19-6）。

表19-6　宁夏石灰岩时空分布

成矿亚带	中-晚寒武世/10^4 t	早-中奥陶世/10^4 t	中-晚奥陶世/10^4 t	早石炭世/10^4 t
Ⅳ-20①				480
Ⅳ-20②		89378.505	14500	
Ⅳ-20③		145677.455		5847.56
Ⅳ-59①	4765	70106.37		
Ⅳ-59③		192273.282		

二、成矿规律

宁夏石灰岩资源丰富，主要集中于北部及中部隆起的山区。成矿时代主要为奥陶纪，次为寒武纪和石炭纪。从区域上来看，宁夏石灰岩矿床主要分布于贺兰山、天景山、牛首山、烟筒山、青龙山等地，这与早、中奥陶世岩相古地理图中碳酸盐岩沉积界线近于一致。在早奥陶世，石灰岩矿床均分布于贺兰山、天景山一线以东的碳酸盐岩沉积相区范围；在中奥陶世，石灰岩矿床展布于青龙山、平凉一带，这表明含矿碳酸盐岩由西向东，灰质含量高，成矿条件良好。矿床的分布与地台型鄂尔多斯西缘坳陷带的范围及其碳酸盐岩沉积相大体相近，越往西部走廊过渡带的“槽型”地区范围，无含矿碳酸盐岩建造形成，对成矿不利。华力西海侵旋回，早石炭世沉积仅限于走廊过渡带，于早石炭世晚期（维宪期）在卫宁北山及香山一带的海湾环境沉积中，零星分布有可供利用的矿层，达到了小型矿床规模，但往往出露范围及厚度小，层位不稳定，仅能供地方利用。

1. 中-上寒武统阿不切亥组石灰岩矿

该石灰岩矿主要分布于贺兰山中段、北段及青龙山地区，以碎屑岩-碳酸盐岩沉积为主，碎屑岩为紫红色、灰绿色页岩，夹石英砂岩及石英岩，碳酸盐岩为泥质薄层灰岩，夹竹叶状及鲕状灰岩、白云质及白云质灰岩等。

在贺兰山北段的沙巴台和陶思山八号泉及陶斯沟西口，已发现可供利用的石灰岩矿层，岩性为浅灰色薄层灰岩、泥质条带灰岩、薄层竹叶状灰岩、鲕状灰岩、土黄色白云岩、灰绿色页岩夹砂质灰岩，为一套浅海相碎屑岩-碳酸盐岩。矿层为鲕状灰岩、竹叶状灰岩、泥质灰岩及少量生物灰岩。矿层厚度达88.3 m，当地在开采，主要用于制水泥。

在贺兰山南段土井子-三关口一带，阿不切亥组以飞来峰的形式覆于中-上奥陶统米钵山组之上，其中长流水南山和高石墩飞来峰规模较大，所见岩性与贺兰山中段相似。长流水南山与下奥陶统大南池组呈连续沉积。岩性为浅灰色中厚层状灰岩、土黄色薄层灰岩、土黄色薄层泥质条带灰岩、鲕粒灰岩等碳酸盐岩。厚度225.03~757.58 m。含矿两层，主要为浅灰色中厚层状灰岩夹紫红色薄层灰岩，局部夹黄褐色-紫红色泥质条带薄层灰岩。

2. 下-中奥陶统天景山组石灰岩矿

奥陶纪时期，宁夏处于华北地块与北祁连造山带接壤地带，贺兰山-青龙山一带与广阔的华北浅海区相连，形成了与华北腹地相似的早奥陶世—中奥陶世早期（大南池组、天景山组）台地相碳酸盐岩沉积，但沉积厚度比华北腹地明显增大，显示了沉陷地带的沉积特征。中奥陶世中期至晚奥陶世初期，在华北地块西南侧发育一大陆斜坡，沉积了巨厚的以重力流为主的米钵山组斜坡相沉积。晚奥陶世早期地壳继续强烈沉陷，形成了巨厚的以浊流为主的香山群次深海（大陆斜坡）相沉积（图19-33）。奥陶纪末的加里东运动，使全区抬升隆起，结束了奥陶纪的沉积历史。

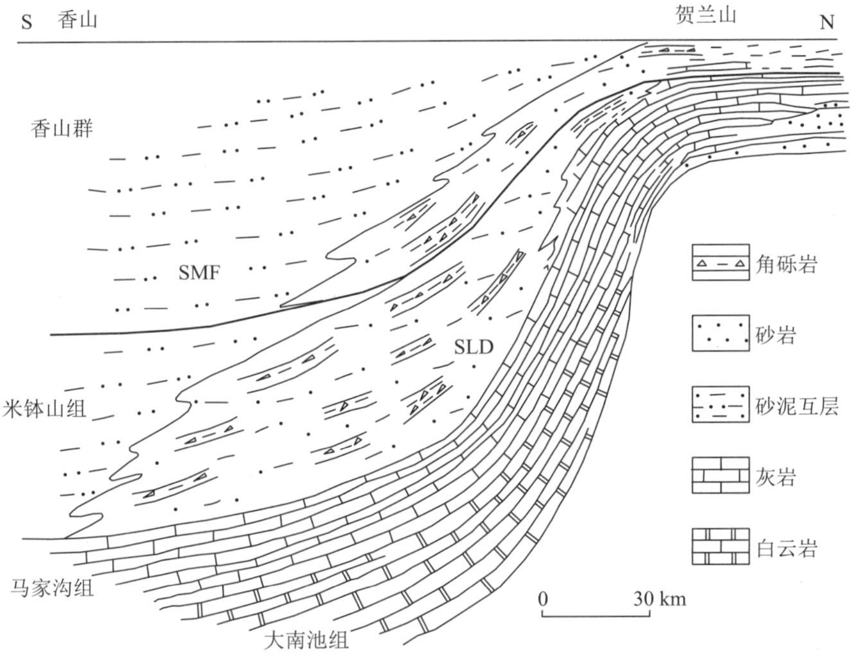

图19-33 贺兰山-香山地区奥陶纪岩相古地理横剖面图

（据宁夏回族自治区地质调查院，2017）

SMF—浊积扇沉积；SLD—斜坡滑塌-泥石流沉积

1）华北地层区，鄂尔多斯西缘地层分区，主要出露于贺兰山中段、青龙山及宁夏南部。岩性为灰、深灰色中厚层灰岩和浅灰色薄-中厚层白云质灰岩及深灰色厚层-巨厚层状白云岩等。岩性、岩相颇为稳定。在贺兰山中段大体分上、下亚组，为深灰、灰色厚层-块状灰岩，白云质灰岩等，以含燧石条带、燧石结核及泥砂质网纹为特征，其下部往往含白云岩夹层，沉积厚度达1000 m以上。可利用石灰岩矿层多产于下亚组的上部及上亚组的中上部，在干沟西-驴驴沟为电石-熔剂用灰岩矿层，在套门沟主要为水泥灰岩矿床；青龙山-盐池萌城-固原蟠龙坡、吊岭渠-彭阳县新集东-三关口及泾源秋子峡等地零星出露（称之古“脊梁”），大体分上、中、下亚组。为灰色中-厚层含白云质灰岩、厚层-块状灰岩、含燧石条带及结核，具泥质条纹及网纹等；下部为灰色薄-中厚层白云岩，厚度达482~902 m。青龙山一带出露厚度达400 m以上，可利用矿层厚达60 m，矿石CaO含量一般为52%左右，最低50.48%，最高达53.9%；MgO含量一般为1.6%左右，最高为3.2%；SiO_2为1.08%~2.38%；达到水泥灰岩工业要求，局部达到制碱灰岩标准，在青龙山西道梁已形成数处大中型水泥、制碱灰岩矿床，位于盐池县萌城的石梁灰岩矿，可利用矿层厚度达243.4 m，矿石$CaCO_3$达94.3%~

95.22%，MgO 为 1.54%~1.98%，SiO_2 一般小于 2%~3%，满足制碱灰岩工业要求。在蟠龙坡、吊岭渠及店洼等地出露于沟谷中的含矿石灰岩，厚度仅 30 m 左右，CaO 达 45.32%~55.06%，MgO 含量极微，SiO_2 含量为 2.2%~2.6%，达到水泥灰岩要求。在固原三关口地区，厚度大于 243 m，可利用灰岩厚度最大达 48 m，矿石 CaO 达 48.42%~51.81%，MgO 为 1.70%~3.05%，可满足水泥石灰岩工业要求。在秋千峡一带，出露厚度达 300 余米，可利用石灰岩平均厚度 200 m，矿石 CaO 一般为 47%~50%，MgO 32.5%~6.25%，SiO_2 2.4%~8%，达到水泥灰岩工业要求。

2）阿拉善地层区阿拉善南缘地层分区，主要出露于中卫市天景山-米钵山、中宁县烟筒山、青铜峡牛首山和红寺堡青山一带。以天景山-米钵山一带出露较全，分布范围较大，次为烟筒山、牛首山及青山等地。于天景山-米钵山地区呈北西向带状展布，出露厚度达 930~1015 m，其中可供利用灰岩厚度 300 m，厚度稳定，矿石 CaO 一般为 48%~52%，MgO 为 0.48%~1.18%，SiO_2 2.3%~7%，达到电石、制碱、水泥灰岩工业要求、远景规模巨大。

3. 中奥陶统米钵山组石灰岩矿

米钵山组主要分布于牛首山、罗山、天景山、米钵山和贺兰山南段大战场-毛土坑山一带，烟筒山西南麓、青山和窑山见有零星露头。米钵山组与下伏天景山组平行不整合接触，与上覆香山群徐家圈组整合接触，为一套具复理石建造特征的陆源碎屑沉积，岩石组成较为庞杂，由砂岩、板岩、砾岩、灰岩及砾屑灰岩等组成，重力流和浊流沉积十分发育，岩相变化急剧，沉积厚度变化巨大，显示了典型的斜坡相沉积特征，其中灰岩可用于建筑材料。现阶段米钵山组石灰岩矿仅开发利用一处矿产地，分布在牛首山，主要用于水泥和制石灰。

4. 下石炭统前黑山组—臭牛沟组石灰岩矿

前黑山组主要出露于卫宁北山的照壁山、单梁山、大石头井，香山地区的梁水园子、吕家新庄、罗家老圈、红泉、校育川、磨盘井，烟筒山南麓的十字坡、骡子沟和碳井子等地。前黑山组或不整合覆于香山群之上，或不整合、平行不整合覆于上泥盆统中宁组之上，与上覆臭牛沟组为整合接触，或与上覆靖远组平行不整合接触。为一套滨浅海相-潟湖相陆源碎屑岩和碳酸盐岩沉积，主要由石英质砾岩、石英砂岩、粉砂岩、灰岩、白云岩及石膏等组成。前黑山组下段以陆源碎屑岩发育为特征，中段以碳酸盐岩发育局部夹膏岩沉积为特征，上段则以陆源碎屑岩和泥页岩发育为特征，下-中段构成一个由粗变细、由厚变薄、由碎屑岩变为碳酸盐岩的退积型沉积旋回，上段则是另一个由粗变细的沉积旋回。石灰岩矿层赋存于前黑山组中段。

臭牛沟组主要出露于卫宁北山之照壁山、单梁山、大石头井、余丁，香山地区的孟家湾、麻黄沟、大柳树、梁水园子、校育川、磨盘井，烟筒山南麓的十字坡、骡子沟和碳井子等地，同心东部骆驼山等地见有零星露头。臭牛沟组与下伏前黑山组和上覆靖远组均呈整合接触，香山南坡大道崖、罗家老圈和石岘子等地未见沉积。主要由石英砂岩、泥岩、页岩和灰岩组成。臭牛沟组下段以陆源碎屑岩和泥页岩发育为特征，上段则以泥页岩和灰岩发育为特征，总体构成一个陆源碎屑岩-碳酸盐岩的退积型沉积旋回。石灰岩矿层赋存于臭牛沟组上段。该组石灰岩开发利用程度与前黑山组相比较低。

第二十章　白云岩

第一节　概　　述

一、白云岩的特征和主要经济用途

白云岩是一种以白云石为主的碳酸盐岩。白云岩化学式为 $CaMg(CO_3)_2$，理论化学成分 CaO 30.4%、MgO 21.7%、CO_2 47.9%。矿物成分中白云石约占95%，另含少量方解石、粘土矿物、石膏等杂质，外貌似石灰岩。滴稀盐酸缓慢微弱产生气泡或不产生气泡。风化面呈糖粒状并有刀砍状溶沟。地质资料中记载的沉积白云岩，一般认为起源于碳酸盐同生沉积作用和准同生-成岩期交代作用这样一个复杂过程。白云岩经过区域变质形成白云石大理岩，主要矿物为重结晶白云石，含少量蛇纹石、透闪石、透辉石、方解石等变质矿物。

白云岩和白云石大理岩是一种用途广泛的工业原材料，在冶金工业中用作熔剂及耐火材料，用于转炉、电炉、化铁炉炉衬，可中和酸性炉渣，减轻对炉衬的侵蚀，品质好的可用来冶炼金属镁，进而生产镁合金；还可以用来制造钙镁磷肥、高镁水泥、硫酸镁、氧化镁、碳酸镁，作陶瓷、玻璃的配料及建筑石料等。

二、白云岩矿产地数量

白云岩为宁夏优势矿种之一。宁夏白云岩资源丰富，早在20世纪60年代就开展了白云岩资源野外调查工作。根据白云岩的矿物成分、化学成分及工业用途分为冶镁用白云岩（具体内容见第九章镁矿）、熔剂用白云岩和玻璃用白云岩。其中，熔剂用白云岩矿产地4处，均为大型矿床；玻璃用白云岩矿产地1处，为小型矿床（表20-1）。

表20-1　宁夏白云岩矿产地一览表

序号	矿产地名称	所在地区	工作程度	规模	矿床类型	成矿时代	开发利用情况
1	苏峪口石灰窑熔剂白云岩矿	银川市贺兰县	预查	大型	海相化学沉积型	早奥陶世	未开采
2	苏峪口五道淌熔剂白云岩矿	银川市贺兰县	普查	大型	海相化学沉积型	早寒武世	未开采
3	紫花沟熔剂白云岩矿	银川市西夏区	详查	大型	海相化学沉积型	早寒武世	停采
4	青龙山北段玻璃用白云岩矿	吴忠市同心县	普查	小型	海相化学沉积型	蓟县纪	未开采
5	青龙山西道梁熔剂用白云岩矿	吴忠市同心县	预查	大型	海相化学沉积型	早奥陶世	未开采

三、白云岩矿地理分布

依据宁夏矿产资源储量数据库（2017），熔剂用白云岩矿产地主要分布于贺兰山中段和青龙山西道梁早古生代地层中，玻璃用白云岩矿产地主要分布于青龙山北段蓟县系中。

四、白云岩矿矿床类型

根据“中国矿产地质志”矿床（成因/工业）类型划分表，宁夏白云岩矿床均属海相化学沉积型矿床。

五、白云岩矿资源储量

截至2017年底，经宁夏国土资源厅备案的玻璃用白云岩矿石查明资源储量为（2M22+333）为143.00×10^4 t，冶金用白云岩矿石查明资源储量为（2M22+332+333）为24105.61×10^4 t，保有资源储量24105.61×10^4 t，其中，2M22为13576.40×10^4 t，332为2013.51×10^4 t，333为8515.70×10^4 t，334为11962.73×10^4 t。

六、白云岩矿勘查与开发利用程度

宁夏已发现的5处白云岩矿床，详查1处、普查2处、预查2处。

目前发现的白云岩矿床大多数尚未利用，仅银川市西夏区紫花沟熔剂白云岩矿在20世纪80年代由银川市金属镁厂开采利用，后来由于硅的含量较高停止开采。

第二节　矿产地分论

宁夏白云岩矿床均为化学沉积型矿床，下面按成矿时代分别论述：

一、产于蓟县系王全口组中玻璃用白云岩矿床

吴忠市同心县韦州镇青龙山北段白云岩矿床

矿区位于韦州镇东10.4 km的青龙山北段，地属吴忠市同心县韦州镇管辖。矿区交通方便。

1988年，宁夏地矿局地质调查所对青龙山北段白云岩矿区地质进行了评价工作，首次在地该区域发现了玻璃和陶瓷工业配料用白云岩。

青龙山北段白云岩矿床地层属华北地层区（$Ⅲ_4$）、鄂尔多斯西缘地层分区（$Ⅲ_4^1$）、桌子山-青龙山地层小区（$Ⅲ_4^{1-2}$）。大地构造位置位于柴达木-华北板块（Ⅲ）、华北陆块（$Ⅲ_5$）、鄂尔多斯地块（$Ⅲ_5^1$）、鄂尔多斯西缘中元古代—早古生代裂陷带（$Ⅲ_5^{1-1}$）。所属成矿区带为鄂尔多斯西缘（陆缘坳褶带）Fe-Pb-Zn-磷-石膏-芒硝成矿带（Ar_3；Pt；Pz；Kz）（Ⅲ-59）、陶乐-彭阳冲断带煤（气）-石灰岩-白云岩成矿亚带（Ⅳ-59③）。所属矿床成矿系列为与中元古代沉积-变质作用有关的铁、硅石、白云石大理岩、砚石矿床成矿系列（2-Pt_2-S（M））。

矿区出露地层为蓟县系王全口组（Pt_2^2w），地层呈南北向展布，两侧被第四系覆盖。白云岩矿层主要赋存于蓟县系王全口组第3、4岩段中，矿体呈层状，近于南北向展布，长度800 m，厚度为1.86~5.82 m，总厚度23.29 m，埋深0~70 m，矿层形态简单，呈单斜层状产出，分布稳定，单层厚度变化不大，产状355°∠65°。

依据矿石的矿物成分和结构构造等特征，将矿石划分为两种自然类型：①灰-灰白色微晶粒状白云岩，为矿区主要矿石类型，浅灰、灰白色，不等粒晶状结构，块状构造，主要矿物白云石含量达99%，粒径一般为0.01~0.03 mm；②粉晶（微晶）白云岩，为矿区主要矿石类型，呈浅灰白色，粉晶（微晶）结构，块状构造，主要矿物白云石含量达99%，粒径一般为0.01~0.07 mm，断面呈贝壳状。

矿石中主要化学成分为CaO、MgO，其中CaO含量29.73%~30.31%，平均30.02%；MgO含量21.21%~21.88%，平均21.55%；$CaCO_3+MgCO_3$达98%。次要成分为SiO_2、Fe_2O_3、Al_2O_3、K_2O、Na_2O，其中，SiO_2含量0.47%~1.95%，Al_2O_3含量0.03%，K_2O+Na_2O含量0.14%~0.02%。

截至2017年底，青龙山北段白云岩矿经宁夏国土资源厅备案的累计查明白云岩资源储量（122b+333）为143.00×10^4 t，为一小型工业玻璃用白云岩矿床，暂未开采利用。

二、产于中-下寒武统熔剂用白云岩矿床

（一）银川市西夏区紫花沟白云岩矿床

矿区位于贺兰山中段紫花沟，距银川市西约 40 km 的贺兰山分水岭东西两侧，东侧紫花沟为银川市管辖，西坡属内蒙古自治区阿拉善左旗管辖，有便道通往矿区，交通方便。

矿区除可作冶金熔剂的优质白云岩矿，另外还有磷矿。该矿的发现和勘查评价始于 20 世纪 50 年代。为满足国家冶金工业所需，1959 年，宁夏地质局在紫花沟地区在寻找磷矿的同时，在 7.25 km^2 范围内综合对白云岩进行了勘探，于 1962 年 3 月提交了《宁夏回族自治区贺兰山银川市紫花沟白云岩勘探报告》，求得白云岩矿 2.8×10^8 t。由于工程控制未达到勘探程度，经宁夏矿产储量委员会复审降为详查，核实白云岩矿石储量 13576.4×10^4 t（原 C_1+C_2 级），其中工业储量 4000 多万吨。1978 年该区仅对磷矿进行勘查，白云岩未做工作。

1. 区域地质特征

紫花沟白云岩矿床地层属华北地层区（$Ⅲ_4$）、鄂尔多斯西缘地层分区（$Ⅲ_4^1$）、贺兰山地层小区（$Ⅲ_4^{1-1}$）。大地构造位置位于柴达木-华北板块（Ⅲ）、华北陆块（$Ⅲ_5$）、鄂尔多斯地块（$Ⅲ_5^1$）、鄂尔多斯西缘中元古代—早古生代裂陷带（$Ⅲ_5^{1-1}$）。所属成矿区带为鄂尔多斯西缘（陆缘坳褶带）Fe-Pb-Zn-磷-石膏-芒硝成矿带（Ⅲ-59）、贺兰山褶断带 Fe-Au-Cu-煤（气）-磷-硅石-石灰岩-白云岩-粘土成矿亚带（Ⅳ-59①）。所属矿床成矿系列为与早古生代沉积作用有关的铁、彩石、磷、灰岩、白云岩、板岩矿床成矿系列（3-Pz_1-S）。

出露地层有中元古界长城纪黄旗口组（Pt_2^1h）、蓟县系纪王全口组（Pt_2^2w）、新元古界震旦系正目观组（Pt_3^3z）、古生界寒武系（∈）和奥陶系（O）。白云岩矿层主要赋存于下寒武统五道淌组（$∈_1w$）和中寒武统陶思沟组（$∈_2t$）（图 20-1）。

2. 矿区地质

紫花沟白云岩矿区出露地层主要有震旦系及寒武系，由老到新论述如下：

震旦系正目观组（Pt_3^3z）：分布在矿区东北部，下部为灰色厚层状冰碛砾岩，厚度 6.8 m，与下伏蓟县系王全口组呈不整合接触；上部为灰色、灰白色砂质板岩，夹细粒石英砂岩透镜体，厚度 9.6 m。

下寒武统苏峪口组（$∈_1s$）：与下伏震旦系正目观组（兔儿坑组）呈平行不整合接触，与上覆五道淌组呈整合接触，为一套含磷碎屑岩和碳酸盐岩沉积。其岩性底部为土黄色磷质砾岩，局部地段砾岩之上夹含磷砂岩或灰质白云岩，向上为深灰色钙质砂质磷块岩，再向上为青灰色砂质灰岩。底部磷质砾岩厚度 0.2~3 m，砾石磨圆度较好，呈浑圆状，直径 0.3~2 cm，砾石成分主要为石英、硅质岩，次为白云岩等，填隙物为砂质、磷质（胶磷矿）。厚度 21~23 m。在苏峪口-紫花沟一带形成 2~3 层透镜状磷块岩矿层，矿层厚度 0.15~0.23 m，P_2O_5 含量一般为 1%~2%，高者达 5%以上，最高 22%。

下寒武统五道淌组（$∈_1w$）：与下伏苏峪口组和上覆陶思沟组均呈整合接触，为一套碳酸盐岩沉积，主要由中厚层白云岩、灰岩组成。岩性以深灰色厚层粉砂质钙质白云岩和灰白、乳白色薄层中厚层灰岩为主，夹少许钙质粉砂岩及页岩，下部普遍含藻灰结核，厚度 42~47 m。

中寒武统陶思沟组（$∈_2t$）：为碳酸盐岩沉积，在贺兰山紫花沟地区，岩性为薄层灰岩、白云质灰岩、白云岩、泥灰岩夹钙质石英砂岩、粉砂岩及页岩，厚度 374.3 m。自紫花沟向南、向北岩性、厚度均有变化。向南至金塔泉厚度变为 121.2 m，上部页岩明显增多；向北，正目观厚度 106.2 m，冰沟厚度 94.6 m，五道淌厚度仅 22.2 m，岩性以页岩为主，下部夹有少量薄层灰岩、泥质条带灰岩。

矿区为一单斜构造。地层倾向南西，倾角 20°~30°。区内断裂构造比较发育，主要断裂方向有两组，其中北西向压扭性断裂与地层走向大体一致，断裂面南西，倾角 26°~50°。在该组断裂的影响下，白云岩矿层在地表重复出现，因而加大了矿层厚度（图 20-2）。

3. 矿体特征

紫花沟白云岩矿区寒武系中有两层工业用白云岩，岩性为深灰蓝色厚层状晶质白云岩。分为上、

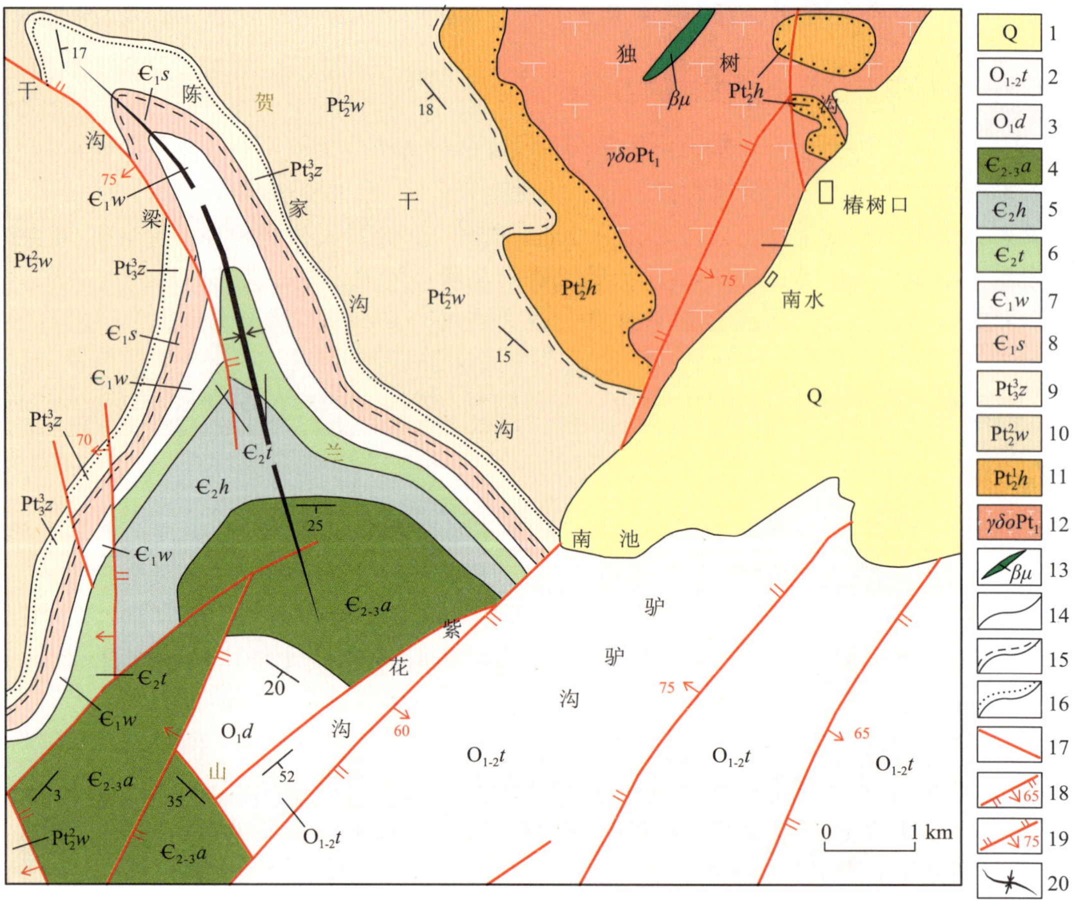

图 20-1 银川市紫花沟白云岩矿区域地质图

（据宁夏地质局区域地质调查队，1978，有修改）

1—第四系；2—中-下奥陶统天景山组；3—下奥陶统大南池组；4—中-上寒武统阿不切亥组；5—中寒武统胡鲁斯台组；6—中寒武统陶思沟组；7—下寒武统五道淌组；8—下寒武统苏峪口组；9—震旦系正目观组；10—蓟县系王全口组；11—长城系黄旗口组；12—古元古代英云闪长岩；13—辉绿岩脉；14—地质界线；15—平行不整合地质界线；16—角度不整合地质界线；17—性质不明断层；18—正断层及产状；19—逆断层及产状；20—向斜

下两个矿层：下矿层为下寒武统五道淌组（深灰色厚层白云岩），平均厚度 55 m；上矿层为中寒武统陶思沟组中部（浅灰-肉红色薄层微粒白云岩），平均厚度 25～30 m，产状 180°～230°∠20°～30°。两矿层间夹层厚度 66.7 m。由于矿区内逆断层的影响，上、下矿层与地表呈平行带状重复展布，控制矿体长度 1000～1500 m。

4. 矿石特征

下矿层呈深灰蓝色，上矿层呈灰色，薄层状。白云岩矿石，由隐晶质向镶嵌结构的过渡结构。矿石中白云石约占 30%，石英约占 5%，白云石结晶成 0.05 mm 的菱面体，彼此衔接紧密，其中石英小颗粒呈星点状分布，整个结构为过渡结构。矿石质量较纯，MgO 17%～22.5%，平均 20%；SiO_2 1.25%～9%，CaO 7.78%～31.99%，平均 30%；R_2O_3 1.08%～2.03%，平均 1.2%；Mn_3O_4 0.16%～0.48%，平均 0.3%。下矿层 SiO_2 含量一般为 1%～4%，最高达 10%。上矿层矿石质量较下矿层优，SiO_2 含量较低，一般为 1%～2%，为优质冶金熔剂、耐火材料，局部可作冶镁白云岩。

5. 资源储量

紫花沟白云岩矿经宁夏地质局核实批准提交储量为：C_1 级 4291.05×10^4 t，C_2 级 9285.36×10^4 t，C_1+C_2 级为 13576.41×10^4 t。其中工业储量 4000 多万吨。

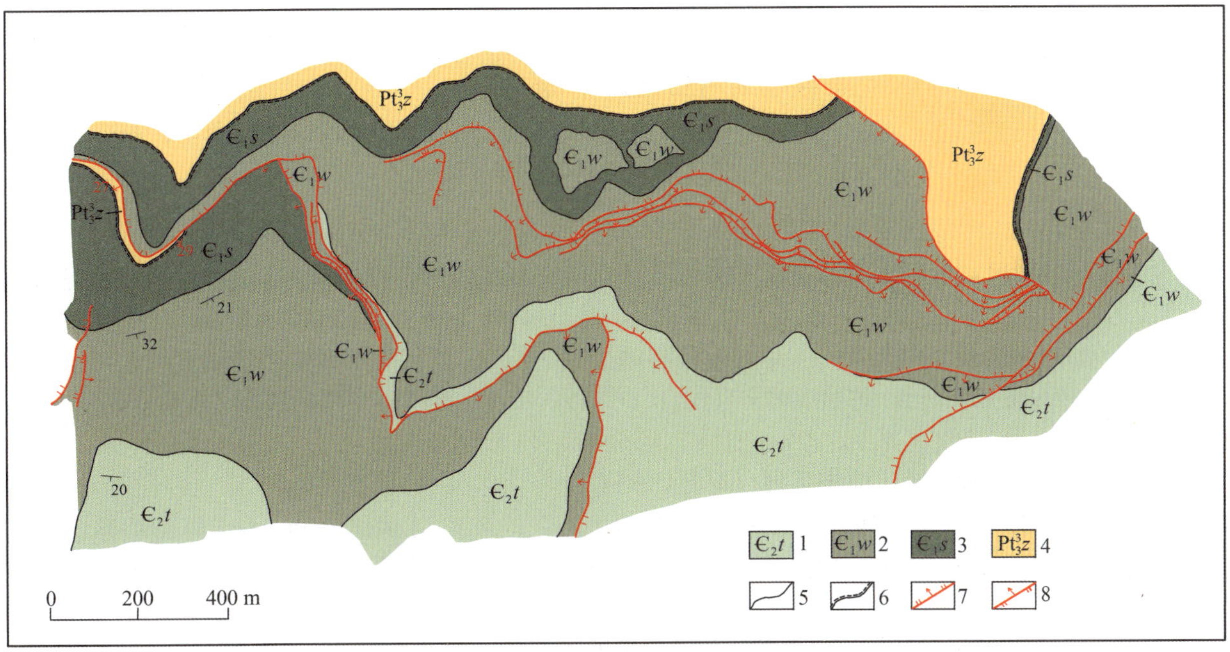

图 20-2 银川市紫花沟白云岩矿区地质草图

（据宁夏回族自治区地质局，1960，有修改）

1—中寒武统陶思沟组；2—下寒武统五道淌组；3—下寒武统苏峪口组；4—震旦系正目观组；
5—地质界线；6—平行不整合界线；7—正断层；8—逆断层

6. 矿床类型

紫花沟白云岩矿床属海相化学沉积型熔剂用白云岩矿床。

7. 成矿机制

早-中寒武世，气候趋于干燥、炎热，在古地形较平坦、海水较浅、流通不畅的海岸潮坪环境形成了以白云岩为主的高镁碳酸盐建造。白云岩分为两类，即准同生白云岩和准同生后白云岩。

（二）银川市贺兰县苏峪口五道淌熔剂用白云岩矿床

矿区位于苏峪口北西 9.5 km 处，距苏峪口磷矿北西 1.3 km，地属银川市贺兰县金山乡管辖。镇北堡-苏峪口公路通往矿区，交通方便。

五道淌熔剂用白云岩矿床地层属华北地层区（$Ⅲ_4$）、鄂尔多斯西缘地层分区（$Ⅲ_4^1$）、贺兰山地层小区（$Ⅲ_4^{1-1}$）。大地构造位置位于柴达木-华北板块（Ⅲ）、华北陆块（$Ⅲ_5$）、鄂尔多斯地块（$Ⅲ_5^1$）、鄂尔多斯西缘中元古代—早古生代裂陷带（$Ⅲ_5^{1-1}$）。所属成矿区带为鄂尔多斯西缘（陆缘坳褶带）Fe-Pb-Zn-磷-石膏-芒硝成矿带（Ⅲ-59）、贺兰山褶断带 Fe-Au-Cu-煤（气）-磷-硅石-石灰岩-白云岩-粘土成矿亚带（Ⅳ-59①）。所属矿床成矿系列为与早古生代沉积作用有关的铁、彩石、磷、灰岩、白云岩、板岩矿床成矿系列（3-Pz_1-S）。

区域出露地层有中元古界蓟县系王全口组（Pt_2^2w），下寒武统五道淌组（$€_1w$）、中寒武统陶思沟组（$€_2t$）、胡鲁斯台组（$€_2h$），中-上寒武统阿不切亥组（$€_{2-3}a$），下奥陶统大南池组（O_1d）和中-下奥陶统天景山组（$O_{1-2}t$）。含矿地层为下寒武统五道淌组及中寒武统陶思沟组。含矿两层，走向长 10.5 km，倾向北西 15°~24°。第二矿层厚度 33.28~40.80 m，平均 37.65 m；第一矿层厚度 9.88~24.25 m，平均 16.53 m。矿石为灰-深灰色白云岩，隐晶质结构块状条带构造，化学成分 MgO 19.40%~19.79%，CaO 30.09%，SiO_2 3.05%~6.49%，（$SiO_2+Fe_2O_3+Al_2O_3+Mn_3O_4$）5.09%~8.16%。第二矿层酸不溶物偏高，可作Ⅱ级品。

五道淌熔剂白云岩矿床工作程度为普查，估算资源量（334）？为 26000×10^4 t，属大型冶金熔剂用白云岩矿床。

三、产于下奥陶统大南池组熔剂用白云岩矿床

吴忠市同心县青龙山西道梁熔剂用白云岩矿床

矿区位于青龙山南段西道梁，距韦州镇 18.5 km。地属吴忠市同心县韦州镇管辖，交通便利。

西道梁熔剂用白云岩矿床地层属华北地层区（$Ⅲ_4$）、鄂尔多斯西缘地层分区（$Ⅲ_4^1$）、桌子山-青龙山地层小区（$Ⅲ_4^{1-2}$）。大地构造位置位于柴达木-华北板块（Ⅲ）、华北陆块（$Ⅲ_5$）、鄂尔多斯地块（$Ⅲ_5^1$）、鄂尔多斯西缘中元古代—早古生代裂陷带（$Ⅲ_5^{1-1}$）。所属成矿区带为鄂尔多斯西缘（陆缘坳褶带）Fe-Pb-Zn-磷-石膏-芒硝成矿带（Ar_3；Pt；Pz；Kz）（Ⅲ-59）、陶乐-彭阳冲断带煤（气）-石灰岩-白云岩成矿亚带（Ⅳ-59③）。所属矿床成矿系列为与早古生代沉积作用有关的铁、彩石、磷、灰岩、白云岩、板岩矿床成矿系列（3-Pz_1-S）。

区域出露地层主要有蓟县系王全口组（Pt_2^2w），震旦系正目观组（Pt_3^3z），寒武系苏峪口组（$\in_2 s$）、五道淌组（$\in_1 w$）、陶思沟组（$\in_1 t$）、胡鲁斯台组（$\in_2 h$）、阿不切亥组（$\in_{2-3} a$）；奥陶系大南池组（$O_1 d$）、天景山组（$O_{1-2} t$）。

1960 年 4 月，宁夏地质局宁南地质队在青龙山西道梁进行铁矿（菱铁）评价时，在下奥陶统大南池组中发现巨厚冶金用白云岩矿层，矿层中部为灰色中厚层细晶白云岩，厚度 79 m，南段断续出露长度约 10 km，北段约 6 km，总长度约 24 km。该次工作对白云岩进行了评价，获得白云岩 C_2 级 Ⅰ 级品 32×10^8 t，地质储量 43×10^8 t，属大型熔剂用白云岩矿床。白云岩矿石化学成分：MgO 19.93%，CaO 31.11%，SiO_2 1.74%，烧失量 45.09%。

四、产于中-下奥陶统天景山组熔剂用白云岩矿床

银川市贺兰县苏峪口石灰窑熔剂用白云岩矿床

矿区位于银川市贺兰县煤矿西南 1 km 处，地属银川市贺兰县管辖。有镇北堡通往矿区公路，交通方便。

石灰窑熔剂用白云岩地层属华北地层区（$Ⅲ_4$）、鄂尔多斯西缘地层分区（$Ⅲ_4^1$）、贺兰山地层小区（$Ⅲ_4^{1-1}$）。大地构造位置位于柴达木-华北板块（Ⅲ）、华北陆块（$Ⅲ_5$）、鄂尔多斯地块（$Ⅲ_5^1$）、鄂尔多斯西缘中元古代—早古生代裂陷带（$Ⅲ_5^{1-1}$）。所属成矿区带为鄂尔多斯西缘（陆缘坳褶带）Fe-Pb-Zn-磷-石膏-芒硝成矿带（Ⅲ-59）、贺兰山褶断带 Fe-Au-Cu-煤（气）-磷-硅石-石灰岩-白云岩-粘土成矿亚带（Ⅳ-59①）。所属矿床成矿系列为与早古生代沉积作用有关的铁、彩石、磷、灰岩、白云岩、板岩矿床成矿系列（3-Pz_1-S）。区域出露地层主要有蓟县系王全口组（Pt_2^2w），震旦系正目观组（Pt_3^3z），寒武系苏峪口组（$\in_1 s$）、五道淌组（$\in_1 w$）、陶思沟组（$\in_2 t$）、胡鲁斯台组（$\in_2 h$）、阿不切亥组（$\in_{2-3} a$），奥陶系大南池组（$O_1 d$）、天景山组（$O_{1-2} t$），石炭系羊虎沟组（$C_2 y$）和上石炭统—下二叠统太原组（$C_2P_1 t$）。

含矿地层为中-下奥陶统天景山组下部厚层白云岩、白云质灰岩。矿体呈层状，产自下部，单层厚度 6~67.6 m。矿石化学成分 MgO 18.81%，SiO_2 4.88%，$SiO_2+Fe_2O_3+Al_2O_3+Mn_3O_4$ 7.84%。

苏峪口石灰窑熔剂用白云岩矿床为预查矿床，估算矿石量约 9000×10^4 t，属大型熔剂用白云岩矿床。

第三节　矿床时空分布特征及成矿规律

一、时空分布特征

根据成矿亚带对已知资源量进行统计，Ⅳ-59①成矿亚带有 48576.41×10^4 t；Ⅳ-59③成矿亚带

320143.00×10⁴ t。根据成矿时段对已知资源量进行统计，前寒武纪有 143.00×10⁴ t；早-中寒武世有 26000×10⁴ t；早奥陶世有 329000×10⁴ t；早-中奥陶世 13576.4×10⁴ t（表 20-2）。

表 20-2 宁夏冶金熔剂用、玻璃用白云岩时空分布

成矿亚带	前寒武纪/10^4 t	早-中寒武世/10^4 t	早奥陶世/10^4 t	早-中奥陶世/10^4 t	沉积建造
Ⅳ-59①	—	26000	9000	13576.4	高镁碎屑岩-碳酸盐建造
Ⅳ-59③	143.00	—	320000	—	高镁富含叠层石碳酸盐建造

二、成矿规律

1. 蓟县纪玻璃用白云岩矿

蓟县系王全口组是宁夏白云岩的主要赋存层位，该地层主要分布于贺兰山中-北段之三关口、圈渠沟、阿保梁、冰沟、拜寺口及王全沟等地和宁东青龙山及固原市东部地区云雾山、闵家沟、峁头上和马家石沟地区。目前，已在贺兰山中-北段和青龙山地区发现了大中型冶镁白云岩矿床。在青龙山北段发现一处玻璃用小型白云岩矿床。

2. 早-中寒武世熔剂用白云岩矿

目前仅在贺兰山中段紫花沟、苏峪口五道淌发现两处大型熔剂用白云岩矿，其中，苏峪口五道淌白云岩矿局部可作冶镁白云岩矿。白云岩矿床赋于下寒武统五道淌组和中寒武统陶思沟组之间。

3. 早奥陶世熔剂用白云岩矿

赋矿地层为下奥陶统大南池组（在青龙山原称三山子组）和天景山组。大南池组在宁夏区内分布局限，主要分布于贺兰山地层小区和桌子山-青龙山地层小区，在贺兰山中段下岭南沟、苏峪口、大南池和青龙山西道梁等地。大南池组与下伏阿不切亥组和上覆天景山组均呈整合接触，由灰、深灰色厚层块状-中薄层白云岩、白云质灰岩、泥质条带灰岩及少量灰岩组成一套高镁碳酸盐岩地层，目前在青龙山西道梁东坡发现一处大型熔剂用白云岩矿床。矿层为灰色中厚层细晶白云岩，矿体呈层状。

天景山组在宁夏分布较广泛，主要为一套台地相碳酸盐岩沉积，岩性以中厚-巨厚层含燧石条带（或结核）粉晶-微晶砂屑灰岩、微晶鲕粒灰岩、粉晶-微晶灰岩、砂屑微晶灰岩为主，下部发育镁质碳酸盐岩。主要分布在贺兰山中-南段、香山东部天景山、青龙山西道梁和彭阳县。目前仅在贺兰山中段苏峪口石灰窑发现一处大型熔剂用白云岩矿床，矿床赋存于天景山组下部，岩性为厚层白云岩、白云质灰岩；上部厚层灰岩、泥质灰岩，矿体呈层状。

第二十一章 硅石类

（石英砂、石英砂岩、石英岩、脉石英）

第一节 概 述

一、硅石的特征和主要经济用途

硅石是硅质原料的统称，有石英砂、石英砂岩、石英岩、脉石英等。矿物成分主要为石英（晶质 SiO_2）和玉髓（隐晶质 SiO_2）。质纯的脉石英和石英岩其 SiO_2 含量可达98%~99%，石英砂岩 SiO_2 含量为95%~97%。硅石质地坚硬，摩氏硬度7，密度2.65 g/cm^3，有极佳的耐火性和耐酸性，熔点1730℃，熔融体冷却后变为石英玻璃，结晶体石英为水晶，具有透过紫外线光能力及压电性。

硅石矿石可分为下列几种：

1. 石英砂

石英砂粒和硅质岩屑含量大于90%的砂称为石英砂，石英砂粒及硅质岩屑的主要成分为 SiO_2。石英砂呈白色、黄白色、乳白色，含有少量长石、云母、电气石、岩屑，微量重矿物和粘土类矿物。

2. 石英砂岩

石英含量大于90%的砂岩称为石英砂岩，是石英与其他矿物颗粒被某种胶结物胶结起来的沉积岩。碎屑以单晶石英为主，磨圆度与分选性好，含少量长石、岩屑与重矿物，胶结物有次生加大现象。

3. 石英岩

石英岩是由石英砂岩受热变质重结晶而成的。通常结晶颗粒间的胶结物已消失，矿物组成为石英，石英含量大于85%，外表呈灰白色、灰褐色，油脂光泽，密度2.55~2.65 g/cm^3，性脆，硬度大，抗腐蚀能力强。

4. 脉石英

脉石英是一种几乎全部由致密石英块体组成的岩脉。矿石由隐晶质石英组成，颜色为白色、乳白色，油脂光泽，贝壳状断口，质地坚硬，硬度7，密度2.65~2.66 g/cm^3。脉石英化学性质稳定，除氢氟酸外，不溶于水和任何酸，但能溶于碱性溶液。

石英砂、石英砂岩和石英岩的用途主要有：作玻璃原料、冶金熔剂，制窑炉用的硅砖，生产碳化硅、硅铁、含硅合金、硅铝和有机硅，制硅酸盐、水玻璃、硅胶、干燥剂、石油精炼催化剂、外墙涂料、马路划线漆。石英砂作陶瓷配料以减少产品收缩和变形，作铸造用的型砂、磨料、过滤材料；优质石英砂可作水泥质量检验用的标准砂；颗粒细密的石英岩可作油石、玉石（如密玉）。

脉石英矿体较小，矿石硬度较大，不宜作一般的硅质原料使用。其 SiO_2 含量一般高于石英砂、石英砂岩和石英岩，而 Fe_2O_3 的含量较低，是制取高纯石英粉的原料，用以制造硅微粉、石英玻璃、人造压电石英、生产光学玻璃与艺术玻璃。高纯石英粉与碳化硅制成的弹性陶瓷在高温（1600℃）时具有高弹性和延展性。

宁夏的硅石资源丰富，品种也比较齐全，其中有结晶硅用脉石英矿、铁合金及工业硅用石英岩矿、玻璃用石英砂岩和天然石英砂矿、熔剂用石英砂岩和石英岩矿、铸造用的天然砂矿以及水泥配料用天然石英砂矿。除了脉石英之外，其他硅石矿均为沉积矿床。沉积矿床的成矿时代自老至新有：前寒武纪、长城纪、石炭纪、中侏罗世、早白垩世、始新世、渐新世、中新世和全新世，但只有中元古代长城纪、新生代渐新世和中新世为三个主要成矿期，这三个时期产出的硅石是宁夏硅质原料优势矿产。

宁夏硅石矿产虽然资源量丰富，品种较齐全，但缺少高品质硅质原料，主要表现为 SiO_2 含量偏低，有害组分较高，如玻璃用硅质原料，除贺兰山北段石英砂岩可作二、三级玻璃原料外，新生代玻璃用石英砂只能作四级（类）平板玻璃和瓶罐器皿，新生代型砂矿床大多只能作 4S 级和 1SC-2SC 级，缺高品质型砂。

二、硅石矿产地数量

全区发现硅石矿产地 41 处，宁夏矿产资源储量数据库入库 20 处，本志根据《中国矿产地质志·省级矿产地质志研编技术要求》，以“矿产地”在空间上的完整性、连续性、圈闭性为原则对已发现的 41 处矿产地加以适当归并后得出矿产地数量 34 处，其中，结晶硅用脉石英矿产地 1 处，为中型；冶金、玻璃用岩状石英砂岩（石英岩）大型 4 处，中型 9 处，小型 1 处；铸型、玻璃及水泥配料用石英砂大型 9 处，中型 5 处，小型 4 处；玻璃用长石石英砂岩大型 1 处（表 21-1）。

表 21-1　宁夏硅石矿产地一览表

序号	矿产地名称	所在地区	工作程度	矿床规模	矿床类型	成矿时代	开发利用情况
1	柳条沟硅石矿	石嘴山市惠农区	详查	大型	沉积型冶金、玻璃用石英岩（砂岩）	长城纪	停采
2	道路沟脉石英矿	石嘴山市惠农区	勘探	中型	热液型结晶硅用石英脉	前寒武纪	停采
3	正义关鄂博梁硅石矿	石嘴山市惠农区	详查	大型	沉积型冶金、玻璃用石英岩（砂岩）	长城纪	停采
4	王全口硅石矿	石嘴山市惠农区	预查	中型	沉积型冶金用石英砂岩	长城纪	未开采
5	白虎洞硅石矿	石嘴山市惠农区	预查	中型	沉积型冶金用石英岩、工业硅用石英砂岩	长城纪	停采
6	偷牛沟硅石矿	石嘴山市惠农区	勘探	中型	铁合金金、玻璃用石英岩	长城纪	停采
7	北岔沟硅石矿	石嘴山市惠农区	普查	大型	冶金用石英岩	长城纪	开采
8	老树湾硅石矿	石嘴山市大武口区	预查	中型	冶金用石英岩	长城纪	停采
9	枣窝硅石矿	石嘴山市大武口区	预查	中型	冶金用石英岩	长城纪	停采
10	沟东硅石矿	石嘴山市大武口区	预查	中型	冶金用石英岩	长城纪	停采
11	拜寺口硅石矿	银川市贺兰县	预查	中型	冶金用石英砂岩	长城纪	未开采
12	小口子硅石矿	银川市西夏区	预查	中型	冶金用石英砂岩	长城纪	未开采
13	大口子硅石矿	银川市西夏区	详查	大型	冶金用石英岩	长城纪	停采
14	黄羊滩石英砂矿	银川市永宁县	详查	中型	水泥配料用石英砂	中新世	开采
15	花布山石英砂矿	银川市永宁县	预查	大型	铸型用石英砂	中新世	未开采
16	双井、红崖子石英砂矿	吴忠市青铜峡市	预查	大型	铸型用石英砂	中新世	未开采
17	火车站石英砂矿	吴忠市青铜峡市	普查	大型	铸型用石英砂	中新世	未开采
18	河西石英砂矿	吴忠市青铜峡市	普查	小型	铸型用石英砂	中新世	停采
19	营盘水石英砂矿	中卫市沙坡头区	普查	中型	铸型用砂	全新统	开采
20	陈水硅石矿	中卫市沙坡头区	普查	中型	冶金用石英岩	晚石炭世	开采
21	青马圈石英砂矿	吴忠市盐池县	预查	小型	玻璃用石英砂	渐新世	未开采
22	苦水河沿岸石英砂矿	吴忠市盐池县	预查	大型	铸型用石英砂	中新世	未开采
23	红土沟石英砂矿	吴忠市盐池县	预查	中型	玻璃用石英砂	中新世	未开采

续表

序号	矿产地名称	所在地区	工作程度	矿床规模	矿床类型	成矿时代	开发利用情况
24	杨家井-丁家二沟石英砂矿	吴忠市同心县	预查	中型	铸型用石英砂	中新世	开采
25	北沟石英岩矿	中卫市海原县	预查	小型	冶金用石英岩	长城纪	未开采
26	石岘子林场石英砂岩矿	固原市原州区	预查	大型	玻璃用石英砂岩	中侏罗世	未开采
27	石砚子石英砂矿	固原市原州区	预查	大型	铸型用石英砂	渐新世	未开采
28	荞花台石英砂矿	固原市原州区	预查	中型	铸型用石英砂	渐新世	未开采
29	北湾石英砂矿	固原市原州区	预查	大型	玻璃用石英砂岩	始新世	停采
30	梁家台-沙窝石英砂矿	固原市原州区	预查	大型	铸型、石油压裂用砂	渐新世	停采
31	清河镇高圪陵石英砂矿	固原市原州区	详查	小型	玻璃用石英砂岩	渐新世	未开采
32	小黄峁山-青石峡口石英砂矿	固原市原州区	预查	大型	铸型、水泥用石英砂	渐新世	未开采
33	开城镇石英砂矿	固原市原州区	预查	大型	铸型、水泥用石英砂	渐新世	未开采
34	西庄石英砂岩矿	固原市彭阳县	预查	小型	铸型用砂岩	早白垩世	未开采

三、硅石矿地理分布

结晶硅用脉石英矿和冶金、玻璃用岩状石英砂岩（石英岩）矿主要分布在贺兰山中-北段的石嘴山市、银川市西夏区、贺兰县和中卫市香山地区；铸型、玻璃、水泥配料用石英砂主要分布在贺兰山南段的银川市永宁县，中卫市，吴忠市青铜峡市、盐池县、同心县和固原市（图 21-1）。

四、硅石矿矿床类型

根据“中国矿产地质志”矿床（成因/工业）类型划分表，宁夏石英岩为受变质型矿床（机械沉积受变质的）；石英砂岩为机械沉积矿床型（机械沉积已固结及半固结的）；石英砂为砂矿型矿床（机械沉积未固结的）；宁夏的唯一 1 处脉石英矿床是与混合岩化有关热液成因，可称为变质热液型，归并于变成型（表 21-2）。

表 21-2　宁夏硅石（成因/工业）类型划分表

一级	二级	三级	矿床实例
内生矿床	变质作用矿床	受变质型（沉积变质）	北祁连成矿带：海原县北沟熔剂石英岩矿床。 鄂尔多斯西缘成矿带：石嘴山市北岔沟、枣窝、惠农柳条沟西、白虎洞（少部分），银川市拜寺口、大口子、小口子石英岩矿床
		变成型	鄂尔多斯西缘成矿带：石嘴山市惠农区道路沟脉石英矿床（变质热液型）
外生矿床	沉积作用矿床	砂矿型	河西走廊成矿带：中卫市营盘水石英砂矿床
		机械沉积型	河西走廊成矿带：固原市原州区炭山乡石岘子林场石英砂岩矿床（玻璃用）；固原市原州区梁家台（铸型、石油压裂用）、石岘子、石门子、沙窝、小黄峁山、开城、荞花台石英砂岩矿床（铸型用），北湾、高圪陵石英砂岩矿床（玻璃用），太白山-青石峡口石英砂岩矿床（水泥配料用）。青铜峡市火车站、河西，同心县杨家井、丁家二沟石英砂岩矿床（铸型用） 鄂尔多斯西缘成矿带：石嘴山市白虎洞（大部分）、柳条沟东段、正义关鄂博梁、红果子、酸枣岭、王全口、老鼠湾、大武口东石英砂岩矿床、北岔沟；永宁县黄羊滩石英砂岩矿床（水泥配料），永宁县花布山，青铜峡市双井子、红崖子，同心县新庄，盐池县苦水河石英砂岩矿床（铸型用），红土沟石英砂岩矿床（玻璃用） 鄂尔多斯成矿区：彭阳县西庄石英砂岩矿床（铸型用）；盐池县青马圈石英砂岩矿床（玻璃用）

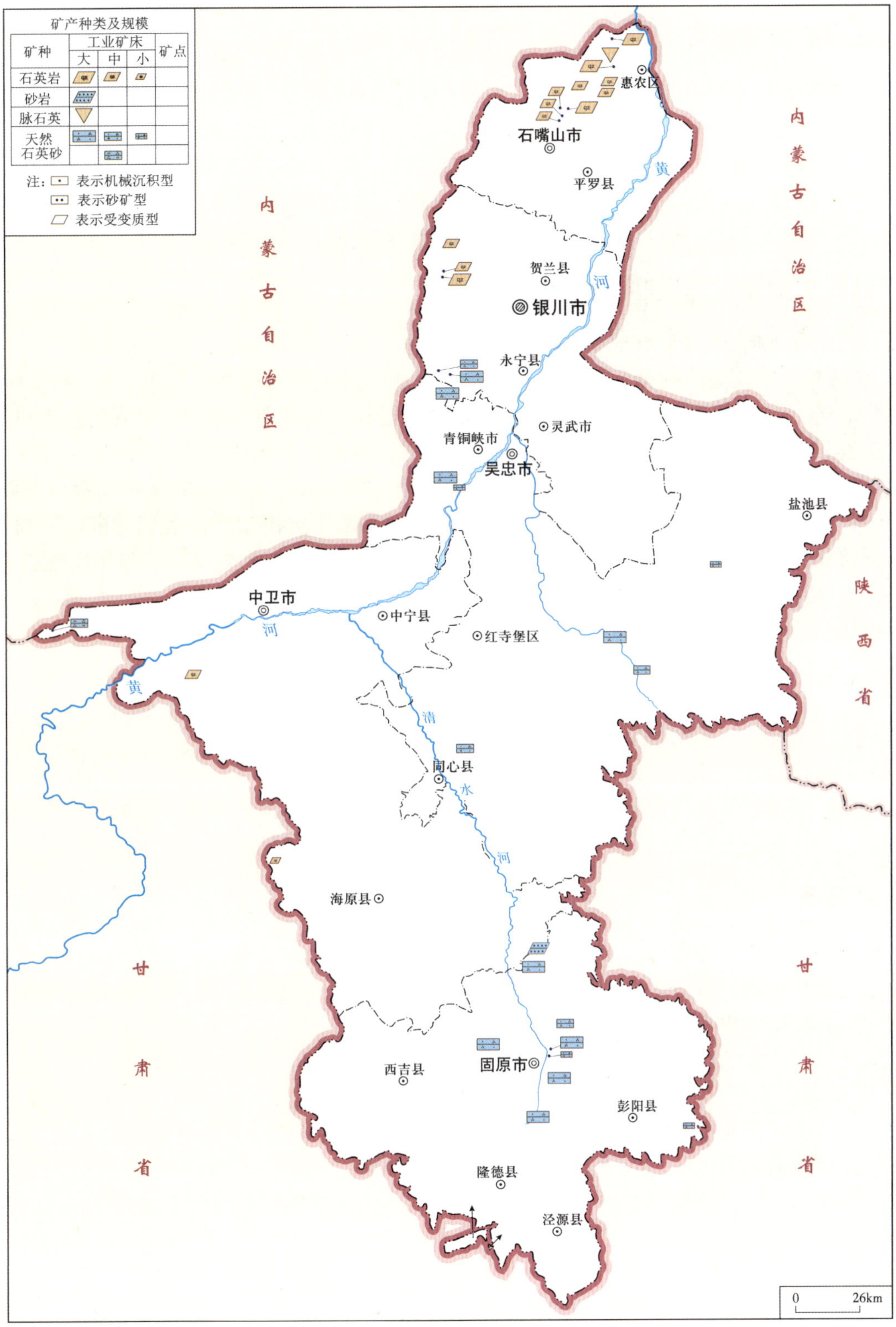

图 21-1 宁夏硅石矿产地分布图

按沉积环境划分，本区石英岩属海相沉积受变质型；石英砂岩及石英砂可再区分为海相机械沉积、陆相机械沉积、海陆交互相机械沉积型。

按工业用途划分，本区有结晶硅用脉石英矿床、铁合金及工业硅用石英岩矿床、玻璃用石英砂岩和天然石英砂矿床、熔剂用石英砂岩和石英岩矿床、铸造用天然砂矿床以及水泥配料用天然石英砂矿床。

五、硅石矿资源储量

截至 2017 年底，全区探获的硅石资源量为 205124. 248×10^4 t。其中，脉石英资源量为 223. 733×10^4 t，石英岩资源量为 120296. 715×10^4 t，天然石英砂资源量为 81002. 8×10^4 t，石英砂岩资源量为 3601×10^4 t；列入宁夏矿产资源储量数量库的硅石查明资源储量（111b+122+122b+331+332+333）为 116320. 25×10^4 t。其中，脉石英资源储量（122b+333）223. 733×10^4 t，石英岩资源储量（111b+122b+331+332+333）115116. 715×10^4 t，天然石英砂资源储量（122b+333）979. 8×10^4 t。

六、硅石矿勘查与开发利用程度

宁夏目前已发现的 34 处矿产地中，勘探 2 处、详查 5 处、普查 4 处，其余为预查。

早在 1943 年，宁夏建设厅地质调查所发现贺兰山硅质岩（当时称之“石英”）。在 1946 年印制的《宁夏资料志》“矿产”一章中对贺兰山硅质岩（当时称“石英”）描述：“沿贺兰山汝箕沟、大磴沟、王全沟、红果梁、三关口等地，随处均是，几用之不尽，已视为废物。”中华人民共和国成立后，建材部地质局及宁夏地矿局先后在此区域开展了地质勘查工作，提交的地质储量近 5000×10^4 t。20 世纪 60 年代初期，为满足宁夏铁合金厂对硅石矿以及铸造厂对铸型砂的迫切需求，分别在贺兰山中段和中卫营盘水地区开展了硅石矿地质调查，提交熔剂硅石资源 1700×10^4 t、铸型用砂矿资源 213×10^4 m^3。

从 20 世纪后期开始利用硅石生产玻璃、硅铁、碳化硅，现今已经发展到可利用硅石生产太阳能级结晶硅。

第二节　矿产地分论

宁夏硅质原料比较丰富，在中元古界长城系—第四系全新统中均有分布。主要成矿期为长城纪和新生代。

一、脉石英

脉石英是一种几乎全部由致密块状石英集合体组成的岩脉，由花岗岩岩浆或混合岩化有关的富硅热液充填于裂隙形成的，可分为花岗岩岩浆热液型矿床、混合岩化热液型矿床及伟晶岩脉型矿床。宁夏结晶硅用脉石英矿床仅有石嘴山市道路沟矿床 1 处。

石嘴山市惠农区道路沟脉石英矿床

道路沟脉石英矿床位于贺兰山北段东麓，道路沟南侧白渣子沟内，距石嘴山车站 8. 8 km，地属石嘴山市惠农区管辖。

2003～2011 年，中国建筑材料工业地质勘查中心宁夏总队对该矿床进行了普查工作。

1. 区域地质

道路沟脉石英矿床地层属华北地层区（$Ⅲ_4$）、鄂尔多斯西缘地层分区（$Ⅲ_4^1$）、贺兰山地层小区（$Ⅲ_4^{1-1}$）。大地构造位置位于柴达木-华北板块（Ⅲ）、华北陆块（$Ⅲ_5$）、鄂尔多斯地块（$Ⅲ_5^1$）、鄂尔多斯西缘中元古代—早古生代裂陷带（$Ⅲ_5^{1-1}$）。所属成矿区带为鄂尔多斯西缘（陆缘坳褶带）Fe-Pb-Zn-磷-石膏-芒硝成矿带（Ⅲ-59）、贺兰山褶断带 Fe-Au-Cu-煤（气）-磷-硅石-石灰岩-白云岩-粘土成矿亚带（Ⅳ-59①）。所属矿床成矿系列为与鄂尔多斯地块古元古代岩浆作用有关的矿床成矿系列（1-$Ⅲ_5^1$-Pt_1-I）、与古元古代混合花岗岩化作用有关的伟晶白云母、石英、长石、热液脉石英矿床成矿亚系列（Pt_1-I-1）。出露地层主要有：古元古界贺兰山岩群黑云斜长片麻岩等变质岩。岩浆岩主要有古元古代黑云母花岗岩、石榴子石花岗岩等。区内岩脉发育，主要有花岗伟晶岩、石英脉、辉绿岩脉。断裂构造主要有北东向和近东西向两组，近东西向断裂将北东向断裂错断（图 21-2）。

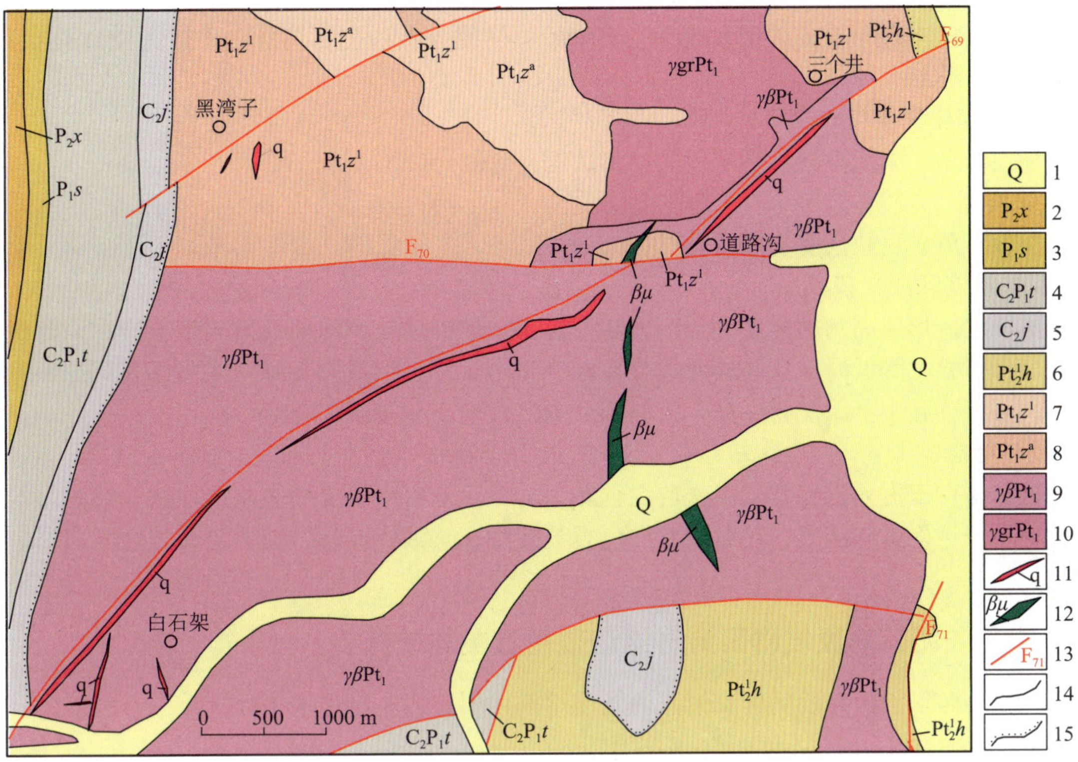

图 21-2　石嘴山市惠农区道路沟脉石英矿区域地质图

（据宁夏回族自治区有色金属地质勘查院，2013，有修改）

1—第四系；2—二叠系下石盒子组；3—二叠系山西组；4—石炭系—二叠系太原组；5—石炭系靖远组；6—长城系黄旗口组；7—古元古界贺兰山岩群宗别立岩组柳树沟岩段；8—古元古界贺兰山岩群宗别立岩组阿愣呼都格岩段；9—古元古代黑云母花岗岩；10—古元古代石榴石花岗岩；11—石英脉；12—辉绿岩脉；13—断层及编号；14—地质界线；15—不整合地质界线

2. 矿区地质

矿区出露地层主要为古元古界贺兰山岩群片麻岩和古元古代混合花岗岩，脉石英受北东向高角度断裂控制。该断裂南侧发育有石英细脉、花岗伟晶岩脉和灰绿岩脉。

石英脉产于北东-南西向断裂破碎带中，围岩为古元古界贺兰山岩群混合片麻岩和古元古代黑云母花岗岩及似斑状花岗岩。在断裂破碎带长度约 8.6 km，石英脉断续出露。

3. 矿体特征

矿体呈脉状、透镜状，断续出露，长度 100~1000 m，厚度一般为 8~10 m，最厚 40~50 m，倾角 40°~71°。

4. 矿石特征

矿石为乳白色、白色，主要由隐晶质石英组成的隐晶质结构，致密块状构造，主要矿物为石英，有少量黄铁矿、褐铁矿。矿石化学成分：SiO_2 99.46%，Al_2O_3 0.14%，Fe_2O_3 0.35%，CaO 0.02%。矿石化学成分稳定，有害杂质少，质量符合结晶硅的工业要求，亦可作铁合金及玻璃器皿。

5. 矿体围岩

矿体北侧为片麻岩，南侧为混合花岗岩。

6. 资源储量

截至 2017 年底，道路沟脉石英矿经宁夏国土资源厅备案的硅石矿查明资源储量（122b+333）为 223.733×10^4 t，其中，动用资源储量（122b）79.25×10^4 t，保有资源储量（333）为 144.483×10^4 t。该矿床已成为石嘴山铁合金厂、905 厂、302 厂的原料基地。

7. 矿化阶段划分及分布

根据矿石结构构造分析，矿化大致有三个阶段：早期为乳白色石英脉，中期为微砂粒状石英脉，后期为重结晶石英脉。

8. 成矿物理化学条件

矿床是在高压、中低温条件下形成的，形成温度550~573℃。

9. 矿床类型

道路沟脉石英矿属热液受变质石英脉型矿床。

10. 成矿机制和成矿模式

由于推覆构造形成高角度断层，地下岩浆分溢出来的硅质流体沿断裂破碎带上升，同时析出围岩的硅质成分，当温度降低时，这些硅质成分在断裂带中沉淀，形成石英脉。在局部石英脉中见有片麻岩包裹体。该石英脉中金属矿物少见，仅局部见少量黄铁矿和褐铁矿化。

11. 找矿标志

脉石英矿赋存于古元古界贺兰山岩群混合花岗岩、片麻岩中，受断裂构造控制，成因与低温热液作用有关，一般呈板脉状展布，矿石以乳白色石英为主，具油脂光泽，找矿要在贺兰山岩群中的石英脉内开展。

二、产于长城系海原岩群园河岩组熔剂用石英岩矿床

仅在海原县西华山西北段的西安镇北沟发现熔剂用石英岩小型矿床1处。

中卫市海原县西安镇北沟石英岩矿床

北沟石英岩矿床位于西华山西北麓，距西安镇西北23 km，矿区交通方便，属中卫市海原县西安镇管辖。

北沟石英岩矿床地层属祁连地层区（$Ⅲ_2$）、北祁连地层分区（$Ⅲ_2^1$）、靖远-西吉地层小区（$Ⅲ_2^{1-1}$）。大地构造位置位于柴达木-华北板块（Ⅲ）、祁连早古生代造山带（$Ⅲ_2$）、北祁连中元古代—早古生代海沟系（$Ⅲ_2^1$）、景泰-海原中元古代—早古生代弧后盆地（$Ⅲ_2^{1-1}$）。所属成矿区带为北祁连Cu-Pb-Zn-Fe-Cr-Au-Ag-硫铁矿-石棉成矿带（Pt_2；Pt_3-Pz_1）（Ⅲ-21）、南、西华山-六盘山冲断带Au-Cu-Pb-Zn-硫铁-泥炭-岩盐成矿亚带（Ⅳ-21①）。所属矿床成矿系列为与中元古代沉积-变质作用有关的铁、硅石、白云石大理岩、砚石矿床成矿系列（2-Pt_2-S（M））、与中元古代变质作用有关的铁、硅石、白云石大理岩、砚石矿床成矿亚系列（Pt_2-M-1）。含矿岩系为长城系海原岩群园河岩组（Pt_2^1y），下部岩性以灰绿色片岩为主，夹少量大理岩、石英岩透镜体，上部以灰白色片岩为主，夹少量白云质大理岩。为一套巨厚的遭受低级区域变质的海相碎屑岩-中基性火山岩和碳酸盐岩沉积。

矿体呈透镜状，产于大理岩、石英片岩中，倾向北东，倾角60°。矿体出露长度150 m，宽度20 m，受后期构造破坏严重。矿石化学成分：SiO_2 93.13%，Al_2O_3 2.72%，Fe_2O_3 0.93%，CaO 0.24%。预查资源量（334）？为$31×10^4$ t，矿床规模为小型。该矿床属海相沉积变质型熔剂用石英岩矿床。

三、产于中元古界长城系黄旗口组熔剂、硅铁、玻璃用石英砂岩（石英岩）矿床

黄旗口组是宁夏石英砂岩（石英岩）主要含矿地层。岩性下部为灰紫、灰红色薄-中厚层石英岩、石英岩状砂岩、石英砂岩，夹一层紫色粉砂-灰绿色粉砂质泥质板岩（贺兰石），向上过渡为灰色石英细砂岩、灰绿色粉砂质板岩夹石英岩、石英砂岩；上部为灰白色厚层状含少量硅质条带的硅质白云岩夹灰绿-灰黑色硅质板岩、石英岩、石英砂岩。该组地层为一套未变质或轻变质的滨海-浅海相碎屑沉积。

自北而南，地层变质程度加深。因而贺兰山中段和北段局部为石英岩（如大口子硅石矿床、大

武口枣窝、北岔沟等矿床)，贺兰山北段多为石英岩状砂岩（如柳条沟、鄂博梁、正义关、白虎洞等矿床)。其资源量占全区石英岩、石英砂岩总量的93.32%。

硅石矿层为灰白、浅黄、浅灰、浅紫色厚-薄层中细粒石英岩、石英砂岩。在贺兰山北段赋矿5~13层，厚度57.13~386.32 m，多数厚度在100 m以上。贺兰山中段大体赋矿1层，厚度15~122 m。贺兰山北段，沙巴台单斜和王全口背斜（正义关背斜）东翼石英砂岩矿床Fe_2O_3含量小于0.3%，满足玻璃用石英砂岩的工业要求；向西至石炭井-大武口沟一带，Fe_2O_3含量大于0.6%，石英砂岩（石英岩）可作熔剂和铁合金的硅质原料。贺兰山中段与后者相似，亦只可作熔剂用石英岩。

（一）典型矿床

石嘴山市惠农区柳条沟硅石矿床

柳条沟硅石矿床位于贺兰山北段东麓，柳条沟南侧，直距石嘴山火车站9 km，交通便利。属石嘴山市惠农区管辖。

1985年，宁夏地矿局地质研究所对矿区东段硅石、玻璃砂岩的地质情况开展了普查工作。查明了石英砂岩矿层的分布部位，形态和产状特征。求得硅铁、硅砖用硅石储量C级872.51×10^4 t，D级588.66×10^4 t，玻璃用石英砂岩储量C级694.89×10^4 t，D级245.25×10^4 t，并提交了《石嘴山柳条沟东段硅石、玻璃砂岩地质评价报告》。2004年、2006年和2011年，分别由宁夏国土资源调查监测院、宁夏石嘴山市国土局、宁夏建筑材料工业地质勘查中心宁夏总队对西段0.36 km^2范围内的硅石进行了地质简测和勘查工作，累计提交资源量405.61×10^4 t。2012~ 2015年，中国建筑材料工业地质勘查中心宁夏总队对柳条沟硅石矿进行了详查，提交了《宁夏石嘴山市柳条沟硅石矿详查报告》，求得硅石矿资源量（332+333+334?）共计16562.10×10^4 t，其中，（332）为7283.82×10^4 t，（333）为8121.34×10^4 t，(334)？为1156.94×10^4 t。

（1）区域地质

柳条沟硅石矿床地层属华北地层区（$Ⅲ_4$)、鄂尔多斯西缘地层分区（$Ⅲ_4^1$)、贺兰山地层小区（$Ⅲ_4^{1-1}$)。大地构造位置位于柴达木-华北板块（Ⅲ)、华北陆块（$Ⅲ_5$)、鄂尔多斯地块（$Ⅲ_5^1$)、鄂尔多斯西缘中元古代—早古生代裂陷带（$Ⅲ_5^{1-1}$)。所属成矿区带为鄂尔多斯西缘（陆缘坳褶带）Fe-Pb-Zn-磷-石膏-芒硝成矿带（Ⅲ-59)、贺兰山褶断带Fe-Au-Cu-煤（气）-磷-硅石-石灰岩-白云岩-粘土成矿亚带（Ⅳ-59①)。所属矿床成矿系列为与中元古代沉积-变质作用有关的铁、硅石、白云石大理岩、砚石矿床成矿系列（2-Pt_2-S（M)）、与鄂尔多斯地块蓟县纪沉积作用有关的白云岩矿床成矿亚系列（$Ⅲ_5^1$-Pt_2-S-2)。区域出露地层由老至新有：古元古界贺兰山岩群（$Pt_1HL.$）变质岩，分布于矿区南部，属于结晶基底岩层；中元古界长城系黄旗口组（Pt_2^1h)、中寒武统陶思沟组（ϵ_2t)、胡鲁斯台组（ϵ_2h）及上石炭统羊虎沟组（C_2y)。矿区南北两侧大面积出露古元古代黑云母、石榴子石混合花岗岩，南侧有加里东期超基性岩出露。区内断裂构造较为发育，主要有北东向、北西向及近东西向三组断裂构造，沿东西向断裂有超基性岩脉出露。

（2）矿区地质

矿区地层主要出露有：长城系黄旗口组（Pt_2^1h)、中寒武统陶思沟组（ϵ_2t)、中寒武统胡鲁斯台组（ϵ_2h）及上石炭统羊虎沟组（C_2y)。

黄旗口组为含矿层。该套地层构成混合花岗岩之上的第一盖层，为一套滨海相碎屑-石英砂岩建造，与下伏古元古界贺兰山岩群变质岩和上覆地层呈不整合接触。按岩石组合特征分上、下两岩性段。局部见近1 m宽的黑绿色闪长玢岩脉顺层或小角度斜切地层侵入。

矿区内地层总体出露形态为一走向近于东西的单斜，总体倾向北，地层沿走向局部有所起伏，东部地层有向南转折的趋势。地层倾向320°~94°，倾角5°~35°。区内断裂构造不甚发育，主要分布于阴沟及其东部一带，多为南北向断裂构造，对矿体的破坏作用微小（图21-3)。

（3）矿体特征

硅石矿层赋存于长城系黄旗口组上岩性段，岩性为灰白色中-厚层状中细粒石英岩状砂岩，呈单

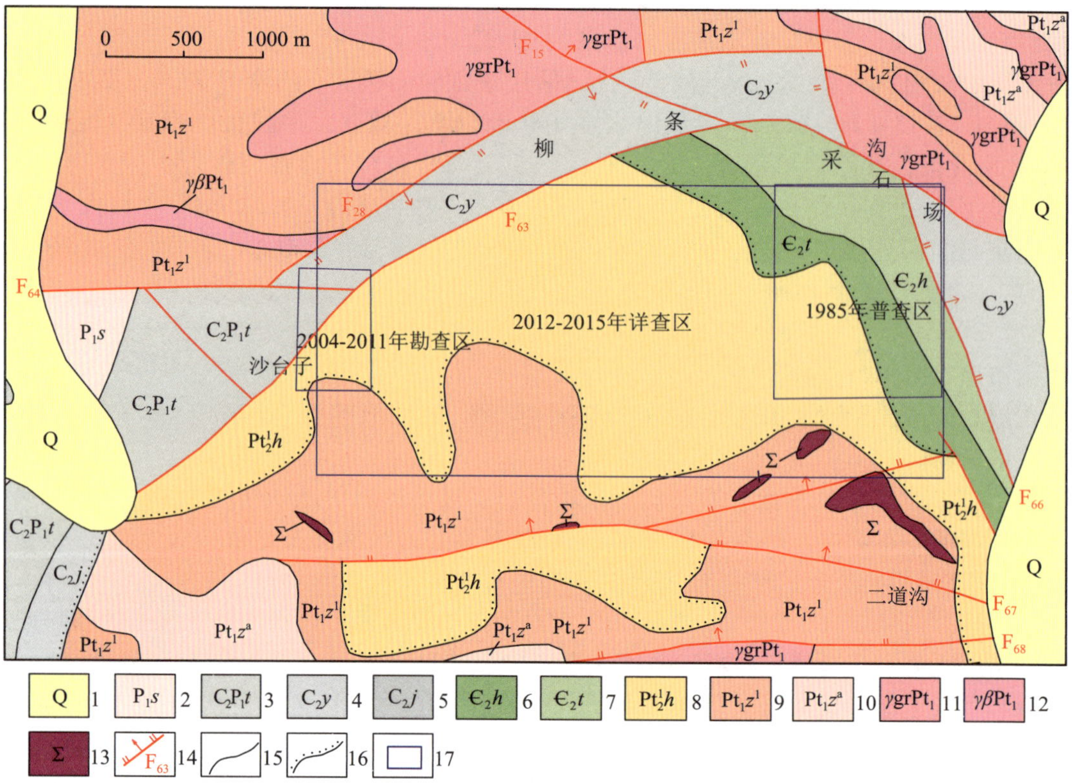

图 21-3　石嘴山市惠农区柳条沟硅石矿区域地质图

（据宁夏回族自治区有色金属地质勘查院，2013，有修改）

1—第四系；2—二叠系山西组；3—石炭系—二叠系太原组；4—石炭系羊虎沟组；5—石炭系靖远组；6—寒武系胡鲁斯台组；7—寒武系陶思沟组；8—长城系黄旗口组；9—古元古界贺兰山岩群柳树沟岩段；10—古元古界贺兰山岩群阿楞呼都格岩段；11—古元古代石榴子石花岗岩；12—古元古代黑云母花岗岩；13—超基性岩；14—断层及编号；15—地质界线；16—不整合地质界线；17—历年工作区范围

斜层状产出，为一层矿（图 21-4）。矿层沿山梁出露，矿层倾向与山体坡向一致，连续性较好，厚度及质量较稳定，矿层总体上呈近东西向展布，倾向北，倾角 5°～35°，矿层延伸长度约 4.95 km，出露宽度 0.60～1.80 km，厚度 41.38～162.60 m，平均厚度 70.61 m。矿层由西至东依次划分为Ⅰ、Ⅱ、Ⅲ 3 个矿段。

Ⅰ矿段呈三角形分布于西部，岩性为灰白色中-厚层状中细粒石英岩状砂岩过渡为石英岩，呈单斜层状产出，倾向 320°～355°，倾角 19°～26°，延伸长度约 900 m，出露宽度约 600 m，厚度 41.38～94.12 m，平均厚度 68.39 m。

Ⅱ矿段呈一不规则状分布于中部，岩性为灰白色中-厚层状中细粒石英岩状砂岩，呈单斜层状产出，倾向 350°～44°，倾角 5°～26°，延伸长度约 1850 m，出露宽度约 1800 m，厚度 50.75～162.60 m，平均厚度 81.53 m。

Ⅲ矿段分布于阴沟东南部含矿层底板与顶板界线之间，岩性为灰白色中-厚层状中细粒石英岩状砂岩，呈单斜层状产出，倾向 55°～94°，倾角 16°～35°，延伸长度约 1200 m，出露宽度约 600 m，厚度 41.38～62.60 m，平均厚度 55.03 m。

矿层顶板为寒武系陶思沟组薄层泥质灰岩、泥页岩、板岩，多呈互层状；矿层底板以黄旗口组下岩性段粉砂质泥岩、泥质粉砂岩为主，局部地段底板为黄旗口组上岩性段不符合工业指标要求的石英岩状砂岩，形成夹石。

（4）矿石特征

矿石以白色、灰白色石英岩状砂岩为主，中细粒砂状结构，块状构造，偶见条纹状构造。粒径多在 0.06～0.5 mm 之间。矿物颗粒磨圆度好，分选性中等，矿石中的矿物成分组成单一，主要由碎屑颗粒、胶结物组成，碎屑矿物颗粒主要为石英和硅质岩屑，矿物呈孔隙-再生式胶结，胶结物为硅质、少量泥质。部分硅质胶结物成为再生石英，部分碎屑石英形成次生加大边，玉髓及细小石英呈集合体产出。少量泥质呈鳞片状细小绢云母产出。杂基为粘土矿物，呈细小鳞片状充填于石英间隙。石英（包括硅质岩屑）含量在 95%～99%之间，硅质胶结物在 1%～5%之间，其他含量很少。

主要化学成分为 SiO_2，其次为 Al_2O_3 和 Fe_2O_3，其中有益成分为 SiO_2、Al_2O_3，有害成分为 Fe_2O_3。矿石中的主要化学成分 SiO_2，最高含量为 99.36%，最低含量为 96.00%，平均含量为 97.31%；Al_2O_3 最高含量为 1.50%，最低含量为 0.18%，平均含量为 0.81%；Fe_2O_3 最高含量为 1.27%，最低含量为 0.05%，平均含量为 0.17%。矿石中其他氧化物为 TiO_2、Cr_2O_3、CaO、MgO、K_2O、Na_2O、P_2O_5 及烧失量，其总量占矿物总含量小于 2%。

矿区西部主要为肉红色石英岩，矿石用于钛合金；东部为灰白色石英砂岩，较纯，可用于制作玻璃（图 21-5）。

图 21-4　柳条沟硅石矿石英砂岩矿层
（向连格摄，2017）

图 21-5　柳条沟硅石矿石英砂岩矿石
（向连格摄，2017）

（5）资源储量

截至 2017 年底，柳条沟硅石矿经宁夏国土资源厅备案的硅石矿查明资源储量（122b+332+333）为 17078.29×10^4 t，保有资源储量为 16853.351×10^4 t。其中，冶金用石英岩资源储量 15777.92×10^4 t；冶金用石英砂岩资源储量 319.63×10^4 t；玻璃用石英砂岩资源量 980.74×10^4 t。矿床规模为大型矿床，属海相机械沉积石英岩（砂岩）矿床。

（6）成矿阶段划分

成矿阶段大致为两期：早期石英砂岩、石英碎屑普遍发生次生加大现象；晚期沉积石英岩、硅质胶结物部分发生重结晶而成次生石英，并围绕石英碎屑颗粒形成次生加大边。因其岩性致密坚硬与变质石英岩不易区别。但在显微镜下可以观察到次生加大的石英间界线一般为直线状。

（7）成矿物理化学条件

黄旗口组整体形成于气候干燥的淡水氧化或富氧的过渡环境，沉积期古海水温度较高（平均为 32℃）。

（8）矿床类型

柳条沟硅石矿床为海相机械沉积型冶金、玻璃用石英岩（砂岩）矿床。

（9）成矿机制

石英砂岩（Q>90%）是高度成熟的砂岩，它是风化作用、分选作用和磨蚀作用持续较久和深化的终极产物。

矿层赋存于长城系黄旗口组上岩性段，岩性以白色、浅灰白色中细粒石英岩状砂岩为主，呈厚层块状产出、规模大、质量好、产状较为稳定。石英颗粒分选性、磨圆度较好，成分纯净，单层厚0.2~0.8 m。波状斜层理及波状水平层理发育，说明早期本区处于温湿的氧化环境，沉积岩层中富高价铁呈现红色，晚期逐步向还原环境转化，形成长城系滨海相的石英砂岩矿床，后期又经受轻微的区域变质作用的影响，形成石英岩状砂岩矿床。属滨海相碎屑岩沉积型矿床。

（10）找矿标志

硅石致密坚硬，抗风化能力强，常形成陡峭的山梁，风化面常呈青灰白色，新鲜面多为白色，因此，寻找该类矿产应在黄旗口组上岩性段石英岩状砂岩层位分布的地段内进行。

（二）重要矿床

1. 石嘴山市惠农区正义关鄂博梁硅石矿床

正义关鄂博梁硅石矿区位于贺兰山北段东麓正义关沟南侧大山头，属石嘴山市惠农区管辖，交通方便。

1957 年，建材部地质局兰州勘探大队对该矿进行了为期一个月的工作，预测资源量 5000×10^4 t；1958~1959 年，宁夏地质局宁南地质队对该矿进行了详查，求获资源量：C_1 级储量 283.1×10^4 t，C_2 级储量 331.04×10^4 t；2010~2013 年，中国建筑材料工业地质勘查中心宁夏总队对该矿进行了详查及外围普查，提交了《石嘴山市惠农区正义关鄂博梁硅石矿详查及外围普查报告》，估算资源量（332+333）为 53705.47×10^4 t，普查面积为 13.63 km^2，估算资源量（333+334）为 392537.91×10^4 t。

正义关鄂博梁硅石矿床地层属华北地层区（$Ⅲ_4$）、鄂尔多斯西缘地层分区（$Ⅲ_4^1$）、贺兰山地层小区（$Ⅲ_4^{1-1}$）。大地构造位置位于柴达木-华北板块（Ⅲ）、华北陆块（$Ⅲ_5$）、鄂尔多斯地块（$Ⅲ_5^1$）、鄂尔多斯西缘中元古代—早古生代裂陷带（$Ⅲ_5^{1-1}$）。所属成矿区带为鄂尔多斯西缘（陆缘坳褶带）Fe-Pb-Zn-磷-石膏-芒硝成矿带（Ⅲ-59）、贺兰山褶断带 Fe-Au-Cu-煤（气）-磷-硅石-石灰岩-白云岩-粘土成矿亚带（Ⅳ-59①）。所属矿床成矿系列为与中元古代沉积-变质作用有关的铁、硅石、白云石大理岩、砚石矿床成矿系列（2-Pt_2-S（M））、与中元古代变质作用有关的铁、硅石、白云石大理岩、砚石矿床成矿亚系列（Pt_2-M-1）。区域出露地层由老至新：古元古界贺兰山岩群、中元古界长城系、石炭系、二叠系、三叠系、新近系和第四系。

矿区经历了多次构造变动，大地构造位置极为独特，正义关深大断裂紧邻矿区北部通过。

区内岩浆岩主要有超基性岩、古元古代混合花岗岩，各岩体分布范围都不大。脉岩有两类，以加里东晚期的辉绿岩脉最为常见，多侵入于古元古界贺兰山岩群中，呈岩墙状或脉状产出；另一类为酸性石英脉，在道路沟一带有出露（图 21-6）。

矿区出露地层为古元古界贺兰山岩群宗别立岩组，由中-深变质程度的片麻岩、浅粒岩组成，并伴有较强烈的混合岩化和花岗岩化，属华北结晶基底岩系的组成部分，分布于矿区东侧与上覆黄旗口组呈角度不整合接触；上石炭统靖远组在其北部呈残留体与黄旗口组呈不整合接触，上石炭统羊虎沟组矿区西部与下伏黄旗口组呈不整合接触或地层接触。

含矿地层为黄旗口组，分布于整个矿区，呈北北东向展布。根据岩性组合特征又分为上下两个岩性段。

矿体位于东西向构造带与贺兰山褶断束复合部位，地处黑白岭向斜东翼，地层总体走向北东—南西，倾向北西，倾角 15°~38°，地层呈单斜产出，区内次一级褶皱构造不发育，属褶皱构造简单类型。

区内断裂构造较发育，主要有北东向和南北向两组，这些断层不同程度对矿体产生了破坏作用。

矿区内共有一层矿体，赋存于长城系黄旗口组上段，岩性为灰白色中细粒石英岩状砂岩。矿石质量优良、物质成分单一、颜色相近、结构构造相同、厚度较稳定是矿层最大特点。

矿层呈单斜厚层状产出。走向北东—南西向，与山体走向一致，其平面形态为扁平板状体，矿层倾向 290°~342°，倾角 15°~38°。与山体坡向一致，产状变化不大，且连续性好。矿层南北出露长度约 6 km，东西出露宽度约 1.6 km，厚度 128.77~400.49 m，平均 225.46 m，属厚度稳定型矿体。矿

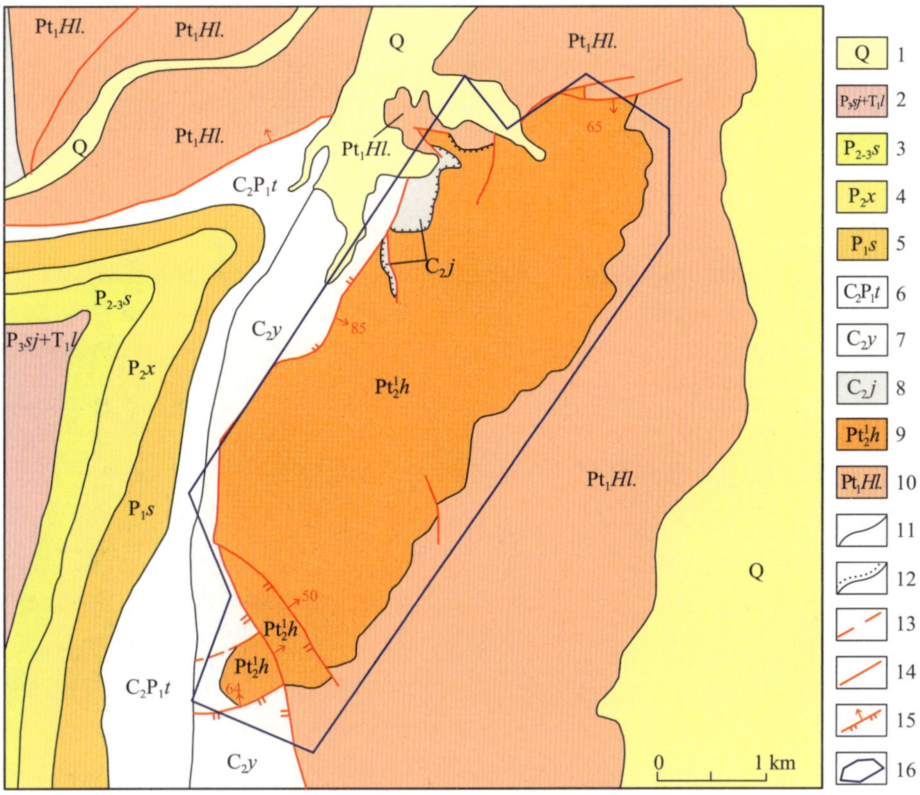

图 21-6　石嘴山市惠农区正义关鄂博梁硅石矿区域地质简图

（据中国建筑材料工业地勘查中心宁夏总队，2012，有修改）

1—第四系洪积层；2—孙家沟组+刘家沟组；3—上石盒子组；4—下石盒子组；5—山西组；6—太原组；7—羊虎沟组；8—靖远组；9—黄旗口组；10—贺兰山岩群；11—地质界线；12—角度不整合地质界线；13—推测性质不明断层；14—实测性质不明断层；15—逆断层；16—详查区位置

床规模为大型（图 21-7）。

矿层顶板为石炭系羊虎沟组的含砾砂岩、含砾石英粗砂岩、泥质板岩。矿层底板主要为黄旗口组下岩性段的紫红色粉砂质泥岩及古元古界贺兰山岩群宗别立岩组黑云二长混合花岗岩。夹石层为不符合要求的岩状石英砂岩。

矿石以白色、灰白色石英岩状砂岩为主，中细粒砂状结构，块状构造，偶见条纹状构造。粒径多在 0.06~0.5 mm 之间。矿物颗粒磨圆度好，分选性中等，矿石中的矿物成分组成单一，主要由碎屑颗粒、胶结物组成，碎屑矿物颗粒主要为石英和硅质岩屑，矿物呈孔隙-再生式胶结，胶结物为硅质、少量泥质。部分硅质胶结物成为再生石英，部分碎屑石英发生次生加大边，形成玉髓及细小石英集合体产出。少量泥质呈鳞片状细小绢云母产出。杂基为粘土矿物，呈细小鳞片状充填于石英间隙。石英（包括硅质岩屑）含量为 95%~99%，硅质胶结物为 1%~5%，其他含量很少。

矿石的自然类型主要为石英岩状砂岩一种类型。

矿石中的主要化学成分为 SiO_2，含量为 95.79%~99.66%，平均含量 98.18%，其次为 Al_2O_3 和 Fe_2O_3，其中 Al_2O_3 含量为 0.016%~1.608%，Fe_2O_3 含量为 0.006%~1.290%。

矿层矿石组合分析厚度加权平均结果为：CaO 0.142%，MgO 0.069%，TiO_2 0.043%，K_2O 0.140%，Na_2O 0.113%，Cr_2O_3 0.00070%，P_2O_5 0.004%。

截至 2017 年底，正义关鄂博梁硅石矿经宁夏国土资源厅备案的硅石矿累计查明资源储量（332+333）为 53897.86×10^4 t，保有资源储量 53897.08×10^4 t。属大型石英岩、石英砂岩矿床。

2. 石嘴山市北岔沟硅石矿床

北岔沟硅石矿区位于石嘴山市大武口市区 35°方位，直距 13 km，地属石嘴山市大武口区管辖，

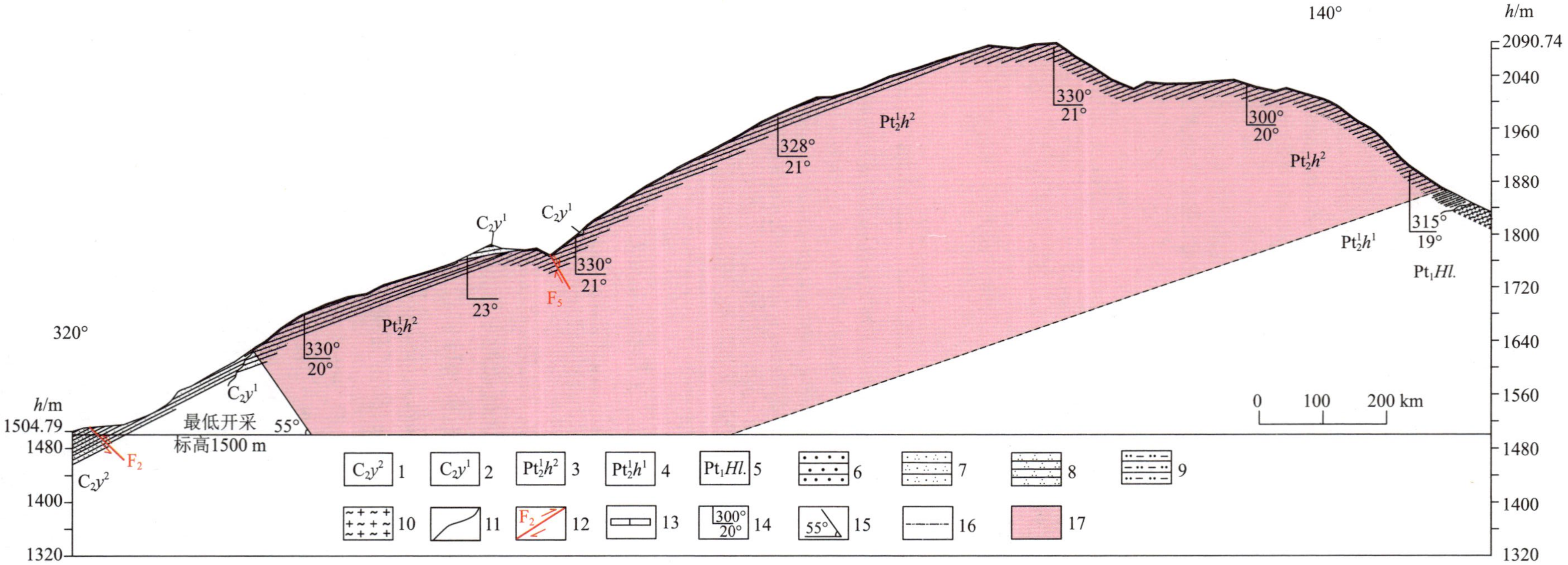

图 21-7 石嘴山市惠农区正义关鄂博梁硅石矿8—8′勘探线剖面图

(据中国建筑材料工业地质勘查中心宁夏总队，2012，有修改)

1—石炭系羊虎沟组上岩段；2—石炭系羊虎沟组下岩段；3—长城系黄旗口组上岩段；4—长城系黄旗口组下岩段；5—贺兰山岩群；6—粗砂岩；7—中粗粒石英砂岩；8—中细粒石英岩状砂岩；9—粉砂质泥岩；10—黑云二长混合花岗岩；11—地质界线；12—断层及编号；13—采样位置；14—岩层产状；15—开采边坡角；16—333资源量估算边界；17—矿体

交通便利。

2004 年起，宁夏多家采矿企业对该矿进行了开采；2010 年，中国建筑材料工业地质勘查中心宁夏总队对该矿床采矿权范围内资源储量进行了核查，核查硅石矿查明资源储量（122b+333）1675.83×10^4 t，其中动用资源储量（122b）366.2×10^4 t；2013～2015 年，中国建筑材料工业地质勘查中心宁夏总队对该矿床进行了普查，提交了《宁夏石嘴山市北岔沟硅石矿普查报告》，估算资源储量（333）+（334）共计 47835.97×10^4 t，为大型矿床。

北岔沟硅石矿床地层属华北地层区（$Ⅲ_4$）、鄂尔多斯西缘地层分区（$Ⅲ_4^1$）、贺兰山地层小区（$Ⅲ_4^{1-1}$）。大地构造位置位于柴达木-华北板块（Ⅲ）、华北陆块（$Ⅲ_5$）、鄂尔多斯地块（$Ⅲ_5^1$）、鄂尔多斯西缘中元古代—早古生代裂陷带（$Ⅲ_5^{1-1}$）。所属成矿区带为鄂尔多斯西缘（陆缘坳褶带）Fe-Pb-Zn-磷-石膏-芒硝成矿带（Ⅲ-59）、贺兰山褶断带 Fe-Au-Cu-煤（气）-磷-硅石-石灰岩-白云岩-粘土成矿亚带（Ⅳ-59①）。所属矿床成矿系列为与中元古代沉积-变质作用有关的铁、硅石、白云石大理岩、砚石矿床成矿系列（2-Pt_2-S（M））、与中元古代变质作用有关的铁、硅石、白云石大理岩、砚石矿床成矿亚系列（Pt_2-M-1）。区域出露地层有：中元古界长城系黄旗口组（Pt_2^1h）、蓟县系王全口组（Pt_2^2w）；中寒武统陶思沟组（$Є_2t$）、胡鲁斯台组（$Є_2h$）、中-上寒武统阿不切亥组（$Є_{2-3}a$）；上石炭统靖远组（C_2j）、上石炭统羊虎沟组（C_2y）；石炭系—二叠系太原组（C_2P_1t）及第四系（Q）。

矿区内出露地层主要有长城系黄旗口组（Pt_2^1h）、蓟县系王全口组（Pt_2^2w）、上石炭统羊虎沟组（C_2y）及第四系（Q）。黄旗口组广泛分布于矿区内，为一套滨海相碎屑岩建造。按岩石组合特征，黄旗口组划分两个岩性段。区内仅出露第二段，为含矿层。第一段仅见于钻孔中（图 21-8）。

硅石矿层赋存于中元古界长城系黄旗口组第二段（$Pt_2^1h^2$），岩性以白色、浅灰白色中细粒石英岩、石英砂岩为主，矿石质量稳定，矿层连续性较好，矿石类型简单。矿区为一单斜构造。矿层倾向 340°～90°，倾角 2°～42°。矿层呈层状近南北向带状分布，南北长约 3000 m，东西宽 20～850 m，矿层厚度 32.34～307.17 m，平均 171.58 m（图 21-9）。

矿石以灰白色-浅灰色石英岩状砂岩为主，具中-细粒及不等粒砂状结构，块状构造，粒径多在 0.06～0.5 mm 之间，岩石磨圆度好，分选性中等，石英占 90%以上，偶见燧石、长石碎屑和褐铁矿、锆石、黑云母、电气石、金属矿物、绿帘石、绿泥石，硅质胶结物呈再生石英细颗粒集合体，泥质重结晶生成的绢云母呈细小鳞片状产出。呈孔隙-再生式胶结，石英有次生加大边现象。

矿石中的主要化学成分为 SiO_2，含量为 92.82%～99.42%，其次为 Al_2O_3 和 Fe_2O_3，其中 Al_2O_3 含量为 0.05%～1.73%，Fe_2O_3 含量为 0.05%～1.70%。

矿石的组合分析特征：CaO 0.185%，MgO 0.092%，TiO_2 0.065%，K_2O 0.236%，Na_2O 0.088%，Cr_2O_3 0.00107%，P_2O_5 0.004%。这表明本区矿层矿石中有害杂质含量较低，提高了该矿石的工业利用价值和档次。

截至 2017 年底，北岔沟硅石矿经宁夏国土资源厅备案的硅石矿查明资源储量（333）40586.103×10^4 t，保有资源储量 40499.166×10^4 t，属大型石英岩矿床。

3. 银川市西夏区大口子硅石矿床

大口子硅石矿区位于贺兰山东麓，地属宁夏银川市西夏区管辖，交通便利。

1960 年，宁夏重工业厅地质勘探队开展了大口子硅石矿的检查和评价工作，同年 9 月提交了《银川市大口子硅石矿点检查评价报告》，经宁夏重工业厅审查，提交硅石储量 1700×10^4 t；1963 年，建材工业部非金属公司西北分公司二〇二地质队对该矿进行了踏勘检查；1974 年，宁夏计划委员会地质局区域地质测量队进行了 1：20 万区域地质测量，初步估算该矿区硅石储量 1000 多万吨，确认为大型硅石矿床；1980～1983 年，西北冶金地质勘探公司宁夏地质勘探队对该矿进行了勘探，探明 C 级硅石储量 1320.29×10^4 t，D 级 584.7×10^4 t，C+D 级储量 1904.99×10^4 t；1984～1985 年，西北冶金地勘公司宁夏地勘队对该矿进行了补充勘探勘，经宁夏矿产储量委员会批准的储量为：B 级 217.44×10^4 t，C 级 716.17×10^4 t，D 级 85.74×10^4 t；2010 年，中国建筑材料工业地质勘查中心宁夏总队对该

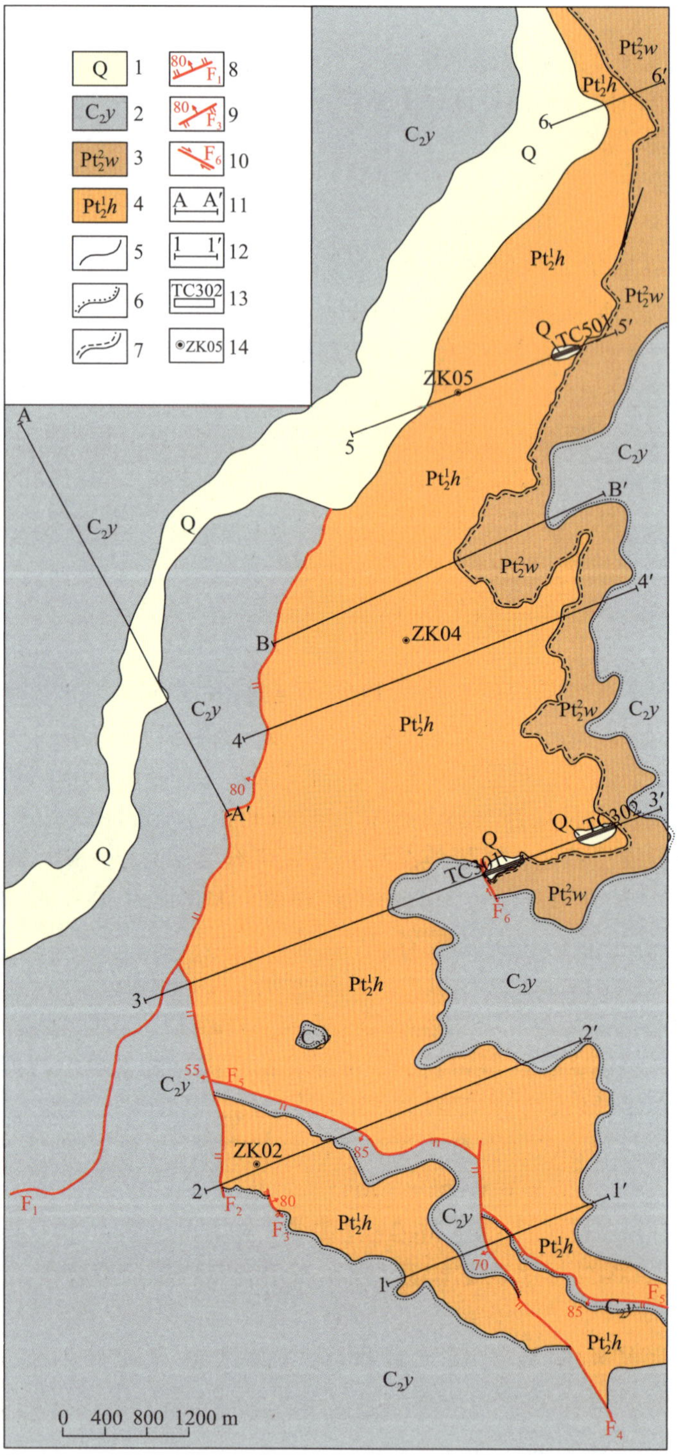

图 21-8 石嘴山市北岔沟硅石矿矿区地质图

（据中国建筑材料工业地质勘查中心宁夏总队，2015，有修改）

1—第四系；2—石炭系羊虎沟组；3—蓟县系王全口组；4—长城系黄旗口组；5—地质界线；6—角度不整合地质界线；7—平行不整合地质界线；8—实测正断层及编号；9—实测逆断层及编号；10—实测平移断层及编号；11—实测地质剖面位置及编号；12—实测勘查线剖面位置及编号；13—探槽位置及编号；14—钻孔位置

矿床资源储量进行了核查。

大口子硅石矿床地层属华北地层区（$Ⅲ_4$）、鄂尔多斯西缘地层分区（$Ⅲ_4^1$）、贺兰山地层小区（$Ⅲ_4^{1-1}$）。大地构造位置位于柴达木-华北板块（Ⅲ）、华北陆块（$Ⅲ_5$）、鄂尔多斯地块（$Ⅲ_5^1$）、鄂尔

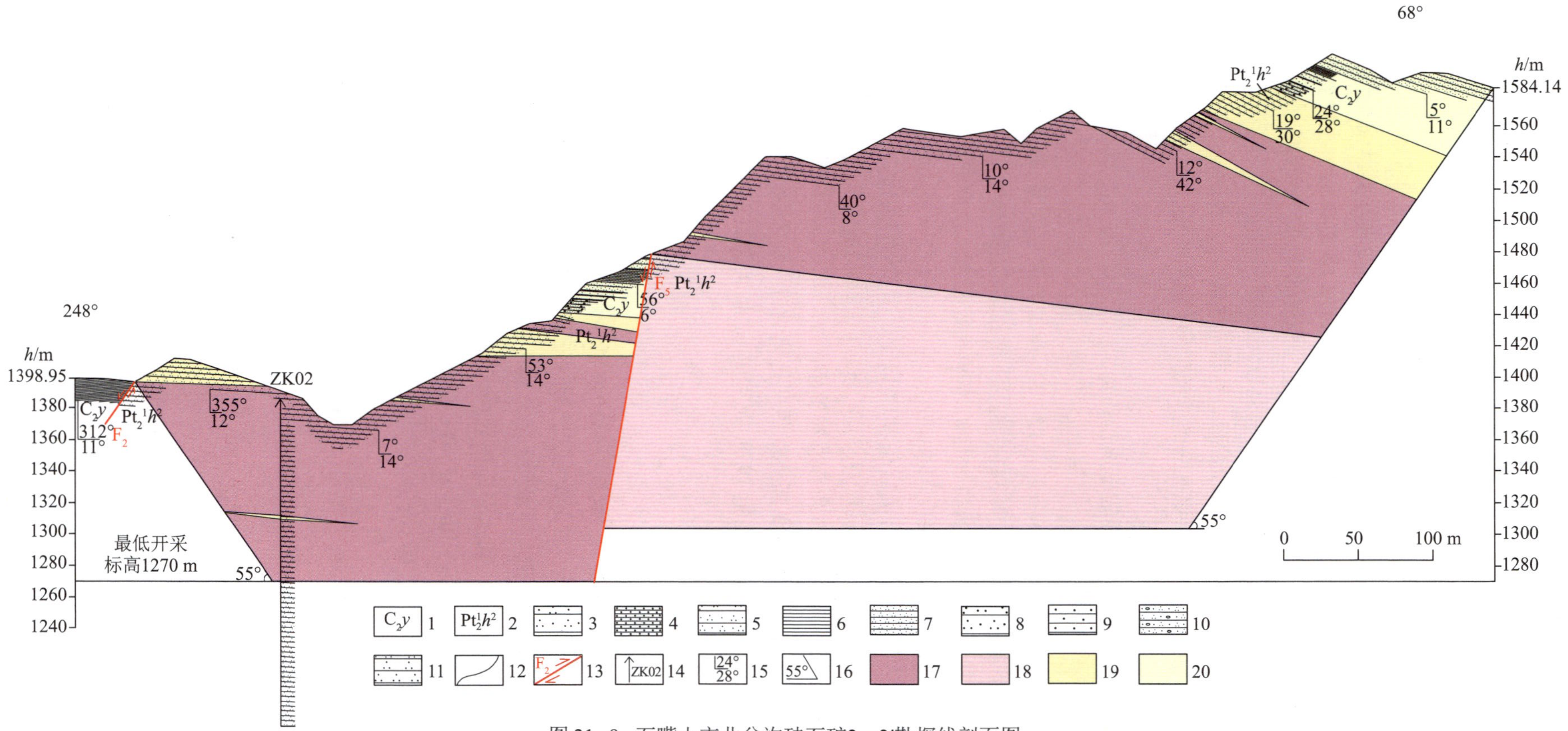

图 21-9 石嘴山市北岔沟硅石矿2—2′勘探线剖面图

（据中国建筑材料工业地质勘查中心宁夏总队，2015，有修改）

1—石炭系羊虎沟组；2—长城系黄旗口组第二段；3—中粗粒石英砂岩；4—薄层砂岩；5—石英砂岩；6—页岩；7—薄层石英砂岩；8—粗粒石英砂岩；9—砂岩；10—含砾不等粒石英砂岩；11—石英岩状砂岩；12—地质界线；13—平移断层；14—钻孔位置及编号；15—岩层产状；16—开采边坡角；17—矿层（333）；18—矿层（334）；19—夹石；20—外剥离物

多斯西缘中元古代—早古生代裂陷带（$Ⅲ_5^{1-1}$）。所属成矿区带为鄂尔多斯西缘（陆缘坳褶带）Fe-Pb-Zn-磷-石膏-芒硝成矿带（Ⅲ-59）、贺兰山褶断带 Fe-Au-Cu-煤（气）-磷-硅石-石灰岩-白云岩-粘土成矿亚带（Ⅳ-59①）。所属矿床成矿系列为与中元古代沉积-变质作用有关的铁、硅石、白云石大理岩、砚石矿床成矿系列（2-Pt_2-S（M））、与中元古代变质作用有关的铁、硅石、白云石大理岩、砚石矿床成矿亚系列（Pt_2-M-1）。区域出露地层主要为长城纪黄旗口组（Pt_2^1h）。

矿区内除少数低洼地段有第四系松散沉积物外，大部分为长城纪黄旗口组，其岩性自下而上为灰白色细粒石英岩、紫褐色含铁砂质板岩与浅灰色条带状石英岩状砂岩互层，紫红色中细粒石英岩、砂质板岩、石英岩状砂岩、含钙白云岩、中粗粒石英砂岩及灰岩。黄旗口组为主要含矿地层。该组地层与古元古代黑云母斜长花岗岩为断层接触。大口子以北，地层倾向 280°~320°，倾角 15°~20°；以南地层倾向 90°~120°，倾角 10°~15°。地层走向均呈北东向展布。

矿区褶皱有大口子次级背斜，断裂构造较发育，主要有北东向、北西向、近东西向和近南北向四组。其中，南北向断裂对矿体影响不大，其他三组均切割岩层及矿层，并控制了部分矿体的展布和形态。

区内岩浆岩发育，主要有古元古代黑云母斜长花岗岩。岩体内有蚀变辉绿岩脉和细粒花岗岩脉产出，脉宽 1~3 m。

矿层呈北东—南西向展布，长度 3100 m，宽度 800 m。由于构造的影响，沟谷剥蚀，使原来比较完整的矿层分割成 4 个互不连续的矿体。矿层（体）下部围岩为紫红色中粗石英岩，与矿层化学成分的区别 SiO_2 含量偏低，有害元素含量偏高，与矿体呈渐变关系；上盘围岩为灰绿色砂质板岩及石英岩状砂岩，层序清楚，与矿层接触为突变关系。

矿石类型为石英岩，主要矿物成分石英含量 99%以上，其余为粘土矿物。矿石为花岗变晶结构及镶嵌结构，块状构造。矿石化学成分 SiO_2 97. 87%，CaO 0. 21%，Al_2O_3 0. 75%。矿石品级大部分为Ⅱ级品，可作冶金（硅铁、工业硅）原料和普通玻璃用。

截至 2017 年底，大口子硅石矿经宁夏国土资源厅备案的硅石矿查明资源储量（111b+122b+331+332+333）为 2005. 28×10^4 t，保有资源储量 1979. 08×10^4 t，属大型石英岩矿床。

（三）一般矿床

1. 石嘴山市惠农区白虎洞硅石矿床

白虎洞硅石矿区位于石嘴山市北东，地属石嘴山市惠农区管辖。

矿区位于贺兰山北段，鄂博梁南 4. 2 km。白虎洞硅石矿床地层属华北地层区（$Ⅲ_4$）、鄂尔多斯西缘地层分区（$Ⅲ_4^1$）、贺兰山地层小区（$Ⅲ_4^{1-1}$）。大地构造位置位于柴达木-华北板块（Ⅲ）、华北陆块（$Ⅲ_5$）、鄂尔多斯地块（$Ⅲ_5^1$）、鄂尔多斯西缘中元古代—早古生代裂陷带（$Ⅲ_5^{1-1}$）。所属成矿区带为鄂尔多斯西缘（陆缘坳褶带）Fe-Pb-Zn-磷-石膏-芒硝成矿带（Ⅲ-59）、贺兰山褶断带 Fe-Au-Cu-煤（气）-磷-硅石-石灰岩-白云岩-粘土成矿亚带（Ⅳ-59①）。所属矿床成矿系列为与中元古代沉积-变质作用有关的铁、硅石、白云石大理岩、砚石矿床成矿系列（2-Pt_2-S（M））、与中元古代变质作用有关的铁、硅石、白云石大理岩、砚石矿床成矿亚系列（Pt_2-M-1）。含矿地层为黄旗口组，岩性下部为灰白及紫红色中厚层中细粒石英砂岩、石英岩夹 1 层紫色粉砂岩、砂质板岩；上部中厚层石英砂岩、石英岩。

矿层为灰白色石英砂岩、石英岩，厚度 184. 5~381 m。矿石化学成分 SiO_2 97. 06%~97. 40%，Al_2O_3 0. 74%~0. 79%，Fe_2O_3 0. 73%~0. 74%，CaO 0. 05%~0. 16%，P_2O_5 0. 016%~0. 025%。

矿石主要用于铁合金及工业硅用，也可用于玻璃。该矿床设有两个矿区，截至 2017 年底，经宁夏国土资源厅备案的硅石矿资源储量（122b+333）为 441. 22×10^4 t，保有资源储量 386. 38×10^4 t，矿床规模属中型矿床。

2. 石嘴山市惠农区偷牛沟硅石矿床

偷牛沟硅石矿区位于贺兰山北段，白虎洞沟南 3 km，距红果子火车站以西 5 km，地属石嘴山市惠农区红果子镇管辖。交通方便。

偷牛沟硅石矿床地层属华北地层区（$Ⅲ_4$）、鄂尔多斯西缘地层分区（$Ⅲ_4^1$）、贺兰山地层小区（$Ⅲ_4^{1-1}$）。大地构造位置位于柴达木-华北板块（Ⅲ）、华北陆块（$Ⅲ_5$）、鄂尔多斯地块（$Ⅲ_5^1$）、鄂尔多斯西缘中元古代—早古生代裂陷带（$Ⅲ_5^{1-1}$）。所属成矿区带为鄂尔多斯西缘（陆缘坳褶带）Fe-Pb-Zn-磷-石膏-芒硝成矿带（Ⅲ-59）、贺兰山褶断带 Fe-Au-Cu-煤（气）-磷-硅石-石灰岩-白云岩-粘土成矿亚带（Ⅳ-59①）。所属矿床成矿系列为与中元古代沉积-变质作用有关的铁、硅石、白云石大理岩、砚石矿床成矿系列（2-Pt_2-S（M））、与中元古代变质作用有关的铁、硅石、白云石大理岩、砚石矿床成矿亚系列（Pt_2-M-1）。含矿地层为长城系黄旗口组，岩性为灰白色中细粒石英砂岩和淡紫色石英砂岩。矿区北北东向断裂发育，矿石强烈破碎。矿体（层）长度 6000 m，宽度 134 m。矿床倾向 90°~150°，倾角 26°~35°。矿石为石英砂岩，矿石矿物为石英（95%~99%）、锆石、绢云母、磁铁矿。矿石品位 SiO_2 97.57%，Al_2O_3 1.09%，Fe_2O_3 0.091%，CaO 0.28%。2010 年，中国建筑材料工业地质勘查中心宁夏总队对偷牛沟硅石矿资源储量进行了核查。

截至 2017 年底，偷牛沟硅石矿经宁夏国土资源厅备案的三个矿区累计查明硅石矿资源储量（122b+333）为 717.282×10^4 t，保有资源储量为 421.467×10^4 t。该矿床规模属中型矿床，自 20 世纪 60~70 年代开始开采至今，现有多家采矿企业，矿石主要用于铁合金。

3. 石嘴山市大武口区沟东硅石矿床

大武口区沟东硅石矿区位于大武口区沟东 1.5 km 处东白疙瘩西南，地属石嘴山市大武口区管辖，交通方便。

沟东硅石矿床地层属华北地层区（$Ⅲ_4$）、鄂尔多斯西缘地层分区（$Ⅲ_4^1$）、贺兰山地层小区（$Ⅲ_4^{1-1}$）。大地构造位置位于柴达木-华北板块（Ⅲ）、华北陆块（$Ⅲ_5$）、鄂尔多斯地块（$Ⅲ_5^1$）、鄂尔多斯西缘中元古代—早古生代裂陷带（$Ⅲ_5^{1-1}$）。所属成矿区带为鄂尔多斯西缘（陆缘坳褶带）Fe-Pb-Zn-磷-石膏-芒硝成矿带（Ⅲ-59）、贺兰山褶断带 Fe-Au-Cu-煤（气）-磷-硅石-石灰岩-白云岩-粘土成矿亚带（Ⅳ-59①）。所属矿床成矿系列为与中元古代沉积-变质作用有关的铁、硅石、白云石大理岩、砚石矿床成矿系列（2-Pt_2-S（M））、与中元古代变质作用有关的铁、硅石、白云石大理岩、砚石矿床成矿亚系列（Pt_2-M-1）。含矿地层为黄旗口组，岩性下部灰白色碎裂状石英岩、石英砂岩、石英岩碎粉及灰白色细粒石英砂岩，其大部分为矿层。矿区断层发育，矿石破碎。

大武口区沟东硅石矿床矿层长度 400 m，厚度 184.88 m，矿体 13 个，矿层倾向 275°~280°，倾角 30°~45°。矿石为石英砂岩，矿石品位 SiO_2 96.67%，Fe_2O_3 0.61%，Al_2O_3 0.79%，P_2O_5 0.04%，TiO_2 0.06%，CaO 0.06%。该矿床工作程度为预查，求获资源量 1121×10^4 t，规模属中型。该矿床已被开采利用。

4. 石嘴山市大武口区老树湾硅石矿床

老树湾硅石矿位于大武口区沟西，地属石嘴山市大武口区管辖，交通方便。

老树湾硅石矿床地层属华北地层区（$Ⅲ_4$）、鄂尔多斯西缘地层分区（$Ⅲ_4^1$）、贺兰山地层小区（$Ⅲ_4^{1-1}$）。大地构造位置位于柴达木-华北板块（Ⅲ）、华北陆块（$Ⅲ_5$）、鄂尔多斯地块（$Ⅲ_5^1$）、鄂尔多斯西缘中元古代—早古生代裂陷带（$Ⅲ_5^{1-1}$）。所属成矿区带为鄂尔多斯西缘（陆缘坳褶带）Fe-Pb-Zn-磷-石膏-芒硝成矿带（Ⅲ-59）、贺兰山褶断带 Fe-Au-Cu-煤（气）-磷-硅石-石灰岩-白云岩-粘土成矿亚带（Ⅳ-59①）。所属矿床成矿系列为与中元古代沉积-变质作用有关的铁、硅石、白云石大理岩、砚石矿床成矿系列（2-Pt_2-S（M））、中元古代变质作用有关的铁、硅石、白云石大理岩、砚石矿床成矿亚系列（Pt_2-M-1）。含矿地层为黄旗口组，岩性为石英砂岩。矿层被断层错断，呈断块状。矿层长度 550 m，平均宽度 120 m，从南东向北西变窄，矿层倾向 230°，倾角 35°。矿石主要为石英砂岩，矿石品位 SiO_2 97.62%，Al_2O_3 0.94%，Fe_2O_3 0.78%。该矿床工作程度为预查，估算资源储量 215×10^4 t，规模属中型。该矿床已被开采利用。

5. 石嘴山市大武口区枣窝硅石矿床

枣窝硅石矿位于大武口区沟西侧枣窝车站附近，地属石嘴山市大武口区管辖，交通方便。

枣窝硅石矿床地层属华北地层区（$Ⅲ_4$）、鄂尔多斯西缘地层分区（$Ⅲ_4^1$）、贺兰山地层小区（$Ⅲ_4^{1-1}$）。大地构造位置位于柴达木-华北板块（Ⅲ）、华北陆块（$Ⅲ_5$）、鄂尔多斯地块（$Ⅲ_5^1$）、鄂尔多斯西缘中元古代—早古生代裂陷带（$Ⅲ_5^{1-1}$）。所属成矿区带为鄂尔多斯西缘（陆缘坳褶带）Fe-Pb-Zn-磷-石膏-芒硝成矿带（Ⅲ-59）、贺兰山褶断带 Fe-Au-Cu-煤（气）-磷-硅石-石灰岩-白云岩-粘土成矿亚带（Ⅳ-59①）。所属矿床成矿系列为与中元古代沉积-变质作用有关的铁、硅石、白云石大理岩、砚石矿床成矿系列（2-Pt_2-S（M））、与中元古代变质作用有关的铁、硅石、白云石大理岩、砚石矿床成矿亚系列（Pt_2-M-1）。含矿地层为黄旗口组，岩性为灰白色碎裂状石英岩、石英岩碎粉、中厚层状石英岩，总厚度 394.81 m。断层发育，矿石破碎。矿区长度 3.5 km，宽度 2.3 km。矿体 8 个，长度 1750 m，厚度 386.32 m，矿层倾向 0°～30°，倾角 30°～50°。矿石为石英岩，矿石品位：SiO_2 97.01%，Al_2O_3 0.81%，CaO 0.24%，Fe_2O_3 0.75%，P_2O_5 0.05%。该矿工作程度为预查，估算资源量 1385×10^4 t，规模属中型。该矿床已被开采利用。

6. 贺兰县洪广镇拜寺口硅石矿床

拜寺口硅石矿位于贺兰山东麓拜寺口，距贺兰山西 36 km，地属银川市贺兰县洪广镇管辖，交通不便。

拜寺口硅石矿床地层属华北地层区（$Ⅲ_4$）、鄂尔多斯西缘地层分区（$Ⅲ_4^1$）、贺兰山地层小区（$Ⅲ_4^{1-1}$）。大地构造位置位于柴达木-华北板块（Ⅲ）、华北陆块（$Ⅲ_5$）、鄂尔多斯地块（$Ⅲ_5^1$）、鄂尔多斯西缘中元古代—早古生代裂陷带（$Ⅲ_5^{1-1}$）。所属成矿区带为鄂尔多斯西缘（陆缘坳褶带）Fe-Pb-Zn-磷-石膏-芒硝成矿带（Ⅲ-59）、贺兰山褶断带 Fe-Au-Cu-煤（气）-磷-硅石-石灰岩-白云岩-粘土成矿亚带（Ⅳ-59①）。所属矿床成矿系列为与中元古代沉积-变质作用有关的铁、硅石、白云石大理岩、砚石矿床成矿系列（2-Pt_2-S（M））、与中元古代变质作用有关的铁、硅石、白云石大理岩、砚石矿床成矿亚系列（Pt_2-M-1）。含矿地层为黄旗口组，岩性为灰绿色板岩、粉砂质板岩夹石英岩，中部灰白色、肉红色石英岩（矿层）。岩层呈单斜产出，含矿 1 层，厚度 122 m，长度 1500 m，矿层倾向 265°～320°，倾角 18°～20°。矿石主要为石英岩，矿石品位 SiO_2 95.97%～97.80%，Fe_2O_3 1.02%～1.07%，Al_2O_3 0.35%～1.10%，TiO_2 0.03%～0.04%，CaO 0.04%～0.80%。该矿床工作程度为预查，估算资源量 648×10^4 t，矿床规模属中型。

7. 银川市西夏区小口子硅石矿床

小口子硅石矿位于大口子硅石矿床北 1 km 处，地属银川市西夏区管辖，交通方便。

小口子硅石矿床地层属华北地层区（$Ⅲ_4$）、鄂尔多斯西缘地层分区（$Ⅲ_4^1$）、贺兰山地层小区（$Ⅲ_4^{1-1}$）。大地构造位置位于柴达木-华北板块（Ⅲ）、华北陆块（$Ⅲ_5$）、鄂尔多斯地块（$Ⅲ_5^1$）、鄂尔多斯西缘中元古代—早古生代裂陷带（$Ⅲ_5^{1-1}$）。所属成矿区带为鄂尔多斯西缘（陆缘坳褶带）Fe-Pb-Zn-磷-石膏-芒硝成矿带（Ⅲ-59）、贺兰山褶断带 Fe-Au-Cu-煤（气）-磷-硅石-石灰岩-白云岩-粘土成矿亚带（Ⅳ-59①）。所属矿床成矿系列为与中元古代沉积-变质作用有关铁、硅石、白云石大理岩、砚石矿床成矿系列（2-Pt_2-S（M））、与中元古代变质作用有关的铁、硅石、白云石大理岩、砚石矿床成矿亚系列（Pt_2-M-1）。含矿层为黄旗口组，岩性为下部灰白色、肉红色石英岩夹灰绿紫色砂质板岩；中部灰白色中细粒厚层状石英岩（矿层）；上部为灰绿色板岩夹石英岩状砂岩、灰白色厚层状硅质白云岩。矿层被断层切割成数个矿段，最大矿段长 400 m，其余在 100～200 m 之间，矿层平均厚度 15 m，倾向西，倾角 20°～25°。矿石为石英岩，矿石品位 SiO_2 98.20%，CaO 0.98%，Fe_2O_3 0.56%，Al_2O_3 0.33%，P_2O_5 0.10%。该矿床工作程度为预查，估算资源量 1000×10^4 t，矿床规模属中型。

四、产于石炭系—二叠系硅石矿床

该类型矿床仅发现 1 处，位于中卫市香山西部的陈水冶金用硅石矿床。

中卫市香山乡陈水硅石矿床

陈水硅石矿位于中卫市沙坡头区香山乡梁水园村至黄泉村一带，地属沙坡头区香山乡管辖。交通尚属方便。

2012 年 2 月，中国建筑材料工业地质勘查中心宁夏总队对该矿进行了简测，查明控制的内蕴经济资源量（332）12.26×10^4 t；2014 年 12 月，宁夏国土资源调查监测院提交了《宁夏中卫市香山乡陈水硅石矿资源储量简测报告》；2015 年 3 月至 2015 年 6 月，中国建筑材料工业地质勘查中心宁夏总队对该矿区硅石进行了普查，提交了《宁夏中卫市香山硅石矿普查报告》。

陈水硅石矿床地层属阿拉善地层区（$Ⅲ_3$）、阿拉善南缘地层分区（$Ⅲ_3^1$）、景泰-中宁地层小区（$Ⅲ_3^{1-1}$）。大地构造位置位于柴达木-华北板块（Ⅲ）、阿拉善微陆块（$Ⅲ_4$）、腾格里早古生代增生楔（$Ⅲ_4^1$）、卫宁北山-香山晚古生代前陆-上叠盆地（$Ⅲ_4^{1-1}$）。所属成矿区带为河西走廊 Fe-Mn-萤石-盐类-凹凸棒石-石油成矿带（Ⅲ-20）、香山褶断带 Fe-Cu-煤-石灰岩-石膏-粘土成矿亚带（Ⅳ-20③）。所属矿床成矿系列为与晚古生代沉积作用有关的铜、银、灰岩、石膏、石英砂岩、煤、天然气、粘土、油页岩矿床成矿系列（5-Pz_2-S）。出露地层由老到新有：上奥陶统香山群磨盘井组（O_3mp），上泥盆统中宁组（D_3z），下石炭统前黑山组（C_1q）、臭牛沟组（C_1c），下-上石炭统靖远组（$C_{1-2}j$）和上石炭统羊虎沟组（C_2y），上石炭统—下二叠统太原组（C_2P_1t）；中二叠统大黄沟组（P_2d）及上二叠统红泉组（P_3h）。

区域上经历了长期的构造活动，构造形态复杂，褶皱、断裂较发育。区域断裂构造线以北西向为主。

矿区出露地层主要有：上石炭统羊虎沟组（C_2y）、上石炭统—下二叠统太原组（C_2P_1t）及中二叠统大黄沟组（P_2d）。太原组与下伏羊虎沟组呈整合接触，与上覆大黄沟组呈平行不整合接触，属海陆交互相含煤碎屑岩建造。硅石矿赋存于石炭系—二叠系太原组下段（$C_2P_1t^1$）及石炭系羊虎沟组上段第一层（C_2y^{2-1}）地层中。区内地层整体为一单斜构造。由于局部受次生褶皱、断层等构造影响，岩层产状变化较大，矿层倾向 165°~230°，倾角 7°~40°。

矿层为灰白色中厚层中细粒石英（砂）岩，矿石质量稳定，矿石类型单一，矿区共划分了两个矿层，K1 矿层控制厚度 2.58~10.95 m，K2 矿层控制厚度 4.50 m。矿层倾向 185°~245°，倾角 15°~30°，局部变化大。

矿石主要为灰白色石英（砂）岩，具中-细粒砂状结构，块状构造，接触式胶结。

矿石主要由石英组成，含少量白云母、岩屑及金属矿物，粒径 0.06~0.96 mm，以 0.15~0.47 mm 的中细粒为主。胶结物由硅质、粘土矿物及铁质组成。硅质呈隐晶状，部分重结晶向石英颗粒过渡，边界不清，少量石英碎屑形成次生加大边界；粘土矿物大多呈浸染状散布于石英颗粒表面，少数沿碎屑物边界分布；铁质呈星点状，局部可见。

矿石中的主要化学成分为：SiO_2 91.56%~98.96%，平均含量 96.74%；Al_2O_3 2.83%~0.52%，平均含量 1.11%；CaO 0.549%~0.002%，平均含量 0.182%；P_2O_5 0.01375%~0.00125%，平均含量 0.00482%。矿石主要用于硅铁合金用。

截至 2017 年底，陈水硅石矿经宁夏国土资源厅备案的硅石矿查明资源储量（333）为 390.68×10^4 t，保有资源储量为 390.68×10^4 t，预测的内蕴经济资源量（334）为 73.9×10^4 t，矿床规模中型。

五、中侏罗统延安组石英砂岩矿床

延安组为一套潮湿气候条件下的河流相-湖沼相沉积，主要由砂岩、泥岩、页岩和煤层组成。在固原炭山一带，延安组不整合超覆于长城系黄旗口组之上，与上覆直罗组呈整合接触。该组地层中仅在固原市原州区炭山石岘子林场见玻璃用石英砂岩矿床 1 处。

固原市石岘子林场石英砂岩矿床

矿区位于固原市炭山乡石岘子林场，地属固原市管辖，交通方便。

石岘子林场石英砂岩矿床地层属华北地层区（$Ⅲ_4$）、鄂尔多斯西缘地层分区（$Ⅲ_4^1$）、桌子山-青龙山地层小区（$Ⅲ_4^{1-2}$）。大地构造位置位于柴达木-华北板块（Ⅲ）、华北陆块（$Ⅲ_5$）、鄂尔多斯地块（$Ⅲ_5^1$）、鄂尔多斯西缘中元古代—早古生代裂陷带（$Ⅲ_5^{1-1}$）。所属成矿区带为河西走廊 Fe-Mn-萤石-盐类-凹凸棒石-石油成矿带（Ⅲ-20）、烟筒山-窑山冲断带煤-石灰岩-硅石成矿亚带（Ⅳ-20②）。所属矿床成矿系列为与新生代沉积作用-表生作用有关的铁、石英砂、石膏、粘土、地下水等矿床成矿系列（9-Cz-1）、与古近纪—新近纪沉积作用有关的粘土、石英砂、石膏矿床成矿亚系列（Cz_1-S-1）。含矿地层为中侏罗统延安组（J_2y），含矿岩系为紫灰色、灰白色长石石英砂岩、粉砂质页岩、碳质泥岩夹煤层（线）。

矿层单层厚度 6.4~67 m，总厚度 165 m，矿层延长大于 500 m，矿层倾向西，倾角 30°~40°，矿石为灰白色中细粒长石石英砂岩，矿石化学成分：SiO_2 91.53%，Al_2O_3 4.53%，Fe_2O_3 0.27%，达玻璃用Ⅳ级品。该矿床工作程度为预查，预测的内蕴经济资源量（334）？为 3061×10^4 t，矿床规模属大型。

六、下白垩统罗汉洞组石英砂矿床

罗汉洞组与上覆泾川组和下伏环河组均为整合接触，该组地层中仅在固原市彭阳县西庄发现铸型用小型石英砂矿床 1 处。

固原市彭阳县西庄石英砂岩矿床

矿床位于彭阳县东，地属固原市彭阳县管辖，矿区交通方便。

西庄石英砂矿床地层属华北地层区（$Ⅲ_4$）、鄂尔多斯西缘地层分区（$Ⅲ_4^1$）、桌子山-青龙山地层小区（$Ⅲ_4^{1-2}$）。大地构造位置位于柴达木-华北板块（Ⅲ）、华北陆块（$Ⅲ_5$）、鄂尔多斯地块（$Ⅲ_5^1$）、鄂尔多斯西缘中元古代—早古生代裂陷带（$Ⅲ_5^{1-1}$）。所属成矿区带为鄂尔多斯（盆地）U-油气-煤-盐类成矿带（Mz；Kz）（Ⅲ-60）、鄂尔多斯中-新生代坳陷石油-天然气-煤（气）-盐类-石膏成矿亚带（Ⅳ-60①）。所属矿床成矿系列为与中生代沉积作用有关的铜、石英砂岩、煤、油气、油页岩、粘土矿床成矿系列（7-Mz-S）、与古近纪—新近纪沉积作用有关的粘土、石英砂、石膏矿床成矿亚系列（Cz_1-S-1）。含矿地层为下白垩统泾川组（K_1j），岩性为蓝灰色、黄绿色钙质泥岩、页岩、泥质岩互层，局部地段砂岩增多，为河湖相沉积。

矿层长度 400 m，厚度 2 m。矿层化学成分：SiO_2 86.46%~88.21%，Fe_2O_3 1.49%~9.81%，CaO+MgO+K_2O+Na_2O 3.62%~4.11%，含泥量 2.10%~3.35%，属Ⅳ级型砂。由于有害杂质含量高，矿石质量欠佳，仅供地方小型企业使用。该矿床工作程度为预查，预测资源量（334）？37×10^4 t，矿床规模属小型。

七、新生界铸型、玻璃及水泥配料用石英砂矿床

宁夏石英砂矿主要分布在宁夏南部，分布广泛，储量较大，用途也广泛。主要用于铸型、玻璃、水泥配料建筑用砂等。矿床主要产在古近系、新近系和第四系中，储量巨大。岩石主要以细砂岩-粉砂岩为主，是硅质碎屑经过长距离的搬运，在比较安静的水动力条件，沉速比较缓慢的环境下形成的。在横向上分布于石英和粘土岩的过渡地带，纵向上逐渐变成砂岩、粘土岩，具较薄的水平层理、波状层理及斜层理。矿物组合主要为石英、长石等。胶结物主要为硅质、钙质、泥质和铁质等。

（一）产于古近系始新统寺口子组石英砂矿床

寺口子组不整合于六盘山群或更老地层之上，与上覆渐新统清水营组呈整合接触。为一套山麓相-河流相的红色碎屑岩沉积，主要由紫红色砾岩、砂砾岩和砂岩组成。该组地层仅在固原市原州区彭堡乡发现大型玻璃用石英砂矿床 1 处。

固原市彭堡乡北湾石英砂矿床

北湾石英砂矿位于六盘山北部东麓，距固原市原州区北西 21 km 处，地属固原市管辖。矿区交通方便。

北湾石英砂矿床地层属祁连地层区（$Ⅲ_2$）、北祁连地层分区（$Ⅲ_2^1$）、靖远-西吉地层小区

（$Ⅲ_2^{1-1}$）。大地构造位置位于柴达木-华北板块（Ⅲ）、祁连早古生代造山带（$Ⅲ_2$）、北祁连中元古代—早古生代海沟系（$Ⅲ_2^1$）、景泰-海原中元古代—早古生代弧后盆地（$Ⅲ_2^{1-1}$）。所属成矿区带为北祁连 Cu-Pb-Zn-Fe-Cr-Au-Ag-硫铁矿-石棉成矿带（Pt_2；Pt_3-Pz_1）（Ⅲ-21）、南、西华山-六盘山冲断带 Au-Cu-Pb-Zn-硫铁-泥炭-岩盐成矿亚带（Ⅳ-21①）。所属矿床成矿系列为与新生代沉积作用-表生作用有关的铁、石英砂、石膏、粘土、地下水等矿床成矿系列（9-Cz-1）、与古近纪—新近纪沉积作用有关的粘土、石英砂、石膏矿床成矿亚系列（Cz_1-S-1）。出露地层主要有下白垩统马东山组（K_1m）、乃家河组（K_1n）和古近系始新统寺口子组（E_2s）、渐新统清水营组（E_3q）及第四系（Q）。

含矿地层为始新统寺口子组，为一套山麓相-河流相的红色碎屑岩沉积，主要由土红色中细粒石英砂岩及紫红色泥岩组成。含矿两层，矿层总厚度 50 m。矿体呈似层状，出露长度 2 km 以上，宽度 150 m 左右。矿石以紫红色石英砂为主，含泥质。矿层化学成分：SiO_2 91. 35%、Al_2O_3 3. 57%、Fe_2O_3 0. 34%、CaO 0. 55%，矿石 Fe_2O_3 含量偏高，只能用来制造一般瓶罐，或作熔剂使用。该矿床工作程度为预查，预测资源量（334）? 1500×10^4 t，矿床规模为大型。属山麓相-河流相机械沉积型玻璃用石英砂矿床。

（二）产于古近系渐新统清水营组石英砂矿床

古近系渐新统清水营组为宁夏区内铸型、玻璃、水泥用砂的主要赋矿层位。主要分布于固原市原州区。

固原市清河镇高圪陵石英砂矿床

高圪陵石英砂矿位于固原市城北 5 km 处，地属宁夏固原市西郊乡管辖，交通方便。

1994~1995 年，宁夏地质矿产勘查院在该矿区做过详查工作。

高圪陵石英砂矿床地层属阿拉善地层区（$Ⅲ_3$）、阿拉善南缘地层分区（$Ⅲ_3^1$）、景泰-中宁地层小区（$Ⅲ_3^{1-1}$）。大地构造位置位于柴达木-华北板块（Ⅲ）、阿拉善微陆块（$Ⅲ_4$）、腾格里早古生代增生楔（$Ⅲ_4^1$）、卫宁北山-香山晚古生代前陆-上叠盆地（$Ⅲ_4^{1-1}$）。所属成矿区带为河西走廊 Fe-Mn-萤石-盐类-凹凸棒石-石油成矿带（Ⅲ-20）、烟筒山-窑山冲断带煤-石灰岩-硅石成矿亚带（Ⅳ-20②）。所属矿床成矿系列为与新生代沉积作用-表生作用有关的铁、石英砂、石膏、粘土、地下水等矿床成矿系列（9-Cz-1）、与古近纪—新近纪沉积作用有关的粘土、石英砂、石膏矿床成矿亚系列（Cz_1-S-1）。区域出露地层由老至新有：下白垩统马东山组（K_1m），古近系寺口子组（E_2s）、清水营组（E_3q），新近系彰恩堡组（N_1z）及第四系（Q）。含矿地层为古近系清水营组，石英砂的分布严格受其控制。从高圪陵-开城均有含矿地层出露，除高圪陵矿床外，自梁家台子-开城一带有数处与高圪陵同类型砂矿。

矿区出露地层为始新统寺口子组（E_2s）和渐新统清水营组（E_3q），二者呈平行不整合接触，地层倾向南西，倾角 8°~14°。基岩露头零星，大部分被第四系黄土覆盖。石英砂矿赋存于清水营组中。

矿区地层呈缓倾斜构造，岩性产状平缓，倾向南西，倾角 8°~14°。未见断裂及褶皱构造。

矿区见矿 6 层（由下至上编号为Ⅰ、Ⅱ、Ⅲ、Ⅳ、Ⅴ、Ⅵ），矿层呈层状，产状平缓，Ⅲ矿层为主要可采矿层（图 21-10）。

矿石呈疏松细粒砂质结构、疏松散状构造。部分呈松散含泥斑条带状构造。矿石矿物成分由石英、长石、泥质岩屑、方解石及多种重矿物碎屑组成。其中石英、长石为主要矿物。重矿物主要有绿帘石、石榴子石、锆石等。自然矿石类型为石英砂、含泥质团块（条带）石英砂、泥质石英砂及泥质细砂。

矿石化学成分：矿石有益组分 SiO_2 含量 86. 03%~95. 94%，矿石有害组分 Fe_2O_3 含量 0~0. 80%，Al_2O_3 含量 1. 19%~4. 3%，原矿大部分矿石达到玻璃硅质原料四级和玻璃器皿三级品工业要求。

截至 2017 年底，高圪陵石英砂矿经宁夏国土资源厅备案的累计查明资源储量（122+122b+333）为 117. 00×10^4 t，属小型矿床。

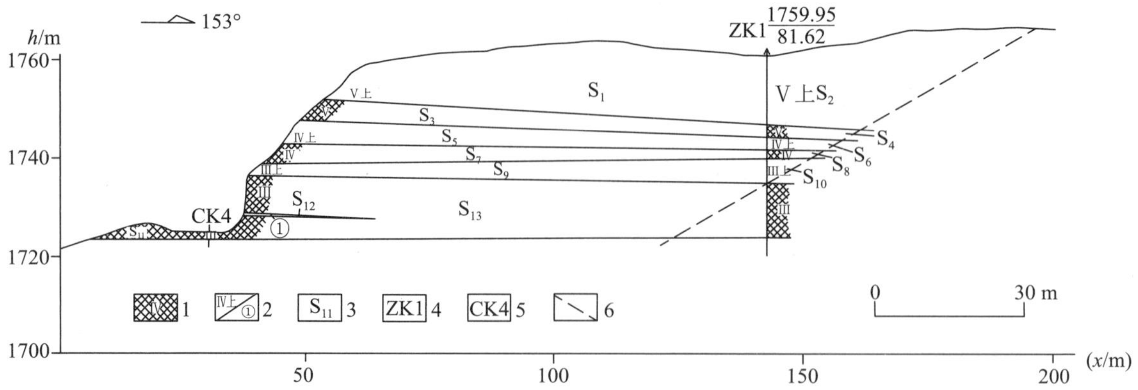

图 21-10　固原高圪陵石英砂矿床Ⅰ－Ⅰ′剖面图

（据宁夏地质矿产勘查院，1995，有修改）

1—矿层及编号；2—矿层顶板编号/夹石编号；3—块段编号；4—钻孔编号；5—采坑及编号；6—边坡线

（三）产于新近系中新统彰恩堡组石英砂矿床

彰恩堡组与下伏渐新统清水营组呈平行不整合或不整合接触，或直接不整合于下白垩统或更老地层之上，与上覆干河沟组呈整合接触，为一套河湖相红色碎屑岩沉积，主要由橘红色、橘黄色、紫红色泥岩、粉砂质泥岩和砂岩组成。

本组为宁夏石英砂矿的主要赋矿地层，有铸型用砂矿床 6 处（大型 3 处、中型 2 处、小型 1 处），矿石中 SiO_2 含量 81.93%~93.76%，多数低于 90%，应属 1SC、2SC 的石英长石砂；水泥配料用石英砂中型矿床 1 处，矿石中 SiO_2 含量 81.97%、Al_2O_3 3.70%、Fe_2O_3 2.50%、MgO 0.47%，可满足水泥配料用石英砂的工业要求。

1. 青铜峡市青铜峡镇河西石英砂矿床

河西石英砂矿位于青铜峡镇黄河西岸，紧临包兰铁路青铜峡站，交通便利。

1965~1967 年，宁夏综合地质大队研究队对该矿进行了普查工作。

河西石英砂矿床地层属阿拉善地层区（$Ⅲ_3$）、阿拉善南缘地层分区（$Ⅲ_3^1$）、景泰-中宁地层小区（$Ⅲ_3^{1-1}$）。大地构造位置位于柴达木-华北板块（Ⅲ）、阿拉善微陆块（$Ⅲ_4$）、腾格里早古生代增生楔（$Ⅲ_4^1$）、卫宁北山-香山晚古生代前陆-上叠盆地（$Ⅲ_4^{1-1}$）。所属成矿区带为河西走廊 Fe-Mn-萤石-盐类-凹凸棒石-石油成矿带（Ⅲ-20）、烟筒山-窑山冲断带煤-石灰岩-硅石成矿亚带（Ⅳ-20②）。所属矿床成矿系列为与新生代沉积作用-表生作用有关的铁、石英砂、石膏、粘土、地下水等矿床成矿系列（9-Cz-1）、与古近纪—新近纪沉积作用有关的粘土、石英砂、石膏矿床成矿亚系列（Cz_1-S-1）。为中新世早期河湖相沉积石英砂岩矿床之一。

矿区出露地层主要为新近系彰恩堡组（N_1z）和第四系（Q）。含矿层彰恩堡组（N_1z），为河湖相碎屑岩建造，分为 4 个岩段。矿区地层产状平缓，构造简单（图 21-11）。

矿区含矿 3 层，产于彰恩堡组第一、第三及第四岩段中，含矿地层总厚度 31.5 m，单层最大厚度 19 m，露头长度大于 250 m。

矿石组分主要为石英、长石及泥质。含泥 2.45%~2.58%，石英砂（40/70 目）81.90%。矿石的 SiO_2 含量 86.49%~89.14%，Al_2O_3 含量 3.54%~4.49%，含泥量 4.23%，属 1SC 型，低品级铸型用砂。

截至 2017 底年，河西石英砂岩矿经宁夏国土资源厅备案的石英砂矿资源储量为 107.8×10^4 t（419727 m^3）。

2. 永宁县闽宁镇黄羊滩石英砂矿床

矿区位于银川市永宁县黄羊滩火车站西侧 7.8 km 处，面积 1.275 km^2，交通方便。

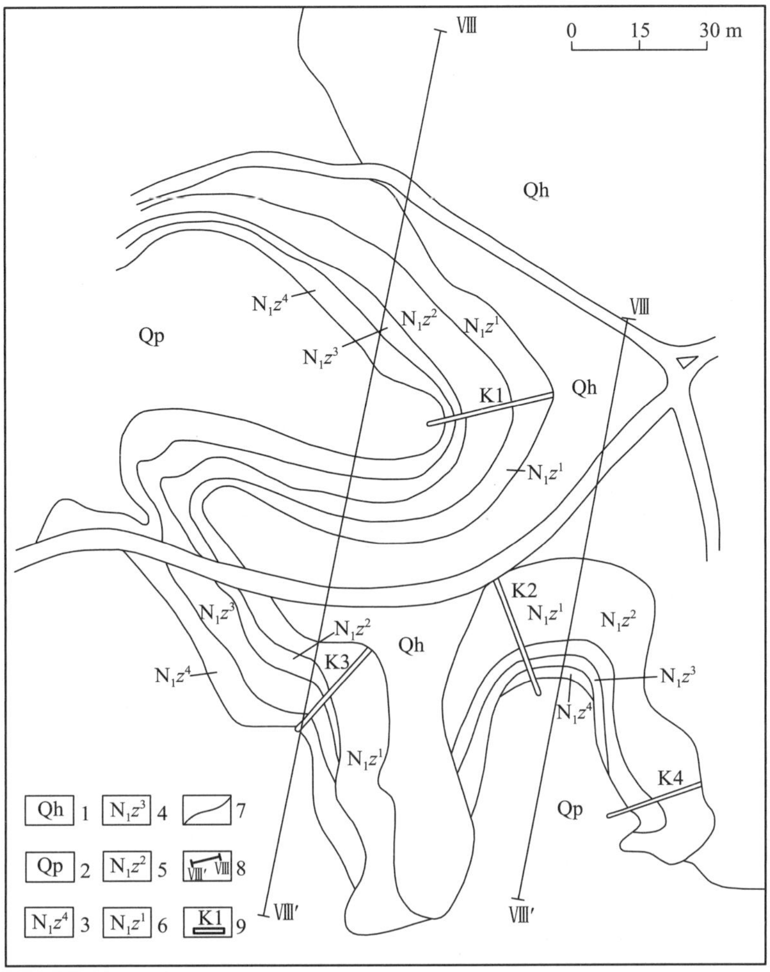

图 21-11 青铜峡镇河西石英砂岩矿床地质简图

（据宁夏回族自治区地质调查院，2010）

1—全新统粉砂土、砾石等堆积物；2—上更新统灰黄、灰白色砂砾层；3—中新统彰恩堡组第四岩段浅黄、黄绿色中-细粒石英砂岩；4—中新统彰恩堡组第三岩段灰白色中-细粒石英砂岩；5—中新统彰恩堡组第二岩段粉红色砂质粘土；6—中新统彰恩堡组第一岩段淡褐橘红色中-细粒石英砂岩；7—地质界线；8—实测剖面线及编号；9—探槽位置及编号

1994 年，中国建筑材料工业地质勘查中心宁夏总队对该矿进行了详查工作。

黄羊滩石英砂矿床地层属华北地层区（Ⅲ_4）、鄂尔多斯西缘地层分区（Ⅲ_4^1）、贺兰山地层小区（Ⅲ_4^{1-1}）。大地构造位置位于柴达木-华北板块（Ⅲ）、华北陆块（Ⅲ_5）、鄂尔多斯地块（Ⅲ_5^1）、鄂尔多斯西缘中元古代—早古生代裂陷带（Ⅲ_5^{1-1}）。所属成矿区带为鄂尔多斯西缘（陆缘坳褶带）Fe-Pb-Zn-磷-石膏-芒硝成矿带（Ar_3；Pt；Pz；Kz）（Ⅲ-59）、银川断陷盆地石油-天然气-地热（水）-地下水-矿泉水成矿亚带（Ⅳ-59②）。所属矿床成矿系列为与新生代沉积作用-表生作用有关的铁、石英砂、石膏、粘土、地下水等矿床成矿系列（9-Cz-1）、与古近纪—新近纪沉积作用有关的粘土、石英砂、石膏矿床成矿亚系列（Cz_1-S-1）。矿区出露地层主要为新近系彰恩堡组（N_1z）和第四系（Q）。含矿层为彰恩堡组，岩性为中厚层砾岩夹砂岩透镜体。矿层产于新近系彰恩堡组中下部，呈单斜产出，在区内大面积出露，最大厚度为 78.31 m，主要岩性为含长石石英砂岩。矿体呈单斜层，倾向 45°~63°，倾角 9°~15°。矿体长度 600 m，厚度 23 m。矿石矿物成分主要为石英，次为钾长石。矿石为粉-细粒砂状结构，自然类型为橘黄色粉细粒含长石石英砂岩。粒度多属粉-细砂级，SiO_2 含量 83%~87%。矿石平均品位 SiO_2 81.97%，Al_2O_3 7%，CaO 4.67%，Fe_2O_3 2.5%。矿床成因属河相-河漫滩相。截至 2017 年底，经宁夏国土资源厅备案的资源储量（122+122b+333）为 755×10^4 t，属中型内陆河湖相沉积石英砂矿床。

3. 青铜峡市青铜峡镇火车站石英砂矿床

矿区位于青铜峡车站北 980 m 处，地属青铜峡市青铜峡镇管辖，交通方便。

1965~1967 年，宁夏综合地质大队研究队对该矿进行了普查工作，确定了砂矿工业用途。

青铜峡镇火车站石英砂矿床地层属阿拉善地层区（$Ⅲ_3$）、阿拉善南缘地层分区（$Ⅲ_3^1$）、景泰-中宁地层小区（$Ⅲ_3^{1-1}$）。大地构造位置位于柴达木-华北板块（Ⅲ）、阿拉善微陆块（$Ⅲ_4$）、腾格里早古生代增生楔（$Ⅲ_4^1$）、卫宁北山-香山晚古生代前陆-上叠盆地（$Ⅲ_4^{1-1}$）。所属成矿区带为河西走廊 Fe-Mn-萤石-盐类-凹凸棒石-石油成矿带（Ⅲ-20）、烟筒山-窑山冲断带煤-石灰岩-硅石成矿亚带（Ⅳ-20②）。所属矿床成矿系列为与新生代沉积作用-表生作用有关的铁、石英砂、石膏、粘土、地下水等矿床成矿系列（9-Cz-1）、与古近纪—新近纪沉积作用有关的粘土、石英砂、石膏矿床成矿亚系列（Cz_1-S-1）。矿区出露地层主要为新近系彰恩堡组（N_1z），岩性为棕红色橘黄色厚层石英砂岩、石英砂岩夹砾岩、砂质粘土。矿层为石英砂岩，厚度约 41 m，构造简单，矿区呈单斜层，出露较集中。控制矿层长度 1000 m，厚度 10 m，倾向 50°~85°，倾角 4°~15°。矿石组分主要为石英及少量长石和泥质。矿砂化学成分中有益组分 SiO_2 含量为 80%，细颗粒在 67%以上，含泥量在 4.62%以上，居于 1N100/200（0）粘土砂，可供地方工业铸件使用，求获矿砂总体积量 $500×10^4$ m^3，矿石量 $1250×10^4$ t。矿床规模属大型矿床。

4. 盐池县惠安堡镇红土沟石英砂矿床

红土沟石英砂矿位于盐池县山水河东部，地属吴忠市盐池县惠安堡镇管辖。

红土沟石英砂矿床地层属华北地层区（$Ⅲ_4$）、鄂尔多斯西缘地层分区（$Ⅲ_4^1$）、桌子山-青龙山地层小区（$Ⅲ_4^{1-2}$）。大地构造位置位于柴达木-华北板块（Ⅲ）、华北陆块（$Ⅲ_5$）、鄂尔多斯地块（$Ⅲ_5^1$）、鄂尔多斯西缘中元古代—早古生代裂陷带（$Ⅲ_5^{1-1}$）。所属成矿区带为鄂尔多斯西缘（陆缘坳褶带）Fe-Pb-Zn-磷-石膏-芒硝成矿带（Ar_3；Pt；Pz；Kz）（Ⅲ-59）、陶乐-彭阳冲断带煤（气）-石灰岩-白云岩成矿亚带（Ⅳ-59③）。所属矿床成矿系列为与新生代沉积作用-表生作用有关的铁、石英砂、石膏、粘土、地下水等矿床成矿系列（9-Cz-1）、与古近纪—新近纪沉积作用有关的粘土、石英砂、石膏矿床成矿亚系列（Cz_1-S-1）。区内零星出露有新近系中新统彰恩堡组（N_1z）和大面积第四系。含矿层为彰恩堡组，岩性为橘红-橘黄色粘土质粉砂、粘土（泥岩）夹灰白色长石石英砂及砂砾岩透镜体。

矿层厚度 6.2 m，粒度小于 0.1 mm 的占 1.73%，大于 0.42 mm 的占 1.13%，0.147~0.42 mm 的占 90.36%，矿石 SiO_2 92.54%、Al_2O_3 2.00%、Fe_2O_3 0.27%，达到Ⅳ级平板玻璃用石英砂质量要求，也可用来制造一般的瓶罐。求获矿石量 $744×10^4$ t，矿床规模为中型，属沉积型玻璃用石英砂矿床。

（四）全新统石英砂矿

全新统石英砂矿仅在中卫市营盘水发现铸型用砂 1 处，为中型矿床。

中卫市营盘水石英砂矿床

营盘水石英砂矿位于中卫市小红山车站西 8.3 km 处的营盘水，地属中卫市沙坡头区管辖，矿区交通方便。

营盘水石英砂矿床地层属阿拉善地层区（$Ⅲ_3$）、阿拉善南缘地层分区（$Ⅲ_3^1$）、景泰-中宁地层小区（$Ⅲ_3^{1-1}$）。大地构造位置位于柴达木-华北板块（Ⅲ）、阿拉善微陆块（$Ⅲ_4$）、腾格里早古生代增生楔（$Ⅲ_4^1$）、卫宁北山-香山晚古生代前陆-上叠盆地（$Ⅲ_4^{1-1}$）。所属成矿区带为河西走廊 Fe-Mn-萤石-盐类-凹凸棒石-石油成矿带（Ⅲ-20）、香山褶断带 Fe-Cu-煤-石灰岩-石膏-粘土成矿亚带（Ⅳ-20③）。所属矿床成矿系列为与新生代沉积作用-表生作用有关的铁、石英砂、石膏、粘土、地下水等矿床成矿系列（9-Cz-1）、与古近纪—新近纪沉积作用有关的粘土、石英砂、石膏矿床成矿亚系列（Cz_1-S-1）。矿区地处卫宁北山西端，腾格里沙漠边缘。含矿地层为全新统冲积层，矿体位于现代河床，由含砾中粗粒石英砂组成。矿层呈带状沿河床南北向展布，长度 4000 m，厚度 2 m。矿石为中粗粒石英砂。矿石化学成分：SiO_2 含量 84.46%~88.21%，Fe_2O_3 含量 1.49%~9.81%，Na_2O+K_2O+CaO+MgO 含量 3.62%~4.11%，泥质含量 2.1%~3.35%。

该矿床提交了 C_1 级型砂总储量 949237.3 m^3，C_2 级型砂总储量 1184951.3 m^3，累计探明资源储量 2134188.6 m^3（533×10^4 t）。矿床规模为中型，属现代河床沉积铸型用石英砂矿床。

第三节　矿床时空分布特征及成矿规律

一、时空分布特征

宁夏硅石类矿产时空结构总结见表 21-3。根据成矿亚带对已知资源量进行统计，Ⅳ-20②亚带有 30022.8×10^4 t；Ⅳ-20③亚带有 923.68×10^4 t；Ⅳ-21①亚带有 1531×10^4 t；Ⅳ-59①亚带有 120098.768×10^4 t；Ⅳ-59②亚带 38896×10^4 t；Ⅳ-59③亚带有 13591×10^4 t；Ⅳ-60①亚带有 61×10^4 t。根据成矿时段对已知资源量进行统计，前寒武纪有 223.733×10^4 t；长城纪有 119906.035×10^4 t；晚石炭世有 390.68×10^4 t；中侏罗世有 3601×10^4 t；早白垩世有 37×10^4 t；始新世有 1500×10^4 t；渐新世有 14988×10^4 t；中新世有 63944.8×10^4 t；全新世有 533×10^4 t。

表 21-3　宁夏硅石（硅质原料）时空分布

成矿亚带	前寒武纪 /10^4 t	长城纪 /10^4 t	晚石炭世 /10^4 t	中侏罗世 /10^4 t	早白垩世 /10^4 t	始新世 /10^4 t	渐新世 /10^4 t	中新世 /10^4 t	全新世 /10^4 t
Ⅳ-20②				3601			14964	11457.8	
Ⅳ-20③			390.68						533
Ⅳ-21①		31				1500			
Ⅳ-59①	223.733	119875.035							
Ⅳ-59②								38896	
Ⅳ-59③								13591	
Ⅳ-60①					37		24		

二、成矿规律

宁夏硅石矿总体成矿规律可按如下两个成因总结：

1. 脉石英

由热液活动过程活化地质建造中的 SiO_2，迁移沉淀在构造裂隙中形成矿脉。这类硅石矿一般纯度较高。例如，本区古元古界变质岩系地层中混合岩化热液成因的石嘴山市道路沟白渣子沟脉石英矿床，SiO_2 含量高达 99.46%。

2. 石英砂-石英砂岩-石英岩

含石英的地质建造出露地表遭受风化剥蚀，随着砂砾物搬运过程不断磨蚀及风化，暗色矿物逐渐消失，之后长石矿物也逐渐减少，石英的比例不断提高，最终沉积形成石英砂（实例：中卫市营盘水石英砂矿床），石英砂压实固结后形成石英砂岩（实例：石嘴山市大武口沟东硅石矿区、贺兰县洪广镇拜寺口硅石矿床、固原市原州区炭山乡石岘子林场石英砂岩矿等矿床）。随着温度升高，压力增加，石英砂岩变质、重结晶后形成石英岩（实例：石嘴山市惠农区柳条沟矿区、石嘴山市大武口区老树湾硅石矿床、石嘴山市大武口区枣窝硅石矿、银川市大口子硅石矿等矿床）。

石英砂-石英砂岩-石英岩序列的原始沉积环境有陆相和海相，后者石英的纯度一般高于前者，因为前往浅海比河湖往往距离更远，同时在海滩上砂粒还可经受海浪的反复磨蚀分选。

由石英砂到石英砂岩的固结程度，一般随地质年代加长而加强，石英砂一般属第四纪松散沉积物

（如中卫市营盘水石英砂矿床，未固结），石英砂岩按新近纪（如永宁县闽宁镇花布山石英砂矿床、青铜峡市邵岗镇双井子石英砂矿床等，半固结）、古近纪（如固原市原州区石砚子石英砂矿床、固原市原州区养花台石英砂矿床，半固结）、白垩纪（如彭阳县城阳乡西庄石英砂岩矿床，低度固结）、侏罗纪（如固原市原州区炭山乡石岘子林场石英砂岩矿床，低度固结）、石炭纪（如中卫市香山乡陈水硅石矿，固结）、长城纪（如石嘴山市惠农区白虎洞硅石矿区、石嘴山市惠农区柳条沟硅石矿床东段、石嘴山市惠农区正义关鄂博梁硅石矿床、石嘴山市惠农区王全口硅石矿床、石嘴山市大武口区老树湾硅石矿床等，高度固结），固结程度逐渐提高。

从石英砂岩到石英岩的重结晶程度，通常随区域变质程度的加强而升高，贺兰山地区长城系黄旗口组赋存的硅石矿床，在变质程度偏低的地段为石英砂岩（如石嘴山市白虎洞硅石矿区部分地段、石嘴山市惠农区柳条沟硅石矿床东段、石嘴山市惠农区正义关鄂博梁硅石矿床、石嘴山市惠农区王全口硅石矿床、石嘴山市大武口区老树湾硅石矿床等），在变质程度偏高的地段成为石英岩（如石嘴山市白虎洞硅石矿区部分地段、石嘴山市大武口区枣窝硅石矿床、贺兰县洪广镇拜寺口硅石矿床、银川市大口子和小口子石英岩矿床等），在柳条沟、王全口一带还见有呈现过渡特点的石英岩状砂岩。总体而言，由于贺兰山自北而南变质程度加深，因而造成该层位的硅石在贺兰山北段多为石英砂岩，而在贺兰山中段多为石英岩。

第二十二章　膨润土

第一节　概　　述

一、膨润土的特征和主要经济用途

膨润土又名斑脱岩、膨土岩，是以蒙脱石为主组成的粘土岩。蒙脱石属层状结构硅酸盐矿物。化学式为（1/2Ca，Na）$_{0.7}$（Al，Mg，Fe）$_4$（Si，Al）$_8$O$_{20}$（OH）$_4$·nH$_2$O，其中钙、钠为可交换的阳离子，理论化学成分 SiO_2 含量为 49.00%，Al_2O_3 含量为 23.00%，Fe_2O_3 含量为 0.30%，烧失量 23.00%。按蒙脱石中可交换的阳离子种类，膨润土可分为钠基、钙基、镁基、氢基膨润土 4 个类型，自然界中主要出现前两个。

用途：石油工业作净化和裂化材料；作造纸、洗涤剂、牙膏、橡胶、塑料、染料、涂料、医药填料；作催化剂载体；作杀虫剂载体；铸造型砂粘结剂；纺织业纱浆材料；钻井用泥浆材料；作脱色剂；钠质膨润土可作静态爆破剂的添加剂；纯净蒙脱石可抑制消化道病毒、细菌；制水渠防渗毯。

二、膨润土矿产地数量

宁夏区内发现膨润土矿床 2 处，其中，中型 1 处，小型 1 处（表 22-1）。

表 22-1　宁夏膨润土矿产地一览表

序号	矿产地名称	所在地区	工作程度	矿床规模	矿床类型	成矿时代	开发利用情况
1	周家沟膨润土矿	银川市灵武市	普查	中型	机械沉积型	喜马拉雅期	停采
2	二人山膨润土矿	中卫市沙坡头区	预查	小型	风化型	喜马拉雅期	停采

三、膨润土矿地理分布

宁夏膨润土矿主要分布在灵武市马家滩镇周家沟村和中卫市沙坡头区二人山地区。

四、膨润土矿矿床类型

灵武市周家沟膨润土矿为内陆河湖相环境形成的机械沉积型矿床；中卫市二人山膨润土矿为热液蚀变带出露地表后形成的风化型矿床。

五、膨润土矿资源储量

灵武市周家沟膨润土矿资源量（333+334）为 1397.33×10^4 t；中卫市二人山膨润土矿资源量（334）？为 214.00×10^4 t。截至 2017 年底，中卫市二人山膨润土矿经宁夏国土资源厅备案的膨润土累计查明资源储量（333）为 7.69×10^4 t。

六、膨润土矿勘查与开发利用程度

灵武市周家沟膨润土矿勘查工作程度为普查，中卫市二人山膨润土矿于 1991 年进行了普查评价工作，达预查程度。

周家沟膨润土矿和二人山膨润土矿曾由地方企业小规模开采，主要作为石油钻井泥浆原料使用。2005 年，宁夏惠农渠、汉延渠和陈渠防渗整修工程中，应用膨润土制成防渗毯，防渗性能良好。2013 年，宁夏青银高速公路两侧环境治理，景观湖工程临河-水洞沟段，湖底铺设了天然钠基膨润土防渗毯，达到预期防渗效果。

第二节　矿产地分论

一、机械沉积型膨润土矿床

机械沉积型膨润土矿床以灵武市马家滩镇周家沟膨润土矿为代表，矿体赋存于古近系渐新统清水营组中，夹于砂岩、砾岩间，呈层状、似层状，具微层理。

灵武市马家滩镇周家沟膨润土矿床

周家沟膨润土矿床位于灵武市马家滩镇北直线距离 9 km 处的周家沟村，矿区交通方便。矿区南北长 2.0 km，东西宽 1.6 km，面积 3.2 km^2。

1999 年，中国建筑材料工业地质勘查中心宁夏总队对该矿进行了普查工作，提交了《宁夏灵武县周家沟膨润土矿床普查地质报告》。

1. 区域地质

周家沟膨润土矿床地层属华北地层区（$Ⅲ_4$）、鄂尔多斯西缘地层分区（$Ⅲ_4^1$）、桌子山-青龙山地层小区（$Ⅲ_4^{1-2}$）。大地构造位置位于柴达木-华北板块（Ⅲ）、华北陆块（$Ⅲ_5$）、鄂尔多斯地块（$Ⅲ_5^1$）、鄂尔多斯西缘中元古代—早古生代裂陷带（$Ⅲ_5^{1-1}$）。所属成矿区带为鄂尔多斯西缘（陆缘坳褶带）Fe-Pb-Zn-磷-石膏-芒硝成矿带（Ar_3；Pt；Pz；Kz）（Ⅲ-59）、陶乐-彭阳冲断带煤（气）-石灰岩-白云岩成矿亚带（Ⅳ-59③）。所属矿床成矿系列为与新生代沉积作用-表生作用有关的铁、石英砂、石膏、粘土、地下水等矿床成矿系列（9-Cz-1）、与古近纪—新近纪沉积作用有关的粘土、石英砂、石膏矿床成矿亚系列（Cz_1-S-1）。区域出露地层主要有：上二叠统孙家沟组（P_3sj），上三叠统大风沟组（T_3d），中侏罗统延安组（J_2y），下白垩统宜君组（K_1y）、洛河组（K_1lh）、环河组（K_1hh）和罗汉洞组（K_1lhd），渐新统清水营组（E_3q）、上更新统。上述晚古生代和中生代组成了沉积盆地蚀源区。

1959~1960 年，宁夏地质局水文队和宁东地质队进行区域地质调查工作时，在矿区北部 20 km 处的灵武磁窑堡公社五疙瘩发现基性玄武岩，地表出露面积 0.03 km^2，玄武岩脉侵入在中侏罗统延安组中（图 22-1）。

2. 矿区地质

矿区内出露地层为渐新统清水营组（E_3q）和上更新统洪积层。

渐新统清水营组（E_3q）：为陆相碎屑岩-膏盐建造，地层多出露于冲沟内，地表也有零星露头（上覆第四系厚 0~3.0 m）。岩性主要为紫红色、灰绿色泥岩（膨润土）、粉砂质泥岩（砂质膨润土）及橘红色、灰绿色、灰白色石英砂岩，夹有薄层石膏，并含有少量砾石。砾石成分以石英岩为主，砾径 0.5~5 cm 不等。总厚度大于 50 m，属干燥炎热气候条件下的湖相沉积。据钻孔揭露，按上下岩性特征可分为 3 个岩性段。

第一岩性段：灰白色、紫红色泥质粉砂岩、粉砂岩、固结程度较好，底部含少量砾石。钻孔未见底，厚度大于 10 m，为矿层底板。

第二岩性段：灰绿-紫红色膨润土及砂质膨润土，并夹有粉砂岩、泥质粉砂岩。厚度 6.67~24.5 m。

第三岩性段：浅紫红色砂岩，灰白色、灰绿色粉砂岩，局部夹有石膏薄层，弱固结，较松散。厚度 0~13.0 m，为矿层顶板。

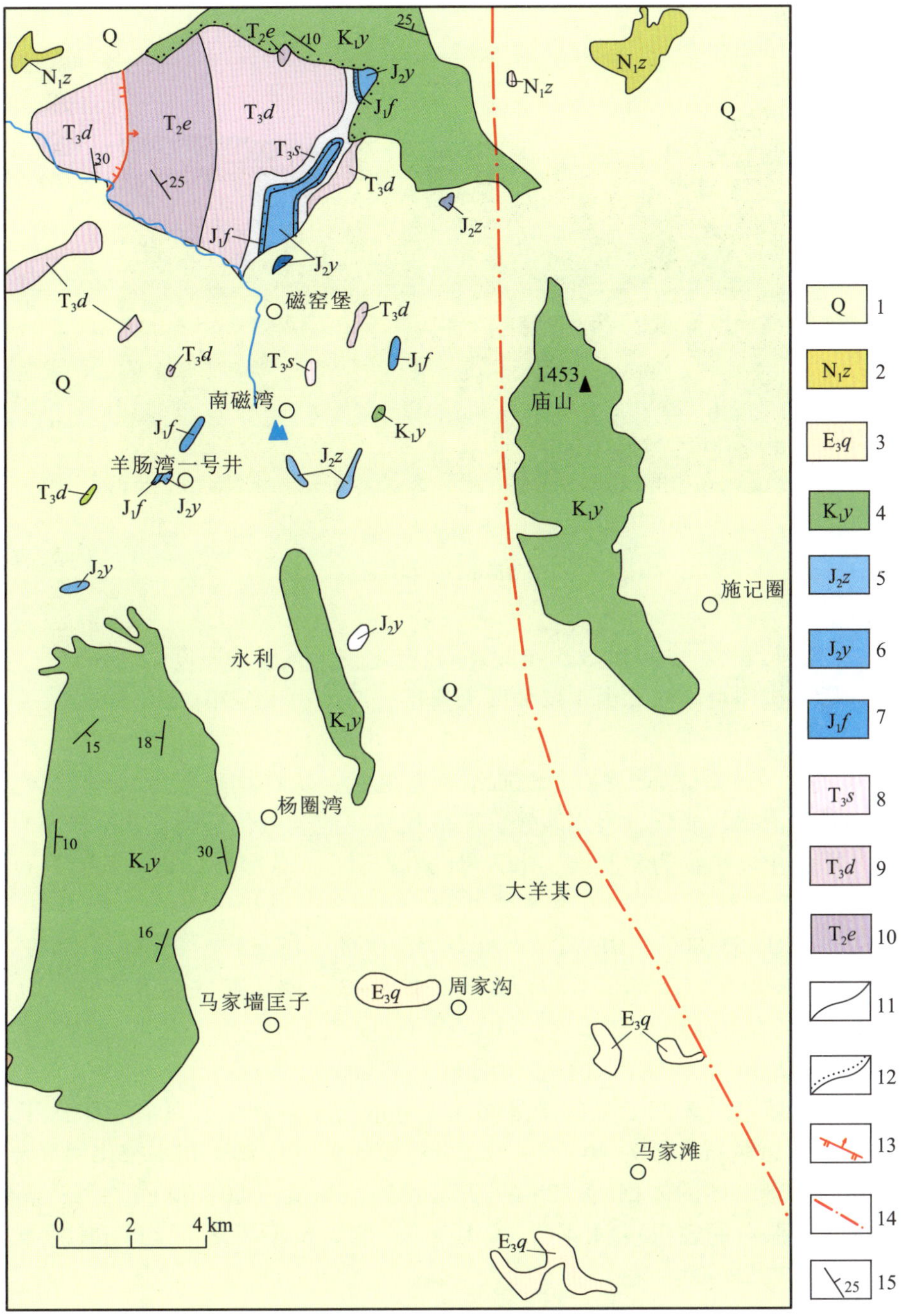

图 22-1 周家沟膨润土矿区域地质图

（据宁夏回族自治区地质调查院，2017，有修改）

1—第四系；2—新近系彰恩堡组；3—古近系清水营组；4—白垩系宜君组；5—侏罗系直罗组；6—侏罗系延安组；7—侏罗系富县组；8—三叠系上田组；9—三叠系大风沟组；10—三叠系二马营组；11—地质界线；12—不整合地质界线；13—逆断层；14—隐伏断层；15—岩层产状

上更新统洪积层遍布整个矿区，主要为土黄色、灰褐色粘土质砂、含砾粘土质砂，厚度 0~3.0 m。

矿区构造极为简单，地层近于水平产出，微倾向东南，未发现断层存在，矿体仅受地形地势的影响。

3. 矿体（层）特征

矿体赋存于渐新统清水营组第二岩性段。矿层为灰绿-紫红色膨润土及砂质膨润土（图 22-2），呈中厚层状、似层状产出，地层微倾向南东，倾角 0°~3°。主矿体为一层，南北延伸长度 1400 m，东

图 22-2　周家沟膨润土矿层特征

（向连格摄，2017）

西宽度约 700 m，矿层连续性好，厚度 3.5~13.7 m，变化较大，平均厚度 11.38 m。

据钻孔资料分析，矿体由南向北由 1 层分叉为 4 层，厚度由大变小。

4. 矿石特征

矿石多呈灰绿-紫红色，具泥质及粉砂泥质结构，层状、块状构造，土状-蜡状光泽，皂状、贝壳状断口，质地细腻具滑感，质软，吸水缓慢膨胀成糊状，地表风化呈麻花状。矿石自然类型为膨润土和砂质膨润土。矿石主要矿物为蒙脱石、水云母/蒙脱石间（混）层矿物，其次为石英，方解石含量 1%~2%及少量长石和坡缕石，其他矿物含量甚微。

矿石化学成分：SiO_2 53.80%~61.72%，Al_2O_3 13.06%~16.58%，Fe_2O_3 4.55%~6.22%，CaO 4.03%~6.53%，MgO 1.99%~3.05%，K_2O+Na_2O 2.89%~3.33%，烧失量 8.32%~10.34%，H_2O 含量 5.17%~6.71%。矿石化学成分比较稳定。SiO_2/Al_2O_3 值达 3.35~4.73，明显高于蒙脱石的理论值（理论值 $SiO_2:Al_2O_3=2.36$），说明尚含有多余的 SiO_2 组分。

矿石物化性能：吸蓝量（膨润土吸蓝量是膨润土分散于水溶液中，具有吸附次甲基蓝的能力）：一般为 18~23 g/100g，蒙脱石含量为 40.9%~52.3%；胶质价（膨润土与水按比例混合后，加适量氧化镁，使其凝聚形成的凝胶体的体积）：42~67.2 mL/15g，一般为 50~60 mL/15g；膨胀容（是指膨润土在稀盐酸溶液中膨胀后的容积）：4.4~7.0 mL/g，一般为 5.8~6.8 mL/g；pH 值 8.51~9.30。

阳离子交换容量见表 22-2。

表 22-2　阳离子交换容量及阳离子交换量结果表　　单位：mmol/100g

样号	CEC	EK^+	ENa^+	ECa^{2+}	EMg^{2+}	$K=(ENa^++EK^+)/(ECa^{2+}+EMg^{2+})$	$(EMg^{2+}+ECa^{2+})/CEC$	$EMg^{2+}/(ECa^{2+}+EMg^{2+})$
H37	42	1.8	7.2	15	18	0.27	79	55
H40	49	2.0	7.2	20	20	0.23	82	50
H50	50	2.0	8.0	20	20	0.25	80	50
H54	60	2.6	9.2	20	25	0.26	75	56
H57	56	2.6	8.0	18	30	0.22	86	63

据表中数据看，该膨润土主要为 Mg^{2+}、Ca^{2+}、Na^+ 离子。ENa^+/CEC 值为 14%~17%，ECa^{2+}/CEC 值为 32%~41%，EMg^{2+}/CEC 值为 40%~54%。根据膨润土混合属型两组分分类表：$50\%>EMg^{2+}/CEC>ECa^{2+}/CEC>25\%$，该膨润土属镁钙基混合型膨润土。

5. 资源储量

截至2017年底，周家沟膨润土矿求获资源储量（333+334）为1397.33×10^4 t（原D级储量为919.98×10^4 t，E级储量为477.35×10^4 t），属中型矿床。

6. 成矿阶段划分

周家沟膨润土矿成矿阶段大致分两步：①早期形成钠基蒙脱石；②外来富钙、镁水进行阳离子交换形成钙、镁基蒙脱石。上部为钙、镁基蒙脱石，下部为钠基蒙脱石。

7. 矿床类型

周家沟膨润土矿为陆相环境机械沉积形成的镁钙基混合型膨润土矿床。

8. 成矿机制和成矿模式

该矿床属河湖相机械沉积型膨润土矿床，为膨润土再搬运沉积成矿。成矿环境属封闭湖盆地，成矿物质可能是多源的，主要是从周边蚀源区的母岩（上二叠统、中侏罗统、下白垩统粘土岩或基性火山碎屑岩）风化后，形成硅、铝溶胶，呈胶体状态随地表水搬运到湖中，经强烈蒸发，胶体化学凝聚下形成蒙脱石矿层。成矿大致分为三期：①蚀源区含矿物质经风化剥蚀被地表水携入湖盆地；②同生-成岩改造，水解转变为蒙脱石；③成岩-后生富集成矿。

9. 找矿标志或找矿模型

地层：渐新统清水营组第二岩性段。

岩性：灰绿-紫红色粘土及砂质粘土岩，并夹有粉砂岩、泥质粉砂岩。

环境：封闭湖泊。

二、风化型膨润土矿床

风化型膨润土矿床以中卫市二人山膨润土矿床为代表，矿体赋存于上泥盆统中宁组和下石炭统前黑山组构造破碎蚀变带，矿体呈脉状、似层状、透镜状。

中卫市二人山膨润土矿床

二人山膨润土矿位于中卫市镇罗火车站北直线距离约20 km处，东起金场子，西至黄石坡沟，镇罗镇到矿区有简易公路相通。

1990年，宁夏地矿局矿产地质调查所在该区进行金矿普查时发现膨润土矿，与金场子金矿床共生，于1991年进行了膨润土矿普查评价。

二人山膨润土矿床地层属阿拉善地层区（$Ⅲ_3$）、阿拉善南缘地层分区（$Ⅲ_3^1$）、景泰-中宁地层小区（$Ⅲ_3^{1-1}$）。大地构造位置位于柴达木-华北板块（Ⅲ）、阿拉善微陆块（$Ⅲ_4$）、腾格里早古生代增生楔（$Ⅲ_4^1$）、卫宁北山-香山晚古生代前陆-上叠盆地（$Ⅲ_4^{1-1}$）。所属成矿区带为河西走廊Fe-Mn-萤石-盐类-凹凸棒石-石油成矿带（Ⅲ-20）、卫宁北山褶断带Fe-Au-Ag-Cu-Pb-Zn-煤-粘土成矿亚带（Ⅳ-20①）。所属矿床成矿系列为与新生代沉积作用-表生作用有关的铁、石英砂、石膏、粘土、地下水等矿床成矿系列（9-Cz-1）、与第四纪风化作用有关的铁、钴、膨润土矿床成矿亚系列（Cz_2-H-3）。出露地层有上泥盆统中宁组（D_3z），下石炭统前黑山组（C_1q）、臭牛沟组（C_1c），上石炭统土坡组（C_2t）（现在为靖远组（$C_{1-2}j$）和羊虎沟组（C_2y））。

区域构造主体以东西向为主，多为走滑性质的逆冲断层。区内褶皱构造较发育，主体轴向近东西，背向斜相间，轴长5~28 km。岩浆岩零星出露，主要为辉绿岩体（$\beta\mu$）、似斑状含石英闪长岩脉（δo）及闪长玢岩脉（$\delta\mu$）。

矿区为一轴向近东西向的背斜鞍部。背斜轴部地层主要是上泥盆统中宁组上段紫褐色泥质粉砂岩、粉砂质泥岩、蒙脱石粘土岩等，为晚泥盆世磨拉石建造的上部河湖相沉积，厚度大于100 m。两翼依次为下石炭统前黑山组褐黄色灰岩、白云质灰岩、钙质石英砂岩等，厚度200 m；下石炭统臭牛沟组灰白色细砂岩、粉砂岩、泥岩夹砂质灰岩，厚度400 m；上石炭统土坡组（C_2t）（现在为靖远组（$C_{1-2}j$）和羊虎沟组（C_2y））为浅灰色细砂岩、粉砂质泥岩等，厚度50 m。早石炭世海陆交互含膏盐建造和晚石炭世海陆交互相含煤建造。

矿区断裂发育，主要有东西向（或近东西向）、北东向和北西向3组。东西向断裂规模大，是区内主要控矿构造。

脉岩为闪长玢岩，有2条：东部一条斜切上泥盆统和下石炭统，脉长800 m，宽度0.8~5 m，厚度0.5~3 m，走向70°左右，倾向北西；西部一条沿下石炭统前黑山组与臭牛沟组接触面侵入，延深360 m左右。岩脉侵入于钙质石英细砂岩、泥岩中，自身和相邻岩石均遭受强烈热液蚀变，绝大部分斜长石被显微鳞片状、胶状蒙脱石集合体替代，镁铁矿物被白云石、方解石替代，局部少量细粒方解石沿后期挤压裂隙充填交代，岩石呈现蒙脱石化、碳酸盐化、弱黄铁矿化交代特征。

矿区分南、北两个含矿带，矿体主要沿复式背斜两翼上泥盆统中宁组与下石炭统前黑山组断裂接触带分布。矿带东起金场子，西至黄石坡沟，南倾为主，倾角50°~70°，总体长度1.8 km，断续分布10个大小不等的蒙脱石粘土矿体（图22-3；表22-3）。

图22-3　二人山膨润土矿区现状

（向连格摄，2017）

表22-3　二人山膨润土矿床矿体特征表

矿体编号		赋存位置	形态	规模/m			矿石成分/%	围岩蚀变
				长度	宽度	厚度		
南矿带	Ⅰ	上泥盆统中宁组	层状、似层状	160		5~10	蒙脱石75	碳酸盐化 高岭石化
	Ⅱ	东西向断裂带	脉状	60		6	蒙脱石60	黄铁矿化
	Ⅲ	上泥盆统中宁组	透镜状	50		30	蒙脱石35	碳酸盐化
	Ⅳ	上泥盆统中宁组	似层状	200		5~10	蒙脱石40	碳酸盐化
北矿带	Ⅴ	下石炭统前黑山组	似层状	120		10	蒙脱石75	碳酸盐化
	Ⅵ	下石炭统前黑山组	似层状	200		15~70	蒙脱石40	碳酸盐化
	Ⅶ	下石炭统前黑山组	似层状透镜状				蒙脱石50	碳酸盐化
	Ⅷ	下石炭统前黑山组	似层状	600		10~15	蒙脱石>50	碳酸盐化 黄铁矿化
	Ⅸ	东西向断裂带	脉状	140	160	10	蒙脱石40~50	碳酸盐化 黄铁矿化
	Ⅹ	下石炭统前黑山组	透镜状	40		3	蒙脱石45	高岭石化

上述矿体中，除Ⅱ、Ⅸ号矿体为蒙脱石化闪长玢岩脉蚀变形成外，其余系上泥盆统中宁组、下石炭统前黑山组泥质粉砂岩、粉砂质泥岩等蚀变形成。前者构成灰绿色含黄铁矿蒙脱石粘土岩，后者为土黄色蒙脱石粘土岩类型。

矿石具交代蚀变残余斑状结构，浸染状-块状构造。主要成分蒙脱石 35%~75%，绢云母 30%~40%，次为残余斜长石、残留伊利石、石英、高岭石、石膏、黄（褐）铁矿等。矿石 SiO_2 含量偏低，CaO、MgO 含量偏高。据矿石物性测定，吸蓝量在 22~27 g/100g 之间，胶质价一般在 45~65 mL/15g 之间，膨胀倍一般在 6 mL/g 以上，矿石质量较好。阳离子交换量大，交换阳离子以 Mg^{2+} 为主，属镁质蒙脱石粘土矿，脱色力高。矿石可达石油化工脱色用活性白土的Ⅰ、Ⅱ级品要求，也属于强度高的铸型粘土。

二人山膨润土矿床求获膨润土资源量（334）? 为 214×10^4 t，截至 2017 年底，经宁夏国土资源厅备案的膨润土累计查明资源储量为 7.69×10^4 t，保有资源储量为 7.21×10^4 t。

第三节 矿床时空分布特征及成矿规律

一、时空分布特征

根据成矿亚带对宁夏已知膨润土资源量进行统计，Ⅳ-20①亚带有 7.69×10^4 t；Ⅳ-59③亚带有 1397.33×10^4 t。根据成矿时段对已知资源量进行统计，喜马拉雅期有 1405.02×10^4 t（表 22-4）。

表 22-4 宁夏膨润土矿时空分布

成矿亚带	喜马拉雅期	含矿建造
Ⅳ-20①	7.69×10^4 t	D_3、C_1，磨拉石建造、海陆交互相碎屑岩-碳酸盐岩含膏盐建造，蚀变闪长玢岩脉
Ⅳ-59③	1397.33×10^4 t	渐新世碎屑岩-碳酸盐建造

二、成矿规律

1）沉积型膨润土主要分布在渐新统清水营组第二岩性段：灰绿-紫红色膨润土及砂质膨润土，并夹有粉砂岩、泥质粉砂岩。该套地层在宁夏中东部及西部广泛出露。另外，上二叠统孙家沟组、红泉组和大黄沟组中有火山物源沉积，主要为凝灰岩及凝灰质砂岩，该类岩石主要分布于贺兰山北段大小王全沟、沙巴台和宁夏南部海原县油井山、北掌山一带。注意寻找与火山碎屑沉积有关的膨润土矿。

2）热液蚀变带风化型膨润土仅在卫宁北山金场子-二人山-黄石坡发现，矿体主要产在上泥盆统与下石炭统断裂破碎带中。断裂构造与燕山期闪长玢岩脉比较发育，在矿带西侧上泥盆统出现规模较大的磁异常，推断深部有岩浆岩侵入，该时期热液活动形成金场子金矿、二人山银铅硫铁矿，控矿断裂破碎蚀变带在新生代剥蚀出露地表后风化形成膨润土矿。

第二十三章 粘土岩类

（陶瓷粘土、耐火粘土、陶粒用粘土、水泥配料用粘土）

第一节 概 述

一、粘土及粘土岩的特征和主要经济用途

粘土岩类岩石是由直径小于0.0039 mm的粘土矿物（含量≥50%）、碎屑矿物及有机质等组成，主要化学成分含量$SiO_2$50%~70%、Al_2O_3 50%~70%。粘土矿物粒度一般小于2 μm，比表面积大，具有独特的可塑、粘结、烧结、干缩、膨胀、结合、吸附、吸水、过滤、耐火等特殊工艺性能，被广泛应用。

水泥配料、砖瓦、陶粒、制陶、铸型用粘土质原（辅）料的粘土岩类主要包括：粘土、泥岩、页岩、粉砂岩、板岩、千枚岩、片岩等。实际上，粘土岩类是一组化学成分相似，因成岩程度与变质程度不同而名称各异的岩石。由于这类岩石的化学成分和物理性能类似，因而在某些应用中可以相互替代。

粘土（黄土、红土）是由疏松或未固结成岩的粘土矿物及碎屑矿物组成的土状堆积-沉积物。主要由水云母、高岭石、蒙脱石等粘土矿物组成，含有一定量的石英、长石、云母、岩屑等碎屑以及有机质等。

泥岩，又称粘土岩，是由粘土经一定程度的固结作用后形成的层理或页理不明显的块状沉积岩。化学成分、矿物成分与粘土基本一致，含大量的粘土矿物。当碎屑含量较高（<50%）时，称为粉砂质粘土岩，当碎屑含量大于50%时，成为粉砂岩。

页岩是由粘土（泥岩）经成岩作用形成的固结程度较高、页状或薄片状层理发育、质地致密坚硬的岩石。其化学成分与矿物成分与粘土基本一致，可出现少量自生矿物，如铁、铝、锰的氧化物与氢氧化物等。

板岩是具有板状构造，由粘土岩经轻微变质作用形成的岩石。其化学成分与矿物成分与粘土基本一致，矿物颗粒细小，重结晶作用不发育。

制陶用的粘土及粘土岩类，工业上习惯成为陶土，专指主要由水云母、高岭石、蒙脱石、石英、长石等矿物组成的可供烧制陶器的页岩、粉砂质粘土岩和泥岩。陶土一般Al_2O_3含量较低，SiO_2、Fe_2O_3含量较高，常呈灰、黄、紫等颜色，干燥和烧结性能较好；耐火粘土指耐火度大于1580℃，由0.005 mm以下的高岭石族矿物、铝的氢氧化物及少量水云母组成的粘土；陶粒用原料是由具有烧胀性能的粘土岩类（页岩、粉砂岩、泥岩等）以及工业废料粉煤灰等经高温烧制后气孔率增加、体积膨胀的粘土，是一种人造轻质（骨）集料。粘土矿物中的伊利石、水云母、蒙脱石等总含量大于40%，重点要求烧胀性和烧成的强度；水泥配料用粘土质原料主要是粘土及粘土岩类。

目前，国家已限制使用粘土，要求尽可能使用粘土岩类、矸石及矿渣等粘土质工业废弃物代替。

粘土及粘土岩类矿产的用途很广泛：作水泥配料用粘土质原料，各地差异很大，一般就地取材，如西北地区多用黄土，华北和东北地区常用粘土，华南地区多用粉砂岩等；作砖瓦用原料，包括墙砖、地砖、青瓦、玻璃瓦等；作陶粒用原料；作制陶用原料；作铸造粘结剂；作耐火材料；作建筑饰

面板材；某些优质泥岩、砂质泥岩、板岩是制作砚台的原料，如宁夏贺兰砚就是产在长城纪粉砂质泥质板岩中。

宁夏区内耐火粘土、陶瓷粘土矿主要赋存于两大含煤地层中，即古生界上石炭统—下二叠统和中生界侏罗统延安组中，主要分布在石嘴山市惠农区简泉、石嘴山煤矿区、大武口区浸水沟、中宁县平滩湖和碱沟山、中卫香山窑沟、孙家沟、下河沿、油井山及同心小红沟等地；紫色粘土（紫砂）主要产在贺兰山北段上二叠统和中三叠统中；水泥配料粘土主要产在贺兰山中、北段古生界寒武系、奥陶系和新生界古近系、新近系中，分布广泛，储量较大。

二、粘土岩类矿产地数量

宁夏全区共有粘土矿产地31处，其中，陶瓷粘土矿产地共8处，大型1处、中型1处、小型6处；耐火粘土矿产地共7处，大型2处、中型3处、小型2处；制陶粒粘土矿床5处，大型2处、中型1处、矿点2处；水泥配料用粘土矿产地11处，中型6处、小型5处（表23-1）。宁夏矿产资源储量数据库收录的有17处。

表23-1　宁夏粘土岩类矿产地一览表

序号	矿产地名称	所在地区	工作程度	矿床规模	矿床类型	成矿时代	开发利用情况
1	柳条沟粘土矿	石嘴山市惠农区	勘探	中型	其他粘土（水泥配料用）	中寒武世	停采
2	石嘴山矿区二矿井田耐火粘土矿	石嘴山市惠农区	勘探	中型	耐火粘土	晚石炭世—早二叠世	停采
3	石炭井耐火粘土矿	石嘴山市大武口区	预查	大型	耐火粘土	晚石炭世—早二叠世	停采
4	大灯沟耐火粘土矿	石嘴山市大武口区	预查	中型	耐火粘土	晚石炭世—早二叠世	停采
5	东沟耐火粘土矿	石嘴山市大武口区	普查	小型	耐火粘土	晚石炭世	未开采
6	马莲滩耐火粘土矿	石嘴山市大武口区	普查	小型	耐火粘土	晚石炭世—早二叠世	停采
7	浸水沟井田耐火粘土矿	石嘴山市大武口区	详查	中型	耐火粘土	晚石炭世—早二叠世	停采
8	简泉高岭石陶瓷粘土矿	石嘴山市惠农区	普查	小型	陶瓷粘土	晚石炭世	停采
9	小王全沟-红渣子陶瓷粘土矿（紫砂）	石嘴山市惠农区	预查	大型	陶瓷粘土	晚二叠世	未开采
10	天子庙陶瓷粘土矿（紫砂）	石嘴山市大武口区	预查	小型	陶瓷粘土	晚三叠世	未开采
11	插旗沟-牛家台子耐火粘土矿	银川市贺兰县	预查	大型	耐火粘土	早二叠世	停采
12	山嘴沟板岩矿	银川市西夏区	详查	中型	板岩（水泥配料用）	中-晚奥陶世	停采
13	头关板岩矿	银川市永宁县	预查	小型	板岩（水泥配料用）	中-晚奥陶世	未开采
14	黄羊滩粘土矿	吴忠市青铜峡市	预查	小型	其他粘土（水泥配料用）	中新世	未开采
15	马常滩粘土矿	吴忠市青铜峡市	普查	中型	其他粘土（水泥配料用）	中新世	开采
16	胶泥沟粘土矿	吴忠市青铜峡市	详查	中型	其他粘土（水泥配料用）	中新世	开采
17	铁牛山-铜铁沟陶瓷粘土矿	中卫市中宁县	预查	矿点	其他粘土（陶粒用）	晚石炭世	开采
18	平滩湖陶瓷粘土矿	中卫市中宁县	普查	小型	陶瓷粘土	晚石炭世	未开采
19	平塘湖西陶瓷粘土矿	中卫市中宁县	预查	矿点	其他粘土（陶粒用）	晚石炭世	开采
20	窑沟（上下河沿）陶瓷粘土矿	中卫市沙坡头区	预查	小型	陶瓷粘土	晚石炭世—早二叠世	停采
21	孙家沟陶瓷粘土矿	中卫市沙坡头区	预查	小型	陶瓷粘土	晚石炭世—早二叠世	停采
22	河西镇花豹湾粘土矿	吴忠市同心县	普查	中型	其他粘土（水泥配料用）	中新世	未开采
23	马段头陶粒粘土矿	吴忠市红寺堡区	普查	大型	其他粘土（陶粒用）	晚石炭世	未开采
24	油井山油井子沟陶瓷粘土矿	中卫市海原县	勘探	大型	陶瓷粘土、其他粘土（陶粒用）	晚石炭世—早二叠世	停采
25	油井山炭巷沟陶瓷粘土矿	中卫市海原县	详查	小型	陶瓷粘土	晚石炭世—早二叠世	开采

续表

序号	矿产地名称	所在地区	工作程度	矿床规模	矿床类型	成矿时代	开发利用情况
26	油井山大泉子沟陶瓷粘土矿	中卫市海原县	详查	中型	其他粘土（陶粒用）	晚石炭世—早二叠世	开采
27	油井山粘土矿	中卫市海原县	预查	小型	其他粘土（水泥配料用）	始新世	开采
28	银洞沟陶瓷粘土矿	固原市彭阳县	预查	中型	陶瓷粘土	中侏罗世	未开采
29	黄峁山粘土矿	固原市原州区	详查	小型	其他粘土（水泥配料用）	渐新世	开采
30	上蒿店粘土矿	固原市泾源县	预查	中型	其他粘土（水泥配料用）	更新世	开采
31	刘家沟粘土矿	固原市泾源县	详查	小型	其他粘土（水泥配料用）	渐新世	开采

三、粘土岩类地理分布

宁夏陶瓷粘土主要分布于石嘴山市惠农区简泉、小王全沟、大武口和中卫市香山北部上下河沿、西部孙家沟和南部油井山及卫宁北山地区；耐火粘土主要分布于贺兰山北段石嘴山市惠农区及大武口区，中卫市沙坡头区油井山及卫宁北山地区；制陶粒用粘土主要分布于卫宁北山地区的中卫市中宁县铁牛山、铜铁沟、平滩湖西和油井山一带；页岩、板岩主要分布在贺兰山北段石嘴山市惠农区柳条沟和贺兰山中南段银川市西夏区山嘴沟；水泥配料粘土（包括黄土）主要分布于贺兰山南段永宁县-青铜峡市、中卫市香山南部的油井山和固原市六盘山地区。

四、粘土岩类矿床类型

按成因划分：板岩划为受变质型（机械沉积受变质的）；粘土岩划为机械沉积型。

按工业用途划分：陶瓷粘土、耐火粘土、制陶粒用粘土、水泥配料用粘土（表 23-2）。

表 23-2　宁夏粘土岩类矿床（成因/工业）类型划分表

一级	二级	三级	矿床实例
内生矿床	变质作用矿床	受变质型（沉积-变质）	鄂尔多斯西缘成矿带：银川市山嘴沟板岩矿床（水泥配料用）、头关板岩矿床（水泥配料用）
外生矿床	沉积作用矿床	机械沉积型	河西走廊成矿带：中卫市窑沟（上下河沿）、孙家沟、平滩湖、油井山粘土矿床（陶瓷、制陶粒），固原市黄卯山、刘家沟粘土矿床（水泥配料用），吴忠市花豹湾粘土矿床（水泥配料用）。 鄂尔多斯西缘成矿带：石嘴山市柳条沟粘土矿床（水泥配料用），石嘴山市简泉陶瓷粘土矿床，石嘴山市石炭井、大灯沟、石嘴山矿区二矿井田、浸水沟、东沟、马莲滩耐火粘土矿床，银川市插旗沟-牛家台子粘土矿床，石嘴山市小王全沟-红渣子、天子庙陶瓷粘土矿床，固原市银洞沟陶瓷粘土矿床，青铜峡市黄羊滩、马常滩粘土矿床、胶泥沟粘土矿床（水泥配料用）

五、粘土岩类资源量

截至 2017 年底，宁夏累计探获的粘土岩类矿产资源量为 18889.618×10^4 t，其中，耐火粘土资源量为 7368.7×10^4 t，陶瓷粘土资源量为 1410.28×10^4 t，制陶粒粘土资源量为 2342.638×10^4 t，水泥配料用粘土资源量 7768.00×10^4 t；宁夏矿产资源储量数据库入库的粘土类矿产累计查明资源储量为 6528.168×10^4 t。其中，耐火粘土查明资源储量（122b+2S22+333）为 505.70×10^4 t，陶瓷粘土查明资源储量（2S22+333）为 187.78×10^4 t，制陶粒粘土查明资源储量（332+333）为 907.688×10^4，水泥配料用粘土查明资源储量为 4927.00×10^4 t。

六、粘土岩类勘查与开发利用程度

宁夏陶瓷粘土矿产地共8处，其中预查5处、普查2处、详查1处；耐火粘土矿产共7处，其中预查3处、普查2处、详查1处、勘探1处；制陶粒粘土矿产地共5处，其中预查2处、普查1处、详查1处、勘探1处；水泥配料用粘土矿产地共11处，其中预查4处、普查2处、详查4处、勘探1处。

据宁夏境内考古发现多处西夏（公元1038~1227年）瓷器窑址：灵武磁窑堡窑、回民巷窑、石沟驿窑，贺兰插旗口窑、红瓮井窑、皇城台子窑，银川西郊缸瓷井窑，石嘴山窑，中卫老窑沟窑，海原天都山窑等，说明宁夏陶瓷粘土开采利用历史悠久。

随着历史的发展及地勘工作的深入，区内煤系中发现了多处优质陶瓷粘土，同时宁夏陶瓷业引进先进技术，不断壮大。宁夏目前有20多家生产瓷器的企业，主要分布在石嘴山市和中卫市辖区。石嘴山市陶瓷厂，始建于1943年的光华瓷厂，中华人民共和国成立后演变为宁夏石嘴山市瓷器厂，继承“光华”牌商标，主要生产日用瓷、出口瓷、民族用瓷和炻瓷（介于陶与瓷之间，质地致密坚硬，与瓷相似，如水缸），兼工业建筑与艺术陈设等瓷器加工，共140个品种，600多个花色。产品远销国内18个省、市、自治区，并出口欧美、东南亚、中东等10余个国家和地区。而在中卫市，通过大力建设常乐陶瓷园，逐步由建筑陶瓷、日用陶瓷向工业用瓷、卫生陶瓷以及艺术陶瓷方向拓展，倾力打造宁夏“塞上瓷都”。石嘴山市惠农区简泉、大武口区浸水沟、中宁县平滩湖和碱沟山、中卫下河沿、海原县油井山等地的陶瓷粘土，水化率高、含铁低、可塑性好、烧后白度纯、烧失量小、吸缩小、耐火度低、瓷化程度高，已被利用或正在利用。

水泥配料粘土也被广泛利用，如柳条沟粘土矿主要用于石嘴山水泥厂和周边水泥厂水泥配料及建筑石料。青铜峡、马常滩、胶泥沟粘土矿已被青铜峡水泥厂利用。

宁夏紫色粘土（紫砂）赋存于上二叠统孙家沟组和中三叠统，主要分布在贺兰山北段石嘴山地区。该紫色粘土质量与江苏宜兴紫色粘土和山西平定下南茹紫砂相当。宜兴紫色粘土是制作工艺、美术陶瓷的优质原料，其陶瓷制品历史悠久，驰名中外。宁夏该类陶瓷粘土暂未得到利用。

第二节　矿产地分论

一、陶瓷粘土

（一）产于上石炭统羊虎沟组陶瓷粘土

羊虎沟组与下伏靖远组和上覆太原组均呈整合接触，为一套滨岸沼泽相含煤碎屑岩沉积，岩性以灰色、灰白色细-中粒石英砂岩，灰色、灰黑色页岩及砂质页岩为主，夹少量灰岩、生物碎屑灰岩透镜体，一般仅含薄煤层、煤线及粘土矿层，局部地区有可采煤层。在贺兰山北段分布于胡鲁斯台、石炭井、李家沟、沙巴台、红果子沟、青沟等地，贺兰山中段苏峪口-插旗口一带也有出露。在香山地区上河沿-下河沿一带上部夹数层粘土矿层、可采煤层及煤线；卫宁北山下部夹无烟煤4层和粘土数层。该组共发现陶瓷粘土矿产地2处，皆为小型矿床（代表性有石嘴山惠农区简泉陶瓷粘土矿和中卫市沙坡头区平滩湖陶瓷粘土矿）。

1. 石嘴山市惠农区简泉高岭土矿床

简泉高岭土矿位于贺兰山北段东坡，简泉农场北4.5 km处，距石嘴山市直线距离18.5 km，距红果子车站8 km，行政区划属石嘴山市惠农区管辖。石嘴山至大武口公路从矿区东南2 km处通过，矿区到公路有便道相通，交通方便。

1990~1991年，宁夏地质局研究所对该矿进行了普查，提交了《宁夏惠农简泉沉积型高岭石粘土矿地质普查报告》。

（1）区域地质

简泉高岭土矿床地层属华北地层区（$Ⅲ_4$）、鄂尔多斯西缘地层分区（$Ⅲ_4^1$）、贺兰山地层小区（$Ⅲ_4^{1-1}$）。大地构造位置位于柴达木-华北板块（Ⅲ）、华北陆块（$Ⅲ_5$）、鄂尔多斯地块（$Ⅲ_5^1$）、鄂尔多斯西缘中元古代—早古生代裂陷带（$Ⅲ_5^{1-1}$）。所属成矿区带为鄂尔多斯西缘（陆缘坳褶带）Fe-Pb-Zn-磷-石膏-芒硝成矿带（Ⅲ-59）、贺兰山褶断带 Fe-Au-Cu-煤（气）-磷-硅石-石灰岩-白云岩-粘土成矿亚带（Ⅳ-59①）。所属矿床成矿系列为与晚古生代沉积作用有关的铜、银、灰岩、石膏、石英砂岩、煤、天然气、粘土、油页岩矿床成矿系列（5-Pz_2-S）。区域出露地层由老至新有：古元古界贺兰山岩群宗别立岩组（$Pt_1z.$）变质岩，出露于北部王全口一带；中元古界黄旗口组（Pt_2^1h）、王全口组（Pt_2^2w）；中寒武统陶思沟组（ϵ_2t）、胡鲁斯台组（ϵ_2h）、中-上寒武统阿不切亥组（$\epsilon_{2-3}a$）；上石炭统靖远组（C_2j）、羊虎沟组（C_2y）、上石炭统—下二叠统太原组（C_2P_1t）等。

大地构造位于华北陆块鄂尔多斯西缘贺兰山褶断带，区域构造较为复杂。位于黑白岭向斜西翼。

（2）矿区地质

出露地层主要为石炭系靖远组、羊虎沟组。羊虎沟组为含矿地层，该组在矿区呈单斜产出，倾向东，近南北向展布。根据岩性分为 4 个岩性段：

羊虎沟组一岩段：出露于矿区西部，是羊虎沟组下部地层。岩性为浅灰-灰色薄层-中厚层含砾粗粒石英砂岩、中粗粒石英砂岩、粉砂岩与红色、灰绿色、灰黑色页岩、粉砂质页岩夹 3 层煤线，厚度 139.18 m。

羊虎沟组二岩段：岩性主要为紫红色、灰绿色、灰黑色页岩、粉砂质页岩、灰色中细粒石英砂岩、粉砂岩、钙质砂岩等。中上部一层厚度约 1 m 的灰色生物碎屑灰岩；中部夹 1~2 层煤线；底部为含砾粗粒石英砂岩（标志层）。厚度 204.75~238.93 m。

羊虎沟组三岩段：主要岩性为紫红色、灰绿色页岩、粉砂质页岩类和灰色薄层-中厚层中粒-细粒石英砂岩等，底部以灰色中厚层含砾粗粒石英砂岩为标志层，顶部以灰绿色页岩夹土黄色薄层钙质粉砂岩为标志层。厚度 76~185.11 m。

羊虎沟组四岩段：出露于矿区东部，为赋矿层位。岩性主要为浅灰-灰色中厚层含砾粗粒石英砂岩、中粗粒砂岩、石英砂岩、薄层细粒砂岩夹黑色、灰绿色、紫红色页岩、粉砂质页岩、碳质页岩、劣质煤层及高岭石粘土质岩（矿层）、生物碎屑灰岩。底部以深灰色中厚层含砾粗粒石英砂岩为标志。厚度 102.31~117.12 m。

矿区由于受黑白岭向斜的影响，矿区小型褶皱比较发育。总体地层倾向东，倾角 11°~67°，呈单斜构造（图 23-1）。

（3）矿体（层）特征

矿层产于羊虎沟组煤系上部，与劣质煤层、煤线相伴产出，地层倾向西，倾角 28°~45°，呈单斜构造。含矿一层，产于煤系上部，矿层呈层状、透镜状，底部为半软质高岭石粘土岩，与劣质煤层、煤线相伴产出，经长期风化作用地表高岭土呈砂状（图 23-2）。矿体近南北走向，沿走向长度约 3000 m，主矿体长度 435 m，平均厚度 1.64 m，最厚 3.36 m，延深大于 260 m，矿层倾角 28°~45°。矿层一般不受断裂构造影响，对矿层影响较大的是矿区褶皱构造，使矿层产状及厚度变化较大，局部变薄或加厚普遍，且常有重复、叠加现象。

矿层顶板为生物灰岩、细粒砂岩、页岩、钙质粉砂岩及不够品位的高岭石粘土质岩，底板为细粒石英砂岩夹页岩及含叶蜡石高岭石粘土质岩构成。

（4）矿石特征

简泉高岭石矿区的矿石为灰-灰黑色、灰白色，鳞片状、斑点状及砂泥质结构，块状构造。矿石类型为硬质粘土和半软质粘土，高岭石矿物含量为 70%~95%，叶蜡石含量 3%~20%，有机质含量 2%~15%，石英微量。平均化学成分：Al_2O_3 35.15%，Fe_2O_3 1.01%，TiO_2 0.93%，烧失量 12.02%~12.83%。矿石可作耐火粘土。

图 23-1　简泉高岭土矿矿区褶皱

（向连格摄，2017）

图 23-2　简泉高岭土矿粘土矿层

（向连格摄，2017）

（5）资源储量

截至 2017 年底，简泉高岭石粘土矿床经宁夏回族自治区国土资源厅备案的查明资源储量（333）为 63.5×10^4 t，矿区大部分已采空，现保有资源量 57.9×10^4 t。

（6）矿化阶段划分及分布

硬质粘土经水化、风化形成软质或半软质粘土。

（7）矿床类型

简泉高岭石粘土矿为浅海相机械沉积高岭石矿床。

（8）成矿机制和成矿模式

高岭石矿层赋存于一套主要有砂岩、页岩组成的陆源碎屑沉积物中。以含砾粗砂岩、中细粒砂岩、粉砂岩、钙质粉砂岩、粉砂质页岩及页岩、生物碎屑灰岩等组成一系列韵律层。除三岩段外，其他岩段均夹有不同层数的煤线或煤层，这表明矿区在中石炭世沉积环境较为复杂，地壳升降较为频繁。但从沉积物组合特征分析，以滨-浅海相为主，且间有潟湖沼泽相沉积。矿层主要是潟湖-沼泽环境中沉积形成。物质来源可能是阿拉善古陆的富铝硅酸盐或酸性火山岩蚀变、风化形成的高岭石、叶蜡石等物质，经流水搬运至湖泊或沼泽盆地形成。

（9）找矿标志

煤系层及生物碎屑灰岩，钙质粉砂岩、粉砂质页岩及页岩等。

2. 中宁县平滩湖陶瓷粘土矿床

平滩湖陶瓷粘土矿区位于平滩湖台东 950 m，距石空车站 5.7 km，距中宁县直线距离 12.2 km处，行政区划属中卫市中宁县石空镇管辖。镇（罗）照（壁山）公路由矿区西通过，交通方便。

1965 年，建工部地质总公司西北公司对该矿进行了普查，在历年普查基础上在该区选择质量较好、塑性指数较高的粘土矿点进行了初步找矿工作。通过矿区地表地质观察研究，对地层、构造及矿石质量有了初步认识，求得陶瓷粘土资源储量（2S22）为 28.5 t。并作了远景评价，基本达到了初步找矿阶段的要求。矿床未利用。

平滩湖陶瓷粘土矿床地层属阿拉善地层区（$Ⅲ_3$）、阿拉善南缘地层分区（$Ⅲ_3^1$）、景泰-中宁地层小区（$Ⅲ_3^{1-1}$）。大地构造位置位于柴达木-华北板块（Ⅲ）、阿拉善微陆块（$Ⅲ_4$）、腾格里早古生代增生楔（$Ⅲ_4^1$）、卫宁北山-香山晚古生代前陆-上叠盆地（$Ⅲ_4^{1-1}$）。所属成矿区带为河西走廊 Fe-Mn-萤石-盐类-凹凸棒石-石油成矿带（Ⅲ-20）、卫宁北山褶断带 Fe-Au-Ag-Cu-Pb-Zn-煤-粘土成矿亚带（Ⅳ-20①）。所属矿床成矿系列为与晚古生代沉积作用有关的铜、银、灰岩、石膏、石英砂岩、煤、天然气、粘土、油页岩矿床成矿系列（5-Pz_2-S）。

含矿地层为羊虎沟组，下部为灰白色石英砂岩与钙质粉砂岩、粉砂质页岩、粉砂岩不等厚互层夹无烟煤 4 层；上部为灰黑色页岩、粉砂质页岩夹灰白色石英砂岩。

矿区为开阔的复式向斜，由一系列近东西向紧密褶曲组成，层间滑动发育，伴有同向的断裂。岩层倾角多在 70°以上，甚至直立、倒转，次级褶曲发育，且伴生北西与北东向断层，对煤层连续性破坏较大。高岭石粘土产于煤系下部，含矿 6 层，矿体呈透镜状、层状。矿体长度 140~226 m，总厚度 21.75 m，单层厚度 2.86~5.6 m。倾向 340°~28°∠18°~60°。

矿层顶板为紫红色粉砂岩、页岩，底板为灰白色中粗粒石英砂岩。

矿石类型为硬质粘土和半软质粘土。矿石颜色多呈白色或灰白色，砂质泥质结构，团块状或致密状构造。具可塑性、粘结性、一定的干燥强度、烧结性及烧后白度等特殊性能。矿石矿物成分复杂，主要由石英、长石组成，其次为高岭石、蒙脱石、伊利石以及钙质和有机质。矿石化学成分：Al_2O_3 24.04%，Fe_2O_3+TiO_2 2.61%，MgO 1.25%，SiO_2 58.33%，塑性指数 16.4。

该矿区粘土矿符合陶瓷原料三级品的要求，属滨岸沼泽相机械沉积型高岭土矿床。

（二）上石炭统—下二叠统太原组陶瓷粘土

石炭系太原组与下伏地层羊虎沟组和上覆地层山西组均呈整合接触，系海陆交互相含煤碎屑沉积，是宁夏主要产煤和耐火粘土地层之一。岩性以灰-灰黑色页岩、砂质页岩、灰白色石英砂岩为主，夹灰岩、煤层及陶瓷粘土、耐火粘土。陶瓷高岭土粘土矿主要分布于沙坡头区上下河沿-小洞山、梁水园、孙家沟、校育川和油井山。该组目前共发现陶瓷粘土矿产地 5 处，代表性有中卫市孙家沟陶瓷粘土矿、上下河沿陶瓷粘土矿、兴仁镇油井山油井子沟陶瓷粘土矿、油井山炭巷沟陶瓷粘土矿、大泉子沟陶瓷粘土矿。

1. 中卫市沙坡头区香山镇孙家沟陶瓷粘土矿床

矿床位于中卫市香山西部陈家水院内，距中卫市 225°直线距离 38.5 km 处。属中卫市沙坡头区香山镇管辖，距 202 省道约 45 km，兴仁至测区有公路直通，交通便利。

1965 年，建材部地质总公司西北公司二〇五队普查时发现该矿床，共求得 C_2 级储量 24.5×10^4 t。

孙家沟陶瓷粘土矿床地层属阿拉善地层区（$Ⅲ_3$）、阿拉善南缘地层分区（$Ⅲ_3^1$）、景泰-中宁地层小区（$Ⅲ_3^{1-1}$）。大地构造位置位于柴达木-华北板块（Ⅲ）、阿拉善微陆块（$Ⅲ_4$）、腾格里早古生代增生楔（$Ⅲ_4^1$）、卫宁北山-香山晚古生代前陆-上叠盆地（$Ⅲ_4^{1-1}$）。所属成矿区带为河西走廊 Fe-Mn-萤石-盐类-凹凸棒石-石油成矿带（Ⅲ-20）、香山褶断带 Fe-Cu-煤-石灰岩-石膏-粘土成矿亚带（Ⅳ-20③）。所属矿床成矿系列为与晚古生代沉积作用有关的铜、银、灰岩、石膏、石英砂岩、煤、天然气、粘土、油页岩矿床成矿系列（5-Pz_2-S）。矿区处于梁水园子-北长滩向斜西南翼。区域出露地层主要有：上奥陶统香山群米钵山组（O_3mp），上泥盆统中宁组（D_3z），下石炭统前黑山组（C_1q），下-上石炭统靖远组（$C_{1-2}j$）、羊虎沟组（C_2y），上石炭统—下二叠统太原组（C_2P_1t），中二叠统大黄沟组（P_2d），上二叠统红泉组（P_3h）。含矿地层为上石炭统—下二叠统太原组。

出露地层主要有中石炭统羊虎沟组和上石炭统—下二叠统太原组。含矿地层为上石炭统—下二叠统太原组，岩性主要为黑色碳质页岩、夹黄褐色中薄层砂岩及煤层。顶部为灰白色粉砂质页岩约1~2 m，矿层赋存于碳质页岩与煤系中，以薄层状、分枝状、透镜体产出，该层厚约20 m，与下伏地层呈假整合接触。

矿区位于香山粱水园子向斜西南翼，向斜呈北西—南东之短轴状。区内构造简单，褶皱不发育，局部有小的断层，对矿层影响不大。

矿体赋存于上石炭统—下二叠统太原组。陶瓷粘土赋存于碳质页岩和煤系中，矿层有3~14层，以薄层状、透镜状产出，最厚0.5 m，最薄0.05~0.1 m，其第二层质量较好，洁白度高，成型好，矿层虽薄，但易于选矿。矿层沿走向变化不大，从孙家沟-小灶沟-杏树沟-老洞湾-高崖沟，长10余千米，均有出露，但成分不稳定。

矿石为灰黑色、深灰色硬质或（半）硬质粘土，表面光滑，土状光泽，平坦状或贝壳状断口，含砂微量，部分较高。由于地表风化淋滤和次生作用，富含铁质及硫磺粉末。

矿层化学成分：Al_2O_3 14.28%~35.34%，Fe_2O_3 0.78%~17.87%，TiO_2 0.33%~2.77%。沿矿体走向品位变化较大，成分不稳定。矿石经甘肃靖远陶瓷厂制陶试验，洁白度高，可烧细瓷，大都属Ⅱ—Ⅲ级品。

孙家沟陶瓷土矿共求得C_2级储量24.5×10^4 t。

2. 中卫市窑沟（上下河沿）陶瓷粘土矿床

窑沟（上下河沿）陶瓷粘土矿床位于中卫市香山东部上下河沿，据中卫市直线距离15.5 km处，据常乐镇直线距离6.5 km，属中卫市沙坡头区常乐镇管辖。包（头）-兰（州）铁路及S201过道由矿区北部通过，矿区交通方便。

据旧《中卫县志》记载：中卫“上下河沿窑沟明初即生，日用器具。”从近年考古发现来看，在宁夏中卫市沙坡头区内先后发现了宣和林场汉代烧陶窑址、下河沿汉代砖瓦遗址、下河沿老窑沟西夏-元代瓷窑遗址等，这些都充分说明，早在汉代，中卫市的制陶业就已相当发达，而且从未间断，一直延续至今。

下河沿西夏、元代瓷窑遗址位于下河沿煤矿区中部老窑沟沟台上，东西长约600 m，南北宽150~250 m，共有窑炉残迹20余座。从采集的器具和瓷片看，主要有碗、盘、瓶、碟、罐、盆、杯、灯等生活用具及窑具，分施青、白、黑、褐等釉，风格与灵武窑元代瓷一致，与磁州窑相似，但器胎多呈浅黄色，质地较粗。从采集的标本看有上至西夏、元代，下至清末的各类瓷器，可见此处瓷窑遗址乃西夏、元代所创，至清末民初废弃。近代中卫陶瓷业用粘土主要来自该矿（图23-3，图23-4）。

图23-3　窑沟（上下河沿）古代窑址遗迹
（向连格摄，2017）

图23-4　窑沟（上下河沿）古代陶瓷遗址残留瓷片
（向连格摄，2017）

窑沟（上下河沿）陶瓷粘土矿床地层属阿拉善地层区（$Ⅲ_3$）、阿拉善南缘地层分区（$Ⅲ_3^1$）、景泰-中宁地层小区（$Ⅲ_3^{1-1}$）。大地构造位置位于柴达木-华北板块（Ⅲ）、阿拉善微陆块（$Ⅲ_4$）、腾格里早古生代增生楔（$Ⅲ_4^1$）、卫宁北山-香山晚古生代前陆-上叠盆地（$Ⅲ_4^{1-1}$）。所属成矿区带为河西走廊 Fe-Mn-萤石-盐类-凹凸棒石-石油成矿带（Ⅲ-20）、香山褶断带 Fe-Cu-煤-石灰岩-石膏-粘土成矿亚带（Ⅳ-20③）。所属矿床成矿系列为与晚古生代沉积作用有关的铜、银、灰岩、石膏、石英砂岩、煤、天然气、粘土、油页岩矿床成矿系列（5-Pz_2-S）。矿区位于河西走廊香山褶皱带东部，老君山复向斜北翼，含矿地层为太原组，岩性为长石砂岩、长石石英砂岩、砂质页岩、页岩、灰岩及煤层。含矿 3 层，厚度 6 m，矿层长度 300 m，单层厚度 1～3 m。矿石主要为软质粘土，质量较好，矿物主要为高岭石、伊利石、石英等。矿石化学成分 Al_2O_3 21.30%，SiO_2 50.20%，CaO 6.26%，Fe_2O_3 1.60%，MgO 0.42%。预测资源量（334）？资源量 18×10^4 t（图 23-5，图 23-6）。

图 23-5　窑沟（上下河沿）陶瓷粘土矿矿层
（向连格摄，2017）

图 23-6　窑沟（上下河沿）陶瓷粘土矿矿石
（向连格摄，2017）

（三）产在上二叠统孙家沟组、上三叠统二马营组紫色陶瓷粘土（紫砂）

主要产自于上二叠统孙家沟组紫红色泥岩中和上三叠统二马营组紫色泥岩中，这两套地层主要分布于贺兰山北段的沙巴台、正义关、小王全沟、马莲滩、浸水沟、武当庙、石炭井等地。1984 年，宁夏石嘴山市科委对该区紫色粘土进行了地面调查及取样化验工作；1997～1998 年，中国建筑材料工业地质勘查中心宁夏总队在贺兰山北段 100 km^2 范围内开展了区域成矿远景普查。发现了小王全沟、红渣子沟和天子庙等大、小型矿床，提交普查级资源量 4631.4×10^4 t，预查级资源量 11098×10^4 t，提交了《宁夏石嘴山地区紫砂资源普查地质报告》。宁夏石嘴山市科委对紫色粘土进行了矿石质量和制陶试验，发现与江苏宜兴的紫色粘土相当。宜兴紫色粘土是制作工艺、美术陶瓷的优质原料，其陶瓷制品历史悠久，驰名中外。宁夏紫色粘土不仅储量丰富，且开发技术条件优越，可考虑进一步进行地质工作和工艺性能试验，发展优质紫砂制品。

1. 石嘴山市惠农区小王全沟陶瓷粘土（紫砂）矿床

小王全沟紫色陶瓷粘土（紫砂）矿区位于石嘴山市惠农区。东距包（头）兰（州）铁路约 7 km，有简易公路从测区南侧通过，至国道 110 约 5 km，交通便利。行政区划属石嘴山市惠农区管辖。

小王全沟陶瓷粘土（紫砂）矿床地层属华北地层区（$Ⅲ_4$）、鄂尔多斯西缘地层分区（$Ⅲ_4^1$）、贺兰山地层小区（$Ⅲ_4^{1-1}$）。大地构造位置位于柴达木-华北板块（Ⅲ）、华北陆块（$Ⅲ_5$）、鄂尔多斯地块（$Ⅲ_5^1$）、鄂尔多斯西缘中元古代—早古生代裂陷带（$Ⅲ_5^{1-1}$）。所属成矿区带为鄂尔多斯西缘（陆缘坳褶带）Fe-Pb-Zn-磷-石膏-芒硝成矿带（Ⅲ-59）、贺兰山褶断带 Fe-Au-Cu-煤（气）-磷-硅石-石灰岩-白云岩-粘土成矿亚带（Ⅳ-59①）。所属矿床成矿系列为与晚古生代沉积作用有关的铜、银、灰岩、石膏、石英砂岩、煤、天然气、粘土、油页岩矿床成矿系列（5-Pz_2-S）。位于鄂尔多斯西缘贺兰山断褶带北段，由中生界为向斜轴部，两翼为古生界所组成的向斜西翼。区域出露地层有：古元古界贺兰山岩群宗别立岩组变质岩，长城系黄旗口组，蓟县系王全口组，寒武系，石炭系羊虎沟组、太原组，二叠系山西组、上石盒子组、下石盒子组、孙家沟组，三叠系二马营组及大风沟组。

含矿层位为上二叠统孙家沟组，为一套干旱炎热气候条件下的河湖相碎屑岩、火山碎屑岩沉积，主要由红色、砖红色泥岩、粉砂质泥岩、长石砂岩和凝灰岩组成，泥岩中常含钙质结核及泥灰岩透镜体，总体色调以紫红色为主兼夹灰绿色。矿层产于由中生界为向斜轴部，两翼为古生界所组成的向斜西翼。含矿地层分布长度约 12 km，宽度约 2 km，总面积约 24 km^2。

矿体呈层状、透镜状，有 3~6 层，单层厚度 5.44~21.2 m，总厚度 43.35 m，长度 1000 m，倾斜宽度 82~108 m。矿体与岩层产状大体一致，岩层倾向 180°~300°，倾角 23°~27°（图 23-7）。

矿石以紫色泥岩和砂质泥岩为主，紫红色细-中粒砂岩中含长石较多，铁质胶结。矿石呈泥质结构，块状构造，矿石自然类型为块状泥岩型（图 23-8）。矿物组成主要为石英、长石、水云母、电气石、锆石和粘土矿物及铁质。矿石化学成分：SiO_2 64.22%~64.68%，Al_2O_3 20.92%~21.11%，Fe_2O_3 7.65%~8.33%，TiO_2 0.16%~0.61%，CaO 0.94%~0.96%，MgO 0.94%~1.27%。预测的资源量(334)？为 550×10^4 t。

图 23-7　小王全沟陶瓷粘土矿矿层
（向连格摄，2017）

图 23-8　小王全沟陶瓷粘土矿矿石
（向连格摄，2017）

2. 惠农区红渣子陶瓷粘土矿床

红渣子陶瓷粘土矿床位于小王全沟紫砂陶土矿床东 1.4 km 处，与其同属一个类型。

红渣子陶瓷粘土矿床地层属华北地层区（$Ⅲ_4$）、鄂尔多斯西缘地层分区（$Ⅲ_4^1$）、贺兰山地层小区（$Ⅲ_4^{1-1}$）。大地构造位置位于柴达木-华北板块（Ⅲ）、华北陆块（$Ⅲ_5$）、鄂尔多斯地块（$Ⅲ_5^1$）、鄂尔多斯西缘中元古代—早古生代裂陷带（$Ⅲ_5^{1-1}$）。所属成矿区带为鄂尔多斯西缘（陆缘坳褶带）Fe-Pb-Zn-磷-石膏-芒硝成矿带（Ⅲ-59）、贺兰山褶断带 Fe-Au-Cu-煤（气）-磷-硅石-石灰岩-白云岩-粘土成矿亚带（Ⅳ-59①）。所属矿床成矿系列为与晚古生代沉积作用有关的铜、银、灰岩、石膏、石英砂岩、煤、天然气、粘土、油页岩矿床成矿系列（5-Pz_2-S）。该矿含矿 6 层，沿走向长度 650 m。总厚度 68.10 m，单层厚度 5.44~20 m，倾向 250°，倾角 30°~51°。矿石化学成分：SiO_2 64.68%，Al_2O_3 20.92%，TiO_2 0.16%，Fe_2O_3 8.33%，CaO 0.94%，MgO 1.27%。

预查远景资源量为 425×10^4 t，为中型内陆河湖相机械沉积型紫色陶土矿床。

3. 石嘴山市大武口区天子庙陶瓷粘土矿床

天子庙陶瓷粘土矿矿区位于贺兰山北段汝箕沟煤矿 9.2 km 处的天子庙，距石嘴山市北西直线距离 14.8 km，行政区划属石嘴山市大武口区。石（嘴山）-汝（箕沟）公路由矿区西侧通过，矿区有便道，交通方便。

天子庙陶瓷粘土矿床地层属华北地层区（$Ⅲ_4$）、鄂尔多斯西缘地层分区（$Ⅲ_4^1$）、贺兰山地层小区（$Ⅲ_4^{1-1}$）。大地构造位置位于柴达木-华北板块（Ⅲ）、华北陆块（$Ⅲ_5$）、鄂尔多斯地块（$Ⅲ_5^1$）、鄂尔多斯西缘中元古代—早古生代裂陷带（$Ⅲ_5^{1-1}$）。所属成矿区带为鄂尔多斯西缘（陆缘坳褶带）

Fe-Pb-Zn-磷-石膏-芒硝成矿带（Ⅲ-59）、贺兰山褶断带 Fe-Au-Cu-煤（气）-磷-硅石-石灰岩-白云岩-粘土成矿亚带（Ⅳ-59①）。所属矿床成矿系列为与中生代沉积作用有关的铜、石英砂岩、煤、油气、油页岩、粘土矿床成矿系列（7-Mz-S）。区域出露地层有：下三叠统石千峰群刘家沟组、和尚沟组，中三叠统二马营组，上三叠统延长群大风沟组、上田组。地层总体展布为北东 40°，倾向 115°，倾角 40°~50°。

矿区断裂褶皱较发育，构造线方向与地层方向展布一致。

含矿岩系为中三叠统二马营组，岩性下部为灰绿-灰紫色中厚层中粒长石石英砂岩、常含紫色泥岩透镜体、页岩砾块；上部为黄绿-灰紫色中厚层中粗粒长石石英砂岩夹砂砾岩透镜体，为河湖相红色碎屑岩沉积。

矿石化学成分：Al_2O_3 17.28%，SiO_2 64.00%，Fe_2O_3 5.19%，烧失量 4.10%。预测资源量 88×10^4 t，该矿床属内陆河湖相机械沉积型紫色陶土矿床。

（四）产在中侏罗统延安组陶瓷粘土

延安组为一套潮湿气候条件下的河流相-湖沼相沉积，岩性为灰-灰白色石英砂岩、灰黑色砂岩、粉砂岩、碳质页岩夹无烟煤为主，底部具粗砂岩或砾岩，为主要含煤地层之一。含粘土矿岩性为灰色、灰白色中细粒石英砂岩，砂质页岩夹碳质页岩及可采煤层。该组在固原市彭阳县银洞沟地区发现陶瓷土矿产地 1 处，为中型矿床。

固原市彭阳县银洞沟陶瓷粘土矿床

银洞沟陶瓷粘土矿矿床位于彭阳县王洼煤矿北 9.2 km 处，距罗洼镇 5.5 km，行政区划属固原市彭阳县罗洼镇。矿区有简易公路，交通方便。

1965 年，建筑材料工业部地质总公司西北公司二〇五队，对银洞子沟粘土矿点进行了踏勘检查，提交了《宁夏回族自治区固原县银洞子沟粘土矿点踏勘简报》。

银洞沟陶瓷粘土矿床地层属华北地层区（$Ⅲ_4$）、鄂尔多斯西缘地层分区（$Ⅲ_4^1$）、桌子山-青龙山地层小区（$Ⅲ_4^{1-2}$）。大地构造位置位于柴达木-华北板块（Ⅲ）、华北陆块（$Ⅲ_5$）、鄂尔多斯地块（$Ⅲ_5^1$）、鄂尔多斯西缘中元古代—早古生代裂陷带（$Ⅲ_5^{1-1}$）。所属成矿区带为鄂尔多斯（盆地）U-油气-煤-盐类成矿带（Mz；Kz）（Ⅲ-60）、鄂尔多斯中-新生代坳陷石油-天然气-煤（气）-盐类-石膏成矿亚带（Ⅳ-60①）。所属矿床成矿系列为与中生代沉积作用有关的铜、石英砂岩、煤、油气、油页岩、粘土矿床成矿系列（7-Mz-S）。含粘土矿地层为延安组，岩性以深灰色泥岩、粉砂岩夹碳质泥岩和煤层及粘土层。

矿区含煤 11 层，其中可采 6 层，粘土矿层位于煤层的顶底板，为似层状或透镜状。区发育南北向平行的背斜和向斜（向斜在背斜西侧），向斜西翼倾角 60°，东翼（背斜西翼）倾角大于 20°，背斜东翼倾角小于 20°。煤层倾角 10°~25°。粘土矿层常与煤层伴生，含矿（矿区出露）4 层，厚度分别为 2.5 m、1.8 m、0.7 m 和 2.5 m，总厚度 7.5 m，矿层较稳定。矿石化学成分：Al_2O_3 24.28%，SiO_2 58.97%，CaO 0.69%，MgO 1.13%，Fe_2O_3 2.52%，TiO_2 0.75%，K_2O 0.31%，Na_2O 0.35%，SO_3 0.06%。预测内蕴经济资源量（334）? 矿石量为 117×10^4 t。

二、耐火粘土

耐火粘土是指耐火度大于 1580℃ 的粘土，它的主要组成矿物是高岭石，其次是伊利石、水铝石及蒙脱石等。耐火粘土具有较高的耐火度，在高温条件下能保持体积的稳定性，并具有抗渣性、对急冷急热的抵抗性以及一定的机械强度，因此经煅烧后异常坚固。耐火粘土按可塑性、矿石特征和工业用途分为软质粘土、半软质粘土、硬质粘土和高铝粘土四种。软质粘土一般呈土状，在水中易分散，与液体拌合后能形成可塑性泥团；半软质粘土的浸散性较差，其浸散部分与液体拌合后亦可形成可塑性泥团。宁夏区内目前发现的耐火粘土大致为软质粘土、半软质粘土和硬质粘土。耐火粘土主要用于冶金工业、建材工业及研磨工业、化工工业和陶瓷工业等方面。

宁夏全区共有耐火粘土矿产地 7 处，其中，大型 2 处、中型 3 处、小型 2 处。主要分布于贺兰山北段石嘴山市惠农区及大武口区，中卫市沙坡头区油井山、卫宁北山地区太原组中的陶瓷粘土局部也可作耐火粘土。

（一）产于上石炭统—下二叠统太原组耐火粘土矿床

1. 石嘴山矿区二矿井田耐火粘土矿床

石嘴山矿区二矿井田耐火粘土矿位于石嘴山市惠农区石嘴山二矿（煤矿）井田内，行政区划属石嘴山市惠农区。西距石嘴山火车站 6 km，交通方便。

1957~1958 年，建材部兰州勘探大队、甘肃地质局乌达地质队、西北煤田地质局银川勘探队分别在该区域进行了普查工作，主要为寻找耐火粘土的勘查；1959 年，乌达地质队提交了《宁夏惠农县石嘴山耐火粘土矿区详查总结报告》；1966 年，宁夏综合地质大队进行了勘探，提交了《石嘴山市耐火粘土矿床地质勘探储量报告》。

（1）区域地质

二矿井田耐火粘土矿床地层属华北地层区（$Ⅲ_4$）、鄂尔多斯西缘地层分区（$Ⅲ_4^1$）、贺兰山地层小区（$Ⅲ_4^{1-1}$）。大地构造位置位于柴达木-华北板块（Ⅲ）、华北陆块（$Ⅲ_5$）、鄂尔多斯地块（$Ⅲ_5^1$）、鄂尔多斯西缘中元古代—早古生代裂陷带（$Ⅲ_5^{1-1}$）。所属成矿区带为鄂尔多斯西缘（陆缘坳褶带）Fe-Pb-Zn-磷-石膏-芒硝成矿带（Ⅲ-59）、银川断陷盆地石油-天然气-地热（水）-地下水-矿泉水成矿亚带（Ⅳ-59②）。所属矿床成矿系列为与晚古生代沉积作用有关的铜、银、灰岩、石膏、石英砂岩、煤、天然气、粘土、油页岩矿床成矿系列（5-Pz_2-S）。区域上出露地层自下而上有：古元古界贺兰山岩群（Pt_1*Hl.*），中元古界长城系、蓟县系，寒武系，石炭系，二叠系，三叠系，新近系及第四系。矿区大部被第四系覆盖。

（2）矿区地质

矿区出露地层有：上石炭统羊虎沟组（C_2y），广布矿区南部及黄河以东，岩性为灰黑色页岩夹少量石英粗砂岩和生物灰岩；上石炭统—下二叠统太原组（C_2P_1t）下部为中粗粒石英砂岩、灰黑色页岩夹生物灰岩，含粘土矿 4 层，上部由石英砂岩-页岩-砂质页岩韵律组成，夹生物灰岩，含煤及粘土矿层，本组厚度 160 m；下二叠统山西组（P_1s）为灰白色石英砂岩、灰黑色页岩和砂质页岩，夹煤层和粘土矿层，本组厚度 90 m。上述地层为晚石炭世—早二叠世海陆交互相和陆相含煤建造。矿区北部广泛分布有中二叠统下石盒子组（P_2x）、中-上二叠统上石盒子组（$P_{2-3}s$）和上二叠统孙家沟组（P_3sj），均为陆相碎屑岩建造。矿区大部分被新生代沉积层覆盖，覆盖厚度 410 m。

粘土矿层与煤层紧密共生，一般为煤层夹矸，并有产于顶底板。分布面积 40.9 km^2，含煤 12 层，总厚度 32.1 m，可采煤层 9 层，粘土矿 10 层。

矿区位于贺兰山褶段带北段，贺兰山与桌子山之间石嘴山向斜东南翼的一部分。矿区构造较为简单，显示一向北西倾的单斜构造（地层走向呈北东向），倾角 15°~27°，地层与矿床产状一致，断裂构造不发育，仅见北西向正断层，断距不大（图 23-9）。

矿区内未见岩浆岩出露。

（3）矿体（层）特征

含矿岩系为太原组和山西组的砂岩、页岩夹生物灰岩和粘土矿层。矿层赋存于煤层顶、底板，受层位控制。粘土矿共 10 层，分上矿层和下矿层。其中，上矿层位于山西组，含粘土矿 4 层，可采 2 层（14、13），矿体长度 3000 m，矿层厚度分别为 0.85~2.86 m（工业矿层厚度 0.67~2.59 m）和 3~6.42 m（工业矿层厚度 1.05~6 m）；下矿层位于太原组，含粘土矿 6 层，可采 2 层（6、5），矿层长度 2000 m，6 号矿层厚度 2.47~5.97 m（工业矿层小于 2 m），5 号矿层局部可采。矿体呈层状，倾向延伸一般为 55~130 m，矿层倾向北西，倾角 27°。矿层分为软质和硬质矿层：软质粘土矿层，为煤层浅部或与煤层犬牙交错接触，矿体呈层状、似层状和透镜状；硬质粘土多为煤层顶、底板或夹层。矿层特征见表 23-3。

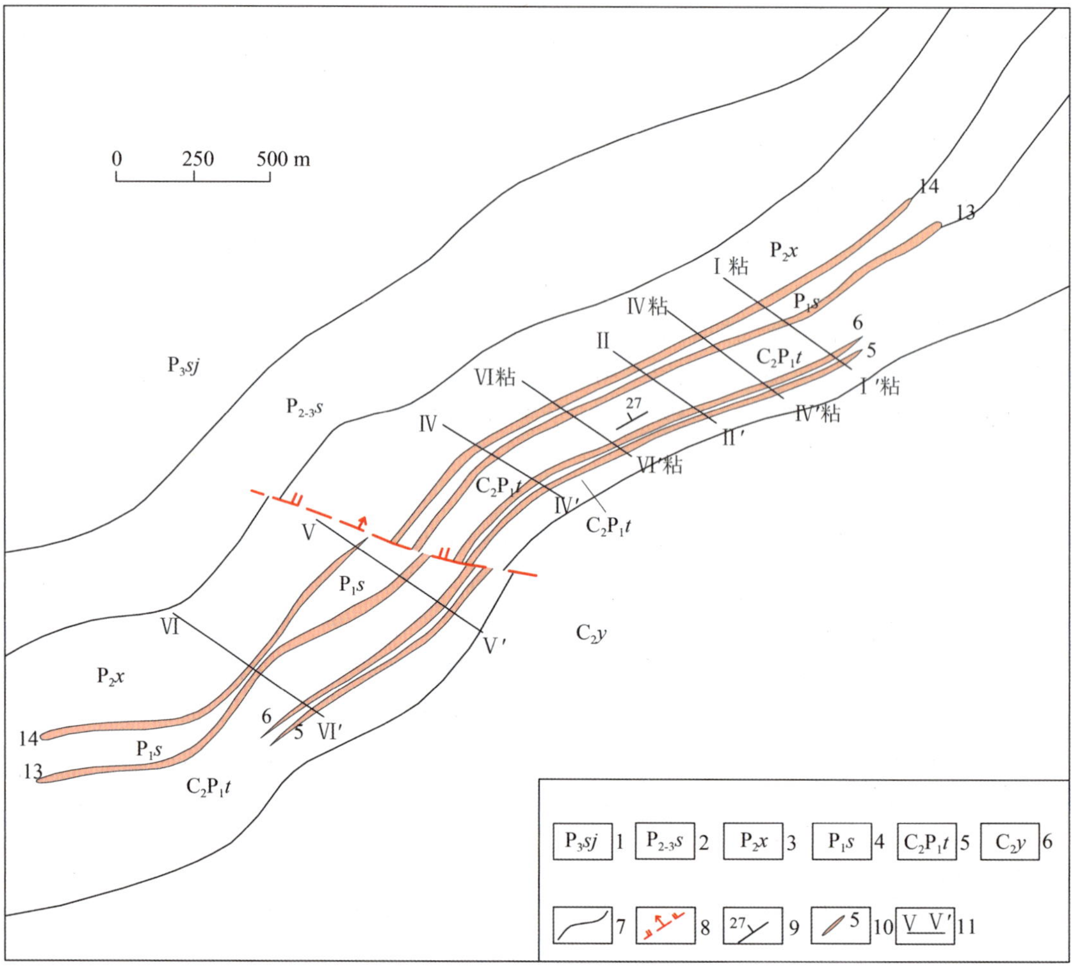

图 23-9　石嘴山矿区二矿井田耐火粘土矿矿区基岩地质简图

（据宁夏综合地质大队，1966，有修改）

1—上二叠统孙家沟组；2—中-上二叠统上石盒子组；3—中二叠统下石盒子组；4—下二叠统山西组；5—上石炭统—下二叠统太原组；6—上石炭统羊虎沟组；7—实测地质界线；8—推测正断层；9—地层产状；10—矿层及编号；11—勘探线及编号

表 23-3　石嘴山矿区二矿井田耐火粘土矿床特征一览表

矿层编号	矿体规模/m			矿石特征		围岩	矿体形态	空间位置
	长度	倾向宽度	厚度	类型	品级			
14	3000	100～130	0.85～2.86	软、硬质粘土	Ⅰ级品	粗粒长石石英砂岩	层状、透镜状	山西组上部
13	3000	80～100	3～6.42	软质粘土	Ⅰ、Ⅱ级品	粗粒长石石英砂岩	层状、透镜状	山西组下部
6	2000	55～80	2.47～5.97	软、硬质粘土	Ⅰ、Ⅱ级品	中细粒砂岩	层状、透镜状	太原组中部
5	2000		0.4	软、硬质粘土	Ⅰ级品	砂岩、粉砂岩	透镜状	太原组下部

（4）矿石特征

矿石自然类型有软质粘土（占全部矿石 80%～90%）、硬质粘土和半软质粘土。

软质粘土：矿石呈灰白色，含铁稍多时呈浅紫色、红褐色，含有机质者呈深灰-黑色。色浅者多为Ⅰ级品，质地细腻松散，具滑腻感，吸水性、分散性强，可塑性好。矿石矿物以高岭石为主（95%），多为水高岭石、水铝石少量。锆石、榍石、电气石三者之含量小于 1%。杂质矿物有石英、黄铁矿、菱铁矿、云母等，总和小于5%。

矿石以纤维鳞片状为主，次为鳞片隐晶质结构，块状、条带状构造。粒径小于0.001 mm占37.6%~56.5%，0.001~0.005 mm占26.06%~31.87%，其余为0.005~0.1 mm。

硬质粘土：矿石呈浅灰-深灰色，质脆贝壳状断口。矿石矿物高岭石占90%~95%，其次为多水高岭石。杂质矿物有石英、方解石、石膏、菱铁矿、褐铁矿和云母等，总和小于5%，锆石微量。矿石为隐晶质纤维鳞片状及粒状变晶结构，致密块状构造。耐火度1650~1770℃。

矿层以软质粘土为主，Al_2O_3高，有害杂质少，耐火度高，可塑性指数大，为优良耐火材料和陶瓷原料的Ⅰ级品；硬质粘土可达Ⅱ级品。

（5）资源储量

截至2017年底，石嘴山矿区二矿井田耐火粘土矿经宁夏国土资源厅备案的粘土矿累计查明资源储量（2S22）为204.8×10^4 t，为中型矿床。

（6）矿化阶段划分

根据矿层及矿石特征大致为两个矿化阶段：晚石炭世—早二叠世原生沉积硬质粘土与矸石共生，矿层较薄，矿石颜色深，硬度大，夹矸石，含有机质高等特点；后期沉积改造形成软质粘土矿，矿层厚度大，矿石颜色浅，硬度小等特点，可能属风化淋滤的产物。

（7）成矿物理化学条件

晚石炭世—早二叠世高岭石等粘土矿物沉积时是在常温、常压条件下，成岩期转变为硬质粘土过程随埋深压力增大同时温度达100~200℃（根据相关地层中煤变为气煤-肥煤-焦煤的情况判断）。

（8）矿床类型

石嘴山矿区二矿井田耐火粘土矿床属海陆交互机械沉积型耐火粘土矿床。

（9）找矿标志

上石炭统—下二叠统太原组和下二叠统山西组煤系。

2. 石嘴山市浸水沟井田耐火粘土矿床

矿区位于石嘴山市大武口区，石炭井矿区南，行政区划属石嘴山市大武口区管辖。平（罗）汝（箕沟）铁路及石嘴山市-石炭井公路通过，交通十分便利。

浸水沟井田耐火粘土矿床地层属华北地层区（$Ⅲ_4$）、鄂尔多斯西缘地层分区（$Ⅲ_4^1$）、贺兰山地层小区（$Ⅲ_4^{1-1}$）。大地构造位置位于柴达木-华北板块（Ⅲ）、华北陆块（$Ⅲ_5$）、鄂尔多斯地块（$Ⅲ_5^1$）、鄂尔多斯西缘中元古代—早古生代裂陷带（$Ⅲ_5^{1-1}$）。所属成矿区带为鄂尔多斯西缘（陆缘坳褶带）Fe-Pb-Zn-磷-石膏-芒硝成矿带（Ⅲ-59）、贺兰山褶断带Fe-Au-Cu-煤（气）-磷-硅石-石灰岩-白云岩-粘土成矿亚带（Ⅳ-59①）。所属矿床成矿系列为与晚古生代沉积作用有关的铜、银、灰岩、石膏、石英砂岩、煤、天然气、粘土、油页岩矿床成矿系列（5-Pz_2-S）。位于石炭井背斜南部，插旗口-汝箕沟向斜北翼。区域出露地层有中元古界长城系黄旗口组，分布在矿区东南大武口，中寒武统陶思沟组、胡鲁斯台组；上石炭统靖远组、羊虎沟组，出露于矿区东部；上石炭统—下二叠统太原组为含矿地层，西部主要出露有二叠系、三叠系。区内褶皱和断裂较为发育。

矿区出露地层主要为羊虎沟组、太原组、山西组。含矿地层为太原组，厚度58~78 m，一般为70 m。根据岩性特征由下至上分为3个岩性层，其中第二岩性层为含粘土矿层。

矿区岩层总体延伸方向为北西、南东向，构造较为简单，为单斜，位于汝箕沟向斜东北翼，地层及小褶皱发育。浸水沟西北正断层较多，以南多为逆断层。

含矿地层为上石炭统—下二叠统太原组下部，岩性为粉砂岩、砂质泥岩和页岩夹2~4层薄层灰岩及煤2层。矿层赋存于一开阔向斜的北东翼，地层倾向240°~300°，倾角14°~24°。共含矿2层，其间距约5 m左右，两矿层顶板为煤层和碳质页岩，底板为中粒砂岩及碳质页岩，矿带长度约2000 m，沿倾向一般控制宽度200~400 m，岩性为深灰色致密状粘土，大多数以高岭土为主：Ⅰ矿层长度2000 m，呈似层状、透镜状，沿走向及倾向厚度变化大，厚度0.4~2 m；Ⅱ矿层长度1800 m，厚度较稳定，一般1~2.5 m。总厚度4~5 m。

矿物成分主要为高岭石，砂质（见有石英颗粒）、水云母、铁质（黄铁矿）、绢云母、绿泥石、长石、电气石。

矿石化学成分：Al_2O_3 36.20%，Fe_2O_3 2.450%。耐火度 650～1720℃。属软质粘土、半软质粘土Ⅱ、Ⅲ级品。

截至2017年底，浸水沟井田耐火粘土矿经宁夏国土资源厅备案的查明资源储量（122+122b+2S22+333）为300.9×10^4 t，为中型粘土矿床。

3. 石嘴山市石炭井井田耐火粘土矿床

石炭井井田耐火粘土矿位于石炭井矿区，行政区划属石嘴山市大武口区，交通十分便利。

石炭井井田耐火粘土矿床地层属华北地层区（$Ⅲ_4$）、鄂尔多斯西缘地层分区（$Ⅲ_4^1$）、贺兰山地层小区（$Ⅲ_4^{1-1}$）。大地构造位置位于柴达木－华北板块（Ⅲ）、华北陆块（$Ⅲ_5$）、鄂尔多斯地块（$Ⅲ_5^1$）、鄂尔多斯西缘中元古代—早古生代裂陷带（$Ⅲ_5^{1-1}$）。所属成矿区带为鄂尔多斯西缘（陆缘坳褶带）Fe-Pb-Zn-磷-石膏-芒硝成矿带（Ⅲ-59）、贺兰山褶断带Fe-Au-Cu-煤（气）-磷-硅石-石灰岩-白云岩-粘土成矿亚带（Ⅳ-59①）。所属矿床成矿系列为与晚古生代沉积作用有关的铜、银、灰岩、石膏、石英砂岩、煤、天然气、粘土、油页岩矿床成矿系列（5-Pz_2-S）。

1962年，宁夏地质局宁北队及1965年建工部非金属公司西北分公司二〇五队分别对大灯沟及石炭井一井田、二井田耐火粘土做过调查及取样化验工作，估算耐火粘土334级（原E级）资源量，石炭井一井田、二井田耐火粘土2446×10^4 t。含矿地层为上石炭统—下二叠统太原组和山西组粉砂质页岩及煤，位于一开阔不对称向斜之北东翼。粘土矿层赋存于太原组下部。含矿6层，矿体呈似层状、透镜状。矿层单层厚度1.97～2.17 m，总厚度12.06 m，长度2.5 km，倾角32°。太原组6层，山西组3层。矿石类型为软质粘土、硬质粘土，矿石为粘土类矿物，杂质菱铁矿、黄铁矿、白云母，矿石化学成分一矿井田 Al_2O_3 20.96%～29.10%，Fe_2O_3 1.70%～2.70%；二矿井田 Al_2O_3+TiO_2 24%～35%，Fe_2O_3 3%～5%，耐火度1630～1770℃，属Ⅲ级品软质及半软质粘土。该矿工作程度为预查，推测为大型耐火粘土矿床。

矿区内地质工作程度低，石炭井地区只有2个井田进行了少量化学样品测试，耐火粘土矿层构成煤层的底板或夹层。今后应在采煤同时对耐火粘土矿层的厚度及质量进行了解，对有工业价值的地段，应同时开采耐火粘土，以增加矿山的经济效益。

4. 石嘴山市大武口区大灯沟井田耐火粘土矿床

大灯沟井田耐火粘土矿位于石嘴山市大武口石炭井井田西南，行政区划属石嘴山市大武口区，矿区交通方便。

大灯沟井田耐火粘土矿床地层属华北地层区（$Ⅲ_4$）、鄂尔多斯西缘地层分区（$Ⅲ_4^1$）、贺兰山地层小区（$Ⅲ_4^{1-1}$）。大地构造位置位于柴达木－华北板块（Ⅲ）、华北陆块（$Ⅲ_5$）、鄂尔多斯地块（$Ⅲ_5^1$）、鄂尔多斯西缘中元古代—早古生代裂陷带（$Ⅲ_5^{1-1}$）。所属成矿区带为鄂尔多斯西缘（陆缘坳褶带）Fe-Pb-Zn-磷-石膏-芒硝成矿带（Ⅲ-59）、贺兰山褶断带Fe-Au-Cu-煤（气）-磷-硅石-石灰岩-白云岩-粘土成矿亚带（Ⅳ-59①）。所属矿床成矿系列为与晚古生代沉积作用有关的铜、银、灰岩、石膏、石英砂岩、煤、天然气、粘土、油页岩矿床成矿系列（5-Pz_2-S）。1959年，宁夏地质局宁北地质队对该矿进行了普查，1962年提交了《平罗县大磴沟粘土矿地质普查工作简报》。

矿区位于石炭井复式背斜西翼，出露地层主要有：上石炭统羊虎沟组、上石炭统—下二叠统太原组、下二叠统山西组。含矿地层为上石炭统—下二叠统太原组，岩性为粉砂质页岩及煤，矿体呈透镜状、似层状，长200～2000 m，厚0.3～1.1 m。倾向南西，倾角35°，矿石为硬质粘土、半硬质粘土，耐火泥土，粘土矿含有机质，赤铁矿。矿床化学成分：Al_2O_3+TiO_2 24.84%～30.48%；Fe_2O_3 1.12%～4.05%；耐火度1630～1770℃。该矿工作程度为普查，推测耐火粘土资源量（334）？矿石量为664×10^4 t，属中型耐火粘土矿床。

5. 石嘴山市大武口区东沟耐火粘土矿床

东沟耐火粘土矿位于浸水沟耐火粘土矿床东南约800 m。

东沟井田耐火粘土矿床地层属华北地层区（$Ⅲ_4$）、鄂尔多斯西缘地层分区（$Ⅲ_4^1$）、贺兰山地层小区（$Ⅲ_4^{1-1}$）。大地构造位置位于柴达木-华北板块（Ⅲ）、华北陆块（$Ⅲ_5$）、鄂尔多斯地块（$Ⅲ_5^1$）、鄂尔多斯西缘中元古代—早古生代裂陷带（$Ⅲ_5^{1-1}$）。所属成矿区带为鄂尔多斯西缘（陆缘坳褶带）Fe-Pb-Zn-磷-石膏-芒硝成矿带（Ⅲ-59）、贺兰山褶断带 Fe-Au-Cu-煤（气）-磷-硅石-石灰岩-白云岩-粘土成矿亚带（Ⅳ-59①）。所属矿床成矿系列为与晚古生代沉积作用有关的铜、银、灰岩、石膏、石英砂岩、煤、天然气、粘土、油页岩矿床成矿系列（5-Pz_2-S）。

含矿岩系为羊虎沟组、太原组：岩性为灰白色石英砂岩、灰黑色粉砂岩、泥岩，上部含矿 4 层。太原组为粉砂岩、泥岩夹灰岩及煤层，底部含矿一层。两岩系含矿 5 层，矿体呈层状、似层状，一般构成矿层的顶底板或夹层，矿层厚度 0.8～7.3 m。矿石以高岭石为主，高岭石 70%～80%，绢云母 20%～25%，褐铁矿 1%～3%。矿层化学成分显示 87 个样品中 48 个样品熟料 $Al_2O_3 \geqslant 30$，$Fe_2O_3 \leqslant 3.5$，可达耐火粘土Ⅲ级品。该矿床工作程度为普查，预测耐火粘土资源量（334）？矿石量为 170×10^4 t，属小型耐火粘土矿床。

6. 石嘴山市大武口区马莲滩耐火粘土矿床

马莲滩耐火粘土矿位于东沟耐火粘土矿床东南 2.8 km，距马莲滩车站北 3 km。

马莲滩耐火粘土矿床地层属华北地层区（$Ⅲ_4$）、鄂尔多斯西缘地层分区（$Ⅲ_4^1$）、贺兰山地层小区（$Ⅲ_4^{1-1}$）。大地构造位置位于柴达木-华北板块（Ⅲ）、华北陆块（$Ⅲ_5$）、鄂尔多斯地块（$Ⅲ_5^1$）、鄂尔多斯西缘中元古代—早古生代裂陷带（$Ⅲ_5^{1-1}$）。所属成矿区带为鄂尔多斯西缘（陆缘坳褶带）Fe-Pb-Zn-磷-石膏-芒硝成矿带（Ⅲ-59）、贺兰山褶断带 Fe-Au-Cu-煤（气）-磷-硅石-石灰岩-白云岩-粘土成矿亚带（Ⅳ-59①）。所属矿床成矿系列为与晚古生代沉积作用有关的铜、银、灰岩、石膏、石英砂岩、煤、天然气、粘土、油页岩矿床成矿系列（5-Pz_2-S）。含矿岩系为太原组：灰色砂岩、页岩、粉砂岩、灰岩及煤线或薄煤层组成。含矿 3 层、矿体呈层状似层状。走向长度 160～750 m，倾向 210°～230°∠40°～54°，厚度 1.20～2.00 m。矿石高岭石 50%～60%、水云母 30%～60%、褐铁矿 1%～3%，化学成分显示 8 个样品中 7 个熟料样品 $Al_2O_3 \geqslant 30\%$，$Fe_2O_3 \leqslant 3.5\%$，可达耐火粘土Ⅲ级品。该矿床工作程度为普查，预查内蕴经济资源量（334）？矿石量为 46×10^4 t，属小型耐火粘土矿床。

（二）产于下二叠统山西组耐火粘土矿床

下二叠统山西组与下伏太原组和上覆下石盒子组均呈整合接触，为一套河流-湖沼相含煤碎屑岩沉积，是区内主要含煤地层之一。岩性主要为灰白色石英砂岩、岩屑石英砂岩、灰黑色页岩、砂质页岩组成，夹煤层及耐火粘土。该组目前发现耐火粘土大型矿产地 1 处（贺兰县洪广镇插旗沟-牛家台子）。该矿床已被贺兰山耐火材料厂利用。

贺兰县插旗沟-牛家台子耐火粘土矿床

插旗沟-牛家台子耐火粘土矿位于贺兰山中段东麓插旗沟-牛家台子一带，距贺兰县直线距离 43.2 km。属银川市贺兰县金山乡管辖。G110 过道由矿区东侧通过，矿区有便道，交通方便。

插旗沟-牛家台子耐火粘土矿床地层属华北地层区（Ⅲ4）、鄂尔多斯西缘地层分区（$Ⅲ_4^1$）、贺兰山地层小区（$Ⅲ_4^{1-1}$）。大地构造位置位于柴达木 - 华北板块（Ⅲ）、华北陆块（$Ⅲ_5$）、鄂尔多斯地块（$Ⅲ_5^1$）、鄂尔多斯西缘中元古代—早古生代裂陷带（$Ⅲ_5^{1-1}$）。所属成矿区带为鄂尔多斯西缘（陆缘坳褶带）Fe-Pb-Zn-磷-石膏-芒硝成矿带（Ⅲ-59）、贺兰山褶断带 Fe-Au-Cu-煤（气）-磷-硅石-石灰岩-白云岩-粘土成矿亚带（Ⅳ-59①）。所属矿床成矿系列为与晚古生代沉积作用有关的铜、银、灰岩、石膏、石英砂岩、煤、天然气、粘土、油页岩矿床成矿系列（5-Pz2-S）。

矿区出露地层主要有中-下奥陶统天景山组；上石炭统羊虎沟组，上石炭统—下二叠统太原组，下二叠统山西组，中-上二叠统上、下石盒子组，上二叠统孙家沟组，下三叠统刘家沟组与和尚沟组。矿区处在贺兰山中段东麓背斜，背斜核部为山西组，两翼为由上下石盒子组、孙家沟组、三叠系组成的对称背斜，背斜轴呈北东向展布，西翼倾角约 30°，东翼倾角约 50°。含矿地层为下二叠统山西组煤系，山西组与下伏太原组和上覆下石盒子组均呈整合接触，为一套河流-湖沼相含煤碎屑岩沉积。岩性主要由灰白色石英砂岩、岩屑石英砂岩、灰黑色页岩、砂质页岩组成，夹煤层及耐火粘土（图 23-10）。

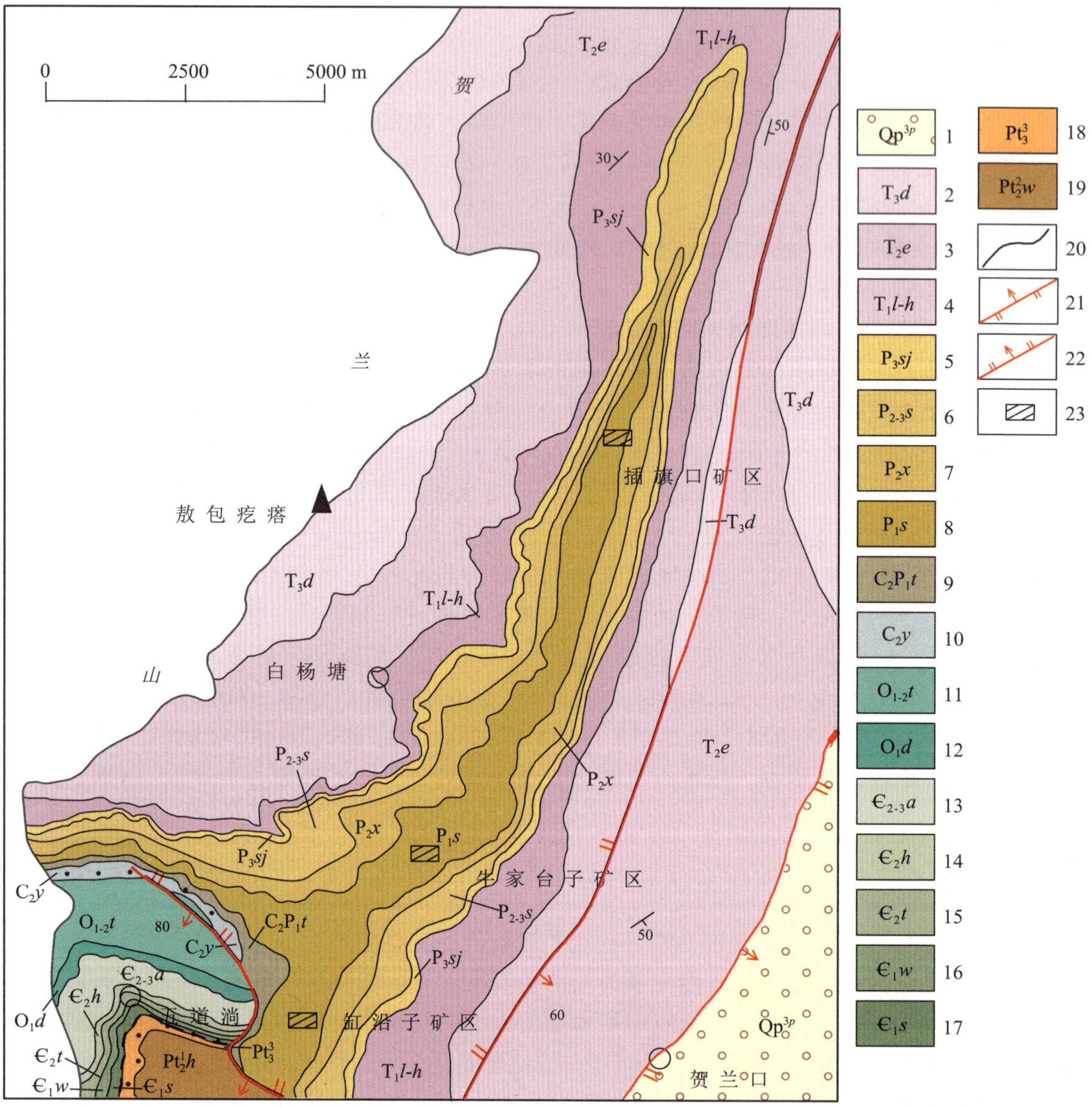

图 23-10　贺兰县插旗沟-牛家台子耐火粘土矿区域地质图

（据宁夏回族自治区地质调查院，2017，有修改）

1—第四系洪积层；2—三叠系大风沟组；3—三叠系二马营组；4—三叠系刘家沟组与和尚沟组并层；5—二叠系孙家沟组；6—二叠系上石盒子组；7—二叠系下石盒子组；8—二叠系山西组；9—石炭系—二叠系太原组；10—石炭系羊虎沟组；11—奥陶系天景山组；12—奥陶系大南池组；13—寒武系阿不切亥组；14—寒武系胡鲁斯台组；15—寒武系陶思沟组；16—寒武系五道淌组；17—寒武系苏峪口组；18—新元古界正目观组与兔儿坑组并层；19—中元古界王全口组；20—地质界线；21—逆断层；22—正断层；23—耐火粘土矿区位置

该矿床由 3 个矿区组成，即插旗口矿区、缸引子矿区、牛家台子矿区，矿带呈北东向展布。

矿层赋存于背斜轴部的插旗沟、牛家台、缸沿子三地，含矿 3 层，矿层总厚度 4.8 m，矿层呈透镜状，矿层长度大于 400 m（缸沿子）。含矿地层长度约 13 km，宽度 300 ~ 1200 m。矿石 Al_2O_3 16.95% ~ 35.89%，Fe_2O_3 0.31% ~ 3.32%，烧失量 5.48% ~ 15.02%，耐火度 1800℃，可塑性

10.60~29.40。

插旗沟-牛家台子耐火粘土矿预查远景资源量（334）？为 3537×10^4 t，推测为大型耐火粘土矿床。

三、制陶粒粘土矿床

宁夏全区发现的制陶粒粘土矿床主要产在上石炭统羊虎沟组和上石炭统—下二叠统太原组。羊虎沟组煤系陶粒粘土主要分布在卫宁北山地区，陶粒粘土产在煤系上部，上石炭统—下二叠统陶粒粘土主要分布在香山南部油井山煤系地呈中。该两套地层中宁夏区内分布广泛。目前发现用于制陶粒粘土矿床 5 处，其中，大型 2 处、中型 1 处、矿点 2 处。主要分布于卫宁北山地区的中卫市中宁县铁牛山、铜铁沟、平滩湖西和海原县油井山一带。

（一）产于上石炭统制陶粒用粘土矿床

1. 中宁县铜铁沟-铁牛山陶瓷粘土矿床

中宁县铜铁沟-铁牛山陶瓷粘土矿位于中宁县北山，行政区划属中宁县石空镇。

中宁县铜铁沟陶瓷粘土矿是一个以生产陶瓷粘土矿为主的个体小型企业，开采方式为露天开采，机械开挖、转运和加工，用于制作陶瓷。分为两个采区，一采区东西宽约 45 m，面积约 0.004594 km^2；二采区南北长约 213 m，东西宽约 62 m，面积约 0.013216 km^2。

2012 年 9 月，宁夏回族自治区国土资源调查监测院对该粘土矿进行了储量简测工作，编写了《宁夏中宁县铜铁沟陶瓷粘土矿资源储量简测报告》。

铜铁沟-铁牛山陶瓷粘土矿床地层属阿拉善地层区（$Ⅲ_3$）、阿拉善南缘地层分区（$Ⅲ_3^1$）、景泰-中宁地层小区（$Ⅲ_3^{1-1}$）。大地构造位置位于柴达木-华北板块（Ⅲ）、阿拉善微陆块（$Ⅲ_4$）、腾格里早古生代增生楔（$Ⅲ_4^1$）、卫宁北山-香山晚古生代前陆-上叠盆地（$Ⅲ_4^{1-1}$）。所属成矿区带为河西走廊 Fe-Mn-萤石-盐类-凹凸棒石-石油成矿带（Ⅲ-20）、卫宁北山褶断带 Fe-Au-Ag-Cu-Pb-Zn-煤-粘土成矿亚带（Ⅳ-20①）。所属矿床成矿系列为与新生代沉积作用-表生作用有关的铁、石英砂、石膏、粘土、地下水等矿床成矿系列（9-Cz-1）、与古近纪—新近纪沉积作用有关的粘土、石英砂、石膏矿床成矿亚系列（Cz_1-S-1）。出露地层主要有下石炭统臭牛沟组（C_1c）和中石炭统羊虎沟组（C_2y）。矿层赋存于石炭系羊虎沟组中，矿层为粉砂质泥岩，呈层状、似层状，斜层理发育，含泥岩团块，厚度较稳定。一号采区矿层沿走向北东向，控制矿层长度约 107 m，矿层厚度 11 m，倾向北西，倾角 65°；二号采区矿层走向北北东向，控制矿层长度 205 m，矿层厚度 13 m，倾向 205°，倾角 60°。

矿石呈灰白色，粉砂质泥质结构，团块状或致密状构造，土状光泽，参次状断口。具可塑性、粘结性、一定的干燥强度、烧结性及烧后白度等特殊性能。矿石化学成分：Al_2O_3 18.60%，CaO+MgO 0.31%，Fe_2O_3 0.41%，K_2O+Na_2O 2.85%，SiO_2 72.85%。矿石质量符合陶瓷粘土矿的要求。

截至 2017 年底，铜铁沟陶瓷粘土矿两个采区经宁夏回族自治区国土资源厅备案的粘土矿资源储量（333）为 10.0192×10^4 t，其中一采区为 1.2515×10^4 t（最低准采标高 1547 m），二采区为 8.7677×10^4 t（最低准采标高为 1525 m）。

中宁县铁牛山陶瓷粘土矿床，位于铜铁沟陶瓷粘土矿西南 250 m 处。

2012 年 9 月，宁夏回族自治区国土资源调查监测院对该石料矿进行了储量简测工作，编写了《宁夏中宁县铁牛山陶瓷粘土矿资源储量简测报告》。

矿层赋存于石炭系羊虎沟组中，矿层为灰白色薄层状粉砂质泥岩。矿石化学成分：Al_2O_3 26.50%，CaO+MgO 0.87%，Fe_2O_3 0.78%，K_2O+Na_2O 4.52%，SiO_2 58.49%。矿石质量符合陶瓷粘土矿的要求。

截至 2017 年底，铁牛山陶瓷粘土矿经宁夏国土资源厅备案的粘土矿资源储量（333）为 2.1078×10^4 t。

2. 中宁县平塘湖西陶瓷粘土矿床

平塘湖西陶瓷粘土矿位于中宁县北山，行政区划隶属中宁县石空镇。

2012 年，宁夏回族自治区国土资源调查监测院对该矿进行了储量简测工作。

平塘湖西陶瓷粘土矿床地层属阿拉善地层区（$Ⅲ_3$）、阿拉善南缘地层分区（$Ⅲ_3^1$）、景泰-中宁地层小区（$Ⅲ_3^{1-1}$）。大地构造位置位于柴达木-华北板块（Ⅲ）、阿拉善微陆块（$Ⅲ_4$）、腾格里早古生代增生楔（$Ⅲ_4^1$）、卫宁北山-香山晚古生代前陆-上叠盆地（$Ⅲ_4^{1-1}$）。所属成矿区带为河西走廊 Fe-Mn-萤石-盐类-凹凸棒石-石油成矿带（Ⅲ-20）、卫宁北山褶断带 Fe-Au-Ag-Cu-Pb-Zn-煤-粘土成矿亚带（Ⅳ-20①）。所属矿床成矿系列为与晚古生代沉积作用有关的铜、银、灰岩、石膏、石英砂岩、煤、天然气、粘土、油页岩矿床成矿系列（5-Pz_2-S）。中宁县平塘湖西陶瓷粘土矿一采区矿层赋存于石炭系—二叠系太原组中，二采区矿层赋存于石炭系羊虎沟组中，矿层为灰白色薄层状粉砂质泥岩。矿石化学成分：Al_2O_3 18.49%，CaO+MgO 0.31%，Fe_2O_3 0.49%，K_2O+Na_2O 2.89%，SiO_2 76.38%。矿石质量符合陶瓷粘土矿的要求。

截至 2017 年底，平塘湖西陶瓷粘土矿经宁夏国土资源厅备案的粘土矿资源储量（333）为 4.1112×10^4 t，其中一采区为 2.2985×10^4 t；二采区为 1.8127×10^4 t。

（二）产于石炭系—二叠系太原组制陶粒用粘土矿床

1. 中卫市油井山油井子沟陶瓷粘土矿床

油井子沟陶瓷粘土矿位于宁夏中卫市沙坡头区兴仁镇北 9 km 处，S202 从矿区通过，北距中卫市 72 km，交通便利。行政区划属中卫市沙坡头区。面积约为 4.12 km^2。

矿床由两个矿区构成，即炭巷沟二号井矿区和油井子沟矿区构成。

20 世纪 80 年代，油井子沟矿区外西部炭巷沟粘土矿被海原县陶瓷厂开采，用来烧制粗瓷，二号井粘土矿被当地村民采挖，销往甘肃靖远陶瓷厂制造卫生洁具；1965 年，建材地质总公司西北公司二〇五队对油井山炭巷沟陶瓷粘土进行了详查，提交了《宁夏海原县油井山地区炭巷沟粘土矿详查报告》获得资源量 23.55×10^4 t，其中控制的经济基础储量（122b）7.74×10^4 t，推断的内蕴经济资源量（333）15.81×10^4 t；1992 年，宁夏地矿局对油井子沟矿区中西部炭巷沟二号井陶瓷粘土进行了详查，提交了《宁夏海原县油井山地区炭巷沟二号井粘土矿详查报告》，获得资源量 19.56×10^4 t，其中控制的经济基础储量（122b）3.84×10^4 t，推断的内蕴经济资源量（333）15.72×10^4 t；2013 年，宁夏矿产地质调查院对油井山油井子沟陶瓷粘土矿进行了普查工作，并提交了《宁夏中卫市油井山油井子沟陶瓷土矿普查报告》，探获陶瓷粘土矿资源量 3899.26×10^4 t（+1750 以浅），其中推断的内蕴经济资源量（333）为 690.19×10^4 t，预测的资源量（334）? 为 3209.07×10^4 t；2014 年 8 月至 2016 年 8 月，宁夏回族自治区矿产地质调查院对油井山油井子沟陶瓷粘土矿进行了详查工作，于 2018 年 5 月提交了《宁夏回族自治区中卫市油井山油井子沟陶瓷土矿详查报告》。

（1）区域地质

油井山油井子沟陶瓷粘土矿床地层属阿拉善地层区（$Ⅲ_3$）、阿拉善南缘地层分区（$Ⅲ_3^1$）、景泰-中宁地层小区（$Ⅲ_3^{1-1}$）。大地构造位置位于柴达木-华北板块（Ⅲ）、阿拉善微陆块（$Ⅲ_4$）、腾格里早古生代增生楔（$Ⅲ_4^1$）、卫宁北山-香山晚古生代前陆-上叠盆地（$Ⅲ_4^{1-1}$）。所属成矿区带为河西走廊 Fe-Mn-萤石-盐类-凹凸棒石-石油成矿带（Ⅲ-20）、香山褶断带 Fe-Cu-煤-石灰岩-石膏-粘土成矿亚带（Ⅳ-20③）。所属矿床成矿系列为与新生代沉积作用-表生作用有关的铁、石英砂、石膏、粘土、地下水等矿床成矿系列（9-Cz-1）、与古近纪—新近纪沉积作用有关的粘土、石英砂、石膏矿床成矿亚系列（Cz_1-S-1）。区域出露地层主要有：奥陶系香山群狼嘴子组（O_3lz）黄河井段（O_3lz^h）、磨盘井组（O_3mp），石炭系—二叠系太原组（C_2P_1t），中二叠统大黄沟组（P_2d），上二叠统红泉组（P_3h），下三叠统五佛寺组（$T_{1-2}w$），中侏罗统延安组（J_2y），古近系寺口子组（E_2s）、清水营组（E_3q）和第四系。

区域内断裂构造发育，可分为北东向、北西向两组。褶皱主要有油井山向斜，轴向呈北东向，轴长约6.5 km，向斜核部地层为三叠系五佛寺组，两翼为二叠系大黄沟组、石炭系—二叠系太原组（图23-11）。

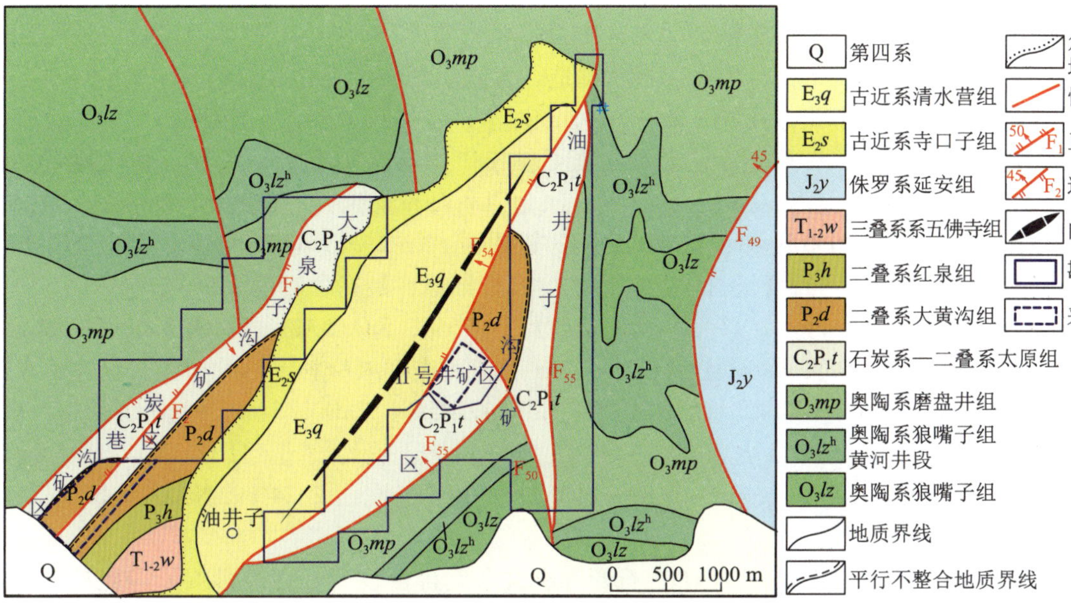

图23-11　油井山地区区域地质图

（据宁夏回族自治区矿产地质调查院，2018，有修改）

（2）矿区地质

矿区地层由老到新依次为：奥陶系香山群狼嘴子组、磨盘井组，石炭系—二叠系太原组；二叠系大黄沟组，古近系寺口子组、清水营组和第四系。

含矿地层为石炭系—二叠系太原组。太原组属海陆交互相沉积，岩性为深灰-灰黑色页岩、泥岩夹灰-灰白色砂岩及灰黄色生物灰岩透镜体，夹薄煤层或煤线。顶部以风化的褐红厚层中-粗粒长石石英砂岩的底面作为本组与上覆大黄沟组分界。钻探揭露厚度30.59~184.95 m。本组含16层粘土矿层，可采矿层11层，矿体形态较规则，厚度稳定程度为较稳定-不稳定矿层，本组与上覆大黄沟组呈断层接触。

矿区断层较发育，断层主要以北东—南西向为主，次为北西—南东向。太原组多受北东—南西向断层控制，北西—南东向断层破坏了太原组的连续性，将太原组切割为两大块（东部、西部）。由于断裂构造的影响，矿层沿走向极不稳定。

（3）矿体（层）特征

A. 炭巷沟二号井矿区

矿区位于油井子沟矿区东部北段，矿区为北东向复式向斜，断裂发育。含矿地层为石炭系—二叠系太原组，太原组岩性为砂质页岩、黑色页岩夹灰黄色灰岩透镜体及灰白色细粒石英砂岩、粘土岩，局部见煤层透镜体。含矿7层，沿走向长度300~450 m，矿层总厚度20.95 m。主矿体（层）4层（Ⅰ、Ⅱ、Ⅲ、Ⅳ），其中Ⅰ、Ⅳ号矿体规模较大，Ⅰ号矿体分布于向斜两翼：西翼矿体长度300 m，矿层倾向东，倾角50°~80°，矿体厚度4.89~10.56 m，矿层内夹有粉砂岩、灰岩、泥土岩，矿层顶板为黄绿色含砾砂岩，底板为灰岩夹粉砂岩；Ⅳ号矿体分布于背斜东翼，出露长度450 m，倾向东，倾角40°~85°，矿层厚度0.71~8.41 m，呈透镜状，矿层底板为灰色粉砂岩，顶板为灰色石英砂岩。

B. 油井子沟矿区

矿区含矿地层为石炭系—二叠系太原组，钻孔揭露厚度30.59~184.95 m，未见底。岩性为灰黑色灰岩、褐色砂岩、砂质页岩、灰蓝色页岩夹薄煤层及煤线。陶瓷土矿呈深灰-灰黑色，地表矿层因风化淋滤作用影响，呈现杂色。矿层呈层状、似层状产出，沿走向局部被断层错断，矿层倾角在

28°~85°之间，矿区内断层较发育，含矿地层周边多受断层控制，断层将含矿地层切割为两块（东区、西区）。

（4）矿石特征

矿石主要以半硬质粘土为主，软质粘土次之。矿石主要为灰白-灰黑色，地表因风化淋滤作用影响，局部呈现杂色。斑点状泥质结构，块状、板状构造，含铁质鲕粒者为含球粒泥质结构。局部矿石中见有不均匀呈星点状分布的小孔，孔径一般在0.05 m以下，手摸具滑感，手能掰碎。

矿石矿物组成为粘土矿物、石英、赤铁矿和石膏。粘土矿物（伊蒙混层、伊利石和高岭石）占82.0%~99.5%；主要为高岭石，占50.0%~94.0%；次为伊利石和蒙脱石，石英占5%左右，最高含量可达8.7%~12.7%，粒径在0.011~0.028 mm之间，铁质占1%~2%，呈扁球粒状，粒径在0.03~2 mm之间，边缘多具褐铁矿化。石膏呈自生晶粒或次生石膏细脉，最高含量达11%~15%。

矿石的化学成分：炭巷沟二号井矿区平均含量 Al_2O_3 27.76%，SiO_2 53%，Fe_2O_3 3.39%，淘洗率61.82%，烧失量10.13%~17.73%，可塑性24.20。该矿粘土可作耐火材料。油井子沟矿区东区矿层平均含量 Al_2O_3 22.88%、Fe_2O_3 3.71%、$TiO_2$1.03%、SiO_2 47.45%、CaO 1.54%、MgO 0.98%、K_2O 2.28%、Na_2O 0.66%、SO_3 5.22%、烧失量13.49%；西区矿层平均含量 Al_2O_3 23.72%、Fe_2O_3 3.40%、TiO_2 1.07%、SiO_2 48.75%、CaO 1.89%、MgO 1.19%、K_2O 2.24%、Na_2O 0.67%、SO_3 5.98%；烧失量13.23%。

根据矿石化学成分，矿石中 Fe_2O_3、TiO_2、石膏等有害杂质含量较高，直接影响了陶瓷粘土的质量。该矿床粘土岩符合制陶粒粘土。

（5）资源储量

截至2017年底，油井山油井子沟陶瓷粘土矿两个矿区累计查明陶瓷粘土资源量（2S22+333）69.78×10^4 t（炭港沟二号井资源量（2S22）19.5×10^4 t、油井沟（333）50.28×10^4 t），保有资源量49.73×10^4 t，属小型矿床；查明制陶粒粘土资源量（333）为690.19×10^4 t，属大型矿床。属海陆交互相机械沉积型高岭土矿床。

（6）矿化阶段划分

根据矿层及矿石特征大致为两个矿化阶段：原生沉积硬质粘土与矸石共生，矿层较薄，矿石颜色深，硬度大，夹矸石，含有机质高；后期沉积改造形成软质粘土矿，矿层厚度大，矿石颜色浅，硬度小，可能属风化淋滤的产物。

（7）成矿物理化学条件

晚石炭世—早二叠世高岭石等粘土矿物沉积时是在常温、常压条件下；成岩期转变为硬质粘土过程随埋深压力增大同时温度达100~200℃（根据相关地层中煤变为气煤-肥煤-焦煤的情况判断）。

（8）矿床类型

油井山油井子沟陶瓷粘土矿属海陆交互机械沉积型粘土矿床。

（9）成矿机制

石炭纪—二叠纪时以新克拉通盆地相沉积为主：下部充填物以海陆交互相碳酸盐岩-碎屑岩含煤沉积为特征（石炭系）；上部充填物以河流相沉积为主，偶夹薄煤层（二叠系）。晚石炭世—早二叠世完成由陆表海盆向陆相盆地的转换过渡，在海陆交互地带及河-湖-沼泽地带沉积了分布范围广、厚度大的粘土矿。二叠纪—三叠纪持续为陆相盆地形成期。期后本区经过一系列沉积叠加和构造变形，逐渐演化为坳陷盆地。

矿层赋存于石炭系—二叠系太原组上部，与上覆盖层二叠系大黄沟组呈平行不整合接触。成矿类型为沉积型。矿石呈灰白色、灰绿色、青灰色，铁染后呈黄褐色或黄红色，以高岭石、石英矿物为主，石英颗粒磨圆度低，分选性差，水平层理或交错层理发育，说明本区处于稳定沉积环境与水动力强烈活动交替环境。此外矿石中常见长石风化颗粒，反映原生长石风化为高岭石。

（10）找矿标志

煤系、碳质泥岩（页岩）、细粒石英砂岩层、灰白色、灰绿色、青灰色粘土岩等。

2. 宁夏中卫市油井山大泉子沟-炭巷沟陶瓷粘土矿床

大泉子沟-炭巷沟陶瓷粘土矿位于香山东南部油井山，北距中卫市区 52 km，南距中卫市兴仁镇 8.4 km，行政区划属中卫市沙坡头区兴仁镇，区内交通较为便利。

矿床由炭巷沟粘土矿区和大泉子沟矿区构成。

据历史记载，该处粘土矿早在西夏时期就被开采。1963 年，建材部非金属公司二〇五队对油井山粘土矿进行了野外踏查，认为本矿属半硬质-硬质粘土，局部次生铁染较发育，Al_2O_3 含量较低，一般为 23.82% ~ 26.75%，Fe_2O_3 含量为 0.72% ~ 1.19%，TiO_2 含量超过最低允许值（0.82% ~ 0.94%）。因此本区粘土不符合陶瓷粘土原料质量指标要求。1965 年，建材地质总公司西北公司二〇五队对油井山炭巷沟陶瓷土进行了详查，提交了《宁夏海原县油井山地区炭巷沟粘土矿详查报告》获得资源量 23.55×10^4 t，其中控制的经济基础储量（122b）7.74×10^4 t；推断的内蕴经济资源量（333）15.81×10^4 t。2013 年 7 月 15 日，宁夏国土资源调查监测院对油井山炭巷沟北大泉子沟陶瓷粘土矿进行了普查工作，于 2013 年 12 月提交了《宁夏中卫市油井山大泉子沟陶瓷粘土矿地质普查报告》。2014 年 7 月至 2014 年 8 月，宁夏国土资源调查监测院对宁夏中卫市油井山大泉子沟陶瓷土矿进行了详查工作，并提交了《宁夏中卫市油井山大泉子沟陶瓷土矿详查报告》。

（1）区域地质

大泉子沟-炭巷沟陶瓷粘土矿床地层属阿拉善地层区（$Ⅲ_3$）、阿拉善南缘地层分区（$Ⅲ_3^1$）、景泰-中宁地层小区（$Ⅲ_3^{1-1}$）。大地构造位置位于柴达木-华北板块（Ⅲ）、阿拉善微陆块（$Ⅲ_4$）、腾格里早古生代增生楔（$Ⅲ_4^1$）、卫宁北山-香山晚古生代前陆-上叠盆地（$Ⅲ_4^{1-1}$）。所属成矿区带为河西走廊 Fe-Mn-萤石-盐类-凹凸棒石-石油成矿带（Ⅲ-20）、香山褶断带 Fe-Cu-煤-石灰岩-石膏-粘土成矿亚带（Ⅳ-20③）。所属矿床成矿系列为与晚古生代沉积作用有关的铜、银、灰岩、石膏、石英砂岩、煤、天然气、粘土、油页岩矿床成矿系列（5-Pz_2-S）。区域出露地层主要有奥陶系香山群狼嘴子组（O_3lz）、磨盘井组（O_3mp），石炭系—二叠系太原组（C_2P_1t），二叠系大黄沟组（P_2d）、红泉组（P_3h），三叠系五佛寺组（$T_{1-2}w$），侏罗系延安组（J_2y），古近系寺口子组（E_2s）、清水营组（E_3q）和第四系。

区内断裂和褶皱构造发育，大的褶皱主要有油井山向斜，轴向呈北东向，轴长约 6.5 km，向斜核部地层为三叠系五佛寺组，两翼为二叠系大黄沟组、石炭系—二叠系太原组。断裂构造以北东向为主（图 23-11）。

（2）矿区地质

区内出露地层有奥陶系香山群狼嘴子组黄河井段、磨盘井组，石炭系—二叠系太原组；二叠系大黄沟组、红泉组，三叠系五佛寺组，古近系寺口子组和清水营组，第四系上更新统马兰组、全新统洪积层和冲积层。

矿层主要赋存于上石炭统—下二叠统太原组中，根据岩性组合特征分为两个岩性段：

第一岩性段（$C_2P_1t^1$）：岩性主要为碳质页岩、泥岩与粉砂岩互层夹细砂岩，页岩中见灰岩、薄煤线夹层。厚度 41.0~74.3 m。该岩性段与下伏地层呈断层接触。

第二岩性段（$C_2P_1t^2$）：岩性主要为中细粒砂岩夹泥岩、粉砂质泥岩，夹灰白色、灰绿色、青灰色粘土岩矿层，厚度约 40 m。矿层顶部为细粒石英砂岩。

矿区构造较简单，出露岩层多呈单斜层状产出。矿区位于油井子沟向斜西翼，除中部小型褶皱外，总体走向为北东—南西向，倾向南东，倾角 25°~58°。矿区中部发育有小型向斜及背斜褶皱构造，规模较小。断裂构造较发育，主要断裂方向与地层走向基本一致，为北东向的正断层和逆断层，倾角 30°~65°，断层对含矿地层有破坏作用（图 23-12）。

（3）矿体（层）特征

A. 炭港沟陶瓷粘土矿区

位于油井山向斜西南翼，大泉子沟粘土矿区西南端，矿体赋存于太原组底部，矿层沿走向极不稳定，沿走向相变为鲕状粉砂岩。矿体呈似层状，含矿 3 层，主矿体 2 层，长度 480 m，平均厚度

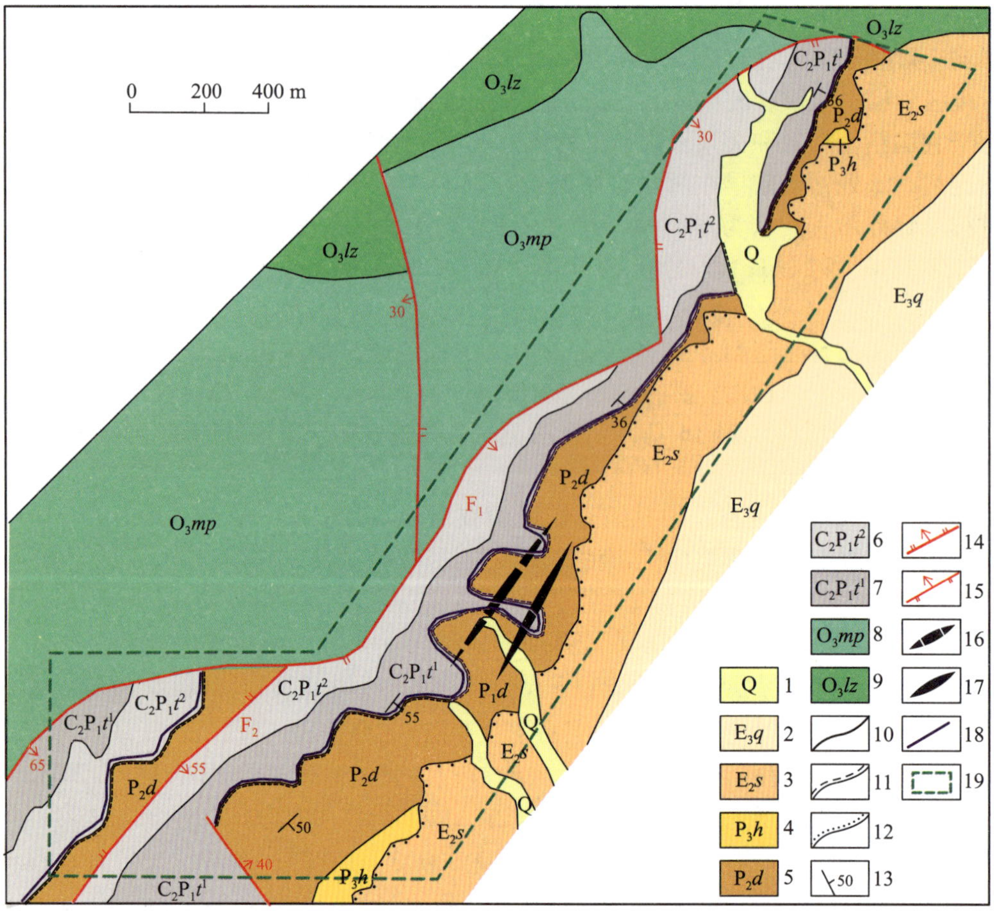

图 23-12 大泉子沟粘土矿矿区地质图

（据宁夏回族自治区国土资源调查监测院，2015，有修改）

1—第四系；2—古近系清水营组；3—古近系寺口子组；4—二叠系红泉组；5—二叠系大黄沟组；6—石炭系—二叠系太原组二岩段；7—石炭系—二叠系太原组一岩段；8—奥陶系磨盘井组；9—奥陶系狼嘴子组；10—地质界线；11—平行不整合界线；12—角度不整合界线；13—地层产状；14—正断层；15—逆断层；16—向斜；17—背斜；18—粘土矿层；19—勘查区范围

3.8 m，倾向 120°～150°∠45°。

B. 大泉子沟制陶粒粘土矿区

位于油井山向斜西翼，含矿 1 层（图 23-12），赋存于石炭系—二叠系太原组第二岩性段中细粒砂岩夹泥岩、粉砂质泥岩中。矿层底板为中细粒砂岩夹泥岩、粉砂质泥岩，矿层顶板为石炭系—二叠系太原组灰色、灰白色石英砂岩。矿体呈层状产出，除中部小褶曲外，产状变化不大，倾向南东，倾角 25°～58°。矿层不含夹层、无蚀变现象、矿石成分单一、颜色相近、结构构造相同、厚度较稳定。矿层南北长约 3.25 km，东西宽约 0.45 km，矿区内延展面积约 1.18 km^2。

（4）矿石特征

A. 炭港沟陶瓷粘土矿

矿石主要为软质粘土，矿物有高岭石、石英、石膏、褐铁矿，Al_2O_3 23.91%～25.76%，Fe_2O_3 2.42%～3.0%，TiO_2 0.77%～1.11%，烧失量 3.86%～13.02%，塑性指数 21.30～21.59，耐火度 1657～1673℃。该矿已被利用，原高泉陶瓷厂、兴仁陶瓷厂原料主要来自该矿，部分销往甘肃靖远陶瓷厂。该矿粘土可作耐火材料。

B. 大泉子沟制陶粒粘土矿

矿石主要为灰白色、灰绿色、青灰色软质粘土岩，斑点状泥质结构、块状构造，含铁质鲕粒者为含球粒泥质结构。局部矿石中见有不均匀呈星点状分布的小孔，孔径一般在0.05 mm以下，手摸具滑感，手能掰碎。矿石矿物有粘土矿物、石英、赤铁矿和石膏。粘土矿物主要为高岭石，占50.0%~94.0%，次为伊利石和蒙脱石；石英占5%左右，最高含量可达8.7%~12.7%；铁质占1%~2%，边缘多具褐铁矿化；石膏呈自生晶粒或次生石膏细脉，最高含量可达10%~15%。矿石自然类型为粘土岩。

矿石平均品位：Al_2O_3 30.01%、Fe_2O_3 2.08%、TiO_2 1.35%、SiO_2 51.36%、CaO 0.36%、MgO 0.45%、K_2O 2.15%、Na_2O 1.52%、SO_3 0.16%、烧失量9.06%。耐火度1760~1780℃。

（5）资源储量

油井山大泉子沟-炭港沟陶瓷粘土矿累计查明粘土矿石资源储量（2S22+332+333）为227.35×10^4 t，其中，陶瓷用粘土矿石资源储量（2S22）为26.00×10^4 t（炭港沟），矿床已被开发利用，保有资源储量23.30×10^4 t，属小型粘土矿床；制陶粒粘土矿石资源量（332+333）为201.35×10^4 t（大泉子沟），矿床未利用，属中型粘土矿床。

（6）矿化阶段划分

根据矿层及矿石特征大致为两个矿化阶段：原生沉积硬质粘土与矸石共生，矿层较薄，矿石颜色深，硬度大，夹矸石，含有机质高；后期沉积改造形成软质粘土矿，矿层厚度大，矿石颜色浅，硬度小，可能属风化淋滤的产物。

（7）成矿物理化学条件

晚石炭世—早二叠世高岭石等粘土矿物沉积时是在常温、常压条件下，成岩期转变为硬质粘土过程随埋深压力增大同时温度达100~200℃（根据相关地层中煤变为气煤-肥煤-焦煤的情况判断）。

（8）矿床类型

油井山大泉子沟-炭港沟陶瓷粘土矿属海陆交互机械沉积型粘土矿床。

（9）成矿机制

石炭纪—二叠纪时以新克拉通盆地相沉积为主：下部充填物以海陆交互相碳酸盐岩-碎屑岩含煤沉积为特征（石炭系）；上部充填物以河流相沉积为主，偶夹薄煤层（二叠纪）。晚石炭世—早二叠世完成由陆表海盆向陆相盆地的转换过渡，在海陆交互地带及河-湖-沼泽地带沉积了分布范围广、厚度大的粘土矿。二叠纪—三叠纪持续为陆相盆地形成期。期后本区经过一系列沉积叠加和构造变形，逐渐演化为坳陷盆地。

矿层赋存于石炭系—二叠系太原组上部，与上覆盖层二叠系大黄沟组呈平行不整合接触。成矿类型为沉积型。矿石呈灰白色、灰绿色、青灰色，铁染后呈黄褐色或黄红色，以高岭石、石英矿物为主，石英颗粒磨圆度低，分选性差，水平层理或交错层理发育，说明本区处于稳定沉积环境与水动力强烈活动的交替环境。此外矿石中常见长石风化颗粒，反映原生长石风化为高岭石。

（10）找矿标志

煤系、碳质泥岩（页岩），细粒石英砂岩层，灰白色、灰绿色、青灰色粘土岩等。

四、水泥配料用粘土矿

水泥原料主要有石灰质原料和粘土质辅料两大类。粘土质辅料包括粘土、黄土、红土、泥岩、页岩、碳质页岩（煤矸石）、粉砂岩、板岩、千枚岩和片岩等。宁夏水泥配料粘土主要产在贺兰山中、北段古生界寒武系、奥陶系和新生界古近系、新近系中，分布广泛，储量较大。

目前，全区发现水泥配料用粘土矿床11处，其中，中型6处，小型5处。粘土页岩、板岩主要分布在贺兰山北段石嘴山市惠农区柳条沟和贺兰山中南段银川市西夏区山嘴沟；粘土（包括黄土）主要分布于贺兰山南段永宁县-青铜峡市、中卫市香山南部的油井山和固原市六盘山地区。

矿床类型有海相沉积型页岩、板岩矿床，陆相沉积型粘土类矿床，第四纪风成沉（黄土）积型矿床3种。

（一）产在中寒武统陶思沟组中水泥配料粘土矿床

产在中寒武统陶思沟组中水泥配料用粘土矿岩性主要由石英砂岩、页（板）岩、白云岩和灰岩组成，为浅海相碎屑岩-碳酸盐岩沉积。该组地层在贺兰山北段发现石嘴山市惠农区柳条沟粘土矿床1处。

石嘴山市惠农区柳条沟粘土矿床

柳条沟粘土矿位于贺兰山北段东麓柳条沟口南侧，行政区划属石嘴山市惠农区，G6高速公路和包（头）—兰（州）铁路由矿区东4 km处通过，矿区有简易公路，交通方便。

柳条沟粘土矿床地层属华北地层区（$Ⅲ_4$）、鄂尔多斯西缘地层分区（$Ⅲ_4^1$）、贺兰山地层小区（$Ⅲ_4^{1-1}$）。大地构造位置位于柴达木-华北板块（Ⅲ）、华北陆块（$Ⅲ_5$）、鄂尔多斯地块（$Ⅲ_5^1$）、鄂尔多斯西缘中元古代—早古生代裂陷带（$Ⅲ_5^{1-1}$）。所属成矿区带为鄂尔多斯西缘（陆缘坳褶带）Fe-Pb-Zn-磷-石膏-芒硝成矿带（Ⅲ-59）、贺兰山褶断带Fe-Au-Cu-煤（气）-磷-硅石-石灰岩-白云岩-粘土成矿亚带（Ⅳ-59①）。所属矿床成矿系列为与早古生代沉积作用有关的铁、彩石、磷、灰岩、白云岩、板岩矿床成矿系列（3-Pz_1-S）。矿区处于鄂博梁背斜北部倾末端，断裂发育。出露地层有古元古界贺兰山岩群变质岩，长城纪黄旗口组，中寒武统陶思沟组、胡鲁斯台组，上石炭统羊虎沟组。矿区南部分布有古元古代混合花岗岩及超基性岩。区内断裂构造发育。

含矿地层为中寒武统陶思沟组，地层呈北西向展布，长度约3.6 km，宽度90~1700 m，面积约0.74 km^2。矿层为灰绿色、紫红色页岩，含矿两层，Ⅰ矿层厚度10~20 m，Ⅱ矿层厚度30~35 m，长度1191 m，矿层倾向0°~90°，倾角15°~20°。矿石为泥质结构，薄层状构造。矿石化学成分：Al_2O_3 15.60%，SiO_2 58.52%，Fe_2O_3 6.66%，MgO 2.36%，硅酸盐系数2.63，铝氧率2.34。

截至2017年底，柳条沟粘土矿经宁夏回族自治区国土资源厅备案的粘土矿查明资源储量（333）为1813.00×10^4 t，保有资源量1776.00×10^4 t，为中型水泥配料用粘土矿床。

（二）产在中-上奥陶统米钵山组中水泥配料板岩矿床

岩性浅灰-灰绿色变质长石石英砂岩、硬砂岩、板岩呈不等厚韵律组成，夹薄层灰岩、砾状灰岩、粉砂岩、含砾板岩、砾岩，为浅海-半深海相碎屑岩-碳酸盐岩沉积。该组在贺兰山中段发现水泥配料用板岩中型矿床1处（银川市西夏区山嘴沟板岩矿），小型矿床1处（永宁县闽宁镇头关板岩矿）。

银川市西夏区山嘴沟板岩矿床

山嘴沟板岩矿位于银川市西部贺兰山中南段东麓山嘴沟北约1.5 km处，隶属银川市西夏区，距西夏区西12 km。G110过道由矿区东3 km处通过，矿区有大车道，交通方便。

1985~1986年，宁夏建材地质勘探大队对该矿进行了详查工作，查明矿体赋存于中奥陶统米钵山组，并查明了矿体特征和矿石的质量变化情况、矿区水文地质特征。经宁夏矿产储量委员会批准储量1313×10^4 t，其中B级418×10^4 t、C级665×10^4 t、D级229×10^4 t，提交了《宁夏回族自治区银川市山嘴沟水泥用板岩矿区详查地质报告》。

山嘴沟板岩矿床地层属华北地层区（$Ⅲ_4$）、鄂尔多斯西缘地层分区（$Ⅲ_4^1$）、贺兰山地层小区（$Ⅲ_4^{1-1}$）。大地构造位置位于柴达木-华北板块（Ⅲ）、华北陆块（$Ⅲ_5$）、鄂尔多斯地块（$Ⅲ_5^1$）、鄂尔多斯西缘中元古代—早古生代裂陷带（$Ⅲ_5^{1-1}$）。所属成矿区带为鄂尔多斯西缘（陆缘坳褶带）Fe-Pb-Zn-磷-石膏-芒硝成矿带（Ⅲ-59）、贺兰山褶断带Fe-Au-Cu-煤（气）-磷-硅石-石灰岩-白云岩-粘土成矿亚带（Ⅳ-59①）。所属矿床成矿系列为与早古生代沉积作用有关的铁、彩石、磷、灰岩、白云岩、板岩矿床成矿系列（3-Pz_1-S）。地处贺兰山褶断带中南部，区内出露地层主要为中-下奥陶统天景山组，中-上奥陶统米钵山组。区内断裂构造发育，大致为北东向和近东西向两组，北东向断层多数为逆断层，倾角60°~75°，对矿层有破坏作用；近东西向地层为逆断层，倾角30°，被北东向断裂错断，该地层也是天景山组与米钵山组的分界线。山嘴沟-榆树青沟一带，天景山组、米钵山组构成南倾的单斜构造，东西向展布的山嘴沟断层局部地段天景山组灰岩推覆在米钵山组之上形成飞来峰。

含矿层为米钵山组，分布面积约63 km^2。矿层赋存于米钵山组底部，含矿岩系为粉砂质板岩及少量含泥质细粒石英砂岩和泥质粉砂岩。矿区为向南倾的单斜构造。矿体层状，长度400 m，厚度161 m，倾向180°，倾角20°~40°。

矿石为泥质、显微鳞片变晶隐晶质结构，板状构造，矿物有绢云母、绿泥石、石英、长石、黑云母。矿石化学成分：硅酸率3~3.2，铝氧率2.28~2.4，MgO 2.32%~2.60%，Na_2O+K_2O 4.5%~5.0%，SO_3 0.03%~0.10%。

截至2017年底，山嘴沟板岩矿经宁夏回族自治区国土资源厅备案的查明内蕴资源量（333）矿石量为1314.00×10^4 t，保有资源量1292.00×10^4 t。为中型海相沉积型水泥配料板岩矿床。

（三）产于始新统寺口子组中水泥配料粘土矿床

寺口子组不整合于六盘山群或更老地层之上，与上覆渐新统清水营组呈整合接触，为一套山麓相-河流相的红色碎屑岩沉积。岩性为砖红色、棕红色砾岩、砂砾岩、砂岩、泥岩组成，顶部砂岩常含钙质结核。该组发现水泥配料粘土矿产地1处。

海原县兴仁镇油井山粘土矿床

油井山粘土矿位于中卫市兴仁镇北7.3 km油井山地区，属中卫市兴仁镇管辖。G109高速公路由矿区南通过，海（原）—中（卫）公路由矿区东通过，交通方便。

油井山粘土矿床地层属阿拉善地层区（$Ⅲ_3$）、阿拉善南缘地层分区（$Ⅲ_3^1$）、景泰-中宁地层小区（$Ⅲ_3^{1-1}$）。大地构造位置位于柴达木-华北板块（Ⅲ）、阿拉善微陆块（$Ⅲ_4$）、腾格里早古生代增生楔（$Ⅲ_4^1$）、卫宁北山-香山晚古生代前陆-上叠盆地（$Ⅲ_4^{1-1}$）。所属成矿区带为河西走廊Fe-Mn-萤石-盐类-凹凸棒石-石油成矿带（Ⅲ-20）、香山褶断带Fe-Cu-煤-石灰岩-石膏-粘土成矿亚带（Ⅳ-20③）。所属矿床成矿系列为与新生代沉积作用-表生作用有关的铁、石英砂、石膏、粘土、地下水等矿床成矿系列（9-Cz-1）、古近纪—新近纪沉积作用有关的粘土、石英砂、石膏矿床成矿亚系列（Cz_1-S-1）。

地处香山隆起南部，海原-兴仁盆地北部边缘，油井山向斜西南翼。矿区周边出露老地层主要有中-上奥陶统米钵山组、上石炭统—下二叠统太原组、下二叠统大黄沟组。含矿岩系为始新统寺口子组，矿层为泥岩，厚度大于5 m。矿层化学成分MgO 4.87%，K_2O+Na_2O 4.86%，SO_3 0.45%，硅酸率2.7，铝氧率2.48。该矿工作程度为预查，资源量236×10^4 t，为小型矿床，矿石已被利用。属陆源碎屑沉积型水泥配料用粘土矿床。

（四）产于渐新统清水营组中水泥配料粘土矿床

清水营组与下伏始新统寺口子组呈整合接触，或直接不整合于下伏下白垩统或更老地层之上，与上覆中新统彰恩堡组呈平行不整合或不整合接触。为一套干旱气候条件下的河流相-湖泊相红色碎屑岩-膏岩沉积。岩性下部为红色细砂岩含钙质结核；上部为紫红色砂质泥岩、泥岩夹石膏层。该组共发现水泥配料粘土矿产地2处，皆为小型。

1. 固原市开城镇黄峁山粘土矿床

黄峁山粘土矿位于固原市原州区东南约4 km的小黄峁山西侧，距固原市东南2.8 km，隶属固原市原州区开城镇，银（川）—西（安）铁路由矿区西通过，矿区紧邻G309国道，交通方便。

1991~1994年，中国建筑材料工业地质勘查中心宁夏总队对该矿进行了详查，提交了《宁夏固原县荒峁山水泥用粘土矿床详查地质报告》。

黄峁山粘土矿床地层属阿拉善地层区（$Ⅲ_3$）、阿拉善南缘地层分区（$Ⅲ_3^1$）、景泰-中宁地层小区

（$Ⅲ_3^{1-1}$）。大地构造位置位于柴达木-华北板块（Ⅲ）、阿拉善微陆块（$Ⅲ_4$）、腾格里早古生代增生楔（$Ⅲ_4^1$）、卫宁北山-香山晚古生代前陆-上叠盆地（$Ⅲ_4^{1-1}$）。所属成矿区带为河西走廊 Fe-Mn-萤石-盐类-凹凸棒石-石油成矿带（Ⅲ-20）、烟筒山-窑山冲断带煤-石灰岩-硅石成矿亚带（Ⅳ-20②）。所属矿床成矿系列为与新生代沉积作用-表生作用有关的铁、石英砂、石膏、粘土、地下水等矿床成矿系列（9-Cz-1）、与古近纪—新近纪沉积作用有关的粘土、石英砂、石膏矿床成矿亚系列（Cz_1-S-1）。地处六盘山东北麓，矿区周边出露老地层主要为：下白垩统六盘山群马东山组，古近系始新统寺口子组、渐新统清水营组，新近系中新统彰恩堡组和第四系。含矿层为渐新统清水营组红色砂岩、紫红色砂质泥岩、泥岩。

矿区及外围构造简单，青铜峡-固原深大断裂从矿区通过。

矿区位于陈耳山背斜西南端。矿区南北长 1000 m，东西宽 630 m，分布于黄峁山东部。主矿体赋存于渐新统清水营组中上部，其次土黄色含泥质粉砂及土黄色含粉砂质粘土赋存于第四系上更系统下部。矿区出露地层主要为渐新统清水营组和第四系。矿区构造简单，具单斜构造。清水营组倾向 290°～360°，倾角 7°～32°。

矿体分别赋存于清水营组第三岩性段和第四系上更系统下部。分为两个矿体，编号为Ⅰ、Ⅱ矿体。Ⅰ号矿体赋存于清水营组三岩段，矿层倾向 290°～360°，倾角 15°，控制长度 517 m，宽度 200 m，厚度 71.76 m，埋深 8 m；Ⅱ号矿体赋存于第四系上更系统，矿体控制长度 476 m，宽度 100 m，厚度 24.18 m。

矿石矿物成分主要为粘土矿物，次为石英、长石、方解石，少量褐铁矿和其他暗色矿物。矿石具中厚层状构造，泥质、含泥粉砂质结构，紫红色。矿石自然类型为粘土岩。

矿石化学成分：SiO_2 55.64%，Fe_2O_3 5.08%，Al_2O_3 13.83%，CaO 7.04%，MgO 3.28%，K_2O 3.04%，Na_2O 0.85%，P 2.73%，S 2.96%，硅酸率 2.94，铝氧率 2.62。矿石的塑性指数为 11.8～1.93，属中-强塑性粘土。

截至 2017 年底，黄峁山粘土矿经宁夏回族自治区国土资源厅备案的粘土矿查明资源储量（122+122b+333）为 498.00×10^4 t，属小型矿床。该矿已被利用，保有资源量 208.00×10^4 t。

2. 固原市泾源县六盘山镇刘家沟粘土矿床

刘家沟粘土矿位于固原市泾源县境内，距泾源县北西 18.5 km，距六盘山镇西南 3 km。行政区划属泾源县六盘山镇管辖。银（川）—西（安）铁路由矿区东通过，S101 过道由矿区东侧通过，交通方便。

刘家沟粘土矿床地层属阿拉善地层区（$Ⅲ_3$）、阿拉善南缘地层分区（$Ⅲ_3^1$）、景泰-中宁地层小区（$Ⅲ_3^{1-1}$）。大地构造位置位于柴达木-华北板块（Ⅲ）、阿拉善微陆块（$Ⅲ_4$）、腾格里早古生代增生楔（$Ⅲ_4^1$）、卫宁北山-香山晚古生代前陆-上叠盆地（$Ⅲ_4^{1-1}$）。所属成矿区带为河西走廊 Fe-Mn-萤石-盐类-凹凸棒石-石油成矿带（Ⅲ-20）、烟筒山-窑山冲断带煤-石灰岩-硅石成矿亚带（Ⅳ-20②）。所属矿床成矿系列为与新生代沉积作用-表生作用有关的铁、石英砂、石膏、粘土、地下水等矿床成矿系列（9-Cz-1）、与古近纪—新近纪沉积作用有关的粘土、石英砂、石膏矿床成矿亚系列（Cz_1-S-1）。地处六盘山大关山与小关山形成的山间盆地中部，新生界呈南北狭长带状分布，周边地层主要有下白垩统六盘山群陆相碎屑-碳酸盐岩。含矿地层为渐新统清水营组，其岩性为红色砂岩及砂质泥岩夹灰绿色砂质泥岩和石膏层。下部红色细砂岩；上部紫红色砂质泥岩、泥岩夹石膏层。矿层长度 380 m，斜长 230 m，倾向 290°～330°∠13°～24°，矿层厚度 27.61 m。矿层化学成分 SiO_2 57.33%，Al_2O_3 12.94%，Fe_2O_3 4.83%，CaO 7.56%，MgO 2.64%，K_2O+Na_2O 4.19%，烧失量 9.34%，硅酸率 3.23，铝氧率 2.68。该矿床为详查，查明内蕴经济资源量（122+122b+333）矿石量 455.00×10^4 t，属小型粘土矿床，该矿已被利用，现保有资源量 85×10^4 t。属陆源碎屑沉积型水泥配料用粘土矿床。

（五）产于中新统彰恩堡组中水泥配料粘土矿床

彰恩堡组与下伏渐新统清水营组平行不整合或不整合接触，或直接不整合于下白垩统或更老地层之上，与上覆干河沟组呈整合接触，为一套河湖相红色碎屑岩沉积。岩性主要由橘红色、橘黄色、紫红色泥岩、粉砂质泥岩和砂岩组成。该组为区内水泥配料用粘土主要的含矿岩系，主要分布在青铜峡、同心地区。

1. 青铜峡市黄羊滩粘土矿床

黄羊滩粘土矿位于青铜峡市与永宁县交界处花布山南，隶属青铜峡市邵岗镇。距青铜峡市 331 直线距离 24.5 km 处，距黄羊滩车站 8.8 km。包（头）—兰（州）铁路和 S101 过道由矿区东 2.8 km 处通过，矿区交通方便。

黄羊滩粘土矿床地层属华北地层区（$Ⅲ_4$）、鄂尔多斯西缘地层分区（$Ⅲ_4^1$）、贺兰山地层小区（$Ⅲ_4^{1-1}$）。大地构造位置位于柴达木-华北板块（Ⅲ）、华北陆块（$Ⅲ_5$）、鄂尔多斯地块（$Ⅲ_5^1$）、鄂尔多斯西缘中元古代—早古生代裂陷带（$Ⅲ_5^{1-1}$）。所属成矿区带为鄂尔多斯西缘（陆缘坳褶带）Fe-Pb-Zn-磷-石膏-芒硝成矿带（Ⅲ-59）、银川断陷盆地石油-天然气-地热（水）-地下水-矿泉水成矿亚带（Ⅳ-59②）。所属矿床成矿系列为与新生代沉积作用-表生作用有关的铁、石英砂、石膏、粘土、地下水等矿床成矿系列（9-Cz-1）、与古近纪—新近纪沉积作用有关的粘土、石英砂、石膏矿床成矿亚系列（Cz_1-S-1）。地处贺兰山南段东麓，属新生界丘陵山地。周边出露老地层主要有中-上寒武统阿不切亥组、中-下奥陶统天景山组、中-上奥陶统米钵山组、上侏罗统芬芳河组、下白垩统庙山湖组，主要分布于矿区西侧。

该矿由两个矿区构成，呈南北向展布，相距 4 km。含矿地层为彰恩堡组，矿层为紫红色粘土岩，矿石为土状结构，块状构造。顶板为橙黄色砂岩，底板被掩盖。北矿区矿层出露宽度 320 m，控制长度 400 m，矿层厚度 10 m，埋深 0~10 m，产状不清，推测延伸方向为北东 50°；南矿区矿层出露宽度 200 m，控制长度 300 m，矿层厚度 10 m。

矿层化学成分硅酸率 3.36，铝氧率 2.87，MgO 2.86%，K_2O+Na_2O 4.15%，SiO_2 57.54%，Al_2O_3 12.86%，Fe_2O_3 4.42%。

黄羊滩粘土矿工作程度为预查，推测内蕴经济资源量（334）? 矿石量 $376×10^4$ t，其中北矿区 $256×10^4$ t，南矿区 $120×10^4$ t。为小型陆源碎屑沉积型水泥配料用粘土矿床。

2. 青铜峡市马常滩粘土矿床

马常滩粘土矿位于青铜峡市西 14 km 马常滩，隶属青铜峡市大坝镇。包（头）—兰（州）铁路有矿区东 1.9 km 处通过，S101 过道由矿区西侧通过，矿区有便道通往，交通方便。

马常滩粘土矿床地层属华北地层区（$Ⅲ_4$）、鄂尔多斯西缘地层分区（$Ⅲ_4^1$）、贺兰山地层小区（$Ⅲ_4^{1-1}$）。大地构造位置位于柴达木-华北板块（Ⅲ）、华北陆块（$Ⅲ_5$）、鄂尔多斯地块（$Ⅲ_5^1$）、鄂尔多斯西缘中元古代—早古生代裂陷带（$Ⅲ_5^{1-1}$）。所属成矿区带为鄂尔多斯西缘（陆缘坳褶带）Fe-Pb-Zn-磷-石膏-芒硝成矿带（Ⅲ-59）、银川断陷盆地石油-天然气-地热（水）-地下水-矿泉水成矿亚带（Ⅳ-59②）。所属矿床成矿系列为与新生代沉积作用-表生作用有关的铁、石英砂、石膏、粘土、地下水等矿床成矿系列（9-Cz-1）、与古近纪—新近纪沉积作用有关的粘土、石英砂、石膏矿床成矿亚系列（Cz_1-S-1）。地处贺兰山南缘东麓，属新生界丘陵山地。周边出露老地层主要有中-上寒武统阿不切亥组、上侏罗统芬芳河组、下白垩统庙山湖组，主要分布于矿区西侧。

含矿地层为彰恩堡组，岩性为红色与紫红色致密胶状粘土岩（即矿层），矿层水平产出，含矿 1 层，长度 500 m，厚度 160 m。矿层化学成分 SiO_2 49.21%，MgO 3.32%，Fe_2O_3 6.9%，Al_2O_3 18.21%，CaO 4.81%，硅酸系数 1.94，铝氧系数 2.67，塑性指数 15.65。

该矿床工作程度为普查，推断的内蕴经济资源量（333）矿石量为 $847×10^4$ t，为中型陆源碎屑沉积型水泥配料用粘土矿床。

3. 同心县河西镇花豹湾粘土矿床

花豹湾粘土矿位于同心县北西约 36.6 km 处与中宁县交界处的花豹湾，隶属吴忠市同心县河西镇。中卫—西安铁路和G70高速公路由临近矿区东侧通过，交通方便。

花豹湾粘土矿床地层属阿拉善地层区（$Ⅲ_3$）、阿拉善南缘地层分区（$Ⅲ_3^1$）、景泰-中宁地层小区（$Ⅲ_3^{1-1}$）。大地构造位置位于柴达木-华北板块（Ⅲ）、阿拉善微陆块（$Ⅲ_4$）、腾格里早古生代增生楔（$Ⅲ_4^1$）、卫宁北山-香山晚古生代前陆-上叠盆地（$Ⅲ_4^{1-1}$）。所属成矿区带为河西走廊Fe-Mn-萤石-盐类-凹凸棒石-石油成矿带（Ⅲ-20）、烟筒山-窑山冲断带煤-石灰岩-硅石成矿亚带（Ⅳ-20②）。所属矿床成矿系列为与新生代沉积作用-表生作用有关的铁、石英砂、石膏、粘土、地下水等矿床成矿系列（9-Cz-1）、与古近纪—新近纪沉积作用有关的粘土、石英砂、石膏矿床成矿亚系列（Cz_1-S-1）。地处北祁连走廊过渡带东缘，同心盆地北部。矿区东部为天景山，西部为烟筒山和黑鹰湾山，出露地层主要为古生界奥陶系、泥盆系、石炭系、二叠系。矿区出露地层为中新统彰恩堡组，为含矿岩系。含矿层岩性为紫红色、橘黄色泥岩及粉砂质泥岩、泥岩，矿层平均厚度32 m，矿石为泥岩，矿层化学成分MgO 3.32%，硅酸率2.1~3.7，铝氧率2.64。

花豹湾粘土矿工作程度为普查，推断的内蕴经济资源量（333）矿石量为$665×10^4$ t，为中型陆源碎屑沉积型水泥配料用粘土矿床。

（六）产于新近系中新统干河沟组中水泥配料粘土矿床

岩性由灰色砂砾岩、灰白色石英砂岩（砂层），土黄色、土红色、橙黄色粉砂岩，砂质泥岩组成，由下至上，由粗变细，上部夹泥灰岩与石膏，为河湖杂色碎屑岩沉积。该组发现水泥配料用粘土中型矿床1处。

青铜峡市峡口镇胶泥沟粘土矿床

胶泥沟粘土矿位于青铜峡市峡口镇西南2 km处胶泥沟，G6高速公路和S101公路由矿区东部通过，青铜峡镇至S101公路临近矿区南通过，交通方便。

胶泥沟粘土矿床地层属华北地层区（$Ⅲ_4$）、鄂尔多斯西缘地层分区（$Ⅲ_4^1$）、贺兰山地层小区（$Ⅲ_4^{1-1}$）。大地构造位置位于柴达木-华北板块（Ⅲ）、华北陆块（$Ⅲ_5$）、鄂尔多斯地块（$Ⅲ_5^1$）、鄂尔多斯西缘中元古代—早古生代裂陷带（$Ⅲ_5^{1-1}$）。所属成矿区带为鄂尔多斯西缘（陆缘坳褶带）Fe-Pb-Zn-磷-石膏-芒硝成矿带（Ⅲ-59）、银川断陷盆地石油-天然气-地热（水）-地下水-矿泉水成矿亚带（Ⅳ-59②）。所属矿床成矿系列为与新生代沉积作用-表生作用有关的铁、石英砂、石膏、粘土、地下水等矿床成矿系列（9-Cz-1）、与古近纪—新近纪沉积作用有关的粘土、石英砂、石膏矿床成矿亚系列（Cz_1-S-1）。矿区西临牛首山，含矿地层为干河沟组，岩性为灰白色石英砂岩（未固结砂层）、土黄色粉砂岩、砂质泥岩。矿层平均厚度5~15 m，矿石由砂质泥岩组成。矿层化学成分：MgO 2.5%~4.0%，Fe_2O_3 4.5%~6.5%，Al_2O_3 11%~15%，铝氧率2.3~2.44。该矿床为详查，推断的内蕴经济资源量（333）矿石量$550×10^4$ t，属小型粘土矿床。

（七）产于第四系中更新统马兰组粘土矿

为一套由粘质砂土、砂质粘土、中细砂、砂砾石等组成的河湖相沉积。在泾源县上蒿店发现水泥配料用粘土（黄土）矿产地1处。

泾源县六盘山镇上蒿店粘土矿床

上蒿店粘土矿位于固原市泾源县六盘山镇东11 km处蒿店，隶属固原市泾源县六盘山镇。中卫—西安铁路及321国道由矿区通过。

上蒿店粘土矿床地层属阿拉善地层区（$Ⅲ_3$）、阿拉善南缘地层分区（$Ⅲ_3^1$）、景泰-中宁地层小区（$Ⅲ_3^{1-1}$）。大地构造位置位于柴达木-华北板块（Ⅲ）、阿拉善微陆块（$Ⅲ_4$）、腾格里早古生代增生楔（$Ⅲ_4^1$）、卫宁北山-香山晚古生代前陆-上叠盆地（$Ⅲ_4^{1-1}$）。所属成矿区带为河西走廊Fe-Mn-萤石-盐类-凹凸棒石-石油成矿带（Ⅲ-20）、烟筒山-窑山冲断带煤-石灰岩-硅石成矿亚带（Ⅳ-20②）。所属矿床成矿系列为与新生代沉积作用-表生作用有关的铁、石英砂、石膏、粘土、地下水等矿床成矿系列（9-Cz-1）、与古近纪—新近纪沉积作用有关的粘土、石英砂、石膏矿床成矿亚系列（Cz_1-S-1）。

矿层为上更新统马兰黄土，矿层厚度12 m，分布范围长度1 km左右，宽度约500 m，为土黄色风成黄土。矿层化学成分：MgO 2.32%，Na_2O+K_2O 3.92%，SO_3 0.21%，硅酸率3.72，铝氧率2.77，酸率及铝氧率超标。

上蒿店粘土矿内蕴经济资源量（334）？矿石量714×10^4 t，为中型粘土矿床，已被开采利用。

第三节 矿床时空分布特征及成矿规律

一、时空分布特征

（一）陶瓷粘土

宁夏陶瓷粘土矿时空分布总结见表23-4。根据成矿亚带对已知资源量进行统计，Ⅳ-20①亚带有28.5×10^4 t，Ⅳ-20③亚带有138.28×10^4 t，Ⅳ-59①亚带有1126.5×10^4 t；Ⅳ-59③亚带117×10^4 t。根据成矿时段对已知资源量进行统计，晚石炭世有92.0×10^4 t；晚石炭世—早二叠世有138.28×10^4 t；晚二叠世有975.00×10^4 t，晚三叠世有88.00×10^4 t，中侏罗世有117.00×10^4 t。

表23-4 宁夏陶瓷土时空分布

成矿亚带	晚石炭世/10^4 t	晚石炭世—早二叠世/10^4 t	晚二叠世/10^4 t	晚三叠世/10^4 t	中侏罗世/10^4 t
Ⅳ-20①	28.5				
Ⅳ-20③		138.28			
Ⅳ-59①	63.5		975.00	88.00	
Ⅳ-59③					117.00

（二）耐火粘土

根据成矿亚带对宁夏耐火粘土矿已知资源量进行统计，Ⅳ-59①亚带有7163.9×10^4 t，Ⅳ-59②亚带有204.8×10^4 t。根据成矿时段对已知资源量进行统计，晚石炭世有170.00×10^4 t，晚石炭世—早二叠世有3661.7×10^4 t，早二叠世有3537.00×10^4 t。

（三）制陶粒粘土

根据成矿亚带对宁夏制陶粒用粘土矿已知资源量进行统计，Ⅳ-20①亚带有16.238×10^4 t，Ⅳ-20②亚带有1434.95×10^4 t，Ⅳ-20③亚带有891.45×10^4 t。根据成矿时段对已知资源量进行统计，晚石炭世有1451.188×10^4 t；晚石炭世—早二叠世有891.45×10^4 t。

（四）水泥配料粘土

宁夏水泥配料用粘土类矿时空分布结构总结见表23-5。根据成矿亚带对已知资源量进行统计，Ⅳ-20②亚带有3179.00×10^4 t，Ⅳ-20③亚带有236.00×10^4 t，Ⅳ-59①亚带有3427.00×10^4 t，Ⅳ-59②亚带926.00×10^4 t。根据成矿时段对已知资源量进行统计，中寒武世有1813.00×10^4 t，中-晚奥陶世有1614×10^4 t，始新世有236×10^4 t，渐新世有953.00×10^4 t，中新世有2438.00×10^4 t，更新世有714.00×10^4 t。

表 23-5　宁夏水泥配料粘土时空分布

成矿亚带	中寒武世/10^4 t	中-晚奥陶世/10^4 t	始新世	渐新世	中新世	更新世
Ⅳ-20②				953.00	1512.00	714.00
Ⅳ-20③			236.00			
Ⅳ-59①		1614.00				
Ⅳ-59②	1813.00				926.00	

二、成矿规律

（一）成矿时代及空间分布

中寒武世水泥配料用页岩：主要分布于贺兰山北段柳条沟。

早-中奥陶世水泥配料用板岩：主要分布于贺兰山中南段。

上石炭统羊虎沟组陶瓷粘土（制陶粒）：主要分布在贺兰山北段简泉和卫宁北山地区平滩湖。

上石炭统—下二叠统太原组耐火粘土：主要分布贺兰山北段大武口、石炭井、胡鲁斯台、惠农区石嘴山。

上石炭统—下二叠统太原组陶瓷粘土（制陶粒）：主要分布于贺兰山北段石炭井、胡鲁斯台，惠农区，中卫香山上下河沿、刘家沟、油井山、中宁县小红沟。

下二叠统山西组陶瓷粘土：主要分布于贺兰山中段贺兰县插旗沟、石嘴山。

上二叠统孙家沟组、上三叠统二马营组紫色陶瓷粘土：主要分布于贺兰山北段石嘴山市大武口、石炭井、武当庙、天子庙，惠农区大、小王全沟及沙巴台。

中侏罗统延安组陶瓷粘土：主要分布于固原市彭阳县银洞沟和原州区炭山。

始新世水泥配料粘土：主要分布于中卫市海原县兴仁油井山。

渐新世水泥配料粘土：主要分布于固原市原州区和泾源县。

中新世水泥配料粘土：主要分布于贺兰山南段永宁县，青铜峡市和同心县、海原县。

更新世水泥配料粘土：主要分布于固原市泾源县。

（二）成矿地质条件

水泥配料页岩：主要产自于中寒武统陶思沟组中，该地层在贺兰山中北段广泛分布，其岩性为浅灰-灰白色薄-中层细粒石英砂岩、浅灰-灰色薄-中层白云岩夹灰色、灰绿色、紫红色页岩及薄层灰岩、鲕粒灰岩、砂质灰岩等，底部为砂砾岩，厚度 70.40 m。

水泥配料板岩：主要产自于中-上奥陶统米钵山组中，该地层在贺兰山中段及牛首山、罗山、天景山、米钵山均有分布，其岩石组成较为复杂，由砂岩、板岩、砾岩、灰岩及砾屑灰岩等组成。在贺兰山中段山嘴沟发现有水泥配料用板岩。

耐火粘土（陶瓷粘土、制陶粒粘土）：主要产自于上石炭统—下二叠统太原组、下二叠统山西组和中侏罗统延安组煤系中。高岭石粘土岩与煤层关系密切，常位于沉积旋回的上部，有明显的沉积韵律。其中太原组和山西组、延安组赋存与煤共生的粘土矿已被发现和利用。高岭石赋存规律：在煤层中形成厚度不大的高岭石夹矸（硬质粘土），矿物成分简单；煤层底板或煤系之间形成多层有一定厚度的半硬、软质粘土矿层，矿物成分较复杂。赋存于中石炭统羊虎沟组的优质粘土矿为 20 世纪 90 年代发现（石嘴山市简泉和卫宁北山平滩湖）。羊虎沟组为含煤岩系、砂页岩互层，间有生物灰岩和劣质煤层、煤线，为一套滨岸浅海（沼泽）相-三角洲相含煤碎屑岩沉积特征。高岭土产于煤系上部，呈层状、似层状。分为 3 层，高岭石粘土岩与劣质煤层、煤线相伴产出。高岭石粘土岩经长期风化作用，地表高岭土呈砂状。高岭石矿物含量为 70%～95%，叶蜡石含量 3%～20%，有机质含量 2%～

15%，石英微量。矿体平均厚度 1.4 m，近南北走向，长度 3000 m 以上，倾向西，延深大于 260 m，分布广泛。该粘土可以作为造纸涂料以及橡胶、油漆、塑料之填料等。固原市彭阳县银洞沟陶瓷土矿床赋存于中侏罗统延安组煤系中，该地层在原州区炭山一带均有出露，与银洞沟为同一含煤盆地，二者沉积环境相同，具有找矿前景。

紫色陶瓷粘土：主要产自于上二叠统孙家沟组紫红色泥岩中和中三叠统二马营组紫色泥岩中，这两套地层在贺兰山北段广泛分布，已发现红渣子、小王全沟、天子庙等矿床。宁夏紫色粘土矿石质量和制陶试验，与江苏宜兴的紫色粘土相当。宜兴紫色粘土是制作工艺、美术陶瓷的优质原料，其陶瓷制品历史悠久，驰名中外。宁夏紫色粘土不仅储量丰富，且开发技术条件优越，可考虑进一步进行地质工作和工艺性能试验，发展优质紫砂制品（宁夏回族自治区地质调查院，2010）。

水泥配料粘土：主要产自于新生代古近纪渐新世和新近纪中新世地层中。宁夏内陆盆地发育，气候干燥，在海原、固原、盐池一带沉积了多层分布较广的石膏矿床及粘土，是宁夏石膏主成矿期。新近纪中新世内陆盆地中沉积了粘土类矿层，石英砂等，可用作水泥配料粘土、砖瓦粘土、铸型用砂、水泥配料用砂、玻璃用砂等。第四纪全区处于剥蚀状态，在沟谷及山前沉积了马兰黄土，在六盘山地区的泾源县马兰黄土中发现符合水泥配料粘土。

第二十四章　泥　　炭

第一节　概　　述

一、泥炭的特征和主要经济用途

泥炭，又叫草炭、泥煤，是植物遗体在饱含水的沼泽中和厌氧微生物不完全分解条件下，经生物化学作用而形成的具有不同分解程度、松软而富含水的堆积物，其有机质含量在30%以上，据此将泥炭同落叶层、草根层及褐煤加以区分。落叶层残体分解度极低；草根层的活根应占有机残体的50%以上；褐煤的有机残体大部分已分解，碳化程度高，大多经压实含水量低。泥炭中仍保留有原始植物的叶、茎、根、花、果实、种子、花粉、孢子等有机残体，据不同植物残体组合区分不同类型泥炭，如草本、木本、藓类泥炭等。成为泥炭矿床，疏干后的泥炭层厚度还需≥50 cm。

自然状态下，泥炭是由不同比例的水（一般为20%~80%）、矿物质和有机质（一般为40%~70%）三部分组成，有机质中腐殖酸含量40%~50%及以上。一般把有机质含量大于30%者称泥炭，小于30%者称腐殖土或有机土壤。

泥炭主要用于农业、能源、建材、化工、环保、医疗美容及食品方面。农业上用于改良土壤，提高土壤的通气疏水能力、土壤肥力、花卉栽培、植物组织的培养及蔬菜无土栽培；能源上可制成碳棒成为燃料，作炼钢平炉、玻璃窑等的燃料，以及热电发电燃料与民用；在建材工业上，用作轻体保温材料、纤维板、沥青油毡、建筑材料等；在化学工业上，用作提取泥炭蜡、水解物、泥炭沥青、泥炭塑料制品、用作铅酸蓄电池膨胀剂和腐殖酸染料；环境保护方面利用泥炭的吸附性、离子交换及络合性能作废水净化的过滤剂，含油污水的吸附剂，用泥炭粉末作捕捉重金属的捕获剂，放射性污水处理，盐碱地的治理，作为碳汇主要场所及涵养水源防止土地沙漠化等；医疗美容方面，泥炭及其提取物有抗炎、抗肿瘤、抗HIV感染、减少自由基形成改善肤质及头发调理剂防止脱发制成泥炭膏，外用治疗风湿病、皮肤病，还可提取新型肠道吸附剂及腐殖酸制成药物；在食品方面泥炭可作为食用菌培养基、水解的糖类与蛋白质结合制取酵母饲料、食品防腐保鲜剂等。

二、泥炭矿产地数量

宁夏泥炭资源较少，大部分为矿（化）点，虽有沼泽发育，但无泥炭堆积或泥炭质量较差，目前，仅有开城1处泥炭矿规模达小型矿床，王套、黄鼠钻、毛家磨、新旗、陈儿沟5处为矿点（表24-1）。

表24-1　宁夏泥炭产地一览表

序号	矿产地名称	所在地区	工作程度	规模	矿床类型	成矿时代	开发利用情况
1	王套泥炭矿	固原市原州区	普查	矿点	生物化学沉积型	全新世	未开采
2	黄鼠钻泥炭矿	固原市隆德县	普查	矿点	生物化学沉积型	全新世	未开采
3	开城泥炭矿	固原市原州区	普查	小型	生物化学沉积型	全新世	未开采
4	毛家磨泥炭矿	固原市原州区	普查	矿点	生物化学沉积型	全新世	未开采
5	新旗泥炭矿	固原市泾源县	普查	矿点	生物化学沉积型	全新世	未开采
6	陈儿沟泥炭矿	固原市原州区	普查	矿点	生物化学沉积型	全新世	未开采

三、泥炭矿地理分布

宁夏泥炭矿产地主要分布在宁夏南部固原市原州区、隆德县和泾源县。六盘山东西两侧约 6 km 范围内的缓坡、沟谷中。在下白垩统、古近系、新近系和第四系中最发育。

四、泥炭矿矿床类型

根据“中国矿产地质志”矿床（成因/工业）类型划分表，宁夏泥炭矿均属于外生矿床（Ⅰ级）中的沉积作用矿床（Ⅱ级）之生物化学沉积型（Ⅲ级）矿床。

参考宁夏地质局 2010 年编制的《宁夏矿产地质概论》，依据宁夏泥炭矿产地地质特征、所处的地貌类型和部位，按沉积环境，本区泥炭应属陆相生物化学沉积型，并可进一步细分为 5 种类型，其特征如下：

洪积扇前缘型：分布于六盘山附近的一些山前缓坡地带。如王套泥炭地，泥炭质量和厚度都不稳定，局部质量较好，厚度较大。有的泥炭地几个扇相连，则泥炭的面积较大。泥炭形成时间早晚不一，分解度低-中等，有机质含量多数较低，泥炭孔隙度大小不一。

丘间谷地型：由于径流作用，在宽缓丘陵间的沟谷中形成泥炭沼泽，其面积略大，质量多数较差，泥炭形成时间较晚，分解度较低，有机质含量高低不一，泥炭层厚度小。

丘间缓坡型：地形坡度比丘间谷地型要大，多为现代泥炭沼泽地，主要是由于地下水出露而致，面积不大，形态各异，厚度和质量变化较大，泥炭形成时间较晚，分解度和有机质含量较低，孔隙度大。

河漫滩型或河流阶地型：主要分布在清水河两侧及各大沟谷中，如开城泥炭地，其特征为泥炭层厚度和质量较稳定，形成时间较早，面积亦较大，分解度略高，有机质含量较高，孔隙度小。

湖滨型：分布于湖沼周围，如固原冬至河水库东侧泥炭地，面积、厚度及质量变化较大。泥炭形成时间较晚，分解度低，有机质含量低，孔隙度大。

以上矿床类型中，前三种靠近六盘山山体，为主要矿床类型。

五、泥炭矿资源储量

《宁夏南部泥炭资源远景调查报告》（1987 年）通过调查取样，对开城、毛家磨、黄鼠钻、新旗、陈儿沟 5 处具有规模的矿产地进行地质储量计算，累计提交了 7.75×10^4 t 泥炭地质储量。

六、泥炭矿勘查与开发利用程度

在宁夏南部燃料比较缺乏的地区，泥炭曾作为一种难得的廉价能源。如毛家磨、开城、新旗等泥炭产地，当地群众称之为“煤湖”，挖掘泥炭晒干后煨炕。特别是 1976 年前后，泥炭地附近一些乡、县甚至甘肃省的一部分群众以大会战的形式进行大量采掘用以提炼腐殖酸和做肥料。

1976~1978 年，宁夏化工研究所提交了《宁夏南部山区泥炭资源调查报告》，提出了固原、泾源、海原、隆德、西吉等县泥炭地位置、面积和储量；1987 年，宁夏地矿局矿产地质调查所提交了《宁夏南部泥炭资源远景调查报告》，编制了宁夏南部泥炭地分布图。该报告在前人研究基础上，查明了宁夏南部泥炭资源分布特征、剖析了泥炭成矿类型及特点、计算了泥炭地质储量，并对泥炭质量及资源远景进行了综合评价。此后，宁夏区内再未针对泥炭资源开展过更高程度的地质勘查工作。

由于宁夏泥炭资源量少，规模小，加之环境改变和人为因素破坏导致泥炭资源大部分消失，达不到工业开采要求，未进行正规系统开发利用。

第二节　矿产地分论

宁夏泥炭资源主要分布在六盘山东西两侧的缓坡沟谷中，下面对六盘山地区泥炭矿产地进行概略介绍。

一、概述

六盘山泥炭矿床（点）位于六盘山东西两侧约6 km范围的缓坡、沟谷中，有小型矿床1处，矿点5处，矿产地最大面积约0.14 km^2，大多数面积小于0.01 km^2。研究程度低、规模小、质量差，暂时未开发利用。

二、区域地质

地层属祁连地层区（$Ⅲ_2$）、北祁连地层分区（$Ⅲ_2^1$）、靖远-西吉地层小区（$Ⅲ_2^{1-1}$）。大地构造位置位于柴达木-华北板块（Ⅲ）、祁连早古生代造山带（$Ⅲ_2$）、北祁连中元古代—早古生代海沟系（$Ⅲ_2^1$）、景泰-海原中元古代—早古生代弧后盆地（$Ⅲ_2^{1-1}$）。所属成矿区带为北祁连Cu-Pb-Zn-Fe-Cr-Au-Ag-硫铁矿-石棉成矿带（Pt_2；Pt_3-Pz_1）（Ⅲ-21）、南、西华山-六盘山冲断带Au-Cu-Pb-Zn-硫铁-泥炭-岩盐成矿亚带（Ⅳ-21①）。所属矿床成矿系列为与新生代沉积作用-表生作用有关的铁、石英砂、石膏、粘土、地下水等矿床成矿系列（9-Cz-1）、第四纪沉积作用有关的铁、砂金、石英砂、泥炭、盐类矿床成矿亚系列（Cz_2-S-2）。

矿区发育以上升为主的新构造运动，主要表现为六盘山主体自第四纪以来一直在持续上升，缺乏稳定的沼泽环境。据有关资料介绍，上升幅度达2000 m以上。如今六盘山两侧的清水河、葫芦河等流域，尚留有四级阶地，早期的阶地较今日河床高出80~100 m。伴随上升运动形成许多小的断层。该区亦是历史地震较多的地区。

三、矿区地质

矿区主要为第四系洪积、冲积作用形成松散沉积物，分布于各大沟谷、台地中，厚度10~30 m；在丘陵区有少量黄土及黄土状松散沉积物，厚度30~150 m；在沟谷中为冲积、洪积作用形成的松散堆积物。泥炭矿产地主要分布在上述地层中。

四、矿体特征

在靠近六盘山山体处和远离六盘山山体处泥炭特征略有不同。

靠近六盘山山体一带，泥炭不稳定，多数呈透镜状。厚度变化较大，最大厚度0.58m，最小仅几厘米。颜色为褐黄色，纤维状结构，松散，孔隙度大，植物残体多而长，分解度15%~20%，自然含水量大，属潮湿型泥炭。多数泥炭地为裸露型，泥炭层底板为亚砂土和砂砾石层，基底为古近系渐新统红色粘土岩。

远离六盘山山体的泥炭层比较稳定，多呈层状，厚度也较大。颜色加深，一般为黑褐色，呈半纤维-木屑状结构，较致密，分解度高，一般可达40%左右，含水量小，多数泥炭地为埋藏型，但埋藏深度较小（表24-2）。

五、矿石特征

（一）泥炭的物理性质

泥炭矿层一般呈褐黄色、灰棕色、黑褐色，具纤维状结构或木屑状结构。纤维长短不一，最长4 cm，一般为3~7 mm，层状或透镜状构造。多数泥炭有臭味，用手挤压出水者，属湿型泥炭，自然含水量36.51%~69.15%，一般在60%左右。泥炭在夏秋季含水量增大，冬春季则相反。泥炭分解度一般为15%~25%，最高35%~45%，由靠近六盘山到远离六盘山体分解度有增高趋势。泥炭重量随有机质含量、自然含水量变化而变化。泥炭干容重一般为0.20~0.31 g/cm^3，最大0.58 g/cm^3，干容重值与泥炭粗灰分含量有密切关系。泥炭的孔隙度与残体含量有关，一般是靠近六盘山体植物残体含量增高，孔隙度增大，远离六盘山体植物残体含量减少，孔隙度也随之变小。

表 24-2　宁夏主要泥炭矿层特征一览表

矿产地	成因类型	规模			矿层						顶底板岩性	植物残体
		长/m	宽/m	面积/km^2	埋深/m	层数	厚度/m	形态	质量	顶板	底板	
王套泥炭矿点	洪积扇前缘型	SN 480	EW 360	0.1	1.59	1	0.70	透镜状	质量差，有机质含量 17.1%	粘土层	含砂砾亚粘土	
黄鼠钻泥炭矿点	丘间缓坡型	EW 370	SN 175	0.04	0.18~0.98	2	0.36~0.58	透镜状	较好	上层为草根层下层为亚粘土	亚粘土、砂质亚粘土	镰刀藓 35%、90%、苔草 60%、蒿草 10%、芦苇 5%
开城泥炭矿床	河流阶地型	SN 900	EW 180	0.14	1.21	1	1.24	层状结构复杂	好，有机质含量 44%，发热量 9.41 MJ/kg	亚粘土或亚砂土	砂质粘土	蒿草 70~95%、苔草 15~30%、木本残体 5%、芦苇 5%
毛家磨泥炭矿点	河流阶地型	EW 540	SN 280	0.08	0.3~0.8	1		层状结构简单	质较好	亚粘土或亚砂土	砂砾石层	蒿草 90% 苔草 10%

（二）泥炭的化学性质

泥炭的物质组成主要为有机质和少量矿物质及水分（表 24-3）。

表 24-3　宁夏主要泥炭产地理化分析表

序号	矿产地	有机质含量/%	发热量 $Q_{net,d}$/($MJ \cdot kg^{-1}$)	纤维含量/%	总腐殖酸/%	粗灰分/%	pH 值		硫/%	全氮/%	全磷/%	全钾/%
							水浸	盐浸				
1	王套	17.10	2.53		9.99	78.51						
2	黄鼠钻	29.78	7.80	4.47	16.67	61.95	7.64	7.04	0.83	1.24	0.06	1.29
3	开城	40.38	9.52	3.01	23.78	51.71	7.97	7.51	1.75	1.63	0.04	1.02
4	毛家磨	36.92	9.86	3.20	28.03	56.58	7.58	7.23	3.32	1.34	0.001	0.54
5	新旗	45.40	13.16	9.94	30.42	49.92	7.07	6.70	1.09	2.42	0.001	1.24
6	陈儿沟	41.20		6.33	5.81	57.20	8.34	7.61	0.32	0.51	0.001	1.25

从分析表看，部分泥炭产地质量不高，有机质含量多数大于 30%；远离六盘山山体的泥炭地要比靠近六盘山山体的泥炭地泥炭有机质含量高；总腐殖酸、发热量、纤维含量随有机质含量增高而增高，而粗灰分反之。

六、资源储量

宁夏六盘山地区泥炭资源地质储量为 7.75×10^4 t，其中，厚度≥0.5 m 的有 7.41×10^4 t，厚度 0.4~0.5 m 的有 0.34×10^4 t。

七、成矿阶段划分

第一阶段：现代植物死亡就地或近距离堆积。

第二阶段：堆积物腐烂发生菌解作用，形成泥炭。

八、成矿物理化学条件

泥炭矿形成于常温常压条件下。泥炭 pH 值最高 8.34，一般为 5.5~7，说明大部分泥炭地水质为酸性-中性。

九、矿床类型

六盘山地区泥炭矿床（点）属生物化学沉积型矿床。

十、成矿机制

泥炭的形成是植物、水文、地貌和气候诸因素综合作用的结果，并受大地构造条件的制约。泥炭的主要来源是泥炭苔草或泥炭藓和其他有机物质，例如死去的沼泽植物，甚至动物与昆虫的尸体，都是泥炭的形成来源。这些物质在死亡后沉积在沼泽底部，由于潮湿与偏酸性的环境，分解速度小于沉积速度，在生物化学作用下沉积形成泥炭层。

十一、找矿标志

1）潮湿环境。

2）植被发育的第四系河流阶地、沟谷中。

3）沼泽发育地区。

第三节　矿床时空分布特征及成矿规律

一、时空分布

宁夏泥炭矿产地大部分发育在河流一级阶地和河漫滩上，分布于六盘山东西两侧，据同位素测定和野外观察，从全新世早期就有泥炭生成，至今泥炭沼泽仍在发育形成。

二、成矿规律

宁夏泥炭矿产主要形成于第四纪全新世，分布在宁夏南部六盘山的大关山西麓和小关山西麓的新生代沉积盆地和山间盆地的边缘，成矿规模较小。在现代河流阶地、湖泊、山前及丘陵沟谷中，由于气候潮湿，植被繁盛，死亡后的植物被地表径流短距离搬运堆积在沼泽中，在生物化学作用下，腐烂部分发生分解，沉积形成泥炭。如果植物死后，不是被沼泽埋藏，而是暴露于地表，则会被氧化分解，无法形成泥炭。

第二十五章　辉绿岩

第一节　概　　述

一、辉绿岩的特征和主要经济用途

辉绿岩是一种浅成的基性侵入岩，颜色为暗绿色或黑色，体积密度为 2.8~3.1 g/cm^3，平均压缩强度 200 MPa，硬度中等，具有良好的抛光性能和装饰性能，可形成较好的石材矿床。

辉绿岩也是铸石和岩棉的主要原料及饰面石材。目前宁夏辉绿岩主要用于岩棉材料。

二、辉绿岩矿产地数量

宁夏目前发现建筑用辉绿岩矿 3 处，其中，大型 1 处、中型 1 处、小型 1 处（表 25-1）。

表 25-1　宁夏辉绿岩矿产地一览表

序号	矿产地名称	所在地区	工作程度	矿床规模	矿床类型	成矿时代	开发利用情况
1	正义关辉绿岩矿	石嘴山市惠农区	预查	小型	岩浆型	古元古代	未开采
2	黄旗口辉绿岩矿	银川市西夏区	预查	中型	岩浆型	早古生代	停采
3	磨盘井辉绿岩矿	中卫市中宁县	预查	大型	岩浆型	早古生代	未开采

三、辉绿岩矿地理分布

宁夏辉绿岩矿主要分布于贺兰山北段石嘴山市惠农区正义关沟口、贺兰山中段银川市西夏区黄旗口和香山东麓中卫市中宁县磨盘井-狼嘴子一带。

四、辉绿岩矿矿床类型

根据“中国矿产地质志”矿床（成因/工业）类型划分表，宁夏辉绿岩矿矿床类型均属岩浆型矿床。

五、辉绿岩矿资源储量

截至 2017 年底，全区累计探获建筑用辉绿岩资源储量 1378.26×10^4 m^3，矿石量 3342×10^4 t，其中，经宁夏矿产资源储量数据库备案的仅有银川市西夏区黄旗口辉绿岩矿 1 处，查明资源储量（2M22）为 253.00×10^4 m^3。

六、辉绿岩矿勘查与开发利用程度

宁夏已发现的 3 处辉绿岩矿产地工作程度均相当于预查。

银川市黄旗口辉绿岩 20 世纪 60~70 年代由银川市郊区岩棉厂开采，主要是生产岩棉材料，现已停止开采。正义关辉绿岩和磨盘井辉绿岩尚未开发利用。

第二节 矿产地分论

宁夏辉绿岩矿产地仅 3 处，现分别论述如下：

一、中卫市磨盘井辉绿岩矿床

磨盘井辉绿岩矿位于天景山-米钵山西南，行政区划隶属中卫市沙坡头区，矿区直线距中卫市区约 45 km，距喊叫水乡 16 km，南 13 km 有 109 国道通过。矿区有简易便道，交通方便。

1. 区域地质

磨盘井辉绿岩矿床地层属阿拉善地层区（$Ⅲ_3$）、阿拉善南缘地层分区（$Ⅲ_3^1$）、景泰-中宁地层小区（$Ⅲ_3^{1-1}$）。大地构造位置位于柴达木-华北板块（Ⅲ）、阿拉善微陆块（$Ⅲ_4$）、腾格里早古生代增生楔（$Ⅲ_4^1$）、卫宁北山-香山晚古生代前陆-上叠盆地（$Ⅲ_4^{1-1}$）。所属成矿区带为河西走廊 Fe-Mn-萤石-盐类-凹凸棒石-石油成矿带（Ⅲ-20）、香山褶断带 Fe-Cu-煤-石灰岩-石膏-粘土成矿亚带（Ⅳ-20③）。所属矿床成矿系列为与加里东期岩浆-热液作用有关的铜、金、银、硫铁矿成矿系列（4-Pz_1-I（F））、与腾格里早古生代增生楔加里东期基性岩浆侵入作用有关的铜、金、银、辉绿岩矿床成矿亚系列（$Ⅲ_4^1$-Pz_1-I-1）。出露地层由老到新有：中-下奥陶统天景山组（$O_{1-2}t$），上奥陶统香山群徐家圈组（O_3x）、狼嘴子组（O_3lz）、磨盘井组（O_3mp），上泥盆统中宁组（D_3z），下石炭统前黑山组（C_1q），古近系寺口子组（E_2s），新近系彰恩堡组（N_1z）。

区内断裂、褶皱构造较为发育，且具多期活动特征。香山-天景山-米钵山北西向断裂体系及其派生的北西向断裂较为发育。该断裂为主滑脱逆冲推覆断裂带，控制了整个地区的构造格局演化，北西向断裂和层间断裂应是控制辉绿岩的构造。一些后期形成的南北向、北东向断裂也较发育，错断地层和硅质岩带及辉绿岩（图 25-1）。

区内岩浆岩主要为辉绿岩，分布在磨盘井-狼嘴子一带，另外有少量热液石英脉和重晶石脉。

2. 矿区地质

磨盘井辉绿岩矿区出露地层主要有上奥陶统香山群徐家圈组（O_3x）、狼嘴子组（O_3lz）、磨盘井组（O_3mp）和上泥盆统中宁组（D_3z）。辉绿岩分布于香山地区天景山-米钵山西南的狼嘴子-磨盘井一带，习称磨盘井辉绿岩。辉绿岩受地层控制，顺层侵入于香山群狼嘴子组黄河井段硅质岩、硅质白云岩与第二段浅变质砂岩、板岩之间，呈带状展布，露头长度约 17.5 km，最大宽度 225 m。与围岩接触界面不平整，呈波状、港湾状，有切割围岩及小岩枝穿入围岩或分叉现象，岩体边部有硅质白云岩、燧石岩、浅变质砂岩和板岩捕虏体，且有 1~5 cm 宽的冷凝边，局部围岩有烘烤变红等接触变质现象。

3. 矿体特征

辉绿岩矿体产于中-上奥陶统香山群狼嘴子组中，顺地层侵入在硅质和砂质板岩之间，厚数米至 10 余米，最厚近 60 m，长度可达 2~3 km。

4. 矿石特征

磨盘井辉绿岩矿石呈灰绿-黄绿色，风化面为褐灰绿色，遭受轻微区域变质，主要矿物为基性斜长石、普通辉石，次要矿物有绿泥石、蛇纹石、透闪石、方解石和石英等，具有典型的辉绿结构（半自形柱状-他形粒状普通辉石充填于自形-半自形细小板条状基性斜长石晶体组成的三角形或菱形格架中）、块状构造。基性斜长石含量 55%~70%，呈自形-半自形板条状，晶粒 0.05~0.7 mm，具卡钠复合双晶，晶体表面多具绿泥石化、高岭土化、普通钠黝帘石化、透闪石化和蛇纹石化。普通辉石含量 30%~50%，呈半自形短柱状-他形粒状，晶粒 0.5 mm，晶体具绿泥石化、碳酸盐化，裂纹也较多。

磨盘井辉绿岩矿石主要化学成分：SiO_2 46.35%~47.92%、Al_2O_3 12.50%~13.43%、CaO 10.43%~

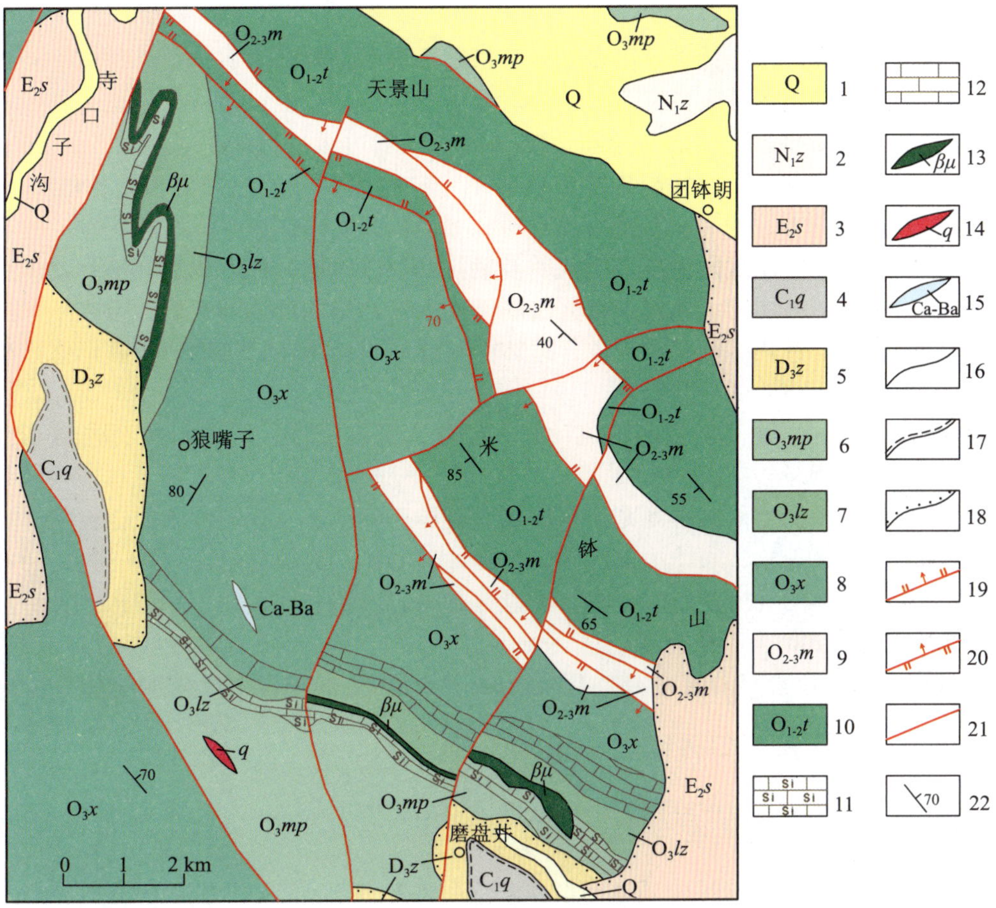

图 25-1　磨盘井辉绿岩矿区域地质图

（据甘肃省地质局，1965，有修改）

1—第四系；2—新近系彰恩堡组；3—古近系寺口子组；4—石炭系前黑山组；5—泥盆系中宁组；6—奥陶系磨盘井组；7—奥陶系狼嘴子组；8—奥陶系徐家圈组；9—奥陶系米钵山组；10—奥陶系天景山组；11—硅质条带灰岩；12—薄层灰岩；13—辉绿岩；14—石英脉；15—重晶石脉；16—地质界线；17—平行不整合界线；18—角度不整合界线；19—正断层；20—逆断层；21—性质不明断层；22—产状

12.03%、MgO 6.75%~7.05%。该化学成分与中国主要岩浆岩种类的平均化学成分比较，其主要氧化物含量与辉长岩相近；与世界辉绿岩平均化学成分相比较，Fe_2O_3、MnO、CaO 偏高，而 SiO_2、TiO_2、Al_2O_3、FeO、Na_2O、K_2O 偏低。

磨盘井辉绿岩微量元素含量与基性岩丰度值比较，K、Ba、Mn、Sr、Rb、Th 相对富集，而 Cu、V、Sc、B 相对亏损，Rb/Sr 为 0.013，K/Rb 为 1512，Sr/Ba 为 1.18。

5. 围岩蚀变

围岩为上古生界中奥陶统硅质岩，局部围岩有烘烤变红等接触变质现象，绿泥石化、高岭土化、普通钠黝帘石化、透闪石化和蛇纹石化；中北部狼嘴子一带与硅质岩接触带局部形成铜矿化带。

6. 资源量

磨盘井辉绿岩矿预测的资源量（334）？为 892.86×10^4 m^3，矿石量 2500×10^4 t，为一大型辉绿岩矿床。

7. 矿床类型

磨盘井辉绿岩矿属岩浆型矿床。

8. 成矿机制

根据岩床规模、分布形态，内外接触关系及捕虏体、包体特征分析，磨盘井辉绿岩属整合侵入体——岩床，具有浅成侵入体的特征。

根据辉绿岩常量元素、稀土元素、微量元素分析结果表明，辉绿岩属于大洋拉斑玄武岩系列，岩浆源具有亏损型和过渡型地幔源区特征。区域上对香山群岩石学、沉积背景分析表明，奥陶纪中期阿拉善地块南缘与鄂尔多斯西缘是离散型大陆边缘（被动大陆边缘）性质。香山群深海硅质岩、拉斑玄武质火山岩和浊积岩广泛发育，共同构成了发育不完整和代表大洋地壳沉积结构的非典型“蛇绿岩”建造，黄河井段是深海平原（盆底相）的产物。辉绿岩属大洋拉斑玄武岩系列，显示了伸展作用的构造背景。寒武纪—中泥盆世为早古生代贺兰拗拉槽形成时期，伸展构造环境，盆内及盆缘深大断裂处存在古伸展断裂，并切割上地幔，岩浆沿断裂面上侵，早期形成基性岩，侵入于寒武纪—早奥陶纪硅质岩地层中，围岩具热接触变质现象，岩体中见硅质岩捕虏体；基性岩出露形态严格受边界断裂控制。

该大洋拉斑玄武系列岩浆温度较高，流动性强，侵入部位较浅，因此斜长石先结晶，自形程度高，具辉绿结构，形成辉绿岩矿床。

磨盘井辉绿岩体在平面上形态不规则，与围岩接触界面不平整，呈港湾状或锯齿状，有切割围岩及小岩枝贯入围岩或分叉现象，岩体边部有围岩捕虏体其岩体内部缺乏定向组构，这一切特征表明岩体属被动就位。从侵入体的规模及形态分析，磨盘井辉绿岩属整合侵入体——岩床，具有浅成侵入体的一些特征（邓昆等，2007）。根据《中国区域地质志·宁夏志》（宁夏回族自治区地质调查院2017），磨盘井辉绿岩同位素年龄值为482.4 Ma（Sm-Nd法），属早古生代（加里东期）。

二、银川市西夏区黄旗口辉绿岩矿床

黄旗口辉绿岩矿位于贺兰山中段东麓小水渠口，距镇北堡10.9 km，隶属银川市西夏区。矿区交通方便。

1974年，宁夏计委地质局区域地质测量队进行了1∶20万区域地质测量工作，对矿区进行了拣块化学普通分析，由于没有对口企业，未进一步工作；1984年，宁夏建筑材料工业公司所属银川水泥制品厂扩建岩棉车间，提出对黄旗口辉绿岩开发利用并进行地质调查研究，提交了《宁夏贺兰山黄旗口地区岩棉资源-辉绿岩矿开发利用地质调查报告》；1984~1985年，银川科技开发交流中心设计组对该矿进行了普查，提交了《宁夏贺兰山黄旗口地区岩棉资源-辉绿岩矿开发利用地质调研报告》。提交B级储量340×10^4 t，C级储量380×10^4 t，地质远景储量6500×10^4 t。

磨盘井辉绿岩矿床地层属华北地层区（$Ⅲ_4$）、鄂尔多斯西缘地层分区（$Ⅲ_4^1$）、贺兰山地层小区（$Ⅲ_4^{1-1}$）。大地构造位置位于柴达木-华北板块（Ⅲ）、华北陆块（$Ⅲ_5$）、鄂尔多斯地块（$Ⅲ_5^1$）、鄂尔多斯西缘中元古代—早古生代裂陷带（$Ⅲ_5^{1-1}$）。所属成矿区带为鄂尔多斯西缘（陆缘坳褶带）Fe-Pb-Zn-磷-石膏-芒硝成矿带（Ⅲ-59）、贺兰山褶断带Fe-Au-Cu-煤（气）-磷-硅石-石灰岩-白云岩-粘土成矿亚带（Ⅳ-59①）。所属矿床成矿系列为与加里东期岩浆-热液作用有关的铜、金、银、硫铁矿成矿系列（4-Pz_1-I（F））、与腾格里早古生代增生楔加里东期基性岩浆侵入作用有关的铜、金、银、辉绿岩矿床成矿亚系列（$Ⅲ_4^1$-Pz_1-I-1）。辉绿岩矿脉侵入在古元古代黑云斜长花岗岩中，矿体主要呈脉状，也有呈连续串珠状、扁豆状，走向135°~335°，倾角60°~85°。

矿体长度250~2200 m，厚度2.5~39.2 m。矿脉合计8条。辉绿岩矿石呈黑绿色，矿物颗粒细微，隐晶质结构，致密块状，性坚硬。地表出露部分因受物理风化作用影响，微裂隙发育、破碎。其围岩为古元古代黑云斜长花岗岩。矿石主要化学成分极为均一，如1号矿体SiO_2平均为49.84%、Al_2O_3平均为14.17%、Fe_2O_3平均为15.22%、CaO平均为8.32%、MgO平均为4.69%、K_2O+Na_2O 3.08%。查明资源体积量253×10^4 m^3，矿石量759×10^4 t，为一中型辉绿岩矿床。

三、石嘴山市惠农区正义关辉绿岩矿床

正义关辉绿岩矿位于正义关沟口，属石嘴山市惠农区。距惠农区12.9 km，惠农区-沙巴台简易公路由矿区通过，交通方便。

1974 年，国家航空物探大队九〇七队在该区进行了 1∶10 万的航空磁测工作，发现了化工厂航磁异常（宁 C-74-27），经宁夏地矿局物化院对异常进行检查，异常属辉绿岩引起；1980~1982 年，宁夏地矿局区域地质调查队完成了 1∶20 万石嘴山幅区域地质测量，对辉绿岩的分布、岩性特征进行了研究；2010 年，宁夏地质调查院开展多金属矿产调查，1∶5 万地面高精度磁测圈出与该辉绿岩脉吻合的磁异常，异常峰值达 1000 nT；2013 年，宁夏地质调查院开展了贺兰山东北段 1∶5 万区调，对该区北东向和北西向辉绿岩进行了同位素年龄值测定，认为该辉绿岩属古元古代晚期（吕梁期）。

正义关辉绿岩矿床地层属华北地层区（$Ⅲ_4$）、鄂尔多斯西缘地层分区（$Ⅲ_4^1$）、贺兰山地层小区（$Ⅲ_4^{1-1}$）。大地构造位置位于柴达木-华北板块（Ⅲ）、华北陆块（$Ⅲ_5$）、鄂尔多斯地块（$Ⅲ_5^1$）、鄂尔多斯西缘中元古代—早古生代裂陷带（$Ⅲ_5^{1-1}$）。所属成矿区带为鄂尔多斯西缘（陆缘坳褶带）Fe-Pb-Zn-磷-石膏-芒硝成矿带（Ⅲ-59）、贺兰山褶断带 Fe-Au-Cu-煤（气）-磷-硅石-石灰岩-白云岩-粘土成矿亚带（Ⅳ-59①）。所属矿床成矿系列为与鄂尔多斯地块古元古代岩浆作用有关的矿床成矿系列（$1-Ⅲ_5^1-Pt_1-I$）、与古元古代基性岩浆侵入作用有关的辉绿岩矿床成矿亚系列（Pt_1-I-2）。出露地层主要为古元古界贺兰山岩群黑云斜长片麻岩、变粒岩、混合岩。辉绿岩侵入在变质岩中，辉绿岩脉长 1000 m，宽数米至 75 m，呈不规则脉状。主要化学成分：SiO_2 45. 97%、Al_2O_3 12. 30%、CaO 6. 83%、MgO 3. 86%。预测资源量（334）？体积量 232.40×10^4 m^3，矿石量 83×10^4 t，为一小型辉绿岩矿床（图 25-2）。

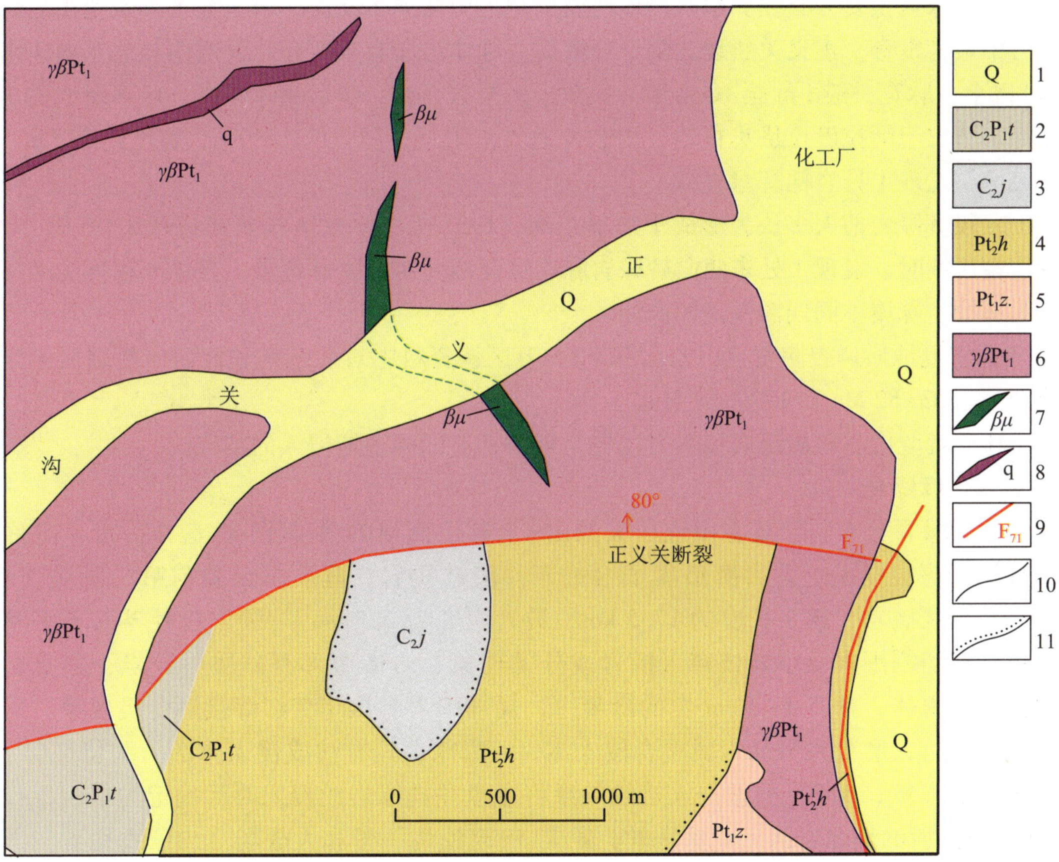

图 25-2　正义关辉绿岩矿区域地质图

（据宁夏回族自治区地质调查院，2013，有修改）

1—第四系；2—石炭系—二叠系太原组；3—石炭系靖远组；4—长城系黄旗口组；5—古元古界贺兰山岩群宗别立岩组；6—古元古代黑云母花岗岩；7—辉绿岩脉；8—石英脉；9—断层及编号；10—地质界线；11—不整合界线

第三节　矿床时空分布特征及成矿规律

一、时空分布特征

目前区内辉绿岩成矿时代大致为古元古代晚期（前寒武纪）和早古生代（加里东期）。根据成矿时段对已知资源量进行统计，前寒武纪有 83×10^4 t，加里东期有 3259×10^4 t，Ⅳ-59①成矿亚带有 842×10^4 t，Ⅳ-20③成矿亚带有 2500×10^4 t（表 25-2）。

表 25-2　宁夏辉绿岩时空分布

成矿亚带	前寒武纪/10^4 t	加里东期/10^4 t
Ⅳ-20③		2500
Ⅳ-59①	83	759

二、成矿规律

1. 前寒武纪辉绿岩

前寒武纪辉绿岩主要分布在鄂尔多斯地块西缘贺兰山褶断带北段，以古元古界贺兰山岩群及古元古代花岗岩中最为发育，正义关断裂北侧十分密集。脉体走向有东西向、北西向和北东向 3 组，倾角一般在 70°以上。脉宽一般 1 m 至 10 余米，长数十米至数百米，少数超过千米。区内最大的 1 条工业用岩棉辉绿岩脉位于阿拉巴拉岱宾布勒（内蒙古地界）附近，脉长约 1530 m，宽度约 125 m，宁夏境内在正义关沟口发现 1 处岩棉辉绿岩脉。

贺兰山北段辉绿岩前人多认为形成于加里东期。1987 年，宁夏区调队在进行 1∶5 万石炭井幅、阿拉巴拉岱幅区调时，发现 1 处东西向辉绿岩脉切穿北西向辉绿岩脉现象，且蚀变程度北西向较东西向强，认为辉绿岩脉属不同期次侵入的产物。

2013 年，宁夏地质调查院贺兰山东北部 1∶5 万区调资料中对北东向和北西向辉绿岩测定同位素年龄值分别为 1853±82 Ma 和 1879±80 Ma。

综上所述，贺兰山北段辉绿岩侵入时代较为复杂，有同源多期侵入的特点。

2. 早古生代辉绿岩

早古生代辉绿岩分布于宁夏香山地区天景山-米钵山西南的狼嘴子-磨盘井一带，习称磨盘井辉绿岩。辉绿岩顺层侵入于香山群狼嘴子组黄河井段硅质岩、硅质白云岩与第二段浅变质砂岩、板岩之间，呈带状展布，露头长度约 17.5 km，最大宽度为 225 m。与围岩接触界面不平整，呈波状、港湾状，有切割围岩及小岩枝穿入围岩或分叉现象，岩体边部有硅质白云岩、燧石岩、浅变质砂岩和板岩捕虏体，且有 1~5 cm 宽的冷凝边，局部围岩有烘烤变红等接触变质现象。从侵入体的规模及形态分析，磨盘井辉绿岩属整合侵入体——岩床，具有浅成侵入体的一些特征。《中国区域地质志·宁夏志》（2017）根据侵入接触关系将磨盘井辉绿岩的侵入时代确定为早古生代晚期。

贺兰山中-南段的辉绿岩脉，主要分布于黄旗口-赵池沟一带和大战场（内蒙古地界）等地，侵入于古元古代—奥陶纪地层及古元古代英云闪长岩中，呈脉状产出，宽度一般 0.5 m 至 10 余米，长数十至数百米，少数超过千米。贺兰山中段辉绿岩侵入在古元古代英云闪长岩中，辉绿岩脉规模较大，发现 1 处中型工业岩棉辉绿岩矿床；在贺兰山南段大战场一带辉绿岩主要侵入在奥陶纪地层中，一般规模较小，呈南北向零星分布。

2011 年，宁夏地质调查院在贺兰山中段辉绿岩脉中获得一组 LA-ICP-MS 锆石 U-Pb 年龄为 528±

13 Ma。《中国区域地质志·宁夏志》（2017）根据此年龄数据，结合侵入接触关系，将其时代确定为早古生代。

分布于宁夏南部的炭山、黑山子、云雾山等地辉绿岩，据《中国区域地质志·宁夏志》（2017）推测属早古生代晚期，侵入于长城系黄旗口组、蓟县系王全口组中，呈脉状产出，宽度 5~200 m 不等，由于第四系覆盖，长度不详。

第二十六章　砚石及彩石

第一节　概　　述

一、砚石、彩石的特征和主要经济用途

目前，中国对砚石、彩石在矿产分类中的位置比较模糊，是否单独成为一类尚有不同意见。在《中华人民共和国矿产资源法实施细则》附件《矿产资源分类细目》中并没有彩石和砚石名称的矿种，仅有玉石矿种。在中华人民共和国国家标准《珠宝玉石名称》（GB/T 16552—2017）、《珠宝玉石鉴定》（GB/T 16553—2017）中，也不存在砚石及彩石分类及名称，但标准中对“天然玉石”的定义：“由自然界产出的，具有美观、耐久、稀少性和工艺价值，可加工成饰品的矿物集合体，少数为非晶质体”。广义上的玉石不仅包括硬玉和软玉，也包括蛇纹石、青金石、玛瑙、珊瑚、大理石及其他意义上的宝石。《地球科学大辞典》（2012 年）中，“宝玉石”仅指天然的宝玉石，包括原石——矿物、岩石及它们的加工品，分为宝石、玉石、彩石、观赏石和砚石 5 类，《中国矿产地质志 · 省级矿产地质志研编技术要求》补充说明中，将“彩石”归入“观赏石”类。

综上所述，本志对彩石的定义为天然产出具有美观的色彩或花纹，经雕琢后能制成工艺品或装饰品的岩石。彩石多以隐晶、微晶甚至细晶矿物集合体的形态产出，并可以呈几十厘米以上的大块度出现，透明度较差，缺乏韧性，主要用作工艺品和装饰用石料、石雕材料等，极少用作首饰（即使用作首饰，也是廉价的），价值相对较低。对砚石定义为经琢磨后能制成砚台的岩石。砚石以矿物集合体的形态产出，硬度较低，一般 2.5~4，不透明，为土状光泽。

二、砚石及彩石矿产地数量

目前，宁夏回族自治区自然产出的彩石矿共有竹叶石、朔花石、同心石、米脂玉、碧玉岩 5 种，每种有一个产地，共 5 处，矿产规模较小，均为矿点。砚石有贺兰石 1 种，产地共 4 处，其中，矿点 2 处，小型矿床 2 处（表 26-1）。

表 26-1　宁夏回族自治区砚石和彩石产地一览表

序号	矿种	矿产地名称	所在地区	工作程度	规模	矿产类型	开发利用情况
1	贺兰石	笔架山地区贺兰石矿	银川市西夏区	普查	小型	受变质型	停采
2		贺兰山小口子贺兰石矿	银川市西夏区	普查	小型	受变质型	停采
3		拜寺口双塔贺兰石矿	银川市贺兰县	普查	矿点	受变质型	未开采
4		下拜寺沟贺兰石矿	银川市西夏区	普查	矿点	受变质型	未开采
5	竹叶石	贺兰山苏峪口竹叶石矿	银川市贺兰县	预查	矿点	叠加（复合/改造）矿床	未开采
6	朔花石	贺兰山中段干沟、大南池沟口朔花石矿	银川市西夏区	预查	矿点	叠加（复合/改造）矿床	未开采
7	同心石	红崖子同心石矿	吴忠市青铜峡市	预查	矿点	生物化学沉积型	未开采
8	米脂玉	黄羊滩米脂玉矿	中卫市中宁县	预查	矿点	叠加（复合/改造）矿床	未开采
9	碧玉岩	磨盘井-狼嘴子碧玉岩矿	中卫市沙坡头区	预查	矿点	海相火山岩型	未开采

三、砚石及彩石矿地理分布

砚石及彩石零星分布于宁夏中北部的贺兰山、卫宁北山、香山山地，且以贺兰山地区最为集中。其中，贺兰石、竹叶石、朔花石产于贺兰山中段，同心石产于贺兰山南段，米脂玉产于卫宁北山，碧玉岩产于香山。

四、砚石及彩石矿矿床类型

宁夏砚石及彩石矿产成因类型主要有内生、外生及叠加型三种（表26-2）。

表26-2 宁夏回族自治区砚石及彩石矿（成因/工业）类型划分表

一级	二级	三级	矿床实例
内生矿床	岩浆作用矿床	海相火山岩型	河西走廊成矿带：中卫市香山狼嘴子碧玉岩矿点（海相火山喷流成因）
	变质作用矿床	受变质型	鄂尔多斯西缘成矿带：银川市笔架山地区贺兰石矿床、银川市小口子贺兰石矿床，拜寺口贺兰石矿点、下拜寺沟贺兰石矿点（机械沉积受变质成因）
外生矿床	沉积作用矿床	生物化学沉积型	鄂尔多斯西缘成矿带：青铜峡市红崖子同心石（含生物化石泥灰岩）矿点
叠加（复合/改造）矿床			鄂尔多斯西缘成矿带：贺兰山苏峪口竹叶石（竹叶状灰岩）矿点（沉积灰岩-破碎磨蚀-再胶结成因）；银川市干沟、大南池沟口朔花石（含铁质细脉微晶灰岩）矿点（沉积灰岩-叠加铁质细脉成因） 河西走廊成矿带：中卫市黄羊滩米脂玉（钟乳石）矿点（沉积灰岩-溶解再沉淀成因）

贺兰石，赋存于长城系黄旗口组底部，岩性为紫红色、灰绿色粉砂质板岩，成因类型为机械沉积受变质成因。长城纪早期，鄂尔多斯西缘下陷，贺兰山中段为滨海-浅海沉积环境，沉积了长城系黄旗口组泥质岩-砂岩-白云岩组合，在此后漫长的地质历史时期，区域经历了多次构造运动、岩浆侵入等地质事件，使早期沉积的海相沉积地层发生区域变质作用，近底部的粘土岩经变质形成了紫红色、灰绿色粉砂质板岩（贺兰石）。贺兰石中的紫色主要是矿石中含铁质矿物所致，绿色部分是矿石受变质作用、热液活动影响而产生的褪色现象。

竹叶石，赋存于中-上寒武统阿不切亥组中段，岩性为灰白-紫红色中厚层竹叶状灰岩（矿层），成因类型为叠加（复合/改造）矿床，属高能环境产物。晚寒武世海水退却，鄂尔多斯西缘水体变浅，古地形较平坦，为局限台地潮下带上部-潮上带沉积环境，海水较动荡，次级海侵、海退频繁，此前形成的弱固结的石灰岩，经海浪、潮水击碎、磨圆成为长圆形、扁圆形砾石，经再次沉积、胶结成为竹叶状灰岩。

朔花石，赋存于下奥陶统天景山组，岩性为浅灰色、浅棕色微晶灰岩，成因类型为叠加（复合/改造）矿床。早奥陶世贺兰山地区为开阔的浅海台地沉积环境，水动力条件较弱，海水清洁、富含铁质，且有藻类生长，经藻类光合作用，吸收大量二氧化碳，放出氧气，导致海水中碳酸钙和红色的三价铁沉淀，由此形成了“朔花石”，其美丽的纹理即由铁质富集形成。

碧玉岩，赋存于上奥陶统狼嘴子组，海相火山喷流成因。晚奥陶世，香山地区陆缘斜坡盆地持续扩张沉陷，形成了半深海-深海沉积环境，海底火山喷发带来的大量硅质和铁质成分，在深海沉积形成了碧玉岩。

米脂玉，系钟乳石，赋存于下石炭统臭牛沟组灰岩的溶洞中，是沉积灰岩溶解再沉淀形成的。卫宁北山下石炭统臭牛沟组灰岩中裂隙和岩洞较发育，含二氧化碳的水渗入石灰岩裂隙中溶解碳酸钙，形成碳酸氢钙水溶液，流到空间较大的岩洞或裂隙里，由于水分蒸发，使被溶解的碳酸氢钙又变成固体碳酸钙在岩洞的洞顶或岩壁上沉积下来，经长期反复沉积终于形成了“米脂玉”。

同心石，赋存于下白垩统庙山湖组，生物化学沉积。早白垩世，庙山湖地区为干旱-半干旱湖相沉积，湖水浑浊，富含碳酸钙，藻类和介形虫繁盛，湖水中生物遗体和泥、灰质成分共同沉积，而形成富含藻类和介形虫的泥灰岩——“同心石”。

五、砚石及彩石矿资源储量

截至2017年底，仅银川市笔架山地区贺兰石矿资源储量经宁夏回族自治区国土资源厅备案，查明资源储量（333）为15.32×10^4 t，其余彩石因工作程度较低均未获得工业储量。

六、砚石及彩石矿勘查工作程度

宁夏回族自治区砚石及彩石勘查程度不一，目前仅贺兰石进行过普查工作，其余彩石仅进行过预查工作。

1978年，宁夏回族自治区地质局区域地质调查队完成了1∶20万巴伦别立幅（J-48-ⅩⅥ）区域地质调查报告，对贺兰山小口子贺兰石资源进行了矿点检查，对赋存层位、矿体特征、矿石类型、矿石质量、工艺性能进行了初步了解，估算资源量30×10^4 m^3，为中型矿床。

1980年，宁夏回族自治区地质局区域地质调查队完成了1∶20万阿拉善左旗幅（J-48-Ⅹ）区域地质调查报告，对贺兰山东麓拜寺口双塔贺兰石资源进行了矿点检查，发现贺兰石矿一层，厚2 m，认为矿石砂质成分较高，质量欠佳，经挑选可做砚石石料。

1991年，宁夏回族自治区地矿局矿产地质调查研究所完成宁夏香山-贺兰山一带宝（玉）石-彩石资源调查工作，对我区彩石资源进行了较为全面的调查，发现彩石资源5种，产地5处，对各彩石产地进行了矿点检查，初步了解了我区彩石资源分布、赋存层位、规模、工艺性能。

2008年，宁夏矿业开发公司对小口子贺兰石矿进行了宁夏银川市小口子砚用贺兰石资源地质普查工作，提交推断的内蕴经济资源量（333）131102 m^3。

2011年，宁夏矿业开发公司完成宁夏贺兰石资源调查评价工作。对贺兰山东麓苏峪口-椿树口一带贺兰石赋存的层位——长城系黄旗口组分布地段进行了较为全面的调查。初步了解了该地区贺兰石资源赋存层位的分布、构造破坏程度、矿层形态、规模、产状和质量特征，并圈定了普查区范围。

2012年，宁夏矿业开发公司完成了宁夏银川市笔架山地区贺兰石资源（玉石）普查工作，大致查明了银川市笔架山地区贺兰石矿层的形态、规模、产状和质量特征，对矿石的加工技术性能进行了初步研究，圈定贺兰石矿体2处，提交推断的内蕴经济资源量（333）53225 m^3，预测资源量(334)？8670 m^3。

七、砚石及彩石矿开发利用程度

宁夏砚石及彩石资源，除贺兰石可作为砚用石材，有较高的市场价值，形成了一定规模的开发利用外，其余几种均未能有效地开发利用。

同心石、朔花石、竹叶石的岩性为灰岩、泥灰岩，硬度偏低，色泽、花纹均不出众，因档次较低、开发利用价值较小而无人问津。

米脂玉，沿溶洞呈钟乳状、透镜状、不规则状产出，宽度仅0.2~1 m，资源量偏少，规模小，前人曾经在老硐中开采过，现资源已经枯竭。

香山地区的碧玉岩因地表裂隙发育，达不到（10×10×10）cm^3 的块度，未被开发利用。

贺兰石的开采利用已有200多年的历史。宁夏贺兰石最先开采的是笔架山一带的前山矿，据说始开采于清朝康熙年间。《乾隆宁夏府志》记载：“笔架山，在贺兰山小滚钟口，三峰矗立，宛如笔架，下出紫石，可为砚，俗呼贺兰端。”由此判断贺兰石的利用不晚于乾隆年间。清朝光绪年间，宁夏知府谢威风擅长书画，喜贺兰石砚。经实地勘查，在小滚钟口后山大寺沟的山峰背面（即现在的小口子矿床），发现了较前山矿石质地更细腻、色彩更丰富的后山矿石，便令人开采制砚。经过200多年开采利用，贺兰石产品已经形成了完整的系列，最优质的贺兰石用于制作砚台，质量稍次、含砂量较大的贺兰石可用于制作镇尺、笔架、印章、水盂、摆件、屏风、挂件、手镯、项链等，自然纹理好的还可以做观赏石，是宁夏开发利用最成功的工艺石材。

目前，米脂玉资源已经枯竭。贺兰石、朔花石、竹叶石均位于贺兰山国家级自然保护区内，因环境保护的需要，贺兰石矿已经停止开采。基于相同的原因，朔花石、竹叶石也失去开发利用的条件。宁夏仅有同心石、碧玉岩可供开发利用。同心石制作一般工艺品价值较低，但其岩性为泥灰岩，适合制作砚台，开发得当，可作为贺兰石的替代品，成为宁夏又一种制砚石材。碧玉岩硬度大，质地细腻，颜色较鲜艳，在香山地区分布较广，预测资源量较大，勘查开发不受限制，是宁夏目前最有前景的彩石品种。

第二节 矿产地分论

一、机械沉积受变质型砚石

宁夏机械沉积受变质型砚石矿产仅贺兰石一种，赋存于长城系黄旗口组（Pt_2^1h）底部。黄旗口组于贺兰山中段北起苏峪口沟南至高沟子沟之间连续分布，在贺兰山山前小口子至椿树口及拜寺口等地则被断层或沟谷切断，呈条带状或断块状零星分布（图 26-1），总体走向北东—南西向，倾向西北，倾角 17°~25°。为一套未变质-轻变质的滨海-浅海相碎屑岩建造，依据岩石组合特征自下而上可划分为 4 个岩性段：

第一岩段（$Pt_2^1h^1$）：褐黄色、灰白色、紫红色、灰黑色薄-中厚层状石英岩、石英岩状砂岩夹三层紫色间灰绿色砂质泥质板岩（含矿层）。与下伏古元古界英云闪长岩呈不整合接触。

第二岩段（$Pt_2^1h^2$）：灰白色中厚层状石英岩、石英岩状砂岩。与第一岩段呈整合接触。

第三岩段（$Pt_2^1h^3$）：紫红色、灰黑色薄-中厚层状石英岩、石英砂岩夹板岩、白云岩。与第二岩段呈整合接触。

第四岩段（$Pt_2^1h^4$）：肉红色中厚层-厚层状含硅质条带白云岩。与第三岩段呈整合接触。

第一岩段夹三层（局部两层）紫色间灰绿色砂质泥质板岩即为贺兰石矿层赋存层位，贺兰石矿体一般产于中间层位，两层板岩则产于下部层位。计有小型矿床 2 处，矿点 2 处。累计查明资源量 184327 m^3。

贺兰石矿石自然类型有 3 种：

1）紫色间灰绿色粉砂质泥质板岩。此类型为主要矿石类型。矿石以紫色调为主（底色），嵌以不规则分布的灰绿色条带、斑点、斑块，偶见褐红色、翠绿色斑块（俗称红刚、绿刚）；

2）紫色粉砂质泥质板岩。此类型为矿石的次要类型，其与第一、第三种矿石类型相比，矿石中铁质成分含量明显增高，结构、构造上没有大的区别，只是其颜色比较单一，为紫色，没有其他颜色掺杂；

3）灰绿色粉砂质泥质板岩。此类型为矿石的次要类型，其在化学成分、矿物成分、结构、构造等方面与第一种类型没有大的区别，只是其铁质含量较低，颜色比较单一，为灰绿色，没有其他颜色的物质掺杂。

上述三种矿石类型没有明显的界线可分，矿石块度根据其工艺需求可大可小，在相对较小的范围内，矿石可为灰绿色粉砂质泥质板岩或紫色粉砂质泥质板岩，若块度增大，矿石中有不同颜色掺杂，则会变成另一种矿石类型。

贺兰石矿石工业类型有 4 种：

1）贺兰石彩石。以紫色色调为主，嵌以不规则的绿色斑块、条带、条纹、石眼等，质地细腻，刚柔相济，紫绿两色天然交错，自然和谐，变化无穷，若构思巧妙、俏色运用得当则有巧夺天工之妙，使其身价倍增。

2）贺兰玉带石。紫绿两色相间呈厚薄不一的薄层状，多为两层（一紫一绿）或三层（二紫一绿），少量可见四层五层（二紫二绿或三紫二绿）。因其紫绿搭配较规律，利用方便，雕刻的工艺品

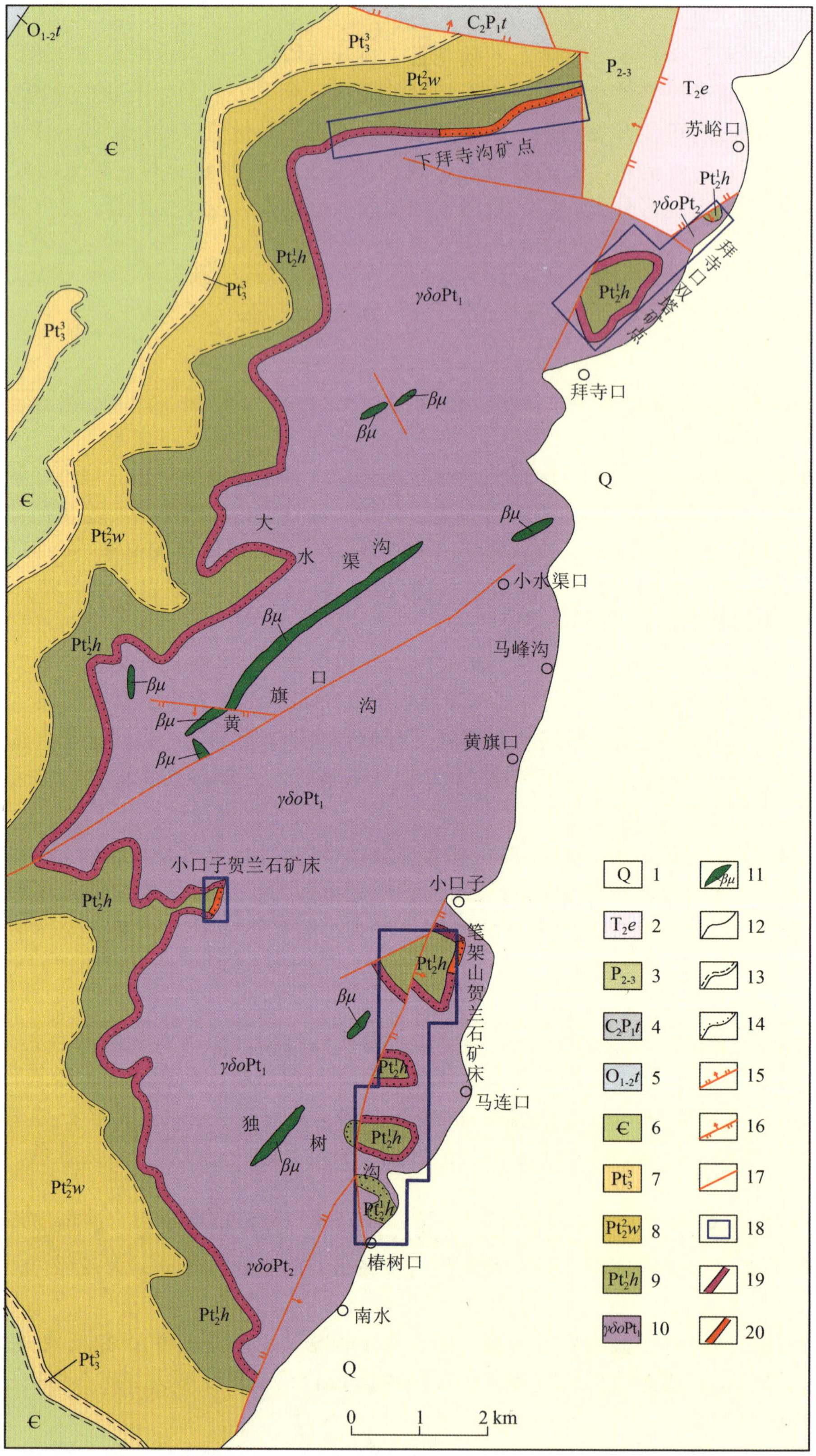

图 26-1　宁夏回族自治区贺兰石矿床分布图

1—第四系；2—三叠系二马营组；3—中-上二叠统；4—石炭系—二叠系太原组；5—奥陶系天景山组；6—寒武系；7—新元古界；8—中元古界王全口组；9—中元古界黄旗口组；10—古元古界英云闪长岩；11—辉绿岩；12—地质界线；13—平行不整合界线；14—角度不整合界线；15—正断层；16—逆断层；17—性质不明断层；18—贺兰石矿床（点）位置；19—贺兰石含矿层；20—贺兰石矿体

层次分明、色彩丰富、立体感强，可适用于线雕、浮雕、镂空雕、俏色雕等多种技法，可制作砚台、屏风、挂件等工艺品，可表现人物、花鸟、山水、亭台楼阁等多种题材。是贺兰石应用最广、雕刻效果最好的上乘原料。

3）贺兰素石。为单一紫色矿石，洁净、高雅、庄重、古朴、大方，制作的仿古砚、素砚颇具使用价值。

4）贺兰刚石。以紫色为主嵌以细砂含量极高的褐红色或翠绿色斑块或条带（俗称红刚或绿刚）。色彩丰富，如能巧妙利用各种色调的分布和空间关系，则雕刻的工艺品既具有贺兰彩石自然和谐、贺兰玉带石层次分明的特征，又具有色彩斑斓、生动活泼的神态。不过此种类型因含砂量较高，以制作屏风等工艺品为主。

砚用贺兰石工业指标为：水云母和绿泥石含量83%~96%，粉砂质（粒径0.004~0.063 mm）含量低于8%，砂质（粒径>0.063 mm）含量低于5%，吸水率<1%，摩氏硬度3~4。其他工艺用贺兰石指标未有规定，可以根据需要适当放宽。

1. 贺兰山小口子贺兰石矿床

贺兰山小口子贺兰石矿又称后山矿，位于银川市西北41 km贺兰山东麓小口子沟脑处，属银川市西夏区管辖。始采于清代。1978年，宁夏回族自治区地质局区域地质调查队进行1：20万巴伦别立幅（J-48-XVI）区域地质调查工作时进行了矿点检查，估算资源量$30\times10^4\ m^3$，为中型矿床。2008年，宁夏矿业开发公司对其进行了普查工作，提交推断的内蕴经济资源量（333）130326 m^3，为小型矿床。

小口子贺兰石矿床地层属华北地层区（$Ⅲ_4$）、鄂尔多斯西缘地层分区（$Ⅲ_4^1$）、贺兰山地层小区（$Ⅲ_4^{1-1}$）。大地构造位置位于柴达木-华北板块（Ⅲ）、华北陆块（$Ⅲ_5$）、鄂尔多斯地块（$Ⅲ_5^1$）、鄂尔多斯西缘中元古代—早古生代裂陷带（$Ⅲ_5^{1-1}$）。所属成矿区带为鄂尔多斯西缘（陆缘坳褶带）Fe-Pb-Zn-磷-石膏-芒硝成矿带（Ⅲ-59）、贺兰山褶断带Fe-Au-Cu-煤（气）-磷-硅石-石灰岩-白云岩-粘土成矿亚带（Ⅳ-59①）。所属矿床成矿系列为与中元古代沉积-变质作用有关的铁、硅石、白云石大理岩、砚石矿床成矿系列（2-Pt_2-S（M））、与中元古代变质作用有关的铁、硅石、白云石大理岩、砚石矿床成矿亚系列（Pt_2-M-1）。

矿体赋存于长城系黄旗口组第一岩段中间含矿层，呈层状产出，为一单斜构造，含矿1层。北东—南西走向，倾向290°~312°，倾角17°~21°。矿层沿走向长度410 m，在此范围内连续分布，层位、形态、结构和质量稳定，向南、向北延伸，由于砂质含量增高，砂质颗粒变粗，渐变为砂质板岩。矿层平均厚度8.27 m。

矿石矿物以水云母和绿泥石为主，次要矿物有石英、赤铁矿。水云母和绿泥石含量83%~96%，平均92.0%，其中水云母含量远高于绿泥石含量。粒径在0.004~0.063 mm之间的粉砂级石英含量3%~6%，平均4.62%，粒径在0.063~0.25 mm间的细砂级石英含量0.04%~0.18%，平均0.10%。赤铁矿粒度多在0.002~0.006 mm之间，少量较粗，最大0.12 mm，多呈半自形-他形晶粒状或质点状，一般分布较均匀。赤铁矿在紫色矿石中含量较高，最高达10%，在灰绿色矿石中含量较低，约1%~2%或更低。电气石和金红石，含量一般都小于1%。电气石呈细长柱状，分布不均匀。金红石呈细微针状，分布无明显规律。

矿石的化学成分大体与沉积成因的页岩的平均化学成分相似（表26-3）。

表26-3 贺兰石的化学成分对比表

单位：%

岩性	SiO_2	TiO_2	Al_2O_3	Fe_2O_3	FeO	MnO	MgO	CaO	Na_2O	K_2O	P_2O_5	H_2O^+	CO_2	SO_3	合计
紫底	57.58	0.78	18.05	9.96	1.21	0.01	1.60	0.36	0.14	6.51	0.16	2.89	0.10	0.01	99.63
绿彩	61.66	0.83	19.88	2.98	0.98	0.01	1.94	0.31	0.18	7.05	0.15	3.31	0.06	0.00	99.34
页岩	61.33	1.01	17.95	8.22		2.32	0.56	1.35	3.04	0.25					96.03

矿石结构、构造为变余泥质结构、变余砂质泥质结构，板状构造。矿石的吸水率最高为 0.71%，最低为 0.15%，平均为 0.48%。矿石摩氏硬度最低为 3.1，最高为 3.9，平均为 3.54。抗压强度 784～1288 kg/cm^2，抗折强度 132～248 kg/cm^2。水文地质和工程地质条件简单，适宜露天开采。矿石四种工业类型均有产出，以贺兰彩石、贺兰素石为主，贺兰玉带石、贺兰刚石较少。

小口子贺兰石矿床矿石质量为区内最佳，已有 200 余年开采历史，是宁夏唯一颁发采矿许可证的贺兰石矿。近年因环保需要，已停止开采（图 26-2，图 26-3）。

图 26-2　贺兰山小口子贺兰石矿矿区现状

图 26-3　贺兰山小口子贺兰石矿矿石

2. 贺兰山笔架山贺兰石矿床

贺兰山笔架山贺兰石矿又称前山矿，位于银川市西北 36 km 处，属银川市西夏区管辖。始采于清代。2012 年，宁夏矿业开发公司对其进行了普查工作，提交推断的内蕴经济资源量（333）53225 m^3，预测资源量（334）? 8670 m^3，为小型矿床。2017 年底，经宁夏回族自治区国土资源厅备案的查明资源储量（333）为 15.32×10^4 t。

笔架山贺兰石矿床地层属华北地层区（Ⅲ$_4$）、鄂尔多斯西缘地层分区（Ⅲ$_4^1$）、贺兰山地层小区（Ⅲ$_4^{1-1}$）。大地构造位置位于柴达木-华北板块（Ⅲ）、华北陆块（Ⅲ$_5$）、鄂尔多斯地块（Ⅲ$_5^1$）、鄂尔多斯西缘中元古代—早古生代裂陷带（Ⅲ$_5^{1-1}$）。所属成矿区带为鄂尔多斯西缘（陆缘坳褶带）Fe-Pb-Zn-磷-石膏-芒硝成矿带（Ⅲ-59）、贺兰山褶断带 Fe-Au-Cu-煤（气）-磷-硅石-石灰岩-白云岩-粘土成矿亚带（Ⅳ-59①）。所属矿床成矿系列为与中元古代沉积-变质作用有关的铁、硅石、白云石大理岩、砚石矿床成矿系列（2-Pt$_2$-S（M））、与中元古代变质作用有关的铁、硅石、白云石大理岩、砚石矿床成矿亚系列（Pt$_2$-M-1）。

含矿地层为长城系黄旗口组，受断层或沟谷切割而呈不连续断块状分布。有 4 处不连续的零星露头，岩层层位基本稳定，含矿层为 3 层，质量大多不佳，总厚度 8～13 m。贺兰石矿体产于中间含矿层，共有贺兰石矿体 2 处，位于笔架山东、西两侧（图 26-4）。

西侧为 C1 矿体，层状，近东西走向，倾向 215°～225°，倾角 13°～19°，沿走向长度为 220 m，矿体厚度 5.19～5.8 m，平均 5.5 m。

东侧为 C2 矿体，层状，呈北东—南西走向，倾向 255°～320°，倾角 13°～30°，沿走向长度 400 m，矿体厚度 2.58～3.19 m，平均 2.95 m。

矿石矿物以水云母和绿泥石为主，次要矿物有石英、赤铁矿。水云母和绿泥石含量 70%～95%，平均 92.0%，其中水云母含量远高于绿泥石含量。粒径在 0.004～0.06 mm 之间的粉砂级石英含量低于 25%，一般在 10%～20%，粒径在 0.06～0.25 mm 间的细砂级石英含量低于 10%，粒径大于

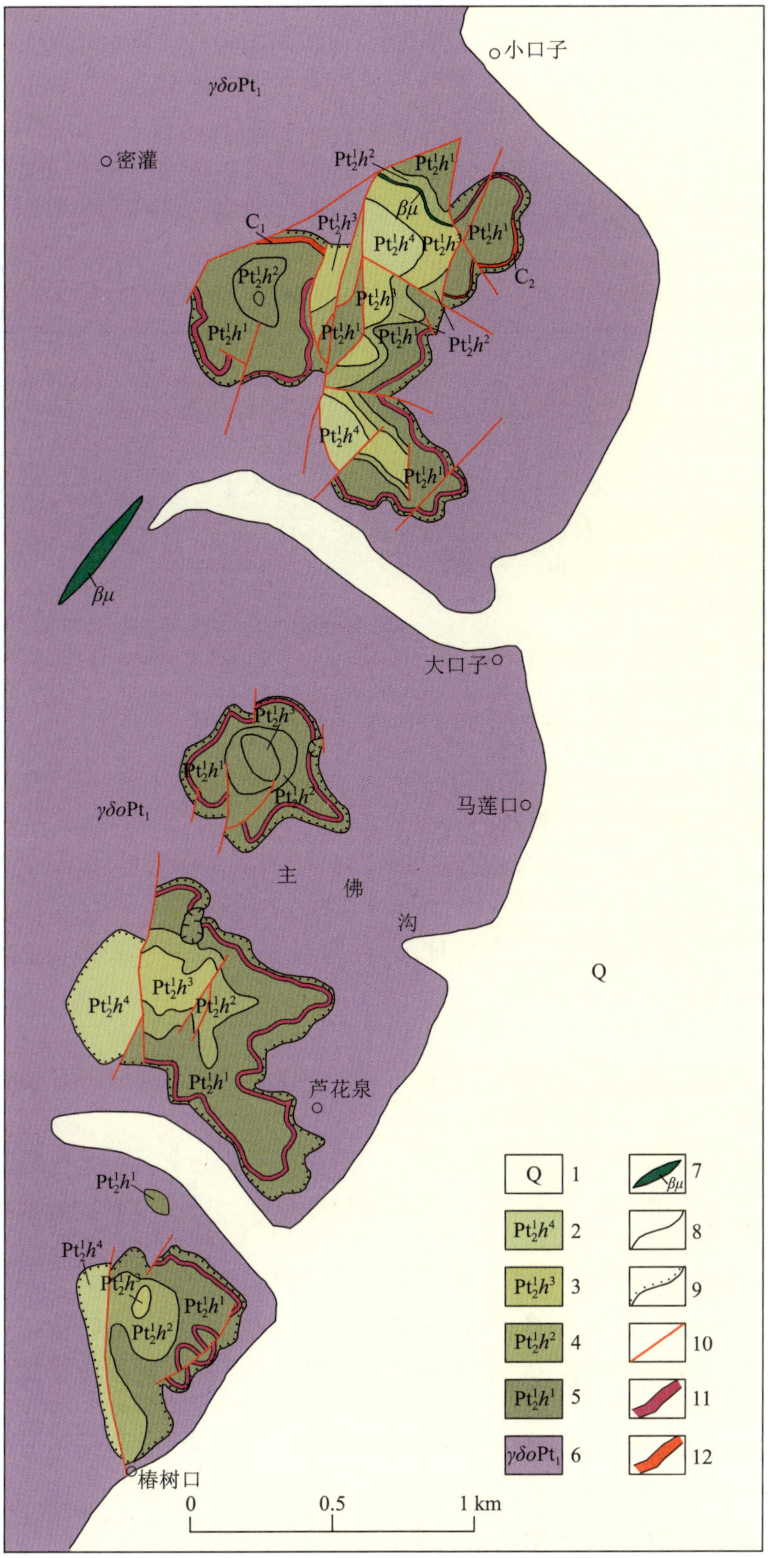

图 26-4　笔架山贺兰石矿矿区地质图

1—第四系；2—中元古界黄旗口组第四岩段；3—中元古界黄旗口组第三岩段；4—中元古界黄旗口组第二岩段；5—中元古界黄旗口组第一岩段；6—古元古代英云闪长岩；7—辉绿岩脉；8—断层；9—地质界线；10—角度不整合界线；11—贺兰石含矿层；12—贺兰石矿体

0.25 mm 的石英含量小于 3%。赤铁矿粒度多在 0.002~0.006 mm 之间，少量较粗，最大 0.12 mm，含量 3%~5%。白云母、长石及金属矿物含量小于 1%，偶见电气石和金红石。

矿石主要化学成分见表 26-4。

矿石结构、构造为变余泥质结构、变余砂质泥质结构，板状构造。

表 26-4 笔架山贺兰石化学成分表

单位：%

项目	SiO_2	Al_2O_3	Fe_2O_3	CaO	MgO	Na_2O	K_2O	TiO_2	FeO	MnO	P_2O_5	SO_3	烧失量
最低	52.50	17.71	9.39	0.25	1.53	0.06	4.60	0.54	0.50	0.09	0.10	0.064	2.83
最高	59.24	21.56	12.43	1.37	2.03	0.13	6.34	0.82	1.21	0.017	0.17	0.16	7.04
平均	55.88	19.01	10.90	0.51	1.79	0.097	5.17	0.65	0.76	0.012	0.14	0.127	3.48

矿石的吸水率低于 1%，矿石摩氏硬度为 2~3 或 3~4。抗压强度 53.69~68.47 MPa，抗剪强度 10.60~14.02 MPa，抗拉强度 4.09~6.58 MPa。水文地质和工程地质条件简单，适宜露天开采。矿石四种工业类型均有产出，以贺兰彩石、贺兰素石、贺兰刚石为主，贺兰玉带石较少。

笔架山贺兰石矿床矿石质量较佳，仅次于小口子矿床贺兰石质量，开采历史较小口子矿床更为悠久，后因质量逊于小口子矿而停止开采。

3. 拜寺口双塔贺兰石矿点

拜寺口双塔贺兰石矿点位于银川市西北 38 km 处，行政区划属银川市西夏区。1980 年，宁夏回族自治区地质局区域地质调查队进行 1∶20 万阿拉善左旗幅（J-48-X）区域地质调查工作，对贺兰山东麓拜寺口双塔贺兰石资源进行了矿点检查，发现贺兰石矿一层，厚度 2 m，认为矿石砂质成分较高，质量欠佳，经挑选可做砚石石料。2011 年，宁夏矿业开发公司完成宁夏贺兰石资源调查评价工作，对拜寺口双塔贺兰石矿点进行了评价。

拜寺口双塔贺兰石矿点地层属华北地层区（$Ⅲ_4$）、鄂尔多斯西缘地层分区（$Ⅲ_4^1$）、贺兰山地层小区（$Ⅲ_4^{1-1}$）。大地构造位置位于柴达木-华北板块（Ⅲ）、华北陆块（$Ⅲ_5$）、鄂尔多斯地块（$Ⅲ_5^1$）、鄂尔多斯西缘中元古代—早古生代裂陷带（$Ⅲ_5^{1-1}$）。所属成矿区带为鄂尔多斯西缘（陆缘坳褶带）Fe-Pb-Zn-磷-石膏-芒硝成矿带（Ⅲ-59）、贺兰山褶断带 Fe-Au-Cu-煤（气）-磷-硅石-石灰岩-白云岩-粘土成矿亚带（Ⅳ-59①）。所属矿床成矿系列为与中元古代沉积-变质作用有关的铁、硅石、白云石大理岩、砚石矿床成矿系列（2-Pt_2-S（M））、与中元古代变质作用有关的铁、硅石、白云石大理岩、砚石矿床成矿亚系列（Pt_2-M-1）。

矿区长城系黄旗口组系剥蚀残留的零星露头，三个含矿层，为灰绿、紫灰色砂质泥质板岩，延伸稳定，总厚度 7 m 左右，但砂质含量较高，一般含量在 20%~40%之间，其中细砂含量多在 12%~36%之间，暂不能利用。

4. 下拜寺沟贺兰石矿点

下拜寺沟贺兰石矿点位于银川市西北 41 km 处，行政区划属银川市西夏区。2011 年，宁夏矿业开发公司完成宁夏贺兰石资源调查评价工作，对该矿点进行了评价，预测资源量（334）？176500 m^3。

矿层赋存于长城系黄旗口组第一岩段，岩层层位沿走向延伸连续稳定，含矿层为 3 层，贺兰石矿体产于中间含矿层，矿体走向北东东，倾向 325°，倾角 13°，沿走向长度为 2500 m，厚度 2.74~4.32 m，平均 3.53 m。

下拜寺沟贺兰石矿点地层属华北地层区（$Ⅲ_4$）、鄂尔多斯西缘地层分区（$Ⅲ_4^1$）、贺兰山地层小区（$Ⅲ_4^{1-1}$）。大地构造位置位于柴达木-华北板块（Ⅲ）、华北陆块（$Ⅲ_5$）、鄂尔多斯地块（$Ⅲ_5^1$）、鄂尔多斯西缘中元古代—早古生代裂陷带（$Ⅲ_5^{1-1}$）。所属成矿区带为鄂尔多斯西缘（陆缘坳褶带）Fe-Pb-Zn-磷-石膏-芒硝成矿带（Ⅲ-59）、贺兰山褶断带 Fe-Au-Cu-煤（气）-磷-硅石-石灰岩-白云岩-粘土成矿亚带（Ⅳ-59①）。所属矿床成矿系列为与中元古代沉积-变质作用有关的铁、硅石、白云石大理岩、砚石矿床成矿系列（2-Pt_2-S（M））、与中元古代变质作用有关的铁、硅石、白云石大理岩、砚石矿床成矿亚系列（Pt_2-M-1）。

矿石矿物以粘土矿物和绢云母为主，含量75%~85%，细砂含量5.9%~7.8%，粉砂含量6.3%~7.4%。

该矿点矿石质量较好，矿物成分、粒度、硬度、吸水率等均符合工业要求，可做进一步工作靶区。

二、海相火山喷流型彩石

磨盘井-狼嘴子碧玉岩矿点位于中卫香山地区。赋矿地层为上奥陶统狼嘴子组顶部黄河井段，主要由灰-深灰色燧石岩、杂色碧玉岩（矿层）、灰白-浅肉红色含硅质白云岩组成，夹灰色、灰绿色、紫红色板岩、千枚岩及变质砂岩。

碧玉岩在香山地区分布广泛，三眼井-朱家寨、磨盘井-狼嘴子及油井山、小圈圈山等地均有分布。三眼井-朱家寨见2~3层，磨盘井-狼嘴子见2~3层，最多见12层，厚度0.3~3 m，油井山、小圈圈山一带见2层，厚度0.5 m。矿体呈似层状、层状产出。碧玉岩呈紫-紫红色，常见有较鲜艳的红色及白色，质地致密坚硬，不透明-半透明，玻璃光泽，摩氏硬度6~7。主要矿物成分有玉髓、石英、蛋白石、氧化铁等，条带状构造。前人经地表踏勘，认为香山地区的碧玉岩节理裂隙非常发育，其块度达不到（10×10×10）cm^3，颜色单调，不达宝石或其他工艺美术石料要求，地下深处能否达到工艺美术原料的要求，尚需作进一步的了解。本志认为，香山地区的碧玉岩质地细腻、坚硬，部分地段颜色鲜艳，具有较高的工艺价值。虽然节理裂隙非常发育，但也能满足制作项链、挂件等小型饰品的要求，加之分布广，资源量较大，开采基本不受限制，故而具有较广阔的利用前景。

三、生物化学沉积型彩石

青铜峡市红崖子同心石矿点

红崖子同心石矿点分于青铜峡市大坝火车站西北约7 km的红崖子地区。红崖子同心石矿点地层属华北地层区（$Ⅲ_4$）、鄂尔多斯西缘地层分区（$Ⅲ_4^1$）、贺兰山地层小区（$Ⅲ_4^{1-1}$）。大地构造位置位于柴达木-华北板块（Ⅲ）、华北陆块（$Ⅲ_5$）、鄂尔多斯地块（$Ⅲ_5^1$）、鄂尔多斯西缘中元古代—早古生代裂陷带（$Ⅲ_5^{1-1}$）。所属成矿区带为鄂尔多斯西缘（陆缘坳褶带）Fe-Pb-Zn-磷-石膏-芒硝成矿带（Ⅲ-59）、银川断陷盆地石油-天然气-地热（水）-地下水-矿泉水成矿亚带（Ⅳ-59②）。所属矿床成矿系列为中生代沉积作用有关的铜、石英砂岩、煤、油气、油页岩、粘土矿床成矿系列（7-Mz-S）。矿层赋存于下白垩统庙山湖组。下部为砾岩、含砾砂岩；中部为砖红色粘土质砂岩与含砾砂岩互层；上部为灰白色泥质砂岩夹砂质泥岩、泥灰岩，具丰富瓣鳃、腹足、介形虫、藻类及脊椎动物化石。厚度341.7 m。为干旱-半干旱气候条件下的河流-湖泊相沉积。

矿层为淡红色泥灰岩，出露长度约10 km，厚度0.6 m，因含丰富的轮藻类和瓣鳃类而构成同心圆状，故名同心石。

同心石矿石质地致密，性柔，结晶程度低，硬度3~4，土状光泽，具生物同心圆构造。其具有较好的块度、柔和鲜艳的色彩，美丽的同心圆状构造，但光泽较差，可作为一般工艺美术原料和建筑装饰材料。因其岩性为泥灰岩，硬度适中，适宜制作砚台，可作为贺兰石的替代品。

四、叠加（复合/改造）型彩石

1. 贺兰山苏峪口竹叶石矿点

苏峪口竹叶石矿点分布于贺兰山中段苏峪口。赋矿地层为上寒武统阿不切亥组中段，岩性为深灰色厚层状白云岩、灰白色中薄层泥质条带灰岩、灰白-紫红色中厚层竹叶状灰岩。

苏峪口竹叶石矿点地层属华北地层区（$Ⅲ_4$）、鄂尔多斯西缘地层分区（$Ⅲ_4^1$）、贺兰山地层小区（$Ⅲ_4^{1-1}$）。大地构造位置位于柴达木-华北板块（Ⅲ）、华北陆块（$Ⅲ_5$）、鄂尔多斯地块（$Ⅲ_5^1$）、鄂尔多斯西缘中元古代—早古生代裂陷带（$Ⅲ_5^{1-1}$）。所属成矿区带为鄂尔多斯西缘（陆缘坳褶带）Fe-Pb-Zn-磷-石膏-芒硝成矿带（Ⅲ-59）、贺兰山褶断带Fe-Au-Cu-煤（气）-磷-硅石-石灰岩-白云岩-粘土成矿亚带（Ⅳ-59①）。所属矿床成矿系列为早古生代沉积作用有关的铁、彩石、磷、灰岩、白云岩、板岩矿床成矿系列（3-Pz_1-S）。

矿层为灰白色、紫红色中厚层状竹叶状灰岩，呈层状产出，单斜构造，产状5°∠40°，长度大于1 km，厚度5.14 m。竹叶灰岩中砾屑占50%~70%，砾屑长度0.5~3 cm，表面具氧化铁薄膜。竹叶灰岩有灰、白、紫等几种颜色，竹叶灰岩碎屑边缘具紫红色铁质氧化物，近平行纹理排列。岩石基质呈红色，细腻坚硬，抛光后色彩柔和，多形态的呈乳白色、灰色、浅灰色大小不等的竹叶灰岩，在石基中构成形似竹叶的美丽图案。是很好的建筑装饰石料。

2. 贺兰山中段干沟、大南池沟口朔花石矿点

朔花石矿点分布于贺兰山中段的干沟、大南池沟口。赋矿地层为下奥陶统天景山组下岩段，岩性为浅灰-浅棕色微晶灰岩、深灰色厚层状含燧石条带灰岩、泥质网纹状白云质灰岩夹灰色薄层泥质条带灰岩、泥质灰岩。

干沟、大南池沟口朔花石矿点地层属华北地层区（$Ⅲ_4$）、鄂尔多斯西缘地层分区（$Ⅲ_4^1$）、贺兰山地层小区（$Ⅲ_4^{1-1}$）。大地构造位置位于柴达木-华北板块（Ⅲ）、华北陆块（$Ⅲ_5$）、鄂尔多斯地块（$Ⅲ_5^1$）、鄂尔多斯西缘中元古代—早古生代裂陷带（$Ⅲ_5^{1-1}$）。所属成矿区带为鄂尔多斯西缘（陆缘坳褶带）Fe-Pb-Zn-磷-石膏-芒硝成矿带（Ⅲ-59）、贺兰山褶断带Fe-Au-Cu-煤（气）-磷-硅石-石灰岩-白云岩-粘土成矿亚带（Ⅳ-59①）。所属矿床成矿系列为与早古生代沉积作用有关的铁、彩石、磷、灰岩、白云岩、板岩矿床成矿系列（3-Pz_1-S）。

矿体呈层状产出，沿走向长度1.48 km，沿倾向延深大于200 m。产状110°∠10°。分上、下两个层位，下矿层为浅棕色中厚层微晶-隐晶灰岩，厚度26.9 m，上矿层为灰白色中厚层状结晶灰岩，厚度55.5 m，中间夹有厚度0.5 m含铁质白云岩。

矿石致密细腻，基本无裂纹，呈灰白-浅棕色，抛光后较柔和明亮，含铁质时构成巧克力色。因含少量铁质细脉，构成灰紫相间的细小条（纹）带，纹宽1~3 mm不等，清晰可见，局部铁质集中时，呈暗红色团块，图案甚为美丽，可采块度大于（100×100×100）mm^3以上，可作中低档彩石类和建筑装饰材料。

3. 中宁县黄羊滩米脂玉矿点

黄羊滩米脂玉矿矿点位于中宁县黄羊滩火车站北西约2.5 km处。黄羊滩米脂玉矿点地层属阿拉善地层区（$Ⅲ_3$）、阿拉善南缘地层分区（$Ⅲ_3^1$）、景泰-中宁地层小区（$Ⅲ_3^{1-1}$）。大地构造位置位于柴达木-华北板块（Ⅲ）、阿拉善微陆块（$Ⅲ_4$）、腾格里早古生代增生楔（$Ⅲ_4^1$）、卫宁北山-香山晚古生代前陆-上叠盆地（$Ⅲ_4^{1-1}$）。所属成矿区带为河西走廊Fe-Mn-萤石-盐类-凹凸棒石-石油成矿带（Ⅲ-20）、卫宁北山褶断带Fe-Au-Ag-Cu-Pb-Zn-煤-粘土成矿亚带（Ⅳ-20①）。所属矿床成矿系列为与新生代沉积作用-表生作用有关的铁、石英砂、石膏、粘土、地下水等矿床成矿系列（9-Cz-1）。米脂玉系下石炭统臭牛沟组灰岩溶洞中的钟乳石。下石炭统前黑山组-臭牛沟组，岩性为微晶、隐晶灰岩、砂质灰岩、角砾状灰岩、中厚层砂岩、砂质页岩、钙质细砂岩，厚度250 m。

灰岩中发育有一条近东西向（张性）断裂形成的溶洞，钟乳石沿断裂两壁呈被膜状、钟乳状和透镜状及不规则状产出，宽度0.2~1 m，一般为0.4 m左右。前人曾在老硐中开采过米脂玉。

钟乳石（工艺名称为米脂玉）呈白色、橙黄色、橙色，由结晶方解石组成，具条带状，环状-半环状构造，质地细腻纯洁，无裂纹，杂质少，色彩新颖华美，色泽纯正、明亮，玲珑剔透，无色纹者酷似米脂玉。抛光后显示出黄白相间的条带和条纹，构成美丽的几何图形花纹，块度可满足不同的工艺之要求，可作为中上等工艺品原料。

第三节　矿床时空分布特征及成矿规律

一、时空分布特征

彩石及砚石矿产时空分布特点是由矿产形成和后期改造决定的，与区域地质特征及矿化规律密切相关。

贺兰石分布于贺兰山中段，北起苏峪口沟南至高沟子沟，有小口子小型矿床、笔架山小型矿床、拜寺口双塔矿点、下拜寺沟矿点4处矿产地。赋存地层为长城系黄旗口组，系浅海-滨海相碎屑岩沉积经轻微变质作用形成。其中，竹叶石产于贺兰山中段苏峪口，即上寒武统阿不切亥组中部之竹叶状灰岩；朔花石产于贺兰山中段干沟、大南池一带，为下奥陶统天景山组浅灰色、浅棕色微晶灰岩，为开阔的浅海台地碳酸盐沉积形成；同心石产于贺兰山南段红崖子，矿层为下白垩统庙山湖组，属于含丰富轮藻的淡红色泥灰岩，形成干旱-半干旱湖相沉积环境；米脂玉产于卫宁北山南麓，系下石炭统臭牛沟组灰岩溶洞中的钟乳石；碧玉岩广泛分布于香山地区，在三眼井-朱家寨、磨盘井-狼嘴子及油井山、小圈圈山等地均有分布，赋存地层为上奥陶统狼嘴子组顶部黄河井段，半深海-深海海底火山喷发沉积形成。

宁夏彩石及砚石大多形成于古生代之前，贺兰石形成于中元古代长城纪，竹叶石形成于晚寒武世固山期，朔花石形成于早奥陶世，碧玉岩形成于晚奥陶世，米脂玉的围岩形成于早石炭世，但作为钟乳石的米脂玉则形成于其后直到近代，同心石形成于早白垩世。

二、成矿规律

宁夏彩石、砚石形成时代均较早，大多为古生代以前形成，空间上多为构造及岩浆作用较为强烈的地区。

宁夏沉积型及沉积变质型彩石、砚石矿产主要分布于贺兰山地区，位于华北陆块鄂尔多斯地块西缘的中元古代—早古生代裂陷槽（鄂尔多斯西缘凹陷带），属鄂尔多斯西缘成矿带。该带地层发育齐全，经历过多次构造运动的改造及岩浆活动，使带内具有多构造层结构，以元古宙—古生代沉积矿产为主，贺兰石、竹叶石、朔花石、同心石均形成于本带。

宁夏岩浆型、热液型彩石矿产主要分布于香山及卫宁北山地区，大地构造位于阿拉善微陆块腾格里早古生代增生楔卫宁北山-香山晚古生代前陆-上叠盆地，属河西走廊成矿带。该带主要发育有奥陶纪、志留纪、泥盆纪及石炭纪地层。其中香山地区中-上奥陶统香山群为一套大陆斜坡复理石-深海-半深海硅质岩建造。卫宁北山地区石炭系为一套海陆交互相碎屑岩-碳酸盐沉积。构造及岩浆活动较强烈。沉积矿产以煤、石膏、石灰岩为主，内生矿产以岩浆热液型铁、金、银铜等金属矿产为主。碧玉岩的形成与香山地区中-上奥陶统香山群深海-半深海硅质岩建造相关，米脂玉则与石炭纪海相碳酸盐及构造活动相关。

宁夏沉积型及沉积变质型砚石矿产，受地层层位控制。其与宁夏其他沉积矿产一样也形成于各构造运动的间歇性地壳沉降期，在成矿期次上与宁夏主要沉积成矿期一致。贺兰石形成于长城纪硅石、白云岩成矿期，竹叶石形成于寒武纪白云岩成矿期，朔花石形成于奥陶纪石灰岩成矿期，米脂玉形成于早石炭世—早二叠世石膏、煤成矿期，同心石形成于中-新生代盐类成矿期。

内生矿产碧玉岩属海底海相火山喷流成因，形成于晚奥陶世—志留纪加里东成矿期。

彩石及砚石皆属非金属矿种，是用作工艺品和装饰品的石材，其要求具有美观的色彩或花纹、致密的结构质地，适宜的硬度及一定的稀缺性。一般规律是，作为彩石的岩石，其成岩作用及成岩期后作用乃至变质作用较强烈，才能拥有致密的结构质地，适宜的硬度，后期改造也有助于形成美观的花纹和色彩。岩石形成越早，遭受构造运动、变质作用、岩浆作用的时间越长、次数越多、改造越强烈，对成矿越有利。

第四篇 水气矿产

宁夏回族自治区自1959年建立水文地质工程队伍以来，开展了大量的水文地质、工程地质、环境地质工作，经过60多年的努力，先后完成了宁夏区域水文地质普查，宁夏中南部人畜饮用、农田灌溉供水水文地质勘察，银川平原盐渍化土壤供水水文地质勘察，计算了宁夏地下水资源量，为宁夏主要城市勘探评价了30多个集中供水水源地，在宁夏中南部干旱带黄土丘陵苦咸水区、宁南缺水山区开展了两次较大规模的找水工作，在银川市、石嘴山市、吴忠市、固原市等重点地区建立了地质环境监测站网，开展了地质灾害调查评价和地质灾害防治预警预报工作，实施了宁夏地热资源现状调查评价与区划研究，完成了全区矿泉水点普查等工作，在宁夏不同历史时期的社会经济发展中作出了重要的贡献。目前，宁夏发现的水气矿产有地下水、地热（水）和天然矿泉水。

第二十七章 概 况

第一节 地理地质概况

一、自然地理

1. 地形地貌

宁夏位于我国地势第一阶梯向第二阶梯转折的过渡地带，全境海拔1000 m以上，地势南高北低，高差近1000 m，呈阶梯状下降。南部黄土丘陵海拔2000 m左右，中部山间平原海拔1300~1500 m，北部宁夏平原海拔1100~1200 m，三者形成宁夏面积最大的三级地势阶梯。其余地区为山地和山前丘陵及沙漠，山地与平原多交错分布，此起彼落，高低悬殊，贺兰山与银川平原高差达2300 m。

宁夏山地面积8179.4 km^2，丘陵面积19678.4 km^2，台地面积9121.2 km^2，平原面积13897.4 km^2，沙漠面积923.6 km^2，分别占宁夏总面积的15.8%、38.0%、17.6%、26.8%和1.8%。

宁夏地貌格局以北西走向的牛首山断裂为界，呈现明显的南北分异。北部贺兰山、银川平原、陶灵盐台地自西而东依次排列，平行展布，呈带状地貌格局。南部在北面卫宁北山和东面罗山、青龙山、窑山、云雾山围限的广大地区，展布着三列弧形断块山地和两列断陷平原。第一列弧形山地包括窑山、烟筒山、泉眼山和卫宁北山南缘山地；第二列弧形山地包括清水河西侧山地和香山；第三列弧形山地包括月亮山、南华山、西华山。一、二列弧形山地之间挟持中卫平原和清水河平原。二、三列弧形山地之间镶嵌兴仁平原和西安州平原。由南西向北东，弧形山地的曲率逐列增大，长度逐级降低，并在东南汇聚于六盘山，向西北撒开，弧形山地及山间平原组成弧形地貌格局。地貌整体自北向南分为贺兰山山地、银川平原、陶灵盐台地、宁中山地与山间平原、腾格里沙漠、宁南黄土丘陵和六盘山山地7个地貌单元，表现为流水地貌向风沙干燥地貌过渡的特点。

2. 气象水文

按全国气候区划，宁夏固原市南半部属暖温带半湿润区，固原市中部属中温带半干旱区，固原市以北地区为中温带干旱区。宁夏地处我国西北内陆，位于我国季风区的西缘，冬季受蒙古高压控制，夏季处在东南风西行末梢，形成典型的大陆气候，具有冬寒漫长、夏少酷暑、雨雪稀少、气候干燥、日照充足、蒸发强烈、风大沙多、南凉北暖、南湿北干及气象灾害较多等特点。

根据宁夏各气象站（1991~2016年）观测资料，区内多年平均降水量282.79 mm，从南向北呈逐步递减趋势，区内降水高值区在南部隆德地区，多年平均降水量607.92 mm。降水低值区在北部石嘴山市惠农区，多年平均降水量168.53 mm。降水量按照行政区从大到小依次为，固原市多年平均降水量为区内最高502.52 mm，吴忠市多年平均降水量184.87 mm，银川市多年平均降水量183.97 mm，中卫市多年平均降水量为183.52 mm，石嘴山市多年平均降水量为区内最少173.27 mm。年内降水主要集中在6~9月，占全年总降水量的73%，12月份降水量最小。区内多年平均蒸发量1674.31 mm，多年平均蒸发量变化在1378.05~1980.97 mm之间。从地区分布看，蒸发量高值区在石嘴山市石炭井地区，多年平均蒸发量2473.29 mm，低值区在南部固原市六盘山地区，多年平均蒸发量1094.17 mm。蒸发量变化趋势与降水量相反，由南向北逐渐增大，南部固原地区为1229.15 mm，向北至石嘴山地区多年平均蒸发量逐步增大为1931.58 mm。蒸发量年内最大值出现在5、6、7月份，最小值出现在1、12月份。

据宁夏各气象台1991~2016年观测站资料，区内多年平均气温8.5℃，最低气温出现在一月份，多年平均气温-7.4℃，最高气温出现在7月份，多年平均气温22.1℃。从地区分布看，在宁夏中部的银川、永宁、吴忠、青铜峡、中宁地区气温相对较高，多年平均气温在10℃以上，在南部的六盘山地区气温相对较低，多年平均气温只有1.75℃。年日照时数为2194~3082时，由南向北逐渐增大。宁夏春冬季多风，主要风向为西北风和北风，年平均风速1.74~4.3 m/s，定时最大风速34 m/s，大风之日多伴沙暴。宁夏主要灾害性天气为干旱，其次为大风、沙尘暴、霜冻、暴雨、冰雹、热干风、低温、冷害等。

宁夏位于黄河中上游，除中卫市甘塘一带为内流区外，其余地区皆属黄河流域，盐池县东部为鄂尔多斯内流区的一部分。境内黄河及其各级支流中，流域面积大于5 km^2 者904条，大于100 km^2 者102条，大于500 km^2 者27条，大于1000 km^2 者14条，大于10000 km^2 者仅黄河和清水河2条。宁夏地表水具有量少、质差、空间分布不均、时间变率大等特点。境内多年平均年地表径流量 9.706×10^8 m^3（未计黄河过境水），仅占全国河川年径流总量的0.037%，径流模数为 2.12×10^4 m^3/km^2，只有全国平均值的6%，人均占有量在全国是最少的。

黄河：自中卫市南长滩入境，蜿蜒于卫宁平原和银川平原，至石嘴山市头道坎北麻黄沟出境，流程397 km，占黄河全长的7.3%。多年平均径流量以1956~1995年40年系列计算，下河沿水文站入境水量 317×10^8 m^3/a，石嘴山水文站出境水量 294×10^8 m^3/a，进出境水量差 23×10^8 m^3/a。

清水河：是我区境内流入黄河最大的一级支流。发源于固原市原州区开城镇黑刺沟脑，由南向北流经原州区、西吉县、海原县、同心县、沙坡头区及中宁县，在中宁县泉眼山汇入黄河，集水面积14481 km^2（区内面积13511 km^2、甘肃省境内面积970 km^2）。

苦水河：是直接流入黄河的一级支流，发源于甘肃省环县沙坡子沟脑，集水面积5218 km^2。由甘肃省环县进入我区，经盐池县、同心县、灵武市、利通区，由灵武市新华桥汇入黄河。

都思兔河：上游无常流水，至下游出口有地表水出露。

红柳沟：为直接流入黄河的支流，发源于同心县小罗山西南部的黑山，集水面积1064 km^2，河长107 km，流经红寺堡区、同心县、中宁县，由中宁县鸣沙镇汇入黄河。

泾河：发源于泾源县六盘山东麓马尾巴梁东南，区内总面积4955 km^2，河长39 km，流经泾源县、原州区、彭阳县及盐池县后进入甘肃省。

葫芦河：为渭河上游一级支流，发源于六盘山余脉月亮山，流经西吉县、原州区、隆德县后，于甘肃省静宁县汇入渭河。区内流域面积为3281 km^2，河长120 km。

祖厉河：位于西吉、海原两县境内，区内集水面积597 km^2，由甘肃省靖远县汇入黄河。

二、地层岩性

宁夏全境处于华北-柴达木地层大区中部，跨祁连地层区、阿拉善地层区和华北地层区，区内地层发育较齐全，其中前新生界分布面积约占19%，主要出露于贺兰山、卫宁北山、牛首山、罗山、青龙山、香山、南华山、西华山及六盘山等基岩山地区，灵（武）盐（池）台地及南部黄土区沟谷中亦有零星分布；新生界出露面积约占81%，广泛分布于基岩山地外围丘陵及河谷盆地区。发育齐全的地层为地下水的贮存提供了条件。

三、地质构造

宁夏地质构造复杂，按其内部组成和展布特征，可分为宁夏北部凹陷带、鄂尔多斯西缘冲断带、宁夏南部弧形推覆构造带。它们复合交织，构成一幅复杂的构造图像。

宁夏新构造运动十分活跃，并以牛首山-罗山弧形断裂为界，分为性质不同的南、北两部分。北部受华北构造应力场控制和青藏构造应力场影响，处于北北西—南南东或北西—南东方向的水平拉张构造应力状态。地块沿先成的北北东向断裂发生强烈拉张，银川盆地断陷，贺兰山与鄂尔多斯高原隆起。南部受青藏构造应力场控制，地块受到来自南西方向的水平挤压。挤压力在向北东传递时受到北面的阿拉善和东面的鄂尔多斯两个古老刚性块体的阻挡，于是在二者挟持的三角地区发生应力积累，引起地壳变形，形成弧形断裂及其控制的隆起和断陷，上述新构造运动决定着宁夏的构造格局，也是宁夏地震活动强烈的基本原因。

第二节　水气矿产资源概况

一、地下水

据《宁夏水资源公报》（2018 年），2018 年宁夏全区地下水资源量 18.086×10^8 m^3，比 2017 年减少了 1.245×10^8 m^3。宁夏地下水资源集中在引黄灌区，主要接受引黄河水量的补给。2018 年引黄灌区地下水资源量 13.363×10^8 m^3，其中灌区渠系和田间渗漏补给量达 12.648×10^8 m^3，降水补给量 0.745×10^8 m^3。

宁夏全境地下水调查（勘查）精度基本达到 1：10 万全覆盖，局部地区达到 1：5 万的精度，基本查清了全区水文地质基本条件和地下水的空间分布。宁夏截至目前共勘探地下水饮用水源地 56 个，其中，部分水源地勘探合并或城市建设已不再使用，2018 年经宁夏回族自治区水利厅和环境保护厅备案的水源地 30 处，大型水源地 4 个，中小型水源地 26 个。

二、地热（水）

截至 2017 年底，宁夏共有地热井 14 处，以 35~68℃的温热水为主，主要分布于银川盆地西缘的镇北堡、北部石嘴山市沙湖-大武口、中部的银川市-永宁县、东部的掌镇-滨河开发区和卫宁盆地的黄石坡地区。

三、天然矿泉水

据宁夏第二轮地下水资源评价工作，宁夏已勘查评价的天然矿泉水产地共 12 处，其中，中型 3 处，小型 9 处。宁夏矿泉水储存于新近系、古近系、白垩系湖相碎屑岩中，资源丰富，可开采量巨大，质量优良，多属淡质、低钠矿泉水。矿泉水类型单一，均为含锶矿泉水。宁夏南部山区与北部平原所勘查的饮用天然矿泉水资源相比较，宁夏南部山区饮用天然矿泉水资源潜力巨大，质量优良。

第二十八章　地下水

第一节　地下水勘查与开发史

一、地下水勘查史

1. 水文地质普查史

宁夏水文地质普查工作开始于全面建设社会主义时期的初期。为查明宁夏区域水文地质条件，配合国家编制全国区域性水文地质图件，满足国民经济建设的需要，1959~1962年，宁夏回族自治区地质局以1∶20万国际图幅为区块，将宁夏划分为北部、中部、南部三大区域，集中了宁夏主要的水文地质技术人员，先后开展了1∶20万北部、中部、南部综合地质-水文地质普查工作。这次水文地质普查工作，除少数地区没有进行外，基本覆盖了全区。工作内容以综合地质水文地质测绘为主，辅以极少量水文地质钻探和民井简易水文地质抽水试验等工作，共计完成1∶20万综合地质-水文地质普查面积53990.41 km^2，其中宁夏区内面积43845.91 km^2，宁夏区外面积10144.5 km^2。到1965年，完成全部普查报告的修改、定稿和复制工作，先后提交了《宁夏北部综合地质-水文地质普查报告》《宁夏中部综合地质-水文地质普查报告》《宁夏南部综合地质-水文地质普查报告》《固原幅综合地质-水文地质普查报告》《平凉幅综合地质-水文地质普查简报》。

“文化大革命”期间，宁夏区域水文地质普查工作处于停滞状态。“文化大革命”后期，在地质矿产部的统一部署下，宁夏回族自治区地质矿产局开始安排1∶20万国际图幅区域水文地质普查工作。当时的宁夏回族自治区还包括阿拉善左旗，全区总面积约 14×10^4 km^2（其中阿拉善左旗面积80189.4 km^2）。完成全区1∶20万区域水文地质普查任务，但在已完成或正在进行1∶10万人畜饮用农田灌溉供水水文地质勘察的地区不再安排1∶20万的区域水文地质普查工作。

宁夏回族自治区1∶20万国际图幅区域水文地质普查任务主要是在1977年以后完成的，区域水文地质普查严格执行区域水文地质普查规范。1980年以后，阿拉善左旗划入内蒙古自治区，宁夏版图缩小，全区面积为 6.64×10^4 km^2。截至1995年底，共计完成宁夏境内和涉及宁夏的国际图幅有10幅，总面积约65623.29 km^2，其中宁夏区内面积29329.24 km^2，宁夏区外面积36294.05 km^2。提交普查报告10份。宁夏回族自治区地质矿产提交的报告有《巴伦别立幅区域水文地质普查报告》（1980年5月）、《中卫幅区域水文地质普查报告》（1981年3月）、《景庄乡地区（属10-48-〔27〕图幅）综合水文地质普查报告》（1995年12月）。未按全图幅开展工作，只安排了宁夏部分水文地质普查面积571.88 km^2，利用1∶10万人畜饮用农田灌溉供水水文地质勘察成果和前人资料编制的1∶20万成果图幅有《海原幅综合水文地质图》（1989年7月）、《银川市幅综合水文地质图》（1991年12月）、《吴忠市幅综合水文地质图》（1991年12月），提交的报告有《海勃湾市幅区域水文地质普查报告》（1979年12月）、《阿拉善左旗幅区域水文地质普查报告》（1980年12月）、《石嘴山市幅区域水文地质普查报告》（1980年11月）、《温都尔图幅区域水文地质普查报告》（1980年11月）、《盐池幅区域水文地质普查报告》（1978年3月）。1995年以后，宁夏没有再安排区域水文地质普查工作，1∶20万综合水文地质工作暂告一段落，但1∶20万区域水文地质普查资料成为宁夏水工环地质最重要、最全面的基础资料，在区内国民经济建设中得到广泛的应用。

2. 人畜饮用与农田灌溉供水水文地质勘察史

宁夏人畜饮用与农田灌溉供水水文地质勘察工作始于1960年，当时根据宁夏回族自治区计划委员会的要求，先后在宁夏盐池县大水坑地区、吴忠草原站、同心草原站、中宁营盘井、盐池县高沙窝人民公社等局部地区进行畜牧业供水水文地质勘察，宁夏地矿局提交了《宁夏盐池县大水坑地区农田灌溉及畜牧业供水水文地质勘察报告（1：5万）》（1963年11月）、《宁夏回族自治区吴忠草原站、同心草原站、中宁营盘井畜牧业供水水文地质勘察报告（1：5万）》（1964年10月），地质部水文一队提交了《宁夏回族自治区盐池县高沙窝人民公社水文地质详查报告（1：5万）》（1961年9月），提出了打井方向和进行了示范成井。

1972~1976年，在地矿部的统一部署下，宁夏地矿局基本以县为单元，安排了宁夏盐池县、西海固三角地带、西吉县、海原县等县的1：10万人畜饮用农田灌溉供水水文地质勘察工作。

1977年以后，为加快宁夏干旱山区人畜饮用农田灌溉供水水文地质勘察步伐，宁夏地矿局根据地方要求，结合宁夏自然气候条件，在地矿部水文地质工程地质司领导的建议下，在宁南三营镇组建了第二水文地质工程地质队，先后安排了宁南八县人畜饮用农田灌溉供水水文地质勘察工作。该项工作一直延续到1996年，历时近20年，第二水文地质工程地质队先后提交了1：10万比例尺的《宁夏回族自治区西吉县人畜饮用农田灌溉供水水文地质勘察报告》《宁夏回族自治区海原县人畜饮用农田灌溉供水水文地质勘察报告》《宁夏回族自治区固原市彭阳县人畜饮用农田灌溉供水水文地质勘察报告》《泾源县水文地质环境地质地面测绘报告》《隆德县水文地质勘察地面测绘阶段报告》及《宁夏同心县人畜饮用与农田灌溉供水水文地质勘察地面测绘报告》。期间因宁夏地矿局机构调整，《宁夏隆德-泾源两县人畜饮用与农林牧业供水水文地质勘探》于1991年终止，仅完成部分批准设计工作量，没有编制勘察报告。宁夏同心县人畜饮用与农田灌溉供水水文地质勘察没有投入勘探工作量。本阶段的勘察工作基本查明了宁夏南部山区的人畜饮用农田灌溉供水水文地质条件，找到了最具有供水意义的八个含水层（组），即第四系黄土类土含水层，第四系砂砾石含水层，新近系上新统砂砾岩含水岩组，古近系始新统寺口子组砂岩、砂砾岩含水层，下白垩统上部泥质岩含水岩组，下白垩统下部砂岩、砂砾岩含水岩组，元古宇、古生界灰岩含水岩组，元古宇变质岩含水岩组。发现了可供开发利用的富水地段22个，分布面积达3000 km^2。计算评价宁南地下水天然资源量3.2837×10^8 m^3/a。

这项工作基本解决了彭阳县和同心县县城的供水问题，解决了部分缺水山区人畜吃水困难问题，为发展宁南地区的经济提供了重要的水文地质资料，为1996年开展宁南山区扶贫找水工作打下坚实的基础。

3. 城市供水水文地质勘察史

宁夏城市供水水文地质勘察与宁夏经济社会的建设和发展密切相关。1958年宁夏回族自治区成立，宁夏开始进入全面建设时期，宁夏城市供水水文地质勘察一般以初步勘察为主。“文化大革命”时期，供水水文地质勘察以“三线”建设项目和军工企业供水水文地质为主。1977年以后，供水水文地质勘察以城市水源地勘探和城市水工环地质综合勘察评价为主。

1959~1965年，宁夏回族自治区地质局水文地质工程地质队先后进行了银川市、石嘴山市、同心县等市（县）的城市供水水文地质勘察工作，提交了《1：5万银川市城市供水水源勘察（初步设计阶段）报告》（1963年11月）、《石嘴山市城市供水及其邻区灌溉水文地质勘察报告（1：10万）》（1960年8月）、《宁夏同心县城供水水文地质勘察报告（1：10万）》（1965年4月）。1965年，建筑工程部西北给水排水设计院开展了宁夏石嘴山市供水水文地质勘察工作（初步勘察阶段），提交了《石嘴山市供水水文地质勘察报告（初步勘察阶段）》（1966年12月），计算评价了城市地下水动储量、静储量、调节储量、开采储量，初步选择了城市供水的有利地段。

1966~1974年，宁夏水文地质工程地质队先后在宁夏贺兰山东麓、牛首山东北麓、同心罗山地区、卫宁地区、固原三营等地区开展了为“三线”建设服务的供水水文地质勘察工作，提交了《宁夏回族自治区贺兰山东麓供水水文地质勘察报告（1：10万）》（1966年11月）、《宁夏牛首山东北麓工业供水地下水分布图与说明书（1：5万）》（1969年4月）、《宁夏同心罗山地区供水水文地质勘察报告（1：5万）》（1973年2月）、《宁夏卫宁地区供水水文地质勘察报告（1：5万）》（1971年12月）、《宁夏固原三营地区供水水文地质勘察报告（1：5万）》（1974年8月）。这一时期的勘察工作，基本查明了这些地区供水水文地质条件，为“三线”建设项目的选址提供了水文地质资料。《宁夏回族自治区贺兰山东麓供水水文地质勘察报告》和《宁夏同心罗山地区供水水文地质勘察报告》资料比较齐全，内容丰富，在区内有较大的影响。在宁夏贺兰山山区开展了军工企业供水水文地质勘察工作，共计完成军工企业供水水文地质勘察。1973年，宁夏回族自治区地质矿产局水文地质工程地质队提交了《贺兰山地区军工供水小结（1：5万）》，比较全面地总结了这一时期为军工企业供水水文地质勘察工作。1985年后，先后实施了《银川市水文地质工程地质环境地质综合勘察评价》《银川平原农业生产基地地下水资源及环境地质综合勘察评价》《西北地区地下水资源特别计划》《中国西部严重缺水地区人畜饮水地下水勘查示范工程》，2010年后实施了《宁夏中南部严重缺水地区地下水勘查及供水安全示范》《宁东能源化工基地地下水勘查》《石嘴山市地下水资源勘查》《银川市滨河新区供水水源地调查评价》等一系列以供水为目的的水文地质勘察项目。

从1978年开始，重要城市的供水水文地质勘察工作由1：5万~1：10万详查阶段寻找富水区的工作转入1：1万~1：2.5万大比例尺具体水源地的勘探阶段，地下水资源评价的精度达到B级，为水源地施工图设计提供了依据。共勘探评价地下水集中供水水源地56个，探明地下水B级可开采量 $202.48\times10^4\ m^3/d$。

4. 地下水动态监测史

1984年，宁夏地质环境监测总站成立，宁夏地质环境监测工作有了较快的发展。现下设地质环境监测分站4个，控制监测总面积3296 km^2，有地下水水位监测点246个、水质监测点254个、水温监测点22个。

银川市地下水动态监测站原隶属于宁夏回族自治区地质矿产局水文地质工程地质队。1976年以后，银川市地下水动态监测控制面积由建站初期的400 km^2 扩大到1500 km^2，增加了渠系观测内容。1984年以后银川市地下水动态监测站划归宁夏地质环境监测总站管理。1984年，银川市监测站控制面积达到1800 km^2，1992年开始银川市地下水水情预报，预测预报银川市第一承压含水组地下水水位和水质，水质预报项目为矿化度、总硬度、氨氮、氟化物。完成提交的成果主要有：《宁夏回族自治区银川市地下水动态观测报告》《宁夏回族自治区银川地区地下水动态观测总结报告》（1976~1980年、1981~1985年、1986~2000年、2001~2005年），《银川市2000年地下水资源及环境地质问题预测研究报告》《银川市潜水主要化学成分环境背景值研究报告》等。

石嘴山市大武口区地下水动态监测始于1983年，石嘴山地质环境监测分站控制监测面积630 km^2，1992年开始石嘴山市地下水水情预报，预测预报石嘴山市大武口区主要开采层（潜水含水组）地下水水位和水质，水质预报项目为矿化度、总硬度、氟化物。完成提交的成果主要有《石嘴山市大武口地区1983~1985年地下水动态监测报告》（1986~1990年、1991~1995年、1996~2000年、2001~2005年）《宁夏石嘴山市大武口地区地下水动态观测五年总结报告》《石嘴山市大武口区2000年地下水资源及环境地质问题预测研究报告》。

固原市原州区地下水动态监测始于1984年，由宁夏回族自治区地质矿产局第二水文地质队固原监测站监测，1995年划归宁夏地质环境监测总站管理。监测区控制面积约766 km^2。完成提交了《宁夏固原北川地下水动态观测总结报告》（1990~1995年）。

吴忠市利通区地下水动态监测始于1997年，控制监测区面积约100 km^2。

2015年6月，国家地下水监测工程启动实施，受中国地质环境监测院委托，宁夏国土资源调查监测院负责完成宁夏区内国土资源部门地下水监测站点工程子项目的组织实施与监督管理工作。计划在宁夏范围内共建设307个地下水监测站点，其中新建191个，修复116个，钻探总进尺21405 m。建设时间为2016年和2017年两个年度，截至2017年底，所有监测井均已建设完成，并且通过了单孔验收和标段验收。至此，宁夏回族自治区自然资源部门地下水监测井共590点，其中水质监测点307点。

5. 地下水资源调查评价研究史

（1）《宁夏回族自治区地下水储量计算（草案）》

1960年10月，宁夏回族自治区地质局水文地质工程地质队编写了《宁夏回族自治区地下水储量计算报告》。该储量计算报告在总结前人水文地质普查和银川平原地下水动态长观资料的基础上，将全区划分为银川平原、卫宁平原区、鄂尔多斯地台区、宁南黄土丘陵区和基岩山区5个计算区。以四大储量为基础，估算了宁夏地下水静储量$876\times10^8\ m^3$，调节储量$13.89\times10^8\ m^3$，动储量$9.96\times10^8\ m^3$。没有计算地下水开采储量。

（2）宁夏回族自治区地下水资源调查评价（第一轮）

1982年4月至1983年10月，宁夏回族自治区地质矿产局第一水文地质工程队进行了全区地下水资源评价工作。本次全区性地下水资源评价工作，改变了过去计算四大储量的评价方法，引进了地下水天然资源、开采资源、储存资源和弹性资源的新概念；使用有效降雨量计算降雨入渗补给量，换算大水体蒸发量和极限蒸发深度计算地下水蒸发量；基岩山区采用泉水流量和河谷基流量计算地下水径流模数，利用地下水长期观测资料计算了银川平原潜水含水层的给水度，利用规则和不规则网格有限差数方程计算了清水河谷平原代堡、石碑湾，盐池县城郊冯记圈潜水层的给水度；根据水均衡理论，推导了银川平原、卫宁平原渠系渗漏补给量方程。1983年年底完成地下水资源评价报告，1984年4月经宁夏回族自治区地质矿产局组织审查验收通过。资源评价报告将全区划为贺兰山、银川平原、陶灵盐台地、宁中山地及山间平原、腾格里沙漠、宁南黄土丘陵及河谷平原、宁南山地七个水文地质单元及水文地质计算区，计算评价全区地下水天然资源量$26.730\times10^8\ m^3/a$，中山区$4.806\times10^8\ m^3/a$，川区$22.924\times10^8\ m^3/a$。全区地下水开采资源量$21.948\times10^8\ m^3/a$，其中银川平原、卫宁平原$20.667\times10^8\ m^3/a$，丘陵山区$1.281\times10^8\ m^3/a$。

（3）宁夏全区第二轮地下水资源评价

2001年3月至2002年9月，宁夏地质环境监测总站进行了宁夏全区第二轮地下水资源评价工作。按照国土资源部全国地下水资源评价项目组颁发的《全国地下水资源评价工作大纲与技术要求》《全国地下水资源评价信息系统空间数据库建设工作指南》及相关规范的要求，于2002年9月完成了《宁夏地下水资源评价报告》，2002年12月通过中国地质环境监测院评审。该报告通过对以往水文地质勘察成果的综合研究，在1984年地下水资源评价的基础上，对宁夏地下水资源的数量、质量、时空分布特征和开发利用条件重新进行了评价。计算评价全区地下水天然资源量$31.5547\times10^8\ m^3/a$，矿化度小于5 g/L的地下水天然资源量$30.5270\times10^8\ m^3/a$，全区地下水开采资源量$22.9612\times10^8\ m^3/a$。初步建立了《宁夏地下水资源评价信息系统空间数据库》。

（4）银川平原地下水资源合理配置调查评价

2003~2005年，宁夏回族自治区地质调查院与长安大学合作进行了“银川平原地下水资源合理配置调查评价”工作，银川平原地下水资源合理配置调查评价项目是“全国地下水资源及其环境问题调查评价”项目的子项目。2003年3月20日，中国地质调查局以《中国地质调查局地质调查工作项目任务书》（水〔2003〕001-16）下达给了宁夏地质调查院。宁夏地质调查院在三年的时间里，通过资源收集分析整理、野外调查、动态监测、遥感解译、试验和分析、综合研究等方法手段，于2006年7月编制完成了《银川平原地下水资源合理配置调查评价》报告。该项目查明地下水补、径、排条件变化特征及其相关的环境地质问题与成因。建立银川平原地表水地下水配置模拟模型，结合社会经济发展规划和工农业生产现状等，优化了水资源配置及开发利用方案。为水资源合理配置、促进水资源与生态地质环境的和谐、国土资源综合规划等提供地质依据，为全国地下水资源及其环境问题综合评价提供基础资料。报告于2007年通过中国地质调查局的评审验收，质量为优秀级。

（5）银川平原地下水资源开发-环境-经济综合效应研究

2003年10月至2006年12月，宁夏地质工程勘察院及中国地质大学（北京）水资源与环境学院共同完成了《宁夏银川平原地下水资源开发-环境-经济综合效应研究》项目。该项目是中央财政补助地方地质勘查项目，主要目标任务是应用较为先进的地质及水文地质工作手段，查明银川平原区的地下水开采潜力。提出合理开采及管理地下水方案，最终建立集水文地质空间结构、数学模型、可视化数据信息系统于一体的地下水资源管理平台，便于合理规划经济布局。合理开发利用地下水资源，促进经济发展与生态环境协调发展。

项目在大量收集整理已有钻孔资料和剖面资源的基础上，应用转换概率地质统计学的方法和软件，建立了银川平原三维地质结构模型；应用地下水同位素信息，同位素示踪和放射性测年技术，建立了同位素模型，定量地评估了地下水年龄及更新速率，探索了银川盆地地下水循环模式；应用电阻率测深法，确定地下水矿化度与电阻率关系的数学模型，建立三维电性特征模型，预测并弥补 300 m 深度以下的地下水补给条件及地下水质特征；划分了银川平原的地下水系统，建立了水文地质概念模型和地下水数值模型，分析了三种引黄量条件下银川平原的地下水动态，并分别计算评价了天然资源量和开采资源量；针对银川平原主要的环境水文地质问题，结合社会经济可持续发展的思想和观点，利用现代水资源系统理论，建立了银川平原地表水-地下水多目标管理模型，进行优化分析，给出了银川平原水资源管理对策；初步构建了银川平原地下水资源、经济、环境地质空间数据库及信息系统。

（6）宁夏沿黄经济区水文地质环境地质调查

2013~2016 年，宁夏回族自治区水文环境地质勘察院完成了“宁夏沿黄经济区水文地质环境地质调查评价”项目，该项目主要目标是围绕宁夏沿黄经济区建设需求，以提高沿黄经济区水文地质环境地质工作研究程度，实现水资源的高效利用与生态环境协调发展为主线，在以往工作基础上，开展 1∶5 万水文地质环境调查，查明沿黄经济区水文地质环境条件，评价地下水资源开发潜力，圈定具有供水意义的地下水水源地，开展沿黄经济区地下水资源合理开发利用专题研究，为宁夏沿黄经济区规划建设提供依据。

项目在充分分析研究的基础上，通过遥感解译查明了沿黄经济区土地类型、利用现状，构建了三维地电模型，查明了平原区第四系结构特征，应用环境同位素和水化学信息，结合剖面模拟技术，确定银川平原卫宁平原的地下水系统，圈定多处有供水意义的地下水水源地，划分了地下水系统、阐明了地下水系统特征，分析了环境水文地质问题变化趋势，建立了沿黄经济区地下水功能评价指标体系，完成了地下水功能区划。

二、地下水开发史

宁夏地下水开发始于中华人民共和国成立以来，由农田灌溉供水、人畜饮水发展为城市饮用供水，本次叙述根据系统评价资料，按照从老到新的时间顺序进行：20 世纪 70 年代地下水资源的开采量采用第一轮水资源评价《宁夏地下水资源评价报告》（1984 年）数据，20 世纪 80 年代地下水开采量采用《宁夏地下水现状调查及保证程度论证报告》（1991 年）数据，20 世纪 90 年代地下水开采量采用第二轮水资源评价《宁夏地下水资源》（2002 年）数据；进入 21 世纪，地下水资源开采以城市供水、农村安全饮水供水为主，部分散井开采为辅的开采方式，采用《宁夏地下水资源调查评价》（2014 年）数据。

20 世纪 70 年代，宁夏地下水的开采尚处于初期阶段。据宁夏回族自治区水利局统计资料，1981 年有机井 6570 眼，其中分布在川区的有 5382 眼，山区的有 1188 眼，开采量 2.2131×108 m^3/a。由于宁夏地下水资源分布的不均匀性，大部分机井都集中在平原和山区河谷洼地中，在干旱缺水山区初步建立了井灌区。如清水河河谷平原三营以南地区、西安州洼地、兴仁洼地、葫芦河河谷平原及盐池县境内的坳谷洼地中，主要用于建立农牧业基地。当时这些地区地下水开采强度较弱，开采模数一般在（1~5）$\times10^4$ m^3/（a·km^2）、（5~10）$\times10^4$ m^3/（a·km^2）。在盐渍化严重的银川平原北部地区，建立了排灌网，在春季返盐期前强烈抽水，降低地下水位，以控制盐渍化程度，在夏季和冬季两次抽水以供作物需水和饱和土壤，地下水开采模数为（5~10）$\times10^4$ m^3/（a·km^2）。银南和陶乐地区地下水开采模数仅（1~5）$\times10^4$ m^3/（a·km^2）。

20 世纪 80 年代，大中小型水源地及开采井群有 31 处，配套供水机井 8164 眼，开采量 4.5676×10^8 m^3/a。其中，水源地开采井 596 眼，开采量达 2.5774×10^8 m^3/a；自备井（厂矿单位自备井和农田灌溉井）7568 眼，开采量 1.9902×10^8 m^3/a。

20 世纪 90 年代，宁夏共有地下水开采井 10541 眼，其中城市自来水厂机井 103 眼，厂矿企业自备井 1117 眼，农村机井 9321 眼。地下水开采量为 $5.5511\times10^8\ m^3/a$，其中石炭井区引泉量 $0.0041\times10^8\ m^3/a$，隆德引泉量 $0.0003\times10^8\ m^3/a$，泾源县引泉量 $0.0061\times10^8\ m^3/a$。银川平原 250 m 深度内地下水开采量为 $4.4634\times10^8\ m^3/a$，占总开采量的 75.90%。南部山区的清水河平原，西安州洼地，南、西华山古洪积扇，葫芦河平原等开采地段地下水开采量为 $1.4173\times10^8\ m^3/a$，占总开采量的 24.10%。地下水开采井数在逐年增加，开采量亦随之增加，在开采井群相对集中的银川市区、石嘴山市大武口区、清水河河谷平原、葫芦河河谷平原和西安州洼地，已形成区域水位下降漏斗，银川市区和大武口区区域水位下降漏斗经多年开采已达到平衡状态，降落漏斗范围趋于稳定，局部地段水位还略有回升。

进入 21 世纪，地下水开采主要为城市供水水源地、农村安全饮水工程及部分工矿企业、农业灌溉自备散井开采，其中城市供水水源地开采量为 $1.295\times10^8\ m^3/a$，农村安全供水工程开采量为 $0.50\times10^8\ m^3/a$，工矿企业自备井开采量为 $2.594\times10^8\ m^3/a$，农业灌溉开采量为 $1.168\times10^8\ m^3/a$。

地下水开采量调查统计数据表明，20 世纪 70 年代宁夏地下水开采量为 $2.2131\times10^8\ m^3/a$，80 年代为 $4.5676\times10^8\ m^3/a$，90 年代为 $5.5511\times10^8\ m^3/a$；其中 20 世纪 80 年代地下水开采量比 70 年代增加 $2.3545\times10^8\ m^3/a$，90 年代地下水开采量比 70 年代增加了 $3.3380\times10^8\ m^3/a$，比 80 年代增加了 $0.9835\times10^8\ m^3/a$，地下水开采量在逐年增加。20 世纪 70 年代北部平原区 12 县（市）地下水开采量为 $1.6347\times10^8\ m^3/a$，南部山区 8 县（市）地下水开采量为 $0.5784\times10^8\ m^3/a$；80 年代北部平原区 12 县（市）地下水开采量为 $3.3740\times10^8\ m^3/a$，南部山区 8 县（市）地下水开采量为 $1.1936\times10^8\ m^3/a$，分别占总开采量的 73.86%、26.13%；90 年代北部平原区 12 县（市）地下水开采量为 $4.4634\times10^8\ m^3/a$，南部山区 8 县（市）地下水开采量为 $1.0877\times10^8\ m^3/a$，分别占总开采量的 80.41%、19.59%。21 世纪以来，宁夏地下水开采量为 $5.559\times10^8\ m^3/a$，比 20 世纪 70 年代增加了 $3.3459\times10^8\ m^3/a$，比 20 世纪 80 年代增加 $0.9914\times10^8\ m^3/a$，比 20 世纪 90 年代增加 $0.0079\times10^8\ m^3/a$。地下水开采资源增幅有所减小，总体依然呈现出增长趋势。

第二节　区域地下水资源

一、地下水资源分区

依据地貌、地质构造、水文地质条件，将宁夏全境划分为地下水资源区、地下水资源亚区和地下水资源地段三级水文地质单元。“区”依据决定水文地质条件的地质、地貌因素划分；“亚区”依据次一级地貌单元及地下水类型划分；“地段”在结合各“亚区”水文地质特征的基础上，依据亚区的水文地质研究程度来划分。根据分区原则可将宁夏划分为 7 个地下水资源区、21 个地下水资源亚区和 50 个地下水资源地段（图 28-1）。

根据地下水的赋存条件，宁夏分布较广的地下水类型主要有松散岩类孔隙水、碎屑岩类孔隙裂隙水、基岩裂隙水和碳酸盐岩裂隙岩溶水。

结合地下水资源分区、地下水类型对各区水文地质特征进行论述。

（一）贺兰山区（Ⅰ）

贺兰山处于银川平原西侧，北起乌兰布和沙漠、南至三关口金塔泉，面积 1888.97 km^2，为一南北走向的狭长山体，主峰海拔 3556 m，山体主要由元古宇变质岩系、古生界碳酸盐岩、碎屑岩组成，富水性不均，大气降水是基岩裂隙水唯一的补给来源。基岩裂隙水多以下降泉出露，流量 20～300 m^3/d，矿化度小于 1 g/L。地下水类型主要为基岩裂隙水和碳酸盐岩裂隙岩溶水。

（二）银川平原区（Ⅱ）

银川平原位于宁夏北部，南起青铜峡，北至石嘴山，西依贺兰山，东靠鄂尔多斯台地，南北长

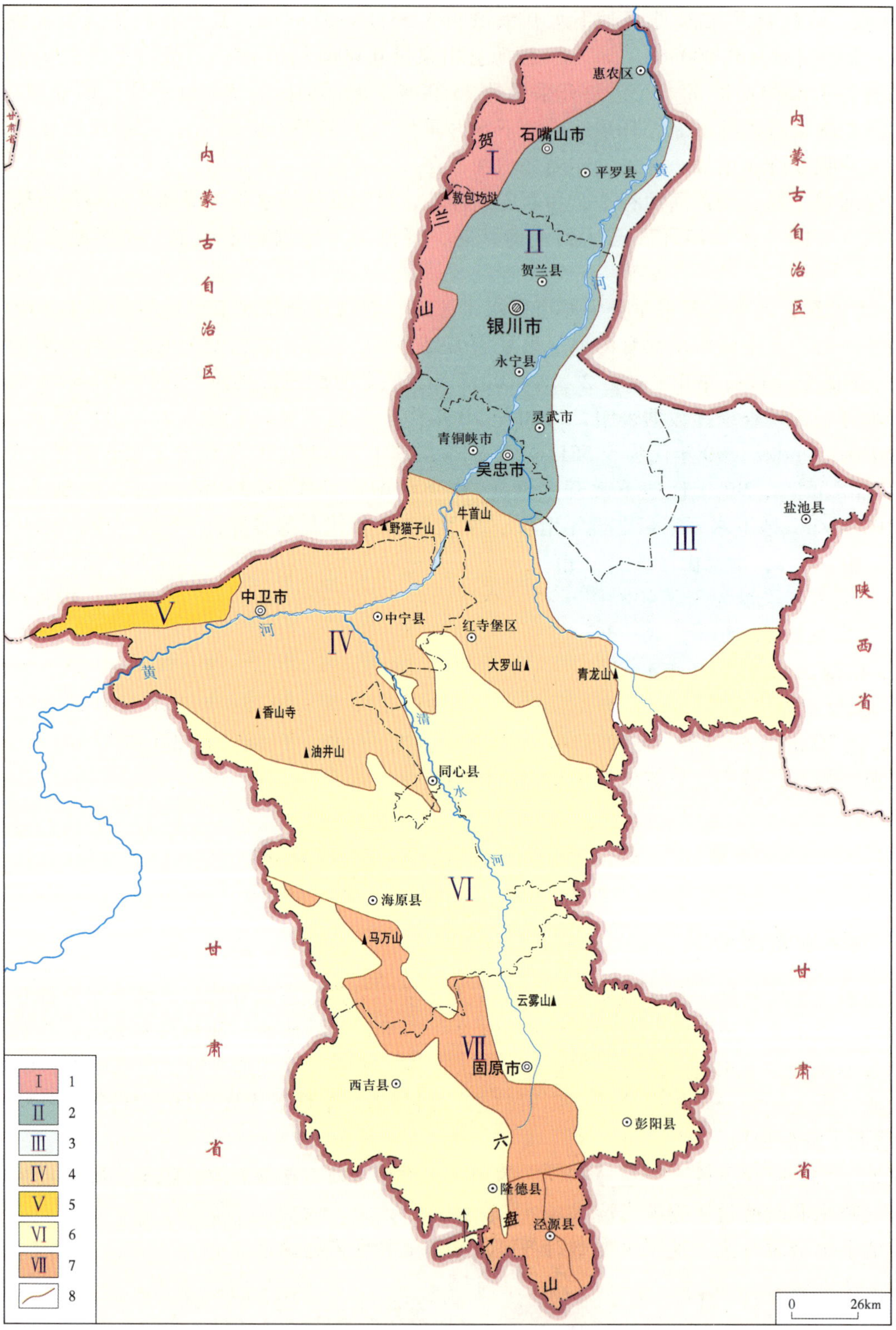

图 28-1 宁夏地下水资源分区略图

（据张黎等，2003，有修改）

1—贺兰山区；2—银川平原区；3—陶灵盐台地区；4—宁中山地及山间平原区；5—腾格里沙漠区；6—宁南黄土丘陵及河谷平原区；7—六盘山区；8—分区界线

165 km，东西宽 42～60 km，面积 7295.02 km^2，海拔 1100～1400 m，是宁夏最低处。银川盆地为新生代形成的断陷盆地，总体走向为北北东向，新生界厚度达 7000 m，第四系最厚达 1600 m。第四系成因类型由山麓至黄河河床呈现带状分布：洪积→冲洪积→冲湖积→冲积，巨厚松散堆积所具有的巨大孔隙空间，成为地下水运移和贮存的场所，构成了规模宏大的地下水库。地下水类型有松散岩类孔隙水、碎屑岩类裂隙孔隙水、碳酸盐岩类裂隙溶洞水、基岩裂隙水，其中后三者主要在平原周边局部地区零星分布，松散岩类孔隙水是最主要的含水系统（图 28-2）。

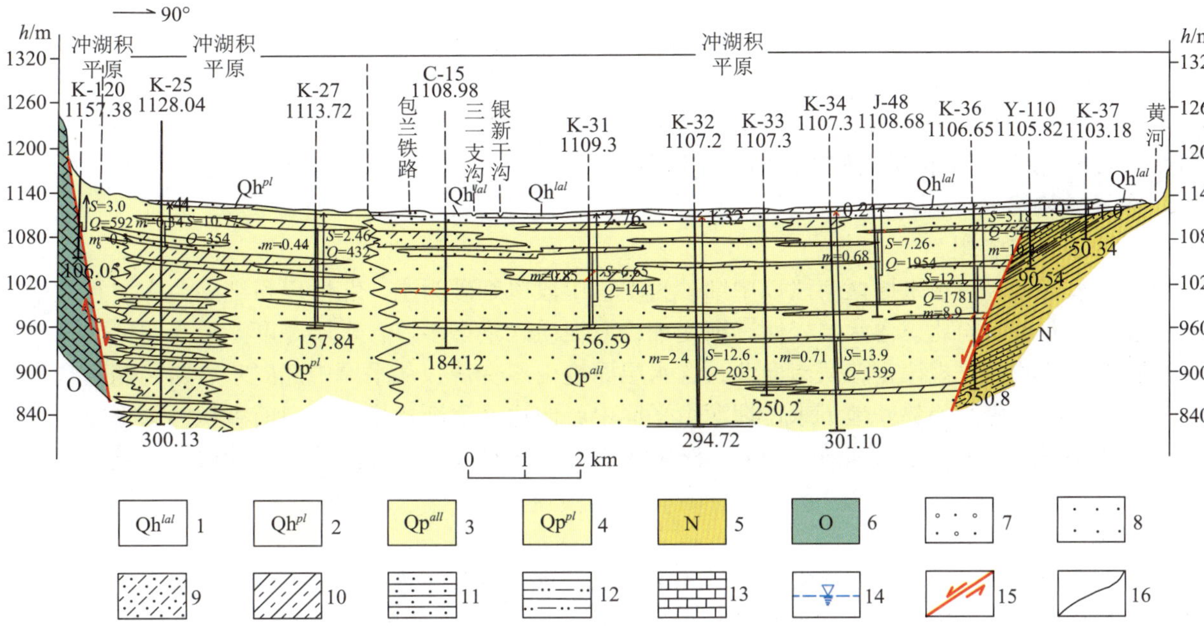

图 28-2 银川平原中部水文地质剖面图

（据宁夏地质工程勘察院，1995，有修改）

1—第四系全新统冲湖积层；2—第四系全新统洪积层；3—第四系更新统冲湖积层；4—第四系更新统洪积层；5—新近系；6—奥陶系；7—砂砾岩；8—细砂；9—粘砂土；10—砂粘土；11—砂岩；12—泥质砂岩；13—灰岩；14—潜水水位线；15—断层；16—地质界线

银川平原的第四系松散岩类孔隙水可分为两个大区：单一潜水区和潜水-承压水多层含水层结构区。单一潜水区主要分布在平原区西部和南部的局部地区，主要由贺兰山东麓山麓洪积与青铜峡峡口冲积砂卵砾石组成，岩性上下基本一致，地下水为单一潜水，水量丰富，水质良好。其他地区为多层结构区，在大约 250 m 深度以上的范围内，可划分出三个含水岩组，从上向下依次是潜水含水岩组、第一承压含水岩组、第二承压含水岩组，各含水岩组之间通常具有相对较为连续的弱透水层。

1. 单一潜水区

单一潜水区包括黄河峡口冲积扇单一潜水区、贺兰山东麓洪积倾斜平原单一潜水区、黄河漫滩单一潜水区及石嘴山盆地单一潜水区。

黄河峡口冲积扇单一潜水区分布于银川平原最南端，系黄河出青铜峡峡口所形成的冲积扇，岩性单一。从西南向东北，含水层隔水底板标高逐渐降低，含水层岩性由卵砾石逐渐变为含砾粉细砂，含水层厚度由薄变厚，从 10 m 到大于 300 m。地下水水位埋深 0.5～4.0 m，单井涌水量 2000 m^3/d，冲积扇上部单井涌水量大于 5000 m^3/d，向冲积扇边缘水量减少，地下水 TDS 一般小于 1 g/L。

贺兰山东麓洪积斜平原单一潜水区沿贺兰山东麓分布，北起红果子火车站，南至永宁窦家圈，为贺兰山山前冲洪积物。南北长 120 km，东西宽 3～10 km。含水层岩性总体上自西向东由粗变细，由块石、卵砾石、砂砾石变为砂砾石夹砂层。第四系厚度可达 500～600 m。地下水水位埋深 5～100 m，西部大于东部，南部大于北部。单井涌水量大于 1000 m^3/d。水质良好，TDS 通常小于 1 g/L，水化学类型为重碳酸盐型水。

黄河漫滩单一潜水区沿黄河分布，由现代河流冲积而成。含水层岩性由北向南由细变粗，主要为中细砂、中粗砂，少量粗砂和粉砂组成，偶见砂砾石层和粘性土透镜体。由于表层覆盖有薄层粘性土层。由于基底古近系—新近系的起伏，导致含水层厚度变化十分突出，富水性变化大，单井涌水量200~3000 m^3/d。水质普遍较差，TDS 一般 1~3 g/L，部分地段可达 20 g/L。水化学类型复杂多变。

石嘴山盆地单一潜水区位于石嘴山火车站古近系—新近系隆起带以北，主要由开阔的洪积扇组成，近黄河冲洪积而成，两者相互连通，呈镶嵌接触，垂向上无连续隔水层，含水层岩性自西向东从卵砾石变为砂砾石夹砂层，东部含粘性土透镜体。第四系厚度一般在 60~115 m 之间，山前多为70 m。东部靠黄河小于 10 m。含水层厚度由东西两侧向中间变厚。水位埋深山前洪积扇中上部 50~80 m，洪积扇下部 20~50 m，近河边个别地段 5~10 m。富水性极强，大部分地区单井涌水量大于3000 m^3/d，南部中间地带单井涌水量 1000~3000 m^3/d，最大 9243 m^3/d。水质好，TDS 小于 1 g/L，个别点略大于 1 g/L。水化学类型以 HScn 和 HSnc 为主。

2. 多层结构区

（1）潜水含水岩组

潜水含水岩组岩性在平原区南段以中细砂为主，中段以细砂为主，北段以粉细砂为主。自盆地边缘向盆地中心即由南向北，含水层岩性逐渐变细，淤泥质含量增多。含水层厚度一般为 20~60 m。该组含水层厚度总的变化规律是，从南向北，含水层厚度由厚变薄；从平原中部向东、西两侧，含水层厚度也具有从厚变薄的趋势。地下水位埋深由平原中心向边缘逐渐递增，在山前洪积倾斜平原地带为2~10 m，冲湖积平原和冲积平原小于 2 m。潜水含水岩组隔水底板主要由粘土、砂粘土组成，其厚度一般为 2~12 m。

（2）第一承压含水岩组

第一承压含水岩组顶板埋深通常在 25~60 m 之间，底板埋深一般为 140~160 m。含水岩组通常由2~5 个相互具有水力联系的含水层所构成，它们之间有极不稳定的粘性土夹层，连续性差，地下水体相互贯通。含水层岩性主要为细砂、粉细砂和少量中砂。第一承压含水岩组的厚度一般在 40~130 m 之间。该含水岩组厚度总的变化规律是，在平原的中部地区含水层厚度较大，向东、西两侧，含水层厚度逐渐变薄。第一承压含水岩组隔水底板的岩性亦为粘土、砂粘土，其厚度一般为 2~14 m。第一承压含水层是银川市城市供水的主要开采层，多年来形成了以西夏区为中心的区域性水位降落漏斗，2000 年中心水位降至地表以下 19.107 m，漏斗面积达 437.67 km^2。

（3）第二承压含水岩组

分布范围与第一承压含水岩组基本一致，底板埋深一般为 240~260 m。含水层厚度一般为 50~110 m，以细砂、粉细砂为主，一般 1~2 层，顶板厚度一般为 1~7 m，岩性为砂粘土、粘砂土、粘土，连续性差，第一承压水和第二承压水水力联系密切。第二承压水大部分地区为极富水地段，一般单井涌水量大于 3000 m^3/d，个别达 5400 m^3/d。

（三）陶灵盐台地区（Ⅲ）

陶灵盐台位于宁夏东部，系鄂尔多斯高原西南隅，地表波状起伏，并伴有带状风沙堆积。主要有松散岩类孔隙水和碎屑岩类孔隙裂隙水。上部第四系堆积物广泛分布，多为透水不含水的岩层，在坳谷洼地区，是聚集和储存地下水的主要场所。含水层主要为第四系洪积砂砾石层、粘砂土层，潜水主要补给来源为大气降水，富水性受含水层厚度、汇水面积的控制，多为弱富水地段，矿化度 1~3 g/L。下伏地层为下白垩统，在该区广泛分布，为一套陆相碎屑沉积物，大致沿盐池南北分水岭构成宽缓的大向斜，即布伦庙-镇原大向斜，沿大向斜轴线及其两侧形成了较丰富的裂隙孔隙水和承压水。含水层主要岩性为砂岩、砾岩、泥质砂岩（图 28-3），在 500 m 深度内大部分钻孔的单井涌水量为 100~500 m^3/d，矿化度 1~3 g/L，仅在盐池北部骆驼井一带矿化度小于 1 g/L。该区突出的环境水文地质问题是高氟水广泛分布，形成地方性氟病区。

（四）宁中山地与山间平原区（Ⅳ）

宁中山地与山间平原区位于宁夏中部，平原与山地交错分布，山地主要有香山、卫宁北山、烟筒

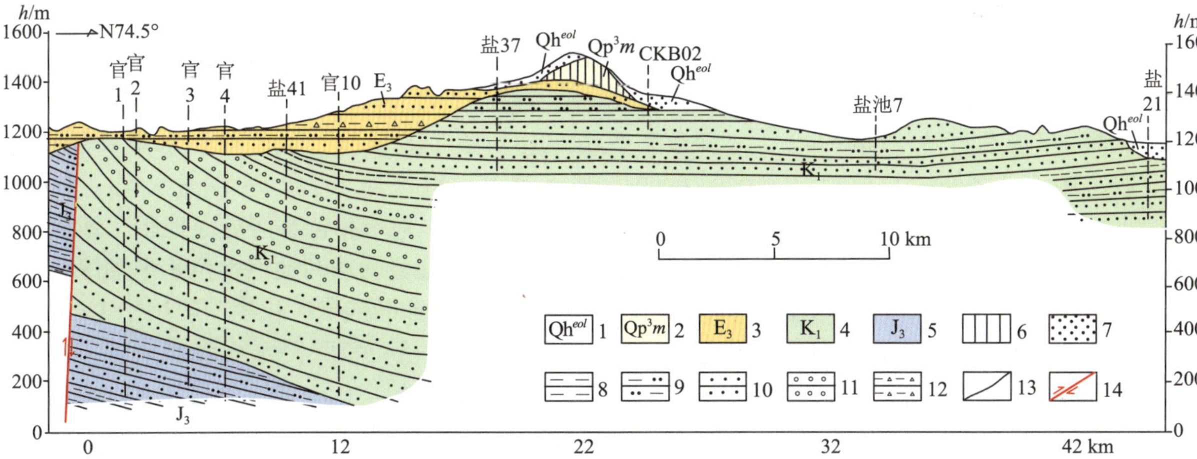

图 28-3 陶灵盐台地区东部地质剖面图

（据宁夏地矿局第一水文地质队，1976，有修改）

1—第四系全新统风积层；2—第四系更新统马兰组；3—古近系渐新统；4—下白垩统；5—上侏罗统；6—黄土；7—砂层；8—泥岩；9—泥质砂岩；10—砂岩；11—砾岩；12—石膏质泥岩；13—地层界线；14—断层

山、牛首山、罗山和青龙山，平原主要有卫宁平原、红寺堡洼地、韦州-下马关洼地。该区降水量200～300 mm，地下水补给来源贫乏，多为贫水区。在大罗山东麓的红城水、西麓的柳泉地区、南端的水套地区均分布有丰富的洪积层地下水。

卫宁平原：为引黄灌区，地下水资源丰富，平原挟持于卫宁北山与香山、烟筒山、牛首山之间，面积 794.126 km^2，为新生代断陷盆地，第四系厚度 100～200 m，一般在 50 m 深度内主要为黄河冲积砂砾卵石层，岩性比较稳定，表层 0～10 m 多为粘性土，50 m 以下则以粘性土夹砂层或砂砾石层、砂卵石层为主，岩性不稳定。地下水类型可分为潜水和承压水（图 28-4）。潜水含水层岩性主要为砂砾石层，局部夹中细砂层及粘性土透镜体，厚度一般为 10～50 m。水位埋深一般为 1～5 m，一般由河床向两侧山区边缘增大，富水性一般由上游向下游、由河床向山边减弱，单井涌水量 100～2000 m^3/d，水化学类型一般为 HCO_3—Ca-Mg 水，水质比较复杂，溶解性总固体小于 1 g/L 的区域大多分布在沿黄河一带，其他地区多为 1～3 g/L。

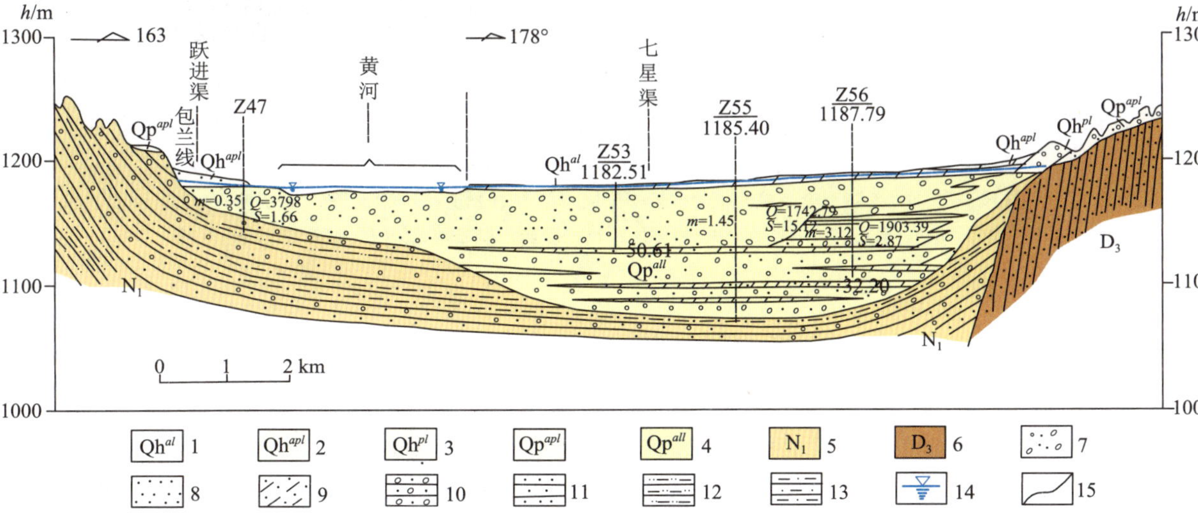

图 28-4 卫宁平原水文地质剖面图

（据宁夏地矿局第一水文地质队，1982，有修改）

1—第四系全新统冲积层；2—第四系全新统冲洪积层；3—第四系更新统冲洪积层；4—第四系更新统冲湖积层；5—新近系；6—上泥盆统；7—砂卵砾石；8—细砂；9—粘质砂土；10—砂砾岩；11—砂岩；12—泥质砂岩；13—砂质泥岩；14—水位线；15—地层界线

红寺堡洼地：位于大罗山西麓，洼地基底为新近系和古近系红层，上覆第四系厚 100~150 m，主要为洪积砂砾石、砾石层，地下水主要赋存于大罗山西麓的第四系断陷带内。含水层主要为第四系更新统砂砾石、砾石层，其次为全新统砂砾石层。大罗山西麓断陷带北段沉积幅度最大的部位富水性最强，单井涌水量最大可达 5900 m^3/d，南段和大罗山东麓断陷带北段次之，单井涌水量一般 500~3000 m^3/d。断陷带之外的其他地区，第四系堆积物比较薄，富水性最差，单井涌水量一般小于 500 m^3/d，甚至为不连续的含水体。水位埋深在甜水河河脑及沿岸地带和苦水河近河地带，地下水水位较浅，埋深小于 5 m 甚至溢出地表，形成泉和沼泽。向南随着地势的增高地下水位逐渐加深，至大罗山西麓倾斜平原中上部，地下水位加深至 50~100 m。大罗山西麓断陷带矿化度一般小于 1 g/L，红柳沟中下游地区和苦水河河谷地带矿化度 1~3 g/L。该区地下水主要受大气降水入渗和来自苦水河上游的地下侧向径流补给，地下水向甜水河、苦水河和红柳沟汇集，并在低洼处转化为地表水或消耗于蒸发。

（五）腾格里沙漠区（Ⅴ）

腾格里沙漠区位于中卫市沙坡头区西北，地处腾格里沙漠南缘，沙漠下伏地层为新近系和上泥盆统。上部风成砂多为透水不含水层，只有在洼地中才含水，且多和下伏地层中的潜水连成一片，主要受降水和凝结水的补给，水量、水质因地而异；下伏上泥盆统，岩性为紫红色长石石英砂岩、石英砂岩夹薄层泥灰岩，厚度 54.9~765 m，为碎屑岩类孔隙裂隙水，该含水层中出露的沙坡头艾泉（图 28-5），流量达 497 m^3/d，矿化度 233~256 mg/L，水化学类型为 HCO_3—Cu-Mg 水，为低钠、低氟、低矿化的含锶饮用天然矿泉水，上泥盆统含水层地下水是本区最有开采前景的目的层。

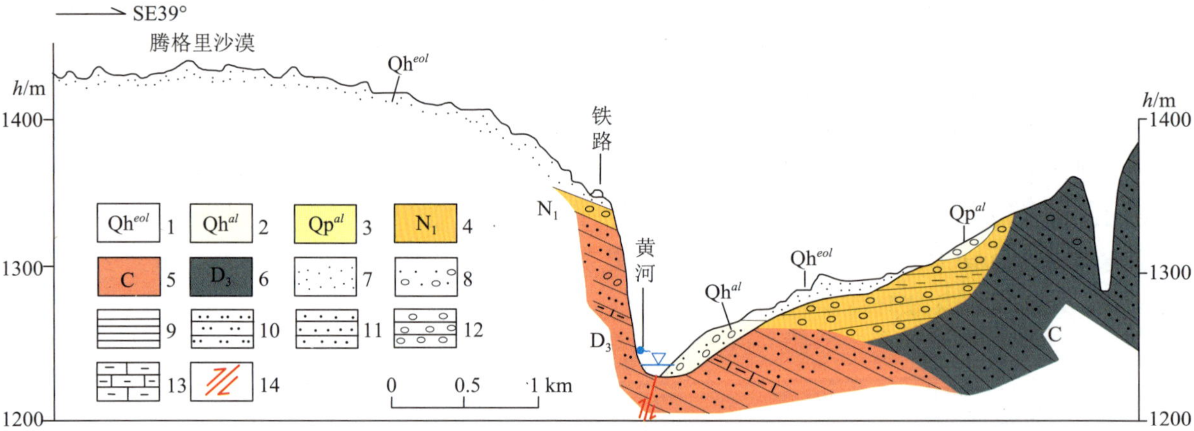

图 28-5　腾格里沙漠区水文地质剖面图

（据宁夏地质矿产局，1994，有修改）

1—第四系全新统风积层；2—第四系全新统冲积层；3—第四系更新统冲积层；4—新近系；5—石炭系；6—上泥盆统；7—细砂；8—砂砾石；9—页岩；10—粉砂岩；11—砂岩；12—砾岩；13—泥灰岩；14—断层

（六）宁南黄土丘陵与河谷平原区（Ⅵ）

宁南黄土丘陵区属西北黄土高原的一部分，大部分为干旱、半干旱区，少雨多风，蒸发强烈，地表沟壑纵横，水土流失严重，苦咸水广泛分布，为宁夏最缺水的地区。黄土一般不含水或微弱含水，河谷平原洼地中分布有较丰富的第四系孔隙水，如清水河河谷平原、葫芦河河谷平原、西安州洼地、兴仁洼地等。下伏地层主要有新近系、古近系、白垩系及奥陶系，在适宜的部位可找到水质较好的新近系和古近系层间承压水、白垩系层间承压水和奥陶系岩溶裂隙水等。

1. 清水河河谷平原

清水河河谷平原长度 175 km，宽度 7~20 km，面积 1503.392 km^2。基底为新近系、古近系和白垩系，平原周边为新近系、古近系和白垩系组成的山区，平原区第四系厚度约 200 m，由洪积、冲洪积、冲积砂砾石、砂层夹粘性土层组成，含水层岩性以砂砾石为主，一般为 2~5 层，单层厚度小于 20 m，累积层厚度 50~100 m，七营以南西侧山前洪积物发育，构成洪积倾斜平原。地下水类型主要为单一潜水，往东至河床地带过渡为潜水-承压水。

潜水含水组：在清水河平原普遍分布，局部具有微承压性，含水层岩性为砂砾石、含砾中细砂层，厚度一般为 10~65 m。地下水埋深变化大，一般为 10~20 m，三营以南小于 10 m，由平原向两侧递增，最大为 60 m。河床相含水层单井涌水量大于 1000 m^3/d，两侧山麓洪积相含水层单井涌水量 100~1000 m^3/d。潜水三营以南溶解性总固体小于 1 g/L，局部 1~3 g/L；以北水质逐渐变差，为 1~5 g/L。

第一承压含水组：分布于石碑湾、三营、六个窑、盘河南北一线以西至盆地西部。含水层为河床相及山麓冲洪积相砂砾石，厚度 10~60 m，隔水顶板为砂粘土，压力水头高出顶板 13~100 m，在侯磨一带形成小面积的自流区。富水区沿河谷平原中轴自南向北呈条带状展布，单井涌水量大于 1000 m^3/d，往两侧富水性递减，单井涌水量依次为 100~1000 m^3/d、小于 100 m^3/d。水位埋深 10~30 m，山前倾斜平原区水位埋深递增为 30~60 m。溶解性总固体自南向北逐渐增高，从小于 1 g/L 增至 1~3 g/L 和 3~5 g/L。

第二承压含水组：分布范围与第一承压水相吻合。含水层为冲洪积相砂砾石层，七营一带局部为半胶结砂砾石，含水层厚度 11~43 m，含水层顶板为砂粘土、粘砂土，厚度 5~22 m，构成隔水层在三营、七营等地第一承压水对该层有越流补给。三营、七营一带的古河床为富水区，单井涌水量大于 1000 m^3/d，往四周富水性逐渐变弱，单井涌水量 100~1000 m^3/d 或小于 100 m^3/d。水位埋深在河谷平原区小于 30 m，向盆地边缘递增为 30~60 m。溶解性总固体在黑城以南较低，由南往北递增，由小于 1 g/L 增至 1~3 g/L、3~5 g/L 和大于 5 g/L。

2. 葫芦河河谷平原

葫芦河河谷平原位于月亮山西麓西吉县境内，呈狭长树枝状，面积 372.815 km^2。上覆第四系厚度小于 50 m，一般 30m 左右，下伏为新近系和古近系红层，含水层主要为新近系。第四系岩性具有明显的二元结构，上部为黄土状亚砂土、亚粘土，厚 10~20 m，下部为砂、砂砾石层夹粘性土层（图 28-6）。下部砂层与砂砾石层一般都含水，潜水水位埋深主要取决于地势的高低，一般为 5~30 m。溶解性总固体多为 1~3 g/L，局部为小于 1 g/L 或 3~5 g/L。夏寨以北和将台到兴隆的二级阶地及其以下部位，富水性较强，单井涌水量一般大于 1000 m^3/d；夏寨到将台河段的二级阶地和马莲

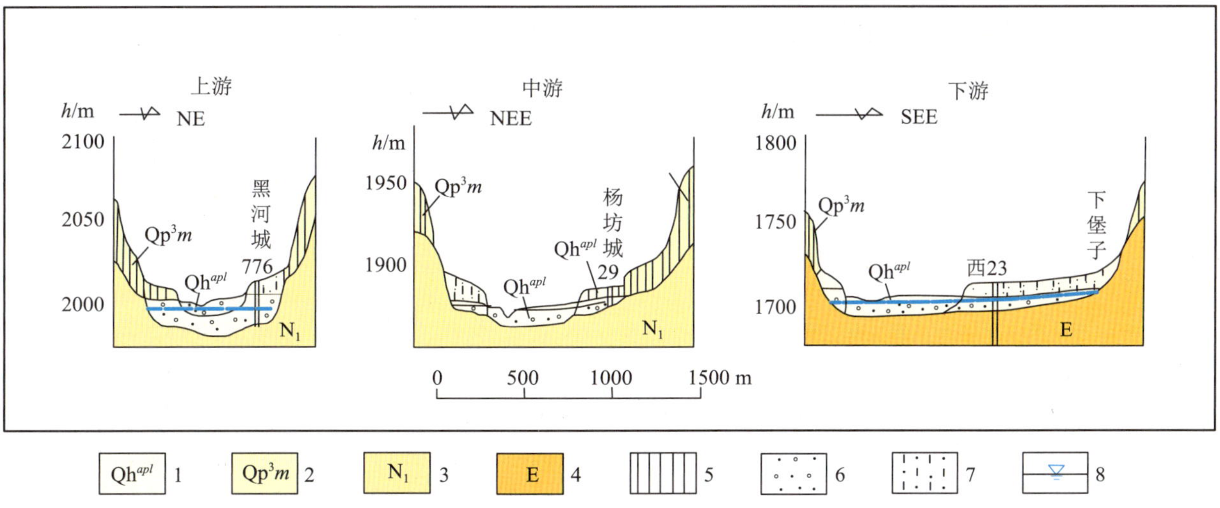

图 28-6 葫芦河平原地质剖面图

（据宁夏地矿局第二水文地质队，1984）

1—第四系全新统冲积层；2—第四系更新统马兰组；3—新近系；4—古近系；5—黄土；6—砂砾石；7—黄土类粘砂；8—水位线

川、什字川、好水川及兴隆以南地段，富水性中等，单井涌水量一般 500~1000 m^3/d；月亮山西麓各支沟上游及河谷三级阶地，富水性较弱，单井涌水量 100~500 m^3/d，局部地段小于 100 m^3/d。

3. 西安州洼地和南华山古洪积扇

西安州洼地位于南华山与西华山之间的山前地带，为新生代断陷洼地，面积约 89.66 km^2。第四系厚度 100~300 m，含水层主要为砂砾石层，分布于河床下部及两侧，顶板埋深 70~80 m，厚度 30~40 m，具承压性，水头埋深 50 m 左右，单井涌水量大于 2000 m^3/d，溶解性总固体 1~3 g/L。由河床向两侧含水层变薄，粒度变细，富水性变差。南华山古洪积扇位于南华山东北麓，长度约 50 km，宽度约 9~14 km，面积 934.525 km^2。第四系厚度大于 500 m，岩性结构具有一般洪积扇的特点，即由扇顶至前缘由单一的砂砾石层变为粘性土与砂砾石互层（图 28-7）。地下水类型亦由单一潜水变为潜水-承压水。在洪积扇前缘鸭儿涧沟切割到承压水含水层，使地下水呈泉群涌出，涌水量达 12000 m^3/d，水质良好，溶解性总固体小于 1 g/L。山前扇顶地下水水位埋藏较深，可达 200 m，中、北部水位埋深 80~140 m。含水层均为砂砾石层，中下部一般有 5~10 个含水层，累积厚度可达 130 m，单井涌水量 1000~2000 m^3/d，溶解性总固体除个别地带大于 1 g/L 外，其他地区均小于 1 g/L。

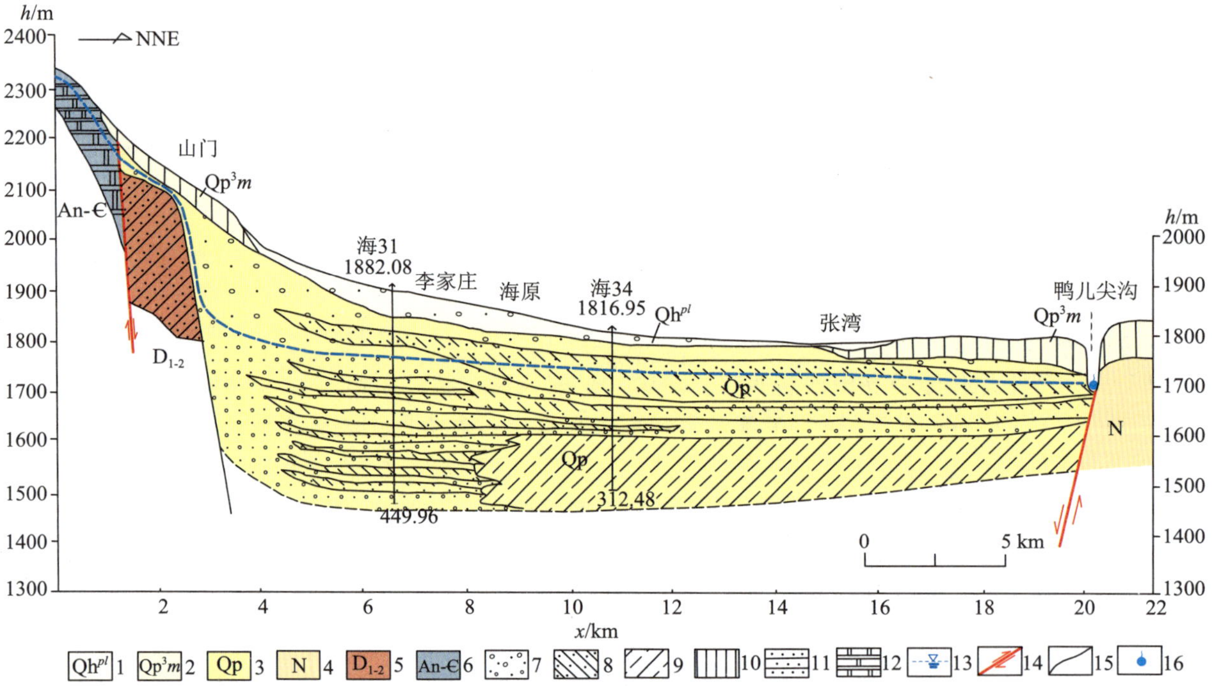

图 28-7 南华山古洪积扇水文地质剖面图

（据宁夏地矿局第二水文地质队，1981，有修改）

1—第四系全新统洪积层；2—第四系更新统马兰组；3—第四系更新统；4—新近系；5—中、下泥盆统；6—前寒武系；7—砂砾岩；8—粘砂土；9—砂粘土；10—黄土；11—砂岩；12—白云岩；13—水位线；14—断层；15—地层界线；16—泉

4. 兴仁洼地

兴仁洼地位于香山南麓，呈北西—南东向展布，长度 55 km，宽度 5~10 km，面积 547.345 km^2。为新生代形成的地堑式断陷洼地，地势自东南向西北倾斜，洼地内充填了较厚的第四系沉积物，岩性主要为洪积的粘性土夹砂层和砂砾石层（图 28-8）。含水层岩性主要是砂层与砂砾石层，一般有 3~6 个含水层，累积厚度可达 100 m。含水层按水力性质可分上下两段：下段为承压含水层，水头埋深 8.7~28.42 m，单井涌水量大于 2000 m^3/d，矿化度 2~4 g/L；上段为潜水含水层，水位埋深 12~85 m，由南北两侧向洼地中心变浅，南侧水位最深可达 85 m，北侧为 40 m，单井涌水量 100~600 m^3/d，水质较差，溶解性总固体为 3~5 g/L。洼地内地下水的补给来源主要为香山和黄家洼山的基岩裂隙水侧向径流补给，其次为大气降水，地下水主要以潜水蒸发排泄。

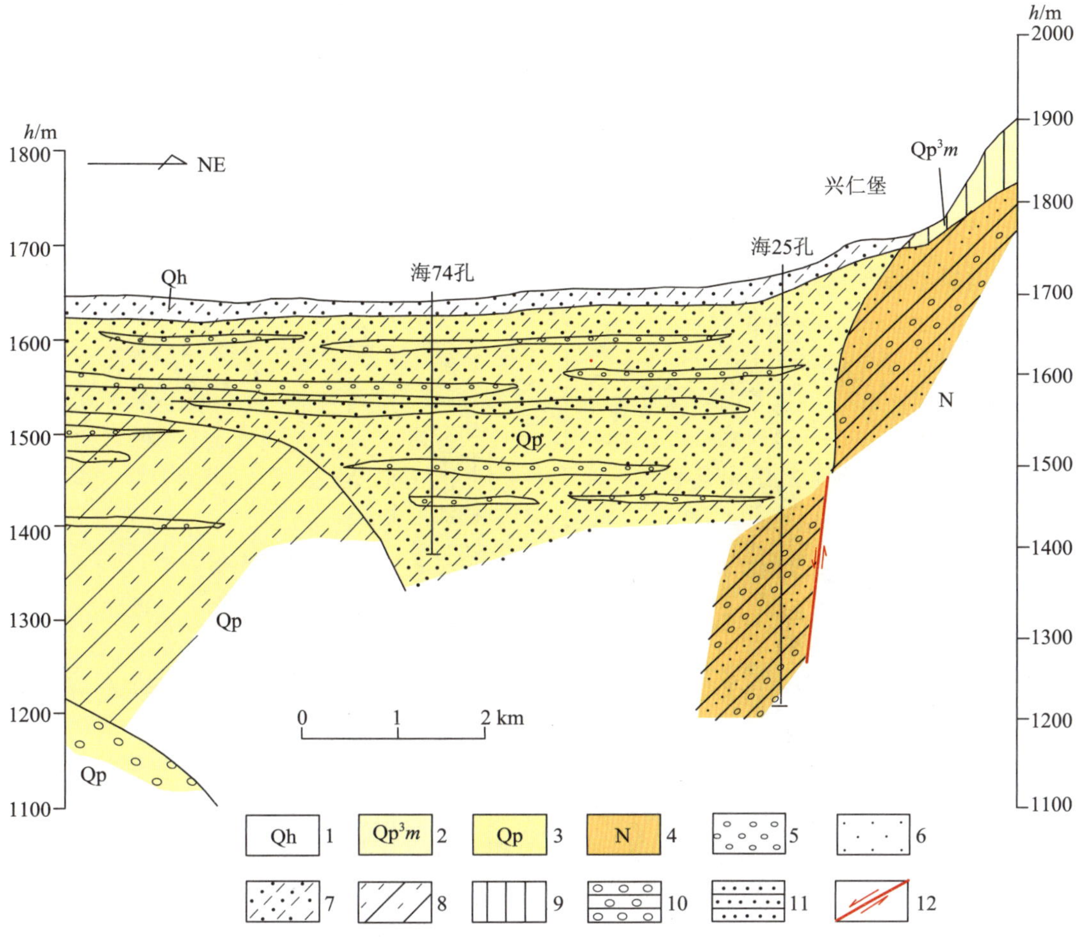

图 28-8　兴仁洼地地质剖面图

（据宁夏地矿局第二水文地质队，1981，有修改）

1—第四系全新统；2—第四系更新统马兰组；3—第四系更新统；4—新近系；5—砂砾岩；6—中细砂；7—粘砂土；8—砂粘土；9—黄土；10—砾岩；11—砂岩；12—断层

5. “南北古脊梁”岩溶水

“南北古脊梁”岩溶水纵卧于宁南黄土丘陵东部，位于大罗山、青龙山以南，面积 1235.186 km^2，上部多被黄土覆盖，除青龙山、云雾山出露较大外，其他地区均零星出露。“南北古脊梁”是宁南缺水地区找水最有前景的地段。主要含水层为寒武系、奥陶系碳酸盐岩。受多种岩溶发育因素影响，碳酸盐岩地层溶化程度较低，按溶化程度应属岩溶裂隙水，灰岩中岩溶不发育但有裂隙存在，比较细微的裂隙是灰岩中主要的含水空间，且容积相当大。并且在灰岩中发育的断裂带为导水通道，也是灰岩中地下水存在的根本原因。碳酸盐含水岩组的特点是水位埋深变化大，富水性极不均一，地下径流循环缓慢，其储存、运移受构造控制，主要以深循环为主，水质南好北坏变化较大。根据岩层的分布面积、厚度、岩性组合特征、勘探程度等划分为青白口系含硅质条带和结核的白云岩岩溶裂隙含水岩组、寒武系灰岩-白云岩岩溶裂隙含水岩组、奥陶系灰岩-白云岩岩溶裂隙含水岩组（图 28-9）。青白口系含硅质条带和结核的白云岩岩溶裂隙含水岩组为一套巨厚的碳酸盐岩，岩性以灰色、灰白色薄-中厚层含硅质条带和结核的灰质白云岩为主，下部有少量石英砂岩、粉砂岩、钙质板岩及砾岩等。主要出露于青龙山，厚度大于 708 m，向南沿“南北古脊梁”断续零星出露。根据零星露头和少量钻孔分析，青白口系主要分布在沿青龙山并向南至云雾山呈条带状展布，中间在张家-上掌地区被断层截断，北部向东，南部向西。揭露该含水岩组的有三个钻孔，含水岩性为白云岩、灰岩，YR17 孔 10%岩芯裂隙发育，Y18 孔 50%岩芯裂隙发育。水位埋深 182~387 m，富水性为中等富水，水质为微咸水，水化学类型为 HCO_3-Cl-SO_4—Na-Mg 水和 SO_4-Cl—Na-Mg 水，氟离子含量 1~

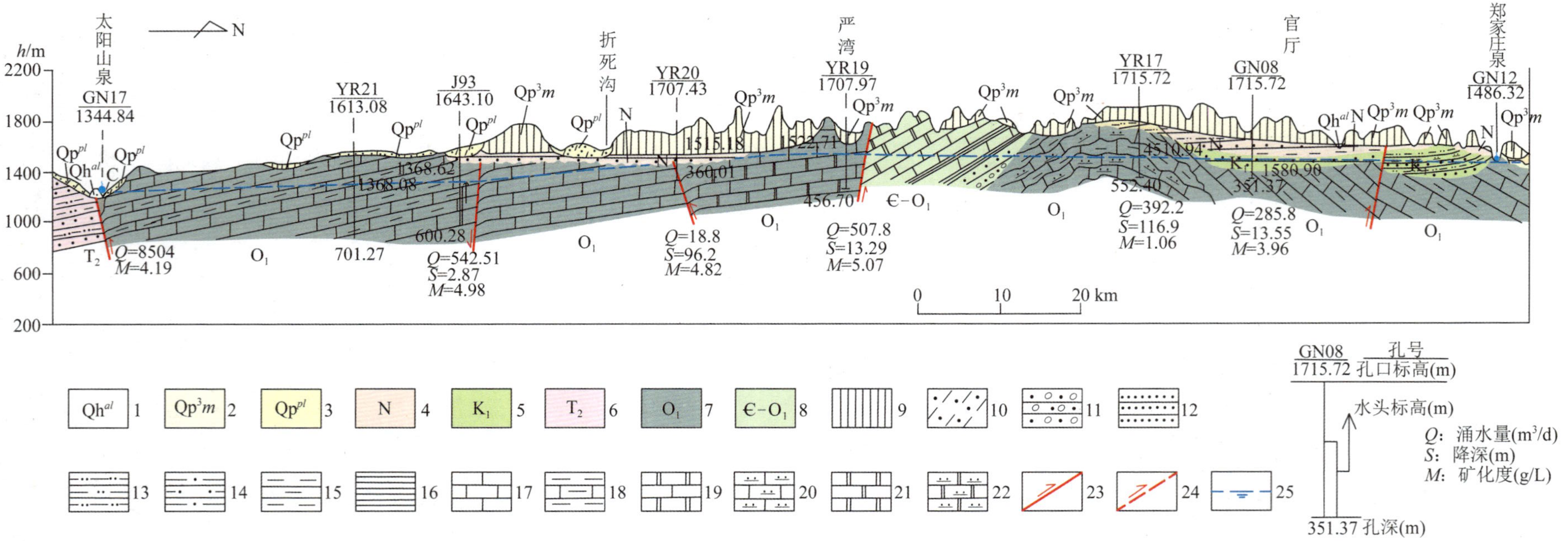

图 28-9 太阳山泉-郑家庄泉地质、水文地质综合剖面图

（据张黎，2003，有修改）

1—第四系全新统冲积层；2—第四系更新统马兰组；3—第四系更新统洪积层；4—新近系；5—下白垩统；6—中三叠统；7—下奥陶统；8—寒武系—奥陶系；9—黄土；10—粘砂土；11—砂砾岩；12—砂岩；13—泥质砂岩；14—砂质泥岩；15—泥岩；16—页岩；17—灰岩；18—泥质灰岩；19—白云质灰岩；20—硅质灰岩；21—白云岩；22—硅质白云岩；23—断层；24—推测断层；25—水位线

3 mg/L，由抽水曲线判定为承压水。寒武系灰岩-白云岩岩溶裂隙含水岩组，总厚度 744.7 m，以灰岩为主，是最主要的含水层，其他岩组厚度薄，灰岩、白云岩、页岩、砂岩互层。由于露头少，勘探程度低，寒武系各岩组很难划分开，因此将寒武系划分为一个含水岩组。寒武系的分布范围与青白口系相似，两者相伴而生，主要分布在青龙山及其以南至固原高台。推测寒武系含水岩组富水性为弱富水-中等富水，矿化度 1~6 g/L。奥陶系灰岩-白云岩岩溶裂隙含水岩组分布面积广、厚度大，岩溶比较发育，是最主要的岩溶裂隙含水岩组，为灰色、深灰色厚-中厚层灰岩、泥质灰岩、白云质灰岩，出露于青龙山以及其以南沿“南北古脊梁”至固原三关口断续零星出露。根据零星露头和少量钻孔以及物探资料分析，在 800 m 深度内灰岩分布在太阳山-白家滩-马家高庄-大庄子地区、萌城-冯家庄-南湫沟地区、罗洼-明川-彭阳地区。沿青龙山-双庙-严湾一线天景山组灰岩埋藏较浅，深度小于 100 m，为覆盖型或裸露型岩溶区，向两侧深度变大，到岩溶区的边界推测大于 500 m，为埋藏型岩溶区。彭阳县城-白家河和郑家庄-店洼水库天景山组灰岩埋深小于 100 m，为覆盖型或裸露型岩溶区，其他地区埋深多在 100~500 m 之间。在灰岩中地下水储存运移在裂隙和溶洞中，裂隙、溶洞的发育程度和补给来源决定了含水岩组的富水程度。本区内的裂隙发育程度极不均匀，受构造的控制，在张性断裂构造、构造复合部位、褶皱的轴部裂隙发育。大部分地区灰岩溶蚀现象不发育，颉河地区较发育，太阳山泉地区最发育。在所有的岩溶裂隙地下水勘探孔中，除有一个孔为潜水外，其他钻孔均为承压水。地下水流向大致以稍沟湾-云雾山为界，北部向太阳泉和萌城泉流动；南部向郑家泉流动，到古城、新集、西阳地区地下水流向自西向东或向北东东方向流动。地下水水位埋深变化大，稍沟湾-云雾山一线以北地下水水位埋藏深度大，一般 135~275 m，个别 20~70 m。稍沟湾-云雾山一线以南地下水水位埋藏浅，均小于 65 m。奥陶系岩溶裂隙含水组富水性极不均匀，从干孔到单井涌水量 2700 m^3/d。官厅、交岔以南及太阳山泉附近为富水地段，单井涌水量多在 1000 m^3/d 以上，泉流量大于 2500 m^3/d。宁夏石嵝沟、黄花岔、萌城地区为弱富水地段，单井涌水量小于 35 m^3/d，有的为干孔。西阳-云雾山-稍沟湾一带由南向北水质逐渐变差。郑家庄以南水质很好，溶解性总固体在 638.73~744.62 mg/L，水化学类型 HO_3-SO_4—Na-Mg 型或 SO_4-HCO_3—Na 型水，氟离子含量在 0.6~0.8 mg/L，如宽坪 GN14 的溶解性总固体为 0.638 g/L，而郑家大泉 GN12 的溶解性总固体为 2.33 g/L，差别很大。郑家大泉溶解性总固体和氟含量相对较高，主要受西部水质较差的地下水径流补给及上部新近系和古近系影响所致。向北到吕家套，溶解性总固体逐渐升至为 2.03 g/L，水化学类型为 SO_4-Cl—Na-Mg 型水。云雾山-稍沟湾-太阳山一带，水质均较差，溶解性总固体在 4.19~4.9 g/L，水化学类型主要以 Cl-SO_4—Na 型或 Cl-SO_4—Na-Mg 型为主，氟含量为 32.3~3.5 mg/L。该含水层埋藏深，地下水主要在裂隙中贮存运移，径流弱，含水层主要接受第四系黄土中潜水补给，而这一地区黄土和新近系、古近系中可溶盐含量高，大气降水溶滤其盐分，最后进入灰岩含水层，导致该系统水质相对较差。在此区内有两大泉域即太阳泉和萌城泉。

6. 草庙-孟塬白垩系地下水

草庙-孟塬白垩系地下水分布于王洼、彭阳一线以东至彭阳县城东部边界一带，沉积了巨厚的保安群地层，向东以小于 10°的倾角倾斜，除北部银洞子一带侏罗系、三叠系隆起，地层较薄外，其他地带均大于 600 m。含水层为下白垩统砂岩及中细砂岩，两者之间没有隔水层，划为同一个含水岩组，含水层厚度大于 100 m（图 28-10），其上覆泥岩。在安家川、茹河、红河河谷地带白垩系遭受侵蚀出露地表。该含水层地下水位埋藏深，安家川水位低于现代河床 40~50 m，茹河、红河河谷中地下水位低于现代河床 70~130 m，在黄土丘陵与黄土塬区，地下水位埋深 200~300 m。其富水性在彭阳县东部边界地带及茹河河谷以南，单井涌水量 100~1000 m^3/d，茹河下游地段大于 1000 m^3/d，其他地段单井涌水量均小于 100 m^3/d。富水性规律是：有河谷分布的地段富水，东部比西部富水，在垂向上，浅部含水层比深部含水层富水。地下水主要接受地表水入渗补给，在安家川流域、茹河河谷、红河河谷，由于河流下切，上覆泥质地层被切穿，罗汉洞组砂岩在河谷中地下水位比地表水位低 40~140 m，地表水大量渗漏补给地下水。地下水的流向是由西向东径流，到彭阳县东部径流入甘肃省镇原县境内。由于含水层厚度大，岩石胶结差，孔隙发育，故地下水径流强，排泄畅通。白垩系中地下

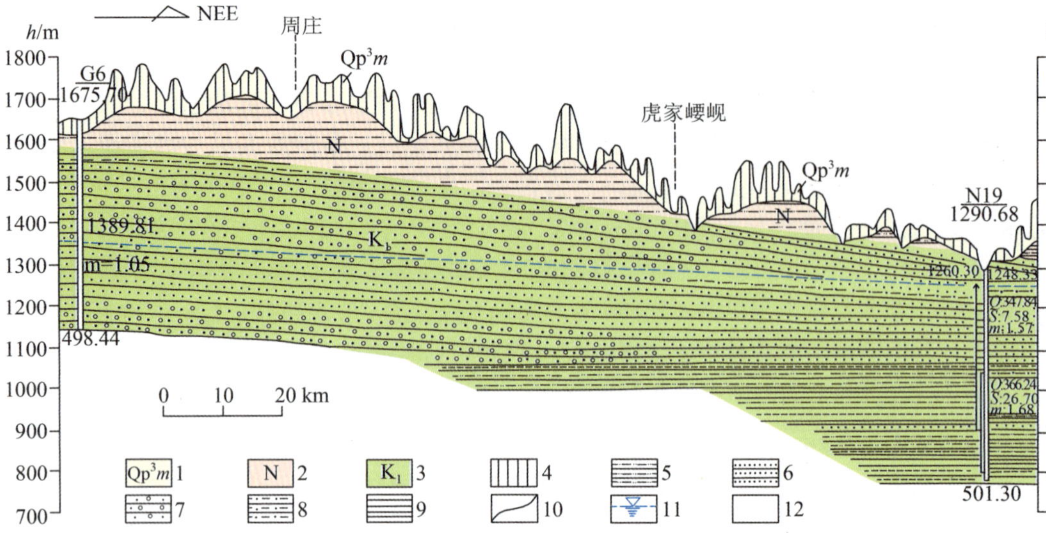

图 28-10　草庙—孟塬水文地质剖面图

（据宁夏地矿局第二水文地质队，1990，有修改）

1—第四系更新统马兰组；2—新近系；3—下白垩统；4—黄土；5—泥质砂岩；7—砂岩；7—砂砾岩；8—砂质泥岩；9—页岩；10—地层界线；11—水位线；12—不整合界线

水水质好，矿化度 0.88~0.972 g/L，氯含量 88.63~93.24 mg/L，氟含量 0.88~1.00 mg/L，为 HCO_3-SO_4—Na-Mg 型水。

（七）宁南山地区（Ⅶ）

宁南山地由彼此相连的六盘山、月亮山、南华山、西华山、黄家洼山等组成一北西—南东走向的弧形山带。六盘山位于黄土丘陵最南端，为一中等切割的褶皱中山，由西列大关山和东列小关山两条平行山脉组成。大关山海拔一般在 2500 m 以上，主峰海拔 2942 m，小关山海拔 2100~2300 m。大小关山之间是一条宽约 5 km 的新生代断陷盆地。月亮山、南华山、西华山主峰海拔分别为 2633 m、2955 m、2703 m，均为古老变质岩构成的断块山地，山坡陡峻，山体两侧为断崖，山前洪积扇发育。

该区地下水类型主要为风化裂隙水和白垩系层间水，受大气降水的垂直入渗补给形成风化裂隙水。地下水径流模数大于 3×10^4 $m^3/(km^2\cdot a)$，矿化度小于 1 g/L，水化学类型为 HCO_3—Cu 和 HCO_3—Cu-Mg，地下水中缺碘，该地区甲状腺疾病流行。

六盘山：面积为 2195.68 km^2。大关山地区由下白垩统碎屑岩及少量碳酸盐岩类组成，多为北东、南西向的背、向斜。地下水类型以裂隙潜水为主，承压水少见。其富水程度取决于所处的构造位置及构造性质。在挤压褶皱带，岩层破碎，泉水出露较多，流量一般为 170~350 m^3/d；在压性断裂带，因其结构面具有封闭性、富水程度差，泉流量小于 100 m^3/d；在张性断裂带，富水程度好，天然水点多，泉流量可达 1700~2500 m^3/d。小关山地区，大片出露下白垩统泥岩、泥灰岩、灰岩和油页岩。该区下白垩统东倾，具有构成自流斜地构造条件，东侧有上升泉出露。水头高出地表 19 m，降深 50.27 m，出水量为 204.25 m^3/d，其矿化度较高，达到 8.48 g/L。马东山地区的臭水河出露一系列高矿化泉，如西吉沙沟乡臭水泉，该泉为一呈线状分布的断层上升泉，大致出露于同一标高线上，总溢出量 4580 m^3/d，矿化度 15.95~15.88 g/L，水化学类型 Cl-SO_4—Na-Mg 型水，水温 14~15℃，冬夏恒定，沿沟有白色粉末状硫酸钠沉淀物，具很浓的硫化氢臭味。同一臭水河原州区西硝口冲沟中，也有一断层上升泉，出露于下白垩统灰岩、灰黑色泥岩中，分布面积 900 km^2，总流量 1718 m^3/d，味苦咸涩，硫化氢味浓，泉口周围有硫华、芒硝沉淀，泉水矿化度高达 134.28 g/L，水化学类型 SO_4-Cl—Na-Ca 型水，水温 25℃，属低温矿泉水。

月亮山：为一走向北西的单斜断陷山地，面积 745.07 km^2。分水岭紧靠山体西侧，西坡陡峭断岩清晰，高差 300 m，顶部零星出露前震旦系，上覆下白垩统砾岩，倾向北东，裂隙发育，裂隙水常和沟谷洪积层形成统一潜水含水层，泉水流量 8~13 m^3/d，矿化度小于 1 g/L。深部具有裂隙孔隙层间水，在火石寨地区，水位埋深 24 m，涌水量 730 m^3/d，至北麓形成由下白垩统砂岩构成的自流斜地，在沟谷中含水层顶板埋深 130~270 m，自流水头高出地面 15~48 m，钻孔涌水量 100~1000 m^3/d。但就整个山区而言，这种基岩裂隙水和裂隙孔隙自流水，富水性不均匀，受构造的控制，如同一自流斜地，往东在白崖一带富水性较低，该区矿化度均小于 1 g/L。

南华山、西华山：呈北西—南东向展布的南华山、西华山耸立于海原黄土丘陵南端，由前寒武系变质岩组成，山体西侧有断裂控制，基岩裂隙水发育。加之山区降雨量在 450 mm 左右，地下水补给充沛，基岩裂隙水丰富，尤其以南华山富水性最好，多以泉水形式出露。

二、地下水天然补给资源和可开采资源

根据宁夏第二轮地下水资源评价，宁夏地下水天然补给资源量为 $30.5270\times10^8\ m^3/a$，其中矿化度小于 1 g/L、1~3 g/L、3~5 g/L 天然补给资源量分别为 $17.1441\times10^8\ m^3/a$、$10.7488\times10^8\ m^3/a$、$2.634\times10^8\ m^3/a$，分别占总天然补给资源量的 56%、35%、9%（图 28-11）。北部平原区天然补给资源量为 $25.4980\times10^8\ m^3/a$，占全区地下水天然补给资源量的 85.83%；南部山区地下水天然补给资源量为 $5.0290\times10^8\ m^3/a$，占全区地下水天然补给资源量的 16.47%。银川市、石嘴山市、吴忠市、固原市地下水天然补给资源量分别为 $8.9327\times10^8\ m^3/a$、$3.7413\times10^8\ m^3/a$、$14.3291\times10^8\ m^3/a$、$3.5239\times10^8\ m^3/a$，分别占地下水天然补给资源总量的 28.33%、11.86%、45.45%、14.35%。

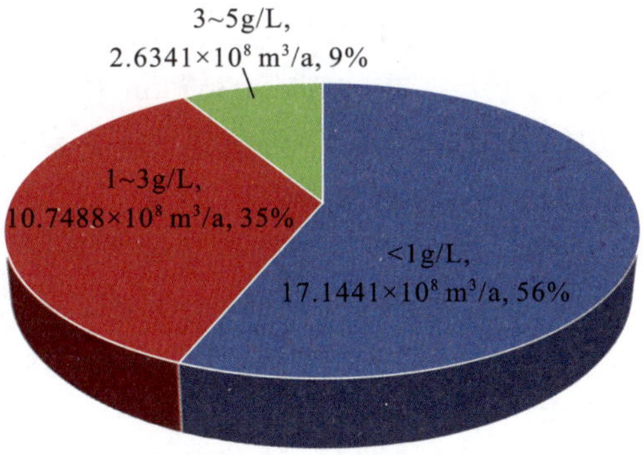

图 28-11　地下水天然补给资源量矿化度分级百分比示意图

计算的宁夏地下水可开采资源量为 $22.9613\times10^8\ m^3/a$，矿化度小于 1 g/L 的淡水可开采资源量为 $13.6852\times10^8\ m^3/a$，占可开采资源总量的 59.60%；矿化度 1~3 g/L 的微咸水可开采资源量为 $7.1236\times10^8\ m^3/a$，占可开采资源总量的 31.02%；矿化度 3~5 g/L 的半咸水可开采资源量为 $2.1525\times10^8\ m^3/a$，占可开采资源总量的 9.37%。其中北部银川平原可开采资源量为 $16.9317\times10^8\ m^3/a$，占地下水资源总量的 73.75%，矿化度小于 1 g/L 的淡水可开采资源量为 $9.2211\times10^8\ m^3/a$，占银川平原可开采资源总量的 54.46%；矿化度 1~3 g/L 的微咸水可开采资源量为 $6.0429\times10^8\ m^3/a$，占银川平原可开采资源总量的 35.69%；矿化度 3~5 g/L 的半咸水可开采资源量为 $1.6677\times10^8\ m^3/a$，占银川平原可开采资源总量的 9.85%。南部山区可开采资源量为 $6.0296\times10^8\ m^3/a$，占地下水资源总量的 26.25%，矿化度小于 1 g/L 的淡水可开采资源量为 $4.4641\times10^8\ m^3/a$，占南部山区可开采资源总量的 74.04%；矿化度 1~3 g/L 的微咸水可开采资源量为 $1.0807\times10^8\ m^3/a$，占南部山区可开采资源总量的 17.92%；矿化度 3~5 g/L 的半咸水可开采资源量为 $0.4848\times10^8\ m^3/a$，占南部山区可开采资源总量的 8.05%。

三、深层承压水的可开采储存量

宁夏第二轮地下水资源评价对盐池县、彭阳县白垩系和“南北古脊梁”奥陶系深层承压水可开

采储存量进行了计算。计算结果见表 28-1。

表 28-1 宁夏深层地下水资源计算结果表

名称	矿化度/($g\cdot L^{-1}$)	计算面积/km^2	弹性储存量/$10^8\ m^3$	容积储存量/$10^8\ m^3$	可开采储存量/($10^8\ m^3\cdot a^{-1}$)
盐池县白垩系深层地下水	<1	755	0.3081	13.6201	0.057
	1~3	2367	0.9659	42.7004	0.179
	3~5	689	0.2811	12.4295	0.052
	小计	3811	1.5551	68.7500	0.2880
彭阳县白垩系深层地下水	<1	837.371		30.142	0.1453
	1~3	520		18.718	0.0903
	小计	1357.371		48.86	0.2356
“南北古脊梁”奥陶系深层地下水	<1	380	1.7815	8.740	0.0532
	1~3	1230	5.7664	28.29	0.1722
	3~5	1150	5.3913	26.45	0.1611
	小计	2760	12.9392	63.48	0.3865
总计		7928.371	14.4943	181.090	0.9101

盐池县白垩系深层承压水储存量 $70.3051\times10^8\ m^3$，可开采储存量 $0.2880\times10^8\ m^3/a$，其中矿化度小于 1 g/L 深层承压水储存量 $13.9282\times10^8\ m^3$，可开采储存量 $0.057\times10^8\ m^3/a$，主要分布于盐池县北部高沙窝一带，面积 755 km^2；矿化度 1~3 g/L 深层承压水储存量 $43.6663\times10^8\ m^3$，可开采储存量 $0.179\times10^8\ m^3/a$，主要分布于盐池、大水坑一带，面积 2367 km^2；矿化度 3~5 g/L 深层承压水储存量 $12.7106\times10^8\ m^3$，可开采储存量 $0.052\times10^8\ m^3/a$，呈条状分布于马家滩、王乐井一带，面积 689 km^2；矿化度大于 5 g/L 深层承压水主要分布于马家滩、王乐井一带。

彭阳县白垩系深层水容积储存量 $48.86\times10^8\ m^3$，可开采储存量 $0.2356\times10^8\ m^3/a$，其中矿化度小于 1 g/L，储存量 $30.1420\times10^8\ m^3$，可开采储存量 $0.1453\times10^8\ m^3/a$，主要分布于彭阳县北部孟塬-王洼一带，面积 837.37 km^2；矿化度 1~3 g/L，深层水储存量 $18.7180\times10^8\ m^3$，可开采储存量 $0.0903\times10^8\ m^3/a$，分布于孟塬-彭阳以东地区，面积 520 km^2。

“南北古脊梁”奥陶系深层承压水储存量 $76.4192\times10^8\ m^3$，可开采储存量 $0.3865\times10^8\ m^3/a$，其中矿化度小于 1 g/L 深层承压水储存量 $10.5215\times10^8\ m^3$，可开采储存量 $0.0532\times10^8\ m^3/a$，主要分布于“南北古脊梁”南端的彭阳西部地区，面积 380 km^2；矿化度 1~3 g/L 深层承压水储存量 $34.0564\times10^8\ m^3$，可开采储存量 $0.1722\times10^8\ m^3/a$，主要分布罗洼、大台一带，面积 1230 km^2；矿化度 3~5 g/L 深层承压水储存量 $31.8413\times10^8\ m^3$，可开采储存量 $0.1611\times10^8\ m^3/a$，主要分布于甘城子-下马关-青龙山、罗山一带，面积 1150 km^2。

四、地下水质量基本特征及分布规律

1. 潜水

可供饮用的地下水（Ⅰ级）：主要分布于贺兰山中部及山前冲洪积倾斜平原区、青铜峡-吴忠单一潜水区、卫宁平原、六盘山等地区，面积 4417.67 km^2。各项评价因子的检出含量均未超标，水质综合指数 0.8~4.25，污染综合指数小于 1，属未污染地下水，矿化度小于 1 g/L，氟化物含量小于 1 mg/L。

适当处理后可供饮用的地下水（Ⅱ级）：主要分布于贺兰山北部、银川平原中部、腾格里沙漠、盐池北部、牛首山、青龙山、大罗山、南华山、西华山、月亮山及六盘山边的隆德-固原一带、彭阳-孟塬等地区，面积 11277.07 km^2。检出超标项目主要有总硬度、氯离子、硫酸根离子、氟化物、锰离子，水质综合指数为 4.25~5.0，地下水污染指数 1~2，属轻度污染地下水，矿化度小于 1 g/L

或 1~3 g/L，氟化物含量大于 1 mg/L。

可供工农业利用的地下水（Ⅲ级）：主要分布于贺兰山南部鸽子山-分守岭-卫宁北山一带、宁夏中部香山-烟筒山-上滚泉-磁窑堡-盐池一带、宁夏南部海原、西吉、彭阳等地区，面积 21570.54 km^2。水质综合指数 5.0~7.2，污染指数 2~3，属中度污染地下水，矿化度 1~3 g/L，氟化物含量大于 1 mg/L。

不可直接利用的地下水（Ⅳ级）：主要分布于陶乐、同心、王乐井、惠安堡-麻黄山及三合镇-田家坪一带，面积 14534.72 km^2。水质综合指数大于 7.2，污染综合指数大于 3，属重度污染地下水，矿化度 3~5 g/L 或大于 5 g/L，氟化物含量大于 1 mg/L。

2. 承压水

（1）银川平原

A. 第一承压含水组

可饮用的地下水（Ⅰ级）：主要分布于山前洪积倾斜平原和冲洪积平原，面积 3169.522 km^2，各项评价因子的检出含量均未超标，水质综合指数 0.8~4.25，污染综合指数小于 1，矿化度小于 1 g/L。适当处理后可供饮用的地下水（Ⅱ级）：主要分布于姚伏、贺兰、永宁、灵武、惠农、石嘴山一带及苦水河冲积扇北部，面积 1832.865 km^2，水质综合指数在 4.25~5.0，污染综合指数 1~2，矿化度 1~3 g/L。可供工农业利用的地下水（Ⅲ级）：呈条带状分布于惠农东部、贺兰、望远、永宁县东部，面积 235 km^2，矿化度 3~5 g/L。不可直接利用的地下水（Ⅳ级）：主要分布于惠农东部及黄河岸边，面积 197.5 km^2，矿化度大于 5 g/L。

B. 第二承压含水组

可饮用的地下水（Ⅰ级）：主要分布于冲洪积平原和冲湖积、河湖积平原西部一带，面积 2045.022 km^2，矿化度小于 1 g/L。适当处理后可供饮用的地下水（Ⅱ级）：主要分布于惠农、姚伏、贺兰、望远、永宁一带，面积 1657.75 km^2，矿化度 1~3 g/L。可供工农业利用的地下水（Ⅲ级）：主要呈条带状分布在惠农、姚伏、贺兰、望远、永宁及黄河东岸一带，面积 1042.865 km^2，矿化度 3~5 g/L。不可直接利用的地下水（Ⅳ级）：主要分布在贺兰、望远、永宁一带及苦水河冲积扇，面积 407.5 km^2，矿化度大于 5 g/L。

（2）卫宁平原承压水

可饮用的地下水（Ⅰ级）：主要分布于中卫附近，面积 115.5 km^2，矿化度小于 1 g/L。适当处理后可供饮用的地下水（Ⅱ级）：主要分布中卫东部一带，面积 231 km^2，矿化度 1~3 g/L。可供工农业利用的地下水（Ⅲ级）：主要分布于中宁平原区，面积 447.626 km^2，矿化度 3~5 g/L。

（3）清水河河谷平原

A. 第一承压含水组

可饮用的地下水（Ⅰ级）：主要分布于固原、三营以东地区，面积 342.804 km^2，矿化度小于 1 g/L。适当处理后可供饮用的地下水（Ⅱ级）：呈长条状分布于三营西南部地区，面积 265.0 km^2，矿化度 1~3 g/L。可供工农业利用的地下水（Ⅲ级）：呈条带状分布于黑城、李旺、同心地区，面积 197.5 km^2，矿化度 3~5 g/L。

B. 第二承压含水组

可饮用的地下水（Ⅰ级）：主要分布于固原以北、三营南部地区，面积 340.0 km^2，矿化度小于 1 g/L。适当处理后可供饮用的地下水（Ⅱ级）：主要分布于头营、三营以北地区，面积 220.304 km^2，矿化度 1~3 g/L。可供工农业利用的地下水（Ⅲ级）：呈条带状分布于黑城东部、李旺、同心以北地区，面积 127.5 km^2，矿化度 3~5 g/L。不可直接利用的地下水（Ⅳ级）：主要分布于黑城一带，面积 117.5 km^2，矿化度大于 5 g/L。

第三节　水源地

宁夏截至目前共勘探评价地下水水源地 56 处，评价 B 级可开采资源量 $202.48\times10^4\ m^3/d$。经过多年的发展，部分水源地超过评价开采期、水量水质变化不再使用，部分水源地通过扩勘合并重新评价，部分水源地已在城市建成区范围内不再使用。本次地下水水源地以宁夏回族自治区环保厅和水利厅联合印发的《关于印发全区县级以上水源地名录的通知》（宁环水体发〔2018〕74 号）文件为依据，统计地下水饮用水源地 30 个，其中孔隙水水源地 28 个，裂隙水水源地和孔隙裂隙水水源地各 1 个；潜水水源地 16 个，承压水水源地 14 个；北部 25 个（银川平原 22 个，卫宁平原 3 个），中南部 5 个。大型水源地 4 个，中小型水源地 26 个，提交 B 级可开采资源总量为 129.529×10^4 m^3/d。

根据地下水类型，30 个水源地分为松散岩类孔隙水、碎屑岩孔隙裂隙水及基岩裂隙水三种类型，以下选取具有代表性的水源地作为实例进行介绍。

一、孔隙水水源地

宁夏水源地主要为松散岩类孔隙水水源地，本次统计地下水饮用水源地 30 个，其中孔隙水水源地 28 个，大型水源地 4 个，中小型水源地 24 个。以下对大型水源地进行详细的叙述，对中小型水源地进行列表统计。

（一）大型水源地

1. 银川市南郊水源地

（1）水源地位置

水源地呈一个南东—北西长 6.4 km，北东—南西宽 4 km 的长方形分布。其位置南起魏家桥一队、区建一公司农场至汽修厂一线，北起砖渠一、二队、烟村墩五队至五里台一队一线，布井区面积 25.6 km^2。

（2）含水岩组水文地质特征

水源地位于银川平原的中段，根据地下水的贮存条件、水力性质、补径排关系、埋藏深度以及地下水在垂向上的分布规律，在揭露 378.80 m 深度内，划分为四个含水岩组。即 0~60 m 第Ⅰ含水岩组；60~160 m 第Ⅱ含水岩组；160~260 m 第Ⅲ含水岩组；260~370 m 第Ⅳ含水岩组。

第Ⅰ含水岩组：一般埋藏于 60 m 以上，含水层厚度小于 50 m，岩性由 1~3 层灰色、灰褐色、青灰色细砂组成，成分主要是石英、长石和云母碎片。含水层厚度有自西向东，由南而北变厚的规律。水位埋深在沙漠东部边界地区小于 1 m；在五里台水源地开采区，保伏桥、城区大部及新市区范围内，由于集中开采地下水，造成上层潜水水位区域性下降，水位埋深一般大于 3 m，五里台、保伏桥地下水开采中心水位埋深多大于 5 m，其余大部分地区水位埋深均在 1~3 m 之间。单井出水量 1500 m^3/d。

第Ⅱ含水岩组：含水层岩性以深灰色细砂为主，间夹薄层粉细砂和粉砂，其结构松散，分选性好，矿物成分由长石、石英、云母组成。含水层厚度最大 95.05 m，最小 60.61 m，平均为 77.83 m。第Ⅱ含水岩组水位埋深低于第Ⅰ含水岩组水位埋深，水位埋深在 2.66~6.28 m 之间。第Ⅱ含水岩组是银川市供水主要开采层段，是水源地勘探目的层。其富水性强，单孔出水量（按 305 m 管径，10 m 降深换算，下同）在水源地内及水源地以北地区大于 2500 m^3/d，沿城市分布区以南、城区及城区以东为 1500~2500 m^3d。

第Ⅲ含水岩组：含水层岩性为青灰色细砂、粉砂组成。成分以石英、长石为主，含水层结构松散，颗粒均匀，厚度一般 70~90 m，呈由南而北由薄变厚的特征。水位除个别孔高于第Ⅱ含水岩组水位外，其他均低于第Ⅱ含水岩组的水位。水位埋深多在 5~10 m 之间，平均水位埋深为 7.39 m。第Ⅲ含水岩组地下水亦是水源地勘探目的层。富水性与第Ⅱ含水岩组相比，北部稍强，南西部相当，东南部较弱。单孔涌水量在水源地范围内一般多大于 2500 m^3/d，只在水源地北部沿银新南路东西一线和水源地东部外围地区涌水量较小，为 1500~2500 m^3/d。

第Ⅳ含水岩组：该含水岩组，在水源地内仅有两孔，揭露深度 351.15 m（未揭穿含水层），查明该含水岩组埋藏在 236.80 m 以下，含水层岩性为单一的青灰色细砂，砂层颗粒均匀，结构松散，不显层理，含水层厚达 114.35 m。水位埋深为 7.373 m，与第Ⅲ含水岩组相当。富水性强，换算单孔涌水量 3088.30 m^3/d。

（3）地下水的补、径、排条件

地下水的补给包括垂向补给和侧向补给两大主要途径。就水源地而言，垂向补给主要为大气降水、渠系、田间灌溉垂向入渗补给；侧向补给，主要运动于第Ⅱ、Ⅲ含水岩组中，受地形控制，自南西向北东运移。流经水源地，又接受第Ⅰ含水岩组地下水的垂向越流补给，运动至水源地东北部边界，以人工开采的方式排泄。

（4）地下水动态特征

第Ⅰ含水岩组：潜水的水位动态具有非常明显的季节性变化特征，其动态类型受地貌控制，并且和人类活动密切相关，灌溉期水位埋深 1～2 m，沙漠的前缘地带及局部地段水位埋深小于 1 m；非灌溉期水位持续下降，一般多为 2～3 m，有的地段大于 3 m，在地下水集中开采地段变化更大，水位年变幅达 1～3 m。其水位从 11 月中旬停止冬灌后持续下降，至翌年 4 月底为最低水位期，其动态类型为灌溉补给型。

第Ⅱ含水岩组：在天然条件下，年动态变幅 1～2 m，比较小，但该含水岩组是银川市供水的主要开采层，并且有着多年的开采历史，已形成区域性降落漏斗。因此，第Ⅱ含水岩组的地下水动态特征为在水源地内开采型。

第Ⅲ含水岩组：第Ⅲ含水岩组地下水同时也是银川市供水开采层，区域上也已形成较大范围的降落漏斗区，水位在区域上同样存在着持续下降的趋势，在漏斗中心年下降速率为 0.33 m，年变幅在 2.0 m 以内。在每年灌溉期内出现高水位，即 6～8 月和 11 月底，5 月初为低水位期。

（5）地下水水化学特征

水源地范围内，第Ⅰ、Ⅱ、Ⅲ含水岩组地下水水化学类型较为复杂。

第Ⅰ含水岩组：水源地内的潜水水化学类型复杂，以 HCO_3-SO_4—Ca-Na、HCO_3-SO_4—Na-Ca、HCO_3-SO_4—Mg-Ca、HCO_3-SO_4—Ca-Mg、HCO_3-SO_4—Na-Mg、HCO_3-SO_4—Mg-Na 型水分布最多，占总面积的 60%以上，其次是 HCO_3-Cl—Na-Mg、HCO_3-Cl—Mg-Na、HCO_3-Cl—Na-Ca、HCO_3-Cl—Ca-Na 和 HCO_3-Cl—Mg-Ca、HCO_3-Cl—Ca-Mg 型水。溶解性总固体小于 1 g/L 的淡水面积约占 65%，水源地内部及水源地的西部、南部和沙漠边缘地区溶解性总固体小于 1 g/L，唐徕渠以东地区均大于 1 g/L，其趋势自西向东、由南而北溶解性总固体由小于 1 g/L 变为 1～3 g/L，最低为 0.33 g/L，最高为 2.38 g/L。

第Ⅱ含水岩组：该含水岩组水量丰富、水质佳，为良好的生活饮用水。其水化学类型有自西向东渐变的趋势：HCO_3-SO_4—Na-Mg、HCO_3-SO_4—Mg-Na、HCO_3-SO_4—Na-Ca、HCO_3-SO_4—Ca-Na、HCO_3-SO_4—Ca-Mg、HCO_3-SO_4—Mg-Ca→HCO_3-Cl—Na-Ca、HCO_3-Cl—Ca-Na、HCO_3-Cl—Mg-Ca、HCO_3-Cl—Na-Mg、HCO_3-Cl—Mg-Na→Cl-HCO_3—Na-Ca、Cl-HCO_3—Ca-Na、Cl-SO_4—Na-Ca、Cl-SO_4—Na-Mg 型水，溶解性总固体小于 1 g/L 的地下水约占总面积的 95%以上，水源地东南角第Ⅱ含水岩组的地下水溶解性总固体为 3.23 g/L。以唐徕渠为界，以东水质差溶解性总固体大于 1 g/L，以西均为小于 1 g/L。

第Ⅲ含水岩组：该组地下水为良好的生活饮用水。其水化学类型自西向东水型变化趋势为：HCO_3-SO_4—Na-Ca、HCO_3-SO_4—Ca-Na、HCO_3-SO_4—Na-Ca、HCO_3-SO_4—Ca-Na、HCO_3-SO_4—Na-Mg、HCO_3-SO_4—Mg-Na→HCO_3-Cl—Na-Ca、HCO_3-Cl—Ca-Na、HCO_3-Cl—Na-Mg、HCO_3-Cl—Mg-Na→Cl-SO_4—Na-Ca、Cl-SO_4—Na-Mg 型水，溶解性总固体具明显的分区性，中西部大面积分布为小于 1 g/L 的水，东部唐徕渠以东均为 1～3 g/L。

第Ⅳ含水岩组：依据仅有两孔水文地质资料、该组为良好的生活饮用水。水化学类型为 HCO_3-Cl—Na-Mg 型水，溶解性总固体较小，分别为 0.296 g/L 和 0.40 g/L。

（6）供水勘察评价

第Ⅱ、Ⅲ含水岩组为水源地勘探的主要目的层，通过勘探和资源评价，满足总开采量 15×

10^4 m^3/d 的目标。经对水量、水质评价及开采条件下的水质变化趋势预测，水量、水质均满足水源地开采要求。

（7）水源地保护

2019 年，宁夏回族自治区生态环境厅结合行政区划图、水文地质条件分析，综合考虑水源地地表附着物实际情况，对水源地保护区边界进行合理性调整，确定了水源地保护区边界拐点，其中一级保护区面积 7.18 km^2，准保护区面积 0.70 km^2，总面积 7.88 km^2。

2. 银川市北郊水源地

（1）水源地位置

银川市北郊水源地位于银川市西夏区北部，南起贺兰山农牧场场部，北到农牧场种鸡场一队，西起农牧场教导队，东至包兰铁路沿线以西，布井区面积为 29.08 km^2。

（2）含水岩组水文地质特征

依据水源地勘察资料及结合前人水文地质成果资料，根据区域水文地质条件、含水层和隔水层的分布情况、结构、岩性、水力性质以及开采利用条件，可将北郊水源地范围内 270 m 深度以上的含水层归并划分为三个含水岩组。各含水岩组的水文地质特征分述如下：

第Ⅰ含水岩组：含水岩组岩性为灰褐色细砂、粉细砂和细粉砂层组成。底板埋深水源地内一般多在 21.3~56.9 m 之间。水位埋深一般多在 2~4 m 之间，新开渠以西贺兰山农牧场以北至农科所一带水位埋深较浅，在 1~2 m 之间；南梁农场八队以东、沿山公路两侧水位埋深大于 7 m。单孔涌水量 1000~2000 m^3/d。

第Ⅱ含水岩组：含水层岩性由灰色、深灰色、灰黑色细砂、粉细砂为主，间夹薄层粉砂和细粉砂，其结构松散，分选性好，矿物成分由石英、长石、云母组成。顶板埋深多在 35.3~66.5 m 之间，且分布连续稳定；底板埋深 150~170 m，含水层厚度一般 70~100 m，最大 114.65 m；最小 51.80 m，平均为 86.73 m。水位埋深在区医院一带达 27 m 之多；贺兰山农场为 13~17 m；农科所、南梁农场为 1.30~6.51 m。单井涌水量在水源地内除个别孔水量小外，其他地区均大于2500 m^3/d。

第Ⅲ含水岩组：含水层岩性以灰色、灰黑色细砂为主，间夹薄层粉细砂和粉砂及粘性土层。埋藏深度在 170~265 m 之间，含水层平均厚度为 81.26 m，水位埋深与第Ⅱ含水岩组相近，在西夏区至贺兰山农牧场一带水位埋深 25 m，由于开采直接影响往北逐渐变浅，贺兰山农牧场 13~17 m，农科所、南梁农场在 0.63~0.51 m 之间，富水性好，单井涌水量均大于 3000 m^3/d。

（3）地下水补、径、排条件

地下水的补给主要由垂向入渗补给和侧向径流补给组成。其垂直补给主要来自田间灌溉入渗、渠道渗漏和大气降水补给；侧向补给，主要来自水源地周围地下水的径流补给。其排泄量在勘探区内主要以人工开采的方式排泄。

（4）地下水动态特征

第Ⅰ含水岩组：地下水动态具有非常明显的季节性特征，主要是农业耕作区，地下水动态变化主要受灌溉影响，灌期水位上升速度快，水位埋深 1~2 m，局地小于 1 m；非灌溉期水位持续下降，一般多在 2~3 m 之间，有的地段大于 3 m。其动态类型为灌溉入渗补给型。

第Ⅱ含水岩组：是银川市供水的主要开采层，已有多年的开采历史，在区域上形成了以西夏区为中心逐年向外扩展的降落漏斗区。因此，该含水岩组地下水动态特征属开采型。

第Ⅲ含水岩组：也是银川市供水开采目的层。具有与第Ⅱ含水岩组相似的地下水动态特征，受季节和灌溉影响小，没有明显的变化。因此地下水动态类型同属开采型。

（5）地下水水化学特征

第Ⅰ含水岩组：水源地内第Ⅰ含水岩组地下水水化学类型复杂，主要以 HCO_3-SO_4—Mg-Na→HCO_3-SO_4—Na-Mg、HCO_3-SO_4—Ca-Na、HCO_3-SO_4—Mg-Ca 和 HCO_3-Cl—Na-Mg→HCO_3-Cl—Mg-Na、HCO_3-Cl—Mg-Ca、HCO_3-Cl—Ca-Na、HCO_3-Cl—Ca-Mg、HCO_3-Cl—Na-Ca 型为主，其次为 SO_4-HCO_3—Na-Mg→SO_4-HCO_3—Mg-Na、SO_4-HCO_3—Na-Ca；SO_4-Cl—Na-Ca→SO_4-Cl—Mg-Ca；

$Cl-SO_4$—Na-Ca→$Cl-SO_4$—Na-Mg 和 $Cl-HCO_3$—Na-Ca→$Cl-HCO_3$—Mg-Na 型水。地下水溶解性总固体多小于 1 g/L，在芦花乡以北、农科所二队南梁农场场部—农科所三队大于 1 g/L，西湖农场场部-西湖农场五队一带为 4~5 g/L，但分布面积较小。

第Ⅱ含水岩组：第Ⅱ含水岩组地下水水化学类型比较简单，其水化学类型主要以 HCO_3-SO_4—Na-Ca→HCO_3-SO_4—Na-Ca、HCO_3-SO_4—Ca-Mg、HCO_3-SO_4—Mg-Na、HCO_3-SO_4—Mg-Ca、HCO_3-SO_4—Ca-Mg 型水和 HCO_3-Cl—Ca-Na→HCO_3-Cl—Ca-Mg、HCO_3-Cl—Na-Mg、HCO_3-Cl—Mg-Na、HCO_3-Cl—Mg-Ca、HCO_3-Cl—Na-Ca 型水；次为 $Cl-SO_4$—Na-Mg 和 $Cl-HCO_3$—Na-Ca 型水。溶解性总固体均小于 0.5 g/L，各项水质指标均满足生活饮用水水质标准，为良好生活和工业用水水源。

第Ⅲ含水岩组：第Ⅲ含水岩组下伏于第Ⅱ含水岩组之下，在水质、水量等方面优于第Ⅱ含水岩组。溶解性总固体均小于 0.5 g/L，向东具有逐渐变小的趋势。地下水水化学类型单一，为 HCO_3-SO_4—Ca-Na→HCO_3-SO_4—Ca-Mg、HCO_3-SO_4—Na-Mg、HCO_3-SO_4—Mg-Na、HCO_3-SO_4—Na-Ca 型水，其水质各项指标均满足国标要求，是良好的生活饮用水。

（6）供水勘察评价

第Ⅱ、Ⅲ含水岩组（承压含水层）是北郊水源地开采目的层，通过勘探和资源评价，满足总开采量 13×10^4 m^3/d 的目标。经对水量、水质评价及开采条件下的水质变化趋势预测，水量、水质均满足水源地开采要求。

开采目的层第Ⅱ、Ⅲ含水岩组水质基本满足《生活饮用水水质卫生标准》（GB 5749—85）、《地下水质量标准》（GB/T 14848—93）、《生活饮用水水源水质标准》（CJ 3020—93），为好的生活饮用水。经对在开采条件下的水质变化预测，开采 20 年末期，第Ⅱ、Ⅲ含水岩组混合溶解性总固体为 0.814 g/L，说明开采资源在水质上是有保证的。

（7）水源地保护

2019 年，宁夏回族自治区生态环境厅结合行政区划图、水文地质条件分析，综合考虑水源地地表附着物实际情况，对水源地保护区边界进行合理性调整，确定了水源地保护区边界拐点，其中一级保护区面积 18.66 km^2，准保护区面积 2.04 km^2，总面积 20.70 km^2。

3. 银川东郊水源地

（1）水源地位置

银川市东郊水源地位于银川市东郊，行政区属银川市掌政乡、大新乡及贺兰县金贵镇所辖，水源地西距银川市城区 12 km，布井区的面积为 8.784 km^2。

（2）含水岩组水文地质特征

水源地属松散岩类孔隙水，经钻探揭露，350 m 深度划分 4 个含水岩组。以下分别叙述：

第Ⅰ含水岩组：埋深 45~80 m 以上，含水层厚度 40~75 m，主要由 1~3 层褐灰色、青灰色细砂、粉砂组成，地下水位埋深 2~5.7 m，富水性弱，单井涌水量小于 1500 m^3/d。

第Ⅱ含水岩组：埋深 45~80 m 以下，160~180 m 以上，含水层平均厚度 75~130 m，岩性主要为青灰色细砂，水位埋深 0.35~3.9 m，普遍高于上覆第Ⅰ含水岩组微承压水位。富水性强，单井涌水量大于 3000 m^3/d。

第Ⅲ含水岩组：埋深 160~180 m 以下，230~250 m 以上，含水层厚度 40~65 m。岩性由青灰色细砂、粉砂组成，水位埋深 1.3~4.1 m，略低于上覆第Ⅱ含水岩组承压水头，富水性较第Ⅱ含水岩组稍弱，单井涌水量大于 2500 m^3/d。

第Ⅳ含水岩组（仅有一孔资料）：埋深 230~250 m 以下，350 m 以上，含水层厚度达 82.4 m，含水层岩性为青灰色细砂。含水层顶板埋深 230~250 m，承压水头埋深 1.33 m，富水性较弱，单井涌水量 2000 m^3/d。

（3）地下水补、径、排特征

地下水补给来源主要为垂向补给及侧向补给两个方面。垂向补给包括大气降水和农田灌溉水入渗补给；侧向补给主要来自边界的地下水径流补给。天然状态下由于地下水水力坡度极小，径流极为缓慢，几乎处于停滞状态，地下水侧向径流补给较弱。第Ⅰ含水岩组地下水，由于其水位埋深浅，蒸发强烈，所以排泄主要以垂向蒸发为主，水平排泄（排水沟）次之，少量为人工开采。

（4）地下水动态特征

第Ⅰ含水岩组：第Ⅰ含水岩组地下水动态特征主要受渠系行水及农田灌溉水的渗入控制。每年初，继上年底，水位持续下降，3月份出现最低水位，4月份土壤解冻水渗入，致使水位上升。4月下旬渠系行水春灌，水位迅速抬升，形成年内第一次高峰。停灌后，水位随之下降，至11月冬灌，水位急速回升，构成年内第二次高峰。冬灌结束，水位也随之下降，年变幅高达1.18~3.53 m，地下水动态类型属灌溉渗入型。

第Ⅱ含水岩组：第Ⅱ含水岩组承压水动态特征同样受渠系行水及农田灌溉水的渗入影响。继上年底、每年初，水位持续下降，3~4月出现最低水位。4月下旬渠系行水进行农田灌溉，到5月上旬，承压水位开始回升，形成年内第一次高峰。停灌后水位随之下降。11月冬灌开始，水位随之上升，形成年内第二次高峰，其动态特征同上覆微承压水基本一致，年变幅1.117~1.739 m。动态类型属灌溉渗入型。

第Ⅲ含水岩组：第Ⅲ含水岩组承压水动态特征同样受渠系行水及农田灌溉余水渗入影响，但具明显的滞后特征，年水位变幅达1.66 m。其动态特征与第Ⅱ含水岩组承压水相似，动态类型属径流-渗入型。

综上所述，第Ⅱ、Ⅲ含水岩组承压水动态特征，同上覆第Ⅰ含水岩组微承压水相近。其原因与第Ⅰ、Ⅱ、Ⅲ含水组间隔水层薄及其局部连通有关。

（5）地下水水化学特征

第Ⅰ含水岩组：第Ⅰ含水岩组水化学类型较为单一。水化学类型自西向东，由HCO_3-SO_4—Na-Mg→HCO_3-SO_4—Ca-Mg、HCO_3-SO_4—Mg-Ca→HCO_3-Cl—Na-Ca型水变化。其中水源地内多为HCO_3-SO_4—Ca-Mg、HCO_3-SO_4—Mg-Ca型水，HCO_3-SO_4—Na-Mg型水次之。沿南北向，呈南北两端宽缓，中部狭长地带内，地下水溶性总固体小于1 g/L的淡水体面积约67.65 km^2，占水源地面积的65%。其东西两侧逐渐增大至1~3 g/L。

第Ⅱ、Ⅲ含水岩组承压水：第Ⅱ含水岩组：地下水水化学类型较为简单。水化学类型自西向东，由Cl-SO_4—Na-Ca→HCO_3-Cl—Na-Mg、HCO_3-Cl—Na-Ca型水演变为HCO_3-SO_4—Na-Mg→Cl-SO_4—Na-Mg型水。其中，水源地内以HCO_3-SO_4—Na-Mg、HCO_3-SO_4—Ca-Mg型水为主，Cl-SO_4—Na-Ca、Cl-SO_4—Na-Mg型水次之，沿南北向，呈北端封闭而南部开口的范围内，地下水可溶性总固体小于1 g/L的淡水体面积90.22 km^2，其外围地区1~3 g/L。

第Ⅲ含水岩组：地下水水化学类型较简单。水化学类型以HCO_3-SO_4—Na-Mg、HCO_3-SO_4—Na-Ca型水为主，HCO_3-Cl—Na-Mg型水次之。呈南北向分布。葫芦状范围内，地下水可溶性总固体小于1 g/L，其总面积约为25.45 km^2，其外围溶性总固体1~3 g/L，最大可达3.231 g/L。

第Ⅳ含水岩组承压水：水源地勘察仅观4孔揭露深度为350 m，经取样分析，地下水水化学类型为Cl-SO_4—Na-Mg型。地下水可溶性总固体达6.357 g/L。

（6）供水勘察评价

第Ⅱ、Ⅲ含水岩组为东郊水源地开采目的层。通过勘探和资源评价，满足总开采量10×10^4 m^3/d的目标。经对水量、水质评价及开采条件下的水质变化趋势预测，水量、水质均满足水源地开采要求。

开采目的层第Ⅱ、Ⅲ含水岩组水质基本满足《生活饮用水水质卫生标准》（GB 5749—85）、《地下水质量标准》（GB/T 14848—93）、《生活饮用水水源水质标准》（CJ 3020—93），为好的生活饮用水。经对在开采条件下的水质变化预测，开采20年末期，第Ⅱ、Ⅲ含水岩组混合溶解性总固体0.937 g/L，说明开采资源在水质上是有保证的。

（7）水源地保护

2019年，宁夏回族自治区生态环境厅结合行政区划图、水文地质条件分析，综合考虑水源地地表附着物实际情况，对水源地保护区边界进行合理性调整，确定了水源地保护区边界拐点，其中一级保护区面积 11.44 km^2，准保护区面积 0.95 km^2，总面积 12.39 km^2。

4. 银川市南梁水源地

（1）水源地位置

银川市南梁水源地位于银川市北部，水源地北依暖泉农场十一队，南抵常信乡林场，西起南梁农场二队西 1500 m，东至常信乡于祥七队南北一线。布井区面积 34.6 km^2。

（2）含水岩组水文地质特征

水源地勘探深度仅控制在 270 m 以内，据所揭露地层的沉积规律，以细砂、粉细砂为主体，间夹粘性土，将水源地内 270 m 深度以上，划分为三个含水岩组，以下分别叙述。

第Ⅰ含水岩组：含水岩组埋深 48 ~ 61 m，含水层厚度 10.61 ~ 45.5 m，静止水位平均埋深 1.112 m，富水性较弱，换算单井涌水量小于 1500 m^3/d。

第Ⅱ含水岩组：含水岩组埋深 48 m 以下及 167 m 以上，含水层平均厚度 80.38 m，静止水位平均埋深 3.622 m，单井涌水量最小 2574.672 m^3/d，最大值 4560.518 m^3/d，平均涌水量 3002 m^3/d。

第Ⅲ含水岩组：含水岩组埋深 167 m 以下及 270 m 以上，含水层平均厚度 86.70 m，静止水位平均埋深 3.712 m，单井涌水量最小 2598.757 m^3/d，最大值 4071.168 m^3/d，平均单井涌水量 2808 m^3/d。

（3）地下水补、径、排条件

地下水的补给主要由垂向入渗补给和侧向径流补给组成。垂向入渗补给包括了大气降水入渗和渠系田间引黄灌溉入渗补给，而侧向补给主要来自南部边界之外的地下径流以及西部山前洪积倾斜平原单一潜水的径流补给。地下水以蒸发、侧向径流及少量人工开采等形式排泄。

（4）地下水动态特征

第Ⅰ含水岩组潜水：该层地下水主要受农田灌溉入渗的控制，其次为大气降水入渗的作用，潜水位在每年初及上年末水位持续下降，2~3 月份出现最低值，一般多在 1.75~3.53 m，农田灌溉开始渠道行水，水位才回升形成年内第一次高峰，水位埋深 1.5~2.5 m，渠道行水和灌溉停水后的 9 月中下旬，水位又较快速度下降。至 10 月中下旬冬灌开始水位又有所回升，构成了年内第二次水位高峰，冬灌结束，水位也随之下降，一直持续至翌年 3 月底 4 月初又慢慢回升，其动态类型属降水灌溉渗入型，年变幅在 1.00~1.30 m 之间。

第Ⅱ含水岩组：为承压含水层，与第Ⅰ含水岩组有一定的水力联系，其地下水位的变化同样受大气降水、渠系引水农田灌溉的入渗控制，根据前人多年动态观测资料和水源地勘察了解的地下水动态变化分析，它与第Ⅰ含水岩组地下水有相同的波动规律，但变幅明显变小，并且有滞后的特点。其地下水类型属灌溉径流型。

第Ⅲ含水岩组：第Ⅱ、Ⅲ含水岩组地下水，属未开发地段，水位基本上处在天然状态。钻孔资料综合分析，两者之间隔水层薄且不稳定，局部上下交错已有天窗，说明地下水有十分密切的联系，动态特征和第Ⅱ含水岩组基本相似，为灌溉径流型，地下水与农田灌溉、大气降水等因素有密切的水力联系。

（5）地下水水化学特征

第Ⅰ含水岩组：水化学类型比较复杂。水化学类型以 HCO_3-SO_4—Ca-Na、HCO_3-SO_4—Mg-Ca、HCO_3-SO_4—Na-Ca、HCO_3-SO_4—Ca-Na、HCO_3-SO_4—Mg-Na、HCO_3-SO_4—Na-Mg 型水为主，溶解性总固体含量也比较复杂，在洪广镇至洪广营、潭渠至常信、王家庄至桂南三个地段具有水平分带，溶解性总固体含量均为 1.03~2.24 g/L，其他大多面积内小于 1.0 g/L。

第Ⅱ含水岩组：水化学类型比较简单，从西向东具有分带性，水源地西部以 HCO_3-SO_4—Na-Ca、HCO_3-SO_4—Ca-Na 型水为主。溶解性总固体含量均小于 1.0 g/L，一般为 0.22~0.3 g/L，氟含量均小于 1 mg/L。

第Ⅲ含水岩组：水化学类型同以上第Ⅱ含水岩组基本相似，在水源地内从北西向南东具有分带性。北西部水化学类型以 HCO_3-SO_4—Na-Ca、HCO_3-SO_4—Ca-Na 型水为主，其次为 HCO_3-SO_4—

Ca-Na 型水。溶解性总固体含量均小于 1.0 g/L，一般为 0.22~0.47 mg/L。

（6）供水勘察评价

第Ⅱ、Ⅲ含水岩组是南梁水源地开采目的层，通过勘探和资源评价，满足总开采量 $13\times10^4\ m^3/d$ 的目标。经对水量、水质评价及开采条件下的水质变化趋势预测，水量、水质均满足水源地开采要求。

开采目的层第Ⅱ、Ⅲ含水岩组水质基本满足《生活饮用水水质卫生标准》（GB 5749—85）、《地下水质量标准》（GB/T 14848—93）、《生活饮用水水源水质标准》（CJ 3020—93），为好的生活饮用水。经对在开采条件下的水质变化预测，开采 20 年末期，第Ⅱ、Ⅲ含水岩组混合溶解性总固体 0.39 g/L，说明开采资源在水质上是有保证的。

（7）水源地保护

2019 年，宁夏回族自治区生态环境厅结合行政区划图、水文地质条件分析，综合考虑水源地地表附着物实际情况，对水源地保护区边界进行合理性调整，确定了水源地保护区边界拐点，其中一级保护区面积 20.04 km^2，准保护区面积 7.03 km^2，总面积 27.07 km^2。

（二）中型水源地

以列表的形式对松散岩类孔隙水中型水源地地理位置、地下水类型、水化学特征、开采目的层地层特征、开采深度及允许开采量进行描述，详见表 28-2。

表 28-2　孔隙水中型水源地基本情况一览表

序号	水源地名称	交通位置	地下水类型	水质状况（TDS）	开采层特征	开采井深度/m	允许开采量/（$m^3\cdot d^{-1}$）
1	银川市南部水源地	永宁县西南方向 10.9 km	承压水	0.31~0.95	细砂、中细砂、含砾细砂	270	6
2	银川市征沙水源地	永宁县西北方向 10.8 km	承压水	0.31~0.9	细砂、中细砂、含砾细砂	270	6
3	银川市永宁县水源地	永宁县西南方向 5.4 km	承压水	0.572~0.747	细砂、粉细砂	160	1.5
4	银川市贺兰县水源地	贺兰县东北方向 5.4 km	承压水	0.463~0.85	细砂、粉细砂	170	3
5	银川市灵武市水源地（崇兴水源地）	灵武市正南方向 6.4 km	承压水	0.927	细砂、粉细砂、中砂	160	2
6	银川市灵武煤田磁窑堡碎石井矿区（大泉）水源地	灵武市正南方向 13 km	承压水	<1	细砂、粉细砂、中砂		4.5
7	石嘴山市第一水源地（北武当沟水源地）	大武口区西南方向 1.3 km	潜水	<1	卵砾石、砂砾石		4.75
8	石嘴山市第二水源地	大武口区正东方向 7.7 km	承压水	<1	细砂、粉细砂	270	7.2
9	石嘴山市第三水源地	大武口区正南方向 8.5 km	承压水	<1	细砂、粉细砂	250	8
10	石嘴山市第四水源地（红果子水源地）	惠农区西南方向 11.3 km	潜水	<1	卵砾石、砂砾石		1
11	石嘴山市第五水源地（柳条沟水源地）	惠农区西北方向 11.7 km	潜水	<1	卵砾石、砂砾石		4.679
12	石嘴山市平罗县大水沟水源地	平罗县西南方向 27.5 km	潜水	<1	卵砾石、砂砾石		2
13	吴忠市利通区金积水源地	利通区西南方向 9.7 km	潜水	<1			4
14	吴忠市青铜峡小坝水源地	青铜峡市西南方向 1.1 km	潜水	<1	粉细砂、中细砂、卵砾石、砂砾石	120	1.2
15	吴忠市青铜峡小坝东区水源地	青铜峡市东南方向 3.5 km	潜水	<1	砂卵砾石、砾卵石	120	1

续表

序号	水源地名称	交通位置	地下水类型	水质状况（TDS）	开采层特征	开采井深度/m	允许开采量/（$m^3 \cdot d^{-1}$）
16	吴忠市青铜峡大坝水源地	青铜峡市南 2.5 km	潜水	0.39～0.62	砂卵砾石、砾卵石		1.5
17	吴忠市青铜峡镇水源地	青铜峡市正南方向 10.8 km	潜水	0.62～0.82	卵砾石、砂砾石		1.2
18	吴忠市红寺堡区沙泉水源地（柳泉）	红寺堡区东北方向 11.9 km	承压水	<1	砂砾石	170	3
19	吴忠市同心县小洪沟水源地	同心县西北方向 31.2 km	潜水	0.4～0.7	卵砾石、砂砾石、含砾中细砂、粉砂	280	1.2
20	固原市彭堡水源地	原州区西北方向 14.3 km	承压水				2.5
21	中卫市沙坡头区城市饮用水水源地	沙坡头区西南方向 3 km	潜水	0.18～0.558	粗砂、砂砾石、中砂、细砂		2.2
22	中卫市沙坡头区城市备用饮用水水源地	沙坡头区西南方向 5 km	潜水	<1	粗砂、砂砾石、中砂、细砂		2
23	中卫市中宁县康滩水源地	中宁县西北方向 1.3 km	潜水	<1	砂砾石、粉砂、细砂、中砂、粗砂		4
24	中卫市海原县老城区水源地	海原县西南方向 1.5 km	承压水	0.3～0.375	第四系松散岩类的砂砾石、碎石、粗砂层		1.6

二、孔隙裂隙水水源地

宁夏孔隙裂隙水水源地仅有盐池县骆驼井水源地一处，地下水允许开采量为 1×10^4 m^3/d。

布井区面积 23.75 km，为中小型水源地。含水层为第四系细砂、粉细砂和白垩系保安群环河组的粉砂岩、粉细砂岩，地下水类型为松散岩类、碎屑岩类孔隙裂隙水，含水层平均厚度 88.29 m，埋藏在 1.4～110 m 深度范围内，地下水位（潜水、承压水混合）埋深 2.2 m（表 28-3）。

表 28-3 孔隙裂隙水水源地基本情况一览表

水源地名称	交通位置	地下水类型	水质状况（TDS）	开采层特征	开采井深度/m	允许开采量/（$m^3 \cdot d^{-1}$）
吴忠市盐池县骆驼井水源地	盐池县东北方向 16.9 km	承压水	0.419	细砂、粉砂、粉砂岩	110	1

三、裂隙岩溶水水源地

宁夏裂隙岩溶水水源地只有彭阳县县城水源地一处。地下水允许开采量 14200 m^3/d，水质基本符合国家《生活饮用水卫生标准》（GB5749—85）的集中供水水源地（表 28-4）。

表 28-4 裂隙岩溶水水源地基本情况一览表

水源地名称	交通位置	地下水类型	水质状况（TDS）	开采层特征	开采井深度/m	允许开采量/（$m^3 \cdot d^{-1}$）
固原市彭阳县县城水源地	彭阳县西南方向 0.3 km	承压水	0.735～0.89	砂岩、砂砾岩	380	1.5

第四节　地下水资源的合理利用

一、地下水资源潜力分析

宁夏地下水可开采资源量为 $22.9613\times10^8\ m^3/a$，淡水和微咸水可开采资源量 $20.8088\times10^8\ m^3/a$。1999 年地下水总开采量为 $5.5511\times10^8\ m^3/a$，可开采资源剩余量为 $15.2577\times10^8\ m^3/a$。银川市、石嘴山市、吴忠市、固原市地下水可开采资源量分别为 $7.2584\times10^8\ m^3/a$、$3.5000\times10^8\ m^3/a$、$10.8811\times10^8\ m^3/a$、$1.3218\times10^8\ m^3/a$，淡水和微咸水可开采资源量分别 $6.7214\times10^8\ m^3/a$、$2.8499\times10^8\ m^3/a$、$10.1496\times10^8\ m^3/a$、$1.0879\times10^8\ m^3/a$。石嘴山市辖区、盐池县、海原县、西吉县地下水开采量大于可开采资源量，剩余量为负值，这些县（市）地下水严重超采。

二、地下水开发引起的环境问题

宁夏地下水开采所诱发的环境地质问题主要有银川市和石嘴山市地下水超采形成降落漏斗、银北地区土壤盐渍化。

1. 地下水超采区

依据《宁夏回族自治区水资源公报（2018）》和《宁夏地下水超采区评价》，宁夏全区存在 5 个地下水超采区，超采区总面积 741 km^2。其中，银川市存在 1 个超采区，面积 294 km^2。石嘴山市存在 4 个超采区，超采区面积 447 km^2，分别为石嘴山市惠农区小型孔隙地下水超采区，面积 26 km^2；石嘴山市惠农区中型孔隙地下水超采区，面积 144 km^2；石嘴山市大武口区中型孔隙承压水地下水超采区，面积 254 km^2；石嘴山市平罗县小型孔隙承压水地下水超采区，面积 23 km^2。

银川市地下水超采区涵盖了东郊水源地、南郊水源地、北郊水源地、宁化第一水源地。超采区主要分布在贺兰山农牧场场部-西北轴承厂-银川林场二队以东，五里台、上前城、掌政镇洼路村沿线以北、金贵镇东南部-燕鸽-银川九中-宁夏大学以南一带，面积为 294 km^2，2018 年超采量 $458\times10^4\ m^3$。超采量较上年明显减小，主要原因是关闭了许多企业自备井，工业用水逐步用黄河水替换。城镇生活用地下水变化不大，并从超采区外的备用水源地南梁水源地和征沙水源地取水用于城镇生活。

石嘴山市地下水超采区涵盖了石嘴山市第一水源地、第二水源地、第三水源地、平罗县二水厂水源地、平罗县大水沟水源地和太沙工业园区井群、崇岗工业园区井群及简泉农场一带灌溉井群。第二农场渠以西超采区面积 225 km^2，属贺兰山山前倾斜平原，第二农场渠以东超采区面积 222 km^2，属引黄灌区。2018 年实际开采量 $5987\times10^4\ m^3$，地下水开采不超采达到补采平衡，主要原因是贺兰山山前倾斜平原的许多企业自备井减少开采，且 2018 年贺兰山区降水较多，山前倾斜平原地下水补给明显增加。

银川市地下水超采区范围稳定。根据宁夏国土资源调查监测院《宁夏地质环境监测年度成果报告》，2018 年银川市开采地下水形成的承压区域降落漏斗中心在宁夏大学本部，漏斗中心水位（埋深）由上年的 1089.23（20.61）m 变为 1090.26（19.59）m，水位比上年上升了 1.02 m。

石嘴山市地下水超采区范围稳定，开采地下水形成的 4 个降落漏斗面积较 2017 年缩小了 17.03 km^2，其中大小风沟漏斗面积较上年缩小了 14.86 km^2，面积最大的鬼头沟洪积扇水源地开采降落漏斗，面积较上年也缩小了 5.01 km^2，中心水位上升了 5.84 m。

2. 土壤盐渍化

宁夏土壤盐渍化主要分布于银川平原银北地区，银南地区仅分布在邵岗堡东部一带、灵武东部秦渠、东干渠附近，面积 3696.87 km^2。从银川平原北部盐渍化分区图中可以看出，强度盐渍化区主要分布在洪广营至平罗一带和惠农南部地区，面积 500.75 km^2；弱度盐渍化区主要分布在银川市及其北部一带和平罗的东南部地区，面积 872.14 km^2；在银川北部强度盐渍化区和弱度盐渍化区以外的地区均为中度盐渍化区，其分布较广，面积最大为2323.98 km^2；非盐渍化区主要呈长条状分布于贺兰山山前及陶乐东部地区。

银川平原北部土壤盐渍化形成的主要控制因素为潜水水位埋深、潜水矿化度、微地形、地貌及包气带岩性综合特征和灌排条件。潜水水位埋深越浅，矿化度越高，则土壤盐渍化的程度就越重。这是因为潜水埋深越浅，其蒸发浓缩作用强烈，矿化度越高，潜水蒸发后，带至地表的盐分就越多，因而土壤盐渍化程度也就越重。土壤盐渍化程度和潜水矿化度、水位埋深之间存在以下相关关系：当潜水矿化度≥0.5 g/L时，土壤开始盐渍化，当增至1~3 g/L时，土壤盐渍化加剧；当潜水水位埋深增加到2.9~3.1 m（枯水期）和1.9~2.1 m（丰水期）时，土壤基本上停止了盐渍化过程。这是因为枯期水位在3 m左右时，潜水蒸发基本上趋于停止状态，故积盐过程很微弱，在丰水期，由于多次灌溉淋洗和降雨淋洗，水位在2 m左右时，脱盐大于积盐，故盐渍化亦很微弱。银北潜水矿化度高于南部，径流条件差，水位埋深较浅，银北地区临界深度较深。因此，银北地区高于银南地区。

微地貌和小地形特征的不同，土壤盐渍化程度各异。在鱼塘、水池周围，由于池水侧渗，沿其周围多形成重盐渍化土；在干、支渠的两侧及湖沼洼地的外围地区，由于常年淤灌和梯田建设的结果，田块多呈阶梯状，上部梯田土壤盐渍化轻，向下随着“阶梯”逐级变低，盐渍化亦逐级加重；在同一块耕地中，由于土地不够平整，造成平处盐渍化轻，高处盐渍化重或形成盐斑，这是因为高处灌不上水而暴露出水面，得不到灌水的淋洗。相反由于蒸发强烈，在上部和周围平处的土壤毛管水的作用下，盐分由平处向高处移动，使高处迅速积盐形成盐斑。某些旧渠的渠埂或遗弃的路基及庄台地等人工地形，由于土质紧密，通透性差，加之长期得不到灌溉淋洗，使土壤盐分大量积累地表，形成盐斑。

包气带岩性综合体特征与土壤盐渍化的形成有着很重要的关系。银北地区土壤盐渍化的形成与包气带岩性综合体有着一定的依存关系。在其他条件相似的情况下，一般以砂粘土、粘土为主的岩性综合体分布区，由于粘土类土具有较强的滞水阻盐作用，灌溉水滞留地表，长期不易排除，在强烈的蒸发作用下，土壤盐渍化程度较重；如果这些粘土类土为主的岩性综合体，分布于低洼地带，则多形成沼泽化盐渍土。相反，若以砂性土为主，由于岩性粒度较粗，通透性较强，则土壤盐渍化程度相对较轻。在浅部（0~2 m）岩性综合体若夹有一定厚度的粘性土夹层，产生了滞水阻盐的作用，则地表易形成盐斑。

1958年，银北地区盐渍土面积占耕地面积的56.12%，此时灌排平衡。1962年前后，盐渍土面积由1958年的56.12%猛增到70.45%，增大15%，盐渍化加重，其主要原因是1959~1960年，引黄灌区的引水量由$45\times10^8\ m^3/a$增加到$52\times10^8\ m^3/a$，排水量却无增加，在此期间盲目种稻，大引大灌现象严重，一般作物田间灌水量也由3900 m^3/hm^2增至4725 m^3/hm^2，增长21%，灌溉管理不善，决口跑水淹滩漫路时有发生，加重了土壤盐渍化。1976~1982年，该阶段强调了排水治碱的重要性，加强了灌排管理。1976年，银北地区开展了以沟渠整治为中心的兴修水利运动，继而又在大范围内推广了以井灌、井排为重点的井、渠、沟、电排相结合的排水治碱工作，取得了显著成就。进入20世纪90年代，由于河套灌区采取了以改造中低产田、粮食增产为目标的农业综合开发一二期工程，使灌区土壤盐渍化继续减轻，银北灌区平均年排水量增加了26%，排盐量增加了24%，排盐指数由开发前1.06增加到1.17，使灌区处于脱盐状态。据宁夏水利统计资料，截至1995年底，引黄灌区土壤盐渍化面积较1983年全区土壤普查盐渍化面积减少了36%，年递减率为3%。据《宁夏回族自治区环境地调查报告》，1989~1998年，银北灌区地表盐斑呈减少趋势，土壤盐渍化在大部分地区呈衰减趋势。至2005年，土壤盐渍化面积有所减小。

3. 土地沙漠化

宁夏回族自治区是西北地区沙漠化较严重的省（区）之一。东、西、北三面被毛乌素沙漠、乌兰布和沙漠和腾格里沙漠所包围，在低缓丘陵及台地上，土地沙化和沙漠化普遍，尤以黄河以东陶乐东部、灵武市北部的毛乌素沙漠南缘和中卫市西北部腾格里沙漠南缘土地沙化与沙漠化最为严重，地表呈流动沙丘及沙带成片分布。银川平原西侧，由大武口至黄羊滩零散分布在引黄灌区地势低洼的山前洼地、盐荒地、沼泽地。以平吉堡沙漠化土地较集中，流动沙丘为主，沙丘高3~5 m，最高10 m，其次为沙湖，沙丘高30 m。洪广营、镇北堡等地，以平铺沙地为主，活动沙丘次之。

根据宁夏回族自治区遥感测绘勘查院对1987年、1997年和2010年银川平原、卫宁平原遥感数据的解译结果，1987~1997年，银川平原沙地面积增加了35.95 km^2，增长率为4.94%。1997~2010年间，银川平原沙地面积则急剧减少，减少面积占1997年沙地面积的74.19%。卫宁平原沙地面积呈现逐渐减少的趋势：1987~1997年，沙地面积减少29.79 km^2，减少量为4.8%；而1997~2010年间，沙地面积减少148.48 km^2，减少量为25.12%。

根据遥感影像图，银川平原沙地主要分布于大武口区东南、沙湖附近、镇北堡和银川市新市区以南平吉堡沙地；黄河东岸陶乐大部分地区和灵盐台地北部沿黄河呈条带状分布；除此之外，灵盐台地中南部也有片状沙地分布。从2010年银川平原沙地分布图可看出，经过几十年的治理，平吉堡沙地已经消失，黄河东岸陶乐-灵盐台地北呈条带状分布的沙地已经大面积减少，目前只是零星小片状分布，治沙效果明显。卫宁平原的沙地主要分布于腾格里沙漠，1987~1997年，沙地面积变化不大，1997~2010年间，腾格里沙漠面积形状发生较大变化，面积明显减小。

4. 湖泊萎缩

在漫长的地质历史发展过程中，地壳间歇性不均匀掀斜和地球偏力（科力奥里斯力）的综合作用下，黄河经宁化寨、西夏区、暖泉农场、高庙湖、石嘴山煤矿一带，自西向东游移在宁化寨-新城-明水湖农场-西河桥一线以东，金银滩-灵武-高仁镇-五堆子一线以西广大地区，在平原区形成了众多大大小小的湖泊、积水洼地、滩涂和沼泽，湿地资源丰富。受贺兰山山洪倾泄、引黄灌溉造成排水不畅地下水位抬高的影响，自南而北呈串珠状分布70余个大小不一的湖泊，俗称“七十二连湖”。20世纪80年代以前的银川平原，千湖辉映，湖波荡漾，芦苇连绵，湖水中鱼儿跃，芦苇里鸟儿鸣，成为各种鸟类和鱼类繁衍栖息的天堂，三百里银川一派水乡泽国的美丽景象，俗有“塞上江南”之美誉。

长期以来，由于忽视对湿地资源的科学保护，过度的、无节制的开发利用湿地资源，使湿地的自然环境遭到破坏，面积减少，尤其是由于盲目地进行农用地开垦，改变天然湿地用途和城市开发占用天然湿地，直接造成了平原湿地大面积萎缩和消失，湖泊水质变差，生态环境遭到破坏。

根据宁夏回族自治区遥感监测勘查院对1987年、1997年和2010年三个时期银川平原湿地面积变化的遥感解译，平原区不同时期湿地面积变化较大。1987~1997年，湿地总面积减少了210.42 km^2。其中人工湿地呈增加状态，10年间增加63.91 km^2，淡水养殖场、灌溉用沟渠和水库面积均有不同程度增加。20世纪90年代，由于灌区经济快速发展，多次大规模的围湖造田、围湖养殖和城市建设开发，许多浅水湖泊和积水洼地被疏干，因而湖泊、沼泽湿地的面积和数量急剧减少，植被衰退。10年间，自然湿地面积减少269.33 km^2，其中河流减少112.5 km^2，减少28.9%；湖泊湿地减少35.12 km^2，减少20.4%；沼泽湿地减少121.71 km^2，沼泽湿地萎缩最为严重，萎缩了近83.1%。从兴庆区掌政以北至惠农区黄河两岸的沼泽滩地大面积消失，大武口、平罗、贺兰和银川北部大面积天然湖泊消失。

从1997至2010年的13年间，银川平原湿地面积增加了132.82 km^2；人工湿地增加了26.81 km^2，自然湿地面积增加了101.01 km^2。人工湿地除水库面积外，淡水养殖场和灌溉用沟渠均呈减少趋势。自然湿地中河流湿地减少了115.11 km^2，湖泊湿地和沼泽湿地面积增加明显，分别增加了119.6 km^2和96.52 km^2，湖泊湿地面积增加87.4%，沼泽湿地面积增加近4倍；大武口、平罗、贺兰和金凤区自然湿地增加明显，出现大面积自然湿地。

自2002年以来，为保护湿地和湿地生物多样性，宁夏回族自治区政府先后实施了退田（塘）还湖蓄水、退耕还湖、疏浚清淤等工程，改造和恢复了阅海湖、宝湖、西湖、鸣翠湖、星海湖和黄河湿地公园等数十个城市湖泊、湿地，湖沼湿地面积开始呈现逆转之势。而河流湿地面积自1987年以来一直呈缩减趋势，与近些年黄河来水量持续减少，水域面积减小有关。

三、地下水资源的合理利用

宁夏地下水资源开发利用中存在着缺水与用水浪费并存、地域分布与人口规模和土地资源的分布不相匹配、缺乏统一规划和科学管理、未能实现地下水与地表水利用的优化配置和合理调配、缺乏水环境保护等问题，地下水污染严重，深层地下水勘查程度较低，主要水文地质环境问题研究不够深入。地下水开发利用应统筹规划，合理利用，地表水与地下水统一调度，在环境约束条件下，加大银川平原地下水开采强度，用地下水开采量替代部分地表水耗用量，在 $40\times10^8\ m^3/a$ 黄河水耗用总量控制下，将节省的地表水引到南部山区，实施“北水南调”工程。

建立完善的宁夏地下水动态监测网。对银川市区、大武口市区、吴忠市利通区现有监测网进行改造完善；对全区地下水供水水源地、盐池县、彭阳县白垩系深层水、“南北古脊梁”灰岩岩溶水实行动态监测；对清水河河谷平原、葫芦河河谷平原、茹河和红河河谷平原等缺水地区浅层地下水进行动态监测。

银川平原北部地区土壤盐渍化问题是宁夏的主要水文地质环境地质问题，实施井溉井排、地表水与地下水联合调度，不仅是解决银川平原北部地区土壤盐渍化的出路，也是宁夏水资源合理开发利用的重要研究方向。另外，清水河河谷平原地下咸水改造及宁南岩溶水勘察与开发利用，应在今后宁夏地下水资源及合理开发利用研究中予以重视。

第二十九章　地热资源

地热资源按深度与利用方式的不同分为深层地热资源与浅层地温能两大类，通常地表以下 200 m 以浅的称为浅层地温能，200 m 以下为深层地热资源。由于宁夏境内浅层地温能开发利用以商业为主，且开发利用程度较低，系统资料缺乏，以下只针对深层地热资源进行论述，仅在开发利用部分对浅层地温能简要叙述。

第一节　地热资源勘查与开发史

一、地热资源勘查史

1987 年以前，宁夏地热资源勘查及开发利用几乎是一片空白，仅在地方志以及早期的石油、地震勘查报告中有零星的地温资料记录。

1988 年，宁夏回族自治区地质矿产局在中卫县黄石坡沟开展金银矿普查时，在 ZK9102 号勘探孔钻进中发现了地下热水，测得井口水温 40℃。1989 年，宁夏回族自治区地质矿产局正式立项并行文下达任务，宁夏矿产地质调查所承担黄石坡沟地下热水调查研究任务，1990 年完成《中卫县黄石坡沟地下热水调查研究报告》，1990 年 7 月 21 日经宁夏回族自治区地质矿产局组织评审通过。

1987 年，宁夏回族自治区地质矿产局下达了《关于开展宁夏地热、矿泉水调查》（宁地地发〔1987〕58 号）的任务。1988 年，宁夏回族自治区地质矿产局地质研究所编写了《银川平原地热地质调查工作设计书》。由于诸多原因，该设计未实施。

1998 年初，宁夏回族自治区地质矿产勘查开发局以宁勘环发〔1998〕10 号文批复同意宁夏地质调查院《关于银川市地热地质调查及地下热水开发利用可行性论证项目》的请示，从而开始进行银川市地热田普查。宁夏回族自治区地质调查院成立了地热项目室并编写了《银川市地热地质调查及可行性论证工作设计书》，1998 年 8 月，提交了《银川市地热地质调查及 Y1 地热钻孔位置可行性论证报告》，并通过了地热专家评审。

1998 年 11 月，宁夏回族自治区地质矿产厅成立地热勘查领导小组和地热井施工工程监理组，地热勘探井钻探施工单位经招投标确定，华北石油管理局第一工程部中标，共施工完成地热井两眼（DR-Y1、DR-Y3），总进尺 6100 m。2000 年 1 月提交了《银川市区地热田普查报告》，经宁夏回族自治区地质调查院组织评审通过。

1999 年，宁夏回族自治区地质矿产厅以宁地环发〔1999〕10 号文、宁地环发〔1999〕27 号文，分别下达了开展银川市地热田勘查、银川盆地地热普查的任务，由宁夏回族自治区地质调查院具体组织实施。主要任务是：查明银川市地热田的地热地质背景，圈定地热田范围，评价地热资源质量，计算地热资源储量，编制银川市地热资源开发利用规划，为银川市地热田的开发利用提供科学依据。宁夏地质调查院组织人员，分别编制了项目总体设计书和《银川盆地南部地热地质调查可行性论证工作设计书》。

1999 年 9 月，中国地质调查局将“银川盆地地热资源调查评价”列入新一轮国土资源大调查项目，任务由宁夏回族自治区地质调查院承担，2000 年 9 月提交《银川盆地地热资源调查评价报告》。2001 年 10 月 22 日，通过了中国地质调查局西北项目管理办公室组织的评审。2001 年，严烈宏、王利等编著了《银川盆地地热系统》，由宁夏人民出版社出版，获宁夏回族自治区科技成果进步二等奖。这是银川盆地地热形成地质背景研究的最终成果，对近十年以来银川盆地地热研究成果进行了全面系统地总结，是一部宁夏区域性的地热学专著。

1999 年，宁夏回族自治区地质矿产厅还下发了《吴忠市地热地质调查任务》的通知（宁地环发〔1999〕23 号），拟对吴忠地区的地热资源展开调查，以促进该地区的经济建设。宁夏回族自治区地质调查院据此编写了《宁夏吴忠市地热地质调查可行性论证设计书》，并得到主管部门的批复（宁地环发〔1999〕24 号文）。地质矿产部物化探研究所完成了大地测深物探工作，编写《大地电场岩性测深在宁夏吴忠地区地热的勘查研究》报告，验证了设计钻孔位置。钻探工作终因资金不落实未能全面实施。

2013 年，中国地质科学院下达了"全国地热资源现状调查评价与区划"任务，宁夏回族自治区地质调查院据此于 2015 年编制完成了《宁夏地热资源现状调查评价与区划报告》，该报告在充分收集研究资料的基础上，阐述了宁夏地热资源分布、赋存条件及地下热水的水化学特征以及地热资源开发利用现状，评价地热资源量和开发利用潜力，编制地热资源区划，建立地热资源数据库和信息系统，为后续地热资源合理开发利用提供依据。

二、地热资源开发史

1. 深层地热资源开发史

宁夏第一口地热井钻探成功，引起了宁夏回族自治区人民政府的高度重视。1999 年 1 月 12 日，宁夏回族自治区人民政府办公厅成立了地热资源开发领导小组，宁夏回族自治区副主席王全诗任组长，宁夏回族自治区人民政府副秘书长李双金、宁夏回族自治区地矿厅厅长严烈宏、宁夏回族自治区水利厅厅长刘汉忠 3 人为副组长，宁夏回族自治区计划委员会副主任齐同生、经贸委副主任刘学军、财政厅副厅长毛国芝、建设厅总工程师马力、环保局局长何琮及银川市副市长王学祥 6 人为小组成员，领导小组办公室设在宁夏回族自治区地矿厅，办公室主任严烈宏，副主任刘国民、孙永明。DR-Y1 地热井位于银川市兴庆区南门外，井深 3100 m，井口出水温度 67.5℃，出水量 1000 m^3/d，热水矿化度 17 g/L。经宁夏回族自治区级鉴定为含偏硅酸氯化钠型医疗热矿水。1999 年 3 月 26 日，宁夏天力地热开发有限公司成立。同年 8 月，宁夏地质矿产勘察开发局以宁勘经发〔1999〕01 号文批复，同意将胜利商场改造后作为宁夏天力医疗温泉康体中心营业场所。改建项目于 1999 年 10 月 6 日动工，2000 年 2 月 12 日竣工，历时 126 天。2000 年 7 月，宁夏回族自治区地质调查院申建宁夏天力地热温泉城游泳馆，经宁夏回族自治区计划委员会审定，宁夏回族自治区国土资源厅同意立项，合资建设宁夏天力地热温泉游泳馆项目。2000 年 5 月 16 日签订合作合同，成立宁夏天力温泉旅游开发有限公司，注册资本金暂定为 1000 万元。2002 年 4 月，融资扩股，宁夏天力温泉旅游开发有限公司新增股东，公司注册资本金扩至 1650 万元。宁夏天力温泉旅游开发有限公司设立二级非独立法人分支机构——天力温泉度假村，2003 年 1 月 8 日建成竣工试营业。

DR-Y3 地热井，位于银川市西夏区银川铁路分局院内，由银川铁路分局铁发集团投资，1999 年 4~7 月完成，井深 3000 m，井口出水温度 55℃，出水量 1440 m^3/d，热水矿化度 15 g/L。银川铁路分局铁发集团以此地热井为基础建设了地热洗浴中心，2003 年 2 月投入营业使用至今。

近几年随着商业热水资源的开发，先后又成功钻探了镇北堡天沐地热井和红柳湾山庄地热井、沙湖旅游区和大武口区中华奇石山文化旅游公园地热井、兴庆区掌镇檀溪谷地热井和沙温泉地热井、永宁县回乡文化园地热井和三沙源地热井。特别是 2017 年，在银川盆地东部边缘，银川市滨河新区"天山海世界"大型水上娱乐项目区内钻孔成功打出地热水，井深 600 m，涌水量约 1.5×10^4 m^3/d，井口温度 42℃，是银川盆地目前出水量最大的地热井。

2. 浅层地温能

根据《银川市浅层地温能调查评价》项目成果资料显示，银川市现有浅层地温能开发利用地源热泵工程 16 处，其中地下水地源热泵 8 处，地埋管地源热泵 7 处，污水源热泵 1 处（表 29-1）。

银川市中心城区面积 555 km^2 内 200 m 以浅地温梯度为 2~5℃/100m，恒温层为 30 m 左右，温度在 11~13℃之间。银川市 200 m 以浅地层平均温度 12.5~15.4℃；采用热储法计算 555 km^2 范围内 200 m 以浅地层热容量，总热容量为 2.46×1014 kJ/℃。以地下水与地埋管两种热泵开发利用方式进行浅层地温能开发利用，冬夏季每年总的可利用量为 6.89×107 GJ，折合标准煤换算为 3.92×10^6 t，其中可减少二氧化碳的排放每年可达 3.27×10^6 t/a，每年节约环境治理费 3.87 亿元。

表 29-1　银川市浅层地温能开发利用现状——地源热泵工程

序号	名称	热泵类型	服务面积/10^4 m^2
1	银川太阳神大酒店	水源	2.2
2	银川市检察院	地源	2.08
3	银川海关	地源	1
4	民生中体会所	地源	0.48
5	德隆楼北京路店	地源	1.3
6	宁夏广电贺兰中波台	地源	0.45
7	贺兰神国际酒庄	水源	2.4
8	银川商城（已报废）	水源	
9	西夏区政府（已拆迁）	水源	1.4
10	民政厅	水源	0.6
11	中级人民法院	水源	1.8
12	宁夏人民医院	地源	13
13	昊王国际酒店	地源	6
14	中房玺云台	污水源	6.7
15	高速永宁服务区	水源	0.63
16	高速贺兰服务区	水源	0.23

第二节　地热地质条件

一、成热地质背景

宁夏大地构造位于柴达木-华北板块中南部，地处华北陆块、阿拉善微陆块和祁连早古生代造山带交汇地区，是连接我国北方西部与东部不同大地构造单元的枢纽地区，也是我国地层、构造、地貌以及各种地球物理场的重要分界区域。地热资源主要分布在板块内部盆地和隆起断裂（古脊梁）附近。

以下从深部构造、区域地层、活动断裂及水文地质特征等条件对宁夏地热资源的地质背景进行叙述。

1. 深部构造

（1）岩石圈速度结构

自 1980 年以来，对宁夏岩石圈速度结构进行过不少研究工作，利用地震测深取得了岩石圈速度分层成果。到目前为止，宁夏境内共有 5 条地震测深剖面，这 5 条剖面的成果为研究宁夏地区岩石圈速度结构提供了重要科学依据。

综合分析 5 条剖面，贺兰山西侧的阿拉善微陆块总体地壳结构比较简单，上地壳厚度约 15 km，中地壳的深度范围为 15~25 km，下地壳的深度范围为 25~45 km，地壳总厚度 42~46 km，莫霍面自西向东有逐渐变浅的趋势。处于鄂尔多斯西缘裂陷带的银川盆地，新生代沉积厚度达 8 km，上地壳厚度为 11~15 km，其界面明显下拗，与新生代以来银川地堑强烈断陷和巨大厚度的新生代沉积一致。

中地壳深度在 15~24 km，下地壳厚度为 14~24 km，莫霍面埋深 37~40 km。银川地堑上地幔明显隆起 6 km 左右，但是隆起顶部并不与盆地沉降中心相对应，而向东偏至黄河附近。这种特征可能为莫霍面上隆导致中、下地壳深度显著变薄。同时，在下地壳中存在一长近 80 km 的低速异常透镜体，最低速度为 6.0 km/s，厚度 10~15 km，推测是强烈混合岩化，并伴随局部熔融作用所致。鄂尔多斯坳陷区，壳幔结构简单，具有整体稳定的特点，在宁夏盐池、陕西定边一带上地壳厚度 11~12 km；中地壳为一匀速层，厚度 8~10 km；下地壳厚度为 18~22 km，莫霍面深度 40~43 km。在宁南弧形构造带及其北、南两侧 3 个区域的岩石圈速度结构在纵向和横向上均具有明显的非均匀性，地壳厚度变化大，在宁南弧形构造带中部莫霍面隆起 5 km 左右，宁南弧形构造带北南两侧的上地壳中存在不同的低速块体。

（2）莫霍面结构特征

根据反演结果，宁夏地区莫霍面深度分布（图 29-1）有以下几个特点：

1）总体上说，莫霍面埋深呈东浅西深，北浅南深的趋势。北部和东部地区莫霍面深度为 38~44 km，南西一侧莫霍面埋深为 45~55 km，银川一带为 38 km 左右。

2）宁夏东侧的鄂尔多斯地块区和贺兰山以西的阿拉善微陆块区莫霍面等深线密度稀疏，梯度变化平缓，莫霍面埋深为 40~43 km。

3）银川地堑周围地区及南部弧形构造带莫霍面等深线梯度变化大，反映了莫霍面起伏较为剧烈。

4）银川至平罗及其北东一侧莫霍面呈上隆形态，最浅为 38 km 左右。

5）西吉和中卫两处的莫霍面呈坳陷状，深度分别为 50 km 和 47 km。

（3）地壳厚度变化

根据地震测深剖面资料，推断的宁夏区域内地壳厚度等值线分布可概括总结如下：

1）地壳总厚度总体趋势是南部大于北部。由于南部处于青藏高原北东边缘向鄂尔多斯地块稳定区的过渡地带，其地壳厚度介于青藏高原（厚度约 60 km）与稳定区（厚度约 42 km）之间；北部银川地区地壳总厚度小于 40 km。

2）贺兰山西侧的阿拉善微陆块总体地壳结构比较简单。上地壳厚度 15 km 左右，中地壳的深度范围 15~25 km，下地壳的深度范围 25~45 km，地壳总厚度 42~46 km，莫霍面自西向东有逐渐变浅的趋势。

3）处于鄂尔多斯西缘裂陷带的银川盆地，新生代沉积厚度达 8 km，上地壳厚度为 11~15 km，其界面明显下拗，与新生代以来银川地堑强烈断陷和巨大厚度的新生代沉积一致。中地壳深度 15~24 km，下地壳厚度 14~24 km，莫霍面埋深 37~40 km。银川地堑上地幔明显隆起 6 km 左右，但是隆起顶部并不与盆地沉降中心相对应，而向东偏至黄河附近。这种特征可能为莫霍面上隆导致中、下地壳深度显著变薄。

4）鄂尔多斯坳陷区，壳幔结构简单，具有整体稳定的特点。在宁夏盐池、陕西定边一带上地壳厚度 11~12 km；中地壳为一匀速层，厚度 8~10 km；下地壳厚度 18~22 km，莫霍面深度 40~43 km。

5）中祁连加里东造山带沉积盖层厚度 2.5~4 km；上地壳东厚西薄，厚度 14~19.5 km；中地壳厚度 12~17 km；下地壳由西向东减薄，厚度 10~21 km。地壳总厚度 45~52 km。

6）北祁连加里东造山带沉积盖层厚度 2.5~4 km，上地壳较厚，厚度为 19~23 km，中地壳厚度为 9.5~12.5 km，下地壳较薄，厚度为 7~12.5 km，最薄处位于六盘山。地壳总厚度为 42~44 km。六盘山附近的深大断裂是中国东西两大构造单元的分界线。与其两侧地壳结构不同，上地壳巨厚，比中、下地壳总厚度还大，而下地壳变薄，最薄处只有 7.0 km。

7）鄂尔多斯西缘裂陷带沉积盖层厚度 2 km 左右，上地壳厚度约 17 km，中地壳厚度 14 km，下地壳厚度 12 km。地壳总厚度 46 km。

（4）岩石圈厚度变化

中国大陆及邻区岩石圈厚度变化极大（50~240 km），变化幅度近 200 km。岩石圈厚度总体变化

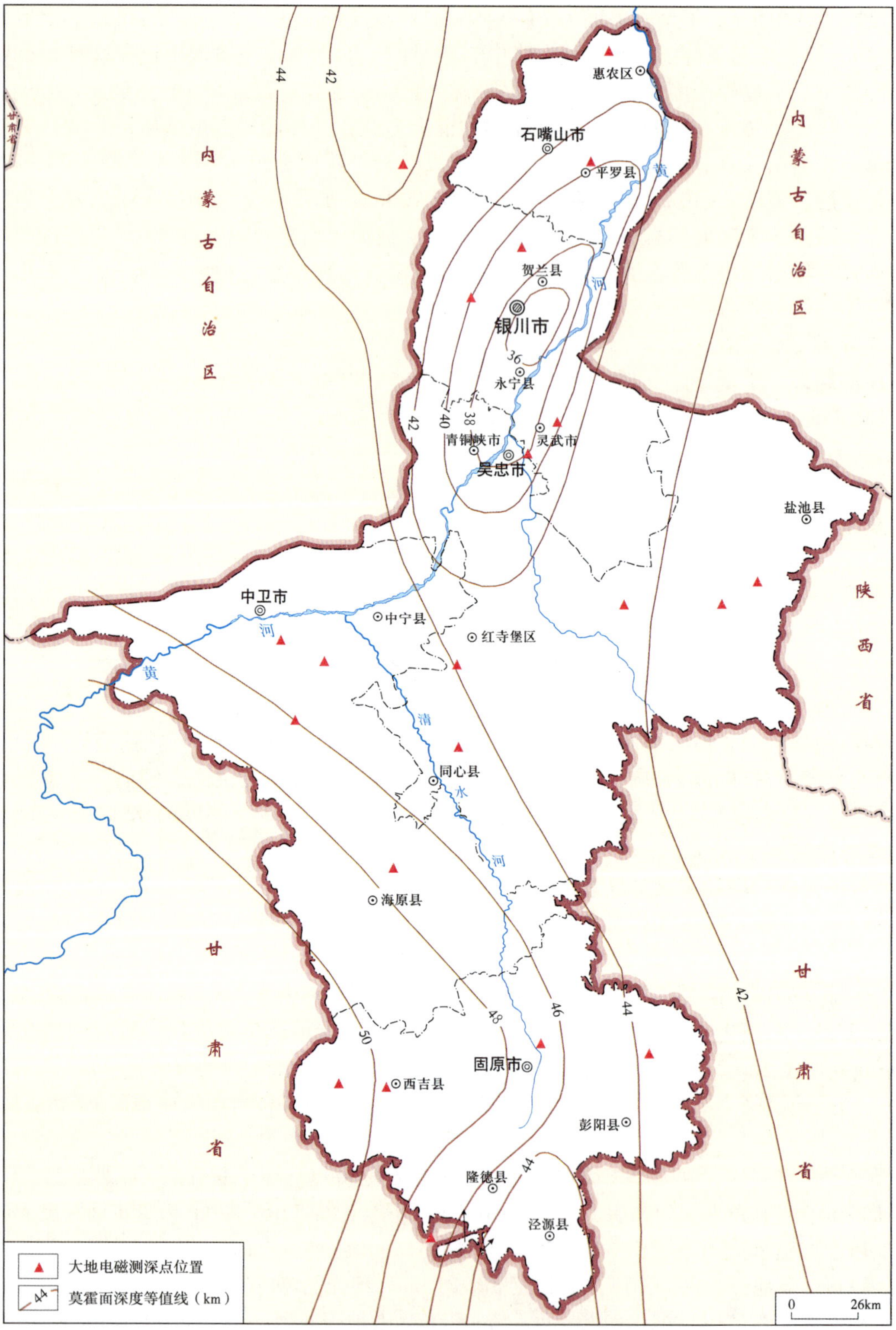

图 29-1 宁夏及邻近地区地壳莫霍面深度分布图

（据宁夏回族自治区地质矿产局，1993，有修改）

趋势是西厚东北薄、南厚北薄，克拉通地块厚，造山带和裂谷盆地薄。变化呈现为明显的分区性：大致以昆明-银川南北地震带为界（70 km），中国西部岩石圈厚（90～125 km），中国东部大陆岩石圈薄（70～110 km）。宁夏则处于中国东西岩石圈变化高的过渡带，依据地球物理资料来看，不同的地质构造单元，岩石圈厚度差异变化明显。鄂尔多斯地块和阿拉善微陆块的电性层横向变化平缓，成层和整体性好，表明这两个地块较为完整，相对稳定，在很长的地质历史时期内较少受到形变破裂，地球物理解释岩石圈厚度为 110~130 km。宁夏总体岩石圈埋深分布情况表现为东、西两侧埋深较深，深度约在 100 km，银川盆地和六盘山−海原断裂周围埋深较浅，在 80 km 左右（图 29−2）。

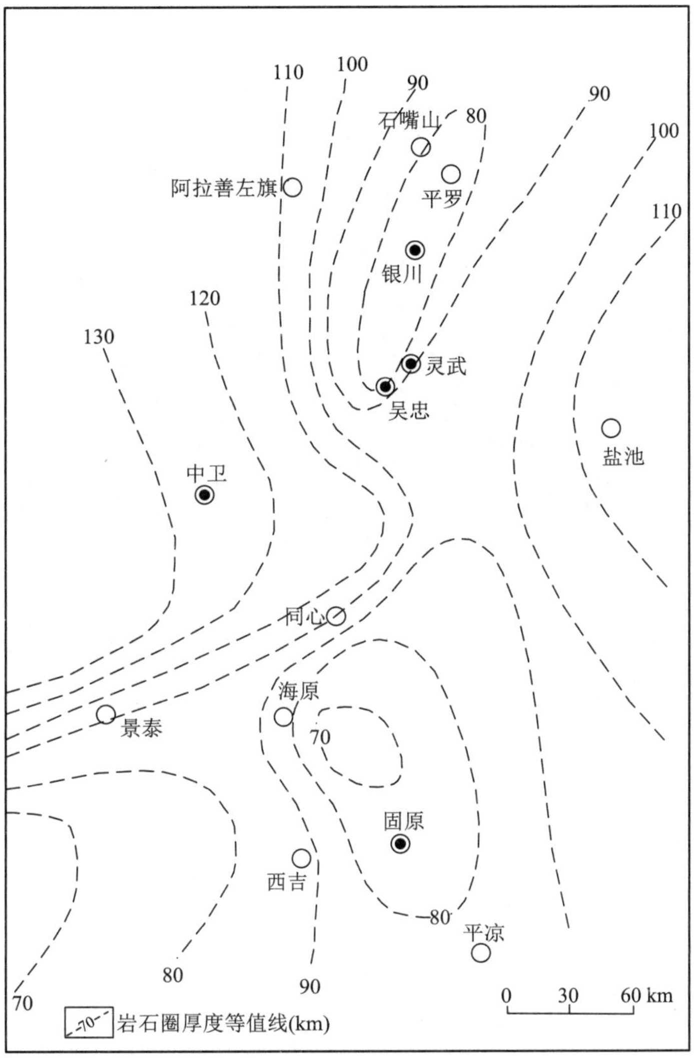

图 29−2　宁夏岩石圈等厚度图

（5）居里面深度

当地下岩层达到一定温度（530~560℃）后，就会发生消磁现象而失去磁性。居里面既是无磁界面，又是等温界面，这一特性使居里面成为研究深部热状态的重要表征。

2002 年，“宁夏地热远景调查及银川平原地热资源评价”项目利用航磁资料，采用空间域三维磁性体下界面的反演和频率域中的谱分析法进行数据处理，绘制宁夏居里面深度图。原始资料为地质矿产部航空物探遥感中心 1987 年完成的鄂尔多斯 1∶20 万精度航磁成果，平原周边地区利用原地质部 1∶100 万航磁成果。

利用空间域的三维磁性下界面反演计算方法，将宁夏全区航磁异常进行向上延拓 30 km，将全区按 20 km×20 km 划分成水平棱柱体模型，取磁化强度 $J=3000\times10^{-3}$ A/m，平均深度 $D=26$ km，最大波数 $K=6$。反演结果如图 29−3 所示。

2. 区域地层

按照宁夏所处大地构造位置，以主构造期（早古生代—三叠纪）古构造格局为基础，结合地层

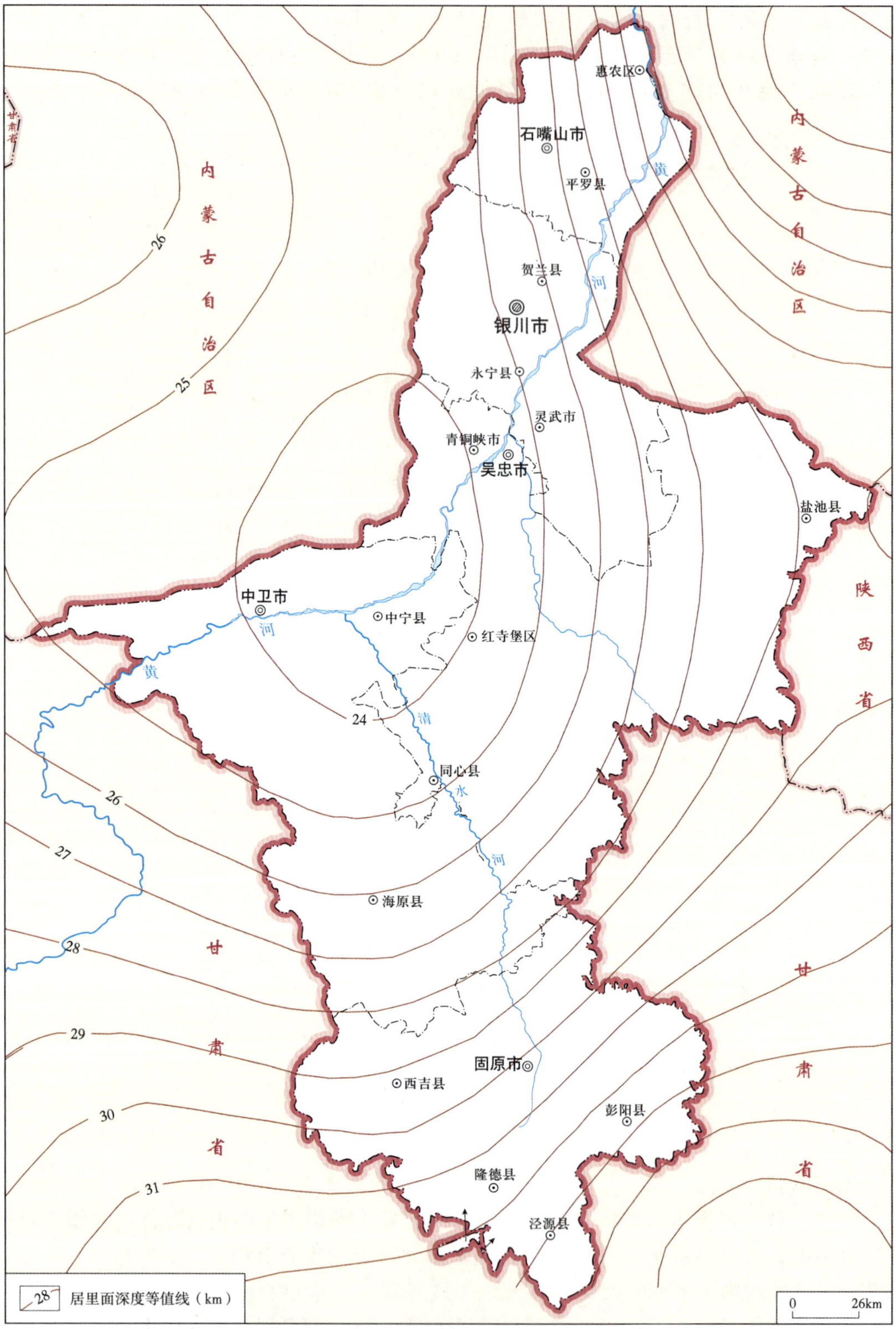

图 29-3　宁夏居里面深度图

发育状况、沉积序列、沉积建造及古生物群等因素，将宁夏综合地层划分为 1 个地层大区、3 个地层区、4 个地层分区和 5 个地层小区。

宁夏全境处于华北-柴达木地层大区中部，跨祁连地层区、阿拉善地层区和华北地层区。

3. 活动断裂

宁夏活动断裂主要包括北部的贺兰山东麓断裂、黄河断裂、宗别立-正义关断裂和南部的宁南弧形构造带活动断裂，自西南向北东有屈吴山南西麓断裂、月亮山南西麓断裂、黄家洼山-西华山南西麓断裂、油房苑-蔡祥断裂、蔡祥-硝口断裂、凤台山东麓断裂、海原断裂、六盘山东麓断裂、香山南麓断裂、天景山断裂、烟筒山-窑山断裂和牛首山-罗山断裂等（图 29-4）。

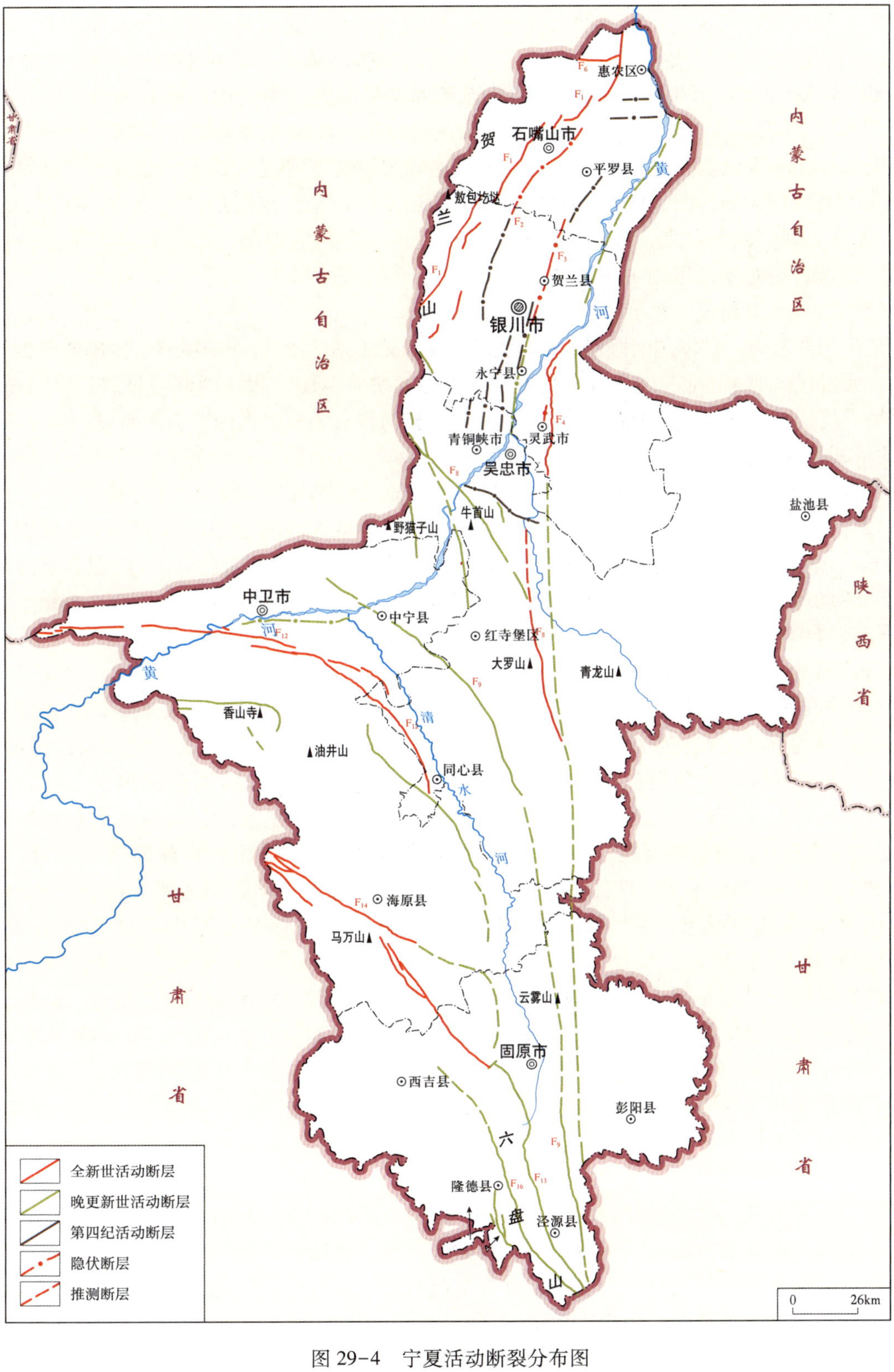

图 29-4　宁夏活动断裂分布图

（据宁夏回族自治区地质调查院，2017）

（1）银川盆地活动断裂

银川盆地的边界断裂，西界为贺兰山东麓断裂，东界为黄河断裂，北界为宗别立-正义关断裂，南界为牛首山-罗山断裂，这些活动断裂对地貌单元的形成起着重要的控制作用。

A. 贺兰山东麓断裂（F_1）

贺兰山东麓断裂带与贺兰山山麓线大体平行，地貌特征与遥感影像十分显著。断裂北起石嘴山西柳条沟，向南西经正义关、汝箕沟口、苏峪口、井石子梁折向南南东，接牛首山东麓-大罗山东麓断裂，全长约 139 km，宽度为 10~16 km。贺兰山东麓断裂带沿倾向主要由插旗口断裂、苏峪口东台地断裂、头关-套门沟断裂等组成贺兰山东麓阶梯状正断裂带，断裂总体走向北北东，倾向南东东，倾角 65°~80°不等，断层以西是高峻挺拔的贺兰山，主峰敖包疙瘩海拔 3556 m，以东为开阔富饶的银川平原，海拔 1100~1300 m，两者地形高差达 2200 m，新生代以来，该断层活动强烈，垂直运动幅度近 10000 m，尤其是晚第四纪以来，该断层错断了晚更新世—全新世地层，山前和洪积扇上普遍发育断层崖地貌。因此，它是宁夏区内一条重要的活动断层。

B. 宗别立-正义关断裂（F_6）

该断层呈东西走向，总体向南倾斜，断层北盘为古元古代贺兰山岩群变粒岩、片麻岩和混合岩。断层南盘为古元古代、中-新元古代和古生代地层。断层横贯贺兰山北段，西起呼举鲁托，向东经本坑、古列呼都格，终于干沟口，长度为 60 km。以别立呼都格为界分为东、西两段，二者以一阶区相接续。

C. 黄河断裂（F_4）

黄河断层是银川地堑的东部边界构造，长度 160 km，按断层活动性和出露情况，可分为三段：南段和北段为裸露地表，中段为隐伏段。北段红崖子一带地表发育有规模宏大的断层崖地貌，断层崖高 10~20 m，崖坡陡峻。沿陡崖多处见断面出露，显示晚更新世期间有过活动。南段称灵武断层，属于晚第四纪活动最为显著的段落，展布在银川河东机场、灵武东山西麓至大泉一带，控制了银川盆地南部第四纪沉降中心，断层北起水洞沟，南至大泉，长度 48 km。

（2）宁南弧形构造带活动断裂

宁南弧形构造带区域性活动断裂带的走向均为北西—南东向，断面倾向北东或南西，常为弧形隆起的山脉与盆地的分界，控制着山脉的隆升和盆地的下沉，具有强烈的左旋走滑运动，常形成水系、山脊、阶地等的左旋位移。重要的活动断裂自西南向北东有：屈吴山南西麓断裂、月亮山南西麓断裂、黄家洼山-西华山南西麓断裂、油房园-蔡祥堡断裂、蔡祥堡-硝口断裂、凤台山东麓断裂、西华山-南华山北东麓-六盘山东麓断裂、香山南麓断裂、天景山北麓-尖山墩东麓断裂、烟筒山-窑山东北麓断裂和三关口-牛首山东麓-罗山东麓断裂等。最具代表性的活动断裂为西华山-南华山北东麓断裂、天景山北麓-尖山墩东麓断裂、烟筒山-窑山东北麓断裂和三关口-牛首山东麓-罗山东麓断裂。

A. 海原断裂（F_{14}）

海原断裂第四纪以来左行走滑运动强烈，错断了所有前第四纪地质体及各种地貌。地貌上形成一系列小型凹陷、小地堑、陡坎和鼓包、张裂缝。张裂缝单个走向 70°~80°，与总体延伸方向夹角 45°~55°，揭示主断裂左行走滑。沿断裂带地质体被错断最大位移量分布在油房园-芦子沟一带，断层两盘的志留纪旱峡组西边界被左行错移了 3 km。在乱堆子-杨家套子，断层北东盘见三条断头沟，沟内河床相堆积物为红色砂砾石层，其砾石成分为志留系、泥盆系红色砂岩、砾岩及加里东晚期花岗闪长岩。

由于海原断裂带各次级走滑断裂的左行错动，形成一系列拉分盆地，如干盐池盆地、老虎腰岘盆地、小南川盆地。综合这些盆地内沉积物特征及钻孔资料，盆地底部充填物为晚更新世沉积，未见中更新世沉积。因此，盆地形成时代为晚更新世。与此对应，断层走滑时间与盆地形成时间大致相同或略早，大约在中更新世中晚期，距今 30~20 万年。西华山-南华山北东麓断裂各段表现出极大的差异，为一条作枢纽运动的逆或正走滑断层，其枢纽轴部位于中段西华山北麓断裂上。沿断层走向的左旋走滑占主导地位，使各种地质体、地质界线及不同级别的水系发生左旋位移。断裂最新一次强烈活动为 1920 年 12 月 16 日海原 8.5 级大地震，震中位于干盐池东至哨马营一带，震源深度 17 km，地震沿海原断裂带形成了一条长达 237 km 的地震地表破裂带，以西华山-南华山北麓断裂最为突出，西侧有黄家洼山南麓断裂与之左阶错列，东南侧有油房院-东沟断裂与之右阶错列，再南有老虎腰岘-小南川断裂及北家台断裂相互错列，形成拉分盆地（左阶错列）和推挤构造（右阶错列），总体呈带状展布，地表破裂带数十米至数百米。

B. 天景山断裂（F_{12}）

断裂带西自中卫市甘塘以西，向东南沿香山山地北麓延伸，止于固原市七营一带，总体呈北西向且向北东凸起之弧形，延长达 200 km。由数条次级断裂左阶或右阶斜列组成。

断裂带在前第四纪具有强烈的挤压性质。第四纪以来断裂活动性加剧，尤其晚更新世以来的活动，除挤压之外还兼有明显的左旋走滑特征，造成水系变形、地质体的错位，以及次级断层间岩桥区的拉分构造或挤压隆起构造的形成。

C. 烟筒山-窑山断裂（F_9）

该活动断裂带的主体分布在烟筒山北东麓，北起余丁金沙牙石沟，向南经红山口子、九座坟、榆树沟、詹家大坡、好汉疙瘩、康麻头、小井子、马段头、康家湾，再往南穿窑山东麓及炭山西麓，在云雾山一带可能与牛首山-罗山活动断裂带合二为一，总长超过 150 km，走向 310°。该断裂带结构较复杂，平面上由若干条长短不一的次级断层错列组成。

D. 牛首山-罗山断裂（F_8）

断裂走向 335°，两侧地貌分异明显，南西侧为牛首山、大罗山、小罗山等山体，地层主要由米钵山组组成，局部残存有古近系—新近系及早更新世砾石层；北东侧是以彰恩堡组为主体构成的台地，通常在台地最高一级夷平面上盖有一套早更新世水平砾石层，厚度 3~5 m。断裂带结构复杂，由一组斜列断层组成，可分为三段：最北端为三关口段；中间为牛首山段，它又分为两支，即牛首山北东麓断层和关马湖断层；南部为罗山东麓断层。

4. 水文地质特征

水文地质特征在前述地下水部分已叙述，条件基本一致，在此不再赘述。

基于上述条件，宁夏地热资源的形成、类型与分布受本区地质构造、地层、水文地质条件等诸多因素的控制。具备了地热资源形成的基本条件，形成了较丰富地热资源。

二、地温场与大地热流

1. 地温场特征

（1）温泉特征

关于温泉的温度分类问题，目前尚无国际统一的方案，我国地热资源温度分级将温水的下限定为25℃，考虑到人体对温度的适应性及地域性差异，有的研究者提出，将高于当地年平均气温 5℃或10℃作为地下热水的下限温度。

宁夏温泉露头较少，根据前人资料为准，区内水温大于 25℃的温泉仅有 1 处，即原州区臭温泉；以 20℃作为地热水的温度下限，则有 3 处 4 个温泉，自南至北为固原市原州区臭温泉、吴忠市同心县太阳泉、青铜峡市庙山湖泉及鸽子山泉群（表 29-2）。同时参考历史资料，并按高于当地平均气温5℃，即 13.5℃（宁夏多年平均气温 8.5℃），作为地热水的温度下限，将楼房沟泉、臭温泉、泪泉、庙山湖泉、鸽子山泉、灵武大泉、暖泉、太阳山泉 8 处泉点作为温泉进行特征描述如下。

从表 29-2 所列数据分析，宁夏境内天然出露温泉的流量为 48~6000 m^3/d，泉水中毫克当量百分数大于 25%的阴、阳离子主要为 Cl^-、SO_4^{2-}、HCO_3^-、Na^+、Ca^{2+}，温泉水主要赋存于上新统和古近系、第四系碎屑岩类和奥陶系碳酸盐岩类含水岩组中。银川平原内上部的第四系、中新统和古近系蕴藏着丰富的饮用天然矿泉水资源，下部的新近系和古近系、奥陶系蕴藏着丰富的中低温医疗热矿水资源，构成自上而下的地下热水成矿系列。

（2）地温梯度

地温梯度主要是利用地热井的测温数据确定。Y1 井地温梯度采用稳态地温数据，按岩性段分层分段计算；Y3 井地温梯度采用瞬时地温修正值，按岩性段分层分段计算；NSR-1 地温梯度采用电测温度修正，按岩性段分层分段计算。其计算式为：

$$G_i = \triangle T_i / \triangle H_i$$

式中：G_i 为所求分层分段的地温梯度（℃/100m）；$\triangle T_i$ 为所求分层分段的顶、底温度差（℃）；$\triangle H_i$ 为所求分层分段的顶、底深度差（m）。

表 29-2　宁夏温泉特征简表

泉点名称	历史资料水温/℃	本次调查水温/℃	流量/$m^3 \cdot d$	热储时代	水化学类型	备注
楼房沟泉	23.7	19	163.64	K_1	SO_4-HCO_3—Na	
臭温泉	26~27	23	1584	J_2	Cl-SO_4—Na	
泪泉		15.5	48	Q	HCO_3—Ca-Mg-Na	
庙山湖泉	13.5~20.0	15	2760	O_2	Cl-SO_4—Na	
鸽子山泉	17.2~23.0	19	1225.0	O_2	Cl-SO_4-HCO_3—Na	
灵武大泉	15.5		147.7	N	Cl-SO_4—Na	已消失
暖泉	14.0		480.0	Q	HCO_3—Ca	已消失
太阳山泉	21		6000		Cl-SO_4—Na	已消失

计算得 Y1、Y3 和 NSR-1 井地温梯度算术平均值分别为 2.19℃/100m、1.92℃/100m 和 2.25℃/100m。分段地温梯度数据见表 29-3。

表 29-3　Y1、Y3、NSR-1 地热井分段地温梯度计算结果表

时代	Y1 井			Y3 井			NSR-1 井		
	厚度 m	地温差 ℃	地温梯度 (℃·100^{-1}·m^{-1})	厚度 m	地温差 ℃	地温梯度 (℃·100^{-1}·m^{-1})	厚度 m	地温差 ℃	地温梯度 (℃·100^{-1}·m^{-1})
Q	1010	18.19	1.86	885	14.05	1.60	1094	16.07	1.47
N_2	888	8.60	1.91	775	13.42	1.74	539	11.15	2.13
N_1^3	617	7.10	2.10	492	12.29	2.50			
N_1^2	260	6.50	2.50	425	8.68	2.04	2958	25.27	1.89
N_1^1	325	8.50	2.61	423	7.18	1.70			
E							301	10.51	3.49
平均值			2.19	平均值		1.92	平均值		2.25

（3）地温分布特征

宁夏目前仅有 Y1、Y3、NSR-1 地热井的深度较大，其地温数据可作为深层地热分布研究；其他井井深一般为 80~300 m，可作为浅层地温分布研究。根据地温数据可作出地温-深度曲线（图 29-5），从图中可知地温随深度增大而升高，在 3000 m 左右地温可达到 80℃ 以上。其中浅层部分在 100 m 以内地温波动比较大，之后波动比较小；深层部分地温梯度变化较为平稳。

银川平原新近系、古近系及其下的奥陶系皆为热储层，热储层上部的第四系为保温层，即盖层。第四系厚度为 180~1200 m，地温井的浅层地温数据涉及深度包含第四系范围，故用第四系深度范围内的地温数据绘制梯度等值线，即银川平原盖层地温梯度等值线（图 29-6）。从银川平原盖层地温梯度分布可知，地温梯度 4.0℃/100m 的区域分布于银川、贺兰、永宁 3 个地区，呈串珠状北北东向分布，与银川平原走向基本一致，为中低温地热田范围；地温梯度为 2.0~4.0℃/100m 的区域分布于平罗-银川-永宁一带的中部深陷区，为低温地热田范围；贺兰山东麓及吴忠、青铜峡、陶乐、惠农等盆地边缘地区地温梯度均小于 2.0℃/100m。

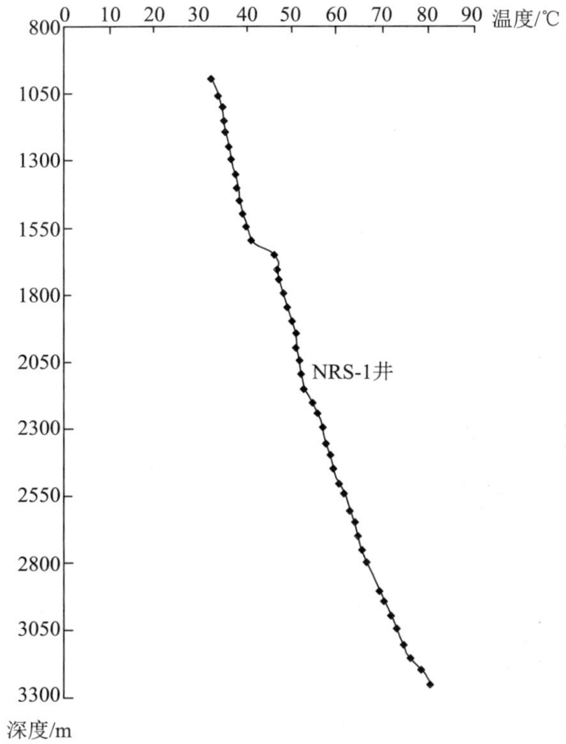

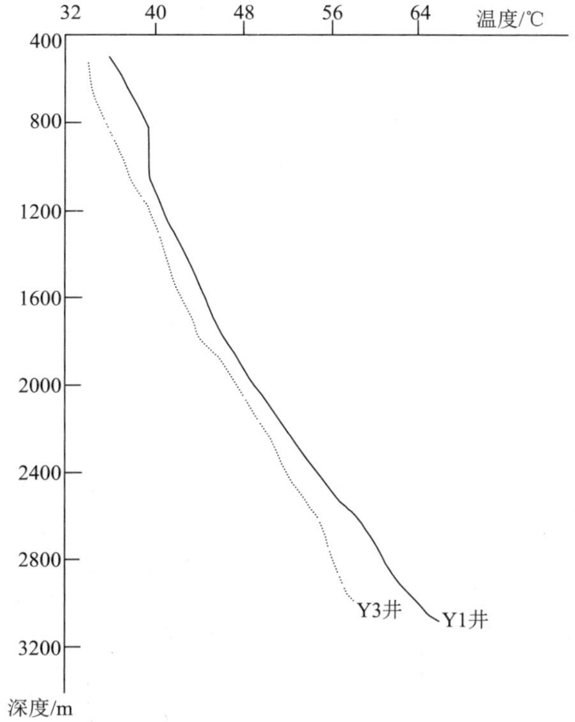

图 29-5　NSR-1 井及 Y1 井和 Y3 井测温曲线

2. 大地热流值

大地热流是单位时间内以热传导的方式通过单位面积并流向地表的热量，是地球内部热情况在地表的反映，大地热流值数值单位为 mW/m^2 或 HFU（1HFU=41.868 mW/m^2）。全球大地热流值的平均值为 63 mW/m^2（1.5HFU）。在数值上，大地热流值等于岩石热导率（K）与垂向地温梯度（dT/dZ 或 G）的乘积。宁夏现有 3 口地热井均分布于银川平原，其中 Y1、Y3 地热井获得实测导热率（表 29-4）。

表 29-4　Y1 井和 Y3 井热导率计算结果表

时代	Y1 井				Y3 井			
	岩性	累积厚度 m	热导率		岩性	累积厚度 m	热导率	
			实测值	加权平均值			实测值	加权平均值
Q	砂层	1010	4.88①		砂层	885	4.88①	
N_2	砂岩	782	4.88①	5.06	砂岩	600	4.88①	5.691
	泥岩	16	13.23		泥岩	175	13.23	
N_1^3	砂岩	360	10.06	11.18	砂岩	313	10.06	11.02
	泥岩	257	13.23		泥岩	179	13.23	
N_1^2	砂岩	141	10.06	12.71	砂岩	196	10.06	13.33
	泥岩	119	18.46		泥岩	229	18.46	
N_1^1	砂岩	174	9.04	11.29	砂岩	238	9.04	11.13
	泥岩	151	15.85		泥岩	185	15.85	
平均值				6.32	平均值			6.96

注：①据《华北地热》经验值。

通过计算可得，Y1 井、Y3 井大地热流值分别为 57.78 mW/m^2、56.10 mW/m^2，分段热流值见表 29-5。

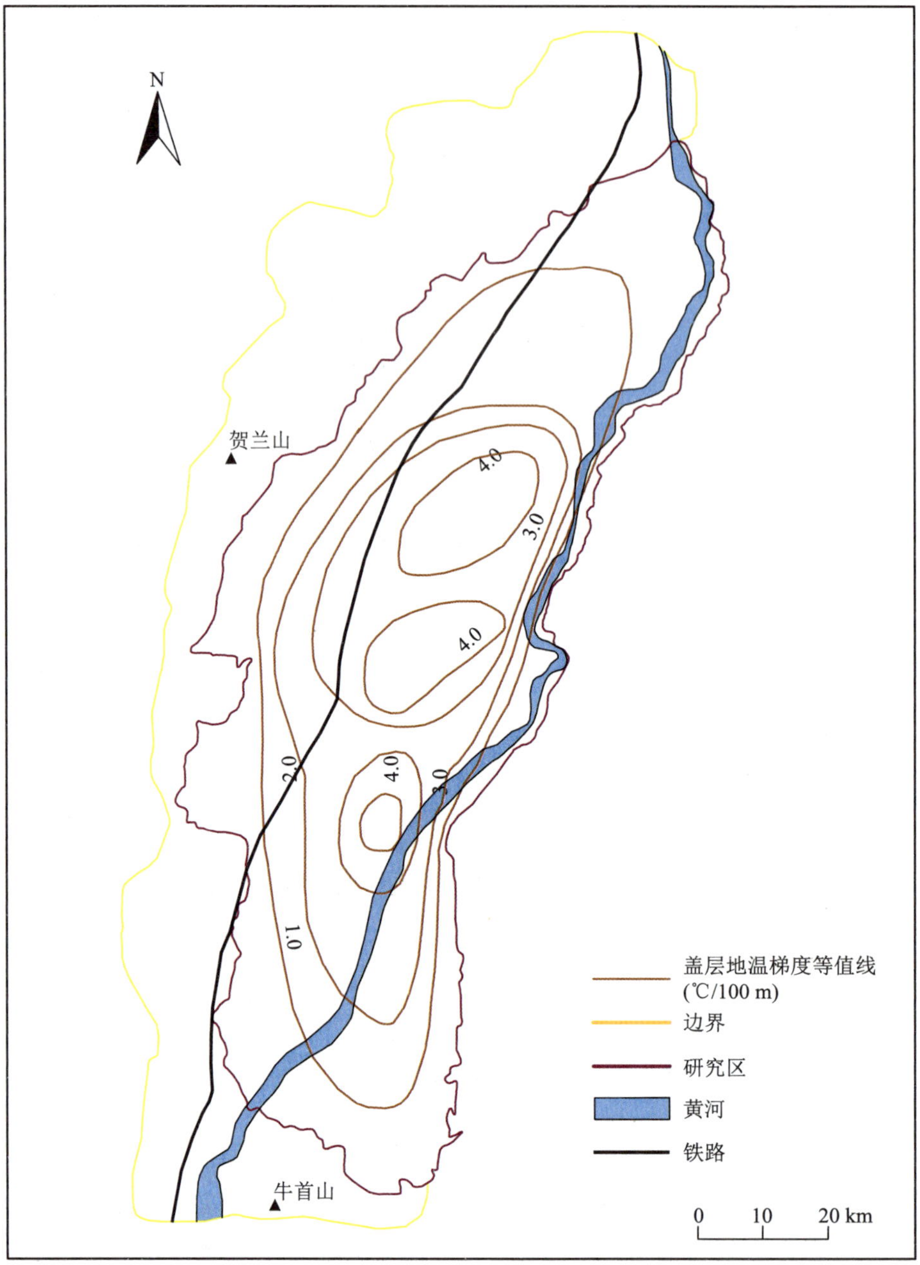

图 29-6　银川平原盖层地温梯度等值线图

表 29-5　Y1 井和 Y3 井大地热流值计算结果表

时代	Y1 井			Y3 井		
	地温梯度 (℃·100⁻¹·m⁻¹)	热导率 TCU	大地热流值 (mW·m⁻²)	地温梯度 (℃·100⁻¹·m⁻¹)	热导率 TCU	大地热流值 (mW·m⁻²)
Q	1.86	4.88	38.10	1.60	4.88	32.66
N_2	1.91	5.06	40.19	1.74	5.691	41.45
N_1^3	2.10	11.18	98.39	2.50	11.02	115.56
N_1^2	2.50	12.71	133.14	2.04	13.33	113.88
N_1^1	2.61	11.29	123.51	1.70	11.13	79.13
平均值	2.19		57.78	1.92		56.10

三、热储类型与分布

1. 热储类型

（1）银川平原热储类型

根据前人地热井（Y1、Y3）测温曲线可知，虽在第四系内有地温大于25℃的地层存在，为孔隙性热储，但分布很小，几乎无开采利用的价值，可忽略。新近系和古近系是主要的热储层，为裂隙型热储；其下在局部奥陶系地层存在可开采热储，为裂隙型热储。

根据已勘探完成地热井的地质结构资料，中新统、渐新统和奥陶系热储层上部有良好的盖层。新近系和古近系各热储盖层岩性以泥岩层为主，砂泥比小于0.5，为相对隔水层或保温层；热储层岩性以砂岩层为主，砂泥比大于0.5，为相对含水层或热储层。奥陶系热储层上部也存在相对隔水的盖层，岩性为硅质泥岩，厚度为50 m。因此，银川平原热储类型主要为裂隙型热储。

（2）宁南弧形构造带热储类型

宁南弧形构造带隆起山地，地表覆盖层薄，下部基岩裂隙发育，多是裂隙性热储，最有可能是断裂主导的对流型地热系统。卫宁平原、清水河冲洪积平原、牛首山-罗山四周冲积区尚待探明。

2. 热储的分布

（1）银川平原热储分布

根据大地电磁资料推测出银川断陷盆地地热赋存条件较好，尤其是芦花台断裂与黄河大断裂之间存在大面积的低阻高导区，并且张拉正断层广泛分布，是极好的地热水赋存区域。结合大地电磁推测的垂向上地热储区域以及圈定出浅层地温梯度大于2.5℃的热储范围区，热储主要分布在银川平原的中部地区，且位于东西向二级阶梯构造的中间地堑部位。

（2）宁南弧形构造带热储的分布

结合居里面深度图、莫霍面深度图、地壳厚度图综合推测宁南待探明的地热田有6个区域，地热田编号分别为T-NX02～T-NX07。其中T-NX02为卫宁北山区域，T-NX03为卫宁平原以南牛首山-罗山冲断带，T-NX04为牛首山下方低阻高导区，T-NX05为天环向斜下方低阻高导区，T-NX06为烟筒山-窑山断裂带，储热存在可能性最大，T-NX07为西华山-六盘山冲断带及附近的腾格里增生楔下方低阻高导区。需要说明的是，推测的可能地热储区域存在的断裂均为逆断层，逆断层多由水平挤压作用，较张拉型断裂，热量向上传递的能力较低，仅有大地电磁的解译资料，不参考野外的地热露点或钻孔地温资料，难以实质性的确定地热储区域，宁南弧形构造带详尽的地热情况还有待进一步探明，现阶段仅绘制了供未来参考的宁南弧形构造带可能的地热储（尚待查明区）分布区域。

综上所述，宁夏地热分布主要有北部银川平原和南部弧形构造地带，银川平原研究程度高，南部仅为资料综合推测，尚未查明。

第三节　区域地热资源

一、区域地热资源

宁夏地处我国东西两大不同性质构造单元的衔接和过渡地带，大致以牛首山-罗山大断裂为界，北部为以传导为主的盆地型地热资源区，南部为以对流为主的断裂型地热资源远景区。由于宁夏地热资源勘探及开发利用程度较低，尤其是南部，地热资源的勘探及开发利用几乎为空白，因此，从地热形成的地质构造背景、地表热显示等方面进行地热资源预测。

银川平原地热水赋存的主要控制因素是构造、地层和岩性。地热水赋存的有利条件有两方面：一是盆地在古生界基底上形成的新生代断陷盆地，巨厚的新生界沉积层为地下热水的形成和赋存提供了较好的储盖条件和巨大的地热水库容；二是具有较高的区域平均地温梯度值和平均大地热流值。第四系盖层底板1100 m处往下地温大于40℃，其下伏岩系地温均在此界限值以上，3000 m深度内的地质结构由上往下为第四系、新近系中新统和古近系渐新统和奥陶系，构成多层结构的热储层，各热储层为统一补给区的地热水系统。

宁南弧形构造带除了卫宁平原、清水河冲洪积平原、牛首山-罗山四周冲积区外，均为隆起山地，隆起山地地热一般多为中低温对流型地热系统，此种地热系统一般都是依靠正常的或者偏高的大地热流值来维持；地下水必须要有足够的水量和循环深度，才能在循环过程中将分散在岩体中的热量收集起来，热水或温泉的温度主要取决于循环深度和地热系统所在地热背景值，当地热背景值一定时，循环深度越大，温度越高；此外，这类地热系统多出现在断层破碎带或者两组不同方向的断裂交汇的位置，岩体本身渗透性很差，主要靠断裂和破碎带导水。宁南冲洪积平原区地热系统尚不能确定。

二、地热可采资源量

根据 2015 年宁夏回族自治区地质调查院完成的《宁夏地热资源现状评价与区划成果报告》，银川盆地地热流体储存量为 6.92×10^{11} m^3，地热资源量为 3.11×10^{17} kJ，地热资源可开采量为 6.80×10^{16} kJ，地热流体可开采量为 3.31×10^{8} m^3/a，地热流体可开采热量为 5.95×10^{13} kJ/a；考虑回灌条件下允许开采量为 2.69×10^{9} m^3/a，地热流体可开采热量为 4.98×10^{14} kJ/a。

三、地热流体质量

地热水的化学成分来自对流经岩石的溶解和溶滤作用。根据 Y1 井和 Y3 井水质分析结果，地热水中无机盐含量较高，微量元素丰富，水化学类型为氯化物-钠（Cl-Na）水。

Y1 井地热水矿化度 16.378 g/L，为盐水。硅酸（H_2SiO_3）、锂（Li）、锶（Sr）、溴（Br）、碘（I）、硼酸（H_3BO_3）元素或组分浓度较高；Y3 井地热水矿化度 15.543 g/L，为盐水。锶（Sr）组分浓度较高。

基于两地热井取热层段不一致，分析地热水的化学特征可知，在垂向上，热储层地热水矿化度和微量元素浓度随着取水段层位上移而减小；在水平方向上，自西向东，同一热储层段地热水矿化度和微量元素浓度逐渐增大，表明自银川盆地边缘向中心，各种无机盐和微量元素在盆地中心聚集。

据中华人民共和国国家标准《地热资源地质勘查规范》（GB1165—89），Y1 地热井有锶（Sr）、溴（Br）、碘（I）、硼酸（H_3BO_3）、硅酸（H_2SiO_3）五项达到医疗热矿水命名的浓度，为含锶（Sr）、溴（Br）、碘（I）、硼酸（H_3BO_3）、硅酸（H_2SiO_3）的氯化物-钠（Cl-Na）型医疗热矿水，热矿水水温适中，矿物盐含量较高，微量元素丰富；Y3 地热井仅有锶（Sr）达到医疗热矿水命名的浓度，为含锶（Sr）的氯化物-钠（Cl-Na）型医疗热矿水。

据国家标准《生活饮用水卫生标准》（GB5749—85）附录 C，Y1 和 Y3 地热水中砷、锰、总铁、色度、氯化物、总硬度、硫酸盐严重超标，锶、碘、铅、硼、耗氧量含量均超过限量标准，口感咸，水的色度超标，不能作为饮用水饮用。

第四节　地热田

根据目前研究程度，宁夏地热资源主要分布在银川盆地，宁南弧形构造带、卫宁平原、清水河平原、牛首山-罗山四周冲积区几乎处于空白，个别地区只分布有地热点，下面对银川盆地地热田作为重点论述，其他地热点仅作一般性概略论述。

一、山区断裂型地热田

1. 卫宁盆地地热水

20 世纪 80 年代中期在卫宁北山黄石坡沟金矿勘查中，先后在 ZK9102、ZK9301 和 ZK8901 三个钻孔中发现了地下热水，孔深分别为 310.74 m、298.54 m 和 243.70 m，水位埋深分别为 127 m、

147 m 和 205 m，地下热水储存于东西向构造的破碎带中，出水温度 32~41℃，单井出水量 360~768 m^3/d，矿化度>5 g/L，水化学类型为 SO_4-Cl—Na-Ca 水。该地热显示的发现，预示着卫宁盆地及卫宁北山地区将成为宁夏地热资源远景有利区。

2. 牛首山-六盘山构造带地热水

在构造带及附近出露多处天然温泉，水温大于 20℃的温泉有：青铜峡段庙山湖-鸽子山泉、罗山段的太阳山泉、六盘山段楼房沟（向阳）泉、双井泉。经化验，楼房沟温泉、双井温泉、太阳山温泉水质符合国家医疗矿泉水标准，属于医疗热矿水。楼房沟温泉最高水温只有 24℃，双井温泉最高水温 27℃，太阳山泉 21℃；楼房沟是一眼典型的硫化氢温泉，每升泉水中含有 4.01 毫克硫化物。靠近泉口，可以看见硫化氢气体溢出的气泡，含有十多种人体所需的微量元素，是优质的医疗矿泉水，储层为白垩系。楼房沟温泉是目前宁夏开发利用价值较高的一个温泉，除水温偏低外，硫化物含量之高、微量元素含量之丰、可开采量之大（每天可开采约 163 m^3），完全可与国内同类医疗矿泉水相媲美。但令人遗憾的是，属于医疗热矿水的 3 眼温泉水温都比较低，与人体温度相差较大，直接利用不能满足浴疗要求。庙山湖泉和鸽子山泉，属于饮用矿泉水，水温 21~23℃，储层为奥陶系。以上 4 处温泉的天然放热量为 1721.82×10^4 kcal/a，预示着该地带将成为宁夏地热资源远景较有利区。

二、平原区地热田——银川盆地地热田

1. 概述

到目前为止，银川盆地已开发利用的地热井有 11 处，且集中分布在盆地北部石嘴山市的沙湖和大武口区；中部银川市西夏区镇北堡、红柳湾山庄、铁路文化宫、兴庆区御泉湾、掌镇沙温泉、檀溪谷、滨河新区天山海世界以及永宁县回乡文化园和三沙源，由此形成银川盆地地热田。

2. 地热田区域地质

（1）银川盆地概况

银川盆地位于宁夏北部，南起青铜峡，北至石嘴山，西依贺兰山，东靠鄂尔多斯盆地西缘，南北长 165 km，东西宽 42~60 km，面积 7295.02 km^2，海拔 1100~1400 m，是宁夏最低处。银川盆地在地质构造上被称为“银川地堑”。

银川盆地位于华北陆块（$Ⅲ_5$）之鄂尔多斯地块（$Ⅲ_5^1$）。总体走向北北东向，为一夹持在鄂尔多斯西缘冲断构造带（$Ⅲ_5^{1-1}$）之贺兰山褶断带（$Ⅲ_5^{1-1-1}$）与陶乐-彭阳冲断带（$Ⅲ_5^{1-1-3}$）之间的银川断陷盆地（$Ⅲ_5^{1-1-2}$），是在贺兰山构造带的基础上演化形成的地堑式盆地，银川盆地及其周边出露的地层自老而新有：古元古界贺兰山岩群；中元古界长城系、蓟县系、震旦系；古生界的寒武系、奥陶系、石炭系、二叠系；中生界的三叠系、侏罗系、白垩系及新生界的古近系、新近系、第四系。

银川盆地基底地层由古生界和前古生界组成，据物探和钻探资料显示，盆地基底呈南北高、中部低的船形，盆地中心位于平罗、贺兰、银川、永宁一带，最深部位大体位于平罗-姚伏-银川一线以西及永宁、灵武之间的断陷处，在纵剖面上由平罗往北和由永宁向南又呈断阶状抬升。整个盆地为一东缓西陡的向斜盆地。据钻孔资料，盆地内新生界沉积厚度达 9000 m，是银川地热田主要储层（图 29-7）。

（2）地热田地层

盆地内地层主要依据 Y1、Y3 地热井和银参 1、银参 2、银参 3 石油钻孔及地震勘探资料划分，在 3000 m 深度以上，主要地层有古元古界贺兰山岩群、奥陶系、古近系、新近系和第四系，缺失中生界。

古元古界贺兰山岩群（$Pt_1Hl.$）：主要分布在盆地北部，平罗县城南银参 4 井在 4115 m 处见厚度 9.23 m 贺兰山岩群变质岩，其上部沉积 1943 m 渐新统清水营组。

奥陶系天景山组（$O_{1-2}t$）：主要分布于盆地南部灵武浅陷带和南部斜坡带，吴忠市参 2 孔在 1986 m 以下见有奥陶系碳酸盐岩，揭露厚度 51.8 m，其主要岩性为：上部为风化壳，为白色、粉红色高岭土，残余成分主要为浅灰色厚层白云质隐晶灰岩、硅质泥岩，含少量燧石；下部为棕红色、褐

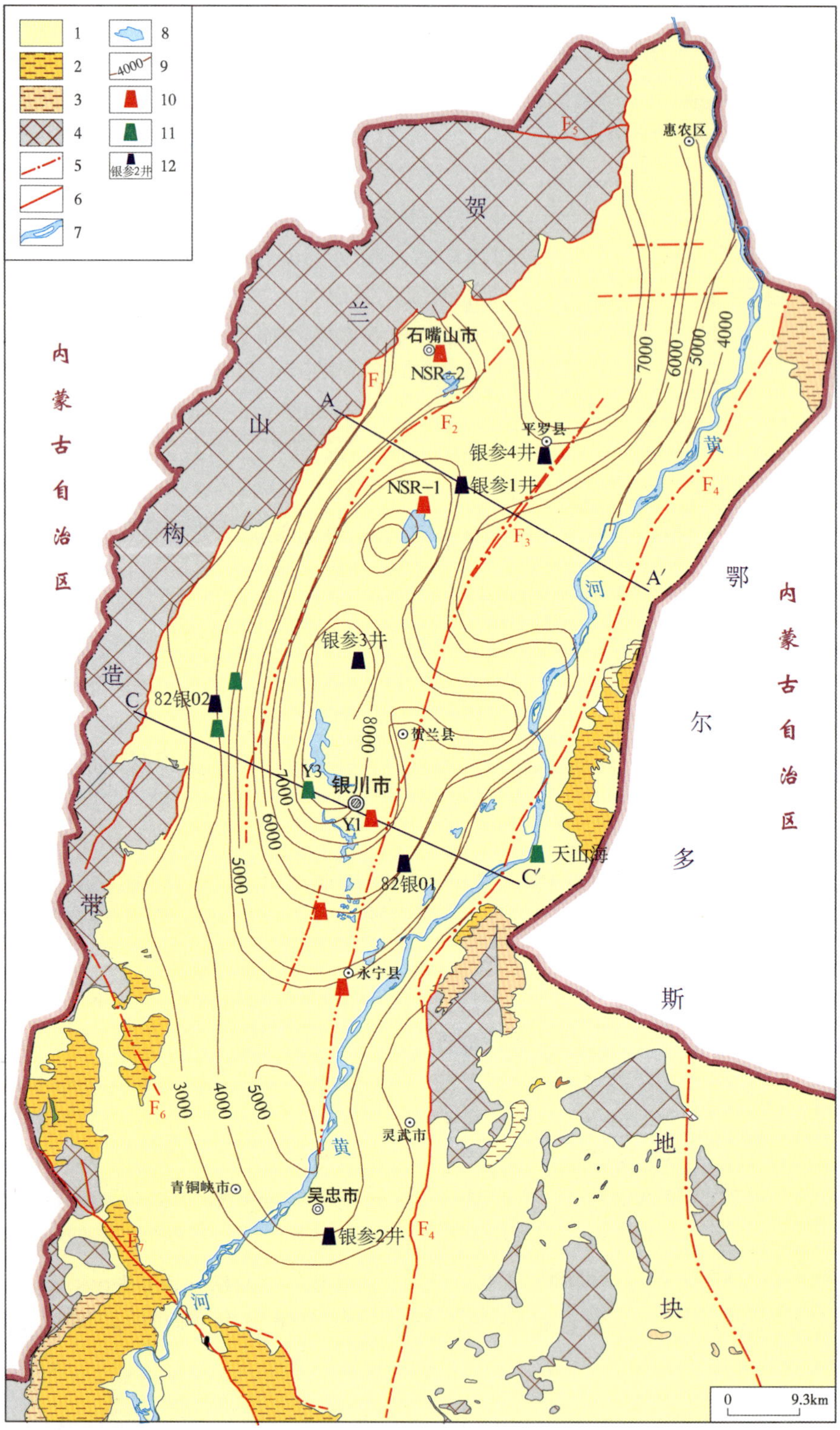

图 29-7　银川盆地地质简图

1—第四系；2—中新统；3—渐新统；4—前新生界；5—新生代断裂；6—新生代隐伏断裂；7—河流；8—湖泊；9—基底埋深等值线（m）；10—热水井（60~90℃）；11—温热水井（40~60℃）；12—石油钻孔位置及编号。F_1—贺兰山东麓山前断裂；F_2—芦花台断裂；F_3—平罗-银川断裂；F_4—黄河断裂；F_5—正义关断裂；F_6—三关口断裂；F_7—青铜峡-六盘山断裂

红色硅质白云岩，厚度 51.8 m，未见底。其下至 3000 m 内，岩性参考西邻区灵盐台地井下剖面为灰褐色块状隐晶灰岩夹泥质灰岩、薄层细晶白云岩、浅灰色厚层白云质隐晶灰岩。

古近系渐新统清水营组（E_3q）：宁夏古近系主要分布渐新统地层，分布于宁夏的中东部及南部地区，北部出露较少。为一套内陆河湖相红色碎屑岩-膏岩沉积。

银川盆地中北部银参3井清水营组钻遇厚度大于1701.4 m，埋深1838 m，未见底。岩性为棕灰-棕红色、杂色砂岩及泥岩，偶夹细砾岩及泥灰岩；向北沙湖-西大滩-平罗一带井下（银参1井、银参4井、NSR-1地热井）砂岩减少，泥岩增多，钻遇渐新统最大厚度1750~1943 m，银参1井、NSR-1未见底，埋深1608.9~2957.5 m，岩性为绿灰色、浅灰色、灰褐色泥岩夹浅灰色砂岩和少量黄灰色灰岩，有黄铁矿颗粒，局部夹石膏层，砂厚比14.29%，砂岩单层厚一般0.5 m；向南至吴忠一带井下（银参2井）岩性变粗，砂岩、砾岩增多，渐新统埋深892.5 m，岩性为上部深红-棕红色泥岩、浅棕红-灰白色砾状砂岩与浅棕-浅灰色砂岩互层，局部含石膏；下部棕红色泥岩、灰白色砂岩，局部砂岩中长石已风化成高岭土，顶部有棕红色砾石，厚度1093.5 m，沉积在奥陶系天景山组之上。

由此可见，银川盆地渐新统沉积中心在平原中心的平罗-银川一带，最大埋深在沙湖一带。

新近系中新统（N_1）：银川盆地中北部埋深达2000 m，厚度600~2600 m，平原南部埋深达2100 m，厚度500 m，平原中部参3孔、Y1井、Y3井3000 m内均未揭穿，根据Y1和Y3地热井井下岩性特征可分为3个岩性段：

下段（N_1^1）：厚度325~423 m，主要岩性为土黄-浅灰-浅红-灰白-褐灰色砂砾岩、含砾中-细砾砂岩与棕红-紫红-砖红-暗紫红色泥岩、粉砂质泥岩不等厚互层，下部夹有灰绿色泥灰岩及石膏薄层。泥岩以暗紫红色为主，夹有灰绿色粉砂质泥岩、泥灰岩。Y1井和Y3井砂泥岩之比分别为1.2∶1、1∶1.2，砂岩一般厚度4~10 m，个别达18 m，泥岩一般厚度4~15 m，个别达46 m。泥岩致密坚硬，贝壳状断口，未见底。砂岩为细粒长石岩屑砂岩、细粒长石岩屑杂砂岩，矿物组分：石英30%~35%，长石10%~20%，泥屑20%~30%，泥质填隙物15%~20%，钙质2%~3%。颗粒支撑，孔隙式胶结，碎屑颗粒次圆-次棱角状，分选中等，泥岩为砂质泥岩、粉砂质泥岩。

中段（N_1^2）：厚度260~425 m，主要特点是岩屑出现的泥质成分颜色明显比上段深，以棕红-紫红-砖红-暗紫红色为主。泥岩层相对增加，成岩程度增高，硬度明显增加。主要岩性为土黄-浅灰-浅红-灰白-褐灰色砂砾岩、含砾中-细砾砂岩与棕红-紫红-砖红-暗紫红色泥岩、粉砂质泥岩不等厚互层，砂、砾岩自下而上呈由粗变细的层序，泥岩致密坚硬，贝壳状断口，砂、泥岩之比1.2∶1，砂岩层厚一般4~8 m，个别达12 m，泥岩层厚一般2~10 m，个别达30 m。泥岩为含铁质钙质含粉砂泥岩，矿物组分：石英10%~15%，粘土60%~70%，钙质10%~15%，铁质8%~10%。砂岩为中-细粒长石岩屑砂岩，细中粒长石石英岩屑杂砂岩。矿物组分：石英40%~50%，长石10%~15%，岩屑20%~25%，泥质10%~15%。

上段（N_1^3）：厚度492~617 m，主要特点是岩屑中出现橘黄-褐黄-紫红色的泥质成分，成岩程度较好。主要岩性为浅灰-灰白-灰黄色砂砾岩、含砾砂岩、中-粗砂岩、中-细砂岩夹橘黄-褐黄-紫红色泥岩、粉砂质泥岩。砂岩成岩较差，有一定的胶结，砾石磨圆度圆-次圆状。砂、泥岩比1.4∶1，砾、砂岩层厚度一般2~10 m，个别达35 m，泥岩厚一般4~8 m，个别达28 m，含有轮藻碎片，砂岩发育平行层理，泥岩发育水平层理。砂岩为细粒长石岩屑砂岩，主要矿物为长石、石英、泥屑，颗粒支撑，孔隙式胶结，碎屑颗粒次圆-次棱角状。矿物组分：石英40%~50%，长石12%~20%，岩屑20%~30%，泥质填隙物10%~15%，钙质5%~7%。

第四系（Q）：银川境内广泛分布着第四系沉积物，沉积厚度由平原四周向平原中心逐渐加厚，盆地中北部厚度达2000 m，南部厚达1600 m，Y1井和Y3井揭露的岩性为浅灰-深灰-灰黑-土黄-灰褐色砾石、砂砾石、含砾砂、粗砂-细砂夹粘土，主要特点是结构疏松，胶结程度差，含丰富的木块及植物碎片。

（3）地热田控制构造

银川盆地内一系列倾向相同的北北东向正断层，使地层逐级由两侧向中心错落，形成阶梯状地层结构（图29-8）。基底凹陷中心与沉降中心相吻合，总体上盆地内古近纪—新近纪沉降中心靠盆地西

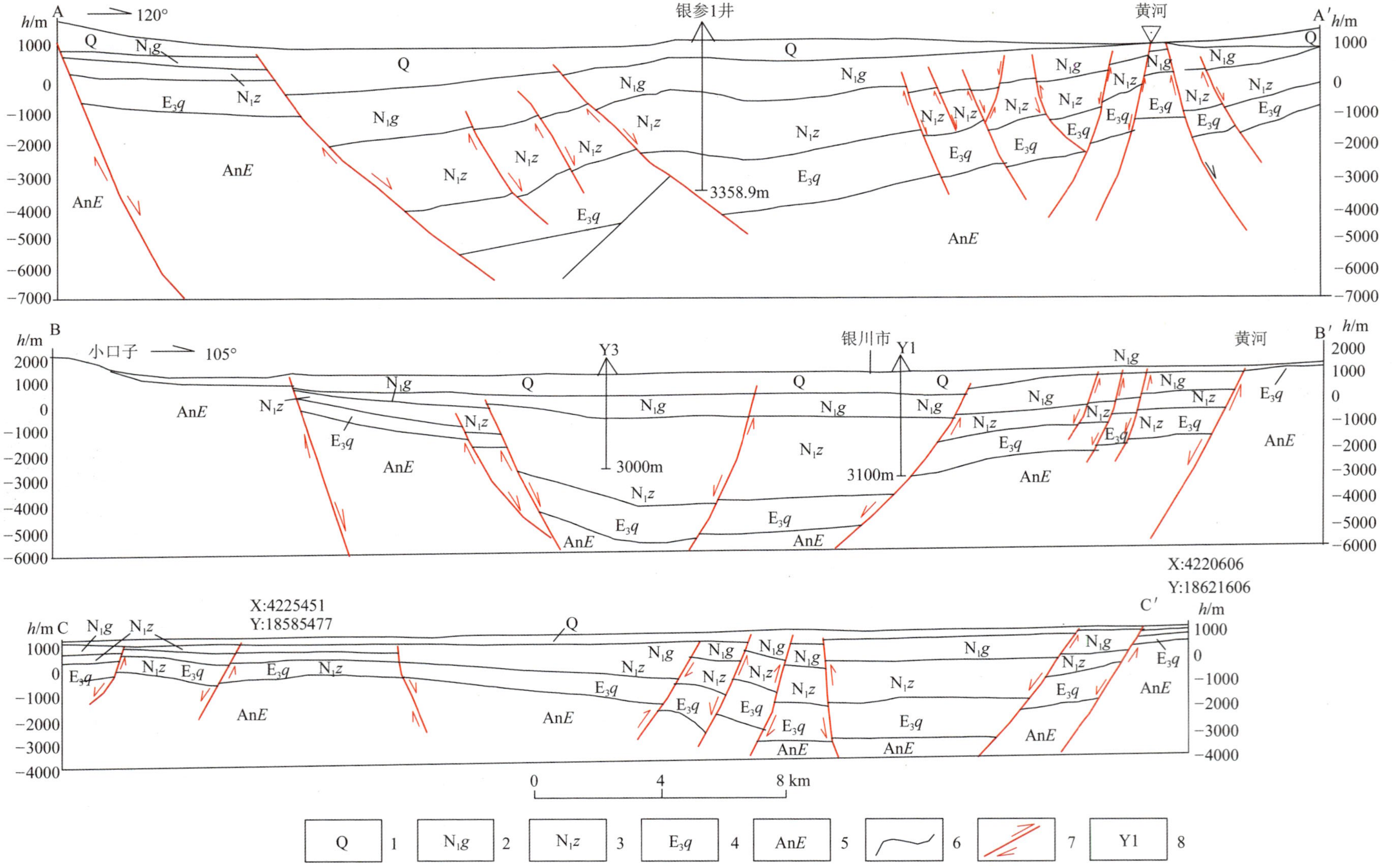

图 29-8 银川盆地地质剖面图

（据宁夏回族自治区地质调查院，2006）

1—第四系；2—新近系干河沟组；3—新近系彰恩堡组；4—古近系渐新统清水营组；5—前渐新统；6—地质界线；7—物体推测断层；8—地热井位置及编号

侧，且北部厚于南部。中部凹陷区内自北而南分布着平罗北、常信、银川北三个次级凹陷，第四系厚度达 2000 m 以上。盆地内沉降中心从古近纪—新近纪到第四纪，由南向北迁移。新生界在盆地南北两端较薄，南端吴忠南第四系厚度 147 m，北端的石嘴山石炭系和二叠系出露地表。

根据基底构造重力异常小波分析和二维数字地震勘探成果，结合对断裂系统及其分布规律、局部构造发育程度、新生界厚度变化、地球物理特征等要素的分析，可将银川盆地划分为 5 个次级构造单元。分别为北部斜坡区（$Ⅲ_5^{1-1-2(1)}$）、西部斜坡区（$Ⅲ_5^{1-1-2(2)}$）、中部深陷区（$Ⅲ_5^{1-1-2(3)}$）、东部斜坡区（$Ⅲ_5^{1-1-2(4)}$）、南部斜坡区（$Ⅲ_5^{1-1-2(5)}$）（图 29-9）。

北部斜坡区：位于盆地的北端，面积 859.3 km^2，南宽北窄，受数条近东西向次级断裂切割，基

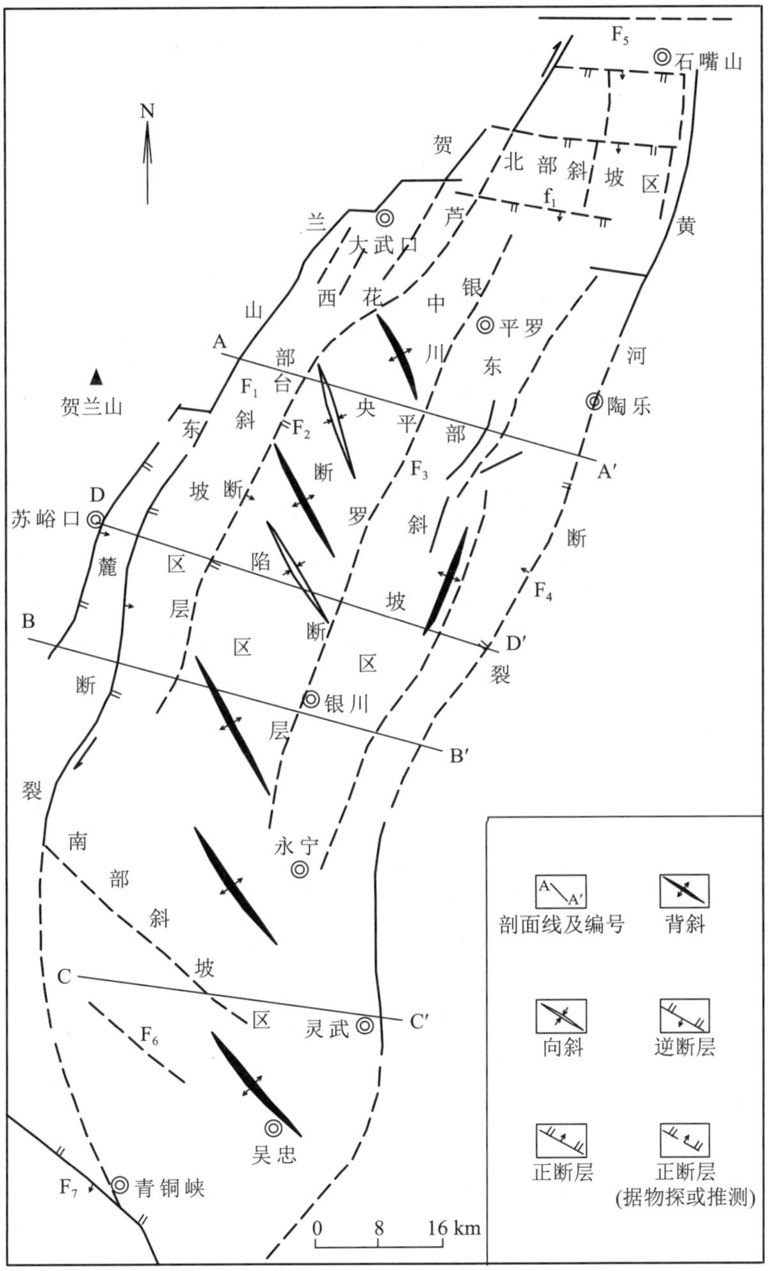

图 29-9 银川盆地基底主要断裂分布图

（据汤锡元等，1992，有修改）

F_1—贺兰山东麓断裂；F_2—芦花台断裂；F_3—银川-平罗断裂；F_4—黄河断裂；F_5—宗别立-正义关断裂；F_6—莲湖断裂；F_7—牛首山-罗山断裂；f_1—大武口断裂

底由南向北逐级抬升，下伏基岩为上古生界。

东部斜坡区：位于盆地东侧，面积 2068.8 km^2，呈条带状展布。区内次级断裂发育，走向北东，主要次级断裂近 10 条，长度均在 40 km 以上。由于断裂的活动，使地层由东向西依次断落，形成西倾的断阶。基底埋深由 1000 m 增至 7000 m，局部构造十分发育。经地震勘探查明的局部构造有平罗凹陷、平罗南隆起、常信凹陷、望远桥凹陷、灵武凹陷、姚伏隆起、通贵隆起、沙湖桥隆起、通吉桥隆起、永宁东隆起。在这些局部构造中，平罗凹陷、常信凹陷、望远桥凹陷、灵武凹陷构成一条狭长的凹陷带，沿银川断裂东侧展布。通贵隆起、沙湖桥隆起、通吉桥隆起、永宁东隆起构成一条走向北东的隆起带，分布于构造区东侧。

中部深陷区：位于盆地中部，呈狭长的条带状分布，面积 1101.0 km^2。该区为盆地的沉降中心，也是向斜构造的轴部，新生界沉积巨厚，最大可达 7000 m。局部构造较为发育，隆凹相间，沿轴向分布。构造区内次级断裂不甚发育。主要局部构造有西大滩凹陷、暖泉隆起、芦花台隆起、银川凹陷、永宁西隆起。

西部斜坡区：位于盆地西侧，面积 1676.1 km^2。新生界厚度 500~3500 m，为一东斜的斜坡，并构成盆地向斜构造的西翼。次级断裂不甚发育，仅在黄羊滩以南存在数条北西向断裂，断裂长度亦不大。构造区内基本无局部构造。

南部斜坡区：位于盆地南部，面积 1324.0 km^2。基底埋深较浅，一般均小于 3000 m，是盆地内新生界厚度最小的构造区，根据银参 2 井下地质资料，基底为奥陶系灰岩。次级断裂较为发育，以北西断裂为主。局部构造有莲湖隆起、吴忠隆起、巴浪湖隆起，三个局部隆起构成一走向北东的基岩隆起带，在隆起带的西侧存在瞿靖凹陷，也是构造区内唯一的局部凹陷。

（4）水文地质

宁夏具有我国西北干旱、半干旱山间盆地型水文地质特征。中、新生代断陷盆地为宁夏地下水主要赋存场所，赋存有松散岩类孔隙水、碎屑岩类裂隙孔隙水、基岩裂隙水（含碎屑岩裂隙水、变质岩裂隙水）、碳酸盐岩裂隙岩溶水赋存在基岩山地储水带中。由于各类地下水各自所处的地理地质背景不同，因而富水性与水质方面存在很大差异。其中银川平原地下水天然资源占全区地下水资源总量的 80%以上。银川平原西受贺兰山基岩山区大气降水渗透补给，东倚黄河流域侧向补给，形成了天然地下水库，在喜马拉雅造山运动以及新构造运动影响下，地下深部热能循环上涌，形成了现在的地热田。

（5）热储层特征

A. 中新统第四段热储层段

中新统第四段热储层段在银川盆地内均有分布，顶板埋深为 885~1302 m，平均厚度为 472.8 m，变化区间为 400~500 m，是一套半胶结的河湖相堆积物，岩性为细砂岩、砂砾岩、含砾粗砂岩、粉砂岩、含泥砂岩夹泥岩、粉砂质泥岩。砂岩与泥岩之比为 4：1~7：1，平均砂岩厚度 372.6 m，孔隙率为 31.00%，平均砂厚比 82.74%。预测该热储层段地热水开采段区间为 1175~1780 m，单井出水量 1400 m^3/d，出水温度 40~50℃。其主要特征见表 29-6。

B. 中新统第一至三段热储层段

中新统第一至三段热储层段在银川盆地内均有分布，顶板埋深为 1473~1802 m，平均厚度为 1094.5 m，厚度变化为 562~1527 m，为一套胶结较好的河湖相地层，岩性为细砂岩、粉砂岩、含砾中-粗砂岩及砂砾岩与泥岩、粉砂质泥岩、砂质泥岩互层，中下部泥岩致密坚硬，砂泥比 1.2：1~1：1.2，平均砂岩厚度为 608.9 m，平均砂厚比 55.51%。该热储层段现有 Y1 和 Y3 两眼地热井，代表了中新统中下段（N_1^{1+2}）热储层的水文地质特征。Y3 井取水段深度区间为 2115.75~2971.65 m，单井实抽出水量为 59.6 m^3/h，出水温度 55℃，地热水矿化度为 15543 mg/L，水化学类型为 Cl-Na 水。Y1 井取水段深度区间为 2682.41~3077.80 m，单井实抽出水量为 16.7 m^3/h，出水温度 67.5℃，地热水矿化度为 16378 mg/L，水化学类型为 Cl-Na 水。其主要特征见表 29-7。

表 29-6　中新统第四段热储层段特征值统计表

分区	顶板埋深/m	底板埋深/m	厚度/m	砂厚比/%	砂岩厚度/m	泥岩厚度/m
I_1	1262	1762	500	77.42	387.1	112.9
I_2	1138	1538	400	70.73	282.9	117.1
II_3	982	1473	491	77.42	380.1	110.9
Ⅲ	1302	1802	500	88.06	440.3	59.7
平均值			472.8	82.74	372.6	100.2

表 29-7　中新统第一至三段热储层段特征值统计表

分区	顶板埋深/m	底板埋深/m	厚度/m	砂厚比/%	砂岩厚度/m	泥岩厚度/m
I_1	1762	3000	1238	55.75	690.2	547.8
I_2	1538	2100	562		313.3	248.7
II_3	1473	3000	1527		851.3	675.7
Ⅲ	1802	2853	1051	55.26	580.8	470.2
平均值			1094.5	55.51	608.9	485.6

C. 渐新统热储层段

渐新统热储层段分布于银川构造带区东部斜坡带和吴忠构造区灵武浅陷带，顶板埋深为1640~1660 m，平均厚度为545.0 m，其变化区间为440~650 m，岩性上部为泥岩、砾状砂岩与砂岩互层，下部为砂岩。该热储层段的平均砂岩厚度为77.4 m，平均砂厚比为14.2%。其主要特征值见表29-8。

表 29-8　渐新统热储层段特征值统计表

分区	顶板埋深/m	底板埋深/m	厚度/m	砂厚比/%	砂岩厚度/m	泥岩厚度/m
II_2	2100	2700	600	14.2	85.2	514.8
Ⅲ	2853	3000	147		20.9	126.1
平均值			373.5	14.2	53.1	320.5

D. 中奥陶统热储层段

中奥陶统热储层段仅在西部斜坡区的南部有分布，顶板埋深为2700 m，厚度为300 m，平均孔隙度为5.68%，岩性为结晶灰岩、硅质白云岩，顶部为厚约50 m的风化壳，残余成分主要为硅质泥岩，含少量燧石和高岭土。

3. 地热资源量

银川盆地地热田面积为2514.86 km^2，3000 m深度内大于40℃热储层热能储存量为980.41×10^{14} kcal，折算为140×10^8 t标准煤；3~10 km热能储存量为13741.10×10^{14} kcal，折算为1963×10^8 t标准煤。

银川盆地地热资源属于沉积型盆地，热传导率小，利用Y1、Y3及NSR-1地热井所取得的各项参数，采用体积法计算3 km深度内大于40℃热储层的热能储存量。

经估算，银川盆地地热流体储存量为6.92×10^{11} m^3，地热资源量为3.11×10^{17} kJ，地热资源可开采量为6.80×10^{16} kJ，地热流体可开采量为3.31×10^8 m^3/a，地热流体可开采热量为5.95×10^{13} kJ/a；考虑回灌条件下允许开采量为2.69×10^9 m^3/a，地热流体可开采热量为4.98×10^{14} kJ/a。

银川盆地可替代的常规能源量为2.03×10^6 t/a标准煤，可减少排放4.85×10^6 t/a二氧化碳，减少

排放 3.45×10^4 t/a 二氧化硫，可减少排放 1.22×10^4 t/a 氮氧化物，可减少排放 1.63×10^4 t/a 悬浮质粉尘、2.03×10^5 t/a 固体废弃物。

三、典型地热井、温泉

1. 银川市御泉湾地热（Y1 井）

银川市御泉湾地热（Y1 井）位于银川市兴庆区胜利南街 543 号。

1999 年，由宁夏回族自治区地质矿产厅地质勘察院勘探打出宁夏第一口地热温泉井，命名为 Y1 地热井，孔深 3100 m，井口出水温度 67.5℃，单井出水量 400.8 m^3/d。水化学类型为 Cl-Na 型，pH 值为 7.46，矿化度 16.378 g/L，为盐水；其含 H_2SiO_3（亚硅酸）、Sr（锶）、Br（溴）、I（碘）、H_3BO_3（硼酸）元素或组分浓度均达到国家医疗热矿水命名浓度指标。

2. 银川市铁路文化宫地热（Y3 井）

银川市铁路文化宫地热（Y3 井）位于银川市西夏区铁路文化宫。

1999 年，由宁夏回族自治区地质矿产厅地质勘察院勘探完成钻探，命名为 Y3 地热井，孔深 3000 m，井口出水温度 55℃。单井出水量 1430 m^3/d。水化学类型为 Cl-Na 型，pH 值为 7.55，矿化度 15.543 g/L，为盐水。其含 Sr 元素浓度达到国家医疗热矿水命名浓度指标。

3. 石嘴山市平罗县沙湖地热（NSR-1 井）

石嘴山市平罗县沙湖地热（NSR-1 井）位于石嘴山市平罗县沙湖旅游区。

2012 年 6 月 11 日，宁夏沙湖地区 NSR-1 地热井出水成功，标志着宁夏深部地热资源勘查工作取得了突破性的进展。该井最终成井深度 3260 m，取水地段在地下 2500～3260 m，钻孔出水量达 1700 m^3/d，井口水温达 68℃，pH 值为 7.03，矿化度 20.854 g/L，该井水具有医疗价值的锶、偏硅酸、偏硼酸、溴等高矿化度的热锶水，是继 Y1、Y3 热水井后宁夏已勘查出的出水量最大、水温最高、含矿物质成分最多、勘探深度最深的热水井。

4. 石嘴山市大武口区奇石山地热（NSR-2 井）

石嘴山市大武口区奇石山地热（NSR-2 井）位于石嘴山市大武口区中华奇石山文化旅游公园内，属石嘴山市大武口区管辖，交通便利。

2016 年 11 月，该地热井成功出水。最终成井深度 3203.79 m，井口水温达 65℃，钻孔出水量达 1260 m^3/d。热水水化学类型为氯化钠型水（Cl-Na）。矿化度 14.994 g/L，pH 值 7.53，地热水中锶、偏硼酸、偏硅酸等矿物含量具有医疗价值，其中偏硅酸与锶达到命名矿水浓度，可命名为锶水、硅水、温水。

5. 银川市镇北堡瑞信·天沐地热（Y6 井）

银川市镇北堡瑞信·天沐地热位于贺兰山东麓，银川盆地西缘，镇北堡西部影视城正对面，属银川市西夏区管辖，交通便利。

2014 年 6 月，该地热井勘探完井，井深 2030 m，水温达 53℃，出水量达 1035.84 m^3/d，pH 值为 8.14，矿化度 1.022 g/L。温泉水富含多种人体所需的有益微量元素及温泉水中的臻品——氡元素（具有弱放射性养生修复体疗功效）。

6. 银川市镇北堡志辉山庄地热

银川市镇北堡志辉山庄地热位于贺兰山东麓，银川盆地西缘，镇北堡西部影视城南。

2017 年 5 月，该井勘探完成，井深 2400 m，井口水温 35℃，出水量达 2538.2 m^3/d，地热水水化学类型为重碳酸镁钙钠型水（HCO_3—Mg-Ca-Na），矿化度 0.41 g/L，pH 值 7.74，地热水中含有较高的偏硅酸等矿物，对人体有一定的作用，该地热水为含铁淡质温水。

7. 银川市掌政沙温泉地热（Y8 井）

银川市掌政沙温泉地热位于银川市兴庆区掌政镇，紧邻北京东路，距银川市区 8 km，交通方便。

2017 年 1 月，该井勘探完成，地热水均采自地下 2408 m 深处的天然地热层，出水温度达 59℃，出水量 1968 m^3/d，水化学类型分类为 SO_4-Cl—Na 型水，pH 值 7.40，矿化度 8.106 g/L，富含锶、偏硅酸、氟等多种矿物质元素。

8. 银川市掌政檀溪谷地热（Y9井）

银川市掌政檀溪谷地热位于银川市兴庆区掌政镇境内赵家湖路1号，与鸣翠湖国家湿地公园相邻。

2014年12月，该井勘探完成，钻井深度为2108 m，自溢水流量35 m^3/h，出水量2157.8 m^3/d，出水温度达52℃。水化学类型分类为SO_4-Cl—Na型水，pH值7.71，矿化度6.776 g/L，含偏硅酸、偏硼酸、氯、钠、钾、镁、氟、锶、碘、钙、硫酸盐、碳酸盐、硅酸盐、二氧化碳等30多种人体所需的微量元素，属稀有的偏硅酸、氟、硼、碘、盐芒硝-锶复合型热矿水，根据国家医疗热矿泉水质命名标准又可称之为“硼水”“硅水”“碘水”“氟水”“锶水”，尚属国内罕见的且唯一的“五料温泉”，52℃的温泉水在业界被称之为“黄金理疗温泉”，是不可多得的地下稀有热矿泉资源，具有较高的医疗价值和保健功效。

9. 天山海地热（DRT-03井、DRT-04井和DRT-05井）

天山海地热位于银川盆地东缘，比邻鄂尔多斯盆地，距银川市东20余千米处的滨河新区天山海世界游乐园，紧邻黄河东岸，交通方便，属银川市滨海新区管辖。

天山海地热共打井3孔，编号分别为DRT-03、DRT-04和DRT-05。2017年11月，天山海地热勘探完成，累计出水量约1.13×10^4 m^3/d，水温在42℃左右，可作为温泉理疗的热矿水。矿化度仅有5.6 g/L，低于一般地热井的矿化度，是最理想的温泉用水，也是目前银川市出水量最大的自流地热井。目前，DRT-03井已开发利用。

10. 永宁回乡文化园地热（NHR-1井）

永宁回乡文化园地热位于永宁县纳家户回乡文化园。

2017年10月，该井勘探完成，井深3005.2 m，出水温度60℃，出水量1889.6 m^3/d，水化学类型为硫酸氯化钠型水（SO_4-Cl—Na），矿化度11.75 g/L，pH值7.59，地热水中锶、偏硼酸、偏硅酸、溴等矿物含量具有医疗价值，其中偏硼酸与碘达到命名矿水浓度，可命名为碘水、硼水、温水。该地热水是优质的热矿水，具有较高的理疗价值。

11. 永宁县三沙源地热（Y5井）

永宁县三沙源地热位于银川南绕城高速公路南约3 km处，三沙源国际生态文化旅游度假区内，属永宁县胜利乡管辖。

2017年2月，该井勘探完成，井深3010.9 m，出水温度62℃，出水量1732.8 m^3/d，矿化度17.342 g/L。

第五节　地热资源潜力分析与可持续利用

一、地热资源潜力分析

宁夏地热资源开发利用主要集中在银川平原，全区其他地区开发利用程度低，只有零星的点开采，无法进行地热资源的潜力分析，本次仅对银川平原选取资料可供利用的三眼地热井进行分析。由于平原仅有三眼地热井可供利用，缺少地热流体水位降速资料，故而银川平原地热资源开发利用潜力采用地热流体热量潜力模数指标来衡量，地热流体热量潜力模数依据以下公式进行计算：

$$\mathrm{M}=\frac{E_y-E_k+R}{A}$$

式中：M为地热流体热量潜力模数，单位kJ/(km^2·a)；R为地热流体热量补给量，单位kJ/a；E_y为地热流体允许开采热量，单位kJ/a；E_k为地热流体开采热量，单位kJ/a；A为面积，单位km^2。

根据同位素试验测定δ^{18}O，δD。δ^{18}O含量越高说明地下水年龄越老，同时Y1井2680 m深度以下地热水^{3}H值小于0.5TU，说明地下水为古水，基本不受现代水影响。δD随取水点深度的增加而变大，随温度升高而增大，说明银川平原藏水且地下水年龄较老。此外同位素根据克雷格雨水线亦测定该处地下水来源于大气降水，从贺兰山经长时间径流补给，更新慢，补给微弱。故此处 R 为地热流体热量补给量（kJ/a）；计算忽略。地热流体热量潜力模数计算表如表 29-9 所示。

表 29-9　地热流体热量潜力模数计算表

分区代号	E_y /(10^{12}kJ · a^{-1})	E_k /(kJ · a^{-1})	A /km^2	M (10^8kJ · km^{-2} · a^{-1})	分区代号	E_y /(10^{12}kJ · a^{-1})	A km^2	M /(10^8kJ · km^{-2} · a^{-1})
Ⅰ$_{1}$	0.44		114.18	36.06	Ⅱ$_{5-1}$	0.39	110.47	35.21
Ⅰ$_{2-1}$	7.44		609.25	125.86	Ⅱ$_{5-2}$	0.03	5.52	48.74
Ⅰ$_{2-2}$	1.92		236.87	83.62	Ⅲ$_{1}$	0.24	114.18	20.97
Ⅰ$_{3-1}$	1.98		229.03	91.49	Ⅲ$_{2-1}$	8.31	846.12	98.21
Ⅰ$_{3-2}$	4.65		347.71	141.84	Ⅲ$_{3-1}$	3.98	597.16	66.60
Ⅰ$_{3-3}$	2.34		267.62	92.58	Ⅲ$_{3-2}$	1.17	247.20	47.34
Ⅰ$_{4-1}$	0.07		33.95	21.07	Ⅲ$_{4-1}$	0.03	14.04	20.69
Ⅱ$_{1}$	0.44		114.18	64.45	Ⅲ$_{4-2}$	0.04	23.81	15.30
Ⅱ$_{2-1}$	10.50	1.56×10^9	775.98	562.35	Ⅲ$_{4-3}$	0.02	31.97	7.42
Ⅱ$_{2-2}$	1.23		70.15	726.31	Ⅲ$_{5-1}$	0.18	109.08	16.61
Ⅱ$_{3-1}$	0.25		17.73	224.47	Ⅲ$_{5-2}$	0.02	6.91	22.30
Ⅱ$_{3-2}$	10.74		596.25	285.85	Ⅳ$_{1}$	0.05	114.18	3.97
Ⅱ$_{3-3}$	2.74	2.94×10^8	230.38	188.68	Ⅳ$_{4-1}$	0.02	28.48	8.33
Ⅱ$_{4-1}$	0.08		26.71	28.25	Ⅳ$_{4-2}$	0.03	41.34	7.14
Ⅱ$_{4-2}$	0.16		43.1	35.57	Ⅳ$_{5}$	0.06	115.99	5.13

根据上面地热流体热量潜力模数 M 自定义将地热流体划分为 6 个级别，分级标准如表 29-10 所示。结合表 29-9 和表 29-10，确定了银川平原地热流体热量潜力分区（表 29-11），可以得出：

1）极具开采潜力区包括：贺兰县、兴庆区下方彰恩堡组热储层Ⅱ$_{2-2}$、Ⅱ$_{3-2}$，其中Ⅱ$_{3-2}$开采潜力最大；

表 29-10　地热流体热量潜力模数分级标准

分区	潜力模数分级标准/(10^{10}kJ · km^{-2} · a^{-1})
严重超采区	0~100
超采区	100~200
基本平衡区	200~300
具有一定开采潜力区	300~400
具有开采潜力区	400~500
极具开采潜力区	>500

2）具有一定的开采潜力区包括：银川市金凤区、西夏区、永宁县、平罗县下方的彰恩堡组、干河沟组热储层的中部凹陷区和东部斜坡凹陷区及清水营组的中部凹陷区；

3）基本平衡区包括：兴庆区、贺兰县下方干河沟组Ⅰ$_{2-2}$、Ⅰ$_{3-1}$、Ⅰ$_{3-3}$及清水营组Ⅲ$_{3-1}$；

4）超采区包括：西夏区下方的天景山组Ⅰ$_{1}$、彰恩堡组Ⅱ$_{1}$，兴庆区、永宁县下方的彰恩堡组Ⅱ$_{4-1}$、Ⅱ$_{4-2}$、Ⅱ$_{5-1}$、Ⅱ$_{5-2}$，兴庆区、永宁县下方的清水营组Ⅱ$_{3-2}$，其余均为严重超采区。

二、地热资源的可持续利用

地热资源作为一种集水和能源资源为一体的绿色清洁能源，具有分布广泛，成本低廉，易于开采，无污染并可直接利用等优点，越来越受到重视，被广泛应用于多种行业。同时，由于热水中含有多种对人体健康有益的微量元素，具有较高的医疗保健价值，倍受人们的喜爱。

表 29-11　地热流体热量潜力分区表

分区代号	潜力分区	分区代号	潜力分区
I_{1}	超采区	II_{5-1}	超采区
I_{2-1}	具有开采潜力区	II_{5-2}	超采区
I_{2-2}	基本平衡区	III_{1}	严重超采区
I_{3-1}	基本平衡区	III_{2-1}	具有一定开采潜力区
I_{3-2}	具有开采潜力区	III_{3-1}	基本平衡区
I_{3-3}	基本平衡区	III_{3-2}	超采区
I_{4-1}	严重超采区	III_{4-1}	严重超采区
II_{1}	超采区	III_{4-2}	严重超采区
II_{2-1}	具有开采潜力区	III_{4-3}	严重超采区
II_{2-2}	极具开采潜力区	III_{5-1}	严重超采区
II_{3-1}	具有开采潜力区	III_{5-2}	严重超采区
II_{3-2}	极具开采潜力区	IV_{1}	严重超采区
II_{3-3}	具有一定开采潜力区	IV_{4-1}	严重超采区
II_{4-1}	超采区	IV_{4-2}	严重超采区
II_{4-2}	超采区	IV_{5}	严重超采区

银川市区地热田地热水可开采量为 $1.79\times10^{8}\ m^{3}$，大于 40℃ 地热水赋存于 1100～3000 m 热储层中，含水层单层厚度一般 10～20 m，出水系数 0.098～0.173 $m^{3}/(h\cdot m)$，单井开采量为 270～850 m^{3}/d，基本开采的是热储层储存量，地热水可开采量有限，地热田开发必须按开发利用规划布井方案凿井取水，以保证地热资源可持续利用，否则将会造成区域地热水水位下降，区域水压漏斗扩大，地热水资源枯竭等一系列环境地质问题。银川市地处西北高原腹地，每年有 150 天的采暖期，据不完全统计，银川市目前有工业和民用锅炉 1000 多台，且大部分为 4～6 t 小锅炉，由于其容量小，效率低，仅一个采暖期耗煤达 50×10^{4} t，估算所产生的废渣为 15×10^{4} t，排放到空气中的二氧化硫达 1.2×10^{4} t，一氧化碳 154 t，氮氧化物 26 t，烟尘 3000 t。由于污染源密集，且不易扩散造成市区内大气污染十分严重，在国家环保局 1999 年公布的国内 350 个大中城市中，银川市被列入大气环境质量最差的城市之一。西部大开发强调经济发展不能以牺牲环境为代价，协调好资源与环境的关系，实现可持续发展，就必须调整能源结构，改善大气环境质量，走地热能源利用的路子。地热资源开发利用将改变现有城市能源结构，以银川市区地热田为例，可开采量折算热能 0.0377×10^{14} kcal，折合标准煤为 53.85×10^{4} t，若用可开采量提供的热能替代燃煤，不仅可节约大量的煤炭资源，还可减少燃煤产生的废渣 0.0161×10^{8} t，二氧化硫气体 0.252×10^{3} t，一氧化碳气体 0.115×10^{3} t，氮氧化物 0.275×10^{3} t，烟尘量 0.297×10^{3} t。显然，地热开发利用对改善城市环境质量，净化和美化城市起到积极作用。但地热田地热水矿化度为 15543～16378 mg/L，超过国家污染水允许排放浓度（2000 mg/L）8 倍，大规模商业性地方热开发形成的尾水排放，将对城市环境质量造成严重污染，现阶段国内外均采用注水井解决尾水污染问题，这样既人工补给了热储层，又保护了环境。

地热资源的开发利用可取代煤炭和石油资源的消耗，地热资源开发利用的产业化发展，对于宁夏工农业现代化建设，调整能源和农业结构，改善城市环境质量，都具有重要意义。

第三十章　天然矿泉水

第一节　矿泉水勘查与开发史

宁夏矿泉水资源勘查工作始于20世纪80年代末。宁夏回族自治区地矿局地质研究所、地质环境监测总站、矿业开发公司先后提交了彭阳县供水井、固原市和尚铺泉、泾源县十里滩泉、西吉县黑眼泉、中卫市沙坡头艾泉、青铜峡市庙山湖泉、青铜峡市鸽子山泉、灵武市大泉、银川市小口子泉、石嘴山市石炭井甘泉、平罗县龙泉寺泉、平罗县暖泉12处饮用天然矿泉水资源勘查报告。其资源特点是：成因基本相同，大都受深大活动断裂控制，常储存于新近系、古近系、白垩系湖相碎屑岩中；资源丰富，可开采量巨大；质量优良，多属淡质、低钠矿泉水；类型单一，均为含锶矿泉水。

宁夏南部山区与北部平原所勘查的饮用天然矿泉水资源相比较，宁夏南部山区饮用天然矿泉水资源潜力较大，质量优良。由于宁夏南部与北部经济的不平衡发展，经济发展较快的北部地区已有青铜峡市庙山湖泉、银川小口子泉被开发利用，贺兰雪牌、滚钟牌饮用天然矿泉水及其系列矿泉水饮料相继问世，并取得了可观的经济效益；而经济落后的南部山区，虽然具有饮用天然矿泉水的资源优势，至今仅有彭阳县供水井矿泉水资源被初步开发利用。1994年，彭阳县利用当地盛产的野杏资源，以矿泉水为基液，开发生产了云雾山牌矿泉水杏仁露产品。1994年，中卫县外事旅游局利用沙坡头艾泉饮用天然矿泉水资源，批量生产西王牌瓶装矿泉水。

第二节　矿泉水水文地质条件及区域资源量

一、水文地质条件

受储水构造的控制，在宁夏形成诸多饮用天然矿泉水，其往往出露于深大断裂带上，或山地与盆地的交接部位。主要矿泉水储水构造带有三条：牛首山固原矿泉水储水构造带，南、西华山-六盘山矿泉水储水构造带，银川盆地矿泉水储水构造带（图30-1）。现分述如下：

1. 牛首山-固原矿泉水储水构造带

牛首山-固原矿泉水储水构造带主要受牛首山-固原断裂带（F_1）控制。断裂沿牛首山、大小罗山东缘双井、固原及泾源以东一线分布，其不仅是中朝准地台鄂尔多斯西缘坳陷带与昆仑秦岭地槽走廊过渡带的分界线，也是宁夏南部弧形与北部带状地貌格局分异的重要活动断裂，形成于前加里东期、燕山期及喜马拉雅期仍在活动，断裂走向南北，断面以西倾为主，倾角80°，为逆断层。沿断裂带出露双井泉、楼房沟泉、园子泉、十里滩泉4处矿泉水或锶含量较高的一般泉水。矿泉水主要储存于断裂带新近系、古近系、白垩系湖相泥岩、泥质粉砂岩、砂岩以及深部奥陶系灰岩中，岩石破碎，节理、裂隙发育。其中双井泉、楼房沟泉为天然医疗矿泉水，园子泉、十里滩泉为饮用天然矿泉水或锶含量较高的泉水。泉流量84~163 m^3/d，水温10~24℃。医疗矿泉水多为高矿化水，并含有硫化氢气体，水化学类型为SO_4—Na水。饮用矿泉水多为淡质、低矿化水，锶含量0.7~5.3 mg/L，水化学类型为HCO_3—Ca-Mg水。

2. 南、西华山-六盘山矿泉水储水构造带

南、西华山-六盘山矿泉水储水构造带主要受南、西华山北缘和六盘山东缘断裂带（F_2）控制。

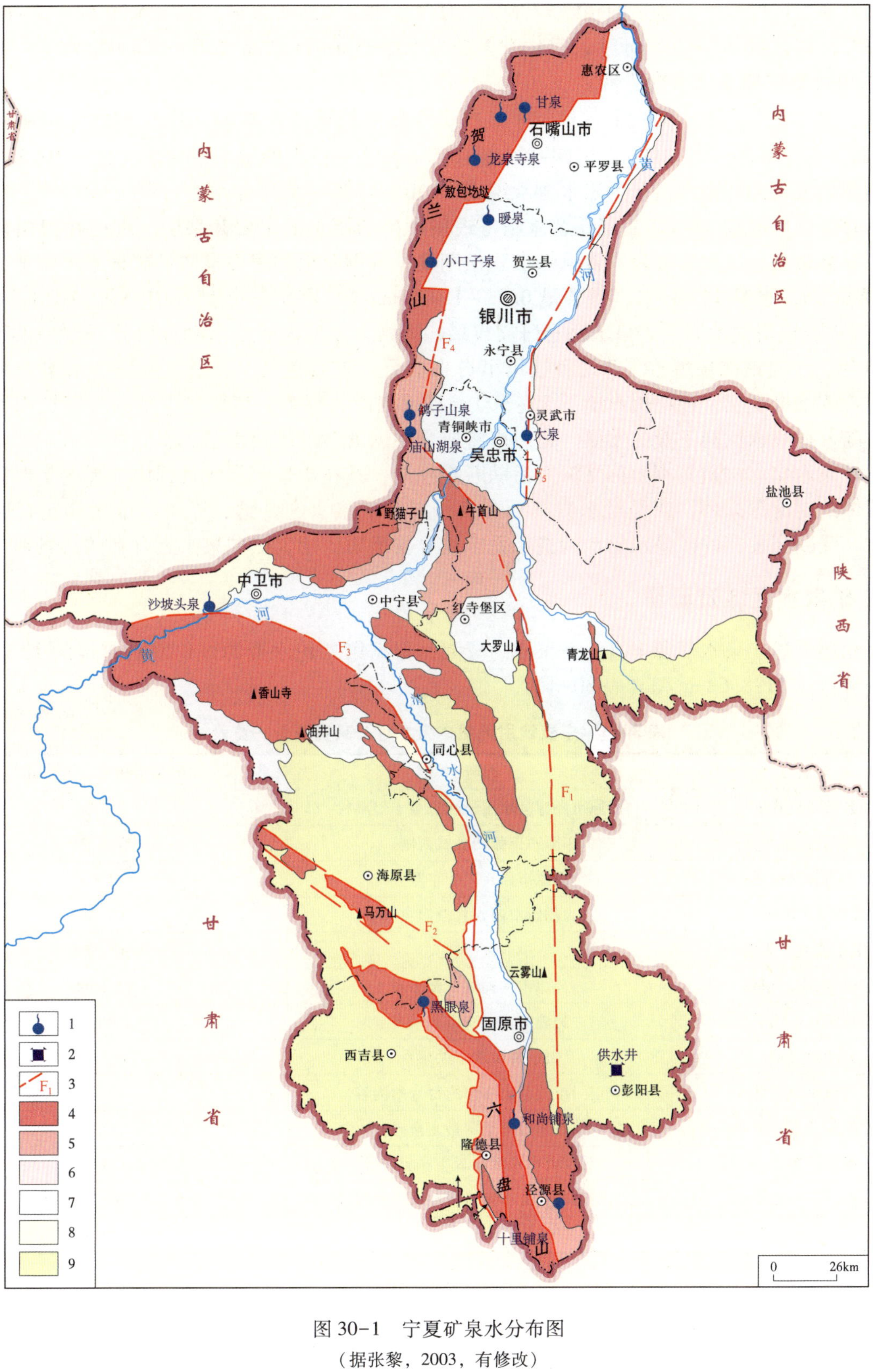

图 30-1 宁夏矿泉水分布图

（据张黎，2003，有修改）

1—矿泉水泉点；2—矿泉水供水井；3—断裂及编号；4—山地；5—丘陵；6—台地；7—平原；8—沙漠；9—黄土地貌

F_2 是分隔西部陇中山地与黄土丘陵和东部陕北黄土高原与丘陵的重要地貌界线，断裂走向北西，倾向北东，倾角 70°~80°，为逆断层。在南、西华山地区沿断裂有加里东晚期花岗闪长岩体、闪长岩脉侵入并有铅、锌、辰砂等中低温热液石英岩脉。沿断裂带出露和尚铺泉、黑眼泉矿泉水，矿泉水主要储存于新近系、古近系、白垩系湖相碎屑岩中，为含锶饮用天然矿泉水，泉水流量 12~121 m^3/d，水温 6~7.8℃，锶含量 0.7~1.3 mg/L，水化学类型为 SO_4—Ca-Na 水或 HCO_3—Ca-Mg 水。

3. 银川盆地矿泉水储水构造带

银川盆地为新生代形成的断陷盆地，东、西边界分别被黄河大断裂（F_5）和贺兰山东麓大断裂（F_4）控制，新生界厚度达 700 m，第四系厚度 1600 m，为一巨大的地下水库。在地下 0~300 m 深度内，第四系松散岩类孔隙水可分为潜水含水组（0~70 m）第一承压含水组（70~150 m）、第二承压含水组（150~300 m），第一、二承压含水组是银川市生活用水的主要开采层。现已在银川盆地周边发现了平罗县暖泉、灵武市大泉、青铜峡市庙山湖泉、青铜峡市鸽子山泉四处矿泉水水源地，泉流量 147~1538 m^3/d，水温 14~15℃，锶含量 0.32~1.478 mg/L，水化学类型为 Cl-SO_4-HCO_3—Na 水或 HCO_3—Ca 水。银川盆地周边矿泉水勘查研究成果，无疑为盆地内矿泉水勘查研究工作提供了重要启示。2003 年，宁夏地质环境监测总站和银川市自来水公司先后在第一、第二承压含水组中采集了水样，水质检测结果证实，在银川市地下 70~300 m 深度内的岩层中，蕴藏着丰富的含锶饮用天然矿泉水资源，随着矿泉水饮料工业的发展，银川市将成为中国著名的矿泉水城。

上述矿泉水储水构造基本上都受深大活动断裂控制，其在矿泉水形成过程中，无论是对富锶岩层中水热流体的对流深循环，或是对水岩离子交换，以及矿泉水的补给、径流、排泄都起着通道的作用。因此，受断裂控制的矿泉水储水构造带是宁夏寻找优质饮用天然矿泉水最有利的远景地带。

二、矿泉水区域资源量

宁夏饮用天然矿泉水资源丰富，开采潜力较大，根据第二轮水资源评价现已鉴定的 12 处矿泉水总开采资源量达 7178.62 m^3/d（表 30-1）。

表 30-1 宁夏饮用天然矿泉水可开采资源量一览表

泉名	位置	可开采资源量/($m^3 \cdot d^{-1}$)
泾源县十里滩泉	固原市泾源县城南泾河源乡十里滩村	121.82
彭阳县供水井	固原市彭阳县城西侧	2789.94
固原市和尚铺泉	固原市原州区什字路乡	41.63
西吉县黑眼泉	固原市西吉县白崖乡	61.65
中卫市沙坡头艾泉	中卫市沙坡头	496.70
青铜峡市庙山湖泉	吴忠市青铜峡市瞿靖乡	1538.00
吴忠市青铜峡市鸽子山泉	吴忠市青铜峡市瞿靖乡	1244.83
灵武市大泉	银川市灵武市大泉乡	147.74
银川市小口子泉	银川市贺兰山庄西约百米的沟谷	25.23
平罗县龙泉寺泉	石嘴山市平罗县龙泉寺	137.71
平罗县暖泉	石嘴山市平罗县下庙乡暖泉村	483.60
石嘴山市石炭井甘泉	石嘴山市大武口区石炭井大灯沟附近	89.77
总计		7178.62

第三节 典型矿泉水水源地

从宁夏现有的天然矿泉水化学成分测试数据分析，矿泉水常量元素中毫克当量百分数大于 25% 的主要阴、阳离子为 HCO_3^-、SO_4^{2-}、Ca^{2+}、Mg^{2+} 四种，水化学类型以 HCO_3-SO_4—Ca-Mg 水居多；矿化度≥100 mg/L，均为淡质、低矿化水；锶含量均超过界限标准，大都为含锶饮用天然矿泉水；尚含有 Li、Zn、Ba、B、Se、Cu、Fe 等对人体有益的微量元素。现选取具有代表性矿泉水水源地进行介绍。

1. 彭阳县供水井

彭阳饮用天然矿泉水为人工揭露的自流井，井点位于县城西侧井口地面高程 1478.62 m，成井于 1984 年，成井深度为 315.23 m，承压自流水头高出地面达 8.94 m。彭阳县矿泉水赋存于下白垩统砂岩之中，含水层埋深 155.35 m，上部泥岩、页岩、泥灰岩构成自流含水层的隔水顶板，自流水系统除接受上游西部地区侧向补给外，还受基底岩溶裂隙地下水的垂向顶托补给。

彭阳矿泉水无臭，无味，色度小于 5°、混浊度小于 1°，水温 15~16℃，属低矿化、中性、硬水，水化学类型为 HCO_3-SO_4—Na-Mg-Ca 水（表 30-2）。

表 30-2 彭阳县供水井饮用天然矿泉水水质测试结果表

项目	含量	项目	含量	项目	含量	项目	含量
K^+	4.30~5.00	总硬度	347.46~397.56	Ag	0.0000~0.0004	混浊度	<1°
Na^+	131.20~139.20	总碱度	293.74~309.25	Ba	0.0015~0.078	臭和味	无
Ca^{2+}	66.40~67.60	H_2SiO_3	18.20~20.80	Cr^{6+}	0.000~0.008	肉眼可见物	无
Mg^{2+}	50.00~51.90	游离 CO_2	3.50~10.00	Pb	0.00~<0.05	细菌总数/($cfu \cdot mL^{-1}$)	<5
NH_4^+	0.00	Li	0.0035~0.0600	Co	0.0001~<0.0600	大肠菌群/(个 · L^{-1})	<3
Fe^{2+}+Fe^{3+}	0.010~0.500	Sr	2.586~2.768	V	0.0000~0.0053	总 α/($Bq \cdot L^{-1}$)	0.02~0.08
HCO_3^-	357.10~377.10	Br	0.02~0.35	Mo	0.0110~0.0053	总 β/($Bq \cdot L^{-1}$)	0.0245~0.400
CO_3^{2-}	0.00	I	0.00~0.02	Mn	0.00~0.01	Rn/($Bq \cdot L^{-1}$)	81.31~134.01
Cl^-	89.30~95.01	Zn	0.00~0.06	Ni	0.00~0.001	^{226}Ra/($Bq \cdot L^{-1}$)	0.004995~0.346690
SO_4^{2-}	233.43~236.90	Se	0.00~0.0004	Al	0.00~0.03	δD/‰	-90~-75
F^-	0.90~1.10	Cu	0.00~0.0015	C_6H_5OH	0.000~<0.002	$\delta^{18}O$/‰	-10.8~-10.7
NO_3^-	5.00~15.00	As	0.002~0.006	CN^-	0.000~<0.002	^3H/TU	<1
NO_2^-	0.00	Hg	0.000	COD	0.40~1.62		
PO_3^-	0.01	Cd	0.00~0.0012	pH	7.0~7.8		
矿化度	970.30~992.89	B	2.480~2.706	色度	<5°		

注：各成分含量单位为 mg/L。

矿泉水 Sr 含量为 2.568~2.768 mg/L，H_2SiO_3 含量最高值为 20.8 mg/L，达到了国家标准的界限含量，为复合型矿泉水。矿泉水中含有 Li、Br、F、Zn、Se、As、Mo、Mn、Fe、Ni、Co、Cr^{6+}、V、Cu、Al、Ag、Ba、Ra 18 种微量元素。

根据开采井单井抽水资料建立相关方程，利用相关外推法，对矿泉水可开采资源量进行评价，可开采资源量为 2789.94 m^3/d。

2. 中卫市沙坡头艾泉

沙坡头艾泉地处腾格里沙漠东南缘的黄河左岸，距中卫市 21 km。海拔 1242 m。矿泉水位于沙坡头旅游山庄的西端，黄河左岸的Ⅱ级阶地后缘，沿Ⅲ级阶地坡脚处，呈东西向排列 7 个泉，组成上升泉群溢出，泉水历史悠久，据载明代以前即有此泉，称为“艾泉”，历时 600 余年，水流长年不息。泉群溢流处宽 200 m 之多，溢出高度 1238~1250 m（其中矿泉水点海拔 1242 m），高出黄河平水位 3~15 m，自西向东逐渐升高。泉水处基底为泥盆系石英砂岩，上覆全新统冲积砾卵石层；再向上为全新统风积层，组成高达 80 m 以上的陡峭沙坡，不时有流沙崩落掩盖泉水。矿泉水出露地段，恰是区域东西向构造大断裂与北北西向扭动构造断裂的交汇部位。这里岩石极破碎，节理裂隙发育，尤以北北西向直立节理贯穿于深部。纵观区域构造和地貌特征，东西向深大断裂是该地区深层地下水的主要赋存场所，与之相交的北北西向断裂是贯穿深层地下水的南北向通道，两者组成该处脉状地下水分布网络。基底泥盆系砂岩层的构造断裂破碎带，是深层地下水上升溢出的主要通道，为矿泉水的唯一储水构造。地下径流由山地向河谷汇流排泄，矿泉水的补给来源是由黄河两岸山地的基岩裂隙水补给，区域东西向构造带中的基岩裂隙水是主要补给来源。矿泉水感观上无肉眼可见物，清澈透明，无色，无味，无臭。色度3°~5°，水温17.5~18.2℃。水化学类型为HCO_3—Ca-Mg水。为弱矿化、软水和中性偏弱碱性水（表30-3）。

矿泉水中含有H_2SiO_3、Li、Sr、Zn、Se、Cu、As、B、Ba、Cr^{6+}、V、Mo、Mn、F、Fe 15种微量元素，Sr含量为0.368~0.390 mg/L，为含锶饮用天然矿泉水。放射性元素Rn、^{226}Ra、总α、总β含量均为人体安全范围，不构成放射性水。微生物中细菌总数、大肠菌群，污染指标中C_6H_5OH、NO_2^-、NO_3^-、COD、NH_4^+含量均符合饮用天然矿泉水的要求。矿泉水流量动态基本稳定，以全年加权平均流量496.70 m^3/d为矿泉水可开采资源量。

表30-3 中卫市沙坡头艾泉饮用天然矿泉水水质测试结果表

项目	含量	项目	含量	项目	含量	项目	含量
K^+	4.12~4.40	总硬度	126.60~130.10	Ag	0.0000	混浊度	3°~5°
Na^+	12.80~14.24	总碱度	82.17~84.57	Ba	0.075~0.150	臭和味	无
Ca^{2+}	33.37~34.86	H_2SiO_3	17.16~19.50	Cr^{6+}	0.006~0.011	肉眼可见物	无
Mg^{2+}	9.56~12.10	游离CO_2	0.50~2.20	Pb	0.0000	细菌总数/($cfu \cdot mL^{-1}$)	<5
NH_4^+	0.00~0.02	Li	0.0000~0.0021	Co	0.0000	大肠菌群（个/L）	<3
$Fe^{2+}+Fe^{3+}$	0.010~0.016	Sr	0.368~0.390	V	0.0004~0.0040	总α/($Bq \cdot L^{-1}$)	0.000~0.012
HCO_3^-	102.89~109.83	Br	0.00	Mo	0.0004~0.0006	总β/($Bq \cdot L^{-1}$)	0.125~0.134
CO_3^{2-}	0.00	I	0.00	Mn	0.002~0.005	Rn/($Bq \cdot L^{-1}$)	14.3
Cl^-	18.93~19.73	Zn	0.006	Ni	0.0000	^{226}Ra/($Bq \cdot L^{-1}$)	0.00892~0.03500
SO_4^{2-}	32.66~41.78	Se	0.0000~0.0019	Al	0.0000~0.0647	δD/‰	-58
F^-	0.20~0.38	Cu	0.000~0.005	C_6H_5OH	0.000	$\delta^{18}O$/‰	-7.5
NO_3^-	18.20~22.35	As	0.007~0.010	CN^-	0.00	^3H/TU	<6
NO_2^-	0.00	Hg	0.000	COD	0.30~0.55		
PO_3^-	0.00~0.08	Cd	0.0000	pH	7.70~8.20		
矿化度	254.00~256.32	B	0.1728~0.3390	色度	3°~5°		

注：各成分含量单位为mg/L。

3. 青铜峡市庙山湖泉

青铜峡市庙山湖泉行政区划隶属青铜峡市瞿靖乡管辖。矿泉水储存于奥陶系灰岩的岩溶裂隙中，受西部山地丘陵中地下水侧向径流和构造破碎带深部循环的垂向两个方面的补给。矿泉水感官上无色，透明，无臭，不含异物，无肉眼可见物，色度为0°，混浊度0°。饮者可感觉到味微咸，水温16.0~17.2℃，水化学类型为Cl-SO_4-HCO_3—Na水，属微咸水、硬水和中性水（表30-4）。

矿泉水中含有Li、Sr、Br、I、Zn、Se、As、B、Ag、Ba、Co、V、Mo、Mn、Al、Pb 16种微量元素。其中Sr含量为0.665~1.396 mg/L，达到国家矿泉水标准的界限含量，为含锶饮用天然矿泉水。

庙山湖矿泉水流量动态稳定，以枯水期的最小流量1538 m^3/d为可开采资源量是有保证的。

4. 青铜峡市鸽子山泉

青铜峡市鸽子山泉行政区划隶属青铜峡市瞿靖乡管辖，为上升泉，矿泉水储存于奥陶系灰岩岩溶裂隙之中，矿泉水的补给来源是西部山地丘陵中地下水侧向径流和构造破碎带深部循环的垂向补给。

矿泉水感官上无色，透明，无臭，不含异物，无肉眼可见物，色度0°，混浊度0°，饮者可感觉到味微咸，水温19.2~23.2℃。水化学类型为Cl-SO_4—Na水，属微咸水、硬水和中性水（表30-5）。

矿泉水中含有Li、Sr、Br、I、Zn、Se、As、B、Ag、Ba、Co、V、Mo、Mn、Al、Pb 16种微量元素，其中Sr含量为1.478~1.701 mg/L，达到国家矿泉水标准的界限含量，为含锶饮用天然矿泉水。矿泉水流量动态稳定，可开采资源量为1244.83 m^3/d。

表 30-4　青铜峡市庙山湖泉饮用天然矿泉水水质测试结果表

项目	含量	项目	含量	项目	含量	项目	含量
K^+	5.60~6.50	总硬度	315.20~333.84	Ag	0.00007~0.00064	混浊度	0°
Na^+	256.0~264.0	总碱度	211.93~224.19	Ba	0.008~0.075	臭和味	无
Ca^{2+}	57.20~57.40	H_2SiO_3	15.60	Cr^{6+}	0.00~0.01	肉眼可见物	无
Mg^{2+}	41.60~46.00	游离 CO_2	2.00~5.50	Pb	0.00~<0.05	细菌总数/(cfu·mL^{-1})	3
NH_4^+	0.00~0.04	Li	0.051~0.064	Co	<0.01~0.06	大肠菌群/(个·L^{-1})	<3
$Fe^{2+}+Fe^{3+}$	0.000~0.010	Sr	0.665~1.396	V	0.005~0.015	总 α/(Bq·L^{-1})	0.07~0.08
HCO_3^-	257.50~273.10	Br	1.50	Mo	0.008~0.069	总 β/(Bq·L^{-1})	0.26~0.28
CO_3^{2-}	0.00	I	0.000~0.011	Mn	0.00197~<0.00500	Rn/(Bq·L^{-1})	8.175~9.440
Cl^-	246.60~249.20	Zn	<0.003~0.020	Ni	0.00~0.01	^{226}Ra	0.0580~0.0592
SO_4^{2-}	304.60~325.20	Se	0.00158~<0.05000	Al	0.000~0.004	δD/‰	-91~-81
F^-	1.10~2.00	Cu	0.000~0.005	C_6H_5OH	0.0000	$\delta^{18}O$/‰	-11.3~-10.7
NO_3^-	0.00~7.50	As	0.016~0.020	CN^-	0.000	^3H/TU	<1~6
NO_2^-	0.00	Hg	0.0000~0.0001	COD	0.50~1.33		
PO_3^-	0.03~0.04	Cd	0.000~0.003	pH	7.75~7.80		
矿化度	227.40~1197.80	B	0.433	色度	0°		

注：各成分含量单位为 mg/L。

表 30-5　青铜峡市鸽子山泉饮用天然矿泉水水质测试结果表

项目	含量	项目	含量	项目	含量	项目	含量
K^+	5.60~6.80	总硬度	315.04~381.27	Ag	0.0001~0.0006	混浊度	0°
Na^+	233.60~256.00	总碱度	219.68~381.82	Ba	0.000~0.024	臭和味	无
Ca^{2+}	57.20~57.40	H_2SiO_3	15.60~18.20	Cr^{6+}	0.00~<0.01	肉眼可见物	无
Mg^{2+}	41.60~57.60	游离 CO_2	3.00~6.50	Pb	0.00~<0.05	细菌总数/(cfu·mL^{-1})	4
NH_4^+	0.00	Li	0.064~0.069	Co	<0.01~<0.06	大肠菌群/(个·L^{-1})	<3
$Fe^{2+}+Fe^{3+}$	0.000~0.120	Sr	1.478~1.701	V	0.0047~<0.0500	总 α/(Bq·L^{-1})	0.08~0.10
HCO_3^-	222.50~257.10	Br	0.03~1.10	Mo	0.0060~0.0066	总 β/(Bq·L^{-1})	0.19~0.35
CO_3^{2-}	0.00	I	0.000~0.021	Mn	0.000~<0.005	Rn/(Bq·L^{-1})	10.30~11.69
Cl^-	229.00~239.70	Zn	<0.003~0.050	Ni	0.00~<0.01	^{226}Ra	0.028~0.145
SO_4^{2-}	306.70~359.10	Se	0.0000~<0.0500	Al	0.000~0.002	δD/‰	-91~-81
F^-	1.10~2.10	Cu	0.000~0.005	C_6H_5OH	0.0000	$\delta^{18}O$/‰	-11.3~-10.7
NO_3^-	9.70~10.00	As	0.000~0.030	CN^-	0.000	^3H/TU	<1
NO_2^-	0.00	Hg	0.0000~<0.0001	COD	0.40~0.90		
PO_3^-	0.03~0.04	Cd	0.00~<0.03	pH	7.80~7.85		
矿化度	1198.90~1222.80	B	0.413~0.464	色度	0°		

注：各成分含量单位为 mg/L。

5. 银川市小口子泉

银川市小口子泉出露于贺兰山庄西沟谷源头山坡角处，东距银川市约 37 km，海拔 1500~1800 m。小口子泉赋存于花岗岩裂隙之中，泉水的补给主要来自西部山地大气降水入渗，通过断裂、裂隙渗入到岩层深部，然后沿节理裂隙向东或北东方向径流，形成小口子-南水断裂带中的地下水。

矿泉水色度 0°，混浊度为 0°，无肉眼可见物，无臭，无味，水温 9~12℃。水化学类型为 HCO_3—Ca 水。属淡质、微硬水（表 30-6）。矿泉水中含有 Li、Br、I、Zn、Se、B、Ba、Co、V、Mo、Mn、F、Fe 13 种微量元素。细菌总数、大肠菌群、C_6H_5OH、CN^-、NO_2^-、总 α、总 β 均未超过饮用天然矿泉水的限量指标。按布西涅斯克公式确定的可开采资源量为 25.23 m^3/d。

表 30-6 银川市小口子泉饮用天然矿泉水水质测试结果表

项目	含量	项目	含量	项目	含量	项目	含量
K^+	1.50~2.20	总硬度	165.20~179.70	Ag	0.00000~0.00045	混浊度	0°
Na^+	18.40~18.80	总碱度	143.66~143.55	Ba	0.073~0.091	臭和味	无
Ca^{2+}	51.50~55.50	H_2SiO_3	18.20~20.80	Cr^{6+}	0.000~0.010	肉眼可见物	无
Mg^{2+}	8.90~9.90	游离 CO_2	2.00	Pb	0.0000~<0.0500	细菌总数/(cfu·mL^{-1})	2
NH_4^+	0.00	Li	0.002~0.006	Co	<0.01~<0.06	大肠菌群/(个·L^{-1})	<3
$Fe^{2+}+Fe^{3+}$	0.020	Sr	0.252~0.309	V	0.0012~<0.0500	总 α/(Bq·L^{-1})	0.07~0.09
HCO_3^-	175.10~176.30	Br	0.030~0.325	Mo	0.0009~0.0020	总 β/(Bq·L^{-1})	0.13~0.23
CO_3^{2-}	0.00	I	0.000~0.001	Mn	0.00198~<0.05000	Rn/(Bq·L^{-1})	110.98~129.97
Cl^-	14.80~15.40	Zn	<0.03~0.04	Ni	0.00~0.01	^{226}Ra	0.0136~0.1510
SO_4^{2-}	42.80~52.00	Se	0.00049~0.00500	Al	0.00~0.01	δD/‰	-74
F^-	0.44~0.50	Cu	0.000~<0.005	C_6H_5OH	0.0000	$δ^{18}O$/‰	-7.2
NO_3^-	0.00~3.10	As	0.000~0.002	CN^-	0.000	^3H/TU	<4
NO_2^-	0.00	Hg	0.00~<0.002	COD	0.62~0.64		
PO_3^-	0.04	Cd	0.00~<0.001	pH	7.8~7.85		
矿化度	333.00~343.00	B	0.0059~0.0640	色度	0°		

注：各含量单位为 mg/L。

6. 平罗县暖泉

平罗县暖泉位于银川市西北约 35 km 处，行政区划属于平罗县下庙乡暖泉村。矿泉水出露于贺兰山前平原的洪积扇前缘地带，矿泉水赋存于第四系砂层中，为上升泉。矿泉水的补给来源为西部山区地下侧向径流和降水入渗补给。

矿泉水感观上清澈透明，无色，无味，无臭，无肉眼可见物，色度 1.8°~2.5°，混浊度 1.8°~2.5°，水温 13.6℃。水化学类型为 HCO_3—Ca 水，为软水和弱碱性水（表 30-7）。

表 30-7 平罗县暖泉饮用天然矿泉水水质测试结果表

项目	含量	项目	含量	项目	含量	项目	含量
K^+	0.80~1.10	总硬度	143.02~144.09	Ag	0.000000~0.000046	混浊度	1.8°~2.5°
Na^+	15.00~20.00	总碱度	136.16~136.52	Ba	0.088~0.116	臭和味	无
Ca^{2+}	42.10~43.30	H_2SiO_3	19.50~28.80	Cr^{6+}	0.002~<0.010	肉眼可见物	无
Mg^{2+}	8.40~9.30	游离 CO_2	1.50~3.00	Pb	0.00~<0.05	细菌总数/(cfu·mL^{-1})	3
NH_4^+	0.00~0.04	Li	0.006~0.129	Co	0.00667~<0.01000	大肠菌群/(个·L^{-1})	<3
$Fe^{2+}+Fe^{3+}$	0.020~0.120	Sr	0.320~0.336	V	0.00065~0.00200	总 α/(Bq·L^{-1})	0.02
HCO_3^-	166.20~166.50	Br	0.00~0.30	Mo	0.0005~0.0020	总 β/(Bq·L^{-1})	0.013~0.060
CO_3^{2-}	0.00	I	0.000~0.002	Mn	0.0026~<0.0050	Rn/(Bq·L^{-1})	0.713
Cl^-	10.30~12.00	Zn	0.000~0.003	Ni	0.00~<0.01	^{226}Ra	0.0331~0.0433
SO_4^{2-}	18.20~32.40	Se	0.00031~0.05000	Al	0.000~0.004	δD/‰	-73
F^-	0.21~0.25	Cu	0.000~<0.005	C_6H_5OH	0.0000	$δ^{18}O$/‰	-10.8
NO_3^-	8.90~11.10	As	0.000~0.002	CN^-	0.000	^3H/TU	<1-6
NO_2^-	0.00	Hg	0.000~<0.001	COD	0.55~0.86		
PO_3^-	0.04	Cd	0.000~<0.003	pH	7.90~8.00		
矿化度	290.30~306.90	B	0.049~0.160	色度	1.8°~2.5°		

注：各成分含量单位为 mg/L。

矿泉水中含有 Sr、Se、Li、Ba、Cr、Br、V、Zn、Mo、Fe、Co、F、I、Mn 等微量元素，其中 Sr 含量0.3~0.45 mg/L，达到国家饮用天然矿泉水标准，COD、NO_3^{2-}、NO_2^-、C_5H_6OH、总α、总β 含量均未超过界线指标。

泉水流量动态基本稳定，采用布西涅斯克公式评价的可开采资源量为483.6 m^3/d。

第四节　矿泉水资源潜力分析与合理利用

一、矿泉水资源潜力分析

宁夏对矿泉水的勘察研究程度较低，近年来不同的勘察单位为了不同的目的，进行过多次的调查评价工作，陆续在固原市泾源县、原州区等地发现了新的矿区水资源，但基于商业开发，资料处于保密状态，无从获取详细的矿泉水资源量及水质资料。因此，从调查评价、勘察的角度出发，宁夏的矿泉水资源还有很大的前景。前述对宁夏现有的天然矿泉水可开采资源量进行了评价，宁夏境内目前发现天然矿泉水 12 处，分别为泾源县十里滩泉、彭阳县供水井、固原和尚铺泉、西吉县黑眼泉、中卫市沙坡头艾泉、青铜峡市庙山湖泉、灵武市大泉、银川市小口子泉、平罗县龙泉寺泉、平罗县暖泉和石嘴山市石炭井甘泉。可开采资源量为7178.62 m^3/d，但是目前开采有限，从开采角度分析，宁夏水资源开采还有一定的潜力。

宁夏的天然矿区水常量元素中毫克当量百分数大于25%的主要阴离子为 HCO_3^- 和 SO_4^{2-}，主要阳离子为 Ca^{2+}和 Mg^{2+}，水化学类型以 HCO_3-SO_4—Ca-Mg 型水居多；矿化度大多小于1 g/L，均为淡质、低矿化度水；锶含量均超过界限标准，大都为含锶饮用天然矿泉水；含有 Li、Zn、Ba、B、Se、Cu、Fe 等对人体有益的微量元素。

二、矿泉水资源的保护和合理利用

矿泉水作为一种矿产资源，是从地下水深处自然涌出的或经过人工开采的、未受污染的地下矿水，应在保证安全的前提下开采，不改变矿泉水的特征和主要成分，因此，保护成为重中之重。

由于矿泉水必须是在特定的地质条件下和特定的区域内经过长期的地质作用而形成的，它必须含有一定量的矿物盐、微量元素或二氧化碳气体，通常情况下，其化学成分、流量、水温等动态在天然波动范围内相对稳定。因此矿泉水的认定必须符合国家《饮用天然矿泉水》（GB 8537—1995）规定的要求，开发利用之前必须是通过当地省级矿泉水技术评审委员会的评审鉴定。因此，天然矿泉水水源地的确认是极其严格的，加强矿泉水的保护具有积极的意义，需要注重以下几个方面。

1. 加强矿泉水的地质环境评价工作

天然矿泉水的形成是需要特定的地质条件，当地下水经过深循环长时间矿化流出地表后，才具有形成矿泉水的可能。例如，第四系松散岩层的水，由于受大气降水直接补给，季节变化较大，这种水是极其不稳定的，尤其在河边，湖沿或沟地附近，随时都有侧向补给的可能。这种地质地貌环境下的矿泉水水源是不利于作为矿泉水开发的。因为矿泉水易于遭受污染，因此，在开发之前，一定要重视和加强矿泉水的地质环境评价工作。

2. 科学制定矿泉水保护开采规划

当矿泉水经过勘察评价、评审鉴定后，还要结合矿泉水的类型、水源地的地质环境条件等因素制定合理的矿泉水资源保护开发规划。矿泉水资源保护开采规划可行与否，是矿泉水资源能否可持续利用的关键。没有矿泉水保护开采规划，就无从矿泉水的保护。如果一旦过量或超强度开采，就易引起矿泉水的侧向补给速度加快，最终导致矿泉水水质变化或水量枯竭。因此开采矿泉水必须依据矿泉水资源的保护规划实施可行性开采。

3. 加强矿泉水水源年检工作

从矿泉水形成机理考虑，矿泉水是一种动态的液体，随着时间的推移，当工业建设、生态环境、水的补给情况发生变化时，其水质、水量亦可能发生改变。所以要加强矿泉水的年检工作，尤其要对矿泉水进行动态监测，水质水量等要进行定期检测，才能保障矿泉水产品的质量。若长时间未进行检测，水质、水量可能发生变化，这对矿泉水产品是非常危险的。

4. 建立矿泉水保护区

为保证矿泉水质量，使矿泉水水源免受污染和破坏，要做好矿泉水的地质环境保护工作：

一是要查清矿泉水的地质、地貌及水文地质条件，确定矿泉水的含水层位。

二是在矿泉水水源地补给区要严格控制污染源的存在。要严格按《饮用天然矿泉水》（GB 8537—1995）国家规定的要求建立矿泉水水源卫生防护区，并根据水源的地质地条件划分出矿泉水水源地的保护区。不允矿泉水（井）点周围有污染源存在。保护区建立遵循以下3条原则：

1）综合规划原则：保护区不仅仅是保护出水口，更重要的任务是保护矿泉水赋存及形成的生态环境系统，所以保护规划即要注重保护工程设施规划，也要注重水源地及邻近范围土地使用状况的规划，使矿泉水保护规划有利于矿泉水的持续发展。

2）不同功能区采取不同保护措施的原则：矿泉水的保护是关系到水源永续利用的大事。对水源地的不同部位要设立不同的保护级别，采用不同的保护方法，搞好水源保护。

3）保护与合理利用相结合的原则：矿泉水开发应遵循“在保护中开发，在开发中加强保护”的方针，合理利用矿泉水水源和水源地保护设施，使规划的水源保护设施起到保护、宣传、监测研究和合理开发利用的多重功能。

三是远离矿泉水（井）点的地区若存在污染源，要对周围地质及水文地质条件进行认真论证，判定其将来是否对矿泉水水源构成污染。

总之，矿泉水资源能否可持续利用，核心是如何保护好矿泉水水源地，这对于矿泉水利用至关重要。因此，在开发利用矿泉水时，首先要考虑矿泉水的地质环境，要加强矿泉水的地质环境保护工作，严格按照矿泉水规划进行开采。对已投产的矿泉水要加强矿泉水保护区的建设以保证矿泉水资源的可持续利用。优质矿泉水类型的选择、良好的矿泉水水源地环境的评价、严格的矿泉水水源地保护区的建立是矿泉水可持续发展的保障。

第三十一章　水气矿产资源分布与演化规律

第一节　分布规律

一、地下水

地下水的时空分布是由赋存条件和地下水的补径排条件决定的。宁夏地处西部干旱地带，总体降水量少蒸发量大是其水资源的特点，全区降水量由南向北递减，而地下水的分布却是北部量多质好、中南部量少质差。

北部银川盆地和卫宁盆地两大储水盆地属于引黄灌区，补给量水量充沛，利于储存，地下水资源量大，水质较好。在灌溉季节地下水位最高，地下水资源量也最大。

中南部地区地处黄土丘陵沟壑地区，不利于大气降水的补给和储存，水土流失严重，地下水主要储存于小型盆地、洼地和山间河谷川地。第四系松散岩类孔隙水量少质差，而下部基岩孔隙裂隙水埋深大，水量小，水质差；地下水的开发主要是河谷川地的浅层地下水和黄土丘陵局部微量的地下水。地下水的补给季节性差异很大，主要补给量靠6~9月份的大气降水。

根据宁夏第二轮地下水资源评价报告，宁夏地下水天然补给资源量为30.5270×10^8 m^3/a，其中矿化度小于1 g/L、1~3 g/L、3~5 g/L的天然补给资源量分别为17.1441×10^8 m^3/a、10.7488×10^8 m^3/a、2.634×10^8 m^3/a，分别占总天然补给资源量的56%、35%、9%。北部平原区天然补给资源量为25.4980×10^8 m^3/a，占全区地下水天然补给资源量的85.83%；南部山区地下水天然补给资源量为5.0290×10^8 m^3/a，占全区地下水天然补给资源量的16.47%。银川市、石嘴山市、吴忠市、固原市地下水天然补给资源量分别为8.9327×10^8 m^3/a、3.7413×10^8 m^3/a、14.3291×10^8 m^3/a、3.5239×10^8 m^3/a，分别占地下水天然补给资源总量的28.33%、11.86%、45.45%、14.35%。

计算的宁夏地下水可开采资源量为22.9613×10^8 m^3/a，矿化度小于1 g/L的淡水可开采资源量为13.6852×10^8 m^3/a，占可开采资源总量的59.60%；矿化度1~3 g/L的微咸水可开采资源量为7.1236×10^8 m^3/a，占可开采资源总量的31.02%；矿化度3~5 g/L的半咸水可开采资源量为2.1525×10^8 m^3/a，占可开采资源总量的9.37%。其中北部银川平原可开采资源量为16.9317×10^8 m^3/a，占地下水资源总量的73.75%，矿化度小于1 g/L的淡水可开采资源量为9.2211×10^8 m^3/a，占银川平原可开采资源总量的54.46%；矿化度1~3 g/L的微咸水可开采资源量为6.0429×10^8 m^3/a，占银川平原可开采资源总量的35.69%；矿化度3~5 g/L的半咸水可开采资源量为1.6677×10^8 m^3/a，占银川平原可开采资源总量的9.85%。南部山区可开采资源量为6.0296×10^8 m^3/a，占地下水资源总量的26.25%，矿化度小于1 g/L的淡水可开采资源量为4.4641×10^8 m^3/a，占南部山区可开采资源总量的74.04%；矿化度1~3 g/L的微咸水可开采资源量为1.0807×10^8 m^3/a，占南部山区可开采资源总量的17.92%；矿化度3~5 g/L的半咸水可开采资源量为0.4848×10^8 m^3/a，占南部山区可开采资源总量的8.05%。

二、地热水（成热规律）

宁夏大致以牛首山-罗山大断裂为界，北部为以传导为主的盆地型地热资源区，南部为以对流为主的断裂型地热区。根据岩石圈速度结构、莫霍面结构特征、地壳厚度变化、岩石圈厚度变化、居里面深度及地层特征，宁夏地热资源主要分布在莫霍面隆起、热源丰富并具有良好导热性的断裂附近，根据成矿亚带对已知地热资源量进行统计，宁夏地热资源分布时代均为新生代，地热资源主要分布在银川盆地、卫宁盆地和牛首山-六盘山断裂带周边地区。

三、天然矿泉水（成矿规律）

宁夏矿泉水分布特征主要分为宁夏北部和宁夏南部。宁夏北部主要沿贺兰东麓断裂分布，断裂带与贺兰山山麓线大体平行，北起石嘴山西柳条沟，向南西经正义关关口、红果子沟口、王泉沟沟口、大武口沟沟口、汝箕沟口、插旗口、苏峪口、紫花沟口到头关，到井石子梁，再折向南南东，接牛首山东麓-大罗山东麓断裂，断裂总体走向北北东，倾向南东东，倾角65°~80°不等。沿断裂带出露矿泉水为锶含量较高的矿泉水，如小口子泉、龙泉寺泉。沉积了陆缘滨海-浅海相碎屑岩建造的黄旗口组，代表了华北古陆块西部中元古代早期贺兰山陆缘盆地的伸展作用，中元古代晚期贺兰山陆缘盆地海水加深，沉积范围不断扩大，形成了台缘浅滩相碳酸盐岩建造的王全口组。矿泉水主要储存在碳酸盐岩中，岩石破碎，节理、裂隙发育。

宁夏南部山区地处秦岭昆仑地槽褶皱区东缘，位于我国南北地震带的北段，地质历史时期经历了多次地壳运动，特别是新生代以来，新构造运动强烈，深大断裂发育，地震活动频繁，形成了一系列北西向展布的弧形断裂，这些断裂作为断块隆起和断陷的边界控制着山地和盆地的展布。规模最大的深大断裂有牛首山-罗山断裂带，南、西华山北缘断裂带和南、西华山南缘-六盘山东缘断裂带等，其在南东汇聚于六盘山，向北西呈帚状撒开，多形成于前新生代，在第四纪仍有强烈的活动，断面多倾向于山地，具有明显的左旋扭动特征，属挤压或剪切挤压型断裂。受这些深大断裂带的控制，在宁夏南部山区形成了诸多饮用天然矿泉水，其往往出露于深大断裂带上，或山地与盆地的交接部位。最为明显的矿泉水储水构造带有3条：牛首山-罗山矿泉水储水构造带，南、西华山北缘矿泉水储水构造带，南、西华山南缘-六盘山东缘矿泉水储水构造带。

1. 牛首山-罗山矿泉水储水构造带

牛首山-罗山矿泉水储水构造带主要受牛首山-固原断裂带控制。断裂沿牛首山、大小罗山东缘双井、固原及泾源以东一线分布，其不仅是鄂尔多斯西缘坳陷带与昆仑秦岭地槽走廊过渡带的分界线，也是宁夏南部弧形与北部带状地貌格局分异的重要活动断裂，形成于前加里东期，燕山及喜马拉雅期仍在活动，断裂走向南北，断面以西倾为主，倾角80°，为逆断层。沿断裂带出露矿泉水为锶含量较高的矿泉水，如十里滩泉。矿泉水主要储存于断裂带古近系—新近系、白垩系湖相泥岩、泥质粉砂岩、砂岩中，以及深部奥陶系灰岩中，岩石破碎，节理、裂隙发育。

2. 南、西华山北缘矿泉水储水构造带

南、西华山北缘矿泉水储水构造带主要受南、西华山北缘断裂带控制。断裂沿西华山、南华山北缘油坊园、曹洼及寺口子以南一线分布，为南、西华山-六盘山隆起断褶带与兴仁-海原新生代坳陷带之分界线。在地貌上将南、西华山与海原盆地截然分开，断裂走向北西、倾向南西，倾角40°~80°，为逆断层，在断裂附近有加里东晚期花岗闪长岩体、花岗岩脉侵入，为1920年海原8.5级大地震的发震断裂，是一条现在仍在强烈活动的深大活动断裂。

3. 南、西华山南缘-六盘山东缘矿泉水储水构造带

南、西华山南缘-六盘山东缘矿泉水储水构造带主要受南、西华山南缘-六盘山东缘断裂带控制。断裂沿西华山、南华山南缘向南东经硝口、开城、和尚铺一线分布，是分隔西部陇中山地与黄土丘陵和东部陕北黄土高原与丘陵的重要地貌界线，断裂走向北西，倾向北东，倾角70°~80°，为逆断层，在南、西华山地区沿断裂有加里东晚期花岗闪长岩体、闪长岩脉侵入，并有铅、锌、辰砂等中低温热液石英岩脉。沿断裂带矿泉水主要储存于古近系—新近系、白垩系湖相碎屑岩中，岩石破碎，节理裂隙发育，如和尚铺泉。

上述深大活动断裂在矿泉水形成过程中，无论是对富锶岩层中水热流体的对流深循环，或是对水岩离子交换，以及矿泉水的补给、径流、排泄出露都至少起着通道的作用。因此，受断裂控制的矿泉水储水构造带是宁夏优质饮用天然矿泉水最有利的地带。

第二节　演化规律

一、地下水资源量演化规律

宁夏全区性系统的地下水资源评价目前为止仅做过两次，第一轮地下水资源评价于1984年完成，第二轮地下水资源评价于2002年完成，地下水资源量的演化从两次地下水资源评价的成果进行论证，第一轮地下水资源评价计算的宁夏地下水可开采资源量为21.6948×10^{8} m^{3}/a。第二轮计算结果与其相比较多了1.2665×10^{8} m^{3}/a，加上大于5 g/L的可开采资源量0.9272×10^{8} m^{3}/a，第二轮比第一轮可开采资源量多2.1937×10^{8} m^{3}/a。通过对比可知，第二轮水资源评价比第一轮水资源评价资源量有所增加，究其原因主要有四点：一是第二轮计算增加了深层承压水可开采储存量0.9824×10^{8} m^{3}/a，银川平原增加了第二承压含水组可开采资源量0.3654×10^{8} m^{3}/a，卫宁平原增加承压含水组可开采资源量0.08305×10^{8} m^{3}/a；二是引黄量的增加，使得渠系入渗量、田间入渗量相应增加，地下水可开采资源量也随之增加；三是1984年以来，宁南扶贫找水新增或扩充水源地允许开采量达2.8530×10^{8} m^{3}/a，使得相应区段的可开采资源量随之增加；四是第二轮计算增加了部分基岩山区地下水可开采资源量。

近年来，宁夏地下水资源量也在逐渐减少。近期未进行过全区性系统的地下水资源评价，从局部地区的地下水资源评价可知，地下水资源量在减少。2016年完成的《宁夏沿黄经济区水文地质环境地质调查报告》计算银川平原地下水天然补给资源量为12.065×10^{8} m^{3}/a，与第二轮水资源评价计算的银川平原地下水天然补给资源量21.1814×10^{8} m^{3}/a相比，减少了9.1164×10^{8} m^{3}/a。究其原因，近年来引黄量的减少、节水灌溉及引黄渠系衬砌等都是引起地下水资源量减少的因素。

二、地下水资源质量演化规律

宁夏地下水质量评价没有相同监测点系统的长期水质监测资料，本次只收集银川市2016年和2018年相同监测点相同层位的水质监测资料进行对比分析，以论证地下水质量的演化特征，并分析其演化规律。

1. 潜水

通过监测对比，银川市监测区潜水的水质分类及变化特征如下：

优良水：主要分布在银川市小口子公路管理处和镇北堡以西地区，分布面积为81.29 km^2，占银川监测区总面积的4.64%，与上期同比面积增大了14.58 km^2。

良好水：主要分布在春树口至镇北堡东部一带和银川林场附近，分布面积为56.19 km^2，占银川监测区总面积的3.21%，与上期比面积缩小了88.02 km^2。

较好水：分布于高家闸、银川塑料厂、贺兰山农牧场基建队、平吉堡农场园林队、兴泾镇和良田镇附近，分布面积为237.4 km^2，占银川监测区总面积的13.57%，与上期同比面积增大了13.65 km^2。

较差水：分布于乱营盘、自治区园林场、银川火车站、金凤区、望远镇、立岗镇和金贵镇周边地区，分布面积为989.28 km^2，占银川监测区总面积的56.53%，与上期同比面积增大了73.85 km^2。

极差水：分布于星光、通伏、河滩、永固、掌政镇、大新镇、德胜、习岗镇、黎明和永丰一带，分布面积为385.84 km^2，占银川监测区总面积的22.05%，与上期同比面积缩小了14.06 km^2。

2. 第一承压水

通过监测对比，银川市监测区第一承压水的水质分类及变化特征如下：

优良水：分布在化工厂一水源地西北角，分布面积为0.85 km^2，占银川监测区总面积的0.34%，与上期同比面积增大了0.85 km^2。

良好水：分布于西夏区政府至建材研究所一带，分布面积为5.74 km^2，占银川监测区第一承压水总面积的2.3%，与上期同比面积增大了3.83 km^2。

较好水：分布于化工厂一水源地、银川制钠厂至北郊水源地、地矿局职工学校，分布面积为34.37 km^2，占银川监测区第一承压水总面积的13.75%，与上期同比面积增大了10.53 km^2。

较差水：分布于银川监测区西南部和东南部，分布面积为209.89 km^2，占银川监测区第一承压水总面积的83.95%，与上期同比面积缩小了14.36 km^2。

通过上述对比分析，银川市的地下水质量演化规律总体呈良性发展，不管是潜水还是承压水，优良水、良好水和较好水的分布面积增大，较差水和极差水的分布面积减小，水质总体呈现出良好的态势。

第五篇　区域成矿规律

本篇以宁夏主要矿产的成矿空间分布规律、成矿时间演化规律为基础，以划分成矿区带及成矿系列为重点，总结、归纳了成矿谱系及有利的成矿时空域。在前人研究成果的基础上，对宁夏区域成矿规律做进一步探讨和总结。

第三十二章　区域成矿时-空规律

第一节　矿产资源空间分布规律

矿产资源的空间分布规律是研究区域成矿规律的重要组成部分。宁夏矿产资源的空间分布规律研究是以五级（Ⅴ）构造单元为基本空间单元开展的。

一、构造单元划分

据《中国区域地质志·宁夏志》（宁夏回族自治区地质调查院，2017），宁夏大地构造可划分为1个一级（Ⅰ）构造单元（柴达木-华北板块），3个二级（Ⅱ）构造单元（华北陆块、阿拉善微陆块、祁连早古生代造山带），3个三级（Ⅲ）构造单元（鄂尔多斯地块、腾格里早古生代增生楔和北祁连中元古代—早古生代海沟系），5个四级（Ⅳ）构造单元（鄂尔多斯西缘中元古代—早古生代裂陷、鄂尔多斯中生代坳陷、卫宁北山-香山晚古生代前陆-上叠盆地、景泰-海原中元古代—早古生代弧后盆地和白银-西吉中元古代—早古生代岛弧），12个五级（Ⅴ）构造单元，包括褶断带、冲断带、大型断（坳）陷盆地、大型向斜构造等（表32-1；图32-1）。

表32-1　宁夏回族自治区构造单元综合划分表

<table>
<tr><th>单元级别</th><th>Ⅰ级</th><th>Ⅱ级</th><th>Ⅲ级</th><th colspan="2">Ⅳ级</th><th>Ⅴ级</th></tr>
<tr><td rowspan="12">构造单元名称</td><td rowspan="12">柴达木-华北板块Ⅲ</td><td rowspan="4">华北陆块Ⅲ$_5$</td><td rowspan="4">鄂尔多斯地块Ⅲ$_5^1$</td><td rowspan="3">鄂尔多斯西缘中元古代—早古生代裂陷Ⅲ$_5^{1-1}$</td><td rowspan="3">鄂尔多斯西缘冲断构造带</td><td>贺兰山褶断带Ⅲ$_5^{1-1-1}$</td></tr>
<tr><td>银川断陷盆地Ⅲ$_5^{1-1-2}$</td></tr>
<tr><td>陶乐-彭阳冲断带Ⅲ$_5^{1-1-3}$</td></tr>
<tr><td colspan="2">鄂尔多斯中生代坳陷Ⅲ$_5^{1-2}$</td><td>天环向斜Ⅲ$_5^{1-2-1}$</td></tr>
<tr><td rowspan="5">阿拉善微陆块Ⅲ$_4$</td><td rowspan="5">腾格里早古生代增生楔Ⅲ$_4^1$</td><td rowspan="5">卫宁北山-香山晚古生代前陆-上叠盆地Ⅲ$_4^{1-1}$</td><td rowspan="8">宁南弧形构造带</td><td>贺兰山南段褶断带Ⅲ$_4^{1-1-1}$</td></tr>
<tr><td>卫宁北山褶断带Ⅲ$_4^{1-1-2}$</td></tr>
<tr><td>牛首山-罗山冲断带Ⅲ$_4^{1-1-3}$</td></tr>
<tr><td>烟筒山-窑山冲断带Ⅲ$_4^{1-1-4}$</td></tr>
<tr><td>香山褶断带Ⅲ$_4^{1-1-5}$</td></tr>
<tr><td rowspan="3">祁连早古生代造山带Ⅲ$_2$</td><td rowspan="3">北祁连中元古代—早古生代海沟系Ⅲ$_2^1$</td><td rowspan="2">景泰-海原中元古代—早古生代弧后盆地Ⅲ$_2^{1-1}$</td><td>西华山-六盘山冲断带Ⅲ$_2^{1-1-1}$</td></tr>
<tr><td>兴仁-海原坳陷盆地Ⅲ$_2^{1-1-2}$</td></tr>
<tr><td>白银-西吉中元古代—早古生代岛弧Ⅲ$_2^{1-2}$</td><td>西吉坳陷盆地Ⅲ$_2^{1-2-1}$</td></tr>
</table>

（据宁夏回族自治区地质调查院，2017）

二、构造单元与矿产地分布空间关系

（一）华北陆块鄂尔多斯地块

鄂尔多斯地块是华北陆块中最稳定、面积最大的地块，也是我国重要的大型中生代盆地所在区域，能源矿产十分丰富，煤、石油、天然气俱全。鄂尔多斯地块西侧，隔贺兰山褶断带与阿拉善微陆

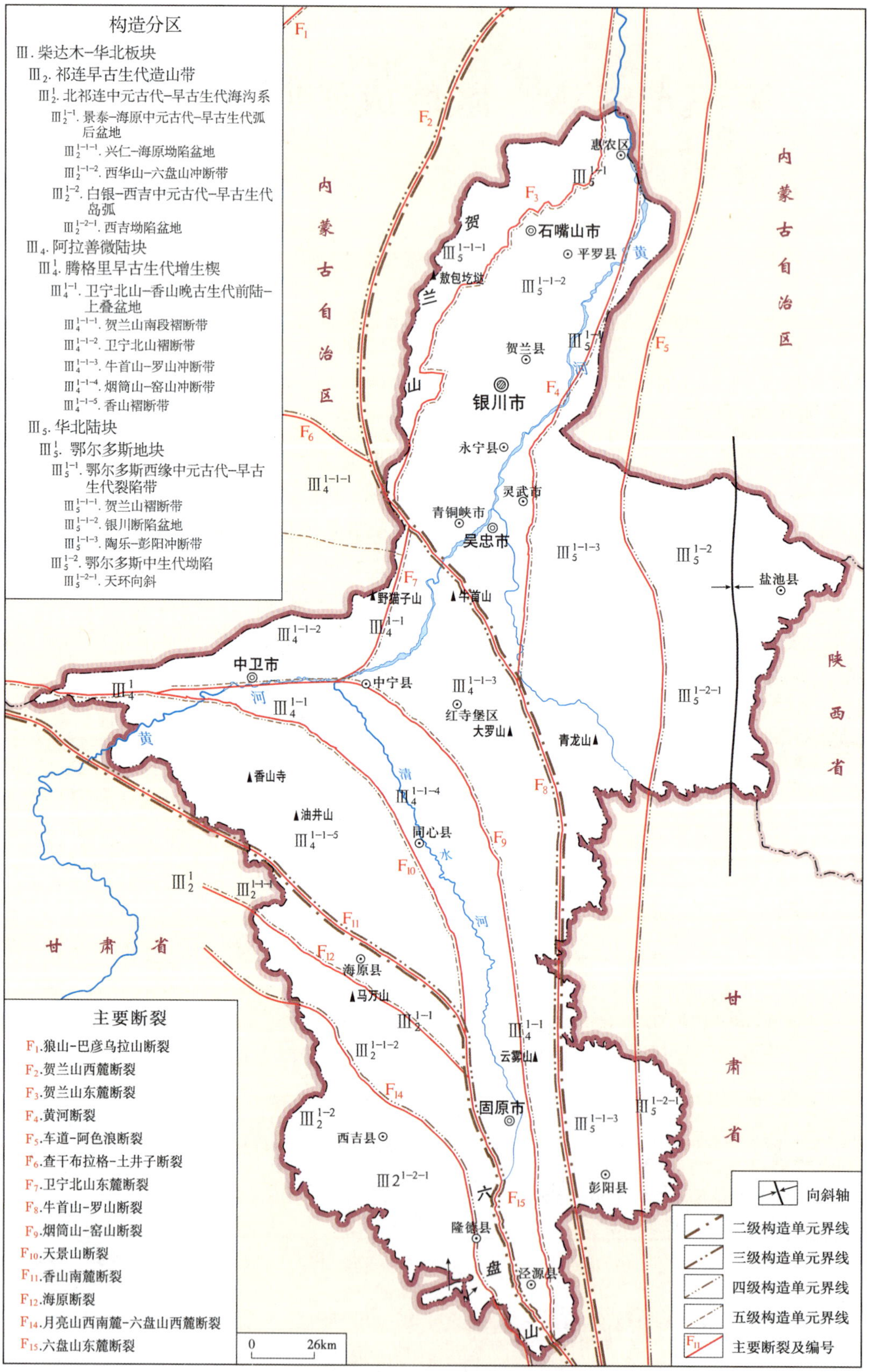

图 32-1 宁夏回族自治区构造单元综合划分图

（据宁夏回族自治区调查院，2017，修改）

块相邻。该地块在地质历史期间表现非常稳定，地块内没有明显的变形作用，仅表现为整体性的升降和掀斜运动。

宁夏东、北部区域属该地块西部，综合区划包括鄂尔多斯西缘中元古代—早古生代裂陷带和鄂尔多斯西部中生代坳陷。地块西部基底构造层由古元古代变质岩系及花岗岩类岩石构成。盖层自中-新元古代海相沉积层开始，至第四纪陆相松散堆积层结束。

1. 鄂尔多斯西缘中元古代—早古生代裂陷带（$Ⅲ_5^{1-1}$）

鄂尔多斯西缘中元古代—早古生代裂陷带包容了贺兰山古元古代地体与贺兰山-青龙山中-新元古代陆缘盆地。

贺兰山古元古代地体由贺兰山岩群中深变质岩系及古元古代花岗岩类岩石构成，贺兰山岩群为一套含石榴子石、矽线石、石墨等富铝片麻岩、变粒岩夹大理岩的区域变质岩组合。古元古代侵入了多期花岗岩类岩石，一起构成结晶基底。局部伟晶岩脉中白云母和脉石英可开采利用，规模多为小型或矿点。

贺兰山-青龙山中-新元古代陆缘盆地为鄂尔多斯地块西部边缘部分，占据了宁夏东部与北部区域。基底构造层由古元古代变质岩系及花岗岩类岩石构成。中-新元古界主要由浅海台地相碎屑岩-碳酸盐岩地层组成。其中长城系黄旗口组为浅海-滨海相碎屑岩及少量碳酸盐岩沉积，以贺兰山中段及青龙山一带沉降幅度较大。蓟县系王全口组以硅镁质碳酸盐岩沉积为主，下部有少量碎屑岩沉积。出现两个呈南北向展布的沉积中心，一个在北部贺兰山三关一带，另一个在南部青龙山-彭阳一带。故在贺兰山及青龙山地区形成诸多大、中、小型冶镁白云岩矿床。

裂陷带在中-新元古代被动陆缘基础上，于早古生代继续扩展，中-晚奥陶世拗陷较深，发育陆缘坳陷带。加里东运动末期的造山作用使贺兰山-青龙山寒武纪—奥陶纪陆缘坳陷带褶皱隆起，并遭受长期剥蚀，至泥盆纪末期。志留纪—早石炭世时隆起未接受沉积。晚石炭世时期于贺兰山石炭井以南-横山堡-韦州-彭阳广大地区为较稳定的华北型陆表海盆地。二叠系—三叠系主要由陆缘海陆过渡相含煤碎屑岩地层和河湖相碎屑岩地层组成。三叠纪末的印支运动使其褶皱隆起形成贺兰山-青龙山褶冲带。其上被侏罗纪陆相盆地不整合。侏罗纪—第四纪时鄂尔多斯盆地西缘大部分地区再次拗陷为内陆盆地，贺兰山汝箕沟和陶乐-灵武-盐池-彭阳地区，广泛分布侏罗纪—白垩纪前陆堆积。新生界主要以继承性陆内断陷盆地（如银川断陷盆地）河湖相沉积层为主，其次为冲洪积、风积层等。

（1）贺兰山褶断带（$Ⅲ_5^{1-1-1}$）

贺兰山褶断带位于鄂尔多斯西缘中元古代—早古生代裂陷带西北部，是鄂尔多斯地块的西部边界地带，也是该带中变形最强烈的区域。在早古生代裂陷沉积和晚古生代中晚期上叠盆地沉积基础上（发育一系列沉积矿产，如石灰岩、白云岩、硅石、煤及伴生的耐火粘土等），自中生代以来，发生了以褶皱和逆冲断裂为主的强烈变形，多期次构造交织，导致中侏罗统延安组分布较局限，主要分布在贺兰山中段的汝箕沟一带，形成了河流相沉积的大型煤矿，此外，强烈的构造变形导致的中-低温热液活动形成一系列金属矿产。新生代逆冲推覆构造发育，构成了鄂尔多斯地块西缘最强烈的构造变形带。

（2）银川断陷盆地（$Ⅲ_5^{1-1-2}$）

银川断陷盆地喜马拉雅期盆地东、西两侧北北东向断裂右行走滑拉分形成断陷盆地，可能萌生于始新世，在中新世末断陷沉降活动加剧，形成巨厚的古近系—新近系沉积，第四纪仍有活动。该断陷盆地内广泛发育地下水、矿泉水、地热资源及石英砂、粘土矿产，是我区水资源最丰富的区域。

（3）陶乐-彭阳冲断带（$Ⅲ_5^{1-1-3}$）

陶乐-彭阳冲断带展布于车道-阿色浪断裂以西、黄河断裂与牛首山-罗山断裂以东地区，东接天环复向斜带，西邻银川断陷盆地、卫宁北山褶断带和香山褶断带。该区为宁夏最重要的能源矿产产区，富含丰富煤炭资源，如横城矿区、马家滩矿区、积家井矿区、韦州矿区等。此外，还产出王全口组冶镁白云岩及天景山组石灰岩。

2. 鄂尔多斯中生代坳陷（$Ⅲ^1-2_5$）

鄂尔多斯中生代坳陷包容鄂尔多斯早古生代陆表海盆。坳陷带志留纪—早石炭世时隆起未接受沉积。在晚石炭世—三叠纪时伸展形成上叠坳陷盆地，晚石炭世时期为较稳定的华北型陆表海盆地，二叠系—三叠系主要由陆缘海陆过渡相含煤、泥炭碎屑岩地层和河湖相碎屑岩地层组成。其上被侏罗纪—白垩纪内陆坳陷盆地河湖相沉积地层不整合。晚侏罗世末，盆地受到东西向强烈的构造挤压而整体抬升，形成了侏罗系与白垩系之间的不整合。三叠系与侏罗系为该区能源矿产的主要赋矿地层，如马坊油田、姬塬油田、彭阳油田。新生界主要为坳陷盆地河湖相沉积层，其次为冲洪积、风积层等，此阶段沉积清水营组、彰恩堡组及第四系，局部地段可开采石膏及石英砂矿，盐池县青山地区是我区重要的石膏产地。

（二）阿拉善微陆块

目前，国内学者认为阿拉善微陆块最古老的基底由古元古界阿拉善岩群、龙首山岩群绿岩带和花岗岩类所组成。微陆块大部分地区盖层零星分布；盖层上部局部见寒武纪—奥陶纪滨浅海相碎屑岩、碳酸盐岩沉积，微陆块主体多缺失下古生界。晚奥陶世晚期，受祁连造山运动影响，北祁连海沟系之走廊弧后盆地（景泰老虎山-海原弧后盆地）向阿拉善微陆块俯冲，香山陆缘斜坡盆地形成类似增生楔沉积体（腾格里早古生代增生楔），奥陶纪末期最终褶皱隆升，志留纪—泥盆纪时表现为前陆盆地，上叠石炭纪—早二叠世早期海陆交互相沉积及早二叠世晚期—第四纪陆相沉积。阿拉善微陆块主体位于内蒙古自治区境内，宁夏仅跨入其东南缘的腾格里早古生代增生楔（$Ⅲ_4^1$）西南部。腾格里早古生代增生楔在宁夏境内的四级构造单元称为卫宁北山-香山晚古生代前陆-上叠盆地（$Ⅲ_4^{1-1}$）。其展布于牛首山-罗山断裂与香山南麓断裂之间，在香山-卫宁北山寒武纪—奥陶纪陆缘斜坡盆地基础上，在志留纪—泥盆纪弧（北祁连弧盆系）-陆（阿拉善微陆块）碰撞造山过程中转化为前陆盆地，石炭纪—二叠纪在碰撞造山后进一步转化为伸展型上叠盆地。经印支期以来的各期次运动尤其是燕山期-喜马拉雅期运动过程中的褶皱、断裂、逆冲推覆，最终形成盆山相间的构造格局。

1. 贺兰山南段褶断带（$Ⅲ_4^{1-1-1}$）

贺兰山南段褶断带绝大部分分布在内蒙古境内，在古生代地层组成的东西轴向褶皱带上叠加了轴向南北的科学山-新井侏罗纪断陷盆地。盆地内主要为中侏罗世下部含煤碎屑岩建造和上部红色碎屑岩建造。盆地西缘被大战场-新井断裂切截，见古生代地层向东逆冲推覆于侏罗纪地层之上；盆地东缘相继又接受了早白垩世新井-庙山湖前陆盆地沉积和古近纪—新近纪河湖相沉积，并被北西向断裂切割。该褶断带中，暂时未发现矿产资源。

2. 卫宁北山褶断带（$Ⅲ_4^{1-1-2}$）

祁连运动后，造山带遭受长期剥蚀。但在深大断裂附近及造山带前缘，前陆盆地和一些山间凹陷盆地沉积了中泥盆统石峡沟组河湖相红色碎屑岩建造。中泥盆世末的宁夏运动，使前陆盆地遭受褶皱，经短暂剥蚀后，至晚泥盆世沉积了中宁组河湖相红色碎屑岩建造，局部见有滨浅海相粉砂岩及灰岩沉积。泥盆纪末期至石炭纪早期，前陆盆地隆起，在造山隆起带后缘表现为伸展构造环境，发育了具有上叠盆地特征的陆缘滨浅海（潟湖）盆地沉积。

早石炭世早期发生海侵，海水自西向东进入本区，形成一向西开口的海湾盆地，即景泰-卫宁盆地，前黑山组即形成于该海湾盆地东部滨岸地带，沉积类型有潮坪沉积、潟湖沉积和障壁岛沉积。早石炭世早期末，盆地略有抬升，海水一度收缩，部分地区遭受剥蚀。早石炭世晚期开始，盆地下降，复又海侵，沉积了臭牛沟组。晚石炭世为广阔的陆表海环境，沉积了靖远组—羊虎沟组滨海沼泽相-三角洲相。晚石炭世晚期至早二叠世早期在频繁的海水进退作用下，形成了太原组三角洲相沉积。根据沉积环境不同，形成石灰岩矿、粘土矿及石膏矿，但矿床规模普遍不大。早二叠世早期末，本区抬升隆起，海水退出，结束了海相沉积历史。

卫宁北山前陆-上叠盆地经华力西期—印支期褶皱运动，盆地全面褶皱隆起，形成卫宁北山褶皱带。经过燕山期、喜马拉雅期逆冲推覆作用改造，形成现今的卫宁北山褶断带。其中，燕山期构造活动导致的热液活动是卫宁北山地区金属矿成矿的主要因素，现已发现众多铁、铜、金及硫铁矿小型矿床或矿点。目前，该褶断带为宁夏金属矿找矿最具潜力地区。

3. 牛首山-罗山冲断带（$Ⅲ_4^{1-1-3}$）

牛首山-罗山冲断带展布于牛首山-罗山-崆峒山及其西邻广大区域内，呈北北西转南北向展布，夹持于牛首山-罗山断裂与烟筒山-窑山断裂之间。变形以逆冲推覆断裂为主，间有中、新生代断陷盆地。在加里东期—印支期强烈构造变形基础上，燕山期发生了较强的逆冲推覆作用，北北西向褶皱断裂极为发育。喜马拉雅期在牛首山-罗山东、西两麓构造活动更趋强烈，导致地震活动频繁。出露地层有奥陶系米钵山组、香山群，泥盆系石峡沟组、中宁组，石炭系臭牛沟组、羊虎沟组，上石炭统—下二叠统太原组，白垩系庙山湖组、六盘山群和古近系—新近系及第四系。该冲断带矿种分布较少，以奥陶系石灰岩及新生代石英砂岩矿为主。

4. 烟筒山-窑山冲断带（$Ⅲ_4^{1-1-4}$）

烟筒山-窑山冲断带展布于烟筒山-黑鹰湾山-窑山-炭山-小关山及清水河流域一带，南西以天景山断裂为界，北东以烟筒山-窑山断裂为界。北西抵卫宁北山褶断带，南延至固原市以南。北西-北北西弧形展布，出露地层主要为奥陶系、志留系、泥盆系及石炭系—二叠系，山麓地带及山前盆地沉积了大量白垩纪—第四纪地层。冲断带内奥陶系在北东部有出露，局部可达到工业利用要求，形成石灰岩矿床。加里东运动、燕山运动及喜马拉雅运动在该带内表现突出，致使内部构造变形强烈，发育一系列线状褶皱及2~3条次级叠瓦状逆冲断裂，构造线方向主要为北西向，并呈向北东凸起之弧形，伴随逆冲断裂，形成中卫-同心新生代坳陷盆地。水气矿产主要分布新生代坳陷盆地内，且在新生代地层多发育石英砂矿及粘土矿。

5. 香山褶断带（$Ⅲ_4^{1-1-5}$）

香山褶断带北东以天景山断裂为界，南西以香山南麓断裂为界。北西—北北西向弧形展布，褶断带主体为华北陆缘型奥陶系（天景山组、米钵山组、香山群），天景山组发育石灰岩，在团钵郎地区形成诸多大、中、小型石灰岩矿床。其次有泥盆系及石炭系—三叠系，泥盆纪—石炭纪地层局部赋存铁、铜、银矿产，但规模较小。此外，石炭纪地层多发育石膏及石灰岩矿产。燕山运动及喜马拉雅运动致使冲断席内部构造变形强烈，发育一系列线状褶皱及次级推覆岩席。在山麓地带及山前盆地沉积了侏罗系、白垩系及大量新生代地层。渐新统清水营组为含膏地层，石膏矿产广泛发育，贺家口子一带也成为我区重要的石膏产地。

（三）祁连早古生代造山带

北祁连造山带在宁夏境内仅指香山南麓断裂以南地区，以出现大量新元古代—早古生代海相火山岩-火山碎屑岩-碳酸盐岩组合和早古生代晚期“I”型中酸性侵入岩为主要特征，划归北祁连新元古代—早古生代弧盆系（海沟）系。进一步划分为白银-西吉岛弧与景泰-海原弧后盆地。

北祁连中元古代—早古生代海沟系（$Ⅲ_2^1$）位于宁夏西南部，北东以香山南麓断裂为界，向西延出宁夏进入甘肃。该带中元古代表现为弧盆系，中元古代海原岩群的沉积构造环境总的说来类似于岛弧-弧后盆地，下部南华山岩组原岩组合为岛弧型拉斑玄武岩（次玄武岩）与砂质-泥质岩石互层，夹层状-似层状硅质岩-灰岩（或白云质灰岩）和少许小型透镜状超基性岩。中部园河岩组的原岩组合为不纯碳酸盐岩与杂砂岩-亚杂砂岩-泥质岩互层夹少许次玄武岩和薄层硅质岩。上部西华山岩组的原岩组合是以低成熟度的杂砂岩-亚杂砂岩为主，泥质或粘土质岩石为次，夹少许岛弧拉斑质-钙碱性玄武岩和似层状透镜状薄层硅质岩，局部偶夹薄层大理岩和超基性岩。其形成环境相当于弧间或弧后盆地环境。早古生代主要以活动大陆边缘沟-弧-盆体系为主，早古生代末期至晚古生代以弧后前陆盆地体系为主；中生代主要以陆内坳陷与挤压褶皱为主；新生代以来主要以坳（断）陷与逆冲推覆为主，由此构成断块山与断坳盆地相间的构造面貌。

1. 景泰-海原中元古代—早古生代弧后盆地（$Ⅲ_2^{1-1}$）

景泰-海原中元古代—早古生代弧后盆地北、东以香山南麓断裂与卫宁北山-香山弧形冲断带和鄂尔多斯地块相邻，南以月亮山-六盘山西麓断裂与白银-西吉岛弧带为界，宁夏境内多被新生界覆盖。向西延至甘肃，为北祁连中元古代—古生代岛弧带北缘与前陆之阿拉善南缘的弧后坳陷地区。中元古代以海原岩群建造为代表的沉积构造环境总的说来类似于岛弧-弧后盆地。早古生代时期主体为弧后盆地构造环境。早古生代晚期以俯冲造山为主，南华山-西华山南、北麓断裂在加里东中晚期活动尤为剧烈，深部岩浆沿断裂上侵，形成数个线状展布的“I”型花岗闪长岩体以及闪长岩脉，此阶段热液活动强烈，形成若干铜、金及多金属矿，均为中-低温热液型矿床。晚古生代时期与前述岛弧带一样，发育弧后前陆盆地碎屑沉积（志留系旱峡组、泥盆系老君山组）。中生代主要以挤压-褶皱为主，发育陆内坳陷盆地碎屑沉积。新生代以来主要以逆冲推覆为主，在拗陷带发育了巨厚的中、新生界上叠盆地沉积。

（1）兴仁-海原坳陷盆地（$Ⅲ_2^{1-1-2}$）

兴仁-海原坳陷盆地位于香山南麓断裂以南、西华山-南华山北麓断裂以北的广大区域内，为一北西—南东向的新生代前陆坳陷盆地，在六盘山早白垩世湖盆沉积基础上又上叠沉积了较厚的古近纪—第四纪地层，该坳陷盆地受喜马拉雅期逆冲推覆作用影响明显。矿产稀少，仅有新生代石英砂矿可利用，但目前未开发。

（2）西华山-六盘山冲断带（$Ⅲ_2^{1-1-1}$）

西华山-六盘山冲断带展布于西华山、南华山、月亮山及六盘山地区，呈北西—北北西走向，夹持于西华山-南华山北麓断裂至六盘山东麓断裂与月亮山南麓-六盘山西麓断裂之间。冲断席在加里东运动和燕山运动时期表现突出，遭受强烈构造变形。根据区域分析，西华山-六盘山冲断带是在燕山期逆冲推覆构造基础上，于喜马拉雅期在西华山、南华山、月亮山、六盘山东、西两麓断裂构造活动又趋强烈，逆冲推覆兼走滑所致。出露地层有中元古界海原岩群、志留系旱峡组、泥盆系老君山组、白垩系六盘山群和古近系、新近系及第四系。南、西华山海原岩群中赋存 Au-Cu-硫铁矿，为加里东期热液作用成矿，海原岩群局部地段有可开采的变质型石英岩矿产。下白垩统六盘山群表现为断陷型内陆湖泊沉积特征，在和尚铺组发现一处沉积型铜矿点，在其上部马东山组、乃家河组中，发现一处大型岩盐矿床（固原市硝口-上店子岩盐矿床），局部发育石膏，可达到开采利用程度。第四系在生物化学沉积作用下，形成了若干泥炭矿点。

2. 白银-西吉早古生代岛弧（$Ⅲ_2^{1-2}$）

白银-西吉早古生代岛弧呈北西—南东向展布于宁夏西南部，向西、向南均延伸出宁夏进入甘肃，在宁夏仅为该岛弧的东端部分。白银-西吉岛弧北东以月亮山南麓-六盘山西麓断裂与景泰-海原弧后盆地分界。西吉盆地基底发育一套早古生代火山岩-碎屑岩组合。晚古生代时期，发育弧后前陆盆地碎屑沉积（志留系旱峡组、泥盆系老君山组）和上叠盆地型的陆缘坳陷型海陆交互相碎屑-泥炭质沉积层（石炭系羊虎沟组）；中、新生代以逆冲推覆-走滑为主，发育陆内拉分-坳陷盆地——西吉坳陷盆地（$Ⅲ_2^{1-2-1}$），充填有白垩系、古近系、新近系和第四系碎屑-泥质沉积层，坳陷盆地内仅发现在第四系发育的芒硝矿。

三、成矿空间分布的统计

宁夏共划分 12 个五级（Ⅴ）构造单元，除了贺兰山南段褶断带及兴仁-海原坳陷盆地两个Ⅴ级构造单元未分布矿产地外，其余 10 个Ⅴ级构造单均分布有矿产地。根据 358 个矿产地（金属矿产 71 个、非金属矿产 189 个、能源矿产 42 个、水气矿产 56 个）的分布情况来看（图 32-2），金属矿产在卫宁北山褶断带、贺兰山褶断带、西华山-六盘山冲断带中集中分布，聚集特征明显，说明宁夏的金属矿产主要集中地即为贺兰山、卫宁北山、南华山-西华山地区。非金属矿产在各构造单元中均有分布，但主要集中在贺兰山褶断带及香山褶断带中，其次为烟筒山-窑山冲断带，陶乐-彭阳冲断带。能源矿产在陶乐-彭阳冲断带聚集特征明显，说明该构造单元为我区重要的能源矿产分布带。水气矿

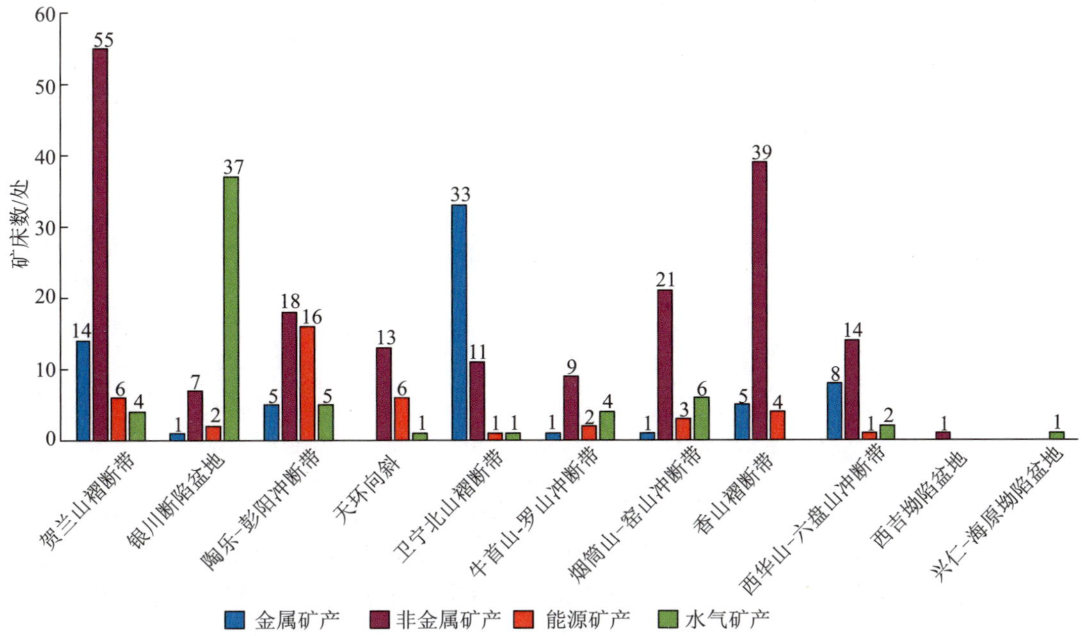

图 32-2　宁夏Ⅴ级构造单元矿产资源分布图

产绝大部分聚集在银川断陷盆地内，成为宁夏重要的水气矿产分布区。

通过对比各类矿产在各Ⅴ级构造单元中的分布情况，可以看出我区矿产资源聚集特征比较明显，可为成矿区带及成矿系列的划分提供重要依据。

第二节　矿产资源时间演化规律

宁夏成矿类型较为单一，以沉积型非金属矿产及能源矿产为主。成矿作用从元古宙至第四纪全新世均有发育，按演化时段，大致分为元古宙、古生代、中生代和新生代 4 个时段。

一、元古宙

（一）古元古代

古元古代地层分布局限，仅在贺兰山北段和中段出露。其中：出露于贺兰山北段的古元古界统称贺兰山岩群，为一套由富铝片麻岩、富铝变粒岩、大理岩、钙硅酸粒岩类及少量麻粒岩等组成的变质岩系，变质程度达角闪岩相-麻粒岩相；出露于贺兰山中段的古元古界称为赵池沟岩群，为一套主要由云母石英片岩、变粒岩等组成的变质岩系，具绿帘角闪岩相变质程度。二者构成了该地区的古老结晶基底。该期成矿作用为岩浆作用，形成混合花岗岩化相关伟晶岩型矿床（伟晶白云母-石英-长石）-混合花岗岩化相关热液脉型（脉石英）。古元古代晚期造山后伸展构造环境下，有大量的基性-超基性岩浆活动，形成的辉绿岩脉群可作为矿床开采。

（二）中元古代

中元古代成矿作用以沉积作用为主，辅以变质作用。

中元古代早期，鄂尔多斯西缘下陷，祁连海水由南向北侵入，在鄂尔多斯古陆与阿拉善古陆之间形成了一南北向的滨海浅滩环境，沉积了分布广范、厚度稳定的、成熟度较高的单陆屑建造——黄旗口组，该组中石英砂岩、石英岩状砂岩受区域浅变质作用进一步转化为石英岩，SiO_2 含量大于 96% 形成硅石矿床。黄旗口组底部的一种区域浅变质岩——灰紫色石英岩夹灰绿-深紫色粉砂质板岩，就是驰名国内的“宁夏五宝”之一的贺兰石。中元古代晚期，随着盆地的持续下陷，古地理环境转变为局限台地潮坪相和开阔台地相，海水流通不畅，加之干旱炎热的气候条件，沉积了范围广、厚度大、层位稳定的以白云岩为主的高镁碳酸盐建造——王全口组，形成了优质的大型-特大型冶镁白云岩、熔剂白云岩矿床。王全口组下部局部赋存有沉积-变质型铁矿床。

（三）新元古代

新元古界仅有震旦系，缺失青白口系和南华系，分布于贺兰山-青龙山地区，为一套与冰川活动有关的冰水沉积。该时代没有形成可利用的矿床。

二、古生代

（一）早古生代

鄂尔多斯西缘地区在中元古代下陷后，寒武纪初再度下陷，海侵由南向北扩展，水流带来的磷质沉淀于砾、砂碎屑间隙间形成磷块岩，在贺兰山中段苏峪口-紫花沟一带形成具工业价值的中小型磷矿床多个。早寒武世晚期，气候干燥炎热，在古地形较平坦，海水较浅，流通不畅的海岸潮坪环境沉积了以白云岩为主的高镁碳酸盐建造——五道淌组，形成了贺兰山中段大型熔剂白云岩矿床。

奥陶纪时，宁夏北部地区（华北区）处于浅海环境，发育局限台地相、开阔台地相、广海陆棚相，形成以无机化学沉积为主的碳酸盐建造。南部地区（祁连地层区）处于华北地块与北祁连造山带过渡地带，沉积了一套大陆斜坡-深水陆棚相的复理石建造和远硅质建造。使天景山组成为我区最主要石灰岩矿产的含矿岩系。该时期形成的石灰岩大部可作水泥原料，部分可作为化工灰岩、熔剂灰岩、玻璃用灰岩。白云岩可作为熔剂用白云岩。此外，香山地区磨盘井和油井山两地的香山群狼嘴子组发育含磷硅质岩及硅质磷块岩，形成磷矿床。

加里东期在香山地区狼嘴子-磨盘井一带侵入了辉绿岩，已作为大型辉绿岩矿床开采。此外，该期热液活动在南、西华山地区形成了若干铜、金、硫铁矿矿化点及小型矿床。

（二）晚古生代

早石炭世香山及卫宁北山地区沉降，海水由南向北侵入，该区一度处于海湾潟湖环境，在干燥、炎热的气候条件下，于小红山、小洞山、狼嘴子及野猫子山等地沉积了石灰岩夹石膏建造，形成了大型或小型石膏矿床，在香山地区还形成了石灰岩矿床。晚石炭世早期海侵范围向北逐渐扩展，晚期间歇性海退，形成海陆交互相碎屑含煤建造，形成一些煤矿床及耐火粘土。卫宁北山和香山地区下石炭统前黑山组底部常发育含铁泥岩、含铁粉砂岩及含铁石灰岩，局部夹薄层赤铁矿（风化后为褐铁矿）层，一般含铁量较低，不具工业价值。但这些含铁岩石经后期风化淋滤和中低温热液交代后可形成一些具有工业价值的小型铁矿床。

早二叠世早期海侵范围向北大致扩展到桌子山一带，晚期间歇性海退，形成海陆交互相碎屑含煤建造——太原组，构成大型煤矿床及与其共伴生的耐火粘土、高岭土矿床。早二叠世晚期海水退出宁夏，全区大部处于河流-湖沼环境，沉积了陆相碎屑含煤建造——山西组，形成了大型煤矿床。

三、中生代

贺兰山中、北段地区，在印支期热液活化改造作用下，在构造破碎带形成金、铜、铅锌及重晶石矿，规模多为小型矿床及矿点，控矿地层为古元古界变质岩系-古生界沉积岩系。

中侏罗世是宁夏的重要聚煤期之一。早燕山运动使宁夏西部形成山间盆地、东部形成大型内陆盆地。在温度潮湿的气候条件下，沉积了宁夏的重要陆相碎屑含煤建造——延安组，形成煤层厚度大、层数多的大型煤田，同时形成了小规模的油气田。

早白垩世宁夏经中燕山运动抬升后又下降，在宁南地区发育一大型内陆湖泊——六盘山盆地，沉积了杂色碎屑含盐建造，形成了我区最大的岩盐矿床。在和尚铺组及李洼峡组赋存有陆相砂页岩型铜矿，均为矿点。

燕山期的构造岩浆活动提供了热动力，驱动流体作用活化成矿物质迁移，在卫宁北山等地区断裂破碎带中形成一系列以金属矿为主的矿产，包括铁、铜、金、银、钴、铅、锌、硫铁矿及重晶石，矿床规模均不大。

四、新生代

渐新世早喜马拉雅运动后山间盆地和内陆盆地沉降接受红色碎屑含盐建造，形成了多个中型-特大型石膏矿床，为我区最主要的石膏成矿期，赋矿地层为清水营组。此外，寺口子组、清水营组、彰恩堡组局部可开采石英砂和粘土矿。

第四纪的主要矿产为沉积型芒硝、湖盐、泥炭、石英砂及粘土矿。广泛分布水气矿产。

五、成矿时间演化的统计规律

据宁夏36个主矿种，共计302个矿产地（能源矿产地42处，金属矿产地71处，非金属矿产地189处。由于水气矿产成矿时代复杂，故56处水气矿产地不计入统计范围）的成矿时代、矿床规模统计分析结果，宁夏矿产资源具有以下一些时间演化规律。

（一）矿床数量随时间演化规律

宁夏主要矿产矿床成矿时代分布图（图32-3）显示，宁夏非金属矿在加里东期及喜马拉雅期、金属矿在燕山期、能源矿产在华力西期及燕山期分别达到成矿高峰期。非金属矿和能源矿产均具有双波峰特征，显示其具有两个主要的成矿期。

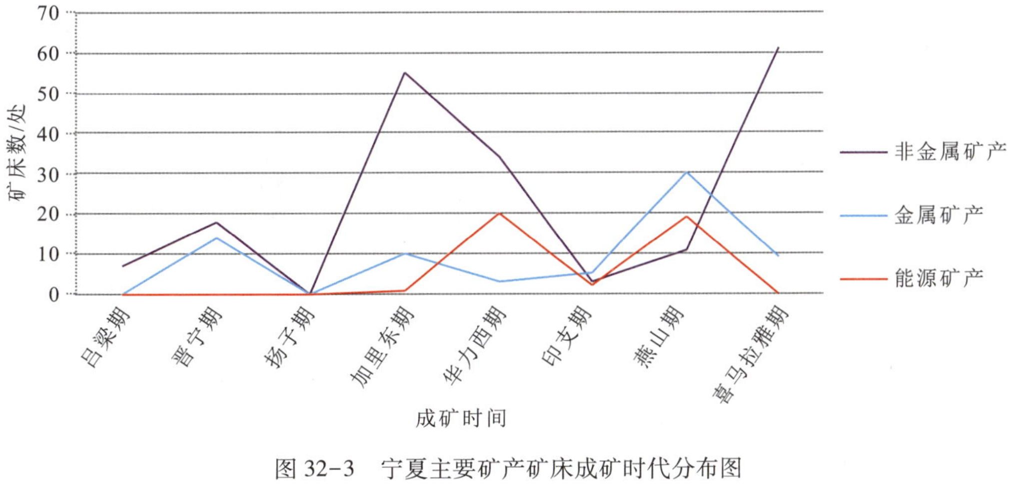

图32-3　宁夏主要矿产矿床成矿时代分布图

（二）矿床规模随时间演化规律

宁夏主要矿产各成矿时代矿床规模分布及不同规模矿床在各成矿时代数量显示（图32-4），矿床规模与矿床数量具有相似的演化规律。全区中型以上规模金属矿产均集中在晋宁期，全部为镁矿（冶镁白云岩），非金属矿中型及以上矿产几乎在各时代均有产出，但主要集中在加里东期及喜马拉雅期，能源矿产中型以上矿产均集中在华力西期及燕山期。

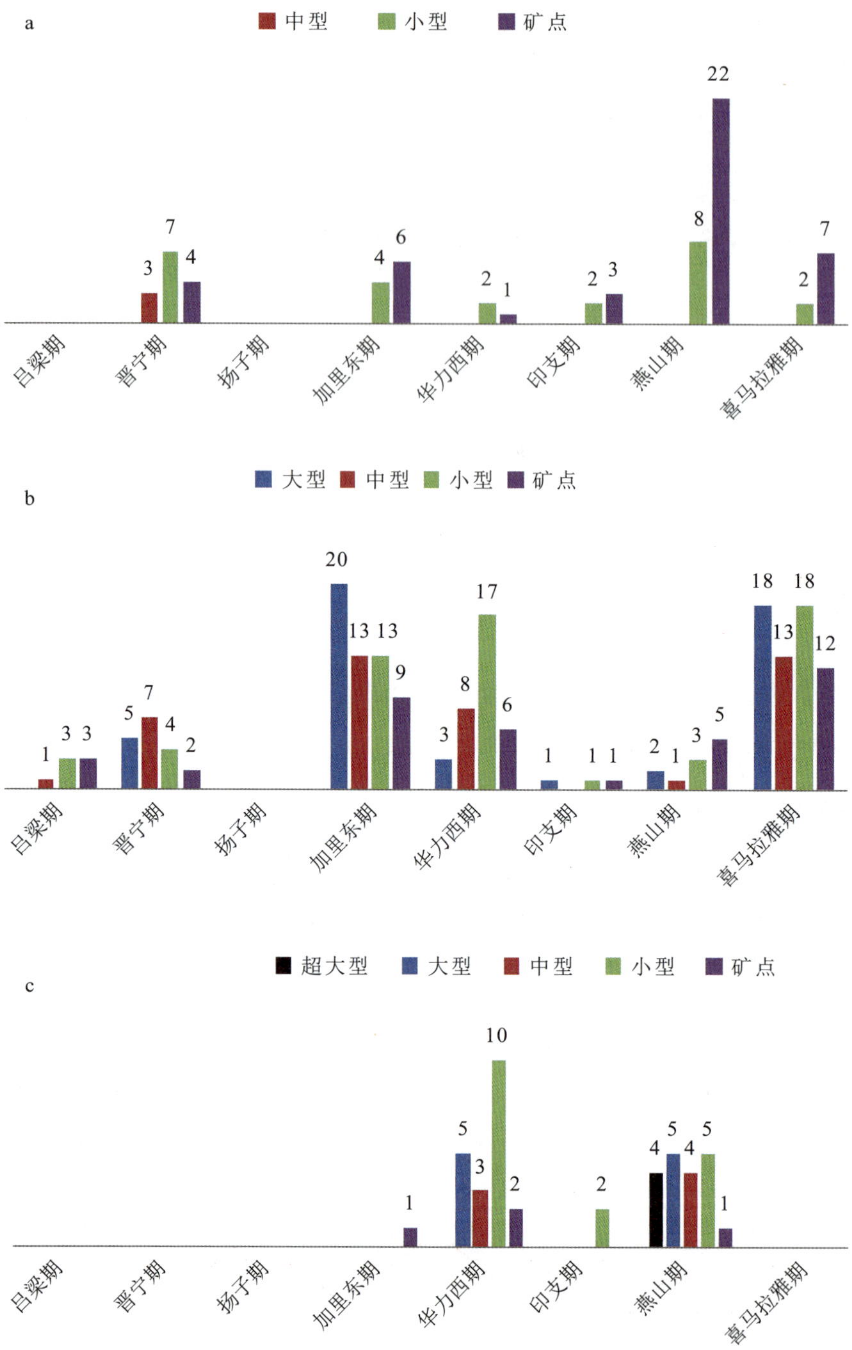

图 32-4　宁夏金属、非金属、能源矿产矿床规模与成矿时代分布图
a—宁夏主要金属矿产矿床时代分布；b—宁夏主要非金属矿产矿床时代分布；
c—宁夏主要能源矿产矿床时代分布

通过矿床数、矿床规模与成矿时代的规律统计可以看出我区金属、非金属、能源矿产的主要成矿期。该结论为成矿系列划分提供重要依据。

第三节　矿产资源时-空分布演化特征

在对宁夏矿产地空间分布规律及时间演化规律研究的基础上，将 302 处矿产地（除 56 处水气矿产地）的时、空分布特征归纳于表 32-2，通过对比各时空域的矿产地数量，可以得出宁夏有利的成矿时空域和一般的成矿时空域。

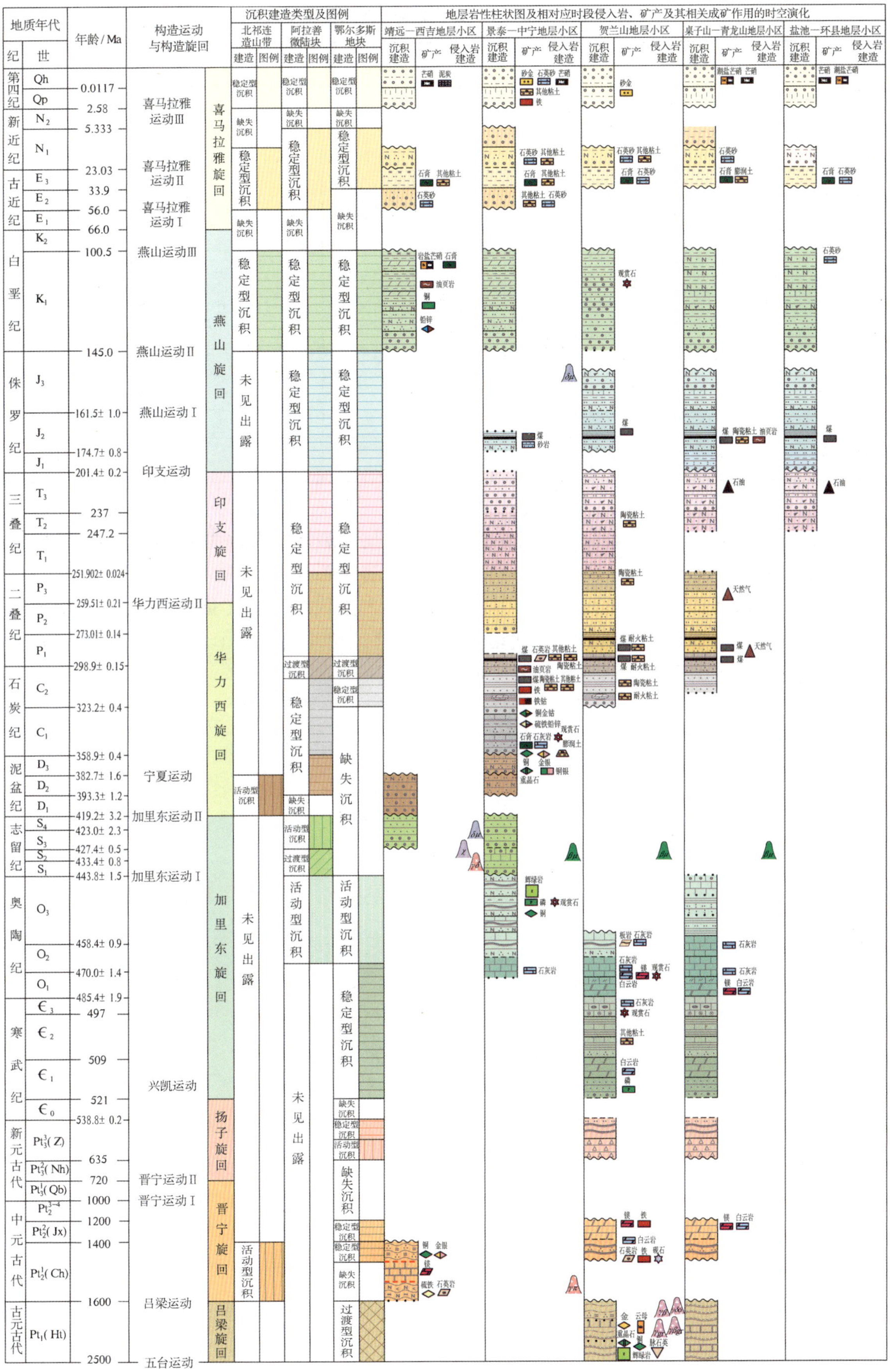

图 32-5 宁夏构造-地层-岩浆-成矿作用时空演化图

表 32-2　宁夏矿产地时-空分布表

成矿期	Ⅳ级成矿亚带								
	Ⅳ-59①	Ⅳ-59③	Ⅳ-20③	Ⅳ-20②	Ⅳ-20①	Ⅳ-60①	Ⅳ-21①	Ⅳ-59②	Ⅳ-21②
喜马拉雅期		7	11	18	9	10	9	6	1
燕山期	1	8	2	4	29	1	6	1	
印支期	6	3				5		1	
华力西期	13	6	23	5	7	1		2	
加里东期	24	10	14	11		1	6		
扬子期									
晋宁期	25	7					2		
吕梁期	7								

有利成矿时空域

一般成矿时空域

为了更加突出宁夏金属、非金属、能源矿产的赋矿地层及岩性、大致成矿年龄（Ma）、沉积建造类型等特征，编制了宁夏构造-地层-岩浆-成矿作用时空演化图（图 32-5）。其中：靖远-西吉地层小区空间范围划分依据Ⅲ级构造单元北祁连中元古代—早古生代海沟系（Ⅲ$_2^1$）；景泰-中宁地层小区空间划分依据Ⅲ级构造单元腾格里早古生代增生楔（Ⅲ$_4^1$）；贺兰山、桌子山-青龙山、盐池-环县 3 个地层小区空间划分依据Ⅲ级鄂尔多斯地块（Ⅲ$_5^1$）。

第三十三章　成矿综合信息

第一节　区域地球物理场特征与成矿作用

一、区域重力场特征

1980~1989 年，宁夏地球物理地球化学勘查院完成了覆盖宁夏全区的 1∶20 万区域重力测量，测量总面积 88329.16 km^2，重力资料精度为（±0.442~±0.660）$\times 10^{-5}$ m/s^2。

从区域背景上看，宁夏处于中国大陆东、西两个布格重力异常区的分界部位，异常幅度一般在 -200×10^{-5} m/s^2 左右。宁夏北部是鄂尔多斯平缓负异常区和银川重力低值异常区。宁夏南部则位于青藏高原周缘巨大重力梯级带的北东缘，重力异常在六盘山断裂带附近呈近南北向展布，从同心以东的大罗山向南延伸到固原、甘肃庄浪至陇县，为六盘山、龙门山一线的巨大重力梯度带的北段部分。同心以西，在中宁、中卫一带异常转为北西向，向河西走廊延伸，并入祁连山重力梯度带。宁夏南部重力异常总体上显示了与宁南弧形构造带一致的形态。

宁夏地区布格重力异常分布见图 33-1。可概括总结出如下特点：

1. 宁夏布格重力异常值由北东（陶乐地区）向南西（西吉地区）呈下降趋势，下降幅度为 80×10^{-5} m/s^2

在地形上，陶乐地区平均海拔 1100 m，西吉县三合一带平均海拔 2100 m，其重力分布与地形起伏呈镜像关系。这种异常现象，依地壳均衡理论解释，说明宁夏区内莫霍面北东升、南西降。由区域重力场反演莫霍面深度（地壳厚度）的资料可知，陶乐地区地壳厚度为 47 km，西吉地区地壳厚度为 50.5 km。由此可以认为布格重力异常的变化趋势反映了宁夏地区地壳内部的质量分配已趋于某种程度上的均衡。

2. 以青铜峡-固原南北重力梯级带为界，其东、西两侧地区的重力场特征有着明显的不同

东部地区，布格重力异常等值线之拉长方向主要为南北、北北东向，次为北北西向；相对重力高、重力低的异常形态规则，整体性强，规模较大，似有“稳定”区型的重力场特征。布格重力异常主要反映了该区中生代大地构造发展阶段的构造形迹或形变。

西部地区，布格重力异常的等值线以北北西—北西西向展布的弧形为特色，重力高与重力低异常带平列相间，排布较紧密，具有活动区的布格重力异常分布特点，它们反映了由中新生代地壳运动建造的弧形构造的分布规律。而介于这两个地区之间的青铜峡-固原南北重力梯级异常，显然是划分不同构造单元分界的重要地球物理标志。

3. 布格重力异常图凸显出宁夏地区的区域构造格局

区内有几条较大规模的重力梯级带纵横于全区，它们都分布在区内构造起伏强烈的隆起带与沉降区之间的过渡部位上。从布格重力异常梯级带的走向分布规律来看，大体上可分为 3 组：

南北向梯级带：青铜峡-固原、白土岗（西）-彭阳等梯级带。这一组的规模最大，延伸长度≥280 km。

北北东向梯级带：贺兰山东、西两麓山前、银川平原黄河区段、横山堡-布拉格等梯级带。它们的延展长度为 120~140 km。

北北西—北西西弧形梯级带：香山北麓（甘塘）-三营、西华山-南华山-六盘山、西吉-隆德等

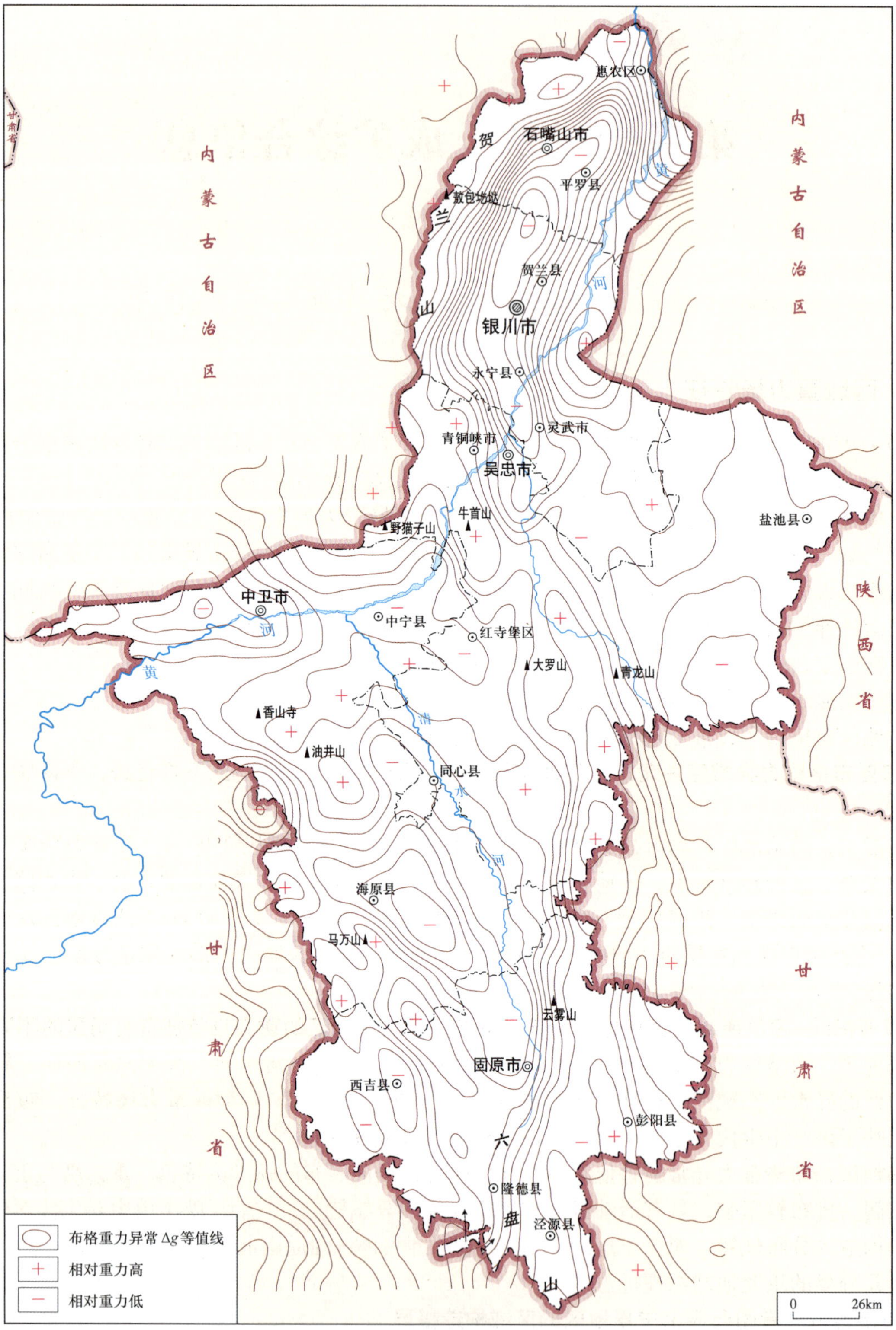

图 33-1　宁夏布格重力异常图

（据宁夏回族自治区地质调查院，2017）

梯级带。其中甘塘-三营梯级带延伸长度为 260 km，余者长度 150～160 km。这组梯级带向南东分别收敛于青铜峡-固原梯级带，并与之成锐角切接。

除以上区域性重力梯级带外，还有东西向、北西向梯级带分布，如卫宁北山南缘、烟筒山北东麓等梯级带，但它们的规模相对较小。

纵贯和横跨全区的重力梯级带，反映了区域性断裂（带）的分布特征、构造线方向及所属构造单元。而被两相邻的区域性断裂所围限的壳体，或质量剩余，或质量不足。“剩余者”的地面重力分布，表现为相对重力高，如与青龙山-云雾山、西华山-月亮山、贺兰山、横山堡-陶乐等相对应的重力高带；而“不足者”引起的地面重力变化，则表现为相对重力低，如银川地堑、天环向斜及海原断陷和卫宁断陷等相对重力低区。这些较大规模的隆起带和坳陷（或断陷）区的区域构造轮廓的形态在布格重力异常图上显示的尤为清楚。

4. 区域性重力梯级带，反映了地壳深部构造沿此带发生了剧烈的变化

在地壳运动的不同历史阶段其活动性也最为强烈。从板块构造角度来看，它是不同板块之间相互碰撞挤压的地质缝合线。

二、区域磁场特征

磁异常是由不同性质、不同等级、不同方向、不同深度、不同形态磁性体的组合而成的叠加异常，岩石的磁性是由所含磁性矿物的类型、含量、颗粒大小、结构以及温度、压力等因素决定的。从宁夏航磁异常分布图（图 33-2）可以看出，宁夏磁异常表现出以下几个特点：

1）大概以北纬 37°20′为界，宁夏航磁异常南北表现出明显的差异性，其南部磁场强度总体高于北部，这种南北磁场显著的差异性明显受控于组成盖层沉积厚度和结晶基底岩系的磁性差异。

2）北部广大地区多为平静负磁异常，场值在-50 nT 左右，在平静磁场背景上分布有青铜峡和马家滩两个孤立的磁异常，从这些特征来看，宁夏北部新生界—古生界沉积较厚（从收集的物性磁参数来看，新生界—古生界岩石均属弱磁-无磁性）；而对于青铜峡、马家滩两个孤立异常，很可能是具有一定埋深、侵入于下古生界中的基性-超基性岩体所致。

3）西南部以正磁异常为主，且宏观上磁异常差异明显、规律性较强，这些明显的规律性与北祁连早古生代造山带相对应。卫宁北山、香山地区显示了弱的正磁异常，对应于腾格里增生楔古生界—新生界沉积盖层。

4）西南部分布有西、南华山-西吉盆地相互近于平行的 3 列呈北西—南东向的弧形带状强磁异常带。这些特点一方面表现了本区域的构造特征，另一方面可能反映了磁性基底岩石的埋深、岩相及变质程度的差异。西、南华山磁异常带的走向及范围与长城系海原岩群变质岩系组成的南、西华山凸起带一致，ΔT 强度一般为 200 nT，个别达 300~400 nT，为具较高磁性的海原岩群所为；西吉盆地磁异常带由一走向北西的串珠状呈线性排列的异常带组成，延伸至甘肃境内，以正、负变化的异常为特征，异常呈波状起伏，反映了沿断裂带侵入的隐伏中酸性、基性-超基性岩体所致。

三、区域地球物理场与成矿关系

鉴于目前宁夏资料程度所限，通过重磁资料研究并结合深部地质构造和地表矿化显示，确定了以下几个找矿有利区域。

1. 西吉-隆德多金属找矿有利区

该区位于宁夏西南部的西吉盆地。地表多被第四系覆盖。区内分布众多航磁异常，航磁异常呈北西—南东向，沿西吉断陷西南侧的重力梯度带分布，推断这些航磁异常可能是中、基性侵入岩引起。磁性体埋深一般 500~1000 m，与航磁异常对应的重力场多呈现微弱重力高，反映岩体侵入于下古生界寒武系—奥陶系中。化探水系沉积物测量有金、银、铜及铅元素异常，但较分散。区内断裂构造、岩浆活动较发育，为多金属成矿有利地区。

2. 南、西华山金、铜找矿有利区

南华山、西华山有中元古界海原岩群出露。据重力推断该区为中元古界隆起，局部构造发育。岩石地球化学测量发现多处金、银、铜异常，且分布较为集中。东北侧的海原断裂是一条可能切穿地壳的深大断裂，沿断裂有超基性岩侵入。区内发育有北西向及北东向的断裂带，具有较好的成控矿因素。现已发现有莱园等铜矿（化）点，西华山马场沟、小西沟金矿（化）点多处。金矿化与黄铜矿

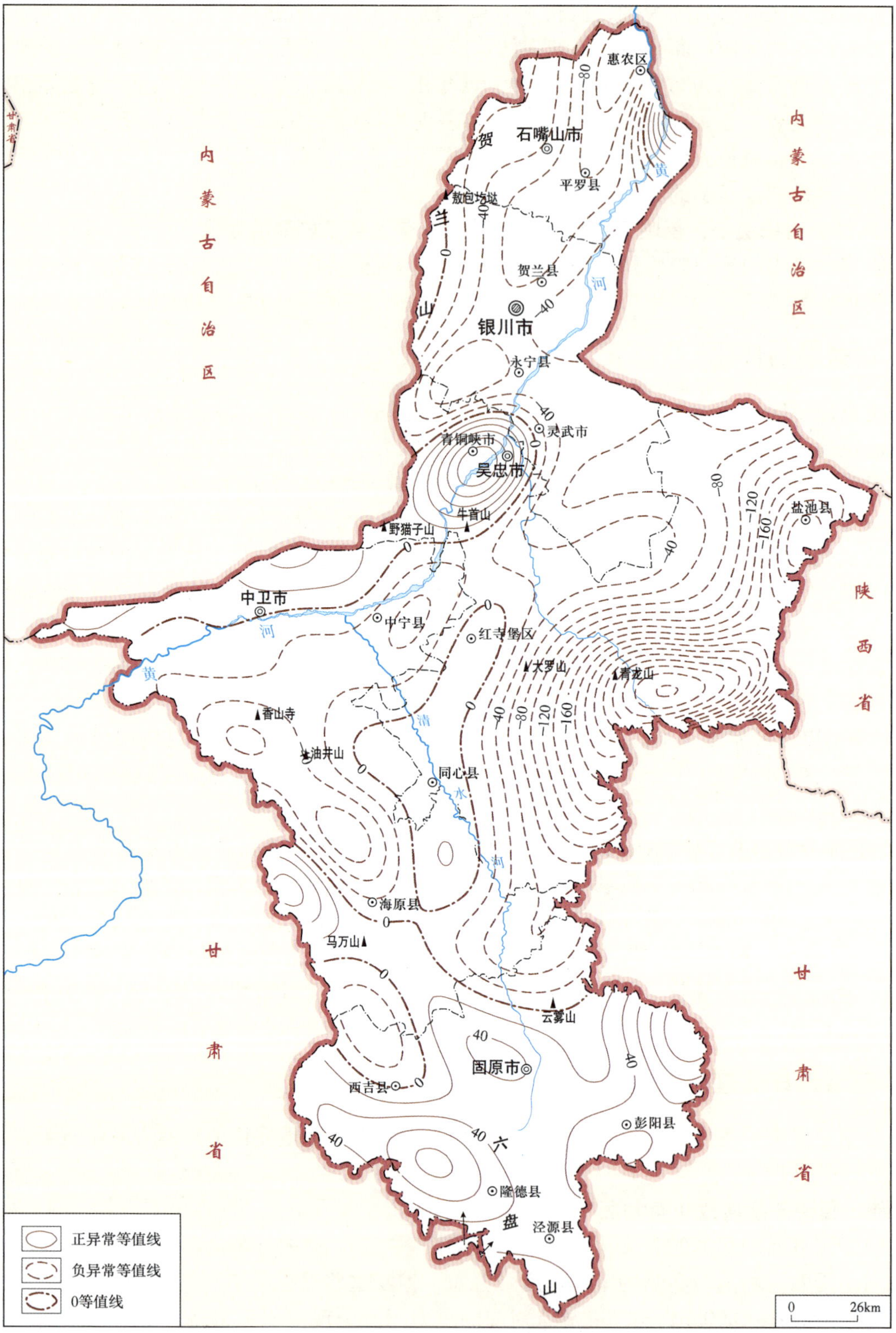

图 33-2 宁夏航磁 ΔT 异常图

（据宁夏回族自治区地质调查院，2017）

化密切相关，金产于黄铜矿化石英脉中，岩脉充填次级断裂及岩石节理、片理裂隙中，并在构造裂隙交汇处富集，是寻找金、铜矿产的有利地区。

3. 香山铁、铜铅多金属找矿有利区

该区内有奥陶系香山群出露。据重力推断区内北北西向、北东向和东西向断裂发育。香山中部有一近东西向的重力低异常带，为断裂褶皱的反映，沿它的北侧，岩石地球化学测量和水系沉积物测量发现有银、铜、铅、锌元素异常集中分布，范围较大。区内可见辉绿岩脉、石英脉，热液活动频繁。已发现铜、铅、铁矿（化）点多处。在近东西向展布的重力低异常带的北侧，以及北西向与北东向断裂交汇部位都是成矿相对有利地带。

4. 卫宁北山多金属找矿有利区

卫宁北山可见寒武系、奥陶系、志留系、泥盆系及石炭系。主要含矿层位是下石炭统臭牛沟组和前黑山组。北部地区已发现有铁、金、银、铅锌等矿产，构造发育，有东西向、北东向以及北北东向3组，矿体受东西向断裂控制明显。据重力推断断裂带以东西向和北西向为主。值得注意的是金矿（点）一般分布在东西向与北西向断裂的交汇位置附近。区内岩石地球化学测量和水系测量亦发现了与断裂构造方向一致的金、银、铜、铅、锌等元素的异常带，是宁夏重要的多金属矿找矿靶区。

5. 贺兰山北段金找矿有利区

贺兰山北段是区内可见地层时代最老的地区，有古元古界、古生界和中生界出露，地质构造较复杂。贺兰山东侧有明显的重力梯度带，是区域性大断裂的反映，北段布格重力异常是区内最高的地区，反映原始地壳强烈隆起。重力推断东西向断裂发育，与北东向断裂交汇。断裂破碎明显，分布有断层角砾岩。石英脉较发育，沿东西向次级断裂充填，穿插于古元古界贺兰山岩群中，已发现有牛头沟金矿点。该区有化探金、银、铜元素异常集中分布。

6. 六盘山多金属找矿有利区

该区位于重力场梯级带中，分布有深大断裂，具较好的深部成矿因素。除下白垩统中发现有含铜砂岩外，还有泾源县的张家台、秋千峡、野猪沟、三关口、杨家岭等地的含铅、锌、黄铜矿、赤铁矿石英脉。它们大都充填于较大断裂的次级构造中，并在杨家岭富集成小型铅锌矿（杨岭铅锌矿）。该区铅、锌、铜、金等地球化学元素异常明显。

7. 煤、石油等非金属找矿有利区

含煤地层主要是上石炭统、下二叠统和中侏罗统，含煤构造为坳陷盆地和断陷盆地两种，多对应于较大面积重力低边部的局部重力异常带。鄂尔多斯坳陷及香山周边断陷带是主要找煤区；石油以鄂尔多斯坳陷盆地为主；磷矿应在对应局部重力高的青龙山、云雾山、贺兰山等中元古界、下古生界中潜力较大。

第二节　区域地球化学场特征与成矿作用

根据宁夏已发现矿点的综合研究，结合国内相关矿床的地球化学典型特征，总结我区相应矿床地球化学元素异常组合特征。

一、地球化学元素异常组合特征

（一）铜矿地球化学组合异常

与铜有关地球化学组合异常主要分为两类：

1. 与基性火山岩或与基性-超基性岩体有关的铜矿元素组合

从区域成矿元素分析，宁夏金属矿主要以铜矿为主，且受基性基底或岩体控制明显，以西华山铜金矿为主要代表，其主要成矿物质来源于中元古代绿片岩，原岩为基性火山岩，元素组合以Cu、Cr、Co、Ni组合为主，且部分的Co、Ni也已成矿。

2. 与矽卡岩型、斑岩型或热液型有关的铜矿元素组合

该组合以贺兰山北段铜金矿、卫宁北山铜金矿、铜铁沟铜矿为主要代表。实际除铜铁沟铜矿外，前两个矿床在不同程度上仍受基性基底控制明显。卫宁北山成矿受高角度深大断裂控制，成矿物质来源经同位素测年证明较为复杂，同时有沉积改造砂岩型铜矿的加入，元素异常也较为复杂；贺兰山北段牛头沟铜金矿受逆冲断裂和韧性剪切带控制，其下伏为奥陶系灰岩，上覆中元古代黑云母花岗岩，矿体主要产于断裂上盘的花岗岩底部破碎带中，部分表现为矽卡岩成矿特性，但大多出现 Cu、Pb、Zn、Mo、Au 的异常元素组合。

（二）金矿地球化学组合异常

该异常以贺兰山北段铜金矿、卫宁北山铜金矿、西华山铜金矿为主要代表。总体以铜矿为主，部分地段以金为主，伴生铜、铅矿等。与金有关的矿床通常存在 Au、As、Sb、Hg、Cu 的异常元素组合。

（三）铅矿地球化学组合异常

宁夏铅矿多为矿化点，主要为中、低温热液成因，在贺兰山北段、香山、西华山、六盘山北部都有发现，特别在香山地区发现较多铅矿点，但系统资料较少。在以金、铜为主的矿床钻孔中都见到方铅矿，但提交储量报告的只有六盘山北部的杨岭铅锌矿李洼峡矿段，但该处无地面大比例尺化探资料。铅矿主要与闪锌矿伴生，方铅矿脉常含银矿物，参照国内其他铅矿地球化学异常，铅矿通常会出现 Pb、Zn、Ag、Cd 的组合异常。

（四）锌矿地球化学组合异常

宁夏锌矿点较少，但发现较多铅锌矿化点，主要为中、低温热液成因。主要分布于香山、西华山、六盘山北部，但系统资料较少，在以金、铜为主的矿床钻孔中都见到闪锌矿，但提交储量报告的只有六盘山北部的杨岭铅锌矿李洼峡矿段，该处无地面大比例尺化探资料。参照国内其他锌矿地球化学异常，由于锌矿一般在铜矿中产出，并在许多情况下与方铅矿共生，通常会出现 Zn、Pb、Cu 的异常。另外在热液矿床中 Cd 与 Zn 有着密切关系，故锌矿一般会有 Zn、Pb、Cu、Cd 的组合异常。

（五）磷矿地球化学组合异常

目前发现的磷矿主要位于贺兰山中部宁蒙边界一带。另在香山地区也发现磷矿点。除上述沉积变质型磷矿点外，另有与基性-超基性岩有关的内生型磷矿，从地球化学资料推断宁夏地质构造及地层发育主要受基性基底控制，不排除有该类矿的可能，这类矿一般会形成 P、V、Co 的组合异常。

（六）锑矿地球化学组合异常

暂未发现锑矿，地球化学最大值仅 11.94×10^{-6}，但在卫宁北山-烟筒山一带出现极高背景的 As-Sb 异常，也不排除在深部出现该矿的可能。一般出现于中低温矿床中，主要以 Sb、As、Hg 组合异常为主要特征。

二、地球化学综合异常区与成矿关系

将上述各组合异常套合于本次工作研编的宁夏矿产地质简图上，去除水气矿产、能源矿产、部分非金属矿产等与地球化学异常无正相关的矿产地。结合全区其他元素异常，综合地层、构造、矿化点等组成一张全区地球化学综合异常图，形成全区统一的综合异常编号及异常边界。全区共圈定地球化学综合异常 19 处，各综合异常区特征参数引用（宁夏回族自治区地质调查院，2013），各矿种综合异常区见图 33-3。

1. 贺兰山北段石嘴山三区综合异常

异常编号 1，位于北部宁蒙边界一带，面积 45 km^2，中心坐标：东经 106.17041°，北纬 39.16012°。出露地层主要为黄旗口组石英砂岩、寒武系灰岩、奥陶系灰岩、二叠系砂岩等，北部为古元古代花岗岩，中部为东西向正义关大断裂，在黄旗口组石英砂岩中发现陶斯沟铁矿点及锌矿化点。从衬度异常量推断主成矿元素为 Zn、Sb，同时这两个矿种组合异常套合较好，推断有一定成矿

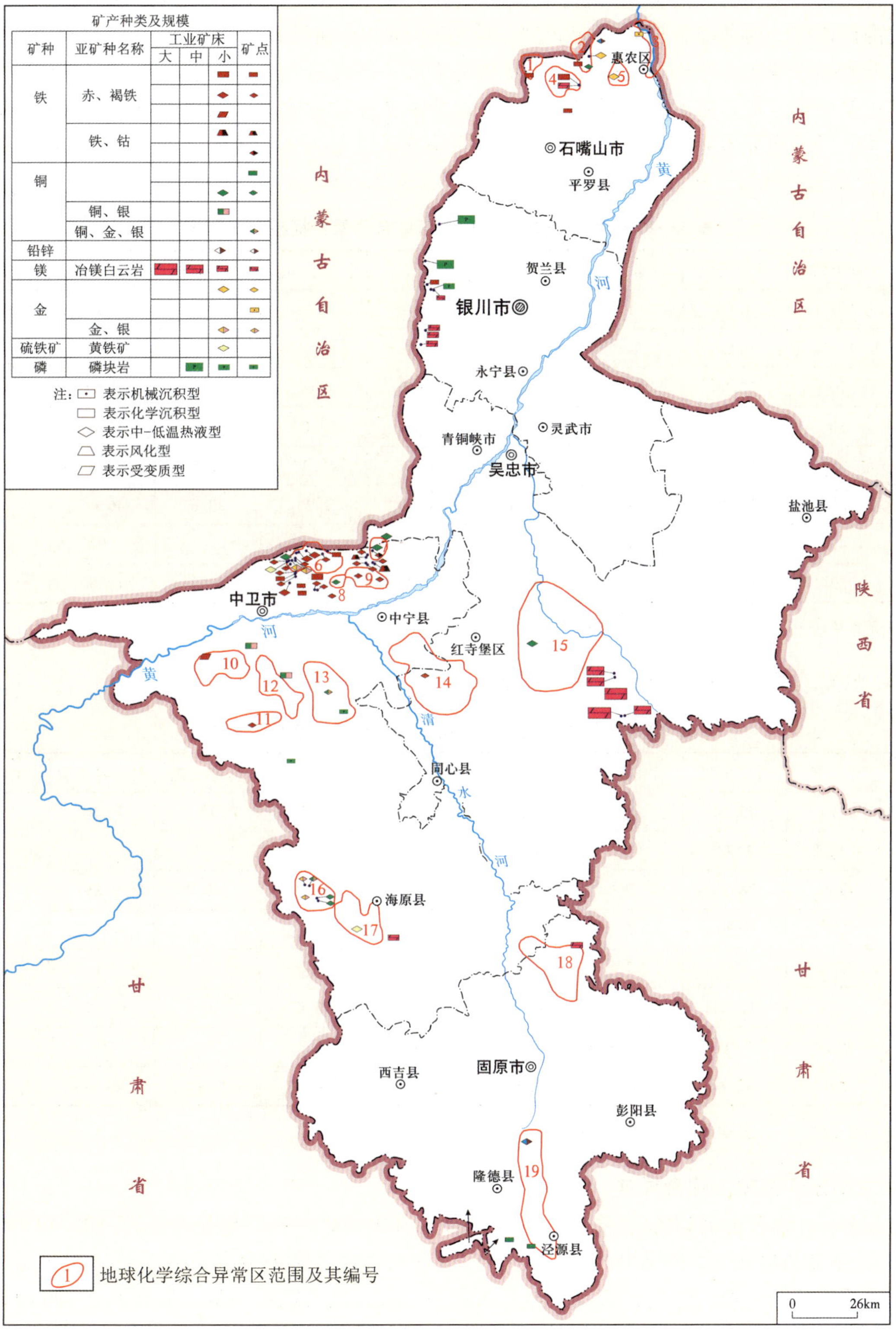

图 33-3　宁夏区域地球化学综合异常图

前景（表 33-1）。

另稀土元素异常套合较好。

2. 贺兰山北段牛头沟综合异常

异常编号 2，面积 72.4 km^2，中心坐标：东经 106.31478°，北纬 39.18371°。位于宁蒙边界，出露岩性为古元古代花岗岩和混合花岗岩，东西及北西向断裂发育。目前在该区发现牛头沟小型金矿床和正义关沟铜矿点，为破碎带型和蚀变岩型，伴生有 Zn，并在钻孔中发现 Pb，为一金多金属矿区。大比例尺勘查中发现矿床产出与近南北向推覆构造有关，古元古代花岗岩覆盖于奥陶系灰岩之上，金多金属矿主要发现于灰岩之上的花岗岩破碎带中。受采样介质影响，元素含量不高，仅在衬值异常中出现 Au、Cu、Mn 等元素异常，从衬度异常量推断主成矿元素为 Au、Cu、Mn，但以 Au 矿组合异常、Cu 矿组合异常套合较好，推断为金多金属矿远景区（表 33-2）。

表 33-1 贺兰山北段石嘴山三区综合异常特征参数一览表

异常元素	背景值	外带面积	异常样数	最大值	中带面积	中带平均值	内带面积	衬度异常量	主成矿元素
Au	1.75	1.54	1	2	0			0	Zn Sb
Cu	17.5	9.62	4	31				0	
Pb	20	17.66	1	30	1.27	30	0	0.64	
Zn	50	58	4	99.7	41.6	94.08	19.18	36.67	
As	11.8	56.74	8	23.1	3.97	17.75	0.65	2.00	
Sb	0.56	57.06	10	6.31	37.7	1.25	28.6	46.45	
Cr	42	0.68	1	81.3	0			0	
Bi	0.24	31.08	4	0.58	14.32	0.55	0.63	18.50	

注：Au 元素单位 10^{-9}，其他元素 10^{-6}；面积单位 km^2。

此外，该综合异常区稀土元素异常套合较好。

表 33-2 贺兰山北段牛头沟综合异常特征参数一览表

异常元素	背景值	外带面积	异常样数	最大值	中带面积	中带平均值	内带面积	衬度异常量	主成矿元素
Au	1.75	45.64	8	8	20.68	8	13	73.86	Au Mn Cu
Ag	0.058	1.32	1	0.1				0	
Cu	17.5	34.36	5	30.1	17.98	26.125	0	8.86	
Pb	20	5.39	2	22.7	0			0	
Zn	50	58	2	141.2	0			0	
Cr	42	17.68	3	83.6	1.08	83.6	0	1.07	
Co	8.5	7.05	1	13.7	0			0	
Mn	460	112.68	18	1360	45.8	760.33	21.92	29.90	

注：Au 元素单位 10^{-9}，其他元素 10^{-6}；面积单位 km^2。

3. 贺兰山东部格朔山综合异常

异常编号 3，位于黄河以东宁蒙边界一带，面积 110 km^2，中心坐标：东经 106.49268°，北纬 39.16393°。主要为区域 1∶20 万化探扩边数据，向东未封口，属内蒙古乌海千里山南延部分。出露地层主要为石炭系靖远组、羊虎沟组，该异常东南为一较大规模航磁异常，最高值约 700 nT，呈等轴状，本化探异常已位于负磁异常值区。在本异常西北部（黄河西）发现砂金矿点，应为贺兰山来源，东部显示有较好的 Cu、Au 异常，热液元素 As、Sb 发育，应有一定成矿前景。2010 年，中国地质调查局在该异常中心（距该化探异常 30 km）钻孔验证（1600 m）未见到目的层，推断可能与化探异常不为同一物质来源，从衬度异常量推断主成矿元素为 Au、Cu，但以 Cu 矿组合异常套合较好，推断有一定成矿前景（表 33-3）。

4. 贺兰山北段王全口综合异常

异常编号 4，位于王全口小型铁矿床一带，面积 98 km^2，中心坐标：东经 106.25211°，北纬

39.1202°。出露地层主要为石炭系靖远组、羊虎沟组砂岩，另有元古宙变质岩出露。发现较多铁矿化点，以褐铁矿为主，由于该地区化探未分析铁，但从化探异常分析主要出现 Co、Ni、V 等铁族元素异常，推断可能有隐伏基性-超基性岩体存在（在该异常西部为小松山橄榄岩体）。从衬度异常量推断主成矿元素为 Cu，同时以 Cu、Cr、Co、Ni、V 等元素组合异常套合较好，推断有与超基性岩有关的铜矿，有一定成矿前景。另有出现套合较好的 W 矿组合异常（表 33-4）。

表 33-3　贺兰山东部格朔山综合异常特征参数一览表

异常元素	背景值	外带面积	异常样数	最大值	中带面积	中带平均值	内带面积	衬度异常量	主成矿元素
Au	1.75	133.4	20	15	74.97	3.98	40.93	95.53	Au Cu As Sb
Ag	0.058	13.34	1	0.18	7.58	0.18	4.22	15.94	
Cu	17.5	47.62	10	465	38.54	59.91	32.65	93.40	
Zn	50	3.82	1	193	2.27	193	1.35	6.49	
As	11.8	152.07	25	29.8	74.29	18.68	13.32	43.31	
Sb	0.56	130.44	12	3.09	69.44	1.165	32.15	75.02	
Cr	42	1.35	1	97.9	0			0	
Co	8.5	29.17	3	24.1	20.16	19.35	13.89	25.73	
Ni	20	71.67	11	55.1	20.07	44.95	11.83	25.04	
V	60	30.16	4	280	4.42	280	3.52	16.21	
Bi	0.24	66.36	10	0.62	1.04	0.55	0	1.34	
Mn	460	16.3	2	601	0			0	

注：Au 元素单位 10^{-9}，其他元素 10^{-6}；面积单位 km^2。

表 33-4　贺兰山北段王全口综合异常特征参数一览表

异常元素	背景值	外带面积	异常样数	最大值	中带面积	中带平均值	内带面积	衬度异常量	主成矿元素
Au	1.75	19.98	5	3.2	2.17	3.2	0.08	1.80	Co Ni V Cu
Cu	17.5	85.19	22	75.2	22.2	33.53	9.3	20.34	
Pb	20	154.56	38	34.2	3.17	25.2	0	0.82	
Zn	50	1.78	1	83.2	0			0	
As	11.8	188.39	47	19.1	39.19	16.29	0	14.91	
Cr	42	59.06	15	81.5	0.66	81.5	0	0.62	
Co	8.5	205.09	51	22.9	65.78	17.58	25.3	70.27	
Ni	20	106.07	29	48	56.57	38.94	25.53	53.57	
V	60	75.48	20	195	34.72	114.78	17.91	31.70	
Bi	0.24	99.49	19	2.5	7.86	0.59	0	11.46	
Mn	460	42.17	10	787	4.07	766.5	0	2.71	

注：Au 元素单位 10^{-9}，其他元素 10^{-6}；面积单位 km^2。

5. 贺兰山北段麦子井综合异常

异常编号 5，位于麦子井铜矿点一带，面积 52 km^2，中心坐标：东经 106.38074°，北纬 39.13183°。出露地层主要为黄旗口组变质砂岩，与古元古代花岗岩接触带发现树龙沟小型金矿床及铜矿化点。化探未出现 Cu 异常而以 Au 异常为主，可能与采样介质有关，推断为金多金属矿远景区（表 33-5）。

6. 卫宁北山金场子-大铜沟综合异常

异常编号 6，位于卫宁北山北部宁蒙边界一带，面积 135 km^2，中心坐标：东经 105.19148°，北纬 37.39495°。出露地层为石炭系靖远组、羊虎沟组砂岩和上泥盆统中宁组砂岩，构造近东西向发育。在本异常区发现金场子金矿、大铜沟铜矿等已提交储量报告，其次有照壁山铁矿等铁矿床（点）已开发利用，主要以褐铁矿为主，下部见有菱铁矿。该区域是宁夏主要成矿区。化探异常以 As、Sb 的高含量为主，主成矿元素以 Cu 为主，推断该区域热液活动强烈，并以沉积-改造型铜矿为主，在局部地区形成 Au、Ag、Zn、Mn、Pb 的富集，有较好的成矿前景（表 33-6）。

表 33-5 贺兰山北段麦子井综合异常特征参数一览表

异常元素	背景值	外带面积	异常样数	最大值	中带面积	中带平均值	内带面积	衬度异常量	主成矿元素
Au	1.75	193.84	47	4.4	36.62	3.22	1.53	30.76	Au
Zn	50	9.65	4	83.5	0			0	
As	11.8	17.64	6	17.8	0			0	
Cr	42	56.11	14	96.6	13.2	90.02	0	15.09	
Co	8.5	6.82	3	17.4	0			0	
Ni	20	15.91	5	38.1	0			0	

注：Au 元素单位 10^{-9}，其他元素 10^{-6}；面积单位 km^2。

表 33-6 卫宁北山金场子-大铜沟综合异常特征参数一览表

异常元素	背景值	外带面积	异常样数	最大值	中带面积	中带平均值	内带面积	衬度异常量	主成矿元素
Au	1.75	35.78	8	6.2	15.46	4.67	0.23	25.80	Cu Au As Sb
Ag	0.058	12.14	3	0.23	5.2	0.17	2.66	10.04	
Cu	17.5	103.4	22	142.3	53.43	74.26	28	173.30	
Pb	20	40.18	5	30.8	0			0	
Zn	50	10	7	220	1	220	0	3.40	
As	11.8	70.72	15	190	21.05	72.7	4.7	108.64	
Sb	0.56	120.38	24	11.94	61.87	4.4	46.3	424.25	
Cr	42	45.36	9	100.7	20.92	87.92	0.58	22.87	
Ni	20	57	10	63.4	7.33	57.65	0.87	13.80	
V	60	50	13	158	4.87	158	0	7.95	
Bi	0.24	61.96	16	1.05	23.54	0.74	8.42	49.04	
Mn	460	21.44	6	1441	7.37	1328.5	0.977	13.91	

注：Au 元素单位 10^{-9}，其他元素 10^{-6}；面积单位 km^2。

7. 卫宁北山土窑综合异常

异常编号 7，位于卫宁北山东北部铜铁沟一带，面积 40 km^2，中心坐标：东经 105.38558°，北纬 37.42091°。主要出露地层为上奥陶统狼嘴子组灰岩、上泥盆统中宁组砂岩和石炭系靖远组、羊虎沟组砂岩。发现有铜铁沟小型铜矿床，属低温热液成因。从化探异常分析也主要为铜异常，两者一致。

另在该异常中 Sb 矿类组合异常套合较好，Sb 最高达 3.35×10^{-6}（表 33-7）。

8. 卫宁北山红石堆综合异常

异常编号 8，位于胜金关北部黑山嘴一带，面积 21 km^2，中心坐标：东经 105.29048°，北纬 37.3554°。主要出露地层为石炭系靖远组、羊虎沟组砂岩。发现红石堆铜矿点及铁矿化点多处，以褐铁矿为主。化探以 As、Sb 异常发育，主成矿元素为 Mn，地表见有 Mn 矿化，矿物有硬锰矿和软锰矿，沿地层裂隙析出，属热液成因，具有一定成矿性，其中以 Sb 矿组合异常套合较好（表 33-8）。

表 33-7　卫宁北山土窑综合异常特征参数一览表

异常元素	背景值	外带面积	异常样数	最大值	中带面积	中带平均值	内带面积	衬度异常量	主成矿元素
Ag	0.058	19.29	6	0.14	2.11	0.135	0	2.80	Cu Bi
Cu	17.5	33.74	9	376	24.89	80.96	20.56	90.26	
As	11.8	6.01	2	71.7	1.16	71.7	0	5.89	
Sb	0.56	5.45	2	3.35	2.01	3.35	1.11	10.01	
Cr	42	9.78	4	105.3	8.94	88.83	3.32	9.97	
Co	8.5	3.57	1	32.9	2.02	32.9	1.07	5.80	
V	60	12.2	4	130	0.74	130	0	0.86	
Bi	0.24	23.39	7	4.93	17.37	1.13	14.49	64.41	
Mn	460	12.06	3	2557	6.26	1841.5	3.64	18.80	

注：Au 元素单位 10^{-9}，其他元素 10^{-6}；面积单位 km^2。

表 33-8　卫宁北山红石堆综合异常特征参数一览表

异常元素	背景值	外带面积	异常样数	最大值	中带面积	中带平均值	内带面积	衬度异常量	主成矿元素
Ag	0.058	12.85	4	0.12	0.18	0.12	0	0.19	Mn As Sb
As	11.8	21	85	4	3.58	85	0.58	22.21	
Sb	0.56	25.36	5	8.4	19.06	4.04	13.13	118.44	
Co	8.5	10.08	3	26.4	1.08	26.4	0	2.27	
Ni	20	15	3	58.8	0.51	58.8	0	0.99	
Mn	460	45	5	1559	25	1224	3.71	41.52	

注：Au 元素单位 10^{-9}，其他元素 10^{-6}；面积单位 km^2。

9. 卫宁北山岔梁子综合异常

异常编号 9，位于石空北部大佛寺沟一带，面积 80 km^2，中心坐标：东经 105.35108°，北纬 37.36211°。主要出露地层为石炭系靖远组、羊虎沟组。发现锅底湖、白土井铁矿点。化探异常以 Ni、Mn 为主，推断成矿以铁、锰为主，有一定成矿性（表 33-9）。

表 33-9　卫宁北山岔梁子综合异常特征参数一览表

异常元素	背景值	外带面积	异常样数	最大值	中带面积	中带平均值	内带面积	衬度异常量	主成矿元素
Au	1.75	2.37	4	4.9	0			0	Ni Mn As
Ag	0.058	26	7	0.1	6.69	0.09	0	3.69	
Cu	17.5	4.95	3	46.3	0			0	
Pb	20	15.85	4	49.6	5.96	30	1.91	2.98	
Zn	50	20	4	157	3.24	152	0	6.61	
As	11.8	21	5	76.3	7.27	68.05	0	34.66	
Sb	0.56	2.7	1	1.95	0			0	
Cr	42	100.29	9	105	10.55	86.67	1.96	11.22	
Co	8.5	75	16	28.2	4.09	28.2	2.14	9.48	
Ni	20	67	17	64.6	58.2	47.6	15.06	80.32	
V	60	56	12	164	8.03	136	1	10.17	
Bi	0.24	57.22	15	0.63	9.48	0.6	0	14.22	
Mn	460	15.87	5	1307	10.39	1250.7	1.96	17.86	

注：Au 元素单位 10^{-9}，其他元素 10^{-6}；面积单位 km^2。

10. 中卫香山顾家沟综合异常

异常编号 10，位于中卫市香山北部顾家沟一带，面积 175 km^2，中心坐标：东经 105.0322°，北纬 37.19412°。出露地层主要为香山群上奥陶统狼嘴子组灰岩夹砂岩，地表发现火山小型铁矿，以褐铁矿为主。化探异常以 Cu、Pb、Mn 为主，同时有热液元素 As、Sb 异常，出现异常元素组合可与该地区沉积改造型铜银矿类比，但该综合异常中各异常元素较分散，推断为含矿地层的高背景所致（表 33-10）。

表 33-10　中卫香山顾家沟综合异常特征参数一览表

异常元素	背景值	外带面积	异常样数	最大值	中带面积	中带平均值	内带面积	衬度异常量	主成矿元素
Au	1.75	23.65	7	4.2	0			0	Cu Pb Mn As Sb
Ag	0.058	3.65	1	0.25	1.24	0.25	0	4.10	
Cu	17.5	80.65	18	58.9	16.82	48.525	0.42	29.82	
Pb	20	25	6	56.5	16.76	44.85	3.09	20.82	
Zn	50	100	26	167	0.75	167	0	1.76	
As	11.8	60	20	37	21.97	30.09	0	34.05	
Sb	0.56	97.34	27	2.24	9.73	1.45	2.93	15.46	
Cr	42	46.04	12	103.3	0			0	
Co	8.5	117.38	30	24	9.3	21.325	0.41	14.03	
Ni	20	54.67	13	59.8	0.74	59.8	0	1.47	
V	60	42.06	11	138	0			0	
Bi	0.24	182.95	46	0.73	0			0	
Mn	460	98.43	25	1173	42.12	898.42	14.91	40.14	

注：Au 元素单位 10^{-9}，其他元素 10^{-6}；面积单位 km^2。

11. 中卫香山罗家老圈综合异常

异常编号 11，位于中卫香山寺西部，面积 103 km^2，中心坐标：东经 105.07552°，北纬 37.08525°。出露地层为香山群上奥陶统狼嘴子组灰岩夹砂岩及石炭系靖远组、羊虎沟组，地表发现新水铁矿点，主要为褐铁矿化硅质岩。化探主要以 Au 异常为主，最大含量 28×10^{-9}，并有较好的三级异常分带现象（表 33-11）。

表 33-11　中卫香山罗家老圈综合异常特征参数一览表

异常元素	背景值	外带面积	异常样数	最大值	中带面积	中带平均值	内带面积	衬度异常量	主成矿元素
Au	1.75	125.69	30	28	95.55	9.76	73.77	437.35	Au
Cu	17.5	4.42	2	38.3	0			0	
As	11.8	1.88	2	19.65	0			0	
Sb	0.56	47.32	11	1.05	0			0	
Cr	42	31.4	9	91.5	0			0	
Co	8.5	0.86	1	18.1				0	
Ni	20	65.84	16	49.7	0			0	
Bi	0.24	34.88	10	0.66	0			0	

注：Au 元素单位 10^{-9}，其他元素 10^{-6}；面积单位 km^2。

12. 中卫香山红泉综合异常

异常编号 12，位于中卫香山腰岘子铜矿一带，面积 149 km^2，中心坐标：东经 105.16199°，北纬 37.14028°。出露地层主要为上奥陶统香山群徐家圈组砂岩，地表发现多处铅及铅锌矿化点，在该异常北部为腰岘子铜矿（该处无化探异常，已提交储量报告）。化探异常为 Pb、Zn，推测有一定铅锌矿找矿前景（表 33-12）。

表 33-12　中卫香山红泉综合异常特征参数一览表

异常元素	背景值	外带面积	异常样数	最大值	中带面积	中带平均值	内带面积	衬度异常量	主成矿元素
Au	1.75	9.33	3	5.9	0.95	5.9	0	2.25	Pb Zn
Ag	0.058	2.74	1	0.18	0.92	0.18	0	1.94	
Cu	17.5	11.26	4	46	0			0	
Pb	20	102	35	91.1	98.65	43.64	37.48	116.60	
Zn	50	47.37	12	460	15.98	204.2	4.13	49.28	
As	11.8	20	8	37	10.12	28.78	0	14.56	
Sb	0.56	26	10	1.2	0			0	
Co	8.5	1.62	1	18.4				0	
Ni	20	1.61	1	47	0			0	
V	60	102.13	26	240	5.77	187	2.52	12.21	
Bi	0.24	15	10	0.64	0			0	

注：Au 元素单位 10^{-9}，其他元素 10^{-6}；面积单位 km^2。

13. 中卫香山狼嘴子综合异常

异常编号 13，位于中卫香山东部米钵山一带，面积 280 km^2，中心坐标：东经 105.27559°，北纬 37.14006°。出露地层为上奥陶统香山群狼嘴子组灰岩夹砂岩，偶见辉绿岩脉，地表发现多处铅锌矿化点，一处铁矿化点和两处铜矿化点。化探异常以 Cu、Pb、Zn、Ag 为主，推断主要为铜银矿，伴随有铅锌矿化，有较好的找矿前景（表 33-13）。

另在该处出现套合较好的 P、V、Co 异常，该区域东南角发现磨盘井磷矿点，推测该异常指示可能有磷矿存在。

表 33-13　中卫香山狼嘴子综合异常特征参数一览表

异常元素	背景值	外带面积	异常样数	最大值	中带面积	中带平均值	内带面积	衬度异常量	主成矿元素
Au	1.75	27.28	7	10.2	6.42	7.5	1.2	21.09	Cu Pb Zn V Ag Bi
Ag	0.058	68.42	18	0.66	11.65	0.23	7.44	34.55	
Cu	17.5	220	58	77	71.42	44.96	15.07	112.07	
Pb	20	187.02	48	44.3	71.69	36.66	22.92	59.72	
Zn	50	130.15	34	180	38.48	130.86	5.79	62.23	
Sb	0.56	49.05	14	2.09	5.67	1.89	2.34	13.47	
Cr	42	133.43	35	83.3	1.62	80	0	1.47	
Co	8.5	214.55	53	24	26.59	19.01	0.69	32.88	
Ni	20	178.07	47	46.7	6.21	44.77	0	7.69	
V	60	205.21	50	173	67.88	127.62	10.75	76.50	
Bi	0.24	205.49	52	0.71	68.89	0.607	5	105.34	
Mn	460	117.48	29	913	7.74	818	0.97	6.02	

注：Au 元素单位 10^{-9}，其他元素 10^{-6}；面积单位 km^2。

14. 中宁烟筒山综合异常

异常编号 14，位于中宁烟筒山-黑阴湾山一带，面积 519 km^2，中心坐标：东经 105.52127°，北纬 37.12423°。出露地层较多，主要为上泥盆统中宁组砂岩和上奥陶统磨盘井组及狼嘴子组砂岩、灰岩，中南部为古近系—新近系寺口子组砂岩和第四系，异常区内地表见有骡子沟铁矿点、两处铁矿化和一处铜矿化点。化探异常主要显示为 Pb、Zn、Cu、Ni 异常，并有较好的 As、Sb 异常显示，与卫宁北山金场子-大铜沟 Cu、Au 矿有近于相同的异常元素出现，有较好的成矿前景（表 33-14）。值得一提的是化探异常主要集中于该异常区中南部的上石炭统—下二叠统砂岩出露区，可能是主要隐伏矿所在赋矿层位。

该综合异常出现异常元素较多，同时存在除 Au 外的所有其他元素异常系列，且套合较好，拥有较好的勘查潜力。

表 33-14　中宁烟筒山综合异常特征参数一览表

异常元素	背景值	外带面积	异常样数	最大值	中带面积	中带平均值	内带面积	衬度异常量	主成矿元素
Au	1.75	53.43	13	6.3	2.99	6.3	0.149	7.77	Pb Zn Ni Cu As Sb
Ag	0.058	56.93	18	0.12	7.9	0.12	1.21	8.44	
Cu	17.5	254.83	62	37.7	126.84	27.42	33	71.90	
Pb	20	406.24	95	60.1	268.94	35.02	147.4	201.97	
Zn	50	250.28	57	150	98.01	112.19		121.90	
As	11.8	288.14	62	630	179.99	188.87	140.63	2700.92	
Sb	0.56	255.66	60	3.04	82.24	1.61	23.56	154.20	
Cr	42	150.91	39	84.4	69.84	61.19	40	31.91	
Co	8.5	259.55	66	17.8	98.44	14.3	29.66	67.17	
Ni	20	290.93	72	42.4	189.98	32.59	86	119.59	
V	60	178.34	42	117	63.61	83.26	25.51	24.66	
Bi	0.24	304.49	67	0.78	153.98	0.438	99.82	127.03	
Mn	460	240.28	57	979	107.05	709.78	46.86	58.13	

注：Au 元素单位 10^{-9}，其他元素 10^{-6}；面积单位 km^2。

15. 同心大罗山综合异常

异常编号 15，位于同心大罗山及其东北地区一带，面积 876 km^2，中心坐标：东经 106.22015°，北纬 37.2023°。出露地层在大罗山一带主要为中奥陶统米钵山组灰岩，其东部为大面积风沙土和黄土，深部为古近系—新近系干河沟组砂岩。在大罗山一带发现多处铜矿化以及 1 处小型铜矿（茶树沟铜矿）。元素异常以 Au、Ag、Mn 为主，铜含量较低，Au 最高含量 40×10^{-9}、Ag 最高含量 0.3×10^{-6}（表 33-15）。

表 33-15　同心大罗山综合异常特征参数一览表

异常元素	背景值	外带面积	异常样数	最大值	中带面积	中带平均值	内带面积	衬度异常量	主成矿元素
Au	1.75	282.19	60	40	70.6	9.95	20.63	330.81	Au Ag Mn
Ag	0.058	64.83	29	0.3	32.89	0.155	22.68	55.01	
Cu	17.5	431.8	89	20.5	23.62	18	0	0.67	
Pb	20	117.99	26	46.6	16.49	28.55	0	7.05	
Zn	50	116.25	27	59.3	0			0	
As	11.8	60.79	12	22.12	4.62	19.19	0	2.89	
Sb	0.56	99.13	22	1.71	11.93	1.084	3.35	11.16	
Cr	42	178.24	48	51.3	0			0	
Co	8.5	119.57	36	12.8	14.87	12.1	0	6.30	
Ni	20	251.83	58	24.8	42.47	23.31	0.15	7.03	
V	60	177.21	37	120	38.53	90.61	12.38	19.66	
Bi	0.24	325.14	79	0.28	2	0.25	0	0.08	
Mn	460	196.57	48	868	82.08	701.02	45.05	43.01	

注：Au 元素单位 10^{-9}，其他元素 10^{-6}；面积单位 km^2。

16. 西华山综合异常

异常编号 16，分布于西华山一带，面积 148 km^2，中心坐标：东经 105.21376°，北纬 36.3440°。出露地层主要为海原岩群变质岩，地表多为第四系黄土覆盖。地表发现柳沟、马场沟金银矿点和簸箕掌、窝宝沟铜矿点，以及其他多处金、银、铜、铅等矿化点，石英脉发育，含矿主要与煌斑岩脉有关。海原岩群原岩为基性火山岩，片岩-角闪岩相变质，部分地区存在石墨片岩，航磁异常发育。该综合异常出现套合较好的金矿组合异常、铜矿组合异常、铅矿组合异常及磷矿组合异常，有较好的成矿前景。另在岩石测量中发现部分样点 Co、Ni 已近于边界品位，应进一步重视。需注意是否有磷矿的成矿前景（表 33-16）。

表 33-16 西华山综合异常特征参数一览表

异常元素	背景值	外带面积	异常样数	最大值	中带面积	中带平均值	内带面积	衬度异常量	主成矿元素
Au	1.75	71.24	19	79.5	46.13	27.59	25.75	681.14	Au Cu Ag
Ag	0.058	114.68	29	0.34	51.79	0.167	35.5	97.33	
Cu	17.5	124.26	31	145.7	82.78	47.17	58.75	140.35	
Pb	20	100	25	50.4	36.55	30.76	20.78	19.66	
Zn	50	18.24	4	79	0			0	
As	11.8	146.13	37	29.9	9.06	26	0	10.90	
Sb	0.56	1.65	1	0.62	0			0	
Cr	42	80	18	97.1	25.39	78.43	3.2	22.02	
Co	8.5	54.01	15	16.4	11.59	16	0	10.23	
Ni	20	54.85	15	40.9	14.1	37.9	0	12.62	
V	60	53.39	14	125	18.25	117.5	0	17.49	
Bi	0.24	59.89	15	0.41	4.5	0.41	0.2	3.19	
Mn	460	51.68	13	958	8.07	834.67	0.38	6.57	

注：Au 元素单位 10^{-9}，其他元素 10^{-6}；面积单位 km^2。

17. 南华山综合异常

异常编号 17，分布于南华山一带，面积 198 km^2，中心坐标：东经 105.32529°，北纬 36.29453°。出露地层主要为海原岩群及第四系黄土，南部出露花岗闪长岩，地表发现有阳洼小型硫铁矿及多处铜矿化点，石英脉发育。海原岩群原岩为基性火山岩，片岩-角闪岩相变质，航磁异常发育。化探异常以 Cu、Co、Ni、V、Cr 等基性元素为主，推断存在与铜有关的矿化（表 33-17）。

该综合异常出现与西华山基本相同的各组合异常，只是少金矿组合异常而出现锌矿组合异常，反映在南华山一带可能主要为铜、铅、锌的矿化而无金的成矿可能。另需注意是否有磷矿的形成。

18. 固原炭山综合异常

异常编号 18，位于固原炭山-云雾山一带，面积 305 km^2，中心坐标：东经 106.23184°，北纬 36.18425°。出露地层主要为第四系黄土，沟谷露头中见有侏罗系、白垩系和古近系—新近系，地表见有铜矿化和铁矿化，在异常区的东北角发现峁头上小型冶镁白云岩矿，异常区内已开采炭山煤矿。元素异常以 Co、Mn 为主，并出现 As、Sb 异常，但元素异常较为分散，推断为煤层对元素的吸附富集形成元素异常（表 33-18）。较为有意义的是在其北部出现套合较好的稀土元素异常，原因不明，有待进一步工作。

19. 六盘山综合异常

异常编号 19，位于六盘山基岩区一带，呈北北西走向，面积 388 km^2，中心坐标：东经

106.1440°，北纬 35.36175°。出露地层主要为白垩系六盘山群，地表见有较多铜矿化点，在异常区的西南边界发现黄草沟铜矿点，并在异常区北部发现杨岭小型铅锌矿。

表 33-17　南华山综合异常特征参数一览表

异常元素	背景值	外带面积	异常样数	最大值	中带面积	中带平均值	内带面积	衬度异常量	主成矿元素
Ag	0.058	21.8	5	0.19	10.16	0.167	4.93	19.09	Cu、Co、Ni、V、Cr
Cu	17.5	155.71	40	50.8	85.28	35.02	39.72	85.38	
Pb	20	100	25	30.2	12.19	28.04	0	4.90	
Zn	50	123.06	32	255	36.06	77.1		19.54	
As	11.8	20.29	6	21.6	0			0	
Sb	0.56	40.51	10	1.03	25.42	0.85	15.97	13.16	
Cr	42	145.66	37	96.7	75.3	71.54	47.39	52.96	
Co	8.5	199.66	51	26	113.85	17.25	69.94	117.20	
Ni	20	169.99	42	45.3	88.35	33.225	55.73	58.42	
V	60	271.62	62	300	124.49	118.72	89.12	121.83	
Bi	0.24	15.66	5	0.37	2.9	0.37	0.33	1.57	
Mn	460	207.03	48	899	71.91	726.5	34.82	41.66	

注：Au 元素单位 10^{-9}，其他元素 10^{-6}；面积单位 km^2。

表 33-18　固原炭山综合异常特征参数一览表

异常元素	背景值	外带面积	异常样数	最大值	中带面积	中带平均值	内带面积	衬度异常量	主成矿元素
Au	1.75	50	18	6	0.36	6	0	0.87	Co、Mn、As、Sb
Ag	0.058	12.43	4	0.15	0			0	
Cu	17.5	94.83	22	29.6	5.61	29.6	0	3.88	
Pb	20	62.07	10	50	21.57	40.6	7.81	22.22	
Zn	50	45.27	8	100.5	1.26	100.5	0	1.27	
As	11.8	151.63	23	82.8	68.14	45.81	15.87	196.39	
Sb	0.56	97.95	13	5.86	11.08	2.79	4.96	44.12	
Cr	42	7.68	3	62.8	0			0	
Co	8.5	102.85	25	26.1	57.45	21.09	33.9	85.09	
Ni	20	34.56	8	33.5	0			0	
V	60	50.22	11	110	1.53	110	0	1.28	
Bi	0.24	37.86	11	1.27	4.08	1.27	3.44	17.51	
Mn	460	85.84	13	1170	62.08	1005.7	26.42	73.65	

注：Au 元素单位 10^{-9}，其他元素 10^{-6}；面积单位 km^2。

北部以 Pb 的组合异常为主，进行过部分地质工作（槽探），另有面积不大的 Zn 和 Cu 的组合异常；中部为小面积的 Cu 组合异常及 Zn 组合异常；南部异常表现较复杂，以锌组合异常为主，另出现钨矿组合异常和稀土元素组合异常，推断南部有隐伏花岗岩体，并在钻孔中得到证实，推断北部可能为基性岩体（表 33-19）。

表 33-19　六盘山综合异常特征参数一览表

异常元素	背景值	外带面积	异常样数	最大值	中带面积	中带平均值	内带面积	衬度异常量	主成矿元素
Au	1.75	36.63	8	9	15.12	5.625	1.5	33.48	Zn、Co、Cr、Ni、Bi
Ag	0.058	334.54	77	0.19	39.3	0.14	2.7	55.56	
Cu	17.5	181.39	45	70.6	8.17	51.83	2.54	16.03	
Pb	20	233.44	63	62.9	55.58	43.03	25	64.00	
Zn	50	198.14	50	150	76.23	124.697	28.58	113.88	
As	11.8	160.86	41	56.5	8.76	52.3	0	30.07	
Sb	0.56	242.66	61	1.59	8.39	1.43	0	13.03	
Cr	42	305.85	80	195.7	123.36	107.44	38.58	192.21	
Co	8.5	319.53	81	24	135.48	20	35.23	183.30	
Ni	20	332.87	84	195	139.1	52.52	30.5	226.18	
V	60	232.71	61	190	51.51	154.63	6.24	81.24	
Bi	0.24	418.78	102	0.75	118.98	0.64	50	198.30	
Mn	460	153.83	41	1052	1.51	1052	0	1.94	

注：Au 元素单位 10^{-9}，其他元素 10^{-6}；面积单位 km^2。

第三十四章　成矿区带

第一节　划分原则

按照《中国矿产地质志·省级矿产地质志研编技术要求》，本次工作参照《中国成矿区带划分方案》（徐志刚等，2008）提出的划分原则和方案（简称“全国方案”），结合宁夏矿产资源实际情况对成矿区带进行了划分。其中Ⅰ级（成矿域）、Ⅱ级（成矿省）、Ⅲ级（成矿带）按全国方案统一划分，Ⅳ级（亚区带）和Ⅴ级（矿集区、远景区）以宁夏矿产资源潜力评价资料为基础，以最新的矿产地质资料为前提，结合宁夏大地构造单元的划分，在总结区域成矿规律的基础上进行本次划分。

第二节　成矿区带综述

成矿区带（又称成矿单元）是具有较丰富矿产资源及其潜力的成矿地质单元。在某一成矿区带内往往具有主导的成矿地质环境、地质演化历史及与之相应的区域成矿作用，其内各类矿床组合往往有规律的集中分布，是反映矿产资源之区域性宏观分布特征及受控因素的。

据《中国成矿区带划分方案》（徐志刚等，2008），宁夏跨滨太平洋成矿域（Ⅰ-4）和秦祁昆成矿域（Ⅰ-2）两个Ⅰ级成矿域，又各自下辖1个Ⅱ级成矿省和两个Ⅲ级成矿区（带）（表34-1；图34-1）。

表34-1　宁夏回族自治区成矿区带划分一览表

<table>
<tr><th>成矿域</th><th>成矿省</th><th>成矿区（带）</th><th>成矿亚区（带）</th><th>矿集区或成矿远景区</th></tr>
<tr><th>（Ⅰ级）</th><th>（Ⅱ级）</th><th>（Ⅲ级）</th><th>（Ⅳ级）</th><th>（Ⅴ级）</th></tr>
<tr><td rowspan="11">Ⅰ-4滨太平洋成矿域（叠加在古亚洲成矿域之上）</td><td rowspan="11">Ⅱ-14华北（陆块）成矿省</td><td rowspan="8">Ⅲ-59鄂尔多斯西缘（陆缘坳褶带）Fe-Pb-Zn-磷-石膏-芒硝成矿带（Ar_3；Pt；Pz；Kz）</td><td rowspan="3">Ⅳ-59①贺兰山褶断带Fe-Au-Cu-煤（气）-磷-硅石-石灰岩-白云岩-粘土成矿亚带</td><td>Ⅴ-59①a贺兰山北段Fe-Au-Cu-硅石-煤（气）-粘土-白云岩矿集区</td></tr>
<tr><td>Ⅴ-59①b贺兰山中段煤-粘土矿集区</td></tr>
<tr><td>Ⅴ-59①c贺兰山南段磷-硅石-白云岩-石灰岩矿集区</td></tr>
<tr><td>Ⅳ-59②银川断陷盆地石油-天然气-地热（水）-地下水-矿泉水成矿亚带</td><td></td></tr>
<tr><td rowspan="4">Ⅳ-59③陶乐-彭阳冲断带煤（气）-石灰岩-白云岩成矿亚带</td><td>Ⅴ-59③a宁东地区煤（气）矿集区</td></tr>
<tr><td>Ⅴ-59③b青龙山石灰岩-冶镁白云岩矿集区</td></tr>
<tr><td>Ⅴ-59③c陶乐煤远景区</td></tr>
<tr><td>Ⅴ-59③d王洼-草庙煤矿集区</td></tr>
<tr><td rowspan="3">Ⅲ-60鄂尔多斯（盆地）U-油气-煤-盐类成矿带（Mz；Kz）</td><td rowspan="3">Ⅳ-60①鄂尔多斯中-新生代坳陷石油-天然气-煤（气）-盐类-石膏成矿亚带</td><td>Ⅴ-60①a盐池中生代坳陷（盆地）石油-天然气-煤（气）矿集区</td></tr>
<tr><td>Ⅴ-60①b青山新生代石膏矿集区</td></tr>
<tr><td>Ⅴ-60①c彭阳中生代坳陷石油-天然气-煤矿集区</td></tr>
</table>

成矿域（Ⅰ级）	成矿省（Ⅱ级）	成矿区（带）（Ⅲ级）	成矿亚区（带）（Ⅳ级）	矿集区或成矿远景区（Ⅴ级）
Ⅰ-2 秦祁昆成矿域	Ⅱ-6 阿尔金-祁连（造山带）成矿省	Ⅲ-20 河西走廊 Fe-Mn-萤石-盐类-凹凸棒石-石油成矿带	Ⅳ-20①卫宁北山褶断带 Fe-Au-Ag-Cu-Pb-Zn-煤-粘土成矿亚带	Ⅴ-20①a 卫宁北山 Fe-Au-Ag-Cu-Pb-Zn 多金属矿集区
			Ⅳ-20②烟筒山-窑山冲断带煤-石灰岩-硅石成矿亚带	Ⅴ-20②a 六盘山页岩气远景 3 区
			Ⅳ-20③香山褶断带 Fe-Cu-煤-石灰岩-石膏-粘土成矿亚带	Ⅴ-20③a 团钵郎早古生代石灰岩矿集区
				Ⅴ-20③b 同心新生代石膏矿集区
				Ⅴ-20③c 香山 Fe-Cu-煤矿集区
		Ⅲ-21 北祁连 Cu-Pb-Zn-Fe-Cr-Au-Ag-硫铁矿-石棉成矿带（Pt_2；Pt_3-Pz_1）	Ⅳ-21①南、西华山-六盘山冲断带 Au-Cu-Pb-Zn-硫铁-泥炭-岩盐成矿亚带	Ⅴ-21①a 南、西华山 Au-Cu-硫铁矿矿集区
				Ⅴ-21①b 硝口-开城第四系泥炭-岩盐矿集区
				Ⅴ-21①c 六盘山页岩气远景 1 区
				Ⅴ-21①d 六盘山页岩气远景 2 区
			Ⅳ-21②西吉坳陷盆地多金属成矿亚带	Ⅴ-21②a 西吉坳陷盆地磁异常多金属成矿远景区

一、滨太平洋成矿域（Ⅰ-4）

宁夏位于华北（陆块）成矿省（Ⅱ-14）最西缘，下辖鄂尔多斯西缘（陆缘坳褶带）Fe-Pb-Zn-磷-石膏-芒硝成矿带（Ar_3；Pt；Pz；Kz）和鄂尔多斯（盆地）U-油气-煤-盐类成矿带（Mz；Kz）。

（一）鄂尔多斯西缘（陆缘坳褶带）Fe-Pb-Zn-磷-石膏-芒硝成矿带（Ar_3；Pt；Pz；Kz）（Ⅲ-59）

鄂尔多斯西缘（陆缘坳褶带）Fe-Pb-Zn-磷-石膏-芒硝成矿带时代为 Ar_3、Pt、Pz、Kz，Ⅲ-59 是全国矿产资源潜力评价成矿规律项目组给定的统一编号。其构造背景是陆缘坳褶带，西以贺兰山西缘断裂与阿拉善隆起成矿带（Ⅲ-18）为界，东以桌子山东缘断裂和阿色浪-马家滩-车道断裂为界与鄂尔多斯（盆地）U-油气-煤-盐类成矿带（Ⅲ-60）相接。

按地质建造及成矿差异，将Ⅲ-59 划分为贺兰山褶断带 Fe-Au-Cu-煤（气）-磷-硅石-石灰岩-白云岩-粘土成矿亚带，银川断陷盆地石油-天然气-地热-地下水-矿泉水成矿亚带，陶乐-彭阳冲断带煤（气）-石灰岩-白云岩成矿亚带 3 个成矿亚带。

1. 贺兰山褶断带 Fe-Au-Cu-煤（气）-磷-硅石-石灰岩-白云岩-粘土成矿亚带（Ⅳ-59①）

贺兰山褶断带 Fe-Au-Cu-煤（气）-磷-硅石-石灰岩-白云岩-粘土成矿亚带北、西以宁夏和内蒙古的省界为界，东部以贺兰山东麓断裂为界。其分布范围基本与宁夏境内贺兰山山区一致，为北东向的狭长区域。根据各矿种分布特征，进一步划分贺兰山北段、中段、南段 3 个Ⅴ级成矿区带：

（1）贺兰山北段 Fe-Au-Cu-硅石-煤（气）-粘土-白云岩矿集区（Ⅴ-59①a）

贺兰山北段 Fe-Au-Cu-硅石-煤（气）-粘土-白云岩矿集区位于贺兰山褶断带 Fe-Au-Cu-煤（气）-磷-硅石-石灰岩-白云岩-粘土成矿亚带北部。Au-Cu 矿赋矿围岩为古元古界贺兰山岩群黑云斜长片麻岩、黑云变粒岩、混合岩及混合花岗岩。Fe-硅石-冶镁白云岩产自中元古界黄旗口组、王全口组的层状铁质石英岩、石英砂岩、白云岩。煤矿、粘土矿产自上石炭统—下二叠统太原组及下二叠统山西组含煤地层。目前发现的金、铁、铜、硅石、煤、粘土、白云岩矿床、矿（化）点多处，

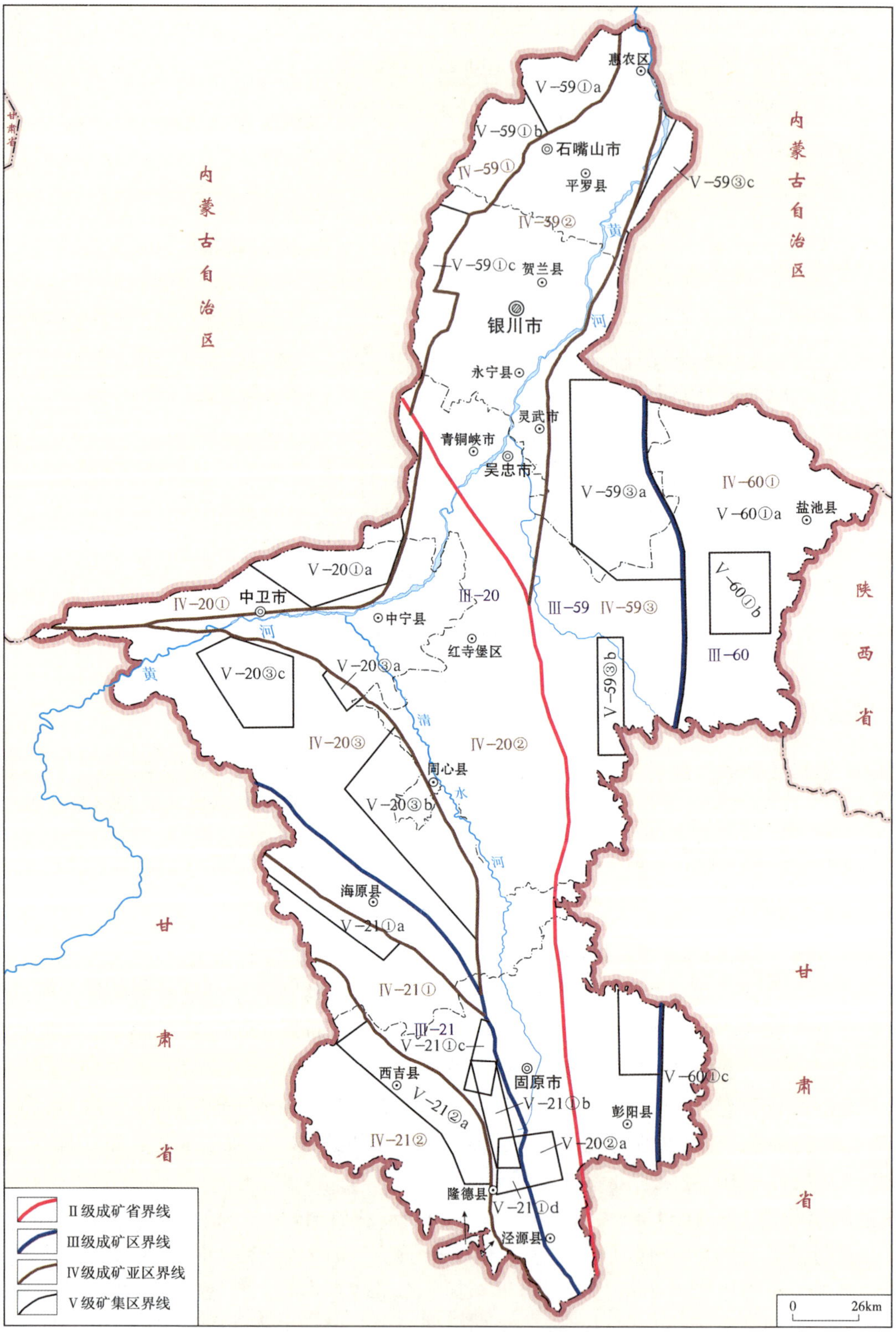

图 34-1 宁夏成矿区带划分图

以王全口铁矿点、牛头沟金矿床、正谊关沟铜矿点、柳条沟硅石矿、石炭井煤矿区、石炭井耐火粘土矿、王全口冶镁白云岩矿为代表，是寻找这些矿种的重要地区。

（2）贺兰山中段煤-粘土矿集区（Ⅴ-59①b）

贺兰山中段煤-粘土矿集区位于贺兰山褶断带 Fe-Au-Cu-煤（气）-磷-硅石-石灰岩-白云岩-粘

土成矿亚带中部。赋矿地层上石炭统—下二叠统太原组、下二叠统山西组及中侏罗统延安组含煤地层。以煤及耐火粘土矿为主，代表性矿床为汝箕沟煤矿区、插旗沟-牛家台子耐火粘土矿。

（3）贺兰山南段磷-硅石-白云岩-石灰岩矿集区（Ⅴ-59①c）

贺兰山南段磷-硅石-白云岩-石灰岩矿集区位于贺兰山褶断带Fe-Au-Cu-煤（气）-磷-硅石-石灰岩-白云岩-粘土成矿亚带南部。赋矿地层为中元古界黄旗口组石英岩及王全口组白云岩、下寒武统苏峪口组含磷碎屑岩、下-中奥陶统天景山组碳酸盐岩。以苏峪口磷矿、大口子硅石矿、套门沟水泥灰岩矿、紫花沟熔剂白云岩矿为代表。矿集区范围内是寻找这些矿种的有利区域。

2. 银川断陷盆地石油-天然气-地热-地下水-矿泉水成矿亚带（Ⅳ-59②）

银川断陷盆地石油-天然气-地热-地下水-矿泉水成矿亚带西以贺兰山东麓断裂，东以黄河断裂、北以宁夏与内蒙古省界、南以牛首山-罗山断裂为界。为近南北走向的条状带。宁夏沿黄城市群主体位于该带内，地下水资源受黄河水、引黄灌溉水的入渗补给和周边山区地下水的侧向补给，使该成矿亚带成为我区水气资源最为丰富的区域。此外，在成矿亚带北部还有石油、天然气资源的分布。

3. 陶乐-彭阳冲断带煤（气）-石灰岩-白云岩成矿亚带（Ⅳ-59③）

陶乐-彭阳冲断带煤（气）-石灰岩-白云岩成矿亚带为南北向的狭长条带。西以黄河断裂及罗山-牛首山断裂为界，东以车道-阿色浪断裂为界，南北分别以宁-蒙省界和宁-甘省界为界。该成矿亚带进一步划分4个矿集区：

（1）Ⅴ-59③a 宁东地区煤（气）矿集区

宁东地区是宁夏重要的煤炭化工基地，煤炭资源丰富，分布有诸多大型、超大型煤矿。赋矿地层为上石炭统—下二叠统太原组、下二叠统山西组及中侏罗统延安组含煤层。以横城矿区、鸳鸯湖矿区、积家井矿区、马家滩矿区为典型代表。该矿集区是我区煤炭资源的重要成矿区。

（2）Ⅴ-59③b 青龙山石灰岩-冶镁白云岩矿集区

青龙山石灰岩-冶镁白云岩矿集区是宁夏重要的非金属矿集区，沿青龙山南北向展布。赋矿岩性为中元古界王全口组白云岩及下-中奥陶统天景山组碳酸盐岩沉积。石灰岩代表性矿床为青龙山西道梁二道山南段、青龙山西道梁南段石灰岩矿床，规模均为大型。冶镁白云岩代表性矿床为青龙山李家新庄-童家慢坡冶、青龙山东道梁南段冶镁白云岩矿床，规模均为中型。该矿集区是我区石灰岩-镁矿资源的重要成矿区。

（3）Ⅴ-59③c 陶乐煤远景区

陶乐煤炭远景区位于石嘴山市陶乐东部黄河以东地区。鄂尔多斯盆地石炭系、二叠系是含煤盆地主要含煤岩系，为海相、海陆交互相、陆相沉积，厚度500~700 m。在远景区内分布太原组及山西组，据以往地质工作成果显示，均含有多层可采煤层。远景区北部煤层厚且稳定性较好，但是埋藏深，从宁夏自身的煤炭资源赋存情况看，已探明的浅部资源在较长的一段时间内有充分的保障，近期在该区域内无进一步勘查的必要。故设置为我区重要的煤炭远景区，作为深部后续接替资源，在适当的时候开展进一步的工作。

（4）Ⅴ-59③d 王洼-草庙煤矿集区

王洼、草庙地区是宁夏南部地区重要的煤炭资源产地，含煤地层为侏罗系延安组，现阶段正在开采王洼、王洼二矿及银洞沟3个煤矿，在已开采煤矿深部及外围有很好的找矿远景。草庙地区在以往勘查工作中已发现有可采煤层，但由于煤层的埋藏深度较大，大多在1200 m以深，可作为后备资源储量，待进一步开发利用。

（二）鄂尔多斯（盆地）U-油气-煤-盐类成矿带（Mz；Kz）（Ⅲ-60）

鄂尔多斯（盆地）U-油气-煤-盐类Ⅲ级成矿区带时代为Mz、Kz。Ⅲ-60是全国矿产资源潜力评价成矿规律项目组给定的统一编号。其构造背景是盆地，西以桌子山东缘断裂和阿色浪-马家滩-车道断裂为界与鄂尔多斯西缘（陆缘坳褶带）Fe-Pb-Zn-磷-石膏-芒硝成矿带（Ⅲ-59）相接，向东出宁夏，进入陕西省、甘肃省和内蒙古自治区。在宁夏境内，划分1个四级成矿区亚带——鄂尔多斯中-新生代坳陷石油-天然气-煤（气）-盐类-石膏成矿亚带（Ⅳ-60①），该成矿亚带西界为车道-阿色浪断裂，东、南、北界为宁-蒙、宁-陕、宁-甘省界。下辖3个五级矿集区。

1. 盐池中生代坳陷（盆地）石油-天然气-煤（气）矿集区（Ⅴ-60①a）

盐池中生代坳陷（盆地）石油-天然气-煤（气）矿集区主体位于盐池县行政界线内，赋矿层位为上石炭统—下二叠统太原组、下二叠统山西组含煤地层，侏罗纪延安组、直罗组，三叠纪延长组含油气地层。以红井子油气田为典型代表。石油、天然气、煤炭资源勘查潜力巨大。

2. 青山新生代石膏矿集区（Ⅴ-60①b）

青山新生代石膏矿集区位于盐池县青山乡周边区域，赋矿地层为渐新统清水营组，产出多个大-中型石膏矿。以石记场北、石记场、黄米湾石膏矿为代表。是我区重要的石膏产区。

3. 彭阳中生代坳陷石油-天然气-煤矿集区（Ⅴ-60①c）

彭阳中生代坳陷石油-天然气-煤矿集区位于彭阳县东部地区，赋矿层位为侏罗纪延安组、三叠纪延长组含油气层。以彭阳油田为典型代表。深部找矿潜力巨大。

二、秦祁昆成矿域（Ⅰ-2）

宁夏位于阿尔金-祁连（造山带）成矿省（Ⅱ-6）最东缘，下辖河西走廊Fe-Mn-萤石-盐类-凹凸棒石-石油成矿带和北祁连Cu-Pb-Zn-Fe-Cr-Au-Ag-硫铁矿-石棉成矿带（Pt_2；Pt_3-Pz_1）。

（一）河西走廊Fe-Mn-萤石-盐类-凹凸棒石-石油成矿带（Ⅲ-20）

河西走廊Fe-Mn-萤石-盐类-凹凸棒石-石油成矿带（Ⅲ-20）是全国矿产资源潜力评价成矿规律项目组给定的统一编号。北以阿尔金断裂与阿尔金成矿带（Ⅲ-19）为界，南西以北祁连北缘断裂与北祁连成矿带（Ⅲ-21）为界。基于构造背景特点，因为早古生代早期北祁连逐步成洋盆时，该带没有显著地陷下去，而志留纪造山时该带又没有显著地隆上去，始终处于过渡环境，所以地质人员常称其为走廊过渡带。按地质建造及成矿差异，在宁夏境内将其划分为3个成矿亚带。

1. 卫宁北山褶断带Fe-Au-Ag-Cu-Pb-Zn-煤-粘土成矿亚带（Ⅳ-20①）

卫宁北山褶断带Fe-Au-Ag-Cu-Pb-Zn-煤-粘土成矿亚带以卫宁北山东麓断裂和宁-蒙省界为边界，在卫宁北山多金属矿集中区域进一步划分1个Ⅴ级矿集区——卫宁北山Fe-Au-Ag-Cu-Pb-Zn多金属矿集区（Ⅴ-20①a），矿集区内出露有上奥陶统香山群徐家圈组、狼嘴子组、磨盘井组，泥盆系中宁组，石炭系前黑山组、臭牛沟组、靖远组和羊虎沟组，东西向构造发育。目前，发现的铁矿（化）点等34处，金、银、铜矿产地21处。其中，以照壁山铁矿床、二人山银铅矿点、黄石坡沟金银矿床、金场子金银矿床、大铜沟铜矿床、土窑铜矿床规模较大。这些金、银、铁、铜等矿床（点）主要赋存于上奥陶统香山群狼嘴子组、泥盆系中宁组及石炭系前黑山、臭牛沟、靖远组和羊虎沟组中，是宁夏燕山期热液作用有关铁、铜、金、银、铅、锌等金属矿产成矿的重要地区。

2. 烟筒山-窑山冲断带煤-石灰岩-硅石成矿亚带（Ⅳ-20②）

烟筒山-窑山冲断带煤-石灰岩-硅石成矿亚带南西以天景山断裂为界，北东以烟筒山-窑山断裂为界，区带内矿种以煤、石灰岩和硅石为主，含矿建造为下-中奥陶统天景山组碳酸盐岩建造及新生代碎屑岩建造。

在该成矿区带南部六盘山盆地地区，进一步划分一个Ⅴ级成矿远景区，即Ⅴ-20①a六盘山页岩气远景3区。该远景区位于固原市以南，大地构造位置属六盘山盆地固原凹陷。从烃源岩厚度、分布面积、有机地球化学特征、构造改造情况、保存条件等地质条件综合分析，预测该远景区为页岩气形成有利区域。

3. 香山褶断带Fe-Cu-煤-石灰岩-石膏-粘土成矿亚带（Ⅳ-20③）

香山褶断带Fe-Cu-煤-石灰岩-石膏-粘土成矿亚带北东以天景山断裂为界，南西以香山南麓断裂为界。根据矿产地分布特征，进一步圈定3个Ⅴ级矿集区：

(1) 团钵郎早古生代石灰岩矿集区（Ⅴ-20③a）

天景山地区为宁夏重要的石灰岩产区，矿产地分布在团钵郎地区周围。已探明并开发利用的大-中-小型矿床近10个，赋矿层位均为下-中奥陶统天景山组。以米钵山团钵郎电石灰岩矿和天景山白路泉北段化工灰岩矿为典型代表。

(2) 同心新生代石膏矿集区（Ⅴ-20③b）

同心新生代石膏矿集区位于同心县西、西南的广大区域，赋矿地层为渐新统清水营组，形成多个大-中-小型石膏矿。以贺家口子、石峡口石膏矿为典型代表。为同心县及邻区石膏产业重要的原材料供应地。

(3) 香山 Fe-Cu-煤矿集区（Ⅴ-20③c）

香山 Fe-Cu 矿集区内出露有泥盆系中宁组，石炭系前黑山组、臭牛沟组、靖远组和羊虎沟组，构造较发育。目前发现铁矿化点1处，铜银矿床1处，磷矿点1处，重晶石矿化点6处，赋存于奥陶系狼嘴子组、泥盆系中宁组及石炭系前黑山组中，代表性的矿床是中卫市腰岘子铜银矿床。属于香山式沉积改造型铜银矿。

（二）北祁连 Cu-Pb-Zn-Fe-Cr-Au-Ag-硫铁矿-石棉成矿带（Pt_2;Pt_3-Pz_1）（Ⅲ-21）

北祁连 Cu-Pb-Zn-Fe-Cr-Au-Ag-硫铁矿-石棉Ⅲ级成矿区带时代为 Pt_2、Pt_3-Pz_1，Ⅲ-21是全国矿产资源潜力评价成矿规律项目组给定的统一编号。北东以北祁连北缘断裂与河西走廊 Fe-Mn-萤石-盐类-凹凸棒石-石油成矿带（Ⅲ-20）为界，南西延入甘肃省。按地质建造及成矿差异，将其划分为南、西华山-六盘山冲断带 Au-Cu-Pb-Zn-硫铁-泥炭-岩盐成矿亚带，西吉坳陷盆地多金属成矿亚带2个成矿亚带。

1. 西华山-六盘山冲断带 Au-Cu-Pb-Zn-硫铁-泥炭-岩盐成矿亚带（Ⅳ-21①）

西华山-六盘山冲断带 Au-Cu-Pb-Zn-硫铁-泥炭-岩盐成矿亚带呈北西—南东向展布，北东向以海原断裂为界，南西向以月亮山西南麓-六盘山西麓断裂为界，北西、南东均以宁-甘省界为界。下辖2个Ⅴ级矿集区。

(1) 南、西华山 Au-Cu-硫铁矿矿集区（Ⅴ-21①a）

南、西华山 Au-Cu-硫铁矿矿集区内出露有海原岩群西华山岩组、园河岩组、南华山岩组金、银、铜、硫铁矿成矿地层，构造发育。目前发现的金银矿（化）点有3处，铜矿化点有3处，硫铁矿点1处。其中，以海原县马场沟金银矿点、海原县柳沟金银矿点、海原县簸箕掌铜矿点为典型。该区域是宁夏南、西华山加里东期热液型金、银、铜矿及硫铁矿成矿的重要地区。

(2) 硝口-开城第四系泥炭-岩盐矿集区（Ⅴ-21①b）

硝口-开城第四系泥炭-岩盐矿集区位于固原市以西，岩盐矿赋矿地层为白垩系马东山组及乃家河组，以硝口-上店子岩盐矿为典型代表。泥炭赋矿地层为第四系冲积、洪积物，该区内泥炭矿床规模较小，以开城泥炭矿为代表性矿床。

(3) 六盘山页岩气远景1区（Ⅴ-21①c）

六盘山页岩气远景1区位于固原市以西。根据六盘山盆地露头、钻井、地震及区域资料分析表明，盆地发育有三套区域性盖层，第一套盖层为新近系彰恩堡组与干河沟组；第二套盖层为古近系清水营组；第三套盖层为白垩系马东山组—乃家河组。六盘山盆地主要生油岩系（下白垩统马东山组与乃家河组）在盆地北部大都处于低成熟阶段，只在盆地南部生油岩才达到局部成熟，表明西南缘山前带由于发育较大规模的推覆体，可能对推覆体下盘白垩系烃源岩的成熟及油气保存起非常关键的作用；而六盘山盆地极其丰富的油气显示，在平面上也主要分布在盆地西南部的山前带。从烃源岩厚度、分布面积、有机地球化学特征、构造改造情况、保存条件等地质条件综合分析，预测为页岩气有利区域，划分为页岩气远景区。

(4) 六盘山页岩气远景2区（Ⅴ-21①d）

六盘山页岩气远景2区位于固原市以南，与六盘山页岩气远景3区相连。二者以六盘山东麓断裂相隔，分为东、西两个远景区。页岩气形成地质条件与六盘山页岩气远景1区相似。

2. 西吉坳陷盆地多金属成矿亚带（Ⅳ-21②）

西吉坳陷盆地多金属成矿亚带呈北西—南东向展布，其南西界以宁-甘省界为限，其北东以月亮山西南麓-六盘山西麓断裂为界。因全部为新生界地层覆盖区，根据该区磁异常，推断有锌、铅、铜矿。故进一步划分1个成矿远景区，即西吉坳陷盆地磁异常多金属成矿远景区（Ⅴ-21②a）。

第三十五章　成矿系列

矿床成矿系列（简称成矿系列）是我国地质学家经过长期研究，自主创新总结出来的成矿理论学说。程裕淇等（1979，1983）初论和再论矿床的成矿系列问题，奠定了成矿系列理论基础；陈毓川等（2006，2015，2016）三论、四论、五论和王登红等（2020）六论矿床的成矿系列问题，进一步完善了成矿系列理论体系，成为国内地学界开展区域成矿规律的重要指导理论之一。

第一节　划分原则

矿床成矿系列是指在一定的地质构造单元和一定的地质历史发展阶段内，与一定的地质成矿作用有关、在不同成矿阶段（期）和不同地质构造部位形成的不同矿种和不同类型，但具有成因联系的一组矿床的自然组合（陈毓川等，2006）。

成矿系列具有五级序次：第 1 序次为矿床成矿系列组合、矿床成矿系列组和矿床成矿系列类型，第 2 序次为矿床成矿系列，第 3 序次为矿床成矿亚系列，第 4 序次为矿床式，第 5 序次为矿床（表 35-1）。

表 35-1　成矿系列序次简表

序次	名称	含义
第 1 序次	矿床成矿系列组合	由不同地质成矿作用各自所形成的矿床成矿系列集合
	矿床成矿系列类型	不同时代、不同地区，在类似的地质构造，同类成矿作用下形成的各具特色的矿床成矿系列组成
	矿床成矿系列组	在一个成矿区带内，同一个大地构造旋回活动过程中，在不同阶段、不同大地构造环境条件中形成的各种成矿系列的组合
第 2 序次	矿床成矿系列	在特定的四思维时间-空间域中，由特定的地质成矿作用形成的有成因联系的矿床组合
第 3 序次	矿床成矿亚系列	对于地质构造区较大，形成时间相对较长，而不同地段成矿的地质构造条件有一定差异形成的矿床组合构成成矿系列内的成矿亚系列
第 4 序次	矿床式	矿床成矿系列中由相同成因和相似的矿物构成的矿床类型组成一个矿床式，一般常以其中的代表性矿床来命名
第 5 序次	矿床	单个矿床作为成矿系列最基础的组成单元（工作程度低的地区，矿点、矿化点可列入研究范围）

（据陈毓川等，2006）

第 1 序次：为成矿系列的上层建筑，从不同角度概括成矿系列的组合规律。

矿床成矿系列组合，指由不同地质成矿作用各自所形成的矿床成矿系列集合，如沉积作用有关成矿系列组合，侵入作用有关成矿系列组合，火山作用有关成矿系列组合，变质作用有关成矿系列组合，流体作用有关成矿系列组合，风化作用有关成矿系列组合等。

矿床成矿系列类型，是不考虑时间、空间去研究概括类似地质构造、同类成矿作用，形成的类似的矿床成矿系列的集合，偏重于研究成矿专属性。

矿床成矿系列组，研究在一个成矿区带内的同一个大地构造旋回活动过程中，在不同阶段、不同大地构造环境条件中（如：裂谷环境、小洋盆环境、大洋环境、岛弧环境、碰撞造山环境等）形成的各种成矿系列的组合。

第 2 序次：矿床成矿系列是基础，重点强调矿床与矿床之间的相关性。概括地说，对于每一个具体的矿床成矿系列而言，构造空间、成矿时间、地质成矿作用、元素或矿种的这“四个一”是厘定成矿系列的四要素。研究成矿系列，时间一般以大地构造旋回为限；空间采用三级构造单元的范围，也就是相当于三级成矿单元（成矿区带）范围；地质成矿作用通常划分为岩浆成矿作用、沉积成矿作用、变质成矿作用、表生成矿作用、非岩浆-非变质流体成矿作用。对于空间问题，本书采用三级成矿单元表达，以便于同徐志刚等（2008）划分的全国成矿区带衔接。

第 3 序次：矿床成矿亚系列，对于地质构造区较大，形成时间相对较长，而不同地段成矿的地质构造条件有一定差异形成的矿床组合构成成矿系列考虑进一步划分成矿亚系列。

第 4 序次：矿床式是成矿系列或亚系列之下一小组相同类型的矿床，即一定区域内有成因联系的同类型矿床（对指导找矿而言，矿点、矿化点也应考虑在内）。同时，矿床式也是通用矿床类型在一个构造单元或一个成矿单元的表现形式，是进一步总结成矿系列所需要的模块。

第 5 序次：单个矿床作为成矿系列最基本的组成单元（为了指导区域找矿，本志将矿点、矿化点也纳入研究范围）。

矿床成矿系列命名方法尽量反映四种要素：成矿时间（地质年代或大地构造旋回）+成矿地质作用（岩浆作用，沉积作用，变质作用，表生作用，含矿流体作用）+成矿矿种（矿种多时可表示主要的，按先金属后非金属列出）同时兼顾成矿空间（Ⅲ级构造单元或Ⅲ级成矿单元）地区。

时间：对与岩浆、变质作用有关矿床成矿系列采用与大地构造旋回对应的成矿期；对与沉积作用、表生作用有关的矿床成矿系列常用地质年代。时代代号：Ar 太古宙（Ar_1 古太古代，Ar_2 中太古代，Ar_3 新太古代），元古宙用 Pt（Pt_1 古元古代，Pt_2 中元古代，Pt_3 新元古代），古生代用 Pz（Pz_1 早古生代，Pz_2 晚古生代），中生代用 Mz（Mz_1 三叠纪，Mz_2 侏罗纪—白垩纪）、新生代用 Cz（Cz_1 古近纪—新近纪，Cz_2 第四纪）。

成矿地质作用代号：以 5 类地质作用的英文第一字母大写代号表示，即岩浆作用为 I、沉积作用为 S、变质作用为 M、表生作用为 H、含矿流体作用为 F。

成矿系列的编号方法为：成矿系列序号-Ⅲ级构造单元编号-时代代号-成矿作用代号。

矿床成矿亚系列编号方法参照矿床成矿系列的编号方法，仅序号位置做出调整：Ⅲ级构造单元编号+时代代号+成矿作用代号+矿床成矿亚系列序号。概括地讲，就是空间、时间、地质成矿作用三种要素的代号组合再加序号。

矿床式命名方法：①通常采用大、中型典型矿床来命名，但对于金属矿床较为稀少的地区，不得不采用小型矿床为代表来命名，例如贺兰山北段“小松山式 Cr”（陈毓川等，2007），实际上是单个的小型铬铁矿床，宁夏境内金属矿床存在类似难点问题。②有时借用地域名称来命名，例如“宁乡式 Fe”。③有时借助赋矿地层命名，例如延安组煤称“延安式煤”，瓦窑堡组煤称“瓦窑堡式煤”（陈毓川等，2007）。由此推广，本志中对于沉积矿床或沉积变质矿床尽量借用赋矿地层名称来命名矿床式，便于区域对比。

作为探索，本志对于油气矿产尝试借用有关烃源地层来命名，例如延长组为烃源岩产生的油气称为“延长式油气”；对于砂金矿产，尝试借用有关河流命名；对于第四纪陆域形成的地下水、矿泉水、地热水，尝试采用大范围通用的名称，例如渗滤式地下水（天水下渗过滤掉泥沙）、渗溶式矿泉水（天水下渗过滤并溶解了有益组分）、深循环式地热水（天水进入深部循环被加热）。

本志在成矿系列理论的基础上，通过对《宁夏回族自治区矿产地质概论》《宁夏回族自治区煤炭资源潜力评价报告》《中国区域地质志 · 宁夏志》《宁夏回族自治区矿产资源潜力评价报告》等综合性研究成果及公开文献的综合研究，融合近年矿产地质调查新成果，进行了矿床成矿系列、亚系列及矿床式划分。

第二节　成矿系列综述

通过对宁夏全矿种特点的分析研究，本志依据构造单元、成矿时代、成矿作用的不同，共划分 9 个成矿系列及 10 个成矿亚系列（表 35-2；图 35-1）。

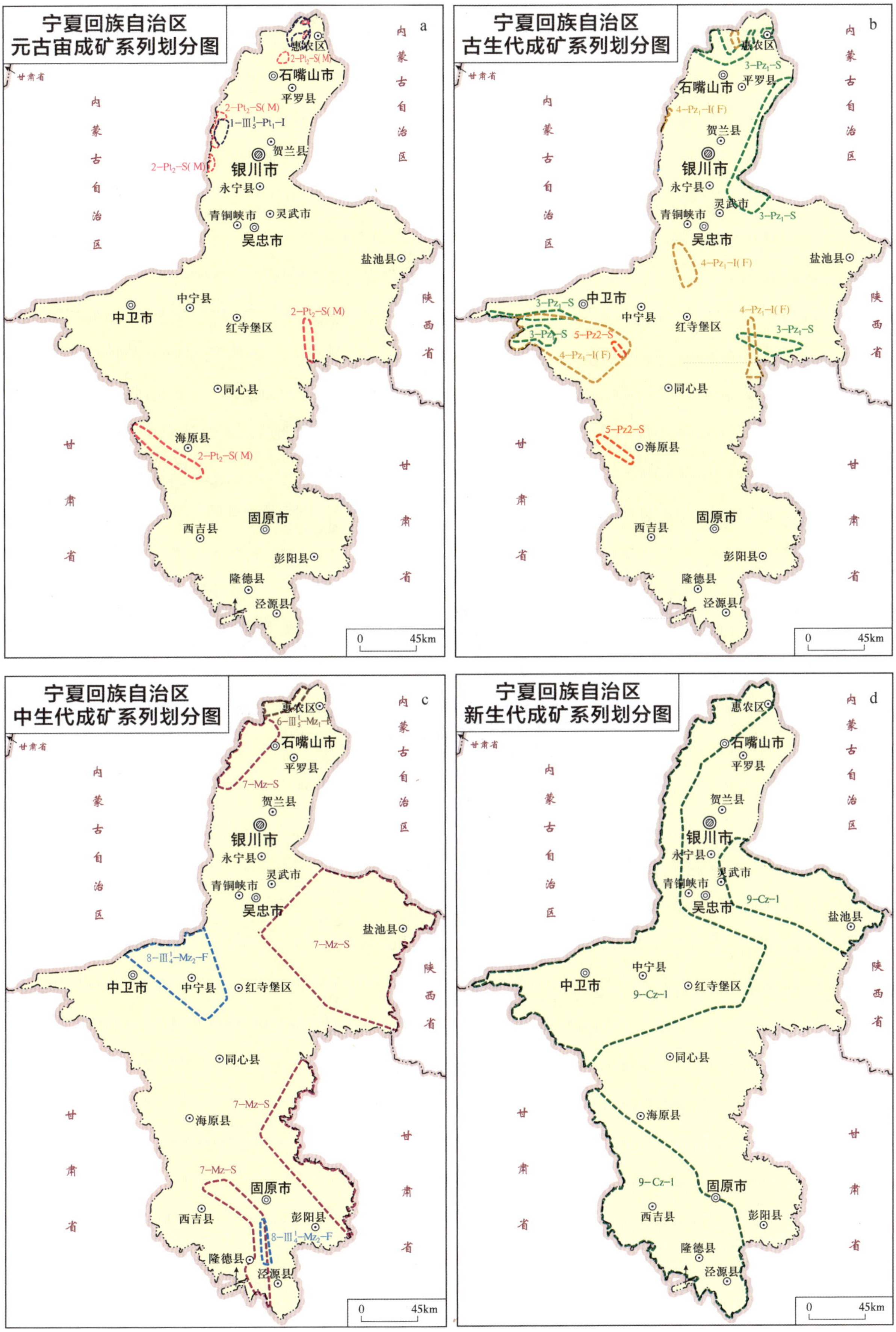

图 35-1 宁夏分时段成矿系列划分图

表 35-2 宁夏矿床成矿系列划分表

矿床成矿系列	矿床成矿亚系列	矿床式	矿产地实例	相关地质体
1-Ⅲ$_{5}^{1}$-Pt_1-I 鄂尔多斯地块与古元古代岩浆作用有关的矿床成矿系列	Pt_1-I-1 与古元古代混合花岗岩化作用有关的伟晶白云母、石英、长石、热液脉石英矿床成矿亚系列	程子山式白云母	石嘴山市程子山白云母矿	贺兰山岩群
		道路沟式脉石英	石嘴山市道路沟脉石英矿	贺兰山岩群
	Pt_1-I-2 与古元古代基性岩浆侵入作用有关的辉绿岩矿床成矿亚系列	正义关式辉绿岩	石嘴山市正义关辉绿岩矿	贺兰山岩群辉绿岩脉
2-Pt_2-S（M）与中元古代沉积-变质作用有关的铁、硅石、白云石大理岩、砚石矿床成矿系列	Pt_2-M-1 与中元古代变质作用有关的铁、硅石、白云石大理岩、砚石矿床成矿亚系列	海原式铁、硅石、白云石大理岩	中卫市北沟石英岩矿、中卫市乱堆子冶镁白云石大理岩矿	海原岩群
		黄旗口式铁、砚石、硅石	石嘴山市王全口铁矿、银川市笔架山贺兰石矿、银川市小口子贺兰石矿、石嘴山市柳条沟硅石矿、石嘴山市正义关鄂博梁硅石矿	黄旗口组碎屑岩建造
	Ⅲ$_{5}^{1}$-Pt_2-S-2 鄂尔多斯地块与蓟县纪沉积作用有关的白云岩矿床成矿亚系列	王全口式白云岩	石嘴山市王全口冶镁白云岩矿、吴忠市青龙山中段冶镁白云岩矿、吴忠市青龙山李家新庄-童家慢坡冶镁白云岩矿	王全口组碳酸盐岩建造
3-Pz_1-S 与早古生代沉积作用有关的铁、彩石、磷、灰岩、白云岩、板岩矿床成矿系列		苏峪口式磷矿	银川市苏峪口磷矿、银川市紫花沟磷矿	苏峪口组含磷碎屑岩建造
		五道淌-陶斯沟-阿不切亥式白云岩	银川市紫花沟熔剂白云岩矿	寒武纪高镁碳酸盐岩建造
		天景山式灰岩	中卫市米钵山团钵郎电石灰岩矿、中卫市天景山北段化工灰岩矿、中卫市瀛龙山水泥用石灰岩矿、银川市驴驴沟化工灰岩矿、银川市套门沟水泥灰岩矿、吴忠市青龙山西道梁二道山石灰岩矿	天景山组碳酸盐岩建造
		狼嘴子式铁、磷	中卫市火山（顾家岘）铁矿、中卫市磨盘井磷矿	狼嘴子含磷硅质岩-碳酸盐岩建造
4-Pz_1-I（F）与加里东期岩浆-热液作用有关的铜、金、银、硫铁矿成矿系列	Ⅲ$_{4}^{1}$-Pz_1-I-1 腾格里早古生代增生楔与加里东期基性岩浆侵入作用有关的铜、金、银、辉绿岩矿床成矿亚系列	磨盘井式辉绿岩	中卫市磨盘井辉绿岩矿	香山群辉绿岩脉
	Ⅲ$_{2}^{1}$-Pz_1-F-2 祁连早古生代造山带与加里东晚期热液作用有关的铜、金、银、硫铁矿矿床成矿亚系列	马场沟式金	中卫市马场沟金矿	海原岩群热液型石英脉
		簸箕掌式铜	中卫市簸箕掌铜矿	海原岩群
		阳洼沟式硫铁矿	中卫市阳洼硫铁矿	海原岩群
5-Pz_2-S 与晚古生代沉积作用有关的铜、银、灰岩、石膏、石英砂岩、煤、天然气、粘土、油页岩矿床成矿系列		中宁式铜、银	中卫市腰岘子铜矿、中卫市峡子沟（拐门沟）铜矿	中宁组碎屑岩建造
		前黑山-臭牛沟式灰岩、石膏	中卫市小红山石膏矿、中卫市倒流沟水泥灰岩矿	早石炭世石灰岩夹石膏建造
		羊虎沟-太原式煤、粘土、油页岩、石英砂岩	中卫市碱沟山煤矿区、中卫市油井山炭巷沟陶瓷粘土矿、中卫市上下河沿（烟洞坡）油页岩矿、中卫市陈水硅石矿	晚石炭世海陆交互相碎屑含煤建造
		太原-山西式煤、天然气	吴忠市韦州煤矿区、银川市红墩子矿区、灵武市刘家庄天然气田	早二叠世陆相碎屑含煤建造

续表

矿床成矿系列	矿床成矿亚系列	矿床式	矿产地实例	相关地质体
6-$Ⅲ_5^1$-Mz_1-F 鄂尔多斯地块与印支期热液作用有关的金、铜、铅、锌、银、重晶石矿床成矿系列		牛头沟式金	石嘴山市牛头沟金矿	贺兰山岩群
		灯影子式铜	石嘴山市正义关沟铜矿	贺兰山岩群
		陶斯沟式铅、锌、银、重晶石	石嘴山市陶斯沟重晶石多金属矿	贺兰山岩群
7-Mz-S 与中生代沉积作用有关的铜、石英砂岩、煤、油气、油页岩、粘土矿床成矿系列		延长式油气	吴忠市红井子油气田、固原市彭阳油田	延长群碎屑岩建造
		延安式石英砂岩、煤、油页岩、粘土	银川市鸳鸯湖煤矿区、固原市石岘子林场石英砂岩矿、固原市银洞沟陶瓷粘土矿	延安组陆相碎屑含煤建造
		六盘山式铜、油页岩、页岩气、石膏、芒硝、岩盐	固原市黄草沟铜矿、固原市炭山油页岩矿、中卫市阳明石膏矿、固原市硝口-上店子岩盐矿	六盘山群杂色碎屑岩建造
8-$Ⅲ_4^1$-Mz_2-F 腾格里早古生代增生楔与燕山期热液作用有关的铁、铜、金、银、铅、锌、硫铁矿、重晶石矿床成矿系列		照壁山式铁	中卫市照壁山铁矿	石炭纪碎屑岩建造
		铜铁沟-大铜沟式铜	中卫市铜铁沟（土窑）铜矿、中卫市大铜沟铜（钴）矿	石炭纪碎屑岩建造
		金场子式金	中卫市金场子金矿	晚泥盆世—早石炭世碎屑岩建造
		二人山式银、铅、硫铁矿	中卫市二人山硫铁多金属矿	晚泥盆世—早石炭世碎屑岩建造
		杨家岭式铅、锌	固原市杨岭铅锌矿	六盘山群热液型石英脉
9-Cz-1 与新生代沉积作用-表生作用有关的铁、石英砂、石膏、粘土、地下水等矿床成矿系列	Cz_1-S-1 与古近纪—新近纪沉积作用有关的粘土、石英砂、石膏矿床成矿亚系列	清水营式石膏	中卫市贺家口子石膏矿、吴忠市石记场石膏矿	清水营组红色碎屑岩-膏岩建造
		寺口子-清水营式石英砂、粘土	吴忠市河西石英砂矿、中卫市油井山粘土岩矿	古近纪碎屑岩建造
		彰恩堡式石英砂、粘土	固原市石砚子石英砂矿、吴忠市花豹湾粘土矿	彰恩堡组碎屑岩建造
	Cz_2-S-2 与第四纪沉积作用有关的铁、砂金、石英砂、泥炭、盐类矿床成矿亚系列	麦垛山式铁	中卫市麦垛（堆）山铁矿	第四纪碎屑岩建造
		开城式泥炭	固原市开城泥炭矿	第四纪粘土建造
		海子井式硝盐	吴忠市海牛滩芒硝矿	第四纪碎屑岩建造
		石嘴山黄河式砂金	石嘴山市跑马崖砂金矿	第四纪碎屑岩建造
	Cz_2-H-3 与第四纪风化作用有关的铁、钴、膨润土矿床成矿亚系列	茶梁子式铁、钴	中卫市茶梁子铁钴矿	第四纪碎屑岩建造
		二人山式膨润土	中卫市二人山膨润土矿	第四纪粘土建造
	Cz_2-F-4 与第四纪流体作用有关的米脂玉（钟乳石）、地热（水）、地下水、矿泉水矿床成矿亚系列	深循环式地热水	银川市 Y8 地热井（沙温泉）	第四纪沉积建造
		渗溶式米脂玉	中卫市黄羊滩火车站米脂玉矿	第四纪沉积建造
		渗溶式矿泉水	吴忠市庙山湖泉	第四纪沉积建造
		渗滤式地下水	银川市南郊水源地	第四纪沉积建造

一、鄂尔多斯地块与古元古代岩浆作用有关的矿床成矿系列（$1-Ⅲ_5^1-Pt_1-I$）

古元古代矿产地主要集中在鄂尔多斯西缘贺兰山地区，赋矿围岩为贺兰山岩群及赵池沟岩群，成矿作用为岩浆作用，根据成矿岩体的差异，分为混合花岗岩亚系列及基性侵入岩亚系列。

（一）与古元古代混合花岗岩化作用有关的伟晶白云母、石英、长石、热液脉石英矿床成矿亚系列（Pt_1-I-1）

1. 成矿时代

成矿时代为古元古代。

2. 矿床类型

矿床类型为混合花岗岩化相关伟晶岩型矿床（伟晶白云母-石英-长石）-混合花岗岩化相关热液脉型（脉石英），主要矿种为伟晶白云母（伴生伟晶石英、长石），次为脉石英。

3. 代表性矿产地

代表性矿产地有银川市黄旗口白云母矿点，石嘴山市程子山、榆树湾白云母矿床，石嘴山市包洞特、麦子井白云母矿点，石嘴山市道路沟脉石英矿床（结晶硅用）。

4. 主要成矿作用

主要成矿作用为混合花岗岩化成矿作用，具体特点是超出变质阶段，刚进入产生花岗岩浆的初期阶段。贺兰山地区古元古代超变质作用导致混合岩化，向岩浆作用过渡，因此其相关成岩成矿具有变质成矿作用-岩浆成矿作用的过渡性质，出现了混合花岗岩相关的伟晶岩型矿产及热液脉型矿产。

5. 成矿地质构造环境

宁-蒙交界的贺兰山北段，混合花岗岩与混合岩、区域变质岩相伴生出现，组成三位一体的混合杂岩，属陆壳改造重熔型花岗岩类。岩体呈岩基、岩株及岩脉状，与古元古界贺兰山岩群混合岩交代接触。其分异的花岗伟晶岩中的褐帘石 U-Pb 同位素年龄为 1948~2082 Ma，相当于古元古代中晚期。

6. 矿床式论述

（1）程子山式白云母

含白云母矿花岗伟晶岩脉，主要分布在贺兰山北段，产自古元古界贺兰山岩群黑云斜长片麻岩夹浅粒岩、变粒岩、黑云石英片岩、二云石英片岩和眼球状混合岩内。仅黄旗口白云母矿点位于贺兰山中段，产自古元古代黑云斜长花岗岩内。含云母花岗伟晶岩长者可达百米，一般长十多米至 50 m 不等，脉宽 0.3~6 m 不等。一般分带均不明显。片度最大者达 10 cm^2，小者仅 1~3 cm^2。除程子山和榆树湾白云母矿为小型矿床外，其余均为矿点。榆树湾和麦子井两地已采空。这些白云母矿矿体小，分带不明显，云母片度小，含矿率低，质量欠佳，工业价值不大，但伟晶岩内的石英和长石可以作陶瓷原料，若能综合利用，仍有一定的经济价值。

（2）道路沟脉式石英

结晶硅用脉石英矿床只有中型矿床 1 处，分布于贺兰山北段道路沟南侧白渣子沟内，为古元古代热液型石英脉。围岩为新太古界宗别立群第二亚群混合岩化黑云斜长片麻岩。

石英脉产于北东—南西向断裂中，呈脉状、透镜状，断续出露长 100~1000 m，厚一般为 8~10 m，最厚 40~50 m。矿石为乳白色、白色，主要由隐晶质石英组成的隐晶质结构，致密块状构造，主要矿物成分为石英，有少量黄铁矿、褐铁矿。矿石化学成分：SiO_2 99.46%，Al_2O_3 0.14%，Fe_2O_3 0.35%，CaO 0.02%。质量符合结晶硅的工业要求，亦可作铁合金及玻璃器皿。矿石质量好，已成为石嘴山铁合金厂、905 厂、302 厂的原料基地。

（二）与古元古代基性岩浆侵入作用有关的辉绿岩矿床成矿亚系列（Pt_1-I-2）

1. 成矿时代

成矿时代为古元古代。

2. 矿床类型

矿床类型为岩浆型矿床，主要矿种为岩棉辉绿岩。

3. 代表性矿产地

代表性矿产地为石嘴山市正义关辉绿岩矿床。

4. 主要成矿作用

主要成矿作用为岩浆成矿作用，具体为幔源基性岩浆浅成侵入成矿作用。

5. 成矿地质构造环境

古元古代末期陆壳逐步固结，地毯效应有利于深部热量集聚，部分熔融产生基性岩浆，沿断裂带上侵地壳浅部形成辉绿岩脉。

6. 矿床式论述

正义关式辉绿岩

正义关深大断裂北侧辉绿岩脉群，侵入于古元古界贺兰山岩群黑云斜长片麻岩、变粒岩、混合岩中，呈不规则脉状分布，脉体走向有东西向、北西向和北东向三组，倾角一般在70°以上。脉宽一般1 m至10余米，长数十米至数百米，少数逾千米。

岩（矿）石呈灰绿色，块状构造，具斑状结构者，为辉绿玢岩；偶见具辉长辉绿结构者，为辉长辉绿岩。主要矿物成分为基性斜长石（55%~65%）、普通辉石（30%~40%）。岩（矿）石主要化学成分：SiO_2 45.97%、Al_2O_3 12.30%、CaO 6.83%、MgO 3.86%（宁夏回族自治区地质调查院，2010）。

据宁夏回族自治区地质调查院贺兰山北段东部1∶5万区调资料（2013），对北东向和北西向辉绿岩测定同位素年龄值分别为1853±82 Ma和1879±80 Ma。

二、与中元古代沉积-变质作用有关的铁、硅石、白云石大理岩、砚石矿床成矿系列（2-Pt_2-S（M））

中元古代矿产地集中在南华山地区、西华山地区、贺兰山地区及青龙山地区，成矿作用为沉积作用和变质作用。根据成矿作用不同，分为沉积作用亚系列和变质作用亚系列。

（一）与中元古代变质作用有关的铁、硅石、白云石大理岩、砚石矿床成矿系列（Pt_2-M-1）

1. 成矿时代

成矿时代为长城纪。

2. 矿床类型

矿床类型为受变质型矿床，主要矿种为白云石大理岩、硅石，次为砚石、铁。

3. 代表性矿产地

代表性矿产地有银川市笔架山、小口子、拜寺口双塔、下拜寺口贺兰石矿床（点）。石嘴山市王全口铁矿床，陶斯沟、老树湾铁矿点，柳条沟、正义关鄂博梁、王全口、白虎洞、偷牛沟、北岔沟、老树湾、枣窝、大武口沟口东、拜寺口、大口子、小口子硅石矿床。中卫市北沟熔剂石英岩矿床，乱堆子冶镁白云石大理岩矿床，南华山铁矿化点。固原市西吉铁矿化点。

4. 主要成矿作用

主要成矿作用为主要成矿作用为变质成矿作用。初始为长城纪化学沉积成矿作用、机械沉积成矿作用形成的矿床，后来又遭受了区域变质作用，普遍受区域热动力得到变形变质改造，矿体局部进一步富集，矿石矿物发生重结晶等。

5. 成矿地质构造环境

在结晶初始陆壳的基础上，中元古代鄂尔多斯西缘主要表现为裂陷浅海环境，长城系不整合地超覆于古元古代英云闪长岩或古元古界贺兰山岩群或古元古界赵池沟岩群之上。北祁连造山带主要表现为活动陆缘和陆间裂谷裂陷的形式，长城系海源群的碎屑岩-中基性火山岩-碳酸盐岩建造及中基性、中酸性火山岩建造等，显示火山活动频繁。在这样的环境下，于火山喷发间歇期的古海底火山喷流沉积作用形成磁铁矿化，浅海碳酸盐台地化学沉积作用形成白云岩。后来遭受区域变质作用之时，均演变为造山构造环境。

6. 矿床式论述

（1）黄旗口式铁

长城纪晚期为滨浅海弱还原-氧化过渡环境，沉积形成铁矿层。赋矿地层为长城系黄旗口组石英砂砾岩-粉砂岩-泥岩-铁质岩-硅质泥岩-硅质岩建造，底部含海绿石。它不整合于前长城系片麻岩、变粒岩和黑云斜长花岗岩之上，其上被蓟县系王全口组平行不整合覆盖。

上述地层中的铁质岩 Fe 含量达到品位要求的部分即可构成矿体。以王全口铁矿床（小型）为例，矿体形状呈似层状、扁豆体，各矿体主要为赤铁矿和褐铁矿矿石组成，深部见少量的菱铁矿（浅部风化形成褐铁矿）。块状赤铁矿石品位 TFe 48%~68%；含绿泥石石英赤铁矿矿石品位 TFe 35%~45%。矿床平均 TFe 品位为 53.45%（宁夏回族自治区地质调查院，2010）。

（2）黄旗口式砚石

黄旗口式砚石因产于贺兰山被称为贺兰石，赋存于长城系黄旗口组底部灰紫色石英岩夹灰绿-深紫色粉砂质板岩，是一种区域浅变质岩，层位稳定连续，走向大致呈南北向，顺走向延伸长度约 14 km。分布于拜寺口-黄旗口-小口子-大口子-椿树口一线西侧狭长地带，厚度 3.4~12.2 m（小口子贺兰石矿床，矿层 8.67 m）。其颜色以深紫色为主构成的“紫底（约占 85%）”，Fe_2O_3 含量 9.96%；嵌以不规则分布的豆绿色条带、斑点、斑块构成“绿彩（约占 15%）”，Fe_2O_3 含量 2.98%（马智强，1995）。偶见暗红色、翠绿色砂质夹层，俗称红刚、绿刚，其粒度较粗，主要由砂质颗粒组成。矿石特征：泥质矿物含量 70%~95%，粉砂质含量 5%~30%，砂质含量小于 0.5%，吸水率 0.1%~0.73%，摩氏硬度 3~4（王金敏，2013）。

仔细观察可以发现，贺兰石“紫底”与嵌布其中的绿色斑点、斑块状“绿彩”，层理是完全贯通的。由此推断，较为还原环境沉积物呈绿色，尚未完全固结时环境变得较为氧化，并且 Fe_2O_3 含量较高的溶液渗透，使大部沉积物变为紫色，仅残余少量斑点、斑块保持绿色，在此过程原有沉积物层理并未被破坏。多次重复类似过程，成岩后又经历区域浅变质而更加密实。

（3）黄旗口式硅石

长城纪中期，陆源碎屑经长途搬运磨蚀剩余的石英砂在陆缘浅海环境沉积形成石英砂岩。晚期受区域浅变质，贺兰山中段比北段略微强一些，进一步转化为石英岩。

黄旗口组自北而南变质程度加深，因而该层位的硅石在贺兰山北段多为石英砂岩，而在贺兰山中段多为石英岩。两段共有大、中型矿产地 11 处，其资源量占宁夏全区石英岩、石英砂岩总量的 93.32%。

矿层为灰白、浅黄、浅灰、浅紫色厚-薄层中细粒石英岩、石英砂岩。在贺兰山北段赋矿 5~13 层，厚 57.13~386.32 m，多数厚在 100 m 以上。例如柳条沟矿床（中型），圈出铁合金及玻璃用石英砂岩矿层共 8 层，石英砂岩矿石化学成分：SiO_2 96.08%~98.98%，Fe_2O_3 0.1%~0.25%，Al_2O_3 0.5%~1.5%。北段石英砂岩成分大致变化规律：沙巴台单斜和王全口背斜（正义关背斜）东翼石英砂岩矿床 Fe_2O_3 含量小于 0.3%，满足玻璃用石英砂岩的工业要求；向西至石炭井-大武口沟一带，Fe_2O_3 含量大于 0.6%，石英砂岩（石英岩）可作熔剂和铁合金的硅质原料。

（4）海原式铁

长城系海原岩群南华山岩组有含磁铁黑云绿泥石英片岩和条带状含磁铁石英岩透镜体。2011~2013 年，由中国地质调查局下达西安地质调查中心组织实施，宁夏回族自治区地质调查院承担的“宁夏西吉盆地航磁异常查证项目”对西吉盆地航磁异常宁 C1-1983-3 进行了钻探验证，孔深 858.81 m，其中第四系厚度 23.98 m，新近系甘肃群红色泥岩厚度 265.97 m，其下为一套中低级变质岩（未见底），主要岩性为斜长角闪岩，斜长角闪变粒岩、浅粒岩，构造角砾岩和碎裂状石英岩，为一套角闪岩相的变质岩系，并于孔深 587.43 m 处见到了 0.4 m 厚的磁铁矿，TFe 为 34.1%，MFe 为 33.87%，说明西吉盆地基底老地层具备寻找沉积变质型铁矿的地质背景和条件。

（5）海原式石英岩

海原式石英岩含矿建造为长城系海原岩群南华山岩组。该组下部以灰绿色绿帘绿泥阳起片岩、绿帘阳起片岩、绿帘绿泥片岩、含磁铁黑云绿泥石英片岩、灰绿-浅灰绿色细粒片状（含）绿帘斜长角闪岩为主，夹不等量灰-浅灰色白云母（或二云母）石英片岩及少许浅灰-灰白色细粒白云石大理岩、硅质条带白云石大理岩和灰-浅灰色条带状含磁铁石英岩透镜体。发现的海原北沟熔剂用小型石英岩矿床，矿体呈透镜状，产于大理岩、石英片岩中，矿层出露长度 150 m，宽度 20 m。矿石化学成分：SiO_2 93.13%，Al_2O_3 2.72%，Fe_2O_3 0.93%，CaO 0.24%。

（6）海原式白云石大理岩

海原式白云石大理岩含矿建造为长城系海原岩群园河岩组。该组以大理岩为主，由灰白-深灰色中厚-厚层白云石大理岩、白云母大理岩、硅质白云质大理岩夹白云石英片岩、钠长绿帘绿泥片岩、含碳质白云母石英片岩、白云母片岩组成。在海原县产有乱堆子小型冶镁白云石大理岩矿床。矿床含矿 4 层，主矿层长度 300 m，宽度 76 m，厚度 62 m，埋深 50 m。冶镁白云石大理岩矿石主要化学成分：MgO 21.47%，CaO 30.04%，SiO_2 1.2%，Na_2O+K_2O 0.07%。

（二）鄂尔多斯地块与蓟县纪沉积作用有关的白云岩矿床成矿亚系列（$Ⅲ_5^1$-Pt_2-S-2）

1. 成矿时代

成矿时代为蓟县纪。

2. 矿床类型

矿床类型为化学沉积型矿床，主要矿种为白云岩。

3. 代表性矿产地

代表性矿产地有银川市干沟、大挺沟冶镁用白云岩矿床；吴忠市青龙山东部（玻璃用）、青龙山西道梁（熔剂用）、青龙山东道梁北段、青龙山中段、李家新庄-童家慢坡、青龙山东道梁南段石湾沟（冶镁用）白云岩矿床；石嘴山市王全口白云岩矿床。

4. 主要成矿作用

主要成矿作用为沉积成矿作用，具体为化学沉积成矿作用，实际上对于白云岩是在化学沉积作用基础上，后续进一步经历镁质交代作用，最终形成白云岩。

5. 成矿地质构造环境

中元古代鄂尔多斯西缘主要表现为裂陷浅海环境，成矿过程是蓟县纪陆缘浅海环境碳酸盐岩沉积，然后进一步被交代形成白云岩。

6. 矿床式论述

王全口式白云岩

蓟县系王全口组与下伏黄旗口组呈平行不整合接触，为一套以台地相高镁碳酸盐为主的沉积，岩性以含硅质条带或结核的白云岩为主，下部夹少许石英砂岩、粉砂岩、钙质板岩等。该组自下而上镁质成分有增高趋势，上部灰白、灰红色中厚层结晶白云岩，可作为冶镁白云岩原料和熔剂白云岩。该组地层赋存有中型冶镁白云岩矿床 1 处，小型冶镁白云岩矿床 6 处，冶镁白云岩矿点 3 处和玻璃用白云岩小型矿床 1 处。

青龙山地区含矿 3~6 层，最多可达 8 层，矿层最长可达 10 km，单层厚度 1.5~6.01 m，总厚度 16~19 m；贺兰山地区矿层总厚度 10 m 左右，各矿层间距 1~11 m。矿石类型为灰白-灰黑色泥晶白云岩，矿物成分以白云石为主，含量 90%以上。矿石化学成分 MgO 含量多大于 21%，CaO 含量在 30%左右，SiO_2 含量小于 1.2%，K_2O+Na_2O 含量 0.1%~0.3%。这些白云岩是皮江法冶镁的好原料，亦可用作玻璃配料。

三、与早古生代沉积作用有关的铁、彩石、磷、灰岩、白云岩、板岩矿床成矿系列（$3-Pz_1-S$）

1. 成矿时代

成矿时代为寒武纪、奥陶纪。

2. 矿床类型

矿床类型为化学沉积型矿床（白云岩、石灰岩、铁、彩石）、机械-胶体沉积型矿床（板岩）、生物化学沉积型矿床（磷），主要矿种为白云岩、石灰岩（包括竹叶石），次要矿种为磷、页岩、板岩、铁、彩石。

3. 代表性矿产地

白云岩：银川市紫花沟、苏峪口五道淌、苏峪口石灰窑、井泉子、到水沟白云岩矿床。

石灰岩：银川市驴驴沟（电石用、制碱用），干沟-牛坷拉沟（熔剂、水泥用）、套门沟、窑舌子沟石灰岩矿床。吴忠市青山（化工、水泥用）、卡子庙、沙坝沟（水泥用）、石儿山北段（水泥用）、青龙山西道梁二道山（制碱、水泥用）、盐池县石梁（制碱、饰面用）石灰岩矿床。石嘴山市沙巴台、八号泉（水泥用）石灰岩矿床。中卫市宣和镇天景山北段、天景山白路泉南段、米钵山团钵郎、银山（化工、水泥）用灰岩矿床、青圪塔南段、瀛龙山、园湾、黑疙瘩沟、草帽子墩（水泥用）石灰岩矿床。固原市蒿店乡红砂石沟、黄花乡秋千峡石灰岩矿（水泥用），蟠龙坡、吊岭渠、彭阳县黑石头河石灰岩矿床。

磷矿：银川市苏峪口、苏峪口南、紫花沟磷矿床。中卫市油井山磷矿、磨盘井磷矿。

板岩：银川市石嘴山、头关（水泥配料用）板岩矿床。

彩石：银川市苏峪口竹叶石、干沟、大南池沟口朔花石矿点。

铁矿：中卫市火山（顾家岘）铁矿床。

4. 主要成矿作用

主要成矿作用以沉积成矿作用为主。具体为生物化学沉积成矿作用、化学沉积成矿作用、机械-胶体沉积成矿作用。

5. 成矿地质构造环境

寒武纪，当祁连地区从裂陷向裂谷再向洋盆演化时，鄂尔多斯西缘却处于较为稳定地区。在寒武纪早期古陆块边缘滨浅海地带，以陆源碎屑为物源的滨浅海相沉积过程，生物化学沉积形成磷块岩矿床，因环境极不稳定，有大量分选及磨圆较差的物源碎屑及砾石，胶磷矿呈胶结物存在；中晚期古地理环境波动于潮上-潮间-潮上-潮坪-浅海陆棚相，陆源碎屑变细，同时海水化学沉积大量形成石灰岩，部分被进一步交代变为白云岩。至奥陶纪，鄂尔多斯地块西缘为浅海台地。当西侧祁连洋深部较冷洋盆水中溶解的 HCO_3^- 随洋流作用上升至浅海台地时，浅海相对温暖环境影响可部分地转化为 CO_3^{2-}，与 Ca^{2+} 及 Mg^{2+} 结合沉积碳酸盐岩。奥陶纪早期，祁连洋基性火山活动强烈，洋流水中 Mg^{2+} 急剧增高时可沉淀白云质灰岩，进一步准同生交代产生灰质白云岩，局部构成白云岩矿床；后来随着大洋基性火山活动大大减弱，洋流水 Mg^{2+} 浓度显著降低，沉积的质地纯净灰岩成为工业矿床。奥陶纪中晚期，由于洋壳板块向北东俯冲，形成的岛弧一定程度地阻碍了大洋地质作用对本区影响，陆源碎屑物质沉积逐渐占据重要地位。此外，奥陶纪在鄂尔多斯地块-阿拉善地块与祁连洋的过渡海域的浅海沉积环境中，也形成了如石灰岩、磷块岩等沉积矿产。

6. 矿床式论述

（1）苏峪口式磷矿

磷矿产于下寒武统苏峪口组海相碎屑岩-碳酸盐含磷建造。矿层顶板为钙质长石中细粒砂岩。矿层的上部为钙质磷块岩，中部为砂质磷块岩，下部磷砾岩。矿层底板为硅质含钾泥板岩。

矿体呈层状、似层状分布，按自然类型自下而上由砾状磷块岩、砂质磷块岩和钙质磷块岩组成。矿石由砾石和胶结物组成，砾石成分为石英，胶结物主要为胶磷矿，其次含铁质的碳酸盐和泥质，具基底式胶结。矿石 P_2O_5 品位 13.03%～21.70%。

（2）五道淌-陶斯沟-阿不切亥式白云岩

五道淌组和陶思沟组在银川市五道淌-紫花沟一带产出两层熔剂用白云岩矿层：下矿层赋存于下寒武统五道淌组，为深灰色厚层白云岩；上矿层赋存于中寒武统陶思沟组，浅灰-肉红色薄层微粒白云岩。例如，在五道淌矿区，矿层走向长度 10.5 km，倾向北西，倾角 15°～24°；下矿层厚度 33.28～40.80 m（平均 37.65 m），上矿层厚度 9.88～24.25 m（平均 16.53 m）；矿石矿物成分主要为白云石，含少量燧石；矿石化学成分 MgO 19.40%～19.79%，SiO_2 3.05%～6.49%，$SiO_2+Fe_2O_3+Al_2O_3+Mn_3O_4$ 5.09%～8.16%，CaO 30.09%。

阿不切亥组在同心县青龙山西道梁产出熔剂用白云岩，矿层为中部灰色中厚层细晶白云岩，厚度 79 m，北矿段长度约 6 km，南矿段断续出露长度约 10 km。矿石矿物成分主要为白云石，少量方解石、燧石。MgO 18.61%，CaO 31.60%，SiO_2 1.74%。

（3）天景山式灰岩

中-下奥陶统天景山组下部为厚层白云岩、白云质灰岩，上部为厚层灰岩、泥质灰岩。矿层为上部厚层灰岩。灰岩矿层厚度在各地段差别较大，干沟一带最厚，160～400 m，其次是苏峪口、青龙山，厚度分别为 213 m、164 m。蟠龙坡-吊岭渠一带厚 32 m。矿石化学成分：CaO 一般为 48.41%～54.06%，MgO 0.47%～1.76%，SiO_2 1.02～5.34%。

熔剂用石灰岩，仅干沟地区 2 处（中型 1 处，小型 1 处）。矿层厚度 42 m。矿石化学成分：CaO 53.21%，MgO 0.56%，$SiO_2+Al_2O_3$ 2.92%。

化工用石灰岩（电石用、制碱用），分布在贺兰山中段、天景山、青龙山等地段。矿层总厚 70～391 m。电石用石灰岩化学成分：CaO 53.42%～55.09%，MgO 0.28%～0.48%，SiO_2 0.01%～1.00%。制碱用石灰岩化学成分：$CaCO_3$ 94.16%～96.34%，MgO 0.33%～0.71%，SiO_2 0.61%～2.24%。

（4）狼嘴子式铁

铁矿层赋存于上奥陶统狼嘴子组黄河井段含铁硅质岩中，代表性矿床有中卫市香山火山（顾家岘）小型铁矿床。从含铁硅质岩主要赋存赤铁矿及少量菱铁矿，判断处于略偏于氧化的环境，铁质来源可能来自海底喷流作用。该类型铁矿在米钵山一带含铁硅质岩层位中可见顺层浅成侵入的辉绿岩，还与碧玉岩呈整合接触。显然，沉积赤铁矿和碧玉岩的海底热液喷流作用与同期海底基性岩浆活动具有一定成因的联系。

矿化出露较广泛，露头有 50 余处，断续出现长达 2000 m，共发现铁矿（化）体 9 处，主要分布于黄石坡沟背斜南北两翼。矿化体的分布、产状及规模大小，主要受香山群狼嘴子组黄河井段硅质白云岩和含铁硅质岩夹层控制。矿（化）体产状较为稳定，近直立，与地层产状近于一致。主要的矿石矿物为赤铁矿、褐铁矿及菱铁矿，偶见星点状黄铁矿；脉石矿物以石英、方解石、铁白云石为主，其次有少量斜长石、黑云母和绿泥石等矿物，这些脉石矿物主要反映了沉积岩原岩的矿物组成及低级区域变质特点，次生矿物很少。矿石化学成分 TFe 为 44.04%，P 0.04%；S 0.03%，SiO_2 38.07%。

（5）狼嘴子式磷

上奥陶统狼嘴子组，岩性为灰绿色轻变质中-细粒长石石英砂岩、杂砂岩夹绿色千枚状板岩、板岩，往上部出现浅红-灰白色含硅质微晶白云岩，灰-深灰、紫红色燧石岩、碧玉岩、硅质岩夹灰绿-紫红色板岩、千枚岩及辉绿岩层，局部夹含磷硅质岩透镜体。

该组地层已发现赋存海原县油井山和中宁县磨盘井磷块岩矿点，矿体呈透镜状，一般长度 20～30 m，厚度 2～3 m。矿石为灰质磷块岩、硅质磷块岩。矿石品位：油井山下矿层 P_2O_5 6.00%～25.23%，上矿层 P_2O_5 9.05%；磨盘井 P_2O_5 平均 17.94%。

四、与加里东期岩浆-热液作用有关的铜、金、银、硫铁矿成矿系列（4-Pz_1-I（F））

加里东期岩浆、热液作用形成的矿产以金属矿为主，矿产主要集中在香山及南、西华山地区。根据成矿空间及成矿作用的不同，进一步划分为两个成矿亚系列。

（一）腾格里早古生代增生楔与加里东期基性岩浆侵入作用有关的铜、金、银、辉绿岩矿床成矿亚系列（$Ⅲ_4^1$-Pz_1-I-1）

1. 成矿时代（构造旋回）

成矿时代为加里东中期。辉绿岩同位素年龄值482.4 Ma（宁夏回族自治区地质调查院，2017）。

2. 矿床类型

矿床类型为岩浆型矿床（岩棉辉绿岩）、岩浆热液型矿化（铜、金、银），主要矿种为辉绿岩，伴生矿种为铜、金、银。

3. 代表性矿产地

代表性矿产地有中卫市磨盘井辉绿岩矿床，狼嘴子铜矿点。

4. 主要成矿作用

主要成矿作用以岩浆成矿作用为主，具体为岩浆浅成侵入成矿作用及岩浆期后热液成矿作用。

5. 成矿地质构造环境

加里东中期，河西走廊仍是陆缘浅海环境，仅有微弱基性岩浆活动，浅成侵入较快冷凝，形成辉绿岩及铜、金、银矿化。

6. 矿床式论述

磨盘井式辉绿岩

辉绿岩分布于香山地区天景山-米钵山西南的狼嘴子-磨盘井一带，受层间断层控制，顺层侵入于狼嘴子组黄河井段硅质岩、硅质白云岩与第二段浅变质砂岩、板岩之间，呈带状展布，露头长度约17.5 km，最大宽度225 m。与围岩接触界面不平整，呈波状、港湾状，有切割围岩及小岩枝穿入围岩或分叉现象，岩体边部有硅质白云岩、燧石岩、浅变质砂岩和板岩捕虏体，且有1~5 cm宽的冷凝边，局部围岩有烘烤变红等接触变质现象。

中北部狼嘴子一带与硅质岩接触带局部形成铜矿化带。铜矿体含矿岩性为蚀变辉绿岩。铜矿化呈星散状分布于岩体内，矿物组分为辉铜矿、孔雀石。样品中少量铜、银的含量虽达到伴生金属元素的品位要求，但矿体规模小。

（二）祁连早古生代造山带与加里东晚期热液作用有关的铜、金、银、硫铁矿矿床成矿亚系列（$Ⅲ_2^1$-Pz_1-F-2）

1. 成矿时代（构造旋回）

成矿时代为加里东期。

2. 矿床类型

矿床类型为中低温热液型矿床，主要矿种为金（伴生银），次为铜、硫铁矿。

3. 代表性矿产地

代表性矿产地有中卫市马场沟金矿床，柳沟金矿点，阳洼沟硫铁矿床，簸箕掌、簸箕掌东、窝宝沟、小西沟铜矿点。

4. 主要成矿作用

主要成矿作用为低温热液再造成矿作用。

5. 成矿地质构造环境

北祁连中元古界长城系，在加里东期受奥陶纪洋壳板块的俯冲作用及志留纪碰撞造山作用，动力变质背景叠加壳源岩浆作用，热液流体活化地层中的矿质，重新沉淀成矿。

6. 矿床式论述

（1）马场沟式金

长城系海原岩群西华山岩组变质岩系为控矿层位，岩性为云母钠长石英片岩、云母石英片岩、绿泥石云母石英片岩，局部出现薄层大理岩透镜体或夹层。穿过该地层的断裂破碎带为控矿构造。加里东晚期构造运动及中酸性岩浆活动提供热动力，岩浆热液与变质流体混合，活化地层中的矿质，运移到构造破碎带沉淀成矿。成矿与加里东晚期煌斑岩脉关系密切。

（2）阳洼沟式硫铁矿

阳洼沟硫铁矿床位于海原县海城镇，南华山南侧。出露地层为长城系海原岩群南华山岩组绿色片岩、大理岩、钙质云母石英片岩。矿化多沿大理岩与云母长英片岩中断裂破碎带及其旁侧裂隙、层间破碎带发育。矿体呈扁豆状、似层状、透镜状。围岩蚀变有硅化、绢云母化、绿泥石化、碳酸盐化、褐铁矿化。矿物组合为黄铁矿、黄铜矿、赤铁矿、石英和方解石。根据已知地质特征，初步推断该硫铁矿成因与该地区铜、金矿类似，为矿源活化再造成因。

（3）簸箕掌式铜

长城系海相沉积变质岩系为控矿层位，穿切该地层的断裂带为控矿构造。加里东晚期构造运动及深部中酸性岩浆作用提供热动力，岩浆热液及变质流体混合，沿片理活化深部南华山岩组变质火山岩地层中矿质，迁移到断裂破碎带形成脉状铜矿。新生代剥蚀风化淋滤在浅部形成铜的次生富集带。

五、与晚古生代沉积作用有关的铜、银、灰岩、石膏、石英砂岩、煤、天然气、粘土、油页岩矿床成矿系列（5-Pz_2-S）

1. 成矿时代

成矿时代为晚古生代。

2. 矿床类型

矿床类型为化学沉积型矿床（铜、石灰岩）、蒸发沉积型矿床（石膏）、生物化学沉积型矿床（煤、油页岩、天然气）、机械沉积型矿床（石英砂岩）、机械-胶体沉积型矿床（紫砂陶土、粘土）。

3. 代表性矿产地

铜：中卫市腰岘子、峡子沟（拐门沟）铜矿床。

石灰岩：吴忠市野猫子山水泥灰岩矿床。中卫市倒流沟、石峡、石泉、天景梁、狐子疙瘩、大道崖-孙家沟石灰岩矿床。

石膏：吴中市康马头、夜猫子山石膏矿床。中卫市小红山、甘塘、一碗泉、石门坎、宏佛寺、大茨脑石膏矿床。

煤：银川市红墩子、横城煤矿区；吴忠市韦州煤矿区、四股泉煤矿区；石嘴山市沙巴台、石嘴山、石炭井、正义关、马莲滩-炭梁坡煤矿区；中卫市线驮石、碱沟山、梁水园、土坡煤矿区；固原市王洼煤矿区。

天然气：银川市刘家庄气田。

油页岩：中卫市上下河沿油页岩矿床。固原市油井山油页岩矿点。

粘土矿：银川市插旗沟-牛家台子粘土矿床（耐火或陶瓷用）；石嘴山市石嘴山、简泉、东沟、二矿井田、石炭井、大灯沟、浸水沟、马莲滩粘土矿床，红渣子-小王全沟、武当庙紫砂陶土矿床。中卫市窑沟（上下河沿）、孙家沟、平滩湖粘土矿床；固原市油井山炭巷沟粘土矿床（陶瓷土）。

4. 主要成矿作用

主要成矿作用以沉积成矿作用为主。具体为化学沉积成矿作用、蒸发沉积成矿作用、生物化学沉积成矿作用、机械沉积成矿作用、机械-胶体沉积成矿作用。

5. 成矿地质构造环境

北祁连洋于加里东运动末期闭合后，泥盆纪高耸的古祁连山则不断地遭受剥蚀、夷平，而河西走廊地区相对处于坳陷，晚泥盆世沉积由山麓-河湖相碎屑岩组成红色磨拉石建造，来自南侧蚀源区（白银厂地区）含铜物质，在河流-湖泊环境沉积形成中卫地区的砂岩铜矿（后期又受到一定程度热液改造）。

在河西走廊及北祁连地区，早石炭世早期来自秦岭海域的海侵基本上沿晚泥盆世内陆盆地范围发生，北部陆源碎屑岩较多，灰岩较少，表明海水逐渐向北覆盖。在气候干旱炎热，水体咸化条件下沉积滨海潮坪-潟湖相碎屑岩、灰岩、白云岩及石膏矿产。臭牛沟组沉积时期，海侵进一步扩大，向北、向西超覆，海侵的范围比前黑山组沉积时期海侵范围大，沉积海陆交互相碎屑岩-灰岩建造。晚石炭世海侵范围最大，在河西走廊-北祁连拗陷区内，海水较浅，进退频繁，形成了一套海陆交互相的含煤建造。

此外，加里东运动褶升为陆以后，鄂尔多斯地块泥盆纪—早石炭世早期长期遭受剥蚀，在奥陶系或更老地层之上不整合沉积上石炭统—下二叠统。开始祁连海由西向东侵入沉积靖远组和羊虎沟组，后来晚石炭世晚期海侵达到了高潮，祁连海水侵过鄂尔多斯古陆与华北海汇合，沉积了太原组海陆交互相含煤地层，再后来转为陆相沉积山西组等。其中太原组、山西组为主要含煤地层，其他地层只含薄煤层及煤线，不具工业价值。

6. 矿床式论述

（1）中宁式铜、银

加里东运动后，北祁连洋闭合造山，早、中泥盆世北祁连造山作用强烈，形成高耸的古祁连山，晚泥盆世—早石炭世初期，古祁连山则不断地遭受剥蚀、夷平。河西走廊相对处于坳陷，晚泥盆世沉积由山麓-河湖相碎屑岩组成红色磨拉石建造，来自南侧蚀源区（例如甘肃的白银厂-猪嘴哑巴一带）含铜物质，在河流-湖泊环境沉积形成砂岩铜矿，后期又受到热液改造。

香山地区上泥盆统中宁组由下至上分为三个沉积建造：①下段磨拉石建造，以砾岩、砂砾岩为主，发育于中奥陶统绿色岩系古风化壳上；②上段第一、二层红色砂岩建造，岩性以砖红色、浅灰色砂岩、粉砂岩为主；③上段第三、四层灰岩、泥（页）岩、含膏盐建造。铜矿富集在灰岩-膏盐层之下的砂岩建造中（李红宇等，2009）。这类铜矿按容矿岩石为砂岩而俗称砂岩铜矿，但是铜矿质不是机械沉积的砂粒，而是以化学沉积物赋存于胶结物部分。

（2）前黑山-臭牛沟式灰岩

早石炭世河西走廊与北祁连大范围处于陆表海环境。当远洋深部的较冷海水溶解的 HCO_3^- 随洋流作用来到陆表海，由于浅部相对温暖可部分地转化为 CO_3^{2-}，与 Ca^{2+} 结合沉积灰岩，其中质地纯净的灰岩构成矿床。

含矿岩系为下石炭统前黑山组和臭牛沟组，下部为浅灰-灰黄色钙质砂砾岩、石英砂岩等碎屑岩夹少量砂质灰岩、含泥质灰岩；中部为灰黑、青灰色厚-中厚层灰岩、微晶砂屑灰岩、鲕状灰岩、微晶灰岩、白云岩、白云质灰岩夹灰白紫红色薄层灰岩、粉砂岩、石膏质泥岩、页岩；上部灰黄色泥岩、粉砂岩夹砂岩。

矿石为厚层灰岩、微晶砂屑灰岩、微晶灰岩、鲕状灰岩。各矿区矿石品位如下：倒流沟灰岩矿石 $CaO > 53\%$，MgO 0.5% ±，$K_2O + Na_2O$ 0.16%，SiO_2 1.65%，Fe_2O_3 0.20%；石峡灰岩矿石 CaO 55.08%~55.64%，MgO 0.45%~0.71%，K_2O 0.05%~0.1%，Na_2O 0.1%，SiO_2 0.69%~1.35%，SO_3 0.18%~0.21%；野猫子山灰岩矿石 CaO 52.70%，MgO 0.69%，SO_3 0.07%，SiO_2 3.63%，Fe_2O_3 0.30%，$K_2O+Na_2O<1\%$。

（3）前黑山式石膏

早石炭世海陆交互相沉积环境形成含膏建造。在干旱气候条件，海水在潟湖潮坪上逐步蒸发沉积形成石膏（$CaSO_4 \cdot 2H_2O$），甚至短暂时段浓缩咸化的海水中锶富集沉积出天青石（$SrSO_4 \cdot 2H_2O$）。成岩过程，部分石膏脱水变为硬石膏（$CaSO_4$）。含石膏地层为下石炭统前黑山组：灰白、浅肉红色钙质砂岩夹灰岩透镜体，灰色厚层灰岩、白云岩夹石膏，灰黄色粉砂岩夹中细粒砂岩。含矿层序从上到下为：上碎屑岩段长石砂岩与泥岩互层（30~45 m）；上碳酸盐段厚层灰岩、泥灰岩（20~34 m）；膏盐岩段石膏夹灰岩、白云岩（54~75 m）；下碳酸盐段厚层灰岩（10~20 m）；下碎屑岩段钙质砂砾岩、砂质泥岩互层（6~10 m）。该组赋石膏 1~6 层，厚度一般为 10~55 m，个别地段仅 2 m。

（4）羊虎沟-太原式煤

晚石炭世—早二叠世海陆交互相（滨海相-三角洲相）含煤建造，为碎屑岩、碳酸盐岩的海陆交互相岩系，岩性组合由灰白色砂岩，灰、灰黑色泥岩，深灰色石灰岩，煤及少量粘土岩、油页岩

（或沥青质页岩）组成，下部称羊虎沟组，上部称太原组。一般在海进序列中的煤层顶板往往有灰岩，煤中硫分较高，在海退序列中，往往形成厚煤层，煤中灰分偏高。

（5）羊虎沟-太原式粘土

晚石炭世—早二叠世海陆交互相（滨海相-三角洲相）含煤建造，不仅有着丰富的煤炭资源，而且与煤系共、伴生的矿产也很丰富，如各种粘土矿物。

羊虎沟组在香山地区岩性为灰-灰白色粗粒石英砂岩、深灰-灰黑色粉砂岩、泥岩、页岩，夹泥灰岩、生物灰岩透镜体及煤层（线），夹高岭石赋矿层位，如平滩湖粘土矿床。在石嘴山等地高岭石矿床也有分布，如简泉小型粘土矿床。

太原组在香山地区岩性为深灰-灰黑色页岩、泥岩夹灰-灰白色砂岩及灰黄色生物灰岩，含多层可采煤层，为海陆交互相沉积，为陶瓷土赋矿层位，有上下河沿（也称为窑沟）、孙家沟、油井山炭巷沟多处矿产地（宁夏回族自治区地质调查院，2010）。基于该区这些粘土矿产，中卫市近年大力建设常乐陶瓷园，逐步由建筑陶瓷、日用陶瓷向工业用瓷、卫生陶瓷以及艺术陶瓷方向拓展。此外，在石嘴山地区太原组还发现耐火粘土矿产地6处，分别为石炭井大型粘土矿，大灯沟、石嘴山二矿井田、浸水沟中型粘土矿，东沟、马莲滩小型粘土矿。

（6）羊虎沟-太原式油页岩

形成于晚石炭世浅海-海湾潟湖-三角洲环境的油页岩，呈层状与煤层共生，夹于煤系地层之中。例如，中卫市上下河沿油页岩矿床，初步探明本区含油页岩共6层，太原组下岩段含油页岩2层，编号油1、油2；羊虎沟组含油页岩4层，依次编为油3、油4、油5、油6。一般为黑灰色，致密而细腻，具油质感，含油愈多其质愈轻，用火柴点之冒浓烟，有沥青味，含油率1.5%~9.35%，低位发热量0.02~6.07 MJ/kg。含油岩石镜下定名为粘土质粉砂岩。目前研究表明，油1和油3具工业价值，平均含油率分别为5.07%和9.35%，合计查明资源量（121+333）为4321916 t（常海燕等，2010）。

（7）羊虎沟-太原式石英砂岩

羊虎沟-太原式的石英砂岩矿产地仅发现1处，为中卫市陈水冶金用石英砂岩矿床，目前正在开采。矿区位于中卫市沙坡头区香山乡梁水园村至黄泉村一带。硅石矿赋存于石炭系—二叠系太原组下段及石炭系羊虎沟组上段第一层地层中。

矿石主要为灰白色石英（砂）岩，具中-细粒砂状结构，块状构造，接触式胶结。矿石主要由石英组成，含少量白云母、岩屑及金属矿物，粒径0.06~0.96 mm，以0.1~0.47 mm的中细粒为主。胶结物由硅质、粘土矿物及铁质组成。硅质呈隐晶状，部分重结晶向石英颗粒过渡，边界不清。粘土矿物大多呈浸染状散布于石英颗粒表面，少数沿碎屑物边界分布。铁质呈星点状，局部可见。矿石主要用于硅铁合金用。

（8）太原-山西式煤

沉积环境导致太原组煤层为中灰中硫煤，山西组煤层为中-高灰低硫煤。后期深成变质作用造成两组以中、高煤化程度的气煤以至无烟煤为主。在贺兰山煤田的石嘴山、石炭山、呼鲁斯太等矿区，上覆岩系厚度较小，大多缺失三叠系覆盖层，煤系及上覆岩系的厚度不超过2000 m，这些矿区煤层下降100 m，挥发分值下降2%~3%，煤大多为气、肥煤。而在贺兰山煤田的沙巴台、正义关、苏峪口等矿区以及宁东煤田的韦州矿区，大多都有较厚的三叠系，煤多以贫煤和无烟煤为主。煤变质程度主要受上覆岩层厚度的控制，煤变质与沉降幅度关系密切。

太原组在贺兰山地区厚度为70.0~224.3 m，含煤7~14层，可采2~13层，可采平均总厚度3.67~18.15 m，可采含煤系数为1.95%~12.21%。在宁东地区，埋藏于中、新生代覆盖层之下的太原组厚度相差较大，一般为130~240 m，韦州矿区最厚达406~618 m，下段含煤层4~10层，上段含煤2~5层。该组下部一般煤层层数多，厚度较小，稳定性差；中部煤层厚度大，稳定性好，横向上易于对比；上部煤层少且厚度小，稳定性较差。煤种较齐全，以肥煤、1/3焦煤、焦煤、瘦煤为主，次为贫煤和无烟煤。

山西组在贺兰山地区厚度为60~123 m，含煤3~8层，可采1~4层，可采平均总厚度6.21~15.62 m，可采含煤系数为6.2%~13.60%。在宁东地区，埋藏于中、新生代覆盖层之下的山西组沉积厚度变化于40~180 m之间，含煤8层。煤层多位于本组中、下部，煤层稳定。煤类为1/3焦煤、肥煤、焦煤、瘦煤、贫煤、无烟煤。

（9）太原-山西式天然气

上石炭统—下二叠统太原组和山西组煤在煤化过程中产生的天然气，经运移再聚集储存形成独立的天然气藏。

煤岩及煤系泥岩的显微组分分析结果表明，太原组、山西组两套煤系地层以镜质组占绝对优势，惰质组次之，壳质组极少，属于腐殖型烃源岩。生储盖组合特征以石炭系、二叠系的煤系泥岩为气源岩，以上古生界各层系的砂岩为储集岩，以地区性及区域性泥质岩为盖层，组成自储式（源内式）、近储式（近源式）及跨越式（远源式）生储盖组合。已经发现的良好储层主要为太原组潮下砂坪、障壁岛沉积的石英砂岩、山西组近海冲积平原沉积的砂岩、下石盒子组的区域性三角洲分流河道储集层及石千峰组砂岩储层。主要盖层是泥岩和粉砂质泥岩，区内泥质岩盖层中的蒙脱石和伊利石-蒙脱石含量较高（白斌等，2008）。

六、鄂尔多斯地块与印支期热液作用有关的金、铜、铅、锌、银、重晶石矿床成矿系列（6-$Ⅲ_5^1$-Mz_1-F）

1. 成矿时代（构造旋回）

成矿时代为印支期。

2. 矿床类型

矿床类型为中低温热液型矿床，主要矿种为铅锌，金，次要矿种为铜、重晶石。

3. 代表性矿产地

代表性矿产地有石嘴山市牛头沟、树龙沟金矿床，正义关沟铜矿点，红山铅锌矿点，陶斯沟铅锌、重晶石矿点。

4. 主要成矿作用

主要成矿作用为中低温热液活化再造成矿作用。

5. 成矿地质构造环境

古元古界变质岩系-古生界沉积岩系为控矿地层，构造破碎带为控矿构造，印支期热液活化再造成矿作用形成金、铜、铅、锌、银、重晶石成矿系列。

6. 矿床式论述

（1）牛头沟式金

古元古界贺兰山岩群变质岩系作为金的矿源层，逆冲推覆断裂及次级构造裂隙为控矿构造。印支期构造运动，该区的岩层发生褶皱并向东发生了一系列的逆冲断层，在挤压强烈地带还形成了韧性剪切带，加上深部中酸性岩浆活动，岩浆热液、变质热液及被加热地下水混合，活化变质岩系中矿质，再造形成破碎带蚀变岩型和石英脉型金矿。

正义关大断裂的次级断裂控矿，主矿体产于贺兰山岩群变质岩系推覆于石炭系沉积岩之间的断裂破碎带，另外石英脉型矿体产于变质岩系内构造裂隙。

金矿体形态呈脉状、透镜状。矿石类型为破碎带蚀变岩型和石英脉型。矿石中金属矿物为自然金、自然银；其他金属矿物主要为黄铁矿，次为磁黄铁矿、方铅矿、闪锌矿，少量黄铜矿等；非金属矿物主要为石英，次为长石、绢云母、绿泥石、绿帘石、方解石等。

（2）灯影子式铜

贺兰山中-北段含铜石英脉赋存于贺兰山岩群变质岩中，石英脉大多数呈南北向展布，含铜石英脉主要分布在牛头沟金矿以北的灯影子沟、正义关沟一带。石英脉规模较大，多数含金。矿化岩石和矿石Cu变化于0.12%~2.54%之间，Au变化于0.1×10^{-6}~1.1×10^{-6}之间。

（3）陶斯沟式铅、锌、银、重晶石

红山铅锌矿点，矿体赋存于中寒武统与上石炭统—下二叠统之间断层周围的铁质砂岩、灰岩中，矿（化）体呈脉状、透镜状、鸡窝状，沿着长度约4.5 km，宽度1~20 m断裂带断续分布。地表矿石呈暗红或褐红色条带状、团块状、蜂窝状，为含铅锌、褐铁矿氧化带，其品位：Pb 0.13%~1.04%，Zn 0.17%~2.4%，Ag $0.4\times10^{-6}\sim8.66\times10^{-6}$，TFe 7.5%~50%，成因属热液充填型。

陶斯沟铅银、重晶石矿点，含矿重晶石、石英、方解石脉产在中元古代长城系黄旗口组（陶斯沟铁矿）底部与古元古代贺兰山岩群变质岩接触构造破碎带中。构造破碎带呈北东转北西向，长度约1 km，宽度2~50 m，矿化脉体主要发育在破碎带膨大转弯处。脉体长度大于20 m者10余条，小于20 m的较发育，脉宽2~30 cm，最宽80 cm，有单脉和脉群出现，矿化不均匀。含金属矿者矿物组合为重晶石、方铅矿、黄铜矿、孔雀石、褐铁矿、方解石。其品位：Pb 0.13%~16.7%，Zn 0.02%~0.03%，Ag $4.34\times10^{-6}\sim157\times10^{-6}$，Cu 0.12%~0.388%，Au $0.17\times10^{-6}\sim1.32\times10^{-6}$。

七、与中生代沉积作用有关的铜、石英砂岩、煤、油气、油页岩、粘土矿床成矿系列（7-Mz-S）

1. 成矿时代

成矿时代为中生代。

2. 矿床类型

矿床类型为化学沉积型矿床（铜）、生物化学沉积型矿床（煤、石油、天然气、油页岩、同心石）、蒸发沉积型矿床（芒硝、岩盐）、机械沉积型矿床（石英砂岩）、机械-胶体沉积型矿床（紫砂陶土、粘土）。

3. 代表性矿产地

煤：银川市碎石井、鸳鸯湖、石沟驿、积家井、马家滩、灵武煤矿区；吴忠市萌城、窑山煤矿区。石嘴山市汝箕沟煤矿区；中卫市下流水煤矿区；固原市炭山、炭洞沟、王洼、草庙煤矿区。

石油：银川市马家滩油田；吴忠市红井子、马坊、李庄子、大水坑、摆宴井、惠安油田；固原市彭阳油田。

油页岩：固原市沙南、隆德、炭山油页岩。

粘土：石嘴山市天子庙紫砂陶土矿床；固原市银洞沟陶瓷用粘土矿床。

石英砂：固原市石岘子林场玻璃用石英砂岩。

同心石：吴忠市红崖子同心石矿点。

岩盐：固原市硝口-上店子岩盐矿床。

铜：固原市黄草沟、海英岔铜矿点。

4. 主要成矿作用

主要成矿作用以沉积成矿作用为主，具体细分为生物化学沉积成矿作用、化学沉积成矿作用、机械沉积成矿作用、机械-胶体沉积成矿作用、蒸发沉积成矿作用。

5. 成矿地质构造环境

鄂尔多斯盆地上三叠统延长组为一个由湖进-湖退序列构成的完整沉积旋回。湖进阶段沉积，湖盆逐渐扩大，水体逐渐加深，纵向上沉积物由粗变细。湖退阶段沉积，虽有反复，但总体上水体逐渐变浅，湖盆逐渐缩小直至消亡。沉积形成的两套烃源岩，分布范围广、厚度大，为石油的大量生成提供了物质基础，为中生界最重要的烃源岩，控制了主要油藏的形成和分布（马国良，2015）。三叠纪末的印支运动，全区初升，发生沉积间断后，直到中侏罗世早期，随后沉积盆地重新发生下陷，接受延安组沉积形成新的断陷盆地-延安期的聚煤盆地。延安期初时，气候温暖潮湿，古植物大量生长，在这一时期里地形逐渐淤平，形成有利的聚煤场所，至中期时，湖泊进一步扩张，三角洲平原上水系纵横发育，形成易于成煤的泥炭沼泽环境；晚期时，区内三角洲已总体废弃，在此基础上发育的冲积平原具有良好的聚煤条件，随着冲积河道的大规模废弃，形成厚而稳定的煤层。之后，随着冲积河道广泛发育，泥炭沼泽发育程度明显变差，延安期的聚煤作用结束。在其后，直罗期的辫状河冲积平原环境中，底部夹有煤线，基本不具工业开采价值，已无可采工业煤层的聚集。

北祁连造山带在侏罗纪上升隆起，三叠纪—二叠纪—石炭纪依次被剥蚀，志留纪地层裸露地表。至早白垩世，北祁连造山带最东部六盘山大型内陆盆地形成的紫红色碎屑岩、泥质岩、灰岩和膏岩等组成的山麓相-河流相-湖泊相沉积，为干旱-半干旱气候条件下的河流-湖泊相沉积。自下而上划分为三桥组、和尚铺组、李洼峡组、马东山组和乃家河组，各组之间均为连续沉积。同时，和尚铺组及李洼峡组赋存砂岩铜矿，马东山组赋存油页岩伴生页岩气，乃家河组赋存岩盐伴生芒硝。

阿拉善微陆块发生沉积间断后，到中侏罗世早期重新发生下陷接受沉积，属山间盆地和山前盆地沉积环境。

6. 矿床式论述

（1）延长式油气

鄂尔多斯盆地中生界的主要生油层是延长组。延长组沉积时，红井子、马坊油气田处于湖盆西北角的最有利生油区，深湖相沉积发育，生油岩厚度大（150~430 m），有机质含量丰富（剩余有机碳1.57%~2.08%），成熟度高，烃/碳转化率高，油气资源丰富。储油地层主要为中侏罗统延安组（李庄子油气田）及直罗组（大水坑油气田），也有延长组（盐池县红井子、马坊油气田），储油构造多为小型的鼻状隆起，成因类型为构造-岩性油藏。

鄂尔多斯盆地及西缘的上三叠统延长组自上而下划分为长1—长10共计10个油层组。该组地层发育长7和长9两套烃源岩，其中长7烃源岩全盆地发育，分布范围广、厚度大，为石油的大量生成提供了物质基础，为中生界最重要的烃源岩，控制了主要油藏的形成和分布。

（2）延安式石英砂岩

中侏罗统延安组主要为砾岩、砂砾岩、各粒级的砂岩、页岩夹煤层、油页岩，具有明显的下粗上细的规律。

炭山石岘子林场的中侏罗统延安组，岩性为紫灰色-黄绿色长石石英砂岩、粉砂质页岩、碳质页岩夹煤层。局部石英砂岩可作四级玻璃原料，矿层总厚度165.0 m，单层厚度6.4~67.0 m。石英砂岩矿石化学成分：SiO_2 91.53%，Al_2O_3 4.53%，Fe_2O_3 0.27%，CaO 0.23%。

（3）延安式煤

延安组为一套河湖环境中形成的陆相含煤岩系，主要煤层多形成于三角洲平原环境之上。根据沉积旋回，标志层及煤等因素，分为5个岩段，每个岩段含1~2个沉积旋回。该组含煤地层，总体上是第一段、第五段粒度较粗，其他3个岩段相对较细，其中第二段主要由细砂岩、粉砂岩、泥岩组成，粗-中粒砂岩含量较少，反映该组地层沉积相组合是由冲积平原、浅湖-三角洲、三角洲前缘、前三角洲等构成的。煤的变质程度普遍随着煤层埋藏深度加大变质程度增高。

（4）延安式油页岩

三叠纪末的印支运动抬升，发生沉积间断后，到中侏罗世早期重新发生下陷，接受延安组沉积。中侏罗世煤系地层主要由冲积扇、扇三角洲、湖泊和曲流河体系构成，属山间盆地及断陷盆地型沉积，聚煤环境为扇前湿地及曲流河泛滥平原等，在扇缘部分形成冲积平原，经泥炭沼泽化，形成油页岩。

（5）延安式粘土

含矿岩系延安组岩性为灰色中-细粒砂岩、砂质页岩夹碳质页岩及可采煤层，为陆相碎屑岩含煤沉积。矿层为煤系高岭土，常与煤层伴生。

该组在银洞沟地区发现陶瓷土矿产地1处，中型规模。含粘土矿4层，厚度分别为2.5 m、1.8 m、0.7 m和2.5 m，总厚7.5 m。矿层较稳定，与煤层伴生。矿石化学成分：Al_2O_3 24.28%、SiO_2 58.97%、Fe_2O_3 2.52%。

（6）六盘山式铜

六盘山式砂岩铜矿形成于早白垩世内陆湖泊沉积盆地中期滨浅湖和湖成三角洲环境，成矿物质来源于四周古陆，特别是西华山-南华山-陇山隆起。在古陆长期风化剥蚀过程中，能为沉积盆地提供矿质来源，沉积形成砂岩铜矿。赋矿地层为下白垩统六盘山群和尚铺组及李洼峡组杂色岩系。和尚铺组为一套主要由红色砂岩、粉砂岩和泥岩组成的河流相-湖泊三角洲相的沉积，李洼峡组为一套主要由杂色砂岩、粉砂岩、泥岩和灰岩组成的滨浅湖相沉积，局部产砂岩铜矿，矿产地实例为隆德县黄草沟、海英岔铜矿点。

矿体均呈扁豆状赋存于矿化浅色层中，层位稳定，分布分散，产状随浅色层而变，矿体规模大小不等，矿石构造主要有浸染状构造。金属矿物主要为孔雀石，其次有少量黝铜矿、斑铜矿、辉铜矿，微量黄铜矿及次生蚀变的铜蓝和蓝铜矿；非金属矿物主要有长石、石英，次为绿泥石、绢云母、黑云母、碳质碎屑等，极少量锆石、磷灰石、电气石、榍石、金红石。

（7）六盘山式油页岩

马东山组中泥页岩层系多、分布广、厚度大，岩性稳定，沉积物极细，主体为一套灰黑色、深灰色泥岩、页岩、泥灰岩，并在中上部夹油页岩，富含有机质及丰富的生物化石。实测地质剖面表明，该组泥页岩厚度超过1000 m，底部有机质丰富，生烃潜力良好，局部地表可以见到油页岩。

（8）六盘山式石膏、芒硝、岩盐

燕山运动形成六盘山盆地，盆地属古陆高山环绕的深盆地区的湖泊，湖盆周围剥蚀物搬运到湖盆中沉积。早白垩世晚期，随着气候的干旱-湿润交替出现，发育冲积扇、河流、三角洲及浅湖、咸化湖沉积，蒸发沉积形成盐类矿床。

八、腾格里早古生代增生楔与燕山期热液作用有关的铁、铜、金、银、铅、锌、硫铁矿、重晶石矿床成矿系列（8-III_4^1-Mz_2-F）

1. 成矿时代（构造旋回）

成矿时代为燕山期。

2. 矿床类型

矿床类型为中低温热液型铁、铜、金、银、钴、铅锌、硫铁矿、重晶石矿床及矿点。主要矿种为铜、金、铅锌，次为铁（菱铁矿）、硫铁矿、重晶石，伴生银、钴。

3. 代表性矿产地

代表性矿产地有吴忠市双圈（广武山）、茶树沟铜矿床，骡子沟铁矿点，一条岭重晶石矿床；中卫市大铜沟、照壁山（古老采铜矿遗迹）、红石堆、铁铜沟（土窑）、狼嘴子铜矿床，照壁山、新照壁山、石墩水、骆驼山、石门硐、驴尾巴湾、星铁山、二人山、黄石坡沟、泉山井、撅屁山西、锅底湖、白土井、涩井沟、乌车梁、大石头井沟、单梁山三角点、新水铁矿床，二人山银铅硫铁矿床，米地梁、黄石坡-金场子重晶石矿床，金场子、黄石坡沟金矿床；固原市杨家岭铅锌矿床（铅洞山矿段、立洼峡矿段）。

4. 主要成矿作用

主要成矿作用为中低温热液成矿作用。

5. 成矿地质构造环境

阿拉善微陆块卫宁北山一带，控矿地层主要为奥陶系—泥盆系—石炭系。在北祁连造山带东端六盘山一带，控矿地层为下白垩统三桥组及和尚铺组。在燕山期构造岩浆活动的环境下，深部岩浆侵入提供的热动力，驱动流体作用活化成矿物质迁移，充填在断裂破碎带成矿。

6. 矿床式论述

（1）照壁山式铁

含矿建造主要为上石炭统羊虎沟组页岩、砂岩，次为下石炭统前黑山组、臭牛沟组钙质砂岩、页岩。这些地层中（尤其臭牛沟组）常见菱铁矿结核、铁质结核、铁质条带，还见鲕状赤铁矿，可为后期活化成矿提供物质来源。铁矿体赋存于地层的构造裂隙中。矿体形态为透镜状、脉状。原生矿石为菱铁矿矿石，浅部氧化矿石有褐铁矿矿石。但局部也有含矿建造为上泥盆统中宁组。

（2）铜铁沟-大铜沟式铜

大铜沟-照壁山一带分布有上泥盆统中宁组，下石炭统前黑山组、臭牛沟组和上石炭统羊虎沟组。经受构造作用形成近东西向的褶皱，并伴有北西—南东、北东—南西和近南北及东西向断裂。矿区内见有闪长玢岩脉及热液有关的石英脉、方解石脉、菱铁矿脉，与成矿关系密切。铜矿分布于大铜沟倾伏背斜转折端及南北两翼，矿体主要受层间断层破碎带控制。矿体均赋存于上石炭统羊虎沟组底部层位，含矿岩石主要为灰白色石英岩状砂岩及灰-灰绿色粉砂质页岩，局部为粉砂质板岩。矿石类型主要为石英脉型-破碎蚀变岩型铜矿。

（3）金场子式金

上泥盆统和下石炭统沉积岩系为控矿地层，通过该套地层的构造破碎带为控矿构造。上泥盆统中宁组岩性为钙质砂岩、粉砂岩夹泥质、砂质灰岩透镜体。下石炭统前黑山组及臭牛沟组岩性为灰岩、钙质粉砂岩、砂岩、泥页岩。燕山期闪长玢岩有关深部中酸性岩浆活动提供热动力，岩浆热液与被加热的地下水混合，活化泥盆系—石炭系中金等矿质，迁移到构造裂隙沉淀成矿。

（4）二人山式银、铅、硫铁矿

上泥盆统中宁组与下石炭统前黑山组为控矿层位，断裂破碎带为控矿构造。燕山期闪长玢岩有关岩浆活动提供的热动力，活化银、铅等成矿物质迁移，充填在断裂破碎带成矿。

二人山银铅硫铁矿区圈定11个硫铁矿体，呈透镜状、串珠状，剖面上呈斜列分布。原生矿石矿物主要为黄铁矿、毒砂，其次为黄铜矿、斑铜矿等。矿石构造有角砾状、条带状、块状、斑杂状、脉状等。围岩蚀变主要为硅化、碳酸盐化，其次为钠长石化、高岭土化、重晶石化和绢云母化。矿床S平均品位17.3%。

（5）杨家岭式铅、锌

含矿建造为下白垩统三桥组及和尚铺组，三桥组主要岩性为褐灰、黄灰、浅灰色中-巨厚层状细-巨砾岩，局部夹少量褐灰、浅灰色砂砾岩，含砾粗砂岩。和尚铺组主要岩性为青-青灰色厚层状泥质灰岩、薄层钙质泥岩。成矿类型为石英脉型（铅洞山矿段）和破碎带蚀变岩型（立洼峡矿段）。金属矿物以方铅矿为主，次为闪锌矿，少量黄铜矿、辉银矿、斑铜矿、黄铁矿，非金属矿物有石英、方解石、重晶石。发育不同程度的硅化和重晶石化、黄铁矿化，局部有强烈方铅矿化和闪锌矿化。

下白垩统三桥组及和尚铺组为控矿层位，穿切该地层的断裂破碎带为控矿构造，后期的热液作用活化地层中矿质在断裂破碎带沉淀成矿。

九、与新生代沉积作用-表生作用有关的铁、石英砂、石膏、粘土、地下水等矿床成矿系列（9-Cz-1）

新生代成矿作用以沉积作用为主，次为表生作用。古近纪赋矿地层为寺口子组及清水营组。寺口子组富含石英砂及粘土矿物，清水营组赋含矿种以石膏为主，次为石英砂、膨润土。新近系彰恩堡组可开采石英砂矿及粘土矿。第四系成矿作用相对比较复杂，形成的矿种既有Fe-Co-砂金等金属矿，又有石英砂、粘土、泥炭等非金属矿产，还有地下水、矿泉水等水气矿产。新生代矿产在全区均有分布。根据成矿时代及成矿作用不同，进一步划分为4个成矿亚系列。

（一）与古近纪—新近纪沉积作用有关的粘土、石英砂、石膏矿床成矿亚系列（Cz_1-S-1）

1. 成矿时代

成矿时代为古近纪—新近纪。

2. 矿床类型

矿床类型为机械沉积型矿床（石英砂岩）、机械-胶体沉积型矿床（膨润土、粘土）、蒸发沉积矿床（石膏）。

3. 代表性矿产地

石膏：吴忠市南泥沟、石记场北、石记场、余家圈、青山、窨子山、官滩、灵应山石膏矿；石嘴山市平罗县陶乐北石膏矿床；中卫市贺家口子、碱台子、百套子、下原套、田子塌、塌山洼、石峡口石膏矿床；固原市双河湾、赵家洼-王辛湾、隆德县石膏矿床。

石英砂：银川市黄羊滩（水泥配料）、花布山（铸型用）石英砂岩矿床；吴忠市青马圈（玻璃用）、苦水河（铸型用）、红土沟（玻璃用）、双井子-红崖子（铸型用）、新庄（铸型用）、火车站（铸型用）、青铜峡（铸型用）、河西（铸型用）石英砂矿床；固原市彭堡乡北湾（玻璃用）、梁家台（铸型用）、石岘子（铸型用）、石门子（铸型用）、沙窝（铸型用）、小黄峁山（铸型用）、开城（铸型用）、荞花台（铸型用）、高圪陵（玻璃用）、小黄峁山-青石峡口（水泥配料用）石英砂矿床。

粘土：吴忠市河西镇花豹湾（水泥用）粘土矿床，黄羊滩、黄羊滩南、马常滩、胶泥沟（水泥配料）粘土矿床；中卫市油井山（水泥配料用）粘土矿床。固原市黄峁山、刘家沟（水泥配料）粘土矿床。

膨润土：银川市周家沟膨润土矿床。

4. 主要成矿作用

主要成矿作用以沉积成矿作用为主，具体为机械沉积成矿作用、蒸发沉积成矿作用、机械-胶体沉积成矿作用。

5. 成矿地质构造环境

宁夏古近纪普遍发育清水营组，新近纪普遍发育彰恩堡组。

清水营组整合于寺口子组之上或直接不整合于下伏下白垩统或更老地层之上，为一套干旱气候条件下的河流相-湖泊相红色碎屑岩-膏岩沉积，岩层产状平缓且出露不佳。局部地段岩性为紫红、砖红、橘红色泥岩、粉砂质泥岩夹灰白色石英砂岩等，形成石英砂矿床；局部地段岩性以橘红色泥质粉砂岩、细砂岩为主，夹灰绿、灰白色泥质砂岩、石膏质砂岩和石膏，形成石膏矿床；局部地段沉积的泥岩物源区的粘土矿物为蒙脱石时，形成膨润土。

彰恩堡组与下伏渐新统清水营组平行不整合或不整合接触，或直接不整合于下白垩统或更老地层之上，为一套干旱气候条件下河流相-湖泊相红色碎屑岩及杂色碎屑岩沉积，主要岩性为砂砾岩、砾岩、砂岩、粉砂岩、粉砂质泥岩。其中，砂岩局部构成石英砂矿产，泥岩局部构成粘土矿产。到晚期湖水蒸发量较大时段，则沉淀物夹有泥灰岩与石膏。

6. 矿床式论述

（1）清水营式石膏

古近纪渐新统湖相沉积环境，在干旱气候条件，湖水逐步蒸发沉积形成石膏（$CaSO_4 \cdot 2H_2O$），甚至短暂时段浓缩咸化水中锶富集沉积出天青石（$SrSO_4 \cdot 2H_2O$）、岩盐、芒硝。成岩过程，部分石膏脱水变为硬石膏（$CaSO_4$）。石膏矿含矿建造为渐新统清水营组，属河湖相红色碎屑岩含石膏沉积。

（2）寺口子-清水营式石英砂岩

寺口子组不整合于下白垩统六盘山群或更老地层之上，为一套山麓相-河流相的红色碎屑岩沉积，下部为灰红、紫红色厚层-块状粗-细砾岩，上部为橘红、紫红色块状含砾粗-中粒长石石英砂岩夹灰红色中-厚层砾岩及少量粉砂质泥岩。

清水营组整合于寺口子组之上，为一套干旱气候条件下的河流相-湖泊相红色碎屑岩-膏岩沉积，主要由泥岩、砂岩和石膏组成，其中砂岩局部有灰白色石英砂岩具经济价值，主要为铸型用砂，次为玻璃用砂和水泥配料用砂。

（3）寺口子-清水营式粘土

寺口子组中所夹的少量泥岩在海原县油井山一带构成小型粘土矿床（水泥配料用）。清水营组的泥岩在固原市原州区黄峁山和泾源县刘家沟一带构成小型粘土矿床（水泥配料用）。

（4）彰恩堡式石英砂

赋矿地层新近系中新统彰恩堡组与下伏古近系渐新统清水营组平行不整合或不整合接触，或直接不整合于下白垩统或更老地层之上，为一套河湖相红色碎屑岩沉积，主要由橘红、橘黄、紫红色泥岩、粉砂质泥岩和砂岩组成。下部为橘红-橘黄色粘质砂土、砂质夹灰白色胶结较松散的长石石英砂岩和少量灰绿色泥质条带；上部以土红色砂质为主，夹灰白色半胶结的长石石英砂岩、石英砂岩及砂砾岩透镜体。该组地层局部长石石英砂岩达到铸型砂工业要求，石英砂岩达到玻璃用及水泥配料用工业要求。

（5）彰恩堡式粘土

同心县花豹湾一带彰恩堡组，岩性为紫红色、橘黄色泥岩及粉砂质泥岩、泥岩组成。花豹湾粘土矿床（水泥用），粘土矿层平均厚32 m，矿石为泥岩，含 MgO 3.32%，硅酸率2.1~3.7，铝氧率2.64。

（二）与第四纪沉积作用有关的铁、砂金、石英砂、泥炭、盐类矿床成矿亚系列（Cz_2-S-2）

1. 成矿时代

成矿时代为第四纪。

2. 矿床类型

矿床类型有化学沉积型矿床（铁）、蒸发沉积型矿床（石盐、芒硝）、砂矿型矿床（石英砂）、生物化学沉积型矿床（泥炭）、砂矿型矿床（砂金）、风积型矿床（黄土）。

3. 代表性矿产地

与第四纪沉积作用有关的铁、砂金、石英砂、泥炭、盐类矿床成矿亚系列矿床分布较为分散且矿床规模较小，各矿种分布情况如下：

铁矿：中卫市麦垛山、旗杆石台子、泉山井南、正口子东北、跃进岗铁矿点。

泥炭：固原市开城、陈儿沟、毛家磨、黄鼠钻、新旗、王套泥炭矿点。

石盐、芒硝：银川市海子井硝盐；吴忠市海牛滩芒硝，硝池子芒硝、湖盐矿点，井沟芒硝，惠安堡硝盐，井沟硝盐，红寺堡大盐池芒硝矿；中卫市西安镇干盐池湖盐矿床；固原市硝口芒硝泉、庙儿岔芒硝。

石英砂：中卫市营盘水石英砂矿床。

黄土：固原市上蒿店黄土矿床（水泥配料）。

砂金：石嘴山市跑马崖砂金矿点。

4. 主要成矿作用

主要成矿作用以沉积成矿作用为主，具体有化学沉积成矿作用、蒸发沉积成矿作用、生物化学沉积成矿作用、机械沉积成矿作用。

5. 成矿地质构造环境

第四纪干旱-半干旱地带，陆相河流、湖盆及山间坳地型沉积环境。化学沉积作用形成铁矿，蒸发沉积作用形成芒硝，机械沉积作用形成石英砂，现代沼泽生物沉积泥炭，现代盐湖蒸发沉积湖盐、芒硝，冲积沙砾层赋存砂金矿。

6. 矿床式论述

（1）麦垛山式铁

卫宁北山地区下更新统砂砾岩层中赋存沉积型铁矿，如：中卫市麦垛山铁矿床，旗杆石台子、泉山井南、正口子东北、跃进岗铁矿点。

麦垛山小型铁矿床在地貌上为一个孤山包，高近120 m，山顶平坦，由下更新统砂砾岩层组成，四周被风成砂覆盖，不整合于上石炭统羊虎沟组灰绿色砂岩及砂质页岩之上。矿石类型为含铁砂岩，砂粒为石英，直径0.01~0.4 mm。赤铁矿及少量褐铁矿作为胶结物存在于矿石中，呈基底型胶结，海绵陨铁结构。

（2）开城式泥炭

泥炭大多分布在六盘山的中山地貌与中等切割的黄土丘陵地貌的过渡带附近。靠近六盘山体一带泥炭不稳定，多数呈透镜状。厚度变化较大，最大厚度0.58 m，最小仅几厘米。颜色为褐黄色、纤维状结构，松散、孔隙度大，植物残体多而长，分解度15%~20%，自然含水量大，属潮湿型泥炭。

多数泥炭地为裸露型，泥炭层底板为亚砂土和砂砾石层，基底为古近系渐新统红色碎屑岩。远离六盘山体的泥炭层比较稳定，多呈层状，厚度也较大。颜色加深，一般为黑褐色，呈半纤维-木屑状结构，较致密，分解度高，一般可达40%左右，含水量小，多数泥炭地为埋藏型，但埋藏深度较小。

（3）海子井式硝盐

全新统中的洪积层、风积层、冲积层之上各层有芒硝及盐显示：湖积层分布于灵盐台地现代湖泊、积水洼地及盐碱滩地中，以惠安堡四周较发育，岩性为灰黑、灰褐色细砂、粉砂质及淤泥，含少量盐和芒硝，厚度0.5~10 m；沼积层主要分布于灵盐台地现代湖泊边缘或低洼处，岩性为灰褐色细砂、粉砂，含少量盐、芒硝，其上植被发育，厚度0.5~5 m；湖沼积层主要分布于银吴平原现代湖泊中，岩性为黄褐、灰黑色细砂、粉砂、砂质及淤泥，厚度2~5 m，有的咸水湖夹有芒硝、盐等化学沉积；化学沉积层主要分布于惠安堡附近现代盐湖中，为灰白色盐、芒硝等化学沉积，湖中卤水和卤盖均含盐较高，已被开采利用。

（4）石嘴山黄河式砂金

矿区位于贺兰山东麓黄河冲积平原，紧邻黄河。跑马崖砂金矿位于黄河Ⅰ级阶地，残留的Ⅰ、Ⅱ级阶地冲积层即是含矿层，高出黄河河面3 m。赋存于上更新统洪冲积砂、砾石、砂土中。含金砂砾层的砾石成分主要为石英、石英砂岩、片麻岩及少量伟晶岩等。砾石磨圆度较差，半棱角状者居多。该砂金矿点西侧就是贺兰山北段金矿化集中区，有较多石英脉-蚀变岩型金矿点分布，判断该区岩金矿及古元古界岩石受剥蚀风化搬运，是砂金的物质来源。

矿体呈似层状，透镜状产出，沿Ⅰ级阶地出露，与河床平行延伸。矿区分布范围南北长1500 m，宽度约700 m。大致分为两个矿层：Ⅰ矿层为细粒层，厚度0.2~1.5 m；Ⅱ矿层为粗粒层，厚度1~3 m。矿石主要为含金砂砾层，次为含砾粘土砂层。矿物组合：自然金、磁铁矿。砂金呈鳞片状，粒径0.01~0.2 mm。

（三）与第四纪风化作用有关的铁、钴、膨润土矿床成矿亚系列（Cz_2-H-3）

1. 成矿时代

成矿时代为第四纪。

2. 矿床类型

矿床类型为风化壳型矿床（铁、钴、膨润土）。主要矿种为铁、膨润土，次为钴。

3. 代表性矿产地

代表性矿产地有中卫市茶梁子铁钴矿床，马道梁铁钴矿点，二人山膨润土矿床。

4. 主要成矿作用

主要成矿作用为表生风化成矿作用（硫铁矿脉近地表浅部风化为铁钴矿；热液蚀变带近地表浅部风化形成膨润土）。

5. 成矿地质构造环境

第四纪内陆干旱地带，构造破碎矿化蚀变带，剥蚀暴露于近地表风化环境，风化残积物形成风化壳矿产。

6. 矿床式论述

（1）茶梁子式铁、钴

含矿建造为上泥盆统中宁组与下石炭统臭牛沟组沉积岩系，地层中的南北向构造破碎带控矿。

燕山期热液活动在上泥盆统与下石炭统沉积岩系的断裂破碎蚀变带中形成含钴硫铁矿；新生代剥蚀出露地表后，风化变为含钴褐铁矿，同时有害元素硫被淋滤流失。

（2）二人山式膨润土

金场子-黄石坡沟-二人山东西向控矿构造蚀变带剥蚀出露地表，经受风化，局部地段形成有价值的膨润土矿。含矿带东起金场子，西至黄石坡沟，总体长度1.8 km，断续分布10个大小不等的膨润土矿体。各矿体长度40~600 m，厚度3~70 m，膨润土矿石中有用矿物蒙脱石含量变化于35%~

75%之间，绢云母 30%~40%，少量斜长石、伊利石、石英、高岭石、石膏、褐铁矿等。

蒙脱石常产于由火山灰及凝灰岩分解而成的斑脱岩中，伴有未变化的火山玻璃、火山碎屑等；也产于金属矿脉和矿床的热液蚀变物、温泉、钙质沉积岩、硅质白云岩及镁铁质岩石的风化土壤中。根据具体地质情况，我们判断本区膨润土矿应是金属矿脉和矿床的热液蚀变物绢云母等再经风化的土壤。

（四）与第四纪流体作用有关的米脂玉（钟乳石）、地热（水）、地下水、矿泉水矿床成矿亚系列（Cz_2-F-4）

1. 成矿时代

成矿时代为第四纪。

2. 矿床类型

矿床类型为中低温热液型矿床，主要矿种为地下水、矿泉水、地热水，次要矿种为米脂玉（学名钟乳石）。

3. 代表性矿产地

地下水水源地在全区均有分布，而矿泉水和地热主要分布在银川市和石嘴山市。分布情况如下：

地下水：银川市南郊、北郊、东郊、南梁、南部、征沙、永宁、贺兰、崇兴、大泉水源地。吴忠市金积、小坝、大坝、青铜峡镇、沙泉、小红沟、骆驼井水源地。石嘴山市第一、第二、第三、第四、第五、大水沟水源地。中卫市城市饮用水、城市备用饮用水、康滩、海原县老城区水源地。固原市彭堡、彭阳县县城水源地。

矿泉水：银川市小口子泉、大泉矿泉水，吴忠市庙山湖泉、鸽子山泉矿泉水，石嘴山市石炭井甘泉、龙泉寺泉、暖泉矿泉水，中卫市沙坡头艾泉矿泉水，固原市黑眼泉、和尚铺泉、十里滩泉、供水井矿泉水。

地热水：银川市 Y1 地热井（御泉湾）、Y3 地热井（铁矿文化宫）、Y4 地热井（绿悦）、Y5 地热井（三沙源）、Y6 地热井（天沐温泉）、Y7 地热井（志辉山庄）、Y8 地热井（沙温泉）、Y9 地热井（檀溪谷）、Y10 地热井（花博园）、NHR-1 地热井（文化园）、DRT-03 地热井、DRT-04 地热井、DRT-05 地热井。石嘴山市 NSR-2 地热井（奇石山）、NSR-1 地热井（沙湖）地热井。中卫市 SHK-02 地热井。

4. 主要成矿作用

主要成矿作用以流体成矿作用为主，具体为地表水入渗地下循环，被过滤掉泥沙，并且符合工农业生产用水标准和/或饮用水标准，同时日流量能满足一定的需求，即可作为普通淡水的水源地。如果循环过程溶解了对人健康有益的物质组分，则形成矿泉水；如果被地下热能加热，则变为地热水。碳酸盐地层中，地下水渗滤溶解了碳酸钙，在地下溶洞再沉淀形成米脂玉。

5. 成矿地质构造环境

宁夏广大的第四纪内陆地带，干旱-半干旱山间盆地及低缓山区，大气降水在松散-半固结沉积物空隙、岩石裂隙、碳酸盐岩溶洞循环储存，形成地下水。此外，大气降水通过贺兰山、牛首山、中卫-同心等断裂补给深部地下水，深部地下水在渗流过程中吸收周围岩石中的热量并通过其他断裂将热量向上传递，同时，这些断裂为热水向上传递提供良好通道，形成地热水。

6. 矿床式论述

（1）渗滤式地下水

银川市地下水受黄河水、引黄灌溉水的入渗补给和周边山区地下水的侧向补给，地下水资源极为丰富。地下水类型属于第四系松散岩类孔隙水，按其含水结构，可分为以下两种：①贺兰山山前洪积倾斜平原单一潜水区，含水层主要岩性为块石、碎石和砂砾石，颗粒粗大，结构松散，透水含水性好。单井涌水量一般大于 2000 m^3/d，地下水溶解性总固体小于 0.5 g/L，各项水质指标均满足国家生活饮用水水质标准，为良好的生活和工业用水水源。②冲洪积-冲湖积平原潜水-承压水分布区，银川市在 250 m 深度内大致可划分为 3 个含水岩组，在局部地区也可划分为 4 个含水岩组。第Ⅰ含水岩组含水层岩性主要为含砾细砂、细砂和粉细砂，单井涌水量 1000~2000 m^3/d，水位埋深多 2~4 m，与山前洪积倾斜平原单一潜水相连，并接受单一潜水的侧向补给。第Ⅱ含水岩组含水层岩性以细砂、粉细砂和细粉砂为主，间夹薄层粘砂土和砂。地下水溶解性总固体一般小于 1 g/L，单井涌水量一般大于 3000 m^3/d。Ⅲ含水岩组：含水层岩性以细砂为主，夹薄层粉细砂和细粉砂。单井涌水量均大于 2500 m^3/d，溶解性总固体一般小于 1 g/L，局部 1~3 g/L。

吴忠市地下水类型属于第四系松散岩类孔隙水，按其含水结构，可分为峡口冲积扇单一潜水区和潜水、承压水多层结构含水区：①峡口冲积扇单一潜水区，该区分布于青铜峡口以北，黄河东岸。含水层岩性以砂卵石为主，向北夹砂层，岩性粒度向北变细。单井涌水量 3000~5000 m^3/d，矿化度小于 1 g/L，为良好的生活用水。②潜水-承压水多层结构含水区，上覆潜水、含水层以砂卵石、粉细砂为主，厚度 10~50 m，单井涌水量小于 2000 m^3/d，矿化度 1~3 g/L，局部小于 1 g/L 或大于 3 g/L，有一定供水价值。下伏承压水在 300 m 勘探深度内一般有两组承压水。第一承压水含水岩组岩性以粉细砂为主夹中粗砂层，单井涌水量 1000~2000 m^3/d；第二承压水含水岩组岩性以粉细砂为主，单井涌水量 100~3000 m^3/d。承压水水质一般在黄河沿岸地区水质较好，多为矿化度小于 1 g/L 的淡水（伏总强等，2010）。

石嘴山市主要开采贺兰山山前洪积扇地下水和冲湖积、冲洪积平原多层结构区承压地下水，其主要水文地质特征如下：①贺兰山山前洪积倾斜平原沿贺兰山呈南西—北东向条带分布。120 m 以上为单一潜水，潜水含水层岩性总体上自西向东由粗变细，由块石、卵砾石变为砂砾石夹砂层，单井涌水量大于 1000 m^3/d，地下水矿化度一般小于 1 g/L，在简泉农场附近 0.9~1.5 g/L。②冲湖积、冲洪积平原多层结构的潜水-承压水区分布在贺兰山山前洪积倾斜平原以东的广大冲湖积、冲洪积平原。上覆潜水与下伏承压水之间有一相对稳定的隔水层，在含水层内部分布着少量的粘性土透镜体。含水层岩性以细砂、粉细砂为主，部分地段上覆较厚的粘性土，潜水微具承压性。单井涌水 1000~2000 m^3/d，矿化度多大 1 g/L。下伏承压水在 300 m 勘探深度内可划分为第一、第二承压含水岩组。第一承压含水岩组含水层岩性主要为细砂、粉细砂，单井涌水量一般 1000~5000 m^3/d，第二承压水单井涌水量多大于 3000 m^3/d。

中卫市地处黄河灌区，地下水资源比较丰富。地下水类型为黄河冲积平原第四系孔隙潜水。沉降中心大致在黄庄-中卫一带，一般在 50 m 深度内主要为黄河冲积砂砾卵石层，岩性比较稳定，潜水一般为 10~50 m，富水性一般河床向山边减弱，单井涌水量 100~2000 m^3/d，矿化度小于 1 g/L（余秋生等，2014）。

固原市位于沿黄河的一级支流清水河流域，河谷平原长 175 km，宽 5~7 km。该新生界断陷带，沉积了厚层的第四系松散沉积物，这些沉积物的孔隙成为地下水赋存的天然场所。该地域近年勘查了固原市原州区彭堡水源地。

（2）深循环式地热水

卫宁盆地的地热分布于牛首山断裂带与中卫-同心断裂带之间的三角区域，是一个多期复合的挤压性下陷盆地，构造活动强烈，处于地热异常区。1988 年，宁夏回族自治区地质矿产局矿产地质调查所在中卫市黄石坡沟开展金银矿普查时，先后在 ZK9102、ZK9301 和 ZK8901 三个钻孔中发现了地下热水，孔深分别为 310.74 m、298.54 m 和 243.70 m，水位埋深分别为 127 m、147 m 和 205 m，地下热水储存于东西向构造的破碎带中，出水温度 36~41℃，单井出水量 360 ~768 m^3/d，矿化度大于 5 g/L，水化学类型为硫酸氯化物钠钙型（SO_4·Cl-Na·Ca），这是宁夏第一次发现地下热水。该地热显示的发现，预示着卫宁盆地及卫宁北山地区将成为宁夏地热资源远景有利区（宁夏回族自治区地质矿产局矿产地质调查所，1989）。

此外，在银川盆地 7200 km^2 的土地上，地热田面积达 2900 km^2。初步估算 3000 m 内蕴藏的大于 40℃地热资源达 11200×10^8 m^3，折合标准煤 144×10^8 t。地温梯度大于 4.0℃/100m 的区域分布于银川、贺兰、永宁 3 个地段，面积为 563.88 km^2，为中低温地热田范围。地温梯度为 2.0~4.0℃/100 m

的区域分布于平罗-银川-永宁一带的中部深陷区，面积为 1950.98 km^2，为低温地热田范围。考虑各种方法的研究结果与浅层地温梯度分布范围的一致性，将浅层地温梯度大于 2.0℃/100m 等值线圈闭范围确定为银川盆地地热田范围，面积达到 2514.86 km^2。

（3）渗溶式米脂玉

米脂玉，矿产地实例有中卫市黄羊滩米脂玉矿点，矿点位于中宁县黄羊滩火车站北西约 2.5 km 处，产于下石炭统臭牛沟组，岩性为微晶-隐晶灰岩、砂质灰岩、角砾状灰岩、中厚层砂岩、砂质页岩、钙质细砂岩，厚 250 m。发育一条近东西向（张性）断裂，钟乳石产生于断层角砾岩溶洞中，沿断裂两壁呈被膜状、钟乳状和透镜状，宽 0.2~1 m，一般为 0.4 m 左右。

（4）渗溶式矿泉水

渗溶式矿泉水主要沿构造断裂带分布：

南华山、西华山北缘大断裂矿泉水储水构造带，沿西华山、南华山北缘油坊园、曹洼及寺口子以南一线分布，目前发现一处海原曹洼泉，Sr 含量较高，该泉出露于南华山山前断裂带上，泉水流量 2.46 m^3/d，水温 6℃，矿化度 0.53 g/L，ρ（Sr）= 1.37 mg/L，水化学类型为 SO_4-HCO_3—Ca-Mg 型水。水温、流量动态不稳定，为 Sr 含量较高的一般泉水（杨智敏等，2008）。

南华山、西华山南缘-六盘山东缘大断裂矿泉水储水构造带沿西华山、南华山南缘向南东经硝口、开城、和尚铺一线分布，沿断裂带出露硝口泉、开城泉、和尚铺泉 3 处矿泉水，矿泉水主要储存于新近系、古近系、白垩系湖相碎屑岩中，岩石破碎，节理裂隙发育，其中硝口泉为高矿化医疗矿泉水，开城泉、和尚铺泉为含 Sr 饮用天然矿泉水，泉水流量 12~121 m^3/d，水温 6~7.8℃，ρ（Sr）= 0.7~1.3 mg/L，水化学类型为 SO_4—Ca-Na 或 HCO_3—Ca-Mg 型水。

贺兰山东麓大断裂矿泉水储水构造带展布于贺兰山东麓，北始于贺兰山，向南可达青铜峡，并与青铜峡-固原断裂相交，为全新世活动断裂，沿断裂带出露有小口子泉、龙泉寺泉、暖泉矿泉水，矿泉水主要储存于古生界碎屑岩和第四系松散岩类中，泉水流量 35~169 m^3/d，水温 9~13.5℃，ρ（Sr）= 0.252~0.513 mg/L，水化学类型为 HCO_3—Ca 或 HCO_3—Ca-Mg，HCO_3—Ca-Na 水。

牛首山-固原大断裂矿泉水储水构造带，断裂沿牛首山、大小罗山东缘双井、固原及泾源以东一线分布，沿断裂带出露双井泉、楼房沟泉、园子泉、十里滩泉 4 处矿泉水或 Sr 含量较高的一般泉水。矿泉水主要储存于断裂带新近系、古近系、白垩系湖相泥岩、泥质粉砂岩、砂岩以及深部奥陶系灰岩中，岩石破碎，节理、裂隙发育。其中双井泉、楼房沟泉为天然医疗矿泉水，园子泉、十里滩泉为饮用天然矿泉水或 Sr 含量较高的泉水，泉水流量 84~163 m^3/d，水温 10~24℃，医疗矿泉水多为高矿化水，并含有 H_2S 气体，水化学类型 SO_4—Na 水；饮用矿泉水多为淡质、低矿化水，微量元素 ρ（Sr）= 0.7~5.3 mg/L，水化学类型为 HCO_3—Ca-Mg 水。

此外，位于中卫市西北部的沙坡头荒漠湿地，地处黄河冲积平原与腾格里沙漠之间的缓冲地带，由其北侧的沙山地带降雨形成的地下径流，经沙漠渗漏至低洼地，形成湖泊湿地，沼泽湿地。其地下水埋深 3~17 m，井涌水量为 50 m^3/d 以下。对中卫沙漠沙山洼地自然形成有许多湖泊，当地群众称其为泉湖，如“一碗泉”“艾泉”“沙梁泉”“沙泉湖”等。已鉴定“艾泉”达到含锶（Sr）饮用天然矿泉水标准，可开采资源量为 496.70 m^3/d（杨智敏等，2008）。

第三节　区域成矿谱系

陈毓川等（2007）关于区域成矿谱系的定义为“一个区域内地质构造演化过程中成矿作用的演化及时空结构”。宁夏根据不同的成矿时间以及矿产地所在Ⅳ级成矿区带的构造环境（即成矿环境），以表生作用、沉积作用、岩浆作用、变质作用、含矿流体作用构建宁夏矿产矿床成矿谱系（图 35-2）。

宁夏成矿作用以沉积作用为主，含矿流体作用次之，成矿谱系图可全面直观的反应宁夏矿产的演化特征，表达方式为成矿时期-构造单元（成矿环境）-成矿系列（成矿作用）。成矿谱系图中仅反映各成矿系列所涉及构造单元范围内的成矿环境，如果成矿系列划定范围不涉及某个构造单元，则该构造单元的构造环境为空白，这样便可一目了然地看出每个成矿系列的成矿环境，如：与中元古代变质作用有关的 Fe-硅石-白云石大理岩-砚石矿床成矿亚系列，其成矿环境为北祁连造山带内挤压岛弧-弧后盆地环境。

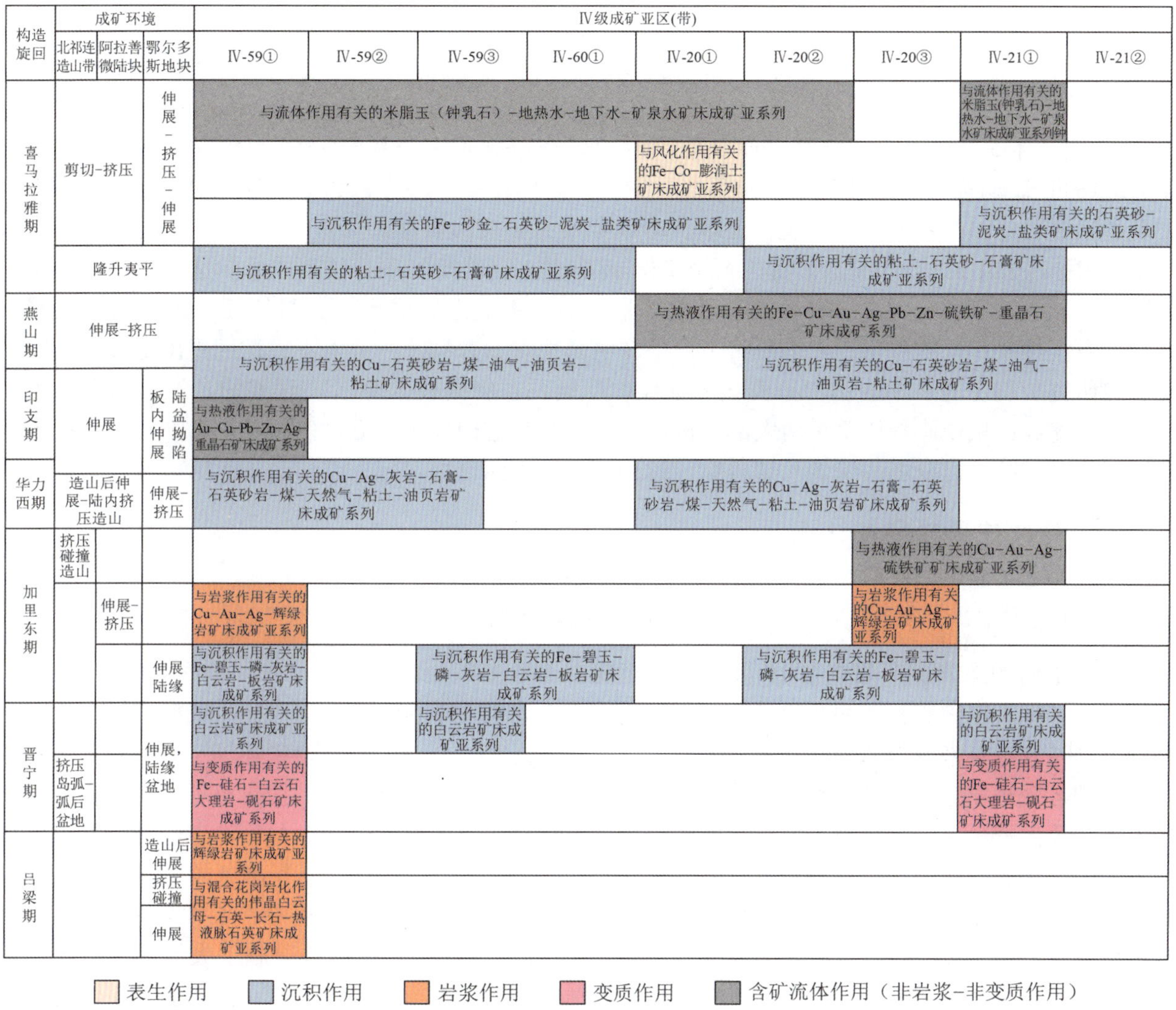

图 35-2　宁夏主要矿产矿床成矿谱系

结　　语

"中国矿产地质志·宁夏卷"项目自2014年开展工作以来，经过项目组全体技术人员的共同努力，于2019年5月完成了《宁夏矿产地质·中国矿产地质志·宁夏卷·普及本》的研编及出版工作，2018年12月完成了《中国矿产地质志·宁夏卷》的评审，2019~2021年对《中国矿产地质志·宁夏卷》进行了多次修改完善和复核复审，2021年9月提交出版社。

《中国矿产地质志·宁夏卷》是"中国矿产地质志·宁夏卷"项目核心成果，是"中国矿产地质志"的有机组成部分，也是宁夏目前矿种覆盖最全面、集成勘查成果资料最广泛、综合研究最深入的一部专业性矿产地质志书。志书研编工作是在中国地质调查局统一部署下，按照中国地质科学院矿产资源研究所制定的《中国矿产地质志·省级矿产地质志研编技术要求》开展的。本志书主要由矿产资源分述和区域成矿规律总结两大部分构成。全面客观地记述了宁夏已发现矿种矿产资源情况，并对区域成矿规律进行全面系统的总结研究，达到了项目预期目标。

一、研编主要成果和认识

（一）完成了宁夏全区矿产勘查资料的综合集成

宁夏境内的地质矿产调查自19世纪末始至现在100多年的时间，经过几代地质人的辛勤劳动，积累了大量矿产勘查资料，并取得了一系列的勘查成果。本志书在全面搜集以往全区矿产勘查资料的基础上，结合近年来取得的一系列新成果，较为客观、真实、全面、准确地记述了宁夏矿产资源的整体情况和客观规律。项目开展过程中，项目组通过各种渠道全面开展资料的搜集整理工作，共搜集整理了500余份资料，内容涵盖了地质、矿产、物探、化探、水工环等方面，包括评审汇交的各类地勘报告、内部报告、各类年报（地质矿产年报、统计年鉴、水资源公报）、公开出版的专著、论文、政府权威发布的地质矿产通讯以及宁夏矿产资源储量库等。在项目开展的过程中，项目组有计划、有目的、分阶段开展了多次重要（典型）矿床（点）的野外实地调研，拍摄并录制了大量一手野外观测影像资料，注重从专业角度展示各矿产地特征的同时，还特别从人文角度出发，突出展示了宁夏优势矿产资源、地方特色矿产资源及产地特征。这些影像资料的取得，不仅为本项目普及本和志书研编增色，也丰富了项目数据库建设，更为以后矿产资源研究提供了一手的现场资料。

（二）对宁夏全区矿种和矿产地进行重新梳理

本次工作在宁夏矿产资源潜力评价所涉及的煤炭、金、铜、铁、银、铅、锌、磷、硫、重晶石10个矿种基础上，对照"全国省（自治区、直辖市）矿床地质志矿产资源分类表"中所列182种矿产资源，结合宁夏矿产资源实际，对全区已发现的矿产资源进行了系统的梳理，按能源矿产、金属矿产、非金属矿产和水气矿产四大类，共划分矿种71个（其中主矿种45个），入志63个（其中主矿种39个）。共厘定各类矿产地358处（共伴生矿产地按1处计），其中，能源矿产地42处，金属矿产地71处，非金属矿产地189处，水气矿产产地共计56处。

（三）对宁夏矿产资源进行系统总结

1. 对矿产资源概况进行总结

宁夏虽然地域较小，但矿产资源种类较多，能源、金属、非金属、水气类矿产均有发现。其中，以煤和非金属矿产为主，金属矿产较贫乏。

宁夏矿产资源分布相对集中，在贺兰山北段、中段，卫宁北山，宁夏东部，青龙山，海原盆地东北部，原州区东部等地区，矿床、矿点较为密集分布。不同矿种有其特定的分布区域，无烟煤、炼焦用煤、硅石主要分布在贺兰山北段；非炼焦用煤、石油（气）主要分布在灵武市、盐池县一带；石膏主要分布在海原县东北部和盐池县中部南北一线、中卫市西部；石灰岩分布最广，但主要集中在贺兰山中段、牛首山、米钵山、青龙山等地；白云岩主要集中在青龙山和贺兰山中段；天然石英砂主要分布在青铜峡市和固原市原州区；内生金属及非金属矿产主要分布在卫宁北山、西华山。

截至 2017 年底，宁夏已发现 70 余种矿产（含亚矿种）。其中，获探明储量的矿产种类达 60 余种（含亚矿种）。煤、石膏、石灰岩、冶镁白云岩、硅质原料（冶金用石英岩、石英砂岩）等矿产为宁夏的优势矿种，保有资源储量在全国排位居前。

2. 突出记述优势及特色矿产资源

（1）煤

宁夏煤炭资源极为丰富，查明矿产资源储量较为集中在贺兰山煤田和宁东煤田中。截至 2017 年底，宁夏累计查明的煤资源储量为 34096643.51×10^3 t，位居全国第 6，由此奠定了宁夏是我国唯一的小地域大煤炭资源省区的地位。

煤是宁夏最重要的能源矿产，煤种齐全、质量好，有无烟煤、贫煤、瘦煤、焦煤、1/3 焦煤、肥煤、气煤、气肥煤、不粘结煤、弱粘结煤、长焰煤、褐煤等。尤以汝箕沟矿区低灰低硫低磷高发热量的无烟煤“太西煤”享誉国内外。

（2）镁矿（冶镁白云岩）

白云岩为宁夏优势矿种之一。宁夏白云岩资源丰富，早在 20 世纪 60 年代就开展了白云岩资源野外调查工作。根据白云岩的矿物成分和化学成分及工业用途分为冶镁用白云岩、熔剂用白云岩和玻璃用白云岩。其中，冶镁白云岩分布比较广泛，主要赋存于中元古界长城系海原岩群园河岩组、蓟县系王全口组和下-中奥陶统天景山组，并以蓟县系王全口组最为广泛，集中分布在青龙山、贺兰山中段和宁南云雾山-炭山，为稳定型层状的优质冶镁白云岩矿床，矿石有益组分含量高，有害组分含量低，是皮江法冶镁的优质原料，使得宁夏成为全国镁业前三强之一。此外，青龙山冶镁白云岩矿床还被收录为 2021 年出版的《矿产资源工业要求参考手册》中冶镁白云岩矿床实例。

（3）石膏

石膏是宁夏的优势矿种之一，蕴藏量居全国第 5 位。其中，古近纪渐新世形成的，主要赋存于清水营组中的石膏是宁夏主要的含石膏地层之一，储量占全自治区石膏总储量的 99%以上。宁夏石膏矿床 $CaSO_4\cdot2H_2O$ 平均品位多在 80%上下，一般适宜作水泥缓凝剂、农业和建筑用；部分层位 $CaSO_4\cdot2H_2O$ 含量大于 85%，可用来制作模型、硫酸，该品级石膏所占比例估计在 30%~40%之间。有微量品质很高的次生石膏可用作医用、食品、纸张填料及油漆填料。

（4）石灰岩

宁夏的石灰岩矿产资源丰富，资源储量大、品种比较齐全，质量好。石灰岩大部分为水泥用灰岩Ⅰ级品，少量符合电石用灰岩、制碱用灰岩、熔剂用灰岩的质量标准。石灰岩矿集中分布在贺兰山中-北段，中卫市卫宁北山-香山、牛首山、烟筒山-天景山、青龙山及固原三关等地。

宁夏石灰岩矿床资源得天独厚的优势也带动了宁夏地方经济的发展，自 1958 年建成投产的宁夏青铜峡水泥，到如今全国知名的宁夏赛马水泥，其水泥加工原料均取自当地石灰岩矿。

（5）硅石

宁夏的硅石资源丰富，品种比较齐全。结晶硅用脉石英矿和冶金、玻璃用岩状石英砂岩（石英岩）矿主要分布在贺兰山中-北段的石嘴山市、银川市西夏区、贺兰县和中卫市香山地区；铸型、玻璃、水泥配料用石英砂主要分布在贺兰山南段的银川市永宁县，青铜峡市，中卫市，吴忠市盐池县、同心县和固原市。其中，贺兰山硅石量大质好，硅资源品质及产量都居全国前列。

（6）贺兰石

贺兰石是宁夏的特色矿种，也是宁夏旅游产品的一张名片，被称为宁夏的“蓝宝”。贺兰石的开采利用已有200多年的历史。贺兰石产品已经形成了完整的系列，最优质的贺兰石用于制作砚台，质量稍次、含砂量较大的贺兰石可用于制作镇尺、笔架、印章、水盂、摆件、屏风、挂件、手镯、项链等，自然纹理好的还可以做观赏石，是宁夏开发利用最成功的工艺石材。

3. 开展典型矿床研究

典型矿床不但是矿床学研究的基础，也是地质找矿的“样板”。按照《中国矿产地质志·省级矿产地质志研编技术要求》中关于典型矿床的研编要求，项目组对各矿种，特别是宁夏优势矿种产地进行筛查，遴选出具有代表性的典型矿床进行重点记述。从矿床区域地质特征、矿区地质特征、矿体规模、形态、产状、矿石特征、围岩蚀变、资源储量、矿化阶段划分及分布、成矿物理化学条件、矿床类型、成矿机制和找矿模式以及找矿模型等方面，尽可能全面、详细的记述。同时，针对每个典型矿床建设对应典型矿床数据库。宁夏本次工作共优选出典型矿床24处，涵盖了能源矿产、金属矿产及非金属矿产。如石嘴山市汝箕沟煤矿、石嘴山市石炭井煤矿、中卫市照壁山铁矿、中卫市腰岘子铜矿、吴忠市青龙山冶镁白云岩矿、中卫市小红山石膏矿、中卫市米钵山团钵朗石灰岩矿、固原市硝口-上店子岩盐矿等。通过对这些典型矿床的重点研究，对总结宁夏矿床分布规律及下一步地质找矿具有指导意义。

（四）对宁夏区域成矿规律进行综合研究

依据全国项目办下达的技术要求中关于成矿规律研究的方法和思路，本次工作中，项目组成员在《中国区域地质志·宁夏志》《宁夏重要矿种矿产资源潜力评价》《宁夏矿产地质概论》等相关研究成果的基础上，以区域成矿地质背景为基础，从矿产资源空间分布、时间演化特点出发，对宁夏区域成矿规律进行了全面、深入的总结研究，也取得了一些新的认识和成果。

1. 总结宁夏矿产资源空间分布规律

据《中国区域地质志·宁夏志》，宁夏大地构造可划分为3个二级（Ⅱ）构造单元（华北陆块、阿拉善微陆块、祁连早古生代造山带），3个三级（Ⅲ）构造单元（鄂尔多斯地块、腾格里早古生代增生楔和北祁连中元古代—早古生代弧盆系），5个四级（Ⅳ）构造单元（鄂尔多斯西缘中元古代—早古生代裂陷、鄂尔多斯中生代坳陷、卫宁北山-香山晚古生代前陆-上叠盆地、景泰-海原中元古代—早古生代弧后盆地和白银-西吉中元古代—早古生代岛弧），12个五级（Ⅴ）构造单元（贺兰山褶断带、银川断陷盆地、陶乐-彭阳冲断带、天环向斜、贺兰山南段褶断带、卫宁北山褶断带、牛首山-罗山冲断带、烟筒山-窑山冲断带、香山褶断带、西华山-六盘山冲断带、兴仁-海原坳陷盆地、西吉坳陷盆地）。在此区域地质构造基础上，呈现出以煤和非金属等沉积型成矿作用为主的特色，金属及非金属内生成矿作用弱，形成的矿产种类少且规模小。根据宁夏358处矿产地（金属矿产71处、非金属矿产189处、能源矿产42处、水气矿产56处）的分布情况来看，金属矿产在卫宁北山褶断带及贺兰山褶断带集中分布，聚集特征明显，说明宁夏的金属矿产主要集中地即为贺兰山及卫宁北山地区。非金属矿产在各构造单元中均有分布，但主要集中在贺兰山褶断带及香山褶断带中，其次为烟筒山-窑山冲断带、陶乐-彭阳冲断带。能源矿产在陶乐-彭阳冲断带聚集特征明显，说明该构造单元为宁夏重要的能源矿产分布带。水气矿产绝大部分聚集在银川断陷盆地内，成为宁夏重要的水气矿产分布区。

2. 总结宁夏矿产资源时间演化规律

宁夏成矿类型较为单一，以沉积型矿床为主。成矿作用从元古宙至第四纪全新世均有发育，按演化时段，大致分为元古宙、古生代、中生代和新生代4个时段。

（1）元古宙

古元古代成矿作用为岩浆作用，形成混合花岗岩化相关伟晶岩型矿床（伟晶白云母-石英-长石）-混合花岗岩化相关热液脉型（脉石英）。古元古代晚期造山后伸展构造环境下，有大量的基性-

超基性岩浆活动，形成的辉绿岩脉群可作为矿床开采；中元古代成矿作用以沉积作用为主，辅以变质作用；新元古界仅有震旦系，缺失青白口系和南华系，分布于贺兰山-青龙山地区，为一套与冰川活动有关的冰水沉积。该时代没有形成可利用矿床。

（2）古生代

鄂尔多斯西缘地区在中元古代下陷后，寒武纪初再度下陷，海侵由南向北扩展，水流带来的磷质沉淀于砾、砂碎屑间隙间形成磷块岩，在贺兰山中段苏峪口-紫花沟一带形成具工业价值的中小型磷矿床多个。早寒武世晚期，气候干燥炎热，在古地形较平坦，海水较浅，流通不畅的海岸潮坪环境沉积了以白云岩为主的高镁碳酸盐建造——五道淌组，形成了贺兰山中段大型熔剂白云岩矿床。奥陶纪时，宁夏北部地区（华北区）形成以无机化学沉积为主的碳酸盐建造，南部地区（祁连地层区）沉积了一套大陆斜坡-深水陆棚相的复理石建造和远硅质建造，使天景山组成为最主要石灰岩矿产的含矿岩系。该时期形成的石灰岩大部可作水泥原料，部分可作为化工灰岩、熔剂灰岩、玻璃用灰岩。白云岩可作为熔剂用白云岩。此外，香山地区磨盘井和油井山两地香山群狼嘴子组发育含磷硅质岩及硅质磷块岩，形成磷矿床。

加里东期在香山地区狼嘴子-磨盘井一带侵入辉绿岩，作为大型辉绿岩矿床开采。同时，该期热液活动在南、西华山地区形成了若干铜、金、硫铁矿矿化点及小型矿床。

早石炭世香山及卫宁北山地区沉降，于小红山、小洞山、狼嘴子及野猫子山等地沉积了石灰岩夹石膏建造，形成了大型或小型石膏矿床，在香山地区还形成了石灰岩矿床。晚石炭世早期海侵范围向北逐渐扩展，晚期间歇性海退，形成海陆交互相碎屑含煤建造，形成一些煤矿床及耐火粘土。卫宁北山和香山地区下石炭统前黑山组底部常发育含铁泥岩、含铁粉砂岩及含铁石灰岩，局部夹薄层赤铁矿（风化后为褐铁矿）层，一般含铁量较低，不具工业价值。但这些含铁岩石经后期风化淋滤和中低温热液交代后可形成一些具有工业价值的小型铁矿床。

早二叠世早期海侵范围向北大致扩展到桌子山一带，晚期间歇性海退，形成海陆交互相碎屑含煤建造——太原组，构成大型煤矿床及与其共伴生的耐火粘土、高岭土矿床。早二叠世晚期海水退出宁夏，全区大部处于河流-湖沼环境，沉积了陆相碎屑含煤建造——山西组，形成了大型煤矿床。

（3）中生代

贺兰山中北段地区，在印支期热液活化改造作用下，在构造破碎带形成金、铜、铅锌及重晶石矿床，规模多为小型矿床及矿点。控矿地层为古元古界变质岩系—古生界沉积岩系。

中侏罗世是宁夏的重要聚煤期之一。早燕山运动使宁夏西部形成山间盆地、东部形成大型内陆盆地，在温度潮湿的气候条件下，沉积了宁夏的重要陆相碎屑含煤建造——延安组，形成厚度大、层数多的大型煤田，同时形成了小规模的油气田。

早白垩世宁夏经中燕山运动抬升后又下降，在宁南地区发育一大型内陆湖泊——六盘山盆地，沉积了杂色碎屑含盐建造，形成了我区最大的岩盐矿床。在和尚铺组及李洼峡组赋存有陆相砂页岩型铜矿，均为矿点规模。

燕山期的构造岩浆活动提供热动力，驱动流体作用活化成矿物质迁移，在卫宁北山等地区断裂破碎带中形成一系列以金属矿为主的矿产，包括铁、铜、金、银、钴、铅锌、硫铁矿、重晶石，矿床规模均不大。

（4）新生代

渐新世早喜马拉雅运动后山间盆地和内陆盆地沉降接受红色碎屑含盐建造，形成了多个中-特大型石膏矿床，为宁夏最主要的石膏成矿期，赋矿地层为清水营组。此外，寺口子组、清水营组、彰恩堡组局部可开采石英砂和粘土矿。

第四纪的主要矿产为沉积型芒硝、湖盐、泥炭、石英砂、粘土矿。发育水气矿产。

3. 划分宁夏成矿区带

宁夏成矿区带是参照《中国成矿区带划分方案》（徐志刚等，2008）提出的划分原则和方案（简称“全国方案”），结合宁夏实际，其中Ⅰ级（成矿域）、Ⅱ级（成矿省）、Ⅲ级（成矿带）按全国方案统一划分，Ⅳ级（亚区带）、Ⅴ级（矿集区、远景区）以矿产资源潜力评价资料为根本，结合最新矿产地质资料，在总结区域成矿规律的基础上进行划分。

宁夏跨滨太平洋成矿域（Ⅰ-4）和秦祁昆成矿域（Ⅰ-2）两个Ⅰ级成矿域，又各自下辖1个Ⅱ级成矿省和2个Ⅲ级成矿区（带）。本次工作在Ⅲ级成矿区（带）基础上，共划分出9个Ⅳ级亚区（带）、20个Ⅴ级矿集区或成矿远景区。

4. 厘定宁夏矿床成矿系列

本志根据陈毓川院士等成矿系列理论，在总结研究宁夏成矿区带基础上，按照矿种全覆盖的原则，对宁夏已发现的矿种进行系统的成矿系列总结和划分，共厘定了9个成矿系列、10个成矿亚系列、42个矿床式，并对每个成矿系列及其亚系列成矿时代、成矿地质构造环境、主要成矿作用、形成的矿床组合、矿床的时空分布及演化规律进行了详细总结。

（1）鄂尔多斯地块与古元古代岩浆作用有关的矿床成矿系列（1-$Ⅲ_5^1$-Pt_1-I）

古元古代矿产地主要集中在鄂尔多斯西缘贺兰山地区，赋矿围岩为贺兰山岩群及赵池沟岩群，成矿作用为岩浆作用，根据成矿岩体的差异，分为混合花岗岩亚系列及基性侵入岩亚系列。鄂尔多斯地块古元古代与岩浆作用有关的矿床成矿系列（1-$Ⅲ_5^1$-Pt_1-I）包括了与古元古代混合花岗岩化作用有关的伟晶白云母-石英-长石-热液脉石英矿床成矿亚系列（Pt_1-I-1）和与古元古代基性岩浆侵入作用有关的辉绿岩矿床成矿亚系列（Pt_1-I-2）。该成矿系列共厘定了程子山式白云母、道路沟式脉石英和正义关式辉绿岩3个矿床式。

（2）与中元古代沉积-变质作用有关的铁、硅石、白云石大理岩、砚石矿床成矿系列（2-Pt_2-S（M））

中元古代矿产地集中在南、西华山地区，贺兰山地区及青龙山地区，成矿作用为沉积作用和变质作用。根据成矿作用不同，分为与中元古代变质作用有关的铁、硅石、白云石大理岩、砚石矿床成矿系列（Pt_2-M-1）和鄂尔多斯地块与蓟县纪沉积作用有关的白云岩矿床成矿亚系列（$Ⅲ_5^1$-Pt_2-S-2）。该成矿系列共厘定了海原式铁、硅石、白云石大理岩，黄旗口式铁、砚石、硅石和王全口式白云岩3个矿床式。

（3）与早古生代沉积作用有关的铁、彩石、磷、灰岩、白云岩、板岩矿床成矿系列（3-Pz_1-S）

早古生代矿床类型主要为沉积型矿床，主要矿种为白云岩、石灰岩（包括竹叶石），次要矿种为磷、页岩、板岩、铁及彩石。该成矿系列共厘定了苏峪口式磷矿，五道淌-陶斯沟-阿不切亥式白云岩，天景山式灰岩和狼嘴子式铁、磷4个矿床式。

（4）与加里东期岩浆-热液作用有关的铜、金、银、硫铁矿成矿系列（4-Pz_1-I（F））

加里东期岩浆-热液作用形成的矿产以金属矿为主，矿产主要集中在香山及南、西华山地区。根据成矿空间及成矿作用的不同，进一步划分为腾格里早古生代增生楔与加里东期基性岩浆侵入作用有关的铜、金、银、辉绿岩矿床成矿亚系列（$Ⅲ_4^1$-Pz_1-I-1）和祁连早古生代造山带与加里东晚期热液作用有关的铜、金、银、硫铁矿矿床成矿亚系列（$Ⅲ_2^1$-Pz_1-F-2）。该成矿系列共厘定了磨盘井式辉绿岩，马场沟式金，簸箕掌式铜和阳洼沟式硫铁矿4个矿床式。

（5）与晚古生代沉积作用有关的铜、银、灰岩、石膏、石英砂岩、煤、天然气、粘土、油页岩矿床成矿系列（5-Pz_2-S）

晚古生代沉积作用形成的矿产种类较多，有化学沉积作用形成的铜矿和石灰岩，蒸发沉积作用形成的石膏，生物化学沉积作用形成的煤，天然气和油页岩，机械沉积作用形成的石英砂岩、紫砂陶土和粘土。该成矿系列共厘定了中宁式铜、银，前黑山-臭牛沟式灰岩、石膏，羊虎沟-太原式煤、粘土、油页岩、石英砂岩和太原-山西式煤、天然气4个矿床式。

（6）鄂尔多斯地块与印支期热液作用有关的金、铜、铅、锌、银、重晶石矿床成矿系列（6-$Ⅲ_5^1$-Mz_1-F）

印支期热液作用形成的矿产以金属矿产为主，古元古界变质岩系-古生界沉积岩系为控矿地层，构造破碎带为控矿构造，印支期热液活化再造成矿作用形成金、铜、铅、锌、银、重晶石成矿系列。

该成矿系列共厘定了牛头沟式金，灯影子式铜和陶斯沟式铅、锌、银、重晶石 3 个矿床式。

（7）与中生代沉积作用有关的铜、石英砂岩、煤、油气、油页岩、粘土矿床成矿系列（7-Mz-S）

中生代沉积作用形成的矿产有化学沉积作用形成的铜矿，生物化学沉积作用形成的煤、石油、天然气、油页岩、同心石，蒸发沉积作用形成的芒硝和岩盐，机械沉积作用形成的石英砂岩、紫砂陶土和粘土。该成矿系列共厘定了延长式油气，延安式石英砂岩、煤、油页岩、粘土和六盘山式铜、油页岩、页岩气、石膏、芒硝、岩盐 3 个矿床式。

（8）腾格里早古生代增生楔与燕山期热液作用有关的铁、铜、金、银、铅、锌、硫铁矿-重晶石矿床成矿系列（8-$Ⅲ_4^1$-Mz_2-F）

阿拉善微陆块卫宁北山一带，控矿地层主要为奥陶系—泥盆系—石炭系。在北祁连造山带东端六盘山一带，控矿地层为下白垩统三桥组及和尚铺组。在燕山期构造岩浆活动的环境下，深部岩浆侵入提供的热动力，驱动流体作用活化成矿物质迁移，充填在断裂破碎带成矿。腾格里早古生代增生楔与燕山期热液作用有关的铁、铜、金、银、铅、锌、硫铁矿、重晶石矿床成矿系列（8-$Ⅲ_4^1$-Mz_2-F）以中低温热液成矿作用形成的矿产主要为铜、金、铅、锌，次为铁（菱铁矿）、硫铁矿、重晶石，伴生银、钴。该成矿系列共厘定了照壁山式铁，铜铁沟-大铜沟式铜，金场子式金，二人山式银、铅、硫铁矿及杨家岭式铅、锌 5 个矿床式。

（9）与新生代沉积作用-表生作用有关的铁、石英砂、石膏、粘土、地下水等矿床成矿系列（9-Cz-1）

新生代成矿作用以沉积作用为主，次为表生作用。古近纪赋矿地层为寺口子组及清水营组。寺口子组富含石英砂及粘土矿物，清水营组赋含矿种以石膏为主，次为石英砂、膨润土。新近系彰恩堡组可开采石英砂及粘土矿。第四系成矿作用相对比较复杂，形成的矿种既有铁、钴、砂金等金属矿，又有石英砂、粘土、泥炭等非金属矿产，还有地下水、矿泉水等水气矿产。根据成矿时代及成矿作用不同，该成矿系列进一步划分为与古近纪—新近纪沉积作用有关的粘土、石英砂、石膏矿床成矿亚系列（Cz_1-S-1）、与第四纪沉积作用有关的铁、砂金、石英砂、泥炭、盐类矿床成矿亚系列（Cz_2-S-2）、与第四纪风化作用有关的铁、钴、膨润土矿床成矿亚系列（Cz_2-H-3）和与第四纪流体作用有关的米脂玉（钟乳石）、地热（水）、地下水、矿泉水矿床成矿亚系列（Cz_2-F-4），共厘定清水营式石膏、寺口子-清水营式石英砂、粘土等 13 个矿床式。

5. 构建宁夏区域成矿谱系

根据不同的成矿时间以及矿产地所在构造单元的构造环境（即成矿环境），以沉积、变质、岩浆-热液、表生成矿作用构建了宁夏矿床成矿谱系。成矿谱系图全面直观地反映了宁夏矿产的演化特征，表达方式为成矿时期-构造单元（成矿环境）-成矿系列（成矿作用）。如：与中元古代变质作用有关铁、硅石、白云石大理岩、砚石矿床成矿亚系列，其成矿环境为北祁连造山带内挤压岛弧-弧后盆地环境。

二、存在问题和建议

1）本次工作遵循全国项目办提出的省级志书矿种全覆盖、矿产地全覆盖的研编原则，但因宁夏矿产地质工作的实际情况，即各单矿种研究程度不一，地质勘查资料参差不齐等问题，如分散元素的镓、锗只在煤系中有发现，未做进一步勘查工作；煤层气只做过资源评价研究，仅预测了几个含气区；白云母、泥炭资料比较老旧等。限于目前已收集资料的完整程度和研编深入程度，存在对个别矿种矿床成因及成矿规律总结不到位的问题。

2）本志所涉及地层单元名称的使用均以宁夏最新出版的第二代区域地质志为依据，但在“能源矿产篇”“石油”一章研编中，为了与鄂尔多斯盆地油气资料相统一，便于读者阅读和使用，对于部分地层仍以鄂尔多斯盆地地层命名称之。如上三叠统延长组。

3）按照《中国矿产地质志·省级矿产地质志研编技术要求》中典型矿床的选择原则，本次工作共选取石嘴山市汝箕沟煤矿、中卫市照壁山铁矿、中卫市腰岘子铜矿、吴忠市青龙山冶镁白云岩矿、吴忠市盐池县石记场石膏矿、中卫市米钵山团钵朗石灰岩矿、固原市硝口–上店子岩盐矿等24处具有代表性的典型矿床，并在以往研究成果的基础上，对各典型矿床进行了详细的叙述，但由于个别典型矿床以往所做综合研究程度不够，对矿床成矿模式的研究及找矿模型的建立工作不理想。

4）在宁夏区域成矿规律研究方面，成矿区带划分中Ⅰ级（成矿域）、Ⅱ级（成矿省）和Ⅲ级（成矿带）按全国方案统一划分，Ⅳ级（亚区带）和Ⅴ级（矿集区、远景区）为本区自己划分，本次工作还在成矿区带的基础上对宁夏成矿系列进行了全方位的总结，建立了宁夏区域成矿谱系，但是对一些规律性的总结还略显不足。今后，宁夏区域成矿规律研究还有待进一步深入开展。

5）志书可以“补史之缺，参史之错，详史之略，续史之无”，地方志书原则上每20年左右编修一次。今后，随着科学理论的不断提升，科学技术的不断发展，宁夏地质工作也必将取得日新月异的新认识、新成果，建议今后能定期对《中国矿产地质志·宁夏卷》进行维护和更新，使之能够健康、持续地服务于我区地质工作。

宁夏系统性的地质工作可最早可追溯到20世纪初。1958年，在中国共产党的领导下，宁夏回族自治区成立，开启了宁夏建设发展的新阶段。至今60多年的发展历程中，矿产资源为宁夏的经济建设及社会发展提供了源源不竭的动力。当下，在沿黄经济带、内陆开放型经济试验区建设和共建“一带一路”等新的发展机遇下，《中国矿产地质志·宁夏卷》的编写，为宁夏重新考虑和定位新的矿业发展模式，从而以科技创新驱动矿业经济增长提供了参考。同时，随着经济发展，矿产资源勘查开发会更加注重质量和效益，注重区域发展与民生改善，不断优化和合理调整矿业布局结构，建立健全多矿种综合勘查、综合开采政策，促进矿产资源开发与环境保护协调发展，节约、清洁、安全、高效利用矿产资源。在此过程中，《中国矿产地质志·宁夏卷》将逐步呈现它的现实价值。

“存史、资政、育人”是志书的重要使命。中国地质科学院组织实施的《中国矿产地质志》系列志书研编工作是继顾琅和鲁迅1906年合著《中国矿产志》之后，百年来中国第一部大规模组织研编的矿产类志书。总体看来，《中国矿产地质志·宁夏卷》是宁夏有史以来第一部覆盖全部矿产和矿产地的矿产地质专业志书，是对宁夏百年来矿产勘查资料的综合集成。本次工作，无论在地质新理论、新方法应用上，还是在地质资料综合研究上都有一定的创新和提高，特别是在宁夏区域成矿规律总结方面，灵活运用陈毓川院士等成矿系列研究的新方法和思路，取得了一些新的认识。希望本志书能够起到记史存志，承先启后的作用，为宁夏广大地质工作者提供可靠的工具书，能在服务宁夏矿政管理、指导找矿部署、推进科技创新、普及公众地矿知识等方面也发挥一定的作用。

主要参考文献

《地球科学大辞典》编委会. 2005. 地球科学大辞典. 应用学科卷[M]. 北京: 地质出版社.
《矿产资源工业要求参考手册》编委会. 2021. 矿产资源工业要求参考手册[M]. 北京: 地质出版社.
《矿产资源工业要求手册》编委会. 2012. 矿产资源工业要求手册(2012年修订本)[M]. 北京: 地质出版社.
《中国矿床发现史·宁夏卷》编委会. 1996. 中国矿产发现史·宁夏卷[M]. 北京: 地质出版社.
《中国油气田开发志》总编纂委员会. 2011. 中国油气田开发志. 长庆油气区油气田卷[M]. 北京: 石油工业出版社.
宁夏国土资源厅. 2011. 宁夏水文地质工程地质环境地质工作发展史[M]. 银川: 宁夏人民出版社.
宁夏回族自治区地质调查院. 2017. 中国区域地质志·宁夏志[M]. 北京: 地质出版社.
宁夏回族自治区地质矿产局. 1990. 宁夏回族自治区区域地质志[M]. 北京: 地质出版社.
宁夏回族自治区科技服务站. 1973. 宁夏采用高炉法制钙镁磷肥[J]. 辽宁化工, (2): 37~38.
宁夏回族自治区区域地层表编写组. 1980. 西北地区区域地层表·宁夏回族自治区分册[M]. 北京: 地质出版社.
宁夏回族自治区统计局. 2017. 宁夏统计年鉴[M]. 北京: 中国统计出版社.
宁夏通志编纂委员会. 2008. 宁夏通志·地理环境卷[M]. 北京: 方志出版社.
宁夏文物考古研究所. 2003. 水洞沟1980年发掘报告[M]. 北京: 科学出版社.
全国地层委员会. 2001. 中国地层指南及中国地层指南说明书(修订版)[M]. 北京: 地质出版社.
全国地层委员会. 2002. 中国区域年代地层(地质年代)表 [M]. 北京: 地质出版社.
中华人民共和国地质矿产部. 地热资源评价方法 DZ 40—85[S].
中华人民共和国国土资源部. 浅层地温能评价规范 DZ/T 0225—2009[S].
艾宁, 孟方, 等. 2014. 宁夏重要矿种矿产资源潜力评价(上、下册)[M]. 银川: 阳光出版社.
艾宁, 向连格, 等. 2019. 宁夏矿产地质·中国矿产地质志·宁夏卷·普及本[M]. 北京: 地质出版社.
白斌, 邹才能, 周立发, 等. 2008. 惠安堡-马家滩上古生界烃源岩及含油气系统[J]. 西北大学学报, 35(5):801~806.
白云来, 马龙, 吴武军. 2007. 西北地区油页岩地质特征、资源现状及其开发利用条件分析[J]. 中国地质, 34(6): 1109~1114.
白云来, 杨亚娟, 马玉虎. 2008. 宁夏固原炭山油页岩矿床的主要特征及开发利用前景[J]. 甘肃地质, 17(1): 65~71.
白云来, 马龙, 吴武军, 等. 2009. 鄂尔多斯盆地油页岩的主要地质特征及资源潜力[J]. 中国地质, 36(5): 1123~1127.
常海燕, 李卫红, 汤桦, 等. 2010. 宁夏中卫地区上下河沿油页岩矿床的主要特征及开发利用前景[J]. 甘肃地质, 3:36~43.
陈殿义. 2005. 国内外油页岩开采方法和利用现状[J]. 吉林地质, 24(4): 85~91.
陈发景, 孙家振, 王波明. 2015. 鄂尔多斯西缘褶皱-逆冲断层带的构造特征和找气前景[J]. 现代地质, (1): 105~115.
陈兴章. 2013. 国内外硅半导体材料产业现状及发展[J]. 上海有色金属, 34(3): 93~99.
陈毓川, 等. 2007. 中国成矿体系与区域成矿评价[M]. 北京: 地质出版社.
陈毓川, 裴荣富, 王登红, 等. 2015. 论矿床的自然分类—— 四论矿床的成矿系列问题[J]. 矿床地质, 34(6): 1092~1106.
陈毓川, 裴荣富, 王登红, 等. 2016. 矿床成矿系列——五论矿床的成矿系列问题[J]. 地球学报, 37(5): 519~527.
陈毓川, 王登红, 徐志刚, 等. 2015. 中国重要矿产和区域成矿规律[M]. 北京: 地质出版社.
程建华, 张天鹏, 尹秉喜, 等. 2013. 宁夏矿产资源可供性研究[M]. 银川: 宁夏人民出版社.
戴金星. 1982. 煤成气涵义及其划分[J]. 地质论评, (7): 370~372.
戴金星. 1988. 中国气藏形成与富集的主要控制因素初探[J]. 天然气工业, 8(1):5, 33~38.
戴金星. 1993. 天然气碳氢同位素特征和各类天然气鉴别[J]. 天然气地球科学, 4(2, 3):1~40.
戴金星, 李剑, 罗霞, 等. 2005. 鄂尔多斯盆地大气田的烷烃气碳同位素组成特征及其气源对比[J]. 石油学报, 26(1):18~26.
戴金星, 倪云燕, 周庆华, 等. 2008. 中国天然气地质与地球化学研究对天然气工业的重要意义[J]. 石油勘探与开发, 35(5): 513~525.
戴金星, 夏新宇, 洪峰, 等. 1999. 中国煤成大中型气田形成的主要控制因素[J]. 科学通报, 44(22):2455~2464.
戴金星, 夏新宇. 1999. 长庆气田奥陶系风化壳气藏、气源研究[J]. 地学前缘, 6(b05): 195~203.
邓昆, 周立发, 曹欣, 等. 2007. 香山群狼嘴子组硅质岩地球化学特征及形成环境[J]. 中国地质, 34(3): 497~505
邓昆, 周立发, 胡朋, 等. 2007. 香山群辉绿岩地球化学特征及其构造背景[J]. 大地构造与成矿学, 31(3): 365~371.
丁晓琪, 张哨楠, 谢世文, 等. 2009. 鄂尔多斯盆地西缘麻黄山地区中生界油藏富集规律[J]. 石油与天然气地质, 30(6): 726~731.
丁云鹏, 崔建忠, 乐启炽, 等. 2014. 镁合金板材的生产历史与研究现状[J]. 精密成形工程, 6(6): 7~20.
陡忠. 2011. 宁夏金属矿成矿规律的初步探讨[J]. 科协论坛(下半月), (12): 114~115.
杜有风, 张颖. 2017. 宁夏盐池县石膏矿成矿条件分析[J]. 黑龙江科技信息, (12): 81.
高亮, 陈海波, 李向宝, 等. 2013. 综合电磁法在银川盆地地热资源勘查中的应用[J]. 山东理工大学学报(自然科学版), 3(3): 62~66.
葛庆龙, 蔡和义, 谭国军, 等. 1999. 瓷用隧道窑煅烧高岭土的应用研究[J]. 西部探矿工程, (2): 63~63.
龚鹏飞. 2015. 宁夏西吉县月亮山北麓综合信息解译与找矿评价[D]. 武汉: 中国地质大学(武汉).

谷守江. 2013. 宁夏石嘴山牛头沟金矿床成矿地质特征及找矿预测[D]. 武汉：中国地质大学(武汉).
郭西锋，周飞，王碧涛，等. 2013. 摆宴井油田二次上产潜力研究[J]. 石油化工应用，32(8)：68~70.
郭耀华. 2008. 宁东油田储层特征研究及评价[J]. 新疆石油天然气，4(1)：15~25.
何希鹏. 2007. 六盘山盆地含油气系统分析[D]. 武汉：中国地质大学(武汉).
何自新. 2003. 鄂尔多斯盆地演化与油气[M]. 北京：石油工业出版社.
胡文瑞. 2010. 中国非常规天然气资源开发与利用[J]. 东北石油大学学报，34(5)：9~16.
黄擎宇，张哨楠，丁晓琪，等. 2010. 鄂尔多斯盆地西南缘奥陶系马家沟组白云岩成因研究[J]. 石油实验地质，32(2)：147~153.
姜喜冬. 2014. 宁夏磷矿找矿潜力预测[J]. 科技创新导报，(4)：123.
蒋钧，肖博文，赵迁，等. 2015. 彭阳长8油层储层特征研究[J]. 石油化工应用，34(4)：80~87.
敬万林. 1984. 宁夏的石膏矿[J]. 中国地质，(5)：30~31.
兰朝利，王建国，周晓峰，等. 2014. 鄂尔多斯盆地彭阳油田侏罗系延安组油藏成藏规律[J]. 油气地质与采收率，21(5)：45~48.
郎佳川龙. 2007. 膨润土防渗毯在宁夏渠道防渗工程中的应用[J]. 中国建筑防水，(1)：34~36.
雷振宇，张朝军，杨晓萍. 2000. 鄂尔多斯盆地含油气系统划分及特征[J]. 勘探家，5(3)：75~82.
李国桢，马文宽，高凌翔. 1991. 灵武窑制瓷工艺总结和研究[J]. 中国陶瓷，(1)：57~63.
李红宇，郭合伟，孙文坤. 2009. 宁夏香山地区泥盆系砂(页)岩型铜矿地质特征及找矿标志研究[J]. 地质与勘探，45(01)：13~17.
李红宇，宋新华，郭合伟，等. 2010. 宁夏贺兰山北段牛头沟金矿地质地球化学特征和矿床成因探讨[J]. 地质与勘探，(6)：1003~1044.
李厚民，孙继东，王崇礼. 1998. 宁夏海原县南、西华山地区与中酸性侵入岩有关的Au-Cu成矿系列[J]. 黄金科学技术，6(2)27~33.
李怀辉，王小平，王丽军，等. 2011. 硅半导体太阳能电池进展[J]. 材料导报，25(19)：49~53.
李剑锋，孙林，马军，等. 2007. 鄂尔多斯西缘推覆带上古生界天然气成藏地球化学特征[J]. 天然气科学，18(3). 436~439.
李进兴. 1998. 带有泥土温馨的西夏陶模(连载之一) [J]. 宁夏画报(时政版)，(3)：22~25.
李进兴. 1998. 带有泥土温馨的西夏陶模(连载之二) [J]. 宁夏画报(时政版)，(2)：26~30.
李宁生，冯志民，朱秦，等. 2016. 宁夏区域重磁资料开发利用研究[M]. 北京：地质出版社.
李树生，靳志玲，付云朋，等. 2008. 定边盐湖卤水析盐规律的研究[J]. 盐业与化工，37(5)：1~3.
李铁钢. 2004. 图书编辑工作实务[M]. 北京：地质出版社.
李小东. 2010. 宁夏香山腰岘子铜(银)矿床及其控矿构造研究[D]. 西安：长安大学.
李永太，刘易非，唐长久，等. 2008. 提高石油采收率原理和方法[M]. 北京：石油工业出版社.
李振宏，张军，郑聪斌. 2005. 鄂尔多斯盆地西缘断裂特征与油气运聚研究[J]. 石油物探，44(3)：246~250.
蔺亚兵. 2010. 中国非常规天然气研究与开发现状[D]. 西安：西安科技大学.
刘芳. 2013. 宁夏泾源县立洼峡铅锌矿床地质特征及找矿标志[J]. 宁夏工程技术，(3)198~201.
刘建兵，张永庭，褚小东. 2010. 宁夏中宁县土窑铜矿矿床地质特征及找矿标志[J]. 宁夏工程技术，(1)：75~78.
刘勇，龙思远，曾聪，等. 2012 镁冶炼新技术概况[J]. 机械工程材料，36(11)：5~8.
刘志坚. 2013. 宁夏卫宁北山金、铅、银多金属矿成矿地质特征[D]. 成都：成都理工大学.
刘志坚，侯明才，向连格，等. 2013. 宁夏中宁茶梁子铁钴矿床成矿地质特征[J]. 地质学刊，(4)：642~626.
刘智超，李尧，杨俊杰. 2014. 镁合金相关技术研究及应用[J]. 江汉大学学报(自然科学版)，(3)：41~46.
卢进才，李玉宏，魏仙样，等. 2006. 鄂尔多斯盆地三叠系延长组长7油层组油页岩沉积环境与资源潜力研究[J]. 吉林大学学报，36(6). 927~932.
陆茂欣，李通，杨凡燕，等. 2021. 宁夏石记场石膏矿岩矿石类型及成因分析[J]. 现代矿业，37(10)：39-44，48.
陆茂欣，向连格，王红，等. 2023. 宁夏石膏矿成矿地质特征与成矿规律分析[J]. 中国非金属矿工业导刊，(06)：46~50.
陆茂欣，向连格，王红，等. 2024. 宁夏铜矿成矿地质特征与成矿规律[J]. 矿产综合利用，45 (01)：27~31,40.
路锋，任瑞鹏，张龙，等. 2018. 宁夏石嘴山市牛头沟-梁根-红水泉子金铜矿化带找矿方向探讨[J]. 宁夏工程技术，17(4)：373~378.
路学忠. 1999. 银川盆地第二口地热井施工工艺[J]. 西部探矿工程，(6)：8~90.
吕成龙. 2006. 宁夏灵武市磁窑堡、回民巷古瓷窑遗址考察纪要[J]. 故宫博物院院刊，2006(4)：86~97.
吕纯青. 2017. 宁夏中卫市油井山大泉子沟陶瓷粘土矿床地质特征及开发前景分析[J]. 大陆桥视野，(20)：99~100.
罗群. 2008. 鄂尔多斯盆地西缘马家滩地区冲断带断裂特征及其控藏模式[J]. 地球学报，29(5)：619~627.
马国良. 2015. 鄂尔多斯盆地马家滩油田延长组油气成藏规律研究 [J]. 沉积与特提斯地质，(35)：35~44.
马其鸿，童建平，吴向午，等. 1986. 贺兰山缺台沟-汝箕沟地区的延安组 [J]. 地层学杂志，10(4)：311~314.
马学东，李明涛，梁志荣，等. 2017. 宁夏贺兰山北段树龙沟地区金及多金属矿成矿地质背景及找矿远景分析[J]. 宁夏工程技术，(4)：309~314.
马智强. 1995. 宁夏非金属矿床含矿建造的初步分析[J]. 建材地质，(1)：6~10.
马智强. 2000. 宁夏石膏资源开发利用[J]. 中国非金属矿工业导刊，(6)：31~32.
门玉澎，马秉峰. 2011. 宁夏地区奥陶系页岩气勘探潜力[J]. 西部探矿矿工程，(5)：164~166，169.

宁宁，王红岩，雍洪，等．2009．中国非常规天然气资源基础与开发技术[J]．天然气工业，29(9)：9~12.
潘治贵，兰庆余，陈基娘，等．1992．热水煤田煤的热水变质特征[M]．北京：地质出版社，61~77.
庞军刚，陈全红，李文厚，等．2012．鄂尔多斯盆地延安组标志层特征及形成机理[J]．西北大学学报(自然科学版)，42(5)：806~812.
邱朝霞．1992．宁夏金场子氧化带金矿床石英矿物学研究[J]．地质与勘探 28(03)：26~29.
尚尔和，闻慧．1983．膨润土酸处理法制 NaA 型沸石生产性试验成功[J]．日用化学工业，(1)：42.
宋新华，程建华，程毅，等．2013．固原岩盐成矿规律及成矿预测[M]．银川：宁夏人民出版社.
宋新华，程建华，孟方，卢宗盛．2013．白垩纪六盘山盆地沉积相研究[M]．银川：宁夏人民出版社.
宋新华，李红宇，郭合伟，等．2010．贺兰山北段牛头沟金矿区围岩的原岩恢复、时代及其地质意义[J]．岩石学报，26(5)：1625~1632.
宋新华，李红宇．2009．宁夏中卫市大铜沟铜矿地质特征及控矿因素浅析[J]．矿产与地质，(2)：118~123.
宋新华，薛忠歧，于艳青．2013．固原岩盐矿区水资源环境研究[M]．银川：宁夏人民出版社.
宋新华，张鹏川，程建华，等．2015．六盘山盆地时空演化与岩盐成矿[M]．北京：地质出版社.
宋新华，张鹏川，李新虎．2013．六盘山地区盐类矿产勘查技术方法研究[M]．银川：宁夏人民出版社.
宋燕．2010．西夏名窑——宁夏灵武窑出土瓷器研究[J]．中国陶瓷，2010(46)：71~78.
苏鸿英．2009．镁冶炼工艺技术综述[J]．世界有色金属，(7)：30~31.
苏中堂，陈洪德，徐粉燕，等．2011．鄂尔多斯盆地马家沟组白云岩地球化学特征及白云岩化机制分析[J]．岩石学报，27(8)：2230~2238.
谭俊．2013．宁夏贺兰山北段金成矿类型及构造控矿规律[J]．黄金，(12)：9~14.
谭勇杰．1989．煤变质古地温恢复方法探讨[J]．煤田地质与勘探，(2)：30~36.
唐国政．1995．宁夏石膏矿产勘查简史[J]．宁夏地质科技情报，(1、2)：38.
田红．2015．宁夏中卫市腰岘子铜银矿床成矿地质特征及找矿标志研究[D]．北京：中国地质大学(北京).
万丛礼，付金华，张军．2005．鄂尔多斯西缘前陆盆地构造热事件与油气运移[J]．地球科学与环境学报，27(2)：43~47.
王登红，陈毓川，徐志刚，等．2020，矿床成矿系列组——六论矿床的成矿系列问题[J]．地质学报，94(1)：18~35.
王婷茹．2012．宁东煤田含煤岩系层序地层及聚煤规律研究[D]．西安：西安科技大学.
王文彬，潘守国．1990．贺兰山北段煤系地层中高岭石粘土岩矿体特征及理化性能[J]．建材地质，(3)：14~19.
王彦朋．2014．宁夏贺兰山北段牛头沟金矿找矿标志浅析[J]．科技风，(21)：136.
王玉飞．2014．天然钠基膨润土防渗毯的施工技术在宁夏水利工程中的应用[J]．民营科技，(9)：180~181.
王元清．1989．宁夏同心县青龙山冶镁白云岩矿床地质特征[J]．宁夏地质科技情报(1)：20~22.
王振藩．1994．宁夏的白云岩、石灰岩矿产沉积环境及成因[J]．宁夏地质科技情报，(1、2)：11~12.
王知足，陈忠．1995．宁夏石灰石的开发利用深加工[J]．宁夏地质科技情报，(1、2)：25~29.
王知足，杨易福，张建生，等．1997．宁夏贺兰山北段太古宙金矿成矿条件研究[J]．宁夏地质科技情报，(1、2)：19.
魏列明，樊泰山．2016．宁夏石嘴山市扁沟金矿控矿因素与找矿标志浅析[J]．科学与财富，第 7 期.
温达能．1992．中卫县二人山-金场子金银多金属矿床成因分析及找矿方向[J]．宁夏地质科技情报，(1、2)：26~37.
吴传荣，张慧，李远虑，等．1995．西北早-中侏罗世煤岩煤质与煤变质研究[M]．北京：煤炭工业出版社，78~97，128~157.
吴亮，侯敏．2015．宁夏青铜峡市双圈铜矿地质特征及找矿标志[J]．科研，(50)：221~224.
向连格，艾宁，陈学，等．2018．宁夏铁矿资源概况及成矿规律探讨[J]．地质学刊，42(4)：592~597.
向连格，杨合群，刘颖，等．2023．宁夏苏峪口磷矿绿色开发的技术思路探讨[J]．现代矿业，(647)：244~248.
徐安恭．2017．宁夏石油勘探开发 60 年史话[G]．宁夏石油学会.
徐广平，张晓东，艾宁，等．2011．宁夏卫宁北山地区铁矿区域成矿规律探讨[J]．西北地质，44(1)：39~47.
徐占海．2010．综合运用物探化探技术促进宁夏地质找矿大突破[J]．中国国土资源经济，23(11)：8~11.
徐志刚，陈毓川，王登红，等．中国成矿区带划分方案[M]．北京：地质出版社.
许成，韩兆民．1982．宁夏固原出土明代砖刻[J]．考古与文物，(4).
闫金鹏，焦滔，吕玉杰，等．2013．宁东油田延安组烃源岩生烃潜力评价[J]．录井工程，24(2)：84~88.
闫伟，冯有利．2013．中国页岩气勘探开发历史现状及前景分析[J]．石家庄经济学院学报，第 3 期.
严烈宏，王利，等．2002，银川盆地地热系统[M]．银川：宁夏人民出版社.
杨光道．1981．宁夏中卫小红山一带石膏矿床物质成分特征及形成条件分析[J]．宁夏地质，(19)：1~17.
杨合群，姜寒冰，谭文娟，等．2017．西北地区重要矿产概论[M]．北京：地质出版社.
杨起．1996．中国煤变质作用[M]．北京：煤炭工业出版社，36~98.
杨友运，常文静，张蓬勃．2006．西北地区油页岩的主要特征及开发利用前景[A]．见西安石油大学油气资源学院创建 10 周年学术研讨会论文集[C]．西安：西安石油大学：189~195.
尹秉喜，刘建兵，余秋生．2013．宁夏金属矿勘查物化探技术进展[M]．银川：阳光出版社.
尹秉喜，闵刚，等．2014．宁夏大地电磁测深剖面测量成果报告[R]．58~70，137~161.

尹秉喜，闵刚. 2016. 宁夏中上地壳电性结构特征研究[M]. 银川：阳光出版社.
尹秉喜，余秋生，等. 2014. 银川平原地下水补给及水质分布综合研究[M]. 银川：阳光出版社.
于海滨，张海波. 2014. 宁夏米钵山电石灰岩矿床地质特征及成因探讨[J]. 宁夏工程技术，13(4)：295~298.
余秋生，周文生，韩银利，等. 2014. 宁夏中南部严重缺水地区地质构造控制地下水分布规律研究[M]. 银川：阳光出版社.
袁守谦，张艇. 1993. 用高硅低品位铁矿石代替钢屑冶炼硅铁的试验[J]. 工业加热，(4)：16~18.
曾少军，杨来，曾凯超. 2013. 中国页岩气开发现状、问题及对策[J]. 中国人口资源与环境，23(3)：33~38.
占车生，武法东，刘荣梅，詹朝阳. 2003. 基于GIS平台和相关数学模型的宁夏南部地区金矿资源评价[J]. 大地构造与成矿学，27(3)：264~269.
张庚. 2017. 宁夏中卫市天景山白路泉南段电石、水泥用石灰岩矿矿层特征及成因[J]. 黑龙江科技信息，(21)：21~22.
张慧，晋香兰，张泓，等. 2006. 鄂尔多斯盆地西缘汝箕沟煤矿区的石英脉及其地质意义[J]. 地质学报，80(5)：768~774.
张慧，吴传荣，李小彦，等. 1994. 汝箕沟煤系脉石英包体与煤变质研究[J]. 煤田地质与勘探，22(3)：23~26.
张娟，何贞铭，李莉英，等. 2014. 宁夏卫宁北山遥感特征与金属矿找矿预测[J]. 产业与科技论坛，(6)：68~70.
张黎，王利，王红英，等. 2003. 宁夏地下水资源[M]. 银川：宁夏人民出版社.
张荣飞. 2012. 宁夏镁矿资源可持续利用方案探索[J]. 中国科技投资，(27)：117.
张寿岭. 1988. 宁夏紫砂资源及其利用[J]. 宁夏地质，(1)：93~96.
赵红格，刘池祥，王峰，等. 2006. 鄂尔多斯西缘构造分区及其特征[J]. 石油与天然气地质，27(2)：173~179.
甄树森. 1992. 宁夏石咀山耐火粘土矿床的成因讨论[J]. 建材地质，(6)：21~25.
郑秉国，柳强，李科. 2013. 宁夏页岩气资源潜力初探[J]. 宁夏工程技术，12(4)：303~306，314.
郑国敏. 2009. 宁夏盐池县萌城矿区含煤地层赋存特征探析[J]. 中国煤炭地质，21(11)：22~24.
仲佳鑫. 2010. 宁夏香山-卫宁北山地区铁矿类型与成矿规律[D]. 西安：长安大学.
仲佳鑫，李欢，李鹏等. 2012. 宁夏中卫香山地区铁矿床地质特征及成因探讨[J]. 宁夏工程技术，11(2)：101~106.
仲佳鑫，徐刚，向连格，等. 2018. 宁夏卫宁北山地区照壁山铁矿床 地质特征及成矿规律探讨[J]. 西北地质，51(1)：228~237.
朱海军，张毓婷. 2015. 宁夏贺兰山北段石炭井四矿-横山一带金铜矿找矿可行性分析[J]. 科技创业月刊，(23)：141~143.
朱裕生，肖克炎，宋国耀，等. 2007. 中国主要成矿区(带)成矿地质特征及矿产成矿谱系[M]. 北京：地质出版社.
朱宗良，李克永，李文厚，等. 2010. 鄂尔多斯盆地上三叠统延长组富油因素分析[J]. 地质科技情报，29(3)：75~78.

主要参考资料

"513 协议"找矿办公室. 2009. 宁夏回族自治区固原市盐化工基地岩盐及配套资源整装勘查方案[R].
长庆油田三分部研究院. 1979. 陕甘宁盆地红井子油田(包括马坊油田)地质研究报告[R].
大武口区石炭井陶斯沟铁矿. 2009. 宁夏石嘴山市大武口区石炭井陶斯沟铁矿检测报告[R].
地质矿产部宁夏回族自治区地质调查院. 1997. 宁夏银川市贺兰山中段干沟-苏峪口冶镁白云岩地质普查报告[R].
甘肃地质局. 1965. 1∶20 万同心幅地质图及说明书[R].
国家建材局地质公司宁夏地质勘探大队. 1983. 宁夏回族自治区中卫县甘塘石膏矿区详查地质报告[R].
建材部地质总公司西北公司. 1966. 宁夏中卫孙家沟陶瓷粘土矿区初步找矿报告[R].
建筑材料工业部地质总公司西北公司. 1965. 宁夏中卫县平滩湖粘土矿区初步找矿报告[R].
建筑材料工业部地质总公司西北公司二〇二队. 1967. 宁夏永宁县黄羊滩水泥配料粘土找矿简报[R].
建筑工程部非金属矿地质公司西北分公司二〇五队. 1963. 宁夏回族自治区银川市贺兰山黄渠口白云母矿点踏查简报[R].
宁夏宝丰能源集团有限公司. 2010. 宁夏回族自治区盐池县四股泉勘查区二号井田煤炭补充勘探报告[R].
宁夏宝丰能源集团有限公司. 2011. 宁夏回族自治区灵武市横城矿区马莲台煤矿煤炭资源储量核实报告[R].
宁夏宝丰能源集团有限公司. 2012. 宁夏回族自治区盐池县四股泉煤矿一号井煤炭资源储量核实报告[R].
宁夏宝丰能源有限公司. 2007. 宁夏回族自治区盐池县四股泉勘查区煤炭普查地质报告[R].
宁夏宝塔石化集团有限公司. 2011. 宁夏中宁县米钵山团钵郎电石灰岩矿产资源储量核实报告[R].
宁夏地技服务中心. 1988. 银川市干沟白云岩矿床普查评价报告[R].
宁夏地矿创新团队. 2013. 六盘山地区盐类矿产勘查技术方法研究[R].
宁夏地矿建设公司. 1995. 宁夏贺兰山中段冶镁白云岩矿床普查报告[R].
宁夏地矿建设公司. 1996. 宁夏同心盐池县青龙山冶镁白云岩矿床普查报告[R].
宁夏地矿局第二水文地质队. 1981. 宁夏回族自治区海原县人畜饮用农田灌溉供水水文地质勘察报告[R].
宁夏地矿局第二水文地质队. 1984. 宁夏回族自治区西吉县人畜饮用农田灌溉供水水文地质勘察报告[R].
宁夏地矿局第二水文地质队. 1990. 宁夏回族自治区固原人畜饮用农田灌溉供水水文地质勘察报告[R].
宁夏地矿局第一水文地质队. 1976. 盐池县农田灌溉供水水文地质勘察报告[R].
宁夏地矿局第一水文地质队. 1982. 区域水文地质普查报告 1∶20 万中卫幅[R].
宁夏地矿局第一水文地质队. 1985. 银川市新市区北郊水源地供水水文地质勘察报告[R].
宁夏东昌实业集团股份有限公司. 2017. 宁夏灵武市马家滩矿区双马二井煤炭资源储量核实报告[R].
宁夏黄金地质勘探工程队. 2007. 宁夏中卫市卫宁北山黄石坡沟金矿详查工作总结[R].
宁夏回族自治区测绘局. 2004. 宁夏回族自治区地图(1∶25000)[R].
宁夏回族自治区地矿局地质研究所. 1986. 宁夏石嘴山跑马崖一带砂金矿普查找矿报告[R].
宁夏回族自治区地质博物馆. 2016. 宁夏彩石工艺性能研究[R].
宁夏回族自治区地质调查. 2015. 宁夏地热资源现状评价与区划成果报告[R].
宁夏回族自治区地质调查院，中国地质科学院水文地质环境地质研究所. 2006. 宁夏地热远景调查及银川平原地热资源评价[R].
宁夏回族自治区地质调查院. 1993. 宁夏海原县西华山地区柳沟金矿地质普查报告[R].
宁夏回族自治区地质调查院. 1998. 1∶5 万渠口农场、扁担沟、枣园、滚泉幅地质图及区域地质调查报告[R].
宁夏回族自治区地质调查院. 1999. 1∶5 万喊叫水、纪家幅地质图及区域地质调查报告[R].
宁夏回族自治区地质调查院. 2000. 宁夏煤层气资源调查评价[R].
宁夏回族自治区地质调查院. 2000. 宁夏煤层气资源评价报告[R].
宁夏回族自治区地质调查院. 2000. 银川盆地地热资源调查评价报告[R].
宁夏回族自治区地质调查院. 2001. 1∶5 万马家大庄、隆德县幅地质图及区域地质调查报告[R].
宁夏回族自治区地质调查院. 2001. 1∶5 万瓦亭、什字路、泾源县幅地质图及区域地质调查报告[R].
宁夏回族自治区地质调查院. 2002. 宁夏赛马实业股份有限公司套门沟水泥石灰岩矿区储量核实报告[R].
宁夏回族自治区地质调查院. 2006. 宁夏地热远景调查及银川平原地热资源评价成果报告[R].
宁夏回族自治区地质调查院. 2008. 宁夏香山地区晚泥盆世—早石炭世砂岩铜矿成矿性研究报告[R].
宁夏回族自治区地质调查院. 2009. 宁夏中卫市石堆水铁矿区平华铁矿资源储量核实报告(2008 年度)[R].
宁夏回族自治区地质调查院. 2010. 1∶5 万白疙瘩、白墩子、营盘水、甘塘幅地质图及区域地质调查报告[R].
宁夏回族自治区地质调查院. 2010. 宁夏中卫市南、西华山铜金矿调查遥感地质专题报告[R].
宁夏回族自治区地质调查院. 2010. 宁夏中卫市卫宁北山金场子金矿外围及深部多金属矿预查地质报告[R].
宁夏回族自治区地质调查院. 2010. 宁夏矿产地质概论[R].
宁夏回族自治区地质调查院. 2011. 宁夏海原县银洞沟铜、铁矿预查工作总结[R].
宁夏回族自治区地质调查院. 2011. 宁夏卫宁北山钴异常的物质来源及钴矿体的形成机制研究[R].

宁夏回族自治区地质调查院. 2012. 1：5万水磨沟、崇岗、苏峪口、暖泉、姚伏幅地质图及区域地质调查报告[R].
宁夏回族自治区地质调查院. 2012. 宁夏中卫市南、西华山铜金矿调查1：1万土壤测量专题报告[R].
宁夏回族自治区地质调查院. 2012. 宁夏中卫市南、西华山铜金矿调查物探专题报告[R].
宁夏回族自治区地质调查院. 2012. 宁夏中卫市卫宁北山茶梁子铁钴矿床资源储量估算报告[R].
宁夏回族自治区地质调查院. 2013. 1：5万乌达、老石旦、石嘴山站、石嘴山幅区域地质图及区域地质矿产调查报告[R].
宁夏回族自治区地质调查院. 2014. 宁夏中卫市南、西华山铜金矿调查[R].
宁夏回族自治区地质调查院. 2014. 宁夏中卫市卫宁北山大铜沟铜钴矿普查报告[R].
宁夏回族自治区地质调查院煤田地质局. 2004. 宁夏石嘴山市矿区北部煤炭资源普查一期地质总结[R].
宁夏回族自治区地质工程勘察院. 1995. 银川平原农业生产基地地下水资源及环境地质综合勘察报告[R].
宁夏回族自治区地质工程勘察院. 2001. 宁夏同心县小洪沟水源地扩充勘探报告[R].
宁夏回族自治区地质工程勘察院. 2001. 宁夏盐池县骆驼井水源地扩充勘探报告[R].
宁夏回族自治区地质工程勘察院. 2001. 银川市新市区南部水源地勘探报告[R].
宁夏回族自治区地质工程勘察院. 2004. 宁夏彭阳县城供水水源地勘察报告[R].
宁夏回族自治区地质工程勘察院. 2004. 宁夏银川市南梁水源地勘察报告[R].
宁夏回族自治区地质工程勘察院. 2004. 宁夏银川市征沙水源地勘察报告[R].
宁夏回族自治区地质工程勘察院. 2004. 石嘴山市大武口工业园区供水水源地勘察报告[R].
宁夏回族自治区地质工程勘察院. 2006. 红寺堡移民灌区柳泉水源地勘探报告[R].
宁夏回族自治区地质环境监测总站. 1996. 宁夏回族自治区西吉县黑眼泉饮用天然矿泉水资源勘查报告[R].
宁夏回族自治区地质环境监测总站. 2008. 1：25万银川市幅地质图及区域地质调查报告[R].
宁夏回族自治区地质环境监测总站. 2009. 宁夏石嘴山市矿业(集团)有限责任公司正义关煤矿资源储量核实报告[R].
宁夏回族自治区地质环境监测总站. 2009. 宁夏吴忠市青龙山东道梁北段冶镁白云岩资源储量报告[R].
宁夏回族自治区地质环境监测总站. 2009. 宁夏吴忠市青龙山东道梁南段冶镁白云岩矿资源储量报告[R].
宁夏回族自治区地质环境监测总站. 2009. 宁夏吴忠市青龙山东道梁南段冶镁白云岩矿资源储量报告[R].
宁夏回族自治区地质环境检测总站. 2009. 宁夏盐池县惠安堡-韦州地区煤层气勘查项目总结报告[R].
宁夏回族自治区地质环境检测总站. 2009. 宁夏中卫-中宁盆地煤层气勘查项目总结报告[R].
宁夏回族自治区地质局地质研究所. 1991. 宁夏回族自治区平罗县暖泉饮用天然矿泉水资源勘查报告[R].
宁夏回族自治区地质局第二水文地质工程地质队. 1978. 宁夏回族自治区香山地区磷矿普查报告书[R].
宁夏回族自治区地质局第一地质队. 1976. 同心县贺家口子石膏矿床详细普查报告[R].
宁夏回族自治区地质局第一地质队. 1977. 宁夏回族自治区海原油井山磷矿点普查评价中间地质报告[R].
宁夏回族自治区地质局矿产地质调查所. 1990. 宁夏隆德县赵家洼、王辛湾石膏矿石点普查报告[R].
宁夏回族自治区地质局宁北地质队. 1960. 贺兰山云母矿普查检查评价报告[R].
宁夏回族自治区地质局宁北地质队. 1960. 宁夏贺兰山平罗县浸水沟耐火粘土矿勘探报告[R].
宁夏回族自治区地质局宁北地质队宁北地质队. 1959. 惠农县王全口铁矿普查评价报告[R].
宁夏回族自治区地质局宁北地质队宁北地质队. 1959. 柳条沟石灰岩初步踏勘评价报告[R].
宁夏回族自治区地质局宁北地质队宁北地质队. 1959. 驴驴沟大理岩踏勘简报[R].
宁夏回族自治区地质局宁南地质队. 1959. 同心县土坡工区骡子沟铁矿中间报告 [R].
宁夏回族自治区地质局宁南地质队. 1960. 宁夏回族自治区同心县青龙山铅锌矿(附菱铁矿白云岩)初步评价报告. [R].
宁夏回族自治区地质局宁南地质队. 1960. 宁夏泾源县沙南铜矿矿区初步评价中间报告书[R].
宁夏回族自治区地质局宁南地质队. 1961. 宁夏回族自治区海原县南华山黄铁矿评价报告[R].
宁夏回族自治区地质局宁南地质队. 1961. 宁夏回族自治区隆德县泥炭矿点检查报告[R].
宁夏回族自治区地质局宁西地质队. 1961. 宁夏回族自治区中宁北山茶梁子——星铁山评价报告(星铁山部分)[R].
宁夏回族自治区地质局宁西地质队. 1962. 中卫县北山跃进岗一带第四纪沉积铁矿床评价总结报告[R].
宁夏回族自治区地质局宁西地质队. 1961. 宁夏中卫县南山含铁碧玉岩检查评价工作简报[R].
宁夏回族自治区地质局区域地质测量队. 1960. 宁夏回族自治区中卫县新水铁矿点检查评价报告[R].
宁夏回族自治区地质局区域地质调查队. 1978. 1：20万巴伦别立幅地质图及区域地质调查报告[R].
宁夏回族自治区地质局区域地质调查队. 1980. 1：20万乌海市幅地质图及区域地质调查报告[R].
宁夏回族自治区地质局区域地质调查队. 1982. 1：20万阿拉善左旗幅地质图及区域地质调查报告[R].
宁夏回族自治区地质局区域地质调查队. 1982. 1：20万石嘴山市幅地质图及区域地质调查报告 [R].
宁夏回族自治区地质勘探队. 1980. 阿左旗脑西区26号铁矿点地质评价工作总结[R].
宁夏回族自治区地质矿产局. 1993. 宁夏1：20万区域重力报告[R].
宁夏回族自治区地质矿产局. 1994. 宁夏中宁县沙坡头艾泉饮用天然矿泉水资源勘查报告[R].
宁夏回族自治区地质矿产局测试应用研究所. 1995. 宁夏固原县和尚铺泉泾源县十里滩泉园子泉楼房沟泉海原县曹洼泉医疗饮用天然

矿泉水普查报告[R].
宁夏回族自治区地质矿产局地质调查所. 1998. 宁夏石嘴山市沙巴台水泥石灰岩矿床普查报告[R].
宁夏回族自治区地质矿产局地质矿产勘察院. 1993. 1：5 万陈麻子井、马家河湾幅地质图及区域地质调查报告[R].
宁夏回族自治区地质矿产局地质研究所. 1987. 宁夏中卫县香山大理石矿大道崖矿段初步勘探报告[R].
宁夏回族自治区地质矿产局地质研究所. 1991. 宁夏惠农简泉沉积型高岭石粘土矿地质普查报告(供审稿)[R].
宁夏回族自治区地质矿产局地质研究所. 1991. 宁夏惠农简泉沉积型高岭石粘土矿地质普查报告(供审稿)[R].
宁夏回族自治区地质矿产局矿产地质调查所. 1990. 1：5 万白崖子、照壁山、镇罗、余丁幅地质图及区域地质调查报告[R].
宁夏回族自治区地质矿产局矿产地质调查所. 1990. 中卫县黄石坡沟地下热水调查研究报告[R].
宁夏回族自治区地质矿产局矿产地质调查所. 1990. 中卫县黄石坡沟地下热水调查研究报告[R].
宁夏回族自治区地质矿产局矿产地质调查所. 1993. 宁夏回族自治区中卫县天景山化工灰岩矿床详查地质报告[R].
宁夏回族自治区地质矿产局矿产地质调查所. 1994. 宁夏回族自治区固原县红纱石沟水泥石灰岩矿床勘探报告[R].
宁夏回族自治区地质矿产局矿产地质调查所. 1994. 宁夏中卫二人山——金矿子金银铅硫矿区及其外围大比例尺成矿预测总结报告[R].
宁夏回族自治区地质矿产局区域地质调查队. 1983. 1：20 万银川市幅地质图及区域地质调查报告[R].
宁夏回族自治区地质矿产局区域地质调查队. 1985. 1：20 万吴忠幅地质图及区域地质调查报告[R].
宁夏回族自治区地质矿产局区域地质调查队. 1985. 1：20 万下马关幅地质图及区域地质调查报告[R].
宁夏回族自治区地质矿产局区域地质调查队. 1985. 1：20 万盐池幅地质图及区域地质调查报告[R].
宁夏回族自治区地质矿产局区域地质调查队. 1988. 1：5 万土井子、前古城子、马夫峡子幅地质图及区域地质调查报告[R].
宁夏回族自治区地质矿产局区域地质调查队. 1989. 1：5 万石炭井、阿拉巴拉代幅地质图及区域地质调查报告[R].
宁夏回族自治区地质矿产局区域地质调查队. 1992. 1：5 万红泉、三眼井幅地质图及区域地质调查报告[R].
宁夏回族自治区地质矿产局区域地质调查所. 2004. 1：20 万宁夏及邻区地质图及说明书[R].
宁夏回族自治区地质矿产勘查开发局地质矿产勘察院. 1995. 1：5 万宣和、上校育川、下流水幅地质图及区域地质调查报告[R].
宁夏回族自治区地质矿产勘查开发局地质矿产勘察院. 1996. 1：5 万长流水、常乐、峡门幅地质图及区域地质调查报告[R].
宁夏回族自治区地质矿产勘查开发局宁夏矿业开发公司. 1999. 银川市南郊水源地勘探报告[R].
宁夏回族自治区地质矿产勘查院. 2016. 宁夏海原县柳沟-簸箕掌地区矿产地质调查报告[R].
宁夏回族自治区地质矿产勘查院. 2017. 宁夏金石工艺公司小口子贺兰石矿闭坑地质报告[R].
宁夏回族自治区地质矿产勘察院. 1995. 宁夏固原高圪陵石英砂岩矿床详查地质报告[R].
宁夏回族自治区地质矿产区域地质调查队. 1985. 宁夏回族自治区盐池县海牛滩、惠安堡盐湖芒硝矿详查评价报告[R].
宁夏回族自治区地质矿产区域地质调查队. 1985. 宁夏回族自治区盐池县海牛滩、惠安堡盐湖芒硝矿详查评价报告[R].
宁夏回族自治区工业厅. 1953. 宁夏灵武县磁窑堡煤炭煤田初步调查报告[R].
宁夏回族自治区工业厅. 1953. 宁夏省平罗县汝箕沟无烟煤田初步简报[R].
宁夏回族自治区工业厅. 1954. 宁夏石嘴山煤田初步调查报告[R].
宁夏回族自治区国土资源调查监测院. 2010. 宁夏回族自治区海原县乱堆子冶镁白云岩矿资源储量核查报告[R].
宁夏回族自治区国土资源调查监测院. 2010. 宁夏回族自治区银川市大挺沟冶镁白云岩矿资源储量核查报告[R].
宁夏回族自治区国土资源调查监测院. 2010. 石嘴山市大武口区第二水源地扩充供水水文地质勘探报告[R].
宁夏回族自治区国土资源调查监测院. 2012. 1：5 万腰坝、黄旗口、木井子、井子泉幅地质图及区域地质调查报告[R].
宁夏回族自治区国土资源调查监测院. 2012. 宁夏回族自治区冶金用石英岩矿资源利用现状调查成果汇总报告[R].
宁夏回族自治区国土资源调查监测院. 2012. 宁夏回族自治区银川市套门沟建筑石料用灰岩矿资源储量简测报告[R].
宁夏回族自治区国土资源调查监测院. 2014. 宁夏中卫市油井山大泉子沟陶瓷粘土矿地质普查报告[R].
宁夏回族自治区国土资源调查监测院. 2015. 宁夏回族自治区盐池县石记场北石膏矿资源储量简测报告[R].
宁夏回族自治区国土资源调查监测院. 2015. 宁夏中卫市油井山大泉子沟陶瓷粘土矿详查报告[R].
宁夏回族自治区核工业地质勘查院. 2004. 宁夏回族自治区吴忠市上滚泉饮用天然矿泉水资源评价报告[R].
宁夏回族自治区核工业地质勘查院. 2005. 宁夏隆德县海英岔地区铜矿普查报告[R].
宁夏回族自治区核工业地质勘查院. 2006. 宁夏回族自治区隆德县海英岔地区铜矿普查报告[R].
宁夏回族自治区核工业地质勘查院. 2007. 宁夏红寺堡开发区茶树沟地区铜矿普查报告[R].
宁夏回族自治区核工业地质勘查院. 2007. 宁夏红寺堡开发区茶树沟地区铜矿普查报告[R].
宁夏回族自治区核工业地质勘查院. 2010. 宁夏回族自治区贺兰县苏峪口磷矿核查矿区资源储量核查报告[R].
宁夏回族自治区核工业地质勘查院. 2010. 宁夏回族自治区贺兰县苏峪口南部扩建区磷矿核查矿区资源储量核查报告[R].
宁夏回族自治区核工业地质勘查院. 2010. 宁夏回族自治区银川市紫花沟磷矿核查矿区资源储量核实报告[R].
宁夏回族自治区核工业地质勘查院. 2014. 宁夏页岩气成矿远景研究[R].
宁夏回族自治区矿产地质调查所. 1992. 宁夏回族自治区中卫县二人山硫铁矿详查中间地质报告[R].
宁夏回族自治区矿产地质调查所. 2001. 宁夏贺兰山中段井泉子冶镁白云岩普查报告[R].

宁夏回族自治区矿产地质调查所. 2004. 宁夏灵武市鸳鸯湖矿区石槽村井田西部勘探区地质勘探报告[R].
宁夏回族自治区矿产地质调查所. 2007. 宁夏回族自治区青铜峡市双圈铜矿区普查报告[R].
宁夏回族自治区矿产地质调查所. 2007. 宁夏中宁县土窑铜矿普查报告[R].
宁夏回族自治区矿产地质调查所. 2008. 宁夏固原市炭山煤矿外围煤炭地质普查报告[R].
宁夏回族自治区矿产地质调查所. 2008. 宁夏回族自治区中宁县铜铁钩铜矿区北矿带详查报告[R].
宁夏回族自治区矿产地质调查所. 2009. 宁夏盐池县黄米湾石膏矿普查报告[R].
宁夏回族自治区矿产地质调查所. 2009. 宁夏盐池县余家圈石膏矿普查报告[R].
宁夏回族自治区矿产地质调查所. 2010. 宁夏盐池县青山地区石膏矿床石记场勘探区资源/储量核查报告[R].
宁夏回族自治区矿产地质调查院. 2010. 宁夏固原市原州区硝口-上店子岩盐矿详查报告[R].
宁夏回族自治区矿产地质调查院. 2010. 宁夏固原市原州区硝口-上店子岩盐矿详查报告[R].
宁夏回族自治区矿产地质调查院. 2010. 宁夏回族自治区吴忠市韦州矿区韦二井田勘探报告[R].
宁夏回族自治区矿产地质调查院. 2010. 宁夏回族自治区银川市红墩子矿区红二井田煤炭资源勘探报告[R].
宁夏回族自治区矿产地质调查院. 2010. 宁夏回族自治区中卫市上下河沿矿区煤炭资源储量核实报告 [R].
宁夏回族自治区矿产地质调查院. 2010. 宁夏同心县窑山煤炭地质普查工作总结报告[R].
宁夏回族自治区矿产地质调查院. 2010. 宁夏中卫市单梁山金及多金属矿调查报告[R].
宁夏回族自治区矿产地质调查院. 2011. 宁夏红寺堡开发区青山化工灰岩预查报告[R].
宁夏回族自治区矿产地质调查院. 2011. 宁夏回族自治区中卫市校育川核查矿区煤炭资源储量核查报告[R].
宁夏回族自治区矿产地质调查院. 2011. 宁夏盐池县萌城矿区李家小庄勘查区煤炭详查报告[R].
宁夏回族自治区矿产地质调查院. 2011. 宁夏中宁县铜铁钩铜矿资源储量核实报告[R].
宁夏回族自治区矿产地质调查院. 2011. 宁夏中卫市梁水园煤矿区西部勘探报告[R].
宁夏回族自治区矿产地质调查院. 2011. 宁夏中卫市香山大道崖-孙家沟石灰岩预查工作报告[R].
宁夏回族自治区矿产地质调查院. 2012. 宁夏吴忠市线驮石矿区大井沟井田煤炭勘探报告[R].
宁夏回族自治区矿产地质调查院. 2012. 宁夏盐池县黄米湾石膏矿详查报告[R].
宁夏回族自治区矿产地质调查院. 2012. 宁夏永宁县高石墩水泥石灰岩矿详查报告[R].
宁夏回族自治区矿产地质调查院. 2014. 宁夏回族自治区宁东煤田积家井矿区新乔井田煤炭资源储量核实报告[R].
宁夏回族自治区矿产地质调查院. 2015. 宁夏固原市原州区硝口-上店子北部岩盐勘查区资源储量核实报告[R].
宁夏回族自治区矿产地质调查院. 2015. 宁夏青圪塔南段水泥用石灰岩普查报告[R].
宁夏回族自治区矿产地质调查院. 2015. 宁夏吴忠市青龙山西道梁南段Ⅱ区段化工灰岩详查报告[R].
宁夏回族自治区矿产地质调查院. 2016. 宁夏同心县石峡口勘查区石膏矿普查报告[R].
宁夏回族自治区矿产地质调查院. 2016. 宁夏盐池县余家圈石膏矿详查报告[R].
宁夏回族自治区矿产地质调查院. 2017. 宁夏永宁县高石墩水泥用灰岩补充详查报告[R].
宁夏回族自治区矿产地质调查院. 2018. 宁夏中卫市油井山油井子沟陶瓷土矿详查报告[R].
宁夏回族自治区矿产地质调所. 2002. 宁夏同心县青龙山西道梁二道山石灰岩矿床普查报告[R].
宁夏回族自治区煤田地质局, 2010. 宁夏回族自治区煤炭资源潜力评价报告[R].
宁夏回族自治区煤田地质局. 2006. 宁夏红寺堡开发区土坡煤炭资源普查报告[R].
宁夏回族自治区煤田地质局. 2006. 宁夏回族自治区宁东煤田鸳鸯湖矿区梅花井井田勘探地质报告[R].
宁夏回族自治区煤田地质局. 2006. 宁夏中宁县碱沟山矿区天赐厂勘查区煤炭资源普查报告[R].
宁夏回族自治区煤田地质局. 2008. 宁夏回族自治区宁东煤田鸳鸯湖矿区石槽村井田煤炭勘探报告[R].
宁夏回族自治区煤田地质局. 2011. 宁夏回族自治区固原市王洼矿区银洞沟井田 F2 断层以东煤炭详查报告[R].
宁夏回族自治区煤田地质局. 2013. 宁夏回族自治区石嘴山市炭梁坡勘查区煤炭资源普查报告[R].
宁夏回族自治区水利厅. 2018. 宁夏水资源公报[R].
宁夏回族自治区冶金矿山公司地质勘探队. 1977. 银川市干沟熔剂石灰岩矿床评价报告[R].
宁夏回族自治区有色金属地质勘查院. 2008. 宁夏中宁县下流水地区麻黄沟勘查区煤炭普查总结[R].
宁夏回族自治区有色金属地质勘查院. 2005. 宁夏中卫市腰岘子铜银矿区Ⅰ、Ⅲ号矿段补充详查地质报告[R].
宁夏回族自治区有色金属地质勘查院. 2006. 宁夏中卫腰岘子铜银矿区Ⅳ、Ⅴ矿段(姊妹沟)普查报告[R].
宁夏回族自治区有色金属地质勘查院. 2007. 宁夏中卫市腰岘子铜银矿区Ⅱ矿段地质普查工作总结[R].
宁夏回族自治区有色金属地质勘查院. 2008. 宁夏中宁县下流水地区红柳沟勘查区煤炭普查总结[R].
宁夏回族自治区有色金属地质勘查院. 2008. 宁夏中宁县下流水地区下流水勘查区煤炭普查总结[R].
宁夏回族自治区有色金属地质勘查院. 2010. 宁夏中卫市狼嘴子铜沟Ⅱ矿段 2010 年度普查工作总结[R].
宁夏回族自治区有色金属地质勘查院. 2011. 宁夏石嘴山市牛头沟金矿区地质普查报告[R].
宁夏回族自治区有色金属地质勘查院. 2013. 宁夏贺兰山北段金及多金属矿调查报告[R].
宁夏回族自治区有色金属地质勘查院. 2013. 宁夏中卫市涩井沟铁矿资源储量核实报告 [R].

宁夏回族自治区有色金属地质勘查院. 2013. 宁夏中卫市天景山、刘岗井电石灰岩矿资源储量进行简测报告[R].
宁夏回族自治区有色金属地质勘查院. 2014. 宁夏中卫市新照壁山铁矿区建兴矿业公司铁矿资源储量核实报告[R].
宁夏回族自治区有色金属地质勘查院. 2015. 宁夏固原市彭阳县新集东石灰岩矿普查报告[R].
宁夏回族自治区有色金属地质勘查院. 2015. 宁夏彭阳县黑石头河建筑用灰岩矿勘查报告[R].
宁夏回族自治区有色金属地质勘查院. 2015. 宁夏石嘴山市树龙沟-麦子井金铜矿预查报告[R].
宁夏回族自治区有色金属地质勘查院. 2015. 宁夏盐池县萌城石梁石灰岩普查报告[R].
宁夏回族自治区有色金属地质勘查院. 2018. 宁夏吴忠市青龙山东道梁南段石湾沟南冶镁白云岩矿普查报告[R].
宁夏计委地质局区域地质调查队. 1976. 1：20 万吉兰泰幅地质图及区域地质调查报告 [R].
宁夏计委地质局区域地质调查队. 1976. 1：20 万中卫幅地质图及区域地质调查报告[R].
宁夏建材地质勘探大队. 1986. 宁夏回族自治区银川市山嘴沟水泥用板岩矿区详查地质报告[R].
宁夏矿产地质调查所. 2005. 宁夏矿产资源战略分析及矿产资源系列图件编图[R].
宁夏矿业公司. 2011. 宁夏中宁县米钵山团钵郎电石灰岩矿床详查报告[R].
宁夏矿业开发公司(勘查院). 2013. 宁夏中卫市小红山勘查区煤炭资源预查报告[R].
宁夏矿业开发公司(勘查院). 2015. 宁夏中卫市小红山勘查区东部煤炭资源普查报告 [R].
宁夏矿业开发公司(勘查院). 2015. 宁夏中卫市小红山勘查区西部煤炭资源普查报告[R].
宁夏矿业开发公司. 2002. 宁夏贺兰山中段双庙-牛坷垃沟石灰岩矿床普查地质报告[R].
宁夏矿业开发公司. 2002. 宁夏贺兰山中段双庙-牛坷拉沟石灰岩矿乐普查地质报告[R].
宁夏矿业开发公司. 2002. 宁夏石英砂矿矿产资源综合开发利用调查评价报告[R].
宁夏矿业开发公司. 2003. 宁夏固原市杨岭、沙南铅锌矿预查报告[R].
宁夏矿业开发公司. 2008. 宁夏银川市小口子现用贺兰石资源地质普查报告[R].
宁夏矿业开发公司. 2010. 宁夏中宁县米钵山团钵郎电石灰岩矿床普查报告[R].
宁夏矿业开发公司. 2011. 宁夏贺兰石资源调查评价报告[R].
宁夏矿业开发公司. 2011. 宁夏银川市笔架山地区贺兰石资源(玉石)普查报告[R].
宁夏矿业开发公司. 2011. 宁夏中宁县碱沟山矿区红土井煤矿资源储量核实报告[R].
宁夏矿业开发公司. 2011. 宁夏中宁县马道梁石料矿产资源储量简测报告[R].
宁夏矿业开发公司. 2013. 宁夏中宁县青山石膏矿资源储量简测报告[R].
宁夏矿业开发公司. 2014. 宁夏灵武市石沟驿矿区石沟驿煤矿煤炭资源储量核实报告[R].
宁夏矿业开发公司. 2015. 宁夏泾源县立洼峡地区铅锌矿普查报告[R].
宁夏矿业开发公司. 2016. 宁夏隆德县黄草沟地区铜矿普查项目终止报告[R].
宁夏磊鑫矿业有限公司. 2008. 宁夏磊鑫矿业有限公司宏佛寺石膏矿资源储量核实报告[R].
宁夏煤炭工业地质勘探队. 1978. 宁夏回族自治区银川市紫花沟磷块岩矿床 1978 年度地质勘探工作总结[R].
宁夏煤炭工业地质勘探队. 1983. 宁夏回族自治区灵武(县)煤田碎石井勘探区详细地质报告[R].
宁夏煤炭勘察工程公司. 2009. 宁夏回族自治区汝箕沟矿区白芨沟煤矿资源储量核实报告[R].
宁夏煤炭勘察工程公司. 2010. 宁夏回族自治区灵武市横城矿区丁家梁井田南部煤炭勘探报告[R].
宁夏煤炭勘察工程公司. 2010. 宁夏回族自治区石嘴山市神华宁夏煤业集团有限责任公司石炭井焦煤公司煤矿资源储量核实报告[R].
宁夏煤炭勘察工程公司. 2010. 宁夏回族自治区银川市红墩子矿区红三井田煤炭勘探报告[R].
宁夏煤炭勘察工程公司. 2010. 宁夏回族自治区银川市红墩子矿区红四井田煤炭资源勘探报告[R].
宁夏煤炭勘察工程公司. 2010. 宁夏回族自治区银川市红墩子矿区红一井田煤炭勘探报告[R].
宁夏煤炭勘察工程公司. 2011. 宁夏回族自治区宁东煤田鸳鸯湖矿区石槽村井田煤炭勘探报告[R].
宁夏煤炭勘察工程公司. 2014. 宁夏回族自治区灵武市积家井矿区马儿庄勘查区煤炭勘探报告[R].
宁夏宁鲁煤电有限责任公司任家庄煤矿. 2013. 宁夏回族自治区宁东煤田横城矿区任家庄煤矿资源储量核实报告[R].
宁夏庆华煤化集团有限公司. 2012. 宁夏盐池县萌城矿区宋儿庄勘查区煤炭普查地质报告 [R].
宁夏石嘴山市德源工贸有限公司. 2011. 宁夏石嘴山市德源工贸有限公司沙巴台煤矿资源储量核实报告[R].
宁夏水文地质工程地质环境地质勘察院. 2015. 宁夏水资源、水环境现状与承载能力研究[R].
宁夏阳光矿业有限公司. 2007. 宁夏回族自治区吴忠市韦州矿区韦一井田煤炭勘探地质报告[R].
宁夏中宁县国土资源局. 2012. 宁夏中宁县铜铁钩陶瓷粘土矿资源储量简测报告[R].
宁夏中卫市太青山水泥制造有限公司. 2009. 宁夏中卫市太青山水泥制造有限公司石门坎石膏矿资源储量核实报告[R].
宁夏重工业局地质勘探队. 1961. 宁夏中卫县火山铁矿点检查评价报告[R].
宁夏综合地质大队. 1966. 石嘴山市耐火粘土矿床地质勘探储量报告[R].
宁夏综合地质大队宁三地质队. 1967. 宁夏回族自治区中宁县野猫子山-达岱沟地区 1：2.5 万地质普查报告[R].
青铜峡市国土资源局. 2013. 宁夏青铜峡市峡口镇沙坝沟 2012-66 建筑石料用灰岩矿资源储量简测报告[R].
神华地质勘查有限责任公司. 2018. 宁夏灵武市马家滩矿区双马一矿煤炭资源储量核实报告[R].

神华宁夏煤业集团有限责任公司(宁夏矿业开发公司). 2014. 宁夏石嘴山市汝箕沟矿区汝箕沟煤矿煤炭资源核实报告 [R].
西北冶金地质勘探公司宁夏地质勘探队. 1982. 宁夏地区成矿区带划分及其找矿方向(专题研究报告)[R].
西吉县工业交通部地质队. 1960. 关于庙儿岔芒硝矿的勘查工作报告[R].
银川科技开发交流中心,银川建筑材料工业公司. 1985. 宁夏贺兰山黄旗口地区岩棉资源——辉绿岩岩矿开发利用地质调研报告[R].
中国地质科学院矿产资源研究所,中国矿产地质志项目办公室. 2016. 中国矿产地质志·省级矿产地质志研编技术要求[R].
中国建材工业地质勘查中心宁夏总队. 1996. 宁夏固原县刘家沟水泥用粘土矿床详查地质报告[R].
中国建筑材料工业地质勘查中心宁夏总队. 1994. 宁夏固原县荒峁山水泥用粘土矿床详查地质报告[R].
中国建筑材料工业地质勘查中心宁夏总队. 1998. 宁夏盐池县石记场石膏矿床详查地质报告[R].
中国建筑材料工业地质勘查中心宁夏总队. 1999. 宁夏灵武县周家沟膨润土矿床普查地质报告[R].
中国建筑材料工业地质勘查中心宁夏总队. 2001. 宁夏海原县南泥沟石膏矿床普查地质报告[R].
中国建筑材料工业地质勘查中心宁夏总队. 2009. 宁夏中宁县黑疙瘩沟水泥用石灰岩矿详查报告[R].
中国建筑材料工业地质勘查中心宁夏总队. 2010. 宁夏回族自治区固原市原州区红砂石沟水泥灰岩核查矿区资源储量核查报告[R].
中国建筑材料工业地质勘查中心宁夏总队. 2010. 宁夏回族自治区中卫市小红山石膏矿核查区资源储量核查报告[R].
中国建筑材料工业地质勘查中心宁夏总队. 2010. 宁夏回族自治区中卫市一碗泉石膏矿资源储量核查报告[R].
中国建筑材料工业地质勘查中心宁夏总队. 2010. 宁夏盐池县昊顺石膏开采加工有限公司刘记洼村石膏矿资源量核实报告[R].
中国建筑材料工业地质勘查中心宁夏总队. 2010. 宁夏盐池县麻黄山乡青山石膏矿详查报告[R].
中国建筑材料工业地质勘查中心宁夏总队. 2010. 宁夏银川市驴驴沟化工灰岩矿区资源储量核查报告[R].
中国建筑材料工业地质勘查中心宁夏总队. 2011. 宁夏石嘴山市八号泉水泥灰岩矿资源储量核实报告[R].
中国建筑材料工业地质勘查中心宁夏总队. 2011. 宁夏中宁县黑疙瘩沟水泥用石灰岩矿资源储量核实报告[R].
中国建筑材料工业地质勘查中心宁夏总队. 2011. 宁夏中卫市银山灰石矿电石灰岩矿产资源储量核实报告[R].
中国建筑材料工业地质勘查中心宁夏总队. 2013. 宁夏吴忠市石儿山水泥用石灰岩矿资源储量核实报告[R].
中国建筑材料工业地质勘查中心宁夏总队. 2013. 宁夏盐池县黄米湾石膏矿区 M 石膏矿资源储量简测报告[R].
中国建筑材料工业地质勘查中心宁夏总队. 2013. 宁夏中宁县草帽子墩水泥用灰岩矿资源储量核实报告 [R].
中国建筑材料工业地质勘查中心宁夏总队. 2013. 宁夏中宁县瀛龙山水泥用石灰岩矿详查报告[R].
中国建筑材料工业地质勘查中心宁夏总队. 2014. 宁夏中卫市天景山白路泉北段勘查区化工灰岩矿补充详查报告[R].
中国建筑材料工业地质勘查中心宁夏总队. 2014. 宁夏中卫市天景山白路泉南段勘查区化工灰岩矿补充详查报告[R].
中国建筑材料工业地质勘查中心宁夏总队. 2015. 宁夏石嘴山市柳条沟硅石矿详查报告 [R].
中国建筑材料工业地质勘查中心宁夏总队. 2016. 宁夏盐池县石记场北石膏矿普查报告[R].
中国建筑材料工业地质勘查中心宁夏总队. 2017. 宁夏青铜峡市双圈铜矿详查报告[R].
中国建筑材料工业地质勘查中心宁夏总队. 2018. 宁夏中卫市天景山石灰岩矿区刘岗井勘查区电石灰岩矿普查报告[R].
中国建筑材料工业地质勘查中心宁夏总队. 2019. 宁夏石灰岩资源调查评价报告[R].
中国建筑材料工业地质勘查中心宁夏总队. 2019. 宁夏石膏资源调查评价报告[R].
中国建筑工业地质勘查中心宁夏总队地勘院. 1998. 宁夏固原县双河湾石膏矿床详查地质报告[R].
中宁县东方冶炼厂. 2009. 中宁县东方冶炼厂大石头井东铁矿资源储量核实报告[R].
中宁县东方冶炼厂. 2009. 中宁县东方冶炼厂石门洞铁矿资源储量核实报告(2008 年度)[R].
中宁县干沟铁矿. 2009. 宁夏中宁县干沟铁矿资源储量核查检测报告[R].
中卫市常乐镇农工商联合公司. 2008. 宁夏中卫市常乐镇大茨脑石膏矿资源储量核实报告[R].
中卫市建志铁矿. 2008. 宁夏中卫市石堆水铁矿区建志铁矿资源储量核实报告[R].
中卫市金福铁矿. 2008. 宁夏中卫市麦垛山铁矿区金福铁矿资源储量核实报告[R].
中卫市太青山水泥制造有限公司. 2009. 宁夏中卫市太青山水泥制造有限公司天景梁水泥灰岩矿资源储量核实报告[R].
中卫市永安地质资源勘探开发有限公司. 2012. 宁夏中卫市单梁山东部煤炭勘探报告[R].
中卫市永安地质资源勘探开发有限公司. 2012. 宁夏中卫市单梁山西部煤炭勘探报告[R].
中冶美利纸业集团有限公司. 2009. 宁夏中卫市梁水园煤矿区中东部勘探报告[R].

附录：宁夏回族自治区矿产地一览表

宁夏金属、非金属矿产地一览表

序号	矿产地名称	矿种（含共伴生）	所在市县	矿床类型	成矿时代	含矿地层/岩体	规模	品位	所在成矿区带	所属成矿系列	所在构造单元	工作程度	开发利用情况
1	干沟铁矿	铁	中卫市中宁县	中-低温热液型	燕山期	羊虎沟组	矿点	TFe:29%	Ⅴ-20①a	8-Ⅲ4-Mz2-F	卫宁北山褶断带	勘探	停采
2	火山（顾家岘）铁矿（梁水园矿区）	铁	中卫市沙坡头区	受变质型	中寒武世	狼嘴子组	小型	TFe:44.04%,P:0.04%,S:0.03%,SiO_2:38.07%	Ⅴ-20③c	3-Pz_1-S	香山褶断带	勘探	停采
3	新水铁矿	铁	中卫市沙坡头区	中-低温热液型	燕山期	臭牛沟组	矿点	TFe:25%~45%,最高53.82%,Co:0.056%,Mn:1.19%	Ⅴ-20③c	8-Ⅲ4-Mz2-F	香山褶断带	预查	未开采
4	骡子沟铁矿	铁	吴忠市红寺堡区	中-低温热液型	燕山期	臭牛沟组	矿点	TFe:平均30%,最高44%	Ⅳ-20②	8-Ⅲ4-Mz2-F	烟筒山-窑山冲断带	普查	未开采
5	塔什克梁铁矿	铁	石嘴山市惠农区	化学沉积型	长城纪	黄旗口组	矿点	TFe:62.75%	Ⅴ-59①a	2-Pt2-S(M)	贺兰山褶断带	预查	开采
6	陶斯沟铁矿	铁	石嘴山市大武口区	化学沉积型	长城纪	黄旗口组	矿点	TFe:61.21%	Ⅴ-59①a	2-Pt2-S(M)	贺兰山褶断带	预查	停采
7	王全口铁矿	铁	石嘴山市惠农区	化学沉积型	长城纪	黄旗口组	小型	TFe:37.16%	Ⅴ-59①a	2-Pt2-S(M)	贺兰山褶断带	勘探	停采
8	老树湾铁矿	铁	石嘴山市惠农区	化学沉积型	长城纪	黄旗口组	矿点	TFe:51.5%	Ⅴ-59①a	2-Pt2-S(M)	贺兰山褶断带	普查	未开采
9	陈家沟铁矿	铁	银川市西夏区	化学沉积型	长城纪	王全口组	矿点	TFe:40%~50%	Ⅴ-59①c	2-Pt2-S(M)	贺兰山褶断带	普查	未开采
10	旗杆石台子铁矿	铁	中卫市中宁县	化学沉积型	第四纪	下更新统洪积层	矿点	TFe:20.59%~43.9	Ⅴ-20①a	9-Cz-1	卫宁北山褶断带	预查	停采
11	照壁山铁矿	铁	中卫市沙坡头区	中-低温热液型	燕山期	羊虎沟组	小型	TFe:35%~45%	Ⅴ-20①a	8-Ⅲ4-Mz2-F	卫宁北山褶断带	详查	停采
12	新照壁山铁矿	铁	中卫市沙坡头区	中-低温热液型	燕山期	羊虎沟组	小型	TFe:38.84%	Ⅴ-20①a	8-Ⅲ4-Mz2-F	卫宁北山褶断带	详查	停采
13	骆驼山铁矿	铁	中卫市沙坡头区	中-低温热液型	燕山期	羊虎沟组	矿点	TFe:31%~36%	Ⅴ-20①a	8-Ⅲ4-Mz2-F	卫宁北山褶断带	预查	未开采
14	石门硐铁矿	铁	中卫市中宁县	中-低温热液型	燕山期	羊虎沟组	矿点	TFe:46.86%	Ⅴ-20①a	8-Ⅲ4-Mz2-F	卫宁北山褶断带	勘探	停采
15	马道梁铁钴矿	铁、钴	中卫市中宁县	风化型	新生代	臭牛沟组	矿点	TFe:20.2%~43.8%	Ⅴ-20①a	9-Cz-1	卫宁北山褶断带	预查	停采
16	驴尾巴湾铁矿	铁	中卫市中宁县	中-低温热液型	燕山期	土坡组	矿点	TFe:41.50%~60.88%,SiO_2>12%	Ⅴ-20①a	8-Ⅲ4-Mz2-F	卫宁北山褶断带	预查	停采
17	铜铁沟铁矿	铁、钴	中卫市中宁县	中-低温热液型	燕山期	羊虎沟组	矿点	TFe:30.51%	Ⅴ-20①a	8-Ⅲ4-Mz2-F	卫宁北山褶断带	预查	未开采
18	星铁山铁矿	铁	中卫市中宁县	中-低温热液型	燕山期		矿点	TFe:30.05%~51.84%	Ⅴ-20①a	8-Ⅲ4-Mz2-F	卫宁北山褶断带	普查	停采
19	茶梁子铁钴矿	铁、钴	中卫市中宁县	风化型	新生代	中宁组、臭牛沟组	小型	TFe:28.70%~44.80%,Co:0.023%~0.89%	Ⅴ-20①a	9-Cz-1	卫宁北山褶断带	调查	停采
20	大石头井沟铁矿	铁	中卫市中宁县	中-低温热液型	燕山期	土坡组	矿点	TFe:46.85%,P:0.016%,S:0.20%,SiO_2:2.43%	Ⅴ-20①a	8-Ⅲ4-Mz2-F	卫宁北山褶断带	勘探	停采

续表

序号	矿产地名称	矿种(含共伴生)	所在市县	矿床类型	成矿时代	含矿地层/岩体	规模	品位	所在成矿区带	所属成矿系列	所在构造单元	工作程度	开发利用情况
21	单梁山三角点铁矿	铁	中卫市沙坡头区	中-低温热液型	燕山期		矿点	TFe:25.8%~51.6%		8-Ⅲ4-Mz2-F	卫宁北山褶断带	预查	停采
22	二人山铁矿	铁	中卫市沙坡头区	中-低温热液型	燕山期	中宁组	矿点	TFe:30%~50%	Ⅴ-20①a	8-Ⅲ4-Mz2-F	卫宁北山褶断带	普查	停采
23	黄石坡沟铁矿	铁	中卫市沙坡头区	中-低温热液型	燕山期	土坡组	矿点	TFe:18.08%~59.52%,S:0.011%~0.02%,P:0.05%~0.25%	Ⅴ-20①a	8-Ⅲ4-Mz2-F	卫宁北山褶断带	预查	停采
24	泉山井铁矿	铁	中卫市沙坡头区	中-低温热液型	燕山期		矿点	TFe:29%~42%	Ⅴ-20①a	8-Ⅲ4-Mz2-F	卫宁北山褶断带	预查	停采
25	泉山井南(圈子山南)铁矿	铁	中卫市沙坡头区	化学沉积型	第四纪	早更新统	矿点	TFe:27.53%~33.13%	Ⅴ-20①a	9-Cz-1	卫宁北山褶断带	勘探	停采
26	撅尼山西端铁矿	铁	中卫市沙坡头区	中-低温热液型	燕山期	羊虎沟组	矿点	TFe:45%~56%,SiO_2:20.01%,S:0.046%,P:0.157%	Ⅴ-20①a	8-Ⅲ4-Mz2-F	卫宁北山褶断带	预查	未开采
27	麦垛(堆)山铁矿	铁	中卫市沙坡头区	化学沉积型	第四纪	早更新统	小型	TFe:35%,SiO_2:24%	Ⅴ-20①a	9-Cz-1	卫宁北山褶断带	详查	停采
28	锅底湖铁矿	铁	中卫市中宁县	中-低温热液型	燕山期	羊虎沟组	矿点	Fe:39.36%,SiO_2:16.86%~18.73%,S:0.086%~0.094%,P:0.075%~0.09%	Ⅴ-20①a	8-Ⅲ4-Mz2-F	卫宁北山褶断带	预查	未开采
29	白土井铁矿	铁	中卫市中宁县	中-低温热液型	燕山期	羊虎沟组	矿点	TFe:19.6%~50.08%	Ⅴ-20①a	8-Ⅲ4-Mz2-F	卫宁北山褶断带	预查	未开采
30	石墩(堆)水铁矿	铁	中卫市沙坡头区	中-低温热液型	燕山期	羊虎沟组	小型	TFe:45.26%,S:0.073%,SiO_2:26.075%	Ⅴ-20①a	8-Ⅲ4-Mz2-F	卫宁北山褶断带	详查	停采
31	正口子东北铁矿	铁	中卫市沙坡头区	化学沉积型	第四纪	早更新统	矿点	TFe:25.98%~28.97%	Ⅴ-20①a	9-Cz-1	卫宁北山褶断带	勘探	停采
32	涩井沟铁矿	铁	中卫市沙坡头区	中-低温热液型	燕山期	羊虎沟组	矿点	TFe:27.16%,S:3.42%,SiO_2:4.17%	Ⅴ-20①a	8-Ⅲ4-Mz2-F	卫宁北山褶断带	勘探	停采
33	乌车梁铁矿	铁	中卫市沙坡头区	中-低温热液型	燕山期	羊虎沟组	矿点	TFe:40%~50%	Ⅴ-20①a	8-Ⅲ4-Mz2-F	卫宁北山褶断带	普查	停采
34	跃进岗铁矿	铁	中卫市沙坡头区	化学沉积型	第四纪	早更新统	矿点	TFe:15%~30%,SiO_2:30%~40%	Ⅴ-20①a	9-Cz-1	卫宁北山褶断带	普查	停采
35	正义关沟铜矿点	铜	石嘴山市惠农区	中-低温热液型	前长城纪	贺兰山岩群	矿点	Au:0.1~1.1g/t,Cu:0.12%~2.54%	Ⅴ-59①a	6-Ⅲ51-Mz1-F	贺兰山褶断带	预查	未开采

续表

序号	矿产地名称	矿种(含共伴生)	所在市县	矿床类型	成矿时代	含矿地层/岩体	规模	品位	所在成矿区带	所属成矿系列	所在构造单元	工作程度	开发利用情况
36	双圈(广武山)铜矿	铜	吴忠市青铜峡市	中-低温热液型	燕山期	中宁组	小型	四个矿体品位分别是:1.35%、1.55%、0.58%、0.5%	Ⅴ-20①a	8-Ⅲ4-Mz2-F	卫宁北山褶断带	详查	停采
37	铜铁沟(土窑)铜矿	铜	中卫市中宁县	中-低温热液型	燕山期	狼嘴子组	小型	K1铜品位0.31%~12.86%,平均1.18%;K2铜品位平均0.94%;K3铜品位0.34%~5.90%,平均2.22%;K4铜品位0.30%~13.40%,平均0.70%	Ⅴ-20①a	8-Ⅲ4-Mz2-F	卫宁北山褶断带	详查	停采
38	大铜沟铜(钴)矿	铜、金、钴	中卫市沙坡头区	中-低温热液型	燕山期	靖远组	小型	Ⅰ号矿体Cu:1.03%;Ⅱ号矿体Cu:2.56%;Ⅲ号矿体Cu:3.08% Co:0.057%	Ⅴ-20①a	8-Ⅲ4-Mz2-F	卫宁北山褶断带	普查	停采
39	红石堆铜矿	铜	中卫市中宁县	中-低温热液型	燕山期	臭牛沟组	矿点	Cu:4.49%、6.34%、9.41%;(极谱)伴生Au:0.1g/t	Ⅴ-20①a	8-Ⅲ4-Mz2-F	卫宁北山褶断带	预查	未开采
40	腰岘子铜(银)矿	铜、银	中卫市沙坡头区	化学沉积型	泥盆纪	中宁组、前黑山组	小型	Cu:0.3%~1.44%,一般0.3%~1.07%;Ag:5.0~88.0g/t	Ⅴ-20③c	5-Pz2-S	香山褶断带	详查	停采
41	峡子沟(拐门沟)铜矿	铜、银	中卫市沙坡头区	化学沉积型	泥盆纪	中宁组	小型	Cu:0.57%~3.12%,伴生Ag:1.00~29.10g/t	Ⅴ-20③c	5-Pz2-S	香山褶断带	普查	未开采
42	狼嘴子铜矿	铜、金、银	中卫市沙坡头区	岩浆热液型	加里东期	狼嘴子组	矿点	Cu:0.28%~0.66%,平均0.50%;伴生Ag:3.17~6.25 g/t,平均4.51 g/t;伴生Au:0.14~0.18 g/t,平均0.17 g/t	Ⅴ-20③c	4-Pz1-I(F)	香山褶断带	普查	未开采
43	茶树沟铜矿	铜	吴忠市红寺堡开发区	中-低温热液型	加里东期		小型	Cu:0.2%~0.6%,最高3.99%	Ⅴ-20①a	4-Pz1-I(F)	牛首山-罗山冲断带	普查	停采
44	小西沟多金属矿	铜、金、银	中卫市海原县	中-低温热液型	加里东期	西华山岩组	矿点	Cu:19.295%;Au:1.99 g/t;Ag:62.8 g/t	Ⅴ-21①a	4-Pz1-I(F)	西华山-六盘山冲断带	预查	未开采
45	簸箕掌铜矿	铜	中卫市海原县	中-低温热液型	加里东期	西华山岩组	矿点	Cu:0.3%~0.5%,最高1.0%	Ⅴ-21①a	4-Pz1-I(F)	西华山-六盘山冲断带	普查	未开采

续表

序号	矿产地名称	矿种(含共伴生)	所在市县	矿床类型	成矿时代	含矿地层/岩体	规模	品位	所在成矿区带	所属成矿系列	所在构造单元	工作程度	开发利用情况
46	窝宝沟铜矿	铜	中卫市海原县	中-低温热液型	加里东期	西华山岩组	矿点	Cu:平均 0.68%,伴生 Au:平均 0.25 g/t。Cu 品位局部最高达 21.22%	Ⅴ-21①a	4-Pz1-I(F)	西华山-六盘山冲断带	预查	未开采
47	海英岔铜矿	铜	固原市隆德县	化学沉积型	早白垩世	李洼峡组	矿点	Cu:一般在 0.5%以下,局部达 1%	Ⅳ-21①	7-Mz-S	西华山-六盘山冲断带	普查	未开采
48	黄草沟铜矿	铜	固原市隆德县	化学沉积型	早白垩世	和尚铺租	矿点	Cu:0.01%~1.37%	Ⅳ-21①	7-Mz-S	西华山-六盘山冲断带	普查	未开采
49	红山铅锌矿	铅、锌	石嘴山市惠农区	中-低温热液型	印支期		矿点	Pb:0.19%~1.09%,Zn:0.32%~2.40%,Fe:16.7%~54.9%	Ⅴ-59①a	6-Ⅲ51-Mz1-F	贺兰山褶断带	预查	未开采
50	杨岭铅锌矿	铅、锌	固原市泾源县	中-低温热液型	燕山期	和尚铺租	小型	铅洞山矿段:Pb:3.32%,Zn:1.86%;立洼峡矿段:Pb:4.62%,Zn:3.50%	Ⅳ-21①	8-Ⅲ4-Mz2-F	西华山-六盘山冲断带	普查	停采
51	青龙山李家新庄-童家慢坡冶镁白云岩矿	镁	吴忠市同心县	化学沉积型	蓟县纪	王全口组	中型	B1-C5 矿层:MgO:21.60%,CaO:30.29%,SiO_2:0.33%,Al_2O_3+Fe_2O_3:0.046%,K_2O+Na_2O:0.034%,摩尔比 1.01	Ⅴ-59③b	2-Pt2-S(M)	陶乐-彭阳冲断带	详查	未开采
52	青龙山东道梁南段冶镁白云岩矿	镁	吴忠市盐池县	化学沉积型	蓟县纪	王全口组	中型	MgO:21.81%,CaO:30.02%,SiO_2:0.30%,Al_2O_3+Fe_2O_3:0.18%,K_2O+Na_2O:0.026%,摩尔比 0.99	Ⅴ-59③b	2-Pt2-S(M)	陶乐-彭阳冲断带	普查	开采
53	青龙山东道梁南段石湾沟南冶镁白云岩矿	镁	吴忠市盐池县	化学沉积型	蓟县纪	王全口组	小型		Ⅴ-59③b	2-Pt2-S(M)	陶乐-彭阳冲断带	普查	开采
54	乱堆子冶镁白云石大理岩矿	镁	中卫市海原县	受变质型	长城纪	园河岩组	小型	MgO:21.20%~21.78%,CaO:29.57%~30.09%,SiO_2:0.75%~1.43%,Fe_2O_3:0.15%~0.3%,Al_2O_3:0.27%~0.45%,Na_2O+K_2O:0.05%~0.07%,摩尔比 1.01	Ⅴ-21①a	2-Pt2-S(M)	西华山-六盘山冲断带	详查	停采

续表

序号	矿产地名称	矿种(含共伴生)	所在市县	矿床类型	成矿时代	含矿地层/岩体	规模	品位	所在成矿区带	所属成矿系列	所在构造单元	工作程度	开发利用情况
55	茆头上冶镁白云岩矿	镁	固原市原州区	化学沉积型	蓟县纪	王全口组	小型	CaO:29.36%~31.82%,平均30.10%,MgO:19.43%~22.21%,平均21.27%	Ⅳ-59③	2-Pt2-S(M)	牛首山-罗山冲断带	普查	未开采
56	王全口冶镁白云岩矿	镁	石嘴山市惠农区	化学沉积型	蓟县纪	王全口组	小型	MgO:21.15%,CaO:30.15%,SiO_2:0.72%,Fe_2O_3:0.15%,Al_2O_3:0.73%,Na_2O:0.06%,K_2O:0.04%(A矿层)	Ⅴ-59①a	2-Pt2-S(M)	贺兰山褶断带	普查	未开采
57	干沟冶镁白云岩矿	镁	银川市西夏区	化学沉积型	蓟县纪	王全口组	小型	MgO:21.13%,CaO:30.16%,SiO_2:1.05%,Al_2O_3:0.16%,Fe_2O_3:0.75%,Na_2O:0.05%,K_2O:0.09%	Ⅴ-59①c	2-Pt2-S(M)	贺兰山褶断带	普查	停采
58	大挺沟冶镁白云岩矿	镁	银川市永宁县	化学沉积型	蓟县纪	王全口组	小型	MgO:21.49%,CaO:29.95%,SiO_2:1.15%,摩尔比:1.00,$Al_2O_3+Fe_2O_3$:0.39%,K_2O+Na_2O:0.076%	Ⅴ-59①c	2-Pt2-S(M)	贺兰山褶断带	详查	未开采
59	井泉子冶镁白云岩矿	镁	银川市永宁县	化学沉积型	早-中奥陶世	天景山组	小型	MgO:21.07%,CaO:30.10%,SiO_2:0.87%,Al_2O_3:0.21%,Fe_2O_3:0.95%,K_2O:0.094%,Na_2O:0.0315%,摩尔比:1.03	Ⅴ-59①c	3-Pz1-S	贺兰山褶断带	普查	停采
60	到水沟冶镁白云岩矿	镁	银川市永宁县	化学沉积型	早-中奥陶世	天景山组	小型	MgO:20.67%~21.83%,CaO:29.62%~30.40%,SiO_2:0.4%~1.4%,$Al_2O_3+Fe_2O_3$:0.44%~1.07%,K_2O+Na_2O:0.05%~0.185%,Ca/Mg(摩尔比):0.99~1.05	Ⅴ-59①c	3-Pz1-S	贺兰山褶断带	普查	未开采

续表

序号	矿产地名称	矿种（含共伴生）	所在市县	矿床类型	成矿时代	含矿地层/岩体	规模	品位	所在成矿区带	所属成矿系列	所在构造单元	工作程度	开发利用情况
61	青龙山东道梁北段冶镁白云岩矿	镁	吴忠市同心县	化学沉积型	蓟县纪	王全口组	小型	MgO：21.87%，CaO：30.00%，SiO_2：0.32%，Al_2O_3：0.04%，K_2O：0.013%，Na_2O：0.013%，Fe_2O_3：0.13%，摩尔比：0.99	Ⅴ-59③b	2-Pt2-S(M)	陶乐-彭阳冲断带	详查	未开采
62	青龙山中段冶镁白云岩矿	镁	吴忠市同心县	化学沉积型	蓟县纪	王全口组	中型	MgO：21.85%，CaO：30.01%，SiO_2：0.40%，摩尔比：0.99	Ⅴ-59③b	2-Pt2-S(M)	陶乐-彭阳冲断带	勘探	开采
63	跑马崖金矿	金	石嘴山市惠农区	砂矿型	第四纪	晚更新统	矿点	Au：0.18～0.24 g/m^3	Ⅳ-59②	9-Cz-1	银川断陷盆地	普查	停采
64	牛头沟金矿	金	石嘴山市惠农区	中-低温热液型	印支期	贺兰山岩群	小型	Au：1.94 g/t	Ⅴ-59①a	6-Ⅲ51-Mz1-F	贺兰山褶断带	普查	停采
65	树龙沟金矿	金	石嘴山市惠农区	中-低温热液型	印支期		小型	Au：0.32～1.45 g/t	Ⅴ-59①a	6-Ⅲ51-Mz1-F	贺兰山褶断带	预查	未开采
66	北岔沟金矿	金	石嘴山市惠农区	中-低温热液型	印支期		矿点	Au：1.00 g/t	Ⅴ-59①a	6-Ⅲ51-Mz1-F	贺兰山褶断带	预查	未开采
67	夜明山金矿	金	中卫市沙坡头区	砂矿型	第四纪		矿点	Au：0.001～0.049 g/m^3	Ⅳ-20②	9-Cz-1	烟筒山-窑山冲断带	预查	未开采
68	金场子金矿	金、银	中卫市沙坡头区	中-低温热液型	燕山期	中宁组、前黑山组、臭牛沟组	小型	Au：4.73 g/t	Ⅴ-20①a	8-Ⅲ4-Mz2-F	卫宁北山褶断带	详查	未开采
69	黄石坡沟金矿	金、银	中卫市沙坡头区	中-低温热液型	燕山期		小型	Au：4.25 g/t	Ⅴ-20①a	8-Ⅲ4-Mz2-F	卫宁北山褶断带	详查	未开采
70	柳沟金矿	金、银	中卫市海原县	中-低温热液型	加里东期		矿点	Au：6.55 g/t	Ⅴ-21①a	4-Pz1-I(F)	西华山-六盘山冲断带	普查	未开采
71	马场沟金矿	金、银	中卫市海原县	中-低温热液型	加里东期	西华山岩组	小型	Au：5.26 g/t	Ⅴ-21①a	4-Pz1-I(F)	西华山-六盘山冲断带	普查	未开采
72	二人山银铅锌硫铁多金属矿	硫铁、铅、锌、银、铜、金、钴	中卫市沙坡头区	中-低温热液型	燕山期	中宁组、前黑山组	小型	原生硫铁多金属矿石：Pb：0.312%～42.9%，Zn：0.103%～28.43%，Ag：14.4 g/t～630.2 g/t，Cu：0.046%～3.33%，Au：0.16 g/t～1.37 g/t，黄铁矿：10.00%～42.93%；氧化矿石：Pb：0.12%～10.95%，Zn：0.1%～7.22%，Ag：1.18 g/t～1328.6 g/t，Cu：0.14%～1.22%，Au：0.1 g/t～2.88 g/t	Ⅴ-20①a	8-Ⅲ4-Mz2-F	卫宁北山褶断带	详查	未开采

续表

序号	矿产地名称	矿种(含共伴生)	所在市县	矿床类型	成矿时代	含矿地层/岩体	规模	品位	所在成矿区带	所属成矿系列	所在构造单元	工作程度	开发利用情况
73	阳洼硫铁矿	硫铁	中卫市海原县	中-低温热液型	加里东期	南华山岩组	小型	S:19.22%	Ⅴ-21①a	4-Pz1-I(F)	西华山-六盘山冲断带	详查	未开采
74	苏峪口磷矿	磷	银川市贺兰县	生物化学沉积型	早寒武世	五道淌组	中型	P_2O_5:17.09%,Fe_2O_3:4.5%,Al_2O_3:1.78%;南部扩建区:P_2O_5:12.41%,SiO_2:38.95%,Al_2O_3:0.95%	Ⅴ-59①c	3-Pz1-S	贺兰山褶断带	勘探	停采
75	阿宝梁磷矿	磷	银川市西夏区	生物化学沉积型	早寒武世	五道淌组	中型	P_2O_5:14.73%,SiO_2:54.30%,Fe_2O_3:2.65%,Al_2O_3:2.89%,MgO:0.86%,CO_2:2.53%	Ⅴ-59①c	3-Pz1-S	贺兰山褶断带	预查	未开采
76	紫花沟磷矿	磷	银川市西夏区	生物化学沉积型	早寒武世	五道淌组	小型	P_2O_5:14.73	Ⅴ-59①c	3-Pz1-S	贺兰山褶断带	详查	未开采
77	油井山磷矿	磷	中卫市海原县	生物化学沉积型	中-晚奥陶世	狼嘴子组	矿点	上层:P_2O_5:9.05%;下层:P_2O_5:6.00%~25.23%、(平均17.94%)	Ⅳ-20③	3-Pz1-S	香山褶断带	预查	未开采
78	磨盘井磷矿	磷	中卫市中宁县	生物化学沉积型	中-晚奥陶世	狼嘴子组	矿点	P_2O_5:平均17.94%	Ⅳ-20③	3-Pz1-S	香山褶断带	预查	未开采
79	海子井湖盐矿	石盐、芒硝	银川市灵武市	蒸发沉积型	第四纪	全新统	小型	NaCl:85%~90%	Ⅴ-59③a	9-Cz-1	陶乐-彭阳冲断带	普查	停采
80	惠安堡镇湖盐矿	石盐、芒硝	吴忠市盐池县	蒸发沉积型	第四纪	全新统	小型	卤水井化学分析 NaCl:6.96%~13.13%(南池地表12.08%),Na_2SO_4:0~1.04%,$MgSO_4$:1.91%~6.22%,KCl:0.02%~0.2%,$MgCl_2$:3.98%~7.93%	Ⅴ-59③a	9-Cz-1	陶乐-彭阳冲断带	详查	停采
81	干盐池湖盐矿	石盐、芒硝	中卫市海原县	蒸发沉积型	第四纪	全新统	小型	NaCl:83%,Na_2SO_4:17%	Ⅴ-21①a	9-Cz-1	西华山-六盘山冲断带	普查	开采
82	硝口-上店子岩盐矿	石盐、芒硝	固原市原州区	蒸发沉积型	早白垩世	马东山组、乃家河组	大型	NaCl:60%~80%	Ⅴ-21①b	7-Mz-S	西华山-六盘山冲断带	详查	开采

续表

序号	矿产地名称	矿种(含共伴生)	所在市县	矿床类型	成矿时代	含矿地层/岩体	规模	品位	所在成矿区带	所属成矿系列	所在构造单元	工作程度	开发利用情况
83	包洞特白云母矿	白云母	石嘴山市惠农区	伟晶岩型	古元古代	贺兰山岩群	矿点		Ⅴ-59①a	1-Ⅲ51-Pt1-I	贺兰山褶断带	普查	未开采
84	程子山白云母矿	白云母	石嘴山市惠农区	伟晶岩型	古元古代	贺兰山岩群	小型	白云母片经大于 5 cm	Ⅴ-59①a	1-Ⅲ51-Pt1-I	贺兰山褶断带	普查	未开采
85	麦子井白云母矿	白云母	石嘴山市惠农区	伟晶岩型	古元古代	贺兰山岩群	矿点	云母片大者 10 cm^2 左右，小者 3~4 cm^2	Ⅴ-59①a	1-Ⅲ51-Pt1-I	贺兰山褶断带	普查	停采
86	榆树湾白云母矿	白云母	石嘴山市惠农区	伟晶岩型	古元古代	贺兰山岩群	小型	云母片度 4~10 cm^2	Ⅴ-59①a	1-Ⅲ51-Pt1-I	贺兰山褶断带	普查	停采
87	黄旗口白云母矿	白云母	银川市西夏区	伟晶岩型	古元古代	贺兰山岩群	矿点	白云母片 1~3 cm^2	Ⅴ-59①c	1-Ⅲ51-Pt1-I	贺兰山褶断带	普查	未开采
88	陶斯沟重晶石多金属矿	重晶石、铅、锌、银、铜、金	石嘴山市大武口区	中-低温热液型	印支期	贺兰山岩群	矿点	Pb:0. 13%~16. 7%,Zn:0. 02%~0. 03%,Ag:4. 34~157 g/t,Cu:0. 12%~0. 39%,Au:0. 17~1. 32 g/t	Ⅴ-59①a	6-Ⅲ51-Mz1-F	贺兰山褶断带	预查	未开采
89	一条岭重晶石矿	重晶石	吴忠市青铜峡市	中-低温热液型	燕山期	中宁组	小型	$BaSO_4$:89. 74%~94. 51%	Ⅴ-20①a	8-Ⅲ4-Mz2-F	卫宁北山褶断带	预查	停采
90	米地梁重晶石矿	重晶石	中卫市中宁县	中-低温热液型	燕山期	中宁组	矿点	$BaSO_4$:15%~87. 78%	Ⅴ-20①a	8-Ⅲ4-Mz2-F	卫宁北山褶断带	预查	停采
91	黄石坡重晶石矿	重晶石	中卫市沙坡头区	中-低温热液型	燕山期	中宁组	矿点	$BaSO_4$:96. 77%	Ⅴ-20①a	8-Ⅲ4-Mz2-F	卫宁北山褶断带	预查	未开采
92	陶乐北石膏矿	石膏	石嘴山市平罗县	蒸发沉积型	古近纪渐新世	清水营组	大型	$CaSO_4 \cdot 2H_2O+CaSO_4$:75. 55%~92. 02%	Ⅳ-59③	9-Cz-1	陶乐-彭阳冲断带	预查	未开采
93	窨子山石膏矿	石膏	吴忠市盐池县	蒸发沉积型	古近纪渐新世	清水营组	矿点	$CaSO_4 \cdot 2H_2O$:83. 83%~84. 97%	Ⅴ-60①a	9-Cz-1	天环向斜	预查	未开采
94	刘记洼村石膏矿	石膏	吴忠市盐池县	蒸发沉积型	古近纪渐新世	清水营组	小型	$CaSO_4.2H_2O$:81%	Ⅴ-60①b	9-Cz-1	天环向斜	普查	开采
95	石记场北石膏矿	石膏	吴忠市盐池县	蒸发沉积型	古近纪渐新世	清水营组	大型	CaO:27. 95%,$CaSO_4$:1. 75%,$CaSO_4.2H_2O$:72. 24%,H_2O:16. 23%,SO_3:37. 55%	Ⅴ-60①b	9-Cz-1	天环向斜	详查	开采
96	石记场石膏矿	石膏	吴忠市盐池县	蒸发沉积型	古近纪渐新世	清水营组	大型	$CaSO_4 \cdot 2H_2O$:78. 09%	Ⅴ-60①b	9-Cz-1	天环向斜	详查	开采
97	石记场东石膏矿区(6个矿区合并)	石膏	吴忠市盐池县	蒸发沉积型	古近纪渐新世	清水营组	中型	$CaSO_4 \cdot 2H_2O$:78. 09%	Ⅴ-60①b	9-Cz-1	天环向斜	详查	开采

续表

序号	矿产地名称	矿种(含共伴生)	所在市县	矿床类型	成矿时代	含矿地层/岩体	规模	品位	所在成矿区带	所属成矿系列	所在构造单元	工作程度	开发利用情况
98	黄米湾石膏矿(6个矿区合并)	石膏	吴忠市盐池县	蒸发沉积型	古近纪渐新世	清水营组	大型	$CaSO_4 \cdot 2H_2O$:平均79.69%	Ⅴ-60①b	9-Cz-1	天环向斜	勘探	未开采
99	余家圈石膏矿(3个矿区合并)	石膏	吴忠市盐池县	蒸发沉积型	古近纪渐新世	清水营组	大型	$CaSO_4 \cdot 2H_2O$:平均87.7%,	Ⅴ-60①a	9-Cz-1	天环向斜	详查	未开采
100	青山石膏矿	石膏	吴忠市盐池县	蒸发沉积型	古近纪渐新世	清水营组	中型	$CaSO_4.2H_2O$:91%	Ⅴ-60①a	9-Cz-1	天环向斜	详查	未开采
101	野猫子山石膏矿	石膏	吴忠市青铜峡市	蒸发沉积型	早石炭世	前黑山-臭牛沟组	矿点	$CaSO_4 \cdot 2H_2O$:87.82%	Ⅴ-20①a	5-Pz2-S	卫宁北山褶断带	预查	未开采
102	小红山石膏矿	石膏	中卫市沙坡头区	蒸发沉积型	早石炭世	前黑山组	中型	$CaSO_4 \cdot 2H_2O$:80.00%~95.77%,MgO:0~2.41%	Ⅳ-20③	5-Pz2-S	香山褶断带	勘探	开采
103	甘塘石膏矿	石膏	中卫市沙坡头区	蒸发沉积型	早石炭世	前黑山组	小型	$CaSO_4 \cdot 2H_2O$:83.4%	Ⅳ-20③	5-Pz2-S	香山褶断带	详查	开采
104	一碗泉石膏矿	石膏	中卫市沙坡头区	蒸发沉积型	早石炭世	前黑山组	小型	$CaSO_4 \cdot 2H_2O$:81.17%, $CaSO_4 \cdot 2H_2O+CaSO_4$:81.48%	Ⅳ-20③	5-Pz2-S	香山褶断带	勘探	停采
105	石门坎石膏矿	石膏	中卫市沙坡头区	蒸发沉积型	早石炭世	前黑山组	小型	$CaSO_4.2H_2O$:79.41%~85%	Ⅴ-20③c	5-Pz2-S	香山褶断带	普查	停采
106	宏佛寺石膏矿	石膏	中卫市沙坡头区	蒸发沉积型	早石炭世	前黑山组	小型	$CaSO_4.2H_2O$:80%	Ⅴ-20③c	5-Pz2-S	香山褶断带	普查	未开采
107	大茨脑石膏矿	石膏	中卫市沙坡头区	蒸发沉积型	早石炭世	前黑山组	小型	$CaSO_4.2H_2O$:77%	Ⅴ-20③c	5-Pz2-S	香山褶断带	普查	停采
108	康马头石膏矿	石膏	吴忠市红寺堡区	蒸发沉积型	早石炭世	前黑山组	矿点	$CaSO_4 \cdot 2H_2O$:92.73%	Ⅳ-20②	5-Pz2-S	烟筒山-窑山冲断带	预查	未开采
109	碱台子石膏矿	石膏	中卫市中宁县	蒸发沉积型	古近纪渐新世	清水营组	大型	$CaSO_4 \cdot 2H_2O$:45.49%~89.5%,平均66.32%	Ⅴ-20③b	9-Cz-1	香山褶断带	预查	未开采
110	百套子石膏矿	石膏	中卫市中宁县	蒸发沉积型	古近纪渐新世	清水营组	矿点		Ⅳ-20③	9-Cz-1	香山褶断带	预查	未开采
111	贺家口子石膏矿	石膏	中卫市中宁县	蒸发沉积型	古近纪渐新世	清水营组	大型	$CaSO_4 \cdot 2H_2O$:80%, Ⅰ级品:86.65%~87.37%, Ⅱ级品:68.92%~75.8%	Ⅴ-20③b	9-Cz-1	香山褶断带	详查	未开采

续表

序号	矿产地名称	矿种(含共伴生)	所在市县	矿床类型	成矿时代	含矿地层/岩体	规模	品位	所在成矿区带	所属成矿系列	所在构造单元	工作程度	开发利用情况
112	王家庄石膏矿区(7个矿区合并)	石膏	中卫市中宁县	蒸发沉积型	古近纪渐新世	清水营组	大型		Ⅴ-20③b	9-Cz-1	香山褶断带	勘探	开采
113	下原套石膏矿	石膏	中卫市中宁县	蒸发沉积型	古近纪渐新世	清水营组	矿点	$CaSO_4 \cdot 2H_2O$:79.96%	Ⅴ-20③b	9-Cz-1	香山褶断带	预查	未开采
114	南泥沟石膏矿	石膏	吴忠市同心县	蒸发沉积型	古近纪渐新世	清水营组	中型	$CaSO_4 \cdot 2H_2O$ Ⅱ级品:75%~85%(占38.71%),Ⅲ级品:55%~75%(占61.29%)	Ⅴ-20③b	9-Cz-1	香山褶断带	普查	未开采
115	塌山洼石膏矿	石膏	中卫市海原县	蒸发沉积型	古近纪渐新世	清水营组	小型	$CaSO_4.2H_2O$:71%	Ⅴ-20③b	9-Cz-1	香山褶断带	普查	未开采
116	石峡口石膏矿	石膏	中卫市海原县	蒸发沉积型	古近纪渐新世	清水营组	大型	$CaSO_4.2H_2O$:80%	Ⅴ-20③b	9-Cz-1	香山褶断带	普查	未开采
117	田子埫石膏矿	石膏	中卫市海原县	蒸发沉积型	古近纪渐新世	清水营组	大型	$CaSO_4 \cdot 2H_2O$Ⅰ级品:85.51%~89.45%(占16.66%),Ⅱ级品:81.24%(占16.11%),Ⅲ级品:78.26%(占55.56%)	Ⅴ-20③b	9-Cz-1	香山褶断带	预查	未开采
118	阳明石膏矿	石膏	中卫市海原县	蒸发沉积型	早白垩世	乃家河组	矿点	$CaSO_4 \cdot 2H_2O$:平均87%,最高97%	Ⅳ-21①	7-Mz-S	西华山-六盘山冲断带	预查	未开采
119	双河湾石膏矿	石膏	固原市原州区	蒸发沉积型	古近纪渐新世	清水营组	小型	$CaSO_4 \cdot 2H_2O$:75.51%	Ⅳ-21①	9-Cz-1	西华山-六盘山冲断带	详查	未开采
120	赵家洼至王辛湾石膏矿	石膏	固原市隆德县	蒸发沉积型	古近纪渐新世	清水营组	小型	$CaSO_4 \cdot 2H_2O$赵家洼:67.04%;王辛湾:68.20%~74.19%	Ⅳ-21①	9-Cz-1	西华山-六盘山冲断带	普查	未开采
121	硝池子芒硝矿	芒硝	吴忠市盐池县	蒸发沉积型	第四纪		矿点	Na_2SO_4:60.39%,NaCl:3.38%,$CaSO_4$:1.29%,$MgSO_4$:0.33%,卤水含NaCl:16.24%,$MgCl_2$:3.28%,KCl:0.17%,$MgSO_4$:9.48%,$CaSO_4$:0.09%	Ⅴ-60①a	9-Cz-1	天环向斜	预查	停采

续表

序号	矿产地名称	矿种(含共伴生)	所在市县	矿床类型	成矿时代	含矿地层/岩体	规模	品位	所在成矿区带	所属成矿系列	所在构造单元	工作程度	开发利用情况
122	海牛滩芒硝矿	芒硝、石盐	吴忠市盐池县	蒸发沉积型	第四纪	上更新统—全新统	小型	$NaSO_4$:94.86%,$MgSO_4$:0.26%,KCl:0.08%(以上为表层);Na_2SO_4:39.10%(底层)	Ⅴ-60①a	9-Cz-1	天环向斜	详查	开采
123	井沟芒硝矿	芒硝	吴忠市盐池县	蒸发沉积型	第四纪		矿点	Na_2SO_4>89.37%	Ⅴ-59③a	9-Cz-1	陶乐-彭阳冲断带	预查	停采
124	大盐池芒硝矿	芒硝	吴忠市红寺堡区	蒸发沉积型	第四纪		矿点	Na_2SO_4：56.34%~81.49%，NaCl：0.04%~0.08%，$CaSO_4$：0.51%~1.02，$MgSO_4$：7.76%~37.33，$NaHCO_3$：0.39%~0.55%	Ⅳ-20②	9-Cz-1	牛首山-罗山冲断带	预查	停采
125	硝口芒硝矿泉矿	芒硝	固原市原州区	蒸发沉积型	第四纪	清水营组和马东山组的接触带	矿点	$NaSO_4$：95.61%，NaCl：0.99%，$CaSO_4$：0.66%，$MgSO_4$：0.06%，水不溶物：2.55%。	Ⅴ-21①b	9-Cz-1	西华山-六盘山冲断带	预查	停采
126	庙儿岔芒硝矿	芒硝	固原市西吉县	蒸发沉积型	第四纪	第四纪黄土层	小型		Ⅴ-21②a	9-Cz-1	西吉坳陷盆地	普查	停采
127	沙巴台水泥灰岩矿	石灰岩	石嘴山市惠农区	化学沉积型	中-晚寒武世	阿不切合组	中型	CaO：49.73%，MgO：1.61%，$fSiO_2$：2.94%	Ⅴ-59①a	3-Pz1-S	贺兰山褶断带	普查	未开采
128	八号泉水泥灰岩矿	石灰岩	石嘴山市大武口区	化学沉积型	中-晚寒武世	阿不切合组	小型	CaO：50.70%，MgO：1.75%，SiO_2：3.35%，K_2O：0.228%，Na_2O：0.068%，$fSiO_2$：1.70%	Ⅴ-59①a	3-Pz1-S	贺兰山褶断带	预查	停采
129	苏峪口石灰窑水泥灰岩矿	石灰岩	银川市贺兰县	化学沉积型	早-中奥陶世	天景山组	小型	CaO：53%~55%，MgO：0.82%~1.76%，SiO_2：1%~3%，Fe_2O_3：0.2%~0.58%	Ⅴ-59①c	3-Pz1-S	贺兰山褶断带	预查	停采
130	干沟熔剂用灰岩矿	石灰岩	银川市西夏区	化学沉积型	早-中奥陶世	天景山组	中型	CaO：53.21%，MgO：0.56%，$SiO_2+Al_2O_3$：2.92%	Ⅴ-59①c	3-Pz1-S	贺兰山褶断带	详查	停采
131	双庙-牛坷拉灰岩矿	石灰岩	银川市西夏区	化学沉积型	早-中奥陶世	天景山组	大型	CaO：50.7%，MgO：1.39%，SiO_2：5.41%，Fe_2O_3：0.60%，Al_2O_3：0.40%	Ⅴ-59①c	3-Pz1-S	贺兰山褶断带	普查	停采

续表

序号	矿产地名称	矿种(含共伴生)	所在市县	矿床类型	成矿时代	含矿地层/岩体	规模	品位	所在成矿区带	所属成矿系列	所在构造单元	工作程度	开发利用情况
132	干沟水泥灰岩矿（联丰村石料厂）	石灰岩	银川市西夏区	化学沉积型	早-中奥陶世		大型	CaO：49.97%，MgO：1.12%，SiO_2：5.38%，Al_2O_3：1.02%	Ⅴ-59①c	3-Pz1-S	贺兰山褶断带	详查	开采
133	套门沟水泥灰岩矿	石灰岩	银川市西夏区	化学沉积型	早-中奥陶世	天景山组	大型	CaO：48.91%，Al_2O_3：0.53%，SiO_2：2.99%	Ⅴ-59①c	3-Pz1-S	贺兰山褶断带	详查	开采
134	窑舌子沟水泥灰岩矿	石灰岩	银川市西夏区	化学沉积型	早-中奥陶世	天景山组	中型	CaO：50.35%，MgO：1.17%，SiO_2：5.34%	Ⅴ-59①c	3-Pz1-S	贺兰山褶断带	详查	未开采
135	驴驴沟化工灰岩矿	石灰岩	银川市西夏区	化学沉积型	早-中奥陶世	天景山组	中型	电石灰岩 CaO：54.3%，MgO：0.48%，SiO_2：1.05%；制碱灰岩 CaO：53.79%，MgO：1.20%，SiO_2：2.24%	Ⅴ-59①c	3-Pz1-S	贺兰山褶断带	普查	未开采
136	高石墩水泥石灰岩矿	石灰岩	银川市永宁县	化学沉积型	中-晚寒武世	阿不切合组	小型	CaO：50.98%，MgO：1.05%，SiO_2：4.51%	Ⅴ-59①c	3-Pz1-S	贺兰山褶断带	详查	未开采
137	黑山水泥灰岩矿	石灰岩	银川市灵武市	化学沉积型	早-中奥陶世	天景山组	小型	CaO：54.06%，MgO：1.64%，SiO_2：1.02%，P_2O_5：0.03%，Al_2O_3：1.32%	Ⅳ-59③	3-Pz1-S	陶乐-彭阳冲断带	普查	未开采
138	卡子庙水泥灰岩矿（2个矿区合并）	石灰岩	吴忠市青铜峡市	化学沉积型	早-中奥陶世	天景山组	大型	北矿段平均 CaO：48.56%~49.23%，MgO：2.31%~2.12%，SiO_2：6.36%~6.12，fSiO_2：4.54%~4.58%，Al_2O_3：0.89%~0.79%，Fe_2O_3：0.55%~0.51%	Ⅳ-20②	3-Pz1-S	牛首山-罗山冲断带	勘探	开采
139	野猫子山水泥灰岩矿	石灰岩	吴忠市青铜峡市	化学沉积型	早石炭世	前黑山组	小型	CaO：52.70%，MgO：0.69%，SO_3：0.07%，SiO_2：3.63%，Fe_2O_3：0.30%，$K_2O+Na_2O<1\%$	Ⅴ-20①a	5-Pz2-S	卫宁北山褶断带	预查	未开采
140	牛首山东侧沙坝沟水泥灰岩矿	石灰岩	吴忠市青铜峡市	化学沉积型	中-晚奥陶世	米钵山组	大型	CaO：50.25%，MgO：1.00%，SiO_2：3.01%，Fe_2O_3：0.43%	Ⅳ-20②	3-Pz1-S	牛首山-罗山冲断带	预查	开采

续表

序号	矿产地名称	矿种(含共伴生)	所在市县	矿床类型	成矿时代	含矿地层/岩体	规模	品位	所在成矿区带	所属成矿系列	所在构造单元	工作程度	开发利用情况
141	狐子疙瘩水泥灰岩矿	石灰岩	中卫市中宁县	化学沉积型	早石炭世	前黑山组	小型	CaO：48.45%，MgO：0.91%，SiO_2：4.14%，Al_2O_3：0.74%，P_2O_5：0.02%，SO_3：0.088%	Ⅴ-20①a	5-Pz2-S	卫宁北山褶断带	预查	未开采
142	天景梁水泥灰岩矿	石灰岩	中卫市沙坡头区	化学沉积型	早石炭世	前黑山组-臭牛沟组	小型	CaO：51.99%，MgO：0.98%，SiO_2：2.54%	Ⅴ-20③c	5-Pz2-S	香山褶断带	普查	未开采
143	草帽子墩水泥石灰岩矿	石灰岩	中卫市中宁县	化学沉积型	早-中奥陶世	天景山组	小型	CaO：52.36%，MgO：0.47%，SiO_2：3.93%，Al_2O_3：0.8%~1.2%，Fe_2O_3：0.3%~0.8%	Ⅳ-20②	3-Pz1-S	烟筒山-窑山冲断带	详查	开采
144	瀛龙山水泥用石灰岩矿（6处合并）	石灰岩	中卫市中宁县	化学沉积型	早-中奥陶世	天景山组	大型	CaO：52.25%，MgO：0.58%，$fSiO_2$：3.58%	Ⅳ-20②	3-Pz1-S	烟筒山-窑山冲断带	详查	未开采
145	黑疙瘩沟水泥用石灰岩矿	石灰岩	中卫市中宁县	化学沉积型	早-中奥陶世	天景山组	中型		Ⅳ-20②	3-Pz1-S	烟筒山-窑山冲断带	详查	开采
146	香山大道崖-孙家沟石灰岩矿	石灰岩	中卫市沙坡头区	化学沉积型	早石炭世	前黑山组	中型	CaO：48.55%~54.65%，MgO：0.73%~0.92%，SiO_2：3.27%~6.51%	Ⅳ-20③	5-Pz2-S	香山褶断带	预查	未开采
147	石盖沟石灰岩矿	石灰岩	中卫市沙坡头区	化学沉积型	早石炭世	臭牛沟组	矿点	CaO：45.7%~54.28%，MgO：0.33%~2.28%，SiO_2：1.24%~16.42%	Ⅳ-20③	5-Pz2-S	香山褶断带	预查	未开采
148	天景山北段化工灰岩矿（5个矿区合并）	石灰岩	中卫市沙坡头区	化学沉积型	早-中奥陶世	天景山组	中型	电石灰岩 CaO：54.52%~55.25%，平均55.09%，MgO：0.23%~0.54%，平均0.28%，SiO_2：0.57%~0.96%，平均0.77%；制碱灰岩 $CaCO_3$：95.68%~97.23%，平均96.34%，MgO：0.23%~0.46%，平均0.33%，SiO_2<3%	Ⅴ-20③a	3-Pz1-S	香山褶断带	详查	开采

续表

序号	矿产地名称	矿种(含共伴生)	所在市县	矿床类型	成矿时代	含矿地层/岩体	规模	品位	所在成矿区带	所属成矿系列	所在构造单元	工作程度	开发利用情况
149	刘岗井-银山化工灰岩矿	石灰岩	中卫市沙坡头区	化学沉积型	早-中奥陶世	天景山组	小型	电石灰岩 CaO：54.67%，MgO：0.26%，SiO_2：0.80%，制碱 MgO：21.89%	Ⅴ-20③a	3-Pz1-S	香山褶断带	详查	开采
150	天景山宽口井化工灰岩矿	石灰岩	中卫市沙坡头区	化学沉积型	早-中奥陶世	天景山组	大型	CaO：52.82%~53.65%，MgO：0.56%~0.98%，SiO_2：0.74%~0.96%	Ⅴ-20③a	3-Pz1-S	香山褶断带	详查	未开采
151	天景山白路泉北段化工灰岩矿	石灰岩	中卫市沙坡头区	化学沉积型	早-中奥陶世	天景山组	大型	电石灰岩 CaO：54.56%，MgO：0.52%，SiO_2：1.33%；水泥灰岩 CaO：52.2%，MgO：1.06%，SiO_2：3.83%	Ⅴ-20③a	3-Pz1-S	香山褶断带	详查	开采
152	天景山白路泉南段化工灰岩矿	石灰岩	中卫市沙坡头区	化学沉积型	早-中奥陶世	天景山组	中型	电石灰岩 CaO：54.73%，MgO：0.55%，SiO_2：1.08%；水泥灰岩 CaO：51.55%，MgO：1.19%，SiO_2：4.22%	Ⅴ-20③a	3-Pz1-S	香山褶断带	详查	未开采
153	园湾水泥灰岩矿	石灰岩	中卫市中宁县	化学沉积型	早-中奥陶世	天景山组	大型	CaO：50.94%，MgO：1.27%，SiO_2：4.88%	Ⅴ-20③a	3-Pz1-S	香山褶断带	详查	开采
154	米钵山团钵郎电石灰岩矿（2个矿区合并）	石灰岩	中卫市中宁县	化学沉积型	早-中奥陶世	天景山组	大型	电石灰岩 CaO：54.44%，MgO：0.37%，SiO_2：1.18%；水泥灰岩 CaO：48.12%，MgO：1.03%，SiO_2：2.31%	Ⅴ-20③a	3-Pz1-S	香山褶断带	详查	开采
155	青圪塔南段水泥灰岩矿	石灰岩	中卫市中宁县	化学沉积型	早-中奥陶世	天景山组	大型	CaO：51.43%，MgO：1.11%，$fSiO_2$：4.65%	Ⅴ-20③a	5-Pz2-S	香山褶断带	普查	未开采
156	倒流沟水泥灰岩矿	石灰岩	中卫市中宁县	化学沉积型	早石炭世	前黑山组	中型	CaO>53%，MgO：0.5%±，K_2O+Na_2O：0.16%，SiO_2：1.60%~1.70%，Fe_2O_3：0.20%	Ⅴ-20③a	5-Pz2-S	香山褶断带	详查	未开采

续表

序号	矿产地名称	矿种(含共伴生)	所在市县	矿床类型	成矿时代	含矿地层/岩体	规模	品位	所在成矿区带	所属成矿系列	所在构造单元	工作程度	开发利用情况
157	石泉水泥灰岩矿	石灰岩	中卫市中宁县	化学沉积型	早石炭世	前黑山组	小型	CaO：53.02%~54.99%，MgO：0.21%~1.74%，K_2O+Na_2O：0.01%，SO_3：0.11%，SiO_2：0.12%~1.17%，Fe_2O_3：0.09%~0.11%	Ⅴ-20③a	5-Pz2-S	香山褶断带	预查	未开采
158	石儿山北段水泥灰岩矿	石灰岩	吴忠市同心县	化学沉积型	早-中奥陶世	天景山组	小型	CaO：52.23%，MgO：1.83%，SiO_2：2.30%	Ⅴ-59③b	3-Pz1-S	陶乐-彭阳冲断带	详查	开采
159	青龙山西道梁二道山北段石灰岩矿	石灰岩	吴忠市同心县	化学沉积型	早-中奥陶世	天景山组	中型	制碱 CaO：53.38%，MgO：1.17%，SiO_2：1.64%，R_2O_3：0.55%；水泥 Ca：51.92%，MgO：2.14%，K_2O+N_2O：0.2115%，SO_3：0.1%，$fSiO_2$：0.94%	Ⅴ-59③b	3-Pz1-S	陶乐-彭阳冲断带	详查	未开采
160	青龙山西道梁二道山南段石灰岩矿床（6个矿区合并）	石灰岩	吴忠市同心县	化学沉积型	早-中奥陶世	天景山组	大型	制碱 $CaCO_3$：95.14%~94.35%，MgO：1.03%~1.22%，酸不溶物：2.00%~2.10%，R_2O_3：0.54%~0.60%，S：0.034%~0.035%；水泥 CaO：51.91%~50.81%，MgO：2.44%~1.88%，$fSiO_2$：2.17%~0.59%	Ⅴ-59③b	3-Pz1-S	陶乐-彭阳冲断带	详查	未开采
161	萌城石梁水泥灰岩矿（4个矿区合并）	石灰岩、白云岩	吴忠市盐池县	化学沉积型	早-中奥陶世	天景山组	大型	CaO：52.25%~52.21%，Mg：1.54%~1.68%，$fSiO_2$：1.25%~1.04%	Ⅳ-59③	3-Pz1-S	陶乐-彭阳冲断带	普查	开采
162	青龙山西道梁南段化工灰岩矿（4个矿区合并）	石灰岩	吴忠市同心县	化学沉积型	早-中奥陶世	天景山组	大型	制碱 $CaCO_3$：94.52%，MgO：1.24%，R_2O_3：0.61%，SiO_2：1.21%~2.83%；水泥 CaO：52.11%，MgO：1.97%，$fSiO_2$：0.71%，K_2O+Na_2O：0.196%，SO_3：0.131%	Ⅴ-59③b	3-Pz1-S	陶乐-彭阳冲断带	详查	未开采

续表

序号	矿产地名称	矿种(含共伴生)	所在市县	矿床类型	成矿时代	含矿地层/岩体	规模	品位	所在成矿区带	所属成矿系列	所在构造单元	工作程度	开发利用情况
163	红寺堡区红柳山灰岩矿	石灰岩	吴忠市红寺堡区	化学沉积型	早-中奥陶世	天景山组	中型		Ⅳ-20②	3-Pz1-S	烟筒山-窑山冲断带	普查	未开采
164	红寺堡区青山化工灰岩矿	石灰岩	吴忠市同心县	化学沉积型	早-中奥陶世	天景山组	大型	制碱 Ca：54.13%，MgO：0.77%，R_2O_3：0.7%，酸不溶物：2.09%，水泥 CaO：52.63%，MgO：1.3%，SiO_2：3.41%	Ⅳ-20②	3-Pz1-S	烟筒山-窑山冲断带	普查	未开采
165	双井（蟠龙坡）石灰岩矿	石灰岩	固原市原州区	化学沉积型	早-中奥陶世	天景山组	矿点	CaO：51.43%，MgO：0.0%，SiO_2：2.2%，Al_2O_3：0.66%，Fe_2O_3：0.26%	Ⅳ-20②	3-Pz1-S	烟筒山-窑山冲断带	预查	未开采
166	吊岭渠石灰岩矿	石灰岩	固原市原州区	化学沉积型	早-中奥陶世	天景山组	矿点	CaO：52.92%，SiO_2：2.64%，Fe_2O_3：0.16%，SO_2：0.32%，Al_2O_3：0.34%	Ⅳ-59③	3-Pz1-S	牛首山-罗山冲断带	预查	未开采
167	黑石头河石灰岩矿点	石灰岩	固原市彭阳县	化学沉积型	早-中奥陶世	天景山组	矿点	CaO：51.25%~52.90%，SiO_2：1.90%~2.17%，MgO：1.42%~2.30%，K_2O：0.16%，Na_2O：0.20%	Ⅳ-59③	3-Pz1-S	陶乐-彭阳冲断带	预查	未开采
168	新集东石灰岩矿	石灰岩、白云岩	固原市彭阳县	化学沉积型	早-中奥陶世		大型		Ⅳ-59③	3-Pz1-S	陶乐-彭阳冲断带	普查	停采
169	红砂石沟水泥用灰岩矿区（2个矿区合并）	石灰岩	固原市泾源县	化学沉积型	早-中奥陶世	马家沟组	中型	CaO：51.03%，MgO：2.29%，$fSiO_2$：0.57%	Ⅳ-20②	3-Pz1-S	烟筒山-窑山冲断带	详查	开采
170	秋千峡石灰岩矿	石灰岩	固原市泾源县	化学沉积型	早-中奥陶世	天景山组	小型	CaO：47.30%，MgO：1.34%~2.37%，SO_3：0.106%，SiO_2：4.92%~9.44%，Fe_2O_3：0.26%~0.75%	Ⅳ-20②	3-Pz1-S	牛首山-罗山冲断带	预查	未开采

续表

序号	矿产地名称	矿种(含共伴生)	所在市县	矿床类型	成矿时代	含矿地层/岩体	规模	品位	所在成矿区带	所属成矿系列	所在构造单元	工作程度	开发利用情况
171	苏峪口石灰窑熔剂白云岩矿	白云岩	银川市贺兰县	化学沉积型	早奥陶世	天景山组	大型	MgO：18.81%，SiO_2：4.88%，$SiO_2+Fe_2O_3+Al_2O_3+Mn_3O_4$：7.84%	Ⅴ-59①c	3-Pz1-S	贺兰山褶断带	预查	未开采
172	苏峪口五道淌熔剂白云岩矿	白云岩	银川市贺兰县	化学沉积型	早寒武世	五道淌组、陶思沟组	大型	MgO：19.40%~19.79%，SiO_2：3.05%~6.49%，$SiO_2+Fe_2O_3+Al_2O_3+Mn_3O_4$：5.09%~8.16%，CaO：30.09%	Ⅴ-59①c	3-Pz1-S	贺兰山褶断带	普查	未开采
173	紫花沟熔剂白云岩矿	白云岩	银川市西夏区	化学沉积型	早-中奥陶世	五道淌组、陶思沟组	大型	MgO：17%~22.5%，CaO：27.79%~31.99%，SiO_2：1.25%~9%，R_2O_3：1.08%~2.03%，Mn_3O_4：0.16%~0.48%，SiO_2：一般1%~9%	Ⅴ-59①c	3-Pz1-S	贺兰山褶断带	详查	停采
174	青龙山北段玻璃用白云岩矿	白云岩	吴忠市同心县	化学沉积型	蓟县纪	王全口组	小型	MgO：21.46%，CaO：29.74%，Fe_2O_3：0.11%，Al_2O_3：0.03%，SO_3：0.47%~1.95%，K_2O+Na_2O：0.12%~0.22%	Ⅴ-59③b	2-Pt2-S（M）	陶乐-彭阳冲断带	普查	未开采
175	青龙山西道梁熔剂用白云岩矿	白云岩	吴忠市同心县	化学沉积型	早奥陶世	大南池组	大型	MgO：18.61%，CaO：31.60%，SiO_2：1.74%	Ⅴ-59③b	3-Pz1-S	陶乐-彭阳冲断带	预查	未开采
176	柳条沟硅石矿	冶金、玻璃用石英岩、石英砂岩	石嘴山市惠农区	受变质型	长城纪	黄旗口组	大型	SiO_2：97.31%	Ⅴ-59①a	2-Pt2-S（M）	贺兰山褶断带	详查	停采
177	正义关鄂博梁硅石矿	冶金、玻璃用石英岩	石嘴山市惠农区	受变质型	长城纪	黄旗口组	大型	SiO_2：98.17%	Ⅴ-59①a	2-Pt2-S（M）	贺兰山褶断带	详查	停采

续表

序号	矿产地名称	矿种(含共伴生)	所在市县	矿床类型	成矿时代	含矿地层/岩体	规模	品位	所在成矿区带	所属成矿系列	所在构造单元	工作程度	开发利用情况
178	王全口硅石矿	冶金用石英岩	石嘴山市惠农区	受变质型	长城纪	黄旗口组	中型	SiO_2：96.0%	Ⅴ-59①a	2-Pt2-S（M）	贺兰山褶断带	预查	未开采
179	白虎洞硅石矿	冶金用石英岩、石英砂岩	石嘴山市惠农区	受变质型	长城纪	黄旗口组	中型	SiO_2：97.2%~98.0%	Ⅴ-59①a	2-Pt2-S（M）	贺兰山褶断带	预查	停采
180	偷牛沟硅石矿	冶金用石英岩	石嘴山市惠农区	受变质型	长城纪	黄旗口组	中型	SiO_2：98.0%	Ⅴ-59①a	2-Pt2-S（M）	贺兰山褶断带	勘探	停采
181	北岔沟硅石矿	冶金用石英岩	石嘴山市惠农区	受变质型	长城纪	黄旗口组	大型	SiO_2：97.61%，Al_2O_3：0.87%，Fe_2O_3：0.21%	Ⅴ-59①a	2-Pt2-S（M）	贺兰山褶断带	普查	停采
182	大武口区老树湾硅石矿	冶金用石英砂岩	石嘴山市大武口区	受变质型	长城纪	黄旗口组	中型	SiO_2：97.62%	Ⅴ-59①a	2-Pt2-S（M）	贺兰山褶断带	预查	停采
183	大武口区枣窝硅石	冶金、玻璃用石英岩	石嘴山市大武口区	受变质型	长城纪	黄旗口组	中型	SiO_2：97.01%	Ⅴ-59①a	2-Pt2-S（M）	贺兰山褶断带	预查	停采
184	大武口沟东硅石矿	冶金用石英岩	石嘴山市大武口区	受变质型	长城纪	黄旗口组	中型	SiO_2：98.00%	Ⅴ-59①a	2-Pt2-S（M）	贺兰山褶断带	勘探	停采
185	拜寺口硅石矿	冶金用石英岩	银川市贺兰县	受变质型	长城纪	黄旗口组	中型	SiO_2：95.97%~97.80%	Ⅴ-59①c	2-Pt2-S（M）	贺兰山褶断带	预查	未开采
186	小口子硅石矿	冶金用石英岩	银川市西夏区	受变质型	长城纪	黄旗口组	中型	SiO_2：98.20%	Ⅴ-59①c	2-Pt2-S（M）	贺兰山褶断带	预查	未开采
187	大口子熔剂硅石矿	冶金用石英岩	银川市西夏区	受变质型	长城纪	黄旗口组	大型	SiO_2：97.87%	Ⅴ-59①c	2-Pt2-S（M）	贺兰山褶断带	详查	停采
188	陈水硅石矿	冶金用石英岩	中卫市沙坡头区	受变质型	晚石炭世	太原组	中型	SiO_2：97.1%	Ⅳ-20③	5-Pz2-S	香山褶断带	普查	开采
189	北沟石英岩矿	熔剂用石英岩	中卫市海原县	受变质型	长城纪	南华山岩组	小型	SiO_2：93.13%	Ⅴ-21①a	2-Pt2-S（M）	西华山-六盘山冲断带	预查	未开采

续表

序号	矿产地名称	矿种(含共伴生)	所在市县	矿床类型	成矿时代	含矿地层/岩体	规模	品位	所在成矿区带	所属成矿系列	所在构造单元	工作程度	开发利用情况
190	道路沟脉石英矿	结晶硅用脉石英	石嘴山市惠农区	变成型	前寒武纪	贺兰山岩群	中型	SiO_2：99.46%	Ⅴ-59①a	1-Ⅲ51-Pt1-I	贺兰山褶断带	勘探	停采
191	炭山乡石岘子林场石英砂岩矿	玻璃用长石石英砂岩	固原市原州区	机械沉积型	中侏罗世	延安组	大型	SiO_2：91.53%	Ⅳ-20②	7-Mz-S	烟筒山-窑山冲断带	预查	未开采
192	黄羊滩石英砂矿	水泥配料用石英砂	银川市永宁县	机械沉积型	新近纪中新世	彰恩堡组	中型	SiO_2：81.79%	Ⅳ-59②	9-Cz-1	银川断陷盆地	详查	开采
193	花布山石英砂矿	铸型用石英砂	银川市永宁县	机械沉积型	新近纪中新世	彰恩堡组	大型	SiO_2：89.70%	Ⅳ-59②	9-Cz-1	银川断陷盆地	预查	未开采
194	邵岗镇双井、红崖子石英砂矿	铸型用石英砂	吴忠市青铜峡市	机械沉积型	新近纪中新世	彰恩堡组	大型	SiO_2：90.86%	Ⅳ-59②	9-Cz-1	银川断陷盆地	预查	未开采
195	河西石英砂矿	铸型用石英砂	吴忠市青铜峡市	机械沉积型	新近纪中新世	彰恩堡组	小型	SiO_2：89.41%	Ⅳ-20②	9-Cz-1	牛首山-罗山冲断带	普查	停采
196	营盘水石英砂矿	铸型用石英砂	中卫市沙坡头区	砂矿型	第四纪	全新统冲积层	中型	SiO_2：84.46%~88.21%	Ⅳ-20③	9-Cz-1	香山褶断带	普查	开采
197	青马圈石英砂矿	玻璃用石英砂	吴忠市盐池县	机械沉积型	古近纪渐新世	清水营组	小型	SiO_2：93.84%	Ⅴ-60①b	9-Cz-1	天环向斜	预查	未开采
198	苦水河沿岸石英砂矿	铸型用石英砂	吴忠市盐池县	机械沉积型	新近纪中新世	彰恩堡组	大型	SiO_2：79.64%~90%	Ⅴ-59③b	9-Cz-1	陶乐-彭阳冲断带	预查	未开采
199	惠安堡镇红土沟石英砂矿	玻璃用石英砂	吴忠市盐池县	机械沉积型	新近纪中新世	干河沟组	中型	SiO_2：92.54%	Ⅳ-59③	9-Cz-1	陶乐-彭阳冲断带	预查	未开采
200	杨家井-丁家二沟石英砂矿	铸型用石英砂	吴忠市同心县	机械沉积型	新近纪中新世	彰恩堡组	中型	SiO_2：87.25%	Ⅳ-20②	9-Cz-1	烟筒山-窑山冲断带	预查	开采
201	石砚子石英砂矿	铸型用石英砂	固原市原州区	机械沉积型	古近纪渐新世	清水营组	大型	SiO_2：92.68%~93.62%	Ⅳ-20②	9-Cz-1	烟筒山-窑山冲断带	预查	未开采

续表

序号	矿产地名称	矿种（含共伴生）	所在市县	矿床类型	成矿时代	含矿地层/岩体	规模	品位	所在成矿区带	所属成矿系列	所在构造单元	工作程度	开发利用情况
202	荞花台石英砂矿	铸型用石英砂	固原市原州区	机械沉积型	古近纪渐新世	清水营组	中型	SiO_2：92.34%~94.14%	Ⅳ-20②	9-Cz-1	牛首山-罗山冲断带	预查	未开采
203	北湾石英砂矿	玻璃用石英砂	固原市原州区	机械沉积型	古近纪始新世	寺口子组	大型	SiO_2：91.35%	Ⅳ-21①	9-Cz-1	西华山-六盘山冲断带	预查	停采
204	梁家台-沙窝石英砂矿	铸型用石英砂	固原市原州区	机械沉积型	古近纪渐新世	清水营组	大型	SiO_2：90.34%~92.74%	Ⅳ-20②	9-Cz-1	烟筒山-窑山冲断带	预查	停采
205	高圪陵石英砂矿	玻璃用石英砂	固原市原州区	机械沉积型	古近纪渐新世	清水营组	小型	SiO_2：91.08%	Ⅳ-20②	9-Cz-1	烟筒山-窑山冲断带	详查	未开采
206	小黄峁山-青石峡口石英砂矿	铸型用石英砂	固原市原州区	机械沉积型	古近纪渐新世	清水营组	大型	SiO_2：92.46%~93.04%	Ⅳ-20②	9-Cz-1	烟筒山-窑山冲断带	预查	未开采
207	开城镇石英砂矿	铸型用石英砂	固原市原州区	机械沉积型	古近纪渐新世	清水营组	大型	SiO_2：89.66%~92.45%	Ⅳ-20②	9-Cz-1	烟筒山-窑山冲断带	预查	未开采
208	西庄石英砂矿	铸型用石英砂	固原市彭阳县	机械沉积型	早白垩世	泾川组	小型	SiO_2：92.4%	Ⅴ-60①c	7-Mz-S	天环向斜	预查	未开采
209	青铜峡镇火车站石英砂矿	铸型用石英砂	吴忠市青铜峡市	机械沉积型	新近纪中新世	彰恩堡组	大型	SiO_2：81.93%	Ⅳ-20②	9-Cz-1	牛首山-罗山冲断带	普查	未开采
210	周家沟膨润土矿	膨润土	银川市灵武市	机械沉积型	喜马拉雅期	清水营组	中型	蒙脱石：40.9%~52.3%，SiO_2：53.80%~61.72%，Al_2O_3：13.06%~16.58%，Fe_2O_3：4.55%~6.22%，CaO：4.03%~6.53%，MgO：1.99%~3.05%，K_2O+Na_2O：2.89%~3.33%，烧失量：8.32~10.34	Ⅴ-59③a	9-Cz-1	陶乐-彭阳冲断带	普查	停采

续表

序号	矿产地名称	矿种(含共伴生)	所在市县	矿床类型	成矿时代	含矿地层/岩体	规模	品位	所在成矿区带	所属成矿系列	所在构造单元	工作程度	开发利用情况
211	二人山膨润土矿	膨润土	中卫市沙坡头区	风化型	喜马拉雅期	中宁组、前黑山组	小型	蒙脱石：40%~75%，SiO_2：29.54%~41.74%，Al_2O_3：9.97%~14.46，TiO_2：0.37%~0.69，Fe_2O_3：1.36%~8.56%，CaO：6.3%~15.5%，MgO：5.46%~10.43%，K_2O：0.02%~0.12%，Na_2O：0.2%~1.69%，SO_3：0.06%~7.55%	Ⅴ-20①a	9-Cz-1	卫宁北山褶断带	预查	停采
212	小王全沟-红渣子陶瓷粘土矿（紫砂）	陶瓷土	石嘴山市惠农区	机械沉积型	晚二叠世	孙家沟组	大型	SiO_2：64.22%，Al_2O_3：21.11%，Fe_2O_3：7.65%，TiO_2：0.61%，CaO：0.96%，MgO：0.94%	Ⅴ-59①a	5-Pz2-S	贺兰山褶断带	预查	未开采
213	简泉高岭石陶瓷粘土矿	陶瓷土	石嘴山市惠农区	机械沉积型	晚石炭世	羊虎沟组	小型	Al_2O_3：35.15%，Fe_2O_3：1.01%，TiO_2：0.93%，烧失量：12.02~12.83	Ⅴ-59①a	5-Pz2-S	贺兰山褶断带	普查	停采
214	天子庙陶瓷粘土矿（紫砂）	陶瓷土	石嘴山市大武口区	机械沉积型	晚三叠世	二马营组	小型	SiO_2：64.00%，Al_2O_3：17.28%，Fe_2O_3：5.19%，TiO_2：0.50%，CaO：1.29%，MgO：1.09%，烧失量：4.10	Ⅴ-59①a	7-Mz-S	贺兰山褶断带	预查	未开采
215	平滩湖陶瓷粘土矿	陶瓷土	中卫市中宁县	机械沉积型	晚石炭世	羊虎沟组	小型	Al_2O_3：24.04%，$Fe_2O_3+TiO_2$：2.61%，MgO：1.25%，SiO_2：58.33%，塑性指数：16.4	Ⅴ-20①a	5-Pz2-S	卫宁北山褶断带	普查	未开采
216	窑沟（上下河沿）陶瓷粘土矿	陶瓷土	中卫市沙坡头区	机械沉积型	晚石炭世-早二叠世	太原组	小型	Al_2O_3：21.30%，SiO_2：50.20%，CaO：6.26%，Fe_2O_3：1.60%，MgO：0.42%	Ⅳ-20③	5-Pz2-S	烟筒山-窑山冲断带	预查	停采
217	孙家沟陶瓷粘土矿	陶瓷土	中卫市沙坡头区	机械沉积型	晚石炭世一早二叠世	太原组	小型	Al_2O_3：14.28%~35.34%，Fe_2O_3：0.78%~17.87%，TiO_2：0.33%~2.77%	Ⅳ-20③	5-Pz2-S	香山褶断带	预查	停采

续表

序号	矿产地名称	矿种(含共伴生)	所在市县	矿床类型	成矿时代	含矿地层/岩体	规模	品位	所在成矿区带	所属成矿系列	所在构造单元	工作程度	开发利用情况
218	油井山炭巷沟陶瓷粘土矿	陶瓷土	中卫市海原县	机械沉积型	晚石炭世—早二叠世	太原组	小型	Al_2O_3：22%，Fe_2O_3+TiO_2：4%；烧失量：7.15~13.02，塑性指数：21.30~21.59	Ⅳ-20③	5-Pz2-S	香山褶断带	详查	开采
219	油井山油井子沟陶瓷粘土矿	其他粘土（陶粒用）、陶瓷土	中卫市海原县	机械沉积型	晚石炭世—早二叠世	太原组	大型	炭巷沟二号井矿区：Al_2O_3：27.76%，SiO_2：53%，Fe_2O_3：3.39%，淘洗率：61.82%，烧失量：10.13%~17.73%，可塑性：24.20；油井子沟矿区：东区 Al_2O_3：22.88%，Fe_2O_3：3.71%，TiO_2：1.03%，SiO_2：47.45%，CaO：1.54%，MgO：0.98%，K_2O：2.28%，Na_2O：0.66%，SO_3：5.22%，烧失量：13.49；西区 Al_2O_3：23.72%，Fe_2O_3：3.40%，TiO_2：1.07%，SiO_2：48.75%，CaO：1.89%，MgO：1.19%，K_2O：2.24%，Na_2O：0.67%，SO_3：5.98%，烧失量：13.23%	Ⅳ-20③	5-Pz2-S	香山褶断带	勘探	停采
220	银洞沟陶瓷粘土矿	陶瓷土	固原市彭阳县	机械沉积型	中侏罗世	延安组	中型	Al_2O_3：24.28%，SiO_2：58.97%，CaO：0.69%，MgO：1.13%，Fe_2O_3：2.52%，TiO_2：0.75%，K_2O：0.31%，Na_2O：0.35%，SO_3：0.06%	Ⅳ-59③	7-Mz-S	陶乐-彭阳冲断带	预查	未开采
221	石嘴山矿区二矿井田耐火粘土矿	耐火粘土	石嘴山市惠农区	机械沉积型	晚石炭世—早二叠世	太原组-山西组	中型	Al_2O_3+TiO_2：43.23%，Fe_2O_3：1.72%，耐火度：1650℃~1770℃	Ⅳ-59②	5-Pz2-S	银川断陷盆地	勘探	停采

续表

序号	矿产地名称	矿种(含共伴生)	所在市县	矿床类型	成矿时代	含矿地层/岩体	规模	品位	所在成矿区带	所属成矿系列	所在构造单元	工作程度	开发利用情况
222	石炭井耐火粘土矿	耐火粘土	石嘴山市大武口区	机械沉积型	晚石炭世—早二叠世	太原组-山西组	大型	一矿井田 Al_2O_3：20.96%~29.10%，Fe_2O_3：1.70%~2.70%；二矿井田 $Al_2O_3+TiO_2$：24%~35%，Fe_2O_3<3%~5%	Ⅴ-59①a	5-Pz2-S	贺兰山褶断带	预查	停采
223	大灯沟耐火粘土矿	耐火粘土	石嘴山市大武口区	机械沉积型	晚石炭世—早二叠世	太原组	中型	$Al_2O_3+TiO_2$：24.84%~30.48%，Fe_2O_3：1.12%~4.05%，耐火度：1630℃~1770℃	Ⅴ-59①a	5-Pz2-S	贺兰山褶断带	预查	停采
224	东沟耐火粘土矿	耐火粘土	石嘴山市大武口区	机械沉积型	晚石炭世	羊虎沟组	小型	87个样品中48个样品熟料 $Al_2O_3\geqslant30\%$，$Fe_2O_3\leqslant3.5\%$，可达耐火粘土Ⅲ级品	Ⅴ-59①a	5-Pz2-S	贺兰山褶断带	普查	未开采
225	马莲滩耐火粘土矿	耐火粘土	石嘴山市大武口区	机械沉积型	晚石炭世—早二叠世	太原组	小型	8个样品中7个熟料样品 $Al_2O_3\geqslant30\%$，$Fe_2O_3\leqslant3.5\%$，可达耐火粘土Ⅲ级品	Ⅴ-59①a	5-Pz2-S	贺兰山褶断带	普查	停采
226	浸水沟井田耐火粘土矿	耐火粘土	石嘴山市大武口区	机械沉积型	晚石炭世—早二叠世	太原组	中型	Al_2O_3：36.02%，Fe_2O_3：2.45%，耐火度：1679℃	Ⅴ-59①a	5-Pz2-S	贺兰山褶断带	详查	停采
227	插旗沟—牛家台子耐火粘土矿	耐火粘土	银川市贺兰县	机械沉积型	早二叠世	山西组	大型	Al_2O_3：16.95%~35.01%，Fe_2O_3：0.31%~3.32%，烧失量：5.48~15.02，耐火度：1800℃，可塑性：10.60~29.40	Ⅴ-59①b	5-Pz2-S	贺兰山褶断带	预查	停采
228	柳条沟粘土矿	其他粘土（水泥配料用）	石嘴山市惠农区	机械沉积型	中寒武世	陶思沟组	中型	SiO_2：58.52%，Fe_2O_3：6.66%，MgO：2.23%，硅酸系数：2.63，铝氧率：2.34	Ⅴ-59①a	3-Pz1-S	贺兰山褶断带	勘探	停采
229	铁牛山-铜铁沟陶瓷粘土矿	其他粘土（陶粒用）	中卫市中宁县	机械沉积型	晚石炭世	羊虎沟组	矿点	Al_2O_3：18.60%，K_2O+Na_2O：2.85% SiO_2：72.85%	Ⅴ-20①a	5-Pz2-S	卫宁北山褶断带	预查	开采

续表

序号	矿产地名称	矿种(含共伴生)	所在市县	矿床类型	成矿时代	含矿地层/岩体	规模	品位	所在成矿区带	所属成矿系列	所在构造单元	工作程度	开发利用情况
230	山嘴沟板岩矿	板岩（水泥配料用）	银川市西夏区	受变质型	中-晚奥陶世	米钵山组	中型	MgO：2.32%，SiO_2：63.36%，Al_2O_3：14.85%，Fe_2O_3：6.97%，CaO：1.55%，K_2O+Na_2O：4.59%，SO_3：0.10%	Ⅴ-59①c	3-Pz1-S	贺兰山褶断带	详查	停采
231	头关板岩矿	板岩（水泥配料用）	银川市永宁县	受变质型	中-晚奥陶世	米钵山组	小型	MgO：2.6%，SiO_2：66.85%，Al_2O_3：14.8%，Fe_2O_3：6.11%，K_2O+Na_2O：4.5%~5.0%，SO_3：0.03%，硅酸系数：3.2，铝氧系数：2.4	Ⅴ-59①c	3-Pz1-S	贺兰山褶断带	预查	未开采
232	平塘湖西陶瓷粘土矿	其他粘土（陶粒用）	中卫市中宁县	机械沉积型	晚石炭世	羊虎沟组	矿点	Al_2O_3：18.49%，K_2O+Na_2O：2.89%，SiO_2：76.38%	Ⅴ-20①a	5-Pz2-S	卫宁北山褶断带	预查	开采
233	油井山大泉子沟陶瓷粘土矿	其他粘土（陶粒用）	中卫市海原县	机械沉积型	晚石炭世—早二叠世	太原组	中型	Al_2O_3：28.30%，K_2O+Na_2O：3.05%，SiO_2：53.24%	Ⅳ-20③	5-Pz2-S	香山褶断带	详查	开采
234	黄羊滩粘土矿	其他粘土（水泥配料用）	吴忠市青铜峡市	机械沉积型	新近纪中新世	彰恩堡组	小型	硅酸率：3.36，铝氧率：2.87，MgO：2.86%，K_2O+Na_2O：4.15%，SiO_2：57.54%，Al_2O_3：12.86%，Fe_2O_3：4.42%	Ⅳ-59②	9-Cz-1	银川断陷盆地	预查	未开采
235	马常滩粘土矿	其他粘土（水泥配料用）	吴忠市青铜峡市	机械沉积型	新近纪中新世	彰恩堡组	中型	SiO_2：49.21%，MgO：3.32%，Fe_2O_3：6.9%，Al_2O_3：18.21%，CaO：4.81%，硅酸系数：1.94，铝氧系数：2.67，塑性指数：15.65	Ⅳ-20②	9-Cz-1	牛首山-罗山冲断带	普查	开采
236	胶泥沟粘土矿	其他粘土（水泥配料用）	吴忠市青铜峡市	机械沉积型	新近纪中新世	干河沟组	中型	MgO：2.5%~4.0%，Fe_2O_3：4.5%~6.5%，Al_2O_3：11%~15%，铝氧率：2.3~2.44	Ⅳ-59②	9-Cz-1	银川断陷盆地	详查	开采

续表

序号	矿产地名称	矿种（含共伴生）	所在市县	矿床类型	成矿时代	含矿地层/岩体	规模	品位	所在成矿区带	所属成矿系列	所在构造单元	工作程度	开发利用情况
237	花豹湾粘土矿	其他粘土（水泥配料用）	吴忠市同心县	机械沉积型	新近纪中新世		中型	MgO：3.32%，硅酸率：2.1~3.7，铝氧率：2.64	Ⅳ-20②	9-Cz-1	烟筒山-窑山冲断带	普查	未开采
238	马段头陶粒粘土矿	其他粘土（陶粒用）	吴忠市红寺堡区	机械沉积型	晚石炭世	羊虎沟组、太原组	大型		Ⅳ-20②	5-Pz2-S	烟筒山-窑山冲断带	普查	未开采
239	油井山粘土岩矿	其他粘土（水泥配料用）	中卫市海原县	机械沉积型	古近纪始新世	寺口子组	小型	MgO：4.87%，K_2O+Na_2O：4.86%，SO_3：0.45%，硅酸率：2.7，铝氧率：2.48	Ⅳ-20③	9-Cz-1	香山褶断带	预查	开采
240	黄茆山粘土矿	其他粘土（水泥配料用）	固原市原州区	机械沉积型	古近纪渐新世	清水营组	小型	SiO_2：55.64%，Fe_2O_3：5.08%，Al_2O_3：13.83%，CaO：7.04%，MgO：3.28%，K_2O：3.04%，Na_2O：0.85%，P：2.73%，S：2.96%，硅酸率：2.94，铝氧率：2.62	Ⅳ-20②	9-Cz-1	烟筒山-窑山冲断带	详查	开采
241	上蒿店粘土矿	其他粘土（水泥配料用）	固原市泾源县	机械沉积型	第四纪更新世	第四系马兰组	中型	MgO：2.32%，K_2O+Na_2O：3.93%，SO_3：0.21%，硅酸率：3.72，铝氧率：2.77	Ⅳ-20②	9-Cz-1	牛首山-罗山冲断带	预查	开采
242	刘家沟粘土矿	其他粘土（水泥配料用）	固原市泾源县	机械沉积型	古近纪渐新世	清水营组	小型	SiO_2：57.33%，Al_2O_3：12.94%，Fe_2O_3：4.83%，CaO：7.56%，MgO：2.64%，K_2O+Na_2O：4.19%，烧失量：9.34%，硅酸率：3.23%，铝氧率：2.68%	Ⅳ-20②	9-Cz-1	西华山-六盘山冲断带	详查	开采

续表

序号	矿产地名称	矿种(含共伴生)	所在市县	矿床类型	成矿时代	含矿地层/岩体	规模	品位	所在成矿区带	所属成矿系列	所在构造单元	工作程度	开发利用情况
243	王套泥炭矿	泥炭	固原市原州区	生物化学沉积型	第四纪全新世	第四系冲积、洪积物	矿点	有机质：17.1%，发热量：2.53 MJ/kg，总腐植酸：9.99%，粗灰分：78.51%	Ⅴ-21①b	9-Cz-1	西华山-六盘山冲断带	普查	未开采
244	黄鼠钻泥炭矿	泥炭	固原市隆德县	生物化学沉积型	第四纪全新世	第四系冲积、洪积物	矿点	有机质：29.78%，发热量：7.80%总腐植酸：16.67%，粗灰分：61.59%，纤维含量：4.47%	Ⅴ-21①b	9-Cz-1	西华山-六盘山冲断带	普查	未开采
245	开城泥炭矿	泥炭	固原市原州区	生物化学沉积型	第四纪全新世	第四系冲积、洪积物	小型	有机质：40.38%，发热量：9.52 MJ/kg，总腐植酸：23.78%，粗灰分：51.71%，纤维含量：3.01%	Ⅳ-20②	9-Cz-1	烟筒山-窑山冲断带	普查	未开采
246	毛家磨泥炭矿	泥炭	固原市原州区	生物化学沉积型	第四纪全新世	第四系冲积、洪积物	矿点	有机质：36.92%，发热量：9.86 MJ/kg，总腐植酸：28.03%，粗灰分：56.58%，纤维含量：3.20%	Ⅴ-21①b	9-Cz-1	西华山-六盘山冲断带	普查	未开采
247	新旗泥炭矿	泥炭	固原市泾源县	生物化学沉积型	第四纪全新世	第四系冲积、洪积物	矿点	有机质：45.40%，发热量：13.16 MJ/kg，总腐植酸：30.42%，粗灰分：49.92%，纤维含量：9.94%	Ⅳ-20②	9-Cz-1	烟筒山-窑山冲断带	普查	未开采
248	陈儿沟泥炭矿	泥炭	固原市原州区	生物化学沉积型	第四纪全新世	第四系冲积、洪积物	矿点	有机质：41.20%，总腐植酸：5.81%，粗灰分：57.20%，纤维含量：6.33%	Ⅴ-21①b	9-Cz-1	西华山-六盘山冲断带	普查	未开采
249	正义关辉绿岩矿	岩棉辉绿岩	石嘴山市惠农区	岩浆型	古元古代	贺兰山岩群	小型	SiO_2：45.97%，Al_2O_3：12.30%，CaO：6.83%，MgO：3.86%	Ⅴ-59①a	1-Ⅲ51-Pt1-I	贺兰山褶断带	预查	未开采

续表

序号	矿产地名称	矿种(含共伴生)	所在市县	矿床类型	成矿时代	含矿地层/岩体	规模	品位	所在成矿区带	所属成矿系列	所在构造单元	工作程度	开发利用情况
250	黄旗口辉绿岩矿	岩棉辉绿岩	银川市西夏区	岩浆型	早古生代	贺兰山岩群	中型	SiO_2：49.84%，Al_2O_3：14.17%，Fe_2O_3：15.22%，CaO：8.32%，MgO：4.69%，K_2O+Na_2O：8.32%	Ⅴ-59①c	4-Pz1-I（F）	贺兰山褶断带	预查	停采
251	磨盘井辉绿岩矿	岩棉辉绿岩	中卫市中宁县	岩浆型	早古生代	香山群	大型	SiO_2：46.35%~47.92%，Al_2O_3：12.50%~13.43%，CaO：10.43%~12.03%，MgO：6.75%~7.05%	Ⅳ-20③	4-Pz1-I（F）	香山褶断带	预查	未开采
252	贺兰山苏峪口竹叶石矿	竹叶石	银川市贺兰县	叠加（复合/改造）矿床	中-晚寒武世	阿不切亥组	矿点		Ⅴ-59①c	3-Pz1-S	贺兰山褶断带	预查	未开采
253	黄羊滩火车站北西约2.5公里处米脂玉矿	米脂玉	中卫市中宁县	叠加（复合/改造）矿床	早石炭世	臭牛沟组	矿点		Ⅳ-20①	9-Cz-1	卫宁北山褶断带	预查	未开采
254	贺兰山中段干沟、大南池沟口朔花石矿	朔花石	银川市西夏区	叠加（复合/改造）矿床	早-中奥陶世	天景山组	矿点		Ⅴ-59①c	3-Pz1-S	贺兰山褶断带	预查	未开采
255	大坝火车站西北约7 km的红崖子同心石矿	同心石	吴忠市青铜峡市	生物化学沉积型	早白垩世	庙山湖组	矿点		Ⅳ-59②	7-Mz-S	银川断陷盆地	预查	未开采
256	香山磨盘井-狼嘴子一带碧玉岩矿	碧玉岩	中卫市沙坡头区	海相火山岩型	晚奥陶世	狼嘴子组	矿点		Ⅳ-20③	3-Pz1-S	香山褶断带	预查	未开采
257	贺兰山笔架山贺兰石矿	贺兰石	银川市西夏区	受变质型	长城纪	黄旗口组	小型		Ⅴ-59①c	2-Pt2-S（M）	贺兰山褶断带	普查	停采
258	贺兰山小口子贺兰石矿	贺兰石	银川市西夏区	受变质型	长城纪	黄旗口组	小型		Ⅴ-59①c	2-Pt2-S（M）	贺兰山褶断带	普查	停采
259	拜寺口双塔贺兰石矿	贺兰石	银川市贺兰县	受变质型	长城纪	黄旗口组	矿点		Ⅴ-59①c	2-Pt2-S（M）	贺兰山褶断带	普查	未开采
260	下拜寺沟贺兰石矿	贺兰石	银川市西夏区	受变质型	长城纪	黄旗口组	矿点		Ⅴ-59①c	2-Pt2-S（M）	贺兰山褶断带	普查	未开采

宁夏油气产地一览表

序号	油（气）田地名称	矿种（含共伴生）	所在市县	油（气）藏类型	成藏时代	含油（气）层系	含油（气）面积/km^2	油层深度/m	油层厚度/m	规模	油（气）层物性 孔隙度/%	渗透率/μm^2	所在成矿区带	所属成矿系列	所在构造单元	开发利用情况	资料来源	备注
1	红井子油气田	石油、天然气	吴忠市盐池县	构造-岩性油藏	三叠纪	延安组、直罗组	26	1850	7.6	中型	18.3	0.19	Ⅴ-60①a	7-Mz-S	天环向斜	开采	《中国油气田开发志·长庆油气区油气田卷》编委会，2011	共有5个含油区块。35个油层，90个油砂体，含水饱和度40%
2	大水坑油气田	石油、天然气	吴忠市盐池县	岩性-断块油藏	三叠纪	延安组、直罗组	7.6	870~2040	7.4	小型	17.3	0.087	Ⅴ-60①a	7-Mz-S	天环向斜	开采		饱和压力0.3~2.9 MPa，含油饱和度40%~66%
3	马坊油田	石油	吴忠市盐池县	背斜油藏	三叠纪	延安组、直罗组	14.31	1400~1900	9.9	中型	17	0.067	Ⅴ-60①a	7-Mz-S	天环向斜	停采		含水饱和度50%，饱和压力5.3 MPa，20个小层，56个油砂体
4	摆宴井油气田	石油、天然气	吴忠市盐池县	断块油藏	三叠纪	延安组	7.54	1800~2300	10.8	小型	14	0.027	Ⅳ-59③	7-Mz-S	陶乐-彭阳冲断带	开采		25个油层，28个油沙体。含油饱和度59%，粘度比5.32，饱和压力1.5~7.9 MPa
5	李庄子油田	石油	吴忠市盐池县	构造-岩性油藏	三叠纪	延安组	2.2	1100~1300	9.9	小型	18	0.05	Ⅳ-59②	7-Mz-S	银川断陷盆地	停采		6个油层组，11个小层，24个油沙体。含油饱和度49%
6	马家滩油气田	石油、天然气	灵武市	背斜油藏	三叠纪	延长组	3.7	742~870	11	小型	14	0.016	Ⅴ-59③a	7-Mz-S	陶乐-彭阳冲断带	停采		含油饱和度54%
7	彭阳油田	石油	固原市彭阳县	构造-岩性油藏	三叠纪—侏罗纪	延安组、延长组	59.9	1800~2200		中型	12.8	0.0209	Ⅴ-60①c	7-Mz-S	天环向斜	开采		
8	姬塬油田	石油	吴忠市盐池县	构造-岩性油藏	三叠纪—侏罗纪	延安组、延长组	329.38	1800~2700	6.4~9.5	大型			Ⅴ-60①a	7-Mz-S	天环向斜	开采		
9	惠安油田	石油	吴忠市盐池县	构造-岩性油藏	三叠纪	延长组	7.604	2700~3200	7.6~60.7	小型	9.2	1.53	Ⅳ-59③	7-Mz-S	陶乐-彭阳冲断带	开采		油藏有效厚度21.0 m，孔隙度9.2%，含油饱和度49.1%，原油密度0.832 t/m^3，属低含硫、低质常规原油
10	刘家庄天然气田	天然气	灵武市	构造-岩性油气藏	石炭纪—二叠纪	山西组、石盒子组	1.1			矿点	12.8	0.029	Ⅴ-59③a	5-Pz2-S	陶乐-彭阳冲断带	停采		
11	天池天然气田	天然气	吴忠市盐池县	构造-岩性油气藏	石炭纪—二叠纪	天景山组				矿点			Ⅴ-60①a	5-Pz2-S	天环向斜	不详		

宁夏油页岩产地一览表

序号	矿产地名称	矿种（含共伴生）	所在市县	矿床类型	成矿时代	含矿地层/岩体	规模	含油率/%	所在成矿区带	所属成矿系列	所在构造单元	工作程度	开发利用情况
1	上下河沿（烟洞坡）油页岩矿	油页岩	中卫市沙坡头区	生物化学沉积	晚石炭世—早二叠世	羊虎沟组、太原组	小型	9.25	Ⅳ-20③	5-Pz2-S	烟筒山-窑山冲断带	普查	未开采
2	油井山油页岩矿	油页岩	中卫市海原县	生物化学沉积	晚石炭世	太原组	矿点	7.0~8.0	Ⅳ-20③	5-Pz2-S	香山褶断带	预查	未开采
3	炭山油页岩矿	油页岩	固原市原州区	生物化学沉积	中侏罗世	延安组	中型	2.7~11	Ⅳ-20②	7-Mz-S	牛首山-罗山冲断带	普查	未开采
4	隆德油页岩矿	油页岩	固原市隆德县	生物化学沉积	早白垩世	白垩系	矿点	0.11~2.2	Ⅳ-21①	7-Mz-S	西华山-六盘山冲断带	预查	未开采

宁夏煤矿产地一览表

序号	矿产地名称	矿种（含共伴生）	所在市县	矿床类型	成煤时代	赋煤地层	规模	煤质特征	所在成矿区带	所属成矿系列	所在构造单元	工作程度	开发利用情况
1	汝箕沟矿区	煤	石嘴山市大武口区	生物化学沉积型	侏罗纪	延安组	大型	A_d：8.19%；$S_{t,d}$：0.29%；V_{daf}：9.72%	Ⅴ-59①b	7-Mz-S	贺兰山褶断带	勘探	开采
2	石炭井矿区	煤	石嘴山市大武口区	生物化学沉积型	石炭纪—二叠纪	太原组、山西组	大型	A_d：15%；S_{td}：1.37%；V_{daf}：11.7%	Ⅴ-59①a	5-Pz2-S	贺兰山褶断带	勘探	停采
3	呼鲁斯台矿区	煤	石嘴山市大武口区	生物化学沉积型	石炭纪—二叠纪	太原组、山西组	大型	A_d：13.52%；M_{ad}：7.93%；$Q_{gr,v,ad}$：26.42 MJ/kg	Ⅴ-59①b	5-Pz2-S	贺兰山褶断带	勘探	停采
4	马莲滩-炭梁坡矿区	煤	石嘴山市大武口区	生物化学沉积型	石炭纪—二叠纪	太原组、山西组	小型	A_d：21.64%；M_{ad}；1.76%，$Q_{gr,v,ad}$：27 MJ/kg	Ⅴ-59①a	5-Pz2-S	贺兰山褶断带	详查	停采
5	沙巴台矿区	煤	石嘴山市惠农区	生物化学沉积型	石炭纪—二叠纪	太原组、山西组	小型	A_d：30.04%；M_{ad}：0.65%；$S_{t,d}$：0.72%	Ⅴ-59①a	5-Pz2-S	贺兰山褶断带	勘探	停采
6	正义关矿区	煤	石嘴山市惠农区	生物化学沉积型	石炭纪—二叠纪	太原组、山西组	小型	A_d：25.59%；$Q_{gr,v,ad}$：20.78 MJ/kg	Ⅴ-59①a	5-Pz2-S	贺兰山褶断带	普查	停采
7	石嘴山矿区	煤	石嘴山市惠农区	生物化学沉积型	石炭纪—二叠纪	太原组、山西组	大型	A_d：26.32%；$Q_{gr,v,ad}$：33.57 MJ/kg	Ⅳ-59②	5-Pz2-S	银川断陷盆地	勘探	停采
8	三眼井勘查区	煤	石嘴山市平罗县	生物化学沉积型	石炭纪—二叠纪	太原组、山西组	小型	V_{daf}：36%，M_{ad}：1.07%；$Q_{gr,v,ad}$：28.75 MJ/kg	Ⅳ-59③	5-Pz2-S	陶乐-彭阳冲断带	详查	未开采
9	红墩子矿区	煤	银川市兴庆区	生物化学沉积型	石炭纪—二叠纪	太原组、山西组	大型	A_{ad}：27.2%；M_{ad}：1.45%；$Q_{gr,v,ad}$：25.5 MJ/kg	Ⅳ-59③	5-Pz2-S	陶乐-彭阳冲断带	勘探	未开采
10	横城矿区	煤	灵武市	生物化学沉积型	石炭纪—二叠纪	太原组、山西组	大型	A_d：21.8849%；M_{ad}：1.435%；$S_{t,d}$：3.22%	Ⅴ-59③a	5-Pz2-S	陶乐-彭阳冲断带	勘探	开采
11	灵武矿区	煤	灵武市	生物化学沉积型	侏罗纪	延安组	超大型	A_d：10.59%；M_{ad}：14.26%；$Q_{b,ad}$：26 MJ/kg	Ⅴ-59③a	7-Mz-S	陶乐-彭阳冲断带	勘探	开采
12	石沟驿矿区	煤	灵武市	生物化学沉积型	侏罗纪	延安组	小型	A_d：15.68%；M_{ad}：6.03%；$Q_{net,v,ad}$：25.6 MJ/kg	Ⅴ-59③a	7-Mz-S	陶乐-彭阳冲断带	普查	开采
13	鸳鸯湖矿区	煤	灵武市	生物化学沉积型	侏罗纪	延安组	超大型	A_d；12%，M_{ad}：6.8%，$Q_{gr,v,ad}$：27.31 MJ/kg	Ⅴ-59③a	7-Mz-S	陶乐-彭阳冲断带	勘探	开采
14	积家井矿区	煤	吴忠市盐池县	生物化学沉积型	侏罗纪	延安组	超大型	A_d：9.85%；M_{ad}：6.51%；V_{ad}：35.23%	Ⅴ-59③a	7-Mz-S	陶乐-彭阳冲断带	勘探	开采

续表

序号	矿产地名称	矿种（含共伴生）	所在市县	矿床类型	成煤时代	赋煤地层	规模	煤质特征	所在成矿区带	所属成矿系列	所在构造单元	工作程度	开发利用情况
15	马家滩矿区	煤	吴忠市盐池县	生物化学沉积型	侏罗纪	延安组	超大型	A_{ad}：14.11%；M_{ad}：5.26%；V_{ad}：36.4%；A_d：16.31%	Ⅴ-59③a	7-Mz-S	陶乐-彭阳冲断带	勘探	开采
16	萌城矿区	煤	吴忠市盐池县	生物化学沉积型	侏罗纪	延安组	大型	A_d：10.19%；M_{ad}：4.48%；$Q_{gr,v,ad}$：28.45 MJ/kg	Ⅳ-59③	7-Mz-S	陶乐-彭阳冲断带	勘探	未开采
17	四股泉矿区	煤	吴忠市盐池县	生物化学沉积型	石炭纪—二叠纪	太原组、山西组	中型	A_d：20.18%；$S_{t,d}$：1.5%；V_{daf}：33.44%	Ⅳ-59③	5-Pz2-S	陶乐-彭阳冲断带	勘探	开采
18	韦州矿区	煤	吴忠市同心县	生物化学沉积型	石炭纪—二叠纪	太原组、山西组	大型	A_d：20.35%；M_{ad}：0.73%；$Q_{gr,v,ad}$：27.26 MJ/kg	Ⅳ-59③	5-Pz2-S	陶乐-彭阳冲断带	勘探	开采
19	线驮石矿区	煤	吴忠市红寺堡区	生物化学沉积型	石炭纪	太原组、山西组	中型	A_d：26.21%；M_{ad}：1.56%；$Q_{gr,v,ad}$：23.25 MJ/kg	Ⅳ-20②	5-Pz2-S	烟筒山-窑山冲断带	勘探	开采
20	土坡矿区	煤	吴忠市红寺堡区	生物化学沉积型	石炭纪	羊虎沟组	小型	$Q_{gr,v,ad}$：25.96 MJ/kg；$S_{t,d}$：4.39%；V_{daf}：12.86%	Ⅳ-20②	5-Pz2-S	烟筒山-窑山冲断带	普查	未开采
21	深井勘查区	煤	中卫市沙坡头区	生物化学沉积型	石炭纪	羊虎沟组	小型	A_d：14.82%；$S_{t,ad}$：5.02%；V_{daf}：40.44%	Ⅳ-20③	5-Pz2-S	香山褶断带	勘探	未开采
22	上下河沿煤矿	煤	中卫市沙坡头区	生物化学沉积型	石炭纪	太原组、山西组	小型	A_d：14.82%；$S_{t,ad}$：5.02%；V_{daf}：40.44%	Ⅳ-20②	5-Pz2-S	烟筒山-窑山冲断带	普查	未开采
23	梁水园矿区	煤	中卫市沙坡头区	生物化学沉积型	石炭纪	太原组、山西组	小型	A_d：28.03%；M_{ad}：1.34%；$S_{t,d}$：2.86%	Ⅳ-20③	5-Pz2-S	香山褶断带	勘探	未开采
24	碱沟山矿区	煤	中卫市中宁县	生物化学沉积型	石炭纪	羊虎沟组	小型	A_d：12.82%；M_{ad}：8.07%；$S_{t,d}$：1.7%；V_{daf}：4.42%	Ⅴ-20①a	5-Pz2-S	卫宁北山褶断带	勘探	停采
25	下流水勘查区	煤	中卫市中宁县	生物化学沉积型	侏罗纪	延安组	小型	A_d：18.22%；M_{ad}：2.93%；$Q_{gr,v,ad}$：25.42 MJ/kg	Ⅳ-20③	7-Mz-S	香山褶断带	普查	未开采
26	炭山矿区	煤	固原市原州区	生物化学沉积型	侏罗纪	延安组	大型	A_d：17.65%；$Q_{b,ad}$：26 MJ/kg；$S_{t,d}$：1.04%	Ⅳ-59③	7-Mz-S	陶乐-彭阳冲断带	勘探	停采
27	王洼矿区	煤	固原市彭阳县	生物化学沉积型	侏罗纪	延安组	大型	A_d：17.1%；$Q_{b,ad}$：24 MJ/kg；$S_{t,d}$：1.48%	Ⅳ-59③	7-Mz-S	陶乐-彭阳冲断带	勘探	开采

宁夏天然矿泉水产地一览表

序号	水源地名称	矿种（含共伴生）	所在市县	矿泉水类型	特殊组分			水化学类型	规模	所在成矿区带	所属成矿系列	所在构造单元	开发状况
					锶/（$mg\cdot L^{-1}$）	钠（$mg\cdot L^{-1}$）	矿化度（$mg\cdot L^{-1}$）						
1	石嘴山市石炭井甘泉	天然矿泉水	石嘴山市大武口区	含锶矿泉水	0.924	68.43	555	HCO_3—Ca-Na	小型	Ⅴ-59①a	9-Cz-1	贺兰山褶断带	未开采
2	平罗县龙泉寺泉	天然矿泉水	石嘴山市平罗县	含锶矿泉水	0.452	12.8	347	HCO_3—Ca-Mg	小型	Ⅴ-59①b	9-Cz-1	贺兰山褶断带	开采
3	平罗县暖泉	天然矿泉水	石嘴山市平罗县	含锶矿泉水	0.32	15	290.3	HCO_3—Ca	小型	Ⅳ-59②	9-Cz-1	银川断陷盆地	未开采
4	银川市小口子泉	天然矿泉水	银川市西夏区	含锶矿泉水	0.252	18.4	333	HCO_3—Ca	小型	Ⅴ-59①c	9-Cz-1	贺兰山褶断带	开采
5	中卫市沙坡头艾泉	天然矿泉水	中卫市沙坡头区	含锶矿泉水	0.368	12.8	254	HCO_3—Ca-Mg	小型	Ⅳ-20②	9-Cz-1	烟筒山-窑山冲断带	开采
6	青铜峡市鸽子山泉	天然矿泉水	吴忠市青铜峡	含锶矿泉水	1.478	233.6	1198.9	Cl-SO_4- HCO_3—Na	中型	Ⅲ-20	9-Cz-1	牛首山-罗山冲断带	未开采
7	青铜峡市庙山湖泉	天然矿泉水	吴忠市青铜峡	含锶矿泉水	0.665	256	227.4	Cl-SO_4—Na	中型	Ⅲ-20	9-Cz-1	牛首山-罗山冲断带	开采
8	灵武市大泉	天然矿泉水	灵武市	含锶矿泉水	0.96	121.6	586.5	Cl-SO_4—Na	小型	Ⅳ-59②	9-Cz-1	银川断陷盆地	未开采
9	西吉县黑眼泉	天然矿泉水	固原市西吉县	含偏硅酸、锶矿泉水	1.527	87.4	861	HCO_3-SO_4— Ca-Na-Mg	小型	Ⅳ-21①	9-Cz-1	西华山-六盘山冲断带	未开采
10	泾源县十里滩泉	天然矿泉水	固原市泾源县	含锶矿泉水	0.726	14.2	400.8	HCO_3—Ca-Mg	小型	Ⅳ-20②	9-Cz-1	烟筒山-窑山冲断带	未开采
11	固原县和尚铺泉	天然矿泉水	固原市原州区	含锶矿泉水	1.371	25	539.8	HCO_3-SO_4—Ca-Mg	小型	Ⅳ-21①	9-Cz-1	西华山-六盘山冲断带	未开采
12	彭阳县供水井	天然矿泉水	固原市彭阳县	含锶矿泉水	2.568	131.2	970.3	HCO_3—Ca-Mg	中型	Ⅳ-59③	9-Cz-1	陶乐-彭阳冲断带	开采

宁夏地热（水）产地一览表

序号	地热产地名称	所在市县	成热时代	储热地层	地热类型	地热井深度/m	井口温度/℃	最大降深/m	规模	所在成矿区带	所属成矿系列	所在构造单元	勘查程度	利用情况
1	Y1 地热井（御泉湾）	银川市兴庆区	新近纪	彰恩堡组	低温型	3100	67.5	0	矿点	Ⅳ-59②	9-Cz-1	银川断陷盆地	单井勘查	开采
2	Y3 地热井（铁路文化宫）	银川市西夏区	新近纪	彰恩堡组	低温型	3000	55	17.55	矿点	Ⅳ-59②	9-Cz-1	银川断陷盆地	单井勘查	开采
3	Y4 地热井（绿悦）	银川市贺兰县	新近纪	彰恩堡组	低温型	3000		49.12	矿点	Ⅳ-59②	9-Cz-1	银川断陷盆地	单井勘查	开采
4	Y5 地热井（三沙源）	银川市永宁县	新近纪	彰恩堡组	低温型	3010.9	62	49.36	矿点	Ⅳ-59②	9-Cz-1	银川断陷盆地	单井勘查	未开采
5	Y6 地热井（天沐温泉）	银川市西夏区	奥陶纪		低温型	2030	53	117.9	矿点	Ⅳ-59②	9-Cz-1	银川断陷盆地	单井勘查	开采
6	Y7 地热井（志辉山庄）	银川市西夏区	古近纪—新近纪		低温型	2400	35	3.11	矿点	Ⅳ-59②	9-Cz-1	银川断陷盆地	单井勘查	未开采
7	Y8 地热井（沙温泉）	银川市兴庆区	古近纪—新近纪		低温型	2408	59	96.6	矿点	Ⅳ-59②	9-Cz-1	银川断陷盆地	单井勘查	开采
8	Y9 地热井（檀溪谷）	银川市兴庆区	古近纪—新近纪		低温型	2108	52	22.04	矿点	Ⅳ-59②	9-Cz-1	银川断陷盆地	单井勘查	开采
9	Y10 地热井（花博园）	银川市金凤区	新近纪	彰恩堡组	低温型	2500		21	矿点	Ⅳ-59②	9-Cz-1	银川断陷盆地	单井勘查	未开采
10	NSR-1 地热井（沙湖）	石嘴山市平罗县	新近纪	彰恩堡组	低温型	3260	68	50.42	矿点	Ⅳ-59②	9-Cz-1	银川断陷盆地	单井勘查	开采
11	NHR-1 地热井（文化园）	银川市永宁县	新近纪	彰恩堡组	低温型	3005.2	60	72.1	矿点	Ⅳ-59②	9-Cz-1	银川断陷盆地	单井勘查	未开采
12	NSR-2 地热井（奇石山）	石嘴山大武口区	古近纪—新近纪		低温型	3203.79	65	147.2	矿点	Ⅳ-59②	9-Cz-1	银川断陷盆地	单井勘查	未开采
13	天山海地热井（DRT-03 井、DRT-04 井、DRT-05 井）	银川市滨河新区	奥陶纪		低温型	4373	42	118.96	矿点	Ⅳ-59②	9-Cz-1	银川断陷盆地	单井勘查	开采
14	SHK-02	中卫市沙坡头区	古近纪—新近纪		低温型	1908.42	36~41		矿点	Ⅳ-20①	9-Cz-1	卫宁北山褶断带	单井勘查	未开采

宁夏地下水产地一览表

序号	水源地名称	矿种（含共伴生）	所在市县	地下水类型	水源地勘察精度级别	勘查区面积/km^2	水质状况（TDS）/（$g\cdot L^{-1}$）	供水方向	开采层特征	开采井深度/m	规模	所在成矿区带	所属成矿系列	所在构造单元	勘查程度	利用情况
1	银川市南郊水源地	地下水	银川市金凤区	承压水	B级	100	<1	城镇居民生活用水	细砂、粉砂、粉细砂	250	大型	Ⅳ-59②	9-Cz-1	银川断陷盆地	详勘	开采
2	银川市北郊水源地	地下水	银川市西夏区	承压水	B级	157	<1	城镇居民生活用水	细砂、含砾中细砂	170	大型	Ⅳ-59②	9-Cz-1	银川断陷盆地	详勘	开采
3	银川市东郊水源地	地下水	银川市兴庆区	承压水	B级	104	0.3~1.9	城镇居民生活用水	细砂	180	大型	Ⅳ-59②	9-Cz-1	银川断陷盆地	详勘	开采
4	银川市南梁水源地	地下水	银川市金凤区	承压水	B级	163	0.22~0.89	城镇居民生活用水	细砂、粉细砂、粉砂	270	大型	Ⅳ-59②	9-Cz-1	银川断陷盆地	详勘	未开采
5	银川市南部水源地	地下水	银川市永宁县	承压水	B级	94.5	0.31~0.95	城镇居民生活用水	细砂、中细砂、含砾细砂	270	中型	Ⅳ-59②	9-Cz-1	银川断陷盆地	详勘	未开采
6	银川市征沙水源地	地下水	银川市永宁县	承压水	B级	79.5	0.31~0.9	城镇居民生活用水	细砂、中细砂、含砾细砂	270	中型	Ⅳ-59②	9-Cz-1	银川断陷盆地	详勘	未开采
7	银川市永宁县水源地	地下水	银川市永宁县	承压水	B级	30	0.572~0.747	城镇居民生活用水	细砂、粉细砂	160	中型	Ⅳ-59②	9-Cz-1	银川断陷盆地	详勘	开采
8	银川市贺兰县水源地	地下水	银川市贺兰县	承压水	B级	48	0.463~0.85	城镇居民生活用水	细砂、粉细砂	170	中型	Ⅳ-59②	9-Cz-1	银川断陷盆地	详勘	开采
9	银川市灵武市水源地（崇兴水源地）	地下水	灵武市	承压水	B级	43.5	0.927	城镇居民生活用水	细砂、粉细砂、中砂	160	中型	Ⅳ-59②	9-Cz-1	银川断陷盆地	详勘	开采
10	银川市灵武煤田磁窑堡碎石井矿区（大泉）水源地	地下水	灵武市	承压水	B级	72	<1	城镇居民生活用水	细砂、粉细砂、中砂		中型	Ⅳ-59②	9-Cz-1	银川断陷盆地	详勘	开采
11	石嘴山市第一水源地（北武当沟水源地）	地下水	石嘴山市大武口区	潜水	B级		<1	城镇居民生活用水	卵砾石、砂砾石		中型	Ⅴ-59①b	9-Cz-1	贺兰山褶断带	详勘	开采

续表

序号	水源地名称	矿种（含共伴生）	所在市县	地下水类型	水源地勘察精度级别	勘查区面积/km^2	水质状况（TDS）/（$g\cdot L^{-1}$）	供水方向	开采层特征	开采井深度/m	规模	所在成矿区带	所属成矿系列	所在构造单元	勘查程度	利用情况
12	石嘴山市第二水源地	地下水	石嘴山市大武口区	承压水	B级	75.2	<1	城镇居民生活用水	细砂、粉细砂	270	中型	Ⅳ-59②	9-Cz-1	银川断陷盆地	详勘	开采
13	石嘴山市第三水源地	地下水	石嘴山市大武口区	承压水	B级	94.5	<1	城镇居民生活用水	细砂、粉细砂	250	中型	Ⅳ-59②	9-Cz-1	银川断陷盆地	详勘	未开采
14	石嘴山市第四水源地（红果子水源地）	地下水	石嘴山市惠农区	潜水	B级	12	<1	城镇居民生活用水	卵砾石、砂砾石		中型	Ⅳ-59②	9-Cz-1	银川断陷盆地	详勘	未开采
15	石嘴山市第五水源地（柳条沟水源地）	地下水	石嘴山市惠农区	潜水	B级	81	<1	城镇居民生活用水	卵砾石、砂砾石		中型	Ⅳ-59②	9-Cz-1	银川断陷盆地	详勘	开采
16	石嘴山市平罗县大水沟水源地	地下水	石嘴山市平罗县	潜水	B级	19.4	<1	城镇居民生活用水	卵砾石、砂砾石		中型	Ⅳ-59②	9-Cz-1	银川断陷盆地	详勘	开采
17	吴忠市利通区金积水源地	地下水	吴忠市利通区	潜水	B级	27.6	<1	城镇居民生活用水			中型	Ⅳ-59②	9-Cz-1	银川断陷盆地	详勘	开采
18	吴忠市青铜峡小坝水源地	地下水	青铜峡市	潜水	B级	5	<1	城镇居民生活用水	粉细砂、中细砂、卵砾石、砂砾石	120	中型	Ⅳ-59②	9-Cz-1	银川断陷盆地	详勘	开采
19	吴忠市青铜峡小坝东区水源地	地下水	青铜峡市	潜水	B级	48	<1	城镇居民生活用水	砂卵砾石、砾卵石	120	中型	Ⅳ-59②	9-Cz-1	银川断陷盆地	详勘	未开采
20	吴忠市青铜峡大坝水源地	地下水	青铜峡市	潜水	B级	24	0.39~0.62	城镇居民生活用水	砂卵砾石、砾卵石		中型	Ⅳ-59②	9-Cz-1	银川断陷盆地	详勘	开采
21	吴忠市青铜峡镇水源地	地下水	青铜峡市	潜水	B级	26.9	0.62~0.82	城镇居民生活用水	卵砾石、砂砾石		中型	Ⅳ-59②	9-Cz-1	银川断陷盆地	详勘	开采
22	吴忠市红寺堡区沙泉水源地（柳泉）	地下水	吴忠市红寺堡区	承压水	B级	101	<1	城镇居民生活用水	砂砾石	170	中型	Ⅲ-20	9-Cz-1	牛首山-罗山冲断带	详勘	开采

续表

序号	水源地名称	矿种（含共伴生）	所在市县	地下水类型	水源地勘察精度级别	勘查区面积/km^2	水质状况（TDS）/（$g\cdot L^{-1}$）	供水方向	开采层特征	开采井深度/m	规模	所在成矿区带	所属成矿系列	所在构造单元	勘查程度	利用情况
23	吴忠市同心县小洪沟水源地	地下水	吴忠市同心县	潜水	B级	168	0.4~0.7	城镇居民生活用水	卵砾石、砂砾石、含砾中细砂、粉砂	280	中型	Ⅳ-20②	9-Cz-1	烟筒山-窑山冲断带	详勘	开采
24	吴忠市盐池县骆驼井水源地	地下水	吴忠市盐池县	承压水	B级	43.8	0.419	城镇居民生活用水	细砂、粉砂、粉砂岩	110	中型	Ⅴ-60①a	9-Cz-1	天环向斜	详勘	开采
25	固原市彭堡水源地	地下水	固原市原州区	承压水	B级	150		城镇居民生活用水			中型	Ⅳ-20②	9-Cz-1	烟筒山-窑山冲断带	详勘	未开采
26	固原市彭阳县县城水源地	地下水	固原市彭阳县	承压水	B级	90	0.735~0.89	城镇居民生活用水	砂岩、砂砾岩	380	中型	Ⅳ-59③	9-Cz-1	陶乐-彭阳冲断带	详勘	开采
27	中卫市沙坡头区城市饮用水水源地	地下水	中卫市沙坡头区	潜水	B级		0.18~0.558	城镇居民生活用水	粗砂、砂砾石、中砂、细砂		中型	Ⅳ-20②	9-Cz-1	烟筒山-窑山冲断带	详勘	开采
28	中卫市沙坡头区城市备用饮用水水源地	地下水	中卫市沙坡头区	潜水	B级	18.1	<1	城镇居民生活用水	粗砂、砂砾石、中砂、细砂		中型	Ⅳ-20②	9-Cz-1	烟筒山-窑山冲断带	详勘	未开采
29	中卫市中宁县康滩水源地	地下水	中卫市中宁县	潜水	B级	36.3	<1	城镇居民生活用水	砂砾石、粉砂、细砂、中砂、粗砂		中型	Ⅳ-20②	9-Cz-1	牛首山-罗山冲断带	详勘	开采
30	中卫市海原县老城区水源地	地下水	中卫市海原县	承压水	B级	29	0.3~0.375	城镇居民生活用水	第四系松散岩类的砂砾石、碎石、粗砂层		中型	Ⅳ-21①	9-Cz-1	兴仁-海原坳陷盆地	详勘	开采

中国矿产地质志

“十三五”国家重点图书规划　国家出版基金项目

总　志

中国矿产地质志·矿产总志
中国矿产地质志·规律总志

矿种志

1 **中国矿产地质志·矿产地名录卷（总 1）**
6 **中国矿产地质志·典型矿床总述卷（总 2）**
中国矿产地质志·油气卷
65 **中国矿产地质志·煤炭卷（矿 14）**
63 **中国矿产地质志·煤层气卷（矿 13）**
中国矿产地质志·铀矿卷
中国矿产地质志·铁矿卷
中国矿产地质志·锰矿卷
中国矿产地质志·钒钛铬矿卷
中国矿产地质志·铜矿卷
中国矿产地质志·铝矿卷
中国矿产地质志·铅锌矿卷
21 **中国矿产地质志·镍矿卷（矿 5）**
8 **中国矿产地质志·钨矿卷（矿 1）**
中国矿产地质志·锡矿卷
中国矿产地质志·钼矿卷
54 **中国矿产地质志·锑矿卷（矿 9）**
中国矿产地质志·菱镁矿卷
中国矿产地质志·金矿卷
44 **中国矿产地质志·银矿卷（矿 8）**
中国矿产地质志·锂铍铌钽矿卷
中国矿产地质志·铷铯锆铪矿卷
中国矿产地质志·稀土金属矿卷
中国矿产地质志·稀散金属矿卷
中国矿产地质志·建材非金属矿卷
中国矿产地质志·蓝晶石族矿卷
9 **中国矿产地质志·石灰岩矿卷（矿 2）**
中国矿产地质志·石英砂岩矿卷
中国矿产地质志·花岗岩矿卷
中国矿产地质志·大理岩矿卷
中国矿产地质志·石棉矿卷
中国矿产地质志·高岭土矿卷
中国矿产地质志·膨润土矿卷
69 **中国矿产地质志·硅藻土矿卷（矿 15）**
中国矿产地质志·滑石矿卷
中国矿产地质志·硅灰石矿卷
中国矿产地质志·石墨矿卷
中国矿产地质志·化工矿产卷
22 **中国矿产地质志·钾盐矿卷（矿 6）**
57 **中国矿产地质志·盐矿卷（矿 10）**
18 **中国矿产地质志·磷矿卷（矿 3）**
61 **中国矿产地质志·硫矿卷（矿 11）**
19 **中国矿产地质志·硼矿卷（矿 4）**
70 **中国矿产地质志·萤石矿卷（矿 16）**
62 **中国矿产地质志·芒硝矿卷（矿 12）**
中国矿产地质志·石膏矿卷
23 **中国矿产地质志·重晶石矿卷（矿 7）**
中国矿产地质志·化工灰岩-明矾石-天青石-雄黄-硝石-天然碱矿卷
中国矿产地质志·宝玉石矿卷
中国矿产地质志·和田玉矿卷
中国矿产地质志·叶蜡石矿卷
……

省　志

中国矿产地质志·北京卷
56 **中国矿产地质志·天津卷（省 3）**
中国矿产地质志·河北卷
中国矿产地质志·山西卷
72 **中国矿产地质志·内蒙古卷（省 6）**
中国矿产地质志·辽宁卷
71 **中国矿产地质志·吉林卷（省 5）**
中国矿产地质志·黑龙江卷
中国矿产地质志·江苏上海卷
中国矿产地质志·浙江卷
中国矿产地质志·安徽卷

中国矿产地质志·福建卷
3 中国矿产地质志·江西卷(省1)
中国矿产地质志·山东卷
中国矿产地质志·河南卷
中国矿产地质志·湖北卷
中国矿产地质志·湖南卷
中国矿产地质志·广东卷
中国矿产地质志·广西卷
64 中国矿产地质志·海南卷(省4)
中国矿产地质志·重庆卷
中国矿产地质志·四川卷
中国矿产地质志·贵州卷
中国矿产地质志·云南卷
中国矿产地质志·西藏卷
中国矿产地质志·陕西卷
中国矿产地质志·甘肃卷
中国矿产地质志·青海卷
78 中国矿产地质志·宁夏卷(省7)
中国矿产地质志·新疆卷
38 中国矿产地质志·台湾卷(省2)

省级重要矿种(组)志

28 中国矿产地质志·山东卷·铁钛矿产(鲁1)
29 中国矿产地质志·山东卷·煤油页岩矿产(鲁2)
7 中国矿产地质志·河南卷·黑色金属矿产(豫1)
53 中国矿产地质志·河南卷·有色金属矿产(豫2)
68 中国矿产地质志·河南卷·贵金属三稀矿产(豫3)
17 中国矿产地质志·四川卷·黑色金属矿产(川1)
25 中国矿产地质志·贵州卷·铝土矿(黔1)
26 中国矿产地质志·贵州卷·金矿(黔2)
76 中国矿产地质志·贵州卷·锰矿(黔3)
12 中国矿产地质志·云南卷·贵金属矿产(滇1)
13 中国矿产地质志·云南卷·铅锌矿产(滇2)
36 中国矿产地质志·云南卷·化工矿产(滇3)
43 中国矿产地质志·云南卷·黑色金属矿产(滇5)
51 中国矿产地质志·云南卷·能源矿产(滇7)
46 中国矿产地质志·云南卷·铜钼镍钴矿产(滇6)
40 中国矿产地质志·云南卷·锡钨矿产(滇4)
中国矿产地质志·陕西卷·煤矿
67 中国矿产地质志·陕西卷·油气矿产(陕2)
47 中国矿产地质志·陕西卷·非金属矿产(陕1)
中国矿产地质志·陕西卷·金属矿产
39 中国矿产地质志·甘肃卷·金矿(甘1)
……

区带志

58 中国矿产地质志·渤海卷(带4)
中国矿产地质志·黄海卷
52 中国矿产地质志·东海卷(带2)
中国矿产地质志·南海卷
中国矿产地质志·大兴安岭卷
24 中国矿产地质志·长江中下游卷(带1)
55 中国矿产地质志·南岭卷(带3)
中国矿产地质志·三江卷
中国矿产地质志·冈底斯卷
中国矿产地质志·阿拉善(隆起)卷
中国矿产地质志·华北陆块北缘东段卷
中国矿产地质志·山西(断隆)卷
中国矿产地质志·华北陆块南缘卷
中国矿产地质志·华北盆地卷
中国矿产地质志·辽东(隆起)-吉南卷
77 中国矿产地质志·吉中-延边卷(带6)
中国矿产地质志·小兴安岭-张广才岭卷
中国矿产地质志·松辽盆地卷
75 中国矿产地质志·湘中-桂中北卷(带5)
中国矿产地质志·江南隆起西段卷
中国矿产地质志·江汉-洞庭(断陷)卷
中国矿产地质志·东秦岭卷
中国矿产地质志·浙闽赣粤沿海、浙中-武夷山(隆起)和永安-梅州-惠阳(坳陷)联编卷
中国矿产地质志·江南隆起东段、武功山-杭州湾合编卷
中国矿产地质志·桐柏-大别-苏鲁卷
中国矿产地质志·喀喇昆仑-羌北卷
中国矿产地质志·班戈-腾冲卷

中国矿产地质志·龙门山-大巴山卷
中国矿产地质志·四川盆地卷
中国矿产地质志·康滇隆起卷
中国矿产地质志·上扬子东部卷
中国矿产地质志·桂西-黔西南-滇东南北部卷
中国矿产地质志·滇东南南部卷
中国矿产地质志·祁连卷
中国矿产地质志·东天山-北山卷
中国矿产地质志·鄂尔多斯卷
中国矿产地质志·东昆仑-巴颜喀拉卷
中国矿产地质志·西秦岭卷
……

专题志

中国矿产地质志·中国成矿单元划分及其主要成矿单元特征
中国矿产地质志·大型变形构造与重要矿集区(成矿区带)关系
32 中国矿产地质志·中国矿产地分省图集(2020)(专 4)
30 中国矿产地质志·中国前寒武纪成矿体系(专 3)
73 中国矿产地质志·中国古生代成矿体系(专 9)
中国矿产地质志·中国中生代成矿体系
中国矿产地质志·中国新生代成矿体系
中国矿产地质志·中国地球物理场与成矿
50 中国矿产地质志·中国地球化学场与成矿关系研究(专 7)
60 中国矿产地质志·区域成矿规律研究历史和发展趋势(专 8)
33 中国矿产地质志·华南洋-滨太平洋构造演化与成矿(专 5)
42 中国矿产地质志·小岩体成大矿(专 6)
27 中国矿产地质志·山东卷·成岩成矿年代谱系(专 2)
4 中国矿产地质志·新疆维吾尔自治区矿床成矿系列图(专 1)
……

科学普及本

2 中国矿产地质志·建材非金属卷·普及本(普 1)
10 中国矿产地质志·化工矿产卷·普及本(普 3)
11 中国矿产地质志·铀矿卷·普及本(普 4)
中国矿产地质志·渤海卷·普及本
中国矿产地质志·黑色金属矿产·普及本
41 中国矿产地质志·宝玉石卷·普及本(普 13)
48 中国矿产地质志·北京矿产地质(普 15)
31 中国矿产地质志·天津矿产地质(普 9)
中国矿产地质志·河北矿产地质
中国矿产地质志·山西矿产地质
66 中国矿产地质志·内蒙古矿产地质(普 18)
59 中国矿产地质志·吉林矿产地质(普 17)
中国矿产地质志·辽宁矿产地质
中国矿产地质志·黑龙江矿产地质
中国矿产地质志·江苏上海矿产地质
34 中国矿产地质志·浙江矿产地质(普 10)
中国矿产地质志·安徽矿产地质
中国矿产地质志·福建矿产地质
35 中国矿产地质志·江西矿产地质(普 11)
中国矿产地质志·山东矿产地质
中国矿产地质志·河南矿产地质
74 中国矿产地质志·湖北矿产地质(普 19)
49 中国矿产地质志·湖南矿产地质(普 16)
中国矿产地质志·广东矿产地质
中国矿产地质志·广西矿产地质
中国矿产地质志·海南矿产地质
16 中国矿产地质志·重庆矿产地质(普 7)
中国矿产地质志·四川矿产地质
中国矿产地质志·贵州矿产地质
14 中国矿产地质志·云南矿产地质(普 5)
中国矿产地质志·西藏矿产地质
5 中国矿产地质志·陕西矿产地质(普 2)
20 中国矿产地质志·甘肃矿产地质(普 8)
45 中国矿产地质志·青海矿产地质(普 14)
15 中国矿产地质志·宁夏矿产地质(普 6)
37 中国矿产地质志·新疆矿产地质(普 12)
中国矿产地质志·台湾矿产地质
……

注:括号内容代表志书类别及序号,1 2 3……为出版顺序,黑体为已出版。

中国矿产地质志

GEOLOGY OF MINERAL RESOURCES IN CHINA

国家出版基金项目
NATIONAL PUBLICATION FOUNDATION

中国矿产地质志

宁 夏 卷

中华人民共和国宁夏回族自治区矿产地质图说明书

（1∶500 000）

向连格 马彦云 王 红 陆茂欣 汪栋刚
艾 宁 马风华 李 通 马学东 马瑞赟 编著
谈 震 王 成 何庆志 吴 坤 张 炯
刘 颖 朱譞赫

地质出版社
·北 京·

前　　言

宁夏回族自治区简称“宁”，地处中国西北部、黄河中上游，是中国5个少数民族自治区之一，是祖国西部物华天宝的一方热土。全区南起北纬35°14′，北抵北纬39°23′，西自东经104°17′，东迄东经107°39′，面积6.64×10^4 km^2。

宁夏虽然地域较小，但能源、金属、非金属、水气类矿产均有发现。其中，以煤和非金属矿产为主，金属矿产较贫乏。宁夏境内的地质矿产工作始于19世纪末，至今已有百余年历史。截至2022年底，宁夏已发现70余种矿产（含亚矿种），获探明储量的矿产种类达60余种（含亚矿种）。1949年10月以来，随着我国社会主义建设事业的发展，宁夏地质工作蓬勃展开，取得了长足进展。不同勘查、科研单位先后在宁夏开展了大量的地质普查和勘探工作，发现了一大批矿床和煤炭、石油勘探基地，探明了磷、硅石、石灰岩、粘土和膏盐等矿产储量，也陆续编制过不同比例尺的区域矿产综合性图件。另外，随着第二代《中国区域地质志·宁夏志》（宁夏回族自治区地质调查院，2017）及其系列地质图件的出版，宁夏地质工作在地层、岩浆岩、变质岩和地质构造等方面取得了新进展和新认识。为了充分反映宁夏百余年来地质成果，特别是近年来的新理论、新认识，编制一套新一代的宁夏地质矿产类图件十分必要。

在自然资源部、中国地质调查局的统一领导下，由中国地质科学院矿产资源研究所组织实施《中国矿产地质志》的编撰工作，《中国矿产地质志·宁夏卷》是其中的省级志书之一。2014年3月，中国地质调查局向宁夏回族自治区地质调查院正式下达了工作项目任务书（编号：资［2014］03-003-036），工作项目编码：12120114011801。主要工作任务包括：研编《中国矿产地质志·宁夏卷》；编制《中华人民共和国宁夏回族自治区矿产地质图（1∶50万）及说明书》《中华人民共和国宁夏回族自治区成矿规律图（1∶50万）及说明书》；建设宁夏矿产地质志成果数据库。

《中华人民共和国宁夏回族自治区矿产地质图（1∶50万）》是“中国矿产地质志·宁夏卷”项目的成果之一，由宁夏回族自治区地质调查院（现为宁夏回族自治区基础地质调查院）组织研编，编图所引用矿产资料、地质资料时限为2022年8月底之前。本图是展示宁夏矿产资源的地质特征及分布情况的图件，实现了宁夏矿种和矿产地“全覆盖”，梳理并上图的各类矿产地共计358处，其中，金属矿产地71处、非金属矿产地189处、能源矿产地42处、水气矿产地56处，并在图上突出地表示了矿产资源的种类、规模及成因类型。

本图主要由王红、向连格、陆茂欣研编，马彦云、汪栋刚、艾宁、马凤华、李通等参与了矿产信息采集分析与统编工作。在研编过程中得到中国矿产地质志专家委员会陈毓川院士、王登红研究员、徐志刚研究员，全国项目办公室王岩副研究员、黄凡副研究员，中国地质调查局西安地质调查中心杨合群研究员，宁夏回族自治区自然资源厅、宁夏回族自治区地质局及宁夏回族自治区地质调查院相关领导、专家的大力支持和指导，同时，中国地质科学院矿产资源研究所朱裕生研究员与中国地质调查局西安地质调查中心冯益民研究员在终审工作中也对本图提出了宝贵的意见和建议，在此一并表示感谢。

《中华人民共和国宁夏回族自治区矿产地质图（1∶50万）》图件内容新颖、信息量丰富，使用便利，对指导矿产地质勘查有非常重要的意义。

目　　录

一、编图基本原则与内容

（一）指导思想与基本原则

1. 指导思想

根据《省级矿产地质图及区域成矿规律图编图技术要求》，省级矿产地质图编制的指导思想是按照全国统一标准，统一技术要求，全面、准确地展示区内最新地质调查和矿产勘查成果，做到科学、美观、实用，确保内容全面，资料翔实可靠，图表精美、特色鲜明，更好地服务于地方经济建设，为实现“经济繁荣、民族团结、环境优美、人民富裕”奋斗目标做好技术支撑和资源保障，发挥地质工作服务发展，支撑发展的作用，使本图成为与《中国矿产地质志·宁夏卷》配套使用的新一代矿产地质图件。

2. 基本原则

1）严格按照中国矿产地质志全国项目办下发的《省级矿产地质图及区域成矿规律图编图技术要求》研编，以所收集的最新地质调查和矿产勘查成果资料为依据，做到基础资料齐全、数据真实可靠。

2）底图采用宁夏区内最新地质成果——由宁夏回族自治区地质调查院2017年研编并出版的第二代《中国区域地质志·宁夏志》及其系列成果图件，再根据本次工作技术要求进行简编处理。

3）做到矿种全覆盖，矿产地全覆盖，编图所采用的图示图例均符合编图技术要求，突出地表示矿产资源的种类（矿种）、规模、成因类型及分布等地质特征。

4）图面简化，颜色淡化，内容写实。

（二）图件内容与编图方法

1. 底图编制

《中华人民共和国宁夏回族自治区矿产地质图》采用的地理、地质底图为《中国区域地质志·宁夏志》（宁夏回族自治区地质调查院，2017）及其系列图件中的1∶25万《宁夏回族自治区地质图》，将比例尺变换为1∶50万，再按照《省级矿产地质图及区域成矿规律图编图技术要求》对图面进行简化。简化的内容为：

1）显生宙地层简化到“统”；

2）古元古代地层简化到“岩群”；中元古代地层与成矿关系密切，保留到“组”或“岩群”；新元古代地层简化到“系”；

3）岩体采用颜色+岩性花纹表示；

4）地层用颜色表示，采用国家地层表用色，色调选同色系中的最浅色。

底图标绘的地理位置准确，要素内容丰富，关系处理正确，综合取舍科学，表示方法规范统一，符合相关规定要求。

2. 矿产地要素

按照《省级矿产地质图及区域成矿规律图编图技术要求》中“矿种全覆盖、矿产地全覆盖”的原则，本次工作对宁夏全区矿种和矿产地进行了重新厘定，且对照“全国省（自治区、直辖市）矿床地质志矿产资源分类表”中所列182种矿产资源，共收录矿种63个（其中主矿种39个）、矿产地358处，全部研编上图。

1）矿产地表示方法：按矿产地中心点经纬度坐标和矿床规模，以省级矿产地质图研编技术要求中所规定的图形符号表示，突出表示矿产资源的种类（矿种）、规模和成因类型，构成“三位一体”的图例。矿产地规模按照原国土资源部印发的《矿产资源储量规模划分标准》，分为超大型、大型、中型、小型和矿点5种类型。对于多矿种及共伴生的矿产地，主矿种在左侧表示，按资源量排序最多表示3个矿种。另外，对于宁夏的优势矿种石灰岩，此次矿产地质图上首次按其用途进行分别表示，表示方法为：在石灰岩图例的不同部位添加“●”符号（图1）。矿产地均标注矿产地编号和矿产地简称，更加便于读图。

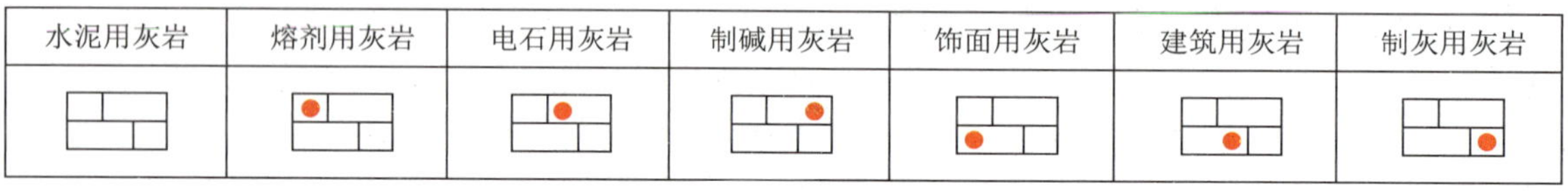

图1　石灰岩图例示意图

2）矿产地编号原则：按照编图技术要求，矿产地编号要有连续性，科学性。以矿产地中心点所标定的坐标位置，在每一个经纬网格内自左向右、自上而下进行连续编号。

3. 整饰内容

图件除设置与图面内容相对应的图名、图例、比例尺和与编图相关的文字注记外，还充分利用版面空间，编制了《宁夏回族自治区区域地层分区及岩石地层单元序列表》，按每个地层分区地层出露特征以柱状图的形式进行表达，突出地层的分布、缺失等特征，达到简化、突出重点的作用；编制了《宁夏回族自治区行政区划简图》，以辅助读图。另外，图面上还以插表的形式列出了全区大型及以上的矿产地共69处。

二、区域地质背景

宁夏回族自治区所处位置在我国地质位置上具有特殊意义。它地处中国地质、地理分界之“南北中轴线”的北段，是连接我国北方西部与东部不同大地构造单元的枢纽地区，也是我国地层、构造、地貌及各种地球物理场的重要分界区域。华北陆块、阿拉善微陆块和祁连造山带汇聚于此，多期次构造变形叠加，其独特的构造条件造就了宁夏矿产资源产出与分布的特点。

宁夏的地层发育较为齐全，自古元古界至第四系均有出露。其中，第四系分布广泛，约占全区总面积的67%。宁夏综合地层区划属于华北-柴达木地层大区之华北地层区、祁连地层区和阿拉善地层区。

宁夏地质构造复杂，按其内部组成和展布特征，可分为鄂尔多斯中生代坳陷、鄂尔多斯西缘冲断构造带、宁南弧形构造带。它们复合交织，构成一幅复杂的构造图像。

宁夏新构造运动十分活跃，并以牛首山-罗山弧形断裂为界，分为性质不同的南、北两部分。北部受华北构造应力场控制和青藏构造应力场影响，处于北北西—南南东或北西—南东方向的水平拉张构造应力状态。地块沿先成的北北东向断裂发生强烈拉张，银川盆地断陷，贺兰山与鄂尔多斯高原隆起。南部受青藏构造应力场控制，地块受到来自南西方向的水平挤压。挤压力在向北东传递时受到北面的阿拉善和东面的鄂尔多斯两个古老刚性块体的阻挡，于是在二者挟持的三角地区发生应力积累，引起地壳变形，形成弧形断裂及其控制的隆起和断陷，上述新构造运动决定着宁夏的构造地貌格局，也是宁夏地震活动强烈的基本原因。

宁夏岩浆岩出露不多，分布零星，各类岩浆岩出露面积不足全区总面积的1%。在岩石类型上，主要为中-酸性侵入岩及少量属于基性岩的辉绿岩，个别地区出露火山熔岩。在地质时代上，古元古代岩浆岩分布面积最大，次为早古生代晚期、早古生代早期及晚三叠世末期。在地理分布上，古元古代岩浆岩主要分布在北部贺兰山中、北段，早古生代岩浆岩分布在中部香山和南部南华山一带，晚三叠世末基性火山岩仅出露于贺兰山中段汝箕沟地区。贺兰山中段黄旗口古元古代斜长花岗岩岩体的同位素年龄为1681~1839 Ma，出露面积约90 km^2，是宁夏最大的侵入岩体。

三、矿产资源概述

（一）矿产勘查与开发简史

宁夏是中华民族古老文化的发祥地之一，境内灵武市“水洞沟遗址”表明，早在3万年前的旧石器时代，就有人类在此繁衍生息。水洞沟古人类文化遗址出土了大量石器和动物化石，水洞沟因此而成为中国最早发掘旧石器时代的古人类文化遗址，被誉为“中国史前考古的发祥地”“中西方文化交流的历史见证”，被国家列为“最具中华文明意义的百项考古发现”之一。古人对石器的利用，是人类对地质矿产最早的认知和开发。

据记载，最早在宁夏进行地质工作的是俄国著名的地理地质学家奥布鲁契夫（Обручев В. А）。他于19世纪末，即1892~1894年，来中国调查，其中有宁夏中卫市至甘肃兰州市的路线。20世纪40年代早期，张文谟、刘振中等先后对贺兰山汝箕沟、灵武磁窑堡、固原炭山等地的煤、粘土矿产和古近纪、新近纪红层做过调查，并写有专著。黄劭显、杜恒俭及何春荪等分别著有《宁夏汝箕沟煤田地质》和《甘肃东部煤田地质》，李士林则编有《宁夏地质矿产事业》数册。

1949年10月以来，随着我国社会主义建设事业的发展，宁夏地质工作也蓬勃展开，取得了长足进展。地质、石油、煤炭、冶金、建材、地震、核工业等部门都先后在宁夏开展了大量的地质普查和勘探工作，发现了一大批矿床和煤炭、石油勘探基地，探明了磷、硅石、石灰岩、粘土和膏盐等矿产储量，初步揭示了宁夏矿产资源的前景。

1958年，宁夏地质局成立。根据宁夏国民经济建设的需求，该局以铁、铜、铝及主要非金属矿产为主，开展了全面普查找矿和勘探工作。先后完成了南、西华山多金属矿、硫铁矿，卫宁北山照壁山铁矿、石堆水铁矿、麦垛（堆）山铁矿、涩水沟铁矿、贺兰山干沟铁矿及白云岩、石灰岩、磷块岩的普查评价和勘探工作。

自20世纪80年代以来，宁夏共完成了54.5个1：5万图幅和6个1：25万图幅区调填图工作。1：5万区调范围基本覆盖了宁夏基岩出露地区，占全区145个1：5万图幅的38%；1：25万区调范围覆盖了宁夏国土面积的75%。获得了大量基础资料和研究成果，全面提高了宁夏地质研究程度，取得了一系列突破性的进展。与此同时，还进行了全区性的1：5万至1：20万比例尺的航空磁测、区域重力、地震测量、区域土壤和水系沉积物的地球化学测量及重砂测量等，不仅为找矿工作提供了大量信息，而且为研究宁夏区域地球物理、地球化学场特征提供了依据。另外，还有不少区内外的专家学者和科研单位对宁夏的地层、构造等基础地质问题进行过卓有成效的研究。这些科研成果对深入认识宁夏区域地质特征和成矿规律都起到积极的推动作用。

近年来，宁夏又相继开展了重要矿种矿产资源的潜力评价工作，即对区内的煤炭、金、铜、铁、银、铅、锌、磷、硫、重晶石10个矿种进行了资源潜力的评价和预测，积累了成矿地质背景、成矿规律、物探、化探、遥感、自然重砂等大量的专业资料；开展了第二代《中国区域地质志·宁夏志》的编制工作，分地层、岩浆岩、变质岩、地质构造、地球物理与地球化学和编图与数据库建设6个专题组实施，最终成果《中国区域地质志·宁夏志》及其系列地质图件是在第一代《宁夏回族自治区区域地质志》（1990年出版）基础上补充新资料后重新研编而成的，在地层、岩浆岩、变质岩和地质构造等方面取得了新进展和新认识。

百余年来，地质部门和各工业部门地勘队伍先后在宁夏开展了大量的地质调查、地球物理地球化学勘探、矿产勘查等工作，奠定了宁夏地质工作的基础，发现并查明了一大批矿产地。由于受到市场需求、矿产资源开发利用对勘查工作的要求、矿产地的区位条件、矿产地的地质复杂程度以及勘查资金投入等诸方面因素的制约，各种矿产资源的勘查程度是不均一的。

目前市场需求大、开发利用较多的矿种勘查程度较高，主要有石油、天然气、煤、石灰岩、白云岩、岩盐、石膏、石英（砂）岩等。上述非金属矿产一般均达到了详查或勘探程度，石油、天然气、煤以勘探、详查为多，部分为普查。

市场需求较小、矿产地质条件较简单且受矿产区位条件影响的矿种勘查程度较低，包括重晶石、膨润土、湖盐与芒硝、陶瓷土、泥炭、彩石、铸型用石英砂、玻璃用石英砂、熔剂用石英（砂）岩、水泥配料用粘土岩、页岩、板岩等。上述非金属矿产一般仅为调查阶段，极个别矿产地达详查、勘探程度。市场需求虽大，而矿产地质条件较复杂、勘查资金与技术投入不足的矿种，勘查程度普遍较低，有铁、铜、铅、锌、钴、金、银和煤层气、页岩气、地热（水）等矿产。金属矿产铁、铜、金等找矿难度较大，仅小部分进行了普查和详查，个别进行了勘探（如铁矿）。

宁夏矿产资源开发利用规模大的矿种，主要有镁、煤、石油、天然气、铁矿、石膏、石灰岩、白云岩、硅石、岩盐等。金、铜、地热（水）、煤层气、芒硝、贺兰石等均为小规模利用；磷块岩、白云母、辉绿岩、耐火粘土、脉石英等矿产断续地开采利用；银、铅、锌、煤系伴生元素锗、彩（玉）石、页岩气、油页岩、泥炭等矿产等尚未开发利用。

此外，在以往勘查工作中综合找矿和综合评价尚不足。例如：在煤矿勘查工作中对煤系高岭土、分散元素镓、锗、煤层（成）气，在岩盐、芒硝、石膏等盐类矿产勘查时对硼、锂、铷、钾、溴、碘等稀散元素及优质石膏的专门评价，在对石灰岩、白云岩矿产勘查时对各类美术工艺用石材、饰面用石材等共伴生矿产资源综合评价方面均有待加强。

（二）矿产资源概况

本次编制的宁夏矿产地质图，按照研编技术要求中“矿种全覆盖、矿产地全覆盖”的原则，对照“全国省（自治区、直辖市）矿床地质志矿产资源分类表”中所列182种矿床资源，结合宁夏矿产资源实际，对全区已发现的矿产资源进行了系统的梳理，按能源矿产、金属矿产、非金属矿产和水气矿产四大类，共划分并上图矿种63个（其中主矿种39种），厘定并上图的矿产地358处（共伴生矿产地按1处计），其中，能源矿产地42处、金属矿产地71处、非金属矿产地189处、水气矿产地56处。按各矿种（亚矿种）分类的矿产地状况如下。

能源矿产地以煤最多，全区共发现煤矿产地27处（按矿区计）、石油9处、天然气6处、油页岩4处、各类能源矿产地共计42处（共伴生矿产地按1处计）。

金属矿产地共计71处（共伴生矿产地按1处计）。其中，铁矿（赤、褐铁矿）34处、铜矿14处、铅锌矿4处、镁矿12处、钴矿6处、金矿（包括岩金和砂金）9处。

非金属矿产地共计189处（共伴生矿产地按1处计）。其中，硫铁矿2处、磷矿5处、石盐4处、白云母5处、重晶石4处、石膏和硬石膏29处、芒硝7处、石灰岩44处、白云岩5处、硅石类34处、膨润土2处、粘土类31处、泥炭6处、辉绿岩3处、砚石和彩石9处。

水气矿产产地共计56处。其中，地热（水）14处、地下水30处、天然矿泉水12处。

区内超大型矿床4处，均为煤矿产地。

大型矿床有67处。其中，硅质原料14处，占21%；石灰岩16处，占24%；石膏及硬石膏10处，占15%；煤10处，占15%；地下水7处，占10%；粘土岩类5处，占7%；白云岩4处，占6%；石油、石盐、芒硝及辉绿岩各1处。

中、小型矿床计194处。其中，地下水26处，占13%；石灰岩和粘土岩类各24处，分别占12%；硅质原料20处，占10%；煤和石膏各13处，分别占7%；天然矿泉水12处，占6%；镁矿12处；石油8处；磷矿和石盐各3处；油页岩、硫铁矿、白云母、芒硝、膨润土、辉绿岩和砚石各2处；白云岩、重晶石和泥炭各1处；铁矿、铜矿、铅锌矿、金矿共19处，且均为小型矿床。

其余矿产地均为矿点，共106处（表1）。

表1　宁夏矿产资源概况表

编号	矿产名称		矿产地数量						矿床类型数（矿床类型）①	备注
			超大型	大型	中型	小型	矿点	总数	按照《中国矿产地质志·省级矿产地质志研编技术要求》上确定的18种矿床类型统计	
1	能源矿产	石油		1	3	5		9	9（17型）	
2		天然气					6	6	6（17型）	
3		煤	4	10	2	11		27	27（17型）	
4		油页岩			1	1	2	4	4（17型）	
5	金属矿产	铁				7	27	34	1（9型）；21（11型）；2（12型）；10（15型）	
6		铜				6	8	14	1（6型）；9（11型）；4（15型）	
7		铅锌				1	3	4	4（11型）	
8		镁			3	9		12	1（9型）；11（15型）	
9		钴					6	6	2（11型）；4（12型）	
10		金				5	4	9	7（11型）；2（13型）	
11	非金属矿产	硫铁矿				2		2	2（11型）	
12		磷矿			2	1	2	5	5（15型）	
13		石盐		1		3		4	4（16型）	
14		白云母				2	3	5	5（2型）	
15		重晶石				1	3	4	4（11型）	
16		石膏和硬石膏		10	4	9	6	29	29（16型）	
17		芒硝		1		2	4	7	7（16型）	
18		石灰岩		16	12	12	4	44	44（15型）	
19		白云岩		4		1		5	5（15型）	
20		石英岩		4	9	1		14	14（9型）	
21		砂岩		1				1	1（14型）	
22		脉石英			1			1	1（10型）	
23		天然石英砂		9	5	4		18	1（13型）；17（14型）	
24		膨润土			1	1		2	1（12型）；1（14型）	
25		陶瓷土		2	1	6		9	9（14型）	
26		耐火粘土		2	3	2		7	7（14型）	
27		其他粘土		1	7	5	2	15	15（14型）	
28		泥炭				1	5	6	6（17型）	
29		辉绿岩		1	1	1		3	3（1型）	
30		观赏石					5	5	1(8型);1(17型);3(18型)	
31		砚石				2	2	4	4（9型）	
32	水气矿产	地下水		4	26			30	30（11型）	
33		地热（水）					14	14	14（11型）	
34		天然矿泉水			3	9		12	12（11型）	
合计			4	67	84	110	106	371		371处中13处为共伴生关系

注：①按《中国矿产地质志·省级矿产地质志研编技术要求》中规定的18种矿床类型排序进行统计，各矿床类型用1~18个数字表示。表示方式为××（××型），括号前××指多少个矿产地数；括号内××型指这些矿产地归属第几排序的矿床类型，如以宁夏铜矿为例：浅成中-低温热液型矿床矿产地数量为10处，则表示为10（11型）；化学沉积型矿床矿产地数量为4处，则表示为4（15型）。

四、各类矿产基本特征

宁夏能源、金属、非金属、水气类矿产均有发现。其中，以煤和非金属矿产为主，金属矿产较贫乏。

（一）矿产资源特色和种类

截至2017年底，宁夏已发现71种矿产（含亚矿种）。其中，获探明储量的矿产种类达63种（含亚矿种）。煤、石膏、石灰岩、冶镁白云岩、硅质原料（冶金用石英岩、石英砂岩）等矿产为宁夏的优势矿种，保有资源储量在全国排位居前。

宁夏最重要的能源矿产为煤。煤种齐全、质量好，有无烟煤、贫煤、瘦煤、焦煤、1/3焦煤、肥煤、气煤、气肥煤、不粘结煤、弱粘结煤、长焰煤、褐煤等。

非金属矿产为宁夏的优势矿产。其中，硅石类矿产经勘查评价的有熔剂用硅石，耐火制品用、铁合金用及工业硅用硅石Ⅰ、Ⅱ级品。贺兰山硅石量大质好，硅资源品质及产量都居全国前列；白云岩不仅有品质适合玻璃用和熔剂用的白云岩，还有大量冶镁用白云岩。例如，青龙山冶镁白云岩，是皮江法冶镁的优质原料，从而使宁夏成为全国镁业前三强之一。石膏矿床 $CaSO_4 \cdot 2H_2O$ 平均品位多在80%上下，一般适宜作水泥缓凝剂、农业和建筑用；部分层位 $CaSO_4 \cdot 2H_2O$ 含量大于85%，可用来制作模型、硫酸，但该品级石膏所占比例估计在30%~40%之间；有微量品质很高的次生石膏可用作医用、食品、纸张填料及油漆填料。石灰岩大部分为水泥用灰岩Ⅰ级品，少量符合电石用灰岩、制碱用灰岩、熔剂用灰岩的质量标准。

（二）各类矿产主要特征

宁夏横跨华北地台和祁连造山系两大地质构造单元，区内地层发育较齐全，沉积建造和构造变动复杂多样，但岩浆活动微弱。在此区域地质构造基础上，呈现出以煤和非金属等沉积型成矿作用为主的特色；金属及非金属内生成矿作用弱，形成的矿产种类少且规模小。

1. 能源矿产

本次编图涉及的能源矿产有煤、石油、天然气、油页岩4种。根据“中国矿产地质志”矿床（成因/工业）类型划分表，以上能源矿产均属于外生矿床中生物化学沉积型矿床。

在漫长的地质历史时期中我国有六大较强聚煤期，而宁夏具有石炭纪—二叠纪和侏罗纪两大聚煤期。按含煤地层和矿产地所处大地构造位置、地层分区、成煤地质条件及分布特征，将宁夏境内含煤区域划分为贺兰山、宁东、香山和宁南四大煤田。宁夏的煤层形态、结构较复杂，厚度变化较大，以中、薄煤层为主，厚煤层较少，多呈层状-似层状，个别为鸡窝状，煤层多属较稳定及不稳定型煤层。煤质优良，特别是延安组的煤多属特低-低灰、特低-低硫、特低-低磷、高-特高热值（原煤干基高位发热量一般在20~35 MJ/kg之间），煤的可选性为易选-中等可选。地质勘查中主要以研究煤化程度和确定煤的类别为主。中国最新煤的分类中按煤化程度参数将煤分为褐煤、烟煤和无烟煤三大类，这三类煤宁夏均有产出。

宁夏油气藏位于鄂尔多斯盆地（也称陕甘宁盆地）西缘冲断构造带和天环向斜，是长庆油田的重要组成部分。宁夏境内主要含油层系为中侏罗统延安组，其次为中侏罗统直罗组和上三叠统延长组。由于宁夏石油均属鄂尔多斯西缘构造带和天环向斜控制，成藏地质条件相同、构造相同、成藏类型相同，油气藏均属陆相生物化学沉积型，依据石油系统油气藏类型划分，宁夏油气藏类型主要为构造-岩性油气藏。

宁夏各油页岩矿产地研究程度均较低，据《矿产资源工业要求手册（2012 年修订版）》，将油页岩矿床分为黑色海相型、黑色湖相型及与煤系共伴生型 3 类。隆德油页岩矿点属黑色湖相型；炭山油页岩矿床、中卫上下河沿（烟洞坡）油页岩矿床及油井山油页岩矿点属与煤系共伴生型。

2. 金属矿产

本次编图涉及的金属矿产有铁、铜、铅、锌、镁（冶镁白云岩）、钴、金、银。限于宁夏金属矿产成矿地质条件欠佳，工作程度低，迄今没有大的找矿突破。其中，铁、铜、金仅有少量探明资源量；银无独立矿床，仅与铜、金、硫铁矿床伴生；钴为其他矿产伴生矿种；只有镁（冶镁白云岩）矿探明资源量较大。

（1）铁矿

宁夏铁矿有受变质型、浅成中-低温热液型、风化型、化学沉积型 4 类。

A. 化学沉积型铁矿

宁夏化学沉积型铁矿分布广泛，北起石嘴山市塔什克梁，南至中卫市，均有分布。成矿时代包括长城纪、石炭纪、早二叠世、晚三叠世、侏罗纪、早白垩世、古近纪、新近纪和第四纪；成因类型包括浅海相、湖沼相、冲洪积相等。

目前，古老化学沉积型铁矿仅在长城系探明小型矿产地 1 处、矿点 4 处，分别为王全口小型铁矿床、塔什克梁铁矿点、陶斯沟铁矿点、老树湾铁矿点及陈家沟铁矿点，将它们称之为“王全口式铁矿”；第四纪形成的化学沉积型铁矿主要分布在卫宁北山地区，具有代表性的矿产地有麦垛（堆）山小型铁矿床、旗杆石台子铁矿点、跃进岗铁矿点、泉山井南（圈子山南）铁矿点和正口子东北铁矿点等，将它们称为“麦垛山式铁矿”。

B. 浅成中-低温热液型铁矿

此类型铁矿主要分布在卫宁北山和香山地区，赋矿地层主要为石炭系羊虎沟组，代表性矿床（点）有照壁山铁矿、新照壁山铁矿、石墩（堆）水铁矿、二人山铁矿、黄石坡沟铁矿、石门硐铁矿、星铁山铁矿、锅底湖铁矿、新水铁矿和骡子沟铁矿等，将它们称之为“照壁山式铁矿”。

C. 风化壳型铁钴矿

此类型为宁夏近年新发现的矿产，在氧化型铁矿床中含有较为丰富的钴元素。这一特点在整个卫宁北山地区所出现的褐铁矿（化）点中具有普遍性。铁钴矿主要发育在断层破碎带及次级裂隙中，几乎所有的矿体都赋存于氧化带中。从工业类型上看，茶梁子铁钴矿床的矿石以氧化矿石为主。按矿石的蚀变特征、宏观构造特征及矿化原岩类型，可将氧化矿石划分为褐铁矿化角砾岩型、褐铁矿化网脉型及土状褐铁矿化断层泥型。代表性矿床（点）有茶梁子铁钴矿床和马道梁铁钴矿点。

D. 受变质型铁矿床

代表性矿床有中卫市香山火山（顾家岘）小型铁矿床，称为“火山式铁矿”。铁矿层赋存于上奥陶统香山群狼嘴子组黄河井段含铁硅质岩中。

（2）铜矿

宁夏铜矿资源相对贫乏。截至目前，全区发现铜矿产地 70 余处，其中，矿点级别以上矿产地 14 处（小型矿床 6 处、矿点 8 处），其余均为矿化点。宁夏铜矿有化学沉积型和浅成中-低温热液型两类。

A. 化学沉积型

化学沉积型铜矿以中卫市腰岘子铜（银）矿床为代表，赋矿地层为上泥盆统中宁组和下石炭统前黑山组。矿石的自然类型分为氧化矿和硫化矿，氧化矿石大体有铜矿化含粉砂微晶灰岩、铜矿化泥晶内碎屑灰岩、铜矿化钙质粉砂岩、铜矿化石英中细粒砂岩四种矿石类型。其孔雀石、蓝铜矿呈浸染状、被膜状、细脉状，有时呈晶簇状、放射状赋存于有关岩石内；硫化矿石仅见铜矿化含钙质石英中细粒砂岩。矿石品位：Cu 0.3%~1.44%，一般 0.3%~1.07%；Ag 5.0~88.0 g/t。矿化阶段划分为成岩作用期、构造改造期和表生改造期。上部矿体以蓝铜矿、孔雀石为主，下部以硫化矿为主。虽然该类矿床的含矿岩石为砂岩（俗称砂岩铜矿），但成矿物质是以化学形式迁移沉淀的，因此划为化学沉积型矿床，而不划归机械沉积型矿床。

B. 浅成中-低温热液型

此类型铜矿以中卫市铜铁沟（土窑）铜矿床为代表，主要赋矿地层为上奥陶统香山群狼嘴子组，铜品位 0.70%~1.18%，矿石类型为氧化矿石和硫化矿石两类。氧化矿石为含铜赤褐铁矿化碎裂岩、含铜褐铁矿化碎裂状粉砂岩夹板岩、含铜赤褐铁矿化硅质岩、含铜褐铁矿化石英脉、含铜褐铁矿化方解石脉；硫化矿石为含铜黄铁矿化碎裂状板岩、含铜黄铁矿化角砾岩。围岩蚀变有褐铁矿化、黄铁矿化、硅化、软锰矿化、碳酸盐化、高岭土化、绢云母化。成矿物质来源为含铜质较高的香山群和泥盆纪地层，以及控矿构造为北北东向断裂破碎带附近近东西向及北西向的断层。成矿热液受深部热力的驱动沿断裂破碎带上升，在容矿构造内沉淀富集为矿体，之后在表生氧化作用下又形成氧化矿石。

（3）铅、锌矿

宁夏发现的铅锌矿床、矿点及矿化点主要分布在固原市泾源县杨岭、中卫市卫宁北山二人山和贺兰山北段红山及陶思沟地区。香山、南华山、西华山仅发现一些含铅、锌、铜的石英、方解石或重晶石脉细脉。矿床类型均为浅成中-低温热液型矿床，以固原市杨岭铅锌矿床为代表。

（4）镁矿

宁夏冶镁白云岩分布比较广泛，主要赋存于中元古界长城系海原岩群园河岩组、蓟县系王全口组和下-中奥陶统天景山组，并以蓟县系王全口组最为广泛，集中分布在青龙山、贺兰山中段和宁南云雾山-炭山，为稳定型层状的优质冶镁白云岩矿床，矿石有益组分含量高，有害组分含量低，是皮江法冶镁的优质原料。

宁夏冶镁白云岩矿床多数属于化学沉积型的白云岩矿床，个别属于化学沉积受变质型的白云石大理岩矿床。

A. 化学沉积受变质型冶镁白云石大理岩矿床

该类型矿床宁夏仅发现海原县乱堆子冶镁白云石大理岩矿床 1 处，矿体产在长城系海原岩群园河岩组，岩性为白云石大理岩、白云母大理岩夹白云石英片岩。早期形成高镁碳酸盐岩沉积，后经区域变质作用形成白云石大理岩。

B. 化学沉积型冶镁白云岩矿床

该类型矿床分为蓟县纪和早中奥陶世两个时期，其中，蓟县纪冶镁白云岩矿床矿体赋存于蓟县系王全口组中上部，岩性以硅质条纹、条带、团块状白云岩为主，夹质纯的白云岩。本组是宁夏白云岩的主要赋存层位，特别是冶镁用的优质白云岩；早-中奥陶世冶镁白云岩矿床含矿地层为下-中奥陶统天景山组（原称马家沟组）第一岩性段，其岩性下部为厚层白云岩、白云质灰岩；上部为厚层灰岩、泥质灰岩。矿层为下部厚层白云岩。该组在宁夏区内分布广泛。

（5）金矿

宁夏金矿资源集中分布在贺兰山北段、卫宁北山和西华山一带。矿床类型有浅成中-低温热液型和砂矿型。

A. 浅成中-低温热液型金矿

该类型矿床以中卫市金场子金矿床为代表，赋矿地层为上泥盆统中宁组、下石炭统前黑山组和臭牛沟组，含矿岩性为构造角砾岩、其次是泥岩、砂岩、灰岩。矿石均为氧化矿石，矿石矿物有自然金、自然银、银金矿、辉银矿、褐铁矿、黄钾铁矾、针铁矿、黄铁矿、赤铁矿等，脉石矿物有石英、玉髓、水云母、高岭石、绿泥石、方解石、滑石等。矿石结构构造有自形粒状结构、他形粒状结构、镶边结构、假象结构、压碎结构。角砾状构造、疏松土状构造、蜂窝状构造、晶洞状构造、细脉状构造、浸染状构造、斑杂状构造、层状构造、块状构造、斑点状构造。金平均品位 4.73 g/t。共、伴生元素为银、铜、钴。

B. 砂矿型砂金矿

该类型矿床主要分布于石嘴山市，南华山、西华山，卫宁北山等山间间歇性河谷及两岸Ⅰ级阶地堆积物，砾石成分较复杂，分选性差。代表性矿点有石嘴山市惠农区跑马崖砂金矿点。

3. 非金属矿产

宁夏非金属矿产资源较为丰富，截至目前，已发现非金属矿产 42 种（含亚矿种）。其中，工业矿物类非金属矿产 12 种、工业岩石类非金属矿产 24 种，另有砚石 1 种、观赏石 5 种。其中，盐矿、芒硝、石膏、石灰岩、白云岩（冶镁白云岩）、硅石及贺兰石为宁夏优势非金属矿产。矿石品质较高，找矿成果较为显著，先后查明了100余处中型以上主要非金属矿产地，且以上各优势矿产具有分布广、储量大、质量优、开发技术条件好等特点，为宁夏冶金、化工、建筑等工业提供了可靠的资源保证。

（1）硫铁矿

宁夏的硫铁矿属中-低温热液型硫铁矿矿床，仅发现中卫市二人山硫铁多金属矿和中卫市海原县阳洼硫铁矿两处小型矿床。前者是产在断裂破碎带中多金属型硫铁矿矿床，硫铁矿与银、铅、锌、铜、金呈共伴生关系，砷含量普遍较高（2%~10%），由于黄铁矿与砷难以分离而暂未利用；后者是产在基性火山岩区的硫铁矿床。

（2）磷矿

宁夏磷矿产地主要分布在贺兰山中段和香山东部一带，成因类型均属海相生物化学沉积型矿床。

贺兰山地区，中寒武统苏峪口组底部为土黄色磷质砾岩，局部地段砾岩之上夹含磷砂岩或灰质白云岩，向上为深灰色钙质砂质磷块岩，再向上为青灰色砂质灰岩。在苏峪口-紫花沟一带形成 2~3 层透镜状磷块岩矿层，矿层厚度 0.15~0.23 m，P_2O_5 含量一般为1%~2%，高者达5%以上，最高22%。

在香山地区，磷矿层主要赋存于上奥陶统香山群狼嘴子组底部或近底部的白云岩中，厚度在 31.88~51.08 m 之间，矿体呈透镜状或似层状，产状与围岩一致，矿体厚度 0.7~7.09 m，一般为 2~3 m，品位在 6%~25.23%之间。

（3）石盐

宁夏石盐分为两类，即湖盐和岩盐。目前，已探明大型岩盐伴生芒硝矿产地 1 处，湖盐（芒硝）矿产地 3 处，均为小型。宁夏石盐矿均为蒸发沉积型矿床。

A. 湖盐

宁夏天然盐湖主要分布在西部海原县干盐池，东部的灵武、盐池地区。多数盐湖与石盐和芒硝共生，夏季产盐，冬季产芒硝。

B. 岩盐

宁夏岩盐矿床探明的矿产地仅固原硝口-上店子岩盐矿 1 处，为大型矿床。赋矿地层为下白垩统乃家河组，属岩盐伴生芒硝矿床。矿层总体呈北西向展布，长 5.1 km，宽 2.16 km，含矿面积 10.9 km^2。盐矿层累计厚度 800 m，矿石品位 NaCl 60%~80%。矿层厚度平面上变化较大，沉积中心地带厚度大，而向外围厚度急剧下降，整体上呈一周边薄而中间厚的透镜体。矿石分为以氯化物为主的盐类矿石和以硫酸盐类为主的矿石两类。

(4) 白云母

宁夏目前发现白云母矿床（点）5处，其中小型2处、矿点3处，均属伟晶岩型矿床。白云母矿均产在贺兰山中、北段，矿体产在花岗伟晶岩脉、正长伟晶岩脉中，多数矿体分带不明显。矿石结构构造呈细脉状、条带状、网环状，白云母呈团块状集合体。云母片度小，含矿率低，质量欠佳，单独开采价值不大，但伟晶岩内的石英和长石可以作陶瓷原料，若能和云母同时开采、综合利用，仍有一定的经济价值。

(5) 重晶石

宁夏目前已发现的重晶石矿床（点）主要分布在卫宁北山地区和贺兰山北段石炭井陶思沟地区，共计4处，其中，小型矿床1处、矿点3处，均属非岩浆-非变质热液型，为中-低温热液脉状重晶石矿床。

宁夏已发现的重晶石矿主要是热液充填型。其中，卫宁北山地区重晶石矿脉，主要产在晚泥盆世地层北西向、北东向及近东西向断裂、裂隙中；贺兰山北段陶斯沟石英-方解石-重晶石矿脉，赋存于古元古界贺兰山岩群变质岩中北西向断裂破碎带中，破碎带长约1.2 km，宽10~30 m，在破碎带膨大转弯处石英-方解石-重晶石细脉较密集。断裂上盘为长城系黄旗口组含铁砂岩（陶斯沟铁矿），下盘为古元古界贺兰山岩群变质岩，局部石英-方解石-重晶石矿脉中含铅、铜、金矿化。

(6) 石膏及硬石膏

宁夏石膏矿产地共29处，其中大型10处、中型4处、小型9处、矿点6处，且均属蒸发沉积型，进一步区分为海相蒸发沉积型和陆相蒸发沉积型。

宁夏石膏矿分为早石炭世、早白垩世、古近系渐新世3个成矿时代，主成矿期为早石炭世和古近纪渐新世。按地理分布大致为4个成矿区（带），即中卫香山东部小红山-常乐的早石炭世海相沉积石膏成矿带；中宁县贺家口子-海原县天子垧渐新世陆相沉积石膏成矿带；陶乐县渐新世陆相沉积石膏成矿区；盐池县青山乡石记场-黄米湾-余家圈渐新世陆相沉积石膏成矿区。

早石炭世石膏和硬石膏岩主要分布于中卫甘塘、小红山、下河沿小洞山、狼嘴子及青铜峡野猫子山等地，属潟湖相沉积。石膏岩可分为细-粗晶石膏、块状石膏、条带状石膏和角砾状石膏。此外，根据杂质成分及含量可分为含白云质石膏、含泥质石膏、泥质石膏等过渡类型。硬石膏岩一般分布于距地表150 m以下，有块状和角砾状两种，呈灰-深灰色，成分主要为硬石膏，少量碳酸盐矿物，具花岗变晶结构，晶粒大小不等，呈斑杂状分布。

下白垩统六盘山群乃家河组石膏岩主要出露于海原县李俊、曹洼和固原市须弥山等地。石膏岩中石膏含量50%~90%，次为方解石、泥质等杂质。石膏呈自形、半自形或他形晶，少数石膏晶体中有粉晶方解石包体。该石膏岩具花岗变晶结构、纤维状结构、板状变晶结构、粒状及次生边结构，块状、条带状、角砾状构造。$CaSO_4 \cdot 2H_2O$含量一般为50%~70%，最高92.58%。石膏岩夹于灰绿色泥岩、灰岩岩层中，层数多、单层厚度一般0.7~2.7 m，最厚11.7 m，为内陆湖相沉积。

渐新世清水营组的陆相沉积石膏主要分布在同心-海原成矿区和陶乐北-盐池成矿区，为一套干旱气候条件下的河流相-湖泊相红色碎屑岩-膏岩沉积，主要由紫红色泥岩、砂岩和石膏岩组成，各地所见岩性基本一致，但沉积厚度差异较大。前者位于宁夏中南部包括贺家口子、王家庄、南泥沟等大型矿床，后者位于宁夏东部包括陶乐北、石记场、石记场北、余家圈、黄米湾、青山等大型、中型矿床。

(7) 芒硝

宁夏芒硝矿主要有岩盐共伴生芒硝、断裂间隙矿泉沉淀芒硝矿、湖相沉积埋藏芒硝及现代化学盐湖共伴生芒硝、石盐矿。芒硝矿资源主要分布于固原市原州区、西吉县和吴忠市盐池县、红寺堡区及银川市灵武市。目前，共有芒硝矿产地 7 处，除固原硝口-上店子岩盐矿床伴生芒硝矿为大型矿床外，其他芒硝矿均为小型矿床或矿点，且均为蒸发沉积型矿床。

A. 早白垩世岩盐伴生芒硝矿

该类型矿床分布于六盘山盆地中北部，含矿地层为下白垩统乃家河组第二岩性段，为一套浅湖相沉积，主要由灰绿、黄绿、蓝灰间夹紫红色泥岩、灰岩、泥灰岩组成，局部发育膏岩、岩盐沉积。芒硝与岩盐矿层互层，呈共伴生关系。石膏及岩盐沉积，表明乃家河晚期地壳逐渐抬升、湖水变浅并过渡为咸化湖泊，是成盐的直接来源。无水芒硝矿层厚度一般较小，多小于 1 m，主要在构造破碎带的张性裂隙较大空间中充填结晶而成，钙芒硝与石盐呈脉状分布于矿石中。

B. 全新世盐湖芒硝矿

该类型矿床主要分布于鄂尔多斯盆地的盐池地区，盐湖分布与毛乌素沙漠西南与陕北黄土高原接壤的低洼地带，分布数十个大小盐湖，基本呈北东—南西向弧形排列，成群分布，构成一带状盐湖群，主体在陕西省定边县一带。该区为干旱-半干旱荒漠草原区，气候特点是风沙大，降水少。区内的盐湖盆地主要是白垩系经风蚀作用或河流冲刷作用而形成的风蚀洼地或河谷低地，地表水系虽不发育，但浅层潜水或泉水则为盐碱湖的形成提供了一定的水源。该区有别于其他盐湖区的重要特点是碱湖多，基本上是以天然碱湖为主的盐湖分布区。中生代以来，在鄂尔多斯构造盆地内沉积的上三叠统为湖滨相及浅湖相砂岩夹泥岩；侏罗系为湖滨相及河流相的砂岩夹泥岩；下白垩统为河流相红色砂岩、泥岩、页岩夹灰岩及少量膏岩；渐新统清水营组属陆相红色碎屑含盐建造。下白垩统与新近系含膏岩建造地层经风化剥蚀、搬运为盐湖成盐的直接来源。

（8）石灰岩

宁夏的石灰岩矿产资源丰富，资源储量大、品种也比较齐全，质量好。石灰岩矿集中分布在贺兰山中-北段，卫宁北山-香山、牛首山、烟筒山-天景山、青龙山及固原三关等地。目前，全区探获石灰岩矿产地 44 处，其中，大型 16 处、中型 12 处、小型 12 处、矿点 4 处。宁夏石灰岩均为化学沉积型，大理岩属化学沉积受变质型。按矿石质量及不同用途分为水泥用、熔剂用、电石用、制碱用及饰面用石灰岩 5 个亚矿种，其中以水泥灰岩、电石灰岩为主，次为制碱灰岩、熔剂灰岩和饰面石材灰岩。

A. 水泥用石灰岩

水泥用石灰岩集中分布在贺兰山中-北段、牛首山、烟筒山-天景山、青龙山及固原三关等地。代表性矿床为银川市套门沟水泥灰岩矿，下-中奥陶统天景山组是主要含矿地层。矿石根据矿物组成和结构构造特征，分为 7 种自然类型：隐晶质中厚层混斑斑纹灰岩、灰色隐晶质混斑“瘤状”灰岩、隐晶质生物碎屑灰岩、玫瑰色斑纹灰岩、结晶灰岩、致密灰岩、条纹状薄层灰岩。前 3 种分布于主要矿层内，是矿区主要类型矿石。矿石主要成分为方解石，此外普遍出现泥质、褐铁矿、石英、白云石和结晶方解石，有少量燧石，偶见长石和白云母。矿石化学成分较稳定，CaO 在 90% 的矿石中含量大于 48%，最高达 54.5%，一般为 50%~51%；MgO 含量一般为 0.5%~1.5%；Al_2O_3 含量为 0.6%~2.0%，最高 2.8%；Fe_2O_3 含量为 0.3%~1.2%；SiO_2 含量较高，一般为 4%~8%。

B. 电石（碳化钙）用石灰岩

电石（碳化钙）用石灰岩主要产在下-中奥陶统天景山组，已探明大型矿产地 1 处、中型 1 处、小型 5 处。代表性矿床为中宁县米钵山团钵郎电石灰岩矿。天景山组是主要赋矿地层，矿石自然类型主要为中-厚层状微晶-细晶灰岩。主要矿物成分为微晶方解石，含量大都在 97% 以上。含微量石英、白云石、铁质等，大都沿裂隙充填或分布于方解石孔隙中，总量小于 3%。矿石以微晶结构为主，细晶结构次之，组成微细晶结构的方解石晶粒大都在 0.01~0.05 mm 之间。少部分方解石发生重结晶作用，形成鲕粒状，镜下具鲕状结构，鲕粒大小不等，最大可达 1.5 mm×3 mm，最小 0.15 mm×0.2 mm。矿石构造以致密块状构造为主。矿石中主要化学成分：电石灰岩一般 CaO 含量为 48.86%~

55.99%，平均54.44%；MgO 含量为0.3%~0.8%，平均0.37%；SiO_2 含量为0.8%~1.5%，平均1.18%；$A1_2O_3$ 含量为0.02%~0.61%，平均0.17%；Fe_2O_3 含量为0.03%~0.6%，平均0.15%。水泥灰岩一般 CaO 含量为52.56%~54.07%，平均53.17%；MgO 含量为0.26%~0.71%，平均0.44%；SiO_2 含量为2.08%~3.97%，平均2.97%。

C. 制碱用灰岩

主要产于下-中奥陶统天景山组。分布在中卫市天景山、烟筒山南段，吴忠市红寺堡康家大山北侧和同心青龙山西道梁地区。代表性矿床为吴忠市青龙山西道梁南段化工灰岩矿。含矿地层为下-中奥陶统天景山组和克里摩里组。矿石矿物组分较为简单，有用矿物方解石含量为80%~90%，粒度为0.004~0.007 mm，为泥晶方解石，有害组分为白云石、自生石英、褐铁矿、粘土矿物等。矿石结构构造有团粒结构、内碎屑结构、微晶-泥晶结构等。致密块状构造、条带状构造。矿石化学成分：电石灰岩平均 CaO 53.78%、MgO 1.02%、SiO_2 1.49%；制碱灰岩平均 CaO 52.45%、MgO 1.45%、SiO_2 2.09%；水泥灰岩 CaO 50.20%、MgO 2.38%、SiO_2 3.44%。

D. 熔剂用石灰岩

主要产在下-中奥陶统天景山组中。代表性矿床为银川市西夏区干沟熔剂用石灰岩矿。主要赋矿地层为下-中奥陶统天景山组下段。矿石分隐晶灰岩和微晶灰岩两大类，微晶灰岩是主要的矿石类型。矿物成分主要是方解石，其含量在98%以上，其次为白云石和少量铁质及泥质、石英等。矿石为隐晶结构、微晶结构，块状构造。化学成分比较简单，有益组分 CaO 含量为50.68%~55.31%，有害元素 MgO 含量为0.56%，SiO_2 含量为0.71%~4.65%，Al_2O_3 含量为0.21%~1.6%。

E. 饰面石材灰岩

有中卫市香山大道崖大理石矿床1处。含矿层为下石炭统前黑山组—臭牛沟组，岩性为厚层-巨厚层钙质白云岩、灰岩夹生物碎屑灰岩、鲕状灰岩及团块状灰岩。矿区地层为单斜，倾向345°~35°，倾角10°~30°。矿层长1000 m，厚21.39 m。矿石化学成分 CaO 52.95%；MgO 0.89%；SiO_2 2.08%。

（9）白云岩

白云岩为宁夏优势矿种之一。宁夏白云岩资源丰富。根据白云岩的矿物成分和化学成分及工业用途分为冶镁用白云岩（具体见前述镁矿相关内容）、熔剂用白云岩和玻璃用白云岩。依据宁夏矿产资源储量数据库（2017），熔剂用白云岩矿产地主要分布于贺兰山中段和青龙山西道梁早古生代地层中。其中，玻璃用白云岩矿产地主要分布于青龙山北段蓟县系中。宁夏白云岩矿床均为化学沉积型矿床，目前，熔剂用白云岩矿产地4处，均为大型矿床；玻璃用白云岩矿产地1处，为小型矿床。

A. 熔剂用白云岩

熔剂用白云岩在中-下寒武统和下奥陶统均有产出。

产于中-下寒武统熔剂用白云岩矿以银川市西夏区紫花沟白云岩矿床为代表，白云岩矿层主要赋存于下寒武统五道淌组和中寒武统陶斯沟组中，分为上、下两个矿层：上矿层为中寒武统陶斯沟组中部（浅灰-肉红色薄层微粒白云岩），下矿层为下寒武统五道淌组（深灰色厚层白云岩）。下矿层呈深灰蓝色，上矿层呈灰色，薄层状。白云岩矿石呈由隐晶质向镶嵌结构的过渡结构。矿石中白云石约占30%，石英约占5%，白云石结晶成0.05 mm 的菱面体，彼此衔接紧密，在其中含有石英小颗粒呈星点状分布，整个结构为过渡结构。矿石质量较纯，化学成分：MgO 17%~22.5%，平均20%，SiO_2 1.25%~9%，CaO_2 7.78%~31.99%，平均30%，R_2O_3 1.08%~2.03%，平均1.2%；Mn_3O_4 0.16%~0.48%，平均0.3%。下矿层 SiO_2 含量一般1%~4%，最高达10%。上矿层矿石质量较下矿层优，SiO_2 含量较低，一般1%~2%，为优质冶金熔剂、耐火材料，局部可作冶镁白云岩。

产于下奥陶统熔剂用白云岩矿以吴忠市同心县青龙山西道梁熔剂用白云岩矿床为代表，矿层赋存于下奥陶统大南池组，矿层中部为灰色中厚层细晶白云岩，矿石化学成分：MgO 19.93%，CaO 31.11%，SiO_2 1.74%，灼减量45.09%。

B. 玻璃用白云岩

仅发现吴忠市同心县韦州镇青龙山北端白云岩矿床1处。矿层主要赋存于蓟县系王全口组。粉晶（微晶）白云岩为矿区主要矿石类型，呈浅灰白色，粉晶（微晶）结构，块状构造，主要矿物白云石含量达99%，粒径一般0.01~0.07 mm，断面呈贝壳状。矿石中主要化学成分为CaO、MgO，其中CaO含量29.73%~30.31%，平均30.02%；MgO含量21.21%~21.88%，平均21.55%；$CaCO_3$+$MgCO_3$达98%。次要矿物为SiO_2、Fe_2O_3、Al_2O_3、K_2O、Na_2O，其中SiO_2含量0.47%~1.95%；Al_2O_3含量0.03%；K_2O+Na_2O含量0.02%~0.14%。

（10）硅石类

宁夏硅石矿产资源量丰富，品种较齐全，全区发现硅石矿产地34处。其中，结晶硅用脉石英中型1处；冶金、玻璃用岩状石英砂岩（石英岩）大型4处、中型9处、小型1处；铸型、玻璃及水泥配料用石英砂大型9处、中型5处、小型4处；玻璃用长石石英砂岩大型1处。结晶硅用脉石英矿和冶金、玻璃用岩状石英砂岩（石英岩）矿主要分布在贺兰山中-北段的石嘴山市、银川市西夏区、贺兰县和中卫市香山地区；铸型、玻璃、水泥配料用石英砂主要分布在贺兰山南段的银川市永宁县，青铜峡市，中卫市，吴忠市盐池县、同心县和固原市。石英岩划为受变质型矿床（机械沉积受变质的）；石英砂岩划为机械沉积型矿床（机械沉积已固结及半固结的）；石英砂划为砂矿型矿床（机械沉积未固结的）；宁夏的唯一一处脉石英矿床是与混合岩化有关热液成因，可称为变质热液型，归并于变成型矿床。

A. 脉石英

脉石英仅有石嘴山市道路沟矿床1处。矿体呈脉状、透镜状，断续出露，长度100~1000 m，厚度一般为8~10 m，最厚40~50 m，倾角40°~71°。矿石为乳白色、白色，主要由隐晶质石英组成的隐晶质结构，致密块状构造，主要矿物成分为石英，有少量黄铁矿、褐铁矿。矿石化学成分：SiO_2 99.46%，Al_2O_3 0.14%，Fe_2O_3 0.35%，CaO 0.02%。矿石化学成分稳定，有害杂质少，质量符合结晶硅的工业要求，亦可作铁合金及玻璃器皿。

B. 石英岩

石英岩以石嘴山市惠农区柳条沟硅石矿床为代表，长城系黄旗口组为含矿层。矿石以白色、灰白色石英岩状砂岩为主，中细粒砂状结构，块状构造，偶见条纹状构造。粒径多在0.06~0.5 mm之间。矿物颗粒磨圆度好，分选性中等，矿石中的矿物成分组成单一，主要由碎屑颗粒、胶结物组成，碎屑矿物颗粒主要为石英和硅质岩屑，矿物呈孔隙-再生式胶结，胶结物为硅质、少量泥质。部分硅质胶结物成为再生石英，部分碎屑石英发生次生加大边，形成玉髓及细小石英集合体产出。少量泥质呈鳞片状细小绢云母产出。杂基为粘土矿物，呈细小鳞片状充填于石英间隙。石英（包括硅质岩屑）含量在95%~99%之间，硅质胶结物在1%~5%之间，其他含量很少。矿石中的主要化学成分SiO_2，平均含量为97.31%；Al_2O_3平均含量为0.81%；Fe_2O_3平均含量为0.17%。矿区西部主要为肉红色石英岩，矿石用于钛合金；东部为灰白色石英，较纯，可用于制玻璃。

C. 石英砂岩

仅在固原市原州区炭山石岘子林场见玻璃用石英砂岩矿床1处。含矿地层为中侏罗统延安组，含矿岩系为紫灰、灰白色长石石英砂岩、粉砂质页岩、碳质泥岩夹煤层（线）。矿层单层厚6.4~67 m，总厚165 m，矿层延长大于500 m，矿层倾向西，倾角30°~40°，矿石为灰白色中细粒长石石英砂岩，矿石化学成分：SiO_2 91.53%，Al_2O_3 4.53%，Fe_2O_3 0.27%，达玻璃用Ⅳ级品。

D. 石英砂

以青铜峡市青铜峡镇火车站石英砂矿床为代表，矿层产于中新统彰恩堡组，矿石组分主要为石英及少量长石和泥质。矿砂化学成分中有益组分SiO_2含量为80%，细颗粒在67%以上，含泥量在4.62%以上，属于1N100/200（0）粘土砂，可供地方工业铸件使用。

（11）膨润土

宁夏发现膨润土矿床2处。其中，中型1处、小型1处，分布在灵武市马家滩镇周家沟村和中卫市沙坡头区二人山地区。其中，灵武市马家滩镇周家沟膨润土矿为内陆河湖相环境形成的机械沉积型矿床；中卫市沙坡头区二人山膨润土矿为热液蚀变带出露地表后形成的风化型矿床。

（12）粘土类

宁夏共有粘土矿产地31处，其中，水泥配料用粘土矿产地11处（中型6处、小型5处）；耐火粘土矿产地共7处（大型2处、中型3处、小型2处）；陶瓷土矿产地共8处（大型1处、中型1处、小型6处）；制陶粒粘土矿床5处（大型2处、中型1处、矿点2处）。其中，耐火粘土主要分布于贺兰山北段石嘴山市惠农区及大武口区，中卫市沙坡头区油井山及卫宁北山地区；陶瓷土（含紫色粘土）主要分布石嘴山市惠农区简泉、小王全沟、大武口和中卫市香山北部上下河沿、西部孙家沟和南部油井山及卫宁北山地区；制陶粒用粘土主要分布于卫宁北山地区的中卫市中宁县铁牛山、铜铁沟、平滩湖西和油井山一带；粘土页岩、板岩主要分布在贺兰山北段石嘴山市惠农区柳条沟和贺兰山中南段银川市西夏区山嘴沟；水泥配料粘土（包括黄土）主要分布于贺兰山南段永宁县-青铜峡市、中卫市香山南部的油井山和固原市六盘山地区。板岩划为受变质型（机械沉积受变质的）；粘土岩、页岩划为机械沉积型矿床。

A. 陶瓷土

以中卫市窑沟（上下河沿）陶瓷土矿床为例，含矿地层为上石炭统—下二叠统太原组，岩性为长石砂岩、长石石英砂岩、砂质页岩、页岩、灰岩及煤层。含矿3层，厚6 m，矿层长300 m，单层厚1~3 m。矿石主要为软质粘土，质量较好，矿物主要为高岭石、伊利石、石英等。矿石化学成分：Al_2O_3 21.30%，SiO_2 50.20%，CaO 6.26%，Fe_2O_3 1.60%，MgO 0.42%。

B. 耐火粘土

以石嘴山矿区二矿井田耐火粘土矿床为例，矿层产于上石炭统—下二叠统太原组，矿层与煤层紧密共生，赋存于煤层顶、底板，受层位控制。矿石自然类型有软质粘土（占全部矿石的80%~90%）、硬质粘土和半软质粘土。矿石 Al_2O_3 含量高，有害杂质少，耐火度高，可塑性指数大，为优良耐火材料和陶瓷原料的Ⅰ级品；硬质粘土可达Ⅱ级品。

C. 制陶粒粘土

以宁夏中卫市油井山油井子沟陶瓷粘土矿床为例，含矿层为上石炭统—下二叠统太原组。矿石主要为灰白-灰黑色半硬质粘土为主，软质粘土次之，地表因风化淋滤作用影响，局部呈现杂色。斑点状泥质结构，块状、板状构造，含铁质鲕粒者为含球粒泥质结构。局部矿石中见有不均匀呈星点状分布的小孔，孔径一般在0.05 m以下，手摸具滑感，手能掰碎。矿石矿物组成为粘土矿物、石英、赤铁矿和石膏。粘土矿物（伊蒙混层、伊利石和高岭石）占82.0%~99.5%，主要为高岭石，占50.0%~94.0%，次为伊利石和蒙脱石；石英占5%左右，高的含量可达8.7%~12.7%，粒径在0.011~0.028 mm之间，铁质占1%~2%，呈扁球粒状，粒径在0.03~2 mm之间，边缘多具褐铁矿化；石膏呈自生晶粒或次生石膏细脉，最高含量达11%~15%。矿石中 Fe_2O_3、TiO_2、石膏等有害杂质含量较高，直接影响了陶瓷粘土的质量。

D. 水泥配料用粘土

以青铜峡市峡口镇胶泥沟粘土矿床为例，含矿地层为中新统干河沟组，岩性为灰白色石英砂岩（未固结砂层）、土黄色粉砂岩、砂质泥岩。矿层平均厚度5~15 m，矿石由砂质泥岩组成。矿层化学成分：MgO 2.5%~4.0%，Fe_2O_3 4.5%~6.5%，Al_2O_3 11%~15%，铝氧率2.3~2.44。

（13）泥炭

宁夏泥炭资源较少，主要分布在宁夏南部固原市原州区、隆德县和泾源县，大部分为矿（化）

点，仅有开城1处泥炭矿规模达小型矿床，王套、黄鼠钻、毛家磨、新旗、陈儿沟5处为矿点，均属于生物化学沉积型矿床。

（14）辉绿岩

宁夏辉绿岩矿主要分布于贺兰山北段石嘴山市惠农区正义关沟口、贺兰山中段银川市西夏区黄旗口和香山东麓中卫市中宁县磨盘井-狼嘴子。目前，探明建筑用辉绿岩矿3处，其中，大型1处、中型1处、小型1处，均属岩浆型矿床。以中卫市磨盘井辉绿岩矿床为例，辉绿岩受地层控制，产于上奥陶统香山群狼嘴子组中，顺地层侵入在硅质和砂质板岩之间，厚数米至十余米，最厚近60 m，长可达2~3 km。矿石灰绿色，风化面呈褐灰绿色；主要矿物成分有斜长石、普通辉石及少量蛇纹石、绿泥石和方解石等，呈辉绿结构（拉斑玄武结构）。

（15）砚石

宁夏砚石有贺兰石1种，产地共4处，其中，矿点2处、小型矿床2处。主要分布于贺兰山中段，北起苏峪口沟南至高沟子沟，有小口子小型矿床、笔架山小型矿床、拜寺口双塔矿点、下拜寺沟矿点4处矿产地。矿石赋存于长城系黄旗口组底部，岩性为紫红、灰绿色粉砂质板岩，成因类型为机械沉积受变质成因。贺兰石矿石自然类型有3种：紫色间灰绿色粉砂质板岩。此类型为普查区的主要矿石类型。矿石以紫色调为主（底色），嵌以不规则分布的灰绿色条带、斑点、斑块，偶见褐红色、翠绿色斑块（俗称红刚、绿刚）；紫色粉砂质板岩。此类型为矿石的次要类型，与其他矿石类型相比，矿石中铁质成分含量明显增高，结构构造上没有大的区别，只是颜色比较单一，为紫色，没有其他颜色掺杂；灰绿色粉砂质板岩。此类型为矿石的次要类型，在化学成分、矿物成分、结构构造等方面与第一种类型没有大的区别，只是铁质含量较低，颜色比较单一，为灰绿色，没有其他颜色的物质掺杂。

（16）彩石

宁夏彩石矿共有竹叶石、朔花石、同心石、米脂玉、碧玉岩5种，每种1个产地，均为矿点。竹叶石赋存于中-上寒武统阿不切亥组中段，岩性为灰白-紫红色中厚层竹叶状灰岩（矿层），成因类型为叠加（复合/改造）矿床，属高能环境产物；朔花石赋存于下奥陶统天景山组，岩性为浅灰、浅棕色微晶灰岩，成因类型为叠加（复合/改造）矿床；碧玉岩赋存于上奥陶统狼嘴子组，海相火山喷流成因，为海相火山岩型矿床；米脂玉系钟乳石，赋存于下石炭统臭牛沟组灰岩的溶洞中，是沉积灰岩-溶解再沉淀形成的，成因类型为叠加（复合/改造）矿床；同心石赋存于下白垩统庙山湖组，为生物化学沉积型矿床。

4. 水气矿产

本次编图水气矿产涉及地下水、地热（水）及天然矿泉水3类。其中，地下水水源地30处、大型水源地8处、中小型水源地22处；地热（水）井14口，地热（水）资源以35~68℃的温热水为主，主要分布于银川盆地西缘的镇北堡、北部石嘴山市沙湖-大武口、中部的银川市区-永宁县、东部的掌镇-滨河开发区和卫宁盆地的黄石坡地区；天然矿泉水产地共12处，其中，中型3处、小型9处。宁夏天然矿泉水储存于新近纪、古近纪、白垩纪湖相碎屑岩中，资源丰富，可开采量巨大，质量优良，多属淡质、低钠矿泉水。矿泉水类型单一，均为含锶矿泉水。

五、矿产资源潜力分析

宁夏矿产资源种类不多，但煤炭资源与非金属矿产资源比较丰富，产地相对集中，开发强度不高，但开发潜力大。根据“全国省（自治区、直辖市）矿床地质志矿产资源分类表”中所列的182种矿床资源，宁夏已发现矿种71个（其中主矿种45个），且以煤为主，其次为非金属矿产，金属矿产较少。煤、石膏、镁、硅石等矿产，保有资源储量在全国位居前列。

根据宁夏的成矿特点，矿产资源潜力主要体现在能源矿产、非金属矿产方面，其次为金属矿产。从已掌握地质资料来看，宁夏具有多处矿产资源潜力巨大的成矿远景区，可作为资源储备地，在日后需要的时候可开展进一步工作。

1. 彭阳以东煤炭远景区

彭阳以东煤炭远景区地处鄂尔多斯中生代盆地西南坳陷地带，侏罗纪时期为较稳定的大型河-湖相型沉积建造阶段。中侏罗世早期由于盆地的长期不均衡沉降，来自物源区的碎屑沉积物对盆地进行大规模的周期间歇性填充。在温暖湿润的古气候环境下，植被在盆地内大面积生长繁殖、死亡堆积，在长期的均衡-不均衡的重复补偿下，形成了平均厚度在292.05 m的延安组内陆相湖盆含煤岩系。区内延安组从南向北、从东向西有逐渐增厚的趋势。钻孔揭露地层厚度7.31~408.15 m，平均厚度292.05 m，且已发现众多煤层，具有良好的勘查潜力。

2. 陶乐以东煤炭远景区

鄂尔多斯盆地石炭系、二叠系是盆地内主要含煤层系，为海相、海陆交互相、陆相沉积，厚500~700 m。在陶乐以东煤炭远景区内分布太原组及山西组，据以往地质工作成果显示，该区含有多层可采煤层。远景区北部煤层厚且稳定性较好，但是埋藏深，从宁夏自身的煤炭资源赋存情况看，已探明的浅部煤炭资源在较长的一段时间内有充分的资源保障，短期内在该远景区内虽无进一步勘查的必要，但可作为资源储备地对待。

3. 六盘山页岩气远景区

六盘山盆地位于一个十分复杂的大地构造位置，其西南面为北祁连秦岭褶皱造山带，北接阿拉善地块，东临鄂尔多斯地块，西北端延伸与河西走廊对应。

研究表明，六盘山盆地主要生油岩系（下白垩统马东山组与乃家河组）在盆地北部大多处于低成熟阶段，只在盆地南部生油岩才达到局部成熟，表明西南缘山前带由于发育较大规模的推覆体，可能对推覆体下盘白垩纪烃源岩的成熟及油气保存起非常关键的作用。而六盘山盆地极其丰富的油气显示，在平面上也主要分布在盆地西南部的山前带，在地表露头及浅井钻探中，白垩系及古近系—新近系中均见到了油气显示（如盘浅4井白垩系见沥青、油浸；盘浅3井古近系—新近系见沥青，白垩系见原油）。不同层系众多的油气显示，该区带含油气性良好，具有较好的勘探前景。

勘探证实六盘山盆地西南缘山前带发育大规模逆冲推覆构造，推覆体下盘的沙沟断阶与固原凹陷白垩系勘探目的层保存完整，埋藏深度大，油气成藏条件优越，是有利的勘探区，可作为宁夏页岩气重要开发潜力区。

4. 西吉坳陷盆地多金属矿成矿远景区

西吉盆地所在地为北祁连早古生代造山带东端的白银-西吉岛弧、早古生代为岛弧-弧后盆地体系。早古生代晚期至晚古生代以弧后前陆盆地体系为主；中生代主要以陆内坳陷与挤压褶皱为主；新生代以来主要以断陷与逆冲-推覆为主，由此构成断块山与断坳盆地相间的构造面貌。

远景区全部被新生界覆盖，根据钻孔揭露情况看，西吉盆地新生界覆盖层之下为斜长角闪岩、变粒岩、绿片岩、石英片岩等区域变质岩以及侵入其中的基性、中酸性岩体组成。根据岩性组合特征，暂将钻孔所见变质岩系归属为中元古界海原岩群。区内磁异常呈串珠状分布，走向北北西，从其异常分布特征来看，磁异常具有较好的分带性，正异常多伴有一定幅度的负磁异常，各局部异常正峰值分别为 100~430 nT。经钻探验证：0~535.70 m 为新生代覆盖层；535.70~1011.11 m 为辉长岩夹少量闪长岩、花岗岩，902 m 以浅未见磁铁矿化；902~1011.11 m 见到 5 段磁铁矿化，厚度分别为 4.17 m、1.90 m、22.98 m、2.50 m 和 2.62 m。孔深 1019.34~1040 m 见断续分布的细脉状磁铁矿化，1040~1100.70 m 未见矿化。故将此远景区列为宁夏较有潜力的金属成矿远景区。

此外，2019 年，长庆油田在盐池县青山乡探明一处千亿立方米级气田；2020 年，中石化华北油气分公司在盐池县境内探明定北气田。定北气田地处宁夏、陕西、内蒙古 3 省区交界处，大部分位于盐池境内，保有三级地质储量 $2300\times10^8\ m^3$，其中已探明储量 $530\times10^8\ m^3$。根据已有勘探成果，中石化华北油气分公司初步规划定北气田布置开采井 273 口，总产能 $18\times10^8\ m^3$，总投资约 54 亿元。这些千亿立方米级气田的勘探开发，将改变宁夏天然气供应全部依赖输入的历史，宁夏也将由此跨入为天然气生产省份。

综上所述，根据现已掌握的资料，上述远景区是宁夏最具潜力的成矿区，或已见到矿体、或已有明显的矿化显示，可作为今后地质勘查工作部署的重点区域开展工作。

结　　语

《中华人民共和国宁夏回族自治区矿产地质图（1：50万）》是《中国矿产地质志·宁夏卷》项目的成果之一。本图是在搜集宁夏以往矿产勘查资料的基础上，系统总结、全面展示宁夏矿产资源地质特征及分布情况的图件，实现了宁夏境内矿种和矿产地“全覆盖”。

本图在宁夏矿产资源潜力评价所涉及的煤炭、金、铜、铁、银、铅、锌、磷、硫、重晶石10个矿种基础上，对照“全国省（自治区、直辖市）矿床地质志矿产资源分类表”中所列182种矿床资源，结合宁夏矿产资源实际，对全区已发现的矿产资源进行了系统的梳理。按能源矿产、金属矿产、非金属矿产和水气矿产四大类，共划分并上图矿种63个（其中主矿种39个），各类矿产地358处（共伴生矿产地按1处计）。其中，能源矿产地42处、金属矿产地71处、非金属矿产地189处、水气矿产产地共计56处，并在图上突出地表示了矿产资源的种类、规模及成因类型等信息。

本图配以编图说明书，旨在说明此次编图的指导思想与原则，阐述了图面上各种要素的基本含义、参数选取、划分准则、标示方法等相关内容。说明书介绍了本图所展示的区域地质和区域矿产基本情况，以附表的形式编入宁夏回族自治区矿产地基本信息一览表，系统集成了图面上各矿产地的其他重要基本信息，如矿产地编号、矿产地名称、矿种、矿床类型、规模、开发情况等，且表中的矿产地序号与图面上矿产地编号一致，可起到辅助读图的作用。

本图的编制，为宁夏回族自治区矿产地质研究和矿产勘查工作提供了基础性研究资料，在服务宁夏矿政管理、指导找矿部署、推进科技创新等方面也发挥了一定的作用。

主要参考文献及资料

《地球科学大辞典》编委会. 2005. 地球科学大辞典. 应用学科卷[M]. 北京：地质出版社.

《矿产资源工业要求手册》编委会. 2010. 矿产资源工业要求手册[M]. 北京：地质出版社.

宁夏回族自治区地质调查院. 2010. 宁夏矿产地质概论[R].

宁夏回族自治区地质调查院. 2017. 中国区域地质志·宁夏志[M]. 北京：地质出版社.

宁夏矿产地质调查所. 2005. 宁夏矿产资源战略分析及矿产资源系列图件编图[R].

宁夏煤炭地质局. 2010. 宁夏煤炭资源潜力评价[R].

西北冶金地质勘探公司宁夏地质勘探队. 1982. 宁夏地区成矿区带划分及其找矿方向(专题研究报告)[R].

中国地质科学院矿产资源研究所，中国矿产地质志项目办公室. 2016. 中国矿产地质志省级矿产地质志研编技术要求.

艾宁，孟方，等. 2014. 宁夏重要矿种矿产资源潜力评价(上、下册)[M]. 银川：阳光出版社.

艾宁，向连格，等. 2019. 宁夏矿产地质·中国矿产地质志·宁夏卷·普及本[M]. 北京：地质出版社.

陈毓川，等. 中国成矿体系与区域成矿评价[M]. 北京：地质出版社.

陈毓川，王登红，徐志刚，等. 2015. 中国重要矿产和区域成矿规律[M]. 北京：地质出版社.

程建华，张天鹏，尹秉喜，等. 2013. 宁夏矿产资源可供性研究[M]. 银川：宁夏人民出版社.

宋新华，程建华，孟方，卢宗盛. 2013. 白垩纪六盘山盆地沉积相研究[M]. 银川：宁夏人民出版社.

徐志刚，王岩，陈郑辉，等. 2020. 中国矿产地质志省级“矿产地质图”和“成矿规律图”的编图思路和编图方法[J]. 地质学报，94(1)：303-325.

杨合群，姜寒冰，谭文娟，等. 2017. 西北地区重要矿产概论[M]. 北京：地质出版社.

张阿根，赵宝山，等. 1996. 中国矿产发现史·宁夏卷[M]. 北京：地质出版社.

张黎，王利，王红英，等. 2003. 宁夏地下水资源[M]. 银川：宁夏人民出版社.

附录

宁夏回族自治区矿产地一览表

矿产地编号	矿产地名称	矿种	规模	矿床类型	成矿时代	开发情况
1	石嘴山市惠农区沙巴台水泥石灰岩矿	石灰岩	中型	化学沉积型	中-晚寒武世	未开采
2	石嘴山市惠农区柳条沟硅石矿	石英岩	大型	受变质型	长城纪	停采
3	石嘴山市惠农区柳条沟粘土矿	其他粘土	中型	机械沉积型	中寒武世	停采
4	石嘴山市第五水源地（柳条沟水源地）	地下水	中型	流体作用矿床	第四纪	开采
5	石嘴山市惠农区跑马崖金矿	金	矿点	砂矿型	第四纪	闭坑
6	石嘴山市惠农区红山铅锌矿	铅锌	矿点	中-低温热液型	印支期	未开采
7	石嘴山市惠农区包洞特白云母矿	云母	矿点	伟晶岩型	古元古代	未开采
8	石嘴山市惠农区沙巴台煤矿区	煤	小型	生物化学沉积型	石炭纪—二叠纪	停采
9	石嘴山市惠农区牛头沟金矿	金	小型	中-低温热液型	印支期	闭坑
10	石嘴山市惠农区程子山白云母矿	云母	小型	伟晶岩型	古元古代	未开采
11	石嘴山市惠农区正义关辉绿岩矿	辉绿岩	小型	岩浆型	古元古代	未开采
12	石嘴山市惠农区道路沟脉石英矿	脉石英	中型	变成型	前寒武纪	停采
13	石嘴山市惠农区正义关沟铜矿点	铜	矿点	中-低温热液型	前长城纪	未开采
14	石嘴山市惠农区正义关鄂博梁硅石矿	石英岩	大型	受变质型	长城纪	停采
15	石嘴山市惠农区麦子井白云母矿	云母	矿点	伟晶岩型	古元古代	停采
16	石嘴山市惠农区石嘴山煤矿区	煤	大型	生物化学沉积型	石炭纪—二叠纪	停采
17	石嘴山市石嘴山矿区二矿井田耐火粘土矿	耐火粘土	中型	机械沉积型	晚石炭世—早二叠世	停采
18	石嘴山市惠农区王全口硅石矿	石英岩	中型	受变质型	长城纪	未开采
19	石嘴山市惠农区榆树湾白云母矿	云母	小型	伟晶岩型	古元古代	停采
20	石嘴山市惠农区小王全沟-红渣子陶瓷粘土矿（紫砂）	陶瓷粘土	大型	机械沉积型	晚二叠世	未开采
21	石嘴山市惠农区简泉高岭石陶瓷粘土矿	陶瓷粘土	小型	机械沉积型	晚石炭世	停采
22	石嘴山市惠农区正义关煤矿区	煤	小型	生物化学沉积型	石炭纪—二叠纪	停采
23	石嘴山市惠农区树龙沟金矿	金	小型	中-低温热液型	印支期	未开采
24	石嘴山市惠农区白虎洞硅石矿	石英岩	中型	受变质型	长城纪	停采
25	石嘴山市惠农区偷牛沟硅石矿	石英岩	中型	受变质型	长城纪	停采
26	石嘴山市第四水源地（红果子水源地）	地下水	中型	流体作用矿床	第四纪	未开采
27	石嘴山市大武口区石炭井煤矿区	煤	大型	生物化学沉积型	石炭纪—二叠纪	停采
28	石嘴山市大武口区陶斯沟铁矿	铁	矿点	化学沉积型	长城纪	闭坑
29	石嘴山市大武口区石炭井陶斯沟重晶石多金属矿	重晶石、铅、锌、银、铜、金	矿点	中-低温热液型	印支期	未开采
30	石嘴山市大武口区八号泉水泥石灰岩矿	石灰岩	小型	化学沉积型	中-晚寒武世	停采
31	石嘴山市大武口区石炭井甘泉	天然矿泉水	小型	流体作用矿床	第四纪	未开采
32	石嘴山市大武口区石炭井耐火粘土矿	耐火粘土	大型	机械沉积型	晚石炭世—早二叠世	停采
33	石嘴山市惠农区塔什克梁铁矿	铁	矿点	化学沉积型	长城纪	开采
34	石嘴山市大武口区大灯沟耐火粘土矿	耐火粘土	中型	机械沉积型	晚石炭世—早二叠世	停采
35	石嘴山市惠农区王全口铁矿	铁	小型	化学沉积型	长城纪	闭坑

续表

矿产地编号	矿产地名称	矿种	规模	矿床类型	成矿时代	开发情况
36	石嘴山市惠农区王全口冶镁白云岩矿	镁	小型	化学沉积型	蓟县纪	未开采
37	石嘴山市大武口区呼鲁斯台煤矿区	煤	大型	生物化学沉积型	石炭纪—二叠纪	停采
38	石嘴山市大武口区汝箕沟煤矿区	煤	大型	生物化学沉积型	侏罗纪	开采
39	石嘴山市大武口区东沟耐火粘土矿	耐火粘土	小型	机械沉积型	晚石炭世	未开采
40	石嘴山市大武口区马莲滩耐火粘土矿	耐火粘土	小型	机械沉积型	晚石炭世—早二叠世	停采
41	石嘴山市大武口区浸水沟井田耐火粘土矿	耐火粘土	中型	机械沉积型	晚石炭世—早二叠世	停采
42	石嘴山市大武口区马莲滩-炭梁坡煤矿区	煤	小型	生物化学沉积型	石炭纪—二叠纪	停采
43	石嘴山市大武口区天子庙陶瓷粘土矿（紫砂）	陶瓷土	小型	机械沉积型	晚三叠世	未开采
44	石嘴山市第一水源地（北武当沟水源地）	地下水	中型	流体作用矿床	第四纪	开采
45	石嘴山市大武口区老树湾硅石矿	石英岩	中型	受变质型	长城纪	停采
46	石嘴山市惠农区北岔沟硅石矿	石英岩	大型	受变质型	长城纪	停采
47	石嘴山市惠农区老树湾铁矿	铁	矿点	化学沉积型	长城纪	未开采
48	石嘴山市大武口区沟东硅石矿	石英岩	中型	受变质型	长城纪	停采
49	石嘴山市大武口区枣窝硅石	石英岩	中型	受变质型	长城纪	停采
50	石嘴山市大武口区 NSR-2 地热井（奇石山）	地热（水）	矿点	流体作用矿床	第四纪	未开采
51	石嘴山市第二水源地	地下水	中型	流体作用矿床	第四纪	开采
52	石嘴山市第三水源地	地下水	中型	流体作用矿床	第四纪	未开采
53	石嘴山市平罗县龙泉寺泉	天然矿泉水	小型	流体作用矿床	第四纪	开采
54	石嘴山市平罗县大水沟水源地	地下水	中型	流体作用矿床	第四纪	开采
55	石嘴山市平罗县暖泉	天然矿泉水	小型	流体作用矿床	第四纪	未开采
56	石嘴山市平罗县 NSR-1 地热井（沙湖）	地热（水）	矿点	流体作用矿床	第四纪	开采
57	石嘴山市平罗县陶乐北石膏矿	石膏和硬石膏	大型	蒸发沉积型	古近纪渐新世	未开采
58	石嘴山市平罗县三眼井煤炭勘查区	煤	小型	生物化学沉积型	石炭纪—二叠纪	未开采
59	银川市贺兰县插旗沟-牛家台子耐火粘土矿	耐火粘土	大型	机械沉积型	早二叠世	停采
60	银川市南梁水源地	地下水	大型	流体作用矿床	第四纪	未开采
61	银川市贺兰县苏峪口石灰窑熔剂白云岩矿	白云岩	大型	化学沉积型	早奥陶世	未开采
62	银川市贺兰县洪广镇苏峪口石灰窑水泥石灰岩矿	石灰岩	小型	化学沉积型	早-中奥陶世	停采
63	银川市贺兰县苏峪口竹叶石	观赏石	矿点	叠加（复合/改造）矿床	中-晚寒武世	未开采
64	银川市贺兰县苏峪口磷矿	磷	中型	生物化学沉积型	早寒武世	闭坑
65	银川市贺兰县苏峪口五道淌熔剂白云岩矿	白云岩	大型	化学沉积型	早寒武世	未开采
66	银川市西夏区下拜寺沟贺兰石矿	砚石	矿点	受变质型	长城纪	未开采
67	银川市贺兰县芦花镇拜寺口硅石矿	石英岩	中型	受变质型	长城纪	未开采
68	银川市贺兰县拜寺口双塔贺兰石矿	砚石	矿点	受变质型	长城纪	未开采
69	银川市西夏区黄旗口辉绿岩矿	辉绿岩	中型	岩浆型	早古生代	停采
70	银川市西夏区阿宝梁磷矿	磷	中型	生物化学沉积型	早寒武世	未开采
71	银川市西夏区小口子泉	天然矿泉水	小型	流体作用矿床	第四纪	开采
72	银川市西夏区黄旗口白云母矿	云母	矿点	伟晶岩型	古元古代	未开采
73	银川市西夏区贺兰山笔架山贺兰石矿	砚石	小型	受变质型	长城纪	停采

续表

矿产地编号	矿产地名称	矿种	规模	矿床类型	成矿时代	开发情况
74	银川市西夏区贺兰山小口子贺兰石矿	砚石	小型	受变质型	长城纪	停采
75	银川市西夏区小口子硅石矿	石英岩	中型	受变质型	长城纪	未开采
76	银川市西夏区大口子熔剂硅石矿	石英岩	大型	受变质型	长城纪	停采
77	银川市西夏区陈家沟铁矿	铁	矿点	化学沉积型	长城纪	未开采
78	银川市西夏区紫花沟磷矿	磷	小型	生物化学沉积型	早寒武世	未开采
79	银川市西夏区干沟冶镁白云岩矿	镁	小型	化学沉积型	蓟县纪	停采
80	银川市西夏区紫花沟熔剂白云岩矿	白云岩	大型	化学沉积型	早-中奥陶世	停采
81	银川市西夏区干沟熔剂石灰岩矿	石灰岩	中型	化学沉积型	早-中奥陶世	停采
82	银川市西夏区驴驴沟化工石灰岩矿	石灰岩	中型	化学沉积型	早-中奥陶世	未开采
83	银川市西夏区贺兰山中段的干沟、大南池沟口朔花石矿	观赏石	矿点	叠加（复合/改造）矿床	早-中奥陶世	未开采
84	银川市西夏区双庙-牛坷拉石灰岩矿	石灰岩	大型	化学沉积型	早-中奥陶世	停采
85	银川市西夏区干沟水泥石灰岩矿（联丰村石料厂）	石灰岩	大型	化学沉积型	早-中奥陶世	开采
86	银川市西夏区套门沟水泥石灰岩矿	石灰岩	大型	化学沉积型	早-中奥陶世	开采
87	银川市西夏区窑舌子沟水泥石灰岩矿	石灰岩	中型	化学沉积型	早-中奥陶世	未开采
88	银川市西夏区山嘴沟板岩矿	板岩	中型	受变质型	中-晚奥陶世	停采
89	银川市永宁县大挺沟冶镁白云岩矿	镁	小型	化学沉积型	蓟县纪	未开采
90	银川市永宁县井泉子冶镁白云岩矿	镁	小型	化学沉积型	早-中奥陶世	停采
91	银川市永宁县到水沟冶镁白云岩矿	镁	小型	化学沉积型	早-中奥陶世	未开采
92	银川市永宁县闽宁镇头关板岩矿	板岩	小型	受变质型	中-晚奥陶世	未开采
93	银川市西夏区 Y6 地热井（天沐温泉）	地热（水）	矿点	流体作用矿床	第四纪	开采
94	银川市西夏区 Y7 地热井（志辉山庄）	地热（水）	矿点	流体作用矿床	第四纪	未开采
95	银川市北郊水源地	地下水	大型	流体作用矿床	第四纪	开采
96	银川市金凤区 Y10 地热井（花博园）	地热（水）	矿点	流体作用矿床	第四纪	未开采
97	银川市贺兰县 Y4 地热井（绿悦）	地热（水）	矿点	流体作用矿床	第四纪	开采
98	银川市贺兰县水源地	地下水	中型	流体作用矿床	第四纪	开采
99	银川市西夏区 Y3 地热井（铁路文化宫）	地热（水）	矿点	流体作用矿床	第四纪	开采
100	银川市南郊水源地	地下水	大型	流体作用矿床	第四纪	开采
101	银川市兴庆区 Y1 地热井（御泉湾）	地热（水）	矿点	流体作用矿床	第四纪	开采
102	银川市东郊水源地	地下水	大型	流体作用矿床	第四纪	开采
103	银川市兴庆区 Y8 地热井（沙温泉）	地热（水）	矿点	流体作用矿床	第四纪	开采
104	银川市兴庆区 Y9 地热井（檀溪谷）	地热（水）	矿点	流体作用矿床	第四纪	开采
105	银川市永宁县征沙水源地	地下水	中型	流体作用矿床	第四纪	未开采
106	银川市永宁县 Y5 地热井（三沙源）	地热（水）	矿点	流体作用矿床	第四纪	未开采
107	银川市滨河新区天山海（DRT-03、DRT-04、DRT-05）地热井	地热（水）	矿点	流体作用矿床	第四纪	开采
108	石嘴山市惠农区北岔沟金矿	金	矿点	中-低温热液型	印支期	未开采
109	中卫市沙坡头区夜明山砂金矿	金	矿点	砂矿型	第四纪	未开采
110	银川市兴庆区红墩子煤矿区	煤	大型	生物化学沉积型	石炭纪—二叠纪	未开采

续表

矿产地编号	矿产地名称	矿种	规模	矿床类型	成矿时代	开发情况
111	银川市永宁县高石墩水泥石灰岩矿	石灰岩	小型	化学沉积型	中-晚寒武世	未开采
112	银川市永宁县黄羊滩石英砂矿	天然石英砂	中型	机械沉积型	新近纪中新世	开采
113	银川市永宁县花布山石英砂矿	天然石英砂	大型	机械沉积型	新近纪中新世	未开采
114	吴忠市青铜峡市黄羊滩粘土矿	其他粘土	小型	机械沉积型	新近纪中新世	未开采
115	吴忠市青铜峡市红崖子同心石矿	观赏石	矿点	生物化学沉积型	早白垩世	未开采
116	吴忠市青铜峡市双井、红崖子石英砂矿	天然石英砂	大型	机械沉积型	新近纪中新世	未开采
117	吴忠市青铜峡市鸽子山泉	天然矿泉水	中型	流体作用矿床	第四纪	未开采
118	吴忠市青铜峡市庙山湖泉	天然矿泉水	中型	流体作用矿床	第四纪	开采
119	银川市南部水源地	地下水	中型	流体作用矿床	第四纪	未开采
120	银川市永宁县 NHR-1 地热井（文化园）	地热（水）	矿点	流体作用矿床	第四纪	未开采
121	银川市永宁县水源地	地下水	中型	流体作用矿床	第四纪	开采
122	银川市灵武市水源地（崇兴水源地）	地下水	中型	流体作用矿床	第四纪	开采
123	银川市灵武市黑山水泥石灰岩矿	石灰岩	小型	化学沉积型	早-中奥陶世	未开采
124	银川市灵武市横城煤矿区	煤	大型	生物化学沉积型	石炭纪—二叠纪	开采
125	银川市灵武市刘家庄天然气田	天然气	矿点	生物化学沉积型	石炭纪—二叠纪	停采
126	吴忠市盐池县窨子山石膏矿	石膏和硬石膏	矿点	蒸发沉积型	古近纪渐新世	未开采
127	吴忠市盐池县花马池乡硝池子	芒硝	矿点	蒸发沉积型	第四纪	停采
128	吴忠市盐池县天池天然气田	天然气	矿点	生物化学沉积型	石炭纪—二叠纪	不详
129	吴忠市青铜峡市马常滩粘土矿	其他粘土	中型	机械沉积型	新近纪中新世	开采
130	吴忠市青铜峡市火车站石英砂矿	天然石英砂	大型	机械沉积型	新近纪中新世	未开采
131	吴忠市青铜峡市河西石英砂矿	天然石英砂	小型	机械沉积型	新近纪中新世	停采
132	吴忠市青铜峡市卡子庙水泥石灰岩矿（2个矿区合并）	石灰岩	大型	化学沉积型	早-中奥陶世	开采
133	吴忠市青铜峡小坝水源地	地下水	中型	流体作用矿床	第四纪	开采
134	吴忠市青铜峡小坝东区水源地	地下水	中型	流体作用矿床	第四纪	未开采
135	吴忠市青铜峡大坝水源地	地下水	中型	流体作用矿床	第四纪	开采
136	吴忠市利通区金积水源地	地下水	中型	流体作用矿床	第四纪	开采
137	吴忠市青铜峡镇水源地	地下水	中型	流体作用矿床	第四纪	开采
138	吴忠市盐池县李庄子油田	石油	小型	生物化学沉积型	三叠纪	停采
139	吴忠市青铜峡市胶泥沟粘土矿	其他粘土	中型	机械沉积型	新近纪中新世	开采
140	吴忠市青铜峡市沙坝沟水泥石灰岩矿	石灰岩	大型	化学沉积型	中-晚奥陶世	未开采
141	银川市灵武市大泉	天然矿泉水	小型	流体作用矿床	第四纪	未开采
142	银川市灵武煤田磁窑堡碎石井矿区（大泉）水源地	地下水	中型	流体作用矿床	第四纪	开采
143	银川市灵武市石沟驿煤矿区	煤	小型	生物化学沉积型	侏罗纪	开采
144	银川市灵武煤矿区	煤	超大型	生物化学沉积型	侏罗纪	开采
145	银川市灵武市鸳鸯湖煤矿区	煤	超大型	生物化学沉积型	侏罗纪	开采
146	银川市灵武市周家沟膨润土矿	膨润土	中型	机械沉积型	喜马拉雅期	停采
147	银川市灵武市马家滩油气田	石油、天然气	小型	生物化学沉积型	三叠纪	停采
148	银川市灵武市海子井湖盐矿	石盐、芒硝	小型	蒸发沉积型	第四纪	停采

续表

矿产地编号	矿产地名称	矿种	规模	矿床类型	成矿时代	开发情况
149	吴忠市盐池县冯纪沟乡井沟芒硝矿	芒硝	矿点	蒸发沉积型	第四纪	停采
150	吴忠市盐池县海牛滩芒硝矿	芒硝、石盐	小型	蒸发沉积型	第四纪	开采
151	吴忠市盐池县骆驼井水源地	地下水	中型	流体作用矿床	第四纪	开采
152	吴忠市青铜峡市野猫子山石膏矿	石膏和硬石膏	矿点	蒸发沉积型	早石炭世	未开采
153	吴忠市青铜峡市野猫子山水泥灰岩矿	石灰岩	小型	化学沉积型	早石炭世	未开采
154	吴忠市青铜峡市一条岭重晶石矿	重晶石	小型	中-低温热液型	燕山期	停采
155	吴忠市青铜峡市双圈（广武山）铜矿	铜	小型	中-低温热液型	燕山期	停采
156	中卫市中宁县铜铁沟（土窑）铜矿	铜	小型	中-低温热液型	燕山期	停采
157	中卫市中宁县米地梁重晶石矿	重晶石	矿点	中-低温热液型	燕山期	停采
158	中卫市中宁县石门硐铁矿	铁	矿点	中-低温热液型	燕山期	停采
159	中卫市中宁县铜铁沟铁矿	铁、钴	矿点	中-低温热液型	燕山期	未开采
160	中卫市中宁县铁牛山-铜铁沟陶瓷粘土矿	其他粘土	矿点	机械沉积型	晚石炭世	开采
161	中卫市中宁县马道梁铁钴矿	铁、钴	矿点	风化型	新生代	停采
162	中卫市中宁县狐子疙瘩水泥石灰岩矿	石灰岩	小型	化学沉积型	早石炭世	未开采
163	中卫市中宁县碱沟山煤矿区	煤	小型	生物化学沉积型	石炭纪	停采
164	中卫市中宁县驴尾巴湾铁矿	铁	矿点	中-低温热液型	燕山期	停采
165	中卫市中宁县大石头井沟铁矿	铁	矿点	中-低温热液型	燕山期	停采
166	中卫市中宁县星铁山铁矿	铁	矿点	中-低温热液型	燕山期	停采
167	中卫市中宁县茶梁子铁钴矿	铁、钴	小型	风化型	新生代	停采
168	中卫市中宁县锅底湖铁矿	铁	矿点	中-低温热液型	燕山期	未开采
169	中卫市中宁县平塘湖西陶瓷粘土矿	其他粘土	矿点	机械沉积型	晚石炭世	开采
170	中卫市中宁县平滩湖陶瓷粘土矿	陶瓷粘土	小型	机械沉积型	晚石炭世	未开采
171	中卫市中宁县白土井铁矿	铁	矿点	中-低温热液型	燕山期	未开采
172	中卫市沙坡头区新照壁山铁矿	铁	小型	中-低温热液型	燕山期	停采
173	中卫市沙坡头区照壁山铁矿	铁	小型	中-低温热液型	燕山期	停采
174	中卫市沙坡头区骆驼山铁矿	铁	矿点	中-低温热液型	燕山期	未开采
175	中卫市中宁县旗杆石台子铁矿	铁	矿点	化学沉积型	第四纪	停采
176	中卫市沙坡头区二人山银铅锌硫铁多金属矿	硫铁、铅、锌、银、铜、金、钴	小型	中-低温热液型	燕山期	未开采
177	中卫市沙坡头区二人山铁矿	铁	矿点	中-低温热液型	燕山期	停采
178	中卫市沙坡头区黄石坡重晶石矿	重晶石	矿点	中-低温热液型	燕山期	未开采
179	中卫市沙坡头区黄石坡沟金矿	金、银	小型	中-低温热液型	燕山期	未开采
180	中卫市沙坡头区大铜沟铜（钴）矿	铜、金、钴	小型	中-低温热液型	燕山期	停采
181	中卫市沙坡头区单梁山三角点铁矿	铁	矿点	中-低温热液型	燕山期	停采
182	中卫市沙坡头区金场子金矿	金、银	小型	中-低温热液型	燕山期	未开采
183	中卫市沙坡头区二人山膨润土矿	膨润土	小型	风化型	喜马拉雅期	开采
184	中卫市沙坡头区黄石坡沟铁矿	铁	矿点	中-低温热液型	燕山期	停采
185	中卫市沙坡头区泉山井铁矿	铁	矿点	中-低温热液型	燕山期	停采
186	中卫市沙坡头区泉山井南（圈子山南）铁矿	铁	矿点	化学沉积型	第四纪	停采

续表

矿产地编号	矿产地名称	矿种	规模	矿床类型	成矿时代	开发情况
187	中卫市沙坡头区麦垛（堆）山铁矿	铁	小型	化学沉积型	第四纪	停采
188	中卫市中宁县红石堆铜矿	铜	矿点	中-低温热液型	燕山期	未开采
189	中卫市沙坡头区撅屁山西端铁矿	铁	矿点	中-低温热液型	燕山期	未开采
190	中卫市沙坡头区石墩（堆）水铁矿	铁	小型	中-低温热液型	燕山期	停采
191	中卫市沙坡头区正口子东北铁矿	铁	矿点	化学沉积型	第四纪	停采
192	中卫市沙坡头区跃进岗铁矿	铁	矿点	化学沉积型	第四纪	停采
193	中卫市沙坡头区涩井沟铁矿	铁	矿点	中-低温热液型	燕山期	停采
194	中卫市沙坡头区乌车梁铁矿	铁	矿点	中-低温热液型	燕山期	停采
195	中卫市中宁县干沟铁矿	铁	矿点	中-低温热液型	燕山期	停采
196	中卫市中宁县黄羊滩火车站米脂玉矿	观赏石	矿点	叠加（复合/改造）矿床	早石炭世	未开采
197	中卫市中宁县康滩水源地	地下水	中型	流体作用矿床	第四纪	开采
198	中卫市沙坡头区营盘水石英砂矿	天然石英砂	中型	砂矿型	第四纪	开采
199	中卫市沙坡头区小红山石膏矿	石膏和硬石膏	中型	蒸发沉积型	早石炭世	开采
200	中卫市沙坡头区甘塘石膏矿	石膏和硬石膏	小型	蒸发沉积型	早石炭世	开采
201	中卫市沙坡头区一碗泉石膏矿	石膏和硬石膏	小型	蒸发沉积型	早石炭世	停采
202	中卫市沙坡头区火山（顾家岘）铁矿（梁水园矿区）	铁	小型	受变质型	中寒武世	停采
203	中卫市沙坡头区上下河沿煤矿	煤	小型	生物化学沉积型	石炭纪	开采
204	中卫市沙坡头艾泉	天然矿泉水	小型	流体作用矿床	第四纪	开采
205	中卫市沙坡头区上下河沿（烟洞坡）油页岩矿	油页岩	小型	生物化学沉积	晚石炭世—早二叠世	未开采
206	中卫市沙坡头区城市备用饮用水水源地	地下水	中型	流体作用矿床	第四纪	未开采
207	中卫市沙坡头区城市饮用水水源地	地下水	中型	流体作用矿床	第四纪	开采
208	中卫市沙坡头区 SHK-02	地热（水）	矿点	流体作用矿床	第四纪	未开采
209	中卫市沙坡头区窑沟（上下河沿）陶瓷粘土矿	陶瓷粘土	小型	机械沉积型	晚石炭世—早二叠世	停采
210	中卫市沙坡头区石门坎石膏矿	石膏和硬石膏	小型	蒸发沉积型	早石炭世	停采
211	中卫市沙坡头区宏佛寺石膏矿	石膏和硬石膏	小型	蒸发沉积型	早石炭世	未开采
212	中卫市沙坡头区大茨脑石膏矿	石膏和硬石膏	小型	蒸发沉积型	早石炭世	停采
213	中卫市沙坡头区天景梁水泥石灰岩矿	石灰岩	小型	化学沉积型	早石炭世	未开采
214	中卫市沙坡头区腰岘子铜（银）矿	铜、银	小型	化学沉积型	泥盆纪	停采
215	中卫市中宁县草帽子墩水泥石灰岩矿	石灰岩	小型	化学沉积型	早-中奥陶世	开采
216	中卫市中宁县瀛龙山水泥石灰岩矿（6处合并）	石灰岩	大型	化学沉积型	早-中奥陶世	未开采
217	中卫市中宁县黑疙瘩沟水泥石灰岩矿	石灰岩	中型	化学沉积型	早-中奥陶世	开采
218	吴忠市红寺堡区大盐池芒硝矿	芒硝	矿点	蒸发沉积型	第四纪	停采
219	吴忠市红寺堡区沙泉水源地（柳泉）	地下水	中型		第四纪	开采
220	吴忠市红寺堡区茶树沟铜矿	铜	小型	中-低温热液型	加里东期	停采
221	吴忠市盐池县积家井煤矿区	煤	超大型	生物化学沉积型	侏罗纪	开采

续表

矿产地编号	矿产地名称	矿种	规模	矿床类型	成矿时代	开发情况
222	吴忠市盐池县马家滩煤矿区	煤	超大型	生物化学沉积型	侏罗纪	开采
223	吴忠市盐池县惠安堡镇湖盐矿	石盐、芒硝	小型	蒸发沉积型	第四纪	停采
224	吴忠市盐池县苦水河沿岸石英砂矿	天然石英砂	大型	机械沉积型	新近纪中新世	未开采
225	吴忠市同心县石儿山北段水泥石灰岩矿	石灰岩	小型	化学沉积型	早-中奥陶世	开采
226	吴忠市同心县青龙山西道梁二道山北段石灰岩矿	石灰岩	中型	化学沉积型	早-中奥陶世	未开采
227	吴忠市盐池县大水坑油气田	石油、天然气	小型	生物化学沉积型	三叠纪	开采
228	吴忠市盐池县青马圈石英砂矿	天然石英砂	小型	机械沉积型	古近纪渐新世	未开采
229	吴忠市盐池县石记场北石膏矿	石膏和硬石膏	大型	蒸发沉积型	古近纪渐新世	未开采
230	吴忠市盐池县石记场东石膏矿区（6个矿区合并）	石膏和硬石膏	中型	蒸发沉积型	古近纪渐新世	未开采
231	吴忠市盐池县刘记洼村石膏矿	石膏和硬石膏	小型	蒸发沉积型	古近纪渐新世	开采
232	吴忠市盐池县石记场石膏矿	石膏和硬石膏	大型	蒸发沉积型	古近纪渐新世	开采
233	吴忠市盐池县黄米湾石膏矿（6个矿区合并）	石膏和硬石膏	大型	蒸发沉积型	古近纪渐新世	未开采
234	吴忠市盐池县红井子油气田	石油、天然气	中型	生物化学沉积型	三叠纪	开采
235	吴忠市盐池县余家圈石膏矿（3个矿区合并）	石膏和硬石膏	大型	蒸发沉积型	古近纪渐新世	未开采
236	吴忠市盐池县马坊油田	石油	中型	生物化学沉积型	三叠纪	停采
237	中卫市沙坡头区香山镇孙家沟陶瓷粘土矿	陶瓷粘土	小型	机械沉积型	晚石炭世—早二叠世	停采
238	中卫市沙坡头区梁水园煤矿区	煤	小型	生物化学沉积型	石炭纪	开采
239	中卫市沙坡头区香山大道崖-孙家沟石灰岩矿	石灰岩	中型	化学沉积型	早石炭世	未开采
240	中卫市沙坡头区石盖沟石灰岩矿	石灰岩	矿点	化学沉积型	早石炭世	未开采
241	中卫市沙坡头区香山乡陈水硅石矿	石英岩	中型	受变质型	晚石炭世	开采
242	中卫市沙坡头区峡子沟（拐门沟）铜矿	铜、银	小型	化学沉积型	泥盆纪	未开采
243	中卫市沙坡头区新水铁矿	铁	矿点	中-低温热液型	燕山期	未开采
244	中卫市沙坡头区香山磨盘井一狼嘴子碧玉岩矿	观赏石	矿点	海相火山岩型	晚奥陶世	未开采
245	中卫市沙坡头区深井煤炭勘查区	煤	小型	生物化学沉积型	石炭纪	未开采
246	中卫市海原县油井山粘土岩矿	其他粘土	小型	机械沉积型	古近纪始新世	开采
247	中卫市海原县油井山炭巷沟陶瓷粘土矿	陶瓷粘土	小型	机械沉积型	晚石炭世—早二叠世	开采
248	中卫市海原县油井山大泉子沟陶瓷粘土矿	其他粘土	中型	机械沉积型	晚石炭世—早二叠世	开采
249	中卫市海原县油井山油井子沟陶瓷粘土矿	陶瓷粘土	大型	机械沉积型	晚石炭世—早二叠世	停采
250	中卫市海原县油井山磷矿	磷	矿点	生物化学沉积型	中-晚奥陶世	未开采
251	中卫市海原县油井山油页岩矿	油页岩	矿点	生物化学沉积型	晚石炭世	未开采
252	中卫市中宁县百套子石膏矿	石膏和硬石膏	矿点	蒸发沉积型	古近纪渐新世	未开采
253	中卫市中宁县下流水煤炭勘查区	煤	小型	生物化学沉积型	侏罗纪	未开采
254	中卫市沙坡头区天景山北段化工石灰岩矿	石灰岩	中型	化学沉积型	早-中奥陶世	开采
255	中卫市沙坡头区天景山白路泉北段化工石灰岩矿	石灰岩	大型	化学沉积型	早-中奥陶世	开采
256	中卫市沙坡头区天景山白路泉南段化工石灰岩矿	石灰岩	中型	化学沉积型	早-中奥陶世	未开采

续表

矿产地编号	矿产地名称	矿种	规模	矿床类型	成矿时代	开发情况
257	中卫市沙坡头区狼嘴子铜矿	铜、金、银	矿点	岩浆热液型	加里东期	未开采
258	中卫市沙坡头区刘岗井-银山化工石灰岩矿	石灰岩	小型	化学沉积型	早-中奥陶世	开采
259	中卫市沙坡头区天景山宽口井化工石灰岩矿	石灰岩	大型	化学沉积型	早-中奥陶世	未开采
260	中卫市中宁县园湾水泥石灰岩矿	石灰岩	大型	化学沉积型	早-中奥陶世	开采
261	中卫市中宁县米钵山团钵郎电石灰岩矿（2个矿区合并）	石灰岩	大型	化学沉积型	早-中奥陶世	开采
262	中卫市中宁县磨盘井磷矿	磷	矿点	生物化学沉积型	中-晚奥陶世	未开采
263	中卫市中宁县石泉水泥石灰岩矿	石灰岩	小型	化学沉积型	早石炭世	未开采
264	中卫市中宁县倒流沟水泥石灰岩矿	石灰岩	中型	化学沉积型	早石炭世	未开采
265	中卫市中宁县磨盘井辉绿岩矿	辉绿岩	大型	岩浆型	早古生代	未开采
266	中卫市中宁县青圪塔南段水泥石灰岩矿	石灰岩	大型	化学沉积型	早-中奥陶世	未开采
267	吴忠市同心县小洪沟水源地	地下水	中型	流体作用矿床	第四纪	开采
268	吴忠市同心县花豹湾粘土矿	其他粘土	中型	机械沉积型	新近纪中新世	未开采
269	吴忠市红寺堡区骡子沟铁矿	铁	矿点	中-低温热液型	燕山期	未开采
270	吴忠市红寺堡区土坡煤矿区	煤	小型	生物化学沉积型	石炭纪	停采
271	吴忠市红寺堡康马头石膏矿	石膏和硬石膏	矿点	蒸发沉积型	早石炭世	未开采
272	吴忠市红寺堡区红柳山石灰岩矿	石灰岩	中型	化学沉积型	早-中奥陶世	未开采
273	中卫市中宁县碱台子石膏矿	石膏和硬石膏	大型	蒸发沉积型	古近纪渐新世	未开采
274	吴忠市同心县杨家井-丁家二沟石英砂矿	天然石英砂	中型	机械沉积型	新近纪中新世	开采
275	吴忠市红寺堡区马段头陶粒粘土矿	其他粘土	大型	机械沉积型	晚石炭世	未开采
276	吴忠市红寺堡区青山化工石灰岩矿	石灰岩	大型	化学沉积型	早-中奥陶世	未开采
277	吴忠市同心县韦州煤矿区	煤	大型	生物化学沉积型	石炭纪—二叠纪	开采
278	吴忠市同心县青龙山北端玻璃用白云岩矿	白云岩	小型	化学沉积型	蓟县纪	未开采
279	吴忠市同心县青龙山东道梁北段冶镁白云岩矿	镁	小型	化学沉积型	蓟县纪	未开采
280	吴忠市同心县青龙山中段冶镁白云岩矿	镁	中型	化学沉积型	蓟县纪	开采
281	吴忠市同心县青龙山西道梁二道山南段石灰岩矿（6处合并）	石灰岩	大型	化学沉积型	早-中奥陶世	未开采
282	吴忠市同心县青龙山李家新庄-童家慢坡冶镁白云岩矿	镁	中型	化学沉积型	蓟县纪	未开采
283	吴忠市同心县青龙山西道梁熔剂用白云岩矿	白云岩	大型	化学沉积型	早奥陶世	未开采
284	吴忠市同心县青龙山东道梁南段冶镁白云岩矿	镁	中型	化学沉积型	蓟县纪	开采
285	吴忠市同心县青龙山西道梁南段化工石灰岩矿（4个矿区）	石灰岩	大型	化学沉积型	早-中奥陶世	未开采
286	吴忠市同心县青龙山东道梁南段石湾沟南冶镁白云岩矿	镁	中型	化学沉积型	蓟县纪	开采
287	吴忠市盐池县萌城石梁水泥石灰岩矿（4个区块合并）	石灰岩	大型	化学沉积型	早-中奥陶世	开采
288	吴忠市盐池县四股泉煤矿区	煤	中型	生物化学沉积型	石炭纪—二叠纪	开采

续表

矿产地编号	矿产地名称	矿种	规模	矿床类型	成矿时代	开发情况
289	吴忠市盐池县惠安油田	石油	小型	生物化学沉积型	三叠纪	开采
290	吴忠市盐池县红土沟石英砂矿	天然石英砂	中型	机械沉积型	新近纪中新世	未开采
291	吴忠市盐池县萌城煤矿区	煤	大型	生物化学沉积型	侏罗纪	未开采
292	吴忠市盐池县摆宴井油气田	石油、天然气	小型	生物化学沉积型	三叠纪	开采
293	吴忠市盐池县线驮石煤矿区	煤	中型	生物化学沉积型	石炭纪	开采
294	吴忠市盐池县青山石膏矿	石膏和硬石膏	中型	蒸发沉积型	古近纪渐新世	未开采
295	吴忠市盐池县姬源油田	石油	中型	生物化学沉积型	三叠纪—侏罗纪	开采
296	中卫市中宁县下原套石膏矿	石膏和硬石膏	矿点	蒸发沉积型	古近纪渐新世	未开采
297	中卫市中宁县贺家口子石膏矿	石膏和硬石膏	大型	蒸发沉积型	古近纪渐新世	未开采
298	中卫市中宁县王家庄石膏矿区（7个矿区合并）	石膏和硬石膏	大型	蒸发沉积型	古近纪渐新世	未开采
299	吴忠市同心县南泥沟石膏矿	石膏和硬石膏	中型	蒸发沉积型	古近纪渐新世	未开采
300	中卫市海原县塌山洼石膏矿	石膏和硬石膏	小型	蒸发沉积型	古近纪渐新世	未开采
301	中卫市海原县石峡口石膏矿	石膏和硬石膏	大型	蒸发沉积型	古近纪渐新世	未开采
302	中卫市海原县田子埫石膏矿	石膏和硬石膏	大型	蒸发沉积型	古近纪渐新世	未开采
303	中卫市海原县北沟石英岩矿	石英岩	小型	受变质型	长城纪	未开采
304	中卫市海原县干盐池湖盐矿	石盐、芒硝	小型	蒸发沉积型	第四纪	开采
305	中卫市海原县柳沟金矿	金、银	矿点	中-低温热液型	加里东期	未开采
306	中卫市海原县小西沟多金属矿	铜、金、银	矿点	中-低温热液型	加里东期	未开采
307	中卫市海原县马场沟金矿	金、银	小型	中-低温热液型	加里东期	未开采
308	中卫市海原县簸箕掌铜矿	铜	矿点	中-低温热液型	加里东期	未开采
309	中卫市海原县窝宝沟铜矿	铜	矿点	中-低温热液型	加里东期	未开采
310	中卫市海原县阳洼硫铁矿	硫铁矿	小型	中-低温热液型	加里东期	未开采
311	中卫市海原县老城区水源地	地下水	中型	流体作用矿床	第四纪	开采
312	中卫市海原县乱堆子冶镁白云石大理岩矿	镁	小型	化学沉积型	长城纪	停采
313	固原市原州区双井（蟠龙坡）石灰岩矿	石灰岩	矿点	化学沉积型	早-中奥陶世	未开采
314	固原市原州区吊岭渠石灰岩矿	石灰岩	矿点	化学沉积型	早-中奥陶世	未开采
315	固原市原州区炭山煤矿区	煤	大型	生物化学沉积型	侏罗纪	开采
316	固原市原州区石岘子林场石英砂岩矿	砂岩	大型	受变质型	中侏罗世	未开采
317	固原市原州区炭山油页岩矿	油页岩	中型	生物化学沉积	中侏罗世	未开采
318	固原市原州区石砚子石英砂矿	天然石英砂	大型	机械沉积型	古近纪渐新世	未开采
319	固原市原州区茆头上冶镁白云岩矿	镁	小型	化学沉积型	蓟县纪	未开采
320	中卫市海原县阳明石膏矿	石膏和硬石膏	矿点	蒸发沉积型	早白垩世	未开采
321	固原市西吉县庙儿岔芒硝矿	芒硝	小型	蒸发沉积型	第四纪	停采
322	固原市西吉县黑眼泉	天然矿泉水	小型	流体作用矿床	第四纪	未开采
323	固原市原州区双河湾石膏矿	石膏和硬石膏	小型	蒸发沉积型	古近纪渐新世	未开采
324	固原市原州区北湾石英砂矿	天然石英砂	大型	机械沉积型	古近纪始新世	停采
325	固原市原州区硝口-上店子岩盐矿	石盐、芒硝	大型	蒸发沉积型	早白垩世	开采
326	固原市原州区硝口芒硝矿泉矿	芒硝	矿点	蒸发沉积型	第四纪	停采
327	固原市原州区彭堡水源地	地下水	中型	流体作用矿床	第四纪	未开采

续表

矿产地编号	矿产地名称	矿种	规模	矿床类型	成矿时代	开发情况
328	固原市原州区荞花台石英砂矿	天然石英砂	中型	机械沉积型	古近纪渐新世	未开采
329	固原市原州区梁家台-沙窝石英砂矿	天然石英砂	大型	机械沉积型	古近纪渐新世	停采
330	固原市原州区高圪陵石英砂矿	天然石英砂	小型	机械沉积型	古近纪渐新世	未开采
331	固原市彭阳县黑石头河石灰岩矿	石灰岩	矿点	化学沉积型	早-中奥陶世	未开采
332	固原市彭阳县银洞沟陶瓷粘土矿	陶瓷粘土	中型	机械沉积型	中侏罗世	未开采
333	固原市彭阳县王洼煤矿区	煤	大型	生物化学沉积型	侏罗纪	开采
334	固原市原州区黄茆山粘土矿	其他粘土	小型	机械沉积型	古近纪渐新世	开采
335	固原市原州区小黄峁山-青石峡口石英砂矿	天然石英砂	大型	机械沉积型	古近纪渐新世	未开采
336	固原市原州区开城泥炭矿	泥炭	小型	生物化学沉积型	第四纪全新世	未开采
337	固原市原州区陈儿沟泥炭矿	泥炭	矿点	生物化学沉积型	第四纪全新世	未开采
338	固原市原州区毛家磨泥炭矿	泥炭	矿点	生物化学沉积型	第四纪全新世	未开采
339	固原市原州区王套泥炭矿	泥炭	矿点	生物化学沉积型	第四纪全新世	未开采
340	固原市原州区开城镇石英砂矿	天然石英砂	大型	机械沉积型	古近纪渐新世	未开采
341	固原市泾源县杨岭铅锌矿	铅锌	小型	中-低温热液型	燕山期	未开采
342	固原市隆德县黄鼠钻泥炭矿	泥炭	矿点	生物化学沉积型	第四纪全新世	未开采
343	固原市原州区和尚铺泉	天然矿泉水	小型	流体作用矿床	第四纪	未开采
344	固原市原州区红砂石沟水泥石灰岩矿	石灰岩	中型	化学沉积型	早-中奥陶世	开采
345	固原市泾源县上蒿店粘土矿	其他粘土	中型	机械沉积型	第四纪更新世	开采
346	固原市彭阳县新集东石灰岩矿	石灰岩	大型	化学沉积型	早-中奥陶世	停采
347	固原市彭阳县县城水源地	地下水	中型	流体作用矿床	第四纪	开采
348	固原市彭阳县供水井	天然矿泉水	中型	流体作用矿床	第四纪	开采
349	固原市彭阳油田	石油	中型	生物化学沉积型	三叠纪—侏罗纪	开采
350	固原市彭阳县西庄石英砂矿	天然石英砂	小型	机械沉积型	早白垩世	未开采
351	固原市隆德油页岩矿	油页岩	矿点	生物化学沉积	早白垩世	未开采
352	固原市隆德县赵家洼至王辛湾石膏矿	石膏和硬石膏	小型	蒸发沉积型	古近纪渐新世	未开采
353	固原市泾源县刘家沟粘土矿	其他粘土	小型	机械沉积型	古近纪渐新世	开采
354	固原市泾源县秋千峡石灰岩矿	石灰岩	小型	化学沉积型	早-中奥陶世	未开采
355	固原市隆德县海英岔铜矿	铜	矿点	化学沉积型	早白垩世	未开采
356	固原市隆德县黄草沟铜矿	铜	矿点	化学沉积型	早白垩世	未开采
357	固原市泾源县新旗泥炭矿	泥炭	矿点	生物化学沉积型	第四纪全新世	未开采
358	固原市泾源县十里滩泉	天然矿泉水	小型	流体作用矿床	第四纪	未开采

注：按《中国矿产地质志·省级矿产地质志研编技术要求》，地下水水源地、天然矿泉水等水气矿产归入流体作用矿床类型。

国家出版基金项目
NATIONAL PUBLICATION FOUNDATION

中国矿产地质志

宁 夏 卷

中华人民共和国宁夏回族自治区成矿规律图说明书

（1∶500 000）

陆茂欣　马彦云　王　红　向连格　汪栋刚
艾　宁　马风华　李　通　马学东　马瑞赟　编著
谈　震　王　成　何庆志　吴　坤　张　炯
刘　颖　朱譞赫

地质出版社
·北　京·

前　言

宁夏回族自治区简称“宁”，地处中国西北部、黄河中上游，是中国5个少数民族自治区之一，是祖国西部物华天宝的一方热土。全区南起北纬35°14′，北抵北纬39°23′，西自东经104°17′，东迄东经107°39′，面积6.64万km^2。

宁夏虽然地域较小，但能源、金属、非金属、水气类矿产均有发现。其中，以煤和非金属矿产为主，金属矿产较贫乏。宁夏境内的地质矿产工作始于19世纪末，至今已有百余年历史。截至2022年底，宁夏已发现70余种矿产（含亚矿种），获探明储量的矿产种类达60余种（含亚矿种）。1949年以来，随着我国社会主义建设事业的发展，宁夏地质工作蓬勃展开，取得了长足进展。不同勘查、科研单位先后在宁夏开展了大量的地质普查和勘探工作，发现了一大批矿床和煤炭、石油勘探基地，探明了磷、硅石、石灰岩、粘土和青盐等矿产储量，也陆续编制过不同比例尺的区域矿产综合性图件。另外，随着第二代《中国区域地质志·宁夏志》（宁夏回族自治区地质调查院，2017）及其系列地质图件的出版，宁夏地质工作在地层、岩浆岩、变质岩和地质构造等方面取得了新进展和新认识。为了充分反映宁夏百余年来地质成果，特别是近年来的新理论、新认识，编制一套新一代的宁夏地质矿产类图件十分必要。

在自然资源部、中国地质调查局的统一领导下，由中国地质科学院矿产资源研究所组织实施《中国矿产地质志》的编撰工作，《中国矿产地质志·宁夏卷》是其中的省级志书之一。2014年3月，中国地质调查局向宁夏回族自治区地质调查院正式下达了工作项目任务书（编号：资［2014］03-003-036），工作项目编码：12120114011801。主要工作任务包括：研编《中国矿产地质志·宁夏卷》；编制《中华人民共和国宁夏回族自治区矿产地质图（1∶50万）及说明书》《中华人民共和国宁夏回族自治区成矿规律图（1∶50万）及说明书》；建设宁夏矿产地质志成果数据库。

《中华人民共和国宁夏回族自治区成矿规律图（1∶50万）》是“中国矿产地质志·宁夏卷”项目的成果之一，由宁夏回族自治区地质调查院（现为宁夏回族自治区基础地质调查院）组织研编，编图所引用矿产资料、地质资料时限为2022年8月之前。本图充分反映了成矿作用在地质历史发展中的演化及矿床与其他地质因素之间的相互关系，阐明了宁夏成矿时-空分布规律及成矿地质构造环境，实现了宁夏矿种“全覆盖”，矿产地“全覆盖”。图面清晰地反映了在不同地质构造环境中矿床的矿种、规模、类型、成矿时代和所属成矿系列，同时反映了矿床及矿床组合之间的关系，探讨了矿产时-空分布及演化规律，并重新厘定和划分了Ⅳ级、Ⅴ级成矿区带，建立了矿床成矿系列及矿床式。

本图主要由王红、陆茂欣、向连格研编，马彦云、汪栋刚、艾宁、马风华、李通等参与了矿产信息采集分析与统编工作。在研编过程中得到中国矿产地质志专家委员会陈毓川院士、王登红研究员、徐志刚研究员，全国项目办公室王岩副研究员、黄凡副研究员，中国地质调查局西安地质调查中心杨合群研究员，宁夏回族自治区自然资源厅、宁夏回族自治区地质局及宁夏回族自治区地质调查院相关领导、专家的大力支持和指导，同时，中国地质科学院矿产资源研究所朱裕生研究员，中国地质调查局西安地质调查中心冯益民研究员在终审工作中也对本图提出了宝贵的意见和建议，在此一并表示感谢。

《中华人民共和国宁夏回族自治区成矿规律图（1∶50万）》图件内容新颖、信息量丰富，总结规律，创新认识，为研究宁夏区域成矿规律提供了基础性资料，对指导矿产地质勘查也有非常重要的意义。

目　　录

一、编图基本原则与内容

（一）指导思想与基本原则

《中华人民共和国宁夏回族自治区成矿规律图》以板块构造和矿床成矿系列为指导思想，以矿床成矿地质构造环境及其演化为主线，以宁夏回族自治区地质勘查成果为基础，同时吸取对地质构造和成矿有重大影响的构造理论和成矿理论，严格按照中国矿产地质志全国项目办下发的《省级矿产地质图及区域成矿规律图编图技术要求》进行研编。对现有能收集到的最新地质调查和矿产勘查成果资料进行系统归纳，综合研究，总结规律，划分成矿单元，建立矿床成矿系列，充分展示区内各类矿产的时空分布特征和演化规律。利用先进的计算机制图技术方法和地理信息系统进行编图，做到矿种全覆盖，矿产地全覆盖。编图所采用的图式、图例均符合编图技术要求，清晰地表示矿产资源的种类（矿种）、规模、成因时代和所属成矿系列，力求做到科学美观，特色鲜明，图表精美，使本图成为与《中国矿产地质志·宁夏卷》配套使用的新一代成矿规律图件。

（二）图件内容与编图方法

1. 底图编制

《中华人民共和国宁夏回族自治区成矿规律图》采用的地理、地质底图为宁夏回族自治区地质调查院 2017 年编制并出版的第二代《中国区域地质志·宁夏志》成果图件中的 1∶50 万《宁夏回族自治区地质构造图》，再按照《省级矿产地质图及区域成矿规律图编图技术要求》对图面进行简化和淡化，删减与成矿关系不密切的小型断裂，充分吸取地质构造图、大地构造相及沉积建造图的有益成果，突出“构造单元”“构造层”，以及由此显示的沉积作用、岩浆作用和相关的成矿作用的时-空演化特征。核心内容是展示“构造旋回”及其相关的“构造层”特征，即不同时代、不同性质的“基底”和“盖层”及不同时代、不同岩性的“侵入岩”。为了使图面既简洁美观又能清晰显示“构造层”与“地层”的对应关系及侵入岩时代和岩石类型，本次编图引用了全新的图例，具体如下。

1）用简洁的带“地层色”的不同线型的“正方形网格”和“菱形网格”图例，分别表示（中）新太古代和古元古代结晶基底。

2）用带“地层色”的不同线型的竖线“ |||||| ”图例，表示“活动型”（所谓“地槽型”）沉积（褶皱基底）。

3）用带“地层色”的不同线型的斜线“//////”图例表示“过渡性”沉积。

4）用带“地层色”的不同线型的水平线“——”图例，表示“稳定型”（所谓“地台型”）沉积“盖层”。

底图要素内容丰富，关系处理正确，综合取舍科学，表示方法规范统一，符合相关规定要求。

2. 矿产图层

《中华人民共和国宁夏回族自治区成矿规律图》矿产图层全部延用本次编制的矿产地质图中各类矿产地的矿床位置、矿种、规模、成因类型、编号等内容，共计 358 处，做到了矿种“全覆盖”，矿产地“全覆盖”。

矿产地表示方法：按矿产地中心点经纬度坐标和划分的规模，以《省级矿产地质图及区域成矿规律图编图技术要求》中所规定的图形符号表示，突出地表示矿产资源的种类（矿种）、规模和成因类型、成矿时代和所属成矿系列，构成“五位一体”的图例，采用符号‘⊥’的左上方标注矿产地编号、右上方标注成矿时代、下方标注成矿系列号的形式表示，并用红色、浅蓝色、玫瑰色、深紫色和黑色标注，分别对应于与岩浆作用有关的矿床成矿系列组合（I）、与沉积作用有关的矿床成矿系列组合（S）、与变质作用有关的矿床成矿系列组合（M）、表生作用矿床成矿系列组合（H）及非岩浆-非变质的含矿流体及成因未定矿床成矿系列组合（F）。

矿产地编号原则：按照编图技术要求，矿产地编号要有连续性，科学性。以矿产地中心点所标定的坐标位置，在每一个经纬网格内自左向右、自上而下进行连续编号，图中的矿产地编号沿用了矿产地质图中的编号。

成矿区带及矿集区表示方法：参照“中国成矿区带划分方案”（徐志刚等 2008）提出的划分原则和方案（简称全国方案），结合宁夏实际进行划分。其中Ⅰ级（成矿域）、Ⅱ级（成矿省）、Ⅲ级（成矿带）按全国方案统一划分，Ⅳ级（成矿亚带）、Ⅴ级（矿集区、远景区）以矿产资源潜力评价资料为根本，结合最新矿产地质资料，在总结区域成矿规律的基础上进行重新划分，共划分了 9 个Ⅳ级（成矿亚带），20 个Ⅴ级（矿集区、远景区），以同一线型不同颜色表示。

3. 整饰内容

图件除常规的与图面内容相对应的图名、图例、比例尺与图签外，还应充分利用其版面空间，兼顾图面简洁美观的原则，将在主图上无法表示或者比较繁琐、和其他要素相冲突的内容编制成角图及插表充分展示出来，现将角图及插表内容分述如下。

1）编制了《宁夏回族自治区构造-地质-岩浆-成矿作用时空演化图》。以柱状图的形式充分展示构造运动与构造旋回，构造层特征，地层岩性柱状图及相应时段侵入岩、矿产及其相关成矿作用的时空演化。

2）编制了《宁夏回族自治区成矿区带简图》，并配以《宁夏回族自治区成矿区带划分一览表》，直观展示宁夏Ⅰ—Ⅴ级成矿区带的划分情况。

3）编制了《宁夏回族自治区成矿谱系图》。根据不同的成矿时间以及成矿环境，以沉积、变质、岩浆、表生、含矿流体（非岩浆-非变质）成矿作用构建了宁夏矿产矿床成矿谱系。

二、区域成矿条件

（一）沉积相、沉积建造与成矿

宁夏沉积矿产主要形成于中元古代长城纪、蓟县纪，古生代寒武纪、奥陶纪、石炭纪、二叠纪，中生代三叠纪、侏罗纪、白垩纪，新生代古近纪渐新世。主要有滨海冲刷淘洗形成的石英砂岩型硅石矿床，蒸发沉淀作用形成的石膏、岩盐矿床，无机化学沉积作用形成的石灰岩、白云岩矿床，富含磷酸盐洋流上升和微古生物作用形成的磷块岩矿床，有机质堆积和生物化学作用生成的煤矿床、油气田，静水沉积形成的粘土矿床以及沉积改造型的矿床等。主要矿种有煤、石膏、石灰岩、硅石、冶镁白云岩、耐火粘土、磷块岩、岩盐等（表1）。

表1　成矿作用与沉积矿产表

地质时代	地质事件	成矿作用	控矿主要因素	形成矿产	代表性矿产地
渐新世	宁夏弧形推覆构造带发育成熟，形成弧形盆-山体系。盆地沉积河湖红色碎屑含盐建造	蒸发沉淀	①古地理环境 ②古气候	石膏	中卫市贺家口子石膏矿床
早白垩世	早-中燕山运动，宁南弧形盆-山体系快速发展，形成箕状盆地，并接受河湖相碎屑含盐建造	蒸发沉淀	①古地理环境 ②古气候	芒硝、盐	固原硝口-上店子岩盐矿床
中侏罗世	晚印支运动，古陆及山间盆地形成，沉积碎屑含煤、油建造	有机质堆积和生物化学作用	①古地理环境 ②古植物	煤、油气	灵武市碎石井煤矿区
晚三叠世	广阔的陆内伸展与褶皱冲断阶段。断陷或坳陷盆地陆相杂色碎屑岩建造	生物化学沉积、机械沉积作用	①古地理环境 ②古植物	煤、油气	灵武市马家滩油气田
早二叠世	中华力西运动，华北地台抬升，海水退出宁夏，广泛沉积碎屑含煤及粘土岩建造	生物化学沉积、机械沉积作用	①古地理环境 ②古植物	煤、耐火粘土	石嘴山市石嘴山煤矿区
晚石炭世	华北地台相对稳定，边坡广泛沉积海陆交互相碎屑含煤及粘土建造。贺兰裂谷沉降较快，沉积厚度较大	生物化学沉积、机械沉积作用	①古地理环境 ②古植物	煤、耐火粘土	石炭井煤矿区 碱沟山煤矿区
早石炭世	贺兰裂谷下陷，海侵由南向北东发展，卫宁北山地区沉积海湾潟湖相碳酸盐-膏岩建造	蒸发沉淀、化学沉积	①古地理环境 ②古气候	石膏、石灰岩	中卫市小红山石膏矿床
早-中奥陶世	华北陆块继续沉降，华北海与祁连海连通，广泛接受浅海碳酸盐沉积	无机化学沉积	①古地理环境	石灰岩、白云岩	银川市干沟水泥石灰岩矿床
早寒武世	贺兰裂谷下陷，海侵由南向北扩展，接受滨海含磷碎屑岩沉积	富含磷酸盐海水沉积	①古地理环境 ②古洋流 ③古生物	磷块岩	银川市苏峪口磷矿床
长城纪—蓟县纪	贺兰裂谷稳定沉陷，自南向北海侵，接受滨岸碎屑岩至浅海台地相高镁碳酸盐沉积	机械沉积、化学沉积作用	①古地理环境 ②古气候	硅石（石英砂岩、石英岩）、白云岩	石嘴山市白虎洞硅石矿床、吴忠市青龙山冶镁白云岩矿床

1. 长城纪—蓟县纪沉积作用与沉积矿产

吕梁运动后，宁夏东部和北部地区长期遭受剥蚀夷平作用，使地形趋于准平原化；中元古代早期，鄂尔多斯西缘下陷，祁连海水由南向北侵入，在鄂尔多斯古陆与阿拉善古陆之间形成了一南北向的滨海浅滩环境，沉积了分布广泛、厚度稳定、成熟度较高的单陆屑建造——黄旗口组。该组中石英砂岩、石英岩状砂岩、石英岩 SiO_2 含量大于 96%，可构成硅石矿床。中元古代晚期，随着盆地的持续下陷，古地理环境转变为局限台地潮坪相和开阔台地相，海水流通不畅，加之干旱炎热的气候条件，沉积了范围广、厚度大、层位稳定的以白云岩为主的高镁碳酸盐建造——王全口组，形成了优质的大-特大型冶镁白云岩、熔剂白云岩矿床。王全口组下部尚赋存有沉积型铁矿床。

2. 早寒武世沉积作用与沉积矿产

寒武纪初鄂尔多斯西缘地区再度下陷，海侵由南向北扩展，水流带来的磷质沉淀于砾、砂碎屑间隙形成磷块岩，在贺兰山中段苏峪口-紫花沟一带形成具工业价值的中小型磷矿床多个。早寒武世晚期，气候干燥炎热，在古地形较平坦，海水较浅，流通不畅的海岸潮坪环境沉积了以白云岩为主的高镁碳酸盐建造——五道淌组，形成了贺兰山中段大型熔剂用白云岩矿床。

3. 奥陶纪沉积作用与沉积矿产

奥陶纪时，宁夏北部地区（华北区）处于浅海环境，发育局限台地相、开阔台地相、广海陆棚相，形成以无机化学沉积为主的碳酸盐建造。南部地区（祁连地层区）处于华北地块与北祁连造山带过渡地带，沉积了一套大陆斜坡-深水陆棚相的复理石建造和远硅质建造。该时期形成的石灰岩大部分可作水泥原料，部分可作为化工灰岩、熔剂灰岩、玻璃用灰岩。白云岩可作为熔剂用白云岩。

4. 石炭纪沉积作用与沉积矿产

早石炭世香山及卫宁北山地区沉降，海水由南向北侵入，使该区一度处于海湾潟湖环境，在干燥、炎热的气候条件下，于小红山、小洞山、狼嘴子及野猫子山等地沉积了石灰岩夹石膏建造，形成了大型或小型矿床，在香山地区还形成了石灰岩矿床。晚石炭世早期海侵范围向北逐渐扩展，晚期间歇性海退，形成海陆交互相碎屑含煤建造，形成一些煤矿床及耐火粘土。

5. 早二叠世沉积作用与沉积矿产

早二叠世早期海侵范围向北大致扩展到桌子山一带，晚期间歇性海退，形成海陆交互相碎屑含煤建造——太原组，构成大型煤矿床及与其共生的耐火粘土、高岭土矿床。早二叠世晚期海水退出宁夏，全区大部处于河流-湖沼环境，沉积了陆相碎屑含煤建造——山西组，形成了大型煤矿床。

6. 晚三叠世沉积作用与沉积矿产

中三叠世初期，宁夏东部鄂尔多斯盆地西缘、北部贺兰山和西部香山南-甘塘一带发育 3 个边缘坳陷盆地，接受了中三叠世至晚三叠世的陆相碎屑沉积。其中，鄂尔多斯盆地西缘上三叠统为一套杂色碎屑岩夹泥岩，晚期有深灰-灰黑色页岩沉积，统称为延长群。说明晚三叠世早期以河流沉积为主，晚期为浅湖沉积，局部为湖沼沉积，气候条件由干热转向温暖潮湿。延长群是鄂尔多斯盆地众多油气田的主要生、储、盖地层，局部地区可见煤线。贺兰山汝箕沟及香山南麓盆地沉积特征及沉积相基本一致，为一套碎屑岩沉积，具有下粗上细的韵律层序，局部含煤线。

7. 中侏罗世沉积作用与沉积矿产

中侏罗世早燕山运动使宁夏西部形成山间盆地、东部形成大型内陆盆地，在温暖潮湿的气候条件下，沉积了陆相碎屑含煤建造——延安组，形成厚度大、层数多的大型煤田，同时形成了小规模的油气田。

8. 白垩纪沉积作用与沉积矿产

早白垩世宁夏经中燕山运动抬升后又下降，在宁夏南部发育一大型内陆湖泊——六盘山盆地，沉积了杂色碎屑含盐建造，形成了岩盐矿床。

9. 新生代沉积作用与沉积矿产

渐新世早喜马拉雅运动后山间盆地和内陆盆地沉降接受红色碎屑含盐建造，形成了多个中-特大型石膏矿床，为宁夏最主要的石膏成矿期。第四纪的主要沉积矿产为芒硝、湖盐。

（二）岩浆岩与成矿

宁夏岩浆活动不强烈，岩浆岩不发育，出露面积约127 km^2，仅占全区总面积的0.19%。其中侵入岩出露面积约125 km^2、火山岩出露面积约2 km^2。在岩石类型上，主要为中-酸性侵入岩，基性-超基性侵入岩及火山岩很少；在时空分布上，以古元古代中-酸性侵入岩为主，次为早古生代中-酸性侵入岩，它们分别构成了宁夏两个重要的岩浆岩带——北部的华北克拉通西缘贺兰山古元古代中-酸性岩浆岩带和南部的祁连早古生代造山带北掌山-崛吴山-南华山中-酸性岩浆岩带。其他如中元古代中-酸性侵入岩、早古生代基性-超基性岩、中生代中-酸性侵入岩、中生代基性火山岩等散见于贺兰山、香山和六盘山地区，均以独立岩体形式出露，规模较小。故宁夏与岩浆作用有关的矿产较少，以白云母矿和辉绿岩矿为主，是对岩浆岩体进行直接开发利用。

古元古代辉绿岩矿主要分布于贺兰山北段石嘴山市惠农区正义关沟口，早古生代辉绿岩矿主要分布于贺兰山中段银川市西夏区黄旗口和香山东麓中卫市中宁县磨盘井-狼嘴子。

目前发现的白云母矿床，均产在贺兰山中、北段，矿体产在花岗伟晶岩脉、正长伟晶岩脉中，多数矿体分带不明显。矿石结构构造呈细脉状、条带状、网环状，白云母呈团块状集合体。云母片度小，含矿率低，质量欠佳，单独开采价值不大，但伟晶岩内的石英和长石可以作陶瓷原料，若能和云母同时开采、综合利用，仍有一定的经济价值。

（三）变质作用与成矿

宁夏变质作用成矿主要为区域变质作用成矿，形成矿种以石英岩、石英岩状砂岩为主，其次为砚石、板岩、白云石大理岩等。

石英岩是由石英砂岩受热变质重结晶而成的。通常结晶颗粒间的胶结物已消失，矿物组成为石英，含量大于90%，外表呈灰白色、灰褐色，油脂光泽，密度2.55~2.65 g/cm^3，性脆，硬度大，抗腐蚀能力强。石英岩状砂岩是石英砂岩变为石英岩的过渡性产物。长城纪中期，陆源碎屑经长途搬运磨蚀剩余的石英砂，在陆缘浅海环境沉积形成石英砂岩；晚期受区域浅变质，黄旗口组自北而南变质程度加深，因而该层位的硅石在贺兰山北段多为石英砂岩，而在贺兰山中段多为石英岩。

以惠农区柳条沟冶金、玻璃用硅石矿床为例：石英砂岩（Q>90%）是高度成熟的砂岩，它是风化作用、分选作用和磨蚀作用持续较久和深化的终极产物。矿层赋存于长城系黄旗口组上岩性段，岩性以白色、浅灰白色中细粒石英岩状砂岩为主，呈厚层块状产出、规模大、质量好、产状较为稳定。石英颗粒分选性、磨圆度较好，成分纯净，单层厚0.2~0.8 m。波状斜层理及波状水平层理发育。说明早期本区处于温湿的氧化环境，沉积岩层中富高价铁呈现红色，晚期逐步向还原环境转化，形成长城系滨海相的石英砂岩矿床，后期又经受轻微的区域变质作用的影响，形成石英岩状砂岩矿床。属滨海相碎屑岩沉积型矿床。

砚石类主要是指“宁夏五宝”之一的贺兰石。贺兰石赋存于长城系黄旗口组底部，岩性为紫红、灰绿色粉砂质板岩，成因类型为机械沉积受变质成因。长城纪早期，鄂尔多斯西缘下陷，贺兰山中段为滨海-浅海沉积环境，沉积了长城系黄旗口组泥质岩-砂岩-白云岩组合，在此后漫长的地质历史时期，区域经历了多次构造运动、岩浆侵入等地质事件，使早期沉积的海相沉积地层发生区域变质作用，近底部的粘土岩经变质形成了紫红、灰绿色粉砂质板岩（贺兰石）。贺兰石中的紫色主要是矿石中含铁质矿物所致，绿色部分是矿石受变质作用、热液活动影响产生的退色现象。

（四）表生成矿作用与成矿

表生成矿作用形成的表生作用矿床属“中国矿产地质矿床（成因/工业）类型”划分中的二级分类，其对应的三级分类为风化型矿床。宁夏风化型矿床稀少，仅有3处，其中2处为风化型铁钴矿、1处为膨润土矿。铁钴矿均位于卫宁北山地区，分别为茶梁子铁钴矿和马道梁铁钴矿，其中以茶梁子铁钴矿为代表。茶梁子铁钴矿床矿层产于断裂破碎带中，含矿热液在断层破碎带及次级裂隙中沉淀，经后期次生改造作用后形成矿床。成矿作用为两期，初始阶段为含钴黄铁矿型铁钴矿体，后期经剥蚀、风化淋滤等原因使得黄铁矿氧化为褐铁矿，形成氧化淋滤型铁钴矿体，同时有害元素硫被淋滤流失。

（五）非岩浆-非变质作用的含矿流体与成矿

含矿流体作用矿床（非岩浆-非变质作用矿床），属“中国矿产地质矿床（成因/工业）类型”划分中的二级分类，其对应的三级分类为浅成中-低温热液型矿床及成因不明矿床。该类矿床主要产于各类地层及构造中与岩浆作用、变质作用无关的流体成矿，或与岩浆作用、变质作用尚无明显直接成因联系的似层状、顺层状或受构造控制的脉状、囊状热液型矿床，目前尚成因不明或颇具争议。宁夏该类成矿作用形成矿床共101处，包括21处铁矿产地、9处铜矿产地、2处铅锌矿产地、7处金矿产地、2处硫铁矿产地及4处重晶石矿产地和56处水气矿产地。除水气矿产地外，其他矿产地主要集中在卫宁北山地区，其次为贺兰山及南、西华山地区，矿产地规模普遍较小，最大仅为小型矿床。

以金场子金矿为例：该矿床为热卤水渗滤-改造型金矿，晚泥盆世、石炭纪部分沉积岩层为矿源层。大气降水向深处渗流，受到构造热能及地热（水）增温，甚至闪长玢岩脉的影响而被加热，通过高角度断裂上升，沿着通透性较好的碎屑岩、碳酸盐岩层作侧向运移，溶解其中的硫酸盐及碳酸盐等盐类矿物质，使其盐度不断的增高，形成“热卤水”，同时从矿源层中溶滤出矿质元素，形成含矿热卤水，在热动力及构造应力的驱动下沿着构造薄弱带从压力高部位向压力低部位运移，在构造破碎带内发生线性硅化、碳酸盐化、黄铁矿化等热液蚀变。由于物化条件的变化，从酸性强的氧化环境变为中性还原环境以及蚀变围岩物理化学影响导致在控矿构造断裂、裂隙内金的配合物被还原、解体，而促成金的沉淀，从而聚集成矿，形成矿床。

（六）区域成矿构造环境

据《中国区域地质志·宁夏志》（宁夏回族自治区地质调查院，2017），宁夏大地构造可划分为1个一级（Ⅰ）构造单元（柴达木-华北板块）；3个二级（Ⅱ）构造单元（华北陆块、阿拉善微陆块、祁连早古生代造山带）；3个三级（Ⅲ）构造单元（鄂尔多斯地块、腾格里早古生代增生楔和北祁连中元古代—早古生代弧盆系）；5个四级（Ⅳ）构造单元（鄂尔多斯西缘中元古代—早古生代裂陷、鄂尔多斯中生代坳陷、卫宁北山-香山晚古生代前陆-上叠盆地、景泰-海原中元古代—早古生代弧后盆地和白银-西吉中元古代—早古生代岛弧）；12个五级（Ⅴ）构造单元，包括褶断带、冲断带、大型断（坳）陷盆地、大型向斜构造等（表2）。

表 2　宁夏回族自治区构造单元综合划分表

<table>
<tr><th>单元级别</th><th>Ⅰ级</th><th>Ⅱ级</th><th>Ⅲ级</th><th colspan="2">Ⅳ级</th><th>Ⅴ级</th></tr>
<tr><td rowspan="12">构造单元名称</td><td rowspan="12">柴达木-华北板块Ⅲ</td><td rowspan="4">华北陆块Ⅲ$_5$</td><td rowspan="4">鄂尔多斯地块Ⅲ$_5^1$</td><td rowspan="3">鄂尔多斯西缘中元古代—早古生代裂陷Ⅲ$_5^{1-1}$</td><td rowspan="3">鄂尔多斯西缘冲断构造带</td><td>贺兰山褶断带Ⅲ$_5^{1-1-1}$</td></tr>
<tr><td>银川断陷盆地Ⅲ$_5^{1-1-2}$</td></tr>
<tr><td>陶乐-彭阳冲断带Ⅲ$_5^{1-1-3}$</td></tr>
<tr><td colspan="2">鄂尔多斯中生代坳陷Ⅲ$_5^{1-2}$</td><td>天环向斜Ⅲ$_5^{1-2-1}$</td></tr>
<tr><td rowspan="5">阿拉善微陆块Ⅲ$_4$</td><td rowspan="5">腾格里早古生代增生楔Ⅲ$_4^1$</td><td rowspan="5">卫宁北山-香山晚古生代前陆-上叠盆地Ⅲ$_4^{1-1}$</td><td rowspan="8">宁南弧形构造带</td><td>贺兰山南段褶断带Ⅲ$_4^{1-1-1}$</td></tr>
<tr><td>卫宁北山褶断带Ⅲ$_4^{1-1-2}$</td></tr>
<tr><td>牛首山-罗山冲断带Ⅲ$_4^{1-1-3}$</td></tr>
<tr><td>烟筒山-窑山冲断带Ⅲ$_4^{1-1-4}$</td></tr>
<tr><td>香山褶断带Ⅲ$_4^{1-1-5}$</td></tr>
<tr><td rowspan="3">祁连早古生代造山带Ⅲ$_2$</td><td rowspan="3">北祁连中元古代—早古生代海沟系Ⅲ$_2^1$</td><td rowspan="2">景泰-海原中元古代—早古生代弧后盆地Ⅲ$_2^{1-1}$</td><td>西华山-六盘山冲断带Ⅲ$_2^{1-1-1}$</td></tr>
<tr><td>兴仁-海原坳陷盆地Ⅲ$_2^{1-1-2}$</td></tr>
<tr><td>白银-西吉中元古代—早古生代岛弧Ⅲ$_2^{1-2}$</td><td>西吉坳陷盆地Ⅲ$_2^{1-2-1}$</td></tr>
</table>

（据宁夏回族自治区地质调查院，2017）

三、成矿区带地质与成矿特征

（一）成矿区带划分

成矿区带（又称成矿单元）是具有较丰富矿产资源及其潜力的成矿地质单元。在某一成矿区带内往往具有主导的成矿地质环境、地质演化历史及与之相应的区域成矿作用，其内各类矿床组合往往有规律的集中分布，是反映矿产资源区域性宏观分布特征及受控因素的。

按照《中国矿产地质志·省级矿产地质志研编技术要求》，本次编图参照《中国成矿区带划分方案》（徐志刚等，2008）提出的划分原则和方案（简称“全国方案”），结合宁夏矿产资源实际情况对成矿区带进行了划分。其中，Ⅰ级（成矿域）、Ⅱ级（成矿省）、Ⅲ级（成矿带）按全国方案统一划分；Ⅳ级（亚区带）和Ⅴ级（矿集区、远景区）以宁夏矿产资源潜力评价资料为基础，以最新的矿产地质资料为前提，结合宁夏大地构造单元的划分，在总结区域成矿规律的基础上进行本次划分。

据《中国成矿区带划分方案》（徐志刚等，2008），宁夏跨滨太平洋成矿域（Ⅰ-4）和秦祁昆成矿域（Ⅰ-2）两个Ⅰ级成矿域，又各自下辖1个Ⅱ级成矿省和两个Ⅲ级成矿区（带）（表3）。

表3　宁夏回族自治区成矿区带划分一览表

<table>
<tr><th>成矿域</th><th>成矿省</th><th>成矿区（带）</th><th>成矿亚区（带）</th><th>矿集区或成矿远景区</th></tr>
<tr><th>（Ⅰ级）</th><th>（Ⅱ级）</th><th>（Ⅲ级）</th><th>（Ⅳ级）</th><th>（Ⅴ级）</th></tr>
<tr><td rowspan="11">Ⅰ-4滨太平洋成矿域（叠加在古亚洲成矿域之上）</td><td rowspan="11">Ⅱ-14华北（陆块）成矿省</td><td rowspan="8">Ⅲ-59鄂尔多斯西缘（陆缘坳褶带）Fe-Pb-Zn-磷-石膏-芒硝成矿带（Ar_3；Pt；Pz；Kz）</td><td rowspan="3">Ⅳ-59①贺兰山褶断带Fe-Au-Cu-煤（气）-磷-硅石-石灰岩-白云岩-粘土成矿亚带</td><td>Ⅴ-59①a贺兰山北段Fe-Au-Cu-硅石-煤（气）-粘土-白云岩矿集区</td></tr>
<tr><td>Ⅴ-59①b贺兰山中段煤-粘土矿集区</td></tr>
<tr><td>Ⅴ-59①c贺兰山南段磷-硅石-白云岩-石灰岩矿集区</td></tr>
<tr><td>Ⅳ-59②银川断陷盆地石油-天然气-地热（水）-地下水-矿泉水成矿亚带</td><td></td></tr>
<tr><td rowspan="4">Ⅳ-59③陶乐-彭阳冲断带煤（气）-石灰岩-白云岩成矿亚带</td><td>Ⅴ-59③a宁东地区煤（气）矿集区</td></tr>
<tr><td>Ⅴ-59③b青龙山石灰岩-冶镁白云岩矿集区</td></tr>
<tr><td>Ⅴ-59③c陶乐煤远景区</td></tr>
<tr><td>Ⅴ-59③d王洼-草庙煤矿集区</td></tr>
<tr><td rowspan="3">Ⅲ-60鄂尔多斯（盆地）U-油气-煤-盐类成矿带（Mz；Kz）</td><td rowspan="3">Ⅳ-60①鄂尔多斯中-新生代坳陷石油-天然气-煤（气）-盐类-石膏成矿亚带</td><td>Ⅴ-60①a盐池中生代坳陷（盆地）石油-天然气-煤（气）矿集区</td></tr>
<tr><td>Ⅴ-60①b青山新生代石膏矿集区</td></tr>
<tr><td>Ⅴ-60①c彭阳中生代坳陷石油-天然气-煤矿集区</td></tr>
</table>

续表

成矿域 （Ⅰ级）	成矿省 （Ⅱ级）	成矿区（带） （Ⅲ级）	成矿亚区（带） （Ⅳ级）	矿集区或成矿远景区 （Ⅴ级）
Ⅰ-2 秦祁昆成矿域	Ⅱ-6 阿尔金-祁连（造山带）成矿省	Ⅲ-20 河西走廊 Fe-Mn-萤石-盐类-凹凸棒石-石油成矿带	Ⅳ-20①卫宁北山褶断带 Fe-Au-Ag-Cu-Pb-Zn-煤-粘土成矿亚带	Ⅴ-20①a 卫宁北山 Fe-Au-Ag-Cu-Pb-Zn 多金属矿集区
			Ⅳ-20②烟筒山-窑山冲断带煤-石灰岩-硅石成矿亚带	Ⅴ-20②a 六盘山页岩气远景 3 区
			Ⅳ-20③香山褶断带 Fe-Cu-煤-石灰岩-石膏-粘土成矿亚带	Ⅴ-20③a 团钵郎早古生代石灰岩矿集区
				Ⅴ-20③b 同心新生代石膏矿集区
				Ⅴ-20③c 香山 Fe-Cu-煤矿集区
		Ⅲ-21 北祁连 Cu-Pb-Zn-Fe-Cr-Au-Ag-硫铁矿-石棉成矿带（Pt_2；Pt_3-Pz_1）	Ⅳ-21①南、西华山-六盘山冲断带 Au-Cu-Pb-Zn-硫铁矿-泥炭-岩盐成矿亚带	Ⅴ-21①a 南、西华山 Au-Cu-硫铁矿矿集区
				Ⅴ-21①b 硝口-开城第四系泥炭-岩盐矿集区
				Ⅴ-21①c 六盘山页岩气远景 1 区
				Ⅴ-21①d 六盘山页岩气远景 2 区
			Ⅳ-21②西吉坳陷盆地多金属成矿亚带	Ⅴ-21②a 西吉坳陷盆地磁异常多金属成矿远景区

（二）各成矿区带主要成矿地质特征

1. 滨太平洋成矿域（Ⅰ-4）

宁夏位于华北（陆块）成矿省（Ⅱ-14）最西缘，下辖鄂尔多斯西缘（陆缘坳褶带）Fe-Pb-Zn-磷-石膏-芒硝成矿带（Ar_3；Pt；Pz；Cz）和鄂尔多斯（盆地）U-油气-煤-盐类成矿带（Mz；Kz）。

（1）鄂尔多斯西缘（陆缘坳褶带）Fe-Pb-Zn-磷-石膏-芒硝成矿带（Ar_3；Pt；Pz；Kz）（Ⅲ-59）

鄂尔多斯西缘（陆缘坳褶带）Fe-Pb-Zn-磷-石膏-芒硝成矿带时代为 Ar_3，Pt，Pz，Cz，Ⅲ-59 是全国矿产资源潜力评价成矿规律项目组给定的统一编号。其构造背景是陆缘坳褶带，西以贺兰山西缘断裂与阿拉善隆起成矿带（Ⅲ-18）为界，东以桌子山东缘断裂和阿色浪-马家滩-车道断裂为界与鄂尔多斯（盆地）U-油气-煤-盐类成矿带（Ⅲ-60）相接。

按地质建造及成矿差异，将Ⅲ-59 划分为贺兰山褶断带 Fe-Au-Cu-煤（气）-磷-硅石-石灰岩-白云岩-粘土成矿亚带，银川断陷盆地石油-天然气-地热（水）-地下水-矿泉水成矿亚带，陶乐-彭阳冲断带煤（气）-石灰岩-白云岩成矿亚带 3 个成矿亚带。

A. 贺兰山褶断带 Fe-Au-Cu-煤（气）-磷-硅石-石灰岩-白云岩-粘土成矿亚带（Ⅳ-59①）

贺兰山褶断带 Fe-Au-Cu-煤（气）-磷-硅石-石灰岩-白云岩-粘土成矿亚带北、西以宁夏和内蒙古的自治区界为界，东部以贺兰山东麓断裂为界。其分布范围基本与宁夏境内贺兰山山区一致，为北东向的狭长区域。根据各矿种分布特征，进一步划分贺兰山北段、中段、南段 3 个Ⅴ级成矿区带：贺兰山北段 Fe-Au-Cu-硅石-煤（气）-粘土-白云岩矿集区（Ⅴ-59①a）、贺兰山中段煤-粘土矿集区（Ⅴ-59①b）及贺兰山南段磷-硅石-白云岩-石灰岩矿集区（Ⅴ-59①c）。

B. 银川断陷盆地石油-天然气-地热（水）-地下水-矿泉水成矿亚带（Ⅳ-59②）

银川断陷盆地石油-天然气-地热（水）-地下水-矿泉水成矿亚带西以贺兰山东麓断裂，东以黄河断裂，北以宁夏-内蒙古自治区界，南以牛首山-罗山断裂为界。为近南北走向的条状带。宁夏沿黄城市群主体位于该带内，地下水资源受黄河水、引黄灌溉水的入渗补给和周边山区地下水的侧向补给，使该成矿亚带成为宁夏水气资源最为丰富的区域。此外，在成矿亚带北部还有石油、天然气资源的分布。

C. 陶乐-彭阳冲断带煤（气）-石灰岩-白云岩成矿亚带（Ⅳ-59③）

陶乐-彭阳冲断带煤（气）-石灰岩-白云岩成矿亚带为南北向的狭长条带。西以黄河断裂及罗山-牛首山断裂为界，东以车道-阿色浪断裂为界，南北分别以宁-蒙自治区界和宁-甘省界为界。该成矿亚带进一步划分Ⅴ-59③a 宁东地区煤（气）矿集区、Ⅴ-59③b 青龙山石灰岩-冶镁白云岩矿集区、Ⅴ-59③c 陶乐煤远景区及Ⅴ-59③d 王洼-草庙煤矿集区 4 个矿集区。

（2）鄂尔多斯（盆地）U-油气-煤-盐类成矿带（Mz；Cz）（Ⅲ-60）

鄂尔多斯（盆地）U-油气-煤-盐类Ⅲ级成矿区带时代为 Mz、Cz。Ⅲ-60 是全国矿产资源潜力评价成矿规律项目组给定的统一编号。其构造背景是盆地，西以桌子山东缘断裂和阿色浪-马家滩-车道断裂为界与鄂尔多斯西缘（陆缘坳褶带）Fe-Pb-Zn-磷-石膏-芒硝成矿带（Ⅲ-59）相接，向东出宁夏，进入陕西省、甘肃省和内蒙古自治区。在宁夏境内，划分 1 个四级成矿区亚带——鄂尔多斯中-新生代坳陷石油-天然气-煤（气）-盐类-石膏成矿亚带（Ⅳ-60①），该成矿亚带西界为车道-阿色浪断裂，东、南、北界为宁-蒙、宁-陕、宁-甘省（自治区）界。下辖 3 个五级矿集区：盐池中生代坳陷（盆地）石油-天然气-煤（气）矿集区（Ⅴ-60①a）、青山新生代石膏矿集区（Ⅴ-60①b）及彭阳中生代坳陷石油-天然气矿集区（Ⅴ-60①c）。

彭阳中生代坳陷石油-天然气矿集区位于彭阳县东部地区，赋矿层位为中侏罗统延安组、上三叠统延长组含油气层。以彭阳油田为典型代表。

2. 秦祁昆成矿域（Ⅰ-2）

宁夏位于阿尔金-祁连（造山带）成矿省（Ⅱ-6）最东缘，下辖河西走廊 Fe-Mn-萤石-盐类-凹凸棒石-石油成矿带和北祁连 Cu-Pb-Zn-Fe-Cr-Au-Ag-硫铁矿-石棉成矿带（Pt_2；Pt_3-Pz_1）。

（1）河西走廊 Fe-Mn-萤石-盐类-凹凸棒石-石油成矿带（Ⅲ-20）

河西走廊 Fe-Mn-萤石-盐类-凹凸棒石-石油成矿带（Ⅲ-20）是全国矿产资源潜力评价成矿规律项目组给定的统一编号。北以阿尔金断裂与阿尔金成矿带（Ⅲ-19）为界，南西以北祁连北缘断裂与北祁连成矿带（Ⅲ-21）为界。基于构造背景特点，因为早古生代早期北祁连逐步成洋盆时，该带没有显著地陷下去，而志留纪末造山时该带又没有显著地隆上去，始终处于过渡环境，所以地质人员常称其为走廊过渡带。按地质建造及成矿差异，在宁夏境内将其划分为 3 个成矿亚带：

A. 卫宁北山褶断带 Fe-Au-Ag-Cu-Pb-Zn-煤-粘土成矿亚带（Ⅳ-20①）

卫宁北山褶断带 Fe-Au-Ag-Cu-Pb-Zn-煤-粘土成矿亚带以卫宁北山东麓断裂和宁-蒙自治区界为边界，在卫宁北山多金属矿集中区域进一步划分 1 个Ⅴ级矿集区——卫宁北山 Fe-Au-Ag-Cu-Pb-Zn 多金属矿集区（Ⅴ-20①a），矿集区内出露有上奥陶统香山群徐家圈组、狼嘴子组、磨盘井组，中上泥盆统老君山组，石炭系前黑山组、臭牛沟组、靖远组和羊虎沟组等铁、铜、金、银、铅矿成矿地层，东西向构造发育。目前，发现的铁矿（化）点 34 处，金、银、铜矿产地 21 处。其中，以照壁山铁矿床、二人山银铅矿点、黄石坡沟金银矿床、金场子金银矿床、大铜沟铜矿床、土窑铜矿床规模较大。这些金、银、铁、铜等矿床（点）主要赋存于上奥陶统香山群狼嘴子组、中上泥盆统老君山组及石炭系前黑山组、臭牛沟组、靖远组和羊虎沟组中，是与宁夏燕山期热液作用有关铁、铜、金、银、铅、锌等金属矿产成矿的重要地区。

B. 烟筒山-窑山冲断带煤-石灰岩-硅石成矿亚带（Ⅳ-20②）

烟筒山-窑山冲断带煤-石灰岩-硅石成矿亚带南西以天景山断裂为界，北东以烟筒山-窑山断裂为界，区带内矿种以煤、石灰岩和硅石为主，含矿建造为下中奥陶统天景山组碳酸盐岩建造及新生代碎屑岩建造。

C. 香山褶断带 Fe-Cu-煤-石灰岩-石膏-粘土成矿亚带（Ⅳ-20③）

香山褶断带 Fe-Cu-煤-石灰岩-石膏-粘土成矿亚带北东以天景山断裂为界，南西以香山南麓断裂为界。根据矿产地分布特征，进一步圈定 3 个Ⅴ级矿集区：团钵郎早古生代石灰岩矿集区（Ⅴ-20③a）、同心新生代石膏矿集区（Ⅴ-20③b）、香山 Fe-Cu-煤矿集区（Ⅴ-20③c）。

（2）北祁连 Cu-Pb-Zn-Fe-Cr-Au-Ag-硫铁矿-石棉成矿带（Pt_2；Pt_3-Pz_1）（Ⅲ-21）

北祁连 Cu-Pb-Zn-Fe-Cr-Au-Ag-硫铁矿-石棉Ⅲ级成矿区带时代为 Pt_2，Pt_3-Pz_1，Ⅲ-21 是全国矿产资源潜力评价成矿规律项目组给定的统一编号。北东以北祁连北缘断裂与河西走廊 Fe-Mn-萤石-盐类-凹凸棒石-石油成矿带（Ⅲ-20）为界，南西延入甘肃省。按地质建造及成矿差异，将其划分为南、西华山-六盘山冲断带 Au-Cu-Pb-Zn-硫铁-泥炭-岩盐成矿亚带，西吉坳陷盆地多金属成矿亚带 2 个成矿亚带。

A. 南、西华山-六盘山冲断带 Au-Cu-Pb-Zn-硫铁矿-泥炭-岩盐成矿亚带（Ⅳ-21①）

南、西华山-六盘山冲断带 Au-Cu-Pb-Zn-硫铁矿-泥炭-岩盐成矿亚带呈北西—南东向展布，北东向以海原断裂为界，南西向以月亮山西南麓-六盘山西麓断裂为界，北西、南东均以宁-甘省（自治区）界为界。下辖 2 个Ⅴ级矿集区和 2 个成矿远景区：南、西华山 Au-Cu-硫铁矿矿集区（Ⅴ-21①a）、硝口-开城第四系泥炭-岩盐矿集区（Ⅴ-21①b）、六盘山页岩气远景 1 区（Ⅴ-21①c）及六盘山页岩气远景 2 区（Ⅴ-21①d）。

B. 西吉坳陷盆地多金属成矿亚带（Ⅳ-21②）

西吉坳陷盆地多金属成矿亚带呈北西—南东向展布，其南西界以宁、甘省（自治区）界为限，其北东以月亮山西南麓-六盘山西麓断裂为界。因全部为新生界地层覆盖区，根据该区磁异常，推断有锌、铅、铜矿。故进一步划分 1 个成矿远景区，即西吉坳陷盆地磁异常多金属成矿远景区（Ⅴ-21②a）。

四、成矿系列概述

（一）矿床成矿系列划分

通过对宁夏全矿种特点的分析研究结果，本志依据构造单元、成矿时代、成矿作用的不同，共划分 9 个成矿系列及 10 个成矿亚系列（表 4，图 1）。

表 4　宁夏矿床成矿系列划分表

矿床成矿系列	矿床成矿亚系列	矿床式	矿产地实例	相关地质体
1-Ⅲ$_{5}^{1}$-Pt$_1$-I 鄂尔多斯地块与古元古代岩浆作用有关的矿床成矿系列	Pt$_1$-I-1 与古元古代混合花岗岩化作用有关的伟晶白云母、石英、长石、热液脉石英矿床成矿亚系列	程子山式白云母	石嘴山市程子山白云母矿	贺兰山岩群
		道路沟式脉石英	石嘴山市道路沟脉石英矿	贺兰山岩群
	Pt$_1$-I-2 与古元古代基性岩浆侵入作用有关的辉绿岩矿床成矿亚系列	正义关式辉绿岩	石嘴山市正义关辉绿岩矿	贺兰山岩群辉绿岩脉
2-Pt$_2$-S(M)与中元古代沉积-变质作用有关的铁、硅石、白云石大理岩、砚石矿床成矿系列	Pt$_2$-M-1 与中元古代变质作用有关的铁、硅石、白云石大理岩、砚石矿床成矿亚系列	海原式铁、硅石、白云石大理岩	中卫市北沟石英岩矿、中卫市乱堆子冶镁白云石大理岩矿	海原岩群
		黄旗口式铁、砚石、硅石	石嘴山市王全口铁矿、银川市笔架山贺兰石矿、银川市小口子贺兰石矿、石嘴山市柳条沟硅石矿、石嘴山市正义关鄂博梁硅石矿	黄旗口组碎屑岩建造
	Ⅲ$_{5}^{1}$-Pt$_2$-S-2 鄂尔多斯地块与蓟县纪沉积作用有关的白云岩矿床成矿亚系列	王全口式白云岩	石嘴山市王全口冶镁白云岩矿、吴忠市青龙山中段冶镁白云岩矿、吴忠市青龙山李家新庄-童家慢坡冶镁白云岩矿	王全口组碳酸盐岩建造
3-Pz$_1$-S 与早古生代沉积作用有关的铁、彩石、磷、灰岩、白云岩、板岩矿床成矿系列		苏峪口式磷矿	银川市苏峪口磷矿、银川市紫花沟磷矿	苏峪口组含磷碎屑岩建造
		五道淌-陶斯沟-阿不切亥式白云岩	银川市紫花沟熔剂白云岩矿	寒武纪高镁碳酸盐岩建造
		天景山式灰岩	中卫市米钵山团钵郎电石灰岩矿、中卫市天景山北段化工灰岩矿、中卫市瀛龙山水泥用石灰岩矿、银川市驴驴沟化工灰岩矿、银川市套门沟水泥灰岩矿、吴忠市青龙山西道梁二道山石灰岩矿	天景山组碳酸盐岩建造
		狼嘴子式铁、磷	中卫市火山（顾家岘）铁矿、中卫市磨盘井磷矿	狼嘴子含磷硅质岩-碳酸盐岩建造

续表

矿床成矿系列	矿床成矿亚系列	矿床式	矿产地实例	相关地质体
4-Pz_1-I(F)与加里东期岩浆-热液作用有关的铜、金、银、硫铁矿成矿系列	Ⅲ$_4^1$-Pz_1-I-1 腾格里早古生代增生楔与加里东期基性岩浆侵入作用有关的铜、金、银、辉绿岩矿床成矿亚系列	磨盘井式辉绿岩	中卫市磨盘井辉绿岩矿	香山群辉绿岩脉
	Ⅲ$_2^1$-Pz_1-F-2 祁连早古生代造山带与加里东晚期热液作用有关的铜、金、银、硫铁矿矿床成矿亚系列	马场沟式金	中卫市马场沟金矿	海原岩群热液型石英脉
		簸箕掌式铜	中卫市簸箕掌铜矿	海原岩群
		阳洼沟式硫铁矿	中卫市阳洼硫铁矿	海原岩群
5-Pz_2-S 与晚古生代沉积作用有关的铜、银、灰岩、石膏、石英砂岩、煤、天然气、粘土、油页岩矿床成矿系列		中宁式铜、银	中卫市腰岘子铜矿、中卫市峡子沟(拐门沟)铜矿	中宁组碎屑岩建造
		前黑山-臭牛沟式灰岩、石膏	中卫市小红山石膏矿、中卫市倒流沟水泥灰岩矿	早石炭世石灰岩夹石膏建造
		羊虎沟-太原式煤、粘土、油页岩、石英砂岩	中卫市碱沟山煤矿区、中卫市油井山炭巷沟陶瓷粘土矿、中卫市上下河沿(烟洞坡)油页岩矿、中卫市陈水硅石矿	晚石炭世海陆交互相碎屑含煤建造
		太原-山西式煤、天然气	吴忠市韦州煤矿区、银川市红墩子矿区、灵武市刘家庄天然气田	早二叠世陆相碎屑含煤建造
6-Ⅲ$_5^1$-Mz_1-F 鄂尔多斯地块与印支期热液作用有关的金、铜、铅、锌、银、重晶石矿床成矿系列		牛头沟式金	石嘴山市牛头沟金矿	贺兰山岩群
		灯影子式铜	石嘴山市正义关沟铜矿	贺兰山岩群
		陶斯沟式铅、锌、银、重晶石	石嘴山市陶斯沟重晶石多金属矿	贺兰山岩群
7-Mz-S 与中生代沉积作用有关的铜、石英砂岩、煤、油气、油页岩、粘土矿床成矿系列		延长式油气	吴忠市红井子油气田、固原市彭阳油田	延长群碎屑岩建造
		延安式石英砂岩、煤、油页岩、粘土	银川市鸳鸯湖煤矿区、固原市石岘子林场石英砂岩矿、固原市银洞沟陶瓷粘土矿	延安组陆相碎屑含煤建造
		六盘山式铜、油页岩、页岩气、石膏、芒硝、岩盐	固原市黄草沟铜矿、固原市炭山油页岩矿、中卫市阳明石膏矿、固原市硝口-上店子岩盐矿	六盘山群杂色碎屑岩建造
8-Ⅲ$_4^1$-Mz_2-F 腾格里早古生代增生楔与燕山期热液作用有关的铁、铜、金、银、铅、锌、硫铁矿、重晶石矿床成矿系列		照壁山式铁	中卫市照壁山铁矿	石炭纪碎屑岩建造
		铜铁沟-大铜沟式铜	中卫市铜铁沟(土窑)铜矿、中卫市大铜沟铜(钴)矿	石炭纪碎屑岩建造
		金场子式金	中卫市金场子金矿	晚泥盆世—早石炭世碎屑岩建造
		二人山式银、铅、硫铁矿	中卫市二人山硫铁多金属矿	晚泥盆世—早石炭世碎屑岩建造
		杨家岭式铅、锌	固原市杨岭铅锌矿	六盘山群热液型石英脉

续表

矿床成矿系列	矿床成矿亚系列	矿床式	矿产地实例	相关地质体
9-Cz-1 与新生代沉积作用-表生作用有关的铁、石英砂、石膏、粘土、地下水等矿床成矿系列	Cz_1-S-1 与古近纪—新近纪沉积作用有关的粘土、石英砂、石膏矿床成矿亚系列	清水营式石膏	中卫市贺家口子石膏矿、吴忠市石记场石膏矿	清水营组红色碎屑岩-膏岩建造
		寺口子-清水营式石英砂、粘土	吴忠市河西石英砂矿、中卫市油井山粘土岩矿	古近纪碎屑岩建造
		彰恩堡式石英砂、粘土	固原市石砚子石英砂矿、吴忠市花豹湾粘土矿	彰恩堡组碎屑岩建造
	Cz_2-S-2 与第四纪沉积作用有关的铁、砂金、石英砂、泥炭、盐类矿床成矿亚系列	麦垛山式铁	中卫市麦垛（堆）山铁矿	第四纪碎屑岩建造
		开城式泥炭	固原市开城泥炭矿	第四纪粘土建造
		海子井式硝盐	吴忠市海牛滩芒硝矿	第四纪碎屑岩建造
		石嘴山黄河式砂金	石嘴山市跑马崖砂金矿	第四纪碎屑岩建造
	Cz_2-H-3 与第四纪风化作用有关的铁、钴、膨润土矿床成矿亚系列	茶梁子式铁、钴	中卫市茶梁子铁钴矿	第四纪碎屑岩建造
		二人山式膨润土	中卫市二人山膨润土矿	第四纪粘土建造
	Cz_2-F-4 与第四纪流体作用有关的米脂玉（钟乳石）、地热（水）、地下水、矿泉水矿床成矿亚系列	深循环式地热水	银川市 Y8 地热井（沙温泉）	第四纪沉积建造
		渗溶式米脂玉	中卫市黄羊滩火车站米脂玉矿	第四纪沉积建造
		渗溶式矿泉水	吴忠市庙山湖泉	第四纪沉积建造
		渗滤式地下水	银川市南郊水源地	第四纪沉积建造

（二）各矿床成矿系列主要成矿地质特征

1. 鄂尔多斯地块与古元古代岩浆作用有关的矿床成矿系列（1-Ⅲ$_5^1$-Pt$_1$-I）

古元古代矿产地主要集中在鄂尔多斯西缘贺兰山地区，赋矿围岩为贺兰山岩群及赵池沟岩群，成矿作用为岩浆作用，根据成矿岩体的差异，分为混合花岗岩亚系列及基性侵入岩亚系列。

（1）与古元古代混合花岗岩化作用有关的伟晶白云母、石英、长石、热液脉石英矿床成矿亚系列（Pt$_1$-I-1）

1）成矿时代：古元古代。

2）矿床类型：混合花岗岩化相关伟晶岩型矿床（伟晶白云母、石英、长石）、混合花岗岩化相关热液脉型（脉石英），主要矿种为伟晶白云母（伴生伟晶石英、长石），次为脉石英。

3）矿产地实例及分布：银川市黄旗口白云母矿点。石嘴山市程子山、榆树湾白云母矿床，包洞特、麦子井白云母矿点，道路沟脉石英矿床（结晶硅用）。

4）主要成矿作用：混合花岗岩化成矿作用，具体特点是超出变质阶段，刚进入产生花岗岩浆的初期阶段。贺兰山地区古元古代超变质作用导致混合岩化，向岩浆作用过渡，因此其相关成岩成矿具有变质成矿作用-岩浆成矿作用的过渡性质，出现了混合花岗岩相关的伟晶岩型矿产及热液脉型矿产。

（2）与古元古代基性岩浆侵入作用有关的辉绿岩矿床成矿亚系列（Pt$_1$-I-2）

1）成矿时代：古元古代。

图1　宁夏分时段成矿系列划分图

2）矿床类型：岩浆型矿床，主要矿种为岩棉辉绿岩。

3）矿产地实例及分布：石嘴山市正义关辉绿岩矿床。

4）主要成矿作用：岩浆成矿作用，具体为幔源基性岩浆浅成侵入成矿作用。

2. 与中元古代沉积-变质作用有关的铁、硅石、白云石大理岩、砚石矿床成矿系列（$2-Pt_2-S$（M））

中元古代矿产地集中在南、西华山地区、贺兰山地区及青龙山地区，成矿作用为沉积作用和变质作用。根据成矿作用不同，分为沉积作用亚系列和变质作用亚系列。

（1）与中元古代变质作用有关的铁、硅石、白云石大理岩、砚石矿床成矿系列（Pt_2-M-1）

1）成矿时代：长城纪。

2）矿床类型：受变质型矿床，主要矿种为白云石大理岩、硅石，次为砚石、铁。

3）矿产地实例及分布：银川市笔架山、小口子、拜寺口双塔、下拜寺口贺兰石矿床（点）。石嘴山市王全口铁矿床，陶斯沟、老树湾铁矿点，柳条沟、正义关鄂博梁、王全口、白虎洞、偷牛沟、北岔沟、老树湾、枣窝、大武口沟口东、拜寺口、大口子、小口子硅石矿床。中卫市北沟熔剂石英岩矿床，乱堆子冶镁白云石大理岩矿床，南华山铁矿化点。固原市西吉铁矿化点。

4）主要成矿作用：变质成矿作用。初始为长城纪化学沉积成矿作用、机械沉积成矿作用形成的矿床，后来又遭受了区域变质作用，普遍受区域热动力得到变形变质改造，矿体局部进一步富集，矿石矿物发生重结晶等。

（2）鄂尔多斯地块与蓟县纪沉积作用有关的白云岩矿床成矿亚系列（$Ⅲ_5^1-Pt_2-S-2$）

1）成矿时代：蓟县纪。

2）矿床类型：化学沉积型矿床，主要矿种为白云岩。

3）矿产地实例及分布：银川市干沟、大挺沟冶镁用白云岩矿床。吴忠市青龙山东部（玻璃用），青龙山西道梁（熔剂用）、青龙山东道梁北段、青龙山中段、李家新庄-童家慢坡、青龙山东道梁南段石湾沟（冶镁用）白云岩矿床。石嘴山市王全口白云岩矿床。固原市马家石沟、石铪铬白云岩矿点（冶镁用）。

4）主要成矿作用：沉积成矿作用，具体为化学沉积成矿作用，实际上对于白云岩是在化学沉积作用基础上，后续进一步经历镁质交代作用，最终形成白云岩。

3. 与早古生代沉积作用有关的铁、彩石、磷、灰岩、白云岩、板岩矿床成矿系列（$3-Pz_1-S$）

1）成矿时代：寒武纪、奥陶纪。

2）矿床类型：化学沉积型矿床（白云岩、石灰岩、铁、彩石）、机械-胶体沉积型矿床（板岩、页岩）、生物化学沉积型矿床（磷），主要矿种为白云岩、石灰岩（包括竹叶石），次要矿种为磷、页岩、板岩、铁、彩石。

3）矿产地实例及分布如下。

白云岩：银川市紫花沟、苏峪口五道淌、苏峪口石灰窑、井泉子、倒水沟白云岩矿床。

石灰岩：银川市驴驴沟（电石用、制碱用），干沟-牛坷拉沟（熔剂、水泥用）、套门沟、窑舌子沟石灰岩矿床。吴忠市青山（化工、水泥用）、卡子庙、沙坝沟（水泥用）、石儿山北段（水泥用）、青龙山西道梁二道山（制碱、水泥用）、盐池县石梁（制碱、饰面用）石灰岩矿床。石嘴山市沙巴台、八号泉（水泥用）石灰岩矿床。中卫市宣和镇天景山北段、天景山白路泉南段、米钵山团钵郎、银山（化工、水泥）用灰岩矿床、青圪塔南段、瀛龙山、园湾、黑疙瘩沟、草帽子墩（水泥用）石灰岩矿床。固原市蒿店乡红砂石沟、黄花乡秋千峡石灰岩矿（水泥用）、蟠龙坡、吊岭渠、彭阳县黑石头河石灰岩矿床。

磷矿：银川市苏峪口、苏峪口南、紫花沟磷矿床。中卫市油井山磷矿、磨盘井磷矿。

页岩：石嘴山市柳条沟页岩矿床。

板岩：银川市石嘴山、头关（水泥配料用）板岩矿床。

彩石：银川市苏峪口竹叶石、干沟、大南池沟口朔花石矿点。

铁矿：中卫市火山（顾家岘）铁矿床。

4）主要成矿作用：沉积成矿作用。具体为生物化学沉积成矿作用、化学沉积成矿作用、机械-胶体沉积成矿作用。

4. 与加里东期岩浆-热液作用有关的铁、金、银、硫铁矿成矿系列（4-Pz_1-I(F)）

加里东期岩浆、热液作用形成的矿产以金属矿为主，矿产主要集中在香山及南、西华山地区。根据成矿空间及成矿作用的不同，进一步划分为两个成矿亚系列。

（1）腾格里早古生代增生楔与加里东期基性岩浆侵入作用有关的铜、金、银、辉绿岩矿床成矿亚系列（$Ⅲ_4^1$-Pz_1-I-1）

1）成矿时代（构造旋回）：加里东中期。辉绿岩同位素年龄值482.4 Ma（宁夏回族自治区地质调查院，2017）。

2）矿床类型：岩浆型矿床（岩棉辉绿岩）、岩浆热液型矿化（铜、金、银），主要矿种为辉绿岩，伴生矿种为铜、金、银。

3）矿产地实例及分布：中卫市磨盘井辉绿岩矿床，狼嘴子铜矿点。

4）主要成矿作用：岩浆成矿作用，具体为岩浆浅成侵入成矿作用及岩浆期后热液成矿作用。

（2）祁连早古生代造山带与加里东晚期热液作用有关的铜、金、银、硫铁矿矿床成矿亚系列（$Ⅲ_2^1$-Pz_1-F-2）

1）成矿时代（构造旋回）：加里东期。

2）矿床类型：中低温热液型矿床，主要矿种为金（伴生银），次为铜、硫铁矿。

3）矿产地实例及分布：中卫市马场沟金矿床，柳沟金矿点，阳洼沟硫铁矿床，簸箕掌、簸箕掌东、窝宝沟、小西沟铜矿点。

4）主要成矿作用：低温热液再造成矿作用。

5. 与晚古生代沉积作用有关的铜、银、灰岩、石膏、石英砂岩、煤、天然气、粘土、油页岩矿床成矿系列（5-Pz_2-S）

1）成矿时代：晚古生代。

2）矿床类型：化学沉积型矿床（铜、石灰岩）、蒸发沉积型矿床（石膏）、生物化学沉积型矿床（煤、油页岩、天然气）、机械沉积型矿床（石英砂岩）、机械-胶体沉积型矿床（紫砂陶土、粘土）。

3）矿产地实例及分布如下。

铜：中卫市腰岘子、峡子沟（拐门沟）铜矿床。

石灰岩：吴忠市野猫子山水泥灰岩矿床。中卫市倒流沟、石峡、石泉、天景梁、狐子疙瘩、大道崖-孙家沟石灰岩矿床。

石膏：吴忠市康马头、夜猫子山石膏矿床。中卫市小红山、甘塘、一碗泉、石门坎、宏佛寺、大茨脑石膏矿床。

煤：银川市苏峪口、插旗沟-牛家台子、红墩子煤矿区、横城堡煤矿区。吴忠市韦州煤矿区、四股泉煤矿区。石嘴山市沙巴台、石嘴山、石炭井、正义关、马莲滩、炭梁坡、三眼井煤矿。中卫市线驮石、碱沟山、上下河沿、梁水园、小洞山、土坡、校育川、油井山、甘塘煤矿。固原市王洼西部煤矿区。

天然气：银川市刘家庄气田。

油页岩：中卫市上下河沿油页岩矿床。固原市油井山油页岩矿点。

粘土矿：银川市插旗沟-牛家台子粘土矿床（耐火或陶瓷用）。石嘴山市石嘴山、简泉、东沟、二矿井田、石炭井、大灯沟、浸水沟、马莲滩粘土矿床，红渣子-小王全沟、武当庙紫砂陶土矿床。中卫市窑沟（上下河沿）、孙家沟、平滩湖粘土矿床。固原市油井山炭巷沟粘土矿床（陶瓷土）。

4）主要成矿作用：沉积成矿作用。具体为化学沉积成矿作用、蒸发沉积成矿作用、生物化学沉积成矿作用、机械沉积成矿作用、机械-胶体沉积成矿作用。

6. 鄂尔多斯地块与印支期热液作用有关的金、铜、铅、锌、银、重晶石矿床成矿系列（6-$Ⅲ_5^1$-Mz_1-F）

1）成矿时代（构造旋回）：印支期。

2）矿床类型：中低温热液型矿床，主要矿种为铅锌、金，次要矿种为铜、重晶石。

3）矿产地实例及分布：石嘴山市牛头沟、树龙沟金矿床，正义关沟铜矿点，红山铅锌矿点，陶斯沟铅锌、重晶石矿点。

4）主要成矿作用：中低温热液活化再造成矿作用。

7. 与中生代沉积作用有关的铜、石英砂岩、煤、油气、油页岩、粘土矿床成矿系列（7-Mz-S）

1）成矿时代：中生代。

2）矿床类型：化学沉积型矿床（铜）、生物化学沉积型矿床（煤、石油、天然气、油页岩、同心石）、蒸发沉积型矿床（芒硝、岩盐）、机械沉积型矿床（石英砂岩）、机械-胶体沉积型矿床（紫砂陶土、粘土）。

3）矿产地实例及分布如下。

煤：银川市碎石井、鸳鸯湖、石沟驿、积家井、马家滩、灵武煤矿区。吴忠市萌城、窑山煤矿区。石嘴山市汝箕沟煤矿区。中卫市下流水煤矿区。固原市炭山、炭洞沟、王洼、草庙煤矿区

石油：银川市马家滩油田。吴忠市红井子、马坊、李庄子、大水坑、摆宴井、惠安油田。固原市彭阳油田。

油页岩：固原市沙南、隆德、炭山油页岩。

粘土：石嘴山市天子庙紫砂陶土矿床。固原市银洞沟陶瓷用粘土矿床。

石英砂：固原市石岘子林场玻璃用石英砂岩。

同心石：吴忠市红崖子同心石矿点。

岩盐：固原市硝口-上店子岩盐矿床。

铜：固原市黄草沟、海英岔铜矿点。

4）主要成矿作用：沉积成矿作用，具体细分为生物化学沉积成矿作用、化学沉积成矿作用、机械沉积成矿作用、机械-胶体沉积成矿作用、蒸发沉积成矿作用。

8. 腾格里早古生代增生楔与燕山期热液作用有关的铁、铜、金、银、铅、锌、硫铁矿、重晶石矿床成矿系列（8-$Ⅲ_4^1$-Mz_2-F）

1）成矿时代（构造旋回）：燕山期。

2）矿床类型：中低温热液型铁、铜、金、银、钴、铅锌、硫铁矿、重晶石矿床及矿点。主要矿种为铜、金、铅锌，次为铁（菱铁矿）、硫铁矿、重晶石，伴生银、钴。

3）矿产地实例及分布：吴忠市双圈（广武山）、茶树沟铜矿床、骡子沟铁矿点、一条岭重晶石

矿床。中卫市大铜沟、照壁山（古老采铜矿遗迹）、红石堆，铁铜沟（土窑），狼嘴子铜矿床；照壁山、新照壁山、石墩水、骆驼山、石门硐、驴尾巴湾、星铁山、二人山、黄石坡沟、泉山井、撅屁山西、锅底湖、白土井、涩井沟、乌车梁、大石头井沟、单梁山三角点、新水铁矿床；二人山银铅硫铁矿床；米地梁、黄石坡-金场子重晶石矿床；金场子、黄石坡沟金矿床。固原市杨家岭铅锌矿床（铅洞山矿段、立洼峡矿段）。

4）主要成矿作用：中低温热液成矿作用。

9. 与新生代沉积作用-表生作用有关的铁、石英砂、石膏、粘土、地下水等矿床成矿系列（9-Cz-1）

新生代成矿作用以沉积作用为主，次为表生作用。古近纪赋矿地层为寺口子组及清水营组。寺口子组富含石英砂及粘土矿物，清水营组赋含矿种以石膏为主，次为石英砂、膨润土。新近纪彰恩堡组可开采石英砂矿及粘土矿。第四纪成矿作用相对比较复杂，形成的矿种既有 Fe-Co-砂金等金属矿，又有石英砂、粘土、泥炭等非金属矿产，还有地下水、矿泉水等水气矿产。新生代矿产在全区均有分布。根据成矿时代及成矿作用不同，进一步划分为 4 个成矿亚系列。

（1）与古近纪—新近纪沉积作用有关的粘土、石英砂、石膏矿床成矿亚系列（Cz_1-S-1）

1）成矿时代：古近纪—新近纪。

2）矿床类型：机械沉积型矿床（石英砂岩）、机械-胶体沉积型矿床（膨润土、粘土）、蒸发沉积矿床（石膏）。

3）矿产地实例及分布如下。

石膏：吴忠市南泥沟、石记场北、石记场、余家圈、青山、窨子山、官滩、灵应山石膏矿。石嘴山市平罗县陶乐北石膏矿床。中卫市贺家口子、碱台子、百套子、下原套、田子垴、塌山洼、石峡口石膏矿床。固原市双河湾、赵家洼-王辛湾、隆德县石膏矿床。

石英砂：银川市黄羊滩（水泥配料），花布山（铸型用）石英砂岩矿床。吴忠市青马圈（玻璃用）、苦水河（铸型用）、红土沟（玻璃用）、双井子-红崖子（铸型用），新庄（铸型用）、火车站（铸型用）、青铜峡（铸型用）、河西（铸型用）石英砂矿床。固原市彭堡乡北湾（玻璃用）、梁家台（铸型用）、石岘子（铸型用）、石门子（铸型用）、沙窝（铸型用）、小黄茆山（铸型用）、开城（铸型用）、荞花台（铸型用）、高圪陵（玻璃用）、小黄茆山-青石峡口（水泥配料用）石英砂矿床。

粘土：吴忠市河西镇花豹湾（水泥用）粘土矿床，黄羊滩、黄羊滩南、马常滩、胶泥沟（水泥配料）粘土矿床。中卫市油井山（水泥配料用）粘土矿床。固原市黄卯山、刘家沟（水泥配料）粘土矿床。

膨润土：银川市周家沟膨润土矿床。

4）主要成矿作用：沉积成矿作用，具体为机械沉积成矿作用、蒸发沉积成矿作用、机械-胶体沉积成矿作用。

（2）与第四纪沉积作用有关的铁、砂金、石英砂、泥炭、盐类矿床成矿亚系列（Cz_2-S-2）

1）成矿时代：第四纪。

2）矿床类型：化学沉积型矿床（铁）、蒸发沉积型矿床（石盐、芒硝）、砂矿型矿床（石英砂）、生物化学沉积型矿床（泥炭）、砂矿型矿床（砂金）、风积型矿床（黄土）。

3）矿产地实例及分布如下。

第四纪沉积作用有关铁、砂金、石英砂、泥炭、盐类矿床成矿亚系列矿床分布较为分散且矿床规模较小，各矿种分布情况如下：

铁矿：中卫市麦垛（堆）山、旗杆石台子、泉山井南、正口子东北、跃进岗铁矿点。

泥炭：固原市开城、陈儿沟、毛家磨、黄鼠钻、新旗、王套泥炭矿点。

石盐、芒硝：银川市海子井硝盐，吴忠市海牛滩芒硝、硝池子芒硝、湖盐矿点、井沟芒硝、惠安堡硝盐、井沟硝盐、红寺堡大盐池芒硝矿，中卫市西安镇干盐池湖盐矿床，固原市硝口芒硝泉、庙儿岔芒硝。

石英砂：中卫市营盘水石英砂矿床。

黄土：固原市上蒿店黄土矿床（水泥配料）。

砂金：石嘴山市跑马崖砂金矿点。

4）主要成矿作用：沉积成矿作用，具体有化学沉积成矿作用、蒸发沉积成矿作用、生物化学沉积成矿作用、机械沉积型成矿作用。

5）成矿地质构造环境：第四纪干旱-半干旱地带，陆相河流、湖盆及山间坳地型沉积环境。化学沉积作用形成铁矿，蒸发沉积作用形成芒硝，机械沉积型形成石英砂，现代沼泽生物沉积泥炭，现代盐湖蒸发沉积湖盐、芒硝，冲积沙砾层赋存砂金矿。

（3）与第四纪风化作用有关的铁、钴、膨润土矿床成矿亚系列（Cz_2-H-3）

1）成矿时代：第四纪。

2）矿床类型：风化壳型矿床（铁、钴、膨润土）。主要矿种为铁、膨润土，次为钴。

3）矿产地实例及分布：中卫市茶梁子铁钴矿床，马道梁铁钴矿点，二人山膨润土矿床。

4）主要成矿作用：表生风化成矿作用（硫铁矿脉状近地表浅部风化为铁钴矿；热液蚀变带近地表浅部风化形成膨润土）。

（4）与第四纪流体作用有关的米脂玉（钟乳石）、地热（水）、地下水、矿泉水矿床成矿亚系列（Cz_2-F-4）

1）成矿时代：第四纪。

2）矿床类型：中低温热液型矿床，主要矿种为地下水、矿泉水、地热（水），次要矿种为米脂玉（学名：钟乳石）。

3）矿产地实例及分布：地下水水源地在全区均有分布，而矿泉水和地热（水）主要分布在银川市和石嘴山市。

地下水：银川市南郊、北郊、东郊、南梁、南部、征沙、永宁、贺兰、崇兴、大泉水源地。吴忠市金积、小坝、大坝、青铜峡镇、沙泉、小红沟、骆驼井水源地。石嘴山市第一、第二、第三、第四、第五、大水沟水源地。中卫市城市饮用水、城市备用饮用水、康滩、海原县老城区水源地。固原市彭堡、彭阳县县城水源地。

矿泉水：银川市小口子泉、大泉矿泉水。吴忠市庙山湖泉、鸽子山泉矿泉水。石嘴山市石炭井甘泉、龙泉寺泉、暖泉矿泉水。中卫市沙坡头艾泉矿泉水。固原市黑眼泉、和尚铺泉、十里滩泉、供水井矿泉水。

地热水：银川市 Y1 地热井（御泉湾）、Y3 地热井（铁路文化宫）、Y4 地热井（绿悦）、Y5 地热井（三沙源）、Y6 地热井（天沐温泉）、Y7 地热井（志辉山庄）、Y8 地热井（沙温泉）、Y9 地热井（檀溪谷）、Y10 地热井（花博园）、NHR-1 地热井（文化园）、DRT-03 地热井、DRT-04 地热井、DRT-05 地热井。

4）主要成矿作用：流体成矿作用，具体为地表水入渗地下循环，被过滤掉泥沙，并且符合工农业生产用水标准和/或饮用水标准，同时日流量能满足一定的需求，即可作为普通淡水的水源地。如果循环过程溶解了对人健康有益的物质组分，则形成矿泉水；如果被地下热能加热，则变为地热水。碳酸盐地层中，地下水渗滤溶解了碳酸钙，在地下溶洞再沉淀形成米脂玉（学名：钟乳石）。

五、区域成矿规律

（一）矿床时空分布与演化规律

1. 矿床空间分布规律

宁夏共划分 12 个五级（Ⅴ）构造单元，除了贺兰山南段褶断带及兴仁-海原坳陷盆地两个Ⅴ级构造单元未分布矿产地外，其他 10 个Ⅴ级构造单元均分布有矿产地。根据宁夏 358 处矿产地（金属矿产 71 处、非金属矿产 189 处、能源矿产 42 处、水气矿产 56 处）的分布情况来看（图 2），金属矿产在卫宁北山褶断带及贺兰山褶断带中集中分布，聚集特征明显，说明宁夏的金属矿产主要集中地即为贺兰山及卫宁北山地区；非金属矿产在各构造单元中均有分布，但主要集中在贺兰山褶断带及香山褶断带中，其次为烟筒山-窑山冲断带，陶乐-彭阳冲断带；能源矿产在陶乐-彭阳冲断带聚集特征明显，说明该构造单元为宁夏重要的能源矿产分布带；水气矿产绝大部分聚集在银川断陷盆地内，成为宁夏重要的水气矿产分布区。

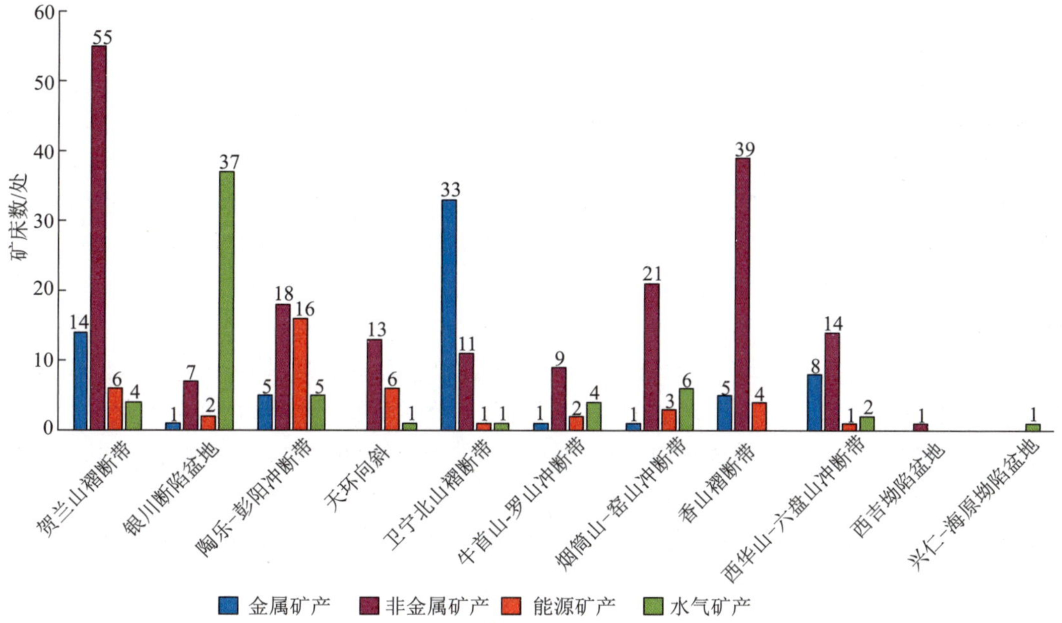

图 2　宁夏Ⅴ级构造单元矿产资源分布图

通过对比各类矿产在各Ⅴ级构造单元中的分布情况，可以看出宁夏矿产资源聚集特征比较明显，可为成矿区带及成矿系列的划分提供重要依据。

2. 矿床时间演化规律

（1）元古宙

A. 古元古代

古元古代地层分布局限，仅在贺兰山北段和中段出露。其中，出露于贺兰山北段的古元古界统称贺兰山岩群，为一套由富铝片麻岩、富铝变粒岩、大理岩、钙硅酸粒岩类及少量麻粒岩等组成的变质岩系，变质程度达角闪岩相-麻粒岩相；出露于贺兰山中段的古元古界称为赵池沟岩群，为一套主要由云母石英片岩、变粒岩等组成的变质岩系，具绿帘角闪岩相变质程度。二者构成了该地区的古老结晶基底。该期成矿作用为岩浆作用，形成混合花岗岩化相关伟晶岩型矿床（伟晶白云母-石英-长石）-混合花岗岩化相关热液脉型（脉石英）。古元古代晚期造山后伸展构造环境下，有大量的基性-超基性岩浆活动，形成的辉绿岩脉群可作为矿床开采。

B. 中元古代

中元古代成矿作用以沉积作用为主，辅以变质作用。

中元古代早期，鄂尔多斯西缘下陷，祁连海水由南向北侵入，在鄂尔多斯古陆与阿拉善古陆之间形成了一南北向的滨海浅滩环境，沉积了分布广泛、厚度稳定、成熟度较高的单陆屑建造——黄旗口组。该组中石英砂岩、石英岩状砂岩、石英岩受区域浅变质作用进一步转化为石英岩，SiO_2 含量大于96%可构成硅石矿床。黄旗口组底部的一种区域浅变质岩——灰紫色石英岩夹灰绿-深紫色粉砂质板岩，就是驰名国内的“宁夏五宝”之一的贺兰石。中元古代晚期，随着盆地的持续下陷，古地理环境转变为局限台地潮坪相和开阔台地相，海水流通不畅，加之干旱炎热的气候条件，沉积了范围广、厚度大、层位稳定的以白云岩为主的高镁碳酸盐建造——王全口组，形成了优质的大型-特大型冶镁白云岩、熔剂白云岩矿床。王全口组下部尚赋存有沉积-变质型铁矿床。

C. 新元古代

新元古界仅有震旦系，缺失青白口系和南华系，分布于贺兰山-青龙山地区，为一套与冰川活动有关的冰水沉积。该时代没有形成可利用的矿床。

（2）古生代

A. 早古生代

鄂尔多斯西缘地区在中元古代下陷后，寒武纪初再度下陷，海侵由南向北扩展，水流带来的磷质沉淀于砾、砂碎屑间隙形成磷块岩，在贺兰山中段苏峪口-紫花沟一带形成具工业价值的中小型磷矿床多个。早寒武世晚期，气候干燥炎热，在古地形较平坦，海水较浅，流通不畅的海岸潮坪环境沉积了以白云岩为主的高镁碳酸盐建造——五道淌组，形成了贺兰山中段大型熔剂白云岩矿床。

奥陶纪时，宁夏北部地区（华北区）处于浅海环境，发育局限台地相、开阔台地相、广海陆棚相，形成以无机化学沉积为主的碳酸盐建造。南部地区（祁连地层区）处于华北地块与北祁连造山带过渡地带，沉积了一套大陆斜坡-深水陆棚相的复理石建造和远硅质建造，使天景山组成为宁夏最主要石灰岩矿产的含矿岩系。该时期形成的石灰岩大部可作水泥原料，部分可作为化工灰岩、熔剂灰岩、玻璃用灰岩。白云岩可作为熔剂用白云岩。此外，香山地区磨盘井和油井山两地的香山群狼嘴子组发育含磷硅质岩及硅质磷块岩，形成磷矿床。

加里东期在香山地区狼嘴子-磨盘井一带侵入了辉绿岩，已作为大型辉绿岩矿床开采。此外，该期热液活动在南、西华山地区形成了若干铜、金、硫铁矿矿化点及小型矿床。

B. 晚古生代

早石炭世香山及卫宁北山地区沉降，海水由南向北侵入，该区一度处于海湾潟湖环境，在干燥、炎热的气候条件下，于小红山、小洞山、狼嘴子及野猫子山等地沉积了石灰岩夹石膏建造，形成了大型或小型矿床，在香山地区还形成了石灰岩矿床。晚石炭世早期海侵范围向北逐渐扩展，晚期间歇性海退，形成海陆交互相碎屑含煤建造，形成一些煤矿床及耐火粘土。卫宁北山和香山地区下石炭统前黑山组底部常发育含铁泥岩、含铁粉砂岩及含铁石灰岩，局部夹薄层赤铁矿（风化后为褐铁矿）层，一般含铁量较低，不具工业价值。但这些含铁岩石经后期风化淋滤和中低温热液交代后可形成一些具有工业价值的小型铁矿床。

早二叠世早期海侵范围向北大致扩展到桌子山一带，晚期间歇性海退，形成海陆交互相碎屑含煤建造——太原组，构成大型煤矿床及与其共生的耐火粘土、高岭土矿床。早二叠世晚期海水退出宁夏，全区大部处于河流-湖沼环境，沉积了陆相碎屑含煤建造——山西组，形成了大型煤矿床。

（3）中生代

贺兰山中、北段地区，在印支期热液活化改造作用下，在构造破碎带形成金、铜、铅锌及重晶石矿，规模多为小型矿床及矿点，控矿地层为古元古代变质岩系—古生代沉积岩系。

晚三叠世生物化学沉积形成烃源岩，为后来热演化形成石油矿产奠定基础。

中侏罗世是宁夏的重要聚煤期之一。早燕山运动使宁夏西部形成山间盆地、东部形成大型内陆盆地。在温度潮湿的气候条件下，沉积了宁夏的重要陆相碎屑含煤建造——延安组，形成煤层厚度大、层数多的大型煤田，同时形成了小规模的油气田。

早白垩世宁夏经中燕山运动抬升后又下降，在宁南地区发育一大型内陆湖泊——六盘山盆地，沉积了杂色碎屑含盐建造，形成了宁夏最大的岩盐矿床。在和尚铺组及李洼峡组赋存有陆相砂页岩型铜矿，均为矿点。

燕山期的构造岩浆活动提供了热动力，驱动流体作用活化成矿物质迁移，在卫宁北山等地区断裂破碎带中形成一系列以金属矿为主的矿产，包括铁、铜、金、银、钴、铅、锌、硫铁矿及重晶石，矿床规模均不大。

（4）新生代

渐新世早喜马拉雅运动后山间盆地和内陆盆地沉降接受红色碎屑含盐建造，形成了多个中型-特大型石膏矿床，为宁夏最主要的石膏成矿期，赋矿地层为清水营组。此外，寺口子组、清水营组、彰恩堡组局部可开采石英砂和粘土矿。

第四纪的主要矿产为沉积型芒硝、湖盐、泥炭、石英砂及粘土矿，广泛分布水气矿产。

据宁夏36个主矿种，共计302处矿产地（能源矿产地42处，金属矿产地71处，非金属矿产地189处。由于水气矿产成矿时代复杂，故56处水气矿产地不计入统计范围）的成矿时代、矿床规模统计分析结果。宁夏矿产资源具有以下时间演化规律。

A. 矿床数量随时间演化规律

据宁夏主要矿产矿床成矿时代分布图（图3）显示，宁夏非金属矿在加里东期及喜马拉雅期、金属矿在燕山期、能源矿产在华力西期及燕山期分别达到成矿高峰期。非金属矿和能源矿产均具有双波峰特征，显示其具有两个主要的成矿期。

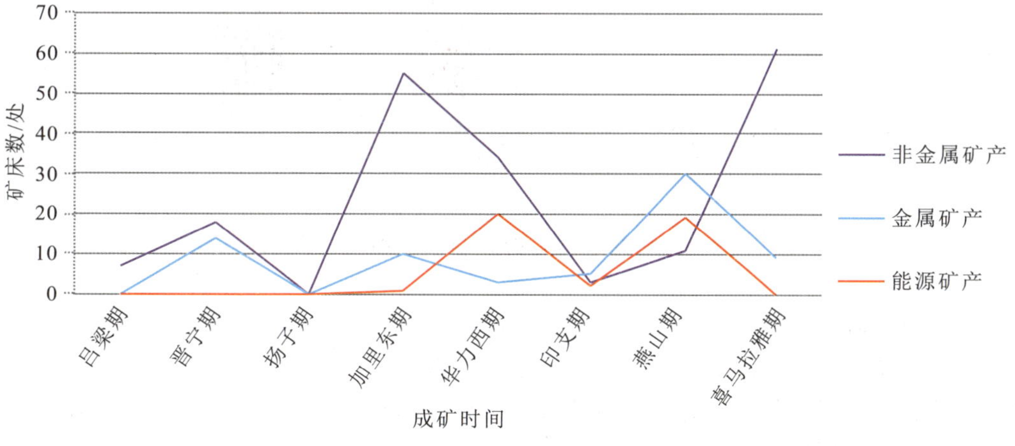

图3　宁夏主要矿产矿床成矿时代分布图

B. 矿床规模随时间演化规律

据宁夏主要矿产各成矿时代矿床规模分布及不同规模矿床在各成矿时代数量显示（图4），矿床规模与矿床数量具有相似的演化规律。全区中型以上规模金属矿产均集中在晋宁期，全部为镁矿

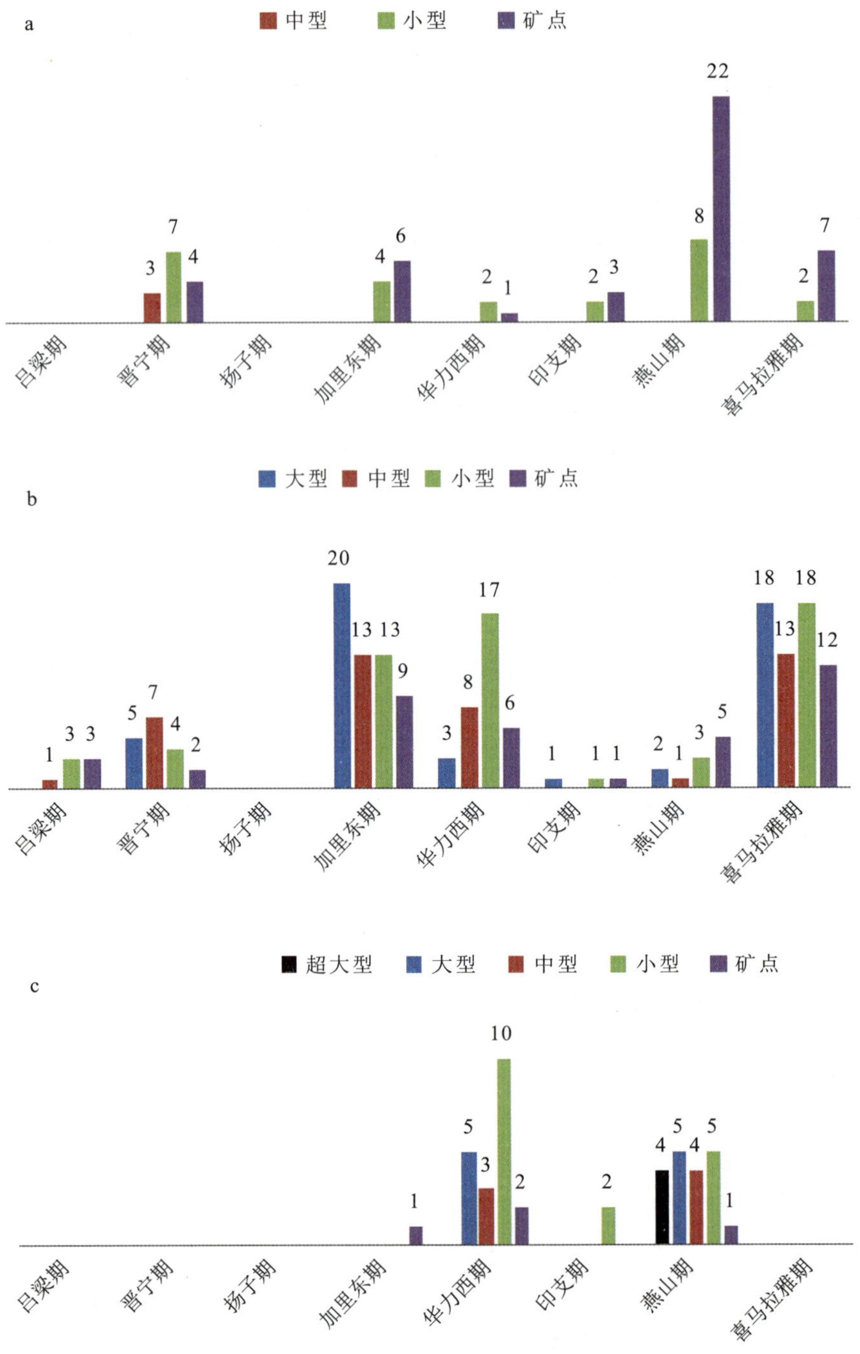

图4　宁夏金属、非金属、能源矿产矿床规模与成矿时代分布图

（冶镁白云岩），非金属矿中型及以上矿产几乎在各时代均有产出，但主要集中在加里东期及喜马拉雅期，能源矿产中型以上矿产均集中在华力西期及燕山期。

通过矿床数、矿床规模与成矿时代的规律统计可以看出我区金属、非金属、能源矿产的主要成矿期。该结论为成矿系列划分提供重要依据。

在对宁夏矿产地空间分布规律及时间演化规律研究的基础上，将302个矿产地（除56个水气矿产地）的时空分布特征归纳于表5，通过对比各时空域的矿产地数量，可以得出我区有利的成矿时空域和一般的成矿时空域。

为了更加突出宁夏金属、非金属、能源矿产的赋矿地层及岩性、大致成矿年龄（Ma）、沉积建造类型等特征，编制了宁夏构造-地层-岩浆-成矿作用时空演化图（图5）。其中，靖远-西吉地层小区

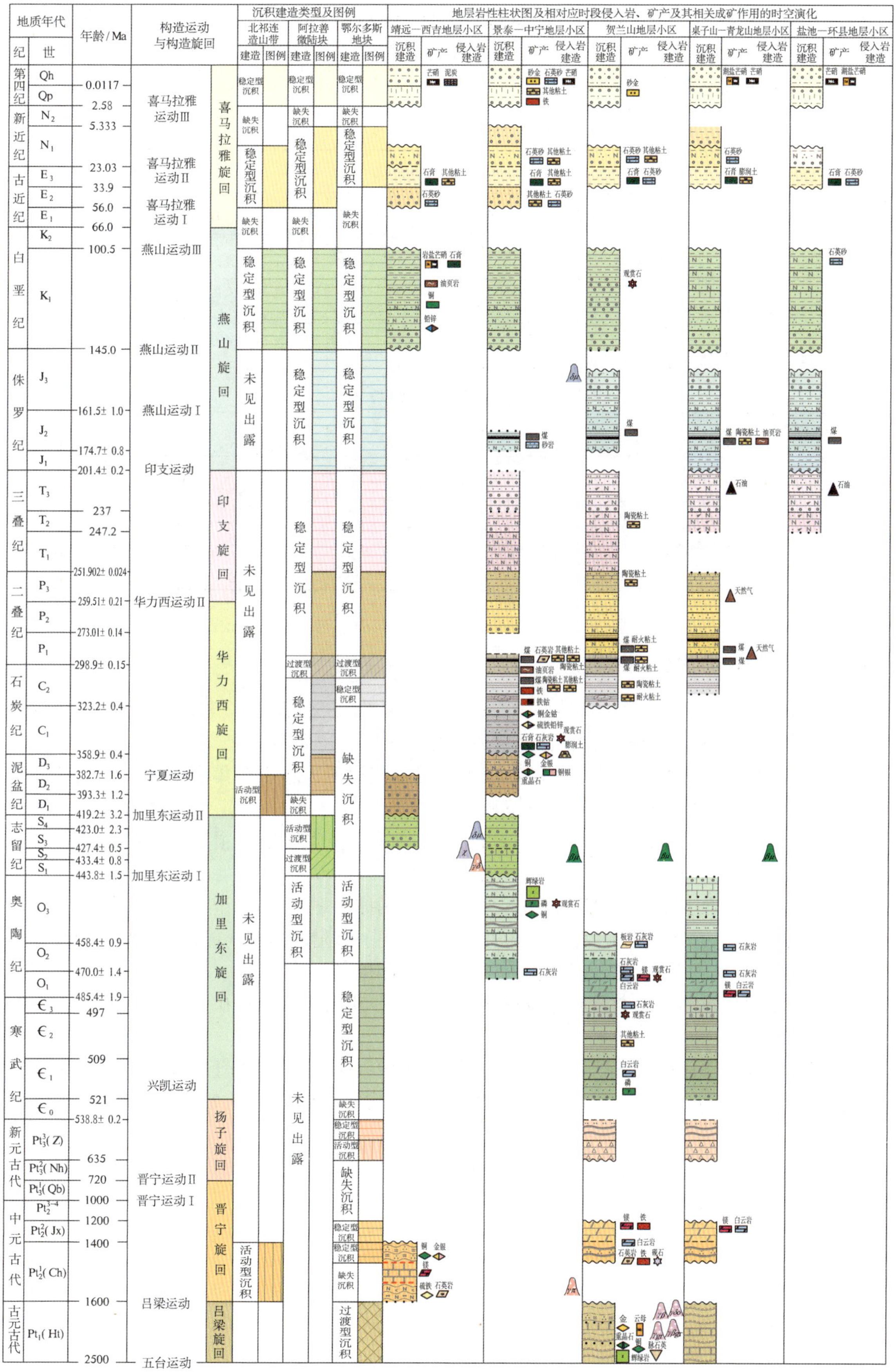

图5　宁夏构造-地层-岩浆-成矿作用时空演化图

空间范围划分依据Ⅲ级构造单元北祁连中元古代—早古生代海沟系（Ⅲ$^{1}_{2}$），景泰-中宁地层小区空间划分依据Ⅲ级构造单元腾格里早古生代增生楔（Ⅲ$^{1}_{4}$），贺兰山、桌子山-青龙山、盐池-环县3个地层小区空间划分依据Ⅲ级鄂尔多斯地块（Ⅲ$^{1}_{5}$）。

表5　矿产地时空分布表

成矿期	Ⅳ级成矿亚带								
	Ⅳ-59①	Ⅳ-59③	Ⅳ-20③	Ⅳ-20②	Ⅳ-20①	Ⅳ-60①	Ⅳ-21①	Ⅳ-59②	Ⅳ-21②
喜马拉雅期		7	11	18	9	10	9	6	1
燕山期	1	8	2	4	29	1	6	1	
印支期	6	3				5		1	
华力西期	13	6	23	5	7	1		2	
加里东期	24	10	14	11		1	6		
扬子期									
晋宁期	25	7					2		
吕梁期	7								

有利成矿时空域

一般成矿时空域

（二）重要成矿规律问题

1）宁夏以沉积型矿产为主，其中煤、石膏、石灰岩、冶镁白云岩、硅质原料（冶金用石英岩、石英砂岩）等矿产为宁夏的优势矿种，保有资源储量在全国排位居前。

2）宁夏金属矿产较为贫乏，不仅矿产地较少，并且规模不大，主要集中在卫宁北山、贺兰山及南、西华山山区，以中-低温热液型及化学沉积型为主。

3）宁夏变质作用成矿多体现在变质改造方面，以沉积-变质作用为主。矿种以石英岩为主，其次为砚石、板岩等。

4）宁夏金属矿产在卫宁北山褶断带及贺兰山褶断带中集中分布；非金属矿产主要集中在贺兰山褶断带及香山褶断带中，其次为烟筒山-窑山冲断带、陶乐-彭阳冲断带；能源矿产在陶乐-彭阳冲断带聚集特征明显；水气矿产绝大部分聚集在银川断陷盆地内。

5）宁夏非金属矿在加里东期及喜马拉雅期，金属矿在燕山期，能源矿产在华力西期及燕山期分别达到成矿高峰期。

6）宁夏跨滨太平洋成矿域（Ⅰ-4）和秦祁昆成矿域（Ⅰ-2）两个Ⅰ级成矿域，又各自下辖1个Ⅱ级成矿省和两个Ⅲ级成矿区（带）。共下辖9个Ⅳ级成矿亚区（带）及20个Ⅴ级矿集区或成矿远景区。

7）宁夏根据全矿种特点的分析研究结果，依据构造单元、成矿时代、成矿作用的不同，共划分9个成矿系列及10个成矿亚系列。

结　语

《中华人民共和国宁夏回族自治区成矿规律图（1∶50 万）》是《中国矿产地质志·宁夏卷》项目的成果之一。本图以区域成矿地质背景为基础，从矿产资源空间分布、时间演化特点出发，对宁夏区域成矿规律进行了全面、深入的总结研究，充分反映了成矿作用在地质历史发展中所处位置及矿床与其他地质因素之间的相互关系，阐明了宁夏成矿时空分布规律，划分了成矿区带，厘定了矿床成矿系列，构建了区域成矿谱系。

1. 总结了宁夏矿产资源空间分布规律

根据宁夏 358 处矿产地（金属矿产 71 处、非金属矿产 189 处、能源矿产 42 处、水气矿产 56 处）在各构造单元的分布情况，总结出金属矿产主要分布于贺兰山褶断带及卫宁北山褶断带中；非金属矿产主要分布于贺兰山褶断带及香山褶断带中，其次为烟筒山-窑山冲断带、陶乐-彭阳冲断带；能源矿产主要分布于陶乐-彭阳冲断带；水气矿产主要分布于银川断陷盆地。

2. 总结了宁夏矿产资源时间演化规律

宁夏成矿类型较为单一，以沉积型矿床为主。成矿作用从元古宙沿至第四纪全新世均有发育，按演化时段，大致分为元古宙、古生代、中生代和新生代 4 个时段。

3. 划分了宁夏成矿区带

宁夏跨滨太平洋成矿域（Ⅰ-4）和秦祁昆成矿域（Ⅰ-2）两个Ⅰ级成矿域，又各自下辖 1 个Ⅱ级成矿省和两个Ⅲ级成矿区（带）。本次工作在Ⅲ级成矿区（带）基础上，共划分出 9 个Ⅳ级亚区（带）、20 个Ⅴ级矿集区或成矿远景区。

4. 厘定了宁夏矿床成矿系列

对宁夏已发现的矿种进行系统地成矿系列总结和划分，共厘定了 9 个成矿系列、10 个成矿亚系列、42 个矿床式，并对每个成矿系列及其亚系列成矿时代、成矿地质构造环境、主要成矿作用、形成的矿床组合、矿床的时空分布及演化规律进行了详细总结。

5. 构建了宁夏区域成矿谱系

根据不同的成矿时间以及成矿环境，以沉积、变质、岩浆-热液、表生成矿作用构建了宁夏矿床成矿谱系。

本图配以编图说明书，旨在说明此次编图的指导思想与原则，阐述了图面上各种要素的基本含义、参数选取、划分准则，标示方法等相关内容。说明书介绍了本图所展示的区域成矿条件，成矿区带、成矿系列划分，区域成矿规律总结等相关内容。以附表的形式编入宁夏回族自治区矿产地基本信息一览表，系统集成了图面上各矿产地的其他重要基本信息，如矿产地编号、矿产地名称、矿种、矿床类型、规模、成矿时代、所属成矿系列及成矿区带等，且表中的矿产地序号与图面上矿产地编号一致，可起到辅助读图的作用。

本图的编制，为宁夏回族自治区矿产地质研究和矿产勘查工作提供了基础性研究资料，在服务宁夏矿政管理、指导找矿部署、推进科技创新等方面也发挥了一定的作用。

主要参考文献及资料

《地球科学大辞典》编委会. 2005. 地球科学大辞典. 应用学科卷[M]. 北京：地质出版社.

《矿产资源工业要求手册》编委会. 2010. 矿产资源工业要求手册[M]. 北京：地质出版社.

宁夏回族自治区地质调查. 2015. 宁夏地热资源现状评价与区划成果报告[R].

宁夏回族自治区地质调查院. 2000. 银川盆地地热资源调查评价报告[R].

宁夏回族自治区地质调查院. 2010. 宁夏矿产地质概论[R].

宁夏回族自治区地质调查院. 2017. 中国区域地质志·宁夏志[M]. 北京：地质出版社.

宁夏矿产地质调查所. 2005. 宁夏矿产资源战略分析及矿产资源系列图件编图[R].

宁夏煤炭地质局. 2010. 宁夏煤炭资源潜力评价[R].

西北冶金地质勘探公司宁夏地质勘探队. 1982. 宁夏地区成矿区带划分及其找矿方向(专题研究报告)[R].

中国地质科学院矿产资源研究所，中国矿产地质志项目办公室. 2016. 中国矿产地质志省级矿产地质志研编技术要求[R].

艾宁，孟方，等. 2014. 宁夏重要矿种矿产资源潜力评价(上、下册)[M]. 宁夏：阳光出版社.

艾宁，向连格，等. 2019. 宁夏矿产地质·中国矿产地质志·宁夏卷·普及本[M]. 北京：地质出版社.

陈毓川，等. 中国成矿体系与区域成矿评价[M]. 北京：地质出版社.

陈毓川，王登红，徐志刚，等. 2015. 中国重要矿产和区域成矿规律[M]. 北京：地质出版社.

陈毓川，裴荣富，王登红，等. 2016. 矿床成矿系列——五论矿床的成矿系列问题[J]. 地球学报，37(5)：519~527.

徐志刚，陈毓川，王登红，等. 中国成矿区带划分方案[M]. 北京：地质出版社.

徐志刚，王岩，陈郑辉，等. 2020. 中国矿产地质志省级“矿产地质图”和“成矿规律图”的编图思路和编图方法[J]. 地质学报，94(1)：303-325.

严烈宏，王利，等. 2002. 银川盆地地热系统[M]. 宁夏：宁夏人民出版社.

杨合群，姜寒冰，谭文娟，等. 2017. 西北地区重要矿产概论[M]. 北京：地质出版社.

余秋生，周文生，韩银利，等. 2014. 宁夏中南部严重缺水地区地质构造控制地下水分布规律研究[M]. 宁夏：阳光出版社.

张黎，王利，王红英，等. 2003. 宁夏地下水资源[M]. 宁夏：宁夏人民出版社.

朱裕生，肖克炎，宋国耀，等. 2007. 中国主要成矿区(带)成矿地质特征及矿产成矿谱系[M]. 北京：地质出版社.

附录

宁夏回族自治区矿产地一览表

矿产地编号	矿产地名称	矿种	规模	矿床类型	成矿时代	所属成矿系列	所属成矿区带
1	石嘴山市惠农区沙巴台水泥石灰岩矿	石灰岩	中型	化学沉积型	中-晚寒武世	3-Pz_1-S	Ⅴ-59①a
2	石嘴山市惠农区柳条沟硅石矿	石英岩	大型	受变质型	长城纪	2-Pt_2-S(M)	Ⅴ-59①a
3	石嘴山市惠农区柳条沟粘土矿	其他粘土	中型	机械沉积型	中寒武世	3-Pz_1-S	Ⅴ-59①a
4	石嘴山市第五水源地(柳条沟水源地)	地下水	中型	流体作用矿床	第四纪	9-Cz-1	Ⅳ-59②
5	石嘴山市惠农区跑马崖金矿	金	矿点	砂矿型	第四纪	9-Cz-1	Ⅳ-59②
6	石嘴山市惠农区红山铅锌矿	铅锌	矿点	中-低温热液型	印支期	6-Ⅲ$_5^1$-Mz_1-F	Ⅴ-59①a
7	石嘴山市惠农区包洞特白云母矿	云母	矿点	伟晶岩型	古元古代	1-Ⅲ$_5^1$-Pt_1-I	Ⅴ-59①a
8	石嘴山市惠农区沙巴台煤矿区	煤	小型	生物化学沉积型	石炭纪—二叠纪	5-Pz_2-S	Ⅴ-59①a
9	石嘴山市惠农区牛头沟金矿	金	小型	中-低温热液型	印支期	6-Ⅲ$_5^1$-Mz_1-F	Ⅴ-59①a
10	石嘴山市惠农区程子山白云母矿	云母	小型	伟晶岩型	古元古代	1-Ⅲ$_5^1$-Pt_1-I	Ⅴ-59①a
11	石嘴山市惠农区正义关辉绿岩矿	辉绿岩	小型	岩浆型	古元古代	1-Ⅲ$_5^1$-Pt_1-I	Ⅴ-59①a
12	石嘴山市惠农区道路沟脉石英矿	脉石英	中型	变成型	前寒武纪	1-Ⅲ$_5^1$-Pt_1-I	Ⅴ-59①a
13	石嘴山市惠农区正义关沟铜矿点	铜	矿点	中-低温热液型	前长城纪	6-Ⅲ$_5^1$-Mz_1-F	Ⅴ-59①a
14	石嘴山市惠农区正义关鄂博梁硅石矿	石英岩	大型	受变质型	长城纪	2-Pt_2-S(M)	Ⅴ-59①a
15	石嘴山市惠农区麦子井白云母矿	云母	矿点	伟晶岩型	古元古代	1-Ⅲ$_5^1$-Pt_1-I	Ⅴ-59①a
16	石嘴山市惠农区石嘴山煤矿区	煤	大型	生物化学沉积型	石炭纪—二叠纪	5-Pz_2-S	Ⅳ-59②
17	石嘴山市石嘴山矿区二矿井田耐火粘土矿	耐火粘土	中型	机械沉积型	晚石炭世—早二叠世	5-Pz_2-S	Ⅳ-59②
18	石嘴山市惠农区王全口硅石矿	石英岩	中型	受变质型	长城纪	2-Pt_2-S(M)	Ⅴ-59①a
19	石嘴山市惠农区榆树湾白云母矿	云母	小型	伟晶岩型	古元古代	1-Ⅲ$_5^1$-Pt_1-I	Ⅴ-59①a
20	石嘴山市惠农区小王全沟-红渣子陶瓷粘土矿(紫砂)	陶瓷粘土	大型	机械沉积型	晚二叠世	5-Pz_2-S	Ⅴ-59①a
21	石嘴山市惠农区简泉高岭石陶瓷粘土矿	陶瓷粘土	小型	机械沉积型	晚石炭世	5-Pz_2-S	Ⅴ-59①a
22	石嘴山市惠农区正义关煤矿区	煤	小型	生物化学沉积型	石炭纪—二叠纪	5-Pz_2-S	Ⅴ-59①a
23	石嘴山市惠农区树龙沟金矿	金	小型	中-低温热液型	印支期	6-Ⅲ$_5^1$-Mz_1-F	Ⅴ-59①a
24	石嘴山市惠农区白虎洞硅石矿	石英岩	中型	受变质型	长城纪	2-Pt_2-S(M)	Ⅴ-59①a
25	石嘴山市惠农区偷牛沟硅石矿	石英岩	中型	受变质型	长城纪	2-Pt_2-S(M)	Ⅴ-59①a
26	石嘴山市第四水源地(红果子水源地)	地下水	中型	流体作用矿床	第四纪	9-Cz-1	Ⅳ-59②
27	石嘴山市大武口区石炭井煤矿区	煤	大型	生物化学沉积型	石炭纪—二叠纪	5-Pz_2-S	Ⅴ-59①a
28	石嘴山市大武口区陶斯沟铁矿	铁	矿点	化学沉积型	长城纪	2-Pt_2-S(M)	Ⅴ-59①a
29	石嘴山市大武口区石炭井陶斯沟重晶石多金属矿	重晶石、铅、锌、银、铜、金	矿点	中-低温热液型	印支期	6-Ⅲ$_5^1$-Mz_1-F	Ⅴ-59①a
30	石嘴山市大武口区八号泉水泥石灰岩矿	石灰岩	小型	化学沉积型	中-晚寒武世	3-Pz_1-S	Ⅴ-59①a

续表

矿产地编号	矿产地名称	矿种	规模	矿床类型	成矿时代	所属成矿系列	所属成矿区带
31	石嘴山市大武口区石炭井甘泉	天然矿泉水	小型	流体作用矿床	第四纪	9-Cz-1	Ⅴ-59①a
32	石嘴山市大武口区石炭井耐火粘土矿	耐火粘土	大型	机械沉积型	晚石炭世—早二叠世	5-Pz_2-S	Ⅴ-59①a
33	石嘴山市惠农区塔什克梁铁矿	铁	矿点	化学沉积型	长城纪	2-Pt_2-S(M)	Ⅴ-59①a
34	石嘴山市大武口区大灯沟耐火粘土矿	耐火粘土	中型	机械沉积型	晚石炭世—早二叠世	5-Pz_2-S	Ⅴ-59①a
35	石嘴山市惠农区王全口铁矿	铁	小型	化学沉积型	长城纪	2-Pt_2-S(M)	Ⅴ-59①a
36	石嘴山市惠农区王全口冶镁白云岩矿	镁	小型	化学沉积型	蓟县纪	2-Pt_2-S(M)	Ⅴ-59①a
37	石嘴山市大武口区呼鲁斯台煤矿区	煤	大型	生物化学沉积型	石炭纪—二叠纪	5-Pz_2-S	Ⅴ-59①b
38	石嘴山市大武口区汝箕沟煤矿区	煤	大型	生物化学沉积型	侏罗纪	7-Mz-S	Ⅴ-59①b
39	石嘴山市大武口区东沟耐火粘土矿	耐火粘土	小型	机械沉积型	晚石炭世	5-Pz_2-S	Ⅴ-59①a
40	石嘴山市大武口区马莲滩耐火粘土矿	耐火粘土	小型	机械沉积型	晚石炭世—早二叠世	5-Pz_2-S	Ⅴ-59①a
41	石嘴山市大武口区浸水沟井田耐火粘土矿	耐火粘土	中型	机械沉积型	晚石炭世—早二叠世	5-Pz_2-S	Ⅴ-59①a
42	石嘴山市大武口区马莲滩-炭梁坡煤矿区	煤	小型	生物化学沉积型	石炭纪—二叠纪	5-Pz_2-S	Ⅴ-59①a
43	石嘴山市大武口区天子庙陶瓷粘土矿(紫砂)	陶瓷粘土	小型	机械沉积型	晚三叠世	7-Mz-S	Ⅴ-59①a
44	石嘴山市第一水源地(北武当沟水源地)	地下水	中型	流体作用矿床	第四纪	9-Cz-1	Ⅴ-59①b
45	石嘴山市大武口区老树湾硅石矿	石英岩	中型	受变质型	长城纪	2-Pt_2-S(M)	Ⅴ-59①a
46	石嘴山市惠农区北岔沟硅石矿	石英岩	大型	受变质型	长城纪	2-Pt_2-S(M)	Ⅴ-59①a
47	石嘴山市惠农区老树湾铁矿	铁	矿点	化学沉积型	长城纪	2-Pt_2-S(M)	Ⅴ-59①a
48	石嘴山市大武口区沟东硅石矿	石英岩	中型	受变质型	长城纪	2-Pt_2-S(M)	Ⅴ-59①a
49	石嘴山市大武口区枣窝硅石矿	石英岩	中型	受变质型	长城纪	2-Pt_2-S(M)	Ⅴ-59①a
50	石嘴山市大武口区 NSR-2 地热井(奇石山)	地热(水)	矿点	流体作用矿床	第四纪	9-Cz-1	Ⅳ-59②
51	石嘴山市第二水源地	地下水	中型	流体作用矿床	第四纪	9-Cz-1	Ⅳ-59②
52	石嘴山市第三水源地	地下水	中型	流体作用矿床	第四纪	9-Cz-1	Ⅳ-59②
53	石嘴山市平罗县龙泉寺泉	天然矿泉水	小型	流体作用矿床	第四纪	9-Cz-1	Ⅴ-59①b
54	石嘴山市平罗县大水沟水源地	地下水	中型	流体作用矿床	第四纪	9-Cz-1	Ⅳ-59②
55	石嘴山市平罗县暖泉	天然矿泉水	小型	流体作用矿床	第四纪	9-Cz-1	Ⅳ-59②
56	石嘴山市平罗县 NSR-1 地热井(沙湖)	地热(水)	矿点	流体作用矿床	第四纪	9-Cz-1	Ⅳ-59②
57	石嘴山市平罗县陶乐北石膏矿	石膏和硬石膏	大型	蒸发沉积型	古近纪渐新世	9-Cz-1	Ⅳ-59③

续表

矿产地编号	矿产地名称	矿种	规模	矿床类型	成矿时代	所属成矿系列	所属成矿区带
58	石嘴山市平罗县三眼井煤炭勘查区	煤	小型	生物化学沉积型	石炭纪—二叠纪	$5-Pz_2-S$	Ⅳ-59③
59	银川市贺兰县插旗沟-牛家台子耐火粘土矿	耐火粘土	大型	机械沉积型	早二叠世	$5-Pz_2-S$	Ⅴ-59①b
60	银川市南梁水源地	地下水	大型	流体作用矿床	第四纪	9-Cz-1	Ⅳ-59②
61	银川市贺兰县苏峪口石灰窑熔剂白云岩矿	白云岩	大型	化学沉积型	早奥陶世	$3-Pz_1-S$	Ⅴ-59①c
62	银川市贺兰县苏峪口石灰窑水泥石灰岩矿	石灰岩	小型	化学沉积型	早-中奥陶世	$3-Pz_1-S$	Ⅴ-59①c
63	银川市贺兰县苏峪口竹叶石矿	观赏石	矿点	叠加(复合/改造)矿床	中-晚寒武世	$3-Pz_1-S$	Ⅴ-59①c
64	银川市贺兰县苏峪口磷矿	磷	中型	生物化学沉积型	早寒武世	$3-Pz_1-S$	Ⅴ-59①c
65	银川市贺兰县苏峪口五道淌熔剂白云岩矿	白云岩	大型	化学沉积型	早寒武世	$3-Pz_1-S$	Ⅴ-59①c
66	银川市西夏区下拜寺沟贺兰石矿	砚石	矿点	受变质型	长城纪	$2-Pt_2-S(M)$	Ⅴ-59①c
67	银川市贺兰县芦花镇拜寺口硅石矿	石英岩	中型	受变质型	长城纪	$2-Pt_2-S(M)$	Ⅴ-59①c
68	银川市贺兰县拜寺口双塔贺兰石矿	砚石	矿点	受变质型	长城纪	$2-Pt_2-S(M)$	Ⅴ-59①c
69	银川市西夏区黄旗口辉绿岩矿	辉绿岩	中型	岩浆型	早古生代	$4-Pz_1-I(F)$	Ⅴ-59①c
70	银川市西夏区阿宝梁磷矿	磷	中型	生物化学沉积型	早寒武世	$3-Pz_1-S$	Ⅴ-59①c
71	银川市西夏区小口子泉	天然矿泉水	小型	流体作用矿床	第四纪	9-Cz-1	Ⅴ-59①c
72	银川市西夏区黄旗口白云母矿	云母	矿点	伟晶岩型	古元古代	$1-Ⅲ_5^1-Pt_1-I$	Ⅴ-59①c
73	银川市西夏区贺兰山笔架山贺兰石矿	砚石	小型	受变质型	长城纪	$2-Pt_2-S(M)$	Ⅴ-59①c
74	银川市西夏区贺兰山小口子贺兰石矿	砚石	小型	受变质型	长城纪	$2-Pt_2-S(M)$	Ⅴ-59①c
75	银川市西夏区小口子硅石矿	石英岩	中型	受变质型	长城纪	$2-Pt_2-S(M)$	Ⅴ-59①c
76	银川市西夏区大口子熔剂硅石矿	石英岩	大型	受变质型	长城纪	$2-Pt_2-S(M)$	Ⅴ-59①c
77	银川市西夏区陈家沟铁矿	铁	矿点	化学沉积型	长城纪	$2-Pt_2-S(M)$	Ⅴ-59①c
78	银川市西夏区紫花沟磷矿	磷	小型	生物化学沉积型	早寒武世	$3-Pz_1-S$	Ⅴ-59①c
79	银川市西夏区干沟冶镁白云岩矿	镁	小型	化学沉积型	蓟县纪	$2-Pt_2-S(M)$	Ⅴ-59①c
80	银川市西夏区紫花沟熔剂白云岩矿	白云岩	大型	化学沉积型	早-中奥陶世	$3-Pz_1-S$	Ⅴ-59①c
81	银川市西夏区干沟熔剂石灰岩矿	石灰岩	中型	化学沉积型	早-中奥陶世	$3-Pz_1-S$	Ⅴ-59①c
82	银川市西夏区驴驴沟化工石灰岩矿	石灰岩	中型	化学沉积型	早-中奥陶世	$3-Pz_1-S$	Ⅴ-59①c
83	银川市西夏区贺兰山中段的干沟、大南池沟口朔花石矿	观赏石	矿点	叠加(复合/改造)矿床	早-中奥陶世	$3-Pz_1-S$	Ⅴ-59①c
84	银川市西夏区双庙-牛坷拉石灰岩矿	石灰岩	大型	化学沉积型	早-中奥陶世	$3-Pz_1-S$	Ⅴ-59①c
85	银川市西夏区干沟水泥石灰岩矿(联丰村石料厂)	石灰岩	大型	化学沉积型	早-中奥陶世	$3-Pz_1-S$	Ⅴ-59①c
86	银川市西夏区套门沟水泥石灰岩矿	石灰岩	大型	化学沉积型	早-中奥陶世	$3-Pz_1-S$	Ⅴ-59①c

续表

矿产地编号	矿产地名称	矿种	规模	矿床类型	成矿时代	所属成矿系列	所属成矿区带
87	银川市西夏区窑舌子沟水泥石灰岩矿	石灰岩	中型	化学沉积型	早-中奥陶世	3-Pz_1-S	Ⅴ-59①c
88	银川市西夏区山嘴沟板岩矿	板岩	中型	受变质型	中-晚奥陶世	3-Pz_1-S	Ⅴ-59①c
89	银川市永宁县大挺沟冶镁白云岩矿	镁	小型	化学沉积型	蓟县纪	3-Pz_1-S	Ⅴ-59①c
90	银川市永宁县井泉子冶镁白云岩矿	镁	小型	化学沉积型	早-中奥陶世	3-Pz_1-S	Ⅴ-59①c
91	银川市永宁县到水沟冶镁白云岩矿	镁	小型	化学沉积型	早-中奥陶世	3-Pz_1-S	Ⅴ-59①c
92	银川市永宁县闽宁镇头关板岩矿	板岩	小型	受变质型	中-晚奥陶世	3-Pz_1-S	Ⅴ-59①c
93	银川市西夏区Y6地热井(天沐温泉)	地热(水)	矿点	流体作用矿床	第四纪	9-Cz-1	Ⅳ-59②
94	银川市西夏区Y7地热井(志辉山庄)	地热(水)	矿点	流体作用矿床	第四纪	9-Cz-1	Ⅳ-59②
95	银川市北郊水源地	地下水	大型	流体作用矿床	第四纪	9-Cz-1	Ⅳ-59②
96	银川市金凤区Y10地热井(花博园)	地热(水)	矿点	流体作用矿床	第四纪	9-Cz-1	Ⅳ-59②
97	银川市贺兰县Y4地热井(绿悦)	地热(水)	矿点	流体作用矿床	第四纪	9-Cz-1	Ⅳ-59②
98	银川市贺兰县水源地	地下水	中型	流体作用矿床	第四纪	9-Cz-1	Ⅳ-59②
99	银川市西夏区Y3地热井(铁路文化宫)	地热(水)	矿点	流体作用矿床	第四纪	9-Cz-1	Ⅳ-59②
100	银川市南郊水源地	地下水	大型	流体作用矿床	第四纪	9-Cz-1	Ⅳ-59②
101	银川市兴庆区Y1地热井(御泉湾)	地热(水)	矿点	流体作用矿床	第四纪	9-Cz-1	Ⅳ-59②
102	银川市东郊水源地	地下水	大型	流体作用矿床	第四纪	9-Cz-1	Ⅳ-59②
103	银川市兴庆区Y8地热井(沙温泉)	地热(水)	矿点	流体作用矿床	第四纪	9-Cz-1	Ⅳ-59②
104	银川市兴庆区Y9地热井(檀溪谷)	地热(水)	矿点	流体作用矿床	第四纪	9-Cz-1	Ⅳ-59②
105	银川市永宁县征沙水源地	地下水	中型	流体作用矿床	第四纪	9-Cz-1	Ⅳ-59②
106	银川市永宁县Y5地热井(三沙源)	地热(水)	矿点	流体作用矿床	第四纪	9-Cz-1	Ⅳ-59②
107	银川市滨河新区天山海(DRT-03、DRT-04、DRT-05)地热井	地热(水)	矿点	流体作用矿床	第四纪	9-Cz-1	Ⅳ-59②
108	石嘴山市惠农区北岔沟金矿	金	矿点	中-低温热液型	印支期	6-$Ⅲ_5^1$-Mz_1-F	Ⅴ-59①a
109	中卫市沙坡头区夜明山砂金矿	金	矿点	砂矿型	第四纪	9-Cz-1	Ⅳ-20②
110	银川市兴庆区红墩子煤矿区	煤	大型	生物化学沉积型	石炭纪—二叠纪	5-Pz_2-S	Ⅳ-59③
111	银川市永宁县高石墩水泥石灰岩矿	石灰岩	小型	化学沉积型	中-晚寒武世	3-Pz_1-S	Ⅴ-59①c
112	银川市永宁县黄羊滩石英砂矿	天然石英砂	中型	机械沉积型	新近纪中新世	9-Cz-1	Ⅳ-59②
113	银川市永宁县花布山石英砂矿	天然石英砂	大型	机械沉积型	新近纪中新世	9-Cz-1	Ⅳ-59②
114	吴忠市青铜峡市黄羊滩粘土矿	其他粘土	小型	机械沉积型	新近纪中新世	9-Cz-1	Ⅳ-59②
115	吴忠市青铜峡市红崖子同心石矿	观赏石	矿点	生物化学沉积型	早白垩世	7-Mz-S	Ⅳ-59②
116	吴忠市青铜峡市双井、红崖子石英砂矿	天然石英砂	大型	机械沉积型	新近纪中新世	9-Cz-1	Ⅳ-59②
117	吴忠市青铜峡市鸽子山泉	天然矿泉水	中型	流体作用矿床	第四纪	9-Cz-1	Ⅳ-20①
118	吴忠市青铜峡市庙山湖泉	天然矿泉水	中型	流体作用矿床	第四纪	9-Cz-1	Ⅳ-20②
119	银川市南部水源地	地下水	中型	流体作用矿床	第四纪	9-Cz-1	Ⅳ-59②
120	银川市永宁县NHR-1地热井(文化园)	地热(水)	矿点	流体作用矿床	第四纪	9-Cz-1	Ⅳ-59②
121	银川市永宁县水源地	地下水	中型	流体作用矿床	第四纪	9-Cz-1	Ⅳ-59②

续表

矿产地编号	矿产地名称	矿种	规模	矿床类型	成矿时代	所属成矿系列	所属成矿区带
122	银川市灵武市水源地(崇兴水源地)	地下水	中型	流体作用矿床	第四纪	9-Cz-1	Ⅳ-59②
123	银川市灵武市黑山水泥石灰岩矿	石灰岩	小型	化学沉积型	早-中奥陶世	3-Pz_1-S	Ⅳ-59③
124	银川市灵武市横城煤矿区	煤	大型	生物化学沉积型	石炭纪—二叠纪	5-Pz_2-S	Ⅴ-59③a
125	银川市灵武市刘家庄天然气田	天然气	矿点	生物化学沉积型	石炭纪—二叠纪	5-Pz_2-S	Ⅴ-59③a
126	吴忠市盐池县窨子山石膏矿	石膏和硬石膏	矿点	蒸发沉积型	古近纪渐新世	9-Cz-1	Ⅴ-60①a
127	吴忠市盐池县花马池乡硝池子	芒硝	矿点	蒸发沉积型	第四纪	9-Cz-1	Ⅴ-60①a
128	吴忠市盐池县天池天然气田	天然气	矿点	生物化学沉积型	石炭纪—二叠纪	3-Pz_1-S	Ⅴ-60①a
129	吴忠市青铜峡市马常滩粘土矿	其他粘土	中型	机械沉积型	新近纪中新世	9-Cz-1	Ⅳ-20②
130	吴忠市青铜峡市火车站石英砂矿	天然石英砂	大型	机械沉积型	新近纪中新世	9-Cz-1	Ⅳ-20②
131	吴忠市青铜峡市河西石英砂矿	天然石英砂	小型	机械沉积型	新近纪中新世	9-Cz-1	Ⅳ-20②
132	吴忠市青铜峡市卡子庙水泥石灰岩矿(2个矿区合并)	石灰岩	大型	化学沉积型	早-中奥陶世	3-Pz_1-S	Ⅳ-20②
133	吴忠市青铜峡小坝水源地	地下水	中型	流体作用矿床	第四纪	9-Cz-1	Ⅳ-59②
134	吴忠市青铜峡小坝东区水源地	地下水	中型	流体作用矿床	第四纪	9-Cz-1	Ⅳ-59②
135	吴忠市青铜峡大坝水源地	地下水	中型	流体作用矿床	第四纪	9-Cz-1	Ⅳ-59②
136	吴忠市利通区金积水源地	地下水	中型	流体作用矿床	第四纪	9-Cz-1	Ⅳ-59②
137	吴忠市青铜峡镇水源地	地下水	中型	流体作用矿床	第四纪	9-Cz-1	Ⅳ-59②
138	吴忠市盐池县李庄子油田	石油	小型	生物化学沉积型	三叠纪	7-Mz-S	Ⅳ-59②
139	青铜峡市峡口镇胶泥沟粘土矿	其他粘土	中型	机械沉积型	新近纪中新世	9-Cz-1	Ⅳ-59②
140	青铜峡市沙坝沟水泥石灰岩矿	石灰岩	大型	化学沉积型	中-晚奥陶世	3-Pz_1-S	Ⅳ-20②
141	银川市灵武市大泉	天然矿泉水	小型	流体作用矿床	第四纪	9-Cz-1	Ⅳ-59②
142	银川市灵武煤田磁窑堡碎石井矿区(大泉)水源地	地下水	中型	流体作用矿床	第四纪	9-Cz-1	Ⅳ-59②
143	银川市灵武市石沟驿煤矿区	煤	小型	生物化学沉积型	侏罗纪	7-Mz-S	Ⅴ-59③a
144	银川市灵武煤矿区	煤	超大型	生物化学沉积型	侏罗纪	7-Mz-S	Ⅴ-59③a
145	银川市灵武市鸳鸯湖煤矿区	煤	超大型	生物化学沉积型	侏罗纪	7-Mz-S	Ⅴ-59③a
146	银川市灵武市周家沟膨润土矿	膨润土	中型	机械沉积型	喜马拉雅期	9-Cz-1	Ⅴ-59③a
147	银川市灵武市马家滩油气田	石油、天然气	小型	生物化学沉积型	三叠纪	7-Mz-S	Ⅴ-59③a
148	银川市灵武市海子井湖盐矿	石盐、芒硝	小型	蒸发沉积型	第四纪	9-Cz-1	Ⅴ-59③a
149	吴忠市盐池县冯纪沟乡井沟芒硝矿	芒硝	矿点	蒸发沉积型	第四纪	9-Cz-1	Ⅴ-59③a
150	吴忠市盐池县海牛滩芒硝矿	芒硝、石盐	小型	蒸发沉积型	第四纪	9-Cz-1	Ⅴ-60①a
151	吴忠市盐池县骆驼井水源地	地下水	中型	流体作用矿床	第四纪	9-Cz-1	Ⅴ-60①a
152	吴忠市青铜峡市野猫子山石膏矿	石膏和硬石膏	矿点	蒸发沉积型	早石炭世	5-Pz_2-S	Ⅴ-20①a
153	吴忠市青铜峡市野猫子山水泥石灰岩矿	石灰岩	小型	化学沉积型	早石炭世	5-Pz_2-S	Ⅴ-20①a
154	吴忠市青铜峡市一条岭重晶石矿	重晶石	小型	中-低温热液型	燕山期	8-$Ⅲ_4$-Mz_2-F	Ⅴ-20①a
155	吴忠市青铜峡市双圈(广武山)铜矿	铜	小型	中-低温热液型	燕山期	8-$Ⅲ_4$-Mz_2-F	Ⅴ-20①a

续表

矿产地编号	矿产地名称	矿种	规模	矿床类型	成矿时代	所属成矿系列	所属成矿区带
156	中卫市中宁县铜铁沟(土窑)铜矿	铜	小型	中-低温热液型	燕山期	8-Ⅲ$_4$-Mz$_2$-F	Ⅴ-20①a
157	中卫市中宁县米地梁重晶石矿	重晶石	矿点	中-低温热液型	燕山期	8-Ⅲ$_4$-Mz$_2$-F	Ⅴ-20①a
158	中卫市中宁县石门硐铁矿	铁	矿点	中-低温热液型	燕山期	8-Ⅲ$_4$-Mz$_2$-F	Ⅴ-20①a
159	中卫市中宁县铜铁沟铁矿	铁、钴	矿点	中-低温热液型	燕山期	8-Ⅲ$_4$-Mz$_2$-F	Ⅴ-20①a
160	中卫市中宁县铁牛山-铜铁沟陶瓷粘土矿	其他粘土	矿点	机械沉积型	晚石炭世	5-Pz$_2$-S	Ⅴ-20①a
161	中卫市中宁县马道梁铁钴矿	铁、钴	矿点	风化型	新生代	9-Cz-1	Ⅴ-20①a
162	中卫市中宁县狐子疙瘩水泥灰岩矿	石灰岩	小型	化学沉积型	早石炭世	5-Pz$_2$-S	Ⅴ-20①a
163	中卫市中宁县碱沟山煤矿区	煤	小型	生物化学沉积型	石炭纪	5-Pz$_2$-S	Ⅴ-20①a
164	中卫市中宁县驴尾巴湾铁矿	铁	矿点	中-低温热液型	燕山期	8-Ⅲ$_4$-Mz$_2$-F	Ⅴ-20①a
165	中卫市中宁县大石头井沟铁矿	铁	矿点	中-低温热液型	燕山期	8-Ⅲ$_4$-Mz$_2$-F	Ⅴ-20①a
166	中卫市中宁县星铁山铁矿	铁	矿点	中-低温热液型	燕山期	8-Ⅲ$_4$-Mz$_2$-F	Ⅴ-20①a
167	中卫市中宁县茶梁子铁钴矿	铁、钴	小型	风化型	新生代	9-Cz-1	Ⅴ-20①a
168	中卫市中宁县锅底湖铁矿	铁	矿点	中-低温热液型	燕山期	8-Ⅲ$_4$-Mz$_2$-F	Ⅴ-20①a
169	中卫市中宁县平塘湖西陶瓷粘土矿	其他粘土	矿点	机械沉积型	晚石炭世	5-Pz$_2$-S	Ⅴ-20①a
170	中卫市中宁县平滩湖陶瓷粘土矿	陶瓷粘土	小型	机械沉积型	晚石炭世	5-Pz$_2$-S	Ⅴ-20①a
171	中卫市中宁县白土井铁矿	铁	矿点	中-低温热液型	燕山期	8-Ⅲ$_4$-Mz$_2$-F	Ⅴ-20①a
172	中卫市沙坡头区新照壁山铁矿	铁	小型	中-低温热液型	燕山期	8-Ⅲ$_4$-Mz$_2$-F	Ⅴ-20①a
173	中卫市沙坡头区照壁山铁矿	铁	小型	中-低温热液型	燕山期	8-Ⅲ$_4$-Mz$_2$-F	Ⅴ-20①a
174	中卫市沙坡头区骆驼山铁矿	铁	矿点	中-低温热液型	燕山期	8-Ⅲ$_4$-Mz$_2$-F	Ⅴ-20①a
175	中卫市中宁县旗杆石台子铁矿	铁	矿点	化学沉积型	第四纪	9-Cz-1	Ⅴ-20①a
176	中卫市沙坡头区二人山银铅锌硫铁多金属矿	硫铁、铅、锌、银、铜、金、钴	小型	中-低温热液型	燕山期	8-Ⅲ$_4$-Mz$_2$-F	Ⅴ-20①a
177	中卫市沙坡头区二人山铁矿	铁	矿点	中-低温热液型	燕山期	8-Ⅲ$_4$-Mz$_2$-F	Ⅴ-20①a
178	中卫市沙坡头区黄石坡重晶石矿	重晶石	矿点	中-低温热液型	燕山期	8-Ⅲ$_4$-Mz$_2$-F	Ⅴ-20①a
179	中卫市沙坡头区黄石坡沟金矿	金、银	小型	中-低温热液型	燕山期	8-Ⅲ$_4$-Mz$_2$-F	Ⅴ-20①a
180	中卫市沙坡头区大铜沟铜(钴)矿	铜、金、钴	小型	中-低温热液型	燕山期	8-Ⅲ$_4$-Mz$_2$-F	Ⅴ-20①a
181	中卫市沙坡头区单梁山三角点铁矿	铁	矿点	中-低温热液型	燕山期	8-Ⅲ$_4$-Mz$_2$-F	Ⅴ-20①a
182	中卫市沙坡头区金场子金矿	金、银	小型	中-低温热液型	燕山期	8-Ⅲ$_4$-Mz$_2$-F	Ⅴ-20①a
183	中卫市沙坡头区二人山膨润土矿	膨润土	小型	风化型	喜马拉雅期	9-Cz-1	Ⅴ-20①a
184	中卫市沙坡头区黄石坡沟铁矿	铁	矿点	中-低温热液型	燕山期	8-Ⅲ$_4$-Mz$_2$-F	Ⅴ-20①a
185	中卫市沙坡头区泉山井铁矿	铁	矿点	中-低温热液型	燕山期	8-Ⅲ$_4$-Mz$_2$-F	Ⅴ-20①a
186	中卫市沙坡头区泉山井南(圈子山南)铁矿	铁	矿点	化学沉积型	第四纪	9-Cz-1	Ⅴ-20①a
187	中卫市沙坡头区麦垛(堆)山铁矿	铁	小型	化学沉积型	第四纪	9-Cz-1	Ⅴ-20①a
188	中卫市中宁县红石堆铜矿	铜	矿点	中-低温热液型	燕山期	8-Ⅲ$_4$-Mz$_2$-F	Ⅴ-20①a
189	中卫市沙坡头区撅屁山西端铁矿	铁	矿点	中-低温热液型	燕山期	8-Ⅲ$_4$-Mz$_2$-F	Ⅴ-20①a
190	中卫市沙坡头区石墩(堆)水铁矿	铁	小型	中-低温热液型	燕山期	8-Ⅲ$_4$-Mz$_2$-F	Ⅴ-20①a
191	中卫市沙坡头区正口子东北铁矿	铁	矿点	化学沉积型	第四纪	9-Cz-1	Ⅴ-20①a

续表

矿产地编号	矿产地名称	矿种	规模	矿床类型	成矿时代	所属成矿系列	所属成矿区带
192	中卫市沙坡头区跃进岗铁矿	铁	矿点	化学沉积型	第四纪	9-Cz-1	Ⅴ-20①a
193	中卫市沙坡头区涩井沟铁矿	铁	矿点	中-低温热液型	燕山期	8-Ⅲ$_4$-Mz$_2$-F	Ⅴ-20①a
194	中卫市沙坡头区乌车梁铁矿	铁	矿点	中-低温热液型	燕山期	8-Ⅲ$_4$-Mz$_2$-F	Ⅴ-20①a
195	中卫市中宁县干沟铁矿	铁	矿点	中-低温热液型	燕山期	8-Ⅲ$_4$-Mz$_2$-F	Ⅴ-20①a
196	中卫市中宁县黄羊滩火车站米脂玉矿	观赏石	矿点	叠加(复合/改造)矿床	早石炭世	9-Cz-1	Ⅳ-20①
197	中卫市中宁县康滩水源地	地下水	中型	流体作用矿床	第四纪	9-Cz-1	Ⅳ-20②
198	中卫市沙坡头区营盘水石英砂矿	天然石英砂	中型	砂矿型	第四纪	9-Cz-1	Ⅳ-20③
199	中卫市沙坡头区小红山石膏矿	石膏和硬石膏	中型	蒸发沉积型	早石炭世	5-Pz$_2$-S	Ⅳ-20③
200	中卫市沙坡头区甘塘石膏矿	石膏和硬石膏	小型	蒸发沉积型	早石炭世	5-Pz$_2$-S	Ⅳ-20③
201	中卫市沙坡头区一碗泉石膏矿	石膏和硬石膏	小型	蒸发沉积型	早石炭世	5-Pz$_2$-S	Ⅳ-20③
202	中卫市沙坡头区火山(顾家岘)铁矿(梁水园矿区)	铁	小型	受变质型	中寒武世	3-Pz$_1$-S	Ⅴ-20③c
203	中卫市沙坡头区上下河沿煤矿	煤	小型	生物化学沉积型	石炭纪	5-Pz$_2$-S	Ⅳ-20②
204	中卫市沙坡头艾泉	天然矿泉水	小型	流体作用矿床	第四纪	9-Cz-1	Ⅳ-20②
205	中卫市沙坡头区上下河沿(烟洞坡)油页岩矿	油页岩	小型	生物化学沉积	晚石炭世—早二叠世	5-Pz$_2$-S	Ⅳ-20③
206	中卫市沙坡头区城市备用饮用水水源地	地下水	中型	流体作用矿床	第四纪	9-Cz-1	Ⅳ-20②
207	中卫市沙坡头区城市饮用水水源地	地下水	中型	流体作用矿床	第四纪	9-Cz-1	Ⅳ-20②
208	中卫市沙坡头区 SHK-02	地热(水)	矿点	流体作用矿床	第四纪	9-Cz-1	Ⅳ-20①
209	中卫市沙坡头区窑沟(上下河沿)陶瓷粘土矿	陶瓷粘土	小型	机械沉积型	晚石炭世—早二叠世	5-Pz$_2$-S	Ⅳ-20③
210	中卫市沙坡头区石门坎石膏矿	石膏和硬石膏	小型	蒸发沉积型	早石炭世	5-Pz$_2$-S	Ⅴ-20③c
211	中卫市沙坡头区宏佛寺石膏矿	石膏和硬石膏	小型	蒸发沉积型	早石炭世	5-Pz$_2$-S	Ⅴ-20③c
212	中卫市沙坡头区大茨脑石膏矿	石膏和硬石膏	小型	蒸发沉积型	早石炭世	5-Pz$_2$-S	Ⅴ-20③c
213	中卫市沙坡头区天景梁水泥石灰岩矿	石灰岩	小型	化学沉积型	早石炭世	5-Pz$_2$-S	Ⅴ-20③c
214	中卫市沙坡头区腰岘子铜(银)矿	铜、银	小型	化学沉积型	泥盆纪	5-Pz$_2$-S	Ⅴ-20③c
215	中卫市中宁县草帽子墩水泥石灰岩矿	石灰岩	小型	化学沉积型	早-中奥陶世	3-Pz$_1$-S	Ⅳ-20②
216	中卫市中宁县瀛龙山水泥石灰岩矿(6处合并)	石灰岩	大型	化学沉积型	早-中奥陶世	3-Pz$_1$-S	Ⅳ-20②
217	中卫市中宁县黑疙瘩沟水泥石灰岩矿	石灰岩	中型	化学沉积型	早-中奥陶世	3-Pz$_1$-S	Ⅳ-20②
218	吴忠市红寺堡区大盐池芒硝矿	芒硝	矿点	蒸发沉积型	第四纪	9-Cz-1	Ⅳ-20②
219	吴忠市红寺堡区沙泉水源地(柳泉)	地下水	中型	流体作用矿床	第四纪	9-Cz-1	Ⅳ-20②
220	吴忠市红寺堡区茶树沟铜矿	铜	小型	中-低温热液型	加里东期	4-Pz$_1$-I(F)	Ⅳ-20②
221	吴忠市盐池县积家井煤矿区	煤	超大型	生物化学沉积型	侏罗纪	7-Mz-S	Ⅴ-59③a

续表

矿产地编号	矿产地名称	矿种	规模	矿床类型	成矿时代	所属成矿系列	所属成矿区带
222	吴忠市盐池县马家滩煤矿区	煤	超大型	生物化学沉积型	侏罗纪	7-Mz-S	Ⅴ-59③a
223	吴忠市盐池县惠安堡镇湖盐矿	石盐、芒硝	小型	蒸发沉积型	第四纪	9-Cz-1	Ⅳ-59③
224	吴忠市盐池县苦水河沿岸石英砂矿	天然石英砂	大型	机械沉积型	新近纪中新世	9-Cz-1	Ⅴ-59③b
225	吴忠市同心县石儿山北段水泥石灰岩矿	石灰岩	小型	化学沉积型	早-中奥陶世	3-Pz_1-S	Ⅴ-59③b
226	吴忠市同心县青龙山西道梁二道山北段石灰岩矿	石灰岩	中型	化学沉积型	早-中奥陶世	3-Pz_1-S	Ⅴ-59③b
227	吴忠市盐池县大水坑油气田	石油、天然气	小型	生物化学沉积型	三叠纪	7-Mz-S	Ⅴ-60①a
228	吴忠市盐池县冯纪沟乡青马圈石英砂矿	天然石英砂	小型	机械沉积型	古近纪渐新世	9-Cz-1	Ⅴ-60①b
229	吴忠市盐池县石记场北石膏矿	石膏和硬石膏	大型	蒸发沉积型	古近纪渐新世	9-Cz-1	Ⅴ-60①b
230	吴忠市盐池县石记场东石膏矿区(6个矿区合并)	石膏和硬石膏	中型	蒸发沉积型	古近纪渐新世	9-Cz-1	Ⅴ-60①b
231	吴忠市盐池县刘记洼村石膏矿	石膏和硬石膏	小型	蒸发沉积型	古近纪渐新世	9-Cz-1	Ⅴ-60①b
232	吴忠市盐池县石记场石膏矿	石膏和硬石膏	大型	蒸发沉积型	古近纪渐新世	9-Cz-1	Ⅴ-60①b
233	吴忠市盐池县黄米湾石膏矿(6个矿区合并)	石膏和硬石膏	大型	蒸发沉积型	古近纪渐新世	9-Cz-1	Ⅴ-60①b
234	吴忠市盐池县红井子油气田	石油、天然气	中型	生物化学沉积型	三叠纪	7-Mz-S	Ⅴ-60①a
235	吴忠市盐池县余家圈石膏矿(3个矿区合并)	石膏和硬石膏	大型	蒸发沉积型	古近纪渐新世	9-Cz-1	Ⅴ-60①a
236	吴忠市盐池县马坊油田	石油	中型	生物化学沉积型	三叠纪	7-Mz-S	Ⅴ-60①a
237	中卫市沙坡头区孙家沟陶瓷粘土矿	陶瓷粘土	小型	机械沉积型	晚石炭世—早二叠世	5-Pz_2-S	Ⅳ-20③
238	中卫市沙坡头区梁水园煤矿区	煤	小型	生物化学沉积型	石炭纪	5-Pz_2-S	Ⅳ-20③
239	中卫市沙坡头区香山大道崖-孙家沟石灰岩矿	石灰岩	中型	化学沉积型	早石炭世	5-Pz_2-S	Ⅳ-20③
240	中卫市沙坡头区石盖沟石灰岩矿	石灰岩	矿点	化学沉积型	早石炭世	5-Pz_2-S	Ⅳ-20③
241	中卫市沙坡头区陈水硅石矿	石英岩	中型	受变质型	晚石炭世	5-Pz_2-S	Ⅳ-20③
242	中卫市沙坡头区峡子沟(拐门沟)铜矿	铜、银	小型	化学沉积型	泥盆纪	5-Pz_2-S	Ⅴ-20③c
243	中卫市沙坡头区新水铁矿	铁	矿点	中-低温热液型	燕山期	8-$Ⅲ_4$-Mz_2-F	Ⅴ-20③c
244	中卫市沙坡头区香山磨盘井-狼嘴子碧玉岩矿	观赏石	矿点	海相火山岩型	晚奥陶世	3-Pz_1-S	Ⅳ-20③
245	中卫市沙坡头区深井煤炭勘查区	煤	小型	生物化学沉积型	石炭纪	5-Pz_2-S	Ⅳ-20③
246	中卫市海原县油井山粘土岩矿	其他粘土	小型	机械沉积型	古近纪始新世	9-Cz-1	Ⅳ-20③
247	中卫市海原县油井山炭巷沟陶瓷粘土矿	陶瓷粘土	小型	机械沉积型	晚石炭世—早二叠世	5-Pz_2-S	Ⅳ-20③
248	中卫市海原县油井山大泉子沟陶瓷粘土矿	其他粘土	中型	机械沉积型	晚石炭世—早二叠世	5-Pz_2-S	Ⅳ-20③

续表

矿产地编号	矿产地名称	矿种	规模	矿床类型	成矿时代	所属成矿系列	所属成矿区带
249	中卫市海原县油井山油井子沟陶瓷粘土矿	陶瓷粘土	大型	机械沉积型	晚石炭世—早二叠世	$5-Pz_2-S$	Ⅳ-20③
250	中卫市海原县油井山磷矿	磷	矿点	生物化学沉积型	中-晚奥陶世	$3-Pz_1-S$	Ⅳ-20③
251	中卫市海原县油井山油页岩矿	油页岩	矿点	生物化学沉积型	晚石炭世	$5-Pz_2-S$	Ⅳ-20③
252	中卫市中宁县百套子石膏矿	石膏和硬石膏	矿点	蒸发沉积型	古近纪渐新世	9-Cz-1	Ⅳ-20③
253	中卫市中宁县下流水煤炭勘查区	煤	小型	生物化学沉积型	侏罗纪	7-Mz-S	Ⅳ-20③
254	中卫市沙坡头区天景山北段化工石灰岩矿	石灰岩	中型	化学沉积型	早-中奥陶世	$3-Pz_1-S$	Ⅴ-20③a
255	中卫市沙坡头区天景山白路泉北段化工石灰岩矿	石灰岩	大型	化学沉积型	早-中奥陶世	$3-Pz_1-S$	Ⅴ-20③a
256	中卫市沙坡头区天景山白路泉南段化工石灰岩矿	石灰岩	中型	化学沉积型	早-中奥陶世	$3-Pz_1-S$	Ⅴ-20③a
257	中卫市沙坡头区狼嘴子铜矿	铜、金、银	矿点	岩浆热液型	加里东期	$4-Pz_1-I(F)$	Ⅴ-20③a
258	中卫市沙坡头区刘岗井-银山化工石灰岩矿	石灰岩	小型	化学沉积型	早-中奥陶世	$3-Pz_1-S$	Ⅴ-20③a
259	中卫市沙坡头区天景山宽口井化工石灰岩矿	石灰岩	大型	化学沉积型	早-中奥陶世	$3-Pz_1-S$	Ⅴ-20③a
260	中卫市中宁县园湾水泥石灰岩矿	石灰岩	大型	化学沉积型	早-中奥陶世	$3-Pz_1-S$	Ⅴ-20③a
261	中卫市中宁县米钵山团钵郎电石灰岩矿(2个矿区合并)	石灰岩	大型	化学沉积型	早-中奥陶世	$3-Pz_1-S$	Ⅴ-20③a
262	中卫市中宁县磨盘井磷矿	磷	矿点	生物化学沉积型	中-晚奥陶世	$3-Pz_1-S$	Ⅳ-20③
263	中卫市中宁县石泉水泥石灰岩矿	石灰岩	小型	化学沉积型	早石炭世	$5-Pz_2-S$	Ⅳ-20③
264	中卫市中宁县倒流沟水泥石灰岩矿	石灰岩	中型	化学沉积型	早石炭世	$5-Pz_2-S$	Ⅳ-20③
265	中卫市中宁县磨盘井辉绿岩矿	辉绿岩	大型	岩浆型	早古生代	$4-Pz_1-I(F)$	Ⅳ-20③
266	中卫市中宁县青圪塔南段水泥石灰岩矿	石灰岩	大型	化学沉积型	早-中奥陶世	$3-Pz_1-S$	Ⅴ-20③a
267	吴忠市同心县小洪沟水源地	地下水	中型		第四纪	9-Cz-1	Ⅳ-20②
268	吴忠市同心县花豹湾粘土矿	其他粘土	中型	机械沉积型	新近纪中新世	9-Cz-1	Ⅳ-20②
269	吴忠市红寺堡区骡子沟铁矿	铁	矿点	中-低温热液型	燕山期	$8-Ⅲ_4-Mz_2-F$	Ⅳ-20②
270	吴忠市红寺堡区土坡煤矿区	煤	小型	生物化学沉积型	石炭纪	$5-Pz_2-S$	Ⅳ-20②
271	吴忠市红寺堡康马头石膏矿	石膏和硬石膏	矿点	蒸发沉积型	早石炭世	$5-Pz_2-S$	Ⅳ-20②
272	吴忠市红寺堡区红柳山石灰岩矿	石灰岩	中型	化学沉积型	早-中奥陶世	$3-Pz_1-S$	Ⅳ-20②
273	中卫市中宁县碱台子石膏矿	石膏和硬石膏	大型	蒸发沉积型	古近纪渐新世	9-Cz-1	Ⅴ-20③b
274	吴忠市同心县杨家井-丁家二沟石英砂矿	天然石英砂	中型	机械沉积型	新近纪中新世	9-Cz-1	Ⅳ-20②
275	吴忠市红寺堡区马段头陶粒粘土矿	其他粘土	大型	机械沉积型	晚石炭世	$5-Pz_2-S$	Ⅳ-20②
276	吴忠市红寺堡区青山化工石灰岩矿	石灰岩	大型	化学沉积型	早-中奥陶世	$3-Pz_1-S$	Ⅳ-20②
277	吴忠市同心县韦州煤矿区	煤	大型	生物化学沉积型	石炭纪—二叠纪	$5-Pz_2-S$	Ⅳ-59③
278	吴忠市同心县青龙山北端玻璃用白云岩矿	白云岩	小型	化学沉积型	蓟县纪	$2-Pt_2-S(M)$	Ⅴ-59③b

续表

矿产地编号	矿产地名称	矿种	规模	矿床类型	成矿时代	所属成矿系列	所属成矿区带
279	吴忠市同心县青龙山东道梁北段冶镁白云岩矿	镁	小型	化学沉积型	蓟县纪	2-Pt_2-S(M)	Ⅴ-59③b
280	吴忠市同心县青龙山中段冶镁白云岩矿	镁	中型	化学沉积型	蓟县纪	2-Pt_2-S(M)	Ⅴ-59③b
281	吴忠市同心县青龙山西道梁二道山南段石灰岩矿(6处合并)	石灰岩	大型	化学沉积型	早-中奥陶世	3-Pz_1-S	Ⅴ-59③b
282	吴忠市同心县青龙山李家新庄-童家慢坡冶镁白云岩矿	镁	中型	化学沉积型	蓟县纪	2-Pt_2-S(M)	Ⅴ-59③b
283	吴忠市同心县青龙山西道梁熔剂用白云岩矿	白云岩	大型	化学沉积型	早奥陶世	3-Pz_1-S	Ⅴ-59③b
284	吴忠市同心县青龙山东道梁南段冶镁白云岩矿	镁	中型	化学沉积型	蓟县纪	2-Pt_2-S(M)	Ⅴ-59③b
285	吴忠市同心县青龙山西道梁南段化工石灰岩矿(4个矿区)	石灰岩	大型	化学沉积型	早-中奥陶世	3-Pz_1-S	Ⅴ-59③b
286	吴忠市同心县青龙山东道梁南段石湾沟南冶镁白云岩矿	镁	小型	化学沉积型	蓟县纪	2-Pt_2-S(M)	Ⅴ-59③b
287	吴忠市盐池县萌城石梁水泥石灰岩矿(4个区块合并)	石灰岩	大型	化学沉积型	早-中奥陶世	3-Pz_1-S	Ⅳ-59③
288	吴忠市盐池县四股泉煤矿区	煤	中型	生物化学沉积型	石炭纪—二叠纪	5-Pz_2-S	Ⅳ-59③
289	吴忠市盐池县惠安油田	石油	小型	生物化学沉积型	三叠纪	7-Mz-S	Ⅳ-59③
290	吴忠市盐池县红土沟石英砂矿	天然石英砂	中型	机械沉积型	新近纪中新世	9-Cz-1	Ⅳ-59③
291	吴忠市盐池县萌城煤矿区	煤	大型	生物化学沉积型	侏罗纪	7-Mz-S	Ⅳ-59③
292	吴忠市盐池县摆宴井油气田	石油、天然气	小型	生物化学沉积型	三叠纪	7-Mz-S	Ⅳ-59③
293	吴忠市盐池县线驮石煤矿区	煤	中型	生物化学沉积型	石炭纪	5-Pz_2-S	Ⅳ-20②
294	吴忠市盐池县青山石膏矿	石膏和硬石膏	中型	蒸发沉积型	古近纪渐新世	9-Cz-1	Ⅴ-60①a
295	吴忠市盐池县姬源油田	石油	中型	生物化学沉积型	三叠纪—侏罗纪	7-Mz-S	Ⅴ-60①a
296	中卫市中宁县下原套石膏矿	石膏和硬石膏	矿点	蒸发沉积型	古近纪渐新世	9-Cz-1	Ⅴ-20③b
297	中卫市中宁县贺家口子石膏矿	石膏和硬石膏	大型	蒸发沉积型	古近纪渐新世	9-Cz-1	Ⅴ-20③b
298	中卫市中宁县王家庄石膏矿区(7个矿区合并)	石膏和硬石膏	大型	蒸发沉积型	古近纪渐新世	9-Cz-1	Ⅴ-20③b
299	吴忠市同心县南泥沟石膏矿	石膏和硬石膏	中型	蒸发沉积型	古近纪渐新世	9-Cz-1	Ⅴ-20③b
300	中卫市海原县塌山洼石膏矿	石膏和硬石膏	小型	蒸发沉积型	古近纪渐新世	9-Cz-1	Ⅴ-20③b
301	中卫市海原县石峡口石膏矿	石膏和硬石膏	大型	蒸发沉积型	古近纪渐新世	9-Cz-1	Ⅴ-20③b
302	中卫市海原县田子埫石膏矿	石膏和硬石膏	大型	蒸发沉积型	古近纪渐新世	9-Cz-1	Ⅴ-20③b
303	中卫市海原县北沟石英岩矿	石英岩	小型	受变质型	长城纪	2-Pt_2-S(M)	Ⅴ-21①a
304	中卫市海原县干盐池湖盐矿	石盐、芒硝	小型	蒸发沉积型	第四纪	9-Cz-1	Ⅴ-21①a
305	中卫市海原县柳沟金矿	金、银	矿点	中-低温热液型	加里东期	4-Pz_1-I(F)	Ⅴ-21①a
306	中卫市海原县小西沟多金属矿	铜、金、银	矿点	中-低温热液型	加里东期	4-Pz_1-I(F)	Ⅴ-21①a
307	中卫市海原县马场沟金矿	金、银	小型	中-低温热液型	加里东期	4-Pz_1-I(F)	Ⅴ-21①a
308	中卫市海原县簸箕掌铜矿	铜	矿点	中-低温热液型	加里东期	4-Pz_1-I(F)	Ⅴ-21①a

续表

矿产地编号	矿产地名称	矿种	规模	矿床类型	成矿时代	所属成矿系列	所属成矿区带
309	中卫市海原县窝宝沟铜矿	铜	矿点	中-低温热液型	加里东期	4-Pz_1-I(F)	V-21①a
310	中卫市海原县阳洼硫铁矿	硫铁矿	小型	中-低温热液型	加里东期	4-Pz_1-I(F)	V-21①a
311	中卫市海原县老城区水源地	地下水	中型	流体作用矿床	第四纪	9-Cz-1	Ⅳ-21①
312	中卫市海原县乱堆子冶镁白云石大理岩矿	镁	小型	化学沉积型	长城纪	2-Pt_2-S(M)	V-21①a
313	固原市原州区双井(蟠龙坡)石灰岩矿	石灰岩	矿点	化学沉积型	早-中奥陶世	3-Pz_1-S	Ⅳ-20②
314	固原市原州区吊岭渠石灰岩矿	石灰岩	矿点	化学沉积型	早-中奥陶世	3-Pz_1-S	Ⅳ-59③
315	固原市原州区炭山煤矿区	煤	大型	生物化学沉积型	侏罗纪	7-Mz-S	Ⅳ-59③
316	固原市原州区石岘子林场石英砂岩矿	砂岩	大型	机械沉积型	中侏罗世	7-Mz-S	Ⅳ-20②
317	固原市原州区炭山油页岩矿	油页岩	中型	生物化学沉积	中侏罗世	7-Mz-S	Ⅳ-20②
318	固原市原州区石砚子石英砂矿	天然石英砂	大型	机械沉积型	古近纪渐新世	9-Cz-1	Ⅳ-20②
319	固原市原州区茆头上冶镁白云岩矿	镁	小型	化学沉积型	蓟县纪	2-Pt_2-S(M)	Ⅳ-59③
320	中卫市海原县阳明石膏矿	石膏和硬石膏	矿点	蒸发沉积型	早白垩世	7-Mz-S	Ⅳ-21①
321	固原市西吉县庙儿岔芒硝矿	芒硝	小型	蒸发沉积型	第四纪	9-Cz-1	V-21②a
322	固原市西吉县黑眼泉	天然矿泉水	小型	流体作用矿床	第四纪	9-Cz-1	Ⅳ-21①
323	固原市原州区双河湾石膏矿	石膏和硬石膏	小型	蒸发沉积型	古近纪渐新世	9-Cz-1	V-21①c
324	固原市原州区北湾石英砂矿	天然石英砂	大型	机械沉积型	古近纪始新世	9-Cz-1	V-21①c
325	固原市原州区硝口-上店子岩盐矿	石盐、芒硝	大型	蒸发沉积型	早白垩世	7-Mz-S	V-21①b
326	固原市原州区硝口芒硝矿泉矿	芒硝	矿点	蒸发沉积型	第四纪	9-Cz-1	V-21①b
327	固原市原州区彭堡水源地	地下水	中型	流体作用矿床	第四纪	9-Cz-1	Ⅳ-20②
328	固原市原州区荞花台石英砂矿	天然石英砂	中型	机械沉积型	古近纪渐新世	9-Cz-1	Ⅳ-20②
329	固原市原州区梁家台-沙窝石英砂矿	天然石英砂	大型	机械沉积型	古近纪渐新世	9-Cz-1	Ⅳ-20②
330	固原市原州区高圪陵石英砂矿	天然石英砂	小型	机械沉积型	古近纪渐新世	9-Cz-1	Ⅳ-20②
331	固原市彭阳县黑石头河石灰岩矿	石灰岩	矿点	化学沉积型	早-中奥陶世	3-Pz_1-S	Ⅳ-59③
332	固原市彭阳县银洞沟陶瓷粘土矿	陶瓷粘土	中型	机械沉积型	中侏罗世	7-Mz-S	Ⅳ-59③
333	固原市彭阳县王洼煤矿区	煤	大型	生物化学沉积型	侏罗纪	7-Mz-S	Ⅳ-59③
334	固原市原州区黄茆山粘土矿	其他粘土	小型	机械沉积型	古近纪渐新世	9-Cz-1	Ⅳ-20②
335	固原市原州区小黄峁山-青石峡口石英砂矿	天然石英砂	大型	机械沉积型	古近纪渐新世	9-Cz-1	Ⅳ-20②
336	固原市原州区开城泥炭矿	泥炭	小型	生物化学沉积型	第四纪全新世	9-Cz-1	Ⅳ-20②
337	固原市原州区陈儿沟泥炭矿	泥炭	矿点	生物化学沉积型	第四纪全新世	9-Cz-1	V-21①b
338	固原市原州区毛家磨泥炭矿	泥炭	矿点	生物化学沉积型	第四纪全新世	9-Cz-1	V-21①b
339	固原市原州区王套泥炭矿	泥炭	矿点	生物化学沉积型	第四纪全新世	9-Cz-1	V-21①b
340	固原市原州区开城石英砂矿	天然石英砂	大型	机械沉积型	古近纪渐新世	9-Cz-1	Ⅳ-20②
341	固原市泾源县杨岭铅锌矿	铅锌	小型	中-低温热液型	燕山期	8-$Ⅲ_4$-Mz_2-F	V-21①d
342	固原市隆德县黄鼠钻泥炭矿	泥炭	矿点	生物化学沉积型	第四纪全新世	9-Cz-1	V-21①b
343	固原市原州区和尚铺泉	天然矿泉水	小型	流体作用矿床	第四纪	9-Cz-1	Ⅳ-21①

续表

矿产地编号	矿产地名称	矿种	规模	矿床类型	成矿时代	所属成矿系列	所属成矿区带
344	固原市原州区红砂石沟水泥石灰岩矿	石灰岩	中型	化学沉积型	早-中奥陶世	3-Pz_1-S	Ⅴ-20②a
345	固原市泾源县上蒿店粘土矿	其他粘土	中型	机械沉积型	第四纪更新世	9-Cz-1	Ⅳ-20②
346	固原市彭阳县新集东石灰岩矿	石灰岩	大型	化学沉积型	早-中奥陶世	3-Pz_1-S	Ⅳ-59③
347	固原市彭阳县县城水源地	地下水	中型	流体作用矿床	第四纪	9-Cz-1	Ⅳ-59③
348	固原市彭阳县供水井	天然矿泉水	中型	流体作用矿床	第四纪	9-Cz-1	Ⅳ-59③
349	固原市彭阳油田	石油	中型	生物化学沉积型	三叠纪—侏罗纪	7-Mz-S	Ⅴ-60①c
350	固原市彭阳县西庄石英砂矿	天然石英砂	小型	机械沉积型	早白垩世	7-Mz-S	Ⅴ-60①c
351	固原市隆德油页岩矿	油页岩	矿点	生物化学沉积	早白垩世	7-Mz-S	Ⅳ-21①
352	固原市隆德县赵家洼至王辛湾石膏矿	石膏和硬石膏	小型	蒸发沉积型	古近纪渐新世	9-Cz-1	Ⅳ-21①
353	固原市泾源县刘家沟粘土矿	其他粘土	小型	机械沉积型	古近纪渐新世	9-Cz-1	Ⅳ-20②
354	固原市泾源县秋千峡石灰岩矿	石灰岩	小型	化学沉积型	早-中奥陶世	3-Pz_1-S	Ⅳ-20②
355	固原市隆德县海英岔铜矿	铜	矿点	化学沉积型	早白垩世	7-Mz-S	Ⅳ-21①
356	固原市隆德县黄草沟铜矿	铜	矿点	化学沉积型	早白垩世	7-Mz-S	Ⅳ-21①
357	固原市泾源县新旗泥炭矿	泥炭	矿点	生物化学沉积型	第四纪全新世	9-Cz-1	Ⅳ-20②
358	固原市泾源县十里滩泉	天然矿泉水	小型	流体作用矿床	第四纪	9-Cz-1	Ⅳ-20②

注：按《中国矿产地质志·省级矿产地质志研编技术要求》，地下水水源地、天然矿泉水等水气矿产归入流体作用矿床类型。